W0234000

Lehrbuch der Botanik

32. Auflage

Lehrbuch der Botanik

für Hochschulen

Begründet von
E. Strasburger · F. Noll · H. Schenck · A. F. W. Schimper

32. Auflage neubearbeitet von
Dietrich von Denffer · Hubert Ziegler
Friedrich Ehrendorfer · Andreas Bresinsky

Mit 1088 Abbildungen, 50 Tabellen
und einer farbigen Vegetationskarte

Gustav Fischer Verlag · Stuttgart · New York · 1983

Anschrift der Bearbeiter:

Prof. Dr. Dietrich von Denffer,
Botanisches Institut der Justus-Liebig-Universität,
6300 Giessen, Senckenbergstraße 17–21

Prof. Dr. Hubert Ziegler,
Institut für Botanik und Mikrobiologie der Technischen Universität,
8000 München 2, Arcisstraße 21

Prof. Dr. Friedrich Ehrendorfer,
Institut für Botanik und Botanischer Garten der Universität,
A-1030 Wien, Rennweg 14

Prof. Dr. Andreas Bresinsky,
Institut für Botanik und Botanischer Garten der Universität
8400 Regensburg, Universitätsstraße 31

CIP-Kurztitelaufnahme der Deutschen Bibliothek

Lehrbuch der Botanik für Hochschulen / begr. von E. Strasburger ...
32. Aufl. / neubearb. von Dietrich von Denffer ...
Stuttgart ; New York : Fischer, 1983.
   ISBN 3-437-20295-2
NE: Strasburger, Eduard [Begr.]; Denffer, Dietrich von [Bearb.]

© Gustav Fischer Verlag · Stuttgart · New York · 1983
Wollgrasweg 49 · 7000 Stuttgart 70 (Hohenheim)
Alle Rechte vorbehalten
Gesamtherstellung: Passavia Druckerei GmbH Passau
Printed in Germany

ISBN 3-437-20295-2

Vorwort zur 32. Auflage

Wieder ist durch das Ausscheiden eines bewährten Mitglieds aus der Autorengemeinschaft ein Wechsel und eine Verjüngung des Herausgeberkollegiums eingetreten. Unser Dank gilt bei seinem altersbedingten Rücktritt Herrn Karl Mägdefrau, der den Abschnitt «Niedere Pflanzen» von 1967 bis 1978 vorbildlich betreut und durch die Einführung übersichtlicher Abbildungsblöcke formschön vereinheitlicht hat; wir hoffen auch weiterhin auf seine Kritik und seinen Rat. Sein Nachfolger Andreas Bresinsky hat vor allem der Darstellung der Bakterien, Algen und Pilze einen breiteren Raum gewährt. Die in den anderen Teilen des Buches genannten Gattungen sind nun auch in der Übersicht des Pflanzenreiches weitgehend berücksichtigt. Viele altbekannte und didaktisch sinnvolle, verwandtschaftlich aber als inhomogen erkannte Gruppierungen werden als «Organisationstypen» oder «Entwicklungs- bzw. Organisationsstufen» herausgestellt.

Um das Lehrbuch trotz der durch diese Neuerungen sowie durch die Überarbeitung aller übrigen Abschnitte bedingten Umfangserweiterung nach wie vor auch für den Studienanfänger praktikabel zu erhalten, wurde die bewährte Unterscheidung zwischen Normaldruck-Abschnitten für den Anfänger und Kleindruck-Abschnitten für den Fortgeschrittenen konsequent weitergeführt. Die zahlreichen Seitenverweisungen, welche die verschiedenen Teile des Lehrbuchs untereinander verknüpfen, sind vor allem für den fortgeschrittenen Studenten gedacht, sowie für alle jene, die das Buch in erster Linie als Nachschlagewerk benutzen.

Für die in vielen Auflagen bewährte gute Zusammenarbeit danken wir der Verlagsleitung sowie dem verstorbenen Lektor Dr. Esser und dem Leiter der Herstellungsabteilung, Herrn Gaebler, die allen Gestaltungswünschen der Autoren, z.B. auch hinsichtlich des Zweifarbendrucks, entgegengekommen sind. Für Neuzeichnung etlicher Abbildungsvorlagen danken wir Frau Großmann, Tübingen und Herrn Mag. R. Obmann, Klagenfurt; für die sorgfältige Korrekturarbeit und sachliche Verbesserungsvorschläge Herrn Dr. Buhl, Halle an der Saale, DDR.

Aufrichtiger Dank gebührt ferner allen Kollegen und sonstigen Benutzern des Buches, die uns durch ihre Kritik und oft darüber hinaus durch ihren Rat und die Bereitstellung von Abbildungsmaterial unterstützt haben. Diese lebendige Verbindung zwischen den Benutzern des Buches und seinen Autoren ist uns der sicherste Beweis dafür, daß es in den 89 Jahren seiner Existenz und nach nunmehr bereits 32 Auflagen nichts von seiner Aktualität eingebüßt hat.

Gießen, München, Wien und Regensburg, im August 1983   Die Verfasser

Vorwort zur 1. Auflage

Die Verfasser dieses Lehrbuchs wirken seit Jahren als Docenten der Botanik an der Universität Bonn zusammen. Sie haben dauernd in wissenschaftlichem Gedankenaustausch gestanden und sich in ihrer Lehraufgabe vielfach unterstützt. Sie versuchen es jetzt gemeinschaftlich, ihre im Leben gesammelten Erfahrungen in diesem Buche niederzulegen. Den Stoff haben sie so untereinander verteilt, daß EDUARD STRASBURGER die Einleitung und die Morphologie, FRITZ NOLL die Physiologie, HEINRICH SCHENCK die Cryptogamen, A.F.W. SCHIMPER die Phanerogamen übernahm.

Trägt auch jeder Verfasser die wissenschaftliche Verantwortung nur für den von ihm bearbeiteten Teil, so war doch das einheitliche Zusammenwirken Aller durch anhaltende Verständigung gewahrt. Es darf daher das Buch, ungeachtet es mehrere Verfasser zählt, Anspruch auf eine einheitliche Leistung erheben.

Dieses Lehrbuch ist für die Studierenden der Hochschulen bestimmt und soll vor Allem wissenschaftliches Interesse bei ihnen erwecken, wissenschaftliche Kenntnisse und Erkenntnisse bei ihnen fördern. Zugleich nimmt aber es auch Rücksicht auf die praktischen Anforderungen des Studiums und sucht den Bedürfnissen des Mediciners und Pharmaceuten gerecht zu werden. So wird der Mediciner aus den farbigen Bildern die Kenntnisse derjenigen Giftpflanzen erlangen können, die für ihn in Betracht kommen, der Pharmaceut die nötigen Hinweise auf officinelle Pflanzen und Droguen in dem Buche finden.

Die zahlreichen Abbildungen wurden, wo nicht andere Autoren angegeben sind, von den Verfassern selbst angefertigt.

Nicht genug ist das Entgegenkommen des Herrn Verlegers zu rühmen, der die Kosten der farbigen Darstellungen im Texte nicht scheute, und der überhaupt Alles aufgeboten hat, um dem Buche eine vollendete Ausstattung zu geben.

Bonn, im Juli 1894   Die Verfasser

EDUARD STRASBURGER
* 1. 2. 1844 Warschau – † 19. 5. 1912 Bonn
Begründer des Lehrbuchs der Botanik für Hochschulen

Nach dem Studium der Naturwissenschaften in Paris, Bonn und Jena sowie Promotion in Jena habilitierte sich EDUARD STRASBURGER 1867 in Warschau und wurde 1869 im Alter von 25 Jahren als Professor der Botanik an die Universität Jena und 1881 nach Bonn berufen. Unter seiner Leitung gehörte das Botanische Institut im Poppelsdorfer Schloß zu den internationalen Zentren der Botanik. Hier begründete er zusammen mit seinen Mitarbeitern F. NOLL, H. SCHENCK und A. F. W. SCHIMPER 1894 das «Lehrbuch der Botanik für Hochschulen» (früher meist kurz «Bonner Lehrbuch» genannt). Das ebenfalls in vielen Auflagen erschienene «Kleine Botanische Praktikum» und das umfangreichere «Botanische Praktikum» prägten bis zur Gegenwart die botanisch-mikroskopischen Praktika an den Hochschulen. STRASBURGERS Forschungsarbeit galt in erster Linie der Entwicklungsgeschichte und der Cytologie. Er erkannte, daß die Vorgänge der Kernteilung (Bildung, Spaltung und Bewegung der Chromosomen) bei den Pflanzen ebenso wie bei den Tieren, also bei allen Organismen in gleicher Weise, ablaufen (1875). Er beobachtete erstmals bei den Blütenpflanzen den Vorgang der Befruchtung und die Verschmelzung des männlichen Kerns mit dem Eikern und folgerte hieraus, daß der Zellkern der wichtigste Träger der Erbanlagen darstellt (1884).

Dieses Lehrbuch der Botanik wurde im Jahre 1894 begründet durch die damals in Bonn zusammenwirkenden Botaniker

Eduard Strasburger, Fritz Noll, Heinrich Schenck, A. F. Wilhelm Schimper

und in der Folgezeit von ihnen sowie den nachstehend Genannten fortgeführt.

Obgleich alle Mitarbeiter stets teil am ganzen Buch hatten, wurden insbesondere bearbeitet

Einleitung und Morphologie:

1.–11. Auflage 1894–1911 von Eduard Strasburger
12.–26. Auflage 1913–1954 von Hans Fitting
27.–32. Auflage 1958–1983 von Dietrich von Denffer

Physiologie:

1.– 9. Auflage 1894–1908 von Fritz Noll
10.–16. Auflage 1909–1923 von Ludwig Jost
17.–21. Auflage 1928–1939 von Hermann Sierp
22.–30. Auflage 1944–1971 von Walter Schumacher
31.–32. Auflage 1978–1983 von Hubert Ziegler

Niedere Pflanzen:

1.–16. Auflage 1894–1923 von Heinrich Schenck
17.–28. Auflage 1928–1962 von Richard Harder
29.–31. Auflage 1967–1978 von Karl Mägdefrau
      32. Auflage   1983 von Andreas Bresinsky

Samenpflanzen:

1.– 5. Auflage 1894–1901 von A. F. W. Schimper
6.–19. Auflage 1904–1936 von George Karsten
20.–29. Auflage 1939–1967 von Franz Firbas
30.–32. Auflage 1971–1983 von Friedrich Ehrendorfer

Pflanzengeographie bzw. Geobotanik:

20.–29. Auflage 1939–1967 von Franz Firbas
30.–32. Auflage 1971–1983 von Friedrich Ehrendorfer

Fremdsprachige Ausgaben des Lehrbuchs der Botanik

Englisch:
London: 1896, 1902, 1907, 1911, 1920, 1930, 1965, 1971, 1975

Italienisch:
Mailand: 1896, 1913, 1921, 1928, 1954, 1965, 1982

Polnisch:
Warszawa: 1960, ND 1962, 1967, 1971, ND 1973, Neuauflage in Vorbereitung

Spanisch:
Barcelona: 1923, 1935, 1943, 1953, 1960, 1974, Neuauflage in Vorbereitung

Serbokroatisch:
Zagreb: 1980, 1982

Zu diesem Lehrbuch ist eine **Programmierte Studienhilfe «Botanik»** erschienen.
Nähere Informationen gibt die beigeheftete Werbekarte.

Inhalt

Die Ausschlagtafel «Vegetationszonen der Erde» befindet sich zwischen den
Seiten 1040 und 1041

Zeittafel

Etwa 300 v. Chr. «Naturgeschichte der Gewächse» THEOPHRASTOS ERESIOS (371–286 v. Chr.)

1530 Ältestes «Kräuterbuch» von OTTO BRUNFELS (1488–1534)

1539 Kräuterbuch von HIERONYMUS BOCK gen. TRAGUS (1498–1554)

1542 Kräuterbuch von LEONHART FUCHS (1501–1566)

1590 Erfindung des Mikroskops durch JOHANNES und ZACHARIAS JANSSEN

1665 Entdeckung des zelligen Aufbaus der Organismen: ROBERT HOOKE (1635–1703)

1675 «Anatome plantarum»: MARCELLO MALPIGHI (1628–1694)

1682 «The anatomy of plants»: NEHEMIAH GREW (1628–1711)

1683 Erste Abbildung der Bakterien: ANTONIUS VAN LEEUWENHOEK (1632–1723)

1694 «De sexu plantarum epistola»: Entdeckung der pflanzlichen Sexualität: RUDOLPH JACOB CAMERARIUS (1665–1721)

1753 «Species plantarum»: CARL LINNAEUS (CARL V. LINNÉ, 1707–1778)
Seit dem Publikationsdatum 1. Mai 1753 gilt die Prioritätsregel in der taxonomischen Nomenklatur

1774 Darstellung des Sauerstoffs: JOSEPH PRIESTLEY (1733–1804)

1779 Entdeckung der Photosynthese: JAN INGENHOUSZ (1730–1799)

1790 «Metamorphose der Pflanze»: JOHANN WOLFGANG VON GOETHE (1749–1832)

1793 Begründung der Blütenökologie: CHRISTIAN KONRAD SPRENGEL (1750–1816)

1804 «Recherches chimiques sur la végétation» Entdeckung des pflanzlichen Gaswechsels: NICOLAS THÉODORE DE SAUSSURE (1767–1845)

1805 Begründung der Pflanzengeographie: ALEXANDER V. HUMBOLDT (1769–1859)

1809 «Philosophie zoologique», Abstammungslehre: JEAN BAPTISTE DE LAMARCK (1744–1829)

1822 Entdeckung der Osmose: HENRI JOACHIM DUTROCHET (1776–1847)

1831 Entdeckung des Zellkerns: ROBERT BROWN (1773–1858)

1838 Begründung der Zellentheorie: MATTHIAS JACOB SCHLEIDEN (1804–1881) gemeinsam mit dem Zoologen THEODOR SCHWANN (1810–1882)

1840 Mineralstoffernährung der Pflanzen, Widerlegung der Humustheorie: JUSTUS VON LIEBIG (1803–1873)

1842 Satz von der Erhaltung der Energie: JULIUS ROBERT VON MAYER (1814–1878)

1846 Einführung des Begriffs «Protoplasma» in die Botanische Wissenschaft: HUGO VON MOHL (1805–1872)

1851 Entdeckung der Homologien im pflanzlichen Generationswechsel: WILHELM HOFMEISTER (1824–1877)

1855 «Omnis cellula e cellula»: RUDOLF VIRCHOW (1821–1902)

1858 Begründung der Micellar-Theorie: CARL V. NÄGELI (1817–1891)

1859 «Origin of species»: CHARLES DARWIN (1809–1882)

1860 Wasserkultur: JULIUS SACHS (1832–1897)

1860 Widerlegung der Urzeugungslehre: HERMANN HOFFMANN (1819–1891) und LOUIS PASTEUR (1822–1895)

1862 Stärke als Photosyntheseprodukt: JULIUS SACHS

1865 Begründung der experimentellen Pflanzenphysiologie: JULIUS SACHS «Handbuch der Experimental-Physiologie der Pflanzen».

1866 «Versuche über Pflanzenhybriden», Vererbungsregeln: GREGOR MENDEL (1822–1884)

1866 Biogenetische Regel («Generelle Morphologie»): ERNST HAECKEL (1834–1919)

1867/69 Natur der Flechten: SIMON SCHWENDENER (1829–1919)

1869 Entdeckung der DNA: FRIEDRICH MIESCHER (1844–1895)

1876 Entdeckung des Milzbrandbazillus als Krankheitserreger: ROBERT KOCH (1843–1910)

1877 WILHELM PFEFFER (1845–1920): «Osmotische Untersuchungen»

1875 Entdeckung der pflanzlichen Kernteilung: EDUARD STRASBURGER (1844–1912)

1884 «Physiologische Pflanzenanatomie»: GOTTLIEB HABERLANDT (1854–1945)

1884 «Vergleichende Morphologie und Biologie der Pilze, Mycetozoen und Bacterien»: ANTON DE BARY (1831–1888)

1884 Entdeckung der Kernverschmelzung bei der Befruchtung der Blütenpflanzen: EDUARD STRASBURGER (1844–1912)

1888 Funktion der Leguminosen-Wurzelknöllchen: H. HELLRIEGEL u. H. WILFAHRT, M. W. BEIJERINCK, A. PRAZMOWSKI

1900 Wiederentdeckung der Mendelschen Vererbungsregeln: ERICH TSCHERMAK-SEYSENEGG (1871–1962) CARL CORRENS (1864–1933) HUGO DE VRIES (1848–1935)

1901 «Die Mutationstheorie»: HUGO DE VRIES (1848–1935)

1913 Aufklärung der Chlorophyllstruktur: RICHARD WILLSTÄTTER (1872–1942) u. Mitarbeiter

1920 Erste systematische Untersuchungen über Photoperiodismus: W. GARNER u. H. A. ALLARD

1926 Nachweis der Bildung eines Wachstumsfaktors (Gibberellin) durch Gibberella fujikuroi: E. KUROSAWA

1927 Mutationsauslösung durch Röntgenstrahlen: H. J. MULLER (1890–1967)

1928 Entdeckung des Penicillins: A. FLEMING (1881–1955)

1931 Photosynthese-O_2 stammt aus dem Wasser: C. VAN NIEL

1933 «Über den Verlauf der Oxydationsvorgänge» (Atmungstheorie): H. WIELAND (1877–1957)

1935 «Die Wuchsstofftheorie»: PETER BOYSEN-JENSEN (1883–1959)

1935 Kristallisation des Tabakmosaikvirus: W. M. STANLEY (1904–1971)

1935 Erste Verwendung von Isotopen für Stoffwechseluntersuchungen: R. SCHOENHEIMER und D. RITTENBERG

1937 Citronensäure-Cyclus: H. A. KREBS (1900–1982) und Mitarbeiter

1937 Photolyse des Wassers mit Hilfe isolierter Chloroplasten: R. HILL

1939–41 Zentrale Rolle des ATP im Energiehaushalt der Zelle: F. LIPMANN

1940 Erfindung des Elektronenmikroskops: E. RUSKA u. H. MAHL

1943 Nachweis der genetischen Wirksamkeit der DNA: O. T. AVERY, C. MCLEOD und MCCARTY

1952 Nachweis der Transduktion von Erbanlagen bei Bakterien: J. LEDERBERG

1952/53 Fixierungs- und Dünnschnittmethoden für die Elektronenmikroskopie: G. E. PALADE, K. R. PORTER, F. SJÖSTRAND

1952–54 Charakterisierung des Phytochromsystems: H. A. BORTHWICK, S. B. HENDRICKS u. Mitarbeiter

1953 «Erzeugung von Aminosäuren unter den Bedingungen der Urerde»: STANLEY MILLER

1953 DNA-Modell: J. D. WATSON und F. H. C. CRICK

1954 Photosynthetische Phosphorylierung: D. ARNON und Mitarbeiter

1954 Isolierung von Substanzen mit Cytokininwirkung: F. SKOOG, C. O. MILLER

1954–66 Entdeckung der C_4-Photosynthese: H. P. KORTSCHAK und Mitarbeiter, Y. S. KARPILOV, M. D. HATCH u. C. R. SLACK

1955 Erster Nachweis eines «self-assembly» (beim TMV): H. FRAENKEL-CONRAT u. R. WILLIAMS

1957 Photosynthese-Cyclus: M. CALVIN und Mitarbeiter

1958 Experimentelle Bestätigung der semikonservativen Replikation der DNA: M. MESELSON u. F. W. STAHL

1960 Protoplastenisolierung: E. C. COCKING

1961 Universalität des genetischen Codes für die Proteinsynthese nachgewiesen: F. H. C. CRICK, L. BARNETT, S. BRENNER und R. J. WATTS-TOBIN

1961 Modell zur Regelung der Genaktivität: F. JACOB u. J. MONOD

1961 «Life, its nature, origin and development»: A. I. OPARIN (1894–1980)

1961 Chemiosmotische Hypothese für Kopplung zwischen Elektronentransport und Phosphorylierung: P. MITCHELL

1961 Verfahren der DNA-Hybridisierung: S. SPIEGELMAN

1962 Analyse der Photorespiration: N. E. TOLBERT u. Mitarbeiter

1963/64 Entdeckung der Abscisinsäure: P. F. WAREING und Mitarbeiter, F. T. ADDICOTT und Mitarbeiter

1964/66 Haplontenkulturen: S. GUPTA und S. C. MAHESWARI

1968 Repetitive Sequenzen im Genbestand der Eukaryoten: R. J. BRITTEN u. D. E. KOHNE

1971/72 Signalsequenzen beim Transport von Proteinen durch Membranen: G. BLOBEL, C. MILSTEIN

1972 Fluid mosaic model der Biomembran: S. J. SINGER und G. L. NICHOLSON

1974 Restrictionsendonucleasen als Werkzeuge für DNA-Analyse: W. ARBER

Einleitung

Die Botanik ist die Naturgeschichte des Pflanzenreiches. Neben der Zoologie, der Naturgeschichte des Tierreiches, und der Biologischen Anthropologie, der Naturgeschichte des Menschen, bildet die Botanik einen Teil der Biologie, der Naturwissenschaft vom Leben schlechthin.

Allgemeine Betrachtungen über das Leben[1]). Gegenüber den unbelebten Stoffen verkörpern die Lebewesen – Pflanzen, Tiere und Menschen – ein «kategoriales novum», das nur bei einer ganz bestimmten Ordnung der gleichen Moleküle auftritt, die isoliert oder in einfacheren chemischen Verbindungen für alle Zeiten als tote Substanz vorliegen würden. Ein lebendes System ist daher mehr als die Summe seiner Teile: selbst wenn alle Eigenschaften der Teile sowie die Gesetzmäßigkeiten ihrer Wechselwirkungen bekannt sind, lassen sich die Eigenschaften des integrierten Ganzen nicht vorhersagen.

Die spezifische Ordnung der belebten Materie, die das grundlegende materielle Merkmal des «Lebens» ausmacht, hat morphologische und dynamische Folgen: Morphologisch kommt sie in der Ausbildung deutlich gegenüber ihrer Umwelt abgesetzter Individuen zum Ausdruck, die in der Regel durch eine wohldefinierte G e s t a l t ausgezeichnet sind.

Als dynamisches Ergebnis beobachten wir gleich drei neue Eigenschaften, die der unbelebten Materie im allgemeinen fremd sind: Stoff- und Energiewechsel, Produktivität und Reizbarkeit. In einem ständigen, mit entsprechendem Energieumsatz gekoppeltem S t o f f w e c h s e l wird aus der Umgebung tote Materie aufgenommen und in das lebendige Ordnungsgefüge eingebaut (A n a b o l i s m u s , A s s i m i l a t i o n), während andererseits aufgrund abbauender Prozesse immer wieder tote Stoffwechselschlacken an das Reich des Unbelebten zurückfallen (K a t a b o l i s m u s , D i s s i m i l a t i o n). Die Ordnung selbst bleibt jedoch unverändert erhalten: sie befindet sich in einem F l i e ß g l e i c h g e w i c h t (Homöostase, steady state). Die

[1]) Hinweis auf weiterführende Literatur, S. 1042.

P r o d u k t i v i t ä t äußert sich in Wachstum und Vermehrung. Wachstum tritt in der Regel dann ein, wenn der aufbauende Stoffwechsel die abbauenden Prozesse übertrifft. Bei der F o r t p f l a n z u n g oder S e l b s t v e r m e h r u n g entstehen aus einem Individuum Nachkommen, die in ihren wesentlichen Merkmalen und Eigenschaften mit der Ausgangsform übereinstimmen (Autoreduplikation, identische Reduplikation, Vererbung). Unter R e i z b a r k e i t oder I r r i t a b i l i t ä t verstehen wir schließlich die Fähigkeit, auf eine Änderung der äußeren und inneren Lebensbedingungen in einer Weise zu reagieren, die sich aus der unmittelbar zugeführten Energie allein nicht erklären läßt, sondern auf Energiereserven zurückgreift, die der Organismus selbst zur Verfügung stellt (Auslösemechanismus).

Wenn auch einzelne dieser Eigenschaften gelegentlich bereits im Bereich des Unbelebten vorkommen können («Gestalt» der Kristalle, «Stoff- und Energiewechsel» einer Kerzenflamme, autokatalytische «Vermehrung» bestimmter Chemikalien, «Reizbarkeit» einer gespannten Mausefalle), so ist doch ihr g e m e i n s a m e s Auftreten ausschließlich auf die Lebewesen beschränkt.

Zu diesen vier Grundeigenschaften der Lebewesen Gestalt, Stoffwechsel, Produktivität und Reizbarkeit kommt aber noch eine weitere wichtige Eigenschaft der Organismen hinzu, die erst die erstaunliche Mannigfaltigkeit der heutigen Lebewelt ermöglicht hat: die Fähigkeit zur neuen Kombination und sprunghaften Abänderung bestimmter morphologischer und physiologischer Eigenschaften in der Generationenfolge. Diese Befähigung zur R e k o m b i n a t i o n und M u t a b i l i t ä t liefert das immer neue Angebot für die Bildung neuer Arten und für die Höherentwicklung oder E v o l u t i o n der Lebewesen. Seit CHARLES DARWIN wissen wir, daß durch A b w a n d l u n g (Mutation), Wettbewerb (Konkurrenz) und A u s l e s e (Selektion) in mehr als 3 Milliarden Jahren die ganze bunte Formenmannigfaltigkeit der ca. 500 000 heute lebenden Pflanzenarten und über 2 000 000 Tierarten entstanden ist.

Das Substrat aller Lebenserscheinungen bei Tieren wie bei Pflanzen ist das P r o t o p l a s m a , ein hochorganisiertes System zahlreicher verschiedener, teils einfacher, teils sehr verwickelt gebauter chemischer Verbindungen. Unter ihnen sind die Makromoleküle der Eiweißkörper und Nucleinsäuren als Träger der spezifischen Ordnungs- und Wirkstrukturen und ihrer unveränderten Weitergabe von Generation zu Generation von hervorragender Bedeutung. Die Erforschung des Protoplasmas und seines submikroskopischen Feinbaues gehört daher zu den wichtigsten Aufgaben der Biologie.

Auch die Viren, submikroskopisch kleine, filtrierbare Erreger tierischer und pflanzlicher Krankheiten, die seit ihrer Entdeckung in der Diskussion über die Entstehung des Lebens eine wichtige Rolle gespielt haben, enthalten stets Eiweiß und Nucleinsäuren. Wie die Organismen sind sie zur Autoreduplikation befähigt. Da sie jedoch einen eigenen Stoffwechsel vermissen lassen und sich infolgedessen nur mit Hilfe und auf Kosten höher organisierter Organismen vermehren können, dürfen die kristallisierbaren Viren noch nicht zu den eigentlichen Lebewesen gezählt werden. (Vgl. S. 555.)

Ursprung des Lebens. Über die Herkunft des Lebens auf unserer Erde können wir nur Vermutungen anstellen. Wir haben begründeten Anlaß zu der Annahme, daß die ersten Lebewesen (einzellige Prokaryoten) auf ihr bereits vor mehr als 3 Milliarden Jahren vorhanden gewesen sind. Erwiesen ist ferner die Tatsache, daß die ersten Lebewesen sehr viel einfacher organisiert waren als die große Masse der Organismen, die heute als Träger des Lebens auftreten.

Im Altertum und noch bis in das 19. Jahrhundert hinein war die Anschauung weit verbreitet, daß das Leben sich jederzeit spontan aus Unbelebtem zu entwickeln vermöge. Nach Ansicht des Aristoteles (384–322) sollten nicht nur die Pflanzen, sondern auch Würmer, Fliegenlarven und andere Insekten aus Tau, Schlamm, faulendem Mist und Exkrementen durch Urzeugung (generatio spontanea) hervorgehen. Noch im 17. Jahrhundert konnte einer der berühmtesten damaligen Gelehrten, van Helmont, die Behauptung aufstellen, daß aus Weizenkleie und den Ausdünstungen alter getragener Hemden Mäuse entstehen könnten. Die spekulative Naturphilosophie des ausklingenden 18. und beginnenden 19. Jahrhunderts erblickte in den Versteinerungen den «Beginn des Erwachens» der Organismen zum Leben.

Erst die exakten Versuche von Hermann Hoffmann (1819–1891) und Louis Pasteur (1822–1895) haben den wissenschaftlichen Beweis erbracht, daß alles Leben, soweit wir es heute kennen, stets wieder vom Leben abstammt, – eine Erkenntnis, die übrigens von einigen sorgfältig beobachtenden Naturforschern

schon sehr viel früher ausgesprochen worden war. So hat bereits der berühmte englische Anatom William Harvey (1578–1657) die Theorie aufgestellt, daß alle Tiere aus Eiern entstehen: «omnia animalia ex ovo». Später hat der Physiologe W. Preyer diesem Satz die allgemeine Form gegeben: «omne vivum e vivo».

In neuerer Zeit mehren sich jedoch die Stimmen, die eine Urzeugung des Lebens auf unserem Planeten unter den besonderen Bedingungen, wie sie vor vielen hundert Millionen Jahren geherrscht haben müssen, nicht nur für sehr wahrscheinlich, sondern für die einzige Denkmöglichkeit halten. Sie können sich darauf berufen, daß der bereits auf Anaxagoras (um 500–428) zurückgehende Gedanke, das Leben sei ewig und sei in Form von «Ätherkeimen» auf die Erde gelangt, der später von dem schwedischen Physiker Svante Arrhenius in die Form der Panspermiehypothese gekleidet wurde, aufgrund unserer neueren Erfahrungen über die tödlich wirkenden Weltraumstrahlen stark an Glaubwürdigkeit eingebüßt hat.

1953 hat Stanley L. Miller erstmalig nachgewiesen, daß wichtige Bausteine des organischen Lebens mit Hilfe elektrischer Entladungen («Blitze») in einer künstlichen sauerstofffreien «Ur-Erdatmosphäre» aus Wasserstoffgas, Wasserdampf, Methan und Ammoniak erzeugt werden können. Bei entsprechender Energiezufuhr durch UV-Licht können sich unter ähnlichen Bedingungen auch die wichtigsten Zucker, wie Glucose, Ribose und Desoxyribose, spontan bilden. Inzwischen wissen wir, daß unter den entsprechenden Bedingungen nicht nur sämtliche lebensnotwendigen Aminosäuren entstehen, sondern – bei Gegenwart geeigneter Phosphorsäurederivate, wie sie seinerzeit sicher in phosphatreichen Gebieten an der Erdoberfläche vorgekommen sind – auch Adenosin und dessen Mono-, Di- und Triphosphate sowie sämtliche Nucleotide, wie sie in den Erbinformationsträgern der Zellkerne vorkommen.

Das Erstaunliche bei allen diesen Befunden ist die Tatsache, daß eben nicht irgendwelche der vielen tausend theoretisch denkbaren organischen Verbindungen entstehen, sondern genau jene teilweise bereits recht komplex gebauten organischen Moleküle, die das materielle Substrat aller Lebenserscheinungen ausmachen: nämlich Proteine, Nucleinsäuren, energiereiche Phosphate und Zucker. Natürlich sind diese molekularen Urbausteine der Organismen noch immer weit von der Organisationshöhe selbst der allereinfachsten Bakterienzelle mit ihren ca. 5 Millionen Nucleotidpaaren als Erbinformationsträgern entfernt; aber die Versuche haben doch unbestreitbar bewiesen, daß sich unter den physikalischen Bedingungen der Uratmosphäre unserer Erde sämtliche Grundbausteine der Lebenssubstanz nicht nur bilden konnten, sondern geradezu naturnotwendig bilden mußten.

Tier und Pflanze. Die Aufrechterhaltung der spezifischen Ordnung, die das Leben charakterisiert, stellt eine Leistung dar, die Energie verbraucht. Leben ist infolgedessen ein energieverzehrender Prozeß, der an die Fähigkeit gebunden ist, ausreichende Energiereserven zur Aufrechterhaltung seiner geordneten Strukturen einsetzen zu können; in dem gleichen Augenblick, in dem die Energiezufuhr aufhört, erlischt das aktive Leben, und die Ordnung beginnt zu zerfallen.

Nach dem zweiten Hauptsatz der Thermodynamik sind sämtliche spontanen Veränderungen anorganischer Systeme mit einem Verlust an Ordnung verbunden (vgl. S. 218 ff.). Die Lebewesen hingegen besitzen die Fähigkeit, aus diesem natürlichen Energiegefälle ununterbrochen Energie zur Aufrechterhaltung ihrer Ordnung aufzunehmen. Sie kehren also für sich das natürliche Entropiegefälle um und weichen auf diese Weise dem normalen Zerfall in das atomare Chaos, dem alle organische Materie letzten Endes zustrebt, aktiv aus.

Die zur Erhaltung des Lebens erforderliche Energie entnimmt der tierische Organismus ausschließlich seiner Nahrung, die grüne Pflanze hingegen unmittelbar dem Sonnenlicht. Tiere und grüne Pflanzen unterscheiden sich also grundlegend in der Art ihrer Energiebeschaffung: die Pflanzen sind mit Ausnahme weniger Stämme und Spezialisten (vgl. S. 206 f. u. S. 372 ff.) autotroph, die Tiere hingegen heterotroph. Alle übrigen Unterschiede zwischen tierischer und pflanzlicher Organisation beruhen letzten Endes auf diesem primären grundsätzlichen Unterschied.

Die Befähigung zur autotrophen Ernährungs- und Lebensweise verdanken die grünen Pflanzen dem Besitz des Farbstoffes Chlorophyll (Blattgrün). Mit seiner Hilfe wird die Energie der absorbierten Sonnenstrahlung für die Synthese energetisch hochwertiger organischer Moleküle nutzbar gemacht. Aus der auf diese Weise geschaffenen Energiereserve werden die zur Erhaltung und zur Fortpflanzung des Lebens erforderlichen Kräfte geschöpft. Da nur die grünen Pflanzen Chlorophyll besitzen und nur sie infolgedessen in der Lage sind, den zur Synthese der organischen Kohlenstoffverbindungen erforderlichen Energiehub direkt, d.h. unter ausschließlicher Verwendung der Sonnenenergie, zu vollziehen, ist alles tierische Leben letzten Endes von der Pflanze abhängig. Ohne das Vorhandensein der grünen Pflanzen wäre daher jedes tierische Leben auf unserer Erde undenkbar.

Der wichtigste Grundstoff zur Synthese organischer Substanzen, der Kohlenstoff, steht in Form des Kohlendioxids der Luft überall zur Verfügung (etwa 0,03 vol. %). Weniger selbstverständlich ist das Vorhandensein von Wasser, das den zweiten unentbehrlichen Grundstoff aller organischer Materie liefert: den Wasserstoff. Außerdem enthält das natürliche Wasser in der Regel eine Anzahl weiterer wichtiger Elemente in ionisierter Form in Lösung, die – wie Stickstoff, Schwefel, Phosphor, Eisen, Kalium, Calcium und Magnesium – gleichfalls als lebensnotwendige Grundstoffe am Aufbau des Protoplasmas beteiligt sind. Überall, wo Licht, Luft und Wasser zur Verfügung stehen, können Pflanzen gedeihen, und mit Ausnahme der völlig trockenen Wüstengebiete sowie der mit ewigem Schnee und Eis bedeckten Hochgebirgsgipfel und Polarzonen gibt es praktisch kaum einen Ort auf der Erde, der nicht von Pflanzen besiedelt wäre.

Da die grünen Pflanzen die zur Assimilation des Kohlenstoffs und der anderen Elemente erforderliche Energie dem Sonnenlicht entnehmen, brauchen sie nicht wie die Tiere, die sich ihre Nahrung suchen müssen, beweglich zu sein: Die typische höher organisierte Pflanze ist ortsfest eingewurzelt.

Es gibt jedoch auch mancherlei Ausnahmen von dieser Regel. So gibt es ganze Gruppen meist mikroskopisch kleiner, im Wasser lebender Pflanzen, die Zeit ihres Lebens mit Hilfe besonderer Bewegungsorgane frei umherschwimmen (Abb. 2 u. 3). Auch bilden zahlreiche Niedere Pflanzen mindestens zeitweise bewegliche Fortpflanzungsstadien oder Zoosporen aus (Abb. 1). Man hat, als man das zum erstenmal beobachtete, erstaunt von der «Tierwerdung der Pflanze» gesprochen, – so fest war man davon überzeugt, daß die freie Beweglichkeit eine Eigenschaft sei, die nur den Tieren zukomme. Andererseits können Tiere bei hinreichendem Nahrungsangebot pflanzenhaft festgewachsen sein und sich die erforderliche Nahrung

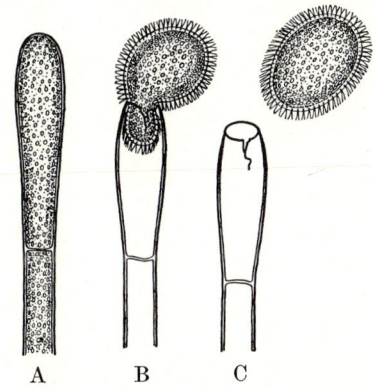

Abb. 1: Bildung und Entleerung der Synzoosporen von *Vaucheria sessilis*. (Vergrößerung etwa 70 ×, nach GOETZ.)

mit Hilfe besonderer Mechanismen herbeistrudeln, wie es von den Schwämmen und etlichen Coelenteraten bekannt ist, die daher noch von Linné zu den Pflanzen gezählt wurden.

Als weitere Folge der verschiedenen Ernährungsweise von Tieren und Pflanzen ergibt sich eine grundsätzlich andere Art des Wachstums: Tiere wie Pflanzen benötigen für die Abwicklung ihres Stoffwechsels große Oberflächen. Während jedoch die Entwicklung der Tiere durch frühzeitige Einstülpung eines Teiles ihrer Oberfläche auf die Schaffung möglichst umfangreicher, der Aufnahme und Resorption der Nahrung dienender Innenflächen ausgerichtet ist, drängt die Entwicklung der Pflanzen gerade im Gegenteil zur Schaffung möglichst umfangreicher, dem Licht zugänglicher, assimilierender Außenflächen. Da sie sich nicht von der Stelle zu bewegen brauchen, sind ihrem Wachstum keine äußeren Grenzen gesetzt. Im Gegensatz zu den Tieren, die ihr Wachstum stets nach einer gewissen Jugend- und Wachstumsperiode einstellen, setzen die Pflanzen daher ihr Wachstum und die Entwicklung neuer Organe bis zu ihrem Tode fort. Man sagt daher auch wohl, das Tier habe eine «geschlossene», die Pflanze dagegen eine «offene» Form.

An den äußersten Spitzen ihrer meist reichen Verzweigungen finden sich – vor allem bei den Höheren Pflanzen – «Vegetationspunkte», d.h. Zonen, wo die Embryonalentwicklung niemals zum Abschluß kommt. Mit Hilfe dieser zeitlebens embryonalen Zonen schreitet die äußere Gliederung der «Gewächse» unter geeigneten Bedingungen – z.B. nach rechtzeitiger Abtrennung einzelner Sprosse (Stecklingsvermehrung, S. 211) – selbst über den Tod des Ausgangsindividuums hinaus theoretisch unbegrenzt fort.

Mit der Ortsgebundenheit und Unbeweglichkeit der Pflanzen ist schließlich auch noch ein organisatorischer Unterschied im mikroskopischen Aufbau verbunden. Pflanzen wie Tiere bestehen, mit wenigen Ausnahmen (S. 15, 603), aus Millionen und aber Millionen winziger Bausteinchen: den Zellen. Die Zellen der Pflanzen sind fast ausnahmslos von einer besonderen Haut aus Cellulose umhüllt: der Zellwand. (Nur die Zellwände der Bakterien und Blaualgen sowie vieler Niederer und aller Höheren Pilze bestehen in der Regel aus anderen Substanzen. Während bei den Bakterien und Blaualgen verschiedene sehr komplexe peptidhaltige Verbindungen – Peptidglucane – vorherrschen, findet sich bei den Pilzen vor allem das N-haltige Chitin als Wandsubstanz.) Tierische Zellen weisen hingegen nur selten besondere Zellwände auf. Cellulose kommt

im Tierreich überhaupt nur bei einem Tierstamm vor: den **Tunicaten.**

Zusammenfassend lassen sich die wichtigsten Unterscheidungsmerkmale zwischen den Tieren und den typischen (grünen) Höheren Pflanzen folgendermaßen einander gegenüberstellen:

Pflanzen:	Tiere:
Chlorophyll	kein Chlorophyll
autotroph	heterotroph
unmittelbare Ausnutzung der Sonnenenergie	Energiegewinn indirekt, durch Aufnahme energetisch hochwertiger organischer Substanzen als Nahrung
Erzeuger	Verbraucher
unbegrenztes Wachstum	begrenztes Wachstum
«offene» Form	«geschlossene» Form
ortsfest eingewurzelt	frei beweglich, nicht ortsgebunden
feste Zellwände	Zellen meist ohne feste Wände

Für viele der genannten Merkmale lassen sich sowohl bei den Tieren als auch bei den Pflanzen (vor allem den Niederen) Ausnahmen anführen. So haben manche Pflanzen die Befähigung zur autotrophen Lebensweise im Laufe der Stammesgeschichte verloren. Auch die Pilze und die meisten Bakterien besitzen kein Chlorophyll. Sie müssen sich infolgedessen genau wie die Tiere saprophytisch oder parasitisch von organischer Substanz aus toten oder lebenden Quellen ernähren, die letzten Endes von anderen Pflanzen erzeugt worden ist (vgl. S. 372 ff.). Nach Ge-

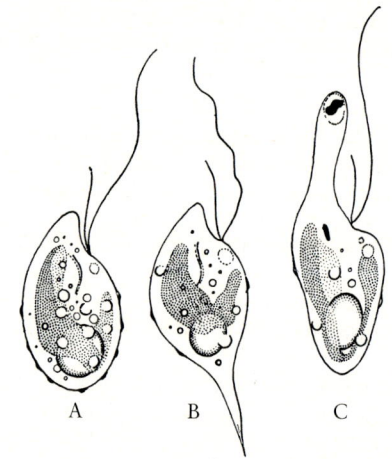

Abb. 2: *Ochromonas* spec., ein mixotropher Flagellat. Grau punktiert: die Chromatophoren. Die Zelle C mit animalisch aufgenommener Nahrung in einer besonderen «Nahrungsvacuole» am Vorderende (ca. 200 ×, nach Pascher und Fott).

stalt und Fortpflanzungsweise läßt sich jedoch die systematische Zuordnung zum Pflanzenreich in den meisten Fällen dennoch unschwer vollziehen.

Es gibt aber auch Organismengruppen, bei denen diese Zuordnung außerordentlich schwierig, ja manchmal unmöglich ist. So werden verschiedene mikroskopisch kleine, einzellige «Protisten» sowohl in den Lehrbüchern der Zoologie als auch in denen der Botanik behandelt, da sie typisch tierische Eigenschaften (Beweglichkeit, Aufnahme geformter Nahrung) mit dem Besitz von Chlorophyll und der Fähigkeit zu autotropher Lebensweise in sich vereinen (Abb. 2). Die in der Abstammungslehre oder Descendenztheorie zum Ausdruck kommende Vorstellung, daß die Lebewesen mit verwickelterem Bau von einfacher gestalteten abstammen, erblickt in derartigen mixotrophen Organismen (die ihre Energie teils direkt, wie die autotrophen, teils indirekt, wie die heterotrophen, beziehen) den gemeinsamen Ausgangspunkt zweier großer Entwicklungsreihen, die einerseits zu den «typischen» Pflanzen, andererseits zu den «typischen» Tieren geführt haben. Auf der untersten Entwicklungsstufe ist noch keine scharfe Differenzierung zwischen den beiden Entwicklungsmöglichkeiten eingetreten. Man hat sich jedoch dahingehend geeinigt, daß mindestens alle durch den Besitz von Chlorophyll ausgezeichneten Organismen zu den Pflanzen gerechnet werden, auch wenn sie sich gleichzeitig «tierisch» ernähren können.

Einteilung der Botanik

Die Erforschung der Pflanzenwelt kann von sehr unterschiedlichen Gesichtspunkten ausgehen. So differenzieren sich die botanischen Arbeitsrichtungen etwa nach den verschiedenen Organisationsbereichen des Lebens, denen sie sich zuwenden: vom Bereich der Moleküle und Zellen über Gewebe und Organe bis zu Individuen, Populationen und Pflanzengesellschaften. Weitere Gesichtspunkte ergeben sich aus der Untersuchung der erdgeschichtlich vergangenen oder gegenwärtigen Pflanzenwelt, der verschiedenen Verwandtschaftsgruppen, der Nutzung der Pflanzen durch den Menschen u. a. m. Im allgemeinen stoßen alle diese Arbeitsrichtungen von der Analyse der Einzelphänomene und ihrer Mannigfaltigkeit über eine vergleichende Betrachtung zur Verallgemeinerung und zur Erkenntnis von verbindlichen Gesetzmäßigkeiten vor. Immer müssen sich dabei statische und dynamische Betrachtungsweise ergänzen: einerseits Erfassung und Aufklärung von Strukturen und Formen, andererseits Analyse der Lebensvorgänge, Funktionen und Entwicklungsgeschichten. Letztes Ziel beider Betrachtungsweisen wird stets bleiben müssen, Form und Funktion in ihrer gegenseitigen Abhängigkeit und ihrem Werdegang verstehen zu lernen.

Wissenschaftstheoretisch wird die Erforschung der pflanzlichen Formen und das Studium ihrer Funktionen stets vom Einzelbeispiel ausgehen müssen; das Ziel wird aber stets die Erfassung und Dokumentation allgemeingültiger Gesetze sein. So ergibt sich nach KANT und STOCKER eine natürliche Vierteilung der biologischen Wissenschaften:

	Form	Funktion
allgemein:	Morphologie	Physiologie
speziell:	Systematik	Ökologie

Sie findet sich auch in der üblichen Einteilung in eine Allgemeine und eine Spezielle Botanik wieder.

In unserem Lehrbuch stellen wir die pflanzliche **Morphologie** an den Anfang. Im weiteren Sinn umfaßt sie als allgemeine Lehre von Struktur und Form der Pflanzen die Cytologie, die sich mit dem Feinbau der Zellen beschäftigt (und sich im molekularen Bereich mit Teilgebieten der Molekularbiologie überschneidet) und die Histologie als Gewebelehre; beide zusammen betreffen den inneren Bau, die Anatomie der Pflanzen und können der Organographie oder Morphologie im engeren Sinn, der Lehre von ihrem äußeren Bau, gegenübergestellt werden. Mit der Betrachtung der Anpassungserscheinungen überschneidet sich die Morphologie mit der morphologischen Pflanzenökologie (Ökomorphologie), welche die Beziehung zwischen Pflanzengestalt und Umwelt untersucht.

Im zweiten Teil des Lehrbuches folgt die pflanzliche **Physiologie**, die sich mit den allgemeinen Funktionsabläufen im Bereich des Stoffwechsels, des Formwechsels (einschließlich Wachstum und Entwicklung) und der Bewegungen auseinandersetzt und bei alledem weithin Fragen der Molekularbiologie mit einbezieht. Ein heute durchaus selbständiger Forschungszweig der Biologie ist weiter die Genetik oder Vererbungslehre, deren Forschungsgebiet die identische Selbstvermehrung der Organismen und ihre Erbänderungen (Mutation und Rekombination) sind; die Genetik kann hier nur sehr knapp, und zwar im Zusammenhang mit Fortpflanzung, Formwechsel und pflanzlicher Evolution, behandelt werden.

Die botanische **Systematik** folgt im dritten Teil; sie stützt sich als Verwandtschaftsforschung auf die Ergebnisse aller anderen Disziplinen, wobei neben der Morphologie im engeren Sinne vor allem die Cytologie, Anatomie, Palynologie (Struktur der Sporen und Pollen), Embryologie (Entwicklung der Geschlechtsgeneration und des Embryos), Phytochemie (Inhaltsstoffe der Pflanzen), Genetik und Geobotanik (Pflanzengeographie) bedeutungsvoll sind. Als Teilgebiet der Systematik sei zuerst auf die Taxonomie verwiesen, welche sich mit der Beschreibung, Benennung und Ordnung der über 500 000 heute lebenden Pflanzenarten befaßt. Dazu kommt die Aufklärung der Stammesgeschichte oder Phylogenie des Pflanzenreiches, besonders mit Hilfe der Paläobotanik, der Kunde von Pflanzen früherer erdgeschichtlicher Epochen sowie die Evolutionsforschung, welche den Gesetzmäßigkeiten und Ursachen der Sippenbildung nachgeht. Nur wenige Hinweise sind hier möglich auf Fachrichtungen, die sich intensiver mit einzelnen Organismengruppen beschäftigen, wie etwa Mikrobiologie (Mikroorganismen), bzw. eines Teilgebiets Bakteriologie (Bakterien), Mycologie (Pilze) usf., oder die verschiedenen angewandten Disziplinen, welche die praktische Bedeutung der Pflanzen für den Menschen untersuchen und damit Verbindungen etwa zur Land- und Forstwirtschaft, Pharmazie usw. herstellen; als Beispiele sei hier nur hingewiesen auf Pflanzenbau, Pflanzenzüchtung, Phytopathologie (Pflanzenkrankheiten und ihre Bekämpfung) und Pharmakognosie (Heilpflanzen, Arzneistoffe und Drogen).

Die **Pflanzenökologie** – als vierter natürlicher Forschungsaspekt – befaßt sich mit den Beziehungen einzelner Pflanzen (Autökologie) sowie ganzer Pflanzengesellschaften (Synökologie) zu ihrer Umwelt. Sie ist in diesem Lehrbuch nicht in einem eigenen Abschnitt zusammengefaßt, sondern – ihrer integrierenden Bedeutung entsprechend – mit ihren jeweils wichtigsten Aspekten in die übrigen Teile des Buches eingearbeitet. (Ökomorphologie S. 189 bis 209; Ökophysiologie z. B. S. 265 ff., 372 ff., 398 ff. und an vielen anderen Stellen, sowie zahlreiche Hinweise im Abschnitt: Übersicht des Pflanzenreichs). Wegen der herausragenden Bedeutung, welche den natürlichen Ökosystemen in der heutigen übervölkerten Umwelt zukommt, ist diesem wichtigen Forschungsgebiet der ganze letzte Teil des Lehrbuchs (S. 916–1041) gewidmet: Mit Hilfe der Arealkunde (Verbreitungslehre), Vegetationskunde (einschließlich Pflanzensoziologie), Standortlehre und Vegetationsgeschichte versucht die Geobotanik die Ursachen und Gesetzmäßigkeiten der Verbreitung und des Zusammenlebens der Pflanzen auf der Erde in Raum und Zeit zu verstehen, – nicht zuletzt, um damit den oft verderblichen Einfluß der menschlichen Zivilisation auf die natürliche Umwelt verständlicher zu machen.

In der Biologie herrschte bis etwa zur Mitte des vorigen Jahrhunderts die statische Betrachtungsweise vor, die sich der beschreibenden und vergleichenden Methode bedient. Es war daher seinerzeit berechtigt, die Botanik und die Zoologie als beschreibende Naturwissenschaften den exakten Naturwissenschaften Physik und Chemie gegenüberzustellen. Seither tritt die dynamische Betrachtungsweise und damit die kausalanalytische Erforschung der funktionalen Zusammenhänge immer stärker in den Vordergrund. Künstliche Eingriffe des Forschers in die natürlichen Entwicklungsabläufe gehören zum wichtigsten methodischen Rüstzeug dieser Denk- und Arbeitsweise; das Experiment tritt an die Stelle der bloßen Betrachtung. Die Fortschritte in den Analysenmethoden haben parallel dazu eine Erweiterung der Forschung vom Bereich der Individuen und ihrer Organe in Richtung auf den Bereich der Zellen und schließlich der Moleküle ermöglicht. Diese Entwicklungen und unser sich fortwährend mehrendes Wissen von der kausalen Verknüpfung aller Phänomene in der Biosphäre führen heute zu einer immer stärkeren Verflechtung der Fachgebiete innerhalb der Botanik, der gesamten Biologie und schließlich aller Naturwissenschaften.

Erster Teil
Morphologie

Aufgaben und Methoden. Die Pflanzen treten uns in einer überwältigenden Formenfülle entgegen. Aufgabe der Morphologie ist es, die allgemeinen Gesetzmäßigkeiten aufzuspüren, die den speziellen Gestalten zugrunde liegen und sie unter einheitlichen Gesichtspunkten zu verstehen und darzustellen. Zwei Wege stehen zur Erreichung dieses Zieles zur Verfügung:

1. Morphologie kann ohne jede Kausalüberlegung aufgrund reiner Anschauung betrieben werden: Durch vergleichende Betrachtung, gewissermaßen durch ein Übereinanderschauen vieler individueller Einzelformen, wird der Typus einer Formengruppe gefunden. 2. Es kann aber auch die Frage nach der Entstehung dieser Typen gestellt werden und nach den Ursachen geforscht werden, die den typologischen Übereinstimmungen zugrunde liegen.

Den ersten Weg beschreitet die sogenannte vergleichende Morphologie (reine oder idealistische Morphologie). Sie geht von dem Gedanken aus, daß die vielerlei Gestalten lediglich Abwandlungen eines Urbildes oder Typus seien. Diese Typen zu erkennen und aus den Sonderfällen abzuleiten, betrachtet sie als ihre Aufgabe. Einer ihrer bedeutendsten Vertreter war GOETHE, der in seinen Metamorphose-Studien den Typus der «Urpflanze» zu erfassen versuchte. Der zweite Weg ist der Weg der analytischen oder experimentellen Morphologie, aus der die moderne Entwicklungsphysiologie hervorgegangen ist.

Das wichtigste Ziel der morphologischen Betrachtungsweise ist die historische Deutung der heutigen (rezenten) Strukturen aufgrund ihrer natürlichen stammesgeschichtlichen Herkunft, d.h. die Rückführung der heutigen Formenmannigfaltigkeit auf ursprünglich einfachere gemeinsame Grund- und Ausgangsformen. Der abstrakte urbildliche «Typus» wird auf diese Weise zur realen «Urform» der heutigen differenzierten Mannigfaltigkeit (evolutionistische Morphologie).

Jede Pflanzengestalt ist etwas im doppelten Sinne «Gewordenes». Sie ist nicht zu verstehen, ohne diese doppelte Entwicklung zu beachten: Einerseits ist sie aus einer befruchteten Eizelle hervorgegangen und hat im Verlauf ihrer Individualentwicklung oder Ontogenese eine Reihe gesetzmäßig aufeinanderfolgender Entwicklungsstufen durchlaufen. Andererseits ist aber auch die Art, der sie angehört, im Laufe der Erdgeschichte aus in der Regel einfacheren Lebensformen hervorgegangen, und viele Merkmale lassen sich ohne einen zumindest groben Überblick über den Verlauf ihrer Stammesgeschichte oder Phylogenese gar nicht verstehen.

Der ganze in Wirklichkeit sich abspielende Entwicklungsvorgang, den wir nur begrifflich in eine Vielzahl von Ontogenesen zerlegen, heißt Hologenese. Die Phylogenese oder Evolution eines Organismus beschreibt also die Abwandlung der Ontogenesen im Laufe der Hologenese. Die endgültige Gestalt eines Organismus oder eines pflanzlichen Zellgewebes kann nur aus seiner individuellen Entwicklungsgeschichte verstanden werden. Die derzeitige Gestalt einer Art wird nur bei Kenntnis ihrer Abstammungsgeschichte wirklich verständlich.

Unter Metamorphose eines Organs verstehen die Botaniker seit GOETHE die morphologisch verschiedene Ausbildung ursprungsgleicher Glieder durch Anpassung an bestimmte Funktionen. Organe, die aus der gemeinsamen Grundform (Wurzel, Sproßachse, Blatt) ursprungsgleich hervorgegangen sind, d.h. im Bauplan eine gleiche Stellung einnehmen, nennt man homolog (vgl. S. 189ff.). Demgegenüber können äußerlich sehr ähnliche Gestalten letzten Endes auf recht ungleichwertige Ausgangsformen zurückzuführen sein; solche konvergent entstandene Formen bezeichnet man als analog (funktionsgleich).

Die Möglichkeit einer kausalen Bearbeitung ist relativ einfach bei den Homologien an ein und derselben Pflanze (Homonomien), z.B. verschiedenen nacheinander auftretenden Blattgestalten (Abb. 206, 207). Sie wird jedoch problematisch beim Vergleich ähnlicher Bildungen verschiedener Arten. In diesem Fall ist es oft schwierig, rein äußerliche Übereinstimmungen der Form (Ähnlichkeit ganzer Organe oder Organsysteme, Konvergenz) aufgrund gleicher Funktionen (analoge Konvergenz, z.B. Abb. 100C) von echten Homologien (homologe Konvergenz) zu unterscheiden.

Organisationsmerkmale, Anpassungsmerkmale, indifferente Merkmale. Jede Pflanze hat im Laufe ihrer Stammesgeschichte Baueigentümlichkeiten erworben, die es ihr ermöglichen, unter ganz bestimmten Umweltbedingungen, aber keinesfalls überall auf der Erde zu leben. Im Wasser herrschen andere Bedingungen als in der Wüste; Wasserpflanzen und Wüstenpflanzen sind dementsprechend sehr verschieden gebaut. Sie sind an ihre Lebensräume oder B i o t o p e angepaßt und nur imstande, in ihren gewohnten oder diesen einigermaßen ähnlichen Verhältnissen zu gedeihen. Im Gegensatz zu den aus der Stammesgeschichte heraus verständlichen O r g a n i s a t i o n s m e r k m a l e n bezeichnet man solche Baueigentümlichkeiten, die im Laufe der Stammesgeschichte als funktionelle Anpassung an die Umwelt erworben worden sind, als A n p a s s u n g s m e r k m a l e. Neben Organisations- und Anpassungsmerkmalen finden sich aber bei genauerer Betrachtung stets noch zahlreiche i n d i f f e r e n t e M e r k m a l e, die bis heute weder historisch gedeutet werden können noch einen Zweck erkennen lassen.

Die Anzahl der verschiedenen Blütenorgane einer Art (Kelch-, Kron-, Staub- und Fruchtblätter) wird in den meisten Fällen als Organisationsmerkmal gelten dürfen. Ihre Anordnung hingegen (radiäre oder bilaterale Symmetrie, Asymmetrie) wird zumeist als Anpassungsmerkmal zu deuten sein (z.B. Lippen- oder Schmetterlingsblüten = Anpassung an ganz bestimmte Bestäuber-Gruppen). Auch die Blütenfarbe, die häufig der Fernanlockung der Blütenbestäuber dient, darf in den meisten Fällen als ein derartiges Anpassungsmerkmal aufgefaßt werden. Hingegen dürften schon viele der in Einzelheiten voneinander abweichenden Farbmuster (z.B. die farbigen Muster auf den Lippen mancher Labiaten- oder Orchideenblüten) für die betreffenden Arten ohne Bedeutung sein, d. h. ein indifferentes Merkmal darstellen. (Bei manchen Orchideen-Arten, z.B. der Gattung *Ophrys*, finden sich am gleichen Standort dicht nebeneinander zahlreiche Varietäten, die sich erblich in ihren Blütenmustern deutlich voneinander unterscheiden, ohne daß dadurch der einen oder der anderen Varietät ein nachweisbarer Vor- oder Nachteil entstünde.) Allerdings können aus derartigen zunächst «indifferenten» Merkmalen schnell «Anpassungsmerkmale» werden (wenn z.B. abweichend gefärbte Saftmale den Blütenbesuchern den Weg zum Nektar weisen).

Ganz allgemein läßt sich bei einer näheren Betrachtung der Formenmannigfaltigkeit in der Natur feststellen, daß die Mannigfaltigkeit der Organbildungen die Mannigfaltigkeit der Lebensbedingungen bei weitem übertrifft.

Träger aller Lebenserscheinungen ist das Protoplasma. Diese Substanz tritt uns in der Regel in der Form mikroskopisch kleiner Einheiten entgegen, die als Z e l l e n bezeichnet werden. Diese Zellen sind die letzten und wesentlichsten Lebenseinheiten. Ihren Bau und ihre Funktion untersucht die Z e l l e n l e h r e oder C y t o l o g i e. Während sich die C y t o m o r p h o l o g i e im wesentlichen s t a t i s c h mit der Gestalt der Zellen und ihren Strukturen bis hinein in den molekularen Bereich befaßt, untersucht die Z e l l p h y s i o l o g i e oder C y t o p h y s i o l o g i e kausalanalytisch den d y n a m i s c h e n Aspekt der Z e l l f u n k t i o n e n.

Größere Verbände gleichartig differenzierter Zellen werden als G e w e b e bezeichnet. Größere Gewebeverbände mit selbständiger Gestalt und bestimmten, differenzierten Funktionen heißen O r g a n e. Das Studium der Gewebe ist Aufgabe der Gewebelehre oder H i s t o l o g i e. Cytologie und Histologie werden in der Botanik auch als P f l a n z e n a n a t o m i e zusammengefaßt; in dieser Hinsicht weicht die botanische Terminologie von der in der Zoologie und Medizin gebäuchlichen ab. Was in diesen beiden Disziplinen als Anatomie bezeichnet wird, entspricht in der Botanik der Organlehre oder O r g a n o g r a p h i e, die sich mit der äußeren Morphologie der pflanzlichen Grundorgane befaßt. Eine saubere darstellungsmäßige Trennung der Pflanzenanatomie von der Organographie ist nicht möglich, da sich innere Organisation und äußere Gestalt in hohem Maße wechselseitig bedingen. Nur aus didaktischen Gründen hat es sich als zweckmäßig erwiesen, dem Studium der Organe und ihrer Differenzierungen eine kurze Betrachtung der wichtigsten Gewebetypen vorausgehen zu lassen.

Erster Abschnitt

Morphologie der Zelle (Cytomorphologie)

I. Die Zelle als Baustein des Lebens

In seiner 1665 erschienenen «Micrographia» hat ROBERT HOOKE erstmalig die seinerzeit aufsehenerregende Beobachtung mitgeteilt, daß die scheinbar einheitliche und feste pflanzliche Substanz des Flaschenkorks in Wirklichkeit aus unzähligen winzigen «boxes» oder «cells» zusammengesetzt sei. Die von ihm eingeführte Bezeichnung hat sich später allgemein durchgesetzt. Sie geht wie die Bezeichnung Cytologie von der Voraussetzung aus, daß die Zellen mit Luft oder Wasser erfüllte Hohlräume seien. Da HOOKE seine Entdeckung an totem Material gemacht hat, ist es nicht verwunderlich, daß er nur die toten Bestandteile der Zellen – das Gerüstwerk der Zellwände – finden konnte. Der eigentliche Lebensträger, der den Innenraum (Zellraum oder Zell-Lumen) erfüllt – der Zelleib oder Protoplast – wurde erst sehr viel später entdeckt; der von dem tschechischen Physiologen PURKINJE 1839 erstmals gebrauchte Begriff Protoplasma wurde erst 1846 durch HUGO VON MOHL in die botanische Wissenschaft eingeführt.

A. Gestalt und Größe der Zellen

Gestalt und Größe der Zellen können – ihren verschiedenen Funktionen entsprechend – sehr stark wechseln. Ihre einfachste Gestalt, die Kugel (Abb. 459, 615, 616, 657 C, 663 E), tritt nur selten auf. Im Gewebeverband herrschen vielmehr isodiametrische, kubische oder polyedrische neben mehr oder weniger langgestreckten prismatischen bis faserförmigen Gestalten vor. Die isodiametrischen, deren Durchmesser in allen Richtungen annähernd gleich sind, werden – da sie vorwiegend in den Grundgeweben oder Parenchymen vorkommen – als parenchymatisch, die langgestreckten, an den Enden zugespitzten, als prosenchymatisch bezeichnet. Viele Protisten bestehen zeitlebens aus einer einzigen, alsdann häufig besonders reichdifferenzierten Zelle (Abb. 3).

Die kleinsten Zellen finden sich bei den aus einer einzigen Zelle bestehenden Bakterien. Mikrokokken haben Durchmesser von weniger als 0,5 µm. Nimmt man an, daß solche Mikrokokken bei angenäherter Kugelgestalt einen Durchmesser von nur 0,5 µm haben, so läßt sich errechnen, daß am Aufbau eines derartigen «atomos des Lebendigen» immerhin noch die stattliche Anzahl von mehreren hundert Millionen Atomen beteiligt ist. Echtes Leben unterhalb dieser Größe ist uns bis heute nicht bekannt. Die Kluft zwischen den ersten künstlich synthetisierten «Bausteinen des Lebens» (S. 2) und wirklichen Lebewesen ist also noch immer gewaltig.

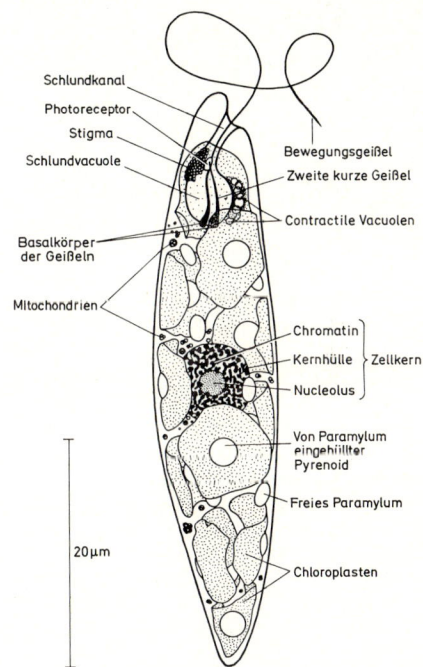

Abb. 3: *Euglena gracilis*. Die Geißel am Vorderende ist im Innern der Schlundvacuole neben einer viel kürzeren zweiten Geißel mit einem Basalkörper inseriert. Sie trägt in der Höhe des roten Stigmas (falsch «Augenfleck») eine lichtempfindliche Anschwellung (Photoreceptor). Etwa in der Mitte der Zelle Zellkern mit Nucleolus, teilweise von den Chromatophoren (flache grüne Chloroplasten mit Pyrenoid) verdeckt. Die Zelle ist von keiner starren Zellwand, sondern von einer flexiblen Pellicula umgeben; sie kann daher ihre Gestalt ändern («Änderling»; 2000 ×, nach G. F. LEEDALE).

Tab. 1: Größenordnungen (L = Länge, D = Durchmesser)

1 µm = Mikrometer	= $^1/_{1000}$ mm	= 10^{-3} mm
1 nm = 1 Nanometer	= $^1/_{1000}$ µm	= 10^{-6} mm
1 Å = 1 Ångström-Einheit	= $^1/_{10}$ nm	= 10^{-7} mm

Zellgrößen Höherer Pflanzen:

Euphorbiaceen – Milchröhren(L)	mehrere Meter			
Boehmeria nivea – Sclerenchymfaser (L)	250–550	mm		
Urtica dioica – Sclerenchymfaser (L)	50– 75	mm		
Linum usitatissimum – Sclerenchymfaser (L)	40– 65	mm		
Gossypium – Samenhaar (L)	50– 75	mm		
Musa – Tracheide (L)	8– 10	mm		
Pinus sylvestris – Tracheide (L)	2– 4,5	mm		
Vinca minor – Faser (L)	1– 2	mm		
Sambucus – Mark-Parenchym (D)	0,2	mm		
Rosa – Epidermiszelle (D)	0,04	mm = 40,0	µm

Algenzellen

Chara – Internodialzelle (L)	40–100	mm		
Acetabularia (L)	50– 60	mm		
Chlamydomonas (D)	0,02	mm = 20,0	µm

Bakterienzellen:

Thiospirillum jenense (L)	0,08	mm = 80,0	µm
Escherichia coli (L)	0,003	mm = 3,0	µm
Micrococcus (D)	0,0005	mm = 0,5	µm

Größere Zellstrukturen:

Chloroplasten der Cormophyten (D)	4,0–8,0	µm		
Dictyosomen (D)	0,2–5,5	µm		
Mitochondrien (D)	0,5–1,5	µm		
Durchmesser einer Eucyten-Geißel	0,2	µm = 200	nm
Durchmesser einer Bakterien-Geißel	12–15		nm

Grenze des Auflösungsvermögens des Lichtmikroskops:	≅ 0,40 µm = 400	nm
Grenze des Auflösungsvermögens des UV-Mikroskops:	≅ 0,24 µm = 240	nm

Viren:

Tabak-Mosaik-Virus (L)	0,28 µm = 280	nm
Bacteriophage T 2	0,25 µm = 250	nm
Influenza-Virus (D)	0,12 µm = 120	nm
Viroid der Spindelknollensucht der Kartoffel (L)	50	nm
Maul- und Klauenseuche-Virus (D)	10	nm

Sublichtmikroskopische Zellstrukturen:

Chromosomen-Filament (D)	100–250	nm
ER-Doppelmembran bzw. ER-Cisterne (D)	25– 30	nm
Ribosom (D)	10– 15	nm
Nucleosom (D)	10– 11	nm

Grenze des Auflösungsvermögens des Elektronenmikroskops:	≅ 0,2 nm

Organische Moleküle:

Hämoglobin	6,4 nm
Chlorophyllmolekül (L)	3,5 nm
DNA-Schraube, vgl. Abb. 18 B (D)	2,5 nm
Glucose (L)	0,7 nm
H-Atom (D)	0,1 nm

Die Durchschnittsgröße der Pflanzenzellen liegt zwischen etwa 10 und 100 μm. Die Oberhautzellen mancher Blätter, die Zellen mancher Pflanzenhaare und die Zellen des Fruchtfleisches reifer, mehliger Äpfel oder gekochter Kartoffeln lassen sich eben mit dem bloßen Auge erkennen. Prosenchymatische Zellen können bei nur wenigen μm Durchmesser mehrere Millimeter oder gar Zentimeter lang werden (Tab. 1 Seite 10). Die vielkernigen, schlauchförmigen Milchröhren (vgl. S. 134) erreichen sogar Längen von mehreren Metern.

B. Bedeutung der zelligen Organisation für die Organismen

Zellen sind nicht nur die Bausteine der vielzelligen Organismen, sie sind zugleich auch deren Ursprung. Denn jeder Organismus ist letzten Endes aus einer einzigen Zelle hervorgegangen.

Es war eine der bedeutendsten Entdeckungen der Biologie, als gegen Ende des 19. Jahrhunderts der komplizierte Vorgang der Zellteilung durch die Arbeiten von BÜTSCHLI, STRASBURGER, FLEMING u. a. aufgeklärt wurde, so daß schließlich VIRCHOWS berühmter Satz «omnis cellula e cellula» durch exakte wissenschaftliche Beobachtungen in allen Einzelheiten bestätigt wurde. Noch zu Beginn des 19. Jahrhunderts war man der Meinung, daß sich die Zellen aus der unorganisierten lebenden Materie Kristallen gleich herausbildeten. Heute wissen wir, daß die Zellen die eigentlichen Träger der erbgleichen Vermehrung sind, die in größeren Einheiten undurchführbar wäre. Die zellige Organisation war also die notwendige Voraussetzung jeder Höherentwicklung. Selbst in einem so kleinen Bereich, wie ihn die einzelne Zelle darstellt, ist die identische Weitergabe der spezifischen Strukturen, die das Leben ausmachen, immer noch ein überaus komplizierter Prozeß; denn es wird ja nicht nur die Fähigkeit zum «Leben» schlechthin weitergegeben, sondern die spezifische Art des Lebens, wie sie z. B. die «Tulpe» oder den «Apfelbaum» kennzeichnet. Nicht nur die schließlich wieder ausgebildeten neuen Keimzellen erweisen sich als befähigt, jederzeit wieder die gleiche Leistung zu vollbringen, sondern es läßt sich gerade bei den Pflanzen zeigen, daß jede beliebige Körper- oder Somazelle oft in gleicher Weise in der Lage ist, unter geeigneten Umständen zu einer neuen Pflanze mit allen ihren typischen Differenzierungen und besonderen Fähigkeiten heranzuwachsen (Abb. 451A–C, S. 425). Diese Überlegungen zwingen uns dazu, in der Zelle nach den spezifischen konstanten Strukturen zu suchen, die geeignet sind, diese erstaunliche Leistung zu vollbringen.

C. Bau einer typischen Pflanzenzelle

Abb. 4 gibt das stark schematisierte Bild einer ausgewachsenen Zelle aus dem Assimilationsgewebe eines grünen Blattes wieder. In Abb. 5 ist der Feinbau einer sehr jungen (meristematischen) Pflanzenzelle dargestellt, wie er sich aufgrund der Feinstrukturanalyse mit Hilfe des sehr viel stärker auflösenden Elektronenmikroskops ergibt.

Die typische Pflanzenzelle ist von einer Zellwand (W) umgeben. Ihr Innenraum – das Zelllumen – ist erfüllt von einer durchsichtigen

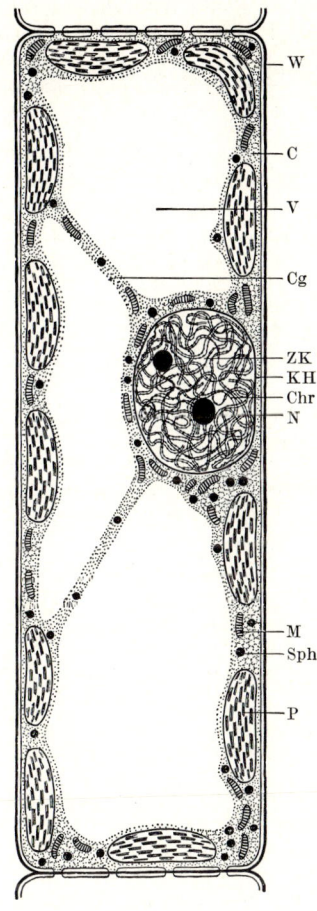

Abb. 4: Schema einer älteren Zelle aus dem Assimilationsparenchym eines Laubblattes. W Zellwand, C Cytoplasma, V Saftraum (Vacuole), dieser wird durchzogen von Plasmasträngen Cg; ZK Zellkern (KH Kernhülle, Chr Chromatin, N Nucleolus), P Plastiden (Chloroplasten), M Mitochondrien, Sph Lipidvacuolen (etwa 1000 ×; Orig.).

schleimig-viscosen Masse: dem Protoplasma, das durch Plasmolyse (Abb. 342, S. 317) als Protoplast von der Zellwand abgelöst werden kann. Schon eine oberflächliche Betrachtung läßt erkennen, daß das Protoplasma keine einheitliche Struktur besitzt. In eine lichtmikroskopisch mehr oder weniger homogene, häufig «optisch leere» Grundmasse, das hyaline Grundcytoplasma (Cytoplasmamatrix) eingebettet finden sich vielmehr verschiedene, regelmäßig auftretende, morphologisch wohl definierte und durch besondere Membranen abgegrenzte Bezirke (Kompartimente; vgl. S. 36) verschiedener Größe, die ganz bestimmte Lebensfunktionen erfüllen und deshalb mit Recht als «Organe der Zelle» (gr. órganon = Werkzeug) definiert werden können, wie das in der Bezeichnung Zellorganellen zum Ausdruck kommt.

Als wichtigste Differenzierung findet sich in jeder Zelle einer Höheren Pflanze – in den embryonalen Zellen in der Mitte, in älteren Zellen häufig seitlich der Wand anliegend (Abb. 4) – ein kugeliger oder linsenförmiger Körper: Zellkern oder Nucleus (ZK). Sein Protoplasma, das Kernplasma (Karyoplasma oder Nucleoplasma), ist chemisch ausgezeichnet durch den Gehalt an spezifischen Kerneiweißen oder Nucleoproteiden, die ein durch seine besonderen färberischen Qualitäten ausgezeichnetes fädig-netziges Gerüstwerk bilden: das Chromatingerüst. Im Zellkern fallen außerdem ein oder mehrere stark lichtbrechende, rundliche Körper auf: die Nucleolen (N). Der Zellkern ist von einer eigenen, mit Poren ausgestatteten Doppelmembran umgeben: der Kernhülle (KH).

Ein typischer Zellkern findet sich in sämtlichen Zellen der Höheren Pflanzen und Tiere, die deshalb auch als Eukaryoten bezeichnet werden. Die mit einem derartigen «echten» Zellkern ausgestatteten Zellen heißen Eucyten (gr. Kytos n = die Höhlung). Nur bei den primitivsten Lebensformen, den Prokaryoten (S. 551 ff.) kommt noch kein deutlich vom Grundcytoplasma durch eine eigene Kernhülle getrennter echter Zellkern vor. Die Träger der chemischen Erbinformation, die mittels der Nuclealreaktion nach Feulgen nachweisbaren Nucleoproteide oder Kerneiweiße, sind jedoch auch bei diesen Prokaryoten bereits vorhanden. Der Protocyt stellt somit gegenüber dem Eucyt einen primitiveren Entwicklungszustand dar, in dem die Anordnung der Erbinformationsträger und der auf das engste damit verbundene Mechanismus der Reduplikation und Verteilung der genetischen Informationen auf die Tochterzellen noch nicht so differenziert und kompliziert ist wie bei den höher organisierten und infolgedessen informationsträchtigeren Eukaryoten.

Im Protoplasma der grünen Zellen aller Höheren Pflanzen fallen weiterhin einige Dutzend bis über 100 linsenförmige, grün gefärbte, im UV-Licht rot fluorescierende, von zwei Membranen umgebene Organellen auf: die Chlorophyllkörner oder Chloroplasten (Abb. 4). Sie sind die Träger der Assimilationspigmente und die Orte, wo sich die Assimilation des Kohlendioxids der Luft vollzieht; in belichteten Zellen findet sich daher in ihnen oft primäre oder Assimilations-Stärke als erstes sichtbares Produkt der Photosynthese (Abb. 56 G und 59 D u. E).

Bereits in den noch farblosen embryonalen Bildungszellen lassen sich die späteren Chloroplasten als sehr viel kleinere, aber bereits streng individualisierte, noch farblose Proplastiden (Abb. 5 P) nachweisen, die sich erst im Laufe des Heranwachsens der Zelle unter allmählicher Ausbildung der Pigmente zu typisch strukturierten Chloroplasten (Abb. 4 P) entwickeln.

Entwicklungsgeschichtlich, morphologisch und funktionell lassen sich die Chloroplasten einer umfangreicheren Gruppe von Organellen zuordnen: den auch in nichtgrünen und farblosen Zellen auftretenden Plastiden. Das Protoplasma aller aufgeführten Plastidenarten bildet als Plastidoplasma einen wesentlichen Bestandteil des Cytoplasmas.

Außer den großen, lichtmikroskopisch leicht aufzufindenden Plastiden finden sich in allen Pflanzenzellen sehr viel zahlreichere und kleinere kugelige, zylindrische oder stäbchen- bis fadenförmige, flexible, farblose Mitochondrien. Ihr Durchmesser liegt zwischen 0,5 und 1,5 µm, ihre Länge kann bis zu 5 µm erreichen. Auch die Mitochondrien sind – wie die Plastiden – von zwei Membranen umgeben; ihr Protoplasma heißt Chondrioplasma.

Zellkern, Plastiden und Mitochondrien sind Selbstteilungskörper, d.h. Organellen, die über eigene genetische Informationsträger verfügen (Kern-DNA oder ncDNA, Plastiden-DNA oder ptDNA und Mitochondrien-DNA oder mtDNA); sie gehen stets nur durch Teilung aus ihresgleichen hervor und können bei Verlust vom Cytoplasma nicht neu gebildet werden. Dadurch unterscheiden sich diese drei großen Organellen von allen übrigen, meist sehr viel kleineren Protoplasmadifferenzierungen, die in Abhängigkeit vom Stoffwechselgeschen vom Protoplasten neu gebildet oder wieder eingeschmolzen werden können. Die drei großen Organellen sollen daher in einem eigenen Abschnitt (S. 41 ff.) ausführlich behandelt werden.

Der Rest des Protoplasmas – ohne Zellkern, Plastiden und Mitochondrien – wird als das Cytoplasma der Zelle bezeichnet. Im Cytoplasma erkennt man bei manchen Objekten schon mit dem Lichtmikroskop unter bestimmten Bedingungen etwa 1 µm große, tröpfchenförmige Lipidvacuolen (sog. «Sphärosomen»

Sph) und m.o.w. scheibenförmige GOLGI-Körper oder Dictyosomen, die sich im Elektronenmikroskop als von keiner besonderen Hülle umgebene Stapel flacher, membranumgrenzter Hohlräume erweisen (Abb. 26, 27). Außerdem hat das Elektronenmikroskop in vielen Fällen äußerst zarte, in dynamischer Bewegung befindliche segel- oder röhrenartige Strukturen von äußerst labiler Natur sichtbar gemacht, die in ihrer Gesamtheit als Endoplasmatisches Reticulum (Endoplasmareticulum), kurz ER, bezeichnet werden

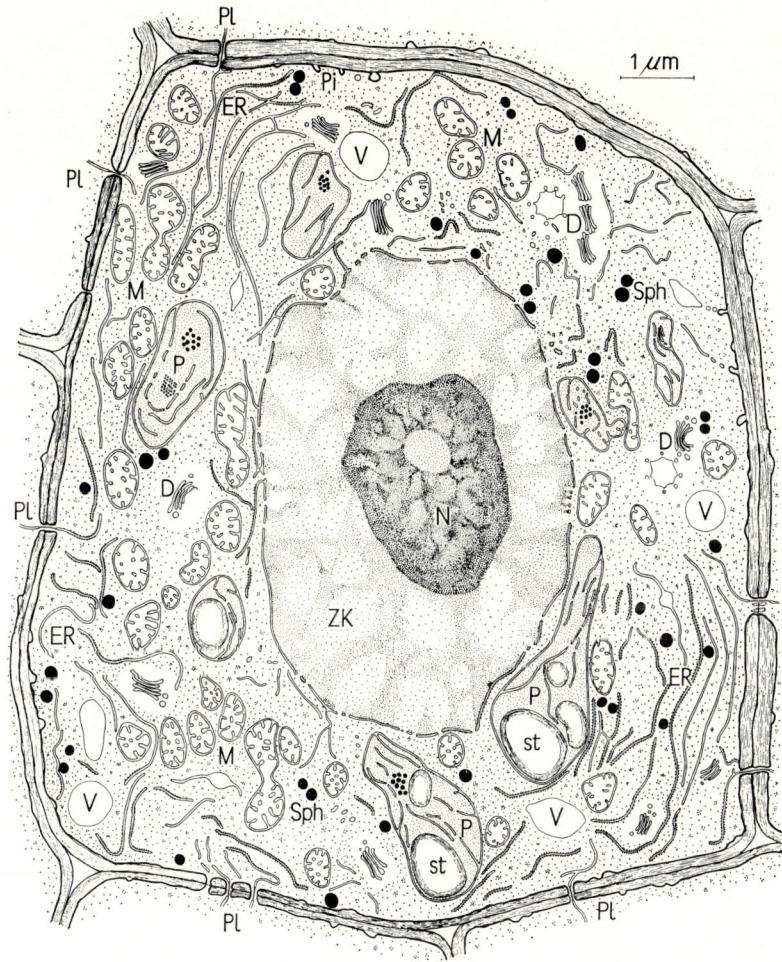

Abb. 5: Leicht schematisiertes Bild des Feinbaues einer Urmeristemzelle aus der Wurzelspitze einer keimenden Erbse, wie er sich mit Hilfe des Elektronenmikroskops erkennen läßt. ZK Zellkern, N Nucleolus, P Proplastiden mit st Stärke, M Mitochondrien, D Dictyosomen, V Vacuolen, Sph Lipidvacuolen (Sphärosomen), ER endoplasmatisches Reticulum (hier und da aufgebläht zu beginnender Vacuolenbildung), Pl Plasmodesmen, Pi Pinocytose (vgl. S. 338). Das Grundcytoplasma ist von sehr kleinen Ribosomen erfüllt (schwarze Punkte), die stellenweise das ER dicht bedecken («rauhes ER» im Gegensatz zum «glatten ER»). (10 000 ×; nach einer Originalvorlage von E. PERNER.)

(Abb. 5 ER) und im Lichtmikroskop nur bei besonders günstigen Objekten und bei Verwendung besonderer Hilfsmittel (Phasenkontrast) nachweisbar sind (S. 36 f.).

Die Zellen der heterotrophen Tiere unterscheiden sich von den Pflanzenzellen in erster Linie durch das Fehlen der Plastiden, die allerdings auch bei den Bakterien, Pilzen und Blaualgen fehlen. Außerdem treten im Cytoplasma älterer Pflanzenzellen regelmäßig mit wässrigem Zellsaft erfüllte Hohlräume oder Vacuolen auf, da sich das Cytoplasma nicht entsprechend der starken, in erster Linie auf Wasseraufnahme beruhenden Volumenzunahme der Zellen vermehrt (Abb. 4 u. 6 V). Im Verlauf des weiteren Wachstums der Zellen, die nicht selten das 1000fache der ursprünglichen Ausgangsgröße erreichen, verschmelzen die mit wässerigem Zellsaft erfüllten Vacuolen vielfach zu einem großen zentralen Saftraum. Zellkern, Plastiden, Mitochondrien, Sphärosomen und Dictyosomen bleiben dabei stets vom Grundplasma umschlossen, das oft schließlich nur noch einen dünnen Belag an der Zellwand bildet. Er kann so dünn werden, daß man ihn mit dem Lichtmikroskop nicht mehr unmittelbar sieht. Erst wasserentziehende Mittel, wie starke Salz- oder Zuckerlösungen, machen ihn dadurch sichtbar, daß sie ihn veranlassen, sich von der Wand abzulösen und zurückzuziehen (Plasmolyse, Abb. 342 B).

Bei dieser Gelegenheit läßt sich häufig schon mit dem Lichtmikroskop feststellen, daß das Cytoplasma sowohl nach außen gegen die Zellwand als auch nach innen gegen die Vacuole durch je eine hyaline gelartige Plasmamembran begrenzt ist, die sich deutlich von dem dazwischen befindlichen, flüssigen «Körnchenplasma» unterscheidet. Die Grenzschicht gegen die Vacuole heißt Tonoplast, die äußere Plasmahaut, die normalerweise der Zellwand anliegt, wird Plasmalemma genannt.

Die wertvollsten Aufschlüsse über die morphologische Natur der Protoplasmastrukturen vermittelt das Elektronenmikroskop, mit dessen Hilfe die Auflösungsgrenze gegenüber dem Lichtmikroskop um etwa das 1000fache bis in den Bereich der Makromoleküle hinein vorgeschoben werden konnte. Das ER erweist sich bei dieser Vergrößerung als ein zusammenhängendes System röhrenartiger oder flächig verbreiterter, vielfach vernetzter Hohlräume oder Cisternen. Die Protoplasten benachbarter Zellen sind durch plasmatische

Brücken in den Zellwänden (Plasmodesmen, Abb. 5, 6, 78 B) zu einem einheitlichen Symplasten miteinander verbunden. Dem lebenden Symplasten werden die Zellwände als toter Apoplast gegenübergestellt. Eine Übersicht über die Organisation einer «idealen», d.h. nach allen theoretischen Möglichkeiten vervollständigten Pflanzenzelle findet sich auf S. 71, Tabelle 6.

Während das normale elektronenmikroskopische Bild aufgrund der bei der Fixierung des Materials auftretenden Fixierungs- und Erhitzungs-Artefakte (= künstliche Veränderungen) mit Vorsicht interpretiert werden muß, liefert die schonendere Methode der Gefrierätzung plastische Bilder, welche die natürlichen Strukturverhältnisse relativ wenig verändert wiedergeben (Abb. 31, 61). Es hat sich gezeigt, daß eingefrorene Hefezellen nach dem Auftauen unverzüglich alle Lebensfunktionen wieder aufnehmen. Die Kältefixierung garantiert somit eine unverfälschte Erhaltung sämtlicher lebenswichtiger Strukturen. Das Raster-Elektronenmikroskop (Stereoscan) liefert besonders eindrucksvolle plastische Bilder von Oberflächenstrukturen (Abb. 80, 120).

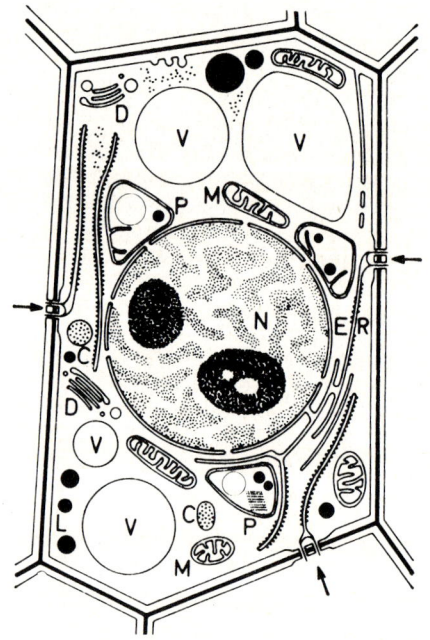

Abb. 6: Stark schematisiertes Bild einer jungen Pflanzenzelle. N Kern mit 2 Nucleolen, V Vacuolen, M Mitochondrien, P Proplastiden, C Cytosomen, ER Endoplasmatereticulum, D Dictyosomen, L Lipidtropfen (Sphärosomen). Die Pfeile deuten auf primäre Tüpfelfelder mit Plasmodesmen (nach SITTE).

D. Prokaryota und Eukaryota

Sehr viel einfacher organisiert als die Eucyten der Mehrzahl der Tiere und Pflanzen sind die Zellen der Bakterien und der prokaryotischen Algen. Auch sie enthalten die für den Zellkern charakteristischen Nucleoproteide, aber deren Menge ist erheblich geringer und ihre Anordnung primitiver; eine besondere Kernhülle fehlt gänzlich. Bakterien und Cyanophyceen werden deshalb als Prokaryota von den mit echten Zellkernen ausgestatteten Eukaryota unterschieden. Der Bauplan dieser einfachsten zellig organisierten Lebewesen, die übrigens auch noch kein ER und keine deutlich abgesetzten Chromatophoren und Mitochondrien besitzen, stellt offensichtlich einen primitiven Urtypus der Zelle dar (Procyt S. 551).

E. Zelle und Energide

Andererseits kommen gelegentlich Eukaryoten vor, die in einem größeren ungegliederten Protoplasten zahlreiche echte Zellkerne enthalten. So befinden sich in den mehrere Quadratdezimeter groß werdenden Plasmodien der Schleimpilze oder Myxomyceten viele Millionen synchron sich teilende Kerne in einer einheitlichen, schleimigen und nackten Protoplasmamasse (Abb. 7). Auch die «Zellen» der Schlauchalgen (Abb. 8) und Phycomyceten sind fast stets vielkernig; desgleichen die großen, bis 10 cm langen «Internodialzellen» der Characeen (Abb. 96). Bei den Blütenpflanzen kommen vielkernige Bastfasern, Milchröhren und Nährgewebezellen vor.

In allen diesen Fällen handelt es sich um Protoplasten ohne morphologisch gekennzeichnete Grenzen, in denen aber zweifellos ähnliche physiologische Wechselbeziehungen zwischen Zellkernen und Cytoplasma bestehen wie in abgegrenzten Zellen: zu jedem Kern gehört ein entsprechendes Plasmaareal. Man hat für diese nur physiologisch, nicht hingegen morphologisch abgegrenzten Einheiten den Begriff der Energide geprägt und bezeichnet dementsprechend derartige vielkernige «Zellen» als polyenergid. Nicht selten gehen polyenergide Zustände nach einiger Zeit durch die Ausbildung von Zellwänden zwischen ihren Kernen in mono-energide Zustände über und lassen auf diese Weise erkennen, daß die polyenergide Organisation in Wirklichkeit eine latent vielzellige ist (vgl. z. B. Abb. 53, S. 61). Bei gewissen Pilzen (Asco- und Basidiomyceten) sind die Zellen in bestimmten Entwicklungsstadien durch den regelmäßigen Besitz zweier Kerne ausgezeichnet, denen ein gemeinsames Cytoplasma zugeordnet ist (Dikaryon, dikaryotisch, Abb. 718, S. 665).

II. Das Protoplasma

A. Physikalisch-chemische Eigenschaften des Cytoplasmas

Im physikalisch-chemischen Sinn wurde das hyaline Cytoplasma, dessen Konsistenz zwi-

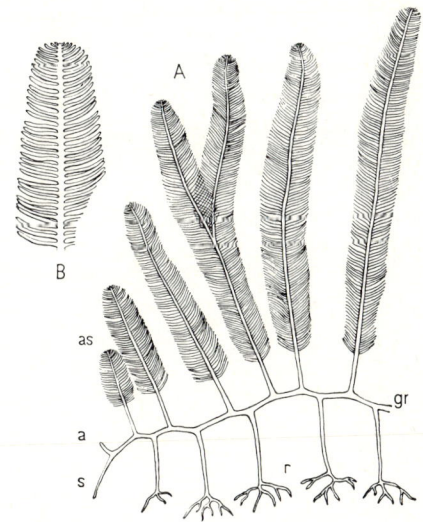

Abb. 8: *Caulerpa sertularioides*. Der in eine kriechende Grundachse gr, Rhizoide r und fiederig verzweigte Assimilatoren as gegliederte, polyenergide Vegetationskörper bildet ein einziges, zusammenhängendes, von Protoplasma erfülltes Hohlraumsystem. s = fortwachsende Spitze der Grundachse gr; a = junge, as = ausgewachsene Assimilatoren (A ½ ×; B etwa nat. Gr., Orig.).

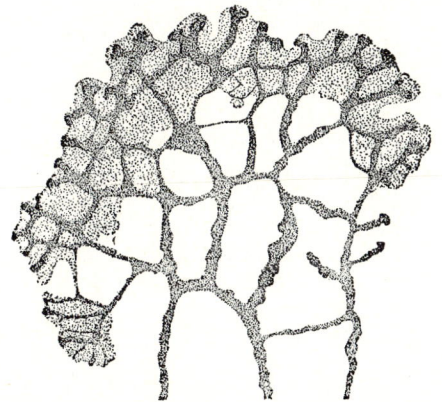

Abb. 7: Plasmodium des Schleimpilzes *Didymium* (etwa 10 ×, nach G. M. Smith).

schen flüssig und fest wechselt, lange Zeit als eine kolloidale Lösung aufgefaßt, d.h. als eine Lösung, deren charakteristische Eigenschaften (Zähflüssigkeit oder Viscosität, Elastizität) vor allem auf der Größe der gelösten Moleküle beruht.

Tatsächlich verhält sich das Cytoplasma in vieler Hinsicht ganz wie eine Flüssigkeit. Das wird besonders deutlich angesichts der Plasmaströmung, die sowohl bei den freilebenden nackten Plasmodien der Schleimpilze (Abb. 7) als auch in den umhäuteten Zellen vieler höher organisierter Pflanzen beobachtet werden kann. Man unterscheidet zwischen Plasmarotation, Plasmazirkulation und flutender Cytoplasmabewegung. Bei der Plasmarotation (z.B. in den Zellen verschiedener Wasserpflanzen, wie *Chara*, *Nitella*, *Elodea*, *Vallisneria*, insbesondere nach voraufgegangener Reizung) strömt das auf einen dünnen Wandbelag beschränkte Protoplasma wie ein breites Rinnsal zwischen ruhenden Partien in gleichbleibender Richtung dahin und bildet ein in sich zurückfließendes endloses Band. Aus angeschnittenen Zellen austretende Plasmaportionen pflegen sich zumeist wie Flüssigkeitstropfen abzukugeln und sofort mit einer neuen Membran zu umgeben; die Strömung kann in solchen Tröpfchen noch längere Zeit anhalten. Plasmazirkulation läßt sich besonders schön in den Haarzellen verschiedener Landpflanzen, aber auch in den Wurzelhaaren von Wasserpflanzen beobachten, deren Crafträume von Plasmasträngen durchsetzt sind. Das Plasma strömt sowohl in den Strängen selbst als auch im Wandbelag in verzweigten, strang- oder bandförmigen Rinnsalen und zwar oft in gegenläufigen Richtungen. Der Zellkern und die übrigen Zellorganellen können sowohl bei der Rotation als auch bei der Zirkulation, je nach Größe, bald schneller, bald langsamer mitgeführt werden. Flutende Plasmabewegung kommt gelegentlich in wachsenden, langen, schlauchförmigen Pilz- und Algenfäden sowie in den Plasmodiensträngen der Schleimpilze vor; man versteht darunter die oft rhythmisch erfolgende Strömung des gesamten Zellinhalts, einmal in der einen, dann wieder in der anderen Richtung. Sie läßt, wie übrigens auch schon die amöboide Formveränderlichkeit vieler Einzeller, gleichfalls auf eine freie Verschiebbarkeit der einzelnen Plasmapartikel schließen, wie sie für Flüssigkeiten charakteristisch ist.

Theoretische Erwägungen haben jedoch viele Forscher bereits frühzeitig veranlaßt, dem Cytoplasma trotz dieser Beobachtungen eine innere Struktur zuzuschreiben, da es ihnen mit Recht völlig undenkbar erschien, daß so viele gleichzeitig ablaufende Lebenserscheinungen an ein flüssiges Substrat gebunden sein könnten. Für eine solche sublichtmikroskopische Struktur und «Kompartimentierung», die dem

Cytoplasma inneren Zusammenhalt verleiht, spricht u. a. seine Unlöslichkeit in Wasser, sein Quellungsvermögen, seine Plastizität und seine Fähigkeit, lange dünne Fäden zu bilden (seine «Spinnbarkeit») sowie seine häufig nachweisbare Strömungsdoppelbrechung.

Bei genauerer Untersuchung lassen sich vielfach schon mit dem Lichtmikroskop mehr oder weniger flüssige und feste Anteile unterscheiden. Auf die Differenzierung in die hyalinen Plasmahäute und das Körnchenplasma wurde bereits hingewiesen (S. 14). Die Grenzschichten bestehen aus relativ festem Plasma-Gel, das auch als Ektoplasma bezeichnet wird, das Körnchenplasma hingegen aus flüssigerem Plasma-Sol, das auch Endoplasma heißt. Plasma-Sol und Plasma-Gel dürfen jedoch keineswegs als unveränderliche Dauerstrukturen aufgefaßt werden; sie lassen sich vielmehr in der lebenden Zelle relativ schnell wechselseitig ineinander überführen. So kann man nach Verwundungen feststellen, daß sich das Plasma an der Schnittstelle augenblicklich entmischt und die Wunde durch eine neue Haut aus Plasma-Gel verschließt.

B. Chemische Bestandteile des Protoplasten

Das Protoplasma ist kein chemisch einheitlicher Stoff, sondern ein organisiertes, kolloidales Gemisch zahlreicher verschiedener, meist organischer, z.T. aber auch anorganischer chemischer Verbindungen, die teils gelöst, teils in fester Form vorliegen und sich im Plasma der lebenden Zelle zum großen Teil in dauernder Umsetzung befinden.

a) **Elementaranalyse:** Eine Elementaranalyse des Protoplasmas, wie sie erstmals für die nackten Protoplasten der Schleimpilze durchgeführt wurde, ergibt stets die gleichen zehn «klassischen» Elemente C, O, H, N, S, P, K, Ca, Mg und Fe. Aufgrund exakter physiologischer Untersuchungen wissen wir jedoch, daß außer diesen 10 Elementarbausteinen stets noch eine Reihe weiterer Elemente vorhanden sind, deren Menge jedoch so gering ist, daß sie sich der normalen chemischen Elementaranalyse entziehen (Spurenelemente oder Mikronährstoffe).

b) **Molekularanalyse:** Zum Verständnis der Struktur und Funktion des Protoplasmas ist jedoch die Kenntnis der an seinem Aufbau beteiligten Elemente nur von geringem Nutzen; in erster Linie interessieren vielmehr die an seinem Aufbau beteiligten Moleküle. Derartige Molekularanalysen zeigen, daß das Protoplasma ein überwiegend wässeriges System darstellt. Der Wassergehalt des tätigen Protoplasmas liegt bei 60 bis 95 % (bei Wasserpflanzen und Wasserspeichergeweben nicht selten bei 98 %). Nur in ruhenden Sporen und Samen ist der Wassergehalt mit 5 bis 15 % geringer (Tabelle 26, S. 310).

Die Molekularanalyse von Bakterienzellen hat etwa folgendes Bild von der molekularen Zusammensetzung ergeben:

80   % Wasser
10   % Proteine
3,4 % Nucleinsäuren
2   % Lipide
2   % Polysaccharide
1,3 % andere, kleinmolekulare organische Verbindungen
1,3 % anorganische Verbindungen (Mineralstoffe, Elektrolyte)

c) **Makromoleküle:** Neben etwa 20 Gewichtsprozenten relativ kleiner anorganischer und organischer Verbindungen mit Molekulargewichten unter 500, die sich im lebenden Protoplasten zumeist in lebhafter Umsetzung befinden, besteht die restliche Trockensubstanz aus großen, z.T. riesigen Makromolekülen mit Molekulargewichten zwischen 10000 und etlichen Millionen (vgl. Tab. 2). Dazwischen liegende Molekülgrößen fehlen oder sie existieren nur als kurzlebige Intermediärprodukte.

Hinter diesem auffälligen Befund verbirgt sich ein sehr zweckmäßiges Organisationsprinzip: Die Synthese der endgültigen komplexen Strukturen erfolgt nämlich stets in zwei Etappen mit «Fertigbauteilen». In der ersten Etappe werden die der Umgebung entnommenen Elemente mit Hilfe einiger weniger einfacher chemischer Reaktionen über etliche kurzlebige Intermediärprodukte in eine auf knapp drei Dutzend beschränkte Zahl sog. Monomeren umgewandelt. In der zweiten Etappe werden diese vorgefertigten Bauelemente alsdann zu den großen Polymeren zusammengefügt. Die zwei Aufbau-Etappen unter-

Tab. 2: Molekulargewichte biologischer Makromoleküle

A. Eiweiße (Polypeptide)		Quartärstruktur (Zahl d. Untereinheiten)
ribosomale Proteine (Bakterien)	10000–30000	1
Cytochrom c	11600	1
Histon-Eiweiß	12000	1
Ribonuclease	12700–13680	1
Papain (Carica papaya)	20900	3
Hordein (Hordeum)	27500	–
Enolase (Hefe)	64000–67000	–
Tubulin (globuläre Untereinheit der Mikrotubuli)	110000	2
γ-Globulin	140000	2 + 2
Alkohol-Dehydrogenase (Hefe)	150000	4
Tryptophanase (Neurospora)	220000	8
Glutaminsäure-Dehydrogenase (Neurospora)	267000	8
Edestin (Cannabis)	310000	2 + 2
Urease (Glycine soja)	480000	6
Ribulosebisphosphat-Carboxylase	557000	24
Tabakmosaik-Virus-Hüllprotein	39400000	2130
B. Nucleinsäuren		
Transfer-RNA (lösliche RNA, t-RNA)	25000–50000	
Matrizen-RNA (Boten-RNA, m-RNA)	100000–einige Millionen	
ribosomale-RNA (r-RNA)	500000–1000000	
C. Kohlenhydrate		
Amylopectin	50000–100000	
Cellulose	50000–680000	
Pectin	Molekülgröße chemisch unbegrenzt	
D. Phenylpropan-Derivate		
Lignin	Molekülgröße chemisch unbegrenzt	

scheiden sich also sowohl methodisch-funktionell als auch in der Größe ihrer Produkte voneinander: In der ersten Etappe werden lediglich kurzlebige Zwischenstufen hergestellt; in dieser Phase müssen recht verschiedene chemische Reaktionen nach einem raumzeitlich koordinierten Plan nacheinander ablaufen. In der zweiten Etappe werden die auf diese Weise vorgefertigten Bauteile wie am Fließband mit Hilfe einer einzigen mechanisch wiederholten Reaktion zu den endgültigen komplexen Strukturen miteinander verbunden.

Die entstehenden Makromoleküle können zwei funktionell grundsätzlich unterschiedenen Typen zugeordnet werden. Die informativen Makromoleküle setzen sich aus verschiedenen Monomeren zusammen («Heteropolymere»), deren Reihenfolge die Information birgt. Damit die Information abgelesen werden kann, müssen diese informativen Makromoleküle kettenförmig und unverzweigt und die Kettenenden müssen verschieden sein, damit die Leserichtung festgelegt ist. In diese Gruppe gehören die Nucleinsäuren und die Proteine; bei letzteren liegt die Information der Nucleinsäuren in «übersetzter» Form vor.

Die nichtinformativen Makromoleküle bestehen entweder aus einheitlichen Monomeren («Homopolymere») oder aus Ketten, in denen sich verschiedene Monomere in periodisch sich wiederholender, regelmäßiger Anordnung finden. Zu dieser Gruppe gehören die wichtigsten pflanzlichen Gerüstsubstanzen (ohne die z.B. der mechanisch beanspruchte Vegetationskörper über 100 Meter hoher Bäume undenkbar wäre) und viele wichtige Speicherstoffe. Die verbreitetste pflanzliche Gerüstsubstanz, die Cellulose, ist nur aus Glucoseresten zusammengesetzt (vgl. S. 84), also ein Homopolymer und trotz fehlender Verzweigung und unterschiedlicher Kettenenden deshalb nicht informativ. Die Polysaccharidketten des Mureinsacculus (der Zellwand der Bakterien) sind zwar aus zwei verschiedenen Zuckerderivaten aufgebaut (N-Acetyl-Muraminsäure und N-Acetyl-Glucosamin), doch wechseln diese regelmäßig miteinander ab, so daß auch dieses Makromolekül keine Information enthalten kann. Das Speicher-Polysaccharid Stärke ist ein Homopolymer aus Glucoseresten; ihre Ketten sind zudem z.T. verzweigt. Die Polysaccharide sind polydispers, d.h. sie besitzen keine streng definierte Molekülgröße. Alle Biopolymeren werden unter Wasseraustritt, d.h. durch Polykondensation, gebildet.

d) Das Zellwasser. Alles Leben ist im Wasser entstanden und vom Wasser abhängig. Wichtige Eigenschaften des Protoplasmas werden maßgeblich durch die physikalisch-chemischen Eigenschaften des Wassers bedingt. Obwohl die Wassermoleküle neutral sind, ist die Ladungsverteilung im Molekül nicht gleichmäßig, sondern auf der einen Seite überwiegt die positive, auf der anderen Seite die negative Ladung. Das Wassermolekül ist nämlich nicht symmetrisch gebaut, wie es der Anordnung H—O—H entsprechen würde, sondern gewinkelt (Abb. 9 A): Zwischen den beiden H-Atomen und dem O-Atom als Scheitel besteht ein sog. Valenzwinkel von 104,5°. Dieser Winkel ist die Ursache für den biologisch äußerst wichtigen Dipolcharakter des Wassermoleküls. Derartige Dipole richten sich in elektrischen Feldern wie winzige Magnete aus. Ionen werden infolgedessen – entsprechend ihrer Ladung – von kleineren oder umfangreicheren Schwärmen ausgerichteter Wassermoleküle umgeben (Abb. 9 C,

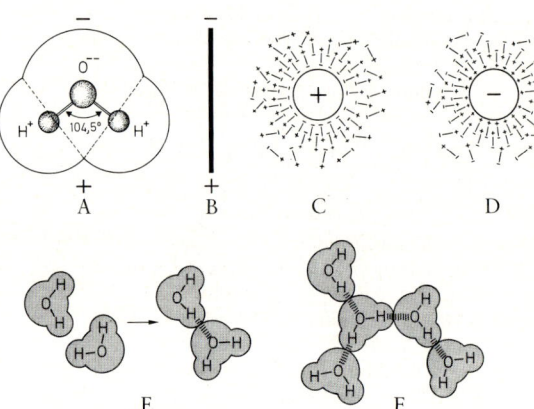

Abb. 9: A Räumlich polare Struktur des Wassermoleküls: die beiden H-Atome bilden gegenüber dem O-Atom einen Winkel von etwa 104,5°. B Daraus resultiert eine polar ungleiche Ladungsverteilung: das Wassermolekül ist ein Dipol. C und D Ladungsträger richten daher die Wassermoleküle in charakteristischer Weise aus und binden sie gleichzeitig mit schwachen Bindungskräften an sich. Derartige Hydrathüllen sind für den lebenswichtigen Wasserhaushalt des Protoplasmas verantwortlich. E Bei Annäherung zweier Wassermoleküle bildet sich zwischen dem negativ geladenen Sauerstoffatom des einen Moleküls und einem der beiden positiv geladenen Wasserstoffatome des anderen Moleküls eine Wasserstoffbrücke. F Auf diese Weise sind die Moleküle des flüssigen Wassers locker untereinander vernetzt (nach BUSS, TOM DIECK und RUDOLPH).

D). Auch die sog. «polaren Gruppen» organischer Moleküle, wie die Carboxylgruppe $-COO^-$, die Aminogruppe $-NH_3^+$ oder die Hydroxylgruppe $-OH$, tragen elektrische Felder und ziehen infolgedessen Wassermoleküle an: Sie sind hydrophil. Keine polare Natur haben hingegen die Methylgruppe

$$-CH_3 \quad \text{oder die Methylengruppe} \quad -\overset{\displaystyle H}{\underset{\displaystyle H}{C}}- \ .$$

Wenn derartige Gruppen in einem Molekül überwiegen, so ist der betreffende Stoff mit Wasser nicht mischbar: er verhält sich hydrophob. Hydrophobe Substanzen lösen sich leicht in organischen Lösungsmitteln wie Benzol, Chloroform oder Ether. Sie sind lipophil.

e) **Wasserstoffbrückenbindung.** Während die bisher betrachteten Wechselwirkungen über größere Entfernungen wirksam werden, müssen die Beziehungen der Wassermoleküle untereinander als extreme Nahwirkungen verstanden werden.

Da Sauerstoff und Stickstoff «elektronenhungriger» sind als der Wasserstoff, werden in ihren Wasserstoffverbindungen die gemeinsamen Elektronenwolken einseitig verstärkt zum Sauerstoff- bzw. Stickstoffatom hingezogen. Diese einseitige Polarisierung der $O-H$ (bzw. $N-H$)-Bindung hat zur Folge, daß die positive Ladung des Wasserstoffkerns nicht vollständig kompensiert wird: Die H-Atome vermögen deshalb – über ihre eigentliche Hauptvalenzbindung hinaus – weitere lockere Bindungen mit ihren Nachbarmolekülen einzugehen. Der Wasserstoff wird dabei aufgrund dieser sog. «Sekundärvalenzen» ein wenig aus seiner kovalenten Hauptbindung herausgehoben und mit geringer Energie (sie beträgt nur etwa $^1/_{20}$ der Hauptvalenzbindung) an gleiche oder andere genügend dicht heranrückende Nachbarmoleküle gebunden. Derartige, auf elektrostatischen Wechselwirkungen beruhende Wasserstoffbrücken werden im Formelbild nicht wie die Hauptvalenzbindungen durch einen Strich gekennzeichnet, sondern durch eine punktierte Linie.

Biologisch bedeutsam sind vor allem die Wasserstoffbrücken:

$R-OH \cdots O=R$ (z.B. im Wasser, Abb. 9)
$R=NH \cdots N\equiv R$ (z.B. in der DNA, Abb. 15)
$R=NH \cdots O=R$ (z.B. in der DNA, Abb. 15)
  und in Polypeptiden, Abb. 11)

f) **Proteine und Proteide.** Die wichtigsten am Aufbau des Protoplasmas beteiligten Polymeren sind die Proteine. Sie bilden als Strukturproteine das Grundgerüst vieler Zellstrukturen. Ein Teil ist aber auch im wässerigen Zellinhalt gelöst bzw. molekülkolloidal suspendiert.

Manche Proteine dienen als wichtige Speicherstoffe (Reserve- oder Speicherproteine); sie können alsdann u.U. sogar relativ große Kristalle bilden (Aleuron, vgl. S.75 und Abb. 68 A u. 69).

Infolge ihrer Größe (Molekulargewichte bis zu mehreren Millionen. Vgl. Tab. 2, S. 17) und ihrer oft sehr komplizierten Gestalt (Abb. 12–14) ist es möglich, daß oft nicht die ganzen Proteinmoleküle, sondern nur eng begrenzte Bezirke an chemischen Umsetzungen teilnehmen: die Proteine besitzen ein «selektives Reaktionsvermögen» (STAUDINGER). Derartige Regulatorproteine können sich beispielsweise mit Hilfe ihrer «aktiven Zentren» kurzfristig mit anderen Stoffen verbinden, um sie schon bald darauf an anderer Stelle wieder aus dieser Bindung zu entlassen (Transportproteine oder «carrier»). Oder sie besitzen die Fähigkeit, mit Hilfe dieser aktiven Zentren als Enzymproteine andere Moleküle («Substrate») vorübergehend zu binden und dadurch chemische Umsetzungen zu katalysieren. Bei allen derartigen Prozessen gehen die Regulatorproteine selbst letztlich unverändert aus dem von ihnen katalysierten Vorgang hervor und können demnach – ohne Regenerationspause – die gleiche Funktion sofort und beliebig oft von neuem erfüllen: die Proteine erweisen sich als ideale Biokatalysatoren.

Man hat die Enzymproteine treffend mit Schmiermitteln verglichen, welche die chemische Umsetzung durch Verminderung der «Reibung» (bei den Enzymen: Herabsetzung der Aktivierungsenergie des zu katalysierenden Prozesses) erleichtern. Entsprechend der Vielzahl der zu steuernden Umsetzungen ist die Anzahl der im allgemeinen streng spezifisch wirksamen Enzyme groß, ihre Menge hingegen, da sie ja nicht verbraucht werden, meistens gering. Schon eine Bakterienzelle benötigt, zur Durchführung ihrer etwa 2000 chemischen Operationen, größenordnungsmäßig etwa 2000 verschiedene Enzyme. Über 1000 derartige Biokatalysatoren sind nach Vorkommen, Leistung und Aminosäuren-Sequenz (AS) bekannt; über 100 konnten bereits in chemisch reiner Form isoliert und genauer untersucht werden; von einigen wenigen ist der chemische Bau bis in alle Einzelheiten bekannt; ganz wenige konnten bereits in vitro synthetisiert werden.

Viele Zellproteine enthalten außer dem Proteinanteil noch andere Komponenten; sie werden dann konjugierte Proteine oder Proteide genannt. Als derartige Gruppen kommen in Frage: Lipoide (Lipoproteide), Zucker (Glycoproteide), Farbstoffe (Chromoproteide), Phosphorsäure

(Phosphoproteide) oder Nucleinsäuren (Nucleoproteide).

Auch die Enzyme können nur aus Eiweiß oder aus Eiweiß mit nichtproteinartigen Gruppen bestehen, die als Cofaktoren bezeichnet werden. Der Cofaktor kann ein Metallion oder ein organisches Molekül sein, das dann als Coenzym bezeichnet wird. Von manchen En-

Die 20 proteinogenen Aminosäuren

1. Hydrophile Aminosäuren

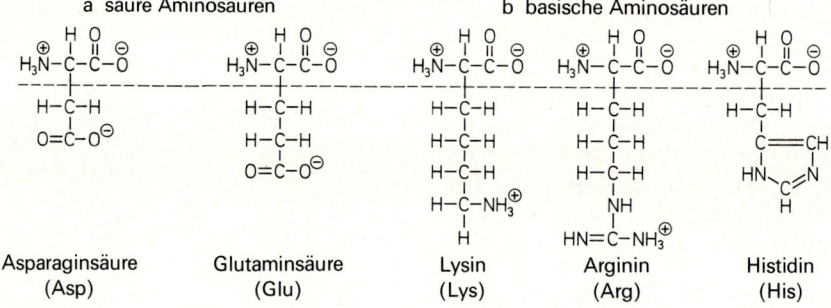

Asparaginsäure (Asp) — Glutaminsäure (Glu) — Lysin (Lys) — Arginin (Arg) — Histidin (His)

2. Hydrophobe Aminosäuren

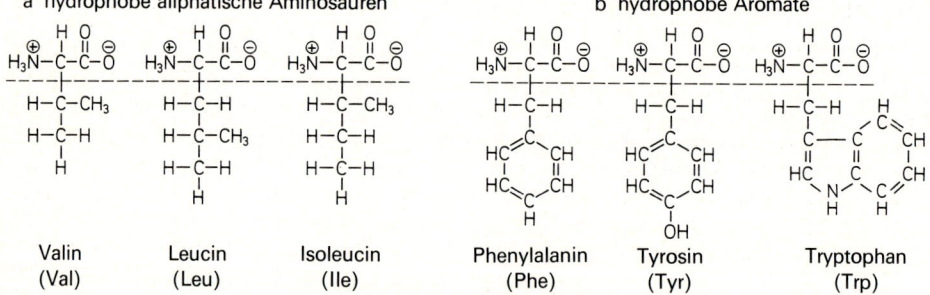

Valin (Val) — Leucin (Leu) — Isoleucin (Ile) — Phenylalanin (Phe) — Tyrosin (Tyr) — Tryptophan (Trp)

3. Ambivalente Aminosäuren

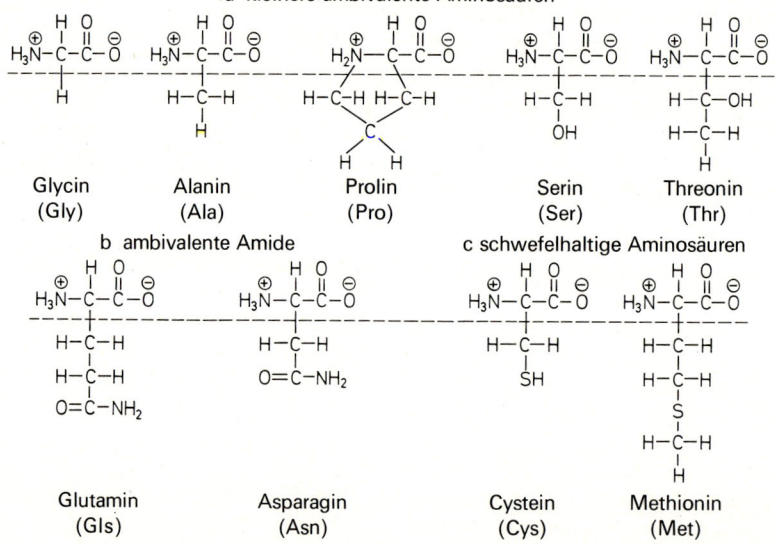

Glycin (Gly) — Alanin (Ala) — Prolin (Pro) — Serin (Ser) — Threonin (Thr)

Glutamin (Gls) — Asparagin (Asn) — Cystein (Cys) — Methionin (Met)

zymen werden auch beide Arten von Cofaktoren benötigt. Manche Coenzyme sind sehr fest (oft kovalent) mit dem Proteinanteil des Enzyms verbunden («prosthetische Gruppen»; Abb. 14). Der Gesamtkomplex Protein +Cofaktor wird «Holoenzym» genannt, während der Proteinanteil ohne Cofaktor als «Apoenzym» bezeichnet wird. Jede Art hat im Laufe ihrer Stammesgeschichte spezifische Proteine hervorgebracht. Aber auch die einzelnen Individuen einer Art unterscheiden sich, soweit sie nicht einem Klon angehören (vgl. S. 210), durch den Besitz eigener, absolut einmaliger Proteine. Was befähigt gerade die Proteine zu einer derartigen Spezifität und praktisch grenzenlosen Einmaligkeit ihrer Struktur?

Bausteine (Monomeren) der Proteine sind die Aminosäuren. Von den insgesamt über 200 bekannten Aminosäuren sind am Aufbau der Proteine nur 20 sogenannte proteinogene Aminosäuren beteiligt; sie sind sämtlich α-Aminosäuren (Tab. 3), d. h. ihre Aminogruppe (bzw. Iminogruppe beim Prolin) und ihre Säuregruppe sind an dasselbe Kohlenstoffatom gebunden. Die beiden restlichen Valenzen des Kohlenstoffatoms sind mit einem H-Atom und einem Rest (-R) abgesättigt, der in der Regel weitere funktionelle Gruppen trägt.

α-Aminosäuren werden nun leicht durch Polykondensation, d. h. unter Wasseraustritt, zu langen Peptidketten mit maximal bis zu 300 Gliedern vereinigt, aus denen die Reste –R als sogenannte Seitenketten mit ihren Wirkgruppen hervorragen.

Die große Zahl verschiedener aktiver Gruppen in den Seitenketten sowie die Möglichkeit, die Reihenfolge ihrer Anordnung, ihre Sequenz (AS-Sequenz), durch einfachen Austausch (Permutation) beliebig zu variieren, macht die praktisch grenzenlos erscheinende Mannigfaltigkeit der auf diese Weise zusammengesetzten Polypeptide verständlich. Bei einem durchschnittlichen Molekulargewicht der Aminosäuren von ca. 130 ergibt sich, daß ein kleines Polypeptidmolekül mit dem Molekulargewicht 13 000 aus etwa 100 in Kettenformation untereinander peptidisch verknüpften Monomeren zusammengesetzt ist (Abb. 10D). Berücksichtigen wir weiter, daß für die Herstellung dieses Kettenmakromoleküls 20 verschiedene proteinogene Aminosäuren zur Verfügung stehen, so ergibt sich die unvorstellbare Zahl von 20^{100} möglichen verschiedenen Kombinationen (eine Zahl mit 130 Stellen: $1,26 \times 10^{130}$; die Gesamtzahl der Wassermoleküle in allen Meeren der Erde wird auf ca. 4×10^{46} geschätzt). Selbst wenn wir berücksichtigen, daß viele dieser theoretisch denkbaren Reihenfolgen praktisch nicht vorkommen, wird damit den-

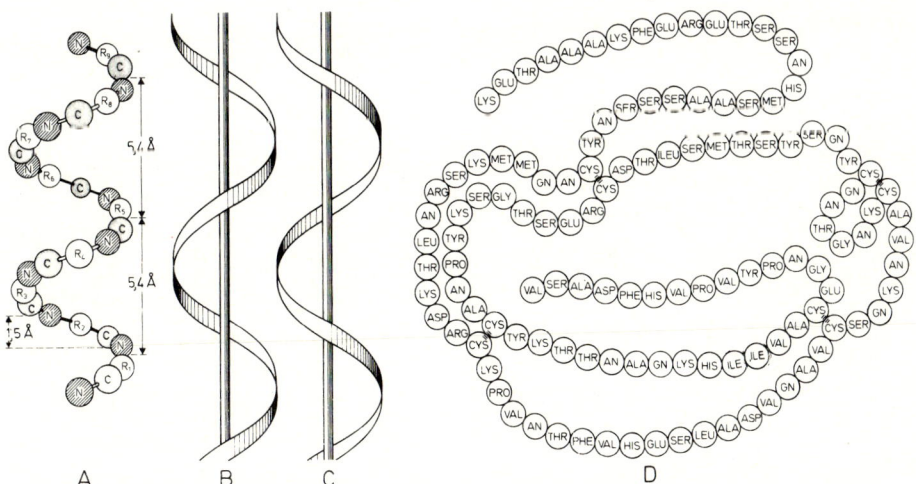

Abb. 10: A stark vereinfachtes Modell der α-Helix nach Pauling mit den Abständen in Ångström. B Rechts-Schraube (Z-Schraube) wie sie der α-Helix (vorgegeben durch die l-Konfiguration der Aminosäuren) zugrunde liegt. C Links-Schraube (S-Schraube). D ein Molekül des Enzyms Ribonuclease aus 124 Aminosäureresten (Kürzel vgl. Tab. 3), die durch 4 Schwefelbrücken (–S–S–, schwarze Markierungen; vgl. Abb. 11) zusammengehalten werden.

noch die nahezu grenzenlose Spezifität und Mannigfaltigkeit der Organismen-Arten und selbst Individuen
chemisch verständlich.

Die Aminosäuren-Sequenz, die sog. Primärstruktur, vermag ein Proteinmolekül und seine
spezifischen Eigenschaften noch nicht hinreichend
zu kennzeichnen und zu erklären. Die Polypeptidketten liegen nämlich keineswegs immer langgestreckt oder als ungeordnete Knäuel vor. Sie müssen
sich vielmehr oft aufgrund der gegebenen zwischenmolekularen Kraftfelder in m.o.w. eindeutig vorge-
zeichneter Weise zu einer Sekundärstruktur zu-
sammenfalten, die durch ihre Primärstruktur bereits
weitgehend festgelegt ist. So kommt es oftmals durch
Wasserstoffbrückenbindungen zwischen den =CO
und =NH-Gruppen der Peptidbindungen zu einer
schraubigen Kontraktion kleinerer oder auch längerer Abschnitte des Kettenmoleküls (α-Helix; Abb.
10 A). Chemische Bindungen (vor allem Schwefelbrücken zwischen den Seitenketten zweier Cystein-
gruppen) führen darüber hinaus zu einer weiträu-
migeren Tertiärstruktur (Abb. 11, 12). Auf diese
Weise entstehen u.U. die bereits erwähnten «aktiven
Zentren», indem bestimmte funktionelle Gruppen der
Seitenketten, die sich auf der gestreckten Kette weit
voneinander entfernt befanden, in dem nunmehr zu-

sammengefalteten globulären Sphäroprotein plötzlich
in dicht benachbarte Positionen gelangen (Abb. 13).

Gelegentlich ist die Tertiärstruktur durch Außen-
einflüsse (pH-Wert des Milieus, Lichteinwirkung,
Temperatur) reversibel beeinflußbar. Das gleiche
Molekül kann alsdann unter verschiedenen Bedingun-
gen ganz verschiedene Konformationen eingehen
(Faltungs-Isomerie) und dabei seine katalytische
Wirksamkeit verändern oder einbüßen. Derartige
Konformationsänderungen kommen z.B. beim Pro-

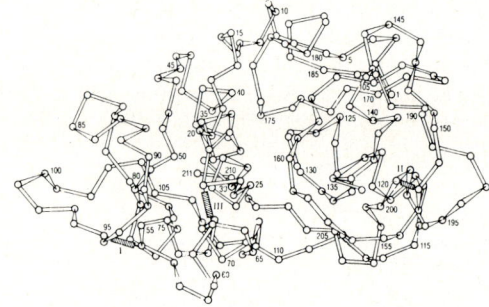

Abb. 12: Tertiäre Struktur eines einfachen pflanzlichen Globulärproteins aus 211 Aminosäurebau-
steinen. Es handelt sich um das Peptidbindungen
hydrolysierende (Eiweiß-verdauende) Ferment Papain aus *Carica papaya*. (nach DRENTH, JANSONIUS,
KOEKOEK, SWEN und WOLTERS 1968).

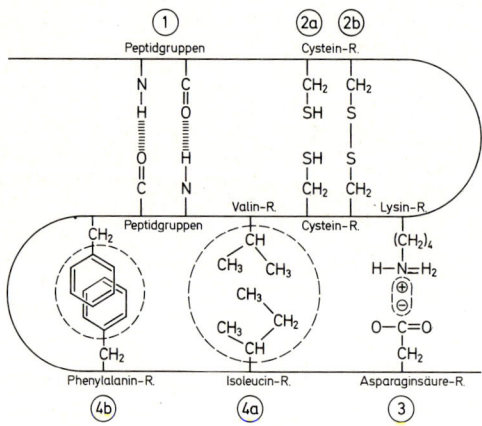

Abb. 11: Die wichtigsten Bindungskräfte, die für die
Faltung der Polypeptidketten zur Tertiärstruktur und
für den Zusammenhalt mehrerer Proteinmoleküle in
einer Quartärstruktur verantwortlich sind. Die gleichen Bindungskräfte und Typen führen nach der
Haftpunkttheorie zu reversiblen Verknüpfungen der
Strukturproteine im Grundcytoplasma. ① Wasserstoffbrücken (Dipol-Dipol-Wechselwirkung zwischen 2 polarisierten Seitenketten). ② Covalente
Bindung mittels einer Disulfidbrücke. ③ elektrostatische Ionenbindung zwischen positiv bzw.
negativ geladenen Seitenketten. ④ Homöopolare
Kohäsionsbindung durch Aneinanderlagerung
apolarer hydrophober Seitenketten (nach KARLSON,
LYNEN, METZNER, kombiniert).

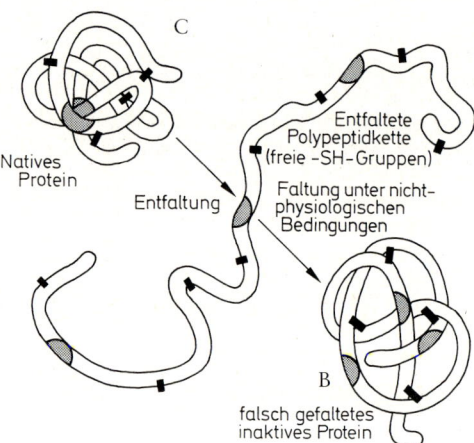

Abb. 13: Konformationsänderungen eines Proteinmoleküls mit mehreren zur Disulfidbrückenbindung
befähigten SH-Gruppen (schwarze Markierungen)
unter verschiedenen Milieubedingungen. A entfal-
tetes (denaturiertes) Molekül. B falsche Faltung (die
zur Bildung des aktiven Zentrums prädestinierten
Gruppen (graue Schraffur) kommen nicht miteinander in Kontakt. C «richtige» Faltung, durch welche
bestimmte Gruppen zu einem «aktiven Zentrum»
miteinander vereinigt werden (in Anlehnung an
GREEN u. GOLDBERGER, aus ANFINSEN).

tein-Anteil des Phytochromsystems vor und erklären den Einfluß der Lichtqualität auf dessen Wirkung (vgl. S. 405 f.). Eine wichtige Rolle spielen Änderungen der Tertiärstruktur auch bei den *regulatorischen* Enzymen, deren Aktivität entweder durch das Substratmolekül («*homotropische*» Enzyme) oder durch ein anderes, nicht als Substrat fungierendes Molekül («*heterotropisches*» Enzym) gefördert oder gehemmt wird. Man nimmt an, daß diese Modulatoren nicht an das aktive Zentrum, sondern an eine andere Stelle des Enzymmoleküls gebunden werden, und bezeichnet sie deshalb als «allosterische Effektoren» und die Konformationsänderung unter ihrem Einfluß als Allosterie (S. 306). Form und Funktion befinden sich in derartigen Fällen in einem leicht störbaren labilen Gleichgewichtszustand, wie er für zahlreiche Lebensprozesse charakteristisch ist. Bei der Denaturierung der Proteine durch Hitze, extreme pH-Werte oder Chemikalien tritt offenbar Entfaltung und Streckung der Polypeptidketten ein, womit die spezifische katalysierende Wirkung der zerstörten aktiven Zentren gleichfalls erlischt (vgl. S. 306).

In manchen sehr großen Proteinmolekülen (Mol.-Gew.: > 50 000) sind mehrere derartige Sphäroproteine (zwei bis etliche Dutzend) zu supramolekularen Strukturen vereinigt, die besonders durch Nebenvalenzkräfte ihrer Seitenketten zusammengehalten werden: oligomere Proteine, Quartärstruktur. In einem oligomeren Protein wird die einzelne Polypeptidkette als Protomer bezeichnet; funktionelle Teile, die oft mehrere Protomeren enthalten, werden als Untereinheiten bezeichnet. Am besten untersucht ist bisher die Struktur des Hämoglobins, wo nicht nur die Aminosäuren-Sequenz, sondern auch die Sekundär-, Tertiär- und Quartär-Struktur mit Hilfe der Röntgen-Analyse bis in alle Einzelheiten aufgeklärt werden konnte.

Nach ihrer Löslichkeit unterscheidet man folgende für den Botaniker wichtige Globularproteine: Als Speicherprodukte weit verbreitet sind die wasserlöslichen Albumine; unlöslich in reinem Wasser, aber löslich in verdünnten Neutralsalzlösungen sind die als besonders stabile Speicherstoffe verbreiteten Globuline (z.B. in den Aleuronkörnern, S. 75 f.); löslich in heißem wasserhaltigem Alkohol sind die z.B. im Kleber der Getreide vorkommenden Prolamine; in Wasser schwer, leicht hingegen in verdünnten Säuren löslich sind schließlich die an basischen Aminosäuren besonders reichen Histone. Als basische Kernproteine oder Nucleohistone verfügen sie über eine besondere Affinität zu den sauren Phosphatresten der Nucleinsäuren mit denen zusammen sie als Nucleoproteide das sog. Chromatin bilden und die verwickelte räumliche Struktur der Transportchromosomen stabilisieren (S. 48 ff.). Die gleichen fünf Histone finden sich (mit Ausnahme der *Dinophyta* S. 576 f.) im gesamten Reich der eukaryotischen Organismen, angefangen von primitiven Hefen und Schimmelpilzen bis hinauf zu den Blüten-

pflanzen und den Wirbeltieren einschließlich des Menschen.

In jedem Proteinmolekül ist ein erblich fixierter Bauauftrag in eine räumliche Struktur übersetzt, die aufgrund ihrer Spezifität ganz bestimmte Funktionen zu erfüllen vermag. Gleiche Funktionen lassen sich auf gleiche Strukturen zurückführen. Da die am höchsten organisierten Lebewesen bei allen morphologischen Unterschieden dennoch eine große Zahl grundlegender Stoffwechselprozesse bis heute mit den primitivsten Prokaryoten gemeinsam haben, dürfen wir demnach erwarten, daß die für diese Prozesse verantwortlichen Proteinstrukturen ebenfalls weitgehend übereinstimmen. Das ist tatsächlich der Fall.

g) **Homologe Proteine.** Ein wichtiger bei der Kohlenhydrat-Oxidation benötigter Biokatalysator ist das Cytochrom c (vgl. S. 246 u. 279). Das gelbe Chromoproteid, in dem das Farb-

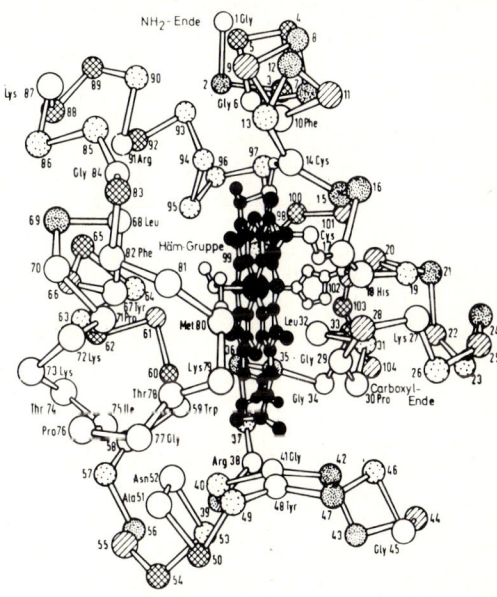

Anzahl nachgewiesener Aminosäureaustausche einer bestimmten Position in 38 Organismenarten

Abb. 14: Räumliche Ordnung der α-Kohlenstoff-Atome der Aminosäurenreste des Cytochrom-c-Moleküls, eines zusammengesetzten globulären Proteids. Die Anzahl der erwiesenen Austausche im Laufe der Stammesgeschichte der letzten 2 Milliarden Jahre ist durch verschiedene Schraffuren gekennzeichnet. Die Toleranz gegenüber dem mutativen Austausch der einzelnen Aminosäurenbausteine ist in den verschiedenen Bezirken des Sphaeroproteids verschieden groß. Im Zentrum (mit schwarzer Markierung) die prosthetische Häm-Gruppe (nach DICKERSON).

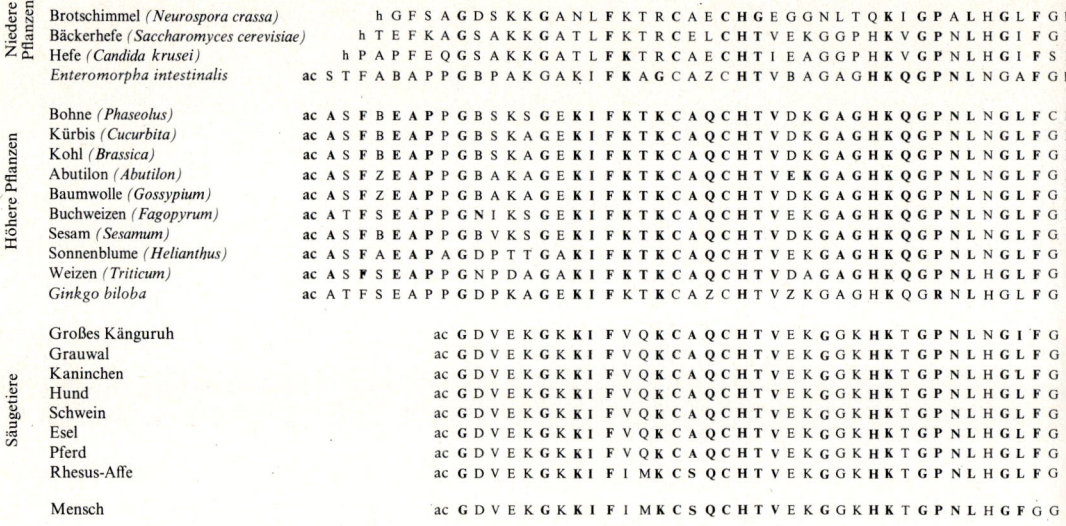

Tab. 3: Aminosäuren-Sequenz (AS) des Cytochrom-c-Moleküls von 23 verschiedenen Organismen (3 Pilzen, 1 Grünalge, 10 Samenpflanzen, 8 Wirbeltieren und dem Menschen). 100 % Koinzidenzen **fett** gedruckt (Erläuterung im Text). 24 Koinzidenzen zwischen allen untersuchten Pflanzen, Tieren und dem Menschen; 58 zwischen Säugetieren und Samenpflanzen; 80 zwischen den verschiedenen untersuchten Samenpflanzen).

stoffmolekül Häm kovalent an das Protein gebunden ist, kommt bei allen Eukaryoten vor und ist stets in den Mitochondrien lokalisiert. Sein Molekulargewicht liegt bei etwa 12 000. 104 bis 112 Aminosäuren sind zu einem annähernd faustförmig gestalteten Sphäroproteid miteinander verbunden, in dessen Öffnungsspalt das Häm-Molekül eingebaut ist (Abb. 14).

Dieses relativ kleine Eiweißmolekül gehört wegen seiner Überschaubarkeit zu den bestuntersuchten Proteiden. Die Aminosäuren-Sequenz der funktionell übereinstimmenden, also homologen Cytochrom-c-Moleküle von 8 Tierarten und 29 Pflanzenarten (3 Pilze, 1 Grünalge, 25 Samenpflanzen) ist bis in alle Einzelheiten bekannt. In Tab. 3 sind 23 Beispiele, darunter auch das Cytochrom c des Menschen, mit ihrer Aminosäuren-Sequenz untereinandergestellt. Man sieht, daß zwar zwischen den verschiedenen Arten in Einzelheiten mancherlei Unterschiede bestehen, daß aber die G r u n d s e q u e n z des Kettenmoleküls bei sämtlichen Beispielen dennoch weitgehende Übereinstimmungen (K o i n z i d e n z e n) erkennen läßt. Selbst bei so verschiedenen Lebewesen, wie einerseits dem primitiven Hefepilz *Neurospora crassa* und andererseits dem Menschen, stimmen noch 56 von den insgesamt 109 bzw. 105 Aminosäuren nach Art und Stellung in der Sequenz des Kettenmoleküls überein. Die restlichen 49 in der überwiegenden Mehrzahl an der Außenseite des zusammengeknäuelten Sphaeroproteids gelegenen Aminosäuren sind im Laufe der über zwei Milliarden Jahre währenden Evolution nach der Trennung der Stämme ausgetauscht und durch andere Aminosäuren ersetzt worden, da sie offensichtlich für die Funktion des aktiven Zentrums ohne wesentliche Bedeutung sind. Diese A u s t a u s c h r a t e läßt daher bei vorsichtiger Bewertung Rückschlüsse auf den Zeitpunkt der stammesgeschichtlichen Differenzierung zwischen den verschiedenen Organismengruppen zu: je geringer die Austauschrate ist, desto später hat offenbar die Trennung stattgefunden, desto näher ist also ihre stammesgeschichtliche Verwandtschaft.

Bei sehr nahe miteinander verwandten Organismen ist es günstiger, die U n t e r s c h i e d e festzustellen (Differential-Matrix); bei vor sehr langer Zeit getrennten Stämmen hingegen ist die Identitäts-Matrix vorteilhafter, weil man so die Ü b e r e i n s t i m m u n g einander entsprechender Sequenzen schnell erkennen kann.

Auf diese Weise gibt es heute reale Anhaltspunkte für die Auffassung, daß sich die Pilze bereits vor etwa 2 Milliarden Jahren als eigener Stamm von den restlichen Eukaryoten getrennt haben dürften. Die endgültige Spaltung zwischen den Stämmen der autotrophen Pflanzen und der heterotrophen Tiere hat sich nach diesen Befunden wahrscheinlich vor ca. 1,8 Milliarden Jahren vollzogen.

h) Informative Makromoleküle: DNA und RNA. Bei der Vermehrung eines Organismus muß von Generation zu Generation eine Fülle g e n e t i s c h e r I n f o r m a t i o n e n weitergegeben werden. Das setzt die Möglichkeit einer genauen

```
GSVDGYAYTDANKQKGITWDENTLFEYLENPXKYIPGTKMAFGGLKKDKDRNDIITFMKEATA--
GQAQGYSYTDANIKKNVLWDENNMSEYLTNPXKYIPGTKMAFGGLKKEKDRNDLITYLKKACE--
GQAQGYSYTDANKRAGVEWAEPTMSDYLENPXKYIPGTKMAFGGLKKAKDRNDLVTYMLEASK--
GTTAGYSYSTGNKNKAVNWGZZTLYEYLLNPXKYIPGTKMVFPGLXKPQERADLIAFLKDATA--

GTTAGYSYSTANKNMAVIWEEKTLYDYLENPXKYIPGTKMVFPGLXKPQDRADLIAYLKESTA--
GTTPGYSYSAANKNRAVIWEEKTLYDYLENPXKYIPGTKMVFPGLXKPQDRADLIAYLKEATA--
GTTAGYSYSAANKNKAVEWEEKTLYDYLENPXKYIPGTKMVFPGLXKPQDRADLIAYLKEATA--
GTTPGYSYSAANKNMAVNWGENTLYDYLENPXKYIPGTKMVFPGLXKPQDRADLIAYLKESTA--
GTTAGYSYSAANKNMAVQWGENTLYDYLENPXKYIPGTKMVFPGLXKPQDRADLIAYLKESTA--
GTTAGYSYSAANKNKAVTWGEDTLYEYLLNPXKYIPGTKMVFPGLXKPQERADLIAYLKDSTE--
GTTPGYSYSAANKNMAVIWGEDTLYDYLENPXKYIPGTKMVFPGLXKPQERADLIAYLKEATA--
GTTAGYSYSAANKNMAVIWEENTLYDYLENPXKYIPGTKMVFPGLXKPQERADLIAYLKTSTA--
GTTAGYSYSAANKNKAVEWEENTLYDYLLNPXKYIPGTKMVFPGLXKPQDRADLIAYLKKATSS-
GTTAGYSYSTGNKNKAVNWGZZTLYEYLLNPXKYIPGTKMVFPGLXKPZZRADLISYLKQATSQE

GQAPGFTYTDANKNKGIIWGEDTLMEYLENPKKYIPGTKMIFAGIKKKGERADLIAYLKKATNE-
GQAVGFSYTDANKNKGITWGEETLMEYLENPKKYIPGTKMIFAGIKKKGERADLIAYLKKATNE-
GQAVGFSYTDANKNKGITWGEDTLMEYLENPKKYIPGTKMIFAGIKKKDERADLIAYLKKATNE-
GQAPGFSYTDANKNKGITWGEETLMEYLENPKKYIPGTKMIFAGIKKTGERADLIAYLKKATKE-
GQAPGFSYTDANKNKGITWGEETLMEYLENPKKYIPGTKMIFAGIKKKGEREDLIAYLKKATNE-
GQAPGFSYTDANKNKGITWKEETLMEYLENPKKYIPGTKMIFAGIKKKTEREDLIAYLKKATNE-
GQAPGFTYTDANKNKGITWKEETLMEYLENPKKYIPGTKMIFAGIKKKTEREDLIAYLKKATNE-
GQAPGYSYTAANKNKGIIWGEDTLMEYLENPKKYIPGTKMIFVGIKKKEERADLIAYLKKAANE-

GQAPGYSYTAANKNKGIIWGEDTLMEYLENPKKYIPGTKMIFVGIKKKEERADLIAYLKKATNE
```

Tab. 3: Die Aminosäure-Reste sind durch die folgenden Buchstaben gekennzeichnet: A = Alanin, B = Asparagin oder Asparaginsäure, C = Cystein, D = Asparaginsäure, E = Glutaminsäure, F = Phenylalanin, G = Glycin, H = Histidin, I = Isoleucin, K = Lysin, L = Leucin, M = Methionin, N = Asparagin, P = Prolin, Q = Glutamin, R = Arginin, S = Serin, T = Threonin, V = Valin, W = Tryptophan, X = methyliertes Lysin, Z = Glutamin oder Glutaminsäure, ac = Acetylrest (nach DICKERSON u. a.).

Kopierung des Informationsbestandes voraus. Der Speicherung und Weitergabe aller als zweckmäßig bewährten genetischen Informationen dienen die Makromoleküle der Desoxyribonucleinsäure oder kurz DNA (desoxyribonucleic-acid). Die Informationen müssen aber auch nutzbar gemacht werden können: sie müssen abgelesen werden und in Struktur- und Synthese-Leistungen übersetzt werden. Diese Aufgabe erfüllt die Ribonucleinsäure oder RNA.

Die Nucleinsäuren (Abb. 18) sind wie die Polypeptide ungewöhnlich große Polymere mit Molekulargewichten zwischen 25 000 und mehreren Millionen (Tab. 2, S. 17). Ihre Bauelemente oder Monomeren sind die sog. Mononucleotide. Jedes Mononucleotid besteht aus einer stickstoffhaltigen Base, einer Pentose und einem Phosphorsäurerest.

Zuckermoleküle (Z) — Ribose, Desoxyribose; Phosphorsäure; Pyrimidinbasen: Cytosin (C), Thymin (T), Uracil (U); Purinbasen: Adenin (A), Guanin (G)

Tab. 4: DNA-Gehalt im einfachen Genom (haploider Chromosomensatz).

	Gewichtsmenge	Anzahl der Nucleotidpaare	Gesamtlänge sämtlicher DNA-Fäden
Escherichia coli	$0{,}004$ mg $\times 10^{-9}$	$4{,}3$ Millionen	$1{,}4$ mm
Neurospora crassa	$0{,}02$ mg $\times 10^{-9}$	19 Millionen	$6{,}4$ mm
Aspergillus niger	$0{,}043$ mg $\times 10^{-9}$	40 Millionen	$13{,}6$ mm
Zea mays	$8{,}4$ mg $\times 10^{-9}$	7 Milliarden	$2{,}38$ m

Die Verbindungen von Base und Pentose allein heißen Nucleoside. Bei den Basen handelt es sich um zwei Abkömmlinge des Purins, nämlich Adenin und Guanin (Adenin ist auch im wichtigsten Energiespeicher und Energieüberträger der lebenden Zelle, dem ATP, enthalten. Vgl. S. 30), und um drei Abkömmlinge des Pyrimidins, nämlich Cytosin, Thymin und Uracil, wobei das Thymin nur in der DNA, das Uracil nur in der RNA vorkommt. Die aus den Mononucleotiden aufgebauten Polynucleotide sind Polyester. Die Verknüpfung zu den Makromolekülen erfolgt mit Hilfe der Phosphorsäurereste jeweils zwischen dem 3. und dem 5. C-Atom zweier Pentosen unter Mitwirkung des Enzyms DNA-Polymerase (Abb. 15). Die Basen ragen – ähnlich wie die Restgruppen der Aminosäuren bei den Polypeptiden – als Seitenketten aus der Achse des Polynucleotids heraus. Die Mononucleotide können auch 2 (Nucleosiddiphosphat) oder 3 (Nucleosidtriphosphat) Phosphorsäuregruppen besitzen. Die Nucleosidtriphosphate sind die Substrate der DNT-Polymerase (vgl. S. 293 ff.). Die Pentose ist bei der Ribonucleinsäure – wie das schon der Name sagt – die Ribose und bei der Desoxyribonucleinsäure die Desoxyribose.

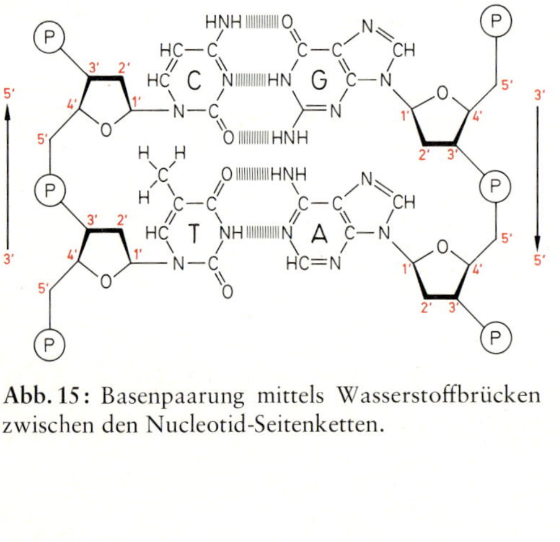

Abb. 15: Basenpaarung mittels Wasserstoffbrücken zwischen den Nucleotid-Seitenketten.

Die DNA bildet das Informationssystem der Zelle. Wie ein Morsetext mit den vier Zeichen Punkt, Strich, kurze Pause und lange Pause praktisch alle Informationen, die sich die Menschen jemals erarbeitet haben, speichern und auf Abruf – etwa von einem Lochstreifen – beliebig oft zur Verfügung stellen kann, so enthält auch die DNA eines jeden Zellkerns sämtliche Informationen, die zum Aufbau und zum Funktionieren des betr. Individuums erforderlich sind. Bei jeder Zellteilung muß dieser vollständige Informationsgehalt identisch redupliziert werden. Zur gegebenen Zeit und am rechten Ort muß aber die Information darüber hinaus auf Abruf zur Verfügung gestellt und nutzbar gemacht werden.

Beide Aufgaben: 1. Tradieren der genetischen Information (DNA-Replikation) und 2. Abgabe der Information (RNA-Transkription) wird ermöglicht durch den Matrizen-Charakter der Nucleinsäuren, die in der lebenden Zelle in der Regel doppelsträngig – als sog. DNA-Duplex (Watson-Crick-Modell) – vorliegen. Dieser Matrizen-Charakter läßt sich mit Hilfe eines Modells mit zwei- und dreipoligen Streckern (G und A) und deren zugehörigen zwei- bis dreibuchsigen Kupplungen (C und T) verdeutlichen (Abb. 15 bis 17). Stecker und Kupplungen seien auf gleichartigen zweipoligen Trägern befestigt, deren einer Pol der Phosphorsäuregruppe und deren anderer Pol der fünften OH-Gruppe der Desoxyribose des Nucleotids entspricht. Jede derartige Modelleinheit entspricht alsdann einem der vier möglichen Nucleotide: A = Adenosinmonophosphat (AMP), T = Thymidinmonophosphat (TMP), C = Cytidinmonophosphat (CMP) und G = Guanosinmonophosphat (GMP). Es ist ohne weiteres einsichtig, daß sich jeweils nur A mit T (2 Stifte bzw. Wasserstoffbrückenbindungen) oder G mit C (3 Stifte bzw. Wasserstoffbrückenbindungen) zusammenkuppeln lassen, da die spezifische Gestalt und Anordnung der Stifte und Buchsen nur diese eine Verbindung zuläßt. Weiter ist ersichtlich, daß sich die vier Grundelemente A, T, C und G auf diese Weise leicht zu beliebig langen leiterförmig gestalteten Doppelsträngen zusam-

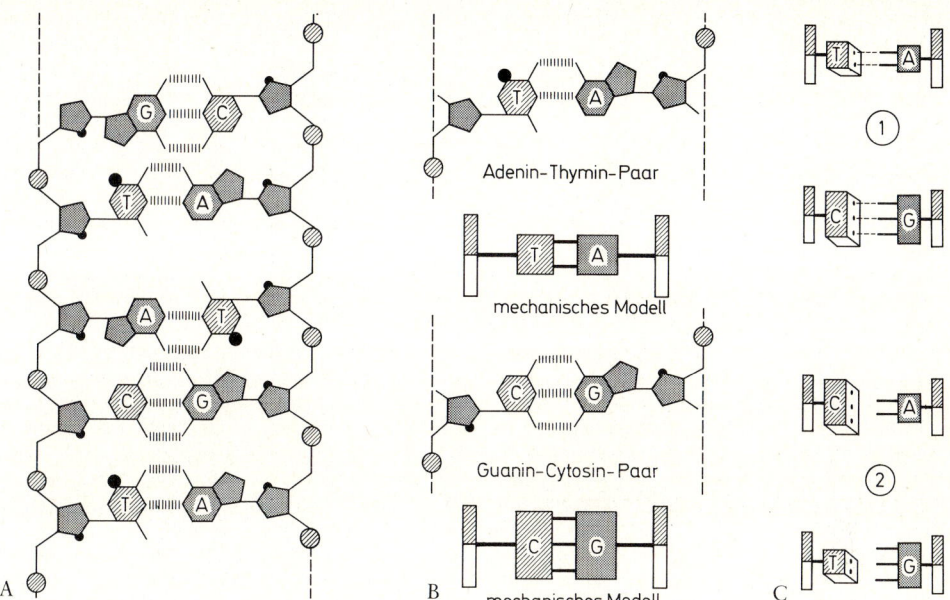

Abb. 16: Vereinfachtes Modell der chemischen Struktur des DNA-Doppelstranges (DNA-Duplex). A zwei kettenförmige Polynucleotid-Stränge werden durch Wasserstoffbrücken parallel zusammengehalten (gestrichelte Brücken in der Mitte). Jeder Polynucleotidstrang besteht aus einer Achse aus Pentosemolekülen (dunkle Fünfecke), die durch Phosphorsäurereste (graue Kreise) miteinander verbunden sind. Die Purinderivate Adenin (A) und Guanin (G) sowie die Pyrimidinderivate Cytosin (C) und Thymin (T) ragen als Seitenketten aus der Achse heraus und bieten ihre Amino- und Keto-Gruppen zur Wasserstoffbrückenbindung an. B Mechanische Modelle für die Basenpaarung zwischen Adenin und Thymin (oben), und zwischen Cytosin und Guanin (unten). Thymin und Adenin stark vereinfacht durch zweipoligen Stecker mit entsprechender Buchse, Guanin und Cytosin durch dreipoligen Stecker mit Buchse dargestellt. C die unterschiedlichen Stecker und Buchsen schließen alle anderen Paarungen außer A mit T und C mit G aus. (nach J. DE ROSNAY)

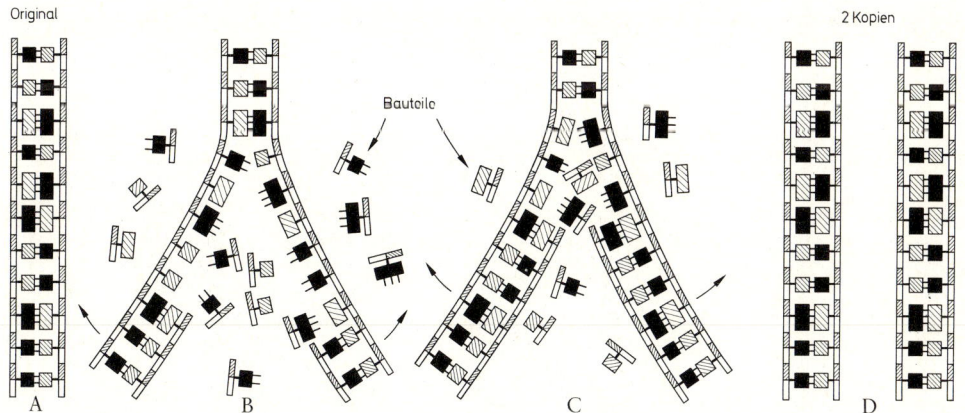

Abb. 17: Modell der semikonservativen Reduplikation eines DNA-Doppelstranges (DNA-Replikation). A Originalstrang, der redupliziert werden soll. B Lösung der beiden Nucleotidstränge durch Lösung der Wasserstoffbrücken (Lösung der Stecker aus den Buchsen). C Einführung neuer komplementärer Elemente (Nucleotide) und Vereinigung zu vollständigen komplementären Sequenzen. D die beiden semikonservativen identischen Kopien des Originalstrangs A (nach J. DE ROSNAY). Symbole der 4 Nucleotide:

= Adenosinmonophosphat (AMP)   = Thymidinmonophosphat (TMP)

= Guanosinmonophosphat (GMP)   = Cytidinmonophosphat (CMP)

menfügen lassen, in denen die Träger-Elemente aus Zucker und Phosphorsäure-Rest mit Hilfe von Ester-bindungen zu Polyestern kondensiert werden und auf diese Weise die Leiterholme bilden, während die Steckerverbindungen, die Wasserstoffbrücken zwischen den N- und O-Gruppen der Nucleotid-Basen entsprechen, zu den Leitersprossen werden. In Wirklichkeit sind die beiden Leiterholme allerdings – wie Abb. 18 zeigt – in einer Rechtsschraube zu einer Art Wendeltreppe miteinander verdrillt (DNA-Doppelhelix): Je ein Purinringsystem (A oder G) bildet dabei mit dem passenden Pyrimidinring (T oder C) ein Basenpaar, wobei die Basenringsysteme wie Teller flach übereinandergestapelt sind und auf diese Weise die Zentralsäule der «Wendeltreppe» bilden (Abb. 18 B). Auf einen Schraubengang der DNA-Doppelhelix (etwa 3,4 nm) kommen etwa 10 Basenpaare.

Aufgrund der streng gültigen Basenpaarungsregel läßt sich aus der Nucleotidsequenz eines der beiden DNA-Stränge die Sequenz in seinem Partnerstrang eindeutig voraussagen: Die beiden Stränge sind einander komplementär. Hat etwa der eine Strang die Nucleotidsequenz A-C-G-A-C-T, so muß der komplementäre Strang notwendigerweise die Sequenz T-G-C-T-G-A aufweisen. Die beiden komplementären Nucleotidstränge der DNA sind antiparallel, d.h. ihre chemische Polarität ist gegenläufig (Pfeile!): Folgt man nämlich den beiden Strängen in der gleichen Richtung (etwa von unten nach oben), so folgen in Abb. 15 auf der linken Seite die Phosphodiester-Bindungen vom 3'-C-Atom der Pentose (unten) zum 5'-C-Atom des nächsten Gliedes der Kette (oben); – auf der rechten Seite aber vom 5'-C-Atom (unten) zum 3'-C-Atom (oben). Das ist für den Replikationsmechanismus (S. 293f.) bedeutungsvoll. Das Modell macht ferner deutlich, daß bei einer Öffnung der Leiter an dem einen Ende (Abb. 17, B, C, wobei die Kupplungen und Stöpsel, bzw. Wasserstoffbrücken, wie bei einem Reißverschluß voneinander gelöst werden) durch Anfügung der jeweils komplementären Bauelemente leicht zwei identische Kopien des ursprünglichen Originals hergestellt werden können (Abb. 17 D), in denen jeweils ein Holm der ursprünglichen Leiter unverändert erhalten bleibt, während sein komplementäres Gegenstück vollständig neu erstellt werden muß (semikonservative Reduplikation, kurz Replikation). Daß der Vorgang der identischen DNA-Replikation tatsäch-

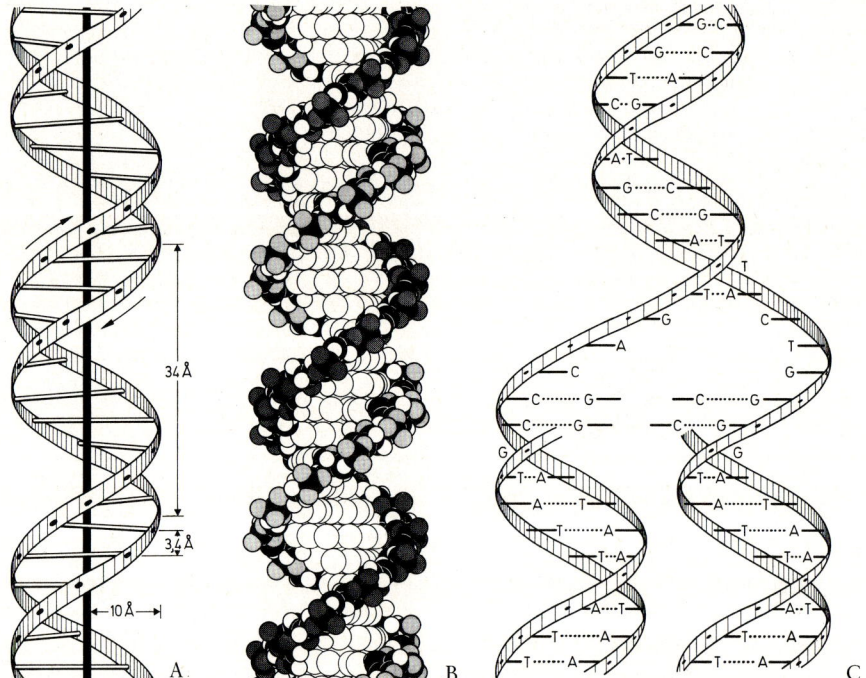

Abb. 18 A–C: Räumliche Struktur der DNA-Doppelhelix (Watson-Crick-Modell). A abstraktes Schema zur Veranschaulichung der Dimensionen. Eine vollständige Windung verläuft über 34 Å und enthält 10 Basenpaare. B Raumausfüllendes Modell, in dem die einzelnen Atome durch Kugeln dargestellt sind. Durch Schraffur gekennzeichnet die beiden umeinander verdrillten Trägerstrukturen (Leiterholme vgl. Text) aus Zucker und Phosphorsäureresten. Weiße Kugeln in der Zentralachse: die flachen, wie Bierdeckel übereinandergestapelten Basenringsysteme. C Abstraktes Modell des in Abb. 17B dargestellten semikonservativen Reduplikationsprozesses in der natürlichen räumlichen Anordnung (etwa 10 Millionen ×).

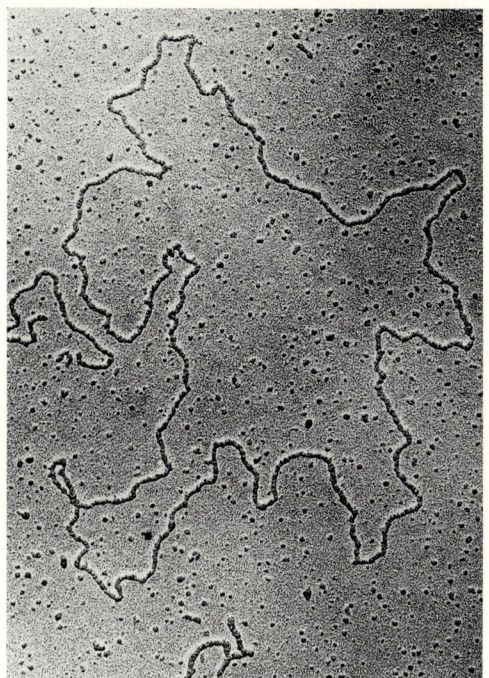

Abb. 18 D: Plasmid des Bakteriums *Streptomyces coelicolor* nach Schrägbedampfung mit Platin. Das Plasmid hat einen Umfang von nur etwa 10 µm und enthält etwa 300 000 Basenpaare (ca. 100 000 ×, nach D. A. HOPWOOD).

digkeit erreicht den erstaunlichen Wert von etwa 1000 Nucleotid-Neubildungen in der Sekunde. Dennoch kommen Replikationsfehler nicht häufiger als 1 zu 10^6 bis 10^9 replizierten Basenpaaren vor (vgl. S. 293 ff.).

Neben diesem WATSON-CRICK-Modell werden noch eine Reihe weiterer DNA-Modelle diskutiert (SBS- oder Seite-an-Seite-Modell, Super-Helix, Linkshändige Doppelhelix, HOPKINS Modell), auf die hier jedoch nicht näher eingegangen werden soll.

Der Vorgang des Informationsabrufes vollzieht sich grundsätzlich nach dem gleichen Prinzip, wie die DNA-Replikation. Er unterscheidet sich lediglich dadurch, daß in diesem Fall kein komplementäres DNA-Molekül zusammengestellt wird, sondern ein meist kürzeres RNA-Molekül, das nach seiner Fertigstellung sofort abgelöst wird und auf diese Weise Platz für beliebig viele weitere DNA-RNA-Transkriptionen macht (S. 294 f.).

Nackte doppelsträngige DNA liegt z.B. als Erbinformationsträger in den Bakterienzellen vor. Bei *Escherichia coli* beträgt die Gesamtlänge des ringförmig geschlossenen Genophors oder «Bakterienchromosoms» etwa 1400 µm, obgleich die ganze Bakterienzelle nur 1 bis 2 µm mißt; die DNA muß also durch Faltung oder Schraubung sehr stark kondensiert sein. Neben diesem «Bakterienchromosom» enthält die Bakterienzelle noch m. o. w. zahlreiche sog. Plasmide (Abb. 18 D), die gleichfalls aus nackter doppelsträngiger DNA bestehen; sie machen zwar nur einen geringen Bruchteil des Erbguts der Bakterienzelle aus (um 3 %), haben sich aber als Transportmittel zum Einschleusen fremden Erbgutes bewährt. Nackte, ringförmig geschlossene DNA-Doppelstränge liegen als Erbinformationsträger auch in den zur Selbstvermehrung befähigten Plastiden (ptDNA, Abb. 57, S. 63) und Mitochondrien (mtDNA,

lich nach diesem Schema läuft, konnte mit Hilfe markierter Nucleotid-Bausteine (tritiiertem Thymidin) bewiesen werden. Die Replikationsgeschwin-

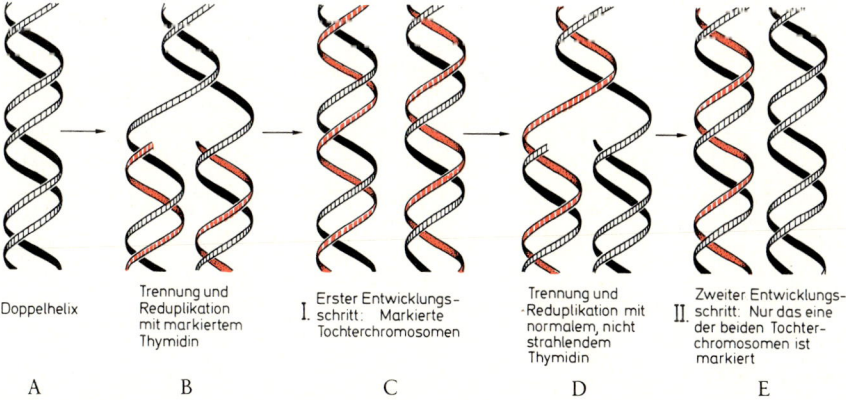

	Trennung und Reduplikation mit markiertem Thymidin	I. Erster Entwicklungsschritt: Markierte Tochterchromosomen	Trennung und Reduplikation mit normalem, nicht strahlendem Thymidin	II. Zweiter Entwicklungsschritt: Nur das eine der beiden Tochterchromosomen ist markiert
Doppelhelix				
A	B	C	D	E

Abb. 19: Nachweis der semikonservativen DNA-Replikation durch den Einbau markierten Thymidins. Normale unmarkierte DNA-Stränge schwarz; markierte, neu eingebaute Komplementärstränge rot. B Beginn der Reduplikation (vgl. Abb. 18 C). C Reduplikation abgeschlossen; beide Tochterchromosomen sind markiert. D abermalige komplementäre Reduplikation des rechten DNA-Stranges aus C mit normalem, diesmal unmarkierten Thymidin. E in der zweiten Generation ist nur noch einer der beiden Stränge markiert.

S. 69) vor. In den Zellkernen der Eukaryoten ist die DNA im Chromatin bzw. in den Chromosomen lokalisiert (S. 43 ff.).

Ribonucleinsäuren. Die genetische Botschaft (Information) wird von der doppelsträngigen DNA auf eine einsträngige und dadurch leichter ablesbare Ribonucleinsäure übertragen und in dieser Form vom Zellkern zu den Ribosomen gebracht, an denen die Proteine synthetisiert werden (S. 294 ff.), die stets die eigentlichen spezifischen Wirk- und Baustrukturen der Zelle darstellen. Diese Ribonucleinsäure wird als Boten-RNA (oder messenger RNA bzw. kurz mRNA) bezeichnet. Da die Aufeinanderfolge von Nucleotidtripletts in der mRNA die Reihenfolge der Aminosäuren in einem einzelnen Polypeptid codiert (S. 296 f.), unterscheiden sich die einzelnen mRNA-Moleküle hinsichtlich der Nucleotidsequenz und hinsichtlich der Kettenlänge; ihre Molekulargewichte liegen zwischen mehreren 100 000 und einigen Millionen.

Bei der Übertragung der in der mRNA (und letztlich in der DNA) enthaltenen Information in die Primärstruktur der Proteine, die man als Translation bezeichnet, sind zwei weitere RNA-Arten beteiligt. Die ribosomale RNA (rRNA) ist ein wesentlicher Bestandteil der Ribosomen; sie hat Molekulargewichte zwischen 500 000 und 1 Million. Die zahlreichen verschiedenen Arten der löslichen RNA (transfer RNA oder kurz tRNA) schließlich haben niedrige Molekulargewichte (zwischen 25 000 und 50 000) und eine verschlungene Tertiärstruktur, die durch intramolekulare Basenpaarungen stabilisiert wird. Sie führen die verschiedenen Aminosäuren an die mRNA heran und bringen sie dort in die richtige, durch die Nucleotidtripletts festgelegte Position (S. 295 ff.).

Alle drei RNA-Sorten werden durch DNA-abhängige RNA-Polymerasen an der DNA abgeformt. Diesen Vorgang bezeichnet man als Transkription.

Erbeinheiten oder Gene: Die kleinste Funktionseinheit eines DNA-Makromoleküls, die jeweils eine funktionsfähige Proteinkette codiert, heißt Erbeinheit oder Gen. Das Gen

ist somit ein begrenzter Abschnitt (Region) des DNA-Kettenmoleküls. Es umfaßt normalerweise etwa 600 bis 1800 Nucleotidpaare bzw. 200 bis 600 Tripletts, die ein Struktur- oder Enzymprotein aus ebenso vielen Aminosäuren codieren (S. 298 ff.). Neben den Genen enthält der DNA-Faden jedoch stets auch – zumeist in m. o. w. regelmäßigem Rhythmus zwischen den Genen eingestreut – 50 bis 90 % sog. repetitive DNA, die in Form von Erkennungssequenzen für die höhere Struktur des Chromatins in den Chromosomen verantwortlich ist (vgl. S. 48).

i) Energieüberträger. Neben ihrer hervorragenden Rolle als Bestandteile von Informationsspeichern und Informationsüberträgern kommt den Nucleotiden in der lebenden Zelle noch eine weitere wichtige Aufgabe zu: die kurzfristige Speicherung von Energie und ihre schnelle Übertragung auf die verschiedenen endergonischen, also energiezehrenden Stoffwechselprozesse. Der wichtigste Energieüberträger in der Zelle ist das Adenosintriphosphat oder kurz ATP. Es besteht aus dem uns bereits bekannten heterocyclischen N-haltigen Ringsystem Adenin, dem 5-C-Zucker Ribose und drei angehängten Phosphorsäureresten, von denen der erste mit der Ribose durch eine Ester-, die beiden anderen durch Anhydridbindungen verknüpft sind. Die leicht lösbaren sog. energiereichen Bindungen werden durch das Symbol ~ charakterisiert, die Phosphorsäurereste selbst durch P . Wird unter Gewinn von etwa 30 kJ/Mol (unter Standardbedingungen. Vgl. S. 219 ff.) der dritte Phosphorsäurerest abgetrennt, so entsteht das energieärmere Adenosindiphosphat, kurz ADP; umgekehrt kann das ADP unter Energieaufnahme wieder zum ATP regeneriert werden.

Die Lösung bzw. Knüpfung der energiereichen Bindungen geschieht wieder unter der Mitwirkung von Stoffwechselkatalysatoren (ATPasen).

So wie ein Elektromotor nur mit elektrischer Energie angetrieben werden kann und alle anderen Energieformen (Lichtenergie, Wasserkraft, Kohle, Heizöl, Atomenergie) stets zunächst in elektrische Energie

Phosphorylierung
(Synthese)
Energie wird gebunden

Dephosphorylierung
(Spaltung)
Energie wird freigesetzt

umgesetzt werden müssen, um als Antriebskraft dienen zu können, so muß in der lebenden Zelle jede Energieform (chemische Energie, Lichtenergie) in der Regel zunächst in energiereiche Phosphatbindungen überführt werden, die alsdann den gesamten Zellstoffwechsel als primäre Energie-Akkumulatoren in Betrieb halten (vgl. S. 220).

k) **Elektrolyte.** Alle im Protoplasma vorkommenden chemischen Elemente mit Ausnahme des Kohlenstoffs, Wasserstoffs und Sauerstoffs gelangen primär als Ionen in die Zellen. Wenn diese Elektrolyte hier besonders hervorgehoben werden, so deshalb, weil auf diese Weise Salz-Ionen und damit Träger freier Ladungen im Protoplasma oft in großer Zahl enthalten sind. Zusammen mit ihren Hydratationshüllen (vgl. Abb. 9 C, D) tragen sie wesentlich zur Aufrechterhaltung des für den Ablauf der Lebensprozesse optimalen Hydratationszustandes bei. Gleichzeitig wird auch der osmotische Druck u.U. durch die Elektrolyte maßgebend beeinflußt.

Als Kationen kommen vor allem H^+, K^+, Ca^{++} und Mg^{++}, als Anionen NO_3^-, SO_4^{--} und PO_4^{---} in Frage. Sämtliche Ionen können sowohl im Zellsaft der Vacuolen als auch im Wasser des Grundcytoplasmas oder der Zellorganellen gelöst sein. Aufgrund seiner doppel-positiven Ladung trägt besonders das Ca^{++}-Ion zur Neutralisierung negativ geladener Seitenketten der Strukturproteine bei und wirkt auf diese Weise durch Freisetzung des normalerweise an diesen Seitenketten gebundenen Hydratationswassers entquellend und viscositätssteigernd.

l) **Lipide.** Unter dem Oberbegriff Lipide werden eine Reihe wasserunlöslicher Stoffe zusammengefaßt, die sich in organischen Lösungsmitteln wie Benzol, Ether, Chloroform und Chloroform-Methanol-Gemischen lösen lassen. Als wichtigstes Nachweisreagenz für den Mikroskopiker dient der lipophile Farbstoff «Sudan III», der Lipidvacuolen in der Zelle leuchtend rot anfärbt. Zu den Lipiden gehören einerseits wichtige Energiespeicher (Pflanzenöle in Früchten und Samen = Speicherlipide, S. 74), andererseits dienen viele von ihnen aufgrund ihrer polaren Struktur zum Aufbau cellulärer Membranen (Strukturlipide, S. 33 ff.).

Fettsäuren sind lange polare Kohlenwasserstoffketten mit einer hydrophilen Carboxylgruppe an einem Ende. Unter den über 70 bekannten Fettsäuren sind fast alle geradzahlig mit Kettenlängen zwischen 14 und 22 C-Atomen, wobei diejenigen mit 16 und 18 C-Atomen überwiegen (z.B. Palmitinsäure $C_{16}H_{32}O_2$ und Stearinsäure $C_{18}H_{36}O_2$). Ungesättigte Fettsäuren enthalten eine oder mehrere Doppelbindungen. Beispiele sind die C_{18}-Säuren, Ölsäure mit 1, Linolsäure mit 2 und Linolensäure mit 3 Doppelbindungen. Freie Fettsäuren treten in den Zellen nur in geringen Mengen auf. In der Regel sind sie als hochwertige Energiespeicher mit Alkoholen, z.B. dem dreiwertigen Glycerin, zu komplexeren Lipiden verestert:

Glycerin Fettsäuren Triglycerid (Neutralfett)

Neutralfette oder Triglyceride sind derartige Glycerinester. Obgleich sie – wie die Kohlenhydrate – ausschließlich aus C, H und O zusammengesetzt sind, sind sie, da das Verhältnis der H-Atome zu den O-Atomen bei ihnen wesentlich größer ist als 2:1, erheblich energiereicher. Neutralfette bilden daher ein ideales Speichermaterial auf kleinstem Raum. Man findet sie insbesondere in Pflanzensamen und sonstigen Dauerzuständen wie den Sporen oder Cysten der Protophyten (S. 552).

Die natürlich vorkommenden Pflanzenfette sind ausnahmslos Gemische aus freien Fettsäuren mit zahlreichen verschiedenen Triglyceriden. Die Glyceride, die über keine polaren Gruppen verfügen und daher absolut hydrophob sind, werden als die Neutralfette dieses Gemisches bezeichnet; ihre Menge errechnet sich also aus dem Gesamtfett abzüglich der freien Fettsäuren. Der jeweilige Gehalt an ungesättigten Fettsäuren bedingt den Aggregatzustand bei Zimmertemperatur: Die ölige, dünnflüssige Beschaffenheit der meisten Pflanzenfette ist auf die bevorzugte Beteiligung von ungesättigten Oleinen an ihrer Zusammensetzung zurückzuführen. Sonnenblumenöl, Maiskeimöl und Weizenkeimöl sind besonders reich an ungesättigten Fettsäuren.

Lipoide: Unter der Gruppenbezeichnung Lipoide werden kleinere polare Lipide zusammengefaßt, die aufgrund des Besitzes eines hydrophilen und eines hydrophoben Poles wie die freien Fettsäuren zur Bildung monomolekularer Filme neigen. Durch entsprechende Anordnung bilden sie darüber hinaus leicht bimolekulare Filme, die unter Einbeziehung von Proteinen als bimolekulare Lipoproteidmembranen im lebenden Protoplasma eine hervorragende Rolle bei der Abtrennung kleinerer Reaktionsräume spielen (Abb. 21 u. S. 36 Kompartimentierung).

Bei den Phospholipiden oder Phosphatiden ist eine Hydroxylgruppe des Glycerins mit Phosphorsäure statt mit einer Fettsäure verestert. Als typisches Beispiel sei das Lecithin genannt. In ihm ist der Phosphorsäurerest einerseits mit dem hydrophilen Aminoalkohol Cholin und andererseits mit einem Glycerinmolekül verestert, dessen beide restlichen Hydroxylgruppen ihrerseits wie in den Neutralfetten mit langkettigen h y d r o p h o b e n Fettsäuren verestert sind:

Cholinphosphatid (=Lecithin)

$$H-C-O-\overset{O}{\overset{\|}{C}}-(CH_2)_{14}-CH_3$$

$$H-C-O-\overset{O}{\overset{\|}{C}}-(CH_2)_{14}-CH_3$$

$$CH_3-\overset{\oplus}{\underset{CH_3}{\overset{CH_3}{N}}}-CH_2-CH_2-O-\overset{O}{\underset{O^\ominus}{\overset{\|}{P}}}-O-C-H$$

Eine wichtige Rolle bei der Bildung pflanzlicher Plasmamembranen spielen die G l y k o l i p i d e. Bei ihnen ist an eine der Hydroxylgruppen des Glycerins anstelle des Phosphatesters ein Zucker glykosidisch gebunden.

Monogalactosyldiacylglycerid

I s o p r e n o i d l i p i d e : Zu den Lipoiden im weiteren Sinne werden schließlich noch eine Reihe wichtiger hydrophober Verbindungen gezählt, die auf Isoprenbasis aufgebaut sind: Hierher gehören vor allem die fettlöslichen L i p o c h r o m e (Carotin, Xanthophyll, vgl. S. 235) und die S t e r o i d e. Aus dem Ergosterin geht bei UV-Bestrahlung das antirachitische Vitamin D hervor. Das Diosgenin aus *Dioscorea*-Arten (S. 899) hat als Vorstufe der industriellen Progesteron-Synthese (Anti-Baby-Pille) weltweite Bedeutung erlangt. W a c h s e : Die zu den Strukturlipiden zählenden Wachse sind Ester von langkettigen (26–34 C-Atome) Fettsäuren mit ebenso langkettigen einwertigen Alkoholen. Sie sind besonders häufig an den Oberflächen von Blättern und Früchten (Abb. 120B, S. 144).

m) Intermediäre und sekundäre Stoffwechselprodukte. Bei den Stoffumsetzungen, die den Lebensprozeß charakterisieren, entstehen laufend in großer Zahl Stoffe, die sofort weiterverarbeitet werden und als i n t e r m e d i ä r e S t o f f - w e c h s e l p r o d u k t e oder M e t a b o l i t e n bezeichnet werden. S e k u n d ä r e S t o f f w e c h s e l - p r o d u k t e (sekundäre Pflanzenstoffe) reichern sich oft in größeren Mengen in den Zellen an und werden alsdann – da sie nicht primär lebensnotwendig sind – entweder in Vacuolen abgelagert oder wohl auch ganz aus den Zellen ausgeschieden. (Vgl. S. 70 ff.: Vacuolen.) Ihre Bedeutung für die Pflanzen ist vielfach unbekannt.

Viele sekundäre Pflanzenstoffe (z.B. Harze, Gerbstoffe, Farbstoffe, ätherische Öle) werden wirtschaftlich genutzt. Manche der aufgeführten Stoffe (z.B. die Wirkstoffe und Biokatalysatoren sowie viele der

intermediären und sekundären Stoffwechselprodukte) treten primär in ganz bestimmten Zellorganellen auf und gelangen von dort erst sekundär in das Grundplasma; andere bleiben dauernd in ihren Bildungsorganellen lokalisiert.

n) Wirkstoffe. Schließlich können in den Zellen in geringer Menge neben den Biokatalysatoren noch sog. W i r k s t o f f e vorkommen, die nicht direkt, sondern indirekt in das Stoffwechselgeschehen eingreifen. V i t a m i n e sind Enzymbestandteile, die von den Zellen, in denen sie wirksam werden, nicht selbst synthetisiert werden; sie müssen daher als fertige Moleküle importiert werden. Durch H o r m o n e, die definitionsgemäß im gleichen Organismus synthetisiert werden, in dem sie an anderer Stelle zur Wirkung kommen, wird die Produktion oder die Aktivität der Enzyme beeinflußt.

C. Molekulare Struktur des Grundplasmas

Auch das G r u n d p l a s m a, in das die Zellorganellen eingebettet sind, muß nach seinen physikalischen Eigenschaften (z.B. «Spinnbarkeit» sowie Doppelbrechung in derart mechanisch gedehnten Abschnitten) über Feinstrukturen verfügen, die selbst mit dem Elektronenmikroskop nicht mehr aufgelöst werden können.

Die aus den Eiweiß-Kettenmolekülen herausragenden Seitenketten der Aminosäuren können sowohl positive wie negative Ladungen tragen. Sie können aufgrund ihres chemischen Charakters wasseranziehende und wasserabstoßende Eigenschaften besitzen und aufgrund besonders aktiver chemischer Gruppen zum Brückenschlag mit ebenso aktiven Seitenketten benachbarter Polypeptidketten neigen (z.B. Schwefelbrücken durch Oxidation zweier benachbarter R-SH-Gruppen zu R-S-S-R; Abb. 11, S. 22).

Auf diese Weise ergibt sich eine große Zahl verschiedener Verknüpfungsmöglichkeiten, die zu lokkereren oder festeren Bindungen mit den Nachbarmolekülen führen (Abb. 20). Die biologisch wichtigen Aggregationskräfte kommen durch eine komplizierte Summation vieler derartiger Bindungen zustande; sie vermögen die Plasma-Strukturproteine und -Proteide zu Ketten und Fibrillen, zu flächigen Filmen (Elementarmembranen) und schließlich durch räumliche Aggregation sogar zu Kristallen zu verbinden. Alle derartigen Strukturen muß man sich jedoch als überaus labil vorstellen. Versuche mit Kohlenstoff- und Stickstoffisotopen haben nämlich gezeigt, daß selbst in den Eiweißmolekülen ein ständiger Ein- und Ausbau ihrer organischen Bausteine – der Aminosäuren – erfolgt. Das s t o f f l i c h e O r d n u n g s g e f ü g e d e r Z e l l e stellt somit keinen statischen Zustand dar, sondern ein dynamisches Geschehen. Das Cytoplasma kann chemisch charakterisiert werden als ein «in ständigem Umsatz befindliches Stoffgemenge».

Die Haftpunkttheorie macht viele Eigenschaften des Grundplasmas verständlich. Ein wesentlicher Anteil des Zellwassers und der darin gelösten Elektrolyte wird von den polaren Seitenketten der Strukturproteine locker gebunden. Daneben kommen capillare Bindungskräfte in den Maschenräumen des angenommenen Proteingerüstwerks zum Tragen. Den Gesamtvorgang dieser aktiven Wasseransammlung bezeichnet man als Quellung (vgl. S. 312 ff.), den Quellungszustand des Protoplasmas als seine Hydratation.

Durch eine leichte Änderung der wasserbindenden Kräfte der Protein-Seitenketten kann es zur Dehydratation oder Entquellung kommen. Hydratation führt zur Lösung von Haftpunkten. Dehydratation begünstigt ihre feste Verknüpfung. Die Hydratation des Cytoplasmas ist damit für den Ablauf der Lebenserscheinungen von entscheidender Bedeutung.

Durch die Bindung des Wassers an makromolekulare Strukturen und Elektrolyte wird seine Verfügbarkeit für chemische Reaktionen herabgesetzt. Nur das thermodynamisch «freie» Wasser ist daher primär für die biochemische Aktivität des Protoplasmas wichtig. Außer dem Gesamtwassergehalt einer Zelle ist somit in erster Linie die Menge des freien Wassers von entscheidender Bedeutung.

In wasserarmem Protoplasma, wie es für die Dauer- und Ruhezellen charakteristisch ist, befindet sich das Leben daher in einem latenten Zustand. Der wasserentziehende Alkohol, hohe Temperaturen und Schwermetalle, die aufgrund ihrer starken Ladungen die Seitenketten blockieren, führen zu irreversibler Entquellung (Coagulation). Sie haben eine Erstarrung der Strukturen und damit den Tod zur Folge. Dieser Vorgang wird als Fixierung bezeichnet. Weitere viel verwendete Fixierungsmittel sind Formol, Osmiumtetroxid, Chromsäure, Sublimat und andere, die sämtlich zu irreversiblen inneren Bindungen und Vernetzungen der Seitenketten führen.

D. Biomembranen

a) **Elementarmembranen.** Wie schon erwähnt, sind die Lipoide (insbesondere die Phosphatide, wie z.B. das Lecithin, vgl. S. 31) einerseits mit polaren hydrophilen Gruppen, andererseits aber auch mit apolaren hydrophoben Gruppen ausgestattet und infolgedessen befähigt – wie die Netzmittel oder Detergentien – an Phasengrenzen zwischen hydrophilen und hydrophoben Stoffen zu vermitteln, indem sie einschichtige, monomolekulare Filme bilden, in denen jedes einzelne Lipid-Molekül mit seinem polaren hydrophilen «Kopf» in die wässrige Phase eintaucht, während der apolare hydrophobe «Schwanz» entweder in die Luft hineinragt oder aber den Kontakt mit einer anderen hydrophoben Lipid-Phase bzw. mit einem anderen hydrophoben Molekülende sucht. In einer rein wässrigen Umgebung bilden derartige «Strukturlipide» infolgedessen durch «self-assembling» bimolekulare Doppelfilme (lipid bilayer) oder Membranen, die aus jeweils zwei monomolekularen Filmen bestehen, die ihre apolaren Gruppen einander zuwenden (Abb. 21).

Bei dieser Bildung von Lipidmembranen treten zwischen den dicht geordneten Lipidmolekülen zwischenmolekulare Kräfte auf, die derartige Membranen erheblich stabilisieren, ohne daß ihre einzelnen Strukturelemente wirklich dauerhafte chemische Verbindungen einzugehen brauchen. Die Lipidschich-

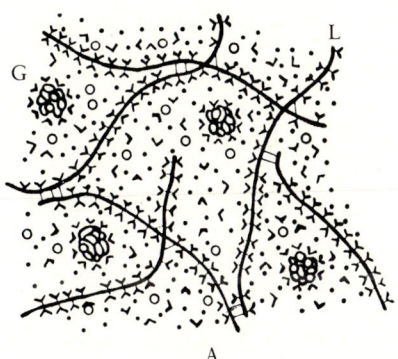
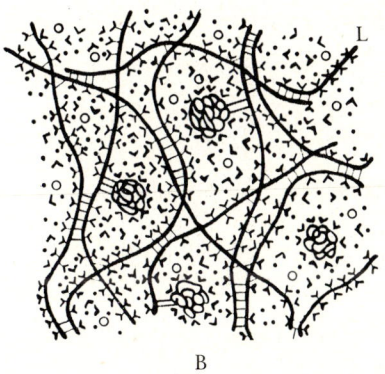

Abb. 20: Schematische Darstellung des molekularen Aufbaus eines Plasmasols A und eines Plasmagels B nach der Haftpunkttheorie. L lineare Proteine mit locker gebundenen Wassermolekülen. G globuläre Proteine. Kleine Winkel = Wasserdipole. Punkte = Ionen der Elektrolyte. Kleine Kreise = größere gelöste organische Moleküle, z.B. Zucker etc. (nach Buvat).

ten werden durch das umgebende Wasser zusammen-geschoben und dadurch zusätzlich stabilisiert. Alle Membranbestandteile werden dabei ausschließlich durch nichtkovalente Bindungen zusammengehalten und können daher leicht voneinander gelöst und umstrukturiert werden (Fluidität der Biomembranen, Möglichkeit von Membranfusionen).

Derartige bimolekulare Membranen können leicht als sog. Myelin-Figuren experimentell erzeugt werden (z.B. durch Einlegen des sehr phosphatidreichen Samenfleisches von *Ginkgo biloba* in Wasser). Diese bestehen aus zahlreichen übereinandergeschichteten bimolekularen Lipidmembranen und rufen aufgrund ihrer streng geordneten parakristallinen Struktur die Erscheinung der Doppelbrechung des Lichtes hervor («flüssige Kristalle»). Sie sind formveränderlich, wachsen durch Intussuszeption (Eingliederung neuen Membranmaterials in die Fläche der Filme) und sind semipermeabel.

In der lebenden Zelle spielen ähnliche 6 bis 10 nm dicke, zweischichtige, aus Lipiden und Proteiden zusammengesetzte Lipid-Protein-membranen oder Elementarmembranen (unit membranes) bei der Gliederung des in erster Linie aus hydrophilen Eiweißen und Wasser bestehenden Grundplasma in voneinander getrennte Reaktionsräume eine entscheidende Rolle. Sie geben dem «flüssigen» Grundplasma Struktur und inneren Halt.

Die in den lebenden Pflanzenzellen tatsächlich vorkommenden Biomembranen sind allerdings keineswegs so einfach gebaut, wie es nach dieser stark vereinfachten Modellvorstellung scheinen könnte. So werden sie in der Regel nicht nur aus einer einzigen Sorte von Lipidmolekülen bestehen. Insbesondere in den äußeren Abschlußmembranen finden sich z.B. Glykolipide, die am hydrophilen Pol verschiedene Zuckermoleküle bzw. Zuckerderivate tragen, die untereinander zu Oligo- und Polysacchariden verknüpft sein können. Ihr hydrophiler komplexer Kohlenhydrat-Anteil ist wahrscheinlich für die Erkennungs- und Immunitätserscheinungen der Bakterien-

membranen von ausschlaggebender Bedeutung, da er deren serologische Eigenschaften bestimmt.

In diese noch relativ einheitlich aufgebaute Membranmatrix (Lipid-Doppelfilm, bilayer) tauchen die hydrophoben Bereiche locker assoziierter Membranproteine ein, deren hydrophile Bereiche wiederum der wässrigen Umgebung zugewendet sind (Flüssig-Mosaik-Modell der Biomembranstruktur, Abb. 22, 23). Während die peripheren Membranproteine (zu denen z.B. das Cytochrom c der Mitochondrienmembran gehört, vgl. S. 246 u. 279) wasserslöslich und dementsprechend leicht von der Membranmatrix ablösbar sind (Abb. 22 P), tauchen die integrierten Membranproteine (integrale Membranproteine, z.B. viele Membranenzyme) bis tief in die lipophile Mittelzone der Membranmatrix ein, oder sie erstrecken sich sogar durch die gesamte Membranmatrix hindurch bis zu deren

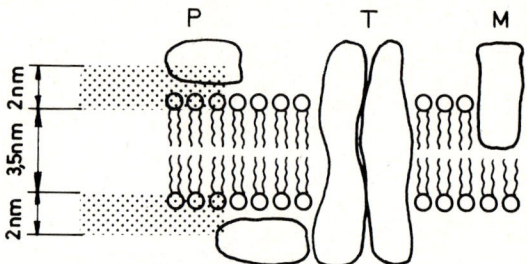

Abb. 22: Modellvorstellung zum Verständnis des Aufbaus (rechts) und der elektronenmikroskopischen Wiedergabe (links) einer natürlichen Biomembran. P peripheres Protein, M halbintegriertes Membranprotein, das mit seinem lipophilen Teil bis in die lipophile Mittelschicht eintaucht, T vollintegriertes «Tunnelprotein», durch dessen zentralen Kanal hydrophile Moleküle passieren können (etwa 3 000 000 ×, nach Bentrup).

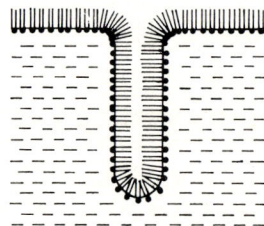

Abb. 21: Anordnung der polaren Lipidmoleküle auf einer Wasseroberfläche (monomolekularer Film) und Einfaltung zum bimolekularen «bilayer» mit zwei hydrophilen Oberflächen und einer lipophilen Mittelschicht (Lipidmoleküle als zweigeschwänzte Punkte symbolisiert).

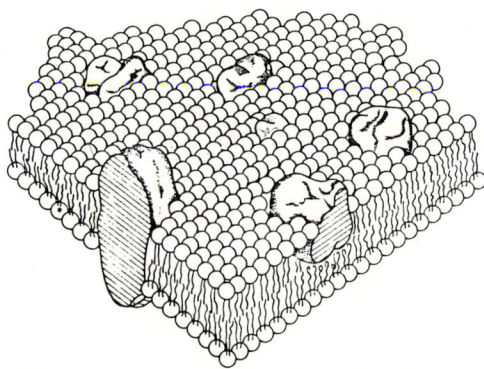

Abb. 23: Modellausschnitt aus einer natürlichen Biomembran, mit einseitig integrierten sowie die Membranmatrix durchsetzenden Proteinmolekülen (etwa 2 000 000 ×, nach Singer u. Nicolson).

hydrophiler Gegenseite. Sie können auf diese Weise Bauelemente für Poren oder Kanäle bilden (sog. Tunnelproteine), durch die Ionen und hydrophile Moleküle die Biomembran zu passieren vermögen (Abb. 22 T).

Da die Membranproteine asymmetrisch orientiert sind und darüberhinaus asymmetrisch auf die beiden Schichten der Biomembran verteilt sein können, sind viele Biomembranen als ganzes genommen funktionell asymmetrisch, was für die Transportvorgänge durch diese Membranen hindurch von Bedeutung ist, indem bestimmte Stoffe nur in der einen, andere nur in der entgegengesetzten Richtung passieren können. Auch eine mosaikartige Strukturheterogenität läßt sich gelegentlich elektronenmikroskopisch nachweisen: in definierten Membranbezirken sind in solchen Fällen ganz bestimmte Proteinbausteine (Multienzymkomplexe) vergesellschaftet, um lokal bestimmte spezielle Funktionen kooperativ zu ermöglichen (vgl. S. 66 f. u. 308 f. und Abb. 63).

Bei bestimmten elektronenmikroskopischen Präparationstechniken (z. B. Permanganatfixierung) erscheinen die Elementarmembranen dreischichtig, indem zwei dunkelkontrastierte Außenlagen eine transparente Mittelschicht beidseitig begrenzen. Die zunächst naheliegende Deutung, daß es sich bei den dunklen Außenschichten um die Proteinschichten und bei der hellen Mittelschicht um die Lipiddoppelschicht handeln könnte, trifft nicht zu, da der Abstand der dunklen Schichten nach Lipidextraktion eher zu als abnimmt. Daraus geht hervor, daß bei diesen Techniken offenbar nur die Proteinkomponenten der

Membran zur Abbildung gelangen. Andererseits haben lichtmikroskopische Untersuchungen gezeigt, daß größere Stapel derartiger Membranen (z. B. die Thylakoidstapel der Chloroplasten, Abb. 61, 62) bei Lipidextraktion anisotrop entquellen, d. h. die Stapel schrumpfen in Stapelrichtung um ca. 50 %, in der Fläche jedoch um weniger als 5 %. Daraus ergibt sich, daß die Proteine in der Biomembran eine relativ stabile Struktur besitzen müssen.

b) **Kompartimentierung.** Das Vorliegen derartiger Biomembranen unterbindet die freie Diffusion der größeren organischen Moleküle. Es werden vielmehr zahlreiche verschiedene Reaktionsräume gebildet, die oft durch den Gehalt ganz bestimmter Enzyme gekennzeichnet sind, die ihrerseits ganz bestimmte Reaktionsfolgen und Metaboliten (Stoffwechselprodukte) zur Folge haben, die nur hier und nirgend anders auftreten. Diese räumliche Untergliederung und Differenzierung des Protoplasten bezeichnet man als Kompartimentierung, die einzelnen Reaktionsräume heißen dementsprechend Kompartimente. Auch die auf S. 41 ff. beschriebenen großen Zellorganellen sind nichts anderes als derartige Kompartimente mit typischer Gestalt und Funktion.

Unglücklicherweise wird der Begriff «Organell» (auch «die Organelle») z. Z. von Botanikern, Zoologen und Medizinern mit recht verschiedenem Be-

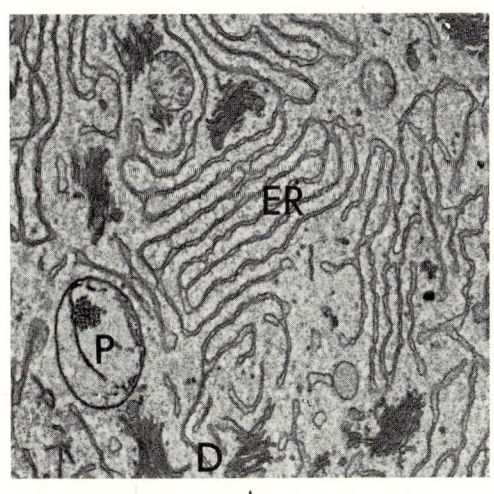

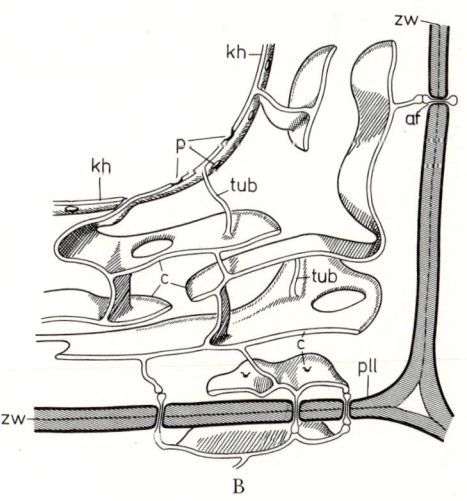

Abb. 24: Endoplasmatisches Reticulum. A. ER im Cytoplasma einer Zelle der Wasserpest *Elodea canadensis*. Das Cytoplasma enthält außerdem kräftig kontrastierte, dem ER nach Struktur und Herkunft nahestehende Dictyosomen D und einen rundlichen jungen Plastiden P (10000 ×, nach MENKE). B. Räumliches Schema des ER in seiner Beziehung zur Kernhülle kh (p Kernporen) und zu den die Zellwand zw durchsetzenden Plasmodesmen. af axialer Faden der Plasmodesmen; pll Plasmalemma; tub «Tubuli» –, c «Cristae» des ER (nach BUVAT).

griffsinhalt verwendet. Ursprünglich für die großen lichtmikroskopisch erkennbaren Differenzierungen einzelliger Protisten in Analogie zu den vielzelligen Organen der Metazoen geprägt (u.a. z.B. für die Geißeln), wurde der Begriff später wahllos auf alle licht- und elektronenmikroskopisch nachweisbaren Zellstrukturen mit spezifischer Gestalt und Funktion übertragen, so daß heute sogar Teile von Organellstrukturen, wie z.B. die Centromere der Chromosomen, von manchen Forschern als Organelle bezeichnet werden.

c) Endoplasmatisches Reticulum.

Neben stabileren Membransystemen, wie sie die verschiedenen großen Zellorganellen (vgl. S. 41 ff.) vom Grundcytoplasma abgrenzen, findet sich in den meisten Eukaryoten-Zellen – so in den meristematischen Jugendstadien oder in älteren Zellen während besonders aktiver Stoffwechselleistungen – ein überaus bewegliches Endomembransystem, das – entsprechend seinem im Ultradünnschnitt vielfach vernetzten Erscheinungsbild – als endoplasmatisches Reticulum, Endoplasmareticulum oder kurz ER bezeichnet wird (Abb. 5, 24) und je nach Bedarf auf- bzw. wieder abgebaut werden kann.

Das ER bildet ein System von Biomembranen umgrenzter flacher Hohlräume oder Cisternen, das sich oft durch weite Bereiche des Cytoplasmas erstreckt. Im Inneren dieser Hohlräume befindet sich eine offensichtlich wässerige «intracisternale Phase», die sich deutlich von dem dichteren extracisternalen «Grundplasma» unterscheidet (S. 71). Sämtliche Zellorganellen und sonstigen Protoplasmadifferenzierungen wie Plastiden, Mitochondrien, Golgi-Apparate, Ribosomen und Sphärosomen liegen im extracisternalen Grundcytoplasma. Lediglich der Vacuoleninhalt gehört der intracisternalen Phase an.

Die intracisternalen Räume bilden ein m.o.w. kontinuierliches Hohlraumsystem, das Verbindungen sowohl zum Plasmalemma als auch zur Kernhülle aufweist. Da letztere während des Mitosecyclus (vgl. S. 52 ff.) ohnehin regelmäßig aufgelöst und wieder neu gebildet wird, sieht man in ihr heute allgemein kein echtes funktionelles Bauelement des Kernes selbst, sondern man betrachtet sie vielmehr als eine vom ER gebildete Perinuclearcisterne oder Kernhülle, welche die wesentlichen Kernbestandteile – die Chromosomen – während bestimmter Funktionsstadien gegen das Grundcytoplasma abschirmt (S. 42 f.). Das Endomembransystem des ER bewirkt einerseits eine erhebliche Vergrößerung der intracellulären Reaktionsoberflächen, an denen sich die biochemischen Austausch- und Synthesevorgänge abspielen, andererseits dient es als intracelluläres Transportsystem, sowie (auf dem Weg über Plasmodesmen, die vom ER durchzogen werden, vgl. Abb. 5 Pl, 24 af) sehr wahrscheinlich auch als Transportweg zwischen benachbarten Zellen.

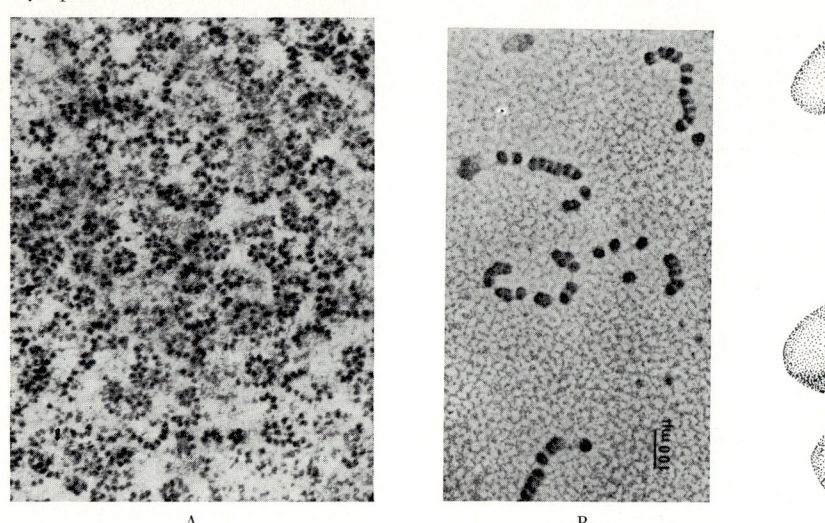

A   B   D

C

Abb. 25: Ribosomen. A Polyribosomen im Cytoplasma einer Zelle aus dem Keimblatt von *Vicia faba*. B Polyribosomen in einem Extrakt aus Tabakblättern. C und D stark vergrößerte Monoribosomen aus der Sproßspitze von im Dunkeln angezogenen Erbsenkeimlingen. Das Ribosom besteht aus einer größeren bogenförmigen und einer kleineren hantelförmigen Untereinheit, die sich im intakten Ribosom in die Furche der größeren Einheit schmiegt. (A 35000 ×, nach Opik; B 80000 ×, nach Milne; C und D etwa 1000000 ×, nach Amelunxen u. Spiess).

Zeitrafferfilme mit dem Phasenkontrastmikroskop haben gezeigt, daß die statischen Bilder vom Aufbau pflanzlicher und tierischer Zellen, wie sie die Lichtmikroskopie auf Grund des Studiums fixierter und gefärbter Schnittpräparate suggeriert hatte, zugunsten eines überaus d y n a m i s c h e n Bildes aufgegeben werden müssen, welches insbesondere die jugendlich-meristematischen und die in lebhafter Funktion befindlichen Zellen darbieten.

E. Ribosomen und Poly-ribosomen

Häufig ist das ER – vor allem in jugendlichen (meristematischen) Zellen und in der Nähe des Zellkerns – auf seinen gegen das Grundcytoplasma gerichteten Flächen mit kleinen, annähernd kugelförmigen Partikeln von 10 bis 25 nm Durchmesser besetzt, die aus Ribonucleinsäure (RNA, vgl. S. 25 f.) und Proteinen bestehen und deshalb als R i b o s o m e n bezeichnet werden («rauhes oder granuläres ER», zum Unterschied vom ribosomenfreien «glatten ER»). Darüber hinaus finden sich Ribosomen in großer Zahl (oft über 100 000) auch im Grundcytoplasma, im Karyoplasma, im Plastidoplasma und in den Mitochondrien. Häufig sind sie zu kleinen schraubig oder spiralig angeordneten Gruppen, den sog. P o l y r i b o s o m e n, vereinigt (Abb. 25 A, B).

Ribosomen (Monoribosomen, Monosomen) und Polyribosomen (Polysomen) sind Stätten der Proteinsynthese. Die Boten-RNA (mRNA) überträgt die genetische Information der Kern-DNA (ncDNA) mit Hilfe ihres Triplett-Codes vom Chromosom zum Ribosom. Hier «erkennen» Aminosäure-tRNA-Komplexe (Aminoacyl-tRNA) den Triplett-Code und reihen sich entsprechend der in der ncDNA codierten Reihenfolge zur wachsenden Polypeptidkette (vgl. S. 299 ff.).

Wenn man die komplizierten Reaktionsfolgen betrachtet, die im Ribosom ablaufen, versteht man, daß es einen ebenso komplizierten Feinbau besitzen muß. Zur näheren Charakterisierung der Ribosomen benutzt man ihre Sinkgeschwindigkeit im Schwerefeld der Ultrazentrifuge, den Sedimentationskoeffizienten S. Die kernhaltigen Zellen der höher organisierten Eukaryoten enthalten Ribosomen mit der Sedimentationskonstanten 80 (80-S-Partikel). Die Ribosomen der Mikroorganismen sind leichter (70-S-Partikel). Bei Magnesium-Entzug zerfallen die 80-S-Partikel reversibel in 60-S- und 40-S-Untereinheiten (Abb. 25 C, D). Die 70-S-Ribosomen der Bakterien werden unter den entsprechenden Bedingungen in 50-S- und 30-S-Untereinheiten zerlegt. Während die Nucleinsäuren bei den Viren von einem Proteinmantel eingehüllt sind, liegt die rRNA an der Oberfläche des zentralen Ribonucleoproteins (RNP).

Bildungsort der Ribosomen-RNA (rRNA) ist der Nucleolus-Organisator (vgl. S. 41); der Nucleolus selbst besteht im wesentlichen aus rRNA, die von hier aus – insbesondere während der Kerneröffnung (vgl. S. 49 u. Abb. 38) – dem Grundcytoplasma und dem ER zugeführt wird.

F. Dictyosomen (Golgi-Apparat)

Die D i c t y o s o m e n sind Stapel scheibenförmig abgeflachter, von Biomembranen umgrenzten Hohlräume oder C i s t e r n e n, die entweder über die ganze Zelle verteilt sein können oder bei der Erfüllung spezifischer Leistungen zu einer bereits lichtmikroskopisch nachweisbaren Struktur zusammentreten. Derartige Strukturen wurden früher als Golgi-Apparat beschrieben. In ihrer Entstehung weisen die Dictyosomen enge Beziehungen zum ER bzw. zur Kernhülle auf (S. 70). Wie im ER vollziehen sich auch in ihnen wichtige S y n t h e s e l e i s t u n g e n. Jeweils 3 bis 15 rundliche, an ihren Rändern m. o. w. stern- oder netzförmige Cisternen von 0,5 bis 2 μm Durchmesser (in seltenen Fällen, z. B. bei der Alge *Micrasterias*, 5,5 μm) sind zu häufig schwach uhrglasartig eingekrümmten Stapeln zusammengeordnet, die ohne besondere Umhüllungsmembran im Cytoplasma nahezu aller Eukaryotenzellen vorkommen.

Ihre Zahl schwankt je nach der Funktion und dem physiologischen Zustand der Zellen zwischen einigen wenigen bis über 100; sie ist am größten in Zellen und an Zellorten mit hoher Synthese-Aktivität, z. B. in Drüsenzellen oder in Meristemzellen während der Zellteilung an den Bildungsorten der neuen Zellwand. An den Rändern sind die Dictyosomen-Cisternen oft netzartig durchbrochen und in der Funktionsphase zu sekreterfüllten Bläschen erweitert, die sich schließlich abschnüren und als sog. Golgi-V e s i k e l – das sind membranumhüllte kleine Sekret-Vacuolen (lat. vesicula n. = das Bläschen) – in das Cytoplasma hinein abgestoßen werden (Abb. 26, 27). Manche Dictyosomen scheinen p o l a r gebaut zu sein. An ihrer proximalen, konvex gekrümmten B i l d u n g s - oder R e g e n e r a t i o n s s e i t e, die meist einer ER-Cisterne oder der Kernhülle benachbart ist, werden neue, zunächst sehr flache Cisternen angelegt, die sich allmählich mehr und mehr mit Sekret anfüllen und bei ihrer Wanderung auf die R e i f u n g s - o d e r S e z e r n i e r u n g s s e i t e allmählich zur Abschnürung der Vesikel übergehen.

In den Dictyosomencisternen werden verschiedene Zucker zu Polysacchariden (Pflanzenschleimen und Pectinen) zusammengesetzt, die alsdann in den abgestoßenen Vesikeln an die Orte der Speicherung oder des alsbaldigen Verbrauchs transportiert werden (Abb. 27 B). Weitere Dictyosomenprodukte sind:

Fangschleime der Drüsenzellen verschiedener Insectivoren (S. 207 f.); Gleitschleime der Wurzelhauben; Schleime verschiedener Braunalgen. Bei derartigen Sekretproteiden werden verschiedene Zuckerreste in den Vesikeln mit Hilfe von Glykosyltransferasen an im ER synthetisierte Proteine gekoppelt. Auch die scheibenförmigen Wandschuppen verschiedener einzelliger Algen (Abb. 609, 610, S. 579) werden in Dictyosomen-Vesikeln hergestellt.

In den Fangdrüsen von *Drosophyllum* gliedert jedes Dictyosom in der Minute etwa 3 GOLGI-Vesikel ab, die nach 2 bis 3 weiteren Minuten im bereits produzierten Fangschleim aufgehen, indem die Membran der Vesikel mit dem Plasmalemma verschmilzt und den Inhalt auf diese Weise durch die Grenzmembran hindurchschleust (Exocytose, Extrusion, Abb. 67 B, S. 73).

Die Produktion aller Golgi-Sekrete ist in hohem Maße von der Energiezufuhr durch lebhafte Atmung abhängig. Während der Samenruhe sind die Embryonalzellen zunächst völlig frei von Dictyosomen. Erst 2 bis 3 Tage nach dem Beginn der Keimung tauchen sie in großer Anzahl – offenbar neu im Cytoplasma gebildet – auf. Auch das ER wird in dieser Mobilisierungsphase wesentlich erweitert.

G. Membranbiogenese

Wachstum und Neubildung von Endomembrankompartimenten erfolgen auf zwei Wegen: entweder werden die benötigten Membrankomponenten e i n z e l n eingebaut, oder es werden zunächst ganze M e m b r a n v e s i k e l vorgefertigt und auf dem Wege des sog. M e m b r a n - f l u s s e s an den Ort des Verbrauchs geschafft (nähere Erläuterung S. 71), wo sie in die bereits vorhandene Membran eingebaut werden (Abb. 67 B, Intussuszeptionswachstum der Biomembran).

Wichtigster Umschlagplatz für das gesamte Endomembransystem ist dabei das ER (Abb. 24, 67, 68, 69). Radioaktive Markierungen erscheinen stets zunächst im ER, von wo sie sich in der Regel schnell auch auf die anderen Endomembransysteme ausbreiten. Man kann dabei ihren Weg über später eingeschmolzene Übergangsvesikel (transitorische Vesikel) verfolgen.

Sehr wahrscheinlich werden die Phospholipide für die Membranmatrix im glatten-ER sowie in der

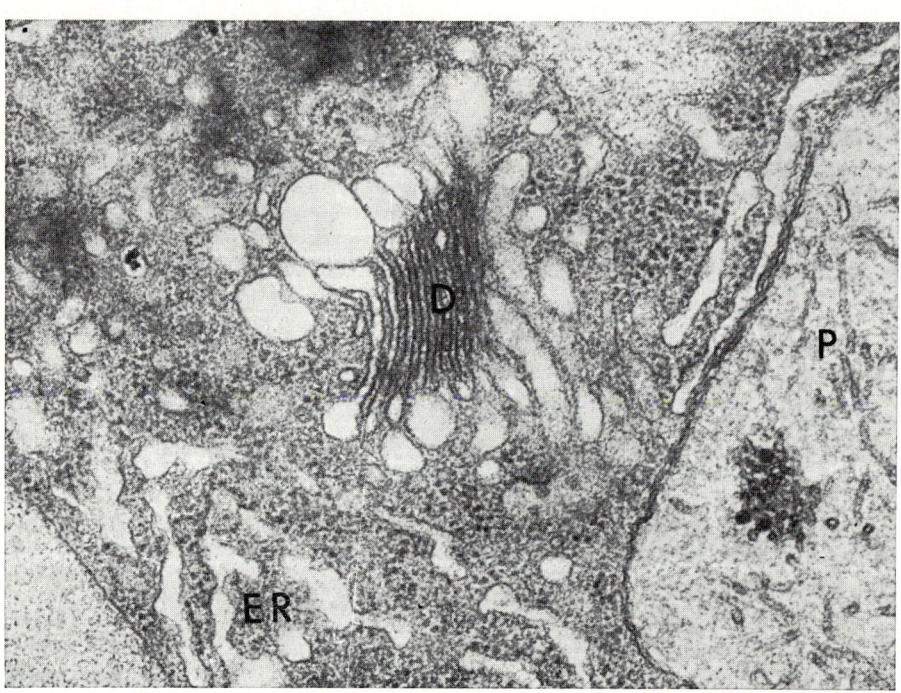

Abb. 26: Ausschnitt aus dem Cytoplasma einer Drüsenhaarzelle von *Mentha piperita*. D Dictyosom mit von Drüsensekret peripherisch aufgeblähten Cisternen und teilweise bereits abgelösten Vesikeln. ER endoplasmatisches Reticulum mit deutlich erweiterten intracisternalen Räumen. Grundcytoplasma von Ribosomen erfüllt. P angeschnittene Plastide. (55 000 ×, nach AMELUNXEN).

eng damit zusammenhängenden Kernhülle synthetisiert und sofort an Ort und Stelle eingebaut. Die Synthese der integrierten Membranproteine erfolgt
wahrscheinlich an den Ribosomen des rauhen-ER;
auch sie werden vermutlich gleichfalls sofort in die
Membranmatrix integriert. Die Glykoproteide
werden in den Dictyosomen synthetisiert; als Golgi-
Vesikel von deren Rändern abgeschnürt fusionieren
sie nach einiger Zeit ebenfalls mit den wachsenden
Endoplasmamembranen (Abb. 67 B, D → C → B → A),
wobei die Vesikelmembran als Ganzes in die betr.
Endoplasmamembran integriert wird. Periphere
Membranproteine werden schließlich an freien
cytoplasmatischen Ribosomen synthetisiert und später an die Endoplasmamembranen angelagert.

Alle Endomembransysteme muß man sich dabei in lebhafter Bewegung und steter Umwandlung vorstellen. Nichts ruht in der lebenden Zelle; alle Bestandteile – mit Ausnahme der stabileren großen Organellen – befinden sich vielmehr
in dauerndem dynamischen Fluß. Das Bild, welches einige besonders günstige Objekte mit
ihrer Plasmazirkulation oder Plasmarotation
bereits bei lichtmikroskopischer Betrachtung
bieten (S. 16), mag als schon äußerlich erkennbarer Hinweis auf diese sublichtmikroskopische Protoplasmadynamik dienen.

H. Mikrosomen, Cytosomen

Als «Mikrosomen» wurden früher alle an der
Grenze des Auflösungsvermögens des Lichtmikroskops liegenden geformten Einschlüsse des Grundplasmas bezeichnet, die im Dunkelfeld als helleuch-
tende Körnchen in oft lebhafter BROWNscher Bewegung zwischen den größeren Zellorganellen zu erkennen waren. Heute versteht man darunter jene
Fraktion der mechanisch zerkleinerten Protoplasten,
in der u. a. die Fragmente des ER mit den anhaftenden Ribosomen konzentriert sind.

Die Elektronenmikroskopie hat gezeigt, daß die
lichtmikroskopisch gerade noch erkennbaren «Cytosomen» in Wirklichkeit aus Populationen von
Partikeln verschiedener Größe und Struktur bestehen, die sich auch biochemisch deutlich voneinander unterscheiden. Neben anorganischen Partikeln – wie winzigen Kristallen – unterscheidet man
heute zwischen den bereits erwähnten lipidreichen,
von einem einschichtigen (monomolekularen) Lipid-
film umgebenen kugeligen Sphärosomen mit einem
Durchmesser von ca. 1 μm und gleichfalls kugeligen,
jedoch von einer zweischichtigen (bimolekularen)
Biomembran umgebenen und mit einer dichten
körnigen Matrix angefüllten, meist etwas kleineren
Microbodies mit verschiedenen biochemisch un-
terscheidbaren Klassen: Die sog. Lysosomen enthalten vor allem lytische Enzyme. Während die sog.
Glyoxysomen mittels ihrer Enzymausstattung

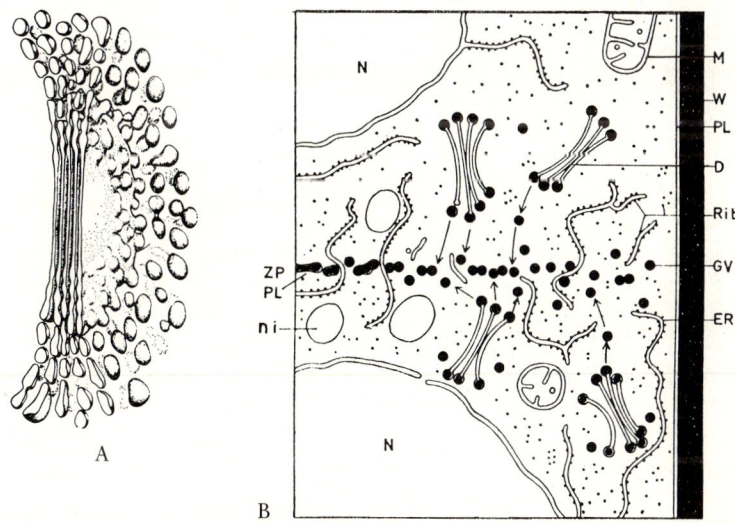

Abb. 27: Dictyosomen: A Aktives Dictyosom von *Micrasterias rotata* mit zahlreichen abgeschnürten Vesikeln
(10000 ×, nach DRAWERT u. MIX). B Modell der Bildung einer Primordialwand aus GOLGI-Vesikeln.
D Dictyosomen, N Zellkerne der beiden soeben gebildeten Tochterzellen, M Mitochondrien, GV GOLGI-
Vesikel, ZP Primordialmembran der neuen Zellwand zwischen den beiden Tochterzellen, ER Endoplasmatisches Reticulum (rauh, mit Ribosomen Rib), W alte Zellwand, PL Plasmalemma der Mutterzelle, ni nicht
identifiziert (nach MOHR).

Speicherlipide mobilisieren, dienen die Peroxisomen mit Katalaseaktivität der enzymatischen Umwandlung des von den Chloroplasten gelieferten Glycolates (Abb. 296, S. 264).

I. Mikrotubuli und contractile Filamente

Dicht unter dem Plasmalemma der Zellwand (Abb. 28 A), während der Zellteilung jedoch auch zentral als sog. Spindelapparat im Innern

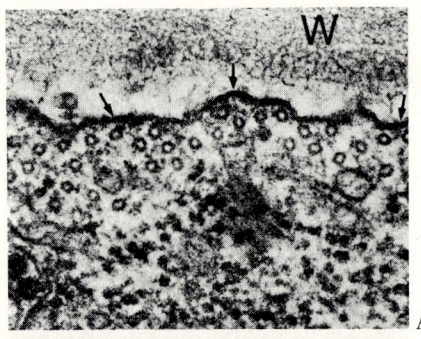

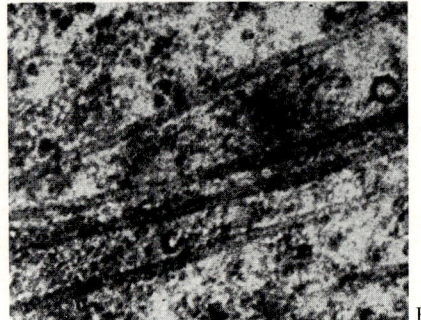

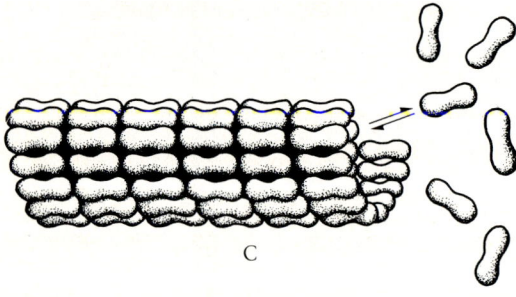

Abb. 28: A Mikrotubuli am Plasmalemma einer Zelle aus der Wurzelspitze von *Lepidium sativum*, quer. B Mikrotubuli aus einer Zelle des Sprosses von *Orobanche fuliginosa*, längs. C schematische Darstellung des Wachstums eines Mikrotubulus (Super-Makro-Molekül) durch geordnete Anfügung löslicher Tubulinmoleküle (A ca. 80000 ×, nach FALK, B ca. 80000 ×, nach KOLLMANN u. DOERR; C schematisch, ca. 1000000 ×, nach J. BRYAN).

der Zelle (Abb. 39 C), finden sich sehr zarte und daher erst relativ spät entdeckte, röhrenförmige, flexibel elastische Plasmastrukturen von ca. 25 nm Durchmesser und oft erheblicher, aber unbestimmter Länge, die aus meist in 13 Reihen angeordneten dimeren 4-nm-Proteinuntereinheiten (Tubulin) bestehen und rasch ab- und wiederaufgebaut werden können: die Mikrotubuli (Abb. 28 C). Bei frei lebenden nackten Einzellern geben sie dem Protoplasten als eine Art Cytoskelett inneren Halt. Sie bilden das formgebende Element von Geißeln und Cilien. Außerdem treten sie auf, wo in den Zellen gerichtete Transporte ablaufen, insbesondere beim Chromosomentransport während der Zellteilung im Spindelapparat (vgl. S. 49 ff.) und bei der Zellwandbildung.

Der Bewegungsmechanismus der Mikrotubuli beruht sehr wahrscheinlich auf Polymerisation (Verlängerung) bzw. Depolymerisation (Verkürzung) der Tubulin-Supermakromoleküle (Abb. 28 C).

Gelegentlich finden sich im Grundplasma noch weitere sehr zarte und flexible Fadenstrukturen, die für alle übrigen – nicht von Mikrotubuli gesteuerten – Plasmabewegungen verantwortlich gemacht werden: contractile Mikrofilamente. Auf ihre Tätigkeit wird die Protoplasmaströmung zurückgeführt (S. 16). Auch der Transport kleiner und kleinster Kompartimente (Membranfluß, S. 71) dürfte von solchen Strukturen abhängen.

K. Geißeln und Wimpern

Als Geißeln oder Flagellen (bei sehr zahlreichem Auftreten auch Wimpern oder Cilien genannt) werden die plasmatischen Fortbewegungs-Organellen bezeichnet, die von vielen Bakterien (Abb. 595) und einzelligen Algen (Flagellaten, Abb. 2, 3) sowie von den beweglichen Entwicklungsstadien (Zoosporen und Gameten) zahlreicher höher entwickelter Algen (Abb. 620, 621) und Pilze (Abb. 677, 679, 681) bis hinauf zu den Spermatozoiden der Moose (Abb. 752 F), Farngewächse (Abb. 788 F, 827 F), und einiger Gymnospermen (z. B. *Ginkgo*, Abb. 854 C) in Einzahl oder Mehrzahl ausgebildet werden.

Geißel der Eucyten: Der Durchmesser der äußerst zarten Gebilde liegt bei ca. 0,2 μm an der Auflösungsgrenze des Lichtmikroskops (vgl. Größenordnungstabelle S. 10). Im Elektronenmikroskop zeigt sich, daß die Cilien und Geißeln fast aller bisher untersuchten Eucyten (tierische und pflanzliche Zellen) aus 2 zentralen einfachen, und 9 peripherischen Doppelfibrillen aufgebaut sind, die von einer Ausstülpung des Plasmalemmas umhüllt sind. Die Gesamtheit der aus zylindrischen Super-Makromolekülen aufgebauten Fibrillen wird als der Axialfadenkomplex oder das Axonem der Geißel bezeichnet (Abb. 472 u. 604); Baustoff der Fibrillen ist das Protein Tubulin (Abb. 28 u. S. 444). In der Regel gehen die Geißeln von einem bereits mit dem Lichtmikroskop nachweisbaren Basalkörper oder Blepharoplast aus (= Kinetosom der Zoologen), der enge Beziehungen zu den Centriolen aufweist (vgl. S. 49), die bei den Myxomyceten und Moosen gleichzeitig die Rolle des Basalkörpers und des Spindelfaserzentrums übernehmen. Die Eucytengeißeln können am Vorderende der Zellen (acrokont oder subacrokont) als Zuggeißeln oder am Hinterende (opisthokont) als Schubgeißeln inseriert sein.

Bakteriengeißeln: Noch erheblich zarter als die Eucytengeißeln sind die Geißeln der prokaryotischen Bakterien. Im Lichtmikroskop können sie oft nur nach besonderer Präparation (Beizung und Färbung) oder im Dunkelfeld sichtbar gemacht werden. In Struktur und Durchmesser (ca. 10 bis 15 nm, mit Scheide bis 35 nm) entsprechen sie etwa einer einzelnen Axialfibrille der Eucytengeißel. Über ihre Anordnung vgl. S. 553 f. Die Bakteriengeißeln bestehen im Gegensatz zur Eucytengeißel aus reinem Protein (Flagellin) ohne Hüllsubstanz. Die einzelnen 2 nm-Flagellin-Makromoleküle stellen nahezu sphärische Untereinheiten dar, die – ähnlich den Tubulinuntereinheiten in den Mikrotubuli – in schraubiger Folge in 6, 8 oder 12 Geradzeilen angeordnet sind (S. 553).

III. Bau der großen Zellorganellen

Die genetische Botschaft (Erbinformation) ist – wie bereits erwähnt – in der eukaryotischen Pflanzenzelle nicht nur im Zellkern (ncDNA), sondern zu einem geringeren Teil (5 bis 10 % der gesamten Zell-DNA) in den Plastiden (ptDNA, Abb. 56) und (2 bis 5 % der gesamten Zell-DNA) in den Mitochondrien (mtDNA) gespeichert.

Man kann die Gesamtheit der in den Plastiden codierten Erbinformation als Plastom, und die Gesamtheit der in den Mitochondrien lokalisierten Gene als Chondriom dem Genom des Zellkerns gegenüberstellen.

Der Zellkern oder Nucleus ist das zentrale Steuerungszentrum aller in der Zelle ablaufenden Synthesen und damit aller Zellfunktionen. Die Chloroplasten und die Mitochondrien sind die Kraftwerke der Zelle. Während in den Chloroplasten mit Hilfe der Photosynthese Strahlungsenergie in chemische Energie (zunächst energiereiche Phosphate, sodann energiereiche Bau-, Funktions- und Speicherstoffe) umgewandelt wird, enthalten die Mitochondrien die Enzyme der Atmungskette und der oxidativen Phosphorylierung, mit deren Hilfe die in den Nähr- und Speicherstoffen enthaltenen Kohlenstoffverbindungen unter Energierückgewinnung wieder abgebaut werden.

A. Zellkern und Zellteilung der Eukaryoten

1. Bedeutung des Zellkerns: Der Eukaryoten-Zellkern ist meist kugel- oder linsenförmig, seltener spindelförmig bis langgestreckt gestaltet und stets elastisch verformbar. In embryonalen Zellen (Abb. 5,6) nimmt er oft mehr als die Hälfte des Gesamtdurchmessers des Zellraumes ein; in ausgewachsenen Zellen wirkt er relativ kleiner, obgleich sich seine Größe bei der Streckung der Zellen in der Regel nur wenig ändert. Zellkerne gehen ausschließlich durch Teilung aus ihresgleichen hervor: «omnis nucleus e nucleo».

Besonders große Kerne (bis 0,6 mm Durchmesser) kommen in den Eizellen der Cycadeen und Coniferen vor. Die kleinsten Kerne (unter 0,5 µm) finden sich bei

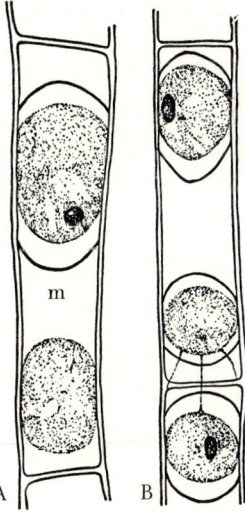

Abb. 29: Beweise für die morphogenetische Steuerungsfunktion des Zellkerns in Haarzellen von *Cucurbita pepo*. A Protoplast durch Plasmolyse (S. 318) in zwei Portionen zerfallen: nur die kernhaltige Portion hat eine Cellulosewand m regeneriert. B Auch die kernlose Plasmaportion hat eine Cellulosewand ausgebildet, weil sie durch Plasmastränge mit einem kernhaltigen Fragment in der Nachbarzelle in Verbindung steht (50 ×, nach TOWNSEND).

den Pilzen. Kernlose Zellen sind auf die Dauer nicht lebensfähig. Werden z.B. langgestreckte einkernige Zellen, wie sie bei der Alge *Spirogyra* oder in verschiedenen Pflanzenhaaren vorkommen, plasmolysiert (vgl. S. 318 ff.), so zerfällt häufig ihr Protoplast in mehrere Teile (Abb. 29 A). Nur jene Teile leben alsdann weiter und vermögen eine neue Zellwand auszubilden, die den Kern mitbekommen haben (Abb. 29 A m) oder zumindest durch Plasmafäden mit einer kernhaltigen Plasmaportion in Verbindung stehen (Abb. 29 B).

Viele Jahrzehnte können die kernlosen Siebröhrenglieder bei langlebigen Monocotyledonen ohne sekundäres Dickenwachstum (z.B. bei den Palmen, S. 125) leben; allerdings stehen sie in engstem Kontakt mit Geleitzellen, deren Kerne offensichtlich Steuerfunktion auch für die Siebröhrenglieder übernehmen.

Bei einer der größten einkernigen Pflanzenzellen, der bis 6 cm großen einzelligen Alge *Acetabularia*, hat sich in Transplantationsversuchen zwischen zwei jungen Pflanzen verschiedener Arten zeigen lassen, daß der Kern für die artgemäße Ausbildung des Vegetationskörpers verantwortlich ist (Abb. 30. Vgl. auch S. 381, Abb. 397); er enthält demnach die wichtigsten, für die Ausgestaltung der charakteristischen Artmerkmale verantwortlichen Erbfaktoren

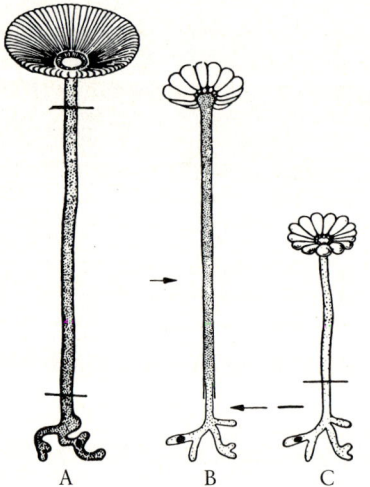

Abb. 30: Bedeutung des Zellkerns für die artspezifische Ausformung des schirmähnlichen Fortpflanzungskörpers bei *Acetabularia*: A *A. mediterranea*, B. *A. wettsteinii*. C auf das kernhaltige Rhizoid von *A. wettsteinii* wurde ein junger Thallus-Ast von *A. mediterranea* gepfropft. Der später entstandene Hut am *medit.*-Thallus hat sich unter dem Einfluß des *wettst.*-Kerns zum *wettst.*-Hut entwickelt (1,5 ×, nach Hämmerling.)

oder Gene. Die Erforschung des Form- und Strukturwandels des Zellkerns während der Zellteilung und bei der Ausbildung der Keimzellen bildet daher die wichtigste Grundlage für das Verständnis der Vererbung (vgl. S. 491 ff.).

2. Formwechsel des Eukaryoten-Zellkerns: Die zum Kernwachstum erforderlichen Baustoffe werden aus dem Cytoplasma aufgenommen. Sind alle für die Weitergabe der Erbeigenschaften verantwortlichen Feinstrukturen verdoppelt, so findet in jungen, noch wachsenden Pflanzenteilen in der Regel eine Kernteilung statt, in deren Verlauf sich das Aussehen des Zellkernes grundlegend ändert (Abb. 38). Insgesamt lassen sich d r e i verschiedene Zustände unterscheiden, in denen sich seine Gestalt und seine Funktion grundsätzlich unterscheiden: der Interphasekern, der Mitosekern und der Arbeitskern.

1. Früher hat man den Zustand, in dem sich der Zellkern zwischen zwei Teilungsstadien befindet, fälschlich als Ruhekern bezeichnet, weil sich sein mikroskopisches Aussehen in dieser Zeit während vieler Stunden kaum zu ändern pflegt. Tatsächlich befindet sich der Kern aber auch in diesem Stadium in höchster Aktivität, erfolgt doch gerade in diesem Zeitraum u. a. die identische Vermehrung der Erbinformationsträger. Daher sollte der Zellkern teilungsaktiver Zellen zwischen zwei Zellteilungen grundsätzlich nur als Interphasekern bezeichnet werden.

2. Den Mitosekern kennzeichnen Vorgänge, bei denen die im Interphase-Kern identisch verdoppelten Erbstrukturen auf die beiden zukünftigen Tochterzellen verteilt werden (Mitosis).

3. Als Arbeitskern wird schließlich der nicht mehr teilungsbereite Kern fertig ausdifferenzierter Zellen bezeichnet, der nunmehr ganz bestimmte Steuerungsfunktionen im Rahmen des Gesamtorganismus zu erfüllen hat.

a) **Interphasekern** und Arbeitskern sind durch eine besondere, von zwei Biomembranen gebildete, K e r n h ü l l e gegen das Cytoplasma abgegrenzt. Abgesehen von der Tatsache, daß die Kernhülle von P o r e n durchsetzt ist (Abb. 31 C), weist sie große Ähnlichkeit mit den «Doppelmembranen» des endoplasmatischen Reticulums auf. Tatsächlich ist sie als eine lokale Differenzierung des ER aufzufassen: Oft läßt sich nämlich im elektronenoptischen Bild ein unmittelbarer Zusammenhang zwischen Kernhülle und ER nachweisen.

Die K e r n p o r e n (Abb. 31) können als Transportstrukturen aufgefaßt werden, durch die einerseits Produkte des Cytoplasmas (Enzyme, Ribosomenproteine, Histone) in die Karyolymphe, zum anderen Kernprodukte (vor allem die verschiedenen RNA-Sorten) in das Cytoplasma transportiert werden. Die Dichte der Porenkomplexe ist bei physiologisch aktiven Zellkernen besonders hoch (bis über 150 Poren pro μm²).

Der Porenrand ist wulstartig aufgewölbt. Er trägt sowohl auf der Außenseite (Cytoplasmaseite), als auch auf der Innenseite (Karyoplasmaseite) eine oktogonale Struktur aus je 8 ringförmig angeordneten Partikeln von ca. 20 nm Durchmesser, den Poren-Anulus (Abb. 31 A), 8 weitere, etwas kleinere Partikel bilden dazwischen einen etwas engeren mittleren Ring, von dem aus Fibrillen den etwa 20 bis 40 nm weiten Porus durchziehen können, in dem sich oft noch ein zentraler, etwa Ribosomen-großer Partikel befindet (Abb. 31 B. Ribonucleoprotein auf dem Weg vom Kern zum Cytoplasma?). Aufgrund dieser relativ komplizierten Struktur der Kernporen spricht man heute gern vom sog. Kernporenkomplex.

Im Kerninneren unterscheidet man schon lichtmikroskopisch eine sol- bis gelartige Flüssigkeit, die Karyolymphe, ein bis mehrere stark lichtbrechende Kernkörperchen oder Nucleolen (Abb. 38 A nl) sowie ein äußerst zartes Fadenwerk, das sich mit spezifischen Kernfarbstoffen (z.B. Karmin- oder Orceinessigsäure) selektiv anfärben läßt und deshalb als Chromatin bezeichnet wird. Die spezifische Färbbarkeit des Chromatins beruht auf seinem Gehalt an Kerneiweißen oder Nucleoproteiden, die als eiweißfremde Komponente die

für die Zellkerne charakteristischen Nucleinsäuren enthalten (vgl. S. 25 ff.).

Für den histochemischen Nachweis der kernspezifischen Nucleinsäuren (ncDNA) hat die FEULGENsche Nuclealreaktion besondere Bedeutung gewonnen. Durch Behandlung mit heißer verdünnter Salzsäure wird RNA herausgelöst und Aldehydgruppen der Desoxypentose in der DNA werden freigesetzt, die dann mit fuchsinschwefliger Säure eine rotviolette Färbung ergeben.

b) Chromosomen. Wichtigstes Bauelement des Zellkernes und Träger der Erbinformation sind die Chromosomen, die allerdings nur im Mitosekern – in ihrer sogenannten Transportform – als lichtmikroskopisch deutlich erkennbare, individuell gestaltete Gebilde in Erscheinung treten (Abb. 32, 38 D bis G). Im Interphasekern befinden sie sich in einer

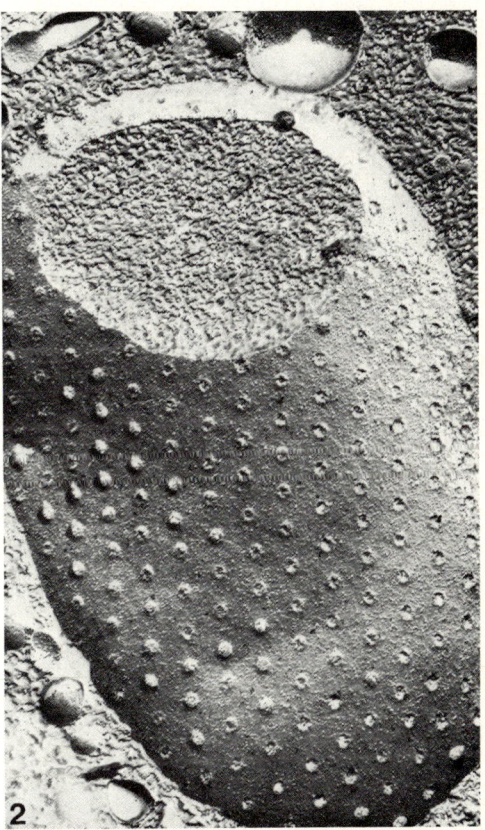

Abb. 31 C: Angeschnittener Interphase-Zellkern von *Selaginella kraussiana*. Die nach der Gefrierätzmethode präparierte Kernhülle zeigt ungewöhnlich regelmäßig angeordnete Kernporen in der Aufsicht (12000 ×, nach THAIR u. WARDROP).

Abb. 31 A und B: Schema eines Kernporenkomplexes B in der Aufsicht, C im Querschnitt (nach ROBERTS u. NORTHCOTE).

stark aufgelockerten Funktionsform, in der mikroskopisch fast niemals mehr als Einzelindividuen erkannt werden können, sondern das eingangs beschriebene zarte, als Chromatin bezeichnete Fadenwerk der Interphasechromosomen bilden (Abb. 4, 5, 38 A).

Die Chromosomen haben vier Aufgaben zu erfüllen. 1. Speicherung der nach dem genetischen Code verschlüsselten genetischen Informationen in der DNA-«Datenbank». 2. identische Autoreduplikation des gesamten Informationsgehalts bei der Zellteilung. 3. Transkription der genetischen Information von der DNA auf die RNA. 4. Neuverteilung der Erbinformationen (Rekombination) bei der geschlechtlichen Fortpflanzung durch Syngamie und Meiose (S. 212).

α) Chromosomenindividualität: Vergleicht man an Hand fixierter und gefärbter Schnitte durch die Bildungsorgane einer Pflanzenart eine größere Reihe von Kernteilungsstadien, so bemerkt man, daß Gestalt und Größe der Chromosomen innerhalb einer Zelle erheblich voneinander abweichen können, daß aber die gleichen Chromosomengestalten in sämtlichen Zellen in der gleichen Anzahl wiederkehren (Abb. 32, A_1, A_2 u. s. f.).

Letzten Endes nehmen alle Höheren Pflanzen ihren Ursprung aus der Vereinigung zweier verschiedengeschlechtlicher Keimzellen oder Gameten (vgl. S. 212). Dabei verschmelzen nicht nur die Protoplasten der Keimzellen miteinander, sondern auch die beiden Gametenkerne, die – sofern sie der gleichen Art angehören – zwei einander entsprechende (homologe) Chromosomensätze enthalten. Bereits der einfache, aus lauter verschiedenen Chromosomen bestehende haploide Chromosomensatz (n) der Geschlechtskerne enthält eine vollständige Garnitur aller für die betreffende Art kennzeichnenden, im Kern lokalisierten Erbträger oder Gene: ein vollständiges Genom. Durch die Befruchtung werden infolgedessen dem dabei entstehenden Zygotenkern zwei homologe Chromosomensätze und Genome einverleibt. Die Individualität der Chromosomen bleibt dabei erhalten. Deshalb umschließt die neue Hülle des Zygotenkernes zwei homologe Chromosomensätze verschiedener Herkunft: einen, der von der väterlichen, und einen, der von der mütterlichen Keimzelle stammt: der Zygotenkern ist diploid (2n). Die gleiche diploide Ausstattung enthalten auch alle übrigen durch einfache Kernteilung aus der Zygote hervorgehenden Zellen. Die kleinste bei einer Höheren Pflanze beobachtete Chromosomenzahl beträgt x = 2 2x = 4 (Haplopappus gracilis, ein Korbblütler). Meistens ist sie jedoch größer (z.B. mehrere Crepis-Arten x = 3; Vicia faba x = 6, Zea mays x = 10; Saatweizen x = 21).

Die höchsten, schwer bestimmbaren Chromosomenzahlen finden sich bei den Pteridophyten (z.B. Dryopteris filix mas x = 82; Equisetum x = 108; Ophioglossum reticulatum x = etwa 630) und Algen (z.B. die Jochalge Netrium digitus x = annähernd 600).

Das typische, kondensierte, stark färbbare Transportchromosom ist wurstförmig bis kugelig gestaltet. In der Regel ist es durch eine nicht anfärbbare (achromatische), feulgennegative Einschnürung (Kommissur) in zwei oft verschieden lange Schenkel gegliedert. In diesem Abschnitt befindet sich das Bewegungszentrum des Chromosoms, das Centromer (Kinetochor), an dem bei der Kernteilung die dem Transport dienenden Spindelfasern ansetzen.

Zu dieser primären Einschnürung können weitere sekundäre Einschnürungen treten, deren Lage gleichfalls zur Charakterisierung der Chromosomenindividuen herangezogen werden kann.

β) Nucleolen: Von besonderem Interesse sind die sog. Satellit- oder SAT-Chromosomen, deren einer Schenkel an seinem Ende einen meist winzigen Satelliten oder Trabanten trägt, der durch ein dünnes achromatisches Filament mit ihnen verbunden ist (SAT = «sine acido thymonucleinico»). Heute wissen wir, daß auch dieser achromatische Abschnitt DNA enthält, jedoch in so geringer Menge, daß sie mit der Feulgen-Reaktion nicht mehr nachgewiesen werden kann. Das Filament der SAT-Chromosomen wird auch als Nucleolarfaden oder Nucleolus-Organisator bezeichnet, da an

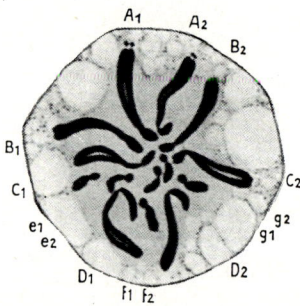

Abb. 32: Metaphase (= Äquatorialplatte) von Aloe thraskii (2x = 14; vgl. Abb. 38 F) in Polansicht. Alle Chromosomen der Länge nach in zwei Chromatiden gespalten. Die homologen Chromosomen sind mit den gleichen Buchstaben bezeichnet. (ca. 1000 ×, nach Schaffstein.)

ihm während des Übergangs aus der Transportform in die Funktionsform der Nucleolus zu entstehen pflegt: Die Anzahl der Nucleolen in einem Zellkern entspricht infolgedessen in der Regel der Anzahl der SAT-Chromosomen.

Es kommt jedoch auch vor, daß mehrere an verschiedenen Stellen entstehende Nucleolen miteinander verschmelzen. Die Nucleolen bestehen zu ca. 40% aus Eiweißen, enthalten aber darüber hinaus stets reichlich (bis 60% des Trockengewichtes) RNA. Man sieht daher heute in ihnen den wichtigsten «Umschlagplatz» für die im Zellkern gebildete ribosomale RNA (rRNA), die von hier aus während der Mitose in Gestalt der Ribosomen in das Cytoplasma entlassen wird. Die in der nucleolusorganisierenden Region der SAT-Chromosomen enthaltenen Gene für die rRNA-Produktion liegen stets in zahlreichen identischen Wiederholungen bestimmter Nucleotidsequenzen vor, die eine ungewöhnliche rRNA-Produktivität ermöglichen (Gen-Redundanz). Der Redundanzgrad dieser repetitiven DNA kann sich auf 100 bis 1000 identische Gene belaufen.

γ) Nichtcodierende sekundäre Chromosomen-DNA: Neben der gen-codierenden «primären» Chromosomen-DNA enthält das Eukaryoten-Chromosom stets noch beachtliche Anteile an nichtcodierender sog. Kontroll-DNA oder sekundärer DNA in meist zahlreichen, bis zu millionenfach wiederholten, kurzen repetitiven Sequenzen. Diese nichtcodierenden DNA-Abschnitte dienen u.a. als Erkennungssequenzen für die Anlagerung von Nucleoproteinen bei der Strukturierung des Chromatins (S. 47f.) und bei der Mciose (synaptonemaler Komplex, S. 56f.). Wenn man DNA denaturiert, d.h. in ihre Einzelabschnitte zerlegt, und sie dann renaturieren läßt, kann man aus dem Ausmaß und

der Geschwindigkeit des Renaturierungsprozesses auf die Anzahl der homologen Sequenzen (den Redundanzgrad) schließen. Der Gesamtanteil nichtcodierender Zellkern-DNA steigt mit dem Grad der stammesgeschichtlichen Höherentwicklung der Organismen merklich an: er beläuft sich beispielsweise bei den Pilzen auf nur etwa 10%, liegt bei *Magnolia*, einer relativ «primitiven» Blütenpflanzengattung, bei etwa 40% und steigt bei höherentwickelten Formen wie z.B. *Allium cepa* bis auf über 90%.

δ) Lichtmikroskopisch erkennbarer Chromosomenbau: Das fixierte und gefärbte Transportchromosom scheint nach dem lichtmikroskopischen Bild aus zwei verschiedenen Substanzen aufgebaut zu sein: aus einem stark färbbaren (chromatischen) Achsenkörper oder Achsenfaden und einer sehr viel schwächer färbbaren Hüllsubstanz, dem Calymma.

Vor einer normalen Kernteilung oder Mitose läßt sich häufig schon bei schwächerer Vergrößerung mit dem Lichtmikroskop feststellen, daß der stark färbbare Achsenkörper des Transportchromosoms in Wirklichkeit bereits aus zwei wie in einem Seil in groben Windungen umeinander geschlungenen Längselementen besteht, den Chromatiden (Abb. 38, B bis E und 42 b bis f). Bei manchen Chromosomen läßt sich darüber hinaus feststellen, daß jede Chromatide ihrerseits durch schraubige Kontraktion ihres Achsenfadens stark verkürzt ist (Abb. 35 A). Besonders deutlich crkennt man diese schraubige Struktur der Chromatiden bei der Reifeteilung oder Meiose (S. 53 ff.). Die fibrillären Grundelemente der Chromosomen werden als

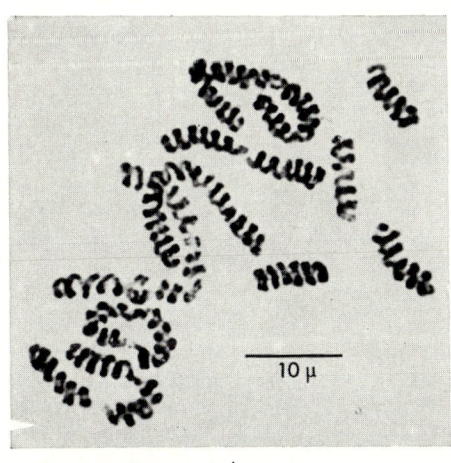

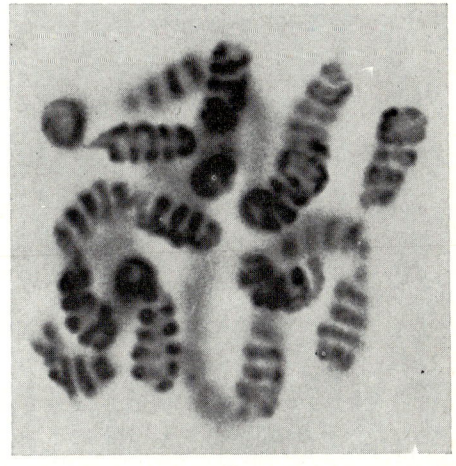

A   B

Abb. 33: Schraubig kontrahierte Meiose-Chromosomen von *Tradescantia virginiana* (A etwa 1300 ×, nach Vosa; B etwa 3000 × nach Darlington u. LaCour).

Chromonemata oder Chromonemen (Einzahl Chromonema) bezeichnet.

Im Gegensatz zu ihrer stark kondensierten Gestalt im Transportchromosom strecken sich die Chromonemen im Interphasekern unter Auflösung ihrer Schraubenwindungen lang aus. Bei manchen Chromosomen-Typen kann man in bestimmten Stadien unmittelbar vor der Einleitung einer Kernteilung schon mit dem Lichtmikroskop erkennen, daß auch die ausgestreckten Chromonemen noch eine Feinstruktur aufweisen: auf dem zarten Chromonema sind – zumindest in der Prophase der 1. Reifeteilung (vgl. S. 56) – in großer Zahl stärker gefärbte Knötchen verschiedener Größe angeordnet: die Chromomeren (Abb. 46).

Eine Zeit lang hatte man daran gedacht, daß die Chromomeren die Orte der Gene sein könnten. Die Chromomeren sind jedoch viel zu groß, um nur ein Gen zu enthalten. Nach verbreiteter Ansicht kommen die Chromomeren vielmehr durch eine starke lokale Aufschraubung der DNA-Elementarfibrille zustande. Das Muster der Chromomerenanordnung bleibt wie die Gesamtgestalt der Chromosomen durch alle Generationen unverändert erhalten.

Beim Übergang vom Mitosekern zum Interphasekern können ganze Chromosomen oder größere Chromosomenabschnitte im schraubig-kontrahierten Zustand verharren. Sie bleiben alsdann im Interphasekern als sogenannte Chromocentren sichtbar. Vielfach lassen sich die entsprechenden Chromosomenabschnitte auch schon im Prophasechromosom als stärker färbbare heterochromatische Zonen von den schwächer färbbaren euchromatischen Zonen unterscheiden.

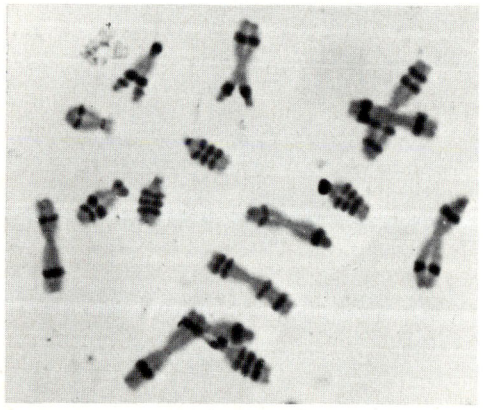

Abb. 34: Chromosomensatz von *Anemone blanda* (2 x = 16). Die konstitutionell heterochromatischen Chromosomenabschnitte (sog. Banden) sind nach der Giemsa C-Bänderungsmethode dunkel gefärbt (ca. 600 ×, nach D. Schweizer).

Die heterochromatischen Chromosomen bzw. Chromosomenabschnitte sind durch enge Kondensation des DNA-Fadens und darüber hinaus durch die Abdeckung mit spezifischen, stark färbbaren Histon-Eiweißen genetisch blockiert und auf diese Weise «abgeschaltet». Das konstitutionelle Heterochromatin erscheint in allen Zellen einer Art in den homologen Chromosomen an den homologen Orten (Abb. 34). Die Zahl der Banden entspricht i.d. Regel der Anzahl der Chromocentren im Interphasekern. Zahl und Verteilung der heterochromatischen Abschnitte gewinnen immer größere Bedeutung für die Systematik (vgl. S. 510). Das funktionelle Heterochromatin hingegen tritt im Laufe der Differenzierung nach einem gewebespezifischen Raum-Zeit-Muster auf und blockiert reversibel bestimmte Chromosomenabschnitte mit den in ihnen enthaltenen Genen. In einer ausgewachsenen differenzierten Zelle sind 80 bis 90 % der DNA durch Histonanlagerung blockiert.

ε) Sublichtmikroskopischer Feinbau des Eukaryoten-Chromosoms. Die Aufstellung eines allgemeinverbindlichen Modells des Eukaryotenchromosoms wird dadurch erschwert, daß die Chromosomen der verschiedenen Organismenarten keineswegs in allen Einzelheiten übereinstimmend konstruiert sind; der lange Weg vom primitiven DNA-Genophor der Bakterienzelle zu dem komplexen, aus mehreren hundert unabhängigen Replikationseinheiten zusammengefügten Gen-Träger der Blütenpflanzen oder der Wirbeltiere verlangt geradezu nach einer aufsteigenden Reihe immer komplexer konstruierter Chromosomentypen.

Einige mit großer Regelmäßigkeit wiederkehrende Befunde lassen sich dennoch zu einem möglichen Modell des Grundtypus eines Eukaryotenchromosoms zusammenfassen: Verschiedene genetische Experimente lassen kaum noch einen Zweifel darüber, daß die DNA eines jeden Chromosoms i.d. Regel in Form einer einzigen, oft mehrere Zentimeter langen DNA-Schraube vorliegt (Einstranghypothese).

Durch eine hierarchisch geordnete Folge mehrerer hintereinander geschalteter Aufschraubungs- und Kondensationsprozesse wird dieser ursprünglich nur etwa 2 nm starke DNA-Primärfaden (die DNA-Doppelhelix, oder Watson-Crick-Duplex; Abb. 18B, S. 28) einerseits zu immer dickeren und immer kürzeren Chromatinstrukturen kondensiert und andererseits gleichzeitig für den Zellteilungsvorgang genetisch inaktiviert und verpackt.

Kondensation, Inaktivierung und Verpackung erfolgen mit Hilfe der Kerneiweiße oder Nucleoproteide. Besondere Bedeutung kommt dabei den basischen Nucleohistonen H_1 bis H_4 zu, die aufgrund ihrer zahlreichen positiven Überschußladungen mit den negativ geladenen Phosphatgruppen der DNA-Doppelhelix – unabhängig von deren Basensequenz – salzartige Bindungen eingehen, wodurch der betroffene DNA-Abschnitt blockiert und genetisch inaktiviert wird.

Die kleinste elektronenmikroskopisch nachweisbare, durch Nucleohistone kondensierte und genetisch inaktivierte Einheit ist das scheibchenförmige, etwa 10 nm große Nucleosom. Je zwei Moleküle der Histone H_{2a}, H_{2b}, H_3 und H_4 bilden aufgrund ihrer zwischenmolekularen Bindungskräfte durch sog. «self-assembling» 8-teilige Oktameren, die vom DNA-Molekül in etwa $1^3/_4$ Windungen (ent-

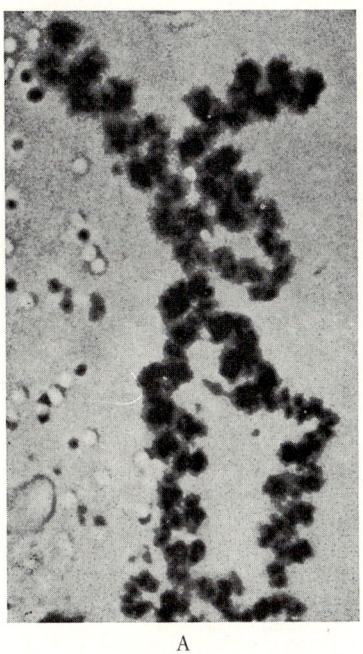

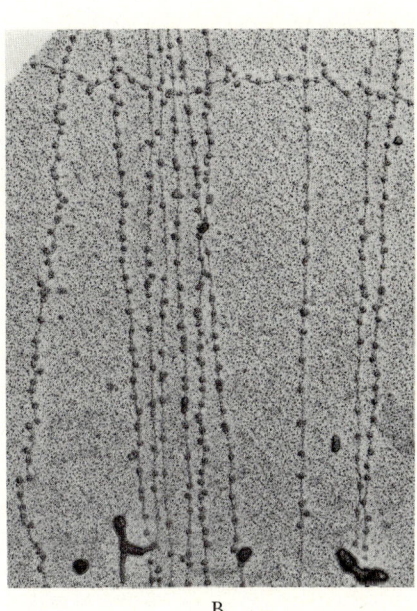

A   B

Abb. 35: Chromatinstrukturen: A Endabschnitt eines Chromosoms von *Lilium candidum*. Die Schraubenwindungen wurden durch die Behandlung mit verdünntem Kaliumcyanid künstlich aufgelockert. Die Großschraube mit etwa 3,2 µm Durchmesser wird selbst wieder von einer Kleinschraube mit etwa 1,6 µm Durchmesser gebildet (unten rechts), deren «Chromosomenfilament» in der Größenordnung etwa dem 0,2 bis 0,4 µm starken Supersolenoid (Abb. 36 D) entspricht (ca. 6000 ×, nach TAYLOR). B Völlig gespreitetes Chromatin aus *Vicia-faba*-Chromosomen. Man erkennt die etwa 10 bis 15 nm dicken Nucleosomen, die perlschnurartig von histonfreien Abschnitten der DNA-Superhelix (Durchmesser etwa 2 nm) zusammengehalten werden (ca. 100 000 ×, nach NAGL).

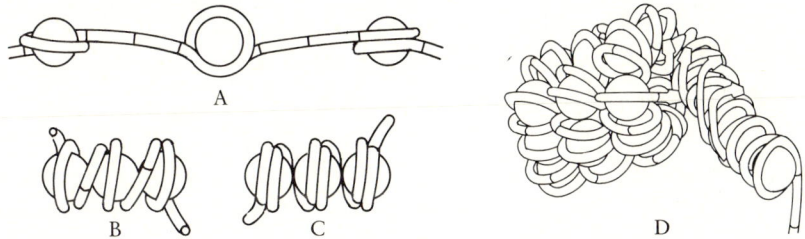

Abb. 36: Modell der Chromatinstruktur. A Drei Nucleosomen in offener «Perlenschnur»-Anordnung mit lang ausgestreckter 2 nm Internucleosomen-DNA. B u. C Nucleosomen durch Annäherung und Verpackung mittels H_1-Histon (im Bild nicht eingezeichnet) zur Chromatin-Elementarfibrille (Nucleofilament) verkürzt. Die DNA bildet dabei eine 11 nm DNA-Super-Helix. D Die Elementarfibrille mit ihrem aus eng gepackten Nucleosomen gebildeten zentralen Histon-Strang, wird durch weitere, wie Klammern wirkende Verpackungsproteine zu einer 20 bis 50 nm Super-Super-Schraube, dem Solenoid, verkürzt (ca. 600 000 ×, aus JUNGERMANN u. MÖHLER).

sprechend etwa 140 Basenpaaren schraubig um-
schlungen werden (Abb. 36 A); die ursprünglich 2 nm
starke DNA-Doppelhelix bildet auf diese Weise
lokal eine etwa 11 nm starke DNA-Superhelix.
Wie sich bei künstlicher Spreitung des Chromatin-
fadens ergibt, bleiben bei diesem Vorgang zwischen
den einzelnen Nucleosomen kurze Abschnitte des
ursprünglichen 2 nm DNA-Primärfadens unverändert, so daß sich elektronenmikroskopisch das Bild
perlschnurartig am DNA-Primärfaden aufgereihter
Nucleosomen ergibt (Abb. 35 B und 36 A). Die Größe
der einzelnen Nucleosomen entspricht etwa der
Größenordnung der aus genetischen Experimenten
abzuleitenden DNA-Replikationseinheiten oder Re-
plicons, die jeweils etwa 200 Nucleotide umfassen.

In einem nächsten, durch das Nucleohiston H_1
bewirkten Kondensationsschritt werden die Nucleosomen einander genähert und miteinander zur etwa
11 nm starken Chromatin-Elementarfibrille
verknüpft (Abb. 36 B, C). Repetitive, d.h. in m.o.w.
regelmäßigen Abständen über die gesamte Länge des
DNA-Primärfadens sich wiederholende kurze «Erkennungssequenzen» treten dabei mit dem besonders
Lysin-reichen Histon H_1 in Beziehung und bewirken
Kondensation und weitere Verpackung der Nucleosomen. Die oben erwähnte Spreitung des Ele-
mentarfadens beruht auf der gezielten Herauslösung
eben dieses Histons H_1.

Die weitere Ordnung der Chromatin-Elementar-
fibrillen zum lichtmikroskopisch erkennbaren Transportchromosom ist offensichtlich im Lauf der
stammesgeschichtlichen Höherentwicklung von den
verschiedenen Pflanzen- und Tierstämmen auf verschiedenen Wegen verwirklicht worden:

Bei den Blütenpflanzen verbreitet ist jedenfalls die
Verkürzung der 11 nm Elementarfibrille durch eine
hierarchische Folge von weiteren Aufschraubungsprozessen. Der zweite Verkürzungsschritt besteht in
der abermaligen Aufschraubung der 11 nm Elementarfibrille zu einer 20 bis 50 nm Super-Super-Schraube,
dem Solenoid (Abb. 36 D). Dabei können die
Nucleosomen in Gruppen von 18 bis 25 zu etwa
30 nm großen kugeligen Nucleosomen-Komple-
xen zusammengefaßt werden (z.B. bei Zea mays),
die ihrerseits wie die einzelnen Nucleosomen durch
dünne, kontraktile Filamente miteinander verbunden
sind, wodurch im kontrahierten Zustand ein 30 bis
50 nm starker Solenoid-Faden entsteht. Die Gesamtverkürzung des DNA-Primärfadens erreicht auf
dieser Stufe bereits $1/40$ bis $1/80$ seiner Ausgangslänge.
Durch erneute Aufschraubung der Solenoidfibrillen
zum Supersolenoid, auch Tube genannt, wird
eine Gesamtverkürzung auf $1/300$ bis $1/600$ erreicht.
Diese nunmehr zwischen 100 und 250 nm starke
dritte DNA-Kondensationsstufe stellt damit bereits
die kleinste lichtmikroskopisch gerade noch

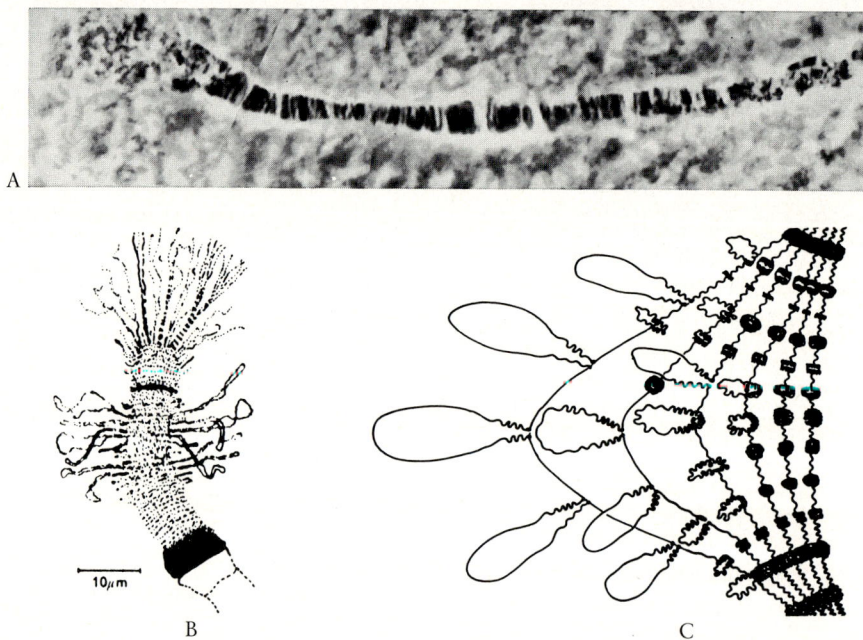

Abb. 37: A Polytänes, ca. 2048-strängiges Riesenchromosom aus dem Suspensor des Embryos von *Phaseolus vulgaris*. (Phasenkontrast 1500 ×, nach NAGL.) B Lokale Auflockerung («Puffing») der Struktur eines Riesen-chromosoms von *Phaseolus*. C Interpretation der Struktur eines Puffs: die Chromomeren der durch Streckung auseinanderweichenden Einzelchromosomenstränge entfalten sich zu Schleifen (B 8000 ×, nach NAGL; C ca. 20000 ×, nach SORSA).

nachweisbare Chromosomenstruktur dar (vgl. Tabelle 1, S. 10 und Abb. 35 A), die seit ihrer Entdeckung als Chromosomenfilament bezeichnet wird.

Seit langem ist bekannt, daß diese Chromosomenfilamente mit weiteren Nucleoproteinen, die ganz andere Lösungseigenschaften besitzen als die Histone, zunächst zu Kleinschrauben (Abb. 35 A; 42c, d, e) und schließlich zu Großschrauben (Abb. 42f, g) kondensiert werden können. Diese Nichthistonnucleoproteide treten z.T. als eine Art Chromosomenskelett, z.T. als Chromosomenhülle oder Calymma in Erscheinung.

Durch Hintereinanderschaltung von insgesamt 5 Aufschraubungsprozessen wird somit der DNA-Primärfaden auf oft weniger als $^1/_{5000}$ seiner Ausgangslänge kondensiert. Mehrere Zentimeter lange DNA-Moleküle können auf diese Weise in Chromosomen von wenigen μm Größe untergebracht und für den mitotischen Verteilungsprozeß vorbereitet werden. Nur so wurde es möglich, eine geordnete Mitose technisch zu bewerkstelligen.

ζ) Polytäne Riesenchromosomen: Manchmal entstehen durch vielfache Vermehrung der Chromonemen im Gefolge von Endomitosen (vgl. S. 53) kabelähnliche, vielsträngige (= polytäne) Riesenchromosomen.

Erstmalig wurden sie in den Speicheldrüsen verschiedener Fliegenarten nachgewiesen. Inzwischen wurden sie aber auch bei Pflanzen gefunden, so z.B. in den Haustorialzellen des Suspensors von *Gagea lutea* sowie *Loasa*- und *Phaseolus*-Arten (Abb. 37A). Da die Chromonemen in diesen Riesenchromosomen nicht kontrahiert werden und bis zu 4096 DNA-Stränge enthalten, sind sie 30–40 × länger und dicker als die normalen Transportchromosomen. An derartigen Riesenchromosomen konnte – zunächst bei Tieren, inzwischen aber auch bei Pflanzen – der cytologische Beweis für die zeitlich begrenzte Aktivität bestimmter Chromosomenabschnitte erbracht werden («Puffing», Abb. 37B, C).

c) Kernteilung oder Mitose: Nachdem im Interphasekern im lang ausgestreckten Zustand der Interphasechromosomen die identische Reduplikation des Chromatins (Reduplikation des Genoms) erfolgt ist (Abb. 17, 18, 19), werden im Verlauf der Kernteilung oder Mitose die solcherart verdoppelten Strukturen voneinander getrennt und auf die Tochterzellen verteilt.

In den Grundzügen stimmt der Mitoseverlauf bei Pflanzen und Tieren überein. Abb. 38 gibt den Ablauf einer Kern- und Zellteilung in einer embryonalen vegetativen Pflanzenzelle mit 14 Chromosomen wieder, wie er sich im fixierten und gefärbten Längsschnitt durch ein Wurzel-

bildungsgewebe lichtmikroskopisch darstellt. In Abb. 40 ist der gleiche Vorgang schematisch für den Fall des Vorhandenseins von nur 4 Chromosomen (x = 2) dargestellt. Den Gesamtablauf der Mitose pflegt man in eine Reihe von Phasen zu gliedern, die mit besonderen Namen bezeichnet werden:

α) In der frühen **Prophase** ordnen sich die zunächst der Zellwand an allen Seiten anliegenden Mikrotubuli in der Äquatorialebene um den Zellkern herum an («Präprophaseband», Abb. 39 A und B). Alsdann beginnt sich das Chromatinsystem des Zellkerns langsam zu entwirren. Zarte Chromosomenfäden werden durch die Kontraktion ihrer Chromonemen und zunehmende Färbbarkeit immer deutlicher in charakteristischer Anzahl erkennbar (Abb. 38B, C und D).

β) **Metaphase.** Die Chromosomen werden durch schraubige Kontraktion ihrer Chromonemen stark verkürzt. Ihr Aufbau aus je zwei Chromatiden ist nunmehr oft deutlich erkennbar. Gleichzeitig sammeln sich die Chromosomen in der Mitte der Zelle zu einer in Flächenansicht oft sternförmigen Figur, der Äquatorialplatte. Zahlenkonstanz und Chromosomenindividualität lassen sich in diesem Stadium am besten erkennen. In diploiden Zellen läßt sich daher in diesem Stadium die Anwesenheit zweier homologer (allerdings oft wahllos durcheinandergemischter) Chromosomensätze am leichtesten nachweisen (Abb. 37, 38E). Der Nucleolus wird aufgelöst; das nucleoläre Material ergießt sich z.T. in das Cytoplasma, z.T. bildet es das Calymma der sich kondensierenden Chromosomen. Die Kernhülle zerfällt in einzelne Cisternen, die sich in nichts von den Cisternen des ER unterscheiden (Kerneröffnung).

γ) **Anaphase.** In der Anaphase erreichen die Chromosomen ihren höchsten Kontraktionsgrad. Unabhängig von der Chromosomenkontraktion hat sich im Verlauf der Pro- und Metaphase im Cytoplasma ein faseriger Verteilungsapparat ausgebildet: die Kernspindel. An zwei einander gegenüberliegenden Seiten diesseits und jenseits der Äquatorialplatte entstehen zunächst schalenförmige Fasermassen: die Polkappen (Abb. 38G). Wo die sich teilenden Zellen Geißeln als Fortbewegungsorganellen ausbilden – vereinzelt selbst noch bei den Gymnospermen (Bildung der Spermatozoiden im Pollenschlauch der Cycadeen und bei *Ginkgo*) –, geht die Bildung dieser Fasern von einer durch Selbstteilung sich vermehrenden tubulären Struktur aus: dem Centrosom (Abb. 41 A bis D), das jedoch im übrigen bei den Höheren Pflanzen (im Gegensatz zu den Tieren) fehlt. Eine enge Beziehung zu den Geißeln geht auch aus der mit dem Elektronenmikroskop untersuchten Feinstruktur der Centrosomen hervor: das in ihrer Mitte gelegene, im Lichtmikroskop punktförmig erscheinende Centriol ähnelt dem typischen Geißelquerschnitt, ihm fehlen jedoch die beiden zentralen Mikrotubuli; außerdem sind anstelle der 9 peripheren Dublets der Geißeln im Centriol Triplets vorhanden.

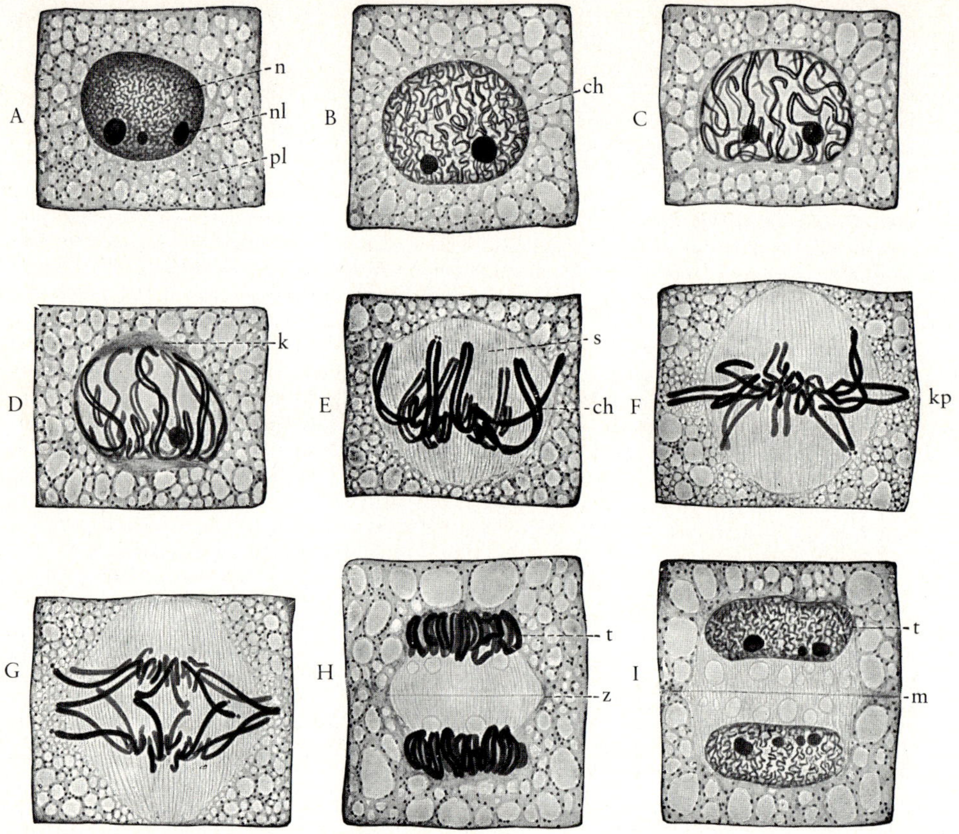

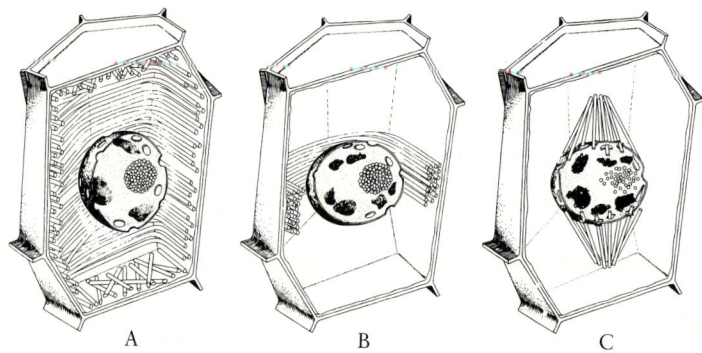

Abb. 38: Mitose und Teilung einer embryonalen Zelle aus der Wurzelspitze von *Aloe thraskii*. n Kern, nl Nucleolus, ch Chromosomen, pl Cytoplasma, s Spindel, k Polkappen, kp Äquatorialplatte, t Tochterkerne, z Anlage der Primordialwand, umgeben vom fibrillären Phragmoplast, m Primordialwand. A Interphasekern, B–D Prophase, E Übergang zur Metaphase (Kerneröffnung), F Metaphase (vgl. hierzu die Aufsicht Abb. 37), G Anaphase, H frühe, I späte Telophase. (ca. 1000 ×, nach SCHAFFSTEIN).

Abb. 39: Schematische Darstellung der Anordnung der Mikrotubuli in verschiedenen Stadien der Vorbereitung einer Mitose (Wurzelmeristem von *Arabidopsis thaliana*). A frühe Interphase zwischen zwei Zellteilungen; B frühe Vorbereitungsphase einer Mitose (G₂); C späte Prophase mit Spindelfasern, unmittelbar vor der Kerneröffnung (nach LEDBETTER).

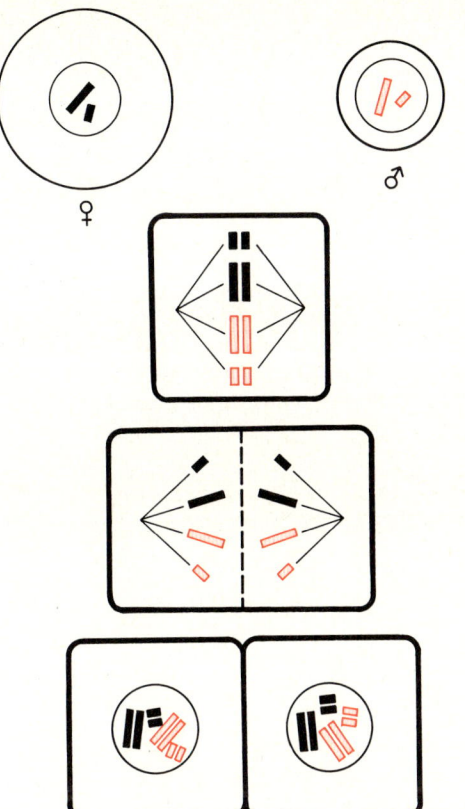

Abb. 40: Schematische Darstellung der Mitose. Oben weiblicher Gamet ♀ und männlicher Gamet ♂ mit je 2 Chromosomen. Darunter (dick schwarz umrandet) diploide Somazellen und Ablauf einer diploiden Mitose. Die von der mütterlichen und väterlichen Seite abstammenden schwarz bzw. rot gekennzeichneten Chromosomen sind in je 2 Chromatiden gespalten. Darunter Anaphase (Trennung der Tochterchromosomen) und Interphase (mit erneuter Chromosomenreduplikation).

Man kann zwei Sorten von Spindelfasern unterscheiden: die einen erstrecken sich von Zellpol zu Zellpol (falls vorhanden, von Centrosom zu Centrosom); die anderen – die sog. Chromosomenfasern – gehen aus den Centromeren der beiden Chromatiden hervor, die als Mikrotubulus-Organisationszentren funktionieren, und erstrecken sich von dort zu den beiden Zellpolen. Während die Pol-zu-Pol-Mikrotubuli durch ihre Verlängerung (Polymerisation) im Verlauf der Mitose die beiden Zellpole auseinander schieben, bewirken die Chromosomenfasern zunächst durch Polymerisation und Verlängerung die Konzentration und Ordnung der Chromosomen in der Äquatorialplatte (Abb. 32, S. 44 und 38 F); durch anschließende Depolymerisation und Verkürzung der gleichen Chromosomenfasern werden aber schließlich die inzwischen getrennten Chromatiden zu den beiden Zellpolen gezogen (Abb. 38 G). Colchicin hemmt die Aggregation des Tubulins zu den Mikrotubuli und verhindert dadurch die Zellteilung.

δ) **Telophase.** In der Telophase bildet sich aus den beiden Gruppen der Tochterchromosomen je ein neuer Tochterkern, indem sich die Chromosomen zusammendrängen, bei gleichzeitiger Auflösung oder Quellung des Calymma ihre Schraubenwindungen wieder auflockern und in ihrer Gesamtheit von einer neuen Kernhülle umgeben werden. Zwischen den beiden Tochterkernen bildet sich im sog. Phragmoplast die neue Trennwand oder Primordialwand aus (Abb. 38 I m; Abb. 27 B, S. 39).

Die chromatische Substanz erscheint im Interphasekern meistens mehr oder weniger fein verteilt, oder sie läßt sich überhaupt nicht mehr nachweisen. Bei Pflanzenarten mit heterochromatischen Chromosomenabschnitten (vgl. Abschnitt b) sind jedoch auch noch im Interphasekern stärker färbbare Chromocentren nachweisbar (z.B. *Antirrhinum*, *Beta* und Brassicaceae).

Während der Mitose machen die Nucleolen einen sehr auffälligen Gestaltwechsel durch: vielfach

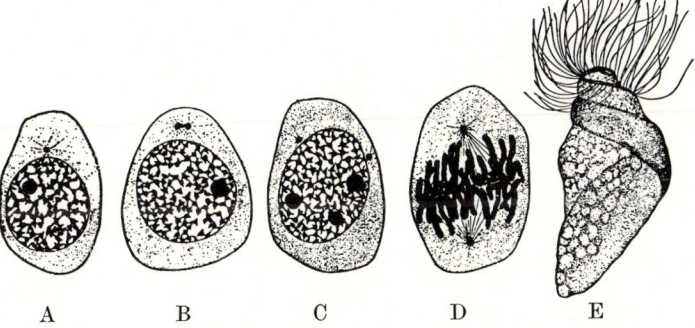

Abb. 41: A, B, C, D: Auftreten von Centrosomen bei der Spermatogenese von *Equisetum* (Schachtelhalm). Bei der Fertigstellung der vielgeißeligen Spermatozoiden (E) werden die Centriolen in den bandförmigen Blepharoplasten umgewandelt, aus dem die Geißeln entspringen. (1500 ×, nach SHARP).

verschwinden sie allmählich während der Prophase und frühen Metaphase (Abb. 38 A bis E), bleiben während der Anaphase unauffindbar und erscheinen erst wieder in der Telophase, um im Interphasekern erneut auf ihre Ausgangsgröße heranzuwachsen .(Abb. 38 I).

d) Mitosecyclus: Die für die Zellteilung erforderliche Kopie der in den Chromosomen lokalisierten Erbinformationen, die morphologisch-biochemisch in der Reduplikation der DNA-Doppel-Helix zum Ausdruck kommt (vgl. S. 27 ff.), erfolgt – wie mit Hilfe histochemisch-autoradiographischer Methoden gezeigt werden konnte – im Interphasekern.

Während der Interphase verläuft die RNA-Synthese nahezu gleichförmig linear. Im Gegensatz dazu ist die substantielle Verdoppelung der DNA und der Histone auf einen vergleichsweise begrenzten Ab-

schnitt der Interphase beschränkt. Zwar kann die DNA-Synthese – z.B. bei gewissen genauer daraufhin untersuchten Schleimpilzen – sofort nach der Streckung der zuvor schraubig kontrahierten Transportchromosomen beginnen. In der Regel wird aber zunächst eine postmitotische Restitutionsphase G_1 (G = gap: Unterbrechung, Lücke) eingeschoben. Auf die Synthese-Phase S folgt alsdann stets eine zweite G-Phase, in der die nächstfolgende Mitose vorbereitet wird (praemitotische Vorbereitungsphase G_2). Der gesamte, durch Umweltbedingungen (Licht, Temperatur) maßgebend gesteuerte Zellcyclus spielt sich somit in vier Phasen $M–G_1–S–G_2$ ab, von denen die eigentliche Mitose M mit der Verteilung der Chromosomen auf die Tochterkerne mit $1/10$ bis $1/6$ der Dauer des gesamten Cyclus den vergleichsweise kürzesten Zeitabschnitt beansprucht (Abb. 43).

e) Polyploidie: Der normale Ablauf der Mitose kann unter bestimmten Umständen vorzeitig abgebrochen werden. Die normale Mitose

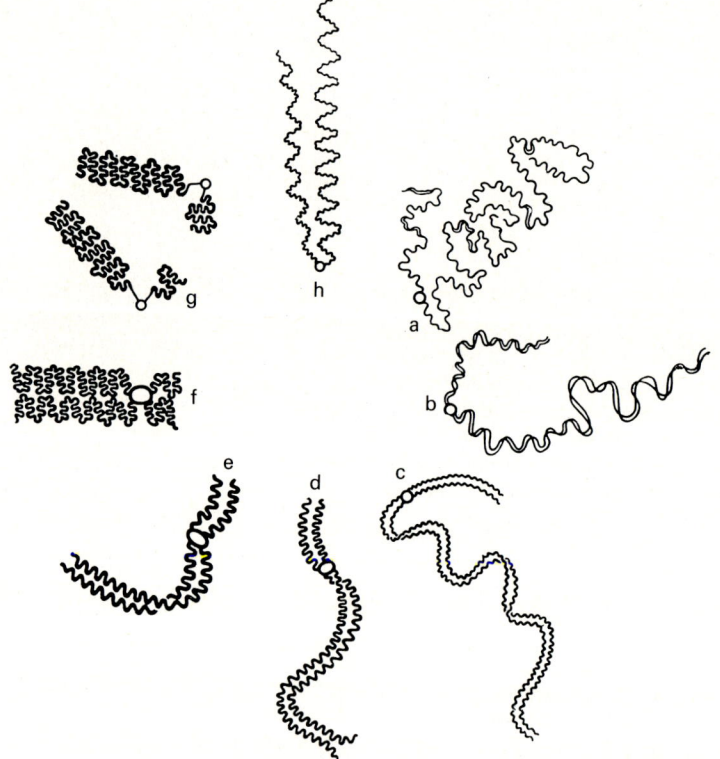

Abb. 42: Formwandel eines Chromosoms im Verlauf der Mitose. a weitgehend ausgestreckte Funktionsform im Interphasekern. An verschiedenen Stellen identische Replikation des DNA-Fadens. b desgl. identische Replikation auf der ganzen Länge des DNA-Fadens abgeschlossen. c bis e fortschreitende schraubige Kontraktion (Kleinschrauben) der beiden identischen DNA-Fäden zu den bereits lichtoptisch erkennbaren Chromatiden in der Prophase. f extreme Verkürzung der Chromatiden zur Transportform (Großschrauben) in der Metaphase. g Trennung der beiden Chromatiden in der Anaphase zu den beiden Tochterchromosomen. h Entschraubung und Streckung in der Telophase. (Nach de Robertis et al.)

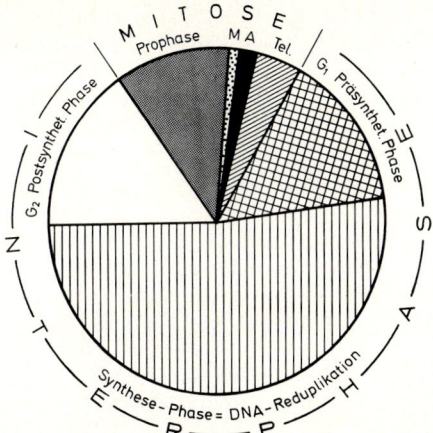

Abb. 43: Mitosecyclus einer embryonalen Meristemzelle aus der Wurzelspitze von *Pisum sativum*. Ein vollständiger, im Uhrzeigersinn zu lesender Mitosecyclus wird bei 20 °C in etwa 24 Stunden durchlaufen. Davon entfallen etwa 4 Stunden auf die Mitose und etwa 20 Stunden auf die Interphase. M = Metaphase, A = Anaphase, Tel = Telophase. Die Interphase gliedert sich in drei Abschnitte: die präsynthetische Phase G_1, die DNA-Synthese- und Replikationsphase S und die postsynthetische Phase G_2.

besteht ja ihrem Wesen nach aus zwei voneinander weitgehend unabhängigen Prozessen, die freilich in den meisten Fällen gekoppelt abzulaufen pflegen: 1. der Längsspaltung und damit Verdoppelung der Chromosomen, der die identische Reduplikation der Chromonemen in der vorausgegangenen S-Phase zugrunde liegt (Chromosomenreduplikation), und 2. der Ausbildung eines Verteilungsapparates (der Teilungsspindel), der die geregelte Aufteilung der beiden Chromosomenspalthälften auf die beiden Tochterkerne bewirkt (Spindelmechanismus). Wenn die Chromosomenreduplikation erfolgt, die Spalthälften bzw. Tochterchromosomen aber nicht auf zwei Tochterkerne und Tochterzellen aufgeteilt werden, entstehen polyploide Zellen.

α) Somatische Polyploidie oder Autopolyploidie. Wenn die Mitose nach abgeschlossener Chromosomenreduplikation, also z. B. während der Anaphase, abgebrochen wird, bleiben die Tochterchromosomen im nunmehr polyploiden sog. Restitutionskern miteinander vereinigt. Solche Vorgänge können gelegentlich in der normalen Entwicklung aufgrund noch nicht näher analysierter Störungen auftreten. Sie lassen sich aber auch künstlich auslösen, z. B. wenn die Ausbildung des Spindelapparates durch die Einwirkung von Colchicin gehemmt

wird (vgl. S. 70 u. 508). Wird dieser Vorgang der Polyploidisierung an den Nachkommen dieser Zelle abermals wiederholt, so kommt es zur Ausbildung ganzzahliger Vielfacher des ursprünglichen Genoms (2x = diploid, 4x = tetraploid, 8x = octoploid usf.). Da zwischen Zellkern und Cytoplasma enge Wechselbeziehungen bestehen, indem der Zellkern für die Vermehrung der Plasmaproteine und ihrer Strukturen direkt verantwortlich ist, läßt sich leicht einsehen, daß die Vergrößerung des Kernvolumens durch die Polyploidisierung Rückwirkungen auf die Zellgröße und nicht selten auch auf die Größe des ganzen polyploiden Organismus haben muß (Abb. 552, S. 509).

In bestimmten Geweben, z. B. im Antheren-Tapetum der Samenpflanzen, ist die Restitutionskernbildung ein normaler Differenzierungsschritt. Das gilt insbesondere auch für das Phänomen der Endopolyploidie. Viele besonders große oder stoffwechselphysiologisch besonders aktive Zellen oder auch ganze Gewebearten zeichnen sich nämlich dadurch aus, daß ihre Zellkerne durch Endomitosen polyploid geworden sind. Dabei wird der normale Mitosecyclus nach der Chromosomenreduplikation in der S-Phase bereits in der frühen Prophase abgebrochen, ohne daß sich die Chromosomen zur Transportform kontrahieren. Auch die Kerneröffnung unterbleibt. In endopolyploiden Grundgewebszellen der Blattstiele von *Tropaeolum majus* wurden beispielsweise Polyploidiegrade bis 32 x, im Stengelmark solche bis 128 x und im Integument der Samenanlagen bis 1024 x nachgewiesen. Im Endospermhaustorium von *Arum maculatum* konnte gar die Polyploidie-Stufe 24576 x sehr wahrscheinlich gemacht werden, was der Zahl von 344064 Chromosomen entspricht, die sich natürlich nicht mehr exakt nachzählen lassen.

β) Generative Polyploidie. Wenn aus derartigen somatisch polyploiden Zellen oder Geweben ganze neue Pflanzen hervorgehen, so ist das einer der möglichen Wege zur stammesgeschichtlich und pflanzenzüchterisch wichtigen generativen Polyploidie. Wichtiger noch als derartige spontan auftretende oder künstlich induzierte Vervielfachungen gleicher Genome sind die Vereinigungen genetisch ungleichartiger Genome im Zuge der Bastardierung: eine Form der Polyploidisierung, die der Autopolyploidie als Allopolyploidie gegenübergestellt wird. Auf sie wird im größeren Zusammenhang der Evolution und Artbildung ausführlich eingegangen (Vgl. S. 529 ff.).

f) Meiose. Mit der stammesgeschichtlichen «Erfindung» der Sexualität, welche die Möglichkeit der beliebigen Rekombination unabhängig voneinander entstandener Mutationen ermöglichte, war notwendigerweise das gleichzeitige Auftreten eines Regulationsmechanismus erforderlich, um die diploide Chromosomenzahl des Verschmelzungsproduktes der Geschlechtszellen (der Zygote oder der aus ihr mitotisch hervorgegangenen somatischen Zellen) wieder auf die haploide Ausgangszahl zurückzuführen (Chromosomenreduktion). Durch eine fortgesetzte Folge von Sexualakten müßte ja anderenfalls die Zahl der Chromosomen bald ins Unermeßliche ansteigen und jede geregelte Mitose unmöglich machen. Dieser Mechanismus heißt Reduktionsteilung oder Meiose und beruht, wie der gegenteilige Vorgang der Polyploidisierung, gleichfalls auf der grundsätzlichen Unabhängigkeit von Chromosomenredu-

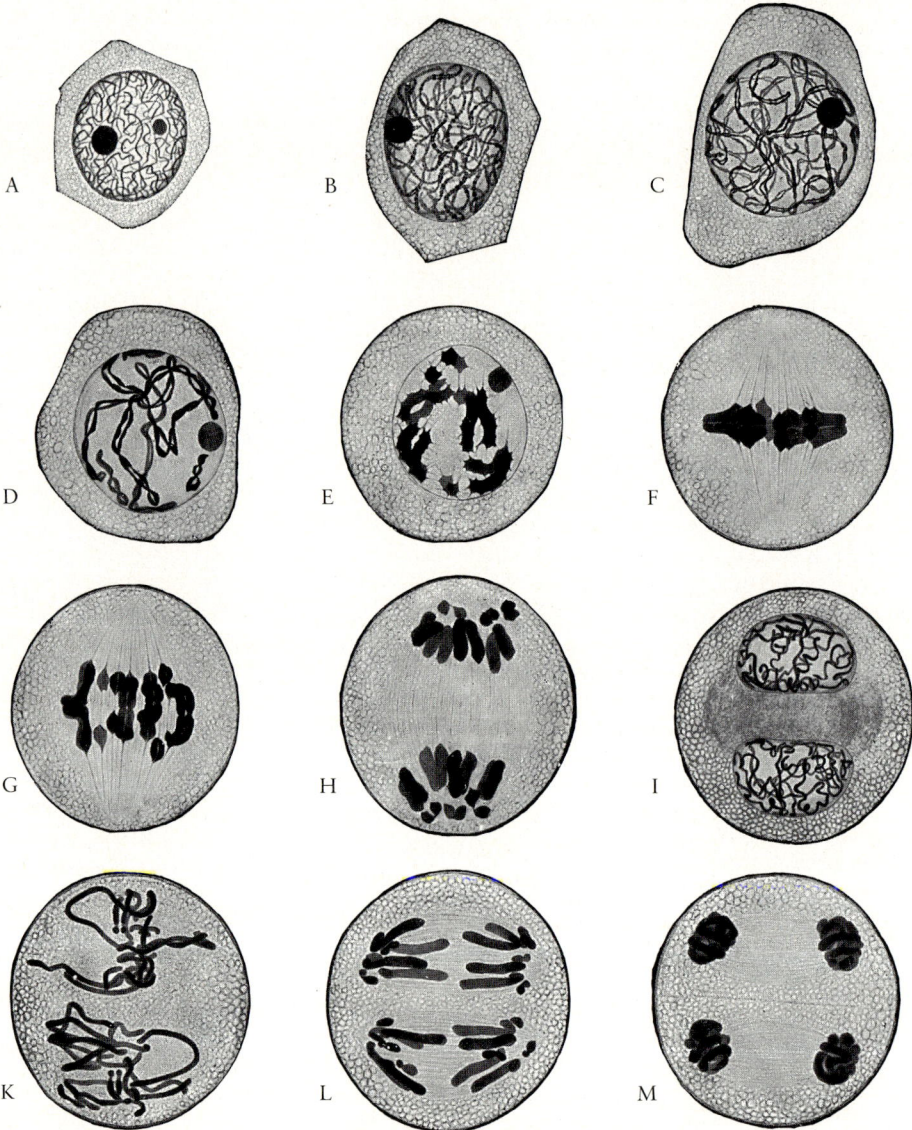

Abb. 44: Reifeteilungen (Meiose) in den Pollenmutterzellen von *Aloe thraskii*. (Man vergleiche die in Abb. 38 dargestellte Mitose in der Wurzelspitze der gleichen Pflanze.) A bis E Prophase der ersten Reifeteilung: A Leptotän. B Zygotän. C Pachytän. D Diplotän. E Diakinese. F Metaphase der ersten Reifeteilung. G Anaphase. H Telophase. I Interkinese. K Metaphase der zweiten Reifeteilung. L Anaphase der zweiten Reifeteilung. M Ausbildung der vier haploiden Gonen- bzw. Meiosporen-Kerne. (ca. 1000 ×, nach Schaffstein.)

plikation und Verteilungsmechanismus: Bei der Meiose ist eine einmalige Chromosomenteilung mit zweimaliger Spindelbildung kombiniert. In der ersten meiotischen oder Reifeteilung werden nicht – wie bei der Mitose – Chromosomenspalthälften (Chromatiden) auf die Tochterzellen verteilt, sondern ganze, wenn auch bereits verdoppelte Chromosomen (Abb. 45 A). Dabei werden die bei der Befruchtung vom Vater und von der Mutter übernommenen Chromosomen wieder voneinander getrennt (Chromosomen-Segregation). Ihre Verteilung auf die Tochterzellen erfolgt jedoch unabhängig von ihrer ursprünglichen Zugehörigkeit zum väterlichen oder mütterlichen Genom (interchromosomale Umordnung der Genome, Abb. 45 B). Erst in der ohne Pause sich anschließenden zweiten Reifeteilung werden alsdann – wie bei jeder normalen Mitose – die vorbereiteten Chromosomenspalthälften oder Chromatiden voneinander getrennt. Das Ergebnis sind insgesamt vier nunmehr wieder haploide Zellen mit einfachem Genom, die als Gonen bezeichnet werden. Häufig werden diese vier Gonen nach Abschluß der Meiose voneinander isoliert und dienen als einzellige, m.o.w. derbwandige Meiosporen der Ausbreitung und Fortpflanzung der Art (Meiosporen-Tetrade. Vgl. S. 213).

Mit der Wiederherstellung der haploiden Chromosomenzahl und Trennung der ursprünglich vom Vater bzw. von der Mutter stammenden Chromosomen ist aber nur ein Teil der Bedeutung des Meiose-Mechanismus erfaßt. Die genauere Analyse hat ergeben, daß im Verlauf der Meiose nicht nur eine gründliche Durchmischung und Neukombination der ursprünglich vom Vater bzw. von der Mutter stammenden homologen Chromosomen erfolgt, sondern daß darüber hinaus auch die innerhalb einzelner Chromosomen liegenden Gene wechselseitig ausgetauscht und neu miteinander kombiniert werden können (Umbau der Chromosomen, intrachromosomale Rekombination der Gene). Das Mittel, mit dessen Hilfe beide Aufgaben erfüllt werden: 1. Reduktion der Chromosomenzahl und 2. vorherige gründliche Durchmischung und Neukombination der väterlichen und der mütterlichen Erbanlagen, ist die Paarung der homologen Chromosomen, verbunden mit vielfachem Stückaustausch in der Prophase der Meiose, die infolgedessen ganz besondere Beachtung verdient.

Wir wollen nunmehr den Ablauf einer typischen Meiose in ihren einzelnen Phasen verfolgen. Ihre Prophase läßt sich zum Unterschied von der Mitose in eine Reihe weiterer Abschnitte gliedern, die ihrerseits mit eigenen Namen bezeichnet werden:

α) **Prophase der I. Reifeteilung.** Schon vor dem Einsetzen des eigentlichen Teilungsvorgangs zeichnen sich die zur Meiose bestimmten Zellkerne durch ihre ungewöhnliche Größe und eine damit verbundene

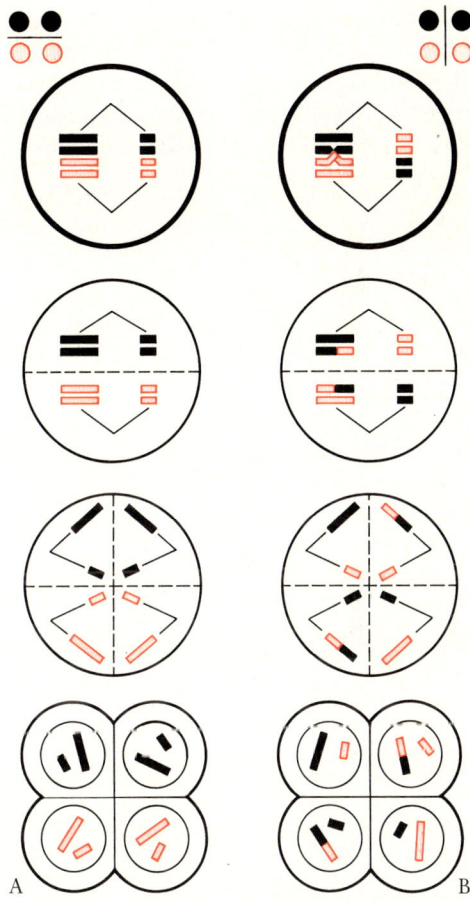

Abb. 45: Schematische Darstellung der Meiose einer Mikrosporenmutterzelle mit der Chromosomenzahl 2n = 4 (mütterliches Genom schwarz, väterliches Genom rot). A die Trennung der bivalenten Chromatidentetraden erfolgt längs des «Reduktionsspaltes» (oben links = Präreduktion). B infolge eines Chiasmas wird die jeweils rechte Hälfte der beiden überkreuzten langen (i. d. Abbildung mittleren) Chromatiden in der I. Reifeteilung längs des «Äquationsspaltes» getrennt (oben rechts). Infolgedessen erfolgt die Trennung von schwarz und rot für diesen Abschnitt erst in der II. Reifeteilung (Postreduktion, vgl. Abb. 48 D).

besonders lockere Verteilung des Chromatins aus. Zu Beginn der meiotischen Prophase liegen – genau wie zu Beginn einer normalen Mitose – scheinbar wirr ineinander verknäuelte, lang ausgestreckte, in ihre zwei Schwesterchromatiden aufgespaltene Chromosomen vor (Abb. 44, A und B). Während nun aber in der mitotischen Prophase bereits nach wenigen Stunden schraubige Verkürzung einsetzt, kann die Prophase der Meiose, in der die Paarung der homologen Chromosomen erfolgt, mehrere Tage, u. U. sogar Wochen dauern.

Leptotän. Die Chromosomen werden durch allmähliche schraubige Verkürzung als einzelne feine Fäden erkennbar (Abb. 44 A; 46 A). Mit ihren Enden, den Telomeren, sind sie an die Kernhülle geheftet. Zwischen den Schwesterchromatiden werden RNA-haltige «Lateral-Elemente» ausgebildet. Offenbar handelt es sich dabei um «Erkennungs-Ribonucleoproteide», die sich an die DNA-Fäden der Chromosomen anheften und auf diese Weise die gegenseitige Auffindung der homologen Stellen ermöglichen.

Zygotän. Die Paarung der homologen Chromosomen setzt ein. Man kann bei sorgfältiger Beobachtung feststellen, daß sich hier und dort Chromosomenabschnitte, die aufgrund ihrer Chromomeren-Anordnung als homolog kenntlich sind, parallel nebeneinanderlegen (Konjugation. Abb. 44 B, C; 46 B). Die Lateral-Elemente der beiden homologen Partner werden dabei durch die Einführung eines weiteren RNA-

Proteids – das sog. zentrale Element – starr miteinander zum synaptonemalen Komplex (Paarungskomplex) verbunden (Abb. 49), der für die präzise Paarung der jeweils homologen Chromosomenabschnitte sorgt. Der Abstand zwischen den beiden Lateralelementen der Chromatidenpaare beträgt in den gepaarten Abschnitten etwa 100 bis 150 nm. Die erste Begegnung scheint dabei m. o. w. zufällig zu erfolgen. Die Paarung schreitet alsdann von diesen Stellen nach beiden Seiten fort: ein Vorgang, der sich etwa mit dem Schließen eines Reißverschlusses vergleichen läßt (Abb. 49 B).

Manchmal stehen diesem Ablauf der Synapsis räumliche Hindernisse im Weg, indem ein nichthomologes Chromosom zwischen zwei homologen Partnern hindurchzieht. Wir werden auf diesen Fall bei der Diakinese zurückkommen.

Pachytän. Im Pachytän ist die Paarung sämtlicher homologen Partner abgeschlossen (Abb. 44 C). Die gepaarten Chromosomen werden auch als Gemini oder – zum Unterschied von den nicht gepaarten univalenten (einwertigen) Chromosomen – als Bivalente bezeichnet. Jedes Chromosomenpaar besteht in diesem Stadium aus vier Chromatiden, die zusammen eine Chromatidentetrade bilden. Zwei Chromatiden dieser Tetrade (sog. Schwesterchromatiden) gehören dem väterlichen Chromosom an, die beiden anderen stammen von der Mutter (Abb. 45 oben l. u. r.; 48 B). Die Gesamtzahl der Chromatidentetraden entspricht der haploiden Chromosomenzahl.

Der synaptonemale Komplex ist nunmehr über die gesamte Länge der homologen Chromatidenpaare fertiggestellt. Die auf diese Weise hergestellten Strecken völliger Übereinstimmung der DNA-Nucleotidsequenz (vgl. S. 26 f.) ermöglichen vorübergehende Brüche mit nachfolgender Reparatur (Crossing-over; vgl. S. 493). Ein hierzu erforderliches spezifisches DNA-spaltendes Ferment und eine Reparatur-DNA-Synthetase konnten in diesem Stadium bei geeigneten Objekten nachgewiesen werden.

Diplotän. Im Diplotän wird – im zunächst immer noch lang ausgestreckten Zustand der Chromatiden – die im Pachytän vollzogene Paarung der homologen Partner durch Abbau des synaptonemalen Komplexes wieder gelöst (Abb. 44 D). Die homologen Paarungspartner werden durch einen ständig sich erweiternden

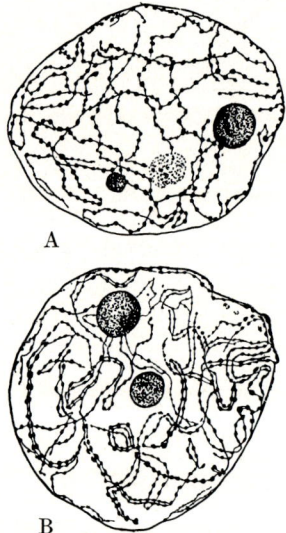

Abb. 46: Prophase der ersten Reifeteilung im Zellkern einer Pollenmutterzelle von *Trillium erectum*. A Leptotän. B Zygotän: Die Paarung der homologen Chromosomen und die paarweise Aneinanderlagerung gleichartiger Chromomeren ist bereits weit fortgeschritten. Die Doppelnatur der Paarlinge aus je zwei Chromatiden ist hingegen im Lichtmikroskop nicht erkennbar. (1500 ×, nach Huskins u. Smith.)

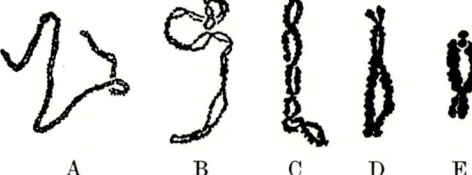

Abb. 47: *Anemone baicalensis*. Verminderung der Anzahl der Chiasmata (Terminalisation) vom Pachytän (A) bis zur Metaphase (E) der I. Reifeteilung. (ca. 1000 ×, nach Moffet.)

Reduktionsspalt wieder voneinander getrennt (Abb. 47 B bis E). Nur selten läßt sich in diesem Stadium unmittelbar beobachten, daß auch die beiden Schwesterchromatiden durch einen sog. Äquationsspalt geschieden sind. Dabei bleiben jedoch fast regelmäßig kurze Abschnitte des synaptonemalen Komplexes an bestimmten sog. Haftpunkten (Chiasmata) bestehen (Abb. 47 B, C).

Chiasmatypie-Hypothese. Nach der Chiasmatypie-Hypothese zerbrechen im Pachytän zwei homologe Chromatiden verschiedener Herkunft (die eine aus dem väterlichen, die andere aus dem mütterlichen Genom) an einander genau entsprechenden Stellen, um darauf unter Mitwirkung der Reparatur-DNA und Nucleotid-koppelnder Fermente kreuzweise wieder miteinander zu verwachsen (Abb. 48 C, D, E). Bei

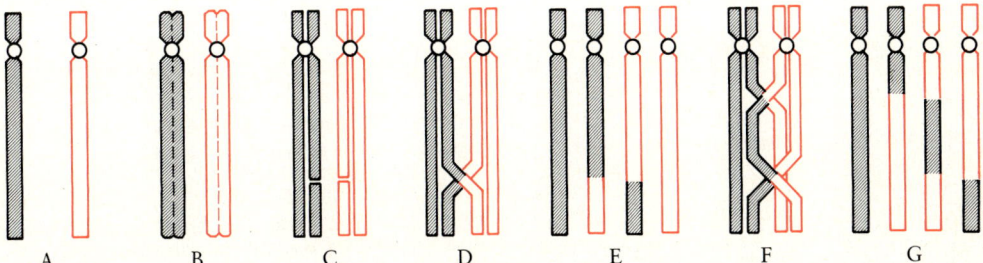

Abb. 48: Chiasma-Entstehung nach der Chiasmatypie-Hypothese. A und B Paarung der homologen Chromosomen. C Zerbrechen und D kreuzweise Neukombination zweier homologer Chromatidenabschnitte. E Folge ist für die Centromer-benachbarten Chromosomenabschnitte Präreduktion, für die entfernten Abschnitte jenseits des Chiasmas Postreduktion. F Doppel-Crossing-over mit Dreistrangaustausch, wobei der zweite Austausch zwischen einer Chromatide, die bereits am ersten Austausch beteiligt war, und einer bisher unbeteiligten Chromatide erfolgt. G Ergebnis. (Nach RIEGER u. MICHAELIS.)

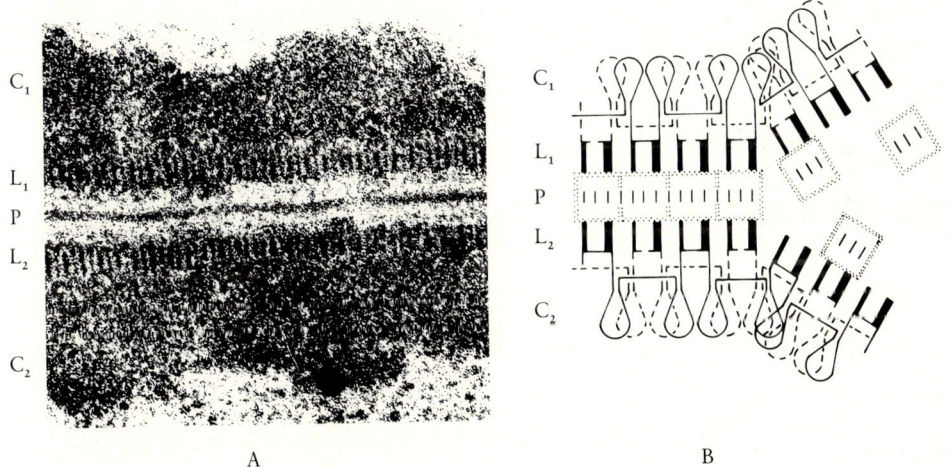

Abb. 49: Paarung der homologen Chromosomen während des Pachytäns der meiotischen Prophase bei dem Schlauchpilz *Neottiella rutilans*. A Synaptonemaler Komplex zwischen zwei homologen Chromosomen C_1 u. C_2 (jedes Chromosom besteht – was im Bilde nicht zu erkennen ist – in Wirklichkeit aus zwei hintereinander liegenden Schwesterchromatiden. Vgl. Abb. 45 oben r. u. l.). Auf beiden Seiten einer helleren «zentralen Region» (mit wiederum dunklem «Zentral-Element») je ein aus auffälligen helleren und dunklen Banden zusammengesetztes Lateral-Element L_1 und L_2, an dem die Chromatiden der Chromosomen C_1 und C_2 (im Photo nur als unregelmäßig strukturierte dunkle Massen erkennbar) befestigt sind. B Schematische Darstellung der gleichen Struktur nach der «Erkennungs-Gen-Hypothese»: Die zu Schlingen zusammengefalteten Elementarfibrillen der Schwesterchromatiden (C_1 und C_2; jeweils eine Chromatide ausgezogen, die andere gestrichelt gezeichnet) besitzen auf ihrer ganzen Länge in regelmäßigen Abständen eingeschobene «Erkennungsgene», welche die Ausbildung der «Lateral-Elemente» L_1 und L_2 codieren. Diese Lateral-Elemente ordnen sich in einem gleichbleibenden Abstand von ca. 1000 nm an und werden durch die Einfügung eines weiteren RNA-Proteins P vorübergehend starr zum «synaptonemalen Komplex» verbunden. (ca. 60000 ×, nach D. v. WETTSTEIN.)

der nachfolgenden Trennung (Segregation) der Chromosomen werden auf diese Weise zwei reziprok ungleich zusammengesetzte Tochterchromosomen auf die Tochterzellen verteilt. Ein genetischer Stückaustausch und die Bildung neuer Genkombinationen (Rekombination) der auf den betroffenen Chromosomen lokalisierten Erbinformation ist die Folge. Die Orte, an denen das aus genetischen Experimenten längst bekannte «Crossing-over» stattfindet, sind durch die erwähnten Haftpunkte oder Chiasmata gekennzeichnet.

Es findet im Verlauf der Meiose also nicht nur eine Umordnung und Neukombination der auf die Tochterzellen entfallenden ganzen Chromosomen statt (Abb. 45A), sondern in der Regel auch ein Umbau dieser Chromosomen selbst (Abb. 45B). Die Chiasmata im Diplotän sind der morphologische Beweis für diese im Vererbungsexperiment vielfach belegte Tatsache des Crossing-over mit reziproker Rekombination von in homologen Chromosomen lokalisierten Erbfaktoren. Die Chiasmatypie-Hypothese ist heute weitgehend anerkannt; sie kann aber nicht alle Vererbungserscheinungen restlos erklären.

Diakinese. Im letzten Stadium vor der Auflösung der Kernhülle (Kerneröffnung), der Diakinese, beginnen sich die maximal gestreckten, euchromatischen Abschnitte der Bivalenten erneut – jedoch mit viel weiteren und lockereren Windungen als in der Mitose – schraubig zu kontrahieren und sich dabei noch weit stärker als in dieser (bis auf $^1/_6$ bis $^1/_{10}$ zu verkürzen (Abb. 44E; 47E). Sie verteilen sich in dieser Zeit vorübergehend ziemlich gleichmäßig an der Kernwand, wobei nicht selten zu beobachten ist, daß sie infolge von Überkreuzungen bei der Paarung im Zygotän ineinander eingehängt sind, was jedoch für den weiteren Ablauf der Meiose ohne Bedeutung ist. Mit der Diakinese ist die Prophase der Meiosis abgeschlossen.

β) **Metaphase und Anaphase der I. Reifeteilung.** In der Metaphase ordnen sich die Bivalenten – wie in der Mitose die Univalenten – zur äquatorialen Kernplatte (Abb. 44F), ein zartes Calymma wird ausgebildet, Kernwand und Nucleolen verschwinden, und die Kernspindel wird sichtbar.

Im Verlauf der Anaphase trennen sich die Partner der Bivalenten – also ganze Chromosomen – voneinander (Abb. 44G), wobei sich nicht selten die Chiasmata zuvor gegen die Chromosomenenden verschieben («terminalisiert» werden; Abb. 47, D, E), ehe sie sich endgültig voneinander lösen. Während die auf solche Weise wieder selbständig gewordenen homologen Chromosomen zu den beiden entgegengesetzten Spindelpolen wandern, sind ihre beiden Chromatiden bereits bis auf die Spindelansatzstellen voneinander getrennt.

γ) **Telophase, Interkinese und II. Reifeteilung.** Die an die Zellpole verlagerten Chromosomen bestehen somit nach Ablauf der ersten Reifeteilung je

weils aus zwei bereits fast ganz voneinander getrennten Chromatiden; sie entsprechen also keineswegs telophasischen, sondern vielmehr prophasischen Chromosomen einer gewöhnlichen Mitose. Die beiden Tochterkerne besitzen nicht die Fähigkeit, in einen normalen Interphasekern überzugehen. Zwar strecken sich die Chromatiden ein wenig, und es wird in der Regel auch eine zarte Kernhülle ausgebildet (Abb. 44I), aber das Stadium der Interkinese währt nur kurze Zeit, und schon wird – durch die abermalige schraubige Kontraktion der Chromatiden und Spindelbildung – die zweite Reifeteilung eingeleitet, die nunmehr – wie eine normale Mitose – die bereits weitgehend voneinander gelösten Spalthälften völlig voneinander trennt, womit die endgültige Aufteilung der vier Chromatiden der Bivalente des Pachytäns der Prophase auf die vier Gonen bzw. Meiosporen vollzogen ist (Abb. 44K, L, M).

Werden die Zellwände zwischen den Meiosporen erst ausgebildet, nachdem beide Reifeteilungen abgelaufen sind – die Mutterzelle mithin vierkernig ist –, so heißt die Meiosporenbildung simultan; folgt – wie das häufiger geschieht – auf jede Kernteilung sofort auch die Zellteilung, so erfolgt die Meiosporenbildung sukzedan.

δ) **Präreduktion, Postreduktion, gemischte Reduktion.** Die Chromatidentetraden des Pachytäns bestehen aufgrund der voraufgegangenen Chromosomenpaarung aus vier nur äußerlich gleichwertigen Chromatiden; tatsächlich entstammen zwei von ihnen dem väterlichen, die beiden anderen hingegen dem mütterlichen Chromosom. Mit Sicherheit muß eine der beiden Reifeteilungen die homologen Chromosomen oder Chromosomenabschnitte, die im Zygotän gepaart worden waren, wieder voneinander trennen.

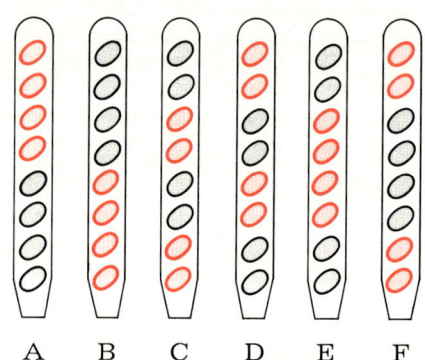

A	B	C	D	E	F

Abb. 50: Schematische Darstellung der Faktorenaufspaltung bei der Meiosporenbildung des Ascomyceten *Neurospora sitophila*. A und B Präreduktion. C bis F Anordnungsmöglichkeiten der – je nach der Ausstattung mit mütterlichem (rot) oder väterlichem Erbgut – verschiedenen Ascosporen bei Postreduktion (nach Dodge). Im gleichen Versuch konnte für ein anderes Faktorenpaar die unabhängige Aufspaltung nachgewiesen werden (gemischte Reduktion).

Für diejenigen Abschnitte, die dem Bewegungszentrum oder Kinetochor (Centromer) benachbart sind, erfolgt diese «Reduktion» oder Trennung der homologen Partner in der Regel bereits in der ersten Reifeteilung, weil die Spindelfasern an den noch ungeteilten Centromeren der beiden homologen Partner ansetzen und infolgedessen jeweils beide zusammengehörigen Schwester-Chromatiden nach sich ziehen (Präreduktion). In den dem Bewegungszentrum ferneren Chromosomenabschnitten hingegen kann es durch Chromatidenbruch und Segmentaustausch dazu kommen, daß bei der ersten Reifeteilung je ein homologer Chromatidenabschnitt aus dem ursprünglich väterlichen Genom mit einem solchen aus dem ursprünglich mütterlichen Genom vereint bleibt (Abb. 48 C, D, E), so daß in diesen Fällen erst die zweite Reifeteilung die «Reduktion» der ursprünglich aus dem väterlichen bzw. mütterlichen Genom übernommenen Anlagen mit sich bringt (Postreduktion). Derartige Fälle sind erstmalig in der Pilzgenetik beobachtet worden (Abb. 50). Später hat es sich herausgestellt, daß die Postreduktion einzelner Chromosomenabschnitte weit verbreitet ist (gemischte Reduktion).

Der Umstand, daß durch Stückaustausch eines Chromatids mit einem Chromatid des homologen Chromosoms die beiden Chromatiden eines Chromosoms nicht mehr identisch zu sein brauchen, macht es notwendig, daß jede Meiose aus (mindestens) zwei aufeinanderfolgenden Teilungen besteht. Nur dadurch wird gewährleistet, daß bei nachfolgenden mitotischen Teilungen die Tochterchromosomen identisch sind (Abb. 45 B). Bestünde die Meiose nur in einer Reduktion der Chromosomenzahl ohne Rekombination, so würde eine einzige Teilung (die Trennung der homologen Chromosomen) genügen (Abb. 45 A).

Bei gewissen Schlauchpilzen (*Ascomycetes*) ist die Verteilung einer bestimmten Erbanlage auf die Gonen unmittelbar an der Farbe der Meiosporen erkennbar. Abweichend von der normalen Meiose wird in der Regel jeder Gonenkern bei der Ascosporenbildung nochmals mitotisch geteilt, so daß insgesamt 8 Polymeiosporen (vgl. S. 213) aus der Meiose

hervorgehen, die in ihrem Sporangium, dem schlauchförmigen Ascus, gereiht hintereinanderliegen. An der Reihenfolge der aufgrund väterlicher bzw. mütterlicher Erbanlagen verschieden gefärbten Meiosporen läßt sich in solchen Fällen unmittelbar ablesen, welche der beiden meiotischen Teilungen die Reduktion gebracht hat und welche eine reine Äquationsteilung gewesen ist (Abb. 50).

Durch die mehr oder weniger zufällige Kombination der verschiedenen geschilderten Möglichkeiten der Verteilung der Chromatiden und Chromatidenabschnitte auf die haploiden Gonen ergibt sich eine sehr gründliche Durchmischung und Neukombination des gesamten vom Vater und von der Mutter überkommenen Erbgutes und die Ausbildung von Gonentetraden (bzw. Meiosporen), die in allen vier Kernen ein verschiedenes Erbgut aufweisen können (Abb. 45 B, 48).

g) **Kernphasenwechsel.** Der zeitliche und räumliche Abstand zwischen Befruchtung (Karyogamie) und Meiose hat sich im Laufe der stammesgeschichtlichen Höherentwicklung verschoben. Im einfachsten, bei zahlreichen Einzellern und primitiven Algen verwirklichten Fall findet die Meiose bereits bei der ersten Teilung des Zygotenkerns statt (zygotischer Kernphasenwechsel): Bis auf die Zygote selbst sind in diesem Fall alle Entwicklungsstadien haploid (reine Haplonten, Abb. 51 links). Bei vielen höher entwickelten Algen und Pilzen sowie in etwas abgewandelter Form auch bei sämtlichen Höheren Pflanzen wächst jedoch die diploide Zygote zunächst zu einer vielzelligen diploiden Pflanze heran: dem Sporophyten. Erst auf diesem finden – nach einer reichlichen Ausbildung diploider Sporenmutterzellen – Reduktionsteilungen in großer Zahl statt, so daß aufgrund einer einzigen Kernverschmelzung nicht nur vier Gonen bzw. Meiosporen, sondern ein Vielfaches davon ausgebildet werden. Im Laufe einer einzigen Ontogenese (Entwicklungsabschnitt zwischen zwei gleichwertigen Punkten des gesamten Lebenscyclus einer Art, vgl. S. 7) wechseln also in diesem Fall zwei unabhängige, durch ihre Kernphase unterschiedene Ontogenie-Abschnitte oder «Generationen» miteinander ab, deren jede

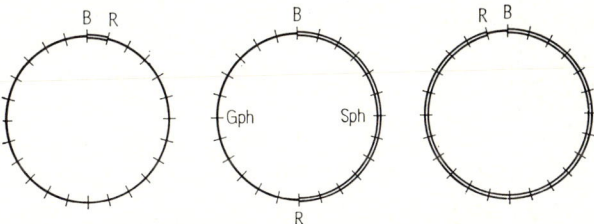

Abb. 51: Schematische Darstellung der drei Möglichkeiten des Wechsels zwischen Haplophase (einfache Kreislinie, im Uhrzeigersinn zu lesen) und Diplophase (doppelte Kreislinie). B Befruchtung. R Reifeteilung. Gph Gametophyt, Sph Sporophyt. Links zygotischer Kernphasenwechsel (nur die Zygote ist diploid: reiner Haplont), Mitte intermediärer Kernphasenwechsel (heterophasischer Generationswechsel: Diplo-Haplont), rechts gametischer Kernphasenwechsel (nur die Gameten sind haploid: reiner Diplont.)

mit einer anderen Art von Keimzellen abschließt bzw. beginnt. Mitosen laufen hier also sowohl in der Diplo- als auch in der Haplophase ab = Diplohaplonten, antithetischer oder heterophasischer Generationswechsel (Abb. 51 Mitte). Diese Art des Kernphasenwechsels wird als intermediär bezeichnet. (Da die auf dem diploiden Sporophyten gebildeten Meiosporen bereits wieder der haploiden Kernphase angehören, dürfen die Begriffe Generationswechsel und Kernphasenwechsel jedoch nicht absolut identifiziert werden.) Schließlich kann die Reduktionsteilung auch hinausgeschoben werden bis zur Ausbildung der haploiden Gameten selbst. In diesem im Pflanzenreich seltenen Falle gibt es also außer den Gameten überhaupt keine haploiden Stadien mehr (reine Diplonten). Dieser Kernphasenwechsel wird als gametisch bezeichnet (Abb. 51 rechts; z.B. Diatomeen, *Codium, Fucus*).

Während beim zygotischen Kernphasenwechsel nach jeder Befruchtung nur eine einmalige Gelegenheit zu Neukombinationen der durch den Sexualakt vereinigten Erbanlagen besteht, können beim intermediären und beim gametischen Kernphasenwechsel aufgrund einer einzigen Befruchtung zahlreiche verschiedene Neukombinationen verwirklicht werden. Im Verlauf der Stammesgeschichte läßt sich bei den Pflanzen eine deutliche Tendenz zur Ausweitung der diploiden Entwicklungsphase verfolgen, während umgekehrt das haploide Stadium eine immer stärkere Einschränkung erfährt.

h) Der Arbeitskern. Die Arbeitskerne ausdifferenzierter und nicht mehr teilungsaktiver Gewebe sind vielfach durch besondere morphologische Eigentümlichkeiten ausgezeichnet, durch die sie sich von den noch teilungsaktiven Interphasekernen merklich unterscheiden.

Gelegentlich sind sie durch Endomitosen polyploid und infolgedessen erheblich größer als die Kerne der embryonalen Zellen. (Vgl. S. 53 und Riesenchromosomen, S. 48 f.) Der Polyploidiegrad kann in einigen Fällen aus der Anzahl der Chromocentren annäherungsweise erschlossen werden; in anderen Fällen ist es gelungen, Arbeitskerne durch geeignete experimentelle Maßnahmen (Verwundung) zu erneuten Mitosen anzuregen und auf diese Weise ihren Polyploidiegrad zu ermitteln. Auf die polytänen (= vielsträngigen) Riesenchromosomen endopolyploider Zellen wurde bereits hingewiesen (Abb. 34).

Während im Laufe der Mitosecyclen in erster Linie die identische Verdoppelung der Chromonemen stattfindet, erfolgt im Arbeitskern die Produktion von RNA und anderen Stoffen, die in das Cytoplasma abgegeben werden und von hier aus in den Gesamtstoffumsatz des Organismus eingreifen. (Vgl. die vom Kern ausgehenden formbildenden Wirkungen S. 42 und 381.) Arbeitskerne zeichnen sich nicht selten durch besonders große Nucleolen aus. Bei *Acetabu-*

laria erreicht der Arbeitskern das mehr als 1000fache Volumen des Zygotenkerns, was vor allem auf ein enormes Wachstum des Nucleolus zurückzuführen ist.

3. Teilung des Protoplasten. In der Regel tritt im Anschluß an eine Kernteilung auch eine Teilung des gesamten Protoplasten ein, wobei die einzelnen in der voraufgegangenen Wachstumsphase reproduzierten Zellbestandteile auf die beiden Tochterzellen verteilt werden.

Die Plasmateilung der nackten Flagellaten-Zellen beginnt mit der Ausbildung einer Furche, die sich allmählich von außen nach innen vertieft und schließlich die Zelle in zwei Teile durchschnürt (Abb. 636, S. 602). Diese wohl ursprünglichste Teilungsart wird als Furchungsteilung (Schizotomie) bezeichnet.

Bei den mit Cellulosewänden versehenen Flagellaten und anderen einzelligen Algen wird zunächst der nackte Protoplast, der sich zu diesem Zweck von der Wand ablöst, entsprechend der Anzahl der voraufgegangenen Kernteilungen durch Furchung in zwei oder mehrere nackte, einkernige Zellen zerlegt, die sich erst dann – zumeist gleichzeitig (simultan) – mit je einer neuen Zellwand umgeben (Schizogonie) (Abb. 612B). Bei manchen einzelligen Algen (Dinoflagellaten, Diatomeen, Desmidiaceen) erhält jede der nur in Zweizahl gebildeten Tochterzellen je eine Hälfte der Elternzellwand und ergänzt alsdann die fehlende Hälfte (Abb. 608D, 630J, K).

In den langgestreckten Zellen vieler fadenförmiger Algen entstehen die neuen Zellwände zentripetal, indem sich eine an der Innenseite der Wand ansetzende ringförmige Verdickungsleiste allmählich irisblendenartig gegen die Zellmitte vorschiebt und den Protoplasten auf diese Weise schließlich durchschnürt (z.B. *Anabaena* Abb. 89B, *Spirogyra, Cladophora*).

Bei den meisten höher organisierten Pflanzen erfolgt die Ausbildung der Trennwand jedoch umgekehrt zentrifugal. Während sich die Tochterkerne bilden, werden zwischen ihnen etwa von der späten Anaphase ab neue Strukturen sichtbar (Abb. 38, G, H, I). Senkrecht zur Teilungsebene ausgerichtete Mikrotubuli bilden einen tonnenförmigen Körper: den Phragmoplast (Abb. 38, H u. I). In dessen Äquator sammeln sich alsdann zahlreiche Golgi-Vesikeln (Abb. 27B, S. 39), welche die aus sauren Polysacchariden bestehende Grundsubstanz der Primordialwand enthalten und durch Zusammenfließen die optisch isotrope, cellulosefreie Mittellamelle bilden. Aus den Vesikelmembranen entstehen auf beiden Seiten neue Plasmamembranen. Lokale Plasmaverbindungen – die Plasmodesmen – bleiben ausgespart. Die Wandbildung schreitet dabei zentrifugal, von der Zellmitte allseits nach der Peripherie hin, fort (Abb. 52 A bis C). Wenn sich lange schmale Zellen (z. B. des Cambiums) längsteilen, können sie auf diese Weise in ihrer Mitte bereits vollständig durchgeteilt sein, während ihre Protoplasten an den beiden Enden zunächst noch ungeteilt sind (Abb. 52 C).

Bei manchen Algen (*Chlamydomonas*, *Oedogonium*) sind die Mikrotubuli zwischen den Tochterkernen nicht longitudinal sondern transversal orientiert (sog. Phycoplast. Vgl. auch Abb. 39 B: Vorbereitung (!) der Mitose); die Mikrotubuli bereiten solcherart die Furchungsteilung vor. Indem sie zwischen die Tochterkerne eindringen, wird das Septum gebildet.

Abarten der typischen Zellteilung. Freie Kernteilungen, die zunächst von keiner Zellteilung begleitet sind, kommen bei den polyenergiden Thallophyten vor (vgl. S. 15). Bei den Höheren Pflanzen finden sie sich nur in einigen spezialisierten Zelltypen (Sclerenchymfasern, Milchsaftschläuchen) sowie in den Embryosäcken vieler Angiospermen. Im Anschluß an die doppelte Befruchtung (S. 823) entstehen dort durch zahlreiche Teilungen des triploiden sekundären Embryosackkerns nicht selten Tausende von Kernen,

die sich in etwa gleichen Abständen im plasmatischen Wandbelag des Embryosacks verteilen. Hört dessen Wachstum schließlich auf, so teilt sich das Cytoplasma unter Phragmoplastenbildung simultan oder von der Basis zur Spitze sukzedan fortschreitend in ebenso viele Zellen, wie vorher Kerne ausgebildet worden sind (Abb. 53). In ähnlicher Weise entstehen auch die Fortpflanzungszellen vieler Algen (vgl. z. B. Abb. 659 C, D, S. 615) und Pilze (Abb. 681 C, S. 640) durch simultane Vielzellbildung.

Bei der freien Zellbildung – wie sie z. B. bei der Ascosporenbildung der Ascomyceten (Abb. 703, S. 654) auftritt – werden die aus einer freien Kernteilung hervorgehenden Tochterkerne zu frei im Plasma des Sporangiums liegenden umhäuteten Zellen umgewandelt, die sich nicht zu berühren brauchen und auch nur einen Teil des Plasmas der Mutterzelle in sich aufnehmen.

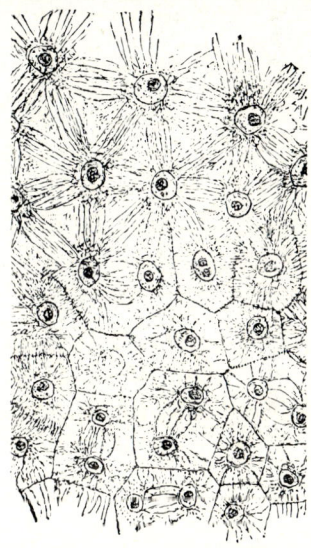

Abb. 53: Stück aus dem protoplasmatischen polyenergiden Wandbelag eines Embryosacks von *Reseda* mit nach oben fortschreitender sukzedaner Zellwandbildung. (ca. 240 ×, nach STRASBURGER.)

Abb. 52: Schematische Darstellung der zentrifugalen Wandbildung mit Hilfe eines Phragmoplasten in einer Cambiumzelle (vgl. hierzu Abb. 179 bis 182). A Telophase der Kernteilung und Ausbildung des Phragmoplasten. B und C Der Phragmoplast dehnt sich allseitig zentrifugal aus und bildet eine etwa kreisrunde scheibenförmige, frei im Plasma schwebende Trennwand. C Der Phragmoplast hat die Seitenwände der prosenchymatisch gestreckten Zelle erreicht, jedoch noch nicht die beiden Zellenden; sie sind noch ungeteilt. (A₁, B₁, C₁ von der Seite; A₂, B₂, C₂ von der Fläche gesehen, nach BAILEY.)

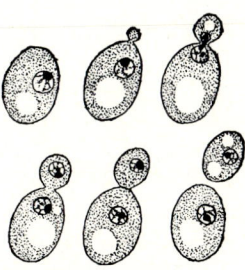

Abb. 54: *Saccharomyces cerevisiae*. Zellsprossung. (100 ×, nach GUILLIERMOND veränd.)

Eine weitere Abart von der typischen Zellteilung ist die bei den Hefen verbreitete Z e l l s p r o s s u n g. Die Mutterzelle wird in diesem Falle nicht halbiert; sie treibt vielmehr bereits vor der Kernteilung einen Auswuchs, der nach der Einwanderung des sehr kleinen Tochterkerns durch eine Trennwand vollends abgeschnürt wird (Abb. 54). Auf ähnliche Weise entstehen auch die als C o n i d i e n (= Exo-Mitosporen) bezeichneten Fortpflanzungszellen zahlreicher anderer Pilze (vgl. z.B. Abb. 692 C, S. 647).

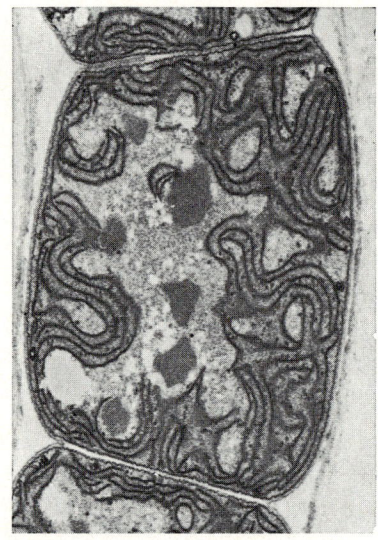

Abb. 55: Eine Zelle der Blaualge *Nostoc muscorum* – «Chromatoplasma» mit zahlreichen Thylakoidmembranen, jedoch ohne Abgrenzung gegen das DNA-haltige «Centroplasma». (18000 ×, nach MENKE.)

B. Plastiden

T y p i s c h p f l a n z l i c h e Z e l l o r g a n e l l e n, die lediglich bei den prokaryotischen Bakterien und Cyanophyceen sowie bei den heterotrophen Pilzen fehlen, s i n d d i e P l a s t i d e n (Einzahl: die P l a s t i d e). Es handelt sich um lipidreiche, durch z w e i strukturell verschiedene Membranen vom Cytoplasma abgegrenzte Reaktionsräume, die häufig durch fettlösliche Farbstoffe (L i p o c h r o m e) auffällig gefärbt sind und als Organellen des aufbauenden Stoffwechsels der photosynthetischen Kohlenstoffassimilation und bzw. oder der Stärkekondensation dienen.

Alle Plastiden, die in ihrer Jugendform – als sog. P r o p l a s t i d e n – bis zu 3% ihres Trockengewichtes und im voll ausgebildeten Zustand immer noch bis zu 1% ptDNA (10^{-15} bis 10^{-14} g pro Plastide) enthalten, vermehren sich durch Zweiteilung.

Ähnlich dem Genophor der Bakterien, liegt die ptDNA stets in Form eines z i r k u l ä r e n R i e s e n-m o l e k ü l s mit 120000 bis 200000 Basenpaaren vor (Abb. 57).

Die noch relativ kleinen, amöboid beweglichen Proplastiden meristematischer (jugendlicher) Zellen (Abb. 5P; 6P; 59A) wachsen mit diesen auf ein Vielfaches ihrer Ausgangsgröße heran und können durch Einfaltung der inneren Membran (Abb. 59B, C) erhebliche innere Oberfläche gewinnen (Abb. 59D, E), auf der die Photosynthese-Pigmente in geordneter Weise Platz finden. Bei Aufzucht im Dunkeln entwickeln sich die Protoplastiden zu sog. E t i o p l a s t e n mit einem semikristallinen, aus Membranmaterial gebildeten Prolamellarkörper (Abb. 58). Bei Belichtung werden diese Etioplasten in Chloroplasten um-

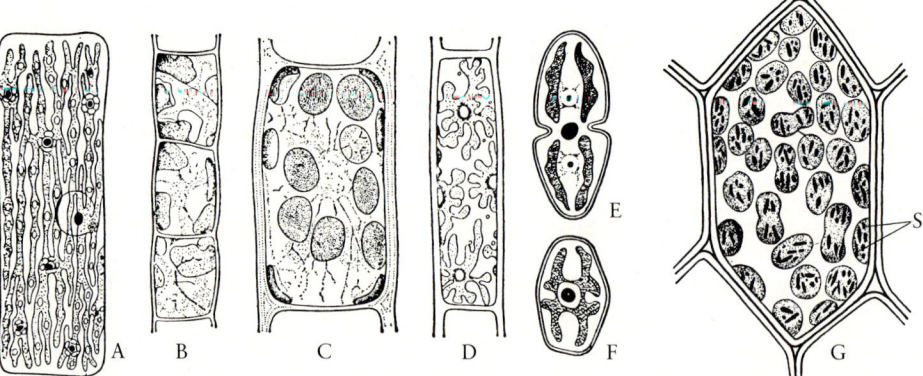

Abb. 56: Chromatophoren-Typen verschiedener Algen (A bis F) und eines Mooses (G). A netzförmiger Chloroplast von *Oedogonium* mit (im Bild schwarzen) Pyrenoiden; B *Leptonema fasciculatum;* C *Pylaiella varia;* D *Rhodochorton floridulum;* E, F *Euastrum dubium* (E Seitenansicht, F Querschnitt); G *Funaria hygrometrica* (mit Assimilationsstärke S und Teilungsstadien).

gewandelt. Alternde oder geschädigte Plastiden enthalten oft kugelige Lipidtropfen: die sog. Plastoglobuli.

Bei der geschlechtlichen Fortpflanzung werden die Proplastiden in den Geschlechtszellen von Generation zu Generation weitergereicht. Da sie wegen der Plasmaarmut der männlichen Geschlechtzellen häufig nur in den plasmareichen Eiern enthalten sind, können gewisse an die Plastiden gebundene Farbstoffmutationen in solchen Fällen rein mütterlich vererbt werden (Plastidenvererbung; vgl. S. 510). Die Plastiden enthalten dementsprechend eine spezifische Plastiden-DNA (ptDNA), die sich von der DNA des Zellkerns im Basenverhältnis und in der Dichte unterscheidet. Sie ist doppelsträngig und wird durch eine plastiden-spezifische ptDNA-Polymerase repliziert und durch eine plastiden-spezifische ptRNA-Polymerase transkribiert. Allerdings ist nur ein Teil der für die Synthese der Plastidenproteine erforderlichen Information in der um 40 nm langen ptDNA enthalten; ein anderer Teil wird von der Zellkern-DNA codiert (vgl. S. 294).

Die Ribosomen in der Plastidenmatrix sind kleiner (70-S-Typ) als die im Cytoplasma (80-S-Typ) und entsprechen somit substantiell jenen der Prokaryoten. Wie diese sind sie empfindlich gegen die Antibiotica Chloramphenicol und Lincomycin, die gegenüber 80-S-Ribosomen unwirksam sind.

Bei den photosynthetisch aktiven Bakterien (Abb. 596, S. 554) und bei den blaugrünen kernlosen Cyanophyceen sind die Photosynthese-Pigmente noch nicht an besondere Organellen gebunden, sondern in einem peripherisch lokalisierten Chromatoplasma lokalisiert, dessen Feinstruktur jedoch bereits einen ähnlichen thylakoidartigen Bau erkennen läßt, wie er sonst nur den Chromatophoren eigen ist (Abb. 55, 602, S. 566).

Bei den höher organisierten Algen weist die Gestalt der Chromatophoren eine große Mannigfaltigkeit auf. Neben großen Platten (*Mougeotia*, Abb. 633 A, B, S. 597) und schraubig aufgewundenen Bändern (*Spirogyra*, Abb. 631 A, S. 596) kommen netzförmige (*Oedogonium*, Abb. 56 A), im Querschnitt sternförmige (*Euastrum* u. a. *Desmidiaceae*, Abb. 56 E, F), becherförmige (*Volvocales*, Abb. 612 A, S. 581) und unregelmäßig gelappte Formen (*Rhodochorton*, Abb. 56 D) vor. Im Laufe der Stammesgeschichte hat sich schließlich bei den höchstentwickelten Algen und

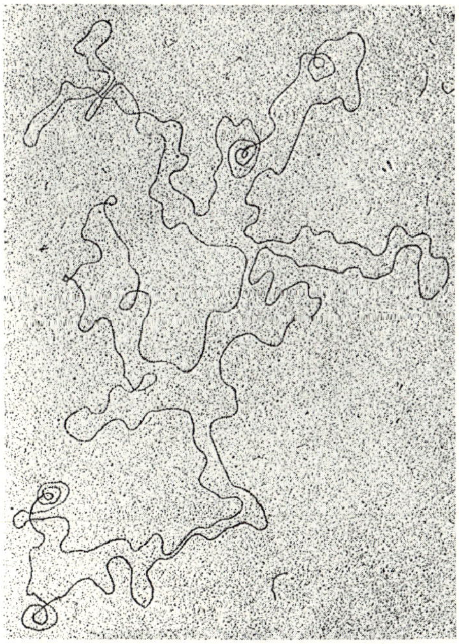

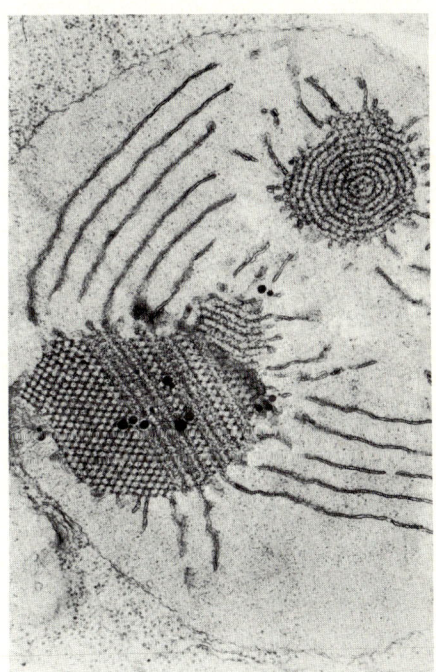

Abb. 58: *Avena sativa.* Etioplast aus 7 Tage im Dunkeln aufgezogenen Keimpflanzen. Zwei parakristalline Prolamellarkörper sind in verschiedenen Schnittrichtungen getroffen. Sie sind an ihrer Oberfläche zu anfänglich schmalen Primärthylakoiden ausgewachsen, die bei Belichtung mit kurzwelligem Blaulicht in die komplexen Stroma- und Grana-Thylakoide des ergrünten Chloroplasten übergehen (ca. 40000 ×, nach einer Originalaufnahme von C. Lütz).

Abb. 57: Ringförmiges doppelsträngiges Plastiden-DNA-Molekül aus dem Chloroplast von *Nicotiana tabacum* (auf wässeriger Hypophase gespreitet und mit Platin kontrastiert). Länge etwa 120000 bis 200000 Basenpaare. (Etwa 40000 ×, nach Seyer, Kowallik und Hermann.)

den Landpflanzen mit erstaunlicher Einheitlichkeit der linsenförmig gestaltete Chloroplast von etwa 4 bis 8 μm Durchmesser durchgesetzt (Abb. 56C, G). Alle Chloroplasten sind zu lichtabhängigen Volumen- und Gestaltänderungen (Kontraktion im Dunkeln) befähigt.

Die ausgewachsenen Plastiden der Dauer- zellen treten in dreierlei Typen auf: 1. als pho- tosynthetisch aktive Chromatophoren (grüne Chloroplasten, braune Phaeoplasten, rote Rhodoplasten), 2. als photosynthetisch in- aktive Chromatophoren (rote und gelbe Chro- moplasten), 3. als photosynthetisch inaktive, farblose Leukoplasten.

1. Photosynthetisch aktive Chromatophoren. Das wichtigste, bei der Photosynthese wirksame pflanzliche Pigment, das grüne Chlorophyll, findet sich in aus der inneren Membran her-

vorgehenden Lipoidschichten in eine farblose Grundsubstanz – das Stroma – eingebettet in allen photosynthetisch aktiven Chromatopho- ren. Es kann jedoch unter Umständen durch anders gefärbte Begleitfarbstoffe derart überdeckt sein, daß die Chromatophoren nicht mehr grün, sondern braun oder rot erscheinen. Die durch einen hohen Chlorophyllgehalt grün gefärbten Plastiden werden Chloroplasten genannt. In den Phaeoplasten der Braun- algen *(Phaeophyceae)* ist das Chlorophyll durch braune Carotinoide (Fucoxanthin u. a.) über- deckt, in den Rhodoplasten der Rotalgen *(Rhodophyceae)* finden sich neben rötlichen Carotinoiden rotes Phycoerythrin und blaues Phycocyan, die den Gallenfarbstoffen nahe- stehen.

Das wasserunlösliche, stark lipophile Chlo-

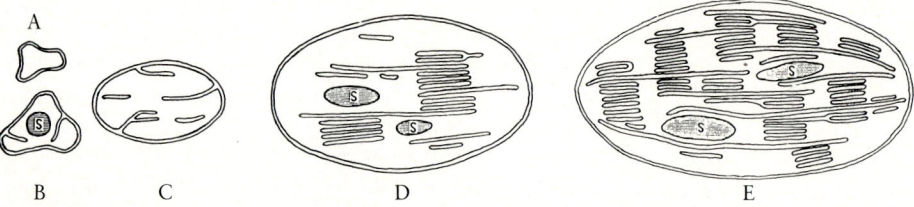

Abb. 59 A bis E: Chloroplastenentwicklung vom Proplastiden (A) über Zwischenstufen mit einwachsenden Stroma-Thylakoiden, die sich schließlich ablösen (B und C), zum ausgewachsenen, ergrünten Chloroplasten (D, E) mit Stärkeeinschlüssen S (ca. 8000 ×, nach Frey-Wyssling u. Mühlethaler).

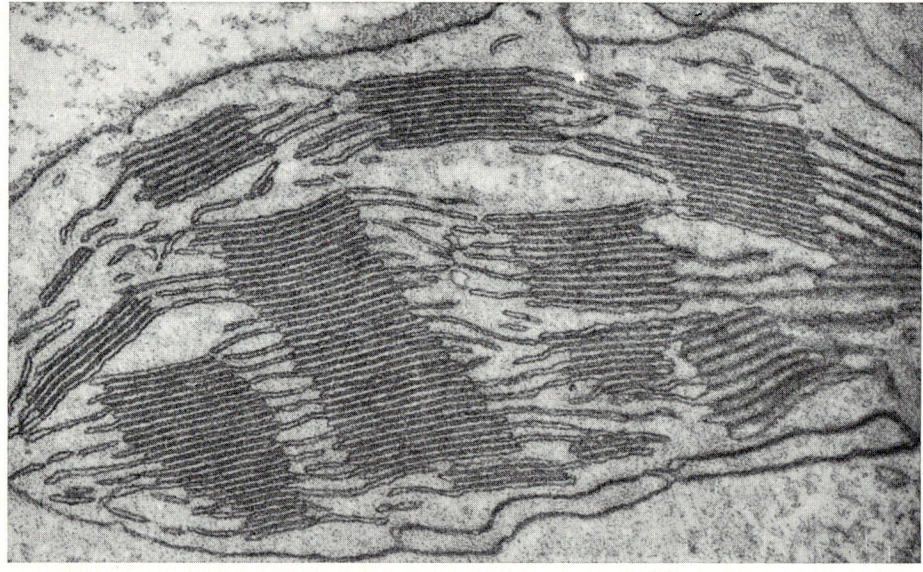

Abb. 59 F: Teil eines medianen Profilschnittes durch einen ausgewachsenen Chloroplasten von *Antirrhinum majus.* Hohe Thylakoidstapel im strukturarmen Plastidenstroma vermitteln in der Aufsicht das Bild der «Grana-Struktur». (ca. 40000 ×, nach Menke.)

rophyll tritt bei den meisten Höheren Pflanzen in zwei chemisch nahe miteinander verwandten Formen auf: als blaugrünes Chlorophyll a und als gelbgrünes Chlorophyll b. Ihre Mengen verhalten sich bei den höheren Pflanzen etwa wie 3 : 1. Neuerdings hat man bei den Algen noch eine Reihe weiterer, chemisch nahe verwandter Chlorophylle isoliert und unterschieden: Chorophyll c findet sich bei Braunalgen, Dinoflagellaten und Diatomeen; Chlorophyll d bei den Rotalgen.

Die Chlorophylle sind mit dem roten Blutfarbstoff der Tiere verwandt. Sie enthalten einen Porphyrinkern aus vier Pyrrolringen, in dessen Zentrum sich jedoch – an Stelle des Eisenatoms beim Häm – ein Magnesiumatom befindet (Abb. 261, S. 233). Der Mg-haltige Porphyrinkern ist hydrophil, der an CH_3-Gruppen reiche Phytol-Schweif hingegen hydrophob und lipophil.

Stets kommen in den Chloroplasten neben den grünen Chlorophyllen in meist geringerer Menge auch noch orangerote und gelbe fettlösliche Carotinoide vor; das sind ungesättigte Kohlenwasserstoffe, die ihrer chemischen Struktur nach als Tetraterpene gekennzeichnet werden können. Man unterscheidet die meist roten oder orangefarbenen, sauerstoff-freien Carotine, denen meist die Summenformel $C_{40}H_{60}$ zukommt (Abb. 264, S. 235), von den meist gelblichen bis bräunlichen, sauerstoffhaltigen Xanthophyllen, denen das in Laubblättern verbreitete gelbe Lutein mit der Summenformel $C_{40}H_{56}O_2$ zugehört (Abb. 264).

Chlorophylle und Carotinoide sind wasserunlöslich. Sie lassen sich jedoch leicht mit wässerigem 80 % Aceton oder heißem 80–90 % Alkohol aus den grünen Pflanzenteilen ausziehen. Ihre Menge beträgt 0,5 bis höchstens 1 % der Trockensubstanz (8–10 % der Trockensubstanz der Chloroplasten).

Schon mit dem Lichtmikroskop läßt sich bei vielen Chloroplasten von Blütenpflanzen erkennen, daß die Assimilationsfarbstoffe in ihnen nicht gleichmäßig diffus verteilt sind, sondern daß sie in Form zahlreicher winziger, rundlicher Grana von 0,3 bis 0,5 µm Durchmesser in das m.o.w. farblos erscheinende Plastiden-Stroma eingebettet sind.

Näheren Aufschluß über die Plastidenfeinstruktur vermittelt das Elektronenmikroskop. Mit seiner Hilfe läßt sich erkennen, daß schon die Proplastiden in den embryonalen Zellen von zwei Membranen umgeben sind. Während des Heranwachsens zum funktionsfähigen Chloroplasten bildet die innere dieser beiden Hüll-

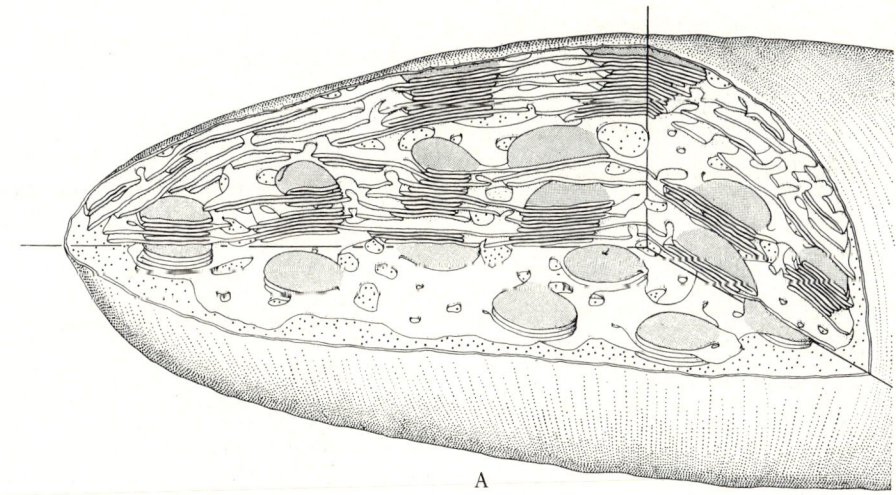

A

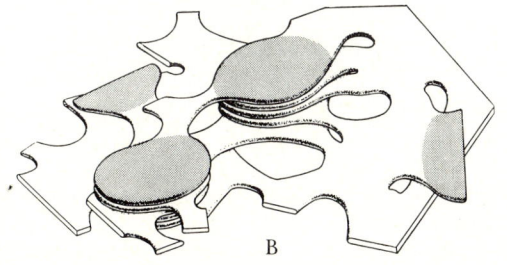

B

Abb. 60: A Modell eines ausgewachsenen, aufgeschnittenen Chloroplasten einer Höheren Pflanze mit zahlreichen, durch lokale Überschiebungen der Stroma-Thylakoide gebildeten Grana-Thylakoid-Stapeln. B Ausschnitt aus A. (A ca. 20 000 ×, B. ca. 40 000 ×, nach Originalentwürfen von WEHRMEYER.)

membranen durch lokale Einfaltungen hier und dort zungenförmige Vorwölbungen aus (Abb. 59 B, C), die sich beim weiteren Vordringen in das Plastiden-Stroma flächig ausbreiten und dabei durch Knickung, gabelige Aufspaltungen und Überlappung in mehreren übereinanderliegenden Ebenen sowie durch sekundäre Verschmelzungen (Anastomosen) schließlich ein vielschichtiges und vielfach in sich zusammenhängendes Hohlraumsystem bilden (Abb. 60 A, B), das im Querschnitt aus zahlreichen einzelnen, in sich geschlossenen Säckchen, den sog. Thylakoiden, zu bestehen scheint (Abb. 59, 60).

Die Plastiden von im Dunkeln aufgezogenen Pflanzen (Etioplasten) enthalten an Stelle des Thylakoidsystems zunächst einen kristallähnlich geordneten Prolamellarkörper, aus dem bei Belichtung gleichfalls ein typisches Thylakoidsystem hervorgeht (Abb. 58).

Bei den stammesgeschichtlich altertümlichsten Chloroplasten vieler Flagellaten und Braunalgen ist der gesamte Chromatophor m. o. w. gleichförmig von Thylakoid-Doppelmembranen durchzogen, die etwa zur Hälfte aus Proteinen, zur anderen Hälfte aus Lipoiden bestehen. Bei den Höheren Pflanzen findet man diese Thylakoide im Längsschnitt gruppenweise zu m. o. w. hohen Stapeln angeordnet, die in ihrer Aufsicht die erwähnte, bereits mit dem Lichtmikroskop erkennbare Grana-Struktur ergeben (Abb. 59 u. 60).

Die Aufklärung des molekularen Feinbaus der etwa 6 nm dicken Thylakoid-Membranen, in denen die Photosynthese-Pigmente und alle am Elektronentransport (bei der Umwandlung der Lichtenergie in chemische Energie) beteiligten Verbindungen untergebracht sind, ist zu einem zentralen Anliegen der biologischen Strukturforschung geworden. Man versucht dem Problem mit biochemischen und biophysikalischen Methoden sowie mit der Elektronenmikroskopie näher zu kommen.

Molekulare Substruktur der Thylakoidmembranen: Mit Hilfe der Gefrierätzungsmethode konnte durch Sprengung bzw. Aufspaltung der asymmetrischen Thylakoidmembranen Einblick in ihren inneren Aufbau gewonnen werden. Dabei hat sich herausgestellt, daß die polar gebauten Membranen mit globulären Partikeln unterschiedlicher Größe besetzt sind (Abb. 61, 62, 63).

Beim Aufbrechen der Thylakoidmembranen ergeben sich vier verschiedene Betrachtungsmöglichkeiten (Abb. 62 oben rechts): 1. Aufsicht auf die der Plastidenmatrix zugewandte äußere Oberfläche (pro-

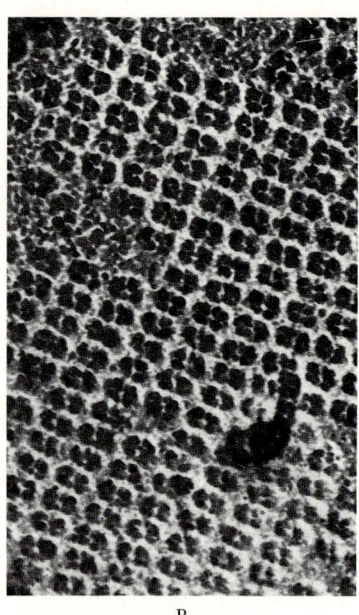

A   B

Abb. 61: A Feinbau der aufgesprengten Thylakoidmembran von *Spinacia oleracea*. Auf der dem Thylakoidlumen zugewandten Intrathylakoidalseite (ES in Abb. 62) flächig-parakristallin geordnete Proteinpartikel. B Intrathylakoidalseite der Thylakoidmembran von *Hordeum vulgare*. Die parakristallin geordneten Proteinpartikel lassen deutlich eine Tetrastruktur erkennen (Tetrapartikel) (A ca. 100 000 ×, nach Park u. Biggins. B ca. 300 000 ×, nach Simpson).

toplasmic surface face PS); 2. die zugehörige Spaltflächenansicht (protoplasmic fracture face PF); 3.
die dem Thylakoidlumen (Intrathylakoidalraum,
Thylakoid-Loculus) zugewandte «innere» Oberflächenansicht (endoplasmic surface face ES); und
schließlich 4. die der inneren Membranhälfte zugehörige Spaltflächenansicht (endoplasmic fracture
face EF).

Auf der dem Thylakoidlumen zugewandten inneren Oberfläche ES der Grana-Thylakoide finden sich
zahlreiche, relativ große 16 bis 18 nm Protein-Partikel,
die in der Aufsicht eine auffällige Tetrastruktur aufweisen («Tetra-Partikel») und nicht selten – so
z.B. beim Spinat und bei der Gerste (Abb.61) – zu
flächigen, parakristallinen Aggregaten geordnet sind.
Sie können eindeutig dem Photosystem II des Photo-
synthese-Prozesses zugeordnet werden. Dicht mit
diesen Photosystem II-Partikeln assoziiert finden sich auf der PS-Ansicht kleinere 12 nm Partikel,
die als lipidreiches Chlorophyll-a/b-Proteid identifiziert werden konnten (Abb. 62, 63); sie werden als
die primäre Protonen-Falle (light harvesting and
trapping center LHC) angesehen.

Im Gegensatz zu den im wesentlichen auf die Grana-
Thylakoide beschränkten Photosystem II-Partikeln
finden sich kleinere 10 bis 11 nm Photosystem I-
Partikel im wesentlichen auf den Stroma-Thylakoiden. Wie die P II-Partikel treten auch die P I-Parti-
kel deutlich auf der «inneren» Oberfläche ES der
Thylakoide hervor. Beide Partikelsorten sind komplexe, die gesamte Thylakoidmembran durchsetzende
integrierte Membranproteine.

Als vierte Partikelsorte finden sich auf den PS Ansichten der Stromathylakoide sowie auf den beiden
Außenseiten der Granathylakoid-Stapel etwa 8–9 nm
große kubische bis polyedrische Koppelungspro-
teine, die als ATP-Synthetase-Komplexe identifiziert
werden konnten. Die Ergebnisse der biophysikalischen und der biochemischen Photosynthesefor-
schung finden damit in der Ultrastruktur der Thylakoide ihre weitgehende Entsprechung.

Die genetische Information zur Synthese der genannten Thylakoidproteinkomplexe, die sich aus über
43 verschiedenen Polypeptiden zusammensetzen, ist
nur z.T. in der ringförmigen (zirkulären) Plastiden-
DNA codiert; ein anderer Teil der benötigten Information wird auch hier vom Zellkern geliefert.

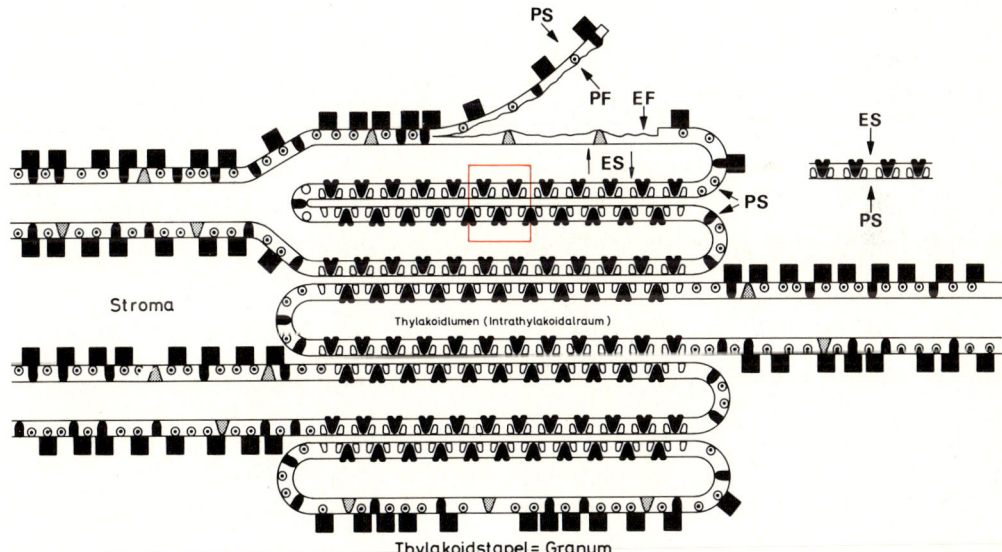

Abb. 62: Anordnung der Photosynthese-Polypeptide auf den Thylakoidmembranen des Gerstenchloroplasten.
Erläuterung der vier Ansichten PS, PF, EF und ES im Text. Die Tetrapartikel des Photosystem II bedecken vor
allem die ES-Flächen der Grana-Thylakoide (Abb. 61 B u. 63). Sie sind stets dicht mit LHC-Partikeln assoziiert.
Die Photosystem-I-Partikel besetzen vor allem die ES-Flächen der Stroma-Thylakoide. Die K-Proteine sind
auf die PS-Flächen der Stroma-Thylakoide und die Außenseiten der Grana beschränkt. (Etwa 250 000 ×, nach
einem Entwurf von Schnepf; verändert nach den Befunden von Simpson und v. Wettstein am Gerstenchloroplasten.)

■ - Kopplungsfaktor, ATPase

∨ - Photosystem-II-Partikel

◦ - LHC Fallenpigment

● - Photosystem-I-Partikel

△ -
◉ - Partikel noch unbekannter Zusammensetzung

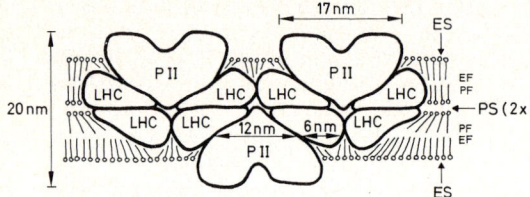

Abb. 63: Ausschnitt aus der Thylakoid-Doppelmembran im Inneren eines Granums des Gerstenchloroplasten, wie sie durch die Aufeinanderstapelung der Thylakoide zustande kommt (rot eingerahmter Ausschnitt in Abb. 62). Die größeren Photosystem II-Partikel durchsetzen die gesamte Thylakoidmembran und ragen als Tetrapartikel in den Intrathylakoidalraum hinein. Bezeichnung der Membranpartikel und möglichen Spaltflächen wie in Abb. 62 (ca. 2 000 000 ×, nach Simpson).

Pyrenoide: In den Chloroplasten (Abb. 3, 56 A, D, E, F), Phaeoplasten und Rhodoplasten der Algen finden sich vielfach besondere, als Pyrenoide bezeichnete Bezirke, die als Zentren der Stärke- oder Fettbildung (letzteres z.B. bei den Diatomeen) dienen. Die Pyrenoide vermehren sich meistens wie die Plastiden durch einfache Durchschnürung. In anderen Fällen werden sie bei der Plastidenteilung aufgelöst und in den Teilungsprodukten neu gebildet (z.B. *Chlamydomonas*).

2. Photosynthetisch inaktive Chromatophoren. Chromoplasten. Die gelben und orangen Farben vieler Blüten (z.B. *Cytisus*, *Forsythia*, *Viola*, *Tropaeolum*) sowie das leuchtende Rot vieler Früchte (z.B. Hagebutten, Tomaten, Paprika) werden zumindest teilweise durch photosynthetisch inaktive Chromoplasten hervorgerufen (Abb. 64), die sich entweder unmittelbar aus den farblosen Proplastiden entwickeln oder durch Chlorophyllverlust aus grünen Chloroplasten hervorgehen (z.B. Umfärbung der grünen Blütenknospen der *Trollius*-Arten zu den gelben Blüten, Erröten der grünen Tomaten bei der Reife). Auch in Wurzelorganen (z.B. in den Rüben von *Daucus carota*) können Chromoplasten vorkommen (Abb. 73).

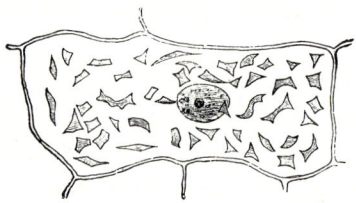

Abb. 64: Zelle mit Kern und Chromoplasten aus dem gelben Kelch von *Tropaeolum majus*. (540 ×, nach Strasburger.)

Ihre Farbe beruht auf dem Gehalt an roten, fettlöslichen (lipophilen) Carotinen und meist gelblichen Xanthophyllen, die mit den Carotinoiden der grünen Chloroplasten verwandt, teils identisch sind; ihre Synthese erfolgt in den Plastiden. Insgesamt kennt man über 70 verschiedene Carotinoide, von denen hier nur auf das Carotin der Karotte *Daucus carota* (das aus drei nahe verwandten Komponenten besteht und der ganzen Stoffklasse den Namen gegeben hat), auf das in verschiedenen roten Früchten verbreitete Lycopin der Tomate, auf die roten Hauptpigmente der Fruchtschale verschiedener Paprikaarten («Paprikaschoten») Capsanthin und Capsorubin sowie auf das gelbe Violaxanthin hingewiesen werden soll, dessen Derivate die gelben Chromoplasten der Stiefmütterchen-, Arnika- und Narzissen-Blüten färben. Die hoch ungesättigten, lebhaft gefärbten Isopren-Abkömmlinge sind im farblosen Stroma der Chromoplasten entweder als viele, meist kleine Grana enthalten oder in einer fibrillären Stromastruktur gleichmäßig längs orientiert.

Die herbstliche Gelbfärbung der Blätter vieler Holzgewächse kommt dadurch zustande, daß zunächst nur die grünen Chlorophylle abgebaut und ihre Spaltprodukte durch die Leitungsbahnen abgeleitet werden, so daß allein die Carotinoide zurückbleiben. Werden die Leitungsbahnen durch Gallinsekten oder künstliche Eingriffe blockiert, so wird die Gelbfärbung in den betroffenen Abschnitten verzögert. Auch die gelbe bzw. orangerote Färbung der Citronen und Apfelsinen beruht auf einer von Chlorophyllschwund begleiteten Anreicherung von Carotinoiden. Hingegen kommt die herbstliche Rotfärbung der Laubblätter dadurch zustande, daß sich der Zellsaft durch Anthocyane (vgl. S. 72f.) rot färbt. Die spätere Bräunung absterbender Laubblätter schließlich beruht auf dem postmortalen (dem Zelltod folgenden) Auftreten wasserlöslicher brauner Farbstoffe.

Zu den photosynthetisch inaktiven Chromatophoren werden gewöhnlich auch die durch Carotinoide orange bis leuchtend rot gefärbten Stigmata vieler Flagellaten (Abb. 3, S. 9) und Algenschwärmer gerechnet, die bei der Suszeption von Lichtreizen eine wichtige indirekte Rolle spielen (vgl. S. 449f.). Manchmal bilden sich in ihnen Stärkekörner, wodurch ihre Plastidennatur deutlich zutage tritt. Bei einigen Formen (z.B. *Euglena*, Abb. 3) zeigen die Stigmata allerdings keine Beziehung zu den Plastiden.

3. Leukoplasten. Auch die farblosen Leukoplasten weisen enge Beziehungen zu den grünen Chromatophoren auf. Außer bei den parasitisch oder in Pilzsymbiose lebenden Phanerogamen (S. 206f. u. S. 378), die sich durch den Mangel der Assimilationspigmente in ihren Plastiden auszeichnen, kommen sie in den gelblichweißen Blatt- und Sproßteilen zahlreicher panaschierter (weißbunter) Varietäten vor. Bei den grünen Pflanzen finden sich Leukoplasten in der Regel in den farblosen Organen, insbesondere in den unterirdischen Wurzeln und Rhizomen, oft aber auch in den farblosen primären Abschluß-geweben der Blätter und Stengel. Vielfach be-sitzen sie – wie z.B. in den Kartoffelknollen – die Fähigkeit, am Licht zu ergrünen. In Spei-cherorganen (z.B. Knollen und Rhizomen) bzw. -geweben (z.B. Markgeweben, Endospermen) bauen sie aus Zucker Stärke auf; sie werden in diesen Fällen als Amyloplasten oder Stärkebildner bezeichnet. Außerdem finden sich in ihnen oft Eiweißkristalle (Abb. 71) und Lipoidtröpfchen.

C. Mitochondrien

Im Gegensatz zu den Plastiden, in denen sich vorwiegend aufbauende Stoffwechselleistun-gen vollziehen, handelt es sich bei den sehr viel kleineren Mitochondrien (Chondriosomen), die in fast keiner eukaryotischen Zelle fehlen, um Organellen, die in erster Linie der Energiegewinnung durch den Abbau ener-giereicher Kohlenstoffverbindungen dienen (10^2 bis 10^3 pro Zelle). Wir finden in den lipid-reichen Mitochondrien alle Fermente des Citro-nensäurecyclus und der Atmungskette sowie des Fettsäurestoffwechsels mit jenen der zugehörigen lebenswichtigen Phosphorylierungsprozesse vereinigt. Als wichtigste ATP-Lieferanten kön-nen die Mitochondrien somit als die Zentren der Energiegewinnung aus den Atmungs-prozessen bezeichnet werden (vgl. S. 279 ff.).

Die mit Janusgrün B selektiv färbbaren und dann schon im Lichtmikroskop eben erkennbaren Mito-chondrien (Abb. 4, 5, 6 M) sind wenige μm lang und 0,5 bis 1,5 μm breit. Ihre Gestalt ist oval bis fadenförmig. Im Gegensatz zu den vielfach amöboid beweglichen Proplastiden und Leukoplasten zeigen sie höchstens passiv im Zuge des strömenden Cyto-plasmas flexibel-elastische Gestaltänderungen. Ihre Feinstruktur scheint bei Tieren und Pflanzen im we-sentlichen übereinzustimmen. Sie besitzen eine Um-hüllung aus zwei Membranen, deren innere sich einfaltet und sich dabei weit in den Innenraum vor-stülpen kann (Sacculi mitochondriales), so daß eine vielfache Oberflächenvergrößerung die Folge ist (Abb. 65). Sind die Einstülpungen taschen- oder schei-benförmig gestaltet, so bezeichnet man sie als Cristae, sind sie röhrenförmig, so nennt man sie Tubuli. Ge-stalt und Ultrastruktur der Mitochondrien können sich – sowohl im Laufe der Ontogenie, als auch in Abhängigkeit von den Umweltbedingungen – er-heblich verändern. Schon seit langem sind Teilungs-stadien bekannt (Abb. 65): Die Mitochondrien sind Selbstteilungsorganellen, die niemals spontan und de novo im Grundplasma entstehen. Das Mito-chondrien eigene Erbgut, das Mitochondrien-Genom oder Chondriom, ist – wie das Plastiden-Genom – in einem zirkulären Mitochondrien-DNA-Molekül (mtDNA) codiert. Der 20 bis 30 μm lange mtDNA-Faden vermag nur etwa ein Zehntel der Mito-chondrien-spezifischen Proteine zu codieren; wie bei den Plastiden ist daher auch bei den Mitochondrien eine selbständige, von der Zellkern-DNA unabhän-gige Vermehrung außerhalb der Zelle unmöglich. Neuerdings sind bei Algen (i.d. Zygote von *Polytoma*) auch Mitochondrien-Fusionen beobachtet wor-den. Bereits früher hatten Vererbungsversuche mit *Saccharomyces* gezeigt, daß eine Neukombination

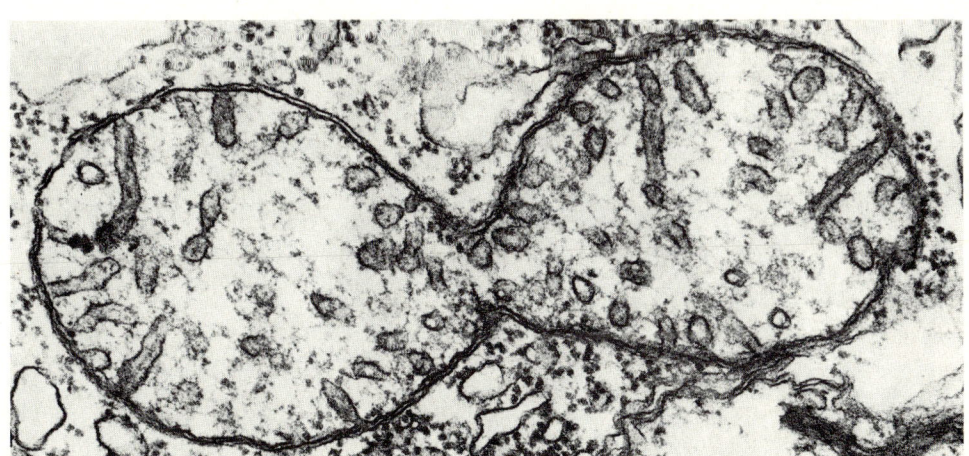

Abb. 65: Mitochondrium der Kieselalge *Streptotheca thamensis* in Teilung. Man erkennt deutlich, daß die Hülle aus zwei Membranen besteht, deren innere zu den Tubuli mitochondriales ausgezogen ist (60000 ×, nach ESSER).

von Mitochondrien-Genen möglich ist. Wegen dieser Labilität der Mitochondrienstruktur bevorzugen manche Autoren die Verwendung des Oberbegriffes Mitochondriom für die Gesamtheit aller Mitochondrien einer Zelle. Die Ribosomen der Mitochondrien gehören wieder dem 70-S-Typ an.

Symbionten-Hypothese. Nach der schon auf A. F. W. Schimper (1883) zurückgehenden Symbionten-Hypothese sollen die Plastiden und die Mitochondrien auf ursprünglich selbständige Prokaryoten zurückzuführen sein, die vor vielen Millionen Jahren von damals tierisch sich ernährenden Organismen aufgenommen, aber nicht verdaut worden sind und seitdem in enger Symbiose mit ihren Wirtszellen leben, wie etwa die Zoochlorellen (einzellige grüne Algen, vgl. S. 375 u. 584) in dem grünen Süßwasserpolypen *Chlorohydra viridissima* oder in manchen Korallenpolypen und in *Paramaecium bursaria*.

Außer der Selbstvermehrungsfähigkeit der Plastiden und Mitochondrien sprechen noch eine Reihe weiterer Indizien für die natürlich nicht «beweisbare» Symbionten-Hypothese: 1. Die jeweils äußere Membran (die nach der Hypothese dem Plasmalemma der Wirtszelle entsprechen würde, das bei der Invagination den aufgenommenen Organismus als Vacuolenmembran der Nahrungsvacuole umhüllt) weicht in ihrer chemischen Zusammensetzung von der inneren, dem Organell eigenen Membran ab. 2. Typische Membran-Komponenten der Prokaryoten, wie z. B. das Phospholipid Cardiolipin, kommen bei den Höheren Pflanzen ausschließlich in den inneren Membranen der Plastiden und Mitochondrien vor. 3. Plastiden und Mitochondrien enthalten – wie erwähnt – Ribosomen, deren Struktur und chemische Zusammensetzung von den Ribosomen der übrigen Zelle deutlich abweicht; sie weisen aber große Ähnlichkeit mit den Ribosomen rezenter Prokaryoten auf. 4. Plastiden und Mitochondrien haben jeweils eine

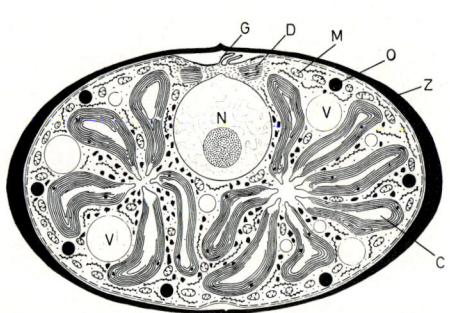

Abb. 66: Organisation der einzelligen Alge *Glaucocystis*, schematisch. N Zellkern; V Vacuolen; o osmiophile Körperchen; M Mitochondrien; Z Zellwand; D Dictyosomen; G Geißeln. C die sog. «Cyanellen», die von einigen Forschern als symbiontisch in der einzelligen Alge lebende Prokaryoten *(Skujapelta nuda)* angesehen werden (nach Schnepf, Koch u. Deichgräber).

spezifische, von der Zellkern-DNA deutlich verschiedene, in ihrem Basenanteil offenbar mit den Prokaryoten weitgehend übereinstimmende DNA.

Abb. 66 zeigt einen rezenten (heute noch lebenden) Einzeller mit angeblich symbiontisch in ihm vegetierenden Prokaryoten, den sogenannten Cyanellen *(Skujapelta nuda)*.

Dieser Symbionten-Hypothese steht jedoch nach wie vor die klassische Differenzierungs-Hypothese gegenüber, nach der sich die Plastiden und Mitochondrien der Eukaryoten aus den Thylakoidstapeln bzw. Membrankörpern der Prokaryota – ähnlich wie der Eukaryoten-Zellkern – im Laufe der Stammesgeschichte durch den Einschluß in eine Plasmamembran vom Grundcytoplasma abgesondert haben.

IV. Absonderungsprodukte des Protoplasten

Alle aufgrund der Stoffwechseltätigkeit des lebenden Protoplasten und seiner Organellen angehäuften Stoffwechselendprodukte werden als ergastische Produkte (gr. εργον = Arbeit) zusammengefaßt. Sie können entweder als Reserve- oder Speicherstoffe lediglich vorübergehend aus dem Fließgleichgewicht des Stoffwechsels ausgeschaltet sein, um bei späterer Gelegenheit – etwa nach einer zeitlich begrenzten Latenz- oder Ruheperiode – erneut als Bau- oder Betriebsmittel in den Stoffwechsel einbezogen zu werden. Oder sie werden als «tote» Endglieder bestimmter Stoffwechselreihen unwiderruflich vom «lebendigen» in dauernder Umsetzung befindlichen Protoplasten und seinen Organellen abgesondert (sekundäre Pflanzenstoffe).

Auch die vom lebenden Protoplasten abgeschiedenen, endgültig toten Absonderungsprodukte erfüllen zum großen Teil noch wesentliche Funktionen als Struktur- und Gerüstmaterialien. Völlig nutzlose Abfallprodukte, die Stoffwechselschlacken, werden in Vacuolen abgelagert oder gelegentlich wohl auch ganz aus der Zelle ausgeschieden (vgl. S. 77, 134 f.; Salzdrüsen, S. 136, pulsierende Vacuolen der Protophyten).

A. Vacuolen und Vacuoleninhalte

Der Besitz einer starren Zellwand ermöglicht es der Pflanzenzelle, im Gegensatz zur typischen tierischen Zelle, große Vacuolen auszubilden, die nicht selten zu einer einzigen Zentral-

Organisation einer idealen Pflanzenzelle

A. Lebendiger Protoplast mit seinen Differenzierungen (Protoplasma)

I. Cytoplasma
(Protoplast ausschließlich seiner großen Organellen)

1. **Grundcytoplasma** (Cytoplasmamatrix)
   hyalines Grundplasma
   Mikrotubuli
   Mikrofilamente
2. **Endomembransystem**
   Endoplasmareticulum u. Vesikel
   Kernhülle
   Tonoplast
   Plasmalemma
3. **Ribosomen**
   freie Ribosomen
   Polysomen
   ER-Ribosomen
4. **Cytosomen**
   Sphärosomen
   Glyoxisomen
   Peroxisomen
   Lysosomen
5. **Dictyosomen u. Vesikel**

II. Große Organellen
(DNA-haltig, autoreproduktiv)

6. **Zellkern**
   Chromatin (ncDNA)
   Karyoplasma (Nucleoplasma)
   Zellkernribosomen (nc-Ribosomen)
7. **Plastiden** bzw. **Proplastiden**
   ptDNA
   Plastidenstroma
   Thylakoidsystem d. Chloroplasten
8. **Mitochondrien**
   mtDNA
   Chondrioplasma
   mt-Ribosomen

B. Absonderungsprodukte des Protoplasten

9. **Vacuom**
   abgeschiedene Vacuoleninhalte
10. **Zellwand**
    Zellwandmatrix
    fibrilläre Strukturelemente
    Inkrusten
11. **Reserve- oder Speicherstoffe**
    Reservepolysaccharide (z.B. Stärke)
    Reserveproteine (Aleuron)
    Reservelipide
12. **Stoffwechselschlacken**
    Ca-Verbindungen (z.B. Ca-Oxalat-Kristalle)
    amorphe Kieselsäure

vacuole verschmelzen und in ihrer Gesamtheit das Vacuom der Zelle bilden. Sicher ist, daß in ihnen sowohl Reservestoffe als auch Stoffwechselschlacken angereichert und nicht selten in kristalliner Form abgeschieden werden.

1. Membranfluß und Vacuolenentstehung.
Viele in Vacuolen abgelagerte ergastische Produkte werden – wie die sofort verbrauchten Bau- und Betriebstoffe – im ER oder in den GOLGI-Cisternen gebildet (glattes ER: Lipide; rauhes ER: Proteine; Dictyosomen: Glycolipide, Glycoproteide, Sekretpolysaccharide). Diese Membransysteme stehen entweder in unmittelbarem Zusammenhang miteinander, oder sie sind zumindest durch Ströme von Übergangsvesikeln (transitorische Vesikel, Transitionsvesikel) mittelbar miteinander verbunden (Abb. 67 B). Darüberhinaus führen entsprechende Vesikelströme vom ER und vom GOLGI-Apparat 1. in die Speicher- oder Depotvacuolen; 2. in Entleerungsvacuolen (z.B. pulsierende Vacuolen mancher Algen, S. 574); und 3. in Sekretvacuolen (Sekretion durch Exocytose (Abb. 67 A u. B). Umgekehrt können durch Endocytose aufgenommene Substanzen mittels transitorischer Vesikel direkt oder indirekt (unter Einschaltung von Lysosomen) in den Zellstoffwechsel eingespeist werden.

Zum Verständnis dieser Transport- und Ausscheidungsvorgänge ist es wichtig, sich den Aufbau der Eucyten-Kompartimente aus zwei verschiedenen Phasen klar zu machen: Nach SCHNEPF (1965) trennt jede Biomembran stets eine protoplasmatische Mischphase von einer wässerigen Mischphase. Die wässerige Mischphase ist der Raum, in dem sich die hier interessierenden Transport- und Speichervorgänge abspielen.

In Abb. 67 A sind einige der wichtigsten Möglichkeiten des Membranflusses (Membrantransfer) und der Membranverschmelzung grob schematisch zusammengestellt (grau: protoplasmatische Phase; weiß: wässerige Phase).

1. Öffnung einer ER-Cisterne nach außen (z.B. in einen Plasmodesmos, vgl. S. 83); 2. Endocytose und Einschluß der wässerigen Phase in einen Übergangsvesikel; 3. Übergang der solcherart gebildeten transitorischen Vacuole in das ER; 4. Exocytose des Inhalts eines Übergangsvesikels durch Einschmelzung der Vesikelmembran in das Plasmalemma (Abb. 67 B); 5: Abgliederung eines GOLGI-Vesikels; 6: Exocytose (Extrusion), Mischbarkeit des Vesikel-Inhalts mit dem Außenmedium; 7. Abgliederung von ER-Vesikeln und deren Einschleusung in größere Vacuolen unter Einbau der Vesikelmembran in die Vacuolenmembran; 8. Einschleusung von ER-Vesi-

keln in eine pulsierende Vacuole und deren Entleerung in das Außenmedium; 9. Phagocytose einer Protocyte. Die äußere Membran des Phagocytose-Bläschens entstammt dem Plasmalemma der aufnehmenden Zelle; 10. Hypothetische Entwicklung einer phagocytierten Protocyte zum Mitochondrium oder zur Plastide (Symbionten-Hypothese, S. 70).

Außer den in Abb. 67 dargestellten Möglichkeiten des Membrantransfers und der Membrantransformation wurden noch folgende Wechselbeziehungen zwischen den Kompartimenten beobachtet oder sie werden zumindest diskutiert: 11. Lokale Aufblähungen des ER werden direkt zu Vacuolen und als solche aus dem ER herausgelöst; 12. Das Dictyosom schnürt kleine Vesikel als Provacuolen ab, die an anderer Stelle zu größeren Vacuolen miteinander verschmelzen; 13. Derartige Provacuolen werden zu Microbodies, die später in bereits vorhandene größere Vacuolen aufgenommen werden, wo sie sich allmählich auflösen, so daß ihr andersartiger (etwa lytisch wirkender) Inhalt chemische Umsetzungen bewirkt; 14. Von der Kernhülle abgegliederte Vesikel vereinigen sich zu Dictyosomen-Cisternen; 15. In den Dictyosomen-Cisternen synthetisierte Kohlenhydrate (Schleime) oder Zellwandsubstanzen werden in transitorischen Vesikeln an den Ort ihrer Verwendung geschafft und dort entlassen; 16. Die GOLGI-Vesikel können dabei untereinander, mit ER-Vesikeln, mit dem Plasmalemma oder mit Vacuolen-Tonoplasten

verschmelzen, wobei ihre Membranen in die Partner-Membran eingebaut werden (Abb. 67 B, D→C→B→A); 17. Dabei können zahlreiche primär gebildete kleine Provacuolen zu größeren Speichervacuolen fusionieren; 18. Gelegentlich wurde beobachtet, daß auch Plastiden – insbesondere Proplastiden, aber auch Chloroplasten (vor allem von Algen) – winzige Vesikel mit Photosyntheseprodukten abgliedern, die alsdann in das ER oder in Vacuolen integriert werden; 19. Plastiden können auch – zumindest bei *Chlamydomonas* – untereinander fusionieren; 20. Das gleiche gilt für die Mitochondrien.

Wie man sieht, werden immer wieder Beziehungen zwischen den verschiedenen Kompartimenten durch kleine bis kleinste transitorische Vesikel vermittelt, die aufgrund ihrer geringen Größe leicht von Ort zu Ort transportiert werden können. In vielen Fällen dürften dabei bereits auf dem Wege Membrantransformationen erfolgen, die den Einbau in das neue Membransystem erleichtern.

Die Zusammensetzung der wässerigen Vacuoleninhalte ist naturgemäß von Art zu Art sehr verschieden; sie wechselt darüber hinaus von Organ zu Organ, von Gewebe zu Gewebe, ja selbst von Zelle zu Zelle. Die Reaktion der Vacuolensäfte ist i. d. Regel sauer; sie enthalten Oxal-, Wein-, Äpfel-, Citronen- und andere organische Säuren oder deren Salze. Verbreitet sind weiterhin Kohlenhydrate, Farbstoffe und Gerbstoffe.

Häufig kommt es in spezialisierten Dauerzellen zu einer starken Anreicherung praktisch nur eines einzigen Stoffwechselendproduktes (Gerbstoffvacuolen, Schleimvacuolen, Eiweißvacuolen, Ölvacuolen). Viele derartige Einschlüsse sind Reservestoffe, die namentlich in den Zellen der Speicherorgane (Knollen, Zwiebeln, Samen) in großer Menge angehäuft sein können.

2. **Vacuolenfarbstoffe.** (Chymochrome, Saftfarbstoffe). Blaue, violette und purpurrote Farben vieler Blüten und Früchte sind in der Regel auf wasserlösliche Anthocyane zurückzuführen. Gelbe Farbtöne hingegen werden entweder durch gleichfalls wasserlösliche blaßgelbe Anthoxanthine hervorgerufen oder sie sind auf fettlösliche, an besondere Farbstoffträger gebundene Plasmochrome zurückzuführen. Zum Unterschied von den wasserlöslichen Chymochromen werden diese fettlöslichen Farbstoffe als Lipochrome zusammengefaßt; auf sie wird später einzugehen sein (vgl. S. 68 Chromoplasten). In vielen Fällen wirken beiderlei Komponenten in komplexer Weise zusammen, so daß die mikroskopische oder die biochemische Analyse zur Entscheidung über die Ursache der Färbung unerläßlich ist.

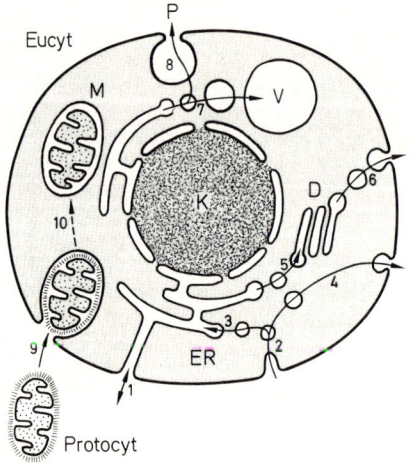

Abb. 67 A: Stark vereinfachtes Schema eines nackten Eucyts mit einigen seiner wichtigsten Kompartimente (grau: protoplasmatische Mischphase, weiß: wässerige Mischphase mit deren Übergang in das umgebende wässerige Milieu). K Zellkern mit von Poren durchbrochener Kernhülle, die vom ER gebildet wird, M Mitochondrium, D Dictyosom, ER Endoplasmareticulum, P pulsierende Vacuole, V vom ER abgeleitete Vacuole. 2 Endocytose, 4, 6 u. 8 Exocytose. Erklärung der übrigen Zahlen im Text. (Nach SCHNEPF.)

Die blauen, violetten oder purpurroten Anthocyane bestehen stets aus einem zuckerfreien Anteil, dem Anthocyan-Aglykon oder Anthocyanidin, und einer Zuckerkomponente (Glucose, Galactose oder Rhamnose), auf welche die leichte Wasserlöslichkeit solcher Chromosaccharide zurückzuführen ist. Bisher sind hauptsächlich 8 verschiedene Anthocyanidine isoliert worden. Das chemische Grundgerüst aller wasserlöslichen Vacuolenfarbstoffe ist das Flavan, von dem sich etwa 1000 sekundäre Pflanzenstoffe ableiten (S. 365).

Flavan   Cyanidin

Durch die Einführung von Hydroxyl- und Methoxyl-Gruppen in den Seitenring (R_1 bis R_3 im B-Ring) erhält man die wichtigsten Anthocyanidine: das lachsfarbene Pelargonidin (z.B. in *Pelargonium, Dahlia, Papaver rhoeas*); das rote Cyanidin (z.B. *Rosa, Pulmonaria, Centaurea* und in den Blättern des Rotkohls) und Paeonidin (z.B. in *Paeonia* u. roten

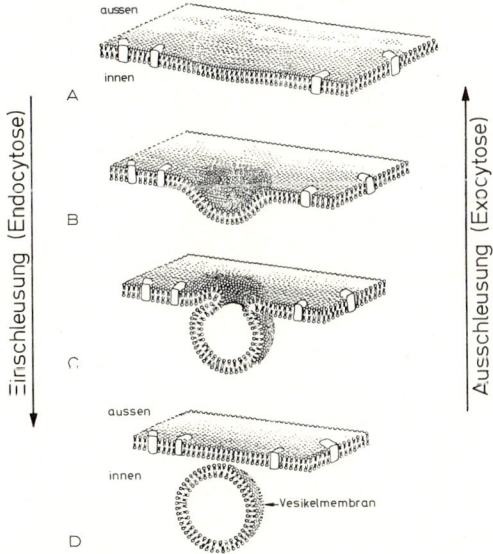

Abb. 67 B: Membranfluß: A→B→C→D Bildung eines Endomembran-Vesikels, bzw. D→C→B→A Verschmelzung des Vesikels mit einer Membran (Intersuszeptionswachstum der Membran). Auf diese Weise können die in einem Kompartiment gebildeten Substanzen mit Hilfe transitorischer Vesikel in ein anderes Kompartiment überführt, bzw. ganz aus der Zelle ausgesondert werden (Exocytose). Andererseits können umgekehrt extracelluläre Substanzen auf dem Weg der Endocytose in den Protoplasten aufgenommen werden. (in Anlehnung an ein Modell von LODISH u. ROTHMAN, vereinfacht).

Impatiens-Arten); das blaue Delphinidin (z.B. in *Delphinium, Malva*) und Petunidin (z.B. in *Petunia*- u. *Primula*-Arten), das violette Önidin (in den Fruchtschalen der Weinbeeren) sowie das purpurrote Malvidin (gleichfalls in *Petunia*- u. *Malva*-Arten). Häufig liegen Mischungen mehrerer verschiedener Komponenten vor.

Der Farbton wird aber nicht nur durch die jeweiligen Begleit- oder Copigmente bestimmt. Infolge ihres Besitzes phenolischer OH-Gruppen und eines zur Salzbildung neigenden Sauerstoffatoms können viele Anthocyane verschiedenfarbige Salze bilden. Vielfach kommt die spezifische Farbe in den lebenden Zellen dadurch zustande, daß die Anthocyane sowohl monomolekular als auch in Chelat-Komplexen mit dreiwertigen Metallen (Al, Fe) vorliegen können. Durch Zerstörung des Komplexes in Säuren werden z.B. die roten Cyanidin-Moleküle der blauen Kornblumen-Chelate in Freiheit gesetzt. Umgekehrt gelingt es, durch reichliche Düngung mit Al-Salzen (z.B. Ammonium-Alaun) die rosaroten Blüten mancher Hortensien durch Förderung der Chelatbildung blau zu färben. Nicht selten wechselt der Farbton der Blüten (der u.a. auch von der Anzahl der Zuckermoleküle abhängig ist, die mit dem Anthocyanidin verknüpft sind) im Laufe des Aufblühens von Rosa über Violett nach Blau (z.B. *Pulmonaria officinalis, Lathyrus vernus, Myosotis*).

Chemisch nahe verwandt mit den Anthocyanen sind die gleichfalls zu den Flavan-Derivaten gehörenden blaßgelben, wasserlöslichen Anthoxanthine. Auch bei ihnen handelt es sich, wie bei den Anthocyanen, um Glykoside. Zu den verbreitetsten Aglykonen der Anthoxanthine gehören die Flavonole, die chemisch als Oxidationsprodukte der Anthocyanidine definiert sind. Der Nachweis, daß eine gelbe Blütenfarbe durch Anthoxanthine hervorgerufen wird, kann leicht durch die auffällige Farbvertiefung unter dem Einfluß von Ammoniakdämpfen (z.B. Zigarettenrauch) geführt werden. Wo in der gleichen Gattung blaßgelbe und blaue bzw. rote Blüten vorkommen (z.B. *Primula, Aconitum, Digitalis*), handelt es sich meistens um nahe verwandte Anthoxanthine und Anthocyane. (Die leuchtend buttergelben Stiefmütterchen verdanken ihre Farbe jedoch verschiedenen an Chromatophoren gebundenen Carotinoiden). Bei mehreren Familien der *Caryophyllales* (= *Centrospermae*) finden sich anstelle der blauen, roten und gelben Anthocyane bzw. Anthoxanthine im Zellsaft chemisch ganz andersartige N-haltige Derivate der Betalaminsäure: die Betacyane und Betaxanthine (vgl. Abb. 587, S. 542 u. S. 843).

Die weiße Blütenfarbe kommt – ähnlich wie beim Schnee, weißer Watte oder weißen Federn – durch die totale Reflexion alles eingestrahlten Lichtes an den zahlreichen intercellularen Grenzflächen im Inneren der weißen Blütenblätter zustande. Der Zellsaft solcher Blüten enthält jedoch oft farblose Modifikationen der Anthocyane (sog. Leukoanthocyanidine), die sichtbar gemacht werden können, wenn man die

Blütenblätter in starke Mineralsäuren einlegt. In den Zellen der weißen Birkenrinde findet sich weißes Betulin.

«Blutfarbige», d.h. rotbraune Laubblätter der Blutbuchen, Bluthaseln etc. verdanken ihre Mischfarbe dem Zusammenwirken von rotem Anthocyan im Hautgewebe und grünem Chlorophyll in dem darunterliegenden Assimilationsgewebe. Zuckeranreicherung bewirkt oft eine merkliche Förderung der Anthocyanbildung: geringelte oder geknickte Zweige der Rebe oder des Hartriegels ergeben deshalb infolge der Unterbrechung der Zuckerableitung alsbald eine blutrote «Herbstfärbung».

3. Andere Glykoside. Zur Gruppe der Zuckerverbindungen oder Glykoside gehören noch eine Reihe weiterer verbreiteter Pflanzenstoffe, wie z.B. die Cumaringlykoside (Waldmeister, Steinklee, Ruchgras *Anthoxanthum*), die schwefelhaltigen Senfölglykoside (z.B. das Sinigrin im Schwarzen Senf und Meerrettich) oder die Bitterstoffglykoside des Tausendgüldenkrauts und der Enzian-Arten. Häufig sind es mehr oder weniger starke Gifte (z.B. Blausäureglykoside der Mandeln und anderer Steinobstsamen, Digitalisglykoside und Strophanthusglykoside). Alle Glykoside stimmen darin überein, daß sie durch spezifische Enzyme in ihre Komponenten zerlegt werden können. So spaltet z.B. das Ferment Emulsin das Amygdalin der bitteren Mandeln in Glucose, Benzaldehyd und Blausäure. Der Duftstoff Cumarin wird erst beim Welken nach Spaltung einer glykosidischen Vorstufe riechbar; frischer Waldmeister oder frisches Ruchgras sind infolgedessen fast geruchlos.

4. Alkaloide. Weitere wichtige Pflanzengifte stellt die Stoffklasse der Alkaloide, die ca. 5500 verschiedene N-haltige Substanzen umfaßt, bei denen der Stickstoff in der Regel heterocyclisch gebunden ist. Der Name besagt, daß sich die Alkaloide oder Pflanzenbasen wie Alkalien mit Säuren zu Salzen verbinden. Typisch ist ihre hohe Stabilität im Stoffwechsel, wodurch sie oft als Endprodukte in größerer Menge angehäuft werden. Hierher gehören u.a. die wirksamen Stoffe von Kaffee (Coffein), Tee (Coffein und Theophyllin), Kakao (Coffein und Theobromin), Chinarinde (Chinin), Schlaf-Mohn (Morphin, Codein, Narkotin u.a.m., sowie die gefährlichen Giftstoffe Cocain, Strychnin, Coniin und Aconitin. Nicht selten sind ganze Verwandtschaftskreise – wie z.B. die Familie der Solanaceen – chemisch durch ihren Gehalt an nahe miteinander verwandten Alkaloiden ausgezeichnet (Atropin, Hyoscyamin, Scopolamin u.a.m.). Das gleichfalls in Solanaceen (*Nicotiana*-Arten) auftretende starke Gift Nicotin ist jedoch chemisch keineswegs mit dieser Gruppe verwandt. Der Mutterkornpilz (*Claviceps purpurea*) liefert außer den in der Frauenheilkunde verwendeten Alkaloiden Ergotamin und Ergobasin in der Psychiatrie verwendete Lysergsäure-Derivate, die erstmals aus den Samen tropischer Windengewächse (*Ipomoea*-Arten) isoliert worden waren. Wie das Psilocybin gewisser

mexikanischer Rauschpilze rufen die Lysergsäure-Derivate Rauschzustände und Halluzinationen hervor (Halluzinogene; Lysergsäure-Diäthylamid = LSD).

Trotz seiner alkaloidartigen Konstitution wird das Colchicin, das den Stickstoff in einer Seitenkette führt, meistens nicht zu den Alkaloiden gezählt; das wichtige Mitosegift (vgl. S. 53) kommt nicht nur in der Herbstzeitlose (*Colchicum autumnale*), sondern auch in verschiedenen anderen Liliaceen (z.B. *Gloriosa*) vor. Die Vergiftung der eigenen Zelle wird – wie auch bei den anderen Giftstoffen – durch die Absonderung mittels der Tonoplastenmembran verhindert. Daß die z.T. starken Zellgifte – wie das Colchicin – unbeschadet in den Vacuolen gespeichert werden können (Schutz gegen Tierfraß?), zeigt, wie wirkungsvoll diese Kompartimente gegen den lebenden Protoplasten abgeschottet sind.

5. Gerbstoffe. Mit Gerbstoffen angefüllte Vacuolen sind besonders in Rinden (braune Phlobaphene = oxidierte Gerbstoffe) und Früchten (zusammenziehender Geschmack der Preiselbeeren und Heidelbeeren) verbreitet. Gerbstoffreiche Blätter kommen beim Tee, gerbstoffreiche Samen beim Kaffee vor. Gerbstoffe sind Gemische verschiedener Polyphenole (S. 362ff.) von teilweise glykosidischer Natur. Weitverbreitet kommen in ihnen die Gallussäure, Ellagsäure und Chlorogensäure vor. Der Gehalt an Gerbsäure schützt die damit ausgestatteten Gewebe vor dem Angriff durch Mikroorganismen.

6. Öle und Fette werden von den meisten Samenpflanzen als energiereiche Speicherlipide in den Speichergeweben der Samen abgelagert. In besonders fettreichen Samen machen die Fette bis 70 % der Trockensubstanz aus. Auch Niedere Organismen , z.B. manche einzellige Algen (*Chlorella*, Diatomeen), können unter gewissen Bedingungen bis zu 65 % ihres Trockengewichts an fettem Öl enthalten. In wasserarmem Plasma bildet das Öl eine Emulsion aus winzigen Tröpfchen, aus der sich bei Wasserzusatz größere Öltropfen abscheiden (Abb. 70 A). Für die menschliche Ernährung wichtigste Ölfrüchte und Ölsaaten sind (in der Reihenfolge ihrer wirtschaftlichen Bedeutung): Sojabohne (*Glycine max*, die Samen enthalten neben 40 % Eiweiß bis 20 % Sojaöl), Baumwollsamen (*Gossypium*, mit 30–40 % Cottonöl), Erdnüsse (*Arachis hypogaea*, 40–50 %), Oliven (*Olea europaea*, 40–60 %), Cocosnüsse (*Cocos nucifera*, das getrocknete Endosperm, «Kopra» genannt, enthält 60–70 % Cocosöl) und Ölpalme (*Elaeis guineensis*, mit 60–70 % Öl im Fruchtfleisch). Viele der aufgeführten Öle dienen als Grundlage der Margarineherstellung.

7. Ätherische Öle, Balsame, Harze: In großer Mannigfaltigkeit treten in den Pflanzen sekundäre Stoffwechselprodukte auf, die formal gesehen aus Isopren-Molekülen aufgebaut sind; durch Verknüpfung derartiger Bausteine (oder häufiger deren oxidierter Abkömmlinge in Form von Alkoholen, Aldehyden, Ketonen, Phenolen und Carbonsäuren) kommt es zur Bildung von Polyterpenen (S. 362 f.).

Das Isopren selbst kommt in Pflanzen nicht vor. Ätherische Öle sind Gemenge von flüchtigen Kohlenwasserstoffen, Alkoholen, Aldehyden und Ketonen der Mono- und Sesquiterpenreihe sowie Phenylpropanderivaten. Wahrscheinlich werden sie primär vor allem am glatten ER synthetisiert. Später bilden sie stark lichtbrechende Tropfen in den Zellen von Wurzeln und Rhizomen (z.B. Kalmus, Ingwer), Rinden (z.B. Zimtbaum), Laubblättern (z.B. Lorbeer), Fruchtschalen und Samen (z.B. Pfeffer). Die Wände der mit Öl erfüllten Zellen sind oft verkorkt, ihre Protoplasten vielfach abgestorben. Nicht selten wird das Öl später aus den lebenden Zellen, in denen es gebildet wurde, ausgeschieden (z.B. von Drüsenhaaren; vgl. Abb. 151, S. 135, oder Drüsenzellen, Abb. 152 A), oder die Exkretzellen lösen sich ganz auf, das Öl tritt zu größeren Tropfen zusammen und bleibt in dem «lysigen» gebildeten Hohlraum liegen (Abb. 152 C). Viele Blütenblätter enthalten im Plasma ihrer Zellen ätherische Öle, die durch die Epidermisaußenwand abgeschieden werden (Extrusion) und dort alsbald als Blütenduftstoffe verdampfen (vgl. S. 134).

Ätherische Öle, Balsame und Harze sind keine exakten wissenschaftlichen Begriffe der organischen Chemie, sondern Bezeichnungen der Praxis: Während die ätherischen Öle leichtflüchtige Terpen-Derivate enthalten, sind die Balsame halbflüssige, die Harze zähflüssige bis feste Gemische aus destillierbaren ätherischen Ölen und nicht destillierbaren Harzsäuren und anderen Begleitstoffen. Bei den Coniferen wird das Harz in besonderen Drüsenzellen gebildet und später in die Harzkanäle ausgeschieden (Abb. 153, S. 136). Die Harze verschiedener Kiefern sind Terpentin, das in Terpentinöl und Colophonium zerlegt werden kann. Zu den Terpentinen gehört u.a. auch der Canada-Balsam. Bernstein stammt von fossilen Pinus- und Picea-Arten. Boswellia-Arten liefern den «Weihrauch». Die biologische Bedeutung der Harze und Balsame dürfte in ihren fäulniswidrigen Eigenschaften zu finden sein.

Guttapercha und Kautschuk sind hochmolekulare Poly-Isoprene aus etwa 100 Isoprenresten in trans-Konfiguration (Guttapercha) oder 500 bis 5000 Isoprenbausteinen in cis-Konfiguration (Kautschuk). Besonders große Mengen Kautschuk sind im Milchsaft (Latex) der baumförmigen Euphorbiacee Hevea brasiliensis enthalten, die daher zur Kautschukgewinnung im großen angebaut wird. Kautschuk wird aber auch aus dem Milchsaft verschiedener Ficus-Arten (Fam. Moraceae) sowie den krautigen Compositen Taraxacum bicorne (Kok-Saghyz) und Scorzonera tau-saghyz (Tau-Saghyz) gewonnen. Die strauchförmige Composite Parthenium argentatum (Guayule) enthält Kautschuk im Holz, der nur durch umständliche Zerkleinerung der Äste zu gewinnen ist. Dennoch wurde die in Mexiko beheimatete Art während des II. Weltkriegs in den südlichen USA im großen Maßstab angebaut.

B. Eiweißkristalle und Aleuron

Saftige Reservestoffbehälter enthalten vielfach im Zellsaft gelöste Eiweiße, die durch den Zusatz eiweißfällender Chemikalien (z.B. Formaldehyd, Gerbstoffe, Osmiumsäure u.a. Fixierungsmittel) nachgewiesen werden können. In trockenen Reservestoffbehältern, z.B. in vielen Samen, bilden sich aber durch Wasserentzug auch feste Protein- oder Aleuronkörner (Abb. 68 A). Zahlreiche kleine, gleichmäßig im Plasma verteilte, eiweißhaltige Vacuolen erstarren in diesen Fällen zu rundlichen Körnern, in denen die schwerlöslichen und deshalb zuerst ausfallenden Globuline Eiweißkristalloide bilden können, die in eine albuminhaltige Grundmasse eingebettet sind.

Die Eiweißkristalloide unterscheiden sich von echten Kristallen durch ihr Quellungsvermögen. Häufig

Abb. 68: Aleuron. A Speicherzelle aus dem Endosperm von *Ricinus communis* mit großer zentraler Ölvacuole und zahlreichen verschieden großen Aleuronkörnern. Man erkennt in jedem Aleuronkorn ein tetraedrisches Protein-Kristalloid und ein rundlich-amorphes Globoid. B Querschnitt durch die wandnahen Schichten eines Roggenkornes. L Längszellen, Q Querzellen der Fruchtschale; S Schlauchzellen; Sa Samenschale; N Reste des Nucellus; A Aleuronschicht; St Stärkezellen des Endosperms. (A ca. 1000 ×, Orig.; B 200 ×, nach GASSNER.)

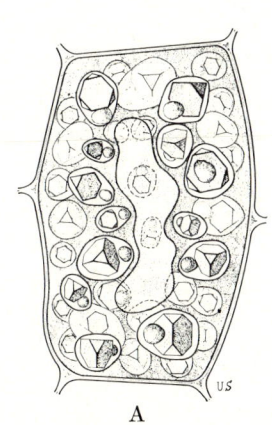

A

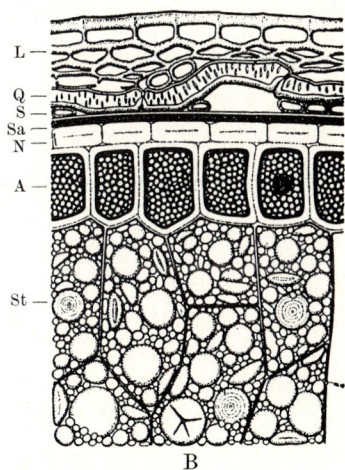

B

enthalten die Aleuronkörner außerdem ein bis mehrere Globoide, die aus amorphem Phytin bestehen, einem Ca-Mg-Salz der Inosithexaphosphorsäure. In den Getreidekörnern sind die Zellen der äußersten Schicht des Nährgewebes dicht mit kleinen Aleuronkörnern angefüllt (Abb. 68 B). Bei der Herstellung von weißem, scharf ausgemahlenem Mehl bleibt diese besonders eiweiß- und fetthaltige Schicht in der Kleie zurück, geht also für das Mehl und die daraus gebackenen hellen Brote verloren, während sie im Vollkornbrot erhalten bleibt. Gelegentlich kommen Eiweißkristalloide auch in Leukoplasten vor (z. B. in den Wurzelspitzen von *Phaseolus vulgaris*, Abb. 69).

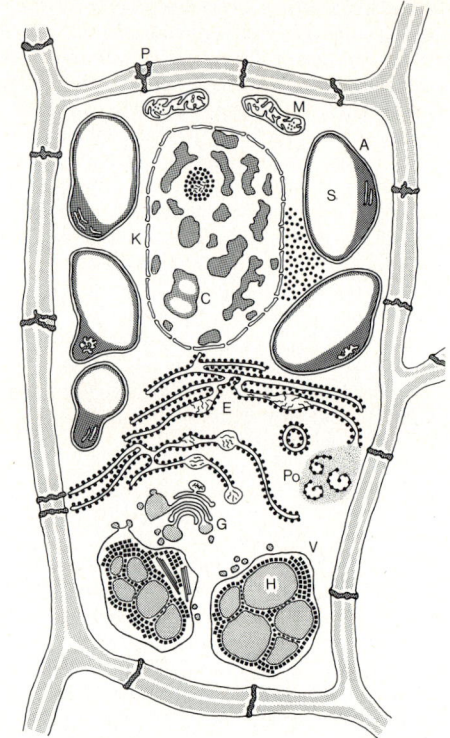

Abb. 71: *Hordeum vulgare* (Braugerste): Schematische Darstellung der Bildung und Lagerung von Speicherproteinen. K Zellkern mit Chromatin (Chromosomen in Arbeitsform) C und Nucleolus. Kernhülle mit Poren. Zellwand mit P Plasmodesmen. M Mitochondrien. A Amyloplasten mit S Stärke. E rauhes ER. Po Polyribosomen. G Dictyosom mit abgestoßenen Protein-Vesikeln. V Proteinvacuole mit feinkörnigem Hordein H und grobkörnigem Globulin. (Nach D. v. Wettstein).

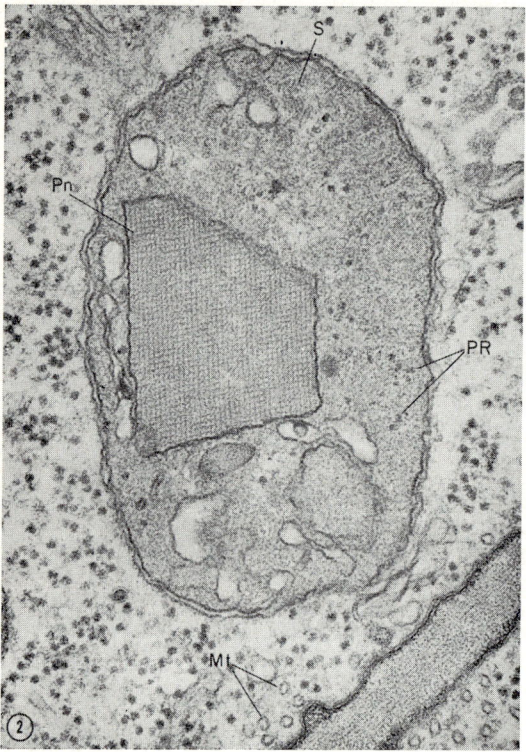

Abb. 69: Eiweißkristalloid in einem jungen Leukoplast aus einer Wurzelmeristemzelle von *Phaseolus vulgaris*. Pn = Proteinkristall, S Plastidenstroma, PR Plastidenribosomen, Mt = quergeschnittene Mikrotubuli. (60 000 ×, nach Newcomb.)

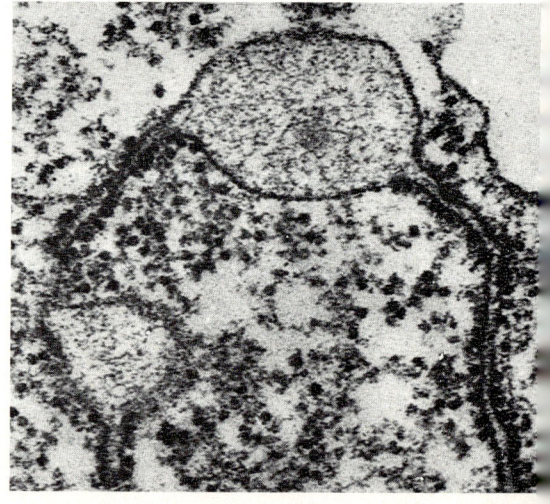

Abb. 70: Ausschnitt aus einer Endospermzelle der Gerste. Erweiterungen des Lumens des ER, die mit Speicherproteinen angefüllt sind (ca. 200 000 ×; nach einer Originalaufnahme von D. v. Wettstein).

Die Bildung von Reserveproteinen ist jedoch keineswegs auf die dazu spezialisierte Aleuronschicht beschränkt. In Abbildung 71 ist der parallel mit der Stärkebildung im Gersten-Endosperm ablaufende Prozeß der Reserveproteinbildung schematisch dargestellt: Mittels der in den Chromosomen C gespeicherten genetischen Information steuert der Zellkern zunächst im noch milchreifen Korn an den Ribisomen des rauhen ER die Synthese wasserlöslicher Albumine. Die neugebildeten Polypeptidketten werden sodann im Inneren des lokal aufgeblähten ER in kleinen Vesikeln gesammelt (Abb. 70) und von dort aus dem GOLGI-Apparat (den Dictyosomen) zugeführt. Im GOLGI-Apparat erfolgt der Umbau zu wasserunlöslichem Globulin, Hordein und Glutelin, die nun ihrerseits in kleinen GOLGI-Vesikeln in das Grundcytoplasma abgestoßen werden. Die GOLGI-Vesikel fließen schließlich zu großen Reserveprotein-Vacuolen zusammen, in denen feinkörniges Hordein neben den grobkörnigeren anderen Reserveprotein-Fraktionen angesammelt und gelagert wird (Abb. 71).

C. Andere Kristalle

Calciumoxalat. Weite Verbreitung als Stoffwechselschlacken haben die schwerlöslichen Kristalle des Calciumoxalats (z. B. Abb. 195, S. 174). Je nach den Entstehungsbedingungen können sie als Monohydrat [$Ca(C_2O_4) \cdot 1 H_2O$] oder als Dihydrat [$Ca(C_2O_4) \cdot 2 H_2O$] auftreten. Ca-Oxalat-Monohydrat kristallisiert monoklin, Ca-Oxalat-Dihydrat hingegen tetragonal.

Je nach dem Lösungsmilieu und nach dem Konzentrationsverhältnis der Ca- und Oxalsäure-Ionen kann das Monohydrat in Form von Solitärkristallen, Raphidenbündeln (Abb. 72 A, B), Kristallsand (Abb. 72 D) und Drusen (sehr viele unregelmäßig um ein Bildungszentrum miteinander verwachsene Einzelkristalle. Abb. 72 C) in spezialisierten Grundgewebszellen (Idioblasten) auftreten. Die tetragonalen Kristalle des Dihydrats finden sich einzeln (solitär,

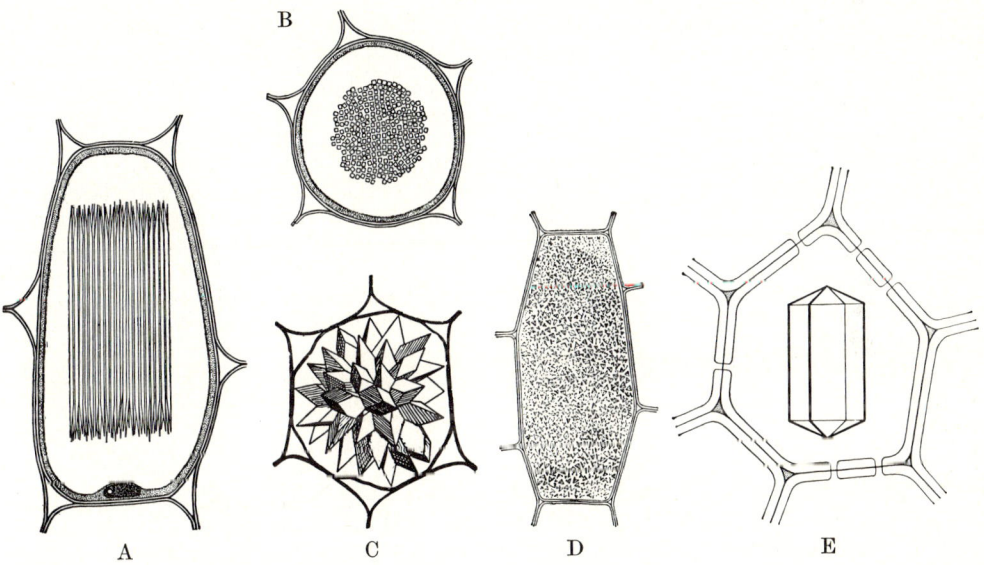

B

A   C   D   E

Abb. 72: Calciumoxalat-Kristalle. A bis D Monohydrat. A u. B Raphiden von *Impatiens* (A von der Seite, B im Querschnitt), C Druse von *Opuntia*, D Kristallsand *(Solanum)*. E tetragonaler Solitärkristall des Dihydrates aus einer Blattepidermiszelle von *Vanilla*. (A bis D 200 ×; E 1000 ×; Orig.)

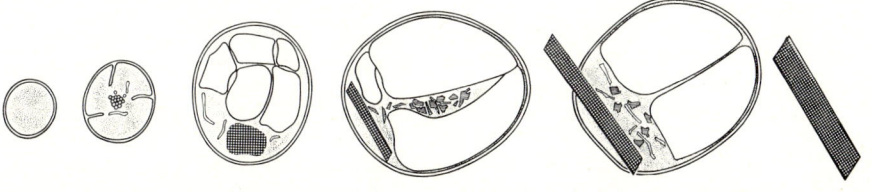

Abb. 73: Entwicklungsgeschichte eines Chromoplasten im Wurzelparenchym von *Daucus carota* und Ausbildung eines Carotin-Kristalles. (8000 ×, nach SUSUMU TOYAMA.)

Abb. 72E) oder gleichfalls in Drusen. Die Wände der Ca-Oxalat-Idioblasten sind m. o. w. stark verkorkt.

Bei *Lemna* entstehen die Raphiden innerhalb mit einer einfachen Membran umgebener Vesikel (Raphidosomen), die vom Tonoplasten abgeschnürt werden, die Kristalle auch noch nach ihrer Fertigstellung umhüllen und als intravacuoläres Membransystem wahrscheinlich für ihre geordnete Ausrichtung sorgen. Ca-Oxalatkristalle lösen sich in Salzsäure, nicht hingegen in Essigsäure. Beim Umkristallisieren mit Schwefelsäure bilden sich Gipskriställchen. Auf diese Weise lassen sie sich mikrochemisch von anderen Zelleinschlüssen unterscheiden.

Carotin: Gelegentlich werden die Carotinoide so stark in den Lipoidvacuolen der Chromoplasten angereichert, daß sie auskristallisieren und schließlich als nackte Carotin-Kristalle in das Cytoplasma hinein ausgestoßen werden. Derartige Carotin-Kristalle findet man stets in den Speichergeweben der Mohrrübe *(Daucus carota).*

D. Speicher-Kohlenhydrate

Zur Gruppe der Kohlenhydrate gehören die wichtigsten pflanzlichen Reservestoffe. Im Zellsaft finden sich vor allem die Monosaccharide D-Glucose (Traubenzucker) und D-Fructose (Fruchtzucker) sowie das Disaccharid Saccharose (Rohr- oder Rübenzucker; aus einem Molekül Glucose mit einem Molekül Fructose zusammengesetzt). Trauben- und Fruchtzucker sind – wie schon ihr Name besagt – in süßen Früchten weit verbreitet. Gelegentlich dient Rohrzucker als Hauptspeicherzucker; er findet sich z.B. in großen Mengen in den Stengeln des Zuckerrohrs und in den Speicherwurzeln der Zuckerrübe, die ja technisch verwertet werden, ist aber z.B. auch in den Speicherblättern der Küchenzwiebel enthalten.

Zumeist aber werden die Zucker in Form von Makromolekülen als Polysaccharide gespeichert (vgl. S. 257), wodurch eine zu starke Steigerung des osmotischen Potentials (S. 314f.) der Zelle vermieden wird.

Die Glucose tritt in den pflanzlichen Polysacchariden in zwei stereoisomeren Formen auf: als α-Glucose, bei der sich die Hydroxylgruppen am ersten und am vierten C-Atom – bezogen auf die Ringebene – auf der gleichen Seite des Ringes befinden, und als β-Glucose, bei der die beiden genannten Hydroxylgruppen einander gegenüberstehen.

Dieser Unterschied ist bedeutungsvoll für die Bildung der beiden entsprechenden Disaccharide Maltose und Cellobiose. Befindet sich die dem C-Atom 1 zugehörige Hydroxylgruppe nämlich in α-Stellung, so vermögen sich die beiden Ringe unmittelbar aneinander zu reihen; bei β-Stellung hingegen müssen die beiden miteinander reagierenden Gruppen, soll die Koppelung zustande kommen, zunächst durch eine Drehung um die 1–4-Achse eines der beiden Glucose-Moleküle um 180° in Nachbarstellung gebracht werden.

α-glucosidische bzw. β-glucosidische Verknüpfung der Glucose-Monomeren haben nun maßgebende Konsequenzen für die Gestalt der solcherart polymerisierten Makromoleküle. Die α-glucosidische Verknüpfung führt zu einer konzentriert zusammengedrängten schraubigen Struktur der Makromoleküle, während die β-glucosidische Verknüpfung der Monomeren fadenförmig gestreckte Makromoleküle zur Folge hat, die dazu neigen, sich antiparallel zu vielsträngigen kristallähnlichen Aggregaten, den

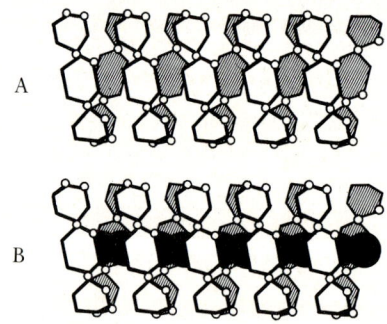

Abb. 74: A Kurzer Ausschnitt aus einem schraubig aufgewickelten Amylose-Makromolekül. Die α-glucosidisch untereinander verknüpften α-Glucose-Monomeren umschließen einen Hohlraum. B In den Hohlraum eingelagertes Iod ändert sein physikalisches Verhalten und bewirkt die als «Iod-Stärke-Reaktion» bekannte blau-violette Färbung (nach RUNDLE, FOSTER u. BALDWIN, aus BONNER).

sog. Micellen, zusammenzulagern. Dementsprechend übernehmen die beiden Produkte der α- bzw. β-glucosidischen Polymerisation in der Pflanzenzelle auch höchst unterschiedliche Aufgaben: Während es sich bei dem α-Glucose-Polymer, der Amylose (Amylum) oder Stärke, um ein ausgesprochenes Speicherprodukt handelt, das jederzeit leicht wieder mobilisiert werden kann, dient das gestreckte β-Glucose-Polymer, die Cellulose, in erster Linie als Befestigungsmaterial für die Zellwand.

Die Stärke, das wichtigste pflanzliche Reserve-Polysaccharid, wird in der Regel in der Plastidenmatrix gebildet und kommt in zwei Formen vor: als α-Amylose und als Amylopectin. Beide sind α-D-Glucane, d.h. Makromoleküle, die aus D-Glucose aufgebaut sind. α-Amylose besteht aus unverzweigten Ketten, in denen das Monomer $(1 \rightarrow 4)$ glykosidisch gebunden ist, d.h. die Hydroxylgruppe am C^1 des einen Monomers reagiert mit derjenigen am C^4 des nächsten unter Wasseraustritt (Polykondensation).

Beim Amylopectin ist die Kette verzweigt, indem von durchschnittlich jedem 12.Glucoserest neben der $\alpha(1 \rightarrow 4)$-Bindung auch eine $\alpha(1 \rightarrow 6)$-Bindung eingegangen wird. Das Molekulargewicht der Amylopectine kann bis zu eine Million betragen. Mit Iod ergeben sie eine rotviolette Färbung.

Amylopectin

Primäre Stärke und Reservestärke. Nach längerer Belichtung enthalten die Chloroplasten in der Regel eine geringere oder größere Anzahl sehr kleiner, linsenförmiger Stärkekörner (Abb. 56G, 59D, E). Diese primäre Stärke oder Assimila-

α-Glucose   Stärke

Die Amylosemoleküle sind polydispers mit Molekulargewichten zwischen wenigen tausend bis zu 500000 (was etwa 2900 Monomeren entspricht). Amylose bildet in wässeriger Lösung Schrauben, bei denen 6 Glucosereste auf einen Umlauf kommen. In den zentralen Hohlraum kann Iod in molekularer Verteilung eingelagert werden; die daraus resultierende blaue Farbe dient als mikrochemische Nachweisreaktion für Stärke (Abb. 74).

tionsstärke entsteht stets im farblosen Stroma zwischen den Thylakoiden. Nachts bzw. bei Verdunkelung, wenn die Assimilate-Leitungsbahnen nicht mehr überlastet sind bzw. der dissimilatorische Stoffwechsel gespeist werden muß, wird diese Primärstärke wieder in Zucker umgewandelt und in die Reservebehälter geleitet, wo sie von farblosen Amyloplasten erneut zu sehr viel größeren Stärkekörnern, der Reservestärke (— Stärke des Handels), polymerisiert wird. Ihre Menge in den Reservestoffbehältern ist oft sehr groß. Kartoffelknollen enthalten 20 bis 30%, Wei-

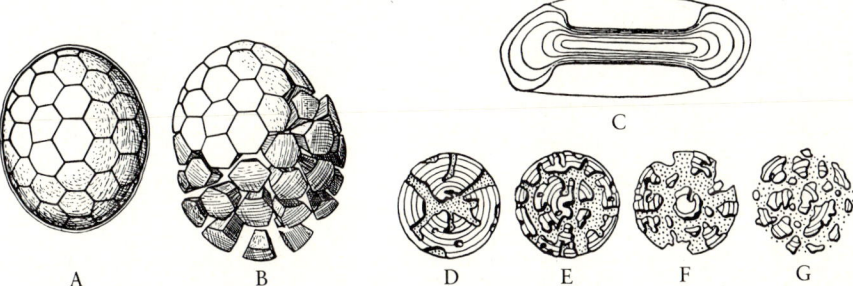

Abb. 75: A und B zusammengesetzte Großkörner der Haferstärke. C hantelförmiges Stärkekorn aus dem Milchsaft von *Euphorbia splendens*. (Der Amyloplast ist als zarter, blasenförmiger Umriß erkennbar.) D bis G Korrosion eines Stärkekornes aus dem Endosperm einer keimenden Weizenkaryopse. (D bis G nach Noll, verändert.)

zenkörner sogar bis 70% ihres Frischgewichtes an Stärke.

Diese Reservestärke der Pflanzen stellt das wichtigste Grundnahrungsmittel des Menschen dar, gleichgültig, ob er sich von Brot, Kartoffeln, Reis, Hirse, Bataten oder Bananen ernährt. Bei der Bildung der Stärkekörner werden die hochpolymeren Makro-Kettenmoleküle, von einem Bildungszentrum ausgehend, radial zu sogenannten Sphärokristallen zusammengeordnet. Im polarisierten Licht zwischen gekreuzten NICOLschen Prismen weisen derartige Sphärokristalle ein dunkles Polarisationskreuz auf, dessen Arme sich im Bildungszentrum überschneiden, da diejenigen kristallinen Elemente (Kristallite), die mit den Polarisationsebenen der Nicols zusammenfallen, dunkel bleiben, während die übrigen hell aufleuchten.

Viele Stärkekörner erscheinen im Mikroskop deutlich geschichtet. In jeder Schicht nimmt die Dichte von innen nach außen ab, um an der nächsten Schichtgrenze sprungartig wieder anzusteigen (Abb. 76 A, B). Die Ausbildung dieser Schichten scheint von Außenfaktoren (Licht und Temperatur) unabhängig zu erfolgen, d. h. auf endonomen Vorgängen zu beruhen; Kartoffelstärkekörner weisen je Tageszuwachs zwei bis drei derartige Schichten auf. Während die Schichtung der Stärkekörner bei Poaceen und Hülsenfrüchten im allgemeinen zentrisch zu sein pflegt, kommt bei anderen Pflanzen – besonders solchen mit sehr großen Stärkekörnern – nicht selten exzentrische Schichtung vor (Abb. 76 A, E). Sie kommt zustande, wenn das Stärkebildungszentrum nicht genau die Mitte der Plastiden einnimmt. Auf derjenigen Seite, wo der Amyloplast dicker ist, wird alsdann mehr Stärke abgelagert, und die Schichten werden infolgedessen ungleichmäßig verdickt. Enthält ein Amyloplast mehr als ein Bildungszentrum, so entstehen zusammengesetzte Stärkekörner. Derartige Zwillings- und Drillingsbildungen kommen

in der Kartoffelknolle nicht selten neben den einfachen Stärkekörnern vor. Bei anderen Arten finden sich regelmäßig sehr stark zusammengesetzte Stärkekörner, so z. B. beim Hafer (Abb. 75 A, B; bis 100 Teilkörner je Großkorn), beim Reis (bis 300), bei *Spinacia* und anderen Chenopodiaceen (bis maximal 30000).

Manche Stärkekörner, z. B. der Kartoffelstärke, bestehen aus einer quellbaren Hülle aus Amylopektin (ca. 80% der Gesamtmenge) und einem wasserlöslichen Kern aus reiner Amylose (löslicher Stärke). Sie sind in kaltem Wasser unlöslich, verquellen aber bei gewöhnlicher Temperatur leicht in Kali- oder Natronlauge sowie meist auch in Chloralhydratlösung, außerdem unter Kleisterbildung in Wasser von 60 bis 90 °C. Durch konzentrierte Schwefelsäure wird Stärke ohne vorausgegangene Quellung in Zucker umgewandelt. Ohne Zusatz von Wasser erhitzt und geröstet, geht Stärke in wasserlösliche Stoffe über («Röstgummi», technisches Dextrin).

Ebenfalls aus α-D-Glucose aufgebaut ist das Glykogen, das z. B. in vielen Bakterien und Pilzen die Stärke vertritt und auch das tierische Reservekohlenhydrat darstellt. Glykogen ist im Prinzip ähnlich gebaut wie das Amylopektin, nur sind die $\alpha(1 \rightarrow 6)$-Verzweigungen durchschnittlich an jedem 8. bis 10. Glucoserest anzutreffen, d. h. das Glykogen ist noch stärker verzweigt als das Amylopektin.

Composite speichern das im wesentlichen aus D-Fructose-Molekülen in $\beta(2 \rightarrow 1)$-Bindung aufgebaute, lösliche Polysaccharid Inulin, das bei Zusatz von Alkohol in Form von Sphärokristallen ausfällt. (Im Gegensatz zu den Polyglucanen, z. B. der Kartoffelstärke, ist es für Zuckerkranke ungefährlich, so daß die Knollen des Topinambur, *Helianthus tuberosus*, Zuckerkranken als Kartoffelersatz dienen können.)

Aus Mischpolymerisaten verschiedener Kohlenhydrate bestehender wasserlöslicher Schleim ist z. B. in den Vacuolen der Zellen mancher Zwiebeln

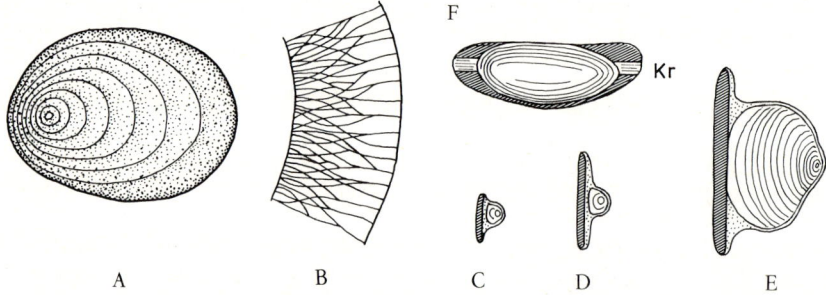

Abb. 76: A exzentrisch geschichtetes Stärkekorn der Kartoffel. B Schematische Darstellung der submikroskopischen Struktur einer einzelnen Schicht. Auf der linken Seite dichte Lagerung der verzweigten Stärkemoleküle; rechts höherer Wassergehalt (weiße Zwischenräume). C bis F Wachstum der Amyloplastenstärke in den Knollen der Orchidee *Phajus*; C, D, E von der Seite, F von oben betrachtet. Kr Eiweißkristalloid. (A 400 ×, C bis F 540 ×, nach STRASBURGER.)

und Orchideenknollen enthalten. In oberirdischen Organen findet sich Schleim besonders in den Sproßachsen und Blättern der Succulenten. (Schleime können jedoch auch durch Verschleimung von Zellwandbestandteilen entstehen; vgl. S. 85).

E. Zellwand

Während die tierischen Zellen in der Regel nackt sind, besitzt die typische Pflanzenzelle eine vom Cytoplasma ausgeschiedene Z e l l w a n d (Saccoderm). Das ist notwendig, weil die Pflanzenzellen mit ihren meist stark entwickelten Vacuolen einen erheblichen osmotischen Binnendruck entwickeln können, so daß der aufgeblähte Protoplast ein Widerlager benötigt. Wichtigste Wandsubstanz ist bei den meisten Pflanzen die C e l l u l o s e; bei den Pilzen wird die Cellulose bei zahlreichen Familien (vor allem bei sämtlichen Höheren Pilzen) durch das C h i t i n ersetzt.

«Nackt» sind lediglich einige Flagellaten (z. B. Abb. 3) und niederste Pilze (Myxomyceten, Abb. 7, und manche Chytridiomyceten, z. B. Abb. 686 B, C), sowie die Geschlechtszellen und Zoosporen vieler Algen und Pilze. Ihr Protoplast ist oft von einer dünnen, elastischen Hautschicht (Pellicula) umgeben, die aus verdichtetem Ektoplasma besteht. Bei den Bakterien spielt das Glykopeptid M u r e i n eine wichtige Rolle als Stützskelett der Zellwand (Mureinsacculus).

1. Entwicklungsgeschichte der Zellwand.

Auch die Geschlechtszellen der Höheren Pflanzen haben keine Cellulosewände. Sie sind jedoch bis zur Befruchtung von einer zarten Plasmahaut eingehüllt. Erst nach der Befruchtung scheidet die Eizelle an ihrer Oberfläche eine derbere P r i m o r d i a l w a n d a b, und weitere Trennwände werden bei jeder Kern- und Plasmateilung zwischen den einzelnen Zellen des Embryos im Phragmoplasten ausgebildet (vgl. S. 51 u. 27 B), so daß das gesamte embryonale Gewebe durch zarte Primordialwände in ein zunächst noch dehnbares Zellnetz unterteilt ist.

Die verhältnismäßig kleinen und ziemlich gleich gestalteten embryonalen Zellen wachsen unter Flächenausdehnung ihrer Wände zu ihren endgültigen Größen und besonderen Formen heran. Meist ist dieses F l ä c h e n w a c h s t u m der Zellwände allseitig gleich und deckt sich genau mit dem Flächenwachstum der angrenzenden Nachbarwände (s y m p l a s t i s c h e s W a c h s t u m); in anderen Fällen kann es bei gestreckten Zellen auf deren Spitzen beschränkt sein (z. B. Interpositionswachstum, Abb. 185, S. 164). Es kommt durch plastische (irreversible) Dehnung der vorwiegend aus Protopectin bestehenden Primordialwände zustande, denen gleichzeitig neue Schichten angelagert (Apposition) werden, die häufig zunehmend mehr Cellulose (oder bei Pilzen Chitin) enthalten («multinet»-Wachstum, Abb. 86. Vgl. S. 421 ff.).

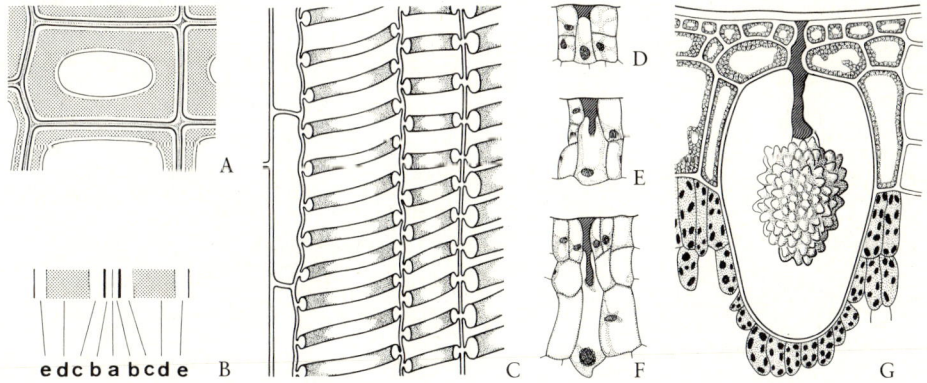

Abb. 77: Sekundäre Wandverdickungen. A und B Feinbau der Tracheidenwand einer Conifere. A Übersicht. B Wandaufbau bei starker Vergrößerung. a Primordialwand oder Mittellamelle. b Primärwand. c und d geschichtete Sekundärwand (c Übergangsschicht, d Zentralschicht). e Tertiärwand oder Abschlußhaut. C Teil eines Längsschnitts durch eine Reihe von Parenchymzellen (links) und drei Schraubentracheiden des Kürbis mit schraubenförmig angeordneten Verdickungsleisten. D bis G Entstehungsgeschichte eines Cystolithen in der dreischichtigen Epidermis von *Ficus elastica*. D während die Mehrzahl der Protodermzellen durch eine perikline Zellteilung die Grundlage für die Mehrschichtigkeit der späteren Epidermis legt, verdickt sich im zukünftigen Cystolith-Idioblast die Außenwand und wächst zu einem zentripetalen Zapfen aus (E, F), der schließlich mit Calciumcarbonat inkrustiert wird (G). (A 800 ×, B 4000 ×, nach BAILEY; C 370 ×, nach ROTHERT. D bis G 400 ×, nach AJELLO.)

Die Zellwand dient dem Schutz und vor allem der Festigung der Protoplasten. Letztere wird einerseits durch Spannung der Wände infolge des Zellturgors (vgl. S. 316), andererseits durch ihr Dickenwachstum erreicht, das bereits während des Flächenwachstums zu beginnen pflegt, vor allem aber nach dessen Beendigung noch längere Zeit fortdauern kann. Das Dickenwachstum erfolgt fast ausschließlich durch zentripetale Substanzanlagerung.

Da diese Auflagerung neuer Wandsubstanz an die Primordialwände innerhalb eines geschlossenen Zellverbandes in der Regel von den beiden benachbarten Zellen gleichzeitig erfolgt, pflegen schon die noch wachsenden Trennwände zwischen ganz jugendlichen Zellen dreischichtig zu sein; jede Zelle bildet ihre eigene Cellulosewand (Primärwand, Abb. 77 B b), die sich an die aus pectinartigen Substanzen gebildete Primordialwand oder Mittellamelle (Abb. 77 B a) anlehnt. Auch die Primärwand besteht noch zum größten Teil aus Protopectin und nicht-celluloseartigen Polysacchariden. Ihr Cellulosegehalt liegt zwischen 8 und 14 %.

Der Cellulosegehalt der nach Abschluß des Flächenwachstums angelagerten Sekundärwand (Abb. 77 B c u. d) ist wesentlich höher. Die Apposition der Wandsubstanzen erfolgt gewöhnlich in Form einzelner schalenförmiger Lamellen. Dabei wechseln häufig dickere, dichtere mit dünneren weniger dichten, wasserreichen und oft auch chemisch andersartigen Lamellen ab; die dichteren brechen das Licht stärker als die dünnen und erscheinen infolgedessen heller, so daß eine lichtmikroskopisch nachweisbare Schichtung entsteht (Abb. 78 A, vgl. auch Abb. 76 A). Auch scheinbar homogene Zellwände lassen solche Schichten vielfach nach Quellung mit starken Säuren oder Alkalien deutlich erkennen. Die äußerste an die Primärwand grenzende Schicht der Sekundärwand (Abb. 77 B c) wird auch als Übergangsschicht bezeichnet. Darauf folgt die ihrerseits in sich selbst geschichtete Mittel- oder Zentralschicht der Sekundär-

wand. Die innerste, häufig abweichend zusammengesetzte und strukturierte Schicht wird schließlich als Tertiärwand oder Abschlußhaut bezeichnet (Abb. 77 B e).

Nicht selten bleibt die sekundäre Wandverdickung auf bestimmte lokale Bezirke beschränkt. Solche Verdickungen sitzen den Zellwänden bald innen (zentripetal), bald außen (zentrifugal) auf. Lokale zentripetale Wandverdickungen dienen beispielsweise in Form von Ringen, Schrauben oder netzartig verbundenen Leisten der Aussteifung wasserleitender oder wasserspeichernder Zellen (Tracheen und Tracheiden, Abb. 77 C; 140, 142). Manche zentripetalen Wandverdickungen können recht absonderliche Formen annehmen, wie z.B. die merkwürdigen Cystolithen in den Blättern verschiedener *Moraceae*, *Acanthaceae* und *Cucurbitaceae*. Der in Abb. 77 G wiedergegebene Cystolith von *Ficus elastica* besteht aus einem verkieselten Fuß, an dem ein maulbeerartig geformter, mit Calciumcarbonat (> 90 %) imprägnierter Körper aus Cellulose und Callose hängt.

Zentrifugale Wandverdickungen können durch ein besonderes Periplasma bzw. Periplasmodium von außen aufgelagert werden. Auf diese Weise kommen beispielsweise manche der mannigfaltig gestalteten Verdickungen und Anhängsel auf den Außenflächen von Sporen und Pollenkörnern zustande (vgl. z.B. Abb. 797 E, 834 H, 845, 883 C).

2. Tüpfel und Plasmodesmen. Bei der zentripetalen Wandverdickung durch Apposition bleiben stets einzelne Stellen der Sekundärwand unverdickt. So entstehen zunächst flache Grübchen, die im Verlauf der weiteren Wandverdickung zu röhrenförmigen Kanälen werden. Diese Aussparungen nennt man Tüpfel (Abb.

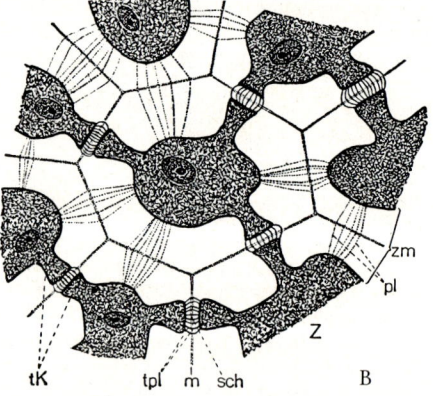

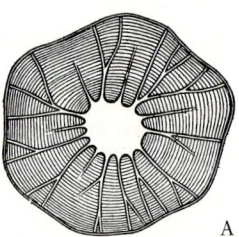

Abb. 78: Sekundäre Wandverdickung und Tüpfelbildung. A Steinzelle aus dem Endokarp der Walnuß (*Juglans regia*) mit verzweigten Tüpfelkanälen und Schichtung (die unvollständig gezeichneten Kanäle verlaufen schräg nach oben bzw. unten). B Querschnitt durch das gequollene und gefärbte Steinendosperm der Elfenbeinpalme (*Phytelephas*). Z Zellumen mit Protoplasten und Zellkernen. zm Zellwand. tK Tüpfelkanäle. m Mittellamelle. sch Schließhaut der Tüpfelkanäle mit Plasmodesmen tpl. pl Plasmodesmen außerhalb der Tüpfelschließhäute. (A 1000 ×, nach Rothert und Reinke; B 350 ×, nach Halbsguth.)

78 A). Die Tüpfel benachbarter Zellen werden stets auf beiden Seiten der Mittellamelle an einander genau entsprechenden Stellen angelegt und stoßen daher aneinander (Abb. 78 Bm). Bei fortschreitender Wandverdickung können sich mehrere ursprünglich getrennt angelegte Tüpfel gegen das Zellumen hin miteinander vereinigen, so daß auf diese Weise verzweigte Tüpfelkanäle entstehen (Abb. 78 A). Gegen die Nachbarzellen sind die Tüpfelkanäle durch die sog. Schließhaut abgeschlossen, die aus der

Primordialwand (Mittellamelle) mit den beidseitig aufgelagerten Primärwänden besteht (Abb. 78 B sch).

Die Schließhäute sind ihrerseits noch einmal siebartig durchbrochen (Primäre Tüpfelfelder, Abb. 84 B) und von feinsten Plasmaverbindungen oder Plasmodesmen durchsetzt, so daß die Gesamtheit der Zellen trotz der trennenden Zellwände eine plasmatische Einheit bildet. Wie das elektronenmikroskopische Bild lehrt, sind diese Plasmodesmen häufig von Ausläufern des ER durchsetzt, so daß die ER-Cisternen benachbarter Zellen möglicherweise z. T. in röhrenförmigem offenem Kontakt miteinander stehen (Abb. 5 Pl u. 6 Pfeil).

Derartige Plasmodesmen können die Zellwände auch außerhalb der Tüpfelschließhäute durchziehen (Abb. 78 B pl). Eine einzige etwa quaderförmige Zelle aus dem Bildungsgewebe der Zwiebelwurzel ist durch

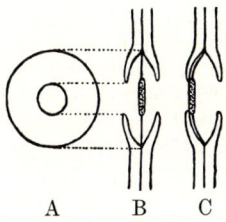

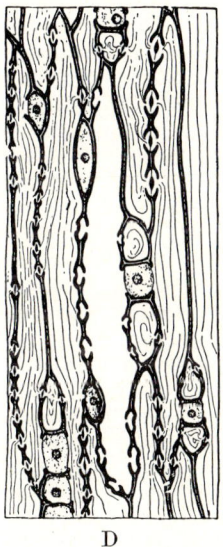

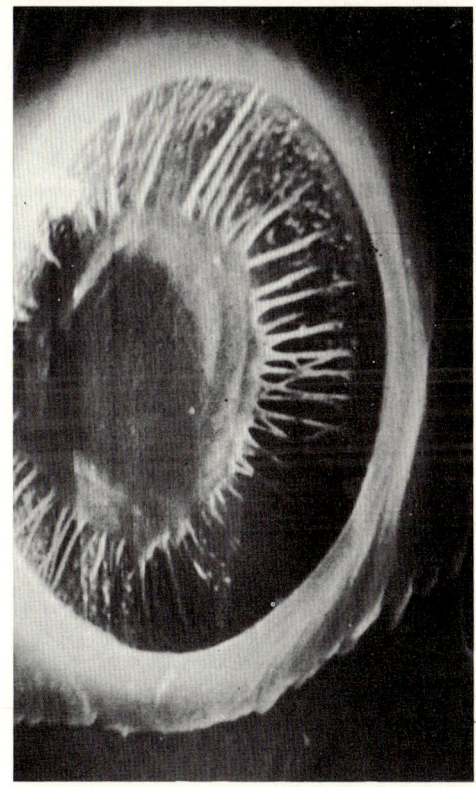

Abb. 79: Hoftüpfel der Coniferen, schematisch. A Flächenansicht, B und C Längsschnitt, die Ventilwirkung des zweiseitig behöften Tüpfels zeigend. (B Normalstellung, C bei einseitigem Sog.) D Schematische Darstellung der Ventilfunktion: In die mittlere Tracheide ist Luft eingedrungen. Das durch dünne längs verlaufende Linien angedeutete Wasser in den angrenzenden Zellen steht unter negativer Saugspannung und hat die Tori sämtlicher an die lufterfüllte Zelle angrenzenden Hoftüpfel fest an die entsprechenden Pori herangezogen. (Schematisch; Zellen relativ zu kurz). (A bis C 1200 ×, D 300 ×, nach JAMES).

Abb. 80: *Pinus sylvestris:* Blick in einen Hoftüpfel der Tracheidenwand. Der Torus ist dem Porus einseitig als «Ventilverschluß» angelagert und in dieser Lage fixiert. Obere Gegenwand der angrenzenden Tracheide zur besseren Einsicht entfernt. Das Photo entspricht etwa dem schematischen Querschnitt Abb. 79 C. (8000 ×, nach einem Rasterelektronenmikroskop-Photo von RESCH.)

10000 bis 20000 derartiger Plasmodesmen mit ihren Nachbarzellen verbunden. Aber auch die Wände aller ausgewachsenen Zellen sind von Tausenden allerfeinster Protoplasmastränge durchsetzt. Das wird sehr deutlich, wenn man die Protoplasten durch Plasmolyse (vgl. S. 318) veranlaßt, sich von der Zellwand zurückzuziehen und diesen Vorgang im Dunkelfeldmikroskop verfolgt. Man kann dann bei vielen Objekten beobachten, wie der Protoplast an zahlreichen Stellen mit der Zellwand verbunden bleibt, so daß der kontrahierte Zelleib schließlich in einem Netzwerk allerfeinster sog. HECHTscher Plasmafäden aufgehängt erscheint. Die Protoplasten der einzelnen Zellen bilden auf diese Weise eine zusammenhängende lebendige Einheit: den Symplasten.

In den toten Wasserleitungsbahnen der Höheren Pflanzen (vgl. S. 126f.) sind die Tüpfelkanäle zur Schließhaut hin stets trichterförmig erweitert (Abb. 79B). Bei etwa kreisrunder Gestalt derartiger Tüpfel beobachtet man daher in der Aufsicht um die zentrale Öffnung – den Porus – eine zweite konzentrische Kreislinie – den sog. «Hof» –, welche die Orte der Ablösung der Sekundärwand von der Schließhaut bezeichnet (Abb. 79A). Derartige Hoftüpfel sind im Holz der Nadel- und Laubbäume weit verbreitet (Abb. 80, 184F, 187). Bei ovaler oder länglicher Gestalt der Tüpfelfelder ergeben sich entsprechend schmaler gestaltete Hoftüpfel, wie sie für viele Laubhölzer typisch sind (Abb. 174C h, 184D, I).

Die Hoftüpfel der meisten Coniferen besitzen in der Mitte der Schließhaut eine scheibenförmige Verdickung: den Torus, von dem aus meist radial orientierte Haltefäden, die aus Cellulose bestehen, zur Zellwand ziehen (Abb. 80). Solange der Torus in der Mitte zwischen den beiden Poren steht (Abb. 79B), kann das Wasser zwischen den Aufhängefäden hindurch ungehindert von Zelle zu Zelle zirkulieren; legt sich der Torus aber der Wand an (Abb. 79C, 80), so wird der Porus ventilartig verschlossen. Im Gegensatz zu den Hoftüpfeln der Coniferen besitzt die Tüpfelschließhaut bei den Angiospermen keine mikroskopisch nachweisbaren Lücken; sie setzt daher dem Wassertransport einen wesentlich höheren Widerstand entgegen.

Wo die Wasserleitungsbahnen an lebende Nachbarzellen angrenzen, sind ihre Tüpfel in der Regel nur einseitig gegen das Lumen der Wasserleitungsbahn behöft.

Überraschenderweise finden sich tüpfelähnliche Strukturen nicht nur in den Wänden, die zwei benachbarte Zellen voneinander trennen, sondern manchmal auch in den Außenwänden der Oberhautzellen, die unmittelbar an den Luftraum angrenzen («Fühl-tüpfel» gewisser Rankenpflanzen, vgl. Abb. 515B, S. 472).

3. Chemie der Zellwände. In lebenden Zellen ist die Zellwand stets von Wasser durchtränkt und gequollen (vgl. S. 312). Sie schrumpft infolgedessen bei Wasserentzug mehr oder weniger zusammen. Ihre Lamellen bestehen vornehmlich aus Kohlenhydraten, vor allem aus Cellulose. Niemals sind jedoch die pflanzlichen Zellwände aus reiner Cellulose aufgebaut, auch wenn man kurz von Cellulosewänden spricht.

Die Cellulose kommt in den Primär- und vor allem den Sekundärwänden der meisten Pflanzen vor, nicht hingegen, wie erwähnt, bei den meisten Pilzen und in der Zellwand der Bakterien. (Extracellulär, im Medium, kann aber z.B. *Acetobacter xylinum* Cellulose synthetisieren.)

Das Molekulargewicht der polydispersen Cellulose ist schwer festzustellen. Als Minimalwerte nimmt man solche zwischen 50000 und über 500000 an (entspricht 300 bzw. 3000 Glucoseresten).

Die unverzweigten, gestreckten Cellulosemoleküle bilden durch Wasserstoffbrücken stabilisierte fibrilläre Strukturen, die Elementaroder Mirkofibrillen (Abb. 81, 82, 83). Stellenweise sind in ihnen die Moleküle so regelmäßig angeordnet, daß Kristallgitter (Kettengitter, Micellen) entstehen können; in den dazwischenliegenden Bereichen (Intermicellräumen) verlaufen dagegen die Cellulosemoleküle weniger geordnet (Abb. 82B).

Im Gegensatz zur Stärke wird Cellulose erst nach vorausgegangener Behandlung mit Schwefelsäure oder Phosphorsäure durch wäßrige Iodlösung oder bei gleichzeitiger Einwirkung der konzentrierten Lösungen bestimmter Salze, z.B. Chlorzink mit Iod, blau gefärbt; daher ist das gebräuchlichste Reagens zum Nachweis der Cellulose Chlorzinkiodlösung. Die Cellulose ist unlöslich selbst in kochendem Wasser, ferner in verdünnten Säuren, in Alkalien, sogar in konzentrierter Kalilauge. Dagegen ist sie löslich unter schwacher Hydrolyse, z.B. in Kupferoxidammoniak (SCHWEIZERsches Reagens) und – unter Umwandlung in Glucose – in konzentrierter Schwefelsäure. Ferner wird sie durch das Enzym Cellulase in D-Glucose überführt.

Die Cellulosefibrillen sind in der pflanzlichen Zellwand in eine amorphe Matrix eingebettet, die in den

β-Glucose   Cellulose

Primärwänden dominiert, in manchen Sekundärwänden (z.B. beim Baumwollhaar) aber gegenüber der Cellulose völlig zurücktritt. Diese Matrix besteht ebenfalls aus Polysacchariden, die aber zumeist Heteropolymere sind, die z.T. nach ihrem Löslichkeitsverhalten (z.B. Hemicellulosen), z.T. nach den in ihnen dominierenden Zuckern (Pentosane: Xylane; Hexosane: Glucane, Galactane, Mannane, Fructane; ferner z.B. Arabogalactane oder Glucomannane) bezeichnet werden. Diese Matrix-Polysaccharide bestehen meist aus einer Hauptkette, die häufig von nur einer Zuckerart gebildet wird, und zahlreichen Verzweigungen, die nur von einem einzigen Zucker- oder Zuckersäurerest (aber verschiedenen Zuckerarten) gebildet werden.

Besonders reich an derartigen Nichtcellulose-Polysacchariden sind die wasserlöslichen Zellwandschleime (z.B. Zoogloea, S. 553; *Batrachospermum*, S. 642; Samenschale von *Linum*, S. 825) und die fälschlich so genannten wasserunlöslichen «Reservecellulosen»; letztere bauen in manchen Früchten und Samen harte, aber enzymatisch leicht aufzulösende Verdickungsschichten auf. Das Stein-Endosperm der Palme *Phytelephas macrocarpa* (Abb. 78B) findet als vegetabilisches Elfenbein technische Verwendung. Auch die Samen der Dattelpalme (Dattelkerne) sind aus «Reservecellulose» aufgebaut.

Die Primordialwände (spätere Mittellamellen) und die Primärwände bestehen in erster Linie aus Protopectin, das – im Gegensatz zur Cellulose – mit Chlorzinkiod einen gelbbraunen Farbton annimmt und sich mit Methylenblau, Safranin und vor allem mit Rutheniumrot intensiv anfärbt; nach vorausgehender Hydrolyse mit schwachen Säuren läßt es sich leicht mit Alkalien aus histologischen Schnitten entfernen. Manchmal tritt bei der Fruchtreife eine natürliche enzymatische Auflösung der Pectinsubstanzen ein, so daß die Zellen des Fruchtfleisches ihren Zusammenhalt verlieren und zu einem mehligen Brei zerfallen (*Symphoricarpus*, gewisse Kernobstarten). Auch bei der Maceration von Geweben und bei der Flachsröste wird durch chemische Behandlungsmethoden (z.B. Kochen in chlorsaurem Kali und Salpetersäure) bzw. durch die Einwirkung von Bakterien-Enzymen die gleiche Wirkung erreicht. Man kann deshalb das Protopectin als die Kittsubstanz bezeichnen, welche die Zellen im Gewebeverband zusammenhält.

Chemisch sind die Pectinstoffe Derivate der linear-makromolekularen Pectinsäure, die durch die kettenförmige Verknüpfung zahlreicher Galacturonsäure-Moleküle entsteht und einen ganz ähnlichen submikroskopischen Feinbau aufweist wie die Cellulose.

Durch teilweise Veresterung der aus dem Kettenmolekül als Seitenketten herausragenden Säuregruppen mit Methylalkohol entstehen aus der Pectinsäure die wasserlöslichen Pectine, die sich im Zellsaft vieler (besonders junger) Früchte finden und durch nachträgliche Polymerisation die Gelatinierung der zuckerreichen Dekokte zu «Fruchtgelee» bewirken. Mit Hilfe mehrwertiger Metall-Ionen (Ca^{++}, Mg^{++}) können die Pectinsäure-Moleküle jedoch auch unter Salz-(Pectat-) Bildung zu wasserunlöslichen Riesen-

Galacturonsäure

Polygalacturonsäure
(z.T. methyliert)

Tab. 5: Struktur- und Gerüst-Polysaccharide.

Vorkommen	Bezeichnung	Bausteine
Bakterien	Muropeptide (Murein-Netz)	N-Acetyl-D-Glucosamin N-Acetyl-D-Muraminsäure
Bakterien	Kapselpolysaccharide	D-Glucose D-Glucuronsäure
Rotalgen	Agar-Agar	D-Galactose L-Galactose-6-sulfat
Braunalgen	Alginsäure	D-Mannuronsäure
Siphonale Grünalgen		
Gametophyt	Xylan	D-Xylose
Sporophyt	Mannan	D-Mannose
Acetabularia	Mannan	D-Mannose
Höhere Pilze	Chitin	N-Acetyl-D-Glucosamin
Höhere Pflanzen	Cellulose Pectinsäure	D-Glucose D-Galacturosäure

molekülen miteinander vernetzt werden, die das Protopectin der Mittellamellen bilden.

Neben den aufgeführten wichtigsten Strukturpolysacchariden kommen – insbesondere bei den Niederen Pflanzen – noch zahlreiche weitere Zucker und Zuckerderivate (insbesondere stickstoffhaltige Aminozucker) als Zellwandbaustoffe vor (Tab. 5, S. 85).

Chitin ist wie die Cellulose ein Homopolymer, in dem N-Acetyl-glucosamin-Reste β-glykosidisch (1 → 4) miteinander verknüpft sind. Die gestreckten und unverzweigten Chitinmoleküle bilden Mikrofibrillen, die im Elektronenmikroskop von denen der Cellulose nicht zu unterscheiden sind.

wänden in allen Richtungen regellos durcheinandergeschlungen sind (Streuungstextur, Abb. 81A), erscheinen sie in den Sekundärwänden in der Regel sehr viel dichter gelagert und häufig parallel ausgerichtet (Abb. 81B). Oft weisen die Sekundärwände eine tagesperiodisch bedingte Schichtung auf («Tagesringe» Abb. 78A), die dadurch zustande kommt, daß tagsüber mehr Cellulose, nachts hingegen mehr Hemisubstanzen angelagert werden.

Sind die parallel ausgerichteten Fibrillen der Sekundärwand mehr oder weniger einheitlich in Richtung der Längsachse orientiert (Ramie-, Hanf-,

Glucosamin

Chitin

Es ist sicher kein Zufall, daß die meisten Pilze – wie viele Tiere – das N-haltige Chitin als hauptsächliches Strukturpolysaccharid verwenden, die autotrophen Pflanzen aber N-freie Cellulose: Während die letzteren durch die Photosynthese über Kohlenstoffverbindungen im Überfluß verfügen und Stickstoff häufig wachstumsbegrenzend wirkt, ist in der Nahrung der Heterotrophen das C:N-Verhältnis weit niedriger.

4. Physikalische Eigenschaften und sublichtmikroskopische Struktur der Zellwände. Wie erwähnt, ist die Cellulose in der Zellwand in Form von Mikrofibrillen in die stark hydratisierte Matrix eingebettet. Während die Fibrillen in den noch wachstumsfähigen Primär-

Flachs-, Nesselfasern), so spricht man von Fasertextur, bei ringförmiger Anordnung (Ringtracheiden) von Ringtextur und bei schraubiger Anordnung (Holzfasern, Coniferentracheiden) von Schraubentextur. Bei flacheren Schraubengängen (Cocos-Fasern ca. 45°) sind die Fasern vielfach besonders dehnbar, da sich die Fibrillen wie Schraubenfedern ausziehen lassen. Steile Schraubung erweist sich als zweckmäßig bei Zugbeanspruchung, da sich alsdann – wie bei einem gedrehten Seil – die einzelnen Fibrillen besonders fest gegeneinanderpressen. Die Zugfestigkeit wird noch erhöht, wenn die Orientierung der Schraubenumgänge in den aufeinanderfolgenden Wandschichten wechselt (Abb. 85). In der nur 0,04 mm dicken Zellwand der Alge *Valonia* sind bis zu 700 derartige alternierende Fibrillenschichten übereinander gelagert (Abb. 81B).

Die im Elektronenmikroskop sichtbaren Mikro-

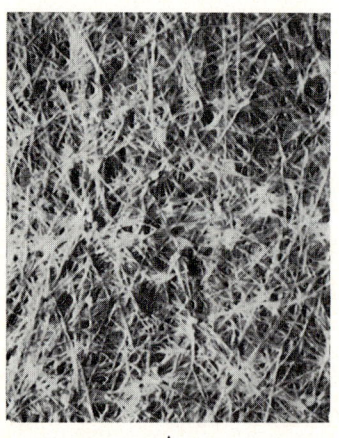

A   B

Abb. 81: A Primärwand, B Sekundärwand einer Zelle der Alge *Valonia*. In der Primärwand sind die Cellulosefibrillen regellos orientiert (Streuungstextur), die Sekundärwand ist aus Schichten mit regelmäßig gekreuzter Schraubentextur aufgebaut. (5000 ×, nach STEWARD u. MÜHLETHALER.)

fibrillen der Cellulose haben einen Durchmesser von 20–30 nm. Sie bestehen aus 15 bis 20 Elementarfibrillen oder Micellarsträngen (Durchmesser 6–7 nm), die durch Ultrabeschallung freigelegt werden können. Jeder Strang besteht seinerseits aus einzelnen Micellen, d.h. aus unscharf begrenzten

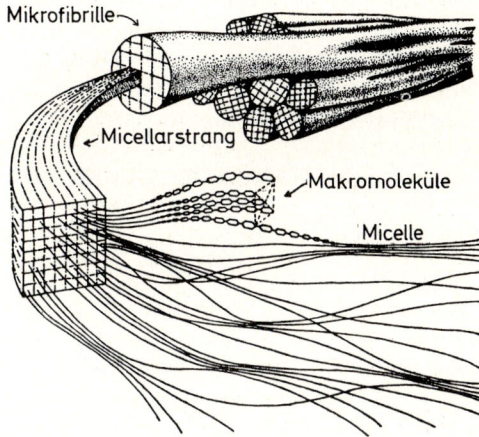

Bündeln von etwa 100 Cellulose-Makromolekülen, die teilweise zu benachbarten Micellarsträngen hinüberzuziehen scheinen und wahrscheinlich auf diese Weise die einzelnen Micellen miteinander verketten («Fransenmicelle» Abb. 82B). Die engen Intermicellarspalten (Durchmesser etwa 1 nm) können sehr kleine Moleküle (Wasser, Iod) aufnehmen (Abb. 82 A, kleine schwarze Vierecke). Größere Moleküle (sog. Inkrusten: Lignin, Farbstoffe) finden hingegen ausschließlich in den weiteren interfibrillären Capillarräumen mit einem Durchmesser von etwa 10 nm Platz (Abb. 82 A, große, viereckige Lücken). Der submikro-

Abb. 82: A Querschnitt durch die Mikrofibrillen einer Cellulosewand. Jede Mikrofibrille ist aus ca. 20 Micellarsträngen aufgebaut. Zwischen den Micellen (schwarz gehaltene) Intermicellarräume mit einem Durchmesser von 0,5–1 nm. B Schematischer Längsschnitt durch eine einzelne Fibrille mit unregelmäßig angeordneten Micellen, die durch amorphe Bereiche getrennt sind. (A ca. 200000 ×, B 1 000 000 ×, nach Frey-Wyssling).

Abb. 83: Grobes Modell, das den Aufbau der Mikrofibrillen aus Cellulose-Makromolekülketten und Micellen veranschaulicht. (In Anlehnung an Bonner u. Galston, aus Mohr.)

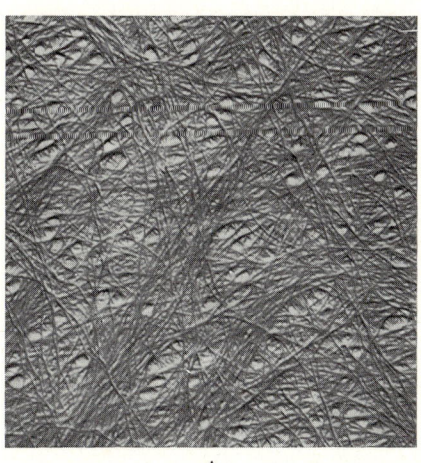

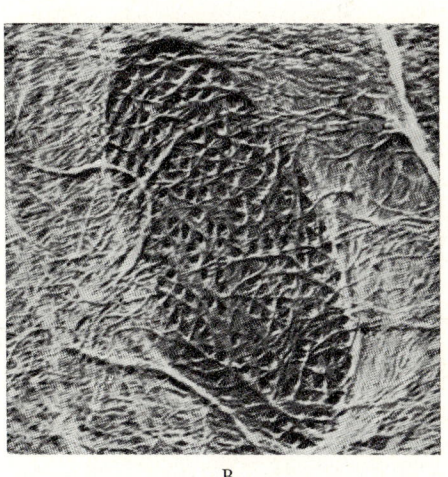

Abb. 84: Zellwandporen und Tüpfel. A Querwand einer Meristemzelle aus dem jungen Blattstiel von *Ricinus communis*. Streuungstextur mit zahlreichen ausgesparten «Poren», den Durchtrittsöffnungen der Plasmodesmen. B Tüpfelfeld in der Primärwand einer Zelle aus der Wurzel von *Zea mays*. Man erkennt die ausgesparten Durchtrittsöffnungen für die Plasmodesmen. (A 120000 ×, nach Mühlethaler; B 100000 ×, nach Wyckoff u. Mühlethaler.)

skopische Aufbau der Zellwände aus mehr oder weniger parallel gelagerten Cellulosemicellen macht sowohl die optische als auch die Quellungs-Anisotropie verständlich: die eindringenden Wassermoleküle vermögen nämlich den Zusammenhalt der Fibrillen in ihrer Längsrichtung kaum zu beeinflussen. So werden beispielsweise trockene Flachsfasern bei der Quellung 20% dicker, aber nur 0,01% länger (vgl. S. 480: hygroskopische Bewegungen).

5. Sekundäre Veränderungen der Zellwände.

Die Zellwände nehmen im Lauf des Lebens einer Zelle oft neue chemische und physikalische Eigenschaften dadurch an, daß ihnen weitere, chemisch andersartige Substanzen ein- und aufgelagert werden. Diese Veränderungen stehen fast immer in engster Beziehung zu den Anforderungen, die an die Zellen gestellt werden. Die gequollenen Cellulosewände sind geschmeidig und elastisch stark dehnbar. Reine Cellulosewände setzen der Diffusion von Wasser, aber auch von darin gelösten Substanzen nur sehr wenig Widerstand entgegen. Die wichtigsten sekundären Wandveränderungen sind die Verholzung, die Verkorkung und die Cutinisierung. Die Verholzung verringert die Dehnbarkeit der Zellwände ganz bedeutend, erhöht also deren Starrheit und Druckfestigkeit, ohne die Durch-

lässigkeit für Wasser und in ihm gelöste Stoffe aufzuheben. Verkorkte und cutinisierte Zellwände sind dagegen weniger durchlässig für Wasser und Gase und setzen daher die Verdunstung stark herab.

a) Die Verholzung beruht auf der Einlagerung von Holzstoffen (Ligninen; S. 363) in das Cellulosegerüst der Zellwände (Inkrustierung), wobei die Wandschichten nicht selten erheblich aufquellen. So entstehen Mischkörper aus zugfester Cellulose und druckfestem Lignin, die nach Struktur und Formfestigkeit etwa mit Eisenbeton verglichen werden können, von dem sie sich allerdings durch ihre Durchlässigkeit unterscheiden. Erstmals in der Stammesgeschichte tritt das Lignin nachweislich bei den Moosen (lignin-ähnliche Stoffe bei *Sphagnum*) auf.

Die Lignine sind Mischpolymerisate verschiedener Abkömmlinge des Phenylpropans (z.B. Coniferylalkohol u. a.), die im Gegensatz zu den fadenförmigen Cellulosemolekülen reich verästelt und untereinander zu einem einzigen Riesenmolekül vernetzt sind (Abb. 381, S. 364). Verholzte Zellwände färben sich mit schwefelsaurem Anilin gelb, mit Phloroglucin in Alkohol und Salzsäure rot, mit Chlorzinkiodlösung gelb. Der Holzstoff läßt sich aus den verholzten Zellwänden in mikroskopischen Schnitten durch Ja-

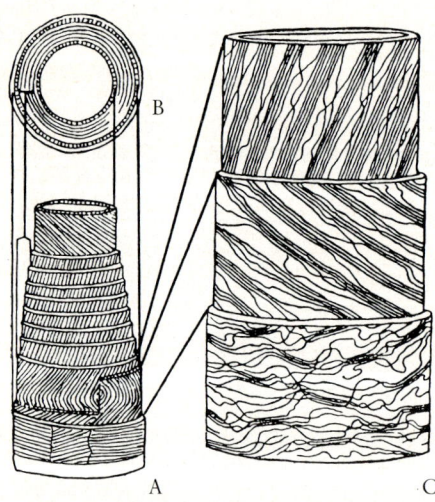

Abb. 85: Wandstruktur eines Baumwollhaares, schematisch. A Schichten stufenweise abgetragen mit Andeutung der Orientierung der Mikrofibrillen in den einzelnen Verdickungsschichten. B entsprechender Querschnitt. C stark vergröberte Micellarstruktur: Streuungstextur in der außenliegenden Primärwand; innere Wandschichten mit Schraubentextur in wechselnder Richtung (nach BERKLEY).

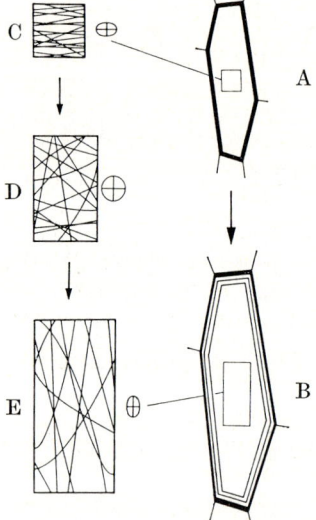

Abb. 86: Schema des Flächenwachstums der Zellwand nach der multi-net-Theorie. A und C Ausgangssituation: Mikrofibrillen vorwiegend quer orientiert. B, D, E spätere Stadien: die dicker gezeichnete Primärwand hat an Fläche zu-, an Dicke abgenommen. D und E Lockerung und Umordnung der Textur (nach SITTE).

VELLEsche Lauge, ferner technisch durch längeres Kochen mit Calciumbisulfitlösung oder Natronlauge unter Druck herauslösen, so daß nur die Kohlenhydratlamellen zurückbleiben. In dieser Weise stellt man aus Holz den «Zellstoff» und das Papier her.

b) Die **Verkorkung** beschränkt sich in der Regel auf die sekundären Verdickungsschichten einer Zellwand. Dabei werden zahlreiche dünne wasserundurchlässige Lamellen aus Korkstoff (Suberin) den unverkorkten Wandschichten aufgelagert (Akkrustierung). Solange die verkorkenden Zellen noch am Leben sind, bleiben einzelne Poren in den Korklamellen ausgespart, durch die sich der für Ernährung und Stoffwechsel erforderliche Stoffaustausch vollzieht. Ist der Verkorkungsprozeß abgeschlossen, werden auch diese Poren durch Suberineinlagerung verschlossen.

Mit der Verkorkung nahe verwandt ist die Cutinisierung. Sie kommt dadurch zustande, daß Cutin auf oder in Zellwänden ausgeschieden wird, die an die Atmosphäre grenzen. Die Suberine und Cutine, die zu den dauerhaftesten aller bekannten organischen Substanzen gehören, sind hochpolymere Ester gesättigter und ungesättigter $C_{16,18}$-Fett- und Oxyfettsäuren, erstere z.B. der Phellonsäure und ähnlicher langkettiger Säuren (Abb. 346, S. 323). Cutin enthält im Gegensatz zu Suberin nur in geringer Menge ungesättigte Fettsäuren. Beide Wandsubstanzen sind hydrophob und neigen zur Polymerisation und Vernetzung. Beim Suberin ist der erreichte Polymerisationsgrad wahrscheinlich geringer als beim Cutin. Am höchsten ist er vermutlich bei dem aus Carotinähnlichen Monomeren polymerisierten Sporopollenin, dem spezifischen Wandstoff der Pilzsporen und Pollenkörner, der gegen Verseifung und Verwesung so resistent ist, daß sich die Wände der mit Sporopollenin imprägnierten Zellen (Sporodermen) in Torfablagerungen durch Jahrmillionen unverändert erhalten haben (S. 1000 u. Abb. 1061). Lipophile Farbstoffe wie Sudanglycerin und Chlorophyll färben Cutin und Suberin rot bzw. grün und können zum Nachweis der Cutinisierung oder Verkorkung herangezogen werden. Durch Kupferoxid-Ammoniak und konzentrierte Schwefelsäure werden Cutin und Suberin nicht angegriffen.

c) **Mineralisierung:** Nicht nur organische, sondern auch anorganisch-mineralische Substanzen können als Inkrusten in die Cellulosewände eingelagert werden. Amorphe Kieselsäure ist in den peripherischen, dadurch sehr harten Zellwänden der Gräser, Riedgräser, Schachtelhalme und in den Zellwänden vieler anderer Pflanzen, z.B. der Diatomeen und Silicoflagellaten, vorhanden. Die Spitzen der Brennhaare verschiedener Nesselgewächse (*Urticaceae, Loasaceae*, Abb. 130 A–C) sind durch Silicateinlagerung glasspröde und brechen bei der leisesten Berührung an den dazu präformierten Stellen ab. Starke Ablagerung amorphen Calciumcarbonates macht manche Pflanzen, z.B. gewisse *Characeae* unserer Seen und Teiche, starr und brüchig. Auch manche Rotalgen lagern in und auf ihren Zellwänden so reichlich Calciumcarbonat ab, daß sie gesteinsbildend wirken; ganze Gebirgsstöcke der Alpen sind aus Kalkalgen aufgebaut. Bei Blütenpflanzen wird gelegentlich Calciumcarbonat in die Zellwände von Haaren eingelagert, z.B. bei den Kürbis- und Rauhblattgewächsen (*Cucurbitaceae* und *Boraginaceae*). Auch die unteren Abschnitte der Brennhaare sind in der Regel verkalkt. Die Fruchtwände des «Steinsamen» (*Lithospermum*) sind durch Kalkeinlagerung «steinhart». Auf die Kalkeinlagerung in und an den Cystolithen wurde schon hingewiesen (vgl. Abb. 77G). Calciumoxalat (vgl. S. 77) wird u.a. auch innerhalb der Zellwand (z.B. im Bast vieler Cupressaceen) in Kristallform ausgeschieden.

d) **Andere Inkrusten:** Häufig sind die Zellwände nachträglich durch Einlagerung von Gerbstoffderivaten gegen Fäulnis geschützt, so in Samenschalen, in älterem Holz und in den Borken, die dadurch dunkel gefärbt werden. Auch die zum Teil zur Flavangruppe gehörenden Farbstoffe der technisch benutzten Farbhölzer (vgl. S. 169: Verkernung) finden sich in den Zellwänden. Rote, gelbe, grüne und violette Wandfarbstoffe kommen in den Fruchtkörpern zahlreicher Hutpilze vor und geben ihnen ihr charakteristisches Aussehen.

Feste Zellwände können auch in Gummi umgewandelt werden. Bei der Gummosis mancher *Prunus*-Arten verquellen z.B. nacheinander die einzelnen Verdickungsschichten der Zellwände zu Gummi; schließlich wird auch der Zellinhalt zu einem Bestandteil der Gummimasse. Der Gummi ähnelt chemisch den Pflanzenschleimen (vgl. S. 80f.). Bei vielen Bakterien, Cyanophyceen und Algen (z.B. *Spirogyra,*

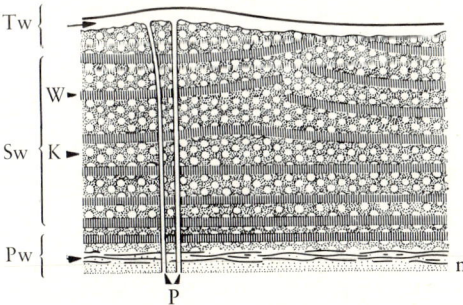

Abb. 87: Querschnitt durch eine verkorkte Zellwand. Schichtfolge (aufsteigend) von außen nach innen: auf die Mittellamelle m folgt die cellulosehaltige Primärwand Pw. Sw = Sekundärwand aus abwechselnden Kork- (K) und Wachsschichten (W). Den inneren Abschluß gegen das Zellumen bildet die Tertiärwand Tw. Bis zu ihrer Fertigstellung bleiben die Plasmodesmenkanäle P offen; im reifen Kork werden auch sie schließlich verstopft (nach SITTE).

Batrachospermum) verschleimen regelmäßig die äußeren Wandschichten. Bakterien bilden auf diese Weise «Zoogloeen» und Kahmhäute, Cyanophyceen gallertige Klumpen *(Nostoc)*. Die Froschlaichalge *Batrachospermum* verdankt ihren Namen neben ihrem Aussehen vor allem ihrer glitschigen Konsistenz. Auch die Außenwände mancher Samenschalen Höherer Pflanzen – wie beispielsweise des Leins – verquellen bei Befeuchtung zu schleimiger Gallerte (Verwendung als Abführmittel).

Die Cellulose – und damit ihre spezifisch fibrilläre Struktur – ist ein Produkt des Cytoplasmas. Dafür spricht u. a. die Tatsache, daß vielfach schon v o r Beginn der Differenzierung auffälliger Wandstrukturen an den betreffenden Stellen lokale Plasmaverdichtungen mit zahlreichen Mikrotubuli (vgl. S. 40) sichtbar sind. Es mehren sich die Hinweise, daß in der Zellwandmatrix spezifische Proteine vorhanden sind. Das E x t e n s i n (S. 420) soll eine Rolle beim Strekkungswachstum spielen und hat daher seinen Namen. Auf die Bedeutung der Dictyosomen (S. 37) für die Zellwandbildung wurde bereits hingewiesen.

Zweiter Abschnitt

Die morphologischen Organisationsstufen

Wie bereits einleitend betont wurde, lassen sich die gegenwärtigen Pflanzengestalten nur aufgrund ihrer historischen Entwicklung wirklich verstehen. Die einzigen U r k u n d e n, die wir über den Ablauf der S t a m m e s g e s c h i c h t e besitzen, liefert die Paläobotanik in den als Fossilien überkommenen Pflanzenresten.

Nach den aufgefundenen Resten waren die Pflanzen der ältesten erdgeschichtlichen Perioden sehr einfach gebaut. In den späteren (jüngeren) Zeiträumen traten nach und nach immer höher organisisierte Formen hinzu. Die Anzahl der spezialisierten Z e l l t y p e n und der aus diesen aufgebauten G e w e b e s o r t e n hat sich im Lauf der Stammesgeschichte beträchtlich vermehrt. Während die ältesten mit Sicherheit nachgewiesenen pflanzlichen Überreste Einzeller oder fädige Verbände völlig gleichartiger Zellen darstellen, sind viele rezente Blütenpflanzen aus 70 bis 80 v e r s c h i e d e n gestalteten und funktionell spezialisierten Zelltypen aufgebaut (P r i n z i p d e r f o r t s c h r e i t e n d e n D i f f e r e n z i e r u n g).

Obwohl manche der noch heute lebenden Arten sich sehr viele primitive Merkmale bis in die Gegenwart erhalten haben und uns daher als M o d e l l e für die längst ausgestorbenen Vorfahren dienen können, ist es nicht möglich, aus ihnen ohne weiteres die phylogenetischen Ahnenreihen zu rekonstruieren, denn von k e i n e r rezenten Form können wir mit Sicherheit sagen, daß sie wirklich a l l e primitiven Merkmale einer morphologisch ähnlichen Vorfahrenform unverändert übernommen habe. Wohl aber lassen sich an Hand rezenter Arten noch heute die wichtigsten großen Organisationsfortschritte ablesen, die den Ablauf der stammesgeschichtlichen Höherentwicklung vom mikroskopisch kleinen, im Wasser lebenden E i n z e l l e r zum hochdifferenzierten, an das Leben auf dem Lande angepaßten V i e l z e l l e r

kennzeichnen. Jeder Übergang von einer niedrigeren zur nächsthöheren Organisationsstufe ist – wie sich zeigen läßt – an den Erwerb einer wichtigen neuen Eigenschaft oder Fähigkeit geknüpft, die eine grundsätzliche Änderung in Bau und Lebensweise zur Folge hatte.

Nach ihrer morphologischen Organisationshöhe lassen sich – unabhängig von der Gliederung in Prokaryota und Eukaryota – O r g a n i s a t i o n s s t u f e n unterscheiden, die allerdings durch Übergangsformen miteinander verbunden sind: die Protophyten, die Thallophyten und die Cormophyten. Als P r o t o p h y t e n sollen alle einzelligen Pflanzen sowie die lockeren Zellverbände bezeichnet werden, die noch überhaupt keine oder doch nur eine sehr geringe mit Arbeitsteilung verbundene Differenzierung erfahren haben und daher jederzeit leicht wieder in Einzelindividuen zerfallen können. Aus dieser Primitivstufe hat sich im Laufe der Stammesgeschichte die Stufe der arbeitsteilig differenzierten, vielzelligen (bzw. polyenergiden) T h a l l o p h y t e n (verschiedene Stämme höher organisierter Algen und Pilze) m e h r f a c h und u n a b h ä n g i g entwickelt. Die m o r p h o l o g i s c h e O r g a n i s a t i o n der Thalli ist dabei in den verschiedenen Stämmen verschiedene Wege gegangen.

Voraussetzung für die Ausbildung vielzelliger Thalli war die Ausbildung f e s t e r Z e l l w ä n d e aus hochpolymeren Substanzen (Cellulose, Chitin), mit deren Hilfe zwischen den beiden aus einer Teilung hervorgegangenen Tochterzellen eine g e m e i n s a m e, lediglich von Tüpfeln durchbrochene Wand gezogen werden konnte, welche die beiden Protoplasten zwar voneinander trennt, aber dennoch nicht völlig isoliert. Mit Hilfe m. o. w. zahlreicher Plasmaverbindungen von Zelle zu Zelle (Plasmodesmen; vgl. S. 82) entstehen auf diese Weise echte vielzellige Individuen, deren Einzelzellen ihre Individualität aufgeben können, um sich der neuen höheren Einheit (dem Symplast) mit ganz speziellen Funktionen unterzuordnen.

Wie die Protophyten sind auch die Thallophyten in der Mehrzahl noch ganz an das Leben im Wasser oder doch zumindest in einer dauernd mit Wasserdampf gesättigten Atmosphäre angepaßt, da sie noch nicht über verdunstungseinschränkende Wandsubstanzen wie Cutin oder Suberin verfügen. Ihr Wasserhaushalt ist daher gegenüber den atmosphärischen Bedingungen noch nicht stabilisiert. Trockenperioden können allenfalls im Zustand latenten Lebens (vgl. S. 33) überstanden werden. Analog zu den poikilothermen (wechselwarmen) Tieren kann man diese Organisationsstufe als poikilohydrische Organisation bezeichnen. Der typische Thallus verfügt in der Regel auch noch nicht über besondere Festigungselemente; er «lagert» daher, wenn er aus seinem tragenden Element, dem Wasser, auf das Land gebracht wird, mehr oder weniger flach am Boden («Lagerpflanzen»). Nur relativ wenigen Thallus-Pflanzen, wie z.B. den Höheren Pilzen und den Flechten, ist es gelungen, dauernd auf dem Lande Fuß zu fassen.

Den höchsten Differenzierungsgrad haben die durch eine Reihe spezifischer Anpassungen an das Landleben ausgezeichneten Cormophyten erreicht. Sie sind durch die Stabilisierung ihres Wasserhaushaltes befähigt, auch bei höherem Sättigungsdefizit der Luft zu wachsen (homoiohydrische Organisation). Anatomisch sind sie durch die Ausbildung morphologisch differenzierter Gewebe gekennzeichnet, welche die Grundgewebe oder Parenchyme funktionell im Dienst verschiedener Spezialaufgaben ergänzen, z.B. Abschluß-, Wasseraufnahme-, Wasserleitungs- und Wasserabgabe-, Assimilateleitungs- sowie Festigungsgewebe. Als wichtigstes äußeres Unterscheidungsmerkmal von den Thallophyten fällt gewöhnlich ihre Gliederung in Wurzeln, Stengel und Blätter in die Augen (Abb. 154).

Zu den Cormophyten gehören nur die Sporophyten der farnartigen Gewächse (Pteridophyten) und die Samenpflanzen (Spermatophyten). Die Moose (Bryophyten) nehmen eine vermittelnde Zwischenstellung ein, indem sie zwar teilweise schon über Stämmchen und Blättchen, aber noch nicht über echte Wurzeln verfügen. Auch ihre Stämmchen und Blättchen weisen noch einen recht primitiven Bau auf und sind deshalb nicht mit den Stengeln und Blättern der echten Cormophyten gleichzusetzen.

I. Protophyten

A. Einzeller. Die einfachsten Pflanzen bestehen aus einer einzigen, oft «nackten», d.h. noch nicht mit einer starren Zellwand umgebenen Zelle (z.B. *Euglena*, Abb. 3, und andere Flagellaten Abb. 2; 642), die jedoch bei den größeren Einzellern bereits eine erstaunliche Organisationshöhe erreichen kann (Abb. 608, S. 577). Die einfachste Form, die solche nackten Einzeller, zumindest in ihren (dann häufig mit verdickten Wänden ausgestatteten) Ruhestadien annehmen, ist die Kugel (Abb. 612 F, 630 C). Aus Kugelzellen bestehen auch zahlreiche mit einer starren Wand ausgestattete Bakterien und Cyanophyceen (Abb. 88 A, 603 E) sowie die primitivsten, dauernd umhäuteten Algen (Abb. 615, 616). Viele einzellige Pflanzen weisen aber bereits eine deutliche, häufig mit Längsstreckung verbundene Polarisierung auf, die sich z.B. bei den Flagellaten in einseitiger Ausbildung von Geißeln und Lichtsinnesorganellen (Stigmata) zu erkennen gibt (Abb. 3, 605, 612).

B. Coenobien. Jede Zellteilung eines Einzellers führt zur vollständigen Durchschnürung des Protoplasten (Abb. 595 A) und zur Ausbildung neuer frei lebender Tochterindividuen; jede Zellteilung stellt also auf diesem Entwicklungsstadium gleichzeitig einen Vermehrungsprozeß dar. Bleiben die Tochterindividuen auch weiterhin durch gemeinsam ausgeschiedene Gallerten oder durch die beiden gemeinsame ursprüngliche Zellwand miteinander verbunden, so entstehen lockere Zellverbände oder Coenobien.

Viele Bakterien bilden schleimige Gallerten (Zoogloea, z.B. auf Obstsäften) oder sogenannte «Kahmhäute» (z.B. auf Heuaufgüssen). An feuchten Gewächshausmauern findet man oft blaugrüne

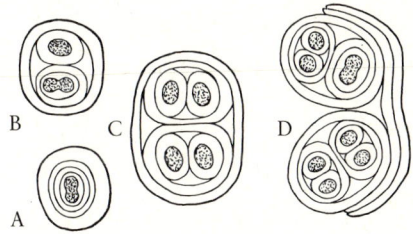

Abb. 88: *Gloeocapsa spec.* A Einzelle in Teilung. B, C Vermehrungsstadien und Coenobien-Bildung. D Zerfall des Coenobiums durch Platzen der ältesten gequollenen Zellwände. (500 ×, nach STRASBURGER u. WILLE.)

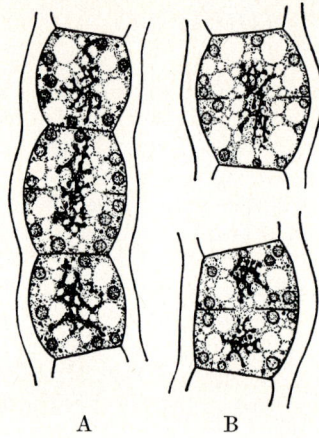

Abb. 89: *Anabaena circinalis:* die Kernäquivalente bilden unregelmäßige zentrale Gruppen feulgenpositiver Strukturen. Rechts zwei Zellen in Teilung mit zentripetal-irisblendenartiger Wandbildung. (500 ×, nach A.W. HAUPT).

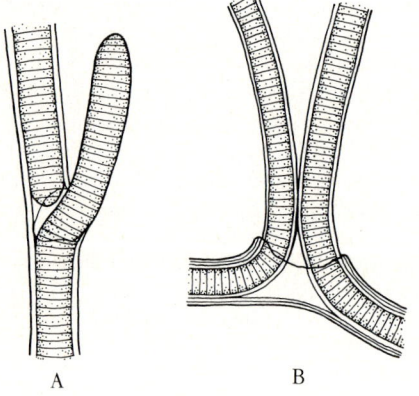

Abb. 90: A *Plectonema wollei*. B *Plectonema tomasianum*, beide mit «unechten» Verzweigungen. (A nach KIRCHNER; B nach BORNET.)

Schleimüberzüge, die von verschiedenen Cyanophyceen (u.a. *Gloeocapsa*, Abb. 88, und *Nostoc*, Abb. 603 E) gebildet werden. Manche Diatomeen und Chrysophyceen (z.B. *Hydrurus foetidus*) bilden in fließenden Gewässern relativ feste, von einer gemeinsamen Gallerte zusammengehaltene, oft sogar unregelmäßig verzweigte, Thallus-ähnliche Coenobien (Abb. 646, S. 606).

Bei *Gloeocapsa* (Abb. 88) werden die Tochterzellen nach der Zellteilung von der verquellenden Wand der Mutterzelle zusammengehalten, die erst nach mehreren weiteren Teilungsschritten verschleimt und schließlich ganz aufgelöst wird. Liegen sämtliche Teilungsebenen mehr oder weniger parallel, so kommt es zur Ausbildung fadenförmiger Zellverbände, in denen der Zusammenhalt der Einzelindividuen oft nur durch eine gemeinsame, einhüllende Gallertscheide hergestellt wird; jede einzelne Zelle bewahrt sich jedoch innerhalb des Verbandes ihre volle Selbständigkeit. Durch lokale Bruchstellen in der Gallertscheide kann es – ähnlich wie bei *Hydrurus* – zu unechten Verzweigungen kommen (*Plectonema*, Abb. 90; *Sphaerotilus*, Abb. 599. Echte Verzweigungen vgl. S. 95 ff.). Die vegetative Vermehrung findet durch das Zerbrechen der Fäden an beliebigen Stellen statt (im äußersten Falle durch den Zerfall in Einzelzellen; z.B. *Spirogyra*).

C. Plasmodien, d.h. vielkernige, nackte Plasmamassen, kommen bei den Schleimpilzen vor (Abb. 7; 672). Sie sind zu langsamen Fließ- und Kriechbewegungen befähigt und können auf diese Weise größere Entfernungen (mehrere dm) zurücklegen.

Besonderes Interesse verdienen die aus vielen tausend frei nebeneinander lebenden Einzelzellen zusammengesetzten Pseudoplasmodien der Acrasieen (z.B. *Dictyostelium*, Abb. 91). Zur Reifezeit kriechen die amöboid beweglichen Einzelzellen zu mehrere Millimeter großen Fruchtkörpern zusammen. Ähnliche Fruchtkörper kommen auch bei den Myxobakterien durch den Zusammenschluß der zu-

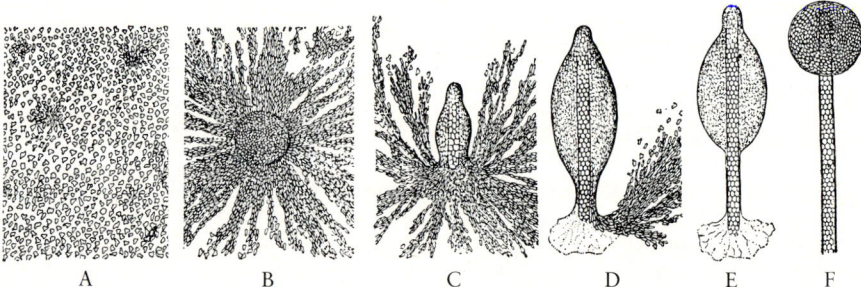

Abb. 91: Entwicklung eines Sporangiums des Schleimpilzes *Dictyostelium mucoroides*, schematisch. A Ungeregelte Bewegung zahlreicher einzelner Myxamöben. B Entstehung eines Aggregationszentrums. C bis E die Myxamöben kriechen zum Stiel zusammen und bilden schließlich das Sporangium. F fertiges Sporangium. (40 ×, nach KÜHN.)

vor frei beweglichen Einzelzellen zustande (Abb. 600, S. 561).

II. Thallophyten

Der echte Thallus ist stets vielzellig oder zumindest polyenergid (z. B. *Caulerpa*, Abb. 8). Die äußere Organisation führt von einfachen kugel- oder fadenförmigen Zellverbänden bis zu äußerlich hochdifferenzierten Formen (Abb. 658, 661), die jedoch niemals die anatomische Gewebedifferenzierung der Cormophyten erreichen.

Eine Sonderstellung nimmt der mehrere Zentimeter große, lange Zeit einkernige Thallus der Alge *Acetabularia* ein (Abb. 30); erst unmittelbar vor der Ausbildung der Fortpflanzungszellen teilt sich ihr Kern in sehr zahlreiche Tochterkerne, die mit einer entsprechenden Plasmaportion als bewegliche Fortpflanzungszellen aus einem schirmähnlichen Behälter entlassen werden.

Echte Thalli können auf zweierlei Weisen zustande kommen: 1. Durch Zusammenlagerung zuvor freier Einzelzellen (Aggregationsverbände), 2. durch unvollkommene Trennung der Tochterzellen nach der Zellteilung (echte Vielzeller).

A. Aggregationsverbände finden sich bei manchen Grünalgen, wie z. B. *Pediastrum* (Abb. 92) oder *Hydrodictyon* (Abb. 619, S. 586).

Allen Aggregationsverbänden ist gemeinsam, daß sich bei der vegetativen Fortpflanzung eine größere Zahl zunächst frei beweglicher Einzelzellen

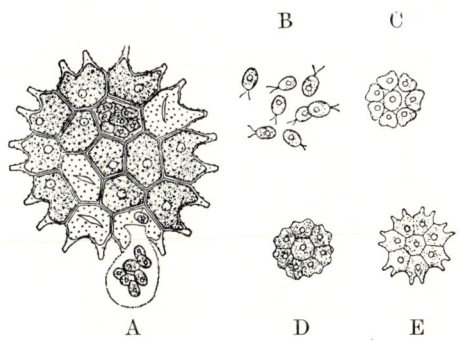

Abb. 92: *Pediastrum boryanum*: Vegetative Vermehrung durch Zoosporen. A Ausschlüpfung der Zoosporen. B Schwärmende Zoosporen. C bis E drei Stadien der Aggregation zum Tochterverband. Die Stadien B bis E, die hier isoliert dargestellt sind, werden im Inneren der bei A dargestellten Blase durchlaufen. (300 ×, nach SMITH vereinfacht.)

zu einem einheitlichen, vielzelligen Organismus zusammenlagert (Abb. 92B bis E).

Während bei den Aggregationsverbänden der Zusammenhalt zwischen den zuvor getrennten Einzelzellen nachträglich (postgenital) hergestellt wird, bleiben die Einzelzellen echter Vielzeller von vornherein (congenital) miteinander verbunden. Nur im zweiten Falle bilden die Zellen des Verbandes durch in den Trennwänden ausgesparte Tüpfel, welche von Plasmodesmen durchsetzt sind, eine wirkliche plasmatische Einheit.

B. Zellkolonien. Eine vermittelnde Stellung zwischen den primitiven, rein mechanisch zusammengehaltenen Zellhäufungen der Coenobien und Aggregationsverbände, deren Einzelzellen noch absolut gleichwertig sind, und den arbeitsteilig differenzierten Thalli der nächsthöheren Organisationsstufen nehmen die freibeweglichen Zellkolonien der Volvocaceen ein. Die am höchsten entwickelten Vertreter aus der Gattung *Volvox* (Abb. 614) weisen bereits echte vielzellige Individuen mit ausgeprägter Arbeitsteilung ihrer verschiedenen Zellelemente und Leichenbildung auf. Die Einzelindividuen primitiver Kolonien (*Pandorina*, *Eudorina*) sind genau wie bei den Coenobien noch völlig gleichwertig; im Gegensatz zu diesen hat jedoch die Gesamtkolonie bereits eine ganz bestimmte Gestalt und bildet eine funktionelle Einheit, die nicht mehr beliebig zerlegt werden kann, ohne dadurch ihren Individualcharakter zu verlieren.

Die Organismen der bisher besprochenen Organisationsstufen können entweder mit Schleimen oder Gallerten auf einer Unterlage festsitzen oder frei im Wasser flottieren. Frei im Wasser schwebende Lebewesen bezeichnet man als Plankton. Die festgehefteten gehören dem Benthos an.

C. Siphonale polyenergide Thalli. Eine kleine Gruppe grüner Algen hat vielkernige sack- oder schlauchförmige Thalli entwickelt, die äußerlich von unscheinbaren Bläschen bis zu reichgegliederten, mit wurzelähnlichen Rhizoiden und blattähnlichen Phylloiden ausgestatteten Vegetationskörpern fortentwickelt worden sind (Abb. 8; 628 A–C). Dieser nicht zellig gegliederte Entwicklungsansatz ist jedoch auf einer primitiven Stufe steckengeblieben und hat das Wasser als tragendes Element niemals verlassen.

D. Fadenthalli.

a) Zellverkettung. Bleiben infolge besonders strenger Polarisation bei der Bildung echter vielzelliger Thalli alle Teilungsspindeln gleichsinnig orientiert, so kommt es zur Ausbildung eindimensionaler Zellfäden, wie wir sie bereits bei *Anabaena* und *Plectonema* kennengelernt haben (Abb. 89, 90). Der echte Fadenthallus (Haplonema) unterscheidet sich jedoch von derartigen primitiven fadenförmigen Verbänden durch den festen Zusammenhalt seiner miteinander verwachsenen Einzelzellen, der auf der Ausbildung gemeinsamer Zellwände mit Tüpfelverbindungen beruht (Abb. 93; 620A). Im einfachsten Fall sind alle Zellen der Fadenthalli völlig gleichwertig; das Wachstum erfolgt alsdann durch gleichmäßige Teilung sämtlicher Zellen.

b) Polare Differenzierung. Schon die Einzeller sind, wie wir gesehen haben, vielfach deutlich polarisiert (Abb. 3). Eine entsprechende polare Differenzierung weisen auch die Schwärmsporen

(Zoosporen) der grünen (Abb. 92B; 620C, 576E) und braunen (Abb. 653) Algen sowie der Pilze auf (Abb. 677 ff.). Zumeist ist es der apikale Pol, mit dem sich diese einzelligen Schwärmstadien später festheften, um wieder zu neuen, fädigen Thalli heranzuwachsen. Der Festheftungspol wird alsdann in der Regel zu einem Haftorgan oder Rhizoid (Abb. 93 D).

Die Teilungsspindel der auf die Festheftung folgenden ersten Zellteilung steht gewöhnlich senkrecht auf der Anheftungsebene. Auf diese Weise entstehen einseitig angeheftete fädige Keimlinge, deren sämtliche Zellen im einfachsten Fall gleichwertig sind und sich dementsprechend gleichmäßig teilen.

Bei besonders ausgeprägter Polarität der Keimlinge bleibt die Teilungsaktivität mehr oder weniger deutlich auf die Spitzenzone des heranwachsenden Zellfadens beschränkt (Spitzenwachstum). Im äußersten Fall kann die Teilungsfähigkeit nahezu ausschließlich auf die Spitzenzelle oder Scheitelzelle selbst beschränkt sein: ein Wachstumstypus, der als Scheitelzellenwachstum bezeichnet wird.

Es muß angenommen werden, daß in jeder Zelle gewisse Stoffe oder Strukturen polar ungleichmäßig verteilt sind, so daß ein stoffliches Gefälle (Gradient) besteht; jede Zellwand, die quer zu diesem Gefälle angelegt wird, teilt infolgedessen die Zelle in zwei ungleiche Tochterzellen; die apikal abgegliederte Scheitelzelle erhält den größeren Anteil der Teilungsfähigkeit, während die basale Schwesterzelle nur noch eine begrenzte Anzahl von Teilungen durchzuführen vermag, wozu sie überdies häufig erst nach einer kürzeren oder längeren Ruhepause oder Regenerationsphase befähigt ist (inäquale Zellteilung, Abb. 103).

Bei den mit einkernigen Zellen ausgestatteten braunen Sphacelariaceen ist die polare Plasmadifferenzierung in den großen Scheitelzellen schon durch

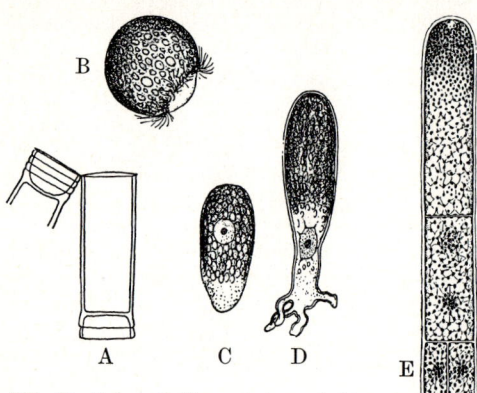

Abb. 93: Polare Differenzierung. A bis D Entleerung und Keimung einer Zoospore von *Oedogonium*. Die aus der Zelle A entlassene, mit einem Wimpernkranz umherschwimmende Zoospore B setzt sich nach einiger Zeit mit ihrem apikalen Pol fest (C), der alsbald zu einem Haftorgan oder Rhizoid umgewandelt wird (D). E *Sphacelaria racemosa*. Spitze eines Thallusastes mit Scheitelzelle. (A bis D 300×, nach Hirn; E 40×, nach Reinke.)

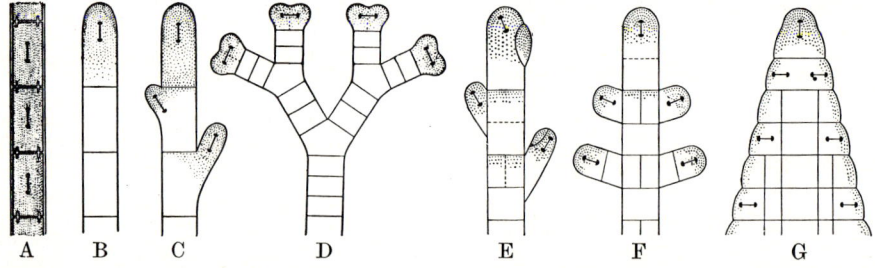

Abb. 94: Wachstums- und Verzweigungstypen fädiger bzw. zweidimensional flächiger Algenthalli (·— Längsachsen der Teilungsspindeln). A Faden mit gleichmäßig intercalarem Wachstum. B Scheitelzellenwachstum. C desgl. mit apikal-polarer Verzweigung. D äquale Gabelteilung der Scheitelzelle durch periodisch eingeschobene Längsteilungen. E subapikale seitliche Verzweigung der Scheitelzelle. F seitliche Verzweigung aus den Apikalgliedern der vom Scheitel abgeschnürten Segmente. G congenitale Verwachsung der Seitenzweige (Entstehung seitlicher Scheitelkanten und eines einschichtig flächigen Gewebethallus).

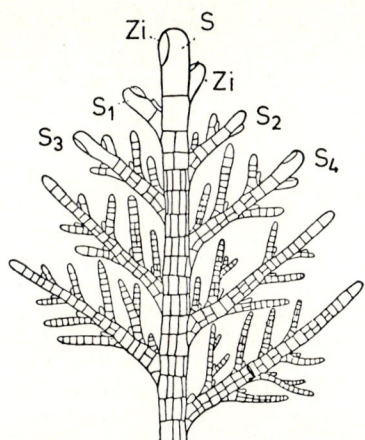

Abb. 95: *Halopteris filicina.* Endabschnitt eines zweidimensionalen Langtriebes. Die große Scheitelzelle (S) gibt in regelmäßigem Rhythmus durch inäquale Zellteilungen Segmente nach hinten ab, die sich sofort durch eine weitere Querwand sowie zahlreiche, gesetzmäßig bestimmte Längswände weiter untergliedern. Abwechselnd mit der Segmentbildung werden von der Scheitelzelle zweizeilig alternierend durch eine subapical schräg gestellte, uhrglasförmig gewölbte Wand Zweiginitialen (Zi) angelegt, aus denen die Seitenzweige (S_1 bis S_4) hervorgehen, die ihrerseits in gleicher Weise gegliedert werden, wie der Haupttrieb (40 ×, nach GOEBEL).

die unterschiedliche Farbe des apikalen und des basalen Protoplasmas zu erkennen (Abb. 93 E); die Spitzenregion der Scheitelzelle ist durch die Einlagerung einer braunen, tanninartigen Substanz («Fucosan») sehr viel dunkler gefärbt als die basale Zone («Brandalgen»). Durch die inäqualen Querteilungen werden nach rückwärts Segmente abgegliedert; sie können zwar vielfach noch einige weitere Teilungen durchmachen, unter denen vor allen Dingen eine erste weitere Querteilung von Bedeutung ist, die das Segment in eine apikale Knotenzelle und eine basale Internodialzelle gliedert, aber ihre Wachstumsfähigkeit wird erst nach einer längeren Erholungspause so weit wiederhergestellt, daß es zu einer mit neuem Streckungswachstum verbundenen Verzweigung aus der inzwischen durch Längsteilungen weiter aufgeteilten Knotenzelle kommt (Abb. 94 F; 95; 96).

c) **Achsendrehung und Verzweigung.** Jede Verzweigung des Zellfadens ist an eine Richtungsänderung der Teilungsspindel gebunden. Im einfachsten Fall wechselt die Zellteilungsrichtung in rhythmischen Abständen in der Scheitelzelle selbst: auf eine Reihe inäqualer Querteilungen folgt von Zeit zu Zeit eine äquale Längsteilung, die zur Ausbildung zweier gleichwertiger Scheitelzellen führt (Abb. 94 D; 102 C, D). Die Folge ist, daß der Faden nunmehr – anstatt wie bisher mit einer Scheitelzelle – mit zwei gleichwertigen Scheitelzellen wächst (Gabelung oder dichotome Verzweigung: Dichotomie).

Abb. 96. *Chara fragilis.* Thallus-Bau: A Habitus: Gliederung in Knoten mit Wirtelästen und Internodien. An jedem Knoten kann außerdem ein gleichartig gegliederter Seitentrieb (Ax) gebildet werden. B Längsschnitt durch die Thallus-Spitze mit Scheitelzelle S. Die von der Scheitelzelle abgegliederten Descendenten der Segmente teilen sich abermals inäqual in eine apikale Knotenzelle und eine basale Internodialzelle I, die von den Knoten aus berindet wird. Aus den 8 äußeren Knotenzellen gehen 8 Wirteläste (W_1 bis W_5, falsche «Blätter») hervor, die in ähnlicher Weise wie die Hauptachse in Knoten und Internodien gegliedert werden und an deren Knoten die Oogonien (O) und die Spermatogonien (S) entstehen. (A ¹/₂ ×, nach A. W. HAUPT; B 30 ×, nach SACHS, verändert).

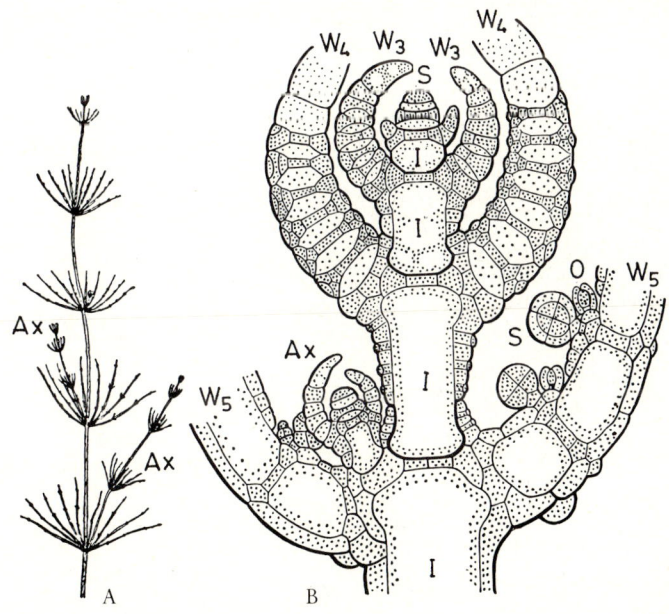

Durch die von unbekannten inneren Faktoren bestimmte (endogene) rhythmische Änderung der Teilungsrichtungen entsteht ein regelmäßiges Verzweigungsmuster. Erfolgt die Achsendrehung der Spindel nicht in der Scheitelzelle selbst, sondern erst weiter hinten in den abgegliederten Segmenten, nachdem in den Knotenzellen eine neue Wachstumspotenz regeneriert worden ist, so kommt es zu seitlichen Verzweigungen (Abb. 94 C, E, F; 95). Aufgrund der im vorigen Abschnitt geschilderten Polarität der Segmente kann jedoch oft nur das apikale Glied einen oder mehrere neue Seitenscheitel I. Ordnung ausbilden. Der Zellfaden erfährt infolgedessen in diesen Fällen eine sehr auffällige morphologische Gliederung in verzweigte Nodi (Knoten) und unverzweigte Internodien (Abb. 95, 96). Es entsteht also kein ungeregeltes Gewirr von Seitenästen, sondern ein ganz bestimmtes Muster, das sich symmetrisch wiederholt.

d) **Symmetrielehre.** Symmetrie – im weitesten (wörtlichen) Sinne – bedeutet «gleiche Maße». Aufgrund des rhythmischen Wechsels der Achsenrichtung der Teilungsspindel bei der Dichotomie (Abb. 94 D; 102; 103) und der durch die inäqualen Teilungen der Segmentzellen bedingten Gliederung in Knoten und Internodien beim seitlich verzweigten Fadenthallus erfährt der Vegetationskörper in jedem Fall eine symmetrische Gliederung in gleichartige Abschnitte, die sich entlang der Längsachse des Fadens rhythmisch wiederholen; man spricht deshalb von seiner longitudinalen Symmetrie.

Da neue Seitenäste – aufgrund der Längspolarisierung der Zellfäden – nur in der Nähe der Spitze des Hauptastes entstehen können, sind die scheitelnächsten zugleich die kürzesten und jüngsten: ihre Entstehung erfolgt acropetal. Ein derartiges Verzweigungssystem mit unbegrenzt an seiner Spitze weiterwachsender Hauptachse nennt man ein Monopodium, die Verzweigungsweise monopodial (Abb. 94 F; 95; 96). Durch analoge Abgliederung von Seitenachsen zweiter, dritter und noch höherer Ordnung kommt es zur Ausbildung reichverzweigter racemöser (traubiger) Verzweigungssysteme. Die Seitenachsen können – wie die Hauptachse – unbegrenzt wachstumsfähig sein (Langtriebe) oder ihr Wachstum bald einstellen (Kurztriebe).

Auch die Ausbildung der Seitenzweige folgt bestimmten Symmetriegesetzen, die man zum

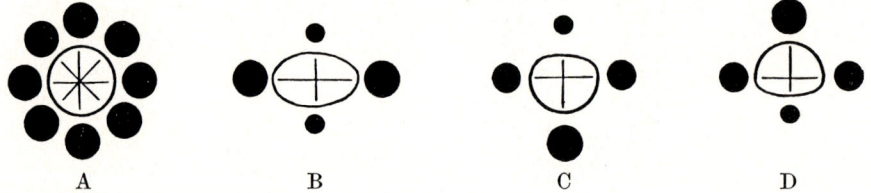

Abb. 97: Verschiedene Ausbildungsmöglichkeiten der lateralen Symmetrie. A radiäre oder multilaterale Symmetrie. B bilaterale Symmetrie (Amphitonie). C und D monosymmetrischer (dorsiventraler) Bau: C Förderung der Unterseite (Hypotonie), D Förderung der Oberseite (Epitonie). (Nach Rauh.)

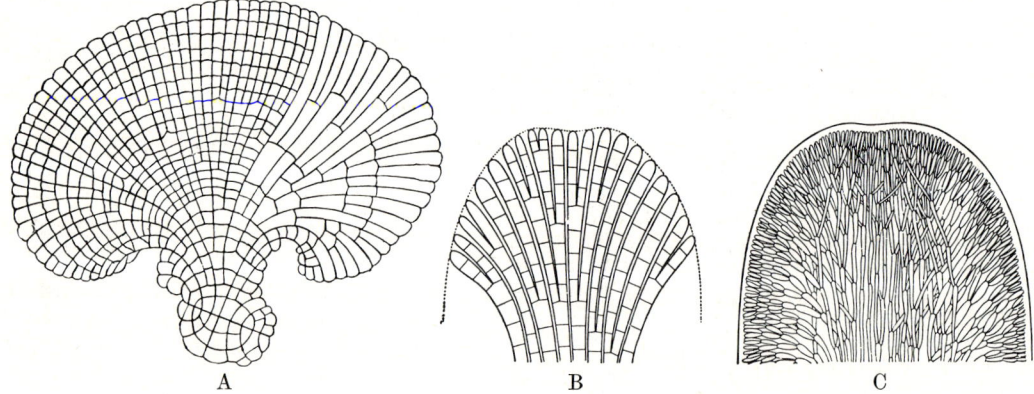

Abb. 98: Rotalgen vom «Springbrunnen-Typus». A *Melobesia*. Der flache einschichtige Thallus breitet sich durch gelegentlich eingeschobene Längsteilungen der Randzellen fächerförmig aus. B Schema des Springbrunnen-Typus. C Scheitel eines Thallus-Astes von *Furcellaria fastigiata*. (A 50×, nach Rosanoff; B nach Nägeli; C 30×, nach Oltmanns.)

Unterschied von der longitudinalen Symmetrie der Hauptachsen als laterale Symmetrie bezeichnet. Eine besondere Bedeutung kommt der spiegelbildlichen Symmetrie (Symmetrie im engeren Sinne) zu.

Findet die Verzweigung gleichmäßig nach allen Seiten statt, kann man m. a. W. mehr als zwei gleichwertige Spiegelebenen durch die Hauptachse legen, so spricht man von Polysymmetrie (radiäre oder multilaterale Spiegelsymmetrie, Abb. 97 A). Findet die seitliche Verzweigung hingegen nur in zwei sich kreuzenden Spiegelebenen statt (Abb. 97 B), so liegt Disymmetrie vor, die in der Botanik auch als «bilaterale Symmetrie» bezeichnet wird. Bleibt die Verzweigung bei disymmetrischem Bau auf eine der beiden Spiegelebenen beschränkt, so entstehen flache zweidimensionale Verzweigungssysteme (Abb. 94 F, G). Sind schließlich auch noch die Ober- und Unterseite ungleich ausgebildet, so daß nur noch eine einzige

Spiegelebene vorhanden ist, so liegt Monosymmetrie oder Dorsiventralität vor: Förderung der Unterseite wird als Hypotonie (Abb. 97 C), Förderung der Oberseite als Epitonie bezeichnet (Abb. 97 D).

Die laterale Symmetrie kann endogen bedingt – autonom – sein oder durch die Einwirkung bestimmter Reize – namentlich durch das Licht (Photomorphosen; S. 408) und die Schwerkraft (Gravimorphosen; S. 409) – induziert werden.

e) Filz- und Flechtgewebe (Plectenchyme) und Scheingewebe (Pseudoparenchyme).

Reichverzweigte, dichte Fadensysteme können durch Verflechtung und u. U. durch postgenitale Verwachsung ihrer Zellfäden höher organisierte Verbände bilden, die bei oberflächlicher Betrachtung die Organisationsstufe der aus echten Geweben aufgebauten höchstentwickelten Algen sowie der Cormophyten vortäuschen kön-

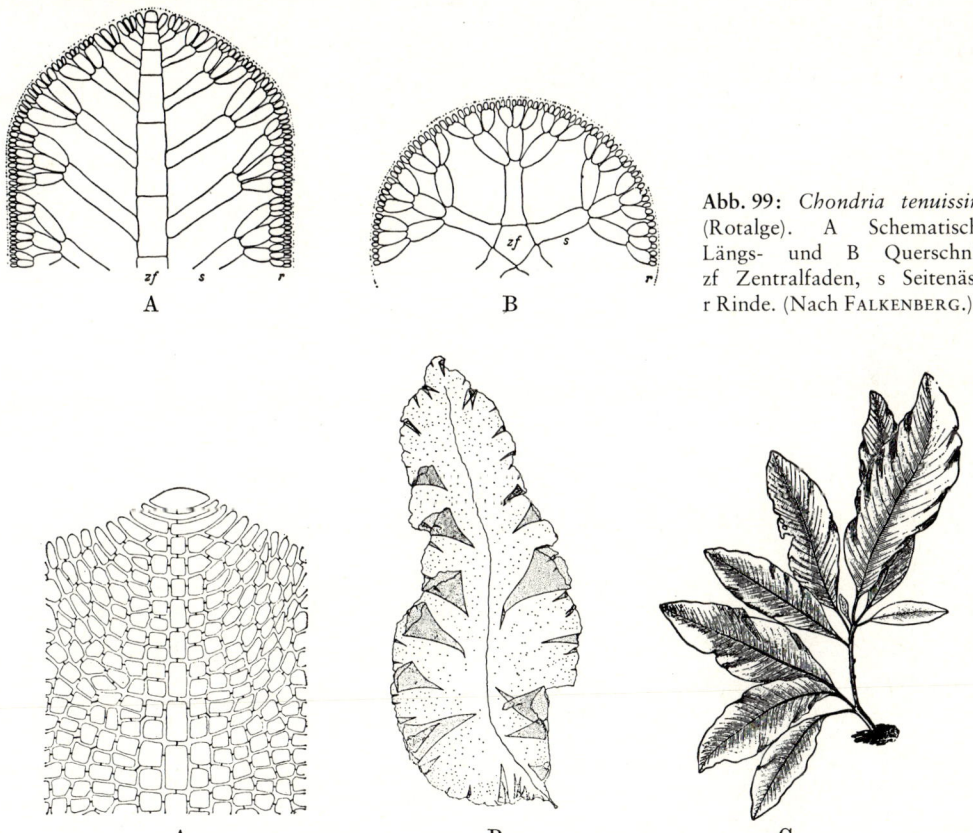

Abb. 99: *Chondria tenuissima* (Rotalge). A Schematischer Längs- und B Querschnitt. zf Zentralfaden, s Seitenäste, r Rinde. (Nach FALKENBERG.)

Abb. 100: Blattartige Verwachsungs-Thalli von Rotalgen. A und B *Grinnellia americana*. A Spitze des zweidimensionalen, einschichtigen Thallus; man erkennt deutlich die große Scheitelzelle und den von ihr ausgehenden Zentralfaden. B das morphologische Bild des solcherart entstandenen «blattartigen» Thallus. C Thallus der roten Nordseealge *Delesseria sanguinea*. Die analoge Konvergenz zu dem «echten» Laubblatt hochentwickelter Cormophyten ist auffällig. (A 300×, nach SMITH; B ½×, nach TILDEN; C ¼×, nach SCHENCK.)

nen. Besonders hochentwickelte Filz- und Flechtgewebe finden sich bei den Rotalgen und bei den Fruchtkörpern der Höheren Pilze.

Der gewebeartige Zusammenhalt wird im einfachsten Fall durch Verquellung der Zellwände zu wasserunlöslichen Gallerten hergestellt, die das gesamte Fadensystem einhüllen (Flechtgewebe oder Plectenchyme, Abb. 101 A), die echten, aus einem einzigen Bildungszentrum hervorgegangenen Geweben selbst bei mikroskopischer Betrachtung sehr ähnlich sehen können (Pseudoparenchyme, Abb. 101 B).

Bei den Rotalgen lassen sich unter den solcherart gebildeten plectenchymatischen Fadenthalli aufgrund ihrer unterschiedlichen longitudinalen Symmetrie zwei grundsätzlich verschiedene Organisationstypen unterscheiden: Dem Springbrunnentypus liegt ein dichotom verzweigtes zweidimensionales (Abb. 98 A) oder räumliches (Abb. 98 C) Fadensystem mit Spitzenwachstum der einzelnen Fäden zugrunde, während sich der Zentralfadentypus auf eine monopodiale Wuchsform mit subapikaler Verzweigung (Verzweigung unterhalb der Scheitelzelle) zurückführen läßt (Abb. 94 F; 99). Wenn die Seitenäste derartiger zweidimensional gebauter Thalli

schon von ihrem Ursprung an congenital miteinander verwachsen (Abb. 94 G; 100 A), können geschlossene blattartige Thalli entstehen, deren äußerer Bau auffällig an die hochdifferenzierten echten Blätter der Cormophyten erinnert (Abb. 100 B, C). Die entwicklungsgeschichtliche Zusammengehörigkeit der miteinander verwachsenen Zellfäden läßt sich noch am ausgewachsenen Thallus daran erkennen, daß Tüpfelverbindungen jeweils nur innerhalb der Zellen eines und desselben Astes bestehen (Abb. 100 A).

Auch die Thalli der Höheren Pilze, die als reichverzweigtes System feiner und feinster Thallusäste oder Hyphen den Waldhumus oder das Substrat, von dem sie sich sonst ernähren, weithin durchziehen (die Gesamtheit der Hyphen bezeichnet man als Mycelium), können bei der Ausbildung ihrer Fruchtkörper («Schwämme des Waldes») zu Plectenchymen verkleben (Abb. 101 A; 708, 735) oder schließlich durch Wasserverlust, Verdickung der Zellwände und postgenitale Verwachsung derselben (vgl. S. 93) zu Pseudoparenchymen und endlich zu harten Sclerotien verdichtet werden (Abb. 101 B; 713 C, D).

E. Gewebethalli. Bei den höchstentwickelten braunen Meeresalgen *(Phaeophyceae)* kommen bereits echte Gewebe vor, deren Bildung sich auf die Tätigkeit eines einzigen Vegetationsscheitels zurückführen läßt. Im einfachsten

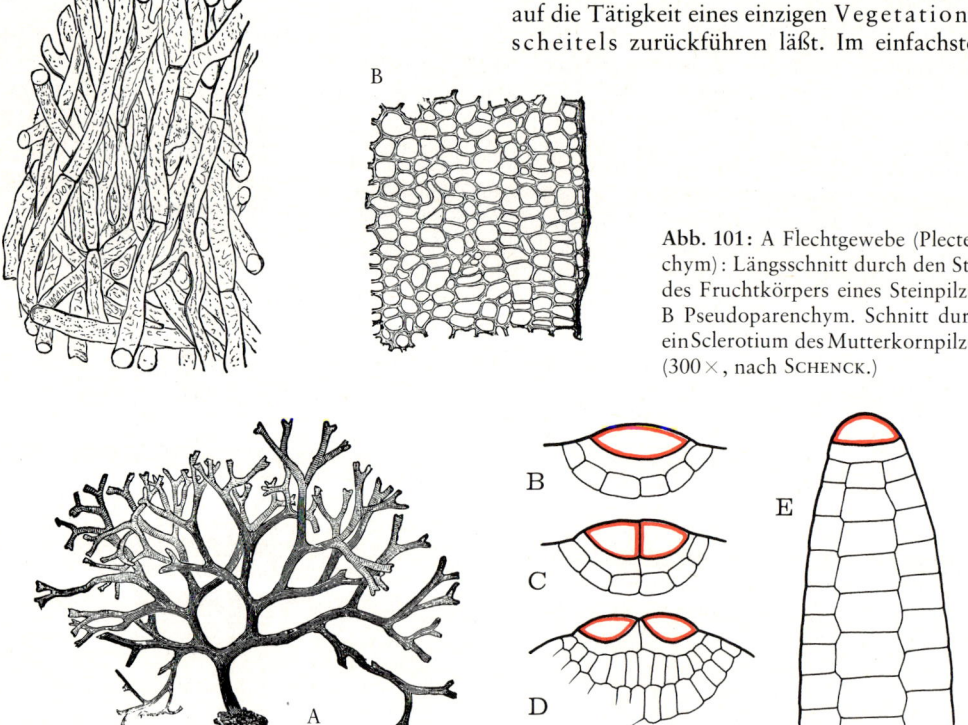

Abb. 101: A Flechtgewebe (Plectenchym): Längsschnitt durch den Stiel des Fruchtkörpers eines Steinpilzes. B Pseudoparenchym. Schnitt durch ein Sclerotium des Mutterkornpilzes. (300×, nach Schenck.)

Abb. 102: *Dictyota dichotoma*. A Habitus (etwa ½ ×; nach Schenck). B eine der linsenförmigen Scheitelzellen (rot); C und D aequale Längsteilung der Scheitelzelle als erster Schritt der dichotomen Gabelung. E Längsschnitt durch den zuletzt dreischichtigen Thallus. (250 ×, nach de Wildeman.)

Fall wird dieser Scheitel von einer einzigen großen Scheitelzelle eingenommen, deren Abkömmlinge (Descendenten) alle untereinander verbunden bleiben (Abb. 102 B bis E). Gibt die Scheitelzelle – wie beim Fadenthallus – nur in einer Richtung Segmente ab (einschneidige Scheitelzelle), die sich erst später durch Wachstum und Zellteilungen in ein dreidimensionales Zellgewebe verwandeln, so entstehen Gewebethalli, die schnurförmig (z.B. *Chorda filum*), jedoch auch blattartig abgeplattet sein können (z.B. *Dictyota*, Abb. 102 A). Vielfach finden sich mehrschneidige Scheitelzellen, die alsdann – wie z.B. die fünfschneidige Scheitelzelle des Blasentangs *Fucus* (Abb. 661 D, E) –

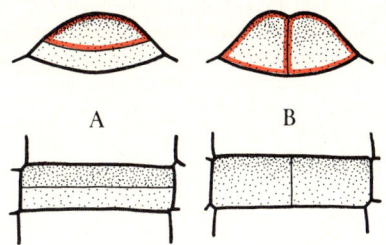

Abb. 103: Bedeutung der Polarität und der Richtung der Teilungsspindel für die Gleichwertigkeit (Äqualität) der Teilungsprodukte einer Scheitelzelle (oben) oder einer beliebigen anderen Zelle (unten). A inäquale Teilung senkrecht zum Polaritätsgradienten. B äquale Längsteilung in Richtung des Polaritätsgradienten. (Schematisch, nach BÜNNING.)

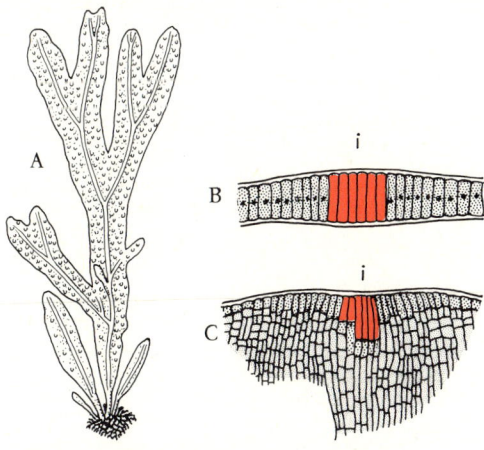

Abb. 104: *Dictyopteris polypodioides*. A Habitus, B und C Scheitel mit apikaler Initialengruppe i von oben (B) und von der Seite (C). Die dunkel gefärbte zentrale Gruppe liefert die «Mittelrippe». (A etwa $^1/_2 \times$, B und C 50 $\times$, nach REINKE.)

nach rückwärts und nach den Seiten Segmente abgliedern, die sich unterschiedlich weiterentwickeln und zu einer Differenzierung in zentrale Stranggewebe und davon verschiedene Grund- und Rindengewebe führen.

Die bandförmig flachen Thalli der Braunalge *Dictyopteris* wachsen nicht mehr mit einfachen, segmentabgliedernden Scheitelzellen, sondern mit kurzen, aus mehreren Initialzellen zusammengesetzten Scheitelkanten (Abb. 104 B, C). Damit ist konvergent eine Entwicklungsstufe erreicht, welche die große Masse der Cormophyten auszeichnet, die gleichfalls an Stelle einzelner Scheitelzellen (die nur noch bei den Pteridophyten weit verbreitet sind) über größere Gruppen von Initialzellen an ihren Vegetationspunkten verfügen (vgl. S. 108 f.: Apikalmeristeme).

Auch die äußere Gliederung ist bei den höchstentwickelten Phaeophyceen besonders weit fortgeschritten und hat zur Ausbildung blattartiger Assimilatoren, stengelartiger Tragorgane und wurzelartiger Haftorgane geführt (Abb. 658, S. 614). Zum Unterschied von den anatomisch sehr viel höher differenzierten «echten» Blättern, «echten» Stengeln und der «echten» Wurzel der Cormophyten werden diese thallösen Organe als Phylloide, Cauloide und Rhizoide bezeichnet [vgl. aber auch die sehr viel feineren, stets in größerer Zahl auftretenden Faden- oder Trichomrhizoide der Bryophyten (Abb. 108 rh) sowie der Pteridophytenprothallien (Abb. 111 rh; 774, 799 A)]. Manche solcher mit Haftscheiben, Haftlappen oder wurzelähnlichen Haftkrallen befestigte Arten erinnern auffallend an echte Cormophyten. Sie können z.T. sehr groß werden: die Braunalge *Macrocystis* gehört mit Thallus-Längen von über 120 m zu den größten Pflanzen überhaupt.

III. Bryophyten

Eine vermittelnde Stellung zwischen den typischen mit Scheitelzellen oder Scheitelkanten wachsenden Gewebethalli der im Wasser lebenden Algen und dem wohlausgebildeten Cormus der Höheren Landpflanzen nehmen die Vegetationskörper der Moospflanzen oder Bryophyten ein, deren Anpassung an das Landleben in vieler Hinsicht noch recht mangelhaft ist.

Viele Moose sind daher in ihrer Verbreitung auf ausgesprochen feuchte Standorte beschränkt (z.B. das «Brunnen»-Lebermoos *Marchantia*, die reiche Moosflora der regenfeuchten Gebirgswälder). Da sie jedoch infolge ihrer primitiven Organisation längere Trockenperioden im Zustand latenten Lebens zu überdauern vermögen und überdies infolge der meist noch recht unvollkommenen Ausbildung ihrer Abschlußgewebe Wasser mit ihrer gesamten Oberfläche unmittelbar aus einer wasserdampfgesättigten Atmosphäre aufnehmen können, finden sich manche Moose auch an trockeneren Standorten, z.B. an Felsen und auf Mauern, wenn diese durch Tau und andere Niederschläge hin und wieder befeuchtet werden.

Auch bei den Moosthalli, die aus vielen Zellschichten zu bestehen pflegen, wird die Spitze des stets apikalen Vegetationspunktes oft von einer einzigen Scheitelzelle eingenommen. Sie ist bei bandartigen Thalli (z.B. *Aneura*, *Metzgeria*) wie bei ähnlich gestalteten Algen keilförmig (Abb. 105 B, C) und wird zweischneidig genannt, weil sie durch aufeinanderfolgende, abwechselnd nach rechts und links geneigte, schräg aufeinanderstehende Wände nach zwei Seiten Segmente abgliedert, die durch weitere Teilungen den Thallus aufbauen. Die scheinbar rein gabelige Verzweigung der Lebermoos-Thalli mit solchen Vegetationspunkten beruht jedoch nicht mehr auf einer äqualen Teilung der Scheitelzelle wie bei *Dictyota* (Abb. 102 C, D; 103 B), sondern sie ist auf die frühzeitige Anlage neuer Scheitelzellen in den abgegliederten Segmenten zurückzuführen (Abb. 105 C).

Der Thallus von *Blasia pusilla* (Abb. 755 C) ist seitlich gelappt, als ob blattartige Gebilde sich zu sondern begännen. Die am reichsten gegliederten Lebermoose (*Jungermaniales*, Abb. 755 E–G) tragen an einem verzweigten, fadendünnen «Stengel» äußerst zarte, meist einschichtige, ungeaderte «Blättchen»; beide sind jedoch den entsprechenden Organen der Cormophyten nur analog und weisen keine wesentliche innere Differenzierung auf. Die Seitenzweige entspringen bei den Lebermoosen neben, bei den Laubmoosen unter den Blättchen.

Einige Lebermoose und zahlreiche Laubmoose wachsen aufgerichtet. Derartig aufrechte Thalli wachsen zumeist mit pyramidenförmig gestalteten, nach hinten und innen dreiflächig zugespitzten dreischneidigen Scheitelzellen, die in regelmäßigem Wechsel basalwärts Segmente abgliedern (Abb. 107 A, B, C). Jedes Segment liefert, nachdem es herangewachsen ist und sich in gesetzmäßiger Weise durch weitere perikline (parallel zur Organoberfläche orientierte) und antikline (senkrecht zur Oberfläche orientierte) Zellwände aufgegliedert hat, außer Grund- und Rindengewebe die Anlage eines Blättchens und eines Seitensprößchens. Die meist auch bei den Laubmoosen einschichtigen Blättchen wachsen gewöhnlich zunächst mit einer zweischneidigen Scheitelzelle (Abb. 106 A), die jedoch ihre Tätigkeit nach einiger Zeit einstellt. Das weitere Flächenwachstum erfolgt alsdann durch weitere Zellteilungen in den abgegliederten Segmenten. Beim Torfmoos *Sphagnum* hat sich zeigen lassen, daß die typisch

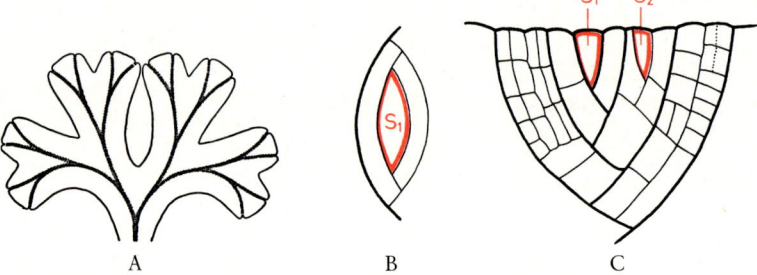

Abb. 105: A *Riccia rhenana* (Lebermoos). Dichotom verzweigter Thallus der Landform. (3 ×; nach Kling-müller.) B–C Schema des Vegetationspunktes von *Metzgeria furcata* (Lebermoos). B Scheitelansicht der zweischneidigen Scheitelzelle S₁ und ihrer beiden ersten Descendenten. C Flächenansicht im Augenblick der Verzweigung S₁ Scheitelzelle der Mutterachse. Die Scheitelzelle der Tochterachse S₂ entsteht sekundär in einem von S₁ abgegliederten Segment. (370 ×; B nach Fitting, C nach Kny.)

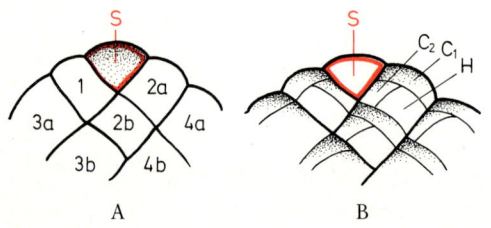

Abb. 106: Schematische Darstellung der Teilungsvorgänge in einem Blatt des Torfmooses *(Sphagnum)*. A Die apikale zweischneidige Scheitelzelle S gibt nach links und rechts Segmente ab (1, 2, 3, 4), die in etwa gleichgroße rhombische Zellen unterteilt werden (2a, 2b; 3a, 3b). B Nach Erlöschen der Teilungstätigkeit in der Scheitelzelle werden die rhombischen Abkömmlinge (Descendenten) durch je zwei inäquale Teilungen in zwei «Chlorophyllzellen» (C₁ und C₂) und eine «Hyalinzelle» (H) zerlegt. Vgl. Abb. 764 G (150 ×, nach Bünning.)

inäquale Aufteilung der Zellen des zweidimensionalen Blättchens in je zwei apikalwärts orientierte Chlorophyllzellen und eine basalwärts gelegene Hyalinzelle (Abb. 106 B H; vgl. auch Abb. 764 G) zunächst von der noch aktiv tätigen Scheitelzelle des Blättchens gehemmt wird. Erst nach dem Erlöschen ihrer Teilungstätigkeit werden die übrigen Zellen des Blättchens vorübergehend nochmals embryonal.

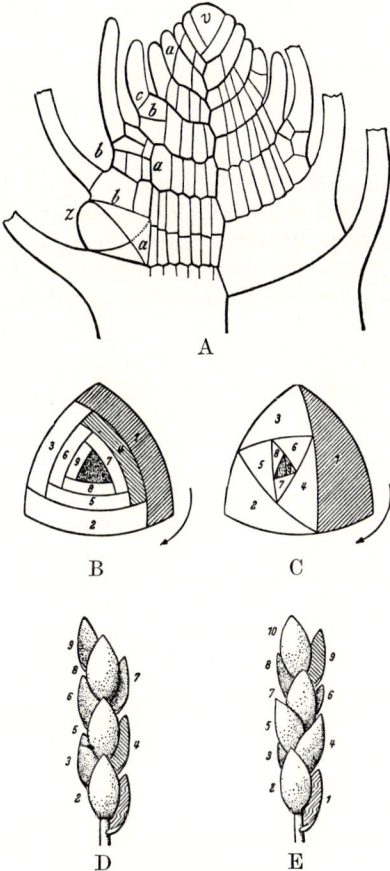

A

B   C

D   E

Abb. 107: A Längsschnitt durch die Scheitelregion eines Stämmchens von *Fontinalis antipyretica* (Laubmoos). v dreischneidige Scheitelzelle. Jedes Segment gliedert sich durch eine perikline Wand (a) in eine innere und eine äußere (Rinden-)Zelle. Letztere erzeugt Rindengewebe und ein Blatt. Seitensprößchen entstehen von Zeit zu Zeit unterhalb der Blättchen durch Ausbildung dreischneidiger Seitenscheitel (Z). B bis E Blattstellung bei Laubmoosen schematisch. B Scheitelregion von *Fontinalis antipyretica* v. oben: regelmäßige Segmentabgliederung führt zu regelmäßig dreizeiliger Blattstellung (D). C vorlaufende asymmetrische Segmentbildung bei *Platyhypnidium rusciforme* führt zu schraubiger Blattstellung (E). Vgl. Blattstellungslehre, S. 138 ff. (A 100 ×, nach LEITGEB; B bis E nach STOCKER.)

Die Neuanlage der Blättchen erfolgt, da die Segmentbildung in der apikalen dreischneidigen Scheitelzelle in regelmäßigem Drehsinn umläuft, am Stamm entlang einer Schraubenlinie. Es ist also zu erwarten, daß jedes vierte Blatt wieder genau über dem ersten steht (Abb. 107 B, D); bei einigen Laubmoosen (z. B. *Fontinalis, Barbula paludosa*) ist das auch tatsächlich der Fall. Meistens greift jedoch jede neugebildete Segmentwand ein wenig in Richtung der Blattschraube vor (vorlaufend asymmetrische Segmentbildung), so daß eine schraubige Anordnung der Blättchen zustande kommt (Abb. 107 C, E).

An Stelle der fehlenden Wurzeln finden sich bei den Moosen zarte Trichomrhizoide: einfache, durch eine Querwand abgegliederte Haare auf der Thallus-Unterseite bei den *Hepaticae*; mehr oder weniger stark verzweigte Zellfäden bei den *Musci*. Da die Wasseraufnahme noch mit der gesamten Thallus-oberfläche erfolgt, dienen sie in erster Linie der Befestigung am Boden.

Primitive Leitstränge in Form zentral angeordneter, mehr oder weniger gestreckter Zellelemente finden sich bei einigen Lebermoosen in einer Art Mittelrippe (Abb. 105 A), bei den am höchsten entwickelten Laubmoosen im Zentrum des «Stengels» (Abb. 108 l) und manchmal auch noch im mehrschichtigen Zentralstrang der im übrigen einschichtigen Blättchen. Die Blattstränge setzen an dem Stengelstrang an, der am vollkommensten bei den *Polytrichaceae* ausgebildet ist. Er besteht hier aus dünnwandigen, prosenchymatischen Wasserleitungselementen mit schrägen Endwänden (die bereits bis zu 60% der Wasserleitung übernehmen) und dickwandigen Elementen, die der Festigung dienen, zu denen noch Eiweiße und

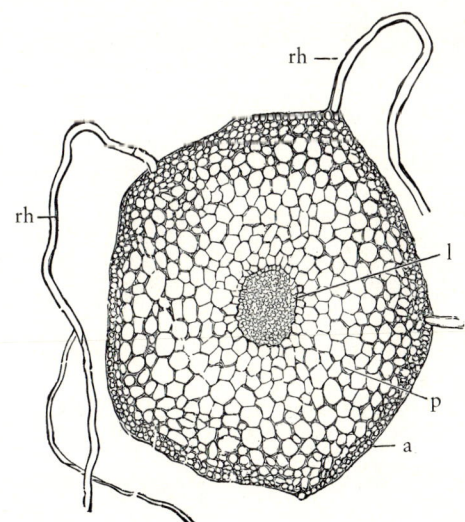

Abb. 108: Querschnitt durch das Stämmchen von *Mnium*. l zentraler Leitstrang; p Rindengewebe; a Abschlußgewebe; rh Faden- oder Trichomrhizoide. (90 ×, nach STRASBURGER.)

Kohlenhydrate enthaltende Elemente kommen, die möglicherweise der Assimilateleitung dienen.

Ein eindeutiges Abschlußgewebe mit besonderen, dem Gaswechsel dienenden Poren ist bei den Moosen nur ausnahmsweise ausgebildet (z. B. bei *Marchantia*, Abb. 750, und an manchen Laubmoos-Sporogonen, Abb. 763, 770).

IV. Cormophyten

A. Thallus und Cormus. Da sich die Lebensprozesse, wie wir gesehen haben, nur bei hinreichendem Wassergehalt des Protoplasmas abspielen können, war die Ausbildung größerer in den Luftraum hineinragender Vegetationskörper an eine Reihe z. T. sehr tiefgreifender Umgestaltungen geknüpft. Die grundlegende und wichtigste hierzu erforderliche Eigenschaft bestand in einer verbesserten Stabilisierung des Wasserhaushalts durch Imprägnierung bzw. Akkrustierung der wasserdurchlässigen Cellulosewände der äußeren Zellschichten mit wasserundurchlässigem Cutin oder Suberin. Aus der äußersten Zellschicht wurde auf diese Weise ein transpirationseinschränkendes Abschlußgewebe (Epidermis) mit häufig besonders stark verdickten und cutinisierten Außenwänden entwickelt. Um trotzdem den lebensnotwendigen Gaswechsel nicht völlig zu unterbinden, mußte dieses primäre Abschlußgewebe mit verschließbaren Poren oder Spaltöffnungen versehen werden. Weiterhin war zur Stabilisierung des Wassernachschubs die Ausbildung eines besonderen Wasseraufnahme- und Wasserleitungs-Systems erforderlich.

Tatsächlich ist der Schritt vom Wasser- zum Landleben, wie wir sahen, auch schon von verschiedenen Protophyten und Thallus-Pflanzen vollzogen worden. Der Erfolg mußte jedoch beschränkt bleiben, und zwar sowohl hinsichtlich der Weite des besiedelbaren Raumes als auch hinsichtlich der Größe der entwickelten Lebensformen. Das liegt in der Organisation des Thallus begründet, der – im Wasser entstanden und an das Leben im Wasser angepaßt – an seiner gesamten Oberfläche den freien Austausch von

Wasser und Wasserdampf erlaubt. So vermögen *Nostoc*-Coenobien, Flechten-Thalli und Moose zwar Niederschläge und Tau – ja selbst Nebel – schnell aufzunehmen; sie haben aber keine Möglichkeit, das aufgenommene Wasser später gegenüber nicht voll wasserdampfgesättigter Luft auch festzuhalten. Sie sind reine Quellkörper, deren Dasein zwischen Perioden aktiven Lebens im durchfeuchteten Zustand und Perioden latenten Lebens im Zustand der Austrocknung in völliger Abhängigkeit von den jeweiligen Umweltbedingungen passiv schwankt (poikilohydrische Organisation, vgl. S. 318f.).

Da schließlich auf dem Lande die tragende Kraft des Wassers fortfällt, mußten besondere Festigungselemente entwickelt werden, die auch im Luftraum eine sinnvolle und geordnete Ausbreitung der Photosynthese-Organe ermöglichten. Die Differenzierung des Vegetationskörpers in einen tragenden Stengel und vorwiegend dem Gaswechsel und der Photosynthese dienende Blätter erwies sich daher als vorteilhaft (Abb. 154D). Voraussetzung dafür war die Versteifung der elastischen Cellulosewände durch die Einlagerung von Holzstoff (Lignin; vgl. S. 88). So brachte der Übergang vom Wasser- zum Landleben und die damit verbundene Stabilisierung des Wasserhaushalts eine weitgehende Umkonstruktion des Vegetationskörpers der Thallophyten mit sich, die natürlich nur sehr allmählich und schrittweise zu der heute erreichten Organisationshöhe geführt hat. Der typische in Wurzel, Stamm und Blätter gegliederte Cormus der Höheren Pflanzen ist daher durch mancherlei Übergangsformen mit dem Thallus verbunden.

B. Telomtheorie. Die Urlandpflanzen (*Psilophytatae*, vgl. S. 720) glichen in ihrer äußeren Gestalt noch ganz den dichotom verzweigten Thalli mancher höher organisierter Braunalgen. An Stelle der Scheitelzelle – wie sie z. B. bei den rezenten, scheingabelig verzweigten *Psilotales* noch heute vorkommt – fanden sich an ihren Vegetationsscheiteln oft bereits Scheitelmeristeme aus zahlreichen und ungefähr gleichartig aussehenden Zellen. Ihre oberirdi-

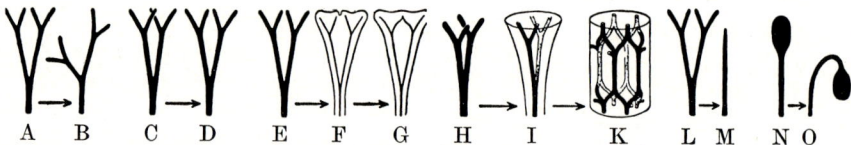

Abb. 109: Schematische Darstellung der fünf Elementarprozesse, die nach der Telomtheorie zur Ausbildung des Cormus heutiger Prägung geführt haben. (Nach Zimmermann.)
A, B Übergipfelung; C, D Planation; E, F, G und H, I, K Verwachsung; L, M Reduktion; N, O Einkrümmung.

schen Teile waren noch nicht in Achsen, Blätter und Wurzeln gegliedert, sondern sie bestanden – wie noch heute bei vielen braunen Meeresalgen (z.B. Abb. 102, 104) – aus lauter gleichen Gabeltrieben, die kaum eine Arbeitsteilung erkennen ließen (Abb. 109A, 776A, S. 721). Damit soll aber keinesfalls gesagt werden, daß die Urlandpflanzen von den Braunalgen abstammen; über die unmittelbaren Vorfahren der ältesten Landpflanzen ist noch so gut wie nichts bekannt.

Da sich die morphologischen Bezeichnungen für die differenzierten Organe der Höheren Pflanzen auf die einförmigen undifferenzierten Sprosse der Psilophyten noch nicht anwenden lassen, nennt man sie Telome, genauer Urtelome. Der *Rhynia*-Vegetationskörper bestand aus einem Zentralstrang aus prosenchymatischen, durch Lignin-Einlagerung verholzten Zellen, die als Festigungselemente und Wasserleitungsbahnen dienten (Ur- oder Protostele; Abb. 776B), und einem parenchymatischen Mantel aus Rindengewebe, der nach außen mit einer cutinisierten Epidermis abschloß.

Nach der Telomtheorie sollen die typischen Organe der höher differenzierten Cormophyten – Achsen, Blätter und möglicherweise auch Wurzeln – durch eine Reihe einfacher Elementarprozesse aus den Urtelomen hervorgegangen sein. Die wichtigsten Elementarprozesse, die zur äußeren Gestalt des typischen Cormophyten (Abb. 154D) geführt haben sollen, sind nach dieser Anschauung: Übergipfelung, Planation, Verwachsung, Reduktion und Einkrümmung (Abb. 109).

Durch **Übergipfelung** (Abb. 109 A → B; 110A, B) soll innerhalb der ursprünglich absolut gleichwertigen Telome zunächst eine Differenzierung und Arbeitsteilung zwischen tragenden Hauptachsen und assimilierenden Seitenachsen oder Achsensystemen eingeleitet worden sein, die später zur Gliederung in Achsen und Blätter geführt hat. Der übergipfelnde Haupttrieb erhält einen größeren Wachstumsimpuls als der von ihm übergipfelte Schwestertrieb. Er übernimmt damit die Führung, während der übergipfelte Trieb (bzw. das gesamte auf ihn zurückgehende Sproßsystem) zu einem seitlich gestellten Anhangsorgan wird (Abb. 109B). Der Prozeß der Übergipfelung läßt sich durch eine vergleichende Betrachtung der Sproßsysteme der rezenten Bärlappgattungen *Huperzia* und *Lycopodium* erläutern (Abb. 110C, D). Beide wachsen mit mehrzelligen Apikalmeristemen, die sich von Zeit zu Zeit dichotom gabeln. Bei *Huperzia* wachsen beide Gabeltriebe etwa gleich stark, so daß eine altertümlich anmutende Wuchsform zustande kommt (Isotomie, Abb. 110A, C). Bei *Lycopodium* dagegen übergipfelt regelmäßig der eine Trieb seinen Schwestertrieb, so daß der Anschein einer monopodialen Hauptachse (vgl. S. 146 ff., Abb. 164A)

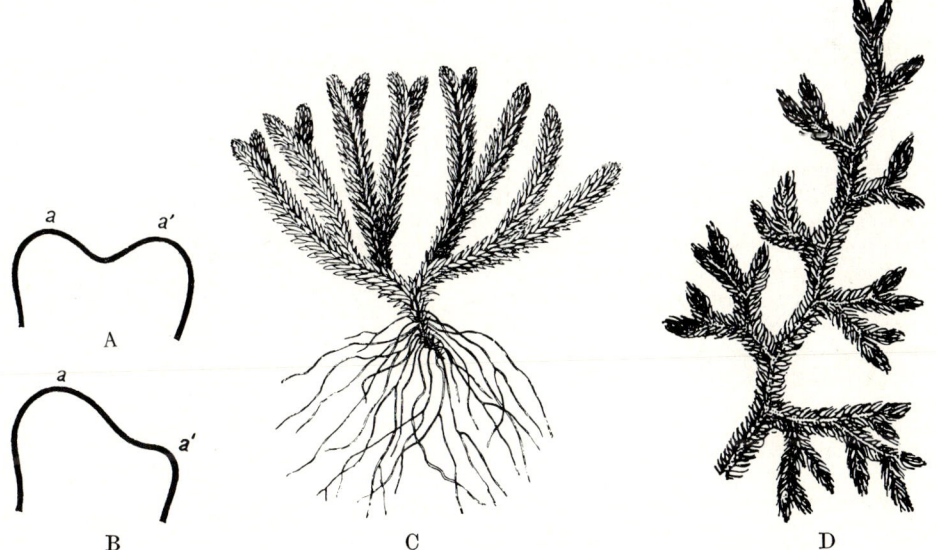

Abb. 110: A isotome –, B anisotome Verzweigung eines Vegetationskegels, schematisch (a und a′ die beiden aus der Gabelteilung hervorgegangenen Vegetationspunkte). C *Huperzia selago*, isotome (cruciat-dichotome) Verzweigung des mit Mikrophyllen besetzten Sprosses. D *Lycopodium cernuum*, anisotome Verzweigung (Übergipfelung) und pseudo-monopodiale Wuchsform. (C und D ¹/₃ ×, nach Troll.)

entsteht (Anisotomie, Abb. 110 B, D, vgl. hierzu auch Abb. 852 B, C, S. 773). **Planation.** Als zweiter wichtiger Elementarprozeß auf dem Wege der Blattentwicklung wird von den Vertretern der Telomtheorie der Vorgang der Planation angesehen, der die Telome der Seitenäste in eine Ebene einrücken läßt (Abb. 109 C → D; vgl. auch Abb. 841, 854 A). **Congenitale Verwachsungen** können nach der Telomtheorie sowohl zwischen dreidimensional angeordneten (Abb. 109 H, I, K) als auch zwischen den durch Planation in eine Ebene eingerückten Telomen eintreten (Abb. 109 E, F, G). Im ersten Fall entsteht ein umfangreicher «Stamm», der nicht mehr eine einzige zentrale Protostele, sondern zwei oder mehr Bündel von Leit- und Festigungselementen («Leitbündel») umfaßt. Die Standfestigkeit des Vegetationskörpers wird auf diese Weise erheblich gesteigert. Werden hingegen die zuvor durch Planation in eine Ebene eingerückten Telome untereinander verbunden, so entsteht die typische «Blattgestalt» der Makrophylle oder Megaphylle mit dichotom verzweigten «Adern», zwischen denen sich das Assimilationsgewebe ausspannt (Fächer- oder Gabeladerung: Abb. 109 E, F, G; vgl. hierzu Abb. 787 A → B). Auf ähnliche Weise sind vermutlich auch die Hüllen der Samenanlagen (Integumente) entstanden (Abb. 843, S. 762). Die Reduktion einzelner Telome führt über starke Vereinfachung bis zur völligen Unterdrückung (Abb. 109 L → M). Durch starke Reduktion kann man sich auf diese Weise die kleinen einaderigen Blättchen (Mikrophylle) der *Lycopodiales* und *Asteroxylon*-Arten entstanden denken (Abb. 110 C, D; 778, S. 722; 784, 785). Die phylogenetische Entstehung der Mikrophylle ist jedoch sehr umstritten. Eine andere Auffassung sieht in ihnen Organe «sui generis», die an den noch blattlosen Stengeln von Urlandpflanzen vom *Rhynia*-Typus (Abb. 776 A) als Auswüchse des Rindengewebes entstanden sind; sie sieht in den Mikrophyllen – aufgrund ihres stammesgeschichtlich frühzeitigen Auftretens – die legitimen Vorfahren der Makrophylle. **Einkrümmung** durch ungleich starkes Wachstum der beiden einander gegenüberliegenden Flanken spielt vor allen Dingen bei der Ausbildung der Fortpflanzungsorgane eine große Rolle (Abb. 109 N → O; 784, 785, 808). Dieser Elementarprozeß ist der Ausdruck dafür, daß zwei bei den Ahnen noch gleichwertige Seiten der Triebe (meistens die Ober- und Unterseite) eine ungleiche Entwicklung genommen haben, wodurch diese dorsiventral geworden sind.

Alle genannten Elementarprozesse sollen sich nach der Telomtheorie im Laufe der Stammesgeschichte mehrfach und voneinander unabhängig vollzogen haben. Besonders die im Mittel- und Oberdevon entwickelten *Primofilices* (vgl. S. 739 ff.) bilden einen Formenschwarm, der nach dieser Anschauung fast lückenlos zwischen den Urlandpflanzen und den heutigen hochentwickelten Formen vermittelt. Trotzdem darf nicht übersehen werden, daß die Telomtheorie – wie jede stammesgeschichtliche Überlegung

– notwendigerweise weitgehend hypothetischen Charakter trägt.

C. Gametophyt der Cormophyten. Auch bei den Cormophyten ist die haploide, oft noch frei lebende Geschlechtsgeneration des heterophasischen Entwicklungscyclus (vgl. Abb. 51 Mitte) rein thallös organisiert. Bei den Pteridophyten lebt der kleine, meist sehr einfach gebaute, fadenförmige (Abb. 825, 779 H, 814 C) oder mit einfachen Trichomrhizoiden am Boden befestigte, flächig (Abb. 824, 826) bis reichverzweigte (Abb. 799 A, D) gestaltete m. o. w. grüne Thallus des Gametophyten, der hier als Prothallium bezeichnet wird, völlig selbständig. Bei den Spermatophyten ist der farblose, sehr stark vereinfachte weibliche Gametophyt in das Gewebe des Sporophyten, von dem er auch ernährt wird, eingesenkt und so von außen unsichtbar.

D. Regressiv vereinfachte Cormophyten. In manchen Fällen ist es schwierig, zu entscheiden, ob eine thallöse Form ursprünglich oder abgeleitet ist. Es gibt nämlich nicht nur aufsteigende (progressive), sondern auch absteigende (regressive) Entwicklungen. So ist der thallusähnliche Habitus der in den tropischen Wasserfällen vorkommenden, zu den Blütenpflanzen gehörenden *Podostemonaceae* als eine regressive Entwicklung in Anpassung an das Wasserleben zu erklären. Auch der sehr stark vereinfachte Vegetationskörper unserer einheimischen Wasserlinsen (*Lemnaceae*) kann in diesem Zusammenhang erwähnt werden. Bei gewissen heterotrophen, zu den Blütenpflanzen gehörenden Schmarotzerpflanzen (*Rafflesiaceae*) vegetiert der zu fadenartigen Zellsträngen rückgebildete Vegetationskörper einem Pilzmycel ähnlich im Innern der Wirtspflanzen, aus denen nur die fremdartigen Blüten des Schmarotzers überraschend hervorbrechen.

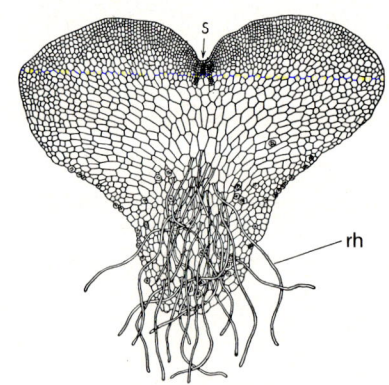

Abb. 111: Polypodiaceen-Prothallium von der Unterseite mit Trichomrhizoiden rh. Bei S der Thallusscheitel. (20 ×, nach Haupt.)

Dritter Abschnitt

Gewebelehre (Gewebearten)

Nur bei den primitivsten vielzelligen Thallophyten besteht der gesamte Vegetationskörper aus lauter gleichartigen Grundgewebszellen, die – ohne jegliche Arbeitsteilung – sämtlich alle Lebensfunktionen erfüllen.

Ein eindrucksvolles Beispiel dieser Primitivstufe vermitteln die 30–50 cm großen blattartigen Thalli verschiedener Arten des Meersalats (z.B. *Ulva stenophylla*, Abb. 112), bei denen aus fast sämtlichen Zellen (mit Ausnahme derjenigen des Haftorgans) bei der Fortpflanzung Zoosporen oder Gameten ausschwärmen können, so daß zum Schluß nur ein leeres Gehäuse aus Zellwänden zurückbleibt.

Bei den höher organisierten Thallophyten ist jedoch, wie wir gesehen haben, bereits eine Arbeitsteilung in embryonale Wachstumszonen (Scheitelzellen oder Scheitelkanten), reproduktive Organe (Sporangien und Gametangien) und der Photosynthese und Speicherung dienende Gewebe bzw. Zellgruppen festzustellen, zu denen bei den höchstentwickelten Braunalgen sogar schon besondere Leitungsbahnen

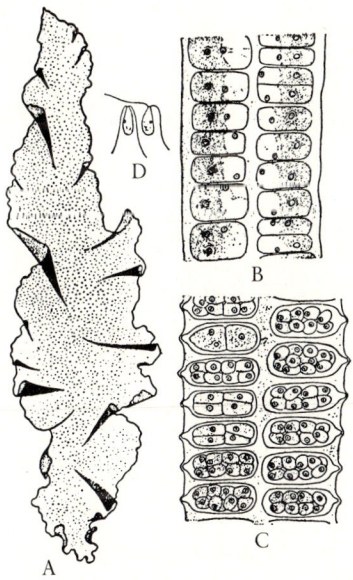

Abb. 112: A Thallus der Grünalge *Ulva stenophylla*. B und C Thallusquerschnitte (B vegetativ, C Gametenbildung). D zwei begeißelte Isogameten. (A ½ ×, B bis D 120 ×, nach Sмith.)

treten können, die von den Orten bevorzugter Photosynthese (Phylloide, Assimilatoren) zu den mehrere Jahre überdauernden «Stämmen» (Cauloiden) führen, die als Reservestoffspeicher dienen und eine Differenzierung in «Rinde» und «Mark» erkennen lassen.

In der Regel treten die gleichartigen Zellen gruppenweise in größeren Verbänden auf. Einen solchen Verband gleichartiger Zellen nennt man eine Gewebeart. Die Gewebearten unterscheiden sich durch Form, Inhalt und Wandbeschaffenheit ihrer Zellelemente. Je höher die Pflanze organisiert ist, desto mehr Gewebearten hat sie. Für die Beurteilung der Organisationshöhe eines Organismus gibt es somit ein objektives Kriterium: die Mannigfaltigkeit seiner Teile, d.h. die Anzahl der daran beteiligten Zell- und Gewebearten. Dieses Kriterium versagt allerdings vor den im vorigen Kapitel erwähnten regressiven Lebensformen.

Mit den drei neuen Aufgaben, denen sich die Landpflanzen gewachsen zeigen mußten: 1. Einschränkung des Wasserverlusts, 2. Aufnahme, Leitung und Abgabe des Boden- bzw. Regenwassers und 3. Festigung des Vegetationskörpers, dem in der Luft der tragende Halt des Wassers fehlt, war notwendigerweise die Ausbildung einer Reihe neuartiger Gewebearten verbunden, die den Thallophyten entweder noch völlig fehlen oder doch nur bei wenigen besonders hoch entwickelten Formen in ersten Andeutungen vorhanden sind. Zu den bereits auf der zweiten Organisationsstufe entwickelten Gewebearten: 1. Embryonalgeweben, 2. Grundgeweben und 3. reproduktiven Geweben (in den Sporangien und Gametangien), mußten von den Cormophyten zusätzlich die folgenden neuen Gewebearten entwickelt werden: 4. Abschlußgewebe, 5. wasseraufnehmende Gewebe (Absorptionsgewebe), 6. Leitungsgewebe, 7. Festigungsgewebe (Stereome) und 8. Absonderungs- bzw. Ausscheidungsgewebe (Exkretionsgewebe).

Im Zusammenhang mit den neuen Aufgaben und der großen Anzahl erforderlicher spezieller Zelltypen sind die Gewebe der Cormophyten nicht selten aus verschiedenen Zelltypen zusammengesetzt. So finden sich notwendigerweise zur Erleichterung des Gaswechsels in den meisten oberirdischen Abschlußgeweben von besonders differenzierten Zellen gebildete Spaltöffnungen (S. 116 ff.), und in den Leitungsbahnen ist eine Differenzierung zwischen wasserleitenden Elementen und solchen für den Transport organischer Stoffe eingetreten. Man hat es in diesen Fällen also nicht mehr mit reinen Gewebearten, sondern mit aus verschiedenen Zelltypen zusammengesetzten morphologisch-physiologischen Gewebesystemen zu tun, die durch ihre Baueigentümlichkeiten als funktionelle Einheiten charakterisiert sind. Andererseits finden sich hin und wieder Einzelzellen mit besonderen Aufgaben in einen größeren andersartigen Geweberverband eingestreut, die dann als Idioblasten bezeichnet werden.

Entwicklungsgeschichtlich lassen sich die Gewebearten der Cormophyten in zwei Hauptgruppen einteilen: in die embryonalen Bildungsgewebe und in die fertig ausdifferenzierten Dauergewebe.

I. Bildungsgewebe oder Meristeme

Die befruchtete Eizelle oder Zygote der Höheren Pflanzen entwickelt sich zunächst zu einem ausschließlich aus embryonalen, d.h. teilungsfähigen Elementen bestehenden Embryo, dessen plasmareiche und zartwandige

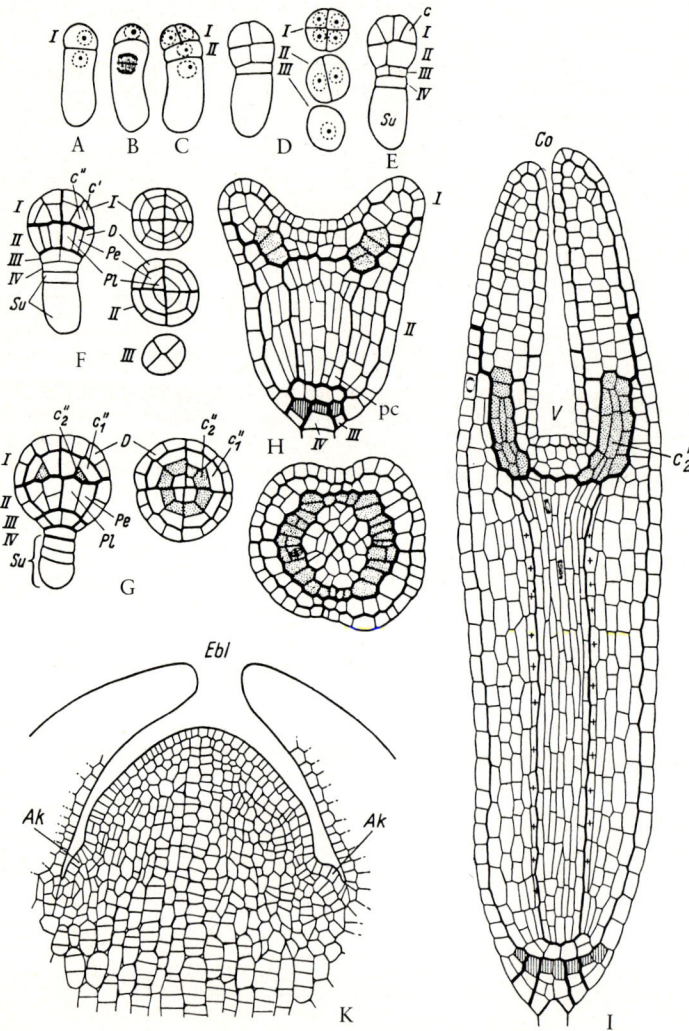

Abb. 113: A bis I Embryonalentwicklung von *Biophytum dendroides*. A bis E Ablauf der ersten regelmäßigen Zellteilungen, die zur Ausbildung des Suspensors (*Su*) und der vier Embryonalstockwerke *I* bis *IV* führen. F und G Abtrennung des Protoderms *D* und Gliederung des Stockwerks *II* in *Pe* und *Pl* durch perikline «Schälwände». C, C', C'', C''₁, C''₂ Zellenfolge, aus der die beiden Keimblätter *Co* hervorgehen. H Ausbildung der Primärwurzel und der Cotyledonen (*pc* = Pericambium). I fertiger Embryo mit den Grenzen der Stockwerke *I* bis IV. V Vegetationsscheitel des Sprosses. K Sproßscheitel eines Bohnenkeimlings. *Ak* Achselknospen der Erstlingsblätter *Ebl* (A–H 280 ×, I 200 ×, nach Noll; K 300 ×, nach Sachs; Zusammenstellung aus Kühn.)

Zellen einander äußerlich sehr ähnlich sind (Abb. 113). Schon frühzeitig – oft bereits mit der ersten Teilung der Zygote – wird dabei die zukünftige Polaritätsachse festgelegt: der apikale Pol liefert später den Sproßscheitel mit den Anlagen der ersten Blätter, der basale Pol die Primärwurzel (sowie häufig ein zusätzliches Ernährungsorgan für den Embryo: das Haustorium bzw. den Suspensor) (Abb. 113 E Su).

Im einzelnen geht die Embryonalentwicklung bei den Schachtelhalmen und Farnen *(Filicatae)*, die noch – wie die Moose – mit Scheitelzellen wachsen, andere Wege als bei den Bärlappgewächsen und Samenpflanzen, worauf jedoch erst im systematischen Teil näher einzugehen sein wird.

Sobald der Embryo etwas größer geworden ist, bleibt das Teilungswachstum auf die äußersten Spitzen des apikalen Sproßpols (Sproßscheitel) und des basalen Wurzelpols (Wurzelscheitel) beschränkt, deren bipolares (heteropolares) Spitzenwachstum (apikales Wachstum) sie bewirken. Auf diese Weise kommt es schon frühzeitig zu der für das Wachstum der Höheren Pflanzen charakteristischen Differenzierung in nach wie vor teilungsbereite Bildungsgewebe und speziellen Funktionen dienende Dauergewebe, die ihre Teilungs-

tätigkeit vorübergehend oder endgültig einstellen. Primäre Bildungsgewebe, die sich entwicklungsgeschichtlich unmittelbar von den Geweben des Embryos herleiten lassen, werden als Ur- oder Promeristeme bezeichnet. Bleiben inmitten einer Umgebung, die bereits in Dauergewebe übergegangen ist, größere Zellkomplexe, Zellplatten oder Zellstränge weiterhin urmeristematisch, so werden sie als Restmeristeme von den Apikalmeristemen unterschieden.

Manche Dauergewebe nehmen die Teilungstätigkeit früher oder später wieder auf und werden auf diese Weise zu sekundären Meristemen oder Folgemeristemen. Handelt es sich um eine sehr kleine Zellgruppe oder gar um Einzelzellen, die ihre primäre Aktivität beibehalten oder nach vorübergehender Teilungsruhe zu erneuter meristematischer Aktivität übergehen, schließlich jedoch vollständig in der Differenzierung aufgehen, so spricht man von Meristemoiden.

Aber selbst Zellen aus Geweben, die normalerweise zeitlebens als Dauergewebe verharren, lassen sich vielfach experimentell – etwa durch Herauslösen aus ihrem Gewebeverband – zu neuen Teilungen anregen und offenbaren auf diese Weise, daß sie noch immer potentiell meristematisch geblieben sind. Nur

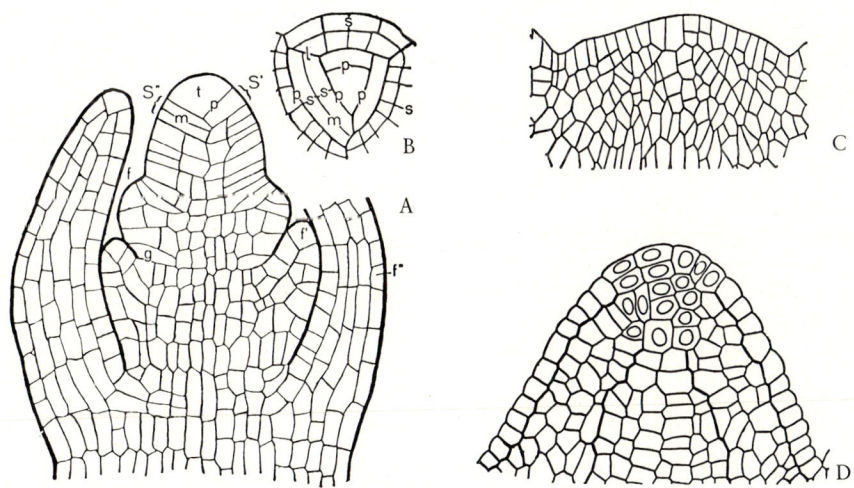

Abb. 114: A und B Sproßscheitel eines Schachtelhalms. A Längsschnitt, B Scheitelansicht. t Scheitelzelle, die durch die Wände p schräg nach hinten umlaufend Segmente (S′, S″) abgliedert. Diese werden später durch zusätzliche Wände (m) weiter aufgeteilt. f, f′, f″ Blattanlagen. g Ursprungszelle einer Seitenknospe. l Seitenwand eines Segments. C Sproßscheitel von *Huperzia selago (Lycopodiales)*. D Sproßscheitel von *Sequoia sempervirens (Taxodiaceae)*. Bei beiden Arten teilen sich die oberflächlichen Initialzellen (in D durch Einzeichnung der Zellkerne hervorgehoben) sowohl antiklin als auch periklin. Eine Sonderung in Tunica und Corpus ist noch nicht festzustellen. (A und B 180 ×, nach STRASBURGER; C 120 ×, nach HAERTEL; D 140 ×, nach CROSS.)

sehr dickwandige Dauerzellen und selbstverständlich alle jene Elemente, die ihre Funktion erst nach ihrem Tode erfüllen (z.B. mechanische Elemente, Wasserleitungselemente, Kork), verlieren ihre Teilungsfähigkeit endgültig.

A. Apikal- oder Scheitelmeristeme. Die an den Spitzen der Sprosse und Wurzeln liegenden Urmeristemzellen sind stets – wie die Embryonalzellen, von denen sie sich unmittelbar ableiten – verhältnismäßig klein und etwa isodiametrisch gestaltet. Ihre zumeist senkrecht aufeinander stehenden, in erster Linie aus Protopectinen bestehenden Wände sind sehr zart und arm an Cellulose. Alle Zellen schließen lückenlos aneinander. Der Zellraum ist von dichtem Protoplasma mit einem relativ großen Zellkern erfüllt (Abb. 5).

Bei mikroskopischer Betrachtung erscheinen die Apikalmeristeme (früher Vegetationspunkte) der Sproß- und Wurzelspitzen meist mehr oder weniger kegelförmig bis abgeflacht (Abb. 114; 155 A, B); man bezeichnet sie daher im ersten Fall auch als Vegetationskegel. Die beim Sproß unmittelbar an der Spitze gelegenen, bei der Wurzel etwas weiter innen liegenden Zellen, von denen das gesamte apikale Teilungswachstum seinen Ausgang nimmt, werden als Initialzellen (bzw. in ihrer Gesamtheit als Initialkomplexe) bezeichnet.

Wie sich leicht einsehen läßt, ist die Teilungsaktivität (Teilungsfrequenz) der Initialzellen innerhalb des gesamten Vegetationskegels keineswegs die höchste. Vielmehr müssen die von hier abgegliederten Descendenten jeweils zunächst in einer großen Zahl von Teilungsschritten weiter unterteilt werden, ehe eine neue Teilung der Initialzellen fällig ist. So läßt sich mittels autoradiographisch-histochemischer Markierungsversuche zeigen, daß sowohl im Sproßscheitel, als auch in der Wurzelspitze gerade dort, wo man zunächst höchste Teilungsaktivität zu vermuten geneigt ist, ein relativ «ruhendes Zentrum» (quiescent centre) zu liegen pflegt, was zu allerlei Mißverständnissen Anlaß gegeben hat.

Die weitere Entwicklung und Ausdifferenzierung der von den Initialzellen abgegliederten Descendenten wird in erster Linie von dem «Gesetz der Lage» bestimmt, d.h. die bei den Niederen Pflanzen so weit verbreitete frühzeitige Determination durch differentielle Zellteilungen der Initialzellen oder ihrer unmittelbaren Abkömmlinge (Abb. 94; 95; 96) wird aufgegeben zugunsten einer modifikatorischen Differenzierung unter dem steuernden Einfluß der Nachbargewebe (abhängige Differenzierung). Dabei geht die Organdifferenzierung in der Regel der Zell- und Gewebedifferenzierung voraus (Abb. 171 A, B; 173 b, c, d).

Da der Vegetationskegel des Sprosses bereits unmittelbar unterhalb des Scheitels seitliche Auswüchse hervorbringt (Abb. 155 A, B), die zu Blättern und Seitensprossen heranwachsen, während der Vegetationskegel der Wurzel von einer besonderen Hülle – der Wurzelhaube – umschlossen ist und unverzweigt bleibt, ist eine gesonderte Betrachtung der beiden Apikalmeristeme erforderlich.

a) Der Sproßscheitel. Wie bei den meisten Meeresalgen und Moosen nimmt das Urmeristem seine Entwicklung auch noch bei den Schachtelhalmen und der Mehrzahl der Farne von einer besonderen, am Sproßscheitel liegenden Scheitelzelle.

Sie hat oft die Gestalt einer dreiseitigen Pyramide (eines Tetraeders) mit vorgewölbter Grundfläche als Außenseite und ist alsdann nach rückwärts dreischneidig (Abb. 114 A t); vom Scheitel betrachtet erscheint sie in diesem Fall als gleichseitiges Dreieck (Abb. 114 B). Auch vier- und fünfschneidige Scheitelzellen kommen vereinzelt vor. Nach hinten gliedern die Scheitelzellen in schraubiger Folge Descendenten ab, die als Segmente bezeichnet werden. Diese werden daraufhin durch weitere, anfangs oft recht regelmäßige Teilungsschritte zerlegt (Abb. 114 A m). Bei den Farnen mit Scheitelzellwachstum beginnen auch die Blattanlagen ihre Entwicklung meist noch mit einer in der Regel keilförmigen zweischneidigen Scheitelzelle (Abb. 114 A, f, f'). Auch die Anlagen der Seitenknospen (g) bilden sich aus je einer Zelle, die zur neuen Scheitelzelle wird.

Bei verschiedenen Höheren Pteridophyten, insbesondere aus der Klasse der Bärlappgewächse, sowie bei der Mehrzahl der Gymnospermen ist keine bestimmte Zelle des Urmeristems als Scheitelzelle ausgebildet. Statt dessen findet man bei ihnen am Sproßscheitel – im sog. Initialfeld – eine Gruppe gleichwertiger Initialzellen, die sich sowohl antiklin (senkrecht zur Oberfläche) als auch periklin (parallel zur Oberfläche) zu teilen vermögen (Abb. 114 C, D). Bei einigen hochentwickelten Gymnospermen sowie bei allen Angiospermen sind die Initialen in mehreren Stockwerken angeordnet, von denen sich nur die innerste Gruppe antiklin und periklin teilt und damit die Grundmasse des Apikalmeristems – Corpus genannt – liefert, während die darüberliegenden Initialstockwerke durch ausschließlich antikline Teilungen in erster Linie der Oberflächenvergrößerung dienen und eine sog. Tunica bilden, die das Corpusgewebe mantelartig umschließt (Abb. 155 B).

Definitionsgemäß kommt den Begriffen Tunica und Corpus lediglich beschreibende (topographische) Bedeutung zu. Über die weitere Entwicklung der aus ihnen hervorgehenden Descendenten zu Dauergewebe sagen sie nichts aus. Die Tunica-Corpus-Konzeption steht damit in bewußtem Gegensatz zu einer früher verbreiteten Histogen-Konzeption, die von der inzwischen als falsch erwiesenen Auffassung ausging, daß schon im Sproßscheitel endgültig über das zukünftige Schicksal aller Descendenten entschieden werde. Histogencharakter in diesem Sinne kommt lediglich der äußersten Tunica-Schicht zu, die später zum primären Abschlußgewebe – der Epidermis – wird und dementsprechend als Protoderm oder Dermatogen bezeichnet werden kann.

Eine einzige Tunica-Schicht findet sich z.B. bei den Gymnospermen *Thujopsis* und *Phyllocladus*, bei den meisten Monocotyledonen (Hafer, Weizen, Mais) und bei vielen Kakteen. Über die Hälfte aller untersuchten Dicotyledonen haben zweischichtige Tunicen. Mehrschichtige Tunicen sind u. a. bei *Compositae* und *Hippuridaceae* beschrieben worden. Bei der Ericacee *Oxycoccus macrocarpus* sollen bis zu 9 Schichten vorkommen. Die Zahl der Tunica-Schichten kann nicht nur bei ein- und derselben Art variieren (z.B. bei *Silene maritima* zwischen 1 und 4), sondern sie ändert sich vielfach auch im Verlaufe der Ontogenie, etwa im Zusammenhang mit der Änderung des Umfangs des Vegetationskegels beim Übergang zur Blütenbildung.

Daß bei mehrschichtigen Tunicen jede Schicht über eigene, unabhängige Initialzellen verfügt, geht aus Polyploidisierungsversuchen mittels Colchicin (vgl. S. 53, 422, 508, 530) beim Stechapfel hervor, wobei die Polyploidie unabhängig in jeder der beiden Tunica-Schichten oder im Corpusgewebe eintreten kann. In jedem Fall entstehen Pflanzen, deren Mantelgewebe eine andere Kerngröße und Chromosomen-

zahl besitzt als das Corpus-Gewebe (sog. Periklinalchimären, Abb. 115). Mit Hilfe der künstlich ausgelösten Polyploidie hat sich auch nachweisen lassen, daß in jeder Schicht mehrere Initialzellen vorkommen können. Stets treten nämlich auch Sprosse auf, bei denen die Polyploidie auf einzelne Sektoren beschränkt bleibt (sog. Sektorialchimären), was nur so gedeutet werden kann, daß die verschiedenen Sektoren aus eigenen Initialzellen hervorgehen. Läge in jeder Schicht nur eine einzige Initialzelle vor, so müßten die erst in einem Descendenten polyploidisierten Sektoren beim Längenwachstum der Sproßachse zurückbleiben und von normalen diploiden Abkömmlingen der einzigen Initialzelle des betreffenden Stockwerks ersetzt werden.

b) Der Wurzelscheitel bedarf für seine zarten embryonalen Zellen beim Eindringen in die Erde eines besonderen Schutzes. Dazu dient die Wurzelhaube oder Calyptra, die den eigentlichen Vegetationskegel umhüllt wie ein Däumling den Finger. Die Mittellamellen der jeweils äußersten, ältesten Haubenzellen verschleimen; diese lösen sich schließlich ab, werden jedoch laufend vom Wurzelmeristem ergänzt.

Bei den meisten Pteridophyten wird der Wurzelvegetationspunkt – wie bei den Sprossen – von einer Scheitelzelle eingenommen, welche die Gestalt einer dreiseitigen Pyramide besitzt (Abb. 117 A t). Außer den Segmenten, die sie parallel zu ihren drei inneren Seitenwänden nach dem Wurzelkörper hin abgibt, bildet sie aber solche auch nach außen (Abb. 117 A k). Diese Segmente bauen die Wurzelhaube auf, indem sie sich weiter teilen. Die Scheitelzelle ist also vierschneidig.

Bei den Gymnospermen und Angiospermen besitzt dagegen auch der Wurzelscheitel keine api-

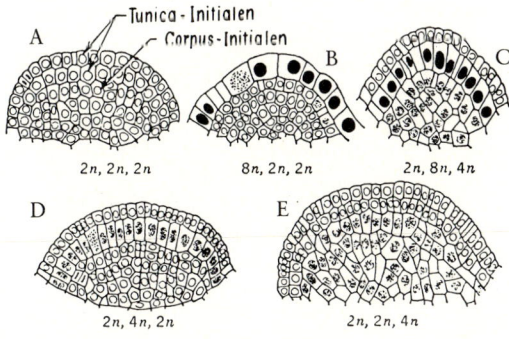

Abb. 115: Sproßscheitel von *Datura*. A normale diploide Pflanze. B bis E verschiedene, durch Behandlung mit Colchicin erzeugte Periklinalchimären: B äußere Tunica-Schicht (Protoderm) = 8 n; C zweite Tunica-Schicht = 8 n, Corpus = 4 n; D zweite Tunica-Schicht = 4 n; E Corpus = 4 n. (80 ×, nach Satina, Blakeslee u. Avery.)

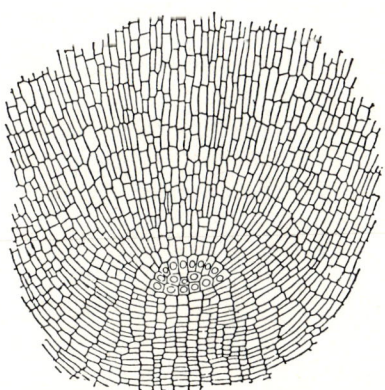

Abb. 116: Längsschnitt durch die Wurzelspitze einer Kiefer (*Pinus cembroides* var. *edulis*). Wurzelkörper und Wurzelhaube werden von derselben Initialengruppe (durch Andeutung der Zellkerne hervorgehoben) gebildet. (100 ×, nach Chamberlain.)

kale Scheitelzelle mehr. An ihrer Stelle finden sich bei den Gymnospermen zwei mehr oder weniger deutlich gegeneinander abgesetzte Gruppen von Initialzellen (Abb. 116), deren innere durch abwechselnd antikline und perikline Teilungen die Hauptmasse des Wurzelkörpers aus sich hervorgehen läßt, während die äußere durch zunächst vorwiegend perikline Teilungen das Rindengewebe und die in diesem Falle nicht deutlich abgegrenzte Haube liefert. Bei den Angiospermen schließlich findet sich häufig an der Scheitelkuppe der Wurzel – ähnlich wie beim Sproß – ein aus mehreren unabhängigen Initialgruppen zusammengesetztes, geschichtetes Bildungszentrum, aus dem die verschiedenen Dauergewebe (Haube, Abschlußgewebe, Rinde und Zentralzylinder, vgl. S. 184f.) durch anti- bzw. perikline Teilungen bei den einzelnen systematischen Gruppen in verschiedener Weise hervorgehen. Zum Beispiel ist im Scheitel der Graswurzel die äußerste Urmeristemschicht (das Protoderm), die das Hautgewebe der Wurzel (die Rhizodermis) liefert, mit der daruntergelegenen Meristemschicht, aus der das Rindengewebe hervorgeht, in einer einzigen Initialgruppe vereinigt. Außerhalb von ihr liegt das Calyptrogen, die Meristemschicht für die Wurzelhaube. Bei der Mehrzahl der Dicotyledonen wird die Wurzelhaube jedoch durch perikline Teilungen von der gleichen

Initialgruppe geliefert, die auch das Protoderm bildet (z.B. *Brassica*, Abb. 117B, Dermato-Calyptrogen). Darunter liegt ein zweites Initialzellenstockwerk, das die Rinde mit ihrem inneren Abschlußgewebe – der Endodermis – liefert (Abb. 117B r u. e). Ein drittes Initialzellenstockwerk liefert endlich den Zentralzylinder c und das Pericambium p. Alle drei Stockwerke zusammen, die entsprechend der ursprünglichen Vierteilung im Embryo (vgl. Abb. 113 F) aus je vier gekreuzt angeordneten Zentralzellen bestehen, bilden den Initialkomplex.

Derartigen «geschlossenen» Wurzelscheiteln, deren Initialenstockwerke als echte Histogene zeitlebens erhalten bleiben, stehen auch bei den Angiospermen «offene» Typen gegenüber, bei denen die ursprüngliche Abgrenzung der Histogene bereits frühzeitig durch einen ungeordnet wuchernden Initialzellenkomplex gesprengt wird, so daß sekundär ähnliche Verhältnisse wie bei den Gymnospermen auftreten können.

B. Restmeristeme. Bereits dicht hinter dem Vegetationspunkt beginnen sich die Urmeristemzellen gewöhnlich in verschieden gestaltete, aber zunächst immer noch teilungsfähige Zellschichten und Zellstränge zu sondern. Durch lokales Auseinanderweichen der Zell-

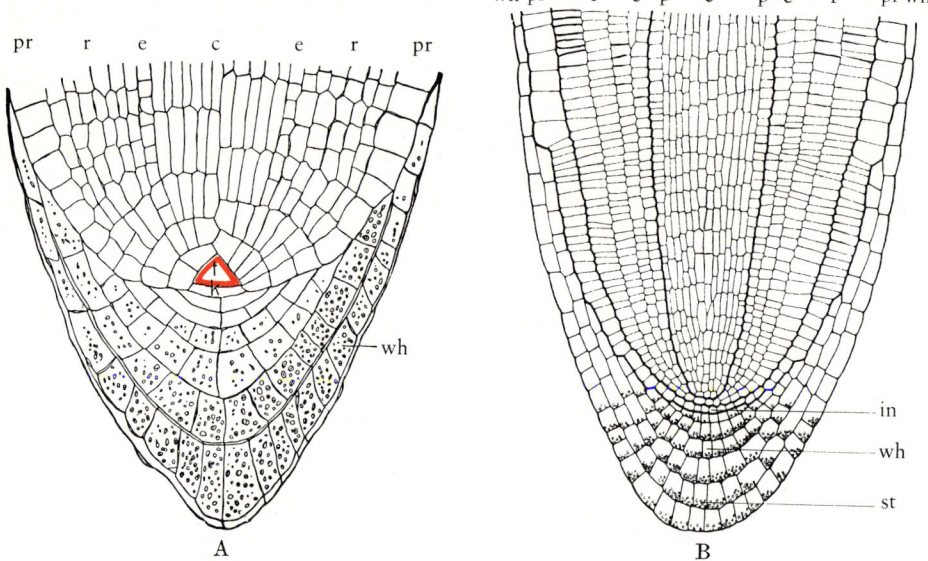

pr   r   e   c   e   pr

— wh

A

wh pr   r   e   p   c   p   e   r   pr wh

— in
— wh
— st

B

Abb. 117: Wurzelscheitel und Wurzelhaube. A Mittlerer Längsschnitt durch die Wurzelspitze des Farns *Pteris cretica*. t vierschneidige Scheitelzelle; k apikal gerichteter Descendent = Wurzelhaubeninitiale; pr Protoderm = spätere Rhizodermis; wh Wurzelhaube. B Mittlerer Längsschnitt durch die Wurzelspitze von *Brassica napus*. Die äußerste der drei Initialzellenschichten (Dermato-Calyptrogen) liefert das Dermatogen (aus dem die Rhizodermis wird) und die Wurzelhaube oder Calyptra wh; das darüberliegende zweite Initialzellenstockwerk liefert die Wurzelrinde r mit der Endodermis e; das dritte und innerste Initialzellenstockwerk schließlich liefert den Zentralzylinder (Corpus) c mit dem Pericambium p. st Statolithenstärke. (A 160×, nach STRASBURGER; B 50×, nach KNY.)

wände kann es bereits frühzeitig zur Ausbildung von Intercellularräumen kommen (vgl. Abb. 155 B). Man kann diese Zone als Determinationszone bezeichnen, da schon hier darüber entschieden wird, in welcher Weise sich die Zellen in der anschließenden Differenzierungszone zu Dauergeweben umwandeln werden. Diese Umwandlung erfolgt ganz allmählich durch unterschiedliches Streckungswachstum, Verdickung und chemische Veränderung der Zellwände sowie durch eigenartige Ausgestaltung der Zellinhalte, bis schließlich die Teilungsfähigkeit ganz erlischt und der Dauerzustand erreicht ist.

Bei dieser Gewebedifferenzierung behalten fast stets Reste des Urmeristems in Form ganzer Zellschichten oder größerer Zellgruppen oder Zellstränge ihre embryonale Beschaffenheit und Teilungsfähigkeit auch weiterhin bei. So bleiben beispielsweise bei vielen Monocotyledonen die basalen Abschnitte der Stengelglieder lange Zeit als eingeschobene (intercalare) Wachstumszonen meristematisch. Die strangförmigen fascicularen Cambien in den Leitbündeln der Dicotyledonen bilden später die Ausgangsbasis für das sekundäre Dickenwachstum der Sprosse (vgl. S. 160 ff.). Das Pericambium der Wurzeln (= Perizykel) dient in ähnlicher Weise als Ausgangsbasis für die Entstehung der Seitenwurzeln (vgl. S. 186 f.).

C. Folgemeristeme. Im Gegensatz zu den primären oder Urmeristemen und den Restmeristemen, die sich stets unmittelbar vom Urmeristem der Embryonen ableiten lassen, entstehen die sekundären oder Folgemeristeme als Neubildungen aus Dauerzellen, die ihre Teilungsfähigkeit zurückgewinnen. Ihre Elemente können denen der primären Meristeme ähneln, haben aber in der Regel die prosenchymatische Gestalt langgestreckter, plattenförmiger Prismen (Abb. 179 A, B, C) und enthalten große Vacuolen, die in den Apikalmeristemen niemals vorkommen. Folgemeristeme sind beispielsweise die Korkcambien (Phellogene, S. 172 f.) und die interfascicularen Cambien (S. 162), die sich erst sekundär im Markstrahlparenchym bilden.

D. Meristemoide. Als Meristemoide werden kleine, wenigzellige Meristeme bezeichnet, die Differenzierungen – wie Spaltöffnungen, Haare, aber auch Blatt- oder Markstrahlanlagen – in einer selbst noch mehr oder weniger teilungsfähigen Umgebung durch besonders hohe Teilungsaktivität aus sich hervorgehen lassen. Nicht selten zeichnen sie sich durch

die Fähigkeit zur Anregung von Teilungen in ihrer unmittelbaren Nachbarschaft aus. Charakteristisch ist jedoch, daß in der weiteren Umgebung in der Regel jede Zellteilungstätigkeit unterbleibt. So bilden sich um die Meristemoide vielfach Sperrzonen oder Hemmfelder, die in ihrer Gesamtheit zur Folge haben, daß die aus den Meristemoiden hervorgehenden Differenzierungen in regelmäßigen Mustern angeordnet erscheinen. Derartige Sperreffekte der Meristemoide, deren physiologische Ursachen noch nicht bekannt sind, bilden wahrscheinlich neben den inäqualen Zellteilungen (vgl. S. 94 u. 100 ff.) ein wichtiges Grundprinzip der pflanzlichen Differenzierung (vgl. z. B. S. 143 ff.; Abb. 155 E, F, G; Abb. 161).

II. Dauergewebe

In den Dauergeweben finden normalerweise keine Zellteilungen mehr statt. Ihre fertig ausdifferenzierten Zellen sind fast stets erheblich größer als die Meristemzellen, relativ plasmaarm und nicht selten sogar tot und dann oft wasser- oder lufthaltig.

Nach ihrer Herkunft lassen sich primäre und sekundäre Dauergewebe unterscheiden. Primäre Dauergewebe gehen unmittelbar aus den Urmeristemen hervor, sekundäre Dauergewebe verdanken ihre Entstehung der Tätigkeit sekundärer Meristeme.

Rein histologisch betrachtet bestehen die primären und sekundären Dauergewebe jedoch häufig aus gleichartigen Elementen. Es erübrigt sich daher in den meisten Fällen, schon bei der Besprechung der verschiedenen Gewebearten auf diesen histogenetischen Unterschied einzugehen. Hingegen spielt die primäre oder sekundäre Herkunft in der Organlehre eine wichtige Rolle; primäre und sekundäre Zustände der Organe müssen daher unter allen Umständen getrennt betrachtet werden.

A. Bildung von Intercellularen und Durchlüftung der Dauergewebe

Fast immer, wenn sich embryonale Zellen in Dauerzellen umwandeln, werden die Mittellamellen der sich verdickenden Zellwände an den Ecken und Kanten der Zellen aufgelöst. Infolgedessen lösen sich an diesen Orten die Verdickungsschichten benachbarter Zellen voneinander und können auseinanderweichen. So entstehen im Zellgewebe schizogen, d.h. durch lokale Trennung der Zellwände, schon sehr frühzeitig bis in die äußersten Stengel- und Wurzelspitzen hinein luftgefüllte Zwischenzellräume: die Intercellularen. Sie haben zunächst im Querschnitt meist die Form kleiner Drei- oder Vierecke (Abb. 118B, D), während sie im Längsschnitt als lange, schmale Spalten erscheinen (Abb. 118 C; 155 B), und bilden schließlich ein zusammenhängendes System reich verästelter feiner Kanäle (Intercellularensystem). Diese streichen den Zellkanten entlang, durchziehen das Gewebe allseitig und stehen durch besondere Poren im Abschlußgewebe der Sproßorgane (den Spaltöffnungen bzw. Lenticellen, vgl. S. 116 ff., 173) mit der Außenluft in Verbindung. Sie sind für den Gaswechsel der tiefer gelegenen lebenden Zellen wichtig.

Bei bevorzugtem Wachstum bestimmter Zellwandstellen können derartige Intercellularen durch nachträgliche völlige Trennung und weitere Teilung der benachbarten Zellen zu größeren Kammern oder Gängen von mehr oder weniger regelmäßiger Gestalt erweitert werden (Abb. 118 E; 119; 153 B, C). Auch durch Zellzerstörungen können Hohlräume in Geweben entstehen; entweder durch Zerreißung von Zellen infolge ungleich verteilten Wachstums, rhexigen, oder durch Auflösung von Zellwänden, lysigen (Abb. 152 B, C); rhexigen werden z. B. viele Stengel hohl (Abb. 149 F u. H.).

B. Grundgewebe

Die Hauptmasse der Vegetationskörper krautiger Pflanzen wird von Grundgeweben (Parenchymen) gebildet. Die in der Regel nur schwach verdickte Wand der gewöhnlich lebenden Parenchymzellen besteht aus elastischen Celluloseschichten; selten ist sie verholzt. Das Cytoplasma der oft relativ großen Zellen umschließt umfangreiche Strafträume, die – besonders in den Speicherparenchy-

men – reichlich Nährstoffe enthalten können. Neben Leuko- und Chloroplasten kommen in ihrem Cytoplasma auch Chromoplasten vor (z. B. im Speicherparenchym der Möhrenwurzel). Die Leukoplasten und Chloroplasten enthalten häufig Stärke. Infolge ihrer prallen Füllung mit Zellsaft – ihres Turgors (vgl. S. 316 ff.) – dienen die Grundgewebe auch der allgemeinen Festigung der Pflanzen. Das Welken ist stets in erster Linie auf den Wasserverlust der Parenchyme zurückzuführen.

Entsprechend ihrer funktionellen Differenzierung kann man zwischen Assimilationsparenchym, Speicherparenchym, Leitparenchym und Durchlüftungsparenchym (Aerenchym) unterscheiden.

Zu den Assimilationsparenchymen gehört das grüne Assimilationsgewebe (Mesophyll) der Blätter, das den Raum zwischen den i. d. Regel chlorophyllfreien Abschlußgeweben (Epidermen) der Blattober- und -unterseite ausfüllt (Abb. 201; 217; 219 A) sowie das grüne Rindengewebe vieler Sprosse. Um den für die CO_2-Assimilation erforderlichen Gaswechsel zu erleichtern, sind die Assimilationsparenchyme mit Intercellularräumen reichlich durchsetzt (Abb. 118 D). Besonders großräumig pflegen die Intercellularen in den Schwammparenchymen der Blattunterseiten zu sein (Abb. 118 E), die gleichzeitig die Abgabe von Wasserdampf an die Atmosphäre (Transpiration) ermöglichen.

Typische Speicherparenchyme finden sich im Mark und in der Rinde von Sprossen und Wurzeln, insbesondere jedoch in den Speicherorganen (Rüben, Knollen) sowie in den Speichergeweben der Samen (Abb. 70 B). In letzteren sind die Parenchyme bei nahezu vollständigem Wasserentzug in einen latenten Zustand versetzt (vgl. S. 33), der erst bei der Keimung durch erneute Wasseraufnahme wieder aufgehoben wird. Wichtigstes Speichergewebe der Holzpflanzen ist das Holzparenchym, das den im übrigen toten Holzkörper als ein zusammenhängendes Netzwerk aus lebenden Zellen durchzieht (vgl. Abb. 190 A, S. 169).

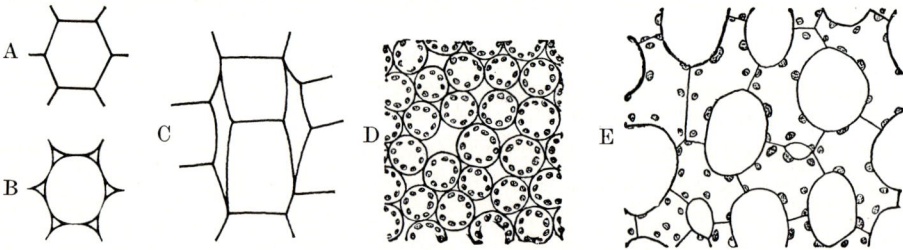

Abb. 118: A bis C Schema zur Erläuterung der schizogenen Intercellularenbildung durch Auseinanderweichen der Zellwände an den Ecken. A und B Querschnitte. C Längsschnitt. D und E Flächenschnitte durch das Mesophyll des Laubblatts von *Helleborus foetidus* mit Intercellularen. D Palisadenparenchym der Blattoberseite. E Schwammparenchym der Blattunterseite. (A, B nach Rothert; D u. E 360 ×, nach Fitting.)

Die Mark- bzw. Holz- und Rindenstrahlen (Abb. 186; 187; 188; 189; 190) dienen sowohl der Reservestoffspeicherung als auch dem Stofftransport; sie sind also gleichzeitig Leitparenchyme. Zu den Speicherparenchymen im weiteren Sinne gehören auch die Wasserspeichergewebe der fleischigen (succulenten) Pflanzen und mancher Epiphyten (vgl. S. 194 u. 203).

Mit großen Intercellularräumen ausgestattete Durchlüftungsgewebe (Abb. 119) dienen vielen Sumpf- und Wasserpflanzen zur Erleichterung des Gaswechsels ihrer untergetauchten Organe. Ihr Intercellularensystem steht durch Spaltöffnungen an den über die Wasseroberfläche hinausragenden oder auf dem Wasser schwimmenden Blättern und Sprossen mit der Außenluft in Verbindung.

C. Abschlußgewebe

Hier läßt sich die Unterscheidung zwischen primären und sekundären Geweben nicht umgehen, da sich beide erheblich voneinander unterscheiden. Die primären Abschlußgewebe bilden äußere oder innere Häute. Wichtigstes äußeres Abschlußgewebe ist die i.d. Regel einschichtige Epidermis. Bei vielen Sprossen und Wurzeln sind jedoch auch noch die äußersten Schichten des unter der Epidermis gelegenen subepidermalen Rindenparenchyms funktionell am Abschluß beteiligt und bilden eine Hypodermis: Epidermis und Hypodermis bilden in diesem Fall gemeinsam ein mehrschichtiges primäres Abschlußgewebe.

Es gibt allerdings auch echte mehrschichtige Epidermen, die auf perikline Zellteilungen im Protoderm zurückgehen (Abb. 77 D bis G; 219 A e).

Primäre innere (d.h. im Innern anderer Gewebe befindliche) Trennungsschichten werden als Endodermen (sing. Endodermis) be-

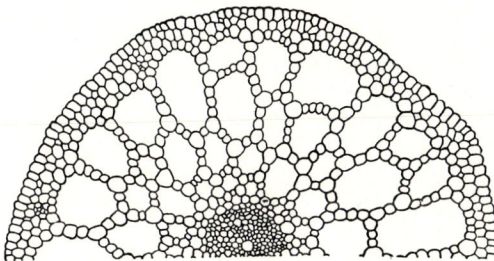

Abb. 119: *Elodea canadensis*. Querschnitt durch den Sproß. Das stark vereinfachte zentrale Leitbündel (ohne Gefäße) ist von chlorophyllhaltigem Durchlüftungsgewebe mit weiten Intercellularräumen umgeben. (80 ×, nach WEAVER u. CLEMENTS.)

zeichnet. Sie finden sich hin und wieder in Sprossen, regelmäßig in den Wurzeln und trennen die im Zentralzylinder zusammengeschlossenen Leitungsbahnen von der parenchymatischen primären Rinde.

Sekundäre Abschlußgewebe treten in Form von Korkhüllen oder Korkplatten auf, die von sekundären Meristemen – den Korkcambien – gebildet werden.

1. Epidermis

Die Epidermis geht aus der äußersten Schicht des Urmeristems, dem Protoderm, hervor. Sie schließt einerseits als schützende Hülle den Pflanzenkörper nach außen ab, vermittelt aber zugleich den Stoffaustausch mit der Außenwelt. In typischer Ausbildung ist sie einschichtig und besteht aus lückenlos zu einer geschlossenen Haut miteinander verbundenen, in Flächenansicht polygonalen oder langgestreckten lebenden Zellen mit oft welligen (Abb. 122 A) oder zackigen (Abb. 129 C) Umrissen, wodurch die Festigkeit des seitlichen Verbandes erhöht wird. Im Querschnitt sind die Zellen rechteckig oder ihre Außenwand ist vorgewölbt (Abb. 201). Ihr Protoplast bildet gewöhnlich nur noch einen dünnen Wandbelag; die großen Swasträume sind von farblosem oder gefärbtem Zellsaft erfüllt. Die Plastiden sind pigmentarm oder überhaupt nicht zu erkennen.

Nur bei den meisten Farnen, vielen phanerogamen Schatten- und submersen Wasserpflanzen findet man in den Epidermen grüne Chloroplasten (z.B. *Zannichellia*, Abb. 216).

Fast alle oberirdischen, von Luft umgebenen Pflanzenteile haben, mit Ausnahme der vergänglichen Blumenblätter, mehr oder weniger verdickte Epidermisaußenwände. Diese Verdickung kommt durch Ausbildung sekundärer Celluloseschichten zustande. Sie ist bei vielen Pflanzen trockener Standorte und Klimate besonders mächtig (Abb. 218 B, S. 191). Namentlich in die äußeren Celluloseschichten kann mehr oder minder viel Cutin (vgl. S. 89) eingelagert sein (Cuticularschicht).

Dünn und häufig nicht oder nur schwach cutinisiert sind die Außenwände an den unter Wasser oder in sehr feuchter Luft lebenden sowie an unterirdischen Pflanzenteilen; vor allem also an den Erdwurzeln, bei denen die Oberhaut der Absorption von Wasser und Salzen dient (vgl. S. 122 f.: Rhizodermis).

Die Außenwände der Epidermen, mögen sie verdickt oder unverdickt, cutinisiert oder nicht cutinisiert sein, sind – abgesehen von denen der Wurzeln – außerdem stets noch von einem mehr oder weniger zarten, fest mit ihnen verbundenen Cutinhäutchen, der Cuticula (Abb. 120A, B), überzogen. Flüssige Cutinvorläufer (Monomere) werden von den Protoplasten durch die Cellulosewand hindurch nach außen abgeschieden und überziehen die Epidermisaußenseite als eine geschlossene Haut.

Schon bei einigen Moosgametophyten ist eine Cuticula angedeutet. Die Sporophyten vieler Laubmoose haben eine eindeutige Cuticula und Spaltöffnungen (S. 695).

Häufig ist die Cuticula ohne Rücksicht auf die Zellgrenzen etwas gefältelt (Abb. 120, 121); sie sieht alsdann in Flächenansicht unregelmäßig gestreift aus. Die Cuticula ist ebenso wie die cutinisierten Schichten infolge ihres Gehaltes an Cutin und Lipiden für Wasser und Gase viel weniger durchlässig als die Cellulosewände. Dadurch werden schädliche Wasserverluste des Gewebekörpers durch zu starke Verdun

stung eingeschränkt. Die in gleicher Richtung wirksame Verdickung der Außenwände erhöht zugleich die mechanische Festigkeit der Oberhautzellen.

In die cutinisierten Wandschichten ist vielfach Wachs eingelagert, das sie ganz besonders undurchlässig für Wasser macht. Tritt das Wachs aus der Cuticula auch nach außen hervor, so entstehen Wachsüberzüge. Solche bilden an manchen Blättern (z.B. des Rotkohls), an Früchten (besonders auffällig bei Pflaumen, Weinbeeren) und anderen Organen einen hellgrauen, abwischbaren Reif. Sie können 1. aus Körnchen (so z.B. bei diesen Früchten), 2. aus kürzeren oder längeren Stäbchen oder aus Krusten bestehen. Wachsüberzüge machen die Epidermis u.a. für Wasser unbenetzbar (z.B. die Blätter der Lotosblume *Nelumbo*). Die Widerstandsfähigkeit der Epidermisaußenwände wird in bestimmten Fällen durch Einlagerung von Kalk oder Kieselsäure (letztere z.B. bei Poaceen und Cyperaceen) erhöht. Die Verkieselung ist bei einigen Schachtelhalmen so stark,

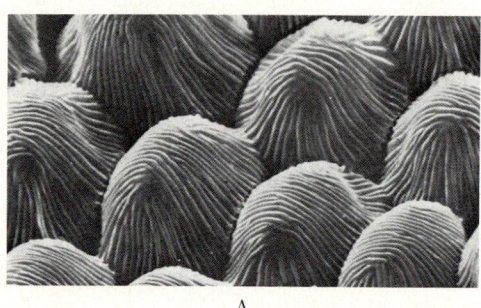

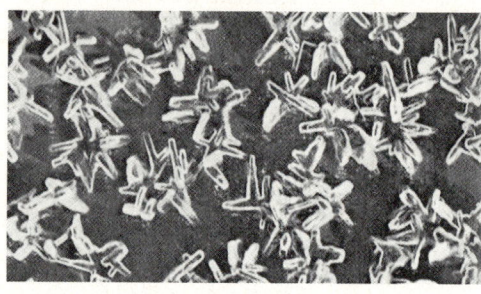

A

B

Abb. 120: A *Anthemis tinctoria (Asteraceae):* Aufsicht auf die papillöse Blütenblattepidermis mit parallel ausgerichtetem Cuticularfaltungsmuster (1400 ×, nach einer raster-elektronenmikroskopischen Aufnahme von Barthlott u. Ehler). B *Pisum sativum.* Wachsausscheidung auf der oberen Blattepidermis (10000 ×, nach Martin u. Juniper.)

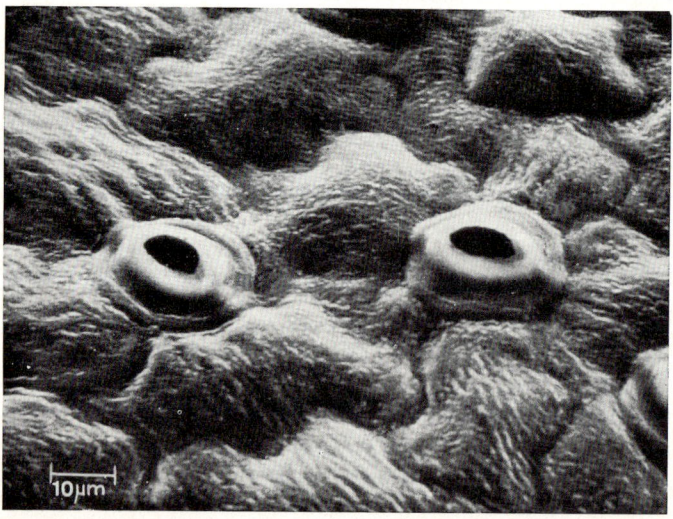

Abb. 121: *Helleborus niger:* Aufsicht auf die Epidermis der Blattunterseite mit zwei Spaltöffnungen. Man erkennt lediglich die Vorhöfe mit der sie umrahmenden Cuticularfalte. Der regulierbare «Spalt» liegt in der Tiefe und ist daher nicht sichtbar. Man beachte die Vorwölbung der einzelnen Epidermiszellen und die zahlreichen Cuticularfältchen. (Photo mit dem Raster-Elektronenmikroskop. 900 ×, nach Amelunxen.)

daß man diese zum Polieren von Zinngefäßen benutzt («Zinnkraut»). Bei manchen Blättern dient die Epidermis auch als Wasserbehälter. Solche Epidermen bestehen oft aus besonders großen und saftreichen Zellen, ja manchmal sind sie sogar infolge perikliner Teilungen der Protodermzellen mehrschichtig (z. B. *Nerium*, Abb. 219 A). Eine besondere Mannigfaltigkeit in der Art der Verdickung und im

Verhalten der Verdickungsschichten findet man bei den Epidermiszellen der Früchte und häufiger noch der Samen. Die Epidermen dienen hier nicht allein dem Abschluß der inneren Teile, sondern fördern vielfach, etwa durch Haarbildung, auch die Verbreitung sowie (z. B. durch Verschleimung) die Befestigung der Früchte und Samen am Boden, oder sie helfen, druckfeste Schalen zu bilden.

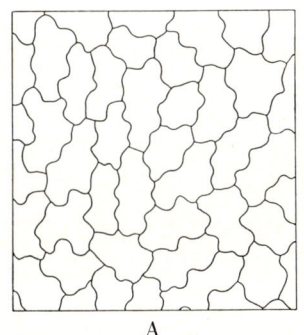 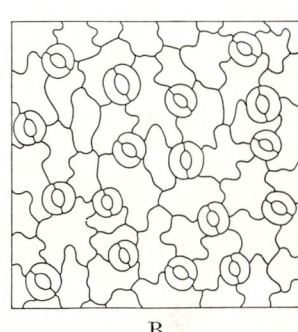

A   B

Abb. 122: Epidermis der Blattoberseite (A) und der Blattunterseite (B) von *Helleborus niger*. Auf der Unterseite zahlreiche von je zwei bohnenförmigen Schließzellen gebildete Spaltöffnungen. (100 × Orig.)

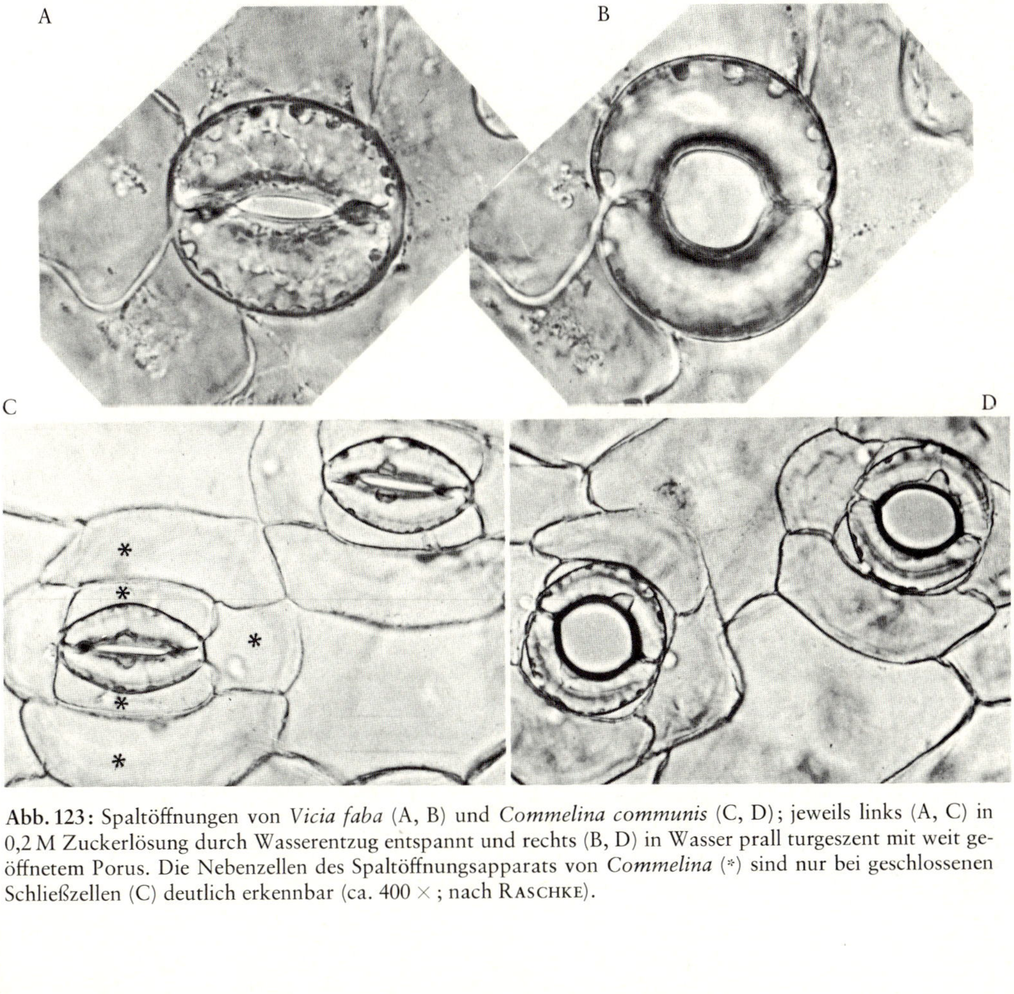

A   B

C   D

Abb. 123: Spaltöffnungen von *Vicia faba* (A, B) und *Commelina communis* (C, D); jeweils links (A, C) in 0,2 M Zuckerlösung durch Wasserentzug entspannt und rechts (B, D) in Wasser prall turgeszent mit weit geöffnetem Porus. Die Nebenzellen des Spaltöffnungsapparats von *Commelina* (*) sind nur bei geschlossenen Schließzellen (C) deutlich erkennbar (ca. 400 ×; nach RASCHKE).

Der Blattepidermis kommt bei verschiedenen Gattungen (z.B. *Solanum, Chenopodium, Perilla*) eine maßgebende Rolle als Ort der Strahlungsperzeption für die photoperiodische Reaktion zu (vgl. S. 413 ff.).

a) **Spaltöffnungsapparate.** Sehr bezeichnend für die Epidermen der oberirdischen, von Luft umgebenen grünen Teile der höher organisierten Pflanzen sind auffällige Paare meist bohnenförmig gestalteter Zellen, die eine Lücke (Spalt oder Porus) zwischen sich frei lassen (Abb. 122 B; 123). Sie heißen Schließzellen bzw. (samt dem Spalt) Spaltöffnungen oder Stomata und dienen dem Gasaustausch wie der Abgabe von Wasserdampf (Transpiration). Spaltöffnungen und Nebenzellen bilden zusammen den Spaltöffnungsapparat. In der Epidermis der Blütenblätter kommen Spaltöffnungen nur in geringer Anzahl, an der Wurzel normalerweise nicht vor.

Der Spalt unterbricht die sonst lückenlose Schicht der Epidermiszellen und stellt auf diese Weise die Verbindung zwischen der Außenluft und dem Intercellularensystem her (Abb. 121; 217; 218 B). Bei den meisten Pflanzen nimmt das

Porenareal bei geöffneten Spalten etwa 0,5 bis 1,5 % der Blattfläche ein. Der gewöhnlich besonders große Intercellularraum direkt unter der Spaltöffnung wurde früher als «Atemhöhle» bezeichnet; da er aber mit der Atmung wenig zu tun hat, nennt man ihn jetzt «substomatärer Hohlraum».

Die Schließzellen enthalten fast stets Chloroplasten (Abb. 123), meist mit reichlichen Stärkeeinschlüssen. Ihre Zellwände sind fast immer ungleich verdickt, was man besonders auf Querschnitten deutlich sieht (Abb. 127 A; 125 B). Meist sind an der Bauchwand jeder Zelle zwei gegen den Spalt vorspringende Verdickungsleisten ausgebildet, während der mittlere Teil der Bauchwand und die ganze Rückenwand dünn bleiben. Schließzellen heißen diese Zellen, weil sie infolge ihres besonderen Baus ihre Gestalt durch aktive Turgoränderungen (vgl. S. 322 ff. u. 474 ff.) so regulieren können, daß sich der Spalt zwischen ihnen schließt oder öffnet. Die Spaltöffnungen sind also Regulatoren des Gaswechsels, insbesondere der Transpiration.

An der Funktion der Stomata sind meist auch die an die Schließzellen angrenzenden Epidermiszellen beteiligt. Unterscheiden sie sich auch in ihrem Bau von den übrigen Epidermiszellen, so werden sie als Nebenzellen bezeichnet (Abb. 123, 124 B, C, D). Wie der Querschnitt in Abb. 125 B lehrt, erweitert sich der Spalt von seinem mittleren, engsten Teil, dem

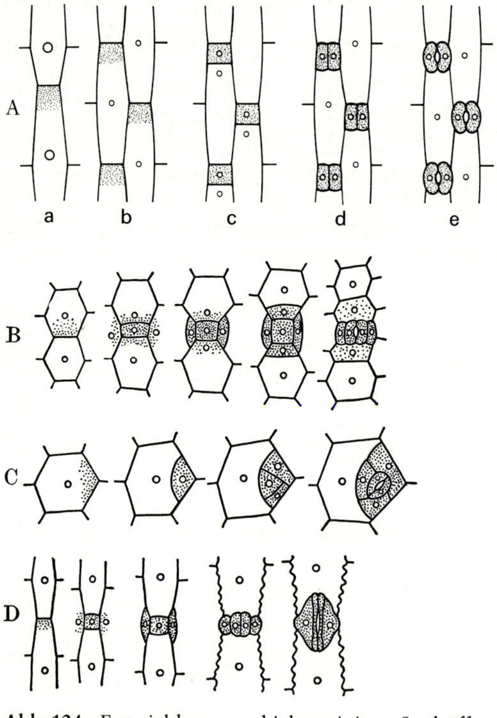

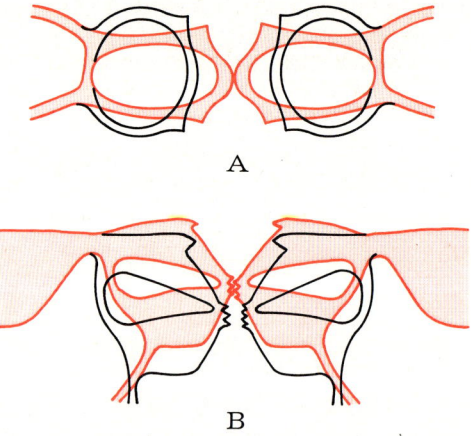

Abb. 124: Entwicklungsgeschichte einiger Spaltöffnungen, schematisch: A *Iris*, B *Tradescantia*, C *Sedum*, D *Zea mays* (frei nach STRASBURGER u. DE BARY, aus POPHAM).

Abb. 125: A Spaltöffnung von *Adiantum capillus veneris* (Mnium-Typus). Rot: geschlossen, schwarz: turgescent gespannt und daher geöffnet. B Spaltöffnung von *Helleborus niger* (Helleborus-Typus), quergeschnitten. Rot: geschlossen, schwarz: turgescent gespannt und daher geöffnet. (A 1000 ×, nach KRAUS; B 1500 ×, Orig).

Zentralspalt, vielfach nach außen zum Vorhof, nach innen zum Hinterhof.

Der Bau der Schließzellen bis hinein in die Micellarstruktur ihrer Zellwände (S. 474) und in Abhängigkeit davon auch die Bewegungsrichtung der Wände ist sehr mannigfaltig. Drei Haupttypen lassen sich (abgesehen vom abweichenden Nadelholztypus) unterscheiden: Beim ersten, wohl primitivsten, bewegen sich die Wände hauptsächlich senkrecht zur Epidermisoberfläche (Mnium-Typus, Abb. 125 A), beim zweiten erfolgt die Bewegung fast ausschließlich parallel zur Epidermisoberfläche (Gramineen-Typus, Abb. 126). Am weitesten verbreitet sind zahlreiche Übergangs-Typen, bei denen die Öffnungsbewegung parallel zur Epidermisoberfläche mit einer mehr oder weniger deutlichen Vertikalbewegung senkrecht zur Epidermisoberfläche verbunden ist (Helleborus-Typus, Abb. 125 B). Beim **Mnium-Typus,** der vor allem bei den Moosen und Farnen verbreitet ist, sind die dem Spalt zugekehrten Bauchwände der beiden bohnenförmig gestalteten Schließzellen dünn, während ihre Rücken-, Außen- und Innenwände verdickt oder gleichfalls unverdickt sein können. Nimmt der Turgor in den Schließzellen zu, so entfernen sich ihre Außen- und Innenwände voneinander. Dabei nimmt dann die auf dem Querschnitt sichtbare, gegen den Spalt konvexe Krümmung der Bauchwände ab, und der Spalt erweitert sich, während die Rückenwände ihre Lage kaum verändern (Abb. 125 A). Beim **Gramineen-Typus** (Abb. 126), der vor allem bei den Süß- und Sauergräsern, aber auch in anderen Gruppen verbreitet ist, haben die Schließzellen annähernd hantelförmige Gestalt (Abb. 126 B, C). Ihre erweiterten Enden sind dünnwandig und mit Lücken versehen, durch welche die beiden Schließzellen miteinander verbunden sind (Abb. 126 A b), das schmale mittlere Verbindungsstück hingegen hat sehr stark verdickte Ober- und Unterwände (Abb. 126 A c). Nimmt der Turgor in den Schließzellen zu, so werden die dünnwandigen Enden prall gedehnt: dadurch rücken die starren Mittelstücke der Zellen zwangsläufig ein wenig auseinander (Abb. 126 D). Der **Helleborus-Typus** (Abb. 125 B; 127) findet sich bei zahlreichen Mono- und Dicotyledonen. Die Schließzellen sind wiederum bohnenförmig, wie beim Mnium-Typus. Im Gegensatz zu diesem ist jedoch die Bauchwand durch zwei kräftige Verdickungsleisten an ihrer oberen und unteren Seite verstärkt, während die Rückwand relativ dünn und elastisch ausgebildet ist. Bei Zunahme des Turgors weicht die elastische Rückenwand in Richtung auf die Nebenzellen zurück (Abb. 123 C; 125 B) und zieht dabei die verstärkte und daher weniger elastische Bauchwand nach, so daß sich der Spalt öffnet. Dabei weichen die Schließzellen gleichzeitig entweder nach oben oder nach unten ein wenig aus der Epidermisoberfläche aus. Beim wintergrünen Blatt von *Helleborus* sind die Epidermis-Außenwände besonders stark verdickt. Um die Öffnungsbewegung zu ermöglichen sind die Nebenzellen in diesem Spezialfall mit einem verdünnten «Gelenk» an die Schließzellen angeschlossen.

Neben den bisher besprochenen, als Luftspalten dienenden Spaltöffnungen finden sich bei manchen Pflanzen an den Spitzen *(Poaceae)* bzw. Zähnchen *(Alchemilla, Fuchsia)* der Blätter oder einfach an den Enden der großen Wasserleitungsbahnen *(Tropaeolum,* Abb. 128) Wasserspalten oder Hydatho-

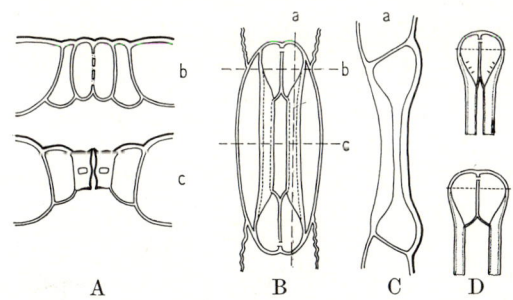

Abb. 126: Spaltöffnung vom Gramineen-Typus *(Zea mays).* B Aufsicht mit den drei Schnittrichtungen a, b und c. A Querschnitte durch B bei b und c. C Längsschnitt durch B bei a. D unten: Schließzellen turgescent gespannt = Spalt geöffnet, oben: Schließzellen entspannt = Spalt geschlossen. (1000×, A, B u. C Orig., D nach SCHWENDENER. Vgl. auch Abb. 516, S. 474).

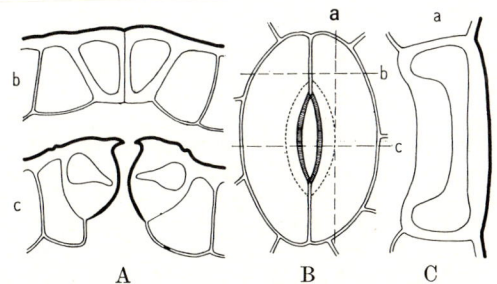

Abb. 127: Spaltöffnung von *Prunus cerasus.* B Aufsicht mit den drei Schnittrichtungen a, b und c. A Querschnitt durch B bei b und c. C Längsschnitt durch B bei a. (1000×, Orig.)

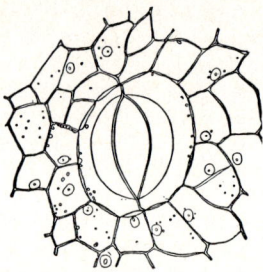

Abb. 128: Wasserspalte am Blattrand der Kapuzinerkresse *(Tropaeolum)* nebst angrenzenden Epidermiszellen. (160 × ; nach Strasburger.)

den, die – phylogenetisch von den Luftspalten abzuleiten – der aktiven Abscheidung tropfenden Wassers dienen (scheinbare «Tau»perlen an den Blattzähnen des Frauenmantels oder an den Enden der stärksten Blattadern der Kapuzinerkresse, Abb. 347, S. 325: Guttation). Ihre Schließzellen sind nur z. T. lebend und können alsdann den Spalt wie bei den Luftspalten öffnen und schließen. Bei anderen Arten verlieren sie frühzeitig ihren lebenden Inhalt; der Spalt zwischen ihnen steht dann stets weit offen. Das ausgeschiedene Wasser ist nicht selten reich an kohlensaurem Kalk, der z.B. an den Blatträndern mancher *Saxifraga*-Arten nach einiger Zeit die Spalten in Form auffälliger weißer Schüppchen überdeckt. Auch bei vielen Nektarien innerhalb und außerhalb der Blüten wird

der zuckerhaltige Nektar aus vergleichbaren Nektarspalten ausgeschieden.

Die Schließzellen entstehen durch inäquale Teilungen epidermaler Meristemoide (Abb. 124). Im einfachsten Fall (viele *Liliaceae*) teilt sich eine solche Zelle dabei in eine kleinere, inhaltsreichere Zelle, die sofort Schließzellenmutterzelle ist, und in eine größere, die sich zu einer Epidermiszelle oder zu einer Nebenzelle der Spaltöffnung ausbildet. Die Mutterzelle rundet sich zu einem Ellipsoid ab und teilt sich durch eine Längswand in die beiden Schließzellen. In der Längswand bildet sich hierauf der Spalt als schizogener Intercellulargang aus (Abb. 124 A). Bei Spaltöffnungsapparaten mit mehreren Nebenzellen folgen entweder mehrere Zellteilungen innerhalb einer jungen Epidermiszelle in verschiedenen Richtungen aufeinander, bevor die Schließzellenmutterzelle entsteht (z.B. bei den *Crassulaceae*, Abb. 124 C), oder die Nebenzellen entstehen durch Teilungen junger Epidermiszellen, die an die Spaltöffnungen angrenzen (z.B. bei *Tradescantia*, Abb. 124 B, oder *Zea mays*, Abb. 124 D).

b) Haare. Weit verbreitet sind ein- bis vielzellige Anhangsgebilde der Epidermis: die Haare oder Trichome. Sie gehen ausschließlich aus Epidermis-Meristemoiden hervor (vgl. S. 111), in der Regel aus einer einzigen Zelle, der Initialzelle, die jedoch durch lebhaftes Strekkungswachstum und spätere Zellteilungen zu

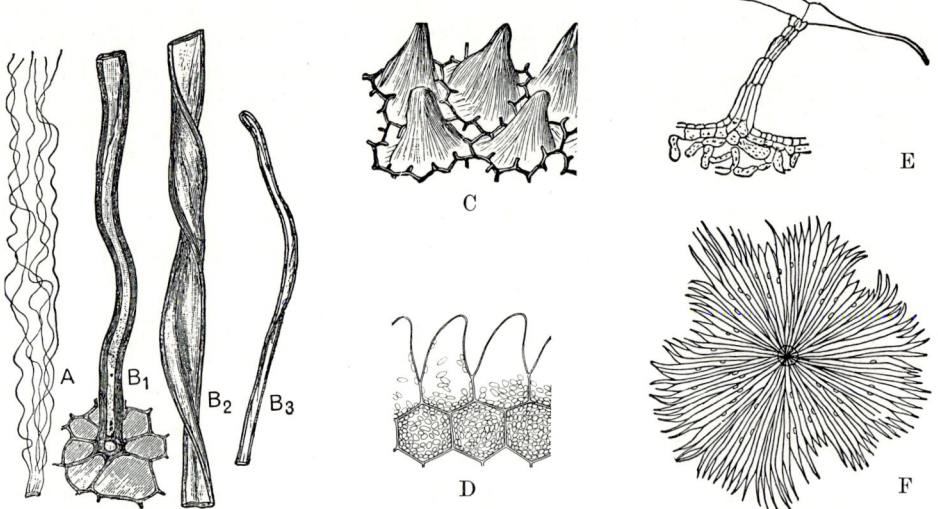

Abb. 129: A und B Samenhaare der Baumwolle *(Gossypium herbaceum)*. A mit einem Stückchen der Samenschale B₁ Ansatzstelle und unterer, B₂ mittlerer, B₃ oberer Teil eines Haars. C und D Epidermispapillen. C Aufsicht auf ein Blütenkronblatt des Stiefmütterchens *(Viola tricolor)*, D Querschnitt durch die Epidermis des Blütenkronblattes von *Lupinus luteus* (in der subepidermalen Schicht reichlich Chromatophoren). E bis F Schuppenhaar von der Blattunterseite der Elaeagnacee *Shepherdia canadensis:* E im Längsschnitt, F Aufsicht. (A 2 × ; B 225 ×, nach Strasburger; C 250 ×, nach Schenck; D 100 ×, nach Franke; E, F 180 ×, nach Fitting.)

größeren vielzelligen Gebilden heranwachsen kann. Nicht selten weisen die Haarzellen – soweit ihre Protoplasten am Leben bleiben – eine besonders lebhafte Protoplasmaströmung auf (z.B. *Cucurbita;* Wurzelhaare verschiedener Wasserpflanzen). Abgestorbene Haarzellen sind gewöhnlich mit Luft erfüllt und erscheinen daher dem Auge infolge totaler Lichtreflexion weiß.

Einzellige Haare können papillenförmig (Abb. 129 C, D), schlauchförmig (Abb. 129 B) oder pfriemförmig (Abb. 130 A) gestaltet sein, gelegentlich auch verzweigt (Abb. 130 D, E). Sie haben entweder dünne und weiche oder stark verdickte, starre, auch wohl verholzte, verkalkte oder verkieselte Wände und manchmal stechende Spitzen (Borstenhaare). Stets wird der in der Epidermis steckende Teil als Fuß von dem herausragenden Haarkörper unterschieden. Die Epidermiszellen, die den Fuß umgeben, sind oft ring- oder strahlenförmig angeordnet; man nennt sie Nebenzellen des Haares. Die über 5 cm langen Samenhaare der Baumwolle, aus denen man die Watte und das Baumwollgewebe herstellt, sind nach dem Tode seitlich zusammengedrückt (Abb. 129 B₂).

Sehr eigenartig gebaut sind die einzelligen borstenförmigen Brennhaare z.B. bei *Urtica-* und *Loasa*-Arten (Abb. 130). Ihr angeschwollener, sehr dünnwandiger und prall mit Zellsaft gefüllter Fuß ist von benachbarten Epidermiszellen becherförmig umwachsen. Durch Zellvermehrung in dem angrenzenden Gewebe erhält das Haar gleichzeitig einen kurzen, säulenförmigen Sockel. Die langgestreckte Haarzelle verjüngt sich stark nach oben und endet mit einem kleinen, schräg aufgesetzten Köpfchen, unter dem die Haarwandung unverdickt bleibt (Abb. 130 B). Das Ende des Haares ist verkieselt, die übrigen Wandteile außer der unteren Anschwellung sind verkalkt. Wird das Köpfchen des glasartig spröden Haares leicht berührt, so bricht es bei a–b ab; das Haarende erhält dadurch die Form einer Einstechkanüle (Abb. 130 C) und dringt in die Haut ein, in die sich der Haarinhalt ergießt. In diesem befinden sich bei *Urtica* außer Natriumformiat Acetylcholin und Histamin, die eine mit brennendem Schmerz verbundene Entzündung um die Wunde hervorrufen.

Mehrzellige Haare bilden im einfachsten Fall unverzweigte Zellreihen (Abb. 151 A). Durch regelmäßige Verzweigung aller Glieder bilden sich bei dichter Anordnung wollig-flockige Überzüge (z.B.

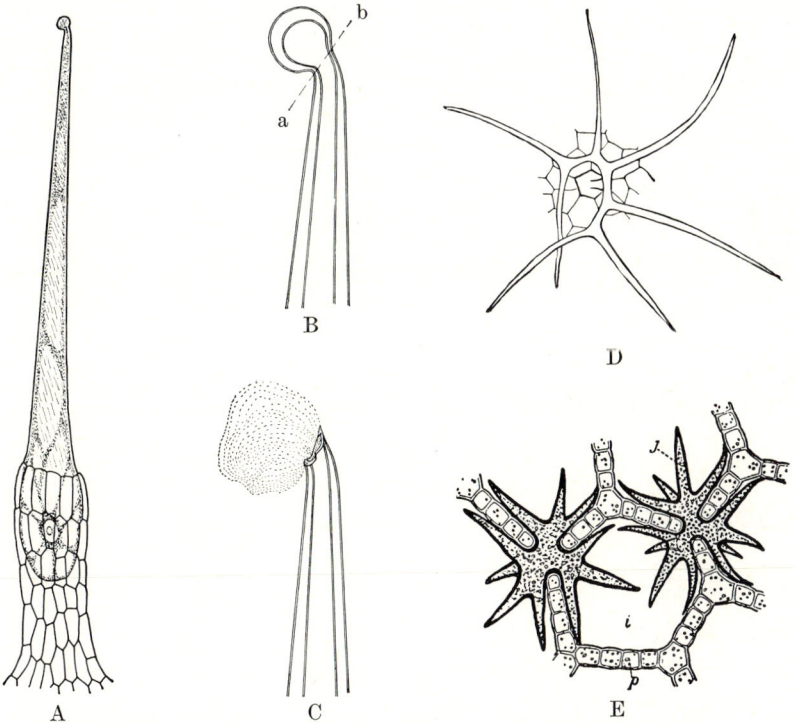

Abb. 130: A Brennhaar der Brennessel (*Urtica dioica*); B verkieselte Spitze des Brennhaares mit präformierter Abbruchstelle des Köpfchens; C mit abgebrochenem Köpfchen und austretendem Zellinhalt. D Einzelliges Geweihhaar von der Blattunterseite einer Levkoje *Matthiola annua*. E «Innere Haare» (J) im Durchlüftungsgewebe des Blattstiels von *Nuphar*. p Parenchym, i Intercellularen. (A 60×, B, C 400×, Orig.; D 90×, nach STRASBURGER; E 150×, nach DALITZSCH.)

Verbascum). Manchmal teilt sich nur die oberste Haarzelle in gesetzmäßiger Weise weiter; so entstehen gestielte oder ungestielte einschichtige Zellflächen, welche die Gestalt von Scheiben oder Blättchen haben können (Schuppenhaare, Abb. 129 E, F; Spreuschuppen der Farne).

Vielfach unterstützen die Haare die Epidermis bei ihren spezifischen Aufgaben. So können die seidigen Überzüge lebender Haare an frisch entfalteten Blättern durch ihre Oberflächenvergrößerung die Transpiration fördern. Viel häufiger aber setzen umgekehrt dichte, weißfilzig erscheinende Überzüge toter Haare durch die Schaffung windstiller Räume, in denen sich der Wasserdampf ansammeln kann, die Transpiration herab; zugleich schützen sie gegen direkte Sonnenbestrahlung. Hakig gebogene Klimmhaare verhindern bei manchen Kletterpflanzen (z.B. *Humulus, Galium aparine*) das Abgleiten der windenden oder klimmenden Sprosse.

Absorptionshaare (vgl. S. 123) dienen der Aufnahme von Wasser und darin gelösten Stoffen (z.B. Wurzelhaare, Abb. 133; 343, S. 319). Drüsenhaare (Abb. 151) scheiden Stoffe sehr verschiedener Art aus. Plasmareiche Haare mit eigenartigem Bau, die Fühlpapillen, -haare oder -borsten, erleichtern bei gewissen berührungsempfindlichen Pflanzenteilen die Wahrnehmung des Reizes (*Dionaea*, Abb. 242; Filamente mancher *Centaurea*-Arten).

«Innere Haare» finden sich als eingesprengte Zellelemente von spezifisch-abweichender Gestalt (Idioblasten) z.B. im Aerenchym mancher Wasserpflanzen (*Nymphaeaceae* [Abb. 130E], *Gentianaceae*) sowie in den Luftwurzeln von *Monstera*.

c) **Emergenzen.** Ähnliche Funktionen wie viele Haare haben Auswüchse, an deren Bildung sich außer der Oberhaut auch noch mehr oder weniger tief reichende Teile des darunter liegenden Gewebes beteiligen, die Emergenzen. Oft tragen sie Drüsen, so die Drüsenzotten an den Nebenblattzähnen des Stiefmütterchens (Abb. 131) und die *Drosera*-Tentakeln (Abb. 241 B), oder es sind Haft- und Wehrorgane, wie z.B. die Stacheln der Rosen (Abb. 223 D) und Brombeersträucher; auch der Sockel der Brennhaare von *Urtica* ist eine solche Emergenz (Abb. 130 A). Das Fruchtfleisch der *Citrus*-Früchte (Apfelsinen, Citronen) wird von saftreichen inneren Emergenzen gebildet, die in die Fächer des Fruchtknotens hineinwachsen.

2. Abschlußgewebe aus verkorkten Zellen

Wo die Epidermis nicht während der ganzen Lebensdauer des umschlossenen Organs erhalten bleibt, wird der Abschluß vielfach noch wirksamer von Schichten verkorkter Zellen übernommen. Diese schließen gelegentlich auch als innere Häute lebende Gewebemassen gegen andere ab. Sie können primären oder sekundären Ursprungs sein.

Die Verkorkung einer Zelle geht meist so vor sich, daß auf die anfangs ganz oder fast ganz unverkorkte Primärwand zahlreiche, zunächst von sehr feinen Tüpfeln durchbrochene Schichten von reinem, amorphem Suberin aufgelagert werden. Oft wird diese geschichtete Suberinwand nach dem Zellinnern hin von einer weiteren reinen Celluloseschicht überdeckt. Schließlich werden auch noch die Tüpfel mit Korksubstanz ausgefüllt, wobei die Zellen gleichzeitig absterben (Abb. 87).

Abb. 131: Eine Drüsenzotte mit Drüsenepithel vom Nebenblatt des Stiefmütterchens *Viola tricolor*. Neben der Emergenz ein einzelliges Haar. (160×, nach Strasburger.)

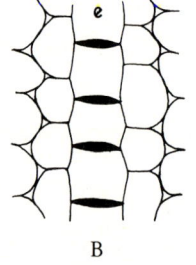
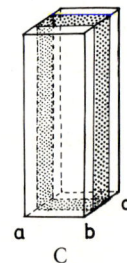
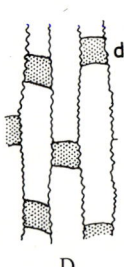

Abb. 132: A Schema der Wandstruktur von Korkzellen. i Mittellamelle (weiß), s Suberinschicht (schwarz), c Celluloseschicht (grau). (Schematisch nach Rothert. Vgl. hierzu Abb. 87). B typisches Bild einer Wurzelendodermis (e) im Querschnitt mit Casparyschem «Punkt». C schematisch-räumliche Darstellung einer einzelnen Endodermiszelle mit dem Casparyschen Streifen. D Endodermis in Aufsicht mit plasmareichen «Durchlaßzellen» d. (A, B und C etwa 200×, nach Fitting; D 100×, nach Schwendener verändert.)

Wir können drei Arten verkorkten Abschlußgewebes unterscheiden: a) das Cutisgewebe, b) die Endodermis, c) den Kork.

a) Das **Cutisgewebe** entsteht durch nachträgliche Verkorkung bzw. Cutinisierung primärer Dauerzellen, etwa der Epidermis oder dünnerer oder dickerer, oft lückenlos verbundener subepidermaler Parenchymschichten; die topographische Anatomie bezeichnet derartige Schichten als Hypodermis.

Hypodermales Cutisgewebe schließt in Form einer ein- oder mehrschichtigen Scheide z.B. viele ältere Wurzeln, deren Rhizodermis frühzeitig zugrunde geht, als sog. Exodermis nach außen ab (Abb. 210 A ex). Die Cutiszellen behalten meistens ihren lebenden Inhalt.

b) **Endodermis.** Auch die in der Regel einschichtigen Endodermen, die innere Gewebemassen gegeneinander abgrenzen (Abb. 210 A, B en; 211; 213), sind meist primären Ursprungs; sie finden sich regelmäßig in den Wurzeln, wo sie das zentrale Leitbündel von der Rinde trennen, seltener in Sproßorganen.

Die prismatischen, langgestreckten Endodermiszellen sind lebende Zellen, die lückenlos zusammenschließen (Abb. 132 B, C). Im jugendlichen (sog. primären) Zustand sind ihre elastischen Cellulosewände noch nicht verkorkt. In ihre radial gestellten Zellwände ist aber ein schmaler oder breiter Streifen aus einem (korkähnlichen) fettartigen und ligninhaltigen Stoff in Form eines unelastischen Bandes eingelagert, das die Zelle rings umläuft (Abb. 132 C). Haben sich die Endodermiswände – etwa durch Turgorschwund – elastisch verkürzt, so erscheint dieser für viele wasserlösliche Stoffe schwer durchlässige Streifen auf radialen Längsschnitten (Abb. 132 C in Richtung b–c) durch die Endodermiszellen als dunkleres Band, auf tangentialen Längsschnitten (Abb. 132 C in Richtung a–b) als wellige Linie, im Querschnitt wie eine dunkle, spindelförmige Wandverdickung (CASPARYscher Punkt, Abb. 132 B), obwohl er nicht dicker ist als die übrigen Teile der Zellwand. In vielen älteren Endodermiszellen (sekundärer Zustand) wird meist wie bei den Cutiszellen an die Zellhaut ringsum eine suberinähnliche Substanz (Endodermin) angelagert; ihr können noch dicke, tertiäre, oft stark verholzende Wandschichten folgen (tertiärer Zustand; Abb. 210 B), die manchmal nicht allseitig, sondern einseitig oder im Querschnitt U-förmig angelagert werden. In derart sekundär verstärkten Endodermen bleiben in der Regel einzelne sog. «Durchlaßzellen» von der Suberinanlagerung und Verdickung ausgenommen (Abb. 144 A D; 210 B d).

Offensichtlich bildet der CASPARY-Streifen eine Barriere, die den von den Wurzeln aufgenommenen und in den interfibrillären Räumen der Zellwände des Wurzelparenchyms (dem Apoplast) bewegten

Wasserstrom mit allen darin gelösten Stoffen zwingt, an dieser Stelle den Umweg über die Protoplasten und Grenzmembranen der Endodermiszellen (Abb. 132 D; 210 B) zu wählen. Damit wird die Endodermis zu einer wichtigen Kontrolleinrichtung, die wahrscheinlich maßgeblich am selektiven Wahlvermögen der Wurzel beteiligt ist (vgl. S. 340 f., Abb. 359).

c) Der **Kork** ist immer ein sekundäres Gewebe, das der Tätigkeit eines sekundären Meristems (des Korkcambiums) seine Entstehung verdankt (vgl. S. 172). Das Korkgewebe bildet wie die Epidermis in der Regel peripherische, aber stets mehrschichtige Scheiden in Form dünner grauer oder brauner und glatter Korkhäute oder dicker, außen rissiger Korkkrusten aus regelmäßigen radialen Reihen im Querschnitt rechteckiger Zellen (Abb. 132 A; 194 k; 195 k), und zwar da, wo an älteren ober- und unterirdischen Pflanzenteilen, z.B. an älteren Stengeln, die Epidermis abgestoßen worden ist, oder wo lebendes Parenchym durch Verwundung freigelegt wurde. Die Korkzellen sind in der Regel nach dem Absterben durch Gerbstoffderivate (Phlobaphene) gebräunt und schließen lückenlos zusammen. Oft wechseln Schichten sehr dünnwandiger Zellen mit dickwandigeren ab (geschichteter Kork, z.B. bei *Betula*). Auf die sekundäre Suberinschicht in ihrer Zellwand sind oft noch tertiäre Verdikkungsschichten aus Cellulose, oft einseitig stärker, aufgelagert (Abb. 132 A). Letztere und die Mittellamellen können verholzt sein (sog. Steinkork).

Schon dünne Korkhäute, die aus wenigen Zellschichten bestehen (Abb. 189 k), vermindern die Wasserverdunstung der Pflanzenteile infolge der allseitigen Verkorkung der Zellwände viel stärker als die Epidermis. Dickere Korkkrusten verhindern außerdem das Eindringen von Schmarotzern. Zudem schützt dickes Korkgewebe infolge seines geringen Wärmeleitungsvermögens wirksam gegen kurzfristig zu hohe Erwärmung. Korkhäute überziehen mit wenigen Ausnahmen (z.B. *Viscum*, Rutensträucher, viele Kakteen) die älteren Stengel, Äste, Stämme und Wurzeln der meisten Pflanzen. Außerdem finden sie sich bei Speicherknollen (Kartoffelschale), Früchten (*Mespilus*, *Pyrus*-Arten) und Knospenschuppen. Dikkere Korkhäute blättern hier und da – am ausgesprochensten an den Stämmen der Birken, aber auch an den Süßkirschen – in mehr oder minder vielen papierdünnen Schichten ab (Blätterkork). Die Wände der fertigen Korkzellen bleiben entweder verhältnismäßig dünn (Abb. 194 A) oder werden mehr oder weniger stark verdickt (Abb. 132 A).

Während die meisten Korkcambien nur relativ kurze Zeit tätig sind, bleibt das Phellogen der Kork-

Eiche *(Quercus suber)* jahrzehntelang tätig und liefert alljährlich zunächst zahlreiche Schichten weiter, dünnwandiger Korkzellen, gegen Ende der Vegetationsperiode jedoch allmählich flachere (Jahresringbildung). Auf diese Weise entstehen mehrere Zentimeter dicke Korkkrusten, die zur Gewinnung der Flaschenkorke verwendet werden. Zu diesem Zweck wird an den etwa 15 Jahre alten Kork-Eichen die erste Korkkruste samt dem Korkcambium vom Stamm abgelöst, worauf sich einige Zellagen tiefer aus einem neuen, viel schneller tätigen Korkcambium eine neue bildet, die den technisch verwertbaren Flaschenkork liefert. Sie wird nach 9–10 Jahren abgeschält, worauf in gleicher Weise immer wieder neue Korkkrusten entstehen. Solche dicken Korkschichten werden infolge des gleichzeitigen Dickenwachstums der Stämme mit der Zeit außen längsrissig. Auch die einheimischen Kork-Ulmen *(Ulmus minor* var. *suberosa)* und der Kork-Ahorn *(Acer campestre* var. *suberosum)* haben derartige, vieljährig tätige Korkcambien, die an Zweigen und Ästen kantig-flügelartige Korkleisten bilden.

Bei älteren Stämmen und Wurzeln der Holzgewächse tritt anstelle des Korkes als noch wirksameres Abschlußgewebe die Borke; sie besteht aus Gewebemassen verwickelteren Baus (S. 173 ff.).

D. Absorptionsgewebe

1. Rhizodermis. Im Gegensatz zur Oberhaut der Sprosse und Blätter ist die Epidermis der typischen jungen Wurzeln, die sogenannte Rhizodermis, nicht cutinisiert und auch nicht von einer Cuticula überzogen. Handelt es sich doch hier um ein Gewebesystem, das auf die Wasserdurchlässigkeit und die Wasseraufnahme spezialisiert ist. Wenige Millimeter hinter der Wurzelspitze – etwa da, wo das Streckungswachstum erlischt – entstehen aus der Oberhaut der Erdwurzeln der Oberflächenvergrößerung dienende Anhangsgebilde, die Wurzelhaare (Abb. 133; 208; 209). Besonders an Keimpflanzen, die im feuchten Raum kultiviert werden, kann man sie in großer Zahl (bei *Zea mays* etwa 420 je mm²) mit bloßem Auge als zarten Flaum auf der Wurzeloberfläche gut erkennen.

Die Wurzelhaare (Abb. 133 A, C) sind schlauchförmige, sehr dünnwandige und durch Verschleimung ihrer äußeren Wandschichten klebrige Ausstülpungen der Oberhautzellen. Ihre Länge schwankt zwischen 0,1 und 8 mm. Sie vergrößern die wasseraufnehmende Oberfläche sehr wirksam (z.B. bei *Pisum* auf etwa das 12fache). Ihre Lebensdauer beträgt in der Regel nur wenige Tage. Vielen Wasser- und Sumpfpflanzen fehlen Wurzelhaare aber gänzlich.

Bei vielen Arten liefert jede Rhizodermiszelle ihr eigenes Wurzelhaar, das in vielen Fällen gewöhnlich

nicht genau in der Mitte der Zelle, sondern etwas in Richtung auf die Wurzelspitze verschoben hervortritt (Abb. 133 B). In anderen Fällen entstehen auch die Wurzelhaare der Rhizodermis – ganz entsprechend wie die speziellen Differenzierungen der Epidermis (Haare und Spaltöffnungen) – durch inäquale Zellteilungen aus dem zuvor einheitlichen meristematischen Protoderm. Die Inäqualität äußert sich zunächst darin, daß die potentiellen Haarbildner

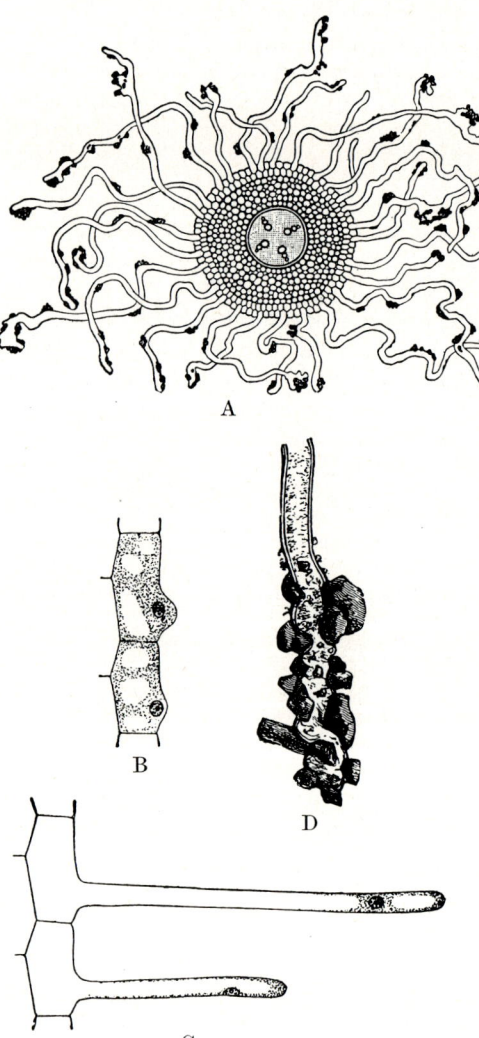

Abb. 133: A Querschnitt durch den jungen Teil einer tetrarchen Bodenwurzel; halbschematisch. Die Wurzelhaare sind mit Bodenpartikeln verklebt, teilweise verwachsen. D Spitze eines Wurzelhaares, stärker vergrößert. Rhizodermis mit Wurzelhaaren (C) und deren Entstehung (B), halb schematisch. Rhizodermis im Längsschnitt. (A 10 ×, nach Frank; B, C 50 ×, nach Rothert; D 50 ×, nach Noll.)

oder Trichoblasten kleiner sind, aber ein dichteres Plasma aufweisen als die normalen Rhizodermiszellen. Ihre Kerne sind oft stärker färbbar und durch Endomitosen polyploid. Interessant ist, daß bei *Hydromystria* der Trichoblast anscheinend genau so viele Endomitosen durchführt wie die Schwesterzelle normale Mitosen: auf je einen 32-ploiden Trichoblasten entfallen bei dieser Art angenähert 16 normale diploide Zellen. Bei anderen Arten (*Lycopodium, Zea, Najas, Nymphaea*) wechseln Trichoblasten und Atrichoblasten auf der Rhizodermis in regelmäßigem Muster ab. Die Trichoblasten offenbaren ihren Charakter als Meristemoide manchmal durch erhöhte Teilungsaktivität, so daß die Wurzelhaare nicht einzeln, sondern zu mehreren gebüschelt auftreten.

Schon bevor die Rhizodermis zugrunde geht, entsteht in dem subepidermalen Rindengewebe eine einfache oder eine mehrere Zellagen dicke Schicht verkorkter Zellen: die bereits bei den Abschlußgeweben aus verkorkten Zellen erwähnte Exodermis (Abb. 210 ex). Aus der Tatsache, daß die Zellen des hier entstehenden Cutisgewebes am Leben bleiben, geht schon hervor, daß der Grad ihrer Verkorkung relativ gering sein muß. Einzelne Zellen oder Zellgruppen der Exodermis können aber längere Zeit gänzlich unverkorkt bleiben und ein sekundäres Absorptionssystem bilden. Wie die Wurzelhaare entstehen auch diese «Durchlaßzellen» vielfach durch inäquale Zellteilungen.

2. Ligula der Selaginellales, Lepidodendrales und Isoetales. Die rezenten Moosfarne (*Selaginellales*) und Brachsenkräuter (*Isoetales*) tragen am Blattgrund auf der Oberseite kleine chlorophyllfreie, häutige Schüppchen (Abb. 786 Cli; 795 Cli), die ein schnelles Aufsaugen der Niederschläge ermöglichen. Über ähnliche Wasserabsorptionseinrichtungen verfügten auch schon die ausgestorbenen Bärlappbäume (*Lepidodendrales*). Bei manchen Arten ist diese sog. Ligula durch besondere Leitungsbahnen an das allgemeine Leitbündelsystem angeschlossen.

3. Absorptionshaare. Bis auf die Wasserpflanzen und einige wenige Farne besonders feuchter Standorte (*Hymenophyllaceae*) nehmen die übrigen Cormophyten mit ihren Blättern in der Regel keine größeren Wassermengen auf; jedenfalls macht die Aufnahme von Tau und Niederschlägen auf diesem Weg nur einen Bruchteil des gesamten Wasserumsatzes aus (maximal etwa 10%). Einige tropische Epiphyten (baumbewohnende Farne und Bromeliaceen, vgl. S. 204 f.) decken jedoch den weitaus größten Teil ihres Wasserbedarfs mit Hilfe der Blätter, die zu diesem Zweck auf ihrer Oberseite eigenartige, der Wasseraufnahme dienende Schuppenhaare tragen (Abb. 134 A), die mit ihren Stielzellen in die Epidermis eingesenkt sind. Bei Trockenheit verschließen ihre stark verdickten Außenwände wie ein Ventil die Eintrittsstellen für das Wasser (Abb. 134 B). Selbst völlig wurzellose Epiphyten vermögen sich auf diese Weise in den durch periodische Regenfälle ausgezeichneten Tropengebieten das lebensnotwendige

Wasser zu beschaffen (z. B. gewisse in Mittelamerika auf Ästen und Zweigen, ja selbst auf Telegraphendrähten vegetierende *Tillandsia*-Arten). Tierfangende Pflanzen besitzen an ihren Fangorganen Absorptionshaare, welche die durch Verdauungsfermente gelösten Eiweiße der Opfer aufsaugen (vgl. S. 207 f.).

4. Hydropoten. An den Blättern submerser Wasserpflanzen finden sich nicht selten drüsenartige Epidermisdifferenzierungen, die als «Ionenfänger» Mineralnährstoffe aus dem Wasser aufnehmen.

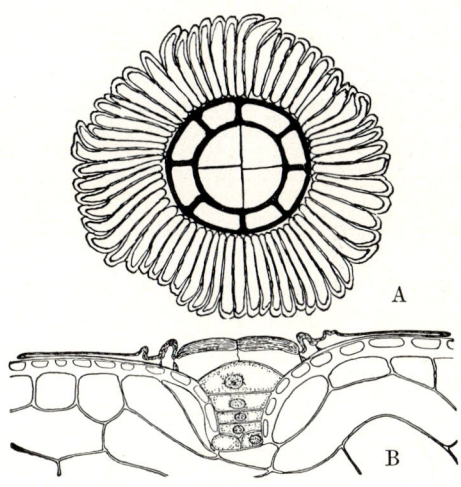

Abb. 134: Schildförmiges Schuppenhaar der epiphytischen Bromeliacee *Vriesea splendens*. A Aufsicht, B Querschnitt durch das der kleinzelligen, dickwandigen Epidermis fest anliegende Schuppenhaar. (330×, nach FITTING.)

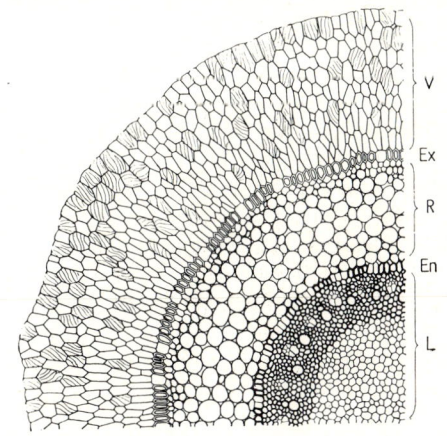

Abb. 135: Querschnitt durch eine Luftwurzel der epiphytischen tropischen Orchidee *Dendrobium nobile*. V Velamen radicum, Ex Exodermis mit Durchlaßzellen, R Rinde, En Endodermis mit Gruppen von Durchlaßzellen, L zentrales, radiales Leitbündel. (30× Orig.)

5. Velamen radicum. Manche Monocotyledonen – insbesondere viele auf Bäumen lebende Orchideen und Araceen (vgl. S.204ff. Epiphyten) – besitzen an ihren Luftwurzeln ein durch mehrfache perikline Zellteilungen aus dem Protoderm hervorgehendes mehrschichtiges sog. Velamen radicum, dessen mit zahlreichen großen Poren ausgestattete Zellen frühzeitig absterben und Niederschläge wie ein Schwamm capillar aufsaugen (Abb.135 V). Das zuvor infolge seiner Luftfüllung weißlich-grau erscheinende Velamen läßt im vollgesogenen Zustand die grüne Farbe des inneren Rindengewebes durchschimmern. Das aufgesogene Wasser wird allmählich durch eine mit Durchlaßzellen ausgestattete Exodermis (Abb. 135 Ex) in die Wurzelrinde und von dort durch die Endodermis in das Wurzelinnere aufgenommen. Vielfach sind die Zellen des Velamens durch schrauben- oder netzförmige Wandverdickungen ausgesteift.

E. Leitgewebe

Je größer der Körper einer Pflanze wird und aus je mehr Zellen er sich zusammensetzt, vor allem aber, je mehr Teile er aus dem Wasser oder aus dem Boden in den Luftraum erhebt, um so dringender entsteht die Notwendigkeit, das verdunstende Wasser zu ersetzen und Bau- und Betriebsstoffe schnell von einem Organ in ein anderes, etwa von den Wurzeln in die Blätter und umgekehrt, zu schaffen. Die Wanderungsgeschwindigkeit auch durch langgestreckte Parenchymzellen reicht dazu fast nie aus, auch wenn die Stoffbewegung durch Ausbildung von Tüpfeln in ihren Querwänden erleichtert wird. So sind im Laufe der Stammesgeschichte besondere Leitgewebe mit sehr auffälligen Zellelementen ausgebildet worden. Diese pflegen in der Hauptleitungsrichtung längsgestreckt-röhrenförmig zu sein und besitzen zur Erleichterung des Stoffdurchtritts vielfach steil gestellte Endwände, wodurch die Verbindungsflächen bedeutend vergrößert werden (Abb. 136 A; Abb. 142). Oft sind sie sogar durch nachträglich in den Endwänden ausgebildete Löcher mehr oder minder zu Leitungsrohren verschmolzen und stets zu einem zusammenhängenden Leitungssystem verbunden, das die ganze Pflanze durchzieht.

1. Siebzellen und **Siebröhren:** Dem Transport organischer Stoffe dienen bei Farnen und Gymnospermen langgestreckte (prosenchymatische) und an beiden Enden zugespitzte Siebzellen. Bei vielen Angiospermen ist dieses primitive Leitungssystem fortentwickelt zu einem kontinuierlichen Siebröhrensystem aus langgestreckten Zellen mit siebartig durchbrochenen Querwänden, den Siebröhrengliedern (Abb. 136 C, D). Siebzellen und Siebröhrenglieder enthalten lebende Protoplasten mit Mitochondrien und stärke- bzw. eiweißhaltigen Plastiden (Abb. 137 u. 842). Zellkern und Tonoplast werden frühzeitig aufgelöst; das Protoplasma kann das gesamte Siebröhrenlumen in Form eines sehr wasserreichen, stark aufgelockerten Maschenwerks erfüllen (S. 368).

Ihren Namen verdanken die Siebzellen und Siebröhren den lokalen siebartigen Durchbrechungen ihrer stets unverholzten Cellulosewände, durch die die Protoplasten der benachbarten Glieder dieses Leitungssystems miteinander in offener Verbindung stehen. Ähnlich wie bei den primären Tüpfelfeldern der Parenchymzellen (Abb. 84) sind auch die meisten sehr feinen Poren in den Wänden der Siebzellen und Siebröhren in Gruppen zu größeren Siebfeldern vereinigt (Abb. 137).

Ungewöhnlich weit sind diese Poren in den Querwänden der besonders weitlumigen Siebröhren mancher Cucurbitaceen (Abb. 138 G) und anderer Kletterpflanzen. Meist sind sie – zumindest auf den elektronenmikroskopischen Aufnahmen – von dichtem Protoplasma erfüllt und von Elementen des ER durchsetzt; darüberhinaus sind sie stets von Plasmalemma

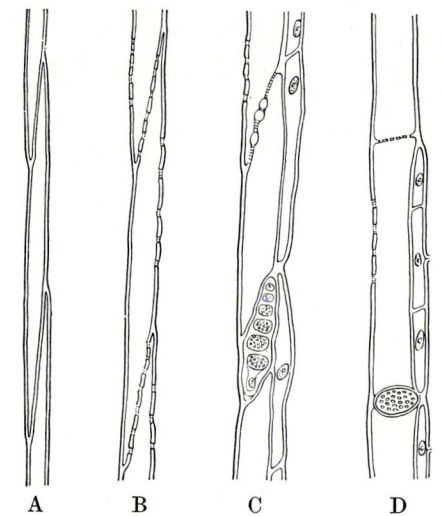

A   **B**   **C**   **D**

Abb. 136: Phylogenie der Siebelemente. A prosenchymatische Ausgangsgestalt ohne besondere Wandstruktur (z.B. *Rhyniaceae*), B Herausbildung primitiver Siebfelder (z.B. Siebzellen der *Lycopodiaceae*), C Siebröhre mit Siebfeldern (z.B. *Solanaceae*), D Siebröhre mit Siebplatten (z.B. *Cucurbitaceae*). (Nach Zimmermann.)

überzogen, das mit dem Plasmalemma der beiden Siebröhrenglieder in Verbindung steht. Dieser enge plasmatische Zusammenhang zwischen den einzelnen Gliedern des gesamten Siebröhrensystems sowie der durch ihren reichen Zuckergehalt bedingte hohe osmotische Druck machen es äußerst empfindlich

gegen jede Verletzung oder andersartige Schädigung. Die Lebensdauer der Siebelemente ist daher bei Dicotyledonen mit sekundärem Dickenwachstum und dementsprechend alljährlicher Erneuerung des Phloems nicht selten auf eine einzige Vegetationsperiode beschränkt; dann fallen sie zusammen (Sieb-röhrenkollaps) und müssen durch neue ersetzt werden. Andererseits kommen aber – insbesondere bei einigen baumförmigen Monocotyledonen (z.B. Palmen) ohne sekundäres Dickenwachstum – 50 und möglicherweise sogar 100 Jahre alte funktionsfähige Siebröhren vor.

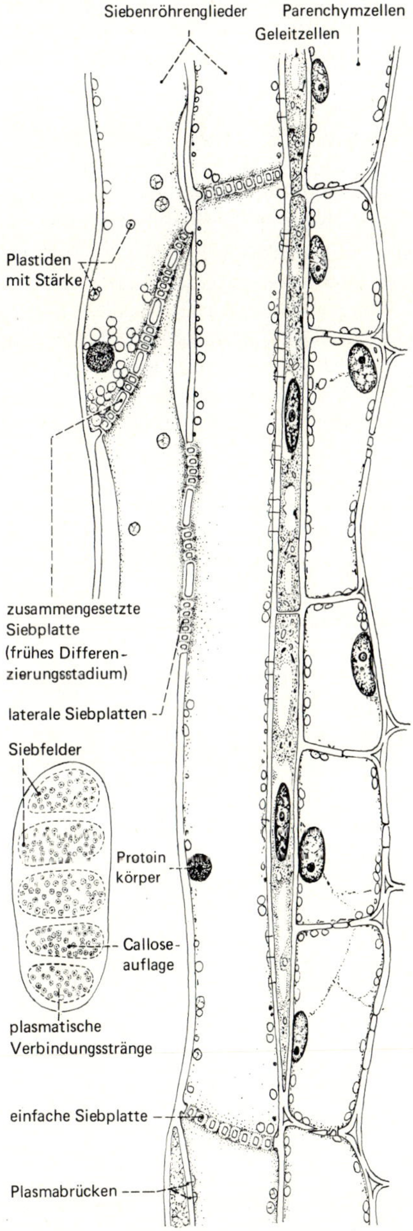

Bei vielen Pflanzenarten wird die ganze, nicht oder nur wenig schräg gestellte Querwand zwischen den aufeinanderfolgenden Siebröhrengliedern von einer einzigen sog. Siebplatte gebildet. Stehen die End-wände der Glieder dagegen mehr oder minder steil, wie bei den Siebzellen, so findet man oft auch in ihnen mehrere bis viele, durch nicht perforierte Wandab-schnitte getrennte Siebfelder übereinander. Auch in den Längswänden zwischen benachbarten Siebröhren können große oder kleinere Siebfelder ausgebildet sein.

Gegen Ende der Vegetationsperiode werden die Siebporen durch dicke Beläge aus hyaliner Callose

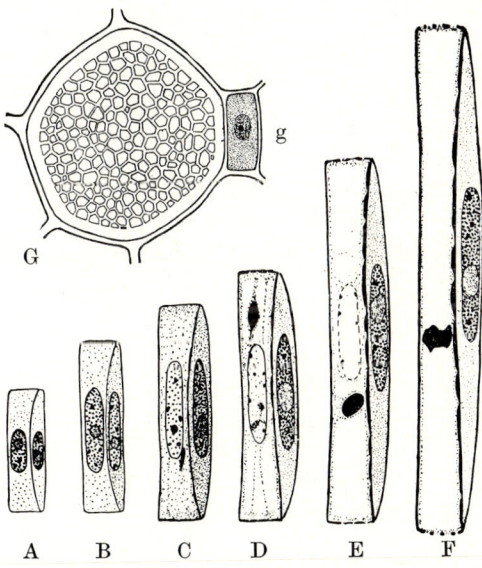

Abb. 138: Siebröhren und Geleitzellen. A bis F *Vicia faba*: Entwicklung eines Siebröhrengliedes mit zuge-höriger Geleitzelle, halbschematisch. A unmittelbar nach der inäqualen Teilung der Mutterzelle. B und C Beginn des Zell- und Kernwachstums. D und E Auf-lösung des Siebröhrenkerns. F Endstadium: End-wände des Siebröhrengliedes perforiert. In D bis F Bildung eines Schleimkörpers (schwarz). G *Cucurbita pepo*. Siebröhre und Geleitzelle (g) im Querschnitt. Siebplatte in Flächenansicht. (A–F schematisch, nach RESCH; G 600 ×, nach FITTING.)

Bildbeschriftungen Abb. 137 (von oben nach unten):

Siebenröhrenglieder   Parenchymzellen
Geleitzellen

Plastiden mit Stärke

zusammengesetzte Siebplatte (frühes Differen-zierungsstadium)

laterale Siebplatten

Siebfelder

Protoin körper

Callose-auflage

plasmatische Verbindungsstränge

einfache Siebplatte

Plasmabrücken

Abb. 137: Leicht schematisiertes Bild von Siebröhren-gliedern mit Geleitzellen und Phloemparenchym von *Passiflora coerulea*. Links eine zusammengesetzte Sieb-platte mit Siebfeldern (ca. 750 ×, nach KOLLMANN.)

verstopft, die schon lange vorher in dünner Schicht die Wände der Poren auskleidet. Hierdurch kann der Stoffaustausch zwischen den Siebröhrengliedern unterbrochen werden. Die Callose – ein wasserunlösliches β (1–3) Polyglucan – ist unlöslich in Kupferoxidammoniak, aber löslich in 1% kalter Kalilauge. Sie färbt sich mit Chlorzinkiod rotbraun, mit Corallin rot und mit Resorcinblau – sehr spezifisch – blau.

Geleitzellen (Abb. 136C, D; 137; 138g) finden sich nur bei den Angiospermen. Sie gehen als Schwesterzellen der Siebröhren durch inäquale Längsteilung aus derselben Mutterzelle hervor (Abb. 138 A bis F), teilen sich alsdann aber häufig noch mehrfach quer.

Die Geleitzellen sind meist englumiger als die Siebröhren, sehr plasmareich, haben große, oft polyploide Zellkerne, viele Mitochondrien und stehen mit den Siebröhren durch zahlreiche, zu den Geleitzellen hin verzweigte Plasmodesmen in engster plasmatischer Verbindung. Man vermutet, daß sie nachhaltig in den Stoffwechsel der kernlosen Siebröhren eingreifen.

2. Tracheiden und **Tracheen:** Als spezifische Elemente der Wasserleitung dienen tote, mehr oder weniger langgestreckte Zellen bzw. Zellstränge mit reichgetüpfelten, verholzten Wänden: die Tracheiden und Tracheen. In ihrem funktionsfähigen Zustand sind sie stets mit Wasser erfüllt, das auch die aus dem Boden aufgenommenen Nährsalzionen enthält.

Während die Tracheiden mit oft steilen, stets reich getüpfelten, aber niemals wirklich durchbrochenen Schrägwänden aneinander grenzen (Abb. 189 Bt), bestehen die Tracheen oder Gefäße aus ganzen Längsreihen manchmal nur wenig gestreckter, tonnenförmiger Einzelzellen oder Gefäßglieder, die durch weitgehende bis vollständige Auflösung ihrer Querwände (Zellfusion) zu geschlossenen Röhrensystemen von oft beträchtlicher Länge vereinigt sind (Abb. 139 D; 143 h, i). Im Gegensatz zu den in der Regel schlanken Tracheiden wachsen die vielfach endomitotisch polyploiden Gefäßglieder (8–16 n) besonders bei den Angiospermen oft vor ihrer endgültigen Ausdifferenzierung beträchtlich in die Breite (Abb. 139; 143). Bei manchen Lianen kann ihr Durchmesser auf diese Weise 0,7 mm erreichen, so daß man durch mehrere Zentimeter lange Holzstückchen in der Längsrichtung «hindurchsehen» kann (z. B. *Clematis*-Arten). Auch bei unseren *Quercus*-Arten kommen im Frühholz 0,3 mm weite Tracheen vor, die bereits mit dem bloßen Auge gut erkennbar sind («ringporiges» Holz, vgl. S. 167); im «zerstreutporigen» Lindenholz beträgt ihr mittlerer Durchmesser hingegen nur 0,06 mm.

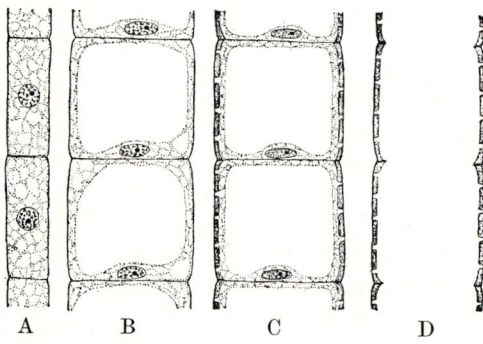

Abb. 139: Entwicklungsgeschichte eines vielgliederigen Gefäßrohres (Trachee) aus einer Reihe ursprünglich selbständiger Zellelemente. (150×, nach Sinnot.)

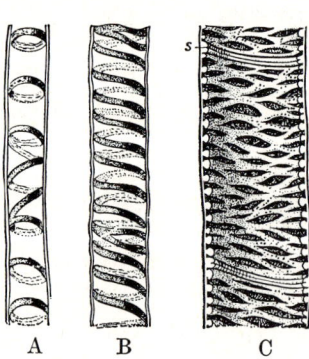

Abb. 140: A Stück einer Ring- und Schrauben-, B einer Schraubentracheide, C einer Netztrachee halb aufgeschnitten, bei s Rest einer aufgelösten Querwand. (240×, nach Schenck.)

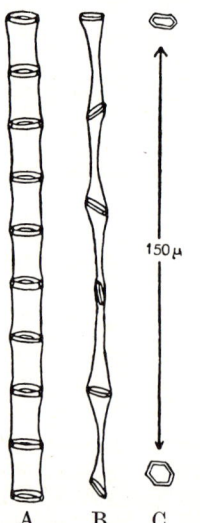

Abb. 141: Passive Dehnung und Zerreißung tracheidaler Protoxylem-Elemente. A Ringtracheide von *Aristolochia durior* 10fach, B 25fach gedehnt. C Ringgefäß von *Cucurbita pepo*, 120fach gedehnt und zerrissen. (Nach Frey-Wyssling.)

In abgeschnittenen Pflanzenteilen pflegt alsbald Luft in die Tracheen einzudringen. Man hat sie deshalb nach ihrer Entdeckung zunächst fälschlich als ein Durchlüftungs- und Atmungssystem – vergleichbar den Tracheen der Insekten – angesehen (Name!). Der Begriff Tracheide wurde später aus Trachee abgeleitet.

Die Wände der Wasserleitungselemente sind gewöhnlich durch sehr auffällige, verschiedenartig ausgebildete, verholzte Verdickungen ausgesteift (Abb. 140). Diese verhindern, daß sie eingedrückt werden, wenn in ihnen bei starker Transpiration der Pflanze Unterdruck herrscht (vgl. S. 320f.) und sich die lebenden Nachbarzellen infolge ihres Turgordruckes auszudehnen bestreben. Zugleich sind die Wände so beschaffen, daß sie Wasser überall in seitlicher Richtung leicht an die Umgebung abgeben oder aus ihr aufnehmen können.

Die Wandverdickungen sind vielfach auf schmale, oft verholzte, starre Leisten (Abb. 140 A, B) auf den sonst wenig verdickten, also für Wasser leicht durchlässigen und unverholzten, daher elastisch sehr dehnbaren Wänden beschränkt. Die Leisten können isolierte Ringe (Abb. 140 A; 141 A), zusammenhängende Schraubenbänder (Abb. 140 B; 174 C, c, d, e) oder ein Netzwerk mit querliegenden Maschen bilden (Abb. 140 C; 174 C, f, g). Man unterscheidet danach R i n g -, S c h r a u b e n - und N e t z e l e m e n t e. Nur die Elemente mit ring- oder schraubenförmigen Verdickungsleisten können sich noch strecken (Abb. 141 A bis C). Bei den T ü p f e l t r a c h e i d e n und T ü p f e l g e f ä ß e n umfassen dagegen die verholzten Verdickungen den größten Teil der Zellwände; es bleiben aber zahlreiche kreisförmige, polygonale oder mehr oder minder quer gestreckte, breit oder schmal elliptische oder spaltenförmige Tüpfel mit großen unverholzten Schließhäuten ausgespart (Abb. 140 C). Stehen an den schräg gestellten Querwänden breite quer gestreckte Tüpfel in regelmäßigen, geraden Reihen übereinander (Abb. 142), so spricht man von T r e p p e n t r a c h e i d e n, bzw. – bei aufgelösten Schließhäuten – L e i t e r g e f ä ß e n.

3. Phylogenie der Wasserleitungsbahnen. Schon bei den Laubmoosen kommen, wie wir gesehen haben (Abb. 108), zentrale Stränge gestreckter (prosenchymatischer), inhaltsloser Zellen mit verdickten Wänden vor, die der inneren Wasserleitung dienen und als H y d r o i d e n bezeichnet werden. Sie sind jedoch noch wenig funktionstüchtig, und nur bei hoher Luftfeuchtigkeit und dementsprechend geringer Verdunstung kann die innere Wasserleitung das Austrocknen verhindern. Wasserleitung und mechanische Festigungsaufgaben werden auf dieser primitivsten Anpassungsstufe an das Landleben noch von ein und derselben Gewebeart erfüllt, da beide Funktionen an die gleichen Voraussetzungen geknüpft sind: 1. starke axiale Streckung der wasserleitenden bzw. festigen-

Abb. 142: Abgeschrägtes Ende eines Leitergefäßes aus dem Rhizom von *Pteridium aquilinum*. s Seiten-, e Endwand. (95×; nach DE BARY. Vgl. hierzu Abb. 818, S. 744.)

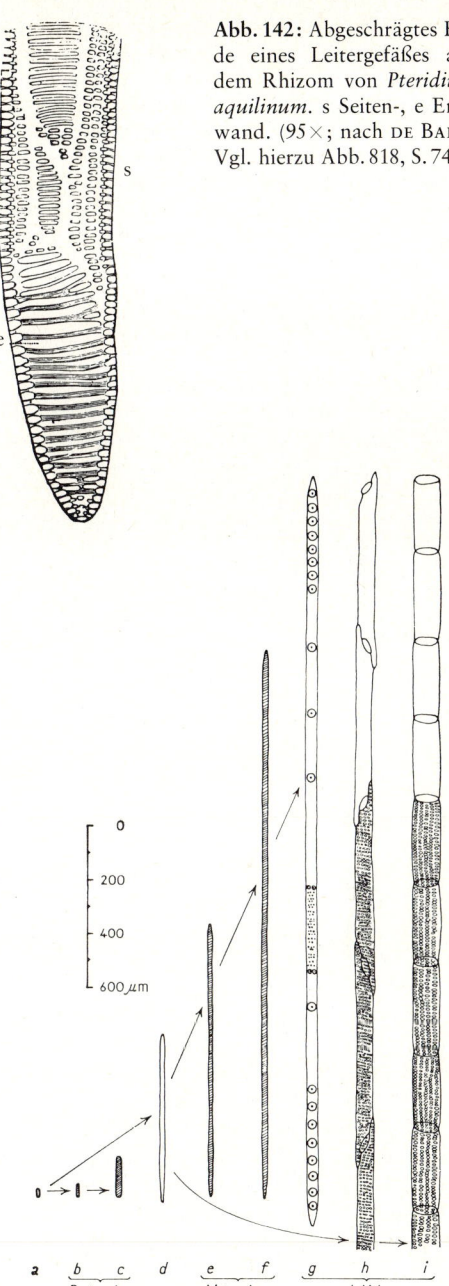

Abb. 143: Typen- u. Entwicklungsgeschichte trachealer Elemente. a Meristemzelle, b und c kurze Wasserleitungselemente des Protoxylems (Ringtracheiden), d Cambiumzelle, e bis g durch Streckung und Differenzierung aus der Cambiumzelle hervorgegangene Schrauben- (e, f) und Hoftüpfel-Tracheiden (g). h und i durch Zellerweiterung und Auflösung der Querwände (Zellfusion) entstandene Tracheen (ca. 35 ×, nach FREY-WYSSLING.)

den Elemente und 2. Verstärkung der Zellwände durch Auflagerung sekundärer Verdickungslamellen, die darüber hinaus durch Einlagerung von Lignin ausgesteift sind.

Bei den Farngewächsen und Gymnospermen wird der Leitungswiderstand weiterhin durch Erweiterung des Querschnitts der leitenden Elemente sowie durch besonders reiche Tüpfelung ihrer Querwände herabgesetzt. Bei einigen besonders hoch entwickelten Pteridophyten und Gymnospermen (z.B. *Pteridium aquilinum; Ephedra*) werden endlich die Schließhäute der Tüpfel auf den Querwänden völlig aufgelöst, so daß auf diese Weise Tracheen entstehen und der Leitungswiderstand in der Längsrichtung auf ein Minimum herabgesetzt wird (Leitergefäß, Abb. 142).

Die Differenzierung zwischen ausschließlich der Wasserleitung und ausschließlich der Festigung dienenden Elementen (Holz- oder Libriformfasern, Abb. 184 C, D, E) ist stammesgeschichtlich erst relativ spät vollzogen worden. Noch bei den *Gymnospermae* wird der tragende Stamm im wesentlichen aus einer einzigen Zellsorte mit tracheidalem Charakter aufgebaut; den Hoftüpfeltracheiden. Sie dienen sowohl der Wasserleitung als auch der Festigung. Die im Frühjahr gebildeten Tracheiden haben lediglich ein weiteres Lumen, etwas dünnere Wände und sind reichlicher getüpfelt als die im Sommer gebildeten Spätholztracheiden; erstere dienen in erster Linie der Wasserleitung, letztere in erster Linie der Festigung.

Erst bei den Angiospermen – also in erdgeschicht- lich recht junger Zeit – wurden die beiden Funktionen auf zwei verschiedene Gewebeelemente verteilt und die Bildung längerer querwandloser Röhrensysteme, der Tracheen, zur höchsten Vollendung entwickelt. In vielen Formenkreisen besitzen die in dieser Hinsicht ursprünglicheren Typen noch leiterförmig durchbrochene Querwände, während bei den abgeleiteten Gattungen die Querwände auf weite Strecken völlig aufgelöst sind. Auch bei den Angiospermen kommen jedoch neben den hochspezialisierten Tracheen regelmäßig tracheidale Elemente vor (vgl. S. 166 ff.).

In gewissen Abständen bleiben aber die Querwände auch bei den höchstentwickelten Wasserleitungssystemen unaufgelöst; daher haben die Röhren stets eine begrenzte Länge. Sie beträgt im allgemeinen weniger als 1 m, meist sogar nur einige Zentimeter. Andererseits kommen bei manchen Lianen und ringporigen Hölzern (vgl. S. 167) auch geschlossene Röhrensysteme von über 10 m Länge vor.

4. Leitbündel. In den primären Geweben der Höheren Pflanzen treten die Assimilat- und Wasserleitungselemente nur selten isoliert auf. In der Regel sind sie vielmehr zu gemeinsamen strangförmigen Verbänden zusammengefaßt, die als Leitbündel bezeichnet werden. Diese verlaufen in Stengeln und Wurzeln meist in Richtung der Längsachse, sind aber durch Querverbindungen zu einem Netzwerk, dem Leitbündelgewebesystem, verbunden. Die

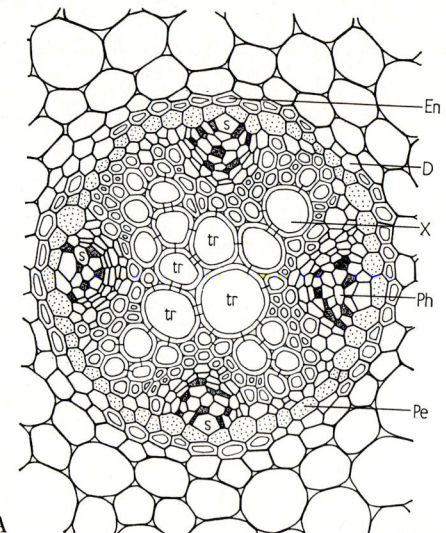
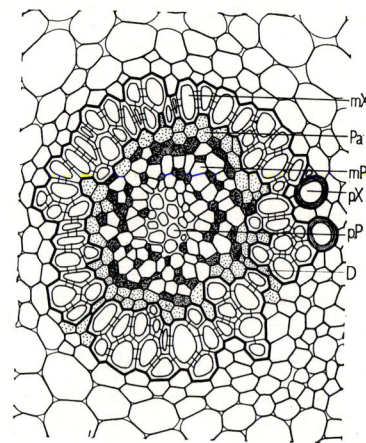

Abb. 144: A Querschnitt durch das tetrarche, zentrale, radiale Leitbündel der Wurzel von *Ranunculus acer*. En Endodermis, D Durchlaßzellen, X Holzteil, tr Tracheen, Ph Siebteil mit Siebröhren s und dunkel gezeichneten Geleitzellen, Pe Pericambium, (150 ×.) B Querschnitt durch ein konzentrisches Leitbündel mit Außenxylem aus dem Wurzelstock des Maiglöckchens *Convallaria majalis*. pX Protoxylem, mX Metaxylem, pP Protophloem, mP Metaphloem, Pa Leitbündelparenchym. (200 ×, Orig.)

Elemente der Wasserleitung und der Leitung organischer Stoffe liegen in der Regel dicht nebeneinander, so daß das Wasser mit den darin gelösten Mineralnährstoffen (im Vorfrühling auch mit mobilisierten organischen Reservestoffen) und die in den Blättern gebildeten organischen Assimilat-Überschüsse auf eng benachbarten Wegen, oft aber in entgegengesetzter Richtung, geleitet werden. Die Leitbündel heben sich durch ihre engen Elemente und den Mangel an Intercellularen schon bei schwächster Vergrößerung von den übrigen, weniger dichten Geweben ab. Daher sind sie meistens schon mit bloßem Auge als Stränge (z.B. in den Blättern und in den durchscheinenden Stengeln der Balsaminen) und mit ihren rundlichen Querschnittsfiguren auf Stengel- und Wurzelquerschnitten deutlich sichtbar.

Die Stengelbündel haben kreisrunden, breit- oder schmalelliptischen Querschnitt. Ihre Siebstränge bilden das Phloem (den Siebteil), ihre Gefäßstränge das Xylem (den Gefäßteil) des Bündels.

Der Siebteil (ohne mechanische Elemente) wird auch als Leptom, der Gefäßteil (ohne mechanische Elemente) als Hadrom bezeichnet.

Nach der Anordnung und der Ausbildung der Sieb- und Gefäßstränge unterscheidet man radiale, konzentrische und collaterale Bündel. Das radiale Leitbündel (Abb. 144 A) enthält mehrere getrennte Gefäß- und Siebstränge. Sie sind auf dem meist kreisrunden Bündelquerschnitt etwa wie die Speichen eines Rades und miteinander abwechselnd angeordnet. Die seitlich meist abgeplatteten Gefäßstränge (X) bilden daher eine sternförmige Querschnittsfigur. In den Buchten zwischen den Gefäßsträngen liegen die Siebstränge (Ph), die von den Gefäßsträngen durch eine bis mehrere Parenchymschichten getrennt sind. Beim radialen Bündel schreitet die Ausbildung aller Elemente in den Gefäß- und Siebsträngen von der Peripherie des Bündels nach seinem Zentrum fort; am weitesten außen liegen daher die Erstlinge oder Primanen (das Protoxylem und das Protophloem), weiter innen die später differenzierten Folge-Elemente (das Metaxylem und das Metaphloem). Radiale Bündel sind die typischen Leitbündel der Wurzeln. In Sprossen kommen sie nur selten und dann stets in Einzahl vor (z.B. in manchen Lycopodien-Stengeln).

Im konzentrischen Bündel, das im Querschnitt ebenfalls kreisrund oder elliptisch ist, wird ein Gefäß- oder Siebstrang allseits von einem mantelförmigen Sieb- oder Gefäßstrang umgeben. Liegt das Xylem im Bündel innen, das Phloem aber außen, so bezeichnet man das Bündel als konzentrisch mit Innenxylem; liegt das Xylem dagegen außen, als ein solches mit Außenxylem. Konzentrisch mit Innenxylem sind die Bündel bei den meisten Farnen, konzentrisch mit Außenxylem dagegen bei gewissen Erdsprossen und in den Stämmen mancher Monocotyledonen (Abb. 144 B). In den konzentrischen Bündeln

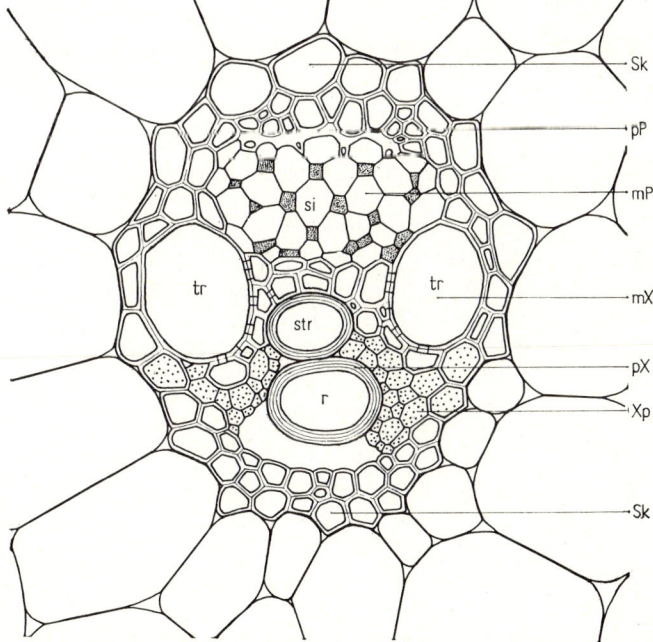

Abb. 145: Querschnitt durch ein geschlossenes collaterales Leitbündel von *Zea mays*. Sk Sclerenchymscheide, pX Protoxylem (str Schraubentracheide, r loser Ring einer durch Streckung zerrissenen Ringtracheide – vgl. Abb. 141 C – in dem gleichfalls durch Zerreißung rhexigen entstandenen Intercellularkanal), mX Metaxylem (tr Tracheen), Xp Xylemparenchym, pP Protophloem, mp Metaphloem, si Siebröhren, Geleitzellen dunkler. (200 × Orig.)

vollzieht sich die Ausbildung des Phloems und des Xylems nicht nach einem einheitlichen Typus; daher ist die Lage der Primanen verschieden.

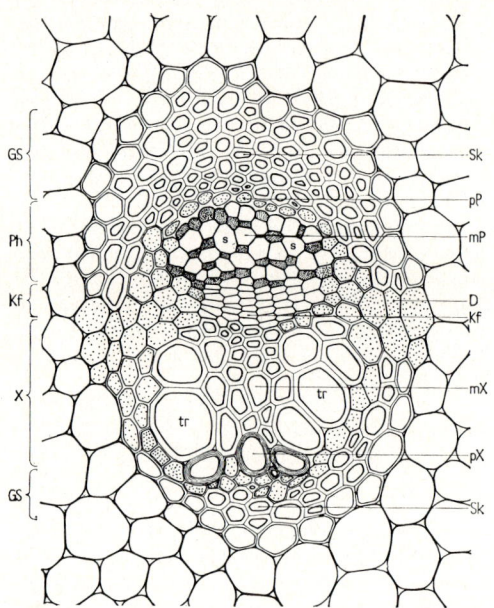

Abb. 146: Querschnitt durch ein offenes collaterales Leitbündel von *Ranunculus repens*. GS Leitbündelscheide, Sk Sclerenchymfasern, Ph Phloem, pP Protophloem, mP Metaphloem, Kf Cambiform, D Durchlaßstreifen, X Xylem, pX Protoxylem, mX Metaxylem, tr Tracheen. (200×, Orig.)

In dem bei Gymnospermen und Angiospermen weit verbreiteten collateralen Leitbündel mit kreisrundem, elliptischem oder schmal eiförmigem Querschnitt, das auch nur einen Gefäßstrang und meist nur einen Siebstrang enthält, liegt der Gefäßteil – bezogen auf die Sproßachse–innen, der Siebteil außen (Abb. 145; 146; 147).

Solche collateralen Leitbündel sind den Sprossen der Samenpflanzen und der Schachtelhalme eigentümlich. Jedoch kommen auch bicollaterale Leitbündel vor; sie besitzen nicht nur außen, sondern auch innen einen Siebstrang (z. B. *Solanaceae, Cucurbitaceae*). Die collateralen Bündel sind bei den Monocotyledonen meist geschlossen; d. h. das ganze Bündel besteht aus Dauergewebe, und der Gefäßteil grenzt unmittelbar an den Siebteil (Abb. 145). Bei den Gymnospermen und Dicotyledonen sind sie dagegen meist offen, d. h. die Sieb- und Gefäßteile bleiben dauernd durch eine Schicht meristematischen Gewebes, das fasciculare Cambium, getrennt (Abb. 146 Kf, 147 K). Es besteht aus radialen Reihen von Zellen, deren charakteristische Anordnung durch wiederholte perikline Teilungen zustande gekommen ist.

Die Ausbildung der collateralen Bündel erfolgt im Siebteil vom Außenrand, im Gefäßteil aber vom Innenrand des Bündels aus gegen dessen Mitte. Daher liegen die Erstlinge oder Primanen des Holzteils (das Protoxylem, Abb. 145 bis 147 pX) im collateralen Bündel gewöhnlich am Innenrand des Gefäßteils (bezogen auf den Stengelquerschnitt), die Primanen des Siebteils (das Protophloem, Abb. 145 u. 146 pP) am Außenrand des Siebteils. Wird

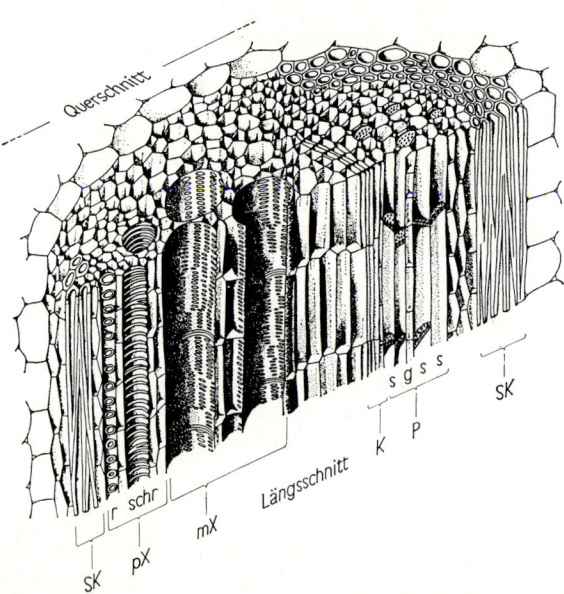

Abb. 147: Aufriß eines offenen, collateralen Leitbündels in räumlicher Darstellung. SK Sclerenchymscheide, pX Protoxylem, r Ring-, schr Schraubentracheide, mX Metaxylem mit weitlumigen Tracheen, K Cambium, P Siebteil, s Siebröhren, g Geleitzellen. (200×, nach Mägdefrau.)

alles Meristem bei der Bündelbildung aufgebraucht, so entsteht ein geschlossenes collaterales Bündel; bleibt etwas davon erhalten, ein offenes. (Stellt das nicht in Leitelemente umgewandelte Cambium seine Tätigkeit ein = Cambiform. Abb. 146.)

Bei sämtlichen Leitbündelformen bestehen die Holzteile oder Gefäßstränge hauptsächlich aus engen oder weiten verholzten Elementen, die der Wasserleitung dienen; bei den Angiospermen in der Regel aus Tracheiden und Tracheen (Abb. 145; 147), bei den Pteridophyten und Gymnospermen meist nur aus Tracheiden. Die Gefäße sind eingebettet in Xylemparenchym (Abb. 145 Xp) aus lebenden, langgestreckten und oft unverholzten Parenchymzellen, zwischen denen Intercellularen in der Regel fehlen.

In den Siebteilen oder Siebsträngen der Leitbündel (Abb. 144 As, B mP; 145 si; 146 mP; 147 P) verlaufen die Siebröhren. Sie sind stets von anderen lebenden Zellen begleitet und umgeben, entweder (bei vielen Monocotyledonen) nur von sehr plasmareichen, stets stärkefreien Geleitzellen (Abb. 144 bis 146 dunkelgrau punktiert) oder von Geleitzellen und anderen gestreckten Parenchymzellen (Phloemparenchym) oder von letzteren allein. Bei Pteridophyten und Gymnospermen gibt es noch keine Siebröhren, sondern lediglich Stränge von Siebzellen ohne Geleitzellen.

Jedes Bündel ist von einer Leitbündelscheide umschlossen, die aus intercellularenfreiem Parenchym (oft reich an großen Stärkekörnern: Stärkescheide) oder aus Festigungsgewebe bestehen kann (Sclerenchymscheide).

Bei collateralen Leitbündeln sind Scheiden aus Festigungselementen besonders häufig den Außenseiten der Siebteile, oft auch den Innenseiten der Gefäßteile als im Querschnitt mondsichelförmige Sclerenchymschichten vorgelagert; sie sind also – vor allem bei den offenen Bündeln – unvollständig. An jeder Seite des Bündels, d. h. an der Grenze von Gefäß- und Siebteil, besteht die Leitbündelscheide aus Streifen schwächer verdickter Parenchymzellen, die den Austausch von Wasser und Nahrungsstoffen zwischen dem Bündel und dem umgebenden Parenchym ermöglichen; sie werden als Durchlaßstreifen bezeichnet (Abb. 146 D).

F. Festigungs- und Stützgewebe

Ohne eine gewisse Festigkeit könnte die Pflanze ihre typische Gestalt nicht beibehalten, die meist für ihre Lebenstätigkeit unentbehrlich ist. In dünnwandigen Zellen wird hohe Festigkeit allein schon auf Grund der Turgorspannung ihrer Wände und in wachsenden Geweben außerdem noch durch die Gewebespannung (S. 316; Abb. 340) erreicht. Da beide jedoch durch Welken aufgehoben werden, genügen sie meist nicht, um der Landpflanze auf Dauer die nötige Festigkeit zu verleihen.

Ein hohler Roggenhalm hat z. B. bei einer Höhe von 1,5 m an seiner Basis kaum 3 mm Durchmesser und muß dabei an seiner Spitze noch die Last der Ähre tragen. Dem schlanken Palmstamm sitzen nicht nur die lastenden Früchte, sondern vor allem die im Wind wie Segel wirkenden Blätter auf, die bei *Raphia*-Arten 15 m Länge und entsprechende Breite erreichen. Neben seiner Festigkeit verfügt der Pflanzenkörper aber auch noch über eine hohe Elastizität: Der lange Roggenhalm mit seiner schweren Ähre kann vom Winde vorübergehend gegen den Boden hinabgebeugt werden, ohne zu knicken, und richtet sich danach elastisch wieder auf.

Festigkeit und Elastizität beruhen bei den meisten Pflanzen auf dem Besitz besonderer, zu Festigungsgeweben zusammengeschlossener Zellelemente, deren Wände stellenweise (Collenchym) oder allseitig (Sclerenchym) stark verdickt sind; im zweiten Fall kann die Verdickung bis zur fast vollständigen Ausfüllung des Zellumens fortschreiten; die Protoplasten sterben alsdann früher oder später ab (Abb. 148 C).

1. Collenchym. In Pflanzenteilen, die noch lebhaft wachsen, findet sich ausschließlich lebendes, wachstums- und stark dehnungsfähiges Collenchym, das stets primären Ursprungs ist und dessen Wände nur teilweise verdickt sind.

Die meist prosenchymatisch gestreckte, bis 2 mm lange, an ihren Enden pfriemlich zugespitzte primäre Collenchymzelle ist vielfach sekundär unterteilt und bildet alsdann einen Collenchymstrang bzw. eine Collenchymfaser, die sich bei der Maceration – umhüllt von der primären Zellwand – als Ganzes herauslösen läßt. Die einzelnen Collenchymelemente gleichen in vieler Hinsicht den Parenchymzellen und können wie diese Chloroplasten enthalten. Sie unterscheiden sich aber wesentlich dadurch, daß ihre Cellulosewände ungleich, und zwar besonders stark an den Zellkanten (Kanten- oder Eckencollenchym, Abb. 148 A, B) oder an den tangentialen Wänden (Plattencollenchym) verdickt sind. Die Wandverdickungen bestehen zu einem größeren Teil aus Cellulose. Stets enthalten sie einen größeren Anteil an stark gequollenem Protopectin. Sie schrumpfen daher nach Entwässerung (z. B. nach Fixierung mit wasserentziehenden Mitteln) beträchtlich zusammen. Auf dem Querschnitt treten die verdickten Wandbezirke im lebendfrischen Präparat durch hellen Glanz hervor. Die Intercellularen sind sehr klein, oder sie fehlen ganz.

Das Collenchym besitzt infolge der Wandverdickungen seiner Zellen eine beachtliche Zerreißfe-

stigkeit. Seine ansehnlichen unverdickten Wand-
flächen ermöglichen jedoch zugleich einen kaum be-
hinderten Stoffaustausch.

2. Sclerenchym. In den fertig ausgewachsenen
Pflanzenorganen übernimmt totes Sclerenchym die Aufgaben, welche in den noch wachsenden Pflanzenteilen von dem lebendigen
Collenchym geleistet wurden. Je nachdem, ob
das Festigungsgewebe in erster Linie auf Druck
oder auf Zug beansprucht wird, besteht es aus
dickwandigen Steinzellen oder aus mehr oder
weniger dickwandigen, langgestreckten Sclerenchymfasern. Die Steinzellen oder Sclereiden (Abb. 78 A) sind mehr oder minder iso-
diametrisch-polyedrisch und haben zahlreiche
runde, röhrenförmige, unverzweigte oder verzweigte Tüpfel in ihren fast stets sehr stark verholzten und daher recht starren Wänden.
Die Sclerenchymfasern (Abb. 148 C; 184 D,
185 C) sind prosenchymatische, spindelförmige,
durch Spitzenwachstum oft äußerst langgestreckte Zellen mit sehr fein zugespitzten Enden
und spärlichen, schräg aufsteigenden, spalten-
förmigen Tüpfeln oder ohne solche. Alle
Sclerenchymelemente haben polygonalen Querschnitt und oft ein auffällig enges, manchmal nur
noch als Punkt nachweisbares Lumen (Abb.
148 C). Ihre Zellwände sind entweder nahezu
unverholzt (z.B. bei *Linum*) und alsdann sehr
elastisch oder mehr oder minder verholzt und
entsprechend starr (z.B. bei *Cannabis*). Viele

Sclerenchymfasern sind bei geringerem Durchmesser für Pflanzenzellen ungewöhnlich lang,
nämlich durchschnittlich 1–2 mm, ja beim Lein
0,4–6,5 cm, bei der Brennessel (*Urtica dioica*)
bis 7,5 cm und bei der Urticacee *Boehmeria*
(Ramie) 30 cm (selten sogar bis 55 cm). Oft sind
sie vor dem Absterben vielkernig (polyenergid,
vgl. S. 15). Erst nach vollendeter Streckung der
Pflanzenorgane werden sie fertig ausgebildet,
vielfach unter Beteiligung von lebhaftem Spitzenwachstum (Abb. 185). Ihrer Länge und Festigkeit wegen eignen sie sich besonders zur Herstellung von Textilien.

Die Zerreißfestigkeit der einzelnen Sclerenchymfasern wird vielfach durch schraubige Anordnung der in den einzelnen Verdickungsschichten sich
kreuzenden Mikrofibrillen erhöht (Abb. 85). Wie bei
einem Seil werden auf diese Weise beim Zug die einzelnen Mikrofibrillen nur desto inniger aneinandergepreßt. Das Tragvermögen der lebendfrischen
Sclerenchymfasern ist im allgemeinen innerhalb der
Elastizitätsgrenze gleich dem des besten Schmiedeeisens, bei einzelnen Pflanzen sogar gleich dem von
Stahl. Die elastische Dehnbarkeit ist aber etwa
10 bis 50 mal größer als die des Schmiedeeisens, das
den Fasern auch durch sein viel größeres Gewicht weit
unterlegen ist. Nach Überschreiten der Elastizitätsgrenze zerreißen die Fasern allerdings sofort, während dies beim Eisen erst nach etwa dreifacher Belastung über die Elastizitätsgrenze hinaus der Fall ist.
Die Druckfestigkeit – z.B. in den starren und
spröden Schalen von Nüssen und Kernen der Steinfrüchte – kommt meist durch Steinzellengewebe zustande, die Biegungsfestigkeit der Stengel und vieler
Blätter, die Säulenfestigkeit der Baumstämme
sowie die Zugfestigkeit der Wurzeln hingegen
durch Sclerenchymfasergewebe. Beide Arten mechanischer Zellen bedingen auch den Widerstand, den

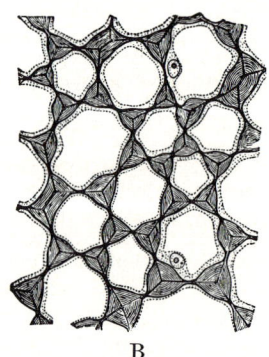

A   B   C

Abb. 148: Festigungsgewebe. A Kantencollenchym von *Salvia* in Seitenansicht. (160 ×, frei nach Haberlandt.)
B Querschnitt durch das Kantencollenchym («Eckencollenchym») eines Stengels von *Cucurbita*. (240 ×, nach
Fitting.) C Querschnitt durch das Sclerenchym im Blatt von *Phormium tenax*. (240 ×, nach Fitting.)

viele Organe dem Schneiden und anderen mechanischen Eingriffen entgegensetzen.

Die Sclerenchymzellen und -fasern entstehen teils primär, teils sekundär einzeln oder gruppenweise. Sie sind meist zu Sclerenchymsträngen, -bändern, -scheiden oder schalenförmigen Schichten ohne Intercellularen derart vereinigt, wie es die Ansprüche an die Festigkeit des Organs unter Aufwand von möglichst wenig Festigungsmaterial erfordern.

3. Anordnungsprinzipien der Festigungselemente. Wird ein beidseitig unterstützter Balken mechanisch verbogen (Abb. 149 A u. B), so wird seine Konvex-Seite verlängert und dabei Zugspannungen ausgesetzt, während seine Konkav-Seite zusammengepreßt und dementsprechend verkürzt wird. Nur die mittlere Zone – die sog. n e u t r a l e F a s e r oder S p a n n u n g s n u l l i n i e – wird (abgesehen von einer geringen Verbiegung) mechanisch nicht beansprucht. Die Gefahr, daß Bauelemente zerreißen, ist also um so größer, je weiter sie peripherisch von der neutralen Faser entfernt liegen. Bei jeder Beanspruchung auf B i e g u n g s f e s t i g k e i t ist es daher zweckmäßig, wenn die Festigungselemente p e r i p h e r angeordnet sind.

Bei der sog. V e r b u n d b a u w e i s e, z. B. im Stahlbetonbau, wird die A r m i e r u n g (das Gerüstwerk aus Stahlschienen) von der weniger festen Grundmasse oder F ü l l u n g (dem Beton) an den Orten der höchsten mechanischen Beanspruchung fixiert (Abb. 149 D, E). Die Anordnung der collenchymatischen und sclerenchymatischen Festigungselemente in den Sproßorganen läßt sich mit dieser Verbundbauweise vergleichen (Abb. 149 F, G). An die Stelle der Betonfüllung tritt das Grundgewebe oder Parenchym, das dem Beton durch seine elastischen Eigenschaften sogar noch erheblich überlegen ist. Da die statische Wirksamkeit der Armierung mit der Entfernung von der «neutralen Faser» zunimmt, kann die Anordnung der Festigungselemente in vorspringenden

Leisten von besonders günstiger Wirkung sein (Abb. 149 H).

Völlig andere Verhältnisse liegen bei denjenigen Pflanzen bzw. Pflanzenorganen vor, die in erster Linie auf Z u g beansprucht werden, wie den Sprossen flutender Wasserpflanzen sowie an den Wurzeln und Rhizomen der Landpflanzen, an denen der vom Winde bewegte Sproß zerrt. Nur bei völlig gleichmäßigem Zug genau in der Längsrichtung werden alle Querschnittsfasern derartiger Organe gleichmäßig beansprucht. Verlagert sich der Zug hingegen, wie das in der Natur meistens der Fall ist, einmal mehr nach der einen, dann wieder nach der anderen Seite, so könnten gleichmäßig über die gesamte Querschnittsfläche verteilte Festigungselemente nacheinander einzeln zerrissen werden. Deshalb sind sie in den auf Zug beanspruchten Wurzeln und Sprossen in der Regel z e n t r a l zu einem kabelartigen Strang vereinigt, an dessen Aufbau die gleichfalls mit verdickten Wänden ausgestatteten Gefäße zusätzlich beteiligt sind (Abb. 210 A).

G. Absonderungs- und Ausscheidungsgewebe

Im Gegensatz zu den Tieren gibt es bei den Pflanzen – wenn wir vom Laubwechsel, der Abstoßung alter Rindenelemente als Borke und der Abschülferung der Wurzelhaubenzellen absehen – keine Ausscheidung geformter Stoffwechselprodukte oder Exkremente. Dennoch findet auch bei allen Landpflanzen dauernd eine allerdings unauffällige Abgabe von gasförmigen Stoffwechselendprodukten (insbesondere von O_2, CO_2 und Wasserdampf) statt. Die Gewebearten, durch welche sich diese Stoffabgabe an

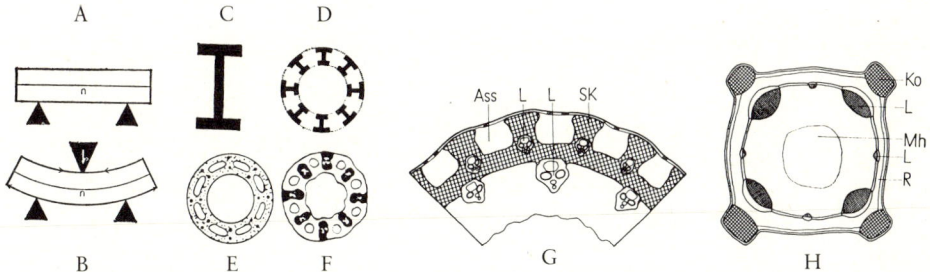

Abb. 149: Anordnungsprinzipien der Festigungselemente: A und B Beanspruchung eines Balkens beim Durchbiegen: Dehnung der konvexen Seite, Verkürzung (Pressung) der konkaven Seite; die «neutrale Faser» (n) wird lediglich verbogen, erfährt jedoch keine Längenänderung. C Doppel-T-Träger. D Hohlzylinder, dessen Wandung mit Doppel-T-Trägern verstärkt ist. E Fabrikschornstein in «Verbundbauweise»: die Armierung ist auf 8 Paar Eisenschienen beschränkt; weitgehende Materialeinsparung. F Querschnitt durch den Stengel von *Trichophorum cespitosum*. Lage der Bewehrungen und der Hohlräume genau wie bei E. G Querschnitt durch den Stengel von *Molinia caerulea* (SK Sclerenchym, L Leitbündel, Ass Assimilationsparenchym). H Querschnitt durch die Sproßachse von *Lamium album*, Ko die 4 Collenchym-Leisten, die den vierkantigen Stengel stützen; L Leitbündel, R Rindenparenchym, Mh Markhöhle. (E und F nach RASDORSKI; G 25 ×, H 10 ×.)

die Atmosphäre vollzieht, dürfen mit Recht als wichtige Ausscheidungsgewebesysteme der Pflanzen aufgefaßt werden.

Zu den Ausscheidungsgeweben im weiteren Sinne sind daher die bereits bei den Grundgeweben aufgeführten, reichlich mit Intercellularen durchsetzten grünen Schwammparenchyme der Blätter sowie die grünen primären Rindenparenchyme zu zählen, die durch zahlreiche Spaltöffnungen bzw. Lenticellen mit der freien Außenluft in Verbindung stehen. Gleichzeitig erfüllen sie aber beim Gaswechsel auch wichtige Aufgaben als CO_2-Absorptionsgewebe.

Außerdem gibt es aber auch spezifische einzellige oder vielzellige innere und äußere Ausscheidungssysteme, deren Stoffwechsel auf die einseitige und übermäßige Produktion ganz bestimmter Produkte spezialisiert ist, die im Gegensatz zu den Reservestoffen endgültig aus dem Stoffwechsel ausscheiden.

Werden die Abscheidungsprodukte innerhalb ihrer Bildungszellen in Vacuolen abgelagert und später mit den ganzen Geweben, in denen sie gebildet worden sind, abgestoßen, so sprechen wir von Absonderungsgeweben und Absonderungsidioblasten. Werden sie hingegen laufend nachgebildet und aus den Zellen, in denen sie entstanden sind, aktiv ausgeschieden, so spricht man von Ausscheidungsgeweben und Ausscheidungszellen. Lokale Ausscheidungsapparate, die ihre Ausscheidungsprodukte nach außen oder nach innen (in Hohlräume oder Gänge) abgeben, werden seit alters her als Drüsenzellen und Drüsengewebe besonders gekennzeichnet. In der Regel läßt sich im Falle derartiger spezialisierter Ausscheidungsapparate mühelos eine «nützliche» Funktion nachweisen (vgl. S. 370 f.).

1. **Absonderungsidioblasten und Absonderungsgewebe** kommen als zerstreute Einsprengsel in den verschiedensten primären wie sekundären Geweben vor. Die Abscheidungsprodukte werden von Dictyosomen oder vom ER gebildet und in zahlreichen kleinen Vacuolen oder Vesikeln (Abb. 27, 67 A, B) ausgegliedert, die alsdann zu größeren Vacuolen zusammenfließen, deren Inhalt nicht selten zum Schluß das Zelllumen nahezu restlos ausfüllt. Als Abscheidungsprodukte besonders verbreitet sind Schleime, Gummi, Harze, Gummiharze, Gerbstoffe, ätherische Öle, Alkaloide, verschiedene Enzyme und Calciumoxalat-Kristalle (vgl. S. 77).

Ölzellen finden sich z.B. im Rhizom des Kalmus (*Acorus calamus*) und des Ingwers (*Zingiber offi-*

cinale) sowie in der Rinde des Zimtbaumes (*Cinnamomum cassia*). Viele Blütenblätter enthalten im Protoplasma ihrer Epidermis- und Mesophyllzellen Tröpfchen leichtflüchtiger ätherischer Öle, die bei hinreichender Temperatur durch die Zellwände und die Cuticula hindurch verdampfen, während die Ölvacuolen im Inneren laufend nachgebildet werden (z.B. Blütendüfte von *Rosa, Viola, Jasminum*. Vgl. S. 75). Bei manchen Pflanzen entstehen die Blütenduftstoffe jedoch in speziellen Drüsen: den Osmophoren.

Zu den Absonderungszellen gehören auch die ungegliederten Milchröhren, die als Abscheidungsprodukt Milchsäfte enthalten. Diese oft reich verzweigten Schläuche haben keine Querwände. Es sind runde Röhren mit einer glatten, elastischen Cellulosewand und einem lebenden Wandbelag aus Plasma mit zahlreichen Zellkernen, manchmal auch mit Stärkekörnern. Sie enthalten eine dem Zellsaft entsprechende milchige, weiße, seltener andersfarbige, wäßrige Emulsion, die aus den verletzten Röhren ausfließt und an der Luft rasch gerinnt. Man findet vielkernige, verzweigte, ungegliederte Milchröhren bei manchen Euphorbiaceen (*Euphorbia*), Asclepiadaceen (*Asclepias*), Apocynaceen (*Nerium*) und Moraceen (*Ficus*); unverzweigte ungegliederte Milchröhren besitzt die Apocynacee *Vinca*, die Cannabacee *Cannabis* und die Gattung *Urtica* bei den Urticaceen. Sie gehen meist im jungen Embryo aus meristematischen Zellen hervor, die schon in der Keimpflanze vielkernig und schlauchförmig werden, mit der ganzen Pflanze annähernd parallel zu den Längsachsen ihrer Organe weiterwachsen, sich fort und fort verzweigen, in alle Organe eindringen und auf diese Weise viele Meter lang werden können. Sie gehören damit zu den größten querwandlosen Pflanzenzellen, die es gibt.

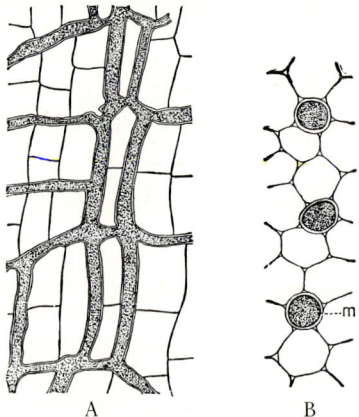

Abb. 150: Milchröhren von *Taraxacum*: A tangentialer Längsschnitt aus der Peripherie der Wurzel mit netzförmig verbundenen gegliederten Milchröhren. B Milchröhren m im Querschnitt. (A 160 ×, B 400 ×, nach Fitting.)

Zellfusionen. Durch Auflösung der trennenden Wände können auch mehrere Exkretzellen miteinander verschmelzen (fusionieren). Schwinden nur die Querwände, so entstehen röhrenförmige Exkretbehälter, z.B. die gegliederten Milchröhren. Sie sehen ganz ähnlich aus und besitzen auch ganz entsprechenden Inhalt wie die ungegliederten, unterscheiden sich von ihnen aber dadurch, daß sie aus Zellreihen durch nachträgliche Auflösung der Querwände entstehen, was man im fertigen Zustand allerdings nur noch schwer erkennen kann. Im Gegensatz zu den ungegliederten Milchröhren sind sie darüber hinaus seitlich vielfach zu einem Netzwerk verbunden (Abb. 150A). Auch die gegliederten Milchröhren sind auf bestimmte Pflanzenfamilien beschränkt. Gegliederte, nicht anastomosierende Milchröhren finden sich u. a. bei den Bananen *(Musa)*, den Windengewächsen *(Convolvulus, Ipomoea)* und gewissen Mohngewächsen *(Chelidonium* mit orangegelbem «Milchsaft»); gegliederte, netzartig miteinander anastomosierende Milchröhren kommen u.a. in der Gattung *Papaver,* bei Euphorbiaceen (z.B. dem Kautschukbaum *Hevea)* und bei den ligulifloren Compositen (z.B. *Taráxacum, Lactuca, Tragopogon)* vor.

In dem Milchsaft der ungegliederten und gegliederten Milchröhren kommen gelöst vor: Zucker, Gerbstoffe, Glykoside, manchmal giftige Alkaloide (z.B. Morphium u.a. Alkaloide im Milchsaft von *Papaver* = Opium) und besonders äpfelsaurer Kalk, ferner bei *Ficus carica* und *Carica papaya* auch eiweißspaltende Enzyme; weiter als Tröpfchen in Emulsionen ätherische Öle, Wachse und Gummiharze, d. h. Gemenge von Gummi und Harz; die Polyterpene: Guttapercha und Kautschuk; als feste Bestand-

teile: Stärke, vielfach Proteinkörner; hier und da auch Eiweißkristalle (Abb. 390, S. 371). Die Bedeutung der Milchsaftschläuche für die Pflanzen ist unbekannt. Schutz gegen Tierfraß mag bei Wirbeltieren eine Rolle spielen; die Raupen des Wolfsmilch- und des Oleanderschwärmers lassen sich jedoch durch die Milchsäfte keineswegs abhalten.

Lysigene Exkretbehälter gehen aus Gruppen sekretreicher Zellen hervor, deren Wände und Protoplasten allmählich aufgelöst werden. Beispiele dafür sind unter anderem die mit ätherischem Öl gefüllten, lysigen entstandenen Exkretbehälter (-lücken) der Fruchtschalen von Orangen, Citronen und anderer *Rutaceae* (Abb. 152B, C) sowie vieler *Myrtaceae.*

2. Drüsenzellen und Drüsengewebe treten ebenfalls einzeln oder zu Gruppen vereint in der Epidermis, im Parenchym oder in anderen Gewebearten als primäre oder sekundäre Elemente auf. Die Absonderungsprodukte ihrer Protoplasten werden jedoch – im Gegensatz zu den Absonderungsidioblasten und den Absonderungsgeweben – als Drüsensekrete durch ihre Zellwände hindurch aktiv nach außen, also ganz aus dem Pflanzenkörper hinaus oder zumindest in Intercellularräume hinein ausgeschieden.

Drüsenzellen sind immer lebend und ähneln den Parenchymzellen, enthalten aber stets reichlich Plasma, große Zellkerne und zahlreiche Mitochondrien und Dictyosomen. Die ausgeschiedenen Stoffe haben vielfach ökologische Bedeutung. Gruppen von lük-

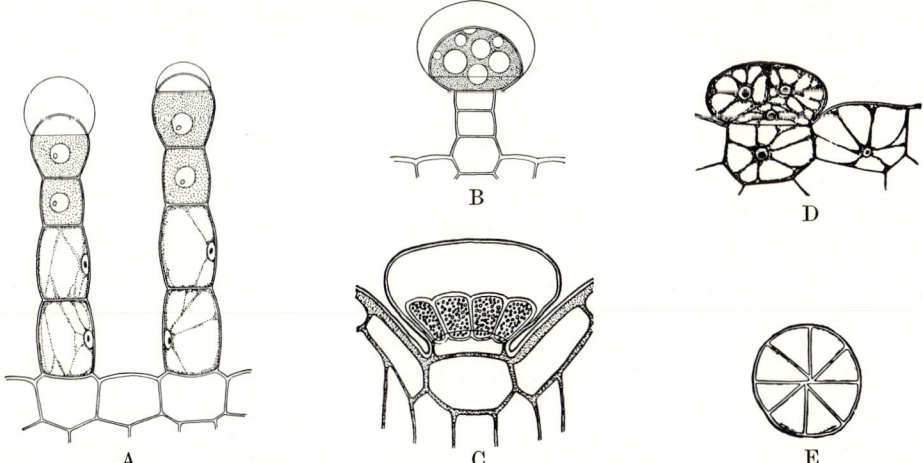

Abb. 151: Drüsenhaare. A vom Blattstiel der Becherprimel *Primula obconica.* Das unter der Cuticularblase ausgeschiedene Sekret kann ein juckendes Ekzem verursachen. B vom Blütenstiel von *Pelargonium.* C von der Blattoberseite des Thymians *Thymus vulgaris.* D und E sitzende Verdauungsdrüse der Blattoberseite von *Pinguicula vulgaris.* D Längsschnitt. E Aufsicht. (A, B 100 ×, Orig.; C 200 ×, nach DE BARY; D, E 200 ×, nach FENNER.)

kenlos verbundenen Drüsenzellen, die eine Schicht bilden, nennt man Drüsenepithelien. Drüsenzellen und -epithelien sind häufig in den Epidermen ausgebildet. Die Cuticula der Drüsenzellen besitzt gelegentlich Poren.

In der Epidermis finden sich häufig Drüsenhaare, z.B. Köpfchenhaare, deren als Köpfchen ausgebildete Endzelle (Abb. 151 A, B) die Drüsenzelle ist. Andere solche Haare sind schuppenförmig; auch vielzellige Drüsenzotten (Abb. 131) kommen vor. Das Sekret besteht sehr oft aus ätherischen Ölen oder Harz; in diesen Fällen tritt es zunächst zwischen der Außenwand der Drüsenzelle und der Cuticula auf, wobei diese emporgehoben wird (Abb. 151 A bis C) und bei manchen Pflanzen (z.B. *Pelargonium*, viele *Lamiaceae*) schließlich aufreißt. Ähnliches gilt für andere klebrige Stoffe und Schleim. Nach den Ausscheidungsprodukten unterscheidet man unter den epidermalen Drüsen: Schleim-, Harz-, Salz-, Leim-, Öl-, Verdauungsdrüsen (Abb. 151 D, E) und Nektarien. Die Nektarien scheiden zuckerreiche Sekrete aus, die Insekten anlocken; sie finden sich als Drüsenflächen oder Drüsenhaare vor allem innerhalb der Blüten (florale Nektarien), aber auch als extraflorale Nektarien an Blattstielen (*Prunus, Acacia*), Nebenblättern (*Vicia*) oder in den Winkeln zwischen den Blattrippen (*Catalpa*) und haben recht verschiedenen Bau (vgl. auch S. 118, «Nektarspalten»).

Schizogene Sekretbehälter. Die im Parenchym oder in anderen Geweben eingeschlossenen Drüsenzellen oder Drüsenepithelien grenzen stets an rundliche oder unregelmäßig begrenzte Intercellularräume (Abb. 152 A) oder an röhrenförmige, unverzweigte oder verzweigte Intercellularkanäle (-gänge), die manchmal die ganze Pflanze als kommunizierende Röhren durchziehen (Abb. 153 C, D). In diese Intercellularen, die durch Auseinanderweichen der Drüsenzellen entstehen, werden die abgesonderten Produkte ausgeschieden; sie bilden die schizogenen Sekretbehälter. Je nach ihrem Inhalt unterscheidet man Öl-, Harz-, Gummi- und Schleimgänge (-kanäle oder -lücken).

Solche Harzkanäle (-gänge) finden sich z.B. bei vielen Nadelhölzern (Abb. 186 h; 187); Ölgänge (mit ätherischen Ölen) z.B. bei den Doldenblütlern; Schleim- und Gummigänge u.a. bei den Cycadeen; runde oder längliche schizogene Höhlungen mit ätherischen Ölen kommen u.a. bei *Hypericum*-Arten (Abb. 152 A) und bei *Eucalyptus* vor.

Hydathoden. Bei vielen Mono- und Dicotyledonen finden sich besonders an den Blattspitzen (*Poaceae*) oder den Zähnchen der Blattränder (*Alchemilla, Fuchsia*) oder einfach vor den Enden der großen Blattadern (*Tropaeolum*) unter besonderen Wasserspalten (Abb. 128) Gruppen kleinerer, chlorophyllfreier Parenchymzellen, die der Ab-

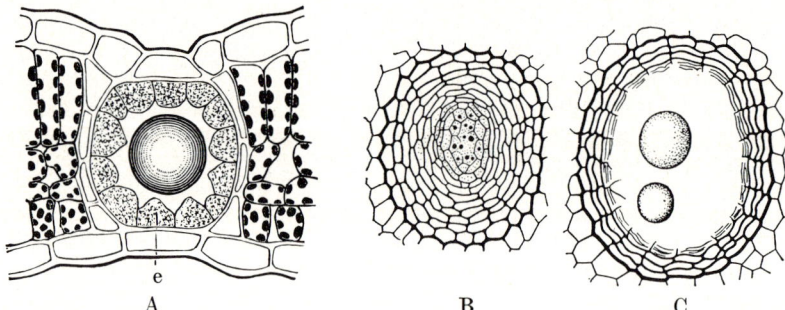

Abb. 152: A Schizogener Ölbehälter im Blattquerschnitt von *Hypericum perforatum*. e Drüsenepithel. B und C Lysigener Ölbehälter aus der Fruchtschale von *Citrus limon*. B vor der Auflösung, C nach der Auflösung (A 80×, nach Haberlandt; B, C 40×, nach Tschirch.)

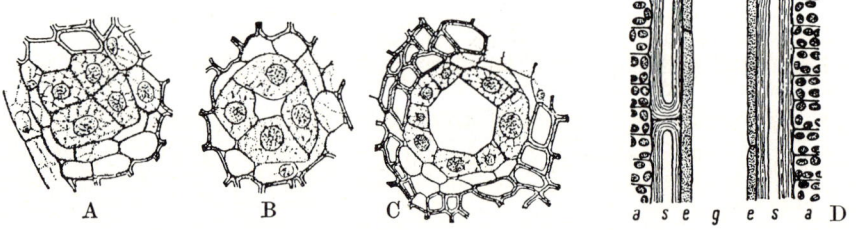

Abb. 153: A bis C Schizogene Entstehung eines Harzkanals im Holz von *Pinus* (vgl. Abb. 187, S. 166). D Harzkanal g aus dem Nadelblatt von *Pinus* im Längsschnitt (Querschnitt s. Abb. 202 H, S. 179), e Drüsenepithelzellen, s Sclerenchymscheide, a Assimilationsparenchym. (A bis C 250×, nach W. H. Brown; D 240×, nach Haberlandt.)

scheidung des flüssigen Wassers dienen und als Epitheme, einschließlich der zugehörigen Wasserspalte als Epithemhydathoden bezeichnet werden.

Flüssiges Wasser kann außer von diesen parenchymatischen Ausscheidungsgeweben auch von epidermalen Hydathoden ausgeschieden werden, die entweder Gruppen umgebildeter Epidermiszellen (Abb. 836, S. 754) oder mehrzellige Haargebilde sind (Trichomhydathoden). Spezifische gaserzeugende Drüsen finden sich in den Schwimmbehältern mancher Braunalgen (z.B. *Nereocystis*). Die bereits erwähnten Duftdrüsen oder Osmophoren, die früher gelegentlich als «Futtergewebe» mißverstanden worden sind, sondern in manchen Blüten insektenanlockende Duftstoffe ab.

Vierter Abschnitt

Morphologie und Histologie des Cormus

Das Grundprinzip der pflanzlichen Gestaltung, das sich von den einfachsten vielzelligen Algenformen bis hinauf zu den höchstentwickelten Cormophyten verfolgen läßt, ist durch die in der Einleitung erörterte autotrophe Lebensweise vorgezeichnet: es beruht auf der polaren Differenzierung eines dem Licht zugewendeten, mit möglichst großen Flächen ausgestatteten Assimilationsorganes einerseits und eines der Befestigung im oder am Substrat dienenden, bei den Landpflanzen zugleich die Wasseraufnahme vermittelnden ausgedehnten Befestigungsorgans andererseits. Ein beblätterter Sproß und ein mehr oder weniger reichverzweigtes Wurzelsystem bilden dementsprechend die funktionellen Grundorgane aller Höheren Landpflanzen.

I. Bau des typischen Cormus

Schon der ganz junge Embryo (vgl. Abb. 113; 154A, B), differenziert sich (bei den Samenpflanzen meist bereits lange Zeit vor der Samenreife) in Wurzel (Keimwurzel, Radicula) und Sproß (Keimsproß). Dieser trägt ein bis mehrere Keimblätter oder Cotyledonen (Abb. 154C, D) sowie eine Sproßknospe (Plumula). Bei den Samenpflanzen heißt der unterste Abschnitt des Keimsprosses vom Wurzelhals (der Grenze zwischen Wurzel und Stengel) bis zu den Cotyledonen Hypocotyl (Abb. 154C, D Hy; 196Hy), der anschließend sich bildende und von den Keimblättern bis zum nächsten Blatt reichende Abschnitt Epicotyl (Abb. 196AE). Später wird die Oberfläche des Cormus fast stets durch Verzweigungen bedeutend vergrößert. Die Sproßachse bildet Seitensprosse, die aus der Keimwurzel hervorgehende Haupt- oder Primärwurzel Seitenwurzeln. Dadurch entstehen ein Sproß- und ein Wurzelsystem; ersteres kann im Laufe der weiteren Entwicklung durch Wurzelsprosse (Abb. 215 A–C), letzteres durch sproßbürtige Nebenwurzeln (Abb. 154Dw) ergänzt werden.

A. Die Sproßachse

Der Sproß besteht aus der Sproßachse (dem «Stengel») – einem in typischer Ausbildung zylindrischen, stabförmigen Körper – und den Blättern, seitlichen Ausgliederungen der Sproßachse mit in der Regel begrenztem Wachstum (vgl. S. 175f.). Die Blätter sind meist mehr oder weniger abgeflacht und am oberirdischen Sproß (Laubsproß) hauptsächlich als grüne Laubblätter ausgebildet.

Die Sproßachse ist der Träger der Blätter; sie dient ferner der Stoffleitung zwischen Blättern und Wurzeln; außerdem werden in ihr Reservestoffe gespeichert. Die in der Regel grünen Laubblätter dienen – wie die flächigen Assimilatoren der Thallus-Pflanzen – in erster Linie der Photosynthese; gleichzeitig sind sie aber auch die wichtigsten Transpirationsorgane. Diesen Funktionen entsprechen der äußere und der innere Bau des Stengels und der Laubblätter.

Neben den assimilierenden Luftsprossen kommen bei sehr vielen ausdauernden krautigen Pflanzen farblose, mit reduzierten Blättern und sproßbürtigen Wurzeln besetzte unterirdische Erdsprosse oder Rhizome vor, die als Dauer- und Speicherorgane die Überwindung ungünstiger Vegetationsperioden ermöglichen (Abb. 226A u. B).

1. Knospe

Da der mikroskopisch kleine Sproßscheitel in der Regel von älteren Blattanlagen umhüllt ist, sieht man ihn erst, wenn diese abpräpariert werden oder wenn man einen Längsschnitt mit der Lupe betrachtet (Abb. 154E; 155A, B). Man erkennt alsdann dicht unterhalb der Spitze die seitlich ausgegliederten Blattanlagen oder Blattprimordien sowie – etwas weiter basalwärts – die zwischen ihnen entspringenden Anlagen der Seitenzweige (Abb. 154E).

Auf die Entwicklungsvorgänge, durch die am Scheitel des Sprosses aus embryonalem Gewebe neue Seitenglieder angelegt worden sind, folgt ihre Größenzunahme sowie deren äußere und innere Ausbildung. Dieses Wachstum pflegt mit einer ausgiebigen Streckung der Blattanlagen zu beginnen. Dabei eilen die Blattanlagen in ihrem Wachstum der Stengelspitze voraus, wobei ihre Unterseiten besonders stark wachsen. Infolgedessen schließen die älteren Blätter über dem Vegetationspunkt mehr oder minder dom-

artig zusammen (Abb. 154D, E) und decken die jüngeren Blattanlagen. Auf diese Weise sind die größeren und älteren Blattanlagen ein wirksamer Schutz für den zarten Vegetationskegel und die jüngsten Blattanlagen (z.B. gegen Austrocknung). Das ganze Gebilde nennt man eine Knospe. Die Knospe ist also der von jugendlichen Blattanlagen eingehüllte Sproßscheitel, der oft von besonders derben Blättern, den Knospenschuppen (S. 182), eingehüllt und geschützt ist.

2. Blattstellungslehre

Die Anlage der Blätter am Vegetationskegel erfolgt in den äußeren Zellschichten (exogen) und in spitzenwärts fortschreitender (acropetaler) Folge durch örtlich begrenzt auftretende perikline Zellteilungen (Abb. 155B).

In der Regel erfolgen diese Teilungen bei den Dicotyledonen nicht im Protoderm, sondern an mehr oder weniger eng umgrenzten Stellen in einer oder mehreren der darunter liegenden Schichten (Meristemoide, vgl. S. 111).

Nach der späteren Streckung der Sproßachsen erscheinen die Stellen, an denen die

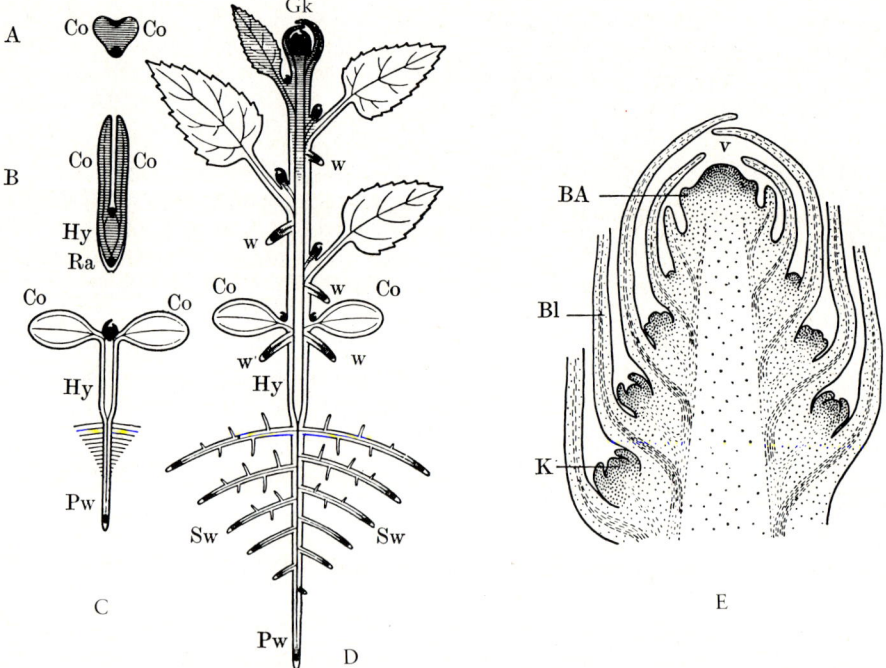

Abb. 154: Schema einer dicotylen Pflanze. A junger, B ausgereifter Embryo (vgl. Abb. 113, S. 106), C Keimpflanze, D Jungpflanze im rein vegetativen Stadium (Co Cotyledonen, Ra Radicula, Pw Primärwurzel, Sw Seitenwurzeln, Hy Hypocotyl, w sproßbürtige Nebenwurzeln, Gk Gipfelknospe). E Sproßknospe einer Samenpflanze, längs durchschnitten. Bei V Scheitelmeristem. BA Blattanlagen. In den Achseln der jugendlichen Blätter (Bl), die den Vegetationskegel einhüllen, finden sich die Anlagen der Seitensprosse, die Achselknospen K. (A bis D, nach Sachs, ergänzt von Troll; E 60 ×, nach Strasburger, verändert.)

Blätter dem Sproß ansitzen, oft knotig verdickt (z. B. bei den Gräsern); man bezeichnet die Blattansatzstellen deshalb als N o d i (sing. N o d u s - K n o t e n) und die zwischen den Blattansätzen befindlichen blattfreien Abschnitte als S t e n - g e l g l i e d e r oder I n t e r n o d i e n. Die Anzahl der Blätter, die zu gleicher Zeit – also an ein- und demselben Knoten – angelegt werden, richtet sich nach dem Größenverhältnis zwischen der einzelnen Blattanlage und dem ihr zur Verfügung stehenden Raum, d. h. also nach dem Umfang des Vegetationskegels. Sind die Blattanlagen vergleichsweise klein, so kann auf dem Umfang eine desto größere Anzahl Platz finden: es entsteht ein vielzähliger (polymerer) W i r t e l oder B l a t t q u i r l (*Equisetum*, Abb. 734; *Ceratophyllum*; *Annulasia*, Abb. 804 B; *Hippuris*, Abb. 155 C, D).

Am deutlichsten treten die Stellungsverhältnisse der Blätter hervor, wenn man einen schematischen Grundriß (ein D i a g r a m m) entwirft. In ihm ist das Zentrum der Sproßscheitel. Die dem Zentrum nächsten Blattanlagen sind die jüngsten und zugleich obersten, die ihm ferneren die jeweils im Alter nach unten folgenden und schon weiter herangewachsenen Blätter. Zweckmäßig deutet man jeden Knoten durch einen Kreis an. Die Blätter eines Wirtels zeichnet man also auf denselben Kreis (Abb. 155 D, H, I, K). Je größer die einzelnen Blattanlagen sind, desto weniger Glieder finden auf demselben Knotenumfang Platz. Die Ebene, welche durch die Sproßachse und die Mittellinie des Blattes bestimmt ist, wird als die M e - d i a n e des betreffenden Blattes bezeichnet.

Die Winkelabstände der Blattanlagen sind in der Regel untereinander gleich, so daß die Blätter gleichmäßig um den Sproß verteilt sind (Ä q u i - d i s t a n z r e g e l). Die Blätter des jeweils jüngsten Knotens rücken mit ihren Medianen meistens genau in die Zwischenräume zwischen den Blättern des voraufgehenden Wirtels ein (A l t e r - n a n z r e g e l, Abb. 155 A, D, E, H). In der Zeit

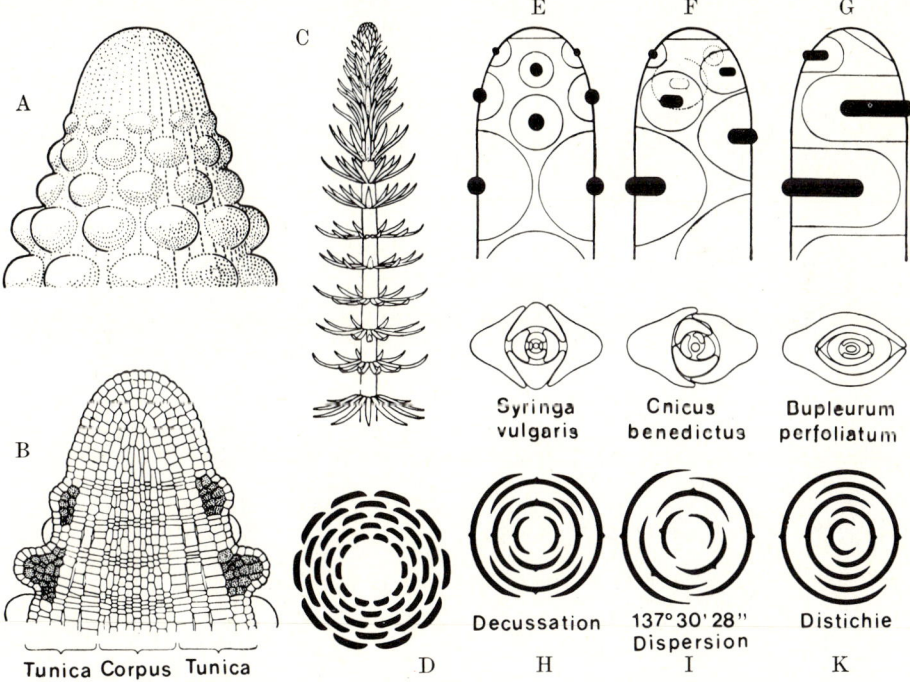

Abb. 155: A und B Sproßscheitel von *Hippuris vulgaris*. A Seitenansicht, B im Schnitt. Die Blattanlagen entstehen durch perikline Zellteilungen in der zweiten Tunica-Schicht. Darunter: frühzeitiges Auftreten von Intercellularen. C Seitenansicht des Sprosses mit wirteliger Blattanordnung. D Diagramm von C. (A u. B 30 ×, C ¹/₂ ×; B nach STRASBURGER, verändert.) E bis K Schematische Darstellung der drei wichtigsten Blattstellungstypen. E u. H Decussation (zweizählige Wirtel), F u. I Übergang von ursprünglicher Distichie zur Dispersion nach der Limitdivergenz, G u. K Distichie. In der oberen Reihe sind um die von links nach rechts in der Breite anwachsenden (schwarzen) Blattanlagen die zugehörigen Störfelder eingetragen (vgl. S. 111: Meristemoide). Der Übergang von der Distichie zur Dispersion kann sowohl zu einer rechtsläufigen als auch zu einer linksläufigen Schraube führen.

zwischen der Anlage der Blätter zweier aufeinanderfolgender Knoten verändert der Vegetationskegel seine Gestalt in charakteristischer Weise (vgl. z.B. Abb. 157). Der Zeitabschnitt, der diesem Gestaltwandel zwischen der Anlage zweier aufeinanderfolgender Blätter entspricht, heißt Plastochron.

Dreizählige Wirtel kommen z.B. bei *Elodea* und *Juniperus* vor. Weit verbreitet ist die Anordnung der Blätter in zweizähligen (dimeren) Wirteln. Die entsprechende Blattstellung wird als kreuzgegenständig oder decussiert bezeichnet *(Acer, Fraxinus, Aesculus, Lamiaceae)*. Die Blätter sind in diesem Fall am Sproß in vier Geradzeilen oder Orthostichen angeordnet. Die Anzahl der Orthostichen ist also – wie aus dem Diagramm hervorgeht – doppelt so groß wie die Anzahl der Blätter an einem Knoten (Abb. 155 E, H; 156 A, B).

Sitzen die Blattanlagen der Sproßachse mit breiter Basis auf und umfassen auf diese Weise den Vegetationskegel bis zur Hälfte oder darüber

(wie z.B. bei vielen Monocotyledonen, Abb. 155 G, K; 156 F), so findet jeweils nur eine einzige Blattanlage an einem Knoten Platz. In diesem Falle entspringt die nächstfolgende Blattanlage in der Regel genau an der gegenüberliegenden Seite des Vegetationskegels: die Blätter stehen sich in diesem Fall am ausgewachsenen Sproß in zwei Geradzeilen gegenüber (Abb. 156 E, F; 158 A); sie folgen einander wie die Ausschläge eines Pendels (Abb. 156 E; 157 B: Pendelsymmetrie). Diese zweizeilige oder distiche Blattstellung (Orthodistichie) findet sich z.B. bei den Gräsern und vielen anderen Monocotyledonen (z.B. *Ravenala, Iris, Gasteria* Abb. 158 A), sie kommt aber auch in anderen Verwandtschaftskreisen vor (z.B. *Vicia faba, Aristolochia clematitis, Fagus sylvatica*).

Ein besonderer Fall der Distichie liegt bei den mehr oder weniger waagerecht wachsenden Seitentrieben vieler Laubbäume vor (z.B. *Corylus, Tilia, Ulmus*). Die aufrechten (orthotropen) Primärachsen dieser Arten weisen im Gegensatz zu den Seitenzweigen eine zunächst schraubige Anordnung der Blätter auf. Schon frühzeitig (im 2. oder 3. Jahr) neigt sich jedoch der Haupttrieb m.o.w. stark seitlich und geht damit vom orthotropen Wuchs zu einer plagiotropen Orientierung über (vgl. Plagiogravitropismus S. 459). Gleichzeitig geht dann auch die nunmehr unzweck-

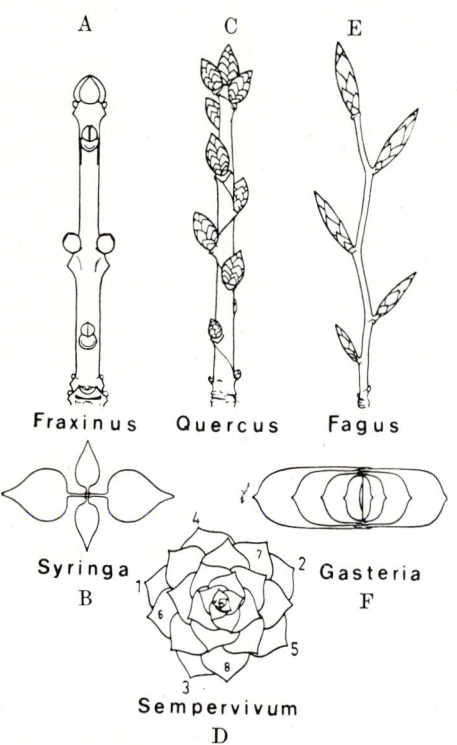

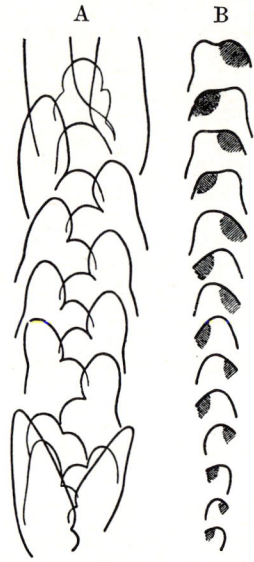

Abb. 156: Die drei wichtigsten Blattstellungstypen: A u. B Decussation. C u. D Dispersion. E u. F Distichie. (Zweige von *Fraxinus*, *Quercus* und *Fagus* im Winter-Habitus. Die Orte, an denen die Blätter gesessen haben, sind durch die achselständigen Überwinterungsknospen gekennzeichnet, Orig.)

Abb. 157: *Juncus bufonius*. Von unten nach oben: Gestaltwandel des Sproßscheitels in aufeinanderfolgenden Entwicklungsstadien. Der Sproßgipfel (schraffiert) wird durch die umfangreichen Blattanlagen abwechselnd nach rechts und nach links verdrängt. (20×, nach Gliem-Riebesel.)

mäßige schraubige Blattstellung (und Verzweigung) zur Distichie über (optimale Lichtausnutzung).

Bei vielen zweizeilig beblätterten Monocotyledonen ist umgekehrt eine auffällige Tendenz zur Schraubung zu beobachten. Sie kommt darin zum Ausdruck, daß sich die Pendelebene allmählich um die Achse dreht. Bekannte Beispiele für diese Spirodistichie liefern der Schraubenbaum *(Pandanus)*, viele Drachen-

bäume *(Dracaena)* und manche Arten der als Zimmerpflanzen beliebten Gasterien (Abb. 158 A, B). Verstärkung dieser Schraubentendenz (Spirotrophie) leitet über zu den schraubigen oder zerstreuten Blattstellungen (Dispersion, Abb. 158 D).

Allen schraubigen Blattstellungen ist gemeinsam, daß man im Grundriß (Diagramm) durch die jeweilige Mitte der aufeinanderfolgenden Blattansätze eine Spirallinie ziehen kann; die Grundspirale (Abb. 158 D). Die Richtung dieser Grundspirale ist sowohl bei den Keimpflanzen einer Aussaat als auch an den Zweigen schraubig beblätterter Pflanzen in den meisten Fällen zufällig (etwa 50 % rechts-, 50 % linksläufig; vgl. Abb. 160 B–D sowie Kiefern- oder Fichtenzapfen).

Auch im Fall der zerstreuten Anordnung der Blattanlagen gilt die Äquidistanzregel: der Winkel zwischen den Medianen zweier aufeinanderfolgender Blätter – der sog. Divergenzwinkel – ist konstant. Gewöhnlich wird jedoch nicht der Zahlenwert des Divergenzwinkels angegeben, sondern man drückt die Divergenz in Bruchteilen des Stengelumfangs aus. Der Zähler des Divergenzbruchs gibt alsdann die Anzahl der Umläufe an, die erforderlich sind, um auf das nächstfolgende Blatt derselben Orthostiche zu stoßen; der Nenner benennt die Anzahl der dabei ablaufenden Plastochrone. Die am häufigsten beobachteten Divergenzen lassen sich nach der sog. SCHIMPER-BRAUNschen Hauptreihe ordnen: $^1/_2$ (180°) z.B. *Poaceae, Iris, Ravenala*; $^1/_3$ (120°) z.B. *Cyperaceae*; $^2/_5$ (144°) z.B. *Rosa, Cory-*

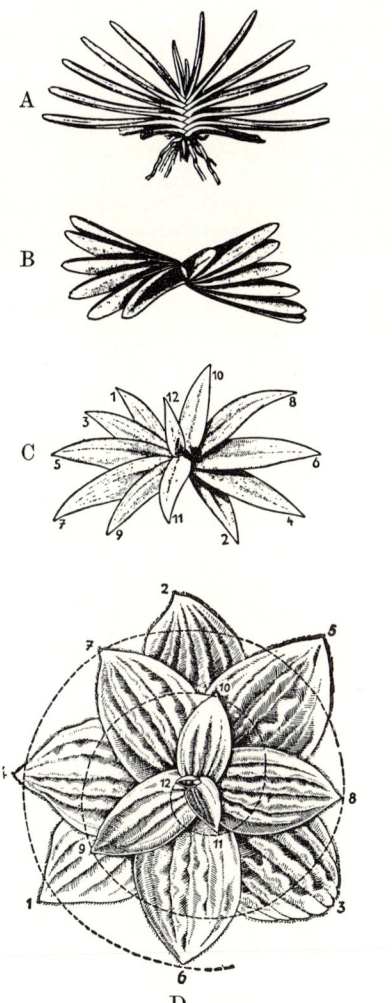

Abb. 158: A und B *Gasteria picta.* A Seitenansicht: die Blätter sind distich (zweizeilig) angeordnet. B Aufsicht: Spirodistichie. C Spirodistichie bei *Crinum powellii.* 1 bis 12 = Blattfolge. D *Plantago media.* Laubblattrosette von oben. Grundspirale gestrichelt. Divergenzwinkel ca. 135°; Blattstellung angenähert $^3/_8$. (A, B $^1/_4 \times$, nach TROLL; C $^1/_{10} \times$, nach GOEBEL; D $^1/_2 \times$, nach TROLL.)

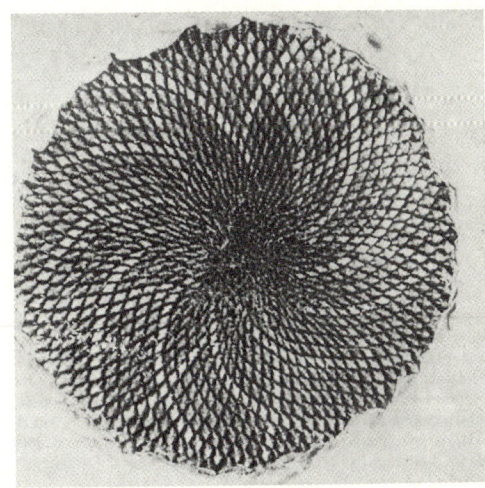

Abb. 159: Fruchtstand der Sonnenblume *Helianthus annuus.* Man erkennt deutlich 55 linksläufige und 89 rechtsläufige Parastichen. ($^1/_3 \times$, nach HABERMANN.)

lus, Betula; ³/₈ (135°) z.B. *Aster, Brassica, Plantago* (Abb. 158D), Zapfen von *Tsuga* und *Pseudotsuga;* ⁵/₁₃ (138° 27′) z.B. *Sempervivum,* Zapfen von *Pinus strobus;* ⁸/₂₁ (137° 8′) z.B. Zapfen von *Pinus sylvestris, Pinus nigra* und *Picea abies* (Abb. 861 C); ¹³/₃₄ (137° 38′), ²¹/₅₅ (137° 27′) und ³⁴/₈₉ (137° 31′) z.B. verschiedene Compos-ten-Köpfchen (Abb. 159). Diese empirisch aufgefundenen Divergenzbrüche haben in der Geschichte der Blattstellungslehre oder Phyllotaxis eine verwirrende Rolle gespielt. Wie man sieht, stellen alle diese Divergenzen eine R e i h e dar, in der Zähler und Nenner der aufeinanderfolgenden Brüche sich jeweils aus der Summe der Zähler bzw. der Nenner der beiden voraufgehenden Brüche ergeben: Zähler und Nenner folgen der sog. FIBONACCI-Reihe (1, 2, 3, 5, 8, 13 ...). Weiterhin nähern sich die Winkelwerte der Divergenzbrüche mit steigender Divergenz einem G r e n z w e r t, dem Limitdivergenz-Winkel (137° 30′...); dieser Grenzwinkel teilt den Kreisbogen nach dem «Goldenen Schnitt».

Eine genauere Analyse der Winkelabstände zwischen den Blattanlagen an den Sproßscheiteln hat nun ergeben, daß die höheren Divergenzen der SCHIMPER-BRAUNschen Hauptreihe in Wirklichkeit gar nicht vorkommen. Bei der ²/₅-Stellung sollte beispielsweise das 6. Blatt stets wieder g e n a u über dem ersten stehen. Wir müßten somit an den Pflanzen, die dieser Divergenz folgen, fünf Orthostichen finden (der Nenner des Divergenzbruchs gibt die Anzahl der Orthostichen an). In Wirklichkeit treten aber an den Vegetationspunkten niemals eindeutige Orthostichen auf. Alle höheren Divergenzen lassen sich vielmehr auf den Limitdivergenzwinkel zurückführen. Bei vielen Objekten kann man unmittelbar beobachten, wie innerhalb der Ontogenie verschiedene Divergenzen der SCHIMPER-BRAUNschen Hauptreihe nacheinander auftreten und ineinander übergehen (Abb. 160B, C, D); welche Divergenz wir beobachten, ist letzten Endes lediglich von der Art der K o n t a k t e abhängig, welche die jüngeren Blattanlagen mit den benachbarten Blättern älterer Umläufe der Grundspirale eingehen; und die Art dieser Kontakte, aus der sich die Anzahl der sog. S c h r ä g z e i l e n oder P a r a s t i c h e n (besonders deutlich bei den Coniferen-Zapfen, Abb. 160A und in den Blütenköpfchen der Composten, Abb. 159) ergibt, ist ihrerseits eine Funktion der Größenrelation zwischen den Blattanlagen und dem Umfang des Vegetationskegels (Abb. 160B, C, D).

Da der FIBONACCI-Winkel den Kreisbogen irrational teilt, vermittelt die Anordnung der Blätter nach

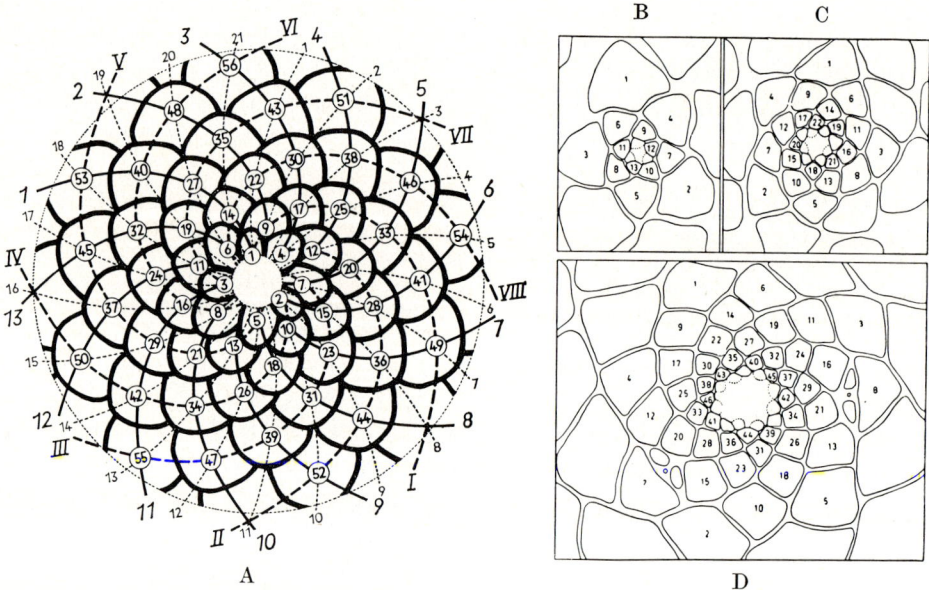

Abb. 160: A Halbschematische Ansicht eines Kiefernzapfens von unten. Die Zapfenschuppen sind nach der Limitdivergenz angeordnet (laufende Numerierung von 1 bis 56). Die gestrichelten Linien I bis VIII und die ausgezogenen Linien 1 bis 13 verbinden im Uhrzeigersinn bzw. im Gegensinn des Uhrzeigers die Zapfenschuppen mit breitem gegenseitigem Kontakt (Kontaktparastichen mit den Kontaktzahlen 1–9 bzw. 1–14). Die punktierten Linien 1–21 verbinden die nur scheinbar in Geradzeilen (Orthostichen) übereinanderstehenden Zapfenschuppen miteinander; tatsächlich liegt auch hier eine leichte Schraubung im Uhrzeigersinn vor. B bis D Querschnitte durch drei verschieden große Sproßscheitel von *Araucaria excelsa* (Coniferae). Das Größenverhältnis zwischen dem Sproßscheitel und den Blattanlagen bestimmt die Art der Kontakte und damit die Divergenz. B Divergenz ³/₈. Blattschraube rechtsläufig. C Divergenz ⁵/₁₃, linksläufig; D Divergenz ¹³/₂₁, linksläufig. (A Orig., B, C, D 25×, schematisch, nach CHURCH.)

der Limitdivergenz von 137° 30′ ... jedem einzelnen Blatt den bestmöglichen Lichtgenuß: theoretisch kann ein neu angelegtes Blatt niemals genau über ein bereits früher angelegtes zu stehen kommen.

Worauf aber ist die erste Abweichung von der Distichie und der Übergang zur Schraubung zurückzuführen? Verschiedene Beobachtungen und Experimente haben gezeigt, daß jede in der Entwicklung befindliche Blattanlage (die den Charakter eines umfangreicheren Meristemoids trägt, vgl. S. 111) in ihrer Nachbarschaft die gleichzeitige Ausbildung weiterer Blattanlagen verhindert. Ein starkes derartiges Störfeld umgibt auch den Sproßscheitel selbst (Abb. 161 A); wird dieser entfernt, so fällt die von ihm ausgeübte Hemmung fort, und die Entstehung weiterer Blattanlagen kann sehr viel weiter bis gegen die Spitze vorrücken (Abb. 161 B). Welcher Art diese Störfelder sind – ob sie sich darauf zurückführen lassen, daß von der jungen Anlage hindernde chemische Wirkungen ausgehen und ein Hemmfeld erzeugen (Repulsionshypothese) oder ob jedes Blatt zu seiner Entwicklung ein bestimmtes Entwicklungsfeld benötigt – ist noch ungeklärt (vgl. S. 427).

Denkt man sich die Störfelder als etwa kreisrunde Scheiben um die einzelnen Blattanlagen gezeichnet (Abb. 155 E), die im Laufe der weiteren Entwicklung hinter dem fortwachsenden Vegetationskegel zurückbleiben, so wird deutlich, daß die nächste verfügbare ungestörte Stelle, in die eine neue Blattanlage einrücken kann, bei einer gewissen mittleren Größe des Störfeldes dem zuletzt ausgebildeten Blattansatz nicht genau gegenüberliegt (Abb. 155 G), sondern etwas seitlich verschoben ist (Abb. 155 F). Bei Betrachtung des Vegetationskegels von oben zeigt sich, daß es zwei gleichwertige, einander symmetrisch entsprechende derartige Orte gibt: das Blatt kann sowohl etwas nach vorn als auch etwas nach hinten von der ursprünglich distichen Anordnung abweichen (Abb. 155 I). Ob die damit eingeleitete Blattschraube, die sich vom Augenblick der ersten Abweichung an zwangsläufig in der gleichen Richtung fortsetzen muß, rechtsläufig oder linksläufig wird, bleibt dabei in der Regel dem Zufall überlassen (Abb. 160 B, C, D). Eine spätere Richtungsänderung der Schraube kann nur durch einen experimentellen Eingriff zustande kommen. Mathematische Überlegungen (RICHTER u. SCHRAMM, 1978) haben gezeigt, daß alle beobachteten Blattstellungen und insbesondere die Anordnung der Blattanlagen nach dem goldenen Schnitt sich aus der einfachen Beziehung zwischen Umfang und Lebensdauer der Störfelder mit mathematischer Notwendigkeit ergeben.

Sowohl die Distichie als auch die Decussation können in Dispersion übergehen. Tatsächlich zeigen häufig die Keimpflanzen dispergiert beblätterter Pflanzen Blattstellungen, die von denjenigen der fertig entwickelten Pflanzen abweichen. Oft folgt auf die meist auf die beiden Cotyledonen beschränkte Wirtelstellung vorübergehend Distichie, die früher oder später in Dispersion übergeht (*Alliaria petiolata*, *Aloe*, Abb. 162 A). Bei *Isoetes lacustris* (Abb. 795 A, S. 732) stehen die ersten 8–12 Blätter der Keimpflanzen genau zweizeilig geordnet. Die Divergenz geht alsdann allmählich über $^1/_3$, $^2/_5$, $^3/_8$, $^5/_{13}$ in schraubige Anordnung nach der Limitdivergenz über. Aber auch das Gegenteil kann vorkommen: an den Seitensprossen der großen Phyllocacteen, deren Haarpolster (Areolen) den Seitensprößchen in den Achseln reduzierter Blätter entsprechen (Abb. 224 K), kann man gelegentlich beobachten, wie eine zunächst schraubige Anordnung in reine Zweizeiligkeit übergeht (worauf der «blatt-

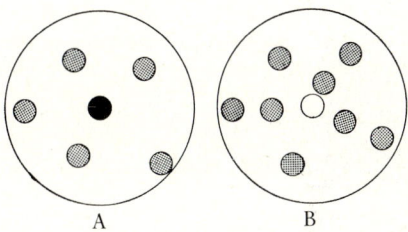

Abb. 161: Schematische Darstellung der schraubigen Blattlegung am Scheitel einer zerstreut beblätterten Pflanze in Aufsicht. Der schwarze Kreis in A stellt den Sproßscheitel dar. Die punktierten Kreise deuten die fünf jüngsten Blattanlagen-Meristemoide an. Nach Zerstörung des Sproßscheitels (B) entfällt die vom Sproßscheitel ausgehende Hemmung, und die Meristemoide rücken infolgedessen sehr viel näher an den Scheitel heran. (Nach WARDLAW, aus BÜNNING.)

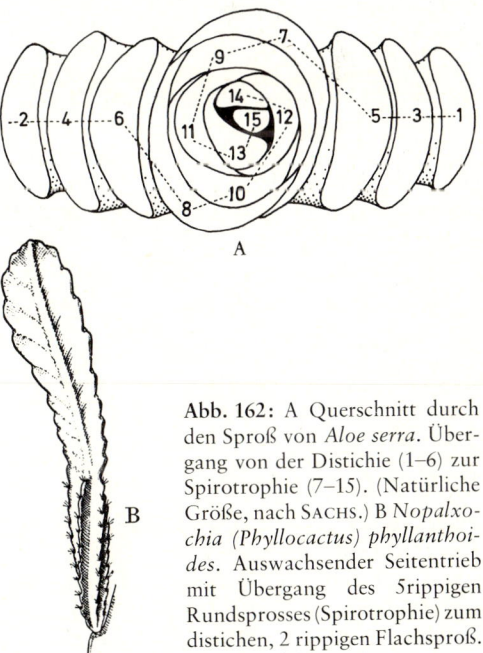

Abb. 162: A Querschnitt durch den Sproß von *Aloe serra*. Übergang von der Distichie (1–6) zur Spirotrophie (7–15). (Natürliche Größe, nach SACHS.) B *Nopalxochia (Phyllocactus) phyllanthoides.* Auswachsender Seitentrieb mit Übergang des 5rippigen Rundsprosses (Spirotrophie) zum distichen, 2 rippigen Flachsproß. ($^1/_2 \times$, nach TROLL.)

artige» Habitus der solcherart abgewandelten Flach-
sprosse oder Platycladien beruht. Abb. 162 B. Vgl.
auch S. 193).

Die Divergenzen im Sinne der SCHIMPER-BRAUN-
schen Reihe sind demnach nicht erblich fixiert. Vererbt wird wie immer lediglich eine relativ variable
R e a k t i o n s n o r m. Welche Divergenz schließlich
zustande kommt, ist von i n n e r e n und ä u ß e r e n
F a k t o r e n (Größenverhältnisse zwischen Vegetationsscheitel und Blattanlagen in Abhängigkeit von
Ernährung, Lichtgenuß, Schwerkraft) abhängig, die
sich wechselseitig auf das Innigste beeinflussen.

3. Longitudinale Symmetrie

Wenige Millimeter hinter dem Sproßscheitel
beginnen die Internodien sich zu verlängern.
Gleichzeitig e n t f a l t e n sich die jugendlichen
Blätter durch bevorzugtes Streckungswachstum
ihrer Oberseiten und breiten sich aus.

Die Internodienstreckung kann aufgrund der Tätigkeit i n t e r c a l a r e r Restmeristeme (vgl. S. 111)
längere Zeit andauern, so daß die einzelnen Blätter
häufig durch lange blattlose Stengelabschnitte voneinander getrennt sind (i n t e r c a l a r e s W a c h s t u m).
Im Gegensatz zur vielfach unbegrenzten Teilungsfähigkeit der Apikalmeristeme pflegt sich jedoch die
Tätigkeit der I n t e r c a l a r m e r i s t e m e nach einiger
Zeit zu erschöpfen.

Bei den G a n z r o s e t t e n p f l a n z e n bleiben sämtliche Internodien zeitlebens gestaucht. Ihre Blätter
bilden daher eine dichte B l a t t r o s e t t e (z.B. Plantago, Abb. 158 D); die Blütenstände entwickeln sich
in diesem Fall an Seitensprossen. Auch bei den H a l b-
r o s e t t e n p f l a n z e n beginnt die Entwicklung zunächst mit einer dichten Blattrosette. Nach Eintritt
der Blühreife beginnen jedoch in diesem Falle die
jüngsten Internodien sich zu strecken, so daß aus der
Grundrosette ein Stengel mit längeren Internodien
und in der Regel stark vereinfachten S t e n g e l b l ä t-
t e r n hervorschoßt, der schließlich mit einer Blüte
oder einem Blütenstand endet (z.B. Raphanus, Beta,
sämtliche Getreidearten).

4. Die Verzweigung der Sprosse

Wie bei den thallösen Pflanzen (S. 94 f.) kann
die Verzweigung der Cormophytensprosse in
z w e i e r l e i Weise zustande kommen: entweder
durch Gabelung einer Mutterachse in zwei
Tochterachsen (D i c h o p o d i u m, fast nur bei
den Bärlappgewächsen und einigen ihnen nahestehenden Pteridophytenklassen, Abb. 110) oder
durch seitliche Neubildungen von Tochterachsen an der weiterwachsenden Mutterachse, also
durch s e i t l i c h e V e r z w e i g u n g (so bei den
Farnen, Schachtelhalmen und sämtlichen
Samenpflanzen).

a) D i c h o t o m e V e r z w e i g u n g. Bei den Bärlappgewächsen teilt sich der Sproßscheitel – und zwar
ohne jede Beziehung zu deren Beblätterung – entweder
in zwei gleich große und gleichwertige (Abb. 110 A)
oder in zwei ungleich große (Abb. 110 B) neue Scheitel
auf, indem das Wachstum an einer sich verbreitern-
den Kuppe seitlich nach zwei einander gegenüberliegenden Zentren verlagert wird. Von diesen «Vegetationspunkten» verschiebt sich oft der kleinere (a')
sehr frühzeitig durch ungleiches Wachstum gegen den
größeren (a) durch dessen stärkeres Wachstum so,
daß eine seitliche Verzweigung vorgetäuscht wird
(Anisotomie, Abb. 110 D). Stellen sich alle geförderten Triebe, die jeweils die Verzweigung fortsetzen, annähernd in eine Richtung ein, die anderen aber
schräg dazu, so entsteht ein Verzweigungssystem, das
einem System mit seitlicher Verzweigung zum Verwechseln ähnlich sehen kann.

b) S e i t l i c h e V e r z w e i g u n g. Bei den Spermatophyten herrscht allgemein die s e i t l i c h e
V e r z w e i g u n g vor. Sie ist jedoch auch schon
bei vielen Farnpflanzen (Schachtelhalme, Filicatae) – allerdings in etwas anderer Form – weit
verbreitet.

Die Seitenknospen bilden sich in der Regel als
peripherische Auswüchse des Muttersprosses an der
Basis der Blattanlagen, und zwar wie diese e x o g e n
und spitzenwärts fortschreitend (Abb. 154). Die
Orte, an denen die Seitensprosse entstehen, sind dabei
in der Regel in ihrer Lage zu den Blattanlagen fest
b e s t i m m t. Bei den Schachtelhalmen entspringen
die Seitenknospen aus der Mutterachse seitlich zwischen den Blattanlagen. Bei den Farnen mit aufrechten
Sprossen gehen sie aus den Blattbasen, meist auf deren
vom Muttersproß abgewandter (Rücken-)Seite hervor. Nur bei den Farnen mit dorsiventralen bzw.
kriechenden Stengeln erfolgt die Verzweigung ganz
unabhängig von den Blattprimordien dicht hinter dem
Sproßscheitel aus dem Mutterzweig, so daß die Tochterzweige seitlich der Blätter oder gar diesen gegenüber stehen können.

Bei allen S a m e n p f l a n z e n entstehen die
Seitenknospen in den B l a t t a c h s e l n, dort wo
die sichelförmige Blattanlage in das Achsengewebe übergeht, bald mehr an der Achse, bald
mehr auf der Basis der Blattanlage. Zum Unterschied von der E n d-, T e r m i n a l- oder G i p f e l-
k n o s p e an der Spitze des Hauptsprosses heißen
die Knospen der Seitentriebe A c h s e l k n o s p e n,
die Seitentriebe selbst auch wohl A c h s e l t r i e b e.
Das Blatt, in dessen Achsel der Seitentrieb entsteht, ist dessen T r a g b l a t t (im vegetativen
Bereich) oder D e c k b l a t t (im floralen Bereich
= syn. B r a c t e e). In der Regel steht die Achselknospe in der Mediane ihres Tragblatts (Abb.
163 B), nur selten ist sie seitlich verschoben.

α. Beisprosse und Zusatzsprosse: Während bei den Angiospermen normalerweise jedes Laubblatt eine Achselknospe trägt, die sich allerdings nicht sofort zu entfalten braucht (vgl. Abschnitt 5: Verzweigungssysteme), werden bei manchen Gymnospermen *(Taxus, Picea)* nur in wenigen Blattachseln Seitenknospen angelegt. Seltener kommt es vor, daß in einer Blattachsel auf die Bildung der ersten Achselknospe die Anlage weiterer Beiknospen bzw. Beisprosse folgt. Diese stehen entweder in der Mediane übereinander (seriale Beiknospen, z.B. *Lonicera, Robinia, Forsythia;* Abb. 163 C oben) oder nebeneinander (collaterale Beiknospen, z.B. manche Liliaceen wie *Allium-* und *Muscari-*Arten; «Hände» der Bananen-Fruchtstände, Abb. 163 C unten).

Außer durch diese normale Verzweigung aus den Blattachseln kommt es gelegentlich zur Bereicherung des Spross-Systems durch Zusatzsprosse, die beispielsweise als Wurzelsprosse oder Wurzelbrut aus den Wurzeln von Kräutern (z.B. *Coronilla varia,* Abb. 215 A; *Convolvulus arvensis; Rumex acetosella*), Sträuchern (z.B. *Rosa, Rubus, Corylus*) oder Bäumen (z.B. *Salix, Populus, Robinia*) austreiben. Seltener finden sich Zusatzsprosse an Blättern, wo sie aus einer oder ganz wenigen Epidermiszellen hervorgehen können (z.B. manche Farne, «Goethes Brutblatt» *Bryophyllum calycinum,* Abb.

β. Adventivsprosse: Häufig regt erst eine Verwundung oder Zerteilung des Pflanzenkörpers die Entwicklung von Zusatzsprossen an, die alsdann – da sie an ungewöhnlichen Stellen entstehen – als adventive Bildungen bezeichnet werden. So treten an den Stümpfen gefällter Bäume und Sträucher häufig Stockausschläge auf. Baumschulen und Gärtnereien vermehren zahlreiche Arten durch Adventivknospen, die an abgeschnittenen Stammstücken, Wurzelstücken oder Blättern – sog. Stecklingen – auftreten (Abb. 452, S. 425; 461, S. 431).

γ. Blattstellungsanschluß der Seitenknospen. Will man die Stellungsverhältnisse der Organe an einem Seitenzweig beliebiger Ordnung beschreiben, so orientiert man ihn stets so, daß sein Deckblatt nach vorn (Abb. 163 B u. C), d.h. nach dem Beobachter hin (unten) gerichtet, seine Abstammungsachse (a) aber nach hinten, d.h. vom Beschauer weggewendet (oben) ist. Die Mediane des Deckblatts ist alsdann zugleich die Mediane des axillären Seitensprosses (punktierte Linien Abb. 163 B u. C oben). Die Ebene, die man durch die Längsachse des Seitensprosses senkrecht zu seiner Mediane legen kann, heißt die Transversalebene des Seitensprosses (punktierte Linien Abb. 163 B u. C unten). Median heißt, was am Seitenzweig in die Mediane, und transversal, was in die Richtung der Transversale fällt; diagonal, was sich schräg zwischen der Mediane und der Transversale an ihm befindet.

δ. Vorblätter: An den Seitenknospen pflegen die untersten Blätter, die direkt auf das Deckblatt folgen, unabhängig von der Anordnung der höheren Blätter eine ganz bestimmte Stellung zum Deckblatt

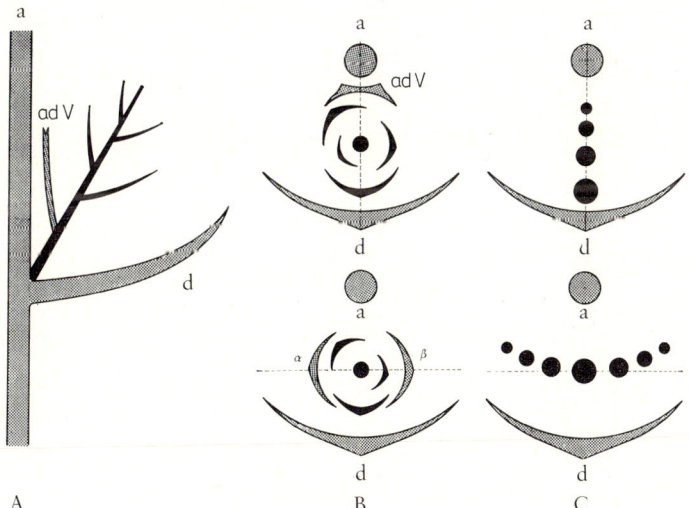

Abb. 163: Verschiedene Möglichkeiten des Seitenknospen-Anschlusses bei angiospermen Cormophyten. A Seitenansicht. B und C Grundrisse (Diagramme). B oben Monocotyledonen-Typus. B unten Dicotyledonen-Typus. a Abstammungsachse, d Tragblatt oder Deckblatt, ad V adaxial orientiertes (adossiertes) Vorblatt der Monocotyledonen (aus den Vorblättern α und β der Dicotyledonen durch Verwachsung entstanden?). C oben seriale Beiknospen (z.B. *Lonicera*). C unten collaterale Beiknospen (z.B. die sog. «Hände» des Bananenfruchtstandes). In B und C oben ist punktiert die Mediane eingetragen, in B und C unten hingegen die Transversale: α und β Vorblatt sowie collaterale Beiknospen transversal, adossiertes Vorblatt und seriale Beiknospen median angeordnet. (Weitere Erläuterungen im Text.)

und zur Mutterachse einzunehmen. Man nennt sie Vorblätter. Sie haben häufig niederblattartigen Charakter (vgl. S. 182). Bei den Monocotyledonen gibt es ein solches Vorblatt (Abb. 163 A u. B ad V), bei den Dicotyledonen in der Regel deren zwei (α- und β-Vorblatt, Abb. 163 B). Bei den Monocotyledonen steht das Vorblatt häufig median an der der Mutterachse zugekehrten, hinteren Seite des Zweiges; man nennt es in diesem Fall adossiert. Oft besitzt es zwei als Kiele bezeichnete Seitenadern, dagegen fehlt die Mittelrippe; es dürfte phylogenetisch durch Verwachsung zweier seitlicher Vorblätter entstanden sein. Bei den Dicotyledonen stehen die beiden Vorblätter (die stets mit α und β bezeichnet werden) an den Achselknospen gewöhnlich transversal gegen- oder wechselständig, worauf die anderen Blätter oft in abweichenden quirl- oder wechselständigen Stellungen folgen.

Besondere Bedeutung kommt den Vorblättern im Blütenstandsbereich zu, wo sie oft als die einzigen hochblattartig reduzierten Blattorgane auftreten; α- und β-Vorblatt sind in derartigen Fällen maßgebend für die Blütenstandsverzweigung (vgl. z.B. Abb. 913, S. 849).

5. Verzweigungssysteme

Jedes Sproßsystem erhält sein Aussehen, seinen Habitus, 1. durch die Anzahl der Ordnungen von Seitenachsen, die ausgebildet werden (Verzweigungsgrad), 2. durch die Anordnung dieser Seitenzweige an ihren Abstammungsachsen, sowie 3. durch die Entwicklungsintensität und die Orientierung der Seitenzweige verschiedener Ordnungen im Verhältnis zu ihresgleichen und zu ihren Abstammungsachsen.

a) **Sproßfolge.** Ist schon der Vegetationspunkt der Hauptachse zur Bildung der Fortpflanzungsorgane befähigt, so wird die Pflanze einachsig (haplocaulisch) genannt. Einachsig ist z.B. *Papaver rhoeas*, bei dem schon der erste aus dem Keim hervorgegangene Sproß mit einer Blüte abschließt. Meist kommt aber erst Achsen zweiter, dritter oder höherer Ordnung, also Seitenzweigen, die Fähigkeit zu, Blüten auszubilden. Alsdann ist die Pflanze zwei- (diplocaulisch), drei- (triplocaulisch) oder n-achsig. Eine dreiachsige Pflanze ist z.B. *Plantago major*. Er trägt an seiner ersten Achse nur eine Rosette grundständiger Laubblätter, an den Seitenzweigen erster Ordnung (den Blütenstandsachsen) nur vereinfachte Hochblätter und erzeugt aus den Achseln der letzteren die mit Blüten abschließenden Seitenachsen zweiter Ordnung. An vielen ausdauernden Pflanzen, z.B. an den Bäumen, sind erst Sprosse sehr viel höherer Ordnung befähigt, Blüten zu bilden. In den meisten Verzweigungssystemen gibt es aber viele Seitensprosse, die sich nicht bis zu den blütenbildenden Ordnungen weiter verzweigen.

b) **Symmetrie und Wuchsrichtung des Sproßsystems.** Das Sproßsystem erhält sein Gepräge vor allem durch die Symmetrie und die Wuchsrichtung der Hauptachse sowie die Anordnung der Seitenäste und ihrer Tochterzweige.

Wächst die Hauptachse senkrecht, so heißt sie orthotrop und die Pflanze aufrecht (Abb. 166 A). In diesem Falle pflegen radiäre Hauptachsen bei freiem Wuchs des Systems ihre mehr oder weniger dorsiventralen und horizontal orientierten Seitenzweige ringsum gleichmäßig auszubilden; deren Seitenzweige II. Ordnung sind entweder z.B. bei vielen Sträuchern oberseits (epiton, Abb. 97 D), bei vielen Bäumen unterseits (hypoton, Abb. 97 C) oder seitlich (amphiton, Abb. 97 B) gefördert und weiter

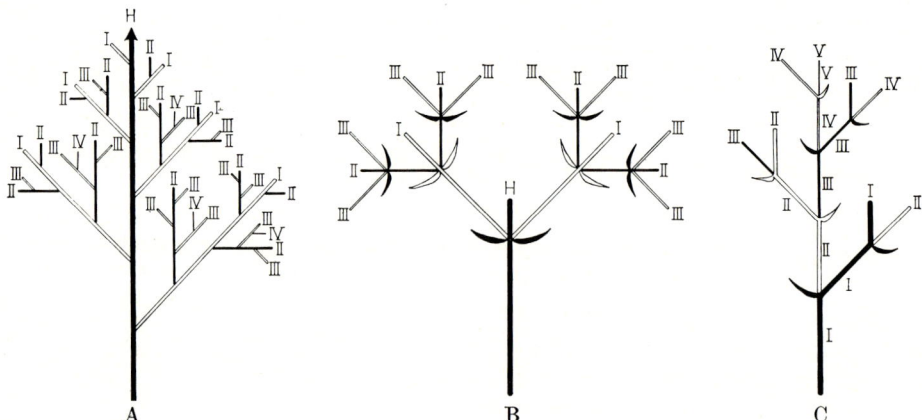

Abb. 164: A Schema des monopodialen Sproßaufbaus mit seitlicher (racemöser) Verzweigung. H Hauptachse, I bis IV Seitenachsen 1. bis 4. Ordnung. B und C sympodiale Sproßverzweigung. B Dichasium (H Primärachse, I–III Seitenachsen 1. bis 3. Ordnung). C Monochasium (I Primärachse, II bis V Seitenachsen 1. bis 4. Ordnung).

verzweigt (z.B. bei *Abies, Picea, Taxus*). Wächst die Hauptachse dagegen schräg oder horizontal (= plagiotrop; Abb. 226A), so ist sie meist bereits selbst dorsiventral. Bleiben die Sproßachsen der Oberfläche des Bodens angeschmiegt oder horizontal unter dem Boden, so entstehen kriechende Pflanzen, deren Sprosse in der Regel auf ihren Unterseiten bewurzelt sind, oder niederliegende, denen solche sproßbürtigen Wurzeln fehlen. Bei kriechenden Pflanzen pflegen die Seitenzweige den Flanken der Sprosse zu entspringen (z.B. bei *Iris*). Erheben sich die Seitenzweige jedoch senkrecht vom Boden, so verhalten sie sich hinsichtlich ihrer Verzweigung wie aufrechte Pflanzen.

c) Monopodiale und sympodiale Verzweigungssysteme. Die Seitenachsen können in der Entwicklung gegenüber ihrer Mutterachse zurückbleiben, dieser also untergeordnet sein (monopodiales Wachstum).

Entwickelt sich die Abstammungsachse stärker als die Seitenachsen I. Ordnung, diese stärker als die an ihnen entstehenden Tochterzweige II. Ordnung usw., so geht eine echte, einheitliche Hauptachse (ein Monopodium) durch das ganze Verzweigungssystem hindurch (Abb. 164A; 166A). Diese monopodiale Verzweigung, die wir z.B. bei *Populus, Fraxinus* und *Acer* finden, wenn hier auch die Hauptachse mit der Zeit ihr Wachstum einstellt, ist besonders typisch bei *Abies, Picea* und anderen Nadelhölzern mit pyramiden- oder kegelförmigen Gesamtumrissen ausgebildet: Der radiäre Hauptsproß wächst unter dem Einfluß der Schwerkraft dauernd senkrecht nach oben. Die meist dorsiventralen Seitenzweige I. Ordnung strahlen in horizontaler oder schräger Richtung vom Hauptsproß allseitig aus.

In anderen Fällen sind die Seitenachsen gegenüber der Hauptachse gefördert. Die Abstammungsachse kann sogar nach der Bildung von Seitenzweigen ihre Weiterentwicklung ganz einstellen, indem ihre Endknospe in den Ruhezustand übergeht, zu einer Blüte *(Magnolia)*, oder einem Blütenstand wird *(Syringa, Aesculus)* oder abstirbt; sie überläßt dann einem oder mehreren ihrer Seitenzweige, meist den obersten, das weitere Wachstum und die Ausbildung neuer Seitenzweige, d.h. die Fortsetzung der Verzweigung (sympodiale Sproßsysteme, Abb. 164 B, C).

I. Setzen jeweils zwei Seitenzweige gleicher Ordnung (die einander mehr oder minder genau gegenüberstehen) die Verzweigung fort, so entsteht ein Dichasium (Abb. 164B, 168D). Ein solches Verzweigungssystem, das im vegetativen Bereich u.a. bei *Viscum* vorkommt, kann den Anschein einer Dichotomie erwecken (Pseudodichotomie, Abb. 932 A). Die Seitenzweige breiten sich aber meist nicht wie in dem

Schema in einer Ebene aus, sondern allseitig im Raum. Dies wird oft dadurch erreicht, daß die Verzweigungsebenen in den aufeinanderfolgenden Seitenzweigordnungen nicht zusammenfallen, sondern rechte Winkel miteinander bilden. So kann nur der Grundriß (Abb. 168E) Aufschluß über die wahre Anordnung der Zweige des Sproßsystems geben.

II. Setzt immer bloß ein Seitenzweig die Verzweigung fort, so liegt ein Monochasium vor. Diese Seitenzweige übergipfeln also ihre Muttersprosse (Abb. 164C). Auf diese Weise entsteht ein Verzweigungssystem mit einer Scheinachse (Sympodium), die sich aus Seitensprossen verschiedener Ordnungen zusammensetzt. Ein solches sympodiales Verzweigungssystem kann einem monopodialen sehr ähnlich sehen (Abb. 166B), namentlich, wenn die Scheinachse gerade wächst, die ihre Weiterentwicklung einstellenden Enden der jeweiligen Muttersprosse dagegen zur Seite gedrängt werden und sich, Seitenzweigen ähnlich, zu dieser Scheinachse schräg stellen.

Stämme und Äste vieler unserer Laubhölzer sind solche Sympodien, so bei *Corylus, Betula, Tilia, Ulmus* (Abb. 166B); an ihrem Stamm und an ihren älteren Ästen ist aber von dem sympodialen Aufbau nichts mehr zu erkennen. Dauernd erkennbar bleibt dagegen der sympodiale Aufbau vielfach an Erdsprossen, so z.B. an denen von *Polygonatum multiflorum* (Abb. 226B); jedes Jahr erhebt sich die jeweilige Endknospe dieses horizontalen Monochasiums über den Boden als Luftsproß, während eine endständige Seitenknospe den Erdsproß im Boden fortsetzt. Nicht selten sind in einem Sproßverband verschiedene Verzweigungsarten miteinander verbunden. So können etwa auf einen monopodial wachsenden Keimsproß sympodial verzweigte Seitensprosse folgen.

d) Acrotonie, Basitonie, Mesotonie. Abgesehen von manchen Kräutern pflegt in der Regel

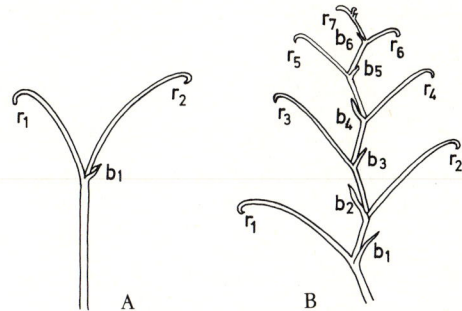

Abb. 165: Sympodiale Rankensysteme von *Vitis vinifera* (A) und *Parthenocissus quinquefolia* (B). Die Verzweigung folgt dem Typus eines Fächels (vgl. Fig. 168 I, S. 150). r_1 bis r_7 = Rankenäste. b_1 bis b_6 = schuppenförmige Tragblätter der Seitenäste. (½×, nach Troll.)

nur eine kleine Zahl der Knospen einer Hauptachse zu Zweigen auszutreiben, bei den ausdauernden Pflanzen (etwa den Holzgewächsen)
entweder schon im Jahr ihrer Entstehung zu
sog. Bereicherungssprossen oder erst im
nächsten Frühling zu Erneuerungs-(Inno-
vations-)sprossen, den Jahrestrieben.
An den reich verzweigten Sproßsystemen der
meisten Bäume sind die peripherischen Knospen, d. h. die an den Zweigspitzen, im Austreiben
bevorzugt; hier besteht die größte Aussicht, die
neuen Blätter in günstiges Licht zu bringen
(Acrotonie, Abb. 166). Bei den Sträuchern
und den ausdauernden Kräutern pflegen dagegen die Knospen an den unteren Enden ihrer
Mutterachsen oder in deren Mitte gefördert zu
sein (Basitonie bzw. Mesotonie, Abb. 167).

Fast alle einheimischen Bäume beschränken sich
während einer Vegetationsperiode darauf, die im
Frühling aus den entfalteten Winterknospen hervorgegangenen Zweige zu verlängern und an diesen Ästen
Knospen auszubilden. Bei Beginn der nächsten Wachstumsperiode lassen sie alsdann vor allem aus den

obersten dieser Knospen Seitenzweige hervorgehen,
etwa in einem Scheinquirl (*Araucaria, Abies, Picea*)
oder meist so, daß die obersten Seitenknospen zu
Langtrieben, einige darunter befindliche zu basalwärts allmählich immer stärker gehemmten Kurztrieben werden (z.B. *Ulmus*, Abb. 166C; vgl. Abschn. e).
Entfaltung aller Knospen wäre für die Pflanze eine un-
nötige, ja schädliche Materialverschwendung, denn
die Zweige würden sich gegenseitig so stark beschat-
ten, daß viele von ihnen absterben müßten. Die meisten Seitenknospen bleiben daher normalerweise als
sog. ruhende Knospen («schlafende Augen») in ihrer
Entwicklung und Entfaltung gehemmt oder verkümmern vollständig. Unter dem Einfluß gewisser pathogener Pilze und anderer Parasiten kann es jedoch gelegentlich zu einem ungeregelten, krankhaften Auswachsen sämtlicher Knospen an den in solchen Fällen
gewöhnlich überdies gestaucht bleibenden Trieben
kommen (Hexenbesen, vgl. S. 428).

e) Langtriebe und Kurztriebe. Die Entwicklungsintensität der Seitenzweige kann recht
verschieden sein; oft wächst nämlich – vielfach
als Ausdruck einer Arbeitsteilung – nur ein kleiner Teil zu Langtrieben mit längeren Inter-

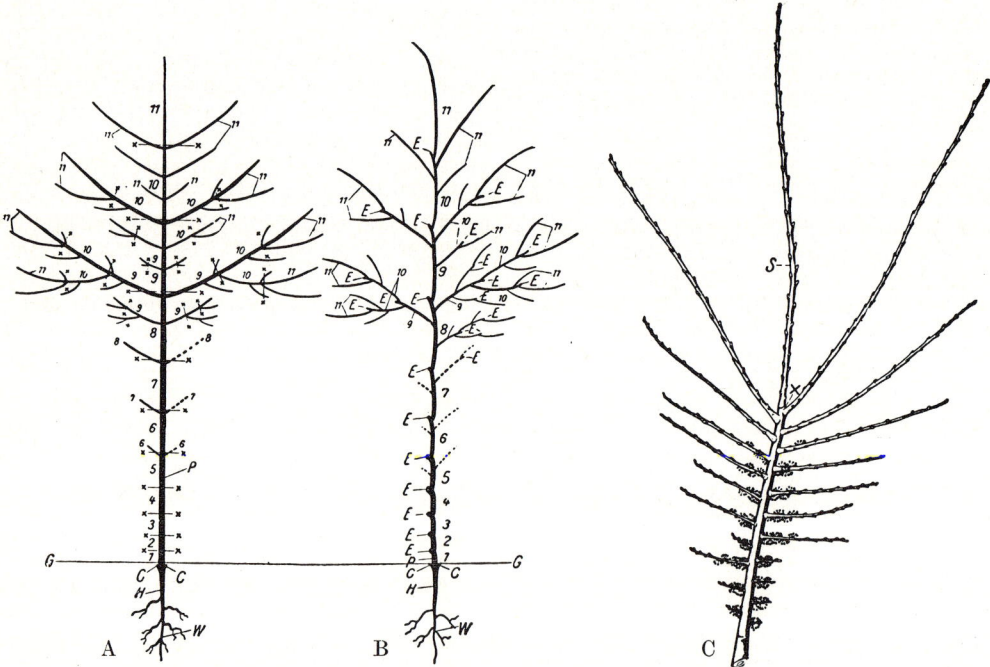

Abb. 166: Wuchsform und Verzweigung eines monopodialen (A) und eines sympodialen Baumes (B). 1 bis 11
die einzelnen Jahrestriebe, deren Grenzen bei x—x liegen. *W* Hauptwurzel. *H* Hypocotyl. *C* Cotyledonarknoten. *G* Erdoberfläche. *P* Primärsproß. *E* abgestorbene Triebenden der aufeinanderfolgenden Sproßgenerationen. (Wurzelsystem lediglich angedeutet. Nach RAUH.) *C Ulmus minor.* Zweijähriger Zweig mit
acroton geförderten einjährigen Seitenzweigen. Bei x das abgestorbene Ende der Hauptachse. Der oberste
Seitentrieb *S* hat die Führung übernommen. Die basalen Abschnitte der unteren und mittleren Seitenzweige
tragen Blüten. ($^1/_{10}$ ×, nach TROLL.)

nodien aus, während die übrigen rosettig verkürzte Stauchsprosse oder Kurztriebe bleiben.

Die Kurztriebe haben oft nur beschränkte Lebensdauer, pflegen sich nicht oder nur wenig weiter zu verzweigen und nehmen daher am Aufbau des bleibenden Zweiggerüstes meist nur geringen Anteil. Bei einigen Holzgewächsen ist die Ausbildung der Blätter zumindest im Alter auf die Kurztriebe beschränkt (z.B. *Pinus, Ginkgo*). Bei *Larix* wachsen jeweils nur die acroton geförderten Endtriebe sowie die obersten Seitentriebe jeder Sproßgeneration zu neuen, schraubig benadelten Langtrieben aus, während alle übrigen Seitenknospen nur gestauchte, Nadelbüschel erzeugende Kurztriebe hervorbringen (Abb. 861 G, S. 783). Nicht selten ist die Ausbildung der Blüten auf die Kurztriebe beschränkt (z.B. *Prunus, Malus, Ginkgo*).

f) Ruhende Knospen und Cauliflorie: Infolge der acrotonen Förderung der Knospenentfaltung besitzt fast jeder Baum an den unteren Teilen seiner Jahrestriebe ruhende Knospen, die kürzere oder längere Zeit entwicklungsfähig bleiben und oft erst nach Jahrzehnten der Ruhe zum Austreiben kommen. Bei *Quercus, Fagus* u.a. können ruhende Knospen 100 Jahre alt werden. Vielfach sind es daher Sprosse aus solchen Knospen, die – etwa nach Verletzung und Aufhebung der Apikaldominanz (vgl. S. 438) – aus alten Stämmen oder Stümpfen hervorgehen (z.B. *Tilia, Salix*). Seltsam wirkt es, wenn derartige Ruheknospen aus den inzwischen stark verdickten Ästen oder Stämmen als blühende Kurztriebe hervorbrechen (Stammblütigkeit oder Cauliflorie), z.B. beim Judasbaum *Cercis siliquastrum* oder beim Kakao *Theobroma cacao* (Abb. 940D, S. 876).

g) Blütenstände oder Inflorescenzen. Besonders anschauliche Beispiele für die verschiedenen Verzweigungsmöglichkeiten liefern die Blütenstände oder Inflorescenzen. Man versteht darunter die der Blütenbildung dienenden und dementsprechend metamorphosierten Sproßsysteme der Samenpflanzen, die sich vom rein vegetativen Bereich mehr oder weniger deutlich absetzen. Die Tragblätter der blütentragenden Seitenachsen können auch im Inflorescenzbereich ihren normalen Laubblattcharakter weitgehend behalten (frondose Inflorescenzen); viel häufiger sind sie jedoch vereinfacht (bracteose Inflorescenzen) oder völlig reduziert (nackte Inflorescenzen).

Nach dem Grad ihrer Verzweigung kann man zwischen einfachen und komplexen Inflorescenzen unterscheiden. Bei den einfachen Inflorescenzen oder Trauben werden alle Seitentriebe der Hauptachse von je einer einzigen Blüte gebildet. Diese einfachen Inflorescenzen werden allgemein als Verarmungsformen von ursprünglich reicher zusammengesetzten komplexen Inflorescenzen aufgefaßt. Bei diesen treten an die Stelle von Einzelblüten abermals verzweigte und dementsprechend eine größere oder geringere Zahl von blütenbildenden Seitenachsen höherer Verzweigungsordnung tragende Teilblütenstände oder Partialinflorescenzen. Auf diese Weise können außergewöhnlich reich verzweigte und dichte Sproßsysteme entstehen.

Von besonderer Bedeutung für die Beschreibung und morphologische Einteilung der Inflorescenztypen ist das Verhalten des Scheitels der Inflorescenzhauptachse sowie – bei komplexen Inflorescenzen – der Scheitel an den Zentralachsen der Partialinflorescenzen. Bei den geschlossenen Inflorescenzen enden diese Achsen mit Terminalblüten (End-, Scheitel- oder Gipfelblüte an der Haupt- oder Primärinflorescenz; laterale Terminalblüten an den Zentralachsen der Partialinflorescenzen). Diese

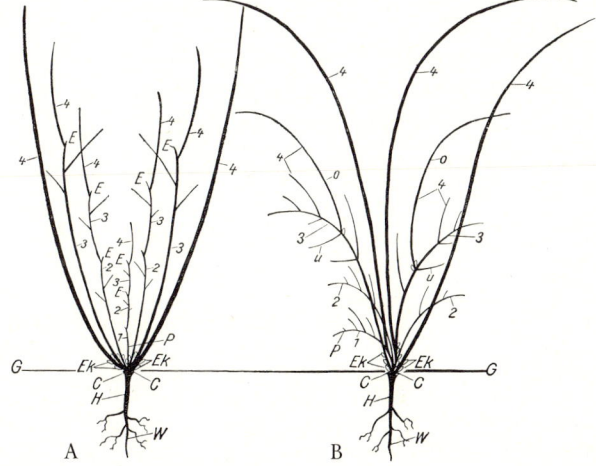

Abb. 167: Wuchsform und Verzweigung zweier Sträucher (schematisch). A *Corylus avellana*, B *Sambucus nigra*. 1 bis 4 die einzelnen Jahrestriebe. *P* Primärsprosse. *E* abgestorbene Triebenden einzelner Sproßgenerationen. *Ek* Erneuerungsknospen. *H* Hypocotyl. *C* Cotyledonarknoten. *W* Hauptwurzel. *o* geförderte oberseitige Äste, *u* geschwächte unterseitige Äste. (Wurzelsystem nur angedeutet; nach RAUH.)

Terminalblüten sind eindeutig daran zu erkennen, daß sie vor den ihnen benachbarten Lateralblüten aufblühen. Sämtliche Vegetationskegel werden also bei den geschlossenen Inflorescenzen zur Ausbildung von Blüten restlos aufgebraucht, und sämtliche Verzweigungsachsen sind demzufolge endgültig abgeschlossen (Abb. 168 A bis I). Bei den offenen Inflorescenzen hingegen stellen die Scheitelmeristeme der Hauptachse und ihrer primären seitlichen Verzweigungen ihre Entwicklung nach geraumer Zeit ein, ohne dabei mit einer Terminalblüte abzuschließen; sie bleiben mit anderen Worten auch weiterhin prinzipiell offen (Abb. 168 K bis P, punktierte Pfeile). Tatsächlich kommt es gelegentlich vor, daß solche offenen Inflorescenzachsen erneut vegetativ weiterwachsen.

α. **Geschlossene Inflorescenzen.** Den wahrscheinlich stammesgeschichtlich ältesten Inflorescenztyp verkörpert die geschlossene Rispe. Je nach der Blattstellung kann man zwischen dispersen geschlossenen Rispen (z.B. *Vitis*, Abb. 168 A) und decussierten geschlossenen Rispen (z.B. *Syringa*) unterscheiden. Bei der Schirmrispe (z.B. *Viburnum opulus, Sambucus nigra*) rücken alle Blüten durch basitone Förderung der basalen Seitenäste mehr oder weniger genau in eine Schirmebene ein. Bei der Spirre (z.B. *Filipen-*

dula ulmaria) wird die Terminalblüte der Hauptachse sogar von tieferstehenden Seitenachsen durch verstärkte Basitonie übergipfelt.

Diese reich verzweigten geschlossenen Systeme können nun durch Verarmung (Reduktion) in mannigfacher Weise abgewandelt und vereinfacht werden. Im Extremfall kommt es infolge Reduktion sämtlicher Verzweigungen zu Einzelblüten (z.B. *Papaver, Tulipa*, Abb. 168 B). Oft treiben infolge streng acrotoner Förderung lediglich die Seitenachsen der obersten Knoten aus. Bleiben gleichzeitig alle Internodien der Abstammungsachse gestaucht, so entstehen Pleiochasien (z.B. *Sedum, Sempervivum;* auch die Cyathien vieler *Euphorbia*-Arten sind pleiochasial angeordnet). Bei decussierter Blattstellung treiben vielfach jeweils nur die beiden Seitenknospen des obersten Knotens unterhalb der Blüten aus (Cymoid, Abb. 168 D; z.B. viele *Caryophyllaceae*). Innerhalb der Teilblütenstände oder Partialinflorescenzen können entweder beide Vorblätter fertil sein (Dichasium) oder jeweils nur eines (Monochasium). Nach ihrer räumlichen Ordnung lassen sich vier Typen des Monochasiums unterscheiden (Abb. 168 F bis I; zur Ableitung vgl. die Teilfiguren D u. E). Als Beispiele seien genannt: Fächel (Abb. 168 I) manche *Iris*-Arten; Sichel (Abb. 168 G) verschiedene Binsen, wie *Juncus bufonius;* Schraubel (Abb. 168 F) *Hypericum* und *Hemerocallis;* Wickel (Abb. 168 H) z.B. *Saxifraga cymbalaria, Silene pendula* oder die Partialinflorescenzen vieler *Boraginaceae* (z.B. *Myosotis, Symphytum*) und *Crassulaceae* (z.B. *Semper-*

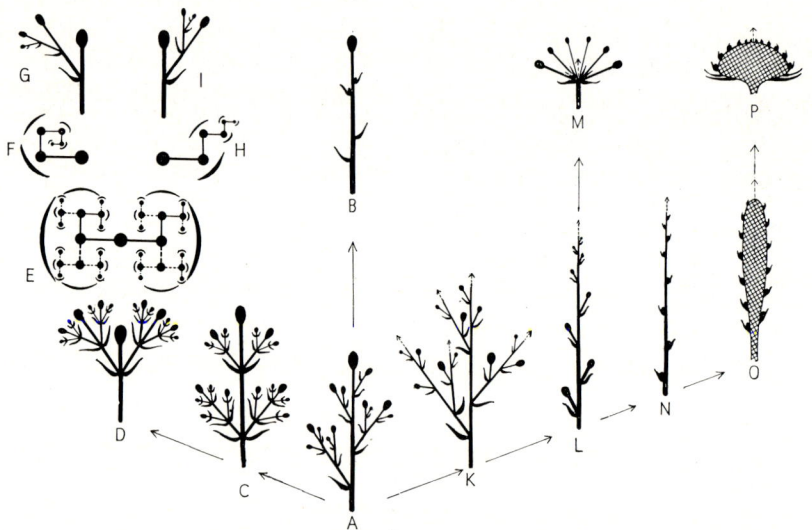

Abb. 168: Ableitung der wichtigsten Blütenstandstypen von der geschlossenen Rispe A (mit Beispielen). B bis I geschlossene –, K bis P offene Inflorescenzen. A geschl. Rispe *(Vitis)*. B einzelne Terminalblüte *(Tulipa, Papaver)*, C dekussierte geschl. Rispe, D und E Dichasium in Seitenansicht und im Grundriß *(Cerastium;* Abb. 909 D), F Schraubel *(Hemerocallis)*, G Sichel *(Juncus bufonius)*, H Wickel *(Symphytum;* Abb. 954 C), I Fächel *(Iris xiphium)*, K offene Rispe *(Poales;* vgl. Abb. 969 D), L Traube *(Lupinus)*, M Dolde *(Hedera, Astrantia)*, N Ähre *(Plantago)*, O Kolben *(Zea mays, Acorus calamus,* Abb. 972 B, E), P Köpfchen *(Scabiosa,* Abb. 945 I).

vivum, Sedum). Komplexe geschlossene Inflorescenzen, deren gegenüber der geschlossenen Rispe vereinfachte Teilblütenstände dichasialen oder monochasialen Charakter tragen, werden als geschlossene Thyrsus bezeichnet (sing. Thyrsus, z.B. *Scrophularia nodosa, Aesculus hippocastanum*).

Scheindolden oder Trugdolden (cymöse Dolden) sind doldige Thyrsen, die durch eine starke Raffung des m.o.w. sympodialen Verzweigungssystems zustande kommen. Bei *Pelargonium* und bei der Zimmerlinde *Sparmannia* fällt auf, daß die Aufblühfolge nicht wie bei der echten Dolde von außen (unten) nach innen (oben) erfolgt, sondern umgekehrt von innen nach außen, wie sich das aus dem Aufbau eines sympodialen Systems logisch ergibt.

β) **Offene Inflorescenzen** sind für ganze Familien, wie z.B. die *Brassicaceae, Lamiaceae,* oder *Scrophulariaceae,* charakteristisch. Ausgangsform aller offenen Blütenstände ist die offene Rispe. Wie bei der geschlossenen Rispe pflegt auch bei der offenen Rispe der Verzweigungsgrad im unteren Teil der Hauptachse reichlicher zu sein, so daß sich der oft reichgegliederte Blütenstand nach oben pyramidenartig vereinfacht (Abb. 168 K). Von der geschlossenen Rispe unterscheidet sich die offene Rispe allein durch die Tatsache, daß bei ihr die Hauptachse und die primären Seitenachsen ihre Entwicklung bereits in einem noch offenen, undifferenzierten Zustand einstellen (zahlreiche Rispengräser; vgl. Abb. 969 D). Bei der Traube (im botanisch exakten Sinne) sind die Seitenachsen zu mehr oder weniger lang gestielten Einzelblüten vereinfacht; aus der komplexen Rispe ist also eine einfache Inflorescenz geworden (Abb. 168 L, z.B. *Lupinus*). Bei der Ähre fallen auch noch die Blütenstiele fort (Abb. 168 N, z.B. *Orobanche, Plantago, Oenothera*). Der Kolben unterscheidet sich von der Ähre durch seine verdickte Achse (Abb. 168 O, z.B. *Acorus calamus,* weibliche Blütenstände von *Zea mays*). Beim Köpfchen sind die Einzelblüten ungestielt auf der zum Blütenstandsboden erweiterten Achse angeordnet (Abb. 168 P, z.B. *Scabiosa,* Abb. 945 I; *Asterales,* Abb. 957 F, G). Bei der Dolde (Abb. 168 M, z.B. *Hedera, Primula*) scheinen die langgestielten Einzelblüten durch Stauchung der Internodien auf etwa gleicher Höhe zu entspringen. Der offene Thyrsus unterscheidet sich vom geschlossenen lediglich dadurch, daß die Primärachse in diesem Fall nicht mit einer Terminalblüte abschließt (z.B. viele *Lamiaceae* und *Scrophulariaceae, Dictamnus*).

γ. **Typologie der Inflorescenzen:** In sehr vielen Fällen ist die fertile, blütentragende Region in Wirklichkeit sehr viel komplexer zusammengesetzt, als es nach den dargestellten Begriffen der klassischen deskriptiven Inflorescenzmorphologie den Anschein hat. Es hat sich daher als notwendig erwiesen, eine Reihe weiterer typologischer Begriffe einzuführen, die es möglich machen, die Inflorescenzen aufgrund ihrer Stellung im gesamten Vegetationskörper vergleichend zu betrachten.

Vielfach trifft man auf komplexe Blütenstände, die selbst wieder aus komplexen Inflorescenzen niederen Grades zusammengesetzt sind (Abb. 169 B) und als Synflorescenzen bezeichnet werden. Die Spitze der Hauptachse trägt die Primär- oder Hauptflorescenz, die in einer Bereicherungszone durch Seitentriebe ergänzt wird, deren Enden selbst wieder in Florescenzen, den sog. Coflorescenzen enden. Diese Seitentriebe wiederholen gewissermaßen das Verhalten des Haupttriebes und werden daher als Wiederholungstriebe oder Paracladien bezeichnet. Hauptflorescenz und Coflorescenzen können ihrerseits einfach oder komplex gebaut sein. Treten an die Stelle einfacher Blüten partielle Blütenstände, so sind diese Partialinflorescenzen stets geschlossene Systeme.

An die Bereicherungszone schließt sich in der Regel eine Hemmungszone an, in deren Bereich die Achselknospen nur unter ungewöhnlichen Bedingungen zum Austreiben kommen, während sie im basalen rein vegetativen Bereich als Innovationsknospen in der folgenden Vegetationsperiode dienen können. Rein vegetative Zone, Hemmungszone und Bereicherungszone bilden zusammen den Unterbau, der sich oft von der Hauptflorescenz durch ein besonders auffällig gestrecktes Grundinternodium deutlich abgesetzt. Auf die typologische Unterscheidung zwischen monotelen und polytelen Inflorescenzen, die sich begrifflich weit-

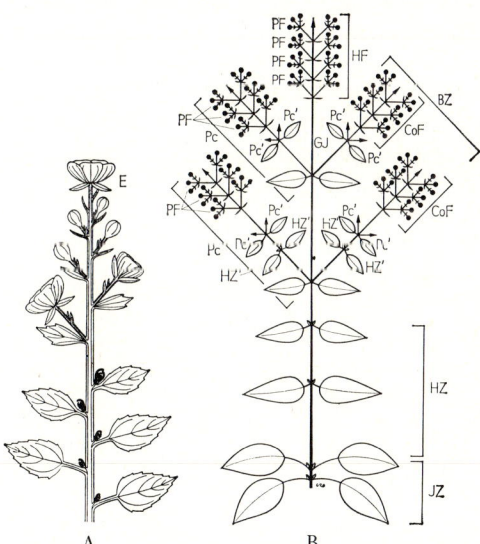

Abb. 169: A Schema einer geschlossenen Inflorescenz mit Terminalblüte E und acropetal aufblühenden Seitenblüten. B Aufbau einer komplexen Synflorescenz. JZ vegetative Zone, HZ, HZ′ Hemmungszonen, BZ Bereicherungszone, HF Hauptflorescenz, GJ Grundinternodium, PC Paracladien, PC′ Paracladien 2. Ordnung, CoF Coflorescenz, PF Partialflorescenzen. (Nach Troll u. Weberling.)

gehend mit den geschlossenen und den offenen Inflorescenzen der rein beschreibenden Inflorescenzbetrachtung decken, soll an dieser Stelle nicht näher eingegangen werden.

d) **Metatopien:** Intercalare Wachstumsvorgänge in dem basalen Gewebe der Achselknospe können Verschiebungen bewirken, wodurch die ursprünglichen Beziehungen zwischen Deckblatt und Achselknospe scheinbar verändert werden. So gibt es Fälle, in denen die Knospen den Achseln ihrer Tragblätter durch congenitale Verwachsung mit der Mutterachse entrückt werden, die einzelnen Knospen also viel höher am Stengel sitzen als ihre Tragblätter (Concaulescenz), z.B. *Symphytum, Solanum tuberosum* (Abb. 170D, G). In anderen Fällen verwächst der Achselsproß congenital mit seinem Tragblatt (Abb. 170 B, E), so daß der Achselsproß dem Tragblatt aufsitzt (Recaulescenz), z.B. *Thesium*, Lindenblütenstände. Besonders verwickelte Verhältnisse ergeben sich bei *Atropa belladonna*, indem von je zwei Achselsprossen zweier in gleicher Höhe inserierter Laubblätter immer nur einer mit dem Stiel seines Tragblatts congenital verwächst und das Sproßsystem fortsetzt, während der andere unterdrückt bleibt und der Hauptsproß mit einer Blüte endet.

6. Primärer innerer Bau der Sproßachse

Zwischen der äußeren Gestalt der Sprosse und ihrem inneren Bau, ihrer Histologie, bestehen enge Wechselbeziehungen. Die von den älteren, bereits photosynthetisch tätigen Blättern gelieferten Assimilate sowie das von den Wurzeln aufgenommene Bodenwasser mit den darin enthaltenen Nährsalzen müssen der wachsenden Sproßspitze sowie den Blattanlagen zugeleitet werden; d.h. es müssen Leitungsbahnen für den Assimilate- und Wassertransport ausgebildet werden. Zur Aussteifung des zunächst weichen und lediglich durch den Zellturgor gestützten embryonalen Gewebes des Vegetationskegels müssen ferner mechanische Festigungselemente ausgebildet werden.

Die Differenzierung dieser verschiedenen Gewebearten erfolgt sukzedan und in verschiedenen Entfernungen vom Sproßscheitel (vgl. S. 154). Der jeweiligen Reife entsprechend lassen sich von der Spitze basalwärts eine Reihe verschiedener Zonen unterscheiden, die allerdings gleitend ineinander übergehen und sich darüber hinaus für die einzelnen Gewebearten überschneiden können. Die äußerste Spitze des Vegetationskegels (d.h. eine Zone von kaum mehr als 0,01–0,05 mm) wird – wie wir gesehen haben (Abb. 114, 115) – von äußerst zartwandigen Urmeristemzellen eingenommen; man kann sie als die embryonale Bildungszone oder die Initialzone des Sprosses bezeichnen. In der unmittelbar daran anschließenden Determinationszone oder Zone der Organogenese (0,02–0,08 mm), die ohne sichtbare Grenze aus der Bildungszone hervorgeht, wird der zukünftige Bauplan des Sprosses – seine Gliederung in Blätter und Seitensprosse – festgelegt; hier erfolgt auch die erste Sonderung in zukünftiges Rinden-, Strang- und Markgewebe.

In einiger Entfernung von der Oberfläche des Vegetationskegels läßt sich in dieser Zone bei den Dicotyledonen mit Hilfe besonderer Färbemethoden und spezifischer Fermentreaktionen eine auf dem Querschnitt annähernd kreisförmig (räumlich zylindrisch bzw. kegelmantelförmig) angeordnete Gruppe von Zellen unterscheiden (Abb. 171), die u.U. auch schon ohne besondere Präparation durch ihren

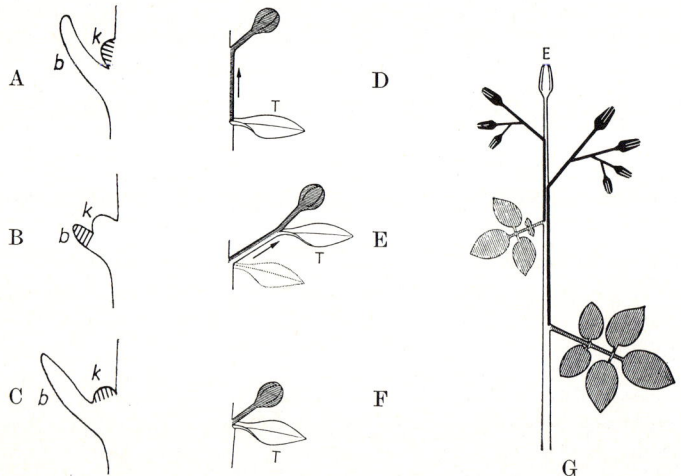

Abb. 170: Metatopien. Beziehungen zwischen Tragblattanlagen b und Achselknospen k im Längsschnitt (die jeweils später entstandene Anlage in A bis C schraffiert). C und F Normalfall. D Concaulescenz. E Recaulescenz. G Blütenstand der Kartoffel *Solanum tuberosum*. Concaulescenz der beiden obersten (schwarz gezeichneten) mit wickeligen Teilblütenständen endenden Seitentriebe mit der Hauptachse. (A bis C nach Goebel, D bis G nach Troll.)

dichteren Inhalt auffallen, während das zentral gelegene Urmark und die peripherische Urrinde
durch fortschreitende Vacuolisierung der Zellen zu
altern und sich dementsprechend dem Typus der
wenig spezialisierten Grundgewebe- oder Parenchymzelle zu nähern beginnen. Man kann die
Zellen dieser Zone als einen Rest des Urmeristems
auffassen, der in dem Abschnitt fortschreitender
Reifung und Alterung als Restmeristem mit
voller embryonaler Teilungsaktivität erhalten bleibt.
Da der Meristemrest im Querschnitt als Ring erscheint, spricht man wohl auch vom Meristemring; besser ist Meristemcylinder.

Die Determinationszone geht fließend in die
Differenzierungszone oder Zone der
Histogenese über, in der die in der Determinationszone vorbereiteten Sonderentwicklungen
erstmalig anatomisch deutlich erkennbar werden. Während sich die Zellen der Urrinde und
des Urmarkes, die als Grundmeristeme
zusammengefaßt werden, nach wie vor bevor-

zugt quer zur Längsachse teilen und auf diese
Weise die Masse des isodiametral-parenchyma-
tischen Grundgewebes vermehren, treten im
Bereich des Meristemzylinders in charakteristischer Beziehung zu den gleichzeitig exogen
entstehenden Blattanlagen (vgl. S.138f.) bevorzugt Längsteilungen auf, die sich im Längsschnitt als Gruppen prosenchymatischer Elemente abheben: die zukünftigen Leitbündel,
welche die Blätter versorgen sollen und in diesem Primärstadium als Desmogen (Leitbün-
delinitialen) oder Procambiumstränge bezeichnet werden (Abb.171, 172).

Auch in dieser subapikalen Differenzierungszone
finden also noch Zellteilungen statt, die zur Erstarkung des Sprosses führen (primäres Dickenwachstum). Im Gegensatz zu den differentiellen und damit
determinierenden Zellteilungen in der Determinationszone handelt es sich jedoch in diesem Bereich in
erster Linie nur noch um die Vermehrung bereits
determinierter Zellarten. Die Zellteilungen in dieser
Zone werden daher auch durch Wachstumsregulatoren (z.B. Gibberelline, vgl. S. 387ff.) spezifisch und
in anderer Weise beeinflußt als die Teilungen in der
Determinationszone.

Je nach Anzahl und Größe der am Vegetationskegel ausgegliederten Blattanlagen sowie nach der
von Art zu Art wechselnden Anzahl der hineinziehen-
den Leitungsbahnen (Blattspurstränge, S. 156 u. Abb.
175, 176) liegen die Procambiumstränge dichter beieinander oder weiter voneinander entfernt. Im ersten
Fall können sie durch frühzeitigen seitlichen Kontakt
zu einem geschlossenen Procambiumzylinder
verschmelzen, der nur an jenen Stellen kurz unterbrochen ist, wo die zukünftigen Leitungsbahnen der Blätter (Blattspuren) in die zugehörigen Blattanlagen hinein ausbiegen. Meistens schließen sich jedoch die dadurch entstehenden Blattlücken schon dicht oberhalb der ausscherenden Procambiumstränge, indem
das seitliche Procambium bestrebt ist, die entstan-

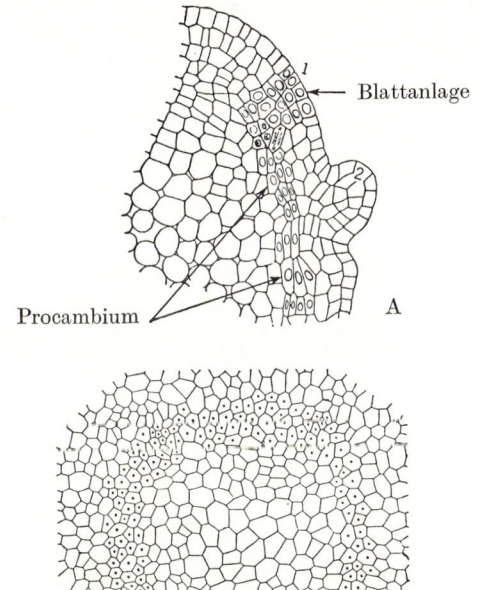

Abb. 171: A Längsschnitt durch den Sproßscheitel
von *Linum*. Bei 1 und 2 Blattanlagen. Unter den Blattanlagen differenzieren sich in der Tiefe die Procambiumstränge (Pfeile). (120×, nach EsAU.) B Querschnitt durch den Vegetationskegel von *Ranunculus
acer* dicht unterhalb der Spitze. Zellen des «Meristem-
rings» durch Punkte gekennzeichnet. An vier Stellen
Beginn der Procambiumdifferenzierung. (100×, nach
HELM.)

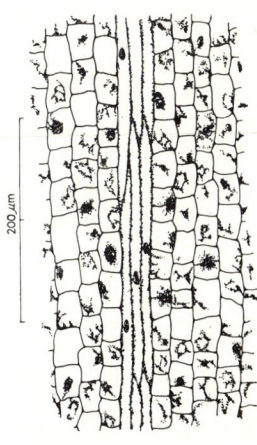

Abb. 172:
Entstehung eines
Faserbündels im
Grundgewebe von
Sansevieria (Lilia-
ceae). Das Strek-
kungswachstum
erfolgt im Kontakt
mit den umgeben-
den, sich teilenden
Grundgewebe-
zellen. (150×, nach
MEEUSE.)

dene Lücke sogleich durch seitliche Ergänzung wieder auszufüllen (Abb. 175 D).

Die Differenzierung des Procambiums erfolgt spitzenwärts fortschreitend derart, daß die neu entstehenden, zunächst procambialen späteren Leitelemente an das bereits vorhandene Leitbündelsystem anschließen. Das gilt insbesondere für die aus den peripherischen Procambiumelementen hervorgehenden ersten Siebröhren (Primanen des Siebteils): das sogenannte Protophloem, das in acropetaler Richtung in die sich vorwölbenden Blattan-

lagen hineindifferenziert wird und sie bei ihrer weiteren Entwicklung mit den erforderlichen Bau- und Nährstoffen versorgt. Zeitlich meist etwas später differenzieren sich alsdann auch die gegen das Urmark gerichteten Procambiumelemente zu den ersten Wasserleitungsbahnen (Primanen des Holzteils): dem Protoxylem (Abb. 173 B, d). Sie treten nicht selten primär ohne Anschluß an das sproßeigene Bündelsystem auf und differenzieren sich alsdann sowohl in acropetaler Richtung in die Blattanlagen hinein als auch basipetal in Richtung auf das bereits vorhandene

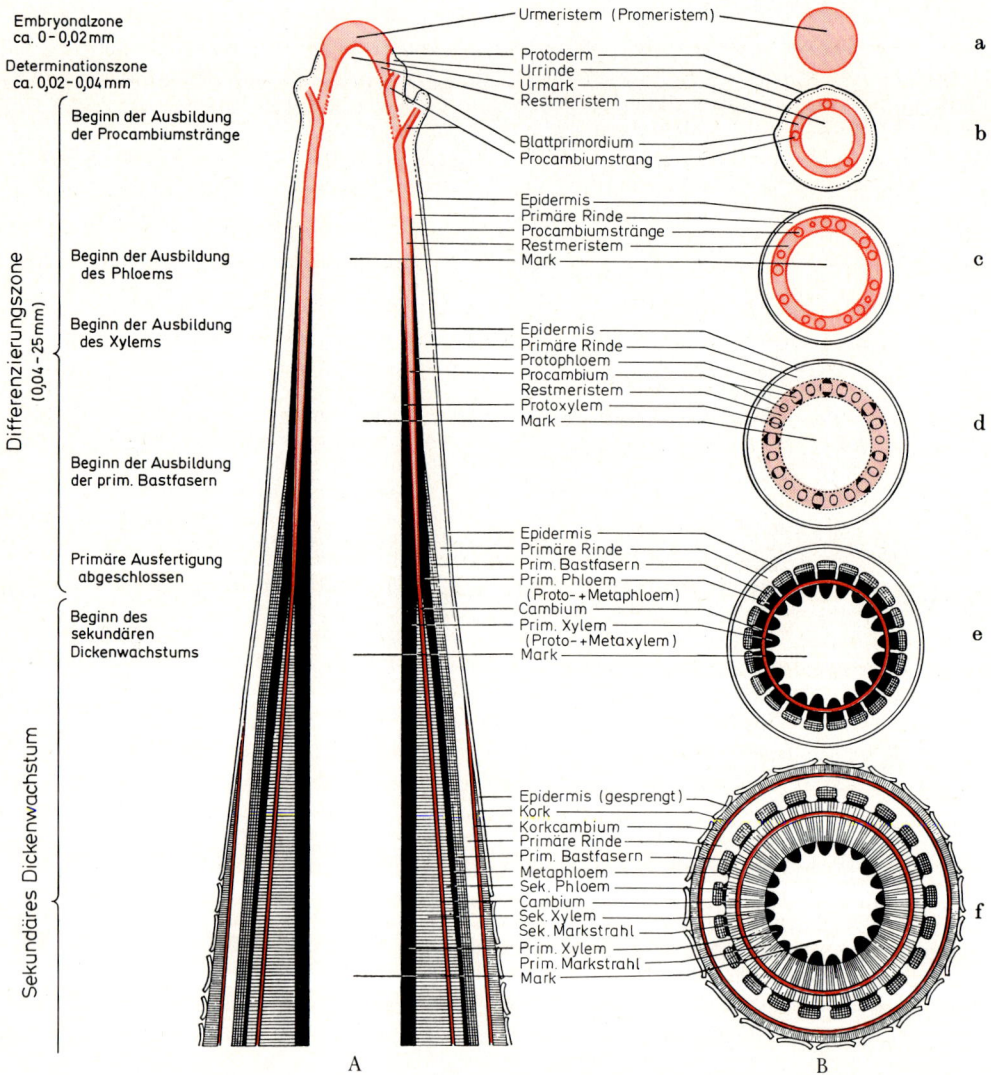

Abb. 173: A Schematischer Längsschnitt durch die Spitze eines holzigen Dicotyledonen-Sprosses. B a bis f die entsprechenden Querschnitte. Gleichzeitig mit den exogen angelegten Blattanlagen entstehen im Meristemzylinder die Procambiumstränge, die nach einiger Zeit – bei gleichzeitiger Umwandlung in Protoxylem und Metaxylem bzw. Protophloem und Metaphloem – zusammenfließen und schließlich nur noch durch schmale primäre Markstrahlen getrennt sind (Orig.).

sproßeigene Bündelsystem weiter, den Anschluß an das bereits vorhandene Wasserleitungssystem des Stengels auf diese Weise erst se ku n d ä r vermittelnd.

Gleichzeitig mit der Reifung und endgültigen Ausdifferenzierung der Gewebe findet in der Regel auch das hauptsächliche Streckungs- und primäre Dickenwachstum (Erstarkungs- wachstum) der jungen Sproßanlage statt: Differenzierungszone und Hauptstrek- kungszone des jungen Stengels fallen also meistens weitgehend zusammen.

7. Anordnung der primären Dauergewebe

Mit den geschilderten Differenzierungspro- zessen in der Achse ist ihre primäre Ausge- staltung abgeschlossen. Im allgemeinen sind bei den Dicotyledonen in diesem Entwicklungs- stadium die primären Dauergewebe kon- zentrisch in folgender Weise angeordnet (Abb.

173 Be): im Zentrum der Sproßachse findet sich ein mehr oder weniger umfangreiches paren- chymatisches M a rk ge w e be, das als Speicher- gewebe dienen kann oder auch durch sekundä- res Auseinanderrücken der Zellen (schizogen) bzw. Zerreißen (rhexigen) eine Markhöhle entstehen läßt. Das Mark wird umgeben von den Leitungsbahnen, deren Holzteile (das primäre Xylem) in der Regel nach innen ge- richtet sind, während die durch den Rest des undifferenzierten Procambiums vom Holzteil getrennten Leitungsbahnen für die Assimilate (Siebteil, primäres Phloem) außen liegen. Die Leitungsbahnen können einen nahezu ge- schlossenen Leitzylinder bilden, der durch frühzeitige seitliche Verschmelzung der Pro- cambiumstränge entsteht, oder ein durch klei- nere oder größere Blattlücken durchbroche- nes netzartiges Leitbündelrohr bilden, das im

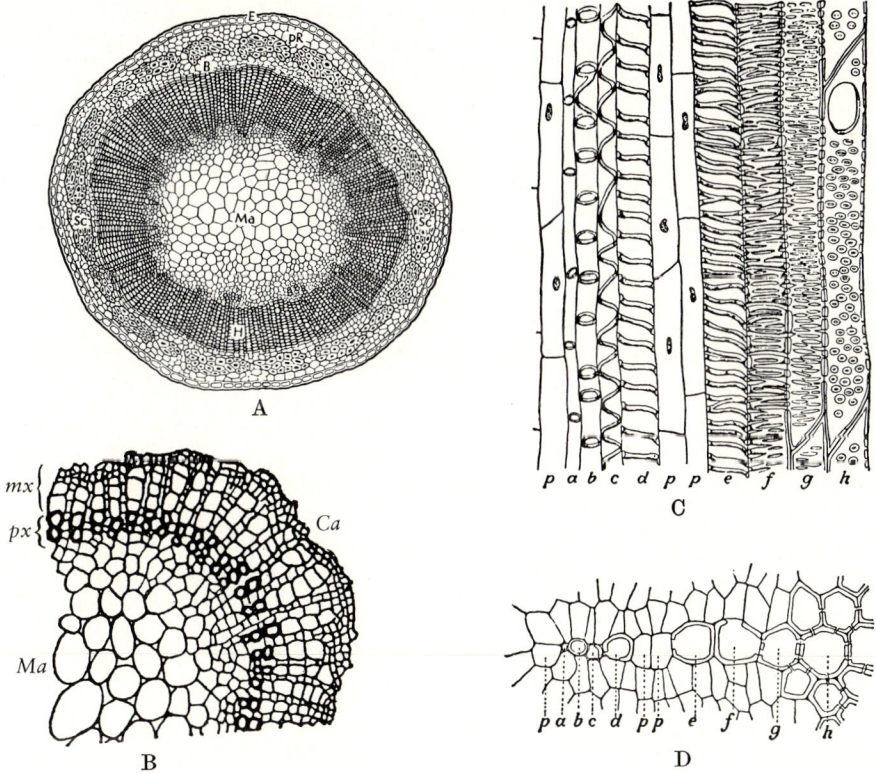

Abb. 174: A *Linum usitatissimum:* Querschnitt durch den sekundär verdickten Stengel. *E* Epidermis, *pR* pri- märe Rinde, *Sc* Sclerenchymstränge in der primären Rinde, *B* Phloem, *H* sekundäres Holz, *Ma* Markgewebe. B *Galium mollugo:* Innerer Teil eines jungen Stengels, quer. *Ma* Mark, *px* Protoxylem, *mx* Metaxylem, *Ca* Cambium. C und D *Lobelia inflata:* Längsschnitt (C) und Querschnitt (D) durch das Protoxylem (*a* bis *d*) und das Metaxylem (*e* bis *h*). *p* Parenchymzellen, *a* und *b* Ringtracheiden (vgl. Abb. 141, S. 126), *c*, *d*, *e* Schrau- bentracheiden, *f* Leitergefäß, *g* Netzgefäß, *h* Tüpfelgefäß. (A 25 ×, nach Frank u. Tschirsch; B 80 ×, nach Kostytschew; C u. D 200 ×, nach Eames u. McDaniels.)

Extremfall in eine größere oder geringere Anzahl einzelner Leitbündelstränge aufgelöst ist (Abb. 175 E, F). Die die Bündel seitlich trennenden, meist parenchymatischen Gewebe, die das Mark mit der primären Rinde verbinden, werden als primäre Markstrahlen bezeichnet. Geschlossene Leitzylinder (Abb. 174 A; 175 C) finden sich bei den meisten Holzgewächsen (mit Ausnahme vieler Lianen), während die Auflockerung in netzartig miteinander verbundene Einzelstränge in der primären Entwicklungsphase vieler Kräuter und Stauden verbreitet ist (Abb. 175 E; 176 A).

Die zuerst angelegten Holzelemente (Primanen des Holzteils, Protoxylem) müssen in der Lage sein, dem zu dieser Zeit noch lebhaften Streckungswachstum des Sprosses zu folgen; sie werden deshalb als Ring oder Schraubengefäße angelegt, deren unverdickte Abschnitte der Streckung auf mehr als das 120fache nachzukommen vermögen (Abb. 141 A; 174 C a, b). Ähnliches gilt für die Primanen der Siebteile (Protophloem); auch hier sind die Erstlinge zugleich die längsten und dünnsten Elemente. Ihre Funktion ist auf die Dauer der Achsenstreckung beschränkt. Nach Abschluß des Streckungswachstums sind die Protoxylembahnen in der Regel zerrissen, die Protophloembahnen kollabiert. Ihre Aufgaben sind inzwischen von den etwas später ausdifferenzierten Metaxylem- und Metaphloem-Elementen übernommen worden. Das Metaxylem wird gewöhnlich wenigstens teilweise von Schraubengefäßen gebildet, die noch eine geringe Längsstreckung zulassen (Abb. 174 C e). Das Metaphloem der Angiospermen unterscheidet sich häufig vom Protophloem durch den Besitz von Geleitzellen, die dem Protophloem in der Regel noch fehlen.

Außerhalb der Leitbündel werden häufig noch Sclerenchymfasern (primäre Bastfasern) als Festigungselemente ausdifferenziert, die alsdann den inneren Teil der Sproßachse, den Zentralzylinder oder die Stele, mehr oder weniger deutlich gegen die primäre Rinde absetzen. In vielen Fällen (z.B. bei *Linum*) entstehen diese primären Bastfasern unmittelbar im Protophloem, so daß über ihre Zugehörigkeit zum Zentralzylinder kein Zweifel bestehen kann.

In anderen Fällen (z.B. bei *Aristolochia*) entstehen die primären Bastfasern weiter peripherisch. Sie bilden alsdann gelegentlich geschlossene Hohlzylinder, die früher vielfach zur primären Rinde gerechnet wurden. Da der Sclerenchymmantel jedoch auch in diesem Fall als die Gesamtheit der untereinander verwachsenen äußeren Gefäßbündelscheiden aufgefaßt werden kann, ist es sinnvoller, die primären Bastfasern stets dem Zentralzylinder zuzurechnen. Darüber hinaus können jedoch gelegentlich später noch weitere sekundäre Bastfaserstränge im Rindenparenchym ausgebildet werden.

Bei manchen Arten ist die innerste Rindenschicht durch ihren Gehalt an größeren, leicht beweglichen Stärkekörnern als besondere Stärkescheide differenziert; diese liegt – wo immer sie auftritt – stets außerhalb des Bastfasermantels. In Erdsprossen sowie in den Stengeln von Wasserpflanzen kann die innerste Rindenschicht auch als typische einschichtige Endodermis ausgebildet sein.

Die Masse des peripheren Rindengewebes besteht normalerweise aus grünem Assimilations- und Speicherparenchym, dessen äußere subepidermale Schichten nicht selten collenchymatisch verdickt sind oder eine ein- bis mehrschichtige nahezu intercellularenfreie Hypodermis bilden. Den äußeren Abschluß bildet eine meist derbe, chlorophyllfreie, von Spaltöffnungen durchbrochene Epidermis.

Bei manchen Monocotyledonen ist keine klare Abgrenzung zwischen primärer Rinde und Zentralzylinder möglich, weil die äußersten zerstreut angeordneten Leitbündel mit ihren sclerenchymatischen Scheiden einem hypodermalen Sclerenchymring unmittelbar an- und eingebettet sind (z.B. viele Gramineen, Abb. 176 C).

Ihren Funktionen entsprechend bilden die Leitbündel ununterbrochene Stränge, die sich von den Wurzelspitzen bis in die Stengel- und Blattspitzen verfolgen lassen. Sie können (z.B. bei vielen Pteridophyten) im Stengel bis in seine Spitze verlaufen, ohne in die Blätter auszubiegen. Man nennt solche Bündel, weil sie nur dem Stengel angehören, stammeigen. Blatteigene Bündel dagegen schließen sogleich nach ihrem Einmünden in den Stengel an stammeigene an (Abb. 176 A). Die Gesamtheit der Bündel, die aus der Sproßachse in ein Blatt eintreten, nennt man dessen Blattspur, ihre einzelnen Bündel Blattspurstränge (oder -bündel). Die Blattspur kann einsträngig (Abb. 175 B, C) oder mehrsträngig (Abb. 176 B) sein.

8. Stelärtheorie

Der Sproß der Landpflanzen wird nicht so sehr auf Zugfestigkeit als vielmehr auf Biegungsfestigkeit beansprucht (vgl. S. 133). Dieser Beanspruchung kommt eine Verlagerung der durch Lignin versteiften Wasserleitungs- und Festigungselemente an die Peripherie der Sproßachse entgegen. Nach der Stelärtheorie bildet der Zentralzylinder mit der Gesamtheit seiner Leitungsbahnen – die Stele – ihrer stammesgeschichtlichen Herkunft nach eine morphologisch-funktionelle Einheit, die sich auf die zentral gelegene Tracheidensäule der Urlandpflanzen – die Protostele – zurückführen läßt (vgl. S. 102: Telomtheorie; Abb. 175 A). Diese war von einem Mantel noch wenig differenzierter prosenchymatischer Elemente umgeben, die als primitives Phloem gedeutet werden. Noch heute sind die Jungstadien vieler Farne mit typischen Protostelen ausgestattet (vgl. auch *Rhynia*, Abb. 776, S. 721).

Bei manchen großen rezenten Meerestangen findet man gleichfalls bereits zentral angeordnete Stränge prosenchymatischer Festigungs- (z. T. sogar bereits Leit-)elemente (Abb. 100 C; 104 A), die eine Art «Mittelrippe» der Phylloide bilden. Sie können uns eine Vorstellung vermitteln, wie die Protostele bei den ausgestorbenen Vorfahren der Urlandpflanzen entstanden sein mag. Weitverbreitet – insbesondere bei den mikrophyll beblätterten Bärlappgewächsen (*Psilophytatae* und *Lycopodiatae*) – ist die Actinostele, die im Stammquerschnitt etwa Sternform aufweist (Abb. 779 B). Sie kommt zustande, wenn die nach der Telomtheorie durch «Übergipfelung» reduzierten Seitenorgane ein Stück weit mit der Hauptachse congenital verwachsen. Man kann den Vorgang auch umgekehrt deuten und von einer basipetalen Verlagerung der Abzweigungsorte sprechen. Stellt man sich die solcherart bedingte Zerklüftung und Aufspaltung des Stelenkörpers extrem fortgesetzt vor, so kommt man über die tief zerklüftete Plectostele (Abb. 778 C), wie sie bei verschiedenen *Lycopodium*-Arten zu finden ist, zur Polystele, die ein über die gesamte Querschnittsfläche verteiltes System einzelner Leitbündelstränge darstellt (Abb. 821). Bei der Siphonostele (Abb. 175 C) ist der mehr oder weniger zentral angeordnete Leitbündelstrang röhrenförmig um ein parenchymatisches Mark angeordnet, das – wie das Rindengewebe – als Speichergewebe dient (*Gleicheniaceae, Schizaeaceae, Lepidodendron*). Bei manchen Farnen (z. B. *Osmunda*-Arten) finden sich im Leitbündelrohr über der Abzweigung der Blattspurstränge Lücken, die mit Parenchym ausgefüllt sind (Abb. 175 D). Das Parenchym, das Mark und Rinde miteinander verbindet, wird in diesem Fall als Markstrahlparenchym bezeichnet. Das netzartig durchbrochene Bündelrohr heißt Dictyostele. Am weitesten ist die Auflösung in ein Netzwerk aus Einzelbündeln bei der Eustele fortgeschritten, wie sie bei den meisten krautigen Dicotyledonen vorliegt (Abb. 175 E, F). Die Blätter werden in diesem Falle von einem zahlreichen collateralen Leitbündelsträngen versorgt, die sich in der Achse ein Stück weit als Blattspuren basalwärts verfolgen lassen. Nach der Telomtheorie (vgl. S. 102 f.) kann man sich die Eustele jedoch auch noch auf eine andere Weise entstanden denken, indem mit der im Laufe der Stammesgeschichte eingetretenen Verdickung der Stämme eine periphere Anordnung der Einzelbündel der Polystele eingetreten ist (Erhöhung der Biegungsfestigkeit, vgl. S. 133). Diese sollen alsdann entweder zur Siphonostele untereinander verwachsen sein, oder es soll sich durch die Ausbildung von Querverbindungen (Anastomosen) das heute verbreitete periphere Leitbündelnetzwerk – die Eustele – entwickelt haben (Abb. 175 E, F).

Eine Sonderstellung nimmt die Atactostele der Monocotyledonen ein, deren collaterale Einzelbündel wie bei der Polystele gleichmäßig über den gesamten Sproßquerschnitt verteilt sind (Abb. 176 B, C). Im Gegensatz zur Polystele handelt es sich in diesem Falle aber nicht um annähernd parallel verlaufende stammeigene Leitbündel, sondern um die sehr zahlreichen Einzelstränge der Blattspuren. Besonders aus-

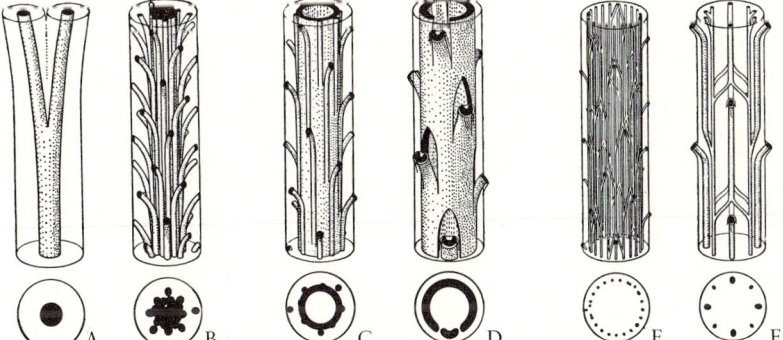

Abb. 175: Typen der Leitbündelanordnung im Stengel. A Protostele (dichotome Gabelung). B Actinostele mit seitlich abzweigenden Blattspursträngen. C Siphonostele (Blattspurstränge wie in B). D Netzartig durchbrochenes Leitbündelrohr: Dictyostele (oberhalb der mit breitem Grund seitlich ausbiegenden Blattstränge parenchymatische Blattlücken = primäre Markstrahlen). E und F in einzelne Leitbündelstränge aufgelöste Bündelrohre = Eustele. E *Linum*. F decussiert beblätterter Sproß. (Original, E und F in Anlehnung an ESAU und BRAUN.)

geprägt findet sich diese Anordnung bei den Palmen: Zahlreiche Leitbündel treten aus jedem stengelumfassenden Blattgrund im ganzen Umkreis in den Stengel ein (Abb. 176 B). Das jeweils m e d i a n e Leitbündel verläuft fast bis zur Mitte des Zentralzylinders, während die seitlichen um so weniger tief vordringen, je weiter sie von der Mediane entfernt sind. In ihrem weiteren Verlauf nach abwärts nähern sich jedoch a l l e Bündel langsam wieder der Peripherie des Zentralzylinders, wo sie schließlich mit anderen verschmelzen. Dieser Leitbündelverlauf kommt dadurch zustande, daß das Erstarkungswachstum des Sproßscheitels nach der Anlage des ersten (medianen) Blattbündels noch längere Zeit anhält. So gelangen die gegen den Rand der Blattanlage hin immer später entstehenden s e i t l i c h e n Leitbündel entsprechend weniger tief nach innen.

9. Dickenwachstum der Sproßachse

Aus einem zunächst kleinen, blattarmen Keimpflänzchen kann sich durch Wachstum und Verzweigung der Keimlingsachse mit der Zeit ein sehr blattreicher Cormus entwickeln (*Sequoia sempervirens* über 100 m, *Eucalyptus*-Arten annähernd 120 m hoch). Die Größenzunahme des Sprosses stellt infolgedessen an die Wasserversorgung durch die Wurzeln fortgesetzt höhere Anforderungen; diesen wird durch

Wachstum und Verzweigung der Wurzeln, außerdem oft auch noch durch zusätzliche Ausbildung sproßbürtiger Nebenwurzeln genügt. Jede Vergrößerung des Wurzelwerks hat aber zur Vorbedingung, daß dazu hinreichende Mengen organischer Nährstoffe in den Blättern gebildet und den Wurzeln zugeleitet werden. So stehen die Ausbildung der Blattkrone und die der Wurzeln funktionell in enger Wechselbeziehung zueinander.

Die Größenzunahme des Sproß- und Wurzelsystems hat ihrerseits zur Voraussetzung, daß in den Stengeln und Wurzeln eine hinreichende Anzahl von Leitungsbahnen für den gesteigerten Wasser- und Assimilate-Transport bereitgestellt wird. Auch müssen die Stengel fest genug werden, um das sich vergrößernde Gewicht der Zweig- und Blättermassen selbst im Sturm halten und tragen zu können.

a) **Wuchsformen.** Viele langlebige Cormophyten erhöhen deshalb die Festigkeit ihrer älteren Sproßachsen und Wurzeln durch die Ausbildung großer Mengen stark verholzter, daher starrer und harter Stütz- und Festigungsgewebe; aus den primär weichen S t e n g e l n werden auf diese Weise starke S t ä m m e und Ä s t e.

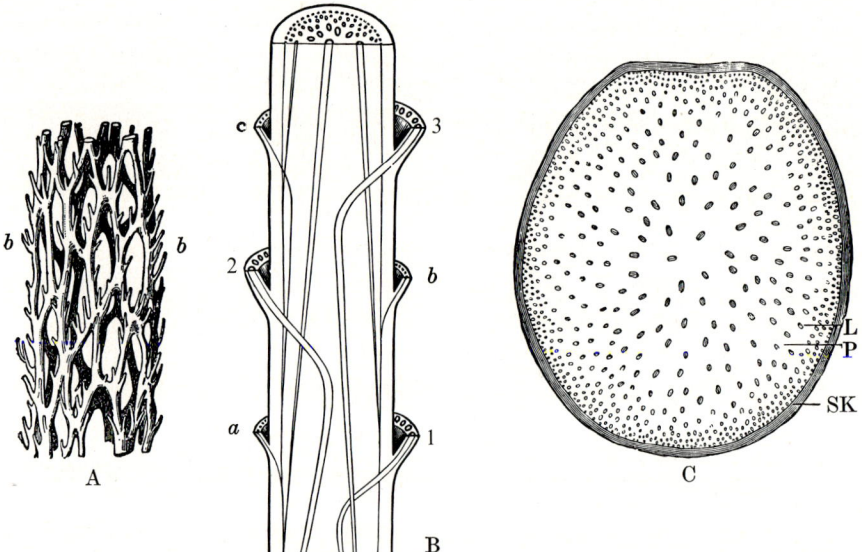

Abb. 176: Leitgewebesysteme. A Durch Maceration isoliertes Leitbündelrohr der stammeigenen Bündel des Farnes *Dryopteris filix-mas* mit Ansätzen der blatteigenen Bündel (b). B Schematische Darstellung des Bündelverlaufs nach dem Palmentypus innerhalb eines mittleren Längsschnitts durch den Stengel in der Ebene der Blattmedianen der zweizeilig alternierenden, stengelumfassenden Blätter. Die Blätter 1a, 2b, 3c sind nahe ihrer Basis abgeschnitten; die Ziffern bezeichnen ihre Medianen. C Querschnitt durch ein Stengelinternodium von *Zea mays*. L Leitbündel in zerstreuter Anordnung, P Grundparenchym, SK hypodermaler Sclerenchymring. (A nach Reinke; B nach Rothert u. Rostafinski; C nach Schenck; D, E, F Orig.).

Solche Holzgewächse heißen – je nach ihrer Verzweigungssymmetrie (vgl. S. 146 f.) – Bäume oder Sträucher (Abb. 167). Bei den Schopfbäumen (z. B. Baumfarnen, Abb. 816 u. 820, Cycadeen, Abb. 869 A und Palmen, Abb. 971 F) trägt der meist schlanke verholzte Stamm an seiner Spitze nur einen einzigen dichten Rosettenschopf oft sehr großer Blätter oder Wedel. Seltener kommen verzweigte Schopfbäume vor. Reiche Verzweigungssysteme bilden die Kronenbäume (Abb. 166 A, B). Sträucher, die niedriger als ½ m bleiben, nennt man Zwergsträucher (z. B. *Vaccinium*, *Calluna* u. a. *Ericaceae*). Die mehr oder minder weichen saftigen Stengel der Kräuter bilden im Gegensatz zu den Holzgewächsen höchstens am Grunde ihrer Hauptachsen wenig verholztes Gewebe aus; gegen Ende der Vegetationsperiode sterben ihre oberirdischen Sprosse daher ganz (einjährige Kräuter) oder bis auf ihre unterirdischen Teile (zweijährige Kräuter und mehrjährige Stauden) ab (Abb. 232). Übergänge zwischen den Stauden und den Sträuchern sind die Halbsträucher; bei ihnen sind die unteren Sproßteile verholzt, die oberen krautig (z. B. *Salvia*, *Lavandula*, *Paeonia*, *Ruta*). Einige Stauden, wie *Veratrum* oder die großen, baumähnlichen Bananen (*Musa*-Arten), bilden Blattstämme, die ausschließlich aus den umeinandergerollten, saftigen, mit Festigungsgeweben versteiften Blattscheiden bestehen (Scheinstämme).

Die Lebensdauer der Pflanzen und die Beschaffenheit ihrer Sproßachsen werden in Bestimmungsbüchern und in Botanischen Gärten durch besondere Zeichen kenntlich gemacht. Holzgewächse sind: ♄ Bäume und ♄ Sträucher; Kräuter sind: ☉ einjährige («annuelle»), ☉ zweijährige («bienne») Gewächse (Bienne) oder ♃ ausdauernde («perennierende») Stauden (Perenne) (Vgl. S. 200: Lebensformen).

Die nötige Anzahl von Leitungsbahnen und die erforderliche Festigkeit werden bei den verschiedenen Wuchsformen auf verschiedene Weise hergestellt. Der Achsenverdickung liegen dabei zwei grundsätzlich verschiedene Wachstumsprozesse zugrunde, die bei den Dicotyledonen nacheinander einsetzen: das primäre und das sekundäre Dickenwachstum. Während sich das primäre Dickenwachstum in unmittelbarer Nähe des Apikalmeristems und nur während einer begrenzten Zeit abspielt, setzt das sekundäre Dickenwachstum erst nach Abschluß der Primärverdickung ein und wird erst mit dem Tode beendet. Pflanzen mit ausschließlich primärem Dickenwachstum, wie die Palmen, bleiben daher notwendigerweise schlank, während Arten mit sekundärem Dickenwachstum, die gleichzeitig ein hohes Alter erreichen, wie die Mammutbäume (*Sequoiadendron*, über 3500 Jahre), im Laufe der Zeit mächtige Stämme mit über 12 m Durchmesser bilden können.

b) Primäres Dickenwachstum der Monocotyledonen. Die Sproßachsen der meisten Monocotyledonen, selbst die der höchsten Palmen (Ölpalme bis 30 m, Cocos-Palme bis 35 m, südamerikanische Wachspalme *Ceroxylon* angeblich bis 60 m), erreichen ihren endgültigen Stammdurchmesser bereits nach wenigen Jahren ausschließlich aufgrund primären Dickenwachstums. An der Grenze zwischen Tunica und Corpus liegt bei ihnen ein kegelförmiger Meristemmantel (Abb. 177 A), der sich unter den jungen Blattanlagen durch fortgesetzte perikline

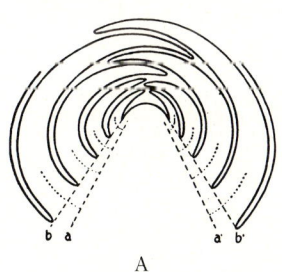

A

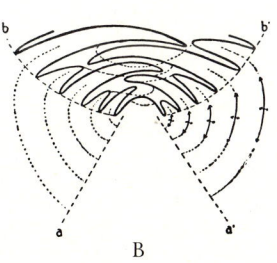

B

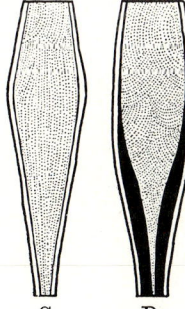
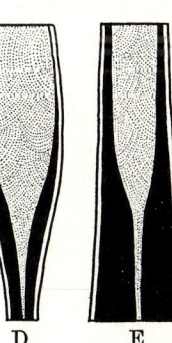
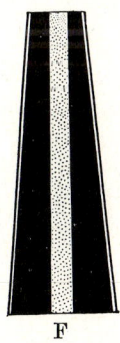

C   D   E   F

Abb. 177: Primäres Dickenwachstum und Erstarkung. A und B Primäres Dickenwachstum des Sproßscheitels einer Palme. A Ausgangszustand a–b bzw. a′–b′ Meristemmantel. B Entstehung einer Scheitelgrube infolge der cambialen Tätigkeit des Meristemmantels. C bis F Erstarkungswachstum bei Dicotyledonen, schematisch. C ohne «Maskierung» durch sekundäres Holz. D mit unvollständiger Maskierung. E mit vollständiger Maskierung. F ausschließlich sekundäres Dickenwachstum eines Holzgewächses. Mark grau punktiert. Sekundärer Zuwachs schwarz. Rinde weiß. (A u. B schematisch, nach HELM aus TROLL; C bis F nach RAUH.)

Zellteilungen kraterförmig erweitert (Abb. 177 B). Dadurch erhält der Sproßgipfel nach einiger Zeit die Gestalt eines mehrere Dezimeter breiten Kraters, über dessen Rand hinweg die zu den Wedeln heranwachsenden Blätter allmählich auf die Außenseite des umfangreichen Scheitels geschoben werden. Die Sproßachse erreicht auf diese Weise schließlich den endgültigen Durchmesser (vgl. Abb. 960, S. 894), der bei dem nunmehr einsetzenden Längenwachstum bis zum Tod der Pflanze unverändert beibehalten wird, worauf die hohen und schlanken, gleichmäßig säulenförmigen Stämme der Palmen zurückzuführen sind.

Auf ganz entsprechende Weise – nur in sehr viel kürzerer Zeit – wird der schlanke Stengel anderer Monocotyledonen, z.B. der Bambus-Arten, und der Halm der Gräser, ausgebildet. Nur ganz wenige Monocotyledonen, wie die Drachenbäume *(Dracaena,* Abb. 964, S. 899), verfügen über eine besondere Form des sekundären Dickenwachstums (vgl. Abschnitt e).

c) Primäres Dickenwachstum der Dicotyledonen. Bei den Dicotyledonen vollzieht sich das primäre Dickenwachstum nicht mit Hilfe eines besonderen Meristems, sondern es beruht auf einer unregelmäßigen Zellvermehrung des Markparenchyms (medulläre Form, z.B. Kohlrabi Abb. 227 A, B; Sellerie; Ausläufer der Kartoffel Abb. 228) oder des Parenchyms der primären Rinde (corticale Form, z.B. Cactaceen Abb. 224 D). Außer diesen reinen Formen kommen gelegentlich auch gemischte Formen vor. Daß das primäre Dickenwachstum auch bei manchen Dicotyledonen beträchtliche Ausmaße erreichen kann, zeigen Beispiele, bei denen auch hier Scheitelgruben entstehen (viele Kakteen, Kartoffelknollen, *Plantago*). Damit der in einigen Fällen mächtig aufgetriebene Stamm mit Nährstoffen versorgt werden kann, werden eigene mark- und rindenständige Leitbündelsysteme ausgebildet. (Wenn diese sekundären Leitbündel verholzte Sclerenchymscheiden besitzen, wird z.B. der Kohlrabi «holzig».)

d) Erstarkung. Das Ausmaß des primären Dickenwachstums hängt eng mit dem Alters- und Entwicklungsstadium der Pflanzen zusammen. Meistens ist es in der Jugend zunächst nur schwach ausgeprägt und nimmt erst allmählich mit der Kräftigung der Keimpflanze als Erstarkungswachstum zu, so daß die Sproßachse eine konisch-kreiselförmige Gestalt erhält (Abb. 177 C). Diese konische Gestalt wird allerdings später oft durch besonders intensives sekundäres Dickenwachstum der schlankeren Keimlingsbasis maskiert (Abb. 177 D, E), um die Standfestigkeit des inzwischen kräftigeren Überbaus zu erhöhen. Beim Übergang in die florale Entwicklungsphase nimmt der Durchmesser des Vegetationskegels häufig wieder ab, so daß insgesamt eine doppelkegelförmige Gestalt der Achse mit schmaler Basis und Spitze und einem kräftigeren Mittelabschnitt resultiert (177 C, D).

e) Sekundäres Dickenwachstum. In der Regel wird das primäre Dickenwachstum bei den Gymnospermen und Dicotyledonen schon bald vom sekundären Dickenwachstum abgelöst. Bei den Holzgewächsen wird der erforderliche Zuwachs an Leitungs- und Festigungselementen im Stengel sogar ausschließlich auf diese Weise durch die bis zum Tod fortgesetzte Teilungsaktivität einer besonderen peripherischen Meristemschicht, des Cambiums, hergestellt.

Das von Resten des apikalen Urmeristems abgeleitete Cambium bildet zur Zeit seiner aktiven Tätigkeit eine geschlossene zylinderförmige Schicht, die den zentralen Holzkörper von der ihn mantelförmig umgebenden Rinde trennt (Abb. 173). Die zartwandigen, lückenlos miteinander verbundenen Cambiuminitialen gliedern sowohl nach Innen (in zentripetaler Richtung) als auch nach Außen (in zentrifugaler Richtung) Abkömmlinge oder Descendenten ab, die ihren cambialen Ursprung durch die Zuordnung in radialen Reihen un-

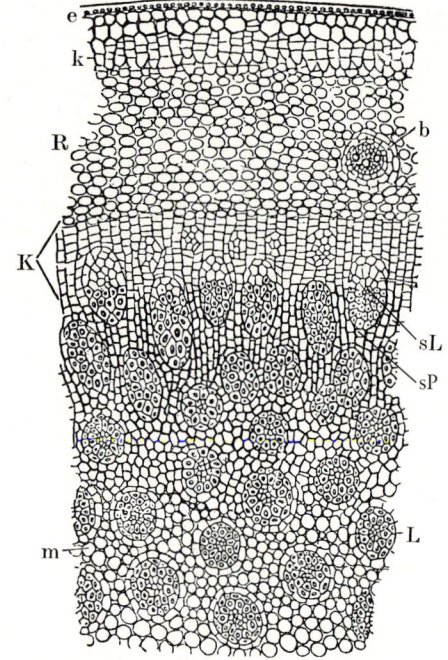

Abb. 178: Querschnitt durch den Stamm eines Drachenbaumes *(Dracaena sp.)* nach Einsatz des sekundären Dickenwachstums. e Epidermis, k Kork, R Rinde (darin b ein Blattspurbündel), L primäres, konzentrisches Stammbündel, m primäres Parenchym, K Cambium. sL sekundäres Leitbündel, sP sekundäres Parenchym. (20×, nach Sachs.)

schwer erkennen lassen (Abb.174 A,B; 187; 188; 193B). Diese zumindest auf dem Stengelquerschnitt auffällig regelmäßigen Zellreihen sind daher das sicherste Kennzeichen aller sekundären Gewebe.

Sekundäres Dickenwachstum trat zuerst bei gewissen vorzeitlichen Pteridophyten auf. Aber erst bei den Gymnospermen und Dicotyledonen gelangte es zu allgemeiner Verbreitung. Bei den Monocotyledonen findet man es lediglich bei einigen baumartigen *Liliales*, z.B. *Dracaena*, *Cordyline*, *Yucca* und *Aloe* (Abb. 178). Das Cambium entsteht bei diesen Arten außerhalb der primären, im Zentralzylinder nach Art der Monocotyledonen zerstreuten Leitbündel in den inneren Schichten der anschließenden Rinde aus einer im Querschnitt ringförmigen Zone von primären Meristemzellen oder von parenchymatischen Rindenzellen dadurch, daß diese sich durch tangentiale Wände wieder zu teilen beginnen (bei *Dracaena*

und *Cordyline* meist erst in größerer Entfernung vom Stammscheitel).

Das Cambium bildet einen Zylindermantel aus mehreren Schichten im Längsschnitt prismenförmiger, lückenlos verbundener und in radialen Reihen angeordneter meristematischer Zellen, die längere Zeit Tochterzellen oder Descendenten nach innen, später aber auch nach außen abgeben. Die vom Cambium nach außen gebildeten (wenig zahlreichen) Abkömmlinge werden zu sekundären parenchymatischen Rindenzellen. Die nach innen abgegebenen (sehr zahlreichen) Abkömmlinge aber werden teils zu sekundären Leitbündeln, teils zu sekundärem Parenchym, dessen Zellwände sich verdicken und verholzen (Abb. 178).

Die Cambiumzellen pflegen die Gestalt langgestreckter, flacher Prismen mit beiderseits meißelförmig zugeschärften Enden zu haben (Abb. 179 A bis C). Während ihre bei den schnell aufeinanderfolgenden Teilungen immer wieder

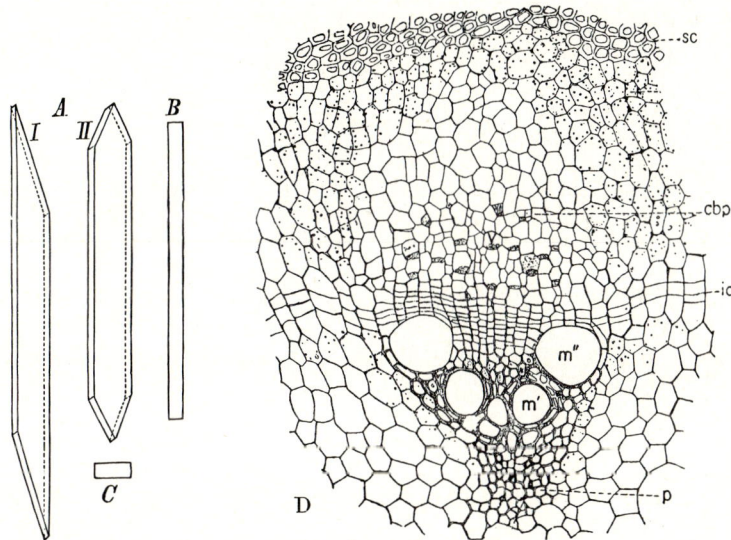

Abb. 179: Cambiumzellen und Cambiumtätigkeit. A bis C schematische Darstellung der Form der Cambiumzellen. A I und II die beiden häufigsten Formen räumlich, die tangentiale (Breit-)Seite zeigend. B Radialschnitt. C Querschnitt. D Querschnitt durch ein Leitbündel eines Zweigs von *Aristolochia durior* nach begonnener Cambiumtätigkeit. p Protoxylem, m′ Tüpfeltrachee im Metaxylem, m″ sekundär entstandene Tüpfeltrachee (vgl. Abb. 181G), ic Interfascicularcambium beidseitig am Fascicularcambium ansetzend, cbp Protophloem, sc Sclerenchymring. (A bis C 100 ×, nach ROTHERT; B 80 ×, nach STRASBURGER.)

Abb. 180: Schema der Teilungsfolge einer Cambiumzelle im Querschnitt; die Cambium-Initiale rot. → die Richtung zur Peripherie der Sproßachse, x, x₁, x₂ junge Holzzellen, r, r₁, r₂ junge Bastzellen. Die mit a bezeichneten Stadien unmittelbar vor, die mit b bezeichneten unmittelbar nach einer Tangentialteilung der rot gekennzeichneten Initialzelle. Man beachte, wie die letztere immer weiter gegen die Peripherie der Sproßachse rückt. (Nach JOST.)

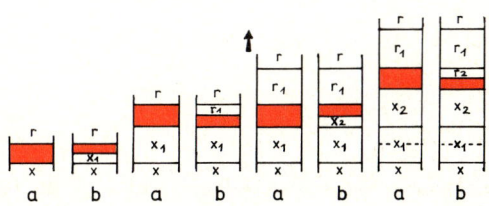

neu gebildeten Tangentialwände dünn sind, können die Radialwände erheblich dicker werden und sind häufig getüpfelt. Viele Cambiumzellen enthalten innerhalb ihres auffällig dünnen wandständigen Plasmabelages einen großen Saftraum. In der mittleren Zellschicht – der Initialschicht – ist die Teilungsaktivität am größten. Auch die Descendenten können sich, gelegentlich, noch ein- bis mehrmals teilen (Abb. 180), oder sie gehen unmittelbar nach oft lebhaftem Wachstum allmählich in sekundäre Dauerzellen über, deren Gestalt erheblich von derjenigen der embryonalen Cambiumzellen abweichen kann (Abb. 181, 185).

Dadurch, daß das Cambium nach innen Zellen abgibt, wird seine Tätigkeit mit der Dickenzunahme des Stammes immer weiter nach außen verschoben (Abb. 173; 180). Deshalb muß sich der Umfang des Cambiummantels sowie aller außerhalb desselben liegenden Gewebe fortgesetzt vergrößern, ein Vorgang, der als Dilatation bezeichnet wird.

Das ist nur möglich durch Wachstum und Zellvermehrung auch in tangentialer Richtung aufgrund gelegentlich eingeschobener radialer Längswände (Abb. 182: Etagencambium; z.B. *Robinia pseudoacacia*), oder es treten primär Querteilungen auf, worauf sich die Querwände schräg stellen und die beiden Zellen mit ihren Spitzen aneinander vorbei-

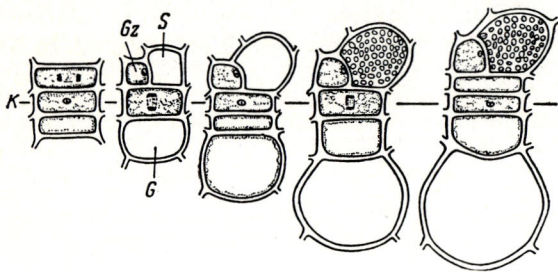

Abb. 181: Schematische Darstellung der Differenzierung verschiedener sekundärer Gewebeelemente aus derselben Cambiuminitiale (K) im Querschnitt. G Gefäßglied, S Siebröhrenglied, Gz Geleitzelle. (Nach HOLMAN u. ROBBINS.)

wachsen (symplastisches Wachstum), so daß schließlich die ursprünglich übereinanderstehenden Zellen nebeneinander liegen und ein sog. fusiformes Cambium bilden, in dem sich keine Ordnung der tangentialen Erweiterung mehr nachweisen läßt.

Bei allen Holzgewächsen, Stauden und Kräutern mit primär geschlossenem Meristemring und daraus hervorgehendem geschlossenem Xylem-Phloem-Zylinder (Abb. 183 Cd; 174 A, B) bildet schon das primäre Cambium von vornherein einen geschlossenen Hohlzylinder und kann infolgedessen seine Tätigkeit unverzüglich auf dem ganzen Stengelumfang aufnehmen. Bei vielen krautigen Gewächsen und manchen Lianen hingegen sind die fasciculären Cambien der einzelnen Leitbündelstränge zunächst durch breite primäre Markstrahlen voneinander getrennt (Abb. 183 A). Auch in diesem Fall wird vor dem Einsetzen des sekundären Dickenwachstums ein geschlossener Cambiumzylinder hergestellt, indem die Lücken zwischen den Cambien der einzelnen Gefäßbündel (Fascicular- oder Leitbündel-Cambien) durch Umbildung der entsprechenden Markstrahlzellen in ein sekundäres Cambium (Interfascicular- oder Zwischenbündelcambium) geschlossen werden (Abb. 179 D ic), das demnach definitionsgemäß ein Folgemeristem ist (vgl. S. 111).

Alles durch die Cambiumtätigkeit nach innen erzeugte sekundäre Dauergewebe – mag es nun aus Zellen mit mehr oder weniger verholzten oder (was seltener der Fall ist) mit unverholzten Wänden bestehen – wird als sekundäres Xylem oder sekundäres Holz bezeichnet. Alles vom Cambium nach außen abgegebene sekundäre Gewebe bildet die sekundäre Rinde oder den Bast.

Das sekundäre Gewebe, das vom fasciculären Cambium nach innen gebildet wird, gleicht dem der Xylemteile der primären Leitbündel, das nach außen gebildete dem ihrer Siebteile. Durch die Tätigkeit des Interfasciculularcambiums werden dagegen die Markstrahlen auf der Holz- und der Bastseite dauernd verlängert (Abb. 173, 183). Diese primären Markstrahlen des Holzes und des Bastes verbinden daher das Mark mit der primären Rinde. Sie bleiben allerdings nur in wenigen Ausnahmefällen bei der weiteren Verdickung der Stämme unverändert als breite, ununterbrochen von Knoten zu Knoten reichende, parenchymatische Trennungsschich-

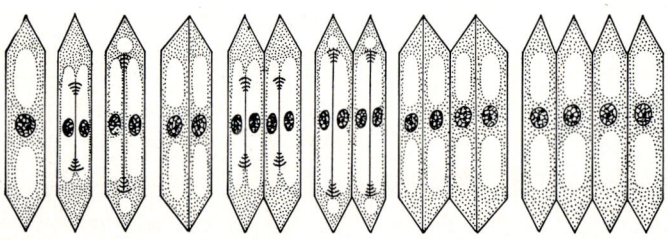

Abb. 182: Schema der tangentialen Zellvermehrung einer Cambiuminitiale durch Einschiebung radialer Längswände. (Entstehung eines Etagencambiums, Tangentialansicht; nach BAILEY.)

ten zwischen den einzelnen Holzteilen erhalten, wodurch dann eine wenig starre, fast seilartig-flexible Struktur zustande kommt, wie sie für manche Lianen typisch ist (**Aristolochia-Typus,** Abb. 183 A). Viel häufiger beginnt vielmehr auch das interfasciculare Cambium mit dem Einsetzen des sekundären Dickenwachstums auf breiter Front nach innen Holz- und nach außen Bast-Elemente abzugliedern, zwischen denen nur ganz schmale ein- bis wenigzellige Markstrahlen von begrenzter Höhe erhalten bleiben (**Ricinus-Typus,** Abb. 183 B). Auf diese Weise wird bei vielen Kräutern und Stauden mit massigen und umfangreichen Vegetationskörpern eine gleiche Standfestigkeit erreicht, wie sie bei den meisten Gehölzen bereits im Primärstadium vorhanden ist: ein völlig geschlossener, lediglich durch schmale, sekundäre Markstrahlen unterbrochener Hohlzylinder aus verholztem Leitungs- und Festigungsgewebe (**Tilia-Typus,** Abb. 183 C).

Bei zunehmender Dicke des Holzkörpers wird der tangentiale Abstand der einzelnen Markstrahlen notwendigerweise allmählich immer größer. Ist ihr anfänglicher Abstand auf diese Weise annähernd doppelt so groß geworden wie im Primärzustand, so werden zusätzliche Markstrahlen ausgebildet, die im Holz und in der Rinde blind enden (Holzstrahlen und Rinden- oder Baststrahlen) und um so weniger tief in beide hineinreichen, je später sie angelegt wurden (Abb. 173 B f; 183 d).

10. Das sekundäre Holz

Das sekundäre Holz läßt mit fortschreitender stammesgeschichtlicher Höherentwicklung eine gleichermaßen fortschreitende anatomische und funktionelle Differenzierung erkennen. Es ist deshalb oft schwierig und vielfach sogar ganz unmöglich, einer bestimmten Gewebeart des Holzes eine ganz bestimmte Funktion zuzuordnen, da auf den niederen Differenzierungs-Stufen noch mehrere für den Holzkörper charakteristische Funktionen von ein- und derselben Gewebeart erfüllt werden. Es ist daher sinnvoll, bei der Betrachtung des Holzes die Funktionen in den Vordergrund zu stellen und unter den Begriff des Funktionssystems alle speziellen histologischen Einrichtungen einzuordnen, die der jeweils gerade betrachteten Funktion dienen. Als wichtigste Aufgabe des Holzes darf die Wasserleitung gelten. Ihr dient das aus längs verlaufenden Strängen toter Tracheiden bzw. Tracheen zusammengesetzte Hydrosystem, zu dem manchmal – als Wasserspeicher – auch noch tote und lebende Holzfasern gehören. Eine zweite wichtige Aufgabe des Holzes besteht in seiner Stützfunktion für

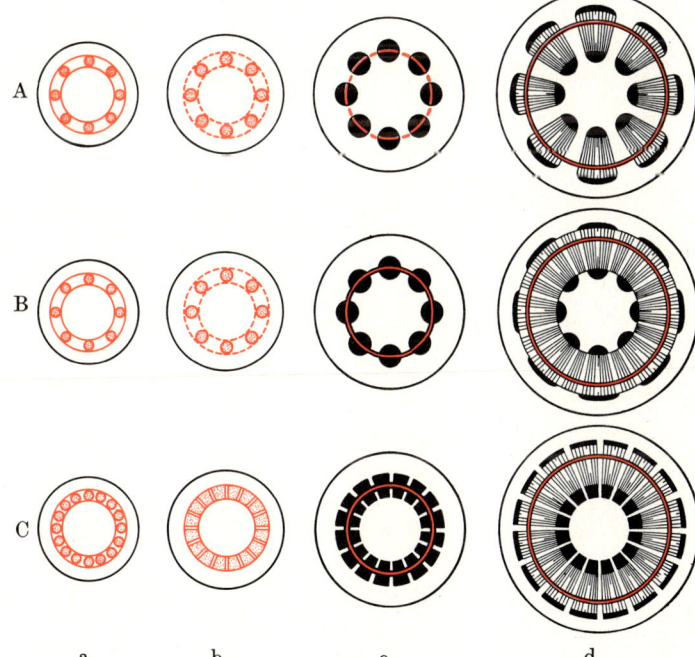

Abb. 183: Schema der drei Haupttypen des sekundären Dickenwachstums der Dicotyledonen. A Aristolochia-Typus, B Ricinus-Typus, C Tilia-Typus (rosa Procambium; rot Cambium, weitere Erklärung im Text, Orig.)

die oft mächtig in den Luftraum sich erhebende Baumkrone und in dem Widerstand gegen stürmische Luftbewegung, die Stamm und Äste zu zerbrechen droht. Beiden Aufgaben dient das Festigungssystem, das bei den hochdifferenzierten Hölzern aus längsverlaufenden Strängen toter, lufterfüllter Sclerenchymfasern (Holzfasern) besteht. Bei den primitiveren Gymnospermenhölzern, die noch keine eigenen Holzfasern entwickelt haben, wird auch die Festigung von den tracheidalen Wasserleitungselementen übernommen. Als dritte wichtige Aufgabe des Holzkörpers ist die Assimilatespeicherung während der Vegetationsruhe zu nennen. Ihr dient das Speicher- und Leitsystem für organische Stoffe, das sich aus längs verlaufendem axialem Holzparenchym oder Strangparenchym und radial verlaufendem Strahlenparenchym zusammensetzt.

Durch Maceration (z.B. Kochen in einer Mischung aus gleichen Teilen einer 10% Salpetersäure mit einer 10% Lösung von Chromsäureanhydrid in Wasser bzw. fermentative Auflösung der Mittellamellen mit Hilfe von Bakterien oder Enzymen) können die verschiedenen Holzelemente voneinander isoliert und einzeln mikroskopisch sichtbar gemacht

werden (Abb. 184 u. 185). Die Tracheiden und Holzfasern sind wesentlich länger, die Gefäße wesentlich weiter, als die Cambiuminitialen, aus denen sie hervorgegangen sind. Die größere Länge kommt durch Spitzenwachstum zustande (Abb. 185 B u. C), wobei sich die Zellenden unter Auflösung der Mittellamellen und Ausbildung neuer Wandsubstanz zwischen ihre apikalen Nachbarzellen schieben (Interpositionswachstum). Auf ähnliche Weise wird auch die besondere Weite der großen Tracheen hergestellt (Abb. 181 G, 190 A t). Die Wand der Faserzellen legt sich bei diesem Vorgang den Wänden der auseinanderweichenden Nachbarzellen an, wie das Raupenband eines Kettenfahrzeuges sich dem Boden anlegt, ohne daran vorbeizugleiten; der Ausdruck «gleitendes Wachstum» ist also irreführend. Bei der Bildung von Holzparenchym werden die Cambiuminitialen wiederholt quer geteilt. Dieses Parenchym besteht daher aus längs, d.h. parallel zu den Gefäßen und Holzfasern verlaufenden Zellreihen, denen man ihre Herkunft aus Cambiumzellen ansieht, da sie oben und unten mit zugeschärften Zellen enden (Abb. 184 A).

Wo Gefäße an Gefäße grenzen, bilden sich in der Trennwand zweiseitig behöfte Tüpfel; wo hingegen die toten Gefäße an lebende Holz- oder Markstrahlparenchymzellen grenzen, sind die Tüpfel nur auf der Seite der Gefäße einseitig behöft (vgl. S. 84). Die Scheidewände zwischen den Gefäßen und

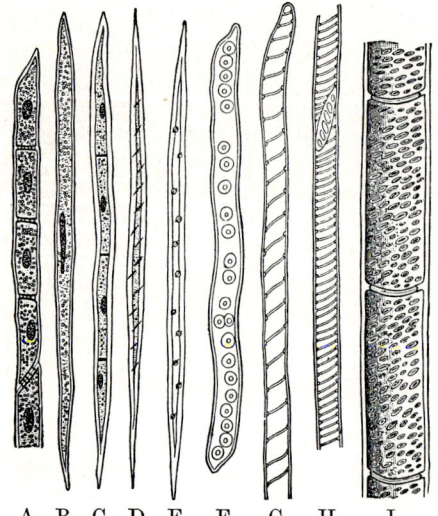

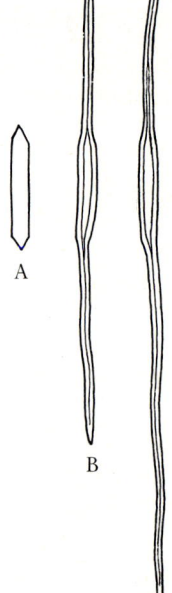

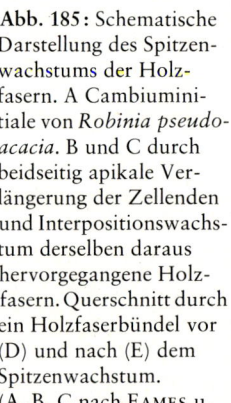

Abb. 184: Elemente des sekundären Dicotyledonen-Holzes, maceriert. A Holzparenchym; B ungeteilte, C unterteilte Ersatzfaser; D Holz- oder Libriformfaser; E Fasertracheide; F und G Tracheiden (F Hoftüpfeltracheide, G Schraubentracheide); H und I Tracheen (H Treppentrachee, I Trachee mit restlos aufgelösten Querwänden). (150×, nach Strasburger, verändert.)

A B C D E F G H I

A B C

D E

Abb. 185: Schematische Darstellung des Spitzenwachstums der Holzfasern. A Cambiuminitiale von *Robinia pseudoacacia*. B und C durch beidseitig apikale Verlängerung der Zellenden und Interpositionswachstum derselben daraus hervorgegangene Holzfasern. Querschnitt durch ein Holzfaserbündel vor (D) und nach (E) dem Spitzenwachstum. (A, B, C nach Eames u. McDaniels; D, E nach Rothert.)

den Holzfasern sowie die zwischen den Holzfasern und den Parenchymzellen sind meist gar nicht getüpfelt.

Nicht selten kommen in Hölzern Übergänge zwischen den typisch ausgebildeten Elementen vor. Wenig verdickte Holzfasern, die ihren lebenden Inhalt behalten (sog. Ersatzfasern Abb. 184 B), ohne oder mit Querwänden (C), vermitteln den Übergang zu den Holzparenchymzellen (A). Enge Tracheen (H) leiten über zu verhältnismäßig weiten Tracheiden (F, G), und schmale, stark zugespitzte Tracheiden (sog. Fasertracheiden mit reduzierten, winzigen Hoftüpfeln, Abb. 184 E), die hauptsächlich der mechanischen Festigung dienen mögen, zu den Holzfasern (Abb. 184 D).

a) **Gymnospermen-Holz.** Bei den meisten Gymnospermen ist das Holz noch verhältnismäßig einfach gebaut (Abb. 187). Tracheen fehlen noch. Die 1 bis 8 mm langen Tracheiden sind entsprechend ihrer Entstehung in regelmäßigen radialen Reihen angeordnet, da sie nur in radialer Richtung, aber so gut wie gar nicht in tangentialer und nur wenig in longitudinaler wachsen. Sie haben infolgedessen ähnliche Gestalt und Länge wie die Cambiumzellen und besitzen fast nur auf ihren radialen Wänden große runde Hoftüpfel, die man daher in radialen Schnitten in der Aufsicht, in tangentialen Schnitten hingegen im Querschnitt sieht.

Zwischen den Tracheiden verlaufen in radialer Richtung sehr zahlreiche bandförmige und meist nur eine Zellschicht breite Holzstrahlen, die sich über das Cambium als Rindenstrahlen in die sekundäre Rinde hinein fortsetzen (Abb. 186, 187). Ihre Zellen sind in der Regel radial gestreckt, stärkereich und werden von Intercellularen begleitet. Sie dienen vor allem dazu, die in den Blättern gebildeten und in der Rinde abwärts strömenden Assimilate in radialer Richtung dem Holzparenchym des Stammes zuzuführen und hier zu speichern, sowie umgekehrt Wasser aus dem Holzkörper nach außen zu leiten (Leit- und Speicherparenchym). Diese Aufgaben können die Holz- und Rindenstrahlen erfüllen, da sie, wie wir gesehen haben, mit ihren Enden gleichermaßen in den Holzkörper und in die sekundäre Rinde hineinragen. Die Intercellularen der Strahlen münden in das Intercellularensystem der Rinde.

In den Holzstrahlen sind bei manchen Nadelhölzern (z.B. *Pinus*) die Zellen einzelner Zellreihen – namentlich die der oben und unten randständigen – länger, tot, tracheidal ausgebildet und durch Hoftüpfel untereinander sowie mit den normalen senkrechten Tracheiden verbunden. Sie erleichtern den Wasseraustausch in radialer Richtung. Auch die parenchymatischen Holzstrahlen stehen durch große einseitig behöfte Tüpfel in enger Verbindung mit den Tracheiden.

Axiales Strangparenchym kommt im Nadelholz nur selten vor. Bei *Pinus* und *Picea* umgibt es lediglich die schizogenen Harzkanäle, die das Holz längs durchziehen (Abb. 187 und 153 C); diese sind mit anderen in mehrreihigen Holzstrahlen radial verlaufenden Harzkanälen netzartig verbunden; daher fließen aus einem verwundeten Stamm oft große Harzmengen aus. Bei anderen Nadelhölzern ist die Bildung des Holzparenchyms auf einfache Zellreihen zwischen den Tracheiden beschränkt; ihre Zellräume füllen sich später mit Harz. Bei manchen Gymnospermen (z.B. *Taxus*) fehlt ein besonderes Holzparenchym außerhalb der Markstrahlen völlig.

Schon mit dem bloßen Auge nimmt man auf vielen Stammholzquerschnitten (= Hirnschnitten) Jahresringe wahr (Abb. 186; 189 A). Bei stärkerer Vergrößerung erkennt man, daß in jedem dieser Ringe die älteren, inneren Elemente jeder radialen Tracheidenreihe weitlumig und dünnwandig, die jüngeren, äußeren aber englumig und dickwandig sind (Abb. 189 A). Die weiten gehen zu den engen im Jahresring ganz allmählich, die englumigen zu den

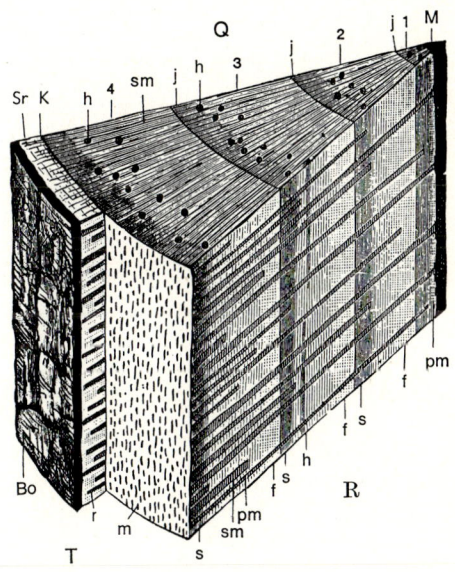

Abb. 186: Stück eines 4jährigen Kiefernzweiges, im Winter geschnitten. Q Quer- oder Hirnschnitt; R radialer Längsschnitt oder Spiegelschnitt; T tangentialer Längsschnitt oder Fladerschnitt. K Cambium; Sr sekundäre Rinde (Bast); Bo Borke; M Mark; j Jahresgrenze; 1 bis 4 die aufeinanderfolgenden Jahresringe; f Frühholz; s Spätholz; pm primäre Markstrahlen; sm Holzstrahlen im radialen Längsschnitt; m Holzstrahlen im tangentialen Anschnitt; r Rindenstrahlen; h Harzkanäle (6 ×, nach SCHENCK.)

weiten des nächstäußeren Jahresringes aber unvermittelt über (Abb. 187; 189 A; 190 A).

Die Jahresringe im Holz kommen durch die P e r i -o d i z i t ä t der Cambiumtätigkeit zustande, die bei uns zu dem Wechsel der J a h r e s z e i t e n in Beziehung steht: Wenn sich im Frühjahr die neuen Triebe ent-wickeln, werden besonders weitlumige und dünn-wandige Tracheiden mit großen runden Hoftüpfeln vorwiegend zur Wasserleitung (Frühlings- oder Weit-holz), im Sommer werden engerlumige, dickwandige, tangential abgeplattete Tracheiden mit wenigen kleinen, schlitzförmigen Hoftüpfeln vorwiegend zur Festigung gebildet (Spätholz, Sommer- oder Engholz). Je weiter gegen ihre Spitze hin sekundär verdickte Sproßachsen oder Wurzeln quer durchschnitten wer-den, desto weniger Jahresringe findet man; das folgt naturgemäß aus dem spitzenwärts abnehmenden Alter und dem Scheitelwachstum dieser Organe.

Während der zweiten Augusthälfte hört in unseren Breiten die Holzbildung in den Stämmen meist auf. Sie beginnt von neuem mit weitlumigen Elementen

im nächsten Frühjahr. Daher zeichnet sich zwischen dem Spätholz und dem nächstjährigen Frühholz der Stämme eine scharfe Grenze ab.

b) Dicotyledonen-Holz. Während auf der Organisationsstufe der Gymnospermen das einheitlich tracheidal zusammengesetzte Holz noch gleichermaßen sowohl der Wasserleitung als auch der Festigung dient (Tracheiden-Stufe des Hydrosystems), läßt sich bei den Dicoty-ledonen-Hölzern eine fortschreitende Differen-zierung zwischen diesen beiden Funktionen feststellen. Nach dem zusätzlichen Auftreten von T r a c h e e n im Dicotyledonen-Holz wird die Wasserleitfähigkeit der tracheidalen Anteile schrittweise eingeschränkt und durch die Ein-schaltung von lebenden Elementen (Ersatz-fasern und Holzparenchym) in zunehmendem Maße von den schließlich allein wasserleitenden Gefäßen getrennt.

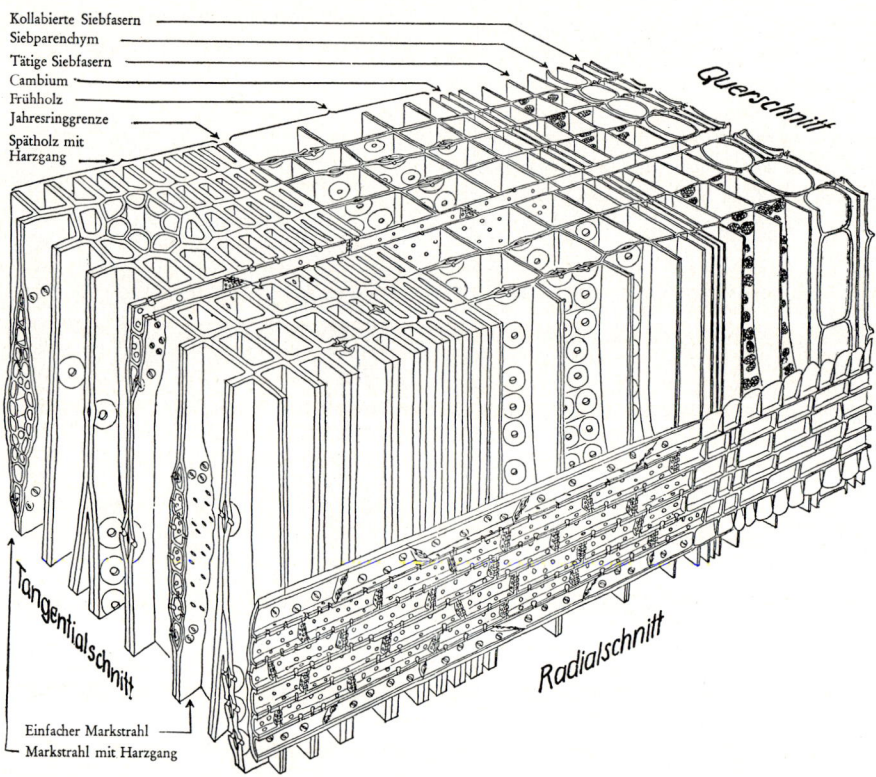

Abb. 187: Ausschnitt aus dem Holzkörper eines Nadelholzes an der Grenze zur Rinde (Blockdiagramm), schematisch. Die Darstellung ist gegenüber Abb. 186 um 180° gedreht (Zentrum des Holzkörpers links, vorne; Cambium und sekundäre Rinde rechts, hinten). Hoftüpfel der Tracheiden und Siebfelder der Siebröhren auf den radialen Wänden. Im Radialschnitt unten: längs aufgeschnittener Holzstrahl (Markstrahl), der auf der Höhe des Cambiums in den Rindenstrahl übergeht; im Holz bis zum Cambium oben und unten eine Reihe Holzstrahltracheiden; dazwischen 4 Reihen Holzstrahlparenchym = Leit- und Speicherparenchym. (Etwa 200 ×, nach MÄGDEFRAU.)

Während auf der Tracheiden-Gefäß-Stufe des Hydrosystems (z.B. *Castanea*) noch beide Zelltypen in gleicher Weise der Wasserleitung dienen, hat sich auf der eingeschränkten Tracheiden-Gefäß-Stufe (z.B. *Quercus, Ulmus, Juglans*) bereits eine deutliche räumliche und funktionelle Differenzierung zwischen wasserleitenden Tracheiden-Gefäß-Bereichen und der Festigung bzw. Stärkespeicherung dienenden Holz- bzw. Ersatzfaser-Komplexen vollzogen. Auf der Gefäß-Holzfaser-Stufe (z.B. *Vaccinium, Aesculus*) erfolgt die Wasserleitung bereits ausschließlich in den Gefäßen, während die tracheidalen Anteile nurmehr der Wasserspeicherung dienen. Auf der reinen Gefäß-Stufe schließlich (*Acer, Fraxinus*) sind die Gefäße zwar noch mitten im Holzfaser-Grundgewebe zu finden, aber dieses ist mit Luft erfüllt und scheidet somit als reines Festigungsgewebe endgültig und vollständig aus dem Hydrosystem aus.

Schon bei schwacher Vergrößerung läßt sich ein Dicotyledonen-Holz leicht von einem Gymnospermen-Holz unterscheiden, denn seine verschiedenen Elemente (Tracheiden, Tracheen, Holzfasern und Parenchymzellen) pflegen nach ihrer Abgliederung von den Cambiuminitialen sehr verschieden stark in die Länge und in die Breite zu wachsen (Abb. 181), wodurch die ursprünglich radiale Anordnung erhebliche Verzerrungen erfahren kann (Abb. 189 A; 190 A). Die weitlumigen Gefäße bilden zusammenhängende Bahnen, die ohne Unterbrechung von den Wurzeln bis in die dünnsten Zweigenden verlaufen. Während bei den sog. zerstreutporigen (mikroporen) Höl-

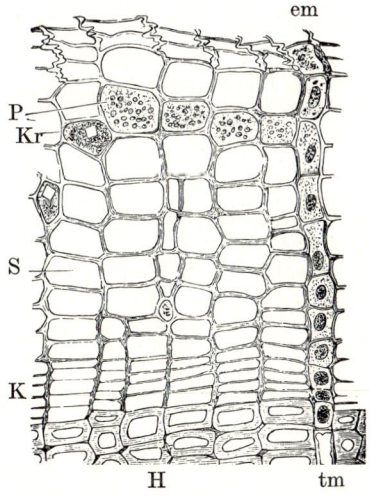

Abb. 188: Querschnitt durch Cambium (K) und sekundäre Rinde (Bast) einer Kiefer. H Außenrand des Holzkörpers, S in Reihen geordnete Siebzellen, P sekundäres Rindenparenchym (Bastparenchym), Kr Kristallzellen, em eiweißreiche Baststrahlzellen, tm tracheidale Holzstrahlzelle. (240 ×, nach SCHENCK.)

zern (z.B. *Acer, Aesculus, Alnus, Fagus, Populus, Salix, Tilia*) Gefäße annähernd gleicher Weite über den ganzen Jahresring zerstreut vorkommen, sind bei den ringporigen (cycloporen) Hölzern (z.B. *Castanea, Fraxinus, Quercus, Robinia, Ulmus*) sehr weite Gefäße (Tracheen) auf das Frühholz beschränkt, während im Spätholz faserförmige Tracheiden und englumige Holzfasern vorherrschen. Nur die wasserleitenden Elemente des jüngsten Jahresringes stehen in direkter Verbindung mit den Blättern der betreffenden Vegetationsperiode.

Während bei den Gymnospermen- und den zerstreutporigen Angiospermen-Hölzern auch zehn Jahre alte und ältere Jahresringe noch ihre Funktion erfüllen (bei allerdings geringer Leitungsgeschwindigkeit: 1,2 bis 1,4 m/h bei den Gymnospermen; 1 bis 6 m/h bei den zerstreutporigen Angiospermen), wird die höhere Leitungsgeschwindigkeit in den ringporigen Angiospermen-Hölzern (4 bis 44 m/h) durch einen frühzeitigen Funktionsausfall erkauft (S. 330 f.). Schon die vorjährigen Jahresringe führen bei diesen Arten in der Regel nur noch in ihren englumigen Spätholzgefäßen Wasser, während die weitlumigen Frühholzgefäße meistens bereits durch das Eindringen von Luft funktionsuntauglich geworden sind; bei *Quercus* pflegt selbst der Spätholzteil bereits im 3. Jahr für die Wasserleitung auszufallen.

Bei vielen Holzgewächsen wird die Laubmenge während des Sommers nicht weiter vermehrt; bei ihnen kann daher das Cambium im Spätholz vorwiegend der Festigung dienende Holzelemente bilden: die Holz- oder Libriformfasern (Abb. 189 Bf; 190 f.). Sie machen bei ringporigen Harthölzern 50 bis 66 % der Holzmasse aus.

Holzparenchym (Abb. 189 B p u. 190 p) ist bei den meisten Dicotyledonen-Hölzern reichlich vorhanden. Als längs verlaufendes axiales Holzparenchym umgibt es Gefäße (paratracheales Kontaktparenchym) und Tracheiden (paratracheidales Kontaktparenchym); beide Phosphatase- und ATP-ase-aktiven Parenchymtypen dienen der Ein- und Ausschleusung von Reservezuckern und Aminosäuren in die Leitungsbahnen. Das übrige Axialparenchym dient ausschließlich als Speichergewebe. Es ist mit dem Strahlenparenchym vielfach vernetzt und durchsetzt auf diese Weise den toten Holzkörper als ein lebendiges Maschenwerk von beinahe schwammähnlicher Struktur, das 1/4 bis 1/3 des gesamten Holzkörpers einnehmen kann. Das lebende Parenchymsystem ist zu seiner Durchlüftung von Intercellularen durchzogen. In diesem Parenchym werden die vom Bast herzuströmenden organischen Stoffe – zumeist als Stärke oder Fett – deponiert. Im Spätwinter und im Frühjahr, bereits vor und noch während der Knospenentfaltung, gibt dieses Speicherparenchym seine Speicherstoffe alsdann an das paratracheale Kontaktparenchym ab, von wo sie – nach entsprechender Aufbereitung – in den «Blutungssaft» (S. 328 f.) des Wasserleitungssystems eingespeist werden.

Die Höhe und Breite der Holzstrahlen läßt sich

leichter an tangentialen als an radialen Schnitten feststellen, weil man dort ihre Querschnitte vor sich hat.
Ihre Höhe schwankt bei den meisten Hölzern nur
innerhalb enger Grenzen, jedoch bei manchen, so
bei *Quercus* und *Fagus*, bei denen z. T. auffallend
breite Holzstrahlen vorkommen, sehr bedeutend.
Besonders hoch und breit sind die primären, sich
über die Länge eines ganzen Internodiums erstrek-
kenden Holzstrahlen bei vielen Lianen, z.B. *Aristolochia*. Während die Holzstrahlen der Gymnospermen oft nur in der Mitte aus lebenden Parenchymzellen bestehen, an ihren Rändern jedoch Tracheiden
(sog. Holzstrahltracheiden oder Quertracheiden)
führen, sind die Holzstrahlen der Dicotyledonen stets
vollständig parenchymatisch; allerdings können die
Randzellen auch in diesem Fall abweichend gestaltet
sein (z.B. *Fagus sylvatica*, Abb.190B).

Fladern und Masern. Da die Zahl der Jahresringe eines Stammes oder Astes von der Basis zur
Spitze stetig abnimmt, haben beide eine konische
Gestalt. Die Jahresgrenzen erscheinen deshalb im
tangential geführten Anschnitt, dem sog. Flader-

schnitt (z.B. auf Brettern), oft nicht als parallele Linien
sondern – je nach der Schnittführung – als mehr oder
weniger steile Kegelschnitte (Fladern). Durch
krummen Wuchs, gedrängte Ausbildung von Seitenästen oder Seitenwurzeln und Bildung von Wundholz
kann die «Zeichnung» des Holzes u. U. einen sehr
ungleichmäßigen und unübersichtlichen Verlauf nehmen. Derartige gemaserte Hölzer sind von der
Furnier- und Pfeifen-Industrie (z.B. Bruyère-Pfeifen
von *Erica arborea*) sehr begehrt.

c) **Splintholz und reifes Holz:** Oft enthalten
nur noch die äußeren Holzschichten, die aus
jüngeren Jahresringen bestehen und die man
den Splint nennt, lebende Zellen; sie allein
speichern bei solchen Arten Reservestoffe.
Auch die Wasserleitung ist auf den Splint, vielfach sogar nur auf dessen äußersten Jahresring
(z.B. bei den ringporigen Hölzern) beschränkt;
nur dessen Gefäße stehen ja direkt mit den
Blättern und mit den jüngeren Seitenwurzeln

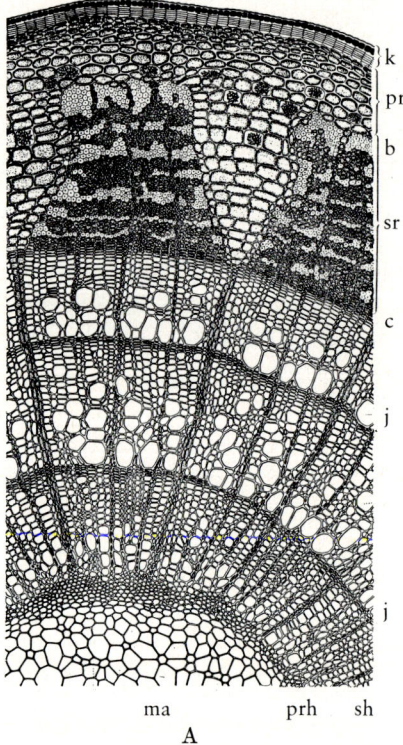
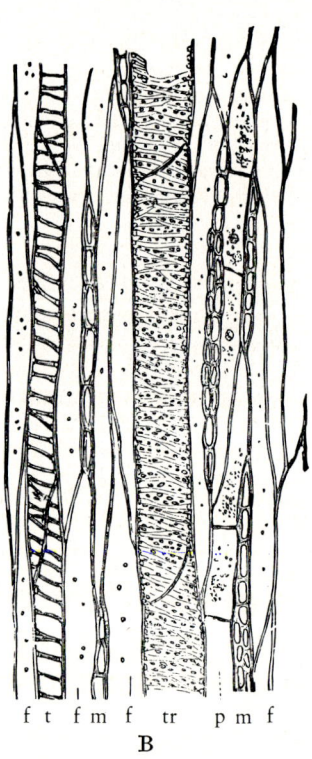

Abb. 189: *Tilia cordata* (Winter-Linde): A Querschnitt durch einen dreijährigen Zweig. k mehrschichtige Kork-
haut (noch von der Epidermis bedeckt); pr primäre Rinde; sr sekundäre Rinde (mit Bastfaserplatten b), primäre Rindenstrahlen nach außen keilförmig verbreitert (dilatiert); c Cambium; ma Mark; zwischen c und
ma das Holz mit 2 Jahresringgrenzen j; prh primäres Holz; sh sekundäres Holz, im sekundären Holz zwei-
reihige primäre und einreihige sekundäre Holzstrahlen. B tangentialer Längsschnitt durch das Holz. tr weite
Tüpfeltrachee im Frühholz; t englumige Spätholztracheide mit schraubiger Wandverdickung; f Holzfasern.
(A 20 ×, nach Kny; B 160 ×, nach Schenck.)

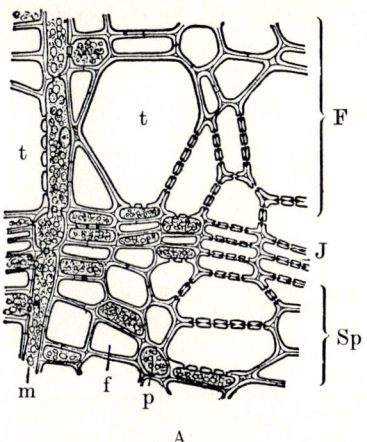
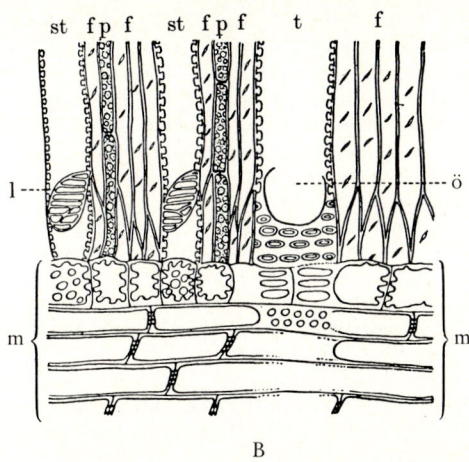

A   B

Abb. 190: A Querschnitt durch das Holz der Winter-Linde *(Tilia cordata)* an einer Jahresgrenze. (Stark vergrößerter Ausschnitt aus Abb. 189 A). F Frühholz, J Jahresgrenze, Sp Spätholz, t Trachee, f Holzfaser, p Holzparenchym, m Holzstrahl. B Radialer Längsschnitt durch das Holz der Rotbuche *(Fagus sylvatica)*. t weite Frühholztrachee mit einfachen (ö), st engere Spätholztracheen mit leiterförmigen (l) Durchbrechungen der Querwände. Die größtenteils weggeschnittenen Längswände der Gefäße haben elliptische Hoftüpfel. m Holzstrahl (durch die weite Trachee t etwas aus der Einstellebene gedrängt). p Holzparenchym. f Holzfasern. (A 360 ×, nach Strasburger; B 160 ×, nach Huber.)

in Verbindung. Die älteren Teile des Holzkörpers (das sog. reife Holz, dessen Gefäße durch das Eindringen von Luft aus dem Hydrosystem ausgeschieden sind) dienen nur noch der Festigung der Stämme.

d) **Verkernung:** Bei manchen Bäumen werden die lufterfüllten Gefäße im reifen Holz dadurch verstopft, daß lebende Holzparenchymzellen durch Vergrößerung und blasenartige Ausge-

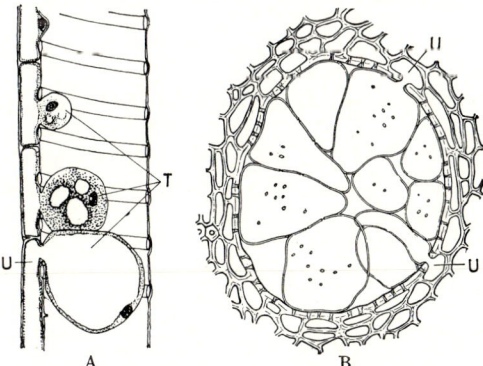

A   B

Abb. 191: A Längsschnitt und B Querschnitt durch ein von Thyllen erfülltes Gefäß nebst den angrenzenden Parenchymzellen aus dem Kernholz von *Robinia pseudoacacia*. Bei U ist der Zusammenhang der Thyllen (T) mit ihren Ursprungszellen zu sehen. (A schematisch nach Hollmann u. Robbins; B 300 ×, nach Schenck.)

staltung der Schließhäute ihrer Tüpfel in die angrenzenden Gefäße hineinwachsen und deren Lumina mehr oder weniger ausfüllen.

Solche Füllzellen oder Thyllen (Abb. 191) verschließen oft auch in verwundeten Gefäßen den Gefäßhohlraum. Die Aufblähung der Thyllen beruht primär auf einer starken Vacuolisierung. Sekundäre Verholzung der Thyllenwand ist möglich (sog. Steinthyllen). Oft unterscheidet sich der solcherart gebildete Kern durch dunklere Farbe vom helleren, äußeren Splint. Häufig ist er auch dichter, fester und schwerer sowie durch Einlagerung verschiedener Stoffe gegen Zersetzung geschützt. Die lebenden Parenchym-Elemente des Holzes sterben bei der Verkernung ab. Vor ihrem Tod lösen sie jedoch die in ihnen vorhandenen Reservestoffe auf und bilden noch mancherlei chemische Verbindungen, darunter auch Gerbstoffe, die in die Zellwände der umgebenden Elemente eindringen.

In anderen Fällen werden auch Farbstoffe gebildet, ferner harz- und gummiartige Stoffe, die als Kerngummi die Hohlräume der Gefäße verstopfen. Vor allem aber sind es Oxidationsprodukte der Gerbstoffe, die sog. Phlobaphene, die das Kernholz dunkel färben. Die Gerbstoffe selbst schützen den toten Kern vor Zersetzung. Auch anorganische Stoffe werden nicht selten in Kernhölzer eingelagert, so kohlensaurer Kalk in die Gefäße von *Ulmus minor* sowie amorphe Kieselsäure in die Gefäße des außerordentlich widerstandsfähigen Teakholzes. Der Kern ist daher meistens der technisch wertvollste Teil des Holzes.

Typische Kernholzbäume sind: *Pinus, Larix, Juniperus, Taxus* (ohne Thyllen); *Quercus, Robinia, Ulmus, Juglans, Prunus* (mit Thyllen). Je dunkler der Kern, um so dauerhafter pflegt er zu sein. Besonders wertvolle ausländische Kernhölzer sind Mahagoni *(Swietenia mahagoni)*, Palisander *(Dalbergia)*, Teakholz *(Tectona grandis)* und das tiefschwarze Ebenholz (verschiedene *Diospyros*-Arten).

Bei den Splintholzbäumen (z.B. *Acer pseudoplatanus* und *A. platanoides, Alnus, Betula, Carpinus, Populus*) tritt keine Verthyllung und Verkernung ein, sondern der gesamte Holzkörper besteht aus Zellen mit gleich hohem Wassergehalt, so daß ihr Stammquerschnitt gleichfarbig erscheint.

Bei den Reifholzbäumen schließlich (z.B. *Abies, Acer campestre, Fagus, Picea, Tilia*) stirbt der Kern ab und trocknet aus; es finden aber keine imprägnierenden Einlagerungen statt, wie bei den Kernhölzern. Die Stämme der Reifholz- und Splintholzbäume werden daher im Alter oft durch Pilzbefall hohl.

e) Dendrochronologie. Nach der Zahl der Jahresringe läßt sich das Alter der Holzkörper oft ziemlich genau feststellen. Auf diese Weise hat man das Alter der nordamerikanischen Mammutbäume *(Sequoiadendron)* bei einem Stammdurchmesser von 5 bis 6 m auf 3500 Jahre bestimmen können. *Pinus longaeva* in Kalifornien wird sogar 4600 Jahre alt (vgl. S. 784).

Die Jahresringe erlauben auch Rückschlüsse auf Klimaschwankungen während des Baumlebens; denn in Trockenperioden sind sie schmal mit viel Spätholz, in feuchten breiter. – Derartige «Signaturen» ermöglichen eine sehr genaue rückwirkende Datierung bis in Zeiträume hinein, die weit v o r der Altersgrenze der untersuchten Bäume liegen. Mit Hilfe der sog. «Überbrückungsmethode», d.h. unter vergleichender Verwendung der Jahresringdiagramme rezenter und in historische Gebäude eingebauter Stämme und der Ermittlung eindeutiger Übereinstimmungen oder Koinzidenzen, die den rückwärtigen Anschluß erlauben (Abb. 192), ist es in den Vereinigten Staaten gelungen, eindeutige Datierungen bis in das 4. vorchristliche Jahrtausend exakt zu belegen; in Europa

konnten mit Eichen und Tannen Chronologien aufgestellt werden, die immerhin 2½ Jahrtausende umfassen.

Nicht selten überschreitet allerdings die Zahl der Ringe im Holz die Zahl der Altersjahre, vor allem, wenn Blattverlust durch Frost, Raupenfraß oder andere schädliche Einflüsse vorzeitiges Austreiben der für die nächstjährige Vegetationsperiode bestimmten Knospen veranlaßt und Neubelaubung eine Wiederholung der Frühholzbildung bedingt. Andererseits kann bei Holzgewächsen, die sonst die Jahresringbildung streng einhalten, ausnahmsweise die Zahl der nachweisbaren Jahresringe kleiner ausfallen, als das Alter der betreffenden Baumes es verlangt, weil sich die Jahresgrenzen gelegentlich nicht scharf absetzen. Im Holzkörper der Wurzeln ist die Grenze der Jahresringe meist undeutlicher. – Bei Holzgewächsen feuchtwarmer Tropengebiete mit ununterbrochener Wachstumstätigkeit können die Jahresringe fehlen (z.B. in dem früher offizinellen *Guajacum-* und *Quassia*-Holz); bei vielen sind aber auch hier periodische Zuwachszonen ausgebildet, die eine – dem (nicht unbedingt jahresperiodischen) Laubwechsel entsprechende – rhythmische Tätigkeit des Cambiums anzeigen.

11. Sekundäre Rinde

Wie das Phloem der Leitbündel (dessen Funktion sie bereits dicht hinter den Spitzen der Sprosse übernimmt) dient auch die sekundäre Rinde in erster Linie dem Ferntransport der Assimilate sowie – zusätzlich – der Assimilate-Speicherung. An ihrem histologischen Aufbau sind sowohl bei den Gymnospermen, als auch bei den Dicotyledonen d r e i Gewebearten beteiligt: 1. Die Siebzellen bzw. Siebröhren bilden das wichtigste Fernleitungssystem für die Assimilate und organischen Reservesubstanzen. 2. Die Verbindung zu den Speichergeweben des Holzkörpers wird durch das Rindenstrahlparenchym vermittelt, das – wie das zusätzlich vorhandene Bastparenchym – darüber hinaus auch

Heute

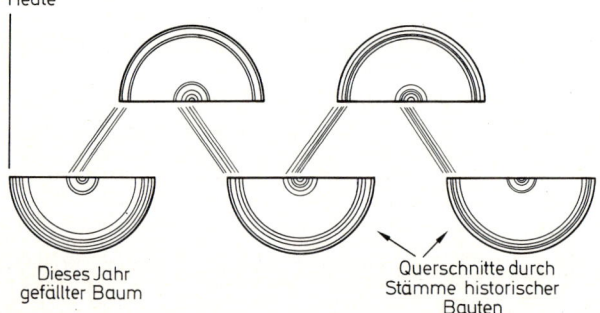

Dieses Jahr
gefällter Baum

Querschnitte durch
Stämme historischer
Bauten

Abb. 192: Schematische Darstellung des Überbrückungsverfahrens in der Dendrochronologie. Die ältesten Ringe eines rezenten Baumes werden mit den äußersten eines jungen historischen Gebälks synchronisiert usf. bis zurück in vorgeschichtliche Zeiten (nach GLOCK.)

selbst als Speichergewebe dienen kann (Abb. 193 A und Bᴍ). 3. Sclerenchymplatten und Korkschichten bilden ein kombiniertes Schutzsystem, das durch seine Härte («Hartbast») und Elastizität vor mechanischen Verletzungen, durch seine isolierenden Eigenschaften vor Hitze (Sonneneinstrahlung und Feuer), durch seinen Gehalt an antibiotisch wirksamen Gerbstoffen vor Infektion schützt. Im letztgenannten Sinn dürften auch die häufig in der sekundären Rinde vorkommenden Milchröhren, Schleimzellen und Harzkanäle zu verstehen sein, deren Inhalt dem Wundverschluß nach Verletzungen zugute kommt. Nicht selten finden sich schließlich Kristallzellen (Abb. 193 A u. Bᴋʀ) mit umstrittener Bedeutung.

Die Siebzellen (Abb. 187: Siebfasern) und Siebröhrenglieder (Abb. 193 A s) der sekundären Rinde haben meist sehr schräge, radial gestellte Endwände, die von einer kleineren oder größeren Zahl übereinanderliegender Siebfelder durchbrochen sind (Abb. 193 A und B spl). Sie sind dünnwandig, unverholzt und meist nur kurze Zeit tätig, worauf sie zusammenfallen oder zusammengedrückt werden. Die Bastfasern sind oft sehr lang und englumig, ihre meist verholzten Wände sind stark verdickt (Abb. 193 B hB), spärlich mit schrägen, spaltenförmi-

gen Tüpfeln ausgestattet. Die stärkereichen Rindenstrahlzellen (M) sind denen des Holzes gleichgestaltet, lebend, reich an Reservestoffen, dünnwandig und meist unverholzt.

a) **Anordnung der Gewebe in der sekundären Rinde.** Die einzelnen Gewebearten der sekundären Rinde sind ähnlich wie die entsprechenden Gewebe im Holz angeordnet. Die Siebelemente bilden also meist ununterbrochene, oft auch seitlich miteinander in Verbindung stehende Längsbahnen von der Wurzel bis in die Laubblattkrone. Außerdem lehnen sich die Siebröhren hier und da an die auch in der sekundären Rinde bandförmigen Rindenstrahlen an (Abb. 187; 188) oder sie sind doch zumindest durch lebendes Parenchym mit ihnen verbunden (Abb. 193). Die Rindenstrahlen sind die radialen Fortsetzungen der Holzstrahlen (Abb. 188 tm–em; 189 A); so können die Assimilate aus der Laubblattkrone innerhalb der sekundären Rinde nach den Wurzeln abströmen und durch die Rinden- und Holzstrahlen radial in die lebenden Zellen der sekundären Rinde und des Holzkörpers gelangen. Den Übergang zwischen Rindenstrahlparenchym und reifen Siebzellen vermitteln beim Be- und Entladen die bei *Pinus* genauer untersuchten Strasburgerzellen.

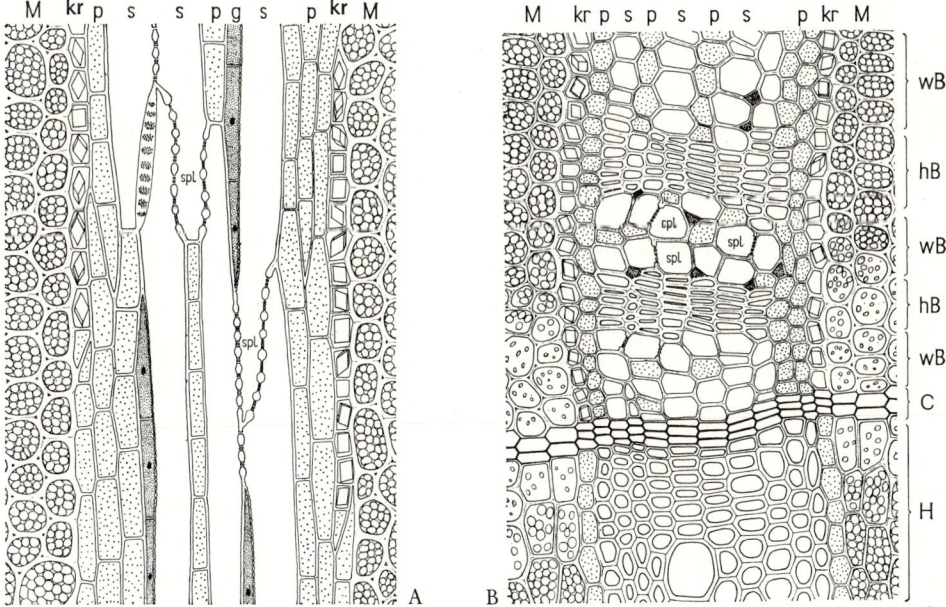

Abb. 193: *Vitis vinifera*, Rebe: sekundäre Rinde, A tangentialer Längsschnitt, B Querschnitt. s Siebröhren (mit Siebplatten spl), g Geleitzellen, p Parenchym, M Rindenstrahlparenchym mit gespeicherter Reservestärke, kr Kristallzellen, wB «Weichbast» (Siebröhren und Geleitzellen), hB «Hartbast» (Bastfasern), C Cambium, H Holzteil. (200×, Orig.)

Morphologisch sind sie durch einen äußerst aktiven Arbeitskern, reichliches Auftreten von Polysomen und den Mangel an Stärke gekennzeichnet; biochemisch läßt sich in ihnen eine erhöhte Aktivität an Atmungsenzymen und sauren Phosphatasen nachweisen.

Die Gewebearten der sekundären Rinde – Siebröhren, Geleitzellen und Parenchym (Weichbast) einerseits und Sclerenchymfasern (Hartbast) andererseits – bilden oft regelmäßige, nur von den Markstrahlen unterbrochene Schichten, die jedoch im Gegensatz zur Jahresringbildung des Holzes oft mehrmals in der gleichen Vegetationsperiode aufgrund einer noch nicht näher erforschten endonomen Rhythmik miteinander abwechseln (Abb. 189A sr; 193 B hB und wB). Aus herausgelösten derartigen Hartbastfaserstreifen von *Tilia*- und *Salix*-Arten bestand einstmals der «Binde-Bast» der Gärtner, der allerdings heute nahezu völlig von Kunststoffprodukten verdrängt worden ist. Besonders regelmäßig ist die sekundäre Rinde bei vielen Coniferen aufgebaut. Bei den *Cupressaceae* z.B. wechseln einreihige Tangentialbänder von Siebzellen S, Fasern F und Parenchymzellen P in regelmäßiger Folge miteinander ab (z.B. bei *Chamaecyparis* S·P·F·P·S·P·F·P usf.). Bei anderen Nadelhölzern – z.B. *Larix* – besteht der jährliche Rindenzuwachs zunächst ausschließlich aus Siebzellen (10 und mehr Reihen); erst im Spätherbst fällt auch *Larix* in einen regelmäßigen Wechsel zwischen Siebzellen und Parenchymzellen zurück, so daß die Lärchenrinde eine echte Jahresringbildung aufweist, die jedoch bei anderen Gehölzen nur selten auftritt.

b) Folgen des sekundären Dickenwachstums für die Gewebe außerhalb des Cambiummantels. Indem das Cambium nach innen immer mehr Holz, nach außen immer mehr sekundäres Rindengewebe bildet, wachsen Stengel und Wurzel sekundär in die Dicke. Die Dauergewebe, die außerhalb des Cambiummantels liegen, werden infolgedessen tangential gedehnt oder zerrissen und gleichzeitig radial zusammengedrückt, sofern sie nicht der Umfangserweiterung durch tangentiales Wachstum nachkommen (Dilatation; vgl. S. 162).

Die lebenden Parenchymzellen der primären Rinde, der primären Siebteile, der sekundären Rinde und bei einigen Holzgewächsen sogar der Epidermis (s.u.) werden dabei durch antikline (radiale) Wände geteilt und auf diese Weise tangential vermehrt. In der sekundären Rinde ist dieses Wachstum oft besonders auffällig in den primären Markstrahlen zu beobachten. Bei *Tilia* z.B. kommt es in ihnen geradezu zur Ausbildung sekundärer Meristeme, die durch radiale Wände Parenchymzellreihen in tangentialer Richtung nach beiden Seiten abgeben. Da die älteren, äußeren Abschnitte bereits längere Zeit der Dilata-

tion unterliegen als die jüngeren, inneren, sind die Rindenmarkstrahlen oft nach außen hin keilartig verbreitert (Abb. 189 A). Umgekehrt sind die aus toten Sclerenchymelementen bestehenden äußeren Sclerenchymstreifen, die ja bereits zu einer Zeit angelegt wurden, als der Zweig noch dünner war, schmäler als die inneren; sie sind häufig durch die Dilatation in tangentialer Richtung zerrissen. Das gilt insbesondere für den bei vielen Arten (z.B. *Aristolochia*) vorhandenen primären Festigungsmantel aus Bastfasern, der den Zentralzylinder gegen die primäre Rinde abgrenzt (vgl. hierzu S.156) und als erster der Dilatation unterliegt. In die durch die Zerreißung entstehenden Lücken pflegen vielfach Parenchymzellen aus den benachbarten lebenden Geweben (sekundäres Rindenparenchym) hineinzuwachsen, die sich teilweise oder ausnahmslos in dickwandige Steinzellen verwandeln können (Abb. 195 s) und so die aufgerissenen Lücken wieder schließen. Auf diese Weise entstehen gemischte Festigungszylinder (Abb. 195 s, psk). Siebröhren und Geleitzellen der sekundären Rinde, die ja nur kurze Zeit tätig sind und dann absterben und kollabieren (Siebröhrenkollaps), werden mit den gegebenenfalls vorhandenen Sekretzellen zerdrückt, und ihr Inhalt wird resorbiert.

Ein jahrelanges Dilatationswachstum der Epidermis findet sich bei verschiedenen *Acer*-, *Citrus*-, *Cornus*-, *Ilex*-, *Rosa*-, *Viscum*- und Kakteen-Arten. Solche Epidermiszellen haben meist mächtig verdickte Außenwände. Sie vermögen diese Wände in dem Maß, wie sie an der Oberfläche Risse bekommen, von innen durch neue Verdickungsschichten zu verstärken. Die Äste bleiben grün.

c) Peridermbildung. Gewöhnlich nimmt aber die Epidermis an der Dilatation nicht teil; sie wird passiv gedehnt, stirbt ab und wird schließlich zersprengt. Schon lange vorher bildet sich ein sekundäres Abschlußgewebe aus: der Kork (vgl. S. 121). Er ersetzt die Epi- (oder Exo-)dermis und schützt die Teile, die im Dickenwachstum begriffen sind, gegen Austrocknung. Der Kork entsteht durch die Tätigkeit eines besonderen sekundären Meristems, das sich in der Peripherie der in die Dicke wachsenden Organe bildet und Korkcambium (Phellogen) heißt (Abb. 194 A ph).

Meist beginnt die Bildung dieses Korkcambiums schon in der ersten Vegetationsperiode bald nach Beginn des sekundären Dickenwachstums oder gar schon vorher. Es kann aus der Epidermis durch tangentiale Teilungen ihrer Zellen hervorgehen (z.B. beim Apfel- und Birnbaum). Meist aber bildet es sich aus der subepidermalen Rindenschicht, die auf die Oberhaut folgt (Abb. 194 A, B), oder aus beiden (z.B. Kartoffelknolle), seltener aus tieferen Rindenschichten (z.B. bei *Ribes*, *Thuja*), bei den Wurzeln meist sogar aus dem Pericambium (Abb. 211). Das Korkcambium erzeugt hauptsächlich nach außen in radialen Reihen Zellen, die keine Intercellularen zwischen sich bilden; man nennt sie – mögen sie verkorkt oder unverkorkt sein – den Kork. Die vom Korkcambium nach innen spärlich gebildeten Zellen heißen dagegen Phelloderm; sie werden zu chlorophyllreichen, unverkorkten Rindenzellen. Korkcambium samt Kork und Phelloderm faßt man als Periderm zusammen. Hat die Bildung des Periderms begonnen, so werden die zuvor grünen Stengel außen allmählich braun oder grau. Peridermbildung pflegt schließlich auch bei solchen Pflanzen einzutreten, deren Epidermen zunächst infolge Dilatation jahrelang mitwachsen (z.B. Acer-, Ilex-, Rosa-Arten s. oben). Sie fehlt bei den Viscum-Arten.

d) **Lenticellen.** Durch die Bildung eines von Intercellularen freien Korkmantels an Stelle einer Epidermis wäre der Gasaustausch zwischen der Atmosphäre und dem Innern des Organs aufgehoben, wenn nicht für Ersatz der epidermalen Spaltöffnungen durch eine entsprechende Unterbrechung der Korkschicht gesorgt würde. Das geschieht, wenigstens bis zu einem gewissen Grade, durch die schon mit dem bloßen Auge auf den Korkhäuten der Zweige unserer Holzpflanzen erkennbaren Lenticellen oder Korkwarzen (Abb. 194 B, C).

Die Lenticellen stellen eine im Laufe der Stammesgeschichte immer weiter ausgestaltete Sonderentwicklung des sekundären Abschlußgewebes dar. Es handelt sich um unter einigen wenigen Spaltöffnungen angelegte, mehr oder weniger klar gegen die Umgebung abgegrenzte Bezirke des Korkgewebes, die sich durch eine erhöhte Aktivität ihrer meristematischen Bildungsschicht auszeichnen. Die Ausbildung reichlicher Intercellularen macht die Lenticellen für Gase wegsam. Die Intercellularen

münden in die Außenluft und setzen sich andererseits durch das Korkcambium hindurch in das Intercellularensystem des lebenden Gewebes fort.

Im Flaschenkork erkennt man die Lenticellen als mit dunkelbraunem Pulver aus abgestorbenen Zellen angefüllte Kanäle, die ihn in seiner ganzen Dicke radial durchsetzen. Die Lenticellen pflegen unter den Spaltöffnungen oft über vielzelligen Markstrahlen sogleich zu Beginn, ja oft schon vor der sonstigen Korkbildung zu entstehen. Das Korkcambium, das unter den Spaltöffnungen radial verlaufende Intercellularen aufweist, bildet hier nach außen reichlich lockeres «Füllgewebe» (Abb. 194 B f). Die Lenticellen heben daher schließlich die Epidermis empor und durchbrechen sie. Abwechselnd mit dem sehr lockeren, meist unverkorkten Füllgewebe kann das Korkcambium vor allem gegen Ende der Vegetationsperiode Schichten fester verbundener, verkorkter Zellen nur mit engen Intercellularkanälen erzeugen. Diese Zellschichten werden aber durch die im Anschluß daran entstehenden und nachdrängenden Füllzellen immer wieder gesprengt. An den Wurzeln und an manchen Gymnospermensprossen kommen Lenticellen auch ohne das primäre Vorhandensein von Spaltöffnungen vor.

e) **Borkenbildung.** Die Gewebe, die außerhalb des Korkcambiums liegen, z.B. die Epidermis (Abb. 173 B f), bei den meisten Wurzeln sogar die gesamte Rinde (Abb. 211 C), werden von der Nahrungs- und Wasserzufuhr abgeschnitten und sterben ab. Meist stellt das erste Korkcambium in Stamm und Wurzel bald (aber bei Betula viele Jahre nicht, bei Carpinus und Fagus sowie bei der Korkeiche Quercus suber nie) seine Tätigkeit ein; seine sämtlichen Zellen werden zu einer Korkschicht. Ein neues Korkcambium wird mehr oder minder tief in der Rinde angelegt. Seine Tätigkeit erlischt aber

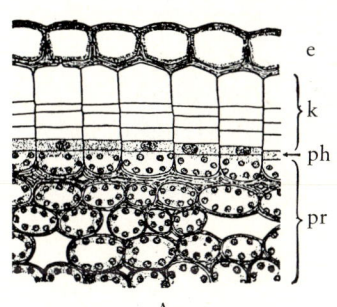
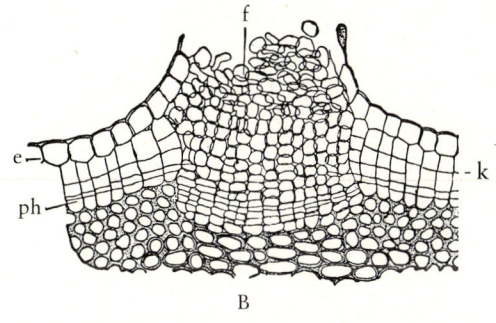
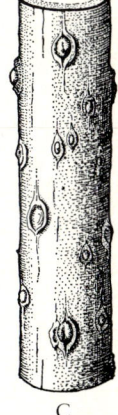

Abb. 194: Sekundäre Abschlußgewebe und Lenticellen bei *Sambucus nigra*. A Querschnitt durch die äußeren Teile eines einjährigen Zweigs des Holunders im Sommer. Beginn der Peridermbildung: pr Rindenparenchym, e Epidermis, ph Korkcambium, k Kork. C älteres Zweigstück mit «Rindenporen». B Querschnitt durch eine solche Lenticelle bei starker Vergrößerung. e Epidermis, ph Korkcambium, f lockere Füllzellen. (A 200×, nach Fitting; B 60×, nach Strasburger; C nat. Gr., Orig.)

nach einiger Zeit in gleicher Weise. Hierauf entsteht weiter innen ein neues, drittes Korkcambium, wie es Abb. 195 bei *Quercus* zeigt, und so fort. Schließlich sind es nicht mehr primäre, sondern sekundäre Gewebe, nämlich die lebenden Parenchyme der sekundären Rinde, in denen sich das neue Korkcambium bildet. Daher ist an älteren Stämmen außerhalb des Holzkörpers nur noch sekundäres Gewebe vorhanden.

Die Gesamtheit der solcherart durch Korkschichten abgetrennten Gewebe samt den bereits früher zwischengeschalteten Peridermschichten wird als Borke bezeichnet. Diese vermag – da sie ja von der Zufuhr von Wasser und Nährstoffen völlig abgeschnitten ist – der weiteren Dickenzunahme des Stammes oder der Wurzel natürlich nicht mehr zu folgen; sie blättert mit der Zeit entweder außen ab oder wird – so bei den meisten alten Bäumen – rissig (Abb. 186 Bo).

Durch die Borkenbildung werden also mit der Zeit auch die äußeren, jeweils ältesten Teile der sekundären Rinde abgestoßen. Die Folge davon ist, daß die Rinde auch bei alten Baumstämmen immer nur dünn bleibt. Festigungselemente können also nur dann zu dauernden Bestandteilen der Stämme werden, wenn sie innerhalb des Cambiums, d.h. im Holz entstehen. Bilden die einzelnen Korklagen rings geschlossene Hohlzylinder, so werden stammumfassende Gewebemassen zu Ringelborke, so bei der Birke *(Betula)* und der Kirsche *(Prunus cerasus)*. (Man

darf sie nicht mit dem Blätterkork S. 121 verwechseln.) Sind die ringförmigen Korklagen von parenchymatischen Längsstreifen unterbrochen, kommt es zur Streifenborke *(Vitis, Lonicera, Clematis)*. Umfassen dagegen – wie es die Regel ist – die Korkschichten und die Korkcambien, aus denen sie entstanden sind, auch in der Längsrichtung des Stammes nur begrenzte Teile der Stammoberfläche, indem jüngere Korklagen mit ihren Rändern an ältere, also weiter außen liegende, bogenförmig ansetzen, so schneiden sie schuppenförmige Gewebestücke aus ihr heraus. In dieser Weise erzeugte Borke heißt Schuppenborke (so bei *Quercus*: Abb. 195, *Platanus* und bei der Kiefer). Wo die Borke abblättert, z.B. bei *Platanus* und *Pinus*, geschieht dies durch Vermittlung von Trennungsschichten aus absterbenden Parenchymzellen oder meist besonders dünnwandigen Korkzellen (Phelloidschichten), die zwischen die übrigen, oft stark verdickten Korkschichten des Periderms eingeschaltet sind und durch die dilatationsbedingte Querspannung in der Borke durchrissen werden. Die braune oder rote Farbe der meisten Borken wird durch ähnliche Derivate von Gerbstoffen veranlaßt, wie sie auch für die Färbung vieler Kernhölzer verantwortlich sind. Diese keimtötenden, d.h. bactericid und fungicid wirksamen Stoffe bedingen die große Widerstandsfähigkeit der Borken. Die weiße Farbe der Birkenrinde beruht auf der Einlagerung von Betulin.

f) **Wundheilung.** Wenn eine Wunde ein noch junges Gewebe bloßlegt, kommt es gewöhnlich zunächst zur Bildung eines Wundcallus; d.h. alle an die Wunde grenzenden lebenden Zellen wuchern aus ihr hervor und teilen sich. In den meisten Fällen bildet

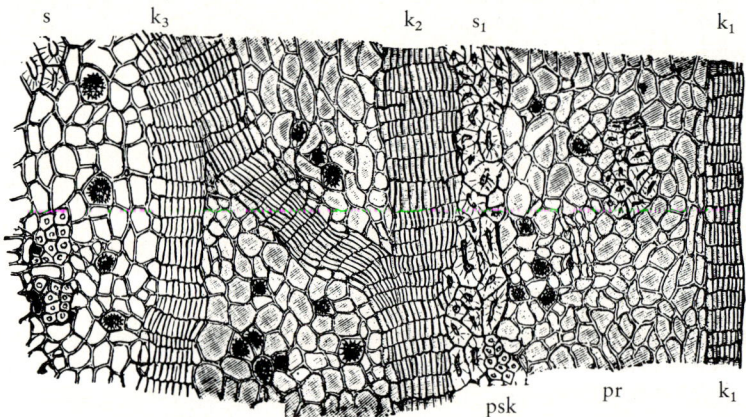

Abb. 195: Querschnitt durch die Schuppenborke der Trauben-Eiche *(Quercus petraea)*. k_1, k_2 und k_3 nacheinander entstandene Korkschichten. pr durch Dilatation veränderte primäre Rinde. psk primäres Sclerenchym: Reste eines ursprünglich nahezu geschlossenen primären Festigungszylinders (= äußere Begrenzung des Zentralzylinders; vgl. Abb. 173 B e primäre Bastfasern), der durch die Dilatation zersprengt wurde (Abb. 173 B f). s_1 sekundär differenzierte Steinzellen; s weitere Steinzellen im sekundären Zuwachs. Im Parenchym verstreut Exkretzellen mit Calciumoxalatdrusen. Alle Gewebe außerhalb der innersten (also linken) Korkschicht (k_3) gebräunt und abgestorben. (100×, nach Schenck.)

sich alsdann in der Peripherie des Callusgewebes ein Phellogen aus, das nach außen Kork erzeugt.

Ausgedehnte Wunden, die an älteren Stammteilen der Coniferen und Dicotyledonen bis in den Holzkörper reichen (so auch die durch Beschneiden entstandenen), werden überwallt. Das an die Wundränder grenzende Cambium wächst dabei wulstartig zu einem Wundcallus hervor. Der Wulst schließt sich durch Kork nach außen ab, während in seinem Innern eine Cambiumschicht entsteht, die mit dem Stammcambium in Verbindung tritt und wie dieses tätig ist. So verbreitern sich die Überwallungswülste und bedecken allmählich die Wundfläche mit neuen Holzschichten. Gelingt es den Überwallungswülsten, sich über der Wundfläche mit den Rändern zu erreichen, so verwachsen sie und schließlich auch ihre Cambien zu einer wieder einheitlichen Meristemschicht. Das deckende Holz verwächst nicht mit dem bei der Verwundung bloßgelegten, das sich gebräunt hat und dessen Parenchym abgestorben ist. Daher lassen sich in Stämme eingeschnittene Zeichen, die bis auf den Holzkörper reichen, nach ihrer Überwallung selbst nach Jahrzehnten noch wiederfinden. Auf die gleiche Weise können um den Stamm gelegte Drähte allmählich «einwachsen» und schließlich völlig überwallt werden. Das über den Wunden erzeugte Holz ist in seinem Bau von normalem Holz zunächst verschieden, es wird als Wundholz bezeichnet. Es besteht aus fast isodiametrischen Zellen, auf die erst allmählich gestrecktere Elemente folgen. Bei *Prunus avium* erzeugt das Cambium infolge von Verwundungen statt normaler Holzelemente Nester dünnwandiger Parenchymzellen, die Gummi bilden, welches die Wunden verschließt (vgl. S. 89, Gummosis).

B. Die Blätter

Wir sahen die Blattanlagen am Sproßscheitel exogen als seitliche, zunächst ungegliederte Höcker oder Querwülste auftreten (S. 138 ff.; Abb. 154 E; 155 A; 157; 161). Im Gegensatz zur Sproßachse, die in der Regel unbegrenzt an ihrer Spitze weiterwächst, wachsen die Blattanlagen mit ganz seltenen Ausnahmen begrenzt und meist nur kurze Zeit an ihrer Spitze (acroplast). Meist erlischt die Tätigkeit des Spitzenmeristems sehr schnell und wird von einer basalen oder einer bis mehreren intercalaren Meristemzonen übernommen (basiplastes Wachstum).

Nur bei den meisten Farnen (deren Blätter vielfach noch mit Scheitelzellen oder Scheitelkanten wachsen) und den altertümlichen Cycadeen wird die gesamte in der Jugend an der Spitze eingerollte Blattspreite rein acroplast aufgebaut. Unter den Dicotyledonen findet sich langanhaltend acroplastes Wachstum bei einigen tierfangenden Ernährungsspezialisten (*Drosophyllum, Utricularia, Pinguicula*). Ein langanhaltendes basiplastes Wachstum weisen insbesondere die schmalen bandförmigen Blätter der Monocotyledonen (z. B. Gramineen, *Clivia*) sowie das Blattpaar von *Welwitschia* (Abb. 872 A, S. 795) auf.

Abb. 196: A hypogäische und B epigäische Keimung. A Keimpflanze der Feuer-Bohne (*Phaseolus coccineus*). B Keimpflanze der Garten-Bohne (*Phaseolus vulgaris*). Sa Samenschale; Co Keimblätter oder Cotyledonen; E Epicotyl; P Primärblätter; K Sproßknospe; Hy Hypocotyl; W Hauptwurzel; Sw Seitenwurzeln. C Blattfolge an der Sproßachse einer zweikeimblättrigen Blütenpflanze. W Wurzel; Hy Hypocotyl; Co Keimblätter oder Cotyledonen; N_1 und N_2 schuppenförmige Niederblätter; P primäres Übergangsblatt; L normale Laubblätter; H_1 bis H_4 Hochblätter; K Kelchblätter; B Blütenkronblätter; St Staubblätter; F Fruchtblätter, die in ihrer Gesamtheit den Fruchtknoten bilden. (Nach Rauh.)

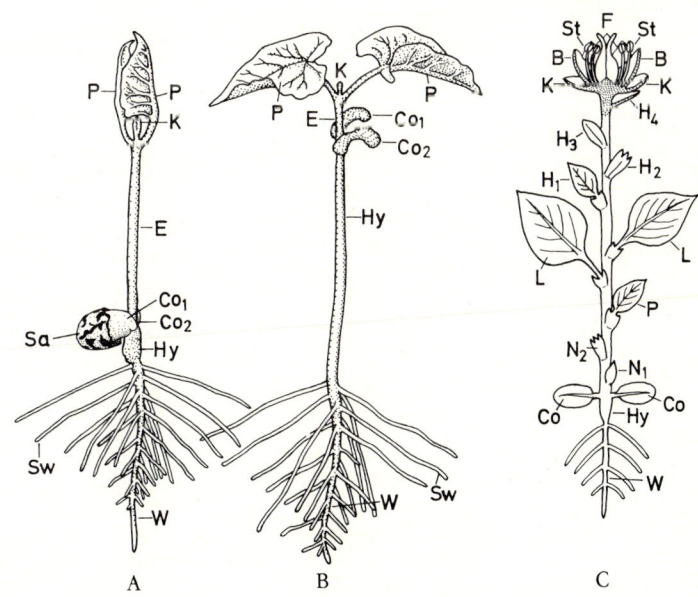

A   B   C

Das Breitenwachstum der Blattspreiten geht – wie das Spitzenwachstum – in den meisten Fällen von subepidermalen Randzellen aus, dem sog. Randmeristem oder Marginalmeristem. Nur die Farne, die zarten Blätter mancher Wasserpflanzen und Gräser sowie manche Schuppenblätter wachsen mit oberflächlich liegenden Randmeristemen, die alsdann wie Scheitelkanten arbeiten. Dieses Randwachstum wird vielfach ergänzt durch ein von Zellvermehrung begleitetes Flächenwachstum der Spreite.

Der Hauptsproß der Keimpflanze trägt zuunterst die Keimblätter, eines bei den Monocotyledonen, zwei bei den allermeisten Dicotyledonen (Abb. 196), zwei oder mehr bei den meisten Gymnospermen. Auf die Keimblätter folgen zunächst Niederblätter (Abb. 196 Cn) oder sofort die Laubblätter (Abb. 196 A, B p; 196 C L). Den Laubblättern können bei vielen Pflanzen gegen die Blütenregion hin wieder einfacher gestaltete Hochblätter folgen (Abb. 196 C H). Die Kelch- und Blütenkronenblätter (Abb. 196 C k u. b) sowie die Staub- und Fruchtblätter (St und F) werden im systematischen Teil behandelt (S. 802 ff.).

1. Die Keimblätter

Die Keimblätter (Cotyledonen, sing. die Cotyledone), deren Lebensdauer meistens nur kurz ist, sind fast immer viel einfacher gestaltet als die Laubblätter.

Sie können bei der Keimung des Samens dauernd von der Samenschale umschlossen und unter der Erde verborgen bleiben (hypogäische Keimung), z.B.

bei *Quercus, Aesculus, Pisum, Vicia faba, Phaseolus coccineus* (Abb. 196 A); in diesem Fall sind es gewöhnlich fleischige Reservestoffbehälter, die sich hauptsächlich aus Speicherparenchym aufbauen. Bei der epigäischen Keimung sprengen die Cotyledonen die Samenschale und erscheinen über der Erde, wo sie ergrünen und kürzere oder längere Zeit wie die Laubblätter, denen sie zuweilen auch im äußeren und inneren Bau mehr oder minder ähneln, CO_2 assimilieren *(Phaseolus vulgaris,* Abb. 196 B; *Sinapis,* Abb. 208; *Carpinus,* Abb. 209; *Tilia, Fagus).*

Bei *Monophyllaea* und einigen Arten von *Streptocarpus* – beide Arten zu den tropischen Gesneriaceen gehörig – werden keine Blätter außer den beiden Cotyledonen ausgebildet. Diese sind zunächst gleich; später vergrößert sich aber die eine sehr stark zu einem einzigen langlebigen «Laubblatt», aus dessen Achsel schließlich viele Blütenstände entspringen.

2. Die Laubblätter

Meist ist das Laubblatt gegliedert, und zwar in die grüne, oft sehr dünne, flächig verbreitete Blattspreite, den stengelartigen Blattstiel und den Blattgrund. Dieser kann als Blattscheide ausgebildet sein und Nebenblätter tragen (Stipeln, Abb. 197 s; 206 st); bei vielen Blättern fällt er aber nicht

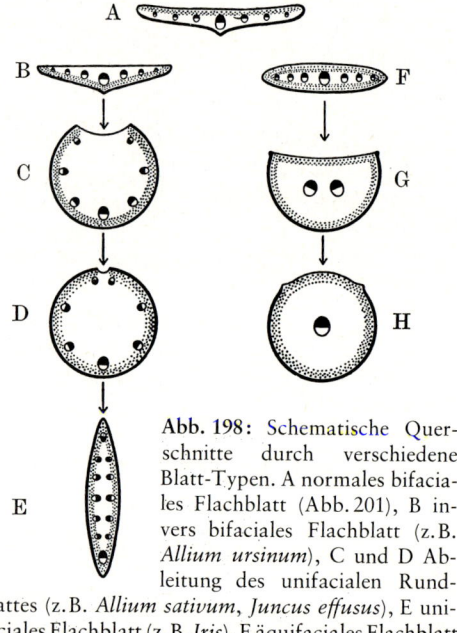

Abb. 198: Schematische Querschnitte durch verschiedene Blatt-Typen. A normales bifaciales Flachblatt (Abb. 201), B invers bifaciales Flachblatt (z.B. *Allium ursinum*), C und D Ableitung des unifacialen Rundblattes (z.B. *Allium sativum, Juncus effusus*), E unifaciales Flachblatt (z.B. *Iris,* Abb. 218 A), F äquifaciales Flachblatt (Abb. 196 A), G äquifaciales Nadelblatt (z.B. *Pinus,* Abb. 202), H äquifaciales Rundblatt (z.B. *Sedum album*). Blattunterseite = dicke Linie. Palisadenparenchym = punktiert. Holzteile der Gefäßbündel schwarz. (In Anlehnung an Troll und Rauh.)

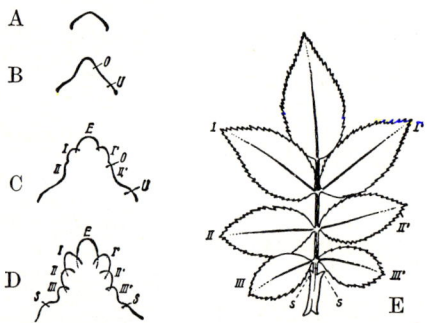

Abb. 197: Entwicklung des gefiederten Rosenblattes: A bis D Jugendstadien. E ausgewachsenes Blatt. o Oberblattanlage, u Unterblattanlage, s Nebenblätter (Stipeln) am oberen Ende des Blattgrundes, I bis III Blattfiedern an der Blattspindel oder Rhachis. (A bis D 100×, E ½×, nach Troll.)

durch besondere Form und Größe auf, sondern geht allmählich in den Blattstiel über.

a) **Die Blattspreite.** α) Äu ß erer Bau. Die in der Regel ausgesprochen dorsiventrale, oberseits meist dunkler grün gefärbte Blattspreite kann ungeteilt (Abb. 196 CL; 200; 204 D, E) oder in Teilblättchen zerteilt sein, die der Blattspindel oder Rhachis entspringen (Abb. 204 B). Die Monocotyledonen weisen vorwiegend einfache Blätter auf, während bei den Dicotyledonen geteilte Blätter («zusammengesetzte Blätter») häufig sind.

Entwicklungsgeschichtlich kommt die Fiederteilung dadurch zustande, daß einzelne Abschnitte des Spreitenrandes anderen gegenüber, die in der Entwicklung zurückbleiben, im Randwachstum gefördert sind (Abb. 197 D, E). Die tief gelappten und oft auch durchlöcherten Blattspreiten der als Zierpflanze beliebten Aracee *Monstera* kommen dadurch zustande, daß an den jugendlichen Blättern inselartige Gewebemassen zwischen den Rippen absterben und sich herauslösen. Auch die Abschnitte der fächer- und fiederförmigen Palmblätter entstehen durch nachträgliche Zerreißung der ungeteilt angelegten Blattspreiten, indem innerhalb der wie bei einem zusammengelegten Papierfächer hin und her gefalteten jugendlichen Blattsprei-

ten vor deren Entfaltung entweder Gewebestreifen an den Ober-, seltener an den Unterkanten der Falten absterben oder die Zellwände hier verschleimen und sich voneinander trennen (so z. B. bei *Cocos*).

In der Regel gehen Ober- und Unterseite der Spreite aus den entsprechenden Seiten der Blattanlagen hervor (bifaciale Blätter, Abb. 201). Bei den unifacialen Blättern gewisser Monocotylen entwickelt sich dagegen die gesamte Spreitenfläche nur aus der Unterseite ihrer Primordien, so bei den zylindrischen (bis fadenförmigen) Rundblättern vieler *Allium*- und *Juncus*-Arten sowie bei den schwertförmigen Flachblättern von *Iris* (Abb. 198 C, D, E).

Die Blattspreiten ungestielter (sitzender) Blätter sind meist mit breitem Blattgrund am Stengel angewachsen; greift dieser um den Stengel, so ist das Blatt stengelumfassend.

Die Blattspreiten sind von oft heller gefärbten Leitungsbahnen oder Adern (Die Bezeichnung «Blattnerven» sollte wegen ihrer Mißverständlichkeit vermieden werden) durchzogen, die ein reich verzweigtes Adersystem bilden (Abb. 199 A; 200).

Gewöhnlich springen die dickeren Adern, die man auch Rippen nennt, auf den Blattunterseiten leistenförmig vor, während ihnen auf den Oberseiten

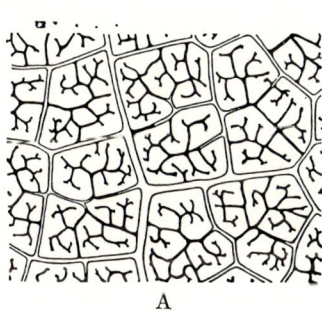 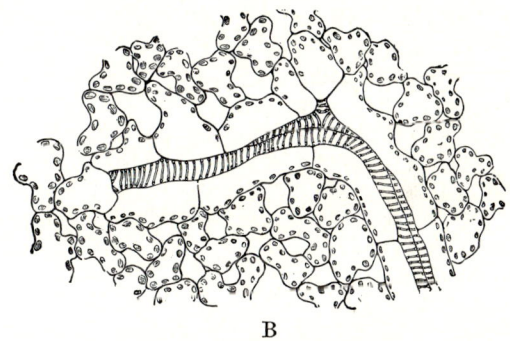

A   B

Abb. 199: A *Morus alba*. Teil der Blattspreite mit Netzaderung. Man erkennt die gleichmäßige Verteilung der Leitbündel innerhalb der Intercostalfelder. (10×, nach WYLIE.) B Ende eines Leitbündels im Blatt von *Impatiens parviflora*. (240×, nach SCHENCK.)

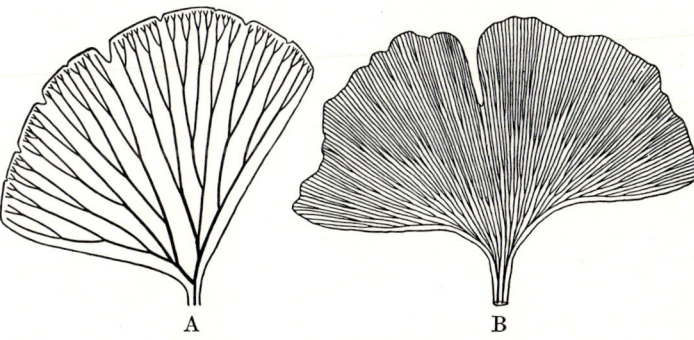

Abb. 200: A *Adiantum tenerum* var. *farlayense*, Frauenhaarfarn. Gabel- oder Fächeraderung eines Fiederblättchens. (5×, nach GOEBEL.) B *Ginkgo biloba*. Blattspreite mit Gabeladerung. (²⁄₃×, nach A. W. HAUPT.)

A   B

Furchen entsprechen können. Ihre feineren Veräste-
lungen jedoch werden erst sichtbar, wenn man die
Spreite im durchscheinenden Licht betrachtet. Vielfach ist ein in der Mediane der Spreite verlaufender
Strang besonders kräftig entwickelt, die Mittel-
oder Hauptrippe; von ihr entspringen Seitenrippen (Fiederaderung, Abb. 196 Cl; 197 E).

Nicht selten findet man im Frühjahr auf dem Boden
Blätter, deren Spreiten bis auf das filigranartige Maschenwerk ihrer Adern ausgefault sind. Derartige
«Blattskelette» zeigen besonders deutlich, daß die
Adern nicht nur die Aufgabe haben, das Blatt mit
Wasser zu versorgen und die Assimilate abzuleiten,
sondern daß sie gleichzeitig mit ihren verholzten Elementen zur Aussteifung der papierdünnen Spreiten
beitragen. Während die netzartige Aderung die meisten Dicotyledonen und Farne kennzeichnet, ist bei
den Monocotyledonen die einfachere Streifenade-
rung allgemein verbreitet. Einaderig sind die Nadelblätter vieler Coniferen. Die altertümliche dichotome Gabeladerung ohne Mittelrippe findet sich
außer bei einigen Farnen (Abb. 200 A) nur noch bei
Ginkgo (Abb. 200 B) und gewissen altertümlichen
Ranunculaceen *(Kingdonia)*.

β) Innerer Bau. Den beiden Hauptfunk-
tionen der Laubblätter – Photosynthese und
Abgabe von Wasserdampf – entspricht die
anatomische Differenzierung ihres nach beiden
Seiten von einer Epidermis begrenzten Parenchyms, des Mesophylls. Das unter der
Epidermis der Blattoberseite angeordnete chloroplastenreiche Assimilationsparenchym
besteht bei den meisten Blättern aus einer (Abb.
201) bis mehreren (Abb. 219 A) Lagen senkrecht
zur Oberfläche angeordneter zylindrischer Zellen, die aufgrund ihres charakteristischen Aus-
sehens im Blattquerschnitt als Palisadenparenchym bezeichnet werden. Wie der
Flächenschnitt erkennen läßt (Abb. 118 D), sind
die einzelnen Palisadenzellen durch Intercellularen mehr oder weniger weit voneinander

getrennt. Auf das Palisadenparenchym folgt
gegen die Blattunterseite chlorophyllärmeres,
aus vorwiegend unregelmäßig gestalteten Zellen gebildetes Schwammparenchym (Abb.
118 E; 201 s). Seine meist auffällig weiten Intercellularräume stehen wie diejenigen des Pali-
sadenparenchyms mit den stets zahlreichen
Spaltöffnungen der Blattunterseite in unmittelbarer Verbindung (Abb. 201 sp), so daß
die Wasserdampfabgabe und die Aufnahme
bzw. Abgabe von CO_2 und O_2 bei geöffneten
Spalten nur wenig behindert ist (vgl. S. 115 ff.).
Das typische Laubblatt ist also dorsiventral
oder bifacial gebaut (Abb. 198 A; 201).

Man hat bei *Ricinus communis* berechnet, daß
etwa 82% der Chloroplasten dem Palisadengewebe,
aber nur 18% dem Schwammparenchym angehören.
Spaltöffnungen fehlen der Blattoberseite vielfach
ganz (z.B. bei vielen Laubbäumen): solche Blätter
nennt man hypostomatisch im Gegensatz zu den
amphistomatischen, die auf beiden Seiten Stomata führen. Ihre Anzahl pro mm² Oberfläche
schwankt zwischen 20 und über 800 (z.B. Mais:
oben 95, unten 160; Erbse: 100/220; Apfel: 0/250;
Buche: 0/340; Ölbaum: 0/550; Berg-Ahorn: 0/860).
Schwimmblätter pflegen ihre häufig nicht mehr regulierbaren Spaltöffnungen ausschließlich auf der Oberseite zu tragen; sie sind also epistomatisch, wie
z.B. auch die Rollblätter xerophytischer Ericaceen
und Poaceen (vgl. Abb. 219 B, C; S. 192).

Viele Blätter (besonders die aufrecht stehenden) solcher Arten, die stark besonnte, verhältnismäßig trockene Standorte bewohnen (Abb.
218 A) oder etwa die Nadelblätter von *Pinus*
(Abb. 202), aber auch die Blätter vieler submerser Wasserpflanzen (Abb. 216), sind oben
und unten gleich (äquifacial) gebaut (Abb.
198 F, G, H); die Sonderung in Schwamm- und
Palisadenparenchym ist bei äquifacialen Blättern oft nur undeutlich, oder sie fehlt ganz.

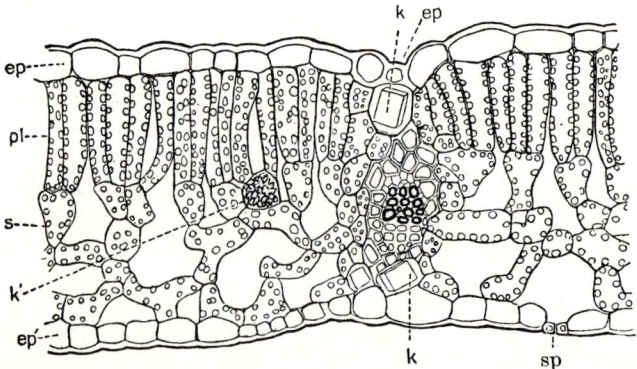

Abb. 201: Querschnitt durch das
bifaciale Blatt einer Buche *(Fagus
sylvatica)*. ep Epidermis der Oberseite, ep′ der Unterseite, pl Palisadenparenchym, s Schwammparenchym.
Zwischen den beiden Kristallzellen
k und k ein quergeschnittenes, collaterales Leitbündel, dessen Gefäßteil nach oben und dessen Siebteil
nach unten gerichtet und das von
einer Sclerenchymscheide umgeben
ist. k′ Kristalldruse, sp Spaltöffnung.
(360×, nach Strasburger verändert.)

Der Leitbündelbau in der Blattspreite (Abb. 201 zwischen k und k) entspricht dem im Stengel. Bei den Samenpflanzen sind die Blattbündel, die fast nur aus primären Geweben bestehen, in der Regel collateral und geschlossen oder in den Hauptadern der Gymnospermen und Dicotyledonen seltener auch offen. Da sie die nach außen gebogenen Fortsetzungen der Stengelbündel sind, weist ihr Gefäßteil zur Blattoberseite, ihr Siebteil zur Blattunterseite. In dem Maß, wie die Bündel sich in der Blattspreite mehr und mehr verzweigen und schwächer werden (Abb. 199A), vereinfacht sich ihr Bau. Im Gefäßteil verbleiben nur Netz- oder Schraubentracheiden. Zugleich wird der Siebteil reduziert: die Siebröhren nehmen an Weite ab und schwinden schließlich ganz, während der Gefäßteil noch durch kurze Schraubentracheiden vertreten ist und mit solchen blind endigt. Die Leitbündel sind von Parenchymscheiden umgeben, die in einfacher oder doppelter Schicht selbst ihre feinsten Verzweigungen lückenlos umschließen (Abb. 199B).

In den Nadelblättern der Coniferen finden sich meist nur 1–2 längs verlaufende Leitbündel (Abb. 202). Den Außenrändern des Xylems folgt bei ihnen ein die Leitbündel umgebendes und verbindendes Netzwerk aus Transfusionsparenchym und Transfusionstracheiden. Den Übergang zwischen Phloem und Transfusionsparenchym vermitteln – wie im Bast (S. 171) – wiederum «Strasburgerzellen» mit großen Zellkernen, zahlreichen Mitochondrien, umfangreichem rauhen ER und auffällig zahlreichen Polyribosomen.

Häufig folgen den größeren Leitbündeln auf einer oder beiden Seiten Stränge von Sclerenchymfasern. Sie bilden alsdann im Querschnitt halbmondförmige Beläge, veranlassen, oft zusammen mit subepidermalen Collenchymsträngen, das Vorspringen der Blattrippen an den Spreitenunterseiten und machen die Spreiten biegungsfest. Sclerenchymstränge kommen bei manchen Blättern auch zwischen den Leitbündeln und am Blattrand vor. Solche sclerenchymatische Verstärkungen des Randes schützen gegen scherende Kräfte, die die Blattflächen zerreißen könn-

ten. Große Blattspreiten ohne solchen Schutz werden im Freien vom Wind zerfetzt (Banane, Cocospalme); durch entsprechende Baueigentümlichkeiten (Anordnung der stärkeren Leitbündel, Faltung der Spreite, rasche Verheilung der Wundränder) ist dafür gesorgt, daß das derart zerteilte Blatt dennoch voll funktionsfähig bleibt.

b) Der Blattstiel dient – abgesehen von der Zufuhr des Wassers und der Ableitung der Assimilate von und zur Spreite – dazu, diese zu tragen und durch entsprechende Wachstumsbewegungen von der Sproßachse fort in den Raum hinaus, also dem Licht entgegen zu strecken.

In der Regel tritt dabei – unterstützt durch entsprechende Wachstumsbewegungen der Stengel – eine Einstellung der Spreiten senkrecht zum Lichteinfall ein. Manchmal werden diese Bewegungen der Blätter durch besondere lokale Anschwellungen an der Basis oder der Spitze der Blatt- (bzw. Fiederblatt-)stiele (Blattkissen oder Blattpolster) ausgeführt, die alsdann wie Gelenke wirken. Bei verschiedenen, an trockene Standorte angepaßten *Acacia*-Arten ist die gefiederte Blattspreite reduziert, während der flächig ausgebildete Blattstiel die Photosynthese übernimmt (Blattstielblätter oder Phyllodien, Abb. 203A). Lediglich die Jugendblätter lassen in einigen Fällen die morphologische Herkunft dieser eigenartigen Bildungen erkennen (Biogenetische Regel).

Bei vielen Blättern, insbesondere bei den breit angesetzten Blättern vieler Monocotyledonen sowie bei vielen Nadelblättern, fehlt der Stiel praktisch völlig; der Blattgrund geht in diesen Fällen unmittelbar in die oft m. o. w. lineale Blattspreite über.

c) Der Blattgrund ist gewöhnlich gegenüber dem Blattstiel verbreitert und abgeflacht; häufig umhüllt er als Blattscheide schützend die Achselknospe des zugehörigen Blattes, die intercalare Wachstumszone des nächsthöheren Sten-

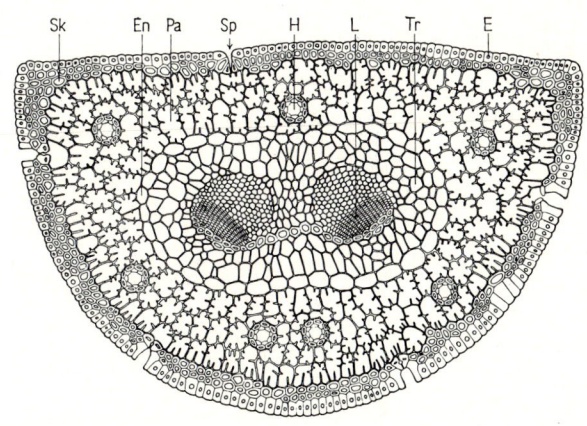

Abb. 202: Querschnitt durch das äquifaciale Nadelblatt von *Pinus nigra* (vgl. Abb. 198 G). E Epidermis, Sp Spaltöffnung, Sk hypodermales Sclerenchym, Pa Assimilationsparenchym (Faltenparenchym), H Harzkanal, En Endodermis, Tr Transfusionsgewebe, L collaterales Leitbündel (Gefäßteil oben). (30 ×, nach v. WETTSTEIN, verändert.)

gelabschnittes oder sogar die gesamte Gipfelknospe.

Auswüchse des Blattgrundes sind die Nebenblätter oder Stipeln, die fast ausschließlich auf die Dicotyledonen beschränkt sind. An bifacialen Blattstielen treten sie stets in Zweizahl und seitlich inseriert auf (Lateralstipeln, Abb. 197 E; 206 F; 235 A, B). An unifacialen Blattstielen können sie sich zu einem zungen- oder kapuzenförmigen Gebilde in medianer Stellung vereinigen (Axillar- oder Medianstipel). Bei den Polygonaceen (z.B. dem Rhabarber) schließen die besonders mächtig entwickelten Medianstipeln in der Knospe den gesamten jüngeren Sproßgipfel ein, von dem sie erst bei der Blattentfaltung an der Spitze durchbrochen werden, so daß sie als trockene Manschette (Ochrea) am Stengel zurückbleiben. Ähnliche tütenförmige Medianstipeln weist auch der als Zimmerpflanze beliebte Gummibaum *(Ficus elastica)* auf, bei dem die Tute allerdings aufgeschlitzt und abgeworfen wird.

d) Primär- und Folgeblätter.
Die ersten Laubblätter des jugendlichen Cormus – seine auf die Keimblätter folgenden Jugend- oder Primärblätter – sind oft anders geformt als die Alters- oder Folgeblätter (Abb. 196), doch können beide durch Übergangsformen miteinander verbunden sein (Abb. 203).

Bei vielen Arten (z.B. *Vicia, Helleborus*) sind die Primärblätter weniger stark gegliedert als die Folgeblätter. Öfters sind die Primärblätter merkmalsphylogenetisch ursprünglicher gestaltet als die Folgeblätter (z.B. Fiederblätter → Phyllodien bei *Acacia*; Nadelblätter → Schuppenblätter bei *Juniperus*, Abb.

203; vgl. S. 539: Biogenetische Regel). – Bei vielen *Eucalyptus*-Arten bilden sich zuerst sitzende, gegenständig inserierte, ovale, bifaciale Jugendblätter aus, später gestielte, schraubig angeordnete, senkrecht nach unten hängende, sichelförmige, äquifaciale Altersblätter. Die Jugendblätter des Efeus sind gelappt, die erst zur Zeit der Blühreife entwickelten Altersblätter hingegen oval zugespitzt und ganzrandig.

e) Anisophyllie und Heterophyllie.
Auch an erwachsenen (adulten) Pflanzen können verschiedene Blattgestalten nebeneinander auftreten. Oft sind z.B. die Blätter an der Oberseite und der Unterseite dorsiventraler Sprosse (Abb. 97 C, D), also in unmittelbarer Nachbarschaft, ja selbst am gleichen Knoten, durch ihre Größe unterschieden (Anisophyllie). Manchmal unterscheiden sie sich jedoch nicht nur durch ihre Größe, sondern darüber hinaus auch noch durch eine völlig andere Gestalt voneinander (Heterophyllie).

Die Ungleichblättrigkeit oder Anisophyllie kann durch die Schwerkraft induziert sein (laterale oder induzierte Anisophyllie der Seitensprosse, z.B. *Acer, Aesculus*, Abb. 204 A, B) oder sie kann aus erblich fixierten Gründen im gesamten Sproßsystem eigengesetzlich (autonom) sein (habituelle Anisophyllie, z.B. *Selaginella*, Abb. 204 C, D, E).

In seltenen Fällen sind die Blätter an der Ober- und Unterseite erblich dorsiventraler Sproßachsen nicht nur ungleich groß, sondern auch völlig anders gestaltet (habituelle Heterophyllie, z.B. *Salvinia*, Abb. 832 A, B; S. 751). Häufiger ist jedoch auch die

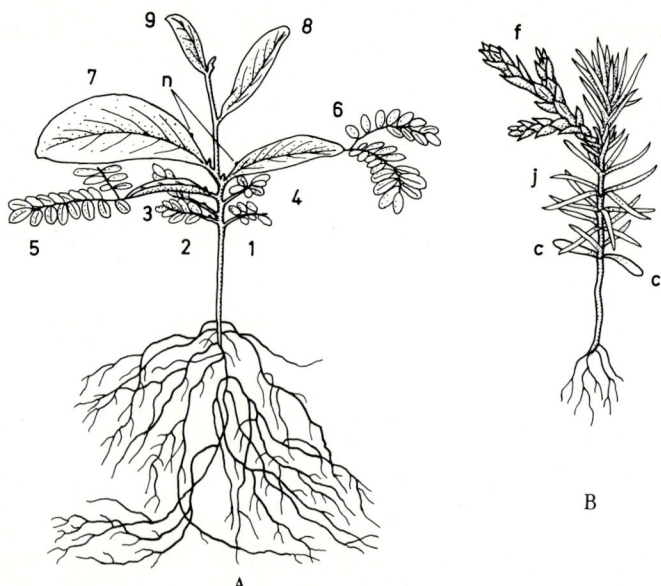

Abb. 203: Primär- und Folgeblätter. A Keimpflanze von *Acacia pycnantha*. Keimblätter schon abgeworfen. 1–6 Gefiederte Jugendblätter, (1–4 einfach fiederteilig, die folgenden doppelt gefiedert. Bei 5 und 6 sind die Blattstiele bereits geflügelt). 7, 8, 9 Folgeblätter, deren Blattstiele als Phyllodien ausgebildet sind. n Nektarien an den Phyllodien. B Keimpflanze von *Thuja occidentalis* mit 2 Keimblättern c, nadelförmigen Jugendblättern j und typischen schuppenförmigen Folgeblättern f. (A $^1/_2 \times$, nach SCHENCK, B nat. Gr., nach WARMING.)

Verschiedenblättrigkeit infolge der zeitlichen Änderung von äußeren oder inneren Bedingungen – innerhalb der Blattfolge an verschieden alten Sproßabschnitten – induziert (modifikatorische oder induzierte Heterophyllie). Manche Wasserpflanzen bilden unter Wasser zerschlitzte Blätter aus, nach Erreichen der Wasseroberfläche hingegen mehr oder weniger gelappte Schwimmblätter (z.B. *Ranuculus*

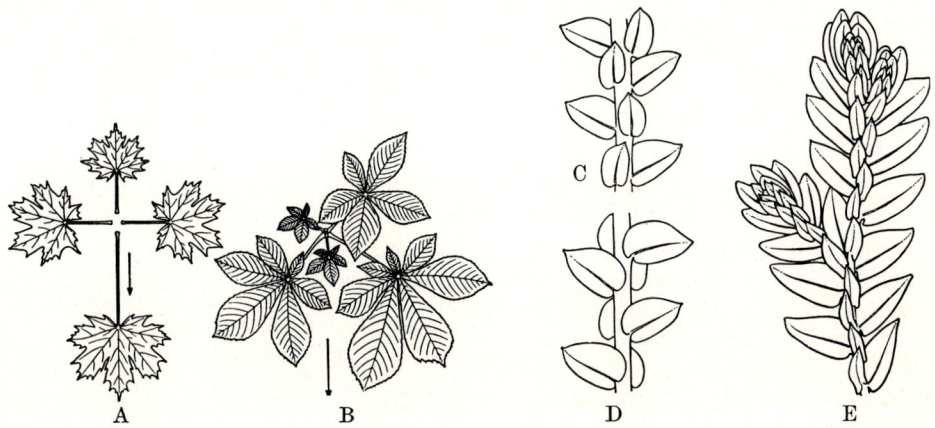

Abb. 204: A und B induzierte Anisophyllie: A *Acer platanoides*. Blätter zweier benachbarter zweizähliger Wirtel eines schräg im Schwerefeld der Erde orientierten Zweiges. B *Aesculus hippocastanum*. Aufsicht auf einen schräg orientierten Zweig. Pfeile = Richtung zum Erdmittelpunkt. Die nach unten gerichteten Blätter und Blättchen sind gefördert. C, D und E habituelle Anisophyllie: C und D *Selaginella uncinata*, Sproßabschnitt von oben (C) und von unten (D). E *Selaginella douglasii*, dorsiventrales Sproßende von oben. An jedem Knoten steht jeweils ein großes Ventralblatt und ein kleines Dorsalblatt. (A $^1/_{10}$ ×, nach TROLL; B $^1/_{10}$ ×, nach NORDHAUSEN; C, D, E 4 ×, nach GOEBEL.)

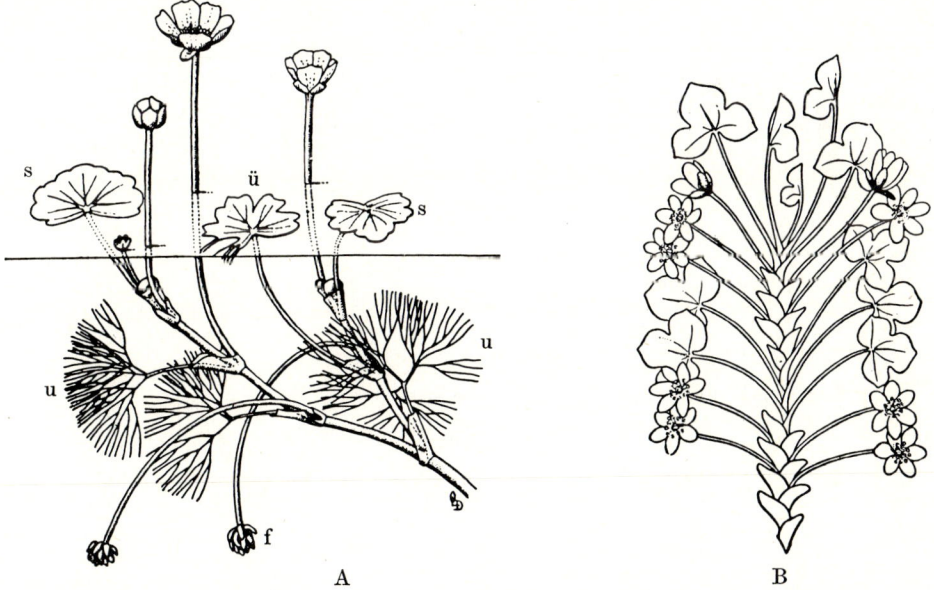

Abb. 205: Heterophyllie: A Modifikatorische oder induzierte Heterophyllie bei *Ranunculus peltatus*. Blühender, sympodial verzweigter Sproß mit gelappten Schwimmblättern (s) und tief fiederteiligen Unterwasserblättern (u). ü = Übergangsblatt mit etlichen linealen Zipfeln. f negativ phototrop in das Wasser eingetauchte Früchte. B Habituelle Heterophyllie bei *Hepatica nobilis*. Der jährliche Zuwachs der plagiotrop kriechenden Sproßachse beginnt mit einer Reihe schuppenförmiger Niederblätter, in deren Achseln Blüten stehen. Erst später entwickelt sich eine Rosette normaler, dreilappiger Laubblätter. (A $^1/_2$ ×, Orig., B $^1/_3$ ×, schematisch, nach BRAUN.)

peltatus, Abb. 205 A; vgl. auch S. 190). Hohe CO_2-Konzentration fördert die Entstehung der zerschlitzten Unterwasserblätter, Erhöhung des endogenen Abscisinsäurespiegels (S. 395) die der Luftblätter. Der Geweihfarn *Platycerium* entwickelt in autonomem rhythmischem Wechsel mehr oder weniger herzförmige Nischenblätter und tief geteilte Assimilationsblätter (Abb. 837, S. 755). Manche Arten bilden an ihren Langtrieben stark von der Normalform abweichende (metamorphosierte) Dornblätter (z.B. *Berberis*, Abb. 222), andere an ihren Kurztrieben Rankenblätter (z.B. *Cucurbita*, Abb. 234). Über andere Fälle von Heterophyllie vgl. S. 204, 205).

3. Nieder- und Hochblätter

lassen sich in ihren Anlagen von Laubblattanlagen nicht unterscheiden, sind jedoch fertig ausgebildet viel weniger gegliedert als die Laubblätter (Abb. 205 B), mit diesen aber oft durch Zwischenformen verbunden (Abb. 206; 207). Sie gehen auf einem frühen Stadium der Blattentwicklung unter mehr oder weniger starker Förderung des Unterblattes bei gleichzeitiger Hemmung des Oberblattes in den Dauerzustand über.

Die Niederblätter, farblose oder grüne Schuppen gehen bei der Sproßentwicklung der Bildung von Laubblättern voraus; sie finden sich ferner bei manchen Keimpflanzen (z.B. *Pisum*, *Vicia faba*) sowie an den Erneuerungssprossen (vgl. S. 148) ausdauernder Kräuter und an den Jahrestrieben der meisten Holzgewächse als Knospenschuppen (vgl. S. 138 u. Abb. 206). Sie sind ferner als farblose, größere oder kleinere, oft kaum sichtbare und meist kurzlebige Schuppen die einzigen Blätter der Erdsprosse (S. 197). Niederblattähnlich sind oft auch die Vorblätter gestaltet (vgl. S. 145): die beiden ersten (α- und β-Vorblatt), bzw. das erste (adossiertes Vorblatt) Blattorgan der Seitenäste.

Die Hochblätter dagegen – von ähnlichem Bau und ähnlicher Beschaffenheit wie die Niederblätter und wie diese oft mit den Laubblättern durch Übergänge verbunden (Abb. 196 C; 207 F bis I), manchmal aber andersfarbig und größer als die Niederblätter –

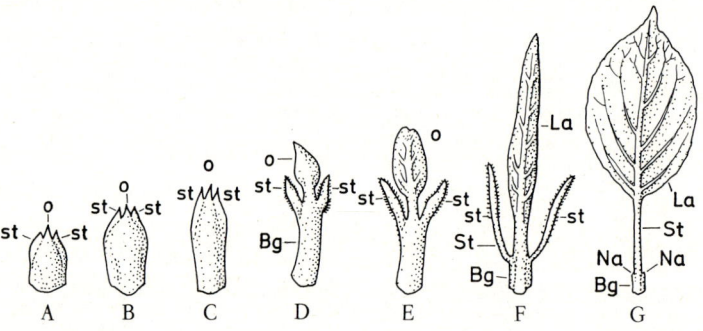

Abb. 206: *Malus baccata*, A bis C Knospenschuppen. D und E Übergangsblätter. F Laubblatt vor der Entfaltung. G desgl. im entfalteten Zustand. st Stipeln. Bg Blattgrund. Na Narben abgefallener Stipeln. St Blattstiel. La Lamina. O Oberblattrudimente. (A bis F etwa natürliche Größe, G $^{1}/_{3}$ ×, nach Troll.)

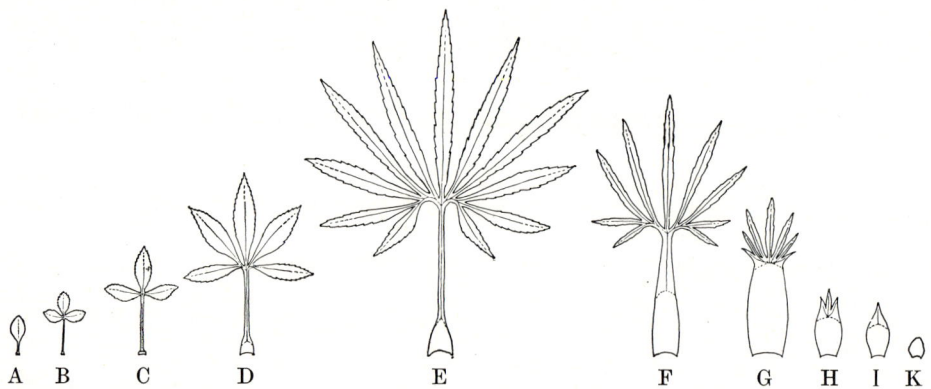

Abb. 207: *Helleborus foetidus*, Blattfolge: A Keimblatt, B, C Jugendblätter, D Laubblatt des 1. Entwicklungsjahres. E fußförmig geteiltes Laubblatt des 2. Jahres, F Übergangsblatt, G bis I Hochblätter des 3. Entwicklungsjahres, K Blütenhüllblatt ($^{1}/_{4}$ ×, Orig.).

pflegen am Stengel während des Übergangs zur Blütenbildung auf die Laubblätter zu folgen und finden sich in typischer Ausbildung als T r a g b l ä t t e r der Blüten und Blütenstandsäste (D e c k b l ä t t e r oder B r a c t e e n); sie können in manchen Fällen ohne scharfe Grenze in die B l ü t e n h ü l l b l ä t t e r übergehen (z. B. bei *Helleborus*-Arten, Abb. 207 H bis K).

Ein Hochblatt ist auch die oft bunt gefärbte Spatha der *Araceae* sowie das recaulescent mit dem Blütenstandsstiel verwachsene Vorblatt der *Tilia*-Inflorescenz.

4. Die Lebensdauer der Blätter

Bei fast allen Holzgewächsen haben die Blätter eine viel kürzere Lebensdauer als die Sproßachsen; sie fallen früher oder später von ihnen ab (B l a t t f a l l). B l a t t n a r b e n am Stengel geben die Stellen an, wo früher Blätter gesessen haben. Pflanzen, deren Laubblätter über mehrere Vegetationsperioden hin erhalten bleiben, nennt man i m m e r g r ü n, im Gegensatz zu den s o m m e r g r ü n e n, bei denen sie nur e i n e Vegetationsperiode tätig sind.

Auch die «immergrünen» Blätter haben jedoch nur eine beschränkte Lebensdauer; sie beträgt beispielsweise bei *Ilex*, *Olea europaea* und *Pinus sylvestris* etwa zwei Jahre, bei *Laurus nobilis* und *Picea abies* fünf bis sechs Jahre, bei *Araucaria angustifolia* sogar bis fünfzehn Jahre. Der Blattfall wird durch eine Schicht kleiner plasma- und stärkereicher Parenchymzellen vermittelt, die quer durch die Basis des Blattstieles erst kurz vor dem Abfallen durch Zellteilungen ausgebildet werden. Alle mechanischen Gewebe sind an dieser Stelle reduziert; verholzt sind nur die Gefäße. Das noch lebende Blatt löst sich in der Trennungszone meist durch Verschleimung der Mittellamellen und turgorbedingte Abrundung der Zellen unter Zerreißen der Leitbahnen ab. Die Blattnarbe wird dadurch abgeschlossen, daß die äußersten Zellschichten der Wundfläche sich in verholzendes Cutisgewebe umwandeln. Darunter wird meist vor dem Blattfall eine Korkschicht gebildet, die sich an die Korkschicht des Stengels anschließt (vgl. auch S. 393 f.: Abscisinsäure, ABA).

Sehr eigenartig und von allen anderen Cormophyten abweichend verhält sich *Welwitschia mirabilis*. Die über 600 Jahre alt werdenden Pflanzen bilden außer den beiden Keimblättern nur ein einziges Paar mit ihnen alternierender Laubblätter, welche – während ihre Enden allmählich verwittern – alljährlich ein entsprechendes Stück basiplast nachwachsen.

C. Die Wurzeln

Den W u r z e l n, in der Regel radiärsymmetrischen, zunächst fadenförmigen Gebilden, die meist in der Erde (Erdwurzeln), seltener in der Luft (Luftwurzeln) wachsen, f e h l e n s t e t s die B l ä t t e r. Sie befestigen die Pflanze im Boden (A n k e r w u r z e l n), nehmen aus ihm Wasser und Bodensalze auf und leiten sie dem Sproß zu (N ä h r w u r z e l n) und können schließlich wie die Sproßachse und die Blätter der Speicherung von Reservestoffen dienen (S p e i c h e r w u r z e l n); in der Regel erfüllen sie mehrere dieser Funktionen gleichzeitig.

Nur bei wenigen Samenpflanzen bleibt der Wurzelpol des Embryos von vornherein unterdrückt. Zu diesen «wurzellosen» Arten gehören die Wasserpflanzen *Ceratophyllum* und *Utricularia*, die saprophytischen Orchideen *Epipogium* und *Corallorhiza* sowie die epiphytische Bromeliacee *Tillandsia usneoides*.

1. Der Wurzelscheitel

Die Wurzel verlängert sich gleich dem Stengel durch S p i t z e n w a c h s t u m mittels eines stumpf-kegelförmigen Apikalmeristems. Dieses bedarf für seine zarten embryonalen Zellen eines besonderen Schutzes, der von einer Kappe aus parenchymatischen Dauerzellen, der W u r z e l h a u b e oder C a l y p t r a, übernommen wird (vgl. S. 109 f., Abb. 116, 117).

Die Wurzelhaube sieht man meist erst auf medianen Längsschnitten durch die Wurzelspitze; doch gibt es dicke Wurzeln, bei denen man sie ohne weiteres

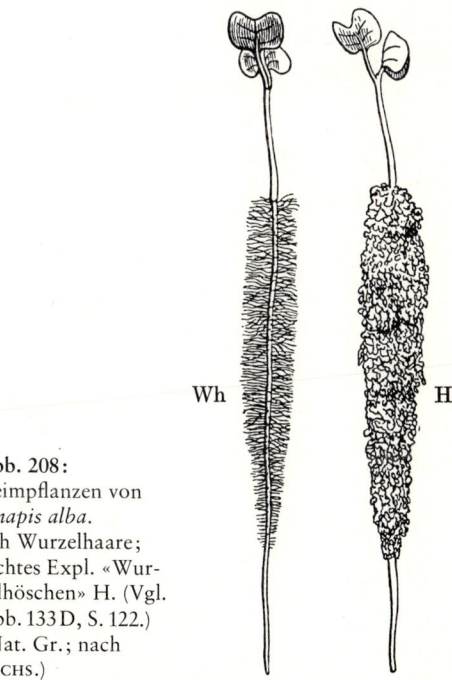

Abb. 208:
Keimpflanzen von
Sinapis alba.
Wh Wurzelhaare;
rechtes Expl. «Wurzelhöschen» H. (Vgl.
Abb. 133 D, S. 122.)
(Nat. Gr.; nach
SACHS.)

als eine ihren Scheitel deckende, braune Kappe wahrnehmen kann (z.B. *Pandanus*). Die auffälligen Kappen an den Enden der stets sproßbürtigen Nebenwurzeln der *Lemna*-Arten und von *Hydrocharis* sind dagegen keine Wurzelhauben, sondern kappenartig die Wurzelanlagen umgebende Hüllen aus Sproßgewebe; sie gehen nämlich aus der Endodermis hervor. Diese Wurzeltaschen übernehmen die Funktion der Wurzelhauben, sind also analoge Bildungen.

2. Äußerer Bau der Wurzeln

Mit der Umwandlung der embryonalen Zellen in Dauerzellen an der Basis des Vegetationskegels geht eine meist unbegrenzte Verlängerung der Wurzel Hand in Hand. Dieses Streckungswachstum ist bei den Erdwurzeln im Gegensatz zu den Luftsprossen und vielen Luftwurzeln auf eine sehr kurze, höchstens 5–10mm lange Zone dicht hinter dem Apikalmeristem beschränkt (Abb. 450, S. 423); dadurch wird eine Verkrümmung beim Wachstum gegen den Widerstand des Bodens vermieden. Wenige Millimeter hinter der Wurzelspitze, etwa da, wo das Streckungswachstum erlischt, entstehen an den Erdwurzeln die Wurzelhaare (Abb. 208 u. 209 wh). Sie erleichtern den Wurzeln die Wasser- und Salzaufnahme aus dem Boden, in-

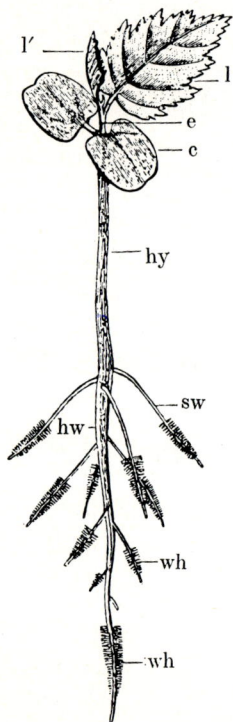

Abb. 209:
Keimpflanze von *Carpinus*. hy Hypocotyl, e Epicotyl, c Cotyledonen, l,l′ Laubblätter, hw Hauptwurzel, sw Seitenwurzel, wh Wurzelhaare. (Nat. Größe, frei nach Noll.)

dem sie die Oberfläche ganz erheblich vergrößern (Abb. 133 A, C). Ihre Lebensdauer ist jedoch auf wenige Tage beschränkt; daher ist nur ein begrenzter Teil (einige Zenti- oder Millimeter) der jungen Wurzel von ihnen bedeckt (Abb. 209).

Manchen Pflanzen fehlen die Wurzelhaare, vor allem vielen Wasser- und Sumpfpflanzen, die sehr leicht Wasser aufnehmen können, und solchen, die sich mit der Hilfe symbiontischer Mycorrhiza-Pilze ernähren (vgl. S. 377f.).

3. Primärer innerer Bau der Wurzel

Die ausgewachsene Wurzel besteht, wie der Stengel, zunächst ausschließlich aus primären Geweben in meist radiärsymmetrischer Anordnung (Abb. 210 A). Die jüngeren Teile werden nach außen durch eine einschichtige Epidermis begrenzt. Diese sog. Rhizodermis dient samt den Wurzelhaaren der Stoffaufnahme (vgl. S. 312 u. 336f. sowie Abb. 343). Bezeichnend für sie ist daher – im Gegensatz zur Epidermis der Sproßorgane – die geringe Dicke ihrer Außenwände sowie das Fehlen einer Cuticula und auch der Spaltöffnungen. Sie stirbt mit den Wurzelhaaren bald ab. An ihre Stelle tritt nun ein typisches sekundäres Abschlußgewebe, die Exodermis (Abb. 210 A), indem in einer oder in mehreren subepidermalen Rindenschichten die Zellen, die nicht selten lebend bleiben, Suberinlagen an ihre Cellulosewände anlagern, also eine Cutis bilden. In die Exodermis können mehr oder minder regelmäßig kleinere, unverkorkte Zellen als sog. Durchlaßzellen eingestreut sein.

Das übrige Gewebe kann man, wie im Stengel, in Rinde und Zentralzylinder einteilen. Die Rinde der Erdwurzeln wird von farblosem, parenchymatischem Speichergewebe gebildet. In der Rinde vieler Luftwurzeln kommt Chlorophyll vor. Die innerste Rindenschicht pflegt eine Endodermis (vgl. S. 121) zu sein (Abb. 210 B en; 211; 213 A). Sie zieht – deutlicher als beim Sproß – eine scharfe Grenze zwischen Rinde und Zentralzylinder. In den älteren Wurzelteilen sind die Endodermiszellen durch Suberineinlagerung verkorkt und – vor allem bei vielen Monocotyledonen – außerdem durch tertiäre, in der Regel verholzte Celluloseschichten oft einseitig nach dem Zentralzylinder zu verdickt (Abb. 210 B en). Dabei bleiben aber bestimmte, meist vor den Gefäßsträngen des Leitbündels gelegene Endodermiszellen, die Durchlaßzellen, unverändert (Abb. 210 B d; 132 D).

Die äußerste restmeristematische Zellschicht des Zentralzylinders der Wurzeln – die

Schicht unmittelbar unter der Endodermis also – heißt Pericambium oder Perizykel (Abb. 210 B p; 211; 213). Sie kann eine oder mehrere Zellagen stark sein und ist für die nachträgliche Bildung neuer Zellen, insbesondere für die Entstehung der Seitenwurzeln und eines sekundären Abschlußgewebes beim sekundären Dickenwachstum, von großer Bedeutung. Die Leitungsbahnen bilden im Zentralzylinder ein zentrales, radiales Leitbündel (Abb. 133 A; 144 A; vgl. S. 128).

Nach der Zahl der im Bündel vorhandenen Xylemstränge wird die Wurzel als ein-, zwei-, drei-, vier- bis vielstrahlig (monarch, diarch, triarch, tetrarch bis polyarch) bezeichnet. Monarche Wurzelbündel kommen bei *Ophioglossum vulgatum* vor. Das in Abb. 144 A dargestellte Wurzelbündel ist tetrarch, das der Abb. 210 B ist pentarch. Die Gefäßstränge stoßen entweder in der Mitte des Bündels zusammen (Abb. 144 A u. 210 B), oder hier liegt ein zentraler Strang aus Parenchym (Abb. 213 A) oder Sclerenchym, oft auch aus beiden. Das Sclerenchym erhöht die Zugfestigkeit (vgl. S. 133 ff.). Bei oberirdischen Stützwurzeln ist manchmal auch noch ein peripherisches Festigungsgewebe in der äußeren Wurzelrinde ausgebildet, das solche Wurzeln zugleich biegungs- und druckfest macht.

4. Sekundäres Dickenwachstum der Wurzel

Wie wir gesehen haben (Abb. 144 A), sind im radialen Leitbündel die Gefäß- und Siebstränge durch radial angeordnete Parenchymstreifen seitlich voneinander getrennt. Beginnt nun eine Gymnospermen- oder Dicotyledonenwurzel sich sekundär zu verdicken, so bilden sich in diesem Parenchym durch annähernd radiale Teilungswände Cambiumstreifen zwischen den Gefäß- und Siebsträngen aus. Die Ränder dieser Cambiumstreifen treffen zu beiden Seiten jedes Gefäßstranges auf das Pericambium, so daß rein sekundär ein vollständiger Cambiummantel mit etwa sternförmigem Querschnitt entsteht (vgl. die rote Zellschicht der schematischen Abb. 211 A). Dieses Cambium erzeugt, genau wie das Sproßcambium (S. 160 ff.), nach innen Holz und nach außen Rindengewebe.

Seine Einbuchtungen gleichen sich durch besonders rege Holzproduktion hinter den Siebteilen bald aus, so daß der Mantel nun einen kreisförmigen Querschnitt erhält (Abb. 211 B, C). Ähnlich wie im Sproß wird auch die Wurzelrinde infolge der Dilatation (vgl. S. 162 ff.) zunächst tangential gedehnt und schließlich zerrissen. Bevor es dazu kommt, hat sich bereits ein tertiäres Abschlußgewebe gebildet; im Gegen-

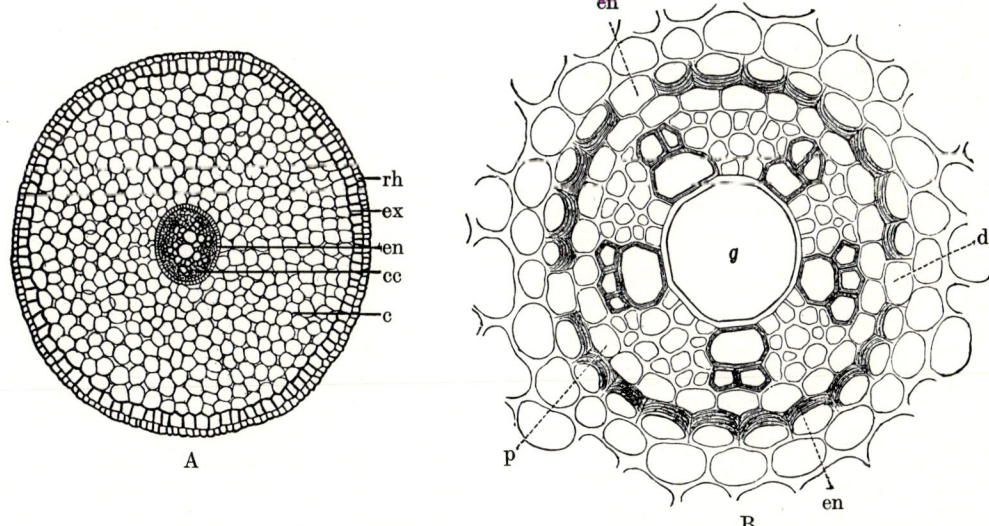

Abb. 210: A Querschnitt durch eine Wurzel der Küchenzwiebel *(Allium cepa)*. rh Rhizodermis, ex Exodermis, c Rinde, en Endodermis, cc Zentralzylinder mit zentralem, radialem Leitbündel. B Radiales pentarches Leitbündel der Wurzel von *Allium ascalonicum*. en Endodermis mit verdickten Innenwänden und Durchlaßzellen d, p Pericambium, g großes zentrales Gefäß. (A 45 ×, nach KOERNICKE, verändert; B 100 ×, nach ROTHERT nach HABERLANDT.)

satz zum Sproß entsteht jedoch dieses Wurzelperiderm nicht peripherisch, sondern in der Tiefe aus dem Pericambium. Da Holz und Bast in der Wurzel gleichen Bau wie im Stamm besitzen, ist der Querschnitt durch eine Wurzel, die jahrelang in die Dicke gewachsen ist, kaum von einem Stammquerschnitt zu unterscheiden; nur im Zentrum des Wurzelholzes kann man noch die radialen, primären Gefäßstränge erkennen; vor ihnen bildet das Cambium Markstrahlen, die in der Wurzel als primäre bezeichnet werden (Abb. 211 C). Ältere kahle Wurzelteile weisen nicht selten eine deutliche Querrunzelung auf,

die wahrscheinlich in erster Linie auf einer durch das sekundäre Dickenwachstum bedingten passiven Kontraktion des relativ dicken Rindenparenchyms beruht (Abb. 212 B). Die Zellwände besitzen vorwiegend längs orientierte Fasertextur (vgl. S. 86), so daß die Zellen auf Turgordruckerhöhung mit einer Vergrößerung des Querdurchmessers reagieren. Die Dilatation hat zusätzlich eine Dehnung der Zellen in radialer Richtung zur Folge. Beide Vorgänge bewirken eine longitudinale Verkürzung des Rindenparenchyms; dadurch erfährt die gesamte Wurzel einschließlich ihres Zentralzylinders eine Kontraktion und verankert auf diese Weise den Sproß fest im Boden (contractile Wurzeln oder Zugwurzeln, z.B. *Iris, Crocus, Arum*, Abb. 212 A).

5. Verzweigung der Wurzel

Durch spitzenwärts fortschreitende (acropetale) Verzweigung der Haupt- oder Primärwurzel und die anschließende weitere Verzweigung der solcherart gebildeten primären Seitenwurzeln (Seitenwurzeln I. Ordnung) entwickelt sich im Boden ein Wurzelsystem, das gelegentlich das über dem Erdboden ent-

A

— Rhizodermis
— Prim. Wurzelrinde
— Endodermis
— Pericambium
— Protophloem
— Cambium (sternförmig)
— Protoxylem

B

— Rhizodermis
— Prim. Wurzelrinde
— Endodermis
— Pericambium
— Protophloem
— Sek. Phloem
— Cambium (ausgeweitet)
— Protoxylem
— Sek. Xylem

C

— Zerrissene Prim. Wurzelrinde
— Zerrissene Endodermis
— Periderm
— Pericambium
— Protophloem
— Sek. Phloem
— Cambium (ringförmig)
— Protoxylem
— Sek. Xylem
— Prim. Markstrahl
— Sek. Markstrahl

Abb. 211: Sekundäres Dickenwachstum einer Wurzel, schematisch. A primärer Zustand mit pentarchem, zentralem, radialem Leitbündel. Das rot gezeichnete Cambium bildet eine sternförmige Figur zwischen den Holz- und Siebteilen. B das Cambium hat seine Tätigkeit zunächst nur zwischen den primären Holzteilen aufgenommen und die primären Siebteile nach außen geschoben. C das Cambium ist nunmehr auf dem gesamten Umfang tätig. Primäre Rinde infolge der Dilatation gesprengt. Das Pericambium (Perizykel, roter äußerer Ring) bildet innerhalb der gleichfalls zersprengten Endodermis ein endogenes, sekundäres Abschlußgewebe, das Periderm (Orig.).

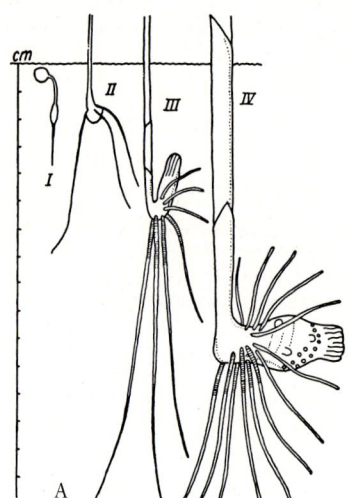

A

B

Abb. 212: Zugwurzeln: A *Arum maculatum*, Samenkeimung und Versenkung der Knolle durch Wurzelkontraktion (I Keimung; II Tiefenlage der jungen Knolle zu Beginn des 2. Jahres; III weiteres Hinabsteigen im Laufe des 2. Jahres; IV Knolle der erwachsenen Pflanze in ihrer normalen Tiefenlage). B Teil des Längsschnittes durch eine kontrahierte Zugwurzel von *Lilium martagon*. (A ½ ×, B 6 ×, nach Rimbach.)

wickelte Sproßsystem an Länge und Umfang erheblich übertreffen kann (Abb. 214). Addiert man die Längen sämtlicher Wurzeln, so bekommt man unerwartet hohe Werte. Z. B. soll an einer einzeln stehenden Weizenpflanze die Gesamtlänge sämtlicher aneinandergereihten Wurzeln bis 80 km betragen.

Die Initialzellen der Seitenwurzeln bilden sich endogen, also in der Tiefe des Gewebes der Mutterwurzel (Abb. 213). Bei den Samenpflanzen entstehen sie innerhalb der Endodermis aus der äußersten Zellschicht des Zentralzylinders, d. h. aus dem Pericambium der Mutterwurzel; bei den Farngewächsen dagegen aus der innersten Rindenschicht. Die Seitenwurzelanlagen müssen also immer die ganze Rinde ihrer Mutterwurzel durchbrechen; daher wird die Endodermis entweder sofort gesprengt oder sie wächst noch eine begrenzte Zeit unter weiteren Zellteilungen mit, wobei über der Wurzelhaube eine weitere Kappe gebildet wird, die sog. Wurzeltasche. Daher sind die Seitenwurzeln nicht selten an der Austrittsstelle von dem vorgestülpten Rand der durchbrochenen Wurzelrinde wie von einem Kragen umgeben (Abb. 213 C).

Die Seitenwurzeln entstehen entweder vor den längsverlaufenden Gefäßsträngen der Mutterwurzel (Abb. 213 A) oder – seltener – vor den Parenchymplatten, die die Xylem- und Phloemstränge seitlich voneinander trennen. Sie bilden daher stets gerade Reihen. Die Zahl dieser Reihen ist entweder gleich der Zahl der Xylemstränge im radialen Wurzelbündel oder doppelt so groß.

Viele Dicotyledonen (z. B. Lupinus, Quercus) und Gymnospermen (z. B. Pinus, Abies) entwickeln, da sich das sekundäre Dickenwachstum bei ihnen auch auf die Wurzel erstreckt, eine Pfahlwurzel. Sie ist die verlängerte Keimwurzel, setzt den Hauptstamm nach unten fort und wächst senkrecht in den Boden. Dabei können beachtliche Tiefen erreicht werden. Beim Bau des Suez-Kanals wurden z. B. noch in 30 m Tiefe Wurzeln von Tamarix nachgewiesen. Die Seitenwurzeln I. Ordnung können sich horizontal oder unter einem bestimmten Winkel schräg, also plagio-

trop, im Erdreich ausbreiten (Abb. 154D Sw; 196 Sw). Die an den Seitenwurzeln I. Ordnung entspringenden Seitenwurzeln II. Ordnung pflegen allseits ausstrahlend den Boden zu durchwachsen, so daß die Verzweigungen des Wurzelsystems das Erdreich nach allen Richtungen gleichmäßig durchziehen. Die letzten, meist kurzen Verzweigungen heißen Saugwurzeln, da sie die Hauptmenge des Bodenwassers mit den darin enthaltenen Nährsalzen aufnehmen. Bei gewissen Dicotyledonen und Gymnospermen kann sich das Wurzelsystem auch mehr oberflächlich ausbreiten (Flachwurzler: «Wurzelscheibe» von Picea, Wurzelsystem mancher Cactaceen-Arten).

6. Sproßbürtige Wurzeln und Wurzelsprosse

Auch am Sproß können Wurzeln – wiederum meist endogen – gebildet werden. Je nach dem Ort ihrer Entstehung werden sie als stengelbürtig oder blattbürtig bezeichnet. Gehört die Ausbildung derartiger sproßbürtiger Wurzeln zur normalen Entwicklung, wie z. B. an der Unterseite der Erd- und Kriechsprosse von Stauden (Abb. 226B; 236B; Fragaria; Ranunculus repens; Jussieua, Abb. 215D), so spricht man von Neben- oder Beiwurzeln. Der Begriff Adventivwurzel sollte nach Möglichkeit – unter Zurückführung auf seine ursprüngliche Bedeutung (vgl. S. 145; Adventivsprosse) – auf solche Wurzeln beschränkt werden, die zu ungewöhnlichen Zeiten an ungewöhnlichen Orten entstehen (z. B. nach Verletzung an Blättern oder nach Hormonbehandlung an Stengeln, Abb. 452, S. 425; 461A, S. 431; 463, S. 433).

Bei den Pteridophyten sind alle Wurzeln sproßbürtig. Bereits die erste Wurzelanlage entsteht seitlich am Embryo (Abb. 790B), der infolgedessen einen unipolaren Bau aufweist. Man kann diesen Bewurzelungstypus als homorrhiz (nur gleichwertige Nebenwurzeln) der allorrhizen Bewurzelung der Dicotyledonen und Gymnospermen ge-

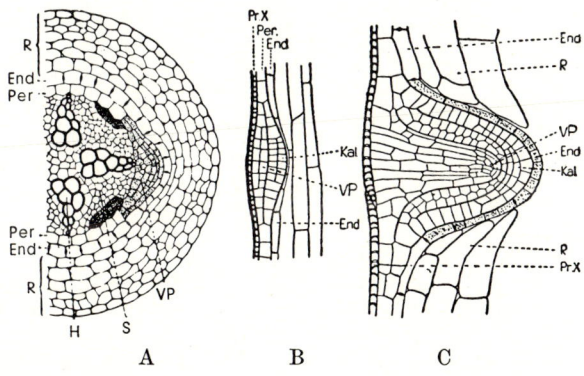

Abb. 213: Endogene Entstehung der Seitenwurzeln aus dem Pericambium (Per) und Durchbruch derselben durch die Wurzelrinde (R). A Wurzel von Vicia faba im Querschnitt mit Seitenwurzelanlage, B und C desgl. von Reseda im Längsschnitt. H Holzteil, S Siebteil des radialen Wurzelleitbündels, VP Vegetationspunkt der Seitenwurzel, Kal Calyptra, End Endodermis, Per Pericambium, PrX Protoxylem. (A 40 ×, nach Fitting; B und C 100 ×, nach van Tieghem.)

gegenüberstellen (Haupt- und Seitenwurzeln sind von verschiedener morphologischer Wertigkeit).

Bei den Monocotyledonen wird stets eine dem Sproßpol entgegengesetzte Hauptwurzel (Primärwurzel) angelegt. Sie stirbt jedoch, da bei ihnen in der Regel ein sekundäres Dickenwachstum fehlt, meistens frühzeitig mit den untersten Sproßteilen ab und wird durch sproßbürtige Nebenwurzeln ersetzt, die z. T. bereits aus dem Hypocotyl entspringen oder aber aus den höheren Internodien, insbesondere aber aus den Knoten hervorgehen (sekundäre Homorrhizie). Das Wurzelsystem besteht infolgedessen aus einer großen Zahl etwa gleichstarker, bogenförmig hinablaufender Nebenwurzeln, welche die oberen Bodenschichten – namentlich bei den Gräsern – außerordentlich intensiv durchwurzeln (Büschelwurzel, Abb. 214B).

Wurzelsprosse (Abb. 215) entstehen endogen im Pericambium älterer Wurzeln; sie dienen wie Ausläufer und Rhizomsprosse der vegetativen Ausbreitung (Wurzelbrut: z.B. *Ophioglossum*, *Coronilla*, Abb. 215A).

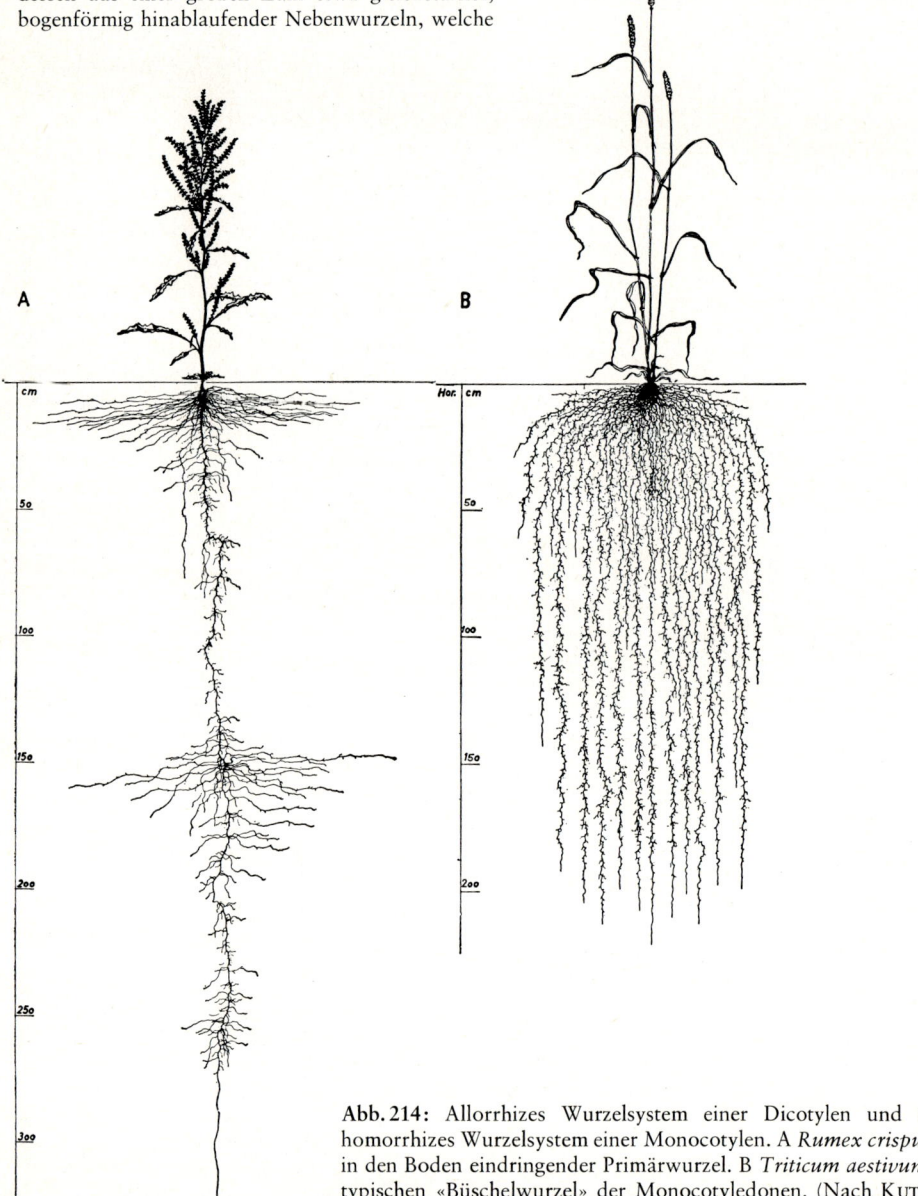

Abb. 214: Allorrhizes Wurzelsystem einer Dicotylen und sekundär homorrhizes Wurzelsystem einer Monocotylen. A *Rumex crispus* mit tief in den Boden eindringender Primärwurzel. B *Triticum aestivum* mit der typischen «Büschelwurzel» der Monocotyledonen. (Nach Kutschera.)

II. Anpassungen des Cormus an Lebensweise und Lebensraum (Ökomorphologie)

Die Vegetationsorgane sind nicht bei allen Cormophyten in der geschilderten Weise typisch gestaltet, sondern oft in verschiedener Weise umgebildet (metamorphosiert). Ihr äußerer und innerer Bau ist nämlich an Lebensweise und Umwelt (Standort) mehr oder minder ausgesprochen angepaßt. Darauf beruhen die durch konvergente Selektion entstandenen gemeinsamen Züge der Pflanzen verschiedener Gebiete mit ähnlichem Klima (d.h. die mehr oder minder einheitliche Physiognomie solcher Standorte) und die auffälligen physiognomischen Unterschiede der Vegetation an Standorten mit sehr verschiedenem Klima.

Erst eine eingehende Untersuchung zeigt in vielen Fällen, daß auch die Organe der vom Typus abweichend gestalteten Cormophyten stets nur Umbildungen der drei Grundorgane:

Wurzel, Stengel und Blatt sind, und erlaubt es festzustellen, welcher Grundform sie homolog (d.h. ursprungsgleich) sind. Der äußere Bau und die Funktion der fertig ausgebildeten Organe können nämlich sehr leicht irreführen, weil nicht selten ein Grundorgan, z.B. ein Stengel, Bau und Funktion eines anderen, etwa eines Blattes, übernimmt, oder weil verschiedene Grundorgane (also Stengel, Laubblätter oder Wurzeln) zu Spezialorganen mit sehr ähnlichem Bau und gleicher Funktion umgebildet worden sein können d.h. also zu Organen, die nur analog (funktionsgleich), aber nicht homolog (ursprungsgleich) sind (vgl. S. 7). Bei Berücksichtigung aller morphologischen Eigenschaften eines Organs wird man aber in der Regel nicht im Zweifel über seine stammesgeschichtliche Herkunft bleiben.

Die wichtigsten Standortfaktoren, an die sich die Cormophyten habituell und physiologisch anpassen mußten, sind die Wasserversorgung, die Temperatur, die Einstrahlung und die Versorgung mit den lebensnotwendigen Mineralnährstoffen.

Die ökologische Amplitude, d.h. der Spielraum, innerhalb dessen eine bestimmte Art überhaupt

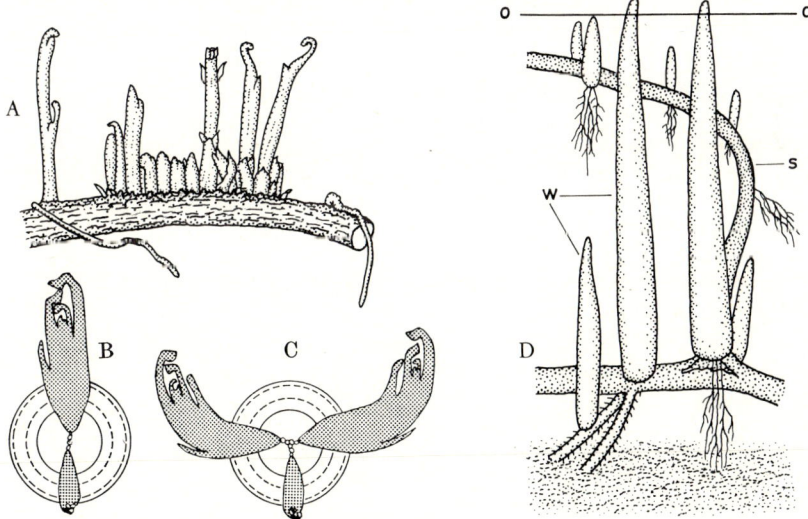

Abb. 215: Wurzelsprosse und sproßbürtige Wurzeln. A–C Wurzelsprossung bei *Coronilla varia*. A Seitenwurzel mit zahlreichen endogen gebildeten Wurzelsprossen. B Querschnitt durch eine diarche, C durch eine triarche Wurzel bei stärkerer Vergrößerung schematisch. Die Entwicklung der vor den Holzteilen der Gefäßbündel aus dem Pericambium hervorgehenden Wurzelsprosse ist auf der Oberseite der Seitenwurzel gefördert. D Sproßbürtige Nähr- und Atemwurzeln an einem verzweigten Wassersproß von *Jussieua repens (Onagraceae)*. o Wasseroberfläche, s Sproßachse, w von lockerem, lufterfülltem und daher weiß erscheinendem Aerenchym umgebene «Atemwurzeln». Die zarten Fasern und die beiden behaarten im Boden befestigten Stränge links unten sind Nähr- und Ankerwurzeln. (A 2 ×, B und C 10 ×, beides nach Rauh; D nat. Gr., nach Giesenhagen.)

noch zu vegetieren vermag, unterscheidet sich bei den verschiedenen Arten aufgrund ihrer historisch bedingten Anpassung und Auslese erheblich. Jede Art ist daher entsprechend ihrer morphologischen und physiologischen Konstitution auf eine ganz bestimmte ökologische Nische zugeschnitten, die durch eine spezifische Kombination von Wasser, Wärme, Licht und Nährsalzen gekennzeichnet ist. Für jeden einzelnen dieser Faktoren besitzt jede Art ein Minimum, ein Optimum und ein Maximum. Arten mit sehr breiter ökologischer Amplitude werden als euryök bezeichnet, solche mit enger ökologischer Amplitude und dementsprechend eng begrenzten Lebensräumen heißen stenök.

A. Anpassungen an die Wasserversorgung

1. Wasserpflanzen (Hydrophyten)

sind nach ihrer Lebensweise recht verschieden gebaut. Es gibt ganz untergetaucht (submers) lebende Wasserpflanzen, solche mit Schwimmblättern, die dem Wasserspiegel aufliegen, und endlich amphibische, die als «Wasserform» im Wasser und mit einem Teil ihrer Sprosse als «Landform» darüber und daneben leben können (z.B. *Polygonum amphibium*). Sie leiten über zu den Sumpfpflanzen oder Helophyten, die nur mit ihren Wurzeln und untersten Sproßteilen im Wasser stehen.

Besonderen Bau (Hydromorphie) weisen die submersen Stengel und Blätter auf. Er befähigt die Hydrophyten dazu, Kohlendioxid, Sauerstoff und Nährsalz unmittelbar aus dem Wasser aufzunehmen. Manche Schwimmpflanzen sind infolgedessen zeitlebens wurzellos (z.B. *Ceratophyllum*, *Utricularia*, *Wolffia arrhiza*). Andere haben besondere Absorptionsorgane an den Blättern entwickelt: die Hydropoten (vgl. S. 123).

Ein Liter Luft enthält etwa 210 cm³ Sauerstoff und 0,3 cm³ Kohlendioxid. Im Liter Wasser sind dagegen bei 20° im Falle der Sättigung mit Luft nur etwa 6,4 cm³ Sauerstoff gelöst, hingegen wiederum etwa 0,3 cm³ Kohlendioxid. Den Wasserorganismen steht also im Wasser nicht weniger Kohlensäure als den Landpflanzen in der Luft, wohl aber sehr viel weniger Sauerstoff zur Verfügung, sofern das Wasser nicht sehr flach oder sehr lebhaft bewegt ist. Der CO₂-Gehalt der Gewässer ist sogar – bei Berücksichtigung der in löslichen Bicarbonaten locker gebundenen «Gleichgewichtskohlensäure» – in der Regel beträchtlich höher als derjenige der Luft.

Die stets sehr dünnen Epidermisaußenwände der untergetauchten Sprosse und ihre sehr zarte Cuticula stellen dem Gas-, Wasser- und Salzeintritt kaum Schwierigkeiten entgegen. Zur Langsamkeit der Gasdiffusion im Wasser und zu dessen relativer Salzarmut steht daher wohl die Oberflächenvergrößerung der meist sehr zarten, dünnen, saftreichen, oft fädig zerschlitzten submersen Wasserblätter in Beziehung. Die Schwimm- und Luftblätter sind dagegen meist von ähnlicher Gestalt wie die Blätter der Landpflanzen (Hetero- und Anisophyllie; vgl. S. 181; Abb. 205 A).

Der chlorophyllhaltigen Epidermis submerser Wasserblätter fehlen meist die Spaltöffnungen (Abb. 216) und in der Regel auch die Haare. Ihr an großen Intercellularen reiches Mesophyll besteht – sofern es nicht ganz fehlt (z.B. *Elodea*) – aus gleichartigem, großzelligem Parenchym, ist also meist nicht in Palisaden- und Schwammparenchym differenziert. Wasserleitende Gefäße sind rückgebildet oder fehlen ganz. Der Auftrieb macht auch das Festigungsgewebe in Stengeln und Blättern unnötig. In rasch strömendem Wasser wird durch zentrale Lagerung der Leitbündel für die erforderliche Zerreißfestigkeit gesorgt (vgl. S. 133).

Selbst in submersen Wasserpflanzen läßt sich eine, wenn auch nur schwache, Wasserdurchströmung nachweisen; sie ist oft verbunden mit Wasserausscheidung aus besonderen Ausscheidungsdrüsen oder aus den Blattspitzen, an denen nicht selten Wasserspalten vorkommen. Sie pflegen freilich frühzeitig abzusterben, so daß offene Grübchen, die Apikalöffnungen, entstehen, aus denen nun Wasser und in ihm gelöste Stoffe ausgeschieden werden. (Vgl. S. 324f. Guttation.)

Auffallend ist bei fast allen Wasser- und Sumpfpflanzen die mächtige Entwicklung der Intercellularen (z.B. Abb. 119; 216). Die weiten Luftkanäle sind Luftspeicher, die einerseits den Auftrieb erhöhen, vor allem aber eine rege Gasdiffusion im Innern der Gewebe ermöglichen. Manche in sehr sauerstoffarmem Schlamm wurzelnde Wasserpflanzen bilden an ihren horizontal im Schlamm streichenden Sproßachsen Nebenwurzeln, deren schneeweiß erscheinendes Rindenparenchym durch große zusammenhängende Intercellularräume zu einem Aerenchym umgebildet ist. Man nennt sie Atemwurzeln, in der An-

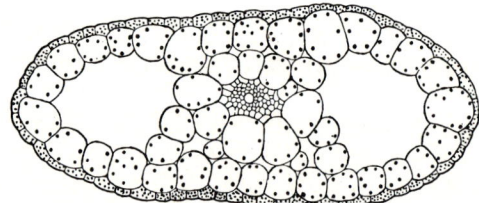

Abb. 216: Querschnitt durch das äquifaciale Wasserblatt der submersen Wasserpflanze *Zannichellia palustris* mit großen Intercellularräumen. (50×, nach Schenck.)

nahme, daß sie mittels ihrer über die Wasseroberfläche emporragenden Spitzen Sauerstoff aufnehmen und durch das Aerenchym den im Wasser und im Sumpfboden lebenden Organen zuführen (z.B. *Jussieua repens*, Abb. 215 D). Ähnliche Einrichtungen in stark vergrößerter Form finden sich bei den in sehr sauerstoffarmem Schlamm wurzelnden Mangroven der tropischen Küstensümpfe (vgl. S. 979).

2. Feuchtpflanzen (Hygrophyten)

Pflanzen, die bei ständig reichlicher Wasserversorgung aus feuchtem Boden in sehr feuchter Atmosphäre leben, z.B. viele feuchtigkeitsliebende (hygrophile) Schattenpflanzen und die Bewohner der tropischen Regenwälder, haben – wie die aus dem Wasser herausragenden Hydrophyten – Baueigentümlichkeiten, welche die Transpiration fördern (Hygromorphie). In trockener Luft welken sie daher schnell und vertrocknen. In ihrer äußeren Gestalt und im anatomischen Bau ähneln sie in mancher Hinsicht um so mehr den Wasser- und Sumpfpflanzen, je feuchter die Standorte sind, an denen sie gedeihen.

Wir finden bei den Hygrophyten große, dünne, zarte und saftreiche Blattspreiten. Die Außenwände der oft chlorophyllhaltigen Epidermis sind sehr dünn und von einer zarten Cuticula überzogen. Die Spaltöffnungen sind nicht eingesenkt, sondern manchmal sogar über die Epidermis emporgehoben (Abb. 217 sp). Das nur wenige Zellschichten mächtige, großzellige und sehr dünnwandige Mesophyll besitzt sehr weite Intercellularen. Viele Hygrophyten haben Trichom- oder Epithemhydathoden (vgl. S. 137), aus denen Wasser bei feuchtigkeitsgesättigter Luft (z.B. im tropischen Regenwald) aktiv ausgeschieden werden kann. Durch große Blattflächen wird die Photosynthese im schwachen Licht der Schattenstandorte begünstigt. Entsprechend der an den ständig feuchten

und schattigen Standorten sehr geringen Transpiration sind das Wurzelsystem und die wasserleitenden Gefäße oft nur schwach ausgebildet.

3. Trockenpflanzen (Xerophyten)

Pflanzen, die wenigstens zeitweise große Trockenheit ihres Standorts, namentlich des Bodens, ertragen können, heißen Xerophyten. Sie sind xeromorph, d.h. sie besitzen Einrichtungen zur dauernden oder wenigstens vorübergehenden Hemmung der Wasserabgabe und haben meist sehr lange Wurzeln, die eine hinreichende Wasseraufnahme aus dem wasserarmen Boden gewährleisten. Auffällig ist der oft große Reichtum an Sclerenchymelementen, der selbst bei größerem Wasserverlust die Festigkeit der Sproßachsen und der Blätter sicherstellt. Besonders xeromorph sind natürlich viele Gewächse extremer Trockengebiete, vor allem der Wüsten und Steppen, die Pflanzen trockener Felsen und viele Epiphyten (vgl. S. 203 f.). Aber auch in winterkalten Gebieten weisen die immergrünen Gehölze xeromorphe Eigenschaften auf (Schutz gegen die Frosttrocknis). Ein Teil der Einrichtungen, die die Transpiration herabsetzen, ist gleichzeitig als Schutz gegen zu starke Licht- und Wärmestrahlung anzusehen.

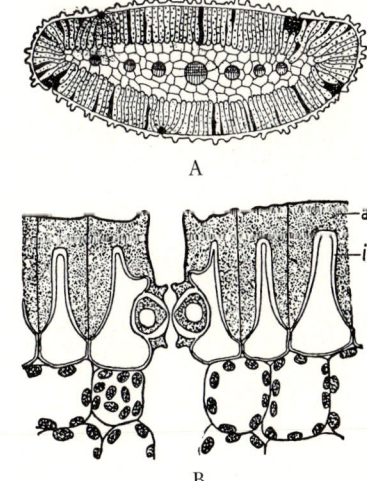

Abb. 218: Anatomische Anpassungen der Blätter von Pflanzen extrem trockener und heißer Standorte. A Querschnitt durch das äquifaciale Blatt der Wüstenpflanze *Reaumuria hirtella (Tamaricaceae)*. B Querschnitt durch die Epidermis von *Gasteria nigricans*. a Äußere, cutinisierte, i innere, nicht cutinisierte Verdickungsschicht der Epidermisaußenwand. (A 30×, nach VOLKENS; B 180×, nach STRASBURGER.)

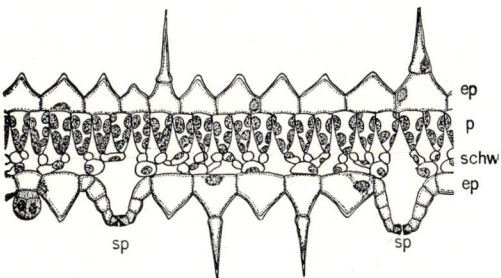

Abb. 217: Querschnitt durch das Blatt der tropischen Schattenpflanze *Ruellia portellae (Acanthaceae)*. ep ober- und unterseitige Epidermis, letztere mit emporgehobenen Spaltöffnungen (sp), p kegelförmige Palisadenzellen, schw Schwammparenchym. (100×, nach FITTING.)

Die meist kleinen, immergrünen Blätter der Xerophyten sind häufig lederartig und saftarm (Hartlaubgewächse: z.B. *Laurus, Myrtus, Olea*). Das kleinzellige und dickwandige Mesophyll ist manchmal durch besondere Sclerenchym-Elemente (Sclereiden) ausgesteift. Es ist meist nicht in Palisaden- und Schwammparenchym differenziert und enthält nur wenig Intercellularen. Oft sind die Blätter äquifacial gebaut (Abb. 218 A). Als transpirationseinschränkende Einrichtung gelten: Verdickung der Epidermisaußenwände, vor allem Verdickung und Verdichtung der Cuticula und der cutinisierten Schichten (Abb. 218 B) sowie verstärkte Wachseinlagerung; mehrschichtige Epidermen (Abb. 219 A); subepidermale Sclerenchymschichten; Ausbildung von Wachs-,

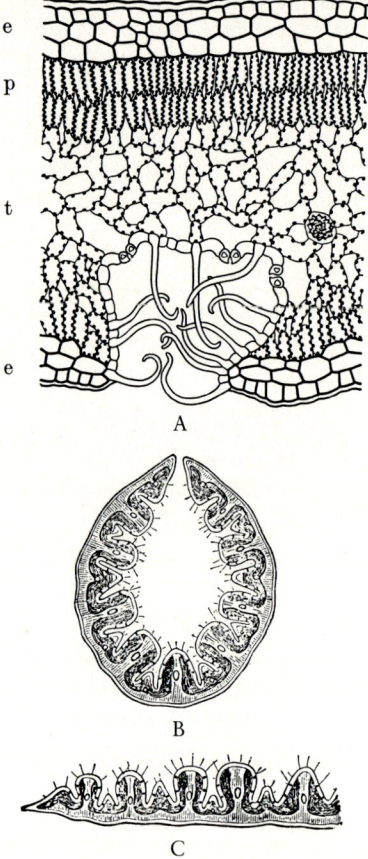

e

p

t

e

A

B

C

Abb. 219: Anatomische Anpassungen der Blätter von Pflanzen zeitweise sehr heißer und trockener Standorte. A *Nerium oleander*, Blattquerschnitt. e mehrschichtige Epidermis, p zweischichtiges Palisadenparenchym, t Schwammparenchym. Spaltöffnungen in besonderen, mit Haaren ausgekleideten Vertiefungen der Blattunterseite. B und C *Stipa capillata*, Blattquerschnitte. B eingerollt bei Wassermangel, C ausgebreitet bei guter Wasserversorgung. (A 60×, Orig.; B und C 20×, nach Kerner v. Marilaun.)

Harz- und Kalküberzügen. Durch Verengung und Versenkung der Spaltöffnungen (Abb. 218 B; 219 A) oder Überwölbung derselben mit Haarfilzen werden wasserdampferfüllte, windstille Räume geschaffen, wodurch das Sättigungsdefizit der darin enthaltenen Luft herabgesetzt und dadurch die Verdunstung eingeschränkt wird. Hingegen ist die Anzahl der Spaltöffnungen – ähnlich wie bei Sonnenblättern – häufig besonders groß, eine Eigentümlichkeit, die der Photosynthese zugute kommt, solange die Spalten in nicht zu trockenen Zeiten geöffnet sind.

Übermäßige Erwärmung der Blattspreiten wird gelegentlich durch deren Profilstellung vermieden. Bei den australischen *Eucalyptus*-Bäumen hängen z.B. die gestielten sichelförmigen Altersblätter senkrecht herab («schattenlose Wälder»). Der einheimische, an sonnigen Wegrainen nicht seltene Stachel-Lattich (*Lactuca serriola*) stellt seine schraubig angeordneten Blätter durch Torsionen im Blattgrund sämtlich vertikal etwa in die Nord-Südrichtung ein (Kompaßstellung), so daß die Sonne bei ihrem höchsten Stand lediglich die schmalen Kanten trifft (Thermotropismus). Bei vielen Akazien sind die Blattspreiten völlig reduziert und werden funktionell durch die spreitenartig ausgebildeten Blattstiele ersetzt (Phyllodien, Abb. 203 A).

Wirksamster und häufigster Transpirationsschutz wird aber durch starke Reduktion der transpirierenden Oberflächen im Verhältnis zum Gesamtvolumen erzielt, so vielfach durch Blattfall zu Beginn der Trockenzeit; ferner bei Immergrünen durch Verzwergung (Nanismus) der ganzen Pflanze, durch geringere Verzweigung, durch Verminderung der Blattmenge sowie durch Reduktion der Sproßachsen und der Blattspreiten.

Bei gewissen Ericaceen ist die freie Oberfläche der Blattspreiten durch Einkrümmung der Ränder dauernd, bei einigen einheimischen Dünen- und Steppengräsern durch Zusammenfaltung oder Einrollung in den Trockenzeiten vorübergehend stark verkleinert. Bei Genisteen, Cupressaceen und gewissen habituell ähnlichen *Hebe*-Arten Neuseelands (*Scrophulariaceae*) sind die Laubblätter nur noch kleine Schuppen. Bei vielen Cactaceen, (Abb. 220 B; 224 C, D; 225 A) sind sie zu Dornen umgebildet; bei anderen Cactaceen, baumartigen *Euphorbia*-Arten, einigen Asclepiadaceen sind sie sehr frühzeitig vergänglich oder völlig reduziert.

a) Reduktion der Blätter und Ausbildung von Flachsprossen oder Platycladien. Mit der Verkleinerung und noch mehr dem Schwund der Blätter muß aber auch die Photosynthese abnehmen. Zur Kompensation dieses Verlustes sehen wir Assimilationsparenchym in den Stengeln auftreten. In diesem Fall sind die Sproßachsen grün gefärbt; so etwa bei den Rutengewäch-sen, z.B. bei *Sarothamnus scoparius* (dem Besenginster), der allerdings an seinen langen, rutenförmigen Zweigen noch kleine, grüne, lanzettliche Blättchen entwickelt, die aber nur noch wenig wirksam sind.

Oft geht bei solchen Pflanzen mit einer Reduktion der Blätter eine Abflachung oder sogar blatt-ähnliche Ausbildung der grünen Sproßach-sen Hand in Hand: sie können alsdann weit voll-kommener als zylindrische die Assimilationsfunktion des Blattes übernehmen (Abb. 220), transpirieren aber natürlich auch wieder stärker. Solche blattartigen Sprosse werden als Flachsprosse oder Platycla-dien bezeichnet. Wenn sie begrenzt wachsen, also Kurztriebe und hierdurch besonders blattähnlich sind, nennt man sie Phyllocladien. Eine Abflachung des gesamten massig entwickelten Stammes mit Ver-schmälerung an den Verzweigungsstellen zeigen z.B. die bekannten Opuntien (Abb. 220B) und die Blatt-cacteen sowie die Polygonacee *Muehlenbeckia platy-clados*. Lehrreiche Beispiele für Phyllocladien finden sich z.B. in der Gattung *Ruscus* mit mehreren strauchi-gen Arten. *Ruscus aculeatus* (Abb. 220A) z.B. trägt an seinen Zweigen in den Achseln reduzierter schup-penförmiger Blättchen (b) breite, in eine Stachelspitze auslaufende, dunkelgrüne Phyllocladien (ph), die durchaus den Eindruck von Blättern machen. Ihrer

Oberseite aber entspringen in der Mittellinie, annä-hernd in ihrer halben Länge, aus der Achsel eines winzigen schuppenförmigen Blattes eine bis mehrere Blüten, wodurch die Achsennatur der blattähnlichen Gebilde deutlich erkennbar wird.

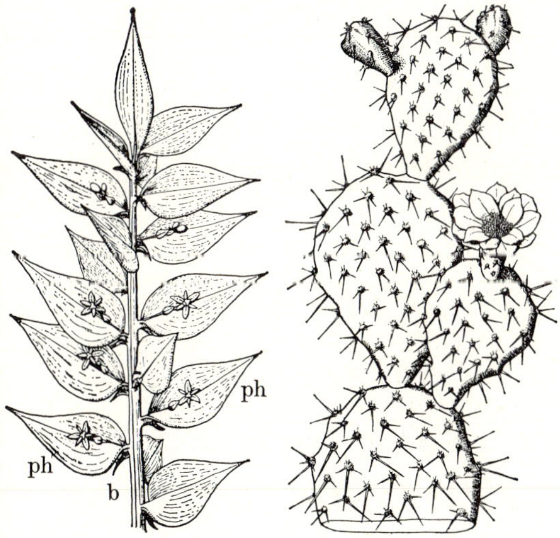

Besonders merkwürdig sind einige epiphytische Orchideen, bei denen nicht allein die Blätter, sondern auch die vegetativen Sproßachsen selbst reduziert und ganz verschwunden sind. Hier übernehmen die abgeplatteten, grünen Luftwurzeln außer der Befestigung am Substrat und der Wasseraufnahme auch die Funktionen der Blätter (Abb. 221).

b) Dornen sind spitze, an Festigungsgewebe sehr reiche, daher starre, unverzweigte oder ver-zweigte, pfriemförmige Gebilde, die durch Um-wandlung von Blättern oder Blatteilen (Blatt-dornen, z.B. *Berberis*, Abb. 222F, G; Cacta-ceen, Abb. 220B), von Sproßachsen (Sproß-dornen, Abb. 223A, B, C) oder in seltenen Fällen von Wurzeln (Wurzeldornen) – oft in Verbindung mit starker Holzbildung – entstan-den sind (analoge Konvergenz. Vgl. S. 7).

Verdornung ist vor allem bei Pflanzen typischer Trockengebiete verbreitet (Wüsten, Steppen, Dorn-busch, Trockenwälder), kommt jedoch – als vor-züglicher Schutz gegen Tierfraß – auch bei einigen nichtxeromorphen Pflanzen anderer Klimazonen und bei manchen Kletterpflanzen vor. Die Dornen der Cactaceen dienen teilweise mit einer löschpapier-ähnlichen Oberflächenstruktur der Absorption von Tau und Nebel; sie tragen auf diese Weise zu einer aktiven Ergänzung des Wasserhaushalts bei.

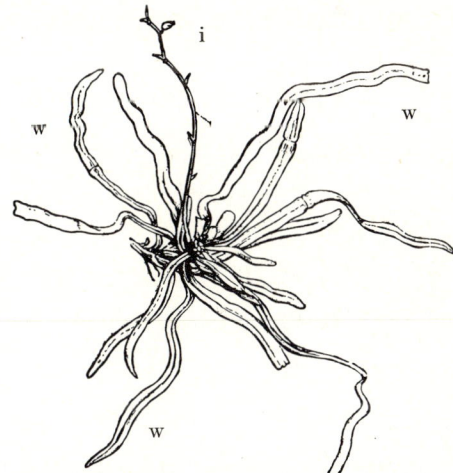

Abb. 220: Platycladien. A Zweig des Mäusedorns *Ruscus aculeatus*. b Schuppenblätter, ph blattähn-liche Phyllocladien mit Blüten; B *Opuntia*; Flach-sprosse mit nach den Blattstellungsregeln geordneten Seitensprossen (Areolen), deren Blätter zu Dornen umgewandelt sind. In der Mitte eine Blüte; oben 2 Früchte. (A, nat. Gr. nach SCHENCK, verändert; B ⅕×, nach SCHUMANN, verändert.)

Abb. 221: *Taeniophyllum sp.* Eine epiphytisch le-bende Orchidee mit reduzierter Sproßachse und grünen, bandartig verbreiterten Luftwurzeln (w), die als Assimilatoren dienen. i Inflorescenz. (½×, nach GOEBEL.)

Bei *Berberis vulgaris* werden die Blätter der Hauptsprosse in je einen meist dreistrahligen Blattdorn umgestaltet (Abb. 222); die Seiten-(Kurz-)triebe, die ausschließlich Laubblätter tragen, stehen in den Achseln dieser Dornen. Bei *Robinia, Acacia* und manchen succulenten *Euphorbia*-Arten mit vergänglichen Blattspreiten entwickeln sich die beiden N e b e n b l ä t t e r zu Dornen. Unverzweigte S p r o ß d o r n e n, die blattachselständige Kurztriebe mit reduzierten Blättern sind, treten z. B. beim Weißdorn (*Crataegus*) und bei der Schlehe (*Prunus spinosa*, Abb. 223 A, B) auf, verzweigte z. B. bei *Gleditsia triacanthos*. W u r z e l d o r n e n kommen unter den Monocotyledonen bei einigen Palmen (z. B. bei *Acanthorrhiza*) vor und unter den Dicotyledonen z. B. bei der epiphytischen Rubiacee *Myrmecodia*.

c) Succulenz. Viele Xerophyten weisen nicht nur eine starke Einschränkung der Wasserabgabe auf, sondern s p e i c h e r n außerdem während der kurzen Regenperioden Wasser in besonderen Wassergeweben für die oft langen Dürrezeiten. Bald sind die Epidermen (z. B. in den Blättern verschiedener *Piperaceae, Ficus*-Arten, *Tillandsia*) oder subepidermale Zellen als ein- bis mehrschichtiges (äußeres) Wassergewebe ausgebildet, bald ist das Wassergewebe mehr z e n t r a l gelegen (i n n e r e s parenchymatisches Wassergewebe z. B. in den Blättern von *Aloe, Mesembryanthemum* oder *Lithops*, Abb. 224 A). Organe, in denen es sehr mächtig entwickelt ist, werden dadurch sehr dick und f l e i s c h i g - s a f t i g. Daher nennt man solche Pflanzen S u c c u l e n t e n. Bei gewissen *Apiaceae (Umbelliferae)*, *Cucurbitaceae, Asterales, Asclepiadaceae*, ferner Angehörigen der Gattungen *Pelargonium* und *Oxalis* der Steppen und Wüsten sind verdickte W u r z e l n zu Wasserspeichern ausgebildet (W u r z e l s u c c u l e n t e n). Häufiger findet man B l a t t s u c c u l e n t e n (*Sedum, Sempervivum, Agave, Aloe, Mesembryanthemum*) oder S t a m m s u c c u l e n t e n (*Cactaceae, Euphorbia*-Arten, *Stapelia* und andere *Asclepiadaceae, Kleinia* unter den *Asteraceae, Cissus cactiformis*, Abb. 225). Besonders bezeichnend für die Trockengebiete der Neuen Welt sind die kugel- oder säulenförmigen, oft nur schwach oder gar nicht verzweigten und blattlosen C a c t e e n. In der Alten Welt treten an ihre Stelle die säulen- oder kandelaberartigen E u p h o r b i e n und A s c l e p i a d a c e e n, die gewis-

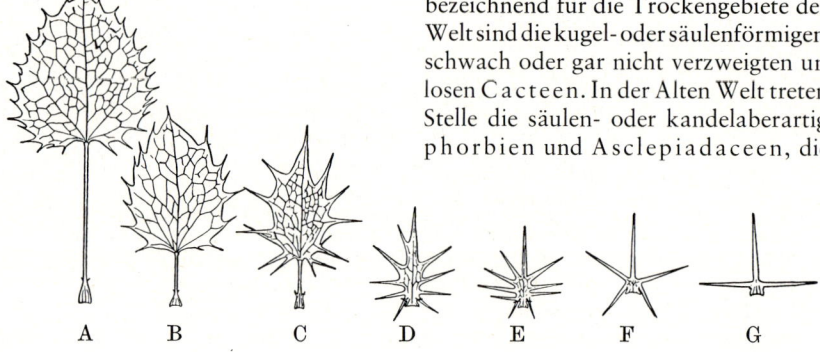

Abb. 222: *Berberis vulgaris*. A normales Laubblatt. F fünf-, G dreistrahliges Dornblatt. B bis E Übergangsformen. (²/₃ ×, nach Troll.)

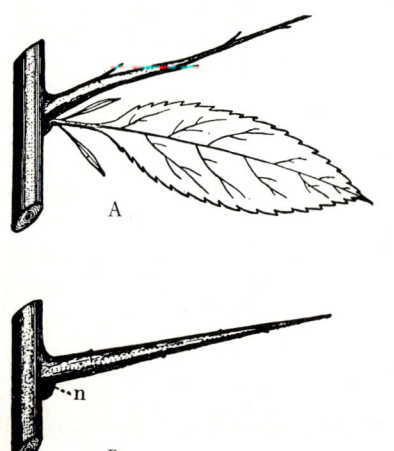

Abb. 223: A und B Sproßdornen von *Prunus spinosa* A kurz nach der Bildung in der Achsel des mit schmalen Nebenblättern versehenen Tragblattes: der Dorn trägt selbst reduzierte Blättchen. B verholzt und starr (bei n die Narbe des Tragblattes). C schematischer Längsschnitt durch einen Dorn: der Holzkörper (schwarz) entspringt aus dem Holz des Tragastes (darunter die Narbe des Tragblatts), während ein Stachel (z. B. bei *Rosa:* D) als Emergenz ausschließlich von Rindengewebe gebildet wird und sich dementsprechend leicht abbrechen läßt. (A und B natürliche Größe, nach Fitting.)

sen Cactaceen zum Verwechseln ähnlich sehen können (Abb. 225 B, C). Die in ganz verschiedenen Verwandtschaftskreisen als Anpassung an Trockenklimate mit regelmäßigen, wenn auch nur kurzfristigen Niederschlägen entwickelte stammsucculente «Cactusform» stellt eines der eindrucksvollsten botanischen Beispiele für h o - m o l o g e K o n v e r g e n z dar, worunter man die durch natürliche Auslese bedingte gleichartige Ausgestaltung systematisch weit auseinanderstehender Arten versteht.

Wie schon GOETHE festgestellt hat, unterscheiden sich die Keimlinge der Cacteen oft kaum von denjeni-

gen gewöhnlicher Samenpflanzen. Die spätere morphologische Umgestaltung beruht im wesentlichen auf drei Abweichungen vom Typus (Abb. 224): der Ausbildung des Wasserspeichers (im wesentlichen aus dem Rindenparenchym), der Umwandlung der Blätter in Blattdornen und der Reduktion der Seitenzweige zu Haarpolstern (den sog. Areolen). Im Extremfall wird die Achse bis zur Kugelform gestaucht, womit die kleinstmögliche relative Transpirationsfläche erreicht ist. Tiefe, den Orthostichen der Areolen folgende Oberflächenfalten – die sog. «Rippen» – gestatten es dem vielschichtigen Hypoderm je nach der Wasserfüllung des darunterliegenden Wassergewebes ziehharmonikaartig auseinanderzuweichen oder zusammenzufallen.

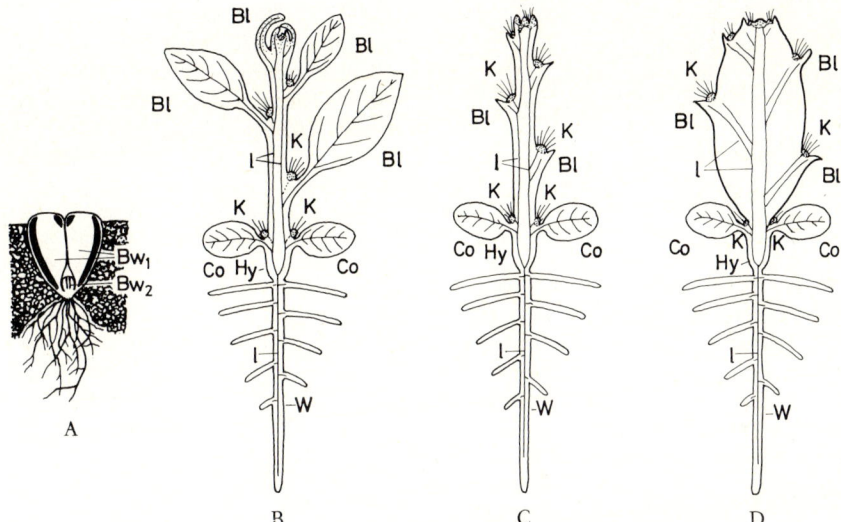

Abb. 224: A *Lithops sp.* Schematischer Längsschnitt. Zwischen den beiden fleischigen Blättern Bw$_1$ steht dekussiert der junge Blattwirtel Bw$_2$. Die obere horizontale Linie stellt die Erdoberfläche dar. Schwarz in Bw$_1$ Assimilationsgewebe (nach GEITLER). B bis D Schematische Ableitung der «Cactusform». B Ausgangstypus (z.B. *Pereskia*). Die Achselknospen (K) sind zu Blattdornen tragenden «Areolen» reduziert. C Laubblätter (Bl) zu unscheinbaren Rudimenten reduziert (z.B. *Opuntia*-Arten). D Rindengewebe zu einem Wasserspeichergewebe ausgeweitet. W = Wurzel, Hy = Hypocotyl, Co = Cotyledonen, l = Leitbündelstränge. (Nach TROLL.)

Abb. 225: Homolog konvergente Ausbildung der Stammsucculenz unter dem Einfluß trockener Klimate mit kurzen, aber ergiebigen Regenperioden. A *Cereus iquiquensis (Cactaceae)*, B *Euphorbia fimbriata (Euphorbiaceae)*, C *Huernia verekeri (Asclepiadaceae)*, D *Kleinia stapeliiformis (Asteraceae)*, E *Cissus cactiformis (Vitaceae)*. ($^1/_2 \times$, Orig.)

B. Anpassungen an die Temperatur

Der Wasserfaktor steht in engen Wechselbeziehungen zu dem Temperaturfaktor. Einerseits können hohe Temperaturen beim Vorhandensein von reichlich Wasser durch entsprechende Transpirationserhöhung und die dabei erzeugte Verdunstungskälte herabgesetzt werden, so daß sie nur in extrem trockenen Wüstengebieten jedes pflanzliche Leben unmöglich machen. Andererseits führen Frost-Temperaturen unter 0°C durch das Gefrieren des Bodenwassers (sog. Frosttrocknis, vgl. S. 320) oft schon in einem Temperaturbereich, in dem niedere Protophyten ohne Schwierigkeit zu überleben oder sogar zu wachsen vermögen, zum Tod der höher organisierten Cormophyten.

1. Pflanzen heißer Zonen

Als Grenze des vegetativen Lebens gelten im allgemeinen Temperaturen um 55°C. Nur wenige Protophyten, wie thermophile Cyanophyceen und Bakterien, können Temperaturen bis ca. 80°C ertragen (vgl. S. 226, Tab. 9). In Wüstengebieten und Trockenbüschen sind nun aber Bodentemperaturen über 60°C keine Seltenheit. In einem Trockenbusch bei Santa Marta (Kolumbien) wurden mittags fast 70°C gemessen. Durch Konvektion nimmt die hohe Temperatur der bodennahen Luftschicht allerdings bereits in wenigen Dezimeter Höhe wesentlich ab. Dort ist es daher nicht so sehr die Lufttemperatur, als vielmehr die Infrarot-Einstrahlung, welche die Blattemperaturen beträchtlich (bis 10°) über die Lufttemperatur aufheizen kann.

So wurden an dem baumförmigen Blattcactus *Pereskia colombiana* bei 30°C Lufttemperatur 42°C Blattemperatur gemessen. Als Schutz gegen derart hohe Strahlungstemperaturen bewährt sich die Ausbildung sehr kleiner und schmaler Blättchen zur Begünstigung des konvektiven Wärmeübergangs und «Tagesschlaf» (z.B. *Acacia*-Arten), die Ausbildung reflektierender weißer Haarfilze (z.B. *Leucadendron*) und dickwandiger, wie gelackt aussehender Epidermen (z.B. *Laurus nobilis*). Alle diese Einrichtungen dienen natürlich gleichzeitig der Transpirationseinschränkung.

2. Wandlungsfähige Pflanzen (Tropophyten)

Wie eng Temperatur und Wasserfaktor bei der morphologischen und physiologischen Einpassung in den Lebensraum zusammenwirken, wird besonders deutlich bei den wandlungsfähigen Tropophyten, deren äußeres Erscheinungsbild und endogener physiologischer Rhythmus dem jahresperiodisch wechselnden Klimarhythmus des Lebensraums optimal angepaßt sind. Oft ist es gar nicht zu entscheiden, ob die rhythmische Änderung von Habitus und Stoffwechsel stärker von der Wasserversorgung oder stärker von den Temperaturverhältnissen geprägt ist.

a) Die meisten **Holzgewächse** (Bäume ♄ oder Sträucher ♄) aus Klimazonen mit stark wechselnder Jahreszeitenrhythmik (periodischer Temperaturwechsel der gemäßigten Zonen, periodische Beregnung tropischer Gebiete) schützen ihre empfindlichen Apikalmeristeme in den kalten bzw. trockenen Jahreszeiten in Ruheknospen (Abb. 156 A, C u. E). Diese werden von fest zusammenschließenden Niederblättern, den Knospenschuppen, gebildet (z.B. *Acer, Aesculus, Malus*: Abb. 206).

In anderen Fällen sind die Knospenschuppen ihrem Ursprung nach Nebenblätter (so bei den Kätzchenblütlern, z.B. *Quercus, Carpinus, Fagus, Corylus*, aber auch bei *Tilia*).

Die äußeren Knospenschuppen sind meistens lederartig zäh und gewöhnlich braun. Kork und Haarüberzüge, Harz-, Gummi- oder Schleimausscheidungen sowie eingeschlossene Luftschichten machen sie zu wirksamen Schutzorganen gegen Austrocknung. Eigenartig gestaltete Haargebilde, die Leim- und Drüsenzotten (oder Colleteren), die auf den Deckschuppen der Winterknospen vieler unserer Bäume (z.B. *Aesculus*) sitzen, scheiden ein Gemenge von Gummi und Harz ab, das sich zwischen die Deckschuppen ergießt und diese verklebt. Wenn die Knospen im Frühjahr aufbrechen, werden die Knospenschuppen in der Regel abgeworfen. An den Jahrestrieben der Bäume (z.B. *Fagus*) sind die untersten Internodien, die zwischen den Knospenschuppen lagen, besonders kurz; sie lassen die dicht gedrängten Schuppennarben und so die Grenzen der aufeinanderfolgenden Jahrestriebe erkennen.

b) Die ausdauernden Kräuter oder **Stauden** (Symbol ♃) wechselfeuchter Klimate opfern mindestens diejenigen Teile ihrer Laubsprosse, die höher in die Luft ragen. Sie überwintern (perennieren) teils sommer-, teils auch – wie viele zweijährige (bienne) Kräuter – mehr oder minder wintergrün mit oberirdischen Erneuerungsknospen, die aus Luft- oder Erdsprossen an der Oberfläche oder dicht über ihr entspringen, oder sie opfern die ganzen Luftsprosse, «ziehen völlig ein» und überwintern nur mit Erdsprossen und daran sitzenden unterirdischen Knospen.

Für den Frühjahrsaustrieb der überwinterten Erneuerungsknospen werden organische Bau- und Betriebsstoffe benötigt, die in der voraufgehenden Vegetationsperiode gebildet und in meist unterirdischen Speicherorganen abgelagert werden. Wegen ihres Reichtums an wertvollen organischen Stoffen gehören solche Speicherorgane – neben den Früchten und Samen – zu den wertvollsten vegetabilischen Nahrungsmitteln für Tier und Mensch. Alle drei Grundorgane können der Reservestoffspeicherung dienen. Man unterscheidet zwischen 1. unterirdischen, unbegrenzt wachstumsfähigen Erdsprossen: Wurzelstöcken oder Rhizomen, 2. ober- oder unterirdischen Sproßknollen (mit begrenztem Wachstum), 3. Zwiebeln, bei denen die Speicherfunktion im wesentlichen in die fleischig verdickten Blätter verlegt ist, 4. Wurzelknollen, die aus begrenzt wachstumsfähigen sproßbürtigen Nebenwurzeln hervorgehen, und 5. Rüben, die ihre Entstehung einer Verdickung der Hauptwurzel verdanken.

α) Die Wurzelstöcke oder **Rhizome** sind nur selten monopodial (z.B. Abb. 226 A), häufiger sympodial (z.B. Abb. 226 B) verzweigte Erdsprosse mit mehr oder minder verdickten Sproßachsen und meist kurzen Internodien; sie sind oft Produkte mehrerer Vegetationsperioden und wachsen unverzweigt oder schwach verzweigt unbegrenzt, bald senkrecht, bald horizontal, im Boden.

Ihre älteren Teile sterben im Laufe der Jahre ab; da sie jedoch alljährlich mit apikalen Erneuerungssprossen weiterwachsen, können Rhizompflanzen im Laufe der Jahre große Bodenflächen bedecken und wahrscheinlich sehr alt werden (Maiglöckchen *Convallaria majalis*, Bingelkraut *Mercurialis perennis*). Die Rhizome tragen dauernd allseits oder unterwärts sproßbürtige Wurzeln und farblose, häutige Niederblätter. An solchen Schuppen oder deren Narben, an der Ausbildung von Knospen, dem Fehlen von Wurzelhauben sowie an ihrem anatomischen Bau lassen sich die Wurzelstöcke von den echten Wurzeln unterscheiden. Gleiches gilt für die meisten unterirdischen Sproßknollen, die (ebenso wie die Zwiebeln) durch Übergänge mit den Rhizomen verbunden sind.

β) **Sproßknollen** können durch starke primäre oder sekundäre Verdickung des Hypocotyls entstehen oder aus einem oder mehreren Sproßinternodien hervorgehen.

Reine Hypocotylknollen als Speicherorgane entwickeln z.B. das ausdauernde Alpenveilchen (*Cyclamen*) sowie zahlreiche zweijährige Pflanzen wie das Radieschen (*Raphanus sativus* var. *sativus*) oder die Rote Rübe (*Beta vulgaris* var. *conditiva*, Abb. 227E). Eine typische Sproßknolle, die ausschließlich von höheren beblätterten Sproßabschnitten gebildet wird, hat der Kohlrabi (*Brassica oleracea* var. *gongylodes*, Abb. 227B).

Die unterirdischen Sproßknollen tragen wie die Rhizome nur häutige und vergängliche Niederblattschuppen oder deren Narben. Sie unterscheiden sich von den Wurzelstöcken durch größere Dicke, begrenztes Wachstum, meist auch durch Wurzellosigkeit sowie dadurch, daß sie, abgesehen von den Hypocotylknollen, nur von einer Vegetationsperiode zur nächsten dauern und in dieser bei den Perennen durch eine neue Knolle in verschiedener Weise ersetzt werden.

Die Kartoffelknollen (Abb. 228) entstehen an den Enden unterirdischer plagiotroper Seitenzweige (Ausläufer) durch primäres Dickenwachstum mehrerer Internodien und dienen außer der Reservestoffspeicherung der Vermehrung der Mutterpflanze. Die an jeder Kartoffelknolle sichtbaren, regelmäßig verteilten Ver-

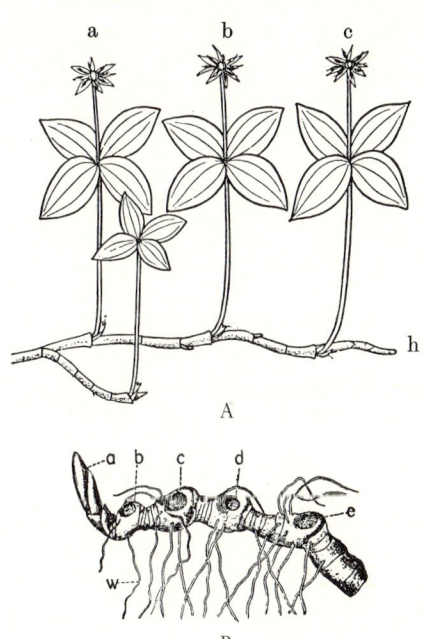

Abb. 226: A *Paris quadrifolia*. Schema einer monopodial wachsenden Rhizomstaude. a, b und c als Seitenachsen angelegte Blütentriebe dreier aufeinanderfolgender Jahrgänge. h die monopodial und plagiogravitrop fortwachsende Hauptachse. B Sympodiales Rhizom von *Polygonatum multiflorum*. a Knospe des nächstjährigen oberirdischen Blütentriebes. b, c, d und e Narben der oberirdischen Triebe des letzten (b) und dreier voraufgegangener Jahre (c, d und e). w sproßbürtige Nebenwurzeln. (A ¹/₅ ×, nach A. BRAUN, verändert von TROLL; B ¹/₃ ×, nach SCHENCK.)

tiefungen (Augen) bergen Seitenknospen. Nach Ausbildung der Knollen geht die Mutterpflanze zugrunde.

Bei ausdauernden Pflanzen mit vergänglichen, einjährigen Erdknollen (z.B. *Colchicum* [Abb. 963 F], *Crocus* [Abb. 965 A, S. 900], *Ranunculus bulbosus*) schwillt die in der Erde verborgene Basis des orthotropen Hauptsprosses selbst zur überwinternden Sproßknolle an. Im nächsten Frühjahr treibt eine

Seitenknospe zum Erneuerungssproß aus, dessen Basis im Lauf der Vegetationsperiode die neue Knolle liefert. Bei *Crocus* entsteht die neue Knolle nahe am Scheitel der alten Knolle, so daß sie dieser aufzusitzen scheint, bei *Colchicum* hingegen seitlich an deren Basis.

γ) **Zwiebeln** (z.B. die Küchen-, Tulpen-, Hyacinthenzwiebel), meist unterirdische, sehr stark

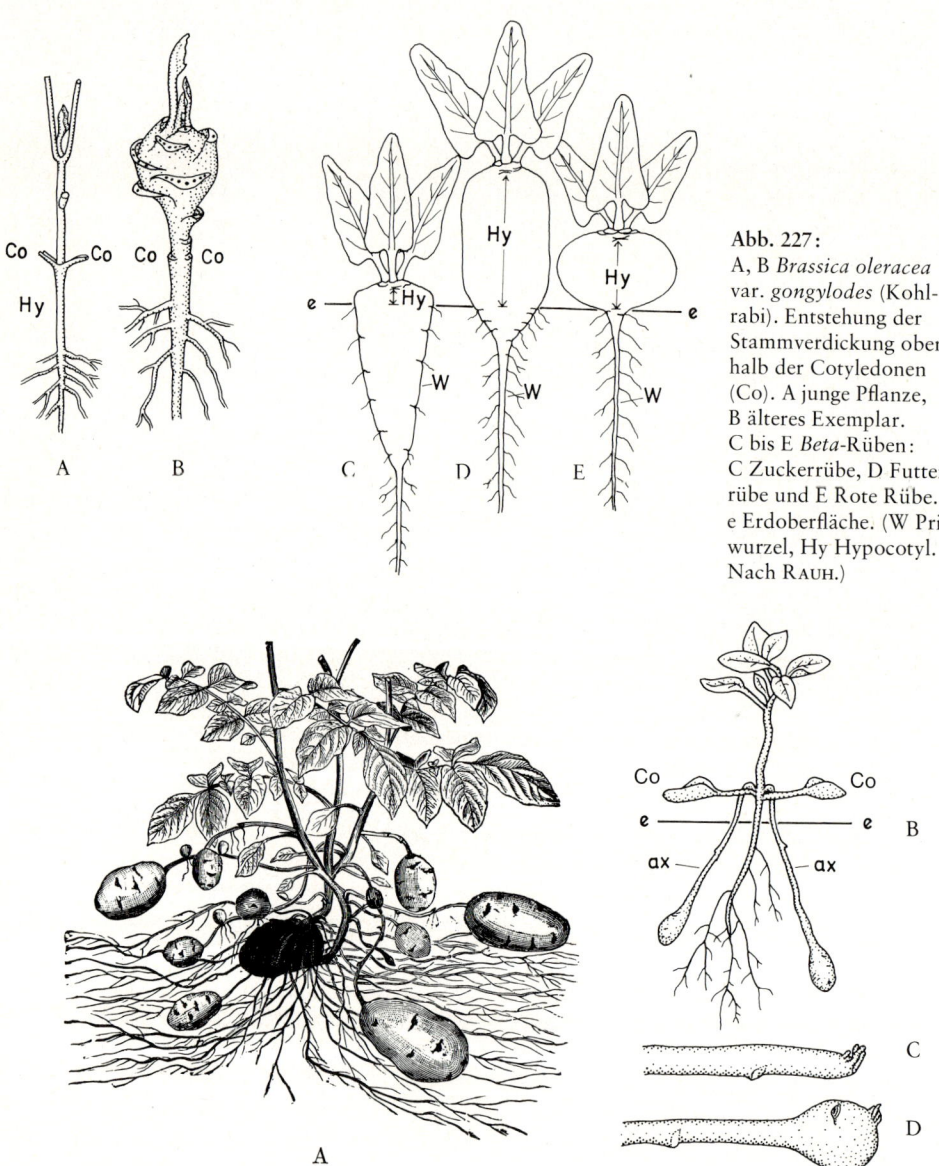

Abb. 227:
A, B *Brassica oleracea* var. *gongylodes* (Kohlrabi). Entstehung der Stammverdickung oberhalb der Cotyledonen (Co). A junge Pflanze, B älteres Exemplar. C bis E *Beta*-Rüben: C Zuckerrübe, D Futterrübe und E Rote Rübe. e Erdoberfläche. (W Primärwurzel, Hy Hypocotyl. Nach Rauh.)

Abb. 228: *Solanum tuberosum*. A unterer Teil einer älteren Pflanze. Die dunkle mittlere Knolle ist die in die Erde gelegte Mutterknolle, aus der sich die Pflanze entwickelt hat. B Keimpflanze (e Erdoberfläche, c Cotyledonen, ax Achselsprosse der Keimblätter mit Sproßknollen). C und D Ausläuferenden (Stolonen) bei beginnender Knollenbildung. (A ¹/₅ ×, nach Schenck; B etwa nat. Gr. nach Percival; C und D desgl. nach Troll.)

verkürzte Sprosse mit verdickten, fleischigen Schuppenblättern (Abb. 229s$_1$ bis s$_4$), dienen der Speicherung. Es sind schuppenförmige Niederblätter (z.B. bei *Tulipa*, *Fritillaria* und *Lilium martagon*) oder (z.B. bei *Allium*) aus dem Blattgrund hervorgegangene, schalenförmige, stengelumfassende und geschlossene Blattscheiden abgestorbener Laubblätter oder beides in rhythmischem Wechsel (z.B. *Lilium candidum*, *Hyacinthus*). Sie sitzen einer stark verkürzten, scheiben- bis kegelförmigen Achse auf (Zwiebelkuchen), aus deren Vegetationspunkt später der oberirdische Blütensproß (Abb. 229B) austreibt. In vielen Fällen geht alljährlich aus einer Knospe in der Achsel einer Zwiebelschuppe der absterbenden vorjährigen Zwiebel eine neue Tochterzwiebel hervor (Abb. 229, schraffiert).

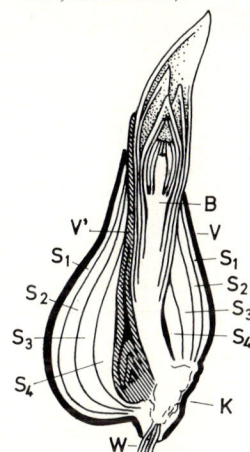

Abb. 229: Längsschnitt durch eine austreibende Tulpenzwiebel. Man erkennt die bereits fertig angelegte Blüte (B), die schuppenförmigen Niederblätter (S$_1$ bis S$_4$), die braune, trockene Hülle (V), welche die Zwiebelanlage in der Achsel des obersten Schuppenblattes schützend umgab (vgl. V') und die dem Zwiebelkuchen (K) entspringenden Nebenwurzeln (W). (Nat. Gr., nach SACHS.)

δ) Andere krautige Perenne oder Bienne bilden sproßbürtige Speicherwurzeln zu **Wurzelknollen** aus. Diese ähneln oft den analogen Sproßknollen, lassen jedoch ihre Homologie mit Nebenwurzeln an ihren Wurzelhauben, dem Fehlen von Blattanlagen und ihrem anatomischen Bau erkennen.

Wurzelknollen finden sich u.a. bei *Dahlia* (Abb. 230), bei *Ranunculus ficaria* (Abb. 231A,B) sowie bei der in den Tropen die Kartoffel vertretenden Batate *Ipomoea batatas*. Eigenartig sind die Wurzelknollen mancher Erdorchideen gebaut. Sie sind eiförmig (Abb. 231C), oder handförmig geteilt (z.B. bei der «Händelwurz» *Gymnadenia*) und entstehen stets aus einer einzigen sproßbürtigen Nebenwurzel (die handförmigen durch deren gabelige Verzweigung); miteinander verbunden sind immer eine ältere und eine jüngere Knolle. In Abb. 231C und D hat die ältere, vorjährige K$_1$ bereits einen Blütensproß B entwickelt; sie ist geschrumpft, im Absterben begriffen. Die

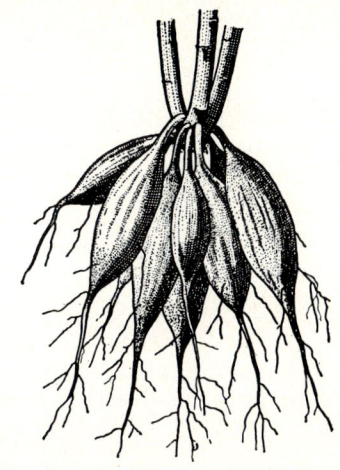

Abb. 230: Sproßbürtige Speicherwurzeln (Wurzelknollen) einer Dahlie. (¹/₅×, nach WEBER.)

Achselknospe des Niederblattes N hat an ihrer Basis eine sproßbürtige Nebenwurzel entwickelt, die – nach Durchbrechung des Niederblattes – zur neuen, diesjährigen Wurzelknolle K$_2$ anschwillt. Die Sproßknospe Kn wird das sympodiale Sproßsystem im kommenden Frühjahr mit einem neuen Blütentrieb fortsetzen usw. durch unbegrenzt viele Sproßgenerationen. Alle Wurzelknollen speichern im stark verdickten Rindenparenchym; die Verdickung beruht ausschließlich auf primären Wachstumsprozessen.

ε) **Rüben** sind ganz oder doch wenigstens teilweise verdickte Hauptwurzeln (Pfahlwurzeln). Sie finden sich deshalb nur bei den allorrhiz bewurzelten Dicotyledonen. Da meistens auch noch wesentliche Teile des Hypocotyls am Aufbau des Rübenkörpers beteiligt sind, handelt es sich um morphologisch heterogene Organe, die trotz ihrer äußeren Ähnlichkeit im anatomischen Bau erhebliche Unterschiede aufweisen können.

Bei der Möhre *Daucus carota* und bei der Zuckerrübe (*Beta vulgaris* var. *altissima*, Abb. 227C) bildet die Hauptwurzel selbst den mächtigsten Anteil des Speicherorgans. Bei der Runkel- oder Futterrübe (*Beta vulgaris* var. *crassa*, Abb. 227D) und beim Rettich sind überdies wesentliche Anteile des Hypocotyls in den Rübenkörper einbezogen. Bei der Kohl- oder Steckrübe (*Brassica napus* var. *napobrassica*) und beim Sellerie (*Apium graveolens*) kommt darüber hinaus auch noch der basale mit Laubblättern besetzte Sproßabschnitt oberhalb des Hypocotyls hinzu. Die beiden zuletzt genannten Typen bilden also Übergangsformen zu den reinen Hypocotyl- bzw. Sproßknollen, wie wir sie bei der Roten Rübe (Abb. 227E) und beim Kohlrabi kennengelernt haben (Abb. 227B).

Bei *Daucus carota* wird die Hauptmasse des Speichergewerbes vom Rindenparenchym gebildet

(Rindenrübe), beim Rettich *(Raphanus sativus* var. *niger)* hingegen vom sekundären Holz, in dem jedoch das lebendige, unverholzte Parenchym überwiegt (Holzrübe); bei der Zuckerrübe schließlich kommt die Verdickung durch die sukzedane Entstehung mehrerer ringförmiger Cambiumzonen im Rindenparenchym zustande, die sich an den von ihnen angegliederten sekundären Holzelementen im Querschnitt deutlich erkennen lassen.

Viele Zwiebeln, Knollen und Rhizome haben eine spezifische Tiefenlage, die freilich je nach der Beschaffenheit des Bodens variieren kann. So liegen z.B. die Rhizome von *Paris* in 2–5 cm, die Knollen von *Arum* (Abb. 212A) in 6–12, von *Colchicum* in 10–16, die Rhizome von *Asparagus officinalis* in 20–40 cm Tiefe. Die Samen keimen aber auf oder dicht unter der Erde. Die Erdsprosse der jungen Pflanzen müssen also tiefer in die Erde eindringen. Dies geschieht zum Teil durch die Zuwachsbewegung ihrer plagiotropen Sproßachsen, zum Teil durch contractile Wurzeln (vgl. S. 186, Zugwurzeln, Abb. 212B). Bei *Lilium* sind alle Wurzeln contractil; in anderen Fällen beschränkt sich die Kontraktionsfähigkeit auf wenige oder eine einzelne Wurzel (z.B. *Crocus, Gladiolus*). Bei verschiedenen Rosetten- und Halbrosettenpflanzen können auch das Hypo- und Epicotyl durch andauernde Kontraktion während ihres sekundären Dickenwachstums dafür sorgen, daß der Sproßscheitel jedes Jahr um so viel in die Tiefe gezogen wird, wie er durch das Scheitelwachstum in die Höhe

rückt, so daß die Rosette stets in Höhe des Erdbodens bleibt (z.B. *Gentiana lutea*).

3. Die Lebensformen

Nach der Lebensdauer der Sprosse sowie nach Lage und Schutz der überdauernden Erneuerungsknospen während der ungünstigen Jahreszeiten (Winterruhe bzw. sommerliche Dürreperioden) kann man die Cormophyten in fünf Lebensformen einteilen (Abb. 232): ihr prozentualer Anteil an der Vegetation eines Gebietes wechselt mit Klima und Standort.

a) **Phanerophyten** tragen ihre Erneuerungsknospen höher als 50 cm über dem Erdboden. Zu ihnen gehören alle Gehölze (immergrüne und sommergrüne Bäume und Sträucher (Abb. 232C), die meisten Kletterpflanzen (vgl. S. 202f.) sowie in den feuchtwarmen Tropen auch viele große aufrechte Kräuter und die Epiphyten (vgl. S. 203).

b) **Chamaephyten** (Halb- und Zwergsträucher) tragen ihre Erneuerungsknospen nahe (10 bis 50 cm) über dem Erdboden (Abb. 232A, B). Sie genießen daher in schneereichen Klimaten wirksamen Frostschutz durch die Schneedecke, da der Schnee ein ungewöhnlich schlechter Wärmeleiter ist. Hierher gehören viele niederliegende und kriechende Holzpflanzen der nordischen Tundren und der Hochgebirge, aber auch viele Ericaceen der ozeanischen Heiden

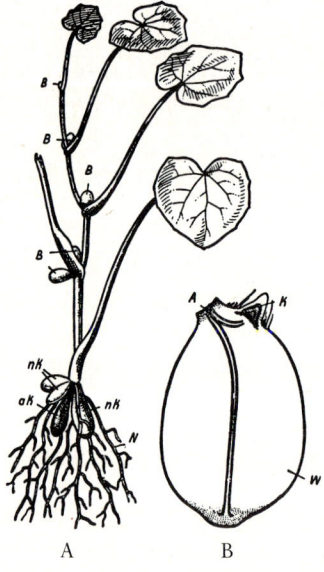

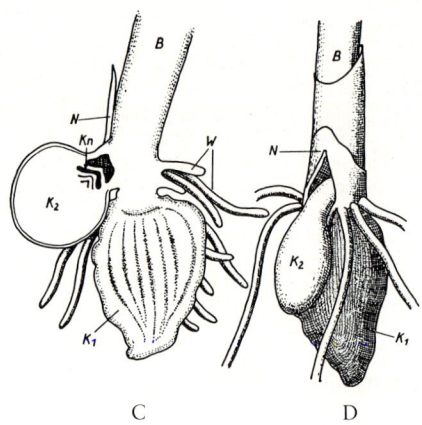

Abb. 231: A und B *Ranunculus ficaria.* A Entstehung der Bulbillen *(B)* in den Achseln der Laubblätter und der Wurzelknollen *(nK)* an der Sproßbasis. *(aK* alte Knolle, aus der sich die Pflanze entwickelt hat. *N* sproßbürtige Nebenwurzeln.) B Einzelne Bulbille längs durchschnitten. An der Basis der Achselknospe K entspringt die knollig verdickte Nebenwurzel W (vgl. auch Abb. 246, S. 211). C und D *Orchis militaris:* Wurzelknollen. K_1 vorjährige Knolle, aus der sich die diesjährige Blütensproß B entwickelt hat. In der Achsel des untersten, schuppenförmigen Niederblattes (N) hat sich eine Nebenwurzel des Achseltriebes zur diesjährigen Wurzelknolle entwickelt (K_2). W normal ausgebildete Nebenwurzeln der gleichen Knolle; *Kn* die Sproßknospe des Achseltriebes für die folgende Vegetationsperiode. (A und B nach Troll; C und D nach v. Wettstein.)

(z.B. *Calluna*, *Erica tetralix*). Zwergwuchs in Verbindung mit extremer Xeromorphie ermöglicht gewissen Holzgewächsen aber auch das Vordringen in ausgeprägte Wüstengebiete.

Bei den für das Hochgebirge, aber auch für Steppen- und Wüstengebiete charakteristischen Polsterpflanzen sind die reich verzweigten, rosettig gestauchten Triebe zu oft erstaunlich großen und festen Polstern zusammengepackt, die dem Boden flach oder halbkugelig aufsitzen (Abb. 233). Alle Zweigenden, die allein und in dichter Folge kleine, immergrüne Blätter tragen, befinden sich an der Oberfläche der Polster.

c) Die Erneuerungsknospen der **Hemicryptophyten** (Oberflächenpflanzen) liegen dicht an der Erdoberfläche. Zu ihnen gehören die Horstpflanzen (viele Poaceen, wie z.B. auch unsere Wintergetreide), die zweijährigen und ausdauernden Rosettenpflanzen,

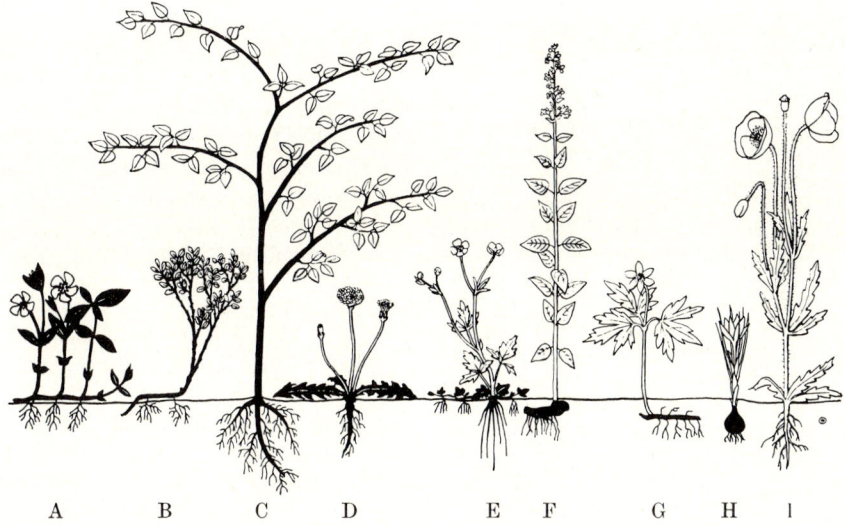

Abb. 232: Die wichtigsten Lebensformen in schematischer Darstellung. (Die schwarzen Pflanzenteile überwintern, die übrigen sterben im Herbst ab.) A und B Chamaephyten *Vinca* und *Vaccinium*. C Phanerophyt *Fagus*. D bis F Hemicryptophyten (D Rosettenpflanze *Taraxacum*, E Ausläuferstaude *Ranunculus repens*, F Schaftpflanze *Lysimachia*), G und H Cryptophyten (G Rhizomgeophyt *Anemone*, H Zwiebel- bzw. Knollengeophyt *Crocus*), I Therophyt *Papaver rhoeas*. (Nach WALTER.)

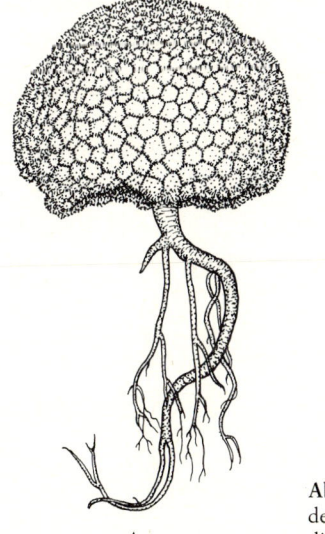
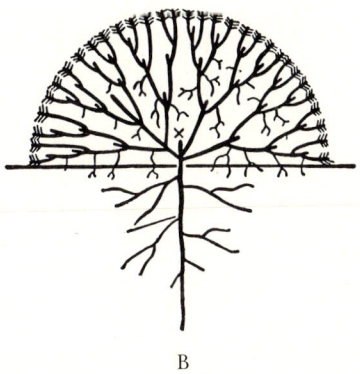

Abb. 233: A *Azorella selago*. Polsterförmig wachsende Apiacee von den Kerguelen. (Etwa ¼×, nach SCHIMPER.) B Schema des sympodialen Aufbaus einer Polsterpflanze. (Nach RAUH.)

z.B. *Taraxacum* (Abb. 232D), *Plantago* (Abb. 158D), *Beta* (Abb. 227C), die ohne Blattrosette überwinternden Schaftpflanzen (z.B. *Artemisia, Urtica, Lysimachia vulgaris;* (Abb. 232F), deren Knospen am Grunde des abgestorbenen, im Sommer beblätterten Stengels liegen, sowie die Stauden mit oberirdischen Ausläufern *(Fragaria vesca, Potentilla reptans, Ranunculus repens,* Abb. 232E).

d) **Cryptophyten** tragen ihre Erneuerungsknospen noch besser geschützt unter der Erdoberfläche an Erdsprossen (Rhizomgeophyten, z.B. *Anemone,* Abb. 232G) oder Zwiebeln (Zwiebelgeophyten, Abb. 232H), oder aber im Wasser, wie die Sumpfpflanzen (Helophyten) oder die Wasserpflanzen (Hydrophyten, vgl. S. 190).

e) Die **Therophyten** oder **Annuellen** (Einjährigen) schließlich überstehen die vegetationsfeindlichen Perioden unter regelmäßiger völliger Preisgabe ihres einjährigen Vegetationskörpers im Schutz ihrer widerstandsfähigen Samen im embryonalen Ruhestadium. Zu ihnen gehören viele unserer wichtigsten Feldfrüchte (z.B. die Sommergetreide) sowie deren Unkräuter (z.B. Klatschmohn, Abb. 232 I).

In den Tropen mit ihrem gleichmäßig feuchtwarmen Klima überwiegen bei weitem die Phanerophyten, Lianen und Epiphyten. Hinzu kommen reichlich meso- und hygromorphe perennierende Kräuter mit teilweise mächtigen Blättern (Bananen, Araceen, Farne). Je deutlicher die Klimaperiodizität ausgeprägt ist, wie vor allem in den Trockengebieten der Erde mit schroffer und langer Trockenzeit (Steppen, Halbwüsten und Wüsten), desto größer wird der Prozentsatz der laubabwerfenden Tropophyten und schließlich an kleinblättrigen oder blattlosen Xerophyten mit wirksamen Schutzeinrichtungen gegen Vertrocknung sowie an Geophyten und Annuellen. Das Klima der gemäßigten Zone kann als Hemicryptophytenklima bezeichnet werden: über die Hälfte der hier vorkommenden Arten gehört dieser Gruppe an. Ihr Prozentsatz steigt in den nordischen Tundren und Hochgebirgen bis auf 60 und 70% an. In den höchsten Gebirgsstufen und den Polargebieten dominieren schließlich die Chamaephyten, deren oberirdische Polster während der vegetationsfeindlichen Ruheperiode wenigstens zeitweise vom Schnee geschützt werden, in der kurzen Aperperiode jedoch sofort zur Assimilation zur Verfügung stehen. An den äußersten Grenzen des Pflanzenlebens – in Höhen über 3000 m – beträgt der Anteil an Polsterpflanzen bis 80%.

C. Anpassungen an den Lichtgewinn

Im Kampf um das Licht und den Raum sind zwei Cormophytengruppen mit eigenartigem Bau entstanden, die besonders für die tropischen Regenwälder bezeichnend sind: die Kletterpflanzen und die Epiphyten.

1. Kletterpflanzen wurzeln im Erdboden und klimmen mit dünnen Stengeln an anderen Gewächsen, aber auch an Felsen (evtl. Mauern) empor und bringen auf diese Weise ihr Laub, ohne selber kräftige, tragende Stämme zu entwickeln, auf dem kürzesten Wege aus dem Waldesschatten und vom Erdboden empor an das Sonnenlicht.

Das Klettern wird in sehr verschiedener Weise bewerkstelligt: bei den Spreizklimmern durch spreizende, widerhakenähnliche Seitensprosse *(Solanum dulcamara),* durch starre Klimmhaare *(Galium aparine),* durch Stacheln (Kletterrosen, *Rubus*-Arten) oder durch Dornen *(Lycium, Bougainvillea);* bei den Wurzelkletterern durch sproßbürtige, oft negativ phototropische (S. 453ff.), Haftwurzeln *(Hedera, Vanilla, Monstera, Philodendron);* bei den Schlingpflanzen oder Lianen durch Windebewegungen der mit sehr langen Internodien ausgestatteten Stengel *(Phaseolus, Humulus, Convolvulus, Aristolochia, Wisteria,* S. 477f., Abb. 521).

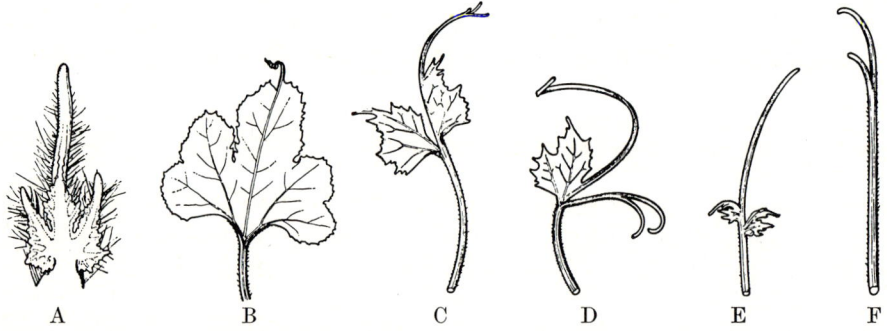

Abb. 234: *Cucurbita pepo.* Blattranke (F) und Übergangsformen zwischen fast normalem Laubblatt (B) und Rankenblatt (C, D, E). A Jugendstadium eines normalen Laubblattes, dessen Mittelrippe und seitliche Spreitenrippen zu langen «Vorläuferspitzen» ausgezogen sind. (A 5×, B bis F ⅕×, nach Troll.)

Besondere, durch ihre hohe Kontaktreizbarkeit ausgezeichnete Befestigungsorgane recht unterschiedlicher morphologischer Natur haben die R a n k e n - p f l a n z e n entwickelt, die wiederum ein eindrucksvolles Beispiel für konvergente Entwicklung liefern. Als R a n k e n bezeichnet man in typischer Ausbildung fadenförmige unverzweigte oder verzweigte Organe, die fremde Stützen umwickeln und auf diese Weise den Sproß im Geäst verankern (vgl. S. 472f., Abb. 515). Bei den Vitaceen (Vitis vinifera, Parthenocissus) handelt es sich um metamorphosierte, verzweigte S p r o ß - a c h s e n (terminale Rankenzweige), die jedoch durch den sympodialen Aufbau der Sproßsysteme in eine seitliche Stellung verdrängt werden. An den monopodialen Haupttrieben der Passiflora-Arten hingegen entspringen die fadenförmigen Ranken als unverzweigte S e i t e n s p r o s s e aus den Blattachseln. Bei den Cucurbitaceen (z.B. Bryonia), sind die R a n k e n aus den bis auf ihre Mittelrippe reduzierten Blättern entstanden (Abb. 234). B l a t t r a n k e n liegen auch bei den Leguminosen vor, bei denen jedoch häufig nur Teile der Blattspreite (z.B. bei der Erbse und Wicke die oberen Blättchen des Fiederblattes, Abb. 235 A) in eine oft wieder verzweigte Fadenranke umgewandelt sind. Bei Lathyrus aphaca wird die ursprüngliche Funktion der zur einfachen Ranke reduzierten Blattspreite – die CO_2-Assimilation – von den beiden großen Nebenblättern übernommen (Abb. 235 B). Es gibt aber auch rankende Pflanzen, die keine besonderen Kletterorgane ausbilden. Bei ihnen können zum Umfassen dünner Stützen, also zum Klettern, dienen: gleich Fadenranken reizbare Internodien langer Seitenzweige oder die Blattstiele (Tropaeolum-Arten, Nepenthes), oder die Blattspindeln und Fiederblattstiele (Clematis), ja selbst die Fiederblattspreiten (gewisse Fumaria- und Corydalis-Arten) oder die lang ausgezogene Blattspitze (Gloriosa); bei einigen tropischen Kletterpflanzen (z.B. Vanilla) auch sproßbürtige Nebenwurzeln.

Bei gewissen Arten des Wilden Weins (Parthenocissus, Abb. 235 C) sind die Rankenzweige befähigt, an ihren Enden H a f t s c h e i b e n auszubilden und sich mit diesen auch an flache Stützen, z.B. an Mauern, zu heften.

Bezeichnend für fast alle Lianenstengel sind ihre ungewöhnlich weiten und langen (bis 5 m) Tracheen und Siebröhren. Bei tropischen Kletterpflanzen sind ferner Anomalien des sekundären Dickenwachstums weit verbreitet, wodurch bandförmige, gefurchte, zerklüftete oder geteilte Holzkörper entstehen. Sie machen die band-, kabel- oder tauförmigen langen und schlanken Sprosse biegungs- und torsionsfähig. Gefurchte Holzkörper sind bei vielen Bignoniaceen-Lianen ausgebildet.

2. Epiphyten oder Aufsitzer.

Im Gegensatz zu den Kletterpflanzen, die stets im Erdboden wurzeln, siedeln sich die Epiphyten von vornherein auf den Stämmen oder im Geäst der Baumkronen an, um sich auf diese Weise einen günstigeren Platz an der Sonne zu erobern. Die Bäume dienen ihnen also lediglich als Unterlage. Diese kann gelegentlich auch durch anorganische Substrate (z.B. Felsen, Dächer, selbst Telefonleitungen) ersetzt werden.

Die meisten Epiphyten sind also keineswegs Parasiten. Allenfalls können sie als R a u m p a r a s i t e n bezeichnet werden, da sie ihre Unterlage bei üppiger Entwicklung zu erdrücken vermögen. Nur wenige Epiphyten – z.B. die Mistel, S. 866 – haben sich zu Parasiten entwickelt, die ihre Wirtspflanzen mit besonderen Haustorialorganen anzapfen und ausbeuten.

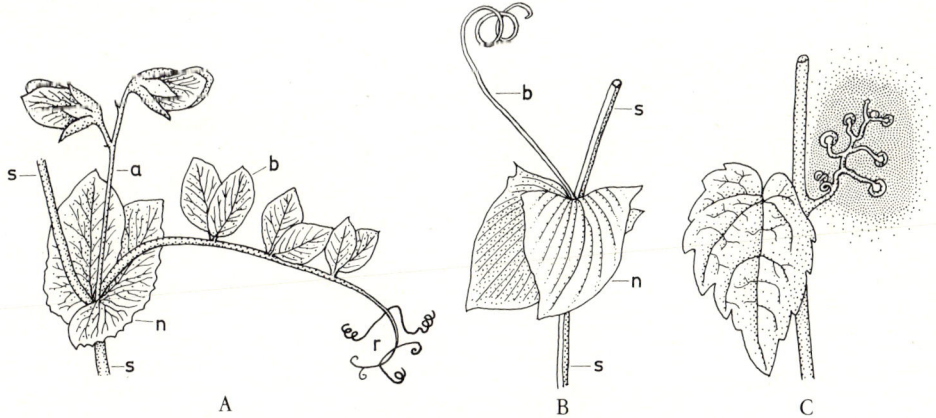

Abb. 235: Ranken-Typen: A Fiederblattranke von *Pisum sativum* (s Stengel, n Nebenblätter, b Blattfiedern, r zu Ranken umgewandelte Blattfiedern, a blütentragender Achselsproß). B Blattranke von *Lathyrus aphaca* (Bezeichnungen wie in A; b die zur Ranke umgewandelte Rhachis des Blattes). C Sproßranke mit Haftscheiben von *Parthenocissus tricuspidata*. ($\frac{1}{2}\times$, A und B nach SCHENCK, C nach NOLL.)

Zu epiphytischer Lebensweise sind natürlich nur solche Pflanzen befähigt, deren Keime (oft winzig kleine Samen oder Sporen) durch Luftströmungen oder Tiere immer wieder auf die Stämme oder Äste der Bäume getragen werden. In unseren Breiten handelt es sich fast ausschließlich um rindenbewohnende Algen, Flechten und Moose, die vorübergehende Austrocknung vertragen.

Für größere cormophytisch organisierte Epiphyten stellt die Beschaffung des lebensnotwendigen Wassers und der Nährsalze das entscheidende Problem dar. Deshalb finden sie die günstigsten Lebensbedingungen in Gebieten mit fast täglichen ergiebigen Regenfällen und andauernd hoher Luftfeuchtigkeit, insbesondere in den tropischen Regenwäldern des Flachlandes und der Gebirge. Ihre Befestigung an den Wirtspflanzen erfolgt in der Regel mit besonderen, das Licht fliehenden Haftwurzeln, welche die Zweige oft wie mit Armen umklammern. Die sog. Hemi-Epiphyten (z.B. *Ficus*-Arten: «Baumwürger») bilden außerdem frei in der Luft nach außen hängende, zunächst unverzweigte Luftwurzeln aus, die nach Erreichen des Erdbodens zu sekundär verdickten, stammähnlichen Stütz- und Nährwurzeln (Säulenwurzeln) heranwachsen können.

Die Schwierigkeit der Wasserversorgung macht es verständlich, daß die Epiphyten um so ausgesprochener xeromorphen Bau aufweisen, in je trockenerer Luft sie wachsen. Viele haben Sproßknollen als Wasserspeicher entwickelt, die bei Regenfällen gefüllt werden (Abb. 236A, B). Besondere Einrichtungen, um die Niederschläge rasch aufzufangen, sind weit verbreitet.

Baumbewohnende tropische Orchideen und auch einige Araceen haben an der Oberfläche ihrer frei in den Luftraum hängenden, oft grünen Luftwurzeln (Abb. 236A) ein besonderes Wasserabsorptionsgewebe: das Velamen radicum (vgl. Abb. 135). Bei anderen Epiphyten bilden negativ gravitropisch, also aufwärts wachsende Luftwurzeln ein reichverzweigtes Gespinst, zwischen dem sich Humus und Feuchtigkeit ansammeln. Der «Vogelnestfarn», *Asplenium nidus*, bildet aus seinen großen, unzerteilten Wedeln, die in dichter Rosette aneinanderschließen, einen trichterförmigen, nestartigen Raum, der sich – über der zentralen Stammknospe – mit Humus füllt. Bei *Polypodium*- und *Platycerium*-(Geweihfarn-)-Arten werden sogar in regelmäßigem Rhythmus besondere Mantel- oder Nischenblätter ausgebildet, hinter denen sich Humus und Wasser ansammeln können (Heterophyllie, Abb. 837). Noch weiter ist ein Teil der Blätter der Asclepiadacee *Dischidia rafflesiana* umgebildet: durch extrem verstärktes Flächenwachstum bei gleichzeitiger Hemmung des Randwachstums wandeln sich einzelne Blätter in engmündige Schläuche oder Urnen um (Abb. 237), deren Innenflächen den Blattunterseiten entsprechen. Sie enthalten gewöhnlich Kolonien von Erde einschleppenden Ameisen, zugleich deren Leichen und Fäkalien; auch Feuchtigkeit kann sich darin ansammeln (z.B. durch

Kondensation von Wasserdampf an den durch Transpiration kühlen Innenwänden der Urnen). In jede Urne wächst eine dem zugehörigen Stengelknoten entspringende Nebenwurzel hinein: die Art schafft sich also gewissermaßen eigene «Blumentöpfe».

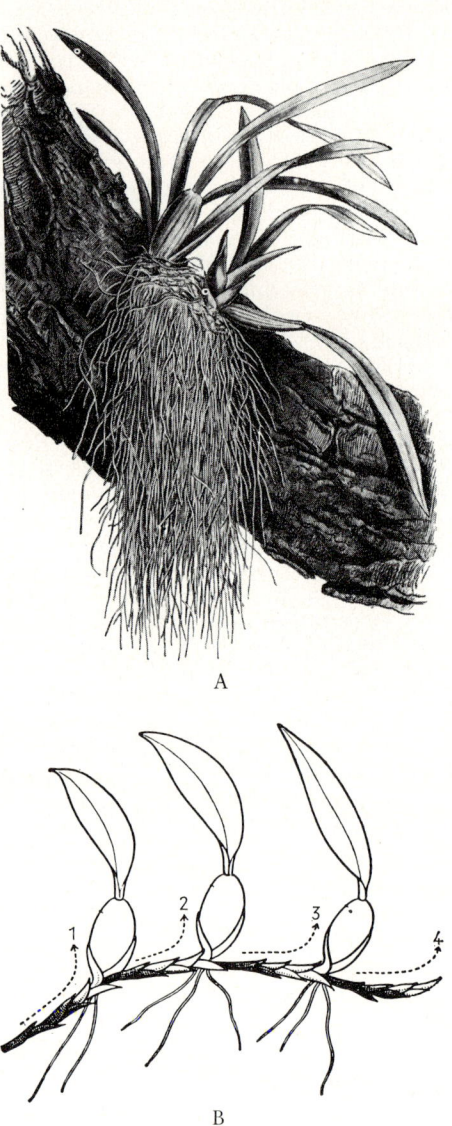

A

B

Abb. 236: Epiphytische Orchideen. A *Oncidium spec.* Epiphytisch auf einem Ast lebende tropische Orchidee mit Luftwurzeln und wasserspeichernden Sproßknollen. B *Coelogyne spec.* Sympodiale Sproßverkettung der jeweils mit einer Sproßknolle abschließenden Sproßgenerationen 1, 2 und 3. Bei 4 der derzeitige Führungssproß, der alsbald eine neue Sproßknolle hervorbringen wird. (A ¹/₁₀ ×, nach Kerner von Marilaun; B ¹/₅ ×, nach Troll.)

Bei den Bromeliaceen stellen die Wurzeln nur noch kurze, drahtige Haftorgane dar; bei manchen Arten (z.B. einigen selbst auf Telegraphendrähten vegetierenden, z.T. äußerlich einer Bartflechte ähnelnden *Tillandsia*-Arten) können sie ganz fehlen. Das Wasser wird von ihnen ausschließlich durch den Blättern eingefügte Absorptionshaare aufgenommen (Abb. 134). Vielfach bilden die dicht aneinanderschließenden Blattbasen der Rosettensprosse «Cisternen», in denen sich größere Mengen Regenwasser ansammeln können, die später allmählich verbraucht werden.

D. Anpassungen an ungewöhnliche Ernährungsbedingungen

1. Salzpflanzen (Halophyten) und Mangroven

Während die Weltmeere – mit nur geringen Schwankungen – einen durchschnittlichen Salzgehalt von etwa 3,5% aufweisen, müssen die Salzpflanzen an den Meeresküsten und an den Rändern der Salzpfannen in Steppen- und Wüstengebieten infolge der Konzentrationserhöhung des Bodenwassers durch Verdunstung Anstiege der Salzkonzentration bis auf 10% und darüber ertragen (konzentrierte Kochsalzlösung ca. 38%). Zu den Problemen der Übersättigung des Bodenwassers mit für die Pflanzenernährung unwesentlichen oder schädlichen Ionen tritt an solchen Standorten der sehr stark schwankende und zeitweise sehr hohe osmotische Wert des Bodenwassers (Aussüßung nach starken Niederschlägen, Konzentrationsanstieg bei starker Verdunstung).

Küsten- und Wüsten-Halophyten kompensieren die hohen Salzgehalte des Bodenwassers durch die Aufnahme entsprechend hoher NaCl-Mengen in die Zellsäfte; die Salzkonzentration des Bodens wird also von der Salzkonzentration des Zellsaftes überboten.

Außerdem sind viele Halophyten – ähnlich wie die Xerophyten – stark succulent (z.B. der Queller, *Salicornia*, Abb. 238). Die ökologische Bedeutung dieser Halophyten-Succulenz ist allerdings nicht in der Wasserspeicherung zu suchen, da – im Gegensatz zu den succulenten Xerophyten – keine Einrichtungen zur Transpirationseinschränkung ausgebildet werden. Die morphologische Konvergenz zwischen Halophyten und Xerophyten darf deshalb nicht zu falschen Schlüssen über «ähnliche» Lebensbedingungen verführen («physiologische Trockenheit» derartiger Standorte).

Manche Halophyten verfügen über besondere Drüsen, die der Absalzung (Auspressung hochkonzentrierter Salzlösung) dienen (vgl. S. 371 f.). So erscheinen z.B. Tamarisken und andere Bewohner der Salzwüsten (z.B. *Statice*, *Reaumurea*) tagsüber von ausgeschiedenen Salzkristallen wie grau bestaubt; nachts hingegen wirken sie infolge der Auspressung von Salzlauge, die noch zusätzlich Wasserdampf aus der Atmosphäre hygroskopisch anziehen kann, grün und wie betaut.

In den Tropen findet sich in den Gezeitenzonen der Flußmündungen und in den Salzmarschen des Küstenlandes eine typische Waldgesellschaft, die außer den Anpassungen an den hohen Salzgehalt des Bodens, Anpassungen an die schlechte Durchlüftung und O_2-Versorgung ihrer Wurzeln und an die mechanische Wirkung des regelmäßigen Gezeitenhubs entwickelt hat. Als Anpassung an den Gezeitenhub entwickeln die Mangrove-Gehölze sproßbürtige Stelzwurzeln; als Anpassung an den Sauerstoffmangel in dem

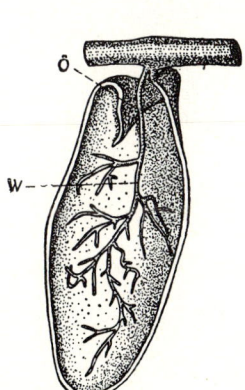

Abb. 237: *Dischidia rafflesiana*, Längsschnitt durch ein Urnenblatt. ö Mündung der Urne, w sproßbürtige Wurzel, die durch die Urnenöffnung in deren Inneres hineinwächst. (½×, nach FITTING.)

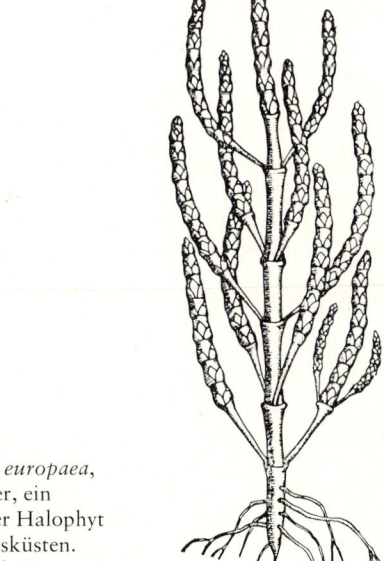

Abb. 238: *Salicornia europaea*, der Queller, ein succulenter Halophyt der Meeresküsten. (½×, nach FITTING.)

schlecht durchlüfteten Boden Luftwurzeln und als Anpassung an den bei Niedrigwasser in den zurückbleibenden Tümpeln durch Verdunstung zeitweise sehr hohen Salzgehalt des Brackwassers ungewöhnlich hohe osmotische Werte (Abb. 354 u. 1042).

2. Teilweise bis vollständig heterotrophe Cormophyten

a) Hemiparasiten und Holoparasiten. Wie bei den Thallophyten gibt es auch bei den Cormophyten Ernährungsspezialisten, die sich teilweise oder in seltenen Fällen sogar vollständig heterotroph ernähren. Ein Teil von ihnen hat sich darauf spezialisiert, andere Gewächse anzugreifen und mittels Haustorien in einen engen anatomischen Kontakt insbesondere mit ihrem Leitgewebesystem zu treten.

Während sich die Halbschmarotzer oder Hemiparasiten, die sich auf die Anzapfung des Wasserleitungssystems ihrer Wirtspflanzen beschränken, oft nur wenig von ihren völlig autotrophen Verwandten unterscheiden (etwa durch eine blassere, gelblich-grüne Farbe), weisen die obligatorischen Vollparasiten oder Holoparasiten, die sich sofort an dem nahezu völligen Chlorophyllschwund erkennen lassen, oft auch in ihren vegetativen Organen einen m.o.w. stark reduzierten Bau auf.

Mit der Verminderung des Chlorophylls in den Schmarotzern werden ihre Blätter überflüssig und zu unscheinbaren, gelblichen Schuppen reduziert oder fehlen ganz. Selbst die Sproßachsen sind oft mehr oder minder vereinfacht und nicht oder nur schwach grün gefärbt. Da infolge der Blattreduktion die Transpiration eingeschränkt ist, schwinden häufig sogar die Wurzeln. Auch die Gefäßteile der Leitbündel bleiben schwach entwickelt; Holzbildung findet nur in ganz geringem Umfang statt. Der Fortfall der Assimilationseinrichtungen hat aber zur Ausbildung neuer Baumerkmale geführt, z.B. zur Entwicklung besonderer Saugorgane (Haustorien), die es den Parasiten gestatten, in den Körper des befallenen Organismus bis zu dessen Leitungsbahnen einzudringen und sich von deren Inhalt zu ernähren (vgl. dazu S. 373f.).

α) Hemiparasiten: Ein bekannter einheimischer Halbschmarotzer ist die Mistel (*Viscum album*, S. 866), die besonders im Winter auf den entlaubten sommergrünen Wirtsbäumen (Linde, Pappel, Apfel, Birne u.a.) durch olivgrünes winterhartes Laub auffällt. Ihr Hauptstamm (Abb. 239 S) und von seiner Basis entspringende sog. grüne Rindenwurzeln (Rindensaugstränge rw), die die Rinde (c) des Wirts

durchwuchern, treiben zapfenartige «Senker» (Ae und B) senkrecht bis zum Wirtsholz, dem sie Wasser und Nährsalze entnehmen. In dieses werden sie bei dessen Dickenwachstum eingeschlossen, indem sie sich durch eine intercalare Meristemzone (m), die in der Höhe des Wirtscambiums liegt, entsprechend verlängern.

Halbschmarotzer sind auch einige im Boden wurzelnde Kräuter, deren Wurzeln durch kleine Haustorien mit den Wurzeln ihrer grünen Wirte (oft Gräser) verbunden sind, so die Santalacee *Thesium* sowie unter den Scrophulariaceen z.B. der Augentrost (*Euphrasia*), der Klappertopf (*Rhinanthus*), das Läusekraut (*Pedicularis*) und der Wachtelweizen (*Melampyrum*).

β) Holoparasiten: Ein einheimischer Vollparasit ist z.B. die windende *Cuscuta europaea* (Abb. 240), wenn auch ein geringer Chlorophyllgehalt der bleichgelben Sproßachsen, die lediglich mit winzigen Blattschüppchen besetzt sind, noch an die stammesgeschichtliche Verwandtschaft mit normal CO$_2$-assimilierenden Pflanzen erinnert. Die stark reduzierte Wurzel stirbt bereits frühzeitig ab. Das Keimstengelchen aber streckt sich sofort zu einem langen, dünnen Faden. Sein freies Ende bewegt sich ständig in weitem Kreise herum (Circumnutation, S. 477) und kann auf diese Weise eine in seinem Bereich wachsende Nährpflanze treffen. Ist vom Ort der Keimung aus keine Wirtspflanze erreichbar, so vermag der Keimling eine kurze Strecke weiterzukriechen, wobei er am hinteren Ende abstirbt (Abb. 240 A) und sich auf Kosten der diesem Teil entzogenen Nährstoffe am vorderen Ende verlängert. Trifft das freie Fadenende aber schließlich auf einen geeigneten Wirt, z.B. einen *Salix*- oder *Urtica*-Stengel, so umwindet er diesen ähn-

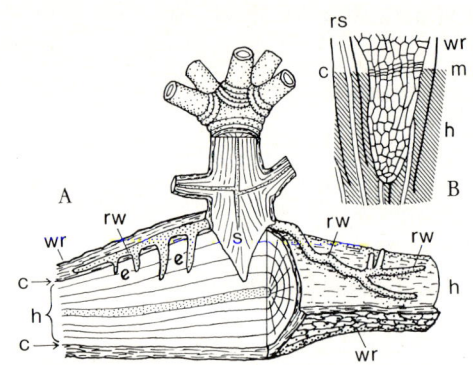

Abb. 239: A Stammbasis der Mistel auf Wirtsast mit Senker des Hauptstammes S, Rindenwurzeln rw und deren Senkern e; h = Holz des Wirtes, wr = Wirtsrinde, c = Wirts-Cambium. B Junger Mistel-Senker im Wirts-Holz h; wr = Wirts-Rinde, c = Wirts-Cambium, m = intercalare Meristemzone des Senkers, die in der Höhe des Wirts-Cambiums liegt und mit diesem Schritt hält. (A $\frac{1}{2}$ ×, nach Sachs; B 10 ×, nach Solms-Laubach.)

lich wie eine Schlingpflanze. Nach kurzer Zeit entwickeln sich aus der dem Wirt angeschmiegten Seite zunächst papillöse Wucherungen des Rindengewebes, die aber nicht in die Gewebe der Wirtspflanze eindringen. Finden sie zusagende Verhältnisse vor, so folgt an diesen Stellen sehr rasch die Ausbildung der eigentlichen Saugorgane (H a u s t o r i e n, Abb. 240 C H). Diese entstehen endogen und besitzen die Fähigkeit, mit Hilfe sog. S u c h h y p h e n den Anschluß an das Leitgewebe des Wirtes herzustellen. Sie dringen unter Auflösung der Mittellamellen sowohl i n t e r c e l l u l ä r als auch unter Auflösung der Zellwände i n t r a c e l l u l ä r bis an die Siebröhren der Wirtspflanzen vor und umschließen sie mit fingerförmigen Verzweigungen, in denen elektronenmikroskopisch ein besonders dichtes ER nachzuweisen ist. Im Zentrum des Haustoriums werden zur gleichen Zeit Leitelemente differenziert (Abb. 240 C); der Schmarotzer entzieht auf diesem Wege der Wirtspflanze sowohl das Wasser aus den Gefäßen, als auch alle erforderlichen organischen und anorganischen Nährstoffe aus den Siebröhren.

Die Samen der ebenfalls bei uns einheimischen schmarotzenden *Orobanche*-Arten keimen erst bei der Berührung mit den Wurzeln des Wirts. Nur ihre spargelartigen, hellgelblichen, rötlich-braunen oder bläulichen, Schuppenblätter tragenden Blütensprosse erscheinen über der Erde. Sie brechen aus dem Innern einer Hypocotylknolle hervor, die unterirdisch durch ein Haustorium mit einer Wirtswurzel innig verbunden ist. Auch die Orobanchen enthalten noch eine geringe Anzahl chlorophyllhaltiger Plastiden. Beide – *Cuscuta* und *Orobanche*, erstere «Teufelszwirn», «Flachs- und Kleeseide», letztere «Würger» genannt – richten in der Landwirtschaft an Kulturgewächsen Schaden an und sind schwer zu bekämpfen.

Ähnlichen Habitus wie die *Orobanche*-Arten haben die Blütensprosse einiger im Humus des Waldbodens lebender Orchideen *(Neottia, Corallorhiza, Epipogium)* und des Fichtenspargels *Monotropa*. Die Armut oder der völlige Chlorophyllmangel und die Reduktion der Blätter zu Schuppen weisen darauf hin, daß auch diese Formen organische Substanz von außen beziehen, nämlich aus Pilzmycelien, auf denen sie schmarotzen (M y c o t r o p h i e; vgl. Mycorrhiza, S. 377 f.).

Manche ausländische Schmarotzerpflanzen (z.B. aus der Familie der Rafflesiaceae) sind so weitgehend an die parasitische Lebensweise angepaßt, daß ihre stark reduzierten vegetativen Organe ganz im Innern der Wirtspflanzen (also e n d o p a r a s i t i s c h) wachsen, aus denen schließlich nur die fremdartigen Blüten des Schmarotzers hervorbrechen (S. 866).

b) Tierfangende Pflanzen. Auf nährstoffarmen, insbesondere N-armen Substraten (z.B. Hochmooren, Vulkanaschen) kommen Ernährungsspezialisten vor, die zwar mit ihren normalgrünen Blättern CO_2 assimilieren und völlig a u t o t r o p h leben können, zusätzlich aber mit Einrichtungen zum Fangen und Festhalten kleiner Tiere (C a r n i v o r e n), vor allem Insekten (I n s e c t i v o r e n), ausgestattet sind, die sie z. T. verdauen und als zusätzliche organische N-Quelle ausnutzen (vgl. S. 373). Für den Tierfang besitzen sie die mannigfaltigsten Einrichtungen.

Auf den *Drosera*-Blättern stehen von einem Tracheidenstrang durchzogene Emergenzen, die T e n t a k e l n (Abb. 241 A, B). Ihre Drüsenköpfchen sondern glitzernde Tröpfchen eines klebrigen Sekrets ab, das

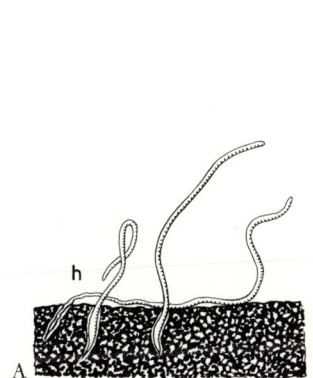
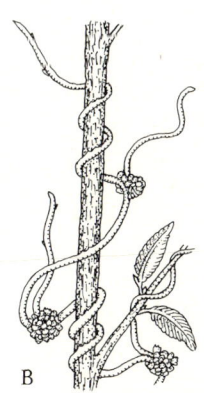
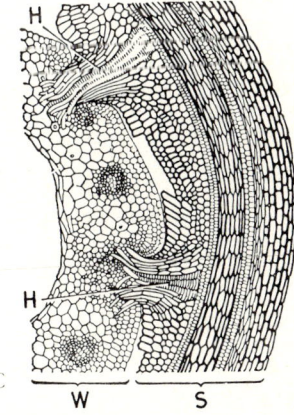

Abb. 240: *Cuscuta europaea.* A Keimlinge, der längste auf dem Boden nach rechts entlangwachsend und am linken Hinterende (h) absterbend (vgl. S. 465 Chemotropismus u. 467 Hydrotropismus). B ein Weidenzweig wird umwunden. C Querschnitt durch den umwundenen Stengel des Wirtes *(W)* mit einem kurzen, längs durchschnittenen Stengelstück des Schmarotzers *(S)*. H Haustorien. (A und B ½×, nach Noll; C 30×, nach Kny.)

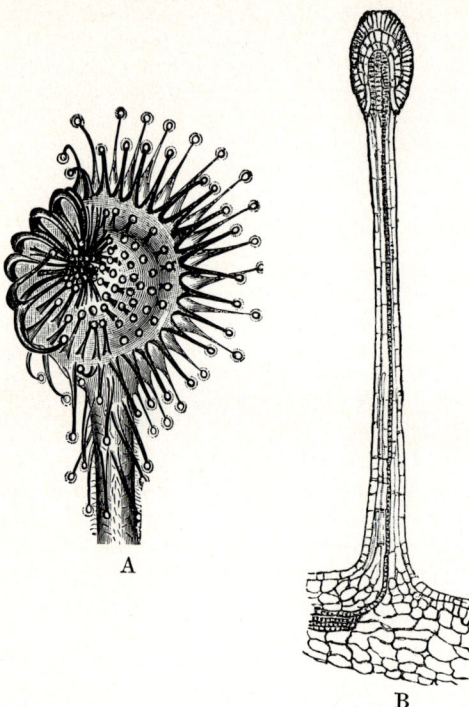

Abb. 241: Tierfangende Blätter von Droraceen: A und B *Drosera rotundifolia*. A Tentakeln der linken Blatthälfte chemonastisch über eine Beute gekrümmt (vgl. S. 468). B einzelner Tentakel mit Drüsenepithel und Tracheidenstrang. (A 4×, nach DARWIN, B 60×, nach STRASBURGER.)

kleine Tiere anlockt. Diese bleiben an den Drüsen hängen, kommen bei ihren Befreiungsversuchen mit noch mehr Drüsen in Berührung und werden dadurch um so fester gehalten. Durch den Reiz veranlaßt, krümmen sich alsdann die Tentakeln gegen die Blattmitte (Abb. 241 A), wobei zugleich die Blattfläche etwas hohl und das Insekt von den Tentakeln umfaßt wird. Bei der ebenfalls in Mitteleuropa heimischen *Pinguicula* haften kleine Tiere an klebrigen Drüsenköpfchen von Haaren auf den Blattoberseiten fest; in beiden Fällen gehen die gefangenen Tiere bald zugrunde, ihre Körpersubstanzen (außer Chitin) werden von verdauenden Drüsensekreten chemisch aufgeschlossen und alsdann von Absorptionshaaren aufgenommen.

Die bei uns in stehenden Gewässern submers vorkommenden *Utricularia*-Arten tragen an den zerschlitzten Blättern in kleine, grüne Blasen umgewandelte Blattzipfel (Abb. 243 A bis F). Die Blasen sind mit Wasser gefüllte Tierfallen. Sie besitzen einen kleinen «Mund», der mit einer nur nach innen elastisch sich öffnenden, ventilartigen Klappe (Abb. 243 B) zunächst wasserdicht verschlossen ist. Stoßen kleine Wassertiere gegen eine der hebelartig wirkenden

Borsten, die auf der Außenseite der Klappe hervorstarren, so öffnet sich die Klappe und saugt die Tierchen mit einem Wasserstrom in die Blase hinein. Der Schluckvorgang kommt durch die Entspannung der infolge eines Kohäsionsmechanismus (vgl. S. 482, Abb. 532) von innen elastisch gespannten und daher stark eingedellten Blasenwände zustande. Darauf springt die Klappe sogleich in ihre Ausgangsstellung zurück, verschließt die Falle wieder fest und verwehrt dadurch der Beute den Austritt. Haare auf der inneren Blasenwand scheiden nun ein Verdauungssekret aus und nehmen später die im Wasser gelösten verdaulichen Stoffe aus dem Blaseninnern wieder auf.

Stattlicher und daher auffälliger sind die Fangeinrichtungen ausländischer Insectivoren. Überraschend ist die Schnelligkeit, mit der die zu den Droraceen gehörige, auf feuchten, sandigen Grasplätzen Carolinas heimische Venusfliegenfalle *Dionaea* ihre wie ein Tellereisen gezähnten, oberseits dicht mit Verdauungsdrüsen besetzten Spreitenhälften (Abb. 242 A, B) nach Berührung besonders der Fühlborsten (vgl. S. 471, Abb. 513) zusammenklappt und das Insekt, das sich daraufgesetzt hat, festhält. Abb. 242 A stellt ein *Dionaea*-Blatt im offenen, fangbereiten Zustand dar; C gibt das gleiche Blatt nach dem Zuschnappen wieder. Ähnlich gebaute, aber sehr viel kleinere Blättchen besitzt die auch bei uns heimische, aber sehr seltene, submerse, wurzellose Wasserpflanze *Aldrovanda*, ebenfalls eine Droracee.

Bei *Nepenthes*, *Cephalotus*, *Sarracenia* und der mit letzterer verwandten *Darlingtonia* dienen kannen- oder tütenförmig gestaltete Schlauchblätter als

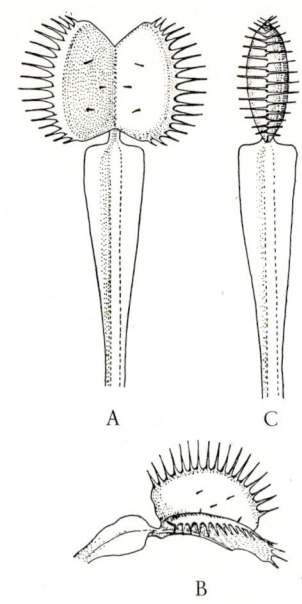

Abb. 242: *Dionaea muscipula*. A Fallenblatt geöffnet, v. oben, mit den 6 Fühlborsten. B desgl. von der Seite. C nach Reizung zusammengeklappt. (Nat. Gr. Orig.)

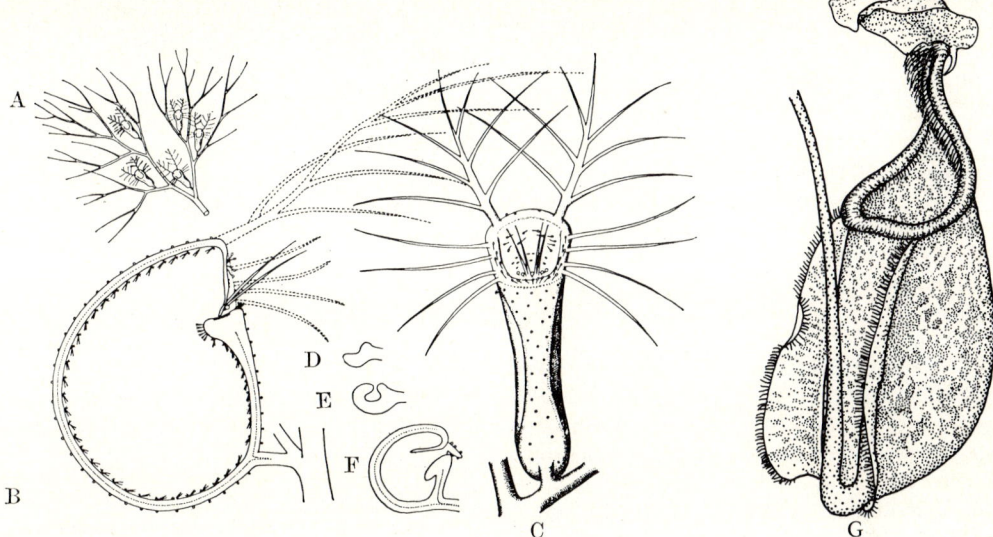

Abb. 243: A bis F *Utricularia vulgaris* (A Abschnitt eines Fiederblattes mit 5 zur Fangblase umgewandelten Zipfeln. B Fangblase im Längsschnitt, C dergl. von vorn. D, E, F Entwicklung einer Fangblase aus einem Blattzipfel). G *Nepenthes rafflesiana:* Spreitenteil eines Kannenblattes. (A nat. Gr., B und C 10 ×, D bis F 20 × Orig., G 0,2 × nach Bot. Mag. aus WETTSTEIN.)

Tierfallen. Die *Nepenthes*-Kanne ist meist mit einem unbeweglichen Schirm überdacht (Abb. 243 G). Sie geht aus der Spreite eines Blattes hervor, dessen Blattgrund flächig verbreitert ist. Der Blattstiel, der beide verbindet, kann auf Berührungsreize rankenartig reagieren und auf diese Weise die schwere «Kanne» im Geäst befestigen. In den *Nepenthes*-Kannen, deren Innenseite der Blattoberseite entspricht, steht eine von wandständigen Drüsen ausgeschiedene wäßrige Flüssigkeit. Tiere, die durch die bunte Färbung der Kannen und durch Nektarabscheidungen aus Drüsen am sehr glatten Kannenrand angelockt worden sind und diesen betreten, gleiten aus, fallen in die Flüssigkeit und werden durch Wachsüberzüge am oberen Ende der Innenwandung am Zurückklettern gehindert; sie ertrinken und werden alsdann enzymatisch verdaut (vgl. S. 378). Über tierfangende Pilze vgl. S. 689.

Fünfter Abschnitt

Vermehrung und Fortpflanzung

Eine Grundeigenschaft aller Lebewesen ist ihre Produktivität (vgl. S. 1). Sie äußert sich in Wachstum, Zellvermehrung und Fortpflanzung. Während das Wachstum durch die Anhäufung assimilierter, organischer Substanzen zunächst nur zu einer Vergrößerung der Individuen führt, wird durch die Fortpflanzung und Vermehrung die Erhaltung der Art über den Tod des einzelnen Individuums hinaus sichergestellt.

Die Erhaltung der Art wäre theoretisch bereits dann gesichert, wenn jedes Individuum vor seinem Tod noch einen einzigen Nachkommen zu seiner Fortpflanzung hervorbringen würde. In der Regel entstehen jedoch im Laufe des Lebens eines Individuums zahlreiche Nachkommen, so daß es auf diese Weise zu einer oft erstaunlichen Vermehrung der Art kommen kann. Man hat z. B. errechnet, daß ein einziger Fruchtkörper des Riesenbovistes *Langermannia gigantea* über 7 Billionen Sporen hervorbringt, die zu neuen Pilzmycelien heranwachsen können; an einem Elternmycel können im Lauf der Jahre zahlreiche derartige, mehr als fußballgroße Fruchtkörper entstehen (S. 683/684).

Voraussetzung jeder Vermehrung und Fortpflanzung ist, daß sich der Organismus entweder in morphologisch und physiologisch gleichwertige und gleichgroße Teile zerteilt, oder aber in ungleichgroße, deren kleinere alsdann durch besondere Regenerationsfähigkeit ausgezeichnet sind. Im äußersten, weit verbreiteten Fall bestehen diese der Vermehrung dienenden Keime aus einzelnen sich ablösenden Zellen, die dann als Keimzellen bezeichnet werden.

Die Keimzellen können sich entweder unmittelbar zu einem neuen erbgleichen Organismus entwickeln, oder sie müssen sich zunächst paarweise miteinander vereinigen (Syngamie). Im zweiten Fall werden von den Eltern nach voraufgegangener Meiose zwei Sorten Keimzellen gebildet: — und + bzw. weibliche (♀) und männliche (♂). Diese Geschlechtszellen oder Gameten können sich nur in seltenen Fällen unmittelbar zu einer neuen Pflanze entwickeln (Parthenogenese). Ihre Weiterentwicklung ist vielmehr in der Regel davon abhängig, daß zuvor eine weibliche und eine männliche Keimzelle miteinander verschmelzen (Kopulation, Plasmogamie); früher oder später verschmelzen dann auch die beiden haploiden Kerne zu einem diploiden Zygotenkern (Befruchtung, Karyogamie): Erst das Verschmelzungsprodukt, die als Zygote bezeichnete diploide Zelle, ist imstande, zu einer neuen Generation heranzuwachsen. Bei einzelligen Protophyten bedingt die Gametenkopulation zunächst also eine Verminderung der Individuenzahl. Das wird jedoch früher oder später – bei den reinen Haplonten bereits bei der Keimung der Zygote – ausgeglichen durch die Entstehung von 4 haploiden Gonen oder Meiosporen bei der Reduktionsteilung. Bei Arten mit intermediärem oder gametischem Kernphasenwechsel kann die Anzahl der Meiosporen, die aufgrund einer einzigen Befruchtung gebildet werden, viele Milliarden betragen.

Insgesamt lassen sich vier verschiedene Fortpflanzungs-Typen unterscheiden:
A. Vegetative Vermehrung durch Zerfall und Zerteilung,
B. Ungeschlechtliche Vermehrung durch besondere Keime oder Keimzellen,
C. Geschlechtliche Fortpflanzung durch Syngamie und Meiose.
D. Ungeschlechtliche Fortpflanzung durch Autogamie bzw. Apomixis.

A. Vegetative Vermehrung durch Zerfall und Zerteilung

1. Einzellige vegetative Vermehrung. Die einfachste Art der Vermehrung zahlreicher einzelliger Protophyten besteht in der Zweiteilung (Schizotomie, z.B. *Ankylonoton*, Abb. 636, S. 602).

Bei der simultanen Vielfachteilung teilt sich zunächst nur der Zellkern mehrere Male und der solcherart vielkernig gewordene Protoplast wird alsdann zur gleichen Zeit in so viele Tochterzellen zerlegt, wie zuvor Tochterkerne ausgebildet worden waren (Zerfallsteilung, simultane Schizogonie, z.B. *Chlorococcum*, Abb. 615B). Bei der sukzedanen Vielfachteilung (sukzedane Schizogonie, z.B. *Chlamydomonas*, Abb. 612B, S. 581) teilt sich der nackte Protoplast, nachdem er sich zunächst von der Zellwand abgelöst hat, in mehreren Teilungsschritten in eine größere Anzahl Tochterindividuen, die jedoch auch in diesem Fall – nach Platzen der Zellwand – alle zur gleichen Zeit entlassen werden und alsdann zur Größe der Elternzellen heranwachsen. Auch bei der Zellsprossung (z.B. *Saccharomyces*, Abb. 54) sind die Tochterindividuen zunächst sehr viel kleiner als die Elternzelle, wachsen aber bald zu deren Größe heran.

Die Zeit, welche das soeben abgeteilte Tochterindividuum bis zur erneuten Teilungsreife benötigt, heißt Generationsdauer. Je kleiner ein Organismus ist, desto kürzer ist seine Generationsdauer. Bei manchen Bakterien beträgt sie unter optimalen Kulturbedingungen weniger als 20 Minuten. Man kann leicht errechnen, daß die Vermehrungspotenz derart winziger Organismen gewaltig groß ist. Im Laufe eines einzigen Tages könnte ein solches Bakterium theoretisch 2^{72} Nachkommen haben; in weniger als einem weiteren Tag würde die produzierte Biomasse bereits das Volumen unseres gesamten Erdballs übersteigen.

Die Gesamtheit der vegetativ aus einem einzigen Ausgangsindividuum hervorgegangenen Nachkommen heißt ein Klon; alle Individuen eines Klones sind also – solange keine spontanen oder induzierten Mutationen eintreten – erbgleich.

2. Mehrzellige vegetative Vermehrung. Die einfach organisierten Coenobien vermehren sich unter geeigneten Bedingungen durch Zerfall in kleinere Abschnitte oder Fragmentation (z.B. *Spirogyra*, *Plectonema*, *Oscillatoria*). Bei höherer Differenzierung können die Zerfallsorte durch besondere Grenzzellen (Heterocysten) gekennzeichnet sein (z.B. *Nostoc*, Abb. 603E). Aber auch die Thalli mancher höher organisierten Meeresalgen und

Flechten (z.B. *Caulerpa*, *Fucus*, viele *Cladonia*-Arten) vermehren sich reichlich durch einfache Fragmentation. Ja, wir finden diese typisch pflanzliche Vermehrungsweise selbst noch bei vielen Landpflanzen, von den Moosen bis hinauf zu den Spermatophyten.

Die Lebermoose *Scapania nimbosa* und *Sc. ornithopodioides*, bei denen in Europa bisher noch niemals geschlechtliche Fortpflanzungsorgane nachgewiesen werden konnten, haben sich hier wahrscheinlich bereits seit mehreren Millionen Jahren ausschließ-lich durch Fragmentation fortgepflanzt; sie gehören damit möglicherweise zu den ältesten Lebewesen.

Zahlreiche Stauden vermehren sich dadurch, daß ihre Sprosse durch Verwesung der älteren, absterbenden Teile in ihre einzelnen Zweige zerfallen, die fortan ein selbständiges Leben führen (z.B. *Convallaria*, *Anemone*, *Fragaria*). Mit Recht hat ALEXANDER BRAUN darauf hingewiesen, daß für solche Pflanzen die Bezeichnung «Individuum» durchaus widersinnig sei; sie sollten vielmehr geradezu als «Dividuen» bezeichnet werden. So vermehrt sich z.B. die Wasserpest *Elodea canadensis* seit ihrer Einschleppung in der Mitte des vorigen Jahrhunderts (seinerzeit sind nur weibliche Pflanzen nach Europa gelangt) bei uns ausschließlich vegetativ durch Fragmentation. Dennoch hat sie durch ihre Massenvermehrung zeitweise Fischerei und Schiffahrt ernsthaft beeinträchtigt. Bei vielen Nutzpflanzen macht sich der Mensch die Möglichkeit der vegetativen Vermehrung durch Ausläufer, Ableger und Stecklinge in Gartenbau und Landwirtschaft zunutze (Erdbeere, Rosen, Kernobst, Pyramidenpappel, Ananas, Banane, Sisal-Agave).

3. Vegetative Vermehrung durch besondere Brutkörper. Mehr- bis vielzellige vegetative Brutkörper oder Brutknospen kommen bereits bei den braunen und roten Algen vor (z.B. *Sphacelaria*- oder *Plumaria*-Arten). Bei den Lebermoosen (z.B. *Marchantia*, Abb. 752 A, S. 701) und bei den Laubmoosen (z.B. *Tetraphis pellucida*, Abb. 772 J″) sind sie nicht selten. Auch bei den Farn- und Samenpflanzen sind Brutknospen weit verbreitet.

Häufig dienen die durch ihren besonderen Bau als Fortpflanzungseinheiten kenntlichen Sproßabschnitte

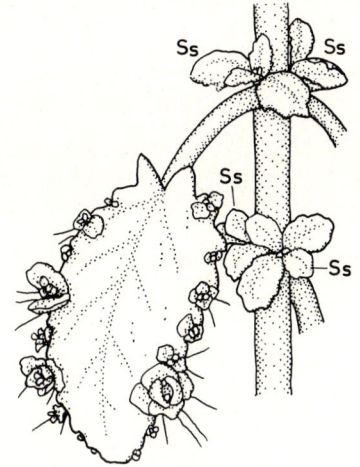

Abb. 244: *Bryophyllum calycinum* (Brutblatt) mit Achselsprossen Ss und blattbürtigen Brutknospen. (Nach TROLL.)

Abb. 245: *Poa bulbosa f. vivipara*, Blütenstand mit zu Brutknospen umgewandelten Ährchen s. (Nat. Größe; nach DALITSCH.)

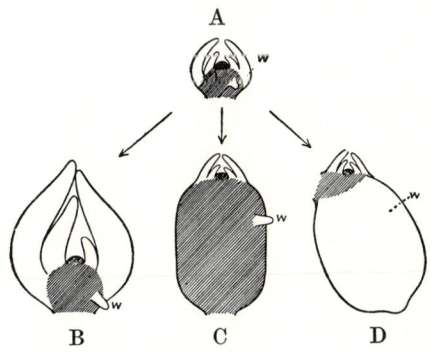

Abb. 246: Verschiedene Typen der Brutknospenbildung und deren Ableitung, schematisch. A Achselknospe mit Anlage einer sproßbürtigen Wurzel (W). Achsenkörper schraffiert. Scheitelmeristeme schwarz. B Brutzwiebel. C Achsenbulbille. D Wurzelbulbille. Beispiele für den Typus B *Lilium bulbiferum*, *Dentaria bulbifera*, für C *Polygonum viviparum*, für D *Ranunculus ficaria*. (Etwa 3 ×, nach TROLL.)

oder Seitensprosse der Bewältigung ungünstiger Vegetationsperioden (z.B. Kartoffelknollen; Hibernakeln [Überwinterungsknospen] verschiedener Wasserpflanzen wie *Utricularia, Hydrocharis, Stratiotes*). In anderen Fällen entstehen B r u t s p r o s s e oder B u l b i l l e n oberirdisch in den Blattachseln (z.B. *Dentaria bulbifera, Lilium bulbiferum,* Abb. 246 B), in den Blütenständen (verschiedene *Allium*-Arten), an den Blattrippen (z.B. *Asplenium bulbiferum, A. viviparum*) oder an den Blatträndern (z.B. *Ceratopteris thalictroides* und *Bryophyllum calycinum,* Abb. 244). In allen diesen Fällen bilden sich bereits auf der Mutterpflanze kleine, mit sproßbürtigen Nebenwurzeln ausgestattete Pflänzchen aus, die durch ein Trenngewebe von ihrer Elternpflanze abgelöst werden, zu Boden fallen und dort unmittelbar weiterzuwachsen vermögen.

Bei manchen Gräsern (z.B. *Poa bulbosa f. vivipara,* Abb. 245) wachsen die Deckspelzen der Ährchen zu kleinen Laubblättern aus, so daß sich der ganze Blütenstand in eine große Zahl vegetativer Sprößchen verwandelt, die – sobald sie mit der Erde in Berührung kommen – sproßbürtige Nebenwurzeln treiben und auf diese Weise der vegetativen Vermehrung dienen. Unter extremen klimatischen Bedingungen (z.B. im hohen Norden) haben auch zahlreiche andere Gräser Rassen hervorgebracht, welche diese u n e c h t e V i v i - p a r i e aufweisen, die keinesfalls mit der echten Vivi-parie gewisser Mangrove-Arten verwechselt werden darf, bei denen die Samen bereits auf ihrer Elternpflanze keimen und sich erst als relativ große Jungpflanzen von diesen trennen (Abb. 927 A, S. 861).

B. Ungeschlechtliche Vermehrung durch besondere Keimzellen

Zahlreiche Algen und Pilze vermehren sich lebhaft durch die Abtrennung einzelner, auf dem Wege normaler M i t o s e n entstandener Keimzellen, die aus historischen Gründen als verschiedene Typen endogen gebildeter S p o r e n oder exogen abgeschnürter C o n i d i e n (genauer E x o s p o r e n oder Conidiosporen) beschrieben worden sind. Leider verbergen sich hinter diesen beiden Sammelbezeichnungen eine Reihe ihrer Bedeutung nach recht ungleichwertiger Fortpflanzungszellen. Wir werden z.B. sogleich sehen, daß auch im Zusammenhang mit der geschlechtlichen Fortpflanzung ganz ähnliche einzellige Sporen als P r o d u k t e einer M e i o s e auftreten können. In allen Fällen, in denen die cytologischen Verhältnisse einwandfrei aufgeklärt sind, empfiehlt es sich daher, diejenigen Sporen, die ihre Entstehung normalen Mitosen verdanken, als M i t o s p o r e n eindeu-

tig von den aus einer Reifeteilung hervorgehenden M e i o s p o r e n zu unterscheiden.

Die Mitosporen können sowohl in der Haplophase (H a p l o - M i t o s p o r e n) als auch in der Diplophase (D i p l o - M i t o s p o r e n) gebildet werden. Sie können mit Geißeln oder Wimpern ausgestattet und beweglich sein (z.B. die Zoosporen von *Chlorococcum,* Abb. 615 C, D; *Saprolegnia,* Abb. 679 A, B), oder sie können als unbewegliche Mitosporen durch Wasser (Karposporen von *Ceramium, Chlorella,* Abb. 616 C) oder Wind (z.B. *Aspergillus,* Abb. 704 A) verbreitet werden. Häufig werden sie äußerlich abgeschnürt (z.B. *Cunninghamella,* Abb. 692 C); häufiger entstehen sie im Innern besonderer Behälter oder M i t o s p o r a n g i e n (z.B. *Mucor,* Abb. 692 A). In der Regel sind sie einkernig, manchmal jedoch paarkernig (z.B. Uredosporen von *Phragmidium,* Abb. 732) oder sogar vielkernig (z.B. *Vaucheria,* Abb. 640 B).

In seltenen Fällen werden – in Anpassung an den Übergang vom Wasser- zum Landleben – ganze vielkernige M i t o s p o r a n g i e n abgetrennt und vom Wind verbreitet (z.B. *Plasmopara,* Abb. 681 C).

Die Mitosporen der an das Landleben angepaßten Arten sind meistens von einer derben Zellwand umhüllt und dadurch vielfach besonders widerstandsfähig gegen Austrocknung. Sie dienen auf diese Weise der Bewältigung widriger Lebensumstände sowie der Verbreitung durch Wind und Tiere (A n e m o c h o r i e und Z o o c h o r i e).

C. Geschlechtliche oder sexuelle Fortpflanzung durch Syngamie und Meiose

Während bei den bisher beschriebenen vegetativen Vermehrungsweisen alle abgetrennten Keime aufgrund rein mitotischer Kernteilungen entstehen und daher mit ihren jeweiligen Eltern normalerweise erbgleich sind, entsteht die neue Generation bei der geschlechtlichen oder s e x u e l l e n F o r t p f l a n z u n g durch die Vereinigung zweier haploider G a m e t e n (S y n g a - m i e). Die auf sexuellem Weg entstandene T o c h - ter- oder Filial-Generation (F_1) enthält demnach in der Regel in ihrem diploiden Chromosomensatz das Erbgut zweier genetisch verschiedener Eltern. Bevor es zu einem erneuten Sexualakt kommen kann, muß durch den Prozeß einer M e i o s e zunächst der haploide Ausgangszustand wiederhergestellt werden (vgl. Kernphasenwechsel S. 59). Die dabei entstehenden mindestens 4 G o n e n bzw. M e i o s p o r e n enthalten das elterliche Erbgut in der Regel in neuer R e k o m b i n a t i o n, so daß mutativ entstandene zufällige Varianten wie in einem Kartenspiel immer wieder auf neue Weise miteinander vereinigt werden. Durch die Entwicklung der Sexualität mit ihren beiden gleich bedeutungsvollen Schritten der Kopulation und der darauf notwendigerweise folgenden Meiose wurde die für die stammesgeschichtliche Evolution bedeutungsvolle Möglichkeit geschaffen, aufgrund relativ weniger Mutationsschritte – lediglich durch mannigfache Rekombination der homologen väterlichen und mütterlichen Erbanlagen – ein großes Angebot genetisch verschiedener Individuen für die Selektion bereitzustellen.

1. Meiosporen. Da Syngamie und Meiose zwei einander notwendig ergänzende Vorgänge sind, ist es unzweckmäßig, nur die gametenbildende Generation als «Geschlechtsgeneration» zu bezeichnen und ihr die diploide, meiosporenbildende Generation als «ungeschlechtliche Generation» gegenüberzustellen. Als «ungeschlechtliche Vermehrung» sollten vielmehr ausschließlich die in den Abschnitten A und B besprochenen Vermehrungsweisen bezeichnet werden, und zwar gleichgültig, ob sie sich in der Haplophase oder in der Diplophase ereignen.

Häufig ist es schwierig, die meistens gleichfalls in großer Anzahl gebildeten Meiosporen von den Mitosporen zu unterscheiden, da auch sie vielfach in funktionell genau der gleichen Weise der Vermehrung und Verbreitung der Art dienen. Am leichtesten kann die Entscheidung ohne langwierige cytologische Untersuchung in allen jenen Fällen getroffen werden, wo die Meiosporen in Tetraden auftreten (Tetrameiosporen) und auf diese Weise ihre Entstehung aus einer Reifeteilung auffällig bekunden (vgl. z.B. Abb. 44, 45, S. 54, 55; 612 G, S. 581; 666, S. 622; 724, S. 663; 787, S. 728).

Wie die Mitosporen können die Meiosporen bei im Wasser lebenden Arten begeißelt und frei beweglich sein (Plano-Meiosporen oder Zoomeiosporen, z.B. *Oedogonium*, Abb. 625 G). Bei den Myxomyceten gehen aus derbwandigen, durch den Wind verbreiteten Meiosporen zunächst begeißelte Flagellaten-Stadien hervor, die sich alsdann durch Abwerfen ihrer Geißeln in Amöben verwandeln. Normalerweise entstehen sie im Inneren besonderer Behälter, die – analog zu den Mitosporangien – als Meiosporangien bezeichnet werden können (z.B. das sog. «Tetrasporangium» mancher *Phaeophyceae* und *Rhodophyceae*, Abb. 657 D; 666 A). Bei den *Ascomycetes* teilen sich die vier Meiosporen in der Regel in ihrem Meiosporangium sogleich noch ein weiteres Mal, so daß im sog. Ascus – oft gereiht hintereinander – nicht nur 4 Tetrameiosporen, sondern 8 Meiosporen liegen (Poly-Meiosporen, Abb. 50, S. 58; 703 E). In einzelnen Fällen kann ihre Anzahl durch weitere sich anschließende Zellteilungen sogar noch

größer werden (z.B. *Chorda filum*, Abb. 659 D; *Polyphagus euglenae*, Abb. 686 F). Bei den *Basidiomycetes* werden die im Innern des Meiosporangiums (der Basidie) gebildeten haploiden Kerne in sackförmige Ausstülpungen, die Basidiosporen, entlassen, die alsdann als Exo-Meiosporen abgeschnürt werden (Abb. 720). Bei den heterosporen Farnen entstehen in zwei Sorten Meiosporangien auch zwei verschiedene Meiosporen-Typen: in sog. Megasporangien entwickeln sich große Megasporen; in Mikrosporangien werden kleine Mikrosporen ausgebildet (z.B. *Selaginella*, Abb. 727 D). Bei den Spermatophyten schließlich gehen in der Regel drei der vier bei der Meiose entstehenden Megasporen zugrunde, so daß ihr Megasporangium bei der Reife nurmehr eine einzige, besonders große Meiospore enthält (Mono-Meiospore, Abb. 832 F). Das Megasporangium wird aus historischen Gründen bei den Spermatophyten Nucellus genannt (Abb. 889, S. 813).

2. Gameten. Bei den Pflanzen gehen die Geschlechtszellen oder Gameten nur in ganz wenigen Fällen unmittelbar aus der Meiose hervor (Meiogameten), wie das bei der großen Mehrzahl der Tiere die Regel ist. Nur in diesem seltenen, bei den Diatomeen, bei *Fucus* und bei einigen grünen Algen (*Codium* u.a.) verwirklichten Fall fällt die Gametenbildung mit der Meiose zusammen (gametischer Kernphasenwechsel, vgl. S. 59). Weit häufiger und für die Pflanzen geradezu typisch ist die Einschaltung einer mehr- bis vielzelligen haploiden Generation zwischen Meiose und Gametogenese (Abb. 51 Mitte). Die in diesem Fall durch eine normale Mitose gebildeten Gameten können als Mitogameten begrifflich klar von den Meiogameten unterschieden werden. Die Zellen oder Zellgruppen, aus denen die Gameten hervorgehen oder innerhalb derer sie gebildet werden, heißen Gametangien.

Im einfachsten Fall, der bei vielen Algen und Niederen Pflanzen verwirklicht ist, sind die stets nackten Gameten gleich groß und gleich gestaltet; sie sind jedoch gleichwohl physiologisch geschlechtsverschieden differenziert. Da noch keine morphologische Unterscheidung zwischen den männlichen und den weiblichen Geschlechtszellen möglich ist, werden sie als +Gameten (männliche Gameten, Donatoren) und –Gameten (weibliche Gameten, Receptoren) voneinander unterschieden (Isogametie, Isogamie).

Oft gleichen die nackten, begeißelten, lebhaft beweglichen Isogameten der niedersten Formen morphologisch durchaus den bei den gleichen Arten vorkommenden beweglichen Haplo-Mitosporen oder Meiosporen (z.B. *Olpidium*). Bei manchen Arten sind diese Schwärmer noch gar nicht von vornherein eindeutig differenziert, so daß sich jede Haplo-Mitospore unter bestimmten Bedingungen als Gamet verhalten kann (fakultative Sexualität, z.B. *Chlamydomonas eugametos*, viele Niedere Pilze).

Im Gegensatz zu den Haplo-Mitosporen, die sich unmittelbar zu neuen haploiden Pflanzen entwickeln können, finden sich die Gameten aufgrund gegenseitiger chemotaktischer Anlockung (vgl. S. 446) paarweise zusammen und verschmelzen zur diploiden Zygote.

Bei den pennaten Bacillariophyceen und den Conjugaten (Abb. 631 B; 652) kopulieren nackte unbegeißelte Isogameten miteinander, von denen der eine als Ruhegamet in der zum Gametangium umgewandelten Zelle liegen bleibt, während der amöboid bewegliche Wandergamet ihn aktiv aufsucht.

Nicht selten sind die verschieden-geschlechtlichen Gameten ungleich groß (Anisogametie, Anisogamie). Das kommt bereits bei einzelligen Protophyten vor (z.B. *Chlamydomonas braunii*) und ist bei den höher organisierten Algen (z.B. *Enteromorpha intestinalis*, Abb. 621 A) und den Niederen Pilzen (z.B. *Allomyces*, Abb. 690, S. 645) weit verbreitet. Die größeren Makrogameten werden in diesem Fall als weiblich (♀), die kleineren Mikrogameten als männlich (♂) bezeichnet.

Bleibt schließlich der Makrogamet völlig unbeweglich, so nennt man ihn – in Anlehnung an die Verhältnisse bei den Tieren – Eizelle und die kleinen beweglichen Mikrogameten Spermatozoiden oder Spermien. Die Anlockung der Spermatozoiden durch die Eizellen erfolgt wiederum chemotaktisch. Das ♀ Gametangium heißt Oogonium, das ♂ Gametangium Spermatogonium (Oogamie, z.B. *Chlorogonium oogamum*, Abb. 613 B–E, S. 582; *Monoblepharis*, Abb. 691 B, S. 646).

Bei den Protophyten sowie vielen Niederen Algen und Pilzen sind die Oogonien und Spermatogonien einzelne Zellen des Gametophyten, in denen die Eier und Spermatozoiden in Einzahl (z.B. *Oedogonium*) oder in Mehrzahl (z.B. *Fucus*) gebildet werden. Bei den im Wasser lebenden Formen wird das nackte Ei vielfach aus dem Gametangium ausgestoßen (z.B. *Chlorogonium*, Abb. 613 D; *Laminaria*, Abb. 595 E). Bei den höher entwickelten Arten erfolgt die Befruchtung jedoch im allgemeinen im Oogonium (z.B. *Chara*, Abb. 634 A o); die Anlockung der frei umherschwärmenden, begeißelten oder bewimperten Spermatozoiden erfolgt auch in diesem Fall chemotaktisch durch verschiedene, von den Eizellen ausgeschiedene organische Substanzen. In Anpassung an das Luftleben sind die Gametangien bei den Moosen und Farnen von einer besonderen sterilen Zellhülle

umgeben. Das flaschenförmige weibliche Organ, das nur ein einziges Ei enthält, heißt Archegonium (*Marchantia*, Abb. 752 J; Filicales, Abb. 828 F, G), das männliche Antheridium.

3. Zygote. Das Verschmelzungsprodukt der verschieden-geschlechtlichen Gameten heißt Zygote. Bei primitiven Algen und Pilzen kann sie nackt und begeißelt sein wie die Gameten oder die Zoosporen (Planozygote, z.B. *Ulothrix*, Abb. 620 G; *Allomyces*, Abb. 690 D). Meistens sind die Zygoten jedoch unbeweglich; häufig umgeben sie sich alsbald mit einer derben Wand, die dazu beiträgt, widrige Umweltbedingungen (Austrocknung, Frost) unbeschadet zu überdauern, und in manchen Fällen wohl auch der Verbreitung zugute kommt (Hypnozygote oder Zygospore, z.B. *Chlamydomonas*, Abb. 612 F; *Mougeotia*, Abb. 633; *Monoblepharis*, Abb. 691 F).

Bei den Bacillariophyceen, die auf Grund ihrer verkieselten starren Zellwand bei der ungeschlechtlichen Vermehrung durch Zweiteilung allmählich immer kleiner werden, wächst die mit einer dehnbaren Zellwand ausgestattete Zygote auf ein Mehrfaches ihrer Ausgangsgröße heran und bildet somit ein wesentliches Größenregulativ im Lauf der Generationenfolge (Auxozygote oder Auxospore, S. 610).

Bei manchen Pilzgruppen besteht der Sexualakt in einer Kopulation ganzer Gametangien (Gametangiogamie, z.B. *Saprolegnia*, Abb. 679 D; *Peronospora*, Abb. 682 A). Dabei kann es zur Ausbildung vielkerniger Zygoten kommen (Coeno-Zygote, z.B. *Mucor*, Abb. 693 H). Bei den Höheren Pilzen (*Ascomycetes* und *Basidiomycetes*) schließlich kopulieren einfache vegetative Zellen miteinander (Somatogamie, Abb. 704 D; 719). Plasmaverschmelzung und Kernverschmelzung sind durch eine kürzere oder längere Dikaryophase voneinander getrennt. Die Kernverschmelzung geht der Meiose unmittelbar vorauf. Die Zygote wird zum Meiosporangium; Ascus- und Basidiumanlage (Abb. 718) sind demnach gleichsam die Zygoten der Höheren Pilze.

Über ungeschlechtliche Fortpflanzung durch Autogamie bzw. Apomixis vgl. S. 514, 515.

4. Generationswechsel. Für den Lebenslauf der meisten höher entwickelten Pflanzen ist ein Generationswechsel bezeichnend, d.h. im typischen Fall ein regelmäßiger Wechsel zwischen zwei durch ihre Fortpflanzungsweise voneinander verschiedenen Abschnitten der Ontogenie (Generationen), die oft selbständige Pflanzen sind und in der Regel sogar ganz verschieden aussehen. In den meisten Fällen ist der Generationswechsel gleichzeitig mit einem Kernphasenwechsel verbunden (vgl. S. 59).

Zweiter Teil
Physiologie

Befaßt sich die Morphologie mit dem Bau eines Organismus, angefangen von der molekularen Architektur der charakteristischen Zellbausteine bis zur äußeren Gestalt des Lebewesens, so ist es die Aufgabe der Physiologie, die Lebensäußerungen, d.h. das Entstehen und Funktionieren dieser Strukturen, nicht nur zu beschreiben, sondern k a u s a l zu erklären. Es genügt dabei nicht, ihre Zweckmäßigkeit, d.h. ihren Nutzen bei der Auseinandersetzung mit der Umwelt, zu erfassen; es ist vielmehr das Ziel der Physiologie, die Vorgänge in einem Organismus nach den bekannten physikalischen und chemischen Gesetzen schlüssig und lückenlos zu erklären. Dies erfordert den Einsatz physikalischer und chemischer Methoden, neuerdings auch in zunehmendem Maße solcher der Informatik. Soweit dabei von einer zweckmäßigen Konstruktion und Funktion der Teile wie des ganzen Organismus ausgegangen wird, ist dies als heuristische Hilfe meist nützlich und gerechtfertigt, weil sich in der Regel nur vorteilhafte Merkmale, d.h. Merkmale mit «positivem Selektionswert», phylogenetisch durchsetzen konnten. Ob allerdings das genannte Ziel, das Rätsel des Lebens völlig in ein außerordentlich verwickeltes, aber vollständig kausal erklärtes physikalisch-chemisches System aufzulösen, jemals erreicht werden wird, ist offen. Der experimentierende Physiologe zweifelt daran jedoch nicht aus grundsätzlichen Erwägungen, sondern höchstens in Anbetracht der ungeheuren Kompliziertheit selbst relativ einfacher Organismen.

Es ist weiter darauf hinzuweisen, daß die Grenze zwischen Morphologie und Physiologie zumindest im Bereich der Molekularbiologie zu verschwinden beginnt. Man könnte das Gebiet der Molekularbiologie so umschreiben, daß hier der Zusammenhang zwischen Form und Funktion kausal verständlich wird. So ist z.B. in der Basensequenz der DNA nicht nur die Molekularstruktur aller an der Proteinsynthese beteiligten RNA-Sorten, sondern auch die Aminosäurensequenz der Proteine, dadurch deren molekulare Architektur und damit schließlich auch ihre Funktion festgelegt. Die Trennung in ein morphologisches und ein physiologisches Kapitel hat auf diesem Gebiet nur noch didaktische Berechtigung.

Die Pflanzenphysiologie kann zweckmäßig in drei Teilbereiche untergliedert werden: in die Physiologie des Stoff- und Energiewechsels, die Physiologie des Formwechsels und die Physiologie der Bewegungen.

Die **Physiologie des Stoff- und Energiewechsels** betrachtet die chemischen und physikalischen Vorgänge, die ablaufen müssen, damit der Organismus sich stofflich und energetisch von der unbelebten Umgebung abzugrenzen und ein «Eigenleben» zu führen vermag.

Die **Physiologie des Formwechsels (Entwicklungsphysiologie)** beschäftigt sich mit den Erscheinungen des Wachstums, der Entwicklung und der Fortpflanzung. Ihr Ziel ist es, die in der Morphologie beschreibend und vergleichend behandelten Formprobleme kausal verstehen zu lernen. Da die Baupläne und die Wege zu ihrer Verwirklichung genetisch festgelegt sind, ist die Entwicklungsphysiologie eng mit der Vererbungslehre verknüpft, die heute eine eigene biologische Wissenschaft bildet und in diesem Buch nur kurz berührt werden kann.

Die **Physiologie der Bewegungen** schließlich erforscht die Orts- und Lageveränderungen ganzer Pflanzen oder einzelner ihrer Organe, Zellen oder Zellorganellen. Während Niedere Pflanzen wie die meisten Tiere vielfach ihren Ort frei wechseln können, ist die typische Höhere Pflanze an ihrem Standort festgewurzelt. Trotzdem ist auch sie zu mannigfaltigen Bewegungen befähigt, die einer Orientierung ihrer Organe im Raum, z.T. auch anderen Aufgaben (z.B. der Freisetzung von Ausbreitungseinheiten), dienen. Da diese Bewegungen oft durch Außeneinflüsse ausgelöst werden, tritt hierbei besonders die Erscheinung der Reizbarkeit zutage, weshalb man oft statt von Bewegungsphysiologie von Reizphysiologie spricht. Die Reizbarkeit, d.h. die Aufnahme und Verarbeitung von Signalen aus der Umwelt, ist eine ganz allgemeine Eigenschaft des Lebendigen, die auch in der Stoffwechsel- und Entwicklungsphysiologie eine wichtige Rolle spielt.

Überhaupt überschneiden sich die Teilgebiete, in die hier die Physiologie der Übersichtlichkeit halber eingeteilt wurde, in mannigfaltiger Weise. Vor allem sind auch alle Wachstums-, Entwicklungs- und aktiven Bewegungserscheinungen von einem Stoff- und Energiewechsel begleitet.

Erster Abschnitt

Physiologie des Stoff- und Energiewechsels

I. Energetik des Stoffwechsels

Leonardo da Vinci hat in einem treffenden Vergleich den lebenden Organismus mit einer brennenden Kerze verglichen: Bei beiden Systemen sind dauernde Stoff- und Energieumwandlungen notwendig, um den dynamischen Zustand zu erhalten.

Es besteht, wie erwähnt, kein Zweifel, daß auch die Umsetzungen im lebenden Organismus den Gesetzen der Physik und Chemie gehorchen, daß z.B. auch die Prinzipien der Thermodynamik gültig sind, der Forschungsrichtung, die die Zusammenhänge zwischen den Zustandsänderungen und den energetischen Änderungen eines Systems untersucht. Wenn die Energieumsetzungen in der lebenden Zelle oft auch unter dem Begriff der **Bioenergetik** zusammengefaßt werden, so bedeutet dies nur, daß im Rahmen der thermodynamisch möglichen Prozesse und Umwandlungen bestimmte für die lebende Zelle besonders charakteristisch sind, und daß die an den Reaktionen beteiligten Molekülarten und vor allem die Katalysatoren von denen der unbelebten Natur und auch der Technik verschieden sind.

Definition und Maß der Energie. Energie bedeutet die Fähigkeit eines Körpers oder eines Systems, aus sich heraus A r b e i t leisten zu können. Als Dimension der Energie dient daher zunächst die Definition der Arbeit (Kraft × Weg). Das absolute Maß der Arbeit wie der Energie ist das J o u l e (J; 1 kg · 1 m² · 1 s⁻²), d.h. Einheit der Kraft (N e w t o n, N; kg · m · s⁻²) × Einheit des Weges (m). Häufig wird auch das K i l o - j o u l e (kJ; 10³ J) verwendet.

Die meisten Angaben in der Bioenergetik liegen derzeit noch in C a l o r i e n vor (1 cal = 4,1855 J; 1 kcal = 4,1855 kJ), der bisher verwendeten Einheit der Wärme (1 cal = Energiemenge, die zur

Temperatursteigerung von 1 g Wasser bei Normaldruck von 14,5 auf 15,5 °C notwendig ist). Die Berechtigung zur Verwendung dieser Einheit als allgemeines Energiemaß lag in der Umwandelbarkeit der einzelnen Energieformen ineinander, z.B. von (potentieller) kinetischer, thermischer, chemischer, elektrischer und Strahlungsenergie. Die Bevorzugung der Wärmeeinheit beruhte darauf, daß Wärme die allgemeinste, «ordinärste» Energieform ist (s.u.).*

A. Energetik geschlossener Systeme

1. Grundlagen

Die Thermodynamik geschlossener Systeme, d.h. solcher, die nicht im Stoff- und Energieaustausch mit ihrer Umgebung stehen, ist relativ einfach. Sie basiert auf zwei Fundamentalsätzen.

Der **erste Hauptsatz** besagt, daß die Summe aller Energieformen in einem abgeschlossenen System konstant ist. Energie kann also weder geschaffen werden noch verloren gehen. (Die Erweiterung dieses Satzes durch Einstein, die die Möglichkeit der Umwandlung von Materie in Energie berücksichtigt, soll hier zunächst außer Acht gelassen werden; vgl. S. 228.) Aus der Gültigkeit dieses Gesetzes ergeben sich wichtige Folgerungen:

---

* Um den Übergang von den bisher üblichen, auch in der neuen biochemischen Literatur noch meist gebrauchten Einheiten zu den neuen zu erleichtern, werden in dieser Auflage beide nebeneinander verwendet. Der Anschaulichkeit halber wurde für die Temperatur auch noch °C benutzt, obwohl korrekterweise K (−273 °C = 0 K) verwendet werden sollte. (Vgl. auch die Tabelle mit SI-Einheiten und Umrechnungsfaktoren am Ende des Buches.)

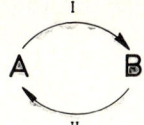

Abb. 247: Erläuterung im Text.

1. Der Energieinhalt eines Systems ist unabhängig von dem Weg, auf dem der betrachtete Zustand erreicht wurde. Gäbe es für eine Hin- und Rückreaktion (Abb. 247, I u. II) Wege verschiedenen Energieinhaltes, dann könnte das System zur Energiegewinnung verwendet werden (perpetuum mobile 1. Art). Auch unter den Organismen gibt es also kein perpetuum mobile im thermodynamischen Sinne.

2. In einem Teil des Gesamtsystems sind nur solche Abläufe aus eigener Triebkraft möglich, die mit einer Abnahme der inneren Energie dieses Teilsystemes, also einer Energieabgabe an die Umgebung, einhergehen.

3. Vorgänge, die zur Vermehrung der inneren Energie eines Teilsystems führen, sind nur denkbar, wenn durch eine energiespendende Begleitreaktion die Energie in geeigneter Form zur Verfügung gestellt wird («energetische Kopplung», S. 219).

Wie erwähnt, ist die allgemeinste Form der Energie die Wärme. Praktisch alle physikalischen und chemischen Vorgänge, auch die in der lebenden Zelle, sind mit Aufnahme oder Abgabe von Wärme verbunden. Im ersten Falle spricht man von **endothermen,** im zweiten von **exothermen** Prozessen.

Fügt man einem abgeschlossenen System mit einem gegebenen Energieinhalt eine bestimmte Wärmemenge (Q) von außen zu, so muß nach dem ersten Hauptsatz die zugeführte Wärme entweder zu einer Änderung der inneren Energie des Systems (ΔE) oder zu einer entsprechenden Arbeitsleistung (W) des Systems gegenüber der Umgebung führen:

$$Q = \Delta E + W \qquad \text{oder}$$
$$\Delta E = Q - W.$$

Bei Reaktionen unter konstantem Druck – wie sie in den Organismen im allgemeinen ablaufen – wird die Wärmeänderung Q auch Enthalpie-Änderung genannt und als ΔH bezeichnet; es ist dann $Q = \Delta H$. Dann gilt:

$$\Delta E = \Delta H - W.$$

Verläuft eine Reaktion nicht nur unter konstantem Druck, sondern auch unter konstantem Volumen, so wird keine Arbeit geleistet, und es gilt:

$$\Delta E = \Delta H.$$

Unter diesen Bedingungen kann man demnach durch die Bestimmung der Wärmetönung einer Reaktion verbindliche Aussagen machen über die Energieänderungen während ihres Ablaufes.

Die Enthalpie-Änderung (ΔH) einer Reaktion kann man durch Calorimetrie leicht ermitteln. Jede chemische Reaktion liefert beim Ablauf bis zum Endzustand eine bestimmte Wärme, die von der Zahl der reagierenden Moleküle abhängt. Organische Verbindungen haben eine bestimmte Verbrennungswärme, ausgedrückt durch die Zahl der Calorien bzw. Joule, die bei der vollständigen Oxidation von 1 Mol der Substanz an die Umgebung abgegeben wird (Tab. 6).

Arbeit kann in Wärme umgewandelt werden; der umgekehrte Vorgang birgt einige beson-

Tab. 6: Verbrennungswärmen verschiedener für den Zellstoffwechsel wichtiger organischer Verbindungen

Substanz	Mol.-Gew.	ΔH			
		(kcal/Mol)	(kJ/Mol)	(kcal/g)	(kJ/g)
Glucose $C_6H_{12}O_6$	180	− 673	− 2817	−3,74	−15,65
Milchsäure $CH_3-CHOH-COOH$	90	− 326	− 1364	−3,62	−15,16
Oxalsäure $HOOC-COOH$	90	− 60	− 251	−0,67	− 2,79
Palmitinsäure $CH_3-(CH_2)_{14}-COOH$	256	−2398	− 10037	−9,38	−39,21
Tripalmitin $C_{51}H_{98}O_6$	806	−7510	−31433	−9,32	−39,00
Glykokoll NH_2CH_2-COOH	75	− 234	− 979	−3,12	−13,05

dere Gesichtspunkte, die aus dem ersten Hauptsatz nicht zu entnehmen sind. Der Mensch hat bekanntlich Wärmekraftmaschinen entwickelt, die Temperaturdifferenzen in Arbeit umsetzen. Die lebende Zelle weist in sich kaum Temperaturdifferenzen auf: Sie arbeitet praktisch isotherm, sie ist keine Wärmekraftmaschine. Um verstehen zu können, wie sie unter diesen Bedingungen Arbeit verrichten kann, müssen wir den Begriff der «Freien Energie» bzw. «Freien Enthalpie» einführen. Zu seinem Verständnis ist die Kenntnis des **zweiten Hauptsatzes** der Thermodynamik erforderlich. Er besagt: Die **Entropie** eines abgeschlossenen Systems von Körpern, die miteinander in Wechselwirkung stehen, kann nur zunehmen, niemals abnehmen. Den Begriff Entropie kann man umschreiben mit «Unordnung» oder «Grad der Zufallsverteilung». Der **zweite Hauptsatz** trägt der Tatsache Rechnung, daß spontan ablaufende chemische oder physikalische Prozesse eine R i c h t u n g haben, die sich aus dem ersten Hauptsatz nicht ableiten läßt; z.B. geht Wärme nur von einem wärmeren auf einen kälteren Körper über (obwohl nach dem ersten Hauptsatz auch der umgekehrte Übergang möglich wäre). Alle Systeme streben einem Zustand zu, bei dem alle Parameter wie Temperatur, Druck u.ä. gleichförmig sind. Haben sie dieses Gleichgewicht erreicht, so gehen sie spontan nicht mehr in den nichtgleichmäßigen Nicht-Zufall-Zustand, den Zustand höherer Ordnung (geringerer Entropie), zurück.

Theoretisch kann die Entropie eines abgeschlossenen Systems ohne Energiezufuhr von außen bei einer Reaktion höchstens konstant bleiben. In diesem Falle spricht man von einem r e v e r s i b l e n Vorgang. Alle i r r e v e r s i b l e n Vorgänge verlaufen unter Entropievermehrung. Ideal reversible Vorgänge sind äußerst selten. Normalerweise besitzen die Umwandlungen in der Natur, auch in den Organismen, irreversible Anteile und steigern daher die Entropie.

Die Dimension der Entropie ist $J \cdot K^{-1}$. Bei jeder gegebenen Temperatur haben feste Körper eine relativ geringe Entropie (hohe Ordnung), Flüssigkeiten eine mittlere und Gase eine hohe. Die Entropie steigt mit der Temperatur, weil die Moleküle dann eine höhere thermische Bewegung haben. Sie ist Null, wenn sich ein Kristall im absoluten Nullpunkt ($-273\,°C$) befindet.

Die Tendenz zur Vermehrung der Entropie ist die treibende Kraft aller Prozesse, und Wärme wird von einem System an die Umgebung abgegeben oder aus ihr aufgenommen, um in jedem Falle die maximale Entropie des Gesamtsystems zu erreichen.

Die Änderungen von Wärme und Entropie werden durch die «**Freie Enthalpie**» (G) wiedergegeben. Man kann sie als den Anteil an der Gesamtenthalpie eines Systems bezeichnen, der unter isothermen Bedingungen Arbeit zu leisten vermag. Wie die Entropie zunimmt bei irreversiblen Prozessen, so nimmt die Freie Enthalpie ab. Alle physikalischen und chemischen Vorgänge in einem abgeschlossenen System schreiten fort mit einer Abnahme der Freien Enthalpie, bis deren Minimum erreicht ist: **Gleichgewichtszustand.** Hier ist die Entropie im Maximum. Freie Enthalpie ist also nutzbare Energie.

Die Grundgleichung für die Beziehungen zwischen Entropie- und Enthalpie-Änderungen und Änderungen in der Freien Enthalpie ist:

$$\Delta G = \Delta H - T \Delta S.$$

Dabei ist ΔG die Änderung der Freien Enthalpie des Systems, ΔH die Wärme, die zwischen dem System und der Umgebung ausgetauscht wird (falls das System keine Arbeit leistet), T die absolute Temperatur und ΔS die Entropieänderung des Systems.

Das Vorzeichen von ΔG entscheidet nun darüber, ob eine Reaktion spontan ablaufen kann oder nicht: Nur Vorgänge mit negativem ΔG, also solche mit einer Abnahme der Freien Enthalpie, sind thermodynamisch von sich aus möglich. Man nennt sie **exergonische** Prozesse, im Gegensatz zu den **endergonischen** Prozessen, bei denen ΔG positiv ist, und deren Ablauf die Freie Enthalpie des Teilsystems erhöht.

Aus der obigen Gleichung können wir einige wichtige Schlüsse ziehen: Identisch sind die Änderungen der Freien Enthalpie und der Wärmetönung nur bei T = 0, also beim absoluten Nullpunkt (der biologisch uninteressant ist), und in Fällen mit $\Delta S = 0$, die biologisch auch keine Rolle spielen. Da ΔS als Produkt mit der Temperatur auftritt, wird der Einfluß der Entropie proportional der absoluten Temperatur. Bei einer bestimmten Temperatur ist er umso bedeutender, je kleiner das Verhältnis der Wärmetönung zur Entropie ist. Bei starker Wärmetönung einer Reaktion, etwa beim oxidativen Abbau der Nahrungsstoffe in der Atmung (S. 273f.), tritt daher die Bedeutung der Entropie zurück, und liefern die Werte für die Wärmetönung annähernd richtige Zahlen für die Beurteilung der Triebkraft einer Reaktion. Bei Prozessen geringer Wärmetönung aber, etwa bei hydrolytischen Spaltungen und Polymerisations- oder Kondensationsvorgängen, also ebenfalls wichtigen biologischen Reaktionen, kann die Entropieänderung die Freie Enthalpie wesentlich bestimmen.

Wird bei einem Vorgang Wärme aus der Umgebung aufgenommen, so wird $\Delta G > \Delta H$. So gilt z. B. für die Verbrennung der Glucose bei 25 °C:

$$\Delta G = -688 \, \text{kcal/Mol} = -2880 \, \text{kJ/Mol},$$
$$\Delta H = -673 \, \text{kcal/Mol} = -2817 \, \text{kJ/Mol}.$$

Jeder chemische Prozeß, z. B. die Reaktion $A \rightarrow B$, erreicht schließlich einen Gleichgewichtszustand, in dem keine weitere (Netto-) Umsetzung mehr erfolgt. Dann wird die Hinreaktion gerade ausgeglichen durch die Rückreaktion: $A \rightleftharpoons B$. Das chemische Gleichgewicht in diesem Zustand ist definiert durch die **thermodynamische Gleichgewichtskonstante**:

$$K_{eq} = \frac{[B]}{[A]} ,$$

wobei [B] die Konzentration des Endproduktes und [A] die der Ausgangssubstanz kennzeichnet. Das Konzentrationsverhältnis der Ausgangs- und Endprodukte ist bei gegebenem Druck und gegebener Temperatur fixiert, gleichgültig, von welcher Ausgangskonzentration man ausgeht. Das Gleichgewicht stellt sich ein in dem Bestreben, für die Reaktionspartner eine minimale (Gesamt-)Freie Enthalpie zu schaffen.

Für eine Reaktion mit mehreren Partnern wird die Gleichgewichtskonstante wiedergegeben durch das Produkt der Konzentration der Endprodukte dividiert durch das Produkt der Konzentration der Ausgangssubstanzen:

$$A + B \rightleftharpoons C + D; \quad K_{eq} = \frac{[C] \cdot [D]}{[A] \cdot [B]} .$$

Aus unseren früheren Betrachtungen über die Abhängigkeit des Ablaufes einer Reaktion von der Änderung der Freien Enthalpie ist schon zu entnehmen, daß die Gleichgewichtskonstante einer Reaktion mit der Änderung der Freien Enthalpie verknüpft sein muß: Je größer die Gleichgewichtskonstante ist, d. h. je mehr das Produkt der Endsubstanzen über das der Ausgangssubstanzen dominiert, je weiter also die Reaktion von links nach rechts verläuft, desto negativer wird ΔG, d. h. desto mehr nimmt die Freie Enthalpie beim Ablauf der Reaktion ab. Es besteht eine einfache mathematische Beziehung zwischen der Änderung der Freien Enthalpie und der Gleichgewichtskonstanten:

$$\Delta G^0 = -R \, T \ln K_{eq} ,$$

wobei $\Delta G^0 =$ Standard-Freie Enthalpie-Änderung, d. h. Gewinn oder Verlust an Freier En-

thalpie in Joule, wenn je 1 Mol der Ausgangssubstanzen umgesetzt wird in je 1 Mol von Endprodukten, und zwar bei 25 °C und 1 bar Druck; R = Gaskonstante und T = absolute Temperatur.

Da die Wasserstoffionen in biologischen Reaktionen nicht in Standardkonzentration (1 M = pH 0) vorliegen, wird eine modifizierte Standardbedingung verwendet, die auf pH 7,0 ausgelegt ist. Als Symbol dient $\Delta G^{0'}$. (Im übrigen wird immer dann, wenn Wasser eine Ausgangs- oder Endsubstanz einer Reaktion ist, willkürlich seine Konzentration zu 1 M angenommen.)

In der Zelle herrschen keine Standardbedingungen, außerdem weicht der pH-Wert häufig von 7,0 ab. Es ist daher zu beachten, daß nicht die $\Delta G^{0'}$-, sondern die ΔG-Werte über die Richtung einer Reaktion in der Zelle entscheiden. Es ist aber vielfach äußerst schwierig, diese ΔG-Werte zu ermitteln, da die aktuellen Konzentrationen der Reaktionspartner wie die pH-Werte in den einzelnen Reaktionsräumen (Kompartimenten) oft schwer zu messen sind.

2. Energetische Koppelung

Die zahlreichen endergonischen Reaktionen im Zellstoffwechsel sind aus thermodynamischen Gründen nur möglich durch Koppelung mit exergonischen Prozessen, wobei der Gesamtvorgang mit einer Abnahme der Freien Enthalpie verläuft.

Derartige energetische Koppelungen sind möglich einmal in **Reaktionsketten**, in denen eine endergonische Reaktion mit einer stärker exergonischen verknüpft ist, oder aber durch Einschalten einer spezifischen energieliefernden Reaktion, nämlich der hydrolytischen Spaltung des **ATP**-Moleküls (vgl. S. 30):

$$ATP + H_2O \rightleftharpoons ADP + P_i ;$$
$$\Delta G^{0'} = -7,3 \, \text{kcal} = -30,55 \, \text{kJ}.$$

Das ATP-System ist der universell verwendete Energiespeicher in allen lebenden Zellen, vom Prokaryoten bis zum Menschen, und alle Reaktionen, die der Zelle Energie in verwertbarer Form zuführen sollen, werden so geführt, daß sie das ATP-System in ökonomischer Weise aufzuladen (d. h. die obige Gleichung von rechts nach links ablaufen zu lassen) vermögen. Dies gilt, wie wir sehen werden, für die Lichtreaktionen der Photosynthese ebenso wie für den Abbau von Nahrungsstoffen in Atmungs- und Gärungsvorgängen. Auf der anderen Seite sind der Zelle im allgemeinen endergonische Schritte nur in einem Ausmaß möglich, das durch die Energiefreisetzung der ATP-Spaltung gedeckt ist.

Unter Standardbedingungen kann die ATP-Bildung aus ADP und P_i nur durch Übertragung einer Phosphatgruppe aus einer Verbindung erfolgen, die mindestens das gleiche Phosphatgruppenpotential besitzt, d.h. die bei der Hydrolyse einen mindestens ebenso hohen Betrag Freier Enthalpie liefert. Derartige Verbindungen sind z.B. das Phosphoenolpyruvat und das 1,3-Diphosphoglycerat (vgl. Tab. 7), Zwischenverbindungen des normalen Kohlenhydratabbaues (vgl. S. 273 ff.). Einen weiteren Weg der ATP-Bildung, die Ausnützung von Elektronentransporten über entsprechende Stufen einer Redoxkaskade, werden wir später kennenlernen (S. 244 f., 278).

Tab. 7: Die Standard-Freie-Enthalpie der Hydrolyse einiger phosphorylierter Verbindungen

	$\Delta G^{0\prime}$ (kJ)
Phosphoenolpyruvat	−62
1,3-Diphosphoglycerat	−49
Acetylphosphat	−42
ATP	**−31**
Glucose-1-phosphat	−21
Fructose-6-phosphat	−16
Glucose-6-phosphat	−14
Glycerin-1-phosphat	− 9

Wie früher erwähnt, enthält auch die endständige, ebenfalls anhydridisch gebundene Phosphatgruppe des ADP ein Gruppenpotential, das dem der endständigen Phosphatgruppe im ATP entspricht. Allerdings entsteht das in der Zelle stets vorhandene AMP meist nicht durch Spaltung von ADP, sondern durch Pyrophosphat-Abspaltung aus ATP:

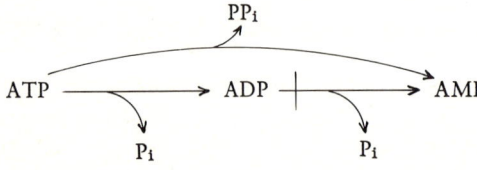

Auch das Pyrophosphat, PP_i, hat bei der hydrolytischen Spaltung einen $\Delta G^{0\prime}$-Wert, der dem der Hydrolyse der endständigen Phosphatgruppe im ATP oder ADP vergleichbar ist.

Pyrophosphat kann in bestimmten Phosphorylierungsreaktionen bei Gärungen (z.B. bei *Propionibacterium*) an die Stelle von ATP treten.

Die Summe der Konzentrationen von AMP, ADP und ATP in der wässerigen Phase der Zelle ist beachtlich: Sie liegt meist zwischen 2 und 15 mM, wobei ATP in der Regel stark überwiegt.

Für die Kennzeichnung des Energiezustandes einer Zelle hat sich der Begriff «**Energieladung**» («**energy charge**») als nützlich erwiesen:

$$\frac{1}{2} \cdot \frac{[ADP] + 2\,[ATP]}{[AMP] + [ADP] + [ATP]}$$

Liegt das gesamte Adenosinphosphatsystem in Form von ATP vor, so ist die «Energieladung» 1,0, ist nur ADP oder eine äquimolare Mischung von ATP und AMP vorhanden, so beträgt sie 0,5, träte nur AMP auf, so wäre sie 0,0. Diese «energy-charge» spielt eine bedeutende Rolle für die Regulation der ATP-bildenden und -verbrauchenden Reaktionen. Jede Abweichung von derjenigen «Energieladung», bei der sich ATP-Produktion und -Verbrauch die Waage halten, fördert entweder den einen oder den anderen Prozeß, so daß ein «steady state» mit einer bestimmten «energy charge» eingehalten wird (Abb. 248).

Es ist daran zu erinnern, daß das Gruppenpotential der «energiereichen» Phosphatbindungen im ATP nur für Standardbedingungen gilt. Bei Konzentrationen der Reaktionspartner der ATP-Spaltung (ATP, ADP, P_i) abweichend von 1,0 M, wie sie in der Zelle die Regel sind, und bei pH-Werten abweichend

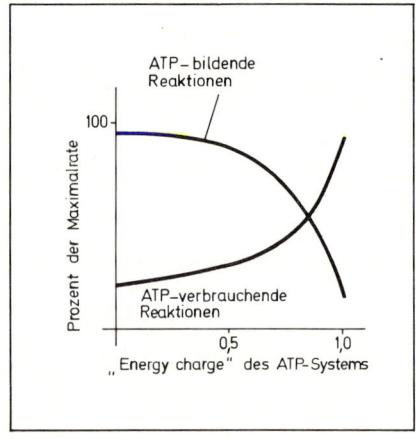

Abb. 248: Die Abhängigkeit der Rate ATP-bildender und -verbrauchender Reaktionen von der «energy charge» des Adenosinphosphatsystems.

von 7,0 ergeben sich andere Werte. Da zudem sowohl ATP als auch ADP in der Zelle als Magnesiumkomplexe vorliegen, spielt auch die Mg²⁺-Konzentration eine Rolle. Es können daher in der Zelle weit vom Standard liegende Werte für das ΔG der ATP-Spaltung erreicht werden, auch solche zwischen −12 und −15 kcal (ca. −50 bis −63 kJ), wobei sich je nach den Bedingungen zeitliche und örtliche Unterschiede auch innerhalb einer Zelle ergeben können.

Die Einschleusung der ATP-Spaltungsenergie in andere chemische Reaktionen geschieht auf dem Wege über gemeinsame Zwischenprodukte. Dabei übernehmen Substanzen Gruppen des ATP (entweder Phosphat oder AMP oder auch Pyrophosphat) und werden dadurch «energiereicher», d.h. in die Lage versetzt, Reaktionen einzugehen, die ihnen in freier Form nicht zugänglich sind. Derartige Gruppenübertragungen sind in der Zelle nicht auf ATP begrenzt, sondern umfassen z.B. auch Wasserstoff-, Amino-, Methyl- und Acetylgruppen.

Außer für die Aktivierung chemischer Reaktionen liefert die ATP-Spaltung auch die Energie für andere wichtige Zellarbeiten, z.B. für mechanische Arbeit (Contraction contractiler Proteine) und osmotische Arbeit (Konzentrierung von Substanzen gegen ein Gefälle des elektrochemischen Potentials).

Wenn auch ATP der Hauptenergieüberträger in der Zelle ist, so können doch auch andere Nucleosidtriphosphate bei spezifischen Biosynthesen beteiligt sein. Dies gilt nicht nur für die Bildung von DNA und RNA (S.293 ff.), sondern auch für die von Polysacchariden, Proteinen und Lipiden (S.345).

3. Geschwindigkeit der Gleichgewichtseinstellung – Katalyse

Die klassische Thermodynamik kann zwar aussagen, ob eine Reaktion energetisch möglich ist und in welchen Konzentrationen die Reaktionspartner im Gleichgewicht vorliegen, sie kann aber nicht festlegen, mit welcher Geschwindigkeit sich ein Gleichgewicht einstellt. Es kann dies sehr schnell, aber auch «unendlich langsam» geschehen. So ist die Verbrennung von Glucose mit Sauerstoff zwar ein stark exergonischer Prozeß, doch bleibt der Zucker bei «physiologischen» Temperaturen und Normaldruck auch bei Sauerstoffgegenwart unbegrenzt stabil. Man nimmt an, daß nur Moleküle in einem «aktivierten Zustand» eine chemische Reaktion eingehen können. Eine Steigerung der Temperatur erhöht die Zahl der reaktionsfähigen Moleküle und beschleunigt deshalb die

Reaktion (meist etwa auf das Doppelte bei 10°C Temperatursteigerung). Die Energiemenge (in Joule), die alle Moleküle von 1 Mol Substanz in den aktivierten Zustand überführt, nennt man «**Aktivierungsenergie**».

Bei Gegenwart bestimmter Stoffe, mit denen die reagierenden Moleküle vorübergehend Bindungen eingehen können, kann die Aktivierungsenergie erniedrigt und damit die Reaktionsgeschwindigkeit erhöht, bei «unendlich langsam» verlaufenden Reaktionen der Ablauf erst ermöglicht werden (Abb.249). Derartige Substanzen bezeichnet man als **Katalysatoren**. Sie beeinflussen nicht die Lage, wohl aber die Geschwindigkeit der Einstellung des thermodynamischen Gleichgewichtes. Da Katalysatoren nur vorübergehend Bindungen mit den reagierenden Molekülen eingehen und nach Ablauf der Reaktion wieder in der Ausgangsform freigesetzt werden, können sie für ihre Aufgabe immer wieder verwendet werden und brauchen deshalb nur in geringen Konzentrationen vorzuliegen.

Auch der Zellstoffwechsel wird durch Katalysatoren gesteuert: Die **Biokatalysatoren** werden als **Enzyme** oder **Fermente** bezeichnet und bestehen aus Protein ohne oder mit zusätzlichen Gruppen (vgl. S.225). Die Katalyse durch Enzyme in der lebenden Zelle unterliegt denselben Gesetzmäßigkeiten wie diejenige mit anorganischen Katalysatoren, sie ist nur in der Regel leistungsfähiger und vor allem spezifischer. Durch die (genetisch gesteuerte) Produktion

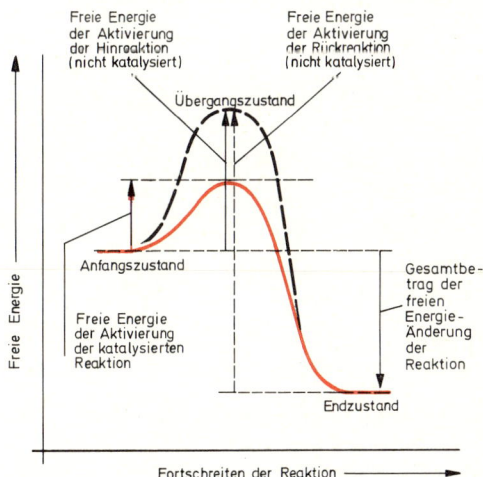

Abb. 249: Energiediagramm für eine katalysierte (rote Linie) und eine nichtkatalysierte (schwarze Linie) chemische Reaktion. (Nach LEHNINGER)

eines bestimmten Enzyms wird demnach nicht der gesamte Zellstoffwechsel, sondern es werden nur eine oder wenige Reaktionen beschleunigt. Die Enzyme steuern daher den Zellstoffwechsel nicht nur quantitativ, sondern auch qualitativ. Proteine sind für diese Aufgaben als Biokatalysatoren aus zwei Gründen besonders geeignet: Ihre Bildung wird vom genetischen Apparat der Zelle unmittelbar gesteuert, und es handelt sich bei ihnen um Moleküle von höchster Spezifität und praktisch unbegrenzter Mannigfaltigkeit (S. 21 ff.).

Im Unterschied zu den Katalysatoren der Technik unterliegen die Biokatalysatoren als Proteine einem dauernden Umsatz, d.h. sie werden im Zellstoffwechsel auf- und abgebaut. Dies erfordert zwar eine laufende Energieinvestition für die Enzymsynthese, ermöglicht aber auf der anderen Seite eine dauernde Anpassung des Zellstoffwechsels an die Erfordernisse, die aus inneren (Funktion der Zelle im Gesamtorganismus, Durchlaufen der Entwicklung) oder äußeren Gründen (Änderung der Umgebungsbedingungen) auftreten (vgl. S. 302 ff.).

Nomenklaturregeln: Der Name eines Enzyms wurde (bei den Substrat-spaltenden Fermenten) meist so gewählt, daß man die Endung -ase an den Namen des Substrates anhängt, also z.B. Proteinase für Protein-spaltende, Amylase für Stärke (= amylum)-hydrolysierende und Lipase für Fett (= lipos) -spaltende Enzyme. Daneben waren und sind auch anders gebildete Namen im Gebrauch, z.B. Pepsin, Katalase. Eine einheitliche, systematische, international verbindliche Klassifizierung und Benennung aller bekannten Enzyme wurde durch die International Enzyme Commission vorgenommen, wobei jedes Enzym eine Klassifizierungsnummer erhält, durch die es eindeutig identifiziert ist (Tab. 8). Da die systematischen Benennungen aber z. T. sehr umständlich sind, sind daneben auch die kürzeren Trivialnamen im Gebrauch.

Die Enzyme haben eine Substratspezifität und eine Wirkungsspezifität. Das Ausmaß der **Substratspezifität** ist bei den einzelnen Enzymen verschieden. Manche Hydrolasen z.B. sind relativ unspezifisch, andere spezifisch auf bestimmte Molekülgruppierungen (z.B. spalten α-Glucosidasen α-glucosidische Bindungen in verschiedenen Substanzen), wieder andere aus-

Tab. 8: Die internationale Klassifizierung von Enzymen: Klassenbezeichnung, Code-Zahl und Typ der katalysierten Reaktion.

1. Oxido-Reduktasen
   (Oxidations-Reduktions-Reaktionen)

   1.1. Wirkend auf $-\overset{|}{C}H-OH$

   1.2. Wirkend auf $-\overset{|}{C}=O$

   1.3. Wirkend auf $-CH=CH-$

   1.4. Wirkend auf $-\overset{|}{C}H-NH_2$

   1.5. Wirkend auf $-\overset{|}{C}H-NH-$

   1.6. Wirkend auf NADH; NADPH

   . . . .

2. Transferasen
   (Übertragung von funktionellen Gruppen)

   2.1. C_1-Gruppen
   2.2. Aldehyd- oder Keto-Gruppen
   2.3. Acyl-Gruppen
   2.4. Glykosyl-Gruppen
   2.5. Alkyl-o.Aryl-Gruppen (außer Methyl-)
   2.6. N-haltige Gruppen
   2.7. P-haltige Gruppen
   2.8. S-haltige Gruppen

3. Hydrolasen
   (Hydrolytische Reaktionen)

   3.1. Ester
   3.2. Glykosidische Bindungen
   3.3. Ether-Bindungen
   3.4. Peptid-Bindungen
   3.5. Andere C-N-Bindungen
   3.6. Säureanhydride

   . . . .

4. Lyasen
   (Lösen C-C, C-O, C-N und andere Bindungen)

   . . . .

5. Isomerasen
   (Isomerisierungen, d.h. intramolekulare Änderungen)

   5.1. Racemasen, Epimerasen
   5.2. Cis-trans-Isomerasen
   5.3. Intramolekulare Oxidoreduktasen

   . . . .

6. Ligasen (Synthetasen)[1]
   (Kovalente Bindung zwischen zwei Molekülen bei gleichzeitiger ATP-Spaltung)

   . . . .

[1] Enzyme anabolischer Reaktionen, die ohne ATP-Spaltung ablaufen, werden als Synthasen bezeichnet.

schließlich auf ein bestimmtes Substrat ein-gestellt. Auffallend ist die häufig feststellbare unterschiedliche enzymatische Angreifbarkeit von Stereoisomeren.

Die Substratspezifität beruht auf einem spezi-fischen «Passen» des Substratmoleküls zu der katalytisch aktiven Stelle des Enzymmoleküls, dem «aktiven Zentrum» (s. Abb. 13, S. 22). Man hat oft den Vergleich mit Schloß und dazu passendem Schlüssel gebraucht. Wie in ein Schloß aber auch ein dem zugehörigen Schlüssel ähnlicher Nachschlüssel paßt, so können an-stelle des «Normalsubstrates» an das aktive Zentrum in vielen Fällen auch ähnlich gebaute Moleküle angelagert, zumeist aber nicht umge-setzt werden. Je nach ihrer Affinität zum Enzym vermögen sie dadurch das Substrat mehr oder weniger wirksam zu verdrängen («**kompetitive Hemmung**»). Ein bekanntes und praktisch wichtiges Beispiel für derartige kompetitive Hemmstoffe sind die Sulfonamide, deren Hemm-wirkung auf Bakterien dadurch zustande kommt, daß sie den enzymatischen Einbau der strukturell ähnlichen p-Aminobenzoesäure in Folsäure verhindern, eine Substanz, die bei der Synthese von Purinnucleotiden benötigt wird. (Sie muß vom Menschen als Vitamin mit der Nahrung aufgenommen werden.)

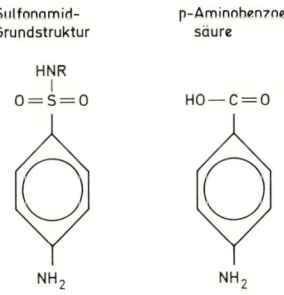

Monofluoressigsäure, $CH_2F\text{-}COOH$, stellt den Giftstoff in den Blättern der für das Weidevieh hoch-toxischen südafrikanischen Dichapetalacee *Dichape-talum cymosum* dar. Monofluoracetat kann anstelle des Acetylrestes an Coenzym A gebunden (vgl. S. 277) und auch noch von der Citratsynthase statt des Acetylrestes auf Oxalacetat übertragen werden, wo-durch Monofluorcitrat entsteht. Diese Verbindung aber ist ein äußerst wirksamer kompetitiver Inhibitor (Hemmstoff) der Aconitase, des Enzyms, das im Citronensäurecyclus das Citrat weiter verarbeitet (S. 278). In der *Dichapetalum*-Pflanze wird eine ent-sprechende Giftwirkung wahrscheinlich – wie oft in ähnlichen Fällen – dadurch verhindert, daß die

toxische Substanz nicht an die Orte ihrer spezifischen Wirkung (in diesem Falle die Mitochondrien) gelangt, sondern in einem eigenen Kompartiment (Vacuole) abgeschlossen bleibt.

Bei einer kompetitiven Hemmung einer Enzym-reaktion ist der Prozentsatz der Hemmung vom Ver-hältnis der molaren Konzentration Inhibitor/Sub-strat, nicht von deren absoluter Konzentration, ab-hängig. Bei entsprechendem Überwiegen des Substra-tes kann sogar die volle Aktivität des Enzyms erreicht werden. Im Gegensatz dazu kann bei Gegenwart eines nichtkompetitiven Inhibitors auch bei noch so hoher Substratkonzentration das Enzym seine volle Aktivität nicht erlangen. Derartige Hemmstoffe sind z.B. Substanzen, die mit für die katalytische Wirkung essentiellen —SH-Gruppen der Enzyme reagieren (z.B. Schwermetallionen wie Ag^+, Hg^{2+}, Cu^{2+}, Pb^{2+} oder deren Derivate), oder die für die Enzym-aktivität essentielle Metalle blockieren (z.B. Cyanid, das mit Fe^{2+} oder Fe^{3+}, oder EDTA, das mit Mg^{2+} oder anderen zweiwertigen Kationen Komplexe bil-det).

Neben der Substratspezifität besitzen die Enzyme auch eine **Wirkungsspezifität,** d.h. ein Biokatalysator katalysiert nur eine der meist zahlreichen, thermodynamisch möglichen Um-setzungen eines Stoffes. Die Wirkungsspezifität wird durch den Proteinanteil des Enzyms be-stimmt.

Bestimmte Reaktionen können aber auch im selben Organismus und sogar in derselben Zelle durch verschiedene Formen eines Enzyms kata-lysiert werden, Formen, die sich z.B. in ihrer Ladung unterscheiden und dann elektropho-retisch getrennt werden können. Das Muster die-ser «**Isoenzyme**» (oder «**Isozyme**») kann inner-halb einer Art von Organ zu Organ und inner-halb eines Organs je nach dem Entwicklungs-zustand verschieden sein. Alle bisher bekannten Isoenzyme bestehen aus zwei oder mehreren Untereinheiten, die entweder gleich oder ver-schieden sein können und dann auch von ver-schiedenen Genen codiert werden (vgl. S. 292 ff.). Sind alle Sorten von Untereinheiten beliebig kombinierbar, so sind bei einem dimeren Enzym und zwei verschiedenen Untereinheiten 3 For-men möglich.

Ein Beispiel für diesen Fall ist eine Esterase im Mais, die nach ihrem pH-Wirkungsoptimum als pH 7,5-Esterase bezeichnet wird. Pflanzen, bei denen die Allele für die Codierung des Polypeptids einer Untereinheit des dimeren Enzyms übereinstimmen (die in bezug auf dieses Gen homozygot sind), haben nur eine Esterase, die aus identischen Untereinheiten besteht. Codieren die Allele einer Pflanze verschie-dene Untereinheiten F und S (ist die Pflanze also hinsichtlich dieses Gens heterozygot), so können 3 verschiedene Isoenzyme auftreten: FF, FS und SS (Abb. 250).

Besteht ein Enzym aus 4 Untereinheiten, von denen 2 (M und H) verschieden (und jeweils durch ein spezifisches Gen codiert) sind, so sind 5 in ihrer Quartärstruktur verschiedene Enzymsorten möglich: M_4, M_3H, M_2H_2, MH_3 und H_4. Ein Beispiel für diesen Fall ist die Lactat-Dehydrogenase (vgl. S. 276) aus tierischem Gewebe. Isoliert man bei diesem Enzym die M_4- und H_4-Form, zerlegt sie in vitro in Untereinheiten und läßt diese wieder zusammentreten, so bekommt man die genannten 5 verschiedenen Formen des Enzyms.

Die Ausbildung der Isoenzyme kann biologisch aus verschiedenen Gründen vorteilhaft sein. So haben die erwähnten Isoenzyme der Lactat-Dehydrogenase z.T. eine hohe (in glykolytisch arbeitendem Gewebe), z.T. eine geringere (in aerob arbeitenden Geweben) Affinität zum Pyruvat als Elektronenacceptor und schleusen so das beim Abbau der Kohlenhydrate bis zum Pyruvat gebildete NADH (vgl. S. 274 ff.) entweder in die Lactatbildung ein oder überlassen es der aeroben Oxidation in der Atmungskette (S. 278). Weiterhin ist daran zu denken, daß Isoenzyme wichtig für die Regulation verzweigter Biosyntheseketten sein können. Benötigen verschiedene Biosynthesewege, die zu den Produkten X, Y und Z führen, eine gemeinsame Vorstufe B, die durch ein Enzym E aus dem Substrat A bereitgestellt wird, so kann dieses Enzym bei Vorliegen von reichlich Z durch Rückkoppelung («Endprodukthemmung») abgeschaltet werden (s. S. 306), wodurch dann aber auch X und Y nicht mehr gebildet werden könnten, obwohl sie evtl. noch gebraucht würden. Sind bei der Produktion von X, Y und Z aber verschiedene Isoenzyme (E^x, E^y und E^z) beteiligt, so kann jeder Syntheseweg auf der Stufe von E getrennt reguliert werden (Abb. 251).

4. Mechanismus der Enzymwirkung

Es wurde bereits erwähnt, daß nur eine begrenzte Stelle des Enzymmoleküls mit dem Substrat in engen Kontakt kommt, das aktive Zentrum, und daß Substrat und aktives Zentrum in ihrer Architektur exakt aufeinander passen müssen. Es hat sich gezeigt, daß im aktiven Zentrum Aminosäurereste des Enzymproteins zusammenwirken, die in der gestreckten Polypeptidkette z.T. weit voneinander entfernt sind. Sie werden durch die spezifische Faltung des Proteinmoleküls («Tertiärstruktur») zusammengeführt, die ihrerseits durch die Aminosäuresequenz («Primärstruktur») festgelegt ist (s. Abb. 12–14, S. 22, u. S. 293 ff.), und bei deren Zustandekommen auch diejeni-

gen Aminosäuren beteiligt sind, die nicht unmittelbar dem aktiven Zentrum zugehören.

Bei der Ribonuclease, die 124 Aminosäuren enthält, kann man durch das bakterielle Enzym Subtilisin eine Spaltung zwischen den Aminosäuren 21 und 22 herbeiführen. Die beiden entstehenden, ungleich langen Molekülteile sind getrennt inaktiv, sie erlangen aber ihre enzymatische Aktivität zurück, wenn sie nur zusammengebracht werden, ohne daß sie wieder kovalent miteinander verbunden werden. Offenbar kann sich in diesem Falle die Tertiärstruktur auch

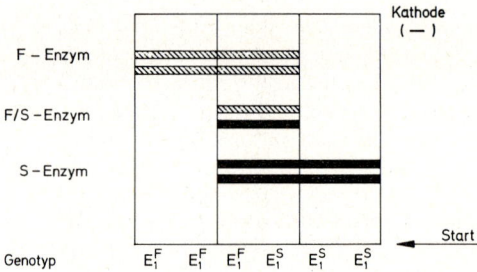

Abb. 250: Isoenzyme der pH 7,5-Esterase beim Mais nach elektrophoretischer Auftrennung. Das F/S-Enzym besteht aus zwei verschiedenen Monomeren. (Nach Hess)

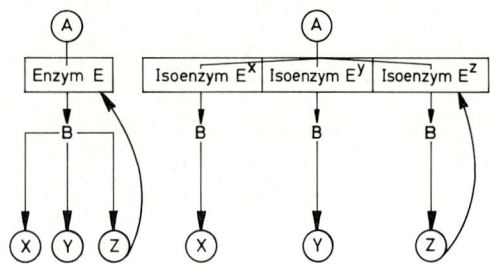

Abb. 251: Die Möglichkeit der «Feinregulation» von verschiedenen Reaktionsfolgen mit einem gemeinsamen Schlüsselenzym (E) durch die getrennte Rückkoppelungssteuerung von Isoenzymen. (Nach Hess)

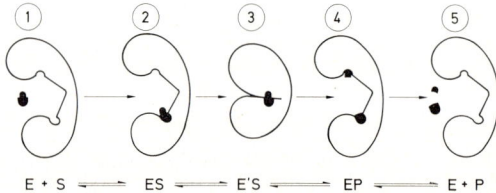

Abb. 252: Schematische Darstellung der Bindung des Substrates an die aktive Stelle eines Enzyms (2), Induktion der Paßform («induced fit») des Enzyms (3), Spaltung des Substrates (4) und Loslösung der Reaktionsprodukte (5).

durch Nebenvalenzen und Wasserstoffbrückenbindungen wieder einstellen.

Bei manchen Enzymen ist für die Aktivität ein Teil der Aminosäuren entbehrlich; beim Papainmolekül (Protein-spaltendes Enzym aus dem Milchsaft von *Carica papaya*, Abb. 12) z.B. können über 100 der insgesamt etwa 185 Aminosäuren ohne Aktivitätsverlust entfernt werden.

Das katalytische (= aktive) Zentrum enthält spezifische Gruppen, die das Substrat zu binden und nach der Bindung die Umformung durchzuführen vermögen. Beim erwähnten Papain ist z.B. eine Thiolgruppe eines bestimmten Cysteinrestes entscheidend an den Umsetzungen beteiligt. Bei Phosphat-übertragenden Enzymen wird die Phosphatgruppe häufig zunächst an einen Histidinrest gebunden.

Durch Röntgenstrukturanalyse oder Messungen der optischen Rotation ließ sich bei verschiedenen Enzymen zeigen, daß sich die Tertiärstruktur des Enzymproteins bei der Bindung des Substrates charakteristisch ändert. Man nimmt an, daß dadurch die reagierenden und katalytisch aktiven Gruppen von Enzym und Substrat in die richtige Lage zueinander gebracht werden («induced fit», «induzierte Paßform»), und daß evtl. durch die Konformationsänderung ein Zug oder Druck auf das gebundene Substrat ausgeübt wird, der die katalysierte Reaktion ermöglichen könnte (Abb. 252).

5. Enzym-Cofaktor

Während eine Reihe von Enzymen nur aus Protein besteht, brauchen andere noch zusätzliche Substanzen («Cofaktoren»). Es kann sich dabei um Metallionen (z.B. Mg^{2+}, Mn^{2+}, Zn^{2+}, $Fe^{2+,3+}$, Cu^{2+}, K^+) handeln, die entweder für die Anheftung des Substrats am Enzym oder aber bei der Reaktion selbst als katalytische Gruppe beteiligt sein können. Werden als Cofaktoren organische Verbindungen benötigt, so werden diese auch Coenzyme genannt. Ist ein Coenzym so fest an den Proteinteil des Enzyms gebunden, daß es sich nur schwer (z.B. nicht durch Dialyse) von ihm trennen läßt, so wird es auch als prosthetische Gruppe bezeichnet. So ist z.B. der Hämanteil in den Cytochromen (S. 246) kovalent an das Protein gebunden. Der gesamte Enzym-Cofaktor-Verband wird auch als Holoenzym, der (enzymatisch inaktive) Proteinanteil komplexer Enzyme allein als Apoenzym bezeichnet.

Ein Problem ist die genetische Codierung eines Holoenzyms, das aus Protein + Coenzym besteht. Es sind ja nicht nur die Proteinanteile zu codieren, sondern auch die Enzyme, die für die Synthese des Coenzyms benötigt werden. Falls auch diese Enzyme Coenzyme benötigen sollten, müßte vor Aktivwerden

eines derartigen Holoenzyms ein großer Apparat in Gang gesetzt werden, wobei in der ersten Phase nur reine Protein-Enzyme benötigt werden dürften. Vermutlich wird diese Schwierigkeit dadurch umgangen, daß die Zellen bei der Entstehung in der Mitose zunächst einen Grundbestand von Coenzymen von der Mutterzelle mitbekommen.

6. Enzymkinetik

Eine enzymatische Reaktion beginnt mit einer bestimmten Geschwindigkeit (Anfangsgeschwindigkeit), die bei Unterschreiten einer bestimmten Substratkonzentration («Sättigungskonzentration») abnimmt.

Trägt man die Anfangsgeschwindigkeit einer enzymatisch katalysierten Reaktion (bei konstanter Enzymkonzentration) gegen die Substratkonzentration auf, so erhält man in der Regel eine Sättigungskurve (Abb. 253); sie kommt dadurch zustande, daß mit Zunahme der Substratkonzentration zunehmend mehr der aktiven Zentren besetzt werden, bis schließlich bei voller Absättigung die maximale Reaktionsgeschwindigkeit (V_{max}) erreicht wird. Die Sättigungskonzentration des Substrats ist von Enzym zu Enzym und für ein Enzym von Substrat zu Substrat verschieden. Sie läßt sich aber – im Gegensatz zur Maximalgeschwindigkeit – aus der Kurve schlecht ablesen. Eindeutig läßt sich aber bestimmen, bei welcher Substratkonzentration die halbmaximale Geschwindigkeit erreicht wird; bei dieser Konzentration sind die aktiven Zentren der Hälfte der vorhandenen Enzyme besetzt. Diese Konzentration ist für ein gegebenes Enzym, eine gegebene Temperatur und ein gegebenes Substrat eine Konstante, die MICHAELIS-Konstante (K_m; Dimension Mol/l). Je niedriger der K_m-Wert, desto höher ist die Affinität eines Enzyms zu einem Substrat. Der K_m-Wert wird durch die Temperatur beeinflußt. In ähnlicher Weise wie für die Substrataffinität eines Enzyms kann man auch K_m-

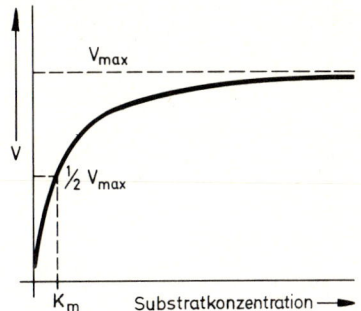

Abb. 253: Der Einfluß der Substratkonzentration auf die Geschwindigkeit einer durch ein «Normalenzym» katalysierten Reaktion. Die Substratkonzentration, bei der die halbmaximale Geschwindigkeit erreicht wird, wird durch die MICHAELIS-Konstante (K_m-Wert) wiedergegeben.

Werte für evtl. benötigte Cofaktoren angeben. Die Wirkung von Enzyminhibitoren kann ebenfalls derart charakterisiert werden: Die Hemmstoffkonzentration, bei der die Hälfte der maximalen Hemmung erreicht wird, wird als K_i-Wert bezeichnet. Ein Inhibitor ist demnach um so wirksamer, je niedriger sein K_i-Wert ist.

Bei Substratsättigung (wie sie in der Zelle häufig gegeben ist) ist die Anfangsgeschwindigkeit einer Reaktion linear proportional der Enzymkonzentration.

Abweichende Kurven für die Abhängigkeit der Reaktionsgeschwindigkeit von der Substratkonzentration zeigen in der Regel die allosterischen Enzyme, über deren Eigenschaften und Bedeutung später berichtet wird (S. 306). Geringe Konzentrationen der Substratmoleküle können bei ihnen die Aktivität steigern, wodurch dann sigmoide Kurven zustande kommen (Abb. 254).

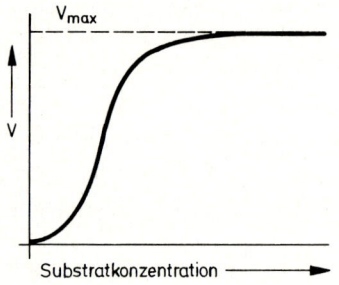

Abb. 254: Der Einfluß der Substratkonzentration auf die Geschwindigkeit einer durch ein allosterisches Enzym katalysierten Reaktion.

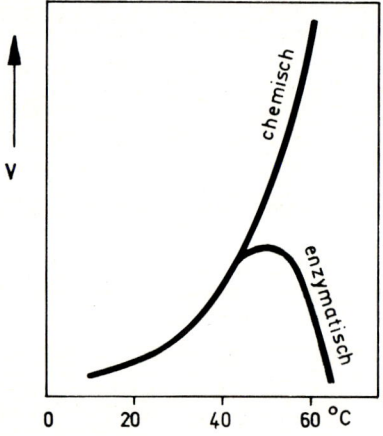

Abb. 255: Abhängigkeit der Geschwindigkeit (V) von der Temperatur bei einer nichtkatalysierten (oder durch einen Nicht-Protein-Katalysator katalysierten) und bei einer enzymatisch katalysierten chemischen Reaktion. (Nach LIBBERT)

7. Einfluß der Umgebung auf die Enzymaktivität

Die Enzymaktivität wird maßgeblich durch die Temperatur, den pH-Wert, das Redoxpotential und den Ionengehalt des Mediums bestimmt, was bei der Proteinnatur der Enzyme nicht verwundert.

Die Abhängigkeit von der Temperatur folgt einer Optimumkurve (Abb. 255). Das Optimum liegt bei den einzelnen Enzymen verschieden, häufig etwa zwischen 40° und 60 °C. Bei höheren Temperaturen tritt ein sehr schneller Abfall der Aktivität ein, der auf die Denaturierung der Eiweiße zurückgeht, eine wegen der starken Entropievermehrung sehr stark begünstigte Reaktion. Unter den Prokaryoten gibt es Spezialisten, deren Enzyme an sehr viel höhere Temperaturen angepaßt sind (Tab. 9; vgl. S. 270, 289). Auch bei den Eukaryoten sind einzelne Enzyme so resistent gegen hohe Temperaturen, daß sie Kochen vertragen, z. B. die Ribonuclease. Gefrieren überstehen die meisten Enzyme schadlos, weswegen man Enzymlösungen in gefrorenem Zustand aufbewahrt.

Falls, wie sehr häufig, ionisierbare Gruppen des Substrats oder des Enzyms an der Bindung oder an der katalytischen Umsetzung des Substrats oder an der Formbildung (Konformationseinstellung) des Enzymproteins beteiligt sind, hängt die Aktivität des Enzyms vom pH-Wert des Mediums ab. Das Optimum kann dabei ausgeprägt sein und bei den einzelnen Enzymen und bei einem gegebenen Enzym

Tab. 9: Obere Temperaturgrenze für verschiedene Pflanzen und Pflanzenteile.

Organismus bzw. Organ	Temperaturgrenze (°C)
Blätter von Cormophyten	38–60[1]
Eukaryotische Mikroorganismen (best. Pilze und die Alge *Cyanidium caldarium*)	56–60[2]
Photosynthetisierende Prokaryoten (Cyanophyceen, z. B. *Synechococcus*, *Mastigocladus*)	73–75[2]
Prokaryoten ohne Photosynthese (Bakterien)	90[2]

[1]) Grenztemperatur bei 50% Schädigung nach halbstündiger Hitzebehandlung (nach LARCHER).
[2]) Obere Temperaturgrenzen für das natürliche Vorkommen (nach BROCK).

bei verschiedenen Substraten bei sehr verschiedenen pH-Werten liegen. So hat z.B. das Pepsin gegen Eialbumin ein pH-Optimum von 1,5; die Fumarase (S. 278) gegen Fumarat 6,5, gegen Malat 8,5; die Arginase gegen Arginin von 9,7. Über weite pH-Bereiche in ihrer Aktivität unbeeinflußt sind z.B. Papain (S. 225) und Invertase, wobei letzteres Enzym eine elektroneutrale Substanz (Rohrzucker) spaltet. Da die zahlreichen Enzyme in einer Zelle verschiedene pH-Optima haben, und auch in den einzelnen Kompartimenten verschiedene pH-Werte vorliegen können, haben Änderungen der pH-Werte in der Zelle einen wesentlichen Einfluß auf die Steuerung des Stoffwechsels.

Auch die I o n e n - und R e d o x p o t e n t i a l w i r k u n g e n können über Effekte auf das Enzymprotein erklärt werden. Das Redoxpotential z.B. beeinflußt die Knüpfung und Lösung von Disulfidbrücken zwischen Cysteinresten und damit u.a. die Tertiärstruktur des Enzyms.

8. Intracelluläre Verteilung der Enzyme

Die Enzyme einer Zelle können verschiedene Grade einer gegenseitigen Zuordnung aufweisen und dadurch die geordnete Abfolge von Reaktionsketten erleichtern. Einmal können sie einzeln im selben Kompartiment vorliegen (z.B. im Cytoplasma, im Plastiden, im Mitochondrium). Zum anderen können sie in gesetzmäßiger Weise zu einem Komplex («Multienzymkomplex») zusammengefaßt werden. Schließlich können Enzyme besonders komplexer Reaktionsabläufe in supramolekularen Strukturen (z.B. Ribosomen, Membranen) geordnet sein. Dies gilt z.B. für Enzyme des Elektronentransportes bei der Atmung (innere Mitochondrienmembran, S. 279 ff.) und bei der Photosynthese (Thylakoidmembran, Abb. 62, 63 u. S. 245 ff.).

Alle Enzyme, die sich im Zellinnern (innerhalb des Plasmalemmas) befinden, werden als E n d o e n z y m e bezeichnet, solche, die in der Plasmagrenzschicht (Plasmalemma) lokalisiert sind, als E k t o e n z y m e, und solche, die von der Zelle nach außen abgegeben werden, als E x o e n z y m e. Letztere sind vor allem bei heterotrophen Mikroorganismen (Bakterien und Pilzen) verbreitet, wo sie maßgeblich am Aufschluß von Nahrungsstoffen im Medium beteiligt sind; Exo-Cutinasen sind z.B. beim Eindringen des Pilzes *Fusarium solani pisi* in Erbsensprosse wirksam. Exoenzyme treten aber auch bei Höheren Pflanzen auf (z.B. bei den Carnivoren, S. 378).

Über die Regulation der Enzymaktivität wird später im Zusammenhang berichtet (S. 305).

B. Energetik offener Systeme

Aus der Thermodynamik der geschlossenen oder Gleichgewichtssysteme lassen sich wichtige Schlüsse auf die Energetik einzelner biochemischer Reaktionen ziehen. Eine lebende Zelle aber ist gerade dadurch charakterisiert, daß in ihr zahlreiche Abläufe ineinander greifen und daß sie Materie und Energie mit ihrer Umgebung austauscht: Sie ist ein offenes System, das sich nie in einem stationären Gleichgewicht befindet. Sie befindet sich vielmehr, auch wenn sie nicht wächst, in einem **Fließgleichgewicht.** Die thermodynamische Beschreibung derartiger offener Systeme ist Aufgabe der Ungleichgewichts- oder irreversiblen Thermodynamik, auf die hier nicht eingegangen werden kann. Wesentlich ist, daß ein Fließgleichgewichtssystem gerade deswegen, weil es sich nicht im Gleichgewicht eines geschlossenen Systems befindet, A r b e i t zu leisten vermag und der Regulation unterworfen werden kann.

Als Modell eines offenen Systems kann ein Überlaufsystem dienen, in dem der Wasserspiegel durch Änderung des Zu- und Abflusses reguliert (auch auf konstanter Höhe – steady state – gehalten) werden kann, und in dem das fließende Wasser auch noch Arbeit zu leisten, z.B. eine Turbine zu treiben, vermag. In einem abgeschlossenen Gefäß mit konstanter Wassermenge ist dagegen weder eine Regulierung des Wasserstandes noch eine Arbeitsleistung möglich (geschlossenes System).

Im übrigen ist das Fließgleichgewicht der Zustand eines offenen Systems, in dem es minimal Entropie produziert, der Zustand also, in dem es mit geringstem Energieaufwand in größtmöglicher Ordnung gehalten werden kann.

Bedeutsam ist weiter, daß ein Katalysator in einem offenen System (Fließgleichgewicht) nicht nur die G e s c h w i n d i g k e i t der Einstellung des Gleichgewichtes (wie in geschlossenen Systemen), sondern auch die L a g e des Gleichgewichtes beeinflußt. In der lebenden Zelle wirkt sich demnach die Aktivitätsänderung eines Enzyms nicht nur auf die von diesem katalysierte Reaktion, sondern in viel weiterem Maße aus (vgl. S. 305 ff.).

II. Bereitstellung der Energie

Wie bereits früher erwähnt (S. 3), ist die autotrophe Pflanze in der Lage, sich alle für ihren Bau und ihren Betrieb notwendigen Verbindungen aus anorganischen, in der unbelebten Natur vorkommenden Substanzen aufzubauen und auch die Energie für chemische, osmotische und mechanische Arbeit aus Quellen ihrer unbelebten Umgebung (Strahlung, chemische Potentialdifferenzen) zu beziehen. Alle heterotrophen Organismen dagegen, die entsprechenden Pflanzen (z.B. alle Pilze) und alle Tiere, sind auf die von den **Primärproduzenten,** den autotrophen Pflanzen, vorgefertigten organischen Verbindungen angewiesen und können für alle ihre energiebedürftigen Prozesse nur jene Energie verwenden, die aus dem Abbau dieser Substanzen gewonnen wird (Tab. 10). Bei ihnen handelt es sich um **Destruenten** bzw. **Konsumenten** (vgl. S. 961).

Trotz der wesentlich geringeren Artenzahl (ca. 370000 Pflanzenarten gegenüber mehr als 2 Millionen Tierarten) ist die gesamte produzierte pflanzliche Biomasse (Phytomasse) fast 1000mal größer als die entsprechende tierische Biomasse (Zoomasse, einschließlich der Menschen; vgl. Tab. 11).

Es soll im folgenden zunächst auf den Stoff- und Energiewechsel der Autotrophen eingegangen werden, einmal, weil er die Voraussetzung für das Leben der Heterotrophen ist, und zum andern, weil er besonders charakteristisch ist für die typische Pflanze.

A. Autotrophie

Unter den Autotrophen spielen die **Photoautotrophen,** die ihren gesamten Energiebedarf aus der Strahlungsenergie decken, mit Abstand die wichtigste Rolle; die **Chemoautotrophen** (Lithoautotrophen), die ihren Energiebedarf aus der Oxidation anorganischer Verbindungen beziehen, treten demgegenüber quantitativ zurück. Sie befinden sich ausschließlich unter den Prokaryoten und dürfen deshalb als eine urtümliche Reliktstufe aufgefaßt werden.

1. Photoautotrophie

Die Strahlung

Die photoautotrophen Pflanzen beziehen in der Natur ihre Energie aus der Sonnenstrahlung. Die Sonnenenergie entsteht durch eine Kernreaktion, ganz ähnlich der in einer Wasserstoffbombe:

4 Protonen → 1 Heliumkern + 2 Positronen + hv.

Jedes der beteiligten Wasserstoffatome hat die Masse 1,008, das entstehende Heliumatom aber nur eine Masse von 4, 003 (statt 4,032). Die Massendifferenz (0,029 Masseneinheiten) wird in Energie umgewandelt, und zwar nach der EINSTEINschen Gleichung:

$$E = M \cdot c^2,$$

in der E = Energie in Joule; M = Masse in Kilogramm; c = Lichtgeschwindigkeit ($3 \cdot 10^{10}$ cm/sec).

Tab. 10: Verschiedene Wege der Kohlenstoffassimilation bei Pflanzen. (Nach LIBBERT, geringfügig geändert)

	Autotrophie			Heterotrophie (Chemoorganotrophie)	
	Photosynthese (Photoautotrophie, Photolithotrophie)		Chemosynthese (Chemoautotrophie, Lithoautotrophie)	Saprophytismus	Parasitismus
Vorkommen	Algen, grüne Pflanzen	grüne Bakterien, Purpurbakterien	einige farblose Prokaryoten	Bakterien, Pilze	Bakterien, Pilze, einige Angiospermen
Kohlenstoffquelle	CO_2	CO_2, seltener organische Stoffe (dann «Photoorganotrophie»)	CO_2	organische Nährstoffe (von nicht mehr lebenden Quellen)	organische Nährstoffe (von lebenden Organismen)
Energiequelle für die Assimilation	Licht	Licht	Oxidation anorganischen Materials (z.B. H_2S, NH_3, Fe^{2+}, H_2)	Dissimilation	Dissimilation
Elektronendonator für die C-Assimilation	H_2O	Schwefelverbindungen (H_2S), organisches Material	Anorganische Stoffe (z.B. H_2S, NH_3, Fe^{2+}, H_2)	falls nötig, Dissimilation	falls nötig, Dissimilation

Schon sehr kleine Massen liefern enorme Energien: 1 kg Materie ergibt $9 \cdot 10^{13}$ kJ ($2 \cdot 10^{13}$ kcal; ca. $2 \cdot 10^{10}$ kwh). Da im Sonneninnern in jeder Minute schätzungsweise etwa 120 Millionen Tonnen Materie umgewandelt werden, werden ungeheure Energiemengen freigesetzt, zunächst als γ-Strahlung, die aber nach einer komplexen Reaktionsfolge hauptsächlich in Form von Photonen (Quanten) sichtbaren Lichtes abgestrahlt werden. Die Sonne strahlt pro Minute etwa $546 \cdot 10^{25}$ kcal ($2285 \cdot 10^{25}$ kJ) ab, von denen die Erde pro Minute immerhin $249 \cdot 10^{16}$ kcal (ca. 10^{19} kJ) aufnimmt; dies wurde erst neuerdings durch Satelliten präzise gemessen. Wäre diese Energie gleichmäßig über die Oberfläche der Erde verteilt, träfen an der obersten Grenze der Atmosphäre auf einen Quadratzentimeter in der Minute 0,49 cal (ca. 2 J) oder 256 kcal (ca. 1070 kJ) pro Jahr. Von diesen 256 kcal (ca. 1070 kJ) werden 64 kcal (ca. 270 kJ) ungenützt wieder in den Weltraum abgestrahlt («Albedo»), so daß nur 192 kcal (ca. 800 kJ) · cm^{-2} · a^{-1} absorbiert werden, von denen nur 135 (ca. 565 kJ) schließlich von der Erdoberfläche aufgenommen werden. Über das Schicksal dieser absorbierten Strahlung gibt Abb. 256 Aufschluß. Für unsere Betrachtung ist wesentlich, daß von dieser absorbierten Energie rund 42% durch die Wasserverdunstung verbraucht werden, 9% erwärmen die Atmosphäre, der Rest von etwa 49% geht durch Wärmestrahlung verloren.

Die Photosynthese beansprucht von der auf der Erdoberfläche verfügbaren Energie im Mittel über die Erde nur etwa 0,033 kcal (ca. 0,138 kJ) · cm^{-2} · a^{-1}. Trotzdem schätzt man den Betrag des durch die Photosynthese auf der Erde erzielten Energiegewinnes allein bei den Landpflanzen auf etwa $2,5 \cdot 10^{17}$ kcal (ca. 10,5 $\cdot 10^{17}$ kJ) pro Jahr.

Die Photosynthese ist, wie aus dem Namen hervorgeht, ein lichtabhängiger Vorgang. Als **Licht** bezeichnen wir die Form der Strahlungsenergie, die vom menschlichen Auge wahrgenommen werden kann; es ist dies der Bereich mit Wellenlängen (λ) zwischen etwa 380 und 700 nm. Dieser bildet nur ein schmales Band im Spektrum der elektromagnetischen Strahlung des Universums, das sich insgesamt vom Bereich der Gammastrahlen (λ ∼ 0,0001 nm) bis zu den Radiowellen erstreckt (Abb. 257). Im Bereich des sichtbaren Lichtes laufen neben der Lichtempfindung der Tiere und der Photosynthese auch die Lichtkrümmungen (Phototropismus, S. 453 ff.), die lichtgesteuerten freien Ortsbewegungen (Phototaxis) der Pflanzen (S. 448 ff.) und Tiere sowie die Photomorphogenese der Pflanzen (S. 404 ff.) ab. Man kann diesen Spektralbereich daher als den Bereich der **Photobiologie** bezeichnen.

Jedes Lichtquant oder Photon hat die Energie $E = h \cdot c/\lambda$, wobei h das PLANCKsche Wirkungsquan-

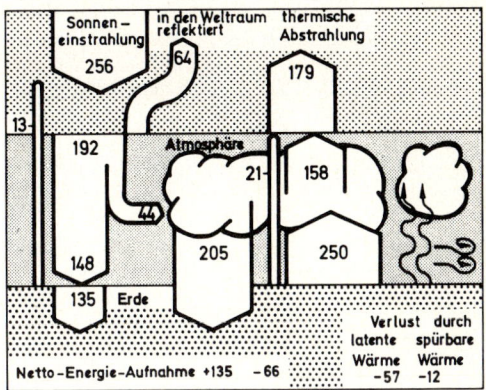

Abb. 256: Schematische Darstellung des von der Sonne der Erde zugestrahlten Energiestromes. Die Zahlen für die einzelnen Prozesse bedeuten Kilocalorien pro cm² und Jahr. Von den 148 kcal, die pro Jahr auf die Erdoberfläche auftreffen, werden 13 wieder in den Weltraum reflektiert, 135 aufgenommen. Der Erdboden strahlt jährlich 271 kcal pro cm² nach oben ab, davon gelangen 21 kcal direkt in den Weltraum zurück. Der Rest wird von der Atmosphäre absorbiert und z.T. gleichfalls in den freien Weltraum, z.T. aber zum Boden zurück gestrahlt. Der Gesamtverlust an Abstrahlung (179 kcal) hält demnach dem der Einstrahlung die Waage: die Energiebilanz der Erde ist ausgeglichen. (Nach GATES)

Tab. 11: Die Biomasse (Trockengewicht) auf der Erde und ihre Verteilung auf die Kontinente und Meere. (Nach LIETH u. WHITTAKER)

	Kontinente	Weltmeere
Phytomasse (t)	$1837 \quad \cdot 10^9$	$3,9 \quad \cdot 10^9$
Zoomasse (t)	$1,005 \cdot 10^9$	$0,997 \cdot 10^9$
Menschheit (t)	$0,052 \cdot 10^9$	
Gesamte Biomasse (t)	$1838,057 \cdot 10^9$	$4,897 \cdot 10^9$

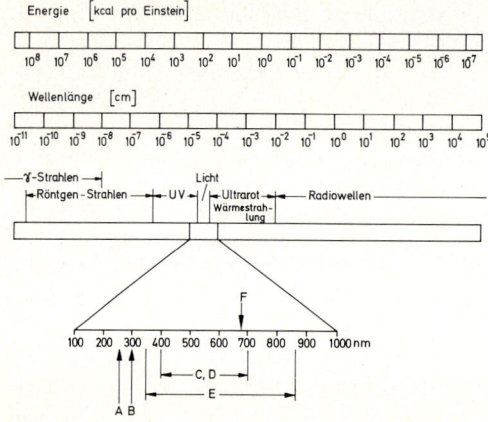

Abb. 257: Spektrum der elektromagnetischen Strahlung mit den Energiemengen, die den einzelnen Wellenlängen zugeordnet sind. Im Bereich der Wellenlängen zwischen 100 und 1000 nm (Ausschnitt) Bereiche bzw. Maxima biologisch wichtiger Vorgänge. A Abtöten von Bakterien; B Sonnenbrand der menschlichen Haut; C Bereich der photosynthetischen ATP-Bildung bei grünen Pflanzen; D für das menschliche Auge sichtbares Licht; E Bereich der photosynthetischen ATP-Bildung bei Bakterien; F Standard-Energieäquivalent der ATP-Spaltung.

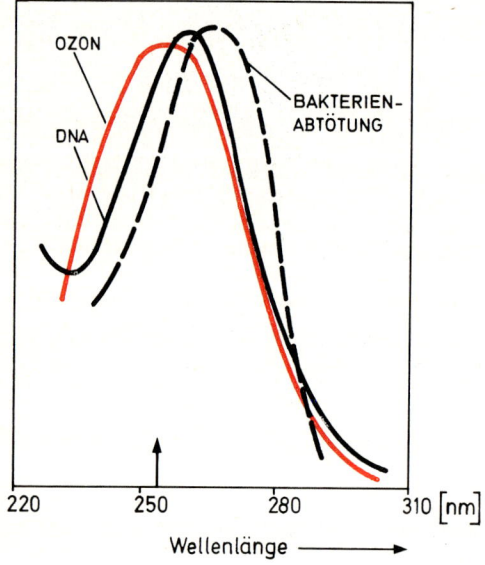

Abb. 258: Absorptionsspektrum für Ozon (rot) und DNA sowie Wirkungsspektrum für die Abtötung von Bakterien durch UV. Das Wirkungsspektrum ist gegenüber dem DNA-Spektrum etwas zum längerwelligen Bereich hin verschoben, vermutlich, weil auch die Proteine der Bakterien, die um 280 nm stark absorbieren, zerstört werden. Der Pfeil gibt das Strahlungsmaximum von UV-Sterilisierlampen (253,7 nm) an. (Nach OLSON)

tum, c die Lichtgeschwindigkeit und λ die Wellenlänge des Lichtes (in nm) bedeutet. Die Lichtintensität wird durch das Ausmaß der Photonenzufuhr bestimmt, während der Energiegehalt des einzelnen Lichtquants (und damit seine Arbeitsfähigkeit) der Wellenlänge umgekehrt proportional ist.

Da die Chemie nicht mit der Umsetzung von Einzelmolekülen, sondern von Molen rechnet, ist die brauchbarste Einheit zur Bemessung der Arbeitsfähigkeit des Lichtes nicht der Energieinhalt e i n e s Lichtquants (das sich mit e i n e m Molekül Materie auseinandersetzt), sondern der eines Quantenmoles $(6,023 \cdot 10^{23}$ Quanten; 1 E i n s t e i n, E). Der Energieinhalt eines Einsteins beträgt:

$$\frac{2,854 \cdot 10^4}{\lambda} \text{ kcal} \qquad \text{bzw.} \qquad \frac{11,945 \cdot 10^4}{\lambda} \text{ kJ}.$$

Entsprechend ihrem Energieinhalt haben die Quanten von verschiedenen Bezirken des elektromagnetischen Spektrums ganz unterschiedliche Wirkungen auf die Materie. γ- und Röntgenstrahlen wirken meist ionisierend, während die Strahlung vom ultravioletten Bereich bis etwa 1000 nm über elektronische Anregungen zur Geltung kommt, d.h. sie führt das Molekül durch Verlagerung von Elektronen (ohne Abspaltung aus dem Molekülverband) in einen höheren Energiezustand über: Das Molekül ist «angeregt» und – ähnlich wie die Produkte der Ionisation – besonders reaktionsfähig (s. S. 241 f.). Während die reagierenden Moleküle bei Dunkelprozessen ihre Aktivierungsenergie durch Zusammenstöße mit anderen Molekülen erreichen (die durch Temperaturerhöhung vermehrt und verstärkt werden), erhalten sie sie im Licht durch die Absorption von Quanten.

Der photobiologische Bereich ist etwas enger als der photochemische. Strahlungen mit Wellenlängen unter 300 nm wirken zerstörend auf die Nucleinsäuren und Eiweiße; sie können sogar zum Abtöten von Keimen verwendet werden (Abb. 258). Es ist deshalb von entscheidender Bedeutung für die Möglichkeit des Lebens auf der Erde, daß das Spektrum der Sonnenstrahlung, das ursprünglich von 225–3200 nm reicht, vor Erreichen der belebten Erdoberfläche stark verengt wird. Durch die Atmosphäre (Streuung und Absorption) wird die Strahlung geschwächt (Abb. 256, 259), und zwar am wenigsten bei etwa 700 nm, aber exponentiell ansteigend gegen kürzere Wellenlängen, so daß bei 400 nm die Strahlung auf die Hälfte reduziert ist. Die Strahlung mit Wellenlängen λ < 320 nm wird von einer Ozonschicht in der Atmosphäre (zwischen 22 und 25 km Höhe) stark absorbiert, wobei die biologisch gefährlichen Wellenlängen λ < 290 nm praktisch vollständig zurückgehalten werden. Es ist für das Leben auf der Erde von ausschlaggebender Bedeutung, daß die Absorptionsspektren von Ozon (der Schirmsubstanz in der Atmosphäre!) und von DNA sehr ähnlich sind (Abb. 258).

Bei der langwelligen Strahlung macht sich zwischen 720 und 2300 nm schon die Absorption durch den Wasserdampf stark bemerkbar. Über 2300 nm ist die (infrarote) Strahlung praktisch vollständig absorbiert durch Wasserdampf und CO_2.

Man macht sich die Absorption von Infrarot durch Wasserdampf und CO_2 zunutze für die Messung der Transpiration und des CO_2-Umsatzes im URAS («Ultrarot-Absorptions-Schreiber»; Abb. 260).

Beim Durchtritt durch die Atmosphäre wird also das Spektrum der Sonnenstrahlung auf den Bereich zwischen ca. 340 und 2300 nm eingeschränkt.

Die spezifische Absorption des Lichtes durch das Wasser engt den Lichtbereich noch weiter ein (Abb. 259). Der infrarote Bereich wird meist unmittelbar in den Oberflächenschichten weggefiltert. In tieferen Schichten absorbiert das Wasser aus dem sichtbaren Spektrum dann in der Reihenfolge die Bezirke rot, orange, gelb und grün. Auch die Grenze zum kurzwelligen Bereich wird zu den mittleren Längen hin verschoben, so daß schließlich nur noch ein schmales Band im Blaubereich verbleibt, dessen Mitte etwa durch die Wellenlänge von 475 nm gekennzeichnet ist. Die Wasserpflanzen müssen sich mit diesen veränderten Lichtqualitäten auseinandersetzen (vgl. S. 268).

Die Photosynthesepigmente

Chlorophylle. Nur absorbiertes Licht kann chemisch wirksam werden. In allen photoautotrophen Organismen ist Chlorophyll das entscheidende absorbierende Pigment. Unter den verschiedenen Chlorophyllen (vgl. S. 234) spielt bei allen Organismen, die bei der Photosynthese Sauerstoff entwickeln, das Chlorophyll a die Hauptrolle (Abb. 261). Bei den Höheren Pflanzen ist stets noch Chlorophyll b (zu etwa $^1/_3$ der Konzentration des Chlorophylls a) vorhanden, ebenso bei einigen Algengruppen (S. 572).

Da sich das Vorkommen von Chlorophyll b bei Algen mit dem Auftreten von Stärke als Speichersubstanz deckt, hat man eine Zeitlang an einen kausalen Zusammenhang (Rolle von Chlorophyll b bei der Stärkesynthese) gedacht; diese Vorstellung mußte aber aufgegeben werden, nachdem auch Algen und Mutanten Höherer Pflanzen gefunden worden sind,

die – ohne Chlorophyll b zu besitzen – Stärke zu synthetisieren vermögen.

Die chemische Struktur der Chlorophylle, ihre Löslichkeitseigenschaften und ihre evtl. Anordnung in den Thylakoidmembranen sind schon früher geschildert worden (S. 64 f.). Hier soll noch die Bezeichnung einiger Chlorophyllabkömmlinge nachgetragen werden. Als Chlorophyllid bezeichnet man das Molekül, wenn das Phytol abgespalten ist; es entsteht als Zwischenprodukt einerseits bei der Biosynthese, andererseits beim Abbau des Chlorophylls durch die Wirkung der Chlorophyllase. Abspaltung des Mg-Zentralatoms (z.B. durch Einwirken verdünnter Säuren) führt zu Phaeophytinen, Entfernung von Mg und Phytol (z.B. durch starke Säuren) zu Phaeophorbiden.

Das Absorptionsspektrum des **Chlorophyll a** wie die der anderen Chlorophylle (Abb. 262) scheint zunächst für ein Photosynthesepigment nicht ideal, weil es gerade beim Intensitätsmaximum des Sonnenlichtes (im Grün und Blaugrün) am schwächsten absorbiert. Daß

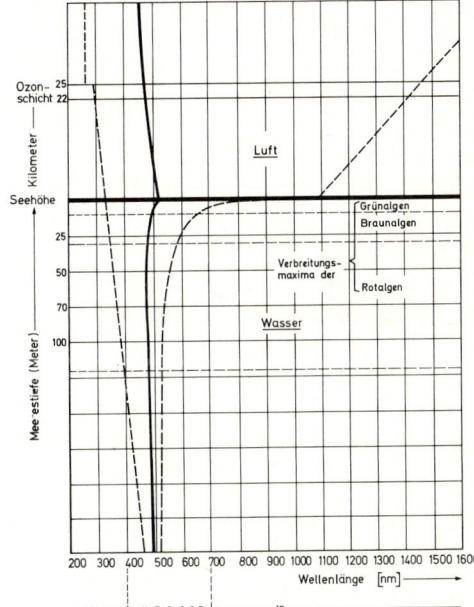

Abb. 259: Die Änderung des Sonnenstrahlungsspektrums beim Durchgang der Strahlung durch die Atmosphäre und durch das Wasser. Ausgezogene Linie = maximale Intensität der Strahlung; Unterbrochene Linie = kurz- und langwellige Begrenzung des Spektrums (im langwelligen Bereich ist die Strahlung zwischen 720 und 2300 nm stark geschwächt; die angegebene Begrenzung ist als unscharfer mittlerer Wert zu betrachten). Grün-, Braun- und Rotalgen weisen ein Verbreitungsmaximum in verschiedenen Meerestiefen auf (S. 626 f.).

es sich trotzdem im Laufe der Evolution als d a s zentrale Photosynthesepigment durchgesetzt hat, beruht auf einigen spezifischen Eigenschaften, die z. T. allen Chlorophyllen, z. T. nur dem Chlorophyll a zukommen:

1. Infolge der großen Zahl konjugierter Doppelbindungen sind viele besonders bewegliche Elektronen («π-Elektronen») im Molekül vorhanden, die nicht Einzelatomen oder -bindungen zugeordnet werden können, sondern dem konjugierten System als Ganzem. Es wird relativ wenig Energie benötigt, um ein π-Elektron auf ein höheres Niveau zu heben (S. 241). Diesem geringen Energiebedürfnis für die Anregung entspricht die Absorption von relativ langwelliger Strahlung. Die spezifische Ringanordnung des Chlorophylls (das Porphyrinsystem) ermöglicht zudem verschiedene Resonanzzustände, wobei die π-Elektronen nicht nur oszillieren, sondern auch im Ringsystem zirkulieren können. Dieses Phänomen ist eine der Ursachen für die Stabilität dieser Verbindungsklasse. Tatsächlich gehören Porphyrine zu den stabilsten chemischen Verbindungen und finden sich in Erdölen und in Kohlen von bis zu 400 Millionen Jahren Alter (was als Hin-

weis auf deren biogene Entstehung gedeutet wird).

2. Chlorophyllmoleküle haben die Fähigkeit, absorbierte Strahlungsenergie auf andere Moleküle zu übertragen sowie andererseits von anderen Molekülen die durch Strahlung vermittelte Anregungsenergie zu übernehmen. Dieser Energieübergang hat eine Richtung, und zwar erfolgt er immer auf jenes Pigment, das Absorptionsbanden bei längeren Wellenlängen besitzt als das energiespendende Molekül. Im Pigmentkollektiv (s. u.) des mit Chlorophyll a arbeitenden Photosyntheseapparates ist aber die Rotbande des Chlorophylls a der Absorptionsbereich, der dem langwelligen Ende des photosynthetisch wirksamen Lichtes am nächsten liegt.

Die Möglichkeit der Energieübertragung von anderen Pigmentmolekülen auf das Chlorophyll (letztlich auf Chlorophyll a) wird von den Pflanzen dazu genutzt, um – je nach der ökologischen Situation mehr oder weniger vollständig – die «Grünlücke» der Chlorophyllabsorption durch entsprechende, in diesem Bereich absorbierende Farbstoffe auszufüllen (s. u.).

3. Das Absorptionsspektrum des Chloro-

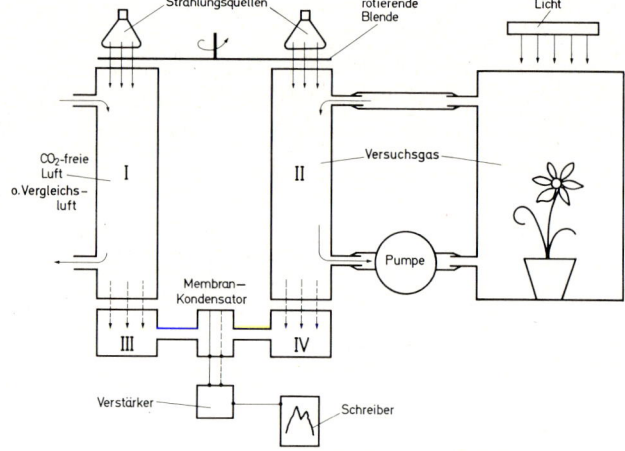

Abb. 260: Schematische Darstellung des Meßprinzips im URAS (Ultrarotabsorptionsschreiber). Ultrarotstrahlung (in den Strahlungsquellen erzeugt) wird beim Durchgang durch die Vergleichskammer (I; gefüllt mit CO_2- bzw. H_2O-freiem, Infrarot–IR– nicht absorbierendem Gas oder mit Vergleichsluft, die die Pflanze nicht passiert hatte) bzw. die Analysenkammer II (in die die Versuchsluft im offenen oder geschlossenen Strom gepumpt wird) je nach der Konzentration IR-absorbierender Gase (z.B. CO_2, H_2O-Dampf) in II verschieden stark geschwächt. Unter diesen beiden Kammern liegen zwei mit gleichem Gas gefüllte Meßkammern (III und IV), die voneinander durch eine elektrisch aufgeladene Membran getrennt sind. Wird nun das Gas in der einen Meßkammer infolge der ungeschwächt ankommenden Strahlung stärker erwärmt als in der zweiten, so bewirkt der Druckunterschied eine Bewegung dieser Membran und, da diese zugleich die Belegung eines Kondensators bildet, auch eine Kapazitätsänderung des Kondensators.

Ein in beide Strahlengänge eingeschaltetes rotierendes Blendenrad unterbricht diese periodisch und phasengleich und bewirkt im gleichen Rhythmus auch Kapazitäts- und Spannungsänderungen des elektrisch aufgeladenen Membrankondensators. Diese Spannungsände-

rungen werden verstärkt, gleichgerichtet und registriert. Bei der Messung der CO_2-Konzentration muß aus der Versuchsluft das in viel höheren Quantitäten anfallende H_2O-Gas der Transpiration vor der Messung entfernt werden (z.B. durch Ausgefrieren).

phylls a ist offenbar durch die Umgebung (Nachbarschaft anderer Moleküle in der Thylakoidmembran) beeinflußbar; das Spektrum in vivo unterscheidet sich von dem in vitro und

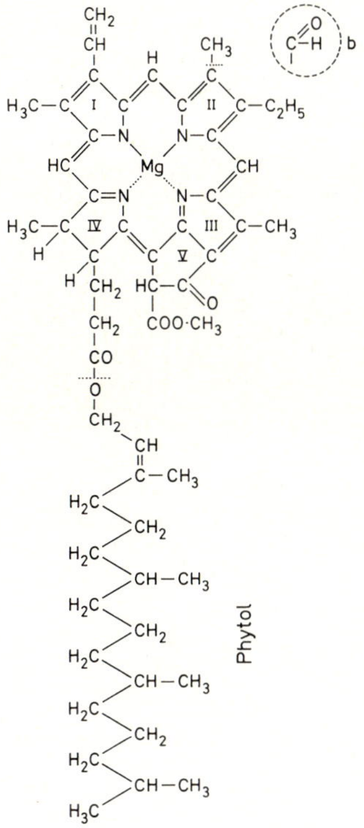

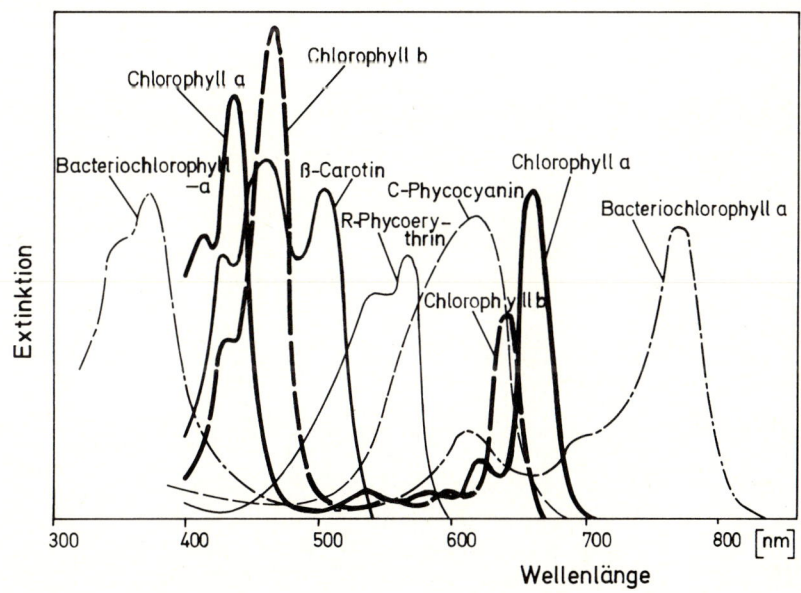

Abb. 261: Struktur der Chlorophylle a und b.

läßt zudem Variationen erkennen. Man hat früher geglaubt, daß diese veränderte Absorption in vivo auf eine kovalente Bindung des Chlorophylls an Protein zurückgehe. Dies ist aber nicht der Fall (im Gegensatz zu den Cytochromen und Phycobilinen, S. 245, 235).

Von besonderem Interesse sind Chlorophyll-a-Moleküle, die bei Belichtung mit bestimmten Wellenlängen eine reversible Absorptionsänderung erfahren. Da diese «Ausbleichung» auch durch Oxidationsmittel erreicht werden kann, nimmt man an, daß sie bei Belichtung vorübergehend ein Elektron verlieren. Diesen Chlorophyll-a-Sorten wird eine zentrale Rolle beim photosynthetischen Elektronentransport zugeschrieben. Es handelt sich einmal um ein Chlorophyll a, das ein Absorptionsmaximum bei 700 nm hat (*«P_{700}»*) und nur etwa 1/400 des gesamten Chlorophyllbestandes im Chloroplasten ausmacht; zum anderen um ein Chlorophyll a, bei dem eine Wellenlänge von 680 nm die maximale Absorptionsänderung hervorruft (*«P_{680}»*). Auf die Rolle dieser beiden Pigmentsorten bei der Lichtreaktion der Photosynthese werden wir noch zurückkommen.

Chlorophyll b spielt gegenüber Chlorophyll a eine Nebenrolle: Es überträgt seine Anregungsenergie auf Chlorophyll a und verengt, entsprechend seinem Absorptionsspektrum (Abb. 262), die Grünlücke in dessen Absorption. Der Energieübergang von Chlorophyll b auf Chlorophyll a ist sehr effektiv: Chlorophyll b zeigt zwar

Abb. 262: Absorptionsspektren einiger biologisch wichtiger Pigmente (Chlorophylle und β-Carotin in organischen Lösungsmitteln, Phycobiliproteide in wäßriger Lösung). (Nach Libbert)

bei Belichtung in Lösung eine Rot-Fluorescenz (vgl. unten), doch ist bei Belichtung in vivo nur die Fluorescenz des Chlorophylls a feststellbar. Bestrahlt man monomolekulare Schichten aus einer Mischung von Chlorophyll a- und Chlorophyll b-Molekülen mit Wellenlängen, die nur vom Chlorophyll b absorbiert werden, so fluoresciert dennoch nur das Chlorophyll a.

Da das Chlorophyll b einer Reihe von photoautotrophen Algengruppen fehlt (vgl. S. 572), ist es offenbar für die Photosynthese nicht unbedingt erforderlich.

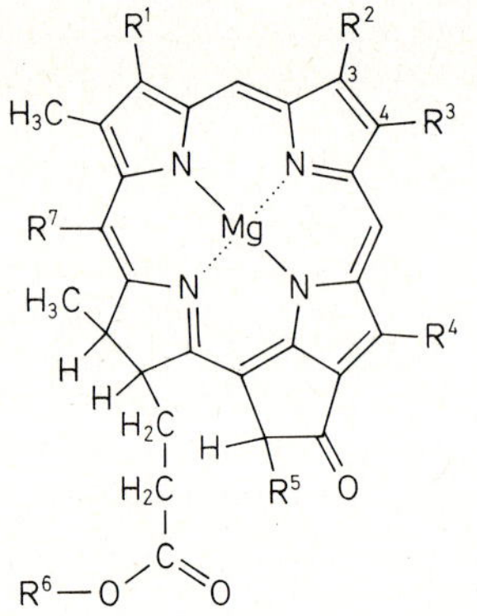

Hilfspigmente sind auch die Chlorophylle c_1 und c_2 (Moleküle mit einigen Abweichungen gegenüber Chlorophyll a, z.B. einer nicht-veresterten Acrylsäure-Seitenkette statt des Phytol-veresterten Propionsäurerestes) und Chlorophyll d (Formylgruppe anstelle der Vinylgruppe im Ring I des Chlorophylls a).

Dagegen treten bei photoautotrophen Bakterien als zentrale Photosynthesepigmente «**Bacteriochlorophylle**» an die Stelle des Chlorophyll a. Sie unterscheiden sich in der Struktur relativ geringfügig (Abb. 263), in ihren Absorptionsspektren aber grundlegend (Abb. 262) vom Chlorophyll a. Bacteriochlorophyll a findet sich im Pigmentkomplex der Purpurbakterien und zeigt dort Absorptionsmaxima im Bereich zwischen 800 und 900 nm. Bei den grünen Schwefelbakterien kommt neben dem Bacteriochlorophyll a noch je eines der drei «Chlorobium-Chlorophylle» (Bacteriochlorophyll c, d und e) vor, die Absorptionsmaxima zwischen 700 und 760 nm haben. Bacteriochlorophyll b schließlich, das bei *Rhodopseudomonas viridis* und *Thiocapsa* gefunden wurde, hat ein Absorptionsmaximum noch jenseits von 1000 nm. Weshalb die photoautotrophen Bakterien noch mit derart energiearmer Strahlung ihre Photosynthese betreiben können, werden wir später erläutern. Im übrigen treten in den Bakterienchlorophyllen neben Phytol auch andere, verwandte Isoprenalkohole auf, z.B. Farnesol bei den *Chlorobiaceae*

Pigment	R^1	R^2	R^3	R^4	R^5	R^6	R^7
Chlorophyll a	$-CH=CH_2$	$-CH_3$	$-CH_2-CH_3$	$-CH_3$	$O=C\overset{OCH_3}{\diagdown}$	Phytol	$-H$
Bacteriochlorophyll a	$O=C\overset{CH_3}{\diagdown}$	$-CH_3^*$	$-CH_2-CH_3^*$	$-CH_3$	$O=C\overset{OCH_3}{\diagdown}$	Phytol oder Geranylgeraniol	$-H$
Bacteriochlorophyll b	$O=C\overset{CH_3}{\diagdown}$	$-CH_3^*$	$=C\overset{CH_3^*}{\diagdown}_H$	$-CH_3$	$O=C\overset{OCH_3}{\diagdown}$	Phytol	$-H$
Bacteriochlorophyll c	$-CH-CH_3$ $\ \ \ $ OH	$-CH_3$	$-C_2H_5$ $-C_3H_7$ $-i-C_4H_9$	$-C_2H_5$ $-CH_3$	$-H$	Farnesol	$-CH_3$
Bacteriochlorophyll d	$-CH-CH_3$ $\ \ \ $ OH	$-CH_3$	$-C_2H_5$ $-C_3H_7$ $-i-C_4H_9$	$-C_2H_5$ $-CH_3$	$-H$	Farnesol	$-H$
Bacteriochlorophyll e	$-CH-CH_3$ $\ \ \ $ OH	$-CHO$	$-C_2H_5$ $-C_3H_7$ $-i-C_4H_9$	$-C_2H_5$	$-H$	Farnesol	$-CH_3$

* Bindung zwischen C-3 und C-4 ungesättigt

Abb. 263: Strukturelle Beziehungen zwischen Chlorophyll a und verschiedenen Bacteriochlorophyllen. (Nach Gloe et al., aus Schlegel)

und Geranylgeraniol bei *Rhodospirillum rubrum*. Diese abweichend gebauten Bakterienchlorophylle dienen vermutlich als Hilfspigmente.

Carotinoide sind infolge zahlreicher konjugierter Doppelbindungen (Abb. 264) gelb, orange oder rot gefärbte, lipophile Farbstoffe («Lipochrome»). Jährlich werden durch die Pflanzen ca. 100 Millionen Tonnen Carotinoide produziert. Sie lassen sich formal vom Isopren ableiten (S. 360). Carotine sind reine Kohlenwasserstoffe; unter ihnen ist das β-Carotin am weitesten verbreitet. Bei ihm, wie bei vielen anderen Carotinoiden (z.B. α-Carotin) bilden die Kettenenden sog. Iononringe. Xanthophylle sind sauerstoffhaltige Derivate der Carotine, z.B. das verbreitete Lutein und das Fucoxanthin, das den Braunalgen und Diatomeen die charakteristische Färbung verleiht; letzteres ist seiner Struktur nach noch unbekannt (es enthält 6 Sauerstoffatome). Die Xanthophylle enthalten zwar meist, aber nicht immer, 40 C-Atome (Carotine immer). Alle Carotinoide, auch die im tierischen und menschlichen Körper (Gefieder der Vögel, Milch, Butter, Eidotter) vorkommenden, werden nur in Pflanzen gebildet und stammen daher ausschließlich aus pflanzlicher Nahrung. β-Carotin, das u.a. auch reichlich in der Karottenwurzel vorkommt, liefert nach Halbierung des Moleküls und Anfügen einer OH-Gruppe an das Ende jeder Hälfte zwei Moleküle Vitamin A. α-Carotin bildet auf die gleiche Weise nur ein Molekül des Vitamins A (nur ein β-Iononring!), während offenkettige Carotine, etwa das Lycopin der Tomatenfrüchte und Hagebutten, gar kein Vitamin A liefern können. Die Carotinoide absorbieren, wie ihre Farbe erkennen läßt, im Blaubereich des Spektrums (Abb. 262), also in einem Bezirk relativ geringer Chlorophyllabsorption; allerdings sind sie bei den meisten Arten wenig effektive Energieüberträger. Setzt man die maximale Effektivität von Chlorophyll gleich 100%, so variiert die von Carotinoiden bei verschiedenen Pflanzen zwischen 20% und 50%; das Xanthophyll Fucoxanthin der Braunalgen und Diatomeen soll aber etwa 80% erreichen, während die Xanthophylle der Grünalgen und Höheren Pflanzen offenbar gar keine Anregungsenergie an das Chlorophyll a weiterleiten können.

Den Carotinoiden im Photosyntheseapparat wird außerdem eine Schutzfunktion gegenüber dem Chlorophyll zugeschrieben (z.B. gegen den Angriff molekularen Sauerstoffs; vgl. S. 250 f.).

Phycobiliproteide. Die Phycocyane (blau) und die Phycoerythrine (rot) kommen in wechselnden Mischungsverhältnissen bei Blaualgen, Rotalgen und Cryptophyta vor (S. 575) und überdecken dort das Chlorophyll. Sie bestehen aus einem Proteinanteil mit einem Monomer von 30–40000 dalton (d) als Grundeinheit, an den der Farbstoff (Phycocyanobilin bzw. Phycoerythrobilin) kovalent gebunden ist. Die Phycobiliproteide sind daher wasserlöslich. Sie können bis zu 40 % der wasserlöslichen Proteine einer Blaualgenzelle ausmachen. Die Farbstoffkomponenten («Phycobiline») stellen offenkettige Tetrapyrrole dar (Abb. 265), ähnlich den Gallenfarbstoffen, die beim Abbau des Blutfarbstoffes entstehen; von dieser Verwandtschaft leitet sich auch der Name ab (bilis = Galle). Allophycocyanin, A-, B-, C-oder R-Phycocyanin kommen in allen Blau- und

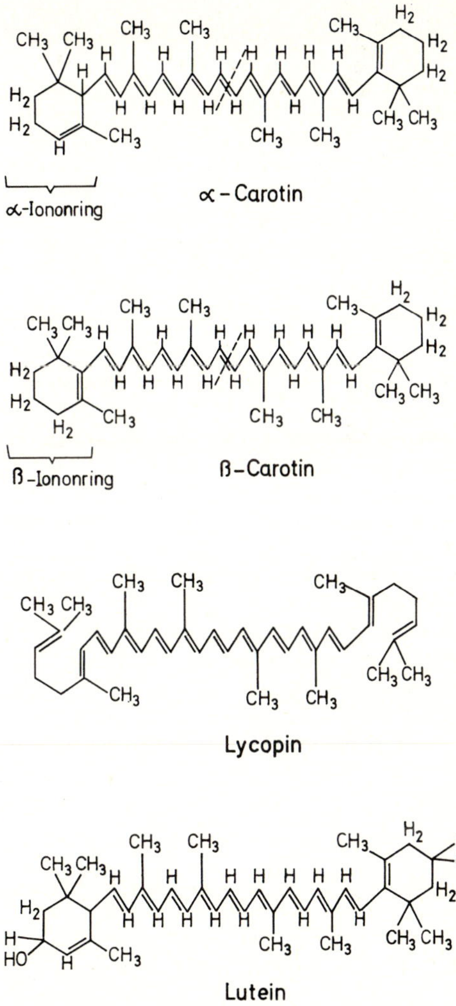

α – Carotin

β–Carotin

Lycopin

Lutein

Abb. 264: Struktur einiger wichtiger Carotinoide.

Rotalgen vor. R- oder B-Phycoerythrin ist das Hauptpigment bei den Rotalgen, C-Phycoerythrin ist bei vielen Blaualgen vorhanden. Bei Blau- und Rotalgen sind die Biliproteide als Granula mit einem Durchmesser von ca. 40 nm (**Phycobilisomen**) der Thylakoidoberfläche auf der Cytoplasma- bzw. Stromaseite aufgelagert. Bei der Rotalge *Porphyridium cruentum* liegt im Zentrum jedes Phycobilisoms ein Allophycocyan-Kern, der direkten Kontakt mit dem Chlorophyll a der Thylakoidmembran hat. Diesen Kern umgibt je eine Kalotte aus Phycocyan und Phycoerythrin. Eine Zelle enthält $5-7 \cdot 10^5$ Phycobilisomen (ca. 400 pro μm^2 Thylakoidoberfläche).

Die Absorption der Phycobiliproteide hängt ab von der Natur des Tetrapyrrolanteils, dem Einfluß der Bindung an das Protein, der Proteinbeschaffenheit und den Zwischenwirkungen zwischen den Chromophoren. Auch die Phycobiliproteide decken mit ihrer Absorption einen Teil des Spektrums ab, der vom Chlorophyll nur schwach absorbiert wird (Abb. 262). Vor allem die Rotalgen mit ihrem hohen Gehalt an Phycoerythrin sind in der Lage, das spektral stark eingeengte Licht in größeren Wassertiefen (Abb. 259) oder im Schatten anderer Algen noch auszunützen, zumal die Energieübertragung von den Phycobiliproteiden auf das Chlorophyll a sehr effektiv ist. Dabei wird folgender Weg angenommen: Phycoerythrin (λ_{max} ca. 560 nm) → Phycocyanin (λ_{max} ca. 620 nm) → Allophycocyanin A (λ_{max} ca. 650 nm) → Allophycocyanin B (λ_{max} ca. 671 nm) → Chlorophyll a (λ_{max} 680 nm).

Chromatische Adaption. Bei einigen Blau- und Rotalgen wurde innerhalb ein- und desselben Klons eine modifikative Veränderung der Phycobilinausstattung (nicht des Chlorophylls a oder der Carotinoide) festgestellt, wenn die Pflanzen in verschiedenfarbigem Licht angezogen wurden. Dabei wurden die Farbstoffe bevorzugt, die das Anzuchtlicht maximal absorbieren (Abb. 266). Es scheint sich dabei um

eine Regulation der Transkription für die Enzyme der Biliproteidsynthese zu handeln (vgl. S. 302). Wie weit diese «chromatische Adaption», die ökologisch sehr sinnvoll erscheint, verbreitet ist und ob sie unter natürlichen Verhältnissen eine Rolle spielt, ist ungeklärt.

Die erwähnten Photosynthesepigmente, die primären (Chlorophyll a bzw. Bacteriochlorophylle) und die akzessorischen «Antennen»-Pigmente, sind zu Pigmentkollektiven zusammengefaßt, denen bestimmte Funktionen zugeschrieben werden (S. 240 f.).

Die Lichtabsorption intakter Zellen oder Organe

Die Effektivität der Lichtnutzung in den verschiedenen Spektralbereichen und damit den Beitrag der verschiedenen Pigmente zur Photosynthese kann man durch einen Vergleich des Absorptionsspektrums des photosynthetisch aktiven Organismus oder Organs mit dem Wirkungsspektrum bei der Photosynthese ermitteln. Bei Grünalgen (Abb. 267 A) wie bei Angiospermenblättern ist die Abweichung zwischen Absorptions- und Wirkungsspektrum im Bereich der Carotinoidabsorption erheblich: Dies deutet darauf hin, daß die Carotinoide in diesen Fällen nur begrenzt als energieübertragende «Antennenpigmente» dienen können (s. o.).

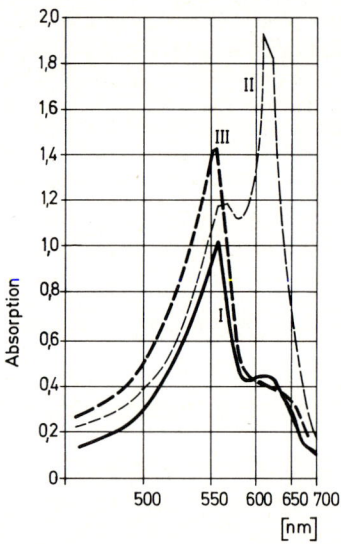

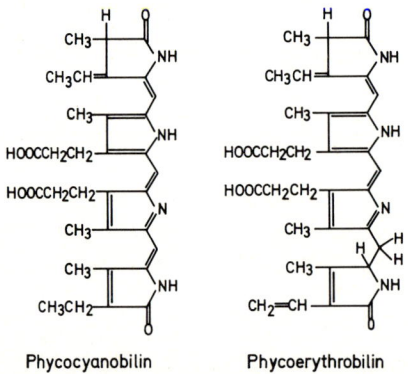

Abb. 265: Struktur der Phycobiline.

Abb. 266: Veränderung des Absorptionsspektrums der Blaualge *Phormidium laminosum* nach Anzucht in Tageslicht (I), rotem Licht (II) oder vorwiegend blauem Licht (III). Im roten Licht Anstieg der Phycocyanin-Absorption. (Nach BORESCH)

Beim Vergleich des Absorptions- und Reflexionsspektrums von (unbehaarten) Laubblättern (Abb. 268) ergibt sich, daß die Absorption neben der relativ schwachen Depression im Grünbereich eine starke Verminderung im Infrarot zwischen etwa 700 und 2000 nm aufweist, während hier die Reflexion maximal ist. Da Laubblätter im Infrarotbereich stärker reflektieren als Coniferennadeln, läßt sich Laubwald auf Infrarot-Luftaufnahmen von Nadelwald leicht unterscheiden. Da die Strahlung im Infrarotbereich zu energiearm ist, um photo-

chemisch verwertet zu werden, andererseits aber doch noch fast die Hälfte der auf den Erdboden auftretenden Sonnenenergie ausmacht, ist es biologisch sinnvoll, diese Wellenlängen nicht zu absorbieren: sie würden das Blatt nur unnötig aufheizen. Auch die starke Absorption bei sehr großen Wellenlängen (> 3000 nm) ist vorteilhaft. In diesem Spektralbereich gelangt nur sehr wenig Sonnenstrahlung auf die Erdoberfläche. Da aber Bereiche bevorzugter Absorption einer Substanz zugleich auch solche bevorzugter Abstrahlung sind, kann das Blatt in

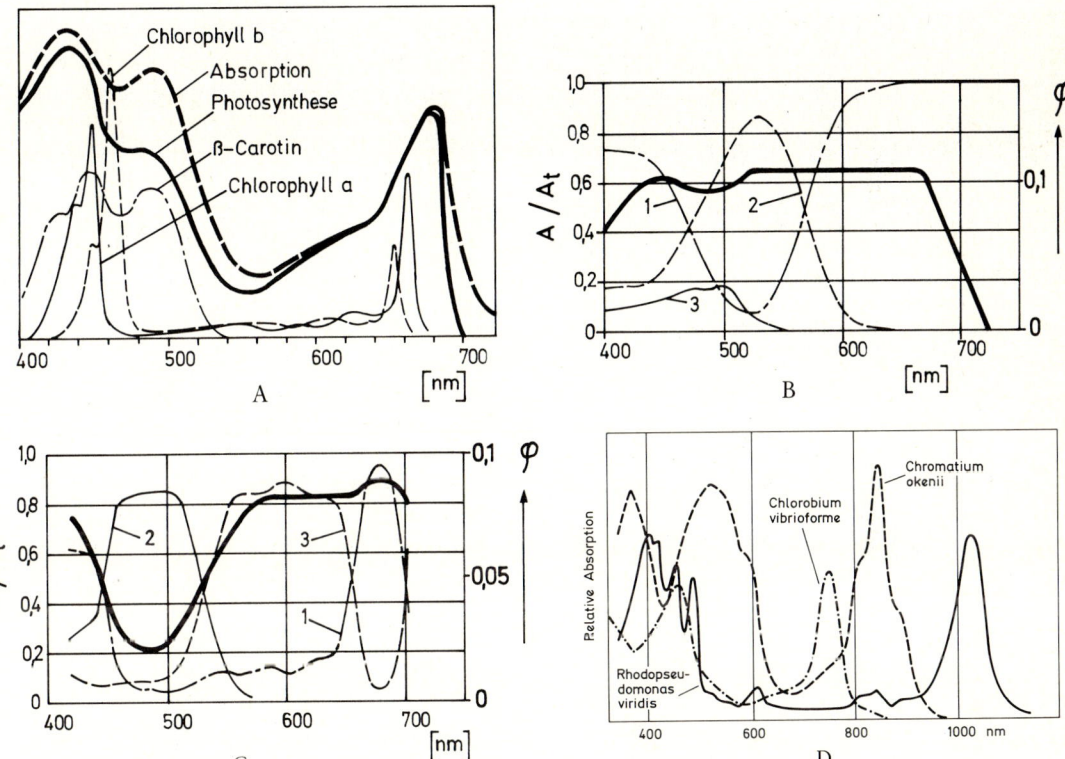

Abb. 267: Absorptionsspektrum von Organismen bzw. deren wichtigster Pigmente und Wirkungsspektren der Photosynthese (dicke Linie).

A. *Chlorella* (Grünalge). Differenz zwischen Absorptions- und Wirkungsspektrum besonders groß im Bereich der Carotinoid-Absorption. Die Differenz im Bereich von 700 nm wird durch den EMERSON-Effekt erklärt (S. 240). (Nach LIBBERT)

B. *Navicula minima* (Diatomee). Kurve 1: Chlorophyll a und c; 2: Fucoxanthin; 3: andere Carotinoide. Stark ausgezogene Kurve: Quantenausbeute φ der Photosynthese. A Absorption des Farbstoffes; A_t Totalabsorption der Zellen. (Nach TANADA)

C. *Chroococcus* spec. (Blaualge). Kurve 1: Chlorophyll a; 2: Carotinoide; 3: Phycocyanin. Stark ausgezogene Kurve: Quantenausbeute φ der Photosynthese. A Absorption des Farbstoffes; A_t Totalabsorption im gesamten Farbstoffauszug. (Nach EMERSON u. LEWIS)

D. Absorptionsspektren für intakte Zellen photoautotropher Bakterien: Das grüne Schwefelbakterium *Chlorobium vibrioforme* und die Purpurbakterien *Rhodopseudomonas viridis* und *Chromatium okenii* (nach PFENNIG)

diesem Spektralbereich die mit dem Sonnenlicht absorbierte Wärme schnell wieder abstrahlen.

Behaarung der Blätter kann die Reflexion auch im sichtbaren Bereich erheblich steigern und dadurch die Absorption reduzieren. Die stark behaarten Blätter der Wüstenpflanze *Encelia farinosa* absorbieren z.B. nur 30% der Strahlung zwischen 400 und 700 nm, unbehaarte Blätter anderer *Encelia*-Arten mit gleichem Chlorophyllgehalt dagegen 84%.

Bei Diatomeen ist das Fucoxanthin ein sehr wirksamer Energieüberträger für die Photosynthese, während die übrigen Carotinoide nur wenig effektiv sind (Abb. 267 B). Ähnliche Verhältnisse liegen bei den Braunalgen vor.

Bei den Rot- und Blaualgen (Abb. 267 C) scheinen die Phycobiliproteide die Strahlungsenergie fast wirksamer in die Photosynthese einzubringen als das Chlorophyll selbst; dies spricht dafür, daß nicht das gesamte Chlorophyll a die Rolle des zentralen Acceptors der Lichtenergie bei der Photosynthese spielt (s. S. 242).

Bei den photosynthetisch aktiven Bakterien liegen wegen methodischer Schwierigkeiten erst wenige Untersuchungen über die Beteiligung der einzelnen Pigmente an der Photosynthese vor; danach können die Carotinoide bei verschiedenen Arten in unterschiedlichem Ausmaß die Anregungsenergie auf das Bacteriochlorophyll übertragen.

Photosynthese

Man kann den Photosyntheseprozeß der Pflanzen (mit Ausnahme der photoautotrophen Bakterien) in sehr allgemeiner Form so formulieren:

$$n\,H_2O + n\,CO_2 \xrightarrow{h \cdot v} (CH_2O)\,n + n\,O_2\;;$$
$$\Delta G^{0\prime} = +\,n \cdot 114\,kcal\,(+n \cdot 477\,kJ).$$

Dabei wird n in der Regel gleich 6 gesetzt, wodurch man Glucose als geläufiges Endprodukt der Photosynthese erhält. (Im Chloroplasten ist das «normale» Endprodukt nicht Glucose, sondern das Polyglucan Stärke.) Es handelt sich also bei diesem Prozeß um eine Reduktion des CO_2 mit Wasser als Reduktionsmittel.

Photoautotrophe Bakterien können als Elektronendonator für die CO_2-Reduktion kein Wasser benutzen. Die Schwefelpurpurbakterien (*Chromatiaceae*) verwenden reduzierte Schwefelverbindungen, vor allem Schwefelwasserstoff, als Reduktionsmittel und lagern den entstehenden Schwefel vorübergehend intracellulär ab (z.B. *Chromatium, Thiospirillum*). Die grünen Schwefelbakterien (*Chlorobiaceae*) verwerten ebenfalls H_2S als Elektronendonator, können aber den Schwefel nicht intracellulär speichern (z.B. *Chlorobium, Chlorochromatium*). Die schwefelfreien Purpurbakterien (*Rhodospirillaceae*) schließlich sind auf organische Wasserstoffdonatoren angewiesen und werden durch H_2S sogar im Wachstum mehr oder weniger gehemmt (*Rhodopseudomonas, Rhodospirillum, Rhodomicrobium);* sie sind demnach keine eigentlich autotrophen Organismen mehr («photoorganotroph», nicht «photolithotroph», vgl. Tab. 10, S. 228).

Die H_2S-verarbeitenden Bakterien arbeiten nach folgender Photosynthesegleichung:

$$2\,H_2S + CO_2 \xrightarrow{h \cdot v} (CH_2O) + H_2O + 2\,S\;.$$

Man kann also den Vorgang der photosynthetischen CO_2-Reduktion allgemeiner fassen:

$$2\,H_2D + CO_2 \xrightarrow{h \cdot v} (CH_2O) + H_2O + 2\,D\;.$$

Dabei ist H_2D der Elektronenspender (Elektronendonator) und D dessen oxidierte Form. Aus diesen vergleichenden Untersuchungen konnte geschlossen werden, daß der Sauerstoff der Photosynthese der Blaualgen und Eukaryoten nicht, wie ursprünglich angenommen, aus dem CO_2, sondern vielmehr aus dem Wasser stammt. Die photoautotrophen Bakterien, die kein Wasser als Reduktionsmittel verwenden, erzeugen deshalb auch keinen Sauerstoff bei der Photosynthese; die meisten von ihnen

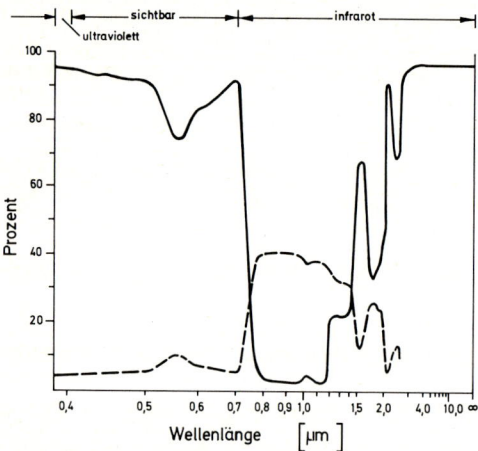

Abb. 268: Spektrum der Absorption (ausgezogen) und der Reflexion (gestrichelt) von Pappelblättern *(Populus deltoides).* Die Absorption ist auch im grünen Bereich immer noch beachtlich. Beachte die starke Reflexion im infraroten Bereich («Kühler» Waldschatten). (Nach GATES)

sind sogar strikte Anaerobier, d.h. der Sauerstoff wirkt auf sie als Gift. (Nur einige *Rhodospirallaceae* können im Dunkeln auch aerob wachsen.)

Die Annahme, daß der Photosynthese-Sauerstoff aus dem Wasser stamme, wurde auch durch Versuche erhärtet, in denen einmal $H_2^{18}O$, zum andern $C^{18}O_2$ verwendet wurde; nur im ersten Falle tritt das Sauerstoffisotop im gebildeten O_2 auf.

Die übliche Photosynthesegleichung ist unter Berücksichtigung dieser Fakten für die sauerstoffproduzierenden Organismen also folgendermaßen zu schreiben:

$$6\,CO_2 + 12\,H_2O \xrightarrow{h \cdot \nu} C_6H_{12}O_6 + 6\,H_2O + 6\,O_2\,;$$
$$\Delta G^{0\prime} = +\,684\ \text{kcal}\ (+\,2863\ \text{kJ}).$$

Der photosynthetische Quotient

$$PQ = \frac{O_2}{CO_2}$$

ist entsprechend bei Bildung von Kohlenhydrat gleich 1.

Sowenig wie Wasser der einzige Elektronendonator bei den verschiedenen Typen der Photosynthese ist, sowenig ist CO_2 der einzige mögliche Elektronenacceptor. So können die meisten Pflanzen photosynthetisch Nitrat reduzieren:

$$8\,H_2D + 2\,NO_3^- + 2\,H^+ \xrightarrow{h \cdot \nu} 2\,NH_3 + 6\,H_2O + 8\,D.$$

Organismen, die zur Photosynthese wie zur N_2-Fixierung fähig sind (z.B. viele Blaualgen, vgl. S. 347f.), reduzieren N_2 zu Ammoniak:

$$3\,H_2D + N_2 \xrightarrow{h \cdot \nu} 2\,NH_3 + 3\,D\,.$$

Viele Photosynthese betreibende Organismen, vor allem Algen, können auch Protonen als Elektronenacceptoren benutzen, wobei molekularer Wasserstoff freigesetzt wird:

$$H_2D + 2\,H^+ \xrightarrow{h \cdot \nu} 2\,H_2 + D\,.$$

Unabhängig von der Art des Elektronendonators und -acceptors ist aber der Photosyntheseprozeß in der Bilanz stets ein endergonischer Prozeß, bei dem der Elektronenfluß gegen das normale Gefälle, «bergauf», verläuft. Normalerweise wandern die Elektronen von Substanzen oder Systemen hohen «Elektronendrucks» (geringer Elektronenaffinität) zu solchen geringen Elektronendruckes (hoher Elektronenaffinität). Substanzen oder Systeme hohen Elektronendruckes sind gute Reduktionsmittel, solche mit hoher Elektronenaffinität gute Oxidationsmittel. Das quantitative Maß für die Elektronenaffinität und damit für die Oxidations- und Reduktionsfähigkeit eines Stoffes

oder Systems ist das **Redoxpotential** (E). Unter Standardbedingungen ($25\,°C$; 1 Atm.; Konzentration der Partner 1 M, bei Beteiligung von H^+ pH = 0) ist ein Redoxsystem durch sein Normal-Redoxpotential (E_0) gekennzeichnet. Das auf pH 7,0 bezogene Normalpotential wird als E_0' bezeichnet.

Das Normalpotential kann in einer galvanischen Kette gemessen werden. Bezugssystem ist die Wasserstoff-Normalelektrode (Redoxsystem $\frac{1}{2}\,H_2 \rightleftharpoons H^+ + e^-$; pH 0; H_2-Partialdruck 1 Atm.; $25\,°C$), deren Redoxpotential willkürlich als $E_0 = 0,0$ Volt festgelegt wurde. Je negativer das Redoxpotential eines Redoxsystems ist, desto größer ist sein Elektronendruck (desto geringer seine Elektronenaffinität), je positiver das Redoxpotential, desto größer die Elektronenaffinität. Elektronenwanderung erfolgt nur von Redoxsystemen negativeren Potentials auf solche positiveren Potentials. Je negativer das Redoxpotential, desto größer ist das Reduktionsvermögen, je positiver, desto ausgeprägter das Oxidationsvermögen. Das «Bergablaufen» der Elektronen vom negativeren zum positiveren Ende einer Redoxkette ist ein exergonischer Prozeß, der Energie in arbeitsfähiger Form freisetzt; umgekehrt erfordert das «Bergaufwandern» der Elektronen Energie.

Die Änderung der Freien Enthalpie bei einem Elektronenübergang ist gegeben durch:

$$\Delta G^{0\prime} = \Delta E_0' \cdot n \cdot F\,,$$

wobei $\Delta G^{0\prime} = $ Änderung der Freien Enthalpie bei pH 7,0; $\Delta E_0' = $ Redoxpotentialdifferenz bei pH 7,0; n = Zahl der wandernden Elektronen; F = FARADAY-Konstante (96 500 Coulomb; Ladungsmenge eines Grammäquivalents Elektronen). Eine Potentialdifferenz von 1 Volt entspricht einer Differenz in der Freien Enthalpie von etwa 23 kcal (etwa 96 kJ).

Sowenig wie über die Richtung chemischer Reaktionen ΔG^0 oder $\Delta G^{0\prime}$ entscheidet, sondern ΔG, sowenig läßt sich aus Differenzen der Standard-Redoxpotentiale streng auf die Richtung und vor allem das Gefälle des Elektronentransportes in der Zelle schließen, in der kaum jemals Standardbedingungen herrschen; dies gilt hinsichtlich der Richtung vor allem bei kleinem $\Delta E_0'$ für zwei Redoxsysteme.

Der Elektronenfluß in der Photosynthese verläuft – wie erwähnt – entgegen dem Gefälle des Redoxpotentials und erfordert deshalb Energie; diese wird vom Licht geliefert.

Lichtreaktionen der Photosynthese

Der Gesamtprozeß der Photosynthese umfaßt Reaktionen, die Lichtenergie benötigen, und solche, die auch im Dunkeln ablaufen. So ist die Photosyntheserate nur bei niedrigen Lichtintensitäten der Lichtintensität proportional, während bei hohen Intensitäten ein lichtunabhängiger Prozeß geschwindigkeitsbestimmend wird. Bei intermittierender Belichtung ist die Photosyntheserate in den Lichtperioden abhängig von der Länge der Dunkelperioden und von der in ihnen herrschenden Temperatur.

HILL beobachtete, daß belichtete Blattextrakte bei Gegenwart von künstlichen Elektronenacceptoren, z.B. von Fe^{3+} oder reduzierbaren Farbstoffen, O_2 entwickelten:

$$2 H_2O + 2 A \xrightarrow{h \cdot v} 2 AH_2 + O_2 \,.$$

Bei dieser «HILL-Reaktion» wird außer H_2O kein Elektronendonator benötigt; CO_2 ist überhaupt nicht beteiligt. Das bedeutet, daß bei der Photosynthese die Wasserspaltung und die CO_2-Reduktion experimentell voneinander getrennt werden können. Außerdem ist die HILL-Reaktion ein weiterer Hinweis auf die Herkunft des Photosynthesesauerstoffs aus dem Wasser.

Als Elektronenacceptor in der HILL-Reaktion kann auch das in den Chloroplasten vorkommende $NADP^+$ (S. 245) fungieren:

$$H_2O + NADP^+ \xrightarrow{h \cdot v} NADPH + H^+ + \tfrac{1}{2} O_2;$$
$$\Delta G^{0'} = +52 \, kcal \, (ca. 218 \, kJ)/Mol \, NADPH_2 \,.$$

$NADP^+$ ist der natürliche (End-)Acceptor der durch das Licht aus Wasser freigesetzten Elektronen.

Bei dieser Lichtreaktion wird ein Redoxsystem mit stark negativem Potential ($NADPH_2$/$NADP^+$: $E_0' = -0,32 \, V$) von einem Redoxsystem mit extrem positivem Potential (H_2O/$\tfrac{1}{2} O_2$: $E_0' = +0,82 \, V$) reduziert, d.h. der Prozeß ist stark endergonisch.

Sind die Lichtquanten, die die Photosynthese in Gang halten, energiereich genug, um einzeln diesen endergonischen Vorgang zu ermöglichen? Wir haben gehört, daß auch Rotlicht (bis etwa $\lambda = 700 \, nm$) die Photosynthese der Blaualgen und Eukaryoten unterhält (Abb. 267); seine Energie liegt aber beträchtlich unter dem Bedarf der $NADP^+$-Reduktion mit Hilfe von Wasser (Tab. 12). Für diesen Prozeß sind daher mindestens zwei Quanten Rotlicht erforderlich. Es gibt eine Reihe von Hinweisen, daß durch diese zwei Lichtquanten zwei Lichtreaktionen angeregt werden, die hintereinander («in Serie») geschaltet sind. So zeigte sich beim Studium der Quantenausbeute

$$\frac{\text{Mole } O_2 \text{ produziert}}{\text{Zahl der Einstein absorbiert}}$$

in Abhängigkeit von der Wellenlänge (vgl. Abb. 267 A) ein starker Abfall im längerwelligen Rotbereich (> 680 nm; «red drop»).

Langwelliges Licht (z.B. 700 nm) führt aber dann zu höheren Quantenausbeuten, wenn gleichzeitig kürzerwelliges Licht (z.B. 650 nm) geboten wird. Die Photosyntheseintensität bei gleichzeitiger Einstrahlung beider Wellenlängen ist also größer als die Summe der von beiden Wellenlängen einzeln erzielten Leistung.

Tab. 12: Energieinhalt eines Einstein bei verschiedenen Wellenlängen.

Wellenlänge [nm]	Farbe	kcal pro Einstein	kJ pro Einstein
400	Violett	71,35	298,63
500	Blau	57,08	238,90
600	Gelb	47,57	199,10
700	Tiefrot	40,77	170,64
800	Infrarot	35,68	149,34
900	Infrarot	31,71	132,72

Dieser Steigerungseffekt, nach dem Entdecker EMERSON-**Effekt** genannt, läßt sich zwanglos durch das Zusammenwirken zweier Lichtreaktionen erklären, einer Lichtreaktion I, die noch mit $\lambda = 700 \, nm$ arbeitet, und einer Lichtreaktion II, die kürzere Wellenlängen benötigt.

Man kann experimentell prüfen, welche Wellenlängen die Effektivität einer 700 nm-Strahlung bei der Photosynthese steigern (d.h. ein Wirkungsspektrum des EMERSON-Effektes ermitteln), und auf diese Weise die daran beteiligten Pigmente näher charakterisieren, die an der Lichtreaktion II beteiligt sind (Abb. 269). Bei Grünalgen und Höheren Pflanzen dürften vornehmlich bestimmte Formen des Chlorophyll a und Chlorophyll b, bei Rot- und Blaualgen die Phycobiliproteide und bei Braunalgen und Diatomeen Fucoxanthin zu diesem Photosystem II gehören (Abb. 269).

Da die Lichtreaktion II nur bei solchen Organismen auftritt, die bei der Photosynthese O_2 freisetzen, während z.B. die photosynthetisierenden Bakterien nur Photosystem I besitzen (und keinen EMERSON-Effekt zeigen!), nimmt man an, daß Photosystem II mit der Wasserspaltung verknüpft ist.

Es ist inzwischen gelungen, die Photosysteme I und II, beide in der Thylakoidmembran lokalisiert sind (Abb. 63), experimentell voneinander zu trennen und in ihrer Pigmentzusammensetzung näher zu charakterisieren. Beide Systeme unterscheiden sich nicht nur in der Zusammensetzung der «Hilfspigmente», sondern auch in den Formen des Chlorophyll a, vor allem auch in der Chlorophyll a-Sorte, die als Photonen- (bzw. Anregungsenergie-, Excitonen-) «Falle» («trapping center»), also als eigentliches Reaktionszentrum, dient (Abb. 270).

Wie wirkt das Licht in den beiden Pigmentsystemen? Um dies verstehen zu können, müssen einige photochemische Grundbegriffe erläutert werden.

Photochemische Grundlagen

Wie auf S. 230 erläutert, wirkt Strahlung bestimmter Wellenlängen über Elektronen-Anregungen auf die Atome oder Moleküle. Da den durch die Photonen

beeinflußten (Valenz-)Elektronen nur Übergänge zwischen bestimmten Energiezuständen möglich sind (dazwischen liegende Energieniveaus sind «verboten»), und die Differenzen zwischen diesen erlaubten Energieniveaus genau dem Energieinhalt des absorbierten Lichtquants entsprechen müssen, können nur bestimmte Wellenlängen von einem gegebenen Atom oder Molekül absorbiert werden. Bei Atomen gibt es nur wenige erlaubte Energiezustände der äußeren Elektronen; die Abstände zwischen ihnen sind relativ groß. Die Absorptionsspektren der Atome bestehen deshalb gewöhnlich aus relativ wenigen, schmalen Linien. Bei Molekülen aber, und speziell bei Pigmentmolekülen, werden diese Absorptionslinien zu Banden verbreitert. Dazu tragen zunächst die π-Elektronen der konjugierten Doppelbindungen bei (S. 232).

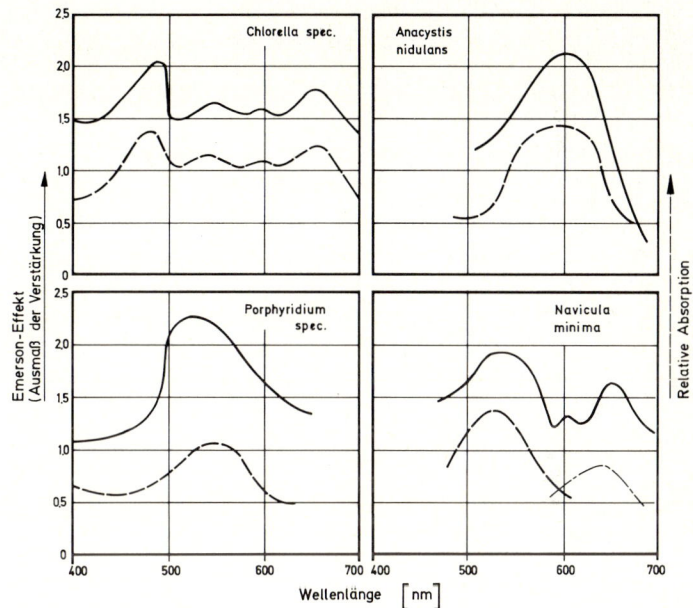

Abb. 269: Wirkungskurven für den EMERSON-Effekt (ausgezogene Kurve) und Absorptionskurven (gestrichelt) wichtiger Antennenpigmente bei Vertretern von vier verschiedenen Algengruppen. Die Absorptionskurven gelten für: Chlorophyll b der Grünalge *Chlorella*, Phycocyanin der Blaualge *Anacystis*, Phycoerythrin der Rotalge *Porphyridium* und Fucoxanthin (– –) bzw. Chlorophyll c (– · –) der Diatomee *Navicula*. (Nach RABINOWITCH u. GOVINDJEE)

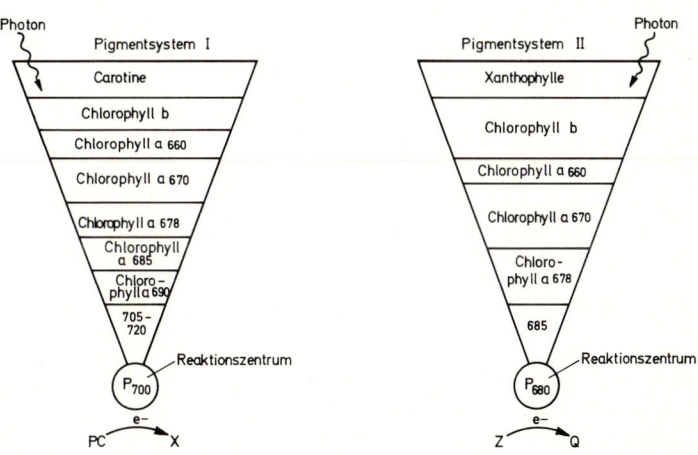

Abb. 270: Pigmentzusammensetzung des Photosystems I und II der Höheren Pflanzen. Die beiden Systeme unterscheiden sich nicht nur im Absorptionsspektrum des Fallenpigments im Reaktionszentrum, sondern auch in der Zusammensetzung der Antennenpigmente. Photosystem II ist z. B. reicher an Chlorophyll b. Die Zahlen bei den verschiedenen Formen des Chlorophyll a geben das jeweilige Absorptionsmaximum im Rotbereich an. (Nach GOVINDJEE u. GOVINDJEE)

Sie verringern einmal den Abstand zwischen dem Energieniveau des Grund- (nicht angeregten) Zustandes und dem des ersten angeregten Zustandes (desjenigen mit dem niedersten Energieniveau der angeregten Zustände) und ermöglichen daher energieärmeren Photonen (solchen mit größerer Wellenlänge), das Molekül anzuregen; dies ist ja der Grund dafür, daß die Pigmentmoleküle im sichtbaren Bereich des Spektrums absorbieren. Zum anderen können die π-Elektronen in zusätzliche, über dem ersten Anregungszustand liegende angeregte Zustände übergehen (Abb. 271); je energiereicher dabei der angeregte Zustand ist, desto kürzer ist seine Existenzdauer.

In den Molekülen wird zudem ein Teil der absorbierten Quantenenergie in Vibrations- und Rotationsenergie verwandelt. Dadurch werden die einzelnen Energiezustände in eine Serie von definierten (Vibrations- bzw. Rotations-)Unterzuständen aufgefächert (Abb. 271).

Photochemie des Chlorophylls

Beim Chlorophyll a entspricht die Energiedifferenz zwischen dem Grundzustand und dem ersten angeregten Zustand etwa 1–2 Elektronenvolt. (1 eV ist die Energie, die ein Elektron bei einer Spannung von 1 V erreicht.) Die Differenz zwischen zwei Vibrations-Unterzuständen entspricht etwa 0,1 eV, zwischen zwei Rotations-Unterzuständen etwa 0,01 eV.

Das Chlorophyll a weist zwei hauptsächliche Anregungszustände auf: Rotlicht (z.B. $\lambda = 680$ nm) führt das Molekül in den ersten angeregten Singulett-Zustand über, den energieärmsten und wichtigsten angeregten Zustand. Blaulicht (z.B. $\lambda = 440$ nm) regt das Molekül stärker an, bis zum dritten angeregten Singulett-Zustand. (Der zweite angeregte Singulett-Zustand spielt bei der Chlorophyll-Anregung eine untergeordnete Rolle.) Diese Übergänge können zwischen jedem der Unterzustände des Grundzu-

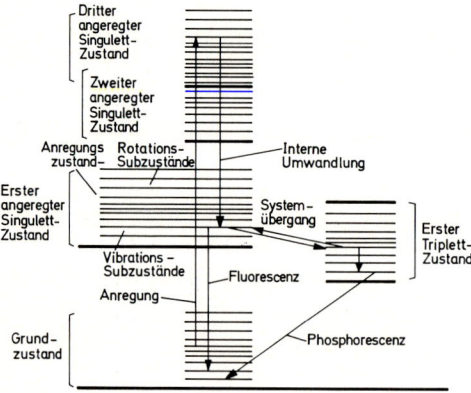

Abb. 271: Verschiedene Anregungszustände eines Elektrons in einem Pigmentmolekül. (Nach GOVINDJEE u. GOVINDJEE)

standes und des angeregten Zustandes erfolgen, wobei sich das Molekül nach Absorption eines Photons praktisch sofort (in 10^{-15} sec) im neuen Zustand befindet. Moleküle, die zunächst in die höheren Anregungszustände überführt worden sind, werden sehr schnell (in 10^{-14} bis 10^{-13} sec) in den ersten angeregten Singulett-Zustand umgewandelt, wobei die dabei freiwerdende Energie als Wärme verloren geht («Interne Umwandlung»). Da somit erst beim wesentlich langsameren (ca. 10^{-9} bis 10^{-11} sec) Übergang vom ersten angeregten Singulett-Zustand zum Grundzustand chemische Arbeit geleistet werden kann (Abb. 272), trägt ein Quant der energiereicheren Blaulichts nicht mehr zur photosynthetischen Umwandlung von Lichtenergie in chemische Energie bei als eines des energieärmeren Rotlichtes.

Die Energie des ersten angeregten Singulettzustandes kann aber auch dazu benutzt werden, um ein Photon abzustrahlen («Fluorescenz») oder um das Chlorophyllmolekül unter Energie-(Wärme-)Verlust in einen andersartigen Anregungszustand zu überführen, den ersten Triplett-Zustand, oder schließlich, um ein geeignetes Nachbarmolekül anzuregen («Excitonenwanderung»; Abb. 272). Bevor wir auf den für die Photosynthese entscheidenden dieser Vorgänge, die chemische Arbeitsleistung, näher eingehen, wollen wir die anderen Prozesse kurz betrachten.

Die **Fluorescenz** des Chlorophyllmoleküls bedeutet einen für die Pflanze nutzlosen Energieverlust; im intakten Photosyntheseapparat ist er aber unbeträchtlich, nur ca. 3–6% der absorbierten Photonen werden durch Fluorescenz wieder abgestrahlt. Chlorophyll in Lösung gibt jedoch die Anregungsenergie überwiegend als rotes Fluorescenzlicht wieder ab. Unabhängig von der Wellenlänge des absorbierten Photons ist das Fluorescenzlicht des Chlorophylls stets Rot, weil die Quanten immer beim Übergang des ersten angeregten Singulett-Zustandes in den Grundzustand emittiert werden. Bei Zimmertemperatur zeigt das Chlorophyll a-Fluorescenzspektrum eine starke Bande bei 685 nm und eine schwächere bei 740 nm. Wird das Spektrum bei tiefen Temperaturen ermittelt, so treten Banden bei 685, 695 und 720 nm auf, wobei die ersten beiden dem Pigmentsystem II, die bei 720 nm dem Pigmentsystem I zugeschrieben werden.

Der **Triplett-Zustand** unterscheidet sich von den Singulett-Zuständen durch den Spin der Elektronen (Abb. 272). Er hat beim Chlorophyll eine Existenzdauer von etwa 10^{-4} bis 10^{-2} sec. Nur etwa eines von 10 Millionen Chlorophyllmolekülen befindet sich in der belichteten Pflanze im Triplett-Zustand. Das Molekül kann aus dem Triplett-Zustand entweder unter Energieaufnahme wieder in den ersten Singulettzustand zurückkehren, oder in den Grundzustand übergehen und dabei seine Energie als Wärme oder Licht abgeben. Die theoretisch denkbare chemische Arbeitsleistung bei diesem Übergang spielt im Photosyntheseapparat keine Rolle. Die Photonenabgabe beim Übergang vom Triplettzustand zum

Grundzustand ist gekennzeichnet durch eine Verzögerung gegenüber der Photonenabsorption und durch eine starke Verschiebung der Wellenlänge in den längerwelligen Bereich («**Phosphorescenz**»). Bei der Fluorescenz ist sowohl die Verzögerung wie die Verschiebung der Wellenlänge geringer.

Am wichtigsten ist für die Photosynthese außer der chemischen Arbeitsleistung des ersten angeregten Singulettzustandes des Chlorophylls die Übertragung der Anregungsenergie («Excitonen») auf Nachbarmoleküle. Dies geschieht in den Photosystemen I und II (S. 241), wobei die Anregungsenergie letztlich (in etwa 10^{-10} sec) zu dem Chlorophyll a-Molekül des Reaktionszentrums gelangt, um von hier in die eigentlichen Redoxprozesse der Photosynthese eingeschleust zu werden. Der Übergang soll durch Resonanz zwischen dem Spendermolekül (nach Erreichen des untersten Vibrationszustandes innerhalb des ersten angeregten Zustandes) und dem Empfängermolekül (im Grundzustand) bewerkstelligt werden. Dabei müssen sich das Fluorescenzspektrum des Spendermoleküls und das Absorptionsspektrum des Empfängermoleküls überlappen und die beteiligten Moleküle nahe beieinander befinden (< 10 nm Abstand). Die Chlorophyllmoleküle müssen daher in der Thylakoidmembran, zumindest innerhalb eines Photosystems, dicht gepackt liegen. Die Excitonenwanderung ist nur möglich zwischen Molekülen gleichen Energieniveaus oder von Molekülen mit energiereicherem Anregungszustand auf Moleküle, in denen energieärmere Anregungszustände entstehen. Pigmente mit dem langwelligsten Absorptionsband, also den energieärmsten Anregungszuständen, wirken demnach als Energiefalle.

Ein Thylakoid enthält etwa 10^5 Pigmentmoleküle

Tab. 13: Bestandteile der photosynthetischen Elektronentransportkette bei Pflanzen mit Wasser als Elektronendonator (oben) und bei photosynthetisierenden Bakterien (Auswahl, unten), nach Normal-Redoxpotentialen geordnet. Viologenfarbstoffe sind keine natürlichen Redoxsubstanzen (vgl. S. 245). (Nach LIBBERT, ergänzt)

	E_0' (Volt)
P_{700}^*	negativer als $-0,60$
(Viologenfarbstoffe)	$-0,55$
Ferredoxin (Fd)	$-0,43$
Fd-NADP$^+$-Reduktase (Fp)	$-0,35$
NADP$^+$	$-0,32$
Cytochrom b$_6$ (Cyt. b$_6$; Cyt. b$_{563}$)	$-0,02$
P_{680}^*	negativer als $\pm 0,0$
Plastochinon (PQ)	$\pm 0,0$ bis $+0,10$
Cytochrom b$_{559}$ (Cyt. b$_{559}$)	$+0,05$ (?)
Cytochrom f (Cyt. f; Cyt. c$_{555}$)	$+0,37$
Plastocyanin (PCy)	$+0,35$ bis $+0,39$
P$_{700}$	$+0,45$
H$_2$O/$\frac{1}{2}$O$_2$	$+0,81$
P$_{680}$	positiver als $+0,82$
$P_{.890}^*$	negativer als $0,42$
Ferredoxin	$-0,42$
NAD$^+$	$-0,32$
H$_2$S/S	$-0,24$
Cytochrom cc'	$\pm 0,0$
Ubichinon (Q)	$\pm 0,0$ bis $+0,10$
Cytochrom c$_{552}$ (mit FMN)	$+0,01$
Cytochrom c$_{555}$	$+0,34$
P$_{890}$	$+0,45$

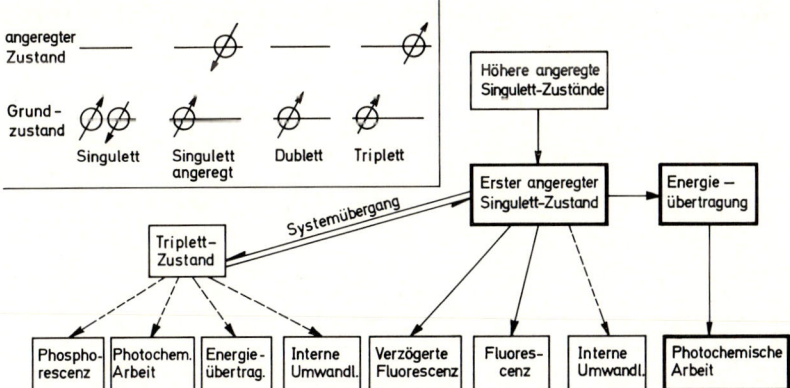

Abb. 272: Schicksal der Anregungsenergie in einem Pigmentmolekül. Nur die mit ausgezogenen Pfeilen gekennzeichneten Reaktionen wurden in der lebenden Zelle beobachtet. Die stark umrandeten Zustände und Übergänge sind direkt bei der Photosynthese beteiligt. Einschub: Singulett-, Dublett- und Triplett-Zustände sind charakterisiert durch den «Spin» der äußeren Elektronen in einem Atom oder Molekül. Die Spin-Achse wird hier durch den Pfeil angedeutet. Im Singulett-Zustand sind die Spins antiparallel, im Triplett-Zustand dagegen parallel. Der Dublett-Zustand ist durch ein unpaares Elektron gekennzeichnet. Die Bezeichnungen «Singulett», «Dublett» und «Triplett» geben die Zahl der Orientierungsmöglichkeiten der Elektronen in einem Magnetfeld an. (Nach GOVINDJEE u. GOVINDJEE, verändert)

(Chlorophyll a und b, Carotinoide), von denen je etwa 500 in den ca. 200 Elektronentransport-Ketten zusammengefaßt sind. Bei vollem Sonnenlicht erreichen pro Sekunde etwa 200 Quanten jedes Reaktionszentrum.

Es ist noch nicht ganz klar, ob jedes Reaktionszentrum in einem Photosystem von einem distinkten, nur ihm zugeordneten Kollektiv von Antennenpigmenten versorgt wird, oder ob die Excitonen bei ihrer Wanderung durch eine «Sammelantenne» zufällig auf die zwischen den Antennenpigmenten verstreuten «Fallenmoleküle» treffen.

Elektronentransport und Photophosphorylierung

Wenn die Anregungsenergie eines Photosystems auf dessen photochemisches Zentrum übertragen wurde oder wenn dieses direkt ein Lichtquant aufnimmt, so besitzt dieses Fallen-

pigment ein energiereiches Elektron. Es wird angenommen, daß bei beiden Lichtreaktionen der Photosynthese dieses angeregte Elektron von einem Acceptor übernommen wird:

$$\text{Chl a} \xrightarrow{\text{h}\cdot\text{v}} \text{Chl a*} \xrightarrow{\text{X}} \text{Chl a}^+ + \text{X}^-.$$

P_{700}, das Fallenpigment des Photosystems I, ein Dimeres, hat im Grundzustand ein Standard-Redoxpotential (E_0') von etwa $+ 0,45$ V. Im angeregten Zustand wird ihm ein E_0' von negativer als $—0,60$ V (möglicherweise um $—1,35$ V) zugeschrieben, da es noch synthetische Farbstoffe (Viologenfarbstoffe) mit $E_0' = —0,55$ V zu reduzieren vermag (Tab. 13). Diesem Potentialhub von mindestens 1 V entspricht eine Energiedifferenz von mindestens etwa 23 kcal bzw. ca. 96 kJ (S. 239). Im angeregten Zustand ist das P_{700} also ein sehr starkes Reduktionsmit-

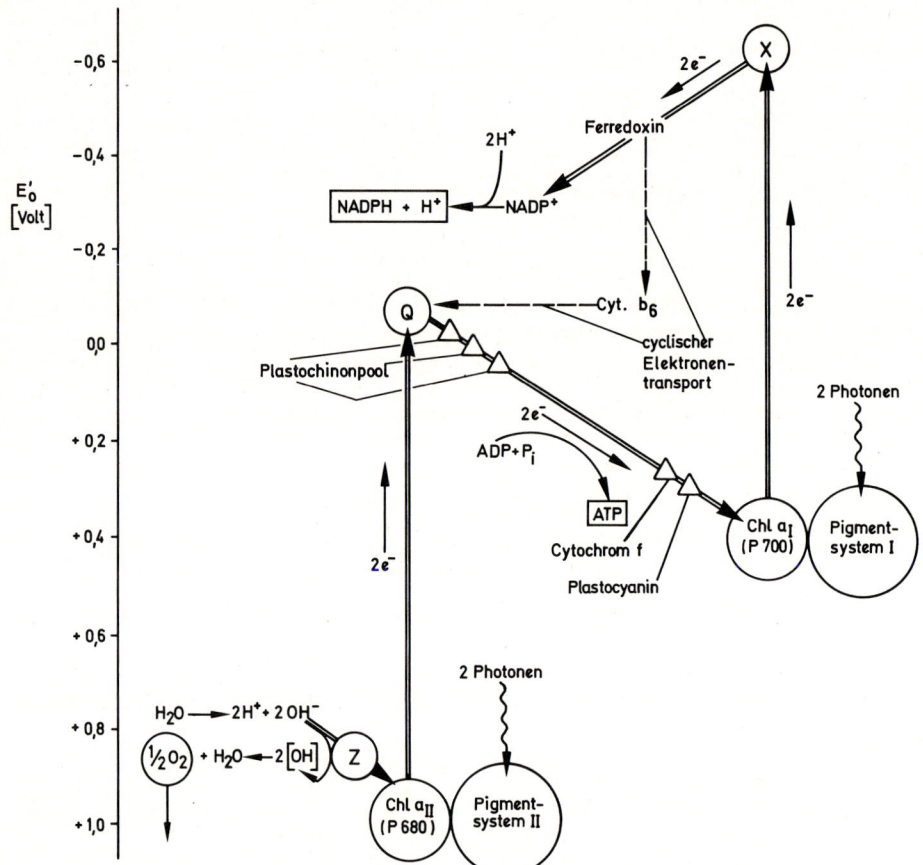

Abb. 273: Modell für die «Serienschaltung» der beiden Photosysteme. X Primäracceptor für Elektronen im Photosystem I (vermutlich gebundenes Ferredoxin); Q Primäracceptor für Photosystem II (vermutlich gebundenes Plastochinon); Z im Detail noch unbekanntes Redoxsystem zwischen Wasser und Photosystem II.

tel, das stärkste, das man bisher in der lebenden Zelle kennt. Der primäre Acceptor des angeregten Elektrons von P_{700} (X, Abb. 273) ist noch nicht eindeutig identifiziert; vermutlich handelt es sich um gebundenes Ferredoxin.

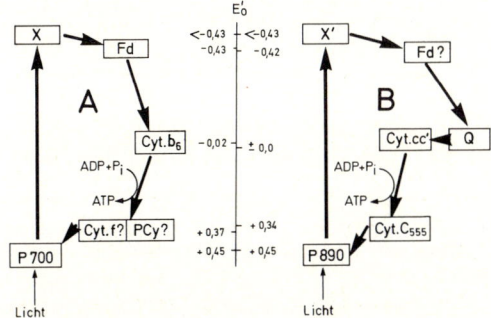

E_0'

A

B

Licht   Licht

Abb. 274: Mögliche Wege des cyclischen Elektronentransportes bei Blaualgen und Höheren Pflanzen (A) und bei dem photosynthetisierenden Bacterium *Chromatium* (B). Fd Ferredoxin (in beiden Fällen verschieden), Q Ubichinon, PCy Plastocyanin, Cyt. Cytochrom (Nach LIBBERT)

Daß in belichteten Chloroplasten tatsächlich Chlorophyllionen auftreten, konnte mittels der Elektronenspinresonanz-Technik gezeigt werden, die ungepaarte Elektronen erfaßt.

Von X^- aus kann das Elektron, zumindest im Experiment, verschiedene Wege einschlagen: Im **cyclischen Elektronentransport** werden die angeregten Elektronen über eine Elektronentransportkette wieder zum P_{700}^+ zurückgeführt (Abb. 273, 274). Dieses «Bergablaufen» der Elektronen wird zur Bildung von ATP aus ADP und P_i benutzt («**cyclische Photophosphorylierung**») (Abb. 274). ATP ist demnach das einzige faßbare Produkt dieser Reaktion, bei der nur das Photosystem I beteiligt ist.

Redoxsysteme beim photosynthetischen Elektronentransport

Außer Wasser (bzw. den primären Elektronenspendern bei den photosynthetisierenden Bakterien) und den Chlorophyllen sind am photosynthetischen Elektronentransport noch Cytochrome, Metallproteide, Pyridinnucleoti-

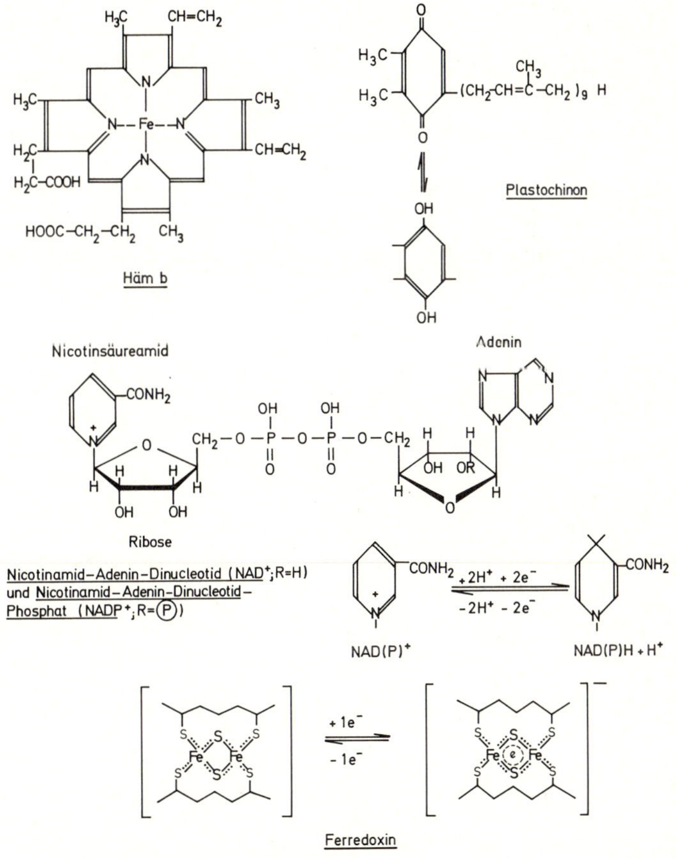

Abb. 275: Redoxsysteme des photosynthetischen Elektronentransports. Häm b stellt das aktive Zentrum von Cytochromen der Gruppe b und verschiedener Enzyme (Katalase, Peroxidase, Oxygenasen) dar. Beim Ferredoxin in den Chloroplasten besitzt das aktive Zentrum je 2 labile Eisen- und Schwefelatome; es nimmt bei der Reduktion ein Elektron ohne bevorzugte Bindung an ein Eisenatom auf. – Bei den Pyridin-Nucleotiden besteht der Rest R aus H (NAD$^+$ bzw. NADH + H$^+$) oder aus PO$_4^{3-}$ (NADP$^+$ bzw. NADPH + H$^+$).

H_3C $CH=CH_2$

H_3C CH_3

Fe

H_3C $CH=CH_2$

$H_2C-COOH$

$HOOC-CH_2-CH_2$ CH_3

Häm b

H_3C CH_3

H_3C $(CH_2-CH=C-CH_2)_9 H$

Plastochinon

Nicotinsäureamid

$CONH_2$

Adenin

Ribose

$CH_2-O-P-O-P-O-CH_2$

Nicotinamid–Adenin–Dinucleotid (NAD$^+$; R=H) und Nicotinamid–Adenin–Dinucleotid–Phosphat (NADP$^+$; R=(P))

$CONH_2$ $\xrightarrow{+2H^+ + 2e^-}_{-2H^+ - 2e^-}$ $CONH_2$

NAD(P)$^+$ NAD(P)H + H$^+$

$\xrightarrow{+1e^-}_{-1e^-}$

Ferredoxin

de, Flavoproteide und Chinone beteiligt (Abb. 275, Tab. 13).

Cytochrome leiten sich wie die Chlorophylle vom Porphyrinringsystem ab, doch besitzen sie als Zentralatom des Tetrapyrrolringes kein Magnesium, sondern Eisen (Abb. 275). Diese Porphyrin-Eisen-Komplexe sind als prosthetische Gruppen an Protein gebunden. Bei der Elektronenübertragung durch die Cytochrome macht das Zentralatom einen Wertigkeitswechsel durch (Fe^{3+}/Fe^{2+}). Die verschiedenen Cytochrome werden durch ihre charakteristischen Absorptionsspektren unterschieden, wobei das Spektrum der reduzierten Form herangezogen wird, das sich von dem der oxidierten stark unterscheidet (Abb. 276). Maßgeblich für die Einordnung der Cytochrome in die verschiedenen Kategorien ist die Position der α-Bande des reduzierten Cytochroms bei Zimmertemperatur: Sie liegt bei Cytochrom a um 600 nm, bei Cyt. b um 560 nm und bei Cyt. c (Abb. 14, S. 23) um 550 nm. Das Cytochrom f, das seine Bezeichnung von seinem Vorkommen in Chloroplasten hat (frons = Laub), gehört zu der Cyt. c-Gruppe (= Cyt. c_{555}).

Bei experimenteller Trennung der beiden Photosysteme reichern sich Cytochrom b_6 und Cytochrom f im Photosystem I an, während sich Cytochrom b_{559} im Photosystem II findet. Man nimmt an, daß sich das Cytochrom f in einem Cytochrom-b-f-Komplex in der Thylakoidmembran befindet, der auch noch eine funktionelle Fe-S-Gruppe enthält. Dieser Komplex nimmt die Elektronen aus dem reduzierten Plastochinonspeicher auf und gibt sie an das Plastocyanin weiter.

Ferredoxine sind niedermolekulare (MG = 12 000 in Chloroplasten), rötlichbraun gefärbte Eisenproteide, die nicht an Häm (d.h. cyclisches Tetrapyrrol) gebundenes Fe^{3+} enthalten. Das Chloroplasten-Ferredoxin (Abb. 275) besitzt zwei labile Eisen-

und zwei labile Schwefelatome (1 aktives Zentrum) pro Molekül (sie können durch Säurebehandlung entfernt werden), während bei *Chromatium*, einem photosynthetisierenden Bakterium, vier labile Eisen- und vier labile Schwefelatome (2 aktive Zentren) vorhanden sind.

Plastocyanin (MG 11000) hat Kupferionen ($2 Cu^{2+}$) im aktiven Zentrum. Es hat ein Redoxpotential von +370 mV und nimmt zwei Elektronen auf. Es ist an der Innenseite der Thylakoidmembran lokalisiert.

Plastochinon kommt in den Chloroplasten in großer Menge vor. Wegen seiner lipophilen Isoprenoid-Seitenkette (vgl. S. 360f., Abb. 275) ist es in der Thylakoidmembran verankert, wo es eine Art «pool» bildet (Abb. 277). Bei photosynthetisierenden Bakterien tritt an die Stelle des Plastochinons das Ubichinon.

Ein Flavoprotein überträgt die Elektronen vom Ferredoxin auf den Pyridinnucleotid-Acceptor. (Zur Struktur der Flavine, der prosthetischen Gruppe der Flavoproteide, vgl. S. 279).

Pyridinnucleotide schließlich nehmen in den Elektronentransportketten der Photosynthese wie der Atmung (S. 278) insofern eine Sonderstellung ein, als sie in der Regel den Elektronenübergang zwischen den in der Membran lokalisierten Redoxsystemen und den gelösten niedermolekularen organischen Verbindungen vermitteln. Als Dinucleotide (Abb. 275) sind sie ionisiert und wasserlöslich.

An der Elektronentransportkette des cyclischen Elektronentransportes ist bei den photosynthetisierenden Pflanzen (außer Bakterien) wahrscheinlich Ferredoxin, Cytochrom b_{564}, Plastochinon und der Cytochrom-b-f-Komplex beteiligt. Bei Purpurbakterien werden Ubichinon und Cytochrom cc′ dieser Kette zugerechnet (Abb. 274).

Der Hauptweg des photosynthetischen Elektronentransportes verläuft vom Acceptor X^- aber nicht zum P_{700}^+ zurück, sondern zum Ferredoxin (das, wie erwähnt, evtl. auch in der Kette des cyclischen Elektronenflusses beteiligt ist) und von dort zum $NADP^+$ (Abb. 273, 278). Dieser Schritt wird von dem Flavoproteid-Enzym Ferredoxin-NADP$^+$-Oxidoreduktase katalysiert, das bei den photosynthetisierenden Pflanzen (außer den Bakterien) zum $NADP^+$ eine etwa 400fach höhere Affinität hat als zum NAD^+. Bei diesem **nichtcyclischen Elektronenfluß** wird also das angeregte Elektron aus dem P_{700} auf das $NADP^+$ überführt, wobei zu dessen Reduktion zu $NADPH + H^+$ zwei Elektronen und zwei Protonen benötigt werden; letztere werden aus dem Medium aufgenommen. Zurück bleiben demnach zwei P_{700}-Mole-

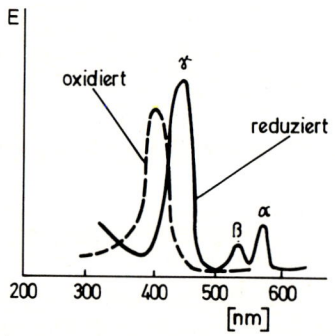

Abb. 276: Absorptionsspektren der oxidierten (gestrichelt) und reduzierten (ausgezogen) Form eines Cytochroms der Gruppe b. Die α-Banden der Cytochrome der Gruppe a liegen um 600 nm, die der Gruppe b um 560 nm und die der Gruppe c um 550 nm. (Nach KINDL u. WÖBER)

küle mit «positiven Löchern»: P_{700}^+. (Das Elektronendefizit kann nicht einer definierten Bindung im Molekül zugeschrieben werden.) Diese müssen von einem Elektronenspender aufgefüllt werden; hierfür dient letztlich das Wasser. Da das System $H_2O/\frac{1}{2}O_2$, wie erwähnt, ein E_0' von $+0,81$ V hat, ist der Übergang von Elektronen von Wasser auf P_{700}^+ ($E_0' = +0,45$ V) ein endergonischer Vorgang, der die Zufuhr von Energie (in Form von Lichtquanten) erfordert. Vermittelt wird diese vom Pigmentsystem II. Absorbiert dieses ein Lichtquant, so wird ein Elektron von dem reaktiven Zentrum (P_{680}; bisher kein Hinweis, daß es als Dimer vorliegt) in weniger als 20 ns über die Thylakoidmembran hinweg (Abb. 277) zu einem speziellen Plastochinon ($PQ_1 \equiv$ X-320) transportiert, das in ein Semichinonanion PQ_1^- übergeht. Dieses PQ_1 befindet sich auf der Stromaseite der Thylakoidmembran und ist von einem Proteinschild abgedeckt, der es unzugänglich für artefizielle Elektronendonatoren (z.B. Fe^{2+}) macht. Er kann durch Trypsin entfernt werden. Vom PQ_1^- führt die weitere Sequenz vermutlich über ein anderes Spezial-Plastochinon (PQ_2), das zwei Elektronen aufnimmt:

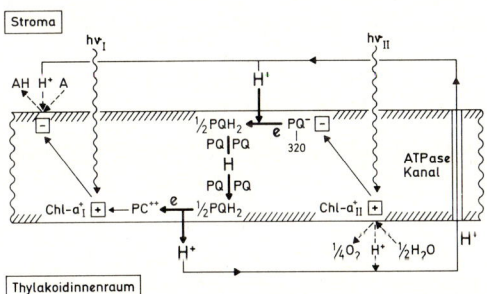

Stroma

Thylakoidinnenraum

Abb. 277: Vereinfachtes Sägezahnschema für den vektoriellen Transport von Elektronen, Protonen und Wasserstoffatomen über die Thylakoidmembran bei Belichtung. Reaktionsfolge: 1. Anregung von Chlorophyll a_I und a_{II}. 2. Photooxidation von Chl a_I und Chl a_{II}. 3. Gerichteter Transport von Elektronen von der Innen- zur Außenseite der Thylakoidmembran. 4. Oxidation von H_2O, Reduktion und Protonierung des terminalen Acceptors A und Reduktion und Oxidation von Plastochinon (PQ). 5. Protonen-Transport zum Thylakoidinnenraum durch protolytische Reaktionen mit den Ladungen an der Außen-(PQ^-) und Innenseite (Plastocyanin, PC^{2+}) der Thylakoidmembran. 6. Entladung der «energetisierten» Membran durch Efflux der Protonen, dabei Bildung von ATP mittels einer membrangebundenen ATPase. (Nach Tiemann, Renger, Gräber u. Witt)

$$PQ_1 \cdot PQ_2 \rightarrow PQ_1^- \cdot PQ_2 \rightarrow PQ_1 \cdot PQ_2^- \rightarrow$$
$$PQ_1^- \cdot PQ_2^- \rightarrow PQ_1 \cdot PQ_2^{2-}.$$

PQ_2^{2-} gibt seine Elektronen an einen Pool von ca. 7 Plastochinonmolekülen ab, welche die Thylakoidmembran durchsetzen. Bei Lichtsättigung können maximal vier zur Hydrochinonstufe reduziert sein, sodaß dieser Pool als dynamischer Speicher für 8 Elektronen dient. Die Reduktion der Plastochinone im Pool erfolgt in 0,6 ms und die Reoxidation in 20 ms; letztere ist somit der langsamste und geschwindigkeitsbestimmende Schritt im linearen Elektronentransport. Die Plastochinon-Pools von mindestens 10 Elektronentransportketten sind miteinander direkt verbunden. Elektronenacceptor für den reduzierten Plastochinon-Pool und unmittelbarer Elektronendonator für das P_{700}^+ ist das Plastocyanin. Das ursprünglich hierfür diskutierte Cytochrom f scheint auf einem Nebenweg zu liegen.

Die zur Reduktion der im Photosystem II entstandenen P_{680}^+-Moleküle benötigten Elektronen stammen letztlich aus dem Wasser. Der bei der Wasserspaltung (an der Innenseite der Thylakoidmembran) freigesetzte Sauerstoff ist ein Abfallprodukt der Photosynthese, der jährlich in einer Menge von $2 \cdot 10^{11}$ t entsteht. Es gibt Hinweise, daß nicht H_2O selbst, sondern hydratisiertes CO_2 die unmittelbare Quelle des Photosynthese-O_2 ist. Die ebenfalls anfallenden Protonen decken formal den Bedarf an H^+ bei der $NADP^+$-Reduktion. Die Oxidation des Wassers wird durch ein Enzymsystem S katalysiert. Es wird angenommen, daß 4 P_{680}^+-Moleküle 4 Elektronen von S beziehen, wodurch dieses schrittweise oxidiert wird: $S_0 \rightarrow S_1^{1+} \rightarrow S_2^{2+} \rightarrow S_3^{3+} \rightarrow S_4^{4+}$. Durch die Oxidation von 2 Molekülen Wasser (liefert 4 Elektronen, 4 Protonen und 1 O_2) soll dann das S_4^{4+} wieder vollständig reduziert werden ($S_4^{4+} \rightarrow S_0$). Bei diesen Redoxvorgängen mit S sind Mangan-Atome beteiligt (auf noch ungeklärte Weise); in Algenchloroplasten kommen 5–8 Manganatome auf 400 Chlorophyll a-Moleküle. Auch Chlorid soll eine noch unbekannte Rolle bei der Wasserspaltung spielen.

Durch bestimmte Inhibitoren, z.B. das Herbicid DCMU (Dichlorphenyldimethylharnstoff), kann man die Photoreaktion II spezifisch blockieren. (DCMU greift nahe PQ_2 ein.)

Von manchen Autoren wird angenommen, daß der vollständige Satz von Pigmenten und Redoxsubstanzen der Pigmentsysteme I und II gemeinsam mit den dazugehörigen Lipiden zusammengefaßt ist zu einer spezifischen Funktionseinheit, dem **Quantasom.** Hierfür würden sich Partikel anbieten, die elektronenmikroskopisch in der Thylakoidmembran nachgewiesen wurden (Abb. 61 bis 63, S. 66f.). Einem derartigen Quantasom könnte man aufgrund der bekannten chemischen Zusammensetzung der Thylakoidmembranen eine definierte Stoffausstattung zuschreiben (Tab. 14).

Quantenbedarf der Photosynthese

Man kann den Mindestquantenbedarf der Photosynthese unabhängig von den tatsächlichen Umsetzungen thermodynamisch festlegen: Da für die Assimilation von 1 Mol CO_2 114 kcal (ca. 477 kJ) benötigt werden (S. 238), sind mindestens drei Quanten Rotlicht ($\lambda = 700$ nm : 41 kcal/Einstein) notwendig. Zu reelleren Werten kommt man, wenn man die Vorgänge bei der Reduktion des CO_2 in der Dunkelphase der Photosynthese berücksichtigt, die später im einzelnen besprochen werden. Sie vollziehen sich nach der summarischen Gleichung:

$$CO_2 + 2\,NADPH + 2\,H^+ + 3\,ATP + 2\,H_2O \rightarrow$$

$$(CH_2O) + 2\,NADP^+ + 3\,ADP + 3\,P_i.$$

Um $2\,NADPH + 2\,H^+$ zu erhalten, müssen 4 Elektronen im Photosystem I und 4 Elektronen im Photosystem II transportiert werden, wobei für jedes dieser 8 Elektronen ein Lichtquant notwendig ist. Sollte der lineare Transport dieser 8 Elektronen vom H_2O zum $NADP^+$ nicht zur Bildung (nichtcyclische Photophosphorylierung, s. S. 246) der benötigten 3 ATP-Moleküle ausreichen, so müßte das ATP-Defizit auf andere Weise gedeckt werden. Dies könnte einmal

Tab. 14: Zusammensetzung der Thylakoide eines Spinatchloroplasten, wobei die Masse eines Quantasoms ($2 \cdot 10^6$; vgl. Abb. 61, S. 66) als Einheit zugrunde gelegt wurde. (Nach LICHTENTHALER u. PARK; PARK u. BIGGINS)

Lipid-Fraktion	Mol.-Gew.
230 Chlorophylle	206 400
48 Carotinoide	27 000
46 Chinone	31 800
116 Phospholipide	90 800
144 Digalactosyldiglyceride	134 000
346 Monogalactosyldiglyceride	268 000
48 Sulfolipide	41 000
Steroide	15 000
Nichtidentifizierte Lipide	175 000
Protein-Fraktion	Mol.-Gew.
9380 N-Atome in Proteinen	928 000
2 Mangan-Atome	110
12 Eisen-Atome	
(einschl. 2 Cytochrome)	672
6 Kupfer-Atome	380

durch cyclische Photophosphorylierung oder, was derzeit für wahrscheinlicher gehalten wird, durch Übergang der Elektronen auf O_2 statt auf $NADP^+$ (Abb. 278) bewerkstelligt werden. Diese «pseudocyclische Photophosphorylierung» soll vor allem dann an die Stelle der cyclischen treten, wenn der im Photosystem II freigesetzte Sauerstoff einen bestimmten Partialdruck übersteigt.

Bei einem Bedarf von 8 Quanten für die Reduktion von einem CO_2-Molekül wäre die Energieausbeute (bei eingestrahltem Rotlicht von $\lambda = 700$ nm) etwa 38%, d.h. 38% der absorbierten Strahlenenergie blieben dann in der chemischen Energie der Photosyntheseprodukte erhalten. Unter natürlichen Bedingungen ist die Energieausbeute sehr viel geringer, was z.T. auf die Photorespiration zurückgeht (S. 263f.).

Sie hängt vom O_2- und CO_2-Partialdruck (bei C_3-Pflanzen, vgl. S. 253) und von der Temperatur ab, wobei die C_3-Pflanzen bei niedrigeren, die C_4-Pflanzen bei höheren Temperaturen hinsichtlich der Energieausbeute überlegen sind (Grenze bei etwa 30 °C).

Die Photophosphorylierung

Der Mechanismus der Koppelung des Elektronentransports über eine Redoxkette entsprechender Potentialdifferenz mit der ATP-Bildung ist bei der Photophosphorylierung sowenig endgültig geklärt wie bei der Atmungskettenphosphorylierung (S. 279f.). Drei Hypothesen werden diskutiert: Die chemische Hypothese nimmt an, daß die beim exergonischen Elektronentransport freigesetzte Energie zunächst zum Aufbau einer Verbindung mit höherem Phosphatgruppenpotential benützt wird, die dann den Phosphatrest auf ADP überträgt. Die zweite Hypothese (Konformationshypothese) geht davon aus, daß der Elektronen-

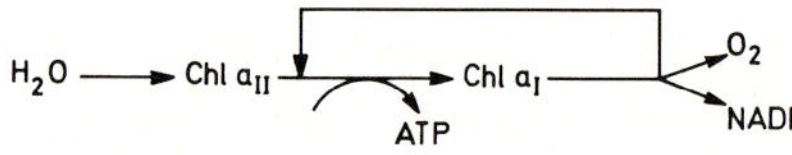

Abb. 278: Konkurrenz verschiedener Acceptoren um Elektronen beim photosynthetischen Elektronentransport. Sollte beim nichtcyclischen Elektronentransport pro Elektronenpaar nur 1 ATP (neben einem $NADPH + H^+$) gebildet werden, so wäre das zu wenig für die Reduktion von 1 CO_2. Ein Rückstau des nichtverbrauchten $NADPH + H^+$ könnte die Elektronen auf O_2 umleiten, wobei die nichtcyclische Photophosphorylierung weiterliefe und ein für die CO_2-Reduktion geeignetes ATP/NADPH $+ H^+$-Verhältnis herstellen würde. Das $NADPH + H^+$ würde dann wieder oxidiert und $NADP^+$ als Elektronenempfänger erneut zur Verfügung stehen. Der cyclische Elektronenfluß bleibt als alternativer Weg für die ATP-Produktion (z.B. bei niedrigem O_2-Partialdruck). (Nach HEBER)

transport zu Konformationsänderungen eines elektronenübertragenden Proteins oder des Kopplungsfaktors Anlaß gibt, deren Ausgleich über Protein/Protein-Wechselwirkungen zur ATP-Bildung führt. Am wahrscheinlichsten erscheint derzeit die dritte Vorstellung, die c h e m i o s m o t i s c h e Hypothese (MITCHELL-Hypothese). Sie geht davon aus, daß der lichtgetriebene Elektronenfluß in der Thylakoidmembran durch spezifische Anordnung der beteiligten Redoxsysteme (Abb. 277) gerichtet erfolgt und zu einer Ladungstrennung über diese Membran hinweg führt. Tatsächlich bewirkt die Belichtung von Chloroplasten einen Protonengradienten zwischen Stromabereich und Thylakoidinnenraum, wobei im Stroma im Licht ein pH-Wert von 7,95, im Thylakoidinnenraum von 5,6 gemessen wurde. Man nimmt an, daß zwei Protonen auf der Stromaseite der Thylakoidmembran gebunden werden (eines an das reduzierte Plastochinon, das andere an das $NADP^+$) und zwei an der Innenseite freigesetzt werden (eines bei der H_2O-Spaltung und eines bei der Oxidation von $^1/_2 PQH_2$ (Abb. 277). K^+- und Mg^{2+}-Ionen dagegen werden bei Belichtung aus den Thylakoiden ins Stroma befördert (Abb. 279). Bei Verdunkelung werden die noch bestehenden Konzentrationsgradienten zwischen Thylakoidinnenraum und Stroma wieder ausgeglichen.

Die chemiosmotische Hypothese geht davon aus, daß der Ausgleich dieses Protonengradienten über eine eingeschaltete, membrangebundene ATPase ATP zu bilden vermag. Dieser ATPase-Komplex in der Thylakoidmembran besteht wie in der Mitochondrien- und Bakterienmembran aus einer hydrophilen (c o u p l i n g f a c t o r 1, CF_1) und einer hydrophoben, fest mit der Membran verbundenen Komponente (CF_2). Bei der Entfernung dieser Kopplungsfaktoren aus der Thylakoidmembran oder ihrer Blockierung durch spezifische Antikörper bricht die Photophosphorylierung zusammen.

Es müssen 5 Protonen die ATPase-Schleuse in der Thylakoidmembran queren, um zwei Moleküle ATP aufzuladen. Die ATPasen müssen wahrscheinlich vor ihrer Aktion durch eine Konformationsänderung aktiviert werden.

Es konnte übrigens gezeigt werden, daß ein experimentell erzeugtes elektrisches Feld oder ein Protonengradient zwischen Thylakoidinnenraum und Stroma auch im Dunkeln bei seinem Ausgleich ATP aus ADP und P_i zu bilden vermag.

Bestimmte Substanzen entkoppeln den photosynthetischen Elektronentransport und die ATP-Bildung; unter ihrem Einfluß läuft also z.B. die HILL-Reaktion weiter, aber die Photophosphorylierung unterbleibt. Zu diesen E n t k o p p l e r n der Photophosphorylierung gehören z.B. NH_4^+-Ionen, Arsenat, CCCP (Carbonylcyanid-m-chlorphenylhydrazon) und Desaspidin, ein Phloroglucinderivat aus *Dryopteris*-Arten. Die entkoppelnde Wirkung dieser Substanzen könnte nach der chemiosmotischen Hypothese darin bestehen, daß sie die Aufrichtung des Protonengradienten verhindern (nachgewiesen z.B. für CCCP) oder die ATPase hemmen.

Die chemiosmotische Hypothese würde übrigens auch zwanglos erklären, warum für eine Photophosphorylierung (und damit für eine funktionierende Photosynthese) ein vom Stroma abgeschlossener Thylakoidinnenraum notwendig ist (er findet sich ja auch bei photosynthetisierenden Prokaryoten, die noch keine Chloroplasten-Außenhülle haben): nur ein abgeschlossenes Kompartiment vermag gegenüber seiner Umgebung einen Konzentrationsgradienten bestimmter Stoffe aufrechtzuerhalten.

Energieumwandlung bei der bakteriellen Photosynthese

Auch bei den photoautotrophen Bakterien wurden ein cyclischer und ein nichtcyclischer

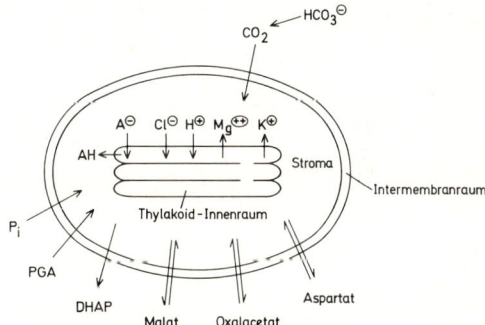

Abb. 279: Transport verschiedener Ionen und Substanzen über die Thylakoidmembran und die Chloroplastenhülle beim Einsetzen der Belichtung. Bei Verdunkelung laufen die Vorgänge an der Thylakoidmembran umgekehrt ab. Die äußere Membran der Chloroplastenhülle ist für die meisten Substanzen frei passierbar, während sich in der inneren Membran Carriersysteme für verschiedene Substanzgruppen, z.B. für a) Phosphorsäure enthaltende wie anorg. Phosphat P_i, 3-Phosphoglycerat PGA, Dihydroxyacetonphosphat DHAP; oder für b) C_4-Dicarbonsäuren, wie Malat, Oxalacetat u. Aspartat befinden. A^- bedeutet ein permeables Anion einer gleichfalls permeablen schwachen Säure AH. Die Innenräume der einzelnen Thylakoide stehen miteinander, evtl. auch mit dem Intermembranraum, in Verbindung (vgl. Abb. 60, S. 65).

Elektronentransport nachgewiesen. Während ersterer wieder zur ATP-Produktion benutzt werden kann, dient letzterer auch hier zur Bereitstellung eines Reduktionsmittels; bei den photoautotrophen Bakterien ist dies nicht $NADPH + H^+$, sondern $NADH + H^+$ (Abb. 280). Bei dem photoautotrophen *Chromatium* ist zumeist H_2S der Elektronendonator:

$$H_2S \rightleftharpoons S + 2H^+ + 2e^- ; \; E_0' = -0,24 \, V.$$

Für das «Bergauflaufen» der Elektronen zum NAD^+ ($E_0' = 0,32 \, V$) gibt es zwei Energiequellen: 1. ATP, das aus der cyclischen Photophosphorylierung stammen kann, oder 2. Lichtenergie, die aus dem Bacteriochlorophyll ein Elektron über eine Redoxleiter zum NAD^+ bringt (Abb. 280). Bei Purpurbakterien dient als elektronenspendendes Pigment ein Chlorophylldimeres, u. zw. P_{870} oder P_{890} bei Arten mit Bacteriochlorophyll a, P_{985} bei den (wenigen) Arten mit Bacteriochlorophyll b. Grüne Bakterien (*Chlorobiaceae*) benützen P_{840} (auch als Dimeres), die *Chloroflexaceae* P_{860} für diesen Zweck. Zwischen dem elektronenabgebenden Pigment und der Redoxkaskade liegt meist noch mindestens ein «Intermediärer Acceptor», der bei den Purpurbakterien als Bacteriophaeophytin a identifiziert wurde.

Das verbleibende Chlorophyll-Kation (P^+; z. B. P_{890}^+) wird vom letzten Elektronendonator, z. B. H_2S, wieder mit einem Elektron versorgt.

Da die Redoxdifferenz zwischen H_2S und NAD^+ wesentlich geringer ist als die zwischen H_2O und $NADP^+$, wird verständlich, warum *Chromatium* den photosynthetischen Elektronentransport noch mit Wellenlängen sehr geringer Energie betreiben kann ($\lambda = 890 \, nm : 32,07$ kcal (ca. 134,2 kJ) pro Einstein).

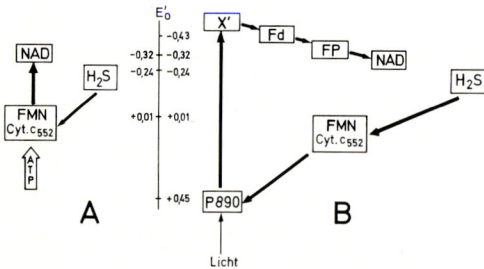

Abb. 280: Linearer (nichtcyclischer) Elektronentransport bei dem photoautotrophen Bacterium *Chromatium*. A ATP-getrieben, B lichtgetrieben. FMN Flavinmononucleotid, FP Flavoproteid. (Nach LIBBERT)

Grundsätzlich mit den gleichen Mechanismen wie die photolithotrophen arbeiten die photoorganotrophen Bakterien (wenn auch z. T. mit anderen Redoxsystemen). *Rhodospirillum* z. B. transportiert die Elektronen mit ATP oder Licht von Succinat ($E_0' = -0,03 \, V$) zum NAD^+.

Es ist anzunehmen, daß sich in der Evolution aus einem heterotrophen Prokaryoten zunächst ein durch den Erwerb von Photosystem I zur cyclischen Photophosphorylierung befähigter Prokaryot entwickelt hat. Später kam dann zunächst die Fähigkeit zum nichtcyclischen Transport von Elektronen aus Substanzen mit noch relativ negativem Redoxpotential auf NAD^+ hinzu, womit schon eine Photoautotrophie an relativ wenigen Standorten (wo diese Reduktionsmittel, z. B. H_2S, vorhanden waren) möglich wurde. Erst durch die Ergänzung des Photosystems I durch das Photosystem II konnte dann das universell verbreitete Wasser als Reduktionsmittel eingesetzt und die Photosynthese damit zu einem quantitativ dominierenden Prozeß werden. Der als Abfallprodukt der Photosynthese entstehende Sauerstoff reicherte sich von jetzt an allmählich in der Atmosphäre an und ermöglichte in der Folgezeit die Entwicklung aerober Organismen.

Übrigens wird auch beim Ergrünen der Chloroplasten (beim Lichtzutritt zu etioliertem Gewebe, vgl. S. 404 ff.) zuerst das Photosystem I des Photosyntheseapparates gebildet, erst später das Photosystem II.

Bemerkenswerterweise werden lichtgetriebene Protonenpumpen bei Bakterien nicht immer mit Hilfe von Chlorophyll als Quantenfänger betrieben. Bei dem nichtphotosynthetisierenden *Halobacterium halobium* befindet sich unter bestimmten Standortbedingungen (niedere O_2-Konzentration) in der äußeren Zellmembran an distinkten Stellen ein dem Sehfarbstoff Rhodopsin ähnliches Chromoproteid, das durch die ganze Membrandicke hindurch reicht («Purpurmembran»). Mit Hilfe der von diesem Bakterienrhodopsin absorbierten Lichtenergie wird zunächst ein Protonengradient zwischen Zellinnerem und Medium aufgerichtet, dessen Ausgleich als treibende Kraft für ATP-Synthese, Aminosäurenaufnahme und Salzaustausch (Na^+/K^+) dient (Abb. 281). Dieser Organismus kann demnach ohne Chlorophyll eine Photophosphorylierung durchführen und auf diese Weise seinen Energiehaushalt entlasten.

Umsetzungen des Sauerstoffs im Chloroplasten

Die Freisetzung von O_2 auf der Innenseite der Thylakoidmembran während der Lichtreaktion der Photosynthese (mit H_2O als Elektronendonator) bringt verschiedene Probleme mit sich. Auf die Rolle als Konkurrenzsubstrat für die RubP-Carboxylase/ Oxidase wird später eingegangen (S. 263). Unter den Produkten des O_2-Metabolismus in einem photosynthetisierenden Chloroplasten finden sich einige potentiell toxische Substanzen (Abb. 282). Fängt ein O_2-Molekül vom angeregten Photosystem I ein einzelnes Elektron ab, so entsteht das Superoxidradikal-Anion, O_2^-. Dieses ist zwar selbst nicht besonders toxisch, doch führt die gleichzeitige Anwesenheit des Superoxid-Anions und von H_2O_2 (bei Gegenwart von Metallionen) zur Bildung des äußerst reaktiven Hydroxylradikals, $OH^·$ («FENTON-Chemie»). Dieses kann z. B. die Peroxidierung von Lipiden und dadurch die Zerstörung von Membranen veranlassen. H_2O_2

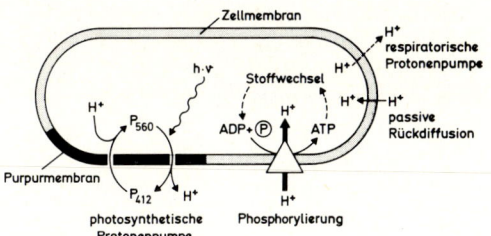

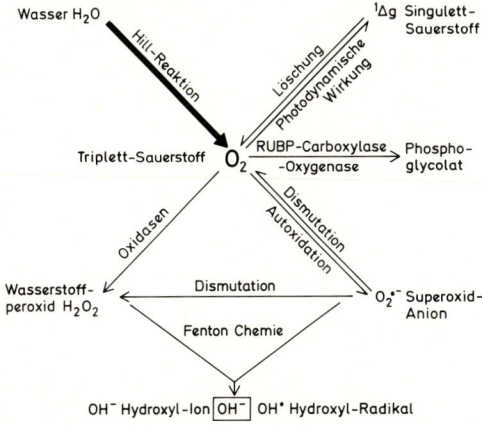

Abb. 281: Photophosphorylierung bei *Halobacterium halobium*. Durch Absorption eines Lichtquants wird das Bacteriorhodopsin in der Purpurmembran reversibel von der P_{560}- in die P_{412}-Form umgewandelt und dabei ein H^+ in das Außenmedium transportiert («Protonenpumpe»). Der Ausgleich des entstandenen Protonengradienten kann durch eine membrangebunde ATPase zur ATP-Synthese verwendet werden. Bei Anwesenheit von O_2 wird der H^+-Gradient über die Zellmembran durch die Atmung bewerkstelligt. H^+ kann auch passiv, ohne Gewinn verwertbarer Energie, zurückdiffundieren. (Nach OESTERHELT, aus MOHR u. SCHOPFER)

Abb. 282: Reaktionen des Sauerstoffs im aktiven Chloroplasten. (Nach FOYER u. HALL)

entsteht einmal als normales Produkt des photosynthetischen Elektronentransportes (am reduzierenden Ende des Photosystems I), vor allem dann, wenn bei geringem CO_2-Angebot das NADP$^+$-System weitgehend reduziert ist. Zum anderen tritt es bei der Umsetzung des Superoxid-Anions durch das (auch in Chloroplasten vorhandene) Enzym Superoxid-Dismutase auf:

$$O_2^- + O_2^- \rightarrow H_2O_2 + O_2$$

Eine weitere sehr reaktive Sauerstofform ist der Singulett-Sauerstoff ($^1\Delta g$). Dieser entsteht durch Reaktion von Chlorophyll im Triplett-Anregungszustand mit Triplett-Sauerstoff, wie er bei der Wasserspaltung anfällt.

Der aktive Chloroplast wird auf verschiedene Weise vor der Schädigung durch diese Sauerstoff-Abkömmlinge geschützt: O_2^- wird durch die Superoxid-Dismutase entfernt; außerdem reagiert es – wie H_2O_2 und $OH^·$ – schnell mit der in Chloroplasten stets in größeren Mengen vorhandenen Ascorbinsäure. Der Singulett-Sauerstoff wird durch die in den Thylakoidmembranen reichlich vorhandenen Carotinoide und das α-Tokopherol wirksam in den Triplett-Zustand zurückgeführt und dadurch unschädlich gemacht. Schließlich wird die Sauerstoffbelastung im Bereich der belichteten Thylakoide auch noch durch die Photorespiration (S. 263) verringert. Gelegentlich versagen diese Schutzmaßnahmen; z. B. wird das plötzliche Zusammenbrechen der Massenentwicklung von Blaualgen in Teichen oder Seen bei hohem O_2- und niederem CO_2-Gehalt und starker Sonnenbestrahlung auf photooxidative Vorgänge zurückgeführt.

Der Weg des Kohlenstoffs bei der Photosynthese

Das Licht hat in der Photosynthese die Aufgabe, in der geschilderten Weise Reduktionsäquivalente und ATP («assimilatory power») bereitzustellen. Für die Fixierung und Reduktion des CO_2 selbst ist das Licht nicht direkt erforderlich. Diese enzymatischen Reaktionen, die sich bei Eukaryoten im Stroma der Chloroplasten abspielen, werden daher oft als «Dunkelreaktionen» der Photosynthese bezeichnet, obwohl sie normalerweise im Licht neben dem Elektronentransport ablaufen und beim Übergang zur Dunkelheit wegen der Erschöpfung der «assimilatory power» und des Substrats für die Darboxylierungsreaktion sehr schnell zum Erliegen kommen. Diese Umsetzungen laufen aber auch ab, wenn man den an ihnen beteiligten Enzymen und Substraten NADPH + H^+ und ATP im Dunkeln zusetzt, statt diese Verbindungen durch belichtete Thylakoide bereitstellen zu lassen.

Wie erwähnt, wird bei der Betrachtung der CO_2-Reduktion der Einfachheit halber meist von einer Hexose als Photosyntheseprodukt ausgegangen, obwohl freie Hexosen in den Chloroplasten kaum auftreten, vielmehr Stärke als Speicherprodukt und andere Zucker (vor allem Saccharose) bzw. Zuckerderivate als Transportkohlenhydrate benutzt werden (S. 256). Außerdem werden neben Kohlenhydraten bei der Photosynthese auch zahlreiche andere Stoffgruppen gebildet (s. u.).

Summarisch läßt sich die CO_2-Verarbeitung mit Hilfe der «assimilatory power» so formulieren:

$$6\,CO_2 + 18\,ATP + 12\,NADPH + 12\,H^+ \rightarrow$$

$$C_6H_{12}O_6 + 18\,ADP + 18\,P_i + 12\,NADP^+ +$$

$$+ 6\,H_2O.$$

Die Reaktionsfolge ist komplex und umfaßt eine größere Zahl von enzymatisch katalysierten Einzelschritten, wobei nur einige der beteiligten Enzyme spezifisch für den Photosyntheseapparat sind (Abb. 284, 285, 286). Der Weg des Kohlenstoffs in der Photosynthese konnte erst durch Einsatz von radioaktivem $^{14}CO_2$ klargelegt werden. Dabei wurden Algen (später auch isolierte Chloroplasten) sehr kurze Zeit (wenige Sekunden) in $^{14}CO_2$-haltigem Medium belichtet, dann schnell abgetötet und die gebildeten ^{14}C-haltigen Produkte extrahiert, chromatographisch getrennt und durch Positionsvergleich mit authentischen Verbindungen identifiziert (Abb. 283).

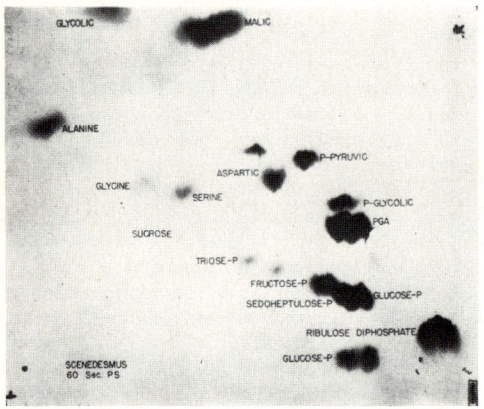

Abb. 283: Typische Autoradiographie der ^{14}C-markierten löslichen Produkte nach 60 sec Photosynthese von *Scenedesmus* spec. in $^{14}CO_2$. Die Verbindungen waren vor der Autoradiographie zweidimensional papierchromatographisch aufgetrennt worden. (Nach BASSHAM u. CALVIN)

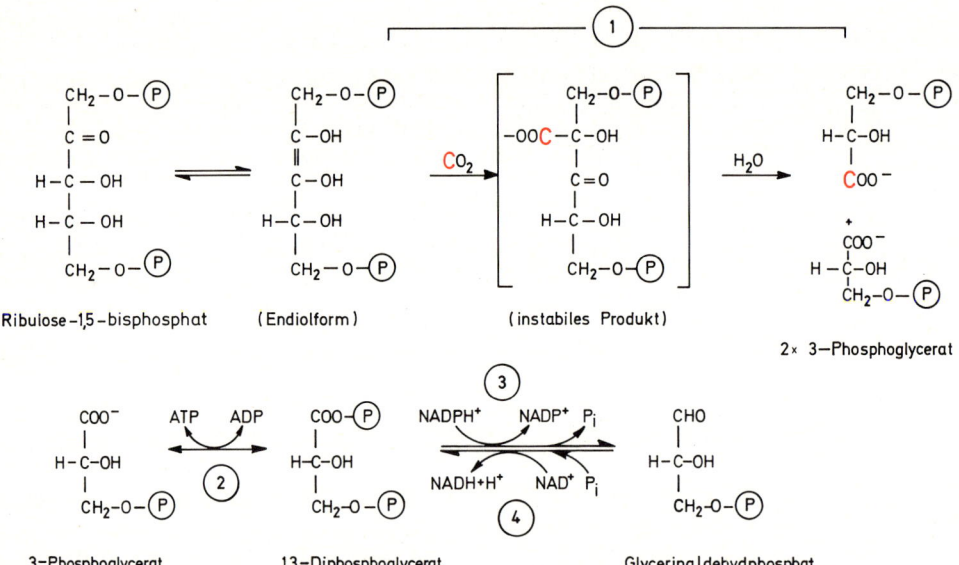

Abb. 284: Carboxylierungs- und Reduktionsphase bei der photosynthetischen CO_2-Verarbeitung. Radioaktiv markiertes C-Atom bei der Carboxylierungsphase hervorgehoben. Beteiligte Enzyme: ①RubP-Carboxylase; ②Phosphoglycerat-Kinase; ③$NADP^+$-abhängige Glycerinaldehydphosphat-Dehydrogenase; ④NAD^+-abhängige Glycerinaldehydphosphat-Dehydrogenase (katalysiert Triosephosphat-Oxidation beim Katabolismus, z.B. bei der Glykolyse).

Carboxylierungsphase. Es stellte sich heraus, daß bei den meisten Pflanzen 3-Phosphoglycerat das erste faßbare Photosyntheseprodukt ist. Zwei Moleküle dieser Verbindung entstehen durch Carboxylierung einer C_5-Verbindung, des Ribulose-1,5-bisphosphats (RubP), und Spaltung des extrem instabilen Carboxylierungsproduktes (carboxylierende Phase der Photosynthese; Abb. 284). Der Nettogewinn dieser Reaktion ist ein organisch gebundenes Kohlenstoffatom, und zwar dasjenige in der Carboxylgruppe eines der beiden entstandenen Phosphoglycerat-Moleküle.

Das carboxylierende Enzym bei diesem Schritt, die R u b P - C a r b o x y l a s e, ist eines der für den Photosyntheseapparat spezifischen Enzyme. Es ist ein wesentlicher Bestandteil des sog. «fraction 1-protein», das den größten Teil der Stromaproteine bildet und

bis zu 50% der Gesamtproteine eines Blattextraktes ausmachen kann. Die RubP-Carboxylase aus Chloroplasten hat ein Molekulargewicht um 500 000 und ist aus zwei in ihrem Molekulargewicht verschiedenen Untereinheiten zusammengesetzt, von denen die schwere durch die DNA der Plastiden selbst codiert ist und an den 70 S-Ribosomen der Plastiden (S. 63) synthetisiert wird. Die leichtere Kette dagegen wird durch die Zellkern-DNA codiert und an den 80 S-Ribosomen des Cytoplasmas synthetisiert. Die native RubP-Carboxylase besteht aus mindestens 8 der schweren und 8 der leichten Untereinheiten. Da das Enzym nur durch Antikörper gegen die schwerere Untereinheit in seiner Aktivität beeinträchtigt wird, scheint dieser Bestandteil das aktive Zentrum zu tragen; allerdings ist keine der beiden Untereinheiten für sich allein katalytisch wirksam.

Das Substrat für die RubP-Carboxylase ist (neben RubP) CO_2, nicht HCO_3^-, mit dem das CO_2 in der Zelle im Gleichgewicht steht:

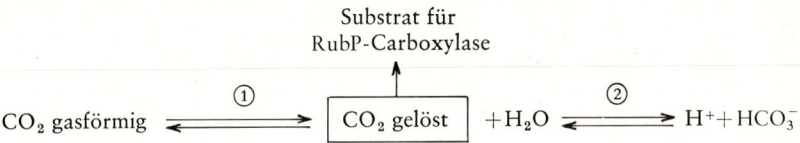

Substrat für
RubP-Carboxylase

$$CO_2 \text{ gasförmig} \xrightleftharpoons{\textcircled{1}} \boxed{CO_2 \text{ gelöst}} + H_2O \xrightleftharpoons{\textcircled{2}} H^+ + HCO_3^- .$$

Die Einstellung des Gleichgewichtes der Reaktion 2 wird durch das Enzym K o h l e n s ä u r e - A n h y d r a t a s e (Carboanhydrase) katalysiert, das sich u.a. auch in den Chloroplasten findet. Es gibt aber bisher keine Hinweise dafür, daß die Aktivität dieses Enzyms bei der Photosynthese geschwindigkeitsbestimmend sein könnte. Die Lage des Gleichgewichts ist pH-abhängig. Durch die innere Membran der Chloroplastenhülle (die das eigentliche Hindernis für den Stoffaustausch der Chloroplasten bildet, s.u.) wird wahrscheinlich CO_2, nicht HCO_3^-, transportiert.

Die M i c h a e l i s - Konstante (S. 225) der RubP-Carboxylase für CO_2 ist in vitro 450 µM, das entspricht bei pH 7,5 einem Partialdruck von 1–2% CO_2; dabei erhöht jeder physikalische Widerstand gegen die CO_2-Diffusion den Wert des apparenten K_m. Die CO_2-Konzentration in der Atmosphäre ist aber nur 0,03 Vol.% (entspricht einer Gleichgewichtskonzentration von 10 µM in wässeriger Lösung), also viel zu niedrig, um das Enzym optimal arbeiten zu lassen. Es gibt verschiedene Erklärungen für dieses überraschende Phänomen:

1. Das Enzym arbeitet tatsächlich auch in vivo bei suboptimaler Substratkonzentration.

2. Das Enzym hat in vivo eine höhere Affinität zum CO_2. Dies könnte einerseits auf einer speziellen Form des Enzyms beruhen (die bei der Extraktion verändert würde); es gibt tatsächlich Hinweise, daß in intakten Chloroplasten eine «low K_m»-RubP-Carboxylase vorhanden ist. Auf der anderen Seite könnten die Verschiebungen in der Protonen- und Mg^{2+}-Konzentration im Stroma bei Belichtung (S. 249) die

Aktivität des Enzyms beeinflussen; auch hierfür gibt es experimentelle Hinweise.

3. Es könnte ein spezieller CO_2-Konzentrierungsmechanismus im Stroma der Chloroplasten existieren. Dies ist zumindest bei einem speziellen Typus der photosynthetischen CO_2-Fixierung, dem C_4-Typus, der Fall (S. 257 f.).

Reduktionsphase. In der reduktiven Phase der photosynthetischen Kohlenstoffassimilation wird das 3-Phosphoglycerat in Glycerinaldehyd-3-phosphat, also in die Stufe eines Triosephosphats, übergeführt (Abb. 284). Da diese Reaktion stark endergonisch ist, muß sie mit einer exergonischen gekoppelt werden; es ist dies die Umwandlung des 3-Phosphoglycerats in das 1,3-Diphosphoglycerat, die durch das Enzym P h o s p h o g l y c e r a t - K i n a s e katalysiert wird. Eine multiple Form dieses Enzyms liegt auch im Cytoplasma vor und ist an der Glykolyse beteiligt (S. 274).

Die eigentliche Reduktion wird durch die $NADP^+$-abhängige G l y c e r i n a l d e h y d p h o s p h a t - D e h y d r o g e n a s e (GAPD) katalysiert, ein Enzym, das wieder für den Photosyntheseapparat spezifisch ist (es fehlt aber den photosynthetisierenden Bakterien). Es wird angenommen, daß das Enzym in den Chloroplasten in zwei ineinander umwandelbaren Formen vorliegt, von denen eine überwiegend NAD^+-, die andere überwiegend $NADP^+$-abhängig ist. Die Aktivität der NADP⁺-abhängigen (für die Photosynthese bedeutsamen) Form wird durch Belichtung gesteigert, wobei u. a. die erhöhte NADPH + H⁺-Konzentration wirksam zu sein scheint: Die Aktivierung kann auch im Dunkeln durch NADPH + H⁺ hervorgerufen werden. Die NAD⁺-spezifische Form der GAPD in den Chloroplasten könnte die Oxidation des Glycerinaldehydphosphats zu 3-Phosphoglycerat im Dunkeln katalysieren. Dieses Enzym ist von der im Cytoplasma aktiven NAD⁺-spezifischen GAPD, die bei der Glykolyse wirksam ist (S. 274), verschieden.

Die **Acceptor-regenerierende Phase.** Damit die CO₂-Fixierung und -Reduktion kontinuierlich ablaufen kann, muß der Acceptor für das CO₂, das RubP, laufend regeneriert werden. Durch diese Regenerationsphase wird die Assimilation des Kohlenstoffs in der Photosynthese zu einem Kreisprozeß, der nach seinem Hauptentdecker CALVIN-Cyclus, oder – im Gegensatz zu dem in vielen Einzelschritten übereinstimmenden oxidativen Pentosephosphatcyclus (S. 288; Abb. 287) – reduktiver Pentosephosphatcyclus genannt wird.

Bei dieser regenerierenden Phase entstehen

aus 10 Triosephosphaten letztlich 6 RubP-Moleküle (Abb. 285, 286). Als Bilanz für die Assimilation von 6 CO₂-Molekülen haben wir somit die Bildung von 1 Hexose und die Regeneration von 6 C₅-Molekülen.

Von den in der Regenerationsphase beteiligten Enzymen ist eine Reihe auch beim oxidativen Pentosephosphatcyclus aktiv (Abb. 287). Die für den regenerierenden Teil des CALVIN-Cyclus spezifischen Enzyme (Fructosebisphosphat-1-Phosphatase, Sedoheptulosebisphosphat-1-Phosphatase, Ribulosephosphat-Kinase) werden alle durch Licht in ihrer Aktivität gesteigert. Da sie alle Mg²⁺-abhängig sind, könnte die lichtinduzierte Erhöhung der Mg²⁺-Konzentration im Stroma der Chloroplasten (und evtl. auch die lichtbedingte pH-Änderung, s. S. 249) für die Lichtaktivierung verantwortlich sein. Von den übrigen Enzymen ist noch die Aldolase erwähnenswert, u. zw. einmal deswegen, weil sich das Chloroplastenenzym von dem im Cytoplasma befindlichen (und bei der Glykolyse beteiligten, S. 273) unterscheidet: Es benötigt im Gegensatz zu diesem Metallionen (Zn²⁺, Mn²⁺) zur vollen Aktivität, enthält auf der anderen Seite keinen Lysinrest im aktiven Zentrum. Zum anderen ist die Chloroplastenaldolase nur gegenüber

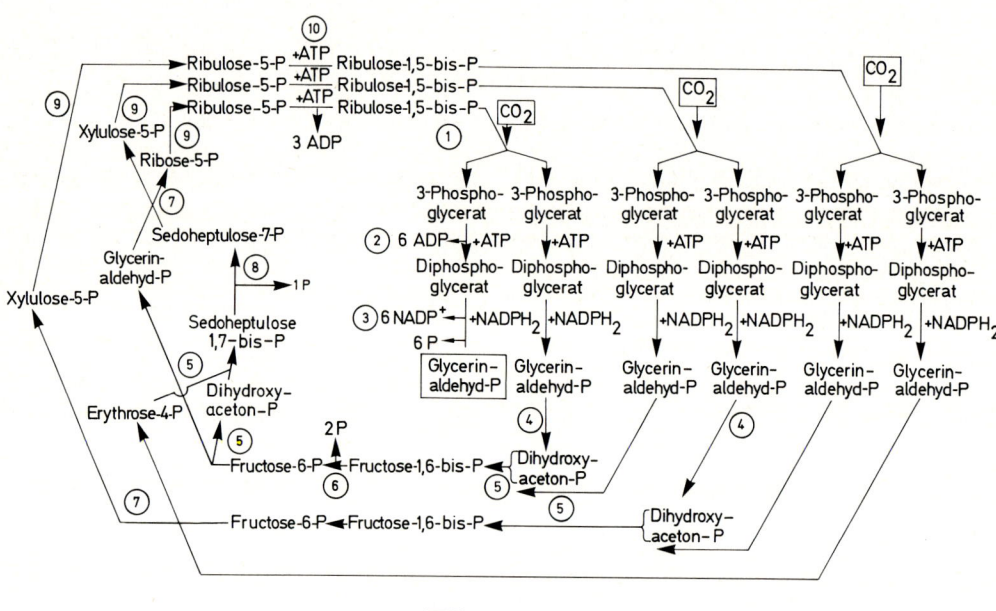

Abb. 285: Umsetzungen des CALVIN-Cyclus, wobei aus Raumgründen nur die Verarbeitung von 3 CO₂ dargestellt ist. Der Nettogewinn ist dabei ein Triosephosphat. Unten ist der zahlenmäßige Umsatz bei Bildung einer Hexose wiedergegeben. Beteiligte Enzyme: ① RubP-Carboxylase; ② Phosphoglycerat-Kinase; ③ NADP⁺-abhängige Glycerinaldehydphosphat-Dehydrogenase; ④ Triosephosphat-Isomerase; ⑤ Aldolase; ⑥ Fructosebisphosphat-1-Phosphatase; ⑦ Transketolase (überträgt in beiden Reaktionen einen C₂-Rest: Glykolaldehydrest; enthält Thiaminpyrophosphat als Cofaktor); ⑧ Sedoheptulosebisphosphat-1-Phosphatase; ⑨ Pentosephosphat-Isomerasen; ⑩ Ribulosephosphat-Kinase.

der Ketosekomponente (Dihydroxyacetonphosphat) streng spezifisch, während sie als Aldehyde sowohl Glycerinaldehydphosphat als auch Erythrosephosphat verwerten kann.

Für den Verbleib der «assimilatory power» wesentlich ist, daß die Ribulosephosphatkinase-Reaktion noch ATP verbraucht. Somit ist klar, daß beim Einbau eines CO_2 im CALVIN-Cyclus 2 NADPH + 2 H⁺ (bei der Reduktion der bei-

den Triosephosphate) und 3 ATP (2 bei der Phosphoglycerat-Kinase-, 1 bei der Ribulose-phosphat-Kinase-Reaktion) verbraucht werden (S. 248).

Die Verarbeitung der Photosynthese-Primärprodukte

Nach den derzeitigen Vorstellungen geht die weitere Verwendung der genannten primären

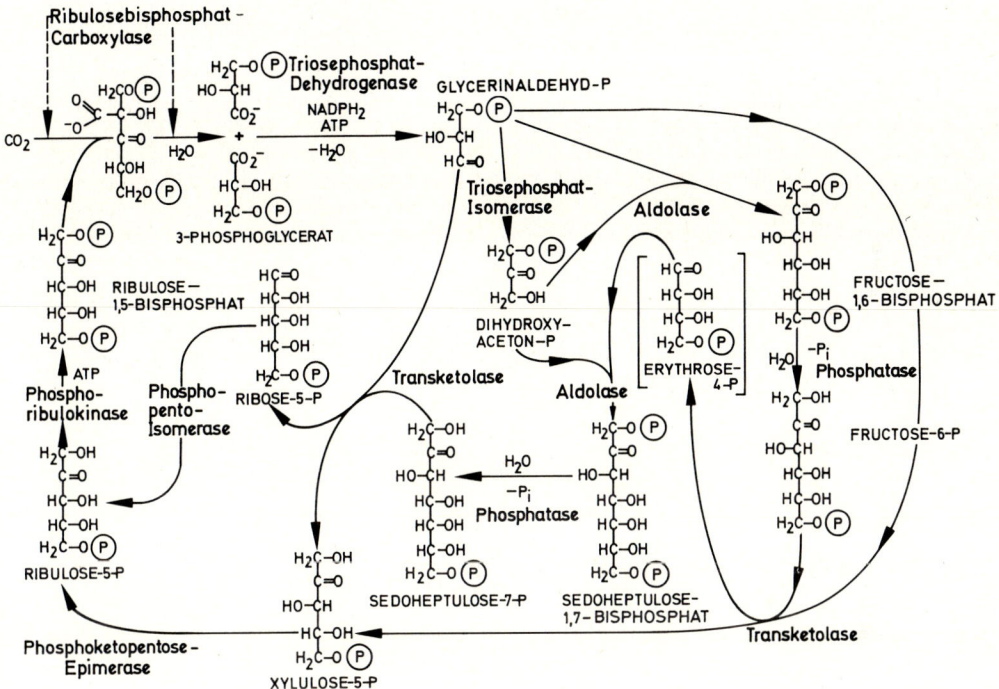

Abb. 286. Strukturformeln der am Calvin Cyclus beteiligten Verbindungen.

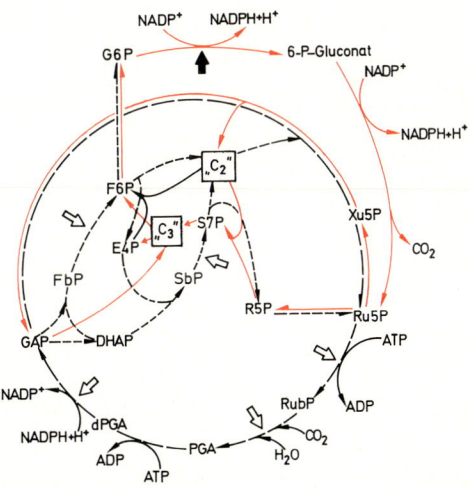

Abb. 287: Reaktionen des reduktiven (gestrichelt) und des oxidativen (ausgezogen, rot) Pentosephosphatcyclus. Umrandete Pfeile: lichtaktivierte Reaktionen. Ausgefüllter Pfeil: lichtgehemmte Reaktion. Abkürzungen: RubP Ribulose-1,5-bisphosphat; PGA 3-Phosphoglycerinsäure; dPGA 1,3-Diphosphoglycerinsäure; GAP Glycerinaldehydphosphat; DHAP Dihydroxyacetonphosphat; FbP Fructose-1,6-bisphosphat; F6P Fructose-6-phosphat; E4P Erythrose-4-phosphat; SbP Sedoheptulose-1,7-bisphosphat; S7P Sedoheptulose-7-phosphat; R5P Ribose-5-phosphat; Ru5P Ribulose-5-phosphat; Xu5P Xylulose-5-phosphat; G6P Glucose-6-phosphat. (Nach BASSHAM, geändert)

Photosyntheseprodukte vor allem von den Triosephosphaten und vom Hexosephosphat aus. Letzteres (zunächst Fructose-6-phosphat) entsteht durch Kondensation zweier Triosephosphate zum Fructose-1,6-bisphosphat (durch die Aldolase) und nachfolgende Abspaltung eines Phosphatrestes (durch das Enzym Fructosebisphosphat-1-phosphatase) (Abb. 285). Das Fructose-6-phosphat steht mit dem Glucose-6-phosphat in einem durch die Phosphoglucoisomerase, das Glucose-6-phosphat seinerseits wieder mit Glucose-1-phosphat in einem durch die Phosphoglucomutase katalysierten Gleichgewicht (S. 273).

Der weit überwiegende Teil der Photosyntheseprodukte verläßt die Chloroplasten, um den Stoffwechsel der übrigen Kompartimente der photosynthetisierenden Zelle und – nach entsprechendem Transport im Pflanzenkörper – den aller nicht selbst zur Photosynthese befähigten Zellen zu unterhalten. Bei den meisten Pflanzen sind Saccharose oder von ihr abzuleitende Verbindungen die wichtigste Transport-

form der Kohlenhydrate in den Assimilatleitbahnen der Pflanze (S. 368). Es ist noch nicht endgültig geklärt, ob diese Wanderzucker erst beim Eintritt in die Leitbahnen synthetisiert oder schon im Cytoplasma der photosynthetisierenden Zellen in die endgültige Form gebracht und von hier aus unverändert bis in die Leitbahnen transportiert werden. Die Transportsaccharose wird jedenfalls nicht in den Chloroplasten gebildet; gegen eine solche Annahme spricht einerseits die Undurchlässigkeit der inneren Membran der Chloroplastenhülle für Saccharose, zum andern der Befund, wonach Algenchloroplasten in Symbiose mit tierischen Zellen (S. 375) keine Saccharose bilden können. Die Hauptexportsubstanzen aus den Chloroplasten sind Dihydroxyacetonphosphat, 3-Phosphoglycerat und Glycolat (in dieser Rangfolge), wobei ein gruppenspezifischer Träger in der inneren Membran der Chloroplastenhülle (Phosphat-Carrier, S. 249) den Transport der phosphorylierten Verbindungen im Austausch gegen anorganisches Phosphat (P_i) bewerkstelligt.

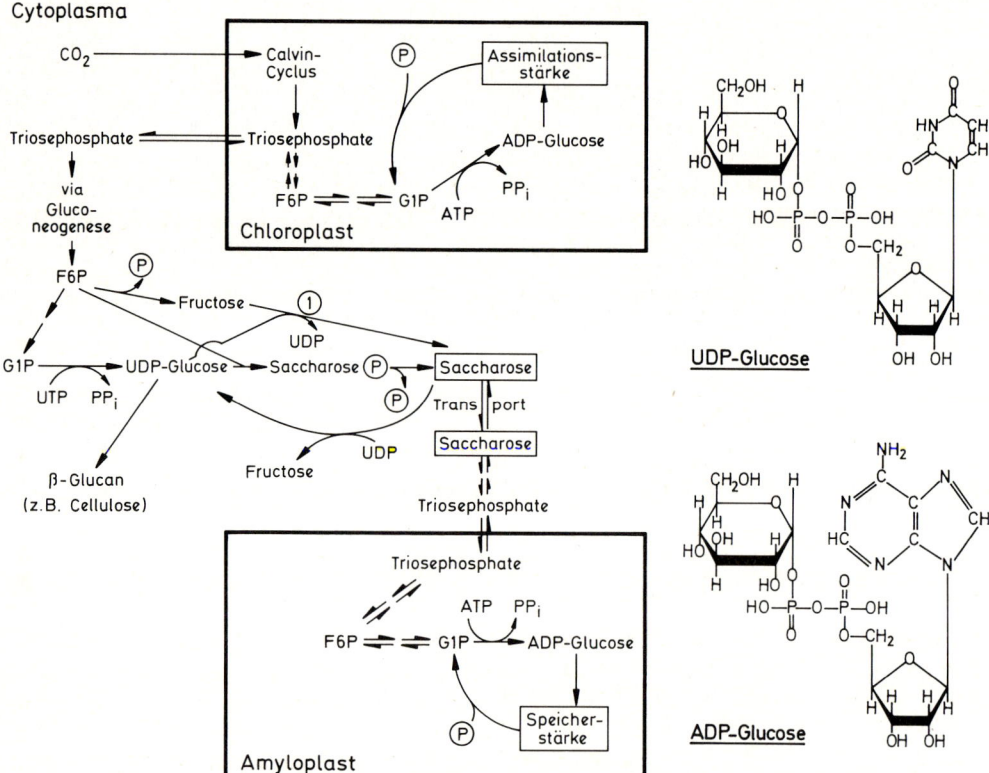

Abb. 288: Bildung von Assimilations- und Speicherstärke sowie von Strukturpolysacchariden in verschiedenen Zellkompartimenten. ① Saccharose-Synthase-Reaktion.

Dies erklärt, warum die CO_2-Fixierung durch isolierte Chloroplasten Substratmengen an P_i benötigt. Im Cytoplasma kann dann Saccharose gebildet werden (Abb. 288).

Die Biosynthese der Saccharose erfolgt nicht durch direkte Reaktion eines Glucosephosphats mit Fructose, etwa nach:

Glucose-1-phosphat + Fructose $\rightleftharpoons$
Saccharose + P_i.

Diese Reaktion, die in Bakterien durch das Enzym Saccharose-Phosphorylase katalysiert wird, verläuft normalerweise von rechts nach links und dient dem Abbau der Saccharose. Die Synthese des Disaccharids geht dagegen von einer an ein Nucleosidbisphosphat gebundenen Glucose aus, die entweder auf Fructose (durch die Saccharose-Synthase) oder – bevorzugt – auf Fructose-6-phosphat (durch die Saccharosephosphat-Synthase) übertragen wird (Abb. 288). Das im zweiten Falle entstehende Saccharosephosphat wird durch eine Phosphatase in freien Rohrzucker übergeführt.

Die Saccharosespeicherung im Parenchym des Zuckerrohres soll derart zustande kommen, daß im Cytoplasma zunächst Saccharosephosphat synthetisiert und danach der Saccharoserest aktiv durch den Tonoplasten in die Vacuole transportiert wird; es scheint sich dabei um einen Zucker/Proton-Cotransport zu handeln.

Kann der Abtransport der Photosyntheseprodukte mit ihrer Entstehung nicht Schritt halten, so wird der Überschuß (bis zu 30% der Photosyntheseprodukte) im Chloroplastenstroma in Form von Stärke gespeichert (Abb. 56G, 59, S. 64). Diese primäre oder Assimilationsstärke wird in der Dunkelphase meist vollständig abgebaut («transitorische Stärke») und ihre Mobilisierungsprodukte werden abtransportiert.

Auch die Synthese der Stärke geht in den Plastiden vermutlich nicht vom Hexosephosphat aus, etwa nach:

$(Gluc)_n$ + Glucose-1-phosphat $\rightleftharpoons$ $(Gluc)_{n+1}$ + P_i
$\Delta G^{0'} = -0,73$ kcal (ca. -3 kJ)

wobei $(Gluc)_n$ hier für ein α-1,4-Glucan steht (S. 79). Die Stärkephosphorylase, die diese Reaktion katalysiert, scheint vielmehr ganz überwiegend den Abbau der Stärke zu bewerkstelligen (S. 282), weil in den Plastiden die Konzentration des anorganischen Phosphats zu hoch liegen soll, um die Reaktion in Richtung der Synthese ablaufen zu lassen.

Die Stärkesynthese (in den Chloroplasten wie in den Amyloplasten, S. 68) geht, wie die Saccharosesynthese, vom Nucleosidbisphosphatzucker aus, und zwar von ADP-Glucose. Diese Verbindung wird analog zu der Synthese der UDP-Glucose gebildet:

Glucose-1-phosphat + ATP $\rightarrow$
ADP-Glucose + Pyrophosphat
$$\downarrow$$
$$2P_i$$

Das verantwortliche Enzym, die ADP-Glucose-Synthetase, ist ein allosterisch reguliertes Enzym (S. 306), das z.B. durch anorganisches Phosphat inhibiert wird. Da im Dunkeln der Phosphatspiegel in den Chloroplasten steigt, könnte auf diese Weise die Synthese der Stärke zugunsten des Abbaues gehemmt werden.

Für die Knüpfung der α-1,4-glykosidischen Bindungen bei der Synthese der Amylose und des Amylopectins ist die «Stärkesynthase» verantwortlich; sie katalysiert die Übertragung eines Glucosylrestes von ADP-Glucose auf das nichtreduzierende Ende eines nieder- oder hochmolekularen α-1,4-Glucans («Startermolekül», «primer»), wobei eine α-1,4-glykosidische Bindung geknüpft wird.

Die Bildung der 1,6-Verzweigungen im Amylopectin (S. 79) bewirkt ein Verzweigungsenzym («Q-Enzym»).

Das Glykogen (S. 80), das photosynthetisierende Bakterien im Cytoplasma als Photosyntheseprodukt bilden, wird analog zum Amylopectin durch zwei Enzyme aufgebaut, wobei sich das Verzweigungsenzym von dem der Amylopectinbildner unterscheidet und für die stärkere Verzweigung des Glykogens gegenüber dem Amylopectin verantwortlich ist.

Weitere Einzelheiten des Kohlenhydratstoffwechsels werden später besprochen (S. 281).

Aus den Primärprodukten der Photosynthese, z.B. Phosphoglycerat, den Triosephosphaten oder Zwischengliedern des regenerativen Cyclus kann eine große Zahl verschiedener Stoffgruppen, z.B. organische Säuren, Aminosäuren, Lipid- und Nucleinsäurekomponenten, sehr schnell synthetisiert werden. Derartige Verbindungen lassen sich deshalb schon nach kurzen Photosynthesezeiten nachweisen (Abb. 283).

Vorgeschaltete CO_2-Fixierung bei C_4-Pflanzen

Wie bereits angedeutet, haben verschiedene Pflanzen in den Blättern einen CO_2-Konzentrierungsmechanismus entwickelt, der es ihnen erlaubt, an den Orten der endgültigen CO_2-Fixierung durch die RubP-Carboxylase eine hohe stationäre CO_2-Konzentration aufrechtzuerhalten und damit das CO_2-Defizit dieses Enzyms (S. 253) zu verringern oder aufzuheben.

Bei Pflanzen dieses Photosynthesetyps findet sich der Hauptanteil der Radioaktivität nach sehr kurzer Photosynthesedauer in $^{14}CO_2$ nicht im Phosphoglycerat, sondern in Malat oder Aspartat (Abb. 289), also in Verbindungen mit 4 C-Atomen («C_4-Typ» der Photosynthese); Phosphoglycerat wird erst später radioaktiv markiert.

Es wird angenommen, daß bei den Pflanzenarten dieses Photosynthesetypus das CO_2 zunächst mittels der Phosphoenolpyruvat (PEP)-Carboxylase fixiert wird (Abb. 290). Das zuerst entstehende Oxalacetat wird sofort weiterverarbeitet, und zwar artspezifisch entweder vorwiegend zu Malat (durch die Tätigkeit der Malat-Dehydrogenase, die in den Chloroplasten $NADP^+$-spezifisch ist) oder zu Aspartat (durch die Oxalacetat-Aspartat-Transaminase).

Die C_4-Pflanzen sind durch eine charakteristische Blattanatomie ausgezeichnet («Kranztyp»): Die Leitbündel sind kranzförmig von einer Scheide aus großen Zellen umgeben, deren Chloroplasten sich von denen der Mesophyllzellen durch ihre Größe, bei den Malatbildnern durch das Fehlen der Grana und durch

reichliche Stärkebildung auszeichnen (Abb. 291, 292). Die für die Überführung von PEP in Malat bzw. Aspartat notwendigen Enzyme sind vorwiegend in den Mesophyll-Chloroplasten lokalisiert (Tab. 15), so daß man annimmt, das in den Intercellularen herangeführte CO_2 werde zunächst in den Mesophyllzellen fixiert, und die gebildeten C_4-Säuren würden sodann (vermutlich über die hier zahlreichen Plasmodesmen) von den Mesophyllzellen in die Leitbündelscheiden transportiert. Hier würden sie dann wieder decarboxyliert und das freigesetzte CO_2 darauf über die RubP-Carboxylase und den CALVIN-Cyclus in der üblichen Weise verarbeitet (Abb. 293). In den Mesophyll-Chloroplasten ist zwar noch die DNA für die größere Untereinheit der RubP-Carboxylase vorhanden, doch fehlt die entsprechende m-RNA. Die Spaltung des Malats erfolgt durch das Malatenzym, wobei neben CO_2 Pyruvat und $NADPH + H^+$ entstehen (Abb. 290, 293). Das $NADPH + H^+$ wird im CALVIN-Cyclus für die Reduktion der PGA verwendet. Dies ist insofern von besonderer Bedeutung, als bei den C_4-Arten mit fehlenden Grana auch das Photosystem II nicht normal funktioniert, so daß der Elektronentransport von Wasser auf $NADP^+$ behindert ist. Das Malat versorgt die Bündelscheidenzellen also nicht nur mit CO_2, sondern auch mit Reduktionsäquivalenten. Allerdings kann mit Hilfe des durch das Malatenzym aus Malat gebildeten $NADPH + H^+$

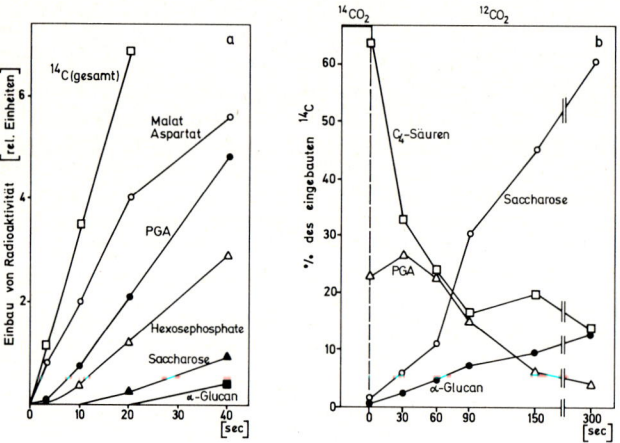

Abb. 289: Einbau von ^{14}C in verschiedene Verbindungen bei C_4-Pflanzen nach verschieden langer Photosynthese in $^{14}CO_2$. a) Zuckerrohrblätter bei «steady-state»-Photosynthesebedingungen (Abszisse gibt Photosynthesedauer in $^{14}CO_2$ an). b) *Sorghum*-Blätter assimilierten 15 sec in $^{14}CO_2$ und dann verschieden lange Zeit in $^{12}CO_2$ («pulse-chase-labelling»). In beiden Fällen findet sich bei sehr kurzen Fixierungszeiten die Radioaktivität vorwiegend in C_4-Säuren, erst später in PGA und schließlich in Saccharose (vorläufiges Endprodukt). (Nach HATCH)

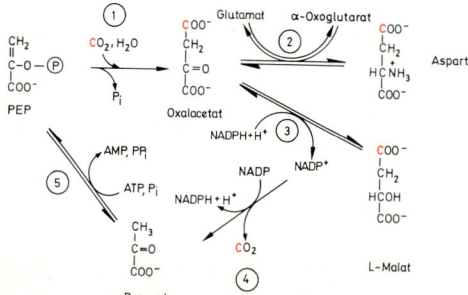

Abb. 290: Reaktionen im Zusammenhang mit der Phosphoenolpyruvat (PEP)-Carboxylierung. Beteiligte Enzyme: ① Phosphoenolpyruvat-Carboxylase; ② Oxalacetat-Aspartat-Transaminase; ③ $NADP^+$-abhängige Malatdehydrogenase; ④ Malatenzym; ⑤ Pyruvat-Phosphat-Dikinase (diese Reaktion kann durch eine Pyrophosphatase, die das entstehende Pyrophosphat (PP_i) spaltet, in Richtung PEP-Synthese gefördert werden).

nur die Hälfte der entstehenden PGA reduziert werden; die andere Hälfte wird vielleicht in die Mesophyllzellen transportiert und dort reduziert (Abb. 293).

Bei denjenigen Pflanzen, die als erstes CO_2-Fixierungsprodukt überwiegend Aspartat aufweisen, wird das Transport-Aspartat in der Leitbündelscheide zunächst wieder in Oxalacetat übergeführt; dieses wird bei bestimmten Arten (Tab. 16) durch eine PEP-Carboxykinase unter ATP-Verbrauch zu PEP decarboxyliert:

Oxalacetat + ATP → Phosphoenolpyruvat + CO_2 + ADP

Bei den Gräsern dieses Typus liegen die Chloroplasten stets zentrifugal in den Scheidenzellen. Bei anderen Arten läuft in den (sehr zahlreichen) Mitochondrien der Scheidenzellen die Reaktionsfolge Aspartat → Oxalacetat → Malat → Pyruvat + CO_2 ab, wobei die letzte Umsetzung von einer NAD^+-abhängigen Malat-Dehydrogenase katalysiert wird. Bei den Gräsern dieses Typs sind die Chloroplasten zentripetal angeordnet. Das jeweils freigesetzte CO_2 wird im CALVIN-Cyclus verarbeitet. Die Chloroplasten der Leitbündelscheiden haben bei diesen Pflanzen normale Grana und sind offenbar in der Lage, das im CALVIN-Cyclus benötigte $NADPH + H^+$ ausreichend zu produzieren. Bei den Gräsern des NADP-Malatenzym- und des PEP-Carboxykinase-Typs ist in die Zellwand zwischen Mesophyll- und Bündelscheiden-

zellen eine Suberinlamelle eingelagert. Sie wird als Barriere vor allem für den CO_2-Austritt aus den Bündelscheiden betrachtet.

Tab. 15: Bevorzugte Lokalisierung einiger Enzyme in den beiden Chloroplastentypen von C_4-Pflanzen. (Nach KINDL u. WÖBER; ergänzt)

Mesophyll-Chloroplasten	Bündelscheiden-Chloroplasten
PEP-Carboxylase	RubP-Carboxylase
Malat-Dehydrogenase ($NADP^+$)[1]	
	Malatenzym → PEP-Carboxy-kinase[2]
Oxalacetat-Aspartat-Transaminase[1]	Aldolase
Pyruvat-Phosphat-Dikinase	Stärke-Synthase
Glycerinaldehydphosphat-Dehydrogenase ($NADP^+$)	
	Ru5P-Kinase
	Glycerinaldehydphosphat-Dehydrogenase ($NADP^+$)

[1] Chloroplasten mit hohem Spiegel an Malat-Dehydrogenase enthalten geringe Transaminase-Aktivität und umgekehrt.

[2] Beim entsprechenden Untertyp (vgl. Tab. 16).

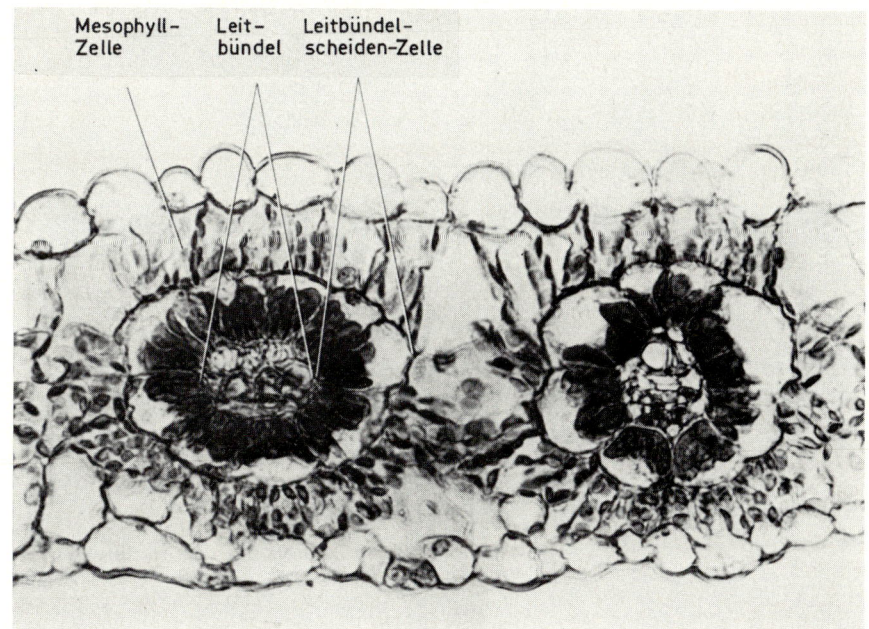

Abb. 291: «Kranzanatomie» bei einer C_4-Pflanze *(Amaranthus edulis)*. Die Zellen der Leitbündelscheide umgeben auf dem Blattquerschnitt kranzartig die Leitbündel und heben sich deutlich von den Mesophyllzellen ab. Beachte die Größenunterschiede der Chloroplasten in den Leitbündelscheiden- und den Mesophyllzellen. (Nach LAETSCH, aus KINDL u. WÖBER)

Es wird angenommen, daß bei den Malatpflanzen das Pyruvat, bei den Aspartatpflanzen aber entweder PEP oder Alanin (in das Pyruvat durch Transaminierung – S. 285 – umgewandelt wird) von den Bündelscheiden wieder in die Mesophyllzellen zurückwandert. Hier wird aus Pyruvat (in das auch bei den Aspartatpflanzen das Alanin wieder umgewandelt wird) durch die Pyruvat-Phosphat-Dikinase (Abb. 293) wieder PEP regeneriert. Bei den C$_4$-Pflanzen vollzieht sich demnach ein umfangreicher Transport im parenchymatischen Bereich; seine Triebkraft könnten die jeweiligen Konzentrationsgefälle der Wandersubstanzen sein, die ja am Zielort umgewandelt werden.

Die C$_4$-Pflanzen (Malatbildner) brauchen bei der Photosynthese nicht wie die C$_3$-Pflanzen 3 ATP und 2 NADPH + 2 H$^+$ pro CO$_2$, sondern 5 ATP und 2 NADPH + 2 H$^+$, und zwar 2 ATP +

1 NADPH + H$^+$ in den Mesophyll-Chloroplasten, 3 ATP + 1 NADPH + H$^+$ in den Bündelscheidenchloroplasten. Mit diesem verstärkten Energieaufwand wird die Konzentrierungsarbeit des CO$_2$ in den Bündelscheidenzellen erkauft, in deren Folge die RubP-Carboxylase optimal arbeiten kann. Dies ist vor allem wichtig in den Fällen, wo die CO$_2$-Konzentration der Minimumfaktor der Photosynthese ist, z.B. bei Lichtsättigung der Photosynthese oder bei Erhöhung der Diffusionswiderstände für den CO$_2$-Eintritt in das Blatt (Verengung der Stomaweite bei Wassermangel, vgl. S. 269). Es ist daher verständlich, daß C$_4$-Pflanzen vor allem in trockenen und in stark besonnten Gegenden vertreten sind. Da die PEP-Carboxylase eine viel größere Affinität zum CO$_2$ hat (K$_m$-Wert

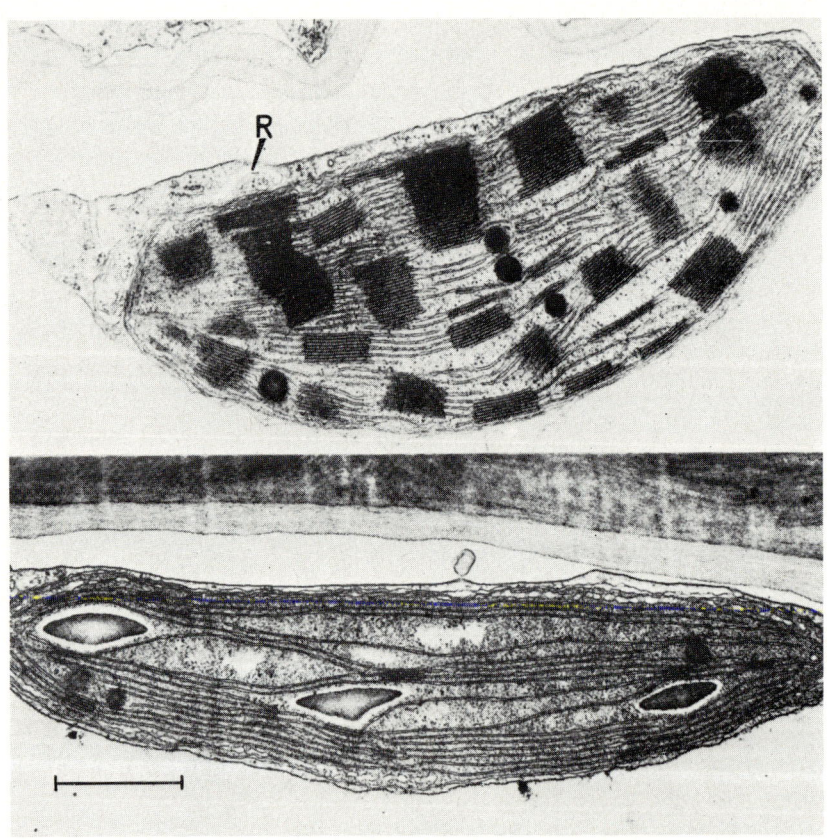

Abb. 292: Feinstruktur der Mesophyll- (oben) und der Bündelscheiden-Chloroplasten (unten) in einem Maisblatt. Beachte außer den Größenunterschieden auch das Fehlen der Grana in den Bündelscheiden-Chloroplasten, der Stärke in den Mesophyll-Chloroplasten sowie das Auftreten von anastomosierenden Tubuli am Rand der Chloroplasten (R). Dieses «periphere Reticulum» ist meist in den Mesophyll-Chloroplasten besser entwickelt. Markierungsstrich = 1 µm. (Nach BISHOP, ANDERSEN u. SMILLIE, aus KINDL u. WÖBER)

Tab. 16: Untergruppen der C_4-Arten hinsichtlich der Art und des Schicksals des primären Fixierungsproduktes. MZ = Mesophyllzellen, BZ = Bündelscheidenzellen.

Primäres CO_2-Fixierungsprodukt (in MZ gebildet, zu BZ wandernd)	Decarboxylierendes Enzym	Reduktionsäquivalente bzw. ATP bei Decarboxylierung	Hauptwandersubstanz BZ → MZ	Cytologische Besonderheiten der BZ (bei Gräsern)	Art (Beispiele)
Malat	NADP-Malatenzym	Bildung von 1 $NADPH_2$ pro CO_2	Pyruvat	Suberinlamelle vorh., Chloroplasten mit reduzierten Grana, zentrifugal	*Zea mays, Saccharum officinarum, Sorghum bicolor, Digitaria sanguinalis*
Aspartat	NAD-Malatenzym	Bildung von 1 $NADH_2$ pro CO_2	Alanin/Pyruvat	Suberinlamelle fehlt, Chloroplasten mit Grana, zentripetal	*Amaranthus retroflexus, Portulaca oleracea, Panicum miliaceum*
Aspartat	PEP-Carboxykinase	Verbrauch von 1 ATP pro CO_2	PEP/Alanin	Suberinlamelle vorh., Chloroplasten mit Grana, zerstreut o. zentrifugal	*Panicum maximum, Chloris gayana*

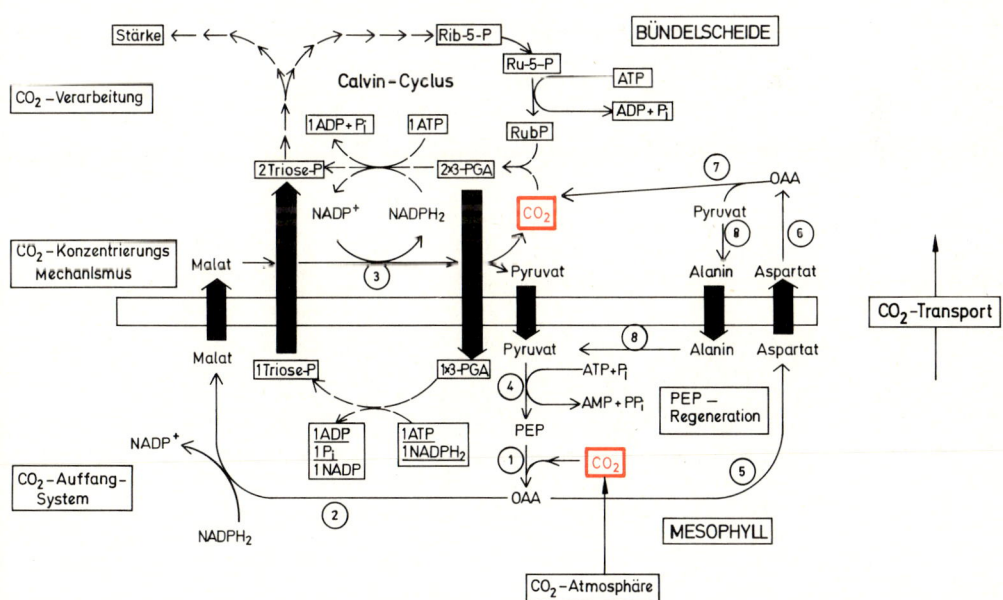

Abb. 293: Umsetzungen in den Mesophyll- und Bündelscheidenzellen im Blatt einer C_4-Pflanze (Malat- bzw. Aspartat-Typus). Abkürzungen vergl. Abb. 287, ferner: PEP Phosphoenolpyruvat; OAA Oxalacetat. Gekennzeichnete Enzyme: ① PEP-Carboxylase; ② NADP$^+$-abhängige Malat-Dehydrogenase; ③ Malatenzym; ④ Pyruvat-Phosphat-Dikinase; ⑤, ⑥ Oxalacetat-Aspartat-Transaminase; ⑦ nicht näher charakterisiertes Enzym, das Oxalacetat decarboxyliert; ⑧ Pyruvat-Alanin-Transaminase.

für CO_2: 70 µM) als die RubP-Carboxylase (K_m-Wert: 450 µM), kann dieses Enzym noch bei CO_2-Konzentrationen die Photosynthese in Gang halten, bei denen die RubP-Carboxylase praktisch nicht mehr arbeitet. In einem abgeschlossenen, belichteten Raum hungern C_4-Pflanzen im Experiment die C_3-Pflanzen daher bei längerer Versuchsdauer aus. Die in einem solchen Fall erreichte minimale CO_2-Konzentration (bei der sich der CO_2-Verbrauch der Photosynthese und die CO_2-Produktion durch die «Photorespiration» (s. u.) gerade die Waage halten: CO_2-Kompensationspunkt) liegt bei C_3-Pflanzen bei etwa 50 µl/l, bei C_4-Pflanzen aber bei etwa 5 µl/l («low-compensation-point»-Pflanzen).

Die geringe O_2-Produktion in den Leitbündelscheiden mancher C_4-Pflanzen (Wegfall des Photosystems II) und die hohe CO_2-Konzentration unterdrücken die Photorespiration (S. 263 f.); C_4-Pflanzen haben daher in der Lichtphase geringere Substanzverluste und dadurch eine größere Ökonomie in der Assimilatverwertung (Tab. 17).

Arten des C_4-Typs der Photosynthese sind an verschiedenen Stellen des Pflanzensystems anzutreffen, wobei sie in einigen Verwandtschaftskreisen gehäuft auftreten, z.B. bei den *Poaceae* (u.a. Mais, Zuckerrohr), den *Amaranthaceae* und den *Chenopodiaceae*. Es gibt aber auch Gattungen, die C_3- und C_4-Arten umfassen (z.B. *Atriplex*, *Heliotropium*). In der Gattung *Euphorbia* kommen sogar C_3-, C_4- und CAM-Arten vor.

Tab. 17: Ökonomie des Wasserverbrauches und Wuchsleistungen von Höheren Pflanzen verschiedener Photosynthesetypen. (Nach OSMOND u. ZIEGLER)

Stoffwechselweg	Ökonomie des Wasserverbrauches (g H_2O/g Trockengew.)	Wuchsleistung (g/m² Blattoberfläche · Tag)
C_3-Pflanzen	610	53–76
C_4-Pflanzen	300	51–78
CAM-Pflanzen		
CO_2-Fixierung im Licht und Dunkeln	240	20[1]
CO_2-Fixierung nur im Dunkeln	33	extrem gering

[1] Vegetative Produktion von *Ananas* bei intensiver Bewässerungskultur.

Für die Identifizierung der C_4-Pflanzen zieht man die Bestimmung der primären Photosyntheseprodukte bei Kurzzeit-[14]CO_2-Fixierung, die Blattanatomie, die Bestimmung des CO_2-Kompensationspunktes, das Fehlen einer Photosyntheseförderung bei Erniedrigung des O_2-Partialdruckes (S. 264) oder schließlich die Bestimmung des Anteils von ^{13}C und ^{12}C im Kohlenstoff der Pflanze heran. Die letztgenannte Methode beruht auf der Tatsache, daß die Pflanzen bei der Photosynthese die natürlich vorkommenden Isotope des Kohlenstoffs (im CO_2 der Atmosphäre sind 98,89% [12]C und 1,11% [13]C) nicht gleich willig aufnehmen: [12]CO_2 wird gegenüber dem [13]CO_2 (und noch mehr gegenüber dem [14]CO_2) bevorzugt. Die Diskriminierung des [13]CO_2 ist bei der CO_2-Fixierung durch die RubP-Carboxylase größer als bei der durch die PEP-Carboxylase. Da bei den C_4-Pflanzen die RubP-Carboxylase praktisch das ganze von der PEP-Carboxylase vorfixierte CO_2 verwertet, entspricht der ^{13}C-Anteil der C_4-Pflanzen dem der Produkte der PEP-Carboxylase-Reaktion, während der der C_3-Pflanzen durch die RubP-Carboxylase bestimmt wird. C_4-Pflanzen haben demnach einen relativ höheren ^{13}C-Anteil; sie sind hinsichtlich des Kohlenstoffs schwerer als C_3-Pflanzen.

Das ^{13}C/^{12}C-Verhältnis wird massenspektrometrisch bestimmt und im δ^{13}C-Wert ausdrückt:

$$\delta^{13}C\,[\%o] = \left[\frac{^{13}C/^{12}C \text{ der Probe}}{^{13}C/^{12}C \text{ des Standards}} - 1 \right] \times 1000 \,,$$

wobei der Standard ein definierter Kalkstein ist. Je negativer der δ^{13}C-Wert, desto geringer ist der ^{13}C-Anteil. Die C_4-Pflanzen haben δ^{13}C-Werte um $-14\%o$, die C_3-Pflanzen um $-28\%o$. Da das Zuckerrohr eine C_4-, die Zuckerrübe aber eine C_3-Pflanze ist, kann durch Bestimmung des ^{13}C-Gehaltes z.B. die Herkunft von Rohrzucker massenspektrometrisch bestimmt werden.

Vorgeschaltete CO_2-Fixierung bei Pflanzen mit diurnalem Säurerhythmus

Viele Pflanzen mit Wasserspeichergeweben («Succulenten», S. 194), und zwar solche, welche Chloroplasten und große Vacuolen in derselben Zelle haben, bilden und speichern in der Nacht organische Säuren (vorwiegend Malat), setzen bei Tag das CO_2 und die Reduktionsäquivalente wieder frei und verwerten sie im CALVIN-Cyclus. Da dieser Stoffwechselweg vor allem auch bei Crassulaceen vertreten ist, wird er auch als «Crassulacean acid metabolism» (**CAM**) bezeichnet. Die Vorgänge bei den meisten dieser CAM-Pflanzen entsprechen weitgehend denen bei den C_4-Pflanzen (Abb. 294), nur sind die CO_2-Vorfixierung durch die PEP-Carboxylase und die endgültige CO_2-Fixierung nicht räumlich (Mesophyll/Leitbündelscheide), sondern zeitlich getrennt. Bei einigen CAM-Arten scheint das Malat im Licht nicht direkt durch das Malatenzym, sondern durch die PEP-Carboxykinase gespalten zu werden (S. 259).

Das Malat muß vor dieser Reaktion durch die Malat-Dehydrogenase in Oxalacetat übergeführt werden. Dieses Enzym ist bei den CAM-Pflanzen NAD^+-abhängig und im Cytoplasma lokalisiert. Im Gegensatz zu den C_4-Pflanzen läuft bei den CAM-Pflanzen auch die PEP-Bildung (auf glykolytischem Wege auf Kosten von Stärke, vgl. S. 275) und die PEP-Carboxylierung im Cytoplasma ab. Die Refixierung des im Licht durch das Malatenzym oder durch die PEP-Carboxykinase freigesetzten CO_2 durch die PEP-Carboxylase statt durch die RubP-Carboxylase wird dadurch verhindert, daß die PEP-Carboxylase durch höhere Malatkonzentrationen gehemmt wird («feed-back»-Hemmung, vgl. S. 306).

Der ökologische Vorteil des CAM besteht darin, daß die CO_2-Aufnahme durch die geöffneten Stomata in der Nacht wegen der zu dieser Zeit an den Succulentenstandorten sehr viel tieferen Temperatur (und dementsprechend höheren relativen Luftfeuchtigkeit) viel geringere Wasserverluste zur Folge hat als die bei

Tag. Bei guter Wasserversorgung verwerten CAM-Pflanzen deshalb im Licht nicht nur das beim Malatabbau freiwerdende CO_2, sondern sie öffnen nach Erschöpfung des Malatspeichers auch die Stomata, um externes CO_2 via RubP-Carboxylase zu fixieren; bei Dürrebelastung dagegen, für die diese Pflanzen eigentlich selektioniert sind, schränken sie die Stomataöffnung und damit die Fixierung von externem CO_2 in der Lichtphase viel schneller ein als im Dunkeln.

Hinsichtlich der Isotopendiskriminierung verhalten sich die CAM-Pflanzen bei der Dunkelfixierung (und der Verwertung des vorfixierten CO_2 im Licht) wie die C_4-Pflanzen (geringere Diskriminierung des $^{13}CO_2$ gegenüber $^{12}CO_2$), im Licht (bei Fixierung von externem CO_2) dagegen wie C_3-Pflanzen. Da der Anteil der Dunkelfixierung an der Gesamtfixierung bei zunehmender Dürrebelastung zunimmt, werden die CAM-Pflanzen unter diesen Bedingungen reicher an ^{13}C (und den C_4-Pflanzen in dieser Hinsicht ähnlicher). Durch Bestimmung des $\delta^{13}C$-Wertes kann man bei CAM-Pflanzen daher die Dürrebelastung am natürlichen Standort feststellen.

Die Fähigkeit zum CAM ist übrigens nicht auf succulente Pflanzenarten beschränkt; sie findet sich z.B. auch bei *Tillandsia usneoides* (S. 903) und sogar bei der Gymnosperme *Welwitschia mirabilis* und einigen tropischen, epiphytischen Farnen, z.B. *Drymoglossum psiloselloides* und *Pyrrosia longifolia*. Wesentlich ist – neben der enzymatischen Ausstattung – nicht die Organ-, sondern die Zellstruktur: Es müssen, wie erwähnt, in derselben Zelle Chloroplasten und große Vacuolen vorhanden sein, sozusagen «Succulenz auf Zellebene».

Die CAM-Pflanzen zeichnen sich nicht durch hohe Stoffgewinne, sondern durch extreme Wasserökonomie aus (Tab. 17). Sie sind deshalb vor allem auf trockenen Standorten konkurrenzfähig, bei denen kühle Nächte die Malatbildung fördern und gelegentliche, ausgiebige, wenn auch sehr seltene Niederschläge die Auffüllung der Wasserspeicher ermöglichen.

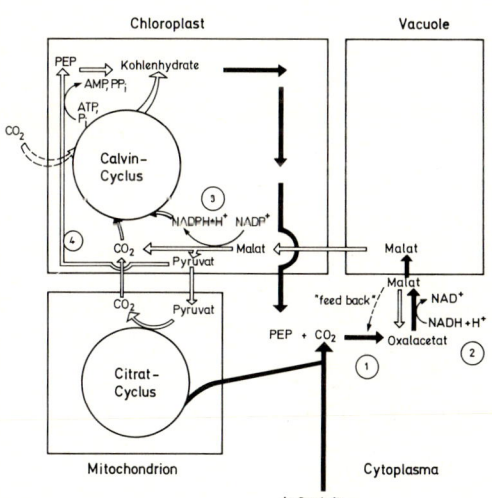

Abb. 294: Für den «CAM» charakteristische Dunkel- (ausgefüllte Pfeile) und Licht- (umrandete Pfeile) Reaktionen und ihre Verteilung auf verschiedene Zellkompartimente. Gekennzeichnete Enzyme: ① PEP-Carboxylase; ② NAD^+-abhängige Malat-Dehydrogenase; ③ Malatenzym; ④ Pyruvat-Phosphat-Dikinase.

Photorespiration

Die O_2-Aufnahme und CO_2-Abgabe im Licht in photosynthetisierenden Zellen bezeichnet man wegen der formalen Ähnlichkeit mit dem Atmungs-Gaswechsel als **Photorespiration**. Es hat sich aber gezeigt, daß sich die Photorespiration sowohl hinsichtlich ihrer Reaktionsfolge als auch in den beteiligten Zellorganellen grundsätzlich von der normalen

Atmung unterscheidet, wie sie auch bei den grünen Zellen im Dunkeln und bei allen aeroben, nichtgrünen Zellen im Licht und Dunkeln abläuft.

Als eigentliches Substrat für die Photorespiration wird Ribulosebisphosphat angesehen. Dieses kann von dem bifunktionellen Enzym (RubP-Carboxylase/Oxidase) entweder carboxyliert oder oxidiert werden. Die Photorespiration wird durch hohen O_2-Partialdruck begünstigt, die Carboxylierung dagegen durch hohen CO_2-Partialdruck. Die Photorespiration ist deshalb bei den C_4-Pflanzen minimal und kann bei C_3-Pflanzen durch Erniedrigung des natürlichen O_2-Partialdruckes verringert werden, wodurch die Nettophotosynthese (Bruttophotosynthese minus Photorespiration, gemessen als CO_2-Verbrauch oder O_2-Bildung) steigt. Lichtabhängig ist die Photorespiration deshalb, weil das Substrat RubP nur im Licht (bei funktionierendem CALVIN-Cyclus) nachgeliefert wird.

Die ersten Schritte der Photorespiration, bis zur Bildung des Glycolats, laufen im Chloroplasten ab (Abb. 295). Die Weiterverarbeitung des Glycolats,

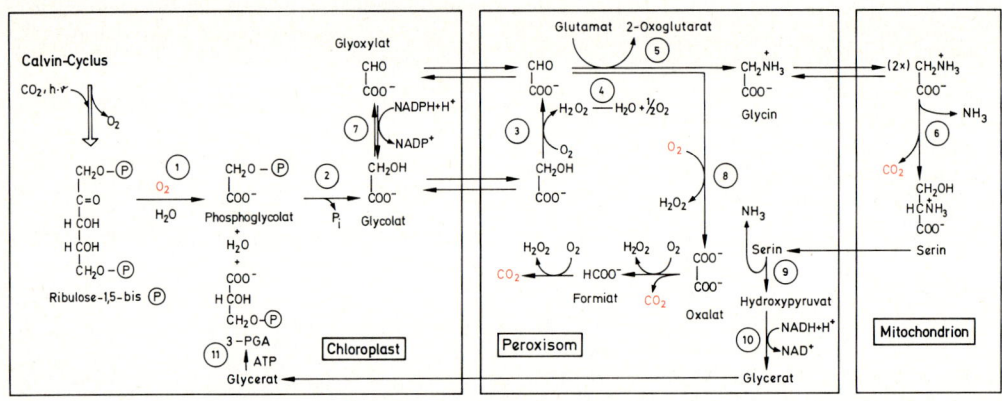

Abb. 295: Photorespiration. Beteiligte Reaktionen und ihre Verteilung auf verschiedene Zellkompartimente. Beteiligte Enzyme: ① Ribulosebisphosphat-Oxidase; ② Phosphoglycolat-Phosphatase; ③ Glycolat-Oxidase; ④ Katalase; ⑤ Glutamat-Glyoxylat-Aminotransferase; ⑥ Serin-Synthase (bildet aus 2 Molekülen Glycin unter CO_2-Abspaltung 1 Molekül Serin); ⑦ Glyoxylat-Reduktase (Bedeutung in Chloroplasten ungeklärt); ⑧ Reaktionsfolge zur vollständigen Oxidation des Glyoxylats in den Peroxisomen; ⑨ Serin-Glyoxylat-Aminotransferase; ⑩ Hydroxypyruvat-Reduktase; ⑪ Glyceratkinase. (Nach KINDL u. WÖBER)

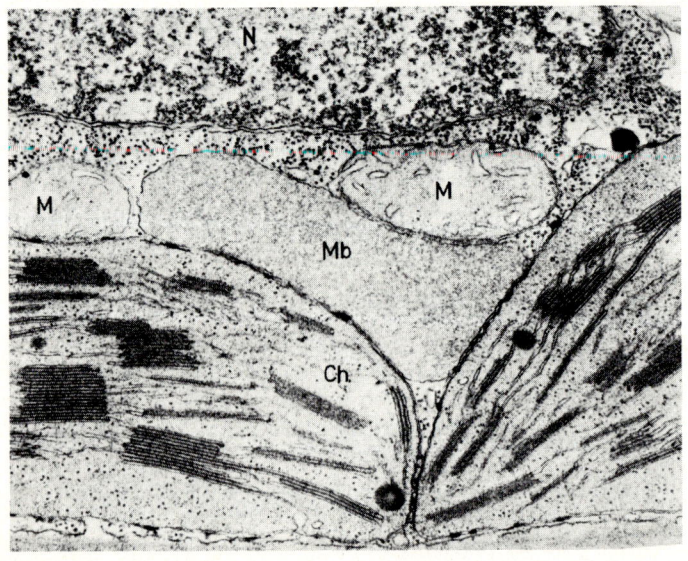

Abb. 296: «Microbody» (Mb) (vermutlich Peroxisom) in der Zelle eines Tabakblattes, in engem Kontakt mit Chloroplasten (Ch) und Mitochondrien (M). N Zellkern. Microbodies haben eine einfache Membran. Vergr. 31500. (Nach NEWCOMB u. FREDERICK)

das den Chloroplasten verläßt, erfolgt in den P e r o x i - s o m e n , Organellen, die den «M i c r o b o d i e s» zuge-rechnet werden (S. 39) und in den Blättern meist eng mit Chloroplasten (und Mitochondrien) vergesellschaftet sind (Abb. 296). Das Glycolat wird hier zu Glyoxy-lat oxidiert, wobei der Sauerstoff zwei Elektronen aufnimmt und in H_2O_2 überführt wird. H_2O_2 wird durch die in allen Microbodies vorkommende Kata-lase (Leitenzym für diese Organellen!) gespalten. Das Glyoxylat wird mittels einer Transaminase in Glycin übergeführt, das die Peroxisomen verläßt. Aus zwei Molekülen Glycin kann dann in den Mitochondrien unter CO_2- und NH_3-Freisetzung ein Molekül Serin gebildet werden. Dieses kann zur Proteinsynthese ver-wendet oder aber (vermutlich in den Peroxisomen) über Hydroxypyruvat zu Glycerat und (in den Chlo-roplasten) in Phosphoglycerat umgewandelt und damit dem CALVIN-Cyclus zugeführt werden. Die freiwerdenden NH_3-Moleküle werden wahrschein-lich im Cytoplasma und/oder in den Chloroplasten über Glutamin und Glutamat (S. 350) refixiert und können dann für Aminierungen (z. B. auch des Glyoxy-lats) verwendet werden. Dabei wird außer Reduk-tionsäquivalenten auch ATP benötigt. Nebenreak-tionen in den Peroxisomen führen vom Glyoxylat über Oxalat und Formiat zu CO_2, womit das Glycolat vollständig oxidiert ist. In den Chloroplasten kann Glyoxylat auch wieder zu Glycolat reduziert werden; die Bedeutung dieser Reaktion ist noch unklar.

Die Bildung von zwei Mol Glycolat und ihre Über-führung in 1 Mol Phosphoglycerat erfordert die Auf-nahme von 3 Mol O_2 und führt zur Freisetzung von 1 Mol CO_2. Im Gegensatz zur normalen Respiration liefert die Photorespiration keine verwertbare Ener-gie, sondern verbraucht solche. Die Reaktionsfolge zur Freisetzung von 1 Mol CO_2 benötigt etwa doppelt soviel ATP wie die Fixierung von 1 Mol CO_2 im CALVIN-Cyclus. Das molare Verhältnis verbrauchte Reduktionsäquivalente/verbrauchtes ATP ist bei der Photorespiration etwa das gleiche wie bei der photo-synthetischen Kohlenhydratsynthese. Die Photores-piration ist demnach ein «Verschwendungsprozeß», der die Ausbeute bei der Photosynthese sehr beträcht-lich zu mindern vermag. Ihre Bedeutung für die Pflanze ist nicht eindeutig geklärt. Einerseits wird angenom-men, daß die Oxidation des RubP mittels der RubP-Carboxylase/Oxigenase unvermeidlich sei und daß die Rückverwandlung von Phosphoglycolat in Phos-phoglycerat immerhin 75 % des «verlorenen» Kohlen-stoffs wieder dem CALVIN-Cyclus zuführt. Auf der anderen Seite wird daran gedacht, daß die Photorespi-ration den Photosyntheseapparat vor photooxidati-ver Schädigung bewahrt (S. 251).

Photosynthetische Reduktion anorganischer Verbindungen

Als natürliche Elektronenacceptoren für den linea-ren Elektronenfluß können außer $NADP^+$ (bzw. NAD^+) und O_2 (S. 248) auch andere anorganische Verbindungen dienen. Die wichtigsten dieser Reak-tionen sind die photosynthetischen Reduktionen von N_2 (Nitrogenase-Reaktion), von NO_3^- (Nitrat- und Nitritreduktase) und von SO_4^{2-}; sie werden im Zu-sammenhang mit dem Stickstoff- (S. 346 ff.) und Schwefelhaushalt (S. 356 ff.) im einzelnen besprochen.

Auch H^+ kann als Elektronenacceptor dienen. Wegen der Redoxpotentialverhältnisse erfolgt der Elektronenübergang nicht von $NADPH + H^+$, son-dern vom reduzierten Ferredoxin, katalysiert durch das Enzym H y d r o g e n a s e :

$$2H^+ + 2Fd_{red} \rightleftharpoons H_2 + 2Fd_{ox}.$$

Zur photosynthetischen H_2-Produktion befähigt sind photosynthetisierende Bakterien, Blaualgen und einige Grünalgen; bei letzteren ist die Hydrogenase ein induzierbares Enzym (S. 303 ff.). Die Elektronen für die Hydrogenase-Reaktionen stammen letztlich entwe-der aus dem Wasser (Blau- und Grünalgen), oder aus H_2S oder organischen Verbindungen (bei den photosynthetisierenden Bakterien).

Die Hydrogenase-Reaktion ist reversibel, weil E_0' von H_2 und Ferredoxin praktisch gleich ist. Sie kann daher auch zur Reduktion von Ferredoxin mit Hilfe von H_2 benutzt werden. Die zu dieser Umset-zung befähigten Organismen können daher bei H_2-Gegenwart die zur CO_2-Reduktion benötigten Reduktionsäquivalente auch im Dunkeln herstellen und benötigen das Licht nur für die ATP-Produktion durch cyclische Photophosphorylierung. Algen zei-gen in diesem Falle keinen EMERSON-Effekt mehr, weil das Photosystem II nicht beansprucht wird.

Abhängigkeit der Photosynthese von verschiedenen Faktoren

Die Photosynthese wird – wie alle Lebens-vorgänge – von den verschiedensten Faktoren in verwickelter Weise beeinflußt. Der allgemeine Entwicklungszustand der Pflanze, die Wasser-und Mineralsalzversorgung, der Öffnungszu-stand der Stomata, die Qualität und Inten-sität der Beleuchtung, die Temperatur und die CO_2-Versorgung spielen für die Photosynthese-intensität eine Rolle. Hier wie bei anderen physiologischen Vorgängen, die von einer Viel-zahl von Faktoren beeinflußt werden, macht man die Beobachtung, daß unter den verschie-denen Wirkungsfaktoren der jeweils im Mini-mum vorhandene den Prozeß entscheidend be-stimmt (G e s e t z d e s M i n i m u m s oder der b e g r e n z e n d e n F a k t o r e n). Bei ungenügen-der CO_2-Versorgung z. B. können auch die gün-stigsten Licht-, Wasser- und Temperaturver-hältnisse nicht voll ausgenützt werden, wäh-rend umgekehrt optimale CO_2-Konzentratio-nen keine maximale Photosynthese ermögli-chen, wenn z. B. das Licht zu schwach ist.

Unter allgemein günstigen Umständen kann als Anhaltspunkt genommen werden, daß ein Quadratmeter grüner Blattfläche in der Stunde 0,5–1,5 g Glucose zu erzeugen vermag. Das entspricht ungefähr dem Verbrauch einer CO_2-Menge, die in 3 m³ Luft vorhanden ist.

Der Chlorophyllgehalt ist unter natürlichen Bedingungen in der Regel kein begrenzender Faktor für die Photosyntheseintensität. Bei einem normal grünen Blatt scheint der Chlorophyllgehalt überdimensioniert, da selbst bei niederen Lichtintensitäten auch Blätter mit vermindertem Chlorophyllgehalt noch so viel Quanten absorbieren, daß der Photosyntheseapparat lichtgesättigt ist. Eine Rolle kann der hohe Chlorophyllgehalt der Blätter spielen, wenn es gilt, die geringen Anteile der photosynthetisch wirksamen Spektralbereiche in dem Licht noch möglichst vollständig zu absorbieren, das bereits andere Blätter passiert hat. Schattenblätter haben deshalb in der Regel höhere Chlorophyllgehalte pro Einheit der Blattfläche als Sonnenblätter. Auch zeigen sie besonders große Grana, in denen bis zu 100 Thylakoide übereinander gestapelt sein können. Schattenpflanzen haben zudem ein verringertes Chlorophyll a/b-Verhältnis, eine relative Steigerung der Leistungsfähigkeit des Photosystems II gegenüber I, wodurch evtl. die verstärkte Anregung des Systems I durch den hohen Infrarot-Anteil der Schattenstrahlung kompensiert wird. Schließlich besitzen Schwachlichtblätter auch eine größere Photosyntheseeinheit als Starklichtblätter, d.h. mehr Pigmentmoleküle sind mit einer Elektronentransportkette verknüpft.

Die Strahlung. Bei geringen Bestrahlungsstärken ist die Photosyntheseintensität der Strahlungsintensität proportional, solange nicht andere Faktoren (z.B. CO_2-Konzentration, Temperatur, Kapazität des Photosyntheseapparates) begrenzend werden. Dies ist bei höheren Lichtintensitäten zunehmend der Fall. Die Kurven für die Abhängigkeit der Intensität der apparenten Photosynthese von der Lichtintensität (Lichtkurven der Photosynthese) flachen daher ab (Abb. 297), bis schließlich die Photosyntheseintensität durch eine weitere Steigerung der Lichtintensität nicht mehr beeinflußt wird («Lichtsättigung»). Bei noch höheren Bestrahlungsstärken kann schließlich der Photosyntheseapparat beschädigt werden, so daß die Photosyntheseintensität wieder absinkt. Unter natürlichen Bedingungen kann dies dann ein-

treten, wenn Schatten-angepaßte Pflanzen (s. u.) plötzlich vollem Sonnenlicht ausgesetzt werden, vor allem bei niedriger Temperatur, wenn die Energie der Lichtquanten nicht vollständig für die CO_2-Verarbeitung verwertet werden kann.

Diejenige Lichtintensität, bei der die O_2-Produktion (oder der CO_2-Verbrauch) der Photosynthese gerade die O_2-Aufnahme (bzw. die CO_2-Produktion) der Atmung kompensiert, kennzeichnet den Licht-Kompensationspunkt der Photosynthese (Schnittpunkt der Lichtkurve mit der Null-Linie); hier ist die Netto-Photosynthese Null.

Je nach ihrer Anpassung an verschieden stark belichtete Standorte zeigen verschiedene Arten oder Blätter einer Art (z.B. bei kronenbildenden Bäumen) verschiedene Lichtkurven der Photosynthese. Zunächst unterscheiden sich die C_4-Pflanzen von den C_3-Pflanzen: Erstere erreichen selbst bei sehr hohen Lichtintensitäten die Lichtsättigung nicht (Abb. 297). Bei ihnen ist offensichtlich die Kohlendioxidverarbeitung in der Photosynthese so effizient, daß sie mit jedem Ausmaß des gelieferten «assimilatory power» Schritt hält. Dies bedeutet, daß die C_4-Pflanzen den C_3-Pflanzen kaum bei Schwachlicht, wohl aber bei voller Sonnenbestrahlung (z.B. bei hohem Sonnenstand an klaren Tagen) hinsichtlich der Strahlungsverwertung überlegen sind (Abb. 298).

Unter den C_3-Pflanzen gibt es ebenfalls erblich festgelegte oder modifikativ variierte Starklicht- (oder Sonnen-) und Schwachlicht- (oder Schatten-) Typen (oder -Organe). Bei Starklichtpflanzen (oder Sonnenblättern) liegt die Photosyntheseintensität bei Lichtsättigung höher als bei Schwachlichtpflanzen (oder Schattenblättern). Letztere erreichen aber den Lichtkompensationspunkt (bei ca. 0,5–1% des vollen Tageslichtes) und ihre maximale Photosyntheseleistung bei niedrigerer Lichtintensität;

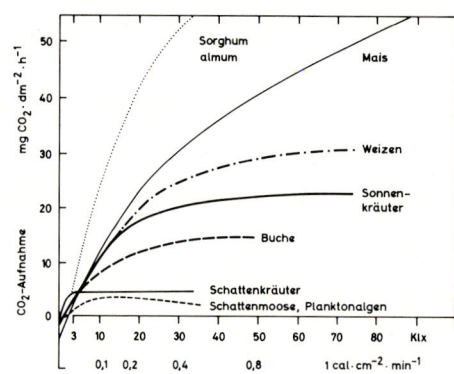

Abb. 297: Lichtabhängigkeit der Nettophotosynthese verschiedender Pflanzen bei optimaler Temperatur und natürlichem CO_2-Angebot. (Nach LARCHER)

sie sind daher unter Schwachlichtbedingungen überlegen (Abb. 297, 298; Tab. 18).

In einem Pflanzenbestand oder in einer dichten Baumkrone sind die einzelnen Blattschichten sehr verschieden stark an der Gesamtphotosynthese beteiligt. So wird z.B. in einem Luzernebestand von 30 cm Höhe in der untersten Blattschicht der Lichtkompensationspunkt morgens ca. 2 Stunden später überschritten als in den obersten Blättern, und auch bei starker Einstrahlung erreicht die unterste Blattschicht nur etwa 3% der Photosyntheseintensität vollbelichteter Blätter. Ein Blatt aber, das über längere Zeit keinen Stoffgewinn liefert, das also ein Zuschußorgan wäre, wird von der Pflanze abgestoßen. Jedes einzelne Blatt einer Baumkrone ist im entwickelten Zustand in der Bilanz ein Assimilatexporteur, auch wenn es sich im Innern der Krone befindet. Die Verknüpfung von photosynthetischer Effizienz und Verweildauer eines Blattes erfolgt wahrscheinlich dadurch, daß proportional zur (Netto-)Photosyntheseleistung auch Wirkstoffe im Blatt gebildet werden, die die Ausbildung der Trennschicht für den Blattfall (S. 435 ff.) verhindern.

Die Dichte der Belaubung eines Pflanzenbestandes wird durch den Blattflächenindex (leaf area index = LAI) wiedergegeben:

$$LAI = \frac{\text{Gesamtsumme der Blattfläche}}{\text{Bodenfläche}}$$

Der LAI reicht von Werten um 0,45 (nivale Polsterpflanzengesellschaft) bis 14 (Hochstaudengesell-schaft), ja bis > 20; die höchsten Werte kommen wohl nur bei zusätzlichem Seitenlicht zustande.

Durch die Schichtung der Blätter wächst in einem dichten Pflanzenbestand die Photosyntheseleistung des Gesamtbestandes mit zunehmender Lichtintensität langsam und bis in den Starklichtbereich proportional an.

In dichten Buchen- oder Fichtenwäldern erreichen nur noch etwa 2–5% der auf die obere Laubfläche einfallenden Strahlung den Boden, in Birken-, Lärchen- oder Kiefernwäldern immerhin 18–27%. Dabei ist nicht nur das in «Sonnenflecken» auf den Boden fallende direkte Sonnenlicht, sondern weit mehr das diffus gestreute Himmelslicht wichtig, sei es bei blauem Himmel, sei es bei Wolkenbedeckung (Verringerung der Intensität hier bis unter $^1/_3$). Wolken am blauen Himmel können durch Reflexion sogar eine höhere Beleuchtungsstärke ergeben als wolkenloser Himmel. Die mittägliche Intensität der vollen Sonneneinstrahlung erreicht in unseren Breiten im Sommer etwa 60 000 bis 80 000 Lux. Bei bedecktem Himmel werden etwa 10 000 Lux erreicht. Am Polarkreis wird als Lichtintensität der Mitternachtssonne etwa 1000 Lux angegeben, was noch eine positive Stoffbilanz erlaubt; allerdings hätten hier C_4-Pflanzen sowenig Selektionsvorteile wie im Unterwuchs eines

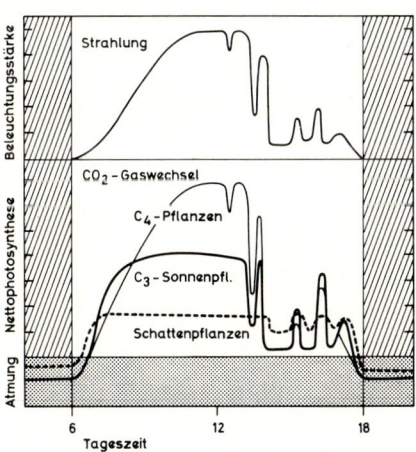

Abb. 298: Schematischer Tagesverlauf des CO_2-Gaswechsels in Abhängigkeit von der Lichtintensität. Da C_4-Pflanzen kaum je die Lichtsättigung erreichen, können sie auch höchste Lichtintensitäten voll nutzen, während C_3-Pflanzen hierzu nicht in der Lage sind. Schattenpflanzen sind den Sonnenpflanzen in der Ausnützung des Schwachlichtes (z.B. am frühen Morgen oder späten Abend) überlegen, in der des Starklichtes unterlegen. (Nach LARCHER)

Tab. 18: Lichtabhängigkeit der Nettophotosynthese verschiedener Pflanzen (Einzelblätter) bei natürlichem CO_2-Angebot und optimaler Temperatur. (Nach LARCHER)

Pflanzentyp	Kompen-sations-Licht-intensität (Kilolux)	Licht-sättigung (Kilolux)
A. Landpflanzen		
1 Krautige Blütenpflanzen		
C_4-Pflanzen	1 –3	80
Landwirtschaftl. Nutz-pflanzen (C_3)	1 –2	30–80
Sonnenkräuter	1 –2	50–80
Schattenkräuter	0,2–0,5	5–10
2. Holzpflanzen		
Sommergrüne Laubbäume und Sträucher		
Lichtblätter	1 –1,5	25–50
Schattenblätter	0,3–0,6	10–15
Immergrüne Laub- und Nadelbäume		
Lichtblätter	0,5–1,5	20–50
Schattenblätter	0,1–0,3	5–10
3. Moose und Flechten	0,4–2	10–20
B. Wasserpflanzen		
Planktonalgen		15–20

Buchenwaldes. Vollmondlicht (ca. 0,25 Lux) genügt dagegen wohl bei keiner im Freien wachsenden Pflanze zum Erreichen des Kompensationspunktes. Eine Lichtintensität unter 1% des vollen Tageslichtes erlaubt auch der Krautflora am Waldboden kaum mehr eine Entwicklung, während Moose in Höhlen noch bei 0,05–0,01% gedeihen sollen.

Im Wasser nimmt die Lichtintensität mit zunehmender Tiefe ab (auch die Lichtqualität ändert sich, vgl. S. 231). Während Höhere Wasserpflanzen nahe der Wasseroberfläche ihre höchste Photosyntheseleistung entfalten, haben die gegen Starklicht empfindlichen Planktonalgen (Abb. 297) ihr Photosyntheseoptimum bei hohem Sonnenstand in einigem Abstand von der Oberfläche (Abb. 299), je nach einfallender Strahlung und Trübung des Wassers in 2–15 m Tiefe (Seen 2–5 m, offenes Meer 10–15 m). Der Lichtkompensationspunkt wird in der Regel in der Tiefe erreicht («Kompensationstiefe»), in die nicht mehr als 1% des Oberflächenlichtes eindringt.

Die Kohlendioxid-Konzentration. Es wurde bereits erwähnt, daß die natürliche CO_2-Konzentration in der Atmosphäre (0,03 Vol%) für die photosynthetische CO_2-Fixierung im CALVIN-Cyclus suboptimal ist, weswegen die C_4-Pflanzen unter Energieaufwand einen blattinternen CO_2-Konzentrierungsmechanismus betreiben. Bei C_3-Pflanzen dürfte bei voller Sonneneinstrahlung stets die Menge des verfügbaren CO_2 die Photosynthese begrenzen. Es ist daher bei diesen Pflanzen möglich, durch Erhöhung der CO_2-Konzentration in der Umgebung unter sonst gleichen Umständen eine Steigerung der Photosynthese zu erzielen.

So gelingt es bei Gewächshauskulturen von Tomaten, Gurken usw. durch CO_2-Begasung (bis höchstens 0,1% CO_2; höhere Konzentrationen können manche Pflanzen schädigen) den Ernteertrag bis zum Dreifachen zu erhöhen. Auch in bewohnten, vor allem schlecht gelüfteten Räumen ist der CO_2-Gehalt meist doppelt so hoch wie im Freien und spielt nicht so wie dort für die Photosynthese die begrenzende Rolle. In unmittelbarer Nähe des Erdbodens ist die CO_2-Konzentration infolge der intensiven Atmung der Pflanzenwurzeln (in dichtbewurzelten Böden stammt bis zu 10% der CO_2-Menge in der Bodenluft von ihr) und vor allem der Bodenmikroorganismen meist wesentlich höher als in der freien Atmosphäre; in der gemäßigten Klimazone geben Wald- und Wiesenböden stündlich durchschnittlich ca. 50–500 ml CO_2 m^{-2} Bodenoberfläche ab, ärmere Böden weniger. Der CO_2-Gehalt im Boden selbst kann bis zu 0,5–1,5 Vol.% ansteigen. Die Krautschicht deckt ihren CO_2-Bedarf wohl hauptsächlich aus dieser «Bodenatmung», während z.B. die Kronen hoher Bäume beim Fehlen vertikaler Luftströmungen weitgehend auf den Nachschub aus dem freien Luftraum angewiesen sind. Die günstige Wirkung einer Stallmistdüngung auf den Pflanzenwuchs geht wohl nicht allein auf den Einfluß der zugeführten Nährsalze zurück, sondern beruht z.T. auch auf der Vermehrung der Mikroflora und deren Atmungstätigkeit.

Die Aufnahme des CO_2 in die assimilierenden Blattzellen ist ein komplexer Vorgang, in den die Pflanze auch steuernd eingreifen kann.

Der Gasaustausch der photosynthetisierenden wie der (dunkel-)atmenden Pflanze erfolgt durch Diffusion. Der Vorgang läßt sich durch das 1. FICKsche **Diffusionsgesetz** beschreiben:

$$\frac{d_m}{d_t} = -D \cdot q \frac{\delta_c}{\delta_x} .$$

Die Diffusionsrate (diffundierende Substanzmenge d_m im Zeitabschnitt d_t) ist umso größer, je steiler das Konzentrationsgefälle (δ_c/δ_x) entlang einer senkrecht zur Fläche q stehenden Koordinate x und je größer die Austauschfläche q ist. Die Diffusionskonstante D ist unter isothermen und isobaren Bedingungen substanzspezifisch und ändert sich auch mit dem Medium, in dem die Diffusion erfolgt: In Luft können CO_2 und O_2 etwa 10^5 mal so schnell diffundieren wie in Wasser (CO_2 in der Gasphase 1 cm·s^{-1}, in wässriger Phase 10^{-5} cm·s^{-1}). Es ist für die Pflanze deshalb von Vorteil, die mit der Umgebung auszutauschenden Gase möglichst bis unmittelbar zu den

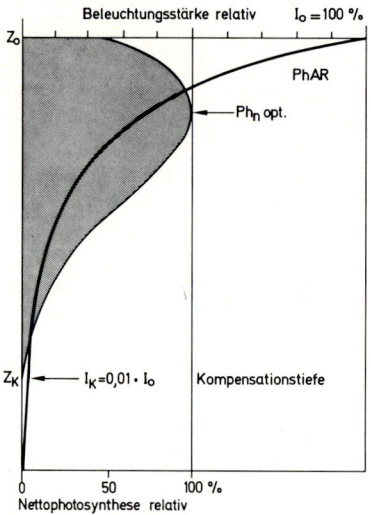

Abb. 299: Nettophotosynthese des Phytoplanktons (Ph_n, schraffiert) und relative Intensität der in der Photosynthese verwertbaren Strahlung (PhAR: Photosynthetic Active Radiation) bezogen auf die Strahlung (I_0) an der Oberfläche (Z_0). In der Kompensationstiefe Z_k ist die Nettophotosynthese Null; dort herrscht nur noch 1% der Lichtintensität von Z_0. (Nach LARCHER)

Reaktionsorten in Gasphase zu halten. Dafür dient das Intercellularensystem (S. 112 ff.).

Das Minuszeichen in der FICKschen Gleichung verdeutlicht den positiven Abwärtstransport bei einem negativen Konzentrationsgradienten. Für den Gaswechsel der Pflanzen kann man eine abgeleitete Form des FICKschen Gesetzes anwenden:

$$F = \frac{\Delta C}{\Sigma r} \, .$$

Die Diffusionsrate («Flux» F) wird gefördert durch ein steiles Konzentrationsgefälle (ΔC) und verringert durch eine Serie von Diffusionswiderständen (Σr).

Der CO_2-Konzentrationsgradient zwischen Außenluft und Intercellularenluft bzw. photosynthetisierendem Chloroplasten ist bei normalem CO_2-Gehalt der Atmosphäre sehr flach; er genügt nicht, um das CO_2 bei geschlossenen Stomata durch die Diffusionsbarrieren der Cuticula und der Epidermis zu treiben. Dies ist anders bei der O_2-Aufnahme bei der Atmung: Der steile Konzentrationsgradient zwischen der Außenluft (ca. 20 Vol %) und den atmenden Mitochondrien (nahe 0 %) ermöglicht eine Diffusionsrate, die ausreicht, den O_2-Bedarf nicht zu voluminöser Organe auch bei geschlossenen Stomata zu decken. Die Änderung des Diffusionswiderstandes durch die Stomata (s. u.) beeinflußt daher die Photosynthese einschneidend, die Atmung in der Regel nicht.

Zu den Widerständen, die das CO_2 auf seinem Wege zu den photosynthetisierenden Chloroplasten in Cormophyten zu überwinden hat (Abb. 300), zählt einmal der Grenzschichtwiderstand, der proportional der Dicke der Grenzschicht ist, d. h. der blattnahen Luftschicht bzw. der ruhenden Wasserschicht bei Wasserpflanzen, in der keine konvektiven Transporte vonstatten gehen. Bei ruhender Luft kann sie einige Millimeter dick sein, bei starkem Wind völlig verschwinden. Die Dicke und Beständigkeit der Grenzschicht hängt auch vom Blattbau (z.B. von der Behaarung) ab. Bei hohem Grenzschichtwiderstand kann das CO_2 aus dieser Schicht schneller in das Blattinnere gelangen als es von außen ersetzt wird, so daß die blattnächste Luftschicht an CO_2 verarmt. Der praktisch unüberwindliche cuticuläre Widerstand wird bei der CO_2-Diffusion dadurch umgangen, daß das Gas durch die Stomata eindringt. Der stomatäre Diffusionswiderstand ist von der Pflanze physiologisch regulierbar und schwankt in weiten Grenzen. Bei weit geöffneten Stomata ist er geringer als der Mesophyllwiderstand, der sich aus dem Diffusionswiderstand im Intercellularensystem, dem Grenzflächenwiderstand beim Übertritt in die flüssige Phase in den Zellwänden (z.B. der Palisadenzellen) und dem Diffusionswiderstand innerhalb des Cyto-

plasmas und der Chloroplasten zusammensetzt. Da die Steilheit des CO_2-Gradienten letztlich durch die Leistungsfähigkeit des Carboxylierungssystems bestimmt wird, spricht man schließlich auch noch von einem «Carboxylierungswiderstand» (der kein Diffusionswiderstand ist); er ist bei C_4-Pflanzen mit ihrem großen CO_2-«Hunger» viel geringer als bei C_3-Pflanzen.

Die Pflanze ist in der Lage, die CO_2-Konzentration in den Intercellularen durch Änderung des stomatären Diffusionswiderstandes weitgehend konstant zu halten, sofern diese Regelung nicht durch «Störgrößen» (z.B. Wassermangel) beeinträchtigt wird (S. 474 ff.).

Wasserpflanzen haben meist keine größeren Schwierigkeiten in der CO_2-Versorgung (wohl

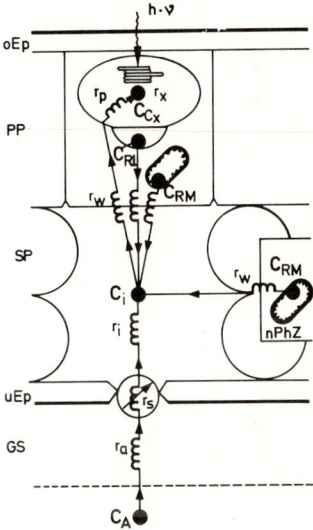

Abb. 300: CO_2-Konzentrationsgefälle und Transportwiderstände in einem Laubblatt einer hypostomatischen C_3-Pflanze bei der Photosynthese. oEp obere Epidermis, PP Palisadenparenchym, SP Schwammparenchym, uEP untere Epidermis, nPhZ nicht photosynthetisch aktive Zellen, GS Grenzschicht. Es stellt sich ein Gefälle in der CO_2-Konzentration von der Außenluft (C_A) über die Intercellularenluft (C_i) zum Minimum am Ort der Carboxylierung (C_{ex}) ein. In das Intercellularensystem wird CO_2 nicht nur von außen, sondern auch durch die Atmung der Mitochondrien (C_{RM}) und durch die Photorespiration (C_{RL}; in den Peroxisomen) zugeführt. Als Transportwiderstände sind eingeschaltet: Der Grenzschichtwiderstand r_a, der regulierbare stomatäre Widerstand r_s, Diffusionswiderstände in den Intercellularen r_i, Widerstände beim Lösungsvorgang und Transport des CO_2 in der flüssigen Phase der Zellwand (r_w) und im Protoplasma (r_p). r_x bedeutet den «Carboxylierungswiderstand». (Nach LARCHER)

aber beim O_2-Nachschub, S. 290) als die Landpflanzen, weil sich das CO_2 im Wasser von
15°C etwa im gleichen Prozentsatz löst wie es
in der Luft vorhanden ist, und der langsamere
Transport von gasförmigem CO_2 im Wasser
durch die Wasserbewegung ausgeglichen wird.
Bei untergetaucht lebenden Wasserpflanzen,
denen Spaltöffnungen und meist auch Cuticula
fehlen (S. 335), wird durch die gesamte Blattoberfläche entweder nur gelöstes CO_2 oder zusätzlich auch $Ca(HCO_3)_2$ aufgenommen. Bei
manchen erfolgt diese Aufnahme ausschließlich
an der Blattunterseite.

Bei der Verarbeitung von Ca-Bicarbonat wird
nach der Entnahme von Kohlendioxid freies $Ca(OH)_2$
aus der Blattoberseite ausgeschieden, das sich dort
durch CO_2-Aufnahme aus dem Wasser wieder in
Carbonat oder Bicarbonat umwandelt. Daher kann
man oft auf der Oberseite z.B. von *Elodea*- oder
Potamogeton-Blättern schmutzig graubraune Krusten von $CaCO_3$ sehen («Biogene Entkalkung»).
Bei den Internodialzellen von *Chara* sind die Plas-
malemma-gebundene HCO_3^--Pumpe (befördert das
Anion nach innen) und der Carrier, der OH^- nach
außen transportiert, räumlich getrennt. Letztere verursachen die «alkalischen Bänder» an der Zelloberfläche. Das ganze Transportsystem arbeitet nur im
Licht.

Temperatur. Da die Photosynthese enzymatisch katalysierte Reaktionen umfaßt, wird sie
von der Temperatur beeinflußt. Enzymreaktionen folgen der VAN'T HOFFschen Reaktions-
geschwindigkeit-Temperatur-Regel (RGT-Re-
gel), wonach sich die Reaktionsgeschwindigkeit k bei einer Temperaturerhöhung um 10°C
jeweils etwa verdoppelt:

$$Q_{10} = \frac{k_{T+10}}{k_T} \approx 2.$$

Eine strenge Temperaturabhängigkeit der
Photosynthese ist allerdings nur dann zu erwarten, wenn enzymatische Prozesse geschwindigkeitsbestimmend sind. Sind die photochemischen Reaktionen begrenzend (z.B. bei
Schwachlicht), so ist der Temperatureinfluß
gering.

Bei ausreichender Licht- und CO_2-Versor-
gung folgt die Temperaturabhängigkeit der
(Netto-)Photosyntheseintensität meist einer
Optimumkurve; sie wird auf der einen Seite
durch die Intensität der Lichtatmung, auf der
anderen Seite durch die der Bruttophotosynthese bei den jeweiligen Temperaturen bestimmt.

Das Temperaturoptimum der Nettophotosynthese
liegt bei verschiedenen Pflanzenarten und auch bei
derselben Art je nach ihrem Vorleben bei sehr verschiedenen Werten (Abb. 301, 316). Durch hohe
Temperaturoptima (>30°C) zeichnen sich die C_4-
Pflanzen aus. Bei den C_3-Pflanzen liegt bei Schattenpflanzen, Frühjahrsblühern, Hochgebirgspflanzen,
Flechten und Meeresalgen das Optimum meist zwischen 10° und 20°C; krautige Sonnenpflanzen und
wärmeangepaßte Bäume haben dagegen bei 20–30°C
die ergiebigste Nettophotosynthese.

Die untere Grenze für das Auftreten einer apparenten Photosynthese («Temperaturminimum») liegt
bei Höheren Pflanzen gemäßigter und kalter Gebiete
bei der Temperatur, bei der das Wasser zu gefrieren
beginnt, also (je nach der Konzentration des Zellsaftes) bei wenigen Grad unter Null. Winterannuelle
Pflanzen wie Wintergetreide, Spinat und Feldsalat
(*Valerianella olitoria*) vermögen noch bei −2 bis
−3°C, selbst unter Schneebedeckung, mit positiver
Bilanz zu assimilieren, ebenso immergrüne Nadelhölzer. Bei Flechten kann CO_2 sogar bei −25°C in
den gefrorenen Thalli photosynthetisch verarbeitet
werden. Bei Tropenpflanzen kann dagegen die Nettophotosynthese schon bei +5 bis +7°C zum Erliegen
kommen.

Auch die obere Temperaturgrenze (Temperaturmaximum) der Nettophotosynthese, d.h. die Temperatur, bei der die CO_2-Aufnahme gerade noch die
Atmung kompensiert (Abb. 316), liegt sehr verschieden. Eine obere Grenze bei besonders niedrigen Temperaturen zeigen Flechten; sie sind nur im feuchten
Zustand physiologisch aktiv, also nach Regen oder in
den Morgenstunden nach Taufall, wenn die Temperatur relativ niedrig ist. Durch Maxima bei ausneh-
mend hohen Temperaturen sind wieder manche C_4-
Pflanzen (bis 60°C) und vor allem die in heißen Quellen lebenden Blaualgenformen (>70°C) ausgezeichnet (Tab. 9, S. 226).

In Temperaturbereichen über dem Optimum der
Nettosynthese braucht die Brutto-CO_2-Fixierung
durchaus noch nicht abzunehmen; häufig steigt nur
die Atmungsintensität mit steigender Temperatur
schneller an als die Photosynthese. Bei höheren Tem-

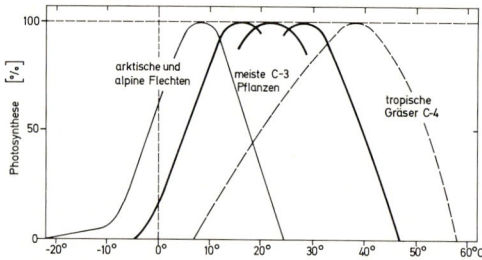

Abb. 301: Temperaturabhängigkeit und Lage der
Kardinalpunkte (Minimum, Optimum, Maximum)
der Nettophotosynthese verschiedener Pflanzentypen
bei Lichtsättigung. (Nach LARCHER)

peraturen bricht dann aber der Photosyntheseapparat (durch Inaktivierung von Enzymen und Beschädigung von Membranen) zusammen. Bei Eukaryoten geschieht dies stets zumindest beim Denaturierungspunkt der Proteine (< 60 °C).

Die Lage aller drei Kardinalpunkte der Temperaturkurve der Nettophotosynthese kann durch entsprechendes Vorleben der Pflanzen verschoben werden (Temperaturanpassungen: Abhärtung, Verweichlichung).

Wasser. Wasser ist zwar wie CO_2 ein Substrat für die Photosynthese, doch sind die hierfür benötigten Mengen so gering, daß sich Wassermangel nicht auf diese direkte Weise, sondern indirekt auswirkt: Einmal werden durch die Plasmaentquellung die enzymatischen Prozesse und die Funktionsstrukturen beeinträchtigt und zum andern wird durch den Verschluß der Stomata die CO_2-Zufuhr behindert. Bei geschlossenen Stomata kann ein belichtetes Blatt praktisch nur noch das intern durch die Atmung freigesetzte CO_2 reassimilieren.

Die verschiedene Empfindlichkeit der Photosynthese gegenüber Wassermangel bei einzelnen Arten und Ökotypen äußert sich darin, daß die folgenden charakteristischen Erscheinungen bei verschiedenem Wasserpotential (S. 313 ff.) der Blätter eintreten: Der Beginn des Stomataschlusses und damit der Einschränkung des Gaswechsels; die völlige Unterbindung des CO_2-Flusses von außen; der Beginn der Schädigung des Photosyntheseapparates, die nach erneuter Wasserzufuhr zwar nicht sofort, aber nach einiger Zeit vollständig rückgängig gemacht werden kann; der Beginn einer irreversiblen Schädigung. Alle diese Kardinalpunkte können auch innerhalb einer Art durch das Vorleben (innerhalb bestimmter Grenzen) modifiziert werden («Trockenadaptation»).

Bei Thallophyten fällt die Wirkung des Wassermangels auf die Photosynthese über die Stomata weg; Einschränkungen bei Wassermangel gehen daher bei ihnen immer auf Lähmung des Photosyntheseapparates zurück. Da ihr Wassergehalt im Gleichgewicht mit dem Wasserdampfgehalt der Luft steht («poikilohydre» Organismen, S. 332), zeigen sie schnell wechselnde Photosyntheseintensitäten. Die Luftfeuchtigkeit, bei der die Nettophotosynthese einsetzt («Feuchtekompensationspunkt») liegt bei Luftalgen um etwa 70% relativer Luftfeuchte, bei Flechten um 80% und bei denjenigen Moosen, die Wasserdampf aus der Luft aufnehmen können, meist bei über 90%.

Mineralsalze. Eine ausreichende Zufuhr von Mineralsalzen und auch bestimmter Spurenelemente (S. 334) ist für das optimale Funktionieren des Photo-

syntheseapparates ebenso unerläßlich wie für andere biochemische Vorgänge. Abgesehen von den Grundelementen, die für den Aufbau der Zellstrukturen allgemein notwendig sind (S. 333), braucht der Chloroplast z.B. Magnesium, Eisen, Kupfer und Mangan für die Pigmente bzw. Redoxsubstanzen.

2. Chemoautotrophie

Bei chemoautotrophen Organismen (vgl. S. 228, Tab. 10), zu denen ausschließlich Prokaryoten gehören, wird die Potentialdifferenz anorganischer Redoxysteme zur ATP-Produktion benützt; auch die primären Elektronendonatoren sind anorganische Substanzen. Die zu oxidierenden Stoffe werden aus dem Medium in die Zelle aufgenommen, und die Oxidationsprodukte wieder abgeschieden.

Die Chemoautotrophen unterscheiden sich von den Photoautotrophen demnach durch die Art der Bereitstellung der «assimilatory power» (ATP, NADH + H^+), während der Weg des Kohlenstoffs übereinstimmt oder doch sehr ähnlich ist. Es braucht deshalb hier nur auf den Elektronentransport und die damit verbundene Phosphorylierung bei den Chemoautotrophen eingegangen zu werden.

Die energieliefernden Reaktionen

Nitrifikation. Nitrifizierende Bakterien sind strikte Aerobier (S. 274) und oxidieren NH_3 bzw. NH_4^+ über Nitrit zu Nitrat. Dabei arbeiten zwei Gruppen ökologisch eng zusammen: Arten der Nitrosogruppe (z.B. *Nitrosomonas*) wandeln NH_3 in Nitrit, solche der Nitrogruppe (z.B. *Nitrobacter*) Nitrit in Nitrat um:

Nitrosomonas:

$$NH_4^+ + 1,5\,O_2 + H_2O \rightarrow NO_2^- + 2\,H_3O^-$$
$$\Delta G^{0'} = -65\,\text{kcal (ca. } -274\,\text{kJ)};$$

Nitrobacter: $NO_2^- + {}^1/_2\,O_2 \rightarrow NO_3^-$
$$\Delta G^{0'} = -18\,\text{kcal (ca. } -77\,\text{kJ).}$$

Die enge Vergesellschaftung beider Gattungen (P a r a b i o s e) ist einmal deshalb notwendig, weil *Nitrosomonas* das Substrat für *Nitrobacter* liefert, zum andern aber auch deshalb, weil Nitrit für *Nitrosomonas* (wie für andere Organismen) giftig ist. Die sofortige Entfernung anfallenden Nitrits ist bei der Nitrifikation dadurch gewährleistet, daß *Nitrobacter* für den gleichen Energiegewinn viel mehr Substrat umsetzen muß als *Nitrosomonas*; er ist also viel «hungriger». Die nitrifizierenden Bakterien kommen im Boden mit Fäulnisbakterien zusammen vor, die aus organischem Material NH_4^+ freisetzen. Die Nitrifikation ist für die Bereitstellung von Nitrat, der Hauptstickstoffquelle der Höheren Pflanze, im Boden der entscheidende Prozeß.

Schwefeloxidation. Die formenreiche Gruppe der farblosen Schwefelbakterien findet sich z.B. in nährstoffreichen Tümpeln, vor allem aber auch in Rieselfeldern der Abwasserreinigung. Sie vermögen Schwefelverbindungen, etwa bei der Zersetzung organischen Materials oder bei der Sulfatreduktion (z.B. durch Bakterien in den tiefen, sauerstoffarmen Zonen des Schwarzen Meeres) gebildetes H_2S, zu oxidieren:

$$2S^{2-} + 4H^+ + O_2 \rightarrow 2S + 2H_2O,$$
$$\Delta G^{0'} = -50\,\text{kcal (ca.} -209\,\text{kJ)};$$

$$2S + 2H_2O + 3O_2 \rightarrow 2SO_4^{2-} + 4H^+,$$
$$\Delta G^{0'} = -119\,\text{kcal (ca.} -498\,\text{kJ)}.$$

Diese Reaktion wird z.B. von der Cyanophycee *Beggiatoa* und dem Bacterium *Thiothrix* durchgeführt, die vorübergehend auch elementaren Schwefel in den Zellen ablagern. Arten der Gattung *Thiobacillus* oxidieren die verschiedensten Schwefelverbindungen bis zur Stufe des Sulfats: Neben H_2S, Sulfiden und Schwefel auch Sulfit (SO_3^{2-}), Thiosulfat ($S_2O_3^{2-}$), Di-, Tri- und Tetrathionat ($S_2O_6^{2-}$, $S_3O_6^{2-}$, $S_4O_6^{2-}$) und Thiocyanat (SCN^-). Sie spielen deshalb z.B. bei der natürlichen Reinigung von Industrieabwässern eine wichtige Rolle. *Thiobacillus thiooxidans*, der größere Mengen H_2SO_4 produziert, verträgt dementsprechend 1 N Schwefelsäure.

Eisen- und Mangan-Bakterien. Arten der Gattung *Ferrobacillus* (z.B. *F. ferrooxydans*) oxidieren zweiwertiges Eisen:

$$4Fe^{2+} + 4H^+ + O_2 \rightarrow 4Fe^{3+} + 2H_2O,$$
$$\Delta G^{0'} = -16\,\text{kcal (ca.} -67\,\text{kJ)}.$$

Bei den am längsten bekannten Eisenbakterien, *Gallionella ferruginea* und *Leptothrix ochracea*, ist noch nicht eindeutig geklärt, ob sie nur Eisenverbindungen speichern oder echte Chemoautotrophe sind. Da die Eisenoxidation nur wenig Energie liefert, werden enorme Substratmengen umgesetzt; Eisenbakterien waren z.B. bei der Bildung von Raseneisenerz beteiligt.

Manganbakterien (*Pedomicrobium manganicum*) oxidieren ganz entsprechend Mn^{2+} zu Mn^{4+}.

Die im Boden verbreiteten **Knallgasbakterien** sind im Gegensatz zu den nitrifizierenden Bakterien, einigen Thiobacillen und Ferrobacillen nicht obligat, sondern nur fakultativ autotroph; sie können auch mit organischen Verbindungen wachsen. Einige Arten der Gattungen *Pseudomonas* (z.B. *facilis*) und *Alcaligenes* (z.B. *eutrophus*) oxidieren mit Hilfe der Hydrogenase molekularen Wasserstoff («Knallgasreaktion»):

$$H_2 + {}^1/_2 O_2 \rightarrow H_2O,$$
$$\Delta G^{0'} = -57\,\text{kcal (ca.} -239\,\text{kJ)}.$$

Methanbakterien (*Methylomonas*) oxidieren Methan zu CO, **Kohlenmonoxidbakterien** CO zu CO_2, u. zw. aerob (z.B. *Pseudomonas carboxydovorans*) oder anaerob (z.B. *Rhodopseudomonas gelatinosa*).

Elektronentransport und Phosphorylierung bei der Chemosynthese

Da sich die Redoxpotentiale der Substrate bei den Chemoautotrophen sehr stark unterscheiden, ist die von den einzelnen Vertretern benutzte Elektronentransportkette sehr verschieden. Stets beteiligt scheinen aber Cytochrome vom c-Typus und Cytochromoxidase zu sein. Endacceptor der Elektronen ist der Sauerstoff bzw. eine oxidierte anorganische Verbindung (z.B. SO_4^{2-}, NO_3^-) bei den anaeroben Formen. Während des Elektronentransportes wird ATP gebildet, so daß die Energieumwandlung bei den Chemoautotrophen formale Ähnlichkeit mit der Atmungskettenphosphorylierung (S. 279f.) hat. Die Elektronentransportkette bei der Chemosynthese und bei der Atmung sind aber verschieden; beide können in derselben Zelle nebeneinander vorliegen. Das chemosynthetisch gebildete ATP wird für die CO_2-Fixierung verwendet.

Als Reduktionsmittel für die CO_2-Reduktion verwenden die Chemoautotrophen wie die photoautotrophen Bakterien $NADH + H^+$. Die Elektronen für die Reduktion des NAD^+ stammen ebenfalls von dem jeweiligen anorganischen Substrat des Chemosynthetiker. Soweit das Redoxpotential des Donators negativer ist als das von NAD^+ ($E_0' = -0,32$ V), besteht für den Elektronenübergang keine Schwierigkeit (z.B. bei H_2 als Substrat). Sind die Redoxpotentiale jedoch positiver als $-0,32$ V (z.B. $E_0' = +0,77$ für Fe^{2+}/Fe^{3+}), so ist der Elektronentransport endergonisch und erfordert Energiezufuhr in Form von ATP. Dieses wird bei der Oxidationsreaktion bereitgestellt (neben dem für die CO_2-Fixierung benötigten ATP).

Liefern die Substrate nur Elektronen, aber keine Protonen, so werden die für die NAD^+-Reduktion benötigten Protonen dem Wasser entnommen. Da das Wasser aber keine Elektronen verliert, kommt es zu keiner oxidativen Wasserspaltung.

B. Heterotrophie

Da das durch die Photophosphorylierung (bei den Photoautotrophen) oder durch den Elektronentransport bei der Oxidation anorganischer Substrate (bei den Chemoautotrophen) gebildete ATP in der Regel für die CO_2-Reduktion gebraucht wird, muß das für die sonstigen Arbeitsleistungen der Zelle benötigte ATP auch bei den Autotrophen auf andere Weise geliefert werden. Zudem müssen die Photoautotrophen auch in der Dunkelperiode ihren Energiebedarf stillen können. Alle Heterotrophen (wie auch die chloroplastenfreien Zellen der vielzelligen

Photoautotrophen) verwenden sowohl als Ausgangsstoffe für die Synthese ihrer organischen Zellkomponenten als auch als Energiespender ausschließlich reduzierte Kohlenstoffverbindungen, die sie letztlich von den Autotrophen übernehmen.

Die Bereitstellung der Energie bei den Heterotrophen erfolgt stets durch Oxidations-/Reduktions-Reaktionen, d.h. durch Elektronenübergänge von einem Elektronendonator auf einen Elektronenacceptor. Je nach dem Endacceptor der Elektronen bei den energieliefernden Abbau- (katabolen) Reaktionen unterscheidet man zwei Haupttypen der Dissimilation: Im einen

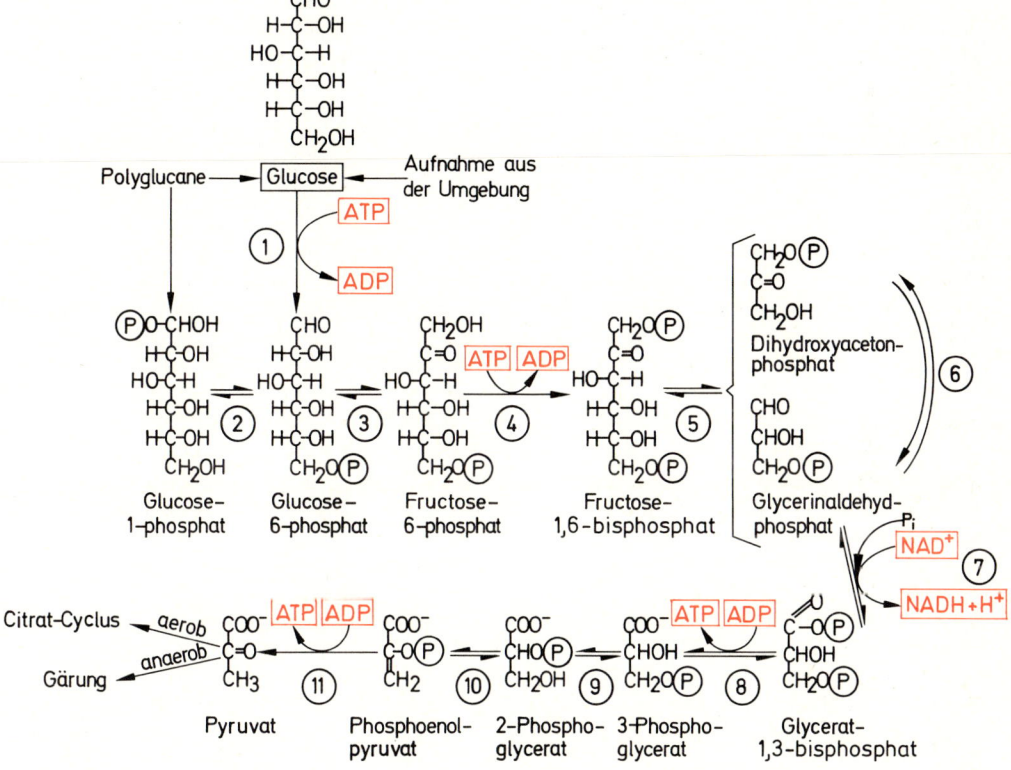

Abb. 302: Reaktionsfolge bei der Bildung von Pyruvat. Beteiligte Enzyme: ① Hexokinase. Als Substrat kann außer Glucose auch z.B. Fructose, Mannose und Glucosamin dienen. ② Phosphoglucomutase. ③ Hexosephosphat-Isomerase. ④ Phosphofructokinase. Da die vorhergehenden Reaktionen auch Bestandteile anderer Sequenzen des Zuckerstoffwechsels sind, kann die Phosphofructokinase-Reaktion als eigentliche Eingangsreaktion der Glykolyse angesehen werden. Es ist daher verständlich, daß das streng auf Fructose-6-phosphat eingestellte, tetramere Enzym allosterisch reguliert wird (S. 306). ⑤ Aldolase. Das cytoplasmatische Enzym unterscheidet sich von dem in den Plastiden (S. 254). Bei der isolierten Reaktion liegen im Gleichgewicht etwa 90% als Fructosebisphosphat vor. ⑥ Triosephosphat-Isomerase. Hier sind im Gleichgewicht der isolierten Reaktion etwa 90% als Dihydroxyacetonphosphat vorhanden. Im Fließgleichgewicht der Pyruvatbildung ist dies ebenso wenig für die Richtung des Ablaufes bestimmend wie bei der Aldolase. ⑦ Glycerinaldehydphosphat-Dehydrogenase (tetrameres Enzym). ⑧ Phosphoglycerat-Kinase. ⑨ Phosphoglycerat-Mutase (benötigt Mg^{2+}). ⑩ Enolase (benötigt Mg^{2+} oder Mn^{2+}). ⑪ Pyruvatkinase (benötigt Mg^{2+} oder Mn^{2+}, außerdem K^+).

Fall dient O_2 als letzter Elektronenacceptor (aerobe Dissimilation oder Atmung), im zweiten aber ein organisches Molekül, das beim Abbau selber entsteht (anaerobe Dissimilation, Gärung, Fermentation). Bei den Gärungsvorgängen erfolgt demnach keine Nettooxidation des Substrats, sondern vielmehr eine interne Oxidoreduktion, ein Elektronenübergang von einem Teil bzw. Spaltprodukt des Substrats auf einen anderen bzw. ein anderes.

Organismen, die Sauerstoff gar nicht verwerten können, obligatorische Anaerobier (obligatorische Gärer), sind selten und auf einige wenige Bakterien und Invertebraten beschränkt, die z. B. im Faulschlamm von Gewässern oder im Darm von Tieren vorkommen. Fakultative Anaerobier, d. h. solche, die nur bei Sauerstoffmangel ihre Energie durch Gärungen gewinnen, sind die meisten lebenden Zellen, wenn auch die Leistungsfähigkeit der anaeroben Dissimilation (und damit die Empfindlichkeit gegen Sauerstoffmangel) und ihr Mechanismus unterschiedlich sind. Die meisten Hefen z. B. können sich anaerob durch Gärung am Leben erhalten, aber nur aerob, d. h. atmend, sich vermehren. Die Umschaltung vom aeroben zum anaeroben Katabolismus wird dadurch erleichtert, daß beide Reaktionswege über viele Stufen identisch verlaufen, der aerobe Abbau Verbindungen verwendet, die auch beim anaeroben gebildet werden.

Als Substrate für die Gärungen dienen in der Regel Hexosen, meist Glucose. Spezialisten, z. B. unter den Bakterien, können aber auch Pentosen, Aminosäuren oder Fettsäuren vergären. Auch die Atmung geht meist von Glucose als Substrat aus. Der gemeinsame Reaktionsweg der Glucose-Gärungen und der Glucose-Atmung führt bis zum Pyruvat (Glykolyse).

1. Der Abbau der Glucose zum Pyruvat

Die Reaktionsfolge führt in 11 enzymatisch katalysierten Schritten von der Glucose zum Pyruvat (Abb. 302). Sie läuft (wie die übrigen sich evtl. anschließenden Gärungsschritte) im Cytoplasma der Zelle ab: Da keine Elektronentransportketten beteiligt sind, werden keine Membranen benötigt.

Bei diesem Abbau wird die Glucose in $2\,C_3$-Körper zerlegt (Schritt 5, katalysiert durch die Aldolase). Bei zwei Reaktionen wird ATP verbraucht: Bei der Überführung von Glucose in Glucose-6-phosphat durch die Hexokinase, die Startreaktion dieser Sequenz, und bei der Phosphorylierung von Fructose-6-phosphat in Fructose-1,6-bisphosphat durch die Phosphofructokinase, ein Schlüsselenzym des Katabolismus (S. 308). Beide Phosphorylierungsreaktionen sind relativ stark exergonisch und deshalb unter den Bedingungen des Zellstoffwechsels nicht reversibel.

Der Abbauweg enthält zwei identische Oxidationsschritte, je einen für jede Triose. Die Reaktion wird durch die Glycerinaldehydphosphat-Dehydrogenase katalysiert und führt nicht zum 3-Phosphoglycerat, sondern zum Glycerat-1,3-bisphosphat. Bei der Oxidation des an die -SH-Gruppe des Enzyms gebundenen Aldehyds zur Säure entsteht zunächst eine energiereiche Thioesterbindung. Diese wird dann phosphorolytisch gespalten und liefert das ebenfalls energiereiche Acetylphosphat (vgl. S. 220; Tab. 7):

$$
\begin{array}{ccccccccc}
\text{CHO} & & \text{HO-CH-S-E} & \text{NAD}^+ & \text{NADH+H}^+ & \text{O=C-S-E} & \text{\textcircled{P}OH} & \text{O=C-O\textcircled{P}} \\
| & & | & & & | & & \diagup \\
\text{HCOH} & \text{+HS-Enzym} \longrightarrow & \text{HCOH} & \overset{\curvearrowright}{\longrightarrow} & & \text{HCOH} & \longrightarrow & \text{HCOH} \\
| & & | & & & | & & | \\
\text{CH}_2\text{O\,\textcircled{P}} & & \text{CH}_2\text{O\,\textcircled{P}} & & & \text{CH}_2\text{O\,\textcircled{P}} & & \text{CH}_2\text{O\,\textcircled{P}} \\
& & & & & & & \text{+HS-Enzym}
\end{array}
$$

Die Elektronen bei dieser Oxidation werden von NAD^+ (Abb. 275) übernommen. Um den Abbau in Gang zu halten, muß dieses Coenzym durch Oxidation des $NADH + H^+$ laufend regeneriert werden. Die Art dieser Oxidation ist verschieden bei den verschiedenen Gärungen und ganz abweichend bei der Atmung (s. u.).

Bei zwei Reaktionsschritten jeder Triose, also bei vier Reaktionen insgesamt, wird ATP gebildet. Beim ersten wird der energiereich gebundene Phosphatrest des Glycerat-1,3-bisphosphats auf ADP übertragen. Diese Reaktion ist stark exergonisch ($\Delta G^{0'} = -4{,}50$ kcal; ca. $-18{,}83$ kJ) und zieht dadurch die gekoppelte, praktisch isergonische ($\Delta G^{0'} = +1{,}5$ kcal; $+6{,}28$ kJ) Dehydrogenase-Reaktion auf die Seite der Bildung von Glycerat-1,3-bisphosphat.

Auch der zweiten ATP-bildenden Reaktion

beim Glucoseabbau geht die Bildung einer energiereichen Bindung voraus. Dabei wird 2-Phosphoglycerat unter Wasserabspaltung in Phosphoenolpyruvat (PEP; vgl. S. 258) übergeführt, wobei eine intramolekulare Oxidoreduktion stattfindet, bei der das C-Atom 2 stärker oxidiert, das C-Atom 3 stärker reduziert wird. Dadurch wird die freie Enthalpie der Phosphatabspaltung stark gesteigert (Tab. 7). Das für diese Reaktion verantwortliche Enzym, die Enolase, wird durch Fluorid sehr stark gehemmt. Die Phosphatgruppe des PEP wird von der Pyruvatkinase auf ADP übertragen. Auch dieser Schritt ist stark exergonisch ($\Delta G^{0'} = -7,5\,kcal$; $-31,4\,kJ$) und unter den Bedingungen in der Zelle irreversibel.

Die beiden ATP-Bildungsreaktionen beim Abbau der Glucose zum Pyruvat werden auch als Substratkettenphosphorylierung bezeichnet.

Das Schicksal des gebildeten Pyruvats (wie des $NADH + H^+$) ist, wie erwähnt, verschieden bei den einzelnen Gärungen und bei der Atmung.

2. Gärungen

Alkoholische Gärung

Ethylalkohol als Endprodukt des anaeroben Glucose-Abbaus tritt nicht nur bei den technisch verwendeten Hefen oder bei dem zur Pulque-Bereitung (südamerikanisches Getränk aus vergorenem Agavensaft) benutzten Bacterium *Pseudomonas lindneri*, sondern auch bei vielen anderen Mikroorganismen und in den Geweben verschiedener Höherer Pflanzen (z.B. Erbsensamen, Maiswurzeln) bei Sauerstoffmangel auf. Da Ethanol in höheren Konzentrationen ein Zellgift ist, das infolge seiner hohen Membranpermeabilität auch in einem Speicherkompartiment nicht unschädlich gemacht werden kann, wird es nur bei solchen Organismen nachhaltig gebildet, die in wässerigem Milieu leben und den Alkohol nach außen abgeben können.

Die Bruttogleichung für die alkoholische Gärung lautet:

$$C_6H_{12}O_6 \rightarrow 2\,C_2H_5OH + 2\,CO_2 ,$$
$$\Delta G^{0'} = -56\,kcal(ca. -234\,kJ)$$

Da bei einem vollständigen Abbau der Glucose in der Atmung pro Mol 688 kcal (ca. 2877 kJ) frei werden (S. 279), ist der Ethylalkohol eine noch sehr energiereiche Verbindung

und die alkoholische Gärung ein energetisch relativ ineffektiver Prozeß, bei dem sehr große Mengen Substrat umgesetzt werden. Das dabei produzierte CO_2 dient beim Backen von Hefeteig als Treibmittel.

Bei der alkoholischen Gärung ist die Reaktionsfolge der Pyruvatbildung ergänzt durch zwei weitere Reaktionsschritte, durch die Pyruvat in Ethanol übergeführt wird:

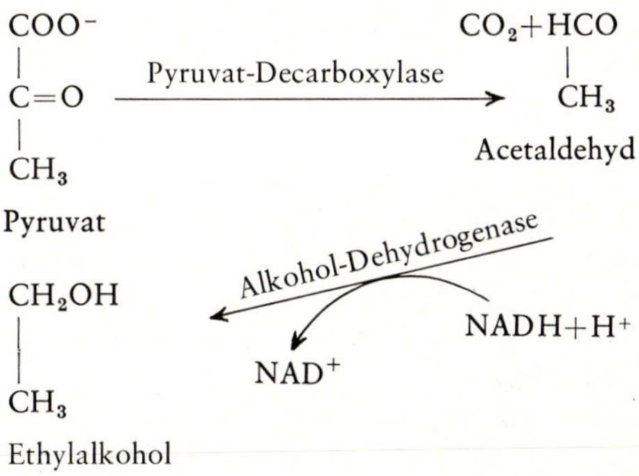

Die durch die Pyruvat-Decarboxylase katalysierte Bildung von Acetaldehyd ist praktisch irreversibel. Das Enzym benötigt als Coenzym Thiaminpyrophosphat (den Pyrophosphatester des Thiamins, Abb. 303). Das Thiamin kann von vielen Mikroorganismen, den meisten Vertebraten, aber auch den Wurzeln der Cormophyten nicht synthetisiert werden und muß da-

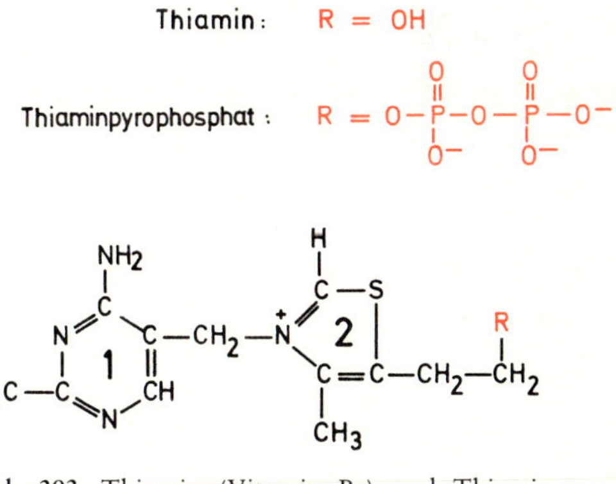

Abb. 303: Thiamin (Vitamin B₁) und Thiaminpyrophosphat. Die beiden Ringsysteme leiten sich vom Pyrimidin (1) bzw. Thiazol (2) ab. Bei Mikroorganismen gibt es neben Thiamin-autotrophen Formen und solchen, die das komplette Molekül benötigen, auch solche, die entweder nur Pyrimidin (z.B. *Rhodotorula rubra*) oder nur Thiazol (z.B. *Mucor ramannianus*) von außen brauchen, den Rest des Moleküls aber selbst synthetisieren können. In Mischkulturen von Arten mit komplementären Ansprüchen kann der benötigte Molekülteil vom jeweiligen Partner geliefert werden.

her mit der Nahrung (bzw. dem Assimilatstrom bei den Wurzeln) als Vitamin (Vitamin B$_1$) zugeführt werden. Auch andere Vitamine wirken als Coenzyme (Tab. 19).

Thiaminpyrophosphat dient als Coenzym für eine Reihe von Enzymen, die α-Oxosäuren decarboxylieren; es fungiert als ein Träger aktiver Aldehyd-Gruppen.

Die Alkohol-Dehydrogenase schließlich benutzt bei der Reduktion des Acetaldehyds NADH + H$^+$ als Reduktionsmittel, wobei das für die Trioseoxidation benötigte NAD$^+$ regeneriert wird.

Geht die alkoholische Gärung von freier Glucose aus, werden pro Mol zwei Mol ATP investiert und 4 Mol ATP gebildet, in der Bilanz also 2 Mol ATP gewonnen. Von den −56 kcal der Reaktion werden also 2 × 7,3 = 14,6 in ATP gespeichert, das sind etwa 26%. In der Zelle, in der die Reaktionspartner nicht unter Standardbedingungen vorliegen, ist die Ausbeute wesentlich höher.

Milchsäuregärung

Bei der reinen Milchsäuregärung (Homo-fermentation) wird aus Glucose nur Milchsäure gebildet:

$$C_6H_{12}O_6 \rightarrow 2\,CH_3\text{-CHOH-COOH},$$
$$\Delta G^{0'} = -47 \text{ kcal (ca. } -197 \text{ kJ)}$$

Dieser anaerobe Abbau tritt außer im tierischen Muskel z.B. bei den Bakterien *Streptococcus lactis* (verwendet für die Starterkultur

bei der Butter- und Käseherstellung; verursacht auch die spontane Säuerung der Milch) und *Lactobacillus delbrückii* (dient zur technischen Milchsäuresynthese) sowie manchen Höheren Pflanzen (z.B. Kartoffeln) auf.

Bei der homofermentativen Milchsäuregärung wird das Pyruvat mit Hilfe von NADH + H$^+$ reduziert (und dadurch auch wieder NAD$^+$ regeneriert); die Reaktion ist katalysiert durch die Lactat-Dehydrogenase:

$$\text{Pyruvat} + NADH + H^+ \rightarrow \text{Lactat} + NAD^+,$$
$$\Delta G^{0'} = -6,0 \text{ kcal } (-25 \text{ kJ)}$$

Auch bei dieser Milchsäuregärung werden wie bei der alkoholischen Gärung in der Bilanz 2 Mol ATP pro Mol Glucose gewonnen. Die Energieausbeute unter Standardbedingungen ist etwa 31%, in der Zelle aber wieder viel höher (bei Erythrocyten, wo Berechnungen vorliegen, z.B. etwa 53%).

Bei der unreinen Milchsäuregärung (Heterofermentation) treten neben Milchsäure Ethanol und CO$_2$ in äquimolaren Mengen auf. Sie findet sich z.B. ebenfalls bei bestimmten *Lactobacillus*-Arten.

Andere Gärungen

Es gibt noch verschiedene andere Gärungsformen, die nach ihren Haupt-Endprodukten benannt werden, z.B. Propionsäure-, Ameisensäure-, Buttersäure-, Bernsteinsäuregärung; sie verlaufen nach grundsätzlich ähnlichen Mechanismen wie die alkoholische und Milchsäuregärung.

Tab. 19: Vitamine als Bestandteile von Coenzymen. (Nach Karlson)

Coenzym	Abkürzung	Übertragene Gruppe	Vitamin
Coenzym A	CoA	Acetyl(Acyl)	Pantothensäure
Tetrahydrofolsäure	CoF	Formylgruppe	Folsäure
Biotin		Carboxylgruppen	Biotin
Thiaminpyrophosphat	TPP	C$_2$-Aldehydgruppen, Decarboxylierung	Thiamin
Pyridoxalphosphat	PAL	Aminogruppe, Decarboxylierung	Pyridoxin
Nicotinamid-adenin-dinucleotid	NAD	Wasserstoff	Nicotinsäureamid
Nicotinamid-adenin-dinucleotid-phosphat	NADP	Wasserstoff	Nicotinsäureamid
Flavin-mononucleotid	FMN	Wasserstoff	Riboflavin
Flavin-adenin-dinucleotid	FAD	Wasserstoff	Riboflavin
B$_{12}$-Coenzym[1]		Carboxylverschiebung	Cobalamin (Vit. B$_{12}$)

[1] Nicht in Höheren Pflanzen.

Auf ganz andere Weise werden Aminosäuren und Fettsäuren anaerob abgebaut

Keine Gärung, aber traditionellerweise so bezeichnet, ist die «Essigsäuregärung». Bei ihr wird O_2 benötigt:

$$C_2H_5OH + O_2 \rightarrow CH_3COOH + H_2O,$$
$$\Delta G^{0\prime} = -180 \text{ kcal (ca. } -753 \text{ kJ)}$$

Diese Reaktion wird z.B. von *Acetobacter*-Arten durchgeführt, die zur Herstellung von Weinessig benutzt werden.

3. Die Atmung

Unter aeroben Bedingungen wird die im Pyruvat noch vorhandene Energie der Zelle nutzbar gemacht und auch NAD^+ aus $NADH + H^+$ unter ATP-Produktion regeneriert.

Bei den Eukaryoten laufen diese Prozesse in den Mitochondrien (S. 69 f.) ab, in die das Pyruvat direkt, die Reduktionsäquivalente des $NADH + H^+$ durch Vermittlersysteme gelangen (die innere Membran der Mitochondrien ist wie die innere der Chloroplasten für Pyridinnucleotide undurchlässig, s. u.). Die Umsetzung des Pyruvats beim oxidativen Abbau in den Mitochondrien erfolgt in 3 Stufen:

1. Bildung von Acetyl-CoA;
2. Citratcyclus;
3. Elektronentransport in der Atmungskette.

In der dritten Stufe wird auch das bei der Pyruvatbildung entstandene $NADH + H^+$ verarbeitet.

Bildung von Acetyl-Coenzym A

Das Pyruvat wird in den Mitochondrien zunächst oxidativ decarboxyliert, wobei das ge

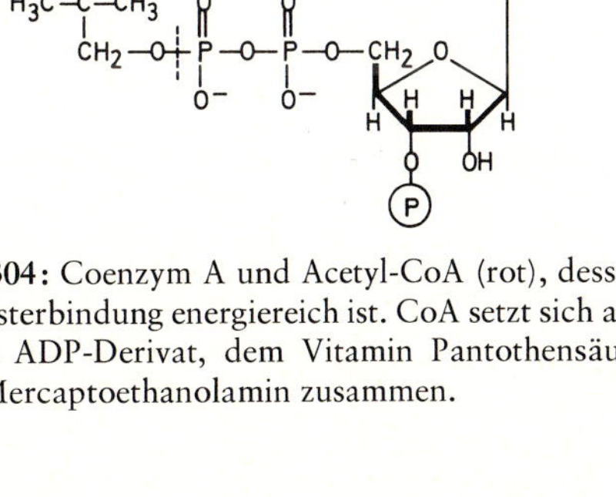

Abb. 304: Coenzym A und Acetyl-CoA (rot), dessen Thioesterbindung energiereich ist. CoA setzt sich aus einem ADP-Derivat, dem Vitamin Pantothensäure und Mercaptoethanolamin zusammen.

bildete Acetat nicht in freier Form, sondern als an das Coenzym A (Abb. 304) gebundener Acetylrest vorliegt:

$$\text{Pyruvat} + NAD^+ + \text{CoA-SH} \rightarrow$$
$$\text{Acetyl-S-CoA} + NADH + H^+ + CO_2,$$
$$\Delta G^{0\prime} = -8,0 \text{ kcal (ca. } -33,5 \text{ kJ)}$$

Diese Umsetzung vollzieht sich in einer komplizierten Reaktionsfolge, die drei verschiedene Enzyme und fünf verschiedene Coenzyme benötigt, die einen Multienzymkomplex, das Pyruvat-Dehydrogenase-System, bilden. Einzelheiten sind Lehrbüchern der Biochemie zu entnehmen.

Der Acetyl-Rest in dem Acetyl-CoA stellt die «aktivierte Essigsäure» dar, die nicht nur im Citratcyclus katabolisch verarbeitet werden kann, sondern auch als Baustein für zahlreiche Synthesen dient (S. 360 ff.). Da nicht nur Zucker, sondern auch Fettsäuren und verschiedene Aminosäuren zu Acetyl-CoA abgebaut werden (s. u.), kommt dieser Verbindung eine Schlüsselrolle im Stoffwechsel zu.

Citratcyclus (KREBS-MARTIUS-Cyclus)

Die Produkte der Pyruvat-Dehydrogenase-Reaktion werden im Citratcyclus und in der Atmungskette vollständig oxidiert. Die Gesamtreaktion des Citratcyclus lautet:

$$CH_3COOH + 2 H_2O \rightarrow 2 CO_2 + 8 \text{ [H]} .$$

Der Cyclus hat somit nur den Acetylrest bis zum CO_2 abzubauen und 4 Elektronenpaare auf Empfänger zu übertragen; er benötigt dazu keinen Sauerstoff. Wie üblich in einem Kreisprozeß (vgl. CALVIN-Cyclus, S. 251 ff.), wird die Eingangssubstanz (Oxalacetat), die zunächst den Acetylrest unter Bildung von Citrat übernimmt, im Verlauf des Cyclus regeneriert (Abb. 305).

Die beiden Reaktionen, bei denen die beiden CO_2-Moleküle freigesetzt werden, sind jeweils oxidative Decarboxylierungen, bei denen ein Elektronenpaar von NAD^+ übernommen wird. Die durch α-Oxoglutarat-Dehydrogenase katalysierte oxidative Decarboxylierung des α-Oxoglutarats verläuft in der gleichen komplexen Weise wie bei der Pyruvat-Dehydrogenase. Auch hier entsteht das Reaktionsprodukt, Succinat, nicht frei, sondern als Succinyl-CoA. Die vorliegende energiereiche Thioesterbindung wird in Form von ATP (bei Säugetieren GTP) konserviert («Substratketten-Phosphorylierung»).

Die zwei weiteren Elektronenpaare werden bei der Oxidation des Succinats und des Malats freigesetzt. Während als Elektronenacceptor für die Malat-Dehydrogenase ebenfalls NAD^+ dient, enthält die Succinat-Dehydrogenase kovalent gebunden Flavin-Adenin-Dinucleotid (FAD; Abb. 306), das das Elektronenpaar übernimmt und in die Atmungskette einschleust.

Elektronentransport in der Atmungskette

Die bei der Pyruvatbildung, der oxidativen Decarboxylierung des Pyruvats und im Citratcyclus von Pyridinnucleotid oder FAD übernommenen Elektronen hohen negativen Redoxpotentials durchlaufen nun – ähnlich wie beim photosynthetischen Elektronentransport – eine Kette von Redoxsubstanzen abgestuften Potentials («Atmungskette»), an deren Ende der Sauerstoff steht. Die bei diesem Elektronenfluß freiwerdende Energie wird wieder zum ATP-Aufbau verwendet («**oxidative Phosphorylierung**», «Atmungsketten-Phosphorylierung»). Die Kopplung ist in der Regel so eng, daß bei Erschöpfung des Substrates (ADP) für diese oxidative Phosphorylierung auch der Elektronentransport in der Atmungskette zum Stillstand kommt. Diese Kopplung kann durch einige Verbindungen, z.B. 2,4-Dinitrophenol, aufgehoben werden («Entkoppler»); unter ihrer Wirkung läuft die Atmung, evtl. sogar gesteigert, weiter, während keine ATP-Bildung damit verbunden ist. Es gibt Hinweise, daß unter dem Einfluß der Entkoppler kein Protonen-Gradient mehr über die innere Membran der Mitochondrien zustande kommt.

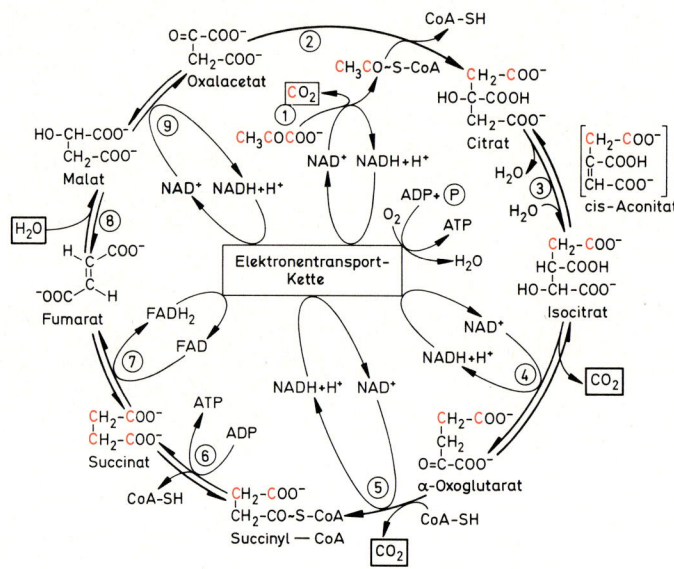

Abb. 305: Die Bildung von Acetyl-CoA und der Citratcyclus. ① Pyruvat-Dehydrogenase-System (Multienzymkomplex). ② Citratsynthase. Die katalysierte Reaktion ist stark exergonisch ($\Delta G^{0\prime} = -9,08$ kcal). Das Enzym wird allosterisch reguliert, z.B. durch eine hohe energy-charge (S. 220) gehemmt. ③ Aconitase, katalysiert Übergang von Citrat über cis-Aconitat zu Isocitrat. Das Enzym benötigt Fe^{2+}. ④ Isocitrat-Dehydrogenase. Die Reaktion ist geschwindigkeitsbestimmend im Cyclus, das Enzym benötigt Mg^{2+} oder Mn^{2+} und wird durch ADP allosterisch aktiviert. Während das mitochondriale Enzym mit NAD^+ arbeitet, benötigt eine multiple Form im Cytoplasma $NADP^+$ (und dient der $NADPH + H^+$-Produktion). ⑤ α-Oxoglutarat-Dehydrogenase (Multienzymkomplex). ⑥ Succinat-Thiokinase. Die Energie der Thioesterbindung wird in Form von ATP konserviert. Da das entstehende Succinat symmetrisch gebaut ist, sind die C-Atome 1 und 2 bzw. 3 und 4 nicht mehr unterscheidbar. ⑦ Succinat-Dehydrogenase. Das Enzym ist streng an die Mitochondrien (bzw. die Bakterienzellmembran) gebunden (Leitenzym). Außer FAD enthält es noch Nichthäm-Eisen gebunden. Es wird durch Oxalacetat sehr wirksam allosterisch gehemmt, wodurch weitere Oxalacetatbildung unterdrückt wird. ⑧ Fumarase. ⑨ Malat-Dehydrogenase. Das Enzym der Mitochondrien benötigt NAD^+. Die Reaktion ist in Richtung Oxalacetatbildung relativ stark endergonisch ($\Delta G^{0\prime} = +7,1$ kcal), läuft in der Zelle aber ohne Schwierigkeiten ab, weil Oxalacetat und $NADH + H^+$ laufend verbraucht werden. (In Anlehnung an Kindl u. Wöber)

Die Glieder der Atmungskette sind Oxidoreduktasen, deren Coenzyme uns schon vom Elektronentransport in der Photosynthese her ihrer grundsätzlichen Natur nach vertraut sind: Außer NAD und Flavoproteiden handelt es sich um ein Chinon (Coenzym Q; Abb. 306) und um verschiedene Cytochrome (Tab. 20); hinzu kommen auch hier Nicht-Häm-Eisen-Proteine (enthalten Eisen nicht als Zentralatom eines Porphyrinringes), die an verschiedenen Stellen in die Kette eingebaut sind. Die Apoenzyme sind fest in der inneren Mitochondrienmembran gebunden, wobei die Pyridinnucleotid-Dehydrogenasen wieder den Elektronenübergang von den gelösten organischen Verbindungen auf die membrangebundenen Redoxsysteme übernehmen (vgl. S. 246).

Die Anordnung der Glieder in der Atmungskette folgt ihrem Redoxpotential (Tab. 20); die

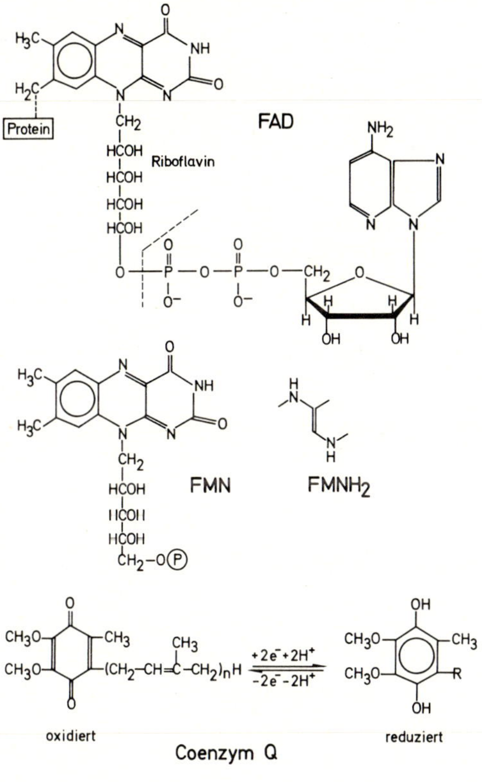

Tab. 20: Standard-Redoxpotentiale der Glieder in der Atmungskette. (Aus LIBBERT)

	E_0' (Volt)
NAD	$-0,32$
Flavoproteide (Fp)	$-0,30$ bis $+0,20$
Ubichinon (Uq)	$-0,01$ bis $+0,07$
b-Cytochrome	$-0,08$ bis $+0,15$
Cytochrom c_{549}	$+0,235$
Cytochrom c	$+0,26$
Cytochrom a	$+0,29$
Cytochrom a_3	$+0,39$ oder $+0,55$
Sauerstoff	$+0,81$

Cytochrome übertragen nur Elektronen, während die übrigen Redoxsubstanzen je Molekül 2 Elektronen $+$ 2 Protonen weiterleiten.

Der Übergang von zwei Elektronen von NADH $+$ H$^+$ ($E_0' = -0,32$ V) auf Sauerstoff ($E_0' = +0,82$ V) ist wegen des großen Unterschiedes im Redoxpotential ein stark exergonischer Prozeß:

$$\text{NADH} + \text{H}^+ + \tfrac{1}{2}\text{O}_2 \rightarrow \text{NAD}^+ + \text{H}_2\text{O},$$
$$\Delta G^{0'} = -52,7 \text{ kcal } (-220,6 \text{ kJ})$$

Die freigesetzte Energie wird zur ATP-Aufladung verwendet. Dabei reicht die Redoxpotentialdifferenz zwischen NADH $+$ H$^+$ und dem Sauerstoff aus, um 3 ATP pro $\tfrac{1}{2}$O$_2$ zu bilden (P : O-Verhältnis = 3), während die Differenz zwischen FADH$_2$ und O$_2$ nur die Aufladung von 2 ATP pro $\tfrac{1}{2}$O$_2$ gestattet (P : O = 2).

Energiebilanz der Atmung beim Glucose-Abbau

Wie aus Tab. 21 hervorgeht, liefert ein Mol Glucose beim vollständigen oxidativen Abbau nach $\text{C}_6\text{H}_{12}\text{O}_6 + 6\,\text{O}_2 + 6\,\text{H}_2\text{O} \rightarrow 6\,\text{CO}_2 + 12\,\text{H}_2\text{O}$ ($\Delta G^{0'} = -688$ kcal; -2877 kJ) 36 Mole ATP. Unter Standardbedingungen blieben also im ATP (ADP + P$_i$ $\rightarrow$ ATP + H$_2$O; $\Delta G^{0'} = +7$ kcal bzw. $+29,3$ kJ) 252 kcal bzw. 10548 kJ (ca. 37 %) erhalten. Unter Zellbedingungen (ΔG für ATP-Bildung $\geq +9$ kcal bzw. 38 kJ) wären es 324 kcal bzw. 1368 kJ (ca. 47 %) oder noch mehr.

Der Mechanismus der oxidativen Phosphorylierung und die Struktur der Mitochondrien

Für die oxidative Phosphorylierung werden analoge Mechanismen diskutiert wie für die Photophosphorylierung (S. 248 f.). Auch hier erfolgt entsprechend der chemiosmotischen Hypothese beim Elektronentransport eine La-

Abb. 306: Flavinmononucleotid im oxidierten (FMN) und reduzierten (FMNH$_2$) Zustand, Flavinadenindinucleotid (FAD) in oxidierter Form (reduzierte analog zu FMNH$_2$). Ein Teil des Moleküls wird jeweils von Riboflavin (Vitamin B$_2$) gebildet. Co-Enzym Q (= Ubichinon): Die isoprenoide Seitenkette besteht bei Mikroorganismen meist aus 6, bei Höheren Pflanzen aus 10 Isoprenresten; sie ist lipophil und verankert das Molekül in der Mitochondrienmembran.

dungstrennung über die Membran, in der die Elektronentransportkette lokalisiert ist (die innere Mitochondrienmembran, Abb. 307), wobei es zu einer Protonenanhäufung im Intermembranraum (pH 7,0) und zu einer Protonenverarmung im Matrixraum der Mitochondrien (pH 8,6) kommt. Der Ausgleich des Protonengradienten führt wieder zur ATP-Bildung. Wie bei der Photophosphorylierung sind auch in den Mitochondrien bei der Phosphorylierung Koppelungsfaktoren beteiligt, die ATP-Synthase enthalten; sie sind hier der inneren Mitochondrienmembran als sog. Elementarpartikel auf der Matrixseite aufgesetzt (Abb. 307); die ATP-Bildung erfolgt dementsprechend an dieser Stelle.

Die Elektronentransportkette, umfassend NADH-Reduktase, Succinat-Dehydrogenae, Ubichinon, Nicht-Häm-Eisen und die Cytochrome b, c_{549}, c, a und a_3, bildet in der inneren Mitochondrienmembran auch strukturell eine Einheit («respiratory assembly») mit definiertem molarem Anteil der einzelnen Verbindungen. Sie nimmt eine Fläche von etwa 400 bis 500 nm² ein; es sind umso mehr derartige Einheiten vorhanden, je größer die Fläche der Mitochondrien-Innenmembran ist (beim Herzmitochondrium des Menschen z.B. etwa 20000). Die Kette wird von der NADH-Reduktase von der Matrix her mit Elektronen beladen, und die Cytochromoxidase gibt die Elektronen an der Matrixseite wieder an den Sauerstoff ab, so daß die Gesamtkette in der Membran eine «Schleife» bildet.

Die äußere Mitochondrienmembran ist – wie die äußere Chloroplastenmembran – für alle niedermolekularen Stoffe leicht zu passieren, während die innere nur für Wasser und einige niedermolekulare, neutrale Verbindungen (z.B. Harnstoff, Glycerin) sowie für kurzkettige Fettsäuren durchlässig ist, nicht dagegen z.B. für K^+, Na^+, Mg^{2+}, Cl^-, Rohrzucker und die meisten Aminosäuren. Da auch Pyridinnucleotide, Nucleosidmono-, -bis- und -triphosphate sowie Coenzym A und seine Ester nicht frei passieren können, bildet die Matrix der Mitochondrien ein vom Cytoplasma deutlich abgegrenztes Kompartiment.

Der notwendige Austausch bestimmter Verbindungen wird in der inneren Membran durch spezifische Carrier durchgeführt, von denen es z.B. solche für Phosphat, ADP/ATP, Glycerophosphat und Dihydroxyacetonphosphat, Pyruvat, Citrat, cis-Aconitat und Isocitrat, Succinat und Malat sowie für Glutamat gibt (vgl. S. 256). Besonders wichtig sind die Carrier für Pyruvat (das den Citratcyclus speist) und für ATP (und Phosphat), das ja in den Mitochondrien auch für die übrigen Zellstandteile synthetisiert wird. Der ATP-Carrier transportiert für ein in die Matrix eintretendes Molekül ADP

Tab. 21: ATP-Ausbeute bei der vollständigen biologischen Oxidation eines Moleküls Glucose.

Etappe	in der Endoxidation		
A. Abbau von Glucose zu Pyruvat			
3-Phosphoglycerinaldehyd → 1,3-Diphosphoglycerat:	$2\,NADH + H^+$ →	$4\,ATP^{1)}$	
1,3-Diphosphoglycerat → 3-Phosphoglycerat:		$2\,ATP$	(Substratkettenphosphorylierung)
B. Bildung aktivierter Essigsäure:	$2\,NADH + H^+$ →	$6\,ATP$	
C. Citratcyclus			
Isocitrat → α-Oxoglutarat:	$2\,NADH + H^+$ →	$6\,ATP$	
α-Oxoglutarat → Succinyl-CoA:	$2\,NADH + H^+$ →	$6\,ATP$	
Succinyl-CoA → Succinat:		$2\,ATP$	(Substratkettenphosphorylierung)
Succinat → Fumarat:	$2\,FADH_2$ →	$4\,ATP$	
Malat → Oxalacetat:	$2\,NADH + H^+$ →	$6\,ATP$	
	Summe	$36\,ATP$	

[1] Die Reduktionsäquivalente des cytoplasmatisch gebildeten $NADH + H^+$ liefern in den Mitochondrien nur 2 (statt 3) ATP (S. 281).

ein Molekül ATP nach außen («Austausch-diffusion»). Der ATP-/ADP-Carrier wird durch Atractylosid, ein toxisches Glykosid der Asteracee *Atractylis gummifera*, spezifisch ge-hemmt, wobei die oxidative Phosphorylierung der bereits in der Matrix vorhandenen ADP un-gehindert weiterläuft.

Für die Einschleusung der Elektronen von cyto-plasmatisch gebildetem NADH + H$^+$ (z.B. dem aus der Pyruvatbildung) in die Elektronentransportkette der Mitochondrien ist bei tierischen Mitochondrien ein «Pendeltransport» («shuttle transfer») verant-wortlich; dabei werden im Cytoplasma die Reduk-tionsäquivalente des NADH + H$^+$ zur Bildung von Glycerophosphat aus Dihydroxyacetonphosphat be-nutzt. Das Glycerophosphat wird durch den ent-sprechenden Carrier in die Mitochondrienmatrix transportiert, die Reduktionsäquivalente von einer Glycerophosphat-Dehydrogenase übernommen (und über FAD der Atmungskette zugeführt), während das entstehende Dihydroxyacetonphosphat von seinem Carrier wieder nach außen geschafft wird. Bei pflanz-lichen Mitochondrien wird das cytoplasmatische NADH + H$^+$ von einer NADH + H$^+$-Dehydrogenase in der Innenmembran oxidiert. Über die normale Atmungskette (Cytochrom-Oxidase als Endoxidase) liefert dieses exogene NADH + H$^+$ nur 2 ATP (das intern gebildete dagegen 3).

Auch in einigen sonstigen Charakteristika unter-scheiden sich die pflanzlichen Mitochondrien von

den viel leichter zu studierenden und daher haupt-sächlich untersuchten tierischen. Bisher sind einige Unterschiede in Details der Atmungskette bekannt geworden. Außerdem besitzen die pflanzlichen Mi-tochondrien neben der Cyanid-, Azid- und CO-empfindlichen Cytochromoxidase auch noch eine ge-gen diese Gifte unempfindliche, wohl aber gegen Hydroxamsäuren empfindliche (weniger aktive) End-oxidase. Vermutlich gibt es hier einen Nebenweg der Atmungskette, der statt über die Cytochrome auf einem anderen, derzeit noch nicht geklärten Weg zum O$_2$ führt. Dieser Seitenweg scheint kein ATP zu liefern, sondern einerseits Substrate für Synthesen bereitzustellen und andererseits Wärme zu erzeugen, ohne durch die Koppelung mit dem Adenylsäure-system gehemmt zu werden (S. 310). Bei *Arum macu-latum* steht diese Reaktionsfolge im Dienst der Duft-produktion, bei *Symplocarpus foetidus* bewahrt sie den Blütenstand vor Kälteschäden.

Der oxidative Abbau anderer Substrate (außer Glucose)

Die Mobilisierung der Reservekohlenhydrate

Falls, wie sehr häufig, Zucker als Atmungs-substrat dient, können die Monosen entweder von außen in die Zelle aufgenommen oder aus der Vacuole entnommen oder auch durch Mo-bilisierung der Speicherkohlenhydrate bereit-gestellt werden. Da Stärke (Amylopectin-Kom-ponente) und auch Glykogen sowohl α-1,4-wie α-1,6-Bindungen enthalten (S. 79 ff.), müs-sen bei der Mobilisierung beider Reserve-kohlenhydrate jeweils mehrere Enzyme betei-ligt sein.

Beim **Abbau der Stärke** wirken folgende Enzyme zusammen:

Die α-Amylase spaltet α-1,4-Bindungen, auch im Innern des Polyglucans («Endoenzym»). α-1,6-Bin-dungen werden nicht hydrolysiert, aber umgangen (Abb. 308). Das Enzym kommt außer in Höheren Pflanzen (auch in deren Chloroplasten!) bei zahl-reichen Bakterien, Pilzen und Tieren vor.

Die β-Amylase ist dagegen ausschließlich auf Pflanzen beschränkt. Sie spaltet als Exoenzym vom (nicht-reduzierenden) Ende des Polyglucans her fort-schreitend jede zweite α-1,4-Bindung und setzt Mal-tose frei (Abb. 308). Dabei wird die Konfiguration am neu entstehenden Ende des Disaccharids inver-tiert, d.h. es entsteht β-Maltose (deshalb β-Amylase). α-1,6-Bindungen können von diesem Enzym weder gelöst noch übersprungen werden. Beim Amylopec-tin kann β-Amylase deshalb nur etwa 60% umsetzen. Der verbleibende verzweigte Rest (mit allen α-1,6-Bindungen) wird als Grenzdextrin bezeichnet.

Die α-1,6-Bindungen (Verzweigungsstellen) im Amylopectin oder in dessen Abbauprodukten nach

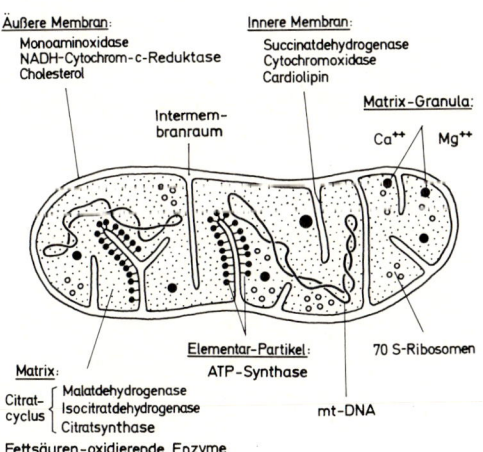

Äußere Membran:
Monoaminoxidase
NADH-Cytochrom-c-Reduktase
Cholesterol

Innere Membran:
Succinatdehydrogenase
Cytochromoxidase
Cardiolipin

Intermem-
branraum

Matrix-Granula:

Ca^{++} Mg^{++}

Matrix:

Citrat-
cyclus

Malatdehydrogenase
Isocitratdehydrogenase
Citratsynthase

Fettsäuren-oxidierende Enzyme
Aminosäuren-Abbau

Elementar-Partikel:
ATP-Synthase

mt-DNA

70 S-Ribosomen

Abb. 307: Schema des Mitochondrienbaues mit den wichtigsten Strukturkomponenten und anderen cha-rakteristischen Bestandteilen. Die innere und äußere Membran unterscheiden sich nicht nur in ihrer Enzymausstattung, sondern z.B. auch in ihren Lipid-komponenten (Cardiolipin bzw. Cholesterol). mt-DNA Mitochondrien-DNA. Vgl. auch Abb. 65, S. 69.

Wirkung von α- oder β-Amylase werden durch das R-Enzym hydrolysiert (Abb. 308), das in Höheren Pflanzen und Bakterien nachgewiesen wurde und keine α-1,4-Bindungen spalten kann.

Die Stärke-Phosphorylase spaltet vom nicht-reduzierenden Ende der Polyglucankette her die α-1,4-Bindungen phosphorolytisch, d. h. sie überträgt einen Glucosylrest auf anorganisches Phosphat unter Bildung von α-Glucose-1-phosphat. 1,6-Bindungen kann das Enzym weder angreifen noch umgehen, so daß es Amylopectin wieder nur bis zu einem Grenzdextrin abbauen kann. Die kürzeste Kette, zu der die Phosphorylase noch Affinität zeigt, besteht aus 4 Glucoseresten (Maltotetraose). Maltotriose oder Maltose können also nicht mehr direkt in Glucose-1-phosphat übergeführt werden.

Die Glucosereste aus diesen niedermolekularen, unverzweigten Verbindungen können aber wieder in längerkettige Moleküle (Maltodextrine) übergeführt werden, die als Substrate der Phosphorylase dienen können. Das verantwortliche D-Enzym überträgt einen Glucosylrest auf den jeweiligen Acceptor.

Durch das Zusammenwirken der genannten Enzyme sowie der Maltase kann Stärke vollständig in Glucose und Glucose-1-phosphat übergeführt werden. Die Einschleusung der

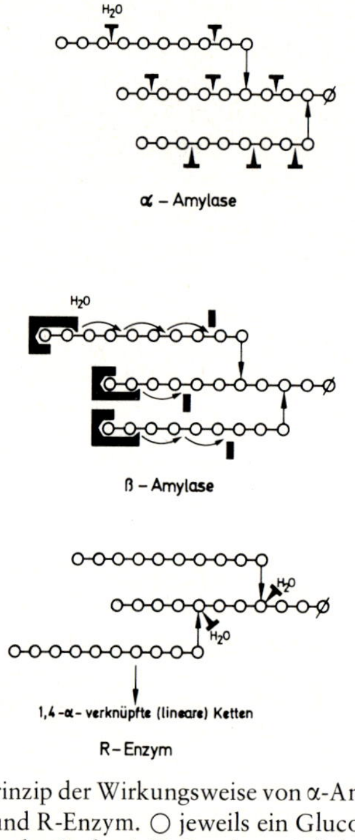

α – Amylase

β – Amylase

1,4-α- verknüpfte (lineare) Ketten

R – Enzym

Abb. 308: Prinzip der Wirkungsweise von α-Amylase, β-Amylase und R-Enzym. ○ jeweils ein Glucoserest, ∅ reduzierendes Ende. ⊥ Einige der möglichen Angriffspunkte. (Nach KINDL u. WÖBER)

Glucose in den Abbau erfordert in der Hexokinasereaktion ATP, während Glucose-1-phosphat ohne weiteren Energieaufwand durch die Phosphoglucomutase in Glucose-6-phosphat umgewandelt werden kann:

$$\text{Glucose-1-phosphat} \rightleftharpoons \text{Glucose-6-phosphat.}$$

Die Verwendung von Glucose-1-phosphat anstelle von Glucose als Stärkemobilisierungsprodukt für den weiteren Abbau erspart der Zelle demnach Energie.

Auch bei der Mobilisierung des Glykogens, des Speicherkohlenhydrates der Pilze (S. 80), das übrigens auch in den «MÜLLERschen Körperchen» (Futter für Schutzameisen!) bei *Cecropia peltata* vorkommt, ist eine Phosphorylase beteiligt, die Glykogen-Phosphorylase. Sie unterscheidet sich von der Stärke-Phosphorylase u. a. dadurch, daß sie nur hochmolekulare, verzweigte Polyglucane angreifen kann. Da sie 1,6-Bindungen weder spalten noch überspringen kann, hinterläßt sie ein Glykogen-Grenzdextrin. Die Hydrolyse der Verzweigungsstellen und die Übertragung der niedermolekularen, linearen Kettenbruchstücke auf Acceptor-Glucane wird bei den Pilzen durch ein Enzym durchgeführt («Amylo-1,6-Glucosidase/Oligoglucan-Transferase»), das somit die Funktionen des R- und D-Enzyms bei den stärkeführenden Pflanzen wahrnimmt.

Die Glykogen-Phosphorylase der Pilze liegt – wie das besonders eingehend studierte Säugetier-Enzym – in der Zelle entweder in Form von enzymatisch aktiver Phosphorylase a oder von inaktiver Phosphorylase b vor, die ineinander umgewandelt werden können:

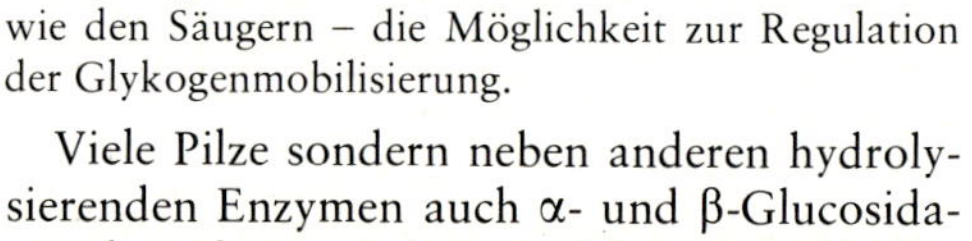

Die enzymatisch kontrollierte Bildung der aktiven Phosphorylase bietet vermutlich auch den Pilzen – wie den Säugern – die Möglichkeit zur Regulation der Glykogenmobilisierung.

Viele Pilze sondern neben anderen hydrolysierenden Enzymen auch α- und β-Glucosidasen, die polymere Substrate abbauen, an die Umgebung ab; die entstehenden Monosen werden in die Zelle aufgenommen und verwertet.

Grundsätzlich ähnlich wie der Abbau der Stärke und des Glykogens verläuft auch derjenige anderer Polysaccharide (z. B. Cellulose, Hemicellulosen, Fructosane). Letztlich werden alle Mobilisierungsprodukte durch wenige enzymatische Reaktionen in Glieder des Glucoseabbaus umgewandelt und münden damit in den beschriebenen Abbauweg ein.

Die Mobilisierung der Reservefette

Triglyceride (S. 31) sind verbreitete Reservestoffe in Samen, Früchten und auch in den Stämmen vieler Bäume; sie werden ja auch vielfach im technischen Maßstab aus pflanzlichem Material gewonnen (z.B. Cocosfett, Olivenöl, Sonnenblumenöl, Leinöl). Die Neutralfette sind im Cytoplasma in kugeliger Form gespeichert und jede dieser Kugeln ist wahrscheinlich von einer Membran umgeben («Sphärosomen», vgl. S. 39).

Beim Abbau der Triglyceride werden zunächst die Fettsäuren durch eine Hydrolase (L i p a s e) vom Glycerin getrennt. Das Enzym ist vermutlich in der Hüllmembran der Fetttropfen lokalisiert, kann aber z.B. von Pilzen auch an das Medium abgegeben werden.

Das Glycerin wird in zwei enzymatischen Schritten in Dihydroxyacetonphosphat übergeführt und mündet damit in den glykolytischen Abbau ein:

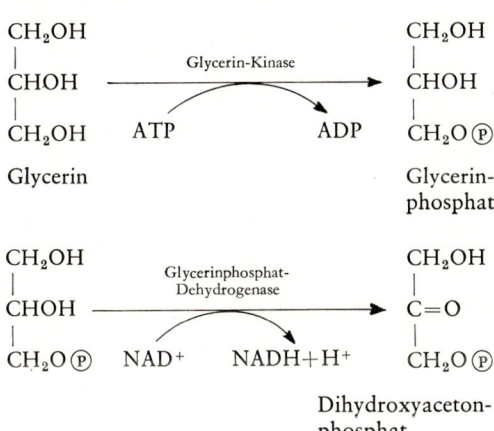

Die Weiterverarbeitung der F e t t s ä u r e n geschieht bei Säugetieren ausschließlich in den Mitochondrien, während sie in der Pflanzenzelle wahrscheinlich in zwei verschiedenen Kompartimenten, den Mitochondrien und den Glyoxysomen (evtl. auch in den Chloroplasten), erfolgen kann. In beiden Fällen führt der Weg zunächst zu Acetyl-CoA und Reduktionsäquivalenten («β-O x i d a t i o n»), unterschiedlich ist aber das weitere Schicksal dieser Produkte.

Die Fettsäuren müssen vor dem Abbau zunächst in der T h i o k i n a s e r e a k t i o n aktiviert werden (Abb. 309); dabei wird der Acylrest zuerst an den Phosphatrest der Adenylsäure (aus ATP) anhydrisch gebunden und dann auf Co-enzym A übertragen. Der folgende erste Dehydrierungsschritt (katalysiert durch A c y l - D e h y d r o g e n a s e) benötigt FAD als Wasserstoffacceptor, der zweite dagegen NAD^+ (H y - d r o x y a c y l - D e h y d r o g e n a s e). Das entstandene Produkt trägt eine Carbonyl-Funktion am β-C-Atom. Beim letzten Schritt der Reaktionsfolge wird in einer «thioklastischen» Spaltung Acetyl-CoA von der Fettsäure abgetrennt und der verbleibende Rest gleichzeitig wieder in seinen CoA-Thioester übergeführt. Wird das jeweils verbleibende, um 2 C-Atome verkürzte Fettsäuremolekül mehrmals diesem Umlauf unterworfen, so werden die geradzahligen Fettsäuren (wie sie in der Zelle zumeist vorliegen) vollständig zu an CoA gebundenen Acetylresten abgebaut.

Erfolgt die β-Oxidation der Fettsäuren in den Mitochondrien, so werden die Acetylreste in der Regel im Citratcyclus vollständig abgebaut. Der oxidative Fettabbau in den Mitochondrien dient daher überwiegend der Energiegewinnung. Die ATP-Ausbeute wird noch dadurch verstärkt, daß auch $FADH_2$ und $NADH + H^+$ aus der β-Oxidation zur oxidativen Phosphorylierung verwertet werden können; dabei werden auch die für den weiteren Fettsäureabbau notwendigen oxidierten Wasserstoffüberträger restituiert. Es gibt Hinweise darauf, daß in der Pflanzenzelle die β-Oxidation in den Mitochondrien gegenüber derjenigen in den Glyoxysomen eine geringe Rolle spielt.

In den Glyoxysomen erfolgt der Abbau der Fettsäure bis zum Acetyl-CoA in gleicher Weise wie in

Abb. 309: β-Oxidation der Fettsäuren, beteiligte Enzyme: ① Thiokinase. Es gibt verschiedene Enzyme für Acetat, Fettsäuren mit mittellanger (4–12 C) und mit langer Kette. Alle benötigen Mg^{2+}. ② Acyl-Dehydrogenase. ③ Enoyl-Hydratase (Crotonase). ④ β-Hydroxyacyl-Dehydrogenase. Da die Reaktion H^+ freisetzt, ist sie streng pH-abhängig. ⑤ β-Oxo-thiolase. Das Gleichgewicht liegt weit auf Seiten der Spaltung. (Nach KINDL u. WÖBER)

den Mitochondrien; die verantwortlichen Enzyme sind in der Glyoxysomenmembran lokalisiert. Auch diese Acetylreste werden letztlich dem Citratcyclus in den Mitochondrien zugeführt. Da die innere Mitochondrienmembran aber, wie erwähnt (S. 281), für Acetyl-CoA undurchlässig ist, muß noch in den Glyoxysomen ein Transportmetabolit gebildet werden: Succinat. Der Reaktionsablauf, bei dem zeitweise große Mengen an Acetyl-CoA verarbeitet werden, verläuft bezeichnenderweise wieder als Cyclus, **Glyoxylatcyclus** (Abb. 310), der bei Bakterien, Pilzen und grünen Pflanzen, nicht aber bei Säugetieren, auftritt. In diesem Kreisprozeß werden zwei Acetylreste oxidativ zu Succinat kondensiert. Das Succinat verläßt das Glyoxysom und wird im Mitochondrium

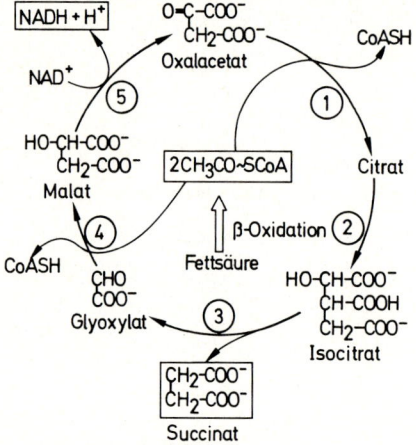

Abb. 310: Der Glyoxylatcyclus. ① Citrat-Synthase, ② Aconitase, ③ Isocitrat-Lyase, ④ Malat-Synthase, ⑤ Malat-Dehydrogenase. Die Produkte des Cyclus sind Succinat und NADH + H⁺. (Nach KINDL u. WÖBER)

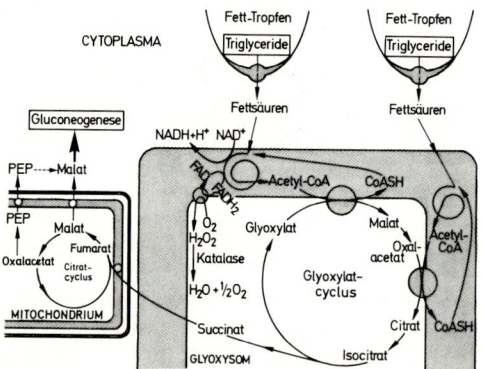

Abb. 311: Schematische Darstellung des Zusammenwirkens von Glyoxysomen, Mitochondrien und Cytoplasma bei der Umwandlung von Fettsäuren in Kohlenhydrate in der Pflanzenzelle. (Nach KINDL u. WÖBER).

über einige Schritte des Citratcyclus in Malat übergeführt (Abb. 311). Das Malat kann die Mitochondrienmembran passieren und im Cytoplasma das Substrat der Gluconeogenese (S. 287) bilden. Der Glyoxylatcyclus dient demnach hauptsächlich der Umwandlung von Fett in Kohlenhydrate. Die charakteristischen und spezifischen Enzyme des Cyclus, die **Isocitrat-Lyase** und die **Malat-Synthase**, sind deshalb nur in den Geweben aktiv, die rasch Fett in Kohlenhydrate umwandeln (z. B. Speichergewebe fettspeichernder Samen oder Stämme), und nur zu den Zeiten, zu denen diese Umwandlung erfolgt (Samenkeimung, Fettmobilisierung in Stämmen im Frühjahr).

Das bei der β-Oxidation der Fettsäuren in den Glyoxysomen entstandene $FADH_2$ wird wahrscheinlich überwiegend durch Luftsauerstoff zu H_2O_2 oxidiert, das dann durch die in den Glyoxysomen vorhandene Katalase gespalten wird. Das bei der β-Oxidation und im Glyoxylatcyclus gebildete NADH + H⁺ wird vermutlich in die Mitochondrien vermittelt und dort zur oxidativen Phosphorylierung benutzt, oder in der Gluconeogenese verwendet. Das oxidierte Coenzym muß wieder in die Glyoxysomen zurückgebracht werden, um den weiteren Abbau in Gang zu halten.

Der Glyoxylatcyclus wird auch von Bakterien, Pilzen und Algen benutzt, um aus vom Medium aufgenommenem Acetat Kohlenhydrate zu bilden. Glyoxysomen finden sich aber nur bei Eukaryoten.

Die Mobilisierung von Speicherproteinen

Viele Samen speichern Proteine als Reservesubstanzen, wodurch der Embryo in den ersten Phasen der Entwicklung ganz unabhängig von exogener Stickstoffzufuhr sein kann. Dieses «ergastische» Eiweiß (S. 75 ff.) unterscheidet sich in seiner Zusammensetzung meist wesentlich von dem der Enzym- und Strukturproteine. Im übrigen tritt es in einer Fülle verschiedener Molekülformen schon innerhalb einer Art, aber vor allem bei verschiedenen Arten auf, so daß bisher meist nur sehr grobe Gruppen charakterisiert werden konnten.

So werden die Speicherproteine der Getreidearten in Prolamine (löslich in 60 bis 80 %igem Alkohol) und Gluteline (löslich in Alkali oder Säuren) unterteilt. Erstere, zu denen z. B. das Gliadin des Weizens und Roggens gehört, enthalten viel Glutaminsäure und Prolin, aber nur wenig Arginin und Histidin und kein Lysin. Die Gluteline enthalten dagegen Lysin und Tryptophan und ergänzen so die Prolamine bei der menschlichen Ernährung. Das gleichzeitige Vorhandensein von Gliadin und Glutelin im Weizen- und Roggenmehl ist die Voraussetzung für die Backfähigkeit.

Die meisten Speicherproteine der anderen Pflanzenarten gehören zu den Globulinen. Sie sind in destilliertem Wasser unlöslich, löslich aber in verdünnten Salzlösungen, aus denen sie durch höhere Salzkonzentrationen (z.B. halbkonzentrierte Ammoniumsulfatlösung) ausgefällt werden können. Die Pflanzenglobuline haben meist hohe Gehalte an Monoaminodicarbonsäuren und dann sauren Charakter (Beispiel: Edestin im Hanfsamen). Albumine (die in salzfreiem Wasser löslich sind) treten als pflanzliche Speicherproteine an Bedeutung zurück (Beispiele: Leucosin im Weizenkorn, das sehr giftige, aber Tumorwachstum-hemmende Ricin im Ricinussamen).

Die pflanzlichen Speicherproteine sind in der Zelle wahrscheinlich in eigenen, membranumschlossenen Kompartimenten lokalisiert, den Proteinkörpern.

Bei der hydrolytischen Spaltung der Proteine, die ihren Abbau einleitet, sind wieder verschiedene Enzyme beteiligt. Bestimmte Proteinasen können das Eiweißmolekül von einem Ende her angreifen (Exopeptidasen) und die Aminosäuren einzeln abspalten. Die Aminopeptidasen greifen dabei vom N-terminalen Ende des Proteins (S. 19 ff.), die Carboxypeptidasen vom C-terminalen Ende her an. Die Endopeptidasen dagegen hydrolysieren Peptidbindungen im Innern des Moleküls.

Die Produkte der Eiweißhydrolyse sind letztlich die **Aminosäuren** (S. 20). Diese können entweder wieder zur Eiweißsynthese verwendet (S. 300), aus der Zelle abtransportiert (S. 366) oder schließlich abgebaut werden. Auch bei den Aminosäuren führt der weitere Abbau meist in wenigen, enzymatisch kontrollierten Schritten zu Zwischengliedern des glykolytischen Abbaues oder des Citratcyclus. Allerdings ist das Schicksal der einzelnen Aminosäuren bei Bakterien und Säugetieren weit besser bekannt als bei Pflanzen (Abb. 312). Bei letzteren scheint dem System α-Oxoglutarsäure/ Glutaminsäure eine besondere Bedeutung zuzukommen. Andere α-Aminosäuren können durch «Transaminierung» ihre $-NH_3^+$-Gruppen auf die α-Oxoglutarsäure übertragen (bzw. α-Oxosäuren durch Transaminierung aus Glutaminsäure aminiert werden, S. 350). Coenzym dieser wie anderer Transaminasen ist Pyridoxalphosphat, das sich vom Pyridoxin (Vitamin B_6) ableitet. Es überträgt als Pyridoxaminphosphat die Aminogruppe (Abb. 313).

Die Glutaminsäure kann durch die Glutamat-Dehydrogenase oxidativ desaminiert werden, wobei α-Oxoglutarat restituiert wird:

L-Glutamat $+ NAD^+$ →
α-Oxoglutarat $+ NH_4^+ + NADH + H^+$.

Das Enzym besteht aus Untereinheiten und unterliegt einer allosterischen Kontrolle (hemmend wirken z.B. ATP und $NADH + H^+$, fördernd ADP). Es kann auch $NADP^+$ als Elektronenacceptor verwenden, wobei das enstehende $NADPH + H^+$ zu biologischen Synthesen dient (vgl. $NADPH + H^+$ in der Photosynthese, S. 246, und die Bildung im oxidativen Pentosephosphatcyclus, S. 288 f.).

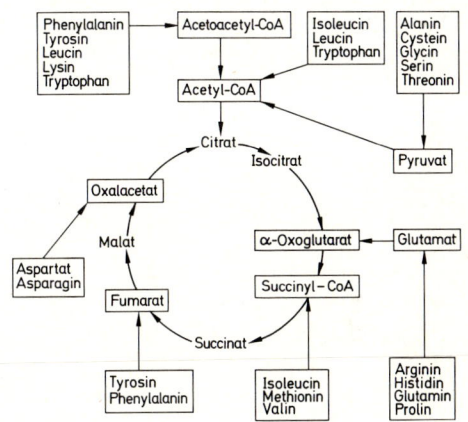

Abb. 312: Eintrittsstellen der Kohlenstoffskelette von Aminosäuren in die Pyruvatbildung und den Citratcyclus, wie sie hauptsächlich durch Untersuchungen an Bakterien festgestellt wurden. (Nach LEHNINGER)

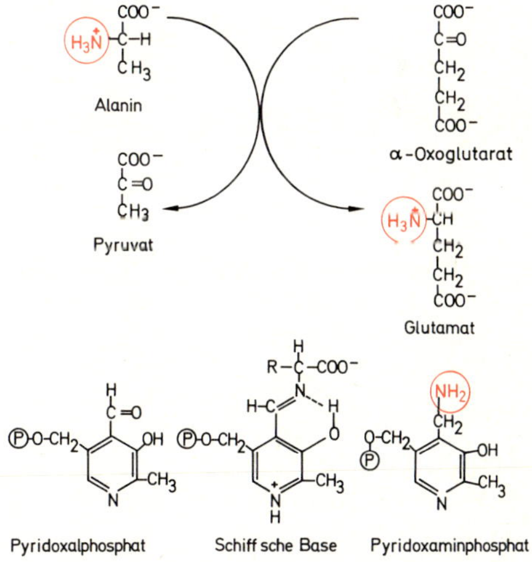

Abb. 313: Transaminierung von Alanin auf α-Oxoglutarat. Alle Transaminasen haben Pyridoxalphosphat als Coenzym; dieses leitet sich vom Pyridoxin (Vitamin B_6; statt ℗ = H) ab. Die Aldehydgruppe kann eine reversible Bindung mit der Aminogruppe von Aminosäuren eingehen (SCHIFFsche Base). Das entstehende Pyridoxaminphosphat kann die Aminogruppe an eine α-Oxosäure weitergeben.

Die α-Oxoglutarsäure kann im Citratcyclus weiterverarbeitet werden, das $NADH + H^+$ zur oxidativen Phosphorylierung dienen, während Ammoniak bei Pflanzen nur unter pathologischen Bedingungen in größeren Mengen freigesetzt, in der Regel aber in Speichersubstanzen konserviert wird (S. 349f.).

Die bei der Transaminierung aus den anderen α-Aminosäuren gebildeten Oxosäuren liegen z. T. direkt auf dem zentralen Abbauweg (z. B. Pyruvat aus Alanin, Oxalessigsäure aus Asparaginsäure), z. T. können sie leicht in Verbindungen des Hauptabbauweges übergeführt werden. Vielfach werden sie oxidativ decarboxyliert zu organischen Säuren, oder reduktiv zu Alkoholen:

$$R-\underset{\underset{NH_2}{|}}{CH}-COOH \;\rightarrow\; R-\underset{\underset{O}{\|}}{C}-COOH \;\rightarrow$$

$$R-CHO \;\rightarrow\; R-COOH$$
$$\searrow R-CH_2OH$$

Auf diesem Wege, also aus dem Eiweißstoffwechsel, soll z. B. ein großer Teil der Oxalsäure des Rhabarbers gebildet werden, so wie aus dem Eiweiß der Maische durch gärende Hefe die Alkohole des Fuselöles.

Häufig bei Bakterien und Pilzen, seltener bei Höheren Pflanzen können die Aminosäuren durch Decarboxylierung in Amine umgewandelt werden. Auch bei dieser enzymatischen Reaktion wirkt Pyridoxalphosphat als Coenzym. Aus Alanin entsteht auf diese Weise z. B. Ethylamin:

$$CH_3-CH(NH_2)-COOH \;\rightarrow\; CH_3-CH_2-NH_2 + CO_2$$

Durch Darmbakterien werden aus den Aminosäuren Lysin und Arginin die Diamine Cadaverin und Putrescin gebildet; Cadaverin wurde auch bei Pilzen gefunden. Das Histamin in den Brennhaaren der Brennessel (Abb. 130, S. 119) stammt aus Histidin, die auch bei Höheren Pflanzen verbreitete γ-Aminobuttersäure aus Glutaminsäure. Auch manche Amine in Blütendüften könnten so entstehen, wenn auch hierfür noch andere Bildungsmöglichkeiten in Betracht kommen.

Kohlenhydrat-bindende Proteine und Proteinase-Inhibitoren

Unter den Proteinen in pflanzlichen Speicherorganen haben zwei Gruppen in letzter Zeit besondere Aufmerksamkeit gefunden: Die Kohlenhydrat-bindenden Proteine (Lectine) und die Proteinase-Inhibitoren.

Die pflanzlichen Lectine sind Proteine oder Glykoproteide, die oft in großen Mengen in Samen (vor allem der Leguminosen) vorkommen und spezifisch an bestimmte Zuckerreste (auch in Polysacchariden oder Glykoproteiden enthaltene) gebunden werden, ähnlich der Antigen-Antikörper-Wechselwirkung. Auf diese Reaktion geht auch die charakteristische, lange bekannte und zum Nachweis verwendete Agglutination von Erythrocyten durch viele Lectine zurück; daher rührt ihre alte Bezeichnung Phytohämagglutinine. Sie haben besondere Beachtung gefunden, weil sie verschieden stark an normale und maligne (Tumor-) Zellen derselben Tierart binden: Sie machen damit die Änderung der Zelloberfläche bei der Umwandlung in Tumorgewebe deutlich. Lectine an der Oberfläche von Fabaceen-Wurzelhaaren (z. B. das Trifoliin bei *Trifolium repens*) sollen bei der spezifischen Bindung der Rhizobien (S. 375) eine Rolle spielen.

Das bestuntersuchte pflanzliche Lectin ist Concanavalin A (Con A) aus den Samen der Fabacee *Canavalia ensiformis*, wo es in großer Menge vorkommt. Es enthält keinen kovalent gebundenen Zucker, ist also – im Gegensatz zu vielen anderen Pflanzenlectinen – kein Glykoproteid. Ob das Con A außer als Speicherprotein noch eine spezifische Funktion hat, ist unbekannt.

Die Proteinase-Inhibitoren in den Speicherorganen vieler Pflanzen, auch in wichtigen Nahrungsmitteln (z. B. Kartoffel, Bohne, Erbse), hemmen vor allem Proteinasen tierischer oder bakterieller Herkunft. Sie könnten deshalb evtl. bei der Abwehrreaktion von Pflanzen gegen infektiöse Mikroorganismen oder räuberische Insekten bzw. deren Larven eine Rolle spielen. Es handelt sich um niedermolekulare Proteine (MG um 10000).

Der respiratorische Quotient

Die verschiedenen Atmungssubstrate brauchen zu ihrer vollständigen oxidativen Überführung in CO_2 je nach ihrer molekularen Zusammensetzung verschiedene Mengen O_2. Das Volumenverhältnis von erzeugtem CO_2 zu verbrauchtem O_2 wird als respiratorischer Quotient (RQ) ausgedrückt:

$$RQ = \frac{CO_2}{O_2}.$$

Da nach dem Avogadroschen Satz gleiche Molzahlen aller Gase gleiche Volumina besitzen, ist der RQ-Wert beim Abbau einheitlichen Substrates leicht theoretisch auszurechnen; andererseits können durch Ermittlung dieses Wertes mit gewisser Vorsicht Schlüsse auf das Atmungssubstrat gezogen werden. Entsprechend der Bruttogleichung der Glucoseveratmung (S. 279) ist der RQ-Wert bei der Veratmung von Kohlenhydraten gleich 1. Beim Abbau von wasserstoffreicheren Molekülen wie Fetten und Proteinen liegt er unter 1 (Fette ca. 0,7; Proteine ca. 0,8), von sauerstoffreichen Säuren über 1:

$C_{16} H_{32} O_2 + 23 O_2 \rightarrow 16 CO_2 + 16 H_2O$

Palmitinsäure (RQ = 0,7)

$HOOC - COOH + \frac{1}{2} O_2 \rightarrow 2 CO_2 + H_2O$

Oxalsäure (RQ = 4,0)

Fett-veratmende Keimlinge haben dementsprechend RQ-Werte um 0,7. Werden Fette in Kohlenhydrate umgewandelt, z.B. während bestimmter Phasen der Keimung von fettspeichernden Samen oder in fettspeichernden Baumstämmen im Frühjahr, so ist ein RQ < 1 zu messen, weil viel O_2 verbraucht und wenig CO_2 produziert wird. Umgekehrt macht sich die Umwandlung von Kohlenhydraten in Fett in einem RQ > 1 bemerkbar (bei einer Gans während der Mästung z.B. RQ = 1,38).

Verknüpfungen des Citratcyclus mit anderen Stoffwechselwegen

Wir haben an einigen ausgewählten Beispielen gesehen, daß der Abbau aller Atmungssubstrate letztlich, meist in wenigen Schritten, in die Hauptabbauwege der Überführung von Glucose in Pyruvat und des Citratcyclus einmündet. Von Gliedern des Citratcyclus zweigen aber auch zahlreiche Synthesewege ab. Dies erfordert auf der anderen Seite Möglichkeiten, die einzelnen Komponenten des Cyclus bei Bedarf wieder aufzufüllen. Wegen seiner Schlüsselstellung zwischen aufbauenden (anabolischen) und abbauenden (katabolischen) Reaktionsfolgen wird der Citratcyclus auch als amphibolischer Weg bezeichnet.

Am Beispiel der **Gluconeogenese** soll das Abzweigen von Gliedern des Citratcyclus in andere Stoffwechselbahnen erläutert werden. Bei der Gluconeogenese werden aus Malat bzw. Oxalacetat Hexosen aufgebaut. Es ist dies der Weg der Kohlenhydratsynthese z.B. bei der Mobilisierung von Speicherfett und -protein in keimenden Samen oder bei der Ernährung von Heterotrophen mit Acetat oder Alkohol.

Der erste Schritt dieser Stoffwechselfolge ist die Bildung von Phosphoenolpyruvat (PEP) aus Oxalacetat, die wir schon früher kennengelernt haben (S. 259). Es ist noch ungeklärt, ob das für diese Gluconeogenese-Schlüsselreaktion verantwortliche Enzym, die PEP-Carboxykinase, bei Pflanzen in den Mitochondrien oder im Cytoplasma lokalisiert ist. Im ersten Falle würde PEP die Mitochondrien verlassen und im Cytoplasma weiter verarbeitet werden, im zweiten würde nicht Oxalacetat (für das die innere Mitochondrienmembran impermeabel ist), sondern Malat aus den Mitochondrien ins

Cytoplasma gelangen und dort durch eine Malat-Dehydrogenase erst in Oxalacetat umgewandelt werden.

Die vom PEP bis zum Fructose-1,6-bisphosphat führenden Reaktionen (Abb. 314) sind Umkehrungen der katabolischen Sequenz und werden durch die gleichen Enzyme katalysiert. Ein zweites für die Gluconeogenese charakteristisches Enzym ist die Fructosebisphosphat-Phosphatase, deren (praktisch irreversible) Reaktion wir schon beim Weg des Kohlenstoffs in der Photosynthese besprochen haben:

Fructose-1,6-bisphosphat $+ H_2O \rightarrow$
Fructose-6-phosphat $+ P_i$,
$\Delta G^{0'} = -4,0$ kcal (ca. -17 kJ)

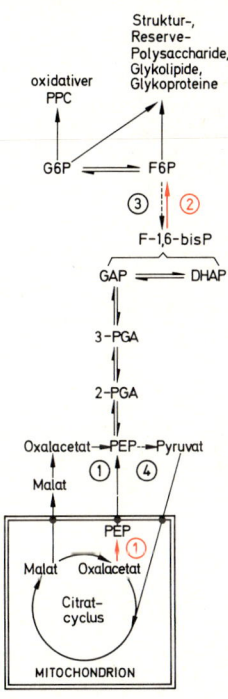

Abb. 314: Reaktionsfolge der Gluconeogenese. Zwei der angegebenen Enzyme sind charakteristisch für die Gluconeogenese: ① Phosphoenolpyruvat-Carboxykinase, ② Fructose-1,6-bisphosphat-Phosphatase. Zwei andere für die Glykolyse: ③ Phosphofructokinase, ④ Pyruvatkinase. Die übrigen cytoplasmatischen Enzyme zwischen PEP und Glucose-6-phosphat sind beiden Sequenzen gemeinsam. G6P Glucose-6-phosphat; F6P Fructose-6-phosphat; F-1,6-bisP Fructose-1,6-bisphosphat; GAP Glycerinaldehyd-3-phosphat; DHAP Dihydroxyacetonphosphat; 3-PGA 3-Phosphoglycerat; 2-PGA 2-Phosphoglycerat; PEP Phosphoenolpyruvat; PPC Pentosephosphatcyclus. (Nach KINDL u. WÖBER, verändert)

Die cytoplasmatische Fructosebisphosphat-Phosphatase ist bei Tieren – und vermutlich auch bei Pflanzen – ein regulatorisches Enzym, das z.B. durch AMP allosterisch streng gehemmt wird. Dadurch kommt es nur zur Gluconeogenese, wenn die energy-charge (S. 220) hoch ist, während bei leerem Energiespeicher die Substanzen dem Abbau zugeführt werden.

Fructose-6-phosphat kann durch die Phosphoglucoisomerase, ein Enzym des Abbaues von Glucose zu Pyruvat, in Glucose-6-phosphat umgewandelt werden. Die Freisetzung der Glucose durch die Glucose-6-phosphat-Phosphatase (die Reaktion, bei der in der Säugerleber der Blutzucker gebildet wird), spielt in der Pflanzenzelle wohl kaum eine Rolle. Meist wird das Glucose-6-phosphat selbst weiter verarbeitet (z.B. im oxidativen Pentosephosphatcyclus, s.u., oder – nach Umwandlung in Glucose-1-phosphat – bei der Bildung von nucleotidgebundenen Zuckern, S. 345).

Der Abzug von Gliedern des Citratcyclus für die Gluconeogenese oder andere Stoffwechselseitenwege (z.B. die reduktive Aminierung von Oxalacetat zu Aspartat oder von α-Oxoglutarat zu Glutamat, Abb. 313) kann zu einer Verarmung der Cycluskomponenten führen, die sein Funktionieren in Frage stellen könnten: Beim Fehlen von Oxalacetat z.B. würde schon die Eingangsreaktion blockiert. Dieser Gefahr wird durch «Auffüll»- oder anaplerotische Reaktionen begegnet.

Ein anaplerotisches Enzym ist z.B. die Pyruvat-Carboxylase, die folgende Reaktion katalysiert:

Pyruvat $+ CO_2 + ATP \xrightarrow{\text{Acetyl-CoA}}$
Oxalacetat $+ ADP + P_i$,

$\Delta G^{0\prime} = -0{,}5$ kcal (ca. $-2{,}1$ kJ)

Da Oxalacetat vor allem dann gebraucht wird, wenn es Acetyl-CoA zu verarbeiten gilt, ist es verständlich, daß die Pyruvat-Carboxylase nur in Gegenwart von Acetyl-CoA als allosterischem Effektor aktiv ist. Die Auffüllung von Malat kann über die reduktive Carboxylierung des Pyruvats durch das Malatenzym (S. 258) erfolgen.

Die beiden genannten Enzyme, Pyruvat-Carboxylase und Malat-Enzym, können, der Gluconeogenese-Sequenz vorgeschaltet, auch die Kohlenhydratbildung aus Pyruvat ermöglichen.

Der oxidative Pentosephosphatcyclus (PPC)

Bei der Besprechung des reduktiven Pentosephosphatcyclus (S. 251 ff.) wurde bereits erwähnt, daß dieser eine Reihe von Reaktionsschritten mit dem oxidativen PPC gemeinsam

hat. Der oxidative PPC läuft sowohl in den Chloroplasten als auch im Cytoplasma ab. Seine Bedeutung liegt einmal in der Bildung von $NADPH + H^+$, das für reduktive Synthesen (auch in den Chloroplasten im Dunkeln!) benötigt wird, und zum andern in der Bereitstellung von spezifischen Zuckerphosphaten für verschiedene Synthesen (z.B. der Nucleinsäuren).

Drei Enzyme sind dem oxidativen PPC eigen, die dem reduktiven fehlen:

1. Die Glucose-6-phosphat-Dehydrogenase:

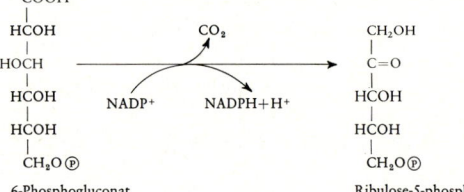

Glucose-6-phosphat 6-Phosphogluconolacton 6-Phosphogluconat

Das Enzym (zumindest das in den Chloroplasten) wird durch Licht inaktiviert, durch Dunkelheit aktiviert. Der Effektor ist das $NADH + H^+/NADP^+$-Verhältnis: Ist es hoch (z.B. in belichteten Chloroplasten), wird der oxidative PPC «abgeschaltet» und in den Chloroplasten der Weg für den streckenweise konkurrierenden Calvin-Cyclus freigegeben. Ist es niedrig, wird der oxidative Cyclus aktiviert und damit für Anlieferung von $NADPH + H^+$ gesorgt.

2. Die 6-Phosphogluconat-Dehydrogenase:

6-Phosphogluconat		Ribulose-5-phosphat
COOH		CH₂OH
HCOH	CO_2	C=O
HOCH		HCOH
HCOH	$NADP^+ \quad NADPH + H^+$	HCOH
HCOH		CH₂O℗
CH₂O℗		

Mit diesem zweiten $NADPH + H^+$-liefernden Schritt ist die oxidative Phase des Cyclus abgeschlossen. Es folgt eine Restitutionsphase, bei der 6 Pentosephosphate letztlich wieder 5 Glucose-6-phosphat-Moleküle ergeben (Abb. 315). Bei diesem Ablauf ist neben Enzymen, die auch im reduktiven PPC tätig sind, ein Enzym beteiligt, das für den oxidativen Cyclus spezifisch ist:

3. Die Transaldolase. Sie überträgt einen Dihydroxyacetonrest von einem 7 C-Zucker auf ein Triosephosphat:

Sedoheptulose-7-phosphat	Glycerinaldehydphosphat	Fructose-6-phosphat	Erythrose-4-phosphat
CH₂OH		CH₂OH	
C=O		C=O	
HO–CH	CHO	HOCH	CHO
HCOH +	HCOH	HCOH +	HCOH
HCOH	CH₂O℗	HCOH	CH₂O℗
CH₂–O℗		CH₂O℗	

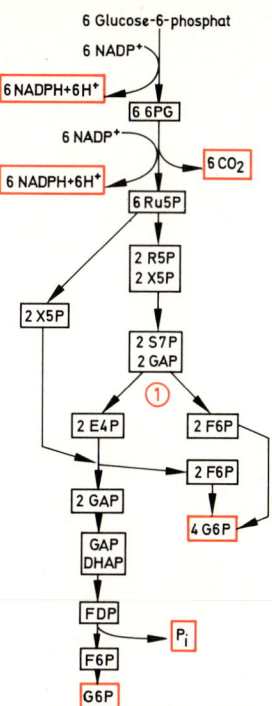

Abb. 315: Schematische Darstellung der Umsetzungen im oxidativen Pentosephosphatcyclus bei vollständigem Abbau eines Moleküls Glucose-6-phosphat (G6P). Endprodukte stark umrandet. ① Durch Transaldolase katalysierte Reaktion (vergl. Text). 6 PG 6-Phosphogluconat; Ru5P Ribulose-5-phosphat; R5P Ribose-5-phosphat; X5P Xylulose-5-phosphat; S7P Sedoheptulose-7-phosphat; GAP Glycerinaldehyd-3-phosphat; E4P Erythrose-4-phosphat; DHAP Dihydroxyaceton-phosphat; FDP Fructose-1,6-bisphosphat; F6P Fructose-6-phosphat. (Nach LEHNINGER, leicht geändert)

Die Reaktionen dieser Restitutionsphase sind für den Zellstoffwechsel auch insofern bedeutsam, als sie, zusammen mit Teilen des Abbauweges von Glucose zu Pyruvat, eine reversible Umwandlung von Zuckern mit 3, 4, 5, 6 und 7 C-Atomen ineinander ermöglichen.

Theoretisch kann ein Glucose-6-phosphat-Molekül durch sechsmaligen Umlauf im oxidativen PPC vollständig in CO_2 zerlegt werden:

6 Glucose-6-phosphat + 12 $NADP^+$ + 7 H_2O

→ 5 Glucose-6-phosphat + 6 CO_2

+ 12 NADPH + 12 H^+ + P_i .

Häufig wird die Reaktionsfolge aber in andere Stoffwechselbahnen münden. Der Anteil des oxidativen PPC am Abbau der Glucose variiert sehr und wird hauptsächlich durch den Bedarf an NADPH + H^+ bestimmt.

Abhängigkeit der Atmung von Außenfaktoren

Die Intensität der Atmung ist je nach Pflanzenart und innerhalb einer Art je nach Organ, Entwicklungszustand und Aktivität sehr verschieden (Tab. 22); sie wird außerdem durch die Außenfaktoren beeinflußt. Als wichtigster Außenfaktor ist die **Temperatur** zu nennen. Als enzymatischer Prozeß folgt die Atmung in ihrer Temperaturabhängigkeit einer Optimumkurve (Abb. 316). Die Lage der Kardinalpunkte (Minimum, Optimum, Maximum) hängt von der Pflanzenart und innerhalb einer Art auch von

Tab. 22: Dunkelatmung ausgewachsener Blätter im Sommer bei 20°C. (Nach LARCHER)

Pflanzengruppe	CO_2-Abgabe mg g^{-1}TG h^{-1}
Krautige Kulturpflanzen	3–8
Krautige Wildpflanzen	
Sonnenkräuter	5–8
Schattenkräuter	2–5
Sommergrüne Laubbäume	
Lichtblätter	3–4
Schattenblätter	1–2
Immergrüne Laubbäume	
Lichtblätter	um 0,7
Schattenblätter	um 0,3
Immergrüne Nadelbäume	
Lichtangepaßte Nadeln	um 1
Schattennadeln	um 0,2

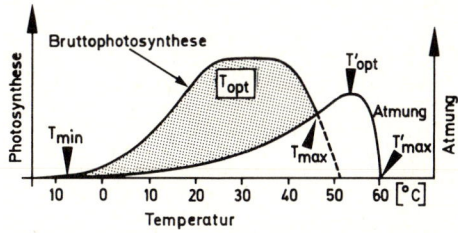

Abb. 316: Schematische Darstellung der Temperaturabhängigkeit von Atmung und Photosynthese. Temperaturoptimum (T'_{opt}) und -maximum (T'_{max}) der Atmung liegen in der Regel höher als die der Brutto- und Nettophotosynthese (letztere durch punktierten Bereich dargestellt, Kardinalpunkte T_{opt}, T_{max}). Die Temperaturminima (T_{min}) für Nettophotosynthese und Atmung fallen etwa zusammen. (Nach LARCHER, verändert)

deren Vorleben ab (Abhärtung, Verweichlichung). Die Minimaltemperatur, bei der noch Atmung zu messen ist, liegt meist um −10°C. Frostharte Gewebe (z.B. kälteadaptierte Coniferennadeln) atmen noch bei < −20°C, während die Atmung kälteempfindlicher Tropenpflanzen bereits zwischen 0 und 5°C gestört werden kann.

Im ansteigenden Ast der Temperaturkurve (z.B. zwischen 15 und 25°C) wird meist ein Q_{10} (S. 270) von etwa 2 gemessen.

Das Temperaturmaximum der Atmung liegt gewöhnlich wesentlich höher als das der Photosynthese, die auch gegenüber anderen Einflüssen (z.B. Trockenheit) sich stets viel empfindlicher erweist als die Atmung.

Es gibt eine Reihe von Hinweisen, daß die Adaptation einer Pflanze an geänderte Temperaturverhältnisse mit einer Zunahme der entsprechend angepaßten Isoenzyme einhergeht. Die Zelle hat also je nach den Temperaturbedingungen verschiedene Enzym-«Bestecke».

Die bei der Atmung selbst erzeugte Wärme ist bei Pflanzen gewöhnlich nur unter besonderen Versuchsbedingungen zu messen (z.B. bei keimenden Samen in einer Thermosflasche). Da es keine homoiothermen (auf eine bestimmte Temperatur eingestellten) Pflanzen gibt, haben die Pflanzen auch keine Vorrichtungen zur Temperaturregulation. Nur in Ausnahmefällen ist die Erwärmung durch die Atmung bei Pflanzenteilen direkt nachzuweisen (Spadix von *Arum italicum* +17°C, Blüten von *Victoria regia* +10°C, Blüten von *Cucurbita* +5°C über der Umgebungstemperatur). Biologisch nutzbar gemacht wird diese Wärmeproduktion beim Arumblütenstand für die Anlockung der Bestäuber (Abb. 892, S. 817); durch sehr schnellen, von der oxidativen Phosphorylierung entkoppelten Abbau der vorher in großen Mengen im Spadix gespeicherten Stärke werden durch die Wärmeentwicklung die Duftstoffe massiv in Freiheit gesetzt. – Im Innern dicht gelagerter, feuchter Pflanzenmassen (z.B. Heuhaufen) können durch die Atmungstätigkeit bestimmter thermophiler Bakterien und Pilze Temperatursteigerungen bis über 70° zustande kommen; die auf diese Weise in Gang gesetzten exothermen Umsetzungen können dann bis zur Selbstentzündung führen (S. 564). Die Blätter von mit Wurzelfäulepilzen befallenen Pflanzen (z.B. Zuckerrübe oder Baumwolle) zeigen mittags Blattemperaturen 3–5°C über denen gesunder Pflanzen. Dies kann man zum «remote sensing» (Fernerkundung) kranker Pflanzen benützen.

Wesentlichen Einfluß auf die Atmungsintensität hat auch die **Wasserversorgung** der Pflanze. Bei Pflanzen unter Wasser oder in wasser-

gesättigten Böden kann wegen der geringen Löslichkeit des Sauerstoffs in Wasser (Auftreten von O_2-Blasen bei der Photosynthese von Wasserpflanzen!) Sauerstoffmangel die Atmungsintensität begrenzen. Dies kann z.B. verhindert werden durch Zuleitung von Sauerstoff durch das Intercellularensystem von Teilen der Pflanze her (S. 112), die sich in der Atmosphäre befinden und womöglich noch in der Photosynthese zusätzlich selbst O_2 freisetzen (bei vielen Sumpfpflanzen). Es können auch eigene Organe für diese O_2-Zufuhr entwickelt werden (Atemwurzeln, Abb. 215 D, S. 189, Wurzelknie, S. 785). Die starke Entwicklung des Intercellularensystems bei Wasser- und Sumpfpflanzen allgemein (Abb. 119, S. 113) dient einmal der Erleichterung dieser O_2-Zufuhr, zum andern der Speicherung des Photosynthese-Sauerstoffs zur Versorgung der Dunkelatmung. Auch Methan aus dem Schlamm der Gewässer kann z.B. bei *Nuphar luteum* durch die Intercellularen der Rhizome, Blattstiele und Blätter sowie die Stomata bis in die Atmosphäre gelangen. Ganz allgemein erleichtert ja das Intercellularensystem den Gastransport (S. 269). Meristeme mit hoher Stoffwechselintensität und noch kaum entwickeltem Intercellularensystem sollen z.T. Gärungen durchführen, deren Produkte auch für ihre Entwicklung bedeutsam sein können.

Der Entzug von Wasser drosselt die Atmung von einem bestimmten Wert des Wasserpotentials an dramatisch. Poikilohydre Arten (S. 332) oder Stadien (z.B. Samen und Sporen), die hierbei keinen Schaden nehmen, haben im lufttrockenen Zustand (Wassergehalt um 10% des Frischgewichtes) daher nur eine minimale Atmung und damit einen minimalen Stoffverbrauch. Dies ist Voraussetzung für das Überstehen langer Ruheperioden bei Samen, Sporen, Pollen und ganzen trockenen Pflanzen (z.B. Flechten, manche Algen, Moose, Farne und Phanerogamen, S. 332).

Hohe Kohlendioxid-Konzentrationen schränken die Atmung ein. Sie finden sich einmal im Holzkörper von Stämmen, zum anderen in Samen mit für CO_2 schwer durchlässigen Samenschalen.

Licht hat verschiedene Wirkungen auf die Atmung. Sieht man von der Photorespiration (S. 263 f.) ab, die keine echte Atmung ist, so kann vorhergehende Belichtung photosynthetisch aktiver Pflanzen die Atmung in der nachfolgenden Dunkelphase durch verstärkte Substratanlieferung steigern. Denkbar, aber wenig geklärt ist die Konkurrenz von Atmung und Photosynthese um verschiedene Coenzy-

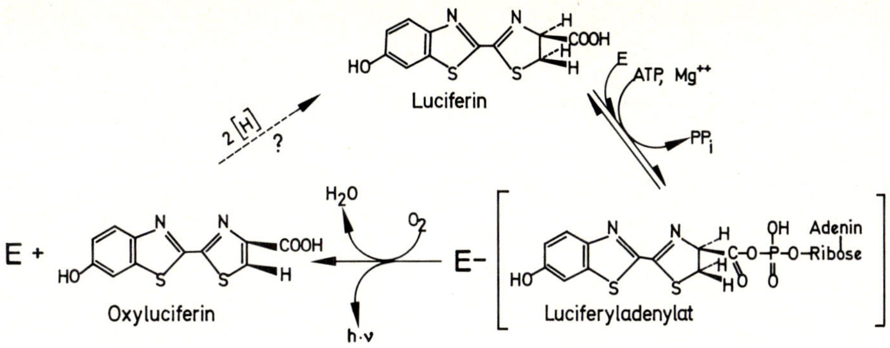

Abb. 317: Chemische Reaktionen bei der Bioluminescenz des Leuchtkäfers (bei leuchtenden Pflanzen sind grundsätzlich ähnliche Umsetzungen wahrscheinlich). Die Bildung und Oxidation des Luciferyladenylats wird katalysiert durch das Enzym Luciferase (E). Bei der Oxidation entsteht zunächst angeregtes Oxyluciferin, das bei Rückkehr in den Grundzustand pro Molekül ein Lichtquant emittiert. Es ist noch nicht klar, ob Oxyluciferin wieder direkt in Luciferin umgewandelt werden kann, die Reaktionen also einen Kreisprozeß darstellen.

me. Weiter hat der kurzwellige (blaue) Teil des Spektrums eine spezifische steigernde Wirkung auf die Atmung. Schließlich kann das Licht auch über das Phytochromsystem (S. 405 ff.), also über eine Entwicklungsbeeinflussung, die Atmungsintensität verändern.

Biolumineszenz. Auf toten Fischen und auf Fleischstücken siedeln sich zuweilen die im übrigen ungefährlichen Leuchtbakterien (*Photobacterium phosphoreum, Pseudomonas lucifera* u. a.) an, die ebenso wie manche Peridineen und das Mycel des baumzerstörenden Hallimaschpilzes (*Armillariella mellea*) die Fähigkeit des Leuchtens besitzen (Bioluminescenz). Auch das Leuchten mancher Tiere ist auf Bakterien zurückzuführen, die symbiontisch in besonderen Organen vorkommen. Doch gibt es auch Tiere (Leuchtkäfer, Süßwasserschnecken, Muschelkrebse), die eigene Leuchtsysteme besitzen.

Der Leuchtvorgang beruht, soweit untersucht, auf einer Oxidation einer an ein Enzym (Luciferase) gebundenen Leuchtsubstanz (Luciferin), die dadurch in einen angeregten Zustand übergeführt wird. Bei Rückkehr in den Grundzustand wird ein Lichtquant emittiert (Abb. 317). Da die Reaktion strikt O_2-, ATP- und Mg^{2+}-abhängig ist und die Lichtemission sehr empfindlich zu messen ist, kann sie bei entsprechender Variation zum Nachweis auch von Spuren von O_2, ATP oder Mg^{2+} dienen.

III. Regulationen im Zellstoffwechsel

Eine einzelne Zelle, sei es ein Einzeller oder eine lebende Zelle in einem vielzelligen Organismus, hat zu verschiedenen Zeiten häufig verschiedene Aufgaben zu erfüllen oder sich an wechselnde Umweltbedingungen anzupassen.

Die verschiedenen Zellen in einem Vielzeller haben infolge der hier verwirklichten Arbeitsteilung auch zu einem gegebenen Zeitpunkt verschiedene Funktionen, obwohl sie doch zumeist alle die gleichen Erbanlagen besitzen (S. 379 ff.). Ein Verlust an genetischer Substanz während der Entwicklung ist bei Pflanzen – im Gegensatz zu einigen Tieren – noch nicht gefunden worden. Der Stoffwechsel einer Zelle mit einem definierten Genbestand muß dementsprechend variabel sein und den jeweiligen Anforderungen entsprechend innerhalb seiner genetischen Möglichkeiten einreguliert werden. Diese Regulation erfolgt über:

a) die qualitative und quantitative Zusammensetzung des Enzymbestandes;

b) die Beeinflussung der Aktivität einzelner Enzyme;

c) die Beeinflussung enzymatischer Reaktionen durch die Konzentration beteiligter Substanzen;

d) die Zusammenfassung bestimmter Enzyme in Multienzymkomplexen oder in Kompartimenten.

A. Grundprinzipien der Regulation

Regulationsvorgänge laufen zwar bei allen lebenden Systemen ab, doch wurden ihre grundsätzlichen Gesetzmäßigkeiten zuerst in der Technik erkannt und formuliert («Regelungstechnik»). Die Verallgemeinerung der Erkenntnisse der Regelungstechnik und der Informationstheorie auf nichtlebende (z.B. technische) und lebende Systeme ist Gegenstand der Kybernetik. Jede Regulation setzt den Empfang und die Verarbeitung von Information voraus. Eine Information im Sinne der Kybernetik ist eine quantitativ (mathematisch) zu beschreibende Eigenschaft von Zeichen innerhalb eines Zeichenvorrates («Code»), in dem Nachrichten von einem Sender (z.B. Außenwelt, Nachbarzelle, Zellkern) zu einem Empfänger (Organismus, Zelle, Orte der Proteinbiosynthese) übermittelt werden. Die einzelnen übertragenen Zeichen werden auch als Signale bezeichnet.

Innerhalb des Überbegriffes Regulation unterscheidet man Regelung und Steuerung. Bei der Regelung wird ein Zustand (z.B. die CO_2-Konzentration in den Intercellularen eines Blattes oder die «energy charge» – S. 220 – in einer Zelle) trotz störender Einflüsse konstant gehalten. Dies geschieht in einem geschlossenen Wirkungskreislauf (Regelkreis; Abb. 318). Bei der Steuerung besteht zwar auch eine Beziehung zwischen einem Signal und einem Zustand oder Vorgang (Abb. 319), doch werden diese nicht konstant gehalten (z.B. Steuerung des pflanzlichen Längenwachstums durch Licht, Steuerung des Abbaues von Nahrungsstoffen durch die «energy charge»).

B. Regulation der Enzymsynthese

Enzyme bestehen völlig oder doch zu einem wesentlichen Teil aus Protein. Die Frage nach der qualitativen und quantitativen Änderung des Enzymbestandes einer Zelle und deren Regulation ist daher im Grund eine Frage nach den entsprechenden Verhältnissen bei der Eiweißbiosynthese. Die Spezifität eines Proteins und damit seine Verwendung als bestimmtes Enzym (oder Struktureiweiß) wird festgelegt durch seine Primärstruktur, d.h. die Zahl und Sequenz der Aminosäuren im Polypeptidmolekül (S. 22). Die Information für diese Primärstruktur ist in der Zelle niedergelegt in der Basen- (genauer der Basentriplett-, s.u.) -Sequenz der DNA (vgl. S. 26). Da jeder Proteinmolekülsorte ein bestimmter Abschnitt auf einem DNA-Strang entspricht, der als Cistron bezeichnet wird (S. 503), kann es in einer Zelle maximal so viele verschiedene, direkt aus der Biosynthese hervorgehende Proteinsorten geben, wie verschiedene Cistrons vorhanden sind (potentieller Proteinbestand). Ein DNA-Abschnitt, der die Information zur Bildung eines Enzymmoleküls trägt, wird als Strukturgen bezeichnet. Ein Strukturgen kann aus einem oder mehreren Cistrons bestehen.

Der aktuelle Enzymbestand einer Zelle ist in der Regel ärmer als die Zahl der Strukturgene und wechselt in Anpassung an die jeweiligen Aufgaben zu verschiedenen Zeiten oder an verschiedenen Orten eines Vielzellers. Diese Änderung des Enzymbestandes wird dadurch erreicht, daß jeweils nur bestimmte Strukturgene zur «Ablesung», d.h. zum Ingangsetzen der Biosynthese des entsprechenden Polypeptids, freigegeben, andere aber blockiert werden (oder bleiben). Diese differentielle Genaktivität ist eine Grundlage der Zelldifferenzierung und wird deshalb im Kapitel Entwicklungsphysiologie behandelt.

Um die Regulationen während der Proteinbiosynthese verstehen zu können, ist eine vertiefte Einsicht in deren Mechanismus notwendig; er ist aufs engste mit den Nucleinsäuren verknüpft.

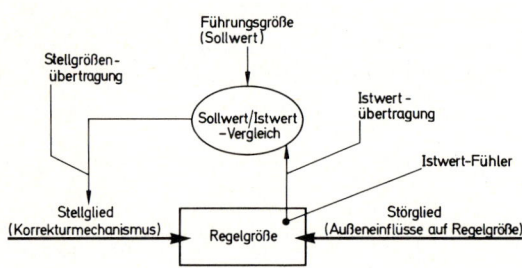

Abb. 318: Regelkreis. Der tatsächliche Wert (Istwert) der zu regelnden Größe (z.B. Temperatur in einem Raum) wird mit einem Fühler (Thermometer) gemessen und mit einem Sollwert (definierte Temperatur) verglichen. Eine Abweichung des Istwertes vom Sollwert wird über einen Korrekturmechanismus (Heizung bzw. Kühlung) korrigiert und dadurch die Verstellung der Regelgröße vom Sollwert durch Störgrößen rückgängig gemacht.

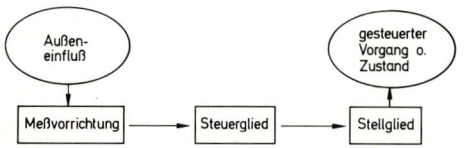

Abb. 319: Steuerung. Ein bestimmter Außeneinfluß wird gemessen. Auf Grund des Meßwertes wird von einem Steuerglied ein bestimmter Steuerbefehl an das Stellglied gegeben, das den gesteuerten Vorgang oder Zustand beeinflußt, ohne ihn konstant zu halten.

1. Die Funktion der Nucleinsäuren und die Proteinbiosynthese

Es wurde bereits früher erwähnt (S. 24 ff.), daß die DNA eine autokatalytische und eine heterokatalytische Funktion hat, d.h., sie birgt die Information für ihre eigene, identische (bzw. komplementäre) Vermehrung (Replikation) und für die Prägung spezifischer RNA-Moleküle (Transkription), die ihrerseits wieder als Matrizen für die gesetzmäßige Anordnung der Aminosäuren in einem Polypeptid dienen (Vorgang der Translation). Nur einige kleinere Peptide werden nicht nach diesem Bauprinzip synthetisiert (S. 355).

Replikation

Bei der DNA-Replikation dient jeder der komplementären Einzelstränge der Doppelhelix als Matrize für einen neuen, jeweils komplementären Strang; es werden also aus einer Doppelhelix zwei gleiche Doppelhelices gefertigt, in denen jeweils ein Strang von der Ausgangshelix übernommen, der andere neu synthetisiert wird (S. 28 ff.). Die beim reißverschlußartigen Aufgehen der Doppelhelix theoretisch zu erwartende Y-Struktur (Abb. 17 B, C; 18 C) wurde tatsächlich – zumindest bei der DNA des Bacteriums *Escherichia coli* – demonstriert.

Aus Bakterien wurde eine DNA-Polymerase («KORNBERG-Enzym») isoliert, die in vitro aus den vier Nucleotiden (in Form der reaktionsfähigeren Nucleosidtriphosphate geboten: dATP [= Desoxyribose-haltiges ATP], dGTP, dTTP und dCTP) einen zugesetzten DNA-Strang exakt repliziert (Fehlerfrequenz $< 10^{-6}$). Es ist auf diese Weise sogar gelungen, die (einsträngige, ringförmige) DNA eines kleinen Bakteriophagen ($\phi X\ 174$) in vitro zu vermehren. Die neugebildeten Moleküle veranlaßten Bakterienzellen, neue Phagenmoleküle zu produzieren, waren also biologisch aktiv. Damit wurde das erste Gen in vitro synthetisiert.

Die genannte Bakterien-DNA-Polymerase kann einen gegebenen DNA-Strang nur in einer Richtung, vom 3′-Ende zum 5′-Ende (Abb. 15), ablesen und dementsprechend den komplementären Strang nur vom 5′- zum 3′-Ende synthetisieren. In der Zelle werden aber beide Stränge einer Doppelhelix repliziert; zudem ist die bakterielle DNA ringförmig und besitzt daher gar kein «Ende». Da ferner *Escherichia*-Mutanten, denen dieses Enzym fehlt, noch unbeeinträchtigt DNA zu synthetisieren vermögen, nimmt man an, daß andere (wahrscheinlich membrangebundene) Enzyme für die Replikation in vivo verantwortlich sind.

Die Fehlerrate bei der DNA-Replikation ist außerordentlich gering (1 : 10^8 bis 10^{10} polymerisierte Nucleotide bei *Escherichia coli*). Bei der DNA-Polymerase beträgt sie noch 10^{-5} bis 10^{-7}; die zusätzliche Korrektur wird durch eine Kontrolle des fertigen neuen DNA-Strangs durch die Polymerase bewirkt, die nun von 3′ nach 5′ rückwärts liest und als Exonuclease fehlerhafte Basen eliminiert (vgl. Abb. 320).

Die Replikation eines DNA-Moleküls erfordert bei kleineren Bakteriophagen wenige Sekunden, schon bei der ringförmig geschlossenen DNA von *Escherichia coli* mit einer Konturlänge von etwa 1,4 mm (ca. 10^6 Nucleotidtripletts, Tab. 5, S. 26) aber mindestens 40 min. Um die vergleichsweise riesigen DNA-Moleküle von Eukaryoten (die größten Chromosomen beim Menschen enthalten z.B. eine DNA-Doppelhelix von 7,3 cm Länge, aufgeschraubt zu einem Chromonema von 1,3 mm Länge) in tragbarer Zeit (zwischen zwei Kernteilungen, in einer definierten Synthese-Phase: S-Phase; S. 51) zu replizieren, muß die Replikation an mehreren Stellen des DNA-Ausgangsstranges gleichzeitig einsetzen. Die einzelnen Teilstränge der neuen DNA müssen dann durch eine DNA-Ligase zusammengefügt werden (vgl. Abb. 320).

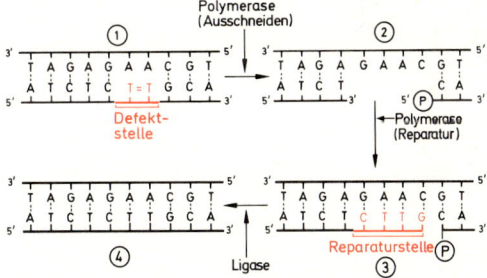

Abb. 320: Reparatur einer Schadstelle in einem DNA-Doppelstrang. Durch Bestrahlung mit ultraviolettem Licht, z.B., können zwei benachbarte Thyminreste in einem DNA-Molekül durch eine kovalente Bindung verknüpft werden (Thymin-Dimeres) ①. Dadurch entstehen Replikationsschwierigkeiten. Die Polymerase kann sowohl die Schadstelle (in Richtung 5′ → 3′) herausschneiden (Endo- und Exonuclease-Funktion der Polymerase) ②, wie die Fehlstelle (von 3′ → 5′) wieder mit den richtigen Nucleotiden füllen ③. Die Verbindung des freien 3′-Endes mit dem 5′-Phosphat an der ursprünglichen Kette katalysiert eine DNA-Ligase. Das Ergebnis ist ein fehlerfreier Doppelstrang ④.

Die DNA-Replikation kann durch bestimmte Substanzen spezifisch inhibiert werden, z.B. irreversibel durch das Antibioticum Mitomycin C bei empfindlichen Organismen.

Die Plasmide in den Bakterienzellen (S. 29, Abb. 18 D), die in 20–40 Kopien pro Zelle vorkommen, werden unabhängig vom Zentral-«chromosom» repliziert. Dieser Umstand und die Möglichkeit, den Plasmidring durch Fremd-DNA zu erweitern, sind die Grundlagen für die «Gentechnologie» (S. 500).

Prinzipiell ähnlich wie bei den Prokaryoten vollzieht sich wahrscheinlich die Replikation der Mitochondrien-DNA (mtDNA) und der Chloroplasten-DNA (ptDNA; Abb. 57, S. 63). Die mtDNA liegt meist – wie die Bakterien-DNA – als geschlossener Doppelhelix-Ring (bei der Erbse 30 μm lang) vor. Die Gesamtheit der Erbanlagen in den Mitochondrien einer Zelle wird als Chondriom bezeichnet. Die Chloroplasten enthalten mehrere identische Kopien (30–60 bei Höheren Pflanzen, ca. 100 bei verschiedenen Algen) einer nackten, circulären, doppelsträngigen DNA mit einem Molekulargewicht, je nach Pflanzenart, von $85–95 \cdot 10^6$; das entspricht etwa 150 000 Basenpaaren, die ca. 200 Polypeptide mittleren Molekulargewichtes codieren können. Die Menge der ptDNA pro Plastid ist damit deutlich höher als die der mtDNA pro Mitochondrium. Die Gesamtheit der Erbanlagen in den Plastiden einer Zelle wird als Plastom bezeichnet (die Gesamtheit der Plastiden einer Zelle dagegen als Plastidom). Die Basensequenzen jedes ptDNA-Ringes sind zu mindestens 80% einmalig, (d.h. nicht repetitiv, S. 45) und zeigen zwischen verschiedenen Pflanzengattungen wenig Übereinstimmung (d.h., sie sind weniger konservativ als die des Zellkernes). Bei *Euglena* (noch nicht bei Höheren Pflanzen) ist nachgewiesen, daß die Kern-DNA keine einzige Kopie der ptDNA enthält. In manchen, aber nicht allen, Höheren Pflanzen enthält jeder ptDNA-Ring zwei Kopien einer identischen Sequenz, die gegenläufig nebeneinander liegen und die Gene für die r-RNA der Chloroplasten enthalten. Die 5S-, 16S- und 23S-r-RNA-Gene werden als Einheit abgelesen und ergeben einen Vorläufer vom Molekulargewicht $2,7 \cdot 10^6$; dieser wird auch von isolierten Chloroplasten synthetisiert. Sowohl die Mitochondrien wie die Plastiden enthalten nur einen Teil der Matrizen, die sie für die Codierung ihrer Proteine benötigen: sie sind semiautonom. Die selbstproduzierten Proteine können ausfallen, wenn die mtDNA oder die ptDNA mutiert (vgl. extrachromosomale Vererbung, S. 497). Dazu gehört bei den Chloroplasten z.B. die Ribulosebisphosphat-Carboxylase, deren eine Untereinheit im Chloropasten selbst synthetisiert wird (S. 253). Andere Proteine der Mitochondrien und Chloroplasten sind in der Zellkern-DNA codiert und werden im Cytoplasma (an den 80 S-Ribosomen) synthetisiert und fehlen daher den Organellen, wenn diese cytoplasmatische Synthese (z.B. durch Cycloheximid) spezifisch blockiert wird. Zu diesen Pro-

teinen gehören bei den Chloroplasten außer der zweiten Untereinheit der Ribulosebisphosphat-Carboxylase z.B. auch die organellspezifischen Enzyme DNA-Polymerase (Replikationsenzym) und RNA-Polymerase (Transkriptionsenzym, s.u.).

Es ist noch nicht geklärt, ob die Differenzierung der Plastiden in Chloroplasten, Leukoplasten und Chromoplasten (S. 62ff.) nur unter der Kontrolle der Kerngene oder auch unter der des Plastoms steht.

Transkription, Translation; Genetischer Code

Es wurde bereits erwähnt (S. 29), daß bei der heterokatalytischen Funktion der DNA die im DNA-Strang enthaltene, in der Reihenfolge der Basen niedergelegte Information auf eine einsträngige RNA-Kette (messenger-RNA; m-RNA) übertragen wird (Transkription). Jedem Cistron, d. h. jeweils einem bestimmten DNA-Abschnitt, entspricht eine spezifische (komplementäre!) m-RNA. Die m-RNA wandert aus dem Zellkern zu den cytoplasmatischen Ribosomen und dient dort als Matrize für die richtige Reihung der Aminosäuren in einem Polypeptid im Vorgang der Translation:

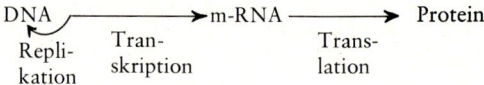

Die DNA-Kette wird nicht nur als Matrize für die Prägung definierter m-RNA-Moleküle verwendet; auch die verschiedenen transfer-RNA-(t-RNA-)-Ketten sowie die ribosomale RNA (s.u.) sind in der DNA codiert. Meist wird aber unter Transkription speziell die DNA-abhängige Bildung der m-RNA verstanden.

Die Transkription wird durch die DNA-abhängigen RNA-Polymerasen katalysiert. Sie haben im Gegensatz zu der DNA-Polymerase keine nachträgliche Kontrollfunktion, weswegen die Fehlerrate viel höher (bei 10^{-4}) liegt. Ihre Substrate sind Nucleosidtriphosphate, die sich nach den Regeln der Basenpaarung entlang dem zu kopierenden DNA-Strang anordnen, ganz ähnlich, wie wir dies bei der Replikation für den neu zu synthetisierenden, komplementären DNA-Strang gesehen haben. Allerdings tritt in der RNA an die Stelle des Thymins das Uracil, das sich mit dem Adenin in analoger Weise wie Thymin paaren kann. Die RNA-Polymerase verknüpft die in die richtige Position gebrachten Nucleosidtriphosphate unter Abspaltung von Pyrophosphat zu RNA (Abb. 321). In vivo wird von den beiden Strängen einer DNA-Doppelhelix nur einer (der «codogene Strang») abgelesen, und zwar vom 3'- zum 5'-Ende; die RNA wächst dementsprechend von ihrem 5'-

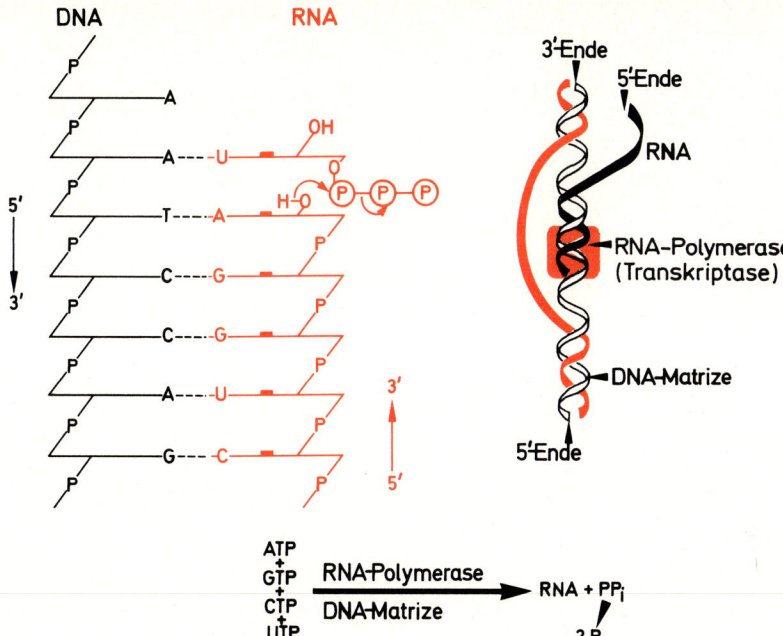

Abb. 321: Schematische Darstellung der Transkription. Die RNA-Kette verlängert sich dadurch, daß ein Nucleosidtriphosphat mit der passenden Base sich mit der Base des ersten nicht gepaarten Nucleotids im DNA-Matrizenstrang paart. Das freie 3′-Ende der RNA-Kette reagiert dann unter Pyrophosphatabspaltung mit dem Nucleosidtriphosphat. Die RNA-Kette selber wächst demnach vom 5′- zum 3′-Ende. (Nach Kindl u. Wöber und nach Hess)

zum 3′-Ende hin. Die Polymerase erkennt mit Hilfe eines Initiationsfaktors (σ-Faktor) den «richtigen» DNA-Strang an bestimmten Erkennungsmarken (Promotoren). Dieses Erkennen beruht hier nicht auf einer Basenpaarung, sondern im Passen der Promotorregion in eine entsprechende Oberflächenstruktur des Enzyms.

Bei der Transkription treten demnach Hybridstränge zwischen der DNA-Matrize und dem RNA-Strang auf, die auch im Experiment durch Paarung einsträngiger DNA mit komplementärer RNA erhalten werden können. Einsträngige DNA kann aus einer DNA-Doppelhelix durch Temperaturerhöhung («Schmelzen») erhalten werden. Die Schmelztemperaturen (zwischen 80 und 100 °C) liegen dabei um so höher, je größer der relative Anteil des Basenpaares G/C in der DNA ist.

Bei Prokaryoten trägt die m-RNA nicht selten die Information für mehrere Polypeptide (polycistronische m-RNA), während die m-RNA eukaryotischer Zellen meist monocistronisch ist. Letztere ist aber oft nicht kolinear mit dem codierenden Gen. Die Gene enthalten hier auch nicht-informative Zwischensequenzen («Introns»), die zunächst mit transkribiert werden. Es entsteht (im Nucleoplasma) ein langer m-RNA-Vorläufer (heterogene RNA, hn-RNA), aus dem dann die «überflüssigen» Sequenzen durch spezielle Schneideenzyme gezielt herausgeschnitten werden. Die verbleibenden, informativen Stücke («Exons») werden dann miteinander zu der «reifen», vollinformativen m-RNA verbunden (Abb. 322). Dieses «splicing» könnte auf verschiedene Weise erfolgen und so die Bildung von mehr als einer funktionalen m RNA von ein und derselben DNA-Region ermöglichen. An das 5′-Ende der «Roh»-m-RNA wird ein Komplex mit methylierten Basen als «Kappe» angehängt («capping»), der das Molekül vor der Wirkung von 5′-Exonucleasen schützen soll. Zudem wird an das 3′-Ende noch ein Schwanz von ca. 200 Adeninresten anpolymerisiert; diese Polyadenylierung soll die Stabilität der RNA erhöhen. Diese Vorgänge der m-RNA-Reifung werden auch als «Processing» bezeichnet. Für dieses im Zellkern verlaufende Processing wie für den nachfolgenden Transport durch die Porenkomplexe der Kernhülle (S. 42) ins Cytoplasma und die Anheftung der m-RNA an die Ribosomen scheint das Zusammentreten der m-RNA mit Proteinen zu Ribonucleoproteid-(RNP)-Partikeln eine Rolle zu spielen. Vielleicht ist der Proteinanteil in dem RNP selbst als Splicing-Enzym aktiv.

Die m-RNA der Bakterien hat ganz allgemein nur eine kurze Existenzdauer: Ihre Halbexi-

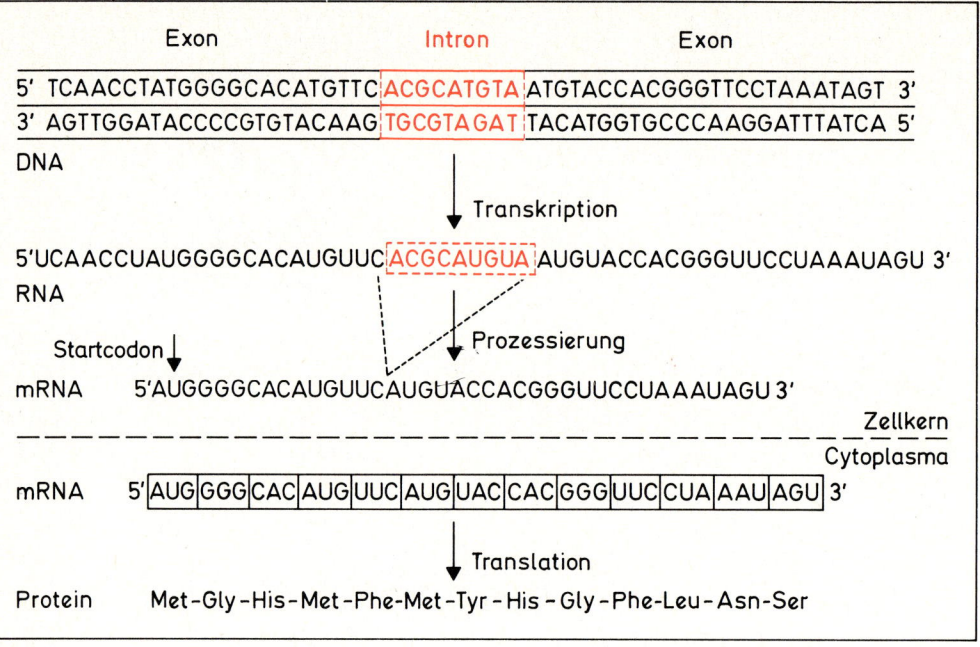

Abb. 322: Codierung von «heterogener RNA» in der DNA von Eukaryoten und Processing zur funktionalen m-RNA. («Capping» und Polyadenylierung nicht berücksichtigt). (Nach Gassen, geändert)

stenzzeit (Zeit, in der die Hälfte abgebaut ist) beträgt oft nur Bruchteile einer Minute. Dies bedeutet zwar einen größeren Syntheseaufwand, hat aber den Vorteil, daß die Synthese eines bestimmten Polypeptids (z.B. Enzyms) nicht über längere Zeit fortgesetzt wird, wenn es von dem Mikroorganismus mit seinem qualitativ oft schnell wechselnden Nährstoffangebot nicht mehr gebraucht wird. Der Enzymbestand einer Bakterienzelle kann demnach veränderten Erfordernissen rasch angepaßt werden.

Bei Eukaryoten, Pflanzen wie Tieren, wird neben kurzexistenter m-RNA auch langexistente gebildet. Die Synthese eines bestimmten Proteins kann in diesem Fall noch längere Zeit (z.B. tage- oder auch monatelang) weitergehen, wenn die Bildung weiterer m-RNA durch natürliches «Abschalten» des Cistrons, durch spezifische Transkriptionsblocker (z.B. das Antibioticum Actinomycin D) oder durch Entfernung des Zellkerns (z.B. bei *Acetabularia*, vgl. S. 381) vereitelt ist.

Auch die DNA in den Chloroplasten und Mitochondrien kann durch organelleneigene, spezifische RNA-Polymerasen transkribiert werden. Diese Enzyme können, wie die RNA-Polymerase der Prokaryoten, durch das Antibioticum Rifampicin gehemmt werden.

Neuerdings hat man gefunden, daß nicht nur ein Informationsübergang von der DNA zur RNA (und dann zum Protein) möglich ist, sondern auch von der RNA zur DNA (inverse Transkription). Infektion tierischer Zellen mit bestimmten RNA-Tumorviren führt zur Synthese einer DNA, für welche die Virus-RNA als Matrize benutzt wird; diese DNA wird in das Genom der Wirtszelle eingebaut und kann diese in eine Tumorzelle transformieren. Das verantwortliche Enzym ist eine RNA-abhängige DNA-Polymerase (inverse Transkriptase). Mit Hilfe dieses Enzyms ist es möglich, mit Hilfe vorgegebener m-RNA das entsprechende Cistron in der DNA in vitro zu synthetisieren.

Der genetische Code

In den Zellproteinen finden sich in der Regel insgesamt nur 20 der zahlreichen natürlich vorkommenden Aminosäuren (S. 20). Die Reihenfolge dieser 20 proteinogenen Aminosäuren im Protein muß nach dem oben Gesagten in der Sequenz der Basen in der DNA festgelegt sein. Der mit vier Zeichen («Codebuchstaben») ausgedrückte Informationsgehalt der DNA (genetischer Code) muß bei der Proteinbiosynthese in die (maximal) 20 Zeichen des – ebenfalls informativen – Polypeptids übersetzt werden. Würde jeweils ein Basendublett von insgesamt 4 verschiedenen Basen das «Codewort» in der DNA-Kette für eine bestimmte Aminosäure im

Protein darstellen, ließen sich maximal $4^2 = 16$ verschiedene Aminosäuren codieren. Bilden 3 aufeinanderfolgende Nucleotide (Triplett) im DNA-Strang ein Codewort, so können $4^3 = 64$ verschiedene Aminosäuren codiert werden. Es ist heute experimentell bewiesen, daß je ein Nucleotidtriplett in der DNA je eine Aminosäure im Protein codiert. Es ist weiterhin klargestellt, welche Tripletts welchen Aminosäuren zugeordnet sind. Dies ist um so bedeutsamer, als der genetische Code universell gültig ist: Beim Tabakmosaikvirus und bei *Escherichia coli* wie beim Weizen, beim Meerschweinchen und beim Menschen codieren die gleichen Tripletts die gleichen Aminosäuren.

Die entscheidenden Versuche zur Entschlüsselung des genetischen Code wurden nicht mit DNA, sondern mit RNA durchgeführt, die ja in der Zelle die in der DNA gespeicherte Information in die Aminosäurensequenz der Proteine übersetzt. Es ist möglich, in vitro eine Eiweißsynthese durchzuführen, wenn das System neben Aminosäuren noch RNA, Ribosomen, einen löslichen Überstand von Bakterienhomogenat sowie ATP, CTP und GTP enthält. Es ist auf der anderen Seite möglich, aus Ribonucleotiden matrizenfrei RNA-Moleküle herzustellen, die im einfachsten Falle nur ein bestimmtes Nucleotid in stetiger Wiederholung enthalten, z.B. solche mit Uracil als Base: UUUUU … («Poly-U»). Setzt man nun Poly-U als RNA in das in-vitro-System der Proteinsynthese ein, so kann nur Phenylalanin in das entstehende Polypeptid eingebaut werden. Dieses hat demnach die Sequenz: Phe-Phe-Phe-Phe … Das Triplett UUU ist somit ein Codezeichen für Phenylalanin.

Die Klärung des Code wurde einmal durch Variation der Basenfolge in der RNA in einem derartigen Ansatz und Analyse der Aminosäurensequenz im ent-

stehenden Polypeptid in Angriff genommen. Zum anderen machte man sich die Tatsache zunutze, daß Ribosomen m-RNA anlagern, an deren Tripletts sich je eine t-RNA mit spezifischer Aminosäure bindet (s.u.). Da auf der einen Seite noch ein einzelnes Triplett als m-RNA dienen kann (ein weiterer Beleg für den Triplettcode!), auf der anderen Seite Tripletts mit definierter Sequenz synthetisiert werden können, war es möglich, alle 64 Tripletts aus den 4 RNA-Basen systematisch durchzutesten. Das Ergebnis ist in Tab. 23 wiedergegeben.

Es ist ersichtlich, daß manche Aminosäuren nur durch ein Triplett, andere aber durch mehrere (bis zu 6 verschiedene) Tripletts festgelegt sind («degenerierter Code»). Es gibt Hinweise, daß die vielfach codierten Aminosäuren auch entsprechend häufiger in den Proteinen zu finden sind; das spräche dafür, daß die verschiedenen Codons etwa gleich häufig vorkommen.

Die Degeneration des Code kann als Selektionsvorteil betrachtet werden: Würde jede Aminosäure nur durch ein Triplett codiert, so würde ein Ersatz eines Nucleotids durch ein anderes («Punktmutation», s.u.) in den meisten Fällen zu «Unsinn-Tripletts» führen, die keine Aminosäuren mehr codieren. Bei einem degenerierten Code aber kann dadurch entweder ein synonymes Triplett gebildet werden, das die gleiche Aminosäure codiert wie das Ausgangstriplett («schweigende Mutation») oder aber eines, das eine andere Aminosäure codiert, womit ein geändertes (s.u.), evtl. auch verbessertes Protein entstehen kann.

Man kann aus der Tab. 23 ferner entnehmen, daß den beiden ersten Nucleotiden eines Tripletts eine größere Bedeutung zukommt als dem dritten: CCU, CCC, CCA und CCG sind z.B. sämtlich Prolin-Tripletts. Das dritte Nucleotid

		U	C	A	G	
		zweite Base				
erste Base	U	UUU UUC } Phe UUA UUG } Leu	UCU UCC UCA UCG } Ser	UAU UAC } Tyr UAA ochre (Kettenende) UAG amber (Kettenende)	UGU UGC } Cys UGA opal (Kettenende) UGG Try	U C A G
	C	CUU CUC CUA CUG } Leu	CCU CCC CCA CCG } Pro	CAU CAC } His CAA CAG } GluN	CGU CGC CGA CGG } Arg	U C A G
	A	AUU AUC AUA } Ileu AUG Met (Kettenanfang)	ACU ACC ACA ACG } Thr	AAU AAC } AspN AAA AAG } Lys	AGU AGC } Ser AGA AGG } Arg	U C A G
	G	GUU GUC GUA GUG } Val	GCU GCC GCA GCG } Ala	GAU GAC } Asp GAA GAG } Glu	GGU GGC GGA GGG } Gly	U C A G

dritte Base

Tab. 23: Der genetische Code. Die 64 möglichen Tripletts und die dazugehörigen Aminosäuren bzw. Terminationscodons. Das Triplett AUG codiert sowohl für Methionin wie für Methylmethionin (= Kettenfang).

kann in diesem Falle ausgewechselt werden, ohne daß sich an der Information etwas ändert. Man hat festgestellt, daß etwa ein Drittel aller Nucleotidaustausche in einer Nucleinsäure sich in der Proteinstruktur gar nicht bemerkbar macht.

Es wird daran gedacht, daß der Code ursprünglich nur Dubletts umfaßte und daher nur $4^2 = 16$ Aminosäuren codieren konnte. Erst im Lauf der Phylogenese soll dann die Aminosäurenmannigfaltigkeit in den Proteinen erhöht worden sein, was eine Erweiterung des Codes voraussetzte.

Es ist weiterhin auffallend, daß UC-reiche Tripletts hydrophobe, AG-reiche dagegen hydrophile Aminosäuren codieren; erstere sind daher auf der linken, letztere auf der rechten (unteren) Seite der Tab. 23 zu finden.

Die drei mit «amber», «ochre» und «opal» bezeichneten Tripletts sind Zeichen für Kettenende (Terminatorcodons). Das Triplett AUG kann nicht nur Methionin, sondern auch Kettenbeginn bedeuten. Zwischen Kettenanfang und -ende ist die Information, d.h. die Triplettsequenz, nicht durch Interpunktionen unterbrochen. Außerdem sind die Tripletts nicht überlappend, d.h. jedes Nucleotid gehört nur einem Triplett an.

Wäre der Code überlappend, d.h., würden die letzten beiden oder das letzte Nucleotid eines Tripletts auch dem nächsten angehören, müßte eine Aminosäure in einem Protein die in der Sequenz folgende bestimmen. So könnten z.B. nach Tryptophan (Triplett UGG) bei starker Überlappung nur Aminosäuren folgen, die durch GG festgelegt sind, d.h. nur Glycin (Tab. 23). Bei schwacher Überlappung wären, um beim Beispiel zu bleiben, nur Aminosäuren nach Tryptophan möglich, deren Triplett mit G beginnt. Dieser Einschränkung unterliegen die Zellproteine aber nicht.

Da der zuerst aufgeklärte Code ein m-RNA-Code war, bezeichnet man ein Nucleotidtriplett in der m-RNA als Codon. Das d-Nucleotid-Triplett in der DNA, an dem das Codon im Prozeß der Transkription abgeprägt wird, nennt man Codogen. Das dem Codon ebenfalls komplementäre Triplett, mit dem eine t-RNA ihren richtigen Platz an der Matrize findet (Matrizenerkennungsregion, s.u.), schließlich wird als Anticodon bezeichnet (Abb. 323).

Die erwähnten Punktmutationen sind besonders gut untersucht beim Tabakmosaikvirus, TMV, (vgl. Tab. 2, S. 17), wo sie sich im Experiment chemisch herstellen lassen.

Die Einzelmoleküle des Hüllproteins beim TMV (von denen sich 2140 in einem Viruspartikel finden),

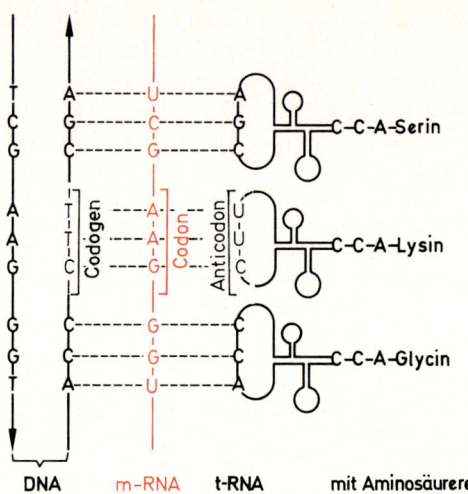

Abb. 323: Zusammenhang zwischen Codogen auf dem DNA-Strang, Codon auf der m-RNA und Anticodon in der t-RNA. (Nach HESS, verändert)

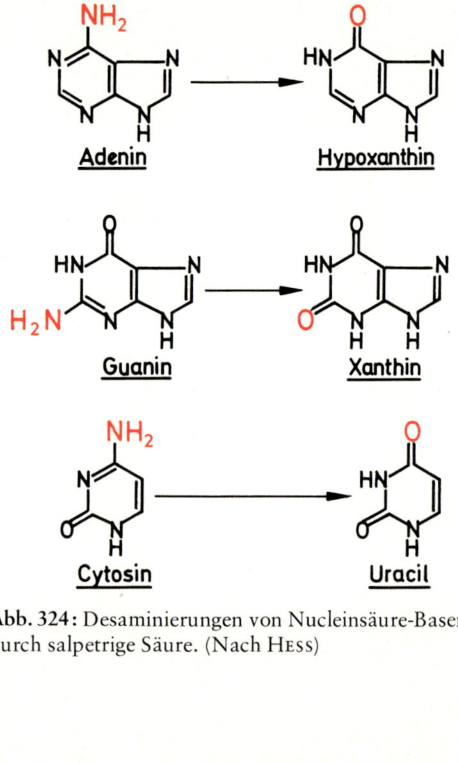

bestehen aus 158 Aminosäuren, deren Sequenz durch die Triplettfolge in der TMV-RNA festgelegt wird. Bestimmte Basen können frei oder im Nucleinsäureverband durch salpetrige Säure desaminiert werden (Abb. 324): Cytosin geht dabei in Uracil über, Adenin in Hypoxanthin und Guanin in Xanthin. Ein xanthinhaltiges Triplett ist funktionsuntüchtig, während Hypoxanthin wie Guanin paart, wodurch das Triplett brauchbar bleibt. Die Übergänge (Transitionen: Purin → Purin; Pyrimidin → Pyrimidin) von C nach U und von

Abb. 324: Desaminierungen von Nucleinsäure-Basen durch salpetrige Säure. (Nach HESS)

A nach G können also funktionstüchtige, geänderte, U- und G-reichere RNA ergeben («Nitritmutanten»). Dabei sind entsprechende Änderungen in der Primärstruktur der Hüllproteine zu erwarten. So sollte z.B. das Triplett CCC (Leucin-codierend) wohl in zunehmend U-reichere Tripletts (bis hin zu UUU: Phenylalanin) umgewandelt werden können, nicht aber an die Stelle eines U ein C treten können. Phenylalanin sollte bei Nitritmutanten also an die Stelle des Leucins im Hüllprotein auftreten können, aber nicht Leucin anstelle von Phenylalanin. Dies hat sich nicht nur für dieses Beispiel, sondern im selben Sinne auch für zahlreiche andere Aminosäuren bestätigt. Nitritmutanten hat man außer beim TMV auch bei Bakteriophagen und Bakterien hergestellt.

Da eine Basendesaminierung nur jeweils eine Aminosäurenänderung zur Folge hat, ist dies ein weiterer Beleg dafür, daß der Code nicht überlappend ist: Gehörte ein Nucleotid zwei benachbarten Tripletts an, so sollte seine Änderung zwei benachbarte Aminosäuren im codierten Protein betreffen.

Ein gesetzmäßiger Zusammenhang zwischen Änderungen in der Basensequenz in der Nucleinsäure und der Aminosäurensequenz im codierten Protein (Colinearität, Abb. 323) ließ sich auch bei anderen Objekten nachweisen, z.B. bei der Tryptophansynthase beim Bacterium *Escherichia coli*. Das Enzym katalysiert die Reaktion:

−CH−CH−CH$_2$O− Ⓟ
    OH OH

N
H

Indol-3-glycerinphosphat

Serin

Glycerinaldehyd-
3-phosphat

−CH$_2$−CH−COOH
        NH$_2$

N
H

Tryptophan

Es besteht aus 2 A- und 2 B-Polypeptiden. Für deren Bildung ist ein Gen A und ein Gen B zuständig. Die Primärstruktur des Polypeptids A (267 Aminosäuren) ist vollständig ermittelt. Es ergab sich, daß Mutationen in Codogenen des A-Gens entsprechende Änderungen in der Aminosäurensequenz des A-Polypeptids zur Folge hatten.

Translation

Die Bildung eines spezifischen Proteins anhand der in der Codon-Reihenfolge eines m-RNA-Moleküls enthaltenen Information nennt man *Translation*. Der Prozeß läuft auch in vitro ab, wenn folgende Komponenten zugegen sind:

1. Ribosomen (bzw. Polyribosomen); 2. m-RNA; 3. Aminosäuren; 4. t-RNA (verschiedene für die einzelnen Aminosäuren); 5. Aminoacyl-t-RNA-Synthetasen; 6. ATP, Mg^{2+}; 7. Enzyme der Peptidbindung.

Ribosomen und Polyribosomen (vgl. S. 37).

Die Ribosomen sind «Dechiffrierorganellen», in denen die Codonsequenz in den angelieferten, verschiedenartigen m-RNA-Molekülen in die Aminosäurensequenz von Polypeptiden übersetzt wird. Sie machen etwa ein Viertel der Trockensubstanz in der prokaryotischen wie der eukaryotischen Zelle aus. Funktionsfähige Ribosomen bestehen stets aus zwei ungleichen Untereinheiten (S. 37), die sich wahrscheinlich erst beim Vorhandensein eines m-RNA-Stranges zusammenlagern, wobei die kleinere Einheit zunächst mit der m-RNA in Verbindung tritt. Für den Zusammenhalt der Untereinheiten ist außerdem Mg^{2+} notwendig. Im übrigen bestehen die Untereinheiten ihrerseits zu etwa zwei Dritteln aus Ribonucleinsäure (r-RNA) und zu einem Drittel aus Protein.

Sehr gut bekannt ist die Zusammensetzung der (70 S!) Ribosomen von *Escherichia coli* (Abb. 325). Nimmt man die 30 S- oder 50 S-Untereinheit in ihre Bestandteile (1 RNA, 21 verschiedene Proteine bzw. 2 RNA, 34 verschiedene Proteine) auseinander und gibt sie in vitro unter entsprechenden Bedingungen wieder zusammen, so regeneriert sich von selbst

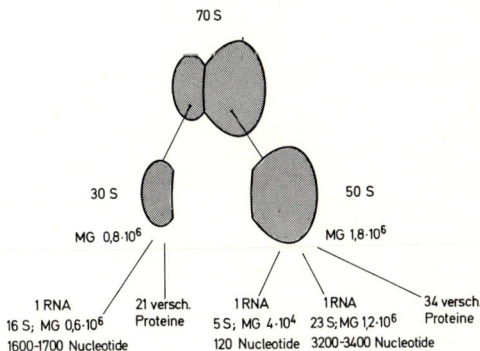

70 S

30 S   50 S

MG 0,8·10^6 MG 1,8·10^6

1 RNA   21 versch.   1 RNA   1 RNA   34 versch.
16 S; MG 0,6·10^6 Proteine 5 S; MG 4·10^4 23 S; MG 1,2·10^6 Proteine
1600-1700 Nucleotide   120 Nucleotide 3200-3400 Nucleotide

Abb. 325: Die Zusammensetzung der (70S) Ribosomen von *Escherichia coli*. (Nach SITTE). Die Sedimentationskonstante S hängt nicht nur von der Masse, sondern auch vom partiellen spezifischen Volumen des sedimentierenden Partikels ab und ergibt sich deshalb beim Zusammentreten von Untereinheiten nicht einfach additiv.

wieder die komplette, funktionsfähige Einheit. Ein derartiges «self-assembly» (Selbstorganisation) hat man auch bei Viren (z.B. TMV, Bakteriophagen) gefunden. Die komplizierte Form stellt den thermodynamisch günstigsten Zustand der beteiligten Komponenten dar und stellt sich daher spontan ein.

Die Synthese der r-RNA erfolgt bei den Eukaryoten im Zellkern (S. 45). In der Zelle einer Höheren Pflanze codieren 1000 bis 10 000 Gene für r-RNA; für dauernde, ausgiebige Transkription ist also gesorgt. Gebildet werden zunächst längerkettige Vorläufer, aus denen durch entsprechende Verkürzung die endgültigen r-RNA-Moleküle hergestellt werden. Die Bedeutung der r-RNA, die über 90% der gesamten Zell-RNA ausmacht, für die Struktur der Ribosomen und für den Translationsprozeß ist noch ungeklärt.

Bei der Eiweißsynthese tritt vielfach nicht nur ein Ribosom mit einem m-RNA-Strang in Verbindung, sondern mehrere (Polyribosomen; Abb. 25 A, B, S. 35). Durch Behandlung mit Ribonuclease kann diese Verbindung gelöst werden. Bei der Polypeptidsynthese wandern die einzelnen, perlschnurartig angeordneten Ribosomen über die m-RNA-Kette hin und exponieren jeweils an einer spezifischen Position der kleineren Untereinheit ein Codon der m-RNA zum «Ablesen» (Abb. 327, 328). Wie findet nun die jeweilige Aminosäure in dem zu synthetisierenden Polypeptid ihren richtigen, durch die Triplettsequenz der m-RNA festgelegten Platz, das Phenylalanin z.B. das Codon UUU? Dazu müssen die Aminosäuren mit speziellen Transport-RNA-Molekülen in Verbindung treten, der transfer-RNA (t-RNA; S. 30).

t-RNA

Die t-RNA-Moleküle haben in der Zelle die Aufgabe, sich mit der ihnen zugehörigen Aminosäure zu verbinden und diese an das entsprechende Codon der m-RNA heranzubringen. Für jede der 20 proteinogenen Aminosäuren gibt es mindestens eine spezifische t-RNA. Von einigen t-RNA-Sorten ist die Struktur aufgeklärt.

Die Transkription der Gene für t-RNA liefert – wie bei der m- und r-RNA – zunächst Vorläufer, die durch Nucleasen in die endgültige Kettenlänge gespalten und – vor allem im Cytoplasma – dann noch an den Basen weiter modifiziert werden können. Solche Modifikationen bestehen z.B. in Methylierungen, in der Einführung von Schwefel oder in der Anheftung eines Isopentenylrestes an einen Adeninrest durch die cytoplasmatische Isopentenyl-Transferase. Im letzten Falle entsteht als Bestandteil der t-RNA N^6 (Δ^2-Isopentenyl)-adenin, eine Verbindung, die frei als Cytokinin tiefgreifende Wirkungen auf die pflanzliche Entwicklung ausübt (vgl. S. 391). Die modifizierten Basen befinden sich meist in den Schleifen-Regionen der t-RNA, in denen das Molekül nicht gepaart ist (Abb. 327).

Für t-RNA-Moleküle bekannter Basensequenz kann man auf die (komplementäre) Basensequenz des codierenden Gens zurückschließen. Man kann auch derartige Gene in vitro synthetisieren.

Die Aminosäuren werden bei allen t-RNA-Molekülen durch ihre Carboxylgruppe mit der 3'-OH-Gruppe der t-RNA verestert. Dieses 3'-Ende weist bei allen t-RNA-Sorten die Nucleotidsequenz –CCA auf. Die zu einer gegebenen t-RNA «passende» Aminosäure wird demnach nicht von der Anheftungsregion erkannt. Die korrekte Wahl der Partner besorgt vielmehr das für die Veresterung verantwortliche Enzym, die **Aminoacyl-t-RNA-Synthetase** (Abb. 326). Es gibt demnach mindestens 20 verschiedene derartige Synthetasen (für jede proteinogene Aminosäure mindestens eine), vermutlich aber noch mehr (so viele, wie es verschiedene t-RNA-Moleküle gibt). Diese Enzyme nehmen insofern eine Sonderstellung im Informationsfluß von der DNA bis zum Protein ein, als hier wie bei den RNA-Polymerasen (S. 294) die Dechiffrierung der Information nicht durch Basenpaarung verschiedener Nucleinsäuremoleküle, sondern durch eine spezielle «Paßform» (das Enzym) für die zu verbindenden Komponenten (Aminosäuren und t-RNA) erfolgt.

Die Enzyme haben eine schwache Esteraseaktivität gegen die Aminoacyl-t-RNA, die aber erheblich stärker ist gegen falsche Aminoacylreste, die somit weitgehend eliminiert werden. Die Fehlerrate bei der Translation wurde bei *Escherichia coli* mit 1 auf 10^4 eingebaute Aminosäuren ermittelt.

Den richtigen Platz an der m-RNA, d.h. das für die angeheftete Aminosäure codierende Triplett, finden die t-RNA-Moleküle durch ihre «Matrizen-Erkennungsregion», das Anticodon, das dem jeweiligen Codon wieder komple-

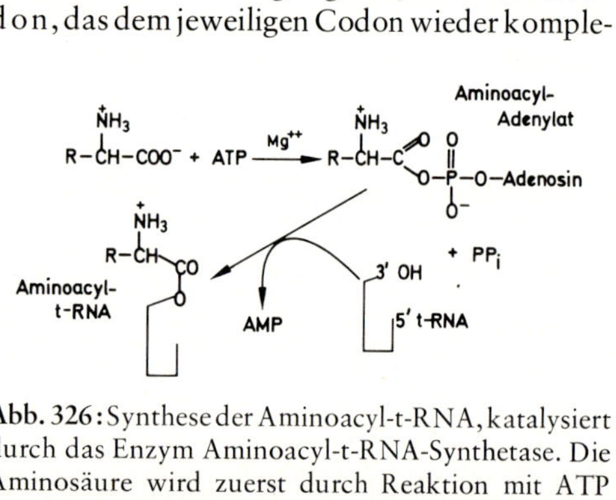

Abb. 326: Synthese der Aminoacyl-t-RNA, katalysiert durch das Enzym Aminoacyl-t-RNA-Synthetase. Die Aminosäure wird zuerst durch Reaktion mit ATP (Bindung an AMP) aktiviert. (Nach KINDL u. WÖBER)

mentär ist. Die Basen des Anticodons liegen immer ungepaart in der Mitte einer der Schleifen.

Die Synthese der Polypeptidkette aus den an t-RNA gebundenen Aminoacylresten vollzieht sich gewöhnlich, wie erwähnt, an den Polyribosomen. Sie läßt sich in drei Phasen gliedern:

In der Start-(Initiations-)Phase tritt zunächst die kleinere Untereinheit des Ribosoms mit der m-RNA (am Acceptor-Ort) in Verbindung. An diesen Komplex lagert sich eine spezielle Start-Aminoacyl-t-RNA an, und zwar an das Start-Codon AUG (Tab. 23). Sie trägt ein mit einem Formylrest substituiertes Methionin (Formylmethionin). Schließlich tritt auch noch die große Untereinheit des Ribosoms hinzu, wodurch das Ribosom komplett und funktionsfähig wird. Die einzelnen Schritte der Startphase werden durch spezielle Proteine, die «Initiationsfaktoren», kontrolliert; vermutlich dienen dazu einige der Ribosomenproteine (Abb. 325). Die Markierung des Kettenanfangs (und -endes) ist besonders wichtig bei polycistronischer m-RNA.

In der folgenden Elongationsphase werden die auf das Startcodon der m-RNA folgenden Tripletts Schritt für Schritt zur Anheftung der komplementären t-RNA-Moleküle mit ihren Aminoacylresten freigegeben (Abb. 327, 328).

Die ersten beiden Basen der einander findenden Codon- und Anticodon-Tripletts sind dabei normal komplementär, während die Basen des dritten Paares nicht so streng aufeinander abgestimmt sind, so daß z.B. ein Uracil nicht nur mit Adenin, sondern auch mit Guanin in Beziehung treten kann. Dies ist der Grund, weshalb die beiden ersten Basen in einem Triplett eine größere Bedeutung für dessen Spezifität haben als die dritte (vgl. S. 297).

Der Aminoacylrest, einmal an die für ihn zuständige t-RNA gebunden, hat keinen Einfluß auf die Auswahl des Codons. Wandelt man z.B. chemisch den Cystein-Rest an seiner t-RNA in einen Alaninrest um, so tritt anstelle von Cystein im Polypeptid Alanin auf.

Der mittels seines t-RNA-Trägers in die richtige Position an der m-RNA gebrachte Aminoacylrest wird nun mit seiner Carboxylgruppe mit der Aminogruppe des nachfolgenden Aminoacylrestes verknüpft; die Reaktion wird durch ein Enzym katalysiert (Peptidyl-Transferase, lokalisiert in der größeren Untereinheit des Ribosoms). Die ihrer Aminosäure entledigte t-RNA löst sich dann von der m-RNA und steht für weitere Transfer-Reaktionen zur Verfügung.

Bei der Startaminosäure Formylmethionin ist die Aminogruppe durch den Formylrest blockiert und somit nur die Carboxylgruppe frei. Das Polypeptid wächst dementsprechend von seinem Amino- zum Carboxylgruppen-Ende, wobei in vivo bei 30 °C etwa 10 Aminosäuren pro Sekunde angekoppelt werden. Für das Fortschreiten der Elongation sind wieder Proteinfaktoren (Elongationsfaktoren, die bei Eukaryoten im Cytoplasma, in den Mitochondrien und in den Plastiden verschieden sind) sowie Energie (in Form von GTP) erforderlich. Während der Elongationsphase bewegt sich das Ribosom entlang dem m-RNA-Strang, um stets neue Tripletts «abzugreifen». Während dieser Wanderung wächst die Polypeptidkette im Ribosom beim Passieren jedes Tripletts um eine Aminosäure (Abb. 327). Jeweils die letzten 40 Aminosäuren der wachsenden Proteinkette sind dabei im Ribosom eingebettet.

Die End-(Terminations-)Phase schließlich wird dann erreicht, wenn das Ribosom an eines der Tripletts für «Kettenende» (Tab. 23) gelangt ist. Das gebildete Polypeptid wird dann,

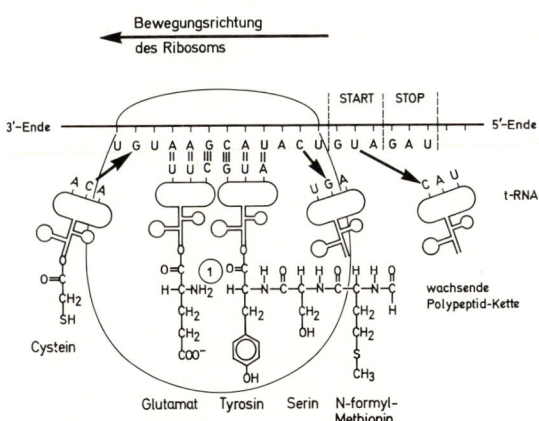

Abb. 327: Schematische Darstellung der Translation an einem Ribosom. Dargestellt ist der Beginn einer Polypeptidsynthese an einer polycistronischen m-RNA (mehrere Kettenanfänge und -enden codiert). Zwei t-RNA-Moleküle bereits wieder von der m-RNA abgelöst, darunter die Start-t-RNA mit dem Anticodon UAC (codiert Formyl-Methionin). Bei ① wird mit Hilfe der Peptidyl-Transferase gerade die Peptidbindung zwischen einem Tyrosin- und Glutamatrest geknüpft. Das Ribosom wandert an der m-RNA entlang und exponiert fortlaufend neue Codons zur Anheftung der entsprechenden t-RNA. Nach Ablösen des fertigen Polypeptids wird am N-Terminus entweder nur der Formylrest oder das ganze Formyl-Methionin abgespalten.

wieder unter Mitwirkung spezieller Proteinfaktoren, von der m-RNA abgelöst. Am Aminogruppenende wird dann entweder nur die Formylgruppe oder das ganze Formylmethionin abgespalten. Die frei im Cytoplasma liegenden und die an ER-Cisternen gebundenen Ribosomen unterscheiden sich in ihrer Struktur nicht und können im Experiment auch ausgetauscht werden. Die freien Ribosomen synthetisieren aber vorwiegend lösliche Proteine, membrangebundene Ribosomen hingegen Membranproteine und Sekretproteine, wobei die wachsende Proteinkette direkt in die Cisternen des ER hineingeschoben wird (Abb. 328).

Bei den Polyribosomen wird ein m-RNA-Strang gleichzeitig von mehreren Ribosomen «abgelesen», deren jedes am 5'-Ende beginnt und am Cistronende

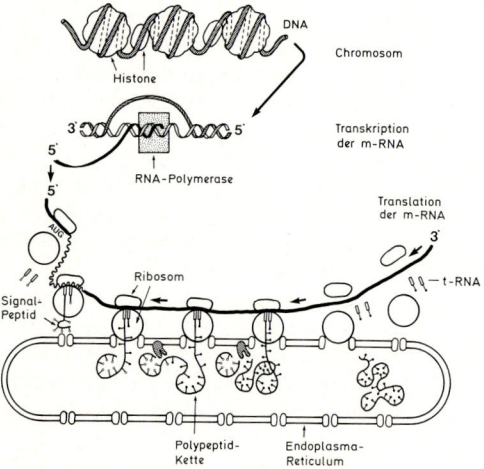

Abb. 328: Schematische Darstellung der Transkription und Translation eines Proteins, das durch die Membran des ER hindurchsynthetisiert wird. Es wird dabei dem N-terminalen Ende des Polypeptids eine Signalsequenz vorgeschaltet, die nach Durchtritt durch die Membran durch Aminopeptidasen wieder abgespalten wird. Diese (hydrophobe) Signalsequenz verursacht die Bindung der großen Untereinheit des Ribosoms an die Membran, sowie die Aggregation von Membranproteinen, die zur Bildung eines Tunnels führen. Das Schema zeigt auch die fortschreitende Translation an einem Polyribosom. Die Pfeile geben die Bewegungsrichtung der m-RNA relativ zu den Ribosomen an. Am Terminatorcodon löst sich außer der t-RNA, die die Aminosäure des C-Terminus der Polypeptidkette übertragen hat, auch die ganze Polypeptidkette vom Ribosom. Am Ende der m-RNA wird dann ein Ribosom nach dem andern wieder frei, zerfällt in seine Untereinheiten und kann mit einem weiteren m-RNA-Molekül erneut in Verbindung treten. (Schema nach v. WETTSTEIN)

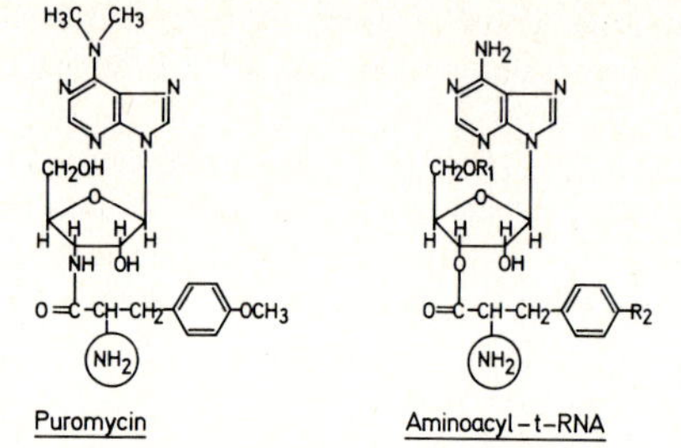

Abb. 329: Puromycin als Strukturanalogon der t-RNA für Phenylalanin und Tyrosin. Über die gekennzeichnete Aminogruppe erfolgt der Einbau in die wachsende Polypeptidkette. R_2 = H: Phenylalanin-t-RNA; R_2 = OH: Tyrosin-t-RNA. (Aus HESS)

(näher dem 3'-Ende) die m-RNA verläßt. Zwischen den einzelnen Ribosomen besteht dabei ein Abstand von mindestens 80 Nucleotiden. Der von einem einzelnen Ribosom eines Polyribosoms gebildete Polypeptidstrang ist dabei um so länger, je näher das Ribosom dem Stoptriplett des Cistrons auf der m-RNA gekommen ist. In Polyribosomen wird daher die Information der m-RNA rationeller (von mehreren Ribosomen gleichzeitig, wenn auch an verschiedener Stelle) abgelesen als in Einzelribosomen. Bei Bakterien werden pro Sekunde etwa 50 Aminosäurereste zusammengefügt, bei Eukaryoten etwa halb soviel. Die nur kurze Zeit existente m-RNA der Bakterien (S. 295) kann zur Bildung von 10–20 gleichen Proteinmolekülen benützt werden, bevor sie abgebaut ist.

Auch die Translation läßt sich durch verschiedene Inhibitoren spezifisch blockieren. Puromycin führt zum Abbruch der sich bildenden Proteinketten, wobei es der Strukturähnlichkeit wegen mit der Phenylalanin- oder Tyrosin-t-RNA (Abb. 329) konkurriert. Chloramphenicol tritt mit der 50S- (der 70S-Ribosomen), nicht aber mit der 60S-Untereinheit (der 80S-Ribosomen), in Verbindung und hemmt daher die Translation nur bei Bakterien, Chloroplasten und Mitochondrien, nicht aber die im Cytoplasma.

2. Regulation der Transkription – Substratinduktion und Produktrepression

Die Anpassung der Mengen und Sorten von Enzym- und Strukturproteinen in einer Zelle kann durch Regulation der Transkription oder der Translation erreicht werden, während die Replikation kaum einen Einfluß haben sollte. Es wird vermutet, daß die Transkription – wie die Replikation – in der S-Phase des Mitosecyclus (Abb. 43, S. 53) erfolgt. Es ist unbekannt, welche Faktoren diese vollständige (Replikation) oder teilweise (Transkription) Freigabe eines Stranges der DNA-Doppelhelix im Genom verursacht und welche dafür verantwortlich sind, daß repliziert oder transkribiert wird.

Die Natur der gebildeten m-RNA-Moleküle und damit die der durch sie codierten Proteine wird bei ablaufender Transkription bestimmt durch das Muster der Gene, die gerade zur Transkription freigegeben wurden. Gene können demnach aktiviert und inaktiviert werden, wodurch die Synthese der von ihnen codierten m-RNA und Proteine induziert oder reprimiert werden kann. Die Genregulationen können durch die verschiedensten Faktoren bewirkt werden, z.B. durch Substrate oder Produkte von Enzymreaktionen, durch Hormone, durch Außenfaktoren wie Licht und Temperatur usw. Wir werden diesen Phänomenen bei der Entwicklungsphysiologie wieder begegnen (S. 379 ff.).

Eine Induktion der Enzymbildung durch das Substrat des Enzyms gibt es wahrscheinlich in allen lebenden Zellen. Besonders gut und seit längerem untersucht sind diese Vorgänge bei Mikroorganismen (s.u.).

Substratinduzierte Enzyme bei Höheren Pflanzen sind z.B. die Nitratreduktase (Induktor Nitrat; S. 346) und die Thymidinkinase (Induktor Thymidin; das Enzym führt Thymidin in Thymidinmonophosphat über, S. 353). Die Induktion einer Enzymneusynthese kann von der Aktivierung eines vorhandenen Enzyms (S. 305 f.) dadurch experimentell unterschieden werden, daß sie durch Inhibitoren der Transkription oder Translation gehemmt wird.

Eine Repression der Enzymbildung wird häufig durch das Produkt der durch das Enzym katalysierten Reaktion hervorgerufen (Produktrepression). Das ist biologisch zweckmäßig, weil beim Vorliegen ausreichender Mengen eines Metaboliten seine weitere Synthese mindestens zeitweise überflüssig ist. Solche Repressionen sind vor allem bei Enzymen der Aminosäuren-Biosynthese bekannt geworden. Bei Mikroorganismen unterdrückt z.B. Arginin 8, Methionin 9 Enzyme, die Schritte des jeweiligen Syntheseweges katalysieren.

Bei Höheren Pflanzen reprimieren Ammoniumionen die Nitratreduktase, evtl. auch Phosphat die

Phytase (ein Enzym, das Phytin – S. 76 – in Myoinositol + P_i spaltet).

Wie wirken diese Induktoren und Repressoren?

Für Bakterien wurde, vor allem aufgrund von Studien über die Enzyminduktion durch Lactose bei *Escherichia coli*, von JACOB und MONOD ein Modell für die Genregulation entworfen. Durch das Angebot von Lactose als Nährstoff wird bei *Escherichia coli* die Synthese von drei Enzymen induziert, von denen mindestens zwei für die Lactose-Verwertung notwendig sind: Die β-Galactosid-Permease, die den aktiven Transport der Lactose durch die Zellmembran ermöglicht, und die β-Galactosidase, die Lactose in Glucose und Galactose spaltet. (Das dritte Enzym ist eine Transacetylase.) Die drei Gene, die diese induktiven Enzyme codieren («Strukturgene», S. 292, Abb. 330), werden zusammen durch den Induktor «angeschaltet». Dies wird dadurch verständlich, daß sie zusammen eine Funktionseinheit bilden und gemeinsam transkribiert werden; es entsteht also eine tricistronische m-RNA. Diesen Strukturgenen ist noch eine Promotorregion, an der die RNA-Polymerase ansetzt, und ein Operatorgen vorgeschaltet, an dem Regulatorfaktoren angreifen (Abb. 330). Den gesamten Komplex von Struktur-, Promotor- und Operatorgenen bezeichnet man als Operon (in unserem Beispiel «lac-operon»).

Das Operon steht unter der Kontrolle eines Regulatorgens, das sich außerhalb des Operons befindet und seine Wirkung über Effektoren ausübt. Beim lac-Operon ist der vom Regulatorgen codierte Effektor ein Protein, das mit dem Operatorgen in Verbindung tritt und dadurch die Transkription des gesamten Operons ausschaltet (Repression). Dieses Repressorprotein «erkennt» den Operator (der nur 27 Basenpaare umfaßt) genau: 10 Repressormoleküle können in einer *Escherichia coli*-Zelle die Expression des lac-Operons auf 1:1000

Abb. 330: Modell nach JACOB und MONOD zur Erklärung der Repression und Induktion der Genaktivität bei Bakterien. R = Regulator-, P = Promotor-, O = Operatorgen, Gen 1–3 = Strukturgene, hier zusammen eine tricistronische m-RNA codierend (wie beim lac-Operon). Re_a = aktiver Repressor, der durch den Induktor (beim lac-Operon Lactose) in den inaktiven Re_i umgewandelt wird. Dieser paßt nicht mehr zum Operatorgen.

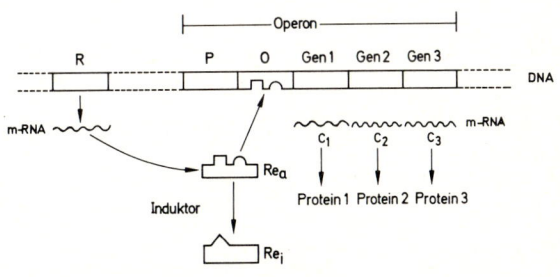

hemmen. Die Lactose verursacht eine Änderung der sterischen Konfiguration des Repressor-Proteins, so daß es nicht mehr auf das Operatorgen paßt und die Repression aufgehoben wird (Enzyminduktion). Diese Art von Regulation, bei der Gene solange inaktiv gehalten werden, bis sie gebraucht werden, bezeichnet man als n e g a t i v e K o n t r o l l e.

Die vom Regulatorgen codierten Repressoren können aber auch in zunächst inaktiver Form produziert und erst durch einen Effektor («Corepressor»; z.B. das Endprodukt einer Enzymreaktion) in eine Konformation übergeführt werden, die eine Bindung an das Operatorgen erlaubt und damit zur Inaktivierung des Operons führt (Abb. 331).

Eine schnelle Abschaltung der Proteinsynthese auf diesem Wege kommt natürlich nur zustande, wenn die vorher gebildete m-RNA keine zu lange Existenzdauer hat. Die noch vorhandenen Enzyme unterliegen dem natürlichen Abbau und werden bei Einzellern auch durch die stattfindenden Zellteilungen ausgedünnt.

Es sind bei Bakterien aber auch Fälle bekannt geworden, in denen keine Transkription stattfindet, obwohl kein Repressor aktiv ist. Hier muß vermutlich die Promotorregion erst aktiviert werden, bevor die RNA-Polymerase an ihr ansetzen kann («p o s i t i v e K o n t r o l l e»).

Ein Beispiel ist die Regulation des Arabinose-Operons bei *Escherichia coli*. Das Operon enthält drei Strukturgene; sie codieren für Enzyme, die Arabinose in Ribulose, Ribulose-5-phosphat und Xylulose-5-phosphat überführen (Abb. 332). Den beiden letztgenannten Verbindungen sind wir beim Pentosephosphatcyclus schon begegnet. Zum Operon gehört ferner eine Promotorregion. Benachbart ist ein Regulatorgen, dessen Effektor (wahrscheinlich ebenfalls ein Protein) erst durch Arabinose in einen Zustand übergeführt wird, in dem er die Promotorregion zu aktivieren vermag. Die Polymerase kann dann ansetzen und die Transkription in Gang bringen.

Positive wie negative Kontrolle sind insofern ökonomische Regulationen, als Enzyme nur dann gebildet werden, wenn Substrate vor-

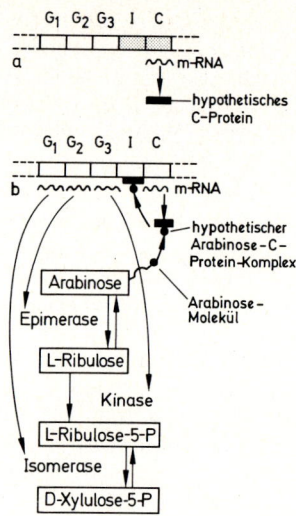

Abb. 332: Positive Kontrolle des Arabinose-Operons bei *Escherichia coli*. I entspricht Operatorgen im JACOB-MONOD-Modell (mit Promotor), C Regulatorgen, das hier unmittelbar neben dem Operatorgen liegt. (a) Vor Induktion: C codiert ein (noch hypothetisches) Protein, das in Abwesenheit von Arabinose inaktiv ist. Es kann die RNA-Polymerase nicht an I ansetzen und die Strukturgene (G 1–3) können nicht aktiv werden. (b) Arabinose wandelt das C-Protein so um, daß es die Promotorregion verändern kann. Die RNA-Polymerase kann nun ansetzen und die Strukturgene können für drei Enzymproteine codieren, die Arabinose verarbeiten. (Nach WATSON aus HESS)

handen sind, und – bei Endprodukthemmung – ihre Bildung gestoppt wird, wenn genug Produkt vorhanden ist.

Die von einem Regulatorgen gesteuerten Strukturgene liegen nicht immer nebeneinander, in einem Operon, sondern können auch über verschiedene Bezirke der DNA verteilt sein. Eine derartige funktionelle Einheit wird als **Regulon** bezeichnet. So sind z.B. die Gene für die acht Enzyme der Argininbiosynthese, die durch Arginin gehemmt werden, auf 5 getrennte Orte in der DNA verteilt. Es ist denkbar, daß allen Genen eines Regulons identische

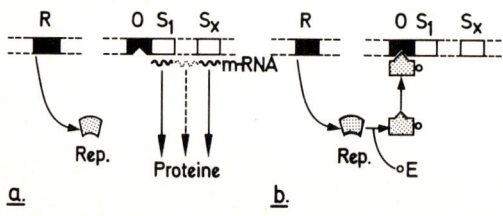

Abb. 331: Schema einer Endproduktrepression. Der vom Regulatorgen R codierte Repressor (Rep.) ist zunächst inaktiv; die Strukturgene (S) produzieren m-RNA als Matrizen für Enzymproteine, die bestimmte Endprodukte anliefern (a). Eines der Endprodukte dient als Effektor (E) für die Aktivierung des Repressors («Corepressor»). Dieser kann nun das Operatorgen (O) blockieren und damit die Strukturgene des Operons ausschalten (b). (Nach HESS)

Operatorgene vorgeschaltet sind, an denen eine einzige Repressorsorte angreifen kann. Es gibt Hinweise, daß bei Eukaryoten Operons immer mehr gegenüber Regulons zurücktreten. Bei Höheren Pflanzen z.B. sind bisher keine Operons bekannt geworden. Es ist auch noch ungeklärt, ob bei Eukaryoten ein dem JACOB-MONOD-Modell vergleichbarer Mechanismus verwirklicht ist.

Als posttranskriptionale Kontrolle kann das früher beschriebene Processing angesehen werden (S. 295). Eine wichtige Voraussetzung für diese RNA-«Reifung» ist die Trennung des genetischen Materials von der Translations-«Maschinerie» durch die Kernhülle. Deshalb gibt es das typische Processing nur bei Eukaryoten.

3. Regulation über die Chromatin- struktur

Bei den Eukaryoten ist die DNA-Doppelhelix in eine komplizierte Überstruktur, das Chromatin, eingebaut, die bei der Kernteilung als Transportform der Chromosomen sichtbar wird (S. 43). Transkribiert wird offenbar nur von der DNA im Interphasekern, nicht von der im Transport-Chromosom. Es gibt eine Reihe von Hinweisen, daß die Substanzen, die mit der DNA im Chromatin vergesellschaftet sind (Histone, Nichthistonproteine, RNA) eine Rolle bei der Regulation der Genaktivität spielen. Sie könnten z.B. bestimmte DNA-Bezirke abschirmen, so daß sie weder aktiv noch durch Induktion oder Repression regulierbar wären. In der Eucyte gäbe es dann aktive, regulierbare und blockierte Gene.

Durch Änderung dieser Blockierungsstellen zu verschiedenen Zeiten oder in Zellen verschiedener Funktion könnte es durch differentielle Freigabe der Gene zur Transkription kommen, einem Grundvorgang der Entwicklungsphysiologie (S. 379 ff.).

Benützt man Chromatin aus verschiedenen Geweben als Matrize für die in vitro-Synthese von RNA oder von RNA + Protein, so läßt sich nachweisen, daß gewebsspezifische RNA bzw. Proteine gebildet werden. DNA, die von ihren Begleitstoffen befreit wurde, zeigt dagegen keine Gewebsspezifität. Dies stimmt mit der später zu belegenden Annahme überein, daß die Zellen bei ihrer Differenzierung in der Regel keine Gene verlieren und auch keine hinzugewinnen, die Differenzierung nicht über eine Änderung des Genbestandes, sondern über eine Variation der abrufbaren Gene gesteuert wird (S. 380).

Im Zellkern der Eukaryoten ist die DNA mit den basischen (Arginin- und Lysin-reichen) Histonen zu **Nucleohistonen** verbunden. Diesen Histonen wird eine wichtige Rolle bei der Strukturbildung von Chromatin und Chromosomen und bei der Regulation von Replikation und Transkription zugeschrieben.

Die zur Genaktivierung führende Strukturauflockerung des Chromatins kann in bestimmten Fällen direkt sichtbar werden. Bei Riesenchromosomen in den Speicheldrüsen von Dipteren, aber auch in Haustorialzellen pflanzlicher Embryonen, kann man an wechselnden Stellen Aufblähungen erkennen («puffs», Abb. 37, S. 48). Es wurde nachgewiesen, daß hier eine intensive RNA-Bildung erfolgt und weiterhin, daß unter dem Einfluß von Hormonen definierte puffs induziert werden.

4. Regulation der Translation

Die Translationsprozesse könnten durch Regulation der Ablesbarkeit oder der Existenzdauer der m-RNA, durch Regulation der t-RNA oder durch Regulation der Ribosomenfunktion kontrolliert werden.

So könnte z.B. ein Repressor die vom Strukturgen gebildete m-RNA blockieren und evtl. einem beschleunigten Abbau zuführen. Ein Induktor der Proteinsynthese könnte dann diesen Repressor abfangen und dadurch die m-RNA funktionsfähig erhalten. Bei *Acetabularia* (S. 381) z.B., werden gleichzeitig vorhandene, verschiedenartige m-RNA-Sorten zu verschiedenen Zeiten abgelesen. Im einzelnen ist aber über Translationsregulationen noch wenig bekannt.

C. Regulation der Enzymaktivität

Alle Kontrollen der Enzymsynthese wirken relativ langsam («strategische Kontrollen»). Schnelle («taktische») Kontrollen über bestimmte Reaktionen übt die Zelle durch Regulation nicht der Enzymsynthese, sondern der Enzymaktivität aus.

Wir haben schon eine Reihe von Verbindungen kennengelernt, die einen Einfluß auf die Enzymaktivität haben (Effektoren), sei es ein fördernder (Aktivatoren) oder ein hemmender (Inhibitoren). Ziel ist in jedem Falle eine Einregulierung des Stoffwechsels und seiner einzelnen Wege in eine den jeweiligen Bedürfnissen entsprechende Lage, in der die einzelnen Metaboliten definierte Konzentrationen aufweisen. Gehemmt werden Reaktionen in vivo im allgemeinen durch Substanzen, die im Stoffwechsel hinter der regulierten Reaktion liegen, so daß die Inhibitoren (von einer bestimmten Konzentration an) ihre eigene Bildung blockieren (Rückkopplung, feed-back-Hemmung). Gefördert werden dagegen Reaktionen meist durch Substanzen, die Substrate für die Umsetzung sind; diese Aktivatoren beschleunigen daher ihre Verarbeitung (Vorauskopplung, feed-forward-Aktivierung). In beiden Fällen wird eine zu starke Anreicherung eines Metaboliten verhindert.

Bei der Wechselwirkung von regulatorischem Enzym und Effektor kann man verschiedene Fälle unterscheiden:

a) **Isosterische Effekte:** Der Effektor greift am katalytischen Zentrum (d.h. der Bindungsstelle für das Substrat) an.

b) **Allosterische Effekte:** Der Effektor bindet an einer besonderen, vom katalytischen Zentrum getrennten Stelle des Enzyms und verändert dessen Tertiärstruktur, so daß entweder eine Erhöhung (allosterische Aktivierung) oder eine Verringerung der katalytischen Aktivität (allosterische Hemmung) erfolgt.

Eine andere Einteilung unterscheidet: a) Homotrope Enzyme. Bei ihnen ist das Substratmolekül nicht nur Substrat, sondern auch Effektor (meist Aktivator); es bindet an zwei oder mehr Enzymstellen, von denen mindestens eine das katalytische Zentrum ist. b) Heterotrope Enzyme: Der Effektor ist vom Substrat verschieden und bindet auch an einer anderen Stelle des Enzyms (Normalfall der allosterischen Wirkung).

1. Isosterische Effekte. Kompetitive Hemmung

Ein isosterischer Effekt ist z.B. die kompetitive Hemmung eines Enzyms durch eine dem Substrat ähnliche Verbindung. Wir haben bereits früher Beispiele hierfür kennengelernt, etwa die Hemmung der Citrat-verarbeitenden Aconitase durch Monofluorcitrat (S. 223). Verbreitet sind isosterische feed-back-Hemmungen, bei denen das Produkt einer Reaktion das katalysierende Enzym hemmt. So hemmt z.B. Fructose die Invertase (katalysierte Reaktion: Saccharose → Glucose + Fructose), Glucose-6-phosphat die Hexokinase (Abb. 337, ②).

2. Allosterische Effekte

Auch allosterisch regulierbare Enzyme haben wir bereits kennengelernt, z.B. die Phosphofructokinase (Abb. 302) oder die Ribulose-1,5-

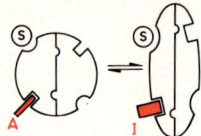

Abb. 333: Modelldarstellung des allosterischen Effektes. Allosterisch regulierte Enzyme bestehen aus mehreren Untereinheiten (hier zwei identische gezeichnet). Ein Aktivator (A) stabilisiert den aktiveren (links), ein Inhibitor (I) den weniger aktiven Konformationszustand (rechts). S = Substrat. (Nach MONOD aus LIBBERT)

bisphosphat-Carboxylase (S. 253). Es handelt sich stets um zusammengesetzte Enzyme aus Monomeren, die allosterische Zentren besitzen. Es wird angenommen, daß die allosterischen Enzyme in zwei verschiedenen Konformationen auftreten können, die durch Änderung der Struktur des katalytischen Zentrums verschiedene Substrataktivität haben (Abb. 333; vgl. auch Abb. 13, S. 22).

Weit verbreitet sind allosterische feed-back-Hemmungen; dazu gehören alle die Fälle, in denen das Produkt einer Stoffwechselkette ein in der Reaktionsfolge weiter zurückliegendes, meist den Beginn einer Sequenz katalysierendes Enzym blockiert (Endprodukthemmung der Enzymaktivität).

Als Beispiel sei hier die Biosynthese der Aminosäure Threonin erwähnt (Abb. 334). Sie beginnt mit der Phosphorylierung von Aspartat, katalysiert durch das Enzym Aspartokinase. Auf dieses regulierte Enzym wirkt Threonin, das Endprodukt der Sequenz, als allosterischer Inhibitor. Da das Enzym außerdem auf dem Syntheseweg etlicher anderer proteinogener Aminosäuren liegt, ist es nicht verwunderlich, daß auch andere Glieder dieser sog. «Aspartatfamilie» (S. 351) einen Einfluß auf seine Aktivität ausüben. So wirken z.B. Lysin und Isoleucin ebenfalls allosterisch inhibierend. Die Aminosäuren, die auf Seitenwegen der Threoninbiosynthese synthetisiert werden, kontrollieren außerdem in der Regel das erste Enzym nach der jeweiligen Verzweigungsstelle; dies gilt für Lysin, Methionin und Isoleucin in der Aspartatfamilie (Abb. 334).

Wird ein Enzym durch mehr als ein Endprodukt gehemmt, so entsteht das Problem, daß es bei Erreichen einer bestimmten Konzentration der einen Substanz (z.B. des Lysins in unserem Falle) «abgeschaltet» wird, obwohl an einer anderen (z.B. Threonin) noch Mangel besteht. Dieses Dilemma kann dadurch gelöst werden, daß Isoenzyme mit verschiedenen allosterischen Spezifitäten die Schlüsselreaktionen katalysieren (vgl. S. 224, Abb. 251).

Feed-back-Aktivierungen sind selten. Ein Beispiel ist die Aktivitätssteigerung der Phospho-

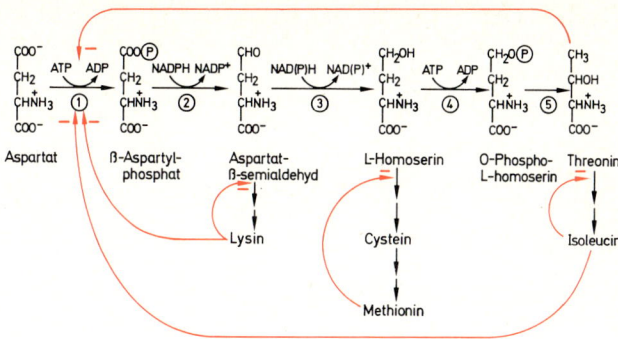

Abb. 334: Biosynthesewege von L-Threonin und anderer Aminosäuren der Aspartatfamilie. ① Asparto-kinase; ② Aspartat-β-semialdehyd-Dehydrogenase; ③ L-Homoserin-Dehydrogenase (arbeitet bei Hefe mit NADH + H$^+$, bei Bakterien mit NADPH + H$^+$); ④ L-Homoserin-Kinase; ⑤ Threonin-Synthase (benötigt Pyridoxalphosphat als Cofaktor). ⟶ = Endprodukthemmung. (Nach Kindl u. Wöber, verändert)

fructokinase durch Fructose-1,6-bisphosphat (Abb. 337 ④).

Bei **feed-forward-Aktivierungen** können Metaboliten ein Enzym aktivieren, das direkt an ihnen selbst angreift (z.B. Aktivierung der Phosphofructokinase durch Fructose-6-phosphat, Abb. 337 ④), oder ein solches, das einige Schritte in einer vom Effektor ausgehenden Reaktionsfolge entfernt liegt (z.B. Aktivierung der Pyruvatkinase durch Fructose-1,6-bisphosphat, Abb. 337 ⑧).

D. Metaboliten-Regulation (stöchiometrische Regulation)

Enzym-Reaktionen können auch durch Konzentrationsänderungen von Substraten oder Cosubstraten ohne Änderung der Menge oder der Aktivität des Enzyms reguliert werden. Dabei wird die regulierende Substanz stöchiometrisch verbraucht, weshalb man diese Art von Kontrolle auch als stöchiometrische Regulation bezeichnet.

Bei Verzweigungen des Stoffwechsels kann es von der Konzentration des gemeinsamen Substrates konkurrierender Enzyme abhängen, welche Richtung bevorzugt wird.

Bei Organismen, die zur alkoholischen Gärung befähigt sind (z.B. Hefen), kann z.B. Pyruvat entweder nur decarboxyliert oder aber oxidativ decarboxyliert werden (Abb. 335). Da die beiden Enzyme verschiedene Affinität zum Substrat haben, ist bei niedrigen Konzentrationen von Pyruvat die oxidative Decarboxylierung gefördert, während bei höheren immer mehr die Acetaldehydbildung in den Vordergrund tritt.

Eine rückgekoppelte Metaboliten-Regulation haben wir z.B. in der Abhängigkeit des Elektronenflusses in der Atmungskette (und damit der Atmungsintensität überhaupt) vom

ADP-Angebot kennengelernt (S. 278). Da immer dann viel ADP vorliegen wird, wenn energiebedürftige Vorgänge eine ATP-Spaltung verursachen, leuchtet der Nutzen dieser Kontrolle unmittelbar ein.

E. Regulation durch Umwandlung inaktiver Vorstufen

Die Enzymaktivität kann auch dadurch reguliert werden, daß die aktive Form des Enzyms irreversibel oder reversibel aus einer inaktiven Vorstufe gebildet wird.

So wird z.B. die fettspaltende Lipase in keimenden Samen von *Ricinus* aus einem Proenzym durch eine Proteinase freigesetzt. Bei *Escherichia coli* liegt die Glutaminsynthetase entweder in einer aktiven oder in einer inaktiven Form vor; in letzterer sind an die 12 Untereinheiten des Enzyms 12 Moleküle Adenylsäure kovalent gebunden. Das «adenylierende», d.h. inaktivierende, Enzym wird durch α-Oxoglutarat gehemmt und durch Glutamin aktiviert, während das deadenylierende Enzym, das die inaktive Glutaminsynthetase wieder in aktive Form überführt, umgekehrt durch Glutamin gehemmt und durch α-Oxoglutarat gefördert wird (Abb. 336). Das System bewirkt eine automatische Selbstregulation der Synthese von Glutamin aus α-Oxoglutarat: Liegt viel α-Oxoglutarat und wenig Glutamin vor, wird die Synthese angekurbelt, im umgekehrten Falle abgestellt.

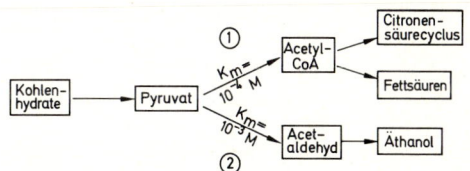

Abb. 335: Metabolitenregulation beim Abbau des Pyruvats. Der Pyruvat-Dehydrogenase-Komplex ① (vgl. S. 277) hat eine höhere Affinität zum Substrat als die Pyruvat-Decarboxylase ②. (Nach Libbert, verändert)

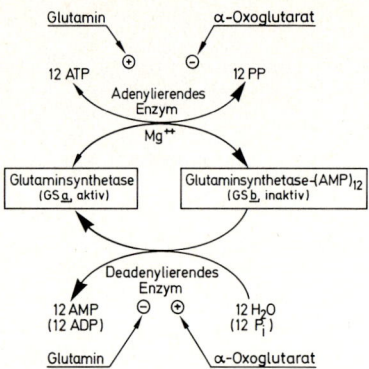

Abb. 336: Regulation der Glutaminsynthetase bei *Escherichia coli*. (Nach Holzer u. Wohlhueter)

F. Regulation über die Zusammenfassung von Enzymen in Multienzymkomplexen oder in Kompartimenten

Eine wesentliche Grundlage für den geordneten, kontrollierten Ablauf des Zellstoffwechsels ist die Zusammenfassung der Enzyme für bestimmte Reaktionssequenzen oder ganze Stoffwechselbereiche in **Multienzymkomplexen** bzw. in Kompartimenten.

In einem Multienzymkomplex sind mehrere Enzyme zu einer Überstruktur zusammengefaßt. Durch diese Anordnung wird ein schnelles, geordnetes Verarbeiten einer Substanz in mehreren aufeinanderfolgenden Schritten gewährleistet. Solche Komplexe haben wir bereits bei der oxidativen Decarboxylierung des Pyruvats und des α-Oxoglutarats sowie bei der Atmungskette kennengelernt; einen weiteren stellt z.B. die Fettsäuresynthetase dar (S. 358).

Die Zusammenfassung von ganzen Enzymgruppen, Cofaktoren und Metaboliten in Reaktionsräumen, die von der Umgebung durch Stoffwechselbarrieren geschieden sind (Kompartimentierung), ist für einen ordnungsgemäßen Ablauf des Zellstoffwechsels und seine Kontrolle von entscheidender Bedeutung.

Der Austausch von Metaboliten zwischen Kompartimenten erfolgt meist durch spezifische Carrier (S. 338), deren Leistung wiederum Regulationen (z.B. kompetitiven Einflüssen) unterliegen kann.

Wäre z.B. die Chloroplastenmembran für das Adenylsäuresystem frei passierbar, würde bei Einsetzen der Photosynthese die «energy charge» (S. 220)

auch im Cytoplasma erhöht, so daß durch die ADP-Verminderung die Atmungsintensität beeinträchtigt würde. Dies ist nur bei den Blaualgen der Fall, bei denen das photosynthetisch gebildete ATP nicht durch eine Chloroplastenhülle zurückgehalten wird und daher auch direkte Wirkungen im Cytoplasma entfalten kann (Phototaxis, vgl. S. 448 ff.). Würde $NADPH + H^+$ ungehindert die Chloroplastenhülle passieren, so würde bei Beginn der Photosynthese durch die erhöhte $NADPH + H^+$-Konzentration, die dann auch im Cytoplasma anzutreffen wäre, der oxidative Pentosephosphatcyclus auch im Cytoplasma durch Hemmung der Glucose-6-phosphat-Dehydrogenase (S. 288) blockiert.

Es ist darauf hinzuweisen, daß all die geschilderten Regulationsphänomene meist nur bei einzelnen Organismen, vor allem Bakterien, untersucht wurden, und die Ergebnisse dann nicht ohne weiteres auf andere Lebewesen, z.B. Höhere Pflanzen, übertragen werden dürfen. Allerdings sind die Grundprinzipien der Regulation im Zellstoffwechsel, wie sie hier skizziert werden, sicher allgemein gültig.

G. Gesamtregulation bei Gärungen und Atmung

Wie wir bereits an verschiedenen Beispielen gesehen haben, wird die Intensität der Gärungen und der Atmung besonders fein reguliert; die Zelle soll ja nur soviel Nährstoffe abbauen, wie notwendig sind, andererseits aber, solange Substrat zur Verfügung steht, auch alle anfallenden Bedürfnisse (vor allem an ATP) befriedigen können. Es ist aus diesem Grunde zweckmäßig, daß vor allem Glieder des Adenylsäuresystems (ATP, AMP) und anorganisches Phosphat (P_i) zur Regulation als Effektoren herangezogen werden.

Hoher ATP-Gehalt (hohe «energy charge», S. 220) signalisiert Energieüberschuß bzw. -sättigung und hat eine Drosselung von Pyruvatbildung und Citratcyclus zur Folge. Sie erfolgt durch eine Hemmung der Phosphofructokinase, der Pyruvatkinase und der Citratsynthase (Abb. 337 ④ ⑧ ⑩). Hohe Konzentrationen von P_i oder von AMP bedeuten dagegen Energiemangel und kurbeln die Abbauprozesse an. P_i aktiviert die Hexokinase, die Phosphofructokinase und die Triosephosphatdehydrogenase, AMP speziell die Phosphofructokinase. Ein hoher Spiegel von P_i schaltet gleichzeitig den um Glucose-6-phosphat mit den Reaktionen der Pyruvatbildung konkurrierenden oxidativen Pentosephosphatcyclus (der auch im Cytoplasma abläuft, S. 288) durch Blockierung der Glucose-6-phosphat-Dehydrogenase, der Transketolase und der Transaldolase aus. Umgekehrt wird bei P_i-Mangel (entspricht Energieüberschuß) der Abbau

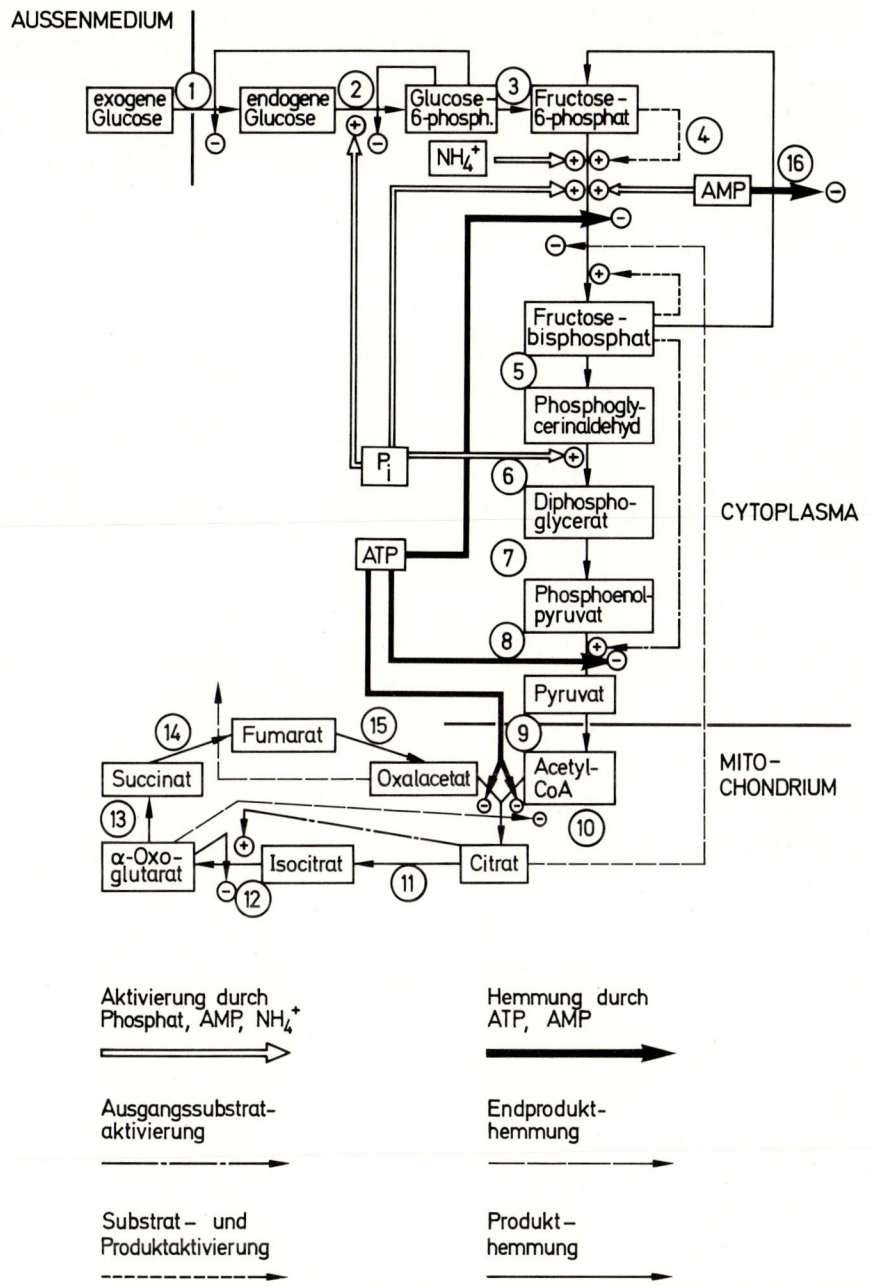

Abb. 337: Enzymregulationen bei der Pyruvatbildung und im Citratcyclus. ① Permease; ② Hexokinase; ③ Hexosephosphat-Isomerase; ④ Phosphofructokinase; ⑤ Aldolase; ⑥ Glycerinaldehydphosphat-Dehydrogenase; ⑦ Phosphoglyceratmutase, Enolase; ⑧ Pyruvatkinase; ⑨ Pyruvat-Dehydrogenase-Komplex; ⑩ Citrat-Synthase; ⑪ Aconitase; ⑫ Isocitrat-Dehydrogenase; ⑬ α-Oxoglutarat-Dehydrogenase, Succinat-Thiokinase; ⑭ Succinat-Dehydrogenase; ⑮ Fumarase, Malat-Dehydrogenase; ⑯ Fructosebisphosphat-1-Phosphatase. (Nach LIBBERT, verändert)

von Glucose zu Pyruvat gehemmt und der oxidative Pentosephosphatcyclus aktiviert. Es kommt dann zur Bildung von Pentosephosphaten und vor allem von $NADPH+H^+$, die für Synthesen benützt werden können. Diese werden auch durch die hohe energy charge begünstigt.

Es wurde bereits darauf hingewiesen, daß die Phosphofructokinase das eigentliche Eingangsenzym des Abbaus der Glucose ist und deshalb besonders fein geregelt wird (S. 274; vgl. Abb. 337 ④). Unter aeroben Bedingungen ist bei reichlichem Angebot an Substrat die Konzentration des AMP in der Zelle niedrig, diejenige von ATP und Citrat hoch. Dadurch wird die Phosphofructokinase gehemmt. Durch den Rückstau akkumuliert u.a. Glucose-6-phosphat, das bei Hefe z.B. die Glucose-Permease in der Plasmagrenzschicht hemmt. Bei Aerobiose kommt es daher zu einer drastischen Verringerung des Glucoseumsatzes in der Glykolyse (PASTEUR-Effekt), verglichen mit dem bei Anaerobiose (bei Gärung). Der PASTEUR-Effekt fehlt z.B. in tierischen Tumorzellen.

Bei reichlichem Angebot an reduziertem Stickstoff, d.h. bei guten Wachstumsbedingungen (Stickstoff ist häufig das wachstumsbegrenzende Element, vgl. S. 344), wird die durch hohe Konzentrationen von ATP sonst bewirkte Hemmung der Phosphofructokinase aufgehoben, so daß zügig Bausteine für organische Synthesen nachgeliefert werden können.

Bei Pflanzen scheint die Phosphofructokinase auch durch höhere Konzentrationen von Phosphoenolpyruvat (PEP) gehemmt zu werden. Da auch die Pyruvatkinase, das Enzym, das PEP weiterverarbeitet, durch hohe ATP- und Citratkonzentrationen gehemmt wird (Abb. 337 ⑧), staut sich bei Energieüberschuß auch PEP an und hilft mit, die Phosphofructokinase abzuschalten. Niedere Konzentrationen von PEP (wie von ATP) wirken übrigens steigernd auf die Aktivität der Phosphofructokinase.

IV. Die Nährstoffe und ihr Umsatz in der Pflanze

A. Die allgemeine stoffliche Zusammensetzung des Pflanzenkörpers

Die Pflanzen enthalten die durch die Photosynthese gebildeten oder vom Medium aufgenommenen organischen Substanzen und deren Umwandlungsprodukte sowie andere Stoffe, die Auto- wie Heterotrophe aus der Umgebung aufnehmen müssen.

1. Wassergehalt

Der weitaus größte Teil des Frischgewichtes lebender, aktiven Stoffwechsel zeigender Pflanzenteile besteht wie bei allen Organismen aus Wasser. Das Protoplasma enthält im Durchschnitt 85–90% Wasser, selbst lipidreiche Organellen wie Mitochondrien und Chloroplasten noch um 50%. Die wasserreichsten Pflanzenorgane sind saftige Früchte, zu den wasserärmsten gehören Samen, vor allem fettspeichernde (Tab. 24).

2. Trockensubstanz

Die Trockensubstanz des Pflanzenkörpers kann durch Trocknung bei etwas über 100 °C (meist 105 °) bis zur Gewichtskonstanz ermittelt werden. Sie enthält eine Fülle von anorganischen und vor allem organischen Bestandteilen, die z.T. als lebenswichtig, z.T. aber auch als Abfallprodukt des Stoffwechsels betrachtet werden müssen. Hinsichtlich der Mannigfaltigkeit der organischen Verbindungen übertrifft die autotrophe Pflanze den tierischen Organismus weit. Einen Teil dieser Substanzen haben wir bereits kennengelernt, ein weiterer wird später noch besprochen.

Die organischen Verbindungen sind nur aus wenigen Elementen aufgebaut, im wesentlichen aus den sechs Grundbausteinen C, O, H, N, S, P. Quantitativ überwiegt der Gewichtsanteil des Kohlenstoffs (um 50% der organischen Trockensubstanz), während der Gewichtsanteil des Wasserstoffs z.B. nur zwischen 5 und 7% be-

Tab. 24: Wassergehalte. (Nach CHATFIELD u. ADAMS, ergänzt)

Pflanze	Wassergehalt (% des Frischgewichtes)
Kopfsalat (innere Blätter)	94,8
Tomate (reife Frucht)	94,1
Rettich (Haupt-Wurzel)	93,6
Wassermelone (Fruchtfleisch)	92,1
Apfel (Fruchtfleisch)	84,1
Kartoffelknolle	77,8
Holz (frisch)	ca. 50
Mais (trockene Körner)	11,0
Bohnen (Samen)	10,5
Erdnuß (rohe Frucht, mit Schale)	5,1
Pleurococcus (Luftalge, im trockenen, aber noch lebensfähigen Zustand)	5,0

trägt (der molare Anteil ist demnach aber nicht sehr verschieden).

3. Aschengehalt

Erhitzt man die Trockensubstanz unter Luftzutritt auf hohe Temperaturen, so entweicht ein Teil der Grundelemente in Form von Verbrennungsgasen (CO_2, H_2O, NH_3, SO_2), während in der Asche die Oxide bzw. Carbonate zahlreicher anderer Elemente zurückbleiben. Der Anteil der Asche an der Trockensubstanz ist je nach Pflanzenart und -organ sowie nach Standort sehr verschieden. Niedrig ist er z.B. bei Flechten (0,4–7%) sowie bei Samen und Früchten (1–5%), sehr hoch z.B. in manchen Blättern (z.B. *Zygophyllum stapfii* aus SW-Afrika 56,8%). Tabelle 25 gibt weitere Werte für den Gehalt an Gesamtasche wie an einzelnen Elementen in einigen Pflanzen.

Prozentual überwiegen demnach K, Na, Ca und P in der Asche. Daneben finden sich stets auch Mg, Fe, Si, Cl, S, oft auch Al (die Proteacee *Orites excelsa* hat bis zu 79% Al_2O_3 in der Asche des Holzes!), Mn, B, Cu, Zn und weitere Elemente in mehr oder weniger großer Menge. Es gibt wohl kaum ein chemisches Element, das nicht in irgendeiner Pflanze gefunden worden wäre.

Aus den Aschenanalysen allein ist kein Urteil darüber zu gewinnen, ob ein nachgewiesenes Element für die Pflanze überhaupt oder in der vorhandenen Menge lebensnotwendig ist oder einen von der Pflanze nur zufällig aufgenommenen Bestandteil darstellt. Hierüber können nur Ernährungsversuche mit Medien bekannter Zusammensetzung Auskunft geben (S. 333).

Es gibt Arten, die bestimmte Elemente anreichern («Akkumulatorpflanzen»). Dazu gehört die oben genannte *Orites*, oder bestimmte *Astragalus*-Arten, die Selen anreichern, evtl. sogar benötigen, ferner die afrikanische Lamiacee *Aeolanthus biformifolius* mit bis zu 1,3% Kupfer im Trockengewicht, oder die Sapotacee *Sebertia acuminata* aus Neu-Kaledonien mit 26% Nickel in der Trockensubstanz des blaugrünen Milchsaftes bzw. 1–2% in den Blättern, schließlich die Celastracee *Maytenus bureaviana* aus Neu-Kaledonien mit 3,2% Mangan in der Trockensubstanz der Blätter.

Pflanzen, deren Aschenzusammensetzung die des Untergrundes widerspiegelt, können als Indikatorpflanzen benutzt werden.

Einige «bodenzeigende» Pflanzen wachsen nur auf bestimmten Böden, so z.B. das Galmei-Veilchen *(Viola calaminaria)* nur auf zinkhaltigem, die Flechte *Lecanora vinetorum* nur auf kupferreichem Untergrund (z.B. auf Weinberggerüsten in S-Tirol). Auch Pflanzengesellschaften können das Vorkommen bestimmter Elemente oder Elementkombinationen anzeigen: So wächst eine bestimmte Flechtengesellschaft *(Acarosporetum sinopicae)* nur auf Schwermetall- (vor allem Eisen-)haltigem Untergund (z.B. auf den mittelalterlichen Erzschlackenhalden im Harz). Die Brassicacee *Malcolmia maritima* zeigt auf Kupfer-, Zink- und Blei-haltigen Böden einen Wechsel der Blütenfarbe von Rosa nach Gelbgrün (Komplexe der Metalle mit Anthocyanen). Einen ähnlichen Blütenfarbwechsel findet man auch bei *Papaver commutatum* (durch Kupfer oder Molybdän) oder bei der Myrtacee *Leptospermum* (durch Chrom). Die Berücksichtigung dieser Zusammenhänge kann für das Prospektieren von Bodenschätzen, die Beurteilung des Düngerbedürfnisses von Böden, für die landwirtschaftliche und forstliche Standortslehre, für die geologische Kartierung usw. von praktischer Bedeutung sein.

Tab. 25: Aschengehalt und -bestandteile bei verschiedenen Pflanzenteilen.

Pflanzenteil	Asche in % der Trockensubstanz	In 100 Teilen Asche gefunden							
		K_2O	Na_2O	CaO	MgO	Fe_2O_3	P_2O_5	SO_3	SiO_2	Cl_2
Tuberkelbazillen	9,56	8,2	11,5	8,6	9,8	?	47,0	10,8	?	1,2
Steinpilze, Fruchtkörper	6,39	57,8	0,9	5,9	2,4	1,0	26,1	8,1	–	3,5
Roggenkörner	2,09	32,1	1,5	2,9	11,2	1,2	47,7	1,3	1,4	0,5
Apfelfrüchte	1,44	35,7	26,2	4,1	8,7	1,4	13,7	6,1	4,3	–
Möhrenwurzeln	5,47	36,9	21,2	11,3	4,4	1,0	12,8	6,4	2,4	4,6
Kartoffelknollen	3,79	60,1	2,9	2,6	4,9	1,1	16,9	6,5	2,0	3,5
Tabakstengel	7,89	43,6	10,3	19,1	0,8	1,9	14,2	3,5	2,4	3,6
Tabakblätter	17,16	29,1	3,2	36,0	7,4	1,9	4,7	3,1	5,8	6,7
Weißkraut, äußere Blätter	20,82	23,1	8,9	28,5	4,1	1,2	3,7	17,4	1,9	12,6

B. Der Wasserhaushalt

Das Wasser ist, wie erwähnt, der Hauptbestandteil aller aktiv lebenden Zellen. Es dient als universelles Lösungsmittel, z.T. auch als Substrat (z.B. als Wasserstoffspender bei der Photosynthese, S. 247) im Zellstoffwechsel. Der Haushalt des Wassers ist daher ein zentrales Problem der Zellphysiologie.

1. Die Aufnahme des Wassers durch die Pflanze

Die Pflanze, sei sie ein- oder vielzellig, nimmt das Wasser auf zweierlei Weise auf, einmal durch Quellung und zum andern auf osmotischem Wege. Triebkraft ist in beiden Fällen ein Gefälle im chemischen Potential des Wassers; der Vorgang selbst ist meist eine Diffusion.

Diffusion. Wir sind Diffusionsphänomenen schon beim Gaswechsel der Pflanze begegnet (S. 268). Ein Nettoflux einer Substanz in einer Richtung setzt ein Gefälle voraus. Dieses wird zwar häufig als Konzentrationsgefälle angegeben, doch ist die ausschlaggebende Größe nicht die Konzentration, sondern das chemische Potential μ_i einer betrachteten Substanz i.

Man versteht darunter die auf diese Substanz entfallende («partielle») molare freie Enthalpie (vgl. S. 218) in einer Mischphase (Lösung, Gasgemisch). μ_i nimmt mit zunehmender Konzentration der Substanz i zu. In verdünnten Lösungen ist μ_i etwa dem Logarithmus der Konzentration proportional. Die Einheit des chemischen Potentials ist $J \cdot mol^{-1}$.

In einer Mischphase zeigen alle Komponenten, für die ein Gradient im chemischen Potential besteht, einen Nettoflux. In einer wässerigen Lösung mit einem Konzentrations-(Potential-) Gradienten der gelösten Substanz tritt zwangsläufig auch für das Wasser ein Gradient auf, der dem der gelösten Substanz entgegengerichtet ist: In Bereichen höherer Konzentration der gelösten Substanz ist die Zahl der Wassermoleküle pro Volumeneinheit, d.h. die «Wasserkonzentration», erniedrigt. Das Wasser diffundiert demnach in entgegengesetzter Richtung wie der in ihm gelöste Stoff.

Die Diffusionsrate wird durch das 1. FICKsche Diffusionsgesetz bestimmt (S. 268). Da die Geschwindigkeit der Molekularbewegung mit steigender Temperatur zunimmt, ist die Diffusionsgeschwindigkeit der Temperatur proportional; beim absoluten Nullpunkt ($-273\,°C$) kommen alle Diffusionsprozesse zum Stillstand.

Sie nimmt mit der Diffusionsdauer ab, u.zw. ist die durch Diffusion zurückgelegte Wegstrecke (s) proportional der Wurzel der Zeit: $s = const. \cdot \sqrt{t}$ (2. FICKsches Diffusionsgesetz). So diffundiert z.B. der Farbstoff Fluorescein in Wasser (bei bestimmter Temperatur und bestimmtem Gefälle) in 1 Sekunde $87\,\mu m$, in 1 Minute etwa $675\,\mu m$ ($87 \cdot \sqrt{60} = 673,9$), in 1 Stunde etwa 5 mm und in 1 Jahr nur etwa 50 cm. In den Dimensionen pflanzlicher Zellen erreicht demnach die Diffusionsgeschwindigkeit beachtliche Werte. Auch über die Distanz weniger Zellen hinweg (Parenchymtransport, S. 367) kann die Geschwindigkeit beträchtlich sein, sofern nicht beim Übertritt in die Nachbarzellen Widerstände auftreten.

Für die Überbrückung großer Dimensionen ist die Diffusion dagegen kein brauchbarer Mechanismus: Bei den herrschenden Konzentrationsgradienten und den sonstigen Bedingungen würde z.B. ein Zuckermolekül, das im Blatt einer Baumkrone in 30 m Höhe gebildet wird, durch Diffusion allein zu Lebzeiten eines normalen Baumes die Wurzel niemals erreichen.

Daß die Diffusion in der Gasphase über weite Strecken viel leistungsfähiger ist, haben wir bereits erfahren (S. 268, 290).

Die Quellung. Lufttrockene Samen (z.B. Erbsen), in Wasser gebracht, vergrößern ihr Volumen durch Wasseraufnahme: Sie quellen. Man versteht unter einer Quellung die Flüssigkeits- oder Dampfaufnahme eines makromolekularen Systems (Quellkörpers) unter Volumenvergrößerung. Es handelt sich dabei um einen rein physikalischen Prozeß, an dem der Stoffwechsel nicht direkt beteiligt ist; z.B. läuft die Wasseraufnahme bei der Quellung von Samen in der ersten Phase der Keimung genau so gut ab, wenn die Samen abgestorben und nicht mehr keimfähig sind.

Im Quellkörper ist das Wasserpotential durch die elektrostatische Anziehung der Wasserdipole durch geladene Gruppen der Makromoleküle (Hydratation, vgl. S. 18, 341) und durch Capillarkräfte herabgesetzt und somit ein Wasserpotentialgradient zur Umgebung hergestellt. Im Protoplasma dominieren Hydratationsphänomene, in der Zellwand treten neben die Hydratation (vor allem Protopectine und Hemicellulosen haben geladene Gruppen) auch capillare Wassereinlagerungen zwischen die Mikrofibrillen und in die Intermicellarräume (vgl. S. 84 ff.). Der Vacuole fehlen in der Regel quellbare Substanzen.

Man unterscheidet begrenzt und unbegrenzt quellbare Körper. Bei ersteren, zu denen z.B. Cellulose und

Stärke gehören, werden zwar die Makromoleküle oder die Molekülaggregate (Micellen) des Quellkörpers durch die Wassermoleküle auseinandergedrängt, bleiben aber durch verschiedenartige Bindungskräfte miteinander zu einem Netzwerk verbunden. Dessen zusammenhängende Zwischenräume, die Intermicellarräume, sind dann von Wasser erfüllt.

Bei unbegrenzt quellbaren Körpern, zu denen auch die Cytoplasmaproteine gehören, werden die einzelnen Teilchen von Wasser völlig auseinandergedrängt und bilden eine kolloidale Lösung (Sol-Zustand). In ihr ist ein Teil der Wassermoleküle an die Teilchen der dispergierten Phase gebunden («gebundenes», Haft- oder Hydratationswasser) und hält diese in der Schwebe. Ein anderer Teil ist frei («freies Wasser») und bildet das Dispersionsmittel. Durch Wasserentzug oder durch Beseitigung der Ladung (der Grundlage für die Hydratation) können die dispergierten, hydrophilen Kolloide verfestigt bzw. ausgefällt werden (Gelzustand).

Eine besonders wichtige Rolle für die Regulation des Hydratationszustandes von Kolloiden spielen anorganische Ionen. Sie vermögen nicht nur selbst Wasser an sich zu binden und so dem Quellkörper Wasser zu entziehen (Aussalzen von Eiweiß aus Lösungen, z.B. durch Ammoniumsulfat), sondern ihn auch durch Ladungsschwächung oder -verstärkung (letzteres nach Adsorption) in seiner Wasserbindungsfähigkeit zu verändern. Da die Proteine bei physiologischen pH-Werten überwiegend negativ geladen sind, werden sie durch Kationen, vor allem durch mehrwertige (z.B. Ca^{2+}, Al^{3+}), in der Regel entladen; diese haben demnach meist eine entquellende Wirkung (vgl. S. 341). Da die Funktion der Plasmaproteine (z.B. der Enzyme, aber auch der Membranproteine) wesentlich durch ihre Hydratation bestimmt wird, ist der Quellungszustand des Protoplasmas von ausschlaggebender Bedeutung für den Zellstoffwechsel. Die Pflanze verwendet denn auch die Entquellung des Protoplasten (z.B. bei der Samen- und Sporenreifung) als Weg zur (reversiblen) Sistierung des Stoffwechsels während Ruheperioden (latente Lebenszustände).

Die Kräfte, mit denen ein Quellkörper Wasser anzieht, können außerordentlich groß sein und viele hundert bar betragen; darauf beruht die Anwendung quellbarer Körper, z.B. trockener Samen, zum Sprengen der Schädelknochennähte bei der Präparation, die Sprengung von Felsen durch quellendes Holz usw.

Bei der Anlagerung an die hydrophilen Gruppen des Quellkörpers verlieren die Wassermoleküle einen Teil ihrer kinetischen Energie. Er wird in Wärme um-gewandelt (Quellungswärme), die man z.B. an quellenden Samen messen kann.

Da das Wasser in den Quellkörper durch Diffusion eindringt, entspricht die Temperaturabhängigkeit der Quellung derjenigen der Diffusion (S. 312).

Der Wassereinstrom in einen Quellkörper kann durch einen entgegengesetzten Druck bestimmter Größe verhindert werden; dieser Druck ist betragsmäßig gleich, im Vorzeichen entgegengesetzt, dem sog. Matrixpotential ψ_τ. ψ_τ ist stets negativ. Triebkraft für den Wassereinstrom während der Quellung ist, wie erwähnt, die Differenz in der «Wasserkonzentration» bzw. im «chemischen Potential» des Wassers (μ_w) zwischen dem Quellkörper und dem Medium.

Absolutbeträge im chemischen Potential lassen sich nicht angeben. Man bezieht daher das chemische Potential des Wassers in einem bestimmten Zustand (μ_w), in unserem Falle im Quellkörper, auf reines Wasser bei 25°C unter Atmosphärendruck, dessen Potential (μ_{ow}) konventionell gleich 0 gesetzt wird. Die Differenz dieser beiden Potentiale teilt man durch das partielle Molvolumen des Wassers $\bar{V}_w$ (Dimension $m^3 \cdot mol^{-1}$) und erhält damit das Wasserpotential mit der Dimension $\dfrac{J \cdot mol^{-1}}{m^3 \cdot mol^{-1}} = J \cdot m^{-3}$ (Energie pro Volumen), das man dimensionsgleich als Druck angeben kann: $J \cdot m^{-3} = N \cdot m^{-2}$. N (Nernst) $\cdot m^{-2}$ (= Pa) ist die Dimension eines Druckes (1 Pa = 10^{-5} bar). Das Wasserpotential ist wie folgt definiert:

$$\psi \equiv \frac{\mu_w - \mu_{ow}}{\bar{V}_w}.$$

ψ bezeichnet man als das (Gesamt-)Wasserpotential und drückt es in bar aus. Dieses Maß für die freie Enthalpie, die chemische Aktivität des Wassers, benutzt man generell zur Charakterisierung des Wasserzustandes in biologischen Systemen und z.B. auch im Boden. Da μ_w im allgemeinen kleiner ist als μ_{ow}, sind die Werte von ψ meist negativ ($\mu_w \leqq \mu_{ow}$; Ausnahme z.B. bei Erhöhung des hydrostatischen Druckes in einem System über den Atmosphärendruck hinaus). Wassertransport durch Diffusion erfolgt immer nur entlang von Gradienten des Wasserpotentials, und zwar von Orten mit höherem («weniger negativem»), zu Orten mit niedrigerem («mehr negativem») Potential.

Das Gesamtwasserpotential in einem komplexen System kann durch eine Reihe von Teilkomponenten bestimmt werden, nämlich durch Quellungs- und Capillarkräfte (Matrixpotential ψ_τ), durch den hydrostatischen Druck (Druckpotenial ψ_p) und durch gelöste, osmotisch aktive Stoffe (osmotisches Potential ψ_π).

Der potentielle Quellungsdruck τ^* kann als Saugkraft dem Medium gegenüber voll für die Wasseraufnahme zur Geltung kommen, wenn die mit der Quellung verbundene Volumzunahme ungehindert vor sich gehen kann. In der von einer Zellwand umschlossenen Pflanzenzelle, deren Protoplasma wir annähernd als Quellkörper ansehen können, wirkt der Druck der elastisch gespannten Zellwand einem weiteren Wassereinstrom bei der Quellung entgegen, so daß nur die Differenz zwischen dem potentiellen Quellungsdruck und dem Wanddruck (P) das jeweilige Gesamtwasserpotential der Zelle bestimmt, das als Saugkraft dem Medium gegenüber wirksam ist. Ist der Zellinhalt so stark gequollen, daß der Gegendruck der Zellwand dem potentiellen Quellungsdruck entspricht, kann kein Wasser mehr aufgenommen werden:

$$(-)\,\psi_w = (+)\,P + (-)\,\tau^*.$$

(Die Zeichen $(+)$ und $(-)$ bedeuten, daß die betreffenden Größen positiv oder negativ sind.)

Ersetzt man auch τ^* und P durch Potentiale, nämlich durch das (in erster Näherung dem Quellungspotential gleichzusetzende) Matrixpotential ψ_τ (negatives Vorzeichen) und das Druckpotential ψ_p (meist positiv), so erhält man:

$$(-)\,\psi_w = (-)\,\psi_\tau + (+)\,\psi_p$$

| Wasser-potential | Matrix-potential | Wanddruck-potential |

In manchen Pflanzenteilen erfolgt die Wasseraufnahme ganz oder doch weit überwiegend durch Quellung (oedotisch), z.B. in Flechten, in Samen und bei verschiedenen Vorrichtungen (z.B. der Epiphyten) zur Aufnahme von Wasser oder Wasserdampf (vgl. S. 203 ff.).

Osmose. Der zweite und in der ausgewachsenen, vacuolisierten Pflanzenzelle dominierende Mechanismus der Wasseraufnahme ist die Osmose. Man versteht darunter eine Diffusion durch eine semipermeable (oder eine selektiv permeable) Membran, d.h. eine Membran, die für das Lösungsmittel (Wasser) gut, für die gelösten Substanzen aber nicht (oder zumindest schwerer) durchlässig ist.

Die osmotische Zelle. Als Modell für die Pflanzenzelle dient die Pfeffersche Zelle (Abb. 338). Bei ihr wird in der porösen Wandung einer Tonzelle eine Niederschlagsmembran aus Kupferhexacyanoferrat (II) ($Cu_2[Fe(CN)_6]$) erzeugt. Diese ist für Wasser leicht passierbar, während z.B. Rohrzuckermoleküle nicht durch sie hindurchtreten können. Füllt man die Zelle mit Rohrzuckerlösung und bringt sie in Wasser, so dringt Wasser aufgrund seiner «höheren Konzentration» im Außenmedium entlang dem Gefälle seines chemischen Potentials ein, sofern sich das Volumen der Zuckerlösung im Zell-

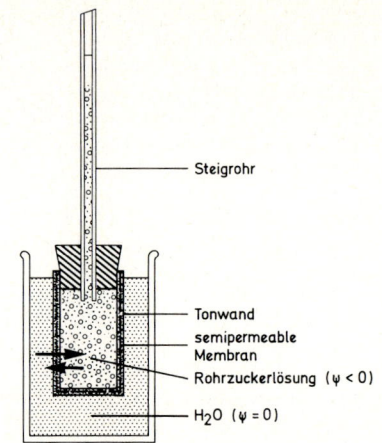

Steigrohr

Tonwand

semipermeable Membran

Rohrzuckerlösung $(\psi < 0)$

H_2O $(\psi = 0)$

Abb. 338: Schema eines Osmometers (Pfeffersche Zelle).

innern ausdehnen kann (in unserem Beispiel durch ein Steigrohr). Der Wassereinstrom geht so lange weiter, bis der hydrostatische Gegendruck der Wassersäule die Wasserpotentialdifferenz zwischen Außen- und Innenraum der Zelle kompensiert.

In der Pflanzenzelle haben wir im Plasmalemma und in Tonoplasten zwar keine semipermeablen, aber doch selektiv permeable Membranen vor uns: Sie lassen sehr viel leichter das Wasser hindurchtreten als die meisten der in ihm gelösten Substanzen und begünstigen deshalb ebenfalls den Konzentrationsausgleich durch Wasserverschiebung stark gegenüber dem gleichzeitig ablaufenden Konzentrationsausgleich durch Diffusion der im Wasser gelösten Teilchen. Die osmotisch wirksame Lösung wird in der Pflanzenzelle durch den Zellsaft in der Vacuole repräsentiert, der Salze, organische Säuren, Zucker u.ä. enthält (Gesamtkonzentration meist 0,2–0,8 M).

Das osmotische Potential. Der Druck, mit dem reines Wasser in einer osmotischen Zelle in eine Lösung einströmt, hängt vom osmotischen Potential der Lösung (ψ_π) ab. Ist die Außenlösung einer osmotischen Zelle nicht reines Wasser ($\psi_\pi = 0$), so entspricht dieser Druck $\Delta\psi_\pi = (\psi_\pi)$ innen $-(\psi_\pi)$ außen. ψ_π ist stets negativ, während die früher häufig verwendeten Begriffe π (osmotischer Druck) und π^* (potentieller osmotischer Druck) zwar numerisch gleich, aber nicht mit negativem Vorzeichen versehen sind.

Das osmotische Potential nimmt mit der Konzentration (c) der gelösten Teilchen zu. Für nicht-dissoziierende Stoffe in stark verdünnter Lösung gilt:

$$\psi_\pi = -c \cdot R \cdot T,$$

wobei ψ_π in bar, c Konzentration in mol/l, T absolute Temperatur, R Gaskonstante bedeutet. Eine 1 M Lösung hat bei 0 °C ein osmotisches Potential von −22,7 bar. Äquimolare (ideale) Lösungen verschiedener, nicht-dissoziierender Substanzen haben demnach gleich ψ_π-Werte: sie sind isosmotisch oder isotonisch.

Bei dissoziierenden Verbindungen ist in Lösung die Zahl der Teilchen (c) und damit ψ_π erhöht. Bei nicht-idealen, d.h. höher konzentrierten (bei Nicht-Elektrolyten in der Praxis > 0,2 M) und Elektrolyt-Lösungen treten Wechselwirkungen zwischen den Molekülen bzw. zwischen den Ionen auf, die durch einen osmotischen Koeffizienten (g) berücksichtigt werden:

$$\psi_\pi = -g \cdot c \cdot R \cdot T.$$

Für eine 0,1 M Lösung von KCl, das theoretisch vollständig in K^+ und Cl^- dissoziiert, ist g (bei 25 °C) = 0,927; ψ_π beträgt demnach: $-0,927 \cdot 0,1 \cdot 2 \cdot RT$ (= −4,6 bar bei 25 °C). Das Produkt g · c gibt die Osmolarität an. Sie ist bei 0,1 M KCl demnach 0,97 · 0,1 · 2 = 0,1854; d.h., eine 0,1 M KCl-Lösung ist 0,1854 osmolar.

Das osmotische Potential des Zellsaftes läßt sich entweder durch Konzentrationsbestimmungen in Preßsäften (meist durch Ermittlung der Gefrierpunkterniedrigung, «kryoskopisch») oder plasmolytisch (S. 316) erhalten. Im ersten Fall kann in der Regel nur ein Durchschnittswert für größere Zellverbände, im zweiten auch der Wert einer einzelnen Zelle bestimmt werden.

ψ_π kann nicht nur zwischen den einzelnen Pflanzen (Abb. 339), sondern auch innerhalb einer Pflanze in den verschiedenen Organen und Geweben sehr verschieden sein. Innerhalb derselben Zelle kann er sich ebenfalls ändern, wobei Regulationen für eine Anpassung an die wechselnden Bedürfnisse sorgen (vgl. z.B. S. 333). In den Parenchymzellen der Wurzelrinde liegen die Werte für das osmotische Potential meist zwischen etwa −5 und −15 bar (vgl. S. 319), in den Sprossen werden sie in der Regel mit der Entfernung von der Wurzel negativer und erreichen in den Zellen des Blattgewebes Werte von −30 bis −40 bar.

In Buchenblättern fand man in den Zellen der unteren Epidermis einen ψ_π-Wert von −13,9 bar, im Schwammparenchym −21,4 und im Palisadenparen-

chym −38,1 bar. Pflanzen, die auf sehr trockenen Standorten, z.B. in der Wüste, oder auf sehr salzhaltigen Böden, z.B. an der Meeresküste oder in Salzwüsten, wachsen, können sehr negative osmotische Potentiale in ihren Zellsäften erreichen. Man hat hier unter (negativer als) −100 bar gemessen (*Limonium* auf Salzboden < −160 bar, *Atriplex* < −200 bar). Gewisse Schimmelpilze (Aspergillaceen, Mucoraceen) können selbst noch auf hochkonzentrierten Zuckerlösungen (z.B. Fruchtgelee) wachsen und sich steigenden Konzentrationen (konzentrierte Rohrzuckerlösung $\psi_\pi \cong$ −220 bar) anpassen.

Pflanzen, die große Schwankungen des osmotischen Potentials ohne Schaden vertragen, werden als euryhydrisch bezeichnet; ihnen stehen die stenohydrischen Arten gegenüber, die nur eine geringe osmotische Amplitude tolerieren (Abb. 339).

Wasserpotentialgleichung, Osmotische Zustandsgleichung. In der lebenden, vacuolisierten Pflanzenzelle ist die Wand nicht starr, sondern (begrenzt) dehnbar. Der durch den Wasserpotentialgradienten ausgelöste osmotische Wassereinstrom in die Vacuole erzeugt dort einen hydrostatischen Druck (Turgordruck P, auch Druckpotential ψ_p genannt), der das Plasma-

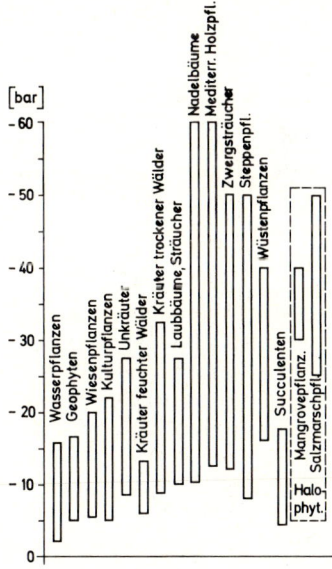

Abb. 339: Schwankungsbreite des osmotischen Potentials von Blattpreßsäften ökologisch verschiedener Pflanzentypen («Osmotisches Spektrum»). Die angegebene Amplitude ergibt sich aus der Schwankungsbreite zwischen dem niedrigsten und dem höchsten Wert, der bei Arten gefunden wurde, die zu der jeweiligen ökologischen Gruppe gehören. (Nach WALTER)

lemma gegen die Zellwand preßt und diese (falls sie bereits im Sekundärzustand ist, vgl. S. 82) elastisch dehnt, bis der Gegendruck der gedehnten Zellwand (Wanddruck W) den Turgordruck voll kompensiert; dann gilt also $\psi_p = P = W$ (Abb. 341).

Der Turgordruck, auch Turgor oder Turgescenz genannt, ist für die Festigkeit der Pflanze von großer Bedeutung. Das Welken saftiger, unverholzter Pflanzenteile bei starkem Wasserverlust kommt durch Abnahme des Turgors und die dadurch bewirkte Erschlaffung der Zellen zustande. Solange die Zellen noch leben, die selektiv permeablen Plasmamembranen also noch erhalten sind, ist durch erneute Wasserzufuhr die Turgescenz durch osmotische Wasseraufnahme wieder herzustellen, können also welke Pflanzenteile wieder straff (turgescent) werden.

Der Turgordruck (bzw. der numerisch gleiche Wanddruck) wirkt einem weiteren osmotischen Wassereinstrom in die Vacuole ebenso entgegen wie der hydrostatische Druck der Wassersäule in der Pfefferschen Zelle. Nur jener Teil des osmotischen Potentials, der nicht durch den Turgordruck kompensiert ist, steht also als aktueller Triebdruck für den osmotischen Wassereinstrom zur Verfügung.

Der Zusammenhang zwischen Wasserpotential ψ, osmotischem Potential ψ_π und Druckpotential ψ_p ($=$ Turgordruck P) wird durch die Wasserpotentialgleichung wiedergegeben:

$$\underset{\substack{\text{Wasser-}\\\text{potential}}}{\psi} = \underset{\substack{\text{osmotisches}\\\text{Potential}}}{\psi_\pi} + \underset{\substack{\text{Druck-}\\\text{potential}}}{\psi_p}$$

Das Wasserpotential ψ ist der Druck, mit dem die Vacuole Wasser an reines Wasser ($\psi = 0$) abgibt. Da sie unter diesen Bedingungen Wasser aufnimmt, ist ψ negativ. ψ_π ist, wie erwähnt, ebenfalls negativ, ψ_p in der Regel positiv.

Eine ältere Bezeichnung für ψ ist die Saugspannung S, d.h. der Druck, mit dem die Vacuole Wasser aus reinem Wasser aufnimmt. $S = -\psi$.

Befindet sich eine Zelle nicht isoliert, sondern im Gewebsverband, so wirkt der Dehnung der Einzelzelle auch noch der Druck der gespannten Gewebe (Außendruck A) entgegen, wodurch das Druckpotential weiter erhöht wird:

$$\psi_p = W + A.$$

Daß die einzelnen Zellen in einem Gewebe bzw. die einzelnen Gewebe in einem turgescenten Organ sich häufig in einer durch die Nachbarschaft aufge-

zwungenen Zwangslage befinden («Gewebespannung»), zeigt sich z.B. darin, daß einzelne Zellen oder Gewebe bei Loslösung von ihrer Umgebung sich stark dehnen können (Abb. 340); hier hat sich durch Wegfall von A das Druckpotential ψ_p erniedrigt, der Wassereinstrom verstärkt und dadurch die Zellen gedehnt.

Bei voller Turgescenz einer Zelle ist $\psi_p = -\psi_\pi$ und damit $\psi = 0$. In diesem Zustand kann die Zelle von außen osmotisch kein Wasser mehr aufnehmen. Umgekehrt steht bei völliger Erschlaffung ($\psi_p = 0$) der gesamte Betrag von ψ_π für ψ zur Verfügung: $\psi = \psi_\pi$. ψ_π wird mit steigender Wasseraufnahme (zunehmender Verdünnung des Zellsaftes) weniger negativ (Abb. 341), falls das osmotische Potential nicht durch Osmoregulation, z.B. Ab- und Aufbau von Polysacchariden, konstant gehalten wird.

Bei der Bestimmung des Wasserpotentials ψ geht man davon aus, daß eine Zelle (bzw. ein Gewebe) dann gerade kein Wasser aus der Umgebung aufnehmen oder an sie abgeben wird, wenn ψ_π der umgebenden Lösung (z.B. Saccharoselösung) gleich dem ψ der Zelle (bzw. dem mittleren Wert von ψ des Gewebes) ist (Abb. 341). Ist das osmotische Potential ψ_π der eine Zelle umgebenden, nicht unter Druck stehenden Lösung weniger negativ als das Wasserpotential ψ der Zelle (hypotonische Lösung), so wird die Zelle Wasser aufnehmen; ist dagegen ψ_π der umgebenden Lösung negativer als ψ der Zelle (hypertonische Lösung), so wird die Zelle Wasser an die Umgebung verlieren. Das osmotische Potential ψ_π derjenigen Lösung, in der sich das Volumen einer Zelle (bzw. eines Gewebes) nicht ändert, ist gleich dem Wasserpotential ψ der Zelle (bzw. dem mittleren Wasserpotential des Gewebes), das sich auf diese Weise ermitteln läßt. Das Druckpotential ψ_p wird als

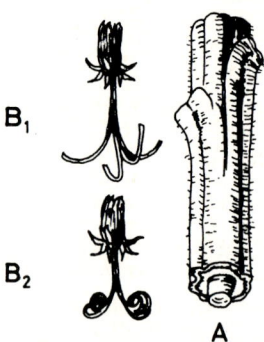

Abb. 340: Gewebespannung. A Sproßstück von *Helianthus annuus*, Mark mit dem Korkbohrer von der Peripherie getrennt und sich in Wasser verlängernd. B Blütenstand von *Taraxacum*. Schaft der Länge nach kreuzweise gespalten. B$_1$ sofort nach der Spaltung, B$_2$ nach Einlegen in Wasser. (Nach Jost)

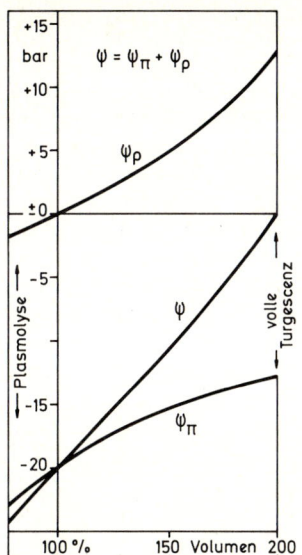

Abb. 341: Änderung der osmotischen Zustandsgrößen bei der osmotischen Wasseraufnahme und -abgabe. (Nach LIBBERT)

Differenz $\psi-\psi_\pi$ errechnet. Häufiger wird die «Dampfdruckgleichgewichtsmethode» benutzt, bei der man ein Gewebe sich in das Gleichgewicht mit der Umgebungsluft (in einem sehr kleinen Luftraum) setzen läßt und dann in diesem Luftraum psychrometrisch oder durch Bestimmung des Taupunktes (thermoelektrisch) den Wasserdampfpartialdruck bestimmt. (Vgl. auch Druckkammermethode, S. 328.)

Nicht nur die Gesamtzelle ist ein osmotisches System, sondern auch membranumschlossene Zellorganellen wie Chloroplasten und Mito-

chondrien nehmen aus hypotonischen Lösungen osmotisch Wasser auf. Da ihre Dehnung im Gegensatz zur Zelle nicht durch eine feste Wand (Saccoderm, S. 81) aufgefangen wird, platzen sie in reinem Wasser. Dies macht man sich z.B. zunutze, um Chloroplasten schonend aufzubrechen («osmotischer Schock») und ihre löslichen Inhaltsstoffe zu gewinnen. Auch nichtvacuolisierte Pflanzenzellen (z.B. Meristemzellen) nehmen infolge der Wasserpotentialerniedrigung durch im Cytoplasma gelöste Teilchen begrenzt osmotisch Wasser durch das Plasmalemma auf. Allerdings überwiegt bei ihnen die Wasseraufnahme durch Quellung.

Will man osmotische und Quellungsphänomene gemeinsam betrachten, benützt man analog zu den Verhältnissen bei der Quellung (S. 313) statt der osmotischen Zustandsgleichung die Wasserpotentialgleichung, die für ein osmotisches System so aussieht:

$$(-)\,\psi_w \quad = \quad (-)\,\psi_\pi \quad + \quad (+)\,\psi_p.$$
Wasserpotential-   osmotisches   Druckpotential
differenz   Potential

Für ein System, das Wasser sowohl auf osmotischem als auch auf oedotischem (Quellungs-) Wege aufnimmt (z.B. das Protoplasma), werden osmotisches und Matrixpotential berücksichtigt:

$$(-)\,\psi_w = (-)\,\psi_\pi + (-)\,\psi_\tau + (+)\,\psi_p\,.$$

Wasserpotentialdifferenzen bestimmen letztlich auch die Richtung des Wasserflusses in Geweben, sei es im Apoplasten oder im Symplasten oder auch zwischen Apoplast und Symplast. Der Anteil des osmotischen und des Matrix-Potentials ist dabei sehr verschieden:

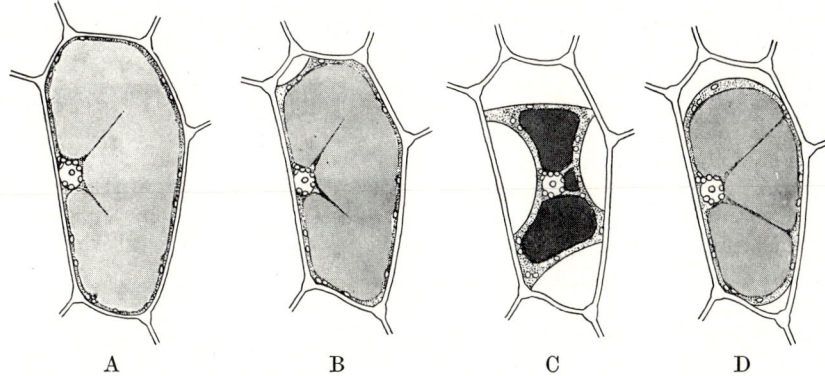

Abb. 342: Zellen aus der unteren Epidermis eines Blattes von *Rhoeo discolor*. A in Wasser. B in 0,5 M KNO₃, Volumenabnahme unter Contraction der Zellwand, oben links beginnende Plasmolyse. C nach längerer Einwirkung von 0,5 M KNO₃ vollendete Plasmolyse. Zellsaft stark konzentriert. D nach Übertragung in Wasser weit fortgeschrittene Deplasmolyse. Schematisch. (Nach SCHUMACHER)

In der Zellwand z. B. ist nur mit Matrixpotential zu rechnen.

Plasmolyse und Deplasmolyse. Wird einer von einer Zellwand umgebenen Zelle durch ein hypertonisches Außenmedium $[(\psi_\pi)_{\text{Lösung}}$ negativer $(\psi_\pi)_{\text{Vacuole}}]$ auch nach völliger Erschlaffung $(\psi_p = 0)$ noch weiter Wasser entzogen, dann löst sich der schrumpfende Protoplast von der Zellwand, wobei die hypertonische Lösung zwischen Protoplast und Zellwand eindringt: Plasmolyse (Abb. 342). Die Plasmolyse schreitet fort, bis ψ_π des Zellsaftes durch den Wasserentzug ψ_π der Außenlösung gleich geworden ist. Wird das hypertonische Außenmedium durch ein hypotonisches ersetzt $[(\psi_\pi)_{\text{Lösung}}$ weniger negativ als $(\psi_\pi)_{\text{Vacuole}}]$, so nimmt der Protoplast wieder osmotisch Wasser auf, und die Plasmolyse wird rückgängig gemacht (Deplasmolyse). Diese Vorgänge können wiederholt ablaufen. Plasmolysierbar sind nur lebende Zellen, da nur sie semipermeable (bzw. selektiv permeable, s. u.) Membranen besitzen; die Plasmolysierbarkeit ist deshalb ein Test für die Lebensfähigkeit einer Zelle.

Mittels der Plasmolyse kann das osmotische Potential ψ_π des Zellsaftes bestimmt werden, indem die Konzentration der Außenlösung ermittelt wird, die gerade noch (im Gewebe bei 50% der Zellen) Plasmolyse herbeiführt (Grenzplasmolyse).

Befindet sich eine plasmolysierte Zelle länger im Plasmolyticum, so kann gleichfalls Deplasmolyse eintreten. Sie beruht in diesem Falle auf dem Eintritt osmotisch wirksamer Teilchen aus der Außenlösung in den Protoplasten; je schneller diese spontane Deplasmolyse erfolgt, desto durchlässiger sind demnach die Plasmagrenzschichten für die osmotisch wirksame Substanz, desto höher ist also deren Permeabilität für diesen Stoff. Man kann daher mit der Deplasmolyse-Geschwindigkeit Permeabilitätskoeffizienten bestimmen.

Die Erscheinung der spontanen Deplasmolyse läßt erkennen, daß die Plasmagrenzschichten (z. B. Plasmalemma oder Tonoplast, S. 14) nicht semipermeabel, sondern, wie schon erwähnt, selektiv permeabel sind: Sie lassen auch gelöste Verbindungen durchtreten (die einzelnen mit verschiedener Geschwindigkeit), wenn auch viel weniger leicht als das Lösungsmittel Wasser. Eine ideal semipermeable Zelle wäre ja auch gar nicht lebensfähig, weil sie von der Umgebung keine Verbindungen außer Wasser aufnehmen könnte.

Die Aufnahme des Wassers in Pflanzenorgane

Thallophyten, die noch keinen Transpirationsschutz (S. 114; S. 322) entwickelt haben, können Wasser aus feuchten Unterlagen oder nach Benetzung mit Regen und Tau – wie gesagt – durch Quellung unmittelbar aufnehmen. Manche dieser Formen, z. B. manche Algen, Flechten und sogar noch einige Moose, können auch Wasserdampf aus feuchter Luft in solchem Umfang absorbieren und zur Steigerung des Quellungsgrades verwenden, daß sie ohne Zufuhr flüssigen Wassers zu einer Nettophotosynthese kommen können.

Die Höheren Pflanzen (Farne und Spermatophyten) sind meist besser an das Landleben angepaßt und haben dementsprechend an ihren in den Luftraum reichenden Oberflächen starke Transpirationswiderstände (Cuticula, Korkgewebe) entwickelt (S. 322). Dies hat zur Folge, daß die Aufnahme von Wasser durch die oberirdischen Teile, auch nach Benetzung durch Regen oder Tau, in der Regel kaum eine Rolle spielt. Dies ist auch darauf zurückzuführen, daß die Stomata, selbst in geöffnetem Zustand, infolge ihres spezifischen Baues das Eindringen von Wasser nicht erlauben; ähnliches gilt vermutlich für die Lenticellen.

Eine Ausnahme bilden z. B. submerse Wasserpflanzen, die keine oder eine stark durchlässige Cuticula besitzen (S. 335) und infolgedessen Wasser mit ihrer ganzen Oberfläche aufnehmen können. Bei manchen Landpflanzen sind an den oberirdischen Teilen bestimmte Durchtrittsstellen für Wasser ausgebildet, z. B. die Ansatzstellen benetzbarer Haare, die Basis der Innenseite von Nadelpaaren (z. B. bei der Kiefer) oder auch spezielle quellbare «Saugschuppen» (bei epiphytischen Bromeliaceen, Abb. 134, S. 123 und S. 903). Diese Durchtrittsstellen sind nicht oder nur schwach cutinisiert und werden meist bei Trockenheit durch entsprechende Lageveränderungen vor zu starkem Wasserverlust bewahrt.

Die typische Höhere Landpflanze hat aber für die Wasser-(und Salz-)aufnahme mit den Wurzeln eigene, Cuticula-freie Organe entwickelt, die das Wasser aus dem Boden aufnehmen (vgl. S. 183f.).

Das durch die Niederschläge in den Boden gelangende Wasser wird z. T. in den oberen Bodenschichten adsorptiv oder capillar festgehalten («Haftwasser»), z. T. sinkt es als «Senkwasser» bis zum Grundwasserspiegel ab. Im allgemeinen steht den Rhizophyten nur ein mehr oder weniger großer Teil des Haftwassers zur Verfügung. Das Fassungsvermögen eines Bodens für Haftwasser (g H_2O pro 100 ml Bodenvolumen) wird als seine **Wasserkapazität** bezeichnet. Sie steigt mit zunehmendem Gehalt des Bodens an feindispersem und organischem Material und nimmt daher vom Sand über Lehm, Ton zum Moorboden zu.

Eine Wasseraufnahme durch die Wurzel aus dem Boden ist nur möglich, wenn ein entsprechendes Wasserpotentialgefälle ($\Delta\psi$) besteht. Das Wasserpotential im Boden (oft auch als Bodensaugspannung ausgedrückt) wird bestimmt durch den potentiellen Quellungsdruck (hervorgerufen durch Hydratations- und Capillarkräfte), auch matrikales Wasserpotential (ψ_τ) genannt (S. 313), und durch das osmotische Potential ψ_π des Bodenwassers: $\psi = \psi_\tau + \psi_\pi$. Mit zunehmender Bodentrockenheit nimmt der potentielle Quellungsdruck zu (da dann nur noch die engen Capillaren Wasser enthalten). Das gleich gilt für das osmotische Potential. Das Wasserpotential im Boden nimmt daher beim Austrocknen ab (wird stärker negativ).

Die lipophile Zellwandsperre des CASPARYschen Streifens dürfte die unmittelbare Fortsetzung des Soges in den Zellwandcapillaren unterbrechen (Abb. 359; S. 340). Man hat daran gedacht, daß in der Wurzelrinde das Wasser überwiegend osmotisch im Symplasten bewegt würde, zumal hier von der Epidermis zur innersten Rindenschicht ansteigende, in der Endodermis aber stark abfallende osmotische Potentiale plasmolytisch gemessen wurden («Endodermissprung»). Da aber die osmotischen Potentiale in den Zellen und das Matrixpotential der Zellwand miteinander im Gleichgewicht stehen (oder zumindest diesem zustreben), wird sich eine Verringerung des Wasserpotentials im Apoplasten des Wurzelzentralzylinders auch über die Erhöhung des osmotischen Potentials in der Endodermis wieder auf das Wasserpotential in den Zellwänden der Wurzelrinde auswirken. (Über die Bedeutung des CASPARYschen Streifens für den Mineralstofftransport vgl. S. 339.)

Das osmotische Potential der meisten Böden liegt über (weniger negativ als) —5 bar. In der ungarischen Alkalisteppe hat man aber < —30 bar, in der algerischen Wüste < —1000 bar gemessen.

Die Wasseraufnahme durch die Wurzel läßt sich durch folgende Formel charakterisieren:

$$W_a = A \cdot \frac{\psi_{\text{Wurzel}} - \psi_{\text{Boden}}}{\Sigma\, r}.$$

Danach ist die vom Wurzelsystem pro Zeiteinheit absorbierte Wassermenge W_a proportional der zur Wasseraufnahme befähigten Wurzeloberfläche A (im wesentlichen die Oberfläche der Wurzelhaare bzw. bei Mycorrhizen, S. 377, der Hyphen der Mycorrhizapilze) pro Volumeneinheit des durchwurzelten Bodens

und der Wasserpotentialdifferenz zwischen Wurzel und Boden, umgekehrt proportional der Summe der Transportwiderstände ($\Sigma\, r$) für das Wasser im Boden und beim Übergang vom Boden in die Pflanze.

Die für die Wasseraufnahme geeignete Oberfläche der Wurzelhaare ist oft sehr groß (Abb. 343; ferner 133, 208, 209, 214). So wurden bei einer einzigen Roggenpflanze ca. $1{,}43 \cdot 10^{10}$ lebende Wurzelhaare ermittelt, mit einer Gesamtoberfläche von ca. 400 m², die sich an einem Wurzelsystem in nur 56 dm³ Boden befanden. Diese Wurzelhaaroberfläche übertrifft die gesamte äußere Oberfläche der oberirdischen Teile der Roggenpflanze um mehr als das 80fache. Selbst, wenn man zu dieser an Luft grenzenden Oberfläche noch die Oberfläche der an die Intercellularen grenzenden Blattmesophyllzellen hinzuzählt, ist die Wurzelhaaroberfläche immer noch ca. 14mal größer.

Das Wasserpotential in den Wurzelhaarzellen wird in der Zellwand, die unmittelbar mit dem Boden Kontakt hat (Abb. 133 u. 343), wieder durch das Matrixpotential (ψ_τ), im Zellinnern vorwiegend durch das osmotische Potential (ψ_π) bestimmt. Zwischen den Wasserpotentialen in der Zellwand (Zw), im Protoplasma (Pr) und in der Vacuole (V) stellt sich – wie bei allen lebenden Zellen – nach jeder Wassergehaltsänderung in einer der Phasen wieder ein Gleichgewicht ein:

$$(\psi_w)_{Zw} = (\psi_w)_{Pr} = (\psi_w)_V.$$

Eine Wasseraufnahme durch die Wurzelhaar-Zellwand (die durch Quellungskräfte erfolgt) führt daher sofort auch zu einer Änderung der Plasmaquellung und der Zellsaftkonzentration (osmotischer Wassereinstrom in das Zellinnere). Umgekehrt bedingt eine Erhöhung der Zellsaftkonzentration (= Wasserpotentialer-

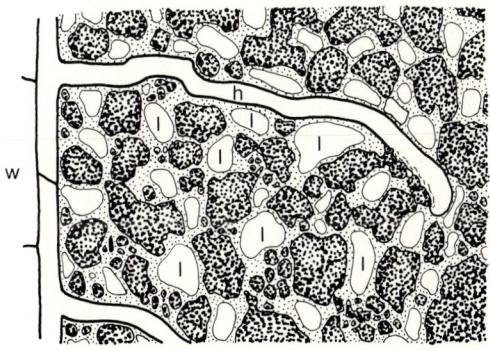

Abb. 343: Wurzelhaare (h) im Boden (vgl. Abb. 133, S. 122). w Wurzelkörper, l luftgefüllte Hohlräume, von Wasser umgeben. (Schematisch, nach SACHS)

niedrigung) auch eine Erniedrigung des Wasserpotentials in der Zellwand und damit eine Erhöhung der Wasserpotentialdifferenz zum Bodenwasser. Die Wurzel kann demnach die Wasserpotentialdifferenz $\psi_{Wurzel} - \psi_{Boden}$ dadurch erhöhen, daß sie das osmotische Potential erhöht; dies geschieht in der Regel durch Erhöhung der Salzkonzentration in der Vacuole. Zum andern kann der Quellungsdruck der Zellwand durch Abtransport des capillar und durch Hydratationskräfte festgehaltenen Wassers (z.B. im Transpirationsstrom, S. 325) erhöht werden. Wie erwähnt, stehen diese Prozesse miteinander in engstem Zusammenhang.

Das osmotische Potential ψ_π der Wurzelzellen schwankt in Anpassung an die Saugspannung der Böden je nach Standort und Pflanzenart beträchtlich. So fand man bei *Phaseolus* ca. −2 bis −3,5 bar, bei *Pelargonium* ca. −5 bar, bei Halophyten (Salzpflanzen) < −20 bar und bei Wüstenpflanzen sogar < −100 bar. Meist genügen aber Saugspannungen von wenigen bar, um dem Boden den größten Teil des Haftwassers zu entnehmen.

Hat die Wurzel dem Boden lokal so viel Wasser entzogen, daß keine Wasserpotentialdifferenz zwischen Boden und Wurzel mehr vorhanden ist, so ist eine weitere Wasseraufnahme durch die Wurzel nur möglich, wenn aus anderen Bodenbezirken mit höherem Wasserpotential Wasser nachströmt. Diese Nachleitfähigkeit ist bei den einzelnen Bodenarten sehr verschieden, erfolgt aber selbst bei sehr feinporigen Böden (z.B. Ton) mit relativ guter Nachleitung nur sehr langsam und über sehr kurze Strecken (höchstens einige cm). Während der Widerstand (r) für die Wasseraufnahme in die Wurzel (speziell die Wurzelhaare) wegen des Fehlens einer Cuticula und von Suberinschichten gering ist, ist demnach der Transportwiderstand im Boden sehr hoch. Die Pflanze begegnet dieser Schwierigkeit dadurch, daß die Wurzeln dem Wasser nachwachsen. Dabei können Teile des Wurzelsystems, die keine Bodenbezirke mit ausnützbarem Wassergehalt mehr erreichen, absterben, während andere in wasserreicheren Bodenregionen lebhaft wachsen, so daß sich das gesamte Wurzelsystem stark asymmetrisch entwickeln kann (Abb. 214 A).

Die starke Erniedrigung der Wasseraufnahme bei niedrigen Temperaturen (bei vielen Pflanzen schon einige Grade über 0 °C) ist neben der Erhöhung des Transportwiderstandes im Boden und der Erniedrigung der Wasserpermeabilität des Plasmalemmas vor allem auch der Verringerung des Wurzelwachs-

tums zuzuschreiben. Bei Temperaturen < −1 °C gefriert das Haftwasser im Boden, so daß keine Wasseraufnahme mehr möglich ist (Frosttrocknis. Die Folgen oft fälschlich als «Erfrieren» gedeutet; vgl. S. 400).

Trocknet der Boden so stark aus, daß das gesamte Wurzelsystem kein oder nicht mehr ausreichend Wasser aufnehmen kann oder sogar wegen Umkehr des Wasserpotentialgefälles an den Boden Wasser verliert, so kommt es zu einem Welken der Pflanze, das von einem bestimmten Wasserpotential des Bodens an irreversibel wird («permanentes Welken»). Feuchtigkeitsangepaßte Kräuter erreichen diesen Zustand bei etwa −7 bis −8 bar Bodenwasserpotential, die meisten landwirtschaftlichen Nutzpflanzen bei −10 bis −20 bar, Pflanzen mäßig trockener Biotope und verschiedene Holzpflanzen bei etwa −20 bis −30 bar. Die landwirtschaftliche Praxis nimmt vereinbarungsgemäß einen permanenten Welkepunkt bei −15 bar Wasserpotential des Bodens an.

2. Die Wasserabgabe

Die Pflanze gibt das Wasser als Wasserdampf (Transpiration) oder in flüssiger Form (Guttation) nach außen ab. Mengen- und bedeutungsmäßig überwiegt die Transpiration bei weitem.

Die Transpiration. Die Verdunstung (d.h. der Übergang von der flüssigen in die Gas-Phase) des Wassers erfolgt an allen Grenzflächen einer Pflanze gegen nicht wasserdampfgesättigte Luft. Bei Thallophyten sind dies die Außenflächen des Thallus, bei Cormophyten einmal die äußeren Oberflächen des Sprosses, die in der Regel cutinisiert oder verkorkt sind (cuticuläre und Kork- bzw. Borkentranspiration), und zum andern die Grenzflächen der Zellen im Cormusinnern, die an die Intercellularen grenzen. Auch diese haben eine lipophile Auflage, die sie schwer benetzbar macht. Der Wasserdampf in den Intercellularen diffundiert durch die Stomata bzw. die Lenticellen aus der Pflanze heraus (stomatäre und Lenticellen-Transpiration). Von der Körperoberfläche hat der Wasserdampf zunächst die Grenzschicht (S. 269) zu passieren, bevor er in die freie Atmosphäre gelangt. Auch dies geschieht wie der Wasserdampftransport in den Intercellularen durch Diffusion entlang von Wasserpotentialgradienten, entsprechend dem FICKschen Gesetz (S. 268), das hier folgendermaßen formuliert werden kann:

$$Tr = \frac{C_i - C_a}{\Sigma r} .$$

Dabei ist die Transpiration Tr proportional dem Unterschied im Dampfdruck ($g\,H_2O \cdot m^{-3}$) im Organinnern (C_i) und in der Atmosphäre (C_a) und umgekehrt proportional den Widerständen (Σr).

Die treibende Kraft der Transpiration ist demnach das niedrige Wasserpotential der nicht wasserdampfgesättigten Luft (Tab. 26, Abb. 344, 353); sie erreicht schon bei etwa 99 % relativer Luftfeuchte einen Wert, der dem Boden-Wasser-Potential beim permanenten Welkepunkt der meisten landwirtschaftlichen Nutzpflanzen (s. o.) gleichkommt. Der Rhizophyt ist demnach zwischen das hohe Wasserpotential

Tab. 26: Relative Wasserdampfkonzentration (% rel. Feuchte) der Luft, die sich mit einer Lösung bestimmten osmotischen Potentials (ψ_π, in bar) bei 20 °C im geschlossenen System im Gleichgewicht befindet. (Nach WALTER aus LARCHER)

% rel. Luftfeuchte	bar	% rel. Luftfeuchte	bar
100	0	93,0	− 97,9
99,5	− 6,7	92,0	−112
99,0	−13,5	91,0	−126
98,5	−20,3	90,0	−141
98,0	−27,2	80,0	−301
97,5	−34,1	70,0	−481
97,0	−41,0	60,0	−687
96,0	−55,0	50,0	−933
95,0	−69,1		
94,0	−83,2		

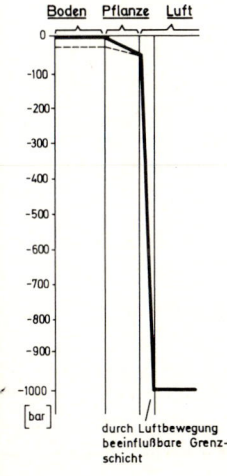

Abb. 344: Schema des Wasserpotentialgefälles zwischen Boden, Pflanze und Luft. Der größte Potentialsprung liegt nicht zwischen Boden und Pflanze, sondern zwischen Pflanze und Luft. Die gestrichelte Kurve gilt für trockenen Boden. (Nach GRADMANN)

des Bodens und das niedrige der Luft «eingespannt» (Abb. 344, 353). Die Pflanze benutzt dieses Potentialgefälle, um ohne eigenen Energieaufwand das Wasser vom Boden durch ihren Körper bis in die Atmosphäre zu transportieren: Transpirationsstrom (S. 329).

Eine Vergrößerung der transpirierenden Oberfläche hat ebenso eine Verstärkung der Transpiration zur Folge wie alle Faktoren, die das Wasserpotentialgefälle (Dampfdruckgefälle) zwischen Pflanze und Luft steiler machen. Temperaturerhöhung der Luft vermindert die relative Luftfeuchte und verringert damit das Wasserpotential der Luft (ψ_w der Luft wird negativer). Temperaturerhöhung der transpirierenden Organe (z. B. der Blätter) durch Strahlungsabsorption fördert den Übergang des Wassers von der flüssigen in die Gasphase. Hoher Wassergehalt der Pflanze (ψ_w wenig negativ) erhöht ebenfalls die Potentialdifferenz. Wind verringert die Dicke der Grenzschicht mit ihrem relativ hohen Wasserdampfgehalt und macht dadurch das Potentialgefälle steiler. Der Grenzschichtwiderstand für den Wasserdampftransport liegt bei einer Windgeschwindigkeit von $0,1\,m \cdot s^{-1}$ um $1{-}3\,s \cdot cm^{-1}$, bei $10\,m \cdot s^{-1}$ verringert er sich auf $0,1{-}0,3\,s \cdot cm^{-1}$.

Die Haupttranspirationsorgane der Cormophyten sind die Blätter. Wegen der großen Oberfläche beblätterter Pflanzen sind die Wasserverluste durch die Transpiration oft sehr bedeutend.

Man hat errechnet, daß in einem Buchenwald etwa 60 % der gesamten auf ihn niedergegangenen jährlichen Niederschlagsmenge durch die Transpiration als Wasserdampf wieder an die Atmosphäre zurückkehren. Eine Sonnenblume vermag an einem Sonnentag leicht 1 Liter, eine Birke mit etwa 200 000 Blättern 60–70, an besonders heißen und trockenen Tagen sogar bis zu 400 Liter Wasser zu verdunsten. In der asiatischen Wüste Kara-Kum verliert die Fabacee *Smirnovia turkestana* bereits in 1 Stunde etwa 7mal so viel Wasser, wie ihr eigener Wasservorrat beträgt. An trockenen Hängen des Kaiserstuhls transpirieren bestimmte Pflanzen pro Tag etwa das 12fache ihres Wassergehaltes.

Soll die Pflanze zur Zeit der maximalen Transpiration keinen Schaden nehmen, muß zumindest der größte Teil dieses Wasserverlustes laufend durch die Wasseraufnahme aus dem Boden ersetzt werden.

Die Transpiration einer Pflanze oder eines Pflanzenteiles kann über kürzere Zeiten einfach durch Wägung zu Beginn und am Ende der Versuchszeit ermittelt werden; die Gewichtsverluste durch Atmung oder die -gewinne durch Photosynthese spielen bei kurzen Zeiten keine wesentliche Rolle. Genauere und Langzeitmessungen, auch solche an großen Pflanzen, erfordern andere Methoden. Verwendbar ist z.B. der URAS (Abb. 260, S. 232), da es sich auch beim Wasser um Moleküle handelt, die Ultrarot absorbieren. Sofern die Wasserabgabe gerade durch die Wasseraufnahme kompensiert wird, kann die Transpiration auch mittels eines Potetometers (Abb. 345) bestimmt werden. Eine Kombination von Wägung und Potetometermessung ermöglicht eine Bestimmung sowohl der Wasseraufnahme wie der -abgabe, d.h. also eine Ermittlung der Wasserbilanz.

Daß die Höhere Pflanze in ihrem Wasserpotential auch der oberirdischen Teile (Abb. 344) viel näher dem des Bodens als dem der Atmosphäre steht, hängt mit den erheblichen Diffusionswiderständen für den Wasserdampf zusammen, die sie an ihren transpirierenden Oberflächen, vor allem den äußeren, aufgebaut hat. Dazu gehört besonders die Cuticula, die erstmalig bei den Moosen auftritt und – wie das Suberin und Lignin – eine unentbehrliche Voraussetzung für die Entwicklung homoiohydrer, größerer Landpflanzen ist (Abb. 346). Isolierte, lückenlose Blattcuticulae haben eine extrem geringe Durchlässigkeit für Wasser (Permeabilitäts-Koeffizient: 10^{-7} bis 10^{-8} cm · s^{-1}); dies geht hauptsächlich auf ihren Wachsgehalt zurück. Beim intakten Blatt wird diese Schwerdurchlässigkeit noch verstärkt durch Auflagerung weiterer Wachsschichten auf die Cuticula (Abb. 120) und durch die Cutineinlagerung in die Epidermisaußenwände. Auch der Deckmantel toter Haare, den man auf manchen Blättern findet (z.B. Edelweiß), wirkt durch die Schaffung windstiller, wasserdampfgesättigter Räume transpirationshemmend (vgl. S. 120); desgleichen die Versenkung der Spaltöffnungen in windgeschützte Räume (Abb. 219, S. 192).

Die cuticuläre Transpiration erreicht daher auch bei den zarten Blättern feuchter Standorte weniger als 10% der Verdunstung einer freien Wasseroberfläche gleicher Fläche (der **Evaporation**, d.h. einer Verdunstung ohne Diffusionswiderstände und bei ungehinderter

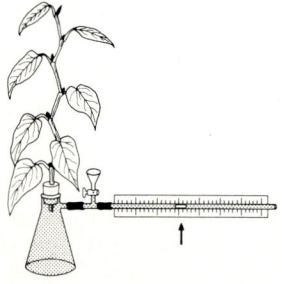

Abb. 345: Schema eines einfachen Potetometers. Pfeil deutet auf die Luftblase, deren Wanderung in der Capillare verfolgt werden kann.

Wassernachfuhr). Bei Coniferennadeln und Hartlaub beträgt sie nur 0,5%, bei Kakteen, die über lange Trockenperioden das Speicherwasser vor der Verdunstung bewahren müssen, gar nur 0,05% der Evaporation.

Ähnlich wirksam wie der Abschluß durch Cutin ist der durch Suberinschichten, z.B. im Cutisgewebe, Kork und Borke (S. 121; Abb. 346). Dies geht z.B. daraus hervor, daß in einer zugekorkten Sektflasche der Pfropfen undurchlässig ist für Wasser und Gase. Auch die Lagerfähigkeit der Kartoffelknolle ist durch ihre dünne Korkhülle bedingt; geschälte Kartoffeln trocknen daher schnell aus.

Da ein lückenloser Abschluß der Pflanzenorgane mit Cutin oder Suberin nicht nur den Wasserdampfaustritt, sondern auch die Diffusion anderer für die Pflanze lebenswichtiger Gase (vor allem von CO_2 für die Photosynthese, S. 268) behindern würde, hat die Pflanze bei ihren wichtigsten Gasaustauschorganen, den Laubblättern, aber auch an anderen grünen Teilen (primäre Sproßachse, Früchte), regulierbare Poren, die Stomata (S. 116 ff.), entwickelt, während verkorkte Gewebe durch nicht regulierbare Porensysteme, die Lenticellen (S. 173), den Diffusionswiderstand lokal herabsetzen.

Die Stomata haben die Aufgabe, einerseits die Nachlieferung des bei der Photosynthese (oder bei der CO_2-Dunkelfixierung) benötigten CO_2 durch Verringerung des Diffusionswiderstandes (Stomataöffnung) zu erleichtern, andererseits bei angespanntem Wasserhaushalt oder auch bei Wegfall der Photosynthesebedingungen (im Dunkeln) durch Schluß (Erhöhung des Diffusionswiderstandes) die stomatäre Transpiration zu drosseln.

Voll geöffnete Stomata verringern den Diffusionswiderstand drastisch gegenüber den Werten der cuticulären Transpiration (Tab. 27). Die Unterschiede bei den verschiedenen Arten und Standortformen hängen dabei von der Anordnung (hypo- oder amphistomatisch, S. 178), der Dichte, der Größe und auch den Baueigentümlichkeiten (der «Geometrie») der Stomata (S. 116 ff.) ab.

Bei voll geöffneten Stomata kann ein Blatt durch Transpiration maximal 50–70% derjenigen Wasserdampfmenge verlieren, die durch Evaporation einer flächengleichen Wasserfläche abgegeben wird. Dies ist erstaunlich, weil die Stomata zwar zu mehreren Hundert pro Quadratmillimeter (S. 178) auftreten können, ihr gesamtes Porenareal bei maximaler Öffnung aber wegen der geringen Weite des Spaltes von

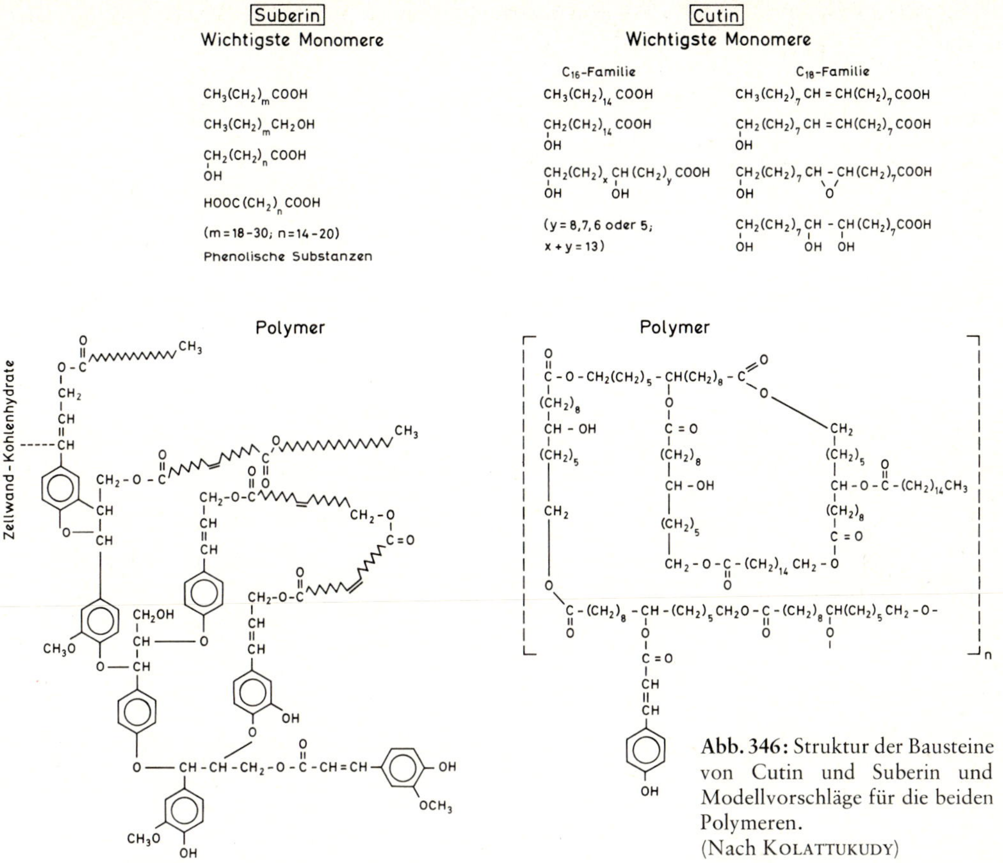

Suberin
Wichtigste Monomere

$CH_3(CH_2)_m COOH$

$CH_3(CH_2)_m CH_2 OH$

$CH_2(CH_2)_n COOH$
OH

$HOOC(CH_2)_n COOH$

$(m = 18-30; n = 14-20)$

Phenolische Substanzen

Cutin
Wichtigste Monomere

C_{16}-Familie

$CH_3(CH_2)_{14} COOH$

$CH_2(CH_2)_{14}$
OH

$CH_2(CH_2)_x CH(CH_2)_y COOH$
$OH \quad OH$

$(y = 8,7,6 \text{ oder } 5;$
$x + y = 13)$

C_{18}-Familie

$CH_3(CH_2)_7 CH = CH(CH_2)_7 COOH$

$CH_2(CH_2)_7 CH = CH(CH_2)_7 COOH$
OH

$CH_2(CH_2)_7 CH - CH(CH_2)_7 COOH$
$OH \quad \backslash O /$

$CH_2(CH_2)_7 CH - CH(CH_2)_7 COOH$
$OH \quad OH \quad OH$

Polymer

Polymer

Zellwand – Kohlenhydrate

Abb. 346: Struktur der Bausteine von Cutin und Suberin und Modellvorschläge für die beiden Polymeren.
(Nach KOLATTUKUDY)

wenigen µm nur selten mehr als 1–2% der Blattoberfläche erreicht. In Modellversuchen hat man festgestellt, daß viele kleine Poren bei gleicher Gesamtfläche einen viel stärkeren Wasserdurchtritt erlauben als wenige große. Man führt dies auf den «Randeffekt» zurück, d.h. darauf, daß die am Rande austretenden Wasserdampfmoleküle auch nach der Seite freies Diffusionsfeld haben, während die aus der Mitte diffundierenden auf allen Seiten durch Nachbarn behindert werden. Damit wird verständlich, warum zu eng benachbarte Poren einander sogar stören können. Wohl aus dem gleichen Grunde erzielt die erste geringe Erweiterung eines zunächst völlig geschlossenen Stoma den stärksten Effekt auf die Transpiration.

Wegen der Bedeutung der stomatären Transpiration für die Gesamttranspiration bei allen Pflanzen mit funktionierenden Stomata spielen die Faktoren, welche die Spaltenweite regulieren, die Hauptrolle bei der physiologischen

Steuerung der Transpiration. Sie werden später eingehend behandelt (S. 474 ff.).

Auch die Lenticellen sind Orte geringeren Diffusionswiderstandes für den Wasserdampf (beim Birkenperiderm ist ihr Permeabilitätskoeffizient um etwa eine Zehnerpotenz höher als der des geschlossenen Periderms), allerdings sind sie im Gegensatz zu den Stomata nicht physiologisch regulierbar.

Der **Tagesgang der pflanzlichen Transpiration** zeigt bei den Cormophyten meist einen charakteristischen Verlauf: Morgens steigt mit Einsetzen der Belichtung die Transpiration infolge der photoaktiven Öffnung der Stomata (S. 474), nimmt dann bei voll geöffneten Stomata wegen der zunehmenden Erwärmung des Blattes und der Luft (Verringerung der relativen Luftfeuchte) bis zum Mittag zu, um dann wieder abzufallen, bis beim Einbruch der Dämmerung die Stomata wieder geschlossen werden. Bei starker Beanspruchung des Wasserhaushaltes kann es auch mittags vorübergehend zum Stomaschluß kommen. Wenn während des Tages die

Tab. 27: Transpiration von Blättern verschiedener Pflanzen (mg H_2O pro dm² beiderseitige Blattoberfläche und Stunde) bei einer Evaporation (im Piche-Evaporimeter) von 3360 mg $H_2O \cdot dm^{-2} \cdot h^{-1}$. (Nach Pisek u. Mitarb., aus Larcher)

Pflanze	Gesamt-transpiration bei geöffneten Spalten	Cuticuläre Transpiration nach Spaltenschluß	Cuticuläre Transpiration in % der Gesamt-transpiration
Krautige Pflanzen sonniger Standorte			
Coronilla varia	2000	190	9,5
Stachys recta	1800	180	10
Oxytropis pilosa	1700	100	6
Schattenkräuter			
Pulmonaria officinalis	1000	250	25
Impatiens noli-tangere	750	240	32
Asarum europaeum	700	80	11,5
Oxalis acetosella	400	50	12,5
Bäume			
Betula pendula	780	95	12
Fagus sylvatica	420	90	21
Picea abies	480	15	3
Pinus sylvestris	540	13	2,5
Immergrüne Ericaceen			
Rhododendron ferrugineum	600	60	10
Arctostaphylos uva-ursi	580	45	8

Wassernachfuhr den Wasserverlust nicht mehr voll ersetzt, so kann dieses Defizit in der kühleren und relativ feuchteren Nacht meist wieder ausgeglichen werden (S. 331).

Die Transpiration ist für die Pflanze nicht nur ein aus physikalischen Gründen nicht zu vermeidendes Übel, wenn auch der Ausgleich der entstehenden Wasserverluste häufig den wachstumsbegrenzenden Faktor darstellt. Die Transpiration hat eine Kühlwirkung, die eine gefährliche Überhitzung der Pflanze bei Sonneneinstrahlung verhindern kann. Es gibt Wüstenpflanzen (vor allem relativ großblättrige), welche den Maximaltemperaturen ihrer Standorte nur dadurch gewachsen sind, daß sie ihre oberirdischen Vegetationsorgane durch starke Transpiration um einige Grade unter diese Umgebungstemperatur kühlen; so erreichte z.B. die Blatt-Temperatur der Cucurbitacee *Citrullus colocynthis* in der Sahara maximal nur etwa 40 °C und lag bis zu 15° unter Lufttemperatur. Andere Arten, deren Wasserversorgung eine lebhafte Transpiration in Hitzeperioden nicht erlaubt, erreichen und überschreiten dann mit geschlossenen Stomata die Standorttemperatur,

sind aber mit entsprechender plasmatischer Resistenz ausgestattet. Die Dattelpalme erreicht z.B. in der Sahara Blattemperaturen von maximal > 50°; sie liegen oft mehr als 10° über der Lufttemperatur.

Weiterhin ist die Transpiration die Triebkraft für den Wassertransport in der Pflanze (S. 329), der auch anorganische Ionen und verschiedene organische Verbindungen mit sich führt.

Die Guttation. Die Notwendigkeit, auch bei Wegfall der Transpiration einen Wasserstrom in der Pflanze aufrecht zu erhalten, liegt wohl dem Phänomen der Guttation zugrunde, d.h. der Abscheidung flüssigen Wassers in Tropfenform. Sie tritt dementsprechend vor allem zu Zeiten hoher relativer Luftfeuchtigkeit, bei uns z.B. nachts sowie im tropischen Regenwald, auf. Die an bestimmten Stellen des Pflanzenkörpers (meist der Blätter) durch Hydathoden (S. 117) oder durch Drüsenhaare (Trichomhydathoden) austretenden Tropfen werden oft fälschlich für Tautropfen gehalten, z.B. beim Frauenmantel (*Alchemilla*), der Fuchsie, der Kapuzinerkresse (*Tropaeolum*, Abb. 347)

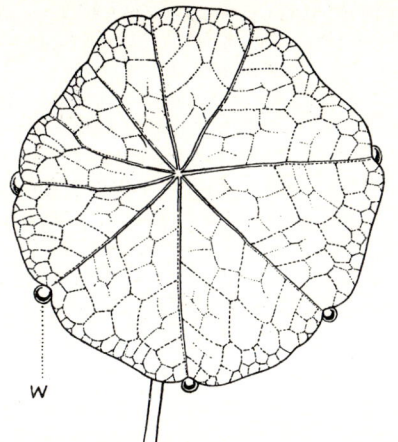

Abb. 347: Guttationstropfen (W) an einem Blatt von *Tropaeolum majus*. (Nach MEIERHOFER)

oder an den Blattspitzen vieler Gräser. Die Aracee *Colocasia nymphaeifolia* aus dem tropischen Regenwald kann in einer einzigen Nacht von einem der großen Blätter eine Flüssigkeitsmenge bis zu 100 ml abtropfen. Aber auch Niedere Pflanzen, vor allem Pilze, zeigen Guttation, z.B. der Hausschwamm *Serpula (Merulius) lacrymans*, der daher seinen Artnamen («tränend») hat. Der «einzellige» Pilz *Pilobolus* (S. 649, Abb. 695) läßt durch seine Guttation erkennen, daß schon ein querwandloser Zellschlauch die Fähigkeit zur Abscheidung flüssigen Wassers besitzt (auch ohne pulsierende Vacuole als Wasserpumpe).

Die Triebkraft für die Abscheidung der Guttationsflüssigkeit liegt bei den passiven Hydathoden (z.B. bei den Grasblättern) im Wurzeldruck (S. 328); diese Hydathoden stellen Porensysteme dar, durch die der Xyleminhalt unter seinem Eigendruck nach außen tritt, wobei häufig W a s s e r s p a l t e n passiert werden (S. 118, Abb. 128). Diese Art von Guttation fällt demnach weg, wenn die Hydathoden von der Wurzel abgetrennt werden. Bei den aktiven Hydathoden (wohl die meisten E p i t h e m h y d a - t h o d e n , z.B. *Tropaeolum*, *Saxifraga*, und alle Trichomhydathoden, z.B. *Cicer*, *Phaseolus*) liegen Wasserdrüsen vor, die unabhängig vom Wurzeldruck arbeiten. Der Abscheidungsmechanismus ist hier, wie bei allen anderen Drüsen, noch nicht im Detail geklärt.

Es wird einmal daran gedacht, daß das Plasmalemma der Drüsenzellen an den Orten der Wasserabscheidung eine höhere Wasserpermeabilität besitzt («leck» ist) als an der übrigen Zelloberfläche.

Zum anderen könnten osmotisch wirksame Substanzen aktiv nach außen abgeschieden werden, die das Wasser passiv nach sich zögen. Die aktiven Hydathoden wären dann funktionell den Salz- und Nektardrüsen (S. 370f.) verwandt; tatsächlich liefert die Guttation kein reines Wasser, sondern eine verdünnte wäßrige Lösung anorganischer und auch organischer Substanzen.

3. Die Leitung des Wassers

Der Langstreckentransport des Wassers erfolgt in den Elementen des Xylems (S. 126), die speziell für diese Aufgabe eingerichtet sind. Wesentlich ist vor allem, daß die Wasserleitungszellen im funktionsfähigen Zustand tot, d.h. plasmafrei sind, da das Cytoplasma dem Wassertransport einen außerordentlich großen Widerstand entgegensetzt.

Der Cytoplasmasaum zwischen Vacuole und Zelloberfläche (einschließlich Tonoplast und Plasmalemma) einer einzigen *Chara*-Zelle hat eine Wasserpermeabilität von nur etwa 10^{-5} cm $\cdot$ s^{-1} $\cdot$ bar^{-1}, das entspricht dem Wert für 600 m Kiefernholz in der Faserlängsrichtung und von 3 mm in der Radialrichtung.

Die Gesamtquerschnittsfläche an wasserleitenden Elementen, die in der Sproßachse einer Pflanze pro Gramm Frischgewicht der mit Wasser zu versorgenden Blätter entwickelt ist, hängt vom Ökotypus ab: Pflanzen feuchter Standorte (geringer Transpiration) haben geringere Werte als solche trockener Herkünfte (Tab. 28). Auch innerhalb einer Baumkrone ist dieser Wert in den einzelnen Ästen und Zweigen nicht gleich groß; so ist z.B. der Spitzentrieb in der Wasserversorgung eindeutig bevorzugt.

Die Geschwindigkeit des Wassertransportes. Da die im Xylem transportierten Substanzen (Wasser und darin gelöste anorganische Ionen, in geringer Konzentration auch organische Verbindungen) leicht mit denen in den Zellwänden und in den Zellen in der Umgebung der wasserleitenden Elemente ausgetauscht werden, ist es nicht einfach, die tatsächliche Strömungsge-

Tab. 28: Querschnittsfläche des Wasserleitungssystems bei verschiedenen Pflanzen (in mm² pro Gramm Blattfrischgewicht). (Nach HUBER und GESSNER)

Seerosen (Blattstiele)	0,02
Kräuter des Waldbodens	0,01–0,80
Nadelbäume	0,30–0,61
Laubbäume	0,25–0,79
Wüstenpflanzen	1,42–7,68

schwindigkeit des Xyleminhaltes zu ermitteln. Meist werden nur Mindestgeschwindigkeiten erhalten. Dies gilt auch für die beste und meist verwendete thermoelektrische Methode (Abb. 348). Die Werte sind für die einzelnen Arten sehr verschieden, wobei sich die drei großen, im Holzbau unterschiedenen Typen (Gymnospermen, zerstreut- und ringporige Angiospermen) in ihren Höchst- und Durchschnittswerten erheblich voneinander unterscheiden (Tab. 29).

Die Strömungswiderstände im Xylem. In einer vertikalen, unbewegten Wassersäule ist der hydrostatische Druckgradient etwa 0,1 bar · m^{-1}. In einem Baumstamm, dessen Holzkörper mit Wasser gefüllt ist und der am Grunde At-

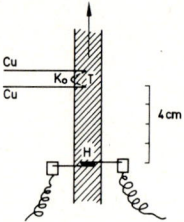

Abb. 348: Thermoelektrische Messung der Strömungsgeschwindigkeit im Xylem; Schema der Versuchsanordnung. Die Heizdrahtschleife (H) wird kurz (1–3 s) elektrisch aufgeheizt und die Ankunft der Wärmewelle «stromabwärts» mit einem Thermoelement (T; Kupfer-Konstantan-Legierung) in definierter Entfernung von der Heizstelle registriert. Die strömende Front des erwärmten Saftes trifft zuerst die nähere Lötstelle und führt zu einem Galvanometerausschlag. Wird die zweite Lötstelle passiert, wird diese wärmer als die erste, d.h. es kommt zu einer Umkehrung des Galvanometerausschlages. Diese Umkehr ist der sichere Beweis für das Passieren eines Volumens erwärmten Wassers. (Aus Huber)

Tab. 29: Mittägliche Spitzengeschwindigkeiten des Transpirationsstromes verschiedener Pflanzentypen. Gemessen mit der thermoelektrischen Methode. (Aus Huber)

Objekt	Geschwindigkeit (m · h^{-1})
Moose	1,2– 2,0
Nadelhölzer, immergrün	1,2
Lärche	1,4
Mediterrane Hartlaubgewächse	0,4– 1,5
Sommergrüne zerstreutporige Laubhölzer	1 – 6
Ringporige Laubhölzer	4 –44
Krautige Pflanzen	10 –60
Lianen	150

mosphärendruck aufweist (und in dem keine Wasserströmung erfolgt, z.B. vor Sonnenaufgang bei stark eingeschränkter Transpiration), wäre in 10 m Höhe der hydrostatische Druck gleich 0, in 100 m Höhe gleich —9 bar; solche Höhen werden von einigen Baumarten erreicht (*Sequoiadendron*, *Eucalyptus* bis 120 m).

Ist das Wasser in den Röhrensystemen des Xylems in Bewegung, so kommen Strömungswiderstände dazu. Für einen Fluß durch ideale Capillaren gilt das Hagen-Poiseuillesche Gesetz:

$$V = \frac{\pi}{8\eta} \cdot \frac{\Delta p}{l} \cdot t \cdot r^4 ,$$

wobei V Volumen der strömenden Flüssigkeit, η Viscosität der Flüssigkeit, Δp/l Druckgradient entlang der Capillare, t Zeit, r Radius der Capillare.

Will man aus dieser Gleichung den Druckgradienten im Holz eines Stammes mit strömendem Wasser bestimmen, so muß man demnach – neben den übrigen, leicht zu ermittelnden Werten – das Wasservolumen kennen, das zu einer gegebenen Zeit durch einen Stamm fließt. Dies macht große Schwierigkeiten, weil nur ein Teil der auf einem Querschnitt ausmeßbaren Wasserleitungsbahnen tatsächlich funktioniert; die anderen sind durch Luftembolien (S. 330) oder durch Thyllen (S. 169) blockiert. Bequem zu messen ist dagegen, wie erwähnt, die Strömungsgeschwindigkeit (jedenfalls ihr Mindestwert). Nun läßt sich aus der Hagen-Poiseuille-Gleichung ableiten, daß die Geschwindigkeit des Flüssigkeitsstromes in einer Capillare eine paraboloide Verteilung über den Querschnitt aufweist, d.h. die Moleküle unmittelbar an der Capillarenwand sind stationär, die in der Mitte werden am schnellsten transportiert. Ein in einer Capillare strömendes Flüssigkeitsvolumen nimmt daher eine paraboloide Form an. Setzt man das Volumen eines Paraboloids ($^1/_2$ r² π h, d.h. die Hälfte eines Zylinders mit derselben Höhe h) gleich dem Volumen einer strömenden Flüssigkeit in einer Einzelcapillare in der Strömungsgleichung, so erhält man:

$$h = \frac{\Delta p}{l} \cdot t \cdot \frac{r^2}{4\eta} .$$

Diese Beziehung ist unabhängig vom transportierten Volumen. h/t gibt die Spitzengeschwindigkeit wieder:

$$\frac{h}{t} = \frac{\Delta p}{l} \cdot \frac{r^2}{4\eta} .$$

Mit Hilfe dieser Gleichung kann man aus der Strömungsgeschwindigkeit den Druckgradienten berechnen, der notwendig ist, um die Flüssigkeit mit der jeweiligen Geschwindigkeit durch Capillaren gegebenen Durchmessers zu drücken (Abb. 349).

Betrachtet man die Struktur der Wasserleitungselemente (S. 126 ff.), so ist klar, daß die Leitbahnen keineswegs idealen Capillaren entsprechen: Sie haben keine glatten Wände (häufig Aussteifungsstrukturen) und vor allen Dingen nur eine begrenzte Länge, die bei Tracheiden meist nur etwa 0,5–3 mm beträgt. Vergleicht man die hydraulische Leitfähigkeit von Holzstücken definierter Länge mit der von idealen Capillaren des gleichen Durchmessers wie die jeweiligen Wasserleitelemente, so stellt man fest, daß die meisten Holzpflanzen erwartungsgemäß niedrigere Werte haben, während die Leitbahnen der Lianen (mit sehr langen und weiten Tracheen!) sich überraschenderweise fast wie ideale Capillaren verhalten (Tab. 30). Besonders unerwartet ist die hohe Leitfähigkeit des Tannenholzes, dessen Tracheiden nur wenige Millimeter lang sind, so daß das Wasser auch über kurze Strecken zahlreiche Hoftüpfel in den schrägen Querwänden passieren muß (Abb. 79 u. 80, S. 83).

Theoretische und gemessene Druckgradienten im Xylem. Aus den gemessenen Wassertransport-Geschwindigkeiten im Holzkörper verschiedener Pflanzen (Tab. 29) und aus dem Prozentsatz der tatsächlichen hydraulischen Leitfähigkeit im Vergleich zu der idealer Capillaren (Tab. 30) läßt sich mit Hilfe der Abb. 349 leicht der jeweils benötigte theoretische Druckgradient in den Stämmen berechnen. Man kommt dabei auf Werte in der Größenordnung

von 0,05–0,1 bar · m^{-1}, übrigens auch für die Nadelbäume mit ihren Tracheiden. Man muß also mit Druckgradienten zwischen 0,15 und 0,2 bar · m^{-1} rechnen, wenn das Wasser in der Pflanze nicht nur gegen die Schwerkraft gehoben, sondern auch mit den beobachteten Geschwindigkeiten nach oben bewegt werden soll. Die Arten mit geringem Strömungswiderstand (z.B. ringporige Bäume, Lianen) haben dementsprechend höhere Strömungsgeschwindigkeiten (Tab. 29).

Für die Wasserströmung im Xylem ist es prinzipiell gleichgültig, ob die Druckgradienten dadurch verwirklicht sind, daß in der Wurzel ein positiver Druck erzeugt wird, der nach oben entsprechend abnimmt, oder dadurch, daß am oberen Ende der Transportstrecke ein entsprechend starker negativer Druck (Sog) entwickelt wird, so daß die kontinuierlichen Wasserfäden in den Wasserleitungsbahnen nicht «geschoben», sondern «gezogen» werden.

Beide Möglichkeiten sind in der Pflanze verwirklicht, wobei die Erzeugung positiver Drucke in der Wurzel («Wurzeldruck») nur temporär und begrenzt von Bedeutung ist, der Sog durch die wasserverbrauchenden Teile aber bei allen lebhaft transpirierenden Pflanzen die entscheidende Rolle spielt.

Positive Drucke sind, falls vorhanden, leicht mittels spezieller Manometer im Holz zu messen; in Sproßachsen der Weinrebe wurde im Frühjahr (zur Blutungszeit, s.u.) auf diese Weise ein Druckabfall von 0,1 bar · m^{-1} von der Basis zur Spitze erhalten.

Negative Drucke im Holzkörper sind schwieriger zu bestimmen. Der erste Nachweis wurde durch den Befund erbracht, daß abgeschnittene transpirierende *Thuja*-Zweige eine Quecksilbersäule höher ziehen konnten als dem Atmosphärendruck entsprach. Be-

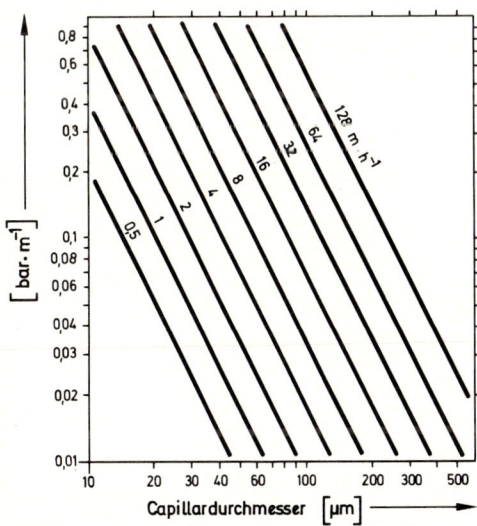

Abb. 349: Die Abhängigkeit der benötigten Druckgradienten von den Capillardurchmessern bei verschiedenen Strömungsgeschwindigkeiten nach Ha-gen-Poiseuille. (Aus Zimmermann u. Brown)

Tab. 30: Hydraulische Leitfähigkeit des Xylems verschiedener Pflanzen in % des theoretischen Wertes für ideale Capillaren des gleichen Durchmessers. (Aus Zimmermann u. Brown)

Art	% des theoretischen Wertes
Weinstock (Liane)	100
Eiche (Wurzelholz)	53–84
Tanne	26–43
Birke (Wurzelholz)	34,8
Pappel (Stammholz)	21,7
Verschiedene Kräuter und Sträucher	12–22

sonders überzeugend ist der in Abb. 350 dargestellte Versuch.

Inzwischen ist es auch möglich, Gradienten negativen Drucks in Bäumen direkt zu messen. Dazu wird in einer Druckkammer der Überdruck ermittelt, der nötig ist, um in abgeschnittenen Pflanzenteilen die Menisci der beim Abschneiden durch den herrschenden Sog in das Innere der Wasserleitungsbahnen gezogenen Wasserfäden gerade wieder an der Schnitt-

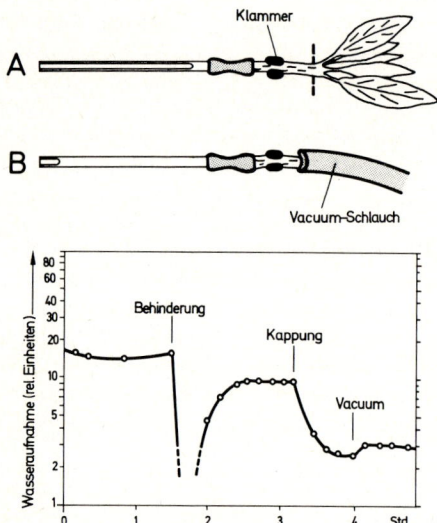

Abb. 350: «RENNER-Versuch». Läßt man einen beblätterten Zweig durch eine graduierte Capillare Wasser aufnehmen und behindert dann die Wasserleitung durch den Druck einer Klammer (A), so wird die Wasseraufnahme zunächst vermindert (Kurve unten), erreicht dann aber fast wieder den Ausgangswert. Entfernt man nun die beblätterte Spitze und schließt an den Stumpf eine Vakuumpumpe an (B), so erreicht die Wasseraufnahme schließlich nur einen Bruchteil der durch Transpiration bewirkten. (Nach ZIMMERMANN u. BROWN, ergänzt)

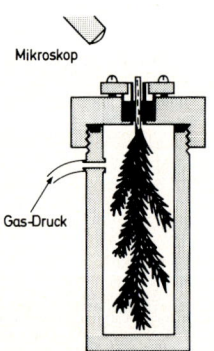

Abb. 351 A: Druckkammer zur Messung negativer Drucke im Xylem von Pflanzenteilen. (Nach SCHOLANDER u. Mitarb., aus ZIMMERMANN u. BROWN)

fläche erscheinen zu lassen (Abb. 351A). Mit Hilfe dieser Methode wurde bei hohen Nadelbäumen tatsächlich ein Druckgradient in der theoretisch zu fordernden Größenordnung nachgewiesen (etwas mehr als $0,1 \, bar \cdot m^{-1}$; Abb. 351B). Die absoluten Werte des Druckes zeigten zudem einen deutlichen Tagesgang mit Maxima der negativen Drucke zur Zeit der höchsten Transpiration; der Wassernachschub hält demnach mit dem Wasserverbrauch nicht immer Schritt (negative Wasserbilanz, vgl. S. 331).

Die Antriebskräfte für den Wassertransport

«Druckpumpe» beim Wurzeldruck. Auf den Wurzeldruck führt man außer der Guttation durch passive Hydathoden (S. 325) auch die nach Verletzung des Xylems erfolgende Saftabscheidung («Bluten») verschiedener Holzpflanzen im Vorfrühling, sowie vieler Kräuter auch während der ganzen Vegetationsperiode, zurück. Setzt man auf einen «blutenden» Wurzelstumpf ein Manometer (Abb. 352), so kann man den Wurzeldruck messen. Er bleibt gewöhnlich unter 1 bar, kann aber bei Birken bis über 2 bar, bei isoliert gezogenen Tomatenwurzeln über 6 bar steigen. Die Mengen von Flüssigkeit, die aus einer Wunde austreten können («Blutungssaft»), sind beträchtlich. Sie können in 24 Stunden bei Reben etwa 1 Liter, bei Birken 5 Liter erreichen. Man darf aus dem Flüssigkeitsaustritt nach Verletzen des Xylems

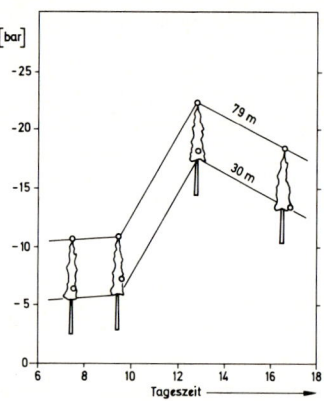

Abb. 351 B: Mit der Druckkammer ermittelte Druckgradienten im Xylem einer Douglasie zu verschiedenen Tageszeiten. Die Zweige wurden aus den angegebenen Höhen mit einem Gewehr heruntergeschossen. (Nach SCHOLANDER u. Mitarb., aus ZIMMERMANN u. BROWN)

aber nicht schließen, das Wasser in den Leitbahnen von Bäumen (z.B. Birke, Ahorn) werde während der Blutungsperiode, in der sie unbelaubt sind, durch den Wurzeldruck in lebhafter Strömung gehalten. Thermoelektrisch ist im unbelaubten Stamm gar keine Wasserströmung festzustellen. Der Xyleminhalt steht zwar unter Überdruck, ist aber kaum in Bewegung; er hat ja auch zu dieser Zeit kaum Wasserverluste zu ersetzen. Auch bei der Guttation ist die Strömungsgeschwindigkeit im Xylem meist sehr gering.

Wie kommt der Wurzeldruck zustande? Wenn ein Wurzelsystem in einem Medium reinen Wassers einen positiven hydrostatischen Druck in den toten Zellen des Xylems entwickelt, so könnte dies einmal darauf zurückgehen, daß die lebenden Zellen in der Umgebung der Wasserleitungsbahnen das Wasser gegen ein Gefälle des Wasserpotentials aus dem Symplasten in den Apoplasten und damit in das Lumen der Leitelemente pressen. Es gibt keinen eindeutigen Hinweis darauf, daß ein derartiger aktiver Wassertransport in diesem oder in irgendeinem anderen Fall verwirklicht ist. Vielmehr wird angenommen, daß der Wassereintritt in die Leitbahnen wieder durch Abscheidung von osmotisch wirksamen Substanzen aus dem Symplasten verursacht wird, denen das Wasser entlang einem Wasserpotentialgradienten osmotisch folgen muß.

Der Inhalt der Wasserleitungsbahnen besteht ja, wie der Guttations- und der Blutungssaft, nicht aus reinem Wasser, sondern aus einer, wenn auch meist sehr verdünnten, Lösung (Gefäßsaft meist 0,1–0,4 %ig). Sie enthält anorganische Substanzen, Zucker, organische Säuren, Aminosäuren, Vitamine, Enzyme, Hormone usw. Bekannt ist z.B. der Zuckergehalt (vorwiegend Saccharose) im Blutungssaft des Zucker-Ahorns *(Acer saccharum)* von durchschnittlich 2,5 %,

der in Nord-Amerika zur Bereitung von Sirup (maple syrup) verwendet wird. Der Ahorn entwickelt im Frühjahr übrigens nicht nur einen Wurzel-, sondern – wie man an gefällten Stämmen messen kann – auch einen Stammdruck. Ein kräftiger Baum liefert Mitte März etwa 4 l Blutungssaft pro Tag und ca. 2–3 kg Zucker im Frühjahr.

Es ist noch nicht entschieden, ob die eigentliche Konzentrierungsarbeit der osmotisch wirksamen Substanzen gegenüber dem Außenmedium bei der Aufnahme in den Symplasten (z.B. an der Wurzeloberfläche oder in der Wurzelrinde) erfolgt, und der Symplast in der Umgebung der Leitbahnen nur «leckt», oder ob die Osmotica von den lebenden Zellen in der Umgebung der Xylemelemente aktiv in diese sezerniert werden, oder ob schließlich beide Prozesse nebeneinander herlaufen. Auf jeden Fall erfordert der Wurzeldruck den Aufwand von Stoffwechselenergie; er kann daher z.B. durch Atmungsgifte oder niedrige Temperaturen im Wurzelbereich gehemmt werden.

Ein Überdruck kann sich in den Elementen des Xylems nur aufbauen, wenn die unter Druck stehende Lösung nicht durch die Wurzelrinde (z.B. durch deren Zellwände) in den Boden entweichen kann. Das wird aber durch den CASPARYschen Streifen in den Radialwänden der Endodermis (S. 120, Abb. 132B, C) verhindert, dem auch noch andere Aufgaben zugeschrieben werden (S. 339).

Sog durch die Transpiration. Der Hauptantrieb für die Wasserströmung im Xylem (und in der Regel der einzige) ist aber nicht der Wurzeldruck, sondern der Transpirationssog, weshalb man die Wasserbewegung im Holz meist als Transpirationsstrom bezeichnet.

Das Wasser kann im Holzkörper (z.B. von transpirierenden Bäumen oder Lianen) auch durch Abschnitte fließen, die durch Hitze oder Gifte abgetötet worden sind: Für den Xylemtransport transpirierender Pflanzen ist eine direkte Mithilfe lebender Zellen nicht notwendig. (Sie können aber für die Verhinderung, evtl. auch Beseitigung von Luftembolien bedeutsam sein, S. 330.) Die Pflanze wendet für den Wassertransport (falls kein Wurzel- oder Stammdruck beteiligt ist) keine eigene Energie auf, sondern nützt – wie erwähnt (S. 321) – das Wasserpotentialgefälle zwischen Boden und Atmosphäre aus, in das sie eingespannt ist.

Man kann dieses Wasserpotentialgefälle zwischen Boden, Pflanze und Atmosphäre wie auch die Wassertransport-Widerstände in einzelne

Abb. 352: Nachweis des Wurzeldruckes mit Hilfe eines auf den Wurzelstumpf aufgesetzten Quecksilbermanometers. (Nach SCHUMACHER)

Komponenten zerlegen (Abb. 353). Dabei liegt das größte Potentialgefälle und der größte Widerstand zwischen der Sproßoberfläche und der Atmosphäre. Dieser hohe Widerstand ergibt sich vor allem aus dem hohen Energiebedarf für den Übertritt des Wassers aus der flüssigen in die Gasphase, d.h. die Transpiration; diese Energie aber wird von der Sonne geliefert.

Die Transpiration führt zunächst zu einer Minderung der Wassersättigung der an die innere und äußere Gasphase grenzenden Zellen des transpirierenden Organs (gewöhnlich des Blattes), damit zu einer Entquellung, also einer Verringerung der Krümmungsradien der Wassermenisci in den Zellwandcapillaren an der Oberfläche, einem Zurückweichen der Menisci in die Capillaren und damit zu einer Herabsetzung des Wasserpotentials. Da das Imbibitionswasser der Zellwände in direkter Verbindung mit der Wasserfüllung der Leitbahnen steht, setzt sich der Sog aufgrund der Kohäsion der Wassermoleküle bis dorthin fort und «zieht» auf diese Weise die Wasserfäden in den Leitbahnen nach oben.

Dieser Transpirationssog reicht über die Enden der Leitbahnen bis in den Apoplasten der Wurzel und wahrscheinlich bis zur Wurzeloberfläche, die mit dem Bodenwasser Kontakt hat (S. 319), zumindest aber bis zur Endodermis (über deren Rolle bei der Leitung des Wassers vgl. a. S. 329).

Man kann also annehmen, daß der negative Druck im Xylem ausreicht, um das Wasser aus den Bodencapillaren durch die Wurzelgewebe nach Art einer Unterdruckfiltration in die Leitbahnen und bis an die äußersten, transpirierenden Organe der Pflanze zu ziehen. Dies gilt auch für Pflanzen, die wie die Mangroven Meerwasser im Wurzelmilieu haben; einige von ihnen haben einen fast salzfreien Xyleminhalt, so daß allein die osmotische Potentialdifferenz zwischen dem Xylemwasser und dem Meerwasser etwa −25 bar beträgt. Auch die Triebkraft für diese «umgekehrte Osmose» wird letztlich vom Transpirationssog, also von der Sonnenenergie, aufgebracht.

Die für diese Wirkung benötigten hohen negativen Drucke können vom matrikalen Potential der nicht mehr wassergesättigten Zellwand ohne weiteres geleistet werden. Auch im Holzkörper der Kronen hoher Bäume sind bei lebhafter Transpiration und damit bedeutender Strömungsgeschwindigkeit negative Drucke von −20 bar und mehr erforderlich und auch verwirklicht (Abb. 354). Bei *Picea engelmannii* hat man unter Wasserstreß sogar −90 bar, bei *Artemisia herba-alba* −163 bar gemessen. Die Wasserfäden in den Leitungsbahnen können dieser Zugspannung nur widerstehen, wenn die Adhäsion an die Gefäßwandungen und die Kohäsion der Wassermoleküle dieser Beanspruchung standhalten. Vor allem die Kohäsion schien lange der strittige Punkt dieser Vorstellung zu sein, welche deshalb auch als **Kohäsionstheorie der Wasserleitung** bezeichnet wird.

Die Zugspannung, bei der die Kohäsion von Wassermolekülen überwunden wird, kann theoretisch berechnet oder auch experimentell ermittelt werden. Die erste derartige Bestimmung benutzte ein natürliches System, nämlich das Reißen der Wasserfüllung in den Anuluszellen eines Farnsporangiums (S. 482, Abb. 530). Es erfolgt bei Drucken zwischen −220 bar (gesättigte Rohrzuckerlösung) und −360 bar (gesättigte Kochsalzlösung). Mit rein physikalischen Methoden erhält man noch weit negativere Werte (unter −1000 bar).

Es besteht also keine Gefahr, daß bei den in den Leitungsbahnen herrschenden Unterdrucken die Kohäsion des Wassers überwunden wird. Die Gefahr für eine Unterbrechung der gespannten Wasserfäden im Xylem stark transpirierender Pflanzen besteht vielmehr darin, daß Gasembolien in den Leitbahnen auftreten, wobei die bei den herrschenden Unterdrucken auch kleinste Gasblasen große Volumina einnehmen. Durch entsprechende Versuchsanordnung kann man das sprunghafte Auftreten von Gasblasen im Xylem auch akustisch vernehmbar machen. Vor allem bei den weitlumigen Leitelementen scheint es nur eine Frage der Zeit zu sein, wann sie durch Embolien − meist irreversibel − außer Funktion gesetzt werden. Bei den ringporigen Bäumen, z.B. der Eiche, sind die großen Tracheen in der Regel nur während einer Vegetationsperiode funktionsfähig, und zu Beginn einer neuen Wachstumsperiode muß das ganze Wasserleitungssystem vom Cambium neu aufgebaut

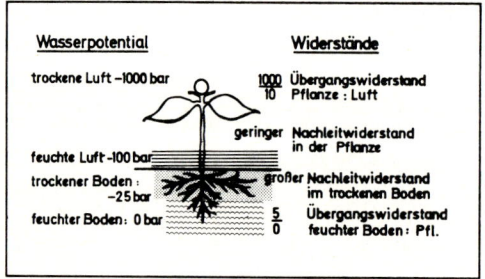

Abb. 353: Wasserpotentialgefälle und Transportwiderstände zwischen Boden, Pflanze und Atmosphäre. (Nach KAUSCH, aus LARCHER)

werden. Dies ist einer der Gründe, warum die Eichen im Frühjahr so spät austreiben.

Aus Tracheiden zusammengesetzte Leitungsbahnen, z.B. im Gymnospermenholz, sind gegen Embolien viel weniger anfällig. Fällt eine Tracheide infolge einer Embolie aus, so verschließen infolge der Druckänderung die Tori der Hoftüpfel das Element sofort irreversibel gegenüber den Nachbartracheiden (Schottenprinzip; Abb. 79, S. 83). Ein reversibler Verschluß findet statt, wenn der Tracheideninhalt zu gefrieren beginnt und sich der durch die Volumvergrößerung bei der Eisbildung entstehende Druck auswirkt. In der nun druckdicht verschlossenen Tracheide genügt das Gefrieren eines kleinen weiteren Teiles des Füllwassers, um einen evtl. vorher vorhandenen negativen Druck zu kompensieren und so die Bildung von Gasblasen zu verhindern. Jede weitere Eisbildung drückt die verbleibende flüssige Phase zusätzlich zusammen und hält so die Gase in Lösung, bis alles Wasser gefroren ist. Beim Auftauen laufen die Vorgänge umgekehrt ab, so daß auch jetzt beim erneuten Auftreten negativer Drucke keine Gasblasen entstehen. Diese Funktion der Hoftüpfel bedingt – neben anderen Baueigentümlichkeiten – die besondere Eignung der Gymnospermen für die Besiedlung kalter Gebiete. Bezeichnenderweise besitzen nur solche Gymnospermen keinen Torus in den Hoftüpfeln, die keinem Frost ausgesetzt sind (z.B. *Cycas* oder die paläozoischen Gattungen *Callixylon* und *Cordaites*).

Lebende Zellen in der Nachbarschaft der Wasserleitbahnen, vor allem der großen Tracheen, (paratracheales Parenchym) könnten eine Schutzfunktion gegen das Eindringen von Gasblasen in die Leitelemente haben; ob sie auch vorhandene Gasblasen in den Leitbahnen wieder zu beseitigen vermögen, ist unklar.

Die Zunahme der negativen Drucke im Xylem bei starker Transpirationsbeanspruchung (Abb. 351B) zeigt, daß – wie bereits erwähnt – der Wassernachschub mit dem Wasserverbrauch bei den Pflanzen nicht immer Schritt hält. Da die Wände der Wasserleitungsbahnen nicht völlig starr sind, wird ein Baumstamm bei Zunahme des Unterdruckes im Holz (bei starker Transpiration, z.B. während der Mittagsstunden) meßbar schlanker; dies hatte man mit empfindlichen «Dendrometern» bereits festgestellt, als man vom Mechanismus des Wassertransportes praktisch noch nichts wußte.

Solange keine Stomataregelung ins Spiel kommt und keine Schwierigkeiten in der Wasseraufnahme bestehen, nimmt die Geschwindigkeit des Transpirationsstromes mit steigender Transpiration zwangsläufig zu. Dabei spiegeln sich z.B. im Stamm eines Baumes auch kurzfristige Transpirationsschwankungen in

Änderungen der Transpirationsstroms-Geschwindigkeit wider.

Bei größeren Bäumen kann man nachts (bei geschlossenen Stomata) in der Krone thermoelektrisch keine Wasserbewegung nachweisen. Bei einsetzender stomatärer Transpiration am Morgen beginnt die Wasserbewegung in den peripheren Teilen der Krone und setzt sich dann stammabwärts fort. Abends kommt der Transpirationsstrom in umgekehrter Reihenfolge zum Stillstand; zuerst in der Krone, erst später in den oberen Stammteilen, oft auch in der Nacht nicht vollständig in der Stammbasis und in der Wurzel; diese Organe brauchen so lange, um die Wasserreserven wieder vollständig aufzufüllen.

4. Wasserbilanz

Als Wasserbilanz einer Pflanze bezeichnet man die Differenz zwischen Wasseraufnahme und Transpiration. Wir haben schon gesehen, daß sie z.B. im Tagesgang einer in der Lichtphase stark transpirierenden Pflanze nicht immer ausgeglichen ist. Bei Tag kann die Transpiration überwiegen (negative Wasserbilanz), während in der Nacht das Defizit wieder ausgeglichen wird (Bilanz positiv). In Dürrezeiten ist die Erholung nicht mehr vollständig, so daß die Bilanz immer negativer wird. Verschiedene Arten bzw. auch verschiedene Ökotypen innerhalb einer Art vertragen ein unterschiedliches Ausmaß und verschiedene Dauer eines solchen Defizits, sie haben eine verschiedene Dürreresistenz (s.u.).

Es gibt verschiedene Möglichkeiten, die Wasserbilanz zu ermitteln. Häufig wird angegeben, welchen Prozentsatz des Sättigungswassergehaltes (W_s) der aktuelle Wassergehalt (W_a) eines Pflanzenorgans (meist des Blattes) ausmacht (Wassersättigungsdefizit, WSD):

$$WSD\ [\%] = \frac{W_s - W_a}{W_s} \cdot 100.$$

Eine zunehmend negative Wasserbilanz drückt sich in einem steigenden Wasserdefizit aus.

Auch das osmotische Potential ψ_π erhöht sich bei steigendem Wasserdefizit (S. 315, Abb. 339). Das korrekteste Maß für die Wasserbilanz einer Pflanze ist aber die Bestimmung des Wasserpotentials ψ der Organe. Auch nach den Maximalwerten und Schwankungsbreiten von ψ lassen sich die verschiedenen Arten bzw. Ökotypen in ökologische Reihen bringen (Abb. 354).

Es gibt Pflanzen, die durch ein stark entwickeltes Wurzelsystem, durch empfindliche Regulation der Stomata und evtl. auch durch Besitz von Wasserspeichern ihre Wasserbilanz im Tagesgang weitgehend ausgeglichen halten (hydrostabile Arten).

Dazu zählen z.B. Bäume, Schattenpflanzen und Succulenten, auch manche Gräser; sie gehören meist auch zu den stenohydren Typen (S. 315). Die h y d r o - l a b i l e n A r t e n zeigen viel größere Schwankungen der Wasserbilanz (sie sind immer euryhydre Typen), die aber von ihrem Protoplasma ertragen werden. Diese Gruppe umfaßt außer den poikilohydren Arten (s.u.) auch viele Pflanzen warmer Standorte, auch eine Reihe von Gräsern.

Anpassungen an Wassermangel. Viele Pflanzen können Schäden durch Wassermangel einmal dadurch vermeiden, daß sie schadlos auszutrocknen vermögen (A u s t r o c k n u n g s v e r m ö - g e n, d r o u g h t t o l e r a n c e); zu diesem Typ gehören in der Regel die poikilohydren Pflanzen, deren Wasserpotential mit dem der Umgebung weitgehend übereinstimmt. Austrocknungsfähig sind viele Thallophyten, z.B. viele Bakterien, Algen, Flechten, manche Pilzmycelien und verschiedene Moose. Auch bei den Cormophyten haben wir austrocknungsresistente Stadien: Die meisten Samen, Pollen und Sporen können längere Zeit trocken sein, ohne ihre Keimfähigkeit zu verlieren. Bei manchen Cormophyten sind aber auch die vegetativen Organe (z.B. die Blätter und Sproßachsen) austrocknungsresistent.

Dazu gehören einige Farne (z.B. der Milzfarn, *Ceterach officinarum*) und Angiospermen. Austrocknungsfähig sind z.B. Arten der Gesneraceengattungen *Ramonda* und *Haberlea*, die als Tertiärrelikte am Balkan und in den Pyrenäen vorkommen, ferner einige Scrophulariaceen und die Myrothamnacee *Myrothamnus flabellifolia* aus SW-Afrika. Auch einige Monocotylen aus Südafrika, z.B. aus den Familien der *Poaceae*, *Cyperaceae* und *Velloziaceae*, sind austrocknungsresistent. Austrocknungsresistente Gymnospermen sind hingegen nicht bekannt.

Die zweite Möglichkeit, Dürreschäden zu entgehen, ist das Vermeiden entsprechender Austrocknung (d r o u g h t a v o i d a n c e). Mittel zur Stabilisierung der Wasserbilanz sind:

1. Verringerung der Transpiration (vgl. S. 322).
2. Verstärkte Wasseraufnahme aus dem Boden.
3. Anlage von Wasserspeichern (vgl. S. 194f.).

Die Transpiration kann vorübergehend eingeschränkt werden durch Verschluß der Stomata, das Falten oder Einrollen von Blättern (z.B. bei Gräsern; Abb. 219B, C) und durch Blattabwurf; durch die Borke ihrer Achsenorgane verlieren große Bäume nur 1/300–1/3000 der Wassermenge, die durch das Laub bei guter Wasserversorgung verdunstet wird. Eine dauernde Einschränkung der Transpiration erfolgt durch entsprechend starke Entwicklung der Cuticula- und Wachsschichten (Abb. 120, S. 114) sowie durch eine Verkleinerung der transpirierenden Oberflächen (Verringerung der Oberflächenentwicklung $= \dfrac{\text{Oberfläche (dm}^2)}{\text{Frischgewicht (g)}}$). Die kleinste Oberfläche für ein gegebenes Volumen ist die Kugelform, der manche Succulenten (z.B. Cactaceen) recht nahe kommen.

Der verstärkten Wasseraufnahme aus dem Boden dient vor allem ein horizontal oder vertikal stark ausgebildetes Wurzelsystem. So erreichen z.B. die Wurzeln bei *Eryngium campestre* (dessen Sproß höchstens 1 m hoch wird) bis zu 6 m Tiefe.

Die wasserspeichernden Arten (vgl. S. 194f.) benötigen wenigstens von Zeit zu Zeit ergiebige Niederschläge, um den Speicher wieder auffüllen zu können. Sie müssen außerdem möglichst wirksame Vorrichtungen zur Transpirationsdrosselung haben (s.o.), um während der Dürreperiode nicht zuviel des Speicherwassers zu verlieren.

Anpassungen an Wasserüberschuß. Nicht nur Wassermangel, auch Wasserüberschuß kann für die Cormophyten problematisch werden, vor allem eine Überflutung des Wurzelsystems. Die an diese Bedingungen angepaßten Sumpfpflanzen können entweder über die Intercellularen vom Sproß her die Wurzeln mit Sauerstoff versorgen, oder aber sie produzieren unter den Bedingungen des (temporären) Sauerstoffmangels Äpfelsäure oder andere organische Säuren (z.B. Shikimisäure), die – wie wir bei den Succulenten (S. 262f.) gesehen haben – in der Vacuole ohne Schaden für die Zelle gespeichert werden können, und nicht wie die Überflutungsempfindlichen Arten Ethanol, das in höheren Konzentrationen giftig wirkt. Eine weitere Anpassung der Sumpfpflanzen an die Sauerstoff-

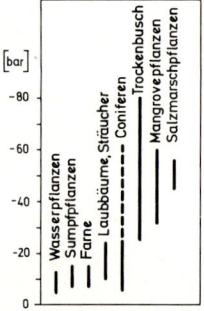

Abb. 354: Wasserpotentialschwankungen bei Blättern und Zweigen ökologisch verschiedener Pflanzentypen (Messungen mit der Druckkammer bei starker Einstrahlung am Tage). (Nach SCHOLANDER u. Mitarb., aus LARCHER)

armut des Mediums sind Atemwurzeln (Abb. 215D, S. 189) und das Durchlüftungsgewebe (S. 190).

Anpassungen an wechselnde osmotische Belastung. Bei bestimmten Rotalgen und bei der Chrysomonadalen *Ochromonas malhamensis* werden bei steigender osmotischer Belastung im Außenmedium zu Lasten von Speicherpolysacchariden α-Galactosylglyceride, z.B. Isofloridosid, gebildet, die das osmotische Gleichgewicht wiederherstellen (Abb. 355). Dabei wird durch den osmotischen Streß offenbar die bei diesen Reaktionen beteiligte Galactosyltransferase aktiviert. Bei Nachlassen der osmotischen Belastung wird das α-Galactosylglycerid wieder in ein Polysaccharid (z.B. Chrysolaminarin), d.h. in osmotisch unwirksame Form, übergeführt.

Die halophile Grünalge *Dunaliella* und der halophile, zellwandlose Flagellat *Asteromonas gracilis* häufen bei Salzstreß intracellulär Glycerin an, während die marine Blaualgenflechte *Lichina pygmaea* bei steigender Konzentration des Seewassers im Phycobionten Mannosidomannit akkumuliert.

C. Die Mineralstoffe

1. Benötigte Nährelemente

Wir haben bereits erfahren (S. 311), daß die Zusammensetzung des Aschengehaltes einer Pflanze keine Schlüsse erlaubt auf ihr qualitatives und quantitatives Bedürfnis an chemischen Elementen («Nährelemente»). Die Notwendigkeit der verschiedenen Nährelemente für eine photoautotrophe Pflanze kann durch Anzucht auf Medien definierter Zusammensetzung, am einfachsten in **Nährlösungen,** erschlossen werden: Bei Versorgung mit allen essentiellen Elementen entwickeln sich die Pflanzen vollkommen normal, während sie bei Fehlen oder Unterversorgung mit notwendigen Elementen Mangelerscheinungen (Abb. 356) zeigen. Die erstmals von JULIUS SACHS er-

probte Kultur von Höheren Pflanzen in Nährlösungen, die auch in die gärtnerische Praxis übernommen wurde, wird auch als Hydroponik bezeichnet.

Als unbedingt in größeren Mengen notwendig (**Makronährelemente**) haben sich folgende 10 Elemente erwiesen:

C, O, H, N, S, P, K, Ca, Mg, … Fe,

Abb. 356: Buchweizen in Nährlösung ohne (A) und mit (B) Kalium. (Nach PFEFFER)

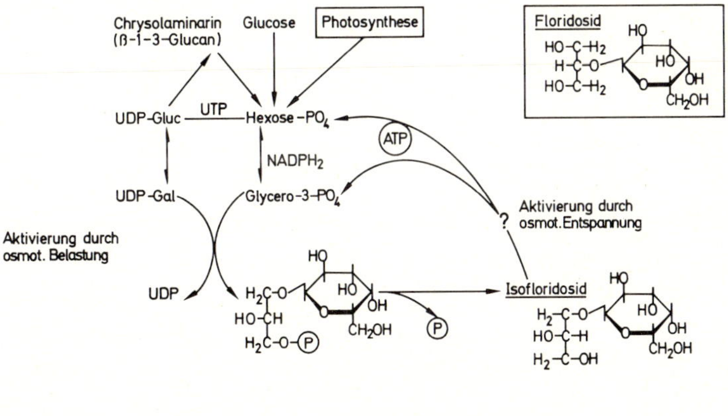

Abb. 355: Übersicht über die vermutlichen Reaktionen der reversiblen Umwandlung von Polysacchariden in Isofloridosid, die bei der Alge *Ochromonas* durch Schwankungen des osmotischen Potentials des Mediums bedingt werden. (Nach KAUSS, verändert)

von denen die ersten drei Elemente als CO_2 und O_2 aus der Luft und als Wasser aufgenommen werden, während die letzten sieben als Ionen im Nährmedium zugeführt werden müssen. Das Eisen wird in weit geringeren Mengen als die übrigen Elemente benötigt und leitet daher zur Gruppe der **Mikronährelemente** oder **Spurenelemente** über.

In geringen Mengen unentbehrlich sind stets:

Mn, B, Zn, Cu, Mo, Cl.

Spurenelemente, die nur von bestimmten Höheren Pflanzen benötigt werden, sind Na, Se, Co und Si (s. u.).

Etwas abweichend sind die Nährelementbedürfnisse bei den Niederen Pflanzen (Tab. 31). Bei den Algen haben die Chlorophyta im allgemeinen die gleichen Bedürfnisse wie die Höheren Pflanzen; allerdings ist bei ihnen Calcium eher ein Spuren- als ein Makronährelement. Viele marine und Brackwasser-Algen benötigen – ähnlich wie manche Süßwasser-Blaualgen – Natrium und oft größere Mengen an Chlorid (das bei einigen durch Bromid ersetzt werden kann).

Diatomeen brauchen Silicium nicht nur für ihre Zellwand, sondern als Spurenelement auch für ihren Zellstoffwechsel, vor allem für das Funktionieren der Zellteilung.

Die Grünalge *Scenedesmus obliquus* soll Vanadium benötigen. Eine Reihe von Algen gedeiht nur bei Versorgung mit Vitamin B_{12} (das Cobalt enthält); diese Arten (z.B. *Ochromonas malhamensis*) werden auch zur biologischen Bestimmung des Vitamins herangezogen.

Verschiedene marine Algen, vor allem Braunalgen, reichern Jod an (bis zur 30000fachen Konzentration des Meerwassers), das technisch aus ihnen gewonnen wird; zumindest für einige Arten scheint Jod essentiell zu sein. Auch Gold wird von Braunalgen gegenüber der Konzentration im Meerwasser 100 bis 10000fach konzentriert. In 1 kg Tang finden sich etwa 17 mg Gold.

Die Eumyceten unter den Pilzen benötigen die gleichen Makronährelemente wie die autotrophen Höheren Pflanzen, nur wird Kalium von manchen Vertretern nur in geringen Konzentrationen gebraucht. Ähnliches gilt für Calcium, das für manche Arten sogar entbehrlich ist. Von den Spurenelementen scheint Bor von den Pilzen nicht benötigt zu werden.

Bakterien brauchen von den eindeutigen Makronährelementen der Höheren Pflanzen (Eisen nicht dazugerechnet) alle außer Calcium, das nicht oder nur in Spuren notwendig ist. An Spurenelementen scheinen nur Eisen und Mangan von den Bakterien generell benötigt zu werden. Stickstoff-fixierende freilebende Bakterien, z.B. *Azotobacter*-Arten, brauchen, ebenso wie symbiontische N_2-Fixierer, Cobalt als Spurenelement. Für Knallgasbakterien, Clostridien und methanogene Bakterien ist Nickel unentbehrlich. Das Enzym Glutathion-Peroxidase enthält bei Bakterien Selen.

Eine Reihe von Bakterien, vor allem marine, sind halophil, und zwar in dem Sinne, daß sie mit NaCl nicht nur besser wachsen, sondern Kochsalz unbedingt benötigen. Extrem Halophile wachsen optimal auf ca. 25% NaCl-Lösungen (ca. 4 M). Das Salz wirkt hier teils osmotisch, teils als Nährelement.

2. Verfügbarkeit der Nährelemente

Außer Kohlenstoff und Sauerstoff, in speziellen Fällen auch Stickstoff, die als Gase (CO_2, O_2, N_2) aufgenommen werden, müssen alle benötigten Elemente in Ionenform aus dem Medium, bei Rhizophyten in der Regel durch die Wurzel, angeliefert werden. Als Nährmedium kann – wie erwähnt – eine durchlüftete Nährlösung dienen.

Als Beispiel für eine für Höhere Pflanzen geeignete sei die KNOPsche Nährlösung genannt: Aqua dest. 1000 ml; Ca(NO_3)$_2$, 1 g; $MgSO_4 \cdot 7 H_2O$ 0,25 g; KH_2PO_4 0,25 g; KNO_3 0,25 g; $FeSO_4$ Spur. Spurenelemente führt man durch einen Tropfen der sog. A-Z-Lösung nach HOAGLAND zu, die in 1 l Wasser folgende Salze (in mg) enthält: $Al_2(SO_4)_3$ 55; KI 28; KBr 28; TiO_2 55; $SnCl_2 \cdot 2 H_2O$ 28; LiCl 28; $MnCl_2 \cdot 4 H_2O$ 389; B(OH)$_3$ 614; $ZnSO_4$ 55; $CuSO_4 \cdot 5 H_2O$ 55; $NiSO_4 \cdot 7 H_2O$ 59; Co(NO_3)$_2 \cdot 6 H_2O$ 55.

Die Gesamtkonzentration der Salze in den Nährlösungen liegt bei etwa 0,2% und ist damit erheblich höher als in der normalen Boden-

Tab. 31: Notwendigkeit von mineralischen Elementen für verschiedene Pflanzen. + notwendig; − Notwendigkeit bisher nicht nachgewiesen; ± Notwendigkeit bisher nur für einige Arten nachgewiesen. (Nach EPSTEIN)

Elemente	Höhere Pflanzen	Algen	Pilze	Bakterien
N, P, S, K, Mg Fe, Mn, Zn, Cu	+	+	+	+
Ca	+	+	±	±
B	+	±	−	−
Cl	+	+	−	±
Na	±	±	−	±
Mo	+	+	+	±
Se	±	−	−	−
Si	±	±	−	−
Co	−	±	−	±
I	−	±	−	−
V	−	±	−	−

lösung (s. u.), mit der die Landpflanzen in der Natur auskommen müssen; diese liegt meist bei < 0,01 %. Wichtig ist, daß die Salze in den Nährlösungen in ausgewogenen Mengenverhältnissen vorliegen müssen; Lösungen einzelner Salze können spezifisch schädigend wirken.

In der Natur werden die mineralischen Nährelemente in folgender Form aufgenommen:

1. N, S, P, Cl, B, Mo als Anionen (Nitrat, Sulfat, Phosphat, Chlorid, Borat, Molybdat). N auch als NH_4^+ und in Spezialfällen als N_2.

2. Alle übrigen Elemente werden als Kationen aufgenommen (K^+, Mg^{2+}, Ca^{2+}, $Fe^{2+,3+}$, Mn^{2+}, Zn^{2+}, Cu^{2+}).

Wasserpflanzen können mit ihren submersen Organen oder mit Schwimmblättern die Nährelemente (und Wasser) direkt aus dem Wasser aufnehmen (daneben auch mit Wurzeln, falls vorhanden, aus dem Boden). Sie haben keine oder eine sehr durchlässige Cuticula: Die von *Potamogeton lucens*-Blättern z. B. ist für Wasser um 3 Zehnerpotenzen durchlässiger als die Cuticula von Landpflanzenblättern.

Die Landpflanzen aber nehmen die mineralischen Nährelemente in der Regel mit Hilfe der Wurzeln aus dem Bodenwasser auf, während ihre Blätter (von einigen Spezialisten abgesehen: Epiphyten, *Tillandsia*, S. 123) nur in sehr begrenztem Umfang zur Salzaufnahme befähigt sind.

Der **Boden** ist ein komplexes, mehrphasiges System, das dauernden physikalischen, chemischen und biologischen Veränderungen unterliegt. Die feste Phase besteht hauptsächlich aus Verwitterungsprodukten der gesteinsbildenden Mineralien (Silicate, Tonmineralien, Kalk) und aus Zersetzungsprodukten organischen Materials (dem Humus). Die Hohlräume zwischen diesen Teilchen sind teils mit wässeriger Lösung (flüssige Phase, Bodenwasser, Bodenlösung), teils mit Gas gefüllt, das oft eine andere Zusammensetzung hat als die atmosphärische Luft (Bodenluft). Für das Pflanzenwachstum ist es optimal, wenn etwa die Hälfte dieser Hohlräume mit Lösung, die andere mit Luft (zur Unterhaltung der Wurzelatmung) gefüllt ist. Die für dieses richtige Verhältnis günstige Krümelstruktur erhält der Boden durch Ausfällung der negativ geladenen Tonmineralien durch Kalk, der zudem Huminsäuren neutralisiert und so die Versauerung des Bodens verhindert.

Die Bildung von Humus verläuft relativ rasch und überwiegend aerob, während der ggf. anschließende Prozeß bei der Fossilierung organischen Materials, die Inkohlung, langsam und anaerob erfolgt. Humus besteht außer aus unzersetzbarem Material und lebenden Mikroorganismen aus Huminsäuren, Fulvinsäuren und dem alkaliunlöslichen Humin. Humin- und Fulvinsäuren bestehen aus

komplizierten Makromolekülen, die aus Benzolringen mit phenolischen Hydroxylgruppen und mit Carboxylgruppen sowie aus aliphatischen Carboxylsäuren zusammengesetzt sind. Die Huminsäuren liegen mit ihren Molekulargewichten zwischen den Fulvinsäuren und dem hochmolekularen Humin. Humin- und Fulvinsäuren stellen Radikale vom Semichinontyp dar (ca. 10^{18} stabile freie Radikale pro g Säure), die hohe Kationenaustausch- und Redoxkapazität aufweisen. Ihre Existenzdauer in der Natur beträgt 25 bis 1400 Jahre.

Die mineralischen Nährelemente kommen im Boden in gelöster oder in gebundener Form vor. Gelöst ist nur ein unbedeutender Anteil (< 0,2 %). Etwa 98 % sind in Mineralen, schwerlöslichen Verbindungen (Sulfaten, Phosphaten, Carbonaten), Humus und sonstigem organischem Material festgelegt; sie werden nur sehr langsam durch Verwitterung und Zersetzung freigesetzt. Der Rest von etwa 2 % ist adsorptiv an kolloidale Bodenteilchen mit überschüssigen Ladungen gebunden. Diese Ionen sind – im Gegensatz zu den gelösten – nicht ohne weiteres auswaschbar. Sie können von der Pflanze durch Austauschadsorption gegen von ihr abgeschiedene Ionen (z. B. H^+, HCO_3^-) freigesetzt und dann verwertet werden. Als Träger für diese absorptiv gebundenen Ionen kommen vor allem Tonmineralien und Humussubstanzen in Frage. Ihre Austauschkapazität hängt von der Ladungsdichte und der aktiven Oberfläche ab. Letztere beträgt beim Quellton Montmorillonit gegen $600-800\ m^2 \cdot g^{-1}$, bei Huminstoffen $700\ m^2 \cdot g^{-1}$. Die Ladung ist bei Tonmineralien und Humusstoffen meist überwiegend negativ, so daß hauptsächlich Kationen gebunden werden. In geringerem Umfang können Tonmineralien auch Anionen binden. Die Festigkeit der absorptiven Bindung nimmt bei den Kationen in der Reihenfolge Al^{3+}, Ca^{2+}, Mg^{2+}, NH_4^+, K^+, Na^+ ab; bei den Anionen ist die entsprechende Reihenfolge: PO_4^{3-}, SO_4^{2-}, NO_3^-, Cl^-.

Die absorptive Bindung der Ionen im Boden ist für die Nährelementversorgung der Pflanzen insofern von Bedeutung, als dadurch ihre Auswaschung verhindert wird, die Bodenlösung aber mit einem Reservoir in Verbindung steht, das laufend und dosiert verbrauchte Ionen nachliefert.

Wesentlichen Einfluß auf die Nährstoffverfügbarkeit im Boden hat der **pH-Wert**, der auf kleinstem Raum stark schwanken kann. Die Wirkung erstreckt sich einmal auf das Ausmaß der Verwitterung und der Mineralisierung organischen Materials (in sauren Böden ist der Abbau durch die säureempfindlichen Bakterien gestört), weiter auf die Bodenstruktur und schließlich auf die Ionenabsorption und den Ionenaustausch. Die verschiedenen Pflanzenarten bevorzugen bzw. vertragen verschiedene pH-Bereiche im Boden. So können z. B. manche Torfmoose nur in saurem Bereich gedeihen (**acidophile Arten** mit geringer Toleranzbreite); die Besenheide (*Calluna vulgaris*) wächst optimal im sauren Bereich, verträgt aber auch noch neutrale und schwach alkalische Böden (**acidophil-basitolerant**). Als **basiphil-acidotolerant** ist z.B. der Huflattich (*Tussilago farfara*) einzustufen. Die meisten Höheren Pflanzen vertragen in Einzelkultur pH-Werte des Bodens zwischen etwa pH 3,5 und 8,5, mit verschiedener Lage des Optimums. Dieses physiologische Entwicklungsoptimum stimmt häufig nicht mit dem ökologischen Verbreitungsoptimum überein, weil viele Arten durch die Konkurrenz auf Standorte außerhalb ihres physiologischen Optimums abgedrängt werden. Arten mit breitem Toleranzbereich sind dabei naturgemäß anpassungsfähiger.

3. Die Aufnahme der Nährelemente

Die Wurzel (und in speziellen Fällen andere Pflanzenorgane) können außer den gasförmigen nur gelöste Nährelemente aufnehmen. Absorptiv gebundene Ionen müssen deshalb vorher durch Austauschabsorption freigesetzt werden. Als Austauschionen liefert die Wurzel wie erwähnt, hauptsächlich H^+ und HCO_3^- (das Atmungs-CO_2 reagiert im Bodenwasser nach: $CO_2 + H_2O \rightleftharpoons H^+ + HCO_3^-$). Durch die H^+-Ionen des H_2CO_3 und auch von der Wurzel ausgeschiedener organischer Säuren wird auch die Löslichkeit von Phosphaten und Carbonaten erhöht. Auch können freigesetzte Schwermetallionen in Komplexbindungen übergeführt werden, wodurch ihre Aufnahme erleichtert wird.

Schließlich verändern die mannigfaltigen von der Wurzel abgegebenen Substanzen (neben organischen Säuren auch Aminosäuren, Zucker, Vitamine usw.) auch die Lebensbedingungen für die Mikroorganismen (Pilze, Bakterien) in der Wurzelumgebung (Rhizosphäre) und damit das Ausmaß der Umsetzung der Bodenmineralien und des Abbaues organischen Materials durch diese Mikroorganismen.

Passive Aufnahme. Aus der Bodenlösung gelangen die Ionen durch Diffusion oder mit dem strömenden Wasser zunächst in den frei zugänglichen Apoplasten der Wurzel, d.h. in die Zellwände der Wurzelhaare und der Wurzelrindenzellen. Die Aufnahme erfolgt «passiv», d.h. ohne Zuhilfenahme von Stoffwechselenergie, wobei die strömende Lösung Wasserpotentialgradienten (S. 312), die Diffusion von Ionen Gradienten im chemischen Potential μ (wie die ungeladener Teilchen) und im elektrischen Potential ε folgt, die man zum elektrochemischen Potential μ̄ zusammenfaßt:

$$\bar{\mu} = \mu + n \cdot F \cdot \varepsilon,$$

wobei n = Wertigkeit des Ions, F = Faraday-Konstante.

Der auf diese Weise frei zugängliche Teil des Organs wird «Freier Raum» (Apparent Free Space AFS) genannt. Er macht zwischen 8 und 25 % des gesamten Gewebevolumens aus. Die Aufnahme in den AFS kann als nichtmetabolischer Prozeß durch niedere Temperaturen oder Stoffwechselgifte nicht wesentlich beeinträchtigt werden; sie ist zudem nicht-selektiv und reversibel, d.h. Substanzen im AFS können leicht wieder ausgewaschen werden.

Für geladene Teilchen ist der AFS in zwei Teilräume unterteilt: Im Wasserfreiraum (Water Free Space, WFS) diffundieren die Ionen in der Lösung, die sich im Apoplasten befindet; im Donnan-Freiraum (Donnan Free Space DFS) werden sie von festgelegten Ladungen des Apoplasten festgehalten: AFS = WFS + DFS.

Donnan-Verteilungen kommen dann zustande, wenn eine bestimmte Ionensorte durch eine für sie impermeable Membran oder durch Einbau in eine nicht-diffusible Phase (z.B. Zellstrukturen) in ihrer freien Bewegung gehindert wird. Festgelegte oder an der Diffusion gehinderte Anionen (A_{fix}^- in Abb. 357; z.B. dissoziierte Carboxylgruppen des Protopectins, Abb. S. 85, in der Zellwand) würden frei bewegliche Kationen (K_i^+) aus der Umgebung anziehen. Würde dieser Vorgang bis zur Neutralisierung der fixierten Ladungen fortschreiten, so bestünde zwar Elektroneutralität, aber ein chemischer Gradient für das Kation von der nächsten (Kompartiment I) zu der weiteren Umgebung (II) der fixierten Anionen, d.h. das System ist nicht im Gleichgewicht (Konzentration $K_i^+ > K_o^+$; Abb. 357). Es werden daher wieder Kationen von I nach II diffundieren, bis die treibenden Kräfte (Potentialgradient einerseits, Konzentrationsgradient andererseits) einander die Waage halten.

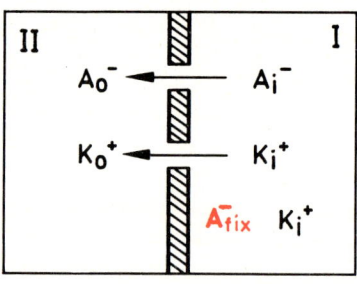

Abb. 357: Modell zweier Kompartimente, von denen eines (I) Anionen (A_{fix}^-) enthält, für welche die Trennmembran undurchlässig ist, das deshalb als Donnan-Phase wirkt. Der Elektrolyt K^+A^- verteilt sich so zwischen I (innen, in) und II (außen, out), daß das elektrochemische Gleichgewicht erreicht wird. (Nach Lüttge, verändert)

Das erzielte Gleichgewicht wird als DONNAN-Gleichgewicht bezeichnet. Es ist dadurch gekennzeichnet, daß die indiffusible «Festionen» enthaltende DONNAN-Phase gegenüber der Außenphase eine höhere Gesamtionenkonzentration aufweist, und daß ein Potentialgradient (DONNAN-Potential) verbleibt, dessen Richtung durch die Ladung des nicht-diffusiblen Ions gegeben ist; bei einem fixierten Anion ist die DONNAN-Phase im Gleichgewicht gegenüber der Umgebung stets negativ geladen.

Im Apoplasten liegen «Festionen» außer in den Carboxylionen des Protopektins vielleicht auch in anionischen Protein- und Phosphatidgruppen der Plasmalemma-Außenseite vor. Jedenfalls überwiegen im AFS stets die negativen Ladungen, so daß Kationen festgehalten werden. Neu hinzukommende, z.B. aus der Außenlösung aufgenommene, Kationen verschieben in der Regel nicht das DONNAN-Gleichgewicht, sondern verdrängen nur vorher absorbierte Kationen, d.h. es kommt zur Austauschabsorption. So verliert z.B. eine in Ca^{2+}-Lösung gehaltene Wurzel das absorbierte Ca^{2+} wohl bei Übertragung in K^+-haltige Lösung, nicht aber in reinem Wasser, d.h., sie verhält sich wie ein Ionenaustauscher.

Um vom Apoplasten in den Symplasten zu gelangen, haben die Nährstoffionen zunächst die Plasmalemma-Membran zu passieren; sollen sie in die Vacuole gelangen, ist auch noch der Tonoplast zu passieren. Man unterscheidet gelegentlich diese beiden Vorgänge und bezeichnet den Eintritt einer Substanz vom Apoplasten in das Cytoplasma als Intrameation und den Transport vom Apoplasten in die Vacuole als Permeation.

Das passive Durchtreten einer Substanz durch eine Membran (z.B. das Plasmalemma) entlang dem chemischen bzw. (bei geladenen Teilchen) dem elektrochemischen Potentialgefälle kann als eine behinderte Diffusion betrachtet werden. Die Durchlässigkeit (Permeabilität) einer Membran für ein ungeladenes Teilchen (außer Wasser) ist etwa 100 bis 10000fach geringer als die einer Wasserschicht gleicher Dicke.

Die Analyse der Durchlässigkeit der Plasmamembranen (untersucht wurde meist die Permeation, deren Geschwindigkeit durch Messung der Deplasmolysegeschwindigkeit festgestellt werden kann, vgl. S. 318) ergab folgendes:
1. Größere Moleküle (Mol.-Gew. > 70, bzw. Durchmesser > 0,5 nm) permeieren entsprechend ihrer Lipidlöslichkeit.
2. Kleinere Teilchen permeieren weit schneller als es ihrer Lipidlöslichkeit entspricht.
Daraus wurde gefolgert, daß kleinere Teilchen durch Poren (die z.B. in den Eiweißbezirken der Membran auftreten könnten) von etwa 0,5–0,8 nm Durchmesser durchtreten können, während größere durch die Lipidregionen der Membran (S. 33 ff.) diffundieren: Lipidfiltertheorie der Permeabilität.

Weder der Mosaikaufbau der Membran (Lipid- bzw. Eiweißanteile) noch das Vorhandensein von Poren konnte bisher im Elektronenmikroskop für die Plasmamembranen (Plasmalemma bzw. Tonoplast) gesichert werden. Man denkt daran, daß die Poren nicht permanent auftreten, sondern durch thermische Bewegung der Lipidmoleküle in der Membran temporär gebildet werden könnten.

Die Stoffaufnahme durch passive Permeation kann bis zum Ausgleich des chemischen bzw. elektrochemischen Potentials fortschreiten. In vielen Fällen wird aber im Zellinnern ein eingedrungenes Nährelement weiterverarbeitet (z.B. wie Phosphat, Nitrat, Sulfat in organische Verbindungen übergeführt) oder festgelegt (z.B. durch Ausfällung wie Pb^{2+} als $PbSO_4$, oder durch Bindung an Gerbstoff in der Vacuole wie der – unphysiologische – Farbstoff Methylenblau). Dadurch wird es laufend aus dem Gleichgewicht entfernt und die Aufnahme kann weiterlaufen.

Aktive (metabolische) Aufnahme. Eine Reihe von Substanzen wird durch «aktiven» Transport durch die Protoplasmamembranen, z.B. auch das Plasmalemma, «gepumpt». Unter einem aktiven Transport versteht man einen Transport von Teilchen unter energetischer Koppelung mit einer exergonischen Reaktion (bzw. Reaktionen), an der (denen) das zu transportierende Teilchen nicht selbst beteiligt ist.

Bei biologischen Transportvorgängen ist das Vorliegen eines aktiven Transportes im strengen Sinne in der Regel nicht schlüssig nachzuweisen. Als Indiz wird die Abhängigkeit vom Energiestoffwechsel (ATP-Bildung durch oxidative oder Photophosphorylierung, Errichtung von Protonengradienten über Membranen) angesehen. Hemmung der Energienachlieferung durch niedere Temperaturen, Gifte, Entkoppler, O_2-Entzug oder Dunkelheit (bei Photophosphorylierung) bringt den aktiven Transport zum Stillstand. Hat man eine derartige Koppelung einer Stoffwanderung mit dem Stoffwechsel festgestellt, ohne eindeutig einen aktiven Transport im Sinne der physikalischen Chemie nachgewiesen zu haben, so spricht man auch von einem «metabolischen Transport».

Der **aktive (metabolische) Transport** unterscheidet sich vom passiven in folgenden Punkten:
1. Er kann unter Verbrauch von Stoffwechselenergie Substanzen auch gegen ein Gefälle ihres (elektro-)chemischen Potentials transportieren, also Konzentrationsarbeit leisten (**«Bergauftransport»**).

2. Er kann Substanzen durch Membranbarrieren schaffen, die für sie auf anderem Wege nicht oder nicht in ausreichender Geschwindigkeit permeabel wären.

3. Er ist spezifisch auf bestimmte, für den Stoffwechsel der einzelnen Zelle (bzw. des einzelnen Zellkompartiments) wichtige Verbindungen eingestellt.

Der Mechanismus des aktiven Transportes ist noch sehr unbefriedigend geklärt. In vielen Fällen scheint er über spezifische Trägermoleküle in der Membran (**Carrier**) zu gehen, die eine Substratspezifität ähnlich den Enzymen aufweisen und wie diese aus Proteinen oder Proteiden bestehen («Transportproteine»). Es lassen sich daher viele Erfahrungen der Enzymchemie auf die Carrier übertragen. So läßt sich z.B. der Zusammenhang zwischen Substratkonzentration und -aufnahme analog der Enzymkinetik (S. 225 f.) beschreiben, auch gibt es kompetitive Hemmungen (z.B. zwischen K^+ und Rb^+ bei der Wurzel oder zwischen Glucose und 3-O-Methylglucose bei *Chlorella*, s.u.) und eine Induktion der Carrierbildung.

Einige Carriersysteme sind eingehender beschrieben, wenn auch bisher noch keines strukturell und funktionell völlig abgeklärt ist.

Bei Salmonellen mit intaktem, nicht aber bei Mutanten mit defektem Sulfat-Transportsystem fand man eine Proteinfraktion mit hoher SO_4^{2-}-Affinität. Das kristallisierte Protein hat ein Molekulargewicht von etwa 70000 und befindet sich in der Plasmamembran des Bacteriums.

Bei tierischen Zellen sind Membran-(Transport-) ATPasen beschrieben worden, Proteine, die ATP-Spaltung katalysieren und durch Alkaliionen aktiviert werden. Die freiwerdende Energie ermöglicht einen aktiven K^+-, Na^+-Austausch zwischen den durch die Membran getrennten Kompartimenten. Auch für pflanzliche Membranen werden ähnliche (aber nicht identische) ATPasen diskutiert.

Carrier können die Energie für ihre Transportleistungen außer von ATP auch von Protonengradienten beziehen. Dies gilt einmal für den Ionentransport durch Mitochondrien- und Chloroplastenmembranen, über die durch Elektronentransport Protonengradienten aufgerichtet werden (S. 249, 280), zum andern z.B. für das Zuckertransportsystem von *Chlorella vulgaris*. Dieses ist stereospezifisch auf Glucose und einige Glucose-Analoge (z.B. 3-O-Methylglucose) eingestellt: Es transportiert diese Zucker gegen ein Konzentrationsgefälle (Konzentrationshub auf das 1500fache bei Methylglucose, die in der Zelle nicht metabolisiert wird) in das Zellinnere und wird durch die gleichen Substrate auch induziert. Da diese Induktion durch Proteinsyntheseblocker gestört wird,

ist der Carrier wahrscheinlich ein Protein. Es hat sich gezeigt, daß bei der Zuckeraufnahme keine Phosphorylierung der Substrate erfolgt, daß aber pro Zuckermolekül ein Proton in die Zelle aufgenommen wird. Besteht kein Protonengradient zwischen Außenmedium und Zellinnerem, so kommt der aktive Zuckertransport zum Erliegen. Dies führte zu der Modellvorstellung, daß der Carrier auf der Membranaußenseite protoniert wird und dadurch eine viel höhere Affinität (niedriger K_s-Wert, entspricht K_m-Wert bei Enzymen) zum Zucker bekommt. Der beladene, protonierte Carrier soll dann an der Membraninnenseite deprotoniert werden, dadurch stark an Affinität zum Substrat verlieren und den Zucker abgeben. Der unbeladene (oder schwächer beladene) Carrier sollte sich dann wieder der Außenseite der Membran zuwenden, um den Cyclus zu wiederholen.

Carriersysteme gibt es wahrscheinlich in allen biologischen Membranen, sowohl im Plasmalemma und dem Tonoplasten als auch in den Organellenmembranen. Membranen sind deshalb nicht nur Hürden, sondern auch Pumpen für verschiedene Substanzen.

Endocytose. Außer durch passiven und aktiven Transport können Substanzen in gewissen Fällen auch durch Einstülpung des Plasmalemmas, Ablösung der dadurch gebildeten Blasen mit ihrem festen (Phagocytose) oder flüssigen Inhalt (Pinocytose; Abb. 5, S. 13, Pi) und Transport in das Zellinnere aufgenommen werden. Über die Bedeutung dieser Endocytose bei Pflanzenzellen ist noch wenig bekannt, auch der Mechanismus liegt noch im Dunkeln.

Aus dem Zusammenwirken von passiven und aktiven Vorgängen lassen sich die wichtigsten Charakteristika der Stoffaufnahme in den Symplasten erklären:

1. Anreicherung. Wie erwähnt (S. 311), kann die Zelle Substanzen gegen ein Konzentrationsgefälle aufnehmen und gegenüber der Umgebung stark anreichern. Dies gilt nicht nur für Zucker (vor allem im Stoffwechsel nicht weiter verwertbare) bei *Chlorella*, sondern z.B. sehr häufig für wichtige Ionen. K^+ z.B. wird in den Zellen von Algen oder Höheren Pflanzen oft auf das über 1000fache gegenüber dem Medium konzentriert.

Hält man z.B. Rübenstücke in fließendem Leitungswasser (K^+-Konzentration ca. 0,01 mM), so erzielt man nach einiger Zeit eine Anreicherung des K^+ auf über 10000 : 1.

Da die Konzentrierung um so stärker erfolgt, je verdünnter die Außenlösung ist, ist sie besonders bei Wasserpflanzen auffällig.

2. Auswahlvermögen. Die Pflanze vermag aus ihrem Medium die für sie bedeutsamen Ionen (z.B. K^+, PO_4^{3-}) bevorzugt aufzunehmen und nicht oder nicht in größerem Ausmaß benötigte Elemente (z.B. Si oder Na) zu benachteiligen.

Dieses Wahlvermögen kann zu physiologisch bedeutsamen pH-Verschiebungen im Boden führen. Wird z.B. mit NH_4Cl gedüngt, so nimmt die Pflanze durch Austauschabsorption gegen H^+ bevorzugt NH_4^+ auf, so daß sich Protonen im Boden anreichern, der Boden also versauert. NH_4Cl ist daher ein physiologisch saures Salz.

3. Mangelndes Ausschlußvermögen. Da die Carrier nicht streng spezifisch sind (ähnlich gebaute Moleküle verwechseln können), und auch eine passive Stoffaufnahme stattfindet, hat die Zelle kein völliges Ausschlußvermögen für nicht benötigte oder auch schädliche Stoffe. Dies ist der Grund dafür, daß man in den Pflanzen mit entsprechend empfindlichen Nachweismethoden wohl alle natürlich vorkommenden Elemente finden würde (S. 311).

Ein spezielles Problem stellt sich der Pflanze, wenn aufgenommene Anionen (z.B. Nitrat, Sulfat) reduziert (S. 346f., 356f.) und damit aus dem elektrochemischen Gleichgewicht entfernt werden. Die nicht mehr balancierten Kationen (z.B. K^+ bei Aufnahme von KNO_3 oder K_2SO_4) müssen dann durch andere Anionen neutralisiert werden. Die Pflanze verwendet dazu organische Anionen, vorwiegend zweibasische, z.B. Malat und Oxalat. Oxalat ist hierfür besonders geeignet (und im Pflanzenreich weit verbreitet), weil es praktisch kaum noch Energie enthält.

Verfolgt man die Ionenaufnahme durch eine Pflanzenwurzel (oder anderes Pflanzengewebe, z.B. Blatt- oder Speichergewebe) bei wachsender Ionenkonzentration im Außenmedium, so erhält man Kurven, die der MICHAELIS-MENTEN-Beziehung gehorchen (Abb. 358), wie wir sie bereits bei Enzymen kennengelernt haben. So erreicht die Aufnahmegeschwindigkeit für K^+ durch eine Gerstenwurzel ein Maximum bei etwa 0,20 mM KCl in der Außenlösung, das auch bei Erhöhung der Konzentration auf 0,50 mM KCl nicht überschritten wird. Bietet man aber sehr hohe Konzentrationen (0,50–50 mM) KCl an, so bekommt man erneut eine Steigerung der Aufnahmegeschwindigkeit.

Dieser Kurvenverlauf deutet auf zwei verschiedene Aufnahmemechanismen für das Ion hin. Der Mechanismus 1, der bei niedrigen Ionenkonzentrationen (< 1 mM), also hoher Affinität, arbeitet (wie sie den natürlichen Konzentrationen im Boden entsprechen), ist hochspezifisch auf Kalium (und Rubidium) eingestellt und bleibt unbeeinflußt von der Natur und Aufnahmerate des jeweiligen Anions. Diesem Mechanismus ähnliche Typen der Aufnahme sind auch für weitere Kationen und Anionen beschrieben worden.

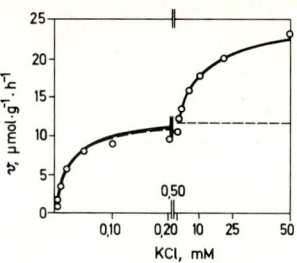

Abb. 358: Geschwindigkeit (v) der Kaliumaufnahme in Abhängigkeit von der KCl-Konzentration im Medium (das auch 0,5 mM $CaCl_2$ enthielt). Abszisse zwischen 0,20 und 0,50 mM unterbrochen. Die durchgezogene Kurve bei den niedrigen Konzentrationen (fortgesetzt durch die gestrichelte Linie) ist aus der MICHAELIS-MENTEN-Gleichung errechnet, wobei $K_m = 0,021$ mM; $V_{max} = 11,9$ μmol/g Frischgewicht und Stunde. (Nach EPSTEIN)

Der Mechanismus 2 hat eine geringe Substrataffinität (arbeitet nur bei hohen Ionenkonzentrationen effektiv), ist relativ unspezifisch (mit K^+ z.B. konkurrieren Na^+ und Ca^{2+}) und wird vom Begleition beeinflußt. Auch dieser Aufnahmemechanismus wurde für verschiedene Kationen und Anionen beschrieben.

Es wird als wahrscheinlich angenommen, daß diesen beiden Aufnahmesystemen zwei verschiedene Carrier zugrunde liegen und daß beide im Plasmalemma lokalisiert sind.

4. Der Transport der Mineralstoffe

Der Apoplast der Wurzel ist den Mineralstoffen nur bis zur Sperre des CASPARY-Streifens in der Radialwand der Endodermis (S. 120, Abb. 132B, C) frei zugänglich. Spätestens hier, aber auch schon auf dem gesamten Wege von den Wurzelhaaren (als Hauptaufnahmestellen), über die Rhizodermis und die Wurzelrinde, erfolgt die Aufnahme in den Symplasten mit den geschilderten Gesetzmäßigkeiten. Neben diesem Apoplastentransport läuft auf der geschilderten Strecke ein symplasmatischer Transport der in das Cytoplasma aufgenommenen Salze, wobei der Übertritt von Zelle zu Zelle durch die Plasmodesmen erfolgt.

Der Transport von den Endodermiszellen in den Zentralzylinder kann wegen des CASPARY-Streifens nur symplasmatisch erfolgen. Um in die Wasserleitungsbahnen zu gelangen, müssen die Ionen wieder aus dem Symplasten in den Apoplasten übertreten. Es ist noch unklar, inwieweit dieser Vorgang passiv, durch entsprechend permeable («lecke») Plasmamembranen der Xylemparenchymzellen, oder aber aktiv bzw. metabolisch, unter Einsatz von Stoffwechselenergie, erfolgt. Im letzteren Falle könnten wieder selektiv Ionen abgeschieden werden, auch gegen ein Gefälle des elektrochemischen Potentials. Vermutlich sind passive und aktive Vorgänge beteiligt (vgl. S. 367).

Aus dem Symplasten können Ionen und Anelektrolyte auch durch die Tonoplasten der einzelnen Zellen in deren Vacuolen übertreten und dort «aus dem Verkehr gezogen», gespeichert, werden. Dieser Prozeß ist reversibel, für den parenchymatischen Stofftransport allerdings eine «Sackgasse» (Abb. 359).

Mit dem Transpirationsstrom werden die Nährsalze, zusammen mit geringen Mengen von organischen Verbindungen (S. 329), in der Pflanze verteilt, wobei die Richtung dieses Xylemtransportes, wie auf S. 329 f. dargelegt, nur durch Wasserpotentialgradienten bestimmt wird. Die Ionen (vor allem Kationen) werden z. T. auch von geladenen Gruppen in den Wandungen der Wasserleitbahnen absorbiert, die sie bei sinkender Konzentration im Transpirationsstrom wieder teilweise freisetzen, so daß auf diese Weise die Konzentrationsschwankungen der Ionen gedämpft werden.

Über die ganze Länge der Wasserleitungsbahnen können die Nährsalze aus dem Transpirationsstrom wieder in den Apoplasten oder den Symplasten (und schließlich auch die Vacuolen) der benachbarten Gewebe übertreten, wofür grundsätzlich die gleichen Gesetzmäßigkeiten gelten, wie für die Wurzel beschrieben. An den Orten lebhafter Transpiration (z. B. den Cuticularleisten der Stomata) kann es zu einer Anhäufung von Mineralstoffen kommen.

Ein Teil der anorganischen Ionen kann vom Xylem oder dem Parenchym auch in die Assimilatleitbahnen des Phloems (S. 367 f.) eintreten und mit den Assimilaten verteilt werden. Andere Ionen sind nur beschränkt im Phloem

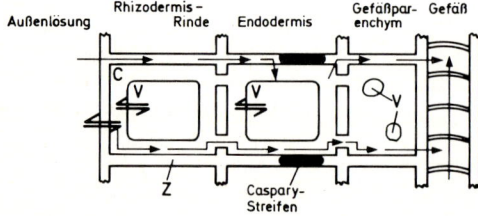

Abb. 359: Stark vereinfachtes Schema eines Wurzelquerschnittes zur Darstellung der Transportprozesse (Pfeile). Z Zellwand, C Cytoplasma, V Vacuole. (Nach LÜTTGE, ergänzt)

Tab. 32: Beweglichkeit mineralischer Elemente im Phloem. (Nach EPSTEIN, ergänzt)

Beweglich	Mäßig beweglich	Unbeweglich
Kalium	Eisen	Lithium
Rubidium	Mangan	Calcium
Caesium	Zink	Strontium
Natrium	Kupfer	Barium
Magnesium	Molybdän	Bor
Phosphor		Blei
Schwefel		Polonium
Chlor		

wanderfähig, wieder andere schließlich praktisch phloemimmobil (Tab. 32).

Zu den Ionen der ersten Gruppe, die also in der Pflanze nach Bedarf umverteilt, auch z. B. von alten in junge Blätter und die übrigen Organe transportiert werden können, gehört als wichtigstes Kation K^+, von dem auch vermutet wird, daß es spezifische Funktionen beim Phloemtransport ausüben könne (S. 369). Während Stickstoff und Schwefel im Phloem ganz überwiegend als Teil organischer Verbindungen wandern, werden Chlorid und vor allem Phosphat in größeren Mengen als freie Anionen transportiert. Die relativ großen Konzentrationen freien Phosphats in den Siebröhren (ca. 5–10 meq/l) bedingen, daß Kationen, die schwerlösliche Phosphate bilden (z. B. Calcium, Barium, Blei), im Phloem praktisch immobil sind.

Dies hat vor allem beim Calcium eine Reihe von weitreichenden Folgen. So wird daran gedacht, daß der Mangel an Ca^{2+}, das für die Aufrechterhaltung der Membranstrukturen in der Zelle eine bedeutende Rolle spielt, ein wesentlicher Grund für die tiefgreifenden cytologischen Besonderheiten der Siebelemente sein könnte (z. B. Degeneration des Tonoplasten und des Zellkerns, z. T. starke Strukturänderungen der Organellen, vgl. S. 124 ff.). Die einzige Plasmamembran in den Siebelementen, die für deren Funktion essentiell ist (S. 369), das Plasmalemma, könnte das benötigte Ca^{2+} aus dem angrenzenden Apoplasten beziehen.

Eine weitere Konsequenz der Immobilität des Ca^{2+} im Phloem und seiner Wanderfähigkeit mit dem Transpirationsstrom ist die Erfahrung, daß das Ca/K-Verhältnis in der Asche eines Organs um so niedriger ist, je mehr seine Phloemversorgung diejenige durch das Xylem überwiegt. Sehr niedrig ist es z. B. bei der Kartoffelknolle und der Erdnußfrucht, die beide praktisch ausschließlich durch das Phloem versorgt werden. (Da sie im Boden wachsen, kommt es zu keinem Wasserpotentialgefälle zwischen Wurzel und Organ und daher zu keiner Versorgung über den Transpirationsstrom.) An ihrem Ca/K-Verhältnis kann man auch die pflanzlichen und tierischen Xylem- und Phloemparasiten unterscheiden; bei ersteren (z.B. *Viscum*) ist es hoch (z.T. > 3:1), bei letzteren (z.B. *Cuscuta*) niedrig (ca. 1:17).

Schließlich führt das Fehlen eines Phloemtransportes beim Calcium (und den anderen immobilen Elementen) dazu, daß sie sich in den Transpirationsorganen, vor allem in den Blättern, kontinuierlich anreichern und – im Gegensatz z.B. zum K^+ und Phosphat – auch vor dem Blattfall nicht mehr in die anderen Organe (z.B. den Stamm) zurückgeführt werden. Die ständige, irreversible Anreicherung von Calcium und anderen phloemimmobilen Elementen ist vermutlich der Grund dafür, daß auch sog. «Immergrüne» ihre Belaubung von Zeit zu Zeit erneuern müssen. So werden die Nadelblätter der Kiefer nur 2–3 Jahre alt, die der Fichte 4–6, die der Tanne 5–7, die der Latsche 6–8. Auch die Blätter des immergrünen Lorbeers werden nicht über 6 Jahre alt, die des Efeus oder der Stechpalme selten älter als 2 Jahre. Durch den Blattfall (auch die Ablösung von Borke, Zweigen u.ä.) kann die Pflanze auf der anderen Seite Ballaststoffe loswerden, wofür noch einige andere, wenn auch begrenzte, Möglichkeiten bestehen (S. 370 f.).

Werden Pflanzen, die in Calcium-reichen Medien gewachsen waren, auf Calcium-freie übergeführt, zeigen die ursprünglich vorhandenen Blätter Ca-Überschuß, während die neu zuwachsenden zur gleichen Zeit Ca-Mangelsymptome aufweisen.

5. Die Bedeutung der mineralischen Nährelemente für die Pflanze

Die mineralischen Nährelemente haben in der Zelle einerseits Funktionen, die nicht spezifisch mit einzelnen Nährelementen verknüpft sind, und andererseits solche, die nur von bestimmten Elementen bzw. Ionen (allenfalls noch chemisch nahe verwandten) ausgeübt werden können. Zu den unspezifischen Funktionen zählt z.B. ihr Beitrag zum osmotischen Potential der Zelle und ihre Rolle bei der Aufrechterhaltung der Elektroneutralität.

Spezifischer sind schon die Wirkungen von anorganischen Ionen auf die Plasmahydratation. Die Protoplasmaproteine haben bei den pH-Werten der Zelle einen Überschuß an negativen Ladungen, wodurch sie die Wasserdipole anziehen (S. 312). Kationen wirken entladend und daher dehydratisierend («entquellend»). Das Dehydratisierungsvermögen eines Kations steigt mit zunehmender Ladung: Zweiwertige Kationen entladen daher stärker als einwertige. Wird ein absorbiertes Ca^{2+} gegen K^+ ausgetauscht, so läßt die dehydratisierende Wirkung nach, obwohl K^+ auf ein Ionen-freies Protein entquellend wirkt. K^+ fördert also die Hydratation eines Ca^{2+}-ionenhaltigen Proteins. Ca^{2+} und K^+ wirken demnach antagonistisch auf die Quellung des Plasmas («Ionenantagonismus»); der Quellungsgrad hängt nicht so sehr von der Konzentration einzelner Kationen als von dem Konzentrationsverhältnis der verschiedenen Kationen ab (vgl. S. 313).

Innerhalb der Ionen gleicher Wertigkeit nimmt die entquellende Wirkung mit zunehmender Größe der eigenen Hydratationshülle der Ionen im allgemeinen ab; diese Wasserhüllen behindern nämlich die Annäherung der Kationen an die negativ geladenen Kolloidteilchen. K^+ entlädt daher relativ stärker als Na^+, Ca^{2+} relativ stärker als Mg^{2+} (Abb. 360). Ionen mit besonders großer Hydratationshülle, z.B. Li^+, können mitsamt ihrer Wasserhülle absorbiert werden und verstärken dann die Hydratation der Kolloidteilchen.

Auf derartigen Wirkungen auf die Ladung und Hydratation der Proteinmoleküle beruht auch ein Teil der Ionenwirkungen auf die Enzymaktivität. Diese Cofaktoren (S. 225) können die Konformation des Enzyms und damit seine katalytische Wirksamkeit ändern. Auf diese Weise wirkt vor allem K^+, aber auch Mg^{2+} und Ca^{2+}.

Recht spezifisch sind auch diejenigen Cofaktoren, die das Substrat in einen Komplex mit dem Enzym oder Coenzym überführen; dies gilt z.B. für Mg^{2+} bei Reaktionen, in denen ATP beteiligt ist (S. 221), aber auch in anderen Fällen (z.B. mit Zn^{2+} oder Mn^{2+} als Cofaktoren).

Hoch spezifisch schließlich wirken die Metalle als Bestandteile prosthetischer Gruppen. So enthalten – wie erwähnt – Cytochrome, Ferredoxin und Hydroperoxidasen Eisen, Plastocyanin, Ascorbinsäure-Oxidase und Phenol-Oxidasen Kupfer.

Im übrigen sind die verschiedenen Elemente z.T. Bestandteile unentbehrlicher sonstiger Zellbestandteile.

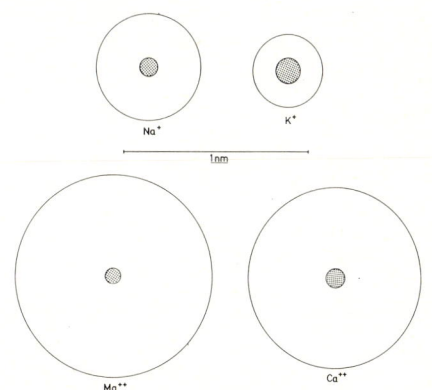

Abb. 360: Größe einiger Ionen und ihrer Hydratationshüllen.

Die Bedeutung der einzelnen mineralischen Nährelemente.

Stickstoff liegt gewichtsmäßig in der Trockensubstanz der Pflanze meist hinter Kohlenstoff und den Elementen des Wassers (H und O) an 4. Stelle: Er macht etwa 18 % des Proteingewichtes aus. Stickstoff wird in der Regel als Nitrat aus dem Medium aufgenommen, seltener als NH_4^+ oder N_2. In den organischen Verbindungen (Aminosäuren, Proteinen, Nucleinsäuren, Coenzymen u.ä.) liegt er in reduzierter Form vor. In einer grünen Pflanze befindet sich etwa die Hälfte des Stickstoffs der Gesamtpflanze und etwa 70% des Blattstickstoffs in den Chloroplasten der Pflanze bzw. der Blätter. Normalerweise treten in der Pflanze nur 10–20% oder weniger des Stickstoffs in Form von freien Nitrat- oder Ammonium-Ionen auf. (Einzelheiten über den Stickstoffmetabolismus vgl. S. 346 ff.)

Phosphor. Phosphor wird meist als $H_2PO_3^-$ aufgenommen und in der Zelle nicht reduziert, sondern liegt als anorganisches Phosphat, als Ester oder als Anhydrid vor, z.B. als Bestandteil von Nucleotiden und deren Derivaten, Nucleinsäuren, Zuckerphosphaten, Phospholipiden, Coenzymen, im Phytin der Aleuronglobuline (Hexaphosphorsäureester des myo-Inosits, S. 76). Seine Hauptrolle liegt also in seinem Vorkommen in wichtigen Strukturkomponenten und in seiner Mitwirkung am Energiehaushalt der Zelle.

Schwefel. Auch Schwefel wird von den Pflanzen (von einigen Spezialisten unter den Bakterien abgesehen) ganz überwiegend in Form des Anions (SO_4^{2-}) aufgenommen und vor Einbau in organische Verbindungen zumeist reduziert (S. 356); wird Sulfat an organische Substanzen gebunden (z.B. bei Sulfolipiden oder manchen sekundären Pflanzenstoffen), so wird durch Einführung der stabilen Säuregruppe deren Wasserlöslichkeit bzw. Polarität erhöht. Wir haben bereits eine Reihe von schwefelhaltigen Verbindungen kennengelernt, z.B. die Aminosäuren Cystein, Cystin, Methionin; ferner Biotin, Coenzym A, Sulfolipide, Nichthäm-Eisenproteine (z.B. Ferredoxin). Weiterhin wären z.B. die Senföle zu nennen, deren Glykoside für die *Capparales* charakteristisch sind (S. 872), z.B. das Sinigrin aus *Brassica nigra*, das Schwefel in reduzierter und oxidierter Form enthält:

$$H_2C-CH-CH_2-C\overset{\displaystyle S-Glucose}{=}N-O-SO_3^-$$

Wie der Stickstoff, so macht auch der Schwefel bei den Zellproteinen einen recht konstanten Anteil aus, u.zw. trifft auf etwa 36 Atome Stickstoff jeweils ein Atom Schwefel. Übersteigt die Aufnahme des Sulfats den Bedarf an reduziertem Schwefel, so kann es zur Anreicherung von freiem Sulfat in der Pflanze kommen. Sie erreicht häufig größere Werte als beim Nitrat. Die Sulfataufnahme in die Zelle wird durch deren interne Sulfatkonzentration reguliert.

Kalium. K^+ ist das einzige monovalente Kation, das für alle Pflanzen essentiell ist; nur bei einigen Mikroorganismen kann es durch Rubidium ersetzt werden. Seine Hauptrolle spielt es als Cofaktor bei Enzymreaktionen (s.o.) und – wegen seines hohen Anteils an den mineralischen Komponenten der Zelle (Tab. 25, S. 311) – als Osmoticum. Auch für seine Wirkung als Cofaktor ist die hohe Konzentration bedeutsam, da K^+ eine relativ geringe Affinität zu organischen Liganden (also auch zu Enzymen, Coenzymen und Enzymsubstraten) hat. Die hohe Konzentration des K^+ in der Pflanze wird durch die hohe Affinität des Aufnahmesystems 1 für dieses Ion erreicht (S. 339). Als osmotisch wirksame Komponente kommt dem K^+ eine Schlüsselrolle bei Osmoregulationen im Zusammenhang mit nastischen Bewegungen zu, z.B. Spaltöffnungsbewegungen (S. 475), Gelenkbewegungen (S. 468). Auch beim Phloemtransport könnte das K^+ eine wichtige Funktion haben (S. 369). In organische Verbindungen wird Kalium in der Zelle nicht eingebaut.

Magnesium, im Erdboden meist als Carbonat vorhanden, ist einmal als Bestandteil der Chlorophylle und des Protopectins sowie von Zellwandkomponenten bei verschiedenen Algen (z.B. Braunalgen) unentbehrlich. Das Magnesium der Chlorophylle macht etwa 10% des Blattmagnesiums aus, das Gesamtmagnesium der Chloroplasten aber oft mehr als die Hälfte. Magnesium ist weiter Cofaktor bei sehr vielen Enzymreaktionen, vor allem solchen, bei denen ATP (als Mg-Komplex!) beteiligt ist. Magnesium wirkt in reinen Lösungen stark giftig und hindert z.B. in hohen Konzentrationen die Kaliumaufnahme aus dem Medium. Dies unterstreicht erneut die Bedeutung einer ausgewogenen Nährelementzusammensetzung des Mediums für das Pflanzenwachstum.

Calcium liegt im Erdboden als Carbonat, Sulfat oder Phosphat vor. In der Zelle kann es als zweiwertiges Kation (ähnlich dem Mg^{2+}) Salze mit sauren Zellwandbestandteilen (z.B. Protopectin in den Mittellamellen, den Wänden von Wurzelhaaren und Pollenschläuchen, oder Alginsäure in Algenzellwänden) bilden und daher als wesentlicher Baustoff dienen. Ca^{2+}-Mangel hemmt daher z.B. die Pollenkeimung und das Pollenschlauchwachstum und führt zur Schädigung der Meristeme, vor allem der Wurzelmeristeme. Ca^{2+} dient weiter als (relativ unspezifischer) Cofaktor bei einer Reihe von Enzymen. Die wesentliche Bedeutung des Ca^{2+} für die Aufrechterhaltung der Struktur und Funktion aller Zellmembranen wurde bereits erwähnt; eine weitere besteht in der Ausbalancierung der Wirkung anderer Kationen.

Für die genannten Funktionen des Calciums würde in der Regel eine viel geringere Konzentration des Elements ausreichen, als sie in der Pflanze normalerweise gefunden wird. Überschüssiges Ca^{2+} wird in der Zelle als Oxalat, Carbonat oder (seltener) als Sulfat oder Phosphat festgelegt und in Form dieser schwerlöslichen Salze weitgehend «aus dem Verkehr gezogen». Die Festlegung oder Freisetzung von Ca^{2+} wird bei Pflanzen wie bei Tieren durch das Protein Calmodulin geregelt.

Eisen ist ebenfalls in einer Reihe von wichtigen Zellbestandteilen eingebaut. Es sei hier an die verschiedenen Porphyrinverbindungen erinnert, z.B. die Cytochrome und prosthetische Gruppen von weiteren Enzymen wie Katalase und Peroxidase, sowie das Leghämoglobin (S. 349). Weiterhin seien die Nichthäm-Eisenverbindungen, z.B. das Ferredoxin, erwähnt. Eisen ist zwar kein Bestandteil des Chlorophylls, wohl aber zu seiner Synthese notwendig; Eisenmangel führt daher zu Chlorophyllmangelerscheinungen (Chlorosen), die denen bei Magnesiummangel ähneln. In Anbetracht der bedeutenden Rolle des Eisens für die Chlorophyllbiosynthese und von Eisenverbindungen im photosynthetischen Elektronentransport ist es nicht verwunderlich, daß der größte Teil des Blatteisens sich in den Chloroplasten befindet.

Eisenmangel tritt nicht selten auf Kalkböden auf, wenn das Eisen durch Carbonat oder Bicarbonat festgelegt wird («Kalkchlorose»). Auch Überschuß von Mangan oder anderen Schwermetallen kann zu Eisenmangel führen, weil diese Ionen mit dem Eisen um Aufnahme- und Wirkorte konkurrieren.

Die Wirkungsweise der Mikronährstoffe ist erst sehr lückenhaft bekannt.

Mangan. Bisher ist erst ein Manganprotein unbekannter Funktion aus Pflanzen isoliert worden («Manganin» aus der Erdnuß). Mangan spielt aber eine wichtige Rolle als Cofaktor vieler Enzyme, z.B. solcher des Citratcyclus, und ist schließlich bei der photosynthetischen Sauerstoffentwicklung beteiligt (S. 247).

Auch Manganmangel kann Chlorose hervorrufen. Die sog. Dörrfleckenkrankheit des Hafers und anderer Pflanzen, die vor allem auf Moorböden auftritt, ist eine Folge fehlenden Mangans im Boden bzw. einer Festlegung des Elements in einer für die Pflanze nicht aufnehmbaren Form. Auch Citrus-Kulturen leiden oft unter Mn-Mangel. Pilze, z.B. *Aspergillus niger*, benötigen ebenfalls Mn.

Bor (als $B(OH)_3$) ist in niederen Konzentrationen für Höhere Pflanzen und einige Algen (nicht für viele Mikroorganismen oder für die tierische Zelle) ein lebensnotwendiges Spurenelement, wirkt aber in nur wenig höheren Konzentrationen bereits toxisch. Wenn auch eine Reihe von Bormangelerscheinungen klar beschrieben ist, so ist doch der Wirkmechanismus des Elements weitgehend unklar; dies hängt u.a. mit dem Mangel eines für biochemische Untersuchungen geeigneten Radioisotops des Bors zusammen. Es ist keine bioorganische Substanz und kein Enzym bekannt, das Bor einbaut.

Besonders auffallend ist das Absterben der Meristeme bei Bormangel («Herzfäule» bei Futter- und Zuckerrüben), das vielleicht auf eine Störung des RNA-Stoffwechsels zurückgeht. Weiter kommt es zu Hemmungen der Blütenbildung, Unregelmäßigkeiten

im Wasserhaushalt und Blockierung des Zuckerexportes der Blätter über das Phloem. Pollen von Tomaten, Seerosen und vielen anderen Pflanzen keimen nur bei Anwesenheit von geringen Mengen Borat im Narbensekret. Borat soll außerdem durch Komplexbildung mit 6-Phosphogluconat den oxidativen Pentosephosphatcyclus (S. 288) beeinflussen; bei Bormangel soll er besonders intensiv ablaufen und so zu dem Überschuß von phenolischen Substanzen führen, der für Bormangelpflanzen charakteristisch ist. Auch Reaktionen von B mit Membranen werden diskutiert, die ATP-abhängige Transporte und Hormonwirkungen beeinflussen könnten.

Zink kommt in Pflanzen in etwa der 10fachen Konzentration von Kupfer, in etwa $^1/_{10}$ der Konzentration von Eisen vor. Es ist einmal Bestandteil von mehr als 70 Enzymen, z.B. von Alkohol-Dehydrogenase, Kohlensäure-Anhydrase, Superoxid-Dismutase, zum anderen Cofaktor weiterer Enzyme. Zinkmangel bewirkt bei Höheren Pflanzen starke Wachstumsstörungen, z.B. Verzwergung der Blätter, Hemmung des Internodienwachstums. Dies wird auf eine Störung des Wuchsstoffhaushaltes bei Fehlen von Zink zurückgeführt. Auch für viele Niedere Pflanzen (z.B. Pilze wie *Aspergillus niger*, Algen) ist Zn ein unentbehrlicher Mikronährstoff.

Kupfer kommt in Pflanzen in einer Konzentration von etwa 3–10 ppm Trockengewicht vor und ist ebenfalls Bestandteil verschiedener Enzyme (z.B. Ascorbinsäure-Oxidase, Cytochrom-Oxidase, Phenolase, Laccase) und Redoxsubstanzen (Plastocyanin). Cu-Mangel bewirkt u.a. die sog. Urbarmachungskrankheit auf sauren Heidemoorböden mit einem sehr geringen Kornertrag des Getreides (gleichzeitig Lecksucht des Viehes!). Auch die Ligninsynthese wird bei Cu-Mangel gestört.

Molybdän ist ein Bestandteil von Enzymen der N_2-Fixierung (S. 347) und der Nitratreduktion (S. 346), bei Mikroorganismen auch z.B. der Sulfit-Oxidase, der Aldehyd-Oxidase und der Xanthin Oxidase. Sein Fehlen wirkt sich daher bei Nitratversorgung der Pflanzen viel stärker aus als bei Ammoniumernährung.

Chlor findet sich bei Pflanzen in einer Konzentration von ca. 50–500 µmol/g Trockengewicht (in einer weit höheren bei Halophyten) und ist (als Cl^-) vor allem in den Chloroplasten und im Zellsaft angereichert. Es scheint bei der photosynthetischen Sauerstoffentwicklung eine Rolle zu spielen. Es sind einige wenige Cl-haltige organische Substanzen in Pflanzen beschrieben, doch keine von wesentlicher Bedeutung für den Stoffwechsel. Bei bestimmten Pflanzen, z.B. dem Mais und der Küchenzwiebel, ist es bei der Osmoregulation der Stomata beteiligt (S. 475); vielleicht hängt damit zusammen, daß Chloridmangel im Experiment Welkeerscheinungen hervorrufen kann. Einen Chloridmangel am natürlichen Standort gibt es nicht, wohl aber überoptimale Chloridkonzentrationen.

Cobalt als Bestandteil des Vitamin B_{12} wird von vielen Bakterien, Algen und der tierischen Zelle benötigt, von Höheren Pflanzen nur, wenn sie zur symbiontischen N_2-Fixierung befähigt sind (S. 347).

Natrium ist nur für wenige Höhere Pflanzen als notwendiges Element nachgewiesen, das in größeren (z.B. von der Chenopodiacee *Halogeton glomeratus*) oder geringeren Konzentrationen (z.B. von *Atriplex*-Arten) benötigt wird.

Silicium ist nicht nur für die Diatomeen (S. 334), sondern auch für die kieselsäurereichen Schachtelhalme, vielleicht auch für die Poaceen, essentiell. Wegen seines universellen Vorkommens und der Gefahr der Nährlösungs-Verunreinigung aus den Wandungen der Kulturgefäße oder durch Staub sind Mangelerscheinungen bei diesem Element schwer nachzuweisen.

Selen soll für Selenindikatorpflanzen (S. 311) nicht nur ein Ballaststoff, sondern in Spuren lebensnotwendig sein, ebenso für manche Bakterien (S. 334).

Nickel ist ein Bestandteil der Urease bei Höheren Pflanzen und wird auch von einigen Bakterien benötigt (S. 334).

6. Mineralsalze als Standortfaktoren

Kalk- und Kieselpflanzen. Unter den Farnen (S. 755) und Angiospermen (S. 975 ff.) gibt es Arten, die kalkmeidend und andere, oft nahe verwandte, die auf Kalkböden beschränkt sind. Kalkpflanzen sind hohen Ca^{2+}- und HCO_3^--Konzentrationen, relativ hohem pH-Wert, wasserdurchlässigen, warmen und trockenen Böden angepaßt; sie müssen sich aber damit auseinandersetzen, daß außer Schwermetallen auch Phosphat für sie schwer verfügbar ist. Auf sauren Böden dürften sie vor allem durch die höheren Konzentrationen von Eisen, Mangan- und Aluminiumionen geschädigt werden. Kieselpflanzen «entgiften» dieses Überangebot an Schwermetallionen durch Komplexbildung.

Pflanzen auf Salzstandorten. Höhere Salzkonzentrationen im Medium (im Boden bei Land-, im Wasser bei Wasserpflanzen) wirken einerseits unspezifisch osmotisch, zum andern spezifisch je nach Art der beteiligten Ionen.

Dem osmotischen Sog salzreicher Medien (Meerwasser ca. −20 bar, in abgeschlossenen Lagunen infolge der Wasserverdunstung auch noch erheblich negativer) können die Pflanzen durch entsprechend niedere Wasserpotentiale begegnen (S. 320). Auch Anpassungen an schnell wechselnde osmotische Belastungen haben wir bereits kennengelernt (S. 333).

Da Salzböden in humiden Gebieten meist NaCl enthalten, gehen spezifische Ionenwirkungen hier in der Regel auf Na^+ und Cl^- zurück. Die Empfindlichkeit des Protoplasmas der verschiedenen Pflanzen gegen diese Ionen ist außerordentlich unterschiedlich. Halophile Bakterien und Algen leben in konzentrierten Kochsalzlösungen. Unter den Kulturpflanzen sind relativ kochsalzresistent Gerste, Rübe, Spinat, Küchenzwiebel, Rettich, Baumwolle, Tabak (kann u.U. so viel NaCl in seinen Blättern ablagern, daß sie nicht mehr brennbar sind), Weinrebe, Ölbaum, Dattelpalme, verschiedene Kiefern; von den dicotylen Bäumen Eiche, Platane und Robinie, weshalb sie auch weniger unter Streusalzschäden leiden. Empfindlich sind dagegen Roßkastanien und Linden, ferner Weizen, Kartoffeln, Kernobst, Citrone und viele Leguminosen.

Echte Halophyten unter den Höheren Pflanzen sind den hohen Salzgehalten ihrer Standorte auf verschiedene Weise angepaßt:

1. Sie akkumulieren die Ionen (z.B. Na^+ und Cl^-) und kompensieren so die hohen Bodensaugspannungen.

2. Sie können oft Salze durch Drüsen (S. 370) oder durch Abwurf von Pflanzenteilen (z.B. Blasenhaare bei *Atriplex*-Arten) abscheiden.

3. Manche Halophyten wirken zu hohen Salzkonzentrationen im Zellsaft dadurch entgegen, daß sie größere Mengen Wasser speichern (Salzsucculenz, z.B. bei *Salicornia*).

Die Düngung. Die Nährsalzversorgung der Pflanze ist am natürlichen Standort, vor allem aber auf Kulturböden, vielfach für das Pflanzenwachstum begrenzend. Befinden sich die vom Menschen unbeeinflußten Standorte im Gleichgewicht, indem die von den Organismen aufgenommenen Nährelemente nach dem Absterben wieder in den Boden zurückkehren, so wird ihm mit jeder Ernte durch den Menschen eine beträchtliche Menge an Mineralstoffen entzogen. Es muß daher für Ersatz durch entsprechende Düngung gesorgt werden, zumal auch das Gedeihen einer für den gesunden Boden notwendigen Mikroflora davon abhängt. Dabei wirkt das von Liebig – dem Begründer der «künstlichen» Düngung – entdeckte «Gesetz des Minimums», nach dem jeweils derjenige Faktor das Wachstum begrenzt, der in relativ geringsten Menge vorliegt. Vor allem Stickstoff, Phosphor und Kalium müssen immer wieder in den Boden gebracht werden, um hohe Ernteerträge zu gewährleisten. Eine evtl. notwendige Kalkung des Bodens dient vor allem der Regelung seines pH-Wertes und der Erhaltung seiner Krümelstruktur, die für die Durchlüftung, Wasserführung und Nährstoffverfügbarkeit wichtig ist.

Während die Düngung mit anorganischen Salzen kaum zu gesundheitlichen Bedenken Anlaß gibt, hat die Tatsache, daß Wurzeln auch gewisse organische Substanzen aufnehmen können, für die «natürliche» Düngung mit Stallmist (Fütterung von Tieren mit Antibiotica, die z. T. wieder ausgeschieden werden) und damit für die menschliche wie tierische Ernährung eine noch nicht abzusehende Bedeutung. Das gleiche gilt für auf die Blattoberfläche gebrachte Substanzen (z.B. Pflanzenschutzmittel), die z.T. in das Blattinnere eindringen und dort gespeichert werden können.

D. Der Stoffwechsel der Kohlenhydrate

Die wesentlichsten Umsetzungen der Kohlenhydrate in der Pflanzenzelle wurden bereits in anderem Zusammenhang besprochen, so z.B. die Saccharose- (S. 257) und Stärkebiosynthese (S. 256), die Umwandlung von Zuckerphosphaten ineinander und die Stärkemobilisierung (S. 281). Hier sollen noch kurz einige Umsetzungen von Nucleosiddiphosphat-Zuckern erwähnt werden.

Diese Zuckerverbindungen werden, wie erwähnt (S. 256), durch Umsetzung eines Nucleosidtriphosphats (NTP) mit dem jeweiligen Zucker-1-phosphat unter der katalytischen Wirkung einer Pyrophosphorylase gebildet:

NTP + Zucker-1-phosphat ⇌
NDP-Zucker + PP.

Die Reaktion liefert kaum freie Energie; da durch die Pyrophosphatase aber das gebildete PP in freies Phosphat gespalten wird, verläuft sie in der gekoppelten Reaktion irreversibel ($\Delta G^{0'}$ = ca. $-7,0$ kcal bzw. -29 kJ) in Richtung des Nucleosiddiphosphat-Zuckers.

Eine Reihe von NDP-Zuckern oder ihrer Derivate wird in der Zelle durch enzymatische Umwandlung anderer NDP-Zucker oder -Zuckerderivate gebildet. Dabei kann z.B. die Hydroxylgruppe am C_6 des gebundenen Zuckers oxidiert werden, wobei Uronsäuren entstehen (Abb. 361). Häufig ist weiterhin die Epimerisierung der Hydroxylgruppe am C_4 des gebundenen Zuckers und schließlich die Bildung von NDP-gebundenen Pentosen durch Decarboxylierung von NDP-gebundenen Uronsäuren.

Die NDP-gebundenen Zucker oder Zuckerderivate können als Bausteine für die Synthese von Polysacchariden oder Polyuronaten dienen, z.B. ADP-Glucose für Stärke (S. 256) und UDP-Acetylglucosamin für Chitin. Noch nicht endgültig geklärt ist die Natur des Nucleosiddiphosphats, das die Glucose in die Cellulose-Synthese einschleust

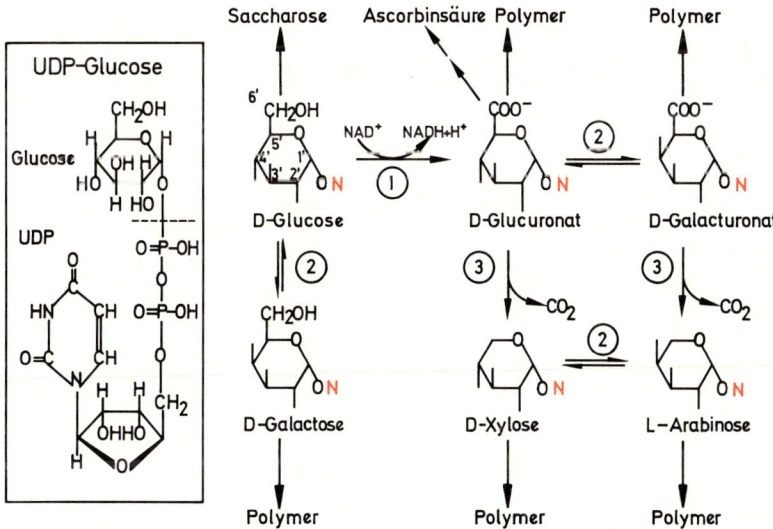

Abb. 361: Umwandlungen einiger Nucleosiddiphosphat-Zucker und Struktur der UDP-Glucose. ① Oxidation am C_6; ② Epimerisierung der Hydroxylgruppe am C_4; ③ Decarboxylierung von NDP-Uronsäuren. (Nach Kindl u. Wöber, ergänzt)

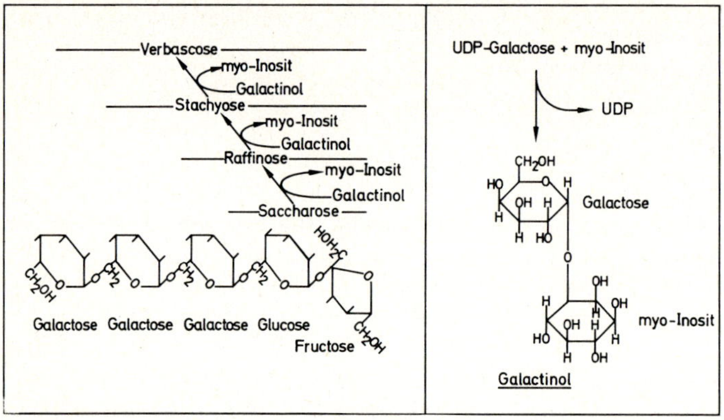

Abb. 362: Bildung von Galactinol und Struktur und Bildung der Zucker der Raffinose-Familie.

(UDP-Glucose?). Aus UDP-Glucose kann auch eine Reihe von Glucosiden, aus UDP-Galactose können Galactoside gebildet werden. Das myo-Inosit-Galactosid G a l a c t i n o l ist seinerseits ein wichtiger Galactosedonator bei der Biosynthese Galactose-haltiger Zucker, z.B. der wichtigen Transportzucker Raffinose, Stachyose und Verbascose (Abb. 362).

myo-Inosit selbst wird aus Glucose-6-phosphat gebildet; die Synthesewege der anderen in Pflanzen vorkommenden Zuckeralkohole sind noch nicht aufgeklärt.

E. Stickstoff-Metabolismus

Wir haben bereits an verschiedenen Stellen den pflanzlichen Stickstoff-Metabolismus gestreift, z.B. bei der Betrachtung der Struktur von Aminosäuren und Proteinen sowie bei der Biosynthese und beim Abbau der Proteine. Es wurde auch bereits erwähnt (S. 342), daß die meisten Pflanzen Stickstoff als Nitrat- oder Ammoniumion aus dem Medium, einige Spezialisten N_2 aus der Atmosphäre, aufnehmen, und daß der Stickstoff stets in reduzierter Form in organische Verbindungen eingebaut wird. Nitrat und N_2 müssen daher zunächst reduziert werden.

1. Assimilatorische Nitratreduktion

Sowohl Pilze als auch grüne Pflanzen reduzieren Nitrat in zwei enzymkatalysierten Schritten über Nitrit zu NH_4^+:

$$NO_3^- \xrightarrow[2e^-]{\text{Nitratreduktase}} NO_2^- \xrightarrow[6e^-]{\text{Nitritreduktase}} NH_4^+$$

$$(+5) \qquad\qquad (+3) \qquad\qquad (-3)$$

[(+5) usw.: Oxidationszahl]

Die **Nitratreduktase,** ein cytoplasmatisches Enzym, hat ein Molekulargewicht von ca. 185000 (*Rhodopseudomonas*) bis ca. 500000 (*Chlamydomonas*). Sie enthält Eisen- und Molybdän-Ionen sowie FAD (vgl. S. 279) und als Häm-Komponente Cytochrom b_{557}. Elektronenspender für die Reaktion ist bei Höheren Pflanzen $NADH + H^+$, dessen Bereitstellung entweder über die Photolyse in den Chloroplasten mit Hilfe des Triosephosphat/Phosphoglycerat -Shuttle (S. 256) oder (in verdunkelten Organen) aus der Atmung erfolgt. Bei Pilzen wird $NADPH + H^+$, bei Bakterien reduziertes Ferredoxin als Reduktionsmittel verwendet.

Die Bildung der Nitratreduktase ist in grünen Pflanzen und in Pilzen durch das Substrat Nitrat (und Nitrit) induzierbar; diese Genaktivierung erfolgt beim Mais innerhalb von 2 Stunden. NO_3^- kann bei Samen von *Agrostemma* bei der Induktion der Enzymbildung durch Cytokinin (z.B. Benzyladenin, S. 391, Abb. 413) ersetzt werden. Durch NH_4^+ kann die Nitratreduktase reprimiert werden. Der Nutzen dieser Regulation ist augenfällig.

Bei dem von der **Nitritreduktase** katalysierten Übergang von Nitrit zu Ammoniak treten keine faßbaren, freien Zwischenprodukte auf.

Das Enzym enthält ein Häm, das S i r o h ä m, und (bei Spinat) pro mol Sirohäm 6 mol Fe und 4 mol säurelabiles Sulfid. Die Nitritreduktase ist in Chloroplasten-führenden Zellen in den Chloroplasten lokalisiert (Abb. 363), in den Wurzeln wahrscheinlich in den Proplastiden. In den Blättern von C_4-Pflanzen finden sich Nitrat- und Nitritreduktase nur in den Mesophyllzellen. Als Elektronenspender für die Nitritreduktion der Höheren Pflanzen dient reduziertes Ferredoxin; die Nitritreduktion ist in den Plastiden also direkt mit dem nichtcyclischen Elektronenfluß verbunden und konkurriert mit der

NADP$^+$- (und damit letztlich der CO$_2$-)Reduktion um die Elektronen. Die Synthese der Nitritreduktase in den Chloroplasten ist wieder durch Nitrit und Nitrat induzierbar.

In chloroplastenfreien Zellen, z.B. in Pflanzenwurzeln, Bakterien oder Pilzen, ist die Nitritreduktase zwar nachgewiesen, aber noch wenig untersucht. Der natürliche Elektronendonator ist wahrscheinlich NADPH + H$^+$.

Bei einzelnen Pflanzenarten scheinen die Wurzeln einerseits und die photosynthetisierenden Organe (vorwiegend die Blätter) andererseits in unterschiedlichem Ausmaß an der Nitratreduktion beteiligt zu sein. Vollzieht sich die Reduktion hauptsächlich in den Blättern, so können Wurzel und Sproßachse größere Nitratmengen aufweisen (z.B. bei *Xanthium*). Bei Bäumen und Sträuchern scheint das Nitrat dagegen in der Wurzel vollständig reduziert zu werden.

Die Nitratreduktion ist ebenso wie die CO$_2$-Reduktion und die SO$_4^{2-}$-Reduktion eine typische biochemische Leistung der Pflanzenzelle, die von tierischen Zellen nicht durchgeführt werden kann. Auch im Hinblick auf den Stickstoff- und Schwefelstoffwechsel sind die Tiere daher von den Pflanzen abhängig.

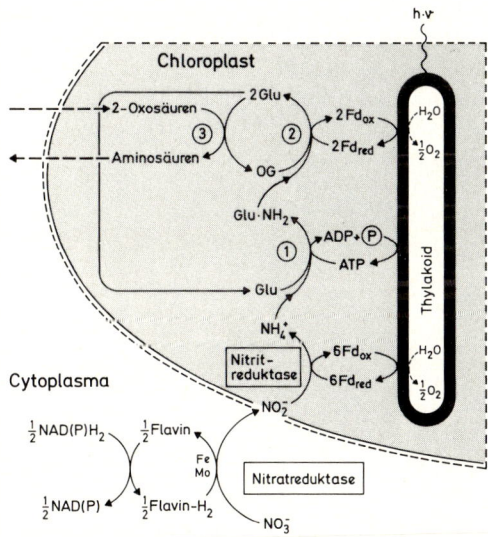

Abb. 363: Kompartimentierung der einzelnen Schritte der photosynthetischen Nitratreduktion der grünen Pflanzenzelle. Das durch die Nitritreduktase in den Chloroplasten gebildete NH$_4^+$ wird durch die G l u - t a m i n - S y n t h e t a s e ① an Glutamat (Glu) gebunden. Das entstehende Glutamin (Glu · NH$_2$) wird mit 2-Oxoglutarat (OG) durch die G l u t a m a t - S y n t h a s e ② zu 2 Molekülen Glutamat umgesetzt. Von hier aus kann die Aminogruppe durch T r a n s a m i n a s e n ③ auf andere 2-Oxosäuren übertragen werden. (Nach LEA u. MIFLIN aus MOHR u. SCHOPFER)

2. Dissimilatorische Nitratreduktion (Nitrat-Atmung, Denitrifikation)

Bei vielen Bakterien (bisher bei mehr als 60 Gattungen nachgewiesen) kann unter anaeroben Bedingungen Nitrat als Elektronenacceptor in einer Elektronentransportkette dienen (ähnlich wie O$_2$ bei aeroben Verhältnissen). Der Prozeß (NO$_3^-$ → NO$_2^-$ → NO → N$_2$O → N$_2$) dient kaum der Energiegewinnung, sondern vielmehr der Oxidation reduzierter Pyridinnucleotide. Die entstehenden reduzierten Verbindungen werden aus der Zelle ausgeschieden.

3. Die Reduktion von molekularem Stickstoff (N$_2$)

Einige Prokaryoten können den reichen Vorrat (Tab. 33) an molekularem Stickstoff in der Atmosphäre nutzen. Das dazu benötigte Enzymsystem, die **Nitrogenase,** kommt vor bei einigen freilebenden heterotrophen Bakterien, und zwar bei obligat aeroben (z.B. *Azotobacter*-Arten), bei fakultativ anaeroben (z.B. *Klebsiella pneumoniae*) unter anaeroben Bedingungen oder zumindest bei niederem O$_2$-Partialdruck und bei obligat anaeroben (z.B. *Clostridium pasteurianum*); bei freilebenden photoautotrophen Bakterien (z.B. *Rhodospirillum rubrum*); bei Cyanophyceen und zwar nur vereinzelt bei einzelligen (*Gloeocapsa*-Stamm), nur unter anaeroben oder mikroaeroben Bedingungen bei einigen Heterocysten-freien Hormogoneae (S. 569), dagegen verbreitet bei Heterocysten-bildenden Hormogoneae (z.B. Arten der Gattungen *Anabaena, Anabaenopsis, Cylindrospermum, Nostoc, Aulosira, Calothrix, Tolypothrix* und *Mastigocladus*). Besondere Beachtung haben neuerdings N$_2$-fixierende Bakterien aus der Rhizosphäre vor allem von Gräsern gefunden, z.B. *Spirillum lipoferum*. Eine Förderung des Ertrags von Mais oder *Sorghum* durch *Sp. lipoferum* ließ

Tab. 33: Die Verteilung des Stickstoffs auf der Erde. (Nach DELWICHE)

Region	g/cm^2
Atmosphäre	755
Biosphäre	0,036
Hydrosphäre (ausschl. gelöstem N$_2$)	0,033
Erdkruste (rohe Schätzung)	2500

sich allerdings nicht nachweisen. Stickstoff-Fixierung erfolgt schließlich auch von symbiontisch lebenden Blaualgen (z.B. in Flechten, in den Hyalinzellen von *Sphagnumarten*, in *Azolla*, in «Korallenwurzeln» von Cycadeen und in den Blattbasen von *Gunnera*), von *Rhizobium*-Arten in Leguminosen-Wurzelknöllchen und von Actinomyceten in den Wurzelknöllchen anderer Angiospermen (S. 376). Die biologische N_2-Fixierung übertrifft die industrielle mengenmäßig noch weit (Tab. 34). Freilebende N_2-Fixierer binden 15–20 kg N_2 pro Hektar und Jahr, Blaualgen in *Azolla* ca. 95 kg. Durch Gabe von 0,3 kg Molybdän pro ha wurde in Reinkulturen die N_2-Bindung (vor allem durch Blaualgen) um 23 % gesteigert.

Die Reduktion von N_2 mit Hilfe der Nitrogenase zu NH_4^+ erfordert 6 Elektronen, die in vivo von reduziertem Ferredoxin geliefert werden; Zwischenprodukte der Reduktion konnten auch bei dieser Reaktion nicht nachgewiesen werden, erst das NH_4^+ wird vom Enzym freigegeben. Die Nitrogenase-Reaktion benötigt außerdem ATP.

Die Nitrogenase besteht aus zwei verschiedenen Proteinen, einem Eisen-Protein und einem Molybdän-Eisen-Protein. Ersteres hat ein Molekulargewicht von etwa 60 000 und besteht aus zwei identischen Untereinheiten. Das Molybdän-Eisen-Protein hat ein MG von etwas über 200 000 und besteht aus vier Untereinheiten, von denen je zwei identisch sind. Das Protein enthält zwei Atome Molybdän und 30 $\pm$ 2 Eisen-Schwefel-Gruppen (Nichthäm-Eisen). Nur die komplette Nitrogenase ist zur N_2-Reduktion befähigt; das aktive Enzym kann aber aus seinen Bestandteilen restituiert werden.

Die Substratspezifität der Nitrogenase ist relativ gering; so können z.B. auch N_3^- ($\rightarrow N_2 + NH_3$), N_2O ($\rightarrow N_2 + H_2O$), H^+ ($\rightarrow \frac{1}{2} H_2$) und Acetylen ($C_2H_2 \rightarrow C_2H_4$) reduziert werden, wahrscheinlich durch verschiedene Konformationstypen des Enzyms. Vor allem die Acetylenreduktion durch die Nitrogenase hat die Analyse der Enzymwirkung und das Auffinden neuer Nitrogenase-haltiger (und damit zur N_2-Fixierung befähigter) Organismen sehr erleichtert: Das entstehende Äthylen ist gaschromatographisch leicht nachweisbar. *Rhizobium*-Stämme mit einer Hydrogenase, die das als Nebenprodukt der N_2-Fixierung anfallende H_2 refixieren, haben eine höhere N_2-Bindungskapazität.

Die Nitrogenase ist in zellfreien Extrakten nur unter anaeroben Bedingungen aktiv und wird durch O_2 schnell irreversibel inaktiviert. In vivo könnte eine O_2-Empfindlichkeit der Nitrogenase vor allem bei den photosynthetisierenden (und O_2-entwickelnden!) Blaualgen zum Problem werden. Bei den Heterocysten-haltigen Cyanophyceen, die, wie erwähnt, die meisten und leistungsfähigsten N_2-Fixierer stellen, scheint die Schwierigkeit dadurch vermindert, daß die Nitrogenase in den Heterocysten lokalisiert ist, die kein Photosystem II besitzen und daher keinen Sauerstoff entwickeln.

Bei einer marinen, Heterocysten-freien *Oscillatoria* ist die N_2-Fixierung auf pigmentarme Zellen im Innern der Algenkolonien beschränkt, die keinen Photosynthese-Sauerstoff erzeugen.

Tab. 34: Das Stickstoffgleichgewicht auf der Erde. (Nach Quispel)

	Fläche ha · 10^6	kg N_2 fixiert pro ha u. Jahr	Tonnen · 10^6 pro Jahr
Biologische Fixierung			
Leguminosen	250	55–140	14–35
Nicht-Leguminosen	1 015	5	5
Reisfelder	135	30	4
Andere Böden und Pflanzengesellschaften	12 000	2,5–3,0	30–36
Meer	36 100	0,3–1,0	10–36
Industrielle Fixierung			30
Atmosphärische Fixierung			7,6
Juveniler Beitrag (Vulkane)			0,2
Denitrifikation			
Land	13 400	3	43
Meer	36 100	1	40
Ablagerung in Sedimenten			0,2

Bei den aeroben freilebenden und den symbiontischen Bakterien ist der O_2-Partialdruck in den Nitrogenase-führenden Zellen vielleicht durch die sehr intensive Atmung erniedrigt, die für den außerordentlich hohen Energieaufwand der N_2-Reduktion erforderlich ist: Die Nitrogenase von *Azotobacter* braucht mindestens 4,5 ATP für die Übertragung von jeweils 2 Elektronen (13,5 für die vollständige Reduktion eines Moleküls N_2), und für die Bereitstellung von 1 mg gebundenem N müssen 50–150 mg Kohlenhydrat verbraucht werden. Bei den symbiontischen Rhizobien in den Leguminosen-Wurzelknöllchen wird der Kohlenhydratverbrauch mit 5–20 mg pro mg N angegeben. Hier wird die Sauerstoffversorgung sogar durch einen eigenen Sauerstoffüberträger, das außerhalb der Rhizobienzellen in den Wirtszellen lokalisierte Leghämoglobin, erleichtert; es übt damit eine ähnliche Funktion aus wie das Hämoglobin der Tiere.

Die Synthese des Leghämoglobins erfolgt im Cytoplasma der Wirtszellen; für die Synthese der Hämkomponente scheinen aber Gene des Bakteriums verantwortlich zu sein.

Die Synthese der Nitrogenase wird nicht durch NH_4^+ selbst, das Produkt der N_2-Reduktion, wohl aber durch organische Verbindungen, die aus NH_4^+ entstehen, reprimiert.

Das für die Nitrogenase-Reaktion notwendige ATP und das reduzierte Ferredoxin kann bei Blaualgen und photosynthetisierenden Bakterien durch den lichtgetriebenen Elektronentransport bereitgestellt werden, wobei die Produkte der Lichtreaktion durch keine Plastidenmembranen vor dem Eintritt in das Cytoplasma behindert werden (vgl. S. 249). In den Heterocysten wird das Ferredoxin mit Hilfe von $NADPH + H^+$ reduziert, das aus dem oxidativen Pentosephosphatcyclus (S. 288) stammt. Das benötigte ATP kann hier entweder durch cyclische Photophosphorylierung oder durch oxidative Phosphorylierung (im Dunkeln) geliefert werden. Photosynthetisierende Purpurbakterien können N_2 auch im Dunkeln auf Kosten anaeroben Zuckerabbaus oder aerober Atmung bei niedrigen O_2-Partialdrucken reduzieren.

Die nichtphotosynthetisierenden N_2-Fixierer bilden ATP durch Atmung, reduziertes Ferredoxin z.B. durch die Wirkung des Enzyms Hydrogenase (S. 265), das bei vielen N_2-fixierenden Organismen auftritt und Wasserstoff als Elektronendonator benützt:

$$\text{Ferredoxin (ox.)} + H_2 \rightleftharpoons \text{Ferredoxin (red.)} + 2H^+.$$

Bei zahlreichen fakultativ oder obligat anaeroben Bakterien kann sowohl ATP wie reduziertes Ferredoxin durch oxidative Decarboxylierung des Pyruvats mit dem Pyruvat-Dehydrogenase-Komplex (S. 277) gebildet werden, wobei hier der an Coenzym A gebundene Acetaldehyd (abweichend von den Verhältnissen in den Mitochondrien) durch Ferredoxin oxidiert wird.

Bei dem photoautotrophen Bakterium *Rhodospirillum rubrum* liegt die Nitrogenase in einer aktiven und in einer inaktiven Form vor. Die inaktive Nitrogenase wird durch einen Aktivierungsfaktor (AF, ein Protein) aktiviert, ähnlich wie die Glutamin-Synthetase (S. 307). Cofaktor dieser Aktivierung ist Mn^{2+}, das bei der N_2-Fixierung des Bacteriums als Spurenelement benötigt wird.

Theoretisch wäre es denkbar (wenn auch vorläufig praktisch unwahrscheinlich), daß die genetische Information für die N_2-Fixierung von Bakterien oder Cyanophyceen experimentell auf Höhere Pflanzen, z.B. Kulturpflanzen, übertragen werden könnte. Dies hätte eine außerordentliche wirtschaftliche Bedeutung. Eine Übertragung der Gene für die N_2-Fixierung («nif»-Gene; eine Gruppe von mindestens 14 Genen) zwischen einzelnen Arten der Bakterien bzw. Blaualgen ist bereits gelungen. Nach Übertragung der «nif»-Gene von *Klebsiella pneumoniae* auf eine nif⁻-Mutante von *Azotobacter vinelandii* kamen die Gene eines anaeroben N_2-Fixierers unter aeroben Bedingungen zur Expression. Auch die Gene für die Wasserstoffaufnahme («hup»-Gene) sind auf defiziente Stämme übertragbar, wodurch deren N_2-Fixierungskapazität erhöht wird.

4. Einbau von NH_4^+ in organische Stickstoffverbindungen

Sowohl das durch Nitratreduktion und durch N_2-Fixierung gewonnene wie das aus dem Medium aufgenommene NH_4^+ wird in der Zelle sofort in organische Verbindungen, und zwar in Aminosäuren oder Amide, eingebaut.

Die Bildung von Glutamin wird durch die Glutamin-Synthetase katalysiert (Abb. 364).

Diese Reaktion gilt bei den N_2-fixierenden Organismen als der Hauptweg für den Einbau des in der Nitrogenase-Reaktion gebildeten NH_4^+, ebenso für Pflanzen, die Nitrat reduzieren (Abb. 363) und solche, die geringe Mengen von NH_4^+ verwerten (Ausnahme: die meisten Pilze). Vom Glutamin aus wird dann der Stickstoff vor allem zur weiteren Glutamatbildung verwendet (Abb. 364). Glutamin-Sythetase und Glutamat-Synthase finden sich auch in den Chloroplasten; beide Enzyme werden durch Licht aktiviert. Da die Glutamin-Synthetase eine hohe Affinität zum NH_4^+ hat ($K_m = 2$–$50\,\mu M$, gegenüber ca. 5 mM bei der Glutamat-Dehydrogenase), könnte ihr noch eine spezielle «Entgiftungsfunktion» zukommen, da NH_4^+ ein Entkoppler der Photophosphorylierung ist.

Von den symbiontischen Rhizobien in den Wurzelknöllchen der Leguminosen wird das durch die Nitrogenase gebildete NH_4^+ an das Cytoplasma der Knöllchenzelle abgegeben und dort von der Glutamin-Synthetase in Glutamin eingebaut (Abb. 365). Mit Hilfe von Glutamat-Synthase kann dann Glutamat, von Asparagin-Synthetase Asparagin entstehen. Der Abtransport aus den Wurzelknöllchen erfolgt im Xylem mit dem Transpirationsstrom, wobei Asparagin, Asparaginsäure, Glutamin, Glutaminsäure und Alanin die quantitativ wichtigsten Transportaminosäuren sind. Die Fixierungsrate beträgt dabei 30–100 mg N/g Frischgewicht der Knöllchen pro Tag, d.h. ein Knöllchen kann täglich etwa 3–10mal seinen eigenen Stickstoffgehalt umsetzen.

Der Hauptweg der NH_4^+-Verwertung bei freilebenden N_2-fixierenden Bakterien ist noch nicht gesichert.

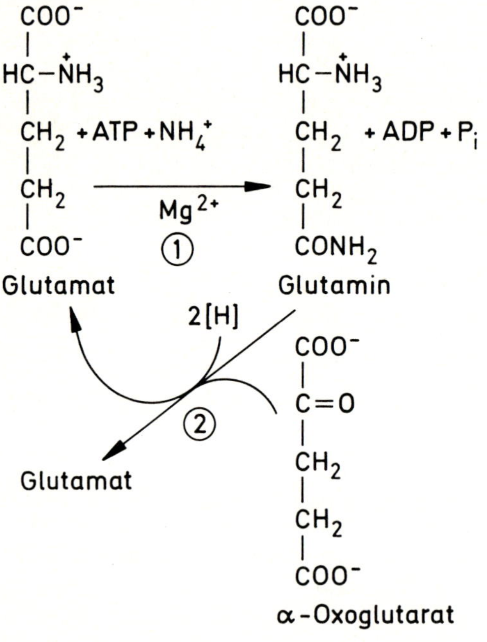

Wie bei der Glutaminsynthese dient auch bei der Synthese der meisten Aminosäuren und des Asparagins Glutamat als Vermittler. Unter der Wirkung von Transaminasen (S. 285) wird die Aminogruppe des Glutamats auf eine entsprechende α-Oxosäure übertragen, z.B. auf Oxalacetat:

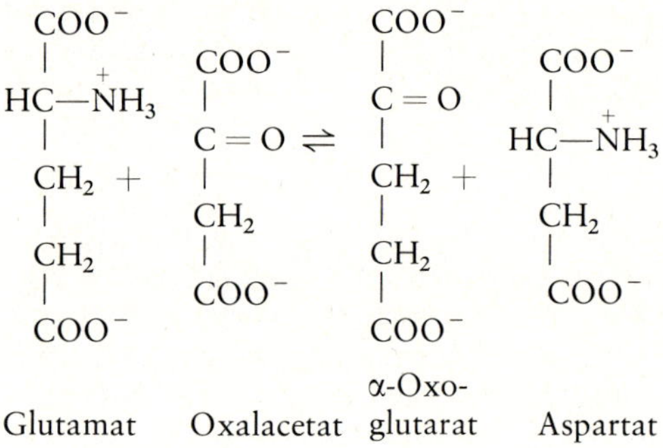

$$
\begin{array}{cccc}
\text{COO}^- & \text{COO}^- & \text{COO}^- & \text{COO}^- \\
| & | & | & | \\
\text{HC}\!-\!\overset{+}{\text{NH}}_3 & \text{C}\!=\!\text{O} & \text{C}\!=\!\text{O} & \text{HC}\!-\!\overset{+}{\text{NH}}_3 \\
| \quad + & | \;\rightleftharpoons & | \quad + & | \\
\text{CH}_2 & \text{CH}_2 & \text{CH}_2 & \text{CH}_2 \\
| & \text{COO}^- & | & | \\
\text{CH}_2 & & \text{CH}_2 & \text{COO}^- \\
| & & | & \\
\text{COO}^- & & \text{COO}^- &
\end{array}
$$

Glutamat Oxalacetat α-Oxo-glutarat Aspartat

Glutamat und Asparatat sind die Ausgangsverbindungen für zahlreiche andere Aminosäuren («Glutamat-Familie», «Aspartat-Familie») und auch für N-Heterocyclen (Abb. 366). Den Biosyntheseweg der Aspartat-Familie haben wir bereits in anderem Zusammenhang kennengelernt (Abb. 334); für Einzelheiten der

Abb. 364: ATP-abhängige Amidierung von Glutamat zu Glutamin durch die Glutamin-Synthetase ① und nachfolgende reduktive Übertragung der Amidogruppe auf α-Oxoglutarat durch die Glutamat-Synthase ②. Dabei entstehen zwei Moleküle Glutamat.

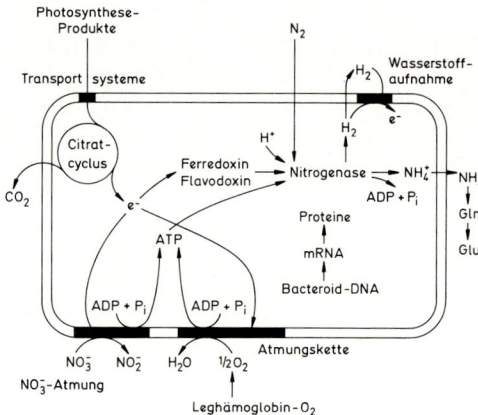

Abb. 365: Modell für die symbiontische N_2-Fixierung durch *Rhizobium*-Bacterioide. Die Pflanze liefert Photosyntheseprodukte, die von den Rhizobien zu Reduktionsäquivalenten (e^-) und ATP verarbeitet werden. Etwa ein Drittel der für die N_2-Reduktion benötigten Energie wird von der durch die Nitrogenase bewerkstelligten H_2-Entwicklung verbraucht. Die Wiederverwertung durch die Hydrogenase (H_2-Aufnahme) gestattet die Rückgewinnung eines Teils dieser Energie. Weitere Erläuterungen im Text. (Nach Lim, Andersen, Tait u. Valentine)

Reaktionen innerhalb der Glutamat-Familie vgl. Lehrbücher der Biochemie.

Asparagin wird in analoger Weise zum Glutamin durch Übertragung der Aminogruppe des Glutamats durch die Asparagin-Synthetase auf Aspartat gebildet.

Die den verzweigten Aminosäuren Valin und Isoleucin zugrundeliegenden α-Oxosäuren werden aus den um zwei C-Atome kürzeren α-Oxosäuren (Pyruvat bzw. dem aus Threonin entstehenden α-Oxobutyrat) durch Kondensation mit einer C_2-Gruppe und anschließende Umlagerung synthetisiert. Für das ebenfalls verzweigte Leucin wird die dem Valin entsprechende α-Oxosäure (α-Oxoisovalerat) noch durch ein C-Atom verlängert und so α-Oxoisocapronat gebildet, das durch Transaminierung der —NH_2-Gruppe vom Glutamat her in Leucin übergeht.

Von besonderem Interesse ist aber die **Biosynthese der aromatischen Aminosäuren** (Phenylalanin, Tyrosin, Tryptophan), einmal weil sie ein Beispiel für die Bildung aromatischer Verbindungen allgemein ist, zum andern, weil sie einem Syntheseweg folgt (Shikimat-Weg),

von dem auch die Bildung anderer wichtiger und mannigfaltiger pflanzlicher Substanzen abzweigt.

Wie Abb. 367 zeigt, geht die Reaktionsfolge von Erythrose-4-phosphat, einem Produkt des oxidativen und des reduktiven Pentosephosphatcyclus (S. 288), und von Phosphoenolpyruvat (PEP) aus, das aus der Glykolyse stammen oder aus Pyruvat gebildet werden kann (S. 261, Abb. 293).

Eine direkte Hydroxylierung des Phenylalanins zum Tyrosin scheint bei Pflanzen – im Gegensatz zu Tieren – kaum eine Rolle zu spielen, vielmehr zweigt die Synthese des Tyrosins schon beim Chorismat von der des Phenylalanins ab.

Auch die **Tryptophanbiosynthese** nimmt von der Schlüsselsubstanz Chorismat ihren Ausgang. Der erste, von der Anthranilat-Synthetase katalysierte Schritt wird durch Tryptophan gehemmt (Endprodukthemmung). Die Seitenkette des Tryptophans schließlich stammt vom Serin.

Vom Phenylalanin zweigt ein Weg zu den wichtigsten aromatischen, «sekundären» Pflanzenstoffen ab (S. 362 f.).

Die autotrophe Pflanze ist im Gegensatz zu vielen heterotrophen Organismen, z.B. den Tieren, in der Lage, alle notwendigen Aminosäuren selbst zu synthetisieren, u. zw. sowohl in den oberirdischen wie den unterirdischen Teilen. Die Skelette werden dabei, wie wir gesehen haben, meist in den üblichen Stoffwechselfolgen (oxidativer und reduktiver Pentosephosphatcyclus, Glykolyse, Citratcyclus, Photorespiration) und in verschiedenen Zellkompartimenten (Chloroplasten, Cytoplasma, Mitochondrien, Peroxisomen) hergestellt und schließlich mittels der Transaminasen in die Aminosäuren übergeführt.

Neben den proteinogenen Aminosäuren werden von Pflanzen auch zahlreiche andere, nicht-proteinogene Aminosäuren und sonstige niedermolekulare Stickstoffverbindungen synthetisiert. Einige von ihnen sind Bestandteile wichtiger Zellsubstanzen (z.B. β-Alanin von Coenzym A), andere haben Speicher- und Transportfunktionen, bei vielen ist aber bisher noch keine bestimmte Funktion bekannt.

Der **Stickstoffspeicherung**, die bei den Höheren Pflanzen zwangsläufig auch mit einem Stickstofftransport von und zu den Speicherorganen verknüpft ist, kommt bei den Pflanzen insofern besondere Bedeutung zu, als für sie Stickstoff meist ein Minimumfaktor ist (S. 344) und sie daher mit diesem Element haushälterisch

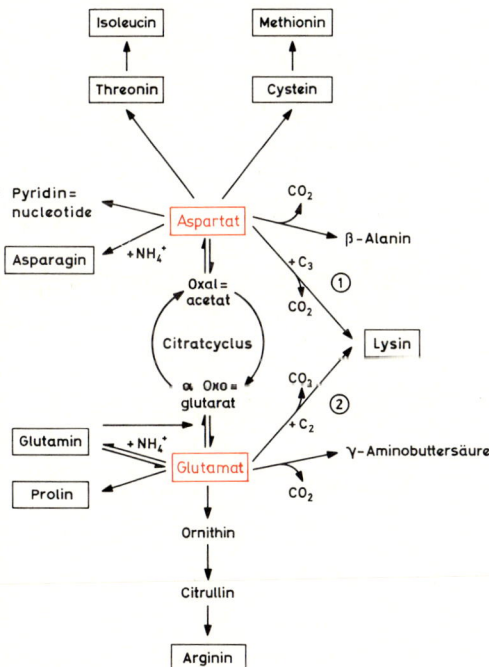

Abb. 366: Aspartat und Glutamat als Ausgangsverbindungen für die Synthese verschiedener Aminosäuren und von Asparagin und Glutamin. Lysin wird bei Bakterien, Grünalgen, Oomyceten (vgl. S. 636), Farnen und Höheren Pflanzen aus Aspartat, ①, bei Höheren Pilzen und Euglenophyta aus Glutamat, ②, synthetisiert. (Nach KINDL u. WÖBER, ergänzt)

umgehen müssen. So spielt z.B. die Exkretion stickstoffhaltiger Stoffwechselschlacken bei den Pflanzen – im Gegensatz zu den Verhältnissen bei Tieren – kaum eine Rolle.

Stickstoff-Transport- und -Speicherformen sind oft identisch und dienen zugleich der Ammoniakentgiftung (vgl. Glutamin); sie sind nicht selten spezifisch für die einzelnen Taxa (z.B. für eine Art, Gattung oder Familie).

Wichtige Transport- und Speichersubstanzen sind z.B.:

1. Die Aminosäuren Glutaminsäure und Asparaginsäure und deren Amide Glutamin und Asparagin («Amidtyp» der Ammoniakentgiftung und -speiche-

rung); Asparagin hat seinen Namen z.B. vom Vorkommen in *Asparagus* (Spargel). Ferner die Aminosäuren Serin und Arginin (z.B. bei Rosaceen – Apfelbäumen! – und Saxifragaceen).

2. Die nichtproteinogene Aminosäure Citrullin (Abb. 368) ist bei *Betulaceen* und *Juglandaceen* die wichtigste Speicher- und Transportform des Stickstoffs (z.B. auch im Xylem und Phloem). Die ebenfalls nichtproteinogene Aminosäure Canavanin spielt als Speichersubstanz bei vielen Leguminosen eine wichtige Rolle. In Samen, in denen es in hohen Konzentrationen vorliegen kann (bei *Dioclea megalocarpa* ca. 13 % des Trockengewichtes) dient es als chemischer Schutz gegen Räuber. Es wird im tierischen Stoffwechsel zu L-Canalin umgesetzt, einer neurotoxisch und insecticid wirkenden Aminosäure. Larven des Käfers

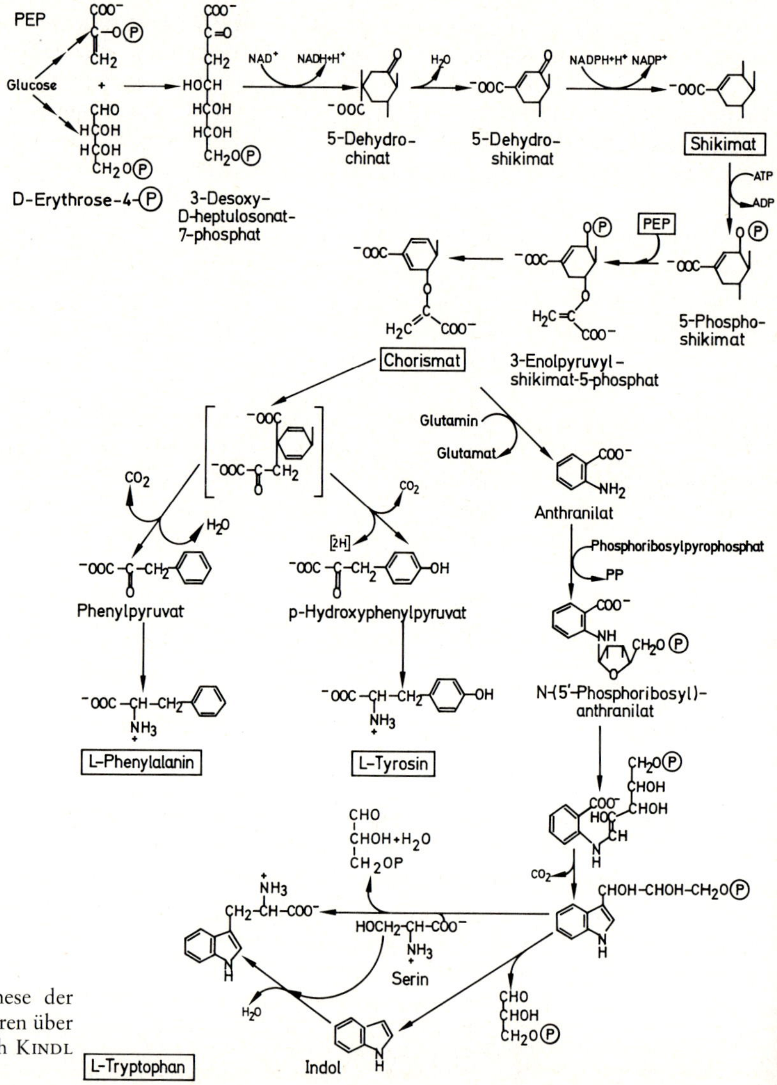

Abb. 367: Die Biosynthese der aromatischen Aminosäuren über den Shikimatweg. (Nach Kindl u. Wöber, verändert)

Caryedes brasiliensis, deren einzige Nahrungsquelle diese Samen darstellen, können das Canalin durch reduktive Desaminierung zu Homoserin entgiften (Abb. 368).

3. Allantoin und Allantoinsäure (Abb. 368) sind Harnstoffderivate, die beim Purinabbau entstehen. Beide Verbindungen werden im Phloem und im Xylem von *Acer-*, *Platanus-* und *Aesculus-*Arten als Transportsubstanzen benutzt und dienen auch als Speicher- und Transportverbindungen bei Boraginaceen, z.B. bei *Symphytum*. Der Harnstoff selbst spielt nur bei Pilzen als Stickstoff-Speicher- bzw. Entgiftungssubstanz eine Rolle.

4. Ammoniumsalze organischer Säuren treten bei Pflanzen mit stark sauren Zellsäften auf («Säuretyp» der NH$_3$-Entgiftung und -Speicherung, z.B. bei *Rheum*).

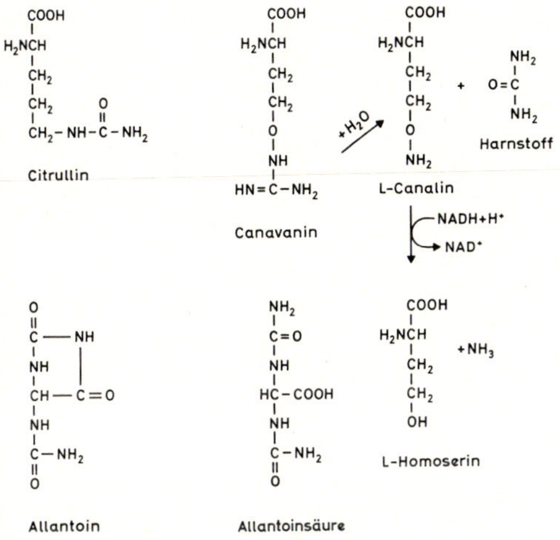

Abb. 368: Die Struktur einiger Stickstoff-Speicher- und -Transportsubstanzen.

5. Stoffwechsel anderer essentieller Stickstoffverbindungen

Purine und **Pyrimidine,** die Basen der Nucleinsäuren (S. 25 ff.), entstehen nicht in freier Form, sondern als Mononucleotide (Abb. 369, 370). Der Ribosephosphatrest des Mononucleotids wird von 5-Phosphoribosyl-1-pyrophosphat (PRPP) geliefert, das auch als Baustein bei der Tryptophan- (Abb. 367) und Histidin-Biosynthese dient. Zwei der 4 Stickstoffatome des Purinringes stammen vom Glutamin (Transamidierung), eines aus dem Aspartat (das dabei in Fumarat übergeht) und eines wird mit dem Kohlenstoffskelett des Glycins eingebaut. Einer der Ringkohlenstoffe wird durch biotinabhängige Carboxylierung eingeführt (vgl. S. 358), die beiden anderen werden von dem wichtigen C$_1$-Gruppen-Übertragungssystem der Tetrahydrofolsäure geliefert, die auch Methyl- (—CH$_3$), Formyl- (—CHO) und Hydroxymethylgruppen (—CH$_2$OH) für zahlreiche andere Synthesen beisteuert (z.B. bei den Aminosäuren Serin und Methionin und bei Alkaloiden).

Bei der Biosynthese der Purine entsteht zunächst Hypoxanthin-Ribosidphosphat (Inosinmonophosphat, IMP); es kann durch Transaminierung (mit Asparaginsäure) oder Transamidierung (aus Glutamin) in AMP bzw. GMP übergeführt werden.

Die Pyrimidin-Nucleotide entstehen über Orotsäure (Abb. 370), an die PRPP gebunden wird. Durch Decarboxylierung des entstehenden Nucleosidphosphats wird Uracil-Ribosidphosphat (Uridylsäure, UMP) gebildet. Durch Methylierung mit Hilfe des Tetrahydrofolsäure-Systems entsteht aus UMP Thymin-Ribosidphosphat (TMP).

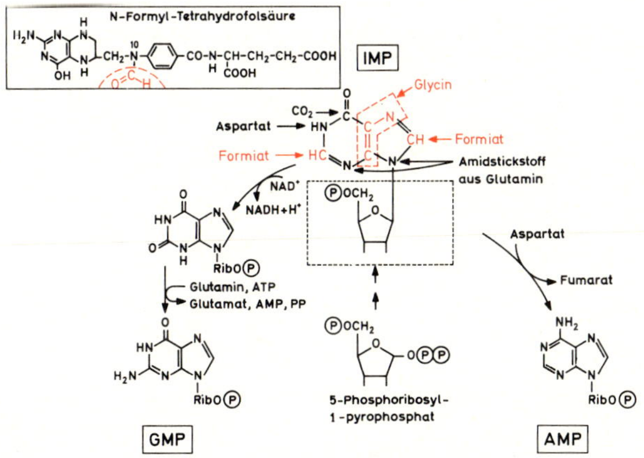

Abb. 369: Die Herkunft der einzelnen Teile des Purin-Nucleotids und Umwandlung von IMP in GMP und AMP. Tetrahydrofolsäure (Einschub) dient als Cofaktor von C$_1$-Übertragungen auf der Oxidationsstufe von Formaldehyd, Formiat und Methanol.

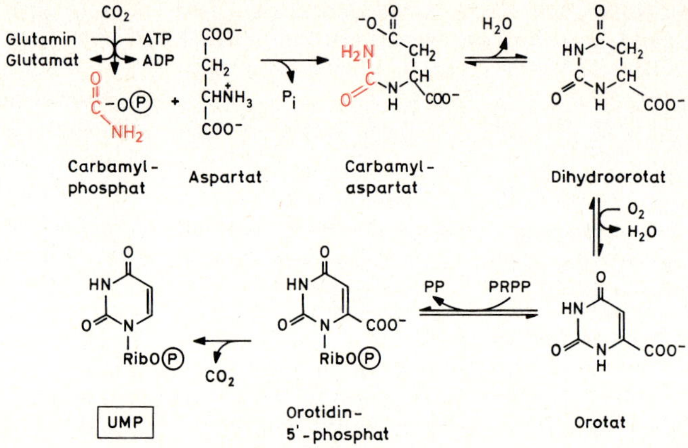

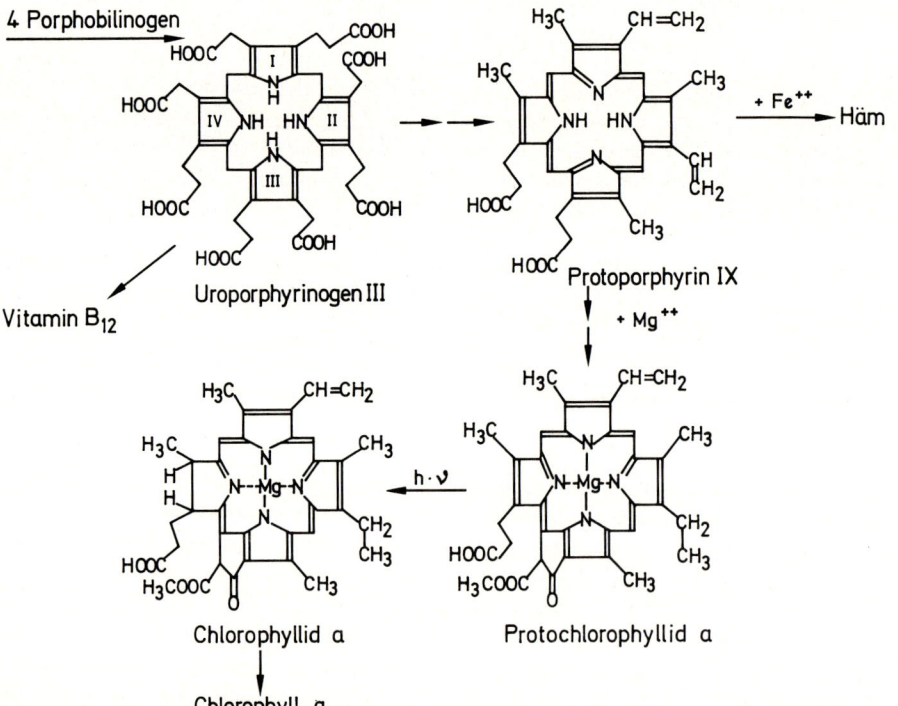

Abb. 370: Biosynthese des Pyrimidin-Nucleotids UMP. PRPP = Phosphoribosyl-pyrophosphat. Aus UMP werden dann CTP und dTMP gebildet. (Nach KINDL u. WÖBER, verändert)

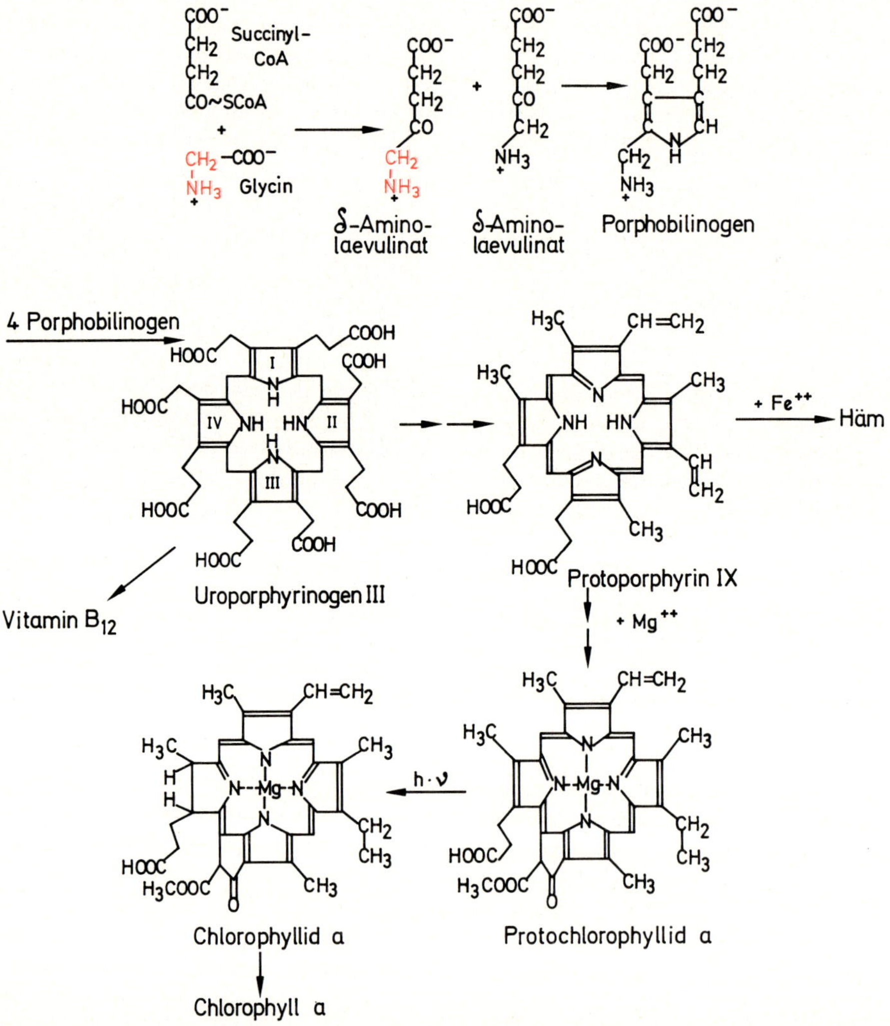

Abb. 371: Einige Schritte der Chlorophyll-Biosynthese. (Z.T. nach KINDL u. WÖBER, verändert)

Desoxyribose-Nucleoside werden dadurch gebildet, daß die Ribose in Nucleosiddi- oder -triphosphaten reduziert wird.

Zu den **Tetrapyrrolen** gehören so wichtige pflanzliche Verbindungen wie die Phycobilinogene und das Phytochrom (offenkettig) sowie die Chlorophylle, die Cytochrome, die Enzyme Katalase und Peroxidase, das Leghämoglobin und das Vitamin B_{12} (cyclische Tetrapyrrole; Porphyrinderivate).

Die Biosynthese der Tetrapyrrole geht von der Aminosäure Glycin und von Succinyl-CoA aus, das entweder durch die α-Oxoglutarat-Dehydrogenase im Citratcyclus (in den Mitochondrien, S. 277f.) oder mittels der Succinat-Thiokinase aus Coenzym A und Succinat (in Mitochondrien und Chloroplasten) entsteht (Abb. 371). Dabei wird (unter Decarboxylierung einer Zwischenverbindung) δ-Aminolaevulinsäure (ALA) gebildet. (Da das verantwortliche Enzym – die δ-Aminolaevulinsäure-Synthetase – in gewissen Pflanzen nicht gefunden wurde, gibt es hier vielleicht noch andere Wege der ALA-Bildung.) Die Zusammenlagerung zweier Moleküle dieser Verbindung mit Hilfe der ALA-Dehydratase ergibt das Pyrrolderivat Porphobilinogen.

Die ALA-Dehydratase ist in pflanzlichen wie tierischen Zellen sehr empfindlich gegen Bleiionen; ihre Aktivitätsminderung gilt daher als Test für die Bleibelastung beim Menschen.

Durch Kondensation von 4 Molekülen Porphobilinogen (unter NH_3-Abspaltung), katalysiert durch die Porphobilinogenase, entsteht das Tetrapyrrol Uroporphyrinogen III. Durch Decarboxylierung und Oxidation von Seitenketten wird Protoporphyrinogen gebildet, das durch Oxidation der CH_2-Brücken zwischen den Pyrrolringen in Protoporphyrin übergeht. Vom Protoporphyrin aus verzweigt sich der Biosyntheseweg einerseits in Richtung der eisenhaltigen Hämverbindungen (zu denen z.B. die Cytochrome gehören) und andererseits zu den Mg-haltigen Chlorophyllen. Über den Einbau des Magnesiums in das Protoporphyrin ist noch wenig bekannt. Ringschluß der Seitenkette am Ring III, Veresterung der Carboxylgruppe und Reduktion der Vinyl-Seitenkette am Ring II führt zu Protochlorophyll a, das bereits an Protein gebunden ist.

In den meisten Pflanzen läuft die Biosynthese des Chlorophylls – die sich ausschließlich in den Plastiden abspielt – im Dunkeln (d. h. in den Etioplasten) nur bis zum Protochloro-

phyllid ab. Die Überführung in Chlorophyll a – eine Reduktion des Ringes IV – ist dann eine nichtenzymatische, lichtabhängige Reaktion, deren Reduktionswasserstoff aus dem Trägerprotein stammt. Das Wirkungsspektrum dieser Umwandlung entspricht dem Absorptionsspektrum des Chlorophyllids. Der letzte Schritt der Biosynthese von Chlorophyll a ist die Veresterung mit dem Phytol, das den Isoprenoiden zuzurechnen ist (S. 360) und wohl vor allem für die Verankerung des Chlorophylls in den Thylakoidmembranen sorgt, wofür es seiner Lipophilie wegen besonders geeignet erscheint. Im übrigen ist die Chlorophyllbiosynthese eng mit der Synthese der Protein- und Lipidkomponenten der Thylakoidmembran verknüpft.

Die Biosynthese des Chlorophylls b ist noch nicht endgültig abgeklärt; möglicherweise zweigt sie vom Chlorophyll a ab.

Die Bildung der Cytochrome läuft wohl z.T. in den Chloroplasten (Cytochrome der photosynthetischen Elektronentransportkette), z.T. in den Mitochondrien (mitochondriale Cytochrome), evtl. mit Unterstützung cytoplasmatischer Enzyme, ab. Über evtl. Beziehungen zwischen der Porphyrinbiosynthese in den Chloroplasten und Mitochondrien weiß man noch wenig.

Auch über die Entstehung der offenkettigen pflanzlichen Tetrapyrrole ist noch wenig bekannt. Wahrscheinlich entstehen sie – ähnlich wie die strukturell verwandten Gallenfarbstoffe bei Tieren – durch Öffnung des Porphyrinringes, wobei möglicherweise CO freigesetzt wird. Eine Ringöffnung erfolgt auch beim Abbau des Chlorophylls, bei der Vergilbung der Blätter, nachdem der Phytolrest (durch die Chlorophyllase) abgespalten wurde.

6. Biosynthese von Antibiotica-Peptiden

Einige von Bakterien und Pilzen produzierte, lineare, verzweigte oder cyclische, kleinere Peptide werden nicht nach dem allgemeinen Bauprinzip der Proteine gebildet. Dazu gehören Peptide mit antibiotischen Eigenschaften, die auch Ionen durch Membranen transportieren können (Ionophore) z.B. Valinomycin oder Gramicidin, ferner Antibiotica, die sich strukturell von Peptiden ableiten lassen, z.B. Penicillin und Cephalosporin, und wahrscheinlich auch Protease-Inhibitoren aus Mikroorganismen. Sie enthalten bis zu 30 Aminosäuren, darunter auch solche, die nicht in Proteinen vorkommen. Bei ihrer Synthese ist keine Nucleinsäure als Matrize beteiligt. Das cyclische Dekapeptid Gramicidin S z.B. wird mit Hilfe eines Enzymsystems synthetisiert, das die Aktivierung der Aminosäuren, deren teilweise Epimerisierung (das Peptid enthält neben L-Aminosäuren auch D-Aminosäuren), die spezifische Reihung der Aminosäuren, die Peptidbindung und die abschließende Cyclisierung besorgt. Das Enzym besitzt keine Untereinheiten, aber mehrere Reaktionszentren auf einer Polypeptidkette (multifunktionales Enzym), die in solchen Fällen als Domänen bezeichnet werden. Die Peptidzwischenstufen bleiben am Enzym gebunden; sie werden mittels eines «schwingenden Arms» auf dem Enzym von einem Reaktionsort zum anderen übergeführt, und erst das Endprodukt wird vom Enzym abgegeben (Abb. 372A). Bei einem zweiten Typ der Peptidsynthasen wird die Reihenfolge der Aminosäuren im Peptid durch die Spezifität einzelner Enzyme bedingt, die nicht kovalent miteinander verbunden sind, sondern jeweils das freigesetzte Produkt des vorher wirkenden Enzyms erkennen und mit einer definierten weiteren Aminosäure verknüpfen (Abb. 372B).

7. Der Stickstoffkreislauf

Wie bei anderen Nährelementen sind auch beim Stickstoff die pflanzlichen Umsetzungen Teil eines Kreislaufes (Abb. 373), in dem enorme Mengen umgesetzt werden (vgl. auch Tab. 34, S. 348).

F. Schwefel-Stoffwechsel

Wie der Stickstoff, so wird auch der Schwefel in der Zelle in der Regel in reduzierter Form in die organischen Verbindungen eingebaut (Assimilation des Schwefels). Da er praktisch ausschließlich als Sulfation aus dem Medium auf-

genommen wird, muß dieses zunächst bis zur Stufe des Sulfids reduziert werden. Dazu sind nur Bakterien, Pilze und grüne Pflanzen befähigt, während Tiere reduzierte Schwefelverbindungen mit der Nahrung aufnehmen müssen.

Die Reduktion des Sulfats verläuft, wie die des Nitrats, in zwei Schritten:

$$SO_4^{2-} \xrightarrow{2e^-} SO_3^{2-} \xrightarrow{6e^-} S^{2-}$$
$$(+6) \qquad (+4) \qquad (-2)$$

Die Reaktion erfolgt in den grünen Pflanzenzellen wohl überwiegend in den Chloroplasten, kann aber bei Höheren Pflanzen auch in der Wurzel ablaufen, wobei die intracelluläre Lokalisierung hier ebensowenig geklärt ist wie z.B. bei der sonst gut untersuchten Hefe. Ein (kleiner) Teil des Schwefels wandert daher von der Wurzel im Xylem schon in reduzierter Form (z.B. als Cystein oder Methionin) in die Sproßorgane. Wir wollen im folgenden die Vorgänge in den Chloroplasten betrachten.

Die Reaktionsfolge beginnt mit der Bildung von «aktivem Sulfat», d.h. der anhydrischen Bindung von Sulfat an AMP (→ Adenosinphosphosulfat, APS) und anschließender Phosphorylierung des APS zu Phosphoadenosinphosphosulfat, PAPS (Abb. 374). Diese Bindung ist energiereich (ΔG⁰′ der Spaltung −11 kcal bzw. −46 kJ). Bei Chloroplasten ist die Bildung von PAPS aus Sulfat und ATP an die Thylakoidmembran gebunden. Sie kann aber auch vom tierischen Organismus vorgenommen werden, der das aktive Sulfat allerdings nur zur Bildung von Sulfatestern verwenden, nicht reduzieren kann.

In den Chloroplasten wird das aktivierte Sulfat auf ein niedermolekulares Protein (MG ∼ 5000) übertragen und ohne Auftreten freier Zwischenstufen

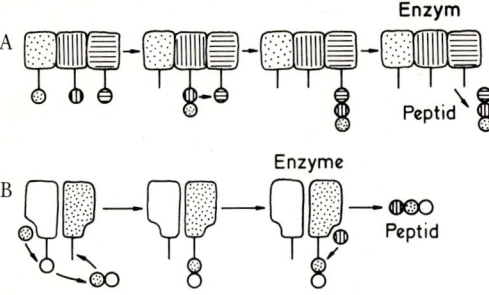

Abb. 372: Schema der zwei Nucleinsäuren-unabhängigen Biosynthesewege von Antibiotica-Peptiden. A Multifunktionales Enzym mit mehreren Domänen, alle Zwischenstufen bleiben am Enzym gebunden. Die Aminosäurensequenz wird durch die Reihenfolge der Teilenzyme bestimmt. B Funktionell kooperierende, aber nicht verbundene Einzelenzyme. Die Zwischenstufen sind nicht enzymgebunden. Immer nur ein Baustein liegt in der aktivierten Form vor. (Nach KLEINKAUF)

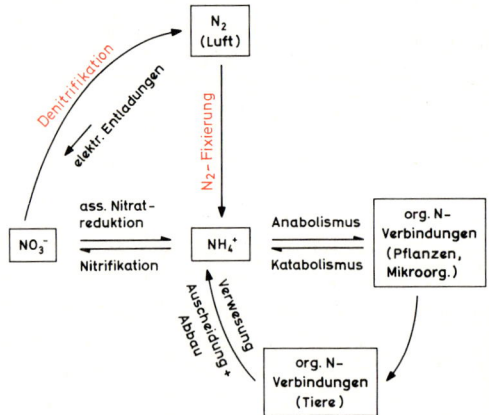

Abb. 373: Stickstoff-Kreisläufe in der Natur. Denitrifikation («Nitratatmung») und N₂-Fixierung können nur von Prokaryoten durchgeführt werden.

über proteingebundenes Sulfit bis zur Stufe des Schwefelwasserstoffs reduziert, der auch nicht freigesetzt, sondern gleich in die –SH-Gruppe des Cysteins eingebaut wird. Von hier aus kann der Schwefel dann in andere Schwefelverbindungen (z.B. Methionin) übergeführt werden. Als Reduktionsmittel dient in den Chloroplasten reduziertes Ferredoxin, das ebenso wie das benötigte ATP aus der Lichtreaktion der Photosynthese stammt. Bei der Hefe wird NADPH + H$^+$ für die Übertragung der 6 Elektronen benützt. Zahlreiche Einzelheiten des Schwefelstoffwechsels sind noch ungeklärt.

Wie Nitrat, so kann Sulfat unter anaeroben Bedingungen als Endacceptor einer ATP-liefernden Elektronentransportkette dienen, wobei H$_2$S (S^{2-}) gebildet und ausgeschieden wird (Abb. 375). Man bezeichnet auch hier diesen Vorgang als dissimilatorische Sulfatreduktion («Sulfat-Atmung») und stellt ihr die oben geschilderte Sulfatreduktion mit Einbau des reduzierten Schwefels in organische Verbindungen als assimilatorische Sulfatreduktion gegenüber.

Einen Überblick über den Schwefelkreislauf in der Natur gibt Abb. 375.

G. Stoffwechsel der Lipide

Den Abbau der Neutralfette und den Umbau der Fettsäuren in Kohlenhydrate (im Glyoxylatcyclus) haben wir bereits kennengelernt (S. 284). Hier soll über die Biosynthese einiger Lipide berichtet werden. All diesen Biosynthesesequenzen ist gemeinsam, daß aktiviertes Acetat (in Form von Acetyl-CoA) als Grundbaustein verwendet wird. Es ist wahrscheinlich, daß in Chloroplasten-führenden Zellen die Enzymsysteme für die Synthese der meisten Lipide in den Chloroplasten und im Cytoplas-

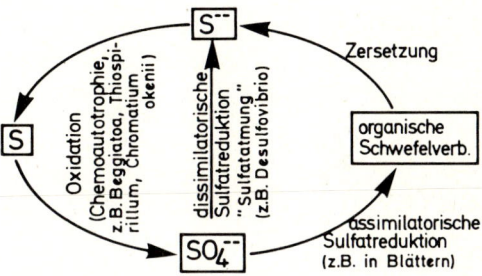

Abb. 375: Kreislauf des Schwefels in der Natur. Von den dargestellten Reaktionen kann nur die assimilatorische Sulfatreduktion von Eukaryoten (grünen Pflanzen, Pilzen) durchgeführt werden.

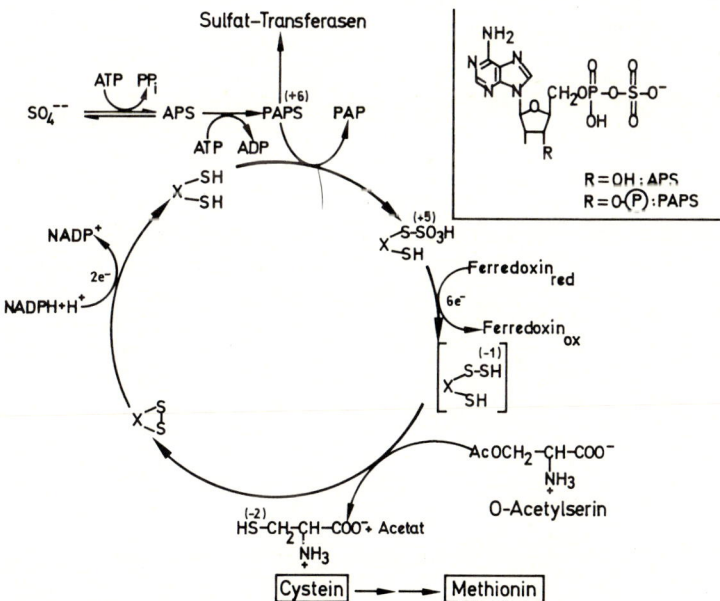

Abb. 374: Sulfatreduktion und Biosynthese der schwefelhaltigen Aminosäuren Cystein und Methionin in Chloroplasten. Zwischenstufen werden bei den einzelnen Reduktionsschritten normalerweise nicht frei. Einschub: Struktur von Adenosinphosphosulfat (APS) und Phosphoadenosinphosphosulfat (PAPS)

ma, für Teilschritte z. B. auch in Mitochondrien, vorhanden sind, wobei sich die Synthesewege in den verschiedenen Kompartimenten in Einzelheiten unterscheiden können.

1. Bildung von Acetyl-CoA

Das für die Lipidsynthesen wie für die zahlreichen anderen von aktivierter Essigsäure bestrittenen Reaktionsfolgen notwendige Acetyl-CoA kann auf verschiedenen, in den einzelnen Zellkompartimenten differierenden Wegen bereitgestellt werden (Abb. 376), von denen wir die Bildung durch die Pyruvat-Dehydrogenase-Reaktion schon kennengelernt haben. Sie ist auf die Mitochondrien beschränkt.

Im Cytoplasma wird die Hauptmenge des Acetyl-CoA durch ein citratspaltendes Enzym (CoASH acetylierend) gebildet, wobei das Citrat aus den Mitochondrien stammen kann. Eine ähnliche Reaktion wird auch für die Chloroplasten vermutet. Schließlich kann auch freies Acetat auf CoASH geladen werden; katalysiert wird diese Umsetzung durch eine Thiokinase, die Acetyl-CoA-Synthetase. Diese Reaktion läuft in Mitochondrien ab und wird auch für die Chloroplasten diskutiert. Das Acetat

kann aus dem Medium stammen (bei chemoorganotrophem oder mixotrophem Wachstum) oder im Stoffwechsel entstehen.

2. Biosynthese der Fettsäuren

De novo, d.h. aus dem Grundbaustein Acetyl-CoA, können Fettsäuren in Chloroplasten und im Cytoplasma, wahrscheinlich nicht in Mitochondrien, aufgebaut werden. Eine Verlängerung von vorgebildeten Fettsäuren durch Anfügung weiterer Acetylreste ist im Cytoplasma, in den Mitochondrien und wahrscheinlich auch in den Chloroplasten möglich.

Bei der de-novo-Synthese der Fettsäuren dient das Acetyl-CoA selbst nur als Startmolekül, während die C_2-Bruchstücke, um welche die Kette schrittweise verlängert wird, nicht von Acetyl-CoA direkt, sondern von Malonyl-CoA stammen, das aus Acetyl-CoA unter Wirkung der Acetyl-CoA-Carboxylase gebildet wird (Abb. 377). Dieses Enzym arbeitet – wie eine Reihe anderer Carboxylierungsenzyme – mit Biotin als prosthetischer Gruppe. Das Biotin ist kovalent an das Enzym gebunden und über-

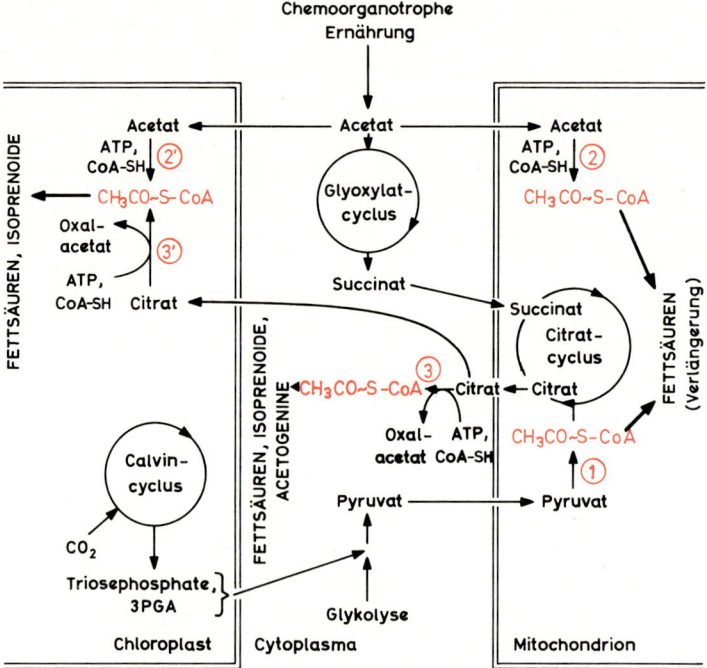

Abb. 376: Bildungsmöglichkeit von Acetyl-CoA in verschiedenen Zellkompartimenten. ① Pyruvat-Dehydrogenase; ②, ②′ Acetyl-CoA-Synthetase in Mitochondrien bzw. Chloroplasten; ③, ③′ Citrat-Spaltung durch das Enzym (CoASH acetylierend) im Cytoplasma bzw. in den Chloroplasten. Die Reaktionen in den Chloroplasten sind noch nicht gesichert. (Nach KINDL u. WÖBER)

nimmt zunächst das CO_2, um es an Acetyl-CoA weiterzugeben; das eingeführte CO_2 bildet dabei die freie (nicht mit CoA veresterte) Carboxylgruppe des Malonylrestes.

Die Acetyl-CoA-Carboxylase wird in tierischen Zellen durch das Citrat (d.h. die Quelle des aktivierten Acetats) aktiviert, nicht dagegen das Enzym aus Bakterien und Hefe. Wie sich das Chloroplastenenzym verhält, ist unbekannt.

Mit Acetyl-CoA als Startmolekül und Malonyl-CoA als C_2-Acylgruppen-Spender operiert nun ein komplexes Enzymsystem aus zwei multi-funktionellen Proteinen, die Fettsäuresynthetase. Die beiden Proteinmoleküle sind mit einem speziellen Acylcarrier (s.u.) im Cytoplasma tierischer Zellen und der Hefe zu einem strukturell eng verbundenen Komplex vereinigt, der auch als Einheit in der Zentrifuge

sedimentiert und nicht ohne Aktivitätsverlust der Einzelkomponenten getrennt werden kann. Bei den Chloroplasten und den Prokaryoten sind die Enzyme mit dem Acylcarrier weniger fest verbunden, können getrennt funktionieren und auch wieder rekonstituiert werden, wobei sich Einzelkomponenten der Fettsäuresynthetase von Chloroplasten und Bakterien gegenseitig vertreten können.

Die Synthese einer gesättigten C_{16}-Fettsäure (Palmitinsäure) durch die Fettsäuresynthetase läßt sich summarisch so formulieren:

$$\text{Acetyl-CoA} + 7\,\text{Malonyl-CoA} + 14\,\text{NADPH} + 14\,H^+ \rightarrow$$

$$CH_3(CH_2)_{14}COOH + 7\,CO_2 + 8\,CoA + 14\,NADP^+ + 6\,H_2O$$

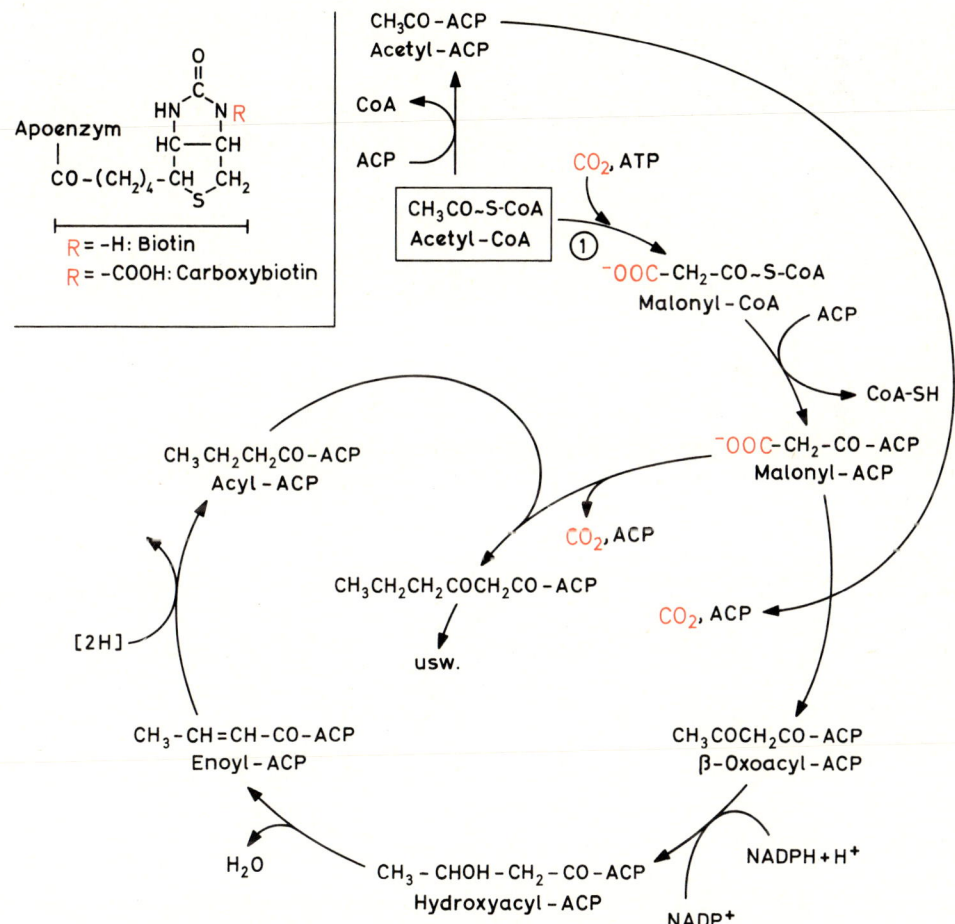

Abb. 377: Reaktionsfolge am Fettsäure-Synthetase-Komplex. Das carboxylierende Enzym bei Reaktion ① hat als kovalent gebundenes Coenzym Biotin (Einschub), das durch eine Biotin-Carboxylase carboxyliert werden kann. Die so «aktivierte» Carboxylgruppe wird durch eine Transcarboxylase auf Acetyl-CoA übertragen.

Im einzelnen kann man bei dieser Reaktionsfolge verschiedene Teilschritte unterscheiden: 1. Startreaktion. 2. Kettenverlängerung. 3. Abschlußreaktion.

Bei der Startreaktion werden durch zwei spezifisch auf ihre Substrate eingestellte Transacylasen der Acetylrest (aus Acetyl-CoA) und der Malonylrest (aus Malonyl-CoA) auf die -SH-Gruppe eines Acyl-Trägerproteins (ACP; acyl-carrier-protein) übertragen, das ein Bestandteil der Fettsäuresynthetase ohne eigene enzymatische Aktivität ist. Das ACP hat als (kovalent an das Apoprotein gebundene) prosthetische Gruppe ein Derivat des Vitamins Pantothensäure (Phosphopantethein), an dessen –SH-Gruppe die Acetylreste gebunden werden.

Kettenverlängerung. Dabei wird ein Acylrest des Malonyl-CoA auf den Acylrest (bei Reaktionsbeginn Acetylrest) im Acyl-ACP übertragen (Abb. 377); durch die dabei erfolgende Abspaltung der freien (durch die vorherige Carboxylierung des Acetyl-CoA eingeführte) Carboxylgruppe des Malonylrestes wird das Gleichgewicht der Reaktion ganz auf die Seite des Oxoacyl-ACP gezogen. Damit wird auch der Sinn der energiezehrenden Carboxylierungsreaktion und die Verwendung von Malonyl-CoA anstelle von Acetyl-CoA als Acetyldonator verständlich. Die folgenden Reaktionsschritte dienen der Reduktion des β-Oxoacylrestes zum Acylrest mit 4 C-Atomen.

Dieser Schritt der Verlängerung des ACP-gebundenen Acylrestes um eine C_2-Einheit vollzieht sich in analoger Weise weiter, bis Acylreste mit typischer Kettenlänge, meist mit 16 oder 18 C-Atomen (erfordert 7 bzw. 8 Verlängerungsschritte), entstehen.

Noch in Bindung an das ACP können bei Chloroplasten in den Acylrest durch Dehydrierung eine oder mehrere Doppelbindungen (schrittweise) eingeführt werden. Eine derartige Dehydrierung kann auch im Cytoplasma stattfinden, während sie in Mitochondrien bisher nicht gefunden wurde.

Bei einer Verlängerung der (gesättigten oder ungesättigten) Fettsäuren über C_{18} hinaus reagiert in den Chloroplasten der an ACP gebundene Acylrest nicht – wie bei der Fettsäuresynthetase – mit Malonyl-ACP, sondern mit Malonyl-CoA (unter CO_2-Abspaltung). In der Hefe werden die an CoA gebundenen Fettsäurereste (siehe Abschlußreaktion) durch Acetylreste aus Acetyl-CoA verlängert.

In der Abschlußreaktion wird der fertige Fettsäurerest vom ACP auf CoA übertragen und von

hier freigesetzt oder in weitere Reaktionen eingeschleust.

3. Bildung von Neutralfetten und Strukturlipiden

In den Chloroplasten wird die fertiggestellte, noch an ACP gebundene Fettsäure (in anderen Kompartimenten der an CoA transferierte Acylrest) auf α-Glycerinphosphat übertragen. Auf diese Weise werden Phosphatidsäuren gebildet (Abb. 378), die entweder als solche oder nach Abspaltung des Phosphatrestes als Diglycerid Ausgangssubstanz für die Bildung der Neutralfette oder der verschiedenen Strukturlipide (Phosphatide, Sulfolipide, Glykolipide, vgl. S. 19) sind.

Über Einzelheiten der Bildung von Wachsen (S. 32), Cutin und Suberin ist noch wenig bekannt.

4. Isoprenoidbiosynthese

Als Isoprenoide faßt man eine außerordentlich mannigfaltige Gruppe von pflanzlichen Inhaltsstoffen zusammen, die sich formal vom Isopren (C_5H_8) ableiten, das als solches in Organismen nicht auftritt:

$$CH_2 = C(CH_3)—CH = CH_2$$

Bildungsort für die meisten Isoprenoide ist das Cytoplasma. Eine Reihe von ihnen, z.B. Carotinoide, wird auch in Plastiden (Chloro- und Chromoplasten) synthetisiert, Kautschuk im Milchsaft.

Die verschiedenen Isoprenoide werden teils den «primären», teils den «sekundären» Pflanzenstoffen zugerechnet (vgl. S. 362 f.), wobei zu betonen ist, daß diese Abgrenzung nicht scharf zu ziehen ist, und oft auch verschieden interpretiert wird, was man z.B. unter «primären» Pflanzenstoffen zu verstehen hat.

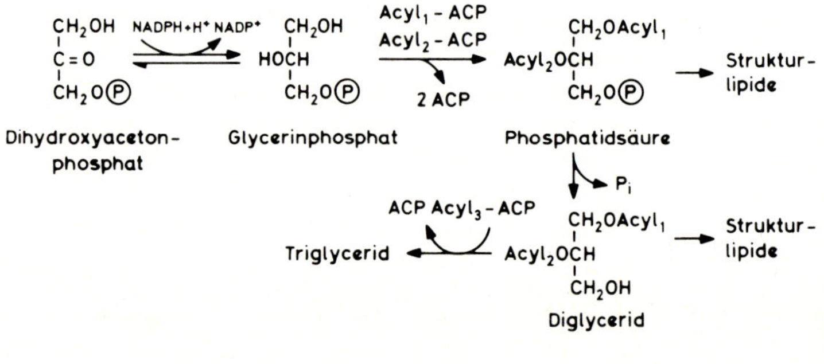

Abb. 378: Übersicht über die Synthese der Neutralfette und Strukturlipide.

Die zahlreichen Isoprenoide in den Pflanzen sind aber nicht nur dadurch gekennzeichnet, daß sie sich formal vom Isopren ableiten lassen, sie werden auch tatsächlich nach einem einheitlichen Prinzip von der Zelle synthetisiert. Baustein ist der an CoA gebundene Acetylrest, und ein Zwischenprodukt der Synthesekette mit 5 C-Atomen, das Isopentenylpyrophosphat (IPP), kann als «aktives Isopren» bezeichnet werden.

Ausgangssubstanz für die Bildung des IPP ist Acetoacetyl-CoA. Dieses kann entweder beim Abbau von längerkettigen Fettsäuren entstehen (S. 283) oder durch Übergang eines Acetylrestes von Acetyl-CoA durch die Thiolase auf ein zweites Molekül Acetyl-CoA:

Acetyl-CoA + Acetyl-CoA ⇌ Acetoacetyl-CoA + CoA.

Das Acetoacetyl-CoA reagiert mit einem weiteren Acetyl-CoA, und aus der entstehenden C_6-Verbindung wird schließlich IPP gebildet, das mit seinem Isomeren Dimethylallyl-pyrophosphat in einem enzymatisch katalysierten Gleichgewicht steht (Abb. 379).

Die C_{10}-(**Monoterpene**), C_{15}-(**Sesquiterpene**) und C_{20}-Verbindungen (**Diterpene**) entstehen dadurch, daß an das Startermolekül Dimethylallyl-pyrophosphat ein, zwei oder drei Moleküle IPP angelagert werden, u. zw. durch sog. Kopf/Schwanz-Reaktion. Die auf dem «Hauptweg» der Isoprenoidsynthese liegenden Verbindungen Geranylpyrophosphat (C_{10}), Far-

nesylpyrophosphat (C_{15}) und Geranylgeranyl-pyrophosphat (C_{20}) sind die Ausgangssubstanzen für die mannigfaltigen Molekülumwandlungen in der Mono-, Sesqui- und Diterpenreihe (Tab. 35). Allein bei den Compositen wurden bisher ca. 1000 Sesqui- und Diterpene gefunden. Ein Sesquiterpen ist z.B. das Juvabion, ein Juvenilhormon-Analogon aus dem Holz der Balsamtanne (Abies balsaminea), das die Entwicklung von Insekten hemmt. In den als Insecticide benutzten Pyrethrinen (aus Chrysanthemum-Arten) sind zwei durch einen Cyclopropanring miteinander verbundene Hemiterpen (C5)-Einheiten mit einem Cyclopentenylrest verestert (Abb. 380).

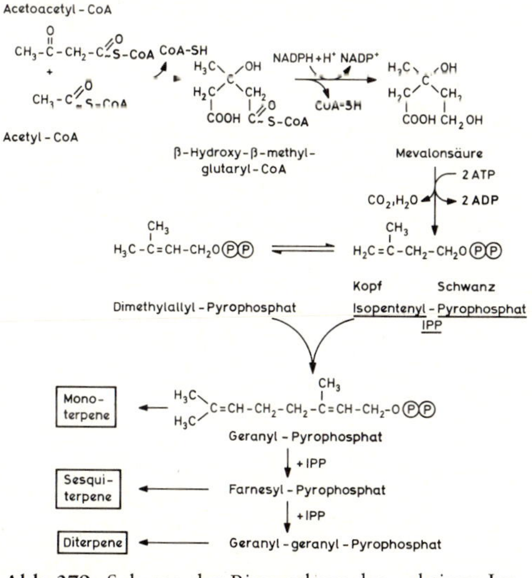

Triterpene, z.B. die Steroide, werden durch Schwanz/Schwanz-Dimerisierung von zwei C_{15}-Verbindungen gebildet, von denen die eine Farnesylpyrophosphat, die andere ein Isomeres dieser Substanz ist (Nerolidylpyrophosphat).

Steroidglykoside sind die weit verbreiteten Saponine. Solanum-Früchte z.B. enthalten vor der Reife meist reichlich für Insekten und Wirbeltiere toxische Saponine. Bei der Fruchtreife werden sie bei den meisten Arten abgebaut oder in nichtgiftige Verbindungen übergeführt (z.B. bei der Tomate); die Früchte können dann endozoochor (S. 830) verbreitet werden. Das Tomatin ist zwar toxisch für einen Tomatenschädling, die Lepidoptere Heliothis zeae, aber noch wesentlich giftiger für einen Parasiten dieses Schädlings, die Schlupfwespe Hyposoter exiguae (die das Tomatin aus dem Schmetterling bezieht). In diesem komplizierten System kann ein Abwehrstoff demnach sogar zu einer verstärkten Vermehrung eines Pflanzenparasiten führen, weil dieser von seinem Überparasiten befreit wird.

Zu den Triterpenen gehören auch die herzwirksamen Cardia-Glykoside, z.B. das Strophanthin und die Digitalisglykoside.

Analog zu den Triterpenen werden **Tetraterpene**, zu denen z.B. die Carotinoide gehören,

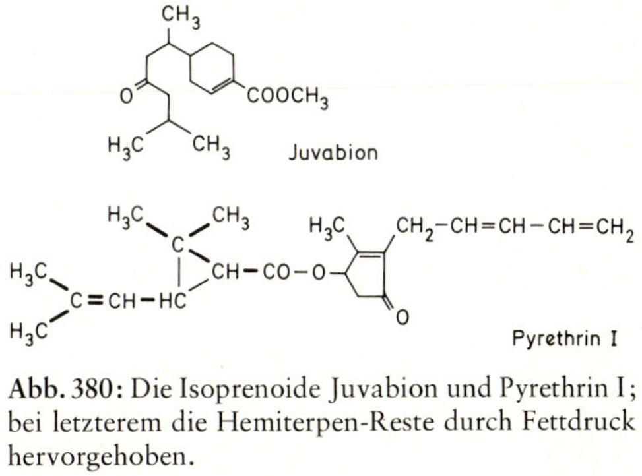

Abb. 379: Schema der Biosynthese des «aktiven Isoprens» (IPP) und einiger Terpene.

Abb. 380: Die Isoprenoide Juvabion und Pyrethrin I; bei letzterem die Hemiterpen-Reste durch Fettdruck hervorgehoben.

durch Schwanz/Schwanz-Dimerisierung von zwei C_{20}-Verbindungen synthetisiert, von denen die eine Geranylgeranylpyrophosphat, die andere wieder ein Isomeres davon ist (Geranyllinaloylpyrophosphat).

Polyprenole sind Isoprenoide mit einer endständigen Hydroxylgruppe, die sich formal vom Isopentenol (Prenol) ableiten lassen. Sie enthalten bei Pilzen 18–24 Isopreneinheiten (teilweise hydriert), bei Höheren Pflanzen 7–18 und haben als Polyprenolphosphate in beiden Pflanzengruppen wichtige Funktionen bei der Synthese von Glykoproteiden, also wesentlichen Zellbestandteilen. Ein antivirales Glykoproteid wird von bestimmten Tabaksorten nach Virusinfektion gebildet («pflanzliches Interferon»).

Die Polyisoprene Kautschuk und Guttapercha (S. 75) entstehen ebenfalls durch Polymerisierung von «aktivem Isopren». Vermutlich gilt dies auch für die Sporopollenine (S. 89), die chemisch ähnlich gebaut sind.

H. Biosynthesen einiger typischer sekundärer Pflanzenstoffe

Aus der Fülle der herkömmlicherweise als sekundäre Pflanzenstoffe bezeichneten Substanzen (mehr als 18 000 sind bisher bekannt, ein Drittel davon sind Alkaloide) sollen hier nur die Biosynthesen von Phenolabkömmlingen und Alkaloiden in den Grundzügen dargestellt werden.

1. Die Bildung pflanzlicher Phenole und Phenolderivate

Phenolische Substanzen tragen an einem aromatischen Ringsystem mindestens eine Hydroxylgruppe oder deren funktionelle Derivate. Sie sind in den grünen Pflanzen außerordentlich mannigfaltig (Tab. 36), liegen oft als Glykoside oder Zuckerester vor und sind dann in der Regel im Zellsaft gelöst.

Wir haben im Tyrosin schon ein Phenolderivat kennengelernt. Der Shikimatweg, auf dem diese Aminosäure synthetisiert wird, ist der wichtigste Weg für die Bildung aromatischer Verbindungen in der Pflanzenzelle überhaupt. Über ihn werden außer den aromatischen Aminosäuren auch die von Zimtsäure ableitbaren Phenylpropane und die Phenolcarbonsäuren gebildet.

Zimtsäurederivate. Zimtsäure, die frei oder verestert in ätherischen Ölen, Harzen und Balsamen vorkommt, entsteht aus Phenylalanin (Abb. 381) unter Freisetzung von NH_3 durch die Phenylalanin-Ammonium-Lyase (PAL). Da das Enzym das Phenylalanin aus der

Tab. 35: Übersicht über die verschiedenen Gruppen der Terpenoide. (Nach Hess)

5-C-Einheiten	Gruppe	Beispiele
1×5-C	Hemiterpene	«Prenylrest» in Chinonen und Cumarinen
2×5-C	Monoterpene	offen: Citral, Geraniol, Linalool monocyclisch: Limonen, Menthol, Thymol, Menthon, Carvon, Cineol, Phellandren bicyclisch: Kampfer, α- und β-Pinen
3×5-C	Sesquiterpene	offen: Farnesol cyclisch: β-Cadinen, Abscisinsäure
4×5-C	Diterpene	offen: Phytol cyclisch: Harzsäuren, Gibberelline
6×5-C $= 2 \times 15$-C	Triterpene	offen: Squalen cyclisch: Triterpenalkohole, Triterpensäuren, Steroide, Gossypol, Cucurbitacine
8×5-C $= 2 \times 20$-C	Tetraterpene	Carotinoide (Carotine, Xanthophylle)
$n \times 5$-C	Polyterpene	Kautschuk, Guttapercha, Balata

Proteinsynthese in Seitenwege des Stoffwechsels ablenkt, ist es nicht verwunderlich, daß es von einer Reihe von Faktoren, z.B. durch Licht (über das Phytochromsystem, S. 405), in seiner Biosynthese oder durch andere Faktoren in seiner Aktivität kontrolliert wird.

Zimtsäure kann durch ein an das ER gebundenes Enzym zu p-Cumarsäure hydroxyliert werden, die auch direkt aus Tyrosin durch eine Tyrosin-Ammonium-Lyase entstehen kann (Abb. 381); der letztgenannte Weg scheint vor allem bei Gräsern beschritten zu sein.

Einführung von Methoxylgruppen (durch Hydroxylierung und nachfolgende Methylierung) in den Ring der p-Cumarsäure führt zu Ferulasäure (wirkt als Keimungshemmstoff – Blastokolin – in Samen) und Sinapinsäure (die frei z.B. bei Bromeliaceen auftritt), deren Alkohole Coniferylalkohol und Sinapylalkohol zusammen mit dem Alkohol der p-Cumarsäure, dem p-Cumarylalkohol, die Bausteine des Lignins darstellen.

Das **Lignin**, das mengenmäßig nach der Cellulose die wichtigste organische Substanz in der Natur darstellt, entsteht durch dehydrierende Polymerisation dieser drei Alkohole. Dabei ist das Gymnospermen-Lignin durch ganz überwiegenden Anteil des Coniferylalkohols und geringe Anteile an den beiden anderen ausgezeichnet, im Dicotylen-Lignin sind Coniferyl- und Sinapylalkohol in etwa gleichen Mengen, Cumarylalkohol nur in Spuren vertreten, während im Monocotylen-Lignin (vor allem bei Gräsern) neben den beiden anderen Komponenten auch p-Cumarylalkohol in größerer Menge eingebaut ist. Der die Bausteine charakterisierende Methoxylgruppen-Gehalt ist daher eine wichtige Kenngröße für die Herkunft eines Lignins.

Die Ligninbausteine werden an die Orte der Ligninbiosynthese in Form ihrer – leichter wasserlöslichen und nicht spontan polymerisierenden – β-Glucoside Glucocumarylalkohol, Coniferin und Syringin transportiert. An den Syntheseorten werden die Alkohole durch eine β-Glucosidase freigesetzt und enzymatisch (durch eine Peroxidase) zu Radikalen dehydriert, die in mannigfaltiger Weise zu dem dreidimensional polymerisierenden, in der Zellwand zwischen den Cellulosemikrofibrillen eingelagerten (S. 88) Lignin zusammengeschlossen werden (Abb. 381). Lignin bezeichnet demnach keine strukturell streng definierte Verbindung.

Von der Zimtsäure und ihren Derivaten leiten sich auch die glucosidischen «gebundenen Cumarine» ab, die durch die Wirkung von β-Glucosidasen zu freien Säuren gespalten werden, die dann spontan in ihr Lacton, die verschiedenen Cumarine, übergehen (Abb. 382; S. 365).

Bei den **Phenolcarbonsäuren** und schließlich den **einfachen Phenolen** wird die Seitenkette des Phenylpropan-Gerüstes teilweise oder vollständig abgebaut. Im übrigen leiten sich die einzelnen Vertreter dieser Gruppen wieder von der Zimtsäure und ihren Derivaten her (Abb. 383).

Phenolcarbonsäure und freie Phenole bzw. deren Glykoside haben im Pflanzenreich eine weite Verbreitung. p-Hydroxybenzoesäure ist Ausgangssubstanz für das Ubichinon. Von der Gallussäure leitet sich die Gruppe der Gallotannine oder «hydrolysierbaren Gerbstoffe» ab, die neben den «kondensierten Gerbstoffen» oder Catechinen die Hauptgruppe der pflanzlichen Gerbstoffe darstellen.

Gerbstoffe sind dadurch gekennzeichnet, daß sie Eiweiße fällen können, wovon in der Ledergerberei Gebrauch gemacht wird. Im Pflanzenreich sind Gerbstoffe weit verbreitet (vor allem in Gallen und bestimmten Borken); sie werden – wie zumindest ein Teil der Phenolcarbonsäuren und freien Phenole – als Schutz gegen Schädlingsbefall oder Tierfraß betrachtet (vgl. S. 74). So werden z.B. in S-Afrika *Eragrostis*-Arten als Zwischenfrucht zur Nematodenbekämpfung angepflanzt. Wirksames Prinzip der Wurzelausscheidungen ist das o-Diphenol B r e n z katechin, das für Nematodenlarven noch in einer Konzentration von 10^{-9} g/l toxisch ist. Das U r u s h i o l aus dem Gift-Sumach *Rhus toxicodendron* («poison

Tab. 36: Übersicht über einige Gruppen der pflanzlichen Phenole. (Nach Hess)

C-Grundgerüst	Gruppe	Beispiele
⬡	einfache Phenole	Hydrochinon Arbutin
C–⬡	Phenolcarbonsäuren	p-Hydroxybenzoesäure Protocatechusäure Gallussäure
C–C–C–⬡	Phenylpropane	Zimtsäuren Zimtalkohol Cumarine Lignin
⬡⬡–O–⬡	Flavanderivate	Flavanone Flavone Flavonole Anthocyanidine

ivy»), das Dermatitis hervorruft, ist ein Gemisch verschiedener Catechole (Abb. 384).

Oft werden phenolische Verbindungen der verschiedensten Art von der Pflanze erst bei Verletzung oder bei Infektion durch pathogene Organismen gebildet und dann als **Phytoalexine** bezeichnet. Besonders eingehend studiert sind die Phytoalexine, die von der Kartoffelpflanze bei Befall durch *Phytophtho-*

ra infestans (S. 639) synthetisiert werden; dazu gehören u. a. Chlorogensäure, Kaffeesäure und Scopoletin, weiter die fungitoxischen Sesquiterpene R i s h i - t i n und L u b i m i n. Die Substanzen des Erregers, die Phytoalexinbildung des Wirtes auslösen, werden als **Elicitoren** bezeichnet. Bei *Phytophthora* gehören dazu z. B. die Fettsäuren Eicosapentaenyl- und Arachidonsäure.

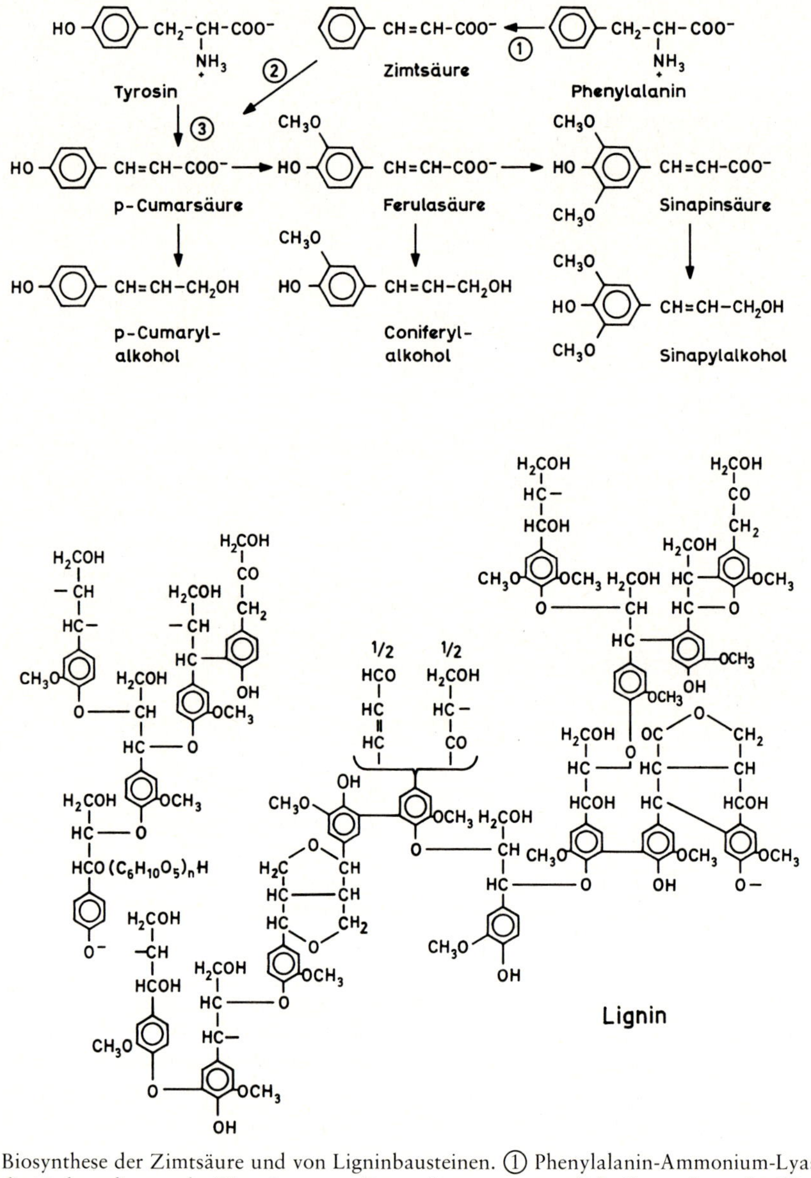

Lignin

Abb. 381: Biosynthese der Zimtsäure und von Ligninbausteinen. ① Phenylalanin-Ammonium-Lyase (PAL); ② das für die Hydroxylierung der Zimtsäure zu p-Cumarsäure verantwortliche Enzym ist an das ER gebunden und oft mit PAL assoziiert; ③ die Tyrosin-Ammonium-Lyase ist vor allem bei Gräsern verbreitet. Der Formelausschnitt des Fichtenlignins (nach FREUDENBERG u. NEISH) gibt mögliche Verknüpfungen der Bausteine wieder. Das Molekül muß man sich dreidimensional vorstellen.

Von den freien Phenolen kommt Hydrochinon und sein Glucosid Arbutin häufig vor (z.B. in Blättern von Ericaceen und einigen Rosaceen). Die dunkle Herbstfärbung von Birnenblättern beruht z.B. auf der Oxidation des Hydrochinons zum Chinon. Auch andere auffallenden Verfärbungen von Pflanzen oder Pflanzenprodukten gehen häufig auf die Oxidation phenolischer Inhaltsstoffe zurück, z.B. das Dunkelwerden von Kartoffeln und Bananen sowie vom Tee bei dessen Fermentation. Ein Benzochinonderivat ist das **Primin** (Abb. 384), der Allergien-erregende, flüchtige Giftstoff der Gift-Primel (*Primula obconica*).

Die Überführung der Zimtsäurederivate in die Phenolcarbonsäuren erfolgt durch β-Oxidation der C_3-Seitenkette (analog der β-Oxidation der Fettsäuren). Einfache Phenole können durch Decarboxylierung der Phenylcarbonsäuren erhalten werden. Sowohl für die Phenylcarbonsäuren wie für die freien Phenole gibt es aber auch noch andere Synthesewege.

Flavanderivate (Flavonoide). Außerordentlich mannigfaltig sind die pflanzlichen Inhaltsstoffe, deren Struktur sich vom Flavangrundgerüst ableiten läßt (vgl. S. 279 und Abb. 385). Je nach dem Oxidationszustand des sauerstoffhaltigen Ringes lassen sie sich verschiedenen Untergruppen zuordnen, deren einzelne Glieder sich wieder durch Substituenten der Ringe A und B unterscheiden. Die Mannigfaltigkeit wird noch dadurch gesteigert, daß die meisten Flavanderivate in den Pflanzen als Glykoside vorliegen, wobei verschiedene Zucker an die Hydroxylgruppen der Ringe A und B angeheftet werden können. Flavonoide wurden bei Algen und Pilzen bisher nicht gefunden. Sie erreichen ihre größte Mannigfaltigkeit bei den Angiospermen.

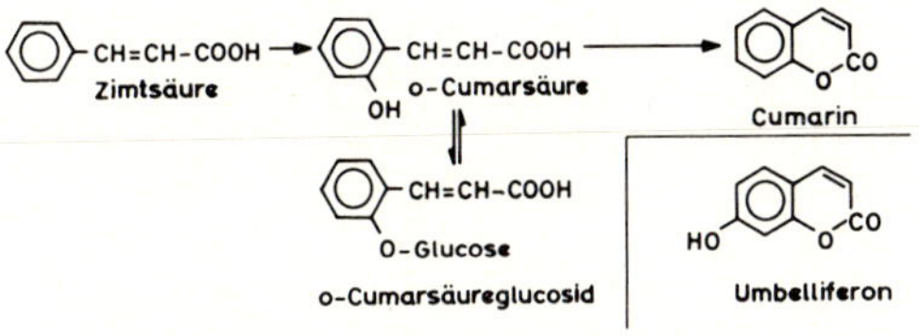

Abb. 382: Bildung von Cumarin und Cumarin-Derivaten aus Zimtsäuren. Von der p-Cumarsäure kommt man zum Umbelliferon, von anderen Zimtsäurederivaten z.B. zum Aesculetin und Scopoletin. (Nach KINDL u. WÖBER, ergänzt)

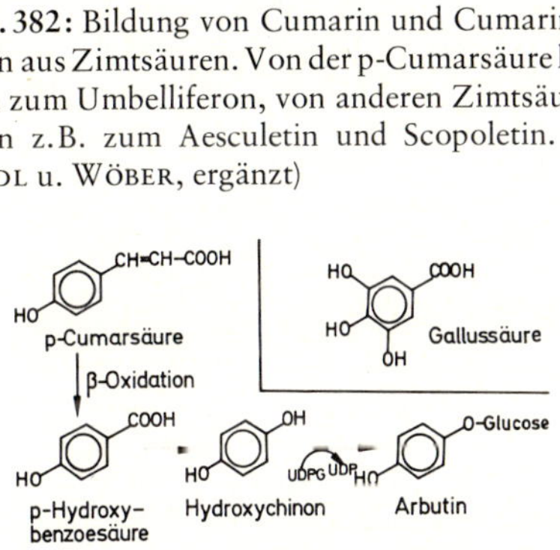

Abb. 383: Die Biosynthese von Phenolcarbonsäuren durch β-Oxidation von einfachen Phenolen und Phenolglucosiden sowie Struktur der Gallussäure.

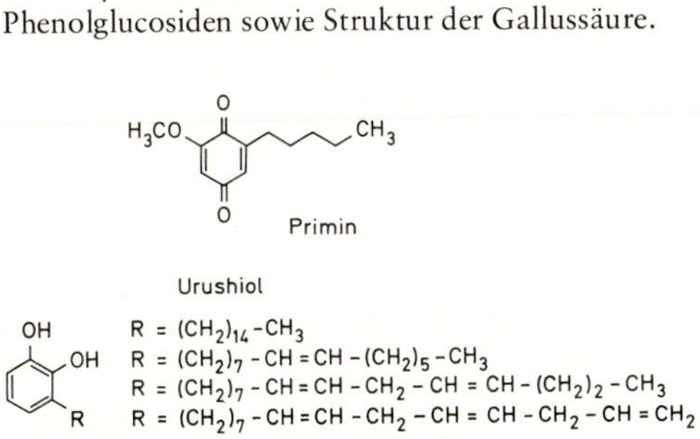

Abb. 384: Struktur der Phenolderivate Primin und Urushiol.

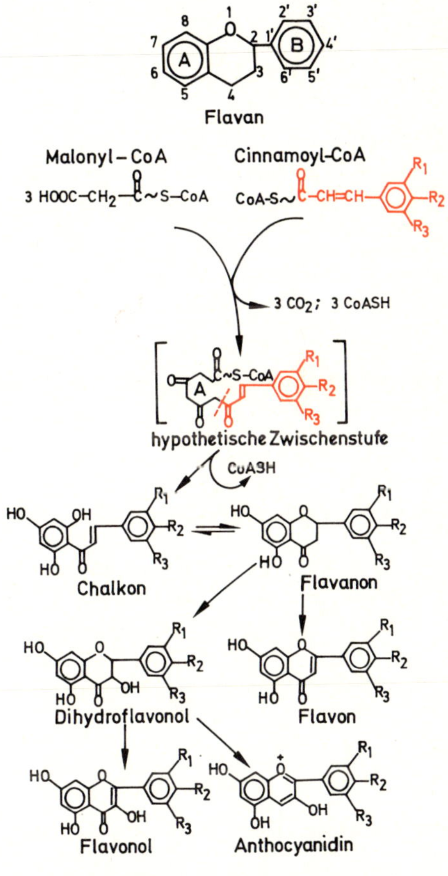

Abb. 385: Das Grundskelett des Flavans und schematische Übersicht über die Biosynthese der wichtigsten Flavanderivate. R_1, R_2, R_3: H- oder OH-Reste. (Nach HESS, verändert)

Die verschiedenen Substanzen in den Untergruppen der Flavanderivate haben im Ring B die gleichen Substitutionsmuster wie die Zimtsäurederivate. Dies legt bereits die Vermutung nahe, daß letztere bei der Biosynthese des Flavangerüstes eine Rolle spielen. Die derzeitige Vorstellung geht davon aus, daß Ring B und die C-Atome 2, 3, 4 des Heterocyclus aus Phenylpropanderivaten stammen, während der Ring A aus 3 Acetateinheiten gebildet wird (Abb. 385). Dies soll in Analogie zur Fettsäurebiosynthese so erfolgen, daß an die CoA-Ester der Zimtsäurederivate, die als Startmoleküle fungieren, nacheinander drei Malonylreste aus Malonyl-CoA unter nachfolgender Decarboxylierung angeheftet werden. Nach Schluß des Ringes A entsteht ein Chalkon, das durch Bildung und Modifikation des Heterocyclus in die eigentlichen Flavanderivate übergeführt werden kann. Einzelheiten dieser Reaktionsfolge sind noch unklar, vor allem auch die Frage, ob Substitutionen des Ringes B bereits am Zimtsäurebaustein oder erst später im Laufe der Biosynthese vorgenommen werden.

Wir haben mit der Synthese des Ringes A der Flavanderivate neben dem Shikimatweg eine zweite Möglichkeit der Biosynthese aromatischer Ringe in der Pflanzenzelle kennengelernt, der als Acetat-Mevalonatweg bezeichnet wird. Da bei der mehrfachen Kondensation von Acetateinheiten bei diesen Reaktionen – im Gegensatz zur Fettsäurebiosynthese – nicht anschließend gleich reduziert wird, entstehen zunächst (hypothetische, nicht frei auftretende) Zwischenprodukte (Abb. 386), die man als Polyketide oder Polyoxomethylen-Verbindungen bezeichnet, und als Folgeprodukte hydroxylierte Benzolringe. Derartige, durch Polyketidaromatisierung entstandene Substanzen werden auch als Acetogenine bezeichnet. Dieser Syntheseweg wird vor allem auch von Mikroorganismen, besonders den Pilzen und Bakterien, zur Synthese zahlreicher Benzoesäurederivate beschritten, z.B. von Anthrachinonen, verschiedener Antibiotica, z.B. der Tetracycline (aus Streptomyceten) oder des Griseofulvins (aus *Penicillium*-Arten), und verschiedener Flechtensäuren.

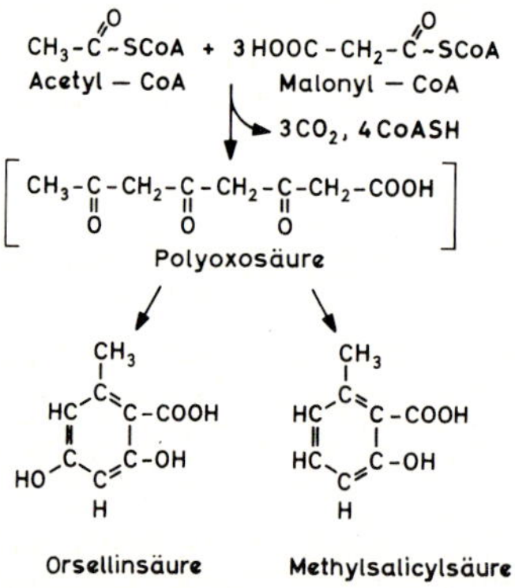

Eine dritte Möglichkeit der pflanzlichen Biosynthese aromatischer Verbindungen leitet sich ebenfalls von einem Acetat-Mevalonatweg ab, nämlich der Sequenz, die wir bei der Biosynthese der Isoprenoide kennengelernt haben: Cyclische Terpene können zu aromatischen Systemen dehydriert werden.

2. Alkaloid-Biosynthese

Wie die große strukturelle Verschiedenheit der Tausende von pflanzlichen Alkaloiden (S. 74) erwarten läßt, gibt es eine große Zahl von Biosynthesewegen, die hier nicht im einzelnen erläutert werden können. Ausgangssubstanzen sind meist uns schon bekannte Stoffwechselprodukte, z.B. die aromatischen Aminosäuren Tyrosin und Tryptophan, die aliphatischen Aminosäuren Lysin und Ornithin, Nicotinsäure, Isopentenylpyrophosphat und davon abgeleitete Isoprenoide, 5-Phosphoribose-1-pyrophosphat, Polyketidketten, Methylgruppen aus dem C_1-Metabolismus usw.

Als Beispiel sei das Prinzip der Biosynthese der Benzylisochinolin-Alkaloide wiedergegeben (Abb. 387), zu denen die Alkaloide der Gattung *Papaver* gehören.

V. Assimilattransport in der Pflanze

Wir haben neben dem Transport von Gasen (S. 290) und dem von Wasser und Mineralsalzen

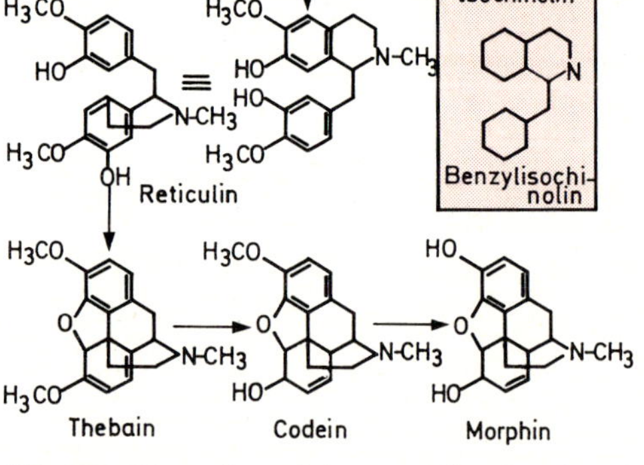

Abb. 386: Biosynthese von Acetogeninen durch Polyketidaromatisierung. (Nach KINDL u. WÖBER)

Abb. 387: Biosynthese einiger Benzylisochinolin-Alkaloide. (Nach HESS)

(S. 325, S. 339) mit dem Carriertransport und dem (für die Assimilate nur begrenzt bedeutsamen) Transport im Xylem bereits einige Fälle des Assimilattransportes in der Pflanze kennengelernt. Hier wollen wir den Assimilattransport im Zusammenhang betrachten und vor allem auf den Langstreckentransport der Assimilate in spezialisierten Leitsystemen (bei Cormophyten im Phloem) eingehen.

Wie bei den anderen Stoffgruppen (Wasser, Mineralsalze) kann man auch bei den organischen Substanzen drei Arten von Stofftransport unterscheiden: 1. Kurzstreckentransport (intracellulärer Transport und Transport durch das Plasmalemma). 2. Mittelstreckentransport (Transport im Gewebsbereich ohne Benutzung der Ferntransportbahnen). 3. Langstreckentransport (Transport in spezialisierten Transportbahnen, bei den Cormophyten im Xylem oder Phloem).

A. Beim **Kurzstreckentransport** sind die Antriebsmechanismen einerseits Gefälle im chemischen bzw. elektrochemischen Potential (die Transportform dann eine Diffusion), zum andern – beim Passieren von bestimmten Membranen – Carriermechanismen, die mit Stoffwechselenergie betrieben werden. Die Transportgeschwindigkeit ist bei der Diffusion über die sehr kurzen Entfernungen kein Problem (vgl. S. 312).

B. Beim **Mittelstreckentransport** sind auseinanderzuhalten: a. Der symplasmatische Transport; b. der apoplasmatische Transport; c. der gemischt sym- und apoplasmatische Transport.

Die Bahn des symplasmatischen Transportes ist, wie erwähnt (S. 340), der Symplast, d. h. das Cytoplasma der durch Plasmodesmen miteinander verbundenen Zellen einer Pflanze. Es kann als gesichert gelten, daß die Vacuolen nicht in den symplasmatischen Transport mit einbezogen sind, daß der Tonoplast ein wesentliches Hindernis ist, das nur mit Hilfe spezieller Mechanismen überwunden werden kann. Der Abschluß des Symplasten nach außen, gegen den «Apoplasten», d. h. gegen die ihn umhüllenden Zellwände, das Plasmalemma (das ja auch die Plasmodesmen ummantelt), ist für organische Stoffe ohne spezielle Vorkehrungen (vgl. S. 337) ebenfalls nur sehr schwer zu durchdringen.

Aus der Exosmose der Zucker aus den Holzparenchymzellen von Baumstämmen in die Wasserleitungsbahnen wurde ein Durchtritt von nur 1 mg je m² Zelloberfläche und Tag errechnet, das entspricht einer Wandergeschwindigkeit von etwa 10^{-3} bis 10^{-4} nm je Tag.

Im Symplasten selbst sind die Transportgeschwindigkeiten erheblich größer (ca. 1–6 cm/Std). Über die Antriebsmechanismen weiß man noch wenig; sicher ist aber, daß in vielen Fällen (z. B. beim Markstrahltransport) die Leistungsfähigkeit einer reinen Diffusion nicht ausreicht. In den Zellen wird derzeit vor allem der Plasmaströmung (Geschwindigkeit bis zu 5 cm/Std), evtl. auch anderen Carriermechanismen, in den Plasmodesmen der Diffusion besondere Bedeutung zugemessen. Auch eine Lösungsströmung wird für den symplasmatischen Transport diskutiert, da wandernde Substanzen in einem osmotischen System automatisch Wasser mit sich führen müssen, d. h. ein Konzentrationsgefälle stellt in diesem Falle nicht nur einen Diffusionsantrieb, sondern auch ein mechanisches Druckgefälle dar.

Inwieweit der apoplasmatische Transport, außer in Sonderfällen (z. B. bei Drüsen, S. 370), organische Stoffe zu befördern vermag, ist strittig; z. B. nehmen verschiedene Forscher für den parenchymatischen (polaren) Transport der IAA (S. 385) einen gemischt apoplasmatisch-symplasmatischen Transport an, andere für die Verfrachtung der Photosyntheseprodukte von den Chlorenchymzellen z. B. des Blattes zu den Transportbahnen im Phloem. Da der apoplasmatische Transport in einer durch Wasserpotentialdifferenzen gelenkten Lösungsströmung besteht, ist er zur gezielten Verfrachtung von Nähr- und Wirkstoffen wenig geeignet.

Einen gemischt apoplasmatisch-symplasmatischen Transport haben wir bereits in der Wanderung der mineralischen Nährelemente durch die Wurzelrinde zu den Leitbahnen kennengelernt (S. 340).

C. Der **Langstreckentransport** der Assimilate überbrückt weite Strecken in relativ kurzer Zeit. Dies ist nur möglich, weil eigene Leitbahnen (Siebröhren bzw. ihre Äquivalente bei Niederen Pflanzen, vgl. S. 124) entwickelt worden sind. Transportiert werden müssen grundsätzlich alle Substanzen (oder deren geeignete Vorstufen), die in den nicht-autotrophen Zellen nicht synthetisiert werden können. Zumeist sind die wichtigsten Transportsubstanzen Zucker.

Sie machen in der Regel über 90% der Trockensubstanz des «Siebröhrensaftes» aus, der beim Anschneiden der turgescenten Siebröhren austritt oder – besonders rein – dadurch gewonnen werden kann, daß man honigtauproduzierenden Läusen, die einzelne Siebröhren anstechen, die Saugrüssel abschneidet; durch den Stumpf tritt dann der Siebröhrensaft aus. Dieser entspricht im wesentlichen dem Lumeninhalt der Siebröhren und besteht aus einer 10–25%igen wässerigen Lösung.

Im Hinblick auf die Transportzucker im Phloem kann man drei Hauptgruppen von Pflanzen unterscheiden: a) Arten, die S a c c h a r o s e als Haupttransportzucker haben; dazu gehören die meisten der untersuchten Arten, z.B. alle bisher analysierten Farne, Gymnospermen und Monocotylen, unter den Dicotylen z.B. alle geprüften *Fabaceae*. b) Arten, die neben Saccharose noch beträchtliche Mengen an Oligosacchariden der R a f f i n o s e f a m i l i e aufweisen, z.B. Raffinose, Stachyose, Verbascose (vgl. S. 346, Abb. 362). Auch zu dieser Gruppe zählen Vertreter zahlreicher Pflanzenfamilien, von den heimischen z.B. *Corylaceae*, *Tiliaceae*, *Ulmaceae*. c) Arten, die in den Siebröhren neben den genannten Zuckern noch größere Mengen von Z u c k e r a l k o h o l e n enthalten, z.B. die *Oleaceae* Mannit (das «Eschenmanna» mit hohem Mannitgehalt wird z.B. aus dem Siebröhrensaft von *Fraxinus ornus* erhalten), einige Unterfamilien der *Rosaceae* Sorbit, Celastraceen Dulcit.

Außer Zuckern findet man im Siebröhrensaft auch Aminosäuren, andere Stickstoffverbindungen, Nucleinsäuren und ihre Bausteine, auffallend hohe Konzentrationen von ATP, Vitamine (die Wurzeln z.B. sind für verschiedene Vitamine heterotroph), organische Säuren, Enzyme, Wuchs- und Hemmstoffe und, wie schon erwähnt, auch anorganische Komponenten.

Es wird allgemein angenommen, daß der Ein- und Austritt der Wandersubstanzen in die Siebröhren und aus ihnen metabolisch kontrolliert wird, und daß bei diesen Vorgängen die Geleitzellen oder ihre funktionellen Äquivalente bei den Gymnospermen und Pteridophyten ebenso eine wesentliche Rolle spielen wie bei der Steuerung des Stoffwechsels der (kernlosen!) Leitbahnen selbst. Es ist noch nicht abschließend geklärt, ob die Energiebedürftigkeit des Phloemtransportes (und damit seine Hemmbarkeit durch verschiedene Inhibitoren) allein auf diese Be- und Entladungsreaktionen (und evtl. die Strukturerhaltung der Leitbahnen) oder auch auf eine direkte Energieabhängigkeit des Stofftransportes in den Siebröhren selbst (s. u.) zurückgeht.

Der Mechanismus des Stofftransportes in den Siebröhren ist immer noch strittig. Unzweifelhaft ist aber, daß die Wandergeschwindigkeit der Assimilate im Phloem (0,5–1 m/Std auch über weite Strecken) die Leistungsfähigkeit einer Diffusion weit übersteigt.

Man könnte zunächst an eine Steigerung der Transportleistungen normaler Parenchymzellen denken, aus denen die Leitelemente ja ontogenetisch hervorgehen, ohne daß der Mechanismus verändert würde. Da von den Hauptmechanismen, die für den symplasmatischen Transport diskutiert werden, die Diffusion ausscheidet, blieben ein Carriertransport (im weitesten Sinne) oder eine Lösungsströmung.

Von den T r ä g e r m e c h a n i s m e n wird derzeit nur eine Verfrachtung durch Plasmaströmung diskutiert. Da aber deren Geschwindigkeit zumindest um eine Zehnerpotenz niedriger ist als die Transportgeschwindigkeit, erscheint diese Annahme schon aus diesem Grund (neben zahlreichen anderen) als unzutreffend.

Zumeist wird heute das Vorliegen einer L ö s u n g s - s t r ö m u n g im Phloem angenommen, wobei davon ausgegangen wird, daß die verschiedenen wanderfähigen Stoffe gemeinsam und zusammen mit dem Lösungsmittel, dem Wasser, im Lumen der Siebröhren bewegt werden. Strittig ist noch der Antrieb für diese Lösungsströmung.

Die einfachste Vorstellung geht auf MÜNCH zurück, der die physikalischen Grundlagen in einem Modellversuch verdeutlichte (sog. «**Druckstromtheorie**»; Abb. 388). Er setzte das System A-R-B im Modell gleich dem gesamten Symplasten in der Pflanze, der vom Apoplasten (Zellwände + Wasserleitungsbahnen; entspricht Außenmedium W im Modell) bekanntlich durch selektiv permeable Membranen abgegrenzt ist. A entspräche einer Zelle, die osmotisch wirksames Material produziert, z.B. durch Photosynthese oder durch Abbau von Speicherstofen, B einer Zelle, die osmotisch wirksames Material verbraucht, z.B. durch Einbau in Makromoleküle oder durch Veratmung. Die Verbindung zwischen A und B (R im Modell) sollte nach MÜNCHs Vor-

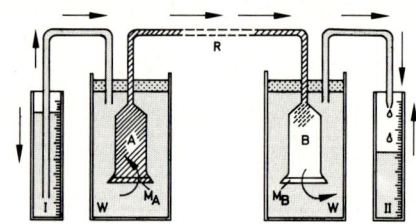

Abb. 388: MÜNCHscher Modellversuch zur Demonstration einer durch einen osmotischen Gradienten getriebenen Lösungsströmung. Zelle A enthält 10%ige Saccharoselösung, mit Kongorot gefärbt, Zelle B Wasser. R Verbindungsrohr, M semipermeable Membran. Zelle A nimmt durch die semipermeable Membran M_A Wasser aus dem Außenmedium W auf, das durch den entstehenden hydrostatischen Druck durch die Membran M_B aus Zelle B gedrückt wird. Zucker und Kongorot werden mit dem Wasser von A nach B, Wasser von I nach II transportiert, bis der osmotische Gradient A–B ausgeglichen ist.

stellung durch den Symplasten mit seinen Plasmodesmen, inklusive den Siebröhren mit ihren Siebporen (= modifizierte Plasmodesmen) erfolgen. Beim Transport sollte das osmotisch wirksame Material in den Assimilat-produzierenden Zellen («source») aus dem Apoplasten osmotisch Wasser anziehen und so den Turgor steigern. In den Empfängerzellen («sink») dagegen sollte durch den Verbrauch osmotischen Materials (oder durch Dehnung der noch plastischen Zellwand) der Turgor gesenkt und das nicht mehr osmotisch festgehaltene Wasser in den Apoplasten abgegeben werden. (Dieser Wasseraustausch zwischen Phloem und Apoplast würde auch erklären, warum Phloem und Xylem immer eng benachbart sind.) Es käme somit zu einem Gradienten des osmotischen Drucks zwischen source und sink, der eine Lösungsströmung, einen «Druckstrom», zur Folge hätte.

In dieser ursprünglichen Form wird die Hypothese heute nicht mehr vertreten: Eine Lösungsströmung wird nur für die Siebröhren (oder die Siebzellenreihen bei den Nadelbäumen und Farngewächsen) selbst angenommen, während der Eintritt und der Austritt der Substanzen in die und aus den Siebröhren ± aktiv und selektiv erfolgt. Kompartiment A im Modell entspräche dann den Beladungsabschnitten der Siebröhre, R den Abschnitten der Siebröhre, in denen kein wesentlicher seitlicher Stoffein- und -austritt erfolgt, und B den Entladungsabschnitten der Siebröhre im sink-Bereich.

Ein Druckstrom in den Siebröhren der Pflanzen muß aus physikalischen Gründen erfolgen, wenn folgende Voraussetzungen erfüllt sind:

1. Die Siebröhren müssen an ihren Seitenwänden einen selektiv permeablen Plasmabelag besitzen, durch den gelöste Substanzen (z.B. Zucker) in beiden Richtungen nur unter Aufwand von Stoffwechselenergie «gepumpt» werden können.

2. Die Siebröhren müssen in longitudinaler Richtung, durch die Siebporen hindurch, für eine strömende Lösung mit der entsprechenden Geschwindigkeit passierbar sein.

3. Es muß ein Turgorgradient zwischen source und sink bestehen.

Die erste Voraussetzung ist unzweifelhaft verwirklicht: Siebröhrenglieder sind plasmolysierbar. Auch die Längswegsamkeit der Siebröhren für eine relativ schnell strömende Lösung ist durch den Saftaustritt bei Anschneiden des Phloems und bei Kappen der Rüssel von Phloem-saugenden Läusen gut belegt: Bei der Linde z.B. tritt durch den Rüsselstumpf soviel Saft aus, daß sich das angebohrte Siebröhrenglied in der Sekunde 5mal füllen und entleeren muß, wobei die Konzentration des Exsudats praktisch unverändert bleibt.

Der Turgorgradient in den Siebröhren in der Transportrichtung wurde auf verschiedene Weise ebenfalls experimentell bestätigt. Fraglich ist noch, ob der bestehende Gradient ausreicht, um bei den vorliegenden Strömungswiderständen den Assimilat-

strom in der gemessenen Geschwindigkeit zu befördern. Man zieht deshalb zusätzliche Hilfsmechanismen in Erwägung, z.B. elektroosmotische Phänomene (wobei K^+-Konzentrationsgradienten über die Siebplatten Potentiale erzeugen sollen) oder gar ein «peristaltisches» Pumpen durch die in den Siebröhren häufig auftretenden Plasmafilamente (S. 124).

Nach der Druckstromtheorie ist die Richtung des Phloemtransportes durch ein osmotisches Gefälle source → sink festgelegt. Als Spenderorgane fungieren z.B. photosynthetisierende, ausgewachsene Blätter oder aber Speicherorgane zur Zeit der Mobilisierung der Speicherstoffe (z.B. Stämme und Wurzeln beim Laubaustrieb; Cotyledonen oder Endosperm bei der Samenkeimung; Knollen, Zwiebeln, Rüben u. ä. beim Austrieb). Ein besonders intensiver Export von Stickstoffsubstanzen setzt bei den Blättern mehrjähriger Pflanzen vor dem Laubfall ein; er führt einen großen Teil der Blatteiweiße nach ihrer Hydrolyse und ihrem Umbau in Wandersubstanzen in die perennierenden Organe zurück. Als Empfängerorgane dienen alle wachsenden Pflanzenteile (z.B. Spitzenmeristeme von Sproß und Wurzel, Cambium, verdunkelte oder wachsende Blätter – bis etwa zur Hälfte ihrer Endgröße, dann setzt Export ein –, wachsende Früchte, Speicherorgane zur Zeit ihrer Auffüllung). Innerhalb einer größeren Pflanze kann es mehrere, zu verschiedenen Zeiten wechselnde Spender- und Empfängerorte geben. So versorgen z.B. die unteren Blätter häufig die Wurzeln, die oberen hingegen Sproßspitze, Blüten und Früchte. Auch gegenläufige Transporte in ein und demselben Sproßachsenabschnitt wurden wiederholt gefunden, dagegen nie solche in ein und derselben Siebröhre zur selben Zeit (was der Druckstromtheorie widersprechen würde).

Die Kenntnis der Transportrichtung und ihrer jahreszeitlichen Änderung ist wichtig z.B. für die gezielte Anwendung von Herbiciden (die häufig im Phloem transportiert werden). Will man unterirdische Teile (z.B. die Rhizome des Adlerfarns) abtöten, so führt eine Herbicidapplikation über die Blätter nur dann zum Ziele, wenn deren Transport tatsächlich zur Zeit der Anwendung zum unterirdischen Organ gerichtet ist.

Da viele der Assimilat-zehrenden und -mobilisierenden Stoffwechselvorgänge von Wuchs- und Hemmstoffen gesteuert werden (S.382ff.), ist es nicht verwunderlich, daß die jeweilige Verteilung der Spender- und Empfängerorte für Assimilate in der Pflanze eng mit der lokalen

Aktivität dieser Regulatoren zusammenhängt, daß z.B. ein durch Wuchsstoffe zur Teilungstätigkeit angeregtes Cambium als Empfängerort zu wirken beginnt.

VI. Stoffausscheidungen der Pflanzen

Stoffe werden aus dem Protoplasma von Einzelzellen oder von Zellen im Verband einer vielzelligen Pflanze einmal dann ausgeschieden, wenn sie als Stoffwechselschlacken oder als sonstige Ballaststoffe (z.B. anorganische Substanzen) im Zellstoffwechsel nicht oder nicht mehr gebraucht werden und evtl. sogar stören würden (z.B. hohe NaCl-Konzentrationen, $Ca(OH)_2$ bei submersen Wasserpflanzen, vgl. S. 270). Man bezeichnet eine derartige Schlakken- oder Ballastausscheidung auch als **Exkretion** und die ausgeschiedenen Stoffe als Exkrete. Weiterhin werden häufig auch Substanzen ausgeschieden, die außerhalb der Zelle bestimmte Funktionen erfüllen, z.B. Gamone (S. 447), Anlock- und Verköstigungsstoffe für bestäubende Tiere (S. 816), Antibiotica bei Mikroorganismen oder Enzyme bei den carnivoren Pflanzen (S. 206, 378). Diese Verbindungen werden auch als Sekrete bezeichnet.

Häufig ist es schwierig oder sogar sinnlos, entscheiden zu wollen, ob eine abgeschiedene Substanz ein Exkret oder ein Sekret im geschilderten Sinne ist; so wäre die Zuckerabscheidung bei den extrafloralen Nektarien (S. 136) wohl als Exkretion, bei den floralen, wo sie der Anlockung der Bestäuber dient, als Sekretion zu bezeichnen.

Nach Ort und Art der Ausscheidung unterscheidet man verschiedene Mechanismen (Abb. 389).

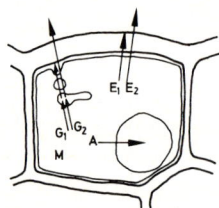

Abb. 389: Einige Möglichkeiten der Stoffausscheidung einer Zelle. A Exkretabscheidung (intracellulär); M Ablagerung im Cytoplasma; G Granulocrine Ausscheidung durch Plasmalemma (G_1) und Plasmalemma + Zellwand (G_2); E Eccrine Ausscheidung durch Plasmalemma (E_1) und Plasmalemma + Zellwand (E_2). (Nach SCHNEPF)

1. Intracelluläre Exkretabscheidung

Hier liegen die Produkte direkt im Cytoplasma oder in den Organellen des Cytoplasmas.

Ein Beispiel sind die Kautschukpartikel in den gegliederten Milchröhren von *Hevea* (Abb. 390), *Papaver* und *Taraxacum*, die unmittelbar im Grundplasma liegen. (Bei *Euphorbia* befinden sie sich dagegen in Vacuolen).

2. Intracelluläre Exkretausscheidung

Dabei verlassen die Stoffe zwar den Protoplasten, nicht aber die Zelle.

So werden z.B. die ätherischen Öle bei Arten vieler Familien (z.B. *Araceae, Zingiberaceae, Piperaceae, Lauraceae, Valerianaceae*) in eine extraplasmatische Tasche, den Ölbeutel, abgeschieden, der der Zellwand ansitzt. Hierher kann man auch die Substanzen rechnen, die in die Vacuole transportiert werden, da sie durch den Tonoplasten von den Orten aktiven Stoffwechsels abgeschirmt sind.

3. Granulocrine Ausscheidung

Das Sekret oder Exkret (oder deren Vorstufen) tritt nach der Bildung im Grundcytoplasma oder in Organellen (z.B. Plastiden) durch eine innere cytoplasmatische Membran in Kompartimente, die vom endoplasmatischen Reticulum, dem GOLGI-Apparat oder dem Vacuom gebildet werden. Es wandert dann (oft nach Umformung in diesen Säckchen) mit den Membranhüllen an die Zelloberfläche und wird dort durch Öffnung des Bläschens nach außen entlassen (Vesikelextrusion, Exocytose). Die Triebkraft für diesen Vorgang ist unbekannt.

Sehr häufig erfolgt die Ausscheidung durch den GOLGI-Apparat (vgl. S. 37). Jede bedeutendere Gruppe von Makromolekülen kann sezerniert werden. Ein Beispiel für eine granulocrine Ausscheidung durch Vacuolen ist die Flüssigkeitsabscheidung durch pulsierende oder contractile Vacuolen bei Niederen Pflanzen und Tieren im Süßwasser, die der Osmoregulation dient.

4. Eccrine Ausscheidung

Die Substanz wird nicht durch ein Membranvesikel transportiert, sondern tritt direkt durch das Plasmalemma nach außen. Eccrine Abscheidungen sind z.B. ein Teil der Zellwandsubstanzen (ein anderer wird granulocrin sezerniert), meist auch der Nektar (bei den Kelchblattnektarien von *Abutilon* wird der Nektar aber granulocrin durch ER-Vesikel ausgeschieden), Wasser (vgl. Guttation, S. 324; bei einigen Phytoflagellaten wird Wasser aber granulocrin durch den GOLGI-Apparat abgegeben) und Salze. Auch die meisten lipophilen Sekrete und Exkrete werden wohl nach diesem Modus abgeschieden.

Die meisten **Nektarien, Epithemhydathoden** und **Salzdrüsen** haben vermutlich einen analogen Ausscheidungsmechanismus, da sie durch Übergänge miteinander verbunden sind. Dieser Sekretionsmechanismus ist noch nicht endgültig geklärt. Soweit keine granulocrine Ausscheidung vorliegt, käme einmal ein Carriertransport der Zucker bzw. Salze durch das Plasmalemma nach außen in Betracht; das Wasser würde dann osmotisch nachgezogen werden. Ein solcher Sekretionsmechanismus würde zwar die strenge Stoffwechselabhängigkeit des Sekretionsvorganges verständlich machen, doch wäre damit schwer die oft mannigfaltige Zusammensetzung der Sekrete zu erklären; so enthält der Nektar z.B. in der Regel neben verschiedenen Zuckern auch Aminosäuren, Enzyme, Vitamine, Phytohormone, anorganische Substanzen usw. Dies ist dann leicht verständlich, wenn man als Sekretionsmechanismus eine lokale Durchlässigkeit des Plasmalemmas der Drüsenzellen an den Sekretionsorten annimmt, durch die der (durch aktiven Stoffeintritt aus den Nachbarzellen aufrecht erhaltene) Turgordruck der Zelle eine wässerige Lösung durch Druckfiltration auspreßt. Die festgestellte Veränderung im Stoffbestand z.B. des Nektars gegenüber dem des Drüsengewebes könnte durch die (experimentell nachgewiesene) Rückresorption bestimmter Stoffe zustande kommen.

Für jeden der genannten Mechanismen der eccrinen Ausscheidung ist eine große Oberfläche der Drüsenzelle von Nutzen. Sie haben deshalb häufig den Charakter von sog. Übergangszellen (transfer-Zellen), die durch charakteristische zottenartige Wandverdickungen ausgezeichnet sind.

Solche Übergangszellen finden sich außer in bestimmten Drüsenzellen (Nektarien, Hydathoden, Salzdrüsen, Carnivorendrüsen) auch in solchen, die Stoffe aus dem umgebenden Medium aufnehmen (z.B. Epidermiszellen submerser Pflanzen, z.B. bei *Elodea* und *Vallisneria*, oder Hydropoten, z.B. *Nymphaea*), solchen, die Substanzen aus benachbarten Zellen aufnehmen (z.B. Embryozellen, Haustorien parasitischer Angiospermen, z.B. *Orobanche* und *Cuscuta*) und schließlich solchen, die Stoffe an benachbarte Zellen abgeben (z.B. Endospermzellen, Cotyledonenzellen, Tapetumzellen, Geleitzellen und Phloemparenchym in feinen Blattadern, Zellen in Wurzelknöllchen).

Ein Beispiel sind die Kautschukpartikel in den gegliederten Milchröhren von *Hevea* (Abb. 390), *Papaver* und *Taraxacum* (Abb. 150), die unmittelbar im Grundplasma liegen.

Die Leistung derartiger nach außen (exotrop; z.B. Salzdrüsen, Nektarien) oder in das Körperinnere (endotrop; z.B. Geleitzellen, Transferzellen in Wurzelknöllchen, Epithelzellen in Harzkanälen; Abb. 153, S. 136) absondernden Drüsen ist oft sehr beachtlich. So spielen z.B. Salzdrüsen, die vor allem bei Pflanzen salzreicher Standorte anzutreffen sind (z.B. Arten der Plumbaginaceen und Frankeniaceen), für den Salzhaushalt nicht selten eine wesentliche Rolle. Bei der Mangrovenpflanze *Aegialitis annulata* z.B. be-

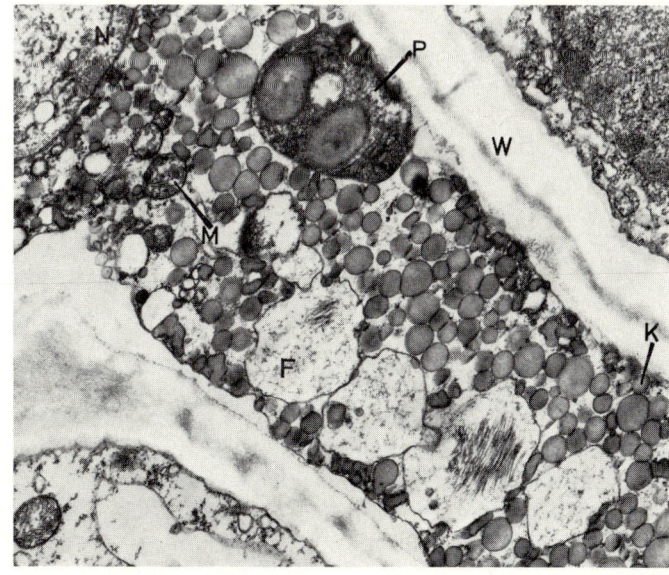

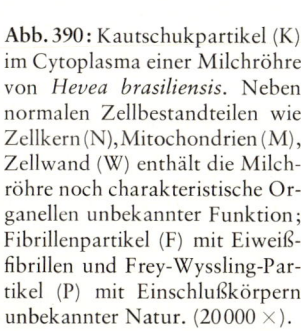

Abb. 390: Kautschukpartikel (K) im Cytoplasma einer Milchröhre von *Hevea brasiliensis*. Neben normalen Zellbestandteilen wie Zellkern (N), Mitochondrien (M), Zellwand (W) enthält die Milchröhre noch charakteristische Organellen unbekannter Funktion; Fibrillenpartikel (F) mit Eiweißfibrillen und Frey-Wyssling-Partikel (P) mit Einschlußkörpern unbekannter Natur. (20000 ×).

finden sich auf der Blattoberseite > 900 Salzdrüsen pro cm², die eine Salzlösung mit 450 µval/ml Cl⁻, 355 Na⁺ und 27 K⁺ abscheiden. Da das Konzentrationsverhältnis Na⁺ : K⁺ im Blattgewebe nur 3 : 1 ist, erfolgt hier die Abscheidung (oder die Rückresorption bei einer Druckfiltration) selektiv, d.h. aktiv. Sie kann auch durch Stoffwechselgifte gehemmt werden.

5. Holocrine Ausscheidung

Bei der holocrinen Ausscheidung schließlich wird die Substanz durch Auflösung der Zellen (lysigen) frei. Dieser Prozeß kann wieder endotrop (z.B. in den Exkreträumen der Fruchtschale von *Citrus*; Abb. 152 B, C, S. 136) oder exotrop erfolgen, z.B. bei der Abscheidung der Chemotaktika der Archegoniaten durch Auflösung der Hals- und Bauchkanalzellen (S. 696) oder bei der Bildung des Bestäubungstropfens der Gymnospermen (S. 785; Abb. 863) durch Auflösung des Nucellusscheitels.

Außer durch die genannten Ausscheidungsmechanismen können Substanzen aus der Pflanze z.B. durch Ablösung und Auflösung von Zellen in die Umgebung gelangen, z.B. bei der Wurzel, bei der sich dauernd Wurzelhaubenzellen ablösen (und neu gebildet werden (Abb. 117). Die freigesetzten Inhaltsstoffe, z.B. Zucker, Stickstoffsubstanzen, Hormone, Vitamine, sekundäre Pflanzstoffe (z.B. trans-Zimtsäure, ein Wachstumshemmer, von der Wüstencomposite *Parthenium argentatum*), haben sicher einen wesentlichen Einfluß auf die Rhizosphäre, d.h. den Lebensbereich von Mikroorganismen in der Umgebung der Wurzeln. Große Stoffmengen werden durch den Blattfall abgegeben. Auch durch Auswaschung, z.B. durch Regen, können ansehnliche Mengen von Ionen (vor allem K⁺, wenig Ca²⁺) aus den Blättern freigesetzt werden.

VII. Besonderheiten der heterotrophen Ernährung

Heterotrophe Organismen müssen organische Stoffe als Nährstoffe aus der Umgebung aufnehmen. Als Nährstoffe können die verschiedensten organischen Verbindungen dienen; es gibt keine natürlich gebildete organische Substanz auf der Erde, die nicht von bestimmten Organismen, meist Bakterien oder Pilzen, abgebaut und verwendet werden könnte. Braucht

ein zur Photosynthese befähigter Organismus (z.B. bestimmte *Chlamydomonas*-Arten) zum Gedeihen noch einzelne organische Stoffe von außen, so spricht man von **Mixotrophie**. Benötigen heterotrophe Organismen ganz bestimmte organische Verbindungen (häufig in geringer Menge neben einer unspezifischen organischen Nahrung), z.B. einzelne Aminosäuren (Mikroorganismen, Tiere), oder Wirkstoffe, die bei Mikroorganismen als «Wachstumsfaktoren», bei Tieren und beim Menschen als «Vitamine» bezeichnet werden, so nennt man die Ernährungsweise **Auxotrophie**.

Heterotroph sind alle Pilze und Tiere sowie die meisten Bakterien, aber nur wenige Algen und Höhere Pflanzen; auch bei letzteren müssen allerdings bei stärkerer Arbeitsteilung zwischen den einzelnen Organen bestimmte Teile (in der Regel z.B. die Wurzel) von anderen (z.B. den Blättern) mitversorgt werden.

Viele heterotrophe Pflanzen können in anorganischen Nährlösungen (vgl. S. 333) gedeihen, wenn diesen lediglich eine geeignete organische C-Quelle zugesetzt wird. Manche brauchen aber zusätzlich organische Stickstoffverbindungen.

Innerhalb der Heterotrophen unterscheidet man Saprophyten, die ihre organische Nahrung toten Substraten entnehmen, und Parasiten, die lebende Organismen bzw. Zellen ausbeuten.

A. Saprophyten

sind die meisten Bakterien und Pilze, dagegen keine Höheren Pflanzen. Ihre Ansprüche an das Nährsubstrat sind im einzelnen sehr verschieden. Neben anorganischen Stoffen ist eine Kohlenstoffquelle vonnöten; als solche können nicht nur Kohlenhydrate, Fette oder Eiweiße, sondern auch Alkohole, organische Säuren u.ä., aber auch Erdöl, Paraffin, Benzol und Naphthalin dienen. Häufig werden von den Saprophyten Exoenzyme abgeschieden, welche die hochmolekularen Substrate (z.B. Lignin, Cellulose, Protein) extracellulär zu resorbierbaren Spaltprodukten abbauen. Das aufgenommene organische Material wird dann in den normalen (kata- bzw. anabolischen) Grundstoffwechsel eingeschleust.

Viele saprophytische Pflanzen brauchen keinen organisch gebundenen Stickstoff, sondern können sich mit NH₄⁺ oder NO₃⁻, manche auch mit N₂ begnügen. So kann z.B. die Hefe mit NH₄⁺, der Schimmelpilz *Aspergillus niger* mit NO_3^- als einziger N-Quelle wachsen. Die Anpassung an bestimmte Substrate ist manchmal sehr spezifisch. So entnimmt z.B. der Pinselschimmel *Penicillium glaucum* einem Racemat aus (+)- und (−)-Weinsäure nur die (+)-Weinsäure, die frei oder als Salz in zahlreichen Früchten vorkommt, nicht dagegen die (unnatürliche) (−)-Weinsäure.

In der Natur arbeiten meist ganze Gruppen verschiedener Organismen zusammen, indem die eine Art die Spalt- oder Abfallprodukte der anderen aufnimmt und sich mit ihnen ernährt, während ihre Abscheidungen wieder weiteren Arten als Nährsubstrat, z. T. auch als «Betriebsstoff» für energieliefernde Umsetzungen bei der Chemosynthese (H_2S, H_2, NH_3), dienen können. Derartige Vorgänge spielen sich z.B. bei der Fäulnis ab, bei der Bakterien und Pilze organisches Material z.B. aus abgestorbenen Pflanzen, Pflanzenteilen (Fallaub) oder Tieren wieder in anorganische Verbindungen überführen (remineralisieren); sie ist damit ein wichtiges Glied des Stoffkreislaufes. Die «biologische Selbstreinigung» verschmutzten Wassers beruht auf solchen Prozessen. Bei der technischen Abwasserreinigung im «Belebtschlammverfahren» werden Saprophytengemeinschaften zur Aufbereitung der organischen Abfallstoffe verwendet. Ähnliche Mineralisierungsvorgänge laufen auch im Boden ab (auch z.B. bei der «Kompostbereitung»). Alle genannten Prozesse sind insgesamt für den Stoffhaushalt der Erde von größter Bedeutung.

Während der Fäulnisprozesse treten häufig charakteristische Zwischen- oder Nebenprodukte auf, unter denen sich auch oft Geruchsstoffe befinden, z.B. Indol, Skatol, Methylmercaptan, Kresol, verschiedene Amine. Sie gehen – wie die ebenfalls übelriechenden Endprodukte Ammoniak und Schwefelwasserstoff – aus dem Aminosäurenabbau hervor; Indol (das auch in Blütendüften, z.B. der Robinie, der Linde und von *Citrus*-Arten vorkommt) und Skatol (auch im Geruch der «Aasblumen», z.B. *Arum*- und *Aristolochia*-Arten) entstehen z.B. aus dem Tryptophan.

Manchmal unterscheidet man auch Fäulnis und Verwesung. Dabei geht die Fäulnis hauptsächlich auf bakterielle Tätigkeit zurück, die vor allem bei hoher relativer Luftfeuchte und nicht zu saurem Milieu dominiert, die Verwesung auf die Aktivität von Pilzen, die auch noch unter trockeneren und sauereren Bedingungen zu wirken vermögen. Produkte des mikrobiellen Abbaues sind auch die Ausgangssubstanzen für die Bildung von Humus, Kohle und Erdöl, bei deren Entstehung aber dann abiotische chemische Umsetzungen, z. T. unter hohen Drucken (Kohle und Erdöl), eine entscheidende Rolle spielen.

B. Parasiten

gibt es unter den Bakterien, Pilzen, Flechten und Angiospermen. Organismen, die sich in der Natur entweder saprophytisch oder parasitisch ernähren, nennt man fakultative Parasiten, solche, die natürlicherweise stets lebende Organismen (als «Wirte») benötigen, obligate Parasiten. Im Experiment können aber auch die obligaten Parasiten häufig auf geeigneten künstlichen Nährmedien saprophytisch leben.

Zu den fakultativen Parasiten zählen z.B. die bakteriellen Erreger des Wundstarrkrampfes, des Milzbrandes, der Cholera und des Typhus; sie leben saprophytisch im Erdboden oder im Wasser und gehen nur bei sich bietender Gelegenheit zum Parasitismus über, während z.B. der Erreger der Diphtherie ein obligater Parasit ist. Parasitierende Bakterien und Pilze sind die Ursache vieler Erkrankungen der befallenen Wirtspflanzen oder -tiere und auch des Menschen. Schwere Schäden werden an Kulturpflanzen vor allem durch Pilzkrankheiten (Mycosen) hervorgerufen, etwa durch Oomyceten (z.B. *Peronospora*), Rost- und Brandpilze. Nicht ganz so häufig sind Mycosen bei Tieren; bekannt sind z.B. Pilzkrankheiten bei Insekten, aber auch bei Wirbeltieren, z.B. Fischen, und auch beim Menschen (vor allem Hautkrankheiten). Bacteriosen sind sehr häufig bei Tier und Mensch, seltener bei Pflanzen (vgl. z.B. Pflanzenkrebs, S. 439f.).

Die Schädigung des Wirtes durch den Parasiten erfolgt bei Bacteriosen und Mycosen durch den Stoffentzug, die Gewebszerstörung oder – und vor allen Dingen durch Ausscheidung giftiger Stoffwechselprodukte (Toxine). Ein Beispiel sind die Welketoxine, die von einer Reihe von Pilzen als Exotoxine ausgeschieden werden und die Wirte zum Welken bringen (z.B. Fusarinsäure, Lycomarasmin bei verschiedenen *Fusarium*-Arten).

Die parasitischen Bakterien und einzelligen Pilze dringen ganz, Höhere Pilze teilweise, in die Wirtsorganismen ein, wobei dies durch die Abscheidung von Exoenzymen ermöglicht wird, die Cutin (Cutinasen), Cellulose (Cellulasen) oder Pectine (Pectinasen) auflösen. Im Wirt kann der Parasit intracellulär (Bakterien, viele Niedere Pilze) oder intercellulär leben, wobei er im letzten Falle mit Saughyphen in die Wirtszellen eindringt (z.B. Rostpilze).

Bei den parasitischen Angiospermen, die stets obligate Parasiten sind, unterscheidet man Hemi- und Holoparasiten (S. 206). Halbschmarotzer (z.B. die Misteln und die Scrophulariaceen *Rhinanthus*, *Melampyrum*, *Pedicularis*, *Euphrasia*) sind zur Photosynthese befähigt, nehmen die anorganischen Nährstoffe und das Wasser aber nicht mit den Wurzeln aus dem Boden, sondern mit Haustorien aus dem Xylem des Wirtes auf. Da sie in der Regel nur auf spezifischen Wirten gedeihen (z.B. auf Tannen, Kiefern und Laubhölzern verschiedene Mistelrassen), scheinen aber evtl. auch organische Stoffe eine Rolle zu spielen (die ja auch im Xylem in geringer Konzentration auftreten, S. 329). Da diese Hemiparasiten den Inhalt der Wirtswasserleitungsbahnen gegen die Saugspannung des Wirtes in ihren Vegetationskörper herüberziehen müssen, haben sie in der Regel eine besonders intensive Transpiration pro Einheit der Blattfläche (z.B. schnelles Welken von abgepflücktem *Melampyrum*!). Handelt es sich um Pflanzen, die während gewisser Entwicklungsstadien (z.B. *Tozzia* und *Bartsia*) oder zeitlebens (*Lathraea*) keine entwickelten, transpirierenden Blätter besitzen, so haben sie an ihren Rhizomschuppen Wasserdrüsen entwickelt, die aktiv Wasser abscheiden und auf diese Weise das nötige Wasserpotentialgefälle zwischen Wirt und Parasit aufrecht erhalten. Das Endglied dieser Reihe bei den xylemparasitischen Rhinanthoideen unter den Scrophulariaceen stellt *Lathraea*, die Schuppenwurz, dar, die auf ausdauernden Wirten parasitiert und offenbar genügend organisches Material aus dem Xylem des Wirtes erhält, um als Holoparasit leben zu können.

Die anderen vollparasitischen Angiospermen, z.B. *Orobanche* (Abb. 956, S. 889) und *Cuscuta* (Abb. 240, S. 207), haben aber Anschluß an die Siebröhren der Wirte, denen sie mit besonderen Aufnahmezellen (Transferzellen) die Assimilate auf nicht geklärte Weise entnehmen.

C. Symbiose

Unter Symbiose versteht man das enge Zusammenleben zweier artverschiedener Organismen, die beide wenigstens zeitweise einen Nutzen daraus ziehen. Das symbiotische Zusammenleben läßt meist noch klar erkennen, daß es aus einem wechselseitigen Parasitismus (**Alleloparasitismus**) entstanden ist, bei dem sich in Angriff und Abwehr zwischen den Partnern ein Gleichgewicht eingestellt hat und sie sich wechselseitig Nähr- und Wirkstoffe entziehen. Dieses Gleichgewicht kann bei Dominantwerden

eines Partners unter bestimmten Bedingungen wieder in einseitigen Parasitismus umschlagen (z.B. Verdauung von Knöllchenbakterien durch ihre Wirtszellen, s.u.).

Eine Symbiose ist z.B. bei den **Flechten** verwirklicht, wo Pilze mit Algen zu einem äußerlich meist als neue Einheit wirkenden Organismus zusammentreten. Der Pilz (Mycobiont) tritt in verschiedener Weise, z.T. auch durch Haustorien, mit der Alge (dem Phycobionten) in Beziehung. Die Algen werden aber nicht abgetötet, sondern können weiterhin – z.T. sogar verstärkt – ihre spezifischen Stoffwechselleistungen (Photosynthese, z.T. – bei *Nostoc* als Phycobiont – auch N_2-Fixierung) durchführen.

Da Flechten 28 verschiedene Algengattungen enthalten können, ist es nicht verwunderlich, daß die Natur der vom Phycobionten zum Mycobionten übertretenden Assimilate variiert. Bisher wurden aber bei allen Blaualgen-Phycobionten Glucose, bei allen Grünalgen-Phycobionten Zuckeralkohole als Transportmetaboliten identifiziert. Enthält eine Flechte sowohl Grünalgen als auch Blaualgen (letztere in Cephalodien, z.B. bei *Peltigera aphthosa*), so erhält der Pilz von den Grünalgen Zuckeralkohol, von den Blaualgen Glucose; beide Stoffgruppen baut der Mycobiont in Mannit um, eine Hauptspeichersubstanz bei Pilzen. Der Stoffübertritt erfolgt ergiebig und schnell: Bereits 2 min nach Beginn einer Photosynthese in $^{14}CO_2$ sind nachweisbare Mengen von markierten Assimilaten im Pilz vorhanden.

Auch der Export von organischen Stickstoffverbindungen vom N_2-fixierenden *Nostoc*-Symbionten zum Mycobionten erfolgt rasch, wobei z.B. bei *Peltigera aphthosa* die Blaualgen in den Cephalodien wohl den Pilz, kaum aber die Grünalgen in der Flechte mit Stickstoff beliefern. Es gibt Hinweise, daß der Pilzpartner die N_2-Fixierung der symbiotischen Blaualge fördert.

Vermutlich erhalten auch die Phycobionten in den Flechten von den Pilzen lebensnotwendige Stoffe, z.B. Mineralsalze und Wasser; andernfalls wären die Flechten nicht als symbiotische Systeme zu betrachten. Allerdings ist über Einzelheiten der Versorgung der Algen durch den Pilz wenig bekannt. Gelegentlich wird die Beziehung zwischen den Flechtenpartnern auch als gemäßigter Parasitismus der Pilze gegenüber den Algen aufgefaßt.

Nicht zu den Flechten gerechnet wird *Geosiphon pyriforme*, ein Niederer Pilz mit intracellulärem *Nostoc*-Symbionten. Der Pilz durchzieht mit einem Hyphengeflecht die oberen Erdschichten und bildet darin etwa 1 mm große Blasen aus, die bei ihrer Bildung die Algen der Umgebung phagocytieren. Die Algen werden im Wirtsplasma durch eine Membran des Wirtes eingehüllt und fungieren sozusagen als eingefangene Plastiden. Zu weiteren Blaualgensymbiosen mit Pflanzen vgl. S. 70 (Abb. 66).

Bemerkenswert sind auch die Symbiosen zwischen Algen und **Invertebraten.** So finden sich in den Gastrodermiszellen von *Chlorohydra viridissima* je 15–25 (in einer *Chlorohydra* insgesamt ca. 1,5 × 10⁵), in *Paramaecium bursaria* um 1000 *Chlorella*-Zellen. Sie werden von einer Vacuolenmembran der Wirtszelle umgeben und geben etwa 30–40 % ihrer gesamten Photosyntheseprodukte an das Tier ab, und zwar wahrscheinlich in Form von Glucose und Maltose. Ähnlich ergiebig ist der Export (in diesem Falle von Glycerin und organischen Säuren) aus symbiotischen Dinoflagellaten in marinen Invertebraten, z. B. in der Koralle *Pocillopora damaecornis* und in der Seeanemone *Anthopleura elegantissima*. Der skelettbildende Kalk der Hartkorallen ist ein Produkt der Symbiose. Korallen beherbergen häufig auch Blaualgen, die zur N₂-Bindung befähigt sind. Bei einigen Coelenteraten ist die durch die Symbionten gelieferte Nahrung so reichlich, daß der Polypenmund völlig reduziert wird. Bei dem marinen Plathelminthen *Convoluta roscoffensis* müssen die Larven Grünalgen (*Platymonas convolutae*) einfangen, wenn sie zur Reife kommen wollen. Die Alge bildet als Hauptphotosyntheseprodukt Mannit, exportiert aber in den tierischen Wirt wahrscheinlich hauptsächlich Aminosäuren, Amide, Fettsäuren und Sterole, während sie von diesem Harnsäure erhält. Ein Copepode (*Acanthocyclops vernalis*) kann in seinen Darmtrakt aufgenommene Algen unverdaut passieren lassen. Sie können dabei noch photosynthetisieren und den Wirt mit O₂ und evtl. auch mit Photosyntheseprodukten versorgen.

Besonders bemerkenswert ist ein Symbiont der koloniebildenden Ascidie *Didemnum:* Es handelt sich um eine einzellige Alge mit prokaryotischer Zellstruktur, aber Chlorophyll a und b, die zu einer eigenen Abteilung, den *Prochlorophyta*, gestellt wird (vgl. S. 570).

Es gibt auch Fälle, wo nicht ganze Algen, sondern nur deren Chloroplasten von tierischen Zellen vereinnahmt werden und wenigstens eine gewisse Zeit weiterhin photosynthetisch aktiv sein können. Das gilt für Zellen in der Nachbarschaft des Verdauungstraktes einiger durchsichtiger mariner Molluskenarten, die Chloroplasten der Futteralgen (siphonale Grünalgen) enthalten. *Elysia viridis* mit *Codium*-Chloroplasten kommt auf eine Photosyntheserate (pro mg Chlorophyll), die der von *Codium fragile* entspricht. Diese rezenten Algen- und Chloroplasten-Symbiosen, bei denen man allerdings über den Nutzen für die Algen noch kaum etwas weiß, werden als mögliche Modelle für eine symbiotische Entstehung der Eukaryotenzelle (S. 70) betrachtet.

Einige Symbionten sind für den Partner vor allem als Lieferanten organischer Stickstoffverbindungen bedeutsam. So lebt die Diatomee *Rhopalodia gibba* in Symbiose mit N₂-fixierenden Blaualgen und benötigt daher keinen gebundenen Stickstoff im Medium. Termiten beherbergen N₂-fixierende Bakterien im Darm (*Citrobacter freundii; Enterobacter agglomerans*) und ergänzen so ihre stickstoffarme Diät. Die Darmflora der Papuas auf Neuguinea enthält ebenfalls N₂-fixierende Bakterien. Trotz der einseitigen Ernährung hauptsächlich durch die eiweißarme Süßkartoffel haben die Papuas kaum Proteinmangel.

Die wichtigsten N₂-fixierenden Symbionten sind die **Knöllchenbakterien,** vor allem bei Leguminosen. Die Hülsenfrüchtler gehören zu den ersten Kulturpflanzen der Steinzeit. Auf ihre Fähigkeit, den Boden zu verbessern, hat bereits Theophrast (4. Jahrh. v. Chr.) hingewiesen. Bei der Entstehung der stickstoffbindenden Wurzelknöllchen der Leguminosen handelt es sich zunächst um eine regelrechte Infektion der Wurzel durch verschiedene aerobe, saprophytisch im Erdboden lebende Rassen oder Arten von *Rhizobium*, die meist durch die Wurzelhaare in einem «Infektionsschlauch», der seitens der Wirtspflanze durch Cellulose abgekapselt wird, in das Rindengewebe eindringen. Die Wirtszellen vermehren und vergrößern sich unter der Wirkung der Infektion (Ausscheidung von β-Indolylessigsäure, S. 383) dabei stark; ihre Kerne werden tetraploid, sofern nicht schon vorher tetraploide Zellen bevorzugt befallen werden. So entstehen die Wurzelknöllchen (Abb. 391), deren innere Zellen dicht von den jetzt aus den Infektionsschläuchen austretenden Bakterien erfüllt sind. Bis zu diesem Stadium dürfte ziemlich reiner Parasitismus der Bakterien vorliegen, die sich auf Kosten der Nähr- und Wirkstoffe des Wirtes ernähren und vermehren. Nunmehr kommt aber die Reaktion der befallenen Pflanze immer stärker zur Geltung. Die Infektion breitet sich nicht über die Knöllchen hinaus aus, die Bakterien verändern bald ihre Gestalt in auffälliger Weise («Bacterioiden»); sie erhalten vom Partner wohl vor allem Kohlenhydrate und geben die Produkte ihrer N₂-Fixierung an diesen ab. Schließlich werden die Protoplasten der Knöllchenzellen und die meisten Bakterien aufgelöst und die Produkte resorbiert. Da in der Regel nach dem Absterben der Leguminosen immer noch mehr Bakterien in den Erdboden zurückgelangen als bei der Infektion ursprünglich eingedrungen waren, hat nicht nur die Höhere Pflanze Nutzen von diesem Zusammenleben.

Bei ausdauernden Leguminosen (z.B. *Robinia*, *Cytisus*) bleiben auch die Knöllchen mehrere Jahre erhalten. In der Natur erfolgt die N_2-Fixierung durch die Rhizobien wohl nur in Verbindung mit den Leguminosen; im Experiment sind aber auch freilebende Rhizobien zur N_2-Fixierung befähigt, wenn sie zwei verschiedene Kohlenstoffquellen und eine geringe Menge gebundenen Stickstoffs (z.B. NH_4^+, NO_3^-, Glutamin) zur Verfügung gestellt bekommen.

Bakterien treten regelmäßig auch in den Blättern tropischer Dioscoreaceen, Myrsinaceen und Rubiaceen (z.B. *Psychotria*, *Pavetta*) auf; die Infektion der Embryonen erfolgt bereits auf der Mutterpflanze

(cyclische Symbiose); die Annahme einer Fähigkeit zur N_2-Fixierung hat sich zumindest für *Psychotria* und *Pavetta* nicht bestätigen lassen.

In den Wurzelknöllchen anderer Angiospermen (Tab. 37) bilden **Actinomyceten** den Symbiosepartner. Diese Symbiosesysteme sind zur N_2-Fixierung befähigt. Eine «synthetische Symbiose» gelang durch Infektion von Karotten-Zellkulturen mit dem N_2-fixierenden *Azotobacter vinelandii*; der intercellulär lebende Symbiont machte das Gewebe unabhängig von der Zufuhr gebundenen Stickstoffs im Substrat.

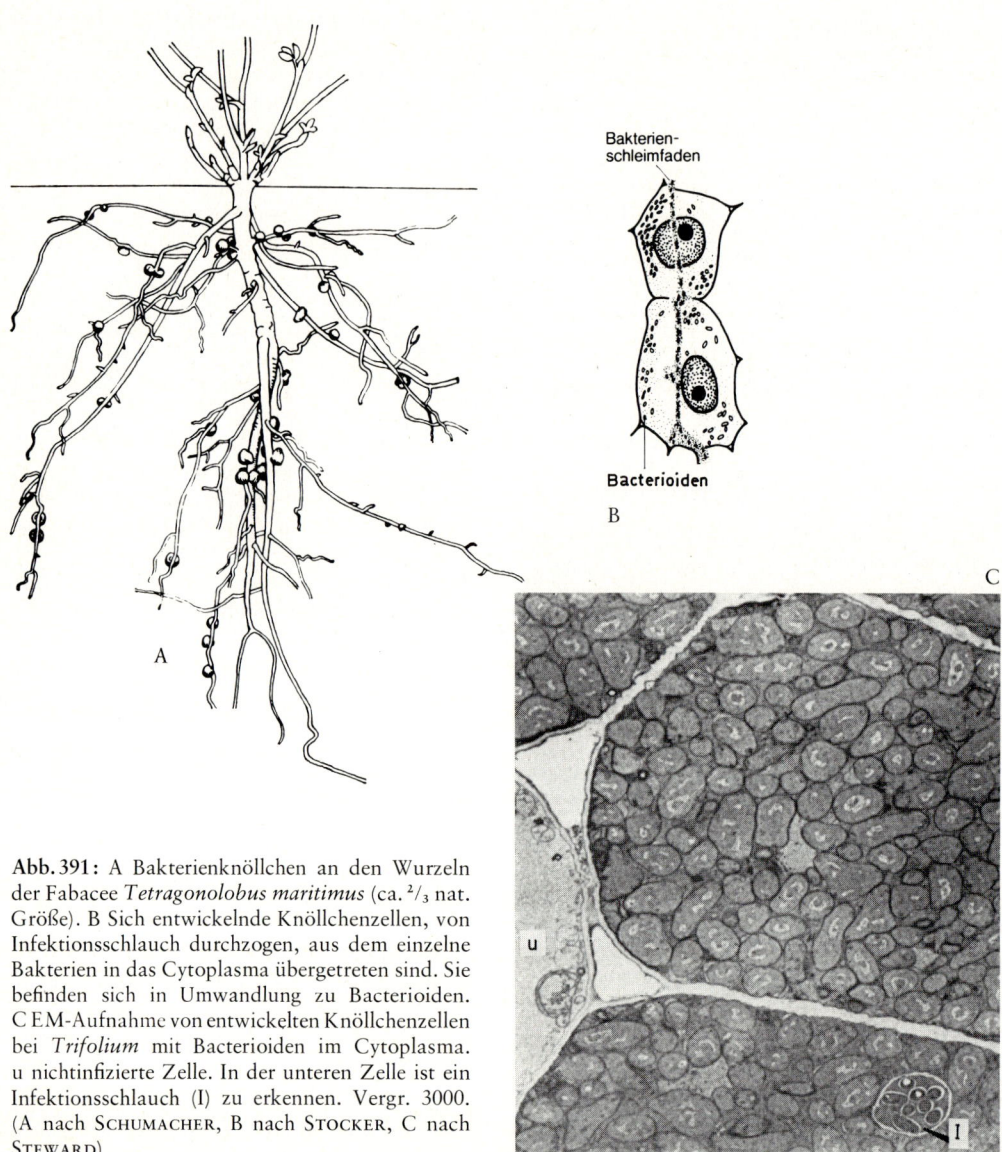

Abb. 391: A Bakterienknöllchen an den Wurzeln der Fabacee *Tetragonolobus maritimus* (ca. $^2/_3$ nat. Größe). B Sich entwickelnde Knöllchenzellen, von Infektionsschlauch durchzogen, aus dem einzelne Bakterien in das Cytoplasma übergetreten sind. Sie befinden sich in Umwandlung zu Bacterioiden. C EM-Aufnahme von entwickelten Knöllchenzellen bei *Trifolium* mit Bacterioiden im Cytoplasma. u nichtinfizierte Zelle. In der unteren Zelle ist ein Infektionsschlauch (I) zu erkennen. Vergr. 3000. (A nach SCHUMACHER, B nach STOCKER, C nach STEWARD)

Mycorrhiza. Eine besonders wichtige Symbiose hat sich aus dem Nebeneinanderleben von Wurzeln und Pilzen im Bereich der Rhizosphäre ergeben: die Mycorrhiza. Es handelt sich um das symbiotische (bzw. durch wechselseitigen Parasitismus gekennzeichnete) Zusammenleben der Wurzeln sehr vieler Landpflanzen mit Pilzen. So umspinnt z.B. bei den meisten unserer Waldbäume das Pilzmycel die kurz und dick ausgebildeten Seitenwurzeln mit einem dichten Geflecht (Abb. 392) und ersetzt hierbei funktionell die Wurzelhaare. Die Pilze dringen in der Rinde der befallenen Wurzel bis höchstens zur Endodermis (aber nicht in das Spitzenmeristem!) in verschiedener Weise vor. Sie können die Wurzel äußerlich dicht umhüllen, dabei aber im Wurzelinnern lediglich intercellulär wachsen (Ektomycorrhiza) oder aber auch in die Protoplasten der Rindenzellen eindringen (Endomycorrhiza). Zwischen beiden Typen gibt es Übergänge.

Tab. 37: Gattungen außerhalb der Leguminosen, die Arten mit (Actinomyceten-)Wurzelknöllchen aufweisen. *Parasponia* hat *Rhizobium* in den Knöllchen. (Nach Rodriguez-Barrueco, Bond; ergänzt)

Gattung	Familie
Casuarina	*Casuarinaceae*
Myrica	*Myricaceae*
Comptonia	*Myricaceae*
Alnus	*Betulaceae*
Dryas	*Rosaceae*
Cercocarpus	*Rosaceae*
Chamaebatia	*Rosaceae*
Cowania	*Rosaceae*
Purshia	*Rosaceae*
Rubus	*Rosaceae*
Coriaria	*Coriariaceae*
Ceanothus	*Rhamnaceae*
Colletia	*Rhamnaceae*
Discaria	*Rhamnaceae*
Trevoa	*Rhamnaceae*
Elaeagnus	*Elaeagnaceae*
Hippophae	*Elaeagnaceae*
Shepherdia	*Elaeagnaceae*
Parasponia	*Ulmaceae*
Datisca	*Datiscaceae*

Ektomycorrhizen haben, teilweise obligat, viele unserer Waldbäume, z.B. Kiefer, Fichte, Lärche, Eiche (Abb. 393); teilweise sind aber auch Übergänge zu endotropher Ausbildung erkennbar (Birke, Espe). Pilzfreie Aufzucht der Bäume führt in der Regel zu Kümmerwuchs.

Bei etwa 60 Pilzarten wurde bisher die Fähigkeit zur Bildung einer Ektomycorrhiza nachgewiesen. Manche Pilzgattungen, z.B. Täublinge *(Russula)*, Wulstlinge *(Amanita)*, Röhrlinge *(Boletaceae)*, Milchlinge *(Lactarius)* leben fast ausschließlich symbiotisch und bilden nur in Verbindung mit einer Baumwurzel Fruchtkörper. (Deswegen kann man z.B. den Steinpilz im Gegensatz zu dem saprophytischen Champignon nicht in Kultur nehmen.) Manche Pilze bevorzugen mehr oder weniger streng spezifisch besondere Wirte (S. 687). Die Bäume scheinen dagegen nicht auf bestimmte Pilze spezialisiert zu sein, werden aber vielleicht von bestimmten Arten stärker gefördert als von anderen. Ausländische Holzarten, z.B. *Pinus strobus* oder *Pseudotsuga taxifolia*, bilden in Europa normale Mycorrhizen mit einheimischen Pilzarten.

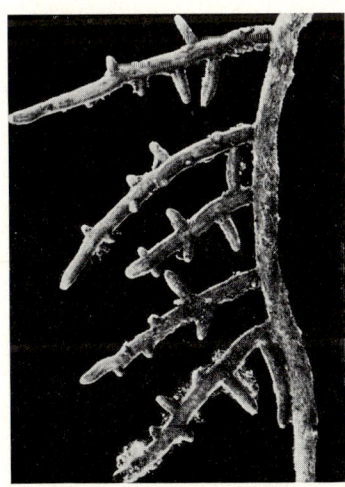

Abb. 392: Teil einer Fichtenwurzel mit Ektomycorrhiza. (Nach Björkman, 5 ×)

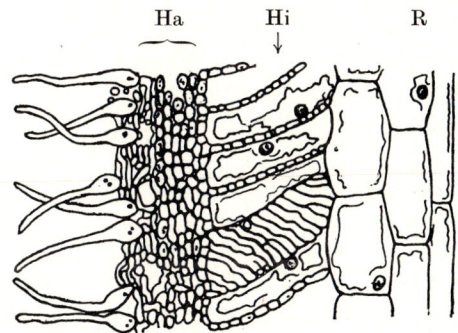

Abb. 393: Stück eines Längsschnittes durch eine Eichenwurzel mit Ektomycorrhiza. Ha äußererer Hyphenmantel, Hi intercelluläre Hyphen in der ersten Rindenschicht, R innere, pilzfreie Rindenschichten. (Nach Burgeff, ca. 200 ×)

Der Nutzen, den die Bäume aus der Mycorrhiza ziehen, wird in a) der Verbesserung der Mineralsalzernährung und der Wasserversorgung, b) der verstärkten Stickstoff- und Phosphatanlieferung durch den Humusaufschluß der Pilze und c) der Wirkstoffversorgung durch die Pilze gesehen. Die Pilze erhalten vom Wirt sicher Kohlenhydrate, evtl. noch andere organische Verbindungen. Da speziell für die Fruchtkörperbildung große Stoffmengen benötigt werden, setzt deren Ausbildung meist erst nach Abschluß des Sproßwachstums, in der Speicherphase der Bäume (August–Oktober), ein.

Endomycorrhizen finden sich z.B. bei fast allen Orchideen. Deren winzige Samen haben nur wenig eigene Reservestoffe und brauchen zur Keimung und Entwicklung zur autarken, autotrophen Pflanze symbiotische Pilze, die ihnen neben Wasser und Nährsalzen auch organisches Material und z.T. auch Wirkstoffe zuführen («Ammenpilze»). Auch in den erwachsenen Pflanzen findet man in den äußeren Zellen der Wurzelrinde Pilzhyphen. In den tieferen Gewebeschichten aber werden die

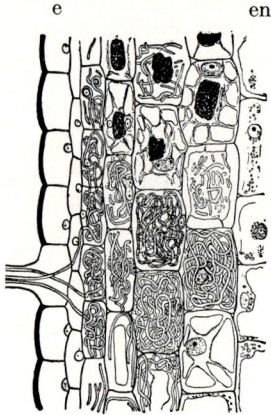

Abb. 394: Stück eines Längsschnittes durch eine Wurzel der Orchidee *Platanthera chlorantha*. Endomycorrhiza. e Epidermis, en Endodermis, dazwischen Rindenzellen mit Pilzhyphen. Schwarze Knäuel: Von der Wirtspflanze bereits verdaute oder angegriffene Pilzhyphen. (Nach BURGEFF, ca. 100 ×, etwas schematisch)

Hyphen verdaut oder zum Platzen gebracht (Abb. 394). Bei denjenigen Orchideen, die auch im ausgewachsenen Zustand nicht oder kaum zur Photosynthese befähigt sind, z.B. der Nestwurz *(Neottia)*, der Korallenwurz *(Corallorrhiza)* oder dem Widerbart *(Epipogium)*, muß die Höhere Pflanze alle notwendigen Nutz- und Wirkstoffe als Parasit vom Pilz beziehen. Das gleiche gilt auch für die Pyrolacee *Monotropa*, deren Pilz wahrscheinlich gleichzeitig Verbindung mit Baumwurzeln hat, so daß *Monotropa* indirekt von den Waldbäumen versorgt wird.

Auch bei autotrophen *Pyrolaceen* und *Ericaceen* sind Mycorrhizen weit verbreitet. Über die Mycorrhiza der Sprosse bei den *Psilotales* und der Prothallien bei den *Lycopodiales* s. S. 723, S. 725, bei Eusporangiaten s. S. 743.

D. Tierfangende Pflanzen

Die tierfangenden Pflanzen (**Carnivoren**, S. 207 ff.) besitzen mit Ausnahme der tierfangenden Pilze (S. 643) stets Chlorophyll, sind zur Photosynthese befähigt und lassen sich bei ausreichender Mineralsalzernährung leicht ohne jede tierische Nahrung kultivieren. Nur bei unzureichendem Nährstoffangebot, wie es an ihren natürlichen Standorten (z.B. auf Hochmooren) häufig der Fall ist, haben sie vom Tierfang Nutzen, vor allem wohl hinsichtlich der N- und P-Versorgung. Bei *Utricularia exoleta* wird die Blütenbildung durch tierische Ernährung deutlich gefördert.

Eine Anpassung der Carnivoren an bestimmte Tiere besteht nur insoweit, als sie von den Lockapparaten angezogen und von den Fangstrukturen festgehalten werden müssen. Die Verdauung erfolgt durch Exoenzyme, vor allem Proteasen, die durch spezielle Drüsen entweder nach Reizung durch das Beutetier (z.B. bei *Drosera*) oder unabhängig davon (z.B. in den *Nepenthes*-Kannen; Abb. 243 G) abgeschieden werden. Bei den *Sarracenia*-Kannen sollen die Verdauungsenzyme von Bakterien in der Fangflüssigkeit abgeschieden werden. Die Verdauungsprodukte werden von der Pflanze – oft mit Hilfe von Absorptionshaaren (vgl. S. 120) – resorbiert und dem Stoffwechsel zugeführt.

Zweiter Abschnitt

Physiologie des Formwechsels (Entwicklungsphysiologie)

Die im vorhergehenden Abschnitt betrachteten Stoffwechselvorgänge sind mit solchen des Formwechsels im molekularen Bereich verbunden: Ein Proteinmolekül z.B. ändert seine molekulare Architektur je nach den Umgebungsbedingungen (Abb. 13), Enzymmoleküle speziell auch unter dem Einfluß von Effektoren (S. 306) und Substraten (S. 224). Mit der Kausalanalyse des Formwechsels der Organismen im mikroskopischen und makroskopischen Bereich befaßt sich die Entwicklungsphysiologie. Die Entwicklung eines Lebewesens schließt Wachstums- und Differenzierungsprozesse ein. Unter **Wachstum** versteht man eine irreversible Substanz- oder Volumenzunahme, unter Differenzierung eine qualitative Veränderung der Form bzw. Funktion.

Vorwiegend als Wachstumsvorgang wird man z.B. die Entwicklung einer Kartoffelknolle, von der Anschwellung des Stolonen-Endes bis zum Erreichen der endgültigen Größe, bezeichnen. Vorwiegend eine Differenzierung ist z.B. die Umwandlung einer Epidermiszelle in eine Schließzelle (Abb. 124) oder die Umwandlung der Procambiumstränge in die verschiedenen Elemente der Leitbündel (vgl. S. 127, Abb. 143 u. S. 162, Abb. 181).

In aller Regel ist das Wachstum mit einer Differenzierung und eine Differenzierung mit einem Wachstum verknüpft, so daß die getrennte Betrachtung dieser beiden Teilaspekte der Entwicklung vielfach künstliche Grenzen aufrichtet; sie ist nur aus didaktischen Gründen gerechtfertigt (vgl. S. 216).

So differenzieren sich bei unserem Beispiel der Kartoffelknolle einzelne Zellen an der Oberfläche zu verkorkten Zellen, andere bleiben meristematisch (in den Knospen). Bei der Embryoentwicklung auf der anderen Seite ist die Differenzierung mit Teilungs- und Streckungswachstum verknüpft (Abb. 113 u. 173).

Da alle Entwicklungsvorgänge, Wachstum wie Differenzierung, aufs engste mit Stoff- und Energiewechsel verbunden sind, ist auch die getrennte Behandlung der Stoffwechsel- und Entwicklungsphysiologie nur als ein Weg zur übersichtlichen Darstellung der physiologischen Phänomene im Organismus anzusehen.

Wachstum und Differenzierung werden durch Wechselwirkungen innerhalb der Zelle, bei Vielzellern auch zwischen den einzelnen Zellen und schließlich zwischen den Zellen und ihrer Umgebung reguliert. Innerhalb der durch die Erbanlagen eines Organismus (vom Genotypus) gesetzten Grenze können von außen einwirkende Faktoren die Formbildung stark beeinflussen (Bildung von Modifikanten, vgl. S. 489f.).

I. Regulation von Wachstum und Differenzierung

A. Intracelluläre Regulation von Wachstum und Differenzierung

Differentielle Genaktivierung und -inaktivierung als Grundlage der Entwicklung. Ein Angiospermencormus kann über 70 unterscheidbare Zellsorten enthalten. Sie alle gehen aus den embryonalen Zellen der Meristeme hervor, die demnach die genetische Potenz zur Verwirklichung sehr vieler verschiedener Formen mit entsprechend verschiedenen Funktionen haben. Wie wir später noch sehen werden (S. 425), geht bei dieser Zelldifferenzierung keinerlei genetische Information verloren. Da eine Zelle bei der Entwicklung von einer Meristemzelle z.B. zu einer Geleitzelle im Phloem auch keine neuen Erbanlagen dazugewinnt und auch keine qualitativen Änderungen des Genoms (Mutationen) auftreten, bleibt als Erklärungsmöglichkeit für die mannigfaltigen Differenzierungen nur die Annahme, daß die Zelle je nach den speziellen, endogen und exogen bestimmten Bedingungen verschiedene Teile ihrer genetischen Gesamtinformation abrufen kann. Wird bei der Differenzierung einer Meristemzelle ein bestimmtes Genmuster zur

Transkription freigegeben, so entsteht z.B. ein Siebröhrenglied, wird ein anderes transkribiert, z.B. eine Epidermiszelle. Nicht nur bestimmte Zellen, sondern auch verschiedene Entwicklungsstadien sind durch ein jeweils spezifisches Muster aktiver Gene ausgezeichnet (vgl. Abb. 37, S. 48).

Das zentrale Problem der Entwicklungsphysiologie ist die Beantwortung der Frage, wie diese Genaktivierung und -inaktivierung kausal zustande kommt, und wie sie durch innere und äußere Faktoren so sinnvoll reguliert wird, daß letztlich ein funktionsfähiger, der jeweiligen Umwelt angepaßter, dem Selektionsdruck gewachsener Organismus entsteht, der sich durch gezieltes Durchlaufen definierter Entwicklungsstadien auch zweckmäßig in die Generationenfolge einreiht.

Betrachten wir eine bestimmte Zelle oder ein bestimmtes Entwicklungsstadium einer Zelle im Hinblick auf die Reaktion auf einen bestimmten, die Entwicklung beeinflussenden Faktor, so können wir verschiedene Aktivitätszustände der Gene unterscheiden:

a. Aktive Gene (sind vor wie nach Einwirkung des Faktors aktiv).

b. Inaktive Gene (sind vor wie nach Einwirkung des Faktors inaktiv).

c. Aktivierbare Gene (potentiell aktive Gene; vor Einwirkung des Faktors inaktiv, nachher aktiv).

d. Inaktivierbare Gene (potentiell inaktive Gene; vor Einwirkung des Faktors aktiv, nachher inaktiv).

Über unsere beschränkten Kenntnisse vom Mechanismus der Transkriptionsregulation wurde bereits berichtet (S. 302f.). Wenn wir annehmen, daß in verschiedenen Geweben oder Entwicklungszuständen verschiedene Gene aktiv sind, so müssen auch bei der Transkription verschiedene m-RNA-Sorten und bei der Translation verschiedene Proteingarnituren synthetisiert werden.

Stadienspezifische m-RNA wurde z.B. in den Cotyledonen verschieden alter Keimlinge der Erdnuß *(Arachis hypogaea)* nachgewiesen (Abb. 395). Auch gewebs- oder organspezifische Proteinmuster sind leicht zu demonstrieren (Abb. 396), vor allem dann, wenn es sich um Enzymproteine handelt. Dabei zeigen verschiedene Gewebe bzw. Organe oder verschiedene Stadien nicht nur eine verschiedene Enzymausstattung, sondern vielfach auch ein abweichendes Isoenzymmuster, z.B. für Proteasen, Amylasen oder Peroxidasen. Diese biochemischen Unterschiede sind nicht als Folge, sondern als Ur-

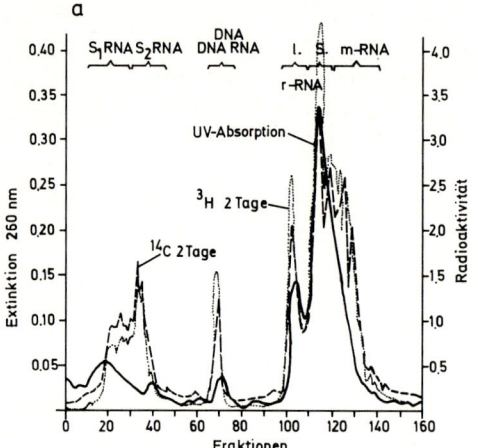
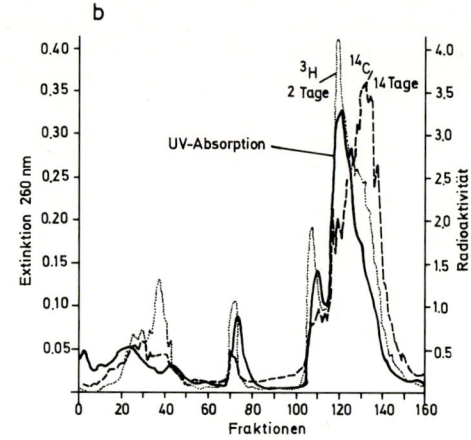

Abb. 395: Stadienspezifische RNA in Cotyledonen der Erdnuß *(Arachis hypogaea)*. a. Kontrollversuch. Nach Fütterung mit Uridin-³H bzw. Uridin-¹⁴C wurden am zweiten Tag nach der Keimung die verschiedenen Nucleinsäuren aus beiden Ansätzen säulenchromatographisch getrennt. Die Elutionsprofile für die ³H-(....) und für die ¹⁴C-(---) markierten Nucleinsäuren stimmen weitgehend überein. —— Extinktion der einzelnen Fraktionen. (Reihenfolge der Fraktionen: t-RNA, DNA und Komplexe von DNA und RNA, r-RNA und m-RNA.) – b. Vergleich der nach 2 Tagen (³H-markiert) und nach 14 Tagen (¹⁴C-markiert) Keimdauer aus den Keimlingen extrahierten Nucleinsäuren. Vor allem im Bereich der m-RNA sind starke Unterschiede zu erkennen. (Nach CHROBOCZEK und CHERRY, aus HESS, verändert)

sache für die morphologische Differenzierung zu betrachten.

Schon vor Klärung der molekularbiologischen Zusammenhänge und damit vor Kenntnis der m-RNA war die Wirkung von im Zellkern produzierten Stoffen auf die Formbildung bei der siphonalen Grünalge *Acetabularia* aufgezeigt worden (vgl. Abb. 30 u. 397): Die Form des Hutes wird durch «**morphogenetische Substanzen**» bestimmt, die vom Zellkern gebildet werden und sich in der Algenzelle apikal ansammeln (Abb. 397); sie sind artspezifisch. Da bei *Acetabularia* nicht nur Pfropfungen, sondern auch Transplantationen von Zellkernen in artfremdes Protoplasma

möglich sind, kann man auch Zellen mit mehreren artverschiedenen Kernen herstellen. In derartigen Versuchen konnte nicht nur gezeigt werden, daß die Hutbildung vom Kern gesteuert wird, es wurden auch folgende zusätzliche Erkenntnisse gewonnen:

a. In Zellen mit Kernen zweier verschiedener Arten (z.B. von *A. mediterranea* und *A. crenulata*) entstanden Hüte, deren Form zwischen derjenigen der einzelnen Arten lag. Enthielt die Zelle mehrere Kerne einer Art, aber nur einen der anderen, so glich der Hut mehr der Art, von der die mehreren Kerne stammten. Die Morphogenese kann also von den Kernen beider Arten gleichzeitig reguliert werden.

b. Nach Übertragung eines Zellkernes von *A. crenulata* in kernfreies Plasma von *A. mediterranea* erhält man zunächst einen Hut, der beiden Arten ähnelt (mit verstärkter Tendenz zu *A. crenulata*). Entfernt man diesen ersten Hut und läßt einen zweiten oder dritten regenerieren, so erhält man Hüte, die ganz *A. crenulata* gleichen. Aus diesem Befund kann man schließen, daß die morphogenetischen Substanzen im Plasma (die in unserem Beispiel noch vom – später entfernten – *A. mediterranea*-Kern gebildet worden waren) noch eine Zeitlang wirksam sind und erst allmählich vollständig durch die des implantierten Kernes ersetzt werden.

Es gibt eine Reihe von Hinweisen, daß es sich bei den «morphogenetischen Substanzen» von *Acetabularia* um m-RNA handelt, welche die Merkmalsausprägung über die Synthese spezifischer Proteine steuert (Abb. 397). In speziellen Fällen hat man sogar die Bildung verschiedener (Iso-)Enzyme unter dem Einfluß artverschiedener Kerne nachweisen können

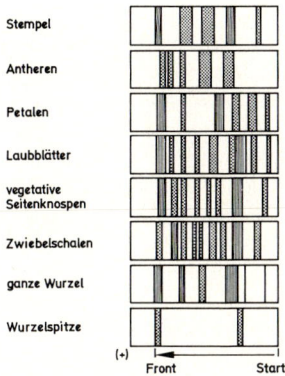

Abb. 396: Organspezifische Proteinmuster bei der Tulpe. Trennung der Proteine durch Zonenelektrophorese. (Nach STEWARD, aus HESS)

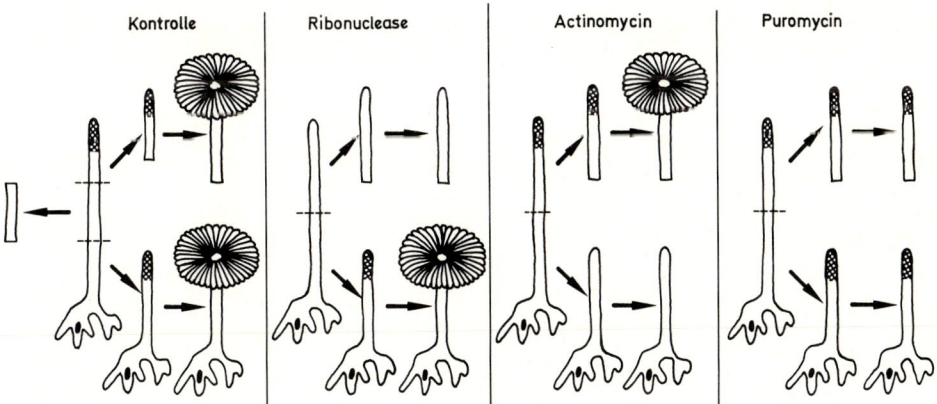

Abb. 397: Nachweis morphogenetischer Substanzen (schraffiert) und deren RNA-Natur bei *Acetabularia*. – Kontrolle: Das obere Teilstück bildet einen Hut entsprechend der vor der Trennung apikal angereicherten m-RNA, das untere, kernhaltige, aufgrund der Neubildung von m-RNA nach der Operation; das Mittelstück kann keinen Hut bilden. – Durch kurzzeitige Behandlung mit Ribonuclease wird die vorhandene RNA abgebaut, eine Neubildung von RNA im kernhaltigen Teil aber nicht beeinträchtigt. – Actinomycin hemmt die Neubildung von RNA im Zellkern, hat aber keine Wirkung auf vorhandene RNA. – Puromycin beeinflußt als Inhibitor der Translation den RNA-Gehalt und die RNA-Synthese nicht, hindert aber die Morphogense, die demnach eine Proteinsynthese voraussetzt. (Nach LIBBERT, leicht ergänzt)

(Abb. 398). So wird bei Implantation eines Kernes von *A. crenulata* in das kernlos gemachte Plasma von *A. mediterranea* das für *A. mediterranea* spezifische Isoenzym der Malat-Dehydrogenase innerhalb von 4 Wochen ganz durch das entsprechende Isoenzym von *A. crenulata* ersetzt. Der reziproke Versuch ergibt entsprechende Resultate. Aus diesem Befund und der Erfahrung, daß in einem kernlos gemachten *Acetabularia*-Plasma die Enzymsynthese noch längere Zeit entsprechend dem früher vorhanden gewesenen Kern weitergeht, kann man schließen, daß die morphogenetisch wirksame m-RNA von *Acetabularia* recht «langlebig» ist. Es ist nicht ohne weiteres anzunehmen, daß bei allen Eukaryoten m-RNA (oder auch andere m-RNA bei *Acetabularia*) ähnlich stabil ist; bei Prokaryoten ist das Gegenteil im Experiment vielfach erwiesen (vgl. S. 295).

Gekoppelte Genaktivierungen bzw. -inaktivierungen. Häufig werden durch Einwirkung eines Faktors oder im Laufe der Ontogenese komplexe Ereignisse ausgelöst (z.B. bei der Induktion der Blütenbildung durch Licht, vgl. S. 413, oder in einer Blüte im Anschluß an Bestäubung und Befruchtung), die eine differentielle Aktivierung bzw. Inaktivierung ganzer

Gruppen von Genen erfordern, häufig auch das zeitlich genau aufeinander abgestimmte An- und Abschalten zahlreicher Gene.

Wenn sich etwa eine Procambiumzelle zu einem Tracheenglied differenziert, so werden z.B. alle Gene, die mit der Zellteilung zu tun haben, reprimiert (oder auch ihre Produkte, z.B. Enzyme, an ihrer Wirkung gehindert), Gene aber, die z.B. die Verholzung der Zellwand, die Auflagerung spezieller Wandverstärkungen, die Auflösung der Querwände und den Abbau des Protoplasten steuern, aktiviert.

Wie diese komplizierten Abstimmungen vorgenommen werden, kann vorerst nur vermutet und in Modellen dargestellt werden. So wäre es z.B. möglich, daß die einzelnen Operons (S. 303) eines Genoms durch Repressor- oder Induktorsubstanzen miteinander gekoppelt sind. So könnte ein Strukturgen des einen Operons einen Effektor produzieren, der das Operatorgen eines zweiten Operons aktiviert (z.B. auch über die Inaktivierung eines Repressors). Diese «Kaskaden»-Aktivierung oder -Inaktivierung könnte zahlreiche Operons umfassen, und ein auslösender Faktor, z.B. das Licht, hätte nur die Aufgabe, das Initialoperon zu aktivieren oder zu inaktivieren (Abb. 399).

B. Intercelluläre Regulation von Wachstum und Differenzierung: Phytohormone

Bei vielzelligen Höheren Tieren kann die Abstimmung zwischen den einzelnen Teilen des Organismus durch nervöse oder hormonale Signale erfolgen. Bei Pflanzen ist kein Nervensystem vorhanden, so daß hier die Koordina-

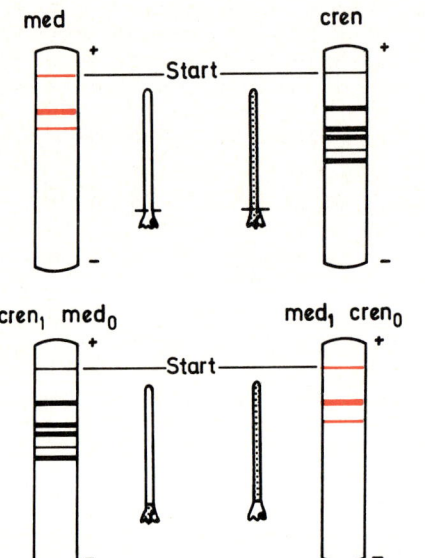

Abb. 398: Einfluß des Zellkernes auf das Isoenzymmuster der Malat-Dehydrogenase (elektrophoretisch ermittelt) bei zwei Arten von *Acetabularia* (*A. crenulata*, cren, und *A. mediterranea*, med) im Stadium vor der Hutbildung (oben) und vier Wochen nach reziproken Propfungen der beiden Arten (unten). Der jeweils vorhandene Zellkern bestimmt das Isoenzymmuster. (Nach SCHWEIGER, MASTER u. WERZ, aus MOHR u. SITTE)

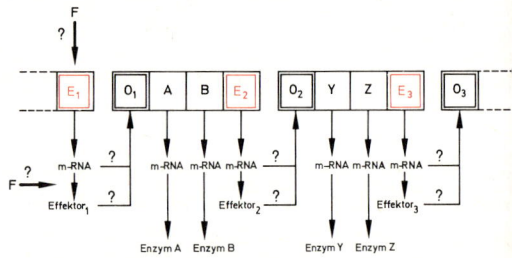

Abb. 399: Schema der möglichen Koppelung verschiedener Operons (vgl. S. 303) durch Effektoren. Auslösende Faktoren (F; z.B. Licht) könnten entweder das Initialoperon aktivieren bzw. inaktivieren oder auch in die Translation (evtl. auch bei der Effektorbildung) eingreifen. Als Effektor bei diesem Kaskadeneffekt könnte evtl. auch RNA dienen.

tion zwischen den einzelnen Zellen, Geweben oder Organen nur auf chemischem Wege geschehen kann, durch **Hormone,** d.h. chemische Botenstoffe, die in geringen Konzentrationen wirksam sind und bei denen Produktions- und Wirkort auseinander liegen. Phytohormone werden z.T. allerdings auch am Bildungsort wirksam (sie sind dann streng genommen nicht mehr als Hormone zu bezeichnen); außerdem sind sie – im Gegensatz zu vielen tierischen Hormonen – wenig organ- und wirkungsspezifisch: Sie wirken auf viele Organe und üben mannigfaltige Wirkungen aus.

Gewöhnlich unterscheidet man bei den Phytohormonen überwiegend fördernde (Auxine, Gibberelline, Cytokinine) und überwiegend hemmende (Abscisinsäure, Ethylen), doch ist diese Einteilung etwas willkürlich, weil man z.B. die Beschleunigung des Blattfalls durch Abscisinsäure als Hemmeffekt (auf die allgemeine physiologische Aktivität der Pflanze) oder als Förderwirkung (auf die Bildung des Trennungsgewebes an der Blattbasis) verstehen kann.

1. Auxine

Zu den Auxinen rechnet man nach THIMANN sowohl die natürlich vorkommenden als auch die synthetisch hergestellten organischen Wirkstoffe, die in niedrigen Konzentrationen (< 0,001 M) das Streckungswachstum von Sprossen fördern (die möglichst an endogenem Wuchsstoff verarmt wurden) und die das Längenwachstum der Wurzeln hemmen. Auxine sind demnach primär nicht nach ihrer chemischen Struktur, sondern nach ihrer Wirkung definiert. Der verbreitetste und wichtigste natürliche Vertreter dieser Klasse ist die β-Indolylessigsäure (IAA, indole acetic acid; Abb. 400).

Vorkommen von IAA und anderen Indolauxinen und Verteilung der IAA in der Pflanze. IAA wurde von KÖGL 1934 im menschlichen Harn entdeckt (sie stammt hier wahrscheinlich aus der Pflanzennahrung), dann aber bald auch in Pilzen und Höheren Pflanzen nachgewiesen. Sie kommt auch in Bakterien, Algen und Archegoniaten vor.

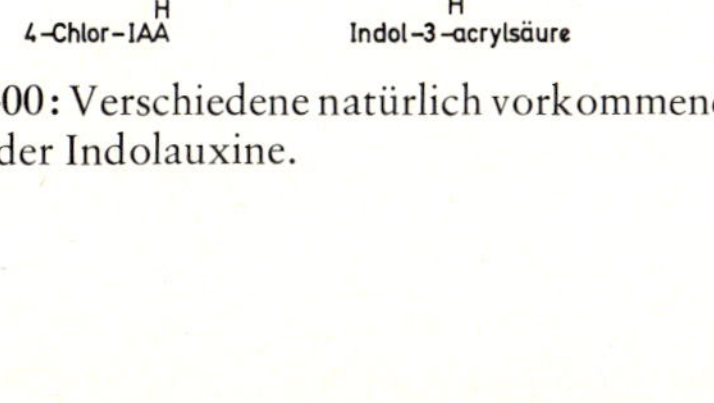

Als Hauptbildungsstätten der IAA in der Höheren Pflanze gelten einerseits embryonale Gewebe (Meristeme, Embryonen) und andererseits photosynthetisierende Organe (z.B. Laubblätter). Aber auch in Speichergeweben (z.B. Endosperm, Keimblätter), in Coleoptilen und im Pollen kann IAA reichlich vorhanden sein.

Mit physikalischen Methoden (Kombination von Gaschromatographie und Massenspektrometrie) fand man z.B. in der Maiscoleoptile 24 μg freie IAA pro kg Frischgewicht (dazu 330 μg/kg gebundene IAA), in der Wurzelhaube des Maises 356 μg/kg Frischgewicht freie IAA, in den darunter liegenden Wurzelteilen (einschließlich des Wurzelmeristems) nur etwa $1/4$ dieser Menge; Wurzelspitzenmeristeme bilden allgemein nur sehr geringe IAA-Mengen. Ananaspflanzen enthalten etwa 6 μg IAA pro kg Frischgewicht. In Sonnenblumenkeimlingen beträgt die Konzentration freier IAA etwa 10^{-7} M. Mit biologischen Nachweismethoden (s. S. 386) erhält man meist größere IAA-Werte als mit physikalischen, vermutlich deshalb, weil einerseits außer IAA auch andere im gewählten Test wirksame Verbindungen miterfaßt werden und andererseits wahrscheinlich gebundene IAA freigesetzt wird. Neuerdings sind für IAA wie für die anderen wichtigen Pflanzenhormone auch Radioimmun-Nachweisverfahren entwickelt worden, die besonders empfindlich und spezifisch sind.

Es gibt Hinweise, daß IAA in der Zelle auf mannigfaltige Weise an niedermolekulare Träger oder an Protein gebunden werden kann. So wird sie (über ein Intermediat Indol-3-acetyl-CoA) peptidartig mit Aspartat zu Indol-3-acetyl-aspartat (Abb. 400) verknüpft oder mit Glucose zu 1-(Indol-3-acetyl)-β-D-glucose verestert. Auch mit Inosit, Arabinose, Galactose, Glutamat und Ethanol können Konjugate gebildet werden. Diese Verbindungen werden vor allem bei IAA-Überschuß synthetisiert (ihre Bildung dient dann vermutlich zur Regulation der IAA-Konzentration), treten aber in geringen Konzentrationen auch sonst häufig auf. Es mehren sich die Hinweise, daß sie kontrolliert wieder IAA freisetzen können, daß sie also als IAA-Speicher dienen. Dies gilt z.B. für den IAA-Inositester im Getreidekorn-Endosperm (z.B. beim Mais), der von dort über das Phloem in den Keimling einwandert und hier als Quelle für freie IAA dient.

Die Bindung der IAA an Proteine kann verschieden fest (kovalent, durch Wasserstoffbrücken und durch

Abb. 400: Verschiedene natürlich vorkommende Vertreter der Indolauxine.

schwache Wechselwirkungen) erfolgen. Die Anheftung der IAA an spezifische Trägerproteine wird sowohl für den Transport wie für die Wirkung des Auxins als wesentlich betrachtet (s. u.).

Neben freier und gebundener IAA kommen auch andere Indolderivate in den Pflanzen vor, die z.T. als Intermediate des IAA-Auf- und Abbaues, z.T. wohl auch als eigenständige Auxine betrachtet werden müssen. Zu letzteren gehören vermutlich Chlorderivate der IAA (z.B. **4-Chlor-IAA**, Abb. 400) und ihre Methylester, die in den Samen vieler Pflanzen auftreten (zuerst in Erbsensamen nachgewiesen). **Indolacrylsäure** (Abb. 400) ist das Hauptauxin in Linsenwurzelextrakten. In Brassicaceen und verwandten Familien kommt das Thioglucosid **Glucobrassicin** vor (z.B. im Kohl), das **Indol-3-acetonitril** (IAN) enthält. Glucobrassicin kann durch Myrosinase gespalten und das freigesetzte IAN durch eine Nitrilase in IAA übergeführt werden (Abb. 401); daher rührt die Auxinaktivität des Glucobrassicins und der IAN. In der Zelle befinden sich Glucobrassicin und Myrosinase in verschiedenen Kompartimenten, wodurch die Umsetzung verhindert wird.

Stoffwechsel der IAA. Für die Pflanze ist es notwendig, die Wirkung so tiefgreifender Stoffe wie der Hormone exakt zu kontrollieren. Das geschieht einmal durch ein ausgewogenes Zusammenspiel antagonistischer Wirkstoffe, zum andern über die Regulation der Synthese und des Abbaues der Phytohormone und der auf sie wirkenden Effektoren.

Bei so allgemein verbreiteten Substanzen wie der IAA liegt von Anfang an die Vermutung nahe, daß ihre Synthese eng mit dem Grundstoffwechsel verknüpft ist. Sie geht in der Regel von der Aminosäure Tryptophan aus und erfordert nur wenige Schritte (Abb. 402). Die Zwischenprodukte **Indol-3-pyruvat** und **Indol-3-acetaldehyd** sind in Pflanzen nachgewiesen, ebenso die Seitenprodukte **Indol-3-lactat** und **Indol-3-ethanol**. Über die Regulation dieser Biosynthese ist noch wenig bekannt. Bei einigen Höheren Pflanzen stammt ein kleiner Teil der IAA möglicherweise von epiphytischen Bakterien,

die von der Pflanze abgegebenes Tryptophan in IAA umwandeln und diese wieder der Pflanze zuführen.

Der Abbau der IAA geschieht durch ein recht unspezifisches, konstitutives Enzym, das gegenüber IAA als Oxidase (Oxidationsmittel O_2), gegenüber anderen Substraten als Peroxidase (Oxidationsmittel H_2O_2) wirkt. Diese **IAA-Oxidase** ist ein Glykoprotein; sie wird durch Mn^{2+} und Monophenole (z.B. Tyrosin, p-Hydroxybenzoesäure oder Kämpferol, vgl. S. 362) aktiviert, durch o-Diphenole (z.B. Brenzkatechin, Kaffeesäure oder Quercetin) dagegen gehemmt. Auf diese Weise ist über den Stoffwechsel der Phenolverbindungen und die Aktivität der Phenoloxidase eine weitere Regulation des IAA-Gehaltes im Gewebe möglich.

In der Zelle soll die IAA-Oxidase mit Ribosomen assoziiert sein und in diesem Zustand allosterische Eigenschaften mit IAA als Effektor aufweisen. Von den Oxidationsprodukten der IAA werden dem **Methylenoxindol** (Abb. 403) besondere physiologische Wirkungen (meist Hemmeffekte) zugeschrieben, weil es schon in geringen Konzentrationen mit -SH-Gruppen kovalent reagiert. Die Reduktion zu 3-Methyloxindol ist daher als eine «Entgiftungsreaktion» zu betrachten.

Auxintransport. Die IAA kann in der intakten Pflanze entweder im Phloem (zusammen mit den Assimilaten) oder im Parenchym transportiert werden. Im ersten Falle ist der Transport nicht polarisiert (nur durch das source-sink-

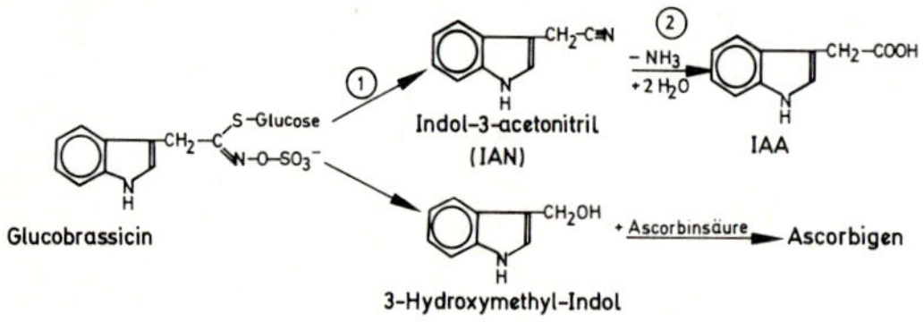

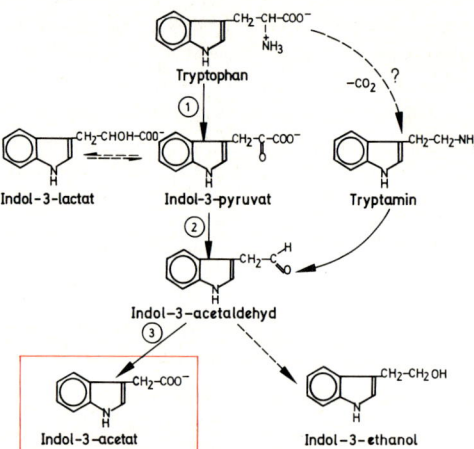

Abb. 401: Glucobrassicin und einige seiner Umsetzungen. Die Reaktion ① wird durch Myrosinase, die Reaktion ② durch Nitrilase katalysiert. Ascorbigen gilt als IAA-Speicher. (Nach LIBBERT)

Abb. 402: Biosynthese der IAA (Indol-3-acetat) aus Tryptophan und einige Nebenprodukte. ① Transaminase; ② α-Oxosäuren-Decarboxylase; ③ Aldehyd-Dehydrogenase. Der Seitenweg über Tryptamin ist von untergeordneter Bedeutung.

Verhältnis der Assimilate bestimmt, vgl. S. 367 f.), im zweiten aber stark bis strikt polar. In verschiedenen isolierten Teilen des Sprosses (Coleoptilen, Sproßachse, Blatt- und Fruchtstiel) z.B. bewegt sich von außen (z.B. mit einem Agarblöckchen) zugeführte IAA polar basipetal; die Schwerkraft hat dabei kaum einen Einfluß (Abb. 404). Die Transportgeschwindigkeit (2 bis 15 mm/Std) ist unabhängig von der Länge der durchwanderten Strecke und von der IAA-Konzentration im Spenderblock. Dieser polare basipetale Transport ist vom Stoffwechsel abhängig, während der viel geringere acropetale (zur Sproßspitze gerichtete) IAA-Transport eine reine Diffusion ist.

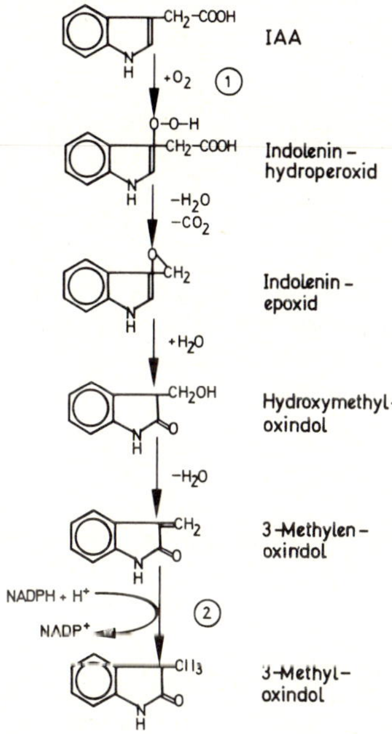

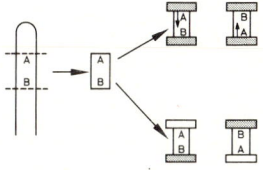

Abb. 403: Enzymatischer Abbau der IAA. ① IAA-Oxidase.

In der Wurzel überwiegt der acropetale IAA-Transport (zur Wurzelspitze) den basipetalen weit. Auch hier hat er eine ähnliche Geschwindigkeit (4–10 mm/Std), ist vom Stoffwechsel abhängig und wird durch die Schwerkraft nicht wesentlich beeinflußt. Durch Belichtung der Wurzeln während des Transportes wird er gefördert. Die Hauptbahnen scheinen im Zentralzylinder zu liegen.

Der Mechanismus dieses polaren, energiebedürftigen Transportes ist noch unklar. Vielfach werden IAA-Carrier von Proteinnatur im Plasmalemma angenommen. Sie sollen die IAA aktiv bevorzugt basal aus der Zelle in den Apoplasten schaffen, von wo sie von der nächsten Zelle wieder (aktiv?) aufgenommen würde. Allerdings würde der IAA-Transport im Apoplasten außerhalb der Kontrolle der lebenden Zelle sein und nur durch Wasserpotentialgradienten gerichtet werden, was physiologisch bedenklich wäre. Die Schwierigkeit würde umgangen, wenn der parenchymatische IAA-Transport im Symplasten (durch die Plasmodesmen) verliefe.

Auch viele **synthetische Auxine** werden in Organstücken polar transportiert. 2,3,5-Triiodbenzoesäure (TIBA), die selbst polar im Parenchym wandert, hemmt – offenbar kompetitiv – den IAA-Transport (vielleicht durch Konkurrenz um dieselben Carriermoleküle). Durch Ethylen wird der polare IAA-Transport nur gehemmt, wenn die Pflanzen vorher dem Gas ausgesetzt waren, nicht dagegen, wenn Ethylen nur während der Transportzeit zugeführt wird. Da einerseits IAA Ethylenbildung induziert (S. 395) und andererseits Ethylen den IAA-Gehalt vermindert, ist an einen Regulationsmechanismus zu denken, der den endogenen Gehalt an beiden Wirkstoffen steuert. Der für die Wachstumskrümmungen (S. 452, 459) wichtige Lateraltransport der IAA in den verschiedenen Organen wird im Gegensatz zum Längstransport durch Ethylen sofort gehemmt, was evtl. auf verschiedene Transportmechanismen hindeutet.

Welche Rolle der parenchymatische, polare IAA-Transport neben dem Phloemtransport des Auxins spielt, ist noch weitgehend unbekannt.

Die Wirkungen der IAA. Die Effekte der IAA sind sehr vielfältig. Die hervorstechendste Wirkung ist – wie erwähnt – diejenige auf das Streckungswachstum. Da die Wirkungen konzentrationsabhängig sind, können sie als Grundlage für biologische Bestimmungsverfahren der IAA dienen. Das Längenwachstum der Sprosse oder Sproßteile wird durch exogen gebotene IAA in weiten Konzentrationsbereichen gefördert, das der Wurzel meist gehemmt (Abb. 405). Man erklärt dies damit, daß beim Sproß die endogen vorhandenen IAA-

Abb. 404: Polarer IAA-Transport durch Coleoptilstücke. Der Wuchsstoff wird mittels eines Agarblöckchens einmal der apikalen (A), einmal der basalen (B) Schnittfläche zugeführt. Der Transport erfolgt immer polar basalwärts, unabhängig von der Lage des Coleoptilstückes zur Erdbeschleunigung. (Punktierung: höhere IAA-Gehalte) (Nach GALSTON)

Konzentrationen weit unter, bei den Wurzeln aber nur sehr wenig unter oder sogar über der jeweiligen (bei der Wurzel viel niedrigeren) Optimalkonzentration liegen.

Die Annahme, daß die Hemmwirkung überoptimaler IAA-Konzentrationen auf die verstärkte Produktion des hemmenden Ethylens (S. 395) zurückzuführen sei, scheint nicht ausreichend begründet zu sein.

Zu den biologischen IAA-Bestimmungsmethoden, die auf der Wirkung des Auxins auf das Streckungswachstum ganzer Organe, von Organteilen oder Organhälften beruhen, gehören z.B. der Hafercoleoptil-Krümmungstest (Abb. 406), der Längenwachstumstest mit Stücken von Hafercoleoptilen bzw. -mesocotylen oder auch Verfahren, die die Längenwachstumshemmungen von Wurzeln ermitteln.

Über die Vorstellungen, die man sich vom Mechanismus der Auxinwirkung auf das Streckungswachstum macht, wird später berichtet (S. 420).

IAA wirkt außer auf das Streckungswachstum noch auf die Zellteilung (z.B. im Cambium oder in Gewebekulturen, vgl. S. 392) und auf die Bildung von Adventiv- und Seitenwurzeln (S. 431); sie spielt weiterhin eine wesentliche Rolle bei der Apikaldominanz (d.h. dem bestimmenden Einfluß der Gipfelknospe auf Seitenknospen, S. 434) und beim Blatt- und Fruchtfall (S. 435).

Da die meisten dieser Vorgänge von großer praktischer Bedeutung sind, werden Auxine auch in bedeutendem Umfang in der Landwirtschaft und Gärtnerei eingesetzt. Allerdings verwendet man dabei nicht IAA, sondern synthetische Verbindungen ähnlicher Wirkung. Sie sind nicht nur meist billiger herzustellen, sondern werden auch durch die IAA-Oxidase oder andere pflanzeneigene Enzyme nicht oder nicht so schnell wie IAA abgebaut und wirken deshalb nachhaltiger (vgl. S. 397 f.).

Die synthetischen wie die natürlichen Auxine sind in ihrem Molekülbau dadurch ausgezeichnet, daß sie in 0,55 nm Abstand von der negativen Ladung der dissoziierten Carboxylgruppe eine schwach positive Ladung (gewöhnlich an einem Ringatom) tragen (Abb. 407). Daraus hat man geschlossen, daß ein aktives Auxin mit einer Oberfläche spezifischer Struktur in Verbindung tritt, deren Konfiguration und Ladungsverteilung dem Auxinmolekül exakt komplementär ist (Zweipunkt-Haftung).

Die mannigfachen Wirkungen des Auxins zu

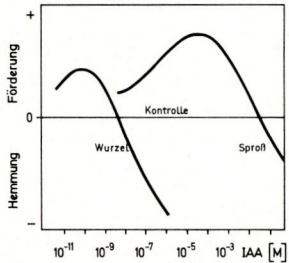

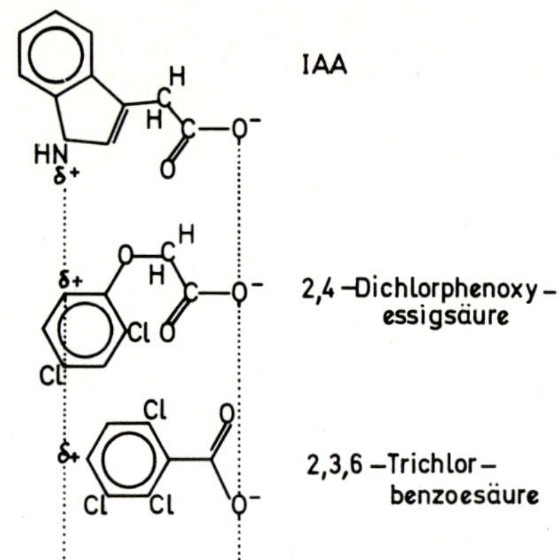

Abb. 405: Längenwachstum bei Sproß und Wurzel in Abhängigkeit von der IAA-Konzentration im Medium. Kontrolle: keine IAA-Zufuhr von außen. (Nach THIMANN)

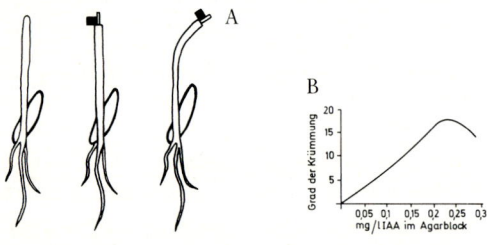

Abb. 406: Krümmungstest mit der Hafercoleoptile zum quantitativen IAA-Nachweis. Ein Agarblöckchen mit dem zu prüfenden Material wird einseitig auf die dekapitierte Coleoptile aufgesetzt. Die durch einseitige Wachstumsförderung ausgelöste Krümmung ist innerhalb bestimmter Grenzen der IAA-Konzentration proportional (B). (A nach WENT, B nach WENT u. THIMANN)

Abb. 407: Strukturen von IAA und verschiedener synthetischer Auxine, die zeigen, daß jeweils eine schwach positive Ladung in 0,55 nm Abstand von der negativen Ladung der dissoziierten Carboxylgruppe vorhanden ist. (Nach THIMANN)

verschiedenen Zeiten und an verschiedenen Orten einer Pflanze lassen erkennen, daß IAA nur als Auslöser wirkt, die Spezifität der Reaktion aber vom jeweiligen Differenzierungszustand der Zelle, d.h. vom Muster der aktiven, aktivierbaren und inaktivierbaren Gene, abhängt. Dies gilt in ähnlicher Weise auch von anderen Phytohormonen.

2. Gibberelline

Vorkommen und Transport der Gibberelline in der Pflanze. Gibberelline sind eine Gruppe von Phytohormonen, die chemisch (Vorkom-

men eines Gibbanringes im Molekül, Abb. 408) und physiologisch (aktiv in speziellen Biotests, z.B. Aufhebung des Zwergwuchses oder Induktion der α-Amylase im Gerstenendosperm, s. u.) charakterisiert sind. Man kennt eine große Zahl (1981: 58; bezeichnet als GA_1, GA_2 .... GA_{58}) verschiedener, natürlich vorkommender Gibbanverbindungen, von denen etwa $^1/_3$ physiologisch aktiv, also Gibberelline im engeren Sinne sind. Ein in Höheren Pflanzen häufig nachgewiesenes, besonders aktives und in vielen Versuchen verwendetes Gibberellin ist die Gibberellinsäure (GA_3; Abb. 408).

Meist finden sich in einer Pflanze mehrere

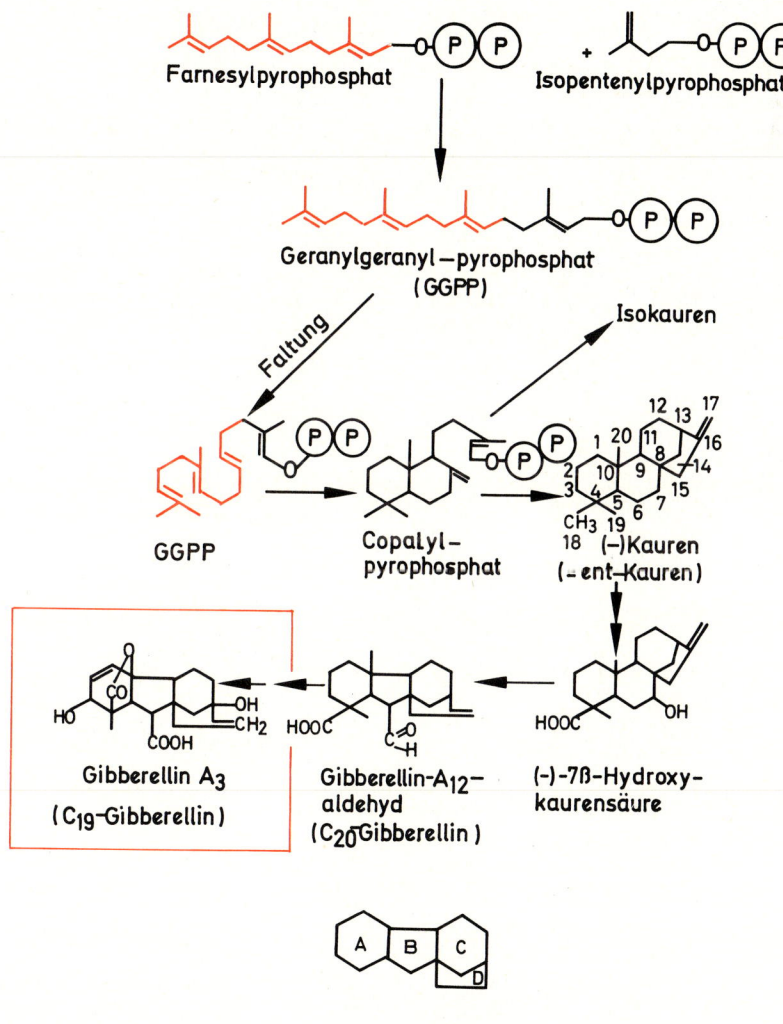

Abb. 408: Biosynthese der Gibberellinsäure (GA_3) und Gibbanskelett.

verschiedene Gibberelline (in Samen von *Phaseolus coccineus* z.B. mindestens 8), wobei das Muster mit dem Entwicklungszustand wechseln kann. In den verschiedenen Arten, Organen und Entwicklungsstadien kann die Empfindlichkeit der verschiedenen durch Gibberelline beeinflußten Prozesse gegenüber den verschiedenen Gibberellinen differieren.

Gibberelline wurden ihrer Wirkung nach schon 1926, also ein Jahr vor der Wirkung der Auxine, entdeckt: KUROSAWA wies nach, daß sich im Kulturfiltrat des Ascomyceten *Fusarium heterosporum* (syn. *Gibberella fujikuroi*) eine Substanz befand, die ähnliche Wirkungen auf das Wachstum von Reispflanzen (Steigerung des Längenwachstums) ausübte wie sie die Infektion der Reispflanzen mit dem Pilz hervorruft («Bakanae-Krankheit», «Krankheit der verrückten Keimlinge»). Diese Substanz wurde Gibberellin genannt. Erst in den 50er Jahren wurden die japanischen Arbeiten weltweit bekannt. Dies führte zur Strukturaufklärung, zum Nachweis von Gibberellinen in einem anderen Pilz (*Sphaceloma manihoticola*), der Riesenwuchs bei der Cassavepflanze (*Manihot esculenta*, S. 868) hervorruft, und in nichtinfizierten Höheren Pflanzen sowie zur Aufdeckung zahlreicher biologischer Wirkungen.

Gibberelline werden in Höheren Pflanzen vor allem in wachsenden Geweben gebildet, z.B. in Sproß- und Wurzelmeristemen, in unreifen Samen und Früchten (Hauptquelle; bis zu 125 µg/g) und jungen Blättern. Es gibt auch Hinweise, daß Wurzeln von den Sprossen angeliefertes Gibberellin umbauen und das neu gebildete Gibberellin wieder in den Sproß zurücktransportieren können (bei *Phaseolus aureus* z.B. $GA_{19} \rightarrow GA_1$).

Neben freien Gibberellinen kommen auch Gibberellinglykoside (vorwiegend -glucoside) vor. Sie könnten Speicher- und Transportfunktionen haben, da sie z.B. in reifenden Samen und im Frühjahrsblutungssaft der Bäume auftreten. Auch eine Bindung der Gibberelline an Proteine ist wahrscheinlich möglich.

Der **Gibberellintransport** in parenchymatischen Geweben ist meist unpolar, in manchen Wurzeln aber auch polar (von der Spitze zur Basis). Er ist energiebedürftig und seine Geschwindigkeit beträgt 5–30 mm/Std. Wie das Auxin können auch Gibberelline im Phloem mit den Assimilaten transportiert werden. Sie können aber, wie erwähnt, auch im Xylem wandern (vorwiegend als Glykoside).

Der Stoffwechsel der Gibberelline. Die Gibberelline haben 20 oder 19 C-Atome (nach Eliminierung von C_{20}) und sind als Diterpene (vgl. S. 362) zu betrachten. Ihre Biosynthese folgt demnach dem normalen Weg der Isoprenoid-Biosynthese (S. 360), u.zw. weitgehend einheitlich, auch in stammesgeschichtlich weit voneinander entfernt stehenden Arten. Aus Geranyl-geranyl-pyrophosphat wird durch Ringschluß Copalylpyrophosphat gebildet, die Ausgangssubstanz für die meisten cyclischen Diterpene. Weitere Schritte sind Ringschlüsse, Hydroxylierungen, Oxidationen und Ringverkürzung (Abb. 408); sie führen zur Vielfalt der natürlichen Gibberelline.

Synthetische Hemmstoffe der Gibberellinbiosynthese (z.B. **Chlorcholinchlorid, Amo 1618, Phosphon D**; Abb. 409) werden in der Praxis als Wachstumshemmer benützt (S. 398); sie blockieren den Übergang von Geranylgeranyl-pyrophosphat in Copalyl-pyrophosphat (Phosphon D auch die Kaurenbildung). Bei der Zwergmutante d_5 des Maises, deren Wachstum durch Gibberellinsäuremangel behindert ist, liegt der Block zwischen Copalyl-pyrophosphat und Kauren; es entsteht das physiologisch inaktive Isokauren (Abb. 408).

Über den biologischen Abbau der Gibberelline in der Pflanze ist noch wenig bekannt.

Wirkungen und biologischer Nachweis der Gibberelline. Auch die Gibberelline haben, wie die Auxine und die anderen Phytohormone, vielfältige Wirkungen. Teilweise ähneln sie den durch Auxin verursachten Effekten, z.B. der fördernde Einfluß auf das Streckungswachstum und auf die Cambiumtätigkeit und die Parthenokarpie-Auslösung bei Tomaten und Äpfeln. Da Gibberellin auch den Auxingehalt im Gewebe erhöhen kann, hat man zeitweise daran gedacht, daß die Gibberelline ihre Wirkung über die Steigerung der Auxinbiosynthese ausüben könnten; diese Erklärung ist aber nicht zutreffend,

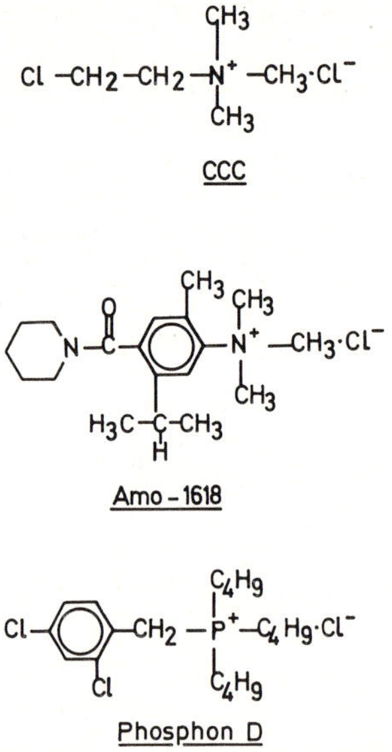

Abb. 409: Einige synthetische Hemmstoffe der Gibberellinbiosynthese.

zumindest nicht ausreichend, weil Gibberelline auch bei optimaler Auxinkonzentration noch wachstumsfördernd wirken und weil sich die Effekte beider Wuchsstoffe doch in vieler Hinsicht unterscheiden.

So können Gibberelline die IAA bei der Apikaldominanz (S. 434) nicht ersetzen; sie haben keinen Einfluß auf den Blatt- und Fruchtfall und fördern nicht die Seitenwurzelbildung. Auf der anderen Seite gibt es eine Reihe von spezifischen Gibberellineffekten, die von den Auxinen oder anderen Phytohormonen nicht ausgelöst werden können und die deshalb als Basis für den biologischen Gibberellinnachweis dienen können.

Der meist studierte spezifische Gibberellineffekt ist die Induktion der Synthese von Speicherstoff-mobilisierenden Enzymen in der Aleuronschicht von Getreidekörnern, meist untersucht mit der Gerstenkaryopse. Es war schon lange bekannt, daß bei der Keimung unter dem Einfluß des Embryos die lebenden Zellen der Aleuronschicht (vgl. S. 76) stärke- und eiweißmobilisierende Enzyme in das von ihnen umschlossene, im reifen Zustand aus abgestorbenen Zellen bestehende Endosperm absondern, die dort die Reservestoffe auflösen, deren Hydrolyseprodukte dann vom Scutellum – z. T. nach Umformung in Transportstoffe – dem wachsenden Keimling zugeführt werden. Dieses vom Embryo ausgehende Signal kann in embryofreien Karyopsen durch GA_3 ersetzt werden (was als spezifischer Gibberellinnachweis gilt), und es besteht kein Zweifel, daß es im intakten Korn auch Gibberelline sind (bei der Gerste wohl GA_1 und GA_3), die als Hormone vom Embryo gebildet und zur Aleuronschicht transportiert werden. Dort bewirkt das Gibberellin die Neusynthese der Hydrolasen (z. B. der α-Amylase), wie durch den Einbau ^{14}C-

markierter Aminosäuren in das Enzym und durch die Blockierung der Synthese durch Hemmstoffe der Proteinsynthese bewiesen wurde.

Die ursprüngliche Vorstellung, Gibberelline bewirkten in diesem Falle eine spezifische Aktivierung der Gene, die über entsprechende m-RNA-Bildung die Synthese der Hydrolasen auslösen sollten, hat sich als zu einfach erwiesen: Die Zeitspanne zwischen der Applikation des Gibberellins und dieser Bildung der Hydrolasen in der Aleuronschicht beträgt mehrere Stunden (bei der α-Amylase 8–10 Std), während andere Vorgänge, vor allem eine verstärkte Bildung des endoplasmatischen Reticulums, von Ribosomen und Polyribosomen, schon viel früher in den Aleuronzellen beobachtet werden können (Abb. 410). Es ist anzunehmen, daß diese (ebenfalls z. T. gengesteuerten) Prozesse eine Voraussetzung für die Neusynthese der Hydrolasen sind; daß diese z. B. nur an Polyribosomen ablaufen kann, die an die neugebildeten ER-Membranen angeheftet sind. Somit ist noch nicht einmal bei diesem scheinbar einfachen Beispiel klar, ob das Phytohormon in die Transkription oder in die Translation (oder in beide Prozesse) eingreift und ob es evtl. eine Kaskadenaktivierung von Genen auslöst (vgl. Abb. 399).

Die Förderung der Keimung von Getreidekörnern, die auch praktisch (bei der Malzbereitung) verwendet wird, geht nicht allein auf die Induktion der Hydrolasensynthese in der Aleuronschicht zurück; vielmehr beruht sie primär auf einer Auslösung des Embryowachstums, als dessen Folge die Stoffwechselvorgänge im übrigen Korn eingeleitet werden.

Die Förderung der Samenkeimung durch Gibberelline ist nicht auf Gräser beschränkt. Bei Dicotylensamen bzw. -früchten kann exogen zugeführte Gibberellinsäure nicht nur die Keimung beschleunigen, sondern sie in vielen Fällen auch dann ermöglichen, wenn sonst unerläßliche äußere Bedingungen fehlen.

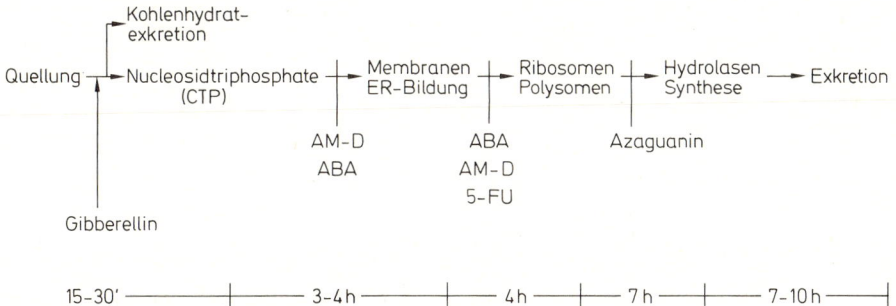

Abb. 410: Zeitliche Abfolge der unter Gibberellineinwirkung in der Aleuronschicht der Getreidekaryopse ablaufenden Vorgänge. Es sind die Hemmstoffe angegeben, welche bestimmte Reaktionen blockieren. AM-D Actinomycin D; ABA Abscisinsäure; 5-FU 5-Fluordesoxyuridin. (Nach SCHRAUDOLF)

So brauchen Haselnüsse *(Corylus avellana)* normalerweise eine Kälteperiode (z.B. 12 Wochen bei 5 °C), um keimfähig zu werden (vgl. S. 402). Diese «**Stratifikation**» kann ersetzt werden durch Gibberellinsäure-Zufuhr. Samen, die normalerweise Licht zur Keimung benötigen («**Lichtkeimer**», vgl. S. 405), können z.T. im Dunkeln keimen, wenn sie mit Gibberellinsäure versorgt werden.

Auch bei der Auslösung oder Förderung der **Blütenbildung**, vor allem bei Rosettenpflanzen (vgl. S. 413), kann GA₃-Zufuhr häufig die Wirkung eines Außenfaktors ersetzen, z.B. die Effekte niederer Temperatur («**Vernalisation**», Abb. 411; vgl. S. 403 ff.) oder von Licht (dies nur bei Langtagpflanzen ohne Kältebedürfnis, z.B. *Hyoscyamus niger*; vgl. S. 413). Es gibt Hinweise, daß die Außenfaktoren über eine Veränderung des endogenen Gibberellinspiegels wirken, wodurch ihr Ersatz durch exogen zugeführtes Gibberellin leicht zu erklären wäre.

Während bei den Rosettenpflanzen die genetische Potenz für normales Längenwachstum vorhanden ist und zu ihrer Realisierung nur die Auslösung durch Außenfaktoren benötigt, ist bei Zwergmutanten das Längenwachstum genetisch blockiert. Dies hat bei verschiedenen Zwergen verschiedene Ursachen, bei den meisten ist aber entweder die Empfindlichkeit der Pflanze gegen Gibberellin geringer (z.B. bei Zwergerbsen) oder der endogene Gibberellinspiegel gesenkt: die Zwerg-(«dwarf»-) Mutante d₁ beim Mais (Abb. 412, «Zwerg») enthält z.B. nur etwa die Hälfte der Gibberellinkonzentration der Normalpflanzen, die Mutante d₅ (S. 388) gar kein nachweisbares endogenes Gibberellin mehr. Das Längenwachstum solcher genetischer Zwerge kann durch exogen gebotenes Gibberellin konzentrationsabhängig gefördert werden, ein Vorgang, der als spezifischer Biotest für Gibberelline gilt (Abb. 412) und z.B. von Auxinen nicht ausgelöst werden kann; die einzelnen Gibberelline wirken dabei – wie auch in allen anderen Testverfahren – verschieden stark.

Gegenläufige Effekte haben Gibberelline und Auxine auch auf die Geschlechtsausprägung bei monöcischen Pflanzen (vgl. S. 512), z.B. bei der Gurke. Während Auxine die Bildung von weiblichen (pistillaten) Blüten (und damit den Fruchtansatz) fördern, bewirken Gibberelline die verstärkte Ausbildung männlicher (staminater) Blüten. Ähnlich wie Auxine wirken auch Inhibitoren der Gibberellinbiosynthese (vgl. Abb. 409), die auch in der Praxis zur Förderung des Fruchtansatzes bei Gurken verwendet werden. Beim Mais erfolgt dagegen die Umstimmung des Meristems zum weiblichen Blütenstand bei höherem endogenen Gibberellinspiegel als die Induktion des männlichen. Es sind diese Regulationen der Geschlechtsausprägung ein weiteres Beispiel dafür, daß die meisten physiologischen und morphogenetischen Prozesse nicht durch ein Phytohormon allein, sondern durch ein kompliziertes Wechselspiel ver-

Abb. 411: Ersatz der Kälte durch Gibberellin bei der Blütenauslösung von *Daucus carota*. Links ohne Kältebehandlung, rechts nach 8 Wochen Kältebehandlung, Mitte mit 10 µg Gibberellinsäurezufuhr täglich anstelle der Kältebehandlung. (Nach LANG, aus MOHR)

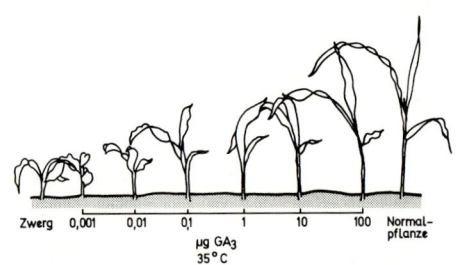

Abb. 412: Wachstumsreaktionen der Keimpflanzen einer Zwergmutante («dwarf 1») des Maises auf einmalige Zufuhr (als wäßrige Lösung in die Achsel des Primärblattes) verschiedener Mengen von Gibberellinsäure (GA₃). Links Zwerg ohne GA₃-Zufuhr, rechts gleichalte Normalpflanze. (Nach PHINNEY u. WEST)

schiedener Wachstumsregulatoren untereinander (und mit Außenfaktoren) gesteuert werden.

Die meisten Gibberellineffekte gehen auf eine Förderung der Zellteilung oder der Zellstreckung (oder beider Vorgänge) zurück (Ausnahme z.B. die Induktion der Hydrolasen).

3. Cytokinine

Cytokinine sind Substanzen, die die Zellteilung (= Cytokinesis) fördern; sie enthalten Adenin (als hydrophile Gruppe), an dessen Aminogruppe in der Position 6 eine unpolare Seitenkette von relativ geringer Spezifität sitzt (Abb. 413).

Vorkommen, Umsatz und Transport der Cytokinine in der Pflanze. In Versuchen zur Kultur von Tabakmarkgewebe in vitro auf Medien definierter Zusammensetzung ergab sich, daß IAA als einziger Wuchsstoff im Medium zwar eine enorme Zellvergrößerung, aber keine Zellteilungen bewirkt. Auf der Suche nach Substanzen, die Zellteilungen induzieren, erwies sich autoklavierte DNA als hochaktiv. Die für diese Wirkung verantwortliche Komponente wurde als Abkömmling des Desoxy-Adenosins identifiziert, bei dem der Pentoserest verändert und von der ursprünglichen 9-Stellung (vgl. Abb. 15, S. 26) an die 6-Stellung des Adenins gewandert war (N^6-Furfuryladenin). Die Verbindung wurde als **Kinetin** bezeichnet; sie kommt als solche in der Natur nicht vor. Später wurden aber ähnliche Verbindungen (Abb. 413) in Mikroorganismen und Pflanzen nachgewiesen, z.B. **Zeatin** in unreifen Maiskörnern, unreifen

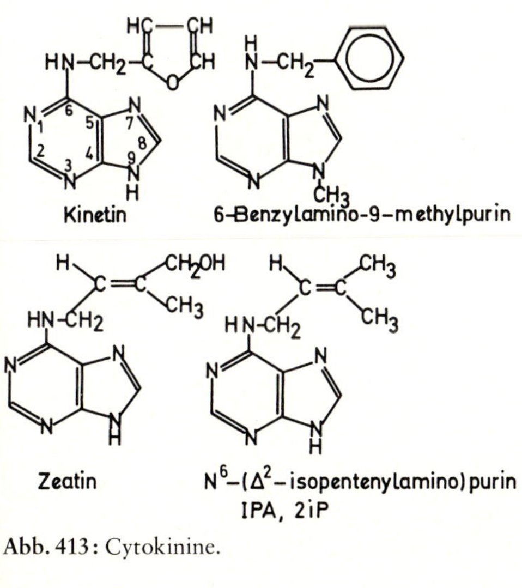

Kinetin   6-Benzylamino-9-methylpurin

Zeatin N^6-(Δ^2-isopentenylamino)purin
IPA, 2iP

Abb. 413: Cytokinine.

Sonnenblumenfrüchten, Pappelblättern, Erbsenwurzelspitzen usw. N^6-(Δ^2-isopentenylamino)purin (= IPA oder 2iP) fand sich u.a. (neben einem Zeatinisomeren) im Kulturmedium eines phytopathogenen, Fasciation (bandartige Abflachung) von Sprossen hervorrufenden Bacteriums (*Corynebacterium fascians*), ferner in Gewebestämmen von Tabak, die von der Zufuhr externen Cytokinins unabhängig geworden waren. Auch in Algen sind im Cytokinin-Test (s.u.) wirksame Stoffe nachgewiesen worden, ebenso im Meerwasser, wohin sie vermutlich aus den Algen gelangen. (In der *Fucus/Ascophyllum*-Zone wurde z.B. 2iP gefunden.)

Auch innerhalb einer einzigen Pflanze kann eine Vielzahl von Cytokininen vorkommen; die Mannigfaltigkeit wird noch dadurch verstärkt, daß die natürlichen Cytokinine auch als Ribonucleoside und Ribonucleotide auftreten können.

Zeatinribosid wurde z.B. aus dem Kulturfiltrat von *Chromobacterium lividum* isoliert, dem symbiotischen Bacterium von *Ardisia* und *Psychotria* (vgl. S. 376); es gibt Hinweise, daß die fördernde Wirkung dieses symbiotischen Bacteriums auf das Wachstum ihrer Wirte auf die Anlieferung von Cytokininen zurückgeht.

Unreife Maiskörner enthalten neben Zeatin noch 8 weitere Cytokinine, die möglicherweise alle durch enzymatischen Umbau des Zeatins entstanden sind. Ausgewachsene Pappelblätter (*Populus* x *robusta*) weisen mindestens 7 verschiedene Cytokinine auf. In Tumorgewebe von *Vinca rosea* kommen Zeatin, Zeatinribosid, die O-Glucoside dieser Verbindungen, und Zeatin-9-glucosid vor.

Besonders interessant ist das Vorkommen von Cytokininen als Bestandteil der t-RNA der verschiedensten Herkünfte, z.B. aus Bakterien, Hefen, Höheren Pflanzen und sogar aus tierischer Leber. Häufig, aber nicht immer, handelt es sich um 2iP. Nicht alle der zahlreichen t-RNA-Sorten einer Art enthalten Cytokinine als Komponenten: Bei der Hefe z.B. ist 2iP ein Bestandteil der Serin-t-RNA, nicht aber der Alanin- oder Phenylalanin-t-RNA. Alle Cytokinin enthaltenden t-RNA-Moleküle besitzen ein Anticodon, das einem mit Uracil beginnenden Codon auf der m-RNA komplementär ist. Das Cytokinin ist in den t-RNA-Molekülen, in denen es auftritt, unmittelbar dem Anticodon (Abb. 323) benachbart, beeinflußt die Konformation der Anticodon-Schleife und ist offenbar für eine ungestörte Translation notwendig.

Über die Biosynthese und den natürlichen Abbau der Cytokinine in der Pflanze ist noch wenig bekannt.

Da die Cytokinin-Aktivität zeigenden Komponenten der t-RNA nicht als komplette Moleküle eingebaut werden, sondern z.B. das 2iP in der t-RNA durch Übertragung eines Isopentenylrestes auf ein Adenin in der Polynucleotidkette entsteht, ist es denkbar, daß umgekehrt die freien Cytokinine durch Abbau von t-RNA gebildet werden. Damit stände der Befund im Einklang, daß Cytokinine in wachsenden Geweben mit lebhafter Proteinbiosynthese besonders reichlich auftreten, z.B. in keimenden, aber nicht in ruhenden Samen und in Wurzelspitzen: In dem durch besonders intensive Mitosetätigkeit ausgezeichneten äußersten Millimeter der Erbsenwurzelspitze findet sich z.B. ein 44mal höherer Zeatingehalt als in den folgenden 5 mm. Es gibt aber auch Hinweise, daß mehrere alternative Wege der Cytokinin-Biosynthese beschritten werden.

Der Abbau der freien Cytokinine verläuft relativ schnell und beginnt mit der Abspaltung der Seitenkette am Adenin. Wesentlich stabiler sind die Cytokinin-Riboside.

Der Transport der Cytokinine im Parenchym verläuft vermutlich apolar. Die Verbindungen können aber auch im Phloem und vor allem auch in den Wasserleitungsbahnen transportiert werden, wohin sie vermutlich aus den Cytokinin-produzierenden Wurzelspitzen gelangen: In 1 l Blutungssaft des Weinstocks sind z.B. 50–100 µg Cytokinin enthalten. Bei der Pappel scheint Zeatinribosid das Haupt-Transportcytokinin zu sein, und im Bohnenxylem wird Benzylaminopurin ebenfalls als Ribosid transportiert.

Wirkungen der Cytokinine. Wie die übrigen Phytohormone zeigen auch die Cytokinine vielfältige Wirkungen. Eine der auffallendsten, die Förderung der Zellteilung, haben wir bereits erwähnt. Auf diesem Effekt beruht auch der wichtigste Biotest zum Cytokininnachweis, der Tabakmarkcallus-Test. Auf definierten Nährböden (die u.a. IAA enthalten) ist die Gewichtszunahme steril gezogener Callusgewebe proportional der Cytokininkonzentration. Man hat daran gedacht, daß die Cytokinine ihre zellteilungsfördernde Wirkung nach Einbau in die entsprechenden t-RNA-Sorten, evtl. über eine Steigerung der Proteinsynthese, ausüben könnten. Dieser Vorstellung widerspricht jedoch der Befund, daß Cytokinine nicht zuerst frei entstehen und dann erst in die t-RNA eingebaut werden, sowie die Erfahrung, daß es Stoffe mit Cytokininwirkung gibt (z.B. 6-Benzylamino-9-methylpurin, Abb. 413), die gar nicht in RNA eingebaut werden.

Allerdings bewirken Cytokinine eine allgemeine Steigerung des Stoffwechsels, vor allem auch der DNA-, RNA- und Proteinsynthese. Dies hat verschiedene Konsequenzen, die auch

als Grundlage für biologische Bestimmungsverfahren dienen können. So wird z.B. die Alterung (Senescenz) von abgeschnittenen Blättern (äußerlich kenntlich an der Vergilbung, d.h. am Chlorophyllabbau) durch von außen gebotenes Cytokinin gehemmt. Weiterhin zeigen Gewebe hoher Cytokininkonzentration eine Attraktionswirkung auf Substanzen, die in stoffwechselaktiven Zellen gebraucht werden (z.B. Aminosäuren, Phosphat, IAA u.ä.; Abb. 414).

In bestimmten Fällen fördern Cytokinine auch die Zellstreckung (z.B. bei Blättern) und die Samenkeimung; Salatfrüchte, z.B., deren Keimung durch Licht (über das Phytochromsystem, vgl. S. 405) stimuliert wird, kommen bei Cytokininzusatz auch im Dunkeln zur Keimung. Bei der Apikaldominanz (S. 434) wirken Cytokinine oft der IAA entgegen: Sie fördern an intakten Pflanzen das Auswachsen von Seitenknospen und bewirken in Gewebekulturen die Bildung und den Austrieb von Sproßknospen (Abb. 415). Vermutlich geht auch die Bildung von «Hexenbesen»,

Abb. 414: Schema eines Radioautogramms eines isolierten älteren Tabakblattes (*Nicotiana rustica*), das rechts oben mit Kinetin, links unten mit ^{14}C-markiertem Glykokoll besprüht worden war. Die Radioaktivität verlagert sich schnell an den «Kinetin-Ort». (Nach Mothes u. Engelbrecht)

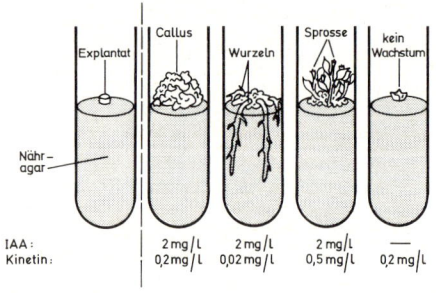

Abb. 415: Abhängigkeit des Wachstums und der Organbildung eines Gewebestückes (Explantat) aus dem Mark einer Tabakpflanze vom IAA- und Kinetingehalt des Nähragars. Links: Zustand bei Versuchsbeginn, rechts: nach mehrwöchiger Kultur. Die Organbildung wird wesentlich durch das Konzentrationsverhältnis der beiden Wuchsstoffe bestimmt. (Nach Ray, aus Mohr, etwas verändert)

d. h. das Auswachsen vieler Seitenknospen, bei durch *Corynebacterium fascians* befallenen Pflanzen (z.B. Chrysanthemen, Petunien u. a.) auf die oben erwähnte Cytokininproduktion des Bacteriums zurück.

Wir haben bereits gehört (S. 346), daß Cytokinine auch die Synthese spezifischer Proteine, z.B. der Nitratreduktase, auslösen können (über eine Genaktivierung?).

4. Abscisinsäure

Vorkommen, Umsatz und Transport. Im Gegensatz zu den Auxinen, Gibberellinen und Cytokininen wirkt die Abscisinsäure überwiegend hemmend auf Stoffwechsel und Wachstum und wird deshalb als Inhibitor bezeichnet. Hemmstoffe des Wachstums waren ihrer Wirkung nach seit langem bekannt, doch wurde die Abscisinsäure erst in den 60er Jahren näher charakterisiert und ihre chemische Struktur aufgeklärt.

Aus jungen Samenkapseln der Baumwolle wurde eine Substanz isoliert, die das Abfallen der Früchte von der Mutterpflanze fördert; sie wurde deshalb «Abscisin II» genannt. Zum andern wurde gefunden, daß laubabwerfende Bäume unter Kurztagbedingungen (also z.B. im Herbst, vgl. S. 435) in ihren Blättern und Knospen eine Substanz bilden, die wachstumshemmend wirkt und die Knospenruhe herbeiführt; die Verbindung wurde zunächst «Dormin» genannt. Die Strukturaufklärung des Abscisins wie des Dormins ergab die Identität beider Verbindungen, die jetzt als **Abscisinsäure (ABA)** bezeichnet werden.

Abscisinsäure ist ein Terpenoid (Abb. 416 a).

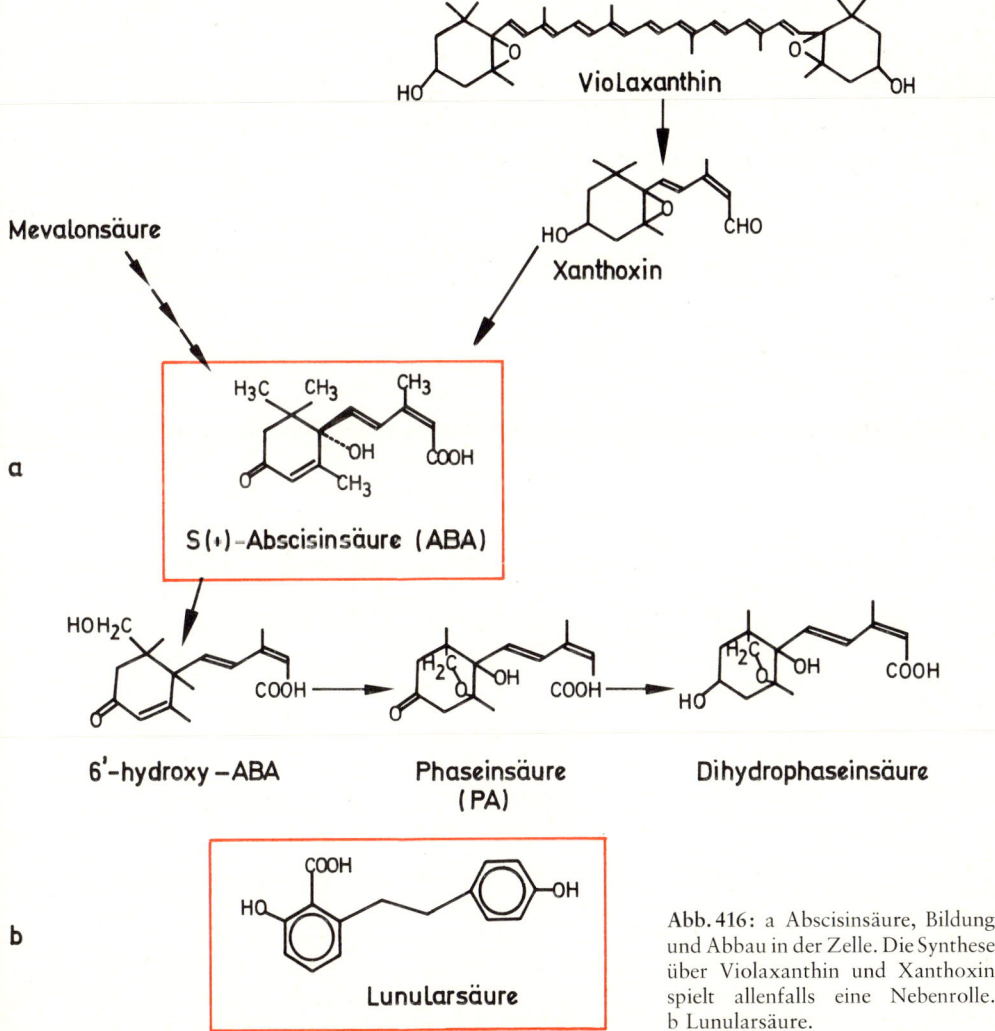

Abb. 416: a Abscisinsäure, Bildung und Abbau in der Zelle. Die Synthese über Violaxanthin und Xanthoxin spielt allenfalls eine Nebenrolle. b Lunularsäure.

Da sie ein asymmetrisches C-Atom enthält, gibt es zwei chirale Formen; die natürlich vorkommende ist L (+)-ABA (bzw. in neuer Schreibweise S (+)-ABA). In der Pflanze wird ABA wohl überwiegend aus Mevalonsäure über Isopentenyl-pyrophosphat direkt synthetisiert, zu einem kleineren Teil aber evtl. auch auf dem Umweg über die Xanthophylle Violaxanthin und Xanthoxin gebildet (Abb. 416a). Die de novo-Synthese kann in Plastiden (auch in anderen Zellkompartimenten?) erfolgen. Außer in freier Form kommt ABA auch als Glucosid (und in Form anderer Konjugate) vor, das physiologisch inaktiv ist und wohl eine Speicherform der ABA darstellt.

Abscisinsäure ist, sieht man von ihren Vorstufen, Abbauprodukten und Konjugaten ab, der einzige natürlich vorkommende Vertreter dieser Gruppe.

ABA wurde bisher isoliert aus vielen Angiospermen, aus Gymnospermen und einzelnen Vertretern der Farne, Schachtelhalme und Laubmoose. In Lebermoosen und in den bisher untersuchten Algen wurde keine ABA, wohl aber ein anderer Inhibitor, **Lunularsäure** (Abb. 416b), gefunden, die vielleicht bei Niederen Pflanzen an die Stelle der ABA tritt. In Höheren Pflanzen kommt ABA in Knospen, Blättern, Knollen, Samen und Früchten vor; die höchste bisher bekannte ABA-Konzentration (bis 10 mg/kg Frischgewicht) wird im Mesokarp der Avocadofrucht erreicht.

Der Abbau der ABA in der Pflanze ist noch nicht im einzelnen geklärt. Er scheint über Phasein- und Dihydrophaseinsäure (Abb. 416a) zu führen; letztere kommt in größerer Konzentration z.B. in reifen Bohnensamen vor.

ABA wird sowohl im Xylem (Konzentration in Xylemsäften zwischen 6 und 1000 µg/l) und Phloem als auch im Parenchym transportiert. In jungen Blattstielen oder Internodien ist der parenchymatische Transport der ABA ausschließlich basalwärts gerichtet, während er in älteren auch acropetal erfolgt. Die Geschwindigkeit des polaren ABA-Transportes liegt mit ca. 30 mm/Std. etwa doppelt so hoch wie die des IAA-Transportes.

Wirkungen der Abscisinsäure. Von den vielfältigen Effekten der Abscisinsäure haben wir die Auslösung von Ruhezuständen und die Förderung des Blatt- und Fruchtfalles bereits gestreift.

Die Anhäufung von ABA in Samen ist wegen der Hemmwirkung der Verbindung auf die Keimung ein wesentlicher Faktor für die S a m e n r u h e. Die hohen ABA-Konzentrationen im Fruchtfleisch werden dagegen mit der Regulation der Reife und des Abfalls der Früchte in Verbindung gebracht. In manchen Samen (z.B. bei der Walnuß, dem Apfel und der Rose) bewirkt Stratifikation (S. 402) eine Verringerung des ABA-Gehaltes und fördert auf diese Weise die Keimung. Wir haben schon gehört, daß Stratifikation von Samen z.T. auch über eine Förderung der Gibberellinbiosynthese wirkt. Auch im Experiment kann die Hemmung der Samenkeimung durch ABA in vielen Fällen durch Gibberellin oder Cytokinine aufgehoben werden.

Der Beginn der Knospenruhe ist häufig, aber nicht immer, mit einem Anstieg der ABA-Konzentration (und oft einem Abfall der Gibberellin-Konzentration) verbunden, während umgekehrt das Ende der Knospenruhe durch Verringerung der ABA- und Erhöhung der Gibberellin-Konzentration erreicht werden kann.

Während die fördernde Wirkung der ABA auf den Fruchtfall gut belegt ist (z.B. zeigen die im Juni unreif abgestoßenen Kapseln der Baumwolle einen erhöhten ABA-Gehalt), ist ein ähnlicher Effekt beim Blattfall in letzter Zeit zweifelhaft geworden. Hier scheint der Antagonismus IAA (blattfallhindernd, soweit von der Spreite produziert) und Ethylen (blattfallfördernd) die wichtigste Rolle zu spielen.

ABA wirkt weiterhin als allgemeiner Wachstumshemmer und kompensiert häufig die wachstumsfördernde Wirkung von IAA (z.B. beim Streckungswachstum), von Gibberellinen (außer bei der Samenkeimung und Knospenruhe auch beim Streckungswachstum von Blattgewebe und bei der Induktion der α-Amylase-Synthese im Aleurongewebe) und von Cytokininen (z.B. bei der Hemmung der Senescenz; die Beschleunigung des Alterns durch ABA geht vielleicht z.T. auf eine Stimulierung der RNAase und eine Hemmung der RNA-Synthese zurück).

Physiologisch und ökologisch bedeutsam ist die schnelle und drastische Erhöhung der ABA-Konzentration (durch Neusynthese) in den Blättern (nicht oder kaum aber in den Achsen, Wurzeln und Früchten) vieler Pflanzen bei einsetzendem Wassermangel oder bei Einwirkung anderer Streßfaktoren (Salzstreß, osmotischer Streß). Dieser erhöhte ABA-Gehalt hat eine Reihe von physiologischen Folgen, unter denen die Erhöhung des Prolingehaltes und vor allem der Schluß der Stomata und damit eine Drosselung der Transpiration (vgl. S. 320 ff.) besonders bedeutsam sind.

Eine Tomatenmutante («flacca»), die ihre Stomata normalerweise nicht mehr schließen kann und deshalb leicht welkt, weist nur noch 10% des normalen ABA-Gehaltes in ihren Sprossen auf. Nach Zufuhr von ABA ist der Spaltenschluß und damit ein geordneter Wasserhaushalt möglich.

Bei den Schließzellen der Stomata wird durch ABA vermutlich die Protonenpumpe im Plasmalemma blockiert. Neuerdings häufen sich die Hinweise, daß Einflüsse auf Zellmembranen allgemein zu den ersten Wirkungen der ABA (wie anderer Wachstumsregulatoren) gehören. So wird z.B. auch die Ionenaufnahme in Gewebe (z.B. Rübenwurzelscheiben) beeinflußt. Auf eine Änderung von Membraneigenschaften geht wahrscheinlich auch ein Wechsel in der Oberflächenladung von Wurzelspitzen zurück: Unter dem Einfluß von Rotlicht (wirkend über das Phytochromsystem) oder von geringsten ABA-Konzentrationen (0,0013 $\mu g(\pm)$-ABA/ml) wird eine positive Oberflächenladung erzielt, wodurch die Organe an eine durch PO_4^{3-} negativ geladene Glasplatte ankleben. Der ABA-Effekt kann durch geringe IAA-Konzentrationen wieder aufgehoben werden, wobei vermutlich eine Umladung der Oberfläche erfolgt.

ABA stimuliert etwas die Blütenbildung bei Kurztagpflanzen und hemmt sie bei der Langtagpflanze *Lolium temulentum*.

Der ABA wird auch eine Rolle bei der Induktion von Schwimmblättern (und emersen Blättern?) bei heterophyllen Wasserpflanzen (S. 190) zugeschrieben.

5. Ethylen

Ethylen unterscheidet sich von allen anderen Wachstumsregulatoren dadurch, daß es eine sehr einfache Verbindung und gasförmig ist:

$$H_2C = CH_2$$

Es kann seine Wirkung nicht nur in einer von seinem Entstehungsort entfernten Stelle ein und derselben Pflanze, sondern auch in einem benachbarten Exemplar ausüben. Es ist daher nicht nur als **Hormon** (Botenstoff innerhalb eines Individuums), sondern auch als **Pheromon** (Botenstoff innerhalb verschiedener Exemplare einer Art) und darüber hinaus auch als Wirkstoff zwischen Exemplaren verschiedener Arten aktiv.

Die dauernde Produktion geringer Mengen von Ethylen scheint für das normale Wachstum der Höheren Pflanzen notwendig zu sein. Eine Tomatenmutante («diageotropica»), die kein Ethylen mehr produzieren kann, wächst transversalgravitrop (S. 465) statt orthotrop, zeigt aber normales Wachstum, wenn sie in einer Atmosphäre mit 0,005 µl Ethylen pro Liter Luft gehalten wird.

Der Transport des Ethylens in der Pflanze kann durch die Intercellularen, evtl. auch im Xylem und Phloem, z.T. in Form der Vorstufe ACC, erfolgen.

Die Ethylen-Biosynthese in der Pflanze geht vom Methionin aus, das nach Aktivierung durch ATP über S-Adenosylmethionin in einem Pyridoxalphosphat-abhängigen Schritt in eine cyclische Verbindung, die 1-Aminocyclopropan-1-carbonsäure (ACC) umgelagert wird; diese ist in reifen Früchten nachweisbar. ACC zerfällt (sauerstoffabhängig) zu Ethylen, CO_2, Ameisensäure und NH_3 (Abb. 417). Der Ort der Ethylen-Biosynthese in der Zelle ist unbekannt. In geringem Umfang kann Ethylen zu CO_2 oxidiert werden.

Ethylen wird offenbar in allen Geweben Höherer Pflanzen, vor allem in reifen Früchten, und auch in Pilzen gebildet und freigesetzt. Die Synthese wird durch eine Reihe von Faktoren stimuliert, z.B. durch extreme Temperaturen, Infektionen, Trockenheit, Verwundung, aber auch durch die Einwirkung anderer Wachstumsregulatoren, z.B. IAA oder ABA. Ein Teil der Wirkungen dieser Hormone ist vermutlich auf die Steigerung der Ethylenbildung zurückzuführen, z.B. die Abstoßung von Blättern und Früchten bei Zufuhr hoher ABA-Konzentrationen, sowie die Hemmung der Blütenbildung bei *Xanthium* und ihre Förderung bei der Ananas durch IAA.

Die zeitweise vertretene Annahme, die meisten oder alle IAA-Wirkungen würden durch induzierte Ethylensynthese vermittelt, Ethylen wirke demnach als «second messenger» der IAA, erwies sich als zu weitgehend.

Die auffallendsten Ethylenwirkungen sind schon lange bekannt, weil Ethylen der auf das

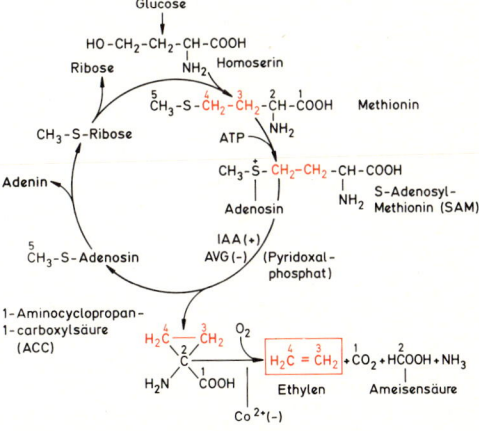

Abb. 417: Die Biosynthese des Ethylens.

Pflanzenwachstum am stärksten wirkende Bestandteil des Leuchtgases ist. Hierher gehört die Förderung des Blattfalles und die epinastische Krümmung von Blattstielen (S. 460, Abb. 497); letztere kommt durch Hemmung der antagonistisch wirkenden negativ gravitropen Krümmung zustande, die wiederum auf eine Blockierung des IAA-Lateraltransportes durch das Ethylen zurückgeht. Andererseits scheinen geringe Mengen von eigenproduziertem Ethylen für den Gravitropismus nötig zu sein. Auch der polare IAA-Transport wird durch Ethylen gehemmt, weiterhin auch die IAA-Synthese. In der Praxis wichtig ist der fördernde Einfluß von Ethylen auf die Fruchtreifung (z.B. bei Bananen und Äpfeln). Viele Früchte produzieren während einer bestimmten Reifungsphase, die auch durch besonders starke Atmung gekennzeichnet ist («Klimakterium», vgl. S. 438), besonders viel Ethylen, das in der Nachbarschaft befindliche unreife Früchte zur schnellen Reifung veranlassen kann.

In der Praxis verhindert man durch Blockierung der Ethylenbildung (durch niedere Temperatur) oder durch Entfernung gebildeten Ethylens das Reifen (z.B. während des Transportes von Bananen) und führt zum gewünschten Zeitpunkt die Reifung durch Ethylenbegasung herbei. Aus eben diesem Grunde ist es unzweckmäßig, spätreifende und frühreifende Äpfel im selben Raum zu lagern, da dadurch die «spätreifenden» zu vorzeitiger Vollreife gebracht werden. Eine weitere praktische Anwendung finden Ethylen-produzierende Substanzen in der Kautschuk-Gewinnung aus *Hevea*, weil sie aus unbekannten Gründen den Latexaustritt aus den Milchröhren stimulieren.

Bei Landpflanzen hemmt Ethylen in der Regel das Längenwachstum der Sproßachsen (evtl. über eine Hemmung der IAA-Synthese und des IAA-Transportes), während es bei Wasserpflanzen (z.B. der Reiscoleoptile) fördernd wirkt. Die im Längenwachstum gestörten Achsen nehmen unter Ethyleneinwirkung oft an Umfang zu. Dieser Neuorientierung des Wachstums geht eine Umorientierung des Mikrofibrillenverlaufs in den Zellwänden und auch schon der Anordnung der Mikrotubuli im Cytoplasma voraus: Die neu abgelagerten Fibrillen werden nach der Ethyleneinwirkung vorwiegend in Richtung der Zelllängsachse orientiert, so daß sich die Zellwand vor allem lateral ausweiten kann.

Schließlich bewirkt Ethylen noch eine Beschleunigung der Senescenz; z.B. fördert endogen gebildetes Ethylen das Welken von Blütenblättern, etwa bei den Orchideen nach der Befruchtung.

Über die primären Angriffspunkte des Ethylens in der Zelle weiß man so wenig Präzises

wie bei den anderen Wachstumsregulatoren. Wegen der Lipophilie des Gases liegt es nahe, wieder an eine Beeinflussung von Membranen zu denken. Es gibt eine Reihe von experimentellen Befunden, die solche Effekte wahrscheinlich machen, doch ist es auch beim Ethylen noch nicht gelungen, eine schlüssige Kausalkette einzelner Wirkungen aufzustellen.

6. Weitere natürliche Wuchs- und Hemmstoffe

Außer den genannten Wachstumsregulatoren gibt es noch eine große Anzahl weiterer natürlicher fördernder und hemmender Substanzen; es ist anzunehmen, daß selbst die weitverbreiteten und besonders wirksamen Regulatoren erst zum Teil bekannt sind. Im folgenden werden nur wenige Beispiele noch ungenügend analysierter Wirkstoffe gegeben.

Nicht abschließend geklärt ist die Frage, ob **Sterole** außer bei Tieren und Niederen Pflanzen auch bei Höheren Pflanzen Hormonfunktion haben. Im Rapspollen findet sich ein Sterol, das **Brassinolid** (Abb. 418), das im Biotest das Streckungswachstum von Internodien steigert. Die Bedeutung für den Pollen ist ununbekannt. Fraglich ist die Existenz eines «**Wundhormones**», das aus verletzten Zellen freigesetzt werden und die Nachbarzellen zu vermehrter Teilung veranlassen sollte. Aus Bohnenhülsen wurde zwar eine derartige Substanz («**Traumatinsäure**», Abb. 418) isoliert, die an jungen Bohnenhülsen Callusbildung hervorruft, doch ist das Vorkommen und die Wirkung offenbar auf *Phaseolus* beschränkt. Neuer-

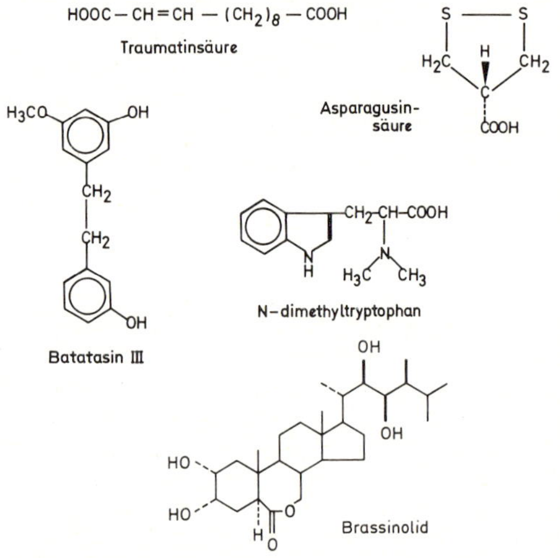

Abb. 418: Einige natürlich vorkommende Hemmstoffe.

dings wurde gezeigt, daß eine Verwundung in ausdifferenziertem Gewebe ganz schnell zur Bildung von Polysomen (aus vorhandenen Ribosomen und aus vorhandener m-RNA) in den unverletzten Zellen der näheren und weiteren Nachbarschaft führt. Dies deutet auf eine rasche, nicht-polare Ausbreitung eines Wundsignals hin. – Der Ruhezustand der Yams-Wurzelknollen *(Dioscorea batatas)* wird durch drei Inhibitoren (**Batatasin** I–III, Abb. 418) hervorgerufen; ABA spielt hier keine Rolle. Gibberelline, die den Batatasingehalt der Knolle erhöhen, verlängern die Ruheperiode. – Ein ähnlich wie ABA wirkender Hemmstoff ist aus dem Spargel *(Asparagus)* isoliert und als **Asparagusinsäure** (Abb. 418) bezeichnet worden. – Ein seiner Strukturähnlichkeit mit der IAA wegen interessanter Wachstumshemmer ist **N-di-methyltryptophan** (Abb. 418), das in Samen der Leguminose *Abrus precatorius* (Paternostererbse) gefunden wurde. – Ertragssteigerungen bei verschiedenen Versuchspflanzen wurden nach Applikation des im Bienenwachs und in einer Reihe von Pflanzen nachgewiesenen langkettigen Alkohols **Triacontanol** $CH_3(CH_2)_{28}CH_2OH$ erzielt. Weitere biogene Stoffe, die in verschiedenen Testsystemen Hemmungen hervorrufen können, sind Derivate der Benzoesäure, der Zimtsäure und des Cumarins sowie einige Flavonoide.

Es ist nicht statthaft, aus der Förder- oder Hemmwirkung bestimmter Pflanzenstoffe oder -extrakte ohne weiteres auf eine ähnliche Wirkung der Substanz(en) auch in der intakten Pflanze zu schließen. Durch Fernhalten von den potentiellen Wirkorten (Kompartimentierung in der Zelle, z.B. Einschluß in die Vacuole, oder Vorkommen nur in nicht beeinflußten Geweben oder Organen) oder durch Niedrighalten der Konzentration unter der Wirkschwelle kann eine potentiell stark wirksame Substanz in situ ganz unwirksam sein.

7. Das Zusammenspiel der Wachstumsregulatoren in der Zelle

Es mag zunächst überraschen, daß noch bei keinem einzigen Wachstumsregulator in der Pflanze der Wirkungsmechanismus im Detail bekannt ist, daß vielmehr bei allen Wirkstoffen Genaktivierungen und -inaktivierungen, Förderungen und Hemmungen der Transkription und Translation, Enzymaktivierungen oder -inaktivierungen, Carrierbeeinflussungen und Membraneffekte diskutiert werden.

Dies hängt einmal damit zusammen, daß die Regulatoren vermutlich nicht nur zahlreiche Endwirkungen, sondern auch mehrere primäre Angriffspunkte haben, und zum andern damit, daß ihre Wirkungen aufs engste untereinander verflochten und abgestimmt sind, wie wir an vielen Stellen gesehen haben. Wird z.B. in einem Biotest ein

aufnehmbarer Regulator von außen gegeben, so ändert sich nicht nur seine eigene Konzentration im Zellinnern, sondern in vielen Fällen auch die Konzentration anderer Wuchs- und Hemmstoffe und auf jeden Fall auch das Konzentrationsverhältnis der verschiedenen Regulatoren untereinander. Da jeder einzelne dieser Wirkstoffe und zudem auch das Verhältnis ihrer Konzentrationen multiple Wirkungen im vielfältig verwobenen Netz des Stoffwechsels ausübt, ist es nicht verwunderlich, daß praktisch alle Effekte der Wachstumsregulatoren in der Zelle kompliziert und schwer zu analysieren sind und daß die Betrachtung einer Einzelwirkung nur ein sehr einseitiges und unvollständiges Bild vermittelt.

8. Synthetische Wachstumsregulatoren

In neuerer Zeit gewinnen synthetische Wachstumsregulatoren (Abb. 419), die strukturell häufig Abwandlungen der natürlichen Bioregulatoren sind, zunehmend an Bedeutung. Einige ihrer Anwendungsmöglichkeiten wurden bereits gestreift; einige weitere von praktischer Wichtigkeit sollen noch kurz erwähnt werden: Förderung der Stecklingsbewurzelung (vor allem Indolylbuttersäure). – Unkrautbekämpfung; in bestimmten Konzentrationen wirkt z.B. 2,4-Dichlorphenoxyessigsäure (Abb. 407) stark schädigend auf breitblättrige dicotyle Unkräuter (z.B. den Ackersenf, *Sinapis arvensis*, und den Hederich, *Raphanus raphanistrum*), nicht aber auf Gräser (z.B. die Getreidearten). Seit Beginn der chemischen Unkrautbekämpfung hat sich die Unkrautflora in unseren Getreidefeldern stark zu Ungunsten der Unkräuter und zu Gunsten der «Ungräser» verändert. – Treibhemmung bei Zwiebeln (Maleinsäurehydrazid). – Induktion der Blüten- und damit Fruchtbildung, z.B. bei Ananas (Ethylen oder Ethephon) oder ihre Verhinderung, z.B. beim Zuckerrohr mit erheblicher Steigerung des Zuckerertrages (Monuron, Diuron, Diquat). – Verhinderung des vorzeitigen Fruchtfalls, z.B. bei Äpfeln (Naphthylessigsäure). – Frucht- und Blattfallregulation zur Kontrolle des Fruchtansatzes, zur Auslösung des Fruchtfalls (z.B. bei *Citrus* zur bequemeren Ernte) oder des Blattfalls zur Erleichterung der maschinellen Gewinnung der Früchte (z.B. bei der Baumwolle). – Auslösung von Parthenokarpie (Fruchtbildung ohne vorhergehende Befruchtung), z.B. bei der Tomate (4-Chlorphenoxyessigsäure, 2-Naphthoxyessigsäure). – Steuerung der Geschlechtsausprägung und damit des Frucht- und

Samenansatzes, z.B. bei Gurken, Tomaten, Weintrauben, Baumwolle (Naphthylessigsäure, Ethephon, Diaminozid). – Beschleunigung der Reifung, vor allem beim Zuckerrohr (Glyphosin). – Verkürzung der Halmlänge und damit Verhinderung des Windbruches bei Getreide, vor allem Weizen (CCC; Abb. 409).

Ohne Zweifel hat der Einsatz dieser synthetischen Wachstumsregulatoren einen bedeutenden Beitrag zur Versorgung der Menschheit mit Nahrungsmitteln und Rohstoffen geliefert, doch ist in letzter Zeit die kritische Anwendung, d.h. eine sorgfältige Abwägung von Nutzen und Schaden, ein wichtiges Anliegen geworden.

C. Die Wirkung äußerer Faktoren auf Wachstum und Entwicklung

Die **Morphogenese** oder **Gestaltwerdung** eines Organismus ist einerseits eine von den ererbten Anlagen endogen genetisch gesteuerte **Automorphose** (Selbstausformung), andererseits aber stets zugleich eine im Rahmen der genetischen Potenz oder der Reaktionsnorm durch Außenfaktoren exogen induzierte und durch differentielle Genaktivierung (vgl. S. 379) gesteuerte **Heteromorphose**.

Die Automorphose ist verantwortlich für die artspezifische Gestalt; sie bestimmt m.a.W. autonom die genotypisch fixierten **Organisationsmerkmale** sowie die im Laufe der stammesgeschichtlichen Entwicklung hinzuerworbenen genotypisch fixierten **Anpassungsmerkmale** (vgl. S. 489 ff.).

Diese Automorphose wird jedoch im Verlauf der Individualentwicklung überformt und modifiziert durch die jeweils wirksamen Umweltbedingungen. Wie groß und wie alt z.B. eine Blütenpflanze wird und wann die irreversible Umsteuerung von der vegetativen zur reproduktiven Entwicklung bei ihr erfolgt, auch wieviele Blüten, Pollen und Samen sie schließlich hervorbringt, das alles wird maßgeblich von den Ernährungsbedingungen, der Wasserversorgung sowie den Temperatur- und Lichtbedingungen beeinflußt und unterliegt somit den Gesetzmäßigkeiten der Heteromorphose: je nach den wirksamen oder induktiven Umweltbedingungen spricht man bei den entsprechenden Effekten von Trophomorphosen, Hydromorphosen, Thermomorphosen, Photomorphosen und photoperiodisch bedingten Morphosen.

Im folgenden sollen vor allem solche Heteromorphosen betrachtet werden, bei denen die Außenbedingungen nicht als Stoff- und Energiequellen, sondern als **Signale** wirken. Sie liefern dabei die Energie nur für einen Auslösemechanismus, nicht für die Durchführung der induzierten Reaktion (ähnlich wie bei den Bewegungsmechanismen, S. 441).

1. Die Wirkung der Temperatur

Temperaturkoeffizienten. Neben dem Q_{10}-Wert (S. 270) wird häufig auch die ARRHENIUS-

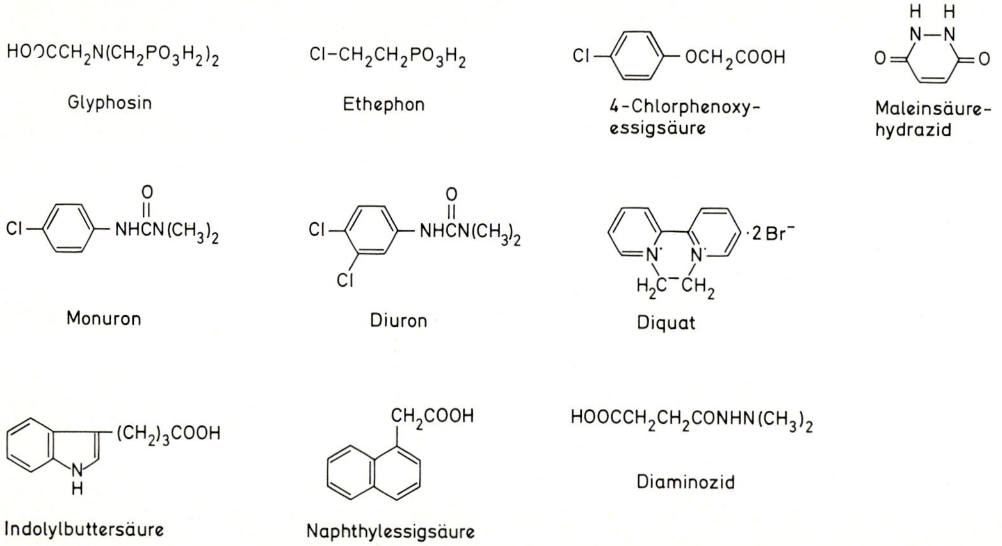

Glyphosin: $HOOCCH_2N(CH_2PO_3H_2)_2$

Ethephon: $Cl-CH_2CH_2PO_3H_2$

4-Chlorphenoxyessigsäure

Maleinsäurehydrazid

Monuron

Diuron

Diquat

Indolylbuttersäure

Naphthylessigsäure

Diaminozid: $HOOCCH_2CH_2CONHN(CH_3)_2$

Abb. 419: Einige synthetische Wachstumsregulatoren.

Gleichung zur Charakterisierung der Abhängigkeit von Reaktions- oder Wachstumsgeschwindigkeit von der Temperatur herangezogen. Nach der zugrundeliegenden Theorie sollte sich diese Geschwindigkeit exponentiell mit dem Kehrwert der absoluten Temperatur (1/K) ändern. Trägt man daher den logarithmischen Wert der Reaktionsgeschwindigkeit gegen die reziproke absolute Temperatur auf («ARRHENIUS-plot»; Abb. 420 A), so erhält man in der Regel eine Gerade mit der Steigung E_a/R, wobei R die Gaskonstante und E_a eine Art Aktivierungsenergie ist. Diese Gerade kann bei bestimmten Temperaturen abrupte Steigungsänderungen erfahren (Abb. 420 A). Die Wachstumskurve für *Vigna radiata* zeigt z.B. eine starke Erhöhung des Temperaturkoeffizienten bei derjenigen Temperatur, bei der die Membranlipide dieser Art einen Phasenübergang aufweisen.

Kardinalpunkte der Temperatur. Über die Abhängigkeit der Photosynthese (S. 270) und der Atmung (S. 289) von der Temperatur wurde bereits früher berichtet. Wie bei diesen Prozessen, folgt auch die Abhängigkeit des Wachstums von der Temperatur einer Optimumkurve (Abb. 420 A, B), wobei die **Kardinalpunkte** (Minimum, Optimum, Maximum) bei den verschiedenen Arten, Ökotypen (vgl. S. 189 ff.) und auch bei der gleichen Pflanze je nach deren

Vorleben verschieden liegen können (vgl. auch S. 967). Bei längerer Expositionszeit verschiebt sich zudem sowohl die Optimum- wie die Maximumtemperatur zu niedrigeren Werten.

Sieht man von einigen Algen der polnahen Meere ab, die auch noch bei Temperaturen unter 0° wachsen können, so liegt das **Temperaturminimum** für das Wachstum, z.B. auch für verschiedene Kulturpflanzen, oft erstaunlich hoch. Sommergetreidearten können z.B. nicht unter 5°, Mais nicht unter 8°, Gurken nicht unter 12° und Tabak nicht unter 13° wachsen. Thermophile Organismen haben oft noch viel höhere Temperaturminima. Auch das **Temperaturoptimum** des Wachstums liegt sehr verschieden: Bei psychrophilen (kälteliebenden) Bakterien (z.B. marinen Leuchtbakterien) unter 20°, bei mesophilen (den meisten Boden- und Wasserbakterien) zwischen 20 und 45°, bei thermophilen (vor allem Sporenbildnern) über 45°; bei Höheren Pflanzen meist bei 25–30°. Der alpine Ascomycet *Herpotrichia nigra* (S. 663) hat ein Minimum von −5°C, ein Optimum bei 15° und ein Maximum bei 25°, wächst aber bei 0° noch mit $^1/_3$ der Rate bei 15°. Da der Pilz eine relative Luftfeuchte von > 90% benötigt, wächst er in der Natur nur unter Schnee. Dieser Organismus ist demnach physiologisch mesophil, ökologisch dagegen strikt psychrophil. Ebenfalls variabel ist das **Temperaturmaximum**, das für viele Pflanzen etwa bei 45–55° liegt, bei thermophilen Organismen aber 70–80° betragen kann.

Photosynthetisierende Organismen vertragen keine Temperaturen über 70–72 °C (hitzetoleranteste Arten: die Blaualge *Synechococcus lividus* und das grüne schwefelfreie Bacterium *Chloroflexus aurantiacus*). Die eukaryote Alge (Rotalge?) *Cyanidium caldarium* kann als einziger photosynthetisierender

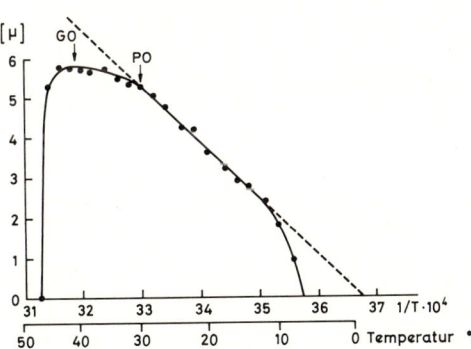

Abb. 420 A: Beziehung zwischen der Wachstumsrate (μ) und der Temperatur, ARRHENIUS-plot. GO Wachstumsoptimum, PO Physiologisches Optimum (höchste Temperatur, bei der der ARRHENIUS-plot noch linear ist); die gestrichelte Linie gibt die theoretische ARRHENIUS-Beziehung wider. Die Wachstumsrate μ ergibt sich als Neigung der Kurve, wenn man die Biomasse-Zunahme semilogarithmisch gegen die Zeit aufträgt: $\ln \dfrac{N}{N_0} = \mu t$. Dabei ist N die Biomasse pro Volumeneinheit, N_0 Biomasse zu Beginn der Messung, t Zeit. (Nach INGRAHAM)

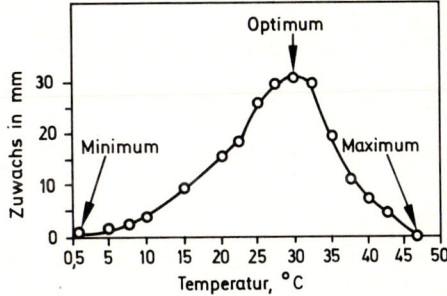

Abb. 420 B: Längenzuwachs einer Wurzel von *Lupinus luteus* in 24 Stunden bei verschiedenen Temperaturen. (Nach VOGT, aus JOST)

Organismus in stark sauren (pH bis zu 0) Medien bei Temperaturen über 40 °C wachsen. Viel höhere Temperaturen vertragen einige heterotrophe (z.B. Gattung *Thermus*: 80–85°) und chemolitho-autotrophe Bakterien (z.B. *Sulfolobus*: 85–90° und pH-Werte zwischen 1,5 und 4,0). Vgl. S. 556f. Es gibt auch sog. «thermotolerante» Bakterien, die hohe Temperaturen zwar ertragen, aber bei weit niedrigeren Temperaturen ihr Wachstumsoptimum haben. So hat *Methylococcus capsulatus* das Optimum bei 37°, das Maximum bei 50°.

Die Temperaturoptima für das Sproßwachstum vieler Pflanzen ändern sich oft tagesperiodisch, d.h. diese Pflanzen sind an einen Temperaturwechsel zwischen Tag und Nacht angepaßt (**Thermoperiodismus**) und entwickeln sich nur bei einem solchen regelmäßigen Wechsel optimal.

Pflanzen aus kontinentalen Gebieten mit großen Temperaturschwankungen zwischen Tag und Nacht wachsen am besten, wenn die Nacht 10–15° kühler ist als der Tag, Pflanzen ozeanischer Herkunft (z.B. *Papaver*, *Bellis*) bei einem Unterschied von nur 5–10° (Abb. 421). Tropische Pflanzen wie Erdnuß oder Zuckerrohr wachsen auch bei konstanter Temperatur vorzüglich, während z.B. das Usambaraveilchen (*Saintpaulia ionantha*) durch eine höhere Nachttemperatur gefördert wird und daher in nachts kühl gehaltenen Zimmern schlecht gedeiht.

Die Wirkung der Temperatur auf die Wachstumsvorgänge ist ebenso komplex und in den Details ebensowenig geklärt wie die Wachstumsprozesse selbst. Die einzelnen Enzyme, aber auch ganze Stoffwechselfolgen, werden selbst innerhalb ein- und derselben Pflanze ganz verschieden beeinflußt. So hat z.B. die Atmung allgemein ein höheres Temperaturoptimum als die Photosynthese und die Chlorophyllbiosynthese bei manchen Pflanzen ein wesentlich höheres Temperaturminimum als das Wachstum; solche Pflanzen wachsen daher bei tiefer Temperatur mit gelblich-bleicher Farbe auf. Man kann das Temperaturoptimum des Wachstums und der Entwicklung eines Organismus ansehen als den Bereich, in dem die Geschwindigkeit der verschiedenen Prozesse optimal harmoniert. Die Schäden, die oft, vor allem bei tropischen Pflanzen, Algen warmer Meere und manchen Pilzen schon bei Temperaturen über 0° auftreten («**Erkältungsschäden**»), beruhen vermutlich auf einer disharmonischen Verschiebung der Geschwindigkeit der einzelnen, im Optimum aufeinander abgestimmten Vorgänge.

Die eigentlichen **Frostschäden** sind eine Folge der Eisbildung in Zellen oder Geweben. Wasserreiche Zellen können intracellulär Eis bilden und gehen dabei (wohl mechanisch) zugrunde. Meist entsteht das Eis aber in den Zellwänden oder Intercellularen. Da der Dampfdruck über Eis geringer ist als über einer unterkühlten Lösung, wirkt auskristallisiertes Eis als «Kühlfalle» und entzieht den angrenzenden Protoplasten Wasser, bis Wasserpotentialgleichgewicht zwischen Eis und Wasser herrscht. Eisbildung im Gewebe wirkt demnach ähnlich wie **Austrocknung**: Das verbleibende ungefrorene Wasser enthält hohe Konzentrationen osmotisch wirksamer Substanzen (z.B. Salze, organische Säuren) und inaktiviert membrangebundene Enzyme (vor allem der ATP-Synthese) oder führt zur Denaturierung von Enzymen.

Hitzeschäden kommen, soweit sie nicht auf Trockenschäden zurückgehen, durch Denaturierung der Proteine (S. 226) zustande. Die meisten Proteine werden bei etwa 60° denaturiert. Das «Pasteurisieren» der Milch, wie es früher geübt wurde (5–10 min lange Erhitzung auf 75–80°), führte z.B. zum Abtöten der vegetativen Bakterienformen, während die viel resistenteren Sporen (s.u.) nicht geschädigt wurden («Teilentkeimung»).

Viele Pflanzen können extreme Temperaturen überstehen (**Temperaturresistenz**), wobei diese Fähigkeit oft eine spezielle Anpassung erfordert. Die Resistenz kann hier, wie in anderen Fällen der Beanspruchung durch extreme Standortfaktoren, in der Fähigkeit des Protoplasmas

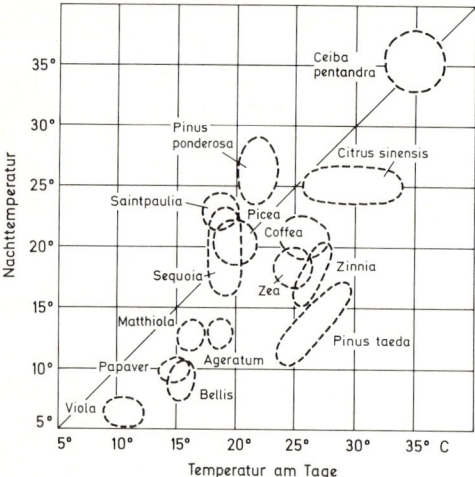

Abb. 421: Optimaler Temperaturbereich für das Sproßwachstum verschiedener Pflanzen. (Nach verschiedenen Autoren aus LARCHER)

bestehen, die Extremwerte zu ertragen («**Toleranz**»), oder aber in Vorkehrungen, die verhindern, daß derartige Extremtemperaturen überhaupt zur Wirkung kommen («**Vermeidung**»; avoidance). Einen Überblick über mögliche Mechanismen der Temperaturresistenz gibt Abb. 422.

Die **Erkältungsresistenz** setzt nach dem oben Gesagten voraus, daß bei Abkühlung oberhalb des Gefrierpunktes keine Disharmonisierung des Stoffwechsels eintritt. Die **Frostresistenz** kann ganz erstaunlich sein. So werden von manchen Waldbäumen und alpinen Zwergsträuchern Wintertemperaturen von −60 bis −70°, von der in Nordsibirien beheimateten krautigen *Cochlearia fenestrata* solche von −46° schadlos überstanden. Allerdings bewirken Nachtfröste bei Nadelhölzern oft eine längerdauernde Einstellung der Photosynthese, auch wenn die Temperatur wieder über 0° ansteigt. Sporenbildende Bakterien, einige Algen, die meisten Flechten und verschiedene Holzpflanzen können nach entsprechender Abhärtung (s.u.) sogar ohne Schaden auf die Temperatur flüssigen Stickstoffs (−195,8°) abgekühlt werden. Wesentlich scheint für diese Extremanpassung ein geringer Wassergehalt zu Beginn des Gefrierens zu sein. Eine plasmatische Resistenz gegen Frostschäden, d.h. vor allem gegen Austrocknungsschäden, kann auch durch spezielle Schutzstoffe, z.B. gewisse Aminosäuren (evtl. auch Proteine), Zucker und Zuckerderivate, erreicht werden. Sie scheinen vor allem die Membransysteme abzuschirmen und einen irreversiblen Zusammenbruch ihrer Struktur bei der Entwässerung zu verhindern.

Pflanzen, die zwar eis-, aber nicht frostempfindlich sind, kann über Perioden leichten Frostes auch eine Gefrierverzögerung hinweghelfen. Sie kann einmal erreicht werden durch Bergung der Pflanzenteile in Knospen, Polstern oder dichten Kronen und zum anderen durch Unterkühlung (d.h. keine Eisbildung trotz Unterschreiten des Gefrierpunktes). Diese beiden Schutzmaßnahmen wirken nur begrenzte Zeit. Einen Dauerschutz bei leichten Frösten bietet die Gefrierpunktserniedrigung durch gelöste Stoffe. Nicht speziell angepaßte Blätter gefrieren bei etwa −2 bis −5°, immergrüne Blätter reichern im Winter soviel zusätzliches osmotisch wirksames Material an, daß der Gefrierpunkt um weitere 2–5° gesenkt wird. Leicht gefrieren junge Blätter, Blüten und saftige Früchte (bei −1 bis −2°).

Auch bei der **Hitzeresistenz** (vgl. S. 967) sind extrem leistungsfähige Arten durch plasmatische Resistenz ausgezeichnet, während durch avoidance in der Regel nur ein mäßiger Schutz geboten wird. Hitzeschäden können vermieden werden z.B. durch starke Reflexion der Strahlung, durch Profil- oder Vertikalstellung der Blätter (z.B. Kompaßpflanzen; Akazien, Eucalyptus: «schattenlose Wälder»), durch Transpirationskühlung (vgl. S. 324) und durch Isolation (z.B. durch starke Borkenbildung bei Bäumen, die dann etwa Waldbrände besser überstehen, oder durch abgestorbene Blätter bei *Mesembryanthemum*-Arten, S. 195, 844, die als «Folienisolierung» wirken).

In Bereichen mit starken Temperaturschwankungen während des Jahres schwankt auch die Frostresistenz und in schwächerem Maße auch die Hitzeresistenz oft beträchtlich. Es gibt vor Eintritt der Kälteperiode eine Phase der Frostabhärtung (wobei die Resistenz innerhalb weniger Tage ihren Höchstwert erreichen kann) und

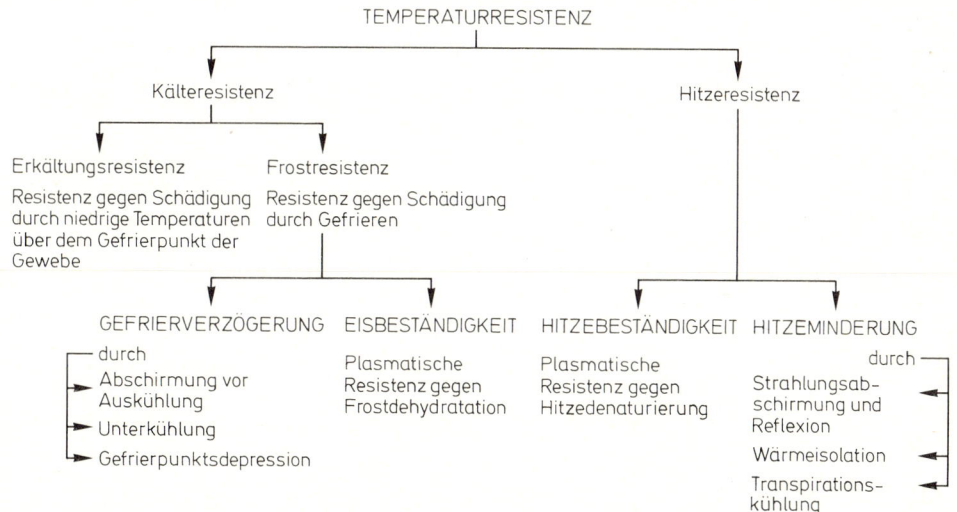

Abb. 422: Verschiedene Möglichkeiten der Temperaturresistenz. Nähere Erläuterungen im Text. (Nach LEVITT, aus LARCHER)

nach der Kälteperiode eine Enthärtungsperiode, die bei steigenden Temperaturen einsetzt, nur wenige Tage dauert und eng mit dem Austrieb verknüpft ist.

Der Grad der maximal erreichbaren Resistenz wie die Reaktionsnorm auf den Temperaturgang sind genetisch festgelegt, so daß man Konstitutionstypen der Temperaturresistenz unterscheiden kann.

Beeinflussung der Entwicklung durch extreme Temperaturen. Unter den Auslösewirkungen der Temperatur auf die pflanzliche Entwicklung sind das Brechen der Samen- und Knospenruhe sowie die Induktion der Blütenbildung von besonderer Bedeutung.

Brechen der Samen- und Knospenruhe. Bei einer Reihe von Kräutern und Holzgewächsen fördert oder ermöglicht die vorübergehende Einwirkung niederer Temperaturen die Samenkeimung («**Stratifikation**»). Wirksam sind dabei meist Temperaturen knapp über dem Gefrierpunkt (0–5°; Abb. 423), nur wenige Arten (z.B. manche Hochgebirgspflanzen) benötigen Frosttemperaturen («**Frostkeimer**»).

Manche Samen können nur nach Einwirkung niederer Temperaturen keimen (z.B. *Fraxinus excelsior*), bei anderen Arten wird die Keimung nur beschleunigt (z.B. bei *Pinus*-Arten). Die notwendige Dauer der Kälteeinwirkung ist ebenfalls artspezifisch verschieden (meist einige Wochen). Stratifizierbar sind nur gequollene, nicht trockene Samen, ein Hinweis auf einen biochemischen Angriffspunkt der Kälteeinwirkung. Bei manchen Arten ist nur der intakte Samen kältebedürftig, während der isolierte Embryo ohne weiteres keimt (z.B. bei *Acer pseudoplatanus*), bei anderen aber muß der Embryo selber stratifiziert werden (z.B. bei *Sorbus aucuparia*). Manche Samen oder Früchte keimen erst im zweiten Frühjahr nach der Aussaat (z.B. *Crataegus* oder *Cotoneaster*); wegen ihrer harten, schwerdurchlässigen Schalen wird der Embryo in der ersten Kälteperiode noch nicht zur Quellung gebracht und kann daher erst im zweiten Winter, nach Abbau der Schalen durch Mikroorganismen im Sommer, stratifiziert werden. Bei manchen Liliaceen (z.B. *Convallaria, Polygonatum, Trillium*) sind aus anderen Gründen zwei Kälteperioden erforderlich: die erste bricht nur die Ruhe der Keimwurzel und erst die zweite ermöglicht dann auch ein Epicotylwachstum. Bei anderen Pflanzen (z.B. der Aprikose oder bei *Paeonia suffruticosa*) kann die Wurzel auch ohne Kälteeinwirkung keimen, aber das Epicotylwachstum setzt erst nach Stratifizierung ein.

Niedere Temperaturen beenden die Samenruhe auf verschiedene, oft komplexe Weise. Sie können die Samenschale durchlässiger machen, die Samennachreife beschleunigen, Hormon- oder Enzymwirkungen auslösen oder den Hemmstoff- (z.B. Abscisinsäure-) Gehalt erniedrigen. Vielfach kann Gibberellinzufuhr die Kältewirkung ersetzen (vgl. S. 390); es ist aber noch nicht geklärt, ob tiefe Temperaturen tatsächlich über eine Erhöhung des endogenen Gibberellinspiegels oder über eine Verminderung der Konzentration von Gibberellinantagonisten wirken.

Manche Samen brauchen hohe Temperaturen, um keimen zu können (z.B. Baumwolle, Sojabohne, Hirse), bei wieder anderen wirkt ein Temperaturwechsel (warm/kalt) im Tagesgang besonders förderlich auf die Keimung (z.B. bei *Poa pratensis*).

Die Optimaltemperaturen für die Samenkeimung (nicht die für das Herbeiführen der «Keimungsbereitschaft») entsprechen in der Regel den Ansprüchen der einzelnen Ökotypen an die Temperatur während ihrer weiteren Entwicklung. So keimten in Bodenproben der Coloradowüste bei 10° die Winterannuellen (d.h. Pflanzen, die im Herbst keimen, als Keimpflanzen überwintern und im Frühjahr des folgenden Jahres blühen und fruchten), bei 26–30° aber die Sommerannuellen (die ihre ganze Entwicklung im Sommer eines Jahres durchlaufen).

Ähnlich wie bei vielen Samen wirken niedere Temperaturen auch bei vielen Knospen als Signal für die Beendigung der endonomen (durch innere Faktoren bedingten) Ruhe. Auch hier sind einige Wochen bei etwa 0–5° notwendig, wobei Blütenknospen für das Brechen der Ruhe (nicht zu verwechseln mit der Induktion ihrer Anlage, s.u.) oft eine etwas längere Kälteeinwirkung benötigen. In Gegenden mit war-

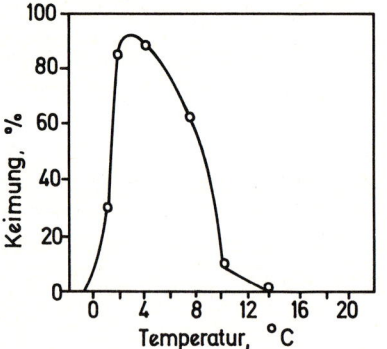

Abb. 423: Wirkung tiefer Temperaturen auf die Keimung von Apfelsamen (nach 85 Tagen Verweilen in der jeweiligen Temperatur). (Nach DE HAAS u. SCHARDER)

men Wintern, z.B. in Californien oder S-Afrika, kann es wegen der nicht ausreichenden Kälteeinwirkung auf die Knospen zu Schwierigkeiten bei der Kultur bestimmter Obstsorten (z.B. des Pfirsich) kommen.

Empfänglich für die Kälteeinwirkung sind die Knospen selbst. Der Mechanismus könnte eine differentielle Genaktivierung (evtl. auch -inaktivierung) sein; Folgeprozesse sind häufig Verringerung im Gehalt an Hemmstoffen (z.B. Abscisinsäure) und Steigerung der Hormonkonzentrationen. Da man aber z.B. mit Gibberellinsäure wohl während der Vor- und Nachruhe, nicht aber während der Hauptruhe die Knospen zum Treiben bringen kann, ist das Brechen der Hauptruhe durch Kälte nicht nur auf eine verstärkte Bereitstellung dieses Hormons zurückzuführen.

Brechen der Sporenruhe. Die Endosporen der Bakterien (der Gattungen *Bacillus* und *Clostridium*) und die Sporen von koprophilen Pilzen brauchen in vielen Fällen einen Hitzeschock zum Brechen der Ruhe. Bei letzteren wird diese Erwärmung bei Passage des Verdauungstraktes von Warmblütern eintreten, so daß die aktivierten Sporen auf dem Kot, ihrem natürlichen Substrat, sofort keimen können. Der kausale Mechanismus dieser Wärmeaktivierung ist noch wenig verstanden. Bei vielen Pilzen, vor allem solchen, deren Lebenscyclus mit dem Höherer Pflanzen verknüpft ist (z.B. Mycorrhiza-Pilze und phytopathogene Pilze) wird die Sporenruhe durch Kälte gebrochen. Dies stellt sicher, daß die Sporen nicht im Herbst, sondern erst im Frühjahr keimen.

Blüteninduktion durch Wirkung bestimmter Temperatur: Vernalisation (Jarowisation). Bei der Blütenbildung, d.h. dem Übergang einer Pflanze vom vegetativen zum generativen Zustand, erfolgt eine spezifische Umstimmung der Entwicklung in den Vegetationskegeln. Unter den Signalen, die diese Entwicklung auslösen, spielt neben dem Licht (S. 413 ff.) die Kälte eine Hauptrolle.

Wohl alle Arten, die zur Blüteninduktion Kälte benötigen, können im entwickelten, beblätterten Zustand vernalisiert werden, einige auch schon als Embryonen im Samen. Zu letzteren, die in der Regel durch Kälteeinwirkung bei der Blütenbildung nur gefördert werden, aber auch ohne sie zur Blüte kommen (fakultativ Kältebedürftige), gehören Senf *(Sinapis alba)* und Rübe *(Beta vulgaris)* sowie die Wintergetreide (Winter-Roggen, -Weizen und -Gerste), bei denen die Vorgänge besonders eingehend untersucht worden sind (Abb. 424).

Beim Roggen z.B. unterscheidet man Sommervarietäten, die im Frühjahr zur Aussaat gelangen und im Sommer zur Reife kommen, und

Wintersorten, die zuerst eine Kälteperiode und dann lange Tage für die Blüten- und Fruchtbildung benötigen, die deshalb im Herbst ausgesät werden und im darauffolgenden Sommer reifen; Wintergetreide sind in der Regel ertragreicher. Die Unterschiede sind genetisch festgelegt. Die beim Winterroggen wirksamen tiefen Temperaturen liegen bei etwa +1 bis +9 °C. Da der Effekt sauerstoffbedürftig ist und bei kultivierten Embryonen durch Zuckerzufuhr gesteigert wird, handelt es sich offensichtlich um einen biochemischen, energiebedürftigen Prozeß. Beim Winterroggen muß die Kälte auf den Embryo einwirken, wobei er schon 5 Tage nach der Befruchtung der Eizelle anspricht. Bei bereits gekeimten Pflanzen ist das Apikalmeristem der Receptionsort für den Kältereiz. Bis zu einer Vernalisationsdauer von etwa 20 Tagen hat eine Verlängerung der Kälteeinwirkung eine Verkürzung der Zeit zwischen Aussaat und Aufblühen zur Folge. Die Vernalisation scheint sich demnach bei dieser fakultativ kältebedürftigen Pflanze schrittweise bis zu einer maximalen Umstimmung zu vollziehen. Dafür spricht auch der Befund, daß der Vernalisationseffekt durch Behandlung mit hohen Temperaturen (beim Petkuser Roggen z.B. 2 Tage bei 40°) um so leichter rückgängig machen läßt («Devernalisation»), je kürzer die vorhergegangene Vernalisationsdauer war; bei voll vernalisierten Pflanzen ist eine Devernalisation nicht mehr möglich. Wenn eine Roggenpflanze einmal vernalisiert worden

Abb. 424: Vernalisation (Jarowisation). Beschleunigung der Blütenbildung bei einer winterannuellen Pflanze (Wintergerste) durch verschieden lange Kältebehandlung der angequollenen Samen. (Nach v. DENFFER)

ist, vermittelt sie diesen Zustand ohne Anzeichen von Abschwächung an alle neu gebildeten Gewebe einschließlich der Vegetationspunkte weiter.

Weitere Arten, die einer Kälteeinwirkung bedürfen, um zur Blütenbildung zu kommen, finden sich unter Winterannuellen, Zweijährigen und Ausdauernden. Zu den entsprechenden **Winterannuellen** gehören neben den Wintergetreiden z.B. auch *Erophila verna*, *Veronica agrestis* und *Myosotis discolor*. Die **Zweijährigen** bilden meist im ersten Jahr eine bodenständige Rosette aus und entwickeln erst im zweiten Jahr, nach Einwirken von Kälte, einen Blütenstand, und zwar häufig nur dann, wenn Langtagbedingungen eintreten (vgl. S. 416). Hierher gehören z.B. Rübe (*Beta vulgaris*), Sellerie (*Apium graveolens*), Kohl (und andere *Brassica*-Arten), zweijährige Rassen von Bilsenkraut (*Hyoscyamus niger*) und Fingerhut (*Digitalis purpurea*). In einem warmen Treibhaus oder in entsprechenden Klimazonen bleiben diese Arten jahrelang vegetativ. Näher untersucht wurde vor allem die zweijährige Rasse von *Hyoscyamus niger*. Sie braucht zuerst eine Kälteperiode und dann Langtag (in dieser Reihenfolge!), um zum Blühen zu kommen. Der durch Vernalisation induzierte Blühstimulus kann von einem vernalisierten Pfropfreis der zweijährigen Bilsenkraut-Rasse auf eine nichtinduzierte Unterlage der gleichen Rasse übergehen und diese zum Blühen bringen, ebenso von Pfropfreisern aus durch Langtag blühinduziertem einjährigem *Hyoscyamus niger* (S. 417), aber auch von Reisern anderer vernalisierter oder photoperiodisch blühinduzierter Solanaceen-Arten. Das bei der Vernalisation entstehende stoffliche Prinzip wird als **Vernalin** bezeichnet. Es ist strittig, aber eher unwahrscheinlich, ob es mit dem postulierten Blühhormon (**Florigen**; s. S. 415) identisch ist. Es ist nicht ausgeschlossen, daß Gibberelline das Vernalin bilden; jedenfalls kann bei kältebedürftigen Arten vielfach Gibberellin die Kältewirkung ersetzen (vgl. S. 390). Dagegen steht fest, daß Gibberelline das Florigen nicht vertreten können (S. 416).

Ausdauernde Arten, die nur nach Kälteperioden zur Blüte kommen, sind z.B. bestimmte Primeln, Veilchen, Goldlackarten und Varietäten von Chrysanthemen, Astern, Nelken, sowie *Lolium perenne* (Englisches Raygras); sie müssen jeden Winter neu vernalisiert werden. Bei *Lolium perenne* werden die Blüten in Folge der Vernalisation im Winter angelegt, die blütentragenden Sprosse kommen aber erst im Langtag (> 12 Std., im März; S. 414) zur Entfaltung. Die neu gebildeten Ausläufer sind daher zunächst nicht blühfähig und werden erst im folgenden Winter vernalisiert. Bei bestimmten ausdauernden Gartenchrysanthemen muß der Kälteperiode ein Kurztag (S. 413) folgen, damit sie zur Blüte kommen; sie blühen daher jeweils im Herbst. Bei diesen Chrysanthemen kann der kälteinduzierte Blühstimulus nicht von einem vernalisierten Pfropfreis auf eine nichtinduzierte Unterlage übertragen werden, ja nicht einmal von einem lokal vernalisierten Vegetationskegel auf einen anderen, nichtvernalisierten derselben Pflanze.

Es gibt auch Pflanzenarten, die durch vorübergehende **Wärme**behandlung zur Beschleunigung des Blühens und Fruchtens angeregt werden (Baumwolle, Soja, Hirse).

Im einzelnen ist über die biochemischen Vorgänge bei der Vernalisation noch wenig bekannt.

Temperaturempfindliche Phasen. Zuweilen treten im normalen Entwicklungsablauf der Pflanzen temperaturempfindliche Phasen auf. So wird z.B. bei Petunien das Farbmuster der fertig ausgebildeten Blüte durch die Temperatur bestimmt, die während einer kurzdauernden Entwicklungsphase der Knospen herrscht. Das in den Tropen oft beobachtete gleichzeitige massenhafte Blühen gewisser Orchideen und anderer Pflanzen (z.B. Kaffee, Bambus-Arten) scheint ebenfalls auf der Nachwirkung eines kurzdauernden Kältereizes (Abkühlung durch starke Gewitterregen nach trockener Periode) zu beruhen, der die Weiterentwicklung der Blütenknospen synchronisiert.

2. Die Wirkung des Lichtes

Auch das Licht übt mannigfaltige, häufig sehr tiefgreifende Signalwirkungen auf das Wachstum und die Entwicklung der Pflanzen aus.

Photomorphogenese

Photomorphosen, d.h. lichtinduzierte Formänderungen, können auch bei Pflanzen oder Pflanzenteilen auftreten, die nicht photoautotroph sind.

Die geeignetsten Entwicklungsstadien zum Studium morphogenetischer Wirkungen des Lichtes sind solche, die sich aus reservestoffreichen Sporen, Samen, Knollen, Zwiebeln u.ä. entwickeln und daher längere Zeit ohne Lichtzufuhr für die Photosynthese wachsen können.

Kultiviert man z.B. Pflanzen gleicher genetischer Ausstattung unter sonst gleichen Bedingungen und bei ausreichender Ernährung einerseits im Licht, andererseits im Dunkeln, so treten bei der im Dunkeln gehaltenen Pflanze charakteristische Veränderungen auf, die man als **Vergeilung** (Etiolierung, Etiolement) bezeichnet: Bei Dicotyledonen werden die Internodien und oft auch die Blattstiele sehr lang, während die Blattspreiten rudimentär bleiben (Abb. 425); oft öffnet sich auch der Hypocotylhaken (die Krümmung des Hypocotyls bei jungen Keimlingen) nicht. Weiterhin werden

kaum Festigungselemente und Leitbündel ausgebildet, auch unterbleibt meist die Pigment-
synthese (Chlorophyll, Carotinoide, Anthocyane). Die Zartheit etiolierter Sprosse oder
Blätter ist z.B. vom Spargel oder vom Endiviensalat *(Cichorium)* bekannt. Bei manchen Monocotylen werden beim Etiolement weniger die
Sproßachsen als vielmehr die Blätter stark
verlängert.

An physiologischen Kennzeichen des Etiole-
ments wären bei Keimsprossen zu nennen die
schwache Ausprägung des negativen Gravitropismus (S. 459) und die starke Ausprägung der
positiv phototropischen (S. 453) Empfindlichkeit.

Der ökologische Nutzen dieser Vergeilungs-
phänomene besteht darin, daß die Pflanze im
Dunkeln (z.B. im Boden oder in Felsritzen) alle
verfügbaren Baustoffe dazu verwendet, um die
Assimilationsorgane an das Licht zu bringen.

Schon eine tägliche Belichtungszeit von wenigen Minuten lenkt die Entwicklung zur Ausbildung der normalen Pflanzengestalt (Deetiolierung): Reduktion des Internodienwachstums, Wachstum der Blattspreiten, Synthese

von Farbstoffen, Verholzung, Ausbildung von
Leitbündeln usw.

Photomorphosen gibt es bei den meisten
Pflanzen: Bei dem Flagellaten *Chlamydomonas*
(S. 581) wird z.B. die Bildung der Geschlechtszellen durch Licht gesteuert. Bei manchen
Basidiomyceten werden bei Lichtabschluß die
Fruchtkörperstiele verlängert und die «Hüte»
reduziert. Farnsporen bilden bei der Keimung
im Dunkeln oder Rotlicht einen fädigen Zellschlauch (Protonema, wie bei Moosen) und erst
im Weiß- oder Blaulicht ein Prothallium.

Unter den Photomorphosen können **Photodifferenzierungen** und **Photomodulationen** unterschieden werden. Photodifferenzierungen
sind irreversible lichtinduzierte Änderungen,
z.B. die Öffnung des Hypocotylhakens. Photomodulationen dagegen sind voll reversibel:
nach Wegfall der Belichtung kehrt der Organismus bzw. das Organ in den Ausgangszustand
zurück (z.B. bei der photonastischen Reaktion
der Fiederblättchen von *Mimosa pudica*, S. 468).
Photodifferenzierungen sind stets auf eine differentielle Photoregulation der Genaktivität zurückzuführen, während Photomodulationen
wohl immer andere Ursachen, z.B. Membraneffekte, haben.

Die Photomorphosen sind abhängig von verschiedenen «Steuerpigmenten»: Bei Pilzen, wo
meist nur der Spektralbereich < 520 nm Wellenlänge wirksam ist, werden z.B. Carotinoide,
Flavine oder auch Phytochrom mit seinen
(schwachen) Absorptionsbanden im Blau- oder
UV-Bereich in Betracht gezogen. Bei allen grünen oder potentiell grünen Pflanzen ist aber
Phytochrom universell verbreitet und das
ausschlaggebende Pigment für die Reception des
Lichtreizes und die daraus resultierende Photomorphogenese.

Das Phytochrom-System
(reversibles Hellrot/Dunkelrot-System)

Das Spektrum einer Phytochromwirkung
wurde erstmals bei der Analyse der spektralen
Empfindlichkeit von Licht- und Dunkelkeimern
erhalten. Lichtkeimer oder positiv photo-
blastische Samen müssen im gequollenen Zustand ein Lichtsignal bekommen, um keimen
zu können, während die Keimung der –
selteneren – Dunkelkeimer durch Licht gehemmt wird. Bei den positiv photoblastischen
Früchten (Achänen) des Kopfsalats (*Lactuca
sativa* cv. Grand Rapids) stimuliert Hellrot
(HR)-Strahlung (optimal nahe der Wellenlänge

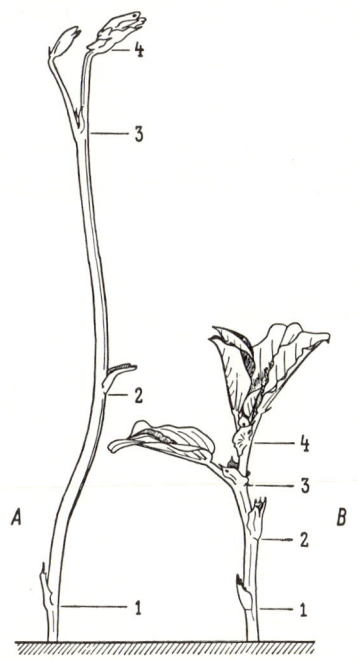

Abb. 425: Keimpflanzen von *Vicia faba* im Alter von
3 Wochen, A im Dunkeln, B im Licht herangewachsen. Die Zahlen bezeichnen einander entsprechende
Knoten. (Ca. $^1/_3$ ×, nach Schumacher)

von 660 nm) die Keimung (Abb. 426). Später wurde gefunden, daß die Hellrot-Induktion dieser wie aller anderen, durch Phytochrom gesteuerten Photomorphosen (vgl. Tab. 38), die alle ähnliche Wirkungsspektren haben, durch nachfolgende Bestrahlung mit dunkelrotem Licht (DR) (Maximum der Wirkung nahe der Wellenlänge 730 nm) rückgängig gemacht wer-

den kann: Hellrot/Dunkelrot-Antagonismus des Phytochroms. Bei Wechselbestrahlungen mit HR und DR entscheidet die zuletzt gebotene Lichtqualität über den Effekt (Tab. 39), solange die Photodifferenzierung noch nicht eingesetzt hat (die Lichtkeimer z. B. noch nicht gekeimt sind).

Die HR- wie die DR-Effekte sind exponentiell abhängig von der zugeführten Photonendosis (d. h. es gilt das Reizmengengesetz, vgl. S. 443, 461); sie sind im Bereich von 0 bis 40 °C temperaturunabhängig. In trockenen Geweben sind Photoinduktion wie -reversion kaum zu erzielen, dagegen bleibt der jeweilige Induktionszustand über Austrocknungsphasen erhalten. Bei 25 °C wird die HR-Induktion mit einer Halbwertzeit von etwa 1 Std gelöscht.

Es zeigte sich, daß das Steuerpigment dieser Photomorphosen, das **Phytochrom,** in zwei relativ stabilen Formen existiert, die in einer Photoreaktion 1. Ordnung (d. h. die Reaktionsgeschwindigkeit ist proportional der Konzentration nur **einer** reagierenden Substanz) reversibel ineinander überführt werden können (Abb. 427). R (auch P_{660}, P_{HR} oder P_r genannt) bedeutet die Hellrot-absorbierende, physiologisch inaktive Form des Phytochroms, die im Dunkeln (z. B. in etiolierten Keimlingen) aus-

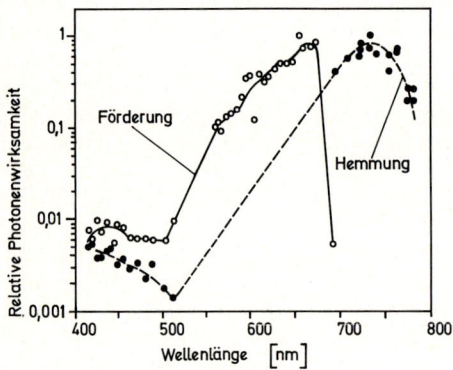

Abb. 426: Logarithmische Wirkungsspektren für die Photoregulation der Keimung von Kopfsalat-Achänen. (Aus HARTMANN u. HAUPT)

Tab. 38: Einige Photomorphosen des Senfkeimlings *(Sinapis alba),* die durch das Phytochromsystem (F als Effektor) gesteuert werden. (Nach MOHR)

Hemmung des Hypocotyl-Längenwachstums
Hemmung des Transports aus den Cotyledonen
Flächenwachstum der Cotyledonen
Entfaltung der Lamina der Cotyledonen
Haarbildung am Hypocotyl
Öffnung des Hypocotyl-Hakens
(= Plumula-Hakens)
Entwicklung der Primärblätter
Bildung von Folgeblatt-Primordien
Steigerung der negativ gravitropischen Reaktionsfähigkeit des Hypocotyls
Bildung von Xylemelementen
Differenzierung der Stomata in der Epidermis der Cotyledonen
Bildung von «Plastiden» im Mesophyll der Cotyledonen
Änderungen der Intensität der Zellatmung
(= O_2-Aufnahme)
Synthese von Anthocyan
Steigerung der Ascorbinsäure-Synthese
Steigerung der Chlorophyll a-Akkumulation
Steigerung der RNA-Synthese in den Cotyledonen
Steigerung der Protein-Synthese in den Cotyledonen
Intensivierung des Abbaus der Speicherfette
Intensivierung des Abbaus der Speicherproteine

Tab. 39: Revertierbarkeit der Keiminduktion von Salatachänen durch Verschiebung des R/F-Verhältnisses im Phytochromsystem durch Hellrot bzw. Dunkelrotbestrahlung (jeweils 5 min mit Bestrahlungsstärken von 1 Wm^{-2}-HR- bzw. 5 Wm^{-2}-DR). (Nach BORTHWICK, HENDRICKS, PARKER, TOOLE u. TOOLE)

Bestrahlungsfolge	Keimungsrate in %
HR	70
HR + DR	6
HR + DR + HR	74
(HR + DR)$_2$	6
(HR + DR)$_2$ + HR	76
(HR + DR)$_3$	7
(HR + DR)$_3$ + HR	81
(HR + DR)$_4$	7

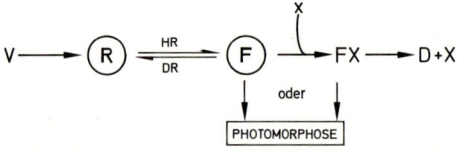

Abb. 427: Schema der Umsetzungen im Phytochromsystem. Nähere Erläuterungen im Text.

schließlich vorliegt. F (auch P_{730}, P_{DR} oder P_{fr} = phytochrome$_{far red}$) ist dagegen die physiologisch aktive, Dunkelrot absorbierende Form des Pigments. Durch HR wird R in F, durch DR dagegen F in R umgewandelt.

Aufgrund der Spektren der Phytochromwirkungen und der Absorptionsspektren von isoliertem Phytochrom in der R- und F-Form (Abb. 428) konnte geschlossen werden, daß R ein blaugrünes, F dagegen ein gelbgrünes Pigment sein muß, deren Absorptionsspektren sich im blauen und roten Spektralbereich überlappen. Das Phytochrom erwies sich chemisch als ein Chromoprotein, dessen kovalent gebundene chromophore Gruppe ein offenkettiges Tetrapyrrol ist, also den Phycobilinen (S. 235) oder auch den tierischen Gallenfarbstoffen nahesteht (Abb. 429).

Beim Übergang R → F erfolgt eine Protonierung des Chromophors von R und auch eine (dadurch induzierte) Konformationsänderung des Proteins.

Die Konzentration des Phytochroms ist am höchsten in den Meristemen etiolierter Pflanzen; sie geht in ausdifferenzierten etiolierten Geweben auf etwa 10% der Meristemwerte zurück (auf etwa 10^{-7} M) und fällt bei der Deetiolierung durch Weißlicht innerhalb einiger Stunden auf < 1% der Meristemwerte. R scheint in der Zelle im Cytoplasma weitgehend diffus verteilt zu sein, sieht man von der offenbar hochgeordneten Lokalisierung im Plasmalemma, zumindest bei einigen Objekten (S. 452), ab. F hingegen scheint schon innerhalb einer Minute nach seiner Bildung an Partikel (Membranteile?; allgemein als X bezeichnet) gebunden zu werden und evtl. erst in dieser Bindung (als FX) seine Wirkung zu entfalten. Die diffuse Verteilung von R nach Rückbildung aus F erfordert dagegen längere Zeit (bei 25 °C etwa 2 Std).

Phytochrom ist in der F-Form (bzw. als FX) einer Dunkeldestruktion unterworfen, die vom oxidativen Stoffwechsel abhängt und zu einem biologisch inaktiven Produkt führt (D in Abb. 427). Die Geschwindigkeit dieser Umwandlung ist bei Monocotylen um mindestens eine Zehnerpotenz schneller als bei Dicotylen. Das Phytochromsystem (R + F) in der Zelle wird auf diese Weise laufend dezimiert; dies wird im Gleichgewicht kompensiert durch eine Neusynthese der R-Form aus unbekannten Vorstufen (V in Abb. 427). Bis zu 50% des gesamten Phytochroms können sich im übrigen in Zwischenformen zwischen R und F befinden und auf diese Weise der Dunkeldestruktion entzogen sein.

Sonnenlicht enthält HR und DR zu etwa gleichen Teilen. Es führt zu einem R/F-Gleichgewicht, das bis zu 50% F enthält, jedenfalls immer mehr als im Dunkeln. Das Sonnenlicht wirkt daher morphogenetisch wie Hellrot. Phytochrom registriert (durch Verschiebung der Konzentration von F) die Lichtintensität (den Photonenfluß), die spektrale Verteilung

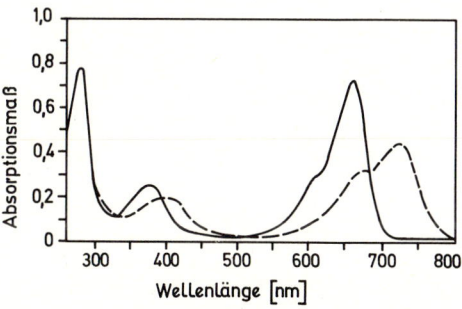

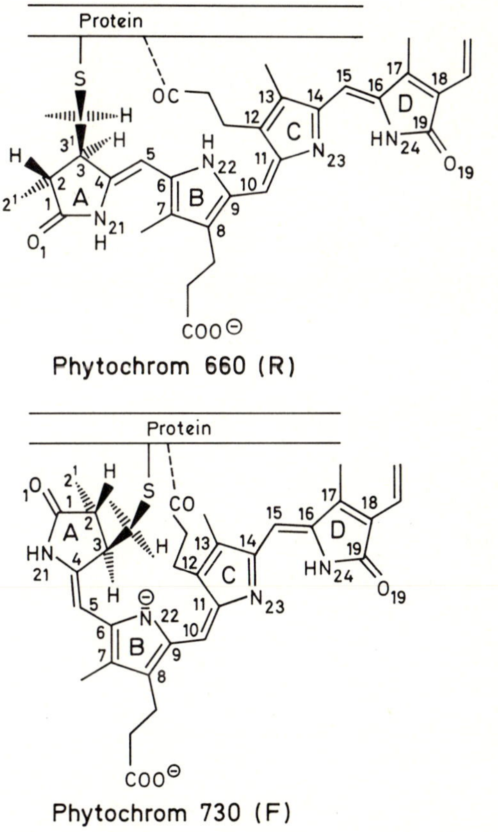

Abb. 428: Absorptionsspektren von extrahiertem Haferphytochrom nach saturierender Bestrahlung mit 740 nm (ausgezogen; Spektrum von R) bzw. 600 nm (gestrichelt; Spektrum von F). (Nach MUMFORD u. JENNER, aus HARTMANN u. HAUPT)

Phytochrom 660 (R)

Phytochrom 730 (F)

Abb. 429: Strukturformel für die beiden Formen (R bzw. F) des Phytochroms. (Original von RÜDIGER)

und u.U. (bei spezifischer Anordnung, vgl. S. 452) auch die Schwingungsrichtung linear polarisierten Lichtes räumlich (z.B. in den verschiedenen Blattetagen eines Bestandes) und zeitlich. Es ermöglicht so als «intracelluläres Auge» durch induzierte Photodifferenzierung oder Photomodulation eine Anpassung des Organismus an die Lichtverhältnisse der Umgebung. Receptororgane der Höheren Pflanzen sind dabei die Laubblätter, im blattlosen Zustand die Knospen.

Es wurde bereits erwähnt, daß es vermutlich mehrere primäre Angriffspunkte für das biologisch aktive Phytochrom (F bzw. FX) gibt. Viele seiner Wirkungen können wohl nur über differentielle Genaktivierungen erklärt werden, z.B. die Ingangsetzung ganzer Syntheseketten durch die Induktion der beteiligten Enzyme. So wird z.B. durch HR-Bestrahlung häufig die Anthocyansynthese angeregt (Tab. 38), wobei die Bildung der Schlüsselenzyme Phenylalanin-Ammonium-Lyase (PAL) und Zimtsäure-4-Hydroxylase (vgl. S. 363) eingeleitet wird. Unterdrückt wird durch F dagegen das Enzym Lipoxygenase, das ungesättigte Fettsäuren unter Peroxidbildung oxidiert. Oft ist aber schwer zu entscheiden, ob es sich bei den Phytochromwirkungen tatsächlich um Genregulationen handelt.

In manchen Fällen ist die Phytochromwirkung sicher nicht auf eine differentielle Genaktivierung zurückzuführen. Dies gilt z.B. für die Steuerung von Blattbewegungen (vgl. Abb. 508, S. 468) oder für schnelle Änderungen der Membranpermeabilität. Bei diesen Phänomenen wirkt das Phytochrom wahrscheinlich direkt auf die Membranen, u. zw. in einer noch ganz unbekannten Weise.

Hochintensitätsphänomene. Die vom Phytochrom gesteuerten Photomorphosen sind durch kurzzeitige Belichtung mit niedrigen Intensitäten induzierbar. Bei mehrstündiger Bestrahlung mit hohen Intensitäten, wie sie in der Natur normal sind, treten häufig sog. Hochintensitätsphänomene (HIP) in den Vordergrund, deren Empfindlichkeitsmaxima meist im ultravioletten, blauen und dunkelroten Spektralbereich liegen (Abb. 430). Über die steuernden Pigmente gibt es z. Zt. verschiedene Hypothesen:

a. Das verantwortliche, noch unbekannte Pigment (vielleicht Chlorophyll) wirkt ganz unabhängig vom Phytochrom;

b. die Steuerung erfolgt durch Phytochrom und ein unbekanntes Pigment;

c. Phytochrom ist das steuernde Pigment, wobei eine Energieübertragung von einem unbekannten Pigment auf Phytochrom erfolgt:

d. Phytochrom ist das einzige an den HIP beteiligte Pigment.

Einfluß des Lichtes auf Polarität und Dorsiventralität

Soweit die **Polarität** der Zellen durch Außenfaktoren bestimmt wird, spielt Licht neben der Schwerkraft eine ausschlaggebende Rolle. (Einzelheiten finden sich auf S. 429ff.) Auch die Dorsiventralität von Geweben und Organen wird vielfach als Photomorphose durch das Licht determiniert.

So bestimmt bei den Brutkörpern des Lebermooses *Marchantia* (vgl. S. 700) in erster Linie das Licht, welche Seite des Thallus zur Oberseite und welche zur Unterseite determiniert wird. Bei vielen Farnprothallien werden nur auf der vom Licht abgewendeten Seite Geschlechtsorgane sowie Rhizoide gebildet (Abb. 774, S. 719). Bei vielen Bäumen wird dadurch, daß nur die Knospen der Lichtseite austreiben, der ganze Verzweigungshabitus bestimmt. Auch die Dorsiventralität der Seitenzweige mancher Coniferen (z.B. *Thuja, Thujopsis* u.a.) wird durch einseitig einfallendes Licht induziert, während in anderen Fällen (*Taxus, Picea*) die Schwerkraft entscheidet (s. S. 409).

Viele dorsiventrale Blätter von Laubbäumen lassen eine starke Abhängigkeit ihres anatomischen Baues und ihrer Funktionsstrukturen vom Lichtgenuß erkennen. Die «**Sonnenblätter**» der äußeren Laubkrone auf der besonnten Südseite pflegen höhere Palisadenzellen (manchmal sogar in mehreren Schichten übereinander) und ein höheres spezifisches Gewicht aufzuweisen als die «**Schattenblätter**» im Innern der Krone oder auf der Nordseite (Abb. 431). Schon die Knospen sind oft auf der Sonnenseite dicker. Sonnenblätter haben auch einen höheren Gehalt an löslichem Protein (auf Blattfläche wie auf Chlorophyllgehalt bezogen), was vor allem auf die höhere Konzentration von RubP-Carboxylase zurückgeht. Auch die Form von Blättern oder Sprossen kann durch das Licht beeinflußt

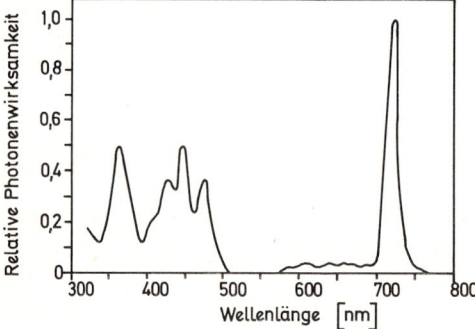

Abb. 430: Wirkungsspektrum für die Wachstumshemmung des Kopfsalat-Hypocotyls, ein Phytochrom-Hochintensitätsphänomen. (Aus HARTMANN u. HAUPT)

werden. *Campanula rotundifolia* bildet z.B. nur im schwachen Licht rundliche, in starkem Licht dagegen schmale Blätter aus, während bei *Opuntia* und *Nopalxochia* radiäre Sprosse im Starklicht zu Flachsprossen werden (Abb. 162 B, S. 143 u. Abb. 220, S. 193).

Auf die photoperiodischen Erscheinungen wird auf S. 413 ff. näher eingegangen.

3. Die Wirkung der Schwerkraft

Die Schwerkraft kann wie das Licht nicht nur Anlaß zu Orientierungsbewegungen der Pflanze im Raum geben (S. 459), sondern auch tiefgreifende morphogenetische Wirkungen hervorbringen (**Gravimorphosen**). So wird nicht nur die Polarität (S. 429 f.), sondern auch die Dorsiventralität mancher Organe durch die Schwerkraft mitbestimmt, wobei allerdings ein gleichzeitiger Lichteinfluß die Schwerewirkung meist überdeckt (**Anisophyllie**: Abb. 204 A u. B).

So kommt z.B. die Dorsiventralität von Eiben- und Tannenzweigen unter dem Einfluß der Schwerkraft

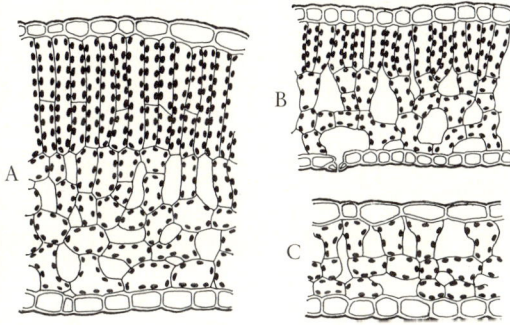

Abb. 431: Querschnitt durch ein Laubblatt von *Fagus sylvatica*. A Sonnenblatt. B Blatt mittleren Lichtgenusses. C Schattenblatt. (Ca. 340 ×, nach Kienitz-Gerloff)

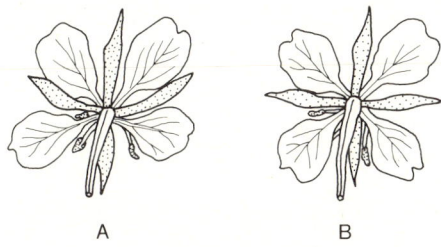

Abb. 432: Ansicht der Blüten von *Epilobium angustifolium* von hinten. A Entwicklung in natürlicher Lage. B Entwicklung auf dem Klinostaten (vgl. Abb. 497, S. 460). (Nach Schumacher)

zustande. Manche dorsiventralen Blüten, z.B. die von *Epilobium*, *Gladiolus* oder *Hemerocallis*, werden radiärsymmetrisch, wenn ihre Knospen dem einseitigen Wirken der Schwerkraft, etwa auf einem Klinostaten (Abb. 497), entzogen werden (Abb. 432). Unter den gleichen Bedingungen unterbleibt auch die Torsion der Orchideenfruchtknoten. Auch die Ausbildung von Zug- und Druckholz (S. 461) ist eine Gravimorphose.

Karottenzellen können sich aber auch unter Ausschaltung der Schwerkraft (im Satelliten) zu normalen Embryonen entwickeln.

4. Einflüsse anderer Außenfaktoren (Xeromorphosen, Hydromorphosen, Trophomorphosen)

Verschiedene weitere Standortfaktoren können die Pflanzengestalt ebenfalls stark modifikatorisch beeinflussen. So prägt sich insbesondere die Wasserversorgung oft auffällig in der Gestalt und Struktur der Pflanzen aus.

Auf trockenen Böden beobachtet man oft typischen Kümmerwuchs (**Nanismus**), in trockener Luft eine Verdickung der Cuticula, eine Verkleinerung der Zahl der Spaltöffnungen pro Flächeneinheit und eine stärkere Ausbildung der Gefäße und Festigungselemente (**Xeromorphosen**). In feuchter Atmosphäre dagegen werden vielfach Internodien und Blattstiele verlängert, die Blattflächen groß, dünn und fast ganzrandig, die Behaarung spärlich (**Hydromorphosen**).

Nicht alle bei Trockenheit anzutreffenden xeromorphen Merkmale brauchen allerdings ausschließlich eine Folge des Wassermangels zu sein, da z.B. auch ein an solchen Standorten oft ebenfalls auftretender Mangel an Nährsalzen, vor allem an Stickstoff, ähnliche Xeromorphosen hervorrufen kann.

Einflüsse der Ernährung (**Trophomorphosen**) lassen sich am leichtesten bei der Entwicklung von Heterotrophen studieren. So bildet z.B. der Pilz *Basidiobolus ranarum* in einer Nährlösung, die Zucker und Pepton enthält, verzweigte Hyphen mit Querwänden, während in einem Medium mit Zucker und Ammoniumsalzen abgerundete, dickwandige Zellen entstehen, die sich unregelmäßig nach allen Richtungen des Raumes teilen. Bei vielen Pflanzen, insbesondere bei vielen Niederen, kann auch die Ausbildung von Fortpflanzungsorganen bzw. die Fortdauer des vegetativen Wachstums durch die Ernährungsverhältnisse willkürlich beeinflußt werden (vgl. z.B. S. 587).

Bei Höheren Pflanzen spielt, vor allem in dichten Gesellschaften, auch die gegenseitige Konkurrenz um Licht, Wasser und Nährstoffe eine maßgebende Rolle für Wachstum und Entwicklung.

Wieweit zudem noch andere Einflüsse wie Wurzel- oder Blattausscheidungen, Auswaschung von anorganischen oder organischen Stoffen aus frischem wie abgefallenem Laub durch Regen, der diese Substanzen wieder in den Boden bringt, Bildung antibiotischer Stoffe oder von Drüsensekreten und andere Wechselwirkungen zwischen benachbarten Pflanzen (**Allelopathische Beziehungen**) in der Natur von größerer Bedeutung sind, ist noch nicht eindeutig geklärt.

Daß auch bei Symbiosen eine starke wechselseitige morphogenetische Beeinflussung der beiden Partner stattfindet, ist schon erwähnt worden. Die Sporen mancher parasitischer Pilze und auch manche Samen Höherer Parasiten, z.B. die von *Lathraea* oder *Orobanche*, keimen nur, wenn ihre Wirtspflanzen in der Nähe sind (vgl. S. 207); von diesen müssen demnach stoffliche Wirkungen ausgehen. Auch manche Pollenkörner keimen nur in Gegenwart bestimmter, im Narbensekret normalerweise vorhandener Stoffe. Bei *Nymphaea*-Pollen muß z.B. u.a. Borat anwesend sein.

Zuweilen kann schon allein der körperliche Kontakt mit irgendwelchen Gegenständen der Umwelt morphogenetische Wirkungen haben (**Thigmomorphosen**). So bilden manche Algen bei der Berührung mit der Unterlage Rhizoide, die Ranken von *Parthenocissus* Haftscheiben (Abb. 235 C), *Cuscuta*-Sprosse Vorstufen von Haustorien (Appressorien). Ranken, die eine Stütze umfaßt haben, verdicken sich an der berührten Stelle. Die zunächst frei herabhängenden, dünnen Luftwurzeln epiphytischer *Ficus*-Arten beginnen bei Berührung der Wurzelspitze mit dem Erdboden sekundär in die Dicke zu wachsen und stammartige Stützen zu bilden (vgl. S. 852). Manche Pilze entwickeln im Dunkeln nur dann normale «Hüte», wenn ihre Fruchtkörper irgendeinen Gegenstand berührt haben. In allen diesen Fällen spielt wohl eine chemische Einwirkung vonseiten des berührten Substrates keine Rolle.

D. Biologische Rhythmen und biologische Zeitmessung

Viele Leistungen eines Organismus, seien es Stoffwechsel-, Wachstums- und Entwicklungs- oder Bewegungsvorgänge, verlaufen nicht einförmig, sondern rhythmisch. Die Periodendauer dieser Rhythmen, d.h. die Zeit zwischen zwei gleichen Zuständen, kann im Sekunden- oder Minutenbereich liegen (z.B. Rotation der Seitenblättchen von *Desmodium gyrans*, Abb. 522, S. 478, etwa 30 sec). Derartige Kurzzeitrhythmen werden stets von endogenen cyclischen Vorgängen gesteuert, weil es keine Umweltfaktoren gleicher Frequenz gibt. Längere Rhythmen laufen meist synchron mit periodischen Schwankungen der Umweltbedingungen: Die Gezeitenrhythmik vieler Meeresorganismen (synchron mit dem 12,4 stündigen Wechsel von Ebbe und Flut), die weitverbreitete Tagesrhythmik (synchron mit der 24 stündigen Erddrehung), die vor allem· bei Tieren, aber auch z.B. Braunalgen (S. 613) auftretende Lunarrhythmik (synchron mit dem 29,5 tägigen Mondphasenwechsel) und schließlich die Jahresrhythmik (synchron mit dem Wechsel der Jahreszeiten).

Bei Pflanzen spielt vor allem die Tages- und Jahresrhythmik eine entscheidende Rolle, weshalb beide im folgenden näher erläutert werden sollen.

Tab. 40: Beispiele für circadiane Rhythmen bei Pflanzen. (Nach Wilkins)

Pflanzengruppe	Organismus	Rhythmus
Photosynthetisierende Flagellaten	*Gonyaulax polyedra*	Luminescenz, Photosyntheserate, Wachstum
Algen	*Euglena gracilis*	Phototaxis
	Hydrodictyon reticulatum	Photosynthese, Atmung
	Oedogonium cardiacum	Sporenbildung
	Acetabularia major	Photosyntheserate
Pilze	*Sclerotinia fructigena*	Conidienbildung (Abb. 709B, S. 659)
	Daldinia concentrica	Sporenausschleuderung
	Pilobolus sphaerosporus	Sporangienabschuß
	Neurospora crassa	Wachstum
Farngewächse	*Selaginella serpens*	Plastidengestalt
Samenpflanzen	*Phaseolus multiflorus*	Blattbewegung
	Kalanchoe blossfeldiana	Blütenblattbewegung (Abb. 433)
	Avena sativa	Wachstum der Coleoptile
	Bryophyllum fedtschenkoi	CO_2-Fixierung im Dunkeln (Abb. 435)

Bei den umweltsynchronen Rhythmen kann ohne Experiment nicht gesagt werden, ob sie nur exogen durch die rhythmisch wechselnden Außensignale in Gang gehalten werden, oder ob sie, in Analogie zu den Kurzzeitrhythmen, durch einen endogenen cyclischen Prozeß, ein inneres zeitmessendes System (innere Uhr, physiologische Uhr) kontrolliert und bedingt sind (**endogene Rhythmen**). Direkt exogen gesteuert sind z.B. die photonastischen und thermonastischen Bewegungen etwa der Blütenblätter (*Tulipa, Bellis*; vgl. S. 467).

1. Tagesrhythmen (Circadiane Rhythmik)

Endogene tagesrhythmische Phänomene sind im Pflanzenreich häufig (Tab. 40). Sie sind durch folgende Merkmale charakterisiert:

a) Sie laufen auch unter konstanten Außenbedingungen (Dauerdunkel oder Dauerlicht, Temperatur- und Feuchtigkeitskonstanz) noch wochen- (bei Pflanzen meist 1–2 Wochen) bis monatelang (vielfach bei Tieren) weiter, wobei die Schwingungsamplitude in manchen Fällen langsam abnimmt (Abb. 433 u. 435).

b) Die Periodenlänge dieser unter konstanten Bedingungen weiterlaufenden («freilaufenden») Schwingungen liegt nicht immer genau bei 24 Stunden, auch wenn die Periode unter natürlichen Bedingungen genau 24 Stunden beträgt. So bewegten sich die Blätter von *Phaseolus multiflorus* in einem Versuch (bei 25 °C) mit einer endogenen Periodenlänge von 28,0 Stunden, während der CO_2-Ausstoß von abgeschnittenen *Bryophyllum*-Blättern bei der gleichen Temperatur eine Periodenlänge von nur 22,4 Stunden aufwies. Beim Übergang vom exogen einregulierten 24 Stunden-Rhythmus zum «reinen» endogenen Rhythmus verschiebt sich die Periodenlänge allmählich (Abb. 434). Diese Abweichung der Periode der «freilaufenden» von den in natürlicher Umgebung auftretenden Rhythmen wird als stärkstes Indiz für das Vorhandensein einer endogenen Rhythmik be-

trachtet. Da die endogene Rhythmik nur ungefähr einer Tageslänge entspricht, werden derartige periodische Vorgänge auch als **circadiane Rhythmen** bezeichnet (circa = ungefähr; dies = Tag).

c) Der rhythmische Vorgang kann durch ein einziges Signal in Gang gesetzt werden.

Hält man z.B. Bohnenkeimlinge von der Keimung an im Dauerdunkel (bzw. Dauerlicht), so fangen die Blätter erst dann an, sich rhythmisch zu bewegen, wenn sie in Licht (oder Dunkelheit) übertragen werden. Die Periodenlänge dieser Bewegungen beträgt

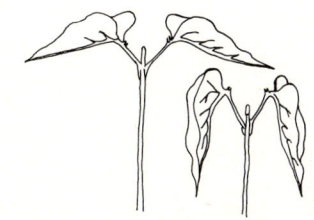

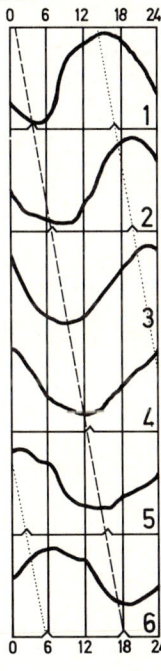

Abb. 434: Blattbewegungen von *Phaseolus multiflorus* im Dauerschwachlicht während 6 Tagen. Oben: das Phänomen. Im Diagramm gibt die Abszisse die Uhrzeit, die Keile auf den Abszissen die Lage der Maxima und Minima an. Die schrägen Linien markieren das tägliche Weiterrücken der Maxima (punktiert) und der Minima (gestrichelt) um 3 Stunden. Daraus ergibt sich eine Periodenlänge der endogenen Rhythmik von 27 Stunden. (Nach BÜNNING u. TAZAWA, AUS LIBBERT)

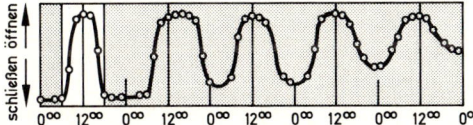

Abb. 433: Fortlaufende rhythmische Bewegungen der Blütenblätter von *Kalanchoe blossfeldiana*, mit abnehmender Amplitude der Schwingungen. Dunkelperioden punktiert. (Nach BÜNSOW)

unter natürlichen Bedingungen auch dann 24 Std., wenn der Mutterpflanze zuvor ein abweichender Rhythmus aufgezwungen war (s. u.). Hafercoleoptilen wachsen bei Rotlicht und konstanter Temperatur gleichförmig und gehen dann zu rhythmischem Wachstum über, wenn sie 40–50 Std. nach der Quellung verdunkelt werden. Bei dem einzelligen Dinoflagellaten *Gonyaulax polyedra*, der Meeresleuchten erzeugt, genügt nach 3 Jahren arhythmischer Kultur im Dauerlicht ein einziger Wechsel der Lichtintensität, um einen circadianen Rhythmus des Leuchtens »anzustoßen».

d) Circadiane oscillierende Systeme können in ihrer Periode durch überlagernde äußere Schwingungen «verstellt» («mitgenommen») werden. Bei Temperaturkonstanz können auf diese Weise Periodenlängen von 6 bis 36 Stunden erzwungen werden.

Das Ausmaß der Verschiebung scheint zumindest in bestimmten Fällen von der Stärke des einwirkenden «Zeitgebers» abhängig zu sein. So kann die Mitnahme der endogenen circadianen Rhythmik der CO_2-Freisetzung von *Bryophyllum*-Blättern durch eine Lichtintensität von $10 \, W \cdot m^{-2}$ bei 3:3, 6:6 und 8:8 Std.-Licht/Dunkel-Rhythmen erfolgen, bei $5 \, W \cdot m^{-2}$ nur bei 6:6 und 8:8 Std. und bei $1 \, W \cdot m^{-2}$ nur noch im 8:8 Std.-Cyclus. Werden die oscillierenden Systeme aus den aufgezwungenen Rhythmen in den natürlichen 24 Std.-Rhythmus zurückgebracht, so tritt der endogene circadiane Rhythmus wieder zutage (Abb. 435). Im übrigen ist auch die Einstellung der vom 24 Std.-Rhythmus oft abweichenden endogenen Rhythmen in eine exakte 24 Std.-Periode als «Mitnahme» zu betrachten.

Äußere Zeitgeber (z.B. Licht/Dunkel- oder Temperaturwechsel, auch periodische Konzentrationsänderung des Kulturmediums) kann man dazu benutzen, um bei Kulturen einzelliger Organismen (z.B. Algen) den Wachstums- und Entwicklungsrhythmus

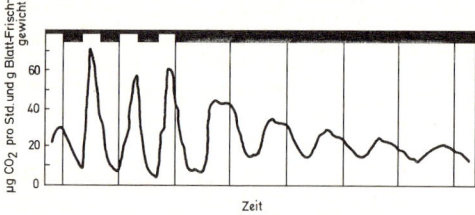

Abb. 435: Rhythmus der CO_2-Abgabe der Blätter von *Bryophyllum* (CAM-Pflanze, vgl. S. 262 ff.). Zunächst durch entsprechende Licht-Dunkelwechsel (8:8 Stunden) aufgezwungene Periodik, dann Übergang zum endogenen Rhythmus bei Dauerdunkel (mit abnehmender Amplitude). Temperatur 25 °C. Dunkelzeiten schwarz gekennzeichnet. Die senkrechten Striche markieren jeweils Mitternacht. (Nach WILKINS)

aller Zellen zu synchronisieren. Da sich in diesen «Synchronkulturen» alle Zellen gleichzeitig teilen, gleichzeitig ihre DNA verdoppeln, gleichzeitig sporulieren usw., sind diese Kulturen vorzüglich geeignet, physiologische Prozesse an Zellpopulationen statt an Einzelzellen zu studieren.

e) Die circadianen Rhythmen sind abhängig vom oxidativen Stoffwechsel, d.h. sie werden nach einigen Stunden Sauerstoffabschluß eingestellt. Es gibt auch Hinweise, daß bei dem circadianen Sporulationsrhythmus von *Neurospora* eine intakte Proteinsynthese an 80 S-Ribosomen notwendig ist. Um so erstaunlicher ist der geringe Einfluß der Temperatur auf die Frequenz der endogenen Rhythmen: der Q_{10} (S. 270) beträgt hier nur 0,8–1,03.

Die physiologische Uhr. Der endogene Oscillator, der mit konstanter Geschwindigkeit zwischen zwei Extremzuständen hin und her schwingt, ist wohl kaum eine Substanz, sondern vermutlich eine Reaktionssequenz unbekannter Art, die auf noch rätselhafte Weise wohl nicht direkt temperaturunabhängig, sondern vielmehr gegen Temperaturschwankungen kompensiert ist.

Während die physiologische Uhr in Einzellern jeder Zelle zukommt, könnte sie bei vielzelligen Pflanzen – wie bei manchen Tieren (z.B. *Periplaneta americana*, einer Schabe) nachgewiesen – auf bestimmte Zellen beschränkt sein.

Bei *Phaseolus* z.B. kommt es zu den periodischen Turgoränderungen in den Blattstielknoten und damit zur Blattbewegung nur, wenn die Spreite vorhanden ist; vermutlich kommt das Signal also von dort. Die circadiane Periodizität im CO_2-Umsatz von *Bryophyllum*-Blättern ist aber nicht auf bestimmte Teile des Blattes beschränkt; sie läuft sogar noch in Gewebekulturen der Mesophyllzellen ab.

Auch die wichtige Frage nach der intracellulären Lokalisation der physiologischen Uhr läßt sich noch nicht eindeutig beantworten. Auf der einen Seite geht in kernlosen *Acetabularia*-Zellen (S. 381) die Photosyntherhythmik im Dauerlicht weiter und kann auch noch durch entsprechende Lichtperioden im Sinne einer «Mitnahme» verschoben werden; andererseits aber zwingt ein transplantierter Zellkern der übrigen Zelle seine mitgebrachte Rhythmik auf (Abb. 436). Der circadiane Oscillator scheint demnach zumindest bei diesem Objekt im Cytoplasma lokalisiert zu sein, aber bei Anwesenheit eines Zellkerns von diesem gesteuert zu werden.

Mit Hilfe der physiologischen Uhr sind die Organismen in der Lage, Zeitmessungen durchzuführen. Bei Pflanzen dient sie vor allem zur Messung der Tageslänge und damit zur Erkennung der Jahreszeit. Mit diesen photoperiodischen Phänomenen befaßt sich der folgende Abschnitt.

2. Photoperiodisch induzierte Morphosen

Unter dem Kennwort Photoperiodismus werden diejenigen Morphosen zusammengefaßt, die durch die Dauer des einer Pflanze täglich zur Verfügung stehenden Lichtgenusses induziert und gesteuert werden. Dabei spielt die zugeführte Lichtenergie gegenüber dem Längenverhältnis der tagesperiodisch wechselnden Licht- und Dunkelzeiten eine völlig nebensächliche Rolle; es muß nur eine Schwellenintensität der Strahlung (10^{-3} bis 10^{-2} W·m^{-2}) überschritten werden. Vollmondlicht (ca. $5 \cdot 10^{-3}$ W·m^{-2}) kann demnach bereits photoperiodisch wirksam sein. Man unterscheidet dementsprechend zwischen sog. **Langtagpflanzen** oder **LTP**, die nur dann zur Blüte kommen bzw. mit anderen charakteristischen Morphosen reagieren, wenn die tägliche Bestrahlungsdauer eine artspezifisch festgelegte Minimalzeit, die sog. kritische Tageslänge, überschreitet, während andererseits die **Kurztagpflanzen** oder **KTP** nur dann zur Blütenbildung übergehen und mit einer

Reihe weitere Morphosen reagieren, wenn ihre artspezifische Tageslänge nicht überschritten wird (Abb. 437). Allerdings weisen keineswegs alle Pflanzenarten eine derartige Abhängigkeit von der jeweiligen Photoperiode auf, sehr viele Arten, insbesondere zahlreiche Kosmopoliten, pflegen nicht oder nur so wenig auf die tägliche Beleuchtungsdauer anzusprechen, daß man sie zunächst als sog. **Tagneutrale** zusammengefaßt hat (Tabelle 41).

Die **kritische Tageslänge** einer Kurztags-(KT-)Reaktion kann durchaus länger sein als die einer Langtags-(LT-) Reaktion. Bei der bestuntersuchten photoperiodischen Reaktion, der Blühinduktion, beträgt z.B. die kritische Tageslänge einer «klassischen» KTP, *Xanthium pennsylvanicum*, etwa 15½ Stunden (sie muß unterschritten werden, um Blütenbildung auszulösen), während die einer häufig studierten LTP, *Hyoscyamus niger*, etwa 11 Stunden beträgt (die für die Blühinduktion überschritten werden muß). Bei einer Tageslänge von 13 Stunden kommt also sowohl *Xanthium* als auch *Hyoscyamus* zur Blüte (vgl. auch Abb. 437).

Von der relativen Tages- bzw. Nachtlänge können außer der Blühinduktion u.a. beeinflußt werden: Der Beginn und das Ende von Ruheperioden, die Cambiumaktivität, die Wachstumsrate und die Internodienlänge, die Verzweigung, die Stecklingsbewurzelung, die Blattgestalt und die Blattsucculenz, die Bildung von Speicherorganen, wie z.B. der Kartoffelknolle, der Blattfall, die Pigmentbildung und die Frostresistenz.

Das ursprünglich recht einfache Konzept von nur drei nach ihrer photoperiodischen Reaktion hinsichtlich der Blütenbildung zu unterscheidenden Gruppen hat sich nach der genaueren Untersuchung

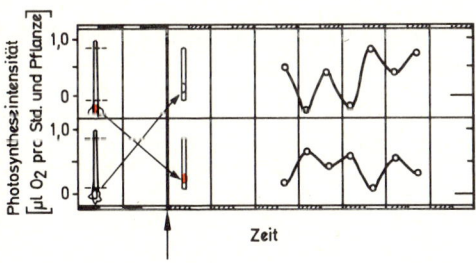

Abb. 436: Einfluß des Zellkernes auf den Rhythmus der Photosyntheseintensität bei *Acetabularia*. Zwei Kulturen wurden in Licht/Dunkel-Cyclen gehalten, deren Phase um 12 Stunden differierte. Dann wurden Zellkerne reziprok transplantiert (Zeitpunkt mit ↑ markiert) und die Algen dann in Dauerlicht gehalten (die Zeiten der vorherigen Licht- und Dunkelphasen sind jeweils noch schraffiert angegeben). Die senkrechten Linien markieren 24-Stunden-Abstände. Der Photosyntheserhythmus im Dauerlicht entspricht dem, den der jeweilige Zellkern vor seiner Transplantation aufgeprägt erhalten hatte. (Nach Schweiger u. Schweiger)

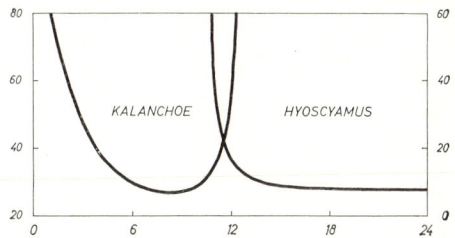

Abb. 437: Abhängigkeit der Entwicklung einer Kurztagpflanze *(Kalanchoe)* und einer Langtagpflanze *(Hyoscyamus)* von der Dauer der täglichen Belichtung. Abszisse: Tägliche Belichtung in Stunden. Ordinate: Links Tage bis zum Sichtbarwerden der Inflorescenzanlagen von *Kalanchoe*. Rechts Tage bis zum Beginn des Schossens von *Hyoscyamus niger*. (Nach Bünsow)

zahlreicher Arten und Sorten (insbesondere der Kultur- und Nutzpflanzen), als zu einfach erwiesen. So unterscheidet man heute zwischen qualitativen oder absoluten LTP bzw. KTP und quantitativen LTP bzw. KTP, da keineswegs alle Arten nach dem oben geforderten «Alles- oder Nichts-Prinzip» reagieren. Zahlreiche ursprünglich als «tagneutral» eingeordnete Arten oder Sorten blühen nämlich zwar bei allen praktisch vorkommenden Photoperioden (im Experiment häufig auch im Dauerlicht und in einigen Fällen bei entsprechender Ernährung sogar im Dauerdunkel; z.B. Hordeum, Raphanus, Cuscuta), werden aber durch Verlängerung der täglichen Belichtungsdauer bis hin zum Dauerlicht stark gefördert (**quantitative LTP**). Andere Arten hingegen, die gleichfalls selbst im Dauerlicht zur Blüte kommen, werden durch eine Verkürzung der Bestrahlungsdauer gefördert (**quantitative KTP**).

Neben den KTP und den LTP gibt es auch **Langkurztagpflanzen** (z.B. *Bryophyllum daigremontianum*, die Solanacee *Cestrum nocturnum*) und **Kurzlangtagpflanzen** (z.B. *Campanula medium*, *Trifolium repens*), die nacheinander zwei verschiedene Photoperioden benötigen, um zum Blühen zu kommen.

Eine Langkurztagpflanze wird bei uns unter natürlichen Bedingungen nur im Herbst-KT, nicht aber im Frühlings-KT, blühen.

Die Tageslänge ist auf der Erde nur am Äquator während des ganzen Jahres gleich. Hier können die Pflanzen demnach die Messung der Tageslänge nicht zur Orientierung über die Jahreszeit benutzen (es gibt hier ja auch keine biologisch wirksamen Jahreszeiten). Mit zunehmender geographischer Breite schwankt jedoch die Tageslänge im Laufe des Jahres immer stärker: Bei 30° N (Cairo, Delhi) zwischen 14 und 10 Std, bei 45° N (Bordeaux, Minneapolis) zwischen 15½ und 9 Std., bei 60° N (Stockholm, Leningrad) zwischen 19 und 6 Std. Innerhalb dieser Spannen muß also die kritische Tageslänge einer Pflanze liegen, wenn sie in einer der genannten Breiten zur Blüte kommen soll. Dabei haben sich innerhalb einer Art oft Varietäten verschiedenen photoperiodischen Verhaltens ausgebildet: Kulturvarietäten der Sojabohne aus nördlichen Breiten z. B. geben einen Maximalertrag nur in einem Band von 80 km der geographischen Breitenausdehnung, während solche aus südlicheren Breiten weniger spezifische Ansprüche an die Tageslänge haben. Aber auch tropische Pflanzen wer-

Tab. 41: Abhängigkeit der Blühinduktion von der Photoperiode bei verschiedenen Pflanzen

Langtagpflanzen (LTP)		Tagneutrale Pflanzen		Kurztagpflanzen (KTP)	
*Avena sativa		Agrimonia eupatoria		Cannabis sativa	
*Triticum aestivum		Cardamine amara		*Chrysanthemum indicum	
*Secale cereale		Cucumis sativus		*Chrysanthemum hort.	
*Alopecurus pratensis		Euphorbia lathyris		*Coffea arabica	
*Anthoxanthum odoratum		Fagopyrum vulgare		Dahlia variabilis	
*Festuca elatior		Helianthus tuberosus		*Glycine max	
*Lemna gibba		Pastinaca sativa		*Kalanchoe blossfeldiana	
*Lolium temulentum		Poa annua		*Lemna perpusilla	
*Phleum pratense		Senecio vulgaris		*Perilla ocymoides	
*Poa pratensis		Stellaria media		*Xanthium pennsylvanicum	
*Anagallis arvensis		Taraxacum officinale		Saccharum officinarum	
*Arabidopsis thaliana		Thlaspi arvense		*Setaria viridis	
*Begonia semperflorens				*Euphorbia pulcherrima	
*Beta vulgaris				*Amaranthus caudatus	
*Vicia sativa					
*Trifolium pratense					
*Hyoscyamus niger					
*Nicotiana tabacum	S.	Nicotiana tabacum	S.	*Nicotiana tabacum	S.
*Digitalis purpurea	S.	Digitalis purpurea	S.		
*Hordeum vulgare	S.	Hordeum vulgare	S.		
*Lactuca sativa	S.	Lactuca sativa	S.		
		Oryza sativa	S.	*Oryza sativa	S.
		Phaseolus vulgaris	S.	*Phaseolus vulgaris	S.
		Soja hispida	S.	Soja hispida	S.
Solanum tuberosum	S.	Solanum tuberosum	S.	Solanum tuberosum	S.
		Zea mays	S.	*Zea mays	S.

S. = Sorten
* qualitative (absolute) LTP bzw. KTP; alle übrigen reagieren quantitativ.

den photoperiodisch gesteuert, z.B. das Zuckerrohr oder gewisse Reissorten, obwohl z.B. auf Java die maximale Tageslängendifferenz im Jahr nur 48 min beträgt.

Es ist einleuchtend, daß ein Zusammenhang zwischen der Heimat einer Pflanze und ihrem photoperiodischen Verhalten bestehen muß: Tropenpflanzen müssen KTP oder tagneutral sein, weil es in den Tropen keinen Langtag gibt (jedenfalls nicht mit Tageslängen über 12–14 Std.). Pflanzen hoher Breiten dagegen sind vielfach LTP: Sie müssen so rechtzeitig (im Sommer) blühen, daß sie vor Eintritt des Winters ihre Frucht- und Samenentwicklung zu Ende bringen können. In mittleren Breiten (etwa 35–40°), aus denen zahlreiche Kulturpflanzen stammen, gibt es LTP und KTP. Oft lassen sich hier Beziehungen zur zeitlichen Lage einer Trockenperiode herstellen: Kulturpflanzen aus Gebieten mit Wintertrockenheit (bestimmte Regionen Indiens, Chinas und Mittelamerikas) sind meist KTP, solche aus Gebieten mit Sommertrockenheit (bestimmte Teile des Mittelmeergebietes, Vorderasiens, Mittelasiens) dagegen LTP. In ihrer jeweiligen Heimat müssen die KTP vor dem Winter, die LTP rechtzeitig im Sommer zum Blühen und Fruchten übergehen, um die Trockenzeit als Samen überstehen zu können.

Die Zahl der für die Blühinduktion erforderlichen induktiven Cyclen ist bei den einzelnen Arten sehr verschieden. So genügt bei den KTP *Xanthium pennsylvanicum* und *Pharbitis nil* ein einziger Kurztag, bei der LTP *Lolium temulentum* ein einziger Langtag, während *Salvia occidentalis* 17 KT und *Plantago lanceolata* 25 LT benötigt. Während LTP natürlich auch im Dauerlicht induziert werden können, würden KTP im Dauerdunkel verhungern; mindestens 2–5 Stunden täglich muß die Photosynthese in Gang gehalten werden.

Blühhormon (Florigen). Die photoperiodischen Bedingungen werden normalerweise durch die Blätter percipiert. Oft genügt schon das Verweilen eines einzigen Blattes oder eines Blatteiles in der induzierenden Tageslänge, um das Blühen auszulösen. Die Blütenbildung selbst erfolgt im Sproßvegetationskegel, an dem statt Laubblattanlagen nun die verschiedenen Blütenorgane gebildet werden. Die Umstimmung vom vegetativen zum generativen Zustand ist von der Bildung spezifischer RNA- und Proteinsorten begleitet und kann durch Hemmstoffe der RNA- oder Proteinsynthese blockiert werden: Es handelt sich demnach zweifellos um eine Genaktivierung.

Vom percipierenden Blatt zum Vegetationskegel muß der Blühstimulus in Form eines chemischen Signals (**Blühhormon, Florigen**) transportiert werden. Als Bahn des Transportes wurde das Phloem in Erwägung gezogen, doch läßt sich die sehr geringe Transportgeschwindigkeit des Blühhormons (2–4 mm/Std) schlecht damit vereinbaren. Das Florigen kann auch zwischen zwei Pfropfpartnern ausgetauscht werden, wobei eine induzierte KTP auch einen LTP-Pfropfpartner zum Blühen bringen kann und umgekehrt. Werden LTP oder KTP mit tagneutralen Pflanzen gepfropft, so blühen sie mit dem Partner unter für sie nicht-induktiven Bedingungen. Auf der anderen Seite blüht der tagneutrale Parasit *Cuscuta* mit der LTP *Calendula* im Langtag, mit der KTP *Cosmos* im Kurztag. Das Blühhormon der Langtag-, Kurztag- und tagneutralen Pflanzen ist daher offenbar identisch.

Die chemische Natur des Florigens ist noch unbekannt; derzeit wird z.B. an eine Steroidverbindung gedacht. Eine Zeitlang hat man vermutet, es könne sich um Gibberelline handeln, weil diese bei einigen

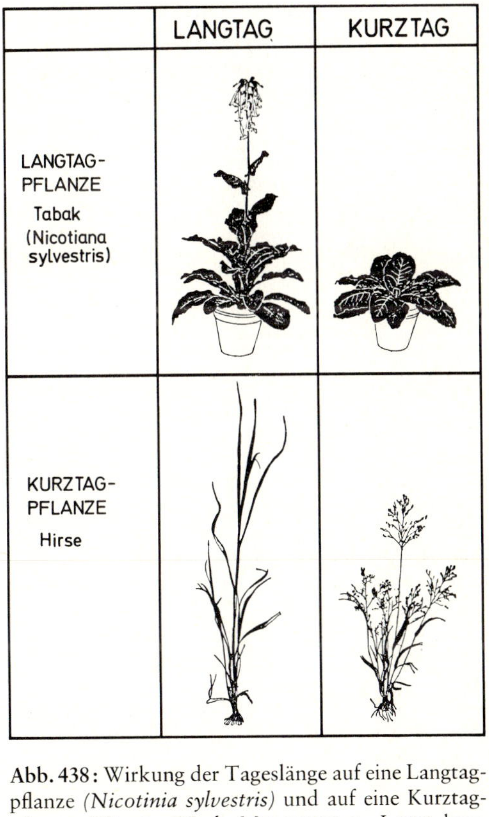

	LANGTAG	KURZTAG
LANGTAG-PFLANZE Tabak (Nicotiana sylvestris)		
KURZTAG-PFLANZE Hirse		

Abb. 438: Wirkung der Tageslänge auf eine Langtagpflanze *(Nicotinia sylvestris)* und auf eine Kurztagpflanze (Hirse). (Nach MELCHERS u. LANG bzw. MAXIMOV)

LTP den blühinduzierenden Langtag ersetzen können. Es sind dies Pflanzen, die unter nicht-induzierenden Bedingungen (KT) eine Rosette aufweisen (Abb. 438; vgl. auch S. 390) und die durch Langtag zur Gibberellinsynthese und durch die gebildeten (oder von außen gebotenen) Gibberelline zum Schossen angeregt werden. Dieses Schossen aber ist bei diesen Pflanzen die Voraussetzung für die Blütenbildung.

Bei KTP ist der Gibberellingehalt nicht begrenzend für die Blütenbildung (sie schossen bereits unter nicht-induzierenden Bedingungen, Abb. 438); sie können dementsprechend durch Gibberellinzufuhr nicht zum Blühen induziert werden: Gibberelline sind demnach nicht mit dem Florigen identisch.

Es ist denkbar, daß das «Blühhormon» gar keine definierte chemische Substanz ist, sondern ein Gemisch von einzeln für die Blühinduktion unspezifischen (oder nur in Einzelfällen wirksamen) Wuchs- und Hemmstoffen, das in einer bestimmten Zusammensetzung blühinduzierend wirken kann. Für diese Möglichkeit spricht, daß jeder der bekannten Wachstumsregulatoren (Auxin, Gibberelline, Cytokinine, Ethylen, Abscisinsäure) bei der einen oder der anderen Pflanze blühinduzierend wirken kann.

Photoperiodismus und physiologische Uhr. Unterbricht man eine Dunkelperiode, die an sich lang genug ist, um KTP zum Blühen zu induzieren und um LTP am Blühen zu hindern, durch eine kurze Lichtperiode («Störlicht»), so bleiben die KTP vegetativ und die LTP kommen zum Blühen (Abb. 439). Auf der anderen Seite hat die Unterbrechung einer LTP induzierenden und KTP hemmenden langen Lichtperiode durch eine eingeschaltete Dunkelphase kaum eine Wirkung. Entscheidend für die photoperiodische Blühinduktion ist demnach die Länge der Dunkelperiode; man sollte also eigentlich besser von «Langnacht»-(statt KT-) und von «Kurznacht» (statt LT-)Pflanzen sprechen, doch haben sich die Begriffe KTP und LTP allgemein eingebürgert.

Um wirksam zu werden, muß Störlicht bei KTP in extremen Fällen nur eine Minute einwirken. Will man hingegen bei LTP während einer zu langen Dunkelperiode – etwa bei Gewächshauspflanzen im Winter – die Blütenbildung einleiten, so muß das Störlicht oft mehrere Stunden gegeben werden.

Bei KTP und manchen LTP wird dieser Störlichteffekt über das Phytochromsystem wirksam (Abb. 440). Bei anderen LTP wird eine Beteiligung des Hochintensitätssystems (S. 408) angenommen.

Bei KTP könnte das aktive Phytochrom (F) über einen noch unbekannten Mechanismus die Blühinduktion hemmen. Es müßte dann das Phytochrom ausreichend lange in der inaktiven (R) Form vorliegen (entsprechend lange Dunkelphase), damit das Blühhormon in entsprechender Menge gebildet werden kann; Störlicht würde dies durch Photokonversion R → F verhindern.

Daß die für die Blühinduktion von KTP und LTP verantwortlichen Prozesse in der Dunkelphase aber

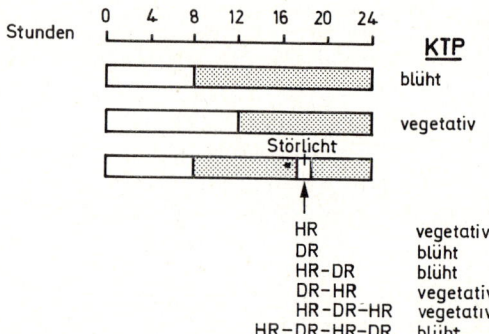

Abb. 440: Nachweis der Beteiligung des Phytochromsystems an der Blühinduktion bei der Kurztagpflanze *Xanthium strumarium.* HR Hellrot, DR Dunkelrot. (Nach GALSTON, aus HESS)

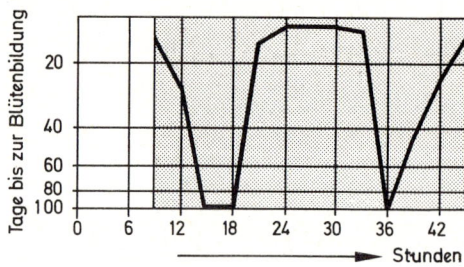

Abb. 441: Die Kurztagpflanze *Kalanchoe blossfeldiana* wurde 9 Stunden im Licht und darauf in einer verlängerten Dunkelperiode gehalten. Zu verschiedenen Zeiten der Dunkelphase wurde (bei verschiedenen Pflanzen) je 2 Stunden Störlicht gegeben und jeweils die Zeit bis zum Sichtbarwerden der Blütenstandsanlagen bestimmt. Es kehren periodische Phasen verschiedener Lichtempfindlichkeit wieder. (Nach BÜNSOW, aus HESS)

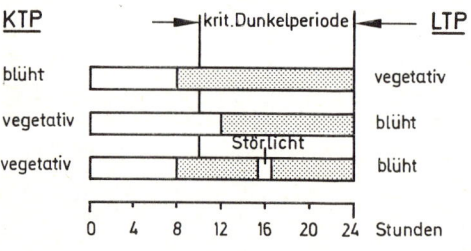

Abb. 439: Die Wirkung von Störlicht während der Dunkelperiode auf die Blütenbildung von Kurztagpflanzen (KTP) und Langtagpflanzen (LTP). (Nach HESS)

nicht gleichförmig (nach dem «Sanduhr»-Prinzip) ablaufen, sondern einem circadianen Rhythmus gehorchen (von der oscillierenden physiologischen Uhr gesteuert werden), zeigen Versuche, in denen das Störlicht zu verschiedenen Zeiten der Dunkelperiode geboten wurde: Sowohl bei der KTP *Kalanchoe blossfeldiana* (Abb. 441) als auch bei der LTP *Hyoscyamus niger* (Abb. 442) sind in der Dunkelperiode periodisch wiederkehrende Phasen besonderer Lichtempfindlichkeit nachweisbar, in denen das Störlicht bei der KTP blühhemmend, bei der LTP blühfördernd wirkt.

II. Wachstum

Das Wachstum, d.h. die irreversible Volum- oder Substanzzunahme, ist charakteristisch für lebende Organismen. Bereits bei einer Einzelzelle ist das Wachstum ein komplizierter Prozeß; in vielzelligen Lebewesen muß das Wachstum der Einzelzelle mit dem der Nachbarn und aller anderen Zellen eines harmonisch gegliederten Organismus räumlich und zeitlich in Einklang gebracht werden, was den Vorgang noch verwickelter macht.

A. Das Wachstum der Zelle

Beim pflanzlichen Zellwachstum unterscheidet man ein **Plasmawachstum** und ein **Streckungswachstum**. Beim **Plasmawachstum** werden die Strukturbestandteile der Zelle vermehrt, wobei das Zellvolumen nur unbedeutend zuzunehmen braucht (Abb. 38, S. 50). Beim **Streckungswachstum** steht dagegen die Volumenvergrößerung durch Wasseraufnahme (Vacuolenbildung) im Vordergrund, während das Protoplasma kaum oder nur wenig ver-

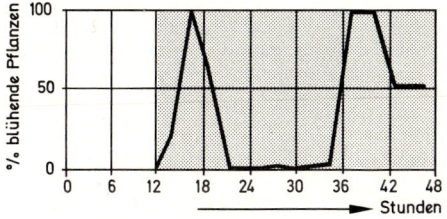

Abb. 442: Die Langtagpflanze *Hyoscyamus niger* wurde zu verschiedenen Zeiten einer verlängerten Dunkelperiode belichtet und dann der Prozentsatz zur Blüte kommender Pflanzen ermittelt. Auch hier schwankt die Lichtempfindlichkeit periodisch. (Nach CLAES u. LANG, aus HESS)

mehrt wird (Abb. 143, S. 127). In mehrzelligen Organismen wie in Einzellern ist das Plasmawachstum eng verknüpft mit der Zellteilung (**Teilungswachstum** bei Mehrzellern, S. 106f.). Die Zellstreckung auf der anderen Seite führt bei vielzelligen Organismen oft schon zu einer spezifischen Zelldifferenzierung (S. 152f.), die meist noch nach Ende der Streckungsphase anhält. In manchen Organen (z.B. in Wurzeln oder in der Grascoleoptile) sind die Zone des Plasma- (und Teilungs-)Wachstums (meristematische, embryonale Zone) und die des Streckungswachstums deutlich voneinander unterscheidbar, während sie in Sproßspitzen ineinander übergehen (Abb. 173, S. 154).

Plasmawachstum. Ein sich durch Zellteilung vermehrender Einzeller muß zwischen zwei Teilungen sein plasmatisches Material etwa verdoppeln. Über die Biosynthesewege der wichtigsten organischen Zellbestandteile (z.B. Nucleinsäuren, Proteine, Lipide, Zellwandbausteine) und deren Regulation wurde bereits berichtet. Hat sich hier in den letzten Jahren bereits ein sehr detaillierter Einblick ergeben, so ist die Frage nach dem Mechanismus des spezifischen Zusammentretens der organischen Substanzen zu den hochgeordneten Zellstrukturen (wie auch bei der Entstehung des Lebens, vgl. S. 2) noch gänzlich ungeklärt, wenn auch mit der Beschreibung von self-assembly-Vorgängen (S. 300) ein erster Schritt zum Verständnis getan sein könnte.

Im Vegetationskegel währt das Plasmawachstum zwischen zwei Zellteilungen etwa 15–20 Std; dabei werden laufend, wenn auch nicht gleichförmig, RNA, Protein, Lipide u.ä. gebildet, während die DNA-Replikation auf die Synthese-Phase (Abb. 43, S. 53) begrenzt ist. Während der Mitose selbst ist die Sequenz DNA → RNA → Protein zeitweise unterbunden (s. S. 305). Im Cambium von *Tsuga canadensis* nimmt die Zeit zwischen zwei Teilungen der Initialzellen während der Vegetationsperiode von 28 auf 10 Tage ab. Bei *Pinus* dauert die Teilung einer Cambiumzelle etwa einen Tag.

Streckungswachstum. Vielfach geht das Wachstum von Pflanzenteilen ausschließlich auf die Zellstreckung zurück, ohne daß Zellteilungen beteiligt sind. Dies gilt z.B. für das Wachstum von Grascoleoptilen; für das Treiben der Knospen und für das Aufblühen vieler Bäume innerhalb weniger Tage im Frühjahr; für die erste Phase des Wachstums von Keimwurzeln; für die schnelle Streckung mancher Sprosse (z.B. des Bambus); für die Verlängerung von Staubfäden, z.B. bei Gräsern; für das Strecken des Kapselstieles (Seta) bei Moossporogonen (beim foliosen Lebermoos *Lophocolea heterophylla* z.B. auf das 50fache der Ausgangslänge in 3–4 Tagen); für Fruchtstiele von Basidiomyceten. Die Streckungsgeschwindigkeit der Organe ist dabei z.T. recht erheblich (Tab. 42). Da das Ausmaß der Streckung nicht in allen Bereichen eines wachsenden Organs gleichförmig ist, strecken sich die Zellen in den schnellwachsenden Zonen meist noch erheblich schneller und können ihre Länge pro Stunde verdoppeln.

Die Volumenvergrößerung wird bei der Zellstreckung ganz überwiegend durch Wasseraufnahme bewirkt; das Streckungswachstum ist daher stets mit der Bildung bzw. Vergrößerung der Vacuole(n) verknüpft. Die Gesamtproteinmenge der Zelle braucht bei der Streckung nicht zuzunehmen; allerdings zeigt die Hemmung der längerwährenden (S. 420ff.) auxinabhängigen Streckung durch Inhibitoren der Transkription und Translation, daß sehr wahrscheinlich spezifische Proteine gebildet werden müssen. Auch das Wandmaterial nimmt oft während der Streckung nur mäßig zu: Beim Kapselstiel von *Lophocolea* z.B. während einer 48fachen Verlängerung nur um das 1,8fache.

Das Streckungswachstum kann die ganze Zelloberfläche mehr oder weniger gleichmäßig umfassen oder aber auf bestimmte Abschnitte der Zellwand beschränkt sein. Ein ausgesprochenes Spitzenwachstum zeigen z.B. die Apikalzellen mancher Algen (Abb. 93E, 95, S.94, 95), weiter Pilzhyphen, Pollenschläuche, aber auch manche langgestreckten, prosenchymatischen Zellen im Gewebsverband (Abb. 185A–C, S. 164). Ungleich starkes Wachstum an mehreren Stellen der Zelloberfläche ist die Grundlage für die Bildung komplizierterer Zellformen (z.B. bei der einzelligen Alge *Micrasterias* – Abb. 630, S. 595 –, bei Schwamm- und Sternparenchymzellen, manchen Idioblasten und Haaren, Abb. 130D, E, S. 119) und kann als ein Differenzierungsvorgang betrachtet werden. Welche Faktoren eine solche lokale Begrenzung

des Streckungswachstums bestimmen, ist noch weitgehend unklar.

Der Mechanismus des Streckungswachstums. Wir haben gehört, daß die Volumenvergrößerung der Zelle bei einsetzendem Streckungswachstum auf eine Wasseraufnahme zurückzuführen ist. Nach der Wasserpotentialgleichung (vgl. S. 317)

Wasserpotential = osmotisches Potential +
+ Druckpotential

kann die Wasserpotentialdifferenz zwischen dem Außenmedium (dessen Wasserpotential konstant bleibt) und einer Zelle und damit deren Wasseraufnahme zunehmen, entweder durch Erhöhung des osmotischen Potentials (wie das z.B. bei den Schließzellen der Stomata der Fall ist, S.474) oder aber durch Erniedrigung des Druckpotentials der Zelle. Es hat sich gezeigt, daß bei der Zellstreckung das osmotische Potential (trotz Wassereinstrom!) durch Osmoregulation (Ionenaufnahme bzw. Polysaccharid-Hydrolyse) konstant gehalten wird, das Druckpotential aber tatsächlich durch «Erweichung» (Erhöhung der plastischen Verformbarkeit) der Zellwand abnimmt. Die treibende Kraft für die Zellstreckung ist aber in jedem Fall die osmotische Wasseraufnahme.

Die Wand der sich streckenden Zellen ist im Zustand der Primärwand (vgl. S. 81). Wie kann man sich deren «Erweichung» und Dehnung vorstellen? Nach neueren Befunden sind in der Primärwand der Dicotylen die Cellulose-Mikrofibrillen durch mehrere andere Polysaccharidmolekülsorten (**Matrixpolysaccharide**) miteinander verbunden (Abb. 443, 444).

Xyloglucan-Moleküle sind vermutlich durch Wasserstoffbrückenbindungen an die Oberfläche der Cellulose-Mikrofibrillen gebunden; sie bilden mit ihrem reduzierenden Ende eine glykosidische Bindung mit je einem **Arabinogalactan**-Molekül. Der Galactoserest am reduzierenden Ende jedes Arabinogalactans ist wieder glykosidisch mit einem Rhamnoserest des **Rhamnogalacturonans** verknüpft. Auf

Tab. 42: Wachstumsgeschwindigkeiten pflanzlicher Organe. (Nach Frey-Wyssling)

Organ	Streckungsdauer	Streckungsgeschwindigkeit
Keimwurzel der Saubohne	3 Tage	0,012 mm/min = 1,7 cm/Tag
Hafercoleoptile	2 Tage	0,025 mm/min = 3,7 cm/Tag
Bambussprosse	mehrere Tage	0,4 mm/min = 57 cm/Tag
Staubfäden des Roggens	10 min	2,5 mm/min
Fruchtkörper d. Schleierpilzes (*Dictyophora*)	15 min	5 mm/min

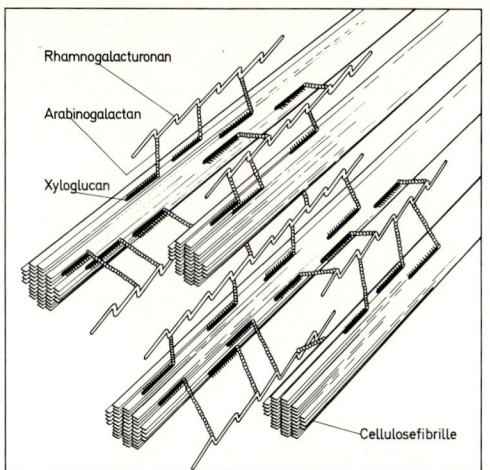

Abb. 443: Modell eines Ausschnittes aus der Primärwand einer Zelle von *Acer pseudoplatanus*. Die Cellulose-Mikrofibrillen sind durch drei Brückenpolysaccharide relativ starr miteinander verknüpft. An eine Cellulose-Mikrofibrille sind viele Xyloglucan-Moleküle (mit Wasserstoffbrücken) gebunden. Jedes Xyloglucan ist kovalent mit einer einzigen Arabinogalacturonankette verknüpft. Jedes Rhamnogalacturonan kann über mehrere Arabinogalactanketten mit einer oder mehreren Cellulose-Mikrofibrillen verbunden sein. (Nach ALBERSHEIM)

XYLOGLUCAN

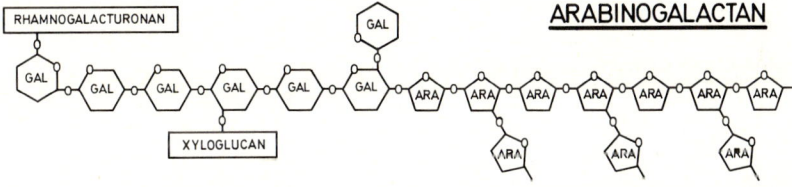

ARABINOGALACTAN

RHAMNOGALACTURONAN

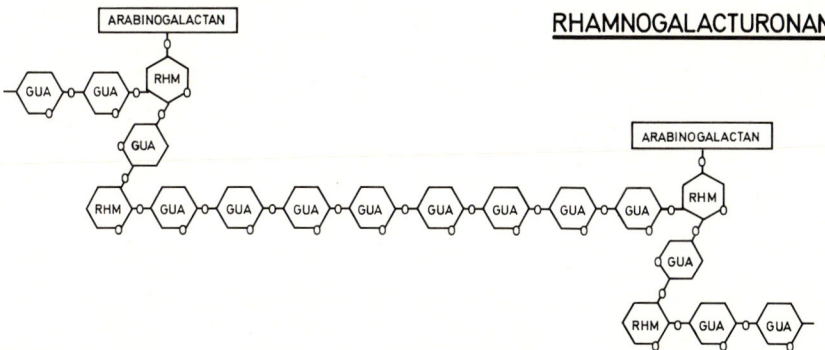

Abb. 444: Schematisierte Darstellung der Struktur der Brückenpolysaccharide Xyloglucan, Arabinogalactan und Rhamnogalacturonan mit Angabe ihrer Verknüpfung untereinander. GLU Glucose, XYL Xylose, GAL Galactose, FUC Fucose, ARA Arabinose, GUA Galacturonsäure, RHM Rhamnose. (Nach ALBERSHEIM)

diese Weise sind die einzelnen, in der Primärwand zunächst in Streutextur (Abb. 81A, S. 86) angeordneten Mikrofibrillen der Cellulose zu einem relativ starren Gerüst vernetzt. In dieses «Kettenhemd» aus Polysacchariden (ca. 90% der Zellwand) sind noch Proteine (ca. 10%) eingeordnet, evtl. als Glykoproteide über ihre Zuckerreste an die Rhamnogalacturonanketten oder über die Hydroxylgruppe von Serinresten an Arabinogalactan gebunden (Abb. 445). Die Zellwandproteine sind in ihrer Struktur und Funktion noch wenig bekannt; z. T. haben sie Enzymcharakter (z. B. Polysaccharid-abbauende Aktivität), z. T. werden sie direkt mit der Wanderweichung bei Beginn des Streckungswachstums in Verbindung gebracht und dann als «**Extensin**» (Abb. 445, 446) bezeichnet. Auffallend ist der hohe Hydroxyprolingehalt der Zellwandproteine (aller?). Eine andere Vorstellung geht davon aus, daß sowohl Protein wie Brückenpolysaccharide kovalent an Cellulose gebunden sind, daß aber innerhalb der Matrixpolysaccharide in einer «Verbindungszone» Wasserstoffbrücken ausgebildet sind.

Bei den Monocotylen scheinen die Primärwände zwar eine ähnliche architektonische Grundstruktur aufzuweisen, aber andere verbrückende Polysaccharide zu verwenden. Außerdem wird für ihren Proteinanteil ein wesentlich geringerer Hydroxyprolingehalt angegeben.

Das «Erweichen» der Zellwand (und damit die Zellstreckung unter dem Einfluß des Turgors) steht bei Höheren Pflanzen unter Kontrolle der Auxine, die ihre Streckungswachstums-fördernde Wirkung (S. 385) auf diese Weise ausüben.

Die Auxine könnten die Synthese neuen Zellwandmaterials stimulieren und deren Einbau so lenken, daß eine Lockerung des Zellwandgefüges eintritt; sie könnten die Bildung oder Aktivierung von Enzymen veranlassen, welche kovalente Bindungen in den Polysaccharidketten lösen (Abb. 447); sie könnten schließlich schwächere Bindungen innerhalb des Polymerengerüstes aufheben, wobei z. B. an die Wasserstoffbrückenbindungen zwischen den Xyloglucanmolekülen und der Cellulose (Abb. 443) bzw. in der Verbindungszone der Matrix gedacht wird (Abb. 447B). Es ist wahrscheinlich, daß vor allem der dritte Mechanismus die entscheidende Rolle spielt.

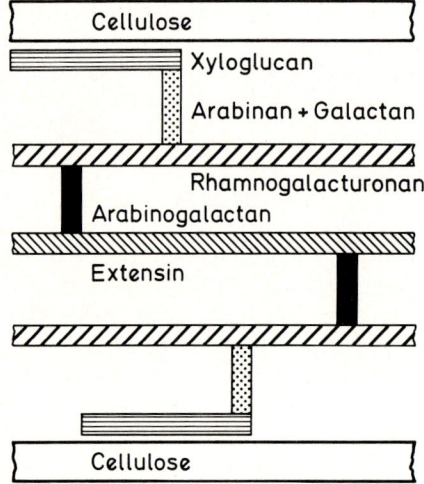

Abb. 445: Modell für die Einordnung des Extensins in die Primärwand einer Zelle von *Acer pseudoplatanus*. (Nach ALBERSHEIM)

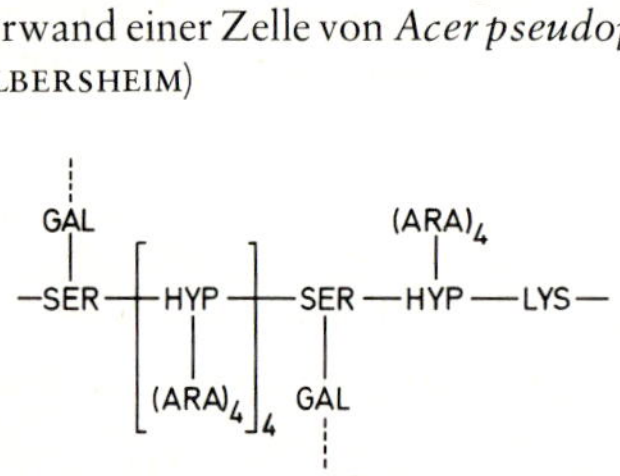

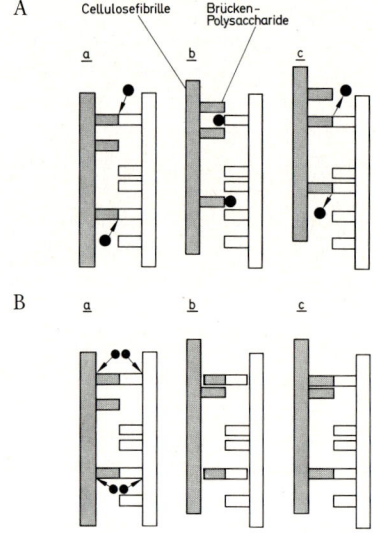

Abb. 446: Grundeinheit des Hydroxyprolin-reichen Zellwandproteins (Extensin) mit Bindung des Serins an eine Galactosegruppe des Arabinogalactans. Bezeichnungen wie Abb. 444, ferner SER Serin, HYP Hydroxyprolin, LYS Lysin. (Nach LAMPORT, KATONA u. ROERIG)

Abb. 447: Schematische Darstellung der möglichen Wirkung Zellwand-«erweichender» Enzyme auf die Brückenpolysaccharide: A Lösung (a) und Wiederknüpfung (c) von kovalenten Bindungen bzw. Wasserstoffbrücken in der Verbindungszone der Matrix, wobei in der Zwischenzeit die Cellulose-Mikrofibrillen gegeneinander verschoben werden können (b). B Lösung (a) und Wiederknüpfung (c) von Wasserstoffbrückenbindungen zwischen Cellulose und Xyloglucan mit zwischenzeitlicher Verschiebung der Cellulose-Mikrofibrillen (b). (A nach ALBERSHEIM)

Über Einzelheiten dieser Auxinwirkungen gibt es bisher nur Hypothesen. Eine Reihe von Indizien spricht dafür, daß nicht Auxin selbst, sondern unter dem Einfluß des Auxins Protonen aus dem Zellinnern durch das Plasmalemma in die Zellwand übertreten, sei es durch Aktivierung einer Protonenpumpe im Plasmalemma, sei es durch Förderung einer durch Protoneneffux kompensierten Kationen-(Kalium-?) Aufnahme in das Zellinnere. Die Protonen könnten in der Zellwand entweder direkt die Stärke der Wasserstoffbrückenbindungen mindern oder die Aktivität plastizitätserhöhender Enzyme steigern.

Für einen derartigen Mechanismus der Auxinwirkung auf die Zellwand sprechen u.a. folgende Befunde: a) In sauren Lösungen von pH3 (bei epidermisfreien Coleoptilen von pH5) kann eine Streckung erzielt werden wie in optimalen Auxinkonzentrationen. b) Diese Reaktion auf exogen zugeführte Protonen erfolgt noch schneller als die mit Auxinzufuhr. c) In Coleoptilen kann unter Auxineinfluß (nicht aber bei Gaben von Auxinanalogen oder -antagonisten) ein Protoneneffux gemessen werden. d) Hemmstoffe der auxininduzierten Streckung (z.B. ABA, S.393) hemmen auch den auxingeförderten Protoneneffux. e) Bei tropistisch gereizten Organen erfolgt eine verstärkte Ansäuerung jeweils der Flanke, die stärker wächst (Oberseite bei gravitropisch gereizten Wurzeln, Unterseite bei ebensolchen Sproßachsen, lichtabgewandte Seite bei positivem Phototropismus). Es gibt aber auch eine Reihe von Befunden, die der Annahme einer Beteiligung von Protonenfluxen an der Auxinwirkung auf das Streckungswachstum entgegenstehen, so z.B. die Tatsache, daß es Gewebe gibt, die wohl durch IAA, nicht aber durch saure Lösungen zur Streckung gebracht werden können (z.B. Erbsensproßstücke, ähnlich andere Dicotyledonen). Es ist demnach noch nicht klar, ob sich die skizzierte Vorstellung bestätigen wird.

In der durch Auxin erweichten Primärwand werden die von ihrer starren Verklammerung vorübergehend gelösten Cellulose-Mikrofibrillen zunehmend mehr parallel zu einer (bei anisotroper Streckung) sich ausbildenden Längsachse ausgerichtet (Abb. 86, S. 88). An die gedehnte Primärwand werden während der Streckung wiederholt neue Lagen mit Streutextur aufgelagert (**Apposition**, S. 82), deren Netzmaschen dann wieder scherengitterartig in die Längsrichtung gestreckt werden usw. (**multinet-Wachstum**, S. 82). In der neuen Lage werden die Cellulosefibrillen wieder mit den Matrixkomponenten verbunden.

Für eine praktisch augenblicklich einsetzende, kurzdauernde, plastische Zellstreckung unter Auxineinfluß ist eine Synthese von Zellwandmaterial nicht erforderlich. Eine länger anhaltende Streckung ist aber nur bei gleichzeitig ablaufender Synthese von Wandstoffen möglich und beruht daher vermutlich auf einer differentiellen Genaktivierung.

Das Ende der plastischen Verformbarkeit der Zellwand und damit des Streckungswachstums wird dann erreicht, wenn die Zellwand durch Bildung der abweichend konstruierten Sekundärwand (S. 82) elastische Eigenschaften annimmt, d.h. nur noch eine beschränkte und reversible Dehnung erlaubt.

Die **Gibberelline** scheinen keinen Einfluß auf die plastische Verformbarkeit der Primärwand und damit auf den Wanddruck zu haben. Ob sie ihre Wirkung auf die Zellstreckung evtl. über eine Erhöhung des osmotischen Potentials ausüben, ist noch unklar.

B. Das Wachstum der Organe

1. Die Zellteilung

Wenn auch eine den Höheren Pflanzen äußerlich ähnliche Gestaltbildung bereits von der Einzelzelle erreicht werden kann und nicht unbedingt an die Bildung eines Zellverbandes geknüpft ist (vgl. z.B. die Alge *Caulerpa*, S. 15, Abb. 8), so sind die höher organisierten Pflanzenkörper doch in der Regel aus vielen, relativ kleinen Einzelzellen aufgebaut. Das Wachstum der Einzelzellen ist hier im allgemeinen nur bis zu einer bestimmten, innerhalb definierter Grenzen artspezifisch festgelegten Größe möglich (Ausnahme z.B. Bastfasern oder Milchröhren, die sehr lang werden können; Tab. 1, S. 10). Es schließt sich dann in der Regel eine Zellteilung an, deren Abfolge nach Häufigkeit und Richtung weitgehend die Pflanzengestalt bestimmt.

Eine normale Mitose (vgl. S. 49) erfolgt in einer charakteristischen Reihenfolge von Einzelereignissen (Abb. 448). Weder die Steue-

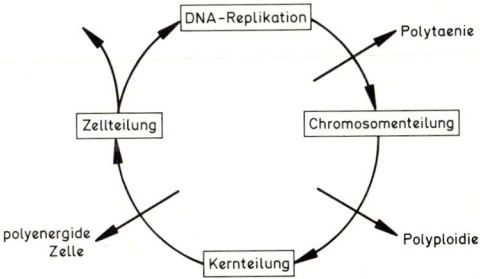

Abb. 448: Vorgänge bei der Mitose und ihre möglichen Störungen.

rung der Einzelschritte, noch ihre gegenseitige Abstimmung ist bisher kausal zu verstehen. Jeder der Teilvorgänge muß zur rechten Zeit ablaufen, um den normalen Ablauf der Mitose zu gewährleisten; dies ist z.B. in den Meristemen normalerweise der Fall. In Sonderfällen kann die Reaktionsfolge an beliebiger Stelle unterbrochen werden: DNA-Verdoppelung ohne nachfolgende Chromosomenteilung führt zur **Polytaenie**; auch kann nach der Phase der DNA-Replikation (S-Phase, S. 51), in der G_2-Phase, eine Ruheperiode eingeschaltet sein, z.B. in manchen Samen. Kommt es zwar noch zur Chromosomenvermehrung (innerhalb der erhalten bleibenden Kernhülle, ohne Sichtbarwerden der Chromosomen), nicht aber zur Kernteilung, so spricht man von **Endomitose** (vgl. S. 51). In Zellen, die nur eine Plastide besitzen (viele Algen, das Moos *Anthoceros*, S. 697) oder sogar nur ein Mitochondrium (die Alge *Micromonas*), teilen sich diese Einzelorganellen streng synchron mit dem Zellkern. Wodurch diese Harmonisierung erreicht wird, ist noch unbekannt.

In den **polyenergiden** Zellen vieler Algen und Pilze sowie im nucleären Endosperm (Abb. 53, S. 61) kommt es zwar zu vielfachen DNA-Replikationen, Chromosomen- und Kernteilungen, aber die Zellteilung unterbleibt. Bei der nachträglichen Zellwandbildung im nucleären Endosperm werden (z.B. bei *Haemanthus katherinae*) Zellwände auch zwischen solchen Kernen eingezogen, die keine Schwesterkerne sind und zwischen denen deshalb keine Kernteilungsspindel vorhanden war. Hier hat demnach die Zellwandbildung ihre normale Anknüpfung an die Kernteilung verloren. Zellteilungen, bei denen eine der Tochterzellen keinen Kern bekommt, treten bei Pflanzen normalerweise nicht auf; kernlose Zellen, z.B. reife Siebröhrenglieder, haben ihren Zellkern nachträglich verloren.

Über die physiologischen Aspekte der Mitose haben wir nur sehr beschränkte Kenntnisse. Vielfach erfolgen die Zellteilungen rhythmisch, teilweise wohl tagesperiodisch gesteuert (Zwiebelwurzel, Zoosporenbildung bei Algen). Doch können innerhalb von 24 Stunden auch mehrere Perioden vorkommen. Bei vielen Algen erfolgen Mitosen bevorzugt nachts; *Spirogyra* z.B. teilt sich gewöhnlich gegen Mitternacht. Bei vielkernigen Zellen setzen die Kernteilungen oft gleichzeitig (wohl unter der Mitwirkung des Plasmas) ein oder schreiten wellenförmig von einem Ende der Zelle zum anderen fort (vgl. Embryosack, Abb. 53, S. 61). Wie andere physiologische Vorgänge verläuft die Zellteilung nur innerhalb bestimmter, artspezifischer Temperaturgrenzen, oft mit einem ausgeprägten Optimum (bei der Erbse z.B. zwischen 0° und 45°, Optimum bei 28–30°). Keimlinge können

an niedrigere Temperaturen angepaßt sein als ältere Pflanzen.

Wie bereits erwähnt, wird die Zellteilung vermutlich durch ein kompliziertes Wechselspiel verschiedener Wachstumsregulatoren (z.B. IAA, S. 383ff., Cytokinine, S. 391ff., Gibberelline, S. 387ff., Abscisinsäure, S. 393ff.) auf eine im einzelnen noch unbekannte Weise gesteuert. Dies bietet auch die Möglichkeit für korrelative Kontrollen (S. 432ff.) der Teilungsaktivität, da diese Regulatoren ja transportiert werden und damit als Hormone wirken können.

Das Zeitprogramm für die DNA-Replikation ist offenbar in den Zellkernen gespeichert: Bringt man Zellkerne des Myxomyceten *Physarum polycephalum* während der G_2-Phase (vgl. S. 51) in Plasma der S-Phase, so wird keine DNA synthetisiert, während S-Kerne, in G_2-Zellen transplantiert, weiter DNA produzieren. Die DNA-Synthese scheint ein spezielles Protein zu benötigen, dessen codierende RNA vor Beginn der S-Phase gebildet wird. Auch für die Sequenz G_2-Phase/Mitose ist ein spezifisches Protein notwendig. Während der Metaphase und Anaphase der Mitose ist aber die Transkription unterbunden.

Die Mitose selbst läuft auf Kosten gespeicherter Energie ab und ist von der Sauerstoffzufuhr unabhängig, auch unempfindlich gegenüber Atmungsgiften. Der Spindelmechanismus zur Trennung der Chromatiden während der Anaphase ist dagegen gegenüber einer Reihe von Hemmstoffen («Spindelgiften», z.B. Colchicin, S. 53, 74) empfindlich.

Die Zellwandbildung als Abschluß der Zellteilung scheint, zumindest in bestimmten Fällen, mit dem Schwefelstoffwechsel verknüpft zu sein.

Es gibt Hefestämme, bei denen die Zellen bei niedrigerer Temperatur (20–25°C) fädig auswachsen, nicht zu teilen, während sie sich bei 35°C nach Erreichen einer bestimmten Größe teilen. Zusatz von Cystein induziert auch bei niedriger Temperatur die Teilung, ebenso bei einer Mutante, die auch bei 35°C normalerweise fädig wächst. Es gibt Hinweise, daß in den cellulären Hefen ein in der Zellwand vorhandenes schwefelreiches Protein z.T. freie -SH-Gruppen aufweist, während in der fädigen Form nur Disulfidbrücken vorliegen. Die für die Reduktion der Disulfidbrücken verantwortliche Proteindisulfid-Reduktase könnte daher eine spezifische Rolle bei der Zellteilung spielen. Diese Verknüpfung der Zellteilung mit bestimmten Schwefelverbindungen scheint nicht auf Hefen beschränkt zu sein: Bei *Chlorella* z.B. wird in schwefelfreier

Kultur die Zellteilung behindert, es entstehen voluminöse Riesenzellen.

Bei manchen Pilzen haben CO_2 oder HCO_3^- ähnliche Wirkungen wie die Sulfhydrylverbindungen bei Hefen.

2. Die Wachstumszonen der Organe; Verlauf des Wachstums

Bei der Entwicklung einer Keimpflanze geht nur ein Teil der durch Zellteilung neu gebildeten Embryonalzellen nach entsprechender Determination eine spezielle Differenzierung ein, während ein anderer Teil dauernd meristematisch bleibt und nach entsprechendem Plasmawachstum die Teilung fortsetzt (vgl. S. 106 ff.). Hier zeigt sich ein grundsätzlicher Unterschied in der Organisation zwischen Pflanzen- und Tierreich: Die Pflanze behält als «offene» Form an ihrem Körper dauernd gewisse begrenzte Bezirke embryonalen Gewebes bei und differenziert nur den Rest aus. Sie ist daher nie wie das Tier völlig ausgewachsen, sondern stets in der Lage, bei gegebenen Umständen neu «auszutreiben» und neue Teile zu gestalten (vgl. S. 149, «Ruhende Knospen»).

Diese Trennung in embryonal bleibende und in sich streckende und differenzierende Bezirke ist auch bei älteren Entwicklungsstadien der Cormophyten deutlich (Abb. 449).

Man kann die Lage der Streckungszone z.B. dadurch festlegen, daß man das Auseinanderweichen von in gleichmäßigen Abständen angebrachten Marken verfolgt (Abb. 450), evtl. unter Zuhilfenahme eines waagrecht aufgestellten Mikroskopes (Horizontalmikroskop).

Bei den Erdwurzeln liegt die Zone des Streckungswachstums direkt hinter der Spitze und ist nur wenige Millimeter lang (Abb. 450). Das Spitzenmeristem bildet beim Mais in 24 Std. etwa 10000 Calyptrazellen (es erneuert somit die Wurzelhaube täglich vollständig), sowie etwa 170000 Zellen für den Längenzuwachs der Wurzel. Der Mitosecyclus dauert dabei zwischen 12 Std. (in den Calyptrogenzellen) bis 200 Stunden (im «ruhenden Zentrum», vgl. S. 108). In der Region, in der die Wurzelhaare beginnen, haben die Zellen meist schon ihre maximale Größe erreicht und sind in das Differenzierungswachstum eingetreten. Nur bei Luftwurzeln ist die Zone des Streckungswachstums länger. Wesentlich länger ist sie beim Sproß; sie kann hier u.U. über 50 cm betragen (z.B. bei *Asparagus officinalis*). Ist

die Sproßachse in Knoten und Internodien gegliedert, so bleibt die Basis des Internodiums am längsten wachstumsfähig (S. 111). Bei den Grä-

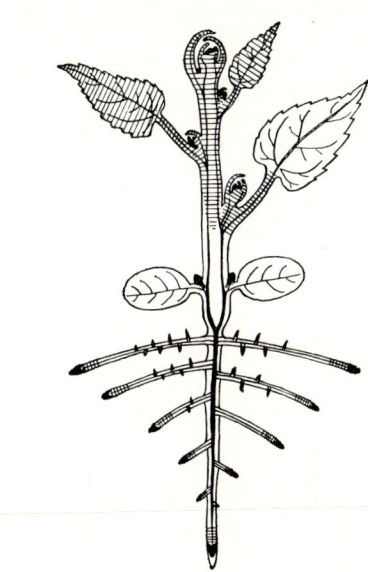

Abb. 449: Schematische Darstellung der Verteilung der verschiedenen Wachstumszonen bei einer dicotylen Pflanze. Die Bereiche des embryonalen Wachstums an den Vegetationspunkten sind schwarz, die des Streckungswachstum schraffiert, die ausgewachsenen Zonen weiß wiedergegeben. (Nach SACHS)

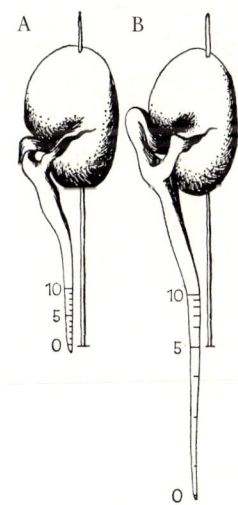

Abb. 450: Verteilung des Zuwachses an der Wurzelspitze von *Vicia faba*. A Wurzelspitze mit Tuschemarken in Millimeterabständen versehen. B Dieselbe Wurzel nach 22 Stunden. Tuschestriche durch das ungleiche Wachstum der einzelnen Zonen verschieden weit auseinandergerückt. (Nach SACHS)

sern wird dieses **intercalare Wachstum** lange Zeit beibehalten, wobei die Internodienabschnitte über den Knoten nicht nur Streckungs-, sondern auch Plasma- und Teilungswachstum zeigen. Auch bei den Blättern (besonders deutlich z.B. bei Coniferen und Monocotylen, aber auch bei Dicotylen) sind solche basale intercalare Wachstumszonen ausgebildet. So wird z.B. der Blattstiel stets intercalar zwischen Ober- und Unterblatt eingeschoben.

Verfolgt man den zeitlichen Verlauf des Wachstums an einem Abschnitt bestimmter Ausgangslänge, z.B. in der Streckungszone der Wurzel, so stellt man einen allmählichen Anstieg der Wachstumsgeschwindigkeit bis zu einem Optimum und nachfolgend ein Nachlassen bis zum Stillstand fest («große Periode des Wachstums»). Ein derartiges An- und Abschwellen des Wachstums zeigt natürlich auch jede einzelne Zelle, die die Streckungszone «durchläuft». Der Nachschub der Zellen aus dem Meristem und deren Eintritt in das Streckungswachstum ist so harmonisch mit dem Nachlassen der Wachstumsintensität in den älteren Teilen verknüpft, daß die Wurzel insgesamt gleichmäßig weiterwächst. Bei Sprossen hat man allerdings zuweilen ein «stoßweises» Wachstum gefunden, dessen Ursache ungeklärt ist. Organe mit begrenztem Wachstum, wie Blätter, Blattscheiden (Coleoptilen der Poaceen), Filamente usw., können auch als ganzes eine große Periode aufweisen, wenn das embryonale und das Streckungswachstum zeitlich deutlich voneinander getrennt sind und das Organ nach der Streckung ausgewachsen ist.

III. Differenzierung

Innerhalb eines Meristems sind die einzelnen Zellen auf Teilung spezialisiert und unter sich im allgemeinen wenig verschieden. Eine Differenzierung tritt jedoch schon dann zutage, wenn die eine Tochterzelle einer Meristemzelle meristematisch bleibt, die andere Tochterzelle aber das Streckungswachstum aufnimmt. Schon vor Abschluß des Streckungswachstums entwickeln sich die einzelnen Zellen entsprechend ihren künftigen Aufgaben in verschiedene Richtungen weiter. Diese differenzierte Entwicklung wird durch ein unterschiedliches Enzymmuster der Zellen gesteuert: Die Auseinanderentwicklung ursprünglich einheitlicher Zellen setzt

also ein verschiedenes Muster der aktiven, d.h. tatsächlich transkribierbaren Gene voraus. Es gibt eindeutige Belege dafür, daß bei der Differenzierung in der Regel kein Verlust oder Gewinn am Gesamt-Genbestand der Zelle eintritt, sondern eine **differentielle Genaktivierung** bzw. Inaktivierung erfolgt (vgl. Abb. 37; S. 48 und S. 379ff.).

Bei den vom Cambium von *Tsuga canadensis* abgegebenen prospektiven Tracheiden dauert das Streckungswachstum 18 (zu Beginn der Vegetationsperiode) bzw. 9 Tage (am Ende). Für die gegen Ende des Streckungswachstums einer Tracheide und danach erfolgende Wandverdickung werden zu Beginn der Vegetationsperiode etwa 10, am Ende bis zu 50 Tage benötigt. Die Differenzierung zum Wasserleitungselement ist bei Tracheiden (oder Tracheengliedern) erst beim Absterben des Protoplasten beendet; diese Schlußphase dauert bei *Tsuga* etwa 4 Tage. Während der Zeit des aktivsten Teilungswachstums des Cambiums hält die Differenzierung der Meristemabkömmlinge mit der Neubildung nicht mehr Schritt; das cambiale Meristem kann dann 12–40 Zellen in radialer Reihe umfassen, während es z.B. während der winterlichen Ruheperiode nur 2–4 Lagen dick ist.

A. Potenz, Embryonalisierung und Regeneration

Der wichtigste Beleg dafür, daß während der Differenzierung der Zellen kein Verlust an Genmaterial erfolgt und damit keine Einbuße an der Fähigkeit, die artspezifischen Bau- und Funktionsproteine je nach Bedarf zu bilden, besteht in der Erfahrung, wonach ausdifferenzierte Zellen wieder embryonalisiert werden können und unter bestimmten Bedingungen wieder komplette Pflanzen mit allen artspezifischen Sorten differenzierter Zellen ausbilden können. Die Zellen bleiben also, solange sie leben und den intakten Zellkern besitzen, im Rahmen der artspezifischen Möglichkeiten **totipotent**.

So entwickeln sich aus abgetrennten Begonienblättern nicht nur am unteren Ende des Blattstieles Wurzeln, sondern auch am Ansatz der Blattspreite, und besonders leicht am unteren Schnittrand abgetrennter Blattadern (Stau abwandernder Substanzen!), Adventivknospen, aus denen wieder ganze Begonienpflanzen hervorgehen können (Abb. 451). Diese Adventivsprosse entstehen aus einer einzigen, wieder embryonal gewordenen Epidermiszelle (Abb. 452), während Adventivwurzeln aus sich teilenden Zellen in der Nähe der Leitbündelphloeme hervorgehen.

Abb. 451: Blattstecklinge von *Begonia* mit Regeneraten. (Nach STOPPEL, verkl.)

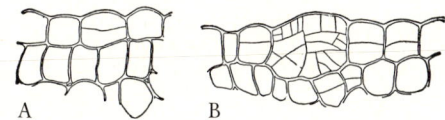

A   B

Abb. 452: Querschnitte durch die Epidermis eines Blattes von *Begonia*. Bildung eines Adventivsprosses aus einer Epidermiszelle. A. Die Epidermiszelle hat sich einmal geteilt. B. Aus der Epidermiszelle ist ein vielzelliges sekundäres Meristem geworden, aus dem eine Adventivknospe entsteht. (150 ×, nach HANSEN)

Auch aus experimentell isolierten Einzelzellen können sich unter bestimmten Bedingungen (geeignete Nährmedien mit ausgewogenem Nährstoff- und Hormongehalt) wieder vollständige Pflanzen entwickeln, z.B. aus Phloemzellen von *Daucus carota*-Rüben (Abb. 453). Auch Markzellen des Kohlrabi können leicht ganze Pflanzen regenerieren. Diese Fähigkeit macht sich die moderne Orchideenkultur zunutze, indem sie unter Umgehung der schwierigen Samenvermehrung **Klonkulturen** aus mechanisch isolierten Blattmesophyllzellen herstellt.

Derartige Embryonalisierungen ausdifferenzierter Zellen mit nachfolgenden Zellteilungen und sinnvoller Differenzierung der Teilungsprodukte spielen auch bei der Bildung des Interfascicular-Cambiums (S. 162) und des Wurzelcambiums (S. 185), bei der Wundheilung von Pflanzen und beim Verwachsen von Pfropfpartnern eine Rolle.

Wundheilung und Restitution. Bei Verletzung krautiger Pflanzen gehen Parenchymzellen in Wundnähe zur Teilung über und bilden eine Gewebewucherung aus zunächst undifferenzierten Zellen (**Wundcallus**); bei Holzgewächsen geht der Callus meist aus dem Cambium hervor. Später setzt in einigen Zellen des Callus eine Differenzierung ein, die zu einem Regenerat führt: Es werden z.B. Sproß- oder Wurzelvegetationspunkte gebildet oder es wird durch Ausbildung von Leitelementen

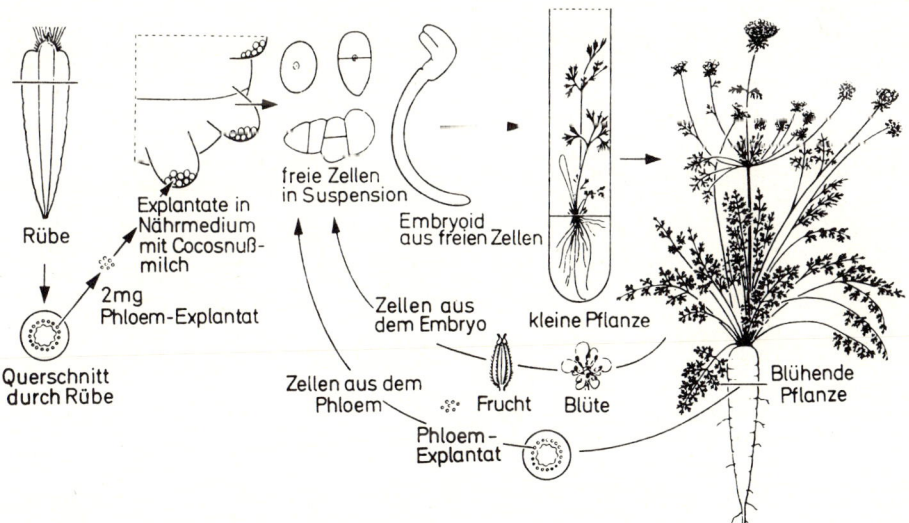

Rübe

Explantate in Nährmedium mit Cocosnuß-milch

2mg Phloem-Explantat

Querschnitt durch Rübe

freie Zellen in Suspension

Embryoid aus freien Zellen

Zellen aus dem Embryo

kleine Pflanze

Zellen aus dem Phloem

Frucht   Blüte

Phloem-Explantat

Blühende Pflanze

Abb. 453: Entwicklung von fortpflanzungsfähigen *Daucus carota*-Pflanzen aus isolierten Einzelzellen. Einzelzellen sowohl aus Phloem-Explantaten als auch aus unreifen Embryonen entwickeln sich über Embryoähnliche Gebilde (Embryoiden) zu kleinen und schließlich zu großen, blühenden und fruchtenden Pflanzen. (Nach STEWART, MAPES, KENT u. HOLSTEN, aus HESS)

eine unterbrochene Verbindung innerhalb des Xylems oder Phloems wieder hergestellt. Die Tendenz aller Restitutionen besteht darin, das wieder herzustellen, was verloren gegangen war.

Es gibt hier aber graduelle Unterschiede. Bei Höheren Pflanzen werden an den Sproßachsen meist relativ leicht neue Vegetationspunkte für Sprosse und besonders für Wurzeln gebildet (wichtig für Stecklingsbewurzelung!). Verlorene Blattspreiten werden dagegen nur in ganz seltenen Fällen ersetzt; meist wird das ganze Blatt bzw. der Blattstiel abgestoßen.

Bei der Embryonalisierung der Zellen in der Nähe des Wundrandes, bei der Bildung des Callus und bei dessen programmierter Differenzierung spielen Phytohormone, vor allem ihr wechselndes Konzentrationsverhältnis, eine wichtige Rolle (vgl. S. 397). Das Auftreten eines spezifischen «Wundhormones» (vgl. S. 396) ist nach neueren Untersuchungen eher unwahrscheinlich.

Pfropfung. Bei einer erfolgreichen Pfropfung werden abgeschnittene, Knospen tragende Teile einer Pflanze (sog. **Pfropfreiser**) mit entsprechend zugeschnittenen Teilen der selben oder einer anderen Art (der **Unterlage**) durch einen sich an den Wundstellen entwickelnden Callus zur Verwachsung gebracht. In diesem Callus entstehen Phloem- und Xylemelemente, welche die entsprechenden Teile in den Leitbündeln von Reis und Unterlage miteinander verbinden. I n t e r s p e z i f i s c h e P f r o p f u n g e n gelingen in der Regel nur bei systematisch nahe miteinander verwandten Arten.

Propfungen sind besonders für die gärtnerische und landwirtschaftliche Praxis bedeutsam, weil durch Pfropfung auf gutwüchsige Unterlagen z.B. nicht samenbeständige Züchtungen (z.B. beim Obst- und Weinbau, in der Rosenzucht usw.) erhalten und vermehrt werden können.

Auch nach erfolgter Verwachsung behält jeder Partner sein Erbgut unverändert bei; durch den zwischen Reis und Unterlage erfolgenden Stoffaustausch ist gelegentlich eine modifikatorische (S. 488 ff.) Beeinflussung von Eigenschaften in beiden Pfropfpartnern möglich.

Das ist besonders eindrucksvoll bei denjenigen Pfropfungen, bei denen aus dem Callus der Pfropfstelle Adventivsprosse entstehen, die aus den miteinander verwachsenen Geweben beider Partner zusammengesetzt sind (**Chimären**). Bei **Sektorialchimären** stammt ein Sektor eines Sprosses oder Blattes

vom Reis, der Rest dagegen von der Unterlage. Besonders merkwürdig sind die **Periklinalchimären**, bei denen die Epidermis und evtl. einige äußere Schichten von dem einen Partner, die inneren Gewebe dagegen vom anderen Partner gebildet werden (Pfropfung bei *Cytisus*-Arten, zwischen *Crataegus* und *Mespilus* u.a.). Derartige «**Pfropfbastarde**» können äußerlich den Eindruck echter, geschlechtlich entstandener Bastarde erwecken, dürfen mit diesen aber nicht gleichgesetzt werden; denn selbst bei diesen engsten Verwachsungen bewahrt doch jede Zelle bzw. Zellschicht ihren erblichen Artcharakter, auch wenn die äußere Gestalt eine wechselseitige Beeinflussung der artverschiedenen Gewebeschichten deutlich erkennen läßt.

B. Determination

Unter Determination einer Zelle versteht man die Festlegung ihrer Differenzierungsrichtung. Wenn eine vom Spitzenmeristem abgegebene Zelle sich z.B. zu einer Epidermiszelle, eine andere zu einem Siebröhrenglied entwickeln soll, muß zu Beginn der abweichenden Differenzierung im Rahmen der vorhandenen genetischen Potenzen eine Auswahl getroffen werden, welche Gene in der Zelle abgerufen und welche stillgelegt werden sollen (vgl. z.B. Abb. 181, S. 162).

Die Determination ist, wie erwähnt, in vielen Fällen rückgängig zu machen; man kann die Embryonalisierung einer bereits ausdifferenzierten Zelle aber auch als neue Determination (in Richtung teilungsfähige Meristemzelle) betrachten.

Der Vorgang der Determination ist einer der wichtigsten, aber noch am wenigsten verstandenen Prozesse der Entwicklungsphysiologie. Je nachdem, ob die Determination einer Zelle vorwiegend durch innere (intracelluläre) oder durch außerhalb der Zelle liegende Faktoren bestimmt wird, unterscheidet man eine e n d o n o m e und eine a i t i o n o m e Determination. Vielfach sind diese beiden Vorgänge aber (noch) nicht eindeutig voneinander abzugrenzen.

1. Endonome Determination

Über unsere beschränkten Kenntnisse von der intracellulären Regulation der Gentranskription wurde bereits auf S. 379 ff. berichtet. In vielen Fällen scheint der Entwicklungsablauf einer Zelle im Verband eines Gewebes genetisch vorprogrammiert. Dies ist besonders auffällig, wenn abweichend gestaltete Zellen in einem regelmäßigen Muster angeordnet sind, z.B. die Spaltöffnungsapparate in der Blattepidermis der Gräser (Abb. 124, S. 116) und die Trichoblasten (Wurzelhaar-bildende Zellen) in der Rhizodermis mancher Pflanzen (vgl. S. 122), die Wasserspeicher- und Chlorophyllzellen in den Blättchen von *Sphagnum* (Abb. 106, S. 100) und *Leucobryum* (Abb. 766, S. 711), die Drüsenzellen in der Blasenwand von *Utricularia*, die Siebröhren und ihre Geleitzellen im Angiopermenphloem (Abb. 145, S. 129) usw. In den genannten Fällen wird in regelmäßiger, genetisch festgelegter Folge nach normalen Zellteilungen eine **inäquale Zellteilung** eingelegt, bei der eine plasmareichere, kleinere Zelle von einer plasmaärmeren, größeren Schwesterzelle getrennt wird (Abb. 106, 138, S. 100, 125). Streng endogen programmiert und von Außenfaktoren nicht zu beeinflussen ist z.B. auch die Determination und die dadurch bestimmte Entwicklung der von den Cambiuminitialen abgegebenen Bastelemente bei den *Taxaceae*, *Taxodiaceae* und *Cupressaceae* («Viertakt»: Siebzelle – Bastfaser – Siebzelle – Parenchymzelle usw., vgl. S. 172).

Wir haben noch keine begründete Vorstellung davon, welche molekularen Vorgänge dieser endonomen Determination zugrunde liegen, auch nicht davon, wie es z.B. zu der Ungleichverteilung des Cytoplasmas in einer Zelle kommt, die sich zu einer endonom festgelegten inäqualen Teilung anschickt (vgl. S. 94 und Abb. 103, S. 99).

2. Aitionome Determination

Auch nicht viel mehr als über die endonome Determination ist über die aitionome Determination bekannt, bei der die Entwicklungsrichtung einer Zelle durch Faktoren bestimmt wird, die außerhalb dieser Zelle liegen.

Determination durch Nachbarzellen. Benachbarte Zellen können die Entwicklung einer Zelle in eine bestimmte Richtung leiten (Induktion) oder auch blockieren (Sperreffekt). Es gibt Induktionseffekte, bei denen eine ausdifferenzierte Zelle eine Nachbarzelle dazu veranlaßt, sich in die Richtung zu entwickeln, welche die induzierende Zelle selbst durchlaufen hat. Eine derartige **homoiogenetische Induktion** finden wir z.B. bei der Bildung des Interfasciculär-Cambiums im Anschluß an das fasciculäre Cambium (Abb. 179D, S. 161), bei der Bildung von Phloem- und Xylembrücken in

Wundcalli (S. 425), beim Anschluß der Leitelemente der Seitenwurzeln an die der Hauptwurzel (Abb. 213, S. 187) usw.

In anderen Fällen veranlaßt die induzierende Zelle ihre Nachbarzelle zur Entwicklung in eine ganz andere Richtung (**heterogenetische Induktion**). So können sich Endodermiszellen über Xylemelementen der Wurzel zu Durchlaßzellen differenzieren (Abb. 210B, S. 185); die Meristemzellen in jungen Knospen oder die Drüsenzellen in Epithemhydathoden (S. 325) veranlassen basalwärts anschließende Zellen, sich zu Leitelementen zu entwickeln, die den Anschluß an bereits bestehende Leitbahnen bewerkstelligen usw. Weder über die der homoiogenetischen noch über die der heterogenetischen Induktion zugrunde liegenden molekularen Vorgänge sind bisher Einzelheiten bekannt.

Bei den **Sperreffekten** (vgl. S. 143f., Abb. 155 u. 161) verhindert eine Zelle in ihrer unmittelbaren Nachbarschaft die Entstehung ihr gleichender oder auf ähnliche Weise sich bildender Zellen. Störfelder, wie sie diesen Sperreffekten zugrunde liegen, sind z.B. um die Meristemoide in den Blattepidermen bei den Dicotylen ausgebildet, die sich zu Haaren, Drüsen oder Spaltöffnungsapparaten entwickeln. Dies führt dazu, daß diese Gebilde unter sich bestimmte Abstände einhalten, wenn auch das entstehende Muster nicht so regelmäßig ist wie bei der endonom programmierten Determination der Blattepidermis bei vielen Monocotylen. Der Sperreffekt könnte auf das Vorliegen von Hemmstoffen in der Umgebung eines Hemmzentrums, oder – wahrscheinlicher – auf die Verarmung von Stoffen in diesem Bereich zurückgehen, die für die Differenzierung benötigt werden (vgl. S. 143 und Abb. 169).

Determination durch Lage im Organ. Vielfach hängt die Determination und die durch sie gerichtete Differenzierung von der Lage der Zelle im Organ ab, ohne daß ein direkter Einfluß benachbarter Zellen festzustellen ist. So entwickeln sich die Leitbündel im Sproßscheitel von Dicotylen in einem bestimmten Abstand von der Oberfläche (Abb. 171, 454), während die Epidermis normalerweise nur direkt an der Oberfläche entsteht. Daß dies nicht zwangsläufig der Fall ist, zeigt die Plasmamutante *rhytidiophyllum* von *Epilobium hirsutum*, die im Blattinnern an etlichen Stellen eine weitere Epidermis enthält, die sogar (funktionslose) Schließzellen ausbildet (Abb. 455).

Ob die Normalanordnung der Gewebe, z.B. der Leitbündel oder der Epidermis, auf entsprechende chemische oder physikalische Gradienten im Organ zurückgeht (O_2-, CO_2-Partialdruck, Wasserpotential, Licht, Gewebedruck u.ä.) ist noch ungeklärt.

Determination durch Hormone. Die homoiogenetische wie die heterogenetische Induktion durch Nachbarzellen erfolgt sicher durch Vermittlung chemischer Substanzen, ist demnach hormonal gesteuert. Inwieweit es sich um die bekannten Phytohormone (in wechselnden Konzentrationsverhältnissen) oder aber um andere Verbindungen (evtl. informative Makromoleküle wie Nucleinsäuren oder Proteine) handelt, ist noch unklar.

Bei der Determination der Cambiumelemente während des sekundären Dickenwachstums könnte ein direkter Einfluß von Phytohormonen wahrscheinlich gemacht werden: IAA scheint vor allem die Xylembildung, Gibberellin die Phloembildung zu fördern. Die normale Entwicklung (z.B. Bildung von 4 Xylemzellen auf nur eine Phloemzelle bei der Kiefer

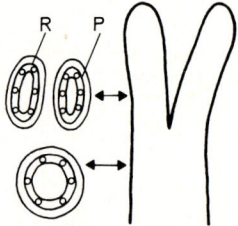

Abb. 454: Einfluß der Längsteilung des Sproßscheitels einer Dicotylen auf die Differenzierung des Restmeristems R und die Procambiumstränge P. (Nach Libbert)

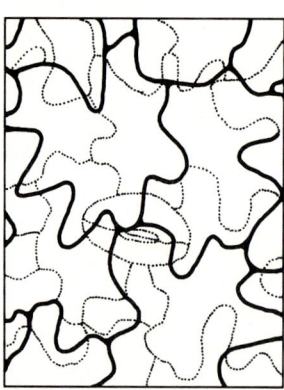

Abb. 455: Flächenansicht eines Blattes der Mutante *rhytidiophyllum* von *Epilobium hirsutum*. Unter der Epidermis (stark gezeichnet) liegt eine zweite (punktiert), die sogar eine Spaltöffnung ausgebildet hat. (Nach Bartels)

während der Hauptwachstumszeit) erfordert das Vorhandensein beider Hormone in bestimmtem Konzentrationsverhältnis.

Gallbildungen. Daß durch Einwirkung bestimmter Stoffe die Formbildung der Einzelzelle wie ganzer Organe tiefgreifend beeinflußt werden kann, geht besonders eindrucksvoll aus den vielgestaltigen Gallbildungen (Cecidien) hervor, die an Pflanzen unter der Einwirkung von Bakterien, Pilzen oder Tieren (Cecidozoen: z.B. Gallmücken, -wespen, -läusen, -milben) entstehen.

Organoide Gallen bestehen aus den zwar stark veränderten, aber doch noch deutlich erkennbaren Grundorganen der Wirtspflanzen. Dazu gehören z.B. die Hexenbesen, d.h. eine Zusammendrängung zahlreicher Seitenäste auf engstem Raume, die z.B. auf Birken, Hainbuchen und Kirschbäumen durch den Befall mit *Taphrina*-Arten (vgl. S. 652), bei den Edeltannen durch Rostpilze hervorgerufen werden. Organoide Gallen sind auch die Rosenäpfel («Bedeguar»), die nach dem Einstich der Rosengallwespe in die jungen Blattanlagen und Sproßachsen durch Zusammendrängung zahlreicher sich entwickelnder, mißgebildeter Blätter entstehen (Abb. 456). Eine von dem Rostpilz *Uromyces pisi* befallene Cypressen-Wolfsmilch hat etwa den fünffachen IAA- und den dreifachen Gibberellinsäuregehalt und verändert ihren ganzen Habitus; sie bildet nur kurze dicke Blätter, aber keine Blüten und Seitenzweige (Abb. 457).

Histoide Gallen lassen keine organoide Gliederung erkennen, sondern entstehen als Wucherungen aus Teilen von Sproßachse, Blatt oder Wurzel. Vor allem die histoiden Gallen sind oft in auffallender und

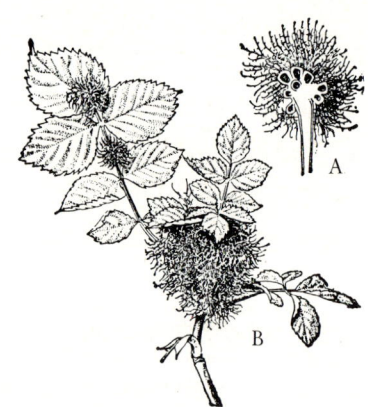

Abb. 456: «Rosenapfel» an *Rosa canina*, hervorgerufen durch den Stich und die Eiablage der Rosengallwespe *Rhodites rosae* in die jungen Blattanlagen. A Habitusbild. Linkes Blatt mit nur kleinen Teilwucherungen, in der Mitte fast völlige Umwandlung der Blattanlagen. B Schnitt durch die Sproßspitze mit mehreren Larvenkammern. (Nach Ross u. Hedicke)

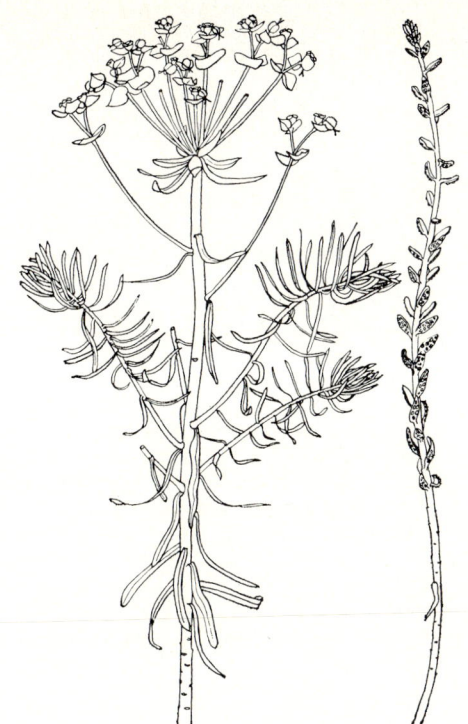

Abb. 457: *Euphorbia cyparissias*, links normale, rechts durch Infektion mit *Uromyces pisi* veränderte Pflanze. (Ca. ²/₃ ×, nach SCHUMACHER)

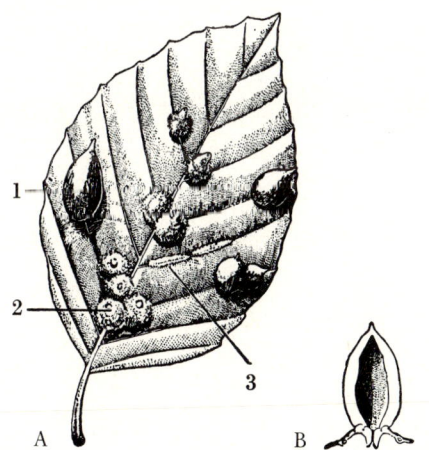

Abb. 458: A Verschiedene histoide Gallen auf einem Blatt von *Fagus sylvatica*. Die spezifische Form der Gallen geht auf die Wirkung des Tieres zurück. 1 Beutelgalle, verursacht durch die Buchengallmücke *Mikiola fagi*, 2 behaarte Beutelgalle der Gallmücke *Hartigiola annulipes*, 3 Filzgalle auf Blattnerven, verursacht durch die Milbe *Eriophyes nervisequus*. B Schnitt durch die Beutelgalle 1. (Nach ROSS u. HEDICKE)

komplizierter Weise den Bedürfnissen eines Galltieres angepaßt. So entsteht z.B. die häufige Beutelgalle an Buchenblättern (Abb. 458) durch ein von den Larven der Buchengallmücke induziertes lokales Flächenwachstum. Die Larven «modellieren» sich das Gallgehäuse mit ihrem Speichel. Die eingespeichelten Bereiche wölben sich schließlich taschenförmig ein, so daß die Erreger völlig in den nach unten einen Ausführgang zeigenden Beutel eingeschlossen werden. Auch nachfolgendes Dickenwachstum und Ausbildung von sclerenchymatischen Elementen findet bei vielen Gallen statt, so daß ein widerstandsfähiges Gehäuse zum Schutz des sich entwickelnden Tieres entsteht. Reichliche Haarbildungen und zartwandige, nährstoffreiche Zellen im Innern dienen oft zur Ernährung des Galltieres.

In den genannten Beispielen werden demnach unter dem Einfluß eines Fremdorganismus Zell- und Organformen produziert, für die zwar die genetische Potenz in der Pflanze vorhanden ist, die aber normalerweise nicht gebildet werden.

Es besteht kein Zweifel, daß die verschiedenen Gallen durch die erregerspezifische, räumlich und zeitlich gezielte stoffliche Einwirkung der gallerzeugenden Organismen zustande kommen. Dabei scheinen Phytohormone z.T. eine maßgebliche Rolle zu spielen. Daß *Corynebacterium fascians* ein Cytokinin bildet, das bei der Auslösung der Verbänderung beteiligt sein dürfte, wurde bereits erwähnt (S. 392), ebenso die Gibberellinproduktion durch *Fusarium heterosporum* (S. 388) und die IAA-Bildung durch *Rhizobium*, die bei der Bildung von Wurzelknöllchen wichtig ist (S. 375).

Auch bei der Entstehung komplizierter histoider Gallen scheint IAA beteiligt zu sein, die neben anderen Substanzen (z.B. Aminosäuren und Enzymen) im Speicheldrüsensekret von Gallinsekten vorkommt. Zu der Entwicklungsanregung durch die Ei-ablegende Imago muß in der Regel eine anhaltende, vermutlich räumlich und zeitlich programmierte stoffliche Beeinflussung durch das Ei und die sich entwickelnde und in der Galle bewegende Larve kommen, um die Galle zur vollen Entwicklung kommen zu lassen. So verwundert es nicht, daß eine einzige Wirtspflanze, wie z.B. die Eiche, über hundert verschiedene Gallsorten hervorbringen kann.

C. Polarität

Unter Polarität versteht man in der Biologie die physiologische und morphologische Ungleichwertigkeit zweier Pole oder zweier Oberflächen in einem lebenden System. Phänomenen morphologischer Polarität sind wir schon bei der Betrachtung des Baues von Einzelzellen, von Thallo- und Cormophyten im Kapitel Morphologie begegnet (S. 94 ff.); physiologische Polarität (wie sie letztlich auch jeder morphologischen zugrunde liegt) ist uns z.B. vom Elektronen- und Protonentransport durch die Thylakoidmembran (S. 247) und vom parenchymatischen Wuchsstofftransport (S. 385) vertraut. Als besonders auffälliges weiteres Beispiel kann der Befund angeführt werden, daß gewisse Haarzellen bestimmte Farbstoffe in ihrem Plasma nur von der Zellbasis zur Spitze transportieren, obwohl eine lebhafte Zirkulationsströmung des Plasmas besteht.

Auch die inäquale Zellteilung (S. 99 u. 427), die – wie erwähnt – ein entscheidender Schritt der Differenzierung ist, setzt ja eine Polarität der Zelle voraus, die durch die Teilung nur sichtbar fixiert wird, aber bereits vorher, z.T. sogar irreversibel, festgelegt war. Nicht die inäquale Zellteilung selbst oder die Richtung der Teilungsspindel und damit der neu gebildeten Zellwand bestimmt letztlich die charakteristische dreidimensionale Form des Pflanzenkörpers, sondern die diesen Phänomenen zugrunde liegende Zellpolarisierung.

Induktion der Polarität. Falls die befruchtete Eizelle und der aus ihr entstehende Embryo zunächst von den Geweben der Mutterpflanze umschlossen bleibt, bestimmen diese die Hauptachse der Polarität. Da bereits die befruchtete Eizelle polarisiert wird, ist schon die erste Zellteilung inäqual und trennt einen Wurzelscheitel (bei leptosporangiaten Farnen dem Archegonienhals, bei Samenpflanzen der Mikropyle zugekehrt) und einen Sproßscheitel (Abb. 113, S. 106).

Werden Eizellen oder Sporen bei Niederen Pflanzen von der Mutterpflanze entlassen, dann sind sie nur in Ausnahmefällen (z.B. die Eizellen der Braunalgen *Sargassum* und *Coccophora*) bereits durch die Mutterpflanze polarisiert. In der Regel (z.B. bei den Eizellen bzw. Zygoten der Braunalge *Fucus*, bei den Meiosporen von Moosen und Farnpflanzen) erfolgt die Polarisierung erst durch Außeneinflüsse, vor allem durch das Licht.

Werden die Sporen von *Equisetum* bzw. die befruchtete Eizelle von *Fucus* einseitig belichtet, so wird eine inäquale Verteilung des Protoplasmas und anschließend eine inäquale Zellteilung induziert, wobei die Zelle auf der Schattenseite zum Rhizoidpol, die andere (größere) zur Ausgangszelle des übrigen Thallus wird (Abb. 459). Bei den *Fucus*-Zygoten kann unter bestimmten Umständen das Rhizoid (an der dunkelsten Stelle) schon vor der Zellteilung austreiben, d.h. die Teilung stabilisiert lediglich eine vorher in der Zelle erfolgte Polarisierung. Bestimmend für die induzierte Polarität ist der Intensitätsabfall des Lichtes in der Zelle, nicht die Einfallsrichtung des Lichtes, wie Halbseitenbeleuchtungen zeigen (Abb. 460).

Die zur Polaritätsinduktion benötigte Belichtungsdauer nimmt mit zunehmender Lichtintensität ab; wesentlich ist demnach die Lichtmenge. Bei *Equisetum*-Sporen werden bei $2\,W \cdot m^{-2}$ Weißlicht ca. 10 min, bei $20\,W \cdot m^{-2}$ 1–5 min, bei einem Elektronenblitz nur 10^{-3} sec zur maximalen Polarisation benötigt.

Die wirksamen Wellenlängen liegen bei Eiern bzw. Zygoten von Braunalgen und bei *Equisetum*-Sporen meist im blauen und ultravioletten Bereich; das Wirkungsspektrum läßt ein Flavoprotein als Receptor vermuten. Die Receptormoleküle liegen im peripheren Protoplasma, wahrscheinlich oberflächenparallel.

Die erste auffallende Reaktion in *Equisetum*-Sporen, die durch einseitige Belichtung polarisiert wurden, ist eine Verlagerung der Plastiden in die licht-

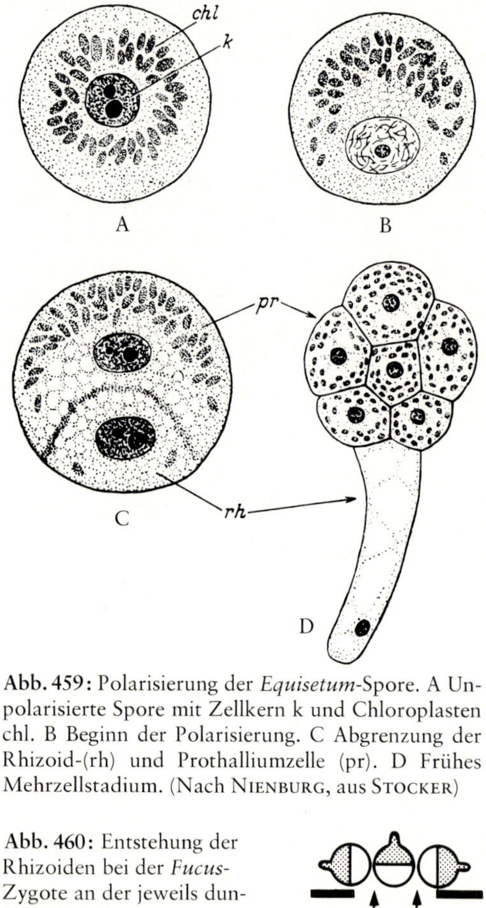

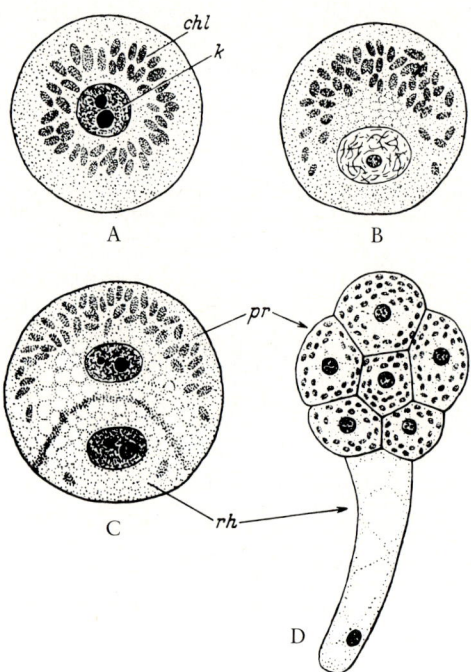

Abb. 459: Polarisierung der *Equisetum*-Spore. A Unpolarisierte Spore mit Zellkern k und Chloroplasten chl. B Beginn der Polarisierung. C Abgrenzung der Rhizoid-(rh) und Prothalliumzelle (pr). D Frühes Mehrzellstadium. (Nach NIENBURG, aus STOCKER)

Abb. 460: Entstehung der Rhizoiden bei der *Fucus*-Zygote an der jeweils dunkelsten Stelle. (Nach v. WETTSTEIN.)

zugewandte Seite der Zelle, also in die künftige Chloronemazelle, und des Zellkerns in die entgegengesetzte Richtung (Abb. 459B). Diese Bewegung wird auch dann induziert, wenn weder die Plastiden noch der Zellkern, sondern ausschließlich das Cytoplasma belichtet wird.

Wird der induzierende Einfluß einseitiger Belichtung ausgeschaltet, so wird oft die Schwerkraft wirksam (Rhizoidpol zum Erdmittelpunkt hin gerichtet). Gibt es gar keine richtenden Außenfaktoren (verwirklicht nur im Experiment), so entstehen die Rhizoiden bei *Fucus*-Zygoten an einer zufälligen Stelle, bei *Equisetum*-Sporen an einem definierten Ort, dem Rhizoidpunkt (der bei anders gerichteter Induktion normalerweise nicht in Erscheinung tritt).

Auch Einflüsse von benachbarten Zellen auf die Polaritätsinduktion wurden nachgewiesen: Liegen mindestens 10 *Fucus*-Zygoten dicht beieinander, so bilden die inneren Zellen z.T. gar keine Rhizoiden aus, während sie bei den äußeren zum Inneren der Gruppe hin entstehen. Der wichtigste Schritt bei der Induktion der Polarität scheint eine lokal gesteigerte Aufnahme von Ca^{2+} zu sein: an diesen Orten erfolgt das verstärkte Wachstum. Diese Ca^{2+}-Aufnahme ist Teil eines die Zelle passierenden Ionenstroms: Am «nichtwachsenden» Pol wird Ca^{2+} aktiv aus der Zelle gepumpt, das am wachsenden (oder zukünftig wachsenden) Pol passiv wieder einströmt. Der Ca^{2+}-Strom scheint von der Ungleichverteilung der Ca^{2+}-Pumpen und -Leckstellen in den Membranen gerichtet zu werden.

Stabilität der Polarität. Kurz nach der Induktion ist die Polarisierung bei *Fucus*-Zygoten durch anders gerichtete Gradienten (z.B. entgegengesetzte Belichtung) noch aufhebbar oder sogar umkehrbar.

Bei der fadigen Grünalge *Cladophora* (S. 591, Abb. 627), deren Fäden polarisiert sind (basales Ende bildet Rhizoid), kann man die plasmatische Verbindung der Fadenzellen untereinander durch Plasmolyse abbrechen; nach Deplasmolyse regeneriert dann jede Zelle einen neuen Zellfaden, wobei das basale Ende der Zelle sich zum Rhizoid entwickelt. Diese Polarität kann durch Zentrifugieren umgekehrt werden. Dies ist nicht möglich z.B. bei den polar determinierten Eizellen von *Sargassum* und *Coccophora*.

Besonders nachhaltig fixiert und im allgemeinen irreversibel ist die einmal aufgeprägte Polarität bei Höheren Pflanzen.

So treiben z.B. an abgeschnittenen Weidenzweigen in feuchter Atmosphäre am apikalen Ende Knospen aus, während sich am basalen Ende Wurzeln bilden, obwohl auch hier genügend Knospenanlagen

vorhanden sind (Abb. 461). Ebenso treiben Wurzelstücke z.B. des Löwenzahns oder der Zichorie in feuchter Erde Knospen an der proximalen, dagegen Wurzeln an der distalen Seite (Abb. 462). Auch bei Propfungen offenbart sich die Polarität der Pfropfpartner, indem nur richtig orientierte Teile miteinander verwachsen. Diese Polarität ist endogen bestimmt und kann nicht durch Außenfaktoren umgestimmt werden, auch nicht durch veränderte Einwirkung der Schwerkraft (Abb. 461, 462). Sie ist in jedem noch so

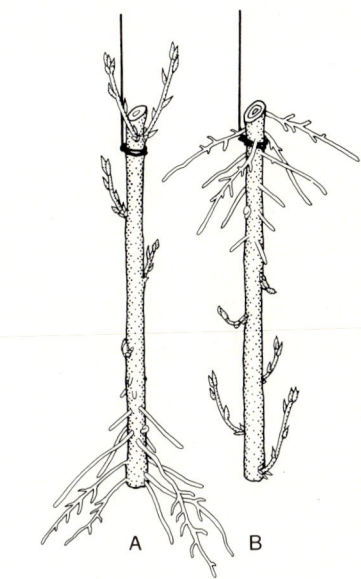

Abb. 461: Zweigstücke einer Weide. A in normaler, B in umgekehrter Lage, im feuchten Raum hängend und austreibend. (Nach PFEFFER, verkl.)

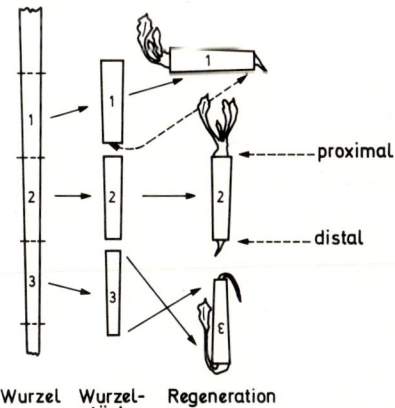

Abb. 462: Polare Regeneration bei Wurzelstücken. Sproßknospen entstehen immer am proximalen (am nächsten dem Wurzelhals befindlichen) Ende, unabhängig von der Lage im Raum. (Nach WARMKE u. WARMKE)

kleinen Sproß- und Wurzelstück ausgeprägt, so daß man an das Verhalten von Permanent-Magneten erinnert wird, bei denen auch die Bruchstücke stets wieder Plus- und Minus-Pole aufweisen. Der Schluß scheint gerechtfertigt, daß auch bei Höheren Pflanzen jede Einzelzelle polarisiert ist, und die Polarität der Einzelzellen die des Organs bestimmt.

Eine Umkehr der ursprünglichen Polarität ist bei Organen offensichtlich nur möglich, wenn eine Mitose eingeschaltet wird und die neu gebildete Zelle invers induziert wird, z.B. die Cambiumderivate in Sproßstecklingen. Es können auch mehrere Zellteilungen nötig sein, bevor eine neue Polarität fixiert ist.

Die strukturellen Grundlagen der Polarität. Welche Baueigentümlichkeiten zeichnen eine polarisierte gegenüber einer unpolarisierten Zelle aus?

Nur begrenzte Auskunft über dieses Problem geben die Ereignisse bei der Polaritätsinduktion. Die im Mikroskop sichtbare Verlagerung von Zellorganellen und Teilen des Cytoplasmas ist sicher Folge, nicht Ursache der Polarisierung.

Die einzige sichere Aussage, die wir über die strukturelle Grundlage der Zellpolarität heute machen können, ist die, daß die zugrunde liegenden Struktursymmetrien, z.B. in der Verteilung der Ca^{2+}-Pumpen, ihren Sitz im randständigen Plasma haben müssen: Die Zellpolarität wird z.B. durch Plasmaströmung, die ja das Ektoplasma nicht erfaßt, nicht verändert.

Es ist deshalb nicht verwunderlich, daß alle Faktoren, die Polarität induzieren können, Membraneffektoren sind.

D. Endopolyploidie

Die Differenzierung von Zellen innerhalb eines vielzelligen Organismus ist bei Pflanzen häufig mit einer Änderung in der Zahl der Chromosomensätze in den Zellen verbunden. Auf diese Vorgänge, die nach unserer derzeitigen Kenntnis wohl eher Begleiterscheinungen, nicht Ursachen der Differenzierung sind, wird in anderem Zusammenhang näher eingegangen (vgl. S. 51 f. und S. 506 ff.).

IV. Korrelationen

Zwischen den einzelnen Zellen, den Geweben und den Organen, die sich zu einem übergeordneten, komplizierten, aber harmonischen Organismus zusammenschließen, müssen enge Wechselwirkungen (Korrelationen) bestehen. Schon die homoiogenetische und die heterogenetische Induktion und der Sperreffekt durch Nachbarzellen kann im weiteren Sinne als korrelative Wirkung betrachtet werden. Besonders auffallend sind die Korrelationen bei den ausgedehnten Vegetationskörpern Höherer Pflanzen, wenn sie auch den Niederen Pflanzen keineswegs fehlen.

Soweit es sich bei den korrelativen Wechselwirkungen nicht einfach um die Konkurrenz um Nährstoffe oder die gegenseitige Belieferung mit Nährstoffen handelt, werden sie in der Regel durch Hormone verursacht.

A. Korrelative Förderung

Korrelative Förderung kann auf der Belieferung mit Nährstoffen beruhen. So wird ein ergiebig assimilierendes Sproßsystem die Entwicklung des Wurzelsystems durch reichliche Assimilatanlieferung fördern, das seinerseits wieder bei üppiger Entwicklung den Sproß ausreichend mit Wasser und Mineralsalzen versorgt.

Der Sproß beliefert die Wurzel aber auch mit Vitaminen (u.a. mit Thiamin, das offensichtlich keine nichtgrüne Wurzel synthetisieren kann) und mit IAA, die nicht nur das Längenwachstum der Wurzel, sondern auch (neben Thiamin und Nicotinsäureamid) die Bildung der Seitenwurzeln steuert. Die Wurzel ihrerseits versorgt den Sproß mit Cytokininen und Gibberellinen, die dort wieder spezifische Wirkungen entfalten können (S. 392 f., 388 f.).

Bei Bäumen mit einem nur zeitweise aktiven Cambium geht der Anstoß zur Aufnahme der Teilungsaktivität zu Beginn der Wachstumsperiode von den sich entwickelnden Knospen aus und schreitet basalwärts fort.

Bei ringporigen Bäumen (vgl. S. 167) erfolgt diese Cambiumaktivierung über die ganze Stammlänge so schnell, daß die Entwicklungsanregung durch die Knospen oft nicht nachweisbar ist; bei großen Coniferen kann es aber eine Woche dauern, bis die Induktion der Cambiumaktivität von den Knospen bis zur Stammbasis fortgeschritten ist, bei hohen zerstreutporigen Laubbäumen 3–4 Wochen und mehr. Diese Entwicklungsanregung geht auf die Wirkung von IAA zurück.

Staut sich das Auxin auf seiner Wanderung durch die Sproßachse an, z.B. über Ringelungsstellen, so wird dort das Dickenwachstum besonders angeregt (Anschwellungen), häufig auch die Bildung von Adventivwurzeln ausgelöst.

Auch die Bewurzelung von Sproßstecklingen wird durch Applikation von IAA auf die Basalzone gefördert (Abb. 463), wobei die bei vielen Pflanzen vor allem über den Stengelknoten vorhandenen, äußerlich unsichtbaren embryonalen Wurzelanlagen zur Weiterentwicklung angeregt werden oder auch endogene Neubildungen aus Perizykel oder Cambium erfolgen können. Das Verfahren wird auch praktisch angewandt, z.B. bei der vegetativen Vermehrung des Kakao.

Korrelative Steuerung des Fruchtwachstums und der Samenkeimung. Wegen der praktischen Bedeutung der Früchte ist die Regulation ihres Wachstums, die vorwiegend korrelativ mit Hilfe von Hormonen erfolgt, besonders gut untersucht.

Die erste Phase des Fruchtknotenwachstums (vor dem Aufblühen) ist meist durch starkes Teilungswachstum bei nur geringer Zellstreckung charakterisiert. Die Teilungen werden bei vielen Arten (z.B. bei der Tomate und bei der Johannisbeere) nach dem Aufblühen weitgehend eingestellt und das folgende Wachstum geht dann allein auf die Zellstreckung zurück; diese wird aber nur ausgelöst, wenn eine Bestäubung eingetreten ist (Abb. 464). Die Zellen können so groß werden, daß sie mit bloßem Auge erkennbar sind (z.B. bei *Citrullus vulgaris*).

Bleibt die Bestäubung aus, werden die Blüten in der Regel abgestoßen, erfolgt sie aber, so welken zwar die Blüten- und Staubblätter, aber die Fruchtentwicklung setzt ein. Für die erste Phase des Fruchtwachstums («Fruchtansatz») ist in den meisten Fällen eine erfolgte Befruchtung nicht notwendig; es genügt die Bestäubung, oft selbst eine durch artfremden Pollen, der gar keine Befruchtung durchführen kann. Der (sehr auxinreiche) Pollen wirkt über eine Abgabe von IAA. Man kann deshalb die Wirkung einer Bestäubung vielfach ersetzen durch Applikation von IAA oder ähnlich wirkenden Auxinen auf die Narbe (z.B. Besprühen mit Auxinlösung oder Auftragen einer Lanolinpaste mit Auxin).

Bei den meisten Früchten löst die Bestäubung zwar den Fruchtansatz, nicht aber ein fortdauerndes Wachstum der Früchte aus. Dieses setzt erst nach erfolgter Befruchtung ein und wird wieder korrelativ durch Auxinabgabe von Seiten der sich entwickelnden Samenanlagen gesteuert. Bei vielen Früchten, z.B. Weinbeeren, Äpfeln, Birnen, Tomaten und Johannisbeeren, ist deshalb die Größe der ausgewachsenen Frucht normalerweise der Zahl der in ihr sich entwickelnden Samen proportional. Bei der Erdbeere unterbleibt das Fleischigwerden der Blütenachse praktisch vollständig, wenn man die Nüßchen entfernt, tritt aber in normalem Umfang ein, wenn man anstelle der Nüßchen eine Lanolinpaste mit Auxin aufträgt. Diese Koppelung des Fruchtwachstums an die erfolgte Befruchtung und die beginnende Samenentwicklung gewährleistet, daß die oft erhebliche Stoffzufuhr für die weitere Fruchtentwicklung

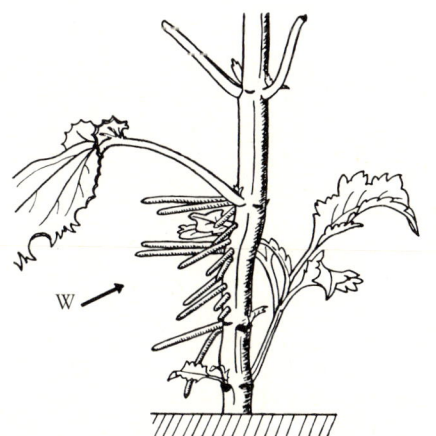

Abb. 463: Basale Stengelzone einer *Coleus*-Pflanze mit Bildung von Adventivwurzeln (W) nach Aufstreichen einer Wuchsstoffpaste an der linken Stengelseite. (Ca. ¹/₂ ×, aus SCHUMACHER)

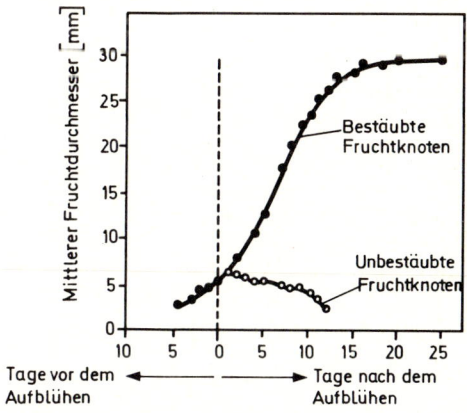

Abb. 464: Wachstum des Fruchtknotens von *Cucumis anguria*. In unbestäubten Blüten kommt es gleich nach dem Aufblühen zum Stillstand (die Abnahme beruht auf Schrumpfung), während die bestäubten Fruchtknoten eine typische sigmoide Wachstumskurve zeigen. (Nach J.P. NITSCH)

nur dann erfolgt, wenn sie biologisch sinnvoll ist.

Bei einer Reihe von Arten führt Auxinzufuhr zur Narbe (anstelle einer Bestäubung) nicht nur zum Fruchtansatz, sondern auch zur weiteren Entwicklung der Frucht bis zur völligen Reife (z.B. bei Tomate, Johannisbeere, Tabak, Feige). Diese ohne Befruchtung entstandenen Früchte (**Parthenokarpie**) sind natürlich samenlos. Es wird angenommen, daß bei diesen Arten das zugeführte Auxin die sonst nur nach Befruchtung erfolgende weitere Produktion von Auxin durch Teile des Fruchtknotens (z.B. die Samenanlagen) auslöst. Bei anderen Arten wird durch zugeführtes Auxin nur der Fruchtansatz, nicht die weitere Entwicklung in Gang gesetzt (z.B. bei Olive, Hopfen, Mais).

Bei den natürlich parthenokarp entstehenden und daher ebenfalls samenlosen Früchten, z.B. Varietäten von Tomaten, Gurken, Feigen, Orangen, Bananen und Ananas, erfolgt die Fruchtentwicklung z.T. ohne Bestäubung, z.T. nach Bestäubung und Befruchtung mit nachfolgendem Abort der Embryonen. Die für die Stoffzufuhr und das Fruchtwachstum notwendige Auxinproduktion der Samenanlagen bzw. anderer Teile des Fruchtknotens bedarf bei diesen Pflanzen offensichtlich keiner oder nur gewisser korrelativer Einflüsse von außen.

Auxine sind wie bei anderen Wachstumsvorgängen so auch beim Fruchtwachstum nicht die einzigen wirksamen Hormone. Es gibt Hinweise, daß sich entwickelnde Samen neben Auxinen auch Gibberelline an ihre Umgebung abgeben und daß auch diese bei der Kontrolle der Fruchtentwicklung beteiligt sind. Bei einigen Arten kann man mit Gibberellinzufuhr, nicht aber durch Auxinapplikation, Parthenokarpie auslösen (z.B. bei *Prunus*-Arten). Schließlich hat man auch gefunden, daß Früchte, die während des Wachstums noch Zellteilungen aufweisen, zur Zeit des aktivsten Teilungswachstums auch den höchsten Cytokiningehalt besitzen (z.B. Apfel, Tomate, Banane).

Über die korrelativen, durch Hormone bewirkten Regulationen bei der Samenkeimung, z.B. die Induktion der Enzymsynthese in der Aleuronschicht der Gräser durch ein vom Embryo abgegebenes Gibberellin, wurde bereits früher (S. 389f.) berichtet.

B. Korrelative Hemmung

Auch korrelative Hemmungen können entweder über die Nährstoffversorgung oder über hormonale Wechselwirkungen zustande kommen. Im ersten Falle kann es sich z.B. um eine Konkurrenz um Nährstoffe handeln: Die Ein-

zelfrucht wird kleiner, wenn sich zahlreiche Früchte entwickeln, ebenso der Einzelsamen in der Frucht, wenn mehrere Samen zur Reife kommen (z.B. Roßkastanie). Weiterhin wird das vegetative Wachstum meist drastisch eingeschränkt, sobald eine Pflanze Früchte und Samen ausbildet.

Apikaldominanz. Normalerweise wächst die Gipfelknospe einer Pflanze schneller als die Seitenknospen, obwohl sie gegenüber letzteren ihrer Lage wegen in der Versorgung mit Assimilaten von Seiten der exportierenden Blätter und mit Nährsalzen durch die Wurzel benachteiligt sein sollte. Diese B e v o r z u g u n g d e r G i p f e l k n o s p e (Apikaldominanz) ist bei verschiedenen Arten unterschiedlich ausgeprägt. Sie ist z.B. meist absolut bei der Sonnenblume (nur die Gipfelknospe kommt zur Entwicklung), dagegen relativ schwach bei der Tomate, wo schon in geringem Abstand von der Gipfelknospe Verzweigung einsetzt. Oft läßt auch die Dominanz der Gipfelknospe im Laufe der Entwicklung einer Pflanze nach: So wachsen z.B. viele Bäume zunächst unverzweigt in die Länge und verzweigen sich erst nach einigen Jahren.

Entfernt man die Gipfelknospe (unter natürlichen Bedingungen geschieht dies z.B. durch Wind- oder Schneebruch oder durch Tierfraß), so treiben eine oder mehrere der bisher gehemmten Seitenknospen aus. Dabei übernimmt dann in der Regel die sich am schnellsten entwickelnde und in die Vertikallage einrückende Seitenknospe die Dominanz und unterdrückt das weitere Wachstum der übrigen Seitenknospen.

Die Dominanz der Gipfelknospe geht auf ihre Auxinproduktion und -abgabe zurück: Entfernt man die Gipfelknospe und ersetzt sie durch eine Auxinpaste (Konzentration z.B. 1 ppm, so bleiben die Seitenknospen weiter unterdrückt. Der Mechanismus dieser Auxinwirkung ist noch nicht ganz klar; es sieht so aus, als hemme ein durch die Gipfelknospe hoch gehaltener Auxingehalt in der Sproßachse die Ausbildung einer Leitbündelbrücke zwischen den Seitenknospen und den Achsenbündeln und drossle damit die Versorgung der Lateralknospen. Nach Dekapitierung wird diese Brücke schnell geschlagen.

Cytokinine fördern, den Seitenknospen zugeführt, deren Wachstum (vgl. S. 392), vermögen also der Apikaldominanz begrenzt entgegenzuwirken; für eine anhaltende Entwicklung dieser Seitenknospen ist aber auch Auxin notwendig.

Unter komplizierter korrelativer Kontrolle steht auch das Wachstum der Stolonen bei der Kartoffel (vgl. S. 198, Abb. 228). Normalerweise wachsen sie unter der Erde horizontal, wobei die Blätter rudimentär bleiben und die Internodien stark verlängert werden. Werden die Gipfelknospe und alle Seitenzweige entfernt, so richten sich die Stolonen auf und entwickeln sich zu normalen, beblätterten Sprossen. Auch Seitensprosse an den oberen Teilen der Kartoffelpflanze können experimentell durch eine Behandlung mit IAA + Gibberellin zur Bildung von Stolonen veranlaßt werden.

Apikaldominanz findet sich auch bei Niederen Pflanzen: Isolierte Thallusstücke des Lebermooses *Lunularia cruciata* z.B. regenerieren aus ausgewachsenen Thalluszellen, während Stücke mit Scheitel nur an diesem weiterwachsen. Auch hier unterdrückt IAA die Regeneration aus Thalluszellen und ersetzt somit den Scheitel.

C. Abscission

Das Abwerfen von Blättern, Blüten und Früchten, manchmal auch von Zweigen (z.B. bei Pappeln), gehört zum normalen Entwicklungsablauf ausdauernder Pflanzen. Die Pflanze kann damit einmal überflüssige oder nicht mehr funktionsfähige Organe beseitigen und zum andern reife Früchte der Ausbreitung zuführen.

Blattfall. Sommergrüne Holzpflanzen verlieren ihre Blätter im Herbst, Immergrüne und Tropenpflanzen während des ganzen Jahres. Der Blattfall kann unter bestimmten klimatischen Bedingungen (Auftreten einer Trockenzeit oder einer Kälteperiode, die wegen der geringen relativen Luftfeuchte und der Schwierigkeit der Wasserversorgung bei Frieren von Boden und Leitbahnen wie eine Trockenzeit wirkt) notwendig sein, um zu große Wasserverluste zu vermeiden. Alle Blätter aber reichern mit der Zeit bei langdauernder Transpiration Ballastionen an (vor allem Ca^{2+}, das auch nicht mehr im Phloem zurücktransportiert werden kann, vgl. S. 340), so daß sie mit der Zeit funktionsuntüchtig werden; ihr Abwurf kommt daher einer Entschlackung gleich (vgl. S. 133).

Bei *Welwitschia* (vgl. S. 795, Abb. 872 A) werden die beiden einzigen Laubblätter während ihrer langen Lebensdauer zwar nicht abgeworfen, sie sterben aber von der Spitze her ab und wachsen an der Basis nach, so daß auch hier die mit Ballastionen beladenen Teile abgestoßen werden.

Der Blattfall wird ermöglicht durch die Bildung eines **Trennungsgewebes** an der Basis des Blattstieles (Abb. 465). Es besteht aus kleinen Parenchymzellen mit wenig Intercellularen. Die eigentliche Abtrennung oder Abscission ist ein aktiver Prozeß, der die Synthese spezieller Enzyme, vor allem von Pectinase und Cellulase, und damit energiebedürftige RNA- und Proteinsynthese erfordert. Entzug von Sauerstoff oder Atmungssubstrat oder Zufuhr von Hemmstoffen wie Actinomycin D oder Chloramphenicol zum Blattstiel blockieren daher die Abscission (der Spreite geboten, fördern die Hemmstoffe den Blattfall, wahrscheinlich über eine Beschleunigung der Senescenz, s. u.). Die Trennung selbst verläuft, je nach Pflanzenart, entweder durch Auflösung der Mittellamellen (durch Pectinase), der Mittellamellen und der Primärwände (durch Pectinase + Cellulase) oder auch ganzer Zellen.

Die Ausbildung der Trennschicht und damit die Einleitung des Blattfalls wird wieder durch ein kompliziertes hormonelles Wechselspiel korrelativ kontrolliert. In einer Einleitungsphase (Phase 1) des Abscissionsprozesses muß zunächst der Blattstiel durch eine Art Alterung (Senescenz, vgl. S. 436 f.) in einen Zustand übergeführt werden, in dem die eigentliche Ablösung erfolgt (Phase 2). Hoher Auxingehalt der Spreite und damit gute Auxinversorgung des Blattstiels von der Spreite her verzögert die Senescenz und verhindert daher die Abscission. Die Spreite kann dabei durch einen Agarwürfel mit Auxin ersetzt werden, der, auf das abaxiale Ende des Blattstieles aufge-

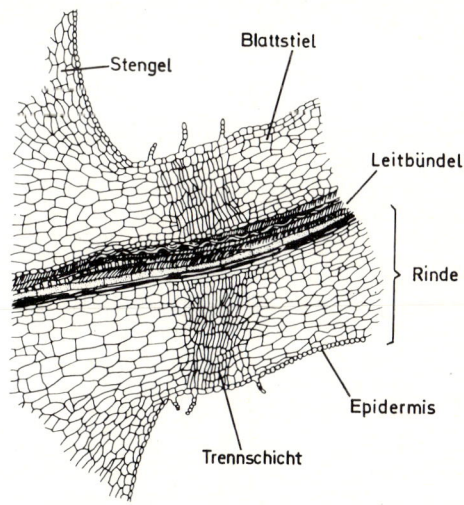

Abb. 465: Längsschnitt durch die basale Region eines Dicotyledonen-Blattstieles mit entwickelter Trennschicht. (Nach TORREY)

setzt, dessen Abwurf verzögert, wenn dieser noch nicht gealtert ist. Beschleunigt wird die Senescenz des Blattstiels durch Verminderung der Auxinversorgung von der Spreite her und durch Senescenzfaktoren, die ebenfalls von der Spreite gebildet und abgegeben werden. Es ist möglich, aber nicht sicher, daß dazu auch ABA gehört.

Die eigentliche Ablösung in der Phase 2 wird vorwiegend durch Ethylen gefördert, das kaum einen Einfluß auf die Alterung des Blattstieles in Phase 1 hat. Wird das von der Pflanze gebildete Ethylen ständig entfernt, so wird der Blattfall verzögert. Andererseits wird die Abscission durch Ethylenbegasung (1:10^7 Ethylen in Luft) beschleunigt.

Blüten- und Fruchtfall. Es wurde bereits erwähnt (S. 433), daß Blüten, die nicht bestäubt und befruchtet wurden, abgestoßen werden. Dies geschieht durch ein Trenngewebe an der Basis des Blütenstieles. Auch Früchte können in verschiedenen Phasen ihres Wachstums abgestoßen werden.

Beim Apfel z.B. kommt es zu vier Hauptperioden des Fruchtfalls: 1. gleich nach der Bestäubung; 2. bald nach Beginn des Fruchtwachstums («Junifall»); 3. während der Reifung; 4. nach der Reifung. Die Abscission dient in den drei ersten Fällen der Verdünnung des Fruchtansatzes (anderenfalls gäbe es zu kleine Früchte), im letzten Fall der Ausbreitung der Früchte.

Die hormonelle Steuerung des Fruchtfalls scheint ganz entsprechend der des Blattfalls zu verlaufen: Hoher Auxingehalt der Früchte wirkt der Abscission entgegen (Abb. 466); vorzeitiger Fruchtfall kann daher durch Besprühen der Früchte mit Auxinlösungen verhindert werden. Allerdings besteht eine derartige Beziehung zwischen Fruchtfall und Auxingehalt nicht bei allen Arten. Die eigentliche Ablösung scheint auch bei Früchten – wie deren Reifung – hauptsächlich durch Ethylen beeinflußt zu werden.

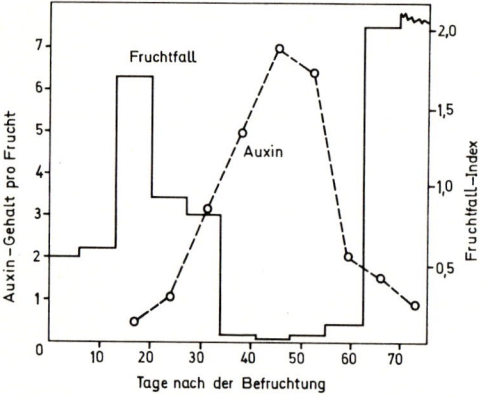

Abb. 466: Ausmaß des Fruchtfalls und relativer Gehalt eines unbekannten sauren Auxins in den Früchten der Schwarzen Johannisbeere. (Nach WRIGHT)

D. Altern und Tod

Einzellige Organismen pflanzen sich vegetativ meist durch eine Zweiteilung des Körpers fort, worauf jede Hälfte wieder zur ursprünglichen Größe heranwächst; diese Organismen sind potentiell unsterblich, wenn sie nicht durch äußere Katastrophen zugrunde gehen (vgl. S. 209 ff.).

Versteht man unter A l t e r n jede zeitabhängige Veränderung, so müssen auch diese Einzeller altern: Sie wachsen ja nach der Teilung heran, bis sie eine neue Teilung in lebensfähige Tochterzellen durchführen können (sog. «zeitliches Altern»). Definiert man Alterung aber als Entwicklungsvorgang, der, falls er nicht gestoppt oder umgekehrt wird, zwangsläufig zum Tode führt (sog. «physiologisches Altern»), dann gibt es bei einem Einzeller, isoliert betrachtet, auch keine Alterung. Sehr wohl aber können Kulturen von Einzellern altern, dann nämlich, wenn die Nährlösung nicht erneuert wird und sich toxische Stoffwechselprodukte ansammeln.

Bei vielzelligen Pflanzen mit Arbeitsteilung zwischen den Zellen und ihrer entsprechenden Differenzierung kann der Tod einzelner Zellen eine notwendige Voraussetzung für die Übernahme ihrer Funktion sein, z.B. bei den Zellen der Wasserleitungsbahnen, bei Sclerenchymfasern, Stein- und Korkzellen. Aber auch die übrigen Zellen einer vielzelligen Pflanze, die ihre Funktionen im Organismus lebend ausüben, verfallen gewöhnlich nach einer Periode der Alterung dem Tode. Es gibt zwei bemerkenswerte Ausnahmen von dieser Regel: Die Fortpflanzungszellen und schnell sich teilende, undifferenzierte Zellen, z.B. Meristemzellen, altern und sterben nicht zwangsläufig.

Juveniler und adulter Zustand. Bei manchen, vor allem mehrjährigen Blütenpflanzen unterscheidet sich die Jugendphase (**Juvenilphase**) morphologisch oder physiologisch deutlich von der Phase der Fortpflanzungsfähigkeit (**adulte Phase**). Juvenile Pflanzen haben oft eine einfachere (beim Efeu aber kompliziertere) Blattform (Abb. 203, S. 180); sie sind in der Regel blühunfähig: Stecklinge bewurzeln sich leichter und Pfropfreiser verwachsen williger, z.T. auch mit systematisch ferner stehenden Partnern, als bei Adulten; der Laubabwurf ist oft verzögert (z.B. bei Eichen, Buchen, Hainbuchen); Dornen oder Stacheln sind bei vielen Arten nur in der Jugend vorhanden (z.B. Apfel, Birne, *Citrus*, Rosen, Brombeeren): Kulturobstsorten, bei denen die adulten Teile wegen der besseren Fruktifikation zur Vermehrung durch Pfropfung verwendet werden, haben keine Dornen, wohl aber ihre Sämlinge.

Auffällig sind die Unterschiede beim Efeu (vgl. S. 868). Die Juvenilform zeigt gelappte Blätter, Kletterwuchs mit Haftwurzeln, keine Blüten, häufig Anthocyanbildung; die adulte Form dagegen hat eirautenförmige Blätter, aufrechten Wuchs, keine Haftwurzeln und kaum Anthocyan, aber Blüten und Früchte (Abb. 467). Die Merkmale werden bei Stecklingsvermehrung beibehalten; so erhält man durch vegetative Vermehrung aus der fertilen (adulten) Region älterer Pflanzen aufrecht wachsende und sofort blühreife «Efeubäume».

Man betrachtet die beiden Stadien als Produkte einer stabilen Determination. Beim Übergang vom juvenilen in den adulten Zustand kommt es vermutlich zu einer allmählichen Umprogrammierung des Musters aktiver Gene in den Apikalmeristemen; Einzelheiten sind noch nicht bekannt. Die adulte Form kann durch übertragbare Faktoren aus der juvenilen (z.B. von einer juvenilen Unterlage her auf ein adultes Reis bei der Pfropfung oder sogar bei gemeinsamem Einstellen von juvenilen und adulten Teilen in eine Nährlösung) wieder «juvenilisiert» werden. Der umgekehrte Vorgang ist im Experiment nicht möglich. Da Gibberelline ähnliche Wirkungen wie dieser Juvenilfaktor haben, könnten sie für den Effekt verantwortlich sein.

Bei der Samenbildung an den adulten Sprossen erfolgt in den Embryonen wieder eine Umstimmung in den juvenilen Zustand.

Abb. 467: *Hedera helix* in juvenilem (rechts) und adultem Zustand (links).

Senescenz von Organen. Die Einzelorgane einer mehrjährigen Pflanze haben oft eine viel kürzere Lebensdauer als die Gesamtpflanze. Dies gilt für Blätter, Blüten und Früchte. Bei den Schaftpflanzen unter den Hemicryptophyten und bei den Geophyten (S. 200 f.) sterben im Herbst regelmäßig alle oberirdischen Sproßteile ab.

Bei den **Blättern** unterscheidet man eine sequentielle Senescenz und eine synchrone Senescenz. Im ersten Falle altern (und sterben) nur jeweils die ältesten Blätter, während im zweiten Fall (z.B. beim herbstlichen Laubfall der Sommergrünen) alle Blätter auf einmal der Senescenz anheimfallen.

In beiden Fällen ist das Altern wahrscheinlich hormonal bestimmt: Der Gehalt an Senescenz-verhindernden oder -verzögernden Faktoren (vor allem Cytokininen, aber auch Auxinen und Gibberellinen) wird vermindert, derjenige der Senescenzfaktoren (u.a. Abscisinsäure, evtl. auch Ethylen) dagegen erhöht. Diese Verschiebung in den Konzentrationsverhältnissen der Hormone wird bei den synchron alternden Blättern häufig photoperiodisch gesteuert (vgl. S. 413 f.). Bei den sequentiell alternden Blättern geht das Altern wohl ganz überwiegend auf die Anhäufung von Ballastionen und Stoffwechselschlacken zurück. Die Konsequenz ist in beiden Fällen eine verringerte Atmungs- und Photosyntheseintensität, eine Verlangsamung aller anabolen Stoffwechselprozesse (vor allem der RNA- und der Proteinsynthese) und eine Beschleunigung der Abbauvorgänge (z.B. von Chlorophyll, RNA, Protein). Durch den verstärkten Anfall der Abbauprodukte und die Blockierung der Synthesen werden die alternden Blätter zu Lieferanten zusätzlicher Aminosäuren, phloemmobilen Ionen usw. Als Empfängergewebe dienen bei den Sommergrünen im Herbst vor allem die Speicherparenchyme in Stamm und Wurzel, bei den sequentiell alternden Blättern die jungen, noch in Entwicklung begriffenen Blätter.

Die Senescenz kann sowohl bei isolierten Blättern als auch bei noch am Sproß sitzenden durch Zufuhr von solchen Hormonen verzögert werden, welche die RNA- und Proteinsynthese ankurbeln. Besonders wirksam sind hier vielfach die Cytokinine (vgl. S. 392 f.), vor allem auch an isolierten Blättern. Diese leben länger, wenn sie Adventivwurzeln gebildet haben; dies geht wahrscheinlich auf die Versorgung mit Cytokininen durch die Wurzeln zurück.

Bei einigen Pflanzen (z.B. *Rumex*, *Tropaeolum*, *Taraxacum*) wirken vor allem Gibberelline senescenzhemmend, während in den Blättern von Holzgewächsen und im Perikarp von *Phaseolus vulgaris* Auxine am effektivsten sind.

Ein praktisch wichtiger und daher oft untersuchter Senescenzvorgang ist die **Fruchtreifung**, die manches mit der Blattalterung gemeinsam hat, aber auch spezifische Prozesse umfaßt.

Auffallend ist bei vielen reifenden Früchten ein Farbwechsel, der meist durch Abbau des Chlorophylls und durch Synthese von Carotinoiden oder Anthocyanen zustande kommt. Bei Banane, Tomate und Paprika, z.B., werden die Chloroplasten des Perikarps in Chromoplasten umgewandelt. Weiterhin werden oft Stärke und organische Säuren abgebaut (bei der Citrone aber die letzteren verstärkt gebildet), die Zucker vermehrt («Süßwerden» der Früchte), Duft- und Aromastoffe synthetisiert und Wachsüberzüge gebildet. Die Mittellamellen werden oft aufgelöst («Teigigwerden»), wobei das wasserlösliche Pectin zuerst zu, dann abnimmt (nicht vollreife Früchte, z.B. Äpfel, als Quelle für lösliche Pectine, die z.B. als Gelierhilfe benützt werden).

Viele dieser Prozesse sind energiebedürftig. Es überrascht daher nicht, daß in der Reifeperiode vieler Früchte (z.B. Apfel, Birne, Banane, Tomate) ein vorübergehender starker Atmungsanstieg zu verzeichnen ist (**Klimakterium**); gegen Ende der Reifeperiode, mit zunehmender Senescenz, nimmt dann die Atmung stetig ab.

Ausgelöst wird die Reifung hauptsächlich durch das in der Frucht gebildete Ethylen (vgl. S. 395 f.), dessen Bildung während des Klimakteriums am intensivsten ist. Ethylenzufuhr von außen beschleunigt den Eintritt des Klimakteriums wie den Ablauf der gesamten Reife und kann sogar bei solchen Früchten einen klimakterischen Atmungsanstieg auslösen, die ihn normal nicht zeigen (z.B. bei Citronen und Orangen).

Senescenz der ganzen Pflanze. Man unterscheidet monokarpe (hapaxanthe) Arten, die nur einmal blühen und fruchten und dann absterben, und polykarpe (pollakanthe), die zu wiederholten Malen Blüten und Früchte bilden.

Monokarp sind alle ein- und zweijährigen Arten sowie eine begrenzte Zahl von mehrjährigen, die viele Jahre vegetativ wachsen können, nach dem Blühen und Fruchten aber sterben (z.B. Agave, Bambus oder die über 300 Jahre alt werdende Talipot-Palme Corypha umbraculifera). Bei diesen monokarpen Arten ist – im Gegensatz zu den polykarpen – die Senescenz und der Tod eng mit der Bildung der Fortpflanzungsorgane verknüpft: Verhindert man bei annuellen oder biennen Pflanzen z.B. der Zuckerrübe, die Blütenbildung, so können sie viele Jahre leben.

Diese korrelative Koppelung von Senescenz mit der Bildung von Fortpflanzungsorganen geht nicht, zumindest nicht allein, darauf zurück, daß die sich entwickelnden Blüten und vor allem Früchte mit ihrem erheblichen Stoffbedarf den übrigen Pflanzenteilen die lebensnotwendigen Stoffe entziehen: Beim diöcischen Spinat z.B. löst das Blühen der männlichen Pflanzen das Altern der Blätter ebenso aus wie dies das Blühen und Fruchten der weiblichen Pflanzen tut. Es ist daher wahrscheinlicher, daß andere Wechselwirkungen zwischen den Fortpflanzungsorganen und der übrigen Pflanze das Altern und den Tod bedingen, z.B. Senescenzfaktoren, die von den Blüten und Früchten abgegeben werden, oder der hohe Bedarf der Früchte und Samen an von der Wurzel geliefertem Cytokinin, das dann den übrigen Teilen nicht mehr ausreichend zur Verfügung stünde.

Bei den polykarpen Arten beruht der normale Tod wohl nicht auf einer zwangsläufigen, programmierten Alterung ihrer Meristeme, sondern vielmehr auf der immer schwieriger werdenden Versorgung derselben mit Wasser, Salzen, Nähr- und Wirkstoffen. Es ist oft möglich, solche Apikalmeristeme durch fortgesetzte Stecklingsvermehrung (z.B. bei der Pyramidenpappel und bei vielen Kulturpflanzen wie z.B. Erdbeeren und Rosen) oder in vitro praktisch unbegrenzt am Leben zu halten. Auch hier ist also der Tod korrelativ bedingt.

Sehr hohes **Alter** können viele Bäume erreichen. Nach verbürgten Jahresringzählungen können z.B. Pappeln und Ulmen bis 600 Jahre, Eichen bis 1000 Jahre, Linden 800–1000 Jahre, Eiben bis 3000 Jahre, Mammutbäume (Sequoiadendron giganteum) bis 4000 und Pinus longaeva (= P. aristata p.p.) bis 4600 Jahre erreichen. Viele unserer sonstigen einheimischen Bäume bringen es auf einige hundert Jahre, und selbst so unscheinbare Pflanzen wie Vaccinium myrtillus können 28 Jahre alt werden. Dabei ist allerdings zu beachten, daß bei den langlebigen Pflanzen eine dauernde Zellerneuerung stattfindet, bei den Bäumen z.B. nicht nur in den Apikalmeristemen, sondern vor allem auch im Cambium. Die Lebensdauer der einzelnen Pflanzenzelle, etwa der Markstrahlzellen in Bäumen oder der Markzellen im Innern von succulenten Kakteen, dürfte selten mehr als 100 Jahre erreichen, wenn nicht durch Zellteilung und erneutes Wachstum eine Art «Verjüngung» erfolgt. Die meisten Zellen erreichen aber bei weitem kein so hohes Alter. Selbst im Zustand der Ruhe, der bei Samen und Sporen durch weitgehende Austrocknung erreicht wird, und in dem der Stoffwechsel fast völlig stillgelegt ist, scheint in der Regel eine zwar langsame, aber unaufhaltsame Alterung zu erfolgen, da erfahrungsgemäß die Keimfähigkeit eine Höchstgrenze von 100–200 Jahren kaum überdauert. Sehr langlebige

Samen findet man vor allem bei Leguminosen, Malvaceen, Lotosblume *(Nelumbo nucifera);* für letztere wird eine Lebensdauer bis zu 1000 Jahren angegeben. Auch die Samen vieler Unkrautarten (z.B. *Spergula arvensis, Chenopodium album*) sollen bei völligem Sauerstoffabschluß Hunderte von Jahren lebensfähig bleiben. Immer wiederholte Angaben über die Keimfähigkeit des sog. «Mumienweizens» aus ägyptischen Gräbern sind jedoch falsch, da Weizen höchstens 10 Jahre keimfähig bleibt. Samen von Tropenpflanzen, die nicht an die Überdauerung ungünstiger Klimaperioden angepaßt sind, bleiben oft nicht einmal ein Jahr am Leben.

E. Tumoren

Tumoren der Pflanzen sind wie die der Tiere durch desorganisiertes, ungehemmtes und unkontrolliertes Wachstum und weitgehendes Fehlen einer Zelldifferenzierung charakterisiert. Tumorgewebe sind den korrelativen Einflüssen der Nachbargewebe praktisch vollständig entzogen und ordnen sich deshalb nicht den normalen Gestaltungsprinzipien des Organismus unter; sie machen somit besonders deutlich, welche Bedeutung die funktionierende Korrelation für das normale Wachstum hat.

Die Pflanzentumoren können durch Infektion oder aber infolge der Kombination bestimmter Erbanlagen entstehen.

Infektionstumoren. Bei Höheren Pflanzen kann es durch Infektion mit bestimmten Bakterien, Viren oder Pilzen zur Bildung von krebsähnlichen Wucherungen kommen (vgl. S.560, 660). Am eingehendsten untersucht sind die «Wurzelhalstumoren» (crown gall) bei Gymnospermen und Dicotyledonen, die schon ARISTOTELES bekannt waren. Sie treten zwar bei Rüben am Wurzelhals, bei anderen Pflanzen aber an den verschiedensten Stellen auf (Abb. 468) und werden durch Infektion mit *Agrobacterium tumefaciens* verursacht.

Der erste Schritt zur Tumorbildung ist eine Verwundung, die nicht nur dem Bacterium Eingang verschafft, sondern auch die umliegenden Zellen für das aus den Bakterienzellen abgegebene tumorinduzierende Prinzip (TIP) empfänglich macht. Ist der Tumor induziert, sind für die weitere Entwicklung und für die Beibehaltung des Tumorcharakters die Bakterienzellen entbehrlich: Werden die Tumoren experimentell (z.B. durch Erhitzen hitzeresistenter Pflanzen auf 46–47°C) bakterienfrei gemacht oder entstehen bakterienfreie Sekundärtumoren (**Metastasen**), so wachsen die Tumorgewebe desorganisiert weiter. Dies geschieht auch nach Pfropfung auf gesunde Pflanzen oder nach Isolierung und Kultur in vitro. Es ist bemerkenswert, daß im letzten Falle die Tumorgewebe im Gegensatz zu Normalgewebe keine Zufuhr von Auxin und Cytokinin brauchen: Sie sind offenbar in der Produktion dieser reichlich in ihnen enthaltenen Hormone vollständig autark, ähnlich wie habituierte Gewebekulturen (Gewebekulturen, die ohne Hormonzufuhr vom Medium wachsen), die in dieser Hinsicht dem Tumorgewebe gleichen.

Das TIP ist wahrscheinlich eine DNA, die im Bacterium als Plasmid (S. 29) vorliegt, («Tumor-inducing» = T_i-Plasmid) und vom Bacterium auf die konditionierte Zelle übergeht; sie ist vermutlich auch für die Entstehung der Metastasen verantwortlich. Insofern ähneln die Wurzelhalstumoren den Virus-induzierten tierischen Tumoren. Es wird angenommen, daß diese DNA in das Genom der Wirtszelle eingebaut und dann transkribiert wird. Das T_i-Plasmid scheint außer den Genen für die Transformation der Wirtszellen auch noch Gene für die Codierung der Enzyme für die Synthese und den Abbau von ungewöhnlichen Aminosäuren (Opine) zu tragen (Octopin bzw. Nopalin, je nach Stamm; vgl. Abb. 469). Diese können nicht von der Wirtszelle, wohl aber vom parasitischen Bacterium als Baustein und Energiequelle benutzt werden. Man hat diese Form der Ausbeutung als «genetischen Parasitismus» bezeichnet. Man denkt daran, die Fähigkeit des T_i-Plasmids zur Einführung neuer Gene in das Genom der Eukaryoten-Wirtszelle zu nutzen, um erwünschte neue Erbmerkmale in Nutzpflanzen zu übertragen (z.B. Resistenzgene oder Gene für N_2-Fixierung; vgl. S. 349). Es ist gelungen, mutierte T_i-Plasmide zu er-

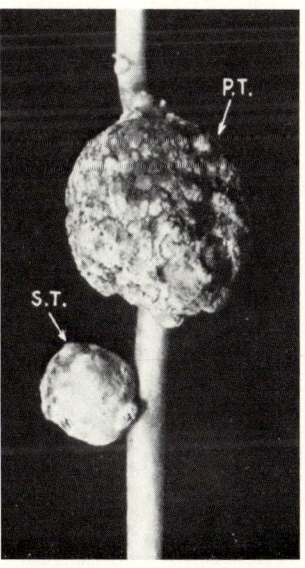

Abb. 468: Primärtumor (PT) und Sekundärtumor (ST) an *Datura tatula*, gebildet nach Infektion durch *Agrobacterium tumefaciens.* (Nach STAPP)

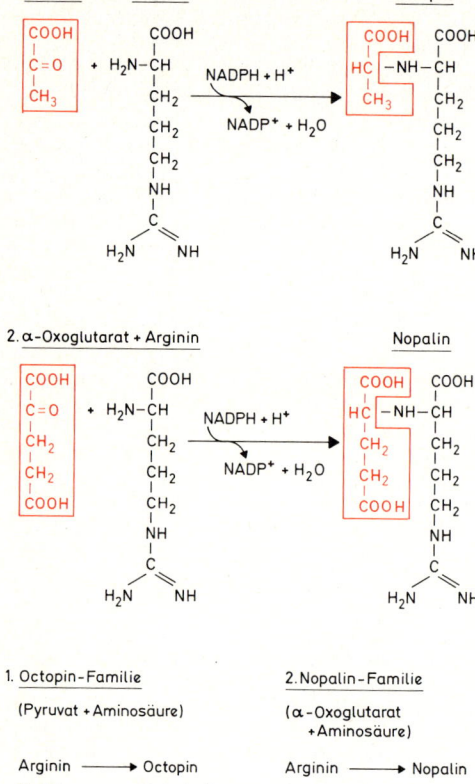

1. Octopin-Familie

(Pyruvat + Aminosäure)

Arginin ⟶ Octopin
Ornithin ⟶ Octopinsäure
Lysin ⟶ Lysopin
Histidin ⟶ Histopin

2. Nopalin-Familie

(α-Oxoglutarat + Aminosäure)

Arginin ⟶ Nopalin
Ornithin ⟶ Nopalin-säure

Abb. 469: Octopin und Nopalin und ihre Biosynthese. Die beiden verschiedenen Enzyme der Reaktionen 1 und 2 können statt mit Arginin auch mit einigen anderen Aminosäuren reagieren, wodurch die Octopin- oder Nopalinfamilie entsteht. Die Tumoren enthalten Glieder der Octopin- oder der Nopalin-Familie, nie beide gleichzeitig. (Nach SCHELL)

zeugen, indem «**Transposons**» in das Plasmid eingebaut wurden. Transposons sind DNA-Segmente, die reversibel in Träger-DNA eingebaut werden können.

Es gibt, z.B. beim Tabak, nach Infektion mit Bakterien geringer Virulenz, Tumoren, die nicht – wie üblich – vollständig desorganisiert sind, sondern Anfänge einer Organisation zeigen (Komplextumoren, Teratome). Pfropft man die am höchsten organisierten Teile des Tumors auf gesunde Pflanzen und wiederholt dieses Verfahren mehrmals, so entstehen schließlich normal aussehende Pflanzen (phänotypische Reversion). Die redifferenzierte Pflanze zeigt aber wieder Tumoreigenschaften, wenn sie in Gewebekultur übergeführt wird; sie ist daher vermutlich «epigenetisch» redifferenziert. Man kennt aber auch eine genotypische Reversion, bei der völlig normale Pflanzen entstehen, die auch keine Opine mehr synthetisieren und in Gewebekulturen Hormone benötigen. Diese Redifferenzierung geschieht dann, wenn Teratome blühen und Samen bilden. Offenbar gehen die Tumor-induziertenden Gene bei der Meiose – auf noch unbekannte Weise – verloren.

Genetisch bedingte Tumoren. Bei verschiedenen Artbastarden, vor allem innerhalb der Gattungen *Nicotiana* und *Brassica*, entstehen in einem bestimmten Entwicklungsstadium an verschiedenen Stellen Tumoren, die sich bei in-vitro-Kultur ebenfalls als Auxin- und Cytokinin-autotroph und besonders reich an diesen Hormonen erweisen. Bei Übertragung auf eine der Elternarten erzeugen diese Tumoren keine neuen Wucherungen (im Gegensatz zu den crown-gall-Tumoren); sie bilden sich auch nicht bei bloßer Pfropfung der Elternarten. Voraussetzung für ihre Entstehen ist demnach die Kombination von zwei nicht vollständig harmonierenden Genomen in einer Zelle, die zu bestimmter Zeit und an bestimmten Orten zur Störung der normalen Korrelationen und damit zu unkontrolliertem, ausuferndem Wachstum führt.

Dritter Abschnitt

Physiologie der Bewegungen

Wachstum und Entwicklung sind zwangsläufig mit gewissen, allerdings meist sehr langsamen Bewegungen der sich gestaltenden und entfaltenden Organe verbunden (**Wachstumsbewegungen**). Darüber hinaus gibt es bei den Pflanzen aber auch schnellere Bewegungsvorgänge (**Reizbewegungen**), die zwar meist nicht so auffällig sind wie die der Tiere, aber in der Regel – wie bei den Tieren – den Organismus befähigen, die günstigen Bereiche der Umgebung zu erreichen und die ungünstigen zu fliehen oder zu vermeiden. Um dies zu erreichen, ist es notwendig, Änderungen in der Umgebung wahrnehmen, sowie die empfangenen Signale verarbeiten und sinnvoll beantworten zu können. Manche Niederen Pflanzen (z.B. manche Bakterien, Algen, Pilze) oder Teile von höher organisierten Pflanzen (Sporen, Gameten) sind in der Lage, wie ein Tier frei ihren Ort zu wechseln, d.h. sie bewegen sich lokomotorisch, schwimmend oder kriechend, aktiv von der Stelle. Die Höhere, ihrem Standort fest verhaftete Pflanze führt mit ihren einzelnen Organen verschiedenartige Bewegungen aus, wobei es sich meist um Krümmungen oder Drehungen, teilweise aber auch um scharnierartige Klappvorgänge handelt.

I. Grundbegriffe

Reiz. Unter einem Reiz versteht man ein physikalisches oder chemisches Signal, das in der Zelle eine Reaktionsfolge auslöst, deren Energiebedarf aus dem Organismus selber gedeckt und nicht durch den Reiz zugeführt wird. So wirkt z.B. ein Sekundenbruchteile dauernder Lichtblitz, der eine vorher verdunkelte Pflanze einseitig trifft, als Reiz, der eine Stunden dauernde Wachstumskrümmung hervorrufen kann; das Licht, das die Photosynthese einer grünen Pflanze speist, dient dagegen als direkte Energiequelle und kann nicht als Reiz bezeichnet werden. Der Reizvorgang zeigt demnach den Charakter einer Auslösungserscheinung, ähnlich wie der Druck auf einen Klingelknopf oder einen Lichtschalter den Kontakt schließt, der einen elektrischen Strom zum Fließen bringt.

Die meisten Reize werden dem Organismus von der Umgebung vermittelt; die dadurch verursachten Reaktionen werden als induzierte oder aitionome Vorgänge bezeichnet. Manche Reaktionen werden aber auch durch innere, im Organismus liegende, noch wenig bekannte Reize bedingt und dann als autonom oder endogen benannt.

Viele pflanzliche Bewegungen sind charakteristische Reizerscheinungen; einige rein mechanische Bewegungen können allerdings nur bedingt oder gar nicht unter sie eingeordnet werden, wie z.B. die Schleuderbewegungen vieler Früchte, die hygroskopischen Bewegungen toter Zellen oder Zellwände oder die Kohäsionsbewegungen.

Die komplizierte, in der Regel zweckmäßige Reaktion auf einen Reiz kann dazu verleiten, bei Pflanzen das Auftreten psychischer Phänomene, z.B. von Empfindung und Bewußtsein, anzunehmen. Der pflanzliche Organismus hat aber für eine subjektive Wahrnehmung von Eindrücken keinerlei strukturelle Voraussetzungen, und die Zweckmäßigkeit ist stets durch stammesgeschichtliche Anpassung zu erklären. Auch ist nicht daran zu zweifeln, daß die durch den Reiz ausgelösten Reaktionsabläufe rein kausal zu erklären sind, wenn sie auch bisher wegen ihrer Komplexität in keinem Falle in allen Einzelheiten aufgeklärt werden konnten.

Reizaufnahme, Erregung, Erregungsleitung. Bei der Untersuchung eines reizinduzierten Vorganges unterscheidet man gewöhnlich verschiedene Phasen, die in der sog. Reizkette nacheinander durchlaufen werden. Ihre Benennung ist meist aus der tierischen Sinnes- und Nervenphysiologie entlehnt, wenn sich auch wegen der sehr verschiedenartigen zugrunde liegenden Strukturen die Begriffe nicht immer decken.

Die **Reizaufnahme** (**Reizperception**) setzt einen entsprechenden Empfänger voraus, z.B. ein geeignetes Pigment für einen Lichtreiz, ein spezifisches Acceptormolekül für ein chemisches Signal. Ein adäquater Reiz (z.B. Licht bestimmter Wellenlänge und ausreichender Intensität) führt nach seiner Perception zu einem veränderten physiologischen Zustand der gereizten Zelle, zu einer **Erregung**.

In der tierischen Reizphysiologie versteht man darunter speziell das Auftreten eines elektrischen Potentials, des Aktionspotentials, in der gereizten Zelle. Aktionspotentiale treten auch in verschiedenen Pflanzenzellen auf, doch führen sie nicht immer zu einer Bewegungsreaktion, auch sind nicht alle reizinduzierten Bewegungen bei Pflanzen mit dem Erscheinen von Aktionspotentialen verbunden.

Die großen Internodialzellen von *Chara* oder *Nitella* z.B. haben ein Ruhepotential von $-90\,mV$ (Plasma negativ gegenüber der Zellaußenfläche), das durch ungleiche Ionenverteilung zwischen innen und außen zustande kommt. Bei (mechanischer, chemischer, elektrischer) Reizung, die hier zu keiner Bewegung führt, kommt es zu einer Umkehr des Ruhepotentials (Abb. 470), d.h. zum Auftreten eines Aktionspotentials. Es schließt sich die energiebedürftige (durch Atmungshemmung zu beeinträchtigende) Restitutionsphase an, in der der ursprüngliche Zustand wieder hergestellt wird. Während der Restitutionsphase kann eine erneute Reizung kein oder kein volles

Aktionspotential und damit keine oder nur eine verminderte Erregung bzw. Reaktion (Abb. 471) hervorrufen (absolutes bzw. relatives Refraktärstadium).

Falls bei Pflanzenzellen die Reizperception zu keinem Aktionspotential führt, kann die Erregung auf andere Weise, z.B. durch Ingangkommen oder Verhindern einer chemischen Reaktion oder Reaktionsfolge, verursacht werden. Auch in diesem Falle ist der Reiz aber nur das auslösende Signal, nicht Substrat oder Energiequelle der Reaktion.

Um eine Reaktion auslösen zu können, muß die Reizmenge einen bestimmten Schwellenwert überschreiten (Reizschwelle). Allerdings können vielfach auch unterschwellige Reize percipiert werden, was daraus hervorgeht, daß mit kurzen Unterbrechungen (intermittierend) gebotene, unterschwellige Einzelreize sich summieren können, so daß der reak-

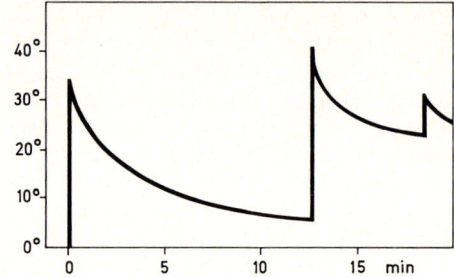

Abb. 471: Refraktärstadium bei der Seismonastie eines Staubfadens von *Berberis*. Ordinate: Krümmungswinkel nach der Stoßreizung. Abszisse: Zeit nach der ersten Reizung. Der zweite Reiz (12,5 Minuten nach dem ersten) erfolgte nach Ablauf des Refraktärstadiums (7–9 Minuten) und führt deshalb zur vollen Reaktion. Der dritte Reiz (6 Minuten nach dem zweiten) fällt hingegen noch in das relative Refraktärstadium und löst daher eine schwächere Reaktion aus. (Nach BÜNNING)

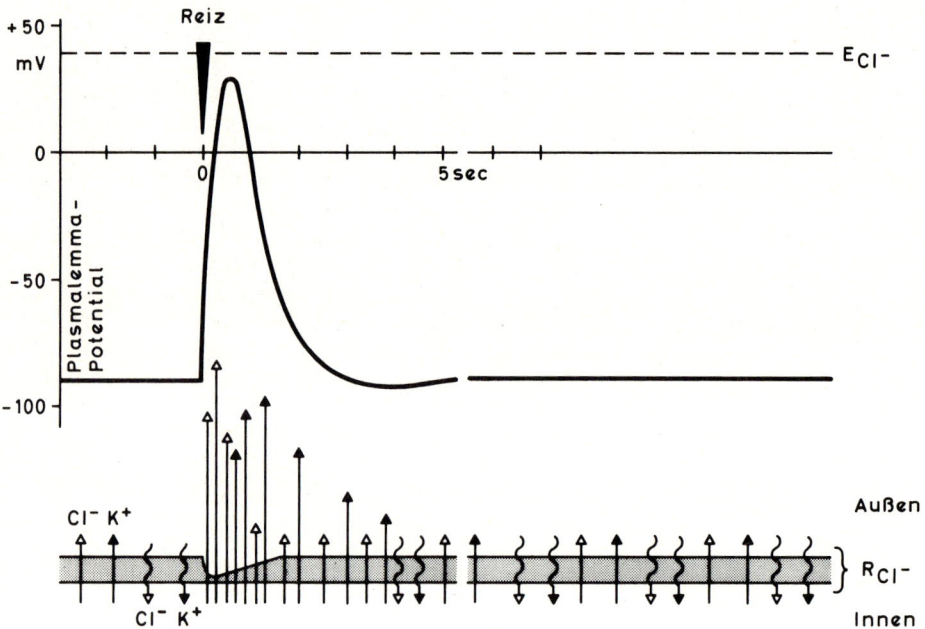

Abb. 470: Schema der Auslösung eines Aktionspotentials am Plasmalemma. In der Membran einer nicht erregten Zelle werden ständig Cl^-- (weiße Pfeilspitzen) und K^+-Ionen (schwarze Pfeilspitzen) in das Cytoplasma gepumpt und verlassen es durch Diffusion nach außen. Im Gleichgewicht zwischen aktivem Influx (gewellte Pfeile) und passivem Efflux (gerade Pfeile) überwiegen die Cl^--Ionen im Innern; das Ruhepotential entspricht praktisch der Cl^--Verteilung. Nach Erregung wird die Ionenpermeabilität der Membran (der Transportwiderstand für Cl^--Ionen wird im Schema durch die Membrandicke dargestellt) kurzzeitig rasch erhöht, wodurch der Überschuß an Cl^--Ionen schnell nach außen tritt: Positivierung des Zellinnern. Auch dieses Aktionspotential entspricht nahezu dem aus der Cl^--Verteilung zu erwartenden (E_{Cl^-}). Innerhalb weniger Sekunden wird die normale Membranpermeabilität wieder hergestellt und durch die Ionenpumpen das Ruhegleichgewicht der K^+- und Cl^--Verteilung wieder erreicht, dem das Ruhepotential entspricht. (Nach NULTSCH, und W. HAUPT)

tionsauslösende Schwellenwert erreicht wird. Zudem kann durch die unterschwelligen Reize die Empfindlichkeit des reagierenden Organismus («Tonus») für einen über dem Schwellenwert liegenden Reiz verändert werden. Tonische Wirkungen haben auch die verschiedensten sonstigen Außeneinflüsse. So reagiert z.B. ein dunkel gezogener Keimling viel empfindlicher auf eine einseitige Belichtung als ein in allseitig gleichmäßig einfallendem Licht aufgezogener (abstumpfende Wirkung von Dauerreizen; Adaptation).

Die Mindestzeitdauer, die ein Reiz gegebener Stärke einwirken muß, um eine eben sichtbare Reaktion herbeizuführen, bezeichnet man als Präsentationszeit. In der Nähe der Reizschwelle gilt das Reizmengengesetz, d.h. der Reizerfolg (R) wird bestimmt durch das Produkt aus Reizintensität (I) und Reizdauer (t): $R = I \cdot t$. Je größer die Reizintensität, desto kürzer braucht für den gleichen Reizerfolg die Präsentationszeit zu sein (Tab. 43). Bei Reizmengen, die weit über dem Schwellenwert liegen, gilt das Reizmengengesetz nicht mehr, weil hier abstumpfende Wirkungen stark zur Geltung kommen.

Die Zeit zwischen dem Beginn der Reizung und dem sichtbaren Beginn der Reaktion wird als Reaktionszeit, die Zeit zwischen Ende der Reizeinwirkung und dem Beginn der Reaktion als Latenzzeit bezeichnet.

Ist das Ausmaß der Reaktion unabhängig davon, wieweit die Reizschwelle überschritten wird, erfolgt also bei Überschreiten der Reizschwelle unabhängig von Dauer und Stärke des Reizes stets die volle Reaktion (z.B. das Zusammenklappen der Blatthälften bei *Dionaea*, S.208, 469), so spricht man von einer «Alles-oder-Nichts-Reaktion». Andere Reaktionen werden in ihrem Ausmaß durch die Intensität und/oder die Dauer des wirkenden Reizes bestimmt, z.B. die phototropische Krümmung des Sporangienträgers von *Phycomyces* (S.456).

Sind die Orte der Reizperception und der Reaktion, wie bei vielen pflanzlichen Bewegungen, räumlich voneinander getrennt, so enthält die Reizkette eine **Erregungsleitung** (oft fälschlich als Reizleitung bezeichnet); diese kann in der Weitergabe eines Aktionspotentials oder im Transport einer chemischen Verbindung bestehen (Beispiele S.471).

II. Die freien Ortsbewegungen

Sieht man von den Bewegungen ab, durch welche sich manche Keimlinge und Erdsprosse langsam fortbewegen, indem sie an der Spitze weiterwachsen und am hinteren Ende absterben (z.B. *Cuscuta*-Keimlinge, Abb. 240, S.207), so findet man freie Ortsbewegungen vor allem bei Niederen Pflanzen, z.B. bei Bakterien, Cyanophyceen, Flagellaten, Volvocalen, Diatomeen, Myxomyceten, daneben bei speziellen Stadien anderer Pflanzen, z.B. bei den Schwärmsporen vieler Algen und Pilze und bei ♂ Geschlechtszellen, die ja selbst noch bei Pteridophyten und einigen Gymnospermen (*Cycas*, Abb. 849, S.769; *Gingko*, Abb. 854C, S.776) frei beweglich sind. Die Zellen schwimmen dabei vielfach aktiv mit Hilfe von Geißeln oder bewegen sich, wie z.B. die Amöben- und Plasmodienstadien der Myxomyceten, amöboid kriechend über und durch das Substrat (Abb. 91). Einseitige Schleimausscheidungen führen bei Desmidiaceen, strömendes Plasma im Bereich der Raphe (Raupenkettenprinzip!) bei pennaten Bacillariophyceen (Diatomeen) die Fortbewegung herbei. An der Kriechbewegung vieler Cyanophyceen sind Mikrofibrillen beteiligt (vgl. S.567). Nur bei der Geißelbewegung sind Einzelheiten über die Bewegungsmechanik bekannt.

Mechanismus der Geißelbewegungen. Die Geißeln der Bakterien und die einheitlich gebauten der Eukaryoten unterscheiden sich nicht nur hinsichtlich ihrer Struktur (vgl. S.40), sondern wahrscheinlich auch hinsichtlich ihres Bewegungsmechanismus fundamental voneinander.

Die **Eukaryotengeißel** vermag chemische Energie (zugeführt in Form von ATP) in mechanische Energie

Tab. 43: Präsentationszeiten für die phototropische Krümmung von *Avena*-Coleoptilen bei verschiedenen Beleuchtungsstärken. (Nach BLAAUW)

Beleuchtungs-stärke in Meterkerzen	Präsentationszeit in Sekunden	Lichtmenge in MK · s
0,00017	154800,0	26,3
1,0998	25,0	27,5
26520,0	0,001	26,5

(Geißelbewegung) umzuwandeln; sie bedarf dazu, solange der Energievorrat reicht, keiner Zelle, ja nicht einmal der Hüllmembran, die das Axonem (S. 41) umgibt: Die bewegungsaktive Struktur ist das Axonem. Die Geißelmembran reguliert die Ca^{2+}-Konzentration im Geißelinnern, die maßgeblich an der Steuerung der Bewegung beteiligt ist. Bei *Chlamydomonas* z. B. ändert die Geißel oberhalb einer inneren Ca^{2+}-Konzentration von 10^{-5} M den Schlagmodus so, daß die Zelle rückwärts schwimmt. Bei der Krümmung der Geißel werden die Mikrotubuli-Dupletts in der Peripherie des Axonems auf der konkav werdenden Seite nicht einfach kürzer; die Bewegung kommt demnach nicht durch eine Kontraktion der Mikrotubuli in bestimmter Folge zustande. Vielmehr gleiten die benachbarten Dupletts ähnlich aneinander vorbei wie die Filamente bei der Muskelkontraktion. Wie die Muskelfilamente aus den beiden Proteinen Actin und Myosin bestehen, die erst nach dem Zusammentreten zum Actomyosin zum aktiven Gleiten befähigt sind, so sind die Mikrotubuli-Dupletts in den Eukaryotengeißeln aus den entsprechenden Proteinen Tubulin und Dynein zusammengesetzt, und erst in dieser Überstruktur in der Lage, aktiv am Nachbarduplett entlang zu gleiten. Das Dynein, das an einem Subfilament der peripheren Mikrotubuli-Dupletts armartig ansitzt (Abb. 472), hat dabei ähnlich wie das Muskel-Myosin ATPase-Aktivität. Mit Hilfe der bei der ATP-Spaltung gewonnenen Energie zieht das Dynein die benachbarten Dupletts aneinander vorbei. Da die Geißelfilamente basal fixiert sind und die Dupletts mit dem Zentrum des Axonems durch speichenartige Verbindungen verknüpft sind, werden die Geißeln bei diesen Gleitvorgängen gekrümmt. Das Gleiten kann in definierter, auch veränderbarer Abfolge zwei oder mehrere der peripheren Dupletts ihrer ganzen Länge nach oder auch nur abschnittsweise erfassen, so daß die verschiedenartigsten Bewegungstypen zustande kommen.

Im einfachsten Falle schlägt eine nach vorne (in die Schwimmrichtung) gerichtete Geißel (Zuggeißel) ruderartig in einer Ebene (Abb. 473). Sind mehrere Geißeln ausgebildet (bei großer Anzahl werden sie als Cilien bezeichnet), so müssen die Bewegungen der Einzelgeißeln aufeinander abgestimmt sein, damit es zu einer koordinierten Bewegung der Zelle kommt. *Pyrrhophyceae*, die zwei verschiedenartige Geißeln besitzen (Abb. 608, S. 577), schwimmen in einer Schraubenbahn mit weiten Windungen bei gleichzeitiger Drehung des Zellkörpers. Bei Eukaryoten mit vielen Geißeln bzw. Cilien (z. B. *Volvox*, Farnspermatozoiden) bewegen sich diese in der Regel ruderartig in koordiniertem Ablauf.

Die Geschwindigkeit, mit der die verschiedenen aktiv beweglichen Eukaryoten durch Geißeln fort-

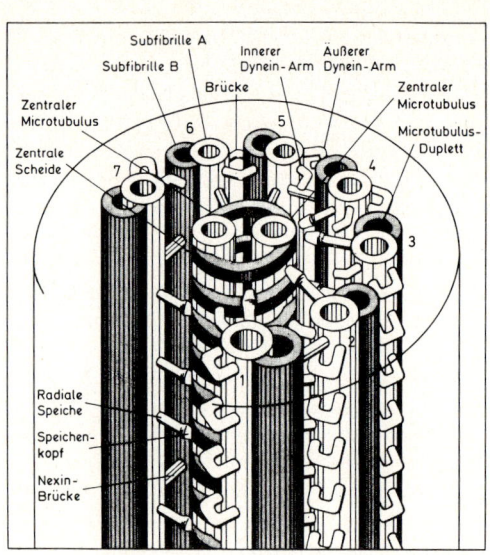

Abb. 472: Schema der Feinstruktur eines Ciliums des Ciliaten *Tetrahymena*. Die beiden zentralen Mikrotubuli sind von einer Scheide aus schrägen Reifen umgeben, mit denen die peripheren Dupletts mit radialen Speichen verbunden sind. Jeweils eine Subfibrille (A) jedes peripheren Dupletts ist mit einer Subfibrille (B) des benachbarten Dupletts durch Proteinarme (Nexin) verbunden. Die Subfibrille (A) jedes Dupletts trägt außerdem innere und äußere Dyneinarme. Die Brücke zwischen den Dupletts 5 und 6 ist eine Besonderheit des *Tetrahymena*-Ciliums. Alle anderen Baueigentümlichkeiten kommen wahrscheinlich allen Eukaryoten-Geißeln zu. Der Übersichtlichkeit halber wurden nur 7 periphere Dupletts gezeichnet; die Lücke (Dupletts 8 und 9) ist durch die Unterbrechung des Kreises gekennzeichnet. (Nach SATIR)

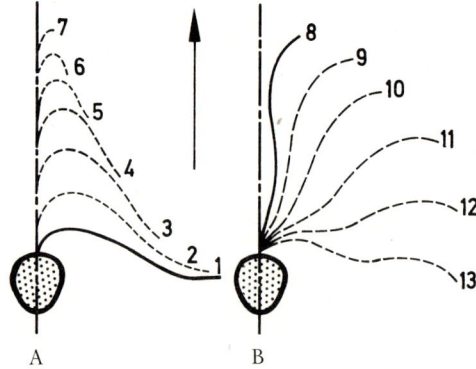

Abb. 473: Geißelschlag bei dem Flagellaten *Monas* spec. *(Chrysomonadales)*. A Vorholen der Geißel; B aktiver Schlag. (Nach KRIJGSMAN)

bewegt werden, kann beträchtlich sein: Gewisse *Pyrrhophyceae* erreichen 200 µm/s (s. S. 577), die Schwärmer des Schleimpilzes *Fuligo varians* sogar 1 mm/s, also das Vielfache ihrer Körperlänge von ca. 10 µm.

Die **Bakteriengeißeln** scheinen dagegen keine zur Krümmung oder zur Undulation befähigte «Ruder», sondern starre «Propeller» zu sein, die von einer Art «Umlaufmotor» angetrieben werden (Abb. 474). Es ist dies der einzige bekannte Fall des Auftretens echter Rotoren bzw. «Räder» in der belebten Natur.

So sind die 4–8, an verschiedenen Stellen der Zelle inserierten Geißeln bei einer vorwärts schwimmenden *Escherichia coli* nach rückwärts gerichtet, jede einzelne rotiert entgegengesetzt dem Uhrzeigersinn und ihre Bewegung ist mit der der Nachbargeißeln so ab-

gestimmt, daß der Geißelschopf wie eine Schiffsschraube die Zelle (mit etwa 20 µm/s) vor sich her schiebt. Das Rotieren der Einzelgeißeln wurde dadurch nachgewiesen, daß eine Geißel mit einem spezifischen Antikörper versehen und damit an einen Objektträger geheftet wurde. In diesem Falle rotiert die Bakterienzelle selbst, was mikroskopisch leicht beobachtet werden kann.

Erfahren die Einzelgeißeln eine Umkehr ihres Drehsinns (entsprechend der Uhrzeigerrichtung), so ist ihre Bewegung nicht mehr koordiniert und die Zelle taumelt, statt geradlinig fortzuschwimmen (vgl. S. 446).

Die Antriebskraft für die Rotation wird durch einen Protonengradienten zwischen Medium und Geißelinnerem geliefert (proton-motive force, PMF), der seinerseits aus der Atmung mit Energie gespeist wird. Bei *Spirillum* werden nur ca. 0,1 % der Stoffwechselenergie für die Bewegung benötigt.

Die Geißelbewegungen erfolgen mit sehr kleiner REYNOLD-Zahl (d. h. die Trägheitskräfte des Flagellaten sind sehr gering gegenüber der Zähigkeit des Mediums), so daß beim Aufhören des Antriebs die Bewegung sofort zum Stillstand kommt.

A. Die Taxien

Werden die freien Ortsbewegungen in ihrer Richtung durch einen Außenfaktor bestimmt, so spricht man von einer **Taxis** oder **Taxie** (sprich Taxí, plur. Taxí-en). Ist die Bewegung zur Reizquelle hin gerichtet, handelt es sich um eine positive Taxis, führt sie von ihr weg, um eine negative Taxis. Schwimmt ein Organismus gezielt zur Reizquelle hin oder gezielt von ihr weg, so spricht man von **Topotaxis**. Findet ein frei beweglicher Organismus den optimalen Bereich innerhalb des Reizfeldes aber nur dadurch, daß Einschlagen der «richtigen» Richtung gegenüber dem Wählen der «falschen» bevorzugt, das umgekehrte Verhalten aber behindert wird, so handelt es sich um eine **Phobotaxis**. Bakterien z. B. können aufgrund der Bewegungsmechanik ihrer Geißeln grundsätzlich nur phobisch reagieren.

Da bei der Phobotaxis nicht die Richtung des Reizgefälles, sondern die zeitliche Änderung seiner Intensität wahrgenommen wird (s. u.), wird die Reaktion neuerdings häufig nicht mehr als Taxis bezeichnet, sondern als «phobische Reaktion» (phobic response).

1. Chemotaxis

Die Chemotaxis ermöglicht saprophytischen und parasitischen Bakterien und Pilzen (soweit frei beweglich) das Auffinden von Nahrungs-

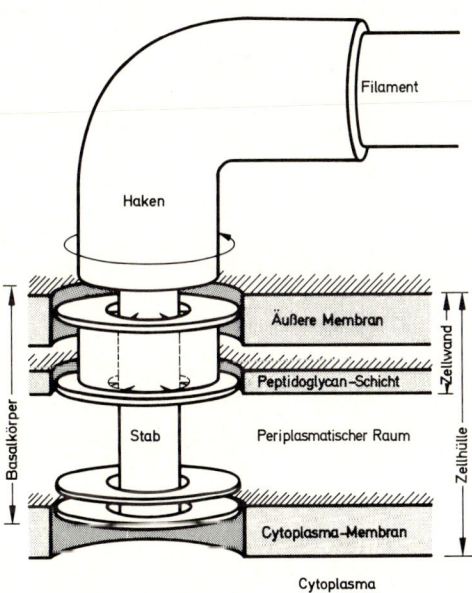

Abb. 474: Schema des basalen Teiles einer Geißel von *Escherichia coli* mit dem «Antriebsapparat» für die Bewegung. Der Basalkörper, der mit dem Flagellum durch einen Haken (flexible Kupplung) verbunden ist, besteht aus einem Stab und vier Ringen und ist in der Zellhülle inseriert. Der innerste Ring steht in Kontakt mit der Plasmamembran und soll rotieren (Rotor), der zweite soll evtl. fest mit der Zellwand verbunden sein (Stator), während die beiden anderen vielleicht nur als «Führungsringe» durch die komplexe Zellwand des gramnegativen Bakteriums dienen; sie fehlen bei Grampositiven. Die Ringe haben Durchmesser von etwa 20 nm. Das Flagellum rotiert (sieht man vom Filament gegen die Zelle) normalerweise gegen den Uhrzeigersinn (Pfeil). (Nach ADLER)

Figure labels: Filament · Haken · Äußere Membran · Peptidoglycan-Schicht · Zellwand · Stab · Periplasmatischer Raum · Zellhülle · Basalkörper · Cytoplasma-Membran · Cytoplasma

quellen bzw. Wirten und das Meiden von Bereichen mit schädigenden Stoffen, ferner Gameten das gezielte Aufsuchen des Geschlechtspartners. Im ersten Falle sind in der Regel viele verschiedene Substanzen anziehend oder abstoßend chemotaktisch wirksam, im zweiten ist der Lockstoff dagegen meist (z.T. hoch-) spezifisch. Als richtender Reiz dient entweder ein örtliches Konzentrationsgefälle (topische Reaktionen, z.B. bei Moos- und Farnspermatozoiden) oder ein zeitlicher Konzentrationsunterschied (phobische Reaktionen, z.B. bei Bakterien).

Eingehender untersucht wurde in letzter Zeit die Chemotaxis bei einigen Bakterien, vor allem bei *Escherichia coli*. Besteht kein Konzentrationsgefälle (isotropes, homogenes Medium), so schwimmen die Zellen in leichten Kurven vorwärts, wobei sie nach einiger Zeit (etwa nach 1 s) durch Umkehr des Drehungssinnes der Geißeln (S. 445) in ein kurzes (ca. 0,1 s) Taumeln verfallen, um dann in einer neuen, zufälligen Richtung weiterzuschwimmen. Schwimmt das Bacterium in Richtung der höheren Konzentration eines Lockstoffes, so ist das Taumeln und damit die Richtungsänderung seltener, bei umgekehrter Richtung aber häufiger als normal. Gerade entgegengesetzt verhält sich die Zelle im Konzentrationsgefälle eines Schreckstoffes. Infolge dieses Verhaltens müssen sich die Bakterien einer Population schließlich überwiegend beim Konzentrationsmaximum des Lockstoffes bzw. in größter Entfernung vom Maximum eines Schreckstoffes ansammeln. Die «richtige» Lage im Konzentrationsgefälle wird dabei nicht durch den (äußerst geringen!) Konzentrationsunterschied zwischen der Vorder- und Hinterseite der schwimmenden Zelle ermittelt, sondern durch einen zeitlichen Konzentrationsvergleich, d.h. einen Vergleich der Umgebungskonzentration zur Zeit t_1 mit der zur Zeit t_2. Die Receptoren für die chemotaktisch wirkenden Substanzen sind in der Plasmamembran oder im periplasmatischen Raum (zwischen Plasmamembran und Zellwand) lokalisierte Proteine, die spezifisch auf bestimmte Stoffe oder Stoffgruppen eingestellt sind; bei Bindung des Reizstoffes sollen sie Konformationsänderungen erfahren. Die Receptoren sind in der Regel auch am Transport der betreffenden Stoffe in das Zellinnere beteiligt. Bei Bakterien wurden bisher 30 verschiedenen Chemosensoren ermittelt, 20 für Lockstoffe und 10 für Schreckstoffe; allein für die Chemoperception von Galactose soll eine Zelle etwa 50 000 Receptoren haben. Es gibt Mutanten, die die Fähigkeit verloren haben, auf ein spezifisches Chemotacticum zu reagieren, andere, die überhaupt nicht mehr chemotaktisch empfindlich sind, obwohl sie sich noch bewegen können. Dies läßt darauf schließen, daß die Informationen von den einzelnen Chemosensoren über eine gemeinsame Endstrecke zu den Geißeln gelangen:

Eine Unterbrechung dieser Endstrecke bedeutet den Verlust des gesamten chemotaktischen Reaktionsvermögens. Bei *Salmonella typhimurium* sind mindestens 9 Gene für die Entstehung des Übermittlungssystems zwischen den Chemosensoren und den Geißeln zuständig, zwei davon sind auch für die Bildung der Geißeln verantwortlich. Es gibt Mutationen dieser Gene, bei deren Trägern die Geißeln intakt sind, das chemotaktische Reaktionsvermögen aber fehlt.

Einzelheiten über den Mechanismus der Informationsübertragung zwischen einem reizempfangenden Chemosensor und dem Erfolgsorgan, den Geißeln, sind noch unbekannt. Es gibt Hinweise, daß bei der Informationsübertragung bei *Escherichia coli* die Methylierung eines Proteins (MCP = methyl-accepting chemotaxis protein) in der Cytoplasmamembran mit Hilfe von s-Adenosylmethionin eine Rolle spielt; Mutanten, die kein Methionin bilden können oder von außen erhalten, zeigen keine Richtungsänderung beim Schwimmen, d. h. sie können die Rotationsrichtung der Geißeln nicht vorübergehend ändern. Eine Mutante von *Escherichia coli*, der das methylierte Protein fehlt, zeigt eine «reversed taxis».

Bei **Eukaryoten** werden phobische Reaktionen für die Zoosporen mancher Niederen Pilze und die Schwärmer von Myxomyceten (Abb. 475) angegeben.

Die S p e r m a t o z o i d e n d e s A d l e r f a r n e s, die sich in einem homogenen Medium um ihre Achse rotierend mit Seitwärtsbewegungen vorwärts bewegen, verringern die Winkel dieser Abweichungen von der Hauptrichtung stark, wenn sie sich «stromaufwärts» in einem Gradienten ihres spezifischen Chemotacticums Ca-Bimalat bewegen, während sie sie in umgekehrter Richtung vergrößern. Die Reizquelle wird demnach recht gezielt angeschwommen, dagegen nicht geradenwegs verlassen, ein Verhalten,

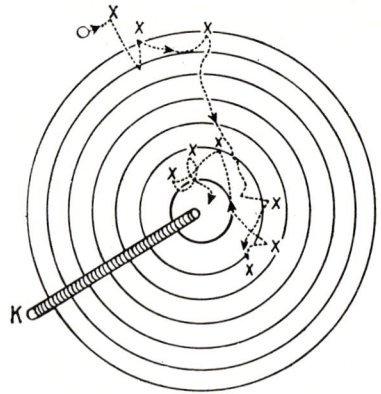

Abb. 475: Bahn der positiven chemophobotaktischen Bewegung eines Myxomyceten-Schwärmers. K Capillare mit 0,5 M Malat-Lösung. Die Kreise bedeuten Orte gleicher, nach innen zunehmender Konzentration. Bei × phobische Reaktionen. (Nach Kusano, verändert)

das sehr an das von *Escherichia coli* erinnert. Daneben scheint es aber bei diesen Farnspermatozoiden wie bei anderen Gameten auch eine echte topische Chemotaxis zu geben; über ihren Mechanismus ist noch wenig bekannt.

Eine topische Chemotaxis zeigen auch die cellulären Schleimpilze (S. 92). Zellen der vegetativen Phase (Freßzellen) reagieren auf Folsäure, Zellen der Aggregationsphase dagegen auf cAMP (s. u.). Bei *Dictyostelium* muß das Chemotacticum in der Aggregationsphase nur Bruchteile von Sekunden auf die Zellen einwirken, während die dadurch ausgelöste gerichtete Bewegung über Minuten anhält. Es wird angenommen, daß die einzelne Zelle auf Überschreiten einer bestimmten Schwelle des Reizstoffes mit einer «Alles-oder-Nichts-Reaktion» antwortet, die zur Bildung eines Pseudopodiums in dem Bezirk führt, in dem die Schwelle zuerst überschritten wird; während einer Refraktärzeit von einigen Minuten wird dadurch die Bildung von Pseudopodien an anderen Stellen der Zelle unterdrückt.

Das Konzentrationsgefälle des Chemotacticums Acrasin bei den cellulären Schleimpilzen wird dadurch aufrecht erhalten, daß die Zellen ein Acrasin abbauendes Enzym, die Acrasinase, bilden; *Polysphondylium*, das keine Acrasine bilden kann, zeigt auch keine Chemotaxis. Bei dem Acrasin scheint es sich um cyclisches Adenosin-3,5-Monophosphat (cAMP) zu handeln (Abb. 476), während die Acrasinase identisch ist mit Phosphodiesterase (cAMPase). Beim Übergang von der vegetativen zur Aggregationsphase (vgl. S. 92, Abb. 91) steigt sowohl die Produktion von cAMP als auch die chemotaktische Empfindlichkeit auf cAMP je um mindestens das 100fache an.

Bei der Plasmodienbewegung der nichtcellulären Schleimpilze (z. B. *Physarum*; vgl. S. 630) sind wahrscheinlich contractile Fibrillen wesentlich beteiligt. Sie bestehen aus einem Protein, das sich ähnlich wie das Actomyosin der Muskeln verhält: Es läßt sich in eine Myosin-(Plasmodium-Myosin A) und eine Actin-ähnliche (Plasmodium-Actin) Komponente zerlegen und wird als Myxomyosin bzeichnet. Es benötigt wie das Actomyosin zur Kontraktion ATP als Energiequelle und Mg^{2+} als Cofaktor. Ca^{2+}-Ionen sind als Regulatoren beteiligt. Auch bei der chemomechanischen Energiewandlung in den Myxamöben der cellulären Schleimpilze wird dem Actomyosin eine entscheidende Rolle zugeschrieben.

Spezifische Lockstoffe (**Gamone**) ermöglichen den Geschlechtszellen das Finden des Partners. *Chlamydomonas* verwendet hierfür Glykoproteide. Bei den bisher analysierten Gamonen der Braunalgen handelt es sich um flüchtige, in Wasser schwer lösliche, offenbar gattungsspezifische Verbindungen: Das von den ♀ Gameten von *Ectocarpus* (S. 612, Abb. 655) abgegebene Ectocarpen; das bei *Cutleria multifida* wirksame Multifiden; das von *Dictyota*-Eiern sezernierte Dictyopteren C′ und das von *Fucus*-Eiern (S. 618, Abb. 663) produzierte Fucoserraten (Abb. 477). Bei *Desmarestia aculeata* und *D. viridis* werden von den Eiern Desmaresten, Ectocarpen und Viridien (Abb. 477) abgegeben, die einerseits die Spermatozoiden anlocken, andererseits die Freisetzung der Spermatozoiden aus dem Antheridium beschleunigen. Von diesen spielt Desmaresten die Hauptrolle. Eine schwerflüchtige, wasserlösliche Substanz ist dagegen das Sirenin, das von den ♀ Gameten des Pilzes *Allomyces* (S. 645, Abb. 690) gebildet wird; es handelt sich um ein Sesquiterpendiol. Die (artspezifischen) Gamone bei Hefen sind Oligopeptide.

Die Spermatozoiden der Archegoniaten werden durch sehr verschiedene **Chemotactica** angezogen, von denen bestimmte für die Anlockung durch das Archegonium als spezifisch angesehen werden: Bei *Marchantia* Proteine (?),

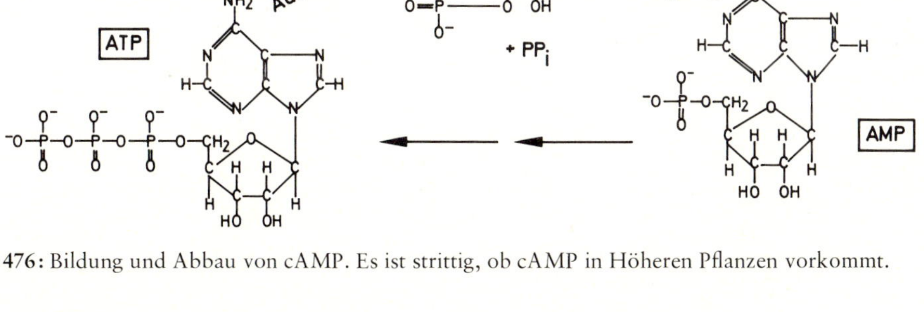

Abb. 476: Bildung und Abbau von cAMP. Es ist strittig, ob cAMP in Höheren Pflanzen vorkommt.

bei einigen Laubmoosen Saccharose, bei vielen Pteridophyten Ca-Malat (vgl. den Adlerfarn), bei *Lycopodium* (Ca-?) Citrat (*Marsilea* reagiert dagegen weder auf Malat noch auf Citrat!). Saprophytische Bakterien werden z.B. durch verschiedene Zucker, Stickstoffverbindungen, Phosphat-, Alkali- und Erdalkaliionen u. a. angelockt. Myxomyceten-Schwärmer reagieren auf niedere Konzentrationen von H^+-Ionen positiv, auf höhere negativ. Auch Sauerstoff kann positive oder negative chemotaktische Wirkungen hervorrufen (**Aerotaxis**; Abb. 478).

Für *Euglena gracilis* wurde Cytochrom a_3 als Chemoreceptor für aerotaktische Bewegungen ermittelt.

Das Konzentrationsgefälle muß, um als solches empfunden zu werden, eine bestimmte Steilheit besitzen. In einer Malatlösung von 0,001 % wird schon eine Konzentration von 0,03 % in einer eingeführten Capillare von Farnspermatozoiden als neuer Reiz empfunden, in einer solchen von 0,01 % aber erst eine von 0,3 %, d.h. die Unterschiedsschwelle entspricht dem konstanten Faktor 30. Diese als WEBER-sches Gesetz bezeichnete Erscheinung ist auch aus der menschlichen und tierischen Sinnesphysiologie bekannt, wie denn überhaupt die grundsätzlichen cellulären Reizvorgänge bei allen Organismen weitgehend übereinstimmen.

Eine homogene Lösung einer Substanz wirkt also mit der Zeit abstumpfend, aber nur gegen solche Stoffe, die vom gleichen Chemosensor wahrgenommen werden. Auf diese Weise kann man die Spezifität der Chemosensoren testen und hat z.B. festgestellt, daß etwa Aminosäuren von Ammoniumsalzen und selbst Stereoisomeren voneinander unterschieden werden.

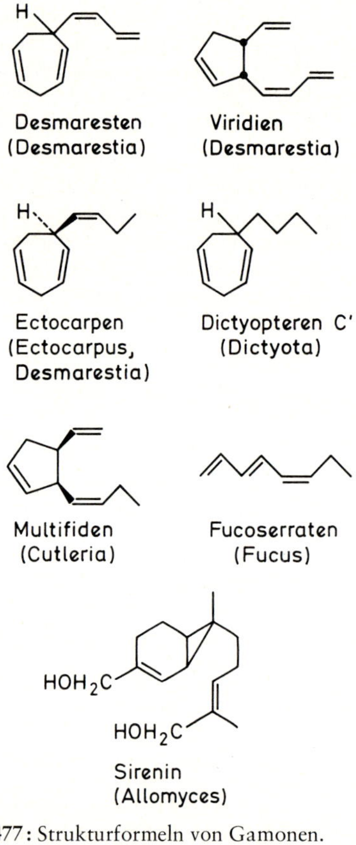

2. Phototaxis

Phototaxis, d.h. eine lichtgerichtete freie Ortsbewegung, zeigen vor allem photosynthetisch aktive Organismen, die auf diese Weise Bereiche für sie optimaler Lichtintensität aufsuchen. Sie tritt aber auch bei einigen nicht grünen Flagellaten, ferner bei Plasmodien von Myxomyceten auf, die zunächst negativ reagieren, aber eine Umstimmung zur positiven Phototaxis zeigen, sobald sie zur Sporangienbildung übergehen. Auch bei der Phototaxis gibt es phobische und topische Reaktionen. Bei der phobischen Reaktion unterscheidet man die Antwort auf eine Verringerung (step down response) und auf eine Erhöhung (step up) der Strahlungsintensität.

Die phobische positive Phototaxis kommt bei dem Purpurbacterium *Chromatium* dadurch zu-

Desmaresten
(Desmarestia)

Viridien
(Desmarestia)

Ectocarpen
(Ectocarpus,
Desmarestia)

Dictyopteren C'
(Dictyota)

Multifiden
(Cutleria)

Fucoserraten
(Fucus)

Sirenin
(Allomyces)

Abb. 477: Strukturformeln von Gamonen.

Abb. 478: *Spirogyra*-Zelle mit Ansammlung positiv aerotaktischer Bakterien am belichteten bandförmigen Chloroplasten (O_2-Entwicklung). Der Raum zwischen dem Band zeigt bei Belichtung keine O_2-Entwicklung und daher auch keine Bakterienanlockung. (Nach ENGELMANN)

stande, daß die Geißelbewegung für kurze Zeit eingestellt wird, wenn das Licht plötzlich an Intensität verliert. Da der Bakterienkörper praktisch keine Trägheit besitzt, kommt er sofort zum Stillstand; bei Wiederaufnahme der Bewegung wird aber in der Regel eine neue Richtung eingeschlagen. Eine Intensitätserhöhung des Lichtes hat dagegen keinen Einfluß auf die Bewegungsrichtung. Bei *Rhodospirillum* dagegen kommt es bei einer Minderung der Lichtintensität zu einer Änderung der Bewegungsrichtung der Geißel, die ein Rückwärtsschwimmen zur Folge hat. Der Faktor, um den eine Lichtquelle stärker sein muß als eine zweite, damit sie in ihrer Gegenwart attraktiv wirken kann, beträgt bei *Rhodospirillum* nur 1,01 bis 1,03, die Unterschiedsempfindlichkeit ist also sehr hoch. In beiden Fällen, bei *Chromatium* sowohl wie *Rhodospirillum*, sammeln sich die Bakterien schließlich im belichteten Bereich, den sie nicht mehr ohne weiteres verlassen können («Lichtfalle»).

Das Wirkungsspektrum der Phobophototaxis der Purpurbakterien ist identisch mit dem Wirkungsspektrum der Photosynthese. Entscheidend für die phobische Reaktion scheint die plötzliche Änderung im photosynthetischen Elektronentransport zu sein. Dies gilt ganz entsprechend für die phobophototaktische Reaktion kriechender Blaualgen (Umkehr der Bewegungsrichtung bei plötzlicher Verringerung der Lichtintensität), bei denen eine eingehendere Analyse ergab, daß offenbar der Redoxzustand des Plastochinons die entscheidende Steuergröße für die phobische Reaktion ist. Die Energie für die Bewegung sowohl der photosynthetisierenden Bakterien wie der Blaualgen wird durch ATP geliefert. Da bei Photosynthesebedingungen mehr ATP zur Verfügung steht, wird durch Licht nicht nur die Richtung, sondern auch die Geschwindigkeit der Bewegung beeinflußt («Photokinese»). Das unmittelbare Wirken eines Photosyntheseproduktes auf den Bewegungsapparat wird bei diesen Prokaryoten ja dadurch ermöglicht, daß die Thylakoide nicht von einer schwer durchlässigen Hülle umgeben sind wie bei den Chloroplasten der Eukaryoten.

Bei *Halobacterium* haben step-down und step-up Reaktion verschiedene Receptoren: Erstere das Bacteriorhodopsin in der Purpurmembran, das also gleichzeitig als Energie- (S. 250) und Signalwandler dient, letztere ein Retinyliden-Protein, vermutlich eine Vorstufe bei der Biosynthese des Rhodopsins.

Bei kriechenden Organismen, z.B. Blaualgen (*Phormidium*) oder Bacillariophyceen (*Navicula*), gibt es noch eine besondere Art von Phototaxis: Sie wählen diejenige der beiden möglichen Richtungen aus, die zur Lichtquelle führt; sie sind dazu befähigt, weil sie Belichtungsunterschiede auf der Vorder- und Hinterseite der Zelle wahrnehmen können. Bei *Navicula* z.B. ist die in bestimmten Zeitabständen erfolgende autonome Umkehr der eingeschlagenen Bewegungsrichtung verzögert, wenn das Vorderende stärker belichtet wird als das rückwärtige, aber gefördert, wenn das Hinterende höhere Lichtintensitäten erhält.

Die Umkehr soll durch eine plötzliche Entleerung des Elektronen-pools zwischen Lichtreaktion 2 und 1 (Plastochinon-pool, S. 247) verursacht werden, u.zw. entweder durch ein step-down-Signal in System 2 (verringerte Füllung des pools) oder durch ein step-up-Signal in System 1 (verstärkte Leerung des pools). Die beiden Vorgänge unterscheiden sich naturgemäß im Wirkungsspektrum.

Flagellaten können entweder phobo- oder topophototaktisch reagieren, und – je nach den Umständen – entweder positiv oder negativ.

Das Wirkungsspektrum für die Topo-Phototaxis des marinen Flagellaten *Platymonas subcordiformis* ist für die positive und negative Phototaxis gleich (die Bewegungsrichtung kann hier durch das Mengenverhältnis von Ca^{2+}, Mg^{2+} und K^+ im Medium eingestellt werden), dagegen völlig verschieden von dem der Photosynthese. Als Photoreceptor wird ein Chromoproteid mit einem Carotinoid als chromophorer Gruppe angenommen (grundsätzlich ähnlich den Sehpigmenten der Höheren Tiere!). Das direkte Anschwimmen einer Lichtquelle bei der positiven und das gezielte Wegschwimmen von dieser bei der negativen Topo-Phototaxis setzt voraus, daß der Flagellat sowohl zeitliche Intensitätsänderungen des Lichtes als auch verschieden starke Belichtung der Flanken (bei Abweichung von der direkten Richtung zu oder von der Lichtquelle) wahrzunehmen vermag. Bei der während des Schwimmens um ihre Längsachse rotierende *Euglena* (Abb. 3, S. 9) wird der Photoreceptor in der Nähe der Geißelbasis bei seitlichem Lichteinfall durch das seitlich gelegene Stigma periodisch beschattet, was – auf eine noch unbekannte Weise – zu einer Änderung des Geißelschlages und damit zu einer Kurskorrektur führt, so lange, bis der

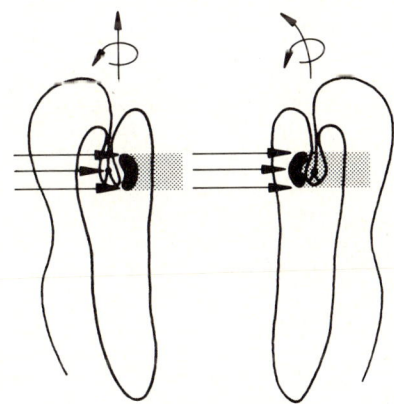

Abb. 479: *Euglena*-Zelle bei seitlicher Belichtung. Infolge der Rotation wird der Photoreceptor an der Geißelbasis durch das Stigma periodisch beschattet (rechte Figur), was eine Wendung nach links (Pfeil) zur Folge hat. (Nach HAUPT)

Photoreceptor vom Stigma nicht mehr beschattet wird. Der Photoreceptor enthält hier wahrscheinlich Flavoprotein, das Stigma Carotinoide, vor allem Astaxanthin (das auch im Tierreich vorkommt).

Neuerdings werden Phototaxis (topische Phototaxis), photophobische Reaktion (= phobische Phototaxis) und Photokinese gern unter den Sammelbegriff «Photomovement» eingeordnet.

3. Magnetotaxis

Einige Bakterien im Schlamm von Süß- oder Salzwasser können sich in einem Magnetfeld orientieren. Diese magnetotaktischen Bakterien halten, sofern sie aus der N-Halbkugel stammen, im erdmagnetischen Feld stets die N-Richtung ein, falls sie aus der S-Halbkugel kommen, dagegen die S-Richtung. Am erdmagnetischen Äquator sind beide Orientierungstypen etwa gleich häufig vertreten. Da die vertikale Feldkomponente zumeist stärker ist als die horizontale, bedeutet diese Orientierung die gerichtete Bewegung der Bakterien nach unten, in den Schlamm, ihr natürliches Biotop. Im künstlichen Magnetfeld kann man durch Umpolung die Bewegungsrichtung umkehren.

Den Schlüssel für diese gerichtete Bewegung bildet eine Kette von Magnetit (Fe_3O_4)-Kristallen von ca. 50 nm Kantenlänge in der Zelle (Abb. 480), die ähnlich wie eine Kompaßnadel funktionieren. Ihre Größe liegt gerade in dem Bereich, in dem die Kristalle nicht mehr durch die Übertragung von Wärmeenergie aus der Umgebung gestört werden, andererseits aber auch noch nicht durch zu große Ausdehnung ihre Polarität verlieren. Die Magnetbakterien besitzen eine etwa 10fach höhere Eisenkonzentration als «normale» Bakterien.

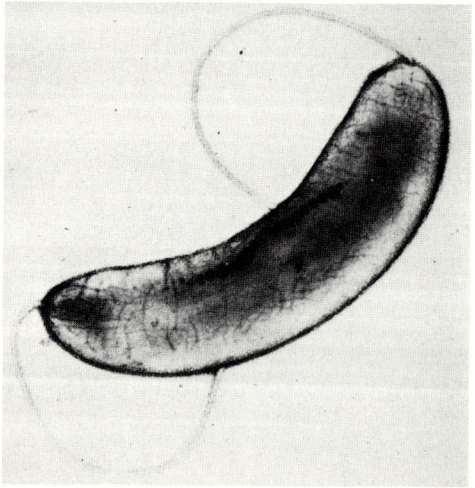

Abb. 480: Bipolar begeißeltes, magnetotaktisch reaktionsfähiges Bacterium mit einer Kette von Magnetit-Partikeln («Magnetosomen»). Vergr. 30000 fach. (Nach BLAKEMORE u. FRANKEL)

4. Andere Taxien

Außer auf chemische, Licht und magnetische Reize reagieren manche der frei beweglichen Organismen auch noch auf Feuchtigkeitsdifferenzen (Hydrotaxis), Berührungsreize (Thigmotaxis), Erdanziehung (Gravitaxis) und Temperaturänderungen (Thermotaxis). Bei *Escherichia coli* kann man die abstoßende Wirkung bestimmter niederer Temperaturen durch positive Chemotactica, die anziehende höherer Temperaturen durch negative Chemotactica kompensieren bzw. überkompensieren. In diesem Falle müssen die Zellen also die Information von zwei Reizquellen gegeneinander «verrechnen». *Dictyostelium*-Pseudoplasmodien können noch einen Temperaturgradienten von 0,05° C/cm percipieren. Grundlage für dieses extrem empfindliche «Biothermometer» könnten evtl. Phasenübergänge von Membranlipiden sein.

B. Bewegungen in den Zellen

Wie schon mehrfach erwähnt worden ist, zeigen Plasma, Zellkern und Plastiden innerhalb der sie umgebenden Zellwände oft Bewegungserscheinungen, die sich in vielfacher Hinsicht an die freien Ortsbewegungen der einzelligen Organismen anschließen lassen.

1. Plasmaströmung

Die Plasmaströmung (S. 16) ist nur zum Teil autonomer Natur, z.T. wird sie erst durch die Außenreize ausgelöst.

So kommt sie z.B. in den Blattzellen von *Vallisneria* durch Verdunkelung zum Stillstand, wird aber durch Belichtung, vor allem mit Rotlicht, sofort wieder ausgelöst (Photodinese). Der Photoreceptor ist hier noch unbekannt, in anderen Fällen der Photodinese sind vielleicht Carotinoide beteiligt. Auch durch chemische Reize (Chemodinese), z.B. durch Aminosäuren bei *Vallisneria* und *Elodea* (l-Histidin wirkt noch in einer Verdünnung von 1:80 Millionen!), durch Wärme (Thermodinese) oder durch Verwundung (Traumatodinese) kann Plasmaströmung induziert werden (wobei Wärme und Verletzung vermutlich auch über die Freisetzung chemischer Substanzen, also letztlich auch chemodinetisch, wirken).

Die Strömungsgeschwindigkeit beträgt im Durchschnitt etwa 0,2–0,6 mm/Minute, kann aber in den Internodialzellen von *Nitella* bei hoher Temperatur bis zu 6 mm/Minute erreichen. Nicht in Bewegung ist in jedem Falle die äußerste Plasmaschicht, das Ektoplasma. Da durch die Plasmaströmung die Polarität der

Zelle nicht beeinträchtigt wird, ist sie wohl im Ektoplasma verankert. Auch die Perceptionsorte des Lichtreizes für den Phototropismus einzelliger Organe (z.B. Sporangienträger von *Phycomyces*, S. 456) oder für die Chloroplastendrehung bei *Mougeotia* (s.u.) befinden sich ortsfest im Ektoplasma.

Verantwortlich für die Bewegung scheinen wie bei der Geißelbewegung, der Plasmodienbewegung oder der Muskelkontraktion zu Gleitbewegungen befähigte Proteine zu sein. Bei Characeen mit Rotationsströmung wurden bewegliche Filamente (Durchmesser (5 nm) gefunden, die sich vom Ektoplasma ablösen und im Endoplasma zu in Strömungsrichtung orientierten Bündeln zusammentreten. Die Antriebsenergie für diese Bewegungsmechanik des «aktiven Gleitens» wird wieder durch ATP-Spaltung geliefert. Die Antriebskraft wurde bei *Nitella* zu 3,6 dyn/cm² (bzw. 0,36 N m⁻²) ermittelt.

Es ist nicht bekannt, ob diesen (keineswegs immer und in allen Zellen vorhandenen) Plasmaströmungen eine physiologische Bedeutung zukommt; daß sie etwa beim Stoffaustausch in der Zelle oder zwischen benachbarten Zellen (s. S. 367) eine wesentliche Rolle spielen, hat sich bisher nicht nachweisen lassen.

2. Bewegungen der Zellkerne und Chloroplasten

Zellkerne und Chloroplasten können, wie andere Zellorgane, gelegentlich vom strömenden Plasma mitgeführt werden, aber auch unabhängig davon eigene Bewegungen durchführen.

Zellkerne bewegen sich meist zu den Orten stärksten Wachstums: Sie finden sich z.B. bei Zellen mit ausgeprägtem Spitzenwachstum (Pollenschläuche, Wurzelhaare) stets nahe der wachsenden Spitze. Nach Verletzungen liegen sie oft in der Nähe der Zellwand, die der Wunde zugekehrt ist; in einem bestimmten Umkreis von Meristemoiden, z.B. Spaltöffnungsinitialen, sind sie in Richtung dieser meristematischen Zellen verlagert und spiegeln vermutlich einen stofflichen Gradienten wider (s. S. 427). Während der Bewegung können die Zellkerne amöboide Gestalt annehmen. Die Mechanik der Bewegung ist unbekannt.

Auffallender sind die Bewegungen der Chloroplasten bei vielen Pflanzen, die sie in die Stellung bzw. an die Orte optimaler Belichtung führen. In Algenthalli, Moosblättchen, Farnprothallien und verschiedenen Spermatophyten (z.B. Wasserpflanzen) finden sie sich im Schwachlicht an den direkt bestrahlten Vorder- und Hinterwänden der Zellen, um in den vollen

Lichtgenuß zu kommen, während sie bei Starklicht an die Seitenwände wandern (Abb. 481), wodurch Strahlenschäden vermieden werden. Auch sind sie im Schwachlicht meist scheibenförmig, während sie sich im Starklicht kugelig kontrahieren.

Bei der Alge *Mougeotia* bieten die plattenförmigen Chloroplasten bei Schwachlicht ihre Fläche, bei Starklicht ihre Kante der Bestrahlung dar (Abb. 481 A, 482). Hier dauert die Schwachlichtreaktion noch 30–60 Minuten (im Dunkeln) nach induzierendem Schwachlicht an, während die Bewegung bei anderen Pflanzen meist nur solange fortgesetzt wird, wie das induzierende Licht einwirkt. Wird bei *Mougeotia* nur ein Teil der Zelle punktförmig mit Schwachlicht bestrahlt, so dreht sich der Chloroplast nur in diesem Bereich in die Reaktions-Stellung. Percipiert wird die induzierende Strahlung bei *Mougeotia*, wie auch in den meisten anderen Fällen, im peripheren Cytoplasma. Der Photoreceptor für die Schwachlichtreaktion ist bei *Mougeotia* das Phytochrom, wahrscheinlich auch für die Starklichtreaktion; allerdings hat hier Blaulicht eine starke Wirkung, vor allem bei der Umschaltung von der Schwachlicht- in die Starklichtreaktion. Man kann demgemäß die Bewegung in

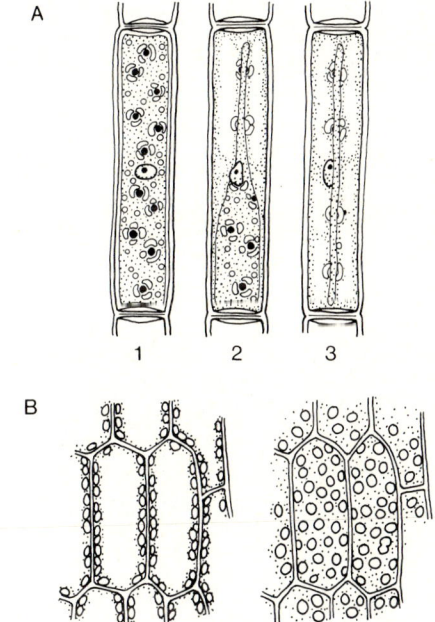

Abb. 481: A Stellung des plattenförmigen Chloroplasten in der Zelle von *Mougeotia scalaris*, 1 im Schwachlicht, 2 im Übergang, 3 im Starklicht. (Nach PALLA aus OLTMANNS, verändert, ca. 400 ×.) B Stellung der Chloroplasten in Zellen eines Moosblättchens, links bei starker, rechts bei schwacher Belichtung. (Nach SCHUMACHER)

die Schwachlichtstellung durch Hellrot induzieren und die Induktion durch eine sofort anschließende Dunkelrotbelichtung wieder löschen. Die Phytochrom-660-Moleküle liegen nach Untersuchungen mit polarisiertem Licht im peripheren Protoplasma oberflächenparallel in einer Schraubenlinie mit einem Steigungswinkel von 45°, die Phytochrom-730-Moleküle dagegen senkrecht zur Oberfläche. Die Kausalkette zwischen der Lichtperception im Phytochrom und der Drehung der Chloroplasten liegt noch völlig im Dunkeln.

In anderen Fällen (z.B. beim Moos *Funaria* und bei *Vallisneria*) weisen die Wirkungsspektren für die Schwach- und Starklichtreaktionen der Chloroplastenbewegung auf ein Flavin oder Flavoproteid als

Receptor hin. Auch hier gibt es Hinweise auf eine oberflächenparallele Orientierung dichroitischer, im Ektoplasma (Plasmalemma?) lokalisierter Receptor-Moleküle. In manchen Fällen (z.B. bei der Grünalge *Hormidium*, bei *Funaria*, *Selaginella* und *Vallisneria*) soll sich auch ein zweiter Receptor, möglicherweise Chlorophyll, an der Reaktion beteiligen.

Bei der Schwachlichtreaktion von *Mougeotia* und bei allen Chloroplastenbewegungen bei *Lemna* wird die Energie in Form von ATP durch die oxidative Phosphorylierung, bei der Starklichtbewegung von *Mougeotia* durch die Photophosphorylierung geliefert.

III. Bewegungen lebender Organe

Krümmungsbewegungen festgewachsener Organismen oder Organe, die durch einen einseitigen Reiz induziert und in ihrer Richtung bestimmt werden, nennt man **Tropismen.** Die Krümmungen kommen in der Regel durch verschieden starkes Wachstum gegenüberliegender Flanken eines Organs (Nutationsbewegungen) zustande, nur selten sind Turgorbewegungen beteiligt (S. 459).

Wird dagegen die Art und Richtung der Bewegung allein durch den Bau des reagierenden Organs bestimmt, und dient der Reiz (ob einseitig oder allseitig einwirkend) nur als Signal für diese festgelegte Bewegung, so handelt es sich um eine **Nastie** (sprich Nastí, plur. Nastíen). Nastien können durch (reversible) Turgoränderungen (Variationsbewegungen) oder (seltener) auch durch ungleiches Wachstum entgegengesetzter Organflanken verursacht werden.

Tropismen wie Nastien werden wieder, wie die Taxien, nach dem Reiz benannt, der sie auslöst, also z.B. Phototropismus, Gravitropismus, Photonastie, Seismonastie usw.

Werden Bewegungen lebender Organe nicht durch äußere Reize, sondern durch innere Mechanismen gesteuert, so spricht man von endogenen oder autonomen Bewegungen.

A. Tropismen

Erfolgen die tropistischen Krümmungen zur Reizquelle hin (beim Phototropismus z.B. zur Lichtquelle), so spricht man von positiven, im umgekehrten Falle von negativen Tropismen (Abb. 483). Beim **Plagiotropismus** stellt sich das

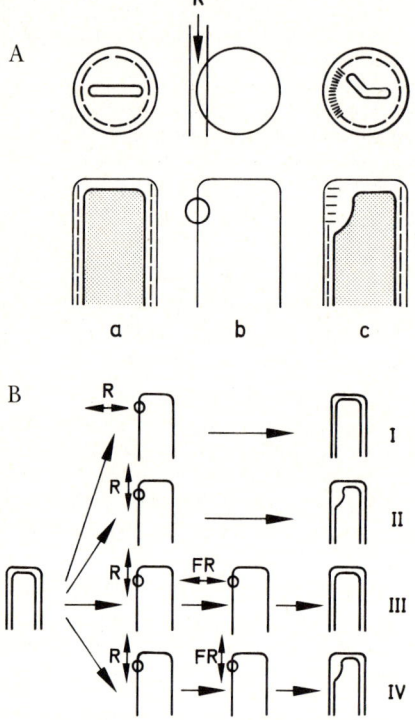

Abb. 482: A Teil einer *Mougeotia*-Zelle im Querschnitt (ganz oben) und in Oberflächenansicht (darunter); a vor, b während und c nach einer Bestrahlung mit einem polarisierten Strahl roten Lichtes (649 nm; Schwingungsrichtung in Richtung des mit R bezeichneten Pfeiles, b); Stellung des Chloroplasten und Orientierung der Phytochrommoleküle sind in a und c wiedergegeben. B Verschiedene Bestrahlungsprogramme mit polarisiertem Licht und ihre Folgen für die Chloroplastenstellung. Die Wirkung des längsschwingenden Hellrot (R) wird durch sofortige Nachbestrahlung mit querschwingendem Dunkelrot (FR) ausgelöscht, nicht aber durch Nachbestrahlung mit längsschwingendem FR (IV).

reagierende Organ in einem bestimmten Winkel zur Reizrichtung ein; beträgt er 90°, spricht man von Transversal-Tropismus (Diatropismus, Abb. 483). Da Tropismen in aller Regel auf Wachstumsvorgänge zurückgehen, sind gewöhnlich nur wachstumsfähige Organe oder Organteile tropistisch reaktionsfähig. Es handelt sich meist um Streckungswachstum, doch können auch Plasmawachstum und Zellteilungen beteiligt sein, z.B. bei der Aufkrümmung von horizontal gelegten Stämmen. Bei der positiven Krümmung wächst normalerweise die reizabgewandte Organflanke stärker und wird konvex (Abb. 484 A; differentielles Wachstum).

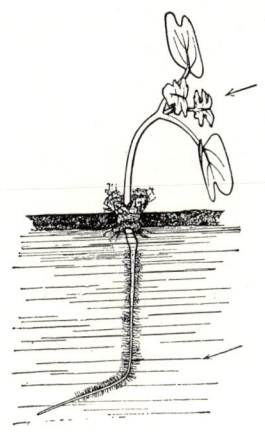

Abb. 483: Senfkeimling in Wasserkultur, von rechts (Pfeile) einseitig beleuchtet. Sproßachse positiv, Wurzel (ausnahmsweise!) negativ phototrop, Blattspreiten senkrecht zum Lichteinfall transversalphototrop ausgerichtet. (Nach NOLL)

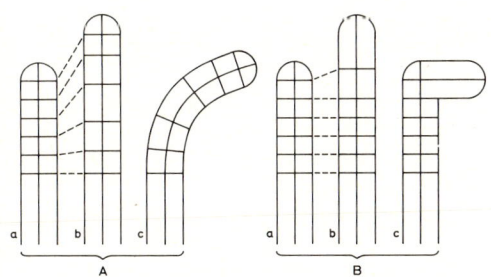

Abb. 484: Wachstum und tropistische Krümmung bei fadenförmigen Einzelzellen. (Zelle in Abschnitte gegliedert, um Zuwachsverteilung deutlich zu machen.) A Zelle mit intercalarem Wachstum, z.B. Sporangienträger von Phycomyces. B Zelle mit extremem Spitzenwachstum, z.B. Farn-Chloronema. a Ausgangszustand, b nach symmetrischem Wachstum, c nach tropistischer Krümmung. (Nach LIBBERT)

Dies gilt nicht nur für Keimlinge Höherer Pflanzen, sondern auch für manche einzelligen Systeme, z.B. die Sporangienträger von *Phycomyces* und *Pilobolus*. Bei Zellen mit ganz ausgeprägtem Spitzenwachstum, z.B. Farn-Chloronemen, unreifen *Pilobolus*-Sporangienträgern oder Pollenschläuchen kann aber durch seitliche Reizung das Spitzenwachstum gehemmt und reizzugewandt ein seitlicher neuer Apex induziert werden, der mit scharfem Knick weiterwächst (Abb. 484 B). Hier wächst also die reizzugewandte Seite stärker.

1. Phototropismus

Die **Reaktionsweise**. In der Regel bringen die durch einseitigen Lichteinfall induzierten Wachstumskrümmungen die Organe in eine vorteilhafte Lage, z.B. für optimale Lichtausnützung bei der Photosynthese, sind also ökologisch sinnvoll (deshalb haben sie sich in der Evolution durchgesetzt).

Positiv phototrop sind meist die Sproßachsen (Abb. 483) und viele Blattstiele, die einzelligen Sporangienträger mancher *Mucoraceen*, z.B. von *Phycomyces* und *Pilobolus* (deren Mycel kaum phototrop empfindlich ist), und die Fruchtkörper mancher *Coprinus*-Arten. Seltener ist der **negative Phototropismus**; er findet sich z.B. bei Haft- und manchen Luftwurzeln (Efeu, Araceen), Keimwurzeln weniger Pflanzen (z.B. *Sinapis*, Abb. 483), Rhizoiden von Lebermoosen und Farnprothallien, den mit Haftscheiben versehenen Ranken des Wilden Weins, dem Hypocotyl der keimenden Mistel u.a.m. Die meisten Wurzeln werden in ihrer Wachstumsrichtung durch Licht nicht beeinflußt (aphototrop). **Plagiophototropismus** zeigen viele Seitenzweige, **Transversal-Phototropismus** z.B. Lebermoosthalli und Blattspreiten (Abb. 483).

Manche Pflanzen sonniger Standorte stellen ihre Blattspreiten in Nord-Süd-Richtung (Kompaßpflanzen, z.B. *Lactuca serriola*, *Silphium laciniatum* u.a., vgl. S. 192), so daß das schwächere Morgen- und Abendlicht die Flächen, das starke Mittagslicht die Kanten trifft. Doch spielen für diese Orientierung neben dem Licht noch andere Faktoren, insbesondere Wärmestrahlen, eine maßgebliche Rolle.

Gelegentlich wird im Laufe der Entwicklung die phototrope Reaktionsweise umgeschaltet. So reagieren die Blütenstiele von *Cymbalaria muralis* (Abb. 485) zuerst positiv –, nach der Befruchtung aber negativ phototrop, verlängern sich stark und bergen die reifenden Früchte in Mauerritzen oder ähnlichen, für die Samenkeimung geeigneten Orten. Auch die Blüten bzw. Früchte von *Helianthemum nummularium* und *Tropaeolum majus* verhalten sich ähnlich.

Keimlinge (Grascoleoptilen, Hypocotyle, Epicotyle) und auch *Phycomyces*-Sporangienträger reagieren je nach der Lichtmenge, d.h. dem Produkt aus Lichtintensität ($W \cdot m^{-2}$) und Einwirkungszeit (s), entweder positiv oder negativ phototrop (Abb. 486). Bei der (am besten untersuchten) *Avena*-Coleoptile ist der Bereich der ersten positiven Reaktion (etwa zwischen 10^{-1} und $10^2 \, W \cdot m^{-2}$) von dem der zweiten positiven Krümmung durch einen Bereich negativer Reaktion getrennt. Bei sehr hohen Lichtmengen folgt ein Indifferenzbereich und schließlich eine dritte positive Reaktion, die aber ökologisch kaum von Bedeutung ist. Die natürliche phototrope Reaktion ist in der Regel die zweite positive, die bestuntersuchte die erste positive Krümmung.

Der Verlauf der Reaktion. Sieht man vom Phototropismus der Zellen mit Spitzenwachstum (S. 418) ab, so erfolgt eine positiv phototrope Krümmung durch ein gegenüber der Lichtflanke verstärktes Wachstum der Schattenflanke. Da Sproßteile lange Wachstums-

zonen haben, beschreiben sie Krümmungen mit großem Radius (Abb. 487 A), die Wurzeln mit ihren kurzen Wachstumszonen solche mit kleinem Radius (Abb. 483), ähnlich wie die Sporangienträger von *Pilobolus* (Abb. 487 C).

Der Bereich maximaler Lichtempfindlichkeit liegt in der Regel apikal der Krümmungszone; da die Krümmung auch erfolgt, wenn nur der «Receptionsbereich» bestrahlt wird, ist eine Erregungsleitung erforderlich. Bei Coleoptilen ist für Licht, das die erste positive Krümmung auslösen würde, praktisch nur die äußerste Spitze (etwa 250 µm) empfindlich. Die erste positive Krümmung beginnt an der Spitze (Spitzenreaktion), schreitet aber allmählich zur Basis fort (Abb. 487 A). Die zweite positive Krümmung erfolgt von Anfang an nahe der Coleoptilbasis (Basisreaktion, Abb. 487 B), auch hier ist die Coleoptilspitze besonders empfindlich (ca. 500 µm), die basaleren Teile in geringerem Maße. Ältere Pflanzen percipieren Lateralbelichtung in den Sproßspitzen oder (häufiger) in den Spreiten der obersten Blätter. Auch hier liegt die Krümmungszone zur Basis hin verschoben. Bei Blättern von *Tropaeolum* sind dagegen die Blattstiele die Perceptionsorte, während die Spreiten nur als Wuchsstofflieferanten dienen.

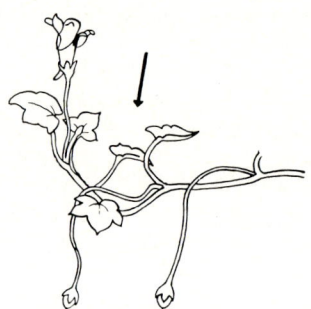

Abb. 485: *Cymbalaria muralis.* Blütenstiel positiv, Stiel der reifenden Frucht negativ phototrop. Pfeil = Richtung des Lichteinfalls (ca. $1^1/_2 \times$). (Nach SCHUMACHER)

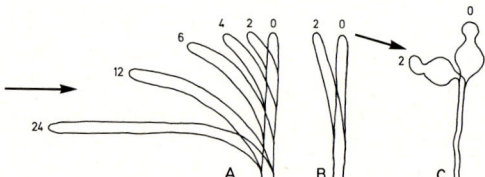

Abb. 487: Ablauf phototroper Krümmungen bei einseitiger Bestrahlung (Pfeil). A Erste positive Reaktion («Spitzenreaktion»). B Zweite positive Reaktion («Basisreaktion») bei der Hafercoleoptile. (Nach ARISZ aus LIBBERT) C Sporangienträger von *Pilobolus kleinii.* Zahlen: Zeit in Stunden nach Bestrahlungsbeginn. (Nach LIBBERT)

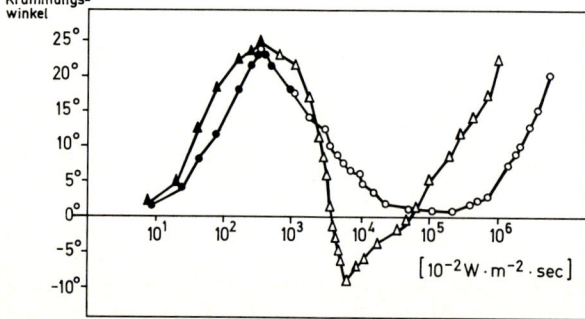

Abb. 486: Dosis-Wirkungs-Kurven der phototropen Reaktion von Hafercoleoptilen (Kreise) und Linsen-Epicotylen (Dreiecke). Die Pflanzen wurden 1–120 s mit $8 \cdot 10^{-2} \, W \cdot m^{-2}$ (●, ▲) oder 1 s bis 3 Stunden mit $350 \cdot 10^{-2} \, W \cdot m^{-2}$ (○, △) belichtet. (Nach STEYER)

Die Reizschwelle für den Phototropismus der Hafer-Coleoptile liegt bei $3-25 \cdot 10^{-2}\,\mathrm{W} \cdot \mathrm{m}^{-2} \cdot \mathrm{s}$. Gewisse Proportionalität zwischen der Reizmenge und der Reaktionsgröße besteht bis etwa $1\,\mathrm{W} \cdot \mathrm{m}^{-2} \cdot \mathrm{s}$. Die Reaktionszeit für die erste positive Reaktion liegt, je nach den Bedingungen (z.B. Temperatur), bei 25–60 Minuten, die Reaktionsdauer (Zeit von Krümmungsbeginn bis -ende) bei etwa 24 Stunden (Abb. 487 A). Bei *Pilobolus* ist die Krümmung schon in weniger als 2 Stunden abgeschlossen (Abb. 487 C). Belichtet man eine *Avena*-Coleoptile von zwei genau entgegengesetzten Seiten, so muß die Bestrahlungsstärke auf einer Seite um mindestens den Faktor 1,03 (d.h. 3%) höher sein als auf der anderen, um die Krümmung auszulösen. Bei *Phycomyces*-Sporangienträgern ist die Unterscheidungsschwelle größer, d.h. das Unterscheidungsvermögen weniger ausgeprägt. Hier muß die eine Belichtung die andere um 20% an Intensität übertreffen. Wir sind diesem WEBERSCHEN Gesetz schon bei den Taxien begegnet (S. 448).

Wird eine phototrop reaktionsfähige Pflanze gleichzeitig aus zwei verschiedenen Richtungen, die jedoch keinen Winkel von 180° miteinander bilden, mit gleicher oder verschiedener Intensität belichtet, so erfolgt zumeist, z.B. bei Coleoptilen und dicotylen Keimpflanzen, eine Krümmung in die Richtung der Resultante, die man aus einem Kräfteparallelogramm aus Richtung und Reizmenge der beiden Lichtreize bilden kann (Resultantengesetz, Abb. 488). *Pilobolus*-Sporangienträger aber krümmen sich in Richtung der stärkeren Lichtquelle; da sie normalerweise in Pferdemist wachsen und die Sporangien aus dem Substrat herausschießen sollen, ist dieses Verhalten ökologisch zweckmäßig.

Die Lichtperception. Die Reaktionsfolge beginnt mit der Perception des Lichtreizes, die zu einer physiologischen Polarisierung und schließlich zu den Wachstumsunterschieden in Licht- und Schattenflanke führt. Percipiert wird nicht die Lichtrichtung, sondern der Helligkeitsunterschied zwischen Licht- und Schattenseite. Dies läßt sich durch Halbseitenbeleuchtung (Abb. 489) oder durch einseitige Belichtung aus dem hohlen Coleoptileninnern experimentell zeigen.

Bei *Avena*-Coleoptilen wird die belichtete Flanke im Wachstum gehemmt, bei *Phycomyces*-Sporangienträgern gefördert. Das entspricht auch dem Wachstumsverhalten dieser Organe bei allseitiger Belichtung. Diese **Lichtwachstumsreaktion** hat auch die gleiche spektrale Abhängigkeit wie der Phototropismus; doch währt sie im Gegensatz zum Phototropismus nur kurze Zeit und schlägt bald in die gegenteilige Reaktion um, so daß der Effekt schnell wieder ausgeglichen wird. Bei *Phycomyces* hat sich gezeigt, daß eine Photoadaptation dadurch verhindert wird, daß infolge des schraubigen Wachstums der Sporangiophoren immer neue Wandsektoren in den hellen Brennstreifen geführt werden, u.zw. mit einer Geschwindigkeit von 10°/min. Diese Sektoren erfahren jeweils einen «Licht-an-Stimulus» mit nachfolgender positiver Wachstumsreaktion. Rotiert man die Sporangienträger in entgegengesetzter Richtung mit gleicher Winkelgeschwindigkeit, so bleibt immer derselbe Wandsektor stark belichtet, was zum Ausbleiben des Phototropismus führt. Wie bei der phototaktischen Lichtrichtungsortung von *Euglena* ist demnach auch beim Phototropismus von *Phycomyces* eine Bewegung Voraussetzung für den Perceptionsvorgang.

Die nötigen Helligkeitsunterschiede zwischen beiden Flanken entstehen durch Lichtabsorption und -streuung im Innern des belichteten

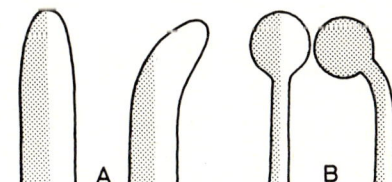

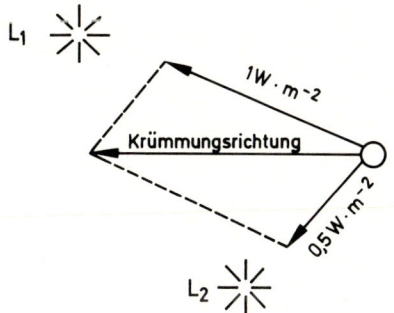

Abb. 488: Phototrope Krümmung nach dem Resultantengesetz bei gleichzeitiger Belichtung mit verschieden starken Lichtquellen (L_1, L_2). Die Bestrahlungsstärken, die jede der Lichtquellen allein am Objekt (hier von oben gesehen) erzielt, sind als Vektoren eines Kräfteparallelogramms wiedergegeben.

Abb. 489: Halbseitenbestrahlung einer Coleoptile (A, etwa 5 ×), und eines *Phycomyces*-Sporangienträgers (B, etwa 30 ×). Das Licht trifft senkrecht zur Papierebene die eine Hälfte, die andere (linke) bleibt im Dunkeln. Die Objekte krümmen sich nicht in Richtung der Lichtquelle (zum Betrachter), sondern entsprechend der Helligkeitsdifferenz zwischen belichteter und unbelichteter Hälfte in der Papierebene. Bei der Coleoptile stärkeres Wachstum der verdunkelten, bei *Phycomyces* der belichteten Flanke. (Die Coleoptile ist einige Zentimeter, der Sporangienträger einige Millimeter lang.) (Nach LIBBERT)

Organs, bei sehr durchsichtigen Teilen (z.B. Sporangienträgern von *Pilobolus* – Abb. 490 –, evtl. auch bei etiolierten Coleoptilen) durch Beschattungspigmente (z.B. Carotinoide).

Der transparente Sporangienträger von *Phycomyces* wirkt als Sammellinse und focussiert das Licht auf die der Bestrahlungsquelle abgewandte Zellseite; da hier die stärker beleuchtete Flanke stärker wächst, kommt es auch hier zu einer positiven Krümmung. Bei einseitiger Belichtung der Sporangienträger in Paraffinöl, einem Medium mit hohem Brechungsindex, wirken die Zellen als Zerstreuungslinse (Abb. 491), wodurch sich die Krümmungsrichtung umkehrt (negativer Phototropismus). Den gleichen Effekt erreicht man auch durch Bestrahlung der Sporangienträger aus nächster Nähe mit divergierenden Lichtstrahlen.

Bei Moos-Chloronemen und Farn-Prothallien, bei denen die phototrope Krümmung, wie erwähnt, auf eine Verlagerung des Wachstumsschwerpunktes zurückgeht, ist der **Photoreceptor** das Phytochromsystem; daneben ist wahrscheinlich ein Flavoproteid wirksam. Alle phototropen Reaktionen, die auf differentiellem Wachstum von Licht- und Schattenflanke beruhen (also z.B. auch die erste und zweite positive Krümmung der *Avena*-Coleoptile), zeigen das gleiche Wirkungsspektrum (Abb. 492). Das Maximum im

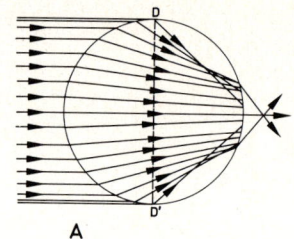

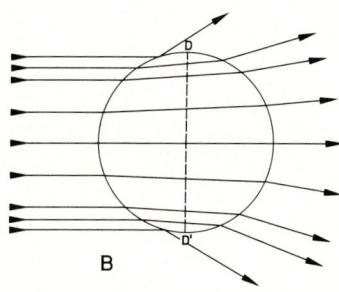

Abb. 491: Schema des Strahlendurchganges durch den Querschnitt des transparenten Sporangienträgers von *Phycomyces*, wobei der Brechungsindex der Zelle zu 1,37 angenommen wurde. A Sporangienträger in Luft, als Sammellinse wirkend, wobei die mittlere Weglänge der Strahlen rechts von D/D′ (lichtabgewandte Seite) um 25% größer ist als links davon (lichtzugewandte Seite). B Strahlengang im Sporangienträger, der sich in Paraffinöl (Brechungsindex 1,47) befindet und daher als Zerstreuungslinse wirkt. Weglänge der Strahlen in der rechten Hälfte kürzer. Der Sporangienträger in A krümmt sich positiv, der in B negativ phototrop. (Nach Castle, aus Banbury)

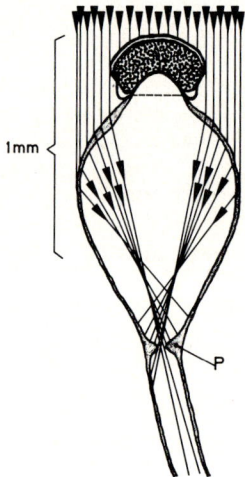

Abb. 490: Schematische Darstellung des Strahlenganges in einem symmetrisch von oben belichteten Sporangienträger von *Pilobolus*. Die Lichtstrahlen werden infolge der Linsenwirkung der subsporangialen Blase auf den Wulst (P) mit Carotinoiden als Pigmenten an ihrer Basis konzentriert, wobei die zentral auftreffenden Strahlen durch das schwarze Sporangium ausgeblendet werden. Bei Änderung der Einfallsrichtung des Lichtes reagiert der Sporangienträger solange mit einer Krümmung, bis der Carotinoidwulst wieder gleichmäßig ausgeleuchtet ist. (Nach Buller, aus Esser)

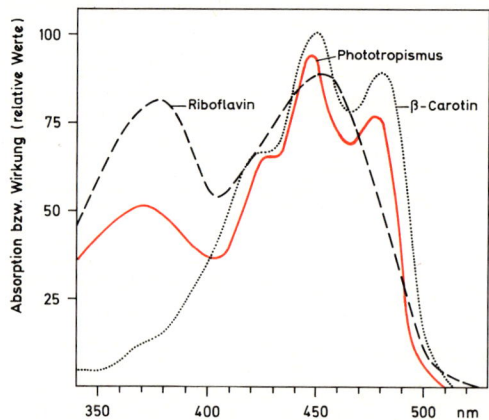

Abb. 492: Wirkungsspektrum des Phototropismus (erste positive Krümmung von *Avena*-Coleoptilen) sowie Absorptionsspektren von Riboflavin und β-Carotin. (Nach Libbert)

Ultraviolett (370 nm) stimmt gut mit dem Absorptionsspektrum des Riboflavins überein, die drei Maxima im Blaubereich lassen dagegen ein Carotinoid als Photoreceptor vermuten.

Derzeit werden mehrere Erklärungsmöglichkeiten diskutiert: a) Der Photoreceptor ist ein Carotinoid mit «normalem» Absorptionsverhalten; der Gipfel um 370 nm spiegelt die Absorption von Flavinen wider, die nur als Beschattungspigmente (zur Herstellung eines ausreichenden Helligkeitsgradienten zwischen Licht- und Schattenseite, s.o.) dienen. b) Ein Carotinoid ist der eigentliche Photoreceptor und ein Flavin wirkt als akzessorisches Pigment (wie die Antennenpigmente bei der Photosynthese), das die im Ultravioletten absorbierte Strahlungsenergie durch Resonanz-Transfer (S. 243) auf das Carotinoid überträgt. c) Der Photoreceptor ist ein noch nicht identifiziertes Carotinoid (oder Carotinoidproteid) oder ein noch unbekanntes Flavin (oder Flavoproteid), dessen Absorptionsspektrum mit dem Wirkungsspektrum übereinstimmt. Flavine gelten z.Z. als die wahrscheinlichsten Photoreceptoren, wobei einer der Folgeschritte die Reduktion eines Cytochroms sein soll.

Zur Festlegung der Anordnung des jeweiligen Photoreceptors in der lichtpercipierenden Zelle hat sich wieder – wie bei der Analyse der Chloroplastenbewegung – die Verwendung polarisierten Lichtes als nützlich erwiesen. Farn-Chloronemen, bei denen Phytochrom 660 als Receptor fungieren kann, die bei horizontalem Wachstum mit linear polarisiertem Hellrot bestrahlt werden, wachsen streng senkrecht zur Schwingungsebene des elektrischen Vektors. Dreht man die Schwingungsebene, so ändert sich die Richtung des neuen Zuwachses entsprechend (Abb. 493 A,B), und zwar wie beim Phototropismus mit scharfem Knick («Polarotropismus»). Da langgestreckte Pigmentmoleküle polarisiertes Licht dann absorbieren, wenn ihre Längsachse senkrecht zur

Lichtrichtung und parallel zur Schwingungsebene des Lichtes liegt (Abb. 493 C), wird angenommen, daß die Photoreceptormoleküle im Ektoplasma mit ihrer Längserstreckung oberflächenparallel angeordnet sind. Der Wachstumspol würde sich dann jeweils dort befinden, wo am meisten Hellrot absorbiert wird.

Grundsätzlich ähnlich verläuft die polarotropische Reaktion auch bei den Sporenkeimlingen des Lebermooses *Sphaerocarpus donnellii* und bei den Sporangienträgern von *Phycomyces;* allerdings läßt hier das Wirkungsspektrum erkennen, daß Phytochrom 660 als Photoreceptor keine Rolle spielt (Abb. 493 D). Aber auch hier muß das verantwortliche Pigment hochgradig orientiert im Ektoplasma angeordnet sein.

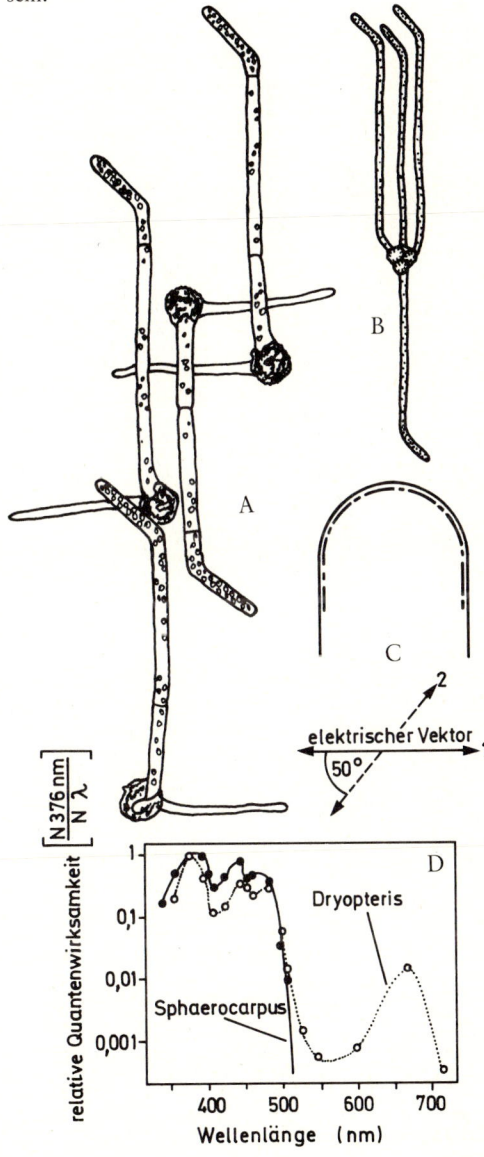

Abb. 493: Polarotropismus. Bestrahlt man horizontal wachsende Chloronemen des Farns *Dryopteris-filixmas* (A) oder die fädigen Sporenkeimlinge des Lebermooses *Sphaerocarpus donnellii* (B) mit linear polarisiertem Licht von oben, so wachsen sie senkrecht zur Schwingungsebene des ε-Vektors (←→ 1). Dreht man die Schwingungsebene (←--→ 2), so schwenken die Fäden mit scharfem Knick in die neue Richtung, senkrecht zur neuen Richtung des ε-Vektors, ein. C Schematische Darstellung der Achsen maximaler Absorption der Photoreceptormoleküle in der Spitze eines *Dryopteris*-Chloronemas. Die Achsen laufen alle oberflächenparallel, im übrigen ist die Ausrichtung zufällig (angedeutet durch Striche und Punkte). D Wirkungsspektren für den Polarotropismus von *Dryopteris*- und *Sphaerocarpus*-Sporenkeimlingen. Bei *Dryopteris* ist P 660 Photoreceptor, bei *Sphaerocarpus* nicht. (A u. C nach ETZOLD, B u. D nach STEINER, aus MOHR, verändert)

Die Mechanik der Krümmung. Bei der phototropen Krümmung einzelliger Gebilde, z.B. der Sporangienträger von Niederen Pilzen oder der Sporenkeimlinge von Moosen und Farnen, ist die Kausalkette zwischen der Lichtperception und dem differentiellen Wachstum der Flanken bzw. der Verlagerung des Wachstumsschwerpunktes nicht bekannt. Bei *Phycomyces* denkt man z.B. an eine Aktivitätserhöhung der Chitin-Synthase, die mit einer erhöhten plastischen Dehnbarkeit der Zellwand in Verbindung gebracht wird. Bei Coleoptilen und sehr wahrscheinlich auch bei Dicotylen-Keimlingen ist die Querverschiebung von Auxin, bei man-

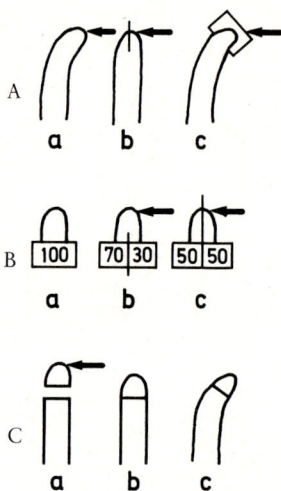

Abb. 494: Quertransport von IAA beim Phototropismus von Coleoptilen. Pfeile: Bestrahlungsrichtung. A Nachweis der Notwendigkeit ungehinderten Lateraltransportes. Senkrecht zur Lichtrichtung eingesetztes Glasplättchen (b) hindert Transport und Krümmung, parallel zur Lichtrichtung plaziertes (c) nicht. B Abfangen des aus der abgetrennten Coleoptilspitze diffundierenden Wuchsstoffes mit Hilfe von Agarblöckchen bei der Kontrolle (a), unbehindertem (b) und behindertem (c) Quertransport. Zahlen: relativer Auxingehalt, der im *Avena*-Krümmungstest (S. 386, Abb. 406) festgestellt wurde. Einseitige Belichtung führt bei unbehindertem Quertransport zu einer verstärkten Auxinabgabe auf der lichtabgewandten Flanke. Zu vergleichbarem Ergebnis führt die Versorgung der Spitzen mit radioaktiver IAA von außen und nachfolgende Messung der Radioaktivität in den Blöckchen. C «Erregungsleitung» durch IAA-Längstransport. a Einseitige Belichtung erzeugt in der abgetrennten Spitze IAA-Quertransport; b Spitze wird der Basis wieder aufgesetzt; c die asymmetrische IAA-Verteilung teilt sich der Basis mit und führt dort zur Krümmung. (Aus Libbert)

chen Arten (z.B. *Helianthus*) auch von Gibberellin, ein Glied in dieser Reaktionsfolge. Die seitliche Bestrahlung von Coleoptilen mit Lichtmengen der ersten und zweiten positiven Krümmung führt zur Anhäufung des Auxins auf der lichtabgewandten Flanke, und zwar schon vor Sichtbarwerden der phototropen Krümmung (Abb. 494). Die Fähigkeit der Coleoptilteile zum lichtinduzierten Auxin-Quertransport geht dabei parallel mit der phototropen Empfindlichkeit. Die Querpolarisierung, die diesem Wuchsstofftransport vorausgeht, ist energiebedürftig und unterbleibt z.B. in sauerstofffreier Atmosphäre. Ihre Natur ist unbekannt.

Einseitige Belichtung führt weiterhin zur Hemmung des basipetalen Auxintransportes auf der Lichtseite; darauf könnte der Befund zurückgehen, daß zweimal dekapitierte, an Auxin weitgehend verarmte Coleoptilen sich noch phototrop induzieren lassen. Die Krümmung erfolgt erst dann, wenn man den Coleoptilen von der apikalen Schnittstelle her Auxin zuführt. Es ist dies noch mehrere Stunden nach der Induktion möglich. Eine früher oft zur Erklärung des Auxingradienten herangezogene Photooxidation des Auxins auf der Lichtseite spielt für den Phototropismus keine Rolle. Die in der Coleoptilspitze verursachte Asymmetrie in der Auxinverteilung pflanzt sich dann durch den polaren Auxintransport (s. S. 385 ff.) bis zur Basis fort und führt zum stärkeren Wachstum der auxinreicheren Schattenflanke; eine Wachstumsdifferenz von nur 2% auf den antagonistischen Organhälften führt dabei bereits zu einer Krümmung von 10°. Die «Erregungsleitung» besteht demnach beim Phototropismus in einem asymmetrischen Auxintransport. Hemmstoffe, die den polaren Auxintransport hemmen (z.B. TIBA, S. 385, oder Morphactine), stören deshalb auch die phototrope Reaktion.

Bei älteren Pflanzen, bei denen junge Blätter für die Reizperception verantwortlich sind, kann Licht die Auxinsynthese der Blätter fördern und so zu phototropen Krümmung führen (z.B. bei *Helianthus*).

Transversalphototropismus. Über den Mechanismus, der die Blattspreiten senkrecht zum Lichteinfall orientiert, ist noch sehr wenig bekannt. Es können ein positiver Phototropismus des Blattstieles und auch durch Perception in der Spreite vermittelte Krümmungen des Stieles und der Spreite beteiligt sein. Bei seitlicher Belichtung eines Blattes können auch Torsionen des Blattstieles erfolgen. Transversalphototrope Reaktionen von mit Blattpolstern ausgestatteten, ausgewachsenen Blättern (z.B. bei *Fabaceen*, wie

Robinia pseudoacacia, oder gewissen *Malvaceen*) beruhen auf durch das Licht ausgelösten Turgorschwankungen. *Malva neglecta* folgt auf diese Weise mit den Blättern dem täglichen Gang der Sonne.

Es ist fraglich, ob man all diese Phänomene bei genauerer Kenntnis ihres Zustandekommens noch als Phototropismus bezeichnen würde.

2. Skototropismus

Bei tropischen Lianen (z. B. der Aracee *Monstera gigantea*) wurde gezeigt, daß sie als Keimlinge ihrem Stützbaum gezielt durch eine Wachstumskrümmung in Richtung der dunkelsten Sektors am Horizont (Wachstum zum Schatten, Skototropismus) zustreben. Im Gegensatz zu einem negativen Phototropismus führt der Skototropismus die Keimlinge von allen Seiten auf einen Stützbaum zu. Der Einflußbereich eines Baumes ist dadurch begrenzt, daß das Zielobjekt für den Skototropismus der Keimlinge einige Winkelgrade des Horizonts ausmachen muß. Dadurch hat aber ein dickerer Baum einen größeren Attraktionsbereich. – Hat der Keimling den Stützbaum erreicht, so wandelt sich die skototrope Empfindlichkeit in einen positiven Phototropismus um, der die Pflanze dem Licht im Kronenbereich entgegenführt. Der kausale Mechanismus des Skototropismus ist unbekannt.

3. Gravitropismus

Viele Pflanzen können durch Wachstumskrümmung ihre Organe in eine bestimmte Richtung zur Erdbeschleunigung ($g = 9{,}81\ \mathrm{m \cdot s^{-2}}$) bringen; diese Reaktion bezeichnet man als Gravitropismus (auch Geotropismus). Bäume an einem Steilhang wachsen z. B. so, daß die Stammlängsachse in der Richtung des Lotes, nicht etwa senkrecht zur lokalen Erdoberfläche, steht. Aus der Normallage gebrachte Achsen, z. B. Blütenstiele, krümmen sich solange, bis sie wieder in der Lotrichtung stehen; Getreidehalme, die durch Wettereinwirkung umgelegt worden sind, können sich durch Krümmung in den Knoten wieder aufrichten.

Die gravitropen Reaktionsweisen. Positiv gravitrop, d. h. in Richtung auf den Erdmittelpunkt zuwachsend, sind Hauptwurzeln (Abb. 495), ferner die Rhizoide von Algen, Lebermoosen oder Farnprothallien. Negativ gravitrop reagieren dagegen die Hauptsprosse, die Sporangienträger der Mucoraceen und die Fruchtkörper vieler Hutpilze. Die Seitenwurzeln erster Ordnung wachsen meist horizontal (Abb. 214, S. 188) oder in einem bestimmten Winkel schräg nach abwärts; bei ihnen liegt **Transversal-** oder **Plagiogravitropis-**

mus vor. Auch viele Seitenzweige und Blätter reagieren transversalgravitrop, ebenso Erdsprosse, die in einer bestimmten Bodentiefe horizontal oder schräg dahinwachsen (Abb. 226, S. 197) und diese Lage auch wieder einnehmen, wenn sie daraus abgelenkt werden. Die Seitenwurzeln zweiter Ordnung sind meist gravitrop unempfindlich (agravitrop), ähnlich die Seitenzweige bei Trauerformen (z. B. Trauer-Weide).

Dorsiventrale Organe, wie die Blätter und manche Blüten, vermögen nach Abweichung von ihrer «Normallage» diese durch Drehung der Stiele (Gravitorsionen) wieder einzunehmen. Die Drehung vieler Orchideenfruchtknoten (S. 902, Abb. 966B, b) kommt ebenfalls unter dem Einfluß der Schwerkraft zustande.

Wie der Phototropismus, so kann auch der Gravitropismus bei manchen Pflanzen im Lauf der Entwicklung oder durch Änderung der Umweltbedingungen eine Umschaltung erfahren.

So ist z. B. der obere Teil des Stengels einer jungen Mohnknospe positiv gravitrop («nickende Knospe»), wird aber negativ, sobald die Blüte sich zur Öffnung anschickt. Bei vielen Arten (z. B. *Holosteum umbellatum, Calandrinia, Arachis* u. a.) sind die Blütenstiele negativ, die Fruchtstiele positiv gravitrop; bei *Lilium martagon* ist es dagegen umgekehrt. Wird, z. B. bei Fichten oder Tannen, der negativ gravitrope Gipfeltrieb gekappt, so richten sich die ursprünglich transversal- oder plagiogravitropen oberen Seitenäste negativ gravitrop auf; einer übernimmt dann die Funktion und Lage des Haupttriebes, während die anderen wieder in die Ausgangslage zurückkehren (**Apikaldominanz,** vgl. S. 434).

Die niedere Temperatur des Winters macht z. B. die im Sommer negativ gravitropen Sprosse mancher unserer Ackerunkräuter (*Senecio vulgaris, Sinapis arvensis, Lamium purpureum* usw.) transversalgravitrop; sie kommen so evtl. in den Schutz der Schneedecke. Die transversalgravitropen Rhizome von *Adoxa* oder *Circaea* werden durch Belichtung positiv gravitrop und gelangen so wieder in das Erdreich zurück; bei Erdsprossen von *Aegopodium podagraria* genügt für diese Umstimmung eine Rotlichtbestrahlung von 30 s. Eine Verdunkelung läßt

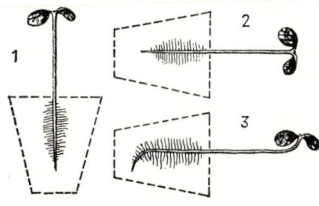

Abb. 495: Schema der gravitropen Reaktion einer Keimpflanze. A Normalstellung, B Pflanze horizontal gelegt, C gravitrope Reaktion. (Nach Sierp)

die transversalgravitropen Sprosse von *Vinca, Lysimachia nummularia* u. a. negativ gravitrop werden.

Das Phytochromsystem hat einen Einfluß auf die Stärke der gravitropen Reaktion von Coleoptilen: Bei *Avena* vermindert 12–24 Stunden vor der gravitropen Reizung gebotenes Rotlicht die gravitrope Reaktion, unmittelbar vor der Reizung gebotenes Rotlicht wirkt dagegen verstärkend.

Nachweis der Schwerkraftwirkung. Daß die gravitropen Krümmungen Reaktionen auf eine Massenbeschleunigung sind, die normalerweise durch die einseitig wirkende Schwerkraft hervorgerufen werden, kann man auf verschiedene Weise belegen. Einmal wirkt eine Zentrifugal-

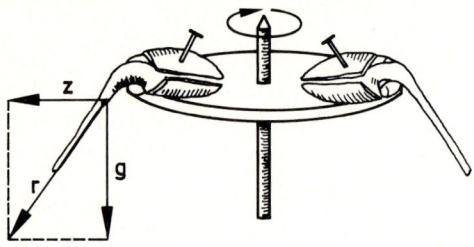

Abb. 496: Gültigkeit des Resultantengesetzes bei gleichzeitiger Einwirkung einer Zentrifugalbeschleunigung (z) und der Erdbeschleunigung (g). Die Wachstumsrichtung folgt der Resultante (r). (Aus Libbert)

beschleunigung (z) in gleicher Weise wie die Erdbeschleunigung (g, Abb. 496); sind beide Kräfte von gleicher Größenordnung, so gilt wieder das Resultantengesetz: Schwerkraft und Zentrifugalkraft werden demnach von der Pflanze als gleichwertig empfunden.

Auf der anderen Seite kann man gravitrope Krümmungen ausschalten, wenn man eine zunächst orthotrop gewachsene Pflanze in der Horizontallage langsam um ihre Längsachse rotiert (auf einem «**Klinostat**», Abb. 497). Ist die Rotationsgeschwindigkeit schnell genug, um eine einseitige Graviperception auszuschalten, andererseits langsam genug, um Zentrifugalkräfte nicht wirksam werden zu lassen (einige Umdrehungen pro Minute), so ist das Schwerefeld kompensiert. Es hat sich gezeigt, daß sich die Pflanzen bei echter Schwerelosigkeit (im Satelliten) genau so verhalten wie auf dem Klinostaten.

Der Ablauf der gravitropen Reaktion. Auch beim Gravitropismus wird die Krümmungsbewegung in der Regel durch differentielles Wachstum zweier Organhälften hervorgerufen; es reagieren also wieder die wachstumsfähigen Zonen. Aus diesem Grunde sieht man bei einer horizontal gelegten, orthotrop reagierenden Pflanze die Krümmung stets in den direkt hinter der Spitze gelegenen Hauptwachstumszonen der Wurzeln bzw. der Sprosse eintreten, während die anderen Teile ungekrümmt bleiben (Abb. 495).

In bestimmten Fällen können nach gravitroper Reizung auch ausgewachsene Teile ihr Wachstum wieder aufnehmen: Bei aus ihrer Ruhelage gebrachten Grashalmen beginnen die Knoten auf ihrer Unterseite verstärkt zu wachsen, so daß sich der Halm wieder aufrichtet (Abb. 498). Auf dem Klinostat setzt eine allseitige Wachstumsförderung der Knoten ein, was

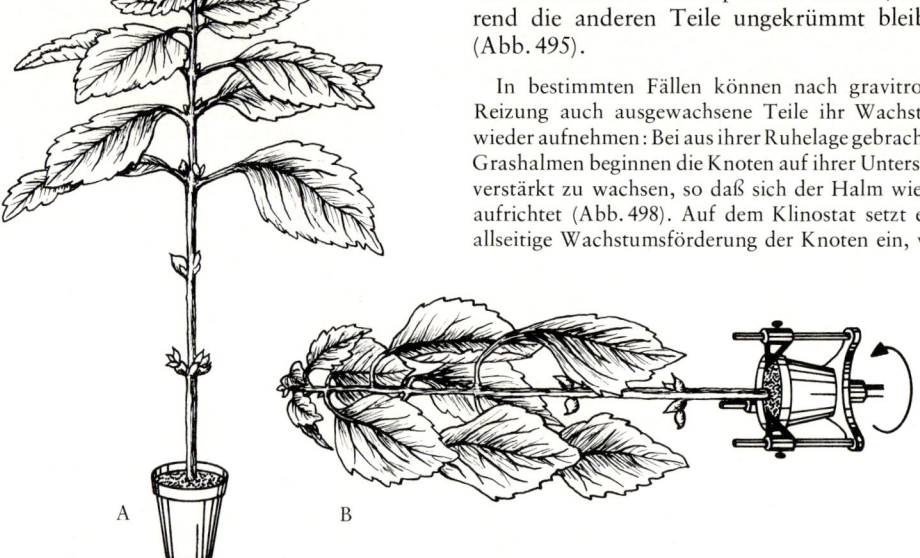

Abb. 497: A Normale *Coleus*-Pflanze. B Horizontal gelegte, langsam am Klinostaten um ihre Längsachse rotierende Pflanze. Der Wegfall der einseitigen Schwerkraftwirkung äußert sich im Fehlen einer negativ gravitropen Krümmung des Sprosses und im Hervortreten der nicht mehr durch negativen Gravitropismus kompensierten Epinastie der Blätter. (Nach Pohl, aus Mohr)

zeigt, daß auch hier der Schwerereiz noch empfunden wird (wenn auch nicht einseitig); diese Förderung entfiele z.B. im Satelliten. Auch Stämme, Äste und Wurzeln von Bäumen können durch verstärktes Längen- und Dickenwachstum mittels ihrer Cambien, allerdings sehr langsam, gravitrope Reaktionen ausführen; dabei bildet das gravitrop gereizte Cambium anatomisch speziell differenziertes «Reaktionsholz» aus, bei Nadelhölzern auf der Unterseite (Druckholz), bei Laubhölzern auf der Oberseite (Zugholz). Zur Bildung des Reaktionsholzes kommt es auch bei Fehlen eines Längenwachstums und damit auch Fehlen einer Aufkrümmung (z.B. nach Entfernen der Gipfelknospe); seine Entstehung wird also nicht durch den Krümmungszug oder -druck induziert, vielmehr ist die Ausbildung des «Reaktionsholzes» die Ursache der gravitropen Aufkrümmung.

Der Krümmungsverlauf ist bei Wurzeln wegen der kurzen Streckungszone relativ einfach (Abb. 499). Bei Sprossen beginnt die Krümmung an der Spitze und schreitet dann immer weiter basalwärts fort (Abb. 500); dabei geht die gravitrope Aufkrümmung über die Lotrechte hinaus, worauf eine Rückkrümmung erfolgt, bis der Sproß (nach einigen Pendelbewegungen) genau in der Senkrechten eingestellt ist. Diese Pendelbewegungen sind nur teilweise auf die erneute (entgegengesetzte) gravitrope Reizung bei der

Überkrümmung zurückzuführen, teilweise erfolgen sie unabhängig von der Schwerkraft (z.B. auch am Klinostat), wobei die Steuerungsmechanismen noch unbekannt sind («**Autotropismus**»).

Die **Präsentationszeiten** für den Gravitropismus können sehr kurz sein: Blütensprosse von *Capsella bursa pastoris* reagieren noch, wenn sie nur 2 Minuten, die von *Sisymbrium*, *Plantago* und die Hypocotyle von *Helianthus*, wenn sie nur 3 Minuten gravitrop gereizt und dann auf dem Klinostat der weiteren einseitigen Schwerkraftwirkung entzogen werden. Die gravitrope **Reaktionszeit** kann bei *Lepidium*-Wurzeln weniger als 20 Minuten, bei Hafercoleoptilen 14 Minuten betragen. Die Sprosse und Wurzeln von *Vicia faba* beginnen allerdings erst nach 85 Minuten zu reagieren, Grasknoten benötigen dazu oft mehrere Stunden. Die **Reizschwelle** liegt bei Dauerreizung etwa bei einer Massenbeschleunigung von $10^{-2} g$ (g = Erdbeschleunigung, S. 459). Unterschwellige Reize können sich wieder (falls die Pausen zwischen den Einzelreizen nicht zu lange dauern) bis zum Auftreten einer sichtbaren Reaktion summieren, selbst dann, wenn der Einzelreiz nur Bruchteile einer Sekunde einwirken konnte. Diese Befunde führten zu dem Schluß, daß eine Pflanze fast jede noch so kurz dauernde Veränderung ihrer Lage im Raum wahrnimmt, daß sie aber nur dann sichtbar mit einer Krümmung antwortet, wenn der Schwerereiz längere Zeit auf sie eingewirkt hat. Diese Trägheit ist ökologisch sinnvoll, weil sonst die zahlreichen Biegungen der oberirdischen Pflanzenorgane im Wind zu dauernden Krümmungsbewegungen führen müßten.

Für das Auftreten einer eben erkennbaren Reaktion ist es wie beim Phototropismus innerhalb gewisser Grenzen gleichgültig, ob ein starker Reiz kurze Zeit oder ein schwacher Reiz entsprechend länger einwirkt; entscheidend ist die Reizmenge I·t (**Reizmengengesetz**). Bis zur Erreichung relativ kleiner Reizmengen besteht wieder Proportionalität zwischen

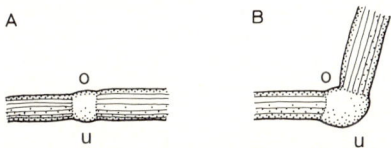

Abb. 498: A Gravitrope Aufrichtung eines horizontal gelegten Grasknotens. Bei B die Unterseite des Knotens (u) stark verlängert, die Oberseite (o) verkürzt, wodurch das Halmstück um etwa 75° aufgerichtet wurde. (Nach NOLL)

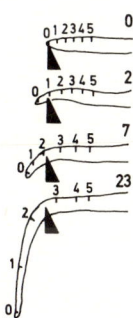

Abb. 499: Gravitrope Krümmung einer Keimwurzel, 0, 2, 7, 23 Stunden nach der gravitropen Reizung. (Nach SACHS)

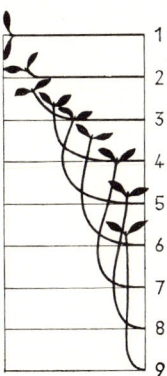

Abb. 500: Schema des Verlaufs einer negativ gravitropen Bewegung bei einer Keimpflanze. (Nach NOLL)

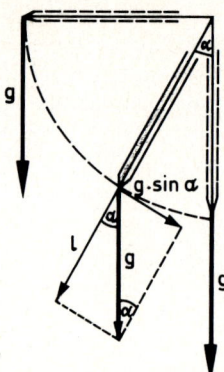

Abb. 501: Schwerkraftwirkung auf eine Wurzel, die um den Winkel α von der Richtung der Erdschwere (g) abweicht. Gravitrop krümmend wirkt allein die Komponente g · sin α, während die «Längskraft» (l) nur eine tonische Wirkung besitzt. (Nach SIERP)

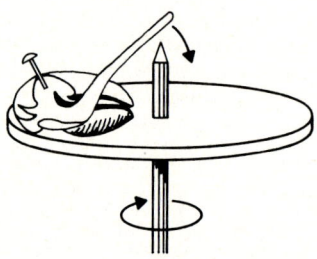

Abb. 502: Experimenteller Beleg für die Perception des gravitropen Reizes in der Wurzelspitze. Eine *Vicia-faba*-Keimwurzel ist so auf einer Zentrifuge befestigt, daß die Zentrifugalbeschleunigung auf Wurzelspitze und -basis aus entgegengesetzten Richtungen wirkt. Die Wurzel krümmt sich in der durch den Pfeil angedeuteten Richtung, also gemäß der von der Spitze vermittelten Graviinduktion. (Nach v. GUTTENBERG, aus LIBBERT, verändert)

Reizmenge und Reaktionsgröße, darüber hinaus jedoch nicht mehr. Man kann diese Gesetzmäßigkeiten dadurch untersuchen, daß man statt der Schwerkraft die leicht zu dosierende Zentrifugalkraft verwendet oder die Schwerkraft in einem kleineren Winkel als 90° angreifen läßt. Es hat sich herausgestellt, daß in einem solchen Fall nur jener Bruchteil der Schwerkraft zur Wirkung kommt, der dem Sinus des Ablenkungswinkels aus der Lotrechten proportional ist (**Sinusgesetz**; Abb. 501). In einem Kräfteparallelogramm würde dies der Komponente (g · sin α) entsprechen, die senkrecht zur Längsachse des schräg stehenden Organs angreift. Aber auch die in die Längsachse fallende Komponente bleibt nicht völlig wirkungslos, wenn sie auch keine gravitrope Krümmung auszulösen vermag. Wie beim Phototropismus achsenparallel einfallendes Licht eine abstumpfende Wirkung hervorbringt, so wirkt auch die Schwerkraft, die in der Längsrichtung nach der Wurzelspitze zu und von der Sproßspitze hinweg angreift, abstumpfend auf die gravitrope Empfindlichkeit. In umgekehrter Richtung wirkt diese Längskomponente dagegen steigernd. Es scheint indessen, daß diese abstumpfende bzw. steigernde (tonische) Wirkung wie beim Phototropismus einen eigenen Reizvorgang darstellt. Bei länger dauernden Versuchen, in denen die Längskomponente zur vollen Wirksamkeit kommt, kann daher das Sinusgesetz keine strenge Gültigkeit mehr haben. Hier ergibt auch nicht ein Winkel von 90°, sondern erst eine Reizlage zwischen 90–135° maximale Wirkung.

Die Perception. Percipiert wird der gravitrope Reiz bei Wurzeln in der Spitze (vgl. Abb. 502), und zwar in der Wurzelhaube; entfernt man diese z.B. bei Keimlingen von *Zea*, *Hordeum* oder *Pisum*, so bleibt das Längenwachstum der Wurzel unbeeinflußt (oder wird sogar gefördert, s.u.), aber die gravitrope Reaktionsfähigkeit geht verloren. Sie kehrt zurück in dem Maße,

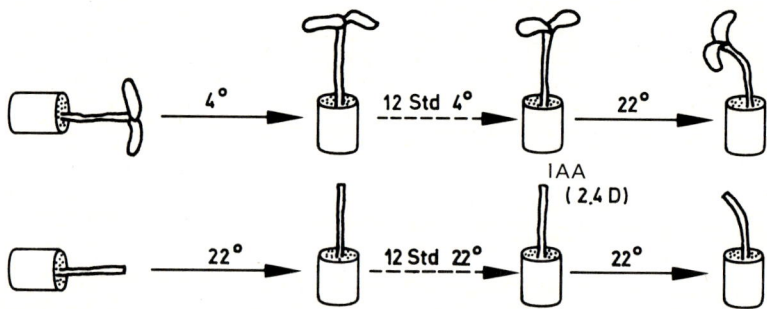

Abb. 503: Trennung von Graviinduktion und -reaktion bei Keimpflanzen von *Helianthus annuus*. Oben: «Konservierung» einer bei 4°C herbeigeführten Graviinduktion über eine größere Zeitspanne (12 Stunden bei 4°C) hinweg und Auslösen der Reaktion durch Temperaturerhöhung. Unten: Durch Dekapitierung an Wuchsstoff verarmte Hypocotyle können gravitrop induziert werden, krümmen sich aber erst nach Auxinzufuhr. Auch hier bleibt die Induktion (selbst bei 22°C) über längere Zeit erhalten. (Nach BRAUNER u. HAGER, aus MOHR)

wie die Wurzelhaube regeneriert wird. Auch bei Coleoptilen percipieren die Spitzen (ca. 3 mm), bei Sprossen wahrscheinlich die Streckungszonen aller noch wachsenden Internodien. Die Perceptionsvorgänge und die eigentliche gravitrope Reaktion lassen sich im Versuch zeitlich weit trennen (Abb. 503).

Die Perception der Erdbeschleunigung scheint meist (immer?) mit der Verlagerung spezifisch schwerer Partikel (Statolithen) im Cytoplasma verbunden zu sein. Vor allem kommen hierfür Amyloplasten («Statolithenstärke») in Betracht, die sich in Zellen (Statocysten) der Wurzelhaube oder in Stärkescheiden der Stengel befinden und sich bei Lageänderungen des Organs rasch auf die jeweilige physikalische Unterseite verlagern (Abb. 504; vgl. Abb. 117 B, S. 110). Der Wegfall der gravitropen Receptionsfähigkeit nach Entfernen der Wurzelhaube wird so verständlich. Ähnliche Wirkungen hat auch ein Verschwinden der Stärke in den Statolithen-Amyloplasten infolge experimenteller Eingriffe (Verdunkelung, Kühlung u.ä.); entscheidend für die Statolithenfunktion sind demnach nicht die Amyloplasten selbst (die spezifisch zu leicht wären), sondern ihr Stärkegehalt.

Ausschlaggebend sein könnte bei der Verlagerung der Statolithen: a) ihre asymmetrische Verteilung in der Zelle (topographischer Effekt); b) das Entlanggleiten während der Verlagerung (kinetischer Effekt), oder c) der Druck auf plasmatische Strukturen (Deformationseffekt). Während bei *Chara*-Rhizoiden dem topographischen Effekt eine wesentliche Rolle zugeschrieben wird (s.u.), wird bei Zellen Höherer Pflanzen vor allem der Deformationseffekt für ausschlaggebend gehalten. Dabei denkt man insbesondere an die Druckentlastung an den Orten, an denen die Statolithen zu Beginn der gravitropen Reizung lagen. Als druckempfindliche Struktur hat man in den Statocysten von Wurzelhauben ER-Komplexe verantwortlich gemacht. Die spezifische schräge Orientierung der lateralen Statocyten führt dazu, daß in gravitroper Reizlage der Druck auf die ER-Kissen in beiden Wurzelhälften assymetrisch verteilt ist. Bei den Statocyten negativ gravitroper oberirdischer Organe wurden bisher keine ER-Polster als Sedimentationsunterlage der Statolithen gefunden; evtl. übernimmt hier das Plasmalemma die Rolle der Perceptionsstruktur.

Bei den gravitrop reagierenden Pilzen, die keine Stärke besitzen, und in einigen anderen Fällen müssen allerdings andere verlagerbare Partikel anstelle der Amyloplasten als Statolithen fungieren. Bei den einzelligen Rhizoiden der Armleuchteralge *Chara* (S. 597 f.) dienen sog. «Glanzkörper» als Statolithen, in einer speziellen Vacuole liegende Einschlußkörper aus $BaSO_4$, also von hohem spezifischem Gewicht. Zentrifugiert man diese aus der Spitze des Rhizoids, in der sie normalerweise liegen (Abb. 505), in die Basis, so geht die gravitrope Reaktions-

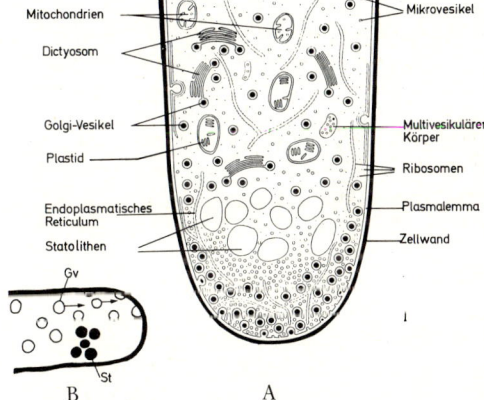

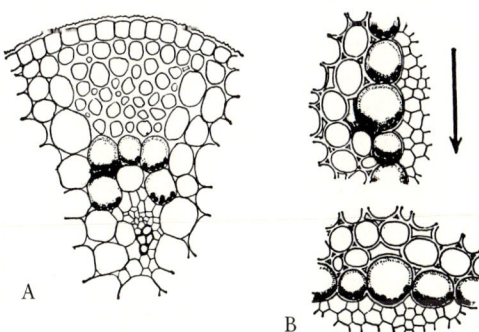

Abb. 504: Statolithenstärke, A in der Leitbündelscheide eines quergelegten und geschnittenen Blütenstandsschaftes von *Arum ternatum*. B im Querschnitt eines horizontal liegenden Sprosses von *Vinca minor*. Darunter dasselbe Sproßstück nach Drehung um 90°. (Nach HABERLANDT)

Abb. 505: A Schema der Feinstruktur der Spitzenregion eines orthotrop (positiv gravitrop) wachsenden Rhizoids von *Chara foetida*. Die von den Dictyosomen abgeschnürten Golgivesikel mit Wand- bzw. Membransubstanz wandern im peripheren Bereich um die Gruppe von insgesamt ca. 50 Statolithen («Glanzkörpern») apikalwärts und ermöglichen an der Spitze ein gleichmäßiges Flächenwachstum auf allen Seiten. B Horizontallage des Rhizoids: Die verlagerten Statolithen St blockieren auf der Unterseite die Wanderung der Golgivesikel (Gv), die dadurch gegenüber der stark wachsenden Oberseite im Wachstum zurückbleibt. Dies hat positiven Gravitropismus zur Folge. (A nach SIEVERS, aus MOHR u. SCHOPFER)

fähigkeit bis zur Regeneration neuer Statolithen verloren.

Längere Zeit wurde auch der **gravielektrische Effekt** als ein möglicher Mechanismus der Graviperception angesehen: Mit unpolarisierbaren Flüssigkeitselektroden läßt sich an horizontal gelegten Sprossen oder Wurzeln eine Spannungsdifferenz von bis zu 10 mV (Unterseite positiv gegenüber Oberseite) ableiten. Der Effekt ist aber ein Flüssigkeitselektrodeneffekt und hat nichts mit der Graviperception zu tun. Erst ein «sekundärer gravielektrischer Effekt» tritt später tatsächlich im Organ auf; er ist aber Folge, nicht Ursache der Graviperception und geht auf die laterale Verschiebung des Auxins zurück (findet sich deshalb auch als photoelektrischer Effekt bei einseitiger Beleuchtung).

Die Folgereaktionen der Graviperception. Eine einfache Erklärung der kausalen Zusammenhänge zwischen Statolithenverlagerung und nachfolgender gravitroper Krümmung wurde für die *Chara*-Rhizoiden vorgeschlagen. Die Streckung dieser Einzelzelle erfolgt ausschließlich durch Spitzenwachstum. Dabei werden die Membran- und Zellwandbausteine durch Dictyosomen im subapikalen Bereich synthetisiert und in Vesikeln zur wachsenden Spitze transportiert. Verlagern sich die Statolithen auf die Unterseite, wird dort die Passage für die Vesikel gesperrt (Abb. 505 B); sie wandern daher bevorzugt auf der Oberseite und bewirken dort verstärktes Wandwachstum (positiver Gravitropismus). Es gibt aber neuerdings Hinweise, daß diese einfache Erklärung des Gravitropismus der *Chara*-Rhizoide, allein als Folge des Positionseffektes der Statolithen (s.o.) nicht ausreichend ist und auch hier evtl. Deformationswirkungen im Spiele sind.

Bei Organen Höherer Pflanzen ist ein Folgeeffekt der Graviperception und ein Glied in der Kette der gravitropen Reaktionsfolge die laterale Ungleichverteilung von IAA (oder von Gibberellin): Die physikalischen Unterseiten der Sproßachsen bzw. Wurzeln weisen jeweils eine höhere Konzentration auf (Abb. 506, I). Bei Stämmen wird dann entweder auf der Seite erhöhten (Druckholz bei Nadelhölzern) oder erniedrigten IAA-Gehaltes (Zugholz bei Laubhölzern) das Reaktionsholz gebildet. Die Schwerkraft hemmt dabei auf der Oberseite z.B. von Coleoptilen den basipetalen Auxinlängstransport und induziert unabhängig davon einen lateralen Auxintransport zur physikalischen Unterseite (Abb. 506, II). Das verstärkte Wachstum der Sproßunterseite, ihr Konvex-

werden und das dadurch bewirkte Aufrichten der Sproßachse ist auf diese Weise ebenso leicht verständlich wie die Erregungsleitung (Abb. 506, III), die hier – wie beim Phototropismus – auf einem Auxintransport beruht. Allerdings ist der Zusammenhang zwischen Statolithenverlagerung, d.h. der Reizperception, und der Wuchsstoffverlagerung noch ganz ungeklärt.

Bei der Wurzel sind die Verhältnisse noch unübersichtlicher. Hier wächst ja die wuchsstoffreichere (Unter-)Seite schwächer. Die alte Annahme, bei der wuchsstoffempfindlicheren Wurzel (vgl. S. 385 f.) sei der Auxingehalt nach gravitroper Reizung überoptimal und daher hemmend, ist zweifelhaft geworden. Weiterhin findet ein lateraler Auxintransport von der physikalischen Ober- zur Unterseite nur in der äußersten Spitze statt und entfällt, wenn die

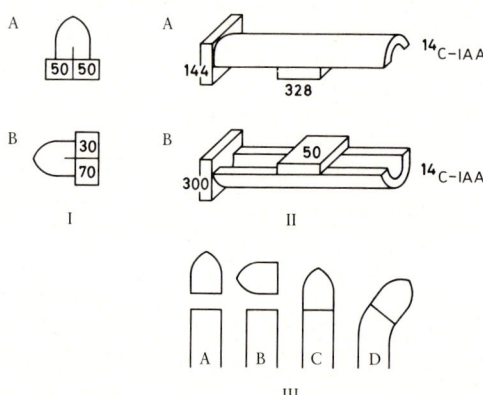

Abb. 506: Längs- und Quertransport von Auxin beim Gravitropismus. I Orthotrop gewachsene (A) und gravitrop induzierte (B) Coleoptilspitzen auf Agarblöcken, deren Auxingehalt in relativen Einheiten wiedergegeben ist. Die Graviinduktion führt zu asymmetrischer Auxinverteilung. II Halbierte Coleoptilstücke werden in Horizontallage über die apikale Schnittstelle (jeweils rechts) mit radioaktiver IAA versorgt und deren Austritt an den lateralen und basalen Schnittflächen mit der Agar-Abfangmethode gemessen. In der oberen Coleoptilhälfte ist der Längstransport des Auxins gegenüber der unteren verringert, während lateral zur Unterseite mehr transportiert wird als zur Oberseite. Zahlen bedeuten Impulse pro Minute bei der Radioaktivitätsmessung im Agar. (Nach HAGER u. SCHMIDT) III Erregungsleitung durch IAA. Wird in der abgeschnittenen Spitze (A) gleich eine Ungleichverteilung des Wuchsstoffes induziert (B), so kommt es nach Wiederaufsetzen der Spitze auf den Stumpf (C) dort zu einer Krümmung (D), die auf den polaren Transport des asymmetrisch verteilten Auxins zurückzuführen ist. (Aus LIBBERT)

Wurzelhaube entfernt wird. Schließlich kann die Erregungsleitung kaum durch einen Wuchsstofftransport vom Perceptionsort (der Wurzelhaube) zum Reaktionsort (Streckungszone) erfolgen, weil bei den bisher untersuchten Wurzeln der Wuchsstofftransport vorwiegend in umgekehrter Richtung (zur Wurzelspitze hin) verläuft; der gegenläufige Transport soll unbedeutend sein und andere Bahnen benützen.

Man diskutiert deshalb neuerdings eine Querverlagerung eines Hemmstoffes auf die Unterseite in der Calyptra bei gravitroper Reizung und einen basipetalen Längstransport dieses Inhibitors bevorzugt auf der physikalischen Unterseite. Dafür spricht die Steigerung des Längenwachstums mancher Wurzeln bei totaler Entfernung der Wurzelhaube und die Wachstumshemmung bei halbseitiger Entfernung der Calyptra (auf der Flanke über der verbleibenden Hälfte). Die Natur des (wasserlöslichen) Hemmstoffes ist noch unbekannt; man denkt an Abscisinsäure. Schließlich gibt es Hinweise, daß bei Bohnenwurzeln nach gravitroper Reizung Abscisinsäure in der Calyptra nach oben verlagert und auf der Oberseite bevorzugt basipetal abwandert und diese zu verstärktem Wachstum anregt (ebenso wie von außen geboten das Längenwachstum der Wurzel).

Andere gravitrope Reaktionen. Bei der plagiotropen Einstellung von Seitenzweigen und Blättern ist neben einem negativen Gravitropismus (bewirkt verstärktes Wachstum der Unterseite) ein verstärktes Wachstum der Oberseite (**Epinastie**) beteiligt. Die Epinastie läßt sich bei Ausschaltung einseitiger Schwerkraftwirkung (auf dem Klinostat, Abb. 497) oder bei Hemmung des gravitrop induzierten Auxinquertransportes (z.B. durch den synthetischen Wirkstoff Morphactin) besonders klar zeigen.

Es ist noch nicht entschieden, ob die stärker wachsende (Ober-)Seite bei der Epinastie gegenüber Auxin reaktionsfähiger ist oder ob epinastische Organe eine dauernde Wuchsstoffquerverschiebung zur Oberseite erfahren. Bei Blättern ist die Epinastie autonom, während sie bei vielen Seitenzweigen durch Dauereinwirkung der Schwerkraft induziert wird. Sie kann vielfach nach Entfernen des Gipfeltriebes beseitigt werden (Aufrichten von Seitenzweigen, S. 434), wird demnach normalerweise korrelativ induziert. Dauernd plagiotrop bleiben z.B. Seitenzweige von *Araucaria*.

Die plagiogravitropen Reaktionen sind in der Regel Wachstumsbewegungen, nur bei einigen Blättern mit Gelenkpolstern (Leguminosen, z.B. *Phaseolus*, Malvaceen) Turgorbewegungen.

Ungeklärt ist das Zustandekommen der Reaktion bei gewissen Windepflanzen, wo unter der Schwerkraftwirkung eine Seitenflanke zu verstärktem Wachstum angeregt wird (**Lateralgravitropismus**, vgl. S. 477).

In der Natur bewirkt eine phototrope Krümmung auf seitlich einfallendes Licht gleichzeitig auch eine gravitrope Reizung des gekrümmten Organs und umgekehrt. Im allgemeinen wirkt aber der phototrope Reiz wesentlich stärker als der gravitrope: Bei Haferkeimlingen vermögen z.B. schon $4 \cdot 10^{-4}$ $W \cdot m^{-2}$ von unten die gravitrope Aufrichtung der horizontal gelegten Coleoptile zu verhindern.

4. Thigmotropismus

Zahlreiche Pflanzen sind für Berührungsreize empfindlich. Viele Keimlinge (vor allem etiolierte) beantworten die Berührung einer Seite (z.B. durch Reiben mit einem Holzstäbchen) mit einer Wachstumskrümmung nach der berührten Seite hin. Auch manche Blattstiele (z.B. von *Tropaeolum*-, *Clematis*- oder *Fumaria*-Arten), Blattspitzen (*Gloriosa*), Luftwurzeln (*Vanilla*), Stengel und Blütenstände können derart auf Berührungsreize reagieren (Thigmotropismus, Haptotropismus). Besonders auffallend sind thigmische Reaktionen bei Ranken; da es sich hier aber meist nicht um thigmotrope, sondern um thigmonastische Bewegungen handelt, werden sie bei den Nastien näher erläutert.

5. Chemotropismus

Unter chemotropen Reaktionen versteht man Wachstumskrümmungen, die durch inhomogene Verteilung chemischer (gelöster oder gasförmiger) Substanzen in der Umgebung des wachsenden Organs verursacht werden und deren Richtung durch den Konzentrationsgradienten dieser Stoffe bestimmt wird. Nicht selten wirkt eine chemotrop aktive Substanz in niederen Konzentrationen anlockend, in höheren abstoßend.

Auf Chemotropismus beruht wahrscheinlich das gezielte Gegeneinanderwachsen der Kopulationsfortsätze bei *Spirogyra* (vgl. S. 596, Abb. 631). Pilzhyphen, vor allem im Keimstadium, reagieren positiv chemotrop (d.h. sie wachsen in Richtung des Konzentrationsmaximums) in einem Konzentrationsgefälle z.B. von Zuckern, Aminosäuren, Proteinen, Ammonium- und Phosphationen, negativ auf Säuren und vor allem auf eigene Stoffwechselprodukte («Vergrämungssubstanzen»). Hyphen von *Saprolegnia* oder von *Achlya polyandra* werden durch Gemische von Aminosäuren (nicht durch eine einzelne Aminosäure) chemotrop angezogen, während z.B. *Achlya racemosa* und *A. glomerata* auf Aminosäuren nicht chemotrop reagieren; auch innerhalb einer Pilzgattung kann demnach die Reaktion ganz verschieden sein. Bei der geschlechtlichen Vereinigung von Pilzen spielen chemotrope Reaktionen auf spezifische Gamone eine wichtige Rolle: Bei den (+)- und (—)-Hyphen von *Mucor* (S. 647, Abb. 693) handelt es sich um einen flüchtigen Lockstoff, bei den Gametangien von *Achlya* (S. 638, Abb. 679) vermutlich um das Steroid Antheridiol, das auch die Ausprägung von Sexualorganen bewirkt.

Sporangienträger von *Phycomyces* (S. 456), die sich in unmittelbarer Nachbarschaft anderer Objekte (auch toter, inerter) befinden, krümmen sich von diesen fort (Autochemotropismus). Dies wird mit dem Stau des vom Pilz produzierten Ethylens in Verbindung gebracht.

Bei Sproßachsen Höherer Pflanzen spielen chemotrope Reaktionen nur in Ausnahmefällen eine Rolle. So wachsen z.B. *Cuscuta*-Keimlinge gerichtet auf bestimmte Wirtspflanzen zu. Da sie auch durch eine Reihe von natürlich vorkommenden, leichtflüchtigen Alkoholen, Estern und ätherischen Ölen angezogen werden, ist es naheliegend, derartige gasförmige Substanzen (neben Wasserdampf, s. u.) für die Lockwirkung verantwortlich zu machen. Auch beim Auffinden spezifischer Wirtsgewebe (z.B. der Siebröhren) durch Haustorien von Parasiten könnten chemotrope Reaktionen bedeutsam sein.

Vielfach wird auch für das gerichtete Wachstum der Pollenschläuche durch das Narben- und Griffelgewebe sowie zu den Samenanlagen eine chemotrope Lenkung angenommen. Es ist aber wahrscheinlich, daß für das Eindringen der Pollenschläuche durch die Narbenoberfläche in den Griffel hydrotrope (s. u.), gelegentlich vielleicht auch negativ aerotrope (Luftsauerstoff fliehende) und thigmotrope Reaktionen bestimmend sind, daß aber der Weg der Schläuche im Griffel selbst vorwiegend durch die anatomischen Verhältnisse vorgezeichnet ist: Sie wählen den Weg des geringsten Widerstandes. Nur in unmittelbarer Nähe der Samenanlagen scheinen die Pollenschläuche durch chemotrop wirksame Substanzen ausgerichtet zu werden, die von unbekannten Zellen der Samenanlagen (Synergiden?) ausgeschieden werden. Auf derartig spezifische, genetisch determinierte Anziehung ist vermutlich die «selektive Befruchtung», d.h. die bevorzugte oder alleinige Verschmelzung von Gameten bestimmter genetischer Konstitution, bei bestimmten Oenotheren zurückzuführen.

Auch Wurzeln können chemotrop reagieren, positiv z.B. auf Phosphationen, z.T. auch auf O_2 (Aerotropismus; Hinstreben zu gut durchlüfteten Bodenbezirken) und CO_2 sowie auf Stellen höheren Wasserdampf-Partialdrukkes (positiver Hydrotropismus). So finden Baumwurzeln häufig kleinste Defekte im unterirdischen Wasserleitungsnetz und bilden dann in ihnen verstopfende «**Wurzelzöpfe**». Bei der Scrophulariacee *Striga*, einem Xylemparasiten, krümmt sich die Wurzel dadurch dem Wirt zu, daß von diesem ein Hemmstoff (Cumarinderivat?) abgegeben wird, der das Wachstum der Parasitenwurzel auf der wirtszugewandten Seite hemmt.

Hydrotrop empfindlich sind außer Wurzeln und Pollenschläuchen auch *Cuscuta*-Keimpflanzen (die so ihre transpirierenden Wirte finden) und Rhizoiden von Moosen und Farnprothallien. Manche parasitischen Pilze steuern hydrotrop die Spaltöffnungen an, durch die sie in das Blattinnere eindringen; so verringert sich z.B. die Infektionshäufigkeit des Blattes von *Lathyrus odoratus* bei Schluß der Stomata auf etwa 10 %. Transversal hydrotrop reagieren Lebermoosthalli; sie schmiegen sich auf diese Weise fest dem feuchten Untergrund an.

Positiv chemotrope Krümmungen führen diejenigen Tentakeln von *Drosera*-Blättern (vgl. Abb. 241, S. 208) aus, die radiär gebaut sind; es sind dies diejenigen auf der Blattfläche. (Zur Chemonastie der Randtentakeln vgl. S. 468). Sie krümmen sich zu einem anderen Tentakel hin, dessen Köpfchen chemische (oder thigmische) Reizung erfährt, selbst dann, wenn sie des eigenen Köpfchens beraubt sind. Bruchteile eines Milligramms eines Reizstoffes genügen zur Auslösung der Krümmung. Bei den Tentakelkrümmungen handelt es sich um Wachstumsvorgänge, wie in allen anderen Fällen von Chemotropismus. Da die Zuwachsmöglichkeiten eines Einzeltentakels begrenzt sind, kann die Emergenz nur etwa dreimal eine vollständige Krümmung durchführen. Die Rückkrümmung in die Ausgangslage nach Ende der Reizung erfolgt wieder durch «Autotropismus». Über den Mechanismus der Lateralpolarisierung des Tentakels durch den chemischen Reiz, die zum differentiellen Wachstum der antagonistischen Flanken führt, ist sowenig bekannt wie bei den anderen chemotrop reagierenden Organen.

Sofern beim Chemotropismus Erregungsleitung nachgewiesen ist (z.B. bei *Drosera* oder bei Wurzeln, die nur in der äußersten Spitze chemotrope Reize percipieren können, die Krümmung aber in der Streckungszone durchführen), ist der Mechanismus gleichfalls noch unklar.

6. Andere Tropismen

Auch elektrische, Wund- und thermische Reize können tropistische Erregungen hervorrufen (**Gal-**

vano-, Traumato-, **Thermotropismus**); sie spielen für die Orientierung der Pflanzen aber keine oder nur eine untergeordnete Rolle. Ein Teil dieser Tropismen ist vielleicht nur eine besondere Form des Chemotropismus.

B. Nastien

Wie auf S. 452 erwähnt, wird die Bewegungsrichtung bei den Nastien nicht durch die Richtung des auslösenden Reizes, sondern durch den Bau der nastisch reagierenden Organe bestimmt, die meist morphologisch, immer aber physiologisch dorsiventral sind; Nastien dienen daher nicht der räumlichen Orientierung der Pflanze. Sind die Tropismen zumeist Wachstumsbewegungen, so die Nastien meist (reversible) Turgorbewegungen; bei der Thermo-, Photo-, Thigmo- und Chemonastie sind aber auch mehr oder weniger starke Wachstumsbewegungen beteiligt.

1. Thermonastie

Manche Blüten (z.B. Tulpen, *Crocus*) öffnen sich bei Erhöhung der Temperatur und schließen sich bei Abkühlung. Diese Thermonastie geht auf die unterschiedliche Beeinflussung des Wachstums der Ober- und Unterseite an der Blütenblattbasis zurück (Temperaturoptimum für das Streckungswachstum der Oberseite liegt höher). Die Geschwindigkeit der Temperaturänderung bestimmt dabei das Ausmaß der Bewegung. Besonders schnelle Temperaturerhöhung führt z.B. zu besonders weitem Öffnen. Die Blütenblätter sind wiederholt reaktionsfähig und verlängern sich z.B. bei der Tulpe während einer einzigen thermonastischen Bewegung um etwa 7%, so daß im Verlauf der ganzen Blütezeit durch wiederholte thermonastische Bewegungen ein Gesamtzuwachs von über 100% zustande kommen kann. Die Temperaturempfindlichkeit ist beachtlich: *Crocus*-Blüten können schon Temperaturunterschiede von 0,2°, Tulpenblüten solche von 1° beantworten.

Auch manche Blütenstiele, z.B. bei *Anemone*, *Oxalis*, *Geranium*, sind thermonastisch reaktionsfähig. Auch können Ranken sowohl auf Steigerung wie auf Senkung der Temperatur mit nastischen Einrollungen reagieren. Laubblätter antworten im allgemeinen kaum auf Temperaturänderungen; doch können einige der mit Gelenken versehenen Pflanzen (*Oxalis acetosella*, *Desmodium*, *Mimosa*) thermonastische Turgorbewegungen ausführen.

2. Photonastie

Auch Intensitätsschwankungen des Lichtes können zu nastischen Wachstumsbewegungen, vor allem wieder von Blütenblättern, Anlaß geben. So macht z.B. eine Blumenwiese an trüben Tagen einen ganz anderen Eindruck als an hellen. Dabei ist oft erst im Experiment zu entscheiden, ob thermische oder photische Reize oder beide zusammen wirksam sind.

Photonastie zeigen u.a. die Blütenblätter vieler Seerosen, Kakteen und Oxalidaceen sowie die Blütenköpfchen vieler liguliflorer Compositen (Abb. 507), deren zungenförmige Randblüten sich wie einzelne Blütenblätter verhalten. Schon vorüberziehende Wolkenschatten können bei empfindlichen Pflanzen (z.B. *Gentiana*-Arten) eine Reaktion auslösen. Meist bewirkt Belichtung Öffnung, Beschattung bzw. Verdunkelung dagegen Schließen der Blüten oder Blütenstände; Nachtblüher verhalten sich aber umgekehrt (*Silene nutans*, *S. alba* u.a.). Auch Laubblätter verschiedener Pflanzen können während ihres Wachstums photonastisch reagieren. So senken sich z.B. die jungen Blätter von *Impatiens*-Arten bei Verdunkelung durch eine Wachstumsbeschleunigung der Blattoberseite, die später allerdings durch verstärktes Wachstum der Unterseite auch bei andauernder Dunkelheit ausgeglichen wird. Ausgewachsene Blätter können nur dann photonastisch reagieren, wenn sie mit Gelenkpolstern versehen sind (z.B. *Oxalis*, *Mimosa* und andere Leguminosen); es handelt sich hier aber um reine Turgorbewegungen (Variationsbewegungen, S. 478). Gelegentlich scheinen Nachwirkungen des Lichtwechsels bedeutsam zu sein, z.B. bei *Selenicereus grandiflorus* oder bei *S. pteranthus*, der «Königin» bzw. «Prinzessin der Nacht», deren nur eine einzige Nacht geöffnete Blüten stets 12 Stunden nach einem vorhergegangenen Wechsel vom Dunkeln zum Hellen aufblühen.

Über den Mechanismus der photonastischen Wachstumsreaktionen ist ähnlich wie bei den

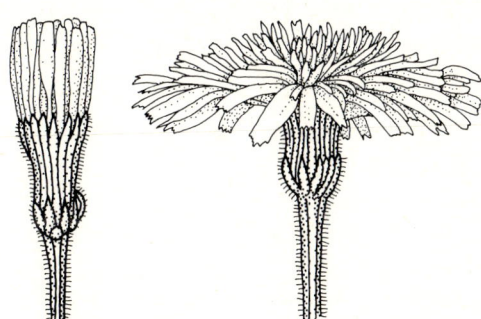

Abb. 507: Blütenköpfchen der Asteracee *Leontodon hastilis*: links im Dunkeln geschlossen, rechts im Licht geöffnet. (Nach DETMER)

thermonastischen wenig bekannt; auch der Photoreceptor ist noch nicht identifiziert. Bei *Mimosa* ist zur Dunkelstellung der Blätter (die der seismonastischen Reizstellung ähnlich ist, vgl. S. 469) Phytochrom 730 notwendig, aber nicht ausreichend (es liegt ja auch in der Lichtphase vor): Belichtet man am Ende der Hellperiode 2 Minuten mit Dunkelrot und beseitigt dadurch das Phytochrom 730 weitgehend (vgl. S. 405 f.), so behalten die Blätter auch im Dunkeln die Lichtstellung bei (Abb. 508). Der kausale Zusammenhang zwischen dem P 730 und der Permeabilitätsänderung in den motorischen Zellen des Gelenkes, die zur Bewegung führt (S. 472), ist noch unklar.

In der Natur führt der Tag- und Nachtwechsel bei allen thermo- und photonastisch empfindlichen Blüten zu periodischen Öffnungs- und Schließbewegungen, die man als nyctinastisch bezeichnet. Die Analyse wird dadurch erschwert, daß zu den durch Außeneinflüsse induzierten Bewegungen oft auch autonome Bewegungen hinzukommen. Die wichtigsten photonastischen Bewegungen überhaupt, nämlich die der Stomata, werden später behandelt (S. 474 f.).

3. Chemonastie

Im Gegensatz zu den radiär gebauten Mitteltentakeln des *Drosera*-Blattes, die Chemotropismus zeigen (vgl. S. 466), reagieren die dorsiventralen Randtentakeln auf Reizung ihres eigenen Köpfchens mit einer nastischen Krümmung zur Blattmitte hin und bringen so die Beute mit anderen Tentakeln, die sich z.T. nachträglich

krümmen, in Berührung (Abb. 241, S. 208). Sie sprechen dabei am stärksten auf chemische Reize, schwächer auf «Kitzel»-(thigmische) Reize, an (die beide normalerweise vom tierischen Opfer ausgehen), gar nicht dagegen auf gleichmäßigen Druck (z.B. mit einem Wasserstrahl oder mit feuchter Gelatine). Werden nicht die Randtentakeln, sondern die kürzeren auf der Blattfläche gereizt, so kommt es zur Erregungsleitung auch zu den Randtentakeln und diese krümmen sich nicht mehr rein nastisch, sondern auch gezielt zur Reizquelle hin, also tropistisch; hier gehen also die nastischen Bewegungen in tropistische über und umgekehrt.

Bei *Drosera*-Arten mit langen, schmalen Blättern kann sich auch die ganze Blattspreite über ein gefangenes Tier nastisch einkrümmen, während bei *Pinguicula* nur die Blattränder schwache nastische Einrollungsbewegungen ausführen.

4. Seismonastie

Eine Reihe von ausgewachsenen Pflanzenteilen zeigt nach Erschütterung sehr auffallende und z.T. sehr schnelle Bewegungen, die nicht durch Wachstum, sondern durch Turgoränderungen bestimmter Zellen bewirkt werden und deren Richtung durch den Bau der reagierenden Teile bestimmt ist: Seismonastie.

Während bei thigmotropen (S. 465) und thigmonastischen Reaktionen (S. 472) nur ein Reibe- oder Kitzelreiz empfunden wird, führt bei den seismonastischen Bewegungen jeder Stoß, also auch das Aufprallen von Regentrop-

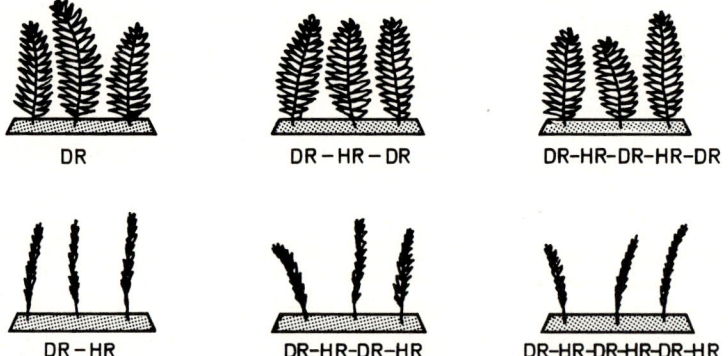

Abb. 508: Fiederblättchen 1. Ordnung von *Mimosa pudica* 30 Minuten nach Übergang von Weißlicht zu Dunkelheit. Unmittelbar nach Ende der Weißlichtbestrahlung wurden die Blättchen jeweils 2 Minuten mit Hellrot (HR) oder Dunkelrot (DR) bestrahlt, um das Phytochromsystem bevorzugt in P 730 oder P 660 überzuführen (vgl. S. 405 ff.). Die Fiederblättchen schließen nur, wenn bei Eintritt der Dunkelheit vorwiegend P 730 vorhanden ist (d.h., nach Hellrotbestrahlung). (Nach FONDEVILLE, BORTHWICK u. HENDRICKS, aus MOHR)

fen oder das Schütteln durch Wind, zu einer sofortigen Reaktion, die meist mit voller Stärke einsetzt, sofern die Reizschwelle überhaupt überschritten wird. Bei ausgewachsenen Pflanzen und genügend hohen Temperaturen besteht also meist keine Proportionalität zwischen Reiz- und Reaktionsgröße (Alles-oder-Nichts-Reaktion).

Die Reaktionsweisen. Die auffälligsten seismonastischen Bewegungen sieht man bei verschiedenen tropischen Mimosen, wo die mit Blattgelenken versehenen Blättchen oder Blattstiele bei Erschütterung schnelle Reaktionen zeigen. Auch Verwundung, Erhitzung oder elektrische Reizung können die nastische Antwort auslösen (Traumato-, Thermo-, Elektronastie).

Mimosa. *Mimosa pudica*, die Sinnpflanze (Abb. 509, I), besitzt an der Basis des primären und der vier sekundären Blattstiele sowie der paarweise angeordneten Fiederblättchen jeweils ein Gelenk. Es besteht aus zartwandigen, unterseits meist etwas größeren, isodiametrischen Parenchymzellen, während der im Stiel peripher angeordnete Leitbündelkranz zu einem zentralen Strang zusammentritt, der einer Biegung viel geringeren Widerstand entgegensetzt (Abb. 509, II).

Erschüttert man einzelne Blätter, Zweige oder die ganze Pflanze (besonders empfindlich ist das Gelenk des primären Blattstieles an seiner Unterseite), so klappen die Fiederblättchen paarweis nacheinander schräg nach oben, die sekundären Blattstiele (Fiederstrahlen) nähern sich seitlich einander, und schließlich klappt auch der primäre Blattstiel nach unten (Abb. 509, I). Bei starker Reizung kann die Erregung auch noch die Sproßachse auf- und abwärts fortschreiten, bis über eine Strecke von ca. 50 cm. Die von der Erregung erreichten Blätter reagieren zuerst in ihren basalen Blattstielgelenken, dann in den Fiederstrahl- und Fiederblatt-Gelenken. Unterbleibt eine weitere Reizung, so erholt sich die Pflanze innerhalb von 15 bis 20 Minuten völlig, wobei alle Teile wieder ihre Ausgangslage einnehmen. Bei natürlicher Reizung der Pflanzen durch vorbeistreifende oder grasende Tiere erfolgt eine spontane Gesamtreaktion.

Ähnlich wie *Mimosa* vermögen noch einige andere Leguminosen (z.B. *Neptunia, Desmanthus*) und *Oxalidaceae* (z.B. *Biophytum*) auf Stoß- und Wundreize zu reagieren. Bei den meisten, z.B. auch bei *Robinia pseudoacacia* und bei *Oxalis acetosella*, ist die Reizbarkeit aber gering; es bedarf sehr kräftiger und vor allem auch wiederholter Reize, bis eine langsame Reaktion einsetzt. Hier besteht also zwischen Reiz- und Reaktionsgröße eine gewisse Proportionalität, die bei der hochempfindlichen *Mimosa pudica* in der Regel fehlt.

Tierfangende Pflanzen. Während bei *Mimosa* eine ökologische Bedeutung der seismonastischen Bewegungen nicht eindeutig zu erkennen ist, dient die Seismonastie der Blätter von *Dionaea muscipula* (vgl. S. 208, Abb. 242) und

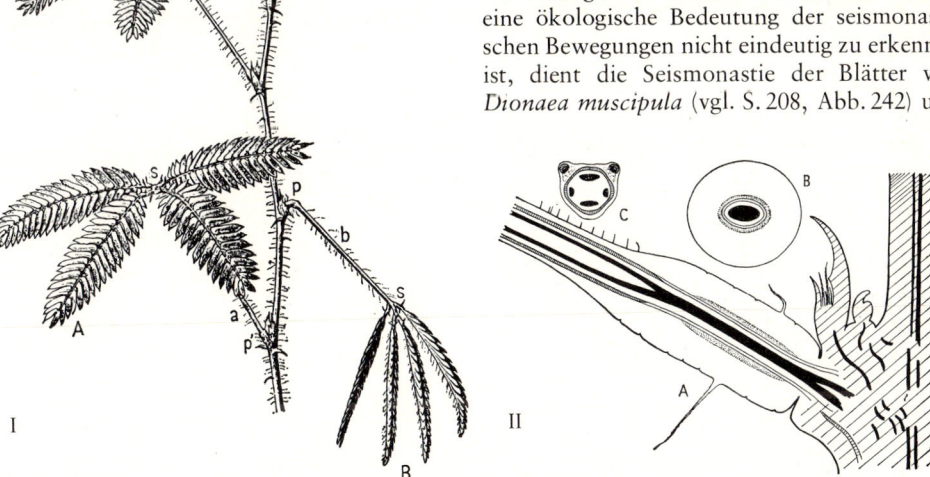

Abb. 509: I Sproß von *Mimosa pudica*. Blatt A in ungereiztem Zustand, Blatt B nach erfolgter seismonastischer Reaktion. p', p Gelenke der Blattstiele a und b, s Gelenke der Fiederstrahlen. (Nach PFEFFER) II Blattstielgelenk von *Mimosa pudica*. A Längsschnitt mit Verlauf der Leitbündel (schwarz). B Querschnitt durch das Gelenk bei A. C Querschnitt durch den Blattstiel links. (Ca. 6 ×, schematisch, nach SCHUMACHER)

Aldrovanda vesiculosa dem Tierfang. Der schnellen Klappbewegung der Spreitenhälften, die eine Turgorbewegung ist, folgen bei *Dionaea* (nicht bei *Aldrovanda*) noch langsamere Wachstumsprozesse, welche die Klappe noch fester über der Beute schließen. Es dauert Wochen, bis sich die Falle, wenn überhaupt, über der inzwischen durch Verdauungsenzyme ausgelaugten Leiche wieder öffnet, da auch chemonastische Reize wirksam sind. Erfolgt hingegen eine rein mechanische Reizung durch unverdauliche Objekte, öffnen sich die Blätter bereits nach wenigen Stunden wieder und stehen zu neuer Reaktion bereit.

Staubblattbewegungen. Verschiedene Staubblätter klappen bei Reizung nach innen, zur Narbe (z.B. *Berberis*, Abb. 510, *Opuntia*) oder nach außen (Zimmerlinde: *Sparmannia africana*; *Helianthemum*). Wird die Bewegung durch ein Insekt ausgelöst, so kann es mit Pollen bepudert werden. Reizbar ist die Filamentbasis (bei *Berberis* nur die Innen-, bei *Sparmannia* nur die Außenseite), an der auch die Krümmungsreaktion erfolgt. Erregungsleitung erfolgt nur bei *Sparmannia* (zu den Nachbarfilamenten).

Staubblätter von *Centaurea*-Arten verkürzen sich bei Berührung durch Turgorverlust, so daß die verwachsene Antherenröhre nach abwärts gezogen wird und der wie ein Pumpenkolben im Innern stehende Griffel mit seinem Narbenkopf den in der Antherenröhre befindlichen Pollen herausschiebt, der dann von einem Insekt abgebürstet werden kann (Abb. 511). Die Kontraktion beträgt oft 20–30% der Ausgangslänge und vollzieht sich in wenigen Sekunden. Sofort nach der Reaktion setzt sowohl bei der Berberitze wie bei den *Centaurea*-Arten eine Erholung ein; die Turgescenz wird oft schon im Laufe einer Minute wiederhergestellt, die Antheren kehren in

ihre Ausgangslage zurück und sind aufs neue reizbar und reaktionsfähig.

Reizbare Narben. Bei *Mimulus*-Arten, bei *Incarvillea*, *Catalpa*, *Torenia* u. a. klappen die Narbenlappen bei Berührung der Innenseite zusammen (Abb. 512) und können dabei einem Insekt den anhaftenden Pollen abstreifen. Erregungsleitung kann von einem Narbenlappen zum anderen erfolgen. Auch hier kommt es zu einer raschen Erholung und Wiederöffnung der Narbe.

Die Reaktionszeit (vom Reizbeginn bis zum Bewegungsbeginn) beträgt bei *Dionaea* und *Berberis* unter optimalen Bedingungen 0,02 s (Abb. 510 B), bei *Mimosa* 0,08 s. Die seismonastische Bewegung selbst dauert bei *Dionaea* und *Berberis* weitere 0,1 s, bei *Mimosa* ca. 1 s, bei *Mimulus* 6 s.

Die Perception des seismischen Reizes. Bei *Mimosa* tritt als Folge der Reizung ein Aktions-

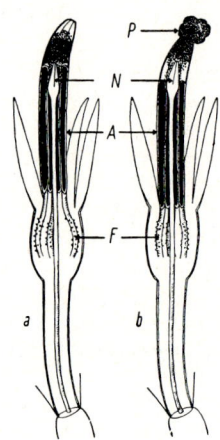

Abb. 511: Scheibenblüten von *Centaurea jacea*, aufgeschnitten. a Filamente (F) turgescent nach außen gekrümmt, b nach Berührung entspannt und kontrahiert, Antherenröhre (A) am Narbenkopf (N) herabgezogen, so daß Pollen (P) oben ausgepreßt wird. (Ca. 3 ×, nach SCHUMACHER)

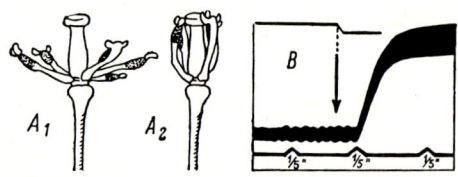

Abb. 510: Blüte von *Berberis vulgaris*, Perianth entfernt. A₁ Staubblätter im ungereizten Zustand, A₂ nach Berührung. B Photographische Registrierung einer Staubblattbewegung (schwarzes Band), unten Zeitmarken (Abstand s). Pfeil = Moment der Berührung. (A ca. 2 × nach SCHUMACHER, B nach COLLA)

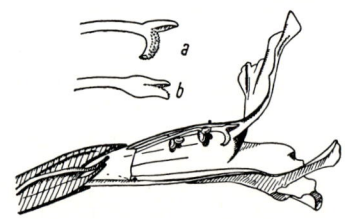

Abb. 512: *Mimulus luteus*, Blüte aufgeschnitten, so daß die Lage der Staubblätter und die der ungereizten Narbe sichtbar sind. a Narbe ungereizt, b gereizt. (a und b ca. 2 ×, nach SCHUMACHER)

potential von etwa 140 mV auf (Ruhepotential −160 mV, nach Reizung −20 mV; Zellinneres immer negativ). Eine der ersten (die erste ?) Wirkungen des Reizes dürfte also eine Beeinflussung der Membranpermeabilität sein.

Bei *Dionaea* und *Aldrovanda* werden vermutlich spezifische Sinneszellen im Sockel der Borsten (Abb. 513) durch die Verbiegung der Borsten deformiert und dadurch gereizt. Das Aktionspotential beträgt etwa 100 mV. Bei 35–40°C genügt zur Auslösung der seismonastischen Bewegung die einmalige Verbiegung einer Fühlborste, sonst müssen zwei Reizungen einer oder zweier verschiedener Fühlborsten aufeinanderfolgen. Blatthälften, deren Fühlborsten entfernt wurden, sind nicht mehr reaktionsfähig.

Erregungsleitung bei der Seismonastie. Die Erregungsleitung ist bei verschiedenen seismonastischen Reaktionen besonders auffällig und schnell.

Bei *Mimosa* kann die Geschwindigkeit der Erregungsleitung an der schrittweisen Reaktion der einzelnen Gelenke leicht abgelesen werden; sie beträgt bei Erschütterung je nach der Temperatur etwa 4 bis 30 mm/s. Als Maximalwert ist nach einer schweren Verletzung eine Geschwindigkeit von 10 cm/s beobachtet worden. Dieser Wert liegt bereits im Bereich der Leitungsgeschwindigkeit in den Nerven primitiver Tiere (Teichmuschel nur 1 cm/s!).

Man kann bei der Mimose drei verschiedene

Mechanismen der Erregungsleitung unterscheiden:

a) Bei der **chemischen Erregungsleitung** wird von den gereizten Zellen eine (oder mehrere) Erregungssubstanz(en) abgegeben, die durch Phloem und Parenchym transportiert wird und auch Gelenke und selbst tote Gewebe passieren kann. Sie kann auch von einem gereizten Blatt über ein wassergefülltes Glasrohr in den Stielstumpf übertreten und dort die Erregung weiterleiten. Die Substanz erregt die von ihr erreichten Zellen; in den Bewegungsgeweben der Gelenke (s. u.) hat dies die Bewegung zur Folge. Eine Erregungssubstanz wurde als Gentisinsäureapiosid (Abb. 514) identifiziert. Sie kann im Experiment auch über das Xylem zugeführt werden und ist dann noch in einer Konzentration von $< 10^{-8}$ g/ml wirksam. In höheren Konzentrationen wirken auch andere Substanzen (z. B. Anthrachinone, Aminosäuren) ähnlich.

b) Bei der **elektrischen Erregungsleitung** schreitet das Aktionspotential mit einer Geschwindigkeit von 2 bis 5 cm/s fort, wobei besonders langgestreckte Parenchymzellen des Phloems und des Protoxylems als Bahnen dienen sollen. Diese Erregung kann keine toten oder gekühlten Gewebe passieren und pflanzt sich über Gelenke nur dadurch fort, daß hier der elektrische Reiz in Erregungssubstanz umgesetzt wird, die jenseits des Gelenkes wieder ein fortschreitendes Aktionspotential auslöst.

c) Die **schnelle Erregungsleitung** (10 cm/s) tritt nur nach traumatischer, nicht nach seismischer, Reizung auf und führt nur vom verletzten Fiederblättchen bis zum primären Blattstielgelenk; benachbarte Gelenke reagieren nicht. Auf +3°C abgekühlte Gewebe werden passiert, nicht aber tote. Über den Mechanismus dieser Erregungsleitung ist noch nichts bekannt.

Bei *Dionaea* und *Aldrovanda* schreitet das Aktionspotential von der Basis einer gereizten Fühlborste nach allen Seiten mit einer Geschwindigkeit von 6 bis 20 cm/s fort; das ist die höchste bei Pflanzen gemessene Geschwindigkeit einer Erregungsleitung.

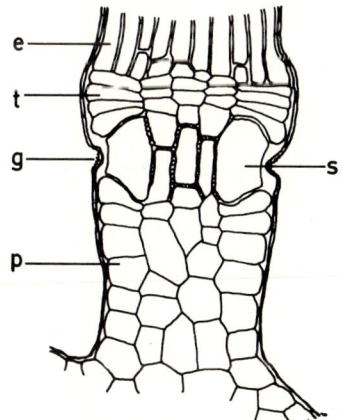

Abb. 513: *Dionaea muscipula.* Längsschnitt durch den unteren Teil einer Fühlborste. p parenchymatischer Sockel der Borste, g Gelenk, s vermutlich reizpercipierende Zelle, t tafelförmige Zellen, e gestreckte Endzellen der Borste. (Nach HABERLANDT)

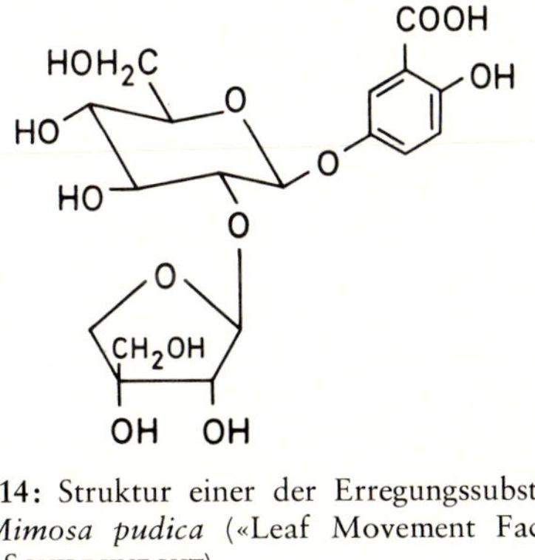

Abb. 514: Struktur einer der Erregungssubstanzen von *Mimosa pudica* («Leaf Movement Factor»). (Nach SCHILDKNECHT)

Die Bewegungsmechanik bei der Seismonastie. In bestimmten («motorischen») Zellen der Bewegungsgewebe führt die Erregung zu einem plötzlichen Zusammenbruch des Turgors. Dies geschieht durch Erhöhung der Membranpermeabilität (wohl Tonoplast + Plasmalemma), wobei der Zellsaft in den Apoplasten (Zellwand + Intercellularen) übertritt. Beim primären Blattstielgelenk von *Mimosa* kann man im Augenblick der Reaktion ein Dunklerwerden der Unterseite beobachten; hier liegen die motorischen Zellen. Bei den *Mimosa*-Fiederblättchen-Gelenken befinden sie sich oberseits, ebenso in den Gelenken von *Dionaea*; bei *Berberis*-Filamenten an der Innenseite, bei denen von *Sparmannia* an der Außenseite der Basis.

Bei dem reizbedingten Turgorverlust der motorischen Zellen z.B. auf der Unterseite des primären Blattstielgelenkes bei *Mimosa* verlieren die turgescent bleibenden Zellen der Oberseite einen Teil des Gegendruckes, der sich im ungereizten Zustand ihrem Ausdehnungsbestreben (Gewebsspannung) entgegenstellt. Dadurch erhöht sich die Wasserpotentialdifferenz zwischen den Apoplasten und den Zellen der Oberseite, was zur Wasseraufnahme und stärkeren Ausdehnung führt. Die Folge ist eine Bewegung des Gelenkes um den zentralen Leitbündelstrang als Kippachse. Bei *Dionaea* fungieren Gewebe der Blattmittelrippe als Drehachse.

Eine Beteiligung von ATP oder ATPasen am Bewegungsvorgang in den *Mimosa*-Gelenken, wie sie von manchen Autoren angenommen wird, ist nicht gesichert.

Bei der Restitution muß in den motorischen Zellen die ursprüngliche Membranpermeabilität wieder hergestellt und das osmotische Potential durch Aufnahme oder Neubildung osmotisch wirksamer Substanz regeneriert werden; dies ist ein energiebedürftiger Vorgang. Während der Erholungsphase herrscht ein R e f r a k t ä r s t a d i u m.

5. Thigmonastie, Rankenbewegungen

Besonders auffällig ist die thigmonastische Empfindlichkeit bei den Rankenkletterern (vgl. S. 203), die auf diese Weise Stützen umklammern können. Gegen Erschütterung (seismisch) sind die Ranken unempfindlich.

Der Verlauf der Rankenbewegungen. Die fadenförmigen Blattranken der Zaunrübe *(Bryonia)*, die als

Beispiel genannt seien, sind im Jugendstadium nach der morphologischen Oberseite uhrfederartig eingerollt (Abb. 515 A). Sie strecken sich dann und beginnen aus autonomem Antrieb zu kreisen (Circumnutation; vgl. S. 477), wobei ihre Spitze eine Ellipse, die ganze Ranke einen Kegelmantel beschreibt. Die Achse dieses Kegels steht zunächst schräg nach aufwärts, kann sich aber später nach abwärts bis über die Horizontale hinaus senken. Bei Berührung einer Stütze krümmt sich die Ranke gegen die morphologische Unterseite ein. Die Reaktionszeit kann bei günstigen Bedingungen und empfindlichen Objekten *(Cyclanthera, Sicyos, Passiflora)*, weniger als 30 sec, bei trägen Arten (z.B. *Corydalis claviculata*) aber auch 18 Stunden betragen. Nach vorübergehender Berührung streckt sich die Ranke wieder gerade (Autotropismus, S. 461). Wird aber eine Stütze erfaßt, so führt die fortgesetzte Krümmung zu einem mehrfachen Umwickeln dieser Stütze durch das Rankenende. Auch die basaleren Teile der Ranke erfahren durch thigmonastisches, verstärktes Wachstum ihrer Oberseite eine Einrollung, wodurch die ganze Pflanze elastisch federnd an die Stütze herangezogen wird. Aus mechanischen Gründen müssen dabei ein oder mehrere «Umkehrpunkte» zwischen links- und rechtsgängigen Win-

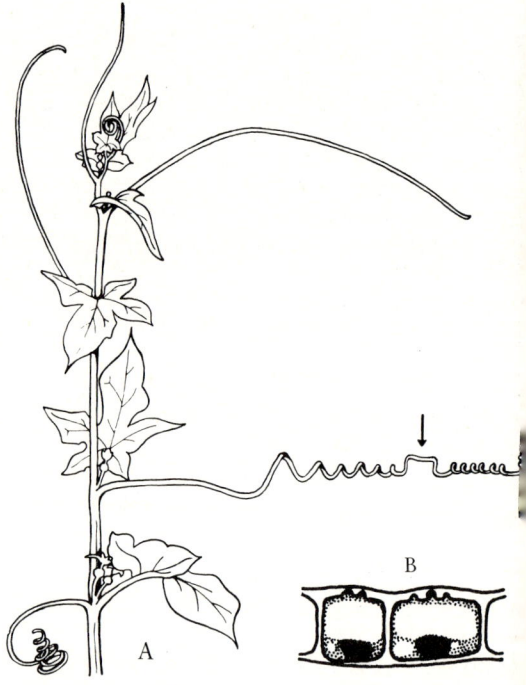

Abb. 515: *Bryonia dioica*: A Sproß-Stück mit Ranken in verschiedenen Entwicklungsstadien. Oberste Ranke noch uhrfederartig eingerollt, in der Mitte eine Ranke nach dem Fassen einer Stütze mit «Umkehrpunkt» (Pfeil), unten links Ranke mit Alterseinrollung. B «Fühltüpfel» in der Epidermisaußenwand. (A ca. $^1/_3 \times$, nach SCHUMACHER; B nach TRONCHET)

dungen eingeschaltet werden (Abb. 515A), um Torsionen zu vermeiden. Durch den Berührungsreiz kommt es auch zur Ausbildung von Festigkeitselementen und häufig zu Dickenwachstum (**Thigmomorphosen**), wodurch die Verankerung stabilisiert wird. Hat eine Ranke keine Stütze erreicht, so rollt sie sich bei *Bryonia* im Alter zur Unterseite hin autonom ein; bei anderen Arten verkümmert sie.

Die *Bryonia*-Ranke krümmt sich bei Berührung ihrer Ober- wie ihrer Unterseite stets zur Unterseite hin; ähnlich verhalten sich z.B. die Ranken von *Sicyos* und *Momordica*. Es handelt sich hier also um eine eindeutig nastische Reaktion. Bei den meisten Arten, z.B. der Erbse, führt aber nur die Berührung der Rankenunterseite zur Krümmung, wobei wieder die Unterseite konkav wird. Die Oberseite ist aber in diesen Fällen ebenfalls berührungsempfindlich, da ihre gleichzeitige Reizung mit der Unterseite deren Krümmung verhindert. Auch diese Bewegung ist als Thigmonastie zu betrachten. Schließlich gibt es Arten (z.B. *Cobaea scandens*, *Cissus*-Arten), die morphologisch und physiologisch radiär gebaut sind und sich daher nach allen Richtungen krümmen können, wobei stets die jeweils berührte Seite konkav wird. Es handelt sich in diesem Falle demnach um Thigmotropismus, nicht um eine Nastie. Der Mechanismus dieser tropistischen Reaktion, bei der die berührte Seite im Längenwachstum relativ zurückbleibt, ist unbekannt.

Die Perception des thigmonastischen Reizes.
Am berührungsempfindlichsten ist gewöhnlich das oberste Drittel der Ranke. Der Reiz darf nicht in einem gleichmäßigen Druck, sondern muß in einem Reibungs- oder Kitzelreiz bestehen: Ein Wasserstrahl (z.B. Regen), selbst ein Quecksilberstrahl oder Berührung mit einem glatten Stab, führt zu keiner Reaktion, wohl aber ein Wasserstrahl mit suspendierten Tonpartikeln oder Berührung mit einem rauhen Stab. Selbst die Bewegung eines Wollfädchens von nur $2,5 \cdot 10^{-7}$ g Gewicht auf einer empfindlichen Ranke *(Sicyos)* löst eine Krümmung aus; dieser Reiz kann vom menschlichen Tastempfinden nicht mehr wahrgenommen werden.

Empfunden wird demnach nicht einfach ein Druck, sondern zeitliche oder örtliche Druckdifferenzen. Auffällige Tüpfel in den Epidermisaußenwänden («Fühltüpfel», Abb. 515 B) werden mit der Perception in Verbindung gebracht. Allerdings sind sie nur bei einem Teil der Ranken und manchmal nur auf deren Unterseite vorhanden, obwohl auch die Oberseite den Reiz wahrnimmt; sie können also nicht allgemein für die Reizperception verantwortlich sein.

Die thigmonastische Perception führt zu einem Aktionspotential.

Die Erregungsleitung bei Ranken. Daß eine Erregungsleitung quer durch die Ranke erfolgen kann, ist eindeutig in jenen Fällen, in denen die Reizung der Oberseite zu einer Verkürzung der Unterseite führt. Die Geschwindigkeit dieser Erregungsleitung wird bei empfindlichen Ranken auf mindestens 4 mm/Minute geschätzt und übertrifft damit die gravitrope Erregungsleitung um mehr als das Zehnfache. Die Erregungsleitung in Richtung der Längsachse der Ranke löst immerhin das Aufrollen und die Thigmomorphosen in den nicht mit der Stütze in Berührung befindlichen Rankenteilen aus. Der Mechanismus der Erregungsleitung ist unbekannt.

Der Mechanismus der Rankenkrümmung.
Die erste Reaktion bei der thigmonastischen Rankenkrümmung ist ein Turgorverlust der konkav werdenden Flanke und eine entsprechende Turgorzunahme der Gegenseite (vgl. seismonastische Bewegungen, S. 468). Es ist denkbar, daß hierbei (wie auch bei der Auslösung der Thigmomorphosen) die thigmisch induzierte verstärkte Ethylenproduktion der Ranke eine Rolle spielt. Bei *Pisum* sollen auf der sich kontrahierenden (Unter-)Seite auch unter ATP-Verbrauch sich bewegende Proteine an der Reaktion beteiligt sein. Die Expansion der Zellen auf der Konvexseite ist nicht nur auf eine Verringerung des Gegendruckes durch die Gewebe der Konkavseite zurückzuführen, sondern auch von einer auxinabhängigen Erhöhung der plastischen Wanddehnbarkeit begleitet.

In der zweiten Phase ist die Krümmung eine Wachstumsbewegung, bei der die Konvexseite stärker wächst als die gegenüberliegende Konkavseite. Dekapitierte, auxinverarmte Ranken können sich nicht mehr krümmen. Bei thigmonastisch reagierenden Ranken, die also zumindest physiologisch dorsiventral gebaut sind, führt allseitige Auxinzufuhr ohne Reizung zur Krümmung; die Oberseite erfährt demnach durch Auxin eine stärkere Wachstumsförderung als die Unterseite.

Ein auffallendes Phänomen ist der Flavonoidreichtum der Ranken. Da z.B. bei *Pisum* bei der Bewegung etwa zwei Drittel des Quercetintriglucosyl-p-cumarats verschwinden und diese Substanz ein Hemmstoff der IAA-Oxidase (S. 384) ist und bei Zufuhr von außen die Rankenbewegung hemmt, besteht vielleicht ein kausaler Zusammenhang, der aber noch nicht entschlüsselt ist.

6. Die nastischen Bewegungen der Spaltöffnungen

Entsprechend ihrer Aufgabe, den Diffusionswiderstand so zu regulieren, daß der Wasserverlust durch die Transpiration und die CO_2-Aufnahme für die photosynthetische oder die Dunkel-CO_2-Fixierung in einem den jeweiligen Bedürfnissen angepaßten Verhältnis stehen (vgl. S. 322), reagieren die Stomata vorwiegend photonastisch und hydronastisch. Da unter bestimmten Bedingungen die Transpiration auch der Kühlung dient, erscheint es ökologisch außerdem zweckmäßig, daß die Spaltöffnungen auch thermonastisch empfindlich sind. Überlagert werden diese durch Außenbedingungen induzierten Bewegungen durch eine circadiane Komponente (vgl. S. 411 ff.), d. h. eine zu verschiedenen Tageszeiten verschieden starke Bereitschaft, auf exogen induzierende Faktoren zu reagieren: Die Öffnungsreaktionen sind in der Lichtphase auch endogen bevorzugt. Zeitgeber für diese Rhythmik ist der Beginn der Dunkelphase.

Die unmittelbare Ursache der Spaltöffnungsbewegung ist in jedem Falle eine Differenz des Turgors in den Schließzellen und den angrenzenden Epidermiszellen, die auch morphologisch besonders ausgebildet sein können und dann als Nebenzellen bezeichnet werden (vgl. S. 116): Die verschiedenen bewegungsinduzierenden Faktoren verändern das osmotische Potential oder die Menge gelöster Substanzen in den Schließzellen nicht gleich wie die in den funktionellen Nebenzellen. Infolge des Zellwandbaues, speziell auch der Anordnung der Mikrofibrillen (Abb. 516), führt eine relative Zunahme des Turgors der Schließzellen gegenüber dem der funktionellen Nebenzellen bei allen Spaltöffnungstypen zu einem Öffnen, die umgekehrte Turgoränderung zu einem Schließen der Stomata (vgl. S. 117). Die Turgoränderungen werden von mehreren, miteinander in Wechselwirkung stehenden Regelkreisen kontrolliert (Abb. 517), in denen die Schließzellen als Stellglieder (vgl. Abb. 318, 319, S. 292) fungieren.

Die photonastische Spaltöffnungsbewegung. Licht induziert normalerweise über eine Erhöhung des osmotischen Potentials eine relative Erhöhung des Turgors der Schließzellen gegenüber den Nachbarzellen und führt daher zur Öffnung der Spalten. Wirkungsspektren dieser Photonastie lassen einmal die Beteiligung der Photosynthese und zum anderen einen zusätzlichen Blaulichteffekt erkennen. Die Lichtempfindlichkeit der Stomata ist dabei außerordentlich groß: Bereits 25–30 pE $cm^{-2} s^{-1}$ genügen, um die Öffnung zu induzieren. Der ausschlaggebende Faktor bei der Steuerung der Photonastie der Stomata durch das Licht über die Photosynthese ist die Erniedrigung der CO_2-Konzentration – $[CO_2]$ –, die zwar in den Schließzellen selbst gemessen, aber hauptsächlich durch die Photosynthese des Mesophylls bestimmt wird; die Eigenphotosynthese der (chloroplastenhaltigen) Schließzellen trägt allenfalls begrenzt zu dieser Erniedrigung von $[CO_2]$ bei. Statt durch Belichtung kann dementsprechend die Stomaöffnung auch durch die CO_2-Dunkelfixierung (z.B. bei

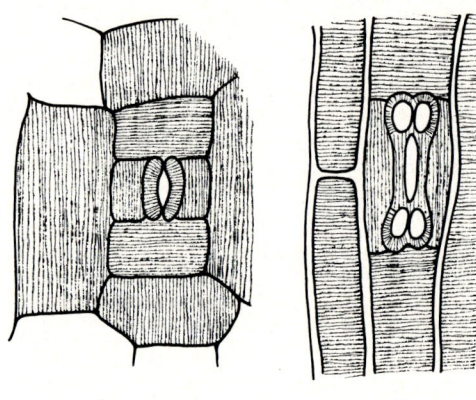

A   B

Abb. 516: Schematische Darstellung des Mikrofibrillenverlaufs («Micellierung») in Schließzellen und ihren Nachbarzellen. A bei der Commelinacee *Rhoeo discolor;* B bei *Hordeum.* Die Mikrofibrillenanordnung ist in den Schließzellen von *Rhoeo (Amaryllis*-Typ) insgesamt, und in den dünnwandigen Endblasen der Gramineen-Schließzelle «**radiomicellat**», d. h. die Mikrofibrillen verlaufen fächerförmig. Da die Ausdehnung bei Turgorzunahme vorwiegend senkrecht zum Verlauf der Micellierung erfolgt, werden die Schließzellen (bei *Rhoeo*) bzw. die Endblasen (bei *Hordeum*) dabei stark gekrümmt. Der Mikrofibrillenverlauf in den Nachbarzellen der Schließzellen ist derart, daß sie bei Öffnung als Antagonisten der Bewegung dienen und beim Schließen das Ausdehnungsbestreben der Nachbarzellen unterstützen. Bei den Grasschließzellen verhindert die Längsmicellierung der Mittelleisten zwischen den Blasen deren seitliche Verbiegung. (Nach ZIEGENSPECK)

CAM-Pflanzen in der Nacht, vgl. S. 262f.) oder durch Erniedrigung von [CO$_2$] in der Außenluft auch im Dunkeln (im Experiment) erreicht werden, während umgekehrt eine Erhöhung des [CO$_2$] der Außenluft auch im Licht einen Stomaschluß induziert. In bestimmten Grenzen hält die Änderung des Diffusionswiderstandes durch die Stomabewegung demnach die CO$_2$-Konzentration in den Schließzellen und damit proportional auch in den Intercellularen konstant oder mindert zumindest die Abhängigkeit der Schwankungen in der CO$_2$-Konzentration in den Intercellularen von denjenigen in der Außenluft. Es kann aber auch durch Erhöhung der externen CO$_2$-Konzentration über die Spaltöffnungsreaktion zu einer Erhöhung oder einer Erniedrigung des [CO$_2$] in den Intercellularen und damit zu einer Steigerung oder Verringerung der Photosynthese bei steigendem [CO$_2$] der Außenluft kommen.

Die Erniedrigung der CO$_2$-Konzentration in den Schließzellen führt dort in einer komplizierten, noch nicht in allen Details bekannten Reaktionsfolge zu einer Erhöhung des osmotischen Potentials. Dabei spielt die Aufnahme von K$^+$ durch die Schließzellen aus den Nachbarzellen eine entscheidende Rolle (Abb. 518); dies wurde für zahlreiche Arten von den Laubmoosen bis zu den Angiospermen nachgewiesen. Als Reservoir für das K$^+$ dienen häufig die funktionellen Nebenzellen, deren Volumen immer viel größer ist als das der Schließzellen, die daher ein großes Speichervermögen besitzen. Aus elektrochemischen Gründen muß in den Schließzellen eine äquivalente Menge Anionen mit dem K$^+$ aufgenommen oder gebildet werden, während in den K$^+$-abgebenden Zellen entweder Anionen verschwinden oder andere Kationen aufgenommen werden müssen.

Als Anion, das mit dem K$^+$ in die Schließzellen einwandert, spielt Cl$^-$ bei *Allium cepa* eine ausschlaggebende (das importierte K$^+$ völlig neutralisierende), beim Mais eine bedeutende (K$^+$ in den Schließzellen zu etwa 40%, in einigen Schließzellen zu 100% neutralisierende), bei anderen Arten eine geringere Rolle. Der Hauptteil des Ladungsausgleichs in den K$^+$-akkumulierenden Schließzellen scheint aber bei den meisten Arten durch eine gleichzeitig (?) mit der K$^+$-

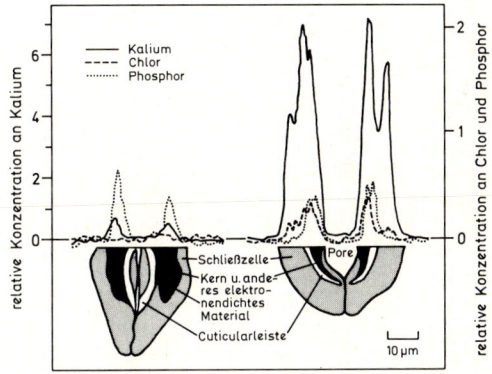

Abb. 518: Verteilung der relativen Konzentrationen von Kalium, Chlor und Phosphor über die Fläche eines geschlossenen (links) und eines geöffneten Stomas (rechts) der unteren Blattepidermis von *Vicia faba*. Messungen mit der Röntgen-Mikrosonde. Bei *Vicia* zeigt von den dargestellten Elementen nur K einen deutlichen Anstieg in den Schließzellen bei deren Öffnung. (Nach HUMBLE u. RASCHKE, aus MOHR u. SCHOPFER)

Abb. 517: Vereinfachtes Schema des Rückkopplungssystems der Stomata. Sie fungieren als turgorgesteuerte Ventile, welche die CO$_2$-Aufnahme und die Wasserdampfabgabe regulieren. Der CO$_2$-Fühler befindet sich in den Schließzellen. ABA = Abscisinsäure; ? evtl. weitere Wirkstoffe; ψ Wasserpotential (vgl. S. 313). Nicht berücksichtigt ist u.a. die Temperatursteuerung der Schließzellenbewegung. Weitere Erläuterungen im Text. (Nach RASCHKE)

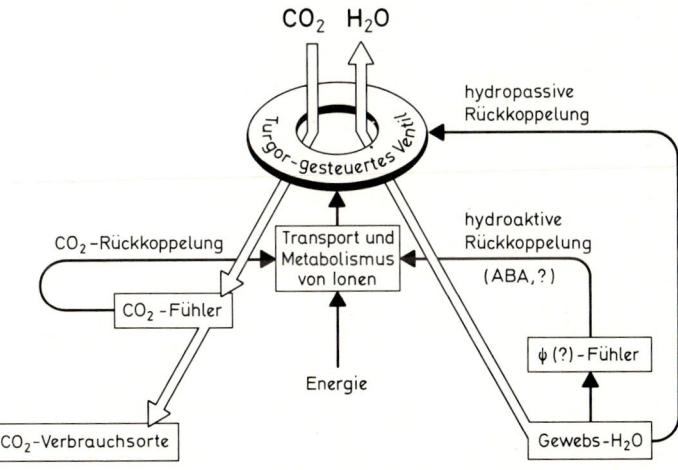

Aufnahme erfolgende Bildung von organischen Säuren, vor allem der zweiwertigen Äpfelsäure, auf Kosten der Schließzellenstärke zu erfolgen. Die Äpfelsäure wird dabei vermutlich auf analogem Weg wie bei der nächtlichen Säurebildung in den CAM-Pflanzen (vgl. S. 262 f.) synthetisiert; die PEP-Carboxylase-Aktivität ist in Epidermen nachgewiesen, und zwar ist sie proportional der Zahl der Stomata, so daß sie den Schließzellen zuzuschreiben ist. Das für die Carboxylierung erforderliche CO_2 könnte durch die Atmung der Schließzellen, z.T. aber auch durch externes CO_2 geliefert werden; dies würde auch erklären, warum bei verschiedenen Arten die maximale Stomaöffnung – bei allmählicher Steigerung von [CO_2] von 0 an beginnend – nicht in CO_2-freier Luft, sondern bei einer geringen CO_2-Konzentration (ca. $100\,\mu l\,l^{-1}$) erfolgt.

Es gibt Hinweise, daß die von der Äpfelsäure abdissoziierenden Protonen durch eine Protonenpumpe aktiv aus den Schließzellen gepumpt und im Austausch dafür die K^+-Ionen (durch eine spezifische Kaliumpumpe oder einfach dem Gefälle des elektrochemischen Potentials folgend) aufgenommen werden. Durch diesen Protoneneffux wird das Innere der Schließzellen nicht nur negativer, sondern auch basischer. Der steigende pH-Wert könnte der Auslöser für einen Cl^-/OH^--Austausch und die Bildung der organischen Säuren, speziell der Äpfelsäure, sein.

Durch Abscisinsäure (vgl. S. 393 ff.) scheinen die Protonenpumpe und der K^+-Eintritt in die Schließzellen gehemmt und dadurch die Spaltenöffnung blockiert bzw. geöffnete Spalten geschlossen zu werden. Das Welketoxin Fusicoccin aus dem Pilz *Fusicoccum amygdali* dagegen führt, vermutlich über eine Aktivierung der Protonenpumpe und des K^+-Influx, zur Stomaöffnung.

In den K^+-speichernden Nachbarzellen scheinen fixierte Anionen bisher unbekannter Natur vorzuliegen, die bei der Stomaöffnung K^+ gegen H^+ austauschen.

Beim Stomaschluß laufen die geschilderten Prozesse vermutlich rückläufig ab, doch ist hierüber noch wenig bekannt.

Die Energie für die Ionenpumpen kann aus der Photophosphorylierung stammen (dann hat das photosynthetisch wirksame Licht eine Doppelfunktion bei der Spaltöffnungsbewegung), oder aber aus der Respiration: Die Ionenpumpen funktionieren ja auch im Dunkeln (z.B. in der Dunkelphase der CAM-Pflanzen oder in CO_2-freier Luft). Über eine Förderung der Respiration könnte vielleicht auch die spezifische Blaulichtwirkung zur Geltung kommen, evtl. aber auch über eine Aktivitätssteigerung der PEP-Carboxylase.

Offene Stomata von gut mit Wasser versorgten Pflanzen können ihre Empfindlichkeit gegen Schwankungen der CO_2-Konzentration verlieren; sie gewinnen sie aber zurück, wenn nach einsetzender Dürrebelastung der Abscisinsäure-Gehalt steigt, und regeln dann den Diffusionswiderstand wieder entsprechend dem Bedarf an CO_2.

Die hydronastischen Spaltöffnungsbewegungen. Auch im Licht können sich Stomata schließen, wenn das Wasserpotential der Blätter einen bestimmten Schwellenwert (zwischen -7 bis -18 bar) unterschreitet. Dies könnte einmal dadurch geschehen, daß bei gleichbleibendem Schließzellenturgor der Turgor der Nachbarzellen zunimmt; es erfolgt dies z.B., wenn eine unter Wassermangel leidende Pflanze beregnet wird, weil das Wasser von den Epidermiszellen schneller aufgenommen wird als von den Schließzellen. Umgekehrt tritt beim Abschneiden eines Blattes zuerst ein Turgorverlust der Epidermiszellen auf, weshalb sich die Stomata vorübergehend öffnen («IWANOFF-Effekt»). Spaltenbewegungen ohne Änderung des Gehalts der Schließzellen an gelösten Stoffen werden auch als hydropassiv bezeichnet (vgl. Abb. 517).

Meist liegt aber auch den hydronastischen Stomabewegungen eine Änderung des Gehalts an gelösten Stoffen (Osmotica) in den Schließzellen zugrunde (hydroaktive Bewegung).

Eine Turgorminderung der Schließzellen (absolut und relativ zu den Nachbarzellen) wird auch dann eintreten, wenn die Transpiration der Schließzellen (peristomatäre Transpiration) höher ist als die der Nachbarzellen. Die Schließzellen wären dann spezielle «Fühler» für die relative Luftfeuchte. Dafür spricht u. a. der Befund, daß Blätter gleichen Wassergehaltes in trockener Luft viel höhere Transpirationswiderstände aufweisen als in feuchter. Der solcherart induzierte Spaltenschluß kann zur Folge haben, daß in trockener Luft die Transpiration geringer und der Wassergehalt des Blattes höher sein kann als in feuchter.

Eine besonders wichtige hydroaktive Rückkoppelung der Stomatabewegung wird hormonal bedingt (Abb. 517: «hydroaktive Rückkoppelung»). Durch Minderung des Wasserpotentials bei Dürrebelastung wird der Abscisinsäuregehalt im Gewebe schnell erhöht (vgl. S. 394). Es wird angenommen, daß ABA unter diesen Bedingungen hauptsächlich im Mesophyll synthetisiert und zu den Schließzellen transportiert wird. In den Schließzellen aber führt die ABA (und zwar nur das ($+$)-Enantiomer) zum Spaltenschluß (S. 394), u. zw. in wenigen Minuten.

Ähnlich wie ABA sollen sich auch andere in der Pflanze vorkommende Substanzen verhalten, z.B. Xanthoxin, Phaseinsäure, all-trans-Farnesol, Vomifoliol (Abb. 519). Evtl. wirken sie z.T. erst nach Umwandlung in ABA, wie dies für Xanthoxin wahrscheinlich gemacht wurde.

Thermonastische Spaltöffnungsbewegung. Im allgemeinen entspricht die Temperaturabhängigkeit der Spaltenöffnung derjenigen der Photosynthese. Bei gut mit Wasser versorgten Pflanzen kann bei hohen Temperaturen die CO_2-Abhängigkeit der Spaltenbewegung verloren gehen. Dies ist ökologisch zweckmäßig, weil durch die Transpirationskühlung eine Überhitzung des Blattes verhindert und die Blatt-Temperatur nahe der für die Photosynthese optimalen gehalten werden kann.

C. Autonome Bewegungen

Bewegungen, die nicht von Außenfaktoren, sondern endogen gesteuert werden, werden als **autonom** bezeichnet. Sie können wieder entweder durch Wachstums- oder durch Turgorvorgänge bewirkt werden.

Autonome Wachstumsbewegungen, Windebewegungen. Bei Keimpflanzen und jungen Sproß- und Inflorescenzteilen treten oft wechselnde Krümmungsbewegungen (**Nutationen**) auf, die auf zeitlich ungleiches Wachstum verschiedener Organflanken zurückgehen.

Coleoptilen von Poaceen zeigen ebenso mit dem Zeitraffer leicht nachweisbare Pendelbewegungen wie die Blütenschäfte der Küchenzwiebel, deren Spitze dabei gelegentlich sogar den Boden berühren kann. Bei der Asteracee *Calendula officinalis* öffnen und schließen sich die Köpfchen auch im Dauerdunkel in einem zwölfstündigen Rhythmus, der in der Natur entsprechend dem Tag- und Nachtwechsel einreguliert ist, da die Blüten auch photonastisch empfindlich sind. Die Bewegung geht, wie bei der Thermo- und Photonastie, auf eine unterschiedliche Wachstumsförderung der Ober- und Unterseite der randständigen Strahlenblüten zurück. Bei *Ruta graveolens*-Blüten (vgl. Abb. 928 C, S. 862) führen die Filamente der Staubblätter in regelmäßiger Reihenfolge autonome Bewegungen – zum Fruchtknoten und von ihm weg – durch. Die Wachstumsförderung einmal der Außen-,

dann der Innenflanke des Filaments erfolgt auch noch bei isolierten, antherenfreien Filamenten unter konstanten Bedingungen.

Häufig sind kreisende Bewegungen (**Circumnutationen**). Sie treten bei Keimpflanzen, jungen Ranken (vgl. S. 472) und vor allem bei Windepflanzen auf und kommen durch einseitige, die Organachse umkreisende Wachstumsförderung zustande. Die Keimsprosse der **Windepflanzen** wachsen zunächst durch negativen Gravitropismus orthotrop, dann neigt sich die Sproßachse transversalgravitrop zur Seite und beginnt autonom zu kreisen (Abb. 520). Die Umlaufzeit kann 2 bis 9 Stunden betragen. Beim Hopfen kann der von der Spitze beschriebene Kreis einen Durchmesser von über 50 cm, bei *Hoya carnosa* von über 150 cm erreichen. Bei den meisten Windepflanzen kreist die Sproßspitze, von oben betrachtet, entgegengesetzt dem Uhrzeigersinn, so daß die Windesprosse eine Rechtsschraube bilden (Abb. 521 A). (Die historische Bezeichnung «Linkswinder» hat zu mancherlei Verwirrung Anlaß gegeben.) Nur wenige Pflanzen, z.B. der Hopfen und das Geißblatt, umkreisen die Stütze mit einer Linksschraube (Abb. 521 B). Bei *Fallopia (Polygonum) convolvulus* und einigen anderen Pflanzen kann die Winderichtung wechseln (*Loasa* und *Bowiea* wechseln die Winde-Richtung sogar an derselben Sproßachse).

Dünne, senkrecht oder nur schwach schräg stehende Stützen können wohl allein durch fortdauernde Circumnutation umwunden werden. Beim Umwinden dickerer Stützen kommt

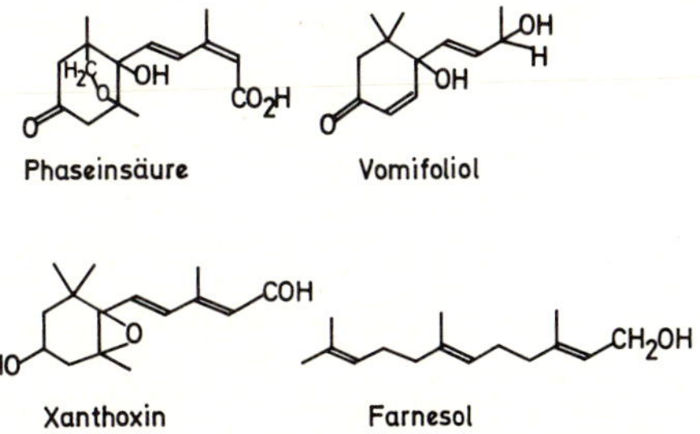

Abb. 519: Einige natürliche Verbindungen, die einen Stomaschluß herbeiführen können.

Phaseinsäure

Vomifoliol

Xanthoxin

Farnesol

Abb. 520: Schema der beginnenden Circumnutation einer Keimpflanze von *Pharbitis hispida*. (Nach RAWITSCHER, verändert)

bei manchen Pflanzen ein **Lateralgravitropismus** hinzu, bei dem eine Seitenflanke verstärkt wächst und so die Umfassungsbewegung verstärkt. Berührungsempfindlichkeit wie bei den Ranken besteht bei Windepflanzen nicht.

Da Windepflanzen besonders reich an Gibberellin sind und auch Nichtwinder durch Gibberellin zum Winden gebracht werden können, ist eine Beteiligung der Gibberelline beim Winden anzunehmen. Wie die Ranken, so sind auch die windenden Teile besonders flavonoidreich, doch ist die Bedeutung dieses Befundes unklar.

Autonome Turgorbewegungen. Ändert sich der Turgor auf der Ober- und Unterseite eines Blattgelenkes ungleichzeitig, so kann es zum Auf- und Abwärtspendeln des Blattes kommen.

Blättchen von *Trifolium pratense* z.B. schwingen im Dunkeln in einem 2- bis 4stündigen Rhythmus auf und ab. Bei der ostindischen Fabacee *Desmodium gyrans* laufen die Turgorschwankungen sogar rhythmisch um den Stiel der Seitenblättchen herum, so daß diese bei genügend hoher Temperatur mit ihrer Spitze in etwa ½ Minute eine Ellipse beschreiben (Abb. 522). Die Bewegung geht auch im Dauerlicht weiter.

Zu den autonomen Turgorbewegungen gehören auch die c i r c a d i a n e n sog. S c h l a f b e -

wegungen vieler Leguminosenblätter (z.B. *Robinia pseudoacacia*, *Phaseolus*, *Albizia*), die in der Natur mit einem ungefähr 12stündigen Rhythmus, entsprechend dem Tag- und Nachtwechsel, verlaufen (vgl. S. 411).

Im Gelenk von *Phaseolus* treten bei Senkung des Blattes (Nachtstellung) auf der Unterseite (ähnlich wie beim *Mimosa*-Gelenk nach Reizung oder in Nachtstellung) Ionen aus den Zellen in die Intercellularen über. Dadurch läßt der Turgor auf dieser Gelenkseite nach, während die Zellen der Oberseite ihr Volumen ausdehnen. Bei der Aufwärtsbewegung spielt sich das Gleiche auf der Gelenkoberseite ab. Vermutlich liegen auch diesen Turgorschwankungen rhythmische Permeabilitätsänderungen zugrunde.

D. Durch Turgor bewirkte Schleuder- und Explosionsbewegungen

Während bei den bisher behandelten Turgorbewegungen Turgoränderungen einer bestimmten Flanke zu r e v e r s i b l e n Krümmungen eines Organs führen, wird in anderen, vorwiegend der Ausbreitung von Fortpflanzungseinheiten dienenden Fällen die Turgordifferenz zwischen bestimmten Gewebsschichten zu Bewegungen ausgenützt, die meist nicht mehr als typischer Reizvorgang gedeutet werden können, sondern in der Regel das Ergebnis natürlicher Entwicklungs- und Reifungsvorgänge und nicht reversibel sind. Man unterscheidet: a) Turgorschleudermechanismen; b) Turgorspritzmechanismen.

Turgorschleudermechanismen beruhen auf Gewebespannungen (vgl. S. 316). Ein S c h w e l l - g e w e b e wird durch ein W i d e r s t a n d s g e w e -

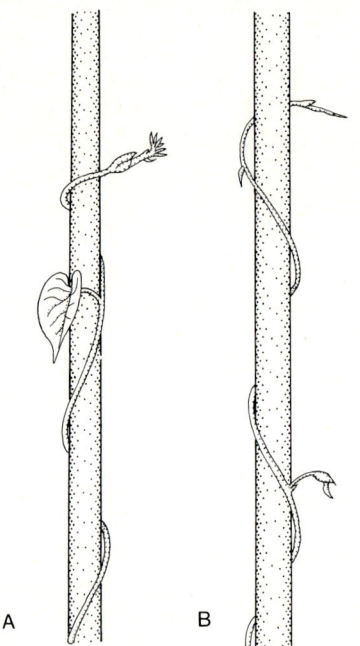

Abb. 521: Windepflanzen. A Linkswinder (= Rechtsschraube). Seitenansicht ergibt ein Z. B Rechtswinder (= Linksschraube). Seitenansicht ergibt ein S. (Nach Noll)

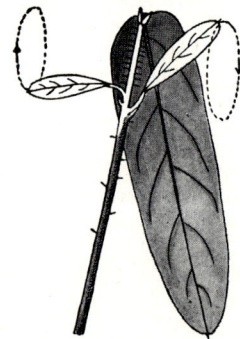

Abb. 522: Blatt von *Desmodium gyrans*. Die Pfeile deuten die Bewegungen der seitlichen kleinen Fiederblättchen an. (Ca. nat. Größe, nach Schumacher)

be an maximaler Wasseraufnahme und Längenausdehnung gehindert. Überschreitet die Spannung einen bestimmten Grenzwert (was vielfach durch Berührung gefördert werden kann), so kommt es zu einem explosionsartigen Zerfall, wobei das Organ entlang vorgebildeter Rißstellen aufreißt.

Bei Springkraut-*(Impatiens-)*Arten entwickeln die zartwandigen Parenchymzellen der äußeren Fruchtwand (Schwellgewebe) bei der Reife ein hohes osmotisches Potential (ψ_π negativer als —20 bar bei *I. parviflora*). Dem dadurch bewirkten Ausdehnungsbestreben setzen die innersten Schichten der Fruchtwand, die aus gestreckten Faserzellen bestehen (Abb. 523, 5 f), Widerstand entgegen (Widerstandsgewebe). Solange die 5 Karpelle röhrenförmig verwachsen sind, bleibt die Frucht trotz der herrschenden Gewebsspannung (meta-)stabil. Wenn sich aber bei fortschreitender Reifung die Mittellamellen entlang den Verwachsungsnähten der Fruchtblätter auflösen (Trenngewebe), kann es nach Berührung oder auch spontan zum Spannungsausgleich kommen. Dabei reißt die Ansatzstelle am Fruchtstiel durch, die Karpelle rollen sich uhrfederartig nach innen ein und die noch anklebenden Samen werden einige Meter (bei *I. parviflora* etwa 3 m, bei *I. glandulifera* bis etwa 6 m) weit weggeschleudert. Die äußeren Fruchtteile verlängern sich bei der Krümmung um ca. 32%, während sich die Faserschichten um etwa 10% verkürzen.

Ähnliche «Rollschleudern» wie bei *Impatiens* finden sich z.B. auch bei den Früchten der Cucurbitacee *Cyclanthera explodens* und der Brassicacee *Cardamine impatiens*, «explodierende Staubgefäße» z.B. bei den Urticaceen (Abb. 524) und bei

der Orchideengattung *Catasetum*, bei der die Pollinien bis zu 80 cm weit fortgeschleudert werden können (S. 902).

Turgorspritzmechanismen sind weit verbreitet.

So erfolgt das Ausschleudern der Pilzsporen aus einem reifen Ascus derart, daß die vom Turgor (ψ_π in reifen Asci etwa —10 bar) elastisch gespannte Zellwand an einer vorgebildeten Stelle der Ascusspitze (Operculum; vgl. S. 658, Abb. 706) plötzlich aufreißt und die Sporen unter Kontraktion des Ascus bis zur Hälfte des Ausgangsvolumens wenige Millimeter bis maximal 60 cm weit (bei *Dasyobolus immersus*) wegschießt. Entscheidend ist in diesen wie in anderen Fällen (z.B. bei *Urtica*-Pollen), daß die Ausbreitungseinheiten durch die an der Oberfläche des Bildungs-Organs in Ruhe befindliche Luftschicht aktiv in die turbulenten Luftschichten gelangen, in denen sie dann durch die Luftbewegung passiv über weitere Strecken verbreitet werden können. Im übrigen müssen bestimmte Außenbedingungen gegeben sein, damit die Asci platzen; neben ausreichender Feuchtigkeit (für das Turgescentwerden) brauchen manche Arten auch Licht (z.B. *Sordaria curvula*; wirksam ist Blaulicht, der Photoreceptor ist noch nicht identifiziert). Andere Ascomyceten (z.B. *Hypoxylon fuscum*) sind dagegen Nachtschleuderer.

Auch das Abschießen der Sporangien von *Pilobolus* beruht auf dem gleichen Mechanismus. Das obere Ende des reifen einzelligen Sporangienträgers (Abb. 490, S. 456) ist durch Turgordruck (ψ_π etwa —5,5 bar) keulig aufgetrieben, wobei die Zellwand bis zu 100% elastisch gedehnt wird. Nur jene ringförmige Zone, wo sich der Träger als Columella in das Innere des Sporangiums hineinwölbt, ist unelastisch und damit als Rißstelle präformiert. Beim Aufreißen wird das ganze Sporangium mit einer Anfangsgeschwindigkeit von ca. 6 m · s^{-1} etwa 2,5 m weit oder etwa 1,8 m hoch fortgeschossen (Namen!) und zwar wegen des positiven Phototropismus in Richtung des einfallenden Lichtes (vgl. S. 456).

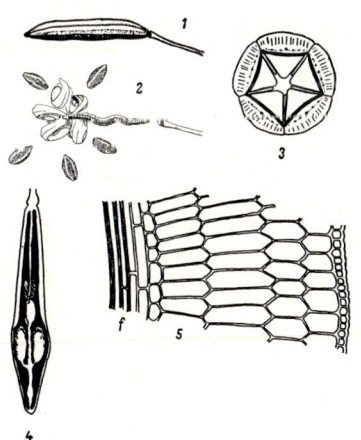

Abb. 523: *Impatiens* spec. 1 reife Frucht, 2 aufspringende Frucht, 3 Frucht im Querschnitt, 4 desgl. im Längsschnitt, 5 Teil eines Längsschnittes durch die Fruchtwand, stärker vergrößert, f Faserzellen. (1, 2 nach TROLL, etwas verändert, ca. $^1/_2$ ×; 3–5 nach OVERBECK)

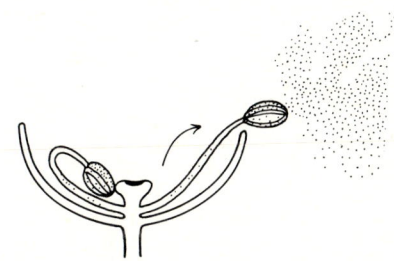

Abb. 524: *Urtica dioica*, Längsschnitt durch eine männliche Blüte. Die Anthere des linken Staubblattes ist noch unter dem Rand des verkümmerten Fruchtknotens eingeklemmt, während rechts das Filament schon nach auswärts geschnellt ist und den Pollen freigibt. (Ca. 10 ×, nach INGOLD)

Eine Höhere Pflanze mit vergleichbarer Art von Explosionsmechanismus ist die Spritzgurke (*Ecballium elaterium*). Zartwandige, große Zellen im Fruchtinnern bilden das Schwellgewebe, das bei Reife ein osmotisches Potential von etwa —15 bar erreicht. Die äußeren Schichten der Fruchtwand bilden ein Widerstandsgewebe, das stark elastisch gespannt wird. An der Ansatzstelle des Fruchtstieles bildet sich schließlich ein Trenngewebe aus, das aufreißt, wobei der Fruchtstiel durch den Binnendruck der Frucht wie ein Sektpropfen fortgeschossen wird. Die gespannte Fruchtwand zieht sich gleichzeitig zusammen, wodurch der flüssige Inhalt der Frucht mitsamt den Samen ausgeschleudert wird (Abb. 525). Die abgeschossenen Samen fliegen bis über 12 m weit fort, während die entkernte Fruchthülle durch den Rückstoß in die entgegengesetzte Richtung geschleudert wird.

IV. Sonstige Bewegungen

A. Hygroskopische Bewegungen

Bei den hygroskopischen Bewegungen sind keine lebenden Pflanzenzellen direkt beteiligt. Hier führen allein die physikalischen Prozesse der Quellung bzw. Entquellung toter Zellwände zu Bewegungen, die infolgedessen beliebig wiederholbar sind.

Da die Mikrofibrillen der Zellwände sich bei der Quellung zwar relativ leicht voneinander entfernen, aber kaum in ihrer Längenausdehnung verändern lassen, kommt es bei paralleler Anordnung der Mikrofibrillen bei Quellung zu einer Dehnung fast ausschließlich senkrecht zur Richtung der Mikrofibrillen (**Quellungsanisotropie**). Besteht ein Gewebeverband aus zwei Lagen von Zellen, in deren Wänden der Mikrofibrillenverlauf um 90° wechselt, so verläuft die Längenausdehnung der beiden Schichten bei Wasseraufnahme in zwei aufeinander senkrecht stehenden Richtungen, wobei für jede Richtung die eine als Quell- (bzw. bei Wasserentzug Schrumpf-), die andere als Widerstandsschicht dient. Ist die Ausdehnung einer dieser Schichten bevorzugt, kommt es zur Krümmung. Bilden die Fibrillenlängsachsen in den Wänden benachbarter Zellschichten spitze Winkel miteinander, so entstehen bei Quellung oder Entquellung Torsionen.

Man kann derartige Quellungs- und Schrumpfungsbewegungen im Modell nachahmen, wenn man Schreibpapier, in dem die Fasern auf Grund des Herstellungsprozesses in der Regel vorzugsweise in einer bestimmten Richtung laufen, entsprechend aufeinander klebt (Abb. 526).

Auch Unterschiede im chemischen Bau der Zellwände können Quellungsanisotropien zugrunde liegen. Die wichtigsten Zellwandstoffe zeigen in folgender Reihenfolge zunehmend starkes Quellungsvermögen: Lignin → Cellulose → Hemicellulosen → Pektin.

Derartige hygroskopische Bewegungen dienen der Sporen-, Pollen-, Samen- und Fruchtausbreitung.

Die äußeren Peristomzähne an den Sporenkapseln der Laubmoose, die meist nur noch aus Teilen der Zellwände zweier aneinander grenzender Zellschichten bestehen, krümmen sich beim Eintrocknen je nach ihrer Feinstruktur hygroskopisch nach innen oder nach außen und befördern bzw. behindern durch diese den Feuchtigkeitsschwankungen der Luft folgenden Bewegungen das Ausstreuen der Sporen. In dem in Abb. 527 dargestellten Beispiel kommt die Bewegung eines Peristomzahnes bei Austrocknen dadurch zustande, daß die Mikrofibrillen in der äußeren Lamelle (a) quer zur Längs-

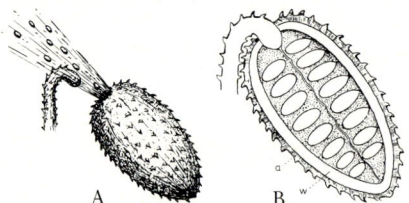

Abb. 525: *Ecballium elaterium*, Spritzgurke. A Reife Frucht im Augenblick der Ablösung vom Fruchtstiel und des Ausspritzens des Fruchtfleisches mit den Samen (etwa $^1/_2$ ×). B Längsschnitt durch noch nicht abgelöste Frucht (schematisch). a Grünes Außengewebe der Fruchtwand. w Widerstandsgewebe. (Nach OVERBECK aus STRAKA)

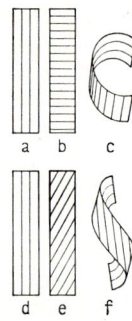

Abb. 526: Krümmung von Papierstreifen c und f, die aus je zwei in verschiedenen Richtungen herausgeschnittenen Streifen a und b bzw. d und e zusammengeklebt und dann angefeuchtet wurden. (Nach JOST)

achse des Zahnes liegen, so daß sich diese Schicht vorzugsweise in der Längsachse verkürzt. Die innere Lamelle (i) dagegen schrumpft infolge der Achsenlage ihrer Fibrillen lediglich etwas in der Dicke ein, ohne an Länge abzunehmen. Mit der äußeren Wandschicht fest verbunden, verhindert sie daher eine Verkürzung des Zahnes und bewirkt dessen Auswärtskrümmung. Der Zellwandbau ist bei den Peristomen der einzelnen Moosgattungen sehr mannigfaltig und die Bewegungsrichtungen infolgedessen – in Anpassung an die jeweiligen ökologischen Bedürfnisse – verschieden. Ähnliche hygroskopische Bewegungen führen auch die ebenfalls nur aus Wandsubstanz bestehenden Hapteren der *Equisetum*-Sporen (vgl. S.734, Abb. 797, D, E) sowie die Capillitien mancher Schleimpilze aus (vgl. S.633, Abb.674E).

Viele Fruchtkapseln öffnen sich, sobald die Protoplasten der Fruchtwandzellen abgestorben sind und die Zellwände auszutrocknen beginnen (Xerochasie). Bei der Öffnung der Frucht von *Saponaria* (Abb. 528) z.B. schrumpfen die dicken Außenwände der Epidermis an den Kapselzähnen vor allem in der Längsrichtung stärker als die Wände der inneren Zellen, so daß sich die Außenseiten der Zähne konkav einkrümmen müssen. Geöffnete Kapseln schließen sich meist bei Benetzung wieder. In anderen Fällen erfolgt umgekehrt gerade die Öffnung bei Benetzung durch Regen oder Tau (*Mesembryanthemum*-, *Veronica*-, *Sedum*-Arten u.a.). Bei der nordafrikanischen Brassicacee *Anastatica hierochuntica* («Rose von Jericho») sind bei der abgestorbenen Pflanze die trockenen Äste einwärts gekrümmt, befeuchtet jedoch weit aus-

gebreitet. Dieser Vorgang ist beliebig oft wiederholbar (Hygrochasie). Die Vorstellung, daß die kugeligen Trockenpflanzen von Anastatica als sog. «Bodenroller» oder «Steppenhexen» vom Wind fortgerollt würden und so die Samen verbreiten sollten, hat sich nicht bestätigt. Bei der in denselben Gebieten heimischen Asteracee *Asteriscus pygmaeus* schließen die toten Hüllblätter der reifen Köpfchen zusammen und breiten sich erst bei Befeuchtung aus, um die Früchte freizugeben. Auf anisotrope Quellung der einzelnen Schichten der Schuppen sind auch die Öffnungs- (beim Trocknen) und Schließbewegungen der Coniferen-Zapfenschuppen zurückzuführen (z.B. beim Kieferzapfen, s. S.778, Abb. 856A).

Bei den Teilfrüchten der *Erodium*-Arten (Abb. 529) sind die Strukturelemente in der Granne entsprechend dem Modell f in Abb.526 angeordnet. Beim Ein-

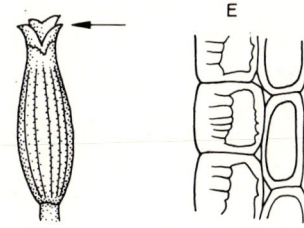

Abb. 528: Fruchtkapsel von *Saponaria officinalis*. Rechts radialer Längsschnitt (vergrößert) durch die äußersten Zellschichten eines Kapselzahnes (Pfeil). E Epidermis. (Rechts nach STEINBRINCK.)

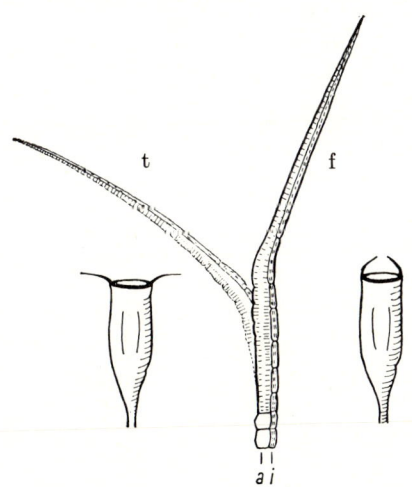

Abb. 527: Äußerer Peristomzahn der Kapsel des Mooses *Orthotrichum diaphanum* in trockenem (t) und gequollenem Zustand (f). a äußere, i innere Lamelle des Zahnes mit schematischer Andeutung der Mikrofibrillen-Richtung. Links und rechts Kapsel mit geöffnetem bzw. geschlossenem Peristom (schematisch, nur zwei Peristomzähne gezeichnet). (Nach STEINBRINCK, geändert.)

Abb. 529: Teilfrüchtchen von *Erodium gruinum*. A in trockenem, B in feuchtem Zustand. (Nach NOLL)

trocknen kommt es daher zu einer schraubenförmigen Einrollung. Bei Wiederbenetzung versuchen die Grannen sich wieder gerade zu strecken und bohren dabei, wenn ihr freies Ende an ein Widerlager stößt, die Teilfrüchtchen in den Erdboden. Ähnlich wirken auch die Grannen mancher Graskaryopsen (z.B. von *Stipa*). Hygroskopisch beweglich sind auch die Flughaare vieler Samen und Früchte.

Durch das Verkürzungsbestreben anisotrop entquellender Zellschichten kann es auch in Fruchtwänden beim Austrocknen zu Spannungen kommen, die schließlich zum Zerreißen führen, wobei die Samen weit fortgeschleudert werden. Dies gilt z.B. für die Schleuderfrüchte von *Geranium*-Arten (Abb. 930 C) oder für die Hülsen vieler Leguminosen, deren Fruchtwand-Hälften sich beim Aufreißen der präformierten Nähte schraubig einrollen.

B. Kohäsionsbewegungen

Eine Austrocknung kann aber auch dadurch mechanisch wirksam werden, daß die Kohäsionskräfte (vgl. S. 330) im Füllwasser wasserabgebender Zellen Anlaß zu einer Krümmung toter, seltener auch lebender Gewebeteile geben (Kohäsionsbewegungen).

So besitzen z.B. die Einzelzellen des bogenartig das Farnsporangium umfassenden Anulus (Abb. 530) verdickte Zwischen- und Innenwände, während die Außenwände unverdickt sind. Bei der Reife des Sporangiums beginnen diese Zellen langsam ihr Wasser zu verlieren, obwohl sie wahrscheinlich zu dieser Zeit noch am Leben sind. Da das Wasser aber fest an den wasserdurchtränkten Wänden haftet und die Wasserfüllung wegen der hohen Kohäsionskräfte zwischen den Wassermolekülen zunächst auch nicht in sich reißt (dazu sind Drucke negativer als −250 bar not-

wendig!), werden die antiklinen Zellwände beim Schwinden des Wassers aus dem Zellinnern in ihrem äußeren Teil unter Eindellung der dünnen Außenwand zusammengezogen. Hierdurch entsteht an der Oberfläche des Sporangiums ein tangentialer Zug, in dessen Folge zwei Zellen an einer präformierten Stelle (Stomium, Abb. 530) voneinander weichen, so daß die inzwischen tote Sporangienwand von hier aus langsam aufzureißen und sich nach außen umzustülpen beginnt. Wenn die Deformation der Bogenzellen soweit fortgeschritten ist, daß in den einzelnen Zellen nacheinander die Kohäsion des Füllwassers überwunden wird, kommt es zu einem Ausgleich der

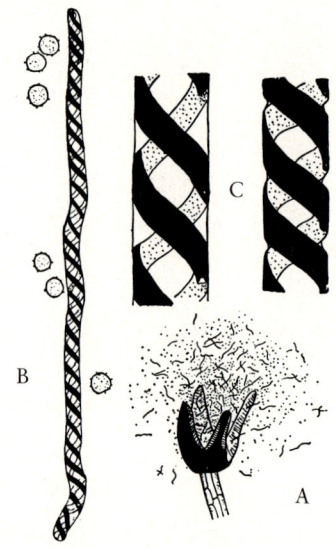

Abb. 531: Elateren des Lebermooses *Cephalozia bicuspidata*. A aufgesprungene Kapsel, B einzelne Elatere mit Sporen, C Stück aus einer Elatere, links mit Wasser gefüllt, rechts nach teilweiser Verdunstung des Füllwassers. (Nach INGOLD, A 6 ×, B 100 ×, C 425 ×)

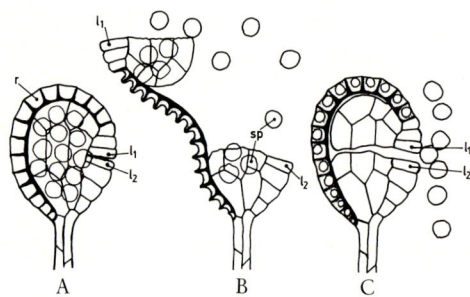

Abb. 530: Kohäsionsmechanismus beim Anulus des Sporangiums von *Dryopteris*. A Noch geschlossenes Sporangium. B Aufreißen. C Endzustand nach dem Wiederzusammenschnellen. r Anulus, in b Zellen außen durch Kohäsionszug des Wassers zusammengezogen, in C Spannung durch eingedrungene Luftblasen aufgehoben. l_1, l_2 Peristomiumzellen, sp Sporen. (Nach METZNER, aus STOCKER)

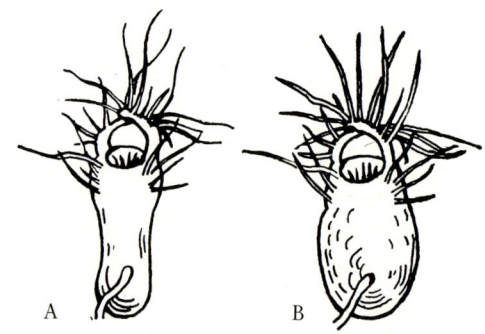

Abb. 532: *Utricularia exoleta*. Aufsicht auf die Blasen von unten. A vor, B nach der Schluckbewegung. (Nach BÜNNING, etwa 10 ×)

Spannungen in den einzelnen Anuluszellen. Jedes «Springen» einer Zelle führt zu einem Ruck; insgesamt kehrt demnach die zurückgebogene Sporangienwand «rüttelnd» in ihre Ausgangslage zurück und schleudert dabei die Sporen aus. Auf einem ganz ähnlichen Mechanismus beruht auch die Öffnung der Antheren, wo die in der Antherenwand liegenden Faserzellen (s. S. 763 u. Abb. 870E, 880E) des Endotheciums aufgrund ihrer Wandaussteifungen ähnlich wie die Anuluszellen wirken. Auch in den Wandungen der Sporenkapseln und bei den Elateren vieler Leber-

moose sind ähnliche Kohäsionsmechanismen wirksam (Abb. 531).

Die seitliche Eindellung und Spannung der *Utricularia*-Blasen (Abb. 532, vgl. auch S. 208) vor dem Schluckakt beruht ebenfalls auf der Adhäsion des Wassers an der Innenwand der Blase und auf der Kohäsion im Füllwasser, wobei etwa 40% durch aktive Pumpleistung der Blasenwand nach außen geschafft werden. Hier ist das Zustandekommen der Kohäsionsspannung also ausnahmsweise an die Tätigkeit lebender Zellen gebunden.

Dritter Teil
Evolution und Systematik

Erster Abschnitt

Allgemeine Grundlagen

Die Formenfülle der Lebewesen ist kaum überschaubar: Wohl kein Individuum gleicht dem anderen völlig, selbst innerhalb eng verwandter Fortpflanzungsgemeinschaften findet man starke Variation, besonders auffällig z.B. beim Menschen selbst oder bei seinen Nutztieren und -pflanzen. Dazu kommt die Vielzahl der Sippen: Gegenwärtig dürften über 500 000 Pflanzen- und mehr als zwei Millionen Tier-Arten die Lebensräume unserer Erde bevölkern. Ihre Differenzierung und Merkmalsausbildung steht vielfach in Beziehung zur Umwelt und hat Anpassungswert.

Diese Formenfülle der heutigen Lebewesen tritt uns nicht als ein Formenkontinuum entgegen: Ganz allgemein bilden Fortpflanzungsgemeinschaften nämlich gegeneinander abgrenzbare Sippen, die sich ihrerseits wieder zu unter- und übergeordneten Gruppen zusammenfügen. Unsere Lebenswelt ist also diskontinuierlich und hierarchisch gegliedert.

Diese Tatsache war schon in vorwissenschaftlicher Zeit Voraussetzung für eine entsprechende hierarchische Begriffsbildung, etwa Rot-, Schwarz- und Leg-Föhre = Föhren (Kiefern); Föhre, Lärche, Fichte und Tanne = Nadelbäume. Solche Namen

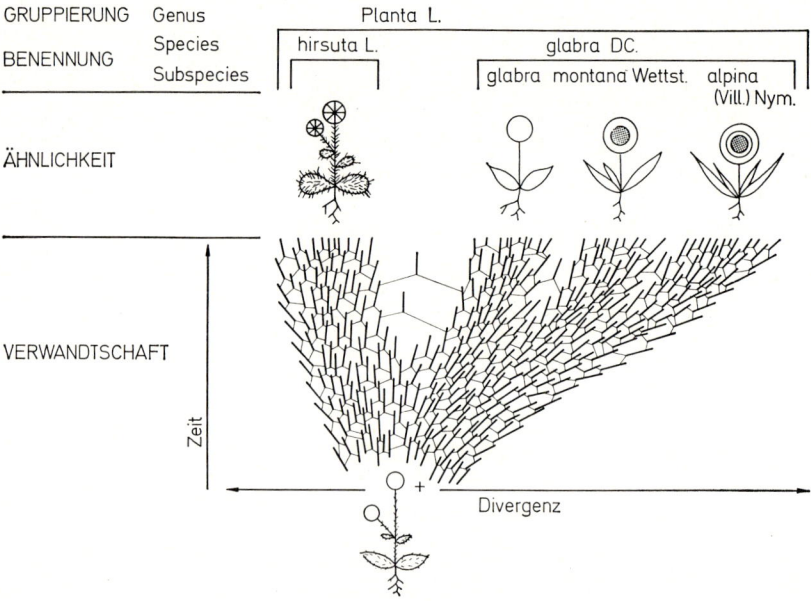

Abb. 533: Modell einer Verwandtschaftsgruppe und Fragestellung der Systematik. Verwandtschaft: Stammbaum mit individuellen Keimbahnen in einem Koordinatensystem Zeit/Divergenz, ausgestorbene Stammform (+) und heutige Abkömmlinge; Ähnlichkeit; Einstufung und Benennung: Taxa verschiedener Rangstufe (mit Phantasie-Namen).

und Gruppierungsversuche erleichtern gegenüber den fast unüberschaubar großen Zahlen der Individuen und Einzelsippen Orientierung und Überblick.

Aus diesen einleitenden Überlegungen ergeben sich folgende Fragen:

1. Was sind die Grundlagen für Vererbung, Variation und Anpassung in den Fortpflanzungsgemeinschaften, und wodurch entstehen Isolation und Diskontinuität zwischen den Sippen?

2. Ist die Bildung und hierarchische Gliederung der Sippen das Ergebnis verwandtschaftlicher Differenzierung und stammesgeschichtlicher Entfaltung, und welche Prozesse sind dabei wirksam?

3. Wie kann die abgestufte Ähnlichkeit der Lebewesen aufgeklärt werden, und ergeben sich daraus auch Rückschlüsse auf die Stammesgeschichte?

4. Wie können die Pflanzen- und Tiersippen wissenschaftlich gruppiert und weltweit verbindlich benannt werden?

Auf diese Fragen versuchen Genetik (1) und Evolutionsforschung (2), Systematik und Phylogenetik (3) sowie Taxonomie und Nomenklatur (4) Antworten zu geben. Einiges Grundsätzliche dazu wollen wir am Modell einer Verwandtschaftsgruppe Höherer Pflanzen mit Fremdbefruchtung erläutern (Abb. 533).

1. Verwandtschaft und Variation

Die konkrete Grundlage der Verwandtschaft sind die körperlich-cellulären Keimbahnen, die alle Individuen einer Fortpflanzungsgemeinschaft (Population) in raum-zeitlicher Form miteinander verbinden. «Keimbahn» kennzeichnet dabei im weiteren Sinn jede zwischen der Bildung von Keimen – vgl. S. 210 – liegende Zellabfolge (Abb. 533): Die Ontogenie jedes Individuums beginnt mit der Verschmelzung der elterlichen Gameten und endet mit seinem Tod. Die Kontinuität der Entwicklung von einer Generation zur nächsten wird durch die Weitergabe der Keimzellen und der darin enthaltenen Erbanlagen gewährleistet (Vererbung).

Mutative Veränderung und Rekombination der Erbanlagen sind die Grundlage für das Auftreten genetisch verschiedener Individuen und die genetische Variabilität der Fortpflanzungsgemeinschaften. Aus diesem Rohmaterial werden unter dem Einfluß von Selek-

tion und Isolation angepaßte und fortschreitend differenzierte Sippen geformt.

Abb. 533 zeigt die beginnende Auffächerung und Anpassung an montane bis alpine Lebensräume bei den Subspecies «glabra», «montana» und «alpina» sowie die Auflösung verwandtschaftlicher Bindungen bis auf vereinzelte sterile Hybriden bei «Planta hirsuta» und «P. glabra»).

All diese Aspekte der biologischen Formbildung lassen sich mit Hilfe von Kreuzungsexperimenten und anderen Methoden der **Genetik** (Vererbungslehre) analysieren.

2. Sippenbildung und Evolution

Unsere Modellgruppe «Planta» illustriert die Vorstellung, daß Sippen als Abstammungsgemeinschaften im Zuge der Stammesgeschichte (Phylogenie = Phylogenese) immer stärker divergieren. Schließlich werden die Kreuzungsbarrieren unüberbrückbar, die Bindeglieder zwischen den Sippen sterben aus: So entsteht Diskontinuität.

Nach der früheren oder späteren Trennung ihrer Keimbahnverbindungen sind diese Abstammungsgemeinschaften (Sippen) weiter oder enger miteinander verwandt und hologenetisch verknüpft (Hologenie, Hologenese = Ontogenie + Phylogenie; Abb. 534, vgl. auch S. 7). Im «Stammbaum» bilden die «Querschnitte» der letzten «Verzweigungen» die gegeneinander mehr-minder klar abgegrenzten Sippen der Gegenwart; sie werden durch verschieden weit in der Vergangenheit zurückliegende Stamm-Sippen zu einer durchaus konkreten, raum-zeitlichen Sippen-Hierarchie zusammengefaßt. Diese These der **Evolutionsforschung** wird als Abstammungslehre heute allgemein anerkannt. Die Ursachen und Triebkräfte der stammesgeschichtlichen Entfaltung der Lebewesen sind allerdings noch keineswegs restlos geklärt; mit ihrer Untersuchung stehen wir an einem zentralen Problem der gesamten Biologie.

3. Ähnlichkeit und Abstammung

Einen unmittelbaren Zugang zu den weit in die Vergangenheit zurückreichenden Verwandtschaftsbeziehungen und damit zur Sippenbildung und Stammesgeschichte der Lebewesen haben wir nicht. Nun ist aber Verwandtschaft bekanntlich bis zu einem gewissen Grad mit Ähnlichkeit gekoppelt, was auf Gemeinsamkeiten des über die Keimbahnen weitergegebenen Erbgutes beruht (Abb. 533).

Daß diese Korrelation beschränkt ist und nicht zu voreiligen Schlüssen verführen darf, wissen wir von menschlichen Doppelgängern und von der nur äußeren Ähnlichkeit bei Haien und Delphinen oder bei verschiedenen Stammsucculenten (Abb. 225: analoge Konvergenz, vgl. S.7 und 195). Überhaupt läßt sich aufgrund von Einzelmerkmalen keine spezielle Verwandtschaftsforschung treiben (z.B. Haar- und Augenfarbe beim Menschen, oder Blattlänge bei «Planta», Abb. 533: «P. hirsuta» und «P. glabra subsp. glabra» stimmen in dieser Hinsicht überein!).

Rückschlüsse auf den Grad der Verwandtschaft erhalten eine gewisse Fundierung erst durch Berücksichtigung und Vergleich möglichst vieler Merkmale: vom makroskopischen Bereich der äußeren Gestalt (vgl. z.B. Wuchs, Verzweigung, Behaarung, Form

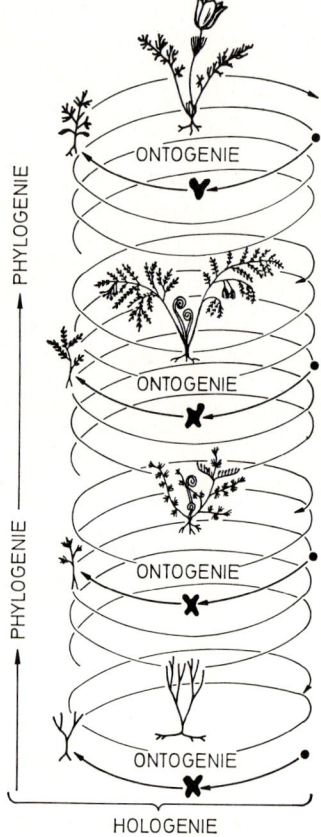

Abb. 534: Ontogenien + Phylogenie = Hologenie. Schema der Entwicklung der Cormophyten von der Psilophytenstufe (vom Obersilur an) über die Farnstufe (vom Mitteldevon an) und Samenfarnstufe (vom Oberdevon an) zur Angiospermenstufe (bis zur Gegenwart); Zeitraum etwa 400 Mio. Jahre. (Nach ZIMMERMANN.)

und Größe der Blätter, Struktur und Größe der Blüten bei «Planta», Abb. 533) bis zum molekularen Bereich der chemischen Inhaltsstoffe und zum physiologisch-ökologischen Bereich der Lebensabläufe. All dieses Vergleichen ist **Systematik** und ermöglicht Erfassung, Abgrenzung und Ähnlichkeitsbestimmung der heutigen Sippen sowie Erhellung ihrer Baupläne.

Darüber hinaus erlauben historische Dokumente (Fossilien), gerichtete Merkmalsreihen (Progressionen), Sippenareale (als Ausdruck räumlichen Werdens) sowie cytogenetische Methoden (z.B. experimentelle Rekonstruktion der Sippenentstehung) eine zumindest annähernde Aufklärung der Stammesgeschichte und führen zur **Phylogenetik**, also zur historisch-kausalen Interpretation der Sippen und ihrer Baupläne. Systematik und Phylogenetik beruhen daher auf einer fortlaufenden Synthese unseres gesamten, derzeit allerdings noch sehr lückenhaften Wissens über die Organismen.

4. Gruppierungen und Benennung

Die Erkenntnisse der Systematik über die Abgrenzung und die natürlichen Verwandtschaftsbeziehungen der Sippen bilden die Grundlage für ihre Gruppierung durch die **Taxonomie.** Dabei wird für die Gruppierung ein abstraktes System von hierarchischen Kategorien verwendet (z.B. Gattung = Genus, Art = Species, Unterart = Subspecies: Abb. 533); es wird auf die erkannten konkreten Sippen bezogen und soll als «natürliches System» ihre verwandtschaftsbedingte Hierarchie so gut wie möglich nachzeichnen. Taxonomisch eingestufte Sippen beliebiger Rangordnung sind nun zu Taxa (sing. Taxon) geworden («Sippe + Kategorie = Taxon») und erhalten nach bestimmten Regeln wissenschaftliche (meist lateinische) Namen. Die Benennung von Taxa beruht auf der seit 1753 üblichen binären **Nomenklatur** mit Gattungs- (z.B. «Planta») und Artnamen (z.B. «Planta hirsuta»).

Supraspezifische Taxa (z.B. Familien) sind demgegenüber übergeordnet, infraspezifische (z.B. Unterarten: «subsp. montana») dagegen untergeordnet. Allenfalls beigegebene Abkürzungen stehen für die Erstbeschreiber der Taxa (z.B. L. = C. LINNAEUS, DC. = A.P. DE CANDOLLE).

Das hierarchische taxonomische System und die damit verknüpften Namen sind Ausdruck unseres derzeitigen Wissens von der abgestuften Ähnlichkeit bzw. Verwandtschaft der Pflanzen. Damit ist nicht nur der notwendige Überblick über die Formenfülle, sondern auch eine sonst nicht erreichbare Möglichkeit für die Generalisierung, Wiederholung und sogar Vorhersage von Versuchsergebnissen und Merkmalsanalysen bei demselben Taxon oder nahestehenden Taxa gegeben. Neue Erkenntnisse machen bei einem solchen System allerdings immer wieder Änderungen der Gruppierung und Benennung erforderlich. Abgesehen davon muß die Taxonomie aber natürlich bestrebt sein, eine möglichst weitgehende Stabilisierung der wissenschaftlichen Pflanzennamen zu erreichen, denn sie stellen ja den wichtigsten Schlüssel zur botanischen Literatur und die Grundlage internationaler Verständigung dar.

Wir sehen also, daß botanische Genetik, Evolutionsforschung, Phylogenetik, Systematik und Taxonomie nicht nur eine Synthese unserer gesamten Kenntnisse über alle Pflanzen anstreben, sondern gleichzeitig auch die Grundlage für jede weiterführende Erforschung und Nutzung der Pflanzenwelt darstellen.

I. Genetik und Evolutionsforschung

Die molekulare Grundlage der Vererbung wird bei allen Lebewesen durch die Desoxyribonucleinsäure (DNA) gebildet (vgl. S. 24 ff.). Als «Doppelhelix» ist sie zur «semikonservativen Reduplikation» befähigt und ermöglicht damit die exakt identische Weitergabe der in Form von bestimmten Nucleotidsequenzen gespeicherten Erbinformation von Zellteilung zu Zellteilung und von Generation zu Generation. Bei allen eukaryotischen Organismen fungieren die Chromosomen als wichtigste Träger der DNA. In der Mitose fällt ihnen als Transportchromosomen die Aufgabe einer exakten Weitergabe der reduplizierten DNA an die Tochterkerne zu, in der Meiose sind die Chromosomen Träger des Rekombinationsgeschehens (vgl. S. 43 ff., 491 ff.).

Die in der DNA niedergelegte Erbinformation wird wirksam durch ihre Fähigkeit, die Proteinsynthese und damit alle Lebensvorgänge zu steuern. Dieser grundlegende Vorgang

ist an die Teilprozesse der Transkription und Translation gebunden (vgl. S. 30, 294 ff.). Das Erscheinungsbild (Phaenotypus) jedes Individuums realisiert sich im dauernden Wechselspiel zwischen seiner im Erbgut (Genotypus) festgelegten Reaktionsnorm und seinem Innen- bzw. Außenmilieu (vgl. S. 489 ff.).

Reduplikation und Steuerfunktion der DNA sind für die Entwicklung und Funktion des Einzelindividuums entscheidend und wurden daher bereits in den Abschnitten «Morphologie» (S. 26 ff.) und «Physiologie» (S. 294 ff.) ausführlich beschrieben. Wesentliche Aspekte der Genetik ergeben sich aber weiter aus der Vererbung, Rekombination und Veränderung (Mutation) der DNA bzw. des Erbgutes. Diese Prozesse sind vorzüglich ein Generationsproblem und von entscheidender Bedeutung für die Formbildung und Evolution; sie sollen daher in diesem Teil des Lehrbuches behandelt werden.

Die Vorstellungen über die Vererbung und ihre Grundlagen waren trotz ihrer Bedeutung für die Pflanzen- und Tierzucht und für den Menschen selbst bis ins späte 19. Jahrhundert nur sehr verschwommen. Die grundlegende Erkenntnis von den zahlenmäßigen Gesetzmäßigkeiten bei der Weitergabe der partikulären Erbanlagen, die der Augustinermönch G. Mendel 1865 in seiner berühmten Schrift «Versuche über Pflanzenhybriden» vorgelegt hatte, blieb unbeachtet. Erst mit der Wiederentdeckung dieser Mendelschen Vererbungsregeln im Jahr 1900 durch H. de Vries, C. Correns und E. Tschermak von Seysenegg war der Durchbruch zur heute weithin selbständigen biologischen Forschungsdisziplin der Genetik gegeben. Es folgten die Entdeckungen von Mutationen (H. de Vries) und Biotypen, die Erkenntnis vom Geno- und Phaenotypus (W.L. Johannsen), die Einführung der Fruchtfliege (Drosophila) als Versuchsobjekt und die Entdeckung der Genkoppelung (T.H. Morgan). Schon Anfang des 20. Jahrhunderts wurde die Chromosomentheorie der Vererbung begründet und mit der Polyploidieforschung und der Entdeckung der Riesenchromosomen bei Dipteren als Cytogenetik zu Höhepunkten in den 30er Jahren weitergeführt. Parallel dazu entwickelte sich aus mathematischen Überlegungen über Genhäufigkeiten in Populationen (G.H. Hardy, W. Weinberg) die Populationsgenetik und aus der experimentellen Erhöhung der Mutationsrate durch Röntgenstrahlen (H.J. Muller) die Strahlengenetik. Ein weiterer Durchbruch wurde in den 40er Jahren durch die Einführung von Viren und Bakterien in die Genetik (M. Delbrück, J. Lederberg) sowie durch die Verbindung mit der Biochemie zur Genphysiologie erzielt. Schließlich führte die Entdeckung der DNA als Erbträger (O.T. Avery) und das Verständnis ihrer Doppelhelix-Struktur (J.D. WATSON und F.H.C. CRICK) zur Aufklärung des genetischen Code und der Proteinsynthese in den 60er Jahren. In letzter Zeit hat die Genetik vor allem durch DNA-Sequenzierung, Gen-Klonierung und die Technik der somatischen Zellfusionierung große Fortschritte erzielt.

Die frühere Annahme, daß die Pflanzen- und Tiersippen selbständig und unabhängig voneinander erschaffen wurden bzw. entstanden seien, ist namentlich unter dem Einfluß DARWINS durch die Abstammungslehre (Descendenztheorie) ersetzt worden. Danach sind alle Lebewesen miteinander verwandt; durch Umformung von Gestalt und Lebensweise haben sich aus vielfach einfacheren, vorzeitlichen Vorfahren die heutigen Pflanzen und Tiere entwickelt.

Die überzeugendsten Beweise für die Abstammungslehre sind: grundsätzliche Übereinstimmung in den molekularen Grundlagen der Lebensvorgänge bei allen Organismen (z.B. 16 ff.), fossile Dokumente zur allmählichen Herausbildung der heutigen Sippen, ausgestorbene Stammformen (z.B. S. 720 f., 772 ff.), Hierarchie der Baupläne bei Pflanzen und Tieren (z.B. Abb. 973), Auftreten von Rudimenten (z.B. Abb. 583) und Atavismen (Rückschläge zu ursprünglicheren Merkmalen; z.B. Abb. 203, 548 II B), sowie abgestufte Kreuzbarkeit (z.B. Abb. 572) und experimentelle Wiederholung des Artbildungsvorganges (z.B. S. 530 f.).

Als wichtigste Ursachen für die stammesgeschichtliche Entfaltung der Organismen und ihre Anpassung an die Umwelt postuliert die moderne synthetische Evolutionstheorie vor allem:

1) Mutation und Rekombination verändern den Genotypus (die Gesamtheit der Erbanlagen) der Individuen und steuern die phänotypische Variation der Populationen.

2) Selektion und Isolation greifen an dieser phänotypischen Variation an und ermöglichen Anpassung, Differenzierung und schließlich Divergenz der Sippen.

Auch die Evolutionsforschung konnte sich als biologische Fachrichtung erst spät durchsetzen. Von der Antike bis ins 18. Jahrhundert hatte man die Entstehung der Arten auf Urzeugung, sprunghafte Transformationen (z.B. Würmer aus Tierkadavern) oder göttliche Erschaffung zurückgeführt. Vielfach war damit die Ansicht der Artkonstanz verbunden (z.B. beim jungen C. v. LINNÉ = C. LINNAEUS, 1707–1778). Seit der Mitte des 18. Jahrhunderts beginnen sich aber Vermutungen zu regen (so auch

schon beim älteren LINNÉ), daß die abgestufte Ähnlichkeit der Organismen auf ihre abgestufte Verwandtschaft, die «Stufenleiter» von einfachen zu komplexen Formen auf Evolution zurückzuführen sei, und daß die infraspezifische Variabilität als Vorstufe der Artbildung aufgefaßt werden könne. J.B. LAMARCK (1744–1829) ist ein wichtiger Wegbereiter dieser Abstammungslehre, CH. DARWIN (1809–1882) verhilft ihr 1859 mit seinem Werk «On the Origin of Species» zum endgültigen Durchbruch. Als Ursache für die Evolution hatte man teilweise schon seit der Antike ein aktives «Sich-Anpassen» der Organismen an die Umwelt, sogar die Entstehung neuer Organe infolge entsprechender «Bedürfnisse» und schließlich die Vererbung solcher «erworbener Eigenschaften» postuliert (sog. «Lamarckismus»). DARWIN stellte demgegenüber die richtungslose Variation und die Bevorzugung besser angepaßter Individuen im «Kampf ums Dasein» infolge Auslese (Selektion) als Triebfeder der Evolution heraus (sog. «Darwinismus»). Während die Thesen des Lamarckismus im wesentlichen unbewiesen blieben, hat die Selektionstheorie bis heute ihre Gültigkeit behalten. Dazu wurden seither allerdings weitere, in ihrer Bedeutung zuerst vielfach zu einseitig interpretierte Evolutionsfaktoren erkannt, etwa geographische Isolation (besonders M. WAGNER, A. KERNER v. MARILAUN, Mutation (besonders H. DE VRIES), Hybridisierung (besonders J.P. LOTSY, E. ANDERSON), Rekombination (im Gen-Pool der Populationen, z.B. S. WRIGHT), genetische Isolation (infolge Kreuzungsbarrieren, z.B. TH. DOBZHANSKY) usw. Daraus resultierte schließlich die heute allgemein akzeptierte synthetische Evolutionstheorie.

A. Variation und Vererbung

Die Mannigfaltigkeit unterschiedlicher Merkmalsausbildungen bei Individuen einer Fortpflanzungsgemeinschaft und ihre Weitergabe durch die Vererbung ist uns vertraut: Sie tritt uns nicht nur in menschlichen Populationen entgegen (z.B. Augen- oder Haarfarbe), sondern auch bei Pflanzen, als kontinuierliche Variation etwa hinsichtlich der Größe von Samen aus einem Bohnenfeld (Abb. 536), als diskontinuierliche Variation etwa hinsichtlich der Zahl der Perigonblätter bei der Sumpf-Dotterblume *(Caltha palustris)* oder der Blütenfarbe bei der Wunderblume *(Mirabilis jalapa*, Abb. 539: weiß, rosa, rot etc.). Dabei finden wir Merkmalsunterschiede teils schon innerhalb eines Einzel-Individuums (intra-individuell), teils innerhalb der Populationen, aber auch zwischen ihnen: Intra- und Interpopulations-Variation (Abb. 535). Im folgenden wird zu zeigen sein, auf welche Ursachen diese Variation zurückzuführen ist, wie sie durch Vererbung weitergegeben wird und inwieweit sie als Grundlage für die Sippenbildung und Evolution der Pflanzen in Frage kommt.

1. Ontogenie, Phänotypus und Genotypus

Ein Teil der Variation pflanzlicher Populationen ist ontogenetisch bedingt.

So werden wir etwa bei der Beurteilung der verschiedenen Kronenformen der Fichten auch das unterschiedliche Alter der Individuen berücksichtigen müssen. Wie groß derartige entwicklungsgeschichtlich bedingte Unterschiede im übrigen sein können, zeigen Schleimpilze (Abb. 91), generations- und wirtswechselnde Rostpilze (Abb. 734), gelegentlich als verschiedene Gattungen (!) beschriebene Gameto- und Sporophyten bei Braunalgen (Abb. 658, 660) sowie die Ausbildung sehr unterschiedlicher Blattformen bei der Individualentwicklung von Samenpflanzen (Abb. 196, 203, 207). Um die ontogenetische Komponente der Variation auszuschalten, müssen also gleichartige Entwicklungsstadien und vergleichbare Organe verschiedener Individuen untersucht werden.

Ein weiterer Teil der intra-individuellen sowie der Intra- und Interpopulations-Variation wird durch unterschiedliche Umweltbedingungen ausgelöst, ist also modifikativ. Die Ausbildung von Licht- und Schattenblättern (Abb.

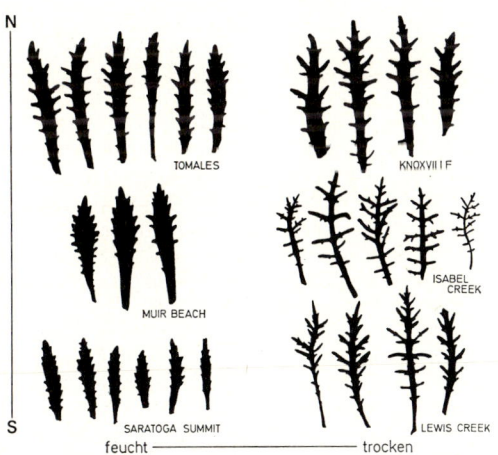

Abb. 535: Variation der Grundblätter innerhalb und zwischen 6 Populationen eines californischen Korbblütlers, *Layia gaillardioides*. Links: Populationen der äußeren, rechts: der inneren Küstenberge. Pflanzen unter gleichartigen Bedingungen kultiviert; jedes Blatt von einem anderen Individuum. (Nach J. Clausen.)

431) an einer Rotbuche ist ganz eindeutig umweltbedingt. Zerteilt man Schafgarben-Pflanzen (*Achillea millefolium* agg.) und läßt die Teile im Tiefland bzw. im Gebirge wachsen, so werden schon nach Monaten auffällige Modifikationen erkennbar (Abb. 537). Nachkommen der Gebirgsmodifikante nehmen aber im Tiefland sofort wieder die Tieflandgestalt an. Die Umweltbedingungen im Gebirge haben also nicht das Erbgut verändert, sondern nur bestimmte, vorher unterdrückte Reaktionsmöglichkeiten zur Ausbildung gebracht bzw. vorher manifestierte unterdrückt.

Bemerkenswerte Modifikationen lassen sich etwa durch Aufzucht von *Euglena*-Arten (z. B. *E. gracilis*; vgl. S. 574f.) im Licht oder im Dunkeln erzielen und bei der Liliacee *Hyacinthus orientalis* kann man selbst noch an Pollenkörnern durch hohe Temperaturen die ♂ Tendenzen unterdrücken und die Bildung von ♀ Embryosäcken hervorrufen. Auch die Geschlechtsdifferenzierung (vgl. S. 512 ff.) läßt sich – besonders bei genotypisch hermaphrodit (also bisexuell) angelegten Organismen – modifikativ verändern. So bilden sich z. B. bei der Volvocale *Haematococcus pluvialis* aus ♀ Zellen im N- und P-freien Kulturmedium Gameten mit ♀ Verhaltensweise und bei weiblichen Lichtnelken (*Silene*) bewirkt Brandpilz-Befall Staubblattentwicklung (vgl. S. 670).

Da die modifizierenden Faktoren auf eine größere Anzahl gleicher Pflanzen oder Pflanzenorgane in der Natur wohl nie in genau derselben Stärke einwirken, ist es nicht verwunderlich, daß selbst Pflanzen mit völlig gleichem Erbgut unter scheinbar konstanten Bedingungen eine gewisse Variabilität zeigen. Zum Beispiel variiert die Größe der Samen bei einer einzigen Bohnenpflanze wie auch zwischen erbgleichen Pflanzen eines gleichartig behandelten Feldes, weil die Ernährungsbedingungen jeder Pflanze und jedes heranreifenden Samens zufallsbedingten Schwankungen unterworfen sind (Abb. 536).

Die Modifikationskurve der Bohnengröße ist kontinuierlich (fluktuierende Modifikation) und nur leicht asymmetrisch. Solche Kurven entsprechen oft weitgehend einer Zufalls-(Binomial-)kurve, weil eben die einzelnen, die Größe fördernden oder hemmenden Faktoren sich rein nach den statistischen Zufallsregeln in ihrer Wirkung kombinieren. Am häufigsten findet man die mittleren Werte, bei denen sich fördernde und hemmende Wirkungen gegenseitig die Waage halten, am seltensten die Extremfälle, wo alle Faktoren gleichzeitig nur hemmend oder fördernd gewirkt haben. Aber wenn man nun unter denselben Bedingungen sowohl von den kleinsten wie von den größten Samen getrennt wieder Pflanzen aufzieht, so zeigen die von diesen Pflanzen geernteten Samen genau die gleiche Modifikationskurve, da die aus den kleinen Samen erwachsenen Exemplare nun nicht etwa kleinere und die Pflanzen aus den großen Samen auch keineswegs größere Bohnen ergeben (vgl. dazu auch S. 491).

Es gibt aber auch stark asymmetrische modifikative Variabilität, so z.B. bei den Perigonblattzahlen der Sumpf-Dotterblume *(Caltha palustris):*

Perigonblätter	5	6	7	8
Blüten	299	85	25	8

Wie können die modifikative und die e r b - l i c h   f i x i e r t e oder g e n e t i s c h e Komponente der Variation getrennt werden? Durch Ausschaltung unterschiedlicher Umwelteinflüsse, also beim Vergleich von nebeneinander am selben Standort wachsenden Individuen, bei Kultur unter möglichst gleichartigen Bedingungen, im Versuchsgarten (Abb. 535, 537, 564, 566) oder noch besser in Klimakammern und womöglich im Nachkommenschaftstest über mehrere Generationen. Dabei treten dann die erblichen Merkmalsunterschiede klar hervor. Erbgleiche Individuen bilden einen B i o t y p . Die Populationen der meisten Organismen mit sexueller Fortpflanzung und Fremdbefruchtung umfassen zahlreiche Biotypen und zeigen starke erbliche Variabilität (Abb. 535, 537, 566). So

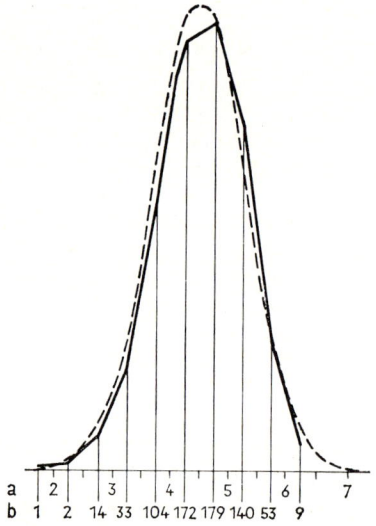

Abb. 536: Kontinuierliche Modifikationskurve der Gewichte von 712 Bohnensamen aus mehreren erbgleichen Individuen. a Gewichte in 0,1 g. b Zahl der Bohnen je 0,05-g-Gewichtsklasse. Ausgezogen: tatsächliche Variation; gestrichelt: theoretische Zufallskurve. Die mittleren Werte treten viel häufiger auf als die extremen. (Nach Johannsen, verändert.)

entstehen Variationskurven, die den Modifikationskurven ähneln können, aber auf genetischen Ursachen beruhen.

Auf das komplexe Zusammenspiel zwischen der Gesamtheit der Erbanlagen (G e n o t y p u s) mit den Umweltbedingungen bei der Ontogenie eines Individuums und der fortschreitenden Entfaltung seines Erscheinungsbildes (P h ä n o - t y p u s) wurde bereits hingewiesen (S. 303, 379 ff.). Demnach werden nicht Merkmale (bzw. Merkmalsunterschiede) vererbt, sondern R e a k t i o n s n o r m e n .

Bei einem amphibischen Hahnenfuß *(Ranunculus peltatus:* Abb. 205 A) entstehen z.B. die Schwimmblätter nur an der Grenzschicht zwischen Wasser und Luft und nur unter Langtagbedingungen; ebenfalls nur im Langtag bilden sich beim Austrocknen von Gewässern im Luftraum die derber zerteilten Landblätter; Unterwasserblätter können sich nur unter Kurztagbedingungen differenzieren (alternative Modifikation). Ähnlich gibt es bei der Chinesen-Primel *(Primula sinensis)* Biotypen, die bei Temperaturen unter 20° rot, über 30° aber weiß blühen, aber auch andere, die immer rot oder immer weiß blühen. Unter bestimmten Temperaturverhältnissen wird man also diese verschiedenen Biotypen phänotypisch nicht unterscheiden können. Solche P h ä n o k o p i e n sind auch die unter Hochgebirgsbedingungen kultivierten Bergrassen (Abb. 537) im Vergleich zu den erblich fixierten Hochgebirgsrassen californischer Schafgarben (Abb. 566). Auch in scheinbar einheitlich zwergwüchsigen Küstenrassen verschiedener Stauden hat man bei Kultur unter normalen Bedingungen nebeneinander erblich fixierte und modifikativ bedingte Zwergformen gefunden. D i e R e a k t i o n s n o r m e n e i n e s G e n o t y p u s offenbaren sich also erst unter v e r s c h i e d e n e n U m w e l t b e d i n g u n g e n (Abb. 537). Dabei weisen verschiedene Sippen, aber auch verschiedene Organe einer Pflanze oft eine sehr unterschiedliche m o d i f i k a t i v e P l a s t i z i t ä t auf.

Modifikationen können unter gewissen Umständen auch über mehrere Generationen erhalten bleiben; man spricht dann von D a u e r m o d i f i k a t i o n e n . Bei schlecht ernährten Radieschenpflanzen unterbleibt z.B. die Verdickung des Hypocotyls. Solche Hungerpflanzen bilden Samen mit wenig Reservestoffen. Infolge dieser P r ä d e t e r m i n a t i o n werden daraus auch unter normalen Kulturbedingungen in der folgenden Generation wieder «Magerpflanzen» mit unverdicktem Hypocotyl, die erst in der Folge wieder reservestoffreiche Samen und Normalpflanzen bilden. Stecklinge des Efeus, die aus der Blütenregion entnommen werden, behalten hartnäckig die für dieses Stadium charakteristische ovale Blattform (s. S. 437, Abb. 467) bei, auch wenn sie sich zu großen Pflanzen entwickelt haben und von diesen immer wieder neue Stecklinge entnommen werden. Erst nach einem Befruchtungsakt bilden sich bei den aus den Samen hervorgehenden Jungpflanzen wieder die normalen gelappten Jugendblätter aus.

Die naheliegende Frage, ob über Dauermodifikationen und Phänokopien nicht auch Veränderungen des Erbgutes erfolgen können, muß offenbar weitestgehend negativ beantwortet werden, da der fast immer einseitige Reaktionsablauf von der DNA zur Proteinsynthese (S.293ff.) eine gezielte Rückwirkung modifizierender Einflüsse von Protoplasma auf die erbtragende DNA ausschließt.

Allerdings ist unter bestimmten Voraussetzungen eine direkte Beeinflussung der DNA bzw. ihrer Bausteine möglich. So rufen gewisse Viren gezielte Veränderungen an der DNA ihrer Wirtszellen hervor (bei gewissen Krebserkrankungen; vgl. S.296). Manche Bakterienstämme können die DNA ihrer Phagen zwar nicht durch Veränderung ihrer Nucleotidsequenz, aber durch Methylierung einiger ihrer Basen (z.B. Cytosin oder Adenin) so verändern und «an sich gewöhnen», daß die Phagen auf anderen, ihnen sonst zugänglichen Stämmen ihre Vermehrungsfähigkeit weitgehend einbüßen. Bei der Transformation werden aus einem abgetöteten Organismus Erbanlagen in Form molekularer DNA in das Genom eines anderen, lebenden Organismus eingeschleust. Solche Gen-Übertragungen wurden nicht nur bei Bakterien (S.501f.) sondern auch bei Höheren Pflanzen festgestellt.

Schließlich rechnet man auch bei anderen, nicht direkt auf die DNA wirkenden, aber länger andauernden modifizierenden Einflüssen damit, daß zufällig in gleicher Richtung zielende Mutationen leichter fixiert werden können («genetische Assimilation», z.B. totale mutative Inaktivierung bzw. Verlust der Chloroplasten in Dunkelkulturen von *Euglena gracilis*).

Angebliche Beweise für die «Vererbung erworbener Eigenschaften» haben sich vielfach widerlegen lassen.

Wird z.B. der S.489f. geschilderte Versuch mit der Weiterzucht jeweils größter und kleinster Bohnensamen nicht mit erbgleichen Individuen, sondern an einer Population durchgeführt, in der hinsichtlich der mittleren Samengröße geringfügig, aber erblich verschiedene Biotypen durcheinander wachsen, so werden die Modifikationskurven der groß- und kleinsamigen Nachkommen verschieden sein: Aber nicht, weil Modifikationen vererbt, sondern weil erbverschiedene Biotypen ausgelesen (selektiert) wurden (vgl. dazu auch Abb.563).

2. Kreuzungsversuch und Weitergabe der Erbanlagen

Im Kreuzungsversuch wird das Erbgut genotypisch verschiedener Individuen (Biotypen) zusammengebracht. In den Nachkommen kann dann die Weitergabe und Rekombination der Erbanlagen (Gene) verfolgt werden. Der Kreuzungsversuch ist die wichtigste Methode der Genetik, um die Natur und Funktion der Erbanlagen zu erforschen. Eukaryotische Organismen können bei Fähigkeit zur sexuellen Fortpflanzung (Verschmelzung ganzer Geschlechtszellen: Plasmogamie und Karyogamie, Meiose und Bildung neuer Geschlechtszellen) miteinander gekreuzt werden. Wirken sich die analysierten Erbanlagen vor allem in der Haplophase (vgl. S.59) aus, so spricht man von haploge-

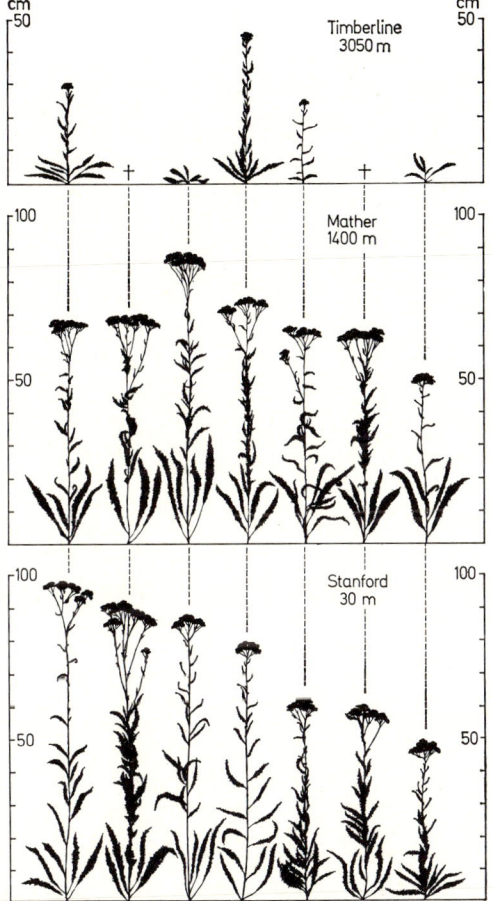

Abb.537: Experimentell ausgelöste Modifikationen bei einer californischen Schafgarbe (*Achillea lanulosa*, tetraploid): Vegetativ vermehrte Teile (Klone) von 7 Individuen aus einer Population der Bergstufe der Sierra Nevada (Mather) in 3 Versuchsgärten: Stanford (30 m), Mather (1400 m) und Timberline (3050 m). Erbliche Unterschiede zwischen den Individuen, u.a. unterschiedliche Reaktionsnorm jedes Individuums in verschiedener Seehöhe. (Nach CLAUSEN, KECK & HIESEY.)

notypischer Vererbung, bei Genexpression in der Diplophase liegt dagegen diplogenotypischer Erbgang vor. Besondere Vererbungserscheinungen sind bei Genen zu erwarten, die nicht im Zellkern bzw. in den Chromosomen lokalisiert sind (extrachromosomale Vererbung). Schließlich lassen sich Kreuzungsversuche aber auch mit prokaryotischen Organismen (Bakterien) und sogar mit Viren durchführen, obwohl hier echte Sexualität, Meiose und eigentliche Chromosomen als Erbträger fehlen. Bemerkenswerte Experimente der letzten Zeit haben auch die vegetative Hybridisierung isolierter pflanzlicher Protoplasten und ihre Weiterzucht ermöglicht (vgl. S. 525).

a) **Haplogenotypische Vererbung.** Einfache Vererbungsverhältnisse bei *Eukaryota* können am Beispiel eines einzelligen grünen Flagellaten, *Chlamydomonas reinhardii* (vgl. S. 581 ff.), demonstriert werden, der sich gut kultivieren und experimentell manipulieren läßt. Es handelt sich um einen Haplonten (S. 59), bei dem Mitosen, vegetative Fortpflanzung und Merkmalsdifferenzierung in der Haplophase (n) erfolgen, Gameten-Paarung und Zygotenbildung ist nur zwischen Klonen mit erblicher, aber äußerlich nicht erkennbarer, unterschiedlicher Geschlechtsdifferenzierung (+ und −) möglich. Aus der diploiden Zygote (2n) entstehen nach der Meiose Tetraden mit 4 Meiosporen, die sich als Schwärmer weiter entwickeln.

Analysiert man die Nachkommen einer Tetrade (Abb. 538 A), so findet man immer 2 Schwärmer, die später +Gameten und 2 Schwärmer, die −Gameten liefern (Eltern-Zweiertyp). Die Anlagen für das spezifische Geschlechtsverhalten werden also von beiden elterlichen Gameten an die Schwärmer weitergegeben. Die einfachste Erklärung für das konstante Zahlenverhältnis 2 : 2 ist die, daß die Anlage für das

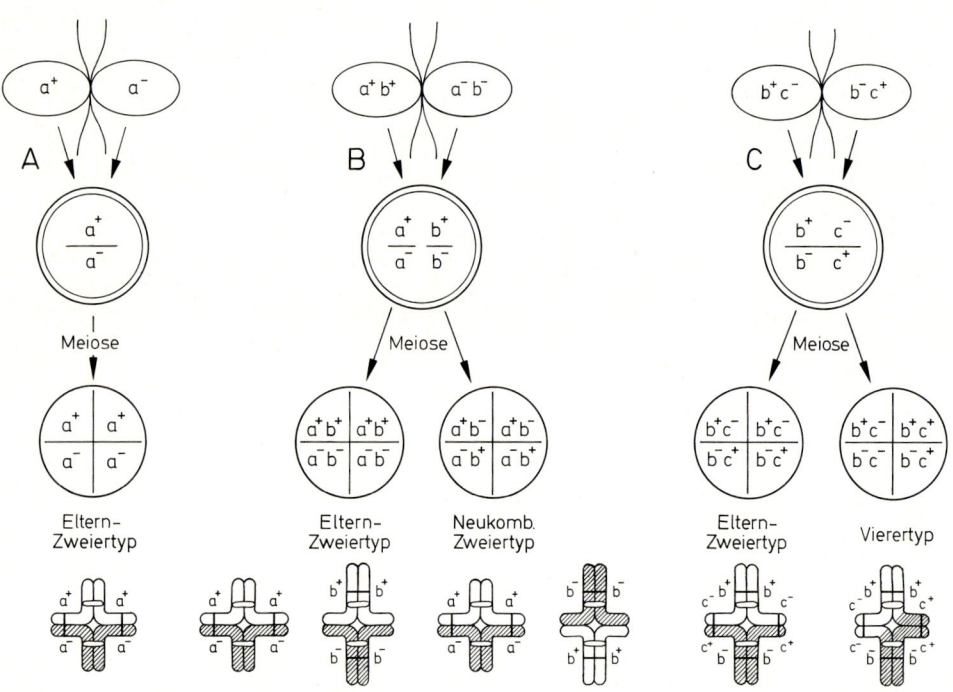

Abb. 538: Haplogenotypische Vererbung bei *Chlamydomonas reinhardii* (schematisch); oben Gameten (n), darunter Zygote (2n), Tetraden mit 4 Meiosporen (n) und Chromosomenbivalente (Metaphase I der Meiose) mit 4 Chromatiden (Herkunft von den Elternindividuen durch Weiß bzw. Schraffierung verdeutlicht); die Erbanlagen sind durch Buchstaben und Marken an den Chromatiden, ihre verschiedene Ausbildung (Allele) durch + und − gekennzeichnet. A Ein-Faktor-Kreuzung: Unterschied in einer Erbanlage (a); B und C Zwei-Faktoren-Kreuzungen: Unterschiede in zwei Erbanlagen, die entweder auf verschiedenen Chromosomen (B: a und b) oder auf einem Chromosom liegen (C: b und c, Koppelung; Rekombination nur aufgrund von Crossing-over: Viertyp). In den Tetradenschemata sind nur die wichtigsten Aufspaltungsmöglichkeiten dargestellt. (Teilweise nach Grell, verändert.)

Geschlechtsverhalten (hier als a bezeichnet) in einem Chromosom liegt und entweder in + oder —Form ausgebildet ist; von den Gameten werden die Erbanlagen a$^+$ und a$^-$ in die Zygote eingebracht und aufgrund der Meiose im Verhältnis a$^+$/a$^+$/a$^-$/a$^-$ auf die Meiosporen aufgeteilt (Abb. 45, 538 A). Unser erster Kreuzungsversuch weist also darauf hin, daß in den Chromosomen **partikuläre Erbanlagen** (auch **Gene** oder Erbfaktoren genannt) vorliegen. Die beiden gekreuzten Individuen unterscheiden sich in einer Erbanlage (Ein-Faktor-Kreuzung). Die untersuchte Anlage ist für die haplogenotypische Geschlechtsbestimmung verantwortlich. Ihre beiden Ausbildungszustände (Allele) sind a$^+$ und a$^-$ und alternieren; ein Gen kann an seinem Ort (Locus) jeweils nur durch eines seiner Allele vertreten sein (vgl. dazu auch S. 494, 503, 505).

Bei *Chlamydomonas reinhardii* läßt sich cytologisch kein Unterschied feststellen zwischen den Chromosomen, welche die geschlechtsbestimmenden Faktoren a$^+$ und a$^-$ tragen. Bei anderen Organismen mit haplogenotypischer Geschlechtsbestimmung sind die einander homologen ♀ und ♂ Geschlechtschromosomen (X und Y) auch ihrem Aussehen nach sehr verschieden geworden (z.B. bei *Sphaerocarpos*, Abb. 556, 749 A; hier läßt sich der Zusammenhang zwischen Geschlechtsvererbung und meiotischer Chromosomenverteilung augenscheinlich demonstrieren).

Bei *Chlamydomonas reinhardii* finden sich Biotypen mit erblichen Chlorophyll-Defekten, die nicht grüne, sondern gelbliche Chloroplasten bilden (z.B. Stamm ac-31). Vermischt man +Gameten der Normalform mit —Gameten eines gelblichen Biotyps, so ergibt die Analyse (Abb. 538 B), daß aus jeder Tetrade dieses Kreuzungsversuches wieder je 2 grüne und 2 gelbliche Meiosporen entstehen. Auch die Erbanlage für die Chlorophyllbildung (b) wird also in normaler (b$^+$) oder defekter (b$^-$) Form von den Gameten über die Zygote und Meiose unverändert, unvermischt und im Verhältnis 2:2 an die Nachkommen weitergegeben.

Bemerkenswert am Kreuzungsversuch zwischen grünen +Individuen (mit der Erbformel a$^+$ b$^+$) und gelblichen —Individuen (a$^-$ b$^-$) ist, daß in der Nachkommenschaft nicht nur den Elternstämmen entsprechende Individuen entstehen, sondern auch neue Kombinationstypen, also a$^+$ b$^-$ und a$^-$ b$^+$, und zwar a$^+$ b$^+$: a$^-$ b$^-$: a$^+$ b$^-$: a$^-$ b$^+$ im Verhältnis 1:1:1:1 (Abb. 538 B). Die Erklärung für das Ergebnis dieses Kreuzungsversuches mit zwei verschiede-

nen Erbanlagen (Zwei-Faktoren-Kreuzung) ergibt sich wiederum aus der Tetradenanalyse: Dabei finden wir nämlich etwa gleich viele Eltern-Zweiertypen (a$^+$ b$^+$ / a$^+$ b$^+$ / a$^-$ b$^-$ / a$^-$ b$^-$) und neukombinierte Zweiertypen (a$^+$ b$^-$ / a$^+$ b$^-$ / a$^-$ b$^+$ / a$^-$ b$^+$). Die Erbanlagen a und b liegen demnach auf verschiedenen Chromosomen und es bleibt dem Zufall überlassen, ob die beiden von einem Elter stammenden Chromosomen in der Anaphase I der Meiose zum gleichen oder zu verschiedenen Polen wandern, wobei entweder Eltern-Zweiertypen oder neukombinierte Zweiertypen entstehen.

Dieser Kreuzungsbefund an *Chlamydomonas reinhardii* zeigt neuerlich, daß die **Gene** durch ihre verschiedenen Ausbildungszustände (**Allele**) faßbar werden: a$^+$ und a$^-$, b$^+$ und b$^-$ sind verschiedene Allele der Gene a und b. In verschiedenen Chromosomen des haploiden Satzes lokalisierte Gene werden mit den Chromosomen durch die elterlichen Gameten an die Zygote weitergegeben und aufgrund der freien Rekombination der elterlichen Chromosomen in der Meiose den Gesetzen des Zufalls folgend auf die Nachkommenschaft aufgeteilt (**interchromosomale Rekombination**; vgl. auch S. 55).

Manche Kreuzungsexperimente an *Chlamydomonas* lassen allerdings an der freien Kombinierbarkeit der Erbanlagen zweifeln. Wenn man z.B. den grünen, aber durch unbewegliche Geißeln ausgezeichneten Stamm pf−1 (b$^+$ c$^-$) mit dem gelblichen, aber beweglichen Stamm ac−31 (b$^-$ c$^+$) kreuzt, so erhält man überwiegend Tetraden des Eltern-Zweiertyps b$^+$ c$^-$ / b$^+$ c$^-$ / b$^-$ c$^+$ / b$^-$ c$^+$) und demnach einen Überschuß von den Eltern entsprechenden Individuen b$^+$ c$^-$ und b$^-$ c$^+$. Seltener findet man allerdings auch Tetraden eines Vierertyps mit 4 verschiedenen Schwärmern: b$^+$ c$^-$ / b$^+$ c$^+$ / b$^-$ c$^-$ / b$^-$ c$^+$ und damit auch einen geringen Anteil von neuen Kombinationstypen. Wie Abb. 538 C darlegt, ist die relative **Koppelung** der Gene b und c darauf zurückzuführen, daß sie auf ein und demselben Chromosom liegen und nur durch Faktorenaustausch oder **Crossing-over** (S. 56 ff.) neu kombiniert werden können. Außer der meiotischen Rekombination ganzer Chromosomen läßt sich auf genetischem Weg also auch eine reziproke Rekombination von homologen Chromosomenabschnitten nachweisen (**intrachromosomale Rekombination**; vgl. auch S. 55 ff.).

Wir sehen aus diesen Beispielen, daß die Gesetzmäßigkeiten der Vererbung eukaryotischer

Organismen auf den Gesetzmäßigkeiten von Sexualität, Karyogamie und Meiose beruhen.

Besonders überzeugend läßt sich dieser Zusammenhang zwischen Vererbung und Meioseablauf an Genen demonstrieren, welche die Farbe der haploiden Meiosporen bei Ascomyceten beeinflussen (wegen der Entwicklungsgeschichte vgl. S. 59, 653 ff.). Abb. 50 zeigt als Beispiel die Aufspaltung des Gens für schwarze (g^+) bzw. graue (g) Sporenfarbe in den Sporenschläuchen (Asci) bei einem heterozygoten Individuum (g^+ g) von *Neurospora sitophila*. Werden die beiden Allele gemeinsam mit dem Centromer schon in der Meiose I getrennt, so läßt sich die erfolgte Präreduktion am Aufteilungsmuster 4–4 erkennen (Abb. 50A–B). Erfolgt aber zwischen dem immer präreduzierten Centromer und dem Sporenfarbengen ein Crossing-over, so werden g^+ und g erst in der Meiose II getrennt (Postreduktion), und es ergibt sich ein 2–2–2–2-Muster (Abb. 50C–F). – Sogar an Samenpflanzen läßt sich haplogenotypische Vererbung demonstrieren, z.B. an Pollenmerkmalen beim Mais (Gen für Stärke- bzw. Amylopektinbildung).

Crossing-over ist übrigens auch die Ursache dafür, daß bei den in Abb. 538B und C dargestellten Kreuzungs-Versuchen auch andere als die abgebildeten Tetradentypen auftreten können. So führt z.B. Crossing-over zwischen den gepaarten Chromosomen mit a^+ und a^- bzw. mit b^+ und b^- zur Bildung von Vierertyp-Tetraden (a^+ b^+/a^+ b^-/a^- b^+/a^- b^-). Weiter kann es bei der Kreuzung b^+ c^- × b^- c^+ auch zur Entstehung von neukombinierten Zweiertypen (b^+ c^+/b^+ c^+/b^- c^-/b^- c^-) kommen, wenn zwischen allen 4 Chromatiden der Tetrade Crossing-over erfolgt.

Da alle auf einem Chromosom liegenden Gene genetisch ± gekoppelt sind, entspricht die Zahl der Koppelungsgruppen der haploiden Chromosomenzahl eines Organismus (bei *Chlamydomonas reinhardii*: n = 16). Die Häufigkeit, mit der zwischen Genen, die auf einem Chromosom liegen, Rekombination bzw. Crossing-over erfolgt, hängt verständlicherweise von ihrer räumlichen Entfernung ab: Je weiter auseinander, desto häufiger, je näher beieinander, desto seltener. Das Ausmaß genetischer Koppelung und die jeweilige Distanz lassen sich also durch die Rekombinationsrate kennzeichnen. Vergleicht man etwa bei *Chlamydomonas reinhardii* die Rekombinationsraten der zur gleichen Koppelungsgruppe gehörigen Gene b, c und d (Stamm thi-8 mit d^-: benötigt Pyrimidin im Nährmedium) so findet man, daß die Raten b-d und c-d niedriger sind als b-c und daß b-d plus c-d etwa b-c ergibt: Daraus kann auf eine lineare Reihenfolge der Gene b-d-c am Chromosom geschlossen werden. Aufgrund

solcher 3-Faktoren-Kreuzungen haben sich für *Chlamydomonas* (und andere, genetisch gut analysierte Organismen, z.B. manche Bakterien, den Pilz *Neurospora*, Mais, Erbse etc.) wie für das klassische Versuchsobjekt *Drosophila* genetische Chromosomenkarten erstellen lassen (vgl. dazu auch S. 497 f. und Abb. 542).

b) Diplogenotypische Vererbung. Die MENDELschen Vererbungsgesetze wurden bekanntlich an eukaryotischen Samenpflanzen mit Merkmalsdifferenzierung in der Diplophase entdeckt. Wir haben hier Diplohaplonten mit stark reduzierter Haplophase vor uns (S. 60). Die Körperzellen besitzen jeweils zwei Chromosomensätze (2n), einen vom Vater und einen von der Mutter. Erst bei der Meiose erfolgt die Durchmischung bzw. Rekombination elterlicher Chromosomen bzw. Chromosomenstücke und nach wenigen haploiden Mitosen die Gametenbildung, die Befruchtung des Eikerns durch den Spermakern und die Entwicklung eines neuen Individuums mit diploiden Körperzellen. Gegenüber den Vererbungsverhältnissen in der Haplophase ergeben sich hier gewisse Komplikationen: 1) Nach der Kreuzung der Eltern (= Parentalgeneration: P) erfolgt die Rekombination der Erbanlagen erst in der Meiose vor der Gametenbildung der 1. Tochter- oder Filialgeneration (F_1). 2) Die Aufspaltung der elterlichen Erbanlagen wird daher erst in der 2. Tochtergeneration (F_2) sichtbar. (Die so instruktive Tetradenanalyse ist hier also nicht möglich). 3) Eine bestimmte Merkmalsbildung wird jeweils durch 2 homologe Gene, ein mütterliches und ein väterliches beeinflußt. Homozygot (reinerbig) werden dabei solche Individuen genannt, bei denen die beiden homologen Gene gleichartig ausgebildet, also durch dasselbe Allel repräsentiert sind, heterozygot (mischerbig) dagegen solche, bei denen unterschiedliche Allele vorliegen. Setzen sich in einem heterozygoten Individuum die beiden Allele bei der phänotypischen Merkmalsausprägung gleichermaßen durch, dann liegt «intermediäres» Verhalten vor, verdeckt dagegen eines die Wirkung des anderen, so spricht man von einem «dominanten» und einem «recessiven» Allel; dominante Allele werden üblicherweise mit Großbuchstaben, recessive mit Kleinbuchstaben bezeichnet (z.B. Z–z).

Die Abb. 539 und 540 illustrieren klassische Beispiele für diplogenotypische Kreuzungsversuche, bei denen sich die Parentalgeneration in einem Gen unterscheidet (Ein-Faktor-Kreuzungen). Bei der Wunderblume, *Mirabilis jalapa*, werden weiß- bzw. rotblühende Elternpflanzen (P) gekreuzt. Die F₁-Bastarde sind einheitlich rosa. Die daraus weitergezüchtete F₂ spaltet zufallsgemäß etwa in weiß (25%): rosa (50%): rot (25%) auf. Dieses Spaltungsverhältnis 1:2:1 kann nur so gedeutet werden, daß in jeder Pflanze je 2 homologe Chromosomen am gleichen Chromosomenort (Locus) ein für die Blütenfarbe maßgebliches Gen tragen, das entweder als Allel R (für rot) oder als Allel r (für weiß) ausgebildet sein kann (Abb. 539). Die Kreuzung der homozygoten Elternpflanzen (♀ rr × ♂ RR oder ♀ RR × ♂ rr) ergibt eine heterozygote (rR bzw. Rr), aber in sich einheitliche F₁ (**1. MENDELsche Regel: Uniformität der F₁**). Die Wahl von rot- bzw. weiß-blühenden Pflanzen als Väter bzw. Mütter (reziproke Kreuzung) hat keinen Einfluß auf die F₁. Die rosa Blütenfarbe der F₁ zeigt, daß die Allele R und r sich «intermediär» auswirken. Als Ergebnis der Chromosomenaufteilung während der Meiose findet sich in genau 50% der Geschlechtszellen der F₁ das Allel r, in 50% das Allel R. Zufallsgemäße Befruchtungsvorgänge zwischen den beiden Gametensorten resultieren demnach in einer 1:2:1-Aufspaltung der F₂ in Individuen mit rr (25%): Rr bzw. rR (50%): RR (25%) (**2. MENDELsche Regel: Aufspaltung der F₂**). Die Homozygotie der rr- bzw. RR-Pflanzen und die Heterozygotie der Rr- bzw. rR-Pflanzen aus der F₂ läßt sich schließlich noch durch Weiterzucht einer F₃ beweisen.

Der Kreuzungsversuch zwischen Formen von *Urtica pilulifera* zeigt einen entsprechenden monofaktoriellen Erbgang, aber mit einem

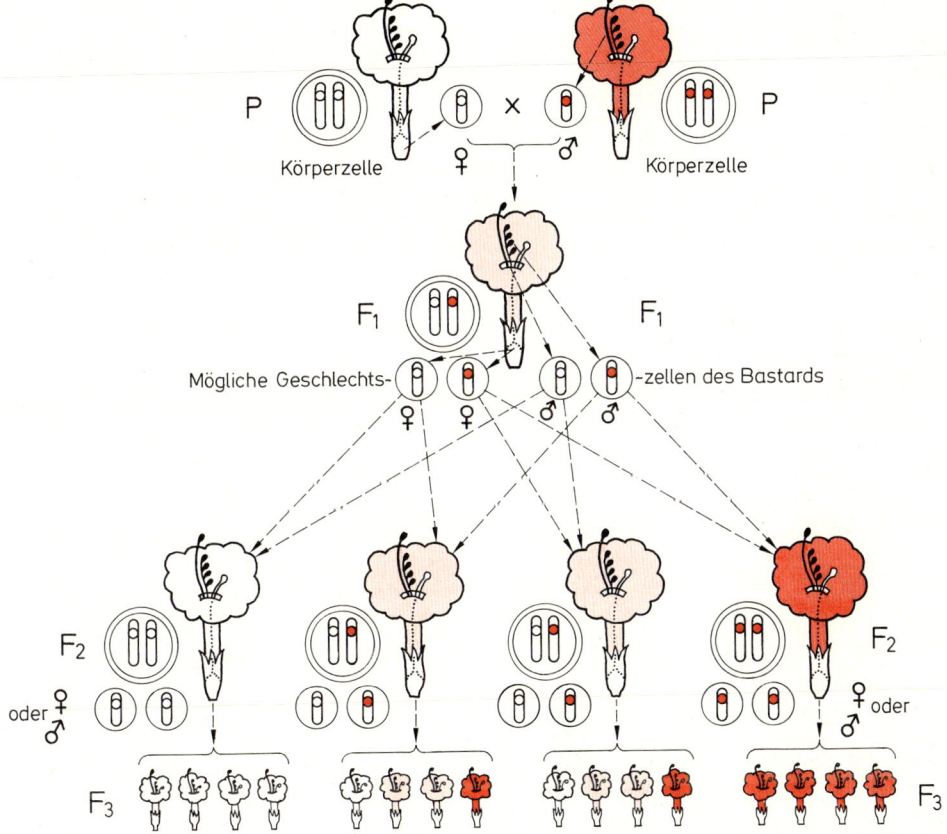

Abb. 539: Diplogenotypische Vererbung der Blütenfarbe bei *Mirabilis jalapa*. Ein-Faktor-Kreuzung von Elternpflanzen (P) mit weißen bzw. roten Blüten; ihre Nachkommen in 3 Generationen (F₁, F₂, F₃), heterozygote Individuen mit intermediärer rosa Blütenfarbe. In den schematisch angedeuteten Körper- und Geschlechtszellen sind im Chromosom mit dem Blütenfarbengen das Allel R rot, das Allel r weiß eingezeichnet. (Schema abgeändert nach CORRENS.)

dominant/recessiven Allelpaar (Z/z): Die scharf-zähnige Normalform hat die Genformel ZZ, die fast ganzrandige «*dodartii*»-Form zz. Die F_1 (Zz) entspricht wegen der Dominanz von Z über z phänotypisch der Normalform. Die F_2-Aufspaltung im Phänotypen-Verhältnis 3:1 resultiert aus Individuen mit ZZ (25%): Zz bzw. zZ (50%): zz (25%). Die genotypische Verschiedenheit von ZZ- und Zz-Pflanzen der F_2 läßt sich eindeutig aus der F_3 ablesen. Sie kann aber auch durch eine R ü c k k r e u z u n g mit dem recessiven Elter (zz) erwiesen werden: Zz × zz spaltet nämlich in der Nachkommen-schaft (R) 1:1 auf (Zz 50%: zz 50%), während ZZ × zz natürlich wieder eine phänotypisch einheitliche Zz-Nachkommenschaft ergibt.

Dem R ü c k k r e u z u n g s s c h e m a (1:1) folgt auch die d i p l o g e n o t y p i s c h e G e s c h l e c h t s b e-s t i m m u n g, die wir nicht nur bei den meisten Tieren, sondern z.B. auch bei Samenpflanzen mit Diöcie im Sporophyt finden (S. 512 f.).

Bei der Zaunrübe *Bryonia dioica* etwa sind die ♂ Pflanzen im Hinblick auf das geschlechtsbestim-mende Gen heterozygot nach der Genformel Mm, die ♀ dagegen homozygot mit mm. Aus der Kombination ♂ Mm × ♀ mm entstehen naturgemäß immer wieder 50% ♂ Mm und 50% ♀ mm. Auch bei diöcischen Samenpflanzen ist es durch Chromosomenmutationen zur Ausbildung von charakteristischen Geschlechts-chromosomen gekommen, so z.B. bei der Weißen Lichtnelke *Silene alba* (= *Melandrium album*) mit XX bei ♀ und XY bei ♂ Pflanzen (vgl. S. 513, 874, Abb. 557). Wenn in den Geschlechtschromosomen noch andere Gene lokalisiert sind, so zeigen sie Ge-schlechtskoppelung (z.B. die recessive Anlage für die Bluterkrankheit im X-Chromosom beim Men-schen: Sie tritt fast nur beim Mann mit XY auf).

Verwickelter wird der Erbgang, wenn sich die Eltern in 2 oder noch mehr Genen unterscheiden (Zwei- und Mehr-Faktoren-Kreuzungen). Maß-geblich bleiben natürlich auch hier die Gesetz-mäßigkeiten der Sexualität und Chromosomen-verteilung bei der Meiose. Die Analyse von F_1 und F_2 erlaubt demnach Rückschlüsse auf Ver-halten und Zahl der für die Merkmalsdifferen-zierung verantwortlichen Gene.

In Abb. 541 wird die Kreuzung einer rot und radiär mit einer weiß und zygomorph blühenden Sorte des Löwenmäulchens (*Antirrhinum ma-jus*) interpretiert. Wir beobachten eine einheit-lich rot-zygomorphe F_1 und die Aufspaltung der F_2 in rot-zygomorph (9): rot-radiär (3): weiß-zygomorph (3): weiß-radiär (1). Daraus ergibt

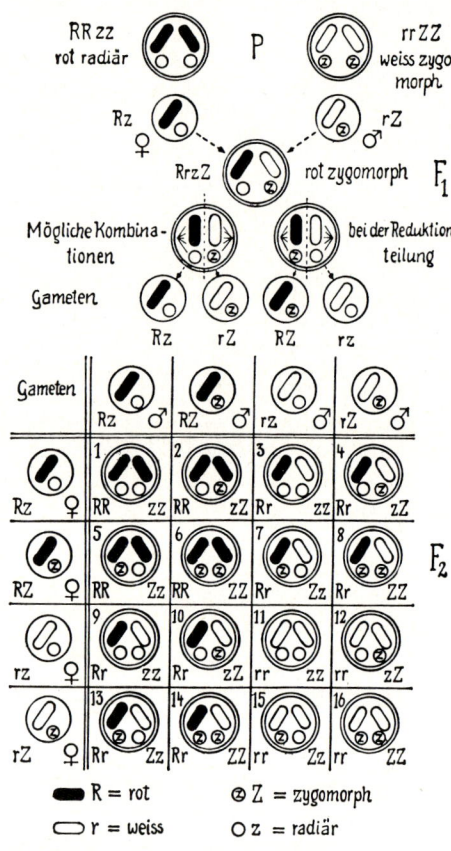

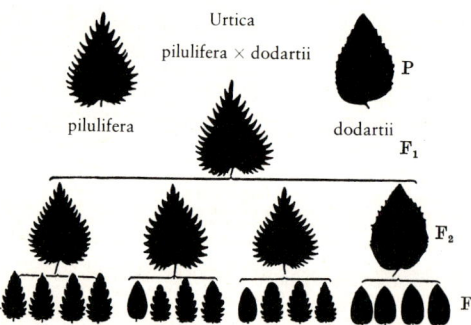

Abb. 540: Vererbung der Blattzähnung bei *Urtica pilulifera*. Ein-Faktor-Kreuzung von Elternpflanzen (P) mit scharfzähnigen («*pilulifera*») bzw. fast ganz-randigen Blättern («*dodartii*»); ihre Nachkommen in 3 Generationen (F_1, F_2, F_3). (Schema nach CORRENS.)

Abb. 541: Schema einer Zwei-Faktoren-Kreuzung bei *Antirrhinum majus*. Elternpflanzen (P) mit roten und radiären bzw. mit weißen und zygomorphen Blüten; ihre Nachkommen in F_1 und F_2. Die angedeuteten Körper- und Gametenzellen zeigen schematisch lange Chromosomen mit dem Farbgen und kurze mit dem Formgen. (Nach SCHUMACHER.)

sich, daß die Anlage von rot (R) dominant über weiß (r) ist, und die von zygomorph (Z) dominant über radiär (z). Aufgrund zufallsgemäßer interchromosomaler Rekombination in der Meiose entstehen in der F_1 4 Gametensorten. Aus den 16 Paarungsmöglichkeiten resultiert in der F_2 das Aufspaltungsverhältnis 9:3:3:1 folgendermaßen:

$$\underline{\text{RRZZ (1)} : \text{RRZz (2)} : \text{RrZZ (2)} : \text{RrZz (4)}} :$$
rot-zygomorph (9)

$$\underline{\text{RRzz (1)} : \text{Rrzz (2)}} : \underline{\text{rrZZ (1)} : \text{rrZz (2)}} :$$
rot-radiär (3)   weiß-zygomorph (3)

$$\underline{\text{rrzz (1)}}$$
weiß-radiär (1)

Bemerkenswert sind in diesem Kreuzungsversuch die neuartigen (und teilweise reinerbigen) Kombinationstypen rot-zygomorph und weiß-radiär. Es liegen also 2, voneinander unabhängige Gene vor (**3. MENDELsche Regel: freie Kombinierbarkeit der Erbanlagen**).

MENDEL hat für seine Untersuchungen besonders Formen der Erbse *(Pisum sativum)* verwendet. Seine Erbregeln hat er u.a. an einer Kreuzung zwischen einer gelb- und glattsamigen und einer grün- und runzelsamigen Sorte mit Unterschieden in zwei dominant/recessiven Genen (IIRR × iirr) demonstriert.

Aus den Spaltungszahlen der F_2-Phänotypen kann man demnach auf die Zahl und das Verhalten der die zwei Kreuzungspartner unterscheidenden Gene schließen. Bei 3 Genen und intermediär wirksamen Allelen gibt es in der F_2 bereits 27, bei dominant-recessiven Allelen immerhin noch 8 verschiedene Phänotypen (im Verhältnis 27:9:9:9:3:3:3:1). Allgemein sind bei n Genen mit je 2 Allelen in der F_2 3^n verschiedene Genotypen zu erwarten. Die großen Zahlen neuartiger Kombinationstypen, die bei solchen multifaktoriellen Kreuzungen auftreten, machen ihre Bedeutung für die rasche Formbildung in der Natur und für die Pflanzenzüchtung deutlich (vgl. S. 527).

Bei vielen Kreuzungsversuchen scheint eine mehr oder minder kontinuierliche Merkmalsaufteilung in der F_2 der MENDELschen Spaltungsregel zu widersprechen. Dies gilt besonders für quantitativ differenzierte Merkmale, z.B. Stengelhöhe, Blattlänge, aber auch für unterschiedlich intensive Färbung. So ergibt etwa die Kreuzung gewisser rot- und weißfrüchtiger Weizen-Sorten in der F_2 ein kontinuierliches Farb-

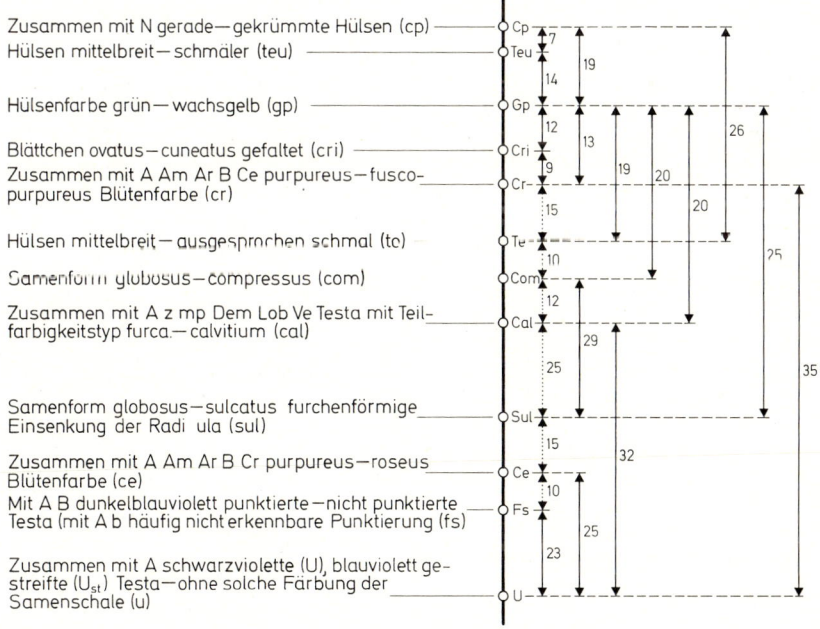

Abb. 542: Lage einiger Gene (Cp, Teu, Gp etc.) am Chromosom V der Erbse *(Pisum sativum)*. Links der Phänotypus bei normalem bzw. mutiertem Zustand der Gene; Auswirkung teilweise nur zusammen mit anderen Genen (z.B. mit A, einem Grundgen für die Anthocyanbildung). Rechts die Rekombinationsraten. (Nach LAMPRECHT aus GÜNTHER.)

spektrum. Als Ursache dafür konnte gezeigt werden, daß die Rotfärbung additiv durch 3 Gene gesteuert wird. Man spricht in einem solchen Fall von Polygenie. In unserem Beispiel haben RRSSTT-Individuen dunkelrote Körner, mit RrSsTt, Rrsstt nimmt die Farbintensität allmählich bis rosa ab, und rrsstt ist schließlich weiß.

Bei manchen Zwei-Faktoren-Kreuzungen (z.B. bei *Pisum*: gerade, grüne Hülse × gekrümmte, wachsgelbe Hülse = CpCpGpGp × cpcpgpgp) trifft die erwartete 9:3:3:1-Spaltung der F_2 nicht zu: Die von den Elternpflanzen eingebrachten Kombinationstypen sind viel häufiger als die Neukombinationen. Die Ursache für diese Abweichung von der 3. MENDELschen Regel liegt darin, daß die betreffenden Gene nahe beieinander im gleichen Chromosom V liegen (Abb. 542): Sie zeigen daher genetische Koppelung und sind nur durch Crossingover und damit intrachromosomal rekombinierbar (vgl. S. 55 ff.).

So wie bei *Chlamydomonas* hat man auch bei *Pisum* aus den Rekombinationsraten zwischen gekoppelten Genen die relative Lage der Genorte an jedem der 7 Chromosomen ermittelt und in Form von Chromosomenkarten dargestellt (Abb. 542). Dabei liegt die direkt bestimmte Rekombinationsrate weiter voneinander entfernter Gene (z.B. Cp/Gp = 19) immer unter dem Wert, der sich durch Addition der Raten für die dazwischen liegende Gene (Cp/Teu + Teu/Gp = 21) ergibt. Das geht darauf zurück, daß über größere Chromosomenentfernungen durch doppeltes Crossing-over die Rekombinationshäufigkeit wieder abnimmt.

Scheinbare Abweichungen von den MENDELschen Erbregeln können auch durch Letalfaktoren (Faktoren mit tödlicher Wirkung) verursacht werden.

Bei vielen Pflanzen sind z.B. gelbgrüne Formen (Gg) bekannt, die mit der grünen Normalform (GG) eine heterogene F_1 von normal:gelbgrün wie 1:1 und nach Selbstung der Gg-Pflanzen eine Nachkommenschaft von normal:gelbgrün wie 1:2 ergeben. Hier liegt ein intermediär vererbter, homozygot aber letaler (tödlicher) Chlorophylldefekt vor: gg-Individuen sind weiß und chlorophyllos; sie sterben infolgedessen schon als Keimling ab. Die meisten Letalfaktoren sind Defekt-Allele von Genen, welche lebenswichtige Funktionen steuern. Häufig sind Letalfaktoren rezessiv und fallen daher in Heterozygoten nicht auf. Erst durch Selbstung und Inzucht erweist sich ihre weite Verbreitung (vgl. S. 514).

c) Extrachromosomale Vererbung. Obwohl die Erbanlagen in ihrer überwiegenden Mehrzahl bei den *Eukaryota* als Genom in den Chromosomen lokalisiert sind und damit dem Verteilungsmechanismus von Mitose und Meiose unterliegen, haben doch auch außerhalb der Zellkerne bzw. Chromosomen liegende Zellorganellen an Vererbungserscheinungen Anteil. Soweit man weiß, handelt es sich aber auch dabei immer um DNA-tragende und damit mehrminder zur Autoreplikation und eigenen Proteinsynthese befähigte Strukturen. Solches extrachromosomales Erbgut findet sich besonders als Plastom in den Plastiden (S. 62 f., 294) bzw. als Chondriom in den Mitochondrien (S. 69 f.,

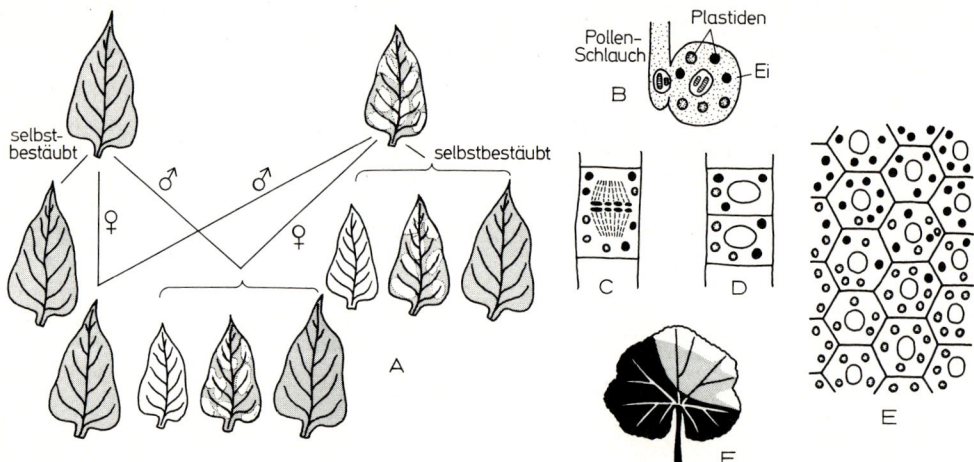

Abb. 543: Extrachromosomale Vererbung der grün-weißen Blattscheckung. A Mütterliche Vererbung bei *Mirabilis jalapa*. Schemata zur Erklärung der Befruchtung (B) und der Plastiden-Entmischung (C–E). F Panaschiertes Blatt von *Pelargonium* mit grün-weißer Übergangszone. Normale Plastiden schwarz, defekte punktiert, Chromosomen schraffiert. (A nach CORRENS, OEHLKERS; B–F nach KÜHN.)

294, Abb. 307); insgesamt wird es als Plasmon dem Genom gegenübergestellt. Bau und Funktion von Plastiden und Mitochondrien werden aber nicht nur von ihrer eigenen DNA sondern auch von der chromosomalen DNA gesteuert (vgl. z. B. S. 63, 294, 493, Legende zu Abb. 544). Es liegt also eine komplexe Kooperation von Plasmon und Genom vor.

Aus vielfach noch sehr lückenhaften Untersuchungen weiß man, daß sich Plastiden und Mitochondrien hinsichtlich Teilung, Formwechsel, Weitergabe an die Gameten sowie Verhalten bei der Bildung und Keimung der Zygote anders verhalten als Zellkerne und Chromosomen. Daher zeigen sich bei der Vererbung von Plastiden- und Mitochondrien-Genen verschiedene Besonderheiten. So gibt es z. B. bei vielen Samenpflanzen Formen mit weiß-grüngescheckter Blattzeichnung (Panaschierung), die bei Kreuzungen mit der grünen Normalform oft nur über die Mutterpflanze weitergegeben wird (z. B. bei *Mirabilis*, Abb. 543A). Die F_1 ist also reziprok verschieden und umfaßt – ebenso wie die Nachkommenschaft aus der Selbstung der weißgrünen Mutter – grüne, gescheckte und weiße Pflanzen. Dieses Ergebnis beruht darauf, daß gescheckte Pflanzen ihre normalen grünen und defekten farblosen Plastiden nur an die Eizellen, nicht aber an die plasmaarmen Spermazellen weitergeben (vgl. S. 812, Abb. 543B; mütterliche Vererbung). Bei der Nachkommenschaft erfolgt alsdann im Verlauf der embryonalen Zellteilungen und während der weiteren Entwicklung eine zufallsgemäße Entmischung grüner und farbloser Plastiden (Abb. 543C–F), woraus die eigenartige, nichtmendelnde, vegetative «Aufspaltung» in der F_1 resultiert. Abweichungen von diesem Erbgang der Panaschierung können dort vorkommen, wo Plastiden auch von den Spermazellen übertragen werden (z. B. bei *Pelargonium*) oder wo es sich um Viruserkrankungen handelt.

Bei der Hefe (*Saccharomyces cerevisiae*) treten relativ häufig schlechtwüchsige Individuen («petit») auf, denen das Fermentsystem zur Veratmung des Zuckers fehlt (sie können ihn nur vergären). Es handelt sich um einen Defekt der Mitochondrien, der meist durch teilweisen (oder sogar völligen) Ausfall ihrer DNA (Abb. 544) bedingt ist. Bei Kreuzung mit der Normalform verschwindet dieser Defekt in den Nachkommen, weil es zur Weitergabe von normalen Mitochondrien bzw. Rekombination zwischen normaler und defekter Mitochondrien-DNA gekommen ist.

Als Grundlage für extrachromosomale Rekombinationsvorgänge hat man z. B. in der Zygote von Einzellern an Plastiden (z. B. bei *Chlamydomonas*) bzw. an Mitochondrien (z. B. bei *Polytoma*) Fusionsvorgänge festgestellt. Trotzdem erfolgt die Vererbung von entsprechenden Genen vielfach nicht über beide Eltern. Mit Hilfe von Rekombinationsversuchen, Restriktionsendonucleasen (S. 501, 543),

RNA/DNA-Hybridisierung (S. 542) u. a. lassen sich heute bereits Genkarten von ringförmiger Plastiden- bzw. Mitochondrien-DNA aufstellen (Abb. 544). In den Organellen finden sich jeweils mehrere bis viele solcher DNA-Ringe (vgl. Abb. 307). Darüber hinaus läßt der elektronenoptische Nachweis von DNA-Ringen im Zellplasma von Hefen u. a. Pilzen das Vorkommen von Plasmiden, wie man sie von Bakterien kennt (S. 29, Abb. 18), auch bei Eukaryoten als möglich erscheinen.

d) Vererbung bei Bakterien und Viren. Kreuzungsversuche mit Bakterien und Viren haben in den letzten Jahrzehnten zu ganz entscheidenden Durchbrüchen im Bereich der Molekularbiologie geführt. Von diesen neuen Erkenntnissen ist an vielen Stellen dieses Lehrbuches die Rede (vgl. z. B. S. 19 ff., 24 ff., 293 ff., 302 ff.). Im folgenden sei beispielhaft einiges über die genetische Seite dieser Versuche dargelegt. Dabei ist die gegenüber eukaryotischen Organismen völlig andersartige Entwicklungsgeschichte zu beachten (S. 511, 551, 571). Besonders wesentlich ist, daß bei Kreuzungen von Bakterien bzw. Viren immer nur Teile von Zellen (oder Partikeln) verschmelzen und auch immer nur Teile ihres Erbgutes rekombiniert werden (Parasexualität). Diese Prozesse sind übrigens viel seltener als Sexualvorgänge bei den meisten *Eukaryota*. Voraussetzung für ihre Entdeckung

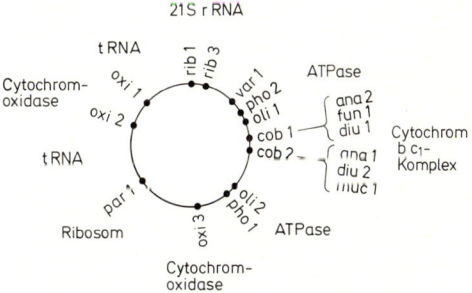

Abb. 544: Genkarte für die kreisförmige Mitochondrien-DNA der Hefe *Saccharomyces cerevisiae*. Innen stehen die Kürzel für die Genorte, außen die Genprodukte. Das Strukturgen für Cytochrom b enthält zwischen cob 1 und cob 2 ein nicht transkribiertes Intron (vgl. S. 295f., Abb. 322). Gezielte Blockierungsversuche mit spezifischen Antibiotica haben gezeigt, daß von den 7 Polypeptid-Untereinheiten der für die Atmung wesentliche Cytochrom-Oxidase drei von der Mitochondrien-DNA und vier von der Zellkern-DNA codiert werden. Man beachte auch die Gene für tRNA, rRNA und ribosomale Proteine, ATPase sowie diverse Antibioticaresistenzen (z. B. ana = Antimycin). (Nach MICHAELIS & PRATJE.)

war also die Entwicklung von entsprechenden Selektionsmethoden.

Beim Bacterium *Escherichia coli* finden sich z. B. Stämme, welche das lebenswichtige Vitamin Biotin nicht bilden können und andere, bei welchen dies für die Aminosäure Threonin gilt. Mischt man diese beiden Stämme (bio⁻ thr⁺ und bio⁺ thr⁻) auf einem Nährboden, der diese beiden Verbindungen enthält, so entwickeln sie sich normal. Überträgt man die beiden Stämme dann aber auf einen Minimalnährboden ohne Biotin und Threonin, dann sterben fast alle Zellen, bis auf einige wenige, bei denen es zur Rekombination gekommen ist: bio⁺ thr⁺. Ein Filterversuch beweist, daß dafür die **Konjugation** lebender Zellen notwendig ist, und im Elektronenmikroskop läßt sich bei der Wahl von kugelig bzw. länglich geformten Ausgangsstämmen der Paarungsvorgang sichtbar machen (Abb. 545 A); dabei stellen von einem Partner gebildete Sexualpili die Verbindung her. Konjugation ist fast nur zwischen Stämmen möglich, die einen Sexualfaktor F⁺ haben, und solchen, denen dieser Faktor fehlt (F⁻). Eigenartigerweise werden die F⁻-Individuen nach der Konjugation zu F⁺; als Empfänger-Zellen werden sie also einseitig mit dem F-Faktor der Spender-Zellen »infiziert«. Im Elektronenmikroskop läßt sich dieser Sexualfaktor als geschlossener, vom übrigen Bakteriengenophor freier DNA-Ring in den F⁺-Zellen nachweisen. Durch Acridinorange kann die Replikation des F-Faktors gehemmt werden; es entstehen F⁻-Individuen.

Bei manchen *Escherichia coli*-Stämmen ist die sonst sehr geringe Rekombinationsbereitschaft wesentlich erhöht (Hfr). Hier wird der F-Faktor in das übrige fadenförmige Bakteriengenom eingebaut (S. 501). Er bewirkt aber weiterhin Konjugation mit F⁻-Zellen, zieht dabei den übrigen daranhängenden DNA-Faden der Spender-Zelle mehr-minder weit (aber kaum vollständig!) in die Empfänger-Zelle hinüber (Abb. 545 B) und verursacht so die einseitige genetische Rekombination zwischen den konjugierenden Stämmen. Der Übertragungsvorgang erfolgt parallel mit der Replikation der DNA der Spender-Zelle und kann zeitlich dosiert unterbrochen werden. So kann die lineare Reihenfolge der Gene im Bakteriengenom ermittelt und mit der aus Rekombinationswerten gewonnenen Genkarte parallelisiert werden. Dabei stellt sich heraus, daß auch der Hauptanteil der *Escherichia-coli*-DNA in Form eines insgesamt etwa 1 mm langen Ringes vorliegt, in den der F-Faktor an verschiedenen Stellen ein- oder ausgebaut werden kann. Auch dabei können andere Gene «hängen bleiben» und zwischen konjugierenden Stämmen ausgetauscht werden.

Frei im Plasma liegende DNA-Ringe (wie z. B. der F-Faktor von *Escherichia coli*), die sich autonom replizieren, im Gegensatz zu Viren aber keine eigene Proteinhülle bilden, nennt man **Plasmide** (S. 29, Abb. 18). Bei manchen Bakterien können solche Plasmide Gene für Antibioticaresistenz oder Toxinproduktion enthalten oder Pflanzentumoren auslösen. Besondere Bedeutung haben Bakterien-Plasmide in den letzten Jahren für die **Gentechnologie** («genetic engineering») erhalten. Dabei wird Fremd-DNA mit Hilfe von Restriktionsendonucleasen (S. 501, 543) in ein Plasmid eingebaut und mit dem Plasmid in den sich teilenden Bakterienzellen repliziert (Gen-Klonierung; vgl. dazu auch Abb. 546 B). Unter günstigen Bedingungen kann es dabei auch zur

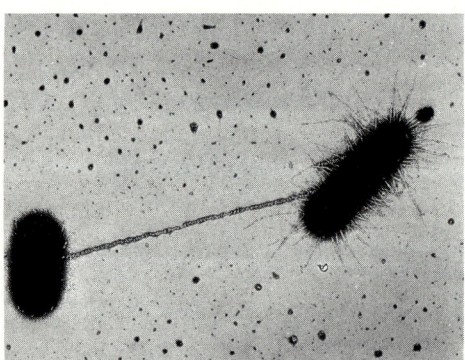
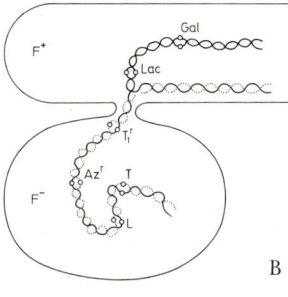

Abb. 545: Konjugation bei *Escherichia coli*. Eine längliche Hfr-Zelle (Donor) verbindet sich durch einen Sexualpilus mit einer rundlichen F⁻-Zelle (Receptor). A Elektronenmikroskopische Aufnahme (3500 ×). B Schema der schrittweisen Übertragung von DNA der Spender- auf die Empfänger-Zelle; einige Genorte markiert. (A nach BRINTON & CARNAHAN, B nach NULTSCH.)

Transkription und Translation der Fremd-DNA kommen. So ist es z.B. gelungen, das für die Bildung von Insulin verantwortliche Gen aus der Ratte in das Bacterium *Escherichia coli* zu übertragen und dort Insulinbildung auszulösen.

Von großer medizinischer Bedeutung sind Plasmide, bei denen die Fähigkeit der Konjugation gekoppelt ist mit Resistenzfaktoren gegen diverse Antibiotica, Sulfonamide, UV-Licht u.a. Solche Plasmide werden leicht auf ursprünglich nicht resistente Bakterienstämme übertragen, wodurch ihre Bekämpfung immer schwieriger wird.

Agrobacterium tumefaciens (S. 560) enthält ein Plasmid, das nach Infektion und Einbau in das Genom bei verschiedenen Angiospermen Tumorbildung auslöst (S. 439f.).

Bei den derzeit geläufigsten Verfahren der Gentechnologie isoliert man eine bestimmte m-RNA aus einem eukaryotischen Organismus und macht aus ihr mit Hilfe der inversen Transkriptase (S. 296) korrespondierende DNA. Für die Öffnung der ringförmigen Plasmid-DNA aus dem Bacterium verwendet man eine Restriktionsendonuclease, die an den Enden alternierend überstehende einsträngige DNA («sticky ends») produziert. Wenn nun auch an der Eukaryoten-DNA entsprechende Enden hergestellt werden, kann mit Hilfe von Ligasen die Eukaryoten-DNA in das Bakterien-Plasmid eingefügt werden. Vielversprechend sind gentechnologische Versuche, Bakterienplasmide mit den Genen für die Luftstickstoffbindung (vgl. S. 347ff., 439f.) nicht nur auf dazu unfähige andere Bakterienstämme, sondern vielleicht auch auf Angiospermen zu übertragen.

Auch die Viren der Bakterien, die Bakteriophagen (S. 555f.), können als Überträger von Bakterien-Genen bei Kreuzungsversuchen fungieren; es handelt sich um das Phänomen der **Transduktion.** Dabei bedient man sich «temperenter» Phagenstämme (Abb. 546). Im Gegensatz zu «virulenten» Phagen verursacht ihre DNA in den Wirtszellen nicht immer nur die Bildung neuer Phagenpartikel mit Eiweißhülle und zuletzt die Zerstörung der befallenen Zelle (Lyse; lytischer Cyclus). Die DNA temperenter Phagen kann nämlich auch als «Prophage» und aufgrund von Crossing-over-artigen Vorgängen (S. 506) in die ringförmige Bakterien-DNA eingebaut und damit parallel repliziert werden, ohne daß die Bakterienzellen dabei Schaden nehmen (lysogener Cyclus). Durch gelegentlichen «Ausbau» vermag die Phagen-DNA aber auch wieder die Lyse ihrer Wirtszelle auszulösen.

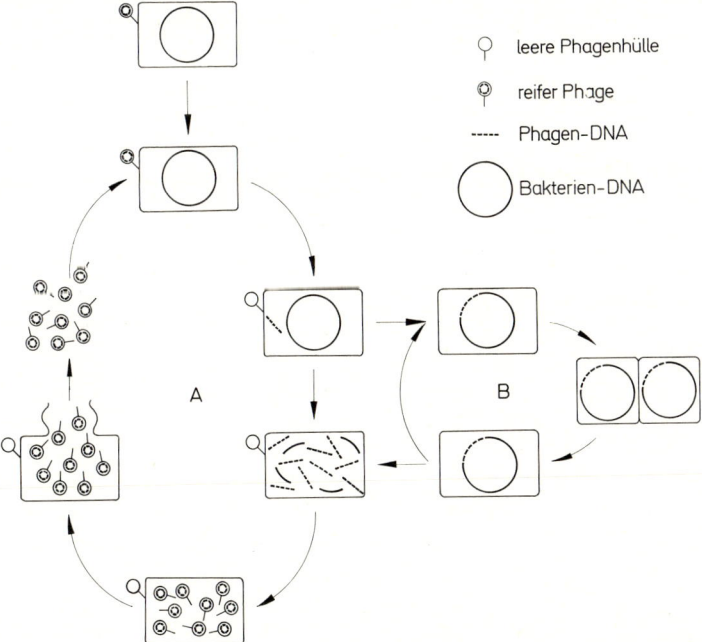

♀ leere Phagenhülle

♀ reifer Phage

----- Phagen-DNA

◯ Bakterien-DNA

Abb. 546: Schema der Entwicklung eines temperenten Bakteriophagen in einer Bakterienkolonie. A Lytischer Cyclus: Bildung von Bakteriophagen und Zerstörung der Wirtszelle. B Lysogener Cyclus: Einbau der Phagen-DNA in die Bakterien-DNA und ungestörte Teilung der Wirtszelle. Beim neuerlichen Übergang zum lytischen Cyclus kann es zur Transduktion kommen. (Original.)

Die Ähnlichkeit im Verhalten von temperenten Phagen und Plasmiden (z.B. dem F-Faktor, S.500) ist augenscheinlich. Die charakteristischen Anlagen mancher Bakterien können sich manchmal mit ihren Phagen geradezu «selbständig machen». So liegt z.B. beim Diphtherie-Erreger, *Corynebacterium diphtheriae*, das Gen für die Toxinbildung in der Prophagen-DNA; nur lysogene Stämme sind zur Bildung des Toxins befähigt. Geht der Prophage verloren, so entsteht ein Toxin-freier, nicht-pathogener Stamm; er kann nur durch erneute Phageninfektion wieder toxisch werden. Dabei kann die DNA vieler temperenter Phagen an sehr verschiedenen, bei anderen (z.B. λ) nur an ganz bestimmten Stellen des Wirtszellengenophors eingefügt werden. Das genaue Einpassen des Prophagen λ in das Genom von *Escherichia coli* steht im Zusammenhang mit der auffälligen Übereinstimmung von Gensequenzen bei Phage und Wirt (S.556). Alle diese Befunde sprechen für einen sehr engen genetischen Zusammenhang zwischen Bakteriengenom und Bakteriophagen.

Bei der Lyse von Bakterien kann es gelegentlich (10^{-5} bis 10^{-6}) dazu kommen, daß kleine Stücke der Wirts-DNA von der Bakteriophagen-DNA «mitgenommen» werden. Infiziert man etwa einen Arginin-bedürftigen und Streptomycin-sensiblen *Salmonella*-Stamm (arg⁻ str^s) mit Bakteriophagen, die sich auf einer normalen und resistenten Kolonie (arg⁺ str^r) entwickelt hatten, so lassen sich auf Nährböden ohne Arginin oder mit Streptomycin die seltenen Rekombinationstypen (arg⁺ str^s oder arg⁻ str^r) auslesen. Es ist zur Transduktion gekommen.

Wegen der Seltenheit der Transduktionsvorgänge und der Tatsache, daß vom Phagen immer nur sehr kurze, wenige Gene umfassende DNA-Stücke von einem Wirt auf den anderen übertragen werden, kommt es nicht zur gemeinsamen Transduktion der am *Salmonella*-Genom weiter auseinanderliegenden Gene arg⁺ und str^r. (Auf einem Nährboden mit Streptomycin **und** ohne Arginin findet man also keine Nachkommen.) Näher beieinanderliegende Gene können aber auch gemeinsam transduziert und rekombiniert werden. Aus den entsprechenden Rekombinationsraten haben sich sehr detaillierte Genkarten für *Salmonella*, *Escherichia* und andere Bakterien erstellen lassen. Sie haben etwa für *Salmonella* gezeigt, daß die an der Biosynthese der Aminosäure Histidin aufeinanderfolgend beteiligten Enzyme von Genen produziert werden, die auch in entsprechender Abfolge angeordnet sind, was etwa einem Fließband vergleichbar wäre. Eine solche räumliche Nachbarschaft hat sich auch bei *Escherichia coli* für das genetische Kontrollsystem des Lactose-Abbaues ergeben (Operon, vgl. S.303ff.).

Es ist sehr bemerkenswert, daß sich Erban-

lagen auch in Form isolierter, molekularer DNA aus abgetöteten Zellen auf andere, lebende Zellen übertragen und in deren Erbgut permanent einbauen lassen; dieser Vorgang wird **Transformation** genannt (S.555). Von *Diplococcus pneumoniae*, dem Erreger der Lungenentzündung, gibt es z.B. kapselbildende pathogene (S) und harmlose Stämme ohne Kapsel (R). Wenn man R-Kolonien mit der gereinigten DNA aus abgetöteten S-Kolonien versetzt, kommt es vereinzelt zum Einbau des S-Faktors und damit zur Entstehung pathogener Individuen. Mit dieser Methode haben O.T. Avery und Mitarbeiter 1944 bewiesen, daß es sich bei der Erbsubstanz um DNA handelt.

Kreuzung und Rekombination der DNA ist schließlich auch bei vielen Bakteriophagen und einigen Viren nachgewiesen worden. Dazu kommt es gelegentlich bei Mischinfektionen einer Wirtszelle mit verschiedenen Stämmen.

Ähnlich wie bei der Transduktion lassen sich auch hier trotz der geringen Frequenz der Rekombinationsvorgänge wegen der ungeheuren Partikelzahlen sehr exakte Schlüsse auf die räumliche Anordnung und Struktur der Gene ziehen. Beim Phagen T4 hat man Hunderte von parallel entstandenen rII-Mutationen isoliert, die am *Escherichia coli*-Stamm B besonders große Lyse-Löcher erzeugen, am Stamm K aber wirkungslos sind. Die Mutationsorte (z.B. rII₁, rII₂) liegen als molekulare Veränderungen der Phagen-DNA zwar nahe beieinander, vielfach aber nicht an genau derselben Stelle. Das läßt sich durch Kreuzung und Entstehung von normalen Rekombinationstypen beweisen, die wieder auf Stamm K wachsen können und daher auch bei sehr geringer Frequenz zu finden sind: rII₁/+ × +/rII₂ = rII₁/rII₂ und +/+ (normal). Mit dieser Methode läßt sich zeigen, daß Mutations- und Rekombinationsorte oft nicht mehr als ein Nucleotidpaar auf der DNA auseinanderliegen. Daß es sich bei diesen kleinsten Abschnitten um verschiedene Mutations- und Rekombinationsorte innerhalb e i n e s Gens und nicht um Gene im Sinne von Funktionseinheiten (S.292ff.) handelt, läßt sich durch Doppelinfektion der Bakterien und den *Cis-Trans*-Test zeigen: Das gleichzeitige Vorhandensein der beiden Bakteriophagentypen rII₁/+ und +/rII₂ (*Trans*) in e i n e r Zelle des Stammes K bewirkt nämlich noch keine Lyse, während rII₁/rII₂ und +/+ (*Cis*) zusammen zur Lyse führen. Die *Cis*-Stellung umfaßt also ein intaktes Gesamt-Gen und liefert daher das für die Lyse notwendige Genprodukt, bei *Trans*-Stellung komplementieren sich die beiden intakten Gen-Teile dagegen nicht, das Genprodukt wird nicht gebildet und die Wirtszelle bleibt intakt. Derartige genetische Komplementierungsversuche sind verständlicherweise auch zwischen verschiedenen Genomen in der Diplophase (bzw. Dikaryophase, S.59) bei heterozygoten eukaryotischen Organismen möglich. Durch *Cis-Trans*-Tests als kleinste Funktionseinheiten der Proteinsynthese bestätigte Gene nennt man Cistron (vgl. dazu auch S. 292 ff.).

Die Kreuzungsversuche mit Bakterien und Viren nötigen also zu einer viel differenzierteren Auffassung von den Erbanlagen und den Möglichkeiten ihrer Weitergabe als dies aufgrund der klassischen Vererbungsexperimente an den *Eukaryota* zu postulieren war.

Grundsätzlich können Erbanlagen (Gene) jedenfalls als spezifische Sequenzen von DNA-Nucleotiden (bei Viren auch RNA) charakterisiert werden, welche als letzte, nicht weiter unterteilbare Funktionseinheit (Cistron) die Bildung bestimmter Polypeptide steuern. Für die Bildung komplexer Enzyme sind oft mehrere Gene notwendig. Innerhalb eines Gens kann es verständlicherweise an verschiedenen Stellen zu Rekombinations- oder Mutationsvorgängen (S. 502) kommen. Durch Mutationen entstehen die miteinander alternierenden («entweder-oder») Ausbildungszustände eines Gens, seine Allele (S. 493). Gene finden sich als Elemente des Genoms in den Chromosomen der *Eukaryota* bzw. im Genophor der *Prokaryota* und als Elemente des Plasmons in Plastiden, Mitochondrien und Plasmiden im Cytoplasma der Organismen oder als DNA-bzw. RNA-Abschnitte der Viren. Die Vererbung der Gene bzw. ihrer Allele ist vor allem von den sehr mannigfaltigen Mechanismen ihrer Weitergabe abhängig, bei den chromosomalen Genen der *Eukaryota* also besonders von Sexualität, Karyogamie und Meiose. Von grundlegender Bedeutung ist dabei die Bereitschaft der meisten Organismen zur Kopulation oder Konjugation und die Fähigkeit der DNA (bzw. RNA) – auch der Viren – zur Rekombination.

Voraussetzungen für die Rekombination von DNA (bzw. RNA) sind das Erkennen homologer Sequenzen, Spaltung und reziproke Wiedervereinigung von Einzelsträngen sowie die Beseitigung von Paarungsfehlern. Dafür sind bei *Escherichia coli* mindestens 4 verschiedene Enzyme notwendig. Bei den Eukaryoten erfolgt die meiotische Rekombination (S. 53 ff.) wahrscheinlich meist in mittelrepetitiven DNA-Abschnitten (S. 509).

3. Mutation

Erbgut und Gene haben eine sehr hohe Beständigkeit und werden im allgemeinen über tausende von Zellteilungen und über viele Ge-

nerationen identisch repliziert und unverändert weitergegeben. Trotzdem kommt es gelegentlich zu Veränderungen des Erbgutes: Wir bezeichnen sie ganz allgemein als Mutationen; sie sind die Grundlage jeder Evolution. Als Träger mutativer Differenzierung kommen alle DNA-haltigen Zellstrukturen in Frage, vor allem natürlich die Chromosomen, die durch Gen-, Chromosomen- und Genom-Mutationen verändert werden (vgl. S. 504 ff., 506 f., 507 ff.). Mutieren können aber auch gewisse Elemente des Cytoplasmas (Plasmon mit Plastom und Chondriom; vgl. S. 510). All das sind Komponenten des Genotypus. Für eine Analyse bedient man sich vor allem des Kreuzungsexperiments, der vergleichenden cytologischen Untersuchung der Chromosomen und ihres Verhaltens bei Parental- und Hybridpflanzen, der experimentellen Auslösung von Mutationen (S. 491 ff.) und in letzter Zeit auch des molekularen Vergleichs von Genprodukten (Polypeptiden) bzw. Genen (Nucleotidsequenzen) bei Parentalpflanze und Mutante.

Mutative Differenzierung ist schon bei Viren (teilw. mit RNA) und Bakteriophagen, dann weiter bei allen daraufhin untersuchten Pflanzengruppen von Bakterien über Algen und Pilze bis zu den Moosen, Farnpflanzen und Samenpflanzen nachgewiesen worden. Abb. 547 zeigt z.B. eine schlitzblättrige recessive Mutante des Schöllkrauts, *Chelidonium majus*, die 1590 in einem Heidelberger Garten plötzlich entstanden ist und sich bis heute konstant erhalten hat.

Spontane Mutationen sind recht seltene Ereignisse. Sie können in allen Zellen und Geweben auftreten. Somatische Mutationen an Blütenfarbgenen sind etwa an manchen Zierpflanzen als andersfarbige Flecken zu erkennen. Relativ häufig treten Mutationen in der Meiose auf (Fehler in der DNA-Rekombination, der Chromosomenaufteilung etc.); hier wirken sie sich meist auch unmittelbar auf die Nachkommenschaft aus. In der Mutationsrate bestehen zwischen ver-

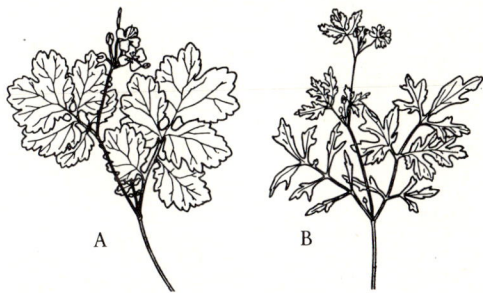

Abb. 547: Normalform (A) und schlitzblättrige Mutante (B) von *Chelidonium majus*. (Nach LEHMANN, verkl.)

schiedenen Genen und Chromosomenabschnitten eines Individuums, zwischen verschiedenen Genotypen einer Sippe, aber auch zwischen verschiedenen Sippen sehr große Unterschiede. Die Mutationsrate kann modifikativ verändert werden, ist aber grundsätzlich unter genotypischer Kontrolle. So können «Mutator-Gene» die Mutationsrate anderer Gene oder die Bruchrate von Chromosomen stark erhöhen. Pro Generation sind Mutationen einzelner Gene kaum häufiger als 0,05% (meist aber viel seltener). Bei der hohen Genzahl höherer Organismen (mindestens 10 000!) können aber doch bis zu 10% der Individuen einer Nachkommenschaft Träger neuer Mutationen sein. Die Geschwindigkeit mutativer Änderung einer Population ist demnach auch sehr von der Geschwindigkeit ihrer Generationsfolge abhängig.

Mutationen, besonders Gen-Mutationen, können sich auf alle Strukturen und Prozesse der Organismen auswirken. Dabei schwankt die Differenz zwischen Ausgangsform und Mutante, also die Größe des Mutationsschrittes, von kaum merkbaren Mikro-Mutationen bis hin zu drastischen Makro-Mutationen, die wesentliche Organisationsmerkmale verändern (vgl. Abb. 548). Allerdings haben Mikro-Mutanten wesentlich günstigere Überlebenschancen und werden daher viel häufiger angetroffen als Makro-Mutanten.

Die Mehrzahl der spontan beobachteten oder experimentell hergestellten Mutationen wirkt sich negativ auf die Vitalität oder Fertilität ihrer Träger aus. Das wird verständlich, wenn man bedenkt, daß jeder Organismus ein höchst kompliziertes, seit unzähligen Generationen an seine Umwelt angepaßtes und vervollkommnetes System darstellt. Infolgedessen ist die Wahrscheinlichkeit sehr gering, daß eine Änderung positive Auswirkungen zeigt. Trotzdem hat man schon viele Mutanten gefunden, die unter normalen, besonders aber unter veränderten Bedingungen den Ausgangsformen überlegen sind, also einen positiven Selektionswert besitzen.

Dies gilt etwa für Phagen- und Streptomycin-resistente Bakterien-Mutanten, für zunehmend aggressive Mutanten parasitärer Rostpilze, denen die Züchtung immer wieder verstärkt resistente Getreidesorten entgegenstellen muß, für größerwüchsige, früher blühende oder zwergwüchsige Mutanten von Sproßpflanzen (Abb. 548) u. a.

Mutationen sind im Hinblick auf die jeweiligen Bedürfnisse und die Umwelt eines Organismus normalerweise ungerichtet, also nicht von vornherein auf eine verbesserte Anpassung hin orientiert.

Man kann z.B. nachweisen, daß in Bakterienkolonien auf einem schwach Streptomycin-haltigen Medium Mutationen in Richtung auf Streptomycin-Resistenz nicht häufiger auftreten als auf einem Streptomycin-freien Medium. Allerdings kann bei Mutationen auch nicht nur von «Zufälligkeit» gesprochen werden, denn schon die Struktur des Genotyps beeinflußt und begrenzt seine Mutationsmöglichkeiten. Daraus erklärt sich die Häufigkeit homologer Mutationen bei verwandten Sippen (z.B. schlitzblättrige oder rotblättrige [Anthocyangehalt!] Mutanten bei den verschiedensten Angiospermen). Des weiteren werden im Lauf der Ontogenie zahlreiche Mutationen eliminiert, deren Auswirkungen sich mit den normalen Entwicklungsprozessen nicht vertragen. Dadurch kommt es zu einer endogenen Ausrichtung der mutativen Differenzierung. Eine gewisse umweltbedingte, also exogene Ausrichtung ist infolge «genetischer Assimilation» (S. 491) und vielleicht auch über Umwelteinflüsse auf das Plasma möglich.

Zwischen spontanen und experimentell ausgelösten Mutationen können hinsichtlich Entstehung, Einflußbereich und Auswirkung keine prinzipiellen Unterschiede festgestellt werden. Vergleichbare mutative Differenzierungen haben die genetischen Unterschiede innerhalb von Populationen, zwischen verschiedenen Rassen, aber auch zwischen Sippengruppen größeren Umfanges bewirkt.

a) Gen-Mutationen beruhen auf molekularen Veränderungen in der DNA einzelner Gene (vgl. S. 24 ff., 292 ff., 503). Spontan auftretend oder experimentell ausgelöst, beeinflussen sie alle Lebensstrukturen und -funktionen (Abb.

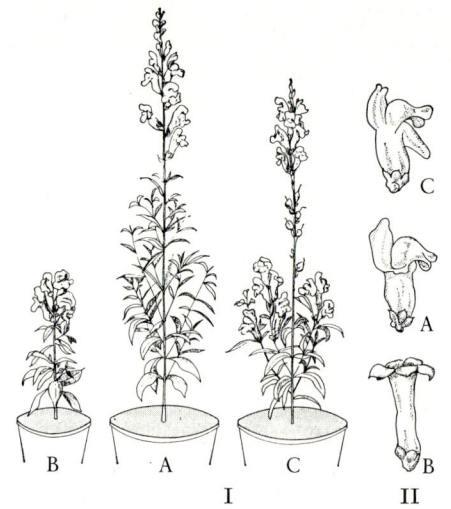

Abb. 548: Gen-Mutanten beim Löwenmäulchen (*Antirrhinum majus*). I Gesamtentwicklung: A normal, B zwergwüchsig, C frühblühend. II Blütenform: A normal zygomorph, B radiär (Atavismus), C gespornt. (Nach H. STUBBE.)

548, 568). Gen-Mutationen sind für zahlreiche Veränderungen der Organismen im Laufe der Evolution verantwortlich.

Genmutationen treten in den Chromosomen der *Eukaryota*, im Genophor der *Prokaryota* und in der DNA (oder RNA) der Viren auf. Die spontane Gen-Mutationsrate (S. 293) kann durch Bestrahlung mit ultraviolettem Licht (UV), Röntgen- oder γ-Strahlen, sowie durch die Einwirkung verschiedener Chemikalien beträchtlich erhöht und in ihrem Spektrum verändert werden.

UV verursacht z.B. an der DNA die Bildung von miteinander fest verkoppelten und dann nicht mehr paarungsfähigen Pyrimidin-Dimeren (z.B. Thymin = Thymin; vgl. S. 25 f., Abb. 320). Ionisierende Strahlung kann zu Brüchen an einem der gepaarten DNA-Stränge führen. Salpetrige Säure (HNO_2) verändert DNA- (oder RNA-)Basen durch Desaminierung (z.B. Cytosin zu Uracil; vgl. S. 298 f.).

Das Ergebnis experimentell ausgelöster ebenso wie spontaner Gen-Mutationen sind jedenfalls Replikationsfehler und Brüche der DNA, durch die ein, mehrere oder viele Nucleotide verändert, herausgenommen oder neu eingefügt werden (Punkt- und Blockmutationen). Die Folgen sind an der Bildung veränderter Polypeptide erkennbar.

Beim Tabakmosaikvirus (TMV) bedingt z.B. die durch HNO_2 ausgelöste Veränderung des RNA-Triplett CCC zu UCC eine Veränderung im Hüllprotein, wo nun anstelle der Aminosäure Prolin ein Serin eingebaut wird. Ausfall nur eines Nucleotids und Einfügen an einer anderen Stelle verändert beim TMV infolge der verschobenen Triplettgruppierung den Informationsgehalt aller dazwischenliegenden Tripletts.

Künstlich erzeugte Genmutationen sind für die Molekulargenetik, die Züchtung usw. von großer Bedeutung; sie zeigen aber auch, wie anfällig das Erbgut (auch das des Menschen!) gegenüber den verschiedensten Eingriffen ist.

Allerdings sorgen verschiedene Reparatur- und Kontrollmechanismen dafür, daß von vielen angelegten oder auch fixierten Gen-Mutationen nur sehr wenige tatsächlich zur Wirkung kommen (Abb. 320).

Pyrimidin-Dimere können z.B. durch ein licht-abhängiges Enzym wieder getrennt werden (Photoreaktivierung). Ligasen verbinden gebrochene DNA-Stränge (Bruchreparatur). Ein ganzer Enzymkomplex vermag «fehlerhafte» Abschnitte eines mutativ veränderten DNA-Stranges aufgrund eines «Vergleiches» mit dem unveränderten DNA-Strang zu «erkennen», aufzuschneiden, teilweise abzubauen, neu zu synthetisieren, wieder zu verkoppeln und damit

zu reparieren (Excisions-Reparatur; S. 293, Abb. 320). Viele mutative Veränderungen können durch Rückmutationen aufgehoben werden. Genaue Kreuzungsanalysen (S. 502 f.) zeigen allerdings, daß dabei die ursprüngliche Molekularstruktur des betroffenen DNA-Abschnittes nur selten exakt wiederhergestellt wird. Viel häufiger sind zusätzliche sogenannte Suppressor-Mutationen, die an anderen Stellen des Genoms auftreten und nun die Wirkung der ersten, erhalten gebliebenen Mutation unterdrücken bzw. kompensieren.

Durch jede mutative Veränderung eines Gens entsteht ein neues Allel; sind es mehr als zwei, sprechen wir von multipler Allelie (z.B. Abb. 542: U–U_{st}–u). Von intermediärer und dominanter bzw. recessiver Kooperation zweier Allele in der Diplophase war schon die Rede (S. 494 ff.). Vielfach kooperieren auch verschiedene Gene.

So kann sich das Gen U bei der Erbse nur dann auf die Art der Anthocyanfärbung der Samenschale auswirken, wenn durch das Gen A die Bildung von Anthocyan grundsätzlich gewährleistet ist (Abb. 542).

Drastische Defekte können sich ergeben, wenn durch Mutationen Regulator- und andere Steuer-Gene betroffen werden; sie kontrollieren bekanntlich Intensität, Ort und Zeit der Wirksamkeit der normalen Strukturgene. Ähnliches gilt von Veränderungen in der lebenswichtigen Kooperation von Genen des Genoms und Plasmons (S. 63, 294, 493, Abb. 544).

Mutationen und Kreuzungsexperimente zeigen, daß sich manche Gene nur sehr begrenzt, andere aber auf viele Merkmalsbereiche aus-

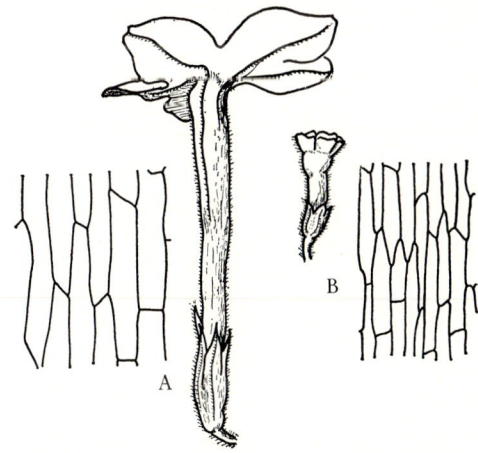

Abb. 549: Durch Gen-Mutationen bedingte Artunterschiede zwischen *Nicotiana alata* (A) und *N. langsdorffii* (B): Verschiedene Form und Größe der Blüten (Kelch, Krone) und Zellen (Epidermis des Kronröhrenschlundes). (Nach ANDERSON & OWNBEY.)

wirken (Pleiotropie). Umgekehrt können auch mehrere Gene auf einen Merkmalsbereich wirken (Polygenie; vgl. S. 497).

Das oben besprochene Anthocyan-Gen der Erbse wirkt sich etwa pleiotrop auf Nebenblattflecken und Farbe von Blüten, Hülsen und Samen aus. Die zwei *Nicotiana*-Arten *N. alata* und *N. langsdorffii* (Abb. 549) unterscheiden sich vor allem durch schmälere bzw. breitere Blätter sowie die größere bzw. geringere Länge der Kelchblätter, Kronröhren, Kronzipfel und Griffel. All dies läßt sich auf stärkeres bzw. schwächeres Streckungswachstum und letztlich auf die pleiotrope Wirkung Gen-bedingter Unterschiede zurückführen, welche den Wuchsstoffhaushalt beeinflussen (vgl. S. 382 ff.). Umfangreiche Kreuzungsversuche an ökologischen Rassen californischer Schafgarben (Abb. 566) und Fingerkräuter *(Potentilla glandulosa)* haben gezeigt, daß sich hier kleine Mutationsschritte an mehreren bis vielen Genen, also polygenisch, zu den großen Unterschieden hinsichtlich Stengelhöhe, Blütezeit, Winterruhe, Blattgliederung, Behaarung sowie der Blüten- und Fruchtmerkmale addieren.

Beispiele für die alle Lebensbereiche betreffenden Auswirkungen von Gen-Mutationen enthalten die besprochenen Kreuzungsexperimente (S. 491–503): Stoffwechselphysiologische Vorgänge (Aminosäurenbildung, Atmung und Gärung, Photosynthese), Antibiotica-Resistenz, Geißelbewegung, Sexualverhalten und Sporenfarbe etc. bei Bakterien, Flagellaten und Pilzen, Merkmalsausbildung im Bereich von Blättern, Blüten, Früchten und Samen bei Angiospermen.

Unter den Moosen zeigt die Gattung *Marchantia* ein Mutationsspektrum, das die Differenzierung verwandter Gattungen widerspiegelt, darüber hinaus aber auch die Ausbildung radiärer, sproßähnlicher Bildungen ermöglicht. Beim Löwenmäulchen *(Antirrhinum majus)* treten im Blütenbereich Makro-Mutationen auf (Abb. 548 II), die mit radiärer bzw. gespornter Krone im Blütendiagramm etwa den verwandten Rachenblütler-Gattungen *Verbascum* bzw. *Linaria* oder mit nur 2 Staubblättern etwa *Gratiola* entsprechen (Abb. 583, 955). Weiter betreffen Mutationen bei Angiospermen u. a. noch folgende, systematisch wichtige Merkmalsbereiche: Zwei- und Einkeimblättrigkeit, Ein- und Zweijährigkeit, Geschlechtsverteilung (z. B. zwittrige oder eingeschlechtige Blüten), Vorhandensein oder Fehlen der Blütenhülle, Zahl der Blütenglieder und freie oder verwachsene Blumenkrone.

Sehr eigenartig und mannigfaltig sind genetische Veränderungen an Pro- und Eukaryoten, die durch Insertionssegmente (IS) ausgelöst werden. Dabei handelt es sich um bestimmte DNA-Abschnitte, die illegitime, Crossing-over-artige Vorgänge bewirken. Allein oder gekoppelt mit anderen Genen als Transposons («jumping genes») können sie an verschiedenen Stellen des Genoms ein- bzw. ausgebaut werden.

Insertionssegmente dürften beim Ein- und Ausbau von Plasmiden (S. 500) bzw. bei der Transduktion von Phagen bei den Bakterien (S. 501) eine Rolle spielen. Beim Einbau zwischen oder in Gene können sie die Genexpressionen kontrollieren, verändern bzw. gänzlich blockieren (z. B. bei Genen für die Anthocyanpigmentierung der Samen verschiedener Mais-Biotypen). Auch als Mutator-Gene (S. 504) und für die Auslösung von den im folgenden behandelten Chromosomen-Mutationen dürften sie von Bedeutung sein.

b) **Chromosomen-Mutationen** bezeichnen Änderungen der Struktur, **Genom-Mutationen** Änderungen der Zahl der Chromosomen; es sind immer mehrere Gene betroffen. Chromosomen-Mutationen werden durch Brüche und darüber hinaus durch neuartige Fusionen von Bruchstellen verursacht, wie sie besonders an Überkreuzungsstellen von Chromosomen und bei fehlerhaftem Crossing-over auftreten. Im einzelnen handelt es sich dabei, wenn Einzelchromosomen betroffen sind, um Deletionen (terminaler oder intercalarer Chromosomenstückverlust, z. B. ABCD → BCD oder ABCD → ACD), Duplikationen (Verdoppelung eines Chromosomenabschnittes, z. B. ABCD → ABCBCD), sowie um Inversionen (Drehung eines Chromosomenabschnittes, z. B. ABCD → ACBD; Abb. 573). Bei Translokationen werden Chromosomenstücke innerhalb eines oder meist zwischen zwei verschiedenen Chromosomen verlagert bzw. ausgetauscht (z. B. ABCD + GHIK → ABG + CDHIK; Abb. 550A). Die Paarung unveränderter und strukturell mutierter Chromosomen in der Meiose heterozygoter F_1-Hybriden (Abb. 550B, 573) dient vielfach als Nachweis für solche Chromosomen-Mutationen.

Im Zusammenhang mit Chromosomenumbauten kann sich schrittweise auch die Chromosomenzahl ändern (Dysploidie, Abb. 550 C–D). Infolge ungleichmäßiger Verteilung während der Mitose oder Meiose können aber auch strukturell unveränderte Chromosomen zum normalen Chromosomensatz hinzutreten oder ausfallen (Aneuploidie). Schließlich kann es bei gestörtem Ablauf von Mitose oder Meiose zwar zur Teilung der Chromosomen, nicht aber zur Aufteilung der Chromosomenhälften auf Tochterkerne kommen. Die resultierende Vervielfachung der Chromosomensätze wird als Polyploidie bezeichnet.

Chromosomen- und Genom-Mutationen treten spontan bei allen eukaryotischen Organismengruppen auf, besonders häufig bei Hybriden mit labilem Mitose- und Meiose-Ablauf. Durch verschiedene experimentelle Eingriffe kann ihre Häufigkeit stark angehoben werden. Eine klare Grenze zwischen größeren Gen-Mutationen und Chromosomen-Mutationen besteht nicht.

Der Verlust von Chromosomenstücken (Deletion) oder ganzen Chromosomen wirkt sich in der Haplophase bzw. bei Homozygotie in der Diplophase meist letal aus. Die übrigen Chromosomen- und die Genom-Mutationen vermehren aber meist nur die Zahl der Gene oder verändern ihre Position. Daraus ergeben sich vielfach nur mäßige unmittelbare morphologische oder physiologische Auswirkungen. So hat man etwa mehrfach bei der Verlagerung eines Gens von seiner ursprünglichen an eine neue Chromosomenposition eine Änderung in der Wirkung feststellen können (Positionseffekt; vgl. dazu die räumliche Nachbarschaft von Genen im Operon bei *Prokaryota*, S. 303 f., 501, 506).

Eine wesentliche Bedeutung für die Sippenbildung haben Chromosomen- und Genom-Mutationen als Steuerfaktoren der Rekombination und als Kreuzungsbarrieren. Ein gutes Beispiel für Differenzierung aufgrund von Chromosomen-Mutationen

bietet die Gattung *Pisum* (Erbse). So unterscheiden sich etwa die Kultursorten L 110 und L 379 durch eine reziproke Translokation zwischen den Chromosomen III und V. Das erweist sich aus den Karyogrammen (Schemata der Chromosomengarnitur, Abb. 550 A), aus der Chromosomenpaarung in der Meiose bei heterozygoten F₁-Hybriden (Abb. 550 B), aus veränderter Merkmalsaufspaltung sowie aus Sterilität bei etwa 50% der F₂-Nachkommenschaft wegen defekter Chromosomenkombinationen (III + V′ und III′ + V anstelle III + V und III′ + V′). Auch geographische Rassen von *Pisum* sind ähnlich differenziert; so weicht die Sippe *abyssinicum* u.a. durch mehrere Translokationen (in den Chromosomen I, II und wahrscheinlich auch VI) von der Normalsippe ab und die Hybriden sind zu etwa 75% steril. Weiterhin treten Inversionen nicht selten als sippendifferenzierende Chromosomen-Mutationen in Erscheinung (vgl. Abb. 573).

Aneuploidie führt infolge überzähliger Chromosomen zu Störungen der Meiose, infolge Chromosomenausfall aber zu Genausfall und damit in beiden Fällen meist zu defekter Entwicklung; dementsprechend ist Aneuploidie gewöhnlich nur eine vorübergehende Erscheinung. Wenn überzählige Chromosomen aber strukturell umgebaut werden, oder wenn alle wesentlichen Abschnitte zweier Chromosomen

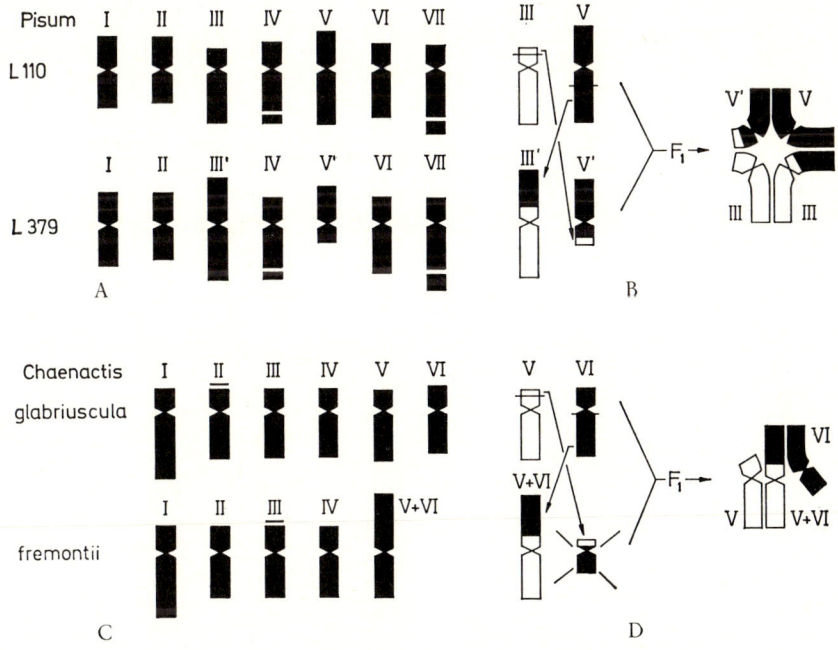

Abb. 550: Chromosomen-Mutationen und Dysploidie. A Haploide Karyogramme zweier Kultursorten der Erbse *(Pisum sativum)*; B Schema der differenzierenden reziproken Translokation sowie der meiotischen Chromosomenpaarung in der strukturheterozygoten F₁. C Haploide Karyogramme zweier nahverwandter Arten von *Chaenactis (Asteraceae)* mit 2n = 12 und 2n = 10; D Schema der differenzierenden reziproken Translokation und des Fragmentausfalls sowie der meiotischen Chromosomenpaarung in der F₁. (A nach LAMPRECHT; C nach KYHOS; B und D Originale.)

durch Translokationen in einem einzigen kombiniert werden und das Reststück ausfällt (vgl. Abb. 550 C, D), kann es zu auf- oder absteigender Dysploidie kommen. Ähnlich wirkt sich auch die Trennung eines metazentrischen Chromosoms am Centromer zu zwei telozentrischen Chromosomen bzw. die Vereinigung von zwei solchen Chromosomen an ihren Centromeren aus («Robertsonian Fisson bzw. Fusion»).

Dysploide Zahlenveränderungen wurden bereits mehrfach experimentell hergestellt (z.B. bei der Gerste, 2n = 14 → 16); sie finden sich innerhalb von Populationen (z.B. bei *Nigella*, *Ranunculaceae*, 2n = 12 ⇌ 14), gelegentlich bei geographischen Rassen (z.B. *Myosotis sylvatica*, *Boraginaceae*, 2n = 22 → 20 → 18), bei nah verwandten Arten (z.B. *Chaenactis*, *Asteraceae*, aus dem westlichen Nord-Amerika, Abb. 550 C und D: 2n = 12 → 10), oder innerhalb von Gattungen oder Familien (z.B. *Dipsacaceae*, Abb. 581). Bei der nordamerikanischen Gruppe des *Haplopappus gracilis (Asteraceae)* ist durch dysploide Zahlenreduktion auch die niedrigste bisher bei Pflanzen bekannte Chromosomenzahl entstanden: 2n = 8 → 6 → 4.

Bei Verwandtschaftsgruppen mit polyzentrischen Chromosomen (Spindelfasern nicht nur an einem, sondern an mehreren Chromosomenabschnitten ansetzend; vgl. S. 44) kommt es durch ungehinderte Weitergabe von Chromosomenbruchstücken besonders leicht zur Veränderung der Chromosomenzahlen (d.h. zur Agmatoploidie, z.B. bei *Juncales*).

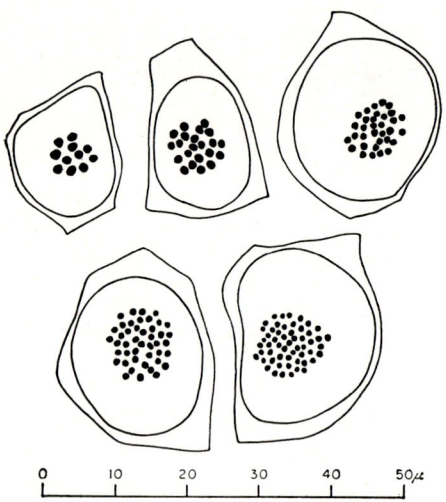

Abb. 551: Infraspezifische Polyploidiereihe bei einem Labkraut *(Galium anisophyllon)*. Meiose (Metaphase I) der Pollenmutterzellen bei di-, tetra-, hexa-, octo-, und decaploiden Rassen (2x, 4x, 6x, 8x und 10x mit der Chromosomengrundzahl x = 11); Größenabnahme der Chromosomen mit steigender Ploidiestufe. (Original.)

Aus vegetativen polyploiden Zellen bzw. Geweben (somatische Polyploidie, S. 53) oder infolge Verschmelzung unreduzierter Gameten können zur Gänze – also auch in der Keimbahn – polyploide Individuen und Sippen entstehen (generative Polyploidie, S. 53, Abb. 551, 552; vgl. auch S. 529 ff.). Umgekehrt ist bei normal diplohaplontischen Pflanzen auch die Bildung von durchaus haploiden Nachkommen mit nur einem somatischen Chromosomensatz möglich.

Polyploidie kann besonders durch das Herbstzeitlosen-Alkaloid Colchicin experimentell ausgelöst werden. Es hemmt den Spindelapparat, aber nicht die Chromosomenteilung, und löst damit die Bildung von Restitutionskernen mit verdoppelter Chromosomenzahl aus. Bei Moosen und Farnen führt die Regeneration von gametophytischen Prothallien aus Sporophytengewebe relativ leicht zur Entstehung von Polyploiden (Abb. 552).

Da zwischen Zellkern und Cytoplasma enge Wechselbeziehungen bestehen, hat die Vergrößerung des Kernvolumens durch Polyploidisierung Rückwirkungen auf die Zellgröße und nicht selten auch auf die Größe des gesamten polyploiden Organismus (Abb. 552). Oft stehen auch eine verlangsamte Entwicklung und verringerte Vitalität damit im Zusammenhang. Im Zuge der natürlichen Selektion wurden diese Nachteile bei Polyploiden häufig durch Reduktion der Chromosomen-, Kern- und Zellgrößen ausgeglichen (Abb. 551).

Bei generativer Polyploidie kennzeichnet man die haploide Chromosomengrundzahl mit x. Aus Diploiden (2x) können Tetraploide (4x), daraus weiter Hexaploide (6x), Octoploide (8x) u.a. Ploidiestufen entstehen.

Durch Kreuzung ist auch die Bildung von Triploiden (3x), Pentaploiden (5x) usw. oder von aneuploiden Individuen mit Chromosomenzwischenzahlen möglich (vgl. S. 507).

Werden die homologen Chromosomensätze von Nicht-Hybriden vervielfacht, so spricht man von Autopolyploidie, bei der Vervielfachung von nicht-homologen Chromosomensätzen von Sippenbastarden handelt es sich dagegen um Allopolyploidie; selbstverständlich gibt es Übergänge zwischen diesen beiden Typen (S. 529 ff.).

Autopolyploide haben vor allem wegen der Paarung von mehr als zwei homologen Chromosomen vielfach eine gestörte Meiose und verringerte Fertilität; sie sind daher für die stammesgeschichtliche Entwicklung und für die Praxis von mäßiger Bedeutung. Dagegen haben Allopolyploide in der Evolution der Pflanzen (im Gegensatz zum Tierreich) und in der

Pflanzenzüchtung eine wichtige Rolle gespielt (S. 529 ff.).

Gelegentlich können in der Nachkommenschaft von diploiden bzw. polyploiden Pflanzen Individuen mit der halben Chromosomenzahl auftreten: Haploidie.

Haploide Angiospermen können infolge spontaner Entwicklung der unbefruchteten Eizelle (Parthenogenese; vgl. S. 515) oder anderer Zellen des ♀ Gametophyten entstehen. Experimentell lassen sie sich u.a. aus unreifen Pollenkörnern herstellen. Monohaploide (aus Diploiden) sind meist weniger vital und haben eine gestörte Meiose (meist nur Chromosomen-Univalente), entsprechen aber sonst normalen Pflanzen. Als haploide Sporophyten demonstrieren sie die Unabhängigkeit von Kern- und Generationswechsel (vgl. S. 57 f.). Polyhaploide (aus Polyploiden sind oft wenig gestört und können eine Rückkehr zur Diploidstufe ermöglichen. Aus allen Haploiden lassen sich durch spontane oder experimentelle Chromosomenverdoppelung absolut homozygote Diploide herstellen.

Von größter Bedeutung für die Evolution ist die Vermehrung, aber auch Verminderung des DNA-Materials durch Polyploidie, besonders aber durch Duplikationen bzw. Deletionen. Dies zeigt sich u.a. in der durchschnittlichen DNA-Zunahme von Prokaryoten über Pilze zu Algen und Gefäßpflanzen (Tab. 4, S. 26) bzw. zu Höheren Tieren, im regelmäßigen Auftreten von mittel- und hochrepetitiven (also im Genom mäßig bis vielfach wiederholten) DNA-Sequenzen bei allen Eukaryoten und in der starken Veränderlichkeit dieser repetitiven DNA-Komponente innerhalb vieler Verwandtschaftsgruppen (vgl. S. 45, Abb. 553).

Die DNA-Menge pro haploidem Genom (G_1) liegt bei Prokaryoten in der Größenordnung von 10^{-3} pg, bei Pilzen um 10^{-2} pg, und bei Gefäßpflanzen meist um 1–20 pg (vereinzelt aber auch nur 0,5 pg und bis über 300 pg). Bei den meisten Angiospermen alternieren mittelrepetitive DNA-Sequenzen von etwa 300–400 Nucleotidpaaren mit singulären Sequenzen von etwa 1000–2000 Nucleotidpaaren; letztere entsprechen wohl meist Strukturgenen. Dazu kommen noch, besonders im konstitutiven Heterochromatin (vgl. S. 46), hochrepetitive Abschnitte, in denen sich bestimmte Nucleotidgruppen 10^3 bis 10^6 mal wiederholen können. Diese hoch-, aber auch viele mittelrepetitive DNA-Sequenzen werden im Gegensatz zu den etwa 20–30000 Strukturgenen, die man bei allen Angiospermen vermuten kann, nicht transkribiert. Die starken Schwankungen im Heterochromatingehalt (S. 46, Abb. 554), in der Chromosomengröße und in der DNA-Masse (Abb. 553) bei den Angiospermen beruhen dementsprechend weitgehend auf der Veränderung von repetitiver DNA. Dabei wird durch starke DNA-Zunahme zwar «Rohmaterial» gebildet, die Evolutionsgeschwindigkeit aber verlangsamt, während DNA-Abnahme und -Differenzierung vielfach mit starker stammesgeschichtlicher Progression und Spezialisation einhergeht. Für

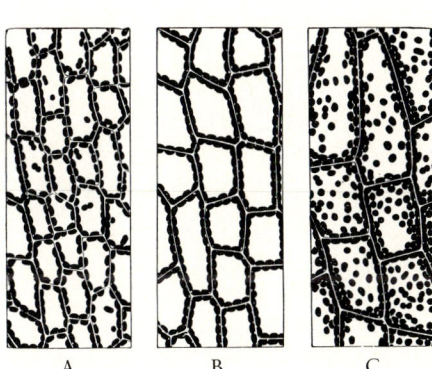

Abb. 552: Experimentell ausgelöste Autopolyploidie. A–C Abhängigkeit der Zellgröße und Chloroplastenzahl (schwarze Scheibchen) von der Anzahl der Chromosomensätze in den Blättchen des Laubmooses *Funaria hygrometrica:* A haploid, B diploid, C tetraploid. D Blütenstände einer diploiden (links) und tetraploiden Rasse (rechts) von *Digitalis purpurea.* (A bis C 200 ×, nach F. v. WETTSTEIN, umgezeichnet; D nach SCHWANITZ.)

die Evolution der Getreide Hafer, Gerste, Weizen und Roggen gibt es bereits quantitative Vorstellungen über dieses stammesgeschichtliche Alternieren von DNA-Vermehrung und DNA-Differenzierung.

c) Plasmon-Mutationen sind noch ungenügend analysiert worden (vgl. S. 498 f.), doch darf ihre Bedeutung für die Evolution nicht allzu gering eingeschätzt werden. Eine entsprechende erbliche Differenzierung erweist sich vor allem durch reziproke F_1-Unterschiede bei Kreuzungsexperimenten und wurde etwa bei Flagellaten, Pilzen und Moosen (Abb. 555) bis zu Angiospermen (Abb. 575), sowie für Plastiden und Mitochondrien nachgewiesen und teilweise auch experimentell ausgelöst.

Die Auswirkungen betreffen etwa Plastidenform (z.B. bei *Chlamydomonas*), Paarungsverhalten (z.B. bei *Podospora: Ascomycetes*), Blattmerkmale (z.B. *Epilobium: Onagraceae*) oder Geschlechtsverteilung bzw. Pollensterilität (z.B. Gynodiözie bei vielen *Lamiaceae*; vgl. auch S. 762). Bei Moosen zeigen reziproke Art- und sogar Gattungsbastarde in der F_1 deutlich mütterlich beeinflußte Merkmalsausbildung (z.B. in der Kapselform: Abb. 555). Ähnliches gilt auch für die in dieser Hinsicht besonders eingehend untersuchte Angiospermengattung *Epilobium (Onagraceae)*. Da solche reziproke F_1-Unterschiede auch nach mehrfacher Rückkreuzung mit dem väterlichen Elter erhalten bleiben, ist an einer plasmatischen Beeinflussung dieser Sippenunterschiede nicht zu zweifeln. Bei *Oenothera (Onagraceae)* sind im Lauf der Evolution Plastomtypen mit immer rascherer Vermehrungsrate und damit großen selektiven Vorteilen entstanden. Die divergente Differenzierung von Ge-

nomen, Plastomen und Plasmonen führt aber auch dazu, daß bei Sippenkreuzungen das notwendige Zusammenwirken gestört sein kann (z.B. *Onagraceae*, bei *Achillia*: Abb. 575, u.a.): defekte Genwirkungen, Sterilität, verminderte Vitalität sind das Ergebnis und haben den Effekt von Kreuzungsbarrieren (vgl. S. 524 ff.). Umgekehrt trägt das Zusammenwirken besonders harmonierender Plasmone und Genome bei gewissen Biotypen- oder Sippen-Hybriden wesentlich zum Heterosis-Phänomen bei (vgl. S. 527).

4. Fortpflanzung und Rekombinationssystem

In jeder Population stellt sich ein Gleichgewicht zwischen genetischer Plastizität und Stabilität ein: Anpassungsmerkmale müssen erblich stabilisiert, bei Umweltveränderungen aber auch entsprechend variierbar sein. So wichtig Mutationen nun als Rohmaterial für die Evolution sind, für sich allein reichen sie meist nicht aus, um die notwendige genetische Variation und Anpassungsfähigkeit der Populationen zu gewährleisten. Wählen wir als Beispiel unsere Wald-Erdbeere *(Fragaria vesca)*: Bei streng vegetativer Fortpflanzung (vgl. S. 209 ff.) durch Ausläufer müßte jeder Klon für sich die notwendige genetische Plastizität auf-

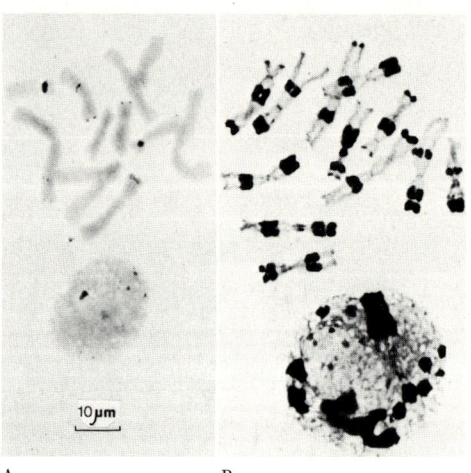

A   B

Abb. 554: Diploide Chromosomensätze von zwei nahe verwandten *Scilla*-Arten (Blaustern, *Hyacinthaceae*), *S. bifolia* (A) und *S. voethorum* (B), beide mit 2n = 18. Die Giemsafärbung läßt das konstitutive Heterochromatin als auffällige dunkle Bänder hervortreten und veranschaulicht die stammesgeschichtliche Veränderlichkeit dieser hochrepetitiven DNA-Komponente. (GREILHUBER, Original.)

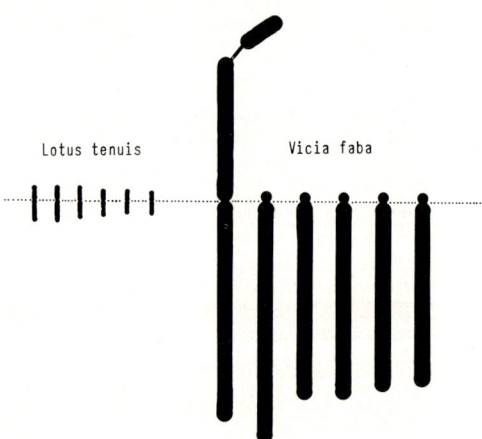

Lotus tenuis   Vicia faba

Abb. 553: Haploide Chromosomensätze von zwei Fabaceen mit n = 6 bei gleicher Vergrößerung (× 3300), *Lotus tenuis* mit 0,5 pg DNA und *Vicia faba* mit 14,4 pg DNA im haploiden Genom (G_1). (Nach STEBBINS.)

grund seltener Knospenmutationen schritt-weise aufbauen. Erst sexuelle Fortpflan-zung und Meiose machen eine Rekombi-nation, damit eine Kombination (Vereinigung) vorteilhafter Mutationen aus verschiedenen Klonen und so eine wesentliche Steigerung der genetischen Plastizität und Anpassungsfähig-keit möglich (vgl. S. 212 ff.). Vorteilhafte Kom-binationstypen können nun wieder starke vege-tative Vermehrung erfahren (z. B. Kulturfor-men). So trägt das Gleichgewicht zwischen ve-getativer und sexueller Fortpflanzung zu dem besprochenen genetischen Gleichgewicht und zur Rekombinationsrate bei.

Ein großer Teil der erblichen und phäno-typisch greifbaren Variation in natürlichen Populationen ist also auf die Rekombination mutativ differenzierter und mendelnder Gene und Allele zurückzuführen.

Der Gen-Pool einer Population (ihr Gen-Reservoir) besteht bei Höheren Pflanzen aber nicht nur aus diesen phänotypisch manifesten, sondern vor allem auch aus recessiven oder sonst verdeckten (und teilweise auch nachtei-ligen) Erbanlagen; sie können gegebenenfalls herausspalten und eine Anpassung an verän-derte Umweltbedingungen ermöglichen. Dieses Mitführen einer recessiven Allel-Reserve ist verständlicherweise nur in der Diplo- (oder Dikaryo-), nicht aber in der Haplophase mög-lich. Auch die Organisation des Erbguts hat also Einfluß auf das Gleichgewicht zwischen genetischer Plastizität und Stabilität.

Weiter sind die Bestäubungs- und Be-fruchtungsverhältnisse für das Ausmaß der Rekombination wesentlich: *Fragaria vesca* etwa hat Zwitterblüten und ist selbstfertil. Da-her ist hier Bestäubung und Befruchtung der Individuen mit eigenem (Autogamie) oder fremdem Pollen (Allogamie) möglich. Nahe-liegenderweise führt Autogamie durch Inzucht zur Einschränkung, Allogamie dagegen zur

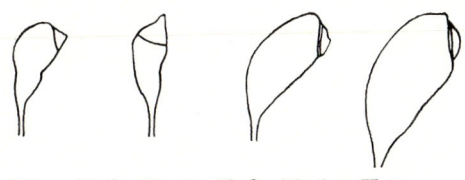

M²   Me♀×Hy♂   Hy♀×Me♂   Hy²

Abb. 555: Sporogone der Laubmoos-Arten *Funaria mediterranea* (Me²) links und *F. hygrometrica* (Hy²) rechts. In der Mitte die beiden reziprok verschiedenen F₁-Hybriden. (Nach F. v. WETTSTEIN.)

Steigerung der Rekombinationsrate und gene-tischen Variationsbreite. Schließlich wird der Ausbreitungsradius von Pollen und Früchten die Ausbreitungsmöglichkeit von Erbanlagen in der Population, also den Gen-Fluß in räumlicher Hinsicht beeinflussen, während sich die Geschwindigkeit der Generationsfolge in zeitlicher Hinsicht auf den Gen-Fluß auswirkt. Alle besprochenen Faktoren zusammen bilden das Rekombinationssystem einer Popu-lation und steuern damit den Einbau und die Mobilisierung vorhandener bzw. durch Mutationen neu entstehender genetischer Variation.

Nach diesem Überlick sollen im folgenden die einzelnen Komponenten des Rekombina-tionssystems besprochen werden.

a) Die wichtigsten Typen der **Organisation und Weitergabe des Erbgutes** im Pflanzenreich wurden anhand von Kreuzungsversuchen be-reits beispielhaft dargestellt (S. 491 ff.): Die Bakterien und Blaualgen haben als *Prokaryota* nur wenig DNA im Genophor (und allenfalls in Plasmiden); vegetative Fortpflanzung über-wiegt und nur vereinzelt finden sich verschie-dene Formen der Parasexualität (Transfor-mation, Transduktion und Konjugation) als Voraussetzung für genetische Rekombination. Demgegenüber stehen alle anderen pflanz-lichen und tierischen Organismen als *Eukaryota* mit mehr DNA in den Chromosomen (bzw. im Zellkern), aber auch in Mitochondrien und Plastiden, und mit präziser Aufteilung der chromosomalen DNA in der Mitose; ihre Fort-pflanzung erfolgt vielfach aufgrund echter Sexualität, mit nachfolgender Meiose und inter- bzw. intrachromosomaler genetischer Rekombination (S. 53 ff.). Alle ursprünglichen *Eukaryota* sind Haplonten mit Mitosen und Merkmalsdifferenzierung in der Haplophase. In vielen Entwicklungslinien werden dann aber im Kernphasenwechsel (S. 59 f.) Mitosen in der Diplo- (bzw. Dikaryo-)phase eingeschoben, und schließlich entstehen abgeleitete diplo-haplontische oder diplontische Sippengruppen mit stark geförderter 2n- (bzw. n+n-)Phase (vgl. dazu S. 60 und als Beispiele *Chlorophyceae*, Abb. 635, Pilze (Abb. 701) und Embryophyten: *Bryophyta*, *Pteridophyta* (Abb. 773) und *Sper-matophyta*). Welche selektiven Vorteile sind mit dieser Entwicklung verbunden? In der Diplo- (bzw. Dikaryo-)Phase wird nicht nur Recessivität und Dominanz möglich, son-dern auch eine bessere Pufferung (Homöostasis) gegenüber der Umwelt (Kooperation zweier, ± verschiedener Genome) und gegenüber recessiven Defektmutationen (Reserve-Funktion des zweiten Normal-Allels oder Normal-Chromosoms). Der evolutionsgeschichtliche Vorteil der Haplodiplonten und Diplonten gegenüber den Haplonten ist damit ohne weiteres einsichtig.

Für die meiotische Rekombination sind folgende Fragen wesentlich: Wie häufig ist Crossing-over? Sind bestimmte Chromosomenabschnitte (z.B. infolge chromosomenstruktureller Heterozygotie, S. 506f., Abb. 573) als «Super-Gene» vom Crossing-over ausgenommen? Auf wie viele Chromosomen (Koppelungsgruppen) ist das Erbgut aufgeteilt? (Je mehr Chromosomen, um so mehr interchromosomale Rekombination, je weniger, um so stärkere Koppelung; vgl. S. 493f.).

Eine Besonderheit der Dikaryophase der Pilze ist das Nebeneinander von zwei, vielfach genetisch verschiedenen Zellkernen (n + n). Gelegentliche Verschmelzung und darauffolgende Rückkehr zur Haplo- bzw. Dikaryophase kann hier mit somatischer Rekombination verbunden sein. Daraus resultiert u.a. die große genetische Plastizität bei vielen Pilzgruppen (z.B. *Aspergillus*).

Die Tendenz Haplonten → Diplonten wird in vielen Verwandtschaftsgruppen noch durch das Überhandnehmen von Polyploiden fortgesetzt (z.B. bei den Farnen).

b) **Sexualität** ist für die Mehrzahl der *Eukaryota* charakteristisch und resultiert letztlich in der Karyogamie von ♂ und ♀ (bzw. — und +) Zellkernen mit früher oder später folgender Meiose. Zumindest der Anlage nach besitzen alle Höheren pflanzlichen und tierischen Organismen bisexuelle Potenzen für Männlichkeit und Weiblichkeit. Wenn ein Klon oder ein Individuum wechselweise oder gleichzeitig als Kernspender (♂) und als Kernempfänger (♀) fungieren kann, spricht man von Monöcie (Einhäusigkeit) bzw. einem Monöcisten (♂♀; ♂ und ♀ Geschlechtsorgane getrennt, aber auf einem Individuum) oder von einem Zwitter (Hermaphrodit, ⚥; ♂ und ♀ Geschlechtsorgane beieinander). Ist bei einem Klon oder Individuum jeweils nur eine Potenz vorhanden, die andere aber unterdrückt, so liegt Diöcie (Zweihäusigkeit ♂/♀) vor; es handelt sich dann um einen Diöcisten mit ♂ und ♀ (bzw. — und +) Individuen.

Bei monöcischen bzw. zwittrigen Pflanzen wird die Bildung von ♂ und ♀ Gameten bzw. Fortpflanzungsorganen im Laufe der Ontogenie von inneren Regulatoren bestimmt und ist vielfach auch von den Umweltverhältnissen abhängig (vgl. S. 489). Die Geschlechtsbestimmung ist hier modifikativ (oder «phänotypisch»).

Beispiele dazu finden sich bei einer Vielzahl von Algen (Abb. 640D–E, 614K, 634A, 665), Pilzen (Abb. 689, 691, 693E–F, 701, 704C), Moosen (Abb. 755A), und isosporen Farnpflanzen (Abb. 773, 774, 779I, 782, 814C) mit ♂ und ♀ Gametangien auf dem gleichen Gametophyten. Bei den zwittrigen heterosporen Farnpflanzen (Abb. 790, 832C, 835C) und Samenpflanzen (Abb. 840, 848, 849, 874, 888, 889 etc.) finden wir reduzierte, modifikativ eingeschlechtige ♂ bzw. ♀ Gametophyten. Ihre Geschlechtsdifferenzierung greift nun gleichsam auf den Sporophyten zurück. Er trägt auf der gleichen Pflanze Mikro- und Mega-Sporen, Mikro- und Mega-Sporangien sowie Mikro- und Mega-Sporophylle oder sogar ausschließlich ♂ und ♀ Blüten.

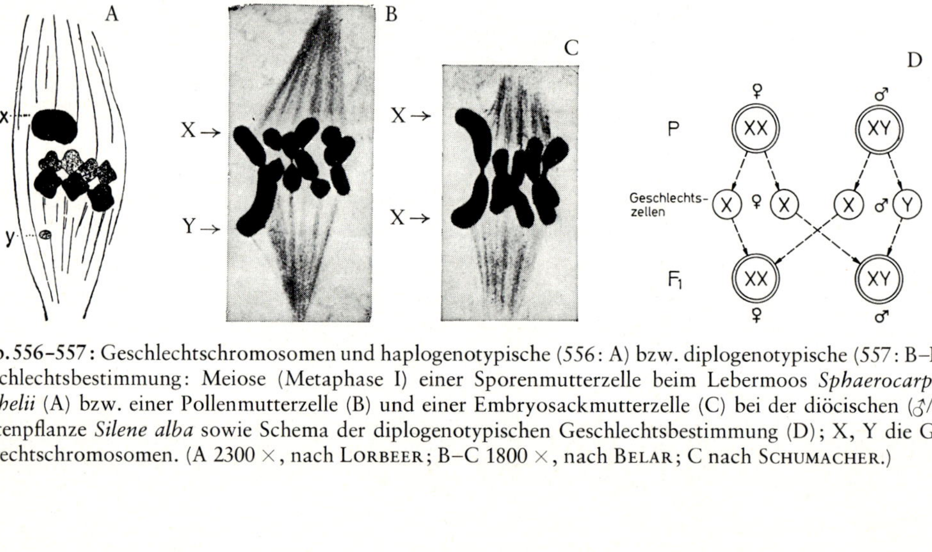

Abb. 556–557: Geschlechtschromosomen und haplogenotypische (556: A) bzw. diplogenotypische (557: B–D) Geschlechtsbestimmung: Meiose (Metaphase I) einer Sporenmutterzelle beim Lebermoos *Sphaerocarpos michelii* (A) bzw. einer Pollenmutterzelle (B) und einer Embryosackmutterzelle (C) bei der diöcischen (♂/♀) Blütenpflanze *Silene alba* sowie Schema der diplogenotypischen Geschlechtsbestimmung (D); X, Y die Geschlechtschromosomen. (A 2300 ×, nach LORBEER; B–C 1800 ×, nach BELAR; C nach SCHUMACHER.)

Die ♂ und ♀ Individuen diöcischer Pflanzen lassen überwiegend eine **genotypische Geschlechtsbestimmung** erkennen. Hier müssen wir unterscheiden: Die Diöcie der ♂ und ♀ Gametophyten bei vielen Algen (Abb. 635 C, 664), Pilzen (Abb. 686) und Moosen (Abb. 746, 752, 768) ist **haplogenotypisch** determiniert (vgl. S. 493 und Abb. 538, 556). Ganz andersartig, nämlich **diplogenotypisch** bedingt (vgl. S. 496 f. und Abb. 557) und unabhängig entstanden ist dagegen die Diöcie der ♂ und ♀ Sporophyten bei verschiedenen Samenpflanzen (z. B. Abb. 863, 916 K–N, 938).

Bei der Volvocalen-Gattung *Chlamydomonas* läßt sich die Entwicklung von Sippen mit äußerlich gleichen + und − Gameten (Isogamie; vgl. S. 213 und Abb. 538) zu solchen mit ungleichen ♀ und ♂ Gameten (Anisogamie) und schließlich mit Spermatozoiden und Eizellen (Oogamie) verfolgen; dabei finden sich hier nebeneinander diöcische und monöcische Sippen mit haplogenotypischer bzw. modifikativer Geschlechtsbestimmung. Die Bedeutung dieser auch sonst bei Algen und Niederen Pilzen vielfach wiederholten Progression (Isogamie → Oogamie) dürfte in einer vorteilhaften Arbeitsteilung zwischen den zahlreicheren und beweglicheren ♂ und den weniger zahlreichen, aber dafür größeren und Reservestoff-speichernden ♀ Gameten liegen.

Für mehrere Algen und Pilze wurden verschiedene geschlechtsspezifische Wirkstoffe (z. B. Gamone) nachgewiesen, die in komplexer Weise die sexuelle Differenzierung sowie die chemotaktische Anlockung und Kopulation der Gameten (bzw. Gametangien) steuern (vgl. S. 447).

Das diöcische Lebermoos *Sphaerocarpos* (Abb. 749 A) ist ein Beispiel dafür, daß sich die Geschlechtschromosomen (X und Y) durch Chromosomenmutationen von den übrigen Chromosomen (den sog. Autosomen) und voneinander strukturell differenzieren können; in der Meiose zeigen X und Y nur Distanzpaarung, aber keine Chiasmata (S. 56 f.; Abb. 556). Die Tetraden weisen zwei Sporen mit X- und zwei mit Y-Chromosomen auf; daraus gehen ♀ und ♂ Gametophyten hervor. Wird aus dem X-Chromosom durch Röntgenstrahlen ein Stück abgesprengt, so werden die ♀ in ♂ umgewandelt: Das Y-Chromosom hat also offenbar gar keine ♂-bestimmende Wirkung; ♂ entstehen vielmehr allein durch Abwesenheit des ♀-bestimmenden X-Chromosoms.

Wahrscheinlich liegen auch bei vielen anderen diöcischen Pflanzen in den Geschlechtschromosomen nicht die Erbfaktoren für die Ausbildung der ♂ und ♀ Geschlechtsorgane selbst, sondern lediglich sog. **Realisatorgene**, welche die in den Autosomen lokalisierte **bisexuelle Potenz** so beeinflussen, daß jeweils nur die Anlage des **einen** Geschlechtes zur Ausbildung kommt.

Die **diplogenotypische** Geschlechtsbestimmung bei Samenpflanzen wirkt sich im Sporophyten aus. Dabei ist im allgemeinen die ♂ Pflanze heterozygot und heterogametisch, denn sie liefert 50% ♂ und 50% ♀ determinierenden Pollen bzw. Spermazellen, während das ♀ Geschlecht homozygot und homogametisch erscheint.

Dies gilt etwa für *Bryonia dioica* (♂ = Mm, ♀ = mm; Geschlechtschromosomen mikroskopisch nicht erkennbar; S. 496) und *Silene alba* (= *Melandrium album*) (mit Geschlechtschromosomen: ♂ = XY, ♀ = XX; S. 496, Abb. 557). Die Anlagen, welche die ♀ Potenzen unterdrücken, liegen in einem, die, welche die Staubblattentwicklung steuern, im anderen Arm des Y-Chromosoms. Experimentell hergestellte Polyploide zeigen, daß erst 3 Autosomensätze + 3X die Wirkung von 1Y kompensieren. Nur ein sehr kurzer Abschnitt von X und Y ist homolog. – Durch experimentelle Eingriffe kann man übrigens die normale Sex-Rate (1:1) verschieben. In gealtertem Pollen (80–100 Tage) sind z. B. die X-Körner so benachteiligt, daß fast nur noch ♂ Nachkommenschaft entsteht.

Die Entwicklung diöcischer Samenpflanzen ist offenbar mehrfach von zwittrigen Ausgangsformen erfolgt. Bindeglieder sind dabei häufig Sippen, in denen sich noch nebeneinander ⚥ und ♂ oder ♀ Individuen finden. Ursprüngliche Diöcisten haben noch keine Geschlechtschromosomen. Die fortschreitende Differenzierung der Geschlechtschromosomen verhindert eine Rekombination zwischen den geschlechtsbestimmenden Genblöcken und damit einen Zusammenbruch der Diöcie. Besonders abgeleitet ist unser Sauer-Ampfer, *Rumex acetosa*; er hat nämlich in ♂ 2n = 15 mit 3 Geschlechtschromosomen: XY_1Y_2 (sie bilden in der Meiose ein Trivalent), in ♀ dagegen nur 2n = 14 mit XX.

Die **Sexualität** fördert schon an und für sich die **Fremdbefruchtung** (Allogamie) zwischen verschiedenen Elternpflanzen und damit die Rekombinationsrate einer Population. Allerdings ist bei Monöcisten mit ♀ und ♂ Fortpflanzungszellen doch häufig **Selbstbefruchtung** (Autogamie) möglich, auch wenn dies durch räumliche und zeitliche Trennung der Geschlechter erschwert wird (z. B. bei verschiedenen Angiospermen, vgl. S. 814 f. und Abb. 559, 891). Durch den Übergang von Monöcie zu Diöcie wird dagegen Allogamie erzwungen. Außer Sexualität und Diöcie gibt es aber noch andere, in der gleichen Richtung wirkende, also Rekombinations-fördernde Evolutionsmechanismen:

c) **Homogenische Inkompatibilität** verhindert, daß sich Monöcisten bzw. Zwitter ohne

Partner sexuell fortpflanzen; dabei wird letztlich die Karyogamie von ♂ und ♀ (bzw. – und +) Zellkernen mit denselben Inkompatibilitäts-Allelen verhindert. Abb. 558 demonstriert das anhand eines Selbststerilitäts-Gens (S) mit multiplen Allelen (S_1, S_2, S_3, S_4...), das bei der Bestäubung und Befruchtung vieler Angiospermen infolge von Immunreaktionen Autogamie verhindert und damit Allogamie erzwingt: Es können nur solche Pollenkörner bzw. -schläuche bis zu den Samenanlagen vordringen, deren S-Allel n i c h t mit den S-Allelen im Narben- bzw. Griffelgewebe übereinstimmen. So wird bei einer Mutterpflanze S_1S_2 nicht nur Autogamie verhindert (Selbstinkompatibilität oder S e l b s t - s t e r i l i t ä t), sondern auch die Kreuzung mit anderen S_1S_2-Pflanzen (K r e u z u n g s i n k o m p a t i - b i l i t ä t); mit S_1S_3- oder S_2S_4-Partnern besteht halbe Kompatibilität. Verschiedene Typen homogenischer Inkompatibilität finden sich in allen eukaryotischen Pflanzengruppen (vgl. z. B. Abb. 676).

Die einfachste Form der homogenischen Inkompatibilität ist durch ein S-Gen mit zwei Allelen, + und –, bedingt (Abb. 676, rechts). So bildet z. B. jedes Individuum des Ascomyceten *Neurospora crassa* ♀ und ♂ Fortpflanzungsorgane, Karyogamie ist aber nur zwischen den Kreuzungstypen + und – möglich, während – und –, ebenso wie + und + miteinander inkompatibel sind. Dieses b i p o l a r e genetische

System entspricht ganz dem der haplogenotypischen Geschlechtsbestimmung (S. 493, 513). Beim Fehlen einer deutlichen ♀/♂-Geschlechtsdifferenzierung (vgl. dazu etwa Beispiele von Algen: Abb. 538, 635 A–E und Pilzen: Abb. 698 M–S, 719) ist eine eindeutige Abgrenzung zwischen «Diöcie» einerseits und «Monöcie + homogenische Inkompatibilität» andererseits kaum möglich. Vielleicht liegt also hier einer der Ausgangspunkte für diese beiden Evolutionsrichtungen.

Mehrfach haben sich Komplikationen des bipolaren Inkompatibilitätssystems herausgebildet, z. B. 2 S-Gene mit je 2 Allelen (t e t r a p o l a r) bei gewissen *Holobasidiomycetes* und *Ustilaginales* (Abb. 723). Bei den diplohaplontischen Angiospermen kann ein bipolares System nicht funktionieren: Die Diplophase aller Pflanzen wäre ja dabei S⁺ S⁻. Daher ist hier ein m u l t i p o l a r e s System mit einem S-Gen (oder auch zwei, z. B. bei Gräsern) und multipler Allelie (S_1, S_2, S_3, S_4.... teilweise bis zu 50!) entstanden. Die Kopplung von Inkompatibilität mit 2 (oder 3) verschiedenen, wechselweise zusammenpassenden Staubblatt- und Griffelpositionen hat bei einigen Angiospermengruppen schließlich zum Phänomen der H e t e r o - s t y l i e geführt (S. 815, Abb. 559 A, 891 A–B).

d) Autogamie, also Selbstbefruchtung (einschließlich Selbstbestäubung), hat sich bei zahlreichen monöcischen bzw. zwittrigen Niederen und Höheren Pflanzen herausgebildet, zuerst als gelegentliche (fakultative), dann auch als konstante (obligate) Form der sexuellen Fortpflanzung (Abb. 559). Als Voraussetzung dafür läßt sich vielfach der Zusammenbruch eines Inkompatibilitätssystems feststellen. Die Folgen von Autogamie sind Inzucht, gesenkte Rekombinationsrate und eingeschränkte Variationsbreite der Populationen, aber auch die Möglichkeit zur geschlechtlichen Fortpflanzung von Einzelpflanzen.

Autogamie findet sich z. B. schon bei verschiedenen Algen (z. B. *Spirogyra* und einigen Diatomeen; S. 596, 610), bei manchen Pilzen, Moosen und Pteridophyten, besonders aber bei verschiedenen Angiospermen (S. 815 f.). Bei der Boraginaceen-Gattung *Amsinckia* werden nach dem Zusammenbruch der Heterostylie bei den Ausgangsformen (A) die relativ großblütigen Zwischenformen (B) noch von Insekten besucht und wegen der Trennung von Staubbeuteln und Narben auch noch fremdbestäubt; dagegen sind die unauffälligen kleinblütigen Sippen (C) aufgrund des Kontaktes von Staubbeuteln und Narben bereits weitgehend zur Selbstbestäubung übergegangen (Abb. 559). Autogamie ist besonders bei einjährigen Unkräutern häufig, z. B. beim Hirtentäschel (*Capsella bursa-pastoris*), Acker-Stiefmütterchen (*Viola arvensis*), Kleb-Labkraut (*Galium aparine*), Greiskraut (*Senecio vulgaris*) usw. Für diese Pioniere an kurz-

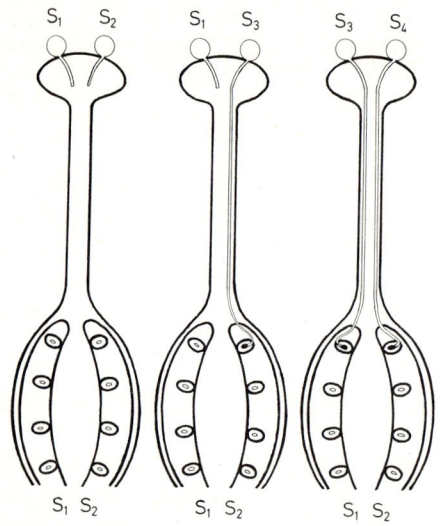

Abb. 558: Inkompatibilität bei der Bestäubung und Befruchtung von Angiospermen. S-Allele (S_1, S_2, S_3, S_4) der Pollenkörner auf der Narbe (oben) und im mütterlichen Gewebe von Griffel und Fruchtknoten (unten). (Original.)

fristig verfügbaren Standorten ist es vorteilhaft, auch aus Einzelpflanzen und unabhängig von Blütenbesuchern rasch große Populationen aufbauen zu können, wobei relative genetische Einheitlichkeit durch modifikative Plastizität kompensiert wird.

e) Apomixis schließlich kennzeichnet die völlige Degeneration und den Verlust der sexuellen Fortpflanzung. Dabei können der Gametophyt und die Geschlechtsorgane erhalten bleiben, während die normale Meiose entfällt und die Entwicklung somit auf die Diplophase beschränkt wird (z.B. ungeschlechtliche Entwicklung von Samen bei den Angiospermen: Agamospermie, Abb. 560). Oder es kommt zu einem Ersatz durch rein vegetative Vermehrung (S. 210 ff.; z.B. bei der praktisch sterilen *Dentaria bulbifera*, Abb. 246 B). Apomixis führt zwar zum Verlust der genetischen Rekombination, ermöglicht aber die unveränderte und fortdauernde Vermehrung konkurrenzfähiger Biotypen.

Bei vielen Niederen Pflanzen konnte bisher nur vegetative Vermehrung festgestellt werden. Bei zahlreichen Pilzen ist die sexuelle Fortpflanzung gänzlich verlorengegangen («Fungi imperfecti»; S. 685 f.); sie können jedoch die meiotische Rekombination offenbar oft durch «somatische Rekombination» (S. 512) kompensieren. Verschiedene Farne (z.B. *Dryopteris pseudo-mas*) bilden diploide Sporen und Gametophyten und daraus ohne Karyogamie neue Sporophyten. Bei manchen Angiospermen entstehen diploide Embryosäcke, entweder infolge defekter Meiose der Embryosackmutterzelle (Diplosporie) oder infolge Verdrängens des ursprünglich haploiden durch einen adventiv entstandenen diploiden Embryosack (Aposporie) (Abb. 560). Aus der unbefruchteten diploiden Eizelle entwickelt sich durch Parthenogenese (Jungfernzeugung) ein Embryo; teilweise ist als Entwicklungsanstoß noch Bestäubung notwendig (Pseudogamie). Diese besondere Form der vegetativen Fortpflanzung verhindert normalerweise

genetische Rekombination, vereinzelt «durchkommende» haploide Eizellen, ihre Befruchtung und Weiterentwicklung schaffen aber auch hier einen Ausgleich. Agamospermie ermöglicht besonders bei hybridogenen und polyploiden Formkreisen mit gestörter sexueller Fortpflanzung die Fixierung und Vermehrung günstiger Kombinationsformen (z.B. bei *Rosaceae*, *Asteraceae* und *Poaceae*; vgl. S. 532 f.).

f) Gen-Fluß ist ein Ausdruck für das Ausmaß und die Geschwindigkeit, mit der Erbanlagen innerhalb und zwischen benachbarten Fortpflanzungsgemeinschaften ausgetauscht werden. In räumlicher Hinsicht wird dies vor allem durch die Verbreitung von Individuen und Keimen: Conidien, Sporen, Pollen, Gameten, Samen, Früchten usw., bestimmt. In zeitlicher Hinsicht besteht ein Zusammenhang mit der Generationsdauer (S. 210). Starker Gen-Fluß steigert, schwacher senkt die Rekombinationsrate.

Hinsichtlich der Pollenübertragung erreicht der Genfluß etwa bei Windbestäubern mit massenhafter Pollenproduktion größere Ausmaße als bei Selbstbestäubern mit wenig Pollen. In großen kontinuierlichen Populationen ohne interne Differenzierung der Chromosomenstruktur und -zahl und bei häufiger Hybridisierung mit andern Sippen werden Genfluß

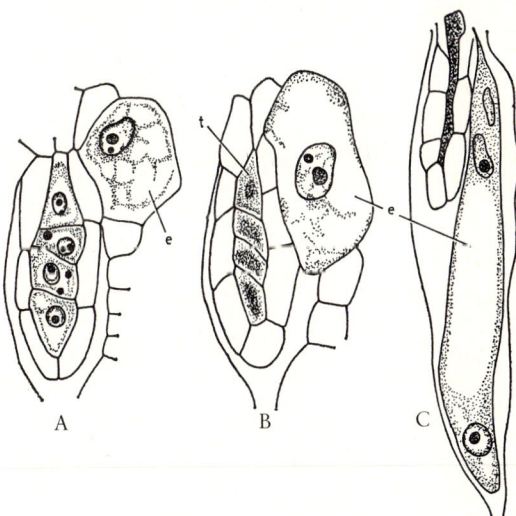

A   B   C

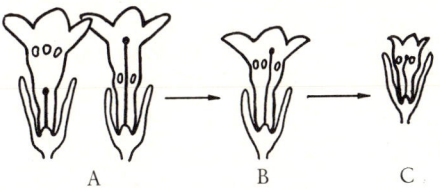

A   B   C

Abb. 559: Übergang von Fremdbestäubung (Allogamie) zu Selbstbestäubung (Autogamie) bei der californischen *Amsinckia spectabilis (Boraginaceae)*. A Heterostyle, allogame Form; B homostyle, langgriffelige, großblütige Form; C homostyle, kurzgriffelige, kleinblütige autogame Form. (Nach Ray & Chisaki.)

Abb. 560: Apomixis und Agamospermie bei Angiospermen: *Hieracium flagellare (Asteraceae)*. Der Nucellus der Samenanlage ist nach unten (gegen die Mikropyle) gewendet. Die normale Megasporentetrade (t), aus deren unterster Zelle sich ein haploider Embryosack entwickeln sollte, verkümmert. Statt dessen entwickelt sich eine auffällige Integumentzelle (e) zum diploiden, aposporen Embryosack. (Nach Rosenberg.)

und Rekombinationsrate verstärkt sein, eingeschränkt dagegen in kleinen und disjunkten Populationen oder bei genischer Kreuzungsinkompatibilität, chromosomaler Differenzierung und Barrierenbildung. Ein enger Zusammenhang besteht auch zwischen Genfluß, Rekombinationsrate und Generationsdauer: Bei kurzen, rasch aufeinanderfolgenden Generationen wird sich die Rekombinationsrate erhöhen (z.B. bei Bakterien, Einjährigen), bei langen dagegen senken (z.B. bei spät fortpflanzungsfähigen, vieljährigen Holzpflanzen).

Das Rekombinationssystem ist also für die Makro- und Mikro-Evolution von entscheidender Bedeutung. Erst die Ausbildung von Mitose, Sexualität + Meiose und die Dominanz der Diplophase haben die präzise Weitergabe und Rekombination von Erbanlagen und deren Mutationen in einem Ausmaß ermöglicht, daß damit die Voraussetzung für die Entstehung langlebiger, komplexer und vielzelliger Organismen gegeben war. Nicht minder wichtig ist das Rekombinationssystem für die laufende Steuerung der erforderlichen genetischen Plastizität und Stabilität im lokalen Populationsbereich.

Alle Komponenten des Rekombinationssystems stehen selbst unter genetischer Kontrolle (z.B. das Ausmaß von Crossing-over oder von sexueller und vegetativer Fortpflanzung). So kann eine mutative Veränderung des Systems ebenso erfolgen wie eine Koordinierung seiner Komponenten unter sich und mit der Umwelt durch kybernetische Rückkoppelung und Selektion (vgl. dazu auch S. 292 und 938).

B. Anpassung und Differenzierung, Divergenz und Konvergenz

Nur ein Bruchteil der infolge Mutation und Rekombination möglichen Mannigfaltigkeit einer Verwandtschaftsgruppe kann sich infolge der Beschränkung und Auslese durch die Umweltfaktoren wirklich durchsetzen. Ein Vergleich zwischen der Formenfülle der vom Menschen geförderten Kulturformen und ihren wenig variablen wilden Ausgangsformen demonstriert dies (Abb. 565). Der Ablauf der Evolution wird also vor allem durch Selektion und Isolation «kanalisiert». Die folgenden Abschnitte sollen dartun, wie diese Faktoren im Zusammenspiel mit den zuvor besprochenen Faktoren der Mutation und Rekombination zur Anpassung, Rassenbildung und Sippendivergenz beitragen.

1. Selektion, Drift und Populationsstruktur

Die Erbstruktur und Allel-Verteilung in einer Population von Fremdbefruchtern kann durch Rekombination allein nicht verändert werden. Nach der sogenannten HARDY-WEINBERG-Formel wird die Häufigkeit zweier Allele A und a durch p und q angegeben und $p + q = 1$ gesetzt: $p^2 AA + 2pqAa + q^2 aa = 1$, z.B. $p = 0,5$ (50 %), $q = 0,5$ (50 %) : p^2 (0,25) + 2pg (0,5) + q^2 (0,25) = 1. Ganz gleich wie groß die ursprüngliche Häufigkeit von A und a in einer Population ist, sie wird sich auch nach vielen Generationen nicht verschieben. Voraussetzung dafür ist allerdings, daß keine neuen Mutationen auftreten, daß Inzucht ausgeschlossen ist (dann würde es zu einer Vermehrung der Homozygoten AA und aa kommen), daß die Population sehr groß ist und daß kein Genotyp dem anderen überlegen ist. In kleinen Populationen oder bei gelegentlich starker Reduktion der Populationsgröße in Katastrophensituationen oder im Zuge der Wanderung kann es nämlich zur zufälligen Eliminierung bzw. Fixierung von Allelen kommen (genetische Drift).

Eine bemerkenswerte Konsequenz des HARDY-WEINBERG-Gesetzes ist übrigens, daß Mutationen, die sich als seltene recessive Allele in einer Population auszubreiten beginnen, kaum von der Selektion betroffen werden. Ist z.B. q für a nur 0,01 (1 %), so treten aa-Individuen nur mit einer Frequenz von 0,0001 (0,01 %) in Erscheinung. Unter solchen Umständen werden also Zufall und genetische Drift wirksamer sein als die Selektion.

Für die weitere Veränderung der Allelverteilung ist aber die differenzierte Förderung bzw. Benachteiligung der Fortpflanzung und Vermehrung bestimmter Genotypen durch Selektion (Auslese, Zuchtwahl) wesentlich. Allele, deren Träger mehr bzw. weniger Nachkommenschaft produzieren, werden also in der Population zu- bzw. abnehmen. Selektion ist demnach eine besondere Form der Konkurrenz bzw. des Wettbewerbes. Der natürlichen Selektion kann dabei die künstliche Selektion durch den Menschen (z.B. bei der Zuchtwahl der Kulturpflanzen) gegenübergestellt werden.

Als Beispiel sei auf die Konkurrenz von normalen, dunkelgrünen und hellgrünen Mutanten mit reduziertem Chlorophyllgehalt bei der Kleinen Brennessel (Urtica urens) hingewiesen (Abb. 561). Unter gleichartigen Bedingungen zeigt sich die Normalform der

Mutante in Mischkultur wegen ihrer viel besseren Photosyntheseleistung stark überlegen (B), während die Unterschiede bei Reinkultur nicht so stark sind (A, C). Selbstverständlich wird sich diese Über- bzw. Unterlegenheit auch auf die Fortpflanzung der beiden Formen auswirken und eine selektive Verschiebung der entsprechenden Allel-Frequenzen in der Population verursachen. Daß recessive Allele für solche Chlorophylldefekte (also a) nicht völlig eliminiert werden, hängt damit zusammen, daß die Heterozygoten (also Aa) den homozygoten Normalformen (also AA) oft nicht unterlegen, sondern an bestimmten Standorten sogar überlegen sind; dies wurde z.B. für verschiedene Gräser nachgewiesen.

Die besprochene Überlegenheit von Heterozygoten (bei Gen- und Chromosomen-Mutationen) gegenüber Homozygoten steht mit dem Heterosis-Phänomen (vgl. S. 510, 527) im Zusammenhang und dürfte weithin für den «balancierten» genetischen Polymorphismus und die Häufigkeit homozygot nachteiliger Allele in vielen Populationen verantwortlich sein. Viele Angiospermen sind etwa hinsichtlich der Behaarung, der Blütenfarben (z.B. rot- und weißblühende Formen beim Lerchensporn *Corydalis cava*) oder der Inhaltsstoffe (z.B. *Trifolium repens*, S. 520–521) polymorph. Gefördert wird Polymorphismus auch dadurch, daß bei Umweltschwankungen einmal diese, einmal jene Genotypen bevorzugt werden (z.B. bringt frühes Austreiben für Rotbuchen in milden Frühjahren infolge vermehrter Assimilationsleistung Vorteile, bei Spätfrösten aber infolge von Blattschäden Nachteile). Auch an nebeneinanderliegenden, verschiedenen Kleinstandorten können jeweils unterschiedliche Biotypen einer Population gefördert werden. Schließlich erbringen Mischbestände verschiedener Biotypen infolge positiver Kooperation oft bessere Erträge als Reinbestände. All

dies trägt zum Polymorphismus bei und erweitert den Umfang des Gen-Pools der Populationen.

Die Phänotypen jeder Population, und damit ihr Genotypen-Spektrum bzw. Gen-Pool, stehen unter dauernder Kontrolle der Selektion. Abb. 562 verdeutlicht die verschiedenen Möglichkeiten daraus resultierender Veränderungen. Stabilisierende Selektion (A) eliminiert bei gleichmäßig verschärften Umweltbedingungen nur die Extremformen und engt damit die Variationsbreite ein. Allzufrüh oder allzuspät austreibende Rotbuchen würden demnach in unserem vorerwähnten Beispiel allmählich eliminiert werden. Gerichtete Selektion (B) verschiebt aufgrund einseitiger Umweltveränderungen die Variationsbreite. Man denke z.B. an die Züchtung von immer ertragreicheren Kultursorten. Abb. 566 veranschaulicht die natürliche Selektion von fortschreitend zwergwüchsigen Schafgarben beim Vordringen in höhere Gebirgslagen. Schließlich muß die mehrfach parallel bis zur Kugelform «verbesserte»

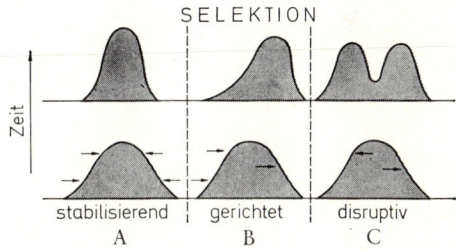

Abb. 562: Stabilisierende, gerichtete und disruptive Selektion. Die Variationsbreite (Abszisse) der Ausgangspopulationen (unten) ist durch die Frequenz erbverschiedener Individuen bedingt: Sie wird durch die verschiedenen Formen der Selektion (Pfeile) entweder eingeengt, verschoben oder aufgeteilt (oben). (Nach MATHER.)

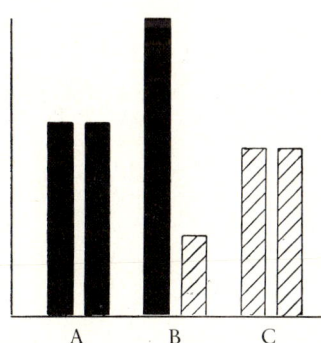

Abb. 561: Wettbewerb zwischen der chlorophyllreichen Normalform (dunkle Säulen) und einer chlorophyllarmen Mutante (schraffierte Säulen) der Kleinen Brennessel *(Urtica urens)*. Frischgewichte bei Konkurrenzversuchen A der Normalform unter sich, B der Normalform und der Mutante, und C der Mutante unter sich. (Nach CORRENS.)

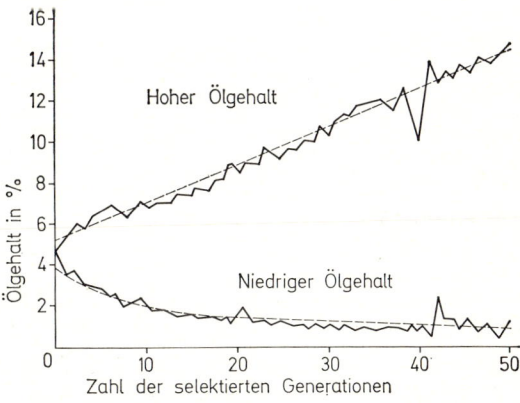

Abb. 563: Ergebnis künstlicher disruptiver Selektion auf vermehrten bzw. verminderten Ölgehalt bei einer Maissorte über 50 Generationen. (Nach WOODWORTH et. al.)

Stammsucculenz der Kakteen (Abb. 224B–D) als Ergebnis lange andauernder Selektion in Richtung auf Transpirationseinschränkung unter immer extremerer Trockenheit gedeutet werden. D i s r u p t i v e S e l e k t i o n e n (C) schließlich führt infolge gleichzeitiger Einwirkung verschiedener Umwelteinflüsse zur mehrgipfeligen Aufteilung der Variationskurve. Ein Beispiel aus der Pflanzenzüchtung wären etwa Maissorten mit hohem bzw. niedrigem Ölgehalt (Abb. 563), die aus einheitlichen Stammformen aus-

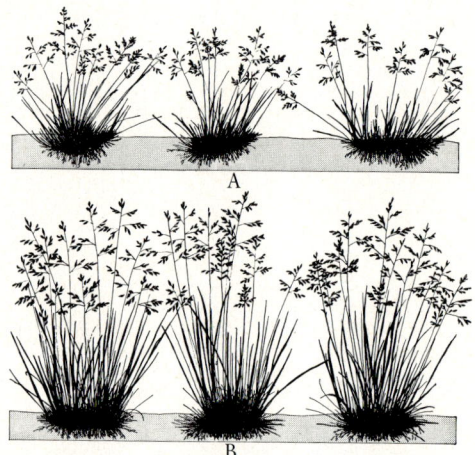

Abb. 564: Ergebnis natürlicher disruptiver Selektion durch Weide bzw. Mahd auf das Biotypen-Spektrum beim Wiesen-Rispengras *(Poa pratensis):* A kleinwüchsiger Biotyp von einer Weide, B hochwüchsiger Biotyp von einer Mähwiese, beide unter gleichartigen Bedingungen im Versuchsgarten. (Nach KEMP.)

gelesen wurden. Unter natürlichen Bedingungen kommt solche divergierende Auslese z.B. an Standortsgrenzen zustande oder wenn Blütenbesucher in farbpolymorphen Populationen bestimmte Blütenfarben einseitig bevorzugen (vgl. S. 524, 818). Durch den Weidegang von Großtieren kann das Biotypen-Spektrum einer Gras-Population schon innerhalb weniger Monate drastisch verändert werden (Abb. 564). Als letztes Beispiel für langdauernde Zuchtwahl des Menschen seien noch die heute üblichen Kohlsorten angeführt, die sich durch Förderung von eßbarem Stamm-, Blatt- bzw. Blütenstandsgewebe auszeichnen (Abb. 565).

Durch Selektion können übrigens auch neutrale (indifferente) und sogar nachteilige (negative) Merkmale gefördert werden, nämlich dann, wenn sie infolge pleiotroper Genwirkung, genetischer Koppelung oder entwicklungsphysiologischer Korrelation an selektiv unmittelbar beeinflußte Merkmale gebunden sind. Im Fall von *Nicotiana* (S. 506, Abb. 549) zieht etwa Selektion auf Kronröhrenlänge auch Veränderungen von Kronzipfel-, Kelch- und Fruchtlänge nach sich.

Die selektiven Vor- oder Nachteile bestimmter Gene und Genkombinationen in einer polymorphen Population sind unter verschiedenen Bedingungen sehr unterschiedlich. Dies läßt sich durch Selektionskoeffizienten ausdrücken. Sie können mit Faktoren für Mutationsdruck, Genfluß, Populationsgröße, Generationsdauer usw. in die Rekombinationsformeln eingebaut und zu komplexen mathematischen Populationsmodellen zusammengefaßt werden. Untersuchungen der Variationsbreite und genetischen Struktur natürlicher pflanzlicher Populationen versprechen in Zukunft ein besseres Ver-

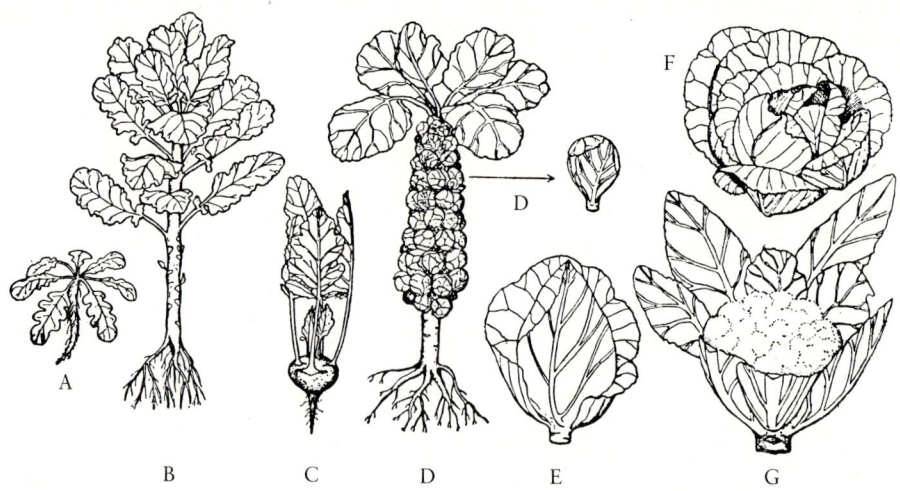

Abb. 565: Ergebnis menschlicher Zuchtwahl beim A Wild-Kohl *(Brassica oleracea* var. *oleracea* und verwandte Sippen): B Blattkohl *(var. viridis),* C Kohlrabi *(var. gongylodes),* D Rosen- oder Sprossenkohl *(var. gemmifera),* E Weiß- bzw. Rotkraut oder Weiß- bzw. Rotkohl *(var. capitata),* F Wirsing *(var. sabauda),* G Blumenkohl oder Karfiol *(var. botrytis).* (Nach TRANSEAU, SAMPSON & TIFFANY.)

ständnis der tatsächlichen Bedeutung dieser Faktoren unter natürlichen Bedingungen.

Ein Rückblick zeigt, daß die Anpassung von Populationen an ihre Umwelt ein sehr komplexes Phänomen ist. Anpassung ist nämlich möglich durch 1) Modifikation, 2) Verschiebung des prozentuellen Anteils verschiedener Biotypen, 3) neuartige Rekombination der im Gen-Pool vorhandenen Anlagen und 4) Entstehung neuer Mutanten.

2. Räumliche Isolation und Rassenbildung

Viele Sippen mit größerem Verbreitungsgebiet bestehen aus erblich verschiedenen, räumlich differenzierten und standörtlich besonders angepaßten Rassen. Dies gilt für Mensch und Tiere ebenso wie für Pflanzen, von Einzellern (z.B. Kieselalgen) bis zu Samenpflanzen.

So kommen z.B. innerhalb der Berg-Föhre *Pinus mugo* die aufrechten baumförmigen Haken-Föhren mehr im westlichen, die buschigen Leg-Föhren dagegen mehr im östlichen Alpenraum vor. Eine entsprechende Rassengliederung wurde auch unserer Modellsippe «*Planta glabra*» zugeschrieben (Abb. 533: Tiefland-, Berg- und Alpenrasse).

Die ökologische bzw. geographische Rassenbildung kann durch Modellversuche illustriert werden.

So lassen sich durch Kultur auf Antibiotica- (z.B. Streptomycin-) haltigen Nährmedien aus Normalkulturen von Bakterien (z.B. *Staphylococcus*) die höchst selten beigemischten resistenten Mutanten auslesen und vermehren. Auf entsprechende Weise sind in den letzten Jahren zahlreiche Antibiotica-resistente Bakterienrassen aus empfindlichen Stammformen entstanden. Wird eine bestimmte Mischung verschiedener Getreide-Biotypen (etwa verschiedener autogamer Gerstensorten) an verschiedenen Orten angebaut, so setzen sich nach einigen Jahren der Konkurrenz jeweils nur wenige oder ein einziger Biotyp durch, während die anderen ausgemerzt werden. In vergleichbarer Weise setzen sich bei californischen Schafgarben in den Populationen aus verschiedenen Höhenstufen jeweils nur solche Biotypen durch, deren Stengelhöhe, Behaarung, Periodizität, Respirationsrate usw. den jeweiligen Umweltbedingungen ausreichend entsprechen (Abb. 566).

Diese Beispiele legen nahe, daß die Rassenbildung auf einer «Kanalisierung» des aus Mutation und Rekombination gespeisten Gen-Pools der Lokalpopulation durch Selektion, genetische Drift und räumliche Isolation beruht. Für die ökologische Anpassung ist dabei besonders die gerichtete selektive Förderung be-

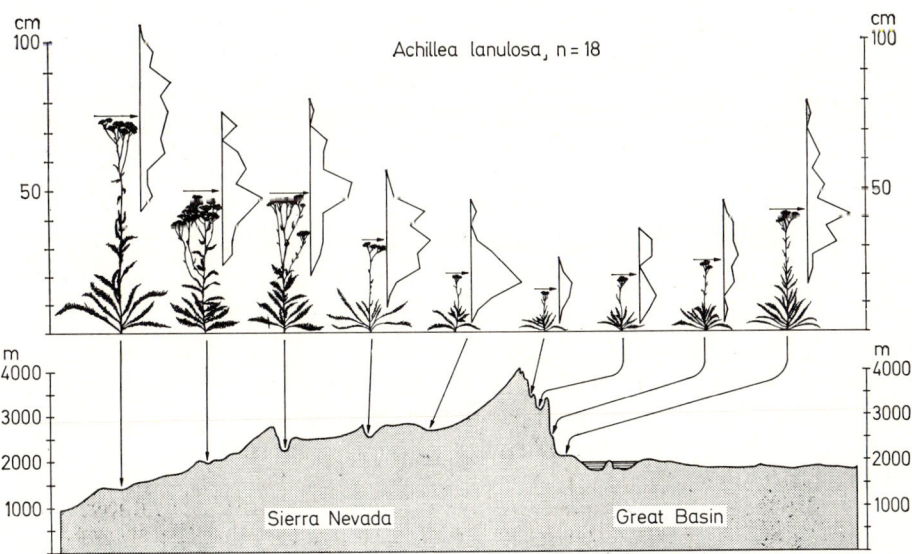

Abb. 566: Ökologische Rassen einer californischen Schafgarbe (*Achillea lanulosa*, tetraploid) aus verschiedener Seehöhe (1400–3350–2100 m) entlang einem etwa 60 km langen Transsekt durch die Sierra Nevada und das angrenzende Great Basin bei etwa 38° nördlicher Breite. Etwa 60 Individuen aus jeder Population wurden in Stanford (30 m) aus Samen herangezogen. Die Diagramme zeigen die erbliche Variation der Stengelhöhe, den Mittelwert (Pfeil) und ein typisches Individuum aus jeder Population. (Nach CLAUSEN, KECK & HIESEY.)

stimmter Erbanlagen bedeutungsvoll. Bei der geographischen Differenzierung kommt es dagegen im Zusammenhang mit eingeschränkten Populationsgrößen vielfach auch zur zufälligen Verteilung und Fixierung selektiv neutraler Anlagen infolge genetischer Drift (S. 516). Räumliche Isolation reduziert schließlich den Genfluß zwischen den Initialrassen und trägt damit zu ihrer Stabilisierung und eigenständigen Weiterentwicklung bei. All diese Zusammenhänge sind auch bei den Rassen von «*Planta glabra*» angedeutet (Abb. 533).

Die ökologisch-geographische Merkmalsdifferenzierung kann entlang allmählich veränderter Umweltgradienten mehr-minder kontinuierlich sein. In diesem Fall sprechen wir von einer Cline bzw. sinngemäß von Öko-Cline oder Topo-Cline. Zwischen schärfer abgesetzten Standorten und Lebensräumen ist die Merkmalsdifferenzierung aber vielfach auch deutlicher abgestuft: Dadurch wird die Unterscheidung von ökologischen Rassen (Ökotypen) bzw. von geographischen Rassen möglich. Ein Blick auf das Populationsmuster der californischen *Layia gaillardioides* (Abb. 535) zeigt allerdings sofort, wie eng ökologische und geographische Differenzierung ineinandergreifen: Die Populationen der äußeren bzw. inneren Küstenberge lassen sich zu zwei geographischen Rassen zusammenschließen; diese sind wegen ihrer Anpassung an feuchteres bzw. trockeneres Klima (Blattschnitt!) gleichzeitig aber auch Ökotypen. Darüber hinaus stellt jede Population für sich nochmals eine morphologisch klar erkennbare untergeordnete Sippeneinheit (bzw. einen Cline-Ausschnitt) dar. Diese verschachtelte Struktur wird dadurch noch komplizierter, daß andere Merkmale (z. B. die Blütenfarbe) teilweise unabhängig von den Blattmerkmalen variieren (etwa weil sie einer andersartigen selektiven Steuerung unterliegen). Solche Verhältnisse sind für die Differenzierung von Sippen durchaus charakteristisch.

Ein relativ einfacher Fall clinaler Differenzierung von Inhaltsstoffen wurde für den Kriech-Klee (*Trifolium repens*) festgestellt: Hier bedingt das dominante Allel A die Bildung cyanogener Glykoside, die bei Verletzung der Pflanze infolge fermentativer Spaltung Cyanwasserstoff (Blausäure) freisetzen. Die Genotypen AA und Aa sind cyanidhaltig; aa ist davon frei. Abb. 567 zeigt die Veränderung der Allel-

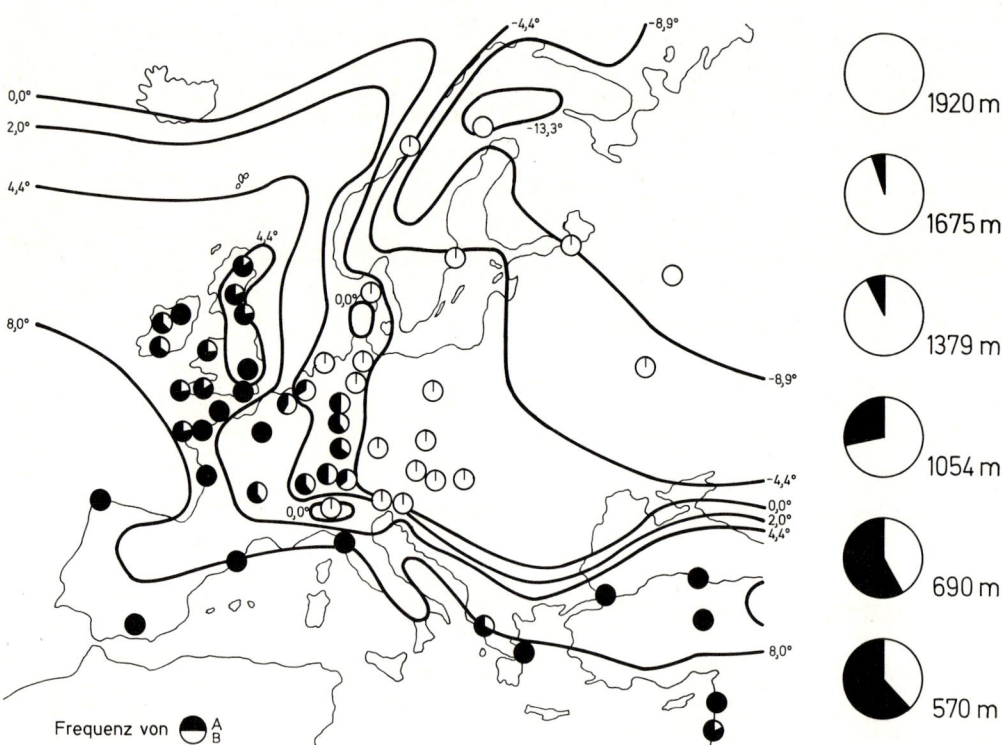

Abb. 567: Clinale Differenzierung beim Kriech-Klee *(Trifolium repens).* Die Frequenz der für die Bildung cyanogener Glykoside verantwortlichen Allele A und a in den Populationen (Kreise mit schwarzen = A und weißen = a Sektoren) ist vom Mittelmeergebiet bis Nordeuropa (Karte links) mit den Januar-Isothermen, in den Alpen (rechte Teilfigur) mit der Seehöhe korreliert. (Nach DADAY, teilw. veränd.)

frequenz in den Populationen, wobei A gegenüber a von Süd nach Nord bzw. von tieferen zu höheren Lagen abnimmt. Dies dürfte auf Koppelung mit temperaturabhängigen Wuchsleistungsgenen bzw. auch auf besseren Schutz der A-Genotypen in Räumen mit vielen Pflanzenfressern zurückgehen. Für zahlreiche Pflanzengruppen wurde differenzierte erbliche Anpassung hinsichtlich der Frostresistenz erwiesen; Abb. 568 B verdeutlicht eine entsprechende Cline für die Wald-Föhre (Pinus sylvestris). Allgemein wird dabei auch die Respirationsrate mit der mittleren Standorts-Temperatur erblich abgestimmt. Dementsprechend ist bei gleicher Temperatur die Atmung alpiner Schafgarben-Ökotypen viel intensiver als bei montanen Ökotypen (Abb. 566). Im Tiefland können alpine Sippen den mit höheren Temperaturen und verstärkter Atmung verbundenen Reservestoffverbrauch vielfach nicht mehr kompensieren und sterben daher ab. Entsprechende Anpassungen finden sich nicht nur bei der Respiration, sondern auch bei der Photosynthese: Beim Säuerling (Oxyria digyna) sind dabei die alpinen Ökotypen besser an höhere, die arktischen besser an niedrigere Temperaturen angepaßt (Abb. 568 A).

a) Die **ökologische Differenzierung** innerhalb des Artbereiches durch Öko-Clines bzw. Ökotypen kann alle Funktions- und Merkmalsbereiche erfassen: Ernährungsform (etwa Autotrophie, Mixotrophie oder Heterotrophie bei Flagellaten), erbliche Anpassung von Parasiten an bestimmte Wirtspflanzen (z.B. bei Rostpilzen oder bei der Mistel), edaphische Spezialisation (z.B. Anpassung an verschiedene Salz-, Kalk-, Serpentin- oder Schwermetallböden: vielfach sehr

engräumiges Nebeneinander edaphischer Ökotypen), Lichtausnutzung (z.B. Schattenformen mit schwächerer, Sonnenformen mit stärkerer Enzymaktivität bei der photosynthetischen CO_2-Bindung), Trockenresistenz (unterschiedliche Transpirationsraten, Blattflächen: Abb. 535, Behaarung, Wachsüberzüge usw.), Rhythmik (Kurz- und Langtagsformen, zeitliche Differenzierung hinsichtlich Austreiben, Blühen: Abb. 548, Blattfall und Ruheperioden, Samenkeimung usw.), Lebens- und Wuchsform (etwa unterschiedliche Ausbildung von Schwebefortsätzen bei Planktern zur Regulation der Absinkgeschwindigkeit: Abb. 608, Ein- und Mehrjährigkeit bei Angiospermen, Wuchshöhe und Stengelhaltung: Abb. 548, 564, 566) sowie Blüten- und Frucht- bzw. Samenform (Anpassung an unterschiedliche Bestäubung oder Ausbreitung: Abb. 559).

Es ist bemerkenswert, daß sich alle diese ökologischen Differenzierungen auch in den Bereich der Arten und höheren taxonomischen Einheiten hinein verfolgen lassen: Erinnern wir nur an Bodenzeiger (z.B. bei den Stengellosen Enzianen: Gentiana clusii auf Kalk, G. acaulis s. str. auf Silicat), an Immer- und Sommergrüne (z.B. Zeder und Lärche), Holzige und Krautige (z.B. Magnoliales und Ranunculales) sowie Süß- und Salzwasserbewohner (z.B. Oedogoniales und Siphonales).

b) Die Grundzüge **geographischer Differenzierung** können am Beispiel der Wildformen des Goldlack (Erysimum sect. Cheiranthus) dargelegt werden. Sie bewohnen meist in kleinen Populationen Felsstandorte in der Inselwelt der Ägäis. Unter dem Einfluß von räumlicher Isolation und genetischer Drift hat sich

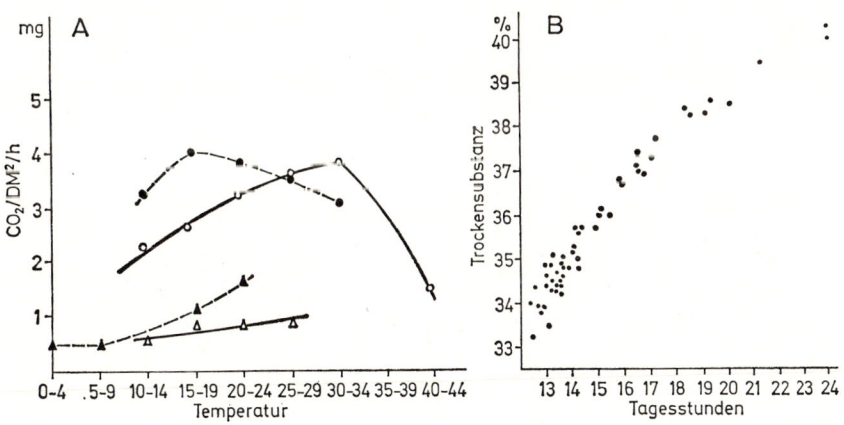

Abb. 568: Ökologische Differenzierung bei Samenpflanzen. A Ökotypen des Säuerlings (Oxyria digyna, Polygonaceae) und ihre unterschiedliche physiologische Reaktionsnorm: mittlere Raten der Photosynthese (○ ●) und Respiration (△ ▲), gemessen in mg CO_2 pro Quadratdecimeter Blattfläche, in Abhängigkeit von der Temperatur bei einer südlichen alpinen (○△) und einer nördlichen arktischen (● ▲) Rasse. B Clinale Variation bei der Wald-Föhre (Pinus sylvestris): Bei gleichartigen Kulturbedingungen zeigen 52 europäische Herkünfte eine enge Korrelation der Trockensubstanz der Nadeln (als Maß der Kälteresistenz) mit der Zahl der Tagesstunden am ersten Frühlingstag (Mitteltemperatur +6°) an ihrem natürlichen Standort (als Maß seiner geographischen Breite, Kontinentalität und der Länge seiner Vegetationszeit). (A nach MOONEY & BILLINGS, B nach LANGLET.)

hier seit etwa 5 Millionen Jahren ein System fortschreitend divergierender und räumlich vikariierender (stellvertretender) Arten, Unterarten und Lokalrassen herausgebildet (Abb. 569). Kreuzungsexperimente beweisen, daß dabei infolge genischer und chromosomenstruktureller Umbauten allmählich auch reproduktive Barrieren aufgebaut wurden: So ist etwa *E. naxense* mit seinen Nachbarsippen kaum mehr kreuzbar. Weitere Beispiele für das weitverbreitete Phänomen geographischer Rassenbildung infolge räumlicher Isolation (aber noch ohne oder mit geringer genetischer Isolation) sind der mediterranmontane Formenkreis der Schwarz-Föhre (Abb. 570) und die Gattung Leberblümchen *(Hepatica)* mit stark disjunkten Vorkommen in den Laubwaldregionen der nördlichen Hemisphäre (Abb. 571): Unsere *H. nobilis* ist in Ostasien durch 2 andere Rassen vertreten. Damit nah verwandt sind auch die beiden nordamerikanischen Arten: Ihre Areale sind sekundär übereinandergeschoben; trotz gelegentlicher Hybridisierung bleibt ihre Identität aber wegen unterschiedlicher Standortsansprüche gewahrt. Noch weiter fortgeschritten ist die Divergenz zwischen *H. nobilis* und

der gemeinsam damit vorkommenden karpatischen *H. transsilvanica*.

Auch das Prinzip geographischer Vikarianz und Sippendifferenzierung ist vielfach noch auf der Ebene höherer taxonomischer Einheiten erkennbar, z.B. bei den *Fagaceae* mit *Fagus* (und verwandten Gattungen) auf der Nordhemisphäre, *Nothofagus* auf der Südhemisphäre, oder bei den *Caryophyllidae*, wo die *Cactaceae* ihr Verbreitungsschwergewicht in den Trockengebieten der Neuen Welt, die *Aizoaceae* dagegen in denen der Alten Welt haben.

Die ökologische und geographische Differenzierung stellt also vielfach eine sehr wesentliche erste Phase des Evolutionsvorganges dar. Die räumliche Isolation erleichtert dabei divergierende genetische Anpassung und Rassenbildung unter dem Einfluß von Selektion und genetischer Drift, indem sie eine Vermischung der Initialrassen durch Kreuzung und Rekombination hintanhält und ihre unmittelbare Konkurrenz ausschließt. So entstehen in verschiedenen be-

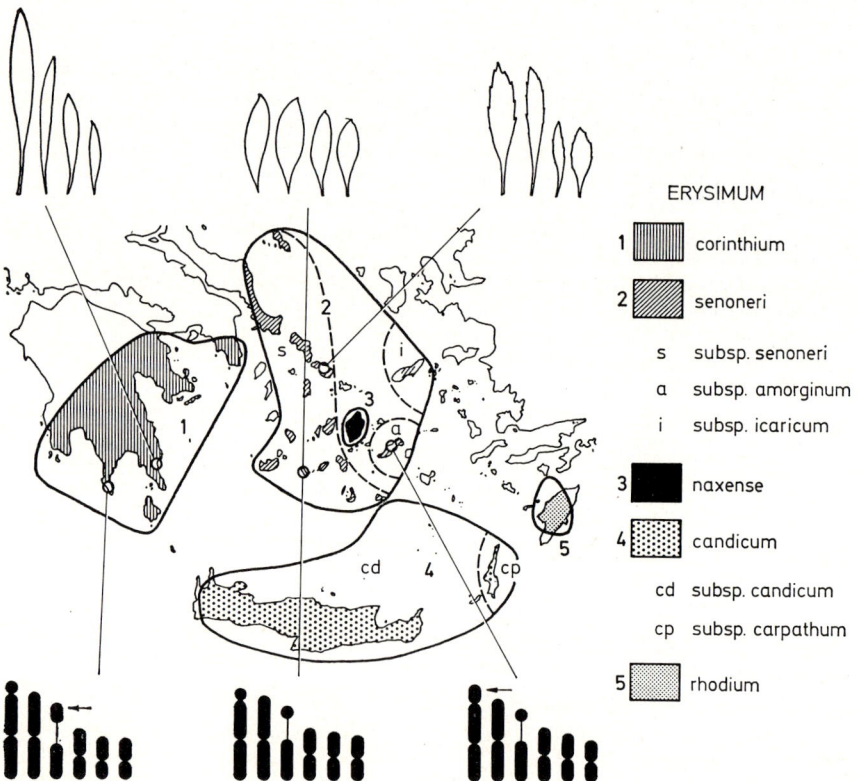

Abb. 569: Geographische Rassenbildung beim Goldlack *(Erysimum* sect. *Cheiranthus)* in der Ägäis: vikariierende Verbreitung von Arten und Unterarten; beispielhafte Hinweise auf einige Lokalrassen und ihre morphologische (oben: Blattbereich) sowie chromosomenstrukturelle Differenzierung (unten: Karyogramme; Pfeile). (Nach Snogerup.)

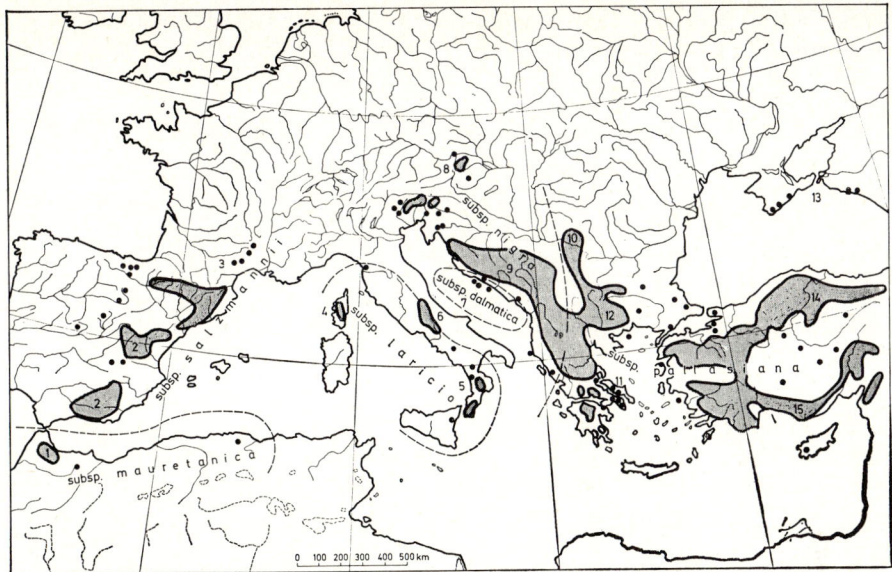

Abb. 570: Geographische Differenzierung des mediterran-montanen Formenkreises der Schwarz-Föhre *(Pinus nigra)*. Subspecies sind namentlich, untergeordnete Lokalrassen durch Zahlen hervorgehoben. (Nach CRITCH-FIELD & LITTLE; MEUSEL, JÄGER & WEINERT sowie NIKLFELD.)

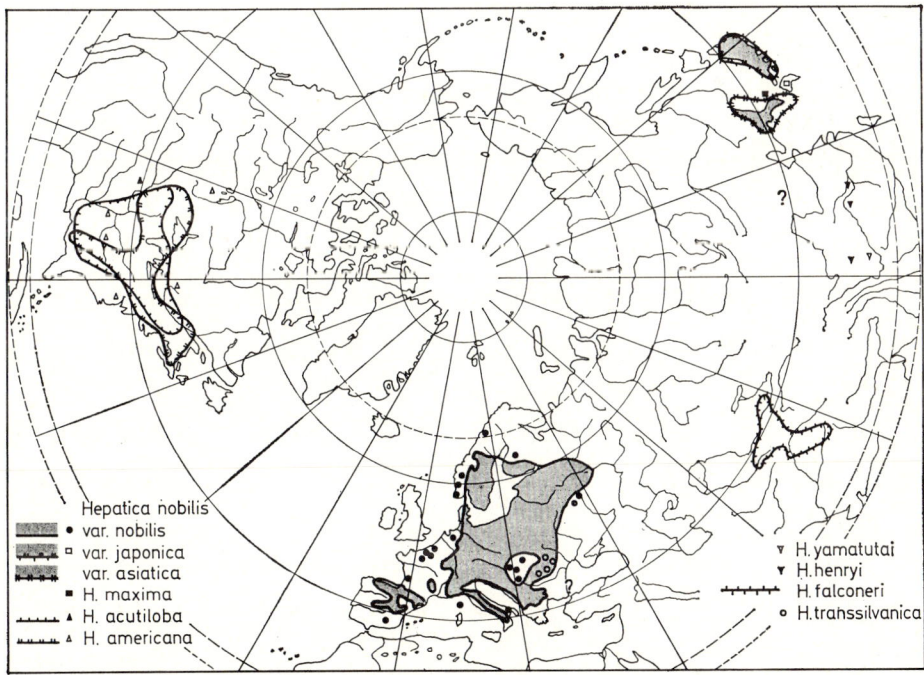

Abb. 571: Geographische Differenzierung der Gattung *Hepatica* (Leberblümchen, *Ranunculaceae*) in den Laubwaldregionen der nördlichen Hemisphäre. (Nach MEUSEL, JÄGER & WEINERT.)

nachbarten Lebensräumen (= allopatrisch) nah verwandte stellvertretende (vikariierende) Rassen. Erst nach dem Einbau von reproduktiven Isolationsfaktoren (z.B. Kreuzungsbarrieren), also in einer zweiten Evolutionsphase, wird auch ein gemeinsames (= sympatrisches) Vorkommen von Sippen gleicher Abstammung möglich (s. unten).

Diese Grundzüge der allopatrischen Sippenbildung gelten vor allem bei sexuellen Gruppen mit hoher Rekombinationsrate. An besonders scharfen Lebensraumgrenzen oder bei Autogamie, Apomixis oder abruptem Aufbau von Kreuzungsbarrieren, kann es infolge verstärkten Selektionsdruckes oder infolge eingeschränkten Genflusses aber auch zu mehr-minder sympatrischer («parapatrischer») Differenzierung kommen (vgl. Abb. 580).

3. Reproduktive Isolation und Artbildung

Weitere phylogenetische Divergenz und sympatrische Lebensweise sind nur infolge Einbaus von Kreuzungsbarrieren zwischen den Fortpflanzungsgemeinschaften möglich.

In Abb. 533 sind «*Planta hirsuta*» und «*P. glabra*» nur durch sterile Bastarde miteinander verbunden (vgl. aber auch *Platanus*, S. 526). Vielfach kommt es im Anschluß an die ökologisch-geographische Differenzierung also zu reproduktiver Isolation (vgl. z.B. *Erysimum* sect. *Cheiranthus* oder *Hepatica*, Abb. 569, 571). Bei unseren oft sympatrisch vorkommenden gelben Schlüsselblumen (*Primula veris*, *P. elatior* und *P. vulgaris*) wird etwa die ökologische Differenzierung der Arten durch komplexe Kreuzungsbarrieren verstärkt: Kreuzbefruchtung führt nämlich zu schlechtem Samenansatz, und die Hybriden zeigen verminderte Fertilität; all dies ist genisch, chromosomenstrukturell und plasmatisch bedingt und wirkt sich durch gestörte Endosperm- und Embryoentwicklung, Meiose-Defekte u.a. aus.

Man kann prä- und postzygotische (vor und nach der Befruchtung wirksam werdende) sowie umweltbedingte (exogene) und in den Organismen selbst verankerte (endogene) Isolationsmechanismen unterscheiden. Exogen und präzygotisch ist die schon besprochene räumliche Isolation, endogen und präzygotisch sind dagegen zeitliche, blütenbiologische und gametische Isolation bzw. Inkompatibilität, postzygotisch schließlich Lebensunfähigkeit und Sterilität der Hybriden. Gewöhnlich sind Kreuzungsbarrieren durch das Zusammenwirken mehrerer dieser Mechanismen bedingt.

a) Die Bedeutung **präzygotischer Isolationsmechanismen** sei zuerst anhand der zeitlichen Unterschiede bei der Fortpflanzung verwandter Sippen erläutert. Während z.B. unser Schneeglöckchen (*Galanthus nivalis* subsp. *nivalis*) ein Vorfrühlingsblüher ist, bilden die südwestasiatischen Rassen subsp. *cilicicus* ihre Blüten im Winter, subsp. *reginae-olgae* im Herbst. Bei Gräsern stäuben sympatrische Rassen oder Arten oft zu verschiedenen Tageszeiten.

Weiter wirkt unterschiedliche blütenbiologische Spezialisation als Isolationsfaktor, weil Bestäubung nur (oder bevorzugt) innerhalb des gleichen Blütentyps erfolgt (vgl. S. 518, 818). Die relative Blütentreue von blütenbesuchenden Insekten (besonders der Honigbiene) kann zu divergierender Differenzierung beitragen: in mischfarbigen Populationen z.B. dadurch, daß bevorzugt gleichfarbige Individuen angeflogen und untereinander bestäubt werden (z.B. bei *Phlox*). Ebenso kann dadurch die Differenzierung von sonst durchaus kreuzbaren Sippen aufrechterhalten werden, etwa zwischen Löwenmäulchen-Sippen mit verschiedenen Blütenfarben und -formen. Im besonderen Maß wird blütenbiologische Isolation wirksam, wenn Sippen an verschiedene Blütenbesucher angepaßt sind. So werden nah verwandte montane und alpine Maskenblumen Californiens (*Mimulus cardinalis* und *M. lewisii*) durch Kolibris bzw. Hummeln bestäubt und isoliert. Ähnliches gilt für Akeleien (vgl. S. 541 und Abb. 585) und viele Orchideen, z.B. für die an bestimmte Arten von Hymenopteren-Männchen angepaßten, deren Weibchen imitierenden Täuschblumen der mediterranen Gattung *Ophrys*.

Als gametische Isolation bzw. Hybrid-Inkompatibilität bezeichnen wir schließlich den Umstand, daß zwischen verwandten Sippen die chemische Attraktion der Gameten (z.B. bei Flagellaten und Algen), Gametangien oder Kopulationshyphen (z.B. bei Pilzen) fehlt bzw. die Pollenschlauchkeimung gehemmt ist (z.B. auf den Narben von Angiospermen; vielfach im Zusammenhang mit nicht zusammenpassenden S-Gensystemen; vgl. S. 466, 514).

b) Ursachen und Auswirkungen **postzygotischer Isolationsmechanismen** können vor allem an Hand von Hybridisierungsexperimenten analysiert werden. Als ein Beispiel für viele sei auf Versuche mit einjährigen californischen Körbchenblütlern aus der Gattung *Layia* verwiesen (Abb. 572): 1) Innerhalb der Gruppen von *L. platyglossa* und *L. glandulosa* sind ± fertile F_1 möglich, die F_2 zeigen aber verschiedene Depressionserscheinungen, 2) zwischen den beiden Gruppen entstehen nur sterile F_1, 3) *L. hetrotricha* gibt mit anderen Arten vielfach nur (sub)letale F_1 (Keimlinge oder nicht blühende Rosetten), während 4) *L. septentrionalis* überhaupt nicht mehr kreuzbar ist. Diese abgestufte Kreuzbarkeit ist hier und bei vielen anderen Gruppen durch divergente Differenzierung von Genen, Chromosomenstrukturen, Genomen (Dysploidie: n = 7,8; Polyploidie: n = 16) und Cytoplasmen bei den Sippen, und daraus resultierende genetische bzw. physiologische Disharmonie bei den Hybriden bedingt (z.B. mangelhafte Chromosomenpaarung oder mangelhafte Kooperation von Embryo und Endosperm).

Der Aufbau genetischer Barrieren ist normalerweise allmählich, besonders infolge von Polyploidie, aber auch abrupt und anfangs oft noch nicht (oder kaum) von morphologischen Veränderungen begleitet («kryptische Barrieren»). Z.B. zeigen schon einige Populationen innerhalb von *Layia glandulosa* (Abb. 572) Kreuzungssterilität. Bei der Erbse (*Pisum*, vgl. Abb. 550A), beim Roggen und bei vielen anderen Arten setzen chromosomenstrukturelle Differenzierungen und dadurch verursachte Isolationswirkungen bereits im Populationsbereich ein und lassen sich von hier über den Rassen- bis in den Artbereich verfolgen (Abb. 580). Ähnliches gilt auch für Polyploidie (vgl. S. 508f., 529ff.).

Die postzygotischen Auswirkungen von Sterilitätsfaktoren reichen von Mitosestörungen und Entwicklungsdefekten des F_1-Embryos über Zusammenbruch des Endosperms bei der F_1 und damit ausbleibender Embryoernährung bis zu defekter Ausbildung der Sexualorgane. Bei den Meiosestörungen der F_1-Hybriden kann sich das mangelhafte Zusammenspiel der unterschiedlichen Genome bzw. Cytoplasmen in fehlerhafter oder ausbleibender Paarung der Chromosomen (Abb. 550, 573), in Defekten des Spindelapparates u.a. auswirken. Während in der F_1 noch 2 verschiedene, in sich aber ausgeglichene Genome

zusammenwirken, kommt es bei hybridogenen F_2-Generationen zur Aufspaltung (wobei dann etwa Chromosomenabschnitte fehlen oder doppelt vorhanden sein können) und damit zu vermehrter genetischer Disharmonie: Vitalität und Fertilität sind daher meist noch stärker gesenkt, von den Ausgangssippen oder der F_1 stärker abweichende Rekombinationstypen fallen vielfach ganz aus (in Streudiagrammen fehlen daher Individuen außerhalb der Korrelationsspindel zwischen den Parentalsippen, vgl. Abb. 575A u. S. 528).

Ein wichtiges Anliegen der Pflanzenzüchtung ist die Überwindung natürlicher Kreuzungsbarrieren. Vielfach gelingt dies durch die experimentelle Kultur der Embryonen außerhalb der Mutterpflanze. Neuerdings lassen sich Hybriden zwischen sexuell nicht kreuzbaren Sippen durch die Fusion ihrer somatischen Protoplasten herstellen (z.B. zwischen Kartoffel und Tomate).

Zwischen genetischen Veränderungen mit postzygotischen Isolationseffekten und solchen mit morphologischen Auswirkungen bestehen nur teilweise Korrelationen (etwa infolge Pleiotropie oder enger Koppelung). Bei *Layia* entsprechen die morphologischen Zäsuren nicht immer der Intensität der Kreuzungsbarrieren (*L. septentrionalis* gehört etwa eng zu *L. glandulosa* und *L. pentachaeta*, Abb. 572). Das weist darauf hin, daß Kreuzungsbeziehungen auch nicht unbedingt ein Spiegelbild der Verwandtschaft sein müssen (vgl. S. 538). Wenn man schließlich be-

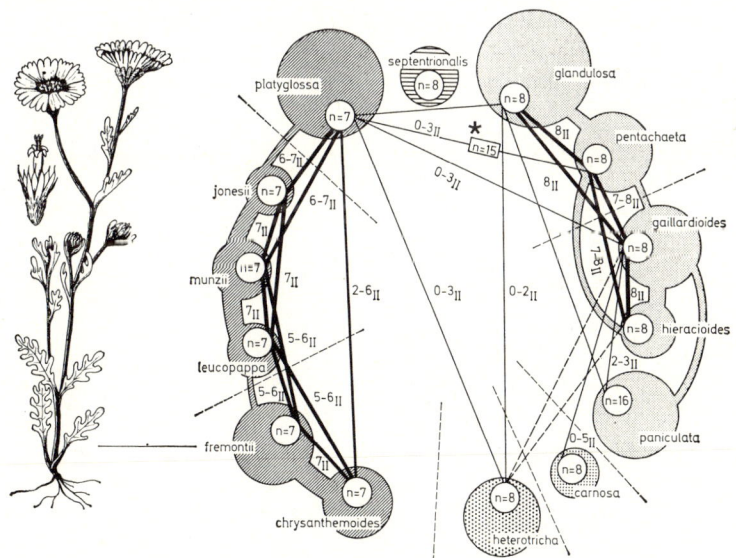

Abb. 572: Kreuzungspolygon der californischen Gattung *Layia (Asteraceae)*. Angegeben sind: Artnamen; haploide Chromosomenzahlen; Fertilität der experimentellen F_1-Hybriden (Verbindungslinien: unterbrochen = (sub)letal, dünn = steril, dick = ± fertil) sowie ihre pollenmeiotische Chromosomenpaarung (durchschnittliche Zahl der Bivalente = II); eine synthetische Allopolyploide (Stern); Ausmaß des natürlichen Genaustausches (gerasterte Verbindungen); wichtigste morphologische Zäsuren (gestrichelte Querlinien). Links Habitus und Röhrenblüte von *L. fremontii*. (Nach CLAUSEN, KECK & HIESEY sowie ABRAMS & FERRIS.)

denkt, daß die phylogenetische Trennung der nordamerikanischen und mediterranen Platanen *(Platanus occidentalis* und *P. orientalis)* zumindest ins frühe Tertiär zurückgeht, ohne daß deshalb eine Kreuzungsbarriere zwischen den beiden Sippen entstanden wäre (häufige Kulturhybriden!), so demonstriert dies die Unabhängigkeit der Barrierenbildung auch vom Zeitfaktor.

Die Ausbildung reproduktiver Isolationsmechanismen ist aber trotzdem kein zufälliges Nebenprodukt der divergenten Evolution. Mehrfach konnte nämlich in letzter Zeit die selektive Steuerung der Barrierenbildung demonstriert werden: Für Rassen extremer Standorte etwa ist Barriereneinbau deshalb vorteilhaft, weil dadurch die Vermischung mit der Normalrasse verhindert und eine «Abschirmung» der Anpassungsmerkmale möglich wird. Ganz allgemein ist die Barrierenwirkung sehr von der Umwelt abhängig: Wenn eine starke Konkurrenz gegen Hybriden besteht (z.B. in stabilen Lebensräumen, wo sie gegen die Ausgangssippen nicht Fuß fassen können), werden auch schwache Isolationsmechanismen wirksam bleiben; wenn Hybriden aber selektiv gefördert sind (z.B. in labilen, offenen und noch «unbesetzten» Lebensräumen, wo die Ausgangssippen zurücktreten) werden sie sich trotz starker Barrieren vermehren (S.528). So kommen Hybriden zwischen Stiel- und Trauben-Eiche in Mitteleuropa nur stellenweise vor, in Schottland dominieren sie dagegen.

Die Ausbildung verschiedener und vielfach komplexer reproduktiver Isolationsmechanismen ist also besonders für den inneren Zusammenhalt, die gegenseitige Abgrenzung und die endgültige phylogenetische Divergenz der Sippen und ihrer Gen-Pools wesentlich. Diese Vorgänge haben für die «Artbildung» (S.547) große Bedeutung; freilich ist zu berück-

sichtigen, daß dabei Barrierenbildung, morphologisch-physiologische Differenzierung und Verwandtschaft nur locker miteinander korreliert sind. Die reproduktive Isolation verwandter Sippen ist vielfach nur relativ und durch Selektion steuerbar. Reproduktive Barrieren fördern die genetische Stabilität; wenn sie aber infolge Hybridisierung wieder durchbrochen werden, so führt das zu vermehrter genetischer Plastizität (s. unten). Damit wird ein enger Zusammenhang zwischen Isolation und Rekombination sichtbar.

4. Hybridisierung und Allopolyploidie

Kreuzungsvorgänge zwischen unvollständig isolierten Sippen mit unterschiedlicher genetischer Struktur und Merkmalsausbildung bezeichnen wir als Hybridisierung (= Bastardierung). Kommt es dabei zu Chromosomenverdopplung, sprechen wir von Allopolyploidie (vgl. S.53, 508). Bei apomiktischen Hybriden überwiegt die ungeschlechtliche Fortpflanzung.

Bei Hybridisierung handelt es sich um genetische Rekombinationsvorgänge, die über den Bereich der normalen Fortpflanzungsgemeinschaft (Population) hinausgehen. Daraus kann eine weitgehende Verschmelzung von Sippen und stammesgeschichtliche Vernetzung resultieren. Die früher oft zu gering geschätzte Bedeutung dieser Vorgänge für die Evolution erhellt allein schon aus der Tatsache, daß fast alle unsere Kulturpflanzen, mindestens ein

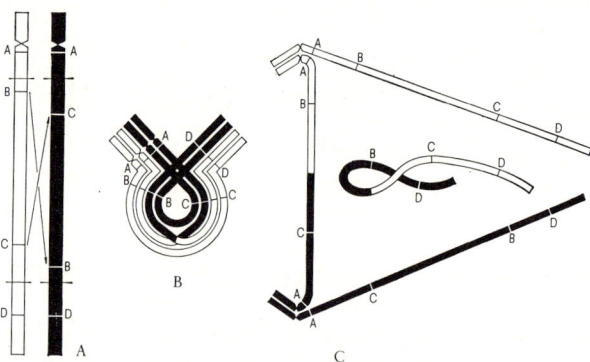

Abb. 573: Barriereneffekt einer Chromosomen-Mutation: Inversion. A Schema des veränderten Chromosomenpaares bei Ausgangsform (weiß) und Mutante (schwarz), eingetragen sind einige Markierungsgene (A, B, C, D), Bruchstellen und die Drehung des betroffenen Chromosomenabschnittes; B Meiose der F_1: Paarung der strukturverschiedenen Chromosomen und Crossing-over im invertierten Abschnitt; C dadurch in Anaphase I Brücke mit zwei Centromeren und Fragment ohne Centromer: beide werden eliminiert, nur Gameten mit den unveränderten Chromosomen von Ausgangsform und Mutante sind lebensfähig. (Nach STEBBINS, verändert.)

Drittel aller Cormophyten und wohl auch viele Thallophyten im Zusammenhang mit Hybridisierung bzw. Allopolyploidie entstanden sind.

Viel stärker als bei Kreuzungen zwischen Biotypen mit wenigen Erbunterschieden (S. 491–497) machen Hybridisierungsvorgänge zwischen Sippen mit zahlreichen Erbunterschieden in F_2- und weiteren Filialgenerationen infolge Rekombination eine ungeheure Variabilität frei. Vielfach entstehen dabei auch durchaus neuartige Merkmale (S. 497, 505).

Bei Biotypen mit Unterschieden in 2 Genen sind in der F_2 nur $3^2 = 9$ Rekombinationstypen möglich (Abb. 541 u. S. 497), bei Ausgangssippen mit Unterschieden in 10 Genen dagegen schon $3^{10} = 59049$! Hybridogene Variabilität wird also sehr rasch freigesetzt und ermöglicht nach Siebung durch Selektion (und infolge Isolation) rasche Anpassung, auch an drastisch veränderte Umweltbedingungen.

Modellhaft wurden derartige natürliche Vorgänge etwa so nachvollzogen, daß man ökologisch stark verschiedene Rassen von Schafgarben und anderen Sippen kreuzte, die stark aufspaltenden F_2-Individuen vegetativ teilte und jeweils in Versuchsgärten der Ebene, Berg- und Alpenstufe kultivierte. Dabei fielen zwar in kurzer Zeit sehr viele unzureichend angepaßte Rekombinationstypen aus, gleichzeitig wurden aber auch neuartige und den Ausgangsformen überlegene Biotypen ausgelesen. Analoge Beispiele liefern Kulturpflanzen: Die meisten unserer heutigen Hochleistungssorten sind aus Kreuzungsexperimenten und durch Kombination erwünschter Merkmale aus verschiedenen älteren Landsorten bzw. Wildrassen hervorgegangen. Aus den Hybridnachkommen weiß- und violettblühender diploider Wildarten (*Petunia axillaris* und *P. violacea*) wurden z.B. unsere buntfarbigen, diploiden und später auch tetraploiden Hybrid-Petunien (*P. hybrida*) ausgelesen. In ähnlicher Weise entstanden auf der Diploidstufe aus verschiedenen mediterranen Wildformen die Fülle unserer heutigen Kohlsorten (Abb. 565), auf Polyploidstufen (4x, 6x) die zahlreichen Weizensorten (Abb. 577).

Ein weiterer Vorteil der Hybridisierung ist, daß besonders in der F_1 gegenüber den Ausgangssippen häufig eine bessere Wüchsigkeit und Produktivität auftritt (Heterosis). Ursachen dafür sind wohl besonders die additive Wirkung wachstumsfördernder Faktoren in Genom und Plasmon (S. 510), die Bildung leistungsfähigerer «Hybrid-Enzyme» sowie die bessere Anpassungsfähigkeit und Homöostasis (S. 517) bei Heterozygoten. Infolge Rekombination klingt die Heterosis-Wirkung allerdings ab der F_2 meist wieder ab.

In der Landwirtschaft konnten in den letzten Jahrzehnten die Erträge bei vielen Nutzpflanzen (z.B. Mais, Zuckerrüben etc.) durch den Anbau von F_1-Saatgut aus der Kombination von Inzuchtlinien mit starkem Heterosis-Effekt wesentlich gesteigert werden. Für die Massenproduktion dieses F_1-Saatgutes sind plasmatisch pollensterile Linien als Mutterpflanzen von größter Bedeutung.

Eine erfolgreiche Etablierung hybridogener Populationen ist allerdings nur unter bestimmten Voraussetzungen möglich: 1) Um der Konkurrenz der Ausgangssippen zu entgehen, bedarf es meist neuer Lebensräume. In jüngster geologischer Vergangenheit wurden solche besonders durch den Menschen, vorher etwa durch die Eiszeiten, durch Vulkanismus u.a. geschaffen. 2) Gegen Sterilitätserscheinungen (als Folge postzygotischer Kreuzungsbarrieren zwischen den Ausgangssippen) und allzugroße genetische Labilität (als Folge von Rekombination) muß ein notwendiges Maß an Fortpflanzungsfähigkeit und Stabilität erreicht werden. Dies wird durch verschiedene cytogenetische Mechanismen erreicht:

a) **Homoploide Hybriden** entsprechen in der Zahl (oft auch der Struktur) der Chromosomen ihren Ausgangssippen; sie sind steril oder pflanzen sich $\pm$ normal sexuell fort.

Die folgende Reihe illustriert verschiedene Stadien der Durchbrechung von Kreuzungsbarrieren: Nur einzelne, sterile Bastardindividuen finden sich etwa zwischen Orchideengattungen (z.B. *Nigritella nigra* × *Gymnadenia odoratissima*), im Artbereich zwischen Schwarz- und Wald-Föhre (*Pinus nigra* × *P. sylvestris*) oder Heidel- und Preiselbeere (*Vaccinium myrtillus* × *V. vitis-idaea*); größere und etwas formenreichere Bastardpopulationen (gelegentliche Rückkreuzungen, F_2-Individuen usw.) kommen zwischen Zitter- und Silber-Pappel (*Populus tremula* × *P. alba*), Alpenrosen (*Rhododendron hirsutum* × *Rh. ferrugineum*; Abb. 1041), Frühlings-Veilchen (*Viola odorata* × *V. hirta*) u.a. vor; polymorphe und $\pm$ fertile Hybridschwärme verbinden stellenweise (und gelegentlich auch ohne ihre Ausgangssippen) etwa unsere Eichenarten (*Quercus robur* × *Qu. petraea* bzw. *Qu. pubescens*), Weiden (z.B. *Salix alba* × *S. fragilis*), Rote und Weiße Lichtnelke (*Silene dioica* × *S. alba*) oder Gelbe und Blaue Luzerne (*Medicago falcata* × *M. sativa*; tlw. mit auffällig grünen Blüten). Bei den Küchenschellen im bayerisch-österreichischen Donauraum bietet sich schließlich äußerlich das Bild einer Cline (Abb. 574): Erst Kreuzungsexperimente und quantitative Merkmalsanalysen dokumentieren die hybridogene Entstehung der kontinuierlichen Übergangsserie zwischen den tetraploiden *Pulsatilla vulgaris* und *P. grandis*, die im Postglazial aus West und Ost eingewandert sind.

Hybridnachkommen sind allgemein durch eine gewisse «Kohäsion» der Merkmale ihrer Ausgangssippen gekennzeichnet (S. 524–525). Das Streudiagramm Abb. 575A zeigt dies für experimentell hergestellte Hybriden zwischen reproduktiv stark isolierten diploiden Schafgarben *(Achillea)*. Umgekehrt deuten entsprechende Merkmalskorrelationen in natürlichen Populationen auf hybridogene Entstehung (Abb. 575B). Diese Methode legt nahe, daß *A. roseo-alba* (Wald- und Wiesenpflanze der geologisch jungen Oberitalienischen Tiefebene und ihrer Randzonen) aus den erdgeschichtlich älteren *A. setacea* (pontisch-pannonische Steppenpflanze) und *A. aspleniifolia* (pannonische Niederungswiesenpflanze) durch Kreuzung sowie Rückkreuzung und einseitigen Genfluß in Richtung *A. aspleniifolia* entstanden ist (dies läßt sich u.a. auch durch entsprechende Kreuzungsversuche erhärten). Solche beschränkte hybridogene Gen- bzw. Merkmals-Infiltration (= Introgression) dürfte zwischen stärker isolierten Arten weit verbreitet sein.

Selbst starke und komplexe reproduktive Barrieren können bei entsprechendem Selektionsdruck durch Hybridisierung aufgelöst werden.

Kreuzungsversuche (etwa an *Nicotiana*-Arten) zeigen, daß auch aus extrem sterilen Hybrid-Nachkommenschaften fertile Rekombinationstypen ausgelesen werden können; unter Umständen sind sie infolge Aufspaltung von Sterilitätsfaktoren oder Chromosomenumbauten von ihren Ausgangssippen wieder isoliert (experimentelle «Artbildung»). Bei der polygenischen Steuerung der meisten Merkmale (S. 497) ist auch eine genetische Stabilisierung diploider Hybrid-Nachkommen möglich (etwa AABBCCDD × aabbccdd → AABBccDD).

Dazu können gewisse Genom- (bzw. Genom-Plasmon-) Kombinationen auch noch durchaus

neuartige Merkmalsausprägungen oder erhöhte Mutationsraten aufweisen. Diese Hinweise machen verständlich, daß Hybridisierung vielfach zu neuer Differenzierung führt (vgl. Abb. 580).

Im Experiment entstehen etwa aus der Kreuzung blau- und lachsrotblühender *Streptocarpus*-Sippen F_2-Nachkommen mit neuen Anthocyanen und damit neuen Blütenfarben. Im Zusammenhang mit den quartären Florenwanderungen hat sich z.B. am Ost-Balkan die Tanne *Abies borisii-regis* infolge von Hybrid-Kontakten aus der mitteleuropäischen *A. alba* und der griechischen *A. cephalonica* herausgebildet, oder in Süd-Polen die lokale *Betula oycoviensis* aus einer subarktischen Zwerg-Birke (sect. *Nanae*) und der weitverbreiteten baumförmigen Weiß-Birke *(B. pendula)*. Menschliche Kulturmaßnahmen haben bei Möhren und Karotten *(Daucus)* sowie Rettichen *(Raphanus)* zur Hybridisierung mediterraner Wildformen und zur parallelen Herausbildung von neuen Kultur-, Acker- und Ruderalsippen geführt.

b) **Heterogame Hybriden** vererben die beiden strukturell verschiedenen, haploiden Chromosomensätze ihrer Ausgangssippen über Ei- bzw. Spermazellen unverändert an ihre Nachkommen (Komplexheterozygotie). Dies wird dadurch möglich, daß sich die Chromosomensätze durch Translokationen der Chromosomenarme unterscheiden, bei je vier Chromosomen also, etwa 1.2 3.4 5.6 7.8 in einem und 2.3 4.5 6.7 8.1 im anderen Satz. In der Meiose kommt es dann infolge Paarung homologer Chromosomenendabschnitte zur kettenförmigen Zick-Zack-Anordnung der Chromosomen

$$1.2 \quad 3.4 \quad 5.6 \quad 7.8$$
$$2.3 \quad 4.5 \quad 6.7 \quad 8.1$$

während der Metaphase I und dadurch schließlich in

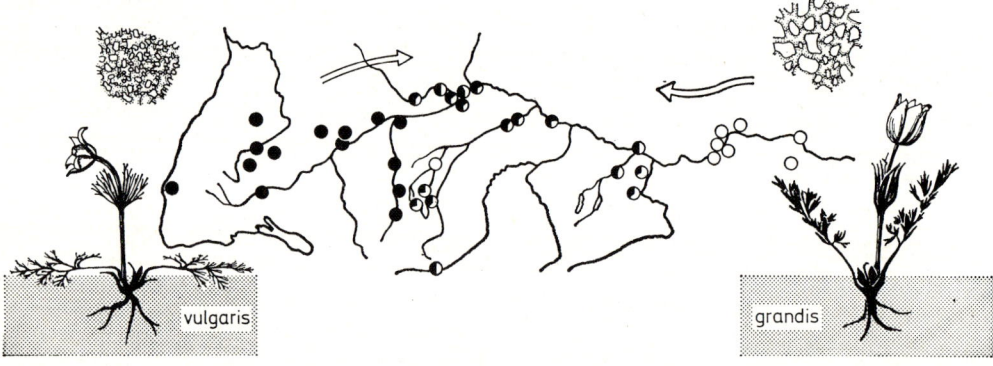

Abb. 574: Hybridogene Verschmelzung der westlichen *Pulsatilla vulgaris* (schwarze Kreise) und der östlichen *P. grandis* (weiße Kreise) im bayerisch-österreichischen Donauraum. Habitusbilder, Schwammparenchym, Einwanderungsrichtungen und Fundorte untersuchter Populationen: In den Übergangspopulationen entsprechen die schwarz-weißen Sektoren dem jeweiligen Merkmalsanteil der Ausgangssippen. (Nach Voelter-Hedke & Zimmermann.)

der Anaphase I zur blockweisen Aufteilung der ursprünglichen Chromosomensätze auf die Gameten. Homozygote Kombinationen dieser Chromosomensätze sind wegen des Einbaus von Letalfaktoren (S. 497) nicht lebensfähig. Dieser eher seltene Typ permanenter Strukturhybriden findet sich z.B. bei den Nachtkerzen *(Oenothera)*.

Einen Sonderfall und Übergang zur folgenden Gruppe stellen die hybridogenen Hecken-Rosen der *Rosa canina*-Gruppe dar. Sie haben meist 5 Chromosomensätze (5x, 2n = 35), von denen aber nur 2 homolog sind und sich in der Meiose zu Bivalenten paaren, während die anderen als Univalente verbleiben und auf der ♂ Seite eliminiert, auf der ♀ aber in die Eizelle eingeschlossen werden. Dadurch ist der Fortbestand der Pentaploidie gewährleistet (Pollen n = 7, Eizelle n = 28, Zygote 2n = 35).

c) Allopolyploide Hybriden verdoppeln die genisch, der Struktur oder auch der Zahl nach ± unterschiedlichen haploiden Chromosomensätze ihrer beiden Ausgangssippen (vgl. S. 508). Im folgenden wollen wir die besonders häufigen und wichtigen Allopolyploiden mit

sexueller Fortpflanzung betrachten. Sie sind besonders bei Farnpflanzen und Angiospermen sehr verbreitet, kommen aber auch bei Algen, Pilzen, Moosen und Gymnospermen vor.

Die große Bedeutung hybridogener Polyploidie für die Entstehung von Verwandtschaftsgruppen verschiedensten Umfanges sei im folgenden kurz illustriert: Polyploide Rassen treten etwa bei Armleuchteralgen *(Chara zeylanica:* 2x, 3x, 4x, 5x), Brillenschötchen *(Biscutella laevigata:* 2x, 4x; Abb. 579), Labkräutern (z.B. *Galium anisophyllon:* 2x, 4x, 6x, 8x, 10x: Abb. 551) und innerhalb vieler anderer Arten auf. Bekannte Beispiele für verwandte diploide und polyploide Arten finden sich in den Gattungen Sternmoos *(Mnium:* 2x, 4x), Tüpfelfarn *(Polypodium,* auf polyploider Grundzahl x = 37: 2x, 4x, 6x), Ampfer *(Rumex:* 2x, 4x, 6x, 8x, 10x, 12x, 14x, 20x), Weizen *(Triticum:* 2x, 4x, 6x; Abb. 577) u.a. Als Gattungen, Unterfamilien und Familien mit polyploiden Grundzahlen können etwa *Sequoia* (2n = 66, 6x), *Platanus* (2n = 42, 6x), *Soldanella* (2n = 40, 4x), *Rosaceae-Pomoideae* (2n = 68, 4x aus 8 + 9?), *Equisetaceae* (2n = 216, 14x??) und

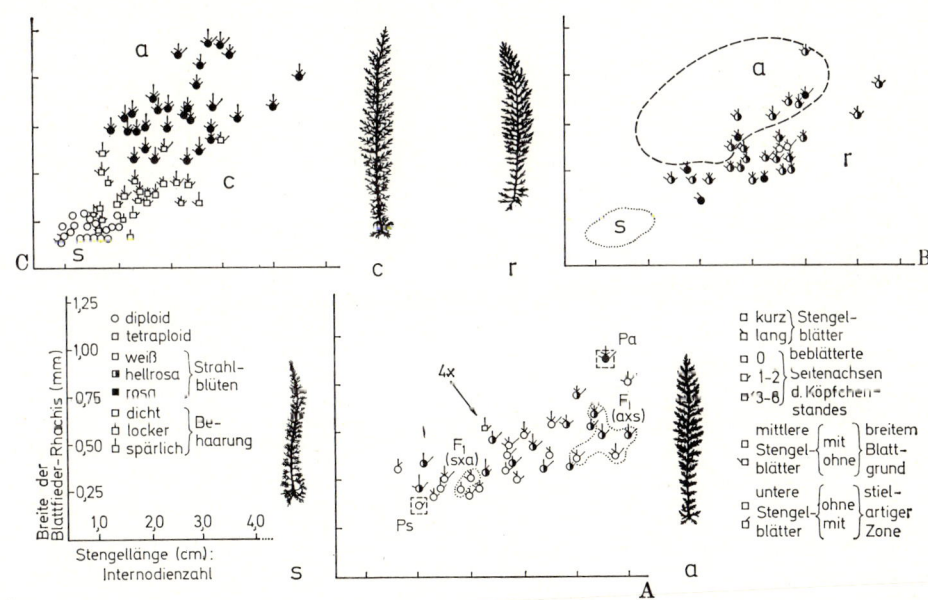

Abb. 575: Experimentelle Analyse der Verwandtschaft und Evolution einiger Kleinarten aus dem Hybrid- und Polyploidkomplex der Schafgarbe *Achillea millefolium* agg. (x = 9): *A. setacea* (s; 2x), *A. aspleniifolia* (a; 2x), *A. roseo-alba* (r; meist 2x), *A. collina* (c; 4x). Blattumrisse und Streudiagramme (Merkmalsdifferenzierung aus den Koordinaten und den Symbolen für die einzelnen Individuen ersichtlich). A Experimentelle Kreuzung der diploiden *A. setacea* (P_s) und *A. aspleniifolia* (P_a), Punktlinien umgeben die reziprok verschiedenen F_1 (s × a und a × s: plasmatische Differenzierung!) und die subvitale F_2 mit eingeschränkter Rekombination (Spindel!) und spontan aufgetretener Allotetraploiden (→ 4x = synthetische *A. collina*). B 30 Individuen einer sehr variablen Population der hybridogenen *A. roseo-alba*, stärkere Annäherung an *A. aspleniifolia* (infolge Rückkreuzung und Introgression!). C Individuen aus verschiedenen Populationen der diploiden *A. setacea* und *A. aspleniifolia* sowie der daraus entstandenen allotetraploiden *A. collina* (Mittelstellung!). (Original.)

Salicaceae (2n = 38, 6x) genannt werden. Schließlich haben auch die *Psilotales* und alle eusporangiaten sowie die meisten leptosporangiaten Farne so hohe Chromosomengrundzahlen, daß sie als polyploid gelten müssen.

Fast alle in der Natur oder als Nutzpflanzen erfolgreichen Polyploiden erweisen sich bei genauer Analyse als hybridogen. Diese bevorzugt h y b r i d o g e n e Entstehung von Polyploiden wird durch die größere Anfälligkeit der diploiden Hybriden für Mitose- und Meiosestörungen und dadurch bedingte Bildung von polyploiden Restitutionskernen und unreduzierten Gameten verständlich (vgl. S. 53, 506, 525).

Hybridogen aus den bereits erwähnten diploiden Schafgarben *Achillea setacea* und *A. aspleniifolia* (S. 528) ist etwa die allotetraploide *A. collina* entstanden (Abb. 575C). An mäßig trockenen (auch ruderalen) Standorten drängt sie sich erfolgreich zwischen ihre Ausgangssippen und überflügelt sie auch verbreitungsmäßig im kontinentalen Mittel- und SO-Europa. Zwischen 1870 und 1890 hat sich an der südenglischen Küste bei Southampton aus dem dort heimischen Marschgras *Spartina maritima* (2n = 60) und der aus N-Amerika eingeschleppten *S. alternifolia* (2n = 62) zuerst eine fast sterile Hybride: *S. × townsendii* (2n = 61) und daraus eine Allopolyploide gebildet: *S. anglica* (2n = 122); sie ist heute in Südengland und auf dem Kontinent bereits weit verbreitet. In vielen Fällen sind Allopolyploide spontan aus experimentell hergestellten F_1-Hybriden entstanden (wie z.B. bei *Layia*, Abb. 572, oder *Achillea*, Abb. 575A). Dies gilt auch für allopolyploide Gattungsbastarde von Kulturpflanzen, etwa *Raphanus × Brassica* (*× Raphanobrassica*) oder *Triticum × Secale* (*× Triticale*).

Worauf beruht die Ü b e r l e g e n h e i t v o n A l l o p o l y p l o i d e n gegenüber Autopolyploiden und vielfach auch gegenüber diploiden, homoploiden Hybriden? Wenn wir die Chromosomensätze bzw. Genome bei den Allopolyploiden formelhaft mit AABB, bei den Autopolyploiden mit AAAA und bei den diploiden Hybriden mit AB kennzeichnen, wird erkennbar, warum Meiose und Fertilität bei letzteren oft gestört sind: bei Autopolyploiden besonders wegen der Bildung von Multivalenten bzw. Univalenten (Paarung von mehr als 2 homologen Chromosomen bzw. ungepaarte Einzelchromosomen: A–A–A–A bzw. A–A–A′A), bei diploiden Hybriden dagegen häufig wegen ausbleibender oder fehlerhafter Chromosomenpaarung A/B, etwa infolge struktureller Differenzen), bei beiden oftmals wegen mangelhafter genetischer bzw. physiologischer Balan-

ce. Allopolyploide können nun durch h o m o g e n e t i s c h e Chromosomenpaarung (d. h. A–A/B–B) und bessere Genom-Balance die besprochenen Defekte von Meiose, Fertilität und Lebensfähigkeit umgehen. Während die Variabilität homoploider Hybriden infolge h e t e r o g e n e t i s c h e r Chromosomenpaarung (d. h. A–B) und Rekombination rasch freigesetzt wird (Aufspaltung!), bedingt homogenetische Paarung bei Allopolyploiden eine Stabilisierung F_1-ähnlicher Phänotypen (dabei können auch Heterosis-Effekte: S. 527 fixiert werden!). Sind die beiden Genom-Paare einer Allopolyploiden strukturell stark verschieden, wird es fast nur zu homogenetischer Paarung kommen, sind sie aber ähnlich, wird auch heterogenetische Paarung (d. h. A–B/B–A) häufiger werden. Dabei gibt es zwischen mehr allo- und mehr autopolyploidem Rekombinationsverhalten alle Übergänge und auch Möglichkeiten der genetischen Steuerung. Wesentlich ist jedenfalls, daß Allopolyploide dadurch das Potential ihrer Rekombinationsvariabilität «speichern», oder «freisetzen» können. Dazu kommt als weiterer Vorteil, daß ihr Rekombinationsspielraum bei mehreren Genomen größer ist als bei nur zweien. Divergente genetische Differenzierung des doppelt vorhandenen Genmaterials kann schließlich zur «Diploidisierung» von Polyploiden führen.

Für die Aufklärung der E n t s t e h u n g s g e s c h i c h t e von P o l y p l o i d e n werden quantitative Analysen morphologischer Merkmale (etwa in Form von Streudiagrammen, Abb. 575C), aber auch chemischer Inhaltsstoffe (Abb. 576) herangezogen. Die Homologie bzw. Verschiedenheit der Genome kann durch Karyogramme (Abb. 578), meiotische Chromosomenpaarung in experimentellen Hybriden und genetische Analysen ermittelt werden. Beim triploiden *Asplenium*-Bastard RMM (Abb. 576) bilden etwa die homologen Chromosomensätze M–M Bivalente, während R ungepaart bleibt (Univalente); RMP hat nur Univalente, das tetraploide RMPM hat Univalente (R, P) und Bivalente (M–M). Eine gewisse genische Steuerung der Chromosomenpaarung setzt dieser Genom-Identifizierung allerdings Grenzen. Am überzeugendsten ist natürlich die experimentelle Synthese von Allopolyploiden aus Hybriden ihrer vermuteten diploiden Stammformen infolge spontaner oder durch Colchicin ausgelöster Polyploidisierung (S. 508), wie dies z.B. bei Bauern-Tabak, *Nicotiana rustica* (2n = 48): aus *N. paniculata* (2n = 24) × *N. undulata* (2n = 24), Raps, *Brassica napus* (2n = 38): aus *B. oleracea* (2n = 18) × *B. campestris* (2n = 20), *Achillea collina* (Abb. 575A) und vielen anderen Gruppen gelungen ist.

Als besonders spektakuläres Beispiel sei hier noch die experimentelle Aufklärung der Entstehungsgeschichte des polyploiden Weizens geschildert (Abb. 577, 970 C–E): Archäologische Befunde zeigen, daß im Nahen Osten schon seit dem 7. Jahrtausend v. Chr. von frühesten Ackerbauern aus Wildformen mit brüchiger Ährenspindel festspindelige Kulturformen ausgelesen wurden: auf der Diploidstufe *(Triticum monococcum)* die Kulturform Einkorn *(monococcum)* aus der Wildsippe *boeoticum*, auf der Tetraploidstufe *(T. turgidum)* die Kulturrassen des Emmers *(dicoccon)* aus der Wildsippe *dicoccoides*. Erst mit der Wende zum 3. Jahrtausend v. Chr. sind dann aus tetraploiden Kultur-Emmern und einer diploiden Unkrautsippe *(Aegilops tauschii = Ae. squarrosa)* durch Allopolyploidie die hexaploiden Saat-Weizen *(T. aestivum)* entstanden; wegen ihres höheren Ertrages verdrängten sie allmählich diploide und tetraploide Kulturformen und sind heute allein von weltwirtschaftlicher Bedeutung.

Der Aufbau von Polyploidkomplexen verläuft regelmäßig so, daß aus Diploiden zuerst niedrig und weiter höher Polyploide entstehen, z. B. $2x + 2x = 4x$, $2x + 4x = 6x$, $4x + 4x = 8x$ usw. Diese Abfolge gibt eines der verläßlichsten Kriterien für die raum-zeitliche Entwicklung (Phylogenie) entsprechender Verwandtschaftsgruppen ab.

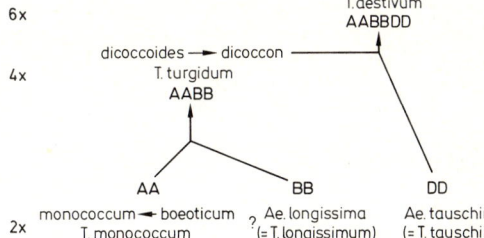

Abb. 577: Stammbaum der wichtigeren Wild- und Kulturformen diploider, tetraploider und hexaploider Weizen *(Triticum monococcum, T. turgidum, T. aestivum;* taxonomische Rangstufe der Sippen teilweise noch umstritten; *Ae. = Aegilops,* kann auch mit *Triticum* zu einer Gattung vereinigt werden). Die Großbuchstaben bezeichnen die Genomformeln; Chromosomengrundzahl $x = 7$. (Original.)

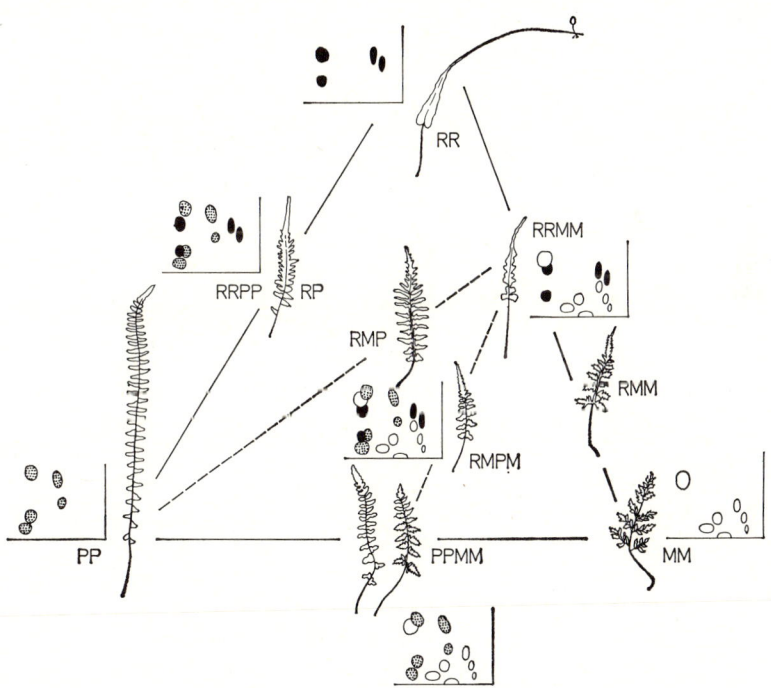

Abb. 576: Entstehung und Analyse eines Polyploidkomplexes bei Farnen (nordamerikanische *Asplenium*-Arten). Durch Chromosomenzählungen und Chromosomenpaarung bei Hybriden festgestellte Genom-Formeln: Diploide Grundarten *A. platyneuron* (PP), *A. rhizophyllum* (RR) *A. montanum* (MM), di-, tri- bzw. tetraploide Hybriden: RP, RMM, RMP und RMPM sowie allotetraploide Tochterarten *A. ebenoides* (RR PP), *A. pinnatifidum* (RRMM) und *A. bradleyi* (PPMM); Bestätigung dieser Entstehungsgeschichte durch Morphologie (z.B. Blattwedel) und vergleichende Phytochemie (phenolische Inhaltsstoffe: Xanthone). (Nach WAGNER, SMITH & LEVIN; verändert.)

Danach kann auch der stammesgeschichtliche Entwicklungsgang eines Polyploidkomplexes beurteilt werden: Er beginnt mit ± isolierten Diploiden und vereinzelten hybridogenen «Neopolyploiden» (z.B. *Layia*, Abb. 572), und setzt sich fort mit immer weitergehender Verlagerung auf verschiedene Ploidiestufen und allmählichem Aussterben der diploiden Ausgangssippen. Dabei werden die Kreuzungsbarrieren zwischen den Polyploiden abgeschwächt, es gibt hybridogene Kontakte zwischen Sippen derselben Ploidiestufe, aber auch über Ploidiebarrieren hinweg, außerdem aneuploide Variation der Chromosomenzahlen; die Formenmannigfaltigkeit erreicht ein Optimum (z.B. *Galium anisophyllon*: 2x–10x, *Achillea*: 2x–8x, *Triticum*: 2x–6x). Schließlich kommt es aber zur Formverarmung, und zuletzt künden nur mehr isolierte «Paläopolyploide» vom allmählichen Aussterben eines Polyploidkomplexes. Im Verlauf ihrer bis ins Paläozoicum zurückgehenden Geschichte hat etwa die heute reliktäre eusporangiate Farngruppe der *Ophioglossales* alle Sippen unter 2n = 90 verloren und bei *Ophioglossum reticulatum* mit 2n = ca. 1260 die höchste bekannte Chromosomenzahl aller Organismen erreicht. Innerhalb der Angiospermen sind z.B. die altertümlichen *Magnoliaceae* paläopolyploid (abgeleitete Grundzahl = 19, wohl 6x; vgl. auch Abb. 903A–B, 1064).

Ebenso wie homogame Hybriden haben Allopolyploide in neu zugänglichen und rasch veränderlichen Lebensräumen die besten Chancen, sich infolge besonders guter Anpassungsfähigkeit gegenüber ihren Ausgangssippen erfolgreich durchzusetzen. Dafür geben beredtes Zeugnis die vielen polyploiden Kulturpflanzen (z.B. Pflaume, Ananas-Erdbeere, Raps, Tabak, Weizen: Abb. 577, Hafer, viele Zierpflanzen; vgl. auch S. 527) und Unkräuter (z.B. *Stellaria media*, *Urtica dioica*, *Polygonum aviculare*, *Capsella bursa-pastoris*, *Solanum nigrum*, *Agropyron repens* sowie *Aegilops [Triticum] triuncialis*: Abb. 578). Polyploide waren auch sehr wesentlich an der Wiederbesiedlung Mitteleuropas und der

Alpen nach der letzten Eiszeit beteiligt; ihre diploiden Stammformen haben oft in eisnahen oder südlichen Refugien überdauert. So waren an der Entstehung der in Mitteleuropa weitverbreiteten tetraploiden Sippen von Hornklee *(Lotus corniculatus)* oder Ruchgras *(Anthoxanthum odoratum)* offenbar alpine und (sub)mediterrane Diploide beteiligt. Der Formenkreis von *Biscutella laevigata* ist im stärker vergletscherten Alpenraum fast ausschließlich durch 4x-Rassen vertreten, während die 2x-Stammformen vor allem in unvergletscherten Teilen Mittel- und Westeuropas sowie der Karpatenländer erhalten geblieben sind (Abb. 579). Beim gebirgsbewohnenden *Galium anisophyllon* (Abb. 551) spiegeln die Areale der Diploiden und Polyploiden die mehrfachen Rückzugs- und Ausbreitungsphasen während, zwischen und nach den Eiszeiten wider (vgl. dazu auch S. 931, 1001 u. 1014).

d) Apomiktische Hybriden sind durch überwiegend oder ausschließlich ungeschlechtliche Fortpflanzung gekennzeichnet. Beispiele dafür kennen wir vor allem aus dem Bereich der Farne und Angiospermen. Dabei sind die verschiedenen Formen der Apomixis (S. 515) meist mit Strukturheterozygotie, Polyploidie (auch mit ungeraden Ploidiestufen, z.B. 3x, 5x) und Aneuploidie gekoppelt. Apomiktische Formenkreise greifen allerdings kaum über den Gattungsbereich hinaus: Weiterreichende Bedeutung für das Evolutionsgeschehen kommt diesem Variationsmuster also nicht zu.

Die weite Verbreitung des diploiden Hexenkraut-Bastardes *Circaea × intermedia* (aus *C. lutetiana × C. alpina*) in Europa wurde durch vegetative Vermehrung ermöglicht. Vegetativ vermehren sich auch viele hybridogene und polyploide Rassen bei Minzen (z.B. die Pfefferminze, *Mentha × piperita*) oder bei *Acorus* (meist 3x); Entsprechendes gilt für viele Kultursorten von Bananen, Zuckerrohr und auch Kar-

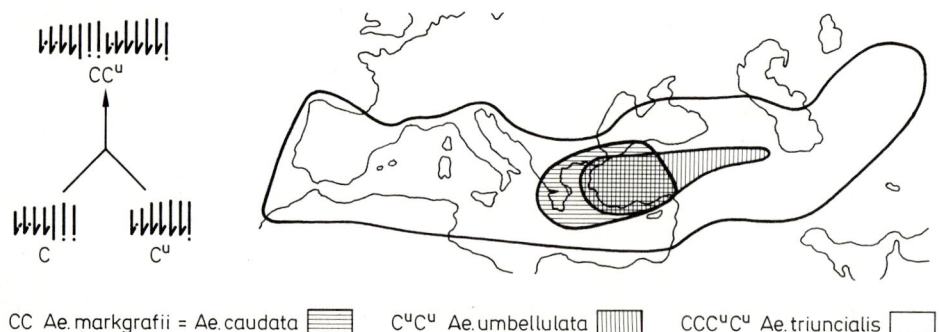

CC Ae. markgrafii = Ae. caudata ▦   C^uC^u Ae. umbellulata ▨   CCC^uC^u Ae. triuncialis ▢

Abb. 578: Entstehung und Verbreitung eines Polyploidkomplexes bei einjährigen Gräsern der Gattung *Aegilops* (= *Triticum* s. lat.): links haploide Chromosomensätze (schematisiert als Karyogramme) und experimentelle Synthese von *Ae. triuncialis*, rechts weitere Verbreitung der allotetraploiden im Vergleich zu den diploiden Sippen. (Nach Kihara sowie Strebbins, etwas verändert.)

toffeln. Durch Brutzwiebeln pflanzt sich die hoch-polyploide, in Mitteleuropa verbreitete *Dentaria bulbifera* (12 x; vgl. Abb. 246 B) fort; sie ist wohl hybridogen aus 6 x-Sippen eiszeitlicher Waldrefugien entstanden.

Ungeschlechtliche Sporen- bzw. Samenbildung (vgl. S. 515 und Abb. 560) hat im Verein mit Hybridisierung, Polyploidie und Aneuploidie bei verschiedenen Farn- und Angiospermen-Gruppen zur Entstehung höchst polymorpher Formenschwärme geführt. Dies gilt etwa für die Gruppe des Alpen-Rispengrases *(Poa alpina)*, bei dem aus sexuellen Diploiden (und Tetraploiden) im stark vergletscherten arktisch-alpinen Raum mehr-minder apomiktische Polyploide und Aneuploide (2n = 21 bis 61) mit Agamospermie oder Brutsprossen (vgl. Abb. 245) hervorgegangen sind. Auch der apomiktisch-polyploide Formenschwarm unserer Frühlings-Fingerkräuter *(Potentilla verna* agg., 4x bis 12x) ist aus sexuellen 2x- und 4x-Sippen der Mittelmeerländer, der Alpen und der östlichen Steppen entstanden. Ähnliches gilt auch für weitere Gattungen der *Poaceae* (z. B. *Calamagrostis)*, *Rosaceae* (z. B. *Rubus, Alchemilla, Sorbus)*, *Asteraceae* (z. B. *Taraxacum, Hieracium)* u. a.

Der Übergang von Sexualität zu Apomixis, besonders zu Agamospermie, ist ein komplexer Vorgang, der von zahlreichen Genen gesteuert wird. Die dafür notwendigen Mutationen finden sich zwar gelegentlich schon bei Nicht-Hybriden und auf der Diploid-stufe, ihre Kombination wird aber durch Hybridisierung und Polyploidisierung sehr erleichtert. Dazu kommt noch starke selektive Förderung: Für viele vegetativ konkurrenzstarke, aber ± sterile Kombinationstypen (etwa Strukturheterozygote, ungeradzahlige Polyploide: 3 x, 5 x, Aneuploide usw.) bietet ja Apomixis günstige Überlebens-Chancen. Daneben ermöglichen vereinzelte befruchtungsfähige Pollenkörner oder Embryosäcke (S. 515) laufend neue Hybridisierung und Formbildung. So führt dieses Variationsmuster zu rascher Anpassung und erfolgreicher Ausbreitung, besonders wieder in neuen und labilen Lebensräumen.

Die verschiedenen Formen der **Hybridisierung** ermöglichen also im Übergangsfeld zwischen dem Einbau relativer und absoluter Kreuzungsbarrieren eine **rasche Mobilisierung genetischer Variabilität.** Besonders für die Anpassung an labile und neue Lebensbedingungen ist dies von außerordentlicher Bedeutung. Verschiedene cytogenetische Mechanismen (besonders Polyploidie und Apomixis) erlauben dabei auch die **Überbrückung von Kreuzungsbarrieren** und gewährleisten die notwendige genetische **Stabilisierung.** Polyploidie ermöglicht darüber hinaus die Vermehrung von DNA und fortschreitende «Arbeitsteilung» und Differenzierung zwischen ursprünglich gleichen Genen. Schließlich führen Hybridisierungsvorgänge aber nicht nur zu Sippen-Konvergenz, sondern sie katalysieren in verschiedener Weise auch die stammesgeschichtliche Divergenz.

C. Mikro- und Makro-Evolution

Die Vorgänge der Differenzierung und Divergenz von Populationen und Rassen bis in den Artbereich hinein bezeichnet man als Mikro-Evolution, die Ausbildung größerer, umfassenderer Verwandtschaftsgruppen (etwa im Rang von Gattungen und darüber) als Makro-Evolution.

Einige Grundzüge der vorausbesprochenen Mikro-Evolution sind in Abb. 580 zusammenfassend veranschaulicht: A) Variation aufgrund von Mutation und Rekombination, allopatrische geographisch-ökologische Initialdifferenzierung (West/Ost-Cline); B) räumliche Isolierung einer östlichen Randsippe, Anpassung und Vereinheitlichung unter dem Einfluß von Selektion, Entstehung «kryptischer» Barrieren (etwa infolge von Chromosomen-Mutationen) im Nordwesten; C) Hybridisierung zwischen der Ost- und der Ausgangssippe auf der Diploidstufe, räumliche Ablösung der Nordwest-Sippe; D) allotetra-

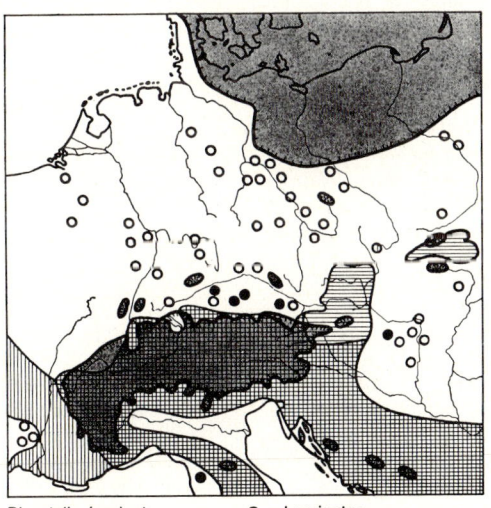

Abb. 579: Verbreitung diploider und tetraploider Sippen von *Biscutella* ser. *Laevigatae* in Zentraleuropa: die Diploiden bevorzugt in würmeiszeitlich unvergletscherten, die Tetraploiden auch im ehemals stark vergletscherten Alpenraum. (Nach MANTON u. a., schematisch verändert und ergänzt.)

Biscutella laevigata　　**Ser. Laevigatae**
O ▭ diploid (u. wahrsch. diploid)　　▥ andere diploide Arten
● ▦ tetraploid　　～ Grenze der Vergletscherung

ploide und abrupt isolierte Sippe aus der Hybridzone im Osten, hybridogene Introgression im Süden, Nordwest- und Ausgangssippe teilweise wieder sympatrisch, aber durch allmählich verstärkte Kreuzungsbarrieren isoliert.

In den vorigen Abschnitten wurde mehrfach die prinzipielle Übereinstimmung hinsichtlich der Auswirkungen von Mutation, Rekombination, Selektion und Isolation inner- u n d außerhalb des Artbereiches betont; das begründet die heute weithin akzeptierte Annahme, daß diese Faktoren auch im Bereich der Makro-Evolution Gültigkeit haben. Zur Erläuterung sei auf die Angiospermen-Ordnung der *Dipsa-*

cales mit der Familie der Kardengewächse *(Dipsacaceae)* verwiesen (Abb. 581).

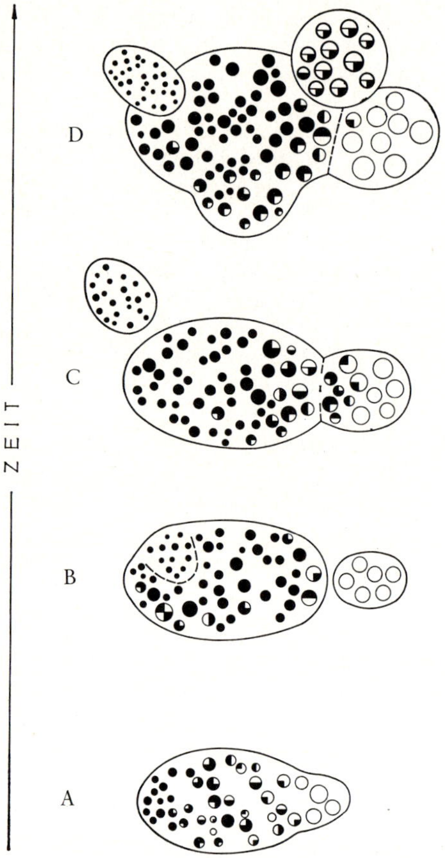

Innerhalb der *Dipsacales* sind die vorwiegend krautigen *Dipsacaceae* offenbar aus den meist holzigen *Caprifoliaceae* entstanden. Die *Caprifoliaceae* sind vor allem in sommergrünen nordhemisphärischen Laubwäldern gut repräsentiert, die *Dipsacaceae* dagegen besonders an offenen Standorten der Mittelmeerländer und des Nahen Ostens (aber auch Mitteleuropas). Charakteristisch für die *Dipsacaceae* ist eine Kombination von Merkmalen, die annäherungsweise auch schon bei den *Caprifoliaceae* vorkommen: Die Blüten sind in dichten, von Hüllblättern umgebenen thyrsisch aufgebauten Köpfchen angeordnet; oft sind die Randblüten strahlig vergrößert; trotz der Kleinheit der Einzelblüten ist dadurch die optische Anlockung von Blütenbesuchern gewährleistet. Außerdem wird durch vier an den unterständigen Fruchtknoten eng herangerückte und verwachsene Hochblätter ein sogenannter Außenkelch gebildet.

Die Entfaltung der *Dispacaceae* beruht weitgehend auf f r u c h t b i o l o g i s c h e r Differenzierung, wobei Blüten-Tragblätter sowie Außen- und Innenkelch mannigfache Veränderungen erfahren. Ursprünglich sind offenbar krautige Tragblätter, kurz 4lappige Außenkelche und 5borstige Innenkelche; entsprechend undifferenzierte Nußfrüchte finden sich etwa bei *Succisa*. Bei *Dipsacus* ermöglicht die Versteifung und teilweise hakenförmige Verlängerung der Tragblätter zusammen mit dem distelartigen, steif federnden Habitus beim Vorbeistreifen von Tieren ein wirkungsvolles Katapultieren der Nußfrüchte. Bei den flugfrüchtigen Gattungen (mit Anemochorie) sind demgegenüber die Tragblätter reduziert. *Pterocephalus* bildet durch Vermehrung, Verlängerung und Behaarung der I n n e n k e l c h b o r s t e n einen Flugschopf (Pappus), *Scabiosa* entwickelt einen hautartig vergrößerten A u ß e n k e l c h als Fallschirm. Bei *Knautia* fördert die Ausbildung eines nährstoffreichen Elaiosoms (S. 825) an der Fruchtbasis die Verbreitung durch Ameisen (Myrmecochorie). Schließlich haben einige einjährige Arten von *Cephalaria* und *Scabiosa* mittels vergrößerter und sparrig-rauher Außen- bzw. Innenkelchzähne Haftfrüchte ausgebildet (Epizoochorie). Sippengruppen und Gattungen der *Dipsacaceae* haben sich also – entsprechend ihren unterschiedlichen Lebensräumen – auf verschiedene Formen der Fruchtausbreitung spezialisiert. Die Ausbildung und schrittweise Verbesserung der dafür notwendigen Mechanismen unter dem Einfluß der Selektion läßt sich überall verfolgen.

In der Stammesgeschichte der *Dipsacaceae* ist frühzeitig aufsteigende Dysploidie (n = 9 → 10) erfolgt, bei der Differenzierung der Gattungen spielen bei ausdauernden Sippen Allopolyploidie (Aneuploidie) und Allogamie, bei den einjährigen dagegen Chromosomenumbauten und absteigende Dysploidie bzw. Autogamie eine große Rolle. Auffällige Paralle-

Abb. 580: Schema der Evolution und Phylogenie einer Verwandschaftsgruppe über 4 Zeitabschnitte A–D. Die Kreise stehen für Individuen, ihre Größe und Markierung kennzeichnet genetische und physiologische Konstitution, ihre Entfernung geographisch-ökologische Position. Unterbrochene bis kontinuierliche Grenzlinien verweisen auf partielle bis vollständige Kreuzungsbarrieren. Weitere Erläuterungen im Text. (Original.)

len bei verschiedenen Gattungen weisen auch auf eine selektive Steuerung dieser «Evolutions-Strategien». Die artenarme Gattung *Morina (Morinaceae)* ist als altes Bindeglied zwischen *Dipsacaceae* und *Caprifoliaceae* nur mehr paläopolyploid (n = 17, offenbar aus 8 + 9) erhalten.

Auch im Bereich der Makro-Evolution lassen sich also ineinandergreifende Phasen erkennen: 1) A n a g e n e s e kennzeichnet die Entstehung neuartiger Konstruktionstypen und wesentliche stammesgeschichtliche Progression, 2) K l a d o - g e n e s e charakterisiert die Abwandlung und Differenzierung bestimmter Grundtypen und bringt durch Spezialisation große Formenmannigfaltigkeit hervor, während 3) S t a s i g e n e s e phylogenetische Erstarrung, Stabilisierung und Konservierung bezeichnet. Vielfach drängt sich der Vergleich mit der Abfolge technischer Konstruktionstypen auf: Kombination vorgegebener Bauelemente zu einer neuen Type (z.B. Rad, Wagen, Verbrennungs- (Kolben-) Motor = Automobil), Verbesserung und Differenzierung (LKW, PKW, verschiedene Fabrikate usw.), allmähliche Ablösung durch neue Typen (Wankel-Motor, Turbine, Luftkissenfahrzeuge usw.).

Progressive Evolution und **Anagenese** beruhen vielfach auf der Kombination von Prozessen, Zellsorten oder Organen, wodurch neuartige oder verbesserte komplexe Prozesse, Gewebe oder Organsysteme entstehen.

So hat sich der Atmungsvorgang offenbar schrittweise aus der «Kombination» von anaerobem Zuckerabbau (Gärung), aerober CO_2-Abspaltung aus Brenztraubensäure, Citronensäurecyclus und Endoxidation (enzymatische Vereinigung von Wasser- und Sauerstoff) herausgebildet (vgl. auch S. 277 ff.). Ähnliches gilt für die Photosynthese und ihre entscheidende Verbesserung von Bakterien zu Blaualgen, wobei als Ausgangsmaterial H_2O anstelle von H_2S tritt (vgl. S. 250). Grundlegende Progressionen im Pflanzenreich sind auf der Stufe der Zellorganisation etwa der Schritt von *Pro-* zu *Eukaryota* und damit zur echten Sexualität, auf der Stufe der Gewebe- und Organdifferenzierung etwa die Entstehung der *Embryophyta* mit ihren zahlreichen Anpassungen an das Landleben (Epidermis mit Cuticula, Leitbündel und Festigungsgewebe mit Lignin, Archegonien und Antheridien etc.; vgl. S. 102 ff.) oder die Samenbildung bei den *Spermatophyta* und die damit erreichte Unabhängigkeit des Befruchtungsvorganges von atmosphärischem Wasser. Es kann kein Zweifel darüber bestehen, daß diese auch historisch dokumentierte

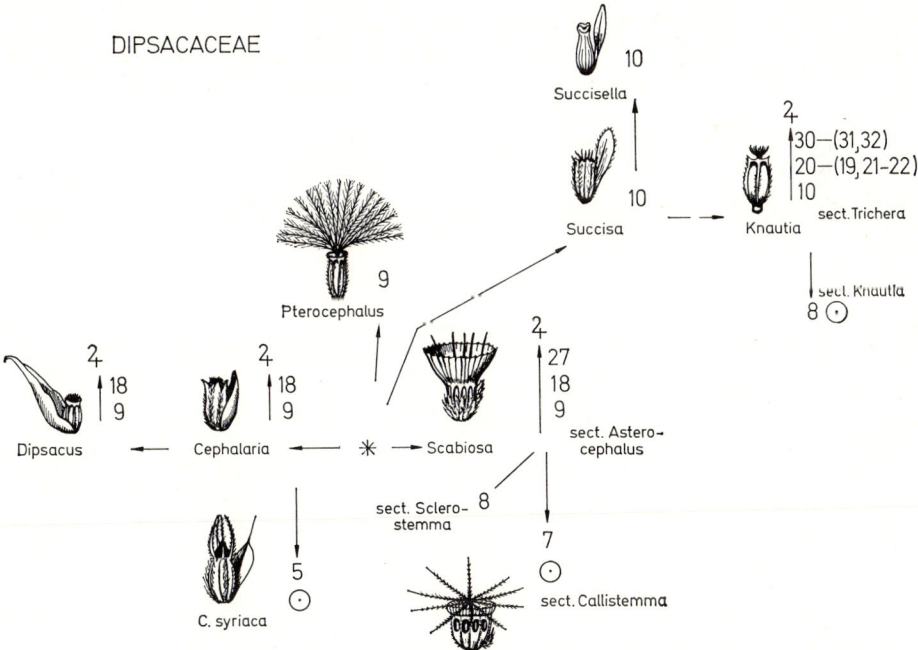

Abb. 581: Makro- und Mikro-Evolution bei den *Dipsacaceae*. Schema der vermutlichen phylogenetischen Zusammenhänge zwischen den wichtigsten Sippengruppen (Pfeile), hypothetische Ausgangssippe (∗), Differenzierung der Tragblätter (soweit vorhanden) und Früchte (mit Außen- und Innenkelchen), Lebensformen (♃ = ausdauernd, ☉ = einjährig), haploide Chromosomenzahlen (neben bzw. am Ende der Pfeile; Dysploidie, Polyploidie: 2x, 4x, 6x, Aneuploidie). Weitere Erklärung im Text. (Original.)

Abfolge eine fortschreitende Verbesserung der Fähigkeiten zur autonomen Regulation und zur Ausnutzung der Umwelt ermöglicht hat (vgl. auch S. 912 ff.). Eine entscheidende Steuerung dieser Entwicklung durch Selektion ist nicht zu bezweifeln.

In der Phase der **Kladogenese** werden erfolgreiche neue Konstruktionstypen durch Differenzierung, Spezialisierung und Anpassung in vielfältiger Weise aufgefächert (adaptive Radiation). Die dadurch bedingte große Formenfülle erfährt während der **Stasigenese** eine starke Reduktion; schließlich kann es zum Aussterben ganzer Verwandtschaftsgruppen kommen.

Die Abfolge von Kladogenese und Stasigenese läßt sich etwa demonstrieren durch die Mannigfaltigkeit der devonischen *Psilophytatae* an der Basis der Sproßpflanzen im Vergleich zu den wenigen heutigen Nachfahren *(Psilotatae)*, die Fülle der mesozoischen Ginkgogewächse im Gegensatz zu dem einzigen heute noch lebenden Vertreter *(Ginkgo biloba)* oder durch die Gegenüberstellung der geschlossenen Masse der Kreuzblütler und ihrer aufgesplitterten, ursprünglicheren Verwandten, der Kapergewächse.

Aufgrund der häufig parallel oder einseitig gerichteten Abläufe der stammesgeschichtlichen Entwicklung (**Orthogenese**) hat man vielfach besondere Faktoren der Makro-Evolution postuliert. Beispiele wären etwa die parallelen Entwicklungslinien von Flagellaten zu fädigen und komplexen Thalli bei den verschiedenen Algengruppen oder die fortschreitende Größenzunahme bei den Gefäßpflanzen. Dabei können Endglieder, z.B. Riesenformen (etwa *Sequoia*), in Anpassungsschwierigkeiten geraten. Gerade solche Entwicklungslinien demonstrieren aber nur eine gewisse «Kanalisierung» mutativer Änderungen (S. 504), besonders durch die gleichsinnig ausrichtende Wirkung der Selektion bei vergleichbaren Umweltbedingungen. So wird etwa Größenzunahme ortsfester Pflanzen vielfach einen Vorteil beim Kampf ums Licht verschaffen und selektiv gefördert werden. Vielfältige korrelative Zusammenhänge verhindern aber natürlich auch hier, daß «Bäume in den Himmel wachsen». Wir ersehen daraus, daß Spezialisation zwar ganz allgemein Vorteile bei der Ausnutzung der Umwelt schafft, aber mit reduzierter Anpassungsfähigkeit erkauft werden muß.

Ein auffälliges Phänomen komplexer Evolutionsvorgänge ist, daß sie nicht umkehrbar sind (**Irreversibilität**); eine Rückkehr zu aufgegebenen Lebensformen wird demnach auf neuen Wegen vollzogen.

So kann der Verlust von Chromatophoren beim Übergang von Autotrophie zu Heterotrophie bei verschiedenen Niederen Tieren und Pilzen durch intracelluläre Symbiose mit Algen (Abb. 66) oder sogar bloße Chloroplastenaufnahme kompensiert werden.

Die Monocotyledonen entwickeln anstelle des verlorengegangenen typischen sekundären Dickenwachstums der Samenpflanzen neue Formen der Erstarkung (S. 160–161). Die schuppenartigen Blätter werden bei *Ruscus* nicht wieder vergrößert sondern es entstehen blattartige Phyllocladien (Abb. 220A). Die Blüten vieler windbestäubter *Euphorbiaceae* sind stark reduziert und eingeschlechtig; bei Rückkehr zur Tierbestäubung treten sie bei *Euphorbia* zu zwittrigen Blütenständen zusammen, die von gefärbten Hochblättern und Nektardrüsen umgeben sind und funktionell zoophilen Zwitterblüten entsprechen (Cyathien, S. 868). Demgegenüber sind einfache phylogenetische Veränderungen noch reversibel, z.B. die Rückkehr von dorsiventraler zu radiärer Blütensymmetrie (Abb. 548 II). Je mehr Mutationen für den Aufbau von komplexen Strukturen oder Prozessen notwendig waren, um so unwahrscheinlicher wird aber nach ihrem Verlust eine genaue Umkehrung ihrer stammesgeschichtlichen Entwicklung.

Mikro- und Makro-Evolution scheinen also grundsätzlich gleichartigen Gesetzmäßigkeiten zu folgen: Autonome, nicht primär umweltbezogene, aber auch nicht ganz zufällige (S. 503 ff.) Mutationen stellen das «Rohmaterial» dar; Rekombination und Hybridisierung ermöglichen Organisation und Mobilisierung der Variation. Selektion führt durch Förderung konkurrenzstarker und fortpflanzungstüchtiger Biotypen zu Anpassung und Progression (ohne deswegen Individuen oder Sippen mit neutralen oder sogar mäßig nachteiligen Merkmalen sofort zu eliminieren); Isolation schließlich sichert die Differenzierung gegen hybridogene «Einschmelzung» ab und bedingt damit endgültig stammesgeschichtliche Divergenz. Unsere Einsicht in Zusammenspiel und Umweltbezogenheit dieser Evolutionsfaktoren ist aber vielfach noch unvollkommen.

II. Systematik und Phylogenetik

Die Problemstellung von Systematik und Phylogenetik konzentriert sich auf Erfassung, Abgrenzung (Diskontinuität), Vergleich, Baupläne, Hierarchie und Stammesgeschichte der natürlichen Sippen. Wir haben schon gesehen (Abb. 533), daß die konkreten Grundlagen dafür ausschließlich in den historischen Keimbahnzusammenhängen (mit den darin weitergegebenen Anlagen), also in den stammesgeschichtlichen Verwandtschaftsbeziehungen zwischen den Individuen der Vergangenheit und Gegenwart liegen. Systematik und Phylogenetik sind vor allem am Ablauf und Ergebnis dieser verwandtschaftlichen Entfaltung interessiert, während die Evolutionsforschung besonders ihren allgemeinen Ursachen nachgeht (vgl. S. 484ff.). Die Befunde der Systematik und Phylogenetik bilden das Fundament für die Gruppierung (das «natürliche System») der Taxonomie und werden im Abschnitt über die Gliederung des Pflanzenreiches behandelt. Weil es sich dort nur um eine sehr vereinfachte und vielfach nicht weiter begründete Darstellung handeln kann, wollen wir hier noch Hinweise auf die Grundlagen und Beispiele für die Hilfsmittel der systematisch-phylogenetischen Arbeitsrichtung voranstellen.

Die historische Entwicklung der Systematik als «Ähnlichkeitsforschung» folgt den von der Botanik bzw. Biologie entwickelten Arbeitsrichtungen und Methoden. Seit der Antike bilden zuerst Habitusmerkmale, dann seit dem 16. und 17. Jahrhundert bis zu C. v. LINNÉ und weit ins 19. Jahrhundert besonders makroskopische Blüten- und Fruchtmerkmale die wichtigste Vergleichsbasis. Mit der allgemeinen Verwendung des Mikroskops beginnt im 19. Jahrhundert die Erforschung der Thallophyten und ihrer Fortpflanzungsorgane (E.M. FRIES, H.A. DE BARY, A. PASCHER u.a.) sowie die zusätzliche Berücksichtigung anatomischer Merkmale der Cormophyten (z.B. H. SOLEREDER, C.R. METCALFE). Seit dem Durchbruch der Abstammungslehre wird die Paläobotanik zu einer immer wichtigeren Stütze der historischen Verwandtschaftsforschung bzw. Phylogenetik (H. GRAF ZU SOLMS-LAUBACH, R. KIDSTON, W. ZIMMERMANN u.a.). Noch in der 2. Hälfte des 19. Jahrhunderts hat man auch die Bedeutung der Arealkunde für die Verwandtschaftsforschung erkannt (A. KERNER V. MARILAUN, R. V. WETTSTEIN u.a.). In der 1. Hälfte des 20. Jahrhunderts treten dann Cytologie und Genetik als Grundlage der experimentellen Systematik (z.B. G. TURESSON, A. MÜNTZING, G.L. STEBBINS) sowie systematische Embryologie (K. SCHNARF u.a.) und Palynologie (besonders G. ERDTMANN) hinzu. In den letzten Jahrzehnten haben besonders die vergleichende Serologie und Phytochemie (C. MEZ, R.E. ALSTON, R. HEGNAUER u.a.) sowie die quantitativ-statistische Behandlung von Merkmalsunterschieden (als «numerische Taxonomie», vielfach mittels Computer) große Fortschritte gemacht (u.a. R.R. SOKAL und P.H.A. SNEATH). Schließlich werden nun auch elektronenmikroskopische Merkmalsanalysen immer wichtiger, z.B. im Bereich der *Protobionta* (I. MANTON u.a.): Damit haben Systematik und Phylogenetik zwar eine beachtliche, aber bei den meisten Verwandtschaftsgruppen trotzdem noch viel zuschmale Vergleichsbasis erreicht.

1. Merkmale, Ähnlichkeit und Verwandtschaft

Eine der wichtigsten Aufgaben jeder systematisch-phylogenetischen Analyse muß es sein, von der abgestuften Ähnlichkeit der Sippen (hinsichtlich Struktur, Entwicklung und Verhaltensweise) auf den zugrundeliegenden Verwandtschaftsgrad zu schließen.

a) Der **Grad der Verwandtschaft** wird durch engere oder weitere genealogische bzw. phylogenetische Beziehungen, d.h. durch spätere oder frühere Trennung (Divergenz) der Keimbahnzusammenhänge (bzw. Entstehung von Diskontinuität zwischen den Stammbaumästen), bestimmt.

Die Sippen 3 und 4 in Abb. 582 sind demnach näher miteinander als mit 5 und 6 verwandt, 2 und 1 stehen noch ferner. Die «horizontalen» Verwandtschaftsbeziehungen der Gegenwart sind durch Klammern angedeutet, wobei sich allerdings bei netzartigen Verbindungen (z.B. konvergente Evolution und abrupte Entstehung der Allopolyploiden 9) Schwierigkeiten ergeben. Die «vertikale» Verwandtschaft verbindet in der Vergangenheit Vorfahren und Nachkommen (z.B. zwischen ○ und 1). Während in der horizontalen Richtung der Zeitquerschnitte Sippen in Erscheinung treten, ist in der vertikalen, zeitlichen Dimension ein Formkontinuum gegeben. Sippen einer Abstammungsgemeinschaft (z.B. 3–4 und 5–6) sind monophyletisch, d.h. aus einer Stammsippe entstanden), eine Gruppe 6–7 wäre dagegen als poly-

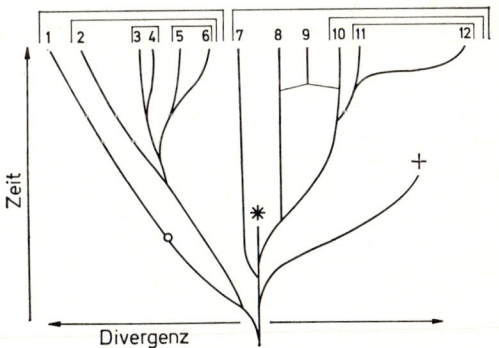

Abb. 582: Stammbaum-Modell einer Verwandtschaftsgruppe. Koordinatensystem Zeit/Divergenz; das Netzwerk der Keimbahnzusammenhänge (vgl. Abb. 533) zu Entwicklungslinien vereinfacht; weiter entwickelte (○) bzw. ausgestorbene (∗, +) Sippen der Vergangenheit, rezente Sippen (1–12); ihre «natürliche» Verwandtschaft (phylogenetische Beziehungen) durch Klammern, ihre Ähnlichkeit (phänetische Beziehungen) durch räumliche Position angedeutet. Weitere Erklärungen im Text. (Original.)

phyletisch zu bezeichnen. «Ableiten» im phylogenetischen Sinn heißt, Stammformen und Tochtersippen in Verbindung setzen (z.B. kann 1 von ○ «abgeleitet» werden). Die Aufklärung der Stammbaumzusammenhänge führt zur Rekonstruktion der **Sippenphylogenie.** Da die historischen Keimbahnzusammenhänge nicht überliefert sind, ergeben sich dabei oft erhebliche Schwierigkeiten. Denn auch die Zuordnung von Fossilformen zu phylogenetischen Entwicklungslinien (vgl. z.B. Abb.589) ist ja nur aufgrund von Merkmalsvergleichen möglich. Dabei können Repräsentanten von Seitenlinien leicht für Stammformen gehalten werden (vgl. z.B. Abb.582: + und 12). Auch die geographische Nachbarschaft von Stamm- und Tochtersippen (vgl. z.B. Abb.582: 3–4, 8–9–10) gibt nur indirekte Hinweise (S.543). Sogar die Kreuzungsaffinität (also das Fehlen, Vorhandensein und die Stärke genetischer Isolationsmechanismen) ist kein untrügliches Kriterium für Verwandtschaftsbeziehungen. Die Ausbildung von Barrierenfaktoren ist nämlich vielfach unabhängig von der übrigen Differenzierung (vgl. S.525f. und Abb. 572): Wenn etwa zwischen den Sippen 9 und 10 (infolge Polyploidie) oder zwischen 11 und 12 (infolge Dysploidie) Barrieren ausgebildet wurden, 10 und 11 aber noch kreuzbar sind, so wird der Widerspruch zu den verwandtschaftlichen Beziehungen deutlich sichtbar.

b) Die **abgestufte Ähnlichkeit** (bzw. die phänetische, d.h. durch Vergleich von Phänotypen erhobene Affinität) beruht auf dem Ausmaß von Merkmalsübereinstimmungen. Dabei sind s y s t e m a t i s c h e   M e r k m a l e   logisch nicht weiter unterteilbare Begriffe für bestimmte Ausbildungsformen von Organen, Strukturen oder Verhaltensweisen.

In diesem Sinn sind etwa rote oder schwarze Farbe der Beeren bei Preisel- und Heidelbeere, Asci oder Basidien als Sporangienform bei Asco- und Basidiomyceten, verschiedene Kombinationen von Chlorophyll a, b, c, d, e, Fucoxanthin, Phycoerythrin u.a. Assimilationspigmenten bei den diversen Algengruppen (S.572) oder aerobe bzw. anaerobe Lebensweise bei verschiedenen Bakterien systematische Merkmale. Darüber hinaus sind aber auch für Populationen bis zu großen Sippengruppen kennzeichnende T e n d e n z - M e r k m a l e   für die Systematik wichtig, z.B. der Farbpolymorphismus beim Lerchensporn *Corydalis cava,* die häufige Succulenz bei den *Caryophyllidae* oder der Übergang von schraubiger zu wirteliger Anordnung der Blütenorgane bei den ursprünglicheren Angiospermen. Naheliegenderweise sind systematische Vergleiche nur zwischen verschiedenen Ausbildungen ursprungsgleicher, d.h. homologer Organe, Strukturen und Verhaltensweisen sinnvoll. Ganz allgemein ist man bestrebt, qualitative durch quantitative Analysen zu vertiefen.

c) Jeder **phänetische Vergleich** muß letztlich zum Versuch führen, von phänotypischer auf genotypische Ähnlichkeit zu schließen und vom Anteil gemeinsamen Erbgutes her das Ausmaß der Verwandtschaft zu bestimmen.

Daher muß die g e n e t i s c h e   V e r a n k e r u n g von Unterscheidungsmerkmalen interessieren. Veränderungen aufgrund einfacher Mutationsschritte (z.B. Vorhandensein oder Ausfall von Anthocyan: Albinoformen, normale oder zerschlitzte Blätter: Abb.547, Vorhandensein oder Fehlen von Spreublättern bei Korbblütlern) werden daher einen geringeren Zeigerwert für die Verwandtschaftsforschung haben als genetisch komplex bedingte Verschiedenheiten (z.B. dichotome oder fiederige Blattaderung: Abb.197, 200, thyrsisch oder traubig gebaute Blütenköpfchen bei Kardengewächsen bzw. Korbblütlern).

Die e n t w i c k l u n g s g e s c h i c h t l i c h e   und funktionelle A n a l y s e   von Merkmalsunterschieden ist nicht nur für ein kausales Verständnis der Differenzierung wesentlich (vgl. z.B. Abb.549, 581), sondern beleuchtet auch die Wertigkeit der Merkmale als Verwandtschaftszeiger: Unter intensiver Kontrolle der Selektion stehende Anpassungsmerkmale (z.B. Wuchsform oder Stengelhöhe, vgl. Abb.566) werden dabei im allgemeinen geringeren Zeigerwert haben als weniger selektions- und umweltabhängige Organisationsmerkmale (z.B. verschiedene «innere» Strukturen bei Pollenkörnern: Abb.584, Embryosäcken: Abb.890 etc.).

Ähnlich wie bei einem Vaterschaftsnachweis wird die Sicherheit der Schlußfolgerung von relativer Ähnlichkeit auf Verwandtschaft vielfach von der Z a h l d e r   a n a l y s i e r t e n   M e r k m a l e   abhängen: Einzelne Unterschiede oder Übereinstimmungen können zufällig oder konvergent entstanden sein, bei zahlreichen wird dies immer unwahrscheinlicher werden. Die verwandtschaftliche Stellung der Sippe «*montana*» in der Nähe von «*glabra*» und «*alpina*» (Abb.533) wird durch ihre unverzweigten und niedrigeren Stengel angedeutet, durch ihre längeren und spitzen Blätter, ihre Kahlheit und ihre größeren Blüten aber wahrscheinlicher gemacht. Die *Rubiaceae* wurden bisher besonders wegen ihrer unterständigen Fruchtknoten mit den *Caprifoliaceae* in Verbindung gebracht; nunmehr wurde aber festgestellt, daß sie wegen vieler Ähnlichkeiten in vegetativen, floralen und chemischen Merkmalen den *Loganiaceae* und *Apocynaceae* näher stehen.

d) Schwierigkeiten bei der **Rekonstruktion der verwandtschaftlichen Zusammenhänge** werden sich überall dort ergeben, wo Stammbaumäste in zeitlicher Nähe divergieren (vgl. z.B. Abb.582: Sippen 7, 8, 10), besonders also in Phasen der Kladogenese (z.B. bei der Entfaltung der dicotylen Angiospermen). Weiter gibt es zahlreiche Beispiele für m a n g e l h a f t e

Korrelationen zwischen Ähnlichkeit und Verwandtschaft, etwa wenn die Merkmalsdifferenzierung besonders beschleunigt (Abb. 582: Sippen 11, 12), verlangsamt (Sippen 7, 8), parallel (Sippen 1, 2) oder gar konvergent (Sippen 6, 7 oder 8, 9, 10) verläuft.

Parallele **Entwicklungsreihen** von normalen Flagellaten über capsale und coccale Koloniebildner zu trichalen und dreidimensionalen Thallusbildungen finden wir z.B. bei den verschiedensten Algengruppen. Vertreter dieser monadalen, capsalen, coccalen, trichalen bzw. thallösen **Entwicklungs-** bzw. **Organisationsstufen** hat man früher, von ihren äußerlichen Übereinstimmungen (Analogien) beeindruckt, auch taxonomisch zusammengefaßt. Ein gutes Beispiel für konvergente Evolution ist auch der aus verschiedenen Pilz- und Algengruppen entstandene symbiontische **Organisationstyp** der Flechten. Wegen der Schwierigkeiten einer Auftrennung in echte Abstammungsgemeinschaften (und auch aus praktischen Gründen) werden die Flechten vielfach noch als «Lichenes» taxonomisch vereint. Entwicklungsreihen sowie Organisationsstufen und -typen sind zwar formal-taxonomisch und hierarchisch nicht verankert, erleichtern aber vielfach doch den Überblick bei verwandtschaftlich noch ungenügend abgeklärten Organismengruppen.

Schließlich kommt es häufig vor, daß in ein und derselben Gruppe die Differenzierung eines Merkmalsbereiches gegenüber der Ausgangssippe beschleunigt, in einem anderen dagegen sehr verlangsamt ist; dieses Phänomen bezeichnet man als **Heterobathmie.** Beispielsweise entwickeln die größtenteils sehr ursprünglichen *Psilotales* (S. 721ff.) im unterirdischen Gametophyten eine Mycorrhiza; der urtümliche Ginkgobaum (S. 776f.) hat eine spezialisierte Sproßgliederung (Lang- und Kurztriebe); die innerhalb der Angiospermen vor allem im Blütenbau ursprünglichen *Magnoliidae* weichen durch den Besitz spezialisierter Alkaloide ab.

e) All diese Schwierigkeiten zeigen, daß die Rekonstruktion der konkreten Stammesgeschichte (Sippenphylogenie) heute in vielen Verwandtschaftsgruppen noch unmöglich ist oder nur in groben Zügen erfolgen kann. Günstiger liegen die Verhältnisse dagegen hinsichtlich der **Merkmalsphylogenie.** Gemeint ist damit die allgemeine historische Entwicklungstendenz eines Merkmals, Organes oder Organkomplexes, wie sie etwa hinsichtlich der Elementarprozesse im Sproßbereich, der Blütenstände und Blattypen der Angiospermen sowie der Cactusform in den Abb. 109, 168, 198, 224 dargestellt ist. Als Grundsätze der für Morphologie und Systematik gleichermaßen wichtigen Merkmalsphylogenetik können etwa gelten: 1. Fossilfunde geben Aufschlüsse über ursprüngliche Merkmalsausbildungen und ihren historischen Wandel (z.B. allmähliches Zurücktreten dichotomer Verzweigung bei Cormophyten, S. 102ff.). 2. In umfassenden Sippengruppen verbreitete Merkmale sind ursprünglicher als solche, die nur in Teilgruppen auftreten (z.B. der Verlust von begeißelten Gameten bzw. Zoosporen bei den *Conjugatae*, S. 594ff., oder Sippen mit nur 2 Staubblättern bei den *Scrophulariales*, Abb. 583). 3. Jugendstadien weisen öfters ursprüngliche Merkmale auf (z.B. die Abfolge Nadeln → Schuppenblätter bei *Thuja* oder Fiederblätter → Phyllodien bei *Acacia*, Abb. 203); darauf beruht die «Biogenetische Regel» von E. HAECKEL. 4. Unspezialisierte Ausbildungen sind meist ursprünglicher als spezialisierte (z.B. Isosporie im Vergleich zu Heterosporie, S. 720). – Auf diese Weise lassen sich (im phylogenetischen Sinn) also auch Merkmalsausbildungen voneinander «ableiten» und Entwicklungsreihen aufstellen.

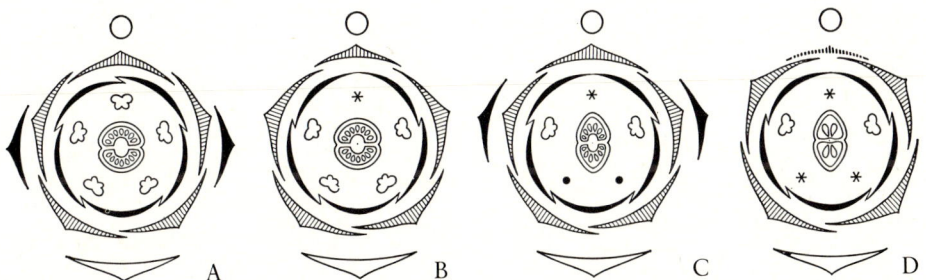

Abb. 583: Progressionen im Blütenbau der Rachenblütler *(Scrophulariaceae)*. Blütendiagramme von A *Verbascum spec.,* B *Digitalis purpurea,* C *Gratiola officinalis,* D *Veronica officinalis;* Staubblätter rudimentär, unfruchtbar = schwarze Punkte, ausgefallen = Sterne. (Teilweise nach EICHLER, Entwurf HARTL.)

2. Hilfsmittel und Unterlagen der Ähnlichkeits- und Verwandtschaftsforschung

Voraussetzungen für jede systematisch-phylogenetische Analyse sind: Beobachtungen über Variation, Standort und Verbreitung der Populationen und Sippen im Gelände, Sammlungen von lebenden Pflanzen für die Kultur (in Botanischen Gärten bzw. in Thallophyten- und Moos-Kollektionen, in umweltkontrollierten Versuchsgärten und Klimakammern), von getrocknetem oder sonst konserviertem bzw. fixiertem Material in Herbarien und für Spezialuntersuchungen sowie von Fossilmaterial. An Hand solcher Unterlagen (vielfach sind sie noch sehr unzulänglich und wenig repräsentativ) können dann die eigentlichen systematischen Untersuchungen erfolgen.

Die moderne Systematik beruht auf den Untersuchungsergebnissen zahlreicher Arbeitsrichtungen. Dabei resultieren naturgemäß Überschneidungen der Betrachtungsweise: So werden etwa in sehr verschiedenen Bereichen Gesichtspunkte der Entwicklungsgeschichte (Ontogenie), der Funktion, der Vererbung oder des historischen Werdeganges (Paläobotanik) Berücksichtigung finden. Die folgenden Hinweise und Beispiele können die Breite solcher Analysen nur andeuten.

a) Die wichtigste «Hilfswissenschaft» für die Systematik ist unzweifelhaft die **Morphologie.** Bauplan-Verschiedenheiten und Progressionen im großen (z.B. *Chlorophyta–Embryophyta, Bryophyta–Pteridophyta–Spermatophyta,* Blütenstände der Angiospermen: Abb. 168) ebenso wie im kleineren Rahmen (z.B. Ordnungen der *Chlorophyceae,* Gattungen der *Rosaceae:* Abb. 920–921 oder *Scrophulariaceae:* Abb. 583, 955 und *Betulaceae:* Abb. 913) bilden weithin die Grundlage für Gliederung und Reihung. Allerdings sind die einschlägigen Analysen bisher vielfach noch zu oberflächlich, und exakte Unterlagen über die funktionellen Aspekte fehlen fast vollständig. Die Bedeutung morphologisch-entwicklungsgeschichtlicher Untersuchungen ergibt sich etwa aus Studien am Androeceum der Angiospermen: Die Unterscheidung von primärer und sekundärer Polyandrie sowie von zentrifugaler und zentripetaler Anlage hat die Systematik dieser Gruppe in letzter Zeit stark beeinflußt (S. 803 f.). Auch die Bedeutung einer Abkürzung der Ontogenie mit Fortpflanzung in frühen Entwicklungsstadien (Neotenie) für die Sippendifferenzierung wurde noch kaum untersucht (vgl. dazu etwa die Progression von *Araceae* zu *Lemnaceae).*

b) Große systematische Bedeutung haben auch Beiträge der **Anatomie** (bzw. **Histologie):** So erfährt die Gruppierung der Ascomyceten aufgrund der Wand- und Apikalstrukturen der Asci tiefgreifende Veränderungen (Abb. 706, 714). Die Flechtensystematik baut vielfach auf Merkmalen des Thallusbaues und der Sporenformen auf, und für die Stammesgeschichte der Gefäßpflanzen sind die Leitbündelanordnung und ihre Progressionen (Abb. 175) von großer Wichtigkeit. Ähnliches gilt für die Merkmalsphylogenie von Tracheiden zu Tracheen im Sekundärholz der Angiospermen (Abb. 143 h → i). Im Familienbereich unterscheiden sich die *Solanaceae* von ihren nächsten Verwandten u. a. durch ihre bicollateralen Leitbündel, die *Elaeagnaceae* durch ihre charakteristischen Schuppenhaare (Abb. 129 E–F). Für *Eucalyptus*-Arten ist die elektronenmikroskopisch darstellbare Feinstruktur cuticularer Wachsschichten bezeichnend.

c) Für die Systematik der Farn-, besonders aber der Samenpflanzen werden von der **Palynologie** ermittelte Grob- und Feinstrukturen der Sporen bzw. Pollenkörner immer bedeutungsvoller. Abb. 584 bringt ein Beispiel *(Cactaceae),* das auch für andere Angiospermengruppen charakteristische Progressionen erkennen läßt (3-colpat → pantocolpat → pantoporat, Vergrößerung der Sexinestrukturen; wegen der Fachausdrücke vgl. S. 763 ff., 806 ff.). Ultradünnschnitte und elektronenmikroskopische Analysen von Pollenkörnern haben u. a. wichtige Anhaltspunkte für die Gliederung der *Asteraceae* gegeben.

d) Vergleichende Untersuchungen der Entwicklung von Sporangien, Gametophyten, Endosperm und Embryonen durch die **Embryologie** weisen etwa auf tiefgreifende Unterschiede der Pteridophytengruppen, die notwendige Überstellung der perianthlosen *Callitrichaceae* zu den sympetalen *Lamiales* oder eine verbesserte Gliederung der Gräser *(Poaceae).* Tendenzen zur Reduktion der Integumente und des Nucellus sowie Progressionen der Embryosacktypen (Abb. 890) ergaben wichtige merkmalsphylogenetische Hinweise für die Angiospermen.

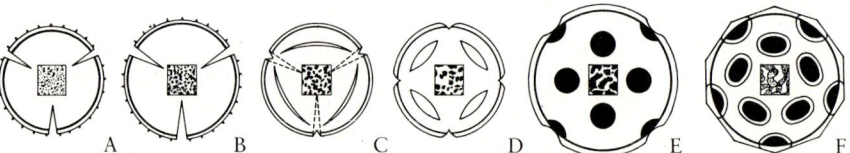

Abb. 584: Pollenkorn-Typen und ihre Progressionen bei den *Cactaceae.* Umrisse und Aperturen (Colpen: Falten bzw. Poren: schwarz) (ca. 400 ×) und Feinstruktur der Sexine (quadratische Einsatzbilder, ca. 800 ×). A und B 3-colpat, C 6-pantocolpat, D 12-pantocolpat, E 12-pantoporat, F 15-pantoporat. (Nach TSUKADA.)

e) Von großer Bedeutung für Analyse und Verständnis der Sippendifferenzierung sind die Befunde der **Fortpflanzungsbiologie**. Die «Sporen»-Bildung bei gewissen Bakterien *(Bacillaceae)*, die Progressionen von Iso- über Aniso- zu Oogamie und weiter zu Gametangio- und Somatogamie innerhalb der meisten Algen- und Pilzgruppen oder die Differenzierung der Fruchtkörperformen und Hymeniumträger im Zusammenhang mit der Sporenausbreitung bei den Holobasidiomyceten sind von funktioneller wie z.T. auch von systematischer Bedeutung. Ein ähnlich grundlegendes Leitprinzip gibt die Entwicklung von Iso- zu Heterosporie und weiter zur Samenbildung bei den Sproßpflanzen ab. Die Entwicklung der Angiospermen läßt sich ohne Berücksichtigung der Anpassung ihres primären Blütenbaues an Insektenbestäubung ebensowenig verstehen wie der Werdegang der Amentiferen (Kätzchenblütler) ohne den Zusammenhang mit einer Rückkehr zur Windbestäubung (S. 813 ff.). Die Gliederung der *Ranunculaceae* beruht vielfach auf blütenbiologischer Spezialisation (vgl. z.B. Nektarblätter: Abb. 907 I–M, Dorsiventralität bei *Aconitum*: Abb. 907 D–H, sekundäre Anemogamie: *Thalictrum*). Innerhalb der Gattung *Aquilegia* wird diese Entwicklungsrichtung etwa fortgeführt durch Ausbildung unterschiedlich langer Nektarblattsporne und diverser Blütenfarben als Anpassung an den Blütenbesuch durch verschiedene Hymenopteren, Abendschwärmer oder Kolibris mit unterschiedlich langen Mundwerkzeugen (Abb. 585). Die Differenzierung von *Ficus* ist mit der eigenartigen Bestäubung durch Gallwespen, die von *Salix* mit der neuerlichen Rückkehr von Anemophilie (entsprechend *Populus*) zu Entomophilie verknüpft. Weitere wichtige Leitlinien lassen sich aus den Progressionen zu Heterostylie, Diöcie, Autogamie und Apomixis ablesen (vgl. S. 512 ff., 762, 815, 824). Nicht minder wichtig ist für die Phylogenie und Systematik der Samenpflanzen die Samen- und Fruchtbiologie. Die Progression von Streu- zu Schließfrüchten spiegelt

sich etwa in der Gliederung von *Scrophulariales* und *Lamiales* oder von verschiedenen *Rosaceae* (Abb. 921), während die Ausgestaltung von Schließfrüchten mit verschiedenen Anhängen eine entsprechende Grundlage für die *Dipsacaceae* abgibt (Abb. 581).

f) Befunde der **Cytologie**, besonders auch solche, die mit dem Elektronenmikroskop gewonnen werden konnten, haben die tiefe Kluft im Zellbau zwischen *Prokaryota* und *Eukaryota* dargetan (Nucleoid – Nucleus, Thylakoide – Plastiden usw.). Feinstrukturelle Unterschiede des Geißelbaues, der Plastiden, Augenflecke u.a. werden immer entscheidender für die Gliederung der Flagellaten- und Algengruppen; das Problem ihrer Weiterentwicklung zu verschiedenen Pilzgruppen erscheint in neuem Lichte. Aus dem Teilgebiet der Karyologie (der Zellkern- und Chromosomenforschung) haben wir schon viele Beispiele, besonders auch die Bedeutung der Polyploidie als Zeiger für phylogenetische Progressionen, kennengelernt (vgl. S. 508 f., 529 ff.). Als Ergänzung sei hier verwiesen auf aufsteigende Dysploidie (n = 8,9, 11, 13) als Leitlinie chromosomaler Differenzierung bei den *Cycadales*, auf die Vereinigung der früher auf *Amaryllidaceae* und *Liliaceae* verteilten Gattungen *Agave* und *Yucca* bei den *Agavaceae* aufgrund sehr charakteristischer Karyogramme (5 große und 25 winzige Chromosomenpaare: Abb. 586), auf den Zeigerwert Giemsagebänderter Karyogramme (Abb. 34, 554) und auf die Bedeutung der Feinstruktur der Interphasekerne für die Systematik der *Onagraceae*.

g) Befunde der **Genetik** und **Cytogenetik** bilden einen integrierenden Bestandteil jeder modernen Verwandtschaftsforschung. Darauf wurde im vorigen Abschnitt bereits vielfach hingewiesen (S. 487 ff.). Besonders wichtig sind dabei Daten über natürliche Variation, Vererbung von Differentialmerkmalen, chromosomale Affinität (Meiose), reproduktive Isolation und Barrierenbildung sowie die Möglichkeit einer experimentellen Rekonstruktion des Evolutionsablaufes (z.B. Abb. 577). Abgesehen von weni-

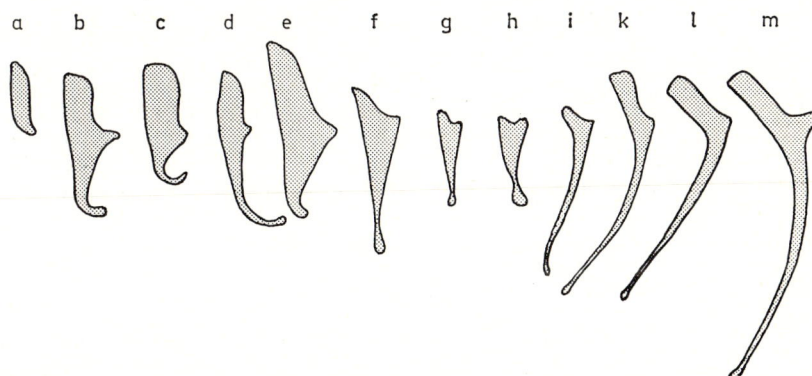

Abb. 585: Die Verschiedenheit der Nektarblätter bei Arten der Gattung Akelei *(Aquilegia, Ranunculaceae)* (ohne: a oder mit breiten bis engen: e/k bzw. kurzen bis sehr langen Spornen: c/m) steht mit der Anpassung an verschiedene Blütenbesucher im Zusammenhang. (Nach PRAŽMO.)

gen, relativ intensiv bearbeiteten Gruppen (z.B. *Escherichia, Chlamydomonas, Neurospora, Arabidopsis, Potentilla glandulosa, Clarkia, Oenothera, Nicotiana, Zea, Triticum*), läßt die Breite genetischer Analysen aber noch viele Wünsche offen.

Eine ganz neuartige Methode der Verwandtschaftsforschung beruht auf der quantitativen Analyse homologer Nucleotidsequenzen in der DNA (bzw. RNA) verschiedener Sippen aufgrund von DNA-Hybridisierung. Dazu isoliert man DNA aus Sippe I, trennt ihre Doppelstränge und fixiert sie auf einem Filter. Die DNA von Sippe II wird radioaktiv gemacht, ebenfalls aufgetrennt und in Lösung zugefügt. Homologe DNA-Abschnitte aus I und II bilden nun Hybrid-Doppelstränge. Verbliebene Einzelstränge werden enzymatisch herausgelöst und das Ausmaß der DNA-Paarung aus I und II am Filter durch Messung der Radioaktivität festgestellt. Diese Methode ermöglicht DNA-Vergleiche selbst zwischen sehr entfernt verwandten Organismen.

h) Besonders tiefgreifende Auswirkungen auf die Verwandtschaftsforschung haben die Befunde der vergleichenden **Phytochemie** und **Serologie**. Bekannt ist etwa der systematische Wert des Vorkommens von Cellulose bzw. Chitin in den Zellwänden der Pilze (S. 634 ff.). Papier-, Dünnschicht- und Gaschromatographie ermöglichen heute chemosystematische Routineanalysen etwa von Flavonoiden (z.B. bei Farnen: Abb. 576), Terpenoiden (z.B. für die Gliederung von *Pinus, Citrus* usw.) oder Alkaloiden (z.B. Abtrennung der *Papaverales* von den *Capparales*

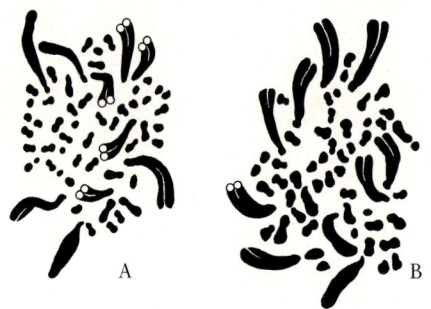

Abb. 586: Somatische Chromosomensätze von *Yucca* (A) und *Agave* (B): auffällige Übereinstimmungen, jeweils mit 5 großen und 25 winzigen Chromosomenpaaren. Die beiden Gattungen wurden früher in verschiedene Familien gestellt. (Nach MATSUMA & SUTO.)

und Überstellung zu den *Ranunculidae* wegen sehr ähnlicher Isochinoline usw.). Spektakulär ist das alternierende Vorkommen von Anthocyanen und den chemisch völlig anders gebauten Betacyanen bei den *Caryophyllidae* (Abb. 587). Allerdings können auch Inhaltsstoffe konvergent entstehen; dies läßt sich allenfalls durch ihre verschiedene Biosynthese erhellen: So entsteht etwa das Coffein beim Tee- und Kaffeestrauch *(Theaceae* bzw. *Rubiaceae)* auf verschiedenen Wegen. Von großer Tragweite ist schließlich die fortschreitende Aufklärung von Verteilung und Biosynthesewegen bei den Porphyrinen (einschließlich Häminverbindungen und Chlorophyll) sowie Phycobilinen für die Verwandtschaftsforschung der Bakterien, Blaualgen und höheren Algen. Die Differenzierung dieser Pigmente steht im Zusammenhang mit der Evolution und schrittweisen «Verbesserung» von Photosynthese und Respiration in diesen Ausgangsgruppen des Pflanzenreiches.

Im makromolekularen Bereich werden schon seit längerer Zeit Methoden der Serologie zur Klärung von Verwandtschaftsbeziehungen verwendet. Sie beruhen auf der Tatsache, daß in Versuchstiere injiziertes Fremdeiweiß (A) die Bildung von Antikörpern verursacht. Das aus dem Blut gewonnene Antiserum ergibt dann mit Eiweiß A (als Antigen) die stärkste mögliche Niederschlags-(Präzipitations-)Reaktion; mit einem anderen Eiweiß B wird die Reaktion um so stärker sein, je ähnlicher B zu A ist. Solche Methoden der Ähnlichkeitsbestimmung von Proteinen wurden in letzter Zeit verbessert und mit Erfolg etwa bei den *Ranunculaceae* verwendet (Abb. 591). Wenn Antiserum und Antigen der Gel-Diffusion bzw. Elektrophorese unterworfen werden, ergeben sich fixierte Niederschläge in Bandenform (Anwendung z.B. bei *Solanaceae).* Mit den Methoden der Elektrophorese können Proteine auch direkt analysiert werden.

Besonders interessante Hinweise auf verwandtschaftliche Zusammenhänge haben sich in den letzten Jahren aus vergleichenden Protein-, RNA- und DNA-Analysen ergeben. So finden sich z.B. bei verschiedenen Bakterien- und Pilzgruppen in der DNA sehr unterschiedliche Anteile der Basenpaare GC und AT (vgl. S. 26 ff.), mit GC-Prozenten von etwa 20%–75% (und AT dementsprechend 80%–25%); diese Werte haben sich als systematisch sehr relevant erwiesen. Noch wichtiger geworden ist die Aufklärung der Primärstruktur von konservativen Proteinen und Nucleinsäuren mit Hilfe der Aminosäuren- bzw. Basensequenzierung (vgl. S. 22 ff.). Dabei geht man davon

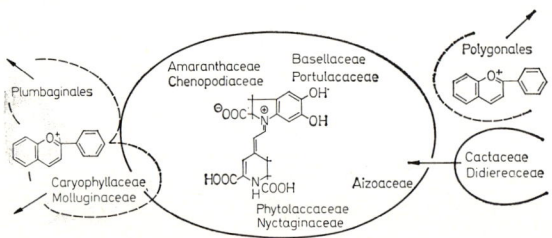

Abb. 587: Das Vorkommen von Betacyanen (Mitte ——) und Anthocyanen (Seite - - - -) bei den *Caryophyllidae*; Pfeile weisen auf dadurch nahegelegte Veränderungen gegenüber früheren Gruppierungsversuchen. (Nach MERXMÜLLER, veränd.)

aus, daß die Organismen miteinander umso näher verwandt sind, je mehr sich die Aminosäuren- bzw. Basensequenz in ihren homologen Makromolekülen gleicht. Alle Verschiedenheiten werden als mutative Fortentwicklung der ursprünglich übereinstimmenden Sequenzen interpretiert. Als besonders aufschlußreich haben sich in dieser Hinsicht die Aminosäurensequenzierungen beim Atmungsenzym Cytochrom c (S. 23 f., 246, Tab. 3 und Abb. 588) und bei ribosomalen Proteinen (S. 37) erwiesen. Wesentliche Erkenntnisse über den Ablauf der frühen Stammesgeschichte der Organismen man man aus der rRNA gewinnen können (S. 556 ff., Abb. 598). Von den drei bei Prokaryoten in Frage kommenden rRNA-Komponenten 5S, 16S und 23S, ist die 5S rRNA (mit ca. 120 Basen) bisher vollständig sequenziert worden. Für phylogenetische Untersuchungen hat sich aber die Bestimmung der Sequenzen in Teilstücken der mit ^{32}P markierten 16S rRNA durchgesetzt.

Diese Teilstücke sind Oligonucleotide, entstehen bei Behandlung mit basenspezifischen Ribonucleasen (Ribonuclease T_1), die immer am Guanosin (=G) spalten und haben daher immer ein 3′-Ende mit G. Die so gewonnene Mischung aus 110–120 verschiedenen Oligomeren wird in 2dimensionaler Elektrophorese getrennt, wobei ein chromatographisches Muster von hoher Spezifität nach Art eines Fingerabdruckes entsteht. Nun erfolgt die Sequenzbestimmung der Oligomere und die Berechnung der Ähnlichkeit nach folgender Formel:

$$S_{AB} = \frac{2 N_{AB}}{N_A + N_B}$$

Dabei steht N_A und N_B für die Nucleotide der beiden Organismen A und B, N_{AB} für die Summe gemeinsamer Nucleotide in Oligomeren gleicher Sequenz. S_{AB} ist der daraus errechnete Koeffizient für die Ähnlichkeit; er umfaßt die Spanne von 0 (= keine Übereinstimmung) bis 1 (= größte Übereinstimmung).

i) Die Spezialisation verschiedener Bakterien, Pilze und phytophager Insekten auf bestimmte Pflanzensippen gibt auch der **Phytopathologie** ein Mitsprache recht bei systematischen Fragen: So fressen etwa die Schmetterlingsraupen der *Pierinae* nur auf *Capparaceae* und *Brassicaceae* (nicht aber auf den früher damit verknüpften *Papaveraceae*). Rostpilze *(Uredinales)* differenzieren zwischen den Unterfamilien der *Rosaceae*: so kommen etwa *Phragmidieae* nur auf *Rosoideae* vor, *Gymnosporangium* nur auf *Pomoideae* und *Thecospora* nur auf *Prunoideae*.

k) Die vielen Querverbindungen zwischen **Physiologie** bzw. **Ökologie** und Systematik sind noch wenig untersucht, obwohl Stammesgeschichte und funktionelle Differenzierung doch aufs engste miteinander verknüpft sind. So beruht die Evolution und Systematik der Bakterien weitgehend auf ernährungsphysiologischer Differenzierung (vgl. z.B. Substratabhängigkeit, Gärung, Chemo- und Photosynthese usw.). Die Gliederung der *Eukaryota* stützt sich auf die Divergenz Autotrophie (Algen) – Heterotrophie

(Pilze, Protozoen). Beispiele für mannigfache ökologische Anpassungen als Grundlage der Sippendifferenzierung und fortschreitenden Eroberung immer neuer Lebensräume wurden im Kapitel über Evolutionsforschung angeführt (S. 519 ff.). Noch im Ordnungs- und Familienbereich läßt sich solche physiologisch-ökologische «Schwerpunktbildung» erkennen, etwa hinsichtlich Wasserhaushalt: *Nymphaeales* (Hydrophyten) – *Cactaceae* (Xerophyten), Stoffaufnahme: *Chenopodiaceae* (Mineralstoffpflanzen) – *Ericaceae* (Rohhumuspflanzen), Insectivorie: *Sarraceniales* oder Parasitismus: *Loranthaceae*, *Orobanchaceae* usw.

l) Auch die Rolle der **Arealkunde** für ein Verständnis der raumzeitlichen Sippenbildung haben wir bereits mehrfach herausgestellt (S. 519 ff.). Geographisch-morphologische Analysen stützen sich dabei vor allem auf die Erfahrung, daß nächst verwandte Sippen zuerst meist allopatrisch, später aber, nach Barriereneinbau, auch sympatrisch vorkommen (vgl. S. 522 ff. und Abb. 570, 571, 580). Die Areale sind allerdings selbst bei auffälligen Sippen und in einigermaßen durchforschten Gebieten oft nur mangelhaft bekannt.

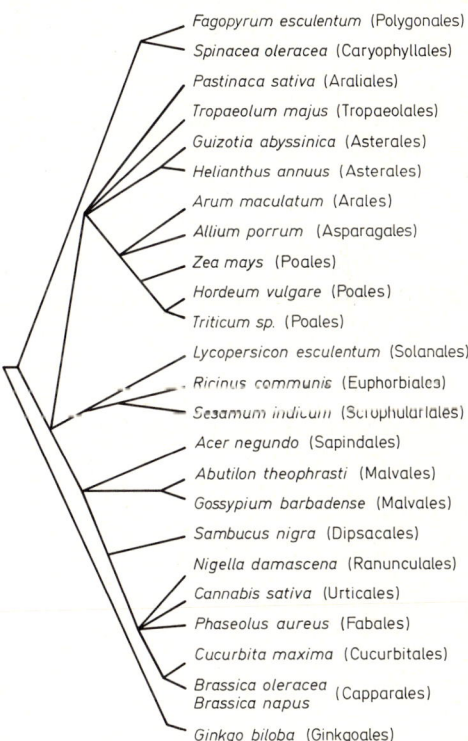

Abb. 588: Interpretation phylogenetischer Zusammenhänge zwischen 25 verschiedenen Samenpflanzen aufgrund der abgestuften Ähnlichkeit der Aminosäuresequenzen im Atmungsenzym Cytochrom c. (Nach BOULTER.)

m) Die **Paläobotanik** liefert die einzigen direkten Beweise für Vorfahren und Stammformen. Ihr verdanken wir die Kenntnis von so wichtigen und heute ausgestorbenen Schlüsselgruppen wie den Psilophyten an der Basis der Pteridophyten (S. 720 f.), den Progymnospermen als Wurzelgruppe der Samenpflanzen, den Cordaiten als Ausgangsgruppe der Coniferen oder den Pteridospermen als Vorläufern der Cycadeen, Bennettiteen und Angiospermen (S. 772 ff., 777 f., 787 ff.). Pflanzliche Fossilien stützen die Annahme vieler Merkmalsreihen und dokumentieren Anagenese, Kladogenese und Stasigenese als charakteristische Evolutionsphasen (vgl. Abb. 589, 853) sowie die historische Expansion und Schrumpfung von Verbreitungsgebieten (vgl. Abb. 987, 1064). Wesentliche Beiträge zur Stammesgeschichte der Pflanzen ergeben sich auch aus der Untersuchung fossiler Sporen- und Pollenformen.

Fossil besonders gut dokumentiert ist z.B. die Grünalgen-Familie der *Dasycladaceae* (Abb. 589; vgl. auch S. 594). Die Hauptperioden ihrer stammesgeschichtlichen Entfaltung liegen im Silur, Perm, Jura und in der Kreide, zahlreiche Entwicklungslinien sind heute ausgestorben. Die *Dasycladaceae* sind Bewohner der Brandungszone und Riffbildner. So kommt es bei ihnen sehr frühzeitig zur Ausbildung eines Kalkmantels und zum dichten Zusammenschluß der Seitenäste (vgl. *Primicorallina–Vermiporella*). Weitere wichtige stammesgeschichtliche Veränderungen betreffen den Übergang von unregelmäßiger zu wirteliger Stellung der Seitenäste (vgl. *Vermiprorella–Diplopora*), die Ausbildung von Cysten in der Hauptachse (vgl. *Primicorallina–Vermiporella*) und ihre schrittweise Verlagerung in Seitenäste erster (vgl. *Triploporella*) und später auch zweiter Ordnung (vgl. *Neomeris*), die Arbeitsteilung zwischen vegetativen und fertilen Seitenästen (vgl. *Halicoryne*) sowie schließlich die hutförmige Verwachsung solcher fertiler Seitenäste (*Acetabularia*, vgl. Abb. 629 D–E).

3. Systematik und Phylogenetik als Synthese

Die Fülle der Befunde aus Ähnlichkeits- und Verwandtschaftsforschung nötigt zur Ordnung und Synthese. Für die Auswertung in Richtung einer taxonomischen Gruppierung werden statistisch-numerische Methoden immer wichtiger. Die synthetische Betrachtungsweise aber versucht immer besser zu verstehen, wie die verschiedenen Differenzierungen einer Sippengruppe untereinander und mit den jeweiligen Umweltbedingungen kausal verknüpft sind und sich im Lauf der Zeit herausgebildet haben.

a) Bei der quantitativen, statistisch-numerischen Ähnlichkeitsbestimmung und Gruppenbildung («numerische Taxonomie») werden zuerst an beliebigen taxonomischen Einheiten (Individuen, Populationen, Arten usw.) möglichst viele (mindestens 50) Merkmale festgelegt und nach einem einheitlichen Schema quantitativ klassifiziert. Ein Vergleich aller Einheiten in allen Merkmalen (meist mittels Computer) ergibt dann (etwa in % ausgedrückte) Ähnlichkeitskoeffizienten. Nach verschiedenen Methoden können die taxonomischen Einheiten daraufhin gruppiert und auch in Form eines phänetischen «Dendrogramms» dargestellt werden (Abb. 590). Der Vorteil dieser Methoden gegenüber der bisher üblichen und meist ± intuitiven systematisch-taxonomischen Gruppierung liegt im festgelegten Analysengang und quantitativen Ergebnis, das Wiederholung und Überprüfung möglich macht.

b) Die Synthese morphologischer, anatomischer, embryologischer, palynologischer, karyologischer, phytochemischer und besonders serologischer Befunde gibt heute eine gute Vorstellung von den Verwandtschaftsbeziehungen der *Ranunculaceae* (Abb. 591). Die Phylogenie der Familie steht mit der Entwicklung nordhemisphärischer Lebensräume (Holarktis)

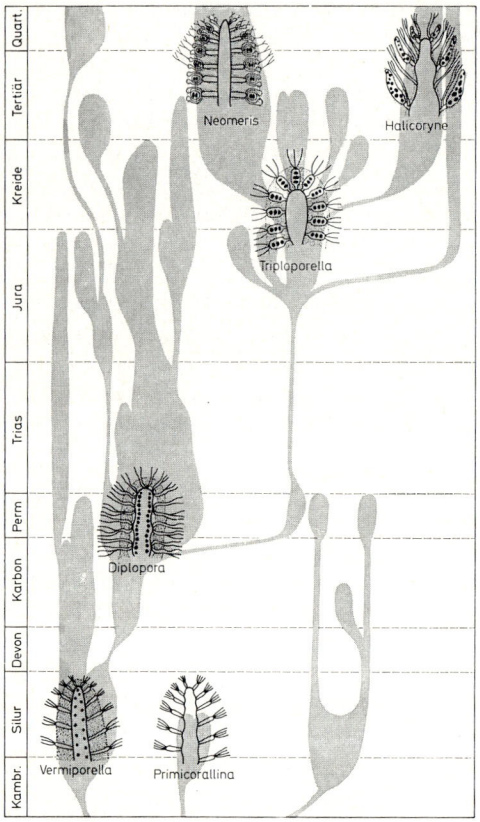

Abb. 589: Stammbaum der Grünalgen-Familie *Dasycladaceae*, eingezeichnet Schemata einiger charakteristischer Vertreter (vgl. Hauptachse, Seitenäste, Kalkmantel: punktiert und Cysten: schwarz). (Teilweise nach Pia, Kamptner und Zimmermann.)

während des Tertiärs und Quartärs im Zusammenhang und ist durch adaptive Radiation bzw. Expansion aus Laubwäldern in offene xerische, hygrische und arktisch-alpine Standorte gekennzeichnet. Parallel dazu verändern sich Lebens- und Wuchsform, Blattgestalt, aber auch die Fruchtformen. Die überaus mannigfaltige Blütendifferenzierung führt zur Ausnutzung immer neuer Bestäubungsmöglichkeiten (vgl. Abb. 585). Reliktstandorte bergen artenarme Gruppen in Stasigenese, junge Lebensräume ermöglichen die Kladogenese neuer Formenschwärme, und die cytogenetischen Verhältnisse spiegeln diese unterschiedlichen Evolutionsphasen getreulich wider (vgl. z.B. aus der *Anemone*-Gruppe: *Hepatica*, Abb. 571 und *Pulsatilla*, Abb. 574).

III. Taxonomie und Nomenklatur

Ein Kartenspiel kann entweder nach den Farben oder nach Zahlen und Figuren geordnet werden. Auch die Formenfülle der Organismen kann nach verschiedenen Grundsätzen geordnet werden. Der vielfach übersehene Unterschied gegenüber unbelebten Objekten ist der, daß aufgrund ihrer stammesgeschichtlichen Verwandtschaft für die Organismen ein hierarchisches, vom Beobachter unabhängiges Ordnungsprinzip bereits vorgegeben ist. Dadurch werden auf der abgestuften Ähnlichkeit der Organismen aufbauende, fortlaufend verbesserte, «natürliche» hierarchisch-taxonomische Systeme möglich. Sie sind wegen ihres maximalen Informationsgehaltes jeder anderen Ordnungsmöglichkeit vorzuziehen.

Die Geschichte der Systeme des Pflanzenreiches (vgl. S. 550) spiegelt den historischen Wandel wider, der sich hinsichtlich der Grundsätze der Klassifikation vollzogen hat. In den künstlichen Systemen wurden dazu willkürlich bestimmte Leitmerkmale ausgewählt (z.B. Wuchsform, Zahlenverhältnisse der Blütenorgane). Aufgrund der Berücksichtigung einer größeren Zahl von Merkmalen konnten später Verbesserungen erreicht werden, viele Gruppen entsprachen aber eher Entwicklungsstufen als Abstammungsgemeinschaften: formale Systeme. Nach Annahme der Abstammungslehre interpretierte man etwas voreilig alle Ähnlichkeiten als Ausdruck von Verwandtschaft; so entstanden die verschiedensten phylogenetischen Systeme. Heut ist man sich der diesbezüglichen Schwierigkeit bewußt: Mangel an Fossilfunden, unterschiedliche Evolutionsgeschwindigkeiten, parallele, konvergente und retikulate Entwicklungslinien usw. (vgl. S. 538 f.). Daher

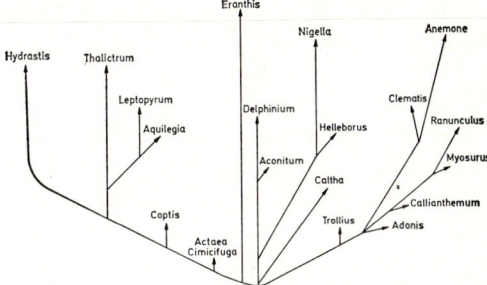

Abb. 591: Synthetisches Verwandtschafts-Schema der wichtigsten *Ranunculaceae*-Gattungen (unter besonderer Berücksichtigung serologischer Ähnlichkeiten). (Nach Jensen.)

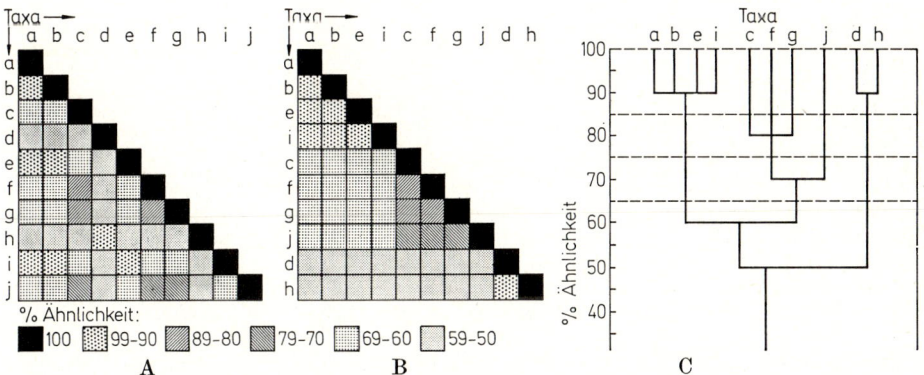

Abb. 590: Quantitative Ähnlichkeitsbestimmung und Gruppierung bei einer Modellgruppe mit den Taxa a–j. Ähnlichkeitskoeffizienten (%) aller Taxa untereinander, in A ungeordnet, in B geordnet; C daraus entwickeltes «Dendrogramm» der phänetischen Ähnlichkeit; Gruppen gleicher Wertigkeit durch horizontale Linien verbunden. (Nach Sneath.)

versucht man auf möglichst breiter Basis die natürlichen Sippen zu erfassen und ihre Entstehung zu rekonstruieren. Selbst bei guter Kenntnis der verwandtschaftlichen Zusammenhänge bleibt aber ein subjektiver Spielraum. (Soll man z. B. entsprechend Abb. 973 die klare Entwicklungsreihe der *Chlorophyta* zu den *Embryophyta* durch eine zusammenfassende «vertikale» Gruppe ausdrücken oder eher die Ähnlichkeit zwischen *Chlorophyta* und anderen Algengruppen im taxonomischen System «horizontal» verankern?) Im übrigen schreckt man aber auch nicht davor zurück, gewisse konvergente Gruppen als Organisationstypen zusammenzufassen (z. B. «Pilze» aus verschiedenen Amöben-, Flagellaten- bzw. Algengruppen entstanden). Damit ist die Phase der synthetischen Systeme erreicht.

1. Taxonomische Kategorien und Einheiten. Im System der Pflanzen werden verbindliche taxonomische Kategorien verwendet; dabei handelt es sich um «leere», abstrakte Ordnungsbegriffe, denen im Rahmen einer Hierarchie bestimmte Rangstufen zugewiesen werden. So steht etwa die taxonomische Kategorie der «Art = species» innerhalb der «Gattung = genus» zwischen «Serie = series» und «Unterart = subspecies» bzw. «Varietät = varietas». Durch Anwendung dieser Kategorien auf konkrete Sippen werden taxonomische Einheiten oder

«Taxa» (sing. «Taxon») gebildet. Die Taxa und ihre Hierarchie, also das taxonomische «System», sollen die Vorstellungen von Abgrenzung und Verwandtschaft der Sippen einigermaßen zum Ausdruck bringen. Hinsichtlich der Modellgattung «*Planta*» (Abb. 533) kann dies in Form einer Horizontalprojektion dargelegt werden: Abb. 592, während die Tabelle (S. 546) eine Übersicht der wichtigeren taxonomischen Kategorien, ihrer normierten Endungen sowie der taxonomischen Einheiten am Beispiel unserer Schafgarbe (*Achillea millefolium* L.) bringt.

Taxonomische Einheiten sollen womöglich mit Abstammungsgemeinschaften übereinstimmen und durch erblich fixierte Merkmale gekennzeichnet sein. Für die Umgrenzung der Taxa sind nicht Variationsbreite oder besondere Merkmale, sondern Isolation bzw. morphologische Diskontinuität gegenüber den Nachbar-Taxa wesentlich. Die Hierarchie der Taxa soll die stammesgeschichtliche Divergenz der zugrundeliegenden Sippen widerspiegeln. Diesen Forderungen stehen vielfach praktische und grundsätzliche Schwierigkeiten entgegen: Abstammungsgemeinschaft (Monophylie) kann durch äußerliche Ähnlichkeit und Konvergenz nur vorgetäuscht sein (S. 485 f., 537 ff.); die erbliche Verankerung von Differentialmerkmalen ist vielfach nur aufgrund von Kul-

Taxonomische Kategorien (deutsch, lateinisch, Abk.)	Übliche Endungen	Taxonomische Einheiten (Beispiele, Synonyme)
Reich (regnum)	-ota	*Eukaryota*
Unterreich (subregnum)	-bionta	*Cormobionta*
Abteilung (phylum)	-phyta, -mycota	*Spermatophyta*
Unterabteilung (subphylum)	-phytina, -mycotina	*Angiospermae*
		(= *Magnoliophytina*)
Klasse (classis)	-phyceae, -mycetes bzw. -opsida oder -atae	*Dicotyledoneae*
		(= *Magnoliatae*)
Unterklasse (subclassis)	-idae	*Asteridae*
Überordnung (superordo)	-anae (bzw. -florae)	*Asteranae* (= *Synandrae*)
Ordnung (ordo)	-ales	*Asterales*
Familie (familia)	-aceae	*Asteraceae* (= *Compositae*)
Unterfamilie (subfamilia)	-oideae	—
Tribus (tribus)	-eae	*Anthemideae*
Gattung (genus)		*Achillea*
Sektion (sectio, sect.)		sect. *Achillea*
Serie (series, ser.)		—
Aggregat (agg.)		*Achillea millefolium* agg.
Art (species, spec. bzw. sp.)		*Achillea millefolium*
Unterart (subspecies, subsp. bzw. ssp.)		subsp. *sudetica*
Varietät (varietas, var.)		—
Form (forma, f.)		f. *rosea*

turversuchen feststellbar; Vorhandensein oder Fehlen von morphologischen Zäsuren zwischen Sippen wird erst beim Vorliegen repräsentativen Materials erkennbar, vielfach sind solche Zäsuren infolge erst beginnender Differenzierung bzw. «kryptischer» Barrieren morphologisch nicht faßbar oder wegen Hybridisierung überhaupt undeutlich (S. 524 ff., 526 ff.); retikulate (d.h. vernetzte) stammesgeschichtliche Zusammenhänge (etwa infolge Allopolyploidie, S. 529 ff.) lassen sich überhaupt nicht hierarchisch darstellen, usw. In all diesen Fällen wird also ein Kompromiß zwischen augenblicklichem Wissensstand und praktischen Erfordernissen nach Übersicht und allgemeiner Benützbarkeit erforderlich sein. Natürlich haben aber auch Tradition und Bemühung um relative Stabilisierung ihren Anteil am Werdegang der heutigen taxonomischen Systeme.

Bei dem Streben nach Normierung und Vergleichbarkeit taxonomischer Rangstufen nimmt seit jeher die Art (= s p e c i e s) eine Schlüsselstellung ein. Im Zeitalter synthetischer Systeme zieht man dafür so weit wie möglich phänetische, genetische und genealogische Kriterien heran (vgl. S. 537 ff.). Demnach wird die Kategorie der Art bzw. Species auf solche kleinste Sippeneinheiten (also Abstammungsgemeinschaften) bezogen, welche sich von allen anderen Sippeneinheiten durch konstante, erbliche Merkmale unterscheiden und aufgrund reproduktiver Isolation abheben.

Die Art markiert also vielfach die entscheidende Phase im Ablauf der Stammesgeschichte, in der die

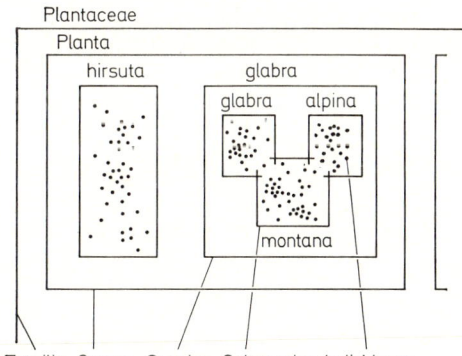

Familia Genus Species Subspecies Individuum

Abb. 592: Modell der Verwandtschafsgruppe *«Planta»* (Abb. 533) in schematischer Horizontalprojektion: Auf die konkreten Individuen der ebenso konkreten Abstammungsgemeinschaften werden abstrakte taxonomische Kategorien (subspecies, species, genus, familia) bezogen; daraus resultieren Taxa verschiedener Rangstufen (hier mit Phantasie-Namen, z.B. subsp. *montana*, *Planta glabra*, *Planta*, *Plantaceae*). (Original.)

Keimbahnzusammenhänge zwischen den Fortpflanzungs- und Abstammungsgemeinschaften sich lösen. Freilich gilt diese Feststellung nur für Formenkreise mit sexueller Fortpflanzung (die bei Niederen, aber auch bei Höheren Pflanzen öfters fehlt). Auch sonst umfaßt die Rangstufe der Art noch sehr unterschiedliche Sippentypen. Dazu erschweren mangelhafte Kenntnisse sowie geringe Korrelation oder unklare Ausprägung der phänetischen, genetischen und genealogischen Kriterien bei vielen Sippen die eindeutige Anwendung dieser Kategorie. All das gibt vielen Meinungsverschiedenheiten über engere oder weitere Fassung der Arten Raum. Trotzdem bildet die «Species» die wichtigste Einheit der biologischen Taxonomie, von der aus erst alle anderen Rangstufen im infra- und supraspezifischen Bereich (unter- bzw. oberhalb der «Species») faßbar werden.

Bei formenreichen Arten kann sich die Unterscheidung i n f r a s p e z i f i s c h e r Taxa empfehlen. Nur unscharf gegeneinander abgrenzbare Sippen innerhalb der Arten werden meist als U n t e r a r t e n (= s u b species, abgekürzt subsp. bzw. ssp.) bezeichnet. Dabei handelt es sich vielfach um geographische oder ökologische, allopatrische und durch Übergangspopulationen miteinander verbundene Rassen, aber auch um autogame, polyploide oder sonst fortpflanzungsbiologisch voneinander schon ± isolierte und dann oft sympatrische Sippen. Die Kategorie der V a r i e t ä t (= v a r i e t a s, abgekürzt var.) wird heute meist nur noch selten, z.B. für die notwendige Unterteilung von Unterarten oder für noch ungenügend bekannte infraspezifische Sippen, verwendet. Bei Kulturpflanzen wird als infraspezifische Einheit die S o r t e (c u l t i v a r, cv.) verwendet. Schließlich können auffällige Biotypen oder Mutanten allenfalls noch als F o r m e n (= f o r m a, f.) taxonomisch gekennzeichnet werden.

Im s u p r a s p e z i f i s c h e n Bereich ist die G a t t u n g (= g e n u s) die wichtigste, auch durch die binäre Nomenklatur verankerte taxonomische Einheit: Darunter werden Gruppen von Arten zusammengefaßt, die sich durch deutliche Zäsuren von allen anderen Artengruppen abheben. Soweit notwendig lassen sich innerhalb der Gattungen auch noch S e k t i o n e n, S e r i e n u.a. unterscheiden. Sehr nahe verwandte und schwer unterscheidbare Arten (sog. «Kleinarten») können schließlich noch zu nomenklatorisch unverbindlichen A g g r e g a t e n (agg.) vereinigt werden.

Zwischen der Gattung und der höchsten Einheit im System der Organismen, dem R e i c h (r e g n u m), werden noch weitere Kategorien eingeschoben, von denen in aufsteigender Reihe F a m i l i e (f a m i l i a), O r d n u n g (o r d o), K l a s s e (c l a s s i s) und A b t e i l u n g (p h y l u m) die wichtigsten sind. Auch bei den höheren Taxa wird trotz vieler Schwierigkeiten eine gewisse Vergleichbarkeit nach Differenzierung und Umfang angestrebt. Aus praktischen Gründen haben aber besonders formenreiche Gruppen vielfach eine relativ hohe und unabhängige taxonomische Einstufung erfahren (z.B. die *Cormobionta* bzw. *Embryophyta*, die ja eigentlich nur ein Entwicklungsast der *Chloro-phyceae* sind, oder die *Apiaceae*, die eine viel geringere Divergenz erreicht haben als ihre Ausgangsgruppe, die *Araliaceae*).

2. **Nomenklatur.** Der «Internationale Code der botanischen Nomenklatur» gibt verbindliche Regeln für die B e s c h r e i b u n g und B e n e n n u n g der Pflanzen-Taxa. Für neue Taxa ist eine lateinische Diagnose und «wirksame» Veröffentlichung notwendig. Alle wissenschaftlichen Pflanzennamen werden in lateinischer Form gebraucht. Als Gattungsnamen (bzw. Namen höherer Taxa) finden Substantiva (Großschreibung!), für Artbezeichnungen (und infraspezifische Namen) meist Adjectiva (Kleinschreibung!) Verwendung. Namen von Bastarden sind durch ein vorgesetztes × gekennzeichnet (z.B. × *Raphanobrassica*, *Mentha* × *piperita*). Die Interpretation jedes Namens wird (von der Familie abwärts) durch Angabe eines n o m e n - k l a t o r i s c h e n T y p u s festgelegt (meist Herbarbelege bzw. Leit-Taxa). Der Gattung bzw. Art untergeordnete Taxa, welche den Typus enthalten, wiederholen den Gattungs- bzw. Artnamen (z.B. *Achillea* sect. *Achillea* oder *A. millefolium* subsp. *millefolium*). Auf einer bestimmten Rangstufe gilt für ein Taxon jeweils immer nur der älteste legitime (regelgemäße) Name (P r i o r i t ä t s r e g e l), wobei man bei den Gefäßpflanzen bis zur 1. Auflage der «Species Plantarum» von LINNÉ (1753) zurückgeht. S y n o n y m e sind verschiedene Namen für ein und dasselbe Taxon, H o - m o n y m e gleichlautende Namen für verschiedene Taxa. Gebräuchliche, aber nicht korrekte Familien-, Gattungs- und Artnamen können nur in Ausnahmefällen «konserviert» werden. Zur besseren Kennzeichnung eines Taxons wird der Name des Erstbeschreibers (Autors) meist in abgekürzter Form beigefügt (so etwa in Fachbüchern, nicht aber in Lehrbüchern). Bei Veränderung der Rangstufe eines Taxons erscheint der Autor des «Basionyms» in Klammer, gefolgt von dem Autor der Neukombination, z.B. *Achillea sudetica* OPIZ → *A. millefolium* L. subsp. *sudetica* (OPIZ) OBORNY; ebenso wird bei Übertragung eines Taxons in eine andere Art bzw. Gattung verfahren. Da die korrekte Benennung der Taxa nicht nur von der richtigen Anwendung der Nomenklaturregeln und der manchmal schwierigen Interpretation der Typen abhängt, sondern auch von der systematischen Gruppierung und taxonomischen Einstufung, werden Namensänderungen leider nie ganz vermeidbar sein.

3. **Dokumentation.** Die Fülle an systematischer und taxonomischer Information über das Pflanzenreich ist in Monographien und Revisionen verschiedener Verwandtschaftgruppen, in Florenwerken bestimmter Regionen, in zahllosen Einzelpublikationen, in den Herbarien usw. niedergelegt. System und wissenschaftliche Pflanzennamen erschließen diese Information und erlauben die Identifikation neuen Pflanzenmaterials ebenso wie die laufende Einarbeitung neuer Erkenntnisse. Moderne Datenverarbeitungsmaschinen bzw. Computer beginnen diese so wesentliche Sammlung und Auswertung verschiedenster alter und neuer Informationen durch die Systematik und Taxonomie zu erleichtern und werden sie in Zukunft revolutionieren.

Zweiter Abschnitt

Übersicht des Pflanzenreiches

Früher wurden die Begriffe «Pflanzen» und «Tiere» allgemein auch als grundlegende systematisch-taxonomische Einheiten der Organismen angefaßt. Heute weiß man, daß es sich dabei zunächst nur um ernährungsphysiologische, nicht aber um verwandtschaftliche Gruppen handelt (vgl. S. 2 ff.). Dabei bilden die Pflanzen nach traditioneller Definition eine stammesgeschichtlich heterogene Gruppe autotropher, oft bewegungsinaktiver Lebewesen. Heterotrophe Organismen werden den Pflanzen zugeordnet, wenn Übergänge oder Verwandtschaftsbeziehungen zu autotrophen Verwandten nachweisbar oder entsprechende Ableitungen wahrscheinlich sind: z.B. Blaualgen-Bakterien; Algen-Pilze.

Die tiefste phylogenetische Zäsur innerhalb aller Lebewesen besteht dagegen zwischen den *Prokaryota* und *Eukaryota*. Innerhalb dieser beiden «Reiche» stufen wir umfassende, aber eindeutig zusammengehörige – also offenbar von einer gemeinsamen Ahnengruppe ausgegangene und «monophyletische» (S. 537) – Abstammungsgemeinschaften als «Abteilungen» ein. Ihre Namen enden bei photoautotrophen Gruppen mit *-phyta*, bei Pilzen mit *-mycota* und bei Bakterien mit *-bacteria*. Als übergeordnetes Gruppierungsprinzip für diese Abteilungen haben wir in der folgenden Darstellung Organisationstypen (S. 539, 546 etc.) verwendet. Diese bilden ein zwar grobes, aber für Zwecke der Übersicht und Gliederung didaktisch leicht zugängliches Raster.

Zu einem Organisationstyp (beliebigen Umfangs) werden Organismengruppen gestellt, die zwar nicht notwendigerweise verwandt sind, aber in Merkmalen ihrer äußeren (d.h. morphologischen) bzw. auch inneren (d.h. anatomischen und cytologischen) Organisation weitgehend übereinstimmen. Organisationstypen entsprechen vielfach Entwicklungs- bzw. Organisationsstufen und spiegeln dann die im Verlaufe der Evolution mehrfach unabhängig vollzogenen Anpassungen an die hauptsächlichen Lebensbedingungen auf unserer Erde und die allgemeine Höherentwicklung der Organismen wider (vgl. S. 90 ff.). Sie kennzeichnen also innerhalb einer Progressionsreihe ein bestimmtes Niveau der stammesgeschichtlichen Entwicklung. Dabei wurden die einzelnen Organisationstypen bzw. Entwicklungs- und

Organisationsstufen (z.B. Flechten, Pflanzen mit Samen, Sympetale Angiospermen) von verschiedenen stammesgeschichtlichen Linien oft in getrennter Entwicklung erreicht. Sie umfassen daher teilweise verwandtschaftlich durchaus heterogene Gruppen und trennen aber andererseits nicht selten auch Abstammungsgemeinschaften voneinander, die verwandtschaftlich und systematisch eigentlich in engere Beziehung zueinander gebracht werden sollten. [So werden z.B. die «Falschen Mehltaupilze» *(Oomycota)* von den verwandten Algen der Abteilung *Heterokontophyta* abgesondert; die Vereinigung der *Chlorophyta* mit den *Rhodophyta* u.a. zum Organisationstyp der eukaryotischen Algen verdunkelt ihren engen stammesgeschichtlichen Zusammenhang mit *Bryophyta, Pteridophyta* und *Spermatophyta*.] Allerdings ist zu berücksichtigen, daß stammesgeschichtliche Differenzierung ein vieldimensionaler Vorgang ist, der von vielen Parametern beeinflußt wurde und wird. Die notgedrungen lineare Abfolge bei der Besprechung taxonomischer Gruppen kann daher dem stammesgeschichtlichen Geschehen ohnehin nie voll gerecht werden. Deshalb, und nicht zuletzt auch aus didaktischen Gründen, wurden die zwei einander teilweise überlagernden Gliederungsprinzipien nach Organisationshöhe und nach Stammesgeschichte der folgenden Darstellung gemeinsam zugrundegelegt. Hierbei werden die Organisationstypen und Entwicklungs- bzw. Organisationsstufen mit Buchstaben, die Abteilungen und die ihnen untergeordneten Einheiten mit Ziffern gekennzeichnet.

Die Organisationstypengliederung (bei Prokaryoten A–B, bei Eukaryoten A–F) entspricht den leicht faßbaren klassischen Gliederungsprinzipien. Zu den *Prokaryota* zählen die Bakterien (A) und die Blaualgen (B). Innerhalb der *Eukaryota* kann man zwischen Pflanzen und Tieren trennen. Diese beiden Gruppen sind jedoch in ihren niederen Organisationsstufen nicht scharf voneinander getrennt, sondern durch vielfältige Verwandtschaftszusammenhänge miteinander verknüpft. Daraus ergibt sich die Berechtigung für die Zusammenfassung der eukaryotischen Algen (A), der Pilze (B, C) und der symbiontischen Flechten (D) mit den einzelligen Tieren (Urtiere, *Protozoa*) zum Unterreich der *Protobionta*. Aus derartigen *Protobionta* haben sich nicht nur die vielzelligen Tiere (Unterreich *Zoobionta*), sondern auch die Höheren Pflanzen, also

die Abteilungen der Moose *(Bryophyta)*, Farnpflanzen *(Pteridophyta)* und Samenpflanzen
(Spermatophyta) entwickelt. Farn- und Samenpflanzen werden als Gefäßpflanzen zusammengefaßt; mit den Moosen bilden sie eine
durch umfassende Ähnlichkeiten verknüpfte
Gruppe (E), die vielfach als weiteres Unterreich
der *Eukaryota* bewertet wird *(Cormobionta =
Archegoniatae = Embryophyta)*.

Wechselseitige Beziehungen und wahrschein-
liche Verwandtschaft der besprochenen Gruppen des Pflanzenreiches wollen wir jeweils am
Schluß der betreffenden Abschnitte und schließlich in einem Rückblick (vgl. Abb. 973 und den
dazugehörigen Text S. 912ff.) erörtern. Ein
Überblick über die hier vorgeschlagene Gliederung des Pflanzenreiches ergibt sich aus dem
Inhaltsverzeichnis.

Die Geschichte des Systems des Pflanzenreiches
wird durch den Wandel der dabei grundlegenden Gesichtspunkte gekennzeichnet (vgl. S. 545f.). Das be-
kannteste der künstlichen Systeme ist das von
Linné (1735) aufgestellte Sexualsystem. 23 Klassen
von Blütenpflanzen stellte Linné eine 24. Klasse gegenüber, die «Cryptogamia», zu denen er nicht nur die
damals noch wenig bekannten Farne, Moose, Algen
und Pilze rechnete, sondern auch einige Höhere
Pflanzen mit schwer erkennbaren Blüten *(Ficus,
Lemna)* und sogar Korallen und Schwämme. Die
Unterabteilungen der Blütenpflanzen (Phanerogamia)
unterschied er vor allem nach der Geschlechtsverteilung in den Blüten und nach der Zahl, Verwachsung,
Anordnung und den Längenverhältnissen der Staubblätter. Die Kryptogamen kann man heute als «Sporenpflanzen» bezeichnen, da bei ihnen die Entwicklung neuer Individuen aus meist einzelligen Keimen
(z.B. Sporen) erfolgt, die Phanerogamen als Blüten-
oder besser als Samenpflanzen.

Bereits Linné hat versucht, ein natürliches Pflan-
zensystem aufzustellen, aber erst A.L. Jussieu (1789),
A.P. de Candolle (1819), St. Endlicher (1836) u.a.
können als Begründer der wichtigsten formalen
Systeme gelten. Auch nach dem Durchbruch der De-
scendenzlehre blieben die Systeme von A. Braun
(1864), G. Bentham und J.D. Hooker (1862–1883),
A. Eichler (1883) und besonders die noch heute weithin verwendete Gruppierung von A. Engler der
taxonomischen Verwendung von Organisationshöhe
und Entwicklungsstufen verhaftet. Das erste wirklich
phylogenetische System stammt dann von R.v.
Wettstein (1901–1908). Die heute üblichen Systeme
repräsentieren verschiedene Etappen auf dem Weg
von formaler über phylogenetischer zu synthetischer
Gruppierung.

Überblickt man die modernen Systeme, so finden
sich noch immer viele, oft auch recht tiefgreifende
Unterschiede. Dies zeigt, wie sehr die moderne Systematik und Taxonomie noch in Fluß ist und wie viele
grundlegende Untersuchungen noch notwendig sein
werden, um eine allgemein akzeptable Gruppierung
zu erreichen. Auch die hier getroffene Einteilung stellt
nur einen Versuch dar, die großen Zusammenhänge
einigermaßen übersichtlich aufzuzeigen; mit Rücksicht auf die Zwecke eines Lehrbuchs sind dabei bewußt gewisse Vereinfachungen vorgenommen worden.

Bis jetzt sind über 400000 lebende Pflanzenarten
bekannt. Von ihnen gehören etwa zwei Drittel zu den
Samenpflanzen (etwa 800 Gymnospermen und 235000
Angiospermen), etwa 15000 zu den Farnpflanzen und
30000 zu den Moosen. Innerhalb der *Protobionta*
schätzt man, daß die Zahl der beschriebenen Arten
der Algen etwa 33000, der Pilze etwa 100000 und der
Flechten etwa 20000 beträgt. Schließlich sind noch
1600 Bakterien und 2000 Blaualgen zu veranschlagen.
Bei Berücksichtigung der starken jährlichen Zuwachs-
raten an neu beschriebenen Arten (besonders bei
Pilzen und Angiospermen!) geht man wohl in der
Annahme nicht fehl, daß die noch lange nicht abge-
schlossene Inventur des Pflanzenreichs weit mehr als
eine halbe Million Arten erbringen wird.

Prokaryota

Organismen mit prokaryotischem Zellbau werden als Prokaryoten zusammengefaßt (S. 548 ff.). Die **prokaryotische Zelle (Procyte)** besitzt k e i n e n e c h t e n, d. h. von einer Hülle umschlossenen Zellkern (daher auch die frühere Bezeichnung *Anucleobionta*), sondern ein bis mehrere K e r n ä q u i v a l e n t (e) / = N u c l e o i d (e). Die DNA liegt als G e n o p h o r frei im sog. N u c l e o p l a s m a. Mitose und Meiose fehlen. Die Unterteilung der Zelle in Reaktionsräume (Kompartimente) ist weniger ausgeprägt als bei den Eukaryoten: es f e h l e n Chloroplasten und Mitochondrien. Die Bewegungsorganellen sind zwar teilweise vorhanden, aber grundsätzlich anders strukturiert als bei den Eukaryoten. Die Wand der prokaryotischen Zelle besteht aus heteropolymeren Substanzen, die bislang bei keinem eukaryotischen Lebewesen nachgewiesen werden konnten. Die Zellwand ist ein netzartig durch Hauptvalenzen zusammenhängendes, sackförmiges, polysaccharidhaltiges Riesenmolekül von unterschiedlichem chemischen Aufbau.

Während Eukaryoten weitgehend auf Sauerstoff angewiesen sind, verhalten sich die Prokaryoten hierin verschieden. Bei ihnen vollzieht sich ein Übergang von der absoluten Intoleranz gegenüber Sauerstoff bis zu seiner unbedingten Notwendigkeit (S. 554). Auf die Prokaryoten beschränkt ist die bei ihnen verbreitete Fähigkeit Luftstickstoff zu binden.

A. Organisationstyp: Bakterien

Bakterien sind sehr klein (vgl. S. 10) und morphologisch wenig differenziert. Die meisten Arten sind einzellig. Die verschiedenen Zellformen der Bakterien lassen sich auf die Grundform der Kugel, des geraden oder gekrümmten Zylinders zurückführen (Abb. 593). Man unterscheidet: kugelförmige K o k k e n, die zu einfachen kolonienartigen Verbänden zusammengeschlossen sein können; Stäbchen, deren sporenbildende Formen B a z i l l e n genannt werden; gekrümmte (V i b r i o n e n) bis schraubig gedrehte Stäbchen (S p i r i l l e n). Bei manchen

Bakterien bleiben die Zellen nach der Teilung miteinander verbunden und bilden Zellhaufen, Pakete (S a r c i n e n, Abb. 593B), F ä d e n (Abb. 599) oder Netze. Die Zellfäden können einfach oder verzweigt sein; teilweise stecken sie in Scheiden (S c h e i d e n b a k t e r i e n) oder sind begeißelt. Eine analoge Konvergenz zum Mycel eukaryotischer Pilze stellen die verzweigten, mehrzelligen Fäden der Actinomyceten dar (Abb. 601). Die M y x o b a k t e r i e n sind flexible, auf Oberflächen kriechende Prokaryoten. In Analogie zu manchen eukaryotischen Myxomyceten werden z. T. durch Zusammenkriechen von Einzelzellen Fruchtkörper von weniger als 1 mm Größe ausgebildet (Abb. 600). Die morphologische Differenzierung läßt also Entwicklungen zu komplexeren Strukturen erkennen. Wenn auch hierbei keineswegs die Komplexität der Eukaryoten erreicht wird, so treten doch in Anpassung an bestimmte Lebensbedingungen den Eukaryoten bereits entsprechende Formen auf (Kolonien, Fäden, verzweigte Fäden, Mycelien, Fruchtkörper, Sporen s. S. 555, Geißeln s. S. 553). Es kommt aber auch zu Reduktionserscheinungen, bis hin zu Virus-Größe (S. 562).

N u c l e o i d u n d P l a s m i d e : Die DNA der Bakterien ist nicht diffus im Cytoplasma verteilt, sondern in bestimmten Bereichen (N u c l e o p l a s m a) lokalisiert. Das Nucleoid stellt einen feinfädigen Knäuel dar und grenzt unmittelbar an das Cytoplasma, eine Kernhülle ist nicht vorhanden. Infolge vorauseilender Teilung des Genophors findet man in Bakterienzellen vielfach 2–4 Nucleoide. Bei *Escherichia coli* besteht der Genophor aus einem einzigen, ringförmig geschlossenen DNA-Faden mit einem Umfang von 1,4 mm (Tab. 5). Das läßt sich nachweisen mit Hilfe von Tritium-Markierung, Lyse der Zellen und Spreitung ihres Inhalts zu einem elektronenmikroskopisch auswertbaren Präparat. Die Aufteilung des Genophors erfolgt bei den Bakterien wahrscheinlich unter vorübergehender Anheftung an die Zellmembran (keine Mitose und Meiose!). Außer dem Genophor finden sich in Bakterienzellen auch noch kleinere, zur selbständigen Replikation befähigte DNA-Ringe, sog. P l a s m i d e (S. 500; Abb. 18). Angesichts dieser Besonderheiten sollte man bei den Bakterien im Unterschied zu den Eukaryoten (S. 41 ff.) auf keinen

Fall schon von «Zellkernen» und «Chromosomen» sprechen, wenn das auch heute leider oft geschieht. Dagegen entspricht die DNA der Bakterien in Bau und Funktion weitgehend der DNA aller anderen Lebewesen (S. 24 ff.). Bei rascher Replikation erreicht die DNA-Neubildungsrate 33 µm (Kettenlänge) pro Minute. Bakterien sind diejenigen Organismen, an denen die tiefsten Einblicke der molekularen Genetik gewonnen wurden (S. 499 ff.). Für *Escherichia coli*, *Salmonella typhimurium* und andere Bakterien ließen sich bereits Genkarten aufzeichnen.

Das Cytoplasma ist gegenüber der Zellwand durch die Cytoplasmamembran abgegrenzt; sie ist wie in allen anderen Organismen mehrschichtig (= Plasmalemma). Im Cytoplasma finden sich das Nucleoid (z.T. mehrere), diverse Membransysteme und Zelleinschlüsse. Die 16×18 nm großen Ribosomen der Bakterien bestehen zu ca. 60% aus RNA und 40% aus Protein und sind in einer Zahl von ungefähr 5000–50 000 je Zelle enthalten. Sie sedimentieren in der Ultrazentrifuge bei 70S (S = SVEDBERG-Einheit; Koeffizient zur Bestimmung der Molmasse). Dagegen haben die Eukaryoten im Cytoplasma 80S-Ribosomen, in Mitochondrien und Chloroplasten 70S-Ribosomen. Die interplasmatischen Membranen in der Bakterienzelle bilden – soweit untersucht – ein Netzwerk. Mesosomen gehen aus Einstülpungen der Cytoplasmamembran hervor. Sie sind u.a. als Vesikel und tubuläre Körper beschrieben worden. Bei phototrophen Bakterien werden die schlauchförmigen und photosynthetisch aktiven Vesikel in Analogie zu den entsprechenden Strukturen in den Chloroplasten der grünen Pflanzen Thylakoide genannt (Abb. 596); sie sind teilweise auch ähnlich ge-

stapelt. Die Membranen dieser Thylakoide sind Träger der lichtabsorbierenden Pigmente (Bacteriochlorophylle und Carotinoide) sowie der Komponenten des photosynthetischen Elektronentransport- und Phosphorylierungssystems. Allerdings sind die Thylakoide hier nie von einer gemeinsamen Hülle umgeben; es liegen somit keine echten Plastiden vor. In manchen Bakterien finden sich auch Gasvesikel (z.B. *Chromatiaceae*).

Zellinhaltsstoffe: Intracellulär abgelagerte Substanzen können z.T. als Reservestoffe angesprochen werden. Viele Bakterien speichern Polysaccharide von glykogenartigem Charakter. Lipophile Grana bestehen aus Poly-β-hydroxybuttersäure. *Mycobacterium* und *Actinomyces* speichern vorzugsweise Neutralfette und Wachse. Phosphorsäure wird in Form von Polyphosphatgranula («Volutin») angehäuft (Abb. 594).

Die Zellwand der Bakterien ist etwa 20 nm dick und zeigt keine Fibrillärstruktur wie die Cellulosewand der Zellen Höherer Pflanzen. Ihre mechanische Festigkeit wird in der Regel durch eine Hülle, den Sacculus, gewährleistet. Dieser besteht zumeist aus dem Polymer Murein, das aus N-Acetylmuraminsäure- und N-Acetylglucosamin-Untereinheiten zusammengesetzt ist; sie sind in alternierender Folge β-1,4-glykosidisch zu Polyglykansträngen verbunden. Durch Verknüpfung dieser Stränge mit kurzen Peptiden (D- und L- Aminosäuren enthaltende Tetra- oder Pentapeptide) entsteht ein vernetztes Makromolekül, der «Murein-Sacculus». Peptidoglykan ist bei allen Prokaryoten mit Ausnahme der Archebakterien in mehr als 100 Varianten (Peptidoglykantypen) Bestandteil der Zellhülle. Manche Bakterien entwickeln

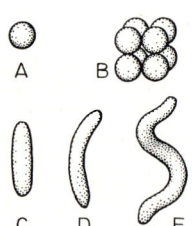

Abb. 593: Bakterienformen. A und B Kokken, C Stäbchen, D Vibrio, E Spirillum. (Nach MÄGDEFRAU.)

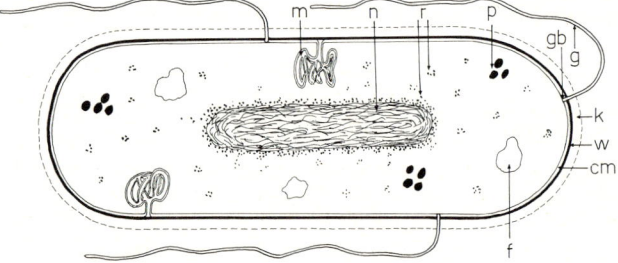

Abb. 594: Schematischer Schnitt durch eine heterotrophe Bakterienzelle. k Kapsel, w Zellwand, cm Cytoplasmamembran, g Geißel, gb Geißelbasis, m Mesosom, p Polyphosphatkörper, f Fettgrana, r Ribosomen, n Nucleoid (etwa $25\,000 \times$). (In Anlehnung an DREWS und SCHLEGEL nach MÄGDEFRAU, etwas verändert.)

an ihrer Oberfläche stark aufgequollenen Schleim (Zooglöen, s. S. 91) oder «Kapseln» verschiedener Zusammensetzung (meistens sind es Polysaccharide oder Polypeptide). Die Zellen von *Acetobacter xylinum* werden durch Cellulose zu einer Haut («Essigmutter») zusammengehalten; bei *Sarcina ventriculi* sind die Zellen ebenfalls durch Cellulose miteinander verkittet. Verschiedenheiten der Bakterienzellwand können durch die sog. Gram-Färbung erkannt werden. Diese Unterschiede liegen im Aufbau der Peptidoglykan-Makromoleküle und der akzessorischen Substanzen der Zellwand: Gram-negativ sind Bakterien, wenn nach Anilinfärbung der Farbstoff wieder ausgewaschen werden kann, gram-positiv, wenn er in der Zellwand verbleibt. Auf zellwandlose Bakterien, sog. L-Formen, die spontan wie auch im Experiment entstehen können, läßt sich die Gram-Färbung nicht anwenden (vgl. Mycoplasmen S. 564).

Die Bewegung erfolgt durch äußerst zarte Plasmageißeln, die in bestimmten Entwicklungsstadien vieler Bakterien auftreten und die Zelle zur aktiven, in ihrer Richtung umkehrbaren Schwimmbewegungen befähigen (vgl. S. 40 und S. 445). Im Elektronenmikroskop zeigen diese Bakteriengeißeln schraubige Ober-

flächenstruktur (Abb. 595 B); sie sind aus einigen miteinander verdrillten, äußerst feinen Längsfibrillen zusammengesetzt, haben aber nicht die «2 + 9»-Struktur wie die echten Geißeln der Eukaryoten (vgl. Abb. 604 u. S. 41). Die Bewegungsfähigkeit beruht auf contractilem, dem Myosin der Muskelzellen ähnlichem Protein (= Flagellin). Der Durchmesser der Geißeln beträgt meist 10–20 nm, ihre Länge bis 20 µm. Sie treten endständig als Endgeißel (monotrich, Abb. 595 A) oder in Büscheln (lophotrich, so bei *Spirillum*, Abb. 595 D) auf oder sie sind über die ganze Oberfläche verteilt (peritrich, Abb. 595 E). Der Ansatz der Geißel ist polar (Abb. 595 C), bipolar, seitlich (lateral) oder etwas unterhalb des Zellendes (subpolar). Jede Geißel entspringt – soweit ermittelt – aus einem Basalkörper (Abb. 595 C); dieser ist in der Zellhülle eingesenkt (vgl. Abb. 474). Die Anzahl der Geißeln ist u. a. auch von den Außenbedingungen abhängig; so hat *Proteus vulgaris* bei dürftiger Ernährung 2 subpolare anstelle der normal über die Oberfläche verteilten Geißeln. Geißelbüschel bestehen aus 2–50 Einzelgeißeln (polytrich).

Die Bewegungsgeschwindigkeit mit Hilfe der Geißeln beträgt z. B. bei *Bacillus megatherium* bis zu 200 µm pro Sekunde, also etwa

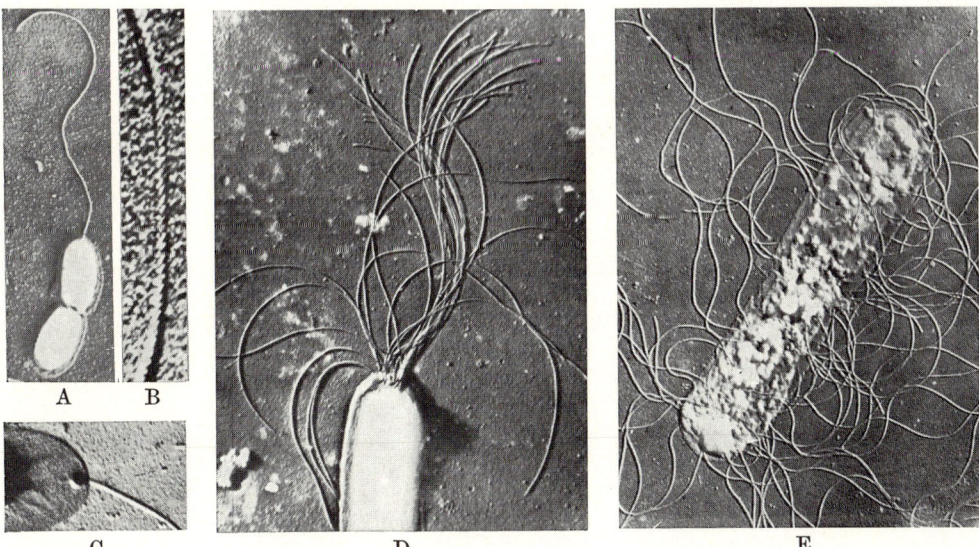

Abb. 595: Begeißelung der Bakterien. A Monotriche Begeißelung (*Vibrio metchnikovii*, 7000 ×). B Teil einer Geißel (*Bordetella bronchiseptica*, 60 000 ×). C Basalkorn am Geißelansatz (*Rhizobium radicicola*, 20 000 ×). D Lophotriche Begeißelung (*Spirillum undula*, 8000 ×). E Peritriche Begeißelung (*Proteus vulgaris*, Zellinhalt z. T. autolysiert, 10 000 ×). (A. nach VAN ITERSON, B nach LABAW & MOSLEY, C nach ZIEGLER, D nach SCANGA, E nach HOUWINK & VAN ITERSON.)

das 50fache seiner Eigenlänge. *Spirillum* kann sich in der Sekunde 13mal um seine Achse drehen, wobei die Geißeln 40 Umdrehungen ausführen, was etwa der Drehzahl eines Elektromotors entspricht. Die Bewegung geschieht in der Regel durch Schub wie bei einer Schiffsschraube; sie kann jedoch in eine Zugbewegung nach Art eines Flugzeugpropellers umgeschaltet werden. Sie vollzieht sich meist innerhalb flüssiger Medien, seltener über feuchte Oberflächen hinweg (so der peritrich begeißelte *Proteus vulgaris* über Agar). Je nach auslösendem Faktor erfolgt die Bewegung als Chemotaxis (S. 445), Aerotaxis, Phototaxis (S. 448) und Magnetotaxis (S. 450). Die Reizbewegungen ermöglichen den beweglichen Formen eine Ansammlung in jeweils optimalen Stoff- und Konzentrationsbereichen. Die Beweglichkeit der begeißelten Prokaryotenzelle ist nach Bau und Stammesgeschichte als analoge Konvergenz zur entsprechenden Lokomotion der begeißelten Eukaryotenzelle aufzufassen.

Zu einer gleitenden Bewegung sind geißellose, den Cyanophyceen ähnliche, aber heterotrophe Bakterien befähigt. Die Kriechbewegung ist sehr langsam (etwa 250 μm/min) und mit der Absonderung von Schleimhüllen verbunden. Auf die Bewegungsfähigkeit der Myxobakterien nach Art nackter Protoplasten wurde schon hingewiesen.

Außer den Geißeln finden sich bei manchen Bakterien zahlreiche feinere Fäden («Fimbrien» oder «Pili»), deren Funktion noch weitgehend unbekannt ist. Bei *Escherichia coli* ermöglichen sog. F- oder Sexualpili parasexuelle Kunjugation (S. 500, Abb. 545, S. 555).

Physiologie: Die Ernährung der Bakterien kann je nach Energiequelle, Elektronendonator und C-Quelle verschieden sein. Die Energiegewinnung erfolgt entweder durch Abbau von Stoffen im Substrat (Chemotro-

phie, S. 271 ff.) oder durch Nutzung der Lichtenergie (Phototrophie, S. 228 ff.). Als Elektronendonator dienen organische (Organotrophie) oder anorganische Stoffe wie z. B. NH_3, H_2S oder Fe^{++} (Lithotrophie), als Kohlenstoffquelle vorwiegend organische Verbindungen (Heterotrophie, S. 273 ff.), seltener auch CO_2 (Autotrophie). Autotrophe Bakterien sind je nach Elektronendonator und Energiespender chemolithotroph oder phototroph. – Streng anaerobe Arten vermögen in Gegenwart von Sauerstoff weder zu wachsen noch sich zu vermehren. Die fakultativen Anaerobier können auch ohne Sauerstoff existieren; mikroaerophile Formen vertragen nur geringe Sauerstoffkonzentrationen. Für obligat aerobe Bakterien ist Sauerstoff unbedingt notwendig. Über die Entstehung aerober Prokaryoten im Verlaufe der Erdgeschichte s. S. 1002 über die Phylogenie stoffwechselphysiologischer Besonderheiten s. S. 274 u. 912. Verbreitet – und auf die Prokaryoten beschränkt – ist die Fähigkeit zur Luftstickstoffbindung (S. 347 ff.).

Fortpflanzung und Vermehrung geschehen in der Regel durch Zweiteilung der Zellen, bei gestreckten Formen stets senkrecht zur Längsachse. Dabei bildet sich vom Rande gegen die Mitte fortschreitend (zentripetal) zunächst eine Querwand durch die Zelle, die sich später der Fläche nach spaltet, wodurch sich die Zellen voneinander lösen (daher der alte Name Spaltpflanzen = *Schizophyta*). Bei fast allen bisher untersuchten Bakterien nimmt der Peptidoglykansacculus von Anfang an an der Septumbildung teil (Ausnahmen: unter den Archebakterien). Die Zellen können nach der Teilung in lockeren Ketten verbunden bleiben (z. B. *Streptococcus*).

Zur Überdauerung ungünstiger Lebensbedingungen bilden manche Formen Dauerzellen

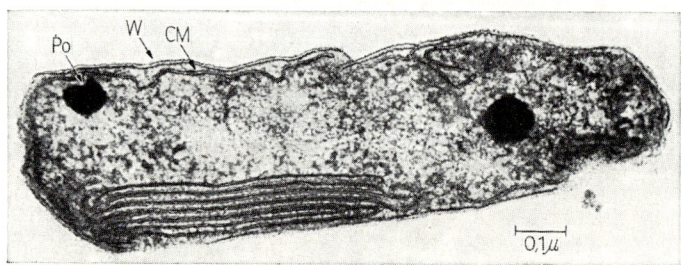

Abb. 596: Photoautotrophes *Rhodopseudomonas* mit Thylakoiden, CM Cytoplasma-Membran, Po Polyphosphatkörper, W Zellwand. (Nach DREWS & GIESBRECHT.)

oder Sporen aus. Bei einigen Gruppen stäbchenförmiger Bakterien werden sie im Inneren der Zellen als Endosporen angelegt; diese unterscheiden sich von den vegetativen Zellen durch ihre geringere Färbbarkeit und durch ihr starkes Lichtbrechungsvermögen. Die Bedeutung der Endosporen beruht vor allem auf ihrer Hitzeresistenz, aufgrund derer sie beispielsweise stundenlanges Kochen unbeschädigt überstehen können. Die vegetativen Zellen dieser Sporenbildner gehen dagegen bereits durch Pasteurisieren (10 min Erhitzung auf 80 °C) zugrunde. Die Sporenbildung im Inneren der Bakterienzelle beginnt mit verschiedenen Stoffumwandlungen in der Mutterzelle, wobei 75 % ihrer Proteine abgebaut werden. Dann folgt die Teilung der Mutterzelle in zwei ungleich große Tochterzellen. Die Sporenbildung wird abgeschlossen durch die Umhüllung der kleineren, zur Spore bestimmten Zelle mit einer dicken Zellwand, die bis zu 50 % ihres Volumens und Trockengewichtes ausmachen kann. In thermoresistenten Sporen wird die sporenspezifische Dipicolinsäure angereichert, wobei Lichtbrechung und Thermoresistenz zunehmen.

Die Sporenbildung wird durch Außenbedingungen beeinflußt und erfolgt z. B. bei Nährstoffmangel. Die Keimungsbereitschaft der Sporen wird durch Lagerung und Erhitzen erhöht. Aus datierbaren Bodenresten, die Bakteriensporen enthielten (z. B. Erde an Herbariumpflanzen), konnten Sporen noch nach 200–320 Jahren trockener Lagerung zum Keimen gebracht werden. Bei trockener Aufbewahrung einer Bodenprobe verlieren allerdings 90 % der Sporen innerhalb von 50 Jahren ihre Lebensfähigkeit.

Bei Bakterien ist eine partielle Übertragung genetischen Materials möglich («Parasexualität»): DNA-Stücke können von einer Spenderzelle auf eine Empfängerzelle direkt durch Konjugation, mit Hilfe von Bakteriophagen indirekt durch Transduktion oder in extrahierter Form durch Transformation übertragen werden (S. 499 ff.).

Unterscheidung gegenüber Viren (S. 2, 499 ff.): Im Gegensatz zu den meist größeren Bakterien sind die sehr viel kleineren, Bakterienfilter passierenden Viren (vgl. Tab. 1) keine selbständigen Organismen. Viren haben sich aus dem genetischen Material von Zellen entwickelt. Sie sind gleichsam selbständig gewordene Gene, die sich dem Steuerungseinfluß der Wirtszelle entzogen haben und nunmehr ihrerseits den Stoffwechsel der Wirtszelle auf ihre Synthese umlenken. Vielleicht sind Viren teilweise auch durch extreme Reduktion aus pathogenen Bakterien entstanden. Während Bakterien die DNA und RNA im Verhältnis von etwa 1 : 3,5 enthalten, besitzen Viren stets nur einen Typ von Nucleinsäuren, entweder DNA oder RNA. Viren können nur in lebenden Zellen reproduziert werden; sie zeigen weder Wachstum noch Teilung und sind gegenüber Penicillin und Sulfonamiden unempfindlich. Im elektronenmikroskopischen Bild fehlen – trotz teilweise recht hoher morphologischer Organisation – alle für die Bakterien kennzeichnenden Strukturen.

Bakteriophagen sind besonders hoch organisierte, relativ große Viren (Länge $^1/_{50}$–$^1/_{10}$ μm), die in der Hauptsache aus einem «Köpfchen» mit DNA als Inhalt sowie einer Hülle und einem «Schwanz» aus Proteinen bestehen (Abb. 597). Ihre Schwanzspitze heftet sich an der Oberfläche einer Bakterienzelle fest, worauf nur der DNA-Inhalt des Köpfchens durch den hohlen Schwanz in den Bakterienleib eindringt. Nach wenigen Minuten werden erste Andeutungen neu gebildeter Phagenteile sichtbar, und nach abermals etwa gleicher Zeit werden einige hundert neuer Phagen durch Auflösung (Lyse) der Bakterienzelle frei. Sie sind nicht durch Teilung, sondern durch Neubildung aus dem Plasma des Bacteriums entstanden. Dies beruht darauf, daß die Phagen-DNA sich in den Stoffwechsel des Wirtes einschaltet

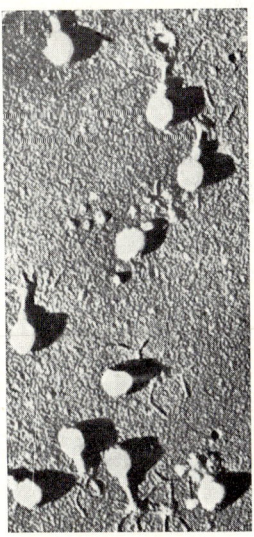

Abb. 597: Bakteriophagen. Einzelne T$_2$-Phagen (40 000 ×). (Nach KELLENBERGER & ARBER.)

und dessen genetischen Apparat so umsteuert, daß statt der normalen Bakterienbestandteile die spezifischen Bestandteile der Phagen synthetisiert werden. Die Phagen können im Inneren der Wirtszelle durch Mutation ihre biochemischen Eigenschaften ändern; sie lassen sich kreuzen und rekombinieren. Man hat daher zunächst daran gedacht, daß sie möglicherweise Vorstufen des Lebens sein könnten. Sie haben aber keinen eigenen Stoff- und Energiewechsel (z.B. keine Atmung), und man hält sie daher heute für verselbständigte Teile von Bakterien-DNA, die die Fähigkeit der Selbstvermehrung in fremdem Plasma behalten und dazu die Möglichkeit hinzuerworben haben, außerhalb der Zelle in völlig inaktivem (latentem) Zustand zu überdauern, bis sie wieder in den Stoffwechsel eines Wirtes gelangen. Diese Annahme findet eine wesentliche Stütze u.a. durch den Befund, daß nicht alle Bakteriophagen für die Bakterien tödlich sind, sondern daß die DNA der sog. «temperenten», d.h. gemäßigten Phagen ohne Schaden lange Zeit mit der Bakterien-DNA repliziert werden kann (S. 501 f., Abb. 546). Ihre «genetische Substanz» ist jener der Bakterien teilweise sehr ähnlich.

Systematische Gliederung der Bakterien: Bei der vorherrschenden Armut an morphologischen Merkmalen sind für eine verwandtschaftsgerechte Untergliederung der Bakterien neben den verfügbaren morphologischen Daten auch und in besonderem Maße biochemische und physiologische Kriterien von Bedeutung. Ein hoher Rang wird dem Vergleich von Sequenzen und Strukturen der Proteine und Nucleinsäuren eingeräumt (Vgl. S. 23 f.). Man hat davon auszugehen, daß die Organismen einander umso näher verwandt sind, je mehr sich die Basen- bzw. Aminosäurensequenz in ihren homologen Makromolekülen gleicht. Dabei wird weiterhin angenommen, daß eine konvergente Entwicklung der DNA bzw. RNA nicht in Frage kommt: jede Änderung der Sequenz ist lediglich als Fortentwicklung der ursprünglichen Sequenz zustandegekommen (zur Methode vgl. S. 543).

In ihren photoautotrophen Vertretern entsprechen die Bakterien und die ihnen nahestehenden Blaualgen der pflanzlichen Lebensform; dieses rechtfertigt eine Darstellung der ganzen Gruppe im Rahmen der Botanik.

Erste Abteilung: Archebacteria

Die aufgrund von Sequenzanalysen an rRNA von den Eubakterien deutlich abgehobenen Archebakterien umfassen u.a. Methan-produzierende (methanogene) Organismen (Abb. 598). Einige andere Arten sind ausgesprochen halophil: *Halococcus* und *Halobacterium* vermehren sich nur in Medien, die mit 12% NaCl angereichert sind. Das sind Konzentrationen, die den natürlichen Bedingungen ihres Vorkommens in Salinen und Salzseen entsprechen. Halobakterien können unter bestimmten Bedingungen Photophosphorylierung betreiben (S. 250). Die thermo-acidophilen Vertreter der Archebakterien benötigen für ihr Wachstum Temperaturen von 60–80 °C bei einem niederen pH von 1–3: *Sulfolobus acidocaldarius* oxidiert Schwefel und gedeiht in heißen Quellen des Yellowstone-Nationalparks sowie in den Solfataren italienischer Vulkangebiete; *Thermoplasma*, eine weitere thermophile Gattung, wird in brennenden Kohleabraumhalden und ebenfalls in heißen Quellen gefunden.

Spezifika der Archebakterien sind ihre besonderen Protein- und Polysaccharidhüllen, Proteinscheiden bzw. das Pseudomurein (hingegen fehlt Murein), ethergebundene, verzweigte, phytanhaltige Lipide, komplex aufgebaute RNA-Polymerasen und eine hohe Anzahl modifizierter Nucleotide in den ribosomalen Nucleinsäuren (Abb. 598).

Ähnliche oder sogar übereinstimmende Formen und Leistungen bei Archebakterien und den folgenden Eubakterien sind offenbar in unabhängiger stammesgeschichtlicher Entwicklung entstanden. Kokken, Stäbchen, Sarcinen und Spirillen finden sich in beiden Gruppen; allerdings fehlen den Archebakterien komplexere Formen. Einige Vertreter sind mittels monotricher Begeißelung zur aktiven Bewegung befähigt (*Methanobacterium mobile*). Wie bei Eubakterien gibt es aerobe und anaerobe, heterotrophe, thermophile, acidophile und photographietrophe Formen.

Systematik: Eine durchgehende und konsequente Untergliederung der Archebakterien in Klassen und Familien ist derzeit noch nicht durchgeführt. Die Gattungen der Methanbakterien wurden z.B. trotz relativ starker 16S rRNA-Heterogenität (Abb. 598) einer einzigen Familie zugeordnet. Die Stellung

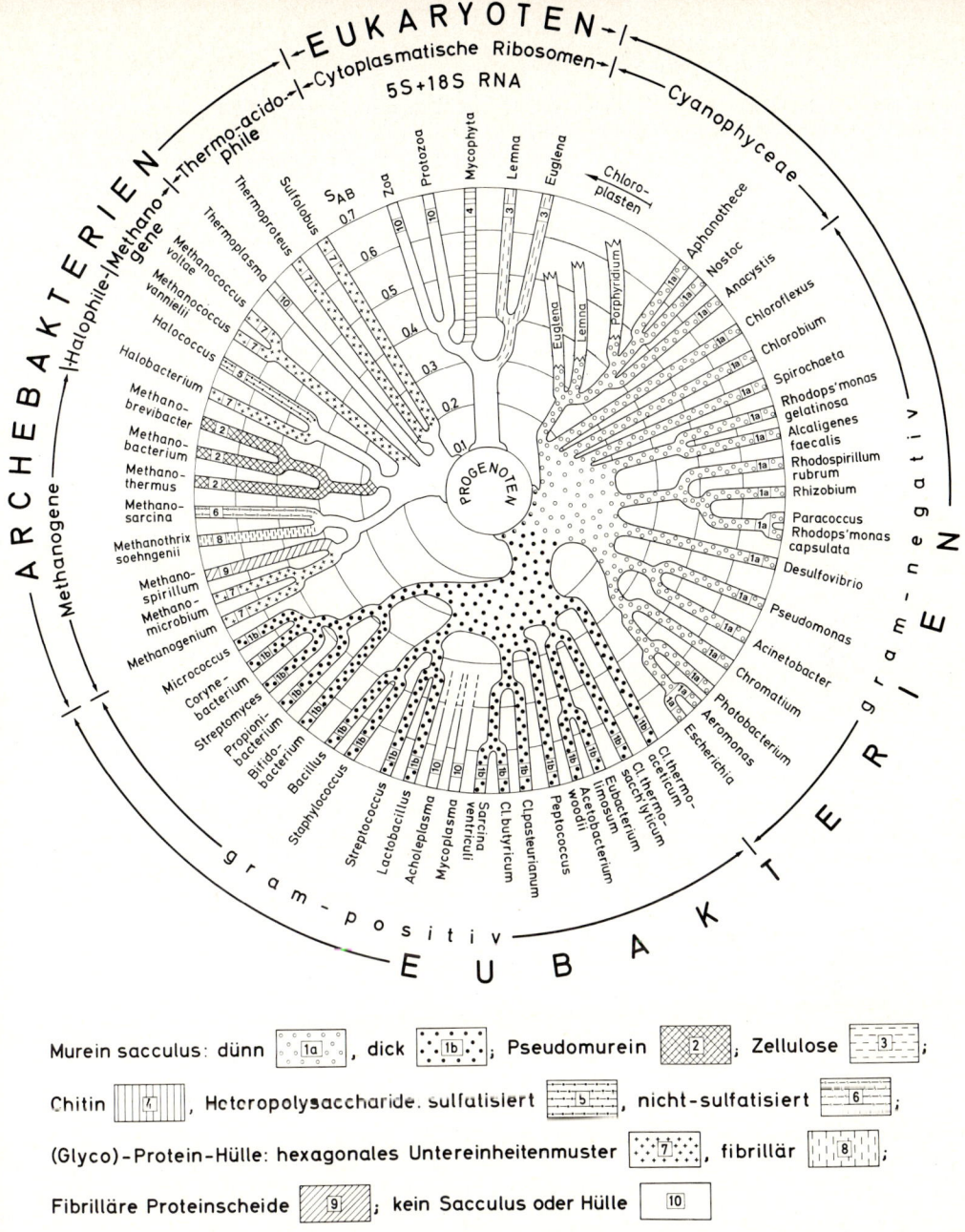

Abb. 598: Phylogenetische Zusammenhänge ermittelt nach übereinstimmender Basensequenz der rRNA. Die S_{AB}-Werte (vgl. S. 543) bedeuten: 0,2 = fast keine Übereinstimmung; 1 = völlige Identität der oligomeren Teilstücke aus der rRNA. Die Zellwandzusammensetzung ist durch unterschiedliche Schraffuren und Ziffern (1–10) gekennzeichnet. Die phylogenetische Eigenständigkeit des Cytoplasmas der Eukaryoten ergibt sich aus Untersuchungen an der 5 S und 18 S rRNA; die 16 S rRNA ihrer Chloroplasten (z.B. *Lemna*) zeigt hingegen mit jener der prokaryotischen Cyanophyceen größere Übereinstimmung. Diese Befunde bestätigen die Endosymbiosetheorie (S. 70). Die Archebakterien, Eubakterien (einschließlich Cyanophyten) und Eukaryoten sind in dieser Darstellung drei Reichen zugeordnet. Andererseits lassen sich, wie im Text aufgrund des Zellbaus geschehen, Archebakterien, Eubakterien, Cyanophyten (und Prochlorophyten) als Prokaryoten den Eukaryoten gegenüberstellen. Man beachte in diesem Zusammenhang die stammesgeschichtliche Heterogenität herkömmlicher Gruppierungen, z.B. der *Rhodospirillales* (S. 561) mit *Chlorobium*, *Rhodopseudomonas*, *Rhodospirillum* und *Chromatium*. Cl, *Clostridium*; Progenoten, einfachste Lebewesen vor der stammesgeschichtlichen Differenzierung. (Nach KANDLER unter Berücksichtigung von WOESE.)

von *Halobacterium*, *Sulfolobus* und *Thermoplasma* innerhalb der Archebakterien bleibt taxonomisch noch abzuklären.

Die methanogenen Bakterien (**Methanobacteriaceae**) sind Anaerobier, die, in Luft ausgesetzt, schneller absterben als andere anaerobe Bakterien. Sporenbildung wurde nicht nachgewiesen. Sie sind eine morphologisch vielfältige, physiologisch recht einheitliche Gruppe und zu autotropher Lebensweise mit CO_2 und H_2 als einziger Kohlenstoff- und Energiequelle befähigt. Als alternative Kohlenstoffquellen können auch einfache Carbonsäuren und Alkohol genutzt werden. Die Gattungen der Familie bilden durchwegs M e t h a n bei ihrem energieliefernden Stoffwechsel. Die Familie ist außerdem durch den Besitz zweier spezifischer, sonst nirgends vorkommender Cofaktoren gekennzeichnet, von denen CoM, 2-Mercaptoethansulfonsäure, als Methylüberträger an der Methanbildung beteiligt ist, während das unbekannte F_{420} als Wasserstoffüberträger wirkt. Die Z e l l h ü l l e n (Sacculi bzw. Scheiden) der Methanbakterien enthalten in keinem der bisher untersuchten Organismen die typischen Bausteine (keine Muraminsäure oder D-Aminosäuren, wie sie für die Mureinhülle von Eubakterien charakteristisch sind). Sie bestehen vielmehr im wesentlichen aus besonderen, gegenüber Dodecylsulfat und bestimmten Proteasen (z.B. Trypsin, Pepsin etc.) stabilen Proteinen.

Die ca. 12 besser bekannten Arten von Methanbacteriaceen gehören 9 Gattungen an, die sich u. a. in der Feinstruktur ihrer Zellwände unterscheiden. Weder Penicillin noch D-Cycloserin, typische Giftstoffe der Peptidoglykan-Synthese, hemmen das Wachstum der Methanbakterien. – Die Formen von *Methanobacterium* reichen von kokkoid bis schlank stäbchenartig; außerdem sind alle Arten gram-positiv und besitzen einen sog. Pseudomurein-Sacculus, der dem Peptidoglykan der übrigen Prokaryoten recht nahe kommt, wobei allerdings Muraminsäure und der typische Wechsel von D- und L-Aminosäuren fehlen. – Die folgenden Gattungen sind gram-negativ. *Methanospirillum* umfaßt lange, gewundene Stäbchen; ihre Proteinscheide ist nicht an der Septenbildung beteiligt (vgl. dagegen die Septenbildung bei Eubakterien). – *Methanococcus* (nicht zu verwechseln mit *Methylococcus*) bildet Kokken; anstelle einer festen Zellwand findet sich eine Oberflächenschicht aus Proteinbausteinen. – *Methanosarcina* hat ungewöhnlich große, in Paketen zusammenhängende Zellen mit einem Heteropolysaccharid-Sacculus. – Die meisten Gattungen der Methanbacteriaceen haben demnach ganz unterschiedliche Lösungen für den Aufbau einer Zellhülle gefunden. Hierbei besteht kaum untereinander noch gegenüber den Eubakterien eine über höchstens allgemeine chemische Grundprinzipien hinausgehende Ähnlichkeit.

Hinsichtlich der abgestuften Ähnlichkeit bei der 16S rRNA lassen die bisherigen Untersuchungen an repräsentativen Vertretern eine starke s t a m m e s g e s c h i c h t l i c h e Divergenz von A r c h e b a k t e r i e n , E u b a k t e r i e n und E u k a r y o t e n (ohne Berücksichtigung von deren Chloroplasten bzw. Mitochondrien) vermuten (Abb. 598). Innerhalb der Prokaryoten sind daher die Archebakterien und Eubakterien mindestens als verschiedene Abteilungen zu bewerten; sie werden z.T. auch als eigene Reiche aufgefaßt. Die stammesgeschichtliche Abspaltung dürfte vor etwa 4 Milliarden Jahren stattgefunden haben, da die ältesten bekannten Fossilfunde von Cyanophyceen etwa 3 Milliarden Jahre alt sind und die Archebakterien auf Grund der 16S rRNA-Verwandtschaft v o r der Aufgliederung in Eubakterien und Cyanophyceen, d.h. vor der Anreicherung von O_2 in der Atmosphäre entstanden sein müssen. In diesem frühen Zeitabschnitt der Differenzierung des Lebens, vor mehr als 3 Milliarden Jahren, gab es eine weitgehend reduzierende Erdatmosphäre, in der die Methanobacteriaceen existieren konnten (H_2 aus der Atmosphäre; CO_2 aus primitiven Gärungsvorgängen in den Urmeeren).

Die Abteilung der *Archebacteria* beinhaltet alte ökophysiologische Anpassungstypen, die sich – wohl unter gewisser Fortentwicklung – in geeigneten Biotopen bis heute erhalten haben (z.B. Methanobacteriaceen im Faulschlamm und Pansen). Die Aufgliederung in frühzeitig isolierte und verwandtschaftlich stark divergierende Stämme spricht für die Reliktnatur ihrer heute noch lebenden Vertreter.

Zweite Abteilung: Eubacteria

Von den schon genannten Unterschieden zu den Archebakterien sind hier die Muraminsäure-haltigen M u r e i n - Z e l l w ä n d e der Eubakterien besonders hervorzuheben. In ihrer morphologischen Ausgestaltung setzen die Eubakterien die Entwicklung zu komplexeren Strukturen fort. Neben einzelligen Kokken, Bazillen, Vibrionen und Spirillen, mehrzelligen Zellhaufen und Paketen treten hier nunmehr auch einfache und verzweigte vielzellige Fäden auf. Durch Geißelschlag bewegliche Formen sind nicht nur monotrich, sondern auch lophotrich, peritrich und bipolar begeißelt. In mehrzelligen Formen ist das Prinzip der arbeitsteiligen Übernahme bestimmter Funktionen kaum verwirklicht (vgl. aber *Chlorochromatium* S. 562).

Die Eubakterien gliedern sich in eine gram-negative und gram-positive Gruppe, die jeweils als Klasse bewertet wird.

I. Klasse: gram-negative Eubakterien

In dieser Klasse sind Kokken, Stäbchen, Vibrionen, Spirillen, Spirochaeten und gleitende Formen zusammengefaßt. Bei gram-negativen Bakterien ist das Mureinnetz dünn, einschichtig und nur zu weniger als 10% am Trockengewicht der Zellwand beteiligt; die Gramfarbstoffe lassen sich leicht auswaschen. Die äußere Membran besteht aus aufgelagerten, jedenfalls nicht kovalent gebundenen Lipoproteinen, Lipopolysacchariden und anderen Lipiden, die bis zu 80% des Trockengewichtes der Zellwand ausmachen. Ca^{++}-Ionen erhöhen die Stabilität der Lipopolysaccharidschicht. Teichonsäuren (S. 562) wurden nicht nachgewiesen.

Die Energiegewinnung ist phototroph oder chemotroph. Im Unterschied zu den gram-positiven Bakterien sind hier einige Gruppen zur Photosynthese befähigt, wobei diese hier grundsätzlich ohne Sauerstoffabscheidung vonstatten geht (also anders als bei Cyanophyceen und Eukaryoten). Die verwandtschaftliche Übereinstimmung der phototrophen mit den nicht-phototrophen gram-negativen Eubakterien ist meist deutlich größer als mit den Cyanophyceen, die bei der Photosynthese Wasser als Elektronendonator verwenden. Ob die chemotrophen gram-negativen Bakterien sich in polyphyletischer Entwicklung von phototrophen Eubakterien ableiten lassen, ist umstritten. Unter den chemotrophen Gruppen unterscheidet man chemolithotrophe von chemoorganotrophen (s. S. 554).

Die Untergliederung der Klasse in Ordnungen und Familien ist im Fluß und nur teilweise nach verwandtschaftlichen Gesichtspunkten vollzogen. Neben weitgehend natürlichen Ordnungen sind auch verschiedene Familien nach überschaubaren künstlichen Einteilungsprinzipien – Übereinstimmung in Gestalt und Stoffwechsel – zu Gruppen (1–12) vereinigt. Wir beginnen mit Kokken und/oder Stäbchen und fassen diese in einer anaeroben (1), fakultativ anaeroben (2) und aeroben Gruppe (3) zusammen. Es folgen gestreckte

und zugleich gewundene Formen, nämlich die starren Spirillen (4) und die flexiblen Spirochaeten (5), sowie die Anhängsel tragenden Bakterien (6). Eine morphologische Sonderstellung kommt jeweils auch den Scheidenbakterien (7) und den zu gleitenden Bewegungen befähigten Arten innerhalb der Cytophagales (8) und Myxobacterales (9) zu; letztere bilden Fruchtkörper-ähnliche Strukturen. Durch ihren Stoffwechsel lassen sich die chemolithoautotrophen (10) und die photoautotrophen (11), durch ihre Lebensweise die obligat parasitischen Bakterien (12) kennzeichnen.

1. Anaerobe Kokken und Stäbchen sind jeweils in den Familien der **Veillonellaceae** (*Acidaminococcus, Megasphaera, Veillonella*) und **Bacteroidaceae** (*Bacteroides, Fusobacterium*) zusammengefaßt. *Veillonella* und *Megasphaera* können keine Kohlenhydrate vergären. *V. alcalescens*, im Speichel von Menschen und Tieren sowie im Pansen von Wiederkäuern vorkommend, vergärt Milchsäure zu Propionsäure, Essigsäure, CO_2 und H_2. *Bacteroides succinogenes* ist in der menschlichen Darmflora stark vertreten; er vergärt Kohlenhydrate unter Bildung von Bernsteinsäure und Essigsäure. Anzuschließen an die Bacteroidaceen, jedoch in noch nicht abgeklärter systematischer Stellung, sind polar-monotrich oder -polytrich begeißelte *Desulfovibrio*-Arten in Gestalt von Vibrionen oder Spirillen. Sie gehören zur kleinen Gruppe der «Desulfurikanten», die zur «Sulfatatmung» (S. 357) befähigt sind und chemolithoheterotroph leben. *Desulfovibrio* ist Faulschlamm-Bewohner. Anaerobe Stäbchen, die Essigsäure vergären, bildet *Acetobacterium*.

2. Fakultativ anaerobe Stäbchen bilden die **Enterobacteriaceae** und *Vibrionaceae*. – Zu ersteren gehört die im Darm von Warmblütern lebende, als Untersuchungsobjekt häufig verwendete *Escherichia coli*. *Erwinia carotovora* bewirkt Wurzel-Fäule an Möhren. *Serratia marcescens* lebt in Wasser und im Boden; sie bildet gelegentlich auf Brot, Mehl usw. blutrote fenähnliche Kolonien («Hostienpilz»), deren roter Farbstoff wasserunlöslich ist. Salmonellen rufen Typhus (*Salmonella typhi*) und Paratyphus (*S. paratyphi*) beim Menschen hervor, *Salmonella typhimurium* ist für viele sog. «Nahrungsmittelvergiftungen» verantwortlich. *Shigella*-Arten (z. B. *Sh. dysenteriae*) sind Erreger von Ruhr und Diarrhoe. *Enterobacter*-Arten bilden bei der Gärung – kennzeichnend für die ganze Familie – Ameisensäure. *Proteus vulgaris* ist ein Vertreter der Darmflora, kommt aber auch im Boden und in Gewässern verbreitet. *Klebsiella pneumoniae* verursacht eine gefährliche Form der Lungenentzündung; andere Arten der Gattung sollen an der Bakteriensymbiose von *Psychotria* beteiligt sein (S. 376). In die Nähe der Enterobakterien werden *Chromobacterium* und *Pasteurella* gestellt. Ersteres hat seinen Namen von der violetten Farbe seiner Kolonien (Violacein mit antibiotischen Eigenschaften) und kann Infektionskrankheiten in den Tropen verursachen. Die nach L. PASTEUR benannte zweite Gattung ist obligat an Säugetiere gebunden; sie verursacht auch beim Menschen Infektionskrankheiten. – Zu den **Vibrionaceae** zählt: *Vibrio cholerae*, der Erreger der Cholera. Es wird durch verunreinigtes Wasser übertragen und verursacht starken Wasserverlust durch enzymatische Lyse der Darmschleimhaut und Abscheidung eines Toxins. Hierher ist auch *Aeromonas* zu stellen. Die Gattungen *Photobacterium* und *Benekea* sind an das Leben im Meerwasser angepaßt und als L e u c h t b a k t e r i e n bekannt («Biolumineszenz», S. 291) – *Flavobacterium* (S. 564), als Gattung unsicherer systematischer Stellung in die Nähe der Vibrionaceen gestellt, oxidiert Ethan.

3. Zu den **aeroben Kokken und Stäbchen** gehören die Familien *Neisseriaceae*, *Pseudomonadaceae*, *Azotobacteraceae*, *Rhizobiaceae* und *Methylomonadaceae*. – Die **Neisseriaceae** bilden unbewegliche Kokken. *Neisseria gonorrhoeae* ist Erreger der Gonorrhoe, *N. meningitidis* ruft über den Blutkreislauf in das Gehirn eindringend Gehirnhautentzündung hervor. Wegen ihrer Penicillinempfindlichkeit sind diese Bakterien heute gut zu bekämpfen. Hier anzuschließen sind *Acinetobacter* und *Paracoccus*. – Die **Pseudomonadaceae** (mit *Pseudomonas* und *Xanthomonas*) enthalten polar begeißelte, gerade oder schwach gekrümmte Stäbchen. Die Energiegewinnung erfolgt durch aerobe (z. T. auch durch anaerobe) Dissimilation (D e n i t r i f i k a t i o n, N i t r a t - A t m u n g); Gärungen fehlen. Die Arten sind organotroph, einige auch fakultativ chemolithotroph; es werden verschiedenste organische Materialien, u. a. auch heterocyclische und aromatische Verbindungen verwertet. Hierzu zählt auch *Zoogloea*, ein sichtbare Flocken bildendes Faulschlammbakterium. – Die E s s i g s ä u r e b a k t e r i e n (z. B. *Acetobacter aceti*), die Ethanol zu Essigsäure oxidieren, werden verwandtschaftlich in die Nähe der Pseudomonaden gestellt; es sind peritrich begeißelte Stäbchen. – Zur B i n d u n g des freien Luftstickstoffes sind Arten der **Azotobacteraceae** und **Rhizobiaceae** befähigt. Erstere sind freilebend und können bis zu 20 mg Stickstoff je g umgesetzten Zucker binden. *Azotobacter* bildet relativ große eiförmige Zellen (ebenso *Azomonas*, zugleich auch mit Cystenbildung); kleine Stäbchen werden bei den Gattungen *Beijerinckia* und *Derxia* beobachtet. – Vertreter der Rhizobiaceen befallen Leguminosenwurzeln, die mit der Bildung von Wurzelknöllchen reagieren (Vgl. S. 375, Symbiose S. 374). Man unterscheidet mehrere Gattungen, die wichtigste ist *Rhizobium*. Die Gattung *Agrobacterium* ist nicht zur Bindung molekularen Stickstoffs befähigt. *Agrobacterium tumefaciens* erzeugt Gallen an Blütenpflanzen (Abb. 468). – Die **Methylomonadaceae** nutzen lediglich organische Verbindungen mit einem Kohlenstoffatom wie Methan oder Methanol; *Methylococcus* z. B. verwertet keine Zucker und

organische Säuren. – *Bordetella bronchiseptica* (Abb. 595) befällt Atemwege von Säugern und ist in die Gruppe der aeroben Kokken einzureihen, obwohl ihre Familienzugehörigkeit noch unbekannt ist.

4. **Spirillen (Spirillales)** werden wegen ihrer auffallenden Gestalt zu einer Gruppe vereinigt. Es handelt sich um gekrümmte, s t a r r e Stäbchen mit weniger als einer bis zu vielen Windungen. Die Begeißelung ist bipolar-polytrich. Sie leben meist aerob, wenige Vertreter sind fakultativ anaerob. Kohlenhydrate können nicht vergärt werden. Die Formen lassen sich größtenteils in der Familie der **Spirillaceae** zusammenfassen; eine Art unter ihnen *(Spirillum itersonii)* ist ein Denitrifikant. In die Nähe wird auch *Bdellovibrio* gestellt, dessen Arten auf anderen Bakterien parasitieren.

5. **Spirochaeten (Spirochaetales)** sind außergewöhnlich lange (bis zu 500 µm!) und schlanke (Durchmesser 0,1–0,6 µm) anaerobe bis aerobe Bakterien, die wie die Spirillen gewunden sind. Im Gegensatz zu diesen sind sie jedoch f l e x i b e l: ihre dünnen Zellwände gestatten die Kontraktion eines im Inneren der Zellen liegenden Achsenfadens, wobei sie sich ohne Geißeln lebhaft bewegen. Das Achsialfilament ist aus einer von Gattung zu Gattung verschiedenen Anzahl von Fibrillen (4, 18, mehr als 100) zusammengesetzt. Die größeren Formen sind in der Familie der **Spirochaetaceae** vereint, während die kleineren die Familie der **Treponemataceae** bilden. Es sind aerobe wie anaerobe Formen bekannt. *Spirochaeta plicatilis* (bis 500 µm lang) lebt in eutrophen Gewässern; *Treponema pallidum* erregt die Syphilis; *T. denticola* findet sich als Saprophyt im Zahnbelag des Menschen.

6. **Anhängsel tragende Bakterien** sind Formen unterschiedlicher Verwandtschaft, die bei der Zellspaltung z. T. ungleich große Teilzellen und außerdem Anhängsel in Form von Stielen und Fortsätzen bilden. Die Stiele bestehen aus Schleim, die fadenförmigen Fortsätze sind Auswüchse der Zelle. *Gallionella ferruginea* ist als E i s e n b a k t e r i u m bekannt, das im Frühjahr in eisenhaltigen Gewässern rostbraune Massen bildet. Das bohnenförmig gestaltete Bacterium scheidet ein spiralig gedrehtes, mit Eisenhydroxid inkrustiertes Band am Stiel aus. *Nevskia nervosa* bildet Kahmhäute auf Wasser; mehrere Schleimstiele sind zu einer verzweigten Bakterienkolonie zusammengefaßt. *Caulobacter* setzt sich mit seiner Geißel fest, bildet einen Stiel und vermehrt sich durch Querteilung. *Pedomicrobium manganicum* oxidiert Mangan (M a n g a n b a k t e r i e n s. S. 272).

7. Die **Scheidenbakterien** besitzen röhrenförmige Scheiden, welche die Zellen in Ketten zusammenhalten. Als sog. «Abwasserpilz» ist *Sphaerotilus natans* (Abb. 599) sehr bekannt. Dieses Bacterium (!) wächst in stark verschmutzten Gewässern, so auch z. B. in Vorflutern von Zuckerfabriken. Durch Bildung von Fäden, Flocken oder sogar fellartigen Belägen und Überzügen kann es Rohre und Gräben verstopfen. *Leptothrix ochracea* speichert in und an

seinen Scheiden Eisenoxide; dieses in eisenhaltigen Gewässern lebende Bacterium ist entgegen früherer Annahmen nicht chemolithoautotroph.

8. **Gleitende Bewegungen** führen die Vertreter der **Cytophagales** aus. Die beiden Gattungen *Cytophaga* und *Sporocytophaga* gehören mit den folgenden Myxobakterien zu den aeroben Cellulose-abbauenden Bakterien des Bodens. In der Ordnung der *Cytophagales* werden im Unterschied zu den Myxobakterien keine Fruchtkörper gebildet. – Als gleitende, fädige Formen sind in einem künstlichen System hier *Thiothrix* (s. S. 272) und die *Beggiatoaceae* (s. S. 566) anzuschließen. *Chloroflexus*, gleitend und photoautotroph, vermittelt zwischen Gruppe 8 und 11.

9. Die **Myxobacterales** bilden den Hauptteil der Gruppe der **gleitenden Bakterien**. Sie sind von der vorigen Gruppe durch ihre komplexe Organisation abgehoben, bei der Einzelzellen zu Fruchtkörpern zusammengefaßt sein können. Die roten oder andersfarbigen Zellaggregate der auf Erde oder Mist lebenden Myxobakterien bestehen aus einem Schwarm («Pseudoplasmodium») von kleinen, zellwandlosen, aktiv biegsamen und geißellosen Stäbchen, die sich wohl durch aktive Kontraktionen der Zellen gleitend bewegen. Bei manchen Arten sammeln sich die Stäbchen durch Zusammenkriechen an bestimmten Stellen an und bilden charakteristische, bei den Gattungen verschieden gestaltete und gefärbte, z. T. durch Gallerte verbundene Zusammenhäufungen: sog. Fruchtkörperchen oder Cystophoren, aus deren Innerem sich wieder neue Schwärmer bilden können (z. B. bei den verbreiteten *Myxococcus*-Arten und bei *Chondromyces*, Abb. 600). In Kultur lassen sich manche Myxobakterien mit lebenden Mikroorganismen (z. B. Bakterien) füttern. Im Le-

benskreislauf ergibt sich damit eine bemerkenswerte Konvergenz zu den eukaryotischen *Acrasiomycota* (Vgl. S. 630).

10. **Chemolithoautotrophe Bakterien:** Im Gegensatz zu den entsprechenden heterotrophen Bakterien (siehe 1) besteht in dieser aeroben Gruppe eine obligate Koppelung der Chemolithotrophie mit autotropher CO_2-Fixierung. (S. 271 ff.).

Die aeroben **Nitrobacteraceae** oxidieren Ammoniak zu Nitrit (*Nitrosomonas*), oder Nitrit zu Nitrat (*Nitrobacter*). Es handelt sich morphologisch um Kokken, Stäbchen oder Spirillen, deren Begeißelung, falls vorhanden, subpolar oder peritrich ist. – An diese Familie können jene Bakterien angeschlossen werden, die reduzierte Schwefelverbindungen (*Thiobacillus* z. T.) oder Fe^{++} (*Thiobacillus* z. T. und *Siderocapsaceae*) zu oxidieren vermögen. Schließlich sind noch die Knallgasbakterien zu erwähnen, die nur fakultativ autotroph sind. Sie können einerseits besser auf organischen Nährböden gedeihen, andererseits aber auch molekularen Wasserstoff mit Hilfe von Hydrogenasen aktivieren: dadurch vermögen sie Energie zu gewinnen, reduktive Synthesen durchzuführen und zelleigene Kohlenhydrate über CO_2-Fixierung aufzubauen (z. B. *Pseudomonas facilis*, eine *Pseudomonadaceae*, die bereits in Gruppe 3 besprochen wurde; *Alcaligenes eutrophus*).

11. Die **photoautotrophen Rhodospirillales** sind weitgehend anaerob und durch den Besitz verschiedener Photosynthesepigmente (Bacteriochlorophyll a–e) und Carotine gekennzeichnet, die ihnen eine charakteristische purpurviolette, rötliche, braune, olivfarbene oder grüne Färbung verleihen. Sauerstoff hemmt Synthese und Funktion ihrer verschiedenen Bacteriochlorophylle, die sich auch darin vom Chlorophyll a der Cyanophyceen (S. 256) und Eukaryoten unterscheiden. Als Elektronendonatoren werden z. T. auch organische Verbindungen (*Rhodospirillaceae*) verwertet. Die auf das Licht als Energiequelle angewiesenen, phylogenetisch recht uneinheitlichen (Abb. 598) photoautotrophen Bakterien kommen als Kokken, Stäbchen oder Spirillen vor. Soweit beweglich, sind die Zellen polar oder bipolar begeißelt. –

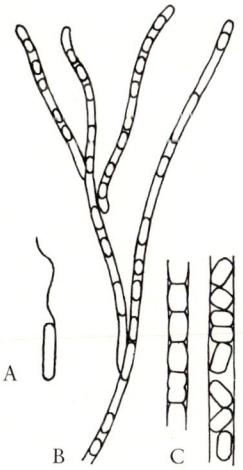

Abb. 599: Gram-negative Scheidenbakterien. *Sphaerotilus natans.* A Bewegliches Stadium (700 ×). B *Sphaerotilus*-Form (330 ×). C Beginn der Zelltrennung (800 ×). (Nach E. PRINGSHEIM.)

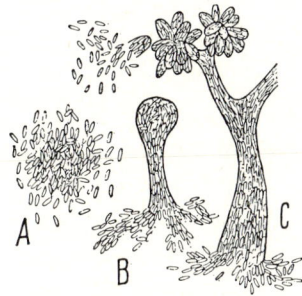

Abb. 600: Gram-negative *Myxobacterales. Chondromyces.* Schema. A Stäbchenschwarm, B junger, C verzweigter Fruchtkörper. (Fruchtkörper 30 ×, Stäbchen 200 ×; nach KÜHLWEIN.)

Die **Rhodospirillaceae**, also die s c h w e f e l f r e i e n P u r p u r b a k t e r i e n, enthalten wie die folgende Familie vornehmlich Bacteriochlorophyll a oder b an einem cytoplasmatischen Membransystem. Elementarer Schwefel wird von ihnen in der Regel n i c h t oxidiert. Die bekanntesten Vertreter gehören den Gattungen *Rhodospirillum*, *Rhodopseudomonas* und *Rhodomicrobium* an.

Bei den beiden folgenden Familien wird elementarer S c h w e f e l oder S c h w e f e l w a s s e r s t o f f als E l e k t r o n e n d o n a t o r genutzt. – Die **Chromatiaceae** reichern in den Zellen oder an deren Außenfläche Schwefel an; wegen ihrer meist purpurnen Färbung heißen sie dementsprechend auch s c h w e f e l h a l t i g e P u r p u r b a k t e r i e n. Unter ihnen sind *Chromatium* und *Thiospirillum*, die beachtliche Zellgrößen erreichen (20–40 × 3,5–4 μm), sowie *Thiocapsa* zu nennen. – Die zu der Familie der **Chlorobiaceae** gehörenden g r ü n e n S c h w e f e l b a k t e r i e n, mit *Chlorobium* und anderen Gattungen, vermögen keinen Schwefel zu speichern oder abzulagern. Sie enthalten Bacteriochlorophylle (vorwiegend c oder d; z. T. a in geringen Mengen) in Vesikeln, die nahe der Cytoplasmamembran liegen oder an dieser befestigt sind; in dieser Eigenschaft sind sie von den beiden ersten Familien verschieden. Sonderbare Formen sind unter dem Namen *Chlorochromatium* bekannt. Es handelt sich um A g g r e g a t e aus jeweils mehreren unbeweglichen grünen Schwefelbakterien und einem zentral gelegenen, polar begeißelten, farblosen Bacterium; die Gebilde bewegen sich als Einheit fort.

Die photoautotrophen Bakterien haben ihren Lebensraum in anaeroben Zonen in Süßwassertümpeln und -seen, in langsam fließenden Gewässern, aber auch in Meeresbuchten. Schwefelpurpurbakterien bilden z. B. lachsfarbene oder weinrote Überzüge an sich zersetzenden Pflanzenteilen am Grunde der Gewässer. Gelegentlich kommt es zu einer Massenentwicklung («W a s s e r b l ü t e») in den tieferen anaeroben Zonen von Seen, unter bestimmten Temperaturbedingungen, bei genügend hohen Konzentrationen von Schwefelwasserstoff, Kohlendioxid und organischen Verbindungen. Mit Hilfe ihres hohen Carotinoidgehaltes können die Purpurbakterien das bis in die Tiefe vordringende kurzwellige Licht absorbieren, um es für ihren Photostoffwechsel zu nutzen. Dementsprechend herrschen als Anpassung an die Lichtverhältnisse in größeren Gewässertiefen die Purpurbakterien und unter den Schwefelbakterien die braun gefärbten Arten mit starker Carotinoidpigmentierung vor.

12. Obligat parasitische Bakterien sind in den **Rickettsiales** vereinigt, die als Erreger des F l e c k f i e b e r s gefürchtet sind. Sie werden durch Zecken, Milben, Flöhe und Läuse auf Menschen und Tiere übertragen. Sie sind sehr klein. Von den Viren unterscheiden sie sich durch ihren DNA-/RNA-Gehalt (1:3,5); auch ist die Zellwand lysozymempfindlich und Muraminsäure-haltig. Als obligate Zellparasiten sind Rickettsien außerhalb lebender Zellen nicht kultivierbar.

An die Rickettsien lassen sich möglicherweise die lange für Viren gehaltenen Erreger der Papageienkrankheit (P s i t t a k o s e - G r u p p e) anschließen. Sie sind an parasitische Lebensweise angepaßte Bakterien mit DNA und RNA sowie mit spezifischen zelleigenen Stoffen (z. B. Muraminsäure). Dabei besteht jedoch eine große Abhängigkeit vom Wirtsstoffwechsel, da ein eigenes energieproduzierendes System verloren gegangen ist. Die obligat intracellulären Bakterien werden als abgeleitete Glieder einer regressiven Entwicklung aufgefaßt, die in Anpassung an die Wirtszelle zum Verlust verschiedener synthetischer Fähigkeiten geführt hat.

II. Klasse: gram-positive Eubakterien

Die in dieser Klasse zusammengefaßten Eubakterien kommen weitgehend in ähnlichen morphologischen und stoffwechselphysiologischen Typen vor wie sie uns von der gram-negativen Gruppe bekannt sind. Die höchste morphologische Organisation erreichen die verzweigt-fädigen, ein Mycel bildenden Actinomyceten. Fruchtkörper wie bei Myxobakterien fehlen ebenso wie die Fähigkeit zur Photosynthese. Das Merkmal der E n d o s p o r e n b i l d u n g bei einzelnen stäbchenbildenden grampositiven Bakterien kommt ausschließlich diesen, also nicht den gram-negativen Bakterien zu. Aus dem m e h r s c h i c h t i g e n M u r e i n s a c c u l u s der gram-positiven Eubakterien läßt sich der G r a m f a r b s t o f f n i c h t a u s w a s c h e n. Ihre Zellhülle ist durch folgende Besonderheiten gekennzeichnet: das v i e l s c h i c h t i g e M u r e i n n e t z ist zu 30 bis 70 % am Trokkengewicht der Zellwand beteiligt; von den Aminosäuren wird Diaminopimelinsäure häufig durch Lysin ersetzt; Polysaccharide fehlen oder sind kovalent gebunden; der Proteingehalt ist geringer; häufige Bestandteile sind T e i c h o n s ä u r e n, das sind Polymere der Ribitphosphorsäure und Glycerophosphorsäure, die über eine Phosphodiesterbindung mit Muraminsäure verknüpft sind. Auch in dieser Klasse kann die Vielfalt zunächst nur in k ü n s t l i c h e n G r u p p e n untergliedert werden.

1. Kokken: Anaerobe Kokken sind in der Familie der **Peptococcaceae** zusammengefaßt. Ihre morphologische Organisation reicht von Einzelzellen über in Paaren oder Tetraden zusammenhängende Zellen bis zu unregelmäßigen Zellpaketen oder zu kürzeren und längeren Ketten. Die aus über 64 Einzelzellen gebildeten Zellpakete von *Sarcina ventriculi* werden durch Cellulose zusammengehalten. Der chemoorganotrophen Familie fehlen Geißeln. Ihre Vertreter kommen im Mund und in den Atmungswegen von Mensch und Tier, z.T. auch im Urogenitalsystem oder im Erdboden vor. – Zu den fakultativ anaeroben Kokken gehören beispielsweise Milchsäurebakterien aus den Gattungen *Streptococcus*, *Leuconostoc* und *Pediococcus*; diese lassen sich zusammen mit anderen Gattungen in einer Familie der **Streptococcaceae** vereinigen. Sie sind ebenfalls chemoorganotroph und verwerten Kohlenhydrate unter Bildung von Milchsäure. *Streptococcus* und *Pediococcus* sind homofermentativ, d.h. sie vergären Glucose zu Milchsäure, ohne weitere Produkte zu bilden. *Leuconostoc* ist dagegen heterofermentativ, da neben Milchsäure auch Ethanol (oder Essigsäure) und CO_2 entstehen. Die Fähigkeit, Milchsäuregärung durchzuführen, kommt auch in anderen gram-negativen und gram-positiven Bakteriengruppen vor. *Streptococcaceae* sind neben Vertretern aus anderen Familien bei der Silageherstellung, bei der Produktion von Sauerkraut, Quark und verschiedener Arten von Sauermilch wie Buttermilch, Joghurt und Kefir beteiligt. Auch sind sie teils Bestandteile der Darmflora, teils harmlose Kommensalen an Schleimhäuten; einige zählen allerdings auch zu den hochvirulenten Blutparasiten. – Die **Micrococcaceae** sind fakultativ anaerob oder aerob. *Staphylococcus*, eine fakultativ anaerobe Gattung, hat ihren Namen nach den traubenförmigen Zellpaketen und beinhaltet als Erreger von Eiter auch pathogene Formen. Die aerobe Gattung *Micrococcus* bildet gelbe oder orangefarbene Kolonien auf geeigneten Nährboden.

2. **Nicht-sporenbildende Stäbchen** kennzeichnen die zweite größere Gruppe von Milchsäurebakterien mit der Familie der **Lactobacillaceae**; sie sind gewöhnlich unbegeißelt. Die Milchsäuregärung kann wie bei den Streptococcen homo- und heterofermentativ erfolgen. Wie diese besiedeln sie unter natürlichen Bedingungen Milch, intakte und sich zersetzende Pflanzen sowie den Darm und die Schleimhäute von Mensch und Tier. Auf Grund ihrer Säuretoleranz und der Ansäuerung des sie umgebenden Mediums durch die Milchsäurebildung setzen sie sich rasch durch; sie unterdrücken das Wachstum anderer anaerober Bakterien und haben somit eine sterilisierende und konservierende Wirkung. Im Gegensatz zu den ebenfalls Milchsäure bildenden gram-negativen Enterobacteriaceen (S. 559) sind die gram-positiven Streptococcen (Gruppe 1) und Lactobacillen obligate Gärer. Alle drei Familien von Milchsäurebakterien sind anaerob oder fakultativ anaerob. Lactobacillen können – obwohl im Prinzip anaerob – auch in Gegenwart von Luftsauerstoff wachsen.

3. **Sporenbildende Stäbchen** vermögen Endosporen zu erzeugen (vgl. S. 555). Die Formen mit Endosporenbildung sind in einer einzigen Familie, den **Bacillaceae**, zusammengefaßt. Es sind aerobe, im Boden lebende oder fakultativ anaerobe Bakterien. Viele von ihnen bilden auch Zellketten oder Fäden. *Bacillus anthracis* wurde von ROBERT KOCH 1876 als erstes Bacterium in Zusammenhang mit der Erregung einer Krankheit gebracht, dem Milzbrand. *B. subtilis* ist der eiweißzersetzende Heubacillus. *Sporolactobacillus* gehört zu den homofermentativen Milchsäurebakterien. Zur Gruppe der Bakterien, die Harnstoff mittels des Enzyms Urease zersetzen, zählt *Sporosarcina ureae*. Die anaeroben Sporenbildner werden in der Gattung *Clostridium* zusammengefaßt. Bei *Clostridium* blähen sich die Zellen bei der Sporenbildung auf (*Cl. botulinum* auf verdorbenem Fleisch; *Cl. tetani*, Erreger des Wundstarrkrampfes). Die sulfatreduzierenden Bakterien dieser Gruppe sind in einer eigenen Gattung, *Desulfotomaculum*, vereinigt.

Die Bacillaceen sind entweder unbewegliche oder durch laterale oder peritriche Geißeln bewegliche Formen. *Oscillospira*, eine in ihrer systematischen Stellung noch nicht völlig abgeklärte anaerobe Gattung, bildet zahlreiche seitliche Geißeln an Fäden von erheblicher Größe, in denen Polysaccharide gespeichert werden.

4. **Coryneforme Bakterien** (einschl. **Actinomycetales**): gram-positive Bakterien mit stark abwandelbarer Gestalt nennt man coryneform, d.h. daß Stäbchen in Keulen, Kurzstäbchen, Kokken oder schwach verzweigte Formen umgewandelt werden können. Das Merkmal der Endosporenbildung fehlt durchgehend.

Zu ihnen zählen die Propionsäurebakterien (**Propionibacteriaceae**), die als anaerobe Organismen im Pansen und Darm der Wiederkäuer vorkommen. Die morphologische Plastizität coryneformer Bakterien ist bei ihnen im Gegensatz zu den Milchsäurebakterien ziemlich deutlich ausgeprägt. *Propionibacterium acni* ist pathogen und führt zu Entzündungen der Haarfollikel (Akne). Propionsäure entsteht, wie bei anderen Bakterien (*Veillonella*, S. 559) auch, durch Vergärung von Glucose, Saccharose, Pentosen oder von Substraten wie Milchsäure, Äpfelsäure, Glycerin etc. In dieser Familie einzureihen ist auch *Eubacterium*. – Typisch coryneform sind Angehörige der Gattung *Corynebacterium*, deren Familienzugehörigkeit wie bei den folgenden zwei Gattungen noch nicht festgelegt werden konnte. Es sind fast durchweg aerobe Organismen. *C. diphtheriae*, der Erreger der Diphtherie, lebt mikroaerophil (S. 554) bis anaerob. Die Arten dieser Gattung sind nicht nur Krankheitserreger an Mensch und Tier, sondern auch Verursacher von Pflanzenkrankheiten. *Cellulomonas* ist ein Cellulose-abbauendes Bodenbacterium, *Arthrobacter* herrscht mengenmäßig in der Bodenmikroflora vor und vermag verschiedene Kohlenstoffquellen zu nutzen, jedoch keine Cellulose.

Bei den bereits den **Actinomycetales** zugerechneten **Mycobacteriaceae** erreicht die Tendenz, Verzweigungen zu bilden, gegenüber den bisher besprochenen coryneformen Bakterien einen hohen Grad. Sie sind durch die «Säurefestigkeit» der Carbolfuchsinfärbung in den Zellwänden gekennzeichnet, da ein hoher Gehalt an Wachsen (Mycolsäureester) die Entfärbung durch Säuren wie HCl verhindert. Zu dieser Familie zählen die Tuberkelbakterien *(Mycobacterium tuberculosis)*, die gewöhnlich als unverzweigte, schlanke, unbewegliche, sporenbildende Stäbchen wachsen.

Während echte Verzweigungen bei *Mycobacterium* nur in jungen Kulturen vorkommen, sind sie bei den sog. «Strahlenpilzen» (**Actinomycetaceae, Streptomycetaceae, Nocardiaceae**) die Regel. Die im Boden häufigen und artenreichen fädigen Actinomyceten entwickeln in künstlicher Kultur meist ein Mycel von mehreren cm Durchmesser, das oft aus einer einzigen, querwandlosen, oft reich verzweigten, äußerst zarten chitin- wie cellulosefreien Zelle mit zahlreichen Nucleoiden besteht (Fadendurchmesser 0,5–1 μm; Abb. 601). Die Fäden werden z.T. vielzellig und zerfallen dann leicht in Stäbchen, die manchen Stäbchenbakterien außerordentlich ähnlich sehen; außerdem bilden sie – besonders an den Lufthyphen – verschiedene Sorten von kettenförmig angeordneten Sporen. Solchen E x o s p o r e n stehen die in Sporangien entstehenden Endosporen der **Actinoplanaceae** gegenüber. Die Actinomyceten sind morphologisch mit den an den Anfang gestellten einfacheren Formen durch eine lückenlose Reihe von Zwischengliedern (z.B. *Bifidobacterium*) verbunden.

Actinomyces bovi erregt eitrige Geschwülste im Körper von Menschen und Tieren (Actinomycose); *Streptomyces scabies* ruft durch Wundkorkbildung sichtbar werdende Schorfkrankheiten bei Kartoffeln und Rüben hervor; in den W u r z e l k n ö l l c h e n d e r E r l e und anderer Gattungen lebt ein zu den Actinomyceten gehörender Symbiont *(Frankia alni)* und assimiliert hier freien Luftstickstoff (s. S. 347, 376). *Nocardia*-Arten vermögen ebenso wie Vertreter von *Mycobacterium* Ethan (vgl. *Flavobacterium* S. 560) zu oxidieren. *Thermomonospora*- und *Thermoactinomyces*-Arten wachsen bei hohen Temperaturen (S. 400). Die Ausscheidungsprodukte mancher Actinomyceten finden in der Medizin als A n t i b i o t i c a Verwendung im Kampf gegen Infektionen durch pathogene Bakterien (Actinomycin, Streptomycin etc.). Unter natürlichen Bedingungen sind sie wohl zur Abwehr konkurrierender Mikroorganismen bedeutsam.

5. **Mycoplasmen**, früher auch als PPLO (= pleu-ropneumonia like organisms) bezeichnet, besitzen keine Zellwand und somit auch keine feste Gestalt; sie können deswegen auch nicht durch die Gram-Färbung gekennzeichnet werden. Die 16S rRNA-Verwandtschaft deutet allerdings darauf hin, daß sie von gram-positiven Eubakterien abstammen (hierher *Mycoplasma* und *Acholeplasma*, Abb. 598). Einige *Mycoplasma*-Arten leben saprophytisch, andere parasitisch als Erreger von Lungenkrankheiten beim Menschen und bei Säugetieren. Erstere kommen ohne Cholesterin aus, während letztere durchweg auf Steroide (Cholesterin) angewiesen sind. Hierher gehört wahrscheinlich auch die Gattung *Metallogenium*, die an der Oxidation von Mangan in Seen beteiligt ist (M a n g a n b a k t e r i e n s. S. 272). Mycoplasmen ähneln den sog. L-Formen der übrigen Bakterien (S. 553).

Vorkommen und Lebensweise der Bakterien

Die Bakterien sind in zahlreichen Arten (etwa 1600) in unermeßlicher Individuenzahl über die ganze Erde im Wasser, im Boden und mit dem Staub auch überall in der Atmosphäre und auf allen Gegenständen vorhanden. Ihre weite V e r b r e i t u n g verdanken sie hauptsächlich folgenden Faktoren: ihrer Kleinheit und der damit verbundenen sehr großen Oberfläche im Vergleich zur Körpermasse, wodurch eine sehr hohe physiologische Aktivität und S t o f f w e c h s e l i n t e n s i t ä t möglich wird (z.B. sehr r a s c h e V e r m e h r u n g s f ä h i g k e i t); ferner der W i d e r-s t a n d s f ä h i g k e i t ihrer vegetativen Zellen und besonders ihrer Sporen gegen ungünstige Außeneinflüsse, sowie der Mannigfaltigkeit ihrer Ernährungsweisen. Unter optimalen Verhältnissen vermögen sich manche Arten (z.B. *Vibrio cholerae*) mehrmals in einer Stunde zu teilen, so daß von einer Bakterienzelle innerhalb 24 Stunden viele Billionen Nachkommen entstehen können.

Die S p o r e n der Bakterien sind gegen Austrocknung und Temperatureinflüsse sehr w i-d e r s t a n d s f ä h i g; einige ertragen mehrstündigen Aufenthalt in siedendem Wasser (maximal 30 Stunden) sowie hohe Kältegrade. Auch die vegetativen Zellen vieler Arten sind besonders gegen Austrocknung sehr resistent. Manche vermögen auch bei hoher Temperatur (90°–100°C) zu leben, z.B. in heißen Quellen, und einige erzeugen aktiv beträchtliche Wärmemengen («Selbsterhitzung» bis über 60°C von feuchtem Heu, Mist, Tabak, Baumwolle z.B. durch *Bacillus stearothermophilus, Ther-*

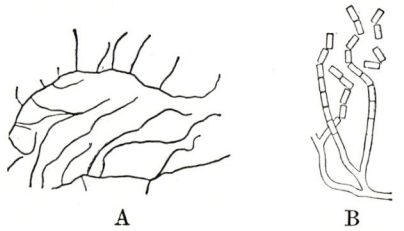

A   B

Abb. 601: Gram-negative *Actinomycetales*. A *Streptomyces scaber*, Fadenbildung (640 ×). B *Nocardia autotrophica*, Zerfall in Stäbchen (1000 ×). (A nach Erikson; B nach Hirsch.)

momonospora- und *Thermoactinomyces*-Arten).

Thermophile Bakterien, z.B. div. Archebakterien und Arten der Gattungen *Bacillus*, *Clostridium*, verschiedene Mycobakterien und chemolithoautotrophe Bakterien, sind nicht nur hohen Temperaturen gegenüber stabil, sie benötigen sogar diese zum optimalen Wachstum. Echte Thermophilie in diesem Sinne kommt nur bei Prokaryoten vor. Zu den gemäßigten Thermophilen gehören Bakterien, die Wärme durch die beim Stoffwechsel freigesetzte Energie erzeugen. Die thermophilen Bakterien verfügen über thermostabile Proteine und über Enzyme, die durch höhere Temperaturoptima gekennzeichnet sind. Die Stabilität der Proteine wird u. a. durch Metallionen oder durch Bindung an Zellmembranen sowie durch spezielle Aminosäurenzusammensetzung erhöht; so enthalten thermostabile Proteine mehr Argininreste als thermolabile.

Unter den Prokaryoten, und zwar allein schon unter den Eubakterien, gibt es eine größere Zahl von Stoffwechseltypen als bei den Eukaryoten. Die Mehrzahl der Bakterien lebt saprophytisch oder parasitisch heterotroph. Obligater Parasitismus (Rickettsien S. 562) ist jedoch selten; denn die meisten der pathogenen Arten können sich auch außerhalb des tierischen oder menschlichen Körpers vermehren. Die Kultur in geeigneten Nährlösungen (z.B. Fleischwasser mit Pepton) bereitet daher im allgemeinen keine Schwierigkeit. Auf festen Nährböden (Agar, Gelatine) bilden die Bakterien oft schleimige, verschieden gestaltete Anhäufungen, «Kolonien» (Coenobien, s. S. 91), die meist farblos, bisweilen aber auch durch Farbstoffausscheidung gefärbt sind; Farbstoffe in den Zellen (in Thylakoiden, Abb. 596, bzw. in der Cytoplasmamembran) haben nur die zur Photosynthese befähigten grünen Bakterien, die Purpurbakterien und die Halobakterien.

Bakterien rufen durch ausgeschiedene Enzyme weitgehende Zersetzung des Substrates, entweder unter anaeroben oder aeroben Bedingungen hervor. Als stoffwechselsphysiologische Besonderheiten gewisser Bakterien sind u.a. zu nennen: Autotrophie, entweder durch Photosynthese (rote und grüne Schwefelbakterien) oder durch Chemosynthese (s. S. 271); Heterotrophie bei Saprophyten, bei Parasiten oder in Symbiose; oxybiontischer oder anoxybiontischer Ener-

giestoffwechsel; Denitrifikation oder Desulfurikation (s. S. 356, 357); Bindung von molekularem Stickstoff (s. S. 347). Viele Gärungen werden durch Bakterien bewirkt; die Milchsäure- und Buttersäuregärung, die Cellulose-, Pectin- und Eiweißvergärung sowie die aerobiontische Essigsäuregärung (vgl. S. 275ff.). Nahezu alle Naturstoffe können durch Bakterien abgebaut werden, sogar Erdöl, Paraffine, Asphalt. Kohlenwasserstoffe werden umso schwerer abgebaut, je kürzerkettig sie sind; Ethan und Methan werden von Spezialisten (S. 560, 564, 272) verwendet. Nur einige Kunstharze und Plastikmaterialien sowie das besonders resistente Sporopollenin (vgl. S. 89) widerstehen weitgehend dem bakteriellen Abbau.

Zahlreiche Bakterien-Arten erzeugen Krankheiten bei Tieren und Menschen. Die vorbeugende Bekämpfung solcher Krankheiten ist durch aktive Immunisierung (Schutzimpfung) möglich: hierbei werden dem Körper abgeschwächte Krankheitserreger oder deren Gifte zugeführt, um in ihm die Bildung von Antikörpern zu veranlassen. Bei der passiven Immunisierung injiziert man Antikörper aus immunisierten Tieren.

Die pflanzenpathogenen Arten dringen entweder durch Stomata, Hydathoden und dgl. in die Pflanze ein (besonders *Pseudomonas*- und *Xanthomonas*-Arten), oder sie infizieren Wunden (Frostrisse, Insektenschädigungen und ähnliches; z.B. *Erwinia carotovora*). Die pathogenen Bakterien vergiften im allgemeinen durch Toxine. Das Vorhandensein oder Fehlen von Geißeln spielt für die Pathogenität keine Rolle; sonderbarerweise sind nur stäbchenförmige und sporenlose Formen pflanzenpathogen. Die pathogenen Bakterien leben meist in den Intercellularen und lösen von hier aus die Mittellamellen auf (vgl. S. 82), so daß die voneinander isolierten Zellen absterben, wobei gelegentlich auch Toxine beschleunigend wirken; das Wirtsgewebe wird dabei in eine breiige, faulige Masse verwandelt (Naßfäulen). In die lebenden Zellen dringen nur relativ wenige Bakterien ein (u.a. *Pseudomonas tabaci*). Selten verstopfen sie die Gefäße und bringen so die Pflanze zum Verwelken und Absterben, wobei meistens auch Welketoxine beteiligt sind (z.B. *Corynebacterium michiganense*). Es sind mehr als 200 Bakteriosen an Pflanzen bekannt.

Bakterien und andere Mikroorganismen sind bei technischen Verfahren und industriellen Produktionen (Biotechnologie) wichtig; z.B.: Gewinnung von Antibiotica (auch durch Seitenkettenabspaltung synthetisch gewonnener Vorstufen), von Enzymen und anderen Proteinen; Abbau von Abfallstoffen (z.B. Methanvergärung von Abwasserschlamm); Anreicherung von Metallen durch mikrobielle Laugung (Überführung schwerlöslicher Kupfer- und Uranverbindungen in wasserlösliche Sulfate durch *Thiobacil-*

lus-Arten). Auf erdölhaltigen Substraten wachsende Bakterien können bei der Suche nach neuen Lagerstätten als Indikatoren dienen.

B. Organisationstyp: Prokaryotische Algen

Algen, d.h. gewöhnlich an das Leben im Wasser angepaßte, einfach gebaute Pflanzen mit Chlorophyll a (und z.T. b), wurden früher in einer einzigen Gruppe zusammengefaßt, ehe man den tiefgreifenden Unterschied zwischen Pro- und Eukaryoten erkannte. Durch prokaryotischen Zellbau gekennzeichnete Algen, die Cyanophyta (Blaualgen) und die Prochlorophyta, bilden somit einen eigenen Organisationstyp. Stammesgeschichtlich stehen die Blaualgen den Eubakterien viel näher als allen anderen Algen. Sie sind mit den Eubakterien über den prokaryotischen Zellbau hinaus durch übereinstimmenden Bau der gram-negativen Zellwand sowie durch photoheterotrophe, im übrigen aber den Blaualgen ähnelnde Übergangsformen verbunden.

So wird die Gattung *Beggiatoa* bald zu den gram-negativen Eubakterien (Gruppe 8), bald zu den Cyanophyten gerechnet. Ihre zarten weißlichen Fäden erinnern an die blaugrüne, phototrophe Gattung *Oscillatoria* (S. 569). Die pigmentfreien *Beggiatoa*-Rasen finden sich am Grunde H$_2$S-haltiger Gewässer, wo sie sich gleitend fortbewegen können. Sie oxidieren Sulfid zu Sulfat, wobei vorübergehend Schwefel in den Zellen abgelagert werden kann. Ob dabei autotroph CO$_2$ fixiert wird, oder nur der Abbau organischer Substrate zum Kohlenstoffgewinn beiträgt, ist noch ungeklärt. Die auf absterbenden Meeresalgen gedeihende farblose Gattung *Leucothrix* kommt manchen pigmentierten Vertretern der Cyanophyten sehr nahe, wie auch die heterotrophe *Lampropedia* der autotrophen *Merismopedia*.

Die Prochlorophyten weichen von den Cyanophyten in einigen Merkmalen (Pigmentausstattung!) ab. Die Trennung der Cyanophyten von den Bakterien und die Zusammenfassung mit den Prochlorophyten erfolgt somit – wie bei den anderen Organisationstypen auch – nach gewissen Übereinstimmungen in Bau, Lebensweise und Leistung, nicht primär nach verwandtschaftlichen Gesichtspunkten.

Erste Abteilung: Cyanophyta, Blaualgen, Cyanobakterien

Innerhalb der Prokaryoten bilden die *Cyanophyta* eine relativ homogene Gruppe, die schon vor der Differenzierung in gram-negative und gram-positive Eubakterien ihre stammesgeschichtliche Eigenständigkeit erhalten haben dürfte. Sequenzbestimmungen an 16S rRNA, die bislang allerdings nur an wenigen Gattungen von Cyanophyten ausgeführt worden sind, weisen zwischen den Gattungen der Blaualgen einen höheren Grad von Homogenität auf als zwischen diesen und den Eubakterien (Abb. 598). Von den phototrophen Gattungen der Eubakterien unterscheiden sich die Cyanophyten durch andersartige Photosynthesepigmente (Chlorophyll a anstelle von Bacteriochlorophyll) und durch die Freisetzung von Sauerstoff bei der Photosynthese; neben oxygener kann aber unter Umständen auch anoxygene Photosynthese durchgeführt werden. Die Cyanophytenzelle ist durchschnittlich 5- bis 10-mal größer als die Bakterienzelle.

Die photoautotrophen, oft einfache oder verzweigte Fäden bildenden Blaualgen unterscheiden sich als Prokaryoten von den eukaryotischen Algen in wesentlichen Merkmalen (S.572). Den Zellen fehlen Zellkern, Mitochondrien, Lysosomen, endoplasmatisches Reticulum, membranbegrenzte Chloroplasten und von einem Tonoplasten umgebene Zellsaftvacuolen; allerdings haben

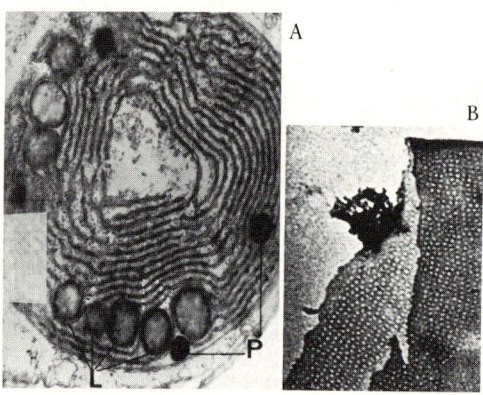

Abb. 602: *Cyanophyta*. A konzentrische Thylakoide, L Lipoidkörper, P Phosphatkörper. B *Cylindrospermum*, Porengürtel an der Querwand. (A 25000 ×, nach HALL & CLAUS; B 26000 ×, nach DRAWERT.)

mehrere Cyanophyten, wie manche Eubakterien auch, gasgefüllte Vesikel, sog. Gasvacuolen. Im Gegensatz zu allen Eukaryoten, jedoch in Übereinstimmung mit einigen Eubakterien, vermögen manche Blaualgen den freien Luftstickstoff (N₂) zu binden. Diese Fähigkeit ist vor allem an das Vorkommen von Heterocysten gebunden (S. 347ff.), die sich durch ihre Größe, den Verlust der Pigmentierung, durch Cellulose sowie oft durch den Besitz lichtbrechender Polkörperchen (Abb. 603 E') von den übrigen Zellen unterscheiden. Die in den Heterocysten erzeugten Stickstoffverbindungen werden offenbar über feine Kanäle der Polkörperchen zu den Nachbarzellen geleitet.

Im zentralen, farblosen Teil der Blaualgenzellen (Nucleo- oder Centroplasma) liegen grana-, stab-, netz- oder fadenförmige Elemente, die DNA enthalten; sie werden in ihrer Gesamtheit als Chromatinapparat bezeichnet und stellen das Kernäquivalent dar. Bei der Zellteilung wird der gesamte Komplex quer durchschnürt (Abb. 89). Das Centroplasma ist ohne scharfe Abgrenzung vom peripheren, gefärbten Chromatoplasma – je nach Zellform als Hohlkugel oder -zylinder – umgeben. Das Chromatoplasma ist sehr viscos und strömt im Gegensatz zum Protoplasma der eukaryotischen Zellen nicht. Es enthält in diffus verteilten Ribosomen Ribonucleinsäure und an Thylakoide gebunden das Assimilationspigment Chlorophyll a (kein Chlorophyll b!). Als akzessorische Pigmente finden sich neben Carotinoiden (besonders β-Carotin, z.T. auch Zeaxanthin, Echinenon und Myxoxanthophyll; jedoch nicht Lutein) zwei wasserlösliche Chromoproteide (Phycobiliproteide), deren prosthetische Gruppen (das hier überwiegende Phycocyanin sowie das Phycoerythrin) Phycobiline genannt werden. Phycobiline sind mit den Gallenfarbstoffen verwandt und finden sich in geringfügig abweichender Form auch bei den eukaryotischen Algenabteilungen der Cryptophyten und Rhodophyten. Die Phycobiliproteide sind bei den Cyanophyten wie bei den Rhodophyten in Körperchen lokalisiert, die als sog. Phycobilisomen den in ungefähr gleichen Abständen verteilten, nicht zu zweien oder dreien stapelartig geschichteten, Thylakoiden (Abb. 602 A) aufgelagert sind.

Als Reservestoff wird Cyanophyceenstärke in lichtmikroskopisch nicht sichtbaren Partikeln zwischen den Thylakoiden gespeichert. Sie ist ein dem Glykogen ähnliches Glucan

und der Florideenstärke der Rhodophyten verwandt. Weiterhin finden sich Cyanophycinkörner, lichtmikroskopisch sichtbare, leicht eckige, kleine Körper, die aus Polymeren der Aminosäuren Arginin und Asparagin bestehen; es handelt sich offenbar um eine Stickstoffreserve. Als Phosphorreserve sind aus Nucleoproteiden aufgebaute, hochpolymere Phosphate enthaltende Volutinkörner zu deuten. Sie dienen möglicherweise auch als Energie(ATP-)-speicher.

Die feste Zellwand (= Stützschicht) besteht aus Murein: Cellulose fehlt weitgehend (siehe aber Heterocysten). Außen finden sich bei den Cyanophyten vielfach noch Gallertscheiden, die im Elektronenmikroskop von faseriger Struktur sind und neben Aminosäuren und Fettsäuren auch Polysaccharide enthalten. Die Ultrastruktur der eigentlichen Zellwand gleicht derjenigen gram-negativer Eubakterien. Sie besteht aus vier Schichten und wird wie bei jenen durch Lysozym aufgebrochen.

Begeißelte Schwärmer fehlen. Viele, meist fädige Arten führen gleitende Kriechbewegungen aus (2–11 µm in der Sekunde). Die Bewegung kann nur auf festem und zugleich feuchtem Substrat erfolgen und beruht nicht auf einfacher Schleimsekretion (vgl. Bewegungen von Zieralgen S.595), sondern vermutlich auf der Wirkung von Mikrofibrillen. Diese sind außerhalb der Mureinschicht um den Faden oder die Zelle gewunden und vermitteln durch Reibung mit dem Substrat eine rotierende Bewegung. Als Widerlager dient dabei der eigene, durch feinste Zellwandporen von 10 nm Durchmesser (Abb. 602 B) ausgeschiedene Schleim. Zu rotierender Fortbewegung sind nur die Arten der fädigen Oscillatoriaceen befähigt, während sich Vertreter anderer Gruppen ohne gleichzeitige Rotation fortbewegen.

Einige Cyanophyten sind einzellig (u.a. *Dermocarpa*). Die darüber hinausgehende morphologische Differenzierung umfaßt wenig- bis vielzellige Coenobien (*Chroococcus*, *Merismopedia*), unverzweigte Fäden ohne (*Oscillatoria*) oder mit Heterocysten (*Nostoc*, *Anabaena*), Fäden mit unechter Verzweigung (*Tolypothrix*, *Scytonema*) oder echter Verzweigung (*Hapalosiphon*) und Fäden mit heteropolarer Differenzierung (*Rivularia*). Unechte Verzweigungen entstehen durch Bruchstücke, die aus der Gallertscheide des Mutterfadens herauswachsen (s.S. 569 u.

Abb. 90). Im Gegensatz dazu kommen echte Verzweigungen durch Änderung der Teilungsebene zustande. Die Verzweigung beginnt hier mit Zellen, die sich durch abweichende Teilung parallel zur Längsachse des Fadens gebildet haben, und die dann diesen Teilungsmodus beibehalten. Auch bei den jüngeren eukaryotischen Chlorophyten treten in konvergenter Entwicklung neben echten Verzweigungen (*Stigeoclonium*) unechte Verzweigungen (*Radiofilum*) auf. Einige fadenförmige Cyanophyten sind sowohl in Längsrichtung wie auch im Querschnitt viel- bzw. mehrzellig und zugleich mit echten Verzweigungen versehen (*Stigonema*, z. T. mit Scheitelzellen-Wachstum; *Fischerella*). Hier teilen sich die Zellen generell in mehr als einer Richtung. Bei allen vielzelligen Arten von Cyanophyten handelt es sich um Coenobien, in denen die Einzelzellen locker innerhalb einer gemeinsam ausgeschiedenen Gallerte oder der ursprünglichen Zellwand zusammenhängen (vgl. S. 91).

Fortpflanzung und Vermehrung der Blaualgen erfolgen durch Zellteilung. Fadenförmige Blaualgen wachsen intercalar durch Teilung beliebiger Zellen im Faden, unter Bildung zentripetaler, irisblendenartiger Querwände (Abb. 603 M), die nur aus dem Material der Stützschicht bestehen. Sie vermehren sich entweder durch unspezifische Fadenfragmentation oder durch wenigzellige Hormogonien (Abb. 603 K). Diese sind aus jungen und nicht spezialisierten Zellen aufgebaute Fadenabschnitte, die sich vom Mutterfaden trennen, fortgleiten und zu neuen Fäden heranwachsen. Bei einigen einzelligen Formen teilt sich der Zellinhalt unter Vergrößerung der Mutterzelle sukzedan in eine größere Zahl kugeliger Endosporen auf, die nach dem Austritt aus der Mutterzelle jede wieder zu einem neuen Individuum heranwachsen. Bei gewissen Arten mit langgestreckten Zellen bleibt der basale Teil steril, während der apikale sich immer wieder zur Ausbildung von Sporen regeneriert (Abb. 603 D). Die Endosporen der Cyanophyten unterscheiden sich von denen der Eubakterien in ihrer Struktur und Entwicklung. Auch Exosporen kommen vor; sie werden von einer Mutterzelle abgeschnürt. Alle diese Sporenarten sind unbegeißelt. Zum Überdauern ungünstiger Perioden werden (besonders bei den *Hormogoneae*) durch Einlagerung von Reservestoffen sowie durch Vergrößerung und starke Wandverdickung einzelner Zellen

Dauerzellen (Akineten) gebildet (Abb. 603 H). Sie keimen zu Hormogonien aus. Es können aber auch kurze seitliche Fadenabschnitte ganz von einer gemeinsamen derben Wand eingehüllt und zu einem Dauerorgan, der Hormocyste, werden. Es bestehen damit nicht nur verschiedene Möglichkeiten zur vegetativen Vermehrung, sondern auch zur Bildung von Überdauerungsorganen, die im Vermehrungs- und Fortpflanzungscyclus unter definierten (d. h. ungünstigen) Lebensbedingungen auftreten können.

Geschlechtliche Fortpflanzung ist unbekannt. Ob gelegentlich beobachteter Austausch genetischen Materials – so ließen sich gegenüber verschiedenen Antibiotica wirksame Resistenzfaktoren zweier Stämme in einem einzigen rekombinieren – auf parasexuellen Vorgängen beruht, ist ungewiß.

Systematik: Die Cyanophyten mit ihrer einzigen Klasse der **Cyanophyceae** werden ihrer unterschiedlichen Organisationshöhe gemäß in zwei Gruppen eingeteilt. Obwohl diese systematisch teilweise als Unterklassen bewertet werden, entsprechen sie kaum natürlichen phylogenetischen Einheiten.

Die **Coccogoneae** (1. Unterklasse) sind Einzeller oder sie bilden wenig- bis mehrzellige kugelige oder kettenartige Coenobien. Kurze Zellketten, wachsen hier niemals zu langen Fäden aus. Sie stellen gegenüber den fädigen *Hormogoneae* die primitivere Organisationsform dar.

Die Ordnung der **Chroococcales** umfaßt einzellige Formen oder Coenobien (Abb. 88). Die Vermehrung geschieht durch Zellteilung. Wachsen dabei die Tochterzellen nicht zur Normalgröße der Mutterzellen heran, spricht man von einer Vermehrung durch Nanocyten. *Synechococcus* ist einzellig. Bei *Chroococcus* und *Gloeocapsa* bleiben die Zellen nach der Teilung innerhalb von z. T. geschichteten Gallerthüllen zu 2, 4 oder 8-zelligen kugeligen Coenobien (s. S. 91) verbunden. Bei *Chroococcus* sind die jungen Tochterzellen halbkugelig (Abb. 603 A), während sie bei *Gloeocapsa* eiförmig gerundet sind und in auffallend dickeren Scheiden liegen. Die Arten beider Gattungen treten meist in gallertigen Überzügen an feuchten Felsen und Mauern auf. Bei *Aphanocapsa* (Abb. 603 B), *Aphanothece*, *Microcystis* und *Merismopedia* (Abb. 603 C) ist die an den Coenobien beteiligte Zahl von Zellen größer. Die tafelförmigen Coenobien von *Merismopedia* kommen durch streng 2-dimensionale Zellteilungen zustande; sie leben im Süßwasser, z. T. auch im Meer.

Die **Chamaesiphonales** enthalten einzellige oder kurz fadenförmige Formen, deren unverzweigte

Fäden mit dem basalen Ende einer Unterlage fest aufsitzen. Die Vermehrung erfolgt durch Endo- oder Exosporen.

Die **Pleurocapsales** sind eine Ordnung, deren Vertreter einzellig sind *(Dermocarpa)* oder kurze, verzweigte oder unverzweigte Fäden bilden, die zu einer Art «Pseudoparenchym» vereinigt sein können. Es werden Endosporen gebildet (z.B. *Dermocarpa;* Abb. 603 D).

Die langfädigen **Hormogoneae** (2. Unterklasse) werden nach dem Grad der Zelldifferenzierung und nach der Verzweigungsform in drei Ordnungen unterteilt.

Den **Oscillatoriales** fehlen differenzierte Zellen nach Art der Heterocysten und Akineten. Nur die Endzellen weisen gegenüber den übrigen Zellen des Fadens eine abweichende Gestalt auf. Da die Teilung der Zellen stets in der gleichen Richtung erfolgt, fehlen Verzweigungen. Die überall in Wasser und auf Schlamm häufige *Oscillatoria* setzt sich aus gleichartigen, oft scheibenförmigen Zellen zusammen (Abb. 603 M). Das Wachstum erfolgt intercalar, die Vermehrung durch Hormogonien. Weitere Gattungen sind *Phormidium, Schizothrix, Spirulina, Plectonema* und *Lyngbya.*

Auch bei den **Nostocales** verläuft die Zellteilung nur senkrecht zur Längsachse der Fäden. Die Vermehrung vollzieht sich wie bei den *Oscillatoriales*

durch Hormogonien. Als besondere Zellform fallen im Faden regelmäßig Heterocysten und gelegentlich Akineten auf. Die Gattung *Nostoc*, die im Wasser oder auf feuchtem Boden kugelig oder unregelmäßig lappig gestaltete Gallertlager mit Polysaccharidschleim bildet (Abb. 603 E), besitzt rosenkranzähnliche Fäden (Abb. 603 E'). Die z.T. planktontisch lebenden Gattungen *Cylindrospermum, Aphanizomenon* und *Anabaena* bilden Dauerzellen (Abb. 603 H). Bei der an Wasserpflanzen und Steinen sitzenden *Rivularia* (Abb. 603 F, G) besteht ein deutlicher Gegensatz zwischen Basis und Spitze des Fadens: an seinem unteren Ende liegt eine Heterocyste, oben läuft er allmählich in ein farbloses Haar aus; er weist also schon eine bauplanbestimmte Differenzierung auf. *Tolypothrix* und *Scytonema* bilden unechte Verzweigungen. – Weitere Gattungen sind *Anabaenopsis, Calothrix* und *Aulosira* (s. S. 347).

Zur Ordnung der **Stigonematales** gehören die am stärksten differenzierten Formen. Durch transversale und longitudinale Zellteilungen sind echte Verzweigungen und vielreihige (multiseriale) Fäden möglich und charakteristisch. Die Vermehrung erfolgt durch Hormogonien. Heterocysten oder Akineten können auftreten. Bei *Stigonema* (Abb. 603 L) besteht eine Gliederung in Basis und Spitze; eine Scheitelzelle gibt nach hinten Segmente ab, die sich durch Längs- und Querwände weiterzerlegen; die mehrreihigen Fäden können auch Seitenzweige bilden. Weitere Vertreter

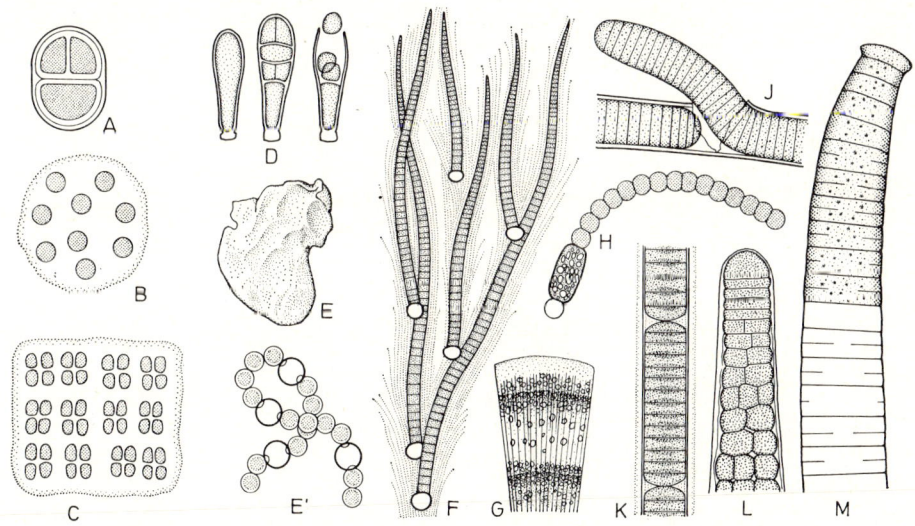

Abb. 603: *Cyanophta.* A *Chroococcus turgidus* (400 ×). B *Aphanocapsa pulchra* (500 ×). C *Merismopedia punctata* (600 ×). D *Dermocarpa clavata*, Endosporenbildung (450 ×). E *Nostoc commune*, Lager (1 ×). E' desgl., Zellfaden mit 4 Heterocysten (400 ×). F *Rivularia polyotis*, Teil eines Lagers (200 ×). G *Rivularia haematites*, Teil eines Lagers im Querschnitt, mit Kalkablagerung und Jahresschichtung (15 ×). H *Cylindrospermum stagnale*, mit länglicher Dauerzelle und kugeliger Heterocyste nahe dem Fadenende (500 ×). J *Plectonema wollei* mit unechter Verzweigung (200 ×). K *Lyngbya aestuarii* Hormogonienbildung (500 ×). L *Stigonema mamillosum*, Fadenspitze (250 ×). M *Oscillatoria princeps*, Fadenspitze; verschiedene Stadien der Zellteilung (300 ×). (A, D, H, L nach GEITLER; B nach MÄGDEFRAU; C nach SMITH; E', F nach THURET; G nach BREHM; J, K nach KIRCHNER; M nach GOMONT.)

der *Stigonematales* sind die Gattungen *Fischerella*, *Hapalosiphon* und *Mastigocladus* (S. 226 u. 347).

Vorkommen und Lebensweise der Blaualgen

Die Cyanophyten sind mit etwa 2000 Arten über die ganze Erde verbreitet. Sie können oft schon mit dem bloßen Auge als gallertige Masse, feinfädige Überzüge, gefärbte Wasserblüten etc. sichtbar sein. Sie leben vor allem im Süßwasser (selbst in 75 °C heißen Thermen, s. Abb. 1030), aber auch auf und in feuchten bis ariden Böden, auf Baumrinde und Felsen bis in die Arktis und Antarktis. Bei etlichen Arten ist also eine Anpassung an das Leben außerhalb des Wassers erfolgt.

Großen Schwankungen der Temperatur und der Wasserversorgung sind Kalkfels bewohnende Blaualgen ausgesetzt, wo sie teils an der Oberfläche (epilithisch), teils in Capillarklüften (endolithisch) leben und nicht selten schwarze Streifen (Tintenstriche) bilden. Einige endolithische Arten vermögen Kalkgestein aufzulösen, bei anderen (z.B. *Rivularia*, *Schizothrix*) lagert sich Kalk in ihren Gallertscheiden ab (Abb. 603G), was im Süßwasser zur Bildung von Seekreide und Kalktuff (s.S.716), im Gezeitenbereich warmer Meere zur Ablagerung geschichteter Kalkkrusten (Stromatolithe) führt. Stromatolithe haben sich bereits in präcambrischen Ablagerungen nachweisen lassen, und man nimmt an, daß die zugehörigen Blaualgen in jener erdgeschichtlichen Epoche flächendeckend und weit verbreitet waren. In großen Massen an der Oberfläche von Süß- und Salzwasser vorkommende Arten können sog. Wasserblüten erzeugen. *Oscillatoria rubescens* verursacht in eutrophierten Gewässern eine rote Wasserblüte und ist als «Burgunderblutalge» bekannt. Andere Arten, so *Microcystis aeruginosa* und *Aphanizomenon flos-aquae*, bilden giftige Peptide, durch die im Süßwasser Fischsterben verursacht werden kann. Die Wasserblüte von *Spirulina platensis* in den ostafrikanischen Sodaseen ist die Hauptnahrung des Kleinen Flamingo. – Bei der biologischen Wasseranalyse bedeutet starkes Auftreten von Cyanophyten eine kritische Belastung und Eutrophierung (s.S.629).

In mehreren Gattungen (*Nostoc*, *Anabaena* u.a.) gibt es Arten, die den freien Stickstoff der Luft binden (s.S. 347). In Sumpfreisfeldern wird jährlich bis zu 50 kg Stickstoff je Hektar durch Cyanophyten gebunden. Im Gegensatz zu manchen Eubakterien (*Rhizobiaceae*) sind die Luftstickstoff fixierenden Cyanophyten dazu durchweg auch in frei lebender Weise befähigt. Der Beitrag der Blaualgen in den Ökosystemen soll hierbei größer sein als jener der Stickstoff-fixierenden Eubakterien. Auch ist die Zahl der den Stickstoff bindenden Arten und Gattungen unter den Cyanophyten größer. –

Mehrere Gattungen bilden mit anderen Lebewesen Symbiosen. Die Algen der Flechten sind vielfach Cyanophyten (s.S.690). Einige Formen leben endophytisch in Gewebehöhlungen anderer Pflanzen, so *Anabaena* in *Azolla*-Blättern (Abb. 834D), *Nostoc* im Thallus mancher Lebermoose (*Blasia*, *Anthoceros*, Abb. 748B), in Wurzeln von *Cycas* und im Rhizom von *Gunnera* (Angiospermen, s.S. 855). Die Cyanophyten dürften in diesen symbiontischen Lebensgemeinschaften zur Stickstoffversorgung des Partners beitragen. Gewisse, allerdings nicht in allen Punkten ganz normal gebaute Cyanophyten kommen als sog. Cyanellen endosymbiontisch in den lebenden Zellen farbloser Flagellaten und Chlorococcalen vor; sie haben hier die gleiche Funktion wie Plastiden (z.B. die Blaualge *Skujapelta* in der farblosen Chlorococcalen *Glaucocystis*; Abb. 66). Dieser Befund hat neben anderen Beobachtungen dazu geführt, generell die Plastiden der eukaryotischen Pflanzenzellen als endosymbiontische Cyanophyten aufzufassen (s. S. 70; Abb. 598).

Zweite Abteilung: Prochlorophyta

Neuerdings wurden einzellige, in Symbiose mit marinen Ascidien (Seescheiden) lebende Algen, denen Phycobiline fehlen und die Chlorophyll a und b enthalten, in ihrem Zellbau als prokaryotisch erkannt. Für sie wurde eine eigene Abteilung geschaffen.

Eukaryota

Die Eukaryoten stellen nach Artenzahl und Masse den Großteil der gegenwärtig lebenden Organismen.

Die **eukaryotische Zelle** (**Eucyte**) ist durch den Besitz eines echten Zellkernes gekennzeichnet, der durch eine mit Poren ausgestattete Doppelmembran (= Kernhülle) vom Cytoplasma der Zelle abgegrenzt ist (Abb. 31). Der Zellkern teilt sich bei normaler, z. B. vegetativer Zellteilung durch Mitose. Bei der sexuellen Fortpflanzung verschmelzen Cytoplasma und Kerne zweier vielfach als Gameten spezialisierter Zellen (Plasmo- und Karyogamie); die regelmäßig folgende Meiose führt von der Diplophase wieder zur Haplophase und bedingt so den für die Eukaryoten charakteristischen Kernphasenwechsel (S. 59). Zusätzliche wichtige Kennzeichen sind verschiedene Zellorganellen, die ebenso wie der Kern deutlich vom Grundplasma abgegrenzt sind. Dazu gehören: endoplasmatisches Reticulum, Dictyosomen (GOLGI-Apparate), Mitochondrien und Microbodies (S. 36 u. 69 ff.). Für die photoautotrophen eukaryotischen Pflanzen sind weiterhin die von einer Doppelmembran umhüllten Chloroplasten charakteristisch (S. 62). Bei begeißelten eukaryotischen Zellen sind die Geißeln einheitlich aus zwei zentralen einfachen und 9 peripheren doppelten Tubuli (Abb. 604) zusammengesetzt (2 + 9-Struktur!). Die Zellwand wird, soweit vorhanden, von einem Geflecht aus Makromolekülen gebildet, die lediglich durch Nebenvalenzen zusammengehalten werden (Cellulose, Chitin etc.; S. 84 ff.). Insgesamt unterscheiden sich die Eukaryoten von den Prokaryoten durch eine deutlich stärkere Komplexität der Zellen. Dieser Unterschied bildet eine tiefe Kluft zwischen allen fossilen und rezenten Prokaryoten einerseits und Eukaryoten andererseits (vgl. allerdings die Dinophyten S. 576). Die Aminosäuresequenzen funktionsgleicher Enzymproteine stimmen zwischen Pro- und Eukaryoten dementsprechend in wesentlich geringerem Maße überein als zwischen den Vertretern jeweils einer dieser beiden Gruppen. So sind die Kettenglieder des Cytochrom c bei Bakterien und Eukaryoten zu 60 % mit unterschiedlichen Aminosäuren besetzt, während der entsprechende Vergleich zwischen Mensch und Weizenpflanze 45 %-,

zwischen Säugern und Vögeln 12 %-, sowie zwischen Mensch und Schimpansen 0 %-Werte ergibt (S. 24 ff.).

Die Entstehung der Eukaryoten und damit die Bildung von membranbegrenzten Organellen in der Eucyte wird derzeit meist im Lichte der Symbionten-Hypothese (s. S. 70, Abb. 598) gesehen. Die Symbionten-Hypothese legt eine mehrfach und unabhängig erfolgte Aufnahme von Symbionten in primitive Eucyten nahe. Danach wären die Eukaryoten polyphyletisch entstanden (S. 537) hinsichtlich der symbiontischen Prokaryoten, monophyletisch aber im Hinblick auf die ursprüngliche Eucyte.

Fossilfunde erlauben eine ungefähre Zeitbestimmung für stammesgeschichtliche Abgliederung der Eukaryoten. Älteste Einzeller aus dem Archaicum (vor über 3,4 Milliarden Jahren) haben eine durchschnittliche Größe von 5 µm und entsprechen damit heutigen Prokaryoten. Vor 1,4 Milliarden Jahren beginnen dann Zellen mit größeren Maßen – im Mittel 13 µm – vorzuherrschen, wie sie für Eukaryoten charakteristisch sind. Daher könnte die Trennung von Pro- und Eukaryoten vor etwa 2 Milliarden Jahren erfolgt sein, während die Aufgliederung von Pflanzen und Tieren «erst» vor etwa 1,1 Milliarden Jahren anzunehmen ist.

Die weitere Evolution der Eukaryoten ist durch fortschreitende Komplexität, Differenzierung und Arbeitsteilung von Organen sowie Anpassung an verschiedene Ernährungsstrategien und Lebensräume gekennzeichnet. So sind Organisationsstufen bzw. -typen entstanden, die meist nicht als Abstammungsgemeinschaften anzusehen sind. Besonders augenfällig ist dies beim Organisationstyp der Flechten, der sich durch Symbiose verschiede-

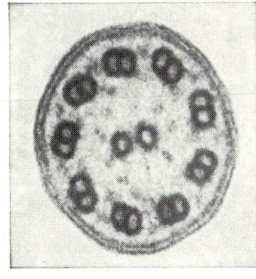

Abb. 604: Querschnitt durch eine Geißel von *Pseudotrichonympha* (tierischer Flagellat) (65000 ×; nach GIBBONS & GRIMSTONE.)

ner Pilze und Algen mehrfach und unabhängig herausgebildet hat. Auch die Pilze stellen eher eine übereinstimmende Anpassungsform an die heterotrophe Lebensweise als eine phylogenetisch einheitliche Gruppe dar. Ähnliches gilt wohl auch für die frühzeitig unabhängigen Entwicklungslinien der eukaryotischen Algen, zumindest im Hinblick auf die vereinnahmten photoautotrophen Endosymbionten, wenn man der Symbionten-Hypothese folgt.

Den Bereich der Eukaryoten gliedern wir hier in folgende Organisationsstufen bzw. -typen: A) Eukaryotische Algen. – B) Schleimpilze. –C) Pilze. –D) Flechten. –E) Moos- und Gefäßpflanzen.

A. Organisationstyp: Eukaryotische Algen

Die eukaryotischen Algen (Algen i.e. Sinne) sind ein- bis vielzellige, verschieden gefärbte, primär photoautotrophe Pflanzen von meist thallophytischer Organisation, die noch größtenteils auf das Leben im Wasser angewiesen sind. Ihre Chloroplasten enthalten die Photosynthesepigmente zusammen mit akzessorischen Farbstoffen. Die Plastiden aller eu-

karyotischen Algen führen Chlorophyll a und meist eine weitere Chlorophyll-komponente (Tab. S. 572). Für die Photosynthese dient Wasser als Elektronendonator, wobei Sauerstoff freigesetzt wird. Unter den akzessorischen Pigmenten sind verschiedene Carotinoide (und auf wenige Gruppen beschränkt Phycobiline, S. 236) zu nennen. Meistens führen die Chloroplasten Pyrenoide (vgl. S. 68).

Die Gameten- und Sporen-bildenden Organe besitzen keine vielzelligen Wandschichten und sind meist auch nicht von postgenitalen, also später wachsenden Hüllen umgeben. Die Sporangien sind stets, die Gametangien meist einzellig. Die Gametangien (S. 213) der Algen werden im Unterschied zu den mit vielzelligen Wänden versehenen Antheridien und Archegonien der Moose und Farne (s. S. 695) bezeichnet als: Spermatogonien (♂: mit begeißelten Spermatozoiden; Abb. 640) bzw. Spermatangien (♂: mit unbegeißelten Spermatien; Abb. 670D) und Oogonien (♀: mit Eizelle; Abb. 640) bzw. Carpogonien (♀: mit besonderer Entwicklung nach der Befruchtung; Abb. 670F).

Die Zygoten entwickeln sich niemals innerhalb der weiblichen Sexualorgane zu vielzelligen Embryonen. Bei den meisten Algengruppen sind die Fortpflanzungszellen (Gameten, Sporen) begeißelt, bei einigen höher entwickelten

Einige chemische Merkmale der Algenklassen (nach van den Hoek; Zusammenfassung der Xanthophylle nach Metzner)

	Chlorophylle			Phycobiline	Carotinoide		Xanthophylle									Reservestoffe			
	a	b	c		α	β	Diadinoxanthin (C)	Diatoxanthin (C)	Fucoxanthin (D, B, A)	Heteroxanthin (C)	Vaucheriaxanthin (B)	Alloxanthin (C)	Peridinin (D, B)	Lutein	Zeaxanthin	Chrysolaminarin	Stärke	Florideenstärke	Paramylum
Euglenophyta	+	+	−	−	−	+	+	(+)	−	−	−	−	−	−	−	−	−	−	+
Cryptophyta	+	−	+	+	+	(·)	−	(+)	−	−	−	+	−	−	−	−	+	−	−
Dinophyta	+	−	+	−	−	+	(+)	(+)	(+)	−	−	−	+	−	−	−	+	−	−
Haptophyta	+	−	+	−	−	+	(+)	(+)	+	−	−	−	−	−	−	−	+	−	−
Chlorophyta	+	−	+	−	(·)	+	−	−	−	−	−	−	−	−	−	−	−	−	−
Chlorophyceae	+	+	−	−	(·)	+	−	−	−	−	−	−	−	+	+	−	⊕	−	−
Zygnematophyceae	+	+	−	−	−	+	−	−	−	−	−	−	−	+	+	−	⊕	−	−
Charophyceae	+	+	−	−	−	+	−	−	−	−	−	−	−	(+)	−	−	⊕	−	−
Heterokontophyta	+	−	+	−	+	+	+	(+)	(+)	(+)	−	−	−	−	−	+	−	−	−
Chloromonadophyceae	+	−	+	−	−	+	+	(+)	−	−	−	−	−	−	−	+	−	−	−
Xanthophyceae	+	−	+	−	−	+	+	−	−	+	+	−	−	−	−	+	−	−	−
Chrysophyceae	+	−	+	−	−	+	(+)	(+)	+	−	−	−	−	−	−	+	−	−	−
Bacillariophyceae	+	−	+	−	(·)	+	+	(+)	+	−	−	−	−	−	−	+	−	−	−
Phaeophyceae	+	−	+	−	−	+	+	(+)	+	−	−	−	−	(+)	−	+	−	−	−
Rhodophyta	+	−	−	+	(·)	−	−	−	−	−	−	−	−	−	+	−	+	+	−

Bemerkungen zur Tabelle: + = wichtiges Pigment, bzw. Reservepolysaccharid; (+) = Pigment kommt vor; (·) = Pigment selten oder nur in geringer Menge; − = Pigment bzw. Reservepolysaccharid fehlt. Bei Stärke: + = außerhalb des Chloroplasten, ⊕ = im Chloroplasten gelagert. A = 8-Keto-Carotin, z.B. Fucoxanthin und Siphonoxanthin (letzteres nur bei *Prasinophyceae* und *Chlorophyceae*). − B = Allen-Carotin, z.B. Vaucheriaxanthin und Neoxanthin (letzteres bei *Euglenophyta*, *Chlorophyta*, *Eustigmatophyta*, *Heterokontophyta* z. T., *Rhodophyta*). − C = Alkin-Carotinoide. − D = Carotinoid-Ester, also Xanthophylle, die an einer oder an beiden Hydroxylgruppen Fettsäurereste tragen. In der Tabelle nicht berücksichtigt 4-Keto-Carotine, z.B. Echinenon bei *Euglenophyta* und *Chlorophyta* +, bei *Heterokontophyta* (+).

Gruppen allerdings lediglich die männlichen Gameten; nur wenige Algengruppen (S. 594, 609, 620) bilden keine begeißelten Stadien aus. Die Geißeln haben die für die Eukaryoten charakteristische 2+9-Struktur. Sie sind teils nach vorne gerichtet (Zuggeißeln), teils nach hinten (Schub- oder Schleppgeißeln) vielfach in Zweizahl (entweder zwei gleich lange oder eine lange und eine kurze) vorhanden, glatt und oft am Ende peitschenartig verdünnt (Peitschengeißel) oder mit Flimmerhaaren besetzt (Flimmergeißel).

Die Algen haben im Verlaufe ihrer Evolution eine Fortentwicklung vom Einzeller bis zum komplizierten Flecht- und Gewebethallus erfahren (S. 97 ff.). Die Formen auf dem Niveau der Thallophyten lassen keine Gliederung in «echte» Blätter, Sproß und Wurzeln erkennen. Andeutungsweise ähnliche Bildungen einiger hochentwickelter Algen enthalten keine Leitstrukturen, die mit den Leitbündeln der Gefäßpflanzen vergleichbar wären (z.B. Phaeophyceen nur mit einzelnen siebröhrenähnlichen Leitelementen). Größtenteils sind die den Grundorganen des Cormus entfernt ähnelnden Strukturen ohne anatomische Differenzierung; sie werden daher, falls überhaupt ausgebildet, als Phylloide, Cauloide und Rhizoide bezeichnet (S. 99).

Folgende morphologische Gruppen unterschiedlicher Organisationshöhe («**Organisationsstufen**») können unterschieden werden.

a) Amöboide (= rhizopodiale) Stufe: Einzellige nackte Algen bilden Pseudopodien, mit denen sie feste Nahrungspartikel aufnehmen. Falls diese Fortsätze dünn und fadenförmig sind, werden sie Rhizopodien genannt (Abb. 642 C). Auch Verbände solcher Zellen kommen vor.

b) Monadale Stufe: Einzellige, begeißelte, meist mit Augenflecken und contractilen Vacuolen ausgerüstete Algen (Flagellaten; Abb. 605), die nach Zellteilung zu mehr- bis vielzelligen Kolonien zusammengeschlossen bleiben können (Abb. 613 G, 643). Das Palmella-Stadium vermittelt zur capsalen Stufe: bei der Zellteilung werden keine neuen Geißeln gebildet und die Tochterzellen sind in Gallerte eingebettet (Abb. 647 C).

c) Capsale (= tetrasporale) Stufe: Verschiedene Merkmale der monadalen Stufe sind z.T. noch rudimentär vorhanden. So sind die Geißeln, falls sie nicht fehlen, steif oder reduziert, die aktive Bewegungsfähigkeit ist allen-

falls auf die Keimzellen beschränkt. Da die Zellen nach Teilung in gemeinsamer Gallerte eingebettet bleiben, entstehen Coenobien, die auch fadenförmig gestreckt sein können (Abb. 646 B). Die Zellwand ist dünn oder fehlt.

d) Coccale Stufe: Keine Reste monadaler Organisation in den vegetativen Zellen, die unbegeißelt und von einer Zellwand umgeben sind. Es handelt sich um Einzeller, Coenobien oder Aggregationsverbände (Abb. 648; 638).

e) Trichale Stufe: Die einkernigen (monoenergiden) Zellen bilden verzweigte oder unverzweigte, intercalar oder mit Scheitelzellen wachsende Fäden (Abb. 620 A).

f) Siphonocladale Stufe: Die Faden-bildenden Zellen enthalten jeweils mehrere Zellkerne; sie sind also polyenergid (S. 591).

g) Siphonale Stufe: Thallus in Form einer einzigen großen, vielkernigen, kugel-, fadenförmigen oder auch anders gestalteten Zelle, die makroskopisch sichtbar ist und erhebliche Ausmaße erreichen kann (Abb. 640 D, 628, 629 D).

h) Filz- und Flechtthallus: Die Seitenäste bzw. Fäden sind verfilzt oder miteinander verflochten; die Zellen sind oft auch verklebt oder sogar verwachsen (Abb. 98 C; S. 97).

i) Gewebethallus: Die multiserial sich teilenden Zellen bleiben in einem Gewebeverbande miteinander verbunden (Abb. 102; zur Entstehung vgl. S. 98).

Diese hier kurz charakterisierten Organisationsstufen wurden von den verschiedenen Stämmen der Algen unabhängig erreicht bzw. verschieden weit durchlaufen. Der Gewebethallus wurde beispielsweise annäherungsweise von Chlorophyten und besonders von Phaeophyceen, der Flechtthallus von Phaeophyceen und Rhodophyten erworben. Jüngere stammesgeschichtliche Reihen auf dem Niveau von Familien und Gattungen sind jedoch vielfach durchgehend durch die gleiche morphologische Organisationsform gekennzeichnet.

In den beiden ersten Abteilungen sind die Organismen zum allergrößten Teil Flagellaten mit Pellicula (monadale Stufe). Als Reservestoffe werden die Polysaccharide Paramylum oder Stärke außerhalb der Chloroplastenmembran gespeichert. Die Chloroplasten besitzen keine Gürtellamelle (vgl. Abb. 638). Die Geißeln sind mit Flimmerhaaren besetzt. Die Vermehrung erfolgt vegetativ durch Längsteilung der Zellen; Sexualität ist bisher nicht sicher nachgewiesen worden. Die in der zweiten Abteilung auftretenden Phycobiline sind nicht in Phycobilisomen lokalisiert.

Erste Abteilung: Euglenophyta

Die Abteilung umfaßt Einzeller der monadalen Organisationsstufe, die unter bestimmten Lebensbedingungen teilweise auch in capsale Stadien übergehen können. Die Vermehrung erfolgt durch Längsteilung, sexuelle Fortpflanzung ist unbekannt. Die grünen Chloroplasten führen einen ähnlichen Farbstoffbestand wie bei Chlorophyten (Chlorophyll a und b, β-Carotin, Spuren von α-Carotin), enthalten aber ein sonst im Pflanzenreich nicht bekanntes Xanthophyll. Als Reservestoff wird neben Phospholipiden in Bläschen ein Polysaccharid in Körnern oder Scheiben im Plasma abgelagert, das Paramylum. Dieses ist ein β-1,3-gebundenes Glucan, welches sich mit Iod nicht blau verfärbt. – Die Zellen sind vielfach schraubenförmig gewunden und besitzen fast immer eine einfache, vorwiegend aus Proteinen bestehende Hülle, die unmittelbar vom Plasmalemma begrenzt ist und als Pellicula bezeichnet wird (Ausnahme z.B. Trachelomonas mit eisenhaltigem Gehäuse). Am Vorderende der Zelle liegt eine flaschenförmige Einstülpung, die Ampulle, die sich in Bauch- und Kanalteil gliedert. Der Ampulle benachbart ist eine pulsierende Vacuole, die von mehreren akzessorischen pulsierenden Vacuolen umgeben ist

und als Organell der Osmoregulation dient. An der Basis der Ampulle entspringen fast durchweg zwei Geißeln je aus einem Basalkörper: eine lange und eine aus der Ampulle nicht hervortretende kurze Geißel, die mit der längeren verschmilzt; an dieser Stelle befindet sich ein lichtempfindliches Organell, der Photoreceptor. In der Nähe der Ampulle liegt der durch Carotine rot gefärbte «Augenfleck» (Abb. 605B), der aus einzelnen, jeweils von einer Elementarmembran umhüllten Lipidtropfen besteht (zur Rolle des Augenfleckes bei der Phototaxis vgl. S. 449). Die lange Geißel, eine mit Flimmern besetzte Zuggeißel (vgl. Abb. 678), beschreibt bei ihrer Bewegung einen Kegelmantel. Unter gleichzeitiger Drehung um die Längsachse bewegt sich z.B. die Zelle von Euglena um das Zwei- bis Dreifache ihrer Körperlänge pro Sekunde vorwärts.

An ultramikroskopischen Strukturen haben die Euglenophyten folgende Besonderheiten aufzuweisen: im Interphasenkern sind kontrahierte Chromosomen sichtbar; die Chloroplasten besitzen eine Hülle aus drei Membranen, die niemals über das endoplasmatische Reticulum mit der Kernhülle verbunden ist; in den Chloroplasten liegen die Thylakoide meistens zu dritt in Stapeln.

Die Euglenophyten umfassen mehr als 800 Arten in etwa 40 verschiedenen Gattungen, die größtenteils im Süßwasser leben. Euglena-Arten haben den Schwerpunkt ihres Vorkommens in nährstoffreichen, stehenden Gewässern (z.B. Dorfteiche und Jauchepfützen bei Massenvermehrung grün färbend). Phacus

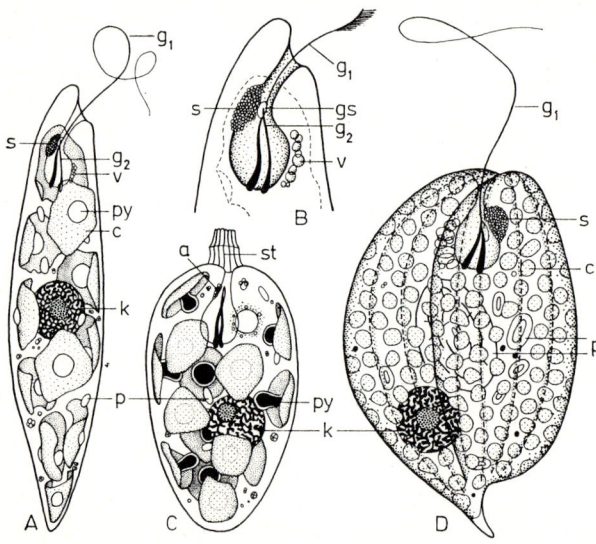

Abb. 605: Euglenophyta. A Euglena gracilis (600 ×). B Desgl., Vorderende (1000 ×). C Colacium mucronatum (500 ×). D Phacus triqueter (600 ×). a Augenfleck, c Chloroplast, g_1 Bewegungsgeißel, g_2 zweite Geißel, gs Geißelanschwellung (Photoreceptor), k Zellkern, p freies Paramylum, py Pyrenoid mit Paramylumhülle, s (= a) Augenfleck, st Gallertstiel, v contractile Vacuolen. (Nach LEEDALE.)

(Abb. 605 D) hingegen bevorzugt nährstoffarmes Wasser. *Colacium* (Abb. 605 C) ist mittels Gallertstiels an freischwimmenden Kleinorganismen festgeheftet; nur bei Vermehrung ist es durch Geißeln freibeweglich.

Obwohl die meisten Arten photoautotroph sind, besteht auch bei ihnen die Tendenz, organische Stoffe zusätzlich zu den Photosyntheseprodukten aufzunehmen. Mehrere farblose Formen haben sich völlig auf die heterotrophe Ernährungsweise spezialisiert; einige unter ihnen vermögen mittels eines Fangapparates und mit Hilfe eines Zellmundes (Cytostom) Mikroorganismen wie Bakterien, Algen oder Hefezellen aufzunehmen (z.B. *Peranema*). Die Grenzen zwischen pflanzlicher und tierischer Organisation sind also noch fließend.

Euglena gracilis verliert in Dunkelkulturen ihr gesamtes Chlorophyll und ihre Thylakoide. Die übrigbleibenden Körper erinnern an Protoplastiden; sie erhalten sich ihre Teilungsfähigkeit auch während der Dunkelphase, wodurch die Kontinuität des Plastidoms bestehen bleibt. Bei darauf folgender Belichtung entwickeln sich diese erhalten gebliebenen farblosen Plastiden wieder zu Chloroplasten mit Thylakoiden und es setzt wieder die Photosynthese ein. Daneben gibt es Varianten der gleichen Art, die überhaupt keine Chloroplasten besitzen; diese, unter bestimmten Bedingungen (z.B. bei sehr schneller Teilungsfolge) erzeugbaren Formen können niemals wieder Chloroplasten bilden.

Zweite Abteilung: Cryptophyta

Die Vertreter dieser Abteilung sind bis auf wenige (capsale und trichale) Ausnahmen Flagellaten der monadalen Organisationsstufe. *Bjornbergiella* hat einen fädigen Thallus. Die begeißelten asymmetrischen Zellen, wie sie für die allermeisten Arten charakteristisch sind, besitzen keine Zellwand, sondern nur eine Pellicula, die aus rechteckigen oder polygonalen Protein-Platten aufgebaut ist. Dem Vorderende entspringen zwei in ihrer Länge etwas verschiedene Geißeln. Beide Geißeln tragen Flimmerhaare, die längere in zwei Reihen, die kürzere in einer Reihe.

Die Geißeln sind meist nach vorne, seltener entlang des Körpers nach hinten orientiert (Abb. 606 C). Sie entspringen dicht oberhalb eines tiefen Schlundes, der von meist stark lichtbrechenden Ejectosomen ausgekleidet ist; das sind Körperchen, die bei Reizung ausgeschleudert werden. Die verschieden gefärbten (z.T. blauen, blaugrünlichen, rötlichen) Chloroplasten enthalten Chlorophyll a und c, α- und β-Carotin und das Xanthophyll Dia-

toxanthin sowie z.T. die Phycobiline Phycoerythrin und Phycocyanin (Tab. 572). Im Unterschied zu den Rhodophyten und Cyanophyten werden diese Farbstoffe hier nicht in Phycobilisomen gespeichert. Wichtigster Reservestoff ist Stärke, die an Pyrenoiden abgelagert wird; diese liegen zwar innerhalb einer Falte des endoplasmatischen Reticulums (= Chloroplastenhülle), jedoch außerhalb der Chloroplastenmembran. Ungeschlechtliche Fortpflanzung erfolgt durch Längsteilung; geschlechtliche Fortpflanzung ist nicht sicher bekannt. Die 120 Arten (zu gleichen Anteilen im Meer und im Süßwasser) werden in 12 Gattungen zusammengefaßt.

Die Deutung der Chloroplasten als stark reduzierte eukaryotische Endosymbionten (aus der Verwandtschaft der Rhodophyten) wird bestätigt durch erhalten gebliebene, verkümmerte Zellkerne, sog. Nucleomorphe. Diese liegen jeweils zu 1 im Pyrenoid oder an der Chloroplastenoberfläche.

Innerhalb der einzigen Klasse der **Cryptophyceae** gibt es nur eine Ordnung, die **Cryptomonadales**. *Cryptomonas* (Abb. 606 A) lebt in zahlreichen Arten in vorwiegend mesotrophen Gewässern. Die rötlich gefärbte *Rhodomonas* kommt im Süßwasser wie im Meer vor. Die saprophytische *Chilomonas* (Abb. 606 B) ist farblos, enthält aber noch einen Leukoplasten. Die ebenfalls farblose *Katablepharis* (Abb. 606 C) ist phagotroph. Eine Art lebt in stark reduzierter Form

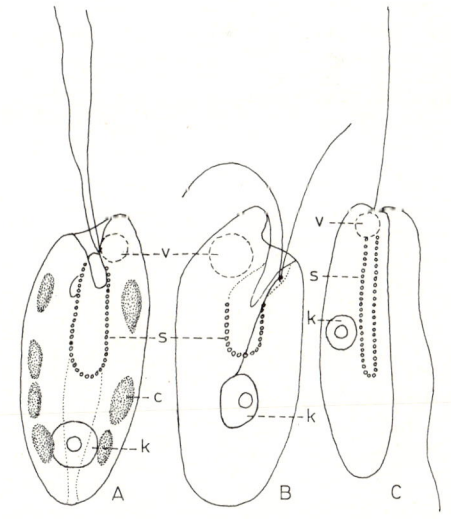

Abb. 606: *Cryptophyta*. A *Cryptomonas* sp. (1200 ×). B *Chilomonas paramaecium* (1200 ×). C *Katablepharis phoenicoston* mit Zug- und Schleppgeißel (1200 ×). c Chromatophor, k Kern, s Schlund, v Vacuole. (A nach Fott, B nach Uhlela, C nach Skuja.)

als Endosymbiont im Ciliaten *Mesodinium rubrum*, der damit sekundär die Fähigkeit zur Photosynthese erworben hat; die symbiontische Alge enthält nur einen Chloroplasten und wenige Mitochondrien.

In allen folgenden Abteilungen sind lediglich behäutete, sog. nackte Flagellaten sehr ausnahmsweise vertreten und in diesen Fällen mindestens durch eines der folgenden Merkmale gekennzeichnet: Reservestoff Öl oder Chrysolaminarin; Chloroplasten mit peripherer Gürtellamelle; sexuelle Fortpflanzung; Peridinin als akzessorisches Pigment. – In der Regel ist jedoch eine feste Zellwand vorhanden.

In den beiden sich anschließenden Abteilungen (dritte bis vierte) sind fast durchweg noch Einzeller eingeordnet, die mit einem Plattenoder Schüppchengehäuse aus Polysaccharid (z. T. Cellulose) und mit dem Pigment Peridinin (nur bei der dritten) ausgestattet sind.

Dritte Abteilung: Dinophyta

Dinophyten *(Pyrrhophyceae, Dinoflagellata)* sind meist Einzeller, die zwei lange, fein beflimmerte Geißeln tragen; nur wenige coccale und trichale Formen sind bekannt. Es kommt neben vegetativer auch s e x u e l l e F o r t p f l a n zung vor. Die Chloroplasten enthalten Chlorophyll a; auch Chlorophyll c wurde bei einigen Arten nachgewiesen. Ihre g e l b b r a u n e bis r ö t l i c h e, selten blaugrüne F a r b e verdanken sie akzessorischen Pigmenten wie β-Carotin und verschiedenen Xanthophyllen, von denen Peridinin am wichtigsten ist (Tab. S. 572). Das Haupt-Assimilationsprodukt ist S t ä r k e, die in Körnchen a u ß e r h a l b d e r C h l o r o p l a s t e n gespeichert wird. Daneben treten auch fettartige Stoffe auf. Die Zellwand besitzt vielfach feine Poren, in die säckchenförmige T r i c h o c y s t e n münden; diese schleudern bei Reizung Proteinfäden aus. Die Zellwand ist bei vielen Dinophyten in sehr charakteristischer Weise aus polygonalen Cellulose-Platten gebaut, die einen Panzer mit einer Quer- und Längsfurche ausbilden. An der Kreuzung von Quer- und Längsfurche entspringen die beiden, je in einer dieser Furchen verlaufenden Geißeln (Abb. 608 A). Die Quergeißel trägt eine Reihe von etwas längeren Haaren, die Längsgeißel zwei Reihen mit kürzeren Flimmerhaaren. Die Seitenhaare sind sehr viel dünner als bei den Heterokonto- und Cryptophyten. Die in der Querfurche schlagende Geißel verursacht eine Drehbewegung um die Längsachse, während die in der Längsfurche bewegte Geißel den Vortrieb der Zelle bewirkt. Eine *Peridinium*-Zelle bewegt sich z.B. in der Sekunde um das Vierfache ihrer Körperlänge in einer Schraubenlinie vorwärts und führt gleichzeitig eine Umdrehung aus. Die Schuppen des Panzers werden (wie bei Schalen der Kieselalgen) in flachen Hohlräumen innerhalb des Plasmalemmas angelegt; die Plasmamembran bleibt außerhalb des Panzers erhalten.

Während bei den meisten Eukaryoten die Chromosomen lichtmikroskopisch nur während der Kernteilung, und zwar besonders während der Metaphase, sichtbar sind, lassen sie sich bei den meisten Dinophyten (wie auch bei den Euglenophyten) im Ruhekern erkennen, denn sie sind während der Interphase derart kontrahiert, daß sie sichtbar bleiben. In elektronenmikroskopischer Betrachtung erscheinen die Chromosomen aus kompakt gelagerten Fibrillen zusammengesetzt («Girlandenstruktur»). Die Fibrillen haben einen Durchmesser von nur 2,5 nm; dies entspricht dem Durchmesser der doppelten DNA-Helix (Abb. 18, S. 28). Die Chromosomen der anderen Eukaryoten besitzen demgegenüber submikroskopische Fibrillen mit etwa 10fach dickerem Durchmesser von 25–30 nm (Abb. 36). Diese dickeren Chromatin-Solenoide aus einer doppelten DNA-Helix, die in Nucleohistone eingebettet und zusätzlich noch einmal aufgewunden ist (Abb. 36C), fehlen den Chromosomen der Dinophyten. In dieser Eigenschaft sind gewisse Ähnlichkeiten zu den Verhältnissen im

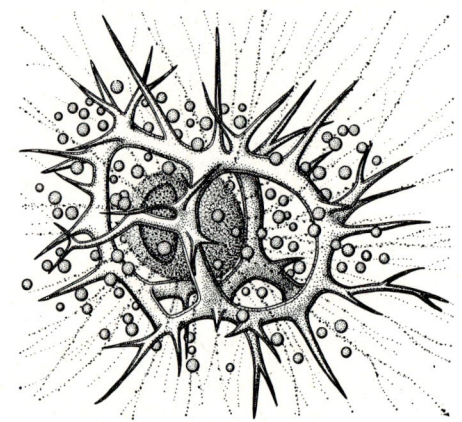

Abb. 607: *Dinophyta.* Zooxanthellen in einem Radiolar *(Eucoronis challengeri)*. (260 ×; nach E. HAECKEL.)

Nucleoplasma der prokaryotischen Bakterien und Blaualgen gegeben.

Die Chloroplastenwand besteht aus drei Membranen, die nicht mit dem endoplasmatischen Reticulum des Kernes in Verbindung stehen. Die Thylakoide liegen zu dritt in Stapeln und bilden keine periphere Gürtellamelle (ähnlich wie in Abb. 638 B).

In letzter Zeit mehren sich die Hinweise darauf, daß die Chloroplasten der Dinophyten als vereinnahmte, endosymbiontisch lebende Algen zu deuten sind.

Die vegetative Fortpflanzung vollzieht sich durch Längsteilung. Bei bepanzerten Formen (z.B. *Ceratium*) wird die Hülle in der Regel schräg zur Querfurche gesprengt und die jeweils fehlende Panzerhälfte ergänzt (Abb. 608 D). Bei manchen Gattungen (z.B. *Peridinium*) wird jedoch der ganze Panzer vor der Teilung abgeworfen, so daß jede der entstehenden Tochterzellen einen eigenen Panzer vollständig neu zu bilden hat. Nach mehreren solchen Teilungen entwickeln sich innerhalb des Panzers zwei zunächst nackte, begeißelte Zellen, welche die Mutterhülle verlassen und sich neu bepanzern. Unter ungünstigen Bedingungen entstehen innerhalb des Panzers dickwandige, überdauerungsfähige Cysten. Geschlechtliche Fortpflanzung konnte bisher bei wenigen Dinophyten nachgewiesen werden. Sie erfolgt bei *Ceratium* über Anisogamie mit zygotischem Kernphasenwechsel (Meiose bei der Keimung der Zygote); bei *Glenodinium* wurden Isogameten beschrieben, die in Zellen entstehen, freigesetzt werden und miteinander verschmelzen.

Die meisten der 1000 Arten (120 Gattungen) von Dinophyten leben im Meer, wo sie zusammen mit den Diatomeen (Abt. *Heterokontophyta*) und Coccolithineen die Hauptmenge des Phyto-Planktons bilden. Nach den Diatomeen sind die Dinophyten im Meer die wichtigsten Primärproduzenten. Den größten Formenreichtum erreichen sie in wärmeren Meeren, ihre größte Massenentwicklung dagegen in kühleren Gewässern. Im Süßwasser leben nur wenige *Peridiniales*, jedoch mitunter in großer Menge; in Hochgebirgsseen können sie bis zu 50 % der Biomasse ausmachen. Viele Arten besitzen auffällige Schwebefortsätze (Abb. 608 C, F–J). *Noctiluca miliaris* (nackt und heterotroph!) sowie *Ceratium-*, *Gonyaulax-* und *Peridinium*-Arten bewirken das Meeresleuchten. Massenentwicklungen von Dinophyten in Wasserblüten (z.B. «Rote Tiden») können Fischsterben verursachen. Hierfür sind die von verschie-

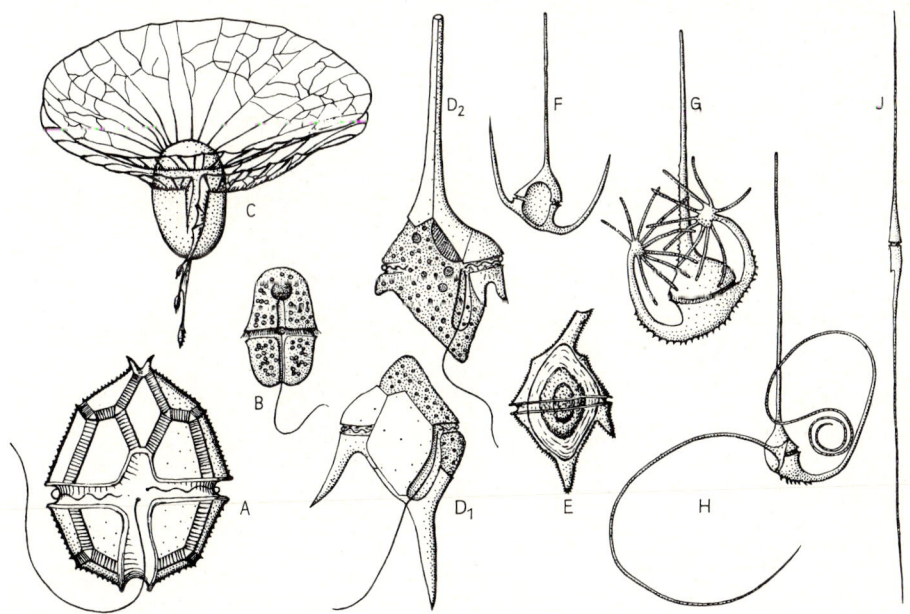

Abb. 608: *Dinophyta (Pyrrhophyceae)*. A *Peridinium tabulatum* (600 ×). B *Gymnodinium aeruginosum* (300 ×). C *Ornithocercus splendidus* (125 ×). D_1, D_2 *Ceratium hirundinella* nach der Teilung (350 ×). E *Ceratium cornutum*. Cyste (150 ×). F *Ceratium tripos* (125 ×). G C. *palmatum* (125 ×). H C. *reticulatum* (65 ×). J C. *fusus* (50 ×). (A nach SCHILLING; B nach STEIN; C nach SCHÜTT; D nach LAUTERBORN; E nach SCHILLING; F, G, H nach KARSTEN; J nach SCHÜTT.)

denen Arten (der Gattungen *Peridinium*, *Gymnodinium*) ausgeschiedenen Toxine verantwortlich. Kugelige Endosymbionten verschiedener Meerestiere werden unter dem Begriff «Zooxanthellen» zusammengefaßt (Abb. 607). Alle riffbauenden Korallen leben mit solchen Dinophyten in Symbiose. Ohne Endosymbionten bleiben die Korallen zwar am Leben, verlieren aber die Fähigkeit, Kalkskelette zu bilden. Einige Arten parasitieren an und in Meerestieren. Unter den sonstigen heterotrophen Formen kommt Phagotrophie («Verschlucken» von Bakterien und planktontischen Algen) vor.

Systematik. Die einzige Klasse **Dinophyceae** enthält 4 Ordnungen. Die **Dinophysiales** (1) haben eine Wand, deren zwei Hälften (Epicone und Hypocone) zusätzlich durch einen Längsspalt untergliedert werden; Längs- und Querfurche werden oft durch weit vorspringende Leisten gesäumt (*Ornithocercus* Abb. 608 C). – Bei den **Peridiniales** (2) ist die Zelle entweder einfach behäutet (**Gymnodiniaceae**, Abb. 608 B) oder von Celluloseplatten panzerumhüllt (**Peridiniaceae** mit *Peridinium* und *Ceratium*, Abb. 608 A, D–J). Bei marinen Arten finden sich sackförmige «Pusulen», die mit einem engen Kanal in die Geißelspalte münden; ihre Funktion ist noch ungeklärt. – Die coccale Organisationsstufe wird durch die **Dinococcales** (3), die trichale durch die **Dinotrichales** (4), mit jeweils wenigen Gattungen repräsentiert.

Fossil sind die Dinophyten in großer Vielfalt vom Jura ab bekannt; im Kreide-Feuerstein finden sich zahlreiche Taxa in vorzüglicher Erhaltung. Darüber hinaus wurden die sog. Hystrichosphaeren in Ablagerungen vom Präcambrium bis zum Holocän als zu den Dinophyten gehörende Keimzellen identifiziert. Sie spielen als Mikroleitfossilien eine wichtige Rolle.

Vierte Abteilung: Haptophyta

Die Abteilung umfaßt Vertreter der monadalen, capsalen, coccalen und trichalen Organisationsstufe. Einzeller vom monadalen Typ überwiegen. Die meisten Arten leben im Meeresplankton. Die begeißelten Zellen verfügen über zwei meist gleichlange Geißeln, die nicht mit Flimmerhaaren, wohl aber mit submikroskopischen Schüppchen oder Knötchen aus organischem Material besetzt sind. Zusätzlich zu diesen Geißeln besitzt jede Zelle ein weiteres fadenförmiges Anhängsel, das Haptonema. Es dient nicht der Bewegung, sondern der Anheftung. Seine submikroskopische Struktur unterscheidet sich deutlich vom Bau der Geißeln. Das Haptonema läßt im Querschnitt 6 oder 7 sichelförmig angeordnete Tubuli (keine 2 + 9-Struk-

tur!) erkennen. Bei manchen Formen ist dieses Haptonema auf einen kurzen Stummel reduziert. Die Zelloberfläche ist außen mit Schuppen, Schüppchen oder Knötchen besetzt, die in GOLGI-Vesikeln gebildet und dann nach außen verlagert werden. Die GOLGI-Cisternen sind in der Mitte blasenförmig erweitert. Die gelben, gelbbraunen oder braunen Chloroplasten führen Chlorophyll a und c, β-Carotin und Xanthophylle; als Reservestoffe werden Chrysolaminarin, Öl und Paramylum abgelagert. Die Chloroplasten werden von einer Falte des endoplasmatischen Reticulums umhüllt; eine Gürtellamelle (Abb. 638) ist nicht vorhanden. Die Thylakoide sind in Stapeln zu jeweils drei geordnet. Der aus Kügelchen zusammengesetzte Augenfleck liegt im Chloroplasten knapp unterhalb von dessen Membran. Eine basale Geißelanschwellung fehlt.

In dieser Abteilung sind 250 Arten in rund 45 Gattungen bekannt. Im Süßwasser wurden nur wenige Arten gefunden. Die **Haptophyceae** bilden die einzige Klasse der Abteilung.

1. Ordnung: **Prymnesiales.** Sie sind durch ein meist sehr langes Haptonema gekennzeichnet. Die Zellen, z.B. die von *Chrysochromulina*, sind in zwei Schichten mit nur elektronenoptisch sichtbaren Polysaccharidschüppchen bedeckt (Abb. 609). Die Schüppchen fallen durch ihre radiäre Speichenstruktur auf; diejenigen der äußeren Schicht haben zudem einen

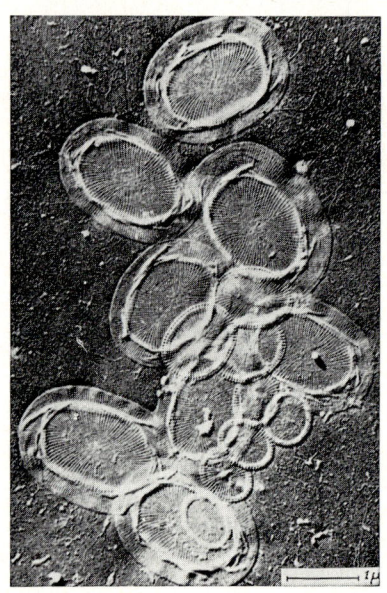

Abb. 609: *Haptophyta, Prymnesiales. Chrysochromulina chiton. Panzerplättchen.* (10 000 ×; nach PARKE, MANTON & CLARKE.)

emporstehenden Rand. *Chrysochromulina* hat ein sehr langes Haptonema, das bis zu 5 mal so lang wie die Geißeln ist. Neben autotropher Ernährung ist auch Phagotrophie möglich, bei der beispielsweise ganze *Chlorella*-Zellen aufgenommen werden. Die Zellen können in eine amöboide Phase übergehen. Die Fortpflanzung geschieht durch Längsteilung von begeißelten oder durch Aufteilung von amöboiden Zellen in mehrere Tochterzellen. – *Prymnesium*-Arten verfügen über ein kürzeres Haptonema. *Prymnesium parvum* heftet sich mit seinem Haptonema an den Kiemen von Fischen fest und bewirkt bei Massenvorkommen in salzhaltigen Teichen durch Ausscheiden eines Toxins Fischsterben.

2. *Ordnung:* Coccolithophorales. Das Haptonema ist kurz oder kann auch vollständig fehlen (Abb. 610). Die Zellen tragen auf dem Plasmalemma zwei Schichten feiner Polysaccharid-Schüppchen. Eine weitere nach außen folgende Schicht ist von sehr mannigfaltig gestalteten Schalen, Plättchen oder Stäbchen («Coccolithen») besetzt. Diese werden ebenfalls in Golgi-Vesikeln zunächst als Celluloseplättchen angelegt, auf die dann in erstaunlicher, artspezifischer Formenmannigfaltigkeit Calcit abgelagert wird. Die nach außen geschobenen Coccolithen bilden einen regelrechten Panzer um die Zelle. In dieser Ordnung kennt man auch durch Geißelverlust unbeweglich gewordene Arten *(Coccolithus pelagicus)* bzw. einen Wechsel von begeißelten zu sessilen Stadien *(Syracosphaera)*. *Hymenomonas carterae* pflanzt sich in einem heteromorphen Generationswechsel fort, wobei der geförderte Gametophyt die Gestalt verzweigter Fäden hat. Die *Coccolithophorales* (bzw. ihre Coccolithen) sind fossil vom Jura ab bekannt (Abb. 611), stellen wichtige Mikroleitfossilien dar (128 Gattungen) und haben einen wesentlichen Anteil an der Bildung bestimmter Kalksedimente, aus denen früher Schreibkreide gewonnen wurde (bis zu 800 Millionen Coccolithen in 1 cm³ Gestein).

In den folgenden Abteilungen (fünfte bis achte) setzen sich zunehmend die höheren Organisationsstufen, nämlich Faden-, Flecht- und Gewebethalli durch. Falls Platten- oder Schüppchengehäuse auftreten, bestehen diese weder aus Polysaccharid noch aus Calcit.

Bei den drei nächsten Abteilungen sind die Chromatophoren grün, gelb oder braun und sie führen in keinem Falle Phycoerythrin oder Phycocyanin.

Innerhalb dieser Gruppe setzt sich die unmittelbar anschließende Abteilung (Chlorophyten) durch das Vorkommen von Chlorophyll b und durch die Abwesenheit bestimmter Xanthophylle (s. S. 572) deutlich ab. Die Geißeln tragen keine Flimmerhaare. Als wichtigster Reservestoff wird Stärke im Inneren der Chloroplasten gebildet.

Fünfte Abteilung: Chlorophyta, Grünalgen

Die Chlorophyten sind in nahezu allen Organisationsstufen vertreten. Abgesehen von amöboiden Formen (solche Fortpflanzungszellen kommen allerdings gelegentlich vor) werden alle morphologischen Typen von ihnen erreicht, selbst Gewebe- bzw. Flechtthalli (*Ulva* bzw. *Codium*). Sie umfassen mikroskopisch kleine Einzeller, unverzweigte oder verzweigte, oft dichte Büschel bildende Fadenalgen (Abb. 627) und auch komplexer gestaltete Gewächse, die äußerlich z. T. durch blattartige Thalli eine gewisse Ähnlichkeit mit Höheren Pflanzen haben.

Die Chloroplasten sind rein grün. Carotine, Lutein und andere Xanthophylle sind als akzessorische Pigmente charakteristisch. Sie vermögen die grünen Assimilationspigmente, Chlorophyll a und b nicht zu überdecken. Das Vorkommen von Chlorophyll b teilen die Grünalgen nur mit den Euglenophyten unter den eukaryotischen Algen sowie mit den Bryophyten und den Cormophyten. Die Chloroplasten werden lediglich durch eine doppelte Mem-

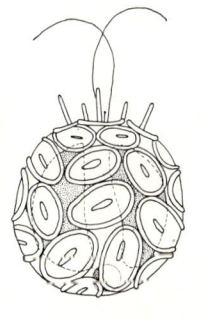

Abb. 610: *Haptophyta, Coccolithophorales, Syracosphaera pulchra.* Reduziertes Haptonema zwischen den Geißeln. (1500 ×; nach LOHMANN und VON STOSCH.)

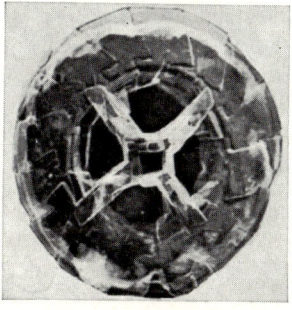

Abb. 611: *Haptophyta, Coccolithophorales.* Fossiler, aus Calcitrhomboedern aufgebauter Coccolith (*Deflandrius* sp.). Unterkreide. (7000 ×; nach BLACK.)

bran begrenzt – nicht zusätzlich durch das endoplasmatische Reticulum umhüllt. Eine Gürtellamelle (Abb. 638) fehlt in den Chloroplasten. Die Thylakoide sind zu Stapeln zusammengefaßt. Die Pyrenoide liegen – soweit vorhanden – innerhalb der Chloroplasten.

Das wichtigste Reservepolysaccharid ist Stärke, die in Form von Körnchen an den Pyrenoiden innerhalb der Chloroplasten gebildet wird. Das Pyrenoid erscheint immer von einer Schicht aus Stärkeplättchen umgeben. Vielfach werden auch erhebliche Mengen von Fett in die Zellen eingelagert. Die Zellwand besteht aus Polysaccharid-Fibrillen (vorwiegend Cellulose, z. T. auch Mannan, Xylan), die in einer amorphen, oft schleimartigen Fraktion eingebettet sind; sie bildet sich meist direkt über dem Plasmalemma (anders als bei den Dinophyten und Diatomeen). Die amorphe Fraktion setzt sich gewöhnlich aus verschiedenen Polysacchariden – oft als Pectin bezeichnet – zusammen. Das widerstandsfähige Sporopollenin (S. 89) ist vereinzelt nachgewiesen worden.

Die begeißelten Zellen sind meist birnenförmig, bilateral-symmetrisch und mit 2 oder 4 (selten vielen) gleichlangen, d. h. isokonten, flimmerlosen Peitschengeißeln ausgerüstet. Sie enthalten vielfach contractile Vacuolen (meist 2) sowie im unteren Teil einen gebogenen oder auch becherförmigen, wandständigen Chloroplasten, gewöhnlich mit Augenfleck (Stigma; Abb. 612A, 615). Der rote Augenfleck besteht aus Augenfleck-Globuli, die Carotine enthalten; er ist nicht (wie bei den Euglenophyten, Eustigmatophyten und Heterokontophyten) mit einer Geißelanschwellung verbunden.

Bei der sexuellen Fortpflanzung treten fast durchweg begeißelte Gameten auf. Dabei kopulieren 2 Gameten (vgl. 620, 621), die häufig den vegetativen Schwärmern sehr ähnlich sind und in einzelligen Gametangien entstehen. Die ♂ Gameten sind in der Regel begeißelt, die ♀ können auch unbewegliche Eier sein (z. B. Abb. 625). Ausnahmen bilden die Zygnematophyceen, denen begeißelte Gameten gänzlich fehlen, und die Charophyceen mit komplizierter gebauten ♂ Gametangien. Der einfache haplontische Lebenskreislauf wird vielfach zu einem haplodiplontischen Generationswechsel erweitert, einige wenige Vertreter sind durch Gametophytenreduktion diplontisch geworden; d. h. der ursprünglich zygotische Kernphasenwechsel wird intermediär oder gametisch (Abb. 51). Das Kopulationsprodukt, die Zygote, ist bei den Süßwasserformen meist eine derbwandige, rundliche Dauerzelle (Cystozygote), die oft durch Carotinoide rot gefärbt ist.

Die Chlorophyten umfassen 450 Gattungen mit 7000 Arten, die größtenteils (etwa 90 %) im Plankton oder Benthos (s. S. 626) des Süßwassers leben. Manche größere Arten kommen auch im Meere, und zwar nahe der Küste vor; am marinen Plankton haben die Chlorophyceen dagegen nur geringen Anteil. Einige Grünalgen leben außerhalb des Wassers: auf oder in feuchtem Boden, epiphytisch auf Bäumen etc. Gewisse Arten vertragen sogar weitgehende Austrocknung und sind ausgesprochene Landpflanzen. Manche leben symbiontisch in Flechten oder als intracelluläre Endosymbionten in niederen Tieren («Zoochlorellen», z. B. in *Hydra*). Einige Vertreter haben ihre Assimilationspigmente verloren und leben heterotroph. Sie lassen sich aufgrund ihrer sonstigen Übereinstimmung mit autotrophen Formen den Chlorophyten zuordnen.

Die Chlorophyten untergliedern sich in 3 Klassen: *Chlorophyceae*, *Zygnematophyceae* und *Charophyceae*.

Gelegentlich wird eine **Klasse** der **Prasinophyceae** aufgrund von eigentümlichen Schüppchen auf der Zelloberfläche wie auf den 2 bis 4 gleichlangen Geißeln (selten nur eine) von den ähnlichen Chlorophyceen abgetrennt. Die dazu gerechneten monadalen (z. B. *Pyramimonas*, *Pedinomonas*, *Platymonas*), z. T. auch capsalen und coccalen Organismen sind größtenteils Planktonten des Meeres; nur wenige Arten leben im Süßwasser. *Platymonas convolutae* ist Endosymbiont eines marinen Plattwurms.

I. Klasse: Chlorophyceae

Die Klasse der Chlorophyceae im engeren Sinne enthält jenen Großteil von Grünalgen, die im Entwicklungscyclus begeißelte Schwärmer bilden und deren Thallus nicht in Knoten und Internodien gegliedert ist. Der so verbleibende größere Teil von eigentlichen Chlorophyceen läßt sich in 7 (z. T. künstliche) Ordnungen gliedern, die nach der vorherrschenden Organisationsstufe gekennzeichnet und gereiht werden. Die Reihe beginnt mit monadalen *Volvocales* und coccalen *Chlorococcales;* sie setzt sich mit den größtenteils trichalen *Ulotrichales* und den heteropolar differenzierten *Chaetophorales* fort; sie erreicht mit den ebenfalls trichalen *Oedogoniales* eine im Pflanzenreich einzigartige Spezialisierung hinsichtlich des Zellteilungsmodus und endet nach den siphonocladalen *Cladophorales* mit den *Siphonales.*

1. Ordnung: **Volvocales.** Die Ordnung enthält begeißelte Einzeller, die zu Zellkolonien vereinigt sein können (S.93). Der Übergang vom Einzeller zu Zellkolonien unterschiedlicher Differenzierung und zunehmender Polarität läßt sich innerhalb dieser Ordnung gut verfolgen. Die radiär-symmetrischen Zellen sind mit 2, 4 oder 8 gleichlangen, apikalen, flimmerlosen Peitschengeißeln (vgl. Abb. 615, 678) ausgestattet. Sie entspringen zu beiden Seiten einer apikalen Papille.

Die Bewegungsgeschwindigkeit, z.B. von *Chlamydomonas*, beträgt bei phototaktischen Reaktionen etwa das 10fache der Körperlänge je Sekunde. Unweit des Geißelansatzes befinden sich zwei pulsierende Vacuolen, die sich abwechselnd kontrahieren und dabei Wasser ausstoßen. Sie halten den osmotischen Wert der Zelle konstant. Jede Zelle enthält einen becherförmigen Chloroplasten, der am Grunde meist ein stärkeführendes Pyrenoid trägt (s. S. 68 u. Abb. 612 A, 614 B), sowie am Vorderende einen roten Augenfleck (Stigma, Abb. 612 A). Die Stärkebildung im Chloroplasten ist nicht ausschließlich an das Pyrenoid gebunden. Die den Augenfleck zusammensetzenden Pigmentkügelchen (Carotin-Globuli) bilden insgesamt 3 bis 8 Reihen. Am Aufbau der Zellwand (falls vorhanden; so z.B. bei *Chlamydomonas*) sind Glykoproteide (u.a. Hydroxyprolin und Arabinose an Galactose gebunden) und Polysaccharide (jedoch nicht Cellulose!) beteiligt.

Die Volvocales sind weit verbreitete Planktonorganismen des Süßwassers, die in so großen Mengen auftreten können, daß das Wasser völlig grün erscheint; im Meer fehlen sie. Aufnahme organischer Stoffe fördert bei vielen Arten die Entwicklung (Mixotrophie; s. S. 372); sie kommen daher z. T. in Gewässern mit organischen Schmutzstoffen vor. Wenige Arten (z.B. *Polytoma uvella*) leben rein saprophytisch. Chlorophyll fehlt dann zwar, aber der ursprünglich vorhanden gewesene Chloroplast ist noch als farbloser Plastid erkennbar. Anstelle von Thylakoiden enthält dieser ein System ungeordneter Röhren. Entsprechende Plastiden findet man in durch UV-Bestrahlung erzeugten gelben, nicht photosynthetisierenden Mutanten von *Chlamydomonas*.

Gliederung der *Volvocales:*

Ausschließlich nackte Vertreter hat die kleine, wohl ursprüngliche Familie der **Polyblepharidaceae.** Während sich *Polyblepharides*, soweit bekannt, nur durch Zweiteilung in der Längsrichtung vermehrt, zeigen höher entwickelte Gattungen auch geschlechtliche Fortpflanzung mit phänotypischer oder genotypischer Differenzierung von Kreuzungstypen (+ und −). *Dunaliella salina* gehört zur letzteren Gruppe, lebt in hochprozentigen Salinengewässern und ist durch Carotinoide rot gefärbt.

Die **Chlamydomonadaceae** unterscheiden sich von den Polyblepharidaceen durch den Besitz einer Zellwand. Ursprünglich ist der Chloroplast zentralständig, bei den meisten *Chlamydomonas*-Arten wandständig, bei den abgeleiteten Formen netzartig durchbrochen oder auch in einzelne Scheibchen aufgelöst. In der sexuellen Fortpflanzung ist eine Progression bis zur Oogamie vollzogen.

Fortpflanzung und Vermehrung: Sie erfolgt vegetativ durch Zoosporen, die durch wiederholte, sukzedane Längsteilung des Inhalts einer Mutterzelle zu 2–16 gebildet (Abb. 612 B) und durch Zerreißen der Wand des so

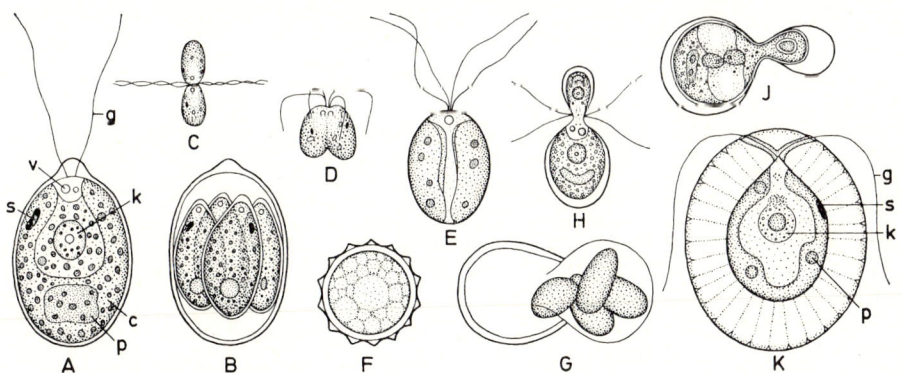

Abb. 612: *Chlorophyceae,* Volvocales, *Chlamydomonadaceae.* A *Chlamydomonas angulosa* (1100 ×). B Desgl., vier Tochterzellen in der Mutterzelle (1100 ×). C, D *Chlamydomonas botryoides,* Kopulation zweier Isogameten (250 ×). E *Chlamydomonas paradoxa,* Zygote (500 ×). F *Chlamydomonas monoica,* ruhende Cystozygote (500 ×). G *Stephanosphaera pluvialis,* keimende Hypnozygote (300 ×). H, J *Chlamydomonas braunii* Anisogameten-Kopulation (400 ×). K *Haematococcus pluvialis* (Zelle mit dicker Gallertschicht umhüllt, 330 ×). c Chloroplast, g Geißel, k Zellkern, p Pyrenoid, s Augenfleck, v contractile Vacuole. (A, B nach DILL; C–G nach STREHLOW; H, J nach GOROSCHANKIN; K nach REICHENOW.)

entstandenen Sporangiums befreit werden. In der geschlechtlichen Fortpflanzung (bei *Chlamydomonas* 10% der Arten) verschmelzen zweigeißelige Gameten.

Bei der Isogamie (Abb. 612 C) sind die kopulierenden Gameten in Größe, Aussehen und Bewegung völlig gleich; im allgemeinen unterscheiden sie sich nicht von den vegetativen Zellen. Sie können unter entsprechenden Umständen entweder wahllos miteinander kopulieren oder sich vegetativ entwickeln (fakultative Funktionsbestimmung). Wir stehen hier also noch ganz an der Basis der Sexualität. Die Gameten können hierbei einem einzigen Kreuzungstyp (Monöcie) angehören, andererseits ohne sichtbare Unterschiede genotypisch verschieden sein (Diöcie mit + und − Gameten; z.B. *Chlamydomonas reinhardii*). Teilweise ist die Funktionsbestimmung der Keimzellen von den Außenbedingungen abhängig. Stickstoffreiches Medium (NH$_4$-Ionen!) bedingt Ausbildung ausschließlich vegetativer Zellen. Ca-Ionen fördern die Funktionsbestimmung als Gameten.

Bei Arten mit Anisogamie (Abb. 612 H, J) kopulieren kleinere ♂ mit großen ♀ Gameten. Bei *Chlamydomonas suboogama* sind beim ♀ Gameten die Geißeln funktionsuntüchtig; dies leitet zur nächsten Gruppe von Arten mit Oogamie über. Bei *Chlorogonium oogamum*

fehlen die Geißeln am ♀ Gameten ganz, der somit zur Eizelle geworden ist. Das Ei tritt amöboid aus (Abb. 613 D) und wird durch Spermatozoiden befruchtet, die zu 64 oder 128 als blaßgrüne, zweigeißelige, nadelförmige Gebilde in ♂ Individuen durch sukzedane Teilung entstehen. Bei *Chlamydomonas coccifera* vollzieht sich die Fortpflanzung als Gameto-Gametangiogamie, da die gesamte ♀ Zelle unter Verlust ihrer Geißeln zum Oogonium und durch Spermatozoiden befruchtet wird.

Es läßt sich also schon bei diesen Einzellern (z.B. innerhalb einer einzigen Gattung wie *Chlamydomonas*) eine aufsteigende Entwicklung von der Isogamie, über die Anisogamie und Oogamie bis zu einer Verschmelzung von ♂ Gameten mit dem Oogon verfolgen.

Die begeißelten Keimzellen entstehen in meist großer Zahl (2–64) in einer Mutterzelle durch wiederholte Längsteilung. Bei Iso- und Anisogamie vereinigen sie sich paarweise von den Vorderenden her zu Zygoten (Abb. 612 C–E), wobei sich meist als erstes die Geißelspitzen der Kreuzungspartner berühren und schraubig umschlingen (Abb. 612 C). Bei der Kopulation wirken Glykoproteide als Gamone (S. 447), welche die Gameten des konträren Kreuzungstyps anlocken und eine vorübergehende Verklebung der Geißeln bedingen. Die Zygote ist viergeißelig und zunächst noch beweglich (Planozygote). Später werden die Geißeln eingezogen und die dann derbwandige Zygote kann in einen Ruhestand

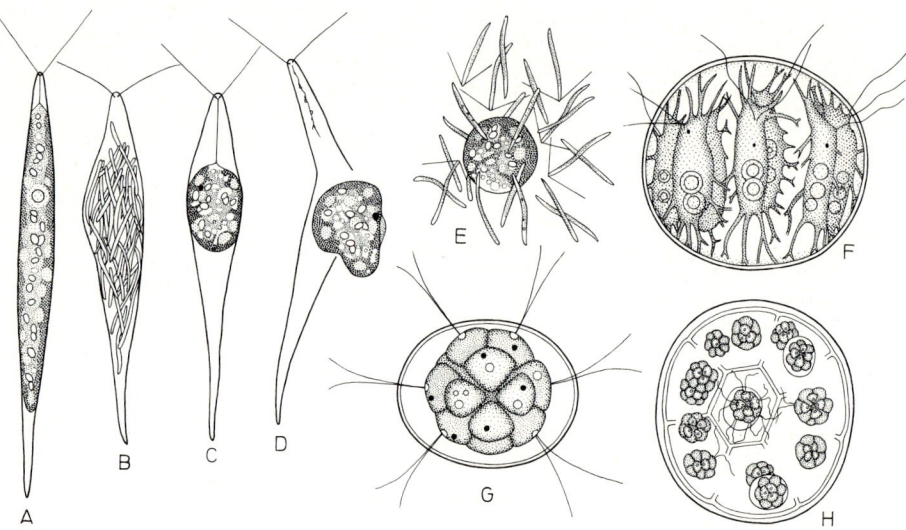

Abb. 613: *Chlorophyceae, Volvocales.* A–E *Chlorogonium oogamum* (240 ×). A Vegetative Zelle. B Männliche Zelle mit Spermatozoiden. C Weibliche Zelle mit Ei. D Ausschlüpfen des Eies. E Von Spermatozoiden umschwärmtes Ei. F *Stephanosphaera pluvialis* (250 ×). G *Pandorina morum* (160 ×). H Desgl., Bildung von Tochterkolonien (die Mutterzellwände bereits z.T. aufgelöst, 150 ×). (A–E nach PASCHER, F nach HIERONYMUS, G nach STEIN, H nach N. PRINGSHEIM.)

übergehen (Cystozygote; Abb. 612 F). Die Gameten werden stets nackt angelegt, können sich aber auch mit einer Wand umgeben, so daß dann der Inhalt bei der Kopulation ausschlüpfen muß. Bei der Keimung der Zygote (Abb. 612 G) erfolgt die Meiose, wobei die entstehenden Schwärmer im Verhältnis 1:1 in die beiden Kreuzungstypen (+ und −) aufgespalten sind. Die Schwärmer sind also Meiozoosporen, der Kernphasenwechsel ist zygotisch und der Lebenscyclus haplontisch. Es erschöpfen sich jeweils ganze Individuen in der Bildung von Gameten.

Manche Arten (*Haematococcus pluvialis*, Abb. 612 K) färben infolge ihres Carotinoidgehalts (s. S. 235) Regenpfützen rot. *Chlamydomonas nivalis* verursacht den «roten Schnee» des Hochgebirges und der Arktis. Einige Chlamydomonadaceen (und auch andere Flagellaten) besiedeln im Winter auch im Tiefland nasses Eis und Schneebrei (vgl. S. 628 u. Abb. 1030). *Carteria* (mit 4 Geißeln) s. S. 629.

Die Familie der **Volvocaceae** hat gegenüber der vorigen durch Bildung von K o l o n i e n eine Fortentwicklung erfahren. Die vielfach nach dem *Chlamydomonas*-Typ gestalteten Einzelzellen sind durch Gallerte, bzw. auch durch Plasmodesmen miteinander verbunden. Bei *Oltmannsiella* sind 4 Zellen zu einem Band, bei *Gonium* 4–16 Zellen zu einer flachen Tafel vereinigt, wobei die Geißeln alle nach der gleichen Richtung weisen. Die Kolonien der in Regenpfützen lebenden *Stephanosphaera* (Abb. 613 F) bestehen aus einem Kranz von

4–16 Zellen mit starren Fortsätzen; die Chloroplasten besitzen meist 2 Pyrenoide. Bei *Pandorina* bilden 16 *Chlamydomonas*-ähnliche Zellen eine Kugel, und bei *Eudorina* und *Pleodorina* sind 32 bzw. 128 solcher Zellen zu einer Hohlkugel verbunden. Bei allen diesen Kolonien schlagen die Geißeln synchron, was durch Plasmodesmen (s. S. 83) ermöglicht wird. Von *Pandorina* über *Eudorina* bis *Pleodorina* deutet sich eine polare Differenzierung in der Schwimmrichtung (Augenfleckgröße, Zellgröße, Fortpflanzungsfähigkeit u. a.) an. Die Einzelzellen sterben am Ende der individuellen Entwicklung nicht ab, sondern teilen sich oder verbrauchen sich in der Bildung von Keimzellen. Die höchste Organisation hinsichtlich der Zahl der beteiligten Zellen, der Differenzierung und Polarität hat *Volvox* erreicht (Abb. 614): bis zu mehrere Tausend (*V. globator* bis 16 000) Zellen, die mit je 2 Geißeln, einem Augenfleck und einem Chloroplasten versehen sind, bilden eine millimetergroße, mit Schleim ausgefüllte, mit bloßem Auge sichtbare Hohlkugel; ihre Zellen sind durch breite Plasmodesmen miteinander verbunden (Abb. 614 B, C). Nur ein Teil der Zellen – in der hinteren Hälfte der Kugel zerstreut liegend – ist fortpflanzungsfähig. Die meisten dienen nur der Photosynthese und der Bewegung; aber auch sie unterscheiden sich durch eine graduelle Abnahme der Stigmen-

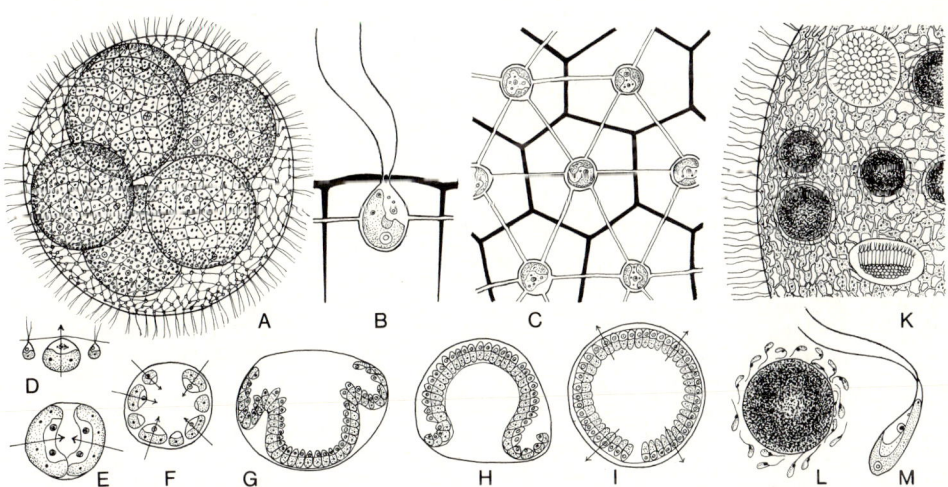

Abb. 614: *Chlorophyceae, Volvocales, Volvox.* A Individuum mit 6 Tochterindividuen (50 ×). B Einzelzelle mit seitlich zu den Nachbarzellen verlaufenden Plasmodesmen (1000 ×). C Zellverband, Aufsicht (500 ×). D–I Entwicklung und Umstülpung einer Tochterkugel (D 250 ×, E–F 350 ×, G–I 250 ×). K Teil eines monöcischen Individuums mit 5 Eiern und 2 Spermatozoidenplatten (200 ×). L Ei, von Spermatozoiden umschwärmt (265 ×). M Spermatozoid (1000 ×). A–I, M *Volvox aureus*, K, L *V. globator*. (A nach KLEIN; B, C nach JANET; D–I nach ZIMMERMANN; K, L nach COHN; M nach JANET.)

größe (bei zunehmender Zellgröße) vom vorderen zum hinteren Pol (Polarität!). Der vordere Pol der Kugel ist außerdem durch die Schwimmrichtung festgelegt. Die Volvox-Kugel ist eigentlich nicht mehr als Kolonie, sondern als vielzelliges Individuum aufzufassen. Die Einzelzellen sind nicht mehr totipotent. Da nur ein Teil der Zellen fortpflanzungsfähig ist, stirbt der Großteil der Zellen nach der Bildung von Tochterkugeln bzw. von Gameten ab («Leiche» als Rest des Verbandes).

Bei der vegetativen Fortpflanzung von Volvox (Abb. 614 D–I) teilen sich einzelne, relativ große Zellen (D) am hinteren Pol der Kolonie mehrmals längs und es bildet sich unter Einstülpung nach innen ein Hohlnapf (F–G), der sich schließlich zu einer oben offenen Hohlkugel (G) formt. Die derart entstandene Tochterkugel löst sich um, stülpt sich um (H) und versinkt mit nunmehr nach außen orientierten Geißeln in das inzwischen ausgefüllte Innere der Mutterkugel. Auf diese Weise entstehen mehrere Tochterkugeln (Abb. 614 A), die erst nach Zerfall des Mutterindividuums frei werden.

Die geschlechtliche Fortpflanzung erfolgt bei Eudorina und Volvox durch Oogamie. Innerhalb größerer Einzelzellen (sog. generativen Zellen) entstehen einerseits grüne Eier (eines je Zelle, insgesamt 6–8), andererseits in Vielzahl kleine gelbliche, vor dem Freiwerden in einer Platte angeordnete Spermatozoiden (614 K, M). Die Geschlechtsverteilung ist bei den Volvox-Arten verschieden: Volvox globator ist monöcisch, V. aureus und V. carteri sind diöcisch. Die Entwicklung vegetativ entstehender Kugeln zu ♂ oder ♀ Individuen wird bei den diöcischen Arten durch ein Geschlechtshormon (Glykoproteid) induziert; es wird von ♂ Individuen (bzw. deren Spermatozoiden) gebildet und es ist erforderlich, damit sich die genetisch als ♂ oder ♀ determinierten jungen Kugeln zu geschlechtlichen Individuuen fortentwickeln. Fehlt das Geschlechtshormon, so bilden sich nur ungeschlechtliche Volvox-Kugeln. Nach der Befruchtung wird die Eizelle zu einer derbwandigen, ruhenden Zygote, bei deren Keimung die Meiose stattfindet. Bei allen Volvocaceen gehen sämtliche Zellen des Verbandes also stets auf nur eine einzige Zelle zurück.

Hier anzuschließen sind unbewegliche einzellige oder kolonienbildende Grünalgen mit teilweise noch ausgeprägten Merkmalen monadaler Algen wie z.B. pulsierenden Vacuolen, Augenflecken, auffallend begeißelten Stadien. Sie werden auch als **Tetrasporales** in eine eigene Ordnung gestellt.

2. Ordnung: Chlorococcales (= Protococcales). Die mit meist einem Kern und einem Chloroplasten ausgestatteten Zellen besitzen im vegetativen Zustand keine Geißeln, sind also unbeweglich. Nur bei der Vermehrung er-

scheinen zweigeißelige, bewegliche Schwärmer (Zoosporen, Abb. 615; bzw. Gameten). Diese treten meist nackt aus und umgeben sich erst nach der Schwärmzeit mit einer Wand (Encystierung). Teilweise werden nur geißellose «Aplanosporen» freigesetzt (Abb. 616). Soweit in seltenen Fällen geschlechtliche Fortpflanzung nachgewiesen wurde, ist diese eine Isogamie mit begeißelten Gameten (z.B. Pediastrum und Hydrodictyon); Oogamie ist äußerst selten. Die Zygoten keimen unter Reduktionsteilung, so daß der Lebenscyclus ausschließlich in der Haplophase verläuft. Manche Arten bilden, ausgehend von den einzelligen Formen, charakteristisch gestaltete Aggregationsverbände (S. 93; z.B. Pediastrum Abb. 92, Scenedesmus Abb. 617). Der Chemismus der Polysaccharid-Zellwand ist weitgehend unbekannt; bei Pediastrum findet sich in ihr Kieselsäure eingelagert.

Bei der Zellteilung wird vielfach (z.B. Chlorococcum) zuerst eine Anzahl nackter Tochterzellen gebildet, die sich erst dann simultan mit Zellwänden umgeben. Die elektronenmikroskopisch genauer untersuchte Kirchneriella weicht von diesem Modus ab, indem nach der ersten Teilung ein später wieder schwindendes primäres Septum angelegt wird und bei den folgenden Teilungen sekundäre Septen mit Zellwandmaterial jeweils sofort (sukzedan) entstehen. Die 4 gebildeten Tochterzellen lösen sich nachträglich voneinander und umgeben sich jeweils mit einer eigenen Zellwand, bevor sie als Einzelzellen die Mutterzelle verlassen.

Die Chlorococcales leben vorwiegend im Plankton des Süßwassers. Einige Formen haben den Übergang zum Landleben vollzogen. Solche Arten sind Bewohner des feuchten Bodens, oder auch von trockenem Sand und von Felsen. Die Bodenalge Spongiochloris ist thermoresistent. Auch in den grünen Bezügen auf Baumrinden und Mauern sind Chlorococcales (neben anderen Algen) ein regelmäßiger Bestandteil. Andere gedeihen als Symbionten teils in Flechten, teils sogar im Plasma von niederen Tieren (Chlorella vulgaris in Infusorien, Hydra u.a., vgl. S. 375). Chlorella, Scenedesmus, Ankistrodesmus und Hydrodictyon werden in Reinkultur häufig zu physiologischen Versuchen verwendet. Wie bei den Volvocales finden wir eine aufsteigende Reihe von einzelligen Arten zu Aggregationsverbänden (s. S. 93), die als Scheiben oder Hohlkugeln organisiert sein können. Die Ontogenie von Kirchneriella erlaubt allerdings auch die Deutung, daß hier die einzelligen Formen von mehrzelligen Verbänden abzuleiten sind. Protosiphon hat mehrkernige (polyenergide) Zellen.

Kugelige Einzelzellen stellen Chlorococcum (mit Zoosporen; Abb. 615), Oocystis, die

Cyanellen führende *Glaucocystis* (Abb. 66) und *Chlorella* (mit Aplanosporen; Abb. 616) dar; Zellaggregate einfachster Form von meist 4 (oder 8) zu einer Querreihe verbundenen Zellen bildet der im Süßwasser weit verbreitete *Scenedesmus* (Abb. 617). Reicher zusammengesetzt ist das ebenfalls häufige *Pediastrum* in Gestalt von zierlichen, freischwebenden, flachen Täfelchen, einem geißellosem *Gonium* vergleichbar (Abb. 618; vgl. S. 583). Das Zellaggregat von *Coelastrum* schließlich ist dreidimensional aufgebaut, indem die Zellen eine Hohlkugel bilden (Abb. 618 E). Bei dem Wassernetz *Hydrodictyon utriculatum*, einer freischwebenden Süßwasseralge, stoßen die zylindrischen Zellen zu 3–4 sternförmig an ihren Enden zusammen und bilden einen sackförmigen, bis ¹/₂ m langen, vielzelligen Verband in Form eines langgestreckten, vielmaschigen Hohlnetzes (Abb. 619).

Die geschlechtliche Fortpflanzung erfolgt durch Isogameten, die kleiner sind als die Zoosporen.

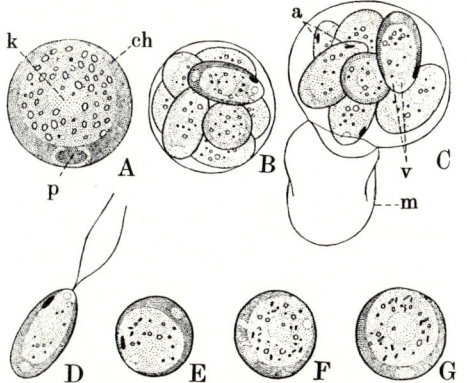

Abb. 615: *Chlorophyceae, Chlorococcales, Chlorococcum sp.* A Vegetative Zelle mit topfförmigem, nur vorne sehr wenig ausgespartem, also offenem Chloroplast (ch) mit Pyrenoid (p); k durchschimmernder Zellkern. B Teilung in 8 Tochterzellen. C Entleerung der Zoosporen (a Augenfleck, v contractile Vacuolen) in einer später verquellenden Blase aus der inneren Schicht der Mutterzellenmembran m. D Freie Zoospore mit gleichlangen apikalen Geißeln. E Dieselbe zur Ruhe gekommen, Augenfleck und Vacuolen noch vorhanden. F, G Entwicklung zum Stadium A unter Verlust von Augenfleck und Vacuolen. (1200 ×; nach PASCHER).

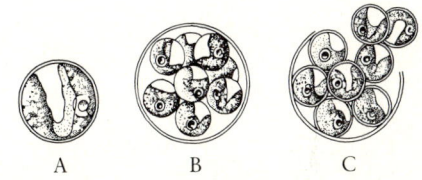

Abb. 616: *Chlorophyceae, Chlorococcales, Chlorella vulgaris.* A vegetative Zelle. B, C Teilung in 8 Aplanosporen (500 ×; nach GRINTZESCO.)

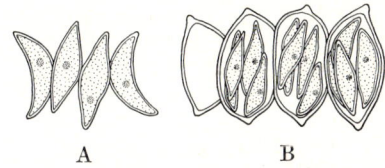

Abb. 617: *Chlorophyceae, Chlorococcales, Scenedesmus acutus.* A Vierzelliger Zellverband. B Teilung. (1000 ×; nach SENN.)

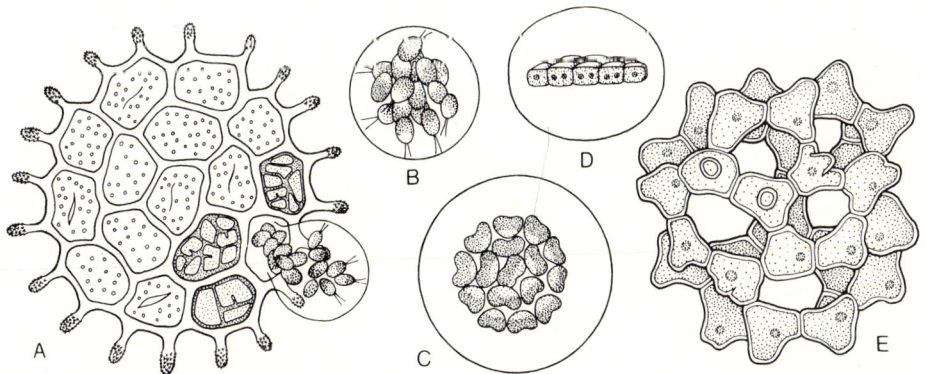

Abb. 618: *Chlorophyceae, Chlorococcales.* A–D *Pediastrum granulatum.* A Scheibenförmiger Zellverband, entleert bis auf wenige Zellen. Drei davon in Aufteilung begriffen; die vierte Zelle entläßt eine Blase mit 16 Schwärmzellen. B bewegliche Zoosporen in der abgelösten Blase, C 4¹/₂ Stunden später: die Aggregation zu einem der insgesamt 16 Tochterindividuen ist eingetreten. D desgl. in Seitenansicht (300 ×), E *Coelastrum proboscideum* (550 ×). (A–D nach BRAUN, veränd.; E nach SENN.)

Bei der Zygotenkeimung entstehen zunächst 4 Meio-zoosporen, die sich nach einer kurzen Schwärmzeit zu unbeweglichen, derbwandigen «Polyedern» um-gestalten. Erst diese keimen alsdann zu neuen, bei *Hydrodictyon* zunächst viel kleineren, Aggregations-verbänden aus. Bei der vegetativen Fortpflan-zung aller dieser Gattungen bilden sich bewegliche Zoo- oder unbewegliche Aplanosporen, die aber nicht einzeln frei werden, sondern sich frühzeitig unter Verkittung ihrer Zellwände miteinander zu einem Verband von der für die betreffende Art charakteri-stischen Zellenzahl und Gestalt zusammenlagern (Abb. 617–619). Diese Vereinigung kann bald nach dem Austritt aus der Mutterzelle in einer Gallertblase erfolgen (Abb. 618 A) oder sogar schon in der Mutter-zelle selbst (Abb. 617, 619), so daß nach deren Auf-lösung eine der Zellenzahl nach fertige, wenn auch zunächst noch kleine Pflanze frei wird; weitere Zell-teilungen finden in den Verbänden dann nicht mehr statt (außer bei der Bildung von Fortpflanzungszel-len). Die erwähnte Ähnlichkeit mit der entsprechen-den Reihe bei den *Volvocales* besteht somit nur dem äußeren Aussehen, nicht der Entstehung nach. Bei den *Volvocales* kommen die Kolonien durch die wieder-holte Längsteilung der sie bildenden Zellen zustande, wodurch die Lage jeder Zelle des Verbandes von vornherein festgelegt ist. Bei den *Chlorococcales* kann der ganze «Wurf» der aus der Plasmazerklüftung ent-standenen Zellen zunächst (innerhalb von Zellen oder Gallertblasen) frei durcheinanderwimmeln, ehe sie sich erst sekundär zusammenfinden (Abb. 618 A, B; s. S. 93).

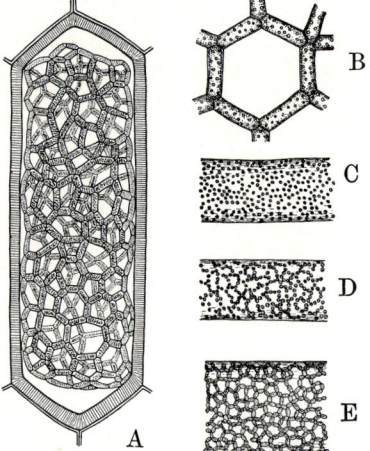

Abb. 619: *Chlorophyceae, Chlorococcales, Hydro-dictyon utriculatum.* A Junges Netz in einer Zelle des Mutternetzes (15 ×). B Masche des jungen Netzes (80 ×). C Teil einer älteren Zelle mit Zoosporen. D, E Ordnung der Zoosporen zu einem neuen Netz im wandständigen Protoplasten (10 ×). (A, B nach Klebs, C–E nach Harper.)

Fossil sind dem heutigen *Pediastrum* ähnliche Formen bereits aus dem Perm und aus der Trias be-schrieben worden. *Chlorococcales*-ähnliche Formen *(Caryosphaeroides)* zählen zu den ältesten Funden eukaryotischer Zellen (s. S. 1002).

3. *Ordnung:* **Ulotrichales.** Die künstliche Ordnung enthält Formen, die z. T. noch der coccalen Stufe angehören und regelmäßige Zell-pakete (z. B. *Chlorosarcinopsis*) oder von Gal-lertscheiden zusammengehaltene Ketten (z. B. *Radiofilum* mit unechter Verzweigung) bilden. Meistens bestehen die Thalli aus unverzweigten Fäden, die sich unter («diffuser») Querteilung vieler oder aller Zellen verlängern (trichale Organisationsstufe). Bei der Gattung *Mono-stroma* sind die älteren Fäden durch Längsteilun-gen der Zellen nach einer Richtung des Rau-mes, also flächenförmig verbreitet. Einen gro-ßen, blattartigen, grünen, zweischichtigen Ge-webethallus bildet die an der Meeresküste lebende *Ulva lactuca* (Meersalat; Abb. 112, 621) aus. *Enteromorpha*, ebenfalls eine Küsten-alge, die jedoch gelegentlich in salzhaltigen Binnengewässern auftritt, ist schlauchförmig oder abgeplattet bandförmig. Polarität ist z. T. nur schwach ausgebildet; sie wird z. B. bei *Ulothrix* durch die als einzige Zelle nicht tei-lungsfähige und farblose Rhizoidzelle (Abb. 620 A) bestimmt. Die Zellen besitzen einen Zell-kern und je einen wandständigen, bandartigen Chloroplasten, in Form eines geschlossenen oder längsseits offenen Zylinders oder einer gekrümmten Platte mit einem bis mehreren Pyrenoiden. Nach der Kernteilung wird zur Abgrenzung von Tochterzellen eine gemeinsa-me Zellwand sofort eingezogen (vgl. *Chloro-coccales*).

Dies geschieht im einfachsten Falle, indem sich das Plasma irisblendenartig einschnürt unter gleichzei-tiger zentripetaler Anlage der neuen Zellwand im Einschnürungsbereich (z. B. *Klebsormidium*). Bei anderen Gattungen entstehen die Querwände als Platten in einem Phyco- oder Phragmoplasten (s. S. 60).

Die vegetative Fortpflanzung geschieht durch Zoosporen, die geschlechtliche durch Kopulation von begeißelten Gameten oder durch Eibefruchtung *(Prasiolaceae)*. Der Ent-wicklungscyclus vollzieht sich teils rein haplontisch mit zygotischem Kernphasenwech-sel, teils haplo-diplontisch als heteropha-sischer Generationswechsel.

Die *Ulotrichales* leben im Süßwasser wie im Meer, z. T. auch im Boden. Die Thalli der Wasserbewohner sind vielfach am Substrat festgewachsen.

Die im Süßwasser häufige *Ulothrix zonata* (Abb. 620 A) bildet unverzweigte, intercalar wachsende Fäden; ihre kurzen Zellen enthalten einen bandförmigen Chloroplasten, der als ein an einer Seite offener Ring der Zellwand anliegt (A). Sie sind mit einer schmalen, länglichen, meist farblosen Rhizoidzelle auf Steinen und dgl. festgewachsen. Außer der Rhizoidzelle kann jede andere Zelle der Reproduktion dienen; nichts bleibt dabei in den Zellen zurück. Im Fortpflanzungscyclus (Abb. 635 A, 620) besorgen 4geißelige, haploide Mitozoosporen die vegetative Vermehrung. Sie sind mit einem Augenfleck und einem Chloroplasten

versehen und werden durch Zerklüftung des zuvor vielkernig gewordenen Protoplasten simultan als einkernige Schwärmer gebildet, die durch ein seitliches Loch in der Wand der Mutterzelle (= Sporangium) ausschlüpfen (B). Nach ihrer Schwärmphase setzen sie sich unter Gallertausscheidung fest, Geißeln und Augenfleck werden rückgebildet und die Zellen wachsen zu einem neuen haploiden, polaren Faden aus. Unter ungünstigen Lebensverhältnissen bilden sich in gleicher Weise, aber in viel größerer Zahl (D, E), die Isogameten; sie gleichen den Zoosporen, sind aber kleiner und besitzen nur 2 Geißeln. Gameten unterschiedlichen Kreuzungstyps (+, −) verschmelzen (F) paarweise zur Zygote (G). Die zunächst mit 4 Geißeln schwärmende Zygote zieht die Geißeln ein, rundet sich ab (H), umgibt sich mit einer derben Wand (Cysto-Zygote) und ist durch Carotinoide rot gefärbt. Sie stellt einen Ruhezustand dar, der durch Meiose und anschließendes Schlüpfen von je 4–16 haploiden Meio-Zoosporen (K) beendet wird. Hierbei erfolgt die Aufspaltung in die beiden Kreuzungstypen. Die Meio-Zoosporen setzen sich mit ihrer Flanke unter Rhizoidbildung fest, so daß die Längsachse des Schwärmers bei der nun einsetzenden Teilung zur Querachse wird. Es entwickeln sich nunmehr haploide Fäden mit genotypischer Plus- und Minus-Differenzierung (A), die außer Gameten auch Mito-Zoosporen erzeugen können. Die Pflanzen sind also Haplonten mit zygotischem Kernphasenwechsel. Die einen stielförmigen Fortsatz bildende Zygote (I) wird z. T. auch als extrem unterentwickelter Sporophyt gedeutet.

Bei *Ulva* und *Enteromorpha* (Meersalat und Darmtang) ist in einem heterophasischen, isomorphen Generationswechsel eine diploide Sporophytenphase eingebunden.

Diese Verhältnisse seien kurz (am Beispiel von *Ulva*) geschildert. Gametophyt und Sporophyt gleichen einander in ihren blattartigen Gewebethalli (Abb. 621). Der Generationswechsel entspricht dem von *Cladophora* (Abb. 635 B). Die Gametophyten zeigen eine genotypische (+ und −) Differenzierung. Zwischen 2geißeligen Gameten konträren Kreuzungstyps findet isogame Kopulation statt. Die so gebildeten Zygoten keimen wie bei vielen Meeresalgen (dauernd günstige Vegetationsverhältnisse im Gegensatz zum Süßwasser) sofort zum diploiden Sporophyten aus. Er erzeugt 4geißelige Zoosporen, mit deren Bildung so-

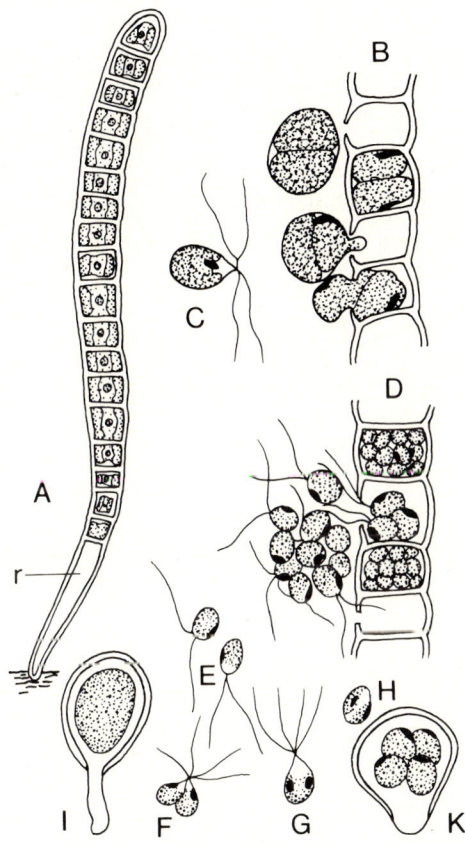

Abb. 620: *Chlorophyceae, Ulotrichales, Ulothrix zonata.* A Junger Faden mit Rhizoidzelle r. B Fadenstück mit ausschlüpfenden Zoosporen, die zu zweien in jeder Zelle entstehen. C Einzelne viergeißelige Mitozoospore. D Bildung und Entleerung der kleineren zweigeißeligen Gameten aus einem Fadenstück. E Gameten, F deren Kopulation. G, H Zygote. I Zygote nach der Ruheperiode keimend. K Meiozoosporenbildung in der Zygote. (A 300 ×, B–K 480 ×; nach DODEL.)

wohl die Meiose wie auch die genotypische Geschlechtsbestimmung verbunden ist. Aus diesen Zoosporen entstehen wieder haploide geschlechtsverschiedene Gametophyten. Sowohl dem Gametophyten wie dem Sporophyten geht jeweils ein fädiger Vorkeim voraus, der durch longitudinale Zellteilungen in den blattartigen Gewebethallus übergeht.

Enteromorpha und *Monostroma* unterscheiden sich von *Ulva* durch Anisogamie. Die Geschlechtsdifferenzierung der Gametophyten erfolgt genotypisch; die männlichen Thalli erzeugen kleinere ♂ Gameten mit gelbgrünem Chloroplasten, die weiblichen größere ♀ Gameten mit einem grünen Chloroplasten (vgl. Abb. 621). Nicht bei allen *Ulotrichales* mit Generationswechsel sind die beiden Generationen isomorph. Bei *Monostroma grevillei* ist der blattförmige männlich oder weiblich determinierte Gametophyt die dominante Generation. Der sehr viel kleinere Sporophyt entwickelt sich aus der Zygote zu einem selbständigen, in die Kalkschalen von Seetieren sich einbohrenden Bläschen (*Codiolum*). Bei manchen Arten schwillt die Zygote ohne Querwandbildung auf das Zwanzigfache (und mehr) des Ausgangsdurchmessers an. Die gleiche Zelle ist also in allen diesen Fällen nacheinander Zygote, Sporophyt und Meiosporangium (vgl. auch *Ulothrix*, wo die Zygote als *Codiolum*-ähnliches Gebilde interpretiert wird). In solchen Fällen haben also Gametophyt und Sporophyt verschiedene Gestalt und der Generationswechsel ist heteromorph und heterophasisch. – Bei *Hormidium* wurde die Chloroplastenbewegung studiert (s. S. 452).

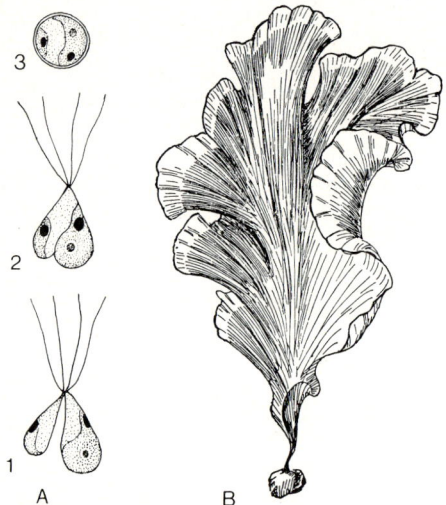

Abb. 621: *Chlorophyceae, Ulotrichales.* A *Enteromorpha intestinalis.* Anisogameten-Kopulation und Zygote. B *Ulva lactuca* (Meersalat) auf einem Stein. Randzellen farblos durch Austritt von Zoosporen. (A 1800 × nach KYLIN; B ½ × nach KUCKUCK.)

An die hier besprochenen Algen sind die **Prasiolaceae** anzuschließen, die z. T. in eine eigene Ordnung gestellt werden. *Prasiola stipitata* besitzt einen eigentümlichen Lebenscyclus. Der blattartige Sporophyt vollzieht in rein vegetativen, oberen Teilen Meiosen, denen Mitosen folgen. Der sich so entwickelnde Gametophyt bleibt auf diese Weise zeit seines Lebens mit dem Sporophyten verwachsen. Einzelne Felder von Zellen des Gametophyten erzeugen Eizellen, andere die kleinen 2geißeligen ♂ Gameten (genotypische Geschlechtsdifferenzierung, Oogamie). Die freigesetzten Keimzellen verschmelzen daraufhin zur Zygote.

4. Ordnung: **Chaetophorales.** Der Thallus der zu dieser Ordnung zählenden Algen bildet verzweigte Fäden aus einkernigen und 1 Chloroplasten enthaltenden Zellen. Er ist gewöhnlich heterotrich, d. h. er besteht aus 2 Teilen: einer «Sohle» aus verzweigten, oft pseudoparenchymatisch verbundenen Fäden, die dem Substrat flach aufliegen, und aus mehr oder weniger reich verzweigten, aufrechten, die Reproduktionsorgane tragenden Fäden (Abb. 622 A).

Bei manchen Gattungen ist allerdings dieser zweiteilige Aufbau bei nur schwacher Ausbildung eines Teiles verwischt bzw. gar nicht mehr erkennbar. Wegen der gleitenden Übergänge im Thallusbau sowie wegen der übereinstimmenden Chloroplasten, die die Form wandständiger Zylinder oder gebogener Platten haben, ist die Abgrenzung gegenüber den *Ulotrichales* problematisch und wohl künstlich.

Bei der Zellteilung werden die neuen Zellwände durch Verschmelzung von Vesikeln im Phycoplasten (vgl. S. 60) aufgebaut, wie dies bei den abgeleiteten *Ulotrichales* der Fall ist (S. 586). Der Modus der Querwandbildung wird bei *Coleochaete* insofern abgewandelt, als die bei der Kernteilung entstehenden Spindelmikrotubuli einen Phragmoplasten (wie bei den Embryophyta) erzeugen, innerhalb dessen sich eine neue Platte mit Zellwandmaterial ausformt.

Die geschlechtliche Fortpflanzung – soweit vorhanden – ist eine Iso-, Aniso- oder Oogamie. Neben haplontischen sollen auch diplontische Lebenscyclen vorkommen.

Die meisten Arten sind – vielfach epiphytisch auf Algen und anderen Wasserpflanzen – Bewohner des Süßwassers (z. B. *Chaetophora, Stigeoclonium, Coleochaete*). Die Anpassung an das Landleben ist in dieser Ordnung öfters vollzogen worden (z. B. «*Pleurococcus*»-Typ, *Trentepohlia*); manche Formen haben im Zusammenhang damit differenzierte Thalli entwickelt (*Fritschiella*). *Gomontia* lebt endolithisch in Muschelschalen.

Die Typusgattung *Chaetophora* bildet Seitenäste, die in zugespitzte, vielzellige haarförmige Endstücke auslaufen. Manche Formen vereinigen mehrere Individuen in durch Schleim zusammengehaltene Kolonien. – Bei *Stigeoclonium* (Abb. 622 A) kommen neben 4geißeligen Zoosporen (B) 2geißelige Isogameten vor. – *Coleochaete* besitzt mit scheibenförmig ausgebildeter Sohle (Abb. 622 C), besonders differenzierten Haaren, in denen der Chloroplast spontan rotiert, und oogamer Fortpflanzung eine hohe Entwicklung unter den Chlorophyceen. Ihr flaschenförmiges Oogon hat einen farblosen Hals (Abb. 622 D), der sich an der Spitze zur Aufnahme des völlig farblosen 2geißeligen Spermatozoids öffnet. Nach der Befruchtung vergrößert sich die kugelige Zygote, und gleichzeitig wachsen von ihrer Tragzelle und den benachbarten Zellen Fäden um sie herum, so daß sie schließlich, in ein einschichtiges Plectenchym eingehüllt, zur «Zygotenfrucht» wird (F). Bei der Keimung dieses Dauerorgans entstehen nicht direkt Meiozoosporen, sondern zunächst innerhalb der Zygoten unter Meiose 16- bzw. 32zellige, haploide Körper, in deren Zellen je eine haploide Zoospore frei wird. – *Trentepohlia* (Abb. 623) findet sich häufig als Symbiont in Flechten oder als Landalge an Felsen (*T. aurea* auf Kalk, die nach Veilchen duftende *T. iolithus* auf Silicatgestein) und Baumstämmen, in den Tropen auch auf lederigen Blättern. Die Anpassung an das Landleben drückt sich auch darin aus, daß die Zoosporangien oft als ganze abgeworfen durch den Wind verbreitet werden. Die 2geißeligen Schwärmer kopulieren als Gameten miteinander oder dienen der vegetativen Fortpflanzung (fakultative Funktionsbestimmung). – Die sehr verbreiteten grünen Algenüberzüge auf Baumrinde und Felsen werden durch Algen vom «*Pleurococcus*»-Typ (*Apatococcus* und *Desmococcus*) verursacht; diese Luftalgen bilden keine beweglichen Zellen mehr und sind auch sonst reduziert. – Bei der bodenbewohnenden *Fritschiella* (Indien, Afrika; Abb. 624) erheben sich aus im

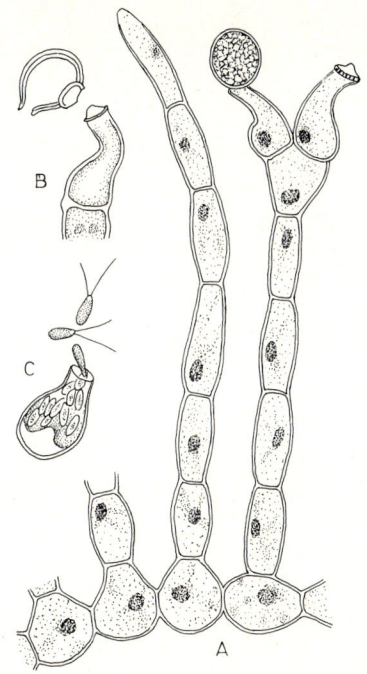

Abb. 623: *Chlorophyceae, Chaetophorales, Trentepohlia.* A *T. aurea*, Stück eines kriechenden Fadens mit aufrechten Zweigen (eine Terminalzelle mit Zoosporangium, an der anderen das Sporangium abgefallen; 500 ×). B *T. umbrina*, Ablösung des entleerten Sporangiums (300 ×). C *T. umbrina*, Zoosporangium, die Zoosporen entlassend (300 ×). (A nach K. J. MEYER, B nach GOBI, C nach KARSTEN.)

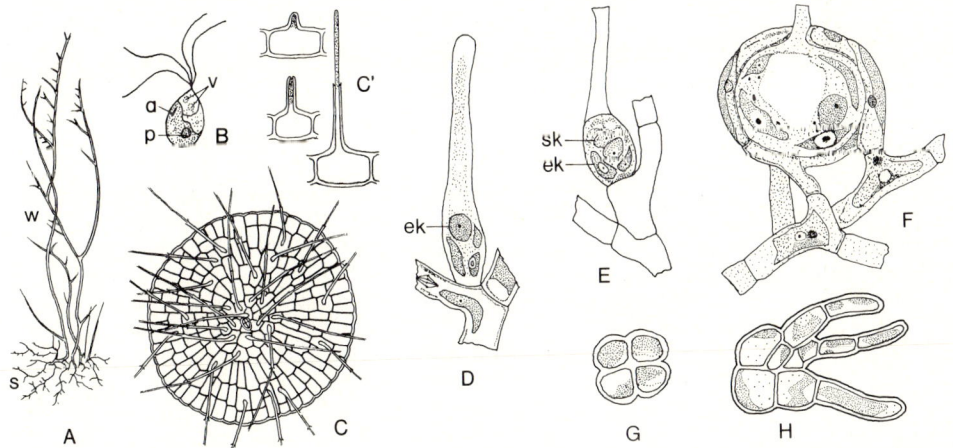

Abb. 622: *Chlorophyceae, Chaetophorales.* A *Stigeoclonium tenue.* s Sohle, w Wasserfäden (4 ×). B *Stigeoclonium subspinosum*, Zoospore. p Pyrenoid, a Augenfleck, v pulsierende Vacuolen (900 ×). C *Coleochaete scutata*, Sohle (80 ×). C′ *Aphanochaete repens*, Entwicklung eines Scheidenhaares (250 ×). D–F *Coleochaete pulvinata.* D Oogonium kurz vor der Öffnung. E Dasselbe befruchtet, ek Eikern, sk Spermakern. F Zygote durch Umwachsung zur «Frucht» entwickelt (500 ×). G, H *Pleurococcus naegelii* (600 ×). (A nach J. HUBER; B nach JULLER; C nach M. JOST; C′ nach J. HUBER; D–F nach OLTMANNS; G, H nach CHODAT.)

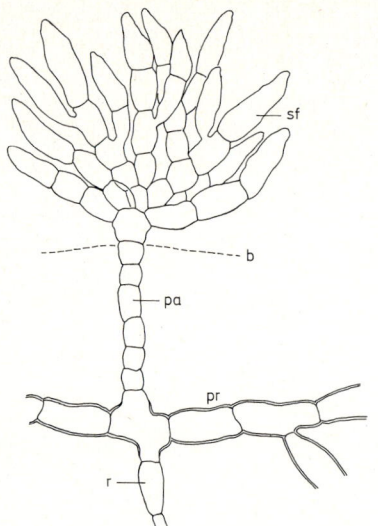

Abb. 624: *Chlorophyceae, Chaetophorales, Fritschiella tuberosa.* b Bodenoberfläche, pa aufrechte Zellfäden, pr unterirdische, kriechende Fäden, r Rhizoid, sf sekundäre Fadenbüschel. (200 ×; nach Singh.)

Substrat kriechenden Zellreihen aufrechte, verzweigte Fäden in den Luftraum. Hier deutet sich eine bei den Höheren Landpflanzen stark ausgebaute funktionelle Differenzierung in einerseits vornehmlich resorbierende und andererseits assimilierende Teile an.

5. *Ordnung:* **Oedogoniales.** Die *Oedogoniales* bilden hier eine dritte Chlorophyceen-Ordnung mit trichaler Organisation. Die Zellfäden sind zwar unverzweigt, aber die oogame Fortpflanzung wie auch die **einmalige** Form der

Zellteilung und -streckung sprechen für eine stark abgeleitete Sonderentwicklung. Die einkernigen Zellen enthalten wandständige, **gitterförmig durchbrochene Chloroplasten mit zahlreichen Pyrenoiden** (Abb. 625 A). Der Lebenscyclus ist haplontisch.

Die verhältnismäßig großen **Zoosporen** gehen in Einzahl aus dem gesamten Inhalt einer Fadenzelle hervor. Sie besitzen einen charakteristischen **subapikalen Kranz** von zahlreichen, nicht in Paaren angeordneten **Geißeln** (Abb. 625 C) nahe ihrem chloroplastenfreien Vorderende. An anderen Stellen des Fadens schwellen einzelne Zellen tonnenförmig zu **Oogonien** an; ihr Inhalt wird zu einem großen Ei (Abb. 625 E), das dauernd vom Oogonium umschlossen bleibt. Wiederum andere Fadenabschnitte des gleichen Individuums oder anderer Pflanzen (modifikatorische Geschlechtsbestimmung) erzeugen in relativ niedrig bleibenden Zellen, meist zu je zwei, die den Zoosporen ähnelnden, aber kleineren, gelblichen **Spermatozoiden**.

Ein anderer Weg zur Übertragung der ♂ Keimzellen verläuft über sog. Androsporen und «Zwergmännchen». In Zellen, die den eben beschriebenen ♂ Gametangien ähneln, werden anstelle von Spermatozoiden die etwas größeren Androsporen gebildet. Diese werden **chemotaktisch** von den Oogonium-Mutterzellen angelockt. Sie vermögen die Eizellen nicht direkt zu befruchten, sondern sie setzen sich an den Oogonien oder in ihrer unmittelbaren Nähe fest und wachsen zu kleinen, aus wenigen Zellen bestehenden Pflänzchen, sog. «Zwergmännchen» (Abb. 625 E, F), aus, deren obere Zellen dann als Gametangien befruchtungsfähige Spermatozoiden entlassen. Die gleichzeitige Reifung der Oogonien wird offensichtlich von Hormonen gesteuert, die von den aufsitzenden Zwergmännchen ausgeschieden werden. Andererseits werden die Spermatozoiden chemotak-

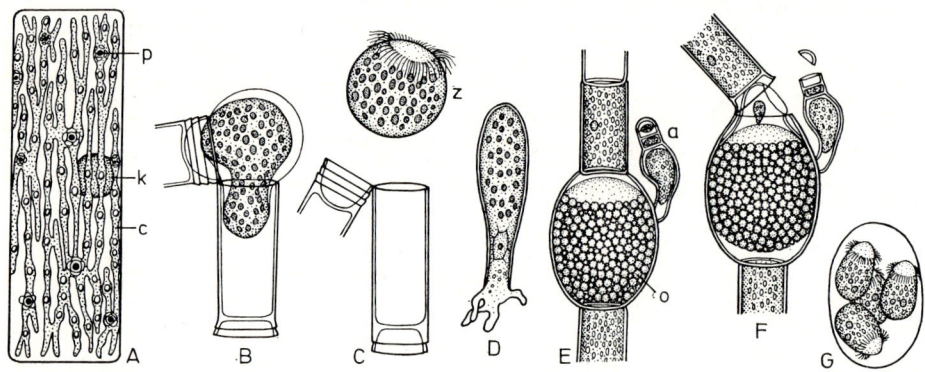

Abb. 625: *Chlorophyceae, Oedogoniales, Oedogonium.* A Einzelne Zelle (600 ×). B–D *Oed. concatenatum,* Ausschlüpfen einer Zoospore und deren Keimung (300 ×). E, F *Oed. ciliatum,* Befruchtung (350 ×). G. Desgl., Keimung der Zygote (350 ×). a Zwergmännchen, c Chromatophor, k Zellkern, o Oogonium, p Pyrenoid, z Zoospore mit, den einzigen Zellkern (siehe D) verdeckenden, Reservestoffen. Kappen bei Bund C sichtbar. A nach Schmitz; B–D nach Hirn; E, F nach N. Pringsheim; G nach Juranyi.)

tisch von den Oogonien angelockt, wo sie durch eine sich bildende Öffnung hinein schlüpfen und mit der Eizelle verschmelzen. Es entwickelt sich hierauf innerhalb des Oogoniums eine derbwandige, rote Hypnozygote. Bei der Keimung (Abb. 625 G) teilt sich der Inhalt in 4 große haploide Meiozoosporen (zygotischer Kernphasenwechsel), welche ausschlüpfen und neue Fäden bilden (Abb. 625 D).

Die einzigartige Teilung und Streckung einzelner Zellen ist mit der Bildung von «Kappen» am oberen Zellende verknüpft (Abb. 626). Deren Entstehung wird schon bei der beginnenden Kernteilung (Prophase) eingeleitet, indem am oberen Ende der Zelle ein ringförmiger Wulst aus verschmelzenden (GOLGI-?)Vesikeln gebildet wird; er besteht größtenteils aus der amorphen, dehnbaren Zellwandfraktion. Nach Abschluß der Kernteilung erscheint außerdem zwischen den Tochterkernen innerhalb eines Phycoplasten (s. S. 60) ein Septum, aus dem eine zunächst noch verschiebbare Zellplatte – die spätere Querwand – hervorgeht. Im Bereich des oberen Ringwulstes reißt alsdann die Außenwand der Zelle ringförmig auf, worauf sich der Ringwulst zu einem Zylinder streckt. An der Bruchstelle hinterbleibt dabei jeweils eine charakteristische Kappe. Durch Wiederholung dieses Vorgangs am oberen Ende jeweils der gleichen Zelle kommte es zur Anhäufung solcher Kappen, die wie ineinander gesteckt erscheinen (Abb. 625 C).

Die folgenden Ordnungen sind durch Thalli gekennzeichnet, deren Zellen in der Regel vielkernig sind.

6. *Ordnung:* **Cladophorales.** Die Vertreter dieser Ordnung repräsentieren die siphonocladale Organisationsstufe. Die meist büschelförmig verzweigten Thalli sind vielzellig und jede Zelle ist vielkernig. Ob die Vielkernigkeit abgeleitet oder ursprünglich ist, ist nicht zu entscheiden. Man wird wohl Parallelentwicklungen zu anderen Algengruppen anzunehmen haben. Vielkernige Zellen sind auch in anderen Ordnungen als Sonderentwicklungen aufgetreten (z.B. *Chlorococcales* mit *Hydrodictyon*).

Die zahlreichen, im Süßwasser (vorwiegend in fließenden Gewässern) und im Meer auf festem Substrat häufigen, verzweigten Fadenbüschel der *Cladophora*-Arten (Abb. 627) sitzen an der Basis mit einer rhizoidartigen Zelle fest und weisen ein bevorzugtes Spitzenwachstum auf. Verzweigungen entstehen durch Ausstülpungen der «Stammzelle» jeweils unterhalb einer zentripetal gebildeten Querwand; sie setzen das Wachstum unter Einziehung einer zur Längsachse der Bildungszelle spitzwinkeligen Grenzwand fort. Der wandständige Chloroplast ist netzförmig durchbrochen und enthält Pyrenoide mit Stärkekörnern. Die Zellwand besteht u.a. aus Cellulosemikrofibrillen; diese sind schichtweise in verschiedenen Winkeln angeordnet und verleihen der Zellwand hohe Festigkeit. Wie bei den *Ulotrichales* entstehen die Schwärmer (Zoosporen und Isogameten) in äußerlich kaum verschiedenen Zellen, jedoch in der Regel an den Enden der Seitenzweige.

Cladophora hat meist einen heterophasischen isomorphen Generationswechsel

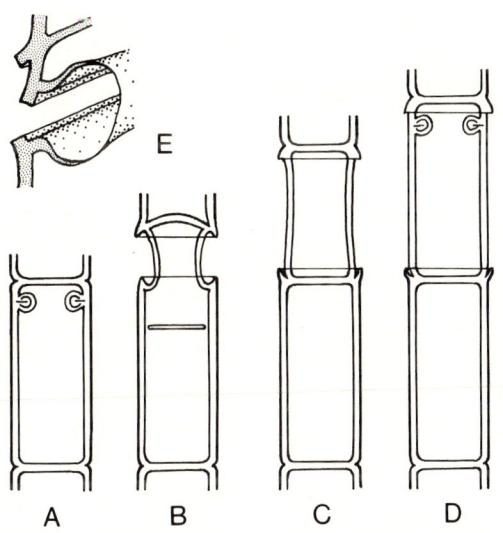

Abb. 626: *Oedogoniales, Oedogonium.* Kappenbildung bei der Zellteilung (A–D) und Aufreißen der Zellwand am Wulst (E). (A–D 200 ×, nach ESSER; E 2000 ×, verändert nach PICKETT-HEAPS.)

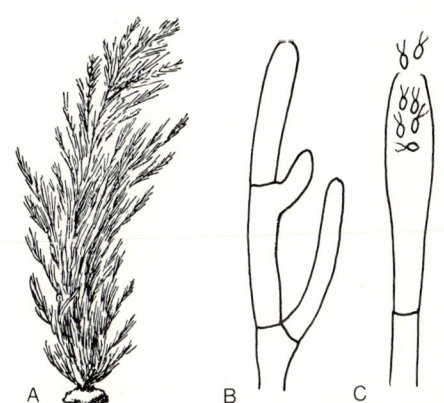

Abb. 627: *Chlorophyceae, Cladophorales, Cladophora.* A Habitus. B Verzweigung. C Gametangium mit Gameten (A ⅓ ×, nach OLTMANNS; B, C 250 ×.)

(Abb. 635 B). Dabei kann sich jede Generation auch vegetativ erneuern. Die Isogameten sind 2 geißelig, während die Meio-Zoosporen mariner Arten mit 4 Geißeln ausgerüstet sind (Süßwasserarten mit 2). Bei der im Süßwasser oft fußlange Büschel bildenden *Cladophora glomerata* ist die Gametophytengeneration ausgefallen, so daß hier die Entwicklung zu einem reinen Diplonten fortgeschritten ist. – *Siphonocladus* ist marin. Die auf überschwemmter Erde nicht gerade häufigen unverzweigten monöcischen Fäden von *Sphaeroplea annulina* pflanzen sich oogam fort und bilden in den weiblichen Fäden Gruppen roter Hypnozygoten.

An die *Cladophorales* ist die nahe verwandte Ordnung der **Acrosiphonales** mit Abweichungen im Bau der Zellwand und im Lebenscyclus anzuschließen. Die feste Zellwandfraktion besteht aus filzartig verflochtenen Cellulose-Fibrillen (Cellulose eines anderen Typs als die kristalline Cellulose der *Cladophorales* und der meisten Cormophyten). Die Thalli von *Spongomorpha* (Gametophyt) können filzartig verflochten sein. Der Generationswechsel ist hier mit Codiolum-ähnlichem Sporophyt (s.S. 588) heteromorph. – Hierher gehört auch *Urospora* (Abb. 671).

7. *Ordnung*: **Siphonales**. Die besonders in warmen Meeren vorkommenden, außerordent-

lich vielgestaltigen Siphoneen oder Schlauchalgen haben in ihrem Thallus keine Querwände, sondern lediglich ein Maschenwerk aus Stützbalken. Die Zellwand umschließt somit einen einzigen polyenergiden Protoplasten, der mit zahlreichen kleinen, scheibenförmigen Chloroplasten ausgestattet ist. Nur die Keimzellenbehälter werden durch Querwände abgetrennt (siphonale Organisationsstufe). Die Schläuche einiger Arten sind zu einem Flecht-Thallus verflochten. Zu dem für die Chlorophyceen charakteristischen Farbstoffbestand kommen bei den *Siphonales* Siphonoxanthin und Siphonein als weitere, die Ordnung kennzeichnende akzessorische Pigmente hinzu.

Die geschlechtliche Fortpflanzung erfolgt anisogam, seltener isogam und zwar in einem diplo-haplontischen Lebenscyclus. Der Generationswechsel ist heterophasisch und heteromorph, mit Förderung teils der Gametophyten-, teils der Sporophytengeneration. Einige Arten sind offensichtlich reine Diplonten.

Als Zellwandbaustoffe treten bei den *Siphonales* neben Cellulose auch Mannan und Xylan auf.

Die *Siphonales* lassen sich in drei gut unterscheidbare Gruppen untergliedern, die neuer-

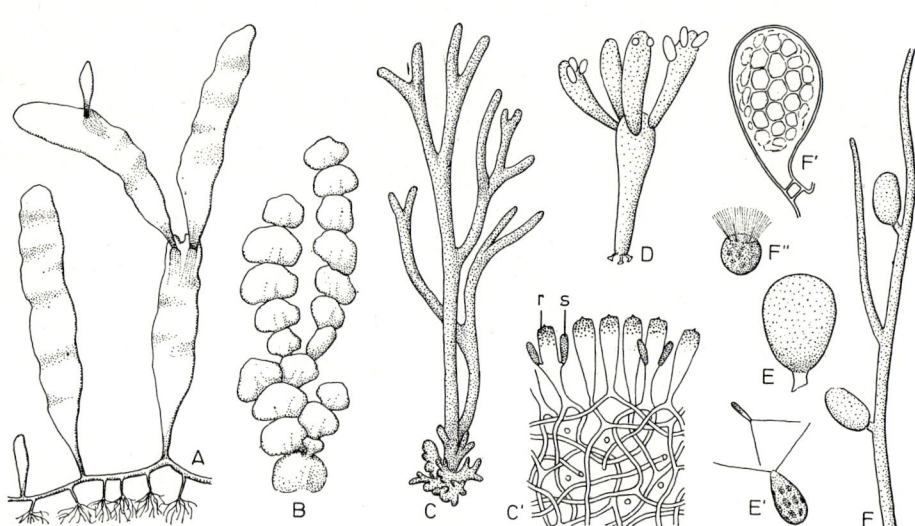

Abb. 628: *Chlorophyceae, Siphonales.* A *Caulerpa prolifera*, Thallus ($^1/_2$ ×). B *Halimeda tuna*, Thallus ($^1/_2$ ×). C *Codium tomentosum*, Thallus ($^1/_2$ ×). C′ Desgl., Thallusquerschnitt (15 ×). D *Valonia utricularis*, Thallus ($1^1/_2$ ×). E *Derbesia marina* («*Halicystis ovalis*») Gametophyt (3 ×). E′ Desgl., männlicher und weiblicher Gamet (500 ×). F *Derbesia marina*, Thallus-Stück des Sporophyten (30 ×). F′ Desgl., Sporangium (120 ×). F″ Zoospore (400 ×). r Rindenschlauch, s Gametangium. (A nach Schenck; B nach Oltmanns; C und C′ nach Mägdefrau; D nach Schmitz; E, E′, F′ nach Kuckuck; F nach Harder; F″ nach Davis.)

dings auch als eigene Ordnungen bewertet werden.

Die erste Gruppe, die *Siphonales* im engeren Sinne (**Caulerpales**), enthält Vertreter mit schlauchförmigem Thallus, der bei abgeleiteten Formen als Geflecht organisiert sein kann.

Die **Bryopsidaceae** haben einen heteromorphen Generationswechsel. Die Abfolge der Generationen wird entweder auf einer Pflanze (haplobiontisch) vollzogen oder in zwei voneinander getrennten Individuen (diplobiontisch). Bei *Bryopsis* ist im allgemeinen der haploide Gametophyt die in den Vordergrund tretende Generation. Er stellt einen einfach bis doppelt gefiederten schlauchförmigen, bis 10 cm langen, polyenergiden Thallus dar, der mit einem verzweigten Rhizoidabschnitt dem Substrat angeheftet ist. Die Fiederzweige werden schließlich durch eine Querwand als Gametangien abgegrenzt. Durch Anisogamie zwischen 2 geißeligen kleineren ♂ Gameten und größeren ♀ Gameten – sie werden in den entsprechenden Gametangien auf ♂ und ♀ Pflanzen erzeugt – entsteht zunächst eine 4 geißelige Planozygote, die dann aber ihre Geißeln abwirft und zum kleinen verzweigt-schlauchförmigen Sporophyten auskeimt. Dieser Zellschlauch enthält anfangs nur einen einzigen großen Kern. Bei haplobiontischer Entwicklung (z.B. fakultativ bei *Bryopsis plumosa*), ist der Sporophyt lediglich ein Vorkeim, denn er wächst unter Reifeteilung des Kernes und Bildung vieler kleiner Kerne direkt zu ♂ oder ♀ Gametophyten aus. Eine andere Form der Entwicklung ist diplobiontisch (z.B. *Bryopsis halymeniae*), da sich im Sporophyten unter Meiose Zoosporen mit Geißelkranz bilden. Erst aus den ausschwärmenden Zoosporen entsteht die neue Gametophyten-Generation. In beiden Fällen hat der Gametophyt eine andere

Zellwand-Zusammensetzung als der Sporophyt: beim Gametophyt ist Xylan neben Cellulose, beim Sporophyten Mannan vorherrschend. *Bryopsis halimeniae* leitet mit kräftigerem, verzweigtfädigem Sporophyten, der in terminal abgegrenzten Keimzellenbehältern die Meiozoosporen entwickelt, zur Gattung *Derbesia* über.

Bei ihr besteht der Gametophyt aus blasenförmigen, 0,5 bis 3 cm großen Gametangien, die einem perennierenden Rhizoid entspringen; wegen Unkenntnis des Zusammenhanges zum Sporophyten stellte man früher diese Pflanzen in eine eigene Gattung («*Halicystis*» = Gametophyt von *Derbesia*; Abb. 628 E). Die getrenntgeschlechtlichen «*Halicystis*»-Pflanzen entlassen Anisogameten mit zwei gleichlangen Geißeln (Abb. 628 E'). Aus der Zygote geht der Sporophyt, die verzweigt-schlauchförmige *Derbesia*, hervor. An eiförmigen Sporangien dieser diploiden Pflanzen entstehen nach der Meiose die mit einem Geißelkranz versehenen Meio-Zoosporen. Der Generationswechsel ist heteromorph mit schwacher Förderung des bis 10 cm hohen Sporophyten (Abb. 635 C). Die Zellwandzusammensetzung der beiden Generationen ist wie bei *Bryopsis* (s.o.) verschieden. Beide Gattungen kommen an den europäischen Atlantikküsten vor.

Die **Caulerpaceae** mit der formenreichen, in wärmeren Meeren verbreiteten Gattung *Caulerpa* bilden eine farblose, kriechende, bis 1 m lange Hauptachse, die einerseits Rhizoide in den Boden entsendet, andererseits mannigfaltig gestaltete, grüne Thalluslappen trägt, die mehrere Dezimeter groß werden können (Abb. 8, 628). Die großen Pflanzen bestehen aus einer einzigen, vielkernigen Riesenzelle, deren Außenwand im Inneren lediglich durch mehrfach verzweigte balkenartige Verstrebungen gestützt wird. Die Zellwand enthält überwiegend Xylan. Ob bei der

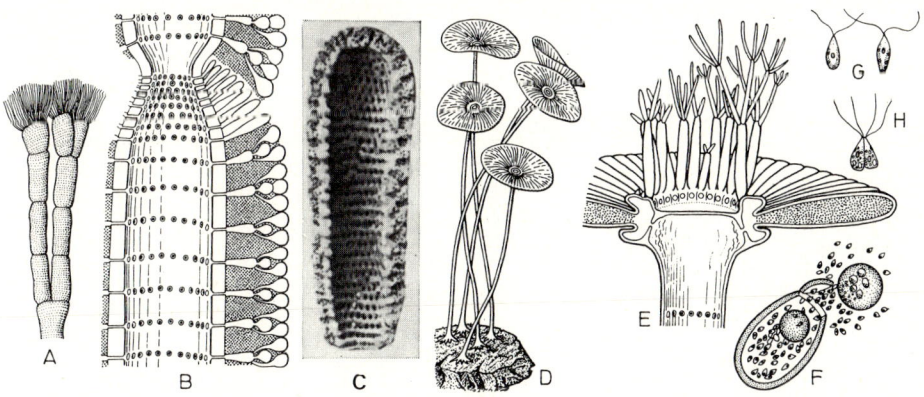

Abb. 629: *Chlorophyceae, Siphonales, Dasycladaceae.* A *Cymopolia barbata*, oberer Teil einer Pflanze (4 ×). B Desgl., Längsschnitt durch Thallusstück; punktiert: Kalkmantel (40 ×). C *Dactylopora cylindracea* (Tertiär), Kalkröhrchen (4 ×). D–H *Acetabularia mediterranea*. D Erwachsene Thalli (nat. Gr.). E Längsschnitt durch Schirmchen; oben Kranz von sterilen Trieben, unten Narben des abgefallenen Wirtels steriler Triebe (6 ×). F Geöffnete Cyste, die Gameten entlassend (100 ×). G Gameten (300 ×). H Kopulation (300 ×). (A, B nach SOLMS-LAUBACH; C nach MORELLET; D, E, nach OLTMANNS; F–H nach DE BARY und STRASBURGER.)

Bildung der Gameten – sie werden in grünen Wolken entlassen, worauf die entleerten Pflanzen absterben – die Meiose stattfindet, ist ungewiß.

Ein diplontischer Lebenscyclus wird auch für die **Codiaceae** angenommen. Ihre z. T. mehr als meterlangen Thalli (z. B. manche *Codium*-Arten; Abb. 628) werden aus einem Geflecht verzweigter, querwandloser Schläuche gebildet, die durch Zellwandringe versteift sind. Die Zellwand besteht überwiegend aus einem Mannan. Bei der in wärmeren Meeren verbreiteten Gattung *Halimeda* (Abb. 628B) sind die scheibenförmigen Thallusglieder mit Kalk inkrustiert. Die *Codiaceen* sind fossil bereits aus dem älteren Paläozoicum bekannt.

Die zweite Gruppe um die **Valoniaceae** (auch als **Valoniales**) ist aufgrund eines besonderen Teilungsmechanismus der Zellen von den vorausgestellten *Siphonales* im engeren Sinne unterschieden.

Der Protoplast eines Zellschlauches zerklüftet sich in mehrere Teile unterschiedlicher Größe, die sich unter Abrundung, meist noch innerhalb der Zellwand des Mutterschlauches, mit neuen Zellwänden umgeben. Auf diese Weise kann ein vielzelliger pseudoparenchymatischer Thallus entstehen. Die Thalli von *Valonia*, welche eine große Vacuole, viele Kerne und zahlreiche wandständige Chloroplasten enthalten, stellen ein günstiges Objekt für Permeabilitäts- und Zellwandstudien dar (vgl. Abb. 81).

Die dritte Gruppe mit den **Dasycladaceae** (auch als **Dasycladales**) ist von den typischen *Siphonales* durch die radiäre Symmetrie ihres Thallus und durch haarförmige Fortsätze, die z. T. abgeworfen werden und dabei Narben hinterlassen, geschieden.

Die Zellwand besteht überwiegend aus einem Mannan. Der Thallus setzt sich aus einer langen, durch Rhizoide am Substrat befestigten «Stammzelle» und den hieraus abzweigenden wirteligen Seitenästen zusammen (Abb. 629B). Diese sind einfach oder verzweigt und enden vielfach mit einem Gametangium. Als morphogenetisches Untersuchungsobjekt ist besonders *Acetabularia* bekannt (Abb. 629D–H). Sie trägt auf einem ungeteilten Stiel einen schirmartigen Hut, der aus radialen, dicht aneinandergereihten Kammern besteht, sowie darunter und darüber je einen Wirtel verzweigter, steriler Zellen, die bei Reife des Schirmes zugrunde gehen. Der Thallus hat zunächst nur einen einzigen Kern (Primärkern), der lange unverändert im Rhizoid liegen bleibt (vgl. Abb. 30, S. 42 u. 381). Nach Ausbildung des Schirmes teilt er sich in zahlreiche haploide Sekundärkerne, die in die Kammern wandern und hier die Bildung derbwandiger Cysten einleiten (Abb. 629E). Die Cysten werden nach Zerfall des Schirmes frei, öffnen sich mit einem Deckel und entlassen die Gameten (Abb. 629 F). Die aus der Kopulation von zwei Isogameten

hervorgehende Zygote (Abb. 629G, H) setzt sich fest und wächst zu einem neuen diploiden Thallus heran. *Acetabularia* ist nach neueren Untersuchungen kein Diplont, da bereits der Primärkern haploid sein soll. Nach anderer Ansicht erfolgt aber die Meiose bei der Bildung der Sekundärkerne; dann wäre der Lebenscyclus diplontisch (mit gametischem Kernphasenwechsel).

Die äußeren Zellwandschichten der Stammzelle verkalken bei den Dasycladaceen sehr stark (Abb. 629B), so daß nach Absterben des Thallus ein durchlöchertes Kalkröhrchen (Abb. 629C) übrigbleibt; hierauf beruht die bedeutende Rolle der fossilen Dasycladaceen als Gesteinsbildner, z. B. in der alpinen Trias. Vom Cambrium ab sind die Dasycladaceen in 120 Gattungen durch sämtliche Formationen hindurch bekannt, während heute nur noch 10 Gattungen leben. Anhand der Fossilfunde können wir die Evolution von einfachen Formen, bei denen die Äste regellos der Stammzelle entspringen, bis zu hochdifferenzierten Gattungen, wie *Acetabularia*, verfolgen (vgl. auch Abb. 589).

II. Klasse: Zygnematophyceae (= Conjugatae)

Die *Zygnematophyceae* oder Jochalgen bilden keinerlei Schwärmer, also weder Zoosporen noch begeißelte Gameten. Die geschlechtliche Fortpflanzung erfolgt durch Jochbildung, wobei zwei gleichgestaltete, nackte Protoplasten aus vegetativen Zellen zu einer Zygote verschmelzen. Die Zygote keimt nach längerer Ruhe unter Meiose; der Kernphasenwechsel ist zygotisch. Die Jochalgen sind demnach reine Haplonten, die sich in der coccalen und trichalen Organisationsstufe entfaltet haben. Die fädigen Formen sind unverzweigt und zerfallen leicht in Einzelzellen. Die Zellen sind mit je einem in der Mitte liegenden Kern versehen. Die Kombination aller dieser Merkmale ist innerhalb der Algen einmalig, weshalb die Stellung der Jochalgen in einer eigenen Klasse innerhalb der Chlorophyten gerechtfertigt ist. Sie leben in etwa 4000–6000 Arten (50 Gattungen) im Benthos, z. T. auch im Plankton, fast nur im Süßwasser.

Die **Mesotaeniaceae** sind relativ ursprünglich. Sie leben einzeln oder in Gallertkolonien (Abb. 630A; coccale Organisationsstufe). Die Zellwand besteht aus einem einzigen Stück und weist keine Skulpturen auf. Der Chloroplast – meist in zwei Hälften gegliedert wie bei den folgenden Desmidiaceen – ist schraubenförmig (*Spirotaenia*) oder im Querschnitt sternförmig (*Cylindrocystis*, *Netrium*). *Mesotaenium berggrenii* und *Ancylonema nordenskioeldii*, beide mit rotem Zellsaft, haben Anteil an der Bildung des «roten Schnees» auf Gletschern der Alpen, der Arktis und Antarktis (s. a. S. 583, 628).

Die **Desmidiaceae** oder Z i e r a l g e n sind in der Regel e i n z e l l i g (coccal). Die meist skulpturierten, oft eisenhaltigen (daher gelblichen) Zellwände bestehen aus zwei gleichen H ä l f t e n, die durch eine Naht oder eine Einschnürung (I s t h m u s) voneinander getrennt sind. Das Innere der Zelle enthält in jeder der beiden genau symmetrischen Hälften je einen großen z e n t r a l e n, also nicht wandständigen Chloroplasten mit einem oder mehreren Pyrenoiden (Abb. 630B, C). In der Mitte der Zelle liegt der Kern.

Die v e g e t a t i v e Fortpflanzung erfolgt durch Zweiteilung, wobei – wie bei den Diatomeen (S. 606) – je eine Zellwandhälfte ergänzt werden muß (Abb. 630J, K). Hierbei entstehen einzellige aus kurzzeitig zweizelligen Individuen. Bei gewissen Gattungen bleiben die Tochterzellen jedoch miteinander verbunden, so daß Z e l l k e t t e n entstehen.

Zur g e s c h l e c h t l i c h e n Fortpflanzung legen sich 2 genotypisch verschiedene Zellen nebeneinander (Abb. 630D) und umgeben sich mit Gallerte. Die Zellwand öffnet sich darauf in der Mitte, die Protoplasten treten als nackte Gameten in den sich vorwölbenden, bald verschleimenden Kopulationsschlauch aus und vereinigen sich zur Zygote (Abb. 630E), deren Wand oft Stacheln trägt. Neben der reifen Hypnozygote liegen zunächst noch die 4 leeren Zellwandhälften der beiden verschmolzenen Zellen. Bei der Zygotenkeimung gehen von den 4 durch Meiose entstandenen haploiden Gonenkernen bei den meisten Desmidiaceen 2 zugrunde, so daß nur 2 haploide «Keimlinge» entstehen (Abb. 630G).

Die Desmidiaceen gehören zu den zierlichsten Algen und sind in ihrer Gestalt sehr mannigfaltig. Ihre Zellen sind z. B. halbmond- (*Closterium*, Abb. 630B) oder biskuit- (*Cosmarium*, Abb. 630H) bis sternförmig (*Micrasterias*, Abb. 630L). *Euastrum* (s. S. 629) besitzt an den Zellenden Einschnitte, *Staurastrum* (s. S. 629) ist in Frontalansicht kantig. An beiden Zellenden von *Closterium* sind Vacuolen mit Gipskristallen, die sich in lebhafter Brownscher Bewegung befinden (Abb. 630B). Manche Desmidiaceen stoßen durch Membranporen Schleimfäden aus, mittels derer sie sich langsam fortbewegen. *Oocardium*, in kalkreichen Bächen lebend, sitzt auf einem Gallertstiel, der mit Kalk inkrustiert wird (Abb. 630 M, N; Oocardientuff!). Die Zieralgen entwickeln vornehmlich in nährstoffarmen Gewässern mit niederem pH-Wert, z. B. in Torfsümpfen, eine große Artenvielfalt; *Pleurotaenium* lebt auch in alkalischen Gewässern.

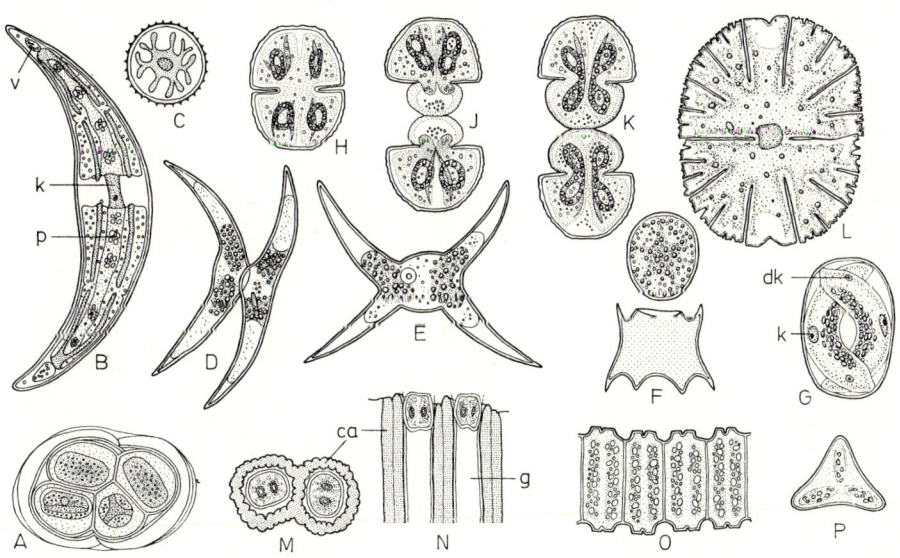

Abb. 630: *Zygnematophyceae; Mesotaeniaceae* und *Desmidiaceae*. A *Mesotaenium braunii* (280 ×). B *Closterium moniliferum* (200 ×). C *Closterium regulare*, mit geripptem Chloroplasten, Querschnitt (200 ×). D, E *Closterium parvulum*, Kopulation (300 ×). F *Closterium rostratum*, Austreten der Zygote aus der Hülle (200 ×). G *Closterium* sp., Teilung der Zygote (200 ×). H *Cosmarium botrytis* (280 ×). J, K Desgl., Teilung (280 ×). L *Micrasterias denticulata* (125 ×). M, N *Oocardium stratum*, von oben gesehen und im Längsschnitt (320 ×). O *Desmidium swartzii*, Teil einer Zellkette. P Desgl., Zellquerschnitt (350 ×). ca Kalkhülle, dk degenerierter Zellkern, g Gallertstiel, k Zellkern, p Pyrenoid, v Vacuole mit Gipskriställchen. (A, D–F, H–K nach de Bary; B nach Palla; C, L nach Carter; G nach Klebahn; M, N nach Senn; O, P nach Delponte.)

Die Familie der **Zygnemataceae** wird durch unverzweigt-fadenförmige Vertreter repräsentiert. Am bekanntesten ist die Gattung *Spirogyra* (Abb. 631). Ihre zahlreichen Arten treten häufig im Frühjahr in ruhigen Gewässern als frei schwebende, fädige, gelbgrüne «Watten» auf. Die Fäden wachsen intercalar durch Streckung und Querteilung aller Zellen in die Länge; sämtliche Zellen sind also gleichwertig; die Fäden besitzen auch keinerlei Polarität. Ihre glatten, porenlosen Cellulosewände verschleimen oberflächlich, weshalb sich die Fäden schlüpfrig anfühlen. Bei der Mitose bleibt die Kernmembran größtenteils erhalten (intranucleäre Mitose). Die Querwand bildet sich zentripetal als irisblendenartig wachsendes Septum und zusätzlich als Zellplatte in einem Phragmoplasten. Die Fäden können an den Querwänden in ein- oder mehrzellige Teilstücke zerfallen, die der vegetativen Vermehrung dienen (s. S. 210).

Der Kern jeder *Spirogyra*-Zelle liegt in der Zellmitte und ist an Protoplasmasträngen in einer großen Zentralvacuole aufgehängt. Weiterhin erkennt man ein oder mehrere stets als Linksschraube (S-Windung) der Wand anliegende, band- bzw. rinnenförmig gestaltete Chloroplasten (Abb. 631 A, C: ch) mit Pyrenoiden (p).

Bei der geschlechtlichen Fortpflanzung lagern sich zwei morphologisch meist gleichgestaltete Fäden parallel. An der Berührungslinie wölben sich zwischen den Zellen Papillen vor, so daß das Fadenpaar sekundär auseinandergedrängt und leiterförmig wird (Leiterkopulation; Abb. 631 B). Die Papillen werden durch die Auflösung der Wand an der Berührungsstelle in einen Kopulationskanal zwischen je zwei Zellen («Gametangien») verwandelt. Jede Zelle eines Fadens kann zu einem «Gametangium» werden. Die Geschlechtsbestimmung erfolgt modifikatorisch (♂ und ♀ Fäden). Der Protoplast aus der ♂ Zelle tritt als nackter «Wander-Gamet» in die gegenüberliegende ♀ Zelle und verschmilzt mit deren Protoplast («Ruhegamet») unter Wasserabgabe und Schrumpfung zu einer Hypnozygote (z), die mit einer mehrschichtigen, dicken, braunen Wand umgeben sowie dicht mit Stärke und Öl angefüllt, zur Überdauerung geeignet ist. Der oder die Chloroplasten des ♂ «Gameten» gehen zugrunde. Bei der mit der Meiose verbundenen Keimung der Zygote degenerieren 3 Kerne (Abb. 632 D), so daß nur ein haploider Keimling entsteht, der schlauchförmig auswächst und durch Zellteilungen einen neuen Faden bildet (Abb. 632 E).

Manche *Spirogyra*-Arten sind monöcisch. Bei ihnen verschmelzen die Protoplasten benachbarter Zellen des gleichen Fadens über eine seitliche Kopulationsbrücke.

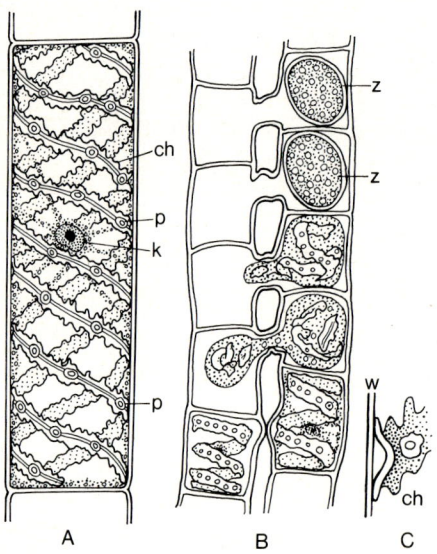

Abb. 631: *Zygnematophyceae, Spirogyra.* A *Sp. jugalis,* Zelle (250 ×). B *Sp. quinina,* anisogame Kopulation (240 ×). C *Sp. longata,* Chloroplastenteilstück an der Zellwand (750 ×). ch Chloroplast, k Zellkern, p Pyrenoid, w Zellwand, z Zygote. (A, B nach SCHENCK; C nach KOLKWITZ.)

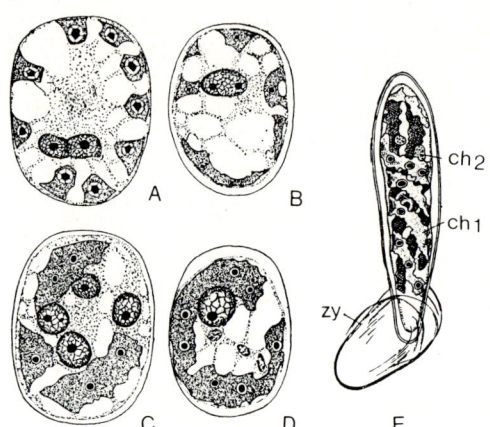

Abb. 632: *Zygnematophyceae, Spirogyra longata.* Junge und alte Zygoten. A Die beiden Sexualkerne vor der Kopulation, B nach der Verschmelzung. C Teilung des Zygotenkerns in 4 haploide Kerne. D die 3 kleinen Kerne degenerieren (A–D 250 ×). E einkerniger Keimling (180 ×); zy Zygotenwand, ch Chloroplasten. (Nach TRÖNDLE.)

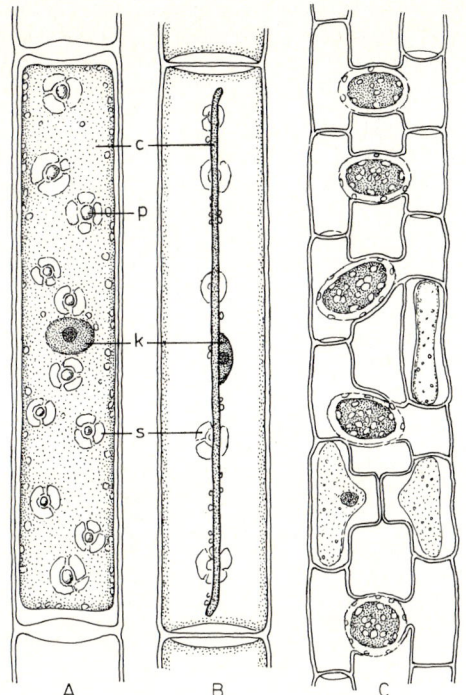

Abb. 633: *Zygnematophyceae, Mougeotia.* A, B *M. scalaris*, Chloroplast in Flächenstellung und in Profilstellung (600 ×). c Chloroplast, k Zellkern, p Pyrenoid, s Stärke. C *M. calospora*, isogame Kopulation (450 ×). (Nach PALLA.)

Von *Spirogyra* unterscheiden sich *Zygnema* und *Mougeotia* durch abweichende Chloroplasten. Bei *Zygnema* sind je Zelle zwei morgensternartige Chloroplasten vorhanden, bei *Mougeotia* (Abb. 633 A, B) ein einziger, axial angeordneter, plattenförmiger, phototaktisch reagierender Chloroplast (vergl. S. 451). In beiden Gattungen gibt es Arten, bei denen sich die Zygote mitten im Kopulationskanal (Abb. 633 C) bildet, ein Vorgang, der an die vorige Familie erinnert.

Die Zygnematophyceen sind eine durch Fortpflanzungsart und Zellbau gut charakterisierte Gruppe, die sich wahrscheinlich schon frühzeitig aus anderen Grünalgen abgezweigt und sämtliche begeißelte Stadien eingebüßt hat.

III. Klasse: Charophyceae, Armleuchteralgen

Die in wenigen Gattungen vertretenen, sehr hoch organisierten Charophyceen bilden in Teichen und Bächen oft fußhohe «Unterwasser-Wiesen». Es sind etwa 300 Arten in Süß- und Brackwasser bekannt; sie «wurzeln» in Schlamm und Sand; Süßwasserarten gedeihen vielfach in Gewässern mit hohem pH-Wert (pH 7 und mehr; hartes Wasser). Die **Characeae** sind die einzige heute noch lebende Familie der Klasse.

Die Zellwände sind oft mit Kalk inkrustiert, und manche Characeen gehören zu den wichtigsten Kalktuffbildnern. Hohe Phosphatkonzentrationen, wie sie bei der Gewässerverschmutzung auftreten, werden nicht vertragen.

Die Armleuchteralgen sind charakterisiert durch die regelmäßige Untergliederung des bis mehrere Dezimeter großen Thallus in Knoten (Nodi) und Stengelglieder (Internodien). Aus den Knoten entspringen Quirle von Seitenzweigen mit derselben Gliederung wie die Hauptachse. Junge Zellen sind unmittelbar nach der Zellteilung einkernig. Der Kern zerfällt jedoch ohne Mitose in zahlreiche Kernfragmente in den langen Internodialzellen, so daß diese vielkernig werden. Die Chloroplasten befinden sich in größerer Zahl im wandständigen Protoplasmasaum jeder Zelle. Die feste Fraktion der Zellwand besteht aus Cellulose von einem mit den Cormophyten übereinstimmenden Feinbau. Die neuen Querwände der Zellen entstehen im Phragmoplasten. Die Charophyceen sind durchweg oogame Haplonten mit zygotischem Kernphasenwechsel. Die aufrechten Chara-Oogonien sind von Hüllfäden schraubig umwunden. Die männlichen Gameten entstehen in kugelförmigen Behältern mit kompliziertem Aufbau (Chara-Spermatogonien). Die 2geißeligen Spermatozoiden sind korkenzieherartig gewunden, während sie bei allen anderen Grünalgen bilateral symmetrisch sind. Alle diese Merkmale kennzeichnen die Armleuchteralgen in einzigartiger Weise. In ihrem Farbstoffbestand sowie in ihren Reservestoffen stimmen sie jedoch mit den übrigen, zu den Chlorophyten gehörenden Algen überein.

Die an den Knoten entspringenden Kurztriebe sind ebenfalls in Internodien und Nodi gegliedert; sie sind einfach oder tragen an ihren Knoten kurze Seitenäste zweiter Ordnung.

In jedem Quirl entspringt aus der Achsel von Kurztrieben je ein der Hauptachse ähnlicher Langtrieb (Abb. 96). An ihrer Basis sind die Pflanzen mittels farbloser, verzweigter, aus den Knoten entspringender, fädiger Rhizoide im Schlamm verankert. Einige Characeen bilden an den unteren Teilen der Achsen mit Stärke dicht gefüllte Knöllchen als Überwinterungsorgane.

Haupt- und Seitenachsen wachsen an ihren Spitzen mittels je einer einschneidigen Scheitelzelle (Abb. 96 B). Diese gliedert nach unten abwechselnd schmale Knoten- und längere Internodienzellen ab; letztere teilen sich nicht mehr weiter und strecken sich unter Vacuolisierung bis zu einer Länge von mehreren Zentimetern (Tabelle 1 S. 10). Das Plasma befindet sich hier meist in lebhafter Rotationsströmung (vgl. S. 16 und 450). Die Knotenzellen bleiben teilungsfähig und entwickeln sich zu vielzelligen Knotenscheiben, aus denen die gegliederten Seitenachsen verschiedener Ordnung und am unteren Teil der Hauptachse auch die Rhizoide herauswachsen. Außerdem entspringen hier kurze, pfriemenförmige, nicht gegliederte Stipularzellen und Rindenzellen. Diese Rindenzellen umwachsen bei *Chara* die Internodien schraubenförmig, während sie bei *Nitella* und den anderen Gattungen fehlen (Internodien hier also unberindet).

Die runden, im reifen Zustand durch Carotinoide gelbrot gefärbten Chara-Spermatogonien und die eiförmigen, grünen Chara-Oogonien (auch Eiknospen genannt) – beide mit bloßem Auge sichtbar – bilden sich an den Knoten der Seitenachsen.

Die Spermatogonien (Abb. 634 Aa, E) gehen aus einer sich zunächst in 8 Zellen teilenden Mutterzelle hervor. Jeder Oktant wird alsdann durch 2 tangentiale Wände in 3 Zellen zerlegt (E). So ergeben sich insgesamt 24 Zellen, die das kugelige Spermatogonium zellig untergliedern: 8 äußere flache Wandzellen (Schilder), die durch einspringende Wände unvollständig gefächert werden; 8 mittlere Zellen (Griffzellen, Manubrien), die sich später radial strecken; und 8 innere Zellen (primäre Köpfchenzellen), die schließlich rundliche Form annehmen. Infolge stärkeren Flächenwachstums der 8 Schilder entsteht eine Hohlkugel, in welche eine Stielzelle und darauf sitzend die Köpfchen- und Griffzellen – gleichsam 8 Stützen bildend – hineinragen. Die primären Köpfchenzellen entwickeln 3–6 sekundäre Köpfchenzellen, und aus diesen sprossen schließlich je 3–5 lange, unverzweigte spermatogene Zellfäden in den Hohlraum hinein (Abb. 634B, C). Aus ihren zahlreichen scheibenförmigen Zellen entlassen diese je ein schraubig gewundenes, mit 2 Geißeln und einem Augenfleck versehenes, plastidenfreies Spermatozoid (D).

Das Oogonium (Ao) enthält eine einzige, mit Öltropfen und Stärkekörnern dicht gefüllte Eizelle; es ragt frei hervor und wird später von 5 Hüllschläuchen in Linksschrauben dicht umschlossen. Ihre Enden bilden – durch Querwände abgegrenzt – das Krönchen c, zwischen dessen Zellen die Spermatozoiden eindringen. Nach der Befruchtung umgibt sich die Zygote mit einer derben farblosen Wand. Auch die Innenwände der Hüllschläuche verdicken sich,

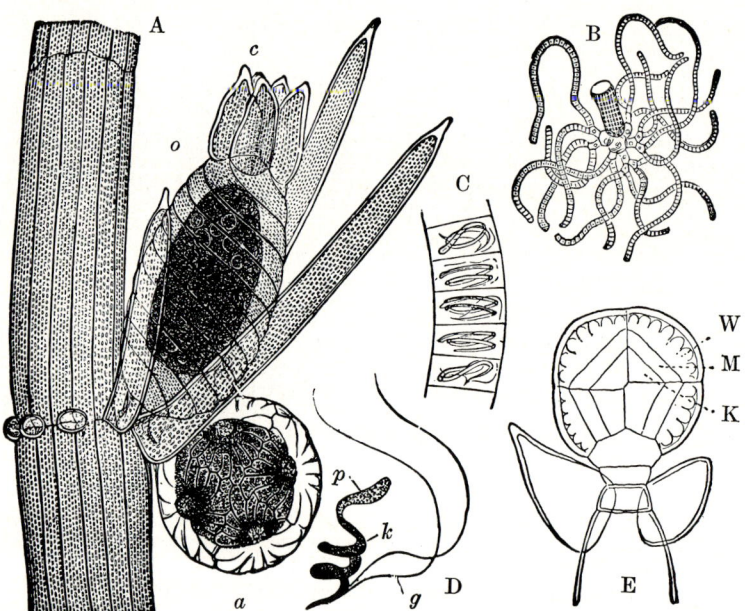

Abb. 634: *Charophyceae* (A, D *Chara fragilis*; B, C, E *Nitella flexilis*). A Seitenansicht mit Chara-Spermatogonium a und Chara-Oogonium o mit Hüllschläuchen und Krönchen c (50 ×). B Griffzelle mit Köpfchen und spermatogenen Fäden. C Zellen der spermatogenen Fäden mit je 1 Spermatozoid. D Spermatozoid (540 ×); g Geißeln, k schraubig gewundener langer Kern, p Plasma. E Längsschnitt durch ein junges Chara-Spermatogonium; K Köpfchenzelle, M Griffzelle, W Wand. (A, B, C, E nach Sachs; D nach Strasburger.)

werden braun und inkrustieren sich oft mit Kalk, während die äußeren weichen Zellwände der Schläuche bald nach dem Abfallen der «Oospore» (Dauerorgan) vergehen. Bei der Keimung der Zygote findet die Meiose statt; von den 4 haploiden Kernen degenerieren 3, so daß nur 1 Keimling entsteht.

Der eigenartige Bau des Thallus, vor allem aber auch der Spermatogonien und Oogonien mit ihrer sonderbaren, in ähnlicher Weise bei keiner anderen Pflanze vorkommenden Schutzhülle, und die Schraubenwindung der Spermatozoiden, die bei keiner Alge sonst zu finden ist, weisen den Charophyceen eine ausgesprochene Sonderstellung zu ohne engere Verwandtschaft mit den übrigen grünen Algen (daher z.T. auch als eigene Abteilung *Charophyta* bewertet).

Fossil sind die Charophyceen (besonders in Form ihrer Zygoten) seit dem Devon bekannt; von 6 Familien, die es früher gab, existiert gegenwärtig nur noch eine.

Rückblickend erweisen sich die Chlorophyta als natürliche Verwandtschaftsgruppe, die allerdings in mehrere divergierende Linien aufgespalten ist. Sie setzen sich von den übrigen Algenabteilungen deutlich ab und lassen sich andererseits gut charakterisieren. Von ursprünglichen Grundgruppen der Chlorophyten ausgehend, ist der Großteil der heute lebenden grünen Landpflanzen, also die Moose und die Cormophyten, entstanden. Ihr stammesgeschichtlicher Zusammenhang wird durch übereinstimmende Merkmale höchst wahrscheinlich gemacht: Ultrastruktur der Chloroplasten bzw. Chemie ihrer Farbstoffe; Lage und Bau der Pyrenoide; Stärke als Reservestoff; isokonte Begeißelung der beweglichen Stadien. – Im weitesten Sinne werden daher die Chlorophyten auch als eine einzige große Abteilung angesehen, welche die dann als Unterabteilungen zu bewertenden Grünalgen, Moos- und Gefäßpflanzen umfaßt. Dieser Gliederungsmöglichkeit wurde hier nicht gefolgt, da die Bryophyten und Cormophyten – trotz vieler Gemeinsamkeiten mit den Grünalgen – eine entschiedene Weiterentwicklung generativer und vegetativer Merkmale erfahren haben, die als Ausdruck einer stärkeren stammesgeschichtlichen Eigenentwicklung gedeutet werden muß (Anpassung an das Landleben!).

Es herrscht bei den Grünalgen eine morphologische Vielfalt. Im Übergang vom Einzeller zum vielzelligen Lager wird eine Reihe von Organisationsstufen durchlaufen bzw. erreicht. Dies geschieht in den verschiedenen Klassen konvergent, also in unabhängiger stammesgeschichtlicher Entwicklung. Das gilt nicht nur für die einzelnen Klassen der Chlorophyten, sondern erweist sich als generelles Evolutionsprinzip bei den verschiedenen Algenabteilungen. Die lediglich «behäutete» Zelle (z.B. *Polyblepharides*) ist bei den Chlorophyten fortentwickelt worden; alle höher entwickelten Taxa besitzen Zellen mit mehr oder minder dicken Zellwänden. Diese ermöglichen es manchen Formen, auch außerhalb des Wassers als Boden- oder Luftalgen zu leben.

Unter den verschiedenen Zellwandbaustoffen setzt sich kristalline Cellulose, die in Fibrillenpaketen geordnet ist, mehr und mehr durch (in Übereinstimmung zu den Zellwänden der höheren Landpflanzen). Der ursprünglich becherförmige Chloroplast wird teils in Netze und Einzelscheiben zerlegt, teils bilden sich auch große platten- und bandförmige Chloroplasten. Die Zellteilung, bzw. die Trennung von Tochterzellen durch Querwände durchläuft verschiedene Evolutionsstadien. In einfachen Fällen folgt auf die Kernteilung eine Zerklüftung des Plasmas und noch innerhalb der Mutterzelle eine simultane Umhüllung aller Teile mit Zellwänden. – Eine von den Seitenwänden ausgehende zentripetale irisblendenartige Durchtrennung der Mutterzelle zwischen den auseinanderrückenden Tochterkernen ist ein weiterer, als ursprünglich zu betrachtender Modus. In den stärker abgeleiteten Fällen ist an der Ausbildung der neuen Zellwand ein Phycoplast beteiligt, der irisblendenartig oder als perforierte Zellwandplatte mit Plasmodesmen angelegt wird. Beim letzten Typ, der erstmalig bei einigen Grünalgen auftritt und alsdann bei den Gefäßpflanzen zur Regel wird, entwickelt sich ein Phragmoplast, dessen Spindelmikrotubuli in der Längsrichtung der Zelle (also abweichend vom Phycoplasten nicht in der Äquatorialebene, sondern senkrecht zu ihr) verlaufen; aus den Vesikeln des Phragmoplasten bildet sich ebenfalls eine Zellwandplatte mit Löchern für die Plasmodesmen.

Die Sexualität schreitet von Isogamie über Anisogamie zur einfachen Oogamie fort und schließlich zu deren höchster Stufe, bei der das Ei nicht mehr entlassen, sondern im Oogonium befruchtet wird. Auch eine Art «Fruchtbildung» kommt vor, indem durch die Befruchtung ausgelöst Hüllen um das Oogonium gelegt werden (*Coleochaete*). Bereits vor der Befruchtung wird die Oogoniumhülle bei den Charophyceen angelegt. In den ♂ Gameten sind die Chloroplasten z. T. vollständig reduziert (z.B. *Chara*). Manche Grünalgen haben – abgesehen von den ohnehin unbegeißelten Eizellen – die Begeißelung ihrer Keimzellen ganz eingebüßt. So werden *«Pleurococcus»* und *Chlorococcus*, in Anpassung an das Leben außerhalb des Wassers, durch geißellose Aplanosporen verbreitet. Den Zygnematophyceen gehen durchweg begeißelte Zellen ab.

Im Lebenscyclus läßt sich eine Tendenz zur Betonung der Diplophase verfolgen (Abb. 635). Gewöhnlich sind die Grünalgen Haplonten mit zygotischem Kernphasenwechsel; diploid sind in diesem Fall nur die Zygoten (A). Durch Verschiebung der Meiose (mitotische Kernteilungen anstelle der Meiose) keimt die Zygote zu einem diploiden Vegetationskörper aus. Damit wird in den Lebenskreislauf zusätzlich eine diploide Phase eingeschaltet, die erst durch die zeitlich und örtlich verschobene Meiose beendet wird. Es ist somit eine Abfolge zwischen haploiden Gametophyten und diploiden Sporophyten, also ein heterophasischer Generationswechsel, entstanden.

Der Generationswechsel kann isomorph (*Cladophora* spec., B) oder heteromorph sein (mit gefördertem Sporophyten, *Derbesia* C). Eine starke Abkürzung der Gametophytengeneration führt dann zum diplontischen Cyclus, wie er nur bei wenigen Grünalgen (z.B. *Cladophora* spec., *Codiaceae* D) verwirklicht ist. Im allgemeinen vollzieht sich der Generationswechsel auf verschiedenen Individuen (diplobiontisch). Ein haplobiontischer Generationswechsel auf einem Individuum (bei Moosen der Regelfall) zählt bei den Grünalgen zu den seltenen Ausnahmen (Beispiel *Prasiola stipitata*, *Bryopsis*). Der Generationswechsel ist keineswegs immer als eine regelmäßige Abfolge der verschiedenen Phasen zu verstehen. Durch ungeschlechtliche Vermehrung kann sich jede Generation unabhängig vom Generationswechsel ausbreiten. Grünalgen mit einfachem Lebenscyclus (*Ulothrix* A) pflanzen sich im Regelfall vegetativ fort (z.B. durch Zoosporen), während die sexuelle Fortpflanzung lediglich unter ganz bestimmten äußeren Bedingungen einsetzt.

Die Grünalgen sind zweifellos eine sehr alte Gruppe Niederer Pflanzen. Mit Sicherheit sind aber nur die

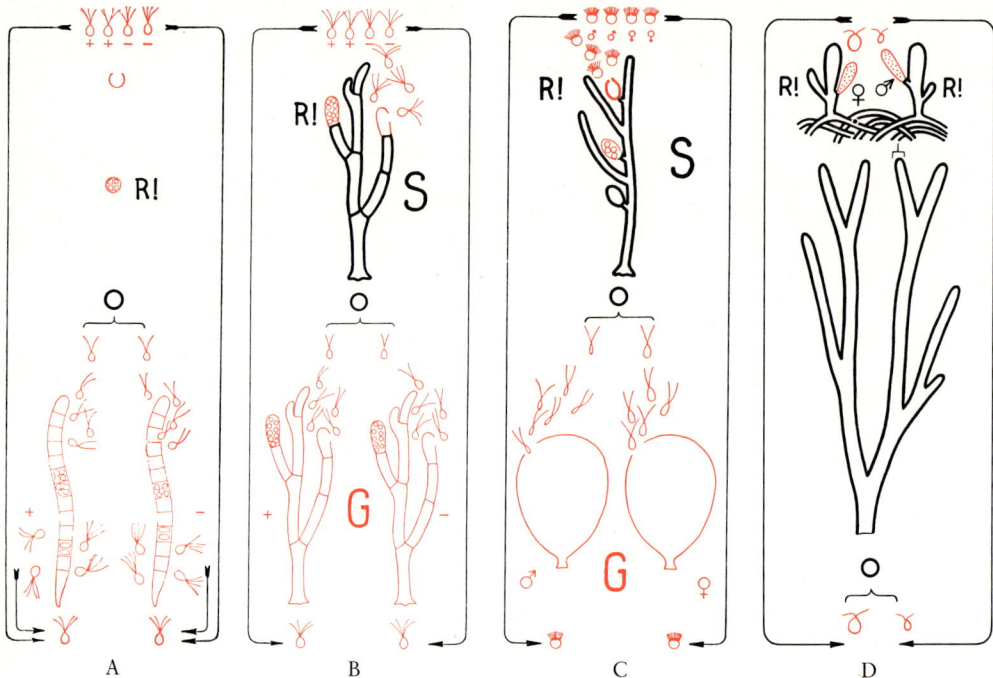

Abb. 635: *Chlorophyta*, *Chlorophyceae*. Schematische Darstellung der beiden Haupttypen des Generations- und Kernphasenwechsels bei Grünalgen. A *Ulothrix*. B *Cladophora*. C *Halicystis-Derbesia*. D *Codium*. Diploide Phase: schwarze Linien, haploide: rote Linien. G Gametophyt. S Sporophyt. ○ Zygote. R! Reduktionsteilung. (A–C nach Harder.)

durch Kalkabscheidungen widerstandsfähigen Thalli mariner *Siphonales* (besonders Dasycladaceen) bis ins Cambrium zurück nachgewiesen worden (Abb. 589). Da die Dasycladaceen schon im Ordovicium in großer Mannigfaltigkeit vorkommen, müssen sie bereits noch früher entstanden sein; von 120 Gattungen, die im Laufe von mehr als 500 Millionen Jahren aufgetreten sind, leben heute nur noch 10. Auch die unverkennbaren Zygoten der *Charales* gab es schon im Devon.

Verwendung: Für eine direkte Verwertung haben Grünalgen eine geringere Bedeutung als etwa Braun- und Rotalgen. In Westsibirien werden fädige Grünalgen in Massen geerntet (etwa 1 000 000 Tonnen jährlich auf einer Fläche von einigen Tausend Quadratkilometern) und zu Papier bzw. Isolations- und Baumaterial (Algilit) verarbeitet. Einer biotechnologischen Nutzung sind coccale Grünalgen (*Chlorella*, *Scenedesmus*) wegen ihrer Photosyntheseleistungen und der Möglichkeit zur Massenzucht zugänglich. Derartige Versuche zielen auf die Gewinnung von Proteinen und Vitaminen für die Ernährung von Mensch und Tieren ab (Maximalerträge in tropischen Freilandkulturen: 5 Tonnen je Monat und Hektar). Mit sog. «Algenreaktoren» läßt sich ein biologischer Gasaustausch (CO_2 gegen O_2 bei Photosynthese) bewerkstelligen. Entsprechende Einrichtungen sind auf ihre Eignung als Sauerstoff- und Nahrungsmittelspender erprobt worden (z.B. für Raumschiffe).

In den beiden nächsten Abteilungen sind Algen zusammengefaßt, deren grüne, gelbe oder braune Chromatophoren Chlorophyll c anstelle von b enthalten. Schwärmende Stadien sind durch heterokonte Begeißelung gekennzeichnet. Als Reservestoffe werden Chrysolaminarin, Mannit und Öl gespeichert.

Sechste Abteilung: Heterokontophyta (= Chrysophyta)

Die Abteilung ist bei sehr unterschiedlichen Formen des Thallus in den ultramikroskopischen Strukturen sehr einheitlich. Von der monadalen bis zur siphonalen Organisation sind alle morphologischen Stufen entwickelt; in ihrer höchsten Organisation bilden die Heterokontophyten gegliederte und anatomisch differenzierte Gewebethalli aus.

Die teils grünen, meist jedoch durch akzessorische Pigmente gelben, gelbbraunen bis braunen Chromatophoren enthalten Chlorophyll a und c, β-Carotin und verschiedene Xanthophylle, darunter Diadino-, Diato-, Fu-

coxanthin oder Hetero- und Vaucheriaxanthin (Tab. S. 572). Zusätzlich zur doppelten Chromatophorenmembran umhüllt eine Falte des endoplasmatischen Reticulums die Plastiden (Abb. 638 B). In diesen sind jeweils drei Thylakoide zu Stapeln zusammengefaßt, eine Anordnung, wie sie uns bereits bei den Euglenophyten und Dinophyten begegnet ist. Unmittelbar unterhalb der Chromatophorenmembran verlaufen parallel zur Oberfläche und durchgehend Thylakoide in einer sog. Gürtellamelle, die für die Heterokontophyten charakteristisch ist (vgl. hingegen z.B. Haptophyten mit ähnlichem Stoffbestand und Chlorophyten). Soweit Augenflecke vorhanden, liegen sie nahe der Geißelbasis, noch innerhalb der Chloroplasten.

Als Reservepolysaccharide werden Chrysolaminarin, z.T. auch Laminarin und Mannit außerhalb der Chloroplasten, oft jedoch an Pyrenoiden, gebildet. Vielfach wird auch Öl – an Pyrenoiden entstehend, meist jedoch sekundär in Vacuolen – gespeichert.

Die begeißelten Zellen sind heterokont. Sie tragen eine lange nach vorne gerichtete Zuggeißel und eine nach hinten gerichtete Schleppgeißel. Die Zuggeißel besitzt zwei Reihen von Flimmerhaaren, die in Cisternen des endoplasmatischen Reticulums gebildet werden. Die glatte, gelegentlich rückgebildete Schleppgeißel ist an ihrer Basis zu einer Anschwellung erweitert. Die Zellwände sind in sehr unterschiedlicher Weise durch zusätzliche Schutzschichten verstärkt.

Die Abteilung gliedert sich in fünf Klassen. In den ersten beiden (I–II) führen die grünen bis gelbgrünen Chromatophoren kein Fucoxanthin.

I. Klasse: Chloromonadophyceae

Diese Klasse enthält ausschließlich Vertreter der monadalen Organisationsstufe. Die Chloroplasten sind grün bis gelbgrün (akzessorische Pigmente s. Tabelle S. 572). Als Reservestoff wurde nur Fett in den relativ großen, 50–100 μm messenden, mit einer Pellicula versehenen Zellen nachgewiesen. Pyrenoide fehlen. Unter der Zelloberfläche liegen Trichocysten (s. S. 576).

Die Klasse enthält in sechs Gattungen lediglich 10 Arten, die, von einer Ausnahme abgesehen, alle in Süßwasser vorkommen. *Goniostomum* und *Vacularia* werden in Moortümpeln gefunden.

II. Klasse: Xanthophyceae

Die Xanthophyceen entfalten sich von der amöboiden und monadalen bis zur siphonalen Stufe in allen Organisationformen des Thallus. Die grünen Chloroplasten verfärben sich mit HCl blau und enthalten anstelle von Fucoxanthin (s. Tabelle S. 572) die Xanthophylle Heteroxanthin und Vaucheriaxanthin. Als Reservestoffe führen die Zellen Chrysolaminarin und Öl. Die begeißelten Zellen tragen zwei meist etwas seitlich inserierte, ungleich lange Geißeln vom heterokonten Typ. Die Xanthophyceen stimmen somit trotz ihrer grünen Färbung weitgehend mit den übrigen Klassen der Heterokontophyten überein. Fehlendes Chlorophyll b und das Auslaufen der hinteren Geißel in ein dünnes Haar (wie bei den Phaeophyceen) sind weitere Kennzeichen, die sie von den Chlorophyten trennen.

Bei mehreren Formen besteht die Zellwand aus zwei ineinandergreifenden Hälften. Sie ist wohl überwiegend aus Cellulose-Mikrofibrillen aufgebaut und oft mit Kieselsäure imprägniert (jedoch keine Kieselsäureschalen!). Einige Arten bilden endogene Cysten mit Kieselsäureimprägnierter Wand; die Cysten haben die Form einer Dose mit Deckel- und Bodenteil. Die meisten Xanthophyceen pflanzen sich vegetativ fort; nur in einer Gattung (Vaucheria) ist geschlechtliche Fortpflanzung in einem haplontischen Lebenskreislauf (zygotischer Kernphasenwechsel!) bekannt. Es sind etwa 400 Arten in 40 Gattungen beschrieben worden, die im Süßwasser, z. T. auch im Meer oder auf feuchten Böden gedeihen.

Die monadalen Formen werden als **Heterochloridales** (1. Ordnung) zusammengefaßt (Ankylonoton, Abb. 636). Die **Heterococcales** (2. Ordnung) umfassen schwebende oder sitzende Formen mit fester Zellwand. Bei der verzweigten, landbewohnenden Capitulariella (Abb. 637) lösen sich die Sporangien als Ganzes ab, um erst dann ihre Zoosporen zu entlassen

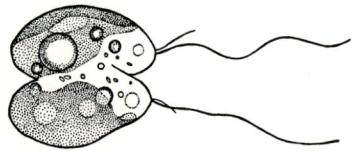

Abb. 636: Xanthophyceae, Heterochloridales. Ankylonoton pyreniger in Teilung. (1000 ×; nach PASCHER.)

(ähnlich Trentepohlia, Abb. 623). Die **Heterotrichales** (3. Ordnung) vertritt die im Süßwasser und auf feuchtem Boden häufige Gattung Tribonema (Abb. 638), deren unverzweigte Zellfäden aus – im Längsschnitt gesehen – H-förmigen Wandstücken aufgebaut sind.

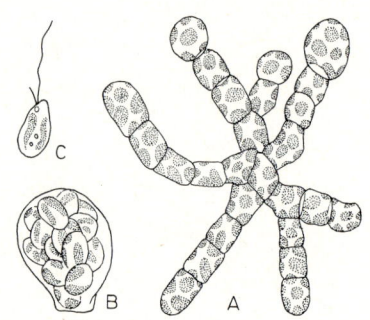

Abb. 637: Xanthophyceae, Heterococcales, Capitulariella radians. A Thallus mit endständigen Sporangienanlagen. B abgelöstes Zoosporangium. C Zoospore. (500 ×; nach PASCHER.)

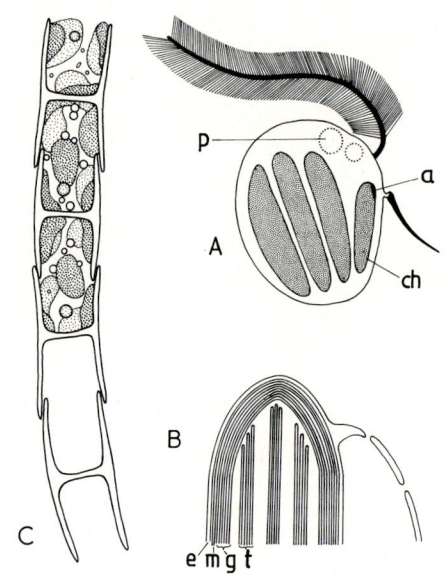

Abb. 638: Xanthophyceae, Heterotrichales. A heterokont begeißelte Zoospore von Tribonema (2300 ×). B Chloroplast von Bumilleria (30000 ×). C Fadenstück mit der charakteristischen H-förmigen Zellwandstruktur aus je zwei ineinandergeschobenen Hälften (600 ×). a Augenfleck, ch Chloroplast, p pulsierende Vacuole, e Hülle aus ER-Falte, m doppelte Chloroplastenmembran, g Gürtellamelle aus 3 peripheren Thylakoiden, t Thylakoidstapel aus je 3 Thylakoiden. (A, B nach MASSALSKI & LEEDALE und v. D. HOEK; C nach PASCHER.)

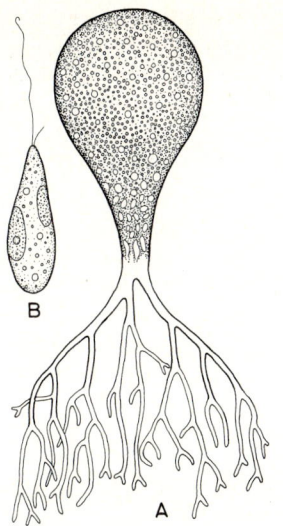

Zu den **Heterosiphonales** *(4. Ordnung)* zählt das blasenförmige, auf feuchtem Schlamm lebende *Botrydium* (Abb. 639), dessen etwa 2 mm große Zelle mit Rhizoiden im Schlamm verankert ist.

Die Blase enthält im randständigen Plasma zahlreiche Kerne und viele scheibenförmige Chromatophoren, ihre Wand besteht aus einer pectinartigen Fraktion und Cellulose. Wenn *Botrydium* von Wasser bedeckt wird, dann bilden sich zahlreiche heterokonte Schwärmer, die nach Verquellen der Blasenwand frei werden und auf geeignetem Substrat zu neuen Blasen heranwachsen. Bei Trockenheit entstehen zahlreiche vielkernige Cysten aus dem sich in die Rhizoiden zurückziehenden Protoplasten.

Siphonal ist auch die weit verbreitete Gattung *Vaucheria*. Ihre Arten leben im Süßwasser oder auf feuchter Erde, sitzen mit einem Rhizoidenbüschel fest und bestehen aus einem querwandlosen, verzweigten Schlauchsystem (Abb. 640 D) mit zahlreichen Kernen und Plastiden. Die Zellwand enthält eine pectinartige Masse und Cellulose. Die Wände einiger Arten sind mit Kalk

Abb. 639: *Xanthophyceae, Heterosiphonales, Botrydium granulatum.* A ganze Pflanze (30 ×). B Zoospore (1000 ×). (A nach Rostafinsky & Woronin, B nach Kolkwitz.)

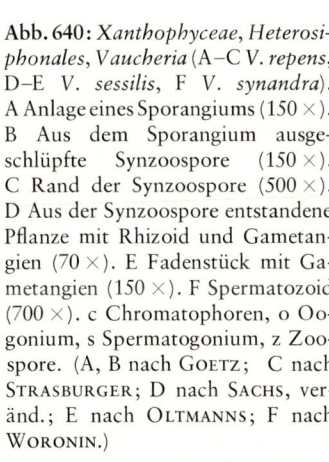

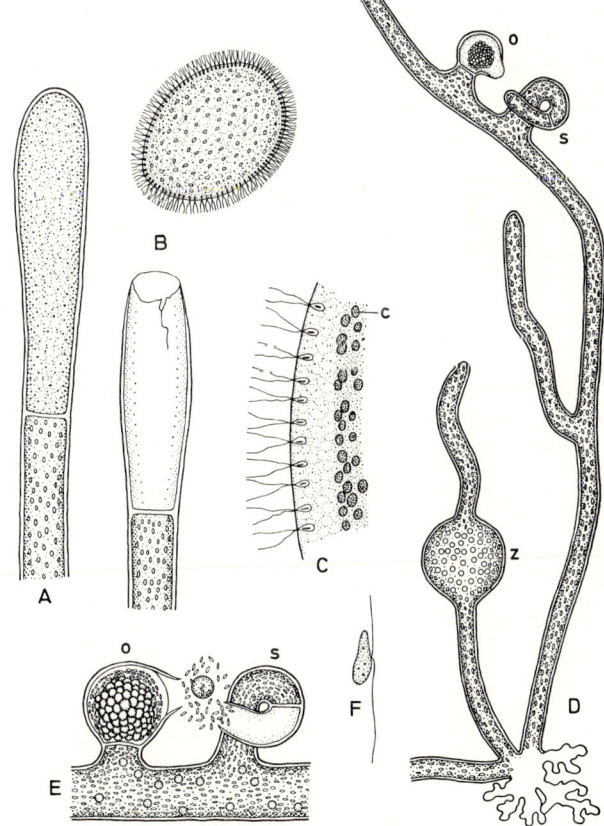

Abb. 640: *Xanthophyceae, Heterosiphonales, Vaucheria* (A–C *V. repens*, D–E *V. sessilis*, F *V. synandra*). A Anlage eines Sporangiums (150 ×). B Aus dem Sporangium ausgeschlüpfte Synzoospore (150 ×). C Rand der Synzoospore (500 ×). D Aus der Synzoospore entstandene Pflanze mit Rhizoid und Gametangien (70 ×). E Fadenstück mit Gametangien (150 ×). F Spermatozoid (700 ×). c Chromatophoren, o Oogonium, s Spermatogonium, z Zoospore. (A, B nach Goetz; C nach Strasburger; D nach Sachs, veränd.; E nach Oltmanns; F nach Woronin.)

inkrustiert und können Kalktuffe bilden (s. S.716).

Zur vegetativen Vermehrung schwellen die Zweigenden an und grenzen durch eine Querwand eine Zelle ab, deren gesamter vielkerniger Protoplast nach Aufreißen der Wand als eiförmiger, etwa 1/10 mm großer Schwärmer (Abb. 640B) heraustritt. Seine Oberfläche ist mit zahlreichen paarweise stehenden, etwas ungleich langen Geißeln besetzt, die sich synchron bewegen. In dem farblosen Saum dieses Schwärmers liegen hinter jedem Geißelpaar 2 Blepharoplasten und ein birnförmig zugespitzter Zellkern; anschließend folgen nach innen die Chloroplasten (Abb. 640C); auch pulsierende Vacuolen sind vorhanden. Morphologisch entspricht dieses Gebilde der Gesamtheit aller in einer Zelle gebildeten Zoosporen; es stellt also eine «Synzoospore» dar.

Die Oogonien und Spermatogonien von *Vaucheria* entstehen an den Thallusfäden als seitliche Ausstülpungen, die durch die Querwand abgegrenzt werden (Abb. 640D, E). Die Oogoniumanlage (o) enthält anfangs zahlreiche Kerne, die aber alle bis auf einen, den Eikern, zusammen mit einem Teil der Chloroplasten in den Tragfaden zurückwandern; hierauf erst wird die Querwand ausgebildet. Die restlichen Chloroplasten, Öltröpfchen und der Eikern treten in den hinteren Teil des Oogoniums zurück, während sich in der schnabelartigen Vorstülpung farbloses Plasma ansammelt, das bei der Öffnung des Oogons als Kugel austritt. Das vielkernige Spermatogonium (s) ist mitsamt seinem Tragast hornförmig gekrümmt. Auch bei ihm verschleimt die Spitze bei der Reife. Die zahlreichen winzigen Spermatozoiden schwärmen aus, dringen in die Oogonienöffnung ein und sammeln sich vor dem farblosen Empfängnisfleck des Eies an. Die Spermatozoiden (Abb. 640F) sind heterokont begeißelt.

Nach der Befruchtung der Eizelle durch einen der ♂ Gameten umgibt sich die ölreiche Cystozygote mit einer mehrschichtigen Wand, geht in einen Ruhezustand über (Hypnozygote) und keimt später unter Reduktionsteilung unmittelbar zu einem neuen haploiden Faden aus.

Hier anzuschließen ist eine kleine Gruppe (auch als eigene **Abteilung Eustigmatophyta**), die von den Xanthophyceen durch einige Merkmale im ultrastrukturellen Bereich verschieden ist: Chloroplasten ohne periphere Gürtellamelle; Pyrenoide nur in Chloroplasten vegetativer Zellen; Augenfleck am Vorderende der Zelle außerhalb der Chloroplasten. – Im Lebenscyclus der capsalen und coccalen Organismen können heterokont begeißelte Zellen auftreten. Bei *Chlorobotrys* sind mehrere Zellen in einer Gallerthülle zu einer Zellkolonie zusammengefaßt; einige ihrer Arten sind in Moortümpeln weit verbreitet.

In den sich nunmehr anschließenden Klassen (III–V) ist **Fucoxanthin** als akzessorisches Pigment in den gelben bis braunen Chromatophoren charakteristisch.

Die zwei zunächst folgenden Klassen III und IV vereinigen vorwiegend einzellige, oder koloniebildende bis unverzweigt fädige Algen. Ausnahmsweise auftretende einfache Gewebethalli sind mikroskopisch klein. Ein Generationswechsel ist nicht bekannt.

III. Klasse: Chrysophyceae

Die meisten Arten dieser Klasse sind monadale Einzeller, die z.T. auch in Kolonien zusammengefaßt sein können. Seltener sind Vertreter der amöboiden *(Rhizochrysis)*, capsalen *(Chrysocapsa)*, coccalen *(Chrysosphaera)*, trichalen *(Phaeothamnion)* und Gewebethalli bildenden *(Thallochrysis)* Organisationsstufe. Die meist goldbraunen bis braunen Chromatophoren («Goldalgen») enthalten als ak-

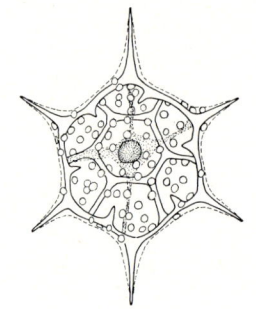

Abb. 641: *Chrysophyceae, Dictyochales, Distephanus speculum.* Chromatophoren vor allem im Ektoplasma außerhalb des Kieselskeletts. Geißeln weggelassen. (1000 ×; nach Gemeinhardt.)

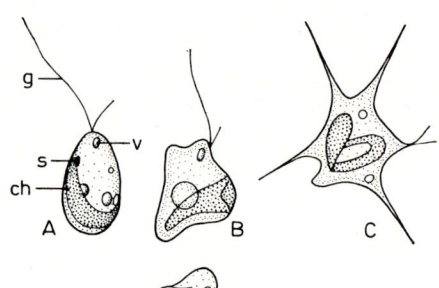

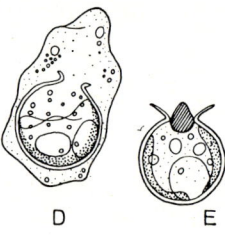

Abb. 642: *Chrysophyceae, Chrysomonadales, Ochromonas.* A–C Übergang von der Normalform mit 2 Geißeln zum amöboiden Zustand mit Pseudopodien. D Cystenbildung im amöboiden Protoplasten. E Cyste mit Loch und Pfropf (schraffiert). s Augenfleck, ch gelbbrauner Chromatophor, v Vacuole, g Geißel (1000 ×; nach Pascher.)

zessorische Pigmente u.a. Fucoxanthin. Als Reservestoffe werden Chrysolaminarin, in besonderen Vacuolen, und Öl abgelagert. Die Zelloberfläche ist bei einigen Gattungen mit charakteristischen Kieselschüppchen bedeckt, die innerhalb der Zelle in Vesikeln nahe dem Chromatophoren gebildet und dann in fertiger Form auf der Zelloberfläche abgelagert werden; auch kommen verkieselte Cysten vor (Abb. 642 E). Geschlechtliche Fortpflanzung wurde bei einigen Arten beobachtet (Isogamie). Die Klasse enthält in 200 Gattungen etwa 1000 Arten, die zumeist in Süßwasser, seltener im Brack- und Salzwasser vorkommen. Die Süßwasserformen bevorzugen helles und kühles Wasser. Die Ernährungsweise ist meist photoautotroph, z.T. heterotroph und phagotroph.

1. Ordnung: **Chrysomonadales.** Die goldbraun gefärbten Einzeller sind begeißelt (Abb. 642 A–B). Manche Gattungen bilden innerhalb ihrer Zellen

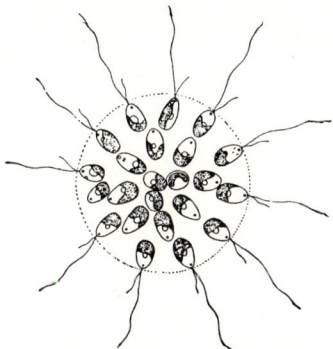

Abb. 643: *Chrysophyceae, Chrysomonadales, Uroglena americana.* (400 ×; nach PASCHER.)

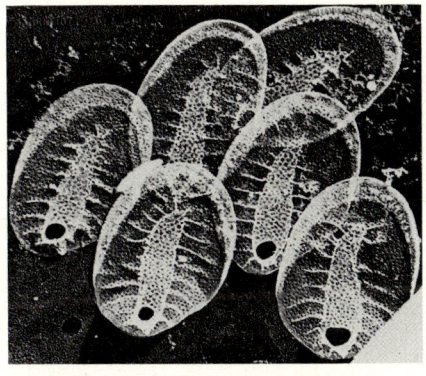

Abb. 644: *Chrysophyceae, Chrysomonadales, Synura glabra.* Kieselschuppen. (7200 ×; nach PETERSEN & HANSEN.)

endogene Cysten mit meist verkieselter Wand und Stöpselverschluß (Abb. 642 D–E). Bei den im Süßwasserplankton häufigen Gattungen *Uroglena* (Abb. 643) und *Synura* bilden zahlreiche Zellen in strahliger Anordnung ein kugelförmiges Coenobium (monadale kolonienbildende Form); bei *Synura* sind die Zellen mit zarten Kieselplättchen bedeckt (Abb. 644). Bei *Mallomonas* tragen die Kieselschuppen lange Schwebefortsätze. Das im Süßwasser und im Meer häufige *Dinobryon* (Abb. 645) erzeugt um seine langgestreckten Zellen unter kreisender Bewegung Cellulosegehäuse; nach der Teilung setzen sich die Tochterzellen am Rand des Muttergehäuses fest und bilden neue Gehäuse aus, so daß buschig verzweigte Coenobien entstehen. Zur Kopulation schwimmen zwei einzelne Zellen samt Becher aufeinander zu, verschmelzen und bilden eine verkieselte Cystozygote. *Ochromonas* (Abb. 2 und 642) und *Monas* sind einander ähnliche Gattungen; letztere hat allerdings Chromatophoren und autotrophe Lebensweise eingebüßt. Heterotroph sind auch die *Craspedomonadaceae* («Choanoflagellata»); durch Geißelschlag wird Nahrung (Detritus, Bakterien) in einen plasmatischen Kragen geschwemmt, der am oberen Ende der Zelle sitzt.

Nur im Meer kommen die nackten Silicoflagellaten vor, die in einer

2. Ordnung: **Dictyochales** zusammengefaßt werden. Sie bilden ein zierliches, im Zellinneren liegendes Kieselskelett, z.B. *Distephanus*, Abb. 641. Fossil sind sie seit der mittleren Kreide bekannt.

3. Ordnung: **Chrysocapsales.** Bei dieser Gruppe leben die Zellen im vegetativen Zustand unbeweglich in Gallertcoenobien (capsale Organisationsstufe; vgl. S. 91). Die moosartigen Lager von *Hydru-*

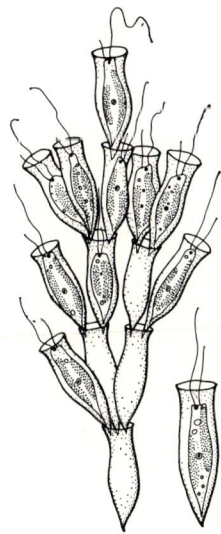

Abb. 645: *Chrysophyceae, Chrysomonadales, Dinobryon sertularia.* (350 ×; nach KLEBS.)

rus sind in kalten Gebirgsbächen auf Steinen festgewachsen (Abb. 646).

4. Ordnung: **Chrysotrichales.** Hier sind die Zellen zu einfachen oder verzweigten Fäden verbunden, wie z.B. bei dem im Süßwasser vorkommenden *Phaeothamnion* (trichale Organisationsstufe; Abb. 647). Die Schwärmer dieser Algen verlieren unter besonderen Bedingungen ihre Geißeln, umgeben sich mit einer dicken Hülle und vermehren sich durch Teilung («Palmella-Stadium»; Abb. 647C). *Stichochrysis immobilis* hat die Fähigkeit, begeißelte Schwärmer zu bilden, gänzlich verloren, ebenso wie viele Vertreter der folgenden Klasse (S. 610).

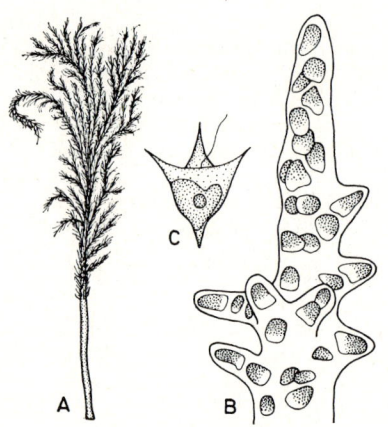

Abb. 646: *Chrysophyceae, Chrysocapsales, Hydrurus foetidus.* A junge Pflanze (1 ×). B Spitze eines Zweiges (450 ×). C Schwärmer (1200 ×). (A nach Rostafinsky, B nach Berthold, C nach Klebs.)

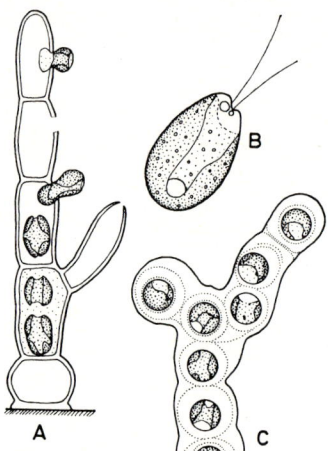

Abb. 647: *Chrysophyceae, Chrysotrichales, Phaeothamnion borzianum.* A Thallus mit Zoosporenbildung (400 ×). B Zoospore (750 ×). C Palmella-Stadium (400 ×). (Nach Pascher.)

IV. Klasse: Bacillariophyceae (= Diatomeae)

Die Diatomeen sind mit etwa 6000 Arten in 200 Gattungen eine Gruppe äußerst formenreicher, mitunter zu Bändern oder Fächern vereinigter coccaler Einzeller. Die braunen, manchmal nur in Ein- oder Zweizahl vorhandenen Chromatophoren führen weitgehend die gleichen Farbstoffe wie die der Chrysophyceen. Auch die Reservestoffe stimmen überein. Die Assimilationsprodukte werden außerhalb der Chromatophoren abgelagert: Chrysolaminarin im Zellsaft, Öl in besonderen Ölvacuolen. Nur die männlichen Gameten einiger Arten aus der Ordnung *Centrales* sind begeißelt; sie besitzen eine nach vorne schlagende Flimmergeißel.

Eine Sonderstellung nehmen die Diatomeen durch den Besitz zweier, innerhalb der äußeren Plasmaschicht abgelagerter Kieselsäureschalen ein, von denen eine (Epitheca) wie der Deckel einer Schachtel über die untere Hälfte (Hypotheca) greift (Abb. 648B). Die seitlichen Mantelflächen nennt man Gürtel, ihren Überlappungsbereich Gürtelband. Die Zelle hat verschiedenes Aussehen, je nachdem, ob man sie in der sog. Schalenansicht, d.h. von oben oder unten betrachtet (Abb. 648A), oder in der Gürtelbandansicht, d.h. von der Seite (Abb. 648B). Zwischen Schale und Gürtel werden mitunter Septen eingefügt (Abb. 648G), die ins Innere der Zelle vorspringen.

Die Kieselhülle weist besonders auf den Schalenflächen äußerst verwickelt gebaute, oft in Reihen angeordnete Strukturen auf; sie bestehen vielfach aus winzigen Kämmerchen, deren Decke oder Boden entweder offen oder geschlossen und dann von feinsten Poren oder Spalten durchsetzt ist (Abb. 649). Die Kieselsäure ist nicht kristallin, sondern zeigt eine äußerst feine, polarisationsoptisch isotrope Schaumstruktur; diese bedingt zwischen unterschiedlichen Medien (Cytoplasma/Wasser!) ein elektrostatisches Membranpotential, welches möglicherweise für die Stoffaufnahme der Zelle von Bedeutung ist. Bei fossilen Diatomeenschalen wird das amorphe Gefüge zu einem Kristallgitter umgebaut. Neben Kieselsäure wurden in der Zellwand auch Polysaccharide, («Pectine»), Proteine und fettartige Stoffe, jedoch keine Cellulose nachgewiesen. Die Schalen werden in flachen Vesikeln unterhalb des Plasmalemmas gebildet. Diese Vesikel sind möglicherweise vom Golgi-Apparat abzuleiten; mehrere Golgi-Vesikel verschmelzen offenbar zu den Silicat-bildenden Vesikeln.

Die Diatomeen vermehren sich vegetativ durch Zweiteilung. Hierbei werden die beiden

Schalen durch den sich vergrößernden Protoplasten an den Gürtelbändern auseinandergeschoben. Von jeder der beiden Tochterzellen wird jeweils nur die Hypotheca zu der übernommenen Schale ergänzt. Diejenigen Tochterzellen, die zur ursprünglichen Hypotheca (jetzt Epitheca) eine passende Schale (also die neue Hypotheca) bilden, sind kleiner als die Mutterzelle. Dies führt bei weiteren Teilungen zu einer fortschreitenden Verkleinerung der Zellen bis zu einer bestimmten Minimalgröße (etwa der Hälfte der Ausgangsgröße), bei der dann die mit einer beträchtlichen Volumenvergrößerung der Zygoten (Auxozygoten) verbundene geschlechtliche Fortpflanzung einsetzt. Der zunehmenden Verkleinerung wirken manche Arten dadurch entgegen, daß sich die größere der beiden Tochterzellen häufiger teilt. Bei anderen wird der Größenunterschied zwischen Epi- und Hypotheca durch die Elastizität der Gürtel ausgeglichen.

Der Lebenscyclus ist diplontisch mit gametischem Kernphasenwechsel; die Diatomeenzelle enthält also einen diploiden Zellkern (im Gegensatz z.B. zu den Zygnema-tophyceen S. 594ff.). Bei der Reifeteilung entstehen aus diploiden Zellen haploide Gameten.

Diatomeen sind im Süßwasser und in den Meeren aller Klimate verbreitet; sie entwickeln sich besonders stark im Frühjahr und Herbst, weniger im Sommer. Viele Formen leben in feuchten Böden und Fels, andere in den Tropen zusammen mit Blaualgen auf Blättern (epiphylle Arten).

Nach der Symmetrie ihrer Schalen teilt man die *Bacillariophyceae* in zwei Ordnungen: *Centrales* und *Pennales*. Bei jenen sind die Schalen radiär, bei diesen bilateral; abgesehen vom Bau der Schalen ist auch die Art der geschlechtlichen Fortpflanzung in beiden Ordnungen sehr verschieden.

1. Ordnung: **Centrales.** Ihre Schalen zeigen einen kreisförmigen oder abgerundet dreieckigen Umriß (Abb. 648 H–L), bei radialer oder konzentrischer Anordnung der Wandskulpturen. Im Gegensatz zu den meisten Pennales sind die vegetativen Zellen der Centrales unbeweglich. Die männlichen Gameten sind jedoch mit einer Flimmergeißel (vgl. Abb. 678) ausgerüstet und beweglich. Die geschlechtliche Fortpflanzung ist besonders bei

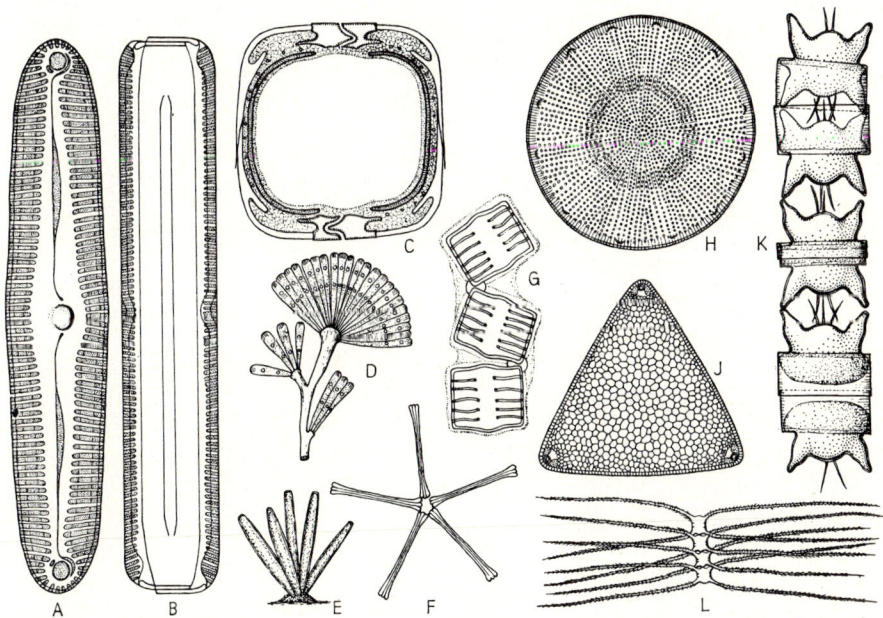

Abb. 648: *Bacillariophyceae*, A–G *Pennales:* A–C *Pinnularia viridis.* A Schalenansicht, mit Raphe (600 ×). B Gürtelbandansicht (600 ×). C Querschnitt (1200 ×). D *Licmophora flabellata* (200 ×). E *Synedra gracilis* (200 ×). F *Asterionella formosa* (200 ×). G *Tabellaria flocculosa* (400 ×). H–L *Centrales:* H *Coscinodiscus pantocseki* (200 ×). J *Triceratium distinctum* (200 ×). K *Biddulphia aurita* (400 ×). L *Chaetoceras castracanei* (250 ×). (A, B nach PFITZER; C nach LAUTERBORN; D, E nach SMITH; F nach VAN HEURCK; G nach SCHRÖDER; H nach PANTOCSEK; J nach A. SCHMIDT; K nach SMITH; L nach KARSTEN.)

Stephanopyxis und *Melosira varians* untersucht worden:

Die Geschlechtsbestimmung erfolgt modifikatorisch. In den männlich determinierten Zellen entstehen 4 Spermatozoiden (Abb. 651 d–f) mit Geißeln. In anderen, meist größeren, in Oogonien umgewandelten Zellen bilden sich unbegeißelte weibliche Gameten, die Eier. Die Spermatozoiden schwimmen mit ihrer Flimmergeißel zu den Eizellen. Nach der Befruchtung innerhalb oder außerhalb des Oogoniums umgibt sich jede Zygote mit einer pectinartigen Hülle (Perizonium), keimt aber alsbald, indem sie unter Dehnung der Wand zur 2–4fachen Größe der Ausgangszelle heranwächst und zur «Auxozygote» wird. Die gegebenenfalls noch an ihr hängenden alten Schalen werden auseinandergedrängt und ein neues Schalenpaar wird innerhalb des Perizoniums gebildet. Damit ist eine neue, diploide «Erstlingszelle» entstanden, aus der dann, wie oben beschrieben, unter schrittweiser Verkleinerung eines Großteiles der Nachkommenschaft neue diploide Tochtergenerationen vegetativ hervor-

gehen. Generell ist die Anlage von Schalen an Mitosen geknüpft; auch der Zygotenkern macht bei der Bildung der beiden Erstlingsschalen je eine mitotische Teilung durch, einer der beiden Tochterkerne degeneriert.

Bei der Gametenbildung kommen Abweichungen vom geschilderten Modus vor. So können von den 4 Gonen-Kernen entweder 2 oder nur einer im Inneren des Oogoniums übrigbleiben, so daß die Spermatozoiden durch einen Spalt zwischen den Schalenhälften eindringen müssen. Bei der Erzeugung der Spermatozoiden wird die vegetative Zelle direkt zum Spermatogonium (Abb. 651) oder sie teilt sich, z.B. bei *Biddulphia*, mitotisch in kleinere Zellen auf, die als vereinfachte Spermatogonien anzusprechen sind und im Extremfall nackt sein können: jede von ihnen bildet 4 Spermatozoiden.

Die *Centrales* leben vorwiegend im Meer und bilden einen hervorragenden Bestandteil des Phytoplanktons (erste Stelle unter den Primärproduzenten in den Weltmeeren; s.S. 626). Viele unter ihnen besitzen besondere Schwebefortsätze (Abb.

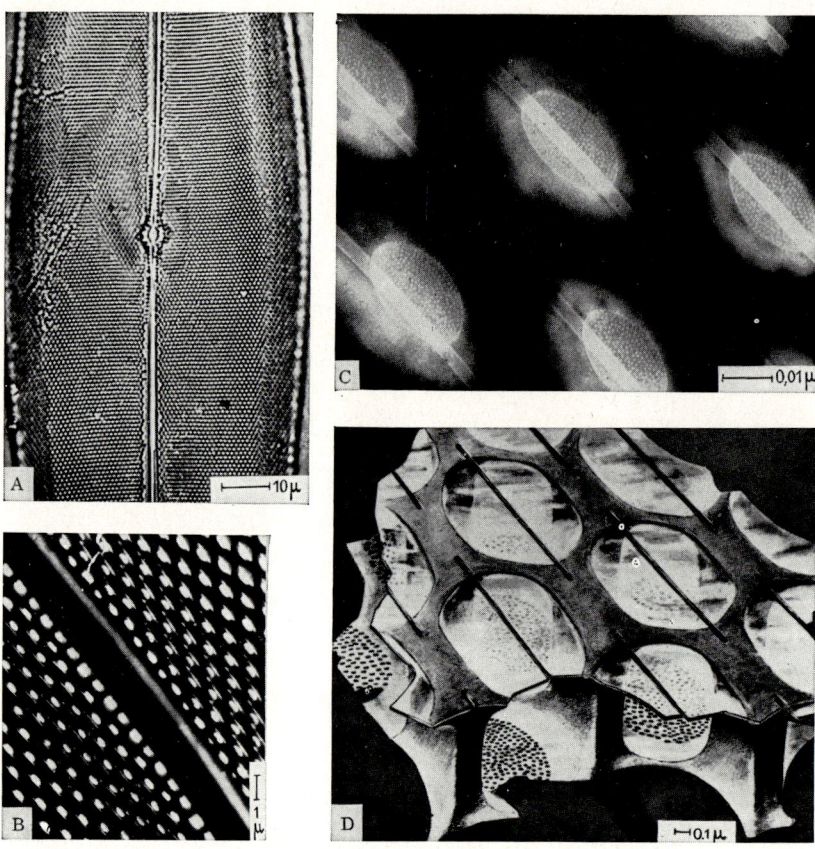

Abb. 649: *Bacillariophyceae, Pennales, Pleurosigma angulatum.* Bau der Kieselschale. A Übersichtsbild des mittleren Schalenteils mit Raphe. B Raphe und Poren. C Poren. D Rekonstruktion des Schalenbaues nach elektronenmikroskopischen Aufnahmen. (Nach HELMCKE & KRIEGER.)

648 L) oder sind zu Ketten oder anderen Verbänden durch Gallerte vereinigt (Abb. 648 K).

Die kurz-zylindrische Zellen bildende *Melosira* (Abb. 651) ist sowohl im Meer wie im Süßwasser verbreitet, die artenreiche Gattung *Coscinodiscus* nur im Meer. *Triceratium* (Abb. 648 J), ebenfalls marin, zeigt eine drei- bis vieleckige Schalenansicht. Die büchsenförmige *Antelminellia gigas* (in warmen Meeren) stellt mit fast 2 mm Durchmesser die an Volumen größte Diatomee dar. *Stephanodiscus* ist am Rande der kreisförmigen Schalen mit einem Stachelkranz besetzt.

2. Ordnung: **Pennales.** Ihre Zellen sind s t a b - oder s c h i f f c h e n -, seltener k e i l f ö r m i g (Abb. 648 A–G); ihr Symmetriezentrum ist daher zu einer Linie verlängert, von der die Kieselsäure-Wandskulpturen federartig ausstrahlen. Bei sehr vielen Formen verläuft im Kieselpanzer in Längsrichtung eine Spalte, die «R a p h e», deren Feinbau bei den einzelnen Gattungen sehr verschieden ist (Abb. 648 A, 649 A, 650); man nimmt an, daß die Strömung des an der Raphe austretenden extramembranösen Plas-

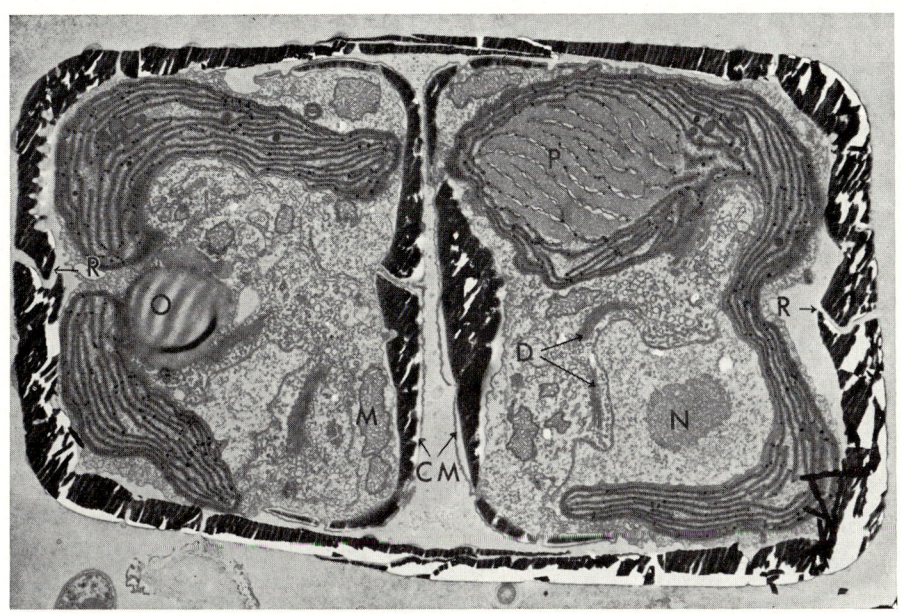

Abb. 650: *Bacillariophyceae, Pennales, Gomphonema parvulum.* Querschnitt durch eine Zelle am Ende der Teilung. (10 000 ×). CM Cytoplasma-Membran, D Dictyosomen, M Mitochondrium, N Nucleolus, O Öltropfen, P Pyrenoid im Chromatophor, R Raphe. (Nach DRUM & PANKRATZ.)

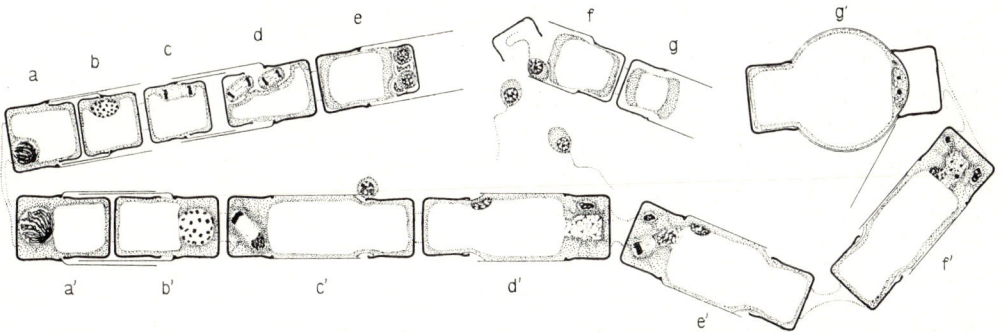

Abb. 651: *Bacillariophyceae, Centrales, Melosira varians.* Geschlechtliche Fortpflanzung (Schema). a–g männlicher, a′–g′ weiblicher Fadenabschnitt, a–e und a′–e′ Meiose. f geöffnetes, g entleertes Spermatogonium. d′ männlicher Kern durch Befruchtungsspalt eingedrungen. f′ Befruchtung. g′ junge Auxozygote. (Nach VON STOSCH.)

mas die eigentümlichen, nur bei den pennaten Diatomeen vorkommenden Kriechbewegungen (bis 20 µm/s) bewirkt. Sessilen unbeweglichen Formen fehlt die Raphe. Im Zentrum wird die Raphe durch den Zentralknoten unterbrochen, an den Schalenenden mündet sie in die Endknoten (Abb. 648 A). Nach einer anderen Theorie soll die Bewegung durch Schleimsekretion aus Poren der Knoten verursacht werden.

Die geschlechtliche Fortpflanzung der *Pennales* weicht vom «Normaltyp» der *Centrales* ab, weil keine begeißelten Gameten auftreten. Es fusionieren Isogameten in Form nackter Protoplasten (einzige Ausnahme *Rhabdonema* mit Oogamie, wobei die ♂ Gameten allerdings unbegeißelt sind).

Zur Paarung kriechen zwei vegetative Zellen zusammen und scheiden meist reichlich Gallerte aus. Der Kern jeder Zelle teilt sich unter Meiose in 4 haploide Kerne, von denen jedoch zwei degenerieren. Epi- und Hypotheca weichen etwas auseinander. Durch diesen Spalt kopulieren je zwei Gameten, so daß zwei Zygoten entstehen, die sofort zu Auxozygoten heranwachsen. Jede derselben scheidet ein Kieselsäure-Schalenpaar ab und bildet eine Erstlingszelle von mehrfacher Größe der Ausgangszellen. Erstlings- und Elternzellen liegen entweder quer (Abb. 652) oder parallel zueinander.

Von diesem Normalverhalten kommen zahlreiche Abweichungen vor, wie Bildung von nur einem Gameten je Elternzelle, oder Kopulation von 2 Gameten derselben Mutterzelle oder von zwei Sexualkernen (Autogamie). Gelegentlich wachsen Kopulationspapillen aus den geöffneten Schalen aufeinander zu und verschmelzen zu einem Kopulationskanal.

Die meisten beweglichen pennaten Diatomeen leben vorwiegend auf dem Grunde von Süß-, Brack- und Salzwässern (mitunter in Massenentwicklung),

epiphytisch auf Wasserpflanzen oder im Boden; doch haben sie auch Planktonformen entwickelt.

Die durch ihre Schiffchen-Form gekennzeichnete Gattung *Navicula* ist mit etwa 500 Arten in allen Gewässern verbreitet; die ähnliche linear-elliptische *Pinnularia* (Abb. 648 A–C) bevorzugt Süßwasser. Das schwach S-förmig gebogene *Pleurosigma* kann mit seiner sehr feinen Schalenstruktur (Abb. 649) als Testobjekt zur Prüfung von Mikroskopobjektiven dienen. Bei den vorwiegend limnischen Gattungen *Diatoma*, *Tabellaria* (Abb. 648 G), *Fragilaria* u.a. bilden die Zellen lange Ketten, bei *Asterionella* (Abb. 648 F) sternförmige, bei *Meridion* fächer- bis kreisförmige Kolonien. Manche Arten der Gattung *Synedra* schweben frei im Wasser, andere sitzen, durch Gallertpolster angeheftet, auf größeren Algenfäden (Abb. 648 E). Bei der ebenfalls sessilen *Licmophora* bleiben die Zellen nach der Teilung aneinander haften, so daß an Gallertstielen bäumchenförmige Kolonien entstehen (Abb. 648 D). – Weitere, an anderer Stelle erwähnte, hierher zu stellende Gattungen sind: *Surirella* s.S. 629, *Nitzschia* S. 982, *Gomphonema* Abb. 650, und *Rhopalodia* Abb. 652.

Phylogenie. Die *Centrales* mit ihren begeißelten Spermatozoiden sind ursprünglicher als die *Pennales*, bei denen die Geißeln völlig verloren gegangen sind. Als Vorfahren der Diatomeen kommen vor allem Algen vom Typ der Chrysomonadalen in Betracht, deren Zellen bereits Kieselschüppchen tragen können. Die Diatomeen sind im wesentlichen auf der coccalen Stufe, mit ersten Andeutungen trichaler Organisation, stehengeblieben.

Die ältesten Diatomeen, und zwar zentrische Formen, kennt man aus dem Jura. In großem Artenreichtum treten sie von der Kreide ab auf. Im Tertiär und in den Interglazialen führte die Massenentfaltung von Diatomeen sogar zur

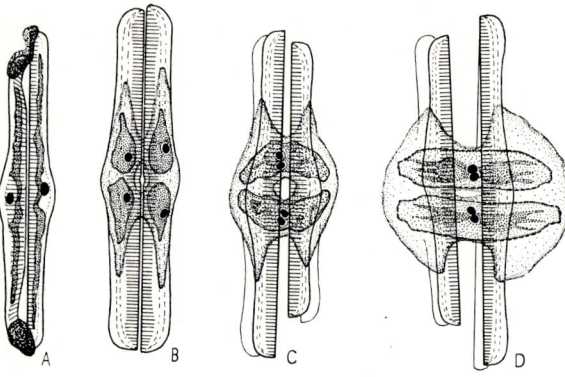

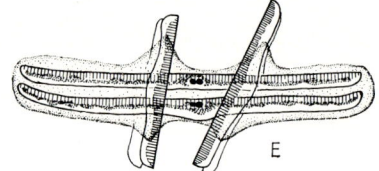

Abb. 652: *Bacillariophyceae*, *Pennales*, *Rhopalodia gibba*. Geschlechtliche Fortpflanzung (A–D 410 ×, E 240 ×). A 2 Zellen mittels Gallertkappen verbunden. B Teilung der Mutterzellen (degenerierte Kerne bereits aufgelöst). C Zygotenbildung nach der Gametenfusion. D Strekkung der Auxozygoten. E Endstadium und Ausbildung der neuen Schalen. (Nach KLEBAHN.)

Gesteinsbildung (Polierschiefer, Kieselgur).

Im Gegensatz zu den vorigen beiden Klassen fehlen der folgenden einfache Organisationsformen (z.B. keine Einzeller oder unverzweigte Fäden). Vielfach werden makroskopische Gewebethalli mit starker Organ- und Gewebedifferenzierung gebildet. Es treten verschiedene Typen des Generationswechsels sowie als Zellwandstoffe – nur hier – Alginate und Fucoidan auf.

V. Klasse: Phaeophyceae

Die Braunalgen oder Phaeophyceen bilden eine formenreiche Gruppe (vgl. Abb. 95, 102, 655 A, 658, 661). Ihr Habitus schwankt zwischen winzigen, verzweigten Zellfäden, heterotrichen Fadenthalli, pseudoparenchymatischen Thalli bis zu vielschichtigen, viele Meter groß werdenden Pflanzen mit starker Organ- und Gewebedifferenzierung (Gewebethalli! S. 98). Die in ihren derben Formen auch «Tange» genannten Pflanzen lassen vielfach eine Gliederung in Organe erkennen, die an Blätter, Stengel und Wurzeln der Cormophyten erinnern (Phylloide, Cauloide, Rhizoide). Einzeller fehlen, d.h. die monadale und coccale Organisationsstufe ist nicht ausgebildet. Neben den Rhodophyten zählen die Phaeophyceen zu den höchst entwickelten Algen. Die braunen Chromatophoren enthalten neben den für die Abteilung charakteristischen Assimilationspigmenten vor allem Fucoxanthin als akzessorische, die anderen Farbstoffe überdeckende Komponente. Das wichtigste Reservepolysaccharid ist Chrysolaminarin, daneben tritt auch der Zuckeralkohol Mannit sowie Öl auf. Die Zellwand besteht aus einer festen und einer schleimigen Fraktion; erstere setzt sich aus Cellulosefibrillen und Alginat, letztere aus Alginat und Fucoidan zusammen. Alginate sind Salze der Alginsäure (Polymer der beiden Zuckersäuren β-D-Mannuronsäure und β-L-Guluronsäure) mit verschiedenen Kationen (wie Ca^{++}-, Mg^{++}-, Na^+-Ionen). Die Schwärmer (Zoosporen und Gameten) tragen an ihrem birnen- bis spindelförmigen Körper meist 2 ungleich lange Geißeln (Abb. 653). In der Nähe der Geißeln liegt ein rotbrauner Augenfleck im braunen Chromatophor (hiervon 1, selten mehrere). Die Flimmerhaare der Zuggeißel werden in Vesikeln des endoplasmatischen

Reticulums oder in blasenförmigen Teilen des Kern-ER angelegt. Die Schleppgeißel ist basal angeschwollen; diese Geißelanschwellung ist möglicherweise als Photoreceptor wirksam und liegt in Nachbarschaft zum Augenfleck. Die Schleppgeißel mündet stets, die Zuggeißel gelegentlich in einen dünnen Haarfortsatz. Dieses Merkmal kommt außer bei den Xanthophyceen und Phaeophyceen sonst nirgends vor. Der Lebenscyclus vollzieht sich in einem Generationswechsel, wobei die Meiosporen stets in uniloculären Sporangien, die Gameten in der Regel in pluriloculären (= vielkammerigen) Gametangien gebildet werden. Der heterophasische Generationswechsel ist isomorph, heteromorph bzw. extrem heteromorph mit (fast) vollständiger Rückbildung des haploiden Gametophyten. Die Förderung des diploiden Sporophyten – eine sich bereits innerhalb der *Ectocarpales* anbahnende Entwicklung – wird als abgeleitetes Merkmal verstanden.

Vorkommen und Lebensweise. Die meisten der 250 Gattungen zugeordneten 1500–2000 Phaeophyceen-Arten sind Meeresalgen, deren stärkste Entwicklung in den gemäßigten und kälteren Teilen der Ozeane liegt. Sie gehören dem Benthos (s. S. 626 f.) an und leben festgewachsen als Lithophyten auf Felsen, Steinen, Balken usw., manche bei Niedrigwasser freiliegend, oft auch epiphytisch auf anderen Algen. Sie bilden in der Gezeitenzone der Felsküsten eine üppige Vegetation in charakteristischer Zonie-

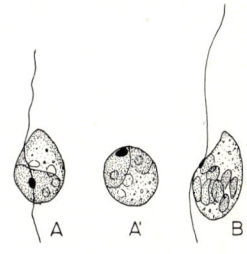

Abb. 653: *Phaeophyceae*. Zoosporen, eine davon (A') zur Keimung abgerundet. A, A' *Chorda filum* (1200 ×; nach Reinke). B *Ectocarpus globifer*. Flimmerhaare nicht gezeichnet! (nach Kuckuck.)

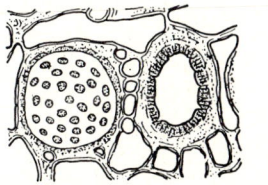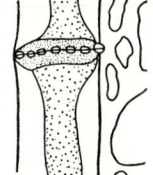

Abb. 654: *Phaeophyceae, Laminariales*. Siebröhrenartige Zellen von *Macrocystis* im Quer- und Längsschnitt. (250 ×; nach Will & Oliver.)

rung der Arten (Abb. 671). Eindrucksvoll sind an der pazifischen Küste Amerikas unterseeische Wälder, welche von den viele Meter langen Braunalgen *Lessonia, Macrocystis* und *Nereocystis* gebildet werden. Demgegenüber fallen winzige fadenförmige oder scheibenförmige Braunalgen zwar weniger auf, sie sind jedoch weit verbreitet; u.a. auf Gestein, Seepocken, Schnecken, Muscheln und epiphytisch auf größeren Algen. Kleine Braunalgen können bis zu einem gewissen Grade endophytisch in größeren Algen leben. Im Süßwasser kommen nur etwa fünf Gattungen mit wenigen Arten vor.

Die Klasse gliedert sich in 11 Ordnungen, von denen folgende weniger bedeutende nicht näher besprochen werden: *Chordariales* (mit *Chordaria* und *Leptonema*, Abb. 56 B; *Elachista* als Epiphyt auf *Fucus* mit vegetativer Diploidisierung im Gametophyten), die *Desmarestiales* (nachträgliche Vereinigung von Fäden zu einer pseudoparenchymatischen Rinde; heteromorpher Generationswechsel), *Dictysiphonales* (parenchymatischer Thallus), *Scytosiphonales* [pseudoparenchymatische krustenförmige Mikrothalli (Sporophyt?) wechseln im Lebenskreislauf mit parenchymatischen Megathalli (Gametophyt?) ab], *Sporochnales* und *Sphacelariales* (z.B. *Halopteris*, Abb. 95; von den *Ectocarpales* u. a. durch Besitz einer Scheitelzelle verschieden).

1. Ordnung: Ectocarpales.

Zu ihnen gehören die meisten Braunalgen. Sehr verbreitet ist *Ectocarpus*. Mit seinen büschelig verzweigten Fadenthalli ist er ein zarter, dem Habitus der Grünalge *Cladophora* (Abb. 627) ähnlicher, aber braun gefärbter Bewohner der oberflächennahen Regionen unserer Meere, der mit kriechenden Haftfäden am Substrat (Fels, größeren Algen) befestigt ist. Die Fäden wachsen intercalar ohne Scheitelzelle; nur ein Teil ihrer Zellen vermag sich in Fortpflanzungsorgane umzuwandeln. Der Lebenscyclus ist ein weitgehend isomorpher (oder schwach heteromorpher) Generationswechsel.

Gametophyt: der haploide, büschelig verzweigte Fadenthallus des Gametophyten trägt seitlich und an den Fadenenden plurilokuläre Gametangien, in denen durchaus nicht jede Zelle befähigt ist, tatsächlich je einen Gameten zu bilden. Zur Entlassung der Gameten werden die inneren Wände im Gametangium aufgelöst und die Gameten treten an dessen Spitze ins Freie. Trotz morphologischer Isogamie besteht bei vielen Arten der Gattung *Ectocarpus* physiologische Anisogamie, indem die weiblichen (—)-Gameten bald nach ihrer Entlassung zur Ruhe kommen und ihre Geißeln abwerfen, während sie von den männlichen (+)-Gameten, die von dem Lockstoff Ectocarpen chemotaktisch angelockt werden, weiter umschwärmt werden (Gruppenbildung). Mit der Spitze ihrer längeren Geißel heften sich die (+)-Gameten an den weiblichen Ruhegameten fest und verschmelzen schließlich mit ihnen (Abb. 655).

Sporophyt: Nach der Befruchtung wächst die Zygote ohne Ruhestadium zum oft etwas derberen und weniger stark verzweigten diploiden Sporophyten aus. An ihm entstehen in großer Zahl eiförmige uniloculäre Sporangien, in denen nach Meiose zahlreiche MeioZoosporen gebildet werden, aus denen die neue Gametophytengeneration hervorgeht. Die Geschlechtsbestimmung ist haplogenotypisch.

Dieser normale, isomorphe, heterophasische Generationswechsel kann durch zahlreiche Abweichungen von der Regel in oft unübersichtlicher Weise kompliziert werden: So kann z.B. der diploide

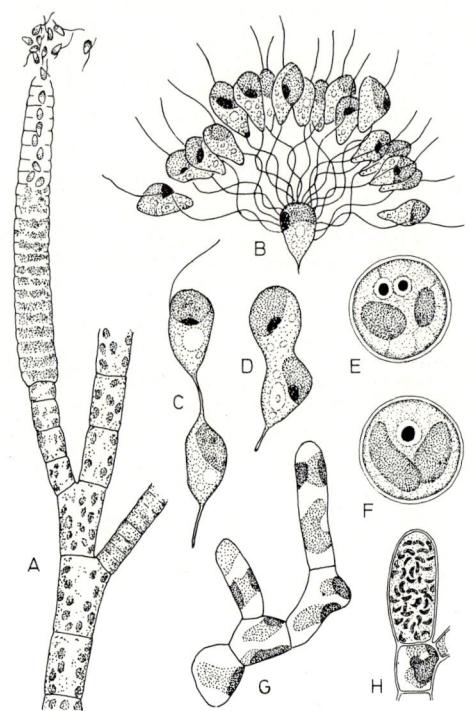

Abb. 655: *Phaeophyceae, Ectocarpales.* A–D *Ectocarpus siliculosus:* A Gametophytenast mit plurilokulärem Gametangium (380 ×). B–D Befruchtung (B 1200 ×, C, D 1600 ×). E, F *Asperococcus bullosus,* Zygote und Kernverschmelzung (2000 ×). G *Nemacystus divaricatus,* Keimling (780 ×). H *Ectocarpus lucifugus,* uniloculäres Meiosporangium am diploiden Sporophyten, (400 ×). (A nach Thuret; B–D nach Berthold; E, F nach Kylin; G nach Hygen; H nach Kuckuck.)

Sporophyt – besonders in den kälteren Klimazonen – ohne Meiose in pluriloculären Sporangien Mito-Zoosporen bilden und den Sporophyten vegetativ vermehren. – Aus Gameten können (parthenogenetisch) haploide Sporophyten entstehen; in den haploiden uniloculären Sporangien bilden sich dann mitotisch haploide Zoosporen. Aus Meiosporen entwickeln sich gelegentlich direkt wieder haploide Sporophyten. – Die Gametangien entlassen manchmal unvollkommen getrennte Gameten mit 4 Geißeln und zwei Kernen, die sich wieder zu einem diploiden Kern vereinigen (Autogamie) und direkt zu neuen Sporophyten auskeimen. Die nach der Meiose in den uniloculären Sporangien entwickelten Meiosporen sind dann genotypisch einheitlich (z.B. nur +). Weiterhin kommen diploide Gametophyten und tetraploide Sporophyten vor, wenn die Meiose in den uniloculären Sporangien unterbleibt.

Zusammenfassend gilt: 1. Im Generationswechsel sind die Generationen bei *Ectocarpus* nicht immer an eine bestimmte Kernphase gebunden. 2. Jede Generation kann sich unmittelbar wieder selbst erzeugen. 3. Die Sexualität ist bei diesen relativ hoch entwickelten Algen nicht fest fixiert; es kann auf sie verzichtet werden.

Während die Keimzellenbehälter bei *Ectocarpus* endständig an Seitenzweigen entstehen, werden sie bei *Pylaiella* intercalar in Fadenabschnitten ausdifferenziert.

Bei gewissen epiphytischen *Ectocarpus*- und *Pylaiella*-Arten kommen die Gametophyten und Sporophyten nicht auf den gleichen, sondern auf verschiedenen Substratpflanzen vor (z.B. bei *Pylaiella litoralis* der Sporophyt auf *Fucus*, der Gametophyt auf *Ascophyllum*).

2. Ordnung: **Cutleriales.** Der Generationswechsel von *Cutleria* ist heteromorph mit stark geförderter Gametophytengeneration (Abb. 664). Der Gametophyt ist aufrecht, gabelig verzweigt, bandförmig und an den Enden zerschlitzt. Bei *Cutleria multifida*, einer Alge der wärmeren europäischen Meere, lebt er nahe der Meeresoberfläche, ist etwa 40 cm groß und bildet auf ♂ und ♀ Pflanzen in Mikro- und Megagametangien kleine ♂ und größere ♀ begeißelte Gameten. Die ♂ Gameten werden von den ♀ mittels des Lockstoffes Multifiden angezogen, worauf sich die Kopulation (Anisogamie) anschließt. Der früher als eigene Gattung (*Aglaozonia*) beschriebene Sporophyt ist deutlich kleiner (wenige cm), flach, gelappt, niederliegend und krustenförmig (Abb. 664); er lebt auf Felsen und Muschelschalen in 8 bis 10 m Tiefe. Auf der Oberseite des parenchymatischen Thallus stehen Sori aus uniloculären Sporangien. Nach der Meiose entlassen diese die Zoosporen.

Zanardinia hat einen isomorphen Generationswechsel.

3. Ordnung: **Dictyotales.** Die etwa handgroßen, flachen Gewebethalli sind bei *Dictyota* mehrfach dichotom verzweigt. Wachstum und Gabelverzweigungen beruhen auf Zellteilungen einer großen einschneidigen Scheitelzelle (Abb. 102 B, E), die nach hinten Basalsegmente abgliedert. Diese teilen sich weiter auf in eine Vielzahl von Zellen, die das Gewebe bilden (Abb. 102). Sie sind in periphere Assimilations- und zentrale Speicherzellen differenziert (Abb. 657). Hin und wieder untergliedert eine in der Längsrichtung des Thallus verlaufende Zellwand die ursprüngliche Scheitelzelle in zwei nebeneinander liegende Tochterscheitelzellen, die das Wachstum fortsetzend eine dichotome Verzweigung des Thallus verursachen. Der Generationswechsel ist isomorph (Abb. 664).

Gametophyt: Die sexuelle Fortpflanzung ist zur Oogamie fortgeschritten. Die pluriloculären Spermatogonien und die Oogonien sind auf verschiedene Pflanzen verteilt und immer in Gruppen (Sori) angeordnet (Abb. 657 A, B).

Jedes Oogonium enthält ein großes unbewegliches braunes Ei, das im Wasser umhergeschwemmt und durch Spermatozoiden befruchtet wird (C). Die birnenförmigen ♂ Gameten haben einen stark reduzierten Chromatophor und nur eine seitliche Geißel mit Flimmerhaarbesatz, eine zweite, reduzierte Geißel steckt mit einem eigenen Basalkorn als winziger Stummel äußerlich unsichtbar im Plasma. Die Gametangien entwickeln sich nur in den Sommermonaten; die Entleerung findet lunar und solar gesteuert nur an 2 Tagen im Monat, jeweils in der ersten Stunde nach Lichtbeginn statt.

Sporophyt: Dem haploiden Gametophyten gleicht der diploide Sporophyt in seiner

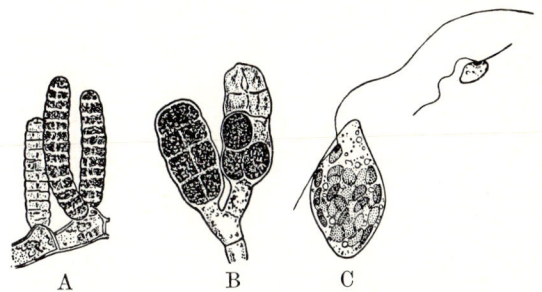

Abb. 656: *Phaeophyceae, Cutleriales, Cutleria multifida.* A drei ♂, B zwei ♀ pluriloculäre Gametangien (400×). C Weiblicher und männlicher Gamet (1200×). (A, B nach THURET; C nach KUCKUCK.)

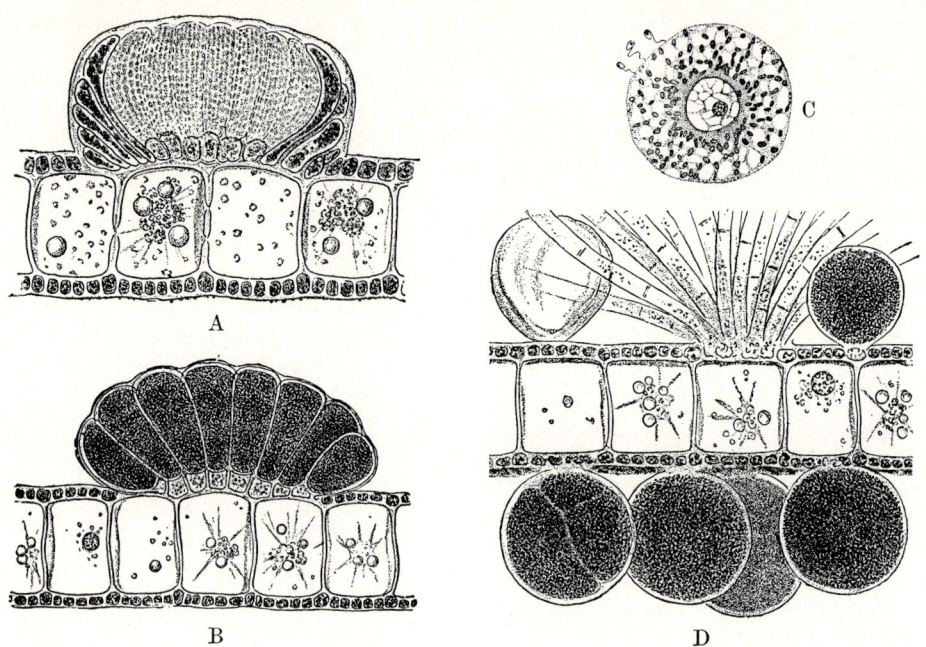

Abb. 657: *Phaeophyceae, Dictyotales, Dictyota dichotoma.* A Querschnitt durch ♂ Thallus mit Spermatogonien-gruppe (von einem Becher steriler Umwallungszellen umhüllt, 200 ×). B Querschnitt durch ♀ Thallus mit Oogoniengruppe (200 ×). C Ei mit 3 Spermatozoiden (400 ×). D Thallusquerschnitt mit Tetrasporangien (davon eines entleert) und «Phaeophyceen-Haaren» (200 ×). (A, B, D nach THURET; C nach WILLIAMS.)

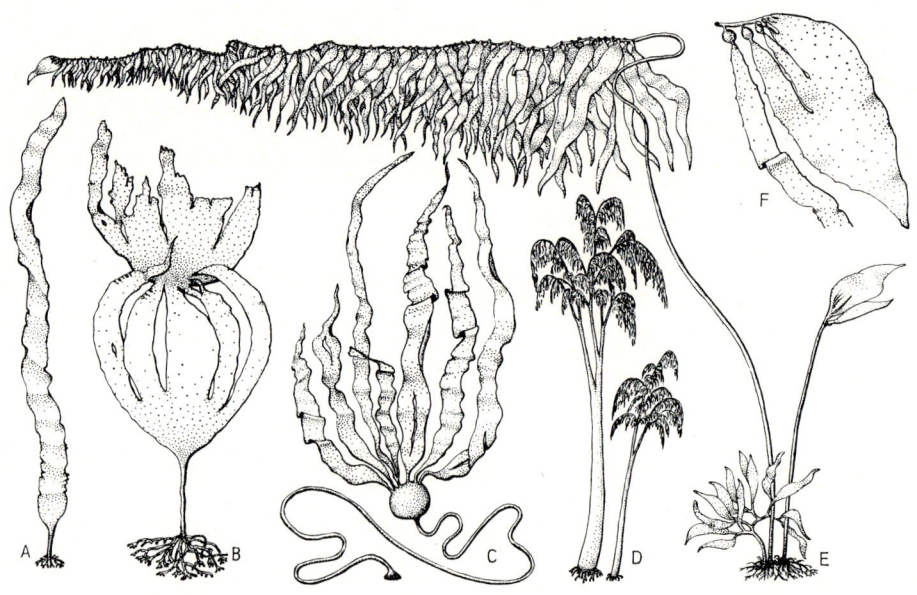

Abb. 658: *Phaeophyceae, Laminariales.* A *Laminaria saccharina* ($^1/_{40}$ ×). B *Laminaria hyperborea*, oben mit vorjährigem Thallusrest ($^1/_{40}$ ×). C *Nereocystis luetkeana* ($^1/_{10}$ ×). D *Lessonia flavicans* ($^1/_{80}$ ×). E *Macrocystis pyrifera* ($^1/_{250}$ ×). F Desgl., Thallusspitze ($^1/_{20}$ ×). (A nach MÄGDEFRAU; B nach SCHENCK; C nach POSTELS & RUPRECHT; D, E, F nach J.D. HOOKER.)

äußeren Gestalt vollständig (Abb. 664). Die Meiosporen, zu je 4 in den uniloculären Tetrasporangien des Sporophyten entstehend (Abb. 657 D), sind relativ groß und unbegeißelt. Zwischen den Tetrasporangien ragen farblose sog. Phaeophyceenhaare hervor.

Die in wärmeren Meeren häufige, fächerförmige *Padina* wächst mit einem Randmeristem, *Dictyopteris* mit apikaler Initialzellengruppe (Abb. 104).

4. Ordnung: **Laminariales.** Ihr Generationswechsel ist heteromorph mit entschiedener Förderung des diploiden Sporophyten (Abb. 664). Die Sporophyten sind morphologisch und histologisch sehr differenziert und erreichen oft beträchtliche Ausmaße (Abb. 658 A–F).

Die Gametophyten aller *Laminariales* sind hingegen mikroskopisch klein. Die ♂ und ♀ Pflänzchen unterscheiden sich deutlich im Bau und weisen somit sekundäre Geschlechtsmerkmale auf. Die männlichen Gametophyten sind relativ stark verzweigt, raschwüchsig, zellenreich, aber kleinzellig (Abb. 660B) und tragen an den Zweigspitzen einzellige Spermatogonien mit nur je einem zweigeißeligen Spermatozoid. Die weiblichen Gametophyten (A) besitzen wesentlich größere Zellen, wachsen aber langsamer und sind zellärmer – im Extrem bestehen sie sogar aus nur einer einzigen schlauchförmigen Zelle – und erzeugen Oogonien mit jeweils einer Eizelle. Das nackte Ei tritt durch ein Loch an der Spitze des Oogoniums heraus, wo es meist liegen bleibt (A: e) und nach der Befruchtung – einer Oogamie also – zum diploiden Sporophyten heranwächst (A: k_1–k_3).

Die Sporophytengeneration stellt die makroskopisch auffällige Phase im Lebenscyclus dar. Der Sporophyt erzeugt an seiner Oberfläche außer schlauchförmigen sterilen Zellen (Paraphysen) ausgedehnte Lager von keulenförmigen uniloculären Sporangien (Abb. 659), in denen sich die 2geißeligen Zoosporen in Vielzahl unter Reduktionsteilung und gleichzeitiger genotypischer Geschlechtsbestimmung bilden.

Die Sporophyten von *Macrocystis pyrifera* (Abb. 658 E) werden in den kühleren Meeren der Südhalbkugel über 50 m lang; ihr in 2–25 m Tiefe mit einem krallenartigen Haftorgan festsitzender Thallus trägt an seinen Achsen (Cauloid, s. S. 99) einseitig lang herabhängende Thalluslappen (Phylloide, s. S. 99), die an der Basis je eine große Schwimmblase besitzen, durch die sie an der Meeresoberfläche schwimmend

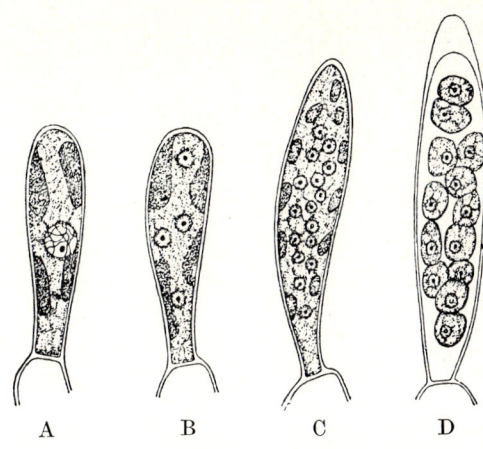

Abb. 659: *Phaeophyceae, Laminariales, Chorda filum.* Entwicklung des uniloculären Sporangiums. A 1kernig; B 4kernig; C 16kernig; D fast fertige Zoosporangium. (1000 × ; nach KYLIN.)

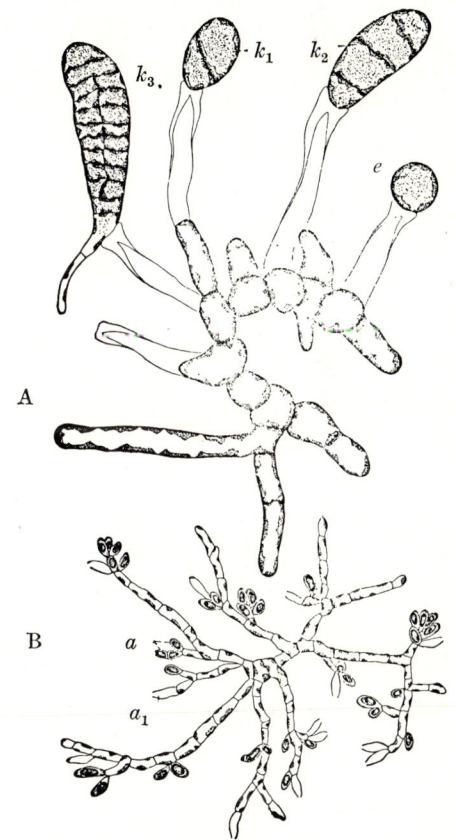

Abb. 660: *Phaeophyceae, Laminariales, Laminaria,* Gametophyt. A ♀ Gametophyt (300 ×). B ♂ Gametophyt (300 ×). a Spermatogonien (a_1 entleert); e Eizelle; k_1–k_3 junge Sporophyten, noch auf dem entleerten Oogonium sitzend. (Nach SCHREIBER.)

gehalten werden. Die antarktischen *Lessonia*-Arten (Abb. 658D), die eine schenkeldicke, verzweigte, stammartige Hauptachse bis zu 5 m Länge mit überhängenden langen Phylloiden an den Zweigen entwickeln, haben einen palmenähnlichen Habitus. Bei *Nereocystis* (Pazifik-Küste von Californien bis Alaska) trägt ein (ca. 25 m) langer, seilartiger Thallusabschnitt eine große Schwimmblase (mit hohem Kohlenmonoxid-Gehalt!), der ein Büschel von Phylloiden ansitzt (Abb. 658C). *Chorda filum*, die Meersaite, besitzt einen schnurähnlichen, unverzweigten Thallus von mehreren Metern Länge. *Alaria* bildet außer dem endständigen Phylloid seitlich kleinere blattartige Flügel (Abb. 671).

Die an den Küsten des Nordatlantik verbreiteten, bis 5 m lang werdenden, unterhalb der Niedrigwassergrenze ganze Wiesen bildenden *Laminaria*-Arten (vgl. Abb. 671) tragen auf einem perennierenden Stiel mit einem krallenartigem Rhizoid (Abb. 658B) einen blattartigen, aus sehr vielen Zellagen bestehenden Thalluslappen (Abb. 658A), der jedes Jahr erneuert wird, indem gegen Ende des Winters eine an der Basis des Phylloids liegende intercalare Wachstumszone ein neues «Blatt» erzeugt; das alte wird dabei vorgeschoben und stirbt allmählich ab (Abb. 658B). Das Phylloid ist beim Zuckertang (*L. saccharina*, Abb. 658A) einfach, beim Fingertang (*L. digitata*, u.a., Abb. 658B) handförmig zerteilt. Die Sporophyten von *L. hyperborea* können 10–20 Jahre alt werden.

Der Querschnitt durch das Cauloid der *Laminariales* läßt eine starke Differenzierung erkennen. Von außen nach innen sind die Bereiche eines Meristoderms (Abschlußgewebe), einer Cortex (= Rinde) und der Medulla (= Mark) zu unterscheiden. Im Gegensatz zum Fadenthallus sind die Zellen des Gewebethallus in mehreren Richtungen teilungsfähig; so bilden die Zellen des teilungsaktiven Meristoderms tangentiale, radiale und horizontale Wände. Die tieferen Schichten des Meristoderms sind vor allem für das Dickenwachstum verantwortlich; auch Cortex-Schichten übernehmen diese Funktion. Den Jahreszeiten angepaßt erfolgt das Dickenwachstum periodisch unter Ausbildung von deutlichen Jahresringen in älteren Cauloiden. Die Zellen der Cortex werden von außen nach innen zunehmend größer. Durch Verschleimung der Zellwände entstehen z.T. längs und radial verlaufende lose Zellreihen, in älteren Cauloiden auch weitlumige Schleimgänge. Die Cortex-Schicht sorgt für die mechanische Festigkeit des Cauloids und funktioniert in ihren äußeren, kleinzelligen chromatophorenführenden Teilen als Assimilationsgewebe. Die Medulla dient der Speicherung und Leitung von Stoffen. Sie setzt sich aus Zellfäden (sog. «Hyphen») zusammen, die an ihren Querwänden trompetenartig aufgeschwollen sind. Bei anderen Gattungen (z.B. *Nereocystis* und *Macrocystis*) sind die Querwände solcher Zellfäden siebplattenartig durchbrochen. Mittels radioaktiv markierter Kohlenstoffverbindungen konnte die Trans-

portfunktion dieser Elemente nachgewiesen werden. Derartige «Siebröhren» ähneln damit in Bau und Funktion bereits den entsprechenden Gefäßen der Cormophyten.

5. Ordnung: **Fucales.** Sie können aufgrund einer extremen Reduktion des Gametophyten als praktisch reine Diplonten aufgefaßt werden (Abb. 664). Die Fortpflanzung erfolgt durch Oogamie. Der Kernphasenwechsel ist gametisch, d.h. die Meiose findet bei der Bildung der Gameten statt. Der diploide Sporophyt (Abb. 664) bildet den einzigen im Lebensablauf auftretenden Vegetationskörper in Form eines gelegentlich bis über 1 m lang werdenden Thallus aus. Bei den mehrere Jahre alt werdenden *Fucus*-Arten sind die lederigen, bandförmigen, dichotom verzweigten Thalli durch eine Art «Mittelrippe» versteift. Sie sitzen mit einer Haftscheibe am Gestein. Die Enden der Thalluszweige (Scheitelzelle s. S. 99) sind bei manchen *Fucus*-Arten etwas angeschwollen und tragen dichtstehende krugförmige Einsenkungen, sog. Conceptaceln (Abb. 662), in denen zwischen sterilen Haaren (Paraphysen) die ♂ und ♀ Keimzellenbehälter stehen. Die Teile des Thallus mit den Conceptaceln werden alljährlich abgeworfen. In den Keimzellenbehältern erfolgt jeweils nach der Meiose eine unterschiedliche Anzahl von Mitosen. Die Behälter können als uniloculäre, geschlechtlich differenzierte Meiosporangien, die primären Meioseprodukte als Meiosporen gedeutet werden. Die anschließend in diesen uniloculären Behältern mitotisch gebildeten Zellen ersetzen demnach gewissermaßen den extrem reduzierten Gametophyten, dem keine Selbständigkeit mehr zukommt und der – als Oogonium bzw. Spermatogonium – völlig in die entsprechenden Meiosporangien integriert erscheint (Keimzellenbehälter = Meiosporangium = Gametangium). Ausgehend von jeweils 4 nach der Meiose vorhandenen haploiden Zellen entstehen in den Oogonien nach 1 Mitose 8 Eizellen und in den Spermatogonien nach 4 Mitosen 64 Spermatozoiden.

Die Oogonien (Abb. 662o, 663C) sind große, rundliche, auf einzelligem Stiel sitzende Gebilde. Die Spermatogonien stehen als ovale Zellen dicht gedrängt an reichverzweigten, kurzen Fäden (Abb. 662a, 663A). Bei manchen Arten kommen Oogonien und Spermatogonien im gleichen Conceptaculum vor (Monöcie z.B. bei *Fucus spiralis*, Abb. 662); andere Arten sind diöcisch (z.B. *F. serratus* und *F. vesiculosus*). Die Gameten verlassen die Gametangien zu je 8 (♀) oder 64 (♂). Die Wand des Oogoniums besteht aus 3 Schichten. Bei der Reife platzt zunächst nur die äußere Wandschicht, so daß die 8 Eizellen von den beiden inneren Wänden umhüllt bleiben, wenn sie das Conceptaculum verlassen (Abb. 663 D). Im Meerwasser wird schließlich auch die innerste Wandschicht gesprengt, worauf sich die Eizellen frei schwebend voneinander trennen (Abb. 663 E). Die Wand des Spermatogoniums setzt sich aus 2 Schichten zusammen. Die innere Wand bleibt erhalten und umschließt die 64 Spermatozoiden, wenn das ganze Paket bei der Reife aus dem Conceptacel durch Schleimsekretion ausgepreßt wird. Die Spermatozoiden schwärmen dann aus (Abb. 663 B) und setzen sich – durch den Lockstoff Fucoserraten (s. S. 448) angelockt – an Eizellen fest. Die Spermatozoiden bestehen hauptsächlich aus Kernsubstanz und einem einzigen rudimentären Chromatophor, dem ein Augenfleck ansitzt; sie sind mit zwei Geißeln versehen (im Gegensatz zu den übrigen Phaeophyceen ist die nach vorne gerichtete Flimmergeißel die kürzere). Die zunächst nackte Zygote umgibt sich mit einer Cellulosehaltigen Wand, setzt sich fest und wächst unter Teilung wieder zum diploiden Sporophyten aus (vgl. S. 430).

Die *Fucales* sind als Endglied einer Reihe mit fortschreitender Gametophytenreduktion aufzufassen. Dies wird u. a. bei der Berücksichtigung von Besonderheiten einiger *Laminariales* deutlich. Bei ihnen kann der ♀ Gametophyt gelegentlich auf eine einzige Zelle reduziert sein, indem der Inhalt einer zur Ruhe gekommenen Meiozoospore sich entleert und unmittelbar zum Ei wird. Die diploide *Fucus*-Pflanze kann demnach als Sporophyt verstanden werden, dessen Meiosporen direkt zum fast völlig verschwundenen Gametophyten werden.

Wie bei den meisten größeren *Laminariales* verleihen Schwimmblasen auch vielen Arten der *Fucales* dem an sich schlaffen Thallus im Wasser eine aufrechte Lage und ermöglichen ihm, im Fließfeld der Wellen hin- und herzuschwingen, ohne über den Boden geschleift zu werden. *Fucus*-Arten bilden in den nordeuropäischen Meeren in flachem Wasser wiesenartige, bei Niedrigwasser zeitweise trockenliegende, aber durch Schleimaussonderung (Fucoidin) geschützte und daher trotzdem noch photosynthetisch tätige Bestände.

Fucus serratus, der Sägetang, besitzt einen gezähnten Thallus; *F. vesiculosus*, der Blasentang, führt runde, gasführende Schwimmblasen im Thallus. Auch der an gleichen Standorten vorkommende Knotentang *Ascophyllum nodosum* (Abb. 661 C) hat Schwimmblasen. Bei *Himanthalia* (Abb. 661 B) besteht der Thallus aus einer kreiselförmigen Basis, der ein bis mehrere gabelteilige, riemenförmige Abschnitte trägt. Reichere Gliederung des Thallus weist das in wärmeren Meeren verbreitete *Sargassum* auf (250 Arten!); einige seiner Arten treiben mittels Schwimmblasen in zahllosen Büscheln frei in der «Sargasso-See» des Atlantischen Ozeans (vom Golfstrom zwischen Westindien und den Azoren zusammengetrieben); sie vermehren sich hier rein vegetativ durch Zerfall der Thalli (Abb. 661 A). – Weitere, an

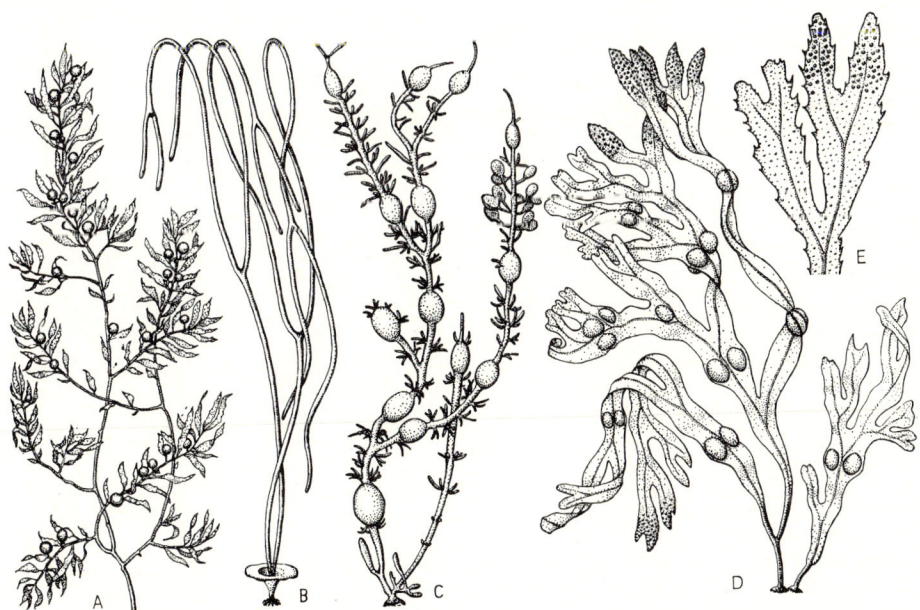

Abb. 661: *Phaeophyceae, Fucales*. A *Sargassum bacciferum*. B *Himanthalia lorea*. C *Ascophyllum nodosum*. D *Fucus vesiculosus*. E *Fucus serratus*, Thallusspitze (Alle Abb. ¼ ×). (Nach MÄGDEFRAU.)

anderer Stelle erwähnte, hierher gehörende Gattungen sind: *Cystoseira* und *Halidrys* (Abb. 671); *Pelvetia* (Abb. 671); *Coccophora* (S. 430) und *Durvillea* (S. 628).

Wie bei den Chlorophyceen läßt sich auch bei den Braunalgen ein Aufstieg von Isogamie über Anisogamie zu Oogamie verfolgen. Bei den ursprünglichen Formen (*Ectocarpus*, Abb. 655) sind die Gametangien beider Geschlechter vielzellig und gleichgestaltet; bei höher organisierten (z.B. *Cutleria*) tritt mit der Vergrößerung der ♀ Gameten auch eine Vergrößerung der Gametangien mit gleichzeitiger Verringerung der Zahl der Loculi ein, die bei *Dictyota* und *Laminaria* zur Ausbildung nur eines Eies im nunmehr einfächrigen Oogonium führt. Während bei *Dictyota* die Spermatogonien noch vielzellig sind, finden wir sie bei *Laminaria* ebenfalls einzellig mit jeweils nur einem Spermatozoid. Diese Merkmalsprogressionen erlauben jedoch keinen Rückschluß auf die tatsächliche Phylogenie. Der Generationswechsel (Abb. 664) ist isomorph (Isogeneratae) oder heteromorph (Heterogeneratae), wobei die Gleichheit der Generationen als ursprünglich, die Förderung der Sporophytengeneration, die sich bereits bei den *Ectocarpales* anbahnt, als abgeleitet bewertet wird.

Phylogenie. Die Phaeophyceen dürften zusammen mit den Chrysophyceen aus einem gemeinsamen Ursprungszentrum hervorgegangen sein und sich schon frühzeitig in voneinander unabhängigen Linien entwickelt haben. Trotz ihrer z.T. sehr erheblichen Ausmaße sind die Phaeophyceen in fossilem Zustand im allgemeinen schlechter erhalten als die verkalkten Formen der Chlorophyceen. Sehr wahrscheinlich waren sie aber schon im Silur und Devon vorhanden. Gewisse unterdevonische und silurische, bis schenkeldicke «Stämme» (*Nematophycus* = *Prototaxites*), die aus einem Geflecht röhrenförmiger Zellfäden bestanden und mit mächtigen Schöpfen flacher, laminariaähnlicher Thalluslappen endigten, gehören wohl hierher.

Verwendung. Verschiedene Laminariaceen liefern aus ihrer Asche (Varec, Kelp) Iod, das in diesem Verfahren noch bis in die dreißiger Jahre gewonnen wurde. Die dazu geeigneten Braunalgen können in ihren Zellen Iod (bis zu 0,3 % des Naßgewichtes) aus dem Seewasser (hier in 0,000005 %) anreichern. Weiterhin liefern Braunalgen Alginate, die ihrer kolloidalen Eigenschaften halber vielseitig in der Textil-, Lebensmittel-, Foto- und kosmetischen Industrie verwendet werden; Weltproduktion 1964: 14000 Tonnen; z.B. für Speiseeis, Pudding, Salben, Zahnpasta, Schlankheitsdiäten, Medikamentekapseln, Leim, Farbe etc. Auch Soda und Mannit werden

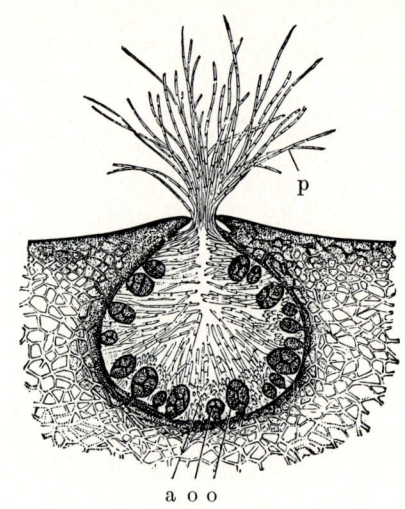

Abb. 662: *Phaeophyceae, Fucales, Fucus spiralis.* Zwitteriges Conceptaculum mit Oogonien verschiedenen Alters o und Spermatogonienbüscheln a, Paraphysen p. (25 ×; nach THURET.)

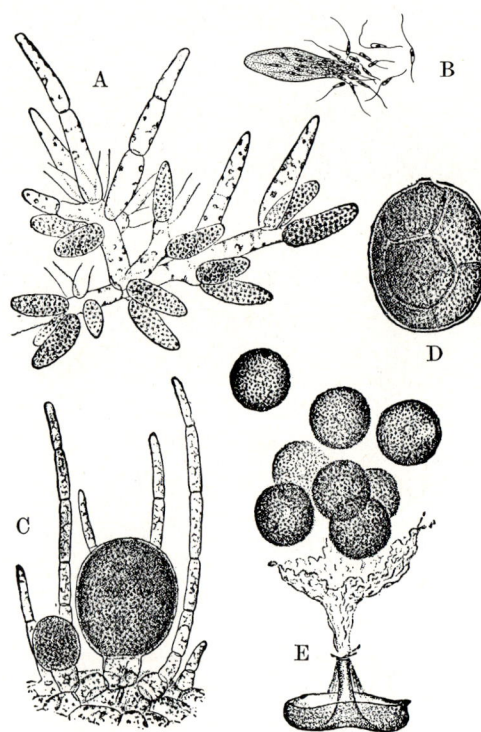

Abb. 663: *Phaeophyceae, Fucales, Fucus vesiculosus.* A Spermatogonienstand (200 ×). B Spermatogonium entläßt seine Spermatozoiden (250 ×). C Junge Oogonien, D nach Austritt aus der Oogoniumwand in acht Eizellen geteilt. E Befreiung der Eier (C–E 120 ×). (Nach THURET.)

aus Braunalgen gewonnen. Als «Kobu» werden Braunalgen von Chinesen und Japanern verzehrt.

Rückblick auf die Heterokontophyta: In ihrer äußeren Gestalt zeigen die Heterokontophyten die gesamte Vielfalt der bei Algen entwickelten Organisationsformen. In diesem Sinne scheint die Abteilung sehr heterogen zu sein. Auf der anderen Seite ist der verwandtschaftliche Zusammenhang der verschiedenen Formen durch eine Reihe von gemeinsamen «konservativen» Merkmalen unverkennbar, die offensichtlich entweder selektionsneutral und stabil oder absolut notwendig zum Fortbestand der Sippen waren. Aufgrund der Ultrastruktur der begeißelten Zellen und der Chromatophoren, sowie des Chlorophyllbestandes, der akzessorischen Pigmente und der Reservestoffe lassen sich die Heterokontophyten gut als eine stammesgeschichtlich einheitliche Algengruppe charakterisieren.

Mit ihren Gewebethalli gehören die Braunalgen zu den höchstentwickelten Meerespflanzen. Sie erinnern in der Gliederung des Vegetationskörpers und mit ihren den Siebröhren analogen Leitelementen bereits an die cormophytische Organisation der Gefäßpflanzen. Die Abwandlung des Vegetationskörpers in Anpassung an die Vielfalt äußerer Lebensbedingungen ist ein in verschiedensten Pflanzengruppen verwirklichtes Evolutionsprinzip. Dabei läßt sich immer wieder feststellen: Eine einzige Stammeslinie (Verwandtschaftsgruppe) entwickelt in vielfältiger Differenzierung verschiedenste Anpassungsformen, wie umgekehrt verschiedene Stammeslinien in Anpassung an ähnliche Lebensbedingungen ähnliche Organisationsformen auszubilden vermögen (Konvergenz!). Ein Beispiel für die erste Aussage sind die verschiedenen Organisationsstufen der Heterokontophyten. Die zweite Aussage wird durch die Parallelentwicklungen zwischen Chlorophyten und Heterokontophyten belegt.

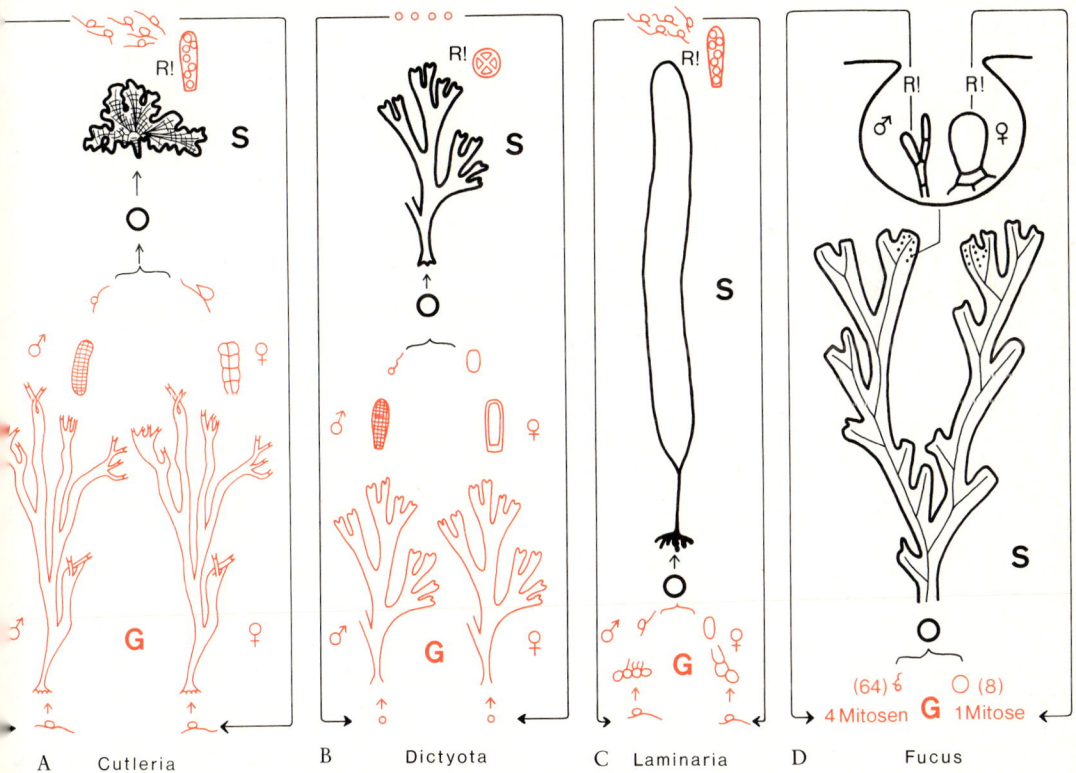

A   Cutleria   B   Dictyota   C   Laminaria   D   Fucus

Abb. 664: *Phaeophyceae*. Schematische Darstellung des Generations- und Kernphasenwechsels einiger Braunalgen. G Gametophyt, S Sporophyt, o Zygote, R! Reduktionsteilung. Haploide Phase mit roten, diploide mit schwarzen Linien gezeichnet. (Nach HARDER ergänzt.)

Bei der Bildung und Ausgestaltung einer festen Zellwand ist innerhalb der Heterokontophyten eine häufige Verwendung von Kieselsäure kennzeichnend. Kieselsäureplättchen, -schalen und -einlagerungen sind zwar kein durchgehendes Merkmal aller Vertreter – sie fehlen z.B. den nackten Chloromonadophyceen gänzlich bzw. in den übrigen Klassen vielfach – sie sind aber andererseits bei den übrigen Algenabteilungen so sehr die Ausnahme (z.B. *Pediastrum* innerhalb der Chlorophyten), daß hier eine deutliche Tendenz erkennbar bleibt. Cellulose hat sich offenbar noch nicht allgemein als bevorzugtes Baumaterial der Zellwand durchgesetzt. Bei den Chloromonadophyceen fehlt eine feste Cellulosewand, und bei den weiteren Klassen – mit Ausnahme der Phaeophyceen – ist sie nicht allgemein verbreitet.

Die Anpassung an das Landleben ist bereits mehrfach vollzogen worden. Bewohner des feuchten Bodens sind z.B. verschiedene Diatomeen und unter den Xanthophyceen z.B. *Botrydium* (Abb. 639). Zur gleichen Klasse zählt auch die Luftalge *Capitulariella*, die durch Verwehung ganzer Zoosporangien (funktionell nun Aplanosporen gleichzusetzen) verbreitet wird (Abb. 637). Die ♂ Keimzellen der Heterokontophyten besitzen – soweit Anisogamie oder Oogamie vorkommt – vielfach nurmehr stark reduzierte Chromatophoren.

Die Fortentwicklung zu reinen Diplonten ist bei den stark abgeleiteten Verwandtschaftskreisen in unabhängiger Entwicklung verwirklicht. So sind die Kieselalgen durchweg Diplonten, die darüber hinaus bei den *Pennales* keine begeißelten Gameten mehr besitzen. Innerhalb der Braunalgen läßt sich die Förderung des Sporophyten und die Entwicklung zum praktisch reinen Diplonten in einer Progressionsreihe verfolgen. Bei ihren oogamen Vertretern sind die ♀ Keimzellen zu unbeweglichen Eiern geworden.

Die nun folgende letzte Abteilung ist von allen übrigen eukaryotischen Algen stark abgesetzt. Die rötlich oder violett gefärbten Chromatophoren enthalten in Phycobilisomen lokalisiert die akzessorischen Pigmente Phycoerythrin und Phycocyanin.

Siebente Abteilung: Rhodophyta, Rotalgen

Die überwiegend marinen Rhodophyten sind leuchtend rot bis violett gefärbt, selten auch dunkelpurpur-, braunrot bis nahezu schwarz oder auch blau- bis olivgrün. Begeißelte Formen oder Stadien – wie monadale Arten, Zoosporen und Spermatozoiden – fehlen. Einzeller treten nur bei den ziemlich isoliert stehenden *Bangiophycidae* auf. Sowohl bei dieser kleinen Gruppe als auch bei den anderen Rotalgen überwiegen Vertreter mit trichalem, verflochtenem oder pseudoparenchymatischem Thallus. Echte Gewebe fehlen vollständig. Die Flechtthalli und Pseudoparenchyme (= Plectenchyme) der Rotalgen bilden sich nach dem uniaxialen Zentralfaden- oder nach dem multiaxialen Springbrunnentypus (s. S. 97 ff., Abb. 98, 99). In den fast ausnahmslos einkernigen Zellen liegen meist zahlreiche, einfach gestaltete scheibenförmige, ovale oder gelappte, aber nie becherförmige Chromatophoren (Abb. 56D). In ihnen sind das Chlorophyll a (kein Chlorophyll b und c; das Vorkommen von Chlorophyll d ist fraglich geworden) und seine Begleitcarotinoide verdeckt durch rote, stark fluorescierende Farbstoffe, die in den sog. Phycobilisomen sitzen. Phycobilisomen, die auch bei den prokaryotischen Cyanophyten vorkommen, sind 30–40 nm große, scheibenförmige oder kugelige Körper. Sie liegen in den Chromatophoren auf den Thylakoiden und enthalten die wasserlöslichen Phycobiliproteide mit den prosthetischen Phycobilinen, welche den Farbcharakter bestimmen. Bei den Rotalgen geschieht dies vornehmlich durch das rote Phycoerythrin; auch Phycocyanin ist in den Phycobilisomen enthalten. Von beiden Farbstoffen gibt es mehrere Varianten, die sich u.a. durch die Absorption und ihr Vorkommen (in Blau- oder Rotalgen) unterscheiden. Die Phycobilisomen der Blau- und Rotalgen sind Lichtsammler, welche die Anregungsenergie an das eigentliche Photosynthesepigment weiterleiten. Eine Schichtung der Phycobiline in den Phycobilisomen – innen Phycocyanine, außen Phycoerythrin – gibt dem Energietransfer die Richtung. Bei den gleichfalls Phycobiline führenden *Cryptophyta* fehlen Phycobilisomen. In den Chromatophoren sind die Thylakoide nicht stapelweise zusammengefaßt, sondern sie liegen in gleichen Abständen voneinander getrennt (wie bei den Cyanophyten). Eine doppelte Membran grenzt die Chromatophoren nach außen ab; das endoplasmatische Reticulum ist hierbei nicht beteiligt. Pyrenoide sind nur bei einigen Formen vorhanden, aber wohl funktionslos.

Als Reservestoff wird vor allem Florideenstärke, in Form von rundlichen, unlöslichen, oft geschichteten, mit Iod sich rötlich färbenden Körnchen gespeichert. Es handelt sich hierbei um ein in den Eigenschaften zwischen Glykogen und Stärke stehendes Polysaccharid. Die Körnchen werden nicht wie die Stärke bei den Chlorophyten innerhalb der Chromatophoren, sondern an deren Oberfläche und im Cytoplasma kondensiert. Auch gewisse andere, auf Rotalgen beschränkte Substanzen («Floridoside» = Galactose-Glycerinverbindungen) sowie Öltröpfchen kommen vor.

Der fibrilläre Anteil der Zellwand besteht meistens und überwiegend aus Cellulose, deren Mikrofibrillen nicht aus parallel geordneten (wie bei Höheren Pflanzen und einigen Grünalgen), sondern aus filzartig verflochtenen Ketten aufgebaut sind. Der amorphe Teil enthält vielfach verschleimende Galactane (z.B. Agar; Carrageen = Galactansulfate; Galactane sind Polymere von Galactose).

Für die Rhodophyten ist ein dreigliedriger Generationswechsel charakeristisch, bei dem auf den haploiden Gametophyten ein diploider Carposporophyt sowie

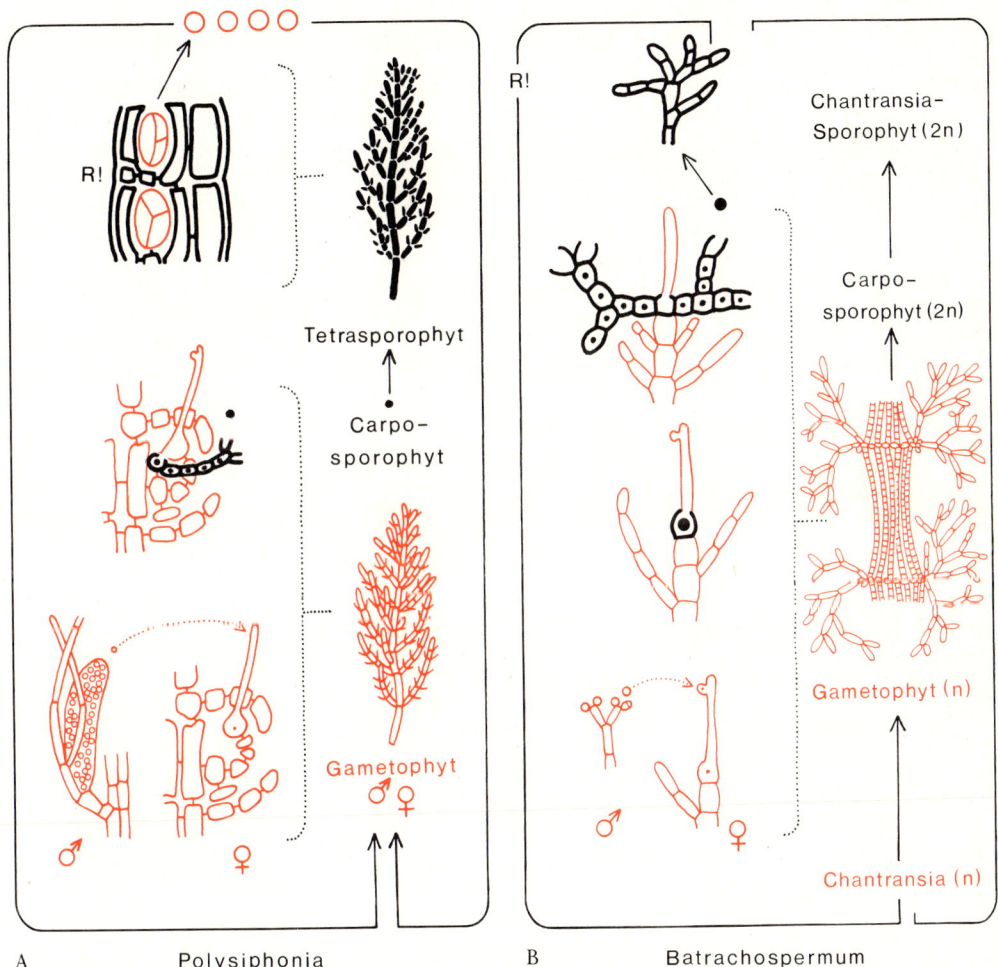

Tetrasporophyt

Carpo-sporophyt

Gametophyt ♂♀

R!

Chantransia-Sporophyt (2n)

Carpo-sporophyt (2n)

Gametophyt (n)

Chantransia (n)

A   Polysiphonia   B   Batrachospermum

Abb. 665: *Rhodophyceae.* Generations- und Kernphasenwechsel. *Polysiphonia* dreigliedrig-diplobiontisch; *Batrachospermum* dreigliedrig-haplobiontisch. Rote Linien: Haplophase; schwarze Linien: Diplophase. R! Reduktionsteilung.

eine weitere diploide Sporophytengeneration (zumeist der Tetrasporophyt)
folgen (Abb. 665).

Der Gametophyt ist eine selbständige haploide Pflanze. Er entwickelt das ♀ Gametangium,
Carpogon genannt. Bei vielen Rotalgen (z.B.
allen Florideen) mündet dieses in eine Trichogyne, d.h. in ein langes, meist schlankes Empfängnisorgan (Abb. 669, 670 Ft). An anderen
Teilen oder Individuen des Gametophyten entstehen die unbegeißelten männlichen Keimzellen
in Spermatangien (= männliche Gametangien). Die ♂ Keimzellen – Spermatien – sind
einkernig; sie werden wohl zunächst passiv im
Wasser verschwemmt, setzen sich später an der
Trichogyne fest und entleeren ihren ♂ Geschlechtskern in diese, worauf er zum Eikern
wandert, mit dem die Verschmelzung erfolgt
(Gameto-Gametangiogamie oder unscharf Oogamie).

Aus der befruchteten Eizelle entsteht der
Carposporophyt in Form von diploiden
Zellfäden, die aus dem Carpogon herauswachsen, dabei jedoch mit dem haploiden Gametophyten verbunden bleiben. Es hat sich demnach
eine von Kernphasenwechsel begleitete Folge
zweier Generationen (1. und 2.) auf ein und
derselben Pflanze vollzogen. Der Carpusporo-
phyt erzeugt nach ausschließlich mitotischen
Kernteilungen diploide Carposporen, die
also Mitosporen sind.

Tetrasporophyt: Bei der überwiegenden
Mehrzahl der Rotalgen entsteht aus den Carposporen eine meist dem Gametophyten glei-
chende, jedoch diploide neue Pflanze, an der
sich unter Reduktionsteilung aus je einer Sporenmutterzelle 4 haploide Tetrameiosporen
bilden (Abb. 665, 666); diese Generation wird
daher Tetrasporophyt genannt. Vom Carposporophyten zum Tetrasporophyten spielt sich
– demnach ohne Änderung der Kernphase – der
Wechsel von der 2. zur 3. Generation des Lebenscyclus ab.

Die Entwicklung der drei Generationen vollzieht sich somit auf nur zwei Vegetationskörpern
(diplobiontisch); die meisten Rotalgen (außer den *Nemalionales*) gehören diesem Typus
an. – Gametophyt und Tetrasporophyt sind
meist gleichgestaltet, können aber auch so un-
ähnlich sein (Abb. 667), daß man sie früher nicht
nur verschiedenen Gattungen, sondern sogar
entfernt voneinander stehenden Ordnungen zugewiesen hat. Der parasitierende Carposporophyt wirkt in einigen Fällen derart fremdartig,
daß man ihn für einen echten Fremdparasiten
gehalten und mit einem besonderen Namen
belegt hat. Der Gametophyt ist monöcisch
oder diöcisch. Im letzteren Fall kommen gelegentlich Unterschiede im Bau der ♂ und ♀
Pflanzen vor. Häufig erscheint der Carposporophyt (= Gonimocarp) von besonderen Hüll-
zweigen des Gametophyten umwachsen, wodurch eine sog. Hüllfrucht, ein Cystocarp
(Abb. 668), entsteht. Wird die Hülle schon vor
der Befruchtung des Carpogons angelegt, spricht
man von einem Procarp.

Vielfach wird der Carposporophyt durch sog.
Hilfs- oder Auxiliarzellen, die wahrscheinlich ernährungsphysiologische Bedeutung haben, unterstützt. Das sind plasmareiche, neben
dem Carpogon liegende Zellen des Gametophyten, die den Zygotenkern (oder einen diploiden
Kern) aus dem Carpogon übernehmen, durch
mitotische Teilungen vermehren und schließlich
die Bildung des Carposporophyten fortsetzen.

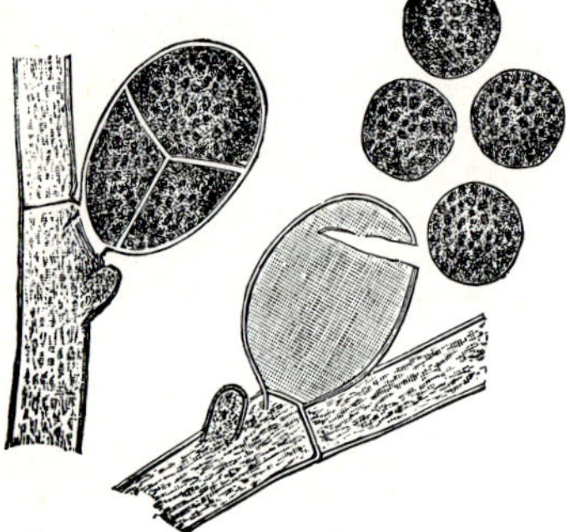

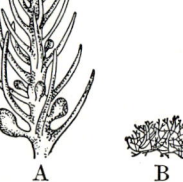

Abb. 666: *Rhodophyceae, Callitham-
nion corymbosum.* Tetrasporenbil-
dung. A Geschlossenes, B entleertes
Sporangium mit den 4 Tetrameiosporen. (300 ×; nach Thuret.)

Abb. 667: *Rhodophyceae.* Gametophyt und Tetrasporophyt von *Bonnemaisonia hamifera.* A Gametophyt
mit Cystocarpanlagen, B Sporophyt,
als *Trailiella intricata* bekannt. (5 ×;
nach Koch.)

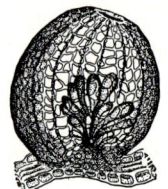

Abb. 668: *Rhodophyceae,
Ceramiales, Platysiphonia
miniata.* Cystocarp mit durch-
schimmerndem Carposporo-
phyten. (100 ×; nach
Börgesen.)

Von einem Carpogon ausgehende Verbindungs-
fäden (Abb. 669 sf) können viele Auxiliarzellen
erreichen, wobei diploide Kerne im Gametophyten vermehrt und verteilt werden, so daß –
einem einzigen Befruchtungsvorgang folgend –
zahlreiche Carposporophyten dem Gametophyten entwachsen und von ihm ernährt werden
können. Einen vom Normaltypus abweichenden Entwicklungsgang zeigt *Batrachospermum*
(siehe Systematik, *Nemalionales*), das sich auch
durch das Vorkommen in Süßwasser, und zwar
meist in schnell fließenden Bächen hoher Gewässergüte, von den meisten übrigen Rotalgen
deutlich absetzt.

Vorkommen und Lebensweise. Die Rhodophyten leben in etwa 4000 Arten, die sich in über
500 Gattungen verteilen, abgesehen von wenigen
Ausnahmen (z.B. *Batrachospermum*, *Lemanea*) in
der Litoralzone der Meere, insbesondere der wärmeren; viele Arten sind gegen Temperaturschwankungen sehr empfindlich. Sie besiedeln vielfach die
tieferen Meeresregionen (maximal bis 180 m), wo
nur noch schwaches kurzwelliges Licht vorhanden
ist und wo sie nicht nur als Schwachlichtalgen leben
können, sondern durch ihre Antennenpigmente
(Phycobiliproteide) das in der Tiefe herrschende, zu
ihrer Eigenfarbe komplementäre kurzwellige Licht
auch optimal ausnützen (vgl. S. 236). Die Rotalgen
sind Benthonten und stets mit Haftfäden oder Haftscheiben festgewachsen, meist auf Gestein, einige
auch als Epiphyten auf größeren Algen. Manche dieser Epiphyten wachsen sehr spezifisch nur auf einer
Trägerpflanzengattung (z.B. *Polysiphonia* spec. auf
Ascophyllum). Die Rhodophyten leben autotroph;
manche sind farblose Parasiten, von denen einige
Dutzend sehr reduzierte Formen auf andere nahe
verwandte Rhodophyten beschränkt sind («Adel-
phoparasiten»).

Systematik. Die einzige Klasse der Rhodophyten ist die der **Rhodophyceae**. Diese untergliedert sich in die beiden Unterklassen der
Bangiophycidae und der *Florideophycidae*.

1. Unterklasse: Bangiophycidae. Es sind recht
einfach gebaute einzellige, fädige oder blattförmige Algen mit intercalarem Wachstum.
Tüpfel fehlen meistens. Die Chromatophoren
sind sternförmig und besitzen ein Pyrenoid.

1. Ordnung: **Porphyridales.** In der Ordnung sind
einzellige, z.T. koloniebildende Formen zusammengefaßt. Geschlechtliche Fortpflanzung ist unbekannt.
Bei der häufigen Erdalge *Porphyridium purpureum*
sind zahlreiche Einzelzellen in Gallerte zu Kolonien
vereinigt.

2. Ordnung: **Bangiales.** Die Ordnung enthält fädige
(z.B. *Bangia*) oder blattartige (z.B. *Porphyra*) Formen. *Erythrotrichia* bildet unverzweigte Zellfäden,

in denen vegetativ Monosporangien und daraus je
eine Monospore entstehen können. Die Monosporen
sind zunächst nackt und amöboid beweglich. Aus
ihnen keimen neue *Erythrotrichia*-Fäden aus. Bei
Porphyra (Purpuralge) sind die Carpogone meist
nicht von vegetativen Zellen unterscheidbar. Nach
der Befruchtung durch Spermatien soll sich die diploide Zygote nach mehreren Mitosen direkt in eine Anzahl von diploiden Carposporen aufteilen; die Carposporophytengeneration fehlt also oder ist jedenfalls stark reduziert. Die Carpospore keimt zu einem
fädigen, wahrscheinlich weiterhin diploiden Gebilde
aus, das sich in das Kalkgehäuse von Muscheln und
Seepocken einbohrt; damit wird die sog. *Conchocelis*-
Phase, die als Sporophytengeneration gedeutet wird,
etabliert. Sie endet mit der Bildung von Concho-
sporen (Tetrasporen homolog), nachdem offensichtlich die Reduktionsteilung stattgefunden hat.
Die *Conchocelis*-Phase ist an den europäischen Küsten weit verbreitet. – Hierher gehört auch *Cyanidium caldarium* (S. 226).

2. Unterklasse: Florideophycidae. Die Vertreter dieser Unterklasse haben einen stärker
abgeleiteten Thallusbau, der auf verzweigte
Zellfäden mit Scheitelzellenwachstum zurückzuführen ist. Die Zellfäden sind oft zu
pseudoparenchymatischen Thalli von blatt-
förmiger, drehrunder oder abgeplatteter Gestalt vereinigt. Einzellige Vertreter kommen
nicht vor. Auch die einfachsten Florideophyci-

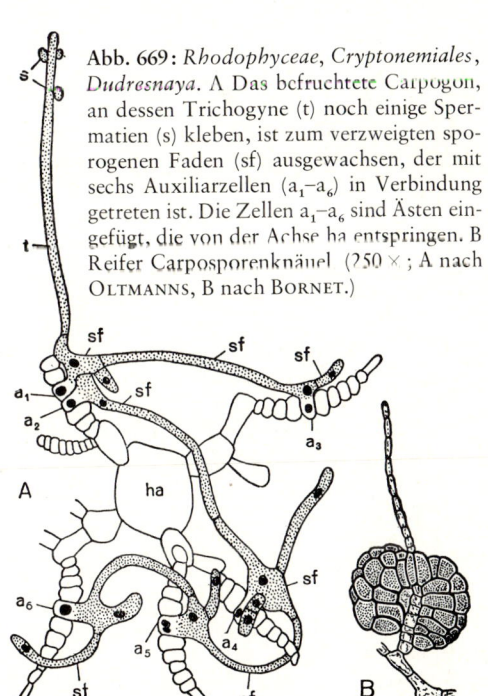

Abb. 669: *Rhodophyceae, Cryptonemiales,
Dudresnaya.* A Das befruchtete Carpogon,
an dessen Trichogyne (t) noch einige Spermatien (s) kleben, ist zum verzweigten sporogenen Faden (sf) ausgewachsen, der mit
sechs Auxiliarzellen (a_1–a_6) in Verbindung
getreten ist. Die Zellen a_1–a_6 sind Ästen eingefügt, die von der Achse ha entspringen. B
Reifer Carposporenknäuel (250 ×; A nach
OLTMANNS, B nach BORNET.)

dae sind bereits heterotrich (d. h. differenziert in Sohle und aufrechte Fäden); andererseits sind aber auch die höchst entwickelten Vertreter – im Gegensatz zu den Phaeophyceen – niemals parenchymatisch, sondern höchstens plecten-chymatisch (s. S. 97) und bauen ihren Thallus durch Abwandlungen des Zentralfaden- oder des Springbrunnentypus auf (s. S. 96 ff., Abb. 98, 99). Die Zellen sind untereinander oft durch «Tüpfel» verbunden; es sind dies Löcher oder Kanäle mit stöpselartigen Gebilden in ihrem Inneren; ihre Funktion ist nicht eindeutig geklärt.

1. Ordnung: **Nemalionales.** Auxiliarzellen fehlen. Die Ordnung ist in Mitteleuropa durch die vorwiegend in schnell fließenden, schattigen Quellbächen wachsende Frosch-

laichalge *Batrachospermum* vertreten, in Form bräunlicher bis olivgrüner, in Gallerte gehüllter, laichähnlicher Massen. Der Entwicklungsgang weicht vom Normaltyp insofern ab, als anstelle eines Tetrasporophyten ein vorkeimähnlicher Chantransiasporophyt eingeschaltet ist.

Gametophyt: Der monöcische Thallus besteht aus haploiden, wirtelig verzweigten Fäden (Abb. 670 A). Die zahlreichen Spermatangien sprossen meist in Zweizahl aus den Endzellen der Wirtelzweige hervor. Jedes Spermatangium besteht aus nur einer Zelle, deren gesamtes Plasma in der Bildung eines einzigen rundlichen, farblosen Spermatiums aufgeht, das mit großem Kern und sehr zarter Wand versehen ist (Abb. 670 D). Die weiblichen Carpogonien sitzen zwischen den Spermatangien-

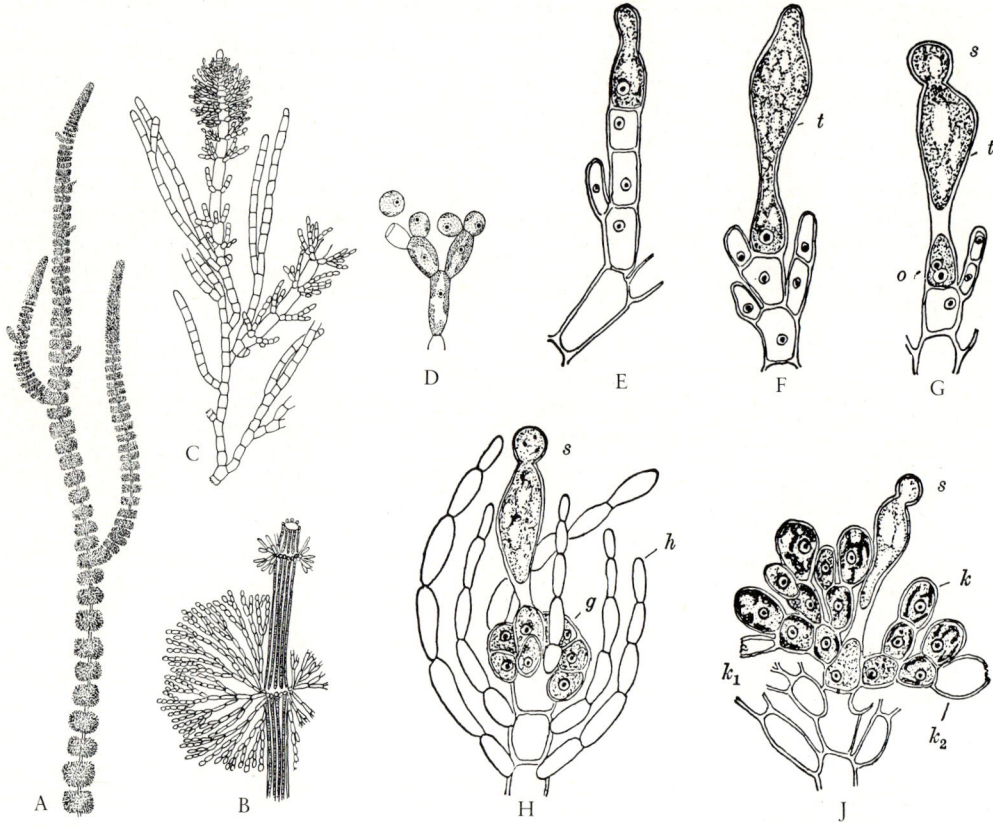

Abb. 670: *Rhodophyceae, Nemalionales, Batrachospermum moniliforme.* A Habitus (3 ×). B Thallusstück des Gametophyten mit Astwirtel (20 ×). C diploider Chantransia-Sporophyt mit 2 darauf sitzenden haploiden Gametophyten (100 ×). D Zweigstück des Gametophyten mit vier Spermatangien, links ausgeschlüpftes Spermatium (540 ×). E Carpogonanlage. F Reifes Carpogon mit Trichogyne (t). G Carpogon nach Befruchtung durch Spermatium (s), an der Basis Kopulation der Sexualkerne (o). H Diploider Carposporophyt (g) mit haploiden Hüllfäden (h). J Reifer Carposporophyt mit Carposporangien (k); k_1 und k_2 entleerte Carposporangien. (A–C nach Sirodot; D nach Strasburger; E–J nach Kylin.)

tragenden Ästen ebenfalls an den Zweigenden und bestehen aus einer langen Zelle, die im unteren Teil flaschenförmig angeschwollen ist und im oberen Teil in die keulenförmige Trichogyne ausläuft (Abb. 670E, F). Das Carpogon mit seiner Trichogyne ist tief in Gallerte eingebettet. Ein passiv durch Wasserbewegung angeschwemmtes Spermatium vermag diese Gallerte aktiv zu durchdringen (der Mechanismus ist unbekannt); es gelangt dabei zur Trichogyne, in die sein ganzer Inhalt entlassen wird. Der so empfangene Spermakern wandert in das Carpogon, und nach der Verschmelzung mit dem darin befindlichen Eikern schließt sich der basale Teil des Carpogons mit dem Verschmelzungskern durch einen Gallertpfropf gegen die Trichogyne ab (Abb. 670G).

Carposporophyt: Er besteht aus verzweigten diploiden Zellfäden, die aus der Zygote hervorwachsen, dabei jedoch mit dem Gametophyten verbunden bleiben (Abb. 670 H). Der Carposporophyt erzeugt in seinen anschwellenden Endzellen je eine kugelige, einen Kern und einen Chromatophor führende Mitospore: die diploide Carpospore. Die Carposporen werden aus den zurückbleibenden Hüllen der Endzellen (Abb. 670 J k_1, k_2) als kugelige, geißellose Gebilde entleert. Sie wachsen zum Chantransiasporophyt aus. Er besteht aus sich verzweigenden diploiden Fäden, die auf dem Substrat festsitzen, und die den Vorkeim für den später daraus hervorgehenden haploiden Gametophyten darstellen. Das Chantransia-Stadium ist also noch diploid, der eigentliche Gametophyt aber haploid. Die Meiose findet ohne Bildung von Meiosporen in einzelnen Zellen der Chantransia-Fäden statt. Diese haploiden Zellen entwickeln sich sodann zu den wirtelig verzweigten Gametophyten (Abb. 670C).

Es liegt also auch bei *Batrachospermum* ein dreiteiliger, heteromorpher und heterophasischer Generationswechsel vor, dessen drei Glieder jedoch zeitlebens miteinander verbunden bleiben: 1. diploider Chantransiasporophyt (Vorkeim), 2. wirteliger haploider Gametophyt und 3. diploider Carposporophyt. Diese Entwicklung durch drei verschiedene Generationen vollzieht sich somit in diesem Falle auf einem einzigen Vegetationskörper (haplobiontisch).

Rhodochorton investiens, eine auf *Batrachospermum* epiphytisch lebende Rotalge, entwickelt sich demgegenüber in einem normalen diplobiontischen Cyclus: Gametophyt – damit verbundener Carposporophyt – selbständiger Tetrasporophyt; Gametophyt und Tetrasporophyt gleichen einander in diesem Fall weitgehend. Das nahverwandte marine *Rhodochorton purpureum* ist haplobiontisch, mit zweigliedrigem Generationswechsel, da die Carposporophytengeneration ausfällt und das befruchtete Carpogon direkt zum Tetrasporophyten auswächst; dieser bleibt mit dem gleichgestalteten Gametophyten verwachsen.

Eine weitere Süßwasseralge dieser Ordnung ist *Lemanea*, während *Nemalion*, *Bonnemaisonia* (Abb. 667) und *Gelidium* im Meer leben. Letztere ist in ihrer systematischen Stellung umstritten, da als Auxiliarzellen zu interpretierende Zellen auftreten.

2. Ordnung: **Cryptonemiales.** Die Auxiliarzellen werden vor der Befruchtung an besonderen Zweigbüscheln angelegt. Bei den **Corallinaceae** (*Corallina*, *Lithothamnion*, *Lithophyllum*) sind die Zellwände mit Calcitkristallen inkrustiert (Korallenriffbildung); fossile Vertreter sind als Gesteinsbildner von Bedeutung. Hierher gehört auch *Melobesia* (Abb. 98 A) mit Thallus nach dem «Springbrunnen-Typus».

3. Ordnung: **Gigartinales.** Eine normale intercalare Zelle des Thallus wird zur Auxiliarzelle. Zu dieser Ordnung gehören das kammartig gefiederte *Plocamium*, die nach dem Springbrunnentyp gebaute *Furcellaria* (Abb. 98 C) und der flächiggabelige *Chondrus*.

4. Ordnung: **Rhodymeniales.** Die Tragzelle des Carpogons schnürt vor der Befruchtung eine Tochterzelle und diese wiederum die Auxiliarzelle ab. Das Carpogon entspringt einem Procarp (aus Tragzelle, Tochterzelle, Auxiliarzelle und Carpogonast), das nach der Befruchtung zum Cystocarp wird. Hierher ist die im Atlantik häufige *Rhodymenia* mit blattähnlichem Thallus zu stellen.

5. Ordnung: **Ceramiales.** Die Auxiliarzelle wird nach der Befruchtung des Carpogons von der Tragzelle des Carpogonastes abgeschnürt. Procarp (hier aus Tragzelle, Auxiliarzelle und Carpogonast) und Cystocarp treten ebenso wie in der vorigen Ordnung auf. Der Lebenscyclus entspricht dem eingangs geschilderten Grundschema (Abb. 665). Der Thallus ist nach dem Zentralfadentypus aufgebaut und besteht aus reichlich verzweigten, berindeten Zellfäden.

Besonders reich gegliedert ist *Delesseria sanguinea* (Abb. 100 C) des Atlantischen Ozeans. Ihre blattähnlichen, einer Basalscheibe entspringenden Thallusteile sind mit Mittel- und Seitenrippen versehen; im Herbst gehen die Spreiten zugrunde, die Hauptrippen aber bleiben als Achsen bestehen, um im nächsten Frühjahr neue Thallusblätter zu treiben. Zu den *Ceramiales* gehören *Grinnellia* (Abb. 100B), *Platysiphonia* (Abb. 668) sowie die in der Nord- und Ostsee lebenden Gattungen *Polysiphonia*, *Ceramium* und *Plumaria*.

Die stammesgeschichtliche Herkunft der Rhodophyten ist noch unklar. Wegen der übereinstimmenden Anordnung der Thylakoide und des Vorkommens von Phycobilinen denkt man an eine Verwandtschaft mit den Cyanophyten. Da zu den prokaryotischen Cyanophyten andererseits eine große Kluft besteht, hat man die Möglichkeit erwogen, daß die Rotalgenplastiden aus endosymbiontischen Blaualgen hervorgegangen sein können. Das vollständige Fehlen von Geißeln wird bei den Rotalgen nach dieser Theorie als ursprüngliches Merkmal angesehen. Bei einer Ableitung von den *Cryptophyta* müßte die Geißellosigkeit im Gegenteil als abgeleitet bewertet werden.

Fossil finden sich die Rhodophyten, vor allem Corallinaceen, vom Ordovicium ab *(Solenopora)* durch alle Formationen.

Verwendung. Aus den Zellwänden mehrerer Rotalgen werden Polysaccharide zu Arzneimittel- und technischen Zwecken gewonnen. Carrageen aus *Chondrus crispus* und *Gigartina mamillosa* der Nordseeküsten (getrocknet auch «Irländisches Moos»); Agar aus verschiedenen Florideen des Pazifischen Ozeans (so *Gelidium*- und *Gracilaria*-Arten), neuerdings z. T. auch aus europäischen Arten. Japan ist mit jährlich 2000 Tonnen der wichtigste Produzent von Agar (Verwendung für Kulturen von Mikroorganismen, ferner für die Lebensmittel- und pharmazeutische Industrie). *Porphyra* (an ostasiatischen Meeresküsten auf im Wasser hängenden Netzen plantagenmäßig kultiviert) wird besonders in Ostasien gegessen («Nori»).

Vorkommen und Lebensweise der Algen

Pro- und eukaryotische Algen treffen wir zwar in fast allen Biotopen an, doch sind die meisten Arten an das Leben im Wasser gebunden, wo sie entweder als «Plankton» im Wasser schweben oder als «Benthos» an Gestein, Sand und dgl. festgewachsen sind. Durch den unterschiedlichen Salzgehalt ist der Lebensraum des Wassers in zwei völlig verschiedene Lebensbereiche gegliedert: Meer und Süßwasser.

Das pflanzliche **Plankton** des **Meeres** wird in erster Linie von Diatomeen und Dinophyceen (Peridineen) gebildet, sowie von winzigen Haptophyceen (Coccolithophoraceen) und Chrysophyceen (Silicoflagellaten). Die Vertreter der beiden letztgenannten Gruppen werden von den Maschen des Plankton-Netzes nicht mehr erfaßt und können nur durch Zentrifugieren gewonnen werden («Nanoplankton»).

Die größte Planktondichte (bis zu 100000 Zellen im Liter Wasser) findet sich in der durchleuchteten Wasserschicht. In einem Liter Oberflächenwasser des Atlantik nahe den Fär-Öern hat man festgestellt: 32000 Dinophyten-, 1600 Diatomeen- und 54000 Coccolithophoraceen-Zellen. Unterhalb von 100 m geht die Zahl der Planktonten stark zurück. Doch hat man auch in großen Tiefen (4–5000 m) noch Coccolithophoraceen und «olivgrüne Zellen» gefunden, deren systematische Zugehörigkeit bislang ungeklärt ist. Außerdem treffen wir die größte Planktondichte in den kälteren Meeren und im Bereich der kühlen Meeresströmungen; sie ist bedingt durch größeren Reichtum des Wassers an Stickstoff- und Phosphor-Verbindungen. Diese Stoffe werden in den oberen Wasserschichten verbraucht und reichern sich in den tieferen infolge Absinkens der toten Zellen an. In den kalten Gebieten findet durch die winterliche wie durch die nächtliche Abkühlung der Meeresoberfläche eine bessere Durchmischung der Wasserschichten statt als in den Tropen, was letzten Endes zu einer üppigeren Entwicklung des Planktons führt. Planktonreichtum stellen wir auch fest, wo kaltes, an Stickstoff-Verbindungen und Phosphaten reiches Tiefenwasser in Meeresströmungen an die Oberfläche kommt.

Das Schweben der Planktonten im Wasser wäre lediglich ein mehr oder minder langsames Absinken, wenn es nicht über das spezifische Gewicht und Reibungswiderstände sowie durch aktive Geißelbewegung reguliert würde. Dies erklärt viele Eigentümlichkeiten der Plankton-Algen: das Vorhandensein (Bildung und Abbau) von Öl als Reservestoff, die Ausbildung von Fortsätzen und vorspringenden Zellwänden, das Zusammenhängen vieler Zellen zu Ketten (Abb. 608, 648) sowie die Beobachtung, daß die Schwebefortsätze in warmen Gewässern (mit geringerer Viscosität) größer sind als in kalten. – Die Mineralskelette der Plankton-Algen werden auf dem Meeresgrunde sedimentiert. Da der Kalk unterhalb von 4–5000 m Tiefe aufgelöst wird, finden wir in den größten Tiefen nur Skelette von Diatomeen, Silicoflagellaten und tierischen Radiolarien im Meeressediment. In geringerer Tiefe (2000–5000 m) kommt es auch zur Kalkablagerung (Coccolithophoraceen, tierische Globigerinen usw.), und zwar setzt sich in 1000 Jahren eine Schicht von nur 1,5 cm Mächtigkeit ab.

Im **Meer** besteht das pflanzliche **Benthos** – von den Seegräsern (*Zosteraceae*, s. S. 896) abgesehen – ausschließlich aus Algen, und zwar überwiegend aus Phaeophyceen und Rhodophyten. Meist sind sie mittels Haftscheiben oder -krallen am festen Untergrund (Fels) angeheftet

(Abb. 658, 661). Bewegliches Substrat (Schlamm, Sand) wird nur von wenigen Gattungen, z.B. *Caulerpa* (Abb. 628 A), besiedelt. Wir treffen Benthos-Algen von der Spritzzone der Küsten bis in die Tiefen, welche noch Photosynthese gestatten (180 m).

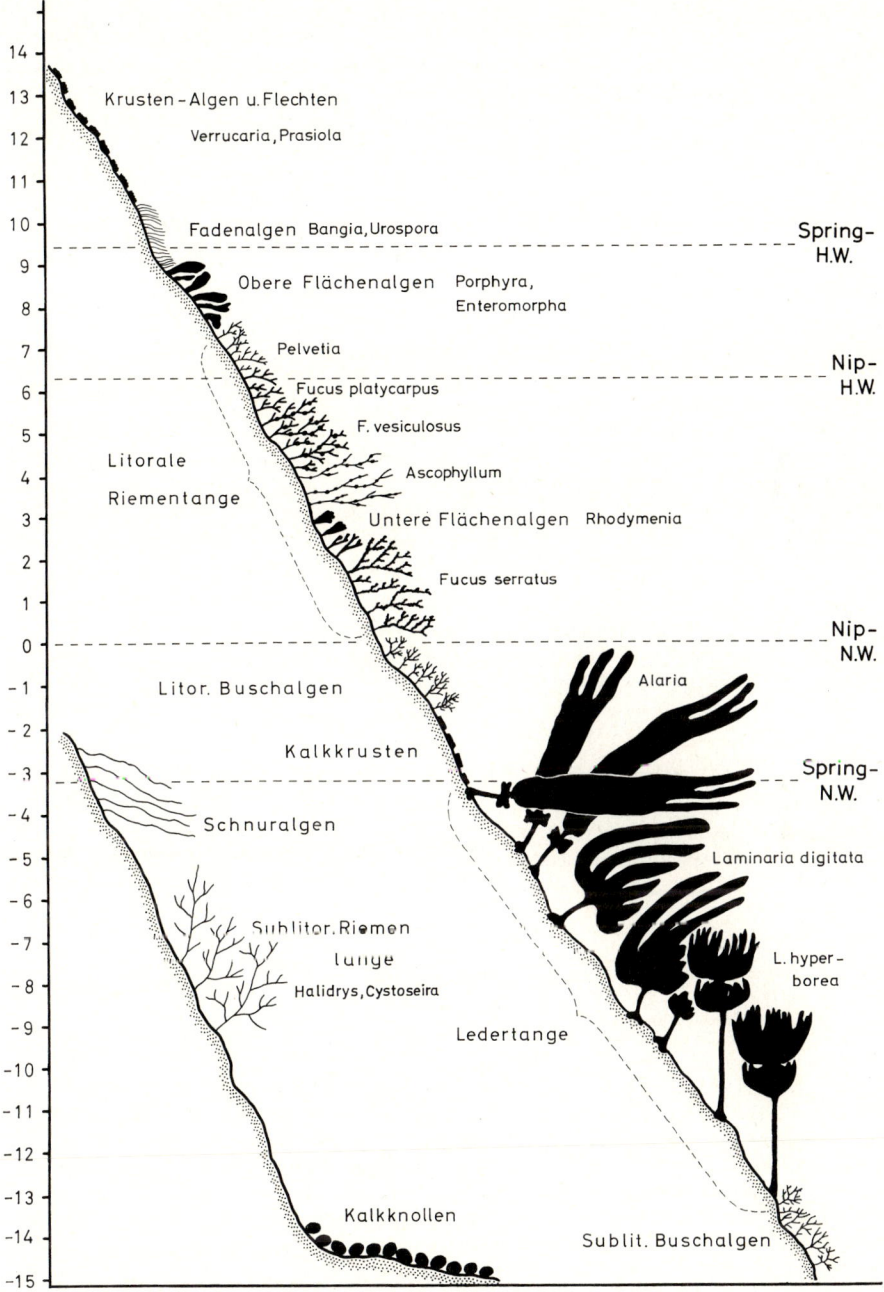

Abb. 671: Vegetationsprofil an der Kanalküste. H.W. Hochwasser, N.W. Niedrigwasser. *Chlorophyceae: Prasiola, Urospora, Enteromorpha; Rhodophyceae: Bangia, Porphyra, Rhodymenia,* Kalkknollen (z.B. *Lithothamnion); Phaeophyceae: Pelvetia, Fucus, Ascophyllum, Alaria, Laminaria, Halidrys, Cystoseira; Lichenes: Verrucaria.* (Nach NIENBURG.)

In den tropischen Meeren erreicht die Algenvegetation nicht die Üppigkeit wie in denen der gemäßigten und kalten Zonen (vgl. hierzu die für die Planktonten angeführten Ursachen S. 626). Phaeophyceen treten stark zurück, Rhodophyten dagegen sind reich vertreten, ebenso einige an höhere Wassertemperatur gebundene Chlorophyceen-Familien aus der Ordnung der *Siphonales*: Caulerpaceen, Dasycladaceen, Codiaceen, Valoniaceen (s. S. 594). Reichhaltig ist auch die Vegetation der tropischen Korallenriffe, haben doch die Algen (*Halimeda*, Abb. 628 B; die Dasycladaceen, Abb. 629 B; *Lithothamnion*, s. S. 625 u. a.) an der Kalkbildung einen höheren Anteil als die Korallen selbst. – Eine einmalige Erscheinung ist das «Sargasso-Meer», wo die Braunalge *Sargassum* (Abb. 661 A) als schwimmende Hochsee-Alge eine Massenvegetation bildet (durch Meeresströmungen zusammengetrieben bis zu 5 t Pflanzenmasse je Quadratseemeile).

In den warmtemperierten Meeren, z. B. im Mittelmeer, besteht das Benthos vorwiegend aus Rhodophyten und kleineren Phaeophyceen. Die eben genannten tropischen *Siphonales* sind noch durch einige Arten vertreten. *Lithothamnion*-Arten gelangen zu guter Entfaltung. Die jahreszeitlich verschiedene Lichtintensität hat zur Folge, daß die Hauptvegetationszeit der Algen in der Nähe der Oberfläche in das Frühjahr, in der Tiefe in Sommer und Herbst fällt.

In den kalttemperierten Meeren, z. B. in der Nordsee, überwiegen an Größe wie an Masse bei weitem die Phaeophyceen. Die Jahreszeiten prägen sich bei vielen Arten deutlich aus. So verliert *Desmarestia* (s. S. 612) im Herbst ihre assimilierenden Haare und die Rotalge *Delesseria* (Abb. 100 C) ihre zarten Thallusflächen, so daß nur die Rippen überwintern. Die großen Laminarien (Abb. 658) erneuern jährlich ihre Phylloide. Abb. 671 zeigt am Beispiel der Felsküste des Kanals die ausgeprägte vertikale Gliederung der Algenvegetation im Zusammenhang mit dem Wasserstand der Gezeiten. Die Arten der oberen Zonen (wie *Bangia*, *Porphyra*, *Fucus*) halten noch Temperaturen bis zu −20 °C aus, während die nie trockenfallenden Bewohner der tieferen Zonen (*Laminaria*, *Delesseria*) schon bei wenigen Kältegraden absterben.

Obwohl die kalten Meere artenarm sind, erreichen hier die Phaeophyceen ihre höchste Größenentfaltung; es seien nur *Macrocystis* (Abb. 658 E), *Lessonia* (Abb. 658 D) und *Nereocystis* (Abb. 658 C), alles *Laminariales*, sowie von den *Fucales Durvillea* genannt. Sie stehen an Ausmaßen ihres Vegetationskörpers hinter den großen Landpflanzen kaum zurück.

Verschmutzung und Nährstoffgehalt bedingen bei den Algen des marinen Benthos unterschiedliche Verbreitung: z. B. wächst *Ulva* im sehr nährstoffreichen, *Padina* im mäßig nährstoffreichen, *Sargassum* und *Fucus* im nährstoffarmen Meereswasser.

Zwischen Meer und Süßwasser liegt der **Brackwasser**-Bereich. Hier ist durch die regelmäßigen Gezeiten oder durch Spritzwasser der Brandung Süß- und Salzwasser gemischt; auch die Mündungen der Fließgewässer fallen in diese Region, mit spezifischer Flora von Plankton- und Benthos-Algen (z. B. Characeen).

Im **Süßwasser** hängt die Artenzusammensetzung der pflanzlichen Planktonten weitgehend vom Nährstoffgehalt des Wassers ab; in nährstoffreichen (eutrophen) Gewässern nehmen sie auch organische Stoffe auf (Mixotrophie). In gemäßigten Klimaten haben die jahreszeitlichen Unterschiede der Wassertemperatur, der Einstrahlung, des pH-Wertes usw. beträchtliche Veränderungen in der Zusammensetzung des Planktons zur Folge. Im Süßwasser liegen die Temperatur-Extreme viel weiter auseinander als im Meer; sie reichen von den Werten in Schmelzwasserpfützen (um 0 °C) der Gletscher und des Polareises, den Lebensorten des aus bestimmten, vielfach rot gefärbten Chlamydomonaden (s. S. 581), Chlorococcalen (s. S. 584) und Mesotaeniaceen (s. S. 594) bestehenden «Kryoplanktons», bis zu Temperaturen heißer Gewässer, in denen noch einige Diatomeen (bis 50°) und prokaryotische Blaualgen (bis 75°) zu gedeihen vermögen (Abb. 1030).

Das Benthos des Süßwassers wird bei weitem in der Masse und nach Artenzahl durch die Blütenpflanzen beherrscht; nur unter besonderen Bedingungen überwiegen die Algen (z. B. Characeen).

Dem Neuston, der Lebensgemeinschaft der Wasseroberfläche, gehören vor allem einzellige Algen an, z. B. *Euglena*-Arten und *Chromulina rosanoffii*; von letzterer, die der Wasseroberfläche einen goldenen Schimmer verleiht («Goldalge»), hat man bis zu 40 000 Zellen pro m² festgestellt. Es ist zu unterscheiden zwischen auf der Oberfläche der Wasserhaut lebenden Epineustonten und von dort in das Wasser hineinragenden Hyponeustonten.

Mit stärkerer Eutrophierung («Umkippen») eines Gewässers nimmt die Bildung der Biomasse und damit auch der Sauerstoffverbrauch beträchtlich zu; am Boden lagert sich (anstelle der Seekreide oligotropher Seen) Faulschlamm ab. Nährstoffarme (oligotrophe) Gewässer sind infolge der künstlichen Düngung der Gärten und Äcker sowie der allgemeinen Gewässerverschmutzung in starkem Rückgang begriffen. Aus dem Vorkommen kennzeichnender Arten (Planktonten und Benthonten) kann man auf den Verschmutzungsgrad bzw. auf die mit den Ziffern I bis IV bewertete

Gewässergüte schließen. Neben eukaryotischen Algen werden hierfür auch Prokaryoten (Blaualgen, Bakterien), Pilze und Höhere Pflanzen als Indikatoren verwendet.

Die stärkste Verschmutzung wird mit IV (polysaprobe Zone) gekennzeichnet. Hier überwiegen wegen Sauerstoffmangel Fäulnisprozesse. Die Sauerstoffzehrung ist außerordentlich hoch. Unter den extremen Lebensbedingungen der polysaproben Zone kommt es zu einer Massenentwicklung von Bakterien; daneben gibt es *Beggiatoa* und prokaryotische Blaualgen aus den Gattungen *Spirulina* und *Anabaena*. Es fehlen jedoch fast vollständig chlorophyllführende eukaryotische Algen und Wasserpflanzen; *Euglena*- und *Carteria*-Arten bilden die einzige Ausnahme. Neben diesen wenigen grünen Algen kommt auch die farblose heterotrophe *Polytoma* vor. Selbst bei starker Verschmutzung, etwa infolge des Einleitens ungeklärter Abwässer, kann eine gewisse Selbstreinigung der Fließgewässer erfolgen.

In den noch stark verunreinigten Gewässern der Güteklasse III (α-mesosaprob) setzen Oxidationsprozesse stürmisch ein. Durch Massenentwicklung chlorophyllhaltiger Algen kann der Sauerstoffgehalt beträchtlich sein und die Sättigungswerte am Tage überschreiten; nachts erfolgt aber eine starke Abnahme. Eine hohe Anzahl verschiedener Bakterien ist auch hier noch charakteristisch, daneben können aber auch Massenentwicklungen von Algen, und zwar von Blaualgen sowie von Kiesel- und Grünalgen vorkommen; selbst einige Höhere Pflanzen beginnen zu gedeihen. Von den prokaryotischen Algen leben hier verschiedene Arten von *Oscillatoria* (in IV dagegen nur *O. putida* und *O. chlorina*) und von *Phormidium*; von den Diatomeen *Stephanodiscus*; von den Jochalgen *Closterium leibleinii* und *Cosmarium botrytis*; von den übrigen Chlorophyten *Chlamydomonas* und *Gonium*. Ferner sind die Abwasserpilze *Leptomitus* und *Fusarium* charakteristisch.

Die mäßig verunreinigten Gewässer der Güteklasse II (β-mesosaprob) sind durch weiter fortgeschrittene Oxidationsprozesse gekennzeichnet; die Sauerstoffzehrung ist dementsprechend relativ gering. In dieser Zone ist die Zahl der Bakterienkeime weiter abgesunken. Demgegenüber steht eine große Mannigfaltigkeit an Kiesel- und Grünalgen. Die Blaualgen sind mit *Anabaena flos-aquae*, *Aphanizomenon flos-aquae*, *Nostoc* und einigen *Oscillatoria*-Arten vertreten. Unter den Diatomeen kommen verschiedene Arten der Gattungen *Melosira*, *Asterionella* u.a., unter den Chrysophyceen *Synura* vor. Unter den Chlorophyten sind hier *Pediastrum*, *Scenedesmus*, *Chaetophora* und *Oedogonium* zu nennen. Die Desmidiaceen haben mit verschiedenen *Closterium*-Arten ihre Hauptverbreitung.

Kaum verunreinigte Gewässer werden in die Güteklasse I (oligosaprob) eingestuft. In dieser Zone ist das Wasser, von gelegentlichen Wasserblüten abgesehen, klar und reich an Sauerstoff. Falls dieser Bereich auf verunreinigte Flußstrecken folgt, ist hier die organische Substanz abgebaut und die sehr rasch verlaufenden Zersetzungsprozesse sind abgeklungen, Oxidationsprozesse sind abgeschlossen. Die Bakterienkeime sind auf den geringsten Wert abgesunken. Unter den Blaualgen ist beispielsweise *Hapalosiphon* charakteristisch. Die Kieselalgen sind mit *Surirella* und *Meridion*, die Grünalgen mit *Ulothrix*, *Cladophora (glomerata)*, *Vaucheria*, *Spirogyra (fluviatilis)* und verschiedenen Arten von Desmidiaceen (der Gattungen *Closterium*, *Staurastrum*, *Euastrum*, *Micrasterias*) vertreten. Sehr typisch ist auch das Vorkommen von Süßwasser-Rotalgen wie *Lemanea annulata* und *Batrachospermum moniliforme*.

Nur wenige Algen leben als **Luftalgen** außerhalb des Wassers, vor allem an der Schattenseite von Felsen und Baumstämmen (z.B. Algen vom «*Pleurococcus*»-Typ und *Trentepohlia*, Abb. 623 und Abb. 622 H; «Tintentstriche» aus Blaualgen). Am häufigsten sind sie in den feuchten Tropengebieten, wo sie auch Blätter besiedeln. Anstehendes Kalkgestein ist nahe der Oberfläche (oberste mm) vielfach von Algen durchsetzt. Weiter verbreitet, aber noch wenig erforscht, sind die **Bodenalgen**. Zum «Edaphon», der Lebensgemeinschaft des Bodens, gehören außer Blaualgen verschiedene Chlorophyten, Xanthophyceen und Diatomeen. In 1 g Boden der obersten Schicht hat man bis 100 000 Algenzellen festgestellt. An das Landleben ist die Grünalge *Fritschiella* in besonderer Weise angepaßt (S. 589; Abb. 624).

Eine wichtige Rolle kommt verschiedenen Algen als Symbionten zu (S. 570, 578, 584, 690, 698, 753). Auch als Gesteinsbildner sind sie vielfach von großer Bedeutung (S. 594).

Die überwiegende Zahl der eukaryotischen (und prokaryotischen) Algen ist photoautotroph. Ihnen stehen mixotrophe und heterotrophe Formen gegenüber. Die Mixotrophie erlaubt photosynthetisierenden Organismen zusätzlich die Aufnahme organischer Stoffe aus dem umgebenden nährstoffreichen Medium. Heterotrophe Algen haben ihre Assimilationspigmente verloren und resorbieren organische Stoffe zu ihrer Ernährung; phagotrophe Vertreter unter ihnen «fressen» feste Nahrungspartikel, die in Nahrungsvacuolen aufgenommen werden. Während die photrophen Algen typische Pflanzen sind, besitzen die pigmentfreien phagotrophen Vertreter Kennzeichen der tierischen Lebensweise. In engeren Verwandtschaftsbereichen innerhalb der monadalen Organisationsstufe können nahverwandte Arten einmal die pflanzliche autotrophe, zum anderen die tierische phagotrophe Organisationsform repräsentieren. Die Grenzen zwischen Pflanzen und Tieren sind also auf diesem relativ niedrigen Niveau der Evolution noch fließend.

B. Organisationstyp: Schleimpilze

Die in ihrer äußeren Form und Lebensweise sehr eigentümlichen Schleimpilze haben einige Merkmale mit den von Zoologen behandelten Protozoen gemeinsam, von denen sie sich durch die Fruchtkörper- und Sporenbildung unterscheiden. Übereinstimmung besteht hinsichtlich: 1. der Heterotrophie; die meisten Formen ernähren sich wie Tiere phagotroph, indem sie ganze Partikel vereinnahmen. – 2. der amöboiden Stadien, die in den Lebenscyclus eingeschaltet sind. – 3. des Fehlens von Zellwänden, zumindest in den vegetativen Lebensphasen. Diese Ähnlichkeiten mit Protozoen hat viele Forscher dazu bewogen, die Schleimpilze unter dem Namen Mycetozoa dem Tierreich zuzuordnen. In Anbetracht fließender Grenzen zwischen Tieren und Pflanzen auf den niederen Evolutionsstufen ist jedoch ein Streit darüber müßig. Wichtig ist die Erkenntnis, daß die Schleimpilze sich nicht ohne weiteres an die Pilze im engeren Sinne anschließen lassen und somit als eigene Äste des Stammbaumes aufzufassen sind.

Für die Schleimpilze sind zellwandlose, vielkernige, amöboid bewegliche Plasmamassen, die Plasmodien, kennzeichnend. Sie stellen den vegetativen Zustand im Lebenskreislauf dar und entstehen: 1. als Aggregationsplasmodium oder 2. als Fusionsplasmodium. Im ersten Falle kriechen Myxamöben zu Plasmaanhäufungen zusammen, ohne ihre individuelle Selbständigkeit zu verlieren. Im zweiten Falle müssen entweder Myxamöben oder Myxoflagellaten miteinander verschmelzen, ehe sich ein diploid-vielkerniges Fusionsplasmodium bilden kann. Eine 3. Möglichkeit ist die ungeschlechtliche Entstehung des Plasmodiums aus einer Einzelzelle durch Kernteilungen (aber ohne Zellteilungen). Die

im Lebenscyclus stets auftretenden Plasmodien sind also sehr verschiedener Natur und analog den prokaryotischen Plasmodien der Myxobakterien.

Die zu den Schleimpilzen gehörenden Organismen haben keine Plastiden und leben wie gesagt heterotroph. Die Vermehrung erfolgt durch Sporen, die in besonderen Fruchtkörpern (Abb. 674) entstehen, falls es sich nicht um endoparasitisch lebende Formen handelt. Die begeißelten Stadien verfügen über zwei glatte, meist ungleich lange Geißeln, seltener ist eine Geißel reduziert. Verwandtschaftlich gesehen bestehen zwischen den verschiedenen Abteilungen innerhalb der Schleimpilze keine direkten Beziehungen.

Erste Abteilung: Acrasiomycota

In dieser Abteilung mit ihrer einzigen Klasse der **Acrasiomycetes** kriechen Myxamöben zu einem Aggregationsplasmodium (auch Pseudoplasmodium genannt, S. 92; Abb. 91 A) zusammen, ohne miteinander zu verschmelzen. Begeißelte Myxoflagellaten fehlen. Die Zellwände bestehen aus Cellulose.

Lebenscyclus: In der Phase ungeschlechtlicher Vermehrung teilen sich die Amöben, solange genügend Nahrung verfügbar ist. Die Ernährungsweise ist wie bei den Myxomyceten phagotroph; es werden vornehmlich Bakterien aufgenommen. Ist das Nahrungsangebot nicht mehr ausreichend, dann findet ausgehend von einer als Bildungszentrum bestimmten Gruppe von Amöben die Aggregation (Abb. 91 B) statt. Die in das Aggregationsplasmodium einfließenden, dabei nicht miteinander verschmelzenden Amöben locken sich gegenseitig chemotaktisch durch Acrasin (s. S. 447) an.

Das Aggregationsplasmodium (= Pseudoplasmodium) vermag auf dem Substrat sich kriechend fortzubewegen, ehe es in der Kulminationsphase sich zu einem säulenförmigen Gebilde auftürmt. Auch jetzt bleibt die Individualität der einkernigen Amöben erhalten, wenn auch bestimmte Differenzierungsvorgänge bei der sich nunmehr anschließenden Ausformung der Fruchtkörper deutlich werden: Im zentralen Teil der Fruchtkörperanlage (Abb. 91 C–E) kommen die Amöben bald zur Ruhe, umgeben sich mit einer festen Zellwand und bilden einen cellulären Stiel; der Name celluläre Schleimpilze für die Acrasiomyceten leitet sich hiervon ab. Durch Zufügung weiterer Amöben verlängert sich der Stiel von unten her. An ihm kriechen weitere Amöbenströme in den köpfchenförmigen oberen, zum eigentlichen

Sporangium bestimmten Abschnitt, hinein. Im Köpfchen werden die peripheren Zellen zur Rinde, die inneren Zellen runden sich zu haploiden Sporen (Cysten) ab, und eine Columella bildet sich als Fortsetzung des Stieles. Nach der Sporulation sterben Stiel- und Rindenzellen ab.

Sexuelle Kopulationen von Amöben zu diploiden Megacysten und eine sich anschließende Meiose waren lange umstritten. Heute gilt geschlechtliche Fortpflanzung zumindest im Aggregationsplasmodium von *Polysphondylium* (**Dictyosteliales**) als gesichert. Ein bekanntes Laboratoriumsobjekt ist *Dictyostelium*. – Bei *Acrasis* (**Acrasiales**) bilden die Amöben, im Gegensatz zu der vorigen Gattung, innerhalb des Aggregationsplasmodiums keine auf das Bildungszentrum zufließenden Amöbenströme.

Zweite Abteilung: Myxomycota

Die Plasmodien entstehen bei ihnen durch Fusion von Myxoflagellaten oder Myxamöben, oder sie entwickeln sich aus Einzelzellen ohne vorausgehende geschlechtliche Vorgänge. Im Lebenscyclus treten begeißelte Keimzellen auf. Die Zellwände sind, soweit sie in bestimmten Lebensstadien sichtbar werden, aus Galactosamin und Cellulose aufgebaut.

I. Klasse: Myxomycetes

Die vegetative (= somatische) Phase ist ein diploides, vielkerniges, nicht cellulär untergliedertes Fusionsplasmodium (S. 92, Abb. 7 u. 672) mit phagotropher Ernährungsweise. Aus den Plasmodien entwickeln sich Fruchtkörper, wobei ein Teil des Plasmas verhärtet und charakteristische Strukturen liefert, während der andere, die Zellkerne enthaltende Teil in Meiosporen umgewandelt wird; sie besitzen eine mindestens 2schichtige Zellwand, die nach neueren Untersuchungen weder Cellulose noch Chitin, sondern hauptsächlich ein polymeres Galactosamin enthält. Als Reservesubstanz wird Glykogen gebildet. Die Myxomyceten sind vielfach in ihren Plasmodien und meistens in ihren Fruchtkörpern lebhaft gefärbt. Die Farbstoffe sind erst teilweise in ihrer chemischen Struktur aufgeklärt und weichen von denen der Pilze ab.

Lebenscyclus: Die Sporen keimen im Wasser oder auf feuchtem Substrat aus. Die Keimfähigkeit bleibt vielfach sehr lange erhalten; so gelang es, Sporen von einer über 70 Jahre alten Herbarprobe zum Auskeimen zu bringen. Die Sporen entlassen dabei entweder einkernige, nackte, amöboid bewegliche Myxamöben oder begeißelte Myxoflagellaten (Abb. 673). Die Myxoflagellaten sind meist 2geißelig, wobei eine Geißel oft zu einem Stummel reduziert ist oder auch ganz fehlt. Wo die zweite Peitschengeißel fehlt, ist wenigstens ein zweiter, funktionslos gewordener Blepharoplast vorhanden. Schwärmer können durch Verlust ihrer Geißeln in Myxamöben übergehen. Diese vermehren sich – wie übrigens auch die Schwärmer – durch Teilung. Myxamöben oder Myxoflagellaten verschmelzen paarweise miteinander zu Amöbozygoten (bzw. begeißelten Planozygoten), in denen dann auch die Kerne fusionieren (Plasmogamie, dann Karyogamie). Das diploide Gebilde entwickelt sich unter zahlreichen mitotischen Kernteilungen zu größeren vielkernigen Plasmodien, die ihrerseits wieder untereinander verschmelzen können (Abb. 672). Die Mitosen erfolgen intranuclear und bei allen Kernen eines Plasmodiums synchron. In den Plasmodien befindet sich das Plasma in lebhafter Bewegung. Die Plasmodien entwickeln sich bei hoher Luftfeuchtigkeit im Waldboden, in der Streu, zwischen Kräutern, Moosen oder in vermoderndem Holz, später kriechen sie unter Formänderung und Aufteilung langsam auf Oberflächen umher. Quer- oder Zellwände treten in und am Plasmodium, das von einer Schleimhülle umgeben ist, nicht auf. Seine Vorderfront (Abb. 672) besteht aus dichterem Plasma; nach hinten erscheint es oft in ein Maschenwerk einzelner Stränge aufgelöst. Die Plasmodien gewisser Arten können Durchmesser bis über 20 cm erreichen (z.B. *Fuligo*, *Brefeldia*). Die Fruchtkörperbildung setzt unter bestimmten, noch nicht genügend erforschten exogenen Bedingungen ein (Substraterschöpfung, Licht, Temperatur, pH); möglicherweise wirken auch endogene Faktoren auslösend. Zuvor ändert das Plasmodium sein reizphysiologisches Verhalten; es kriecht aus dem feuchten Substrat dem Licht entgegen und wandelt sich unter starkem Wasserverlust in zahlreiche Sporangien um (Abb. 674A). Diese Fruchtkörper besitzen eine äußere, oft kalkhaltige Wand, die Peridie, sowie vielfach einen Stiel, der sich in das Innere des Sporangiums als Columella fortsetzen kann, und oft ein System aus Fasern, die in ihrer Gesamtheit als Capillitium bezeichnet werden. Diese Strukturen werden aus dem erstarrenden kernlosos Restplasma geformt, das bei der Sporenbildung nicht verbraucht wird. Die Entstehung des Capillitiums wird offenbar durch Ablagerung von Baumaterial in besonderen Vesikeln eingeleitet. Das kernhaltige Plasma bildet durch Zerklüftung einkernige, zunächst diploide Sporen. Als Folge der sich anschließenden Meiose entstehen in jeder Spore 4 haploide Kerne, von denen alle bis auf einen wieder schwinden. Bei der Fruchtreife bricht die Peridie des Sporangiums auf, die Sporen können dann aus dem Capillitiumgerüst herausgeblasen werden; bei einigen Arten fördert das Capillitium in ähnlicher Weise wie die Elateren der Lebermoose die Entleerung des Sporangiums durch hygroskopische Bewegungen. Im Lebenscyclus sind haploid die Myxoflagellaten und die nicht kopulierenden Myxamöben, diploid die Plasmodien, Fruchtkörper und jungen Sporen, wieder haploid die reifen Sporen. Die diploide Phase ist demnach die im Entwicklungsgang vorherrschende.

Die Ernährung der Plasmodien bzw. der ihnen vorausgehenden einzelligen Stadien erfolgt in der Natur wohl stets durch Einverleibung verschiedener Mikroorganismen, wie Bakterien, Protozoen, Sporen, Hefezellen, Pilzhyphen usw. Die Nahrungspartikel werden in Nahrungsvacuolen eingeschlossen und enzymatisch verdaut; Unverdauliches wird nach einiger Zeit ausgeschieden. In Kultur lassen sich die meisten Arten nur dann erhalten, wenn lebende Mikroorganismen (z.B. Bakterien) als Futter angeboten werden. Einige Arten von Myxomyceten konnten auch rein saprophytisch auf Nährböden definierter Zusammensetzung gehalten werden.

Systematik: Die Gliederung der Myxomyceten beruht vor allem auf der unterschiedlichen Ausgestaltung der Fruchtkörper. In ursprünglichen Gruppen fehlt ein Capillitium. Eine weitere stammesgeschichtliche Progression führt von sitzenden zu gestielten und von Einzel- zu Sammelfruchtkörpern. Die etwa 500 bekannten Arten werden den folgenden Ordnungen zugeteilt.

1. Ordnung: **Ceratiomyxales.** Die Sporenbildung erfolgt exogen. An der Oberfläche eines säulenförmigen Körpers werden gestielte Sporen (= wohl einsporige Sporangien) abgegliedert. Jede Spore entläßt bei der Keimung einen Plasmaschlauch mit 4 haploiden Kernen, aus denen nach Mitose 8 haploide Schwärmer entstehen. Die Ordnung enthält nur eine Gattung, *Ceratiomyxa*, mit einer formenreichen Art, die kosmopolitisch verbreitet auf morschem Holz lebt.

In allen folgenden Ordnungen (2–6) werden die Sporen endogen im Inneren der Fruchtkörper gebildet.

Die Fruchtkörper formen sich bei den nächsten vier Ordnungen (2–5) aus halbkugeligen Vorwölbungen des Plasmodiums, die zunächst mit diesem und untereinander durch Plasmastränge verbunden, später jedoch isoliert werden: Die das Substrat anliegende, grundständige Schicht des Plasmodiums («Hypothallus») bleibt bei der Fruchtkörperreife entweder überhaupt nicht oder nur als Überbleibsel einer Schleimschicht erhalten.

2. Ordnung: **Liceales.** Im Gegensatz zu den sich anschließenden Ordnungen (3–6) fehlen Capillitium und Columella (z.B. *Lycogala*; *Cribraria*, Abb. 674D).

3. Ordnung: **Echinosteliales.** Columella vorhanden.

4. Ordnung: **Trichiales.** Eine Columella fehlt; Capillitium besteht aus frei endenden Fasern, wie bei *Trichia* (Abb. 674E).

Bei allen drei vorausgehenden Ordnungen (2–4) sind die Sporenmassen blaß gefärbt.

5. Ordnung: **Physarales.** Die Sporenmassen sind schwarz oder tief violett- bis rostfarbig. Auf der Peridie und oft auch auf dem Capillitium sind weiße Kalkablagerungen sichtbar (z.B. *Didymium*). Hierzu zählen auch *Leocarpus* (Abb. 674A); *Badhamia*

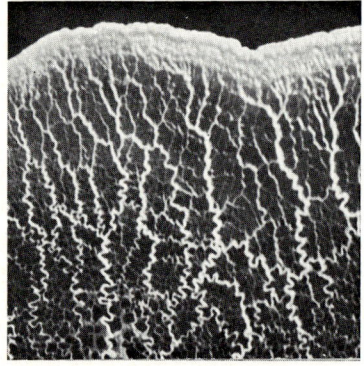

Abb. 672: *Myxomycota.* Rand des Plasmodiums von *Badhamia utricularis.* (2 × ; nach Jahn.)

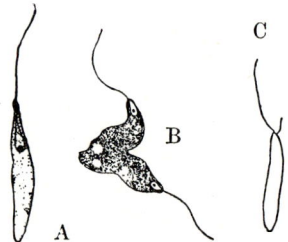

Abb. 673: *Myxomycota.* Myxoflagellaten; in A und B kurze Geißel nicht gezeichnet. B Kopulation. (1500 × ; A nach Gilbert, B nach von Stosch und von Wettstein, C nach Elliot.)

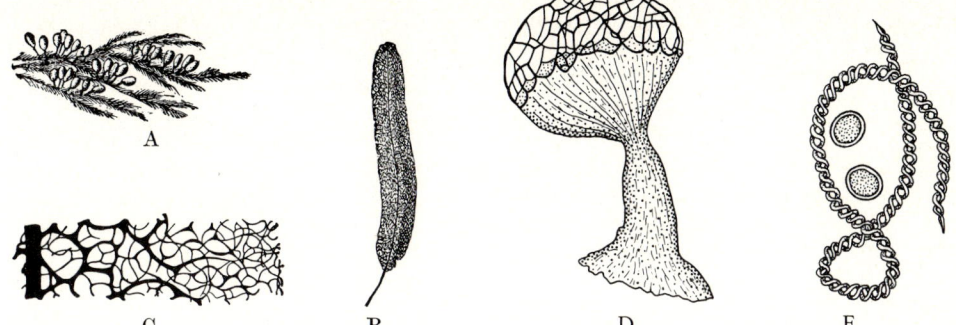

Abb. 674: *Myxomycota.* A *Leocarpus fragilis* zahlreiche Fruchtkörper auf Moos (nat. G.). B *Stemonitis fusca,* Fruchtkörper (5 ×). C *Comatricha typhoides,* Teil des Capillitiums (180 ×). D *Cribraria rufa,* Fruchtkörper (30 ×). E *Trichia varia;* Capillitiumfaser und Sporen (300 ×). (A, B, D nach SCHENCK; C, E nach LISTER.)

(Abb. 672); *Fuligo varians* (sog. «Lohblüte» auf Gerberlohe) mit Sammelfruchtkörper (Aethalium). – Bei der

6. *Ordnung:* **Stemonitales** entwickeln sich die zuletzt 0,5–1–2 cm großen Fruchtkörper aus einem «Hypothallus». Sie sind in ihrem Inneren in Columella, Capillitium und Sporen differenziert. Bei *Stemonitis* bildet das Capillitium nach außen ein geschlossenes Netz, bei *Comatricha* frei endende Fasern (Abb. 674C). *Lamproderma* besitzt eine metallisch irisierende Peridie, bei *Brefeldia* ist der flache, große Fruchtkörper aus vielen Sporangien zusammengesetzt (Aethalium).

Die praktische Bedeutung der Myxomyceten ist gering. Als physiologisches und biochemisches Untersuchungsobjekt hat *Physarum (Physarales)* großes Interesse gefunden.

In den nächsten beiden Klassen entstehen Plasmodien ohne vorausgehende sexuelle Vorgänge direkt aus Einzelzellen (keine Fusions- oder Aggregationsplasmodien).

II. Klasse: Protosteliomycetes. Die vielkernigen netzartigen Plasmodien bilden sich aus (un)begeißelten Zellen. An schlanken Stielen werden ein bis vier Sporen exogen abgegliedert.

Die **III. Klasse Labyrinthulomycetes** enthält Arten, die im Salzwasser lebende Pflanzen (z.B. *Zostera, Laminaria*) endoparasitisch befallen. Charakteristisch sind vielzellige Netzplasmodien; diese entstehen durch Teilung zweigeißeliger Flagellaten innerhalb einer sich vergrößernden Schleimhülle. Manche Autoren ordnen die Klasse neuerdings auch in die *Oomycota* (S. 636) ein.

Dritte Abteilung: Plasmodiophoromycota

Diese Abteilung weicht von allen bisher besprochenen Schleimpilzen durch den Besitz von Chitinzellwänden, sowie durch eine

Besonderheit der Kernteilung ab: in der Metaphase ordnen sich die Chromatinmassen senkrecht zu beiden Seiten des großen, etwas gestreckten Nucleolus an, so daß eine kreuzförmige Teilungsfigur innerhalb der Kernmembran entsteht. Es muß fraglich bleiben, ob man – wie dies z. T. geschieht – die *Plasmodiophoromycota* als endoparasitisch gewordene Abkömmlinge der Myxomyceten auffassen darf, denen sie allerdings in der Begeißelung ihrer Zoosporen mit 2 ungleich langen Geißeln ähneln. In ihrem Entwicklungscyclus treten haploide und diploide Plasmodien auf; bei den Myxomyceten sind sie stets diploid, bei den Protosteliomyccten haploid.

Ein bekannter Vertreter der einzigen Klasse **Plasmodiophoromycetes** ist *Plasmodiophora brassicae,* der Erreger der Kohlhérnie (Abb. 675). Lebenscyclus: Überwinterte Dauersporen (Ruhesporen, Hypnosporen) des Parasiten keimen im Frühjahr im Boden mit zweigeißeligen haploiden Zoosporen aus, die – nach Abwurf ihrer Geißeln – amöboid in die Wurzelhaare junger Kohlpflänzchen eindringen. Hier bildet jede heranwachsende parasitische Amöbe vielkernige haploide Plasmodien aus (Abb. 675B). Diese können sich in mehrkernige Portionen zerteilen, die ihrerseits – nach Auflösung der Zwischenzellwände des Wirtsgewebes – von Zelle zu Zelle weiterwandern und solcherart den Infektionsherd schnell vergrößern. Später entstehen nach Zerfall der Plasmodien in zunächst einkernige Bereiche, die aber durch Kernteilungen wiederum vielkernig werden: vielkernige Gametangien. Diese zerfallen in eine der Kernzahl entsprechende Anzahl zweigeißeliger Gameten, die nach Zerstörung des Wirtsgewebes frei werden und im Boden miteinander kopulieren.

Die diploiden Planozygoten dringen – nach Abwerfen ihrer Geißeln – erneut in die Wurzeln der inzwischen erstarkten Kohlpflanzen ein (nun nicht mehr ausschließlich durch die Wurzelhaare), wo sie zu vielkernigen zellwandfreien Protoplasten – den diploiden Plasmodien – heranwachsen. Die Wirtspflanzen reagieren mit der Bildung kropfartiger Tumoren («Hernie» oder Wurzelkropf, Abb. 675 A). Unter Meiose entstehen schließlich in ihren Wirtszellen und in den Kröpfen überdauernde dickwandige haploide Meiosporen (Ruhesporen, Hypnosporen), die mit der befallenen Pflanze überwintern und im Frühjahr – nach Zerstörung des faulenden Kropfgewebes – erneut in den Boden gelangen.

Zoosporen und Gameten tragen apikal zwei sehr ungleich lange, flimmerlose Geißeln (Abb. 677 A). Der Wechsel zwischen haploiden und diploiden Plasmodien entspricht einem Generationswechsel; allerdings ist der Lebenscyclus in seinem Ablauf wie auch hinsichtlich der Karyogamie und Meiose noch keineswegs eindeutig geklärt.

Die Arten einiger verwandter Gattungen (z.B. *Polymyxa*) parasitieren auf verschiedenen Land- und Wasserpflanzen, wobei sie ähnliche Organanschwellungen erzeugen (60 obligat endoparasitische Arten in Gefäßpflanzen, Algen und Pilzen).

Rückblick auf die **Schleimpilze**: Die Schleimpilze (ca. 600 Arten) stehen an der Basis der stammesgeschichtlichen Entwicklung heterotropher Eukaryoten. Primäre Ursprünglichkeit haben sich, wohl ausgehend von farblosen Flagellaten, die Protosteliomyceten und Myxomyceten, sowie ausgehend von Amöben, die Acrasiomyceten bewahrt. Diese Gruppen nehmen wegen ihrer morphologischen und ent-

wicklungsgeschichtlichen Besonderheiten eine sehr isolierte Stellung im Stammbaum ein («Mycetozoa»). Bei den Labyrinthulomyceten und Plasmodiophoromyceten ist die Frage, ob das Plasmodium ursprünglich oder erst sekundär infolge endoparasitischer Lebensweise entstanden ist, nicht zu entscheiden. Im zweiten Falle wären diese Klassen bei den jetzt folgenden Pilzen anzuschließen und dort von Gruppen mit verwandten Merkmalen abzuleiten. Allerdings kommen Schwärmer mit zwei ungleich langen, glatten Geißeln, wie wir sie bei Myxomyceten, Protosteliomyceten, Labyrinthulomyceten und Plasmodiophoromyceten finden, dort nirgends vor.

C. Organisationstyp: Pilze

Die Pilze im engeren Sinne haben wie die Schleimpilze keine Plastiden und kein Chlorophyll; sie leben heterotroph als Saprophyten oder Parasiten im Süßwasser und auf dem Lande, seltener im Meer. Sie lassen sich vielfach – und zwar die Mehrzahl der Saprophyten, wie auch manche Parasiten – auf geeigneten Nährböden kultivieren; sie sind nicht nur hinsichtlich des Kohlenstoffs, sondern manche auch bezüglich des Stickstoffs und gewisser Wirkstoffe heterotroph. Es sind eukaryotische, einen Thallus (Lager) bildende Organismen, die – obwohl traditionsgemäß den Pflanzen zugerechnet – eine Sonderstellung einnehmen. Im Gegensatz zu den Schleimpilzen ist kein Plasmodium vorhanden, vielmehr ein Thallus, der meist nicht nackt und amöboid, sondern von einer Zellwand aus Chitin, Cellulose, Glucanen etc. umgeben ist. Der Vegetationskörper ist selten bläschen- oder tropfenförmig, häufiger fädig. Der einzelne Pilzfaden wird Hyphe, die Gesamtheit von Hyphen außerhalb von Fruchtkörpern Mycel genannt. In den Fruchtkörpern sind die Hyphen zu Flechtthalli verflochten.

Bei den Pilzen lassen sich die folgenden Organisationsstufen unterscheiden:

a) Nackte parasitierende Protoplasten.

In allen folgenden Fällen sind Zellwände für die vegetative Phase kennzeichnend.

b) Rhizoidmycel: eine kernhaltige Blase

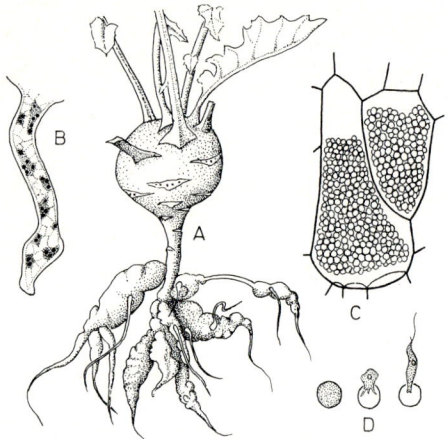

Abb. 675: *Plasmodiophoromycota, Plasmodiophora brassicae.* A Kohlhernie an Wurzeln einer Kohlrabipflanze (⅓ ×). B Plasmodien in Wurzelhaar (300 ×). C Zellen der Wurzelrinde mit Sporen (520 ×). D Sporenkeimung (1240 ×). (A nach Ross; B nach Chupp; C und D nach Woronin.)

zerteilt sich im Substrat in fädige, keine Kerne enthaltende Ausläufer.

c) Sproßmycel: der Thallus besteht aus tropfenförmigen oder etwas gestreckten Zellen, die durch Sprossung Tochterzellen bilden. Unvollkommene Abgliederung läßt kurze Ketten von aneinanderhängenden Zellen entstehen (z.B. bei Hefe).

d) Hyphenmycel und Fruchtkörpergeflechte: der Thallus wird aus fädigen Zellen gebildet; diese sind meist verzweigt, z.T. ungegliedert schlauchförmig (siphonal), z.T. auch durch Querwände regelmäßig septiert. Die Hyphen sind oft verfilzt, bzw. zu Fruchtkörpern verflochten.

Pilze mit Thalli in Form blasiger Einzelzellen oder nicht septierter Hypen werden auch als Phycomyceten (Algenpilze) zusammengefaßt und Pilzen mit septiertem Hyphenmycel (Eumyceten) gegenübergestellt. Die Querwände letzterer sind von einem zentralen, einfachen oder komplexen Porus durchbrochen. Der Porus ist meist offen und gestattet so den Durchtritt von Plasma und Kernen. Das Plasma befindet sich innerhalb der Hyphen in lebhafter Bewegung.

Als Speicherstoffe treten Glykogen und Fett in weiter Verbreitung auf; seltener sind Mannit und andere Stoffe; Stärke kommt bei den Pilzen nicht vor.

Die Vermehrung erfolgt durch viele Arten von Keimzellen, die bei endogener Entstehung als Sporen bezeichnet werden. Conidien bilden sich stets exogen und dienen der ungeschlechtlichen Vermehrung, ausnahmsweise als Überträger von ♂ Kernen bei der sexuellen Fortpflanzung. Bei Wasserbewohnern sind die Sporen nackte, begeißelte Schwärmer (Zoosporen, Planosporen), bei Landbewohnern sind sie mit Zellwänden umgeben und unbegeißelt (Aplanosporen). Sporen können auf geschlechtliche Vorgänge folgend nach der Meiose entstehen (Meiosporen) oder sich nach mitotischen Kernteilungen bilden (Mitosporen). Manche Pilze können sich auch durch Zerfall des Mycels in einzelne Zellen (Oidien) vermehren. Vielfach werden Dauerzustände in Form fester, knolliger Hyphenverbände (Sclerotien) angelegt. Beachtlich sind Verflechtungen zu meterlangen, schnurähnlichen Strängen (Rhizomorphen), die der Ausbreitung dienen (z.B. bei *Armillariella mellea*).

Bei der geschlechtlichen Fortpflanzung kopulieren Gameten (Iso-, Aniso- und Oo-gamie), ganze Gametangien (Gametangiogamie s. S. 214, 646), Gameten bzw. Conidien mit Gametangien (Gameto- bzw. Conido-Gametangiogamie) oder zwei nicht als spezifische Sexualzellen differenzierte Thalluszellen (Somatogamie s. S. 214, 665). Gametangien sind – falls vorhanden – niemals von einer vielzelligen Wand umgeben; sie werden daher übereinstimmend mit den Algen nicht als Antheridien und Archegonien (s. S. 214) bezeichnet, sondern je nach Differenzierung, Bildungsweise und Weiterentwicklung einfach als ♂ oder ♀ Gametangien (S. 213) bzw. u.a. als Spermatogonien (♂ S. 572), Spermatangien (♂, S. 572), Oogone (♀, S. 214) und Ascogone (♀, S. 653).

Vielfach herrscht die vegetative Vermehrung vor, in manchen Fällen ist die geschlechtliche Fortpflanzung unbekannt bzw. im Verlaufe der stammesgeschichtlichen Entwicklung verloren gegangen. Diejenigen Thallusteile, welche ohne Kernphasenwechsel vegetative Vermehrungskeime (Mitosporen, Conidien etc.) bilden, werden bei den Pilzen Nebenfruchtform genannt. Im Gegensatz dazu besteht die Hauptfruchtform aus Thallusteilen, in denen Kernverschmelzung (Karyogamie) und Kernphasenwechsel (Meiose) stattfinden.

Geschlechtsverteilung und Differenzierung in ♂ und ♀ Organe bzw. Keimzellen sind oft nicht augenfällig. Immerhin kann der gespendete Kern als ♂, der empfangende als ♀ definiert werden. Unter dieser Voraussetzung ist die Geschlechtsverteilung als diöcisch oder monöcisch zu kennzeichnen. (Abb. 676). Diöcie liegt vor (vgl. S. 512), wenn ein Mycel entweder nur zum Kernempfänger oder nur zum Kernspender bestimmt ist (Abb. 676 links). Bei Monöcie kann jedes einzelne Mycel sowohl als Kernspender wie auch als Kernempfänger auftreten.

Das folgende, vielfach für das Fortpflanzungsverhalten von Pilzen benutzte Begriffspaar ist mit den eben definierten Bezeichnungen nicht deckungsgleich und beruht auf anderen genetischen Grundlagen. Homothallische Pilze bilden in Kulturen aus Einzelsporen Zygoten bzw. Fruchtkörper, während bei heterothallischen dazu zwei Mycelien unterschiedlichen Kreuzungstyp (+ und −) notwendig sind.

Bei monöcisch-heterothallischen Pilzen ist eine Verschmelzung von Kernen eines einzigen Mycels unmöglich (wie im Falle der Diöcie). Genetisch beruht diese Unverträglichkeit auf mindestens 2 Allelen eines Kreuzungsfaktors, die man mit + und — (oder mit anderen Symbolen) bezeichnet. Kerne mit identischen Anlagen (z.B. + und +) sind unverträglich und verschmelzen nicht miteinander; man spricht daher von homogenischer Inkompatibilität, (Abb. 676 rechts; s. S. 492). Heterogenische Inkompatibilität ist bei der Kreuzung geographischer Rassen einer Art nachgewiesen worden; sie beruht auf der Unverträglichkeit verschiedener Anlagen.

Die Schwärmer (Zoosporen, Gameten) der Pilze lassen verschiedene Typen der Begeißelung erkennen: opisthokont: mit einer einzigen glatten Schubgeißel. – akrokont: mit einer einzigen mit Flimmerhaaren besetzten Zuggeißel. – heterokont mit Flimmergeißel: 2 Geißeln, von denen die glatte eine Schleppgeißel, die mit Flimmerhaaren versehene eine Zuggeißel ist.

Die Pilze sind in Gestalt und Ontogenie außerordentlich mannigfaltig und weiterhin noch unzureichend erforscht. Ihre systematische Gliederung befindet sich in vielen Bereichen noch in lebhafter Diskussion.

Erste Abteilung: Oomycota

Die etwa 500 Arten dieser Abteilung unterscheiden sich in einer Reihe von Merkmalen von allen anderen Pilzen. Der seltener einzellige *(Lagenidiales)*, meist siphonale Thallus besitzt fast stets Cellulose-Wände. Die Fortpflanzung erfolgt durch Verschmelzung von ♂ Gametangien mit Oogonien (Gametangiogamie); erstere bilden in die Oogonien einwachsende Befruchtungsschläuche. Nach der Befruchtung entwickeln sich in den Oogonien die Zygoten in Ein- bis Mehrzahl (sog. «Oosporen»). Sofern bei der ungeschlechtlichen Vermehrung Zoosporen entstehen, sind sie heterokont begeißelt; sie tragen eine nach vorn gerichtete Flimmergeißel und eine nach hinten schlagende glatte, meist etwas längere Schleppgeißel (Abb. 677C und 678). Außerdem sind die **Oomyceten** (einzige Klasse der Abteilung) nach allen bisherigen Kenntnissen durchweg Diplonten: mit Meiose vor der Gametenbildung in den Gametangien (gametischer Kernphasenwechsel). Flechtthalli und Fruchtkörper werden nicht gebildet.

In ihrem Stoffwechsel haben die Oomyceten über den Chemismus der Zellwand hinausgehend folgende weitere Eigenheiten: Das Zellwandprotein enthält Hydroxyprolin. Die Biosynthese von Lysin erfolgt nach Verknüpfung von Pyruvat und Aspartat zu Dihydrodipicolinsäure über den Diaminopimelinsäure-Weg (bei den anderen Pilzen über Aminoadipinsäure). Nicotinsäure wird nicht aus dem Grundbaustein Tryptophan (wie bei den Tieren und den anderen Pilzen) sondern aus C-3-Verbindungen synthetisiert. Die am Tryptophan-Stoffwechsel beteiligten Enzyme bilden einen spezifischen, sonst nirgends vorkommenden, durch das Assoziationsverhalten charakterisierten Typ. Das Molekulargewicht der ribosomalen RNA (25s-Fraktion) ist von dem ande-

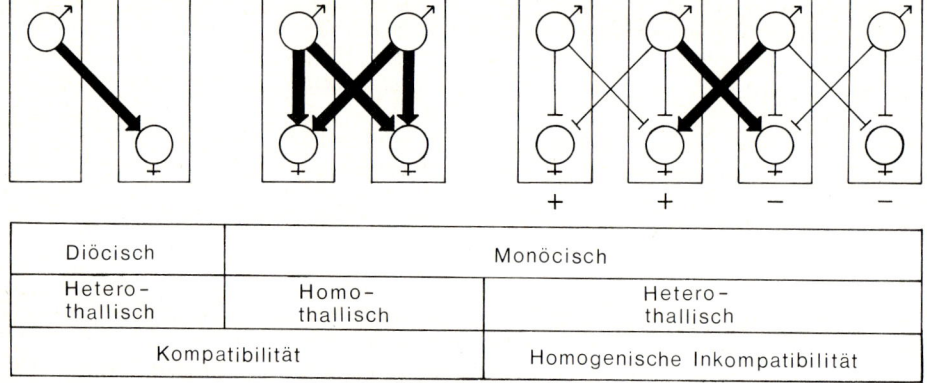

Diöcisch	Monöcisch		
Hetero-thallisch	Homo-thallisch	Hetero-thallisch	
Kompatibilität		Homogenische Inkompatibilität	

Abb. 676: Sexualverhalten der Pilze. Die Rechtecke stellen Mycelien mit ♂ Kernspender- und/oder ♀ Kernempfängerorganen dar. Diöcie: ♂ und ♀ auf verschiedenen Mycelien. Monöcie: ♂ und ♀ auf dem gleichen Mycel. Heterothallie: ein isoliertes Einzelmycel vermag keine Zygoten zu bilden. Bei monöcischen Pilzen kann Heterothallie durch homogenische Inkompatibilität bedingt sein: d.h. es sind nur solche ♂ Kerne mit ♀ kompatibel, die sich in ihrem Kreuzungsfaktor unterscheiden, also —♂ × +♀ und +♂ × —♀, nicht jedoch z.B. —♂ × —♀. (Nach Esser.)

rer Pilze (Ausnahme Schleimpilze) verschieden. Die Oomyceten sind weitgehend farblos; es konnten aus ihnen keine Pigmente isoliert werden.

Alle diese morphologischen wie chemischen Merkmale, sowie der diplontische Lebenscyclus sprechen für die Eigenständigkeit der *Oomycota* gegenüber den übrigen Abteilungen der Pilze.

Die Arten mit einer als ursprünglich zu bewertenden Merkmalsausstattung sind Bewohner des Wassers und meistens Saprophyten. Die stärker abgeleiteten Landbewohner sind Parasiten Höherer Pflanzen. Diese Gliederung in Gruppen unterschiedlicher Lebensweise kommt in den zwei wichtigsten Ordnungen (1 und 3) der Oomyceten zum Ausdruck.

1. Ordnung: **Saprolegniales.** Das schlauchförmige, querwandlose, vielkernige Mycel (Abb. 679 C) lebt im W a s s e r , meist in Süßwasser, bei einigen Arten auch in Brackwasser, meist saprophytisch an untergetauchten, faulenden Pflanzenteilen und Insektenleichen, seltener parasitisch auf geschwächten lebenden Fischen. Zur v e g e t a t i v e n F o r t p f l a n z u n g schwellen Hyphenenden zu schwach abgesetzten, keulenförmigen Z o o s p o r a n g i e n an und grenzen sich durch ein Septum gegenüber ihrer Traghyphe ab; unter Plasmazerklüftung entstehen in ihnen einkernige, birnenförmige, ausschwärmende Mitosporen mit 2 ungleich langen a p i k a l e n Geißeln, von denen die eine mit zwei Reihen von Flimmerhaaren besetzt ist (Abb. 679 A; 677 C). Nach dem Schwärmen

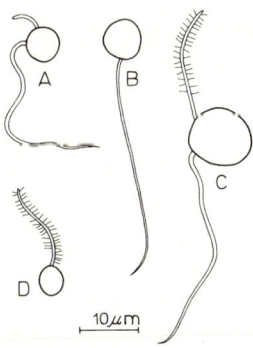

10 μm

Abb. 677: Begeißelungstypen der aktiv beweglichen Keimzellen von Schleimpilzen und Pilzen. A *Plasmodiophora* (*Plasmodiophoromycetes*; 2 glatte Geißeln). B *Cladochytrium* (*Chytridiomycetes*; opisthokonte Schubgeißel). C *Achlya* (*Oomycetes*; heterokont, mit beflimmerter Zug- und glatter Schleppgeißel). D *Rhizidiomyces* (*Hyphochytridiomycetes*; akrokonte, beflimmerte Zuggeißel). (Nach KOLE & GIELINK und COUCH.)

werden die Geißeln eingezogen. Die nunmehr kugeligen und mit einer Wand umgebenen Sporen entwickeln sich auf geeignetem Substrat unter Bildung eines Keimschlauches zu einer neuen Pflanze.

Bei manchen Oomyceten werden zunächst n o c h m a l s Z o o s p o r e n gebildet. Diese zweiten Schwärmer (B) unterscheiden sich hinsichtlich der Gestalt und der Inserierung der Geißeln von den zuerst gebildeten (A): sie sind n i e r e n f ö r m i g und haben s e i t e n s t ä n d i g e Geißeln (B). Diese Erscheinung der D i p l a n e t i e ist für *Saprolegnia* – und nur hier – kennzeichnend (Abb. 679 A–B).

Bei anderen Gattungen treten die primären Zoosporen nur innerhalb bzw. nahe des Sporangiums (*Achlya*) oder überhaupt nicht mehr auf (*Thraustotheca, Dictyuchus*); im letzteren Fall ist die Diplanetie aufgegeben worden. Bei *Aplanes* erscheinen keine Zoosporen; die sich innerhalb des Sporangiums encystierenden Sporen durchwachsen mit Keimschläuchen die Wand desselben. Ähnlich verhält sich *Geolegnia*, mit dem Unterschied, daß die Sporen aus dem Sporangium freigesetzt werden, ehe sie mit einem Keimschlauch keimen. *Saprolegnia* zeigt ein typisches Kennzeichen an den entleerten Sporangien: sie werden von ihren eigenen Trägerhyphen durchwachsen; diese bilden alsdann innerhalb des entleerten Sporangiums sofort ein neues.

Die G a m e t a n g i e n sind durch Querwände von den schlauchförmigen Traghyphen getrennt. Die kugeligen O o g o n i e n enthalten anfangs viele Kerne, die aber zum größten Teil zugrunde gehen, worauf sich um jeden der übrigbleibenden Plasma ansammelt (O o s p h ä r e) und sich zu je einem kugelrunden, nackten Ei kontrahiert, von denen eines bis mehrere frei (d. h. ohne Umhüllung durch Periplasma) im Oogonium liegen. Die vielkernigen ♂ G a m e t a n g i e n bilden keine Sexualzellen aus, sondern zur Befruchtung legt sich das ♂ Gametangium

Abb. 678: *Oomycota.* Flimmergeißel (oben) und Peitschengeißel (unten) einer Zoospore von *Phytophthora infestans* (8000 ×; nach KOLE & HORSTRA.)

als Ganzes, chemotropisch (durch Antheridiol, Oogoniol; s. S. 465) gesteuert an das Oogonium und treibt einfache oder verästelte Befruchtungsschläuche in das Oogonium hinein bis zu den Eizellen (Abb. 679 E, F; Analogie zur Pollenschlauchbefruchtung der Samenpflanzen), in die nun je ein ♂ Kern entlassen wird, um mit dem Eikern zu verschmelzen. Hierauf bildet sich jedes Ei zu einer Cystozygote mit derber, gegen Mikroorganismenangriffe resistenter Wand um (Gametangiogamie, vgl. S. 214).

Die Zygoten keimen nach einer Ruhepause ohne Reduktionsteilung mit einem vielkernigen Keimschlauch aus, der meist bald ein Keimsporangium bildet (Abb. 679 I). Es gibt monöcische (♂ Gametangien und Oogonien am selben Thallus) und diöcische Arten.

Hier lassen sich die **Leptomitales** *(2. Ordnung)* anschließen; sie sind submers lebende Saprophyten mit regelmäßig eingeschnürten, jedoch nicht septierten Hyphen und blasenförmigen Sporangien. Im Oogon entwickelt sich wie in der folgenden Ordnung nur eine von Periplasma umgebene Oospore. *Leptomitus* ist ein Bewohner stark verschmutzten Wassers (Abwasserpilz).

3. Ordnung: **Peronosporales.** Sie umfaßt Parasiten, die als «falsche Mehltaupilze» (so besonders die *Peronosporaceae*) vorwiegend Höhere Landpflanzen befallen. Die intercellular im Wirtsgewebe wachsenden Pilzhyphen senden kurze Fortsätze – Haustorien (Abb. 681 D) – in die lebenden Zellen. Meist wächst das Mycel aus den Spaltöffnungen der Wirte heraus und bildet hier makroskopisch als Schimmelrasen erkennbare, verzweigte Sporangienträger (Abb. 681 A), die eine große Zahl von Zoosporangien tragen. Die Sporangien weichen von denen der *Saprolegniales* ab, indem sie von den Trägerhyphen meist als kugelige oder ellipsoidische Gebilde abgesetzt sind. Meistens (z. B. bei *Plasmopara*) werden die ganzen (!) Sporangien durch den Wind auf die Blätter anderer Pflanzen getragen, wo sie in Wassertröpfchen (Regen, Tau) ihren inzwischen aufgeteilten Inhalt in Gestalt einer Anzahl nierenförmiger Schwärmsporen entlassen (den sekundären Zoosporen von *Saprolegnia* entsprechend, Abb. 681 C₃; hier also keine Diplanetie).

Im Zusammenhang mit einer fortschreiten-

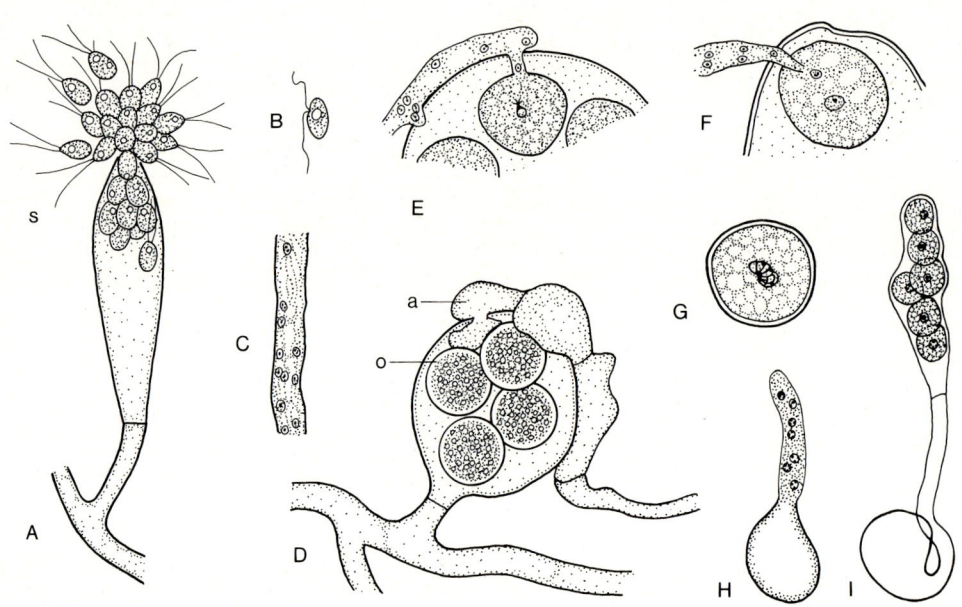

Abb. 679: *Oomycota, Saprolegniales.* A Sporangium, die akrokont zweigeißeligen Zoosporen s entlassend (200 ×). B Zweiter Sporentyp mit seitlicher Begeißelung (etwa 350 ×). C Stück der Schlauchhyphe mit zahlreichen Kernen (500 ×). D Hyphe mit Geschlechtsorganen: a ♂ Gametangium, das Befruchtungsschläuche in das Oogonium getrieben hat, o befruchtete Eier (600 ×). E Befruchtungsschlauch mit ♂ Kernen, F ♂ Kern in ein Ei eindringend. G Zygote mit verschmelzenden Kernen (E–G 600 ×). H Keimschlauch. I Keimsporangium mit noch unbeweglichen Zoosporen (H–I 14000 ×). A, B, D *Saprolegnia mixta;* C *Thraustotheca;* E–G *Achlya flagellata;* H *Isoachlya intermedia;* I *Thraustotheca primoachlya.* (A, D nach Klebs; B nach Höhnk; C nach Schrader; E–G nach Moreau; H–I nach A. W. Ziegler.)

den Anpassung an das Landleben (vgl. Algen S. 589, 602) werden die Zoosporangien der *Peronosporales* zunehmend zu Conidien.

Bei *Pythium* entlassen die an ihren Trägern fixierten Zoosporangien stets Zoosporen. Die Sporangien sind den vegetativen Hyphen sehr ähnlich. Bei *Phytophthora*, *Plasmopara* und *Pseudoperonospora* lösen sich die Sporangien und werden durch den Wind verbreitet; sie keimen in der Regel mit Zoosporen, unter besonderen äußeren Bedingungen (geringe Feuchtigkeit!) jedoch auch mit Keimschläuchen. Bei *Phytophthora* sind die Sporangienträger von den übrigen Hyphen bereits deutlich verschieden; sie können nach der Abtrennung der Sporangien wie die vegetativen Hyphen weiterwachsen. Bei *Plasmopara*, *Pseudoperonospora* und *Peronospora* sind die Sporangien- bzw. Conidienträger morphologisch in artspezifischer Weise differenziert; ein Auswachsen der Träger nach der Sporulation erfolgt hier nicht. *Peronospora*-«Sporangien» keimen nur noch mit infektionsfähigen Hyphen aus; die den Sporangien homologen Organe sind damit zu Conidien geworden, die durch Bewegungen der Träger bei abnehmender Luftfeuchte aktiv abgeschleudert werden.

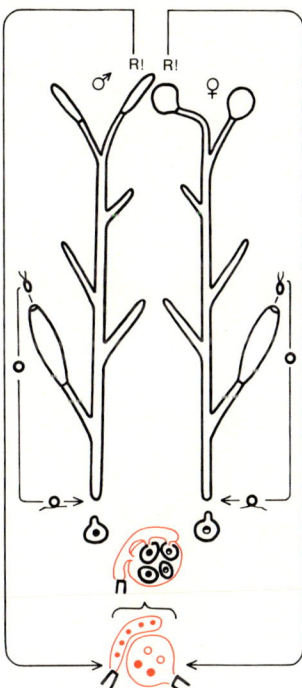

Abb. 680: *Oomycota, Saprolegniales*. Lebenskreislauf. Rote Linien: Haplophase; schwarze Linien: Diplophase; R! Reduktionsteilung. Diplogenotypische Geschlechtsbestimmung (◖ = ♀ Kern; ● = ♂ Kern).

Die Sexualorgane entstehen im Inneren der Wirtspflanze, die Oogonien als kugelige Anschwellungen von Hyphenenden, die ♂ Gametangien als schlauchförmige Ausstülpungen (Abb. 682 A). Beide Organe werden durch Querwände abgegrenzt und enthalten viele Kerne. Eine scharfe Umgrenzung von ♂ Gameten unterbleibt; die in der Regel einzige Eizelle jedes Oogons ist von Periplasma umgeben. Die Befruchtung und die Ausbildung der Zygote im Oogon sind in der Abb. 682 am Beispiel der Gattungen *Peronospora* und *Albugo* dargestellt.

Die Zahl der befruchtungsfähigen Kerne im ♂ Gametangium und im Oogonium variiert je nach Gattung von vielen bis zu 1. In den befruchteten Oogonien entsteht je eine Oospore, die teilweise viele diploide Kerne enthalten kann (Coenozygote). Bei einigen Peronosporaceen (so bei *Basidiophora entospora*) fehlen funktionsfähige ♂ Gametangien vollständig; hier erfolgt paarweise Verschmelzung der Kerne eines Oogoniums (Autogamie). Einige Arten vermehren sich in weiten Teilen ihres Verbreitungsgebietes nur ungeschlechtlich. Der heterothallische Kartoffelmehltau *(Phytophthora infestans)* ist in seiner süd- und mittelamerikanischen Heimat in beiden Kreuzungstypen vertreten, so daß dort auch geschlechtliche Fortpflanzung nachgewiesen ist. In Europa, Nordamerika usw. ist jedoch offenbar nur einer der beiden Kreuzungstypen eingeschleppt worden; hier erfolgt die Vermehrung daher ausschließlich vegetativ durch die Nebenfruchtform.

Die Keimung der Zygoten vollzieht sich entweder direkt unter Entlassung von Zoosporen oder, häufiger, über einen Keimschlauch, der an seinem Ende ein Sporangium mit Zoosporen (Abb. 682 D) bildet. In abgeleiteten Fällen dringt der Keimschlauch, ohne daß er noch ein Zoosporangium abgliedert, unmittelbar in das Wirtsgewebe ein (in Analogie zur Umwandlung der Zoosporangien in Conidien).

Innerhalb der Gattungen (besonders *Peronospora*) sind die Arten vielfach auf einen oder wenige Wirte spezialisiert. Die Sippendifferenzierung ist mit unterschiedlicher Wirtswahl und einer zunächst mehr oder minder kontinuierlichen, bei weiter fortgeschrittener Artbildung diskontinuierlichen Abänderung morphologischer Merkmale (z. B. Conidiengröße) verbunden. Da diese Merkmale zugleich auch einer umweltbedingten Variabilität (z. B. Beeinflussung der Conidiengröße, abgesehen vom Alter auch durch Temperatur, Feuchtigkeit, Substrat) unterliegen, kann der genetisch bedingte Artbildungsprozeß und damit die Artunterscheidung durch Modifikationen verschleiert sein.

Lebensweise der Peronosporales: Nur wenige Glieder der Ordnung leben im Süßwasser oder im Boden (einige Vertreter der Pythiaceae). Als vorwiegend auf Landpflanzen parasitierende Pilze (z. B. *Peronosporaceae, Pythiaceae*) können sie zahlreiche Krankheiten an Kulturgewächsen hervorrufen. Sie können über die ganze Erde verbreitet sein, bleiben jedoch auf hohe Feuchtigkeit angewiesen.

Ein gefährlicher Kartoffelschädling ist *Phytophtho-ra infestans (Pythiaceae)*; der Pilz bedingt die **K r a u t-f ä u l e   d e r   K a r t o f f e l** und greift auch auf die Knollen über, da bei Regen Sporangien von den Blättern in den Boden geschwemmt werden und die Knollen durch die Lenticellen infizieren. Die Zoosporen werden von den Wurzeln chemotaktisch angelockt; dies geschieht bei den verschiedenen wirtspezifischen Arten nur durch den jeweiligen Wirt. In nassen Jahren können bei uns mehr als 20 % der Kartoffelernte vernichtet

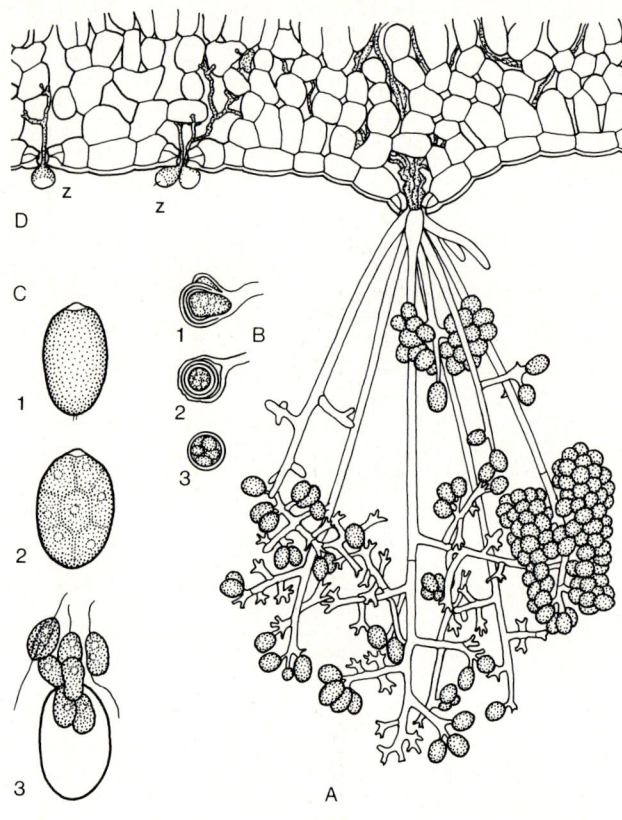

Abb. 681: *Oomycota, Peronospora-les, Plasmopara viticola.* A Sporan-gienträger aus einer Spaltöffnung hervortretend. B Oogonien (mit ♂ Gametangium) und Zygoten (100 ×). C Bildung und Ausschlüpfen der Zoosporen (600 ×). D Keimung der Zoosporen z durch die Stomata in die Intercellularen (250 ×). (A–B nach MILLARDET; C–D nach ARENS.)

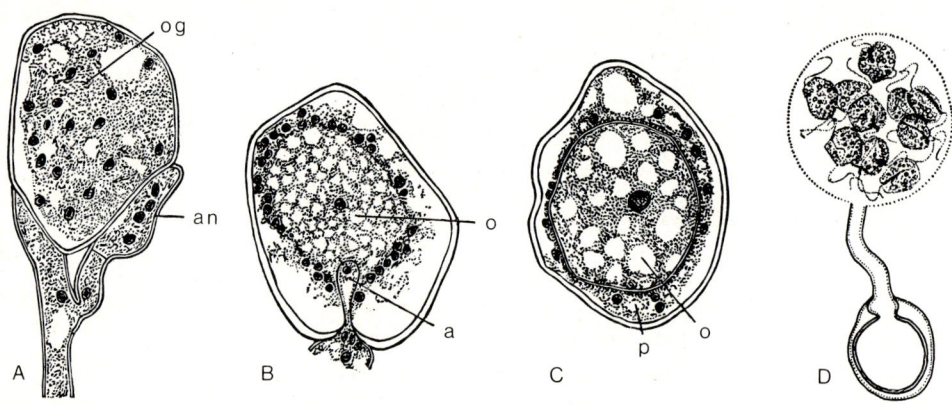

Abb. 682: *Oomycota, Peronosporales.* Befruchtung: A junges, vielkerniges Oogonium og und ♂ Gametangium an. B Oogonium mit dem zentralen einkernigen Teil o und dem Befruchtungsschlauch a des ♂ Gametangiums, der den ♂ Kern einführt. C Zygote im Oogonium, umgeben von der jungen Zygotenwand und dem Periplasma p. D mit Zoosporen auskeimende Zygote. A *Peronospora parasitica*; B, C *Albugo candida* (A–C 600 ×; nach WAGER.) D *Pythium ultimum.* (800 ×; nach DRECHSLER.)

werden. Im vorigen Jahrhundert haben Epidemien der Bevölkerung ganzer Landstriche die Ernährungsgrundlage entzogen. So wurde der Kartoffelmehltau 1845/46 zur Ursache einer großen, die Bevölkerung stark dezimierenden Hungersnot in Irland, der eine Auswanderungswelle in die USA folgte. Bis heute ist die ehemalige Bevölkerungszahl von 8 Millionen nicht wieder erreicht worden.

Ebenfalls wirtschaftlich von Bedeutung ist der durch *Plasmopara viticola (Peronosporaceae)* hervorgerufene «falsche Mehltau» der Weinrebe («Peronosporakrankheit» Abb. 681), der bei feuchtem Wetter epidemisch auf den Blättern auftritt und sie zum Abfallen bringt; die Beeren verwandeln sich daraufhin in «trockenfaule» Lederbeeren. Von der Weinernte werden jährlich etwa 20 % durch diese und andere, weniger wichtige Pilzkrankheiten vernichtet (weitere 20 % durch tierische Schädlinge). *Peronospora*-Krankheiten treten außerdem an Rüben, Zwiebeln, Hopfen und anderen Kulturpflanzen auf. 1959 trat zum ersten Mal in Europa (vorher in Amerika und Australien) *Peronospora tabacina*, der Blauschimmel des Tabaks auf (so genannt wegen seiner weißbläulichen Conidien) und vernichtete bereits in dem regenreichen Sommer 1960 große Teile des Tabakbaus in Mitteleuropa. *Pythium debaryanum*, weit verbreitet im Boden, ruft an Keimlingen verschiedener Pflanzen die tödliche «Umfallkrankheit» hervor. Die durch «falsche Mehltaupilze» («echter Mehltau» vgl. S. 656) bewirkten Krankheiten lassen sich durch Bespritzen der Blätter mit kupferhaltigen Fungiciden (ursprünglich Kupfer-Kalkbrühe) bekämpfen, wodurch die Keimung der Sporangien verhindert wird.

Rückblick auf die **Oomyceten**: Die hier vereinigten Ordnungen lassen einen Aufstieg vom Wasser- zum Landleben, einen schrittweisen Ersatz von Zoosporen durch Conidien und einen Übergang von hydrochorer zur anemochoren Ausbreitung erkennen. Mit diesen Progressionen, die in der Familie der Peronosporaceen ihren Höhepunkt erreichen, ist eine Steigerung der biologischen Ansprüche und eine Spezialisierung in den parasitischen Eigenschaften verbunden. Dies wird im Übergang vom Saprophytismus zum Parasitismus, der Spezialisierung auf besondere Wirte und Wirtsorgane, sowie in der zuletzt nur partiellen Schädigung des befallenen Wirtes deutlich. In der Stickstoffernährung ist eine fortschreitende (mit den genannten Progressionen nicht verbundene) Beschränkung auf organische N-Verbindungen zu beobachten. Während einige *Peronosporales* neben Ammonium- auch Nitratstickstoff nutzen, vermögen die *Saprolegniales* und *Leptomitales* keinen Nitratstickstoff, letztere darüber hinaus auch keinen Ammo-

niumstickstoff, sondern nur organisch gebundenen Stickstoff zu verwerten. Bei der Fortpflanzung werden nur bestimmte Thallusteile aufgebraucht, die übrigen setzen ihr Wachstum fort («Eucarpie»); nur in den einfachsten Formen (z. B. *Lagenidiales* mit *Lagenisma*; *Thraustochytridiales*) dient der gesamte Thallus als Gametangium («Holocarpie»).

Phylogenie: Die Oomyceten haben sich vermutlich aus autotrophen Algen vom Typ der *Heterokontophyta* entwickelt. Sie stimmen mit diesen in der heterokonten Begeißelung, im siphonalen Thallusbau und im Besitz von Cellulose-Wänden überein. Die Gametangien der Oomyceten erinnern in gewisser Weise an diejenigen der siphonalen Alge *Vaucheria (Xanthophyceae)*. Auf der anderen Seite ist der Fortpflanzungsmodus bei den Oomyceten mit Gametangiogamie und dem damit einhergehenden Verlust begeißelter Gameten stark abgeleitet. Als Schwärmer treten lediglich der vegetativen Vermehrung dienende Zoosporen auf; diese sind mit Ausnahme hochentwickelter Formen (z. B. *Peronospora*) in der ganzen Abteilung regelmäßig vorhanden. Von den Xanthophyceen innerhalb der Heterokontophyten, mit denen sie in Verbindung gebracht werden, unterscheiden sich die Oomyceten durch den diplontischen Lebenscyclus. Diplonten treten innerhalb der Heterokontophyten (Bacillariophyceen, Phaeophyceen) bei hoch entwickelten Gliedern auf und in entsprechender Weise kann man die Erwerbung des Merkmals durch die Oomyceten als abgeleitet werten.

Die kleine Klasse der **Hyphochytridiomycetes** (15 Arten) vereinigt in sich Vertreter mit Merkmalen, die denen der Oomyceten teilweise ähnlich sind. Zwar besitzen die Schwärmer nur eine nach vorne gerichtete Geißel, diese ist aber wie bei den Oomyceten eine Flimmergeißel. In den Zellwänden ist neben Chitin auch Cellulose enthalten. Diese Merkmale reichen aber nicht aus, um die verwandtschaftliche Stellung der Hyphochytridiomyceten zweifelsfrei zu bestimmen. – Sie leben im Süßwasser und im Meer als Parasiten von Algen und Pilzen oder saprophytisch auf Resten von Pflanzen und Insekten. Die Arten, z. B. *Anisolpidium ectocarpi* mit einfachen flaschenförmigen Zellen innerhalb der Wirtszellen (der Braunalge *Ectocarpus*), sind meist «holocarp».

Zweite Abteilung: Eumycota

Im Zusammenhang mit der fortschreitenden Anpassung an das Leben außerhalb des Wassers sind den abgeleiteten Klassen innerhalb der «echten Pilze» (Eumycota) begeißelte Zoosporen und Gameten vollständig verloren gegangen. Wo sie bei ursprünglichen Vertretern noch vorkommen, ist die als Schuborganelle wirksame, einzige Geißel glatt (opisthokont). Im Thallusbau werden von dieser als monophyletisch angesehenen Abteilung alle bei den Pilzen bekannten Organisationsstufen erreicht; in den artenreichen abgeleiteten Klassen herrschen in bestimmten Entwicklungsphasen Flechtthalli (Fruchtkörper) vor. Die Zellwand enthält fast immer Chitin (oft zusammen mit Glucanen) als Baustoff, Cellulose fehlt durchgehend. Einige Gruppen sind mit Mannan-β-Glucan-(Saccharomyces) oder Galactosamin-Galactan-Wänden (Trichomycetes) ausgerüstet. Einige wenige an parasitische Lebensweise angepaßte Formen haben die Zellwände vollständig rückgebildet, so daß sekundär nackte Protoplasten im Entwicklungscyclus auftreten (z. B. Olpidium, Abb. 683 C). Die Befruchtung findet als Isogamie, Anisogamie, Gametangiogamie und Somatogamie statt. Falls Gametangiogamie auftritt, sind daran fast nie Oogonien mit Eizellen beteiligt. Dauerorgane entstehen niemals innerhalb von Oogonien (vgl. Oomyceten, S. 636). Die meisten Vertreter sind Haplonten, Haplo-Diplonten oder Haplo-Dikaryonten; Diplonten zählen zu den Ausnahmen; eine stärker und stärker ausgeprägte Dikaryophase setzt sich durch.

Die bei den Oomyceten erwähnten biochemischen Besonderheiten fehlen den Eumycota (s. S. 636) oder sie sind abweichend. Insbesondere verläuft die Synthese des Lysins über den Aminoadipinsäureweg. Viele Arten bilden – von den Algen als akzessorische Assimilationspigmente bekannte – Carotine; sie dienen teilweise als Photoreceptor bei phototropischen Wachstumskrümmungen (Pilobolus). Daneben kommen viele andere Pigmente vor, die verschiedensten Strukturtypen angehören. Häufig sind phenolische Pigmente (Abb. 741); auch stickstoffhaltige Heterocyclen sind bekannt; Anthocyane und Flavone, bei den folgenden Abteilungen verbreitet, fehlen jedoch weitgehend.

I. Klasse: Chytridiomycetes

Die Chytridiomyceten leben als einkernige Zellen oder bilden einen vielkernigen, querwandlosen (siphonalen) Thallus. Die beweglichen Zellen (Gameten und Zoosporen) sind opisthokont (Abb. 677 B). Anstelle eines Nucleolus findet sich meist eine RNA-reiche «Kernkappe» (Abb. 690). Die meisten Arten leben im Wasser, manche auch im Boden oder als Parasiten in Zellen Höherer Pflanzen. Die drei Ordnungen der Chytridiomyceten unterscheiden sich im Thallusbau, in der Art ihrer geschlechtlichen Fortpflanzung und in der Feinstruktur der Zoosporen. Es sind etwa 500 Arten bekannt.

1. Ordnung: **Chytridiales.** Der Thallus der zu dieser Ordnung zählenden Pilze ist wenig entwickelt, meist einzellig, kugel- oder blasenförmig; ein Hyphenmycel wird nicht gebildet, wohl aber vielfach feine kernlose Fortsätze einer Einzelzelle (Rhizoidmycel). Die geschlechtliche Fortpflanzung wird als Isogamie, Anisogamie oder Gametangiogamie vollzogen. Die Geschlechtsbestimmung ist genotypisch (Olpidiaceae: Rozella) oder modifikatorisch (Synchytrium). Gewöhnlich wird der ganze Thallus bei der Bildung von Sporen oder Gameten aufgebraucht («Holocarpie»); abgeleitete Formen mit ihrem Rhizoidmycel entwickeln für die Bildung und Entleerung der Keimzellen eigene Thallusteile («Eucarpie»). Die Zoosporen enthalten einen auffallend großen Ölkörper.

Der Entwicklungsgang niederer *Chytridiales* sei am Beispiel der **Olpidiaceae** dargelegt. Der nackte Protoplast lebt parasitisch in der Zelle der Wirtspflanze, umgibt sich nach dem Heranwachsen mit einer Chitinwand (Abb. 683 C, D), bildet unter Kernteilung und Zerklüftung des Cytoplasmas viele opisthokonte Schwärmer; der gesamte Protoplast geht dabei in der Schwärmerbildung auf. Die Schwärmer infizieren entweder als Zoosporen neue Wirtszellen oder sie kopulieren als Gameten paarweise miteinander (fakultative Funktionsbestimmung; Isogamie) zu nackten, zweigeißeligen Planozygoten (Abb. 683 F), die in Wirtszellen eindringen und sich später in diesen zu derben Hypnozygoten umwandeln; die beiden Sexualkerne verschmelzen erst im nächsten Frühjahr (Beginn einer Dikaryophase; Abb. 683 G, H), und dann bilden sich – wahrscheinlich unter Reduktionsteilung – zahlreiche Schwärmer, die durch eine hervorwachsende Entleerungspapille ausschlüpfen.

Olpidium brassicae (**Olpidiaceae**) ist Erreger einer «Umfallkrankheit» bei Kohlkeimlingen. – Die verwandten **Synchytriaceae** leben als Endoparasiten in Blütenpflanzen, wo sie gallenartige Wucherungen erzeugen können; *Synchytrium endobioticum* ruft den Kartoffelkrebs hervor. Alle diese Pilze entwickeln sich endobiontisch, also vollständig im Inneren der befallenen Zellen; sie sind außerdem «holocarp».

Bei den folgenden Familien geht der Thallus in der Bildung von Keimzellen nicht mehr vollständig auf («Eucarpie»). –

Die **Rhizidiaceae** sind häufige Parasiten auf Planktonalgen und Pollenkörnern (*Rhizophydium*; Abb. 684). Der Thallus gliedert sich «arbeitsteilig» in ein reproduktives Bläschen außerhalb des Substrates und in ein nahrungsaufnehmendes Rhizoid, das in die Wirtszelle eindringt. Den Mittelpunkt des monozentrischen Thallus bildet bei *Polyphagus euglenae* eine einzige «Zentralblase», welche mehrere Rhizoide aussendet. Die Art ernährt sich, indem sie mittels ihrer Rhizoidfortsätze Algen der Gattung *Euglena* angreift und aussaugt. Ein einziges Exemplar von *Polyphagus euglenae* vermag über 50 Euglenen zu befallen (Abb. 743A). Die geschlechtliche Fortpflanzung ist eine Anisogametangiogamie: Kleinere ♂ Individuen entsenden «Suchrhizoide»; sobald diese auf die Zentralblase eines ♀ Individuums stoßen, schwellen diese (Suchrhizoide) an und nehmen den ♂

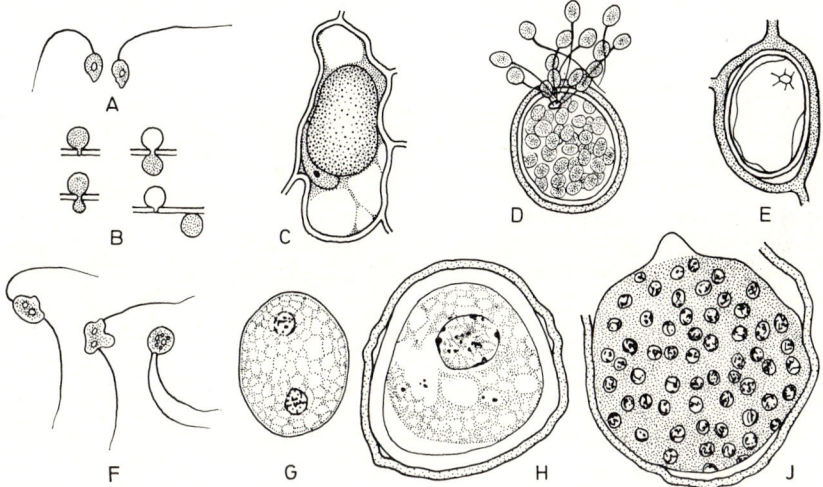

Abb. 683: *Chytridiomycetes*, *Chytridiales*, *Olpidium viciae*. A Zoosporen. B Eindringen in die Wirtszelle. C Nackter Protoplast des Pilzes in der Wirtszelle. D Zoosporangium bzw. Gametangium. E Desgl. entleert. F Kopulation zweier opisthokonter Gameten. G Junge, noch zweikernige Zygote. H Encystierte Zygote. J Desgl., keimend. (A–F 500 ×; G 600 ×; H, J 120 ×; nach KUSANO.)

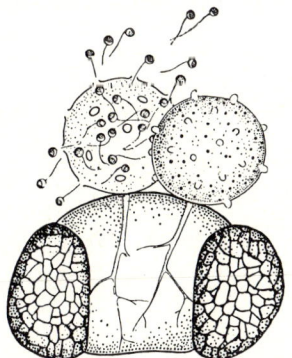

Abb. 684: *Chytridiomycetes*, *Chytridiales*, *Rhizophydium halophilum*. Zoosporangien mit Entleerungspapillen, eines mit austretenden opisthokonten Zoosporen. Auf einem Pollenkorn von *Pinus* mit Haustorien im Inneren. (400 ×; nach UEBELMESSER.)

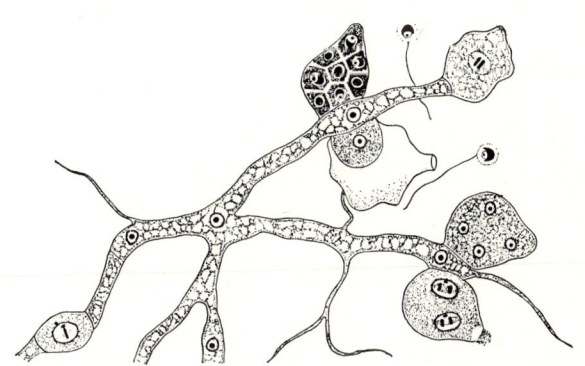

Abb. 685: *Chytridiomycetes*, *Chytridiales*, *Polychytrium aggregatum*. Kleines, mehrkerniges Schlauchmycel mit verschieden entwickelten Sporangien und 2 opisthokonten Zoosporen (400 ×; nach AJELLO.)

und ♀ Kern aus den Zentralblasen der kopulierenden Pilze auf (Abb. 686 C, D). Die entstehende Zygote ist derbwandig, stachelig und überdauert als dikaryotische Hypnozygote («Dauerspore», E). Kernverschmelzung (Karyogamie) und wohl auch Meiose finden beim Auskeimen der Hypnozygote statt (F); in einem Keimschlauch bilden sich unter Kernvermehrung und simultaner Plasmazerklüftung zahlreiche Zoosporen (wohl Meiozoosporen). Die freigesetzten Schwärmer setzen sich an Euglenen fest, encystieren sich, worauf die Cyste auskeimt und eine «Zentralblase» mit Rhizoiden entsteht, die weitere Euglenazellen befallen.

In den folgenden beiden Familien werden die Zoosporen aus dem Sporangium durch Absprengen eines Deckels freigesetzt (operculater Typ im Gegensatz zum inoperculaten der vorigen Familien).

Die **Chytridiaceae** formen einen monozentrischen, die **Megachytriaceae** meist einen polyzentrischen Thallus mit mehreren durch Rhizoidstränge verbundenen blasenförmigen Zoosporangien. Die geschlechtliche Fortpflanzung ist in den wenigen erforschten Fällen eine Gametangiogamie. Bei *Zygochytrium (Megachytriaceae)* wachsen 2, in diesem Falle gleichwertige Kopulationsäste aufeinander zu, und an der Verschmelzungsstelle ihrer Enden (Abb. 687) bildet sich eine derbwandige Hypnozygote; über das Verhalten der Kerne bis zur Zygotenbildung ist nichts bekannt.

Es gibt Fälle, in denen die – mit oder ohne Schlauch – kopulierenden Gametangien vielkernig sind. Solche Vorgänge erinnern stark an die Verhältnisse, denen wir später bei den Zygomyceten wieder begegnen werden. Während bei den *Chytridiales* ein heterophasischer Generationswechsel noch nicht vorhanden ist (nur bei *Physoderma* bestehen Anzeichen dafür), finden wir ihn vielfach in der nächsten Ordnung in charakteristischer Ausprägung.

2. Ordnung: **Blastocladiales.** Die Vertreter dieser Ordnung bilden meist einen Hyphenthallus, der mehrere Keimzellenbehälter an den Hyphenenden durch Querwände abgrenzt. Im Substrat ist der Thallus mit rhizoidartigen Fortsätzen (Abb. 688) verankert. Die einfachsten Vertreter stehen äußerlich den *Chytridiales* sehr nahe, z. B. die in der Erde lebende «holocarpe» *Blastocladiella* (Abb. 688, 689). Die Zoosporen enthalten mehrere, nicht besonders große Ölkörper und keimen mit zwei Keimschläuchen. Die meisten Vertreter leben saprophytisch im Boden, in Wasser, vielfach an Resten von Pflanzen und Tieren. Zwei Arten von *Blastocladiella* befallen Blaualgen.

Die Besonderheiten der Fortpflanzung lassen sich am Beispiel von *Allomyces* verdeutlichen. Dieser «eucarpe» Erdpilz hat bereits reichverzweigte, vielkernige Hyphen (Abb. 689). Der

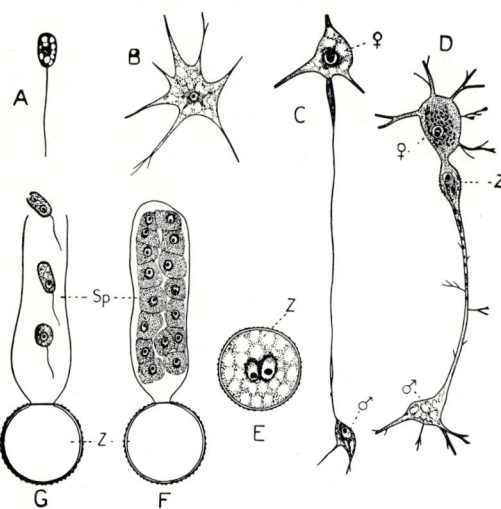

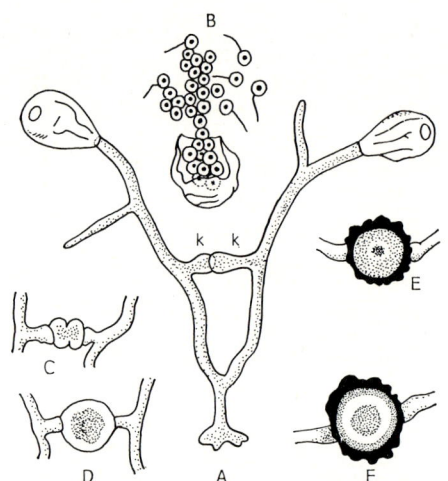

Abb. 686: *Chytridiomycetes, Chytridiales, Polyphagus euglenae.* A Zoospore. B Pflänzchen, Rhizoiden aussendend. C Kopulation zwischen dem kleineren ♂ und größeren ♀ Individuum. D ♂ Kern in der künftigen Zygote (Z). E Zygote mit noch unverschmolzenem ♂ und ♀ Kern. F, G Entwicklung und Entleerung des Zoosporangiums (Sp). (Etwa 450 ×; nach Wager.)

Abb. 687: *Chytridiomycetes, Chytridiales, Zygochytrium aurantiacum.* A Pflänzchen mit 2 endständigen, entleerten Zoosporangien und 2 kopulierenden Gametangien (k). B Zoosporangium in Entleerung. C–F Zygotenbildung aus kopulierten Gametangien. F Reife Hypnozygote («Zygospore»). (350 ×; nach Sorokin.)

Lebenscyclus verläuft als isomorpher Generationswechsel (bei «Eu-Allomyces»).

Der Gametophyt bildet an den Hyphenenden durch Septen abgeschnürte Gametangien; das ♀ Gametangium sitzt meist unmittelbar auf einem ♂ Gametangium (Monöcie). Beide entlassen durch geöffnete Entleerungspapillen die Gameten; die ♂ Gameten sind kleiner und durch γ-Carotin orangerot gefärbt, die ♀ Gameten farblos. Die ♀ Gameten scheiden Sirenin (S. 448) aus und locken dadurch die ♂ Gameten chemotaktisch an. Nach der Anisogamie entsteht eine diploide, nur anfangs begeißelte Zygote. Aus dieser keimt der Sporophyt, der in Größe und Habitus dem Gametophyten gleicht. An den Hyphenabschnitten des Sporophyten entwickeln sich zwei verschiedene Typen von Sporangien. Seitenständige, dünnwandige, meist paarweise übereinanderstehende, mit Papille sich öffnende Mitosporangien entlassen nach ausschließlich mitotischen Kernteilungen diploide Mitozoosporen; diese keimen erneut zu diploiden Sporophyten aus, so daß der Generationswechsel durch eine reichliche vegetative Vermehrung des Sporophyten unterbrochen wird (Nebenfruchtform mit Mitosporangien). Endständig und vielfach einzeln werden derbwandige, wabig gemusterte, dunkel gefärbte Meiosporangien abgegliedert, die als Ganzes abfallen. Nach Überdauerung (als Hypnosporangien) entlassen sie unter Meiose haploide Meiozoosporen, die zum Gametophyten auskeimen.

Die «Eu-Allomyces»-Gruppe wird durch die Arten A. arbuscula (♂ Gametangien auf ♀) und A. macrogynus (♀ auf ♂) repräsentiert. Der Bastard der beiden in verschiedenen Ploidie-Varianten (A. arbuscula: n = 8, 16, 24, 32; A. macrogynus: n = 14, 28, 56) vorkommenden Arten, A. × javanicus, liefert Meiosporen mit geringer Keimkraft (0,1–3,2 %) und Gametophyten mit variierender Stellung der Gametangien. Vom vollständigen Generationswechsel gibt es Ab-

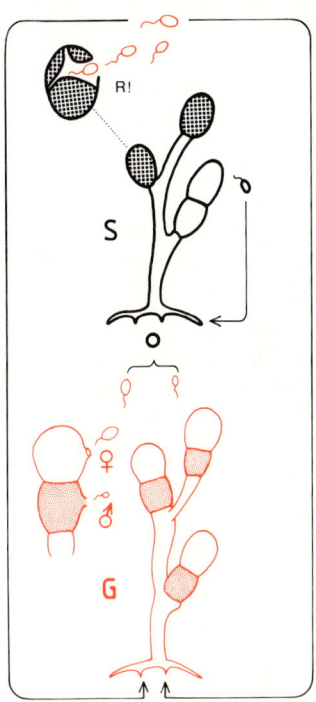

Abb. 689: Chytridiomycetes, Blastocladiales, Allomyces. Schema des Generationswechsels. Rote Linien: Haplophase; schwarze Linien: Diplophase. R! Reduktionteilung.

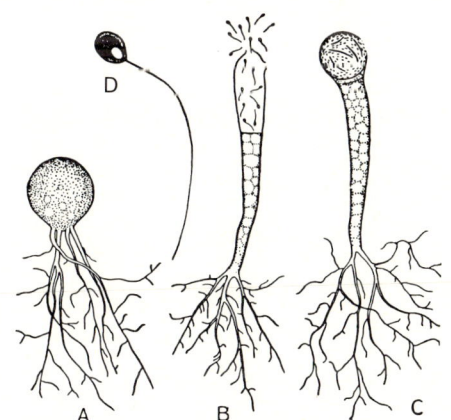

Abb. 688: Chytridiomycetes, Blastocladiales, Blastocladiella variabilis. A Sporophyt, B Zoosporangium in Entleerung, C mit Dauersporangium (33 ×). D Zoospore (450 ×). (Nach HARDER & SOERGEL.)

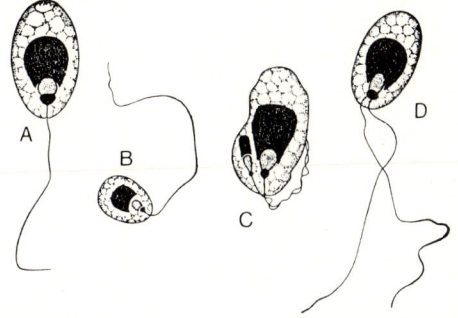

Abb. 690: Chytridiomycetes, Blastocladiales, Allomyces javanicus. A ♀, B ♂ opisthokont begeißelter Gamet. C in Kopulation. D Planozygote (1000 ×). (Nach KNIEP.)

weichungen mit Rückbildung des Gametophyten (z.B. Brachy-Allomyces).

Blastocladiella (Abb. 688) bildet Thalli mit nur einem Typ von Keimzellenbehältern: Der Gametophyt entwickelt je ein Gametangium; die verschmelzenden Isogameten sind nur in der Färbung (Carotin) verschieden. Der Sporophyt trägt entweder ein Mitosporangium oder ein Meiosporangium.

3. Ordnung: **Monoblepharidales.** Die Ordnung unterscheidet sich von der vorausgehenden durch die Abwesenheit eines deutlich abgesetzten basalen, Rhizoiden tragenden Thallusabschnittes sowie vor allem durch die oogame Fortpflanzung. Die ♀ Keimzellen werden als unbegeißelte Eizellen angelegt, die sich nach der Befruchtung durch begeißelte ♂ Gameten (Oogamie) zu Oosporen fortentwickeln. Trotz der gegenüber den *Blastocladiales* fortgeschrittenen Form der Fortpflanzung sind sie Haplonten geblieben, deren Meiose bei der Keimung der Zygote stattfindet (zygotischer Kernphasenwechsel); ein Generationswechsel fehlt.

Zur geschlechtlichen Fortpflanzung dienen die meist endständigen, angeschwollenen, einkernigen Oogonien (Abb. 691B); ihr Inhalt ist auf ein einziges einkerniges Ei reduziert. Die unter den Oogonien stehenden Spermatogonien entlassen eine Anzahl von einkernigen und eingeißeligen Spermatozoiden (B). Diese dringen durch eine Öffnung in das Oogonium ein und befruchten das Ei (C, D), das nun entweder im Oogonium liegenbleibt oder sich – bei den meisten Arten – durch die Mündung des Oogoniums zwängt (E) und hier zur derbwandi-

gen stacheligen Hypnozygote wird (F); oder die Zygote schwimmt sogar mittels der erhalten bleibenden ♂ Geißel davon. Die Zygoten keimen nicht mit Zoosporen, sondern mit einem Keimschlauch (Abb. 691G), was als abgeleitetes Merkmal gilt. Die vegetative Fortpflanzung erfolgt durch Zoosporen (Abb. 691A). Die Vertreter der 3. Ordnung leben saprophytisch an Pflanzenresten im Wasser.

Beim Rückblick auf die Chytridiomyceten erkennen wir einige wichtige Progressionen. Anstelle ursprünglicher «Holocarpie» setzt sich zunehmend «Eucarpie» durch. Von der Isogamie mit fakultativer Funktionsbestimmung der Keimzellen über Isogamie mit genotypisch festgelegter Gametenkopulation wird Anisogamie, Oogamie *(Monoblepharidales)* und Gametangiogamie erreicht. Vereinzelt wird die Karyogamie nach der Kopulation der Gameten und nach der damit erfolgten Plasmogamie verzögert; die Einschaltung einer Dikaryophase ist die Folge *(Olpidium, Polyphagus)*. Neben Monöcie ist auch Diöcie verwirklicht; in einzelnen Gruppen wird ein Generationswechsel und seine Fortentwicklung zu einem diplontischen Lebenscyclus *(Allomyces)* beobachtet. Nackte Thalli sind an endoparasitische Lebensweise angepaßt. Echte Landbewohner mit Luftmycelien sind in diesem Verwandtschaftsbereich noch nicht entwickelt.

In allen nun folgenden Klassen (II–IV) fehlen begeißelte Schwärmer (Gameten, Zoosporen) vollständig. Die Anpassung an das Landleben ist weitgehend vollzogen.

II. Klasse: Zygomycetes

Die Zygomyceten besitzen meist reich entwickelte Hyphenmycelien, die gewöhnlich unseptiert und vielkernig sind (coenocytisch, der siphonalen Organisationsstufe der Algen entsprechend); bei gewissen Formen gibt es Querwände. Bei der geschlechtlichen Fortpflanzung werden nirgends Gameten ausgebildet: stets kopulieren zwei aufeinander zuwachsende, ganze, häufig gleichgestaltete, meist vielkernige Gametangien miteinander (Gametangiogamie, vgl. S. 214) zu einer überdauernden Zygote. Diese sog. «Zygospore» ist das Ergebnis der geschlechtlichen Vorgänge; sie keimt unter Meiose mit einem Keimsporangium aus, in welchem endogen unter Zerklüftung des vielkernigen plasmatischen Inhaltes die Meiosporen in Vielzahl entstehen. Die vegetative Vermehrung ist an das Land-

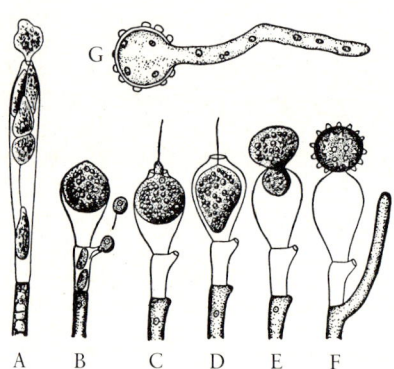

Abb. 691: *Chytridiomycetes, Monoblepharidales, Monoblepharis.* A Sporangium mit ausschlüpfenden Zoosporen. B Ende eines Fadens mit einem Oogonium und dem darunter liegenden Spermatogonium, aus dem ein Spermatozoid ausschlüpft. C Ein Spermatozoid ist durch die apikale Öffnung zum Ei vorgedrungen und verschmilzt mit ihm. D Verschmelzung vollzogen. E Das befruchtete Ei rutscht aus dem Oogonium heraus. F Hypnozygote mit derber stacheliger Wand. G Zygotenkeimung. A *M. macrandra,* B–G *M. sphaerica.* (300 ×; A–F nach Woronin; G nach Laibach.)

leben angepaßt, jedoch in einer etwas anderen Weise als bei den Oomyceten: Bei diesen sahen wir das ganze Sporangium sich loslösen, um die Zoosporen an ihren Keimungsort zu bringen; bei den Zygomyceten entstehen (unter Zerklüftung) endogen im Inneren der Sporangien von Zellwänden umhüllte Sporangiosporen, die aus dem Sporangium freikommend in der Luft verbreitet werden. Auch die bei den Oomyceten vorhandene Umbildung von Sporangien zu mit Keimschlauch auswachsenden Conidien kehrt bei den Zygomyceten in analoger Weise wieder. Die Klasse enthält etwa 500, vorwiegend saprophytisch lebende Arten in mehreren Ordnungen.

1. Ordnung: **Mucorales.** Die Sporen werden hier in Sporangien gebildet, wobei diese zumeist aufspringen und zahlreiche Sporangiosporen freilassen; seltener sind die Sporangien wenig- bis einsporige, als Ganzes abfallende, Sporangiolen genannte Verbreitungseinheiten. Die «Zygosporen» entstehen als Teil der

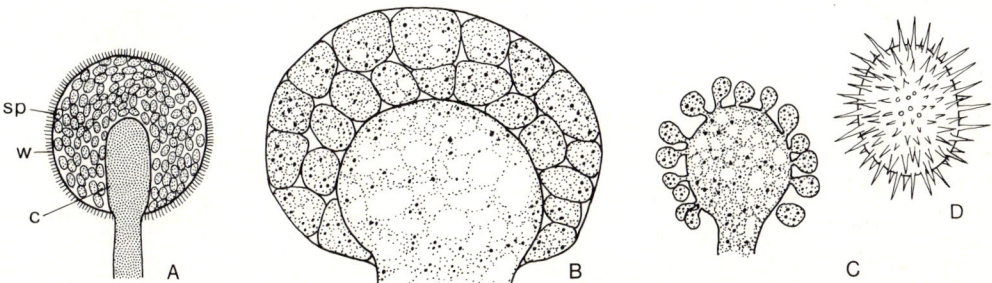

Abb. 692: *Zygomycetes, Mucorales.* A Sporangium im optischen Längsschnitt von *Mucor mucedo* (225 ×). B Schnitt durch ein reifes Sporangium mit mehrkernigen Mitosporen von *Sporodinia grandis.* C–D *Cunninghamella echinulata.* C Conidienbildung (370 ×). D Conidie (1000 ×). c Columella, w Wand, sp Sporangiosporen. (A nach BREFELD; B nach HARPER; C nach MOREAU; D Orig.)

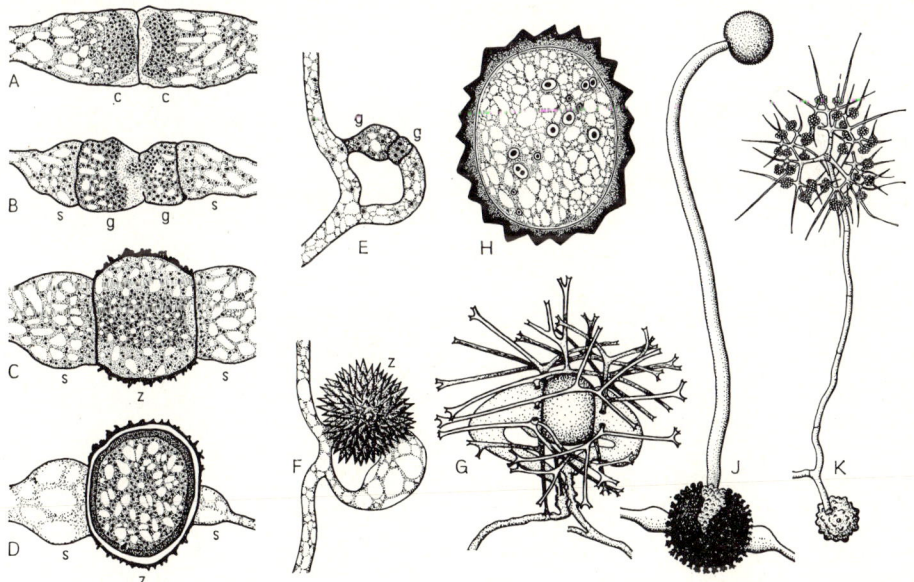

Abb. 693: *Zygomycetes, Mucorales.* A–D Befruchtungsorgan und Bildung der Hypnozygote von *Sporodinia grandis* (50 ×). c Kopulationsast, g Gametangium, s Suspensor, z Zygote. E, F Desgl. bei *Zygorrhynchus moelleri* (75 ×). G *Phycomyces blakesleeanus,* Zygote mit Hüllfäden (30 ×). H *Mucor hiemalis,* Zygote mit haploiden Kernen, Kernverschmelzung und diploiden Kernen (550 ×). J *Mucor mucedo,* Keimsporangium (60 ×). K *Chaetocladium jonesii,* Keimung der Zygote mit Conidienträger (75 ×). (A–D nach KEENE; E, F nach GREEN; G nach GWYNNE-VAUGHAN; H nach MOREAU; J, K nach BREFELD.)

fusionierenden Gametangien. – Hierzu gehören terrestrische Schimmelpilze, die vorwiegend saprophytisch, seltener parasitisch auf Pflanzen und Tieren leben.

Eine der am weitesten verbreiteten Arten ist der Köpfchenschimmel, *Mucor mucedo*, dessen stark verzweigtes, querwandloses Mycel weiße Schimmelrasen auf Mist, Brot usw. bildet. Aus den das Substrat durchziehenden, nahrungsaufnehmenden Hyphen erheben sich in die Luft senkrechte Mycelschläuche, die am Ende je ein kugeliges Sporangium tragen (Abb. 692), in dessen Innerem an das Landleben angepaßte, mit einer Zellwand versehene austrocknungsfähige Sporen in sehr großer Zahl entstehen: sie sind rund, mehrkernig, gehören als Mitosporen der Nebenfruchtform an und bleiben längere Zeit keimfähig.

Geschlechtliche Fortpflanzung tritt ein, wenn Mycelien konträren Kreuzungstyps (+ und –) zusammentreffen. Dann bilden die beiden Mycelien unter wechselseitiger Beeinflussung durch ausgeschiedene Gamone keulenförmige, sich aufeinander zukrümmende

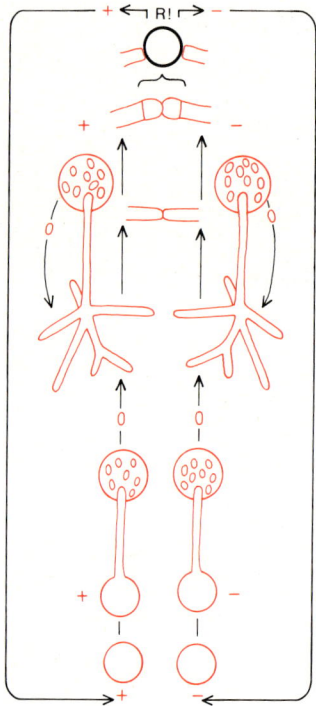

Abb. 694: *Zygomycetes, Mucorales.* Lebenskreislauf. Rote Linien: Haplophase; schwarze Linien: Diplophase; R! Reduktionsteilung.

und schließlich an den Spitzen einander berührende Gametangien, die vielkernig und durch eine Querwand von den Trägerhyphen (Suspensoren) abgegrenzt sind. Die trennende Doppelwand zwischen den Gametangien verschwindet (Abb. 693B) und beide Gametangien nehmen an der Ausgestaltung der nunmehr entstehenden Zygote teil. Diese ist eine überdauernde, mit dicker mehrschichtiger, außen warziger Wand versehene Hypnozygote («Zygospore» D), in der sich die zahlreichen Geschlechtskerne (+, –) paaren. Am Ende der Ruhepause haben wenige, manchmal nur ein einziges Kernpaar die Kernverschmelzung (Karyogamie) vollzogen, während die anderen zugrunde gegangen sind. An der Befruchtung nehmen demnach ausschließlich Gametenkerne, keine freien Gameten teil. Die «Zygospore» keimt unter Meiose mit einem Keimschlauch aus, wobei sich nur ein einziger haploider Gonenkern (die übrigen Meioseprodukte degenerieren) mitotisch weiterteilt: alle Kerne sind daher genotypisch gleichwertig. Am Ende des Keimschlauches bildet sich ein Keimsporangium (J), das zahlreiche einem einzigen Kreuzungstyp (+ oder –) angehörende Meiosporen enthält. Es gleicht zwar äußerlich den Mito-Sporangien der vegetativen Nebenfruchtform, im Unterschied zu jenen sind die hier entstehenden Sporen jedoch einkernige gleichgeschlechtige (+ oder –) Meiosporen. In beiden Fällen werden die Sporangien von ihren Traghyphen durch eine Querwand abgegrenzt, die sich kegelförmig als sog. Columella in das Sporangium vorwölbt (Abb. 692). Das vielkernige Plasma der Sporangien zerfällt jeweils durch Zerklüftung, entweder in vielkernige haploide Mitosporen, oder in einkernige haploide Meiosporen.

Im einzelnen bestehen bei den verschiedenen Arten viele Abweichungen im Bau der Sporangien, Gametangien und Zygosporen sowie im Fortpflanzungsverhalten. Einerseits gibt es Sporangientypen, die ähnlich wie bei den Chytridiomyceten sich mit einem Porus öffnen *(Saksenaea)*, während im Regelfall die Sporangiosporen durch Platzen der Sporangienwand frei werden. In den Nebenfruchtformen wird die Tendenz deutlich, die Sporen in den Sporangien zahlenmäßig stark zu verringern und die zugleich in der Größe reduzierten Sporangien als ganze Einheiten zu verbreiten (sog. Sporangiolen mit rückgebildeter Columella, z.B. bei *Thamnidium*). Am Ende dieser Entwicklung sind die Sporangien bzw. Sporangiolen exogen abgeschnürten Conidien gleichzusetzen, in deren Innerem die Fähigkeit zur Sporenbildung stark verkümmert (z. B. *Haplosporangium, Blakeslea, Choanephora*) oder gänzlich abhanden gekommen ist *(Cunninghamella)*. Bei *Choanephora* bilden sich je nach den Außenbedingungen (Ernährung, Temperatur) «Conidien» oder Sporangien mit Sporangiosporen. Manche Arten haben nur Conidien. Der regelmäßig auf Pferdemist auftretende «Pillenwerfer» *Pilobolus* schleudert durch Turgordruck sein ganzes endständiges, schwarz gefärbtes Sporangium vom positiv phototropen Träger ab (Abb. 695). Die vertikale Schußweite beträgt bis 1,8 m, die horizontale bis 2,4 m bei einer Anfangsgeschwindigkeit von etwa 10 m/sec. Bei der Gametangiogamie der diöcischen (Abb. 693 A) oder monöcischen Arten (E) sind die beteiligten Gametangien weitgehend gleichgestaltet (Isogametangiogamie; A, G), oder sie sind in Größe und Verhalten verschieden (Anisogametangiogamie; E). Die Hypnozygoten werden nicht selten durch Hüllhyphen, die aus den Suspensoren hervorwachsen, geschützt. Wir stehen hier am Anfang der Fruchtkörperbildung wie sie bei den Ascomyceten und Basidiomyceten weithin zum Regelfall wird. Unter Fruchtkörpern verstehen wir makroskopisch sichtbare Hyphengeflechte der Hauptfruchtform. Bei *Absidia* (Anisogametangiogamie) bildet nur der dem größeren Gametangium zugeordnete Suspensor unverzweigte lange, braune, die Zygospore einhüllende Auswüchse; bei *Phycomyces* (Isogametangiogamie) überwachsen von beiden Suspensoren aus fast schwarze, verzweigte Anhängsel die Zygote (G). Bei *Mortierella* entwickelt sich um jede einzelne Zygote, bei *Endogone* um mehrere von ihnen ein Hüllgeflecht aus dichter verflochtenen Hyphen.

2. Ordnung: **Endogonales** (mit *Endogone* und einigen anderen Gattungen): Die knöllchenförmigen haselnußgroßen Fruchtkörper von *Endogone* leben hypogäisch im Boden; die Gametangien bilden nach ihrer Kopulation brückenartige Gebilde (Abb.

696 A), aus deren Scheitel sich die Zygoten als Kugel herauswölben (B). Das Mycel ist anfangs vielkernig und unseptiert, später werden Querwände ausgebildet.

In der 3. *Ordnung* der **Entomophthorales** vermehren sich die Arten in der vegetativen Phase fast ausnahmslos mit «Conidien»; diese leiten sich ebenfalls von Sporangien ab. Die Gametangienkopulation

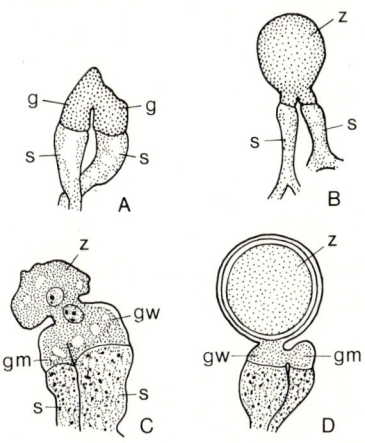

Abb. 696: *Zygomycetes, Endogonales, Endogone.* Befruchtung. A Kopulation. B fertige Zygote von *E. pisiformis.* C Auswachsen der Zygote nach Übertritt des Kerns aus dem ♂ (gm) in das ♀ (gw) Gametangium, und D fertige Zygote (z) von *E. lactiflua.* g Gametangium, s Suspensor. (300 ×; A, B nach Thaxter; C, D nach Buchholz.)

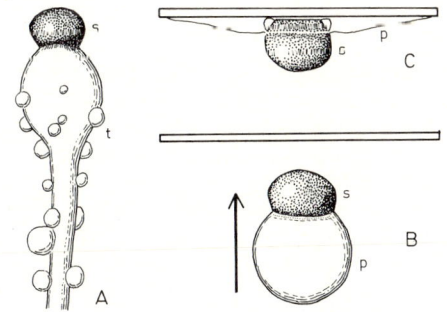

Abb. 695: *Zygomycetes, Mucorales, Pilobolus crystallinus.* A Sporangiophor mit Sporangium (s); ersterer mit ausgeschiedenen Flüssigkeitstropfen t besetzt (20 ×). B abgeschossenes Sporangium kurz vor, C nach dem Aufschlag auf ein Hindernis; p Schleimpfropf (Sporangiophorplasma). (A nach Webster; B, C nach Buller.)

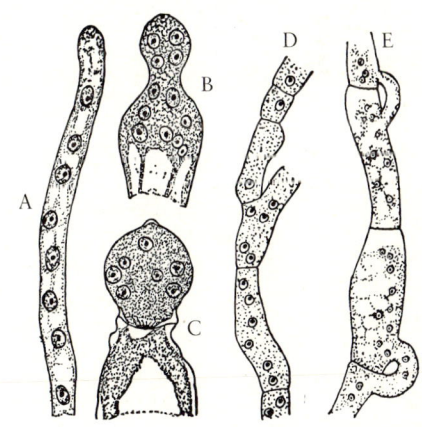

Abb. 697: *Zygomycetes, Entomophthorales.* A–C *Entomophthora muscae* (450 ×). A Hyphenende aus einer Fliege. B Daraus entstandener, nach außen hervorgebrochener Conidienträger. C Bildung der Conidie. D Junge Hyphe von *Entomophthora sciarea* (180 ×). E *Ancylistes closterii.* Befruchtung zwischen benachbarten Zellen (500 ×). (A–D nach Olive, E nach Dangeard.)

findet zwischen zwei Fäden oder auch seitlich zwischen Nachbarzellen des gleichen Fadens statt (Abb. 697 E). Die Hypnozygote wird wie bei *Endogone* als Auswuchs der vereinigten Gametangien angelegt. In den schlauchförmigen Hyphen treten Querwände auf; die dadurch entstehenden Abschnitte sind unregelmäßig vielkernig bis einkernig (Abb. 697 D), bei *Basidiobolus ranarum* sogar fast nur einkernig. – Bei dem bekanntesten Vertreter, *Entomophthora muscae*, der eine epidemische Fliegenkrankheit hervorruft, wird die vielkernige Conidie (Abb. 697 B, C) von ihrem Träger abgeschleudert; sie bildet auf getroffenen Fliegen einen Keimschlauch, der in das Innere des Tierkörpers eindringt und hier ein parasitisches, die Fliege tötendes Mycel entwickelt. Aus der Leiche wachsen massenhaft Conidienträger hervor, deren abgeschleuderte Conidien die tote Fliege (z.B. an einer Fensterscheibe) mit einem weißen Hof umgeben. In ausgetrockneten Fliegen entstehen innerhalb der Hyphen derbwandige Cysten, die vielleicht als parthenogenetische Zygoten aufzufassen sind.

Die den *Entomophthorales* nahestehenden **Zoopagales** *(4. Ordnung)* parasitieren auf Amöben und Nematoden mittels Hyphenästen, die zu Haustorien umgebildet werden (Abb. 743 G; S. 689).

Unklar ist der Anschluß einiger in der Klasse der **Trichomycetes** vereinigter Gattungen mit 60 Arten. Sie parasitieren in oder auf Insekten (bes. Wasserinsekten) und besitzen einen stark reduzierten Thallus, dessen Zellwände aus Polygalactosamin und Galactan bestehen. Die als Folge einer Gametangiogamie entstehenden «Zygosporen» und das Fehlen von Gameten sprechen für eine Verwandtschaft mit den Zygomyceten, die allerdings Chitin-Zellwände haben. Gelegentlich auftretende amöboide Stadien begründen eine gewisse Sonderstellung. Gattungsbeispiele sind *Amoebidium* auf Wasserinsekten und *Harpella* im Darm von Kriebelmücken.

III. Klasse: Ascomycetes

Die Ascomyceten leben ebenso wie die Basidiomyceten (IV. Klasse) überwiegend terrestrisch. Einige Arten kommen im Süßwasser oder im Meer vor. Es sind meistens Pflanzenparasiten oder Saprophyten auf abgestorbenen pflanzlichen Geweben und in Pflanzensäften. Der Thallus ist im Regelfall ein reichverzweigtes Mycel aus septierten Hyphen; ihre Querwände sind von einem einfachen Porus durchbrochen. An bestimmte Ernährungsweisen angepaßte und hierin als abgeleitet gedeutete Formen haben ein Sproßmycel nach Art der Hefe. Die Zellwände bestehen aus Chitin und Glucanen (bei den Hefen, *Endomycetidae*, ist der Chitin-Anteil sehr klein oder es fehlt Chitin vollständig). Sie sind bei starker Ver-

größerung im Elektronenmikroskop zweischichtig; die innere Schicht ist hell, dick und strukturlos, die äußere dunkel und dünn. Die sexuelle Fortpflanzung führt zur Bildung eines charakteristischen schlauchförmigen Meiosporangiums, des Ascus. Im Ascus vollzieht sich: die Verschmelzung der Geschlechtskerne (z.B. + und − Kerne; Karyogamie); die Reifeteilung (Meiose), sowie die endogene Bildung von Meiosporen (= Ascosporen), und zwar in freier Zellbildung. Die Asci sind darüber hinaus vielfach für die aktive Ausschleuderung der Ascosporen eingerichtet. Begeißelte Keimzellen fehlen ebenso wie dies bei den Zygomyceten und den vollständig an das Landleben angepaßten Basidiomyceten der Fall ist.

Die Ascomyceten oder Schlauchpilze umfassen mit ca. 30 000 bekannten Arten etwa 30% aller bisher beschriebenen Pilze. Zählt man die sich größtenteils von den Ascomyceten ableitenden imperfekten Pilze (*Deuteromycetes* S. 685) hinzu, so erhöht sich ihr Anteil auf 60%. Die systematische Gliederung gründet sich auf die unterschiedliche Entstehung der Asci im Lebenscyclus, auf Bau und Öffnungsweise der Asci sowie auf Form und Entwicklung der Fruchtkörper. Die Anordnung der Taxa wird je nach Bewertung der Merkmale von verschiedenen Autoren unterschiedlich vorgenommen. Im folgenden gehen wir davon aus, daß sich die Entwicklung von den Chytridiomyceten über die Zygomyceten zu den Ascomyceten vollzogen hat.

1. Unterklasse: Endomycetidae

In dieser Unterklasse werden als ursprünglich betrachtete hefeartige Ascomyceten vereinigt. Hefen sind Pilze, die sich durch Knospung nach Art der Bäckereihefe vermehren (Abb. 54); auch die Vermehrung durch Hyphenbruchstücke (Arthrosporen) ist für sie kennzeichnend. Die Asci entstehen direkt aus Zygoten oder anderen Einzelzellen, nicht in Fruchtkörpern. Die Ascuswand zerfällt oder verschleimt nach der Sporenreife; die Ascosporen werden also nicht ausgeschleudert. Der Thallus ist z.T. in Einzelzellen zerfallen, meist ein Sproßmycel, seltener ein septiertfädiges Mycel. Die Pilze dieser Unterklasse leben oft in zuckerhaltigen Substraten (z.B. im Blutungssaft von Holzpflanzen, Nektar).

1. Ordnung: **Endomycetales.** Sie repräsentieren den typischen Bau innerhalb der Unterklasse und sollen erläutert werden am Beispiel der Gattungen *Dipodascus*, *Endomyces* und *Saccharomyces*, welche jeweils eigenen Familien zugeordnet sind: *Dipodascaceae*, *Endomycetaceae*, *Saccharomycetaceae*.

Dipodascaceae: Die Hyphenzellen von *Dipodascus* bilden einen längerkettigen Verband, dessen einzelne Zellen ein- (*D. uninucleatus*) oder mehrkernig (z.B. *D. albidus*) sind. Bei *D. albidus*, der im Schleimfluß von Bäumen vorkommt, bilden sich schnabelförmige Gametangien (Abb. 698 W), die an ihren Spitzen miteinander fusionieren und sich dann an der Basis durch Querwände abgrenzen (Abb. 698 X). Die Kerne des einen Gametangiums (♂) treten in das etwas größere andere (♀) über. Es verschmilzt jedoch nur ein Kernpaar miteinander. Das weibliche Gametangium streckt sich zu einem langen Ascus. Während die überzähligen Kerne zugrunde gehen, entstehen aus dem diploiden Fusionskern unter Meiose z a h l r e i c h e haploide Kerne, von denen jeder durch freie Zellbildung (S. 61) zum K e r n einer Ascospore wird. *D. uninucleatus* besiedelt tote Insekten; hier verschmelzen zwei benachbarte, zu Gametangien umgewandelte Zellen, deren Kerne größer als diejenigen der benachbarten Zellen sind.

Die **Endomycetaceae** und **Saccharomycetaceae** enthalten in ihren Asci h ö c h s t e n s a c h t Ascosporen.

Endomyces bildet ein fädiges Mycel. Bei *E. magnusii*, der im Schleimfluß (entstanden aus Phloemexsudat) der Eiche lebt, weisen der männliche und weibliche Kopulationsast einen beträchtlichen Größenunterschied auf; letzterer wird nach Kernverschmelzung und anschließender Meiose zu einem viersporigen Ascus (Abb. 698 T, U).

Saccharomyces und nahe verwandte Gattungen enthalten die bekannten und in der Praxis vielfach verwendeten Hefepilze. Ihre kugeligen oder ovalen, einkernigen Zellen vermehren sich meist durch Zellsprossung (Abb. 54) und bleiben z. T. in kürzeren oder längeren, mehr oder weniger verzweigten Z e l l k e t t e n (Abb. 698 G) verbunden; bei *Schizosaccharomyces* vermehren sich die Zellen durch Querteilung (698 A). Die meisten Hefen (z.B. Bäcker-, Wein- und Bierhefen) sprossen nach dem N a r b e n t y p u s. Tochterzellen entstehen hier,

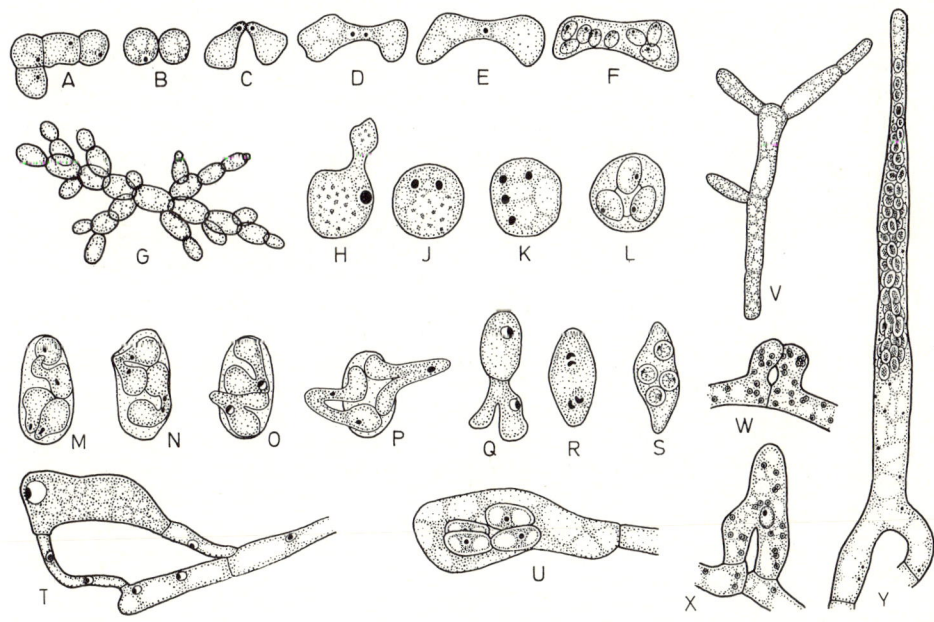

Abb. 698: *Endomycetidae, Saccharomycetales.* A–F *Schizosaccharomyces octosporus* (350 ×). A Zellverband; B–F Kopulation und Ascusbildung. G–L *Saccharomyces cerevisiae.* G Sproßketten (200 ×); H–L Ascusbildung (550 ×); M–S *Saccharomycodes ludwigii* (375 ×); M–P Kopulation keimender Meio-Sporen im Ascus; Q Sprossung der diploiden Zelle; R, S Ascosporenbildung; T, U *Endomyces magnusii*, Kopulation und Ascusbildung (375 ×); V *Candida reukaufii* (375 ×); W–Y *Dipodascus albidus*, Kopulation und Ascusbildung (275 ×). (A, V nach Lodder & Kreger; B–J, H–U nach Guillermond; G nach Lindau; W–Y nach Juel.)

indem die Mutterzelle die Zellwand an einer Stelle knospenförmig nach außen stülpt. Die heranwachsende Tochterzelle, in die ein Kern eintritt, löst sich nach Bildung einer Trennwand von der Mutterzelle, die nunmehr eine Bildungsnarbe trägt, während an der Tochterzelle eine Entstehungsnarbe zurückbleibt. Jede Hefezelle besitzt eine Entstehungs- und viele (bis zu 32) Bildungsnarben. Die Zellen führen Glykogen als Reservestoff und enthalten zahlreiche Vitamine, insbesondere solche der B-Gruppe.

Bei der geschlechtlichen Fortpflanzung (Abb. 698) kopulieren zwei Zellen miteinander (mitunter über eine kurze Kopulationsbrücke). Werden Suspensionen von Hefepilzen verschiedenen Kreuzungstyps vermischt, kommt es zu einer wolkenartigen Ausfällung. Diese Agglutination beruht auf spezifischen Zellwandproteinen des einen Kreuzungstyps und Zellwandpolysacchariden des anderen. Die Verbindung zu einem Protein-Polysaccharidkomplex ist die Ursache für die Agglutination. Die Zygote wird unmittelbar oder nach Zwischenschaltung einer Sprossungsphase zum Ascus, indem sich unter Meiose vier oder acht Ascosporen bilden, die nach Aufreißen der Ascuswand frei werden und zu neuen vegetativen Zellen auskeimen.

Hinsichtlich des Entwicklungsganges lassen sich bei den Hefen drei Typen unterscheiden. Beim haplontischen Typus (*Schizosaccharomyces*, Abb. 698 A–F) teilt sich der Zygotenkern sofort nach seiner Bildung unter Meiose und die Zygote wird unmittelbar zum Ascus; die vegetative Vermehrung erfolgt in der Haplophase. Beim haplo-diplontischen Typus (*Saccharomyces cerevisiae*, Abb. 698 G–L) wächst die Zygote zu einem diploiden Sproßmycel aus, in dessen Zellen nach der Meiose Ascosporen entstehen. Der Kernphasenwechsel ist hier also intermediär. Aus den haploiden Ascosporen wächst wieder ein Sproßmycel aus, das nunmehr haploid ist. Beim diplontischen Typus schließlich (*Saccharomyces ludwigii*, Abb. 698 M–S) verschmelzen je zwei Ascosporen bereits im Ascus miteinander; die vegetative Sprossung erfolgt ausschließlich in der Diplophase.

Die Hefepilze (*Saccharomyces*) finden als Verursacher der Alkoholgärung vielseitige Verwendung, wobei einmal das Endprodukt Alkohol (Wein, Bier, Pulque aus Agaven etc.), zum anderen CO_2 (zur Lockerung des Brotteiges) genutzt wird. Während die Weinhefe (*Saccharomyces ellipsoideus* = *S. vini*) auch wild auf den Beeren vorkommt, sind die Bierhefen (*S. cerevisiae* und *S. carlsbergensis* mit zahlreichen Rassen) nur in Kultur bekannt. Bei der Gärung sedimentieren die größeren Hefezellen, während die kleineren schwebend bleiben. Bei den «obergärigen» Bieren (z.B. Weizenbier) wird der größte Teil der Hefezellen mit dem Schaum abgeführt (im Gegensatz zu den normalen «untergärigen» Bieren). Der zum Brotbakken benutzte Sauerteig enthält außer Hefe auch Milchsäurebakterien.

Weitere kleinere, in die Nähe der *Endomycetidae* gestellte Ordnungen sind:

2. Ordnung: **Protomycetales.** Sie enthalten einige Parasiten auf Blütenpflanzen, die charakteristische Verfärbungen oder blasige Anschwellungen an ihren Wirten verursachen.

3. Ordnung: **Ascosphaerales.** *Ascosphaera apis* verursacht eine Krankheit bei Bienen.

Hefeähnliche Thalli sind nicht auf die *Endomycetidae* beschränkt; sie kommen – zumindest in bestimmten Entwicklungsstadien – auch bei anderen Ascomyceten (*Taphrinomycetidae*), bei Basidiomyceten (z.B. *Sporobolomycetaceae, Exobasidiaceae, Ustilaginaceae*) und bei den imperfekten Pilzen (z.B. *Cryptococcaceae*) vor.

2. Unterklasse: Taphrinomycetidae

In dieser Gruppe von Ascomyceten, die parasitisch auf Pflanzen leben, tritt erstmals eine ausgeprägte Paarkernphase (= Dikaryophase) im Entwicklungscyclus auf; sie ist für alle weiteren Asco- und Basidiomyceten kennzeichnend. Fruchtkörper werden jedoch im Gegensatz zu den folgenden Schlauchpilzen nicht gebildet.

Taphrina-Arten können auf den befallenen Wirtspflanzen verschiedene Mißbildungen hervorrufen. Manche Arten verursachen Hexenbesen (s.S. 428) auf Kirschbäumen, Birken und Hainbuchen; *T. deformans* erzeugt die Kräuselkrankheit der Pfirsich-Blätter; *T. pruni* wandelt den Fruchtknoten der Pflaume in hohle, steinkernlose Gallen, sog. Narrentaschen, um. Die Asci entstehen aus kurzen, zunächst zweikernigen, dann einkernig diploiden Hyphenabschnitten zwischen Cuticula und Epidermis des Wirtes, nach Reifeteilung und einigen Mitosen. Sie brechen zwischen den Epidermiszellen der Wirtspflanze hervor, bilden eine palisadenartige Schicht (Abb. 699) und öffnen sich am Scheitel mit einem einfachen Riß, durch den die Ascosporen ins Freie gelangen. Diese keimen durch Knospung und gleichen hierin Hefezellen. Daraufhin entsteht auf der Oberfläche der Wirtspflanzen zunächst ein haploides, saprophytisch lebendes Sproßmycel. Durch Verschmelzung vegetativer Zellen oder durch autogame Kernpaarung wird das Stadium eines dikaryotischen Hyphenmycels eingeleitet, das nunmehr parasitisch zwischen die Wirtszellen (intercellulär) eindringt. Seine Weiterentwicklung erfolgt unabhängig vom haploiden Mycel. In dieser Hinsicht ähneln die *Taphrinomycetidae* eher den Basidiomyceten mit ihrer selbständigen Paarkernphase als den folgenden Ascomyceten.

3. Unterklasse: Laboulbeniomycetidae

Wir streifen nur kurz diese Gruppe von auf Insekten parasitisch lebenden Pilzen, die sich stammesgeschichtlich früh isoliert haben. Charakteristisch sind reduzierte Thalli mit dabei doch streng fixiertem Aufbau von winzigen Fruktifikationsorganen (Abb. 700). Die Pilze dringen meist nur mit einem kurzen, dunkel gefärbten «Fuß» in den Chitinpanzer der Wirtsorganismen ein. Viele Arten (von ca. 1500) sind sehr wirtsspezifisch. Die Thalli entwickeln in einem Gehäuse («Perithecium») das weibliche Geschlechtsorgan (Ascogon) mit Trichogyne. Es wird durch Spermatien befruchtet (keine Gametangiogamie!), die aus kleinen flaschenförmigen Spermatangien entlassen werden. Nach der Befruchtung entstehen zartwandige Asci, die ein- bis zweizellige Ascosporen enthalten. Die Zeit von der Wirtsinfektion bis zur Sporenreife beträgt nur 10–20 Tage. – Die einzige Ordnung (**Laboulbeniales**) der Unterklasse läßt gewisse Beziehungen zu den *Ascomycetidae* erkennen; nach anderer Ansicht stehen sie jedoch sehr isoliert.

4. Unterklasse: Ascomycetidae

Die Vertreter dieser Unterklasse sind untereinander wohl näher verwandt als mit den vorausgehenden, sehr abweichenden Ascomyceten. Sie sind durch fädige haploide Mycelien in der vegetativen Phase, durch Paarkernhyphen (ascogene Hyphen) im generativen Stadium sowie durch aus haploiden und dikaryotischen Hyphen verflochtene Fruchtkörper gekennzeichnet. Die paarkernigen Hyphen der Dikaryophase sind räumlich und ernährungs-

physiologisch mit den haploiden Mycelien verbunden. Die Kernpaarung erfolgt nach unterschiedlichen Befruchtungsvorgängen. Bei der Gametangiogamie z.B. von *Pyronema confluens* entstehen in jungen Fruchtkörperanlagen an einigen Hyphenenden ♀ Organe; sie bestehen aus einer Stielzelle, dem angeschwollenen, vielkernigen ♀ Gametangium, Ascogon genannt (Abb. 702 A ag; Abb. 701), und einem, seinem Scheitel aufsitzenden, gebogenen, vielkernigen Fortsatz, der Trichogyne (t). In unmittelbarer Nähe des Ascogons entspringt – ebenfalls aus haploiden, einkernigen Hyphen – ein keulenförmiges, vielkerniges ♂ Gametangium (a). Die verschiedenen Sexualorgane treten z.T. in Gruppen auf und wachsen aufeinander zu, wobei das ♂ Gametangium mit einer Trichogyne verschmilzt. Die Trichogyne öffnet sich an ihrer Berührungsstelle (worauf ihre Kerne degenerieren), und die ♂ Kerne wandern aus dem ♂ Gametangium in die Trichogyne und von hier durch einen vorübergehend sich öffnenden Porus in das Ascogon (Plasmogamie). Dort legen sich die ♂ und ♀ Kerne paarweise an-

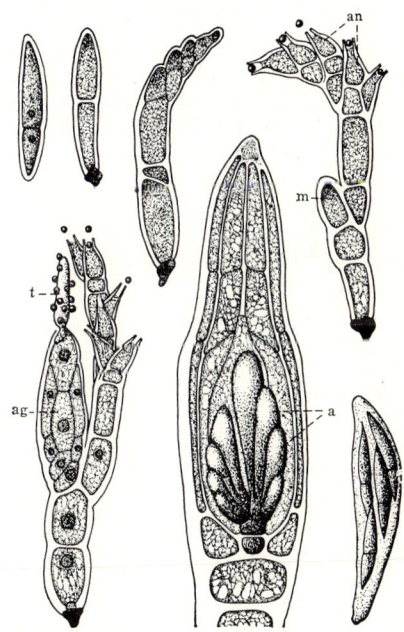

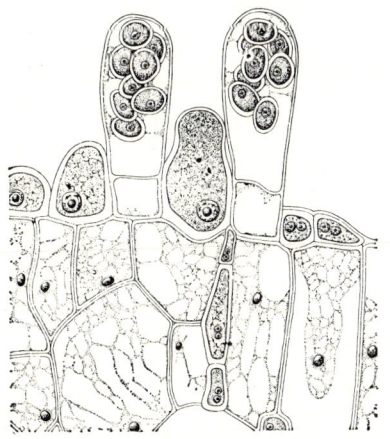

Abb. 699: *Taphrinomycetidae, Taphrina deformans.* Karyogamie und reife Asci. (800 ×; nach MARTIN.)

Abb. 700: *Laboulbeniomycetidae, Stigmatomyces baerii.* Obere Reihe: Entwicklung bis zur Ausbildung der Spermatangien (an) und der Ascogon-Mutterzelle (m). Untere Reihe: Befruchtungsstadium (ag Ascogon, t Trichogyne), halbreifes Perithecium mit jungen Asci (a), Ascus mit 4 zweizelligen Sporen. (400 ×; nach THAXTER.)

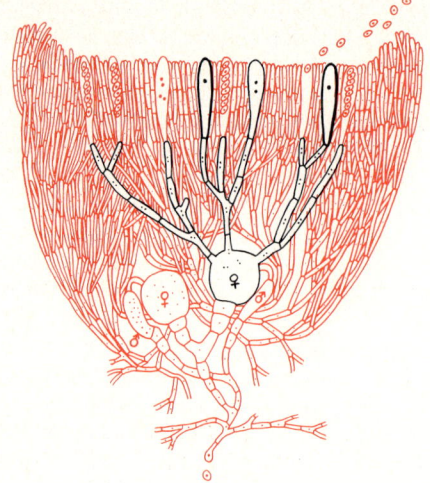

Abb. 701: *Ascomycetidae.* Fruchtkörper eines monöcischen Discomyceten (Schema). Rote Linien haploide, dünne schwarze Linien dikaryotische, dicke
schwarze Linien diploide Phase. Haken nicht gezeichnet. (Nach HARDER.)

einander (Abb. 702B). Das Ascogon treibt daraufhin zahlreiche Schläuche aus, in welche die
Kernpaare hineinwandern: die ascogenen
Hyphen, die unter Zellteilungen wachsen und
sich verzweigen. Bei allen Zellteilungen bleiben
in jeder Zelle die Kerne paarweise erhalten, weil
sie sich konjugiert (d.h. gleichzeitig) teilen.
So entstehen die Zellen der Dikaryophase
mit je 2 Kernen unterschiedlicher Kreuzungstyps (hier ♂ und ♀). Bei anderen Ascomyceten
kann die Übertragung der ♂ Keimzellen
in das Ascogon anstelle durch ♂ Gametangien
auch durch mehrkernige oder einkernige
Conidien sowie durch haploide Hyphen
geschehen. An der Somatogamie sind keinerlei Gametangien beteiligt, sondern es verschmelzen gewöhnliche, nicht besonders differenzierte haploide Hyphen. Auch hier wächst
aus dem Verschmelzungsprodukt (nach Plasmogamie) ein dikaryotisches Mycel hervor.
Oft wird die Sexualität unterdrückt. Man
spricht: von Parthenogamie, wenn inner-

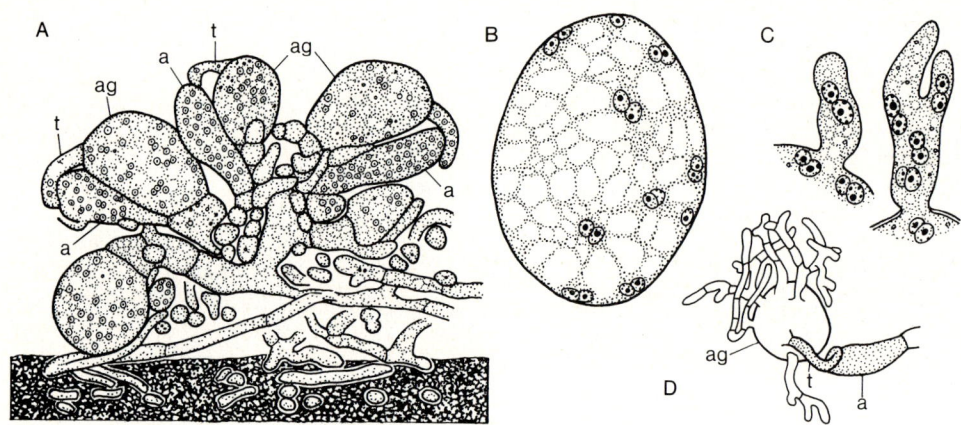

Abb. 702: *Ascomycetidae, Pyronema confluens.* A Anlage eines Fruchtkörpers, ag Ascogone mit Trichogynen
t, a ♂ Gametangien. B Querschnitt, Paarung der ♂ und ♀ Kerne im Ascogon. C Einwanderung der Paarkerne in
die aus dem Ascogon hervorsprossenden ascogenen Hyphen. D Ascogon mit ascogenen Hyphen (A 450 ×, B,
C 1000 ×, D 150 ×; A–C nach CLAUSSEN; D nach DE BARY.)

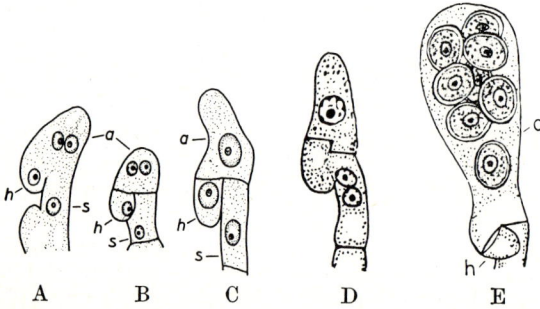

Abb. 703: *Ascomycetidae.* A–D Ascus-Ent-
wicklung von *Pyronema confluens.* (Nach
HARPER.) E junger Ascus von *Boudiera* (c)
mit Ascosporen. s Stielzelle, h Haken, a
späterer Ascus (Nach CLAUSSEN). Erklärung
im Text. (1000 ×.)

halb des Ascogons Kernpaarungen ohne vorausgehende Befruchtung durch ♂ Kerne erfolgen, – von A u t o g a m i e, wenn Kernpaarungen irgendwo, ohne Beteiligung von Ascogonen, eintreten, – von A p o m i x i s, wenn die Sexualität erloschen ist und die Entwicklung in der Haplophase verläuft. Die Paarkernhyphen (ascogene Hyphen der Dikaryophase) sind bei Ascomyceten vielfach an den Querwänden durch eigentümliche H a k e n gekennzeichnet, die auf folgendem Wege entstehen (Abb. 703): Die wachsende Spitzenzelle bildet seitlich etwas unterhalb der Hyphenspitze (subterminal) eine nach unten, gegen die Wachstumsrichtung weisende, hakenförmige Ausbuchtung. Gleichzeitig teilen sich die Kerne des Kernpaares, wobei einer der abgegliederten Tochterkerne in den hakenförmigen Auswuchs einwandert. Nunmehr wird durch Querwände das obere Kernpaar abgesondert (C), während der Haken an seiner Spitze mit der Stammhyphe verschmilzt und der aufgenommene Kern dorthin zurückwandert (D). Die Hakenbildung wiederholt sich bei jeder neuen Zellteilung der Spitzenzelle, solange, bis in ihr durch K a r y o g a m i e die Ascusbildung eingeleitet wird (D). Aus den E n d z e l l e n der ascogenen H y p h e n entstehen, nachdem dort K a r y o g a m i e und M e i o s e stattgefunden haben, die A s c i. Die junge Ascusanlage ist zunächst noch zweikernig (Abb. 703 A–B). Nach der vollzogenen Kernverschmelzung (Abb. 703 C) wird die Endzelle zum keulenförmigen, zunächst noch einkernigen diploiden Sporangium. Aus dem Verschmelzungskern gehen dann durch dreimalige Teilung, wobei die M e i o s e stattfindet, 8 Kerne hervor, um die sich auf dem Wege f r e i e r Z e l l b i l d u n g (S. 61) die 8 haploiden Meiosporen (A s c o s p o r e n) durch Wände abgrenzen. Der Ascus ist also ein Meiosporangium, in dem an die beiden Reifeteilungen (Meiose) noch eine Mitose angeschlossen wird.

Das zur Sporenbildung nicht verbrauchte Plasma, das Periplasma, findet vielfach Verwendung zur Auflagerung einer weiteren, mannigfaltig skulpturierten Schicht auf die Sporenwand. Die Asci entwickeln sich in der Regel im Inneren von F r u c h t k ö r p e r n, seltener frei an ungeschützten Hyphen der Fruchtkörperanlage. Von a s c o h y m e n i a l e r Entwicklung des Fruchtkörpers spricht man, wenn erst die ascogenen Paarkernhyphen von einer Hülle umschlossen werden; die Fruchtkörperbildung wird also durch die Befruchtung eingeleitet. Beim a s c o l o c u l ä r e n Entwicklungstyp wer-

den die Fruchtkörperinitialen oder Geflechte für Sammelfruchtkörper bereits vor der Befruchtung angelegt und die ascogenen Hyphen wachsen in nachträglich sich formende Höhlungen (L o c u l i) hinein. Die systematische Gliederung beruht u. a. auf unterschiedlicher Anlage und verschiedenem Bau von Fruchtkörpern und Asci. Die Fruchtkörper sind: kugelförmig geschlossen, C l e i s t o t h e c i u m; schüsselförmig offen, A p o t h e c i u m; flaschenförmig, mit vorgebildeter Öffnung, P e r i t h e c i u m bei ascohymenialer und P s e u d o t h e c i u m bei ascoloculärer Entwicklung. Pseudothecien können sich weit öffnen oder wie Cleistothecien passiv aufbrechen.

Um deutlich zu machen, daß die Untergliederung der *Ascomycetidae* nach verschiedenen Grundsätzen möglich ist, werden die Ordnungen fortlaufend numeriert ohne Rücksicht auf die Untergruppen.

a) Prototunicatae

Die W ä n d e d e r A s c i sind undifferenziert, dünn, und verschleimen oft schon vor der Sporenreife, so daß die Ascosporen passiv freigesetzt werden.

1. Ordnung: **Eurotiales.** Zu ihnen zählen Pilze mit vielfach unterdrückter oder fehlender Hauptfruchtform. Die Charakterisierung und Stellung der Ordnung im System der Ascomyceten wird jedoch durch Merkmale der H a u p t f r u c h t f o r m begründet (Abb. 704 C–E). Sie bildet sich z. B. bei **Eurotiaceae** nach der Verschmelzung keulenförmiger Gametangien (Ascogon, ♂ Gametangium). An den Querwänden der daraufhin entstehenden dikaryotischen a s c o g e n e n H y p h e n f e h l e n H a k e n. Die kugeligen Asci werden im Inneren geschlossener, kugelförmiger Fruchtkörper angelegt. Sie enthalten je 4 oder 8 oft scheibenförmige Ascosporen und liegen in großer Zahl ungeordnet im Fruchtkörper, deren plectenchymatische Wand verwesen muß, damit Asci und Ascosporen ausgebreitet werden können. Es sind C l e i s t o t h e c i e n ohne vorgebildete Mündung. Auch die N e b e n f r u c h t f o r m e n sind sehr charakteristisch (Abb. 704 A–B); einige werden als *Aspergillus* und *Penicillium* bezeichnet und gehören zu den häufigsten Schimmelpilzen («Schimmel» ist kein systematischer Begriff, sondern eine Sammelbezeichnung für oberflächlich wachsende Pilzmycelien). Hier erfolgt die Vermehrung vegetativ durch C o n i d i e n (S. 212), die sich an rasenartig dichtstehenden Trägern bilden und oft blaugrün gefärbt sind.

Beim Gießkannenschimmel *Aspergillus* sitzen auf dem kugelig angeschwollenen Träger kurze, allseitig ausstrahlende Zellen (Sterigmen); diese schnüren fortlaufend Conidien ab, die in Ketten aneinanderhaften. Beim Pinselschimmel *Penicillium* entstehen die ebenfalls perlschnurartig angeordneten Conidien auf verzweigten Trägern, wobei die Conidien-bildenden Zweige als Phialiden, die darunter folgenden als Metulae bezeichnet werden. Die systematischen Einheiten innerhalb der *Eurotiales* werden nach der Hauptfruchtform benannt, wenn diese fehlt nach der Nebenfruchtform: z.B. *Eurotium, Sartroya* (Nebenfruchtform: *Aspergillus*); *Talaromyces, Carpenteles* (Nebenfruchtform: *Penicillium*).

Einer eigenen Familie gehört die unterirdisch (hypogäisch) lebende Hirschtrüffel *Elaphomyces* an (**Elaphomycetaceae**). Die 1–4 cm großen, knollenförmigen Fruchtkörper sind für den Menschen ungenießbar, werden aber von Wildtieren ausgegraben und gefressen; die Sporen werden auf diese Weise verbreitet.

Verwendung und Schadenwirkungen. Aus *Penicillium notatum, P. chrysogenum* u.a. Arten wird das Antibioticum Penicillin (s.S. 564) gewonnen, das der Pilz in der Nährlösung abscheidet; es hemmt die Synthese der Bakterien-Zellwände. *Penicillium roqueforti* und *P. camemberti* sind für die Herstellung bestimmter Käsesorten erforderlich, *Aspergillus ventii* produziert Amylasen und Proteasen und wird daher in der Fermentationsindustrie verwendet, *Aspergillus flavus* bildet Aflatoxine, welche krebserregend sind und Leberschäden bewirken. *Aspergillus fumigatus* ruft Lungen- und Bronchialerkrankungen beim Menschen hervor. Wichtige Erreger menschlicher und tierischer Pilzerkrankungen (sog. Mykosen) zählen ebenfalls zu dieser Ordnung oder sind aufgrund ihrer ausschließlich bekannten, jedoch gewissen Eurotialen mit vollständigem Entwicklungsgang ähnelnden Nebenfruchtformen hierher zu stellen.

Zu den prototunicaten Euascomyceten gehören einige weitere, kleinere Ordnungen. Die **Microascales** enthalten den bekannten Erreger des Ulmensterbens, *Ceratocystis ulmi*. Weitere Ordnungen sind die **Onygenales** (*Onygena equina* auf Pferdehufen), die meist flechtenbildenden **Caliciales**, die **Coronophorales** und die **Meliolales**.

b) Eutunicatae

Die Ascuswand ist hier als dickere Schicht deutlich erkennbar, dauerhaft und mit Einrichtungen zum Ausschleudern der Ascosporen versehen. Je nach der Ausgestaltung der Ascuswand unterscheiden wir die folgenden zwei Untertypen: Die Ascuswand ist ein- (Unitunicatae) oder zweischichtig (Bitunicatae).

Unitunicatae – Operculatae

Der Ascus öffnet sich hier mit einem Deckel, der weggeschleudert wird oder sich scharnierartig öffnet (Abb. 706).

2. *Ordnung:* **Erysiphales.** Es sind parasitische Pilze, die als «Echte Mehltaupilze» auf pflanzlichen Wirten leben. Die befallenen Pflanzen sehen wie mit Mehl bestäubt aus. Dieser Eindruck rührt vom weißen Oberflächenmycel her, das während des Sommers in großer Menge Conidien bildet (Abb. 705 A). Über Haustorien, die in die Epidermiszellen des Wirtes eingesenkt werden (Abb. 705 A h), entnimmt der Pilz seinem Wirt die Nährstoffe. Die Hauptfruchtform stellen kleine braune bis schwarze, mit bloßem Auge als punktförmige

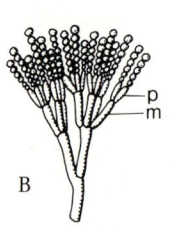
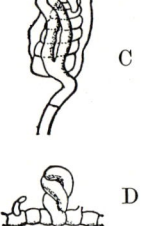
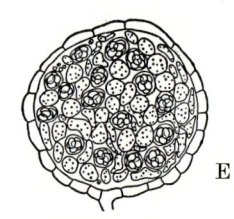

Abb. 704: *Ascomycetidae, Eurotiales.* A *Aspergillus glaucus*, «Gießkannenschimmel», Conidienträger (300 ×). B *Penicillium glaucum*, «Pinselschimmel» Conidienträger (300 ×). p Phialide, m Metula. C *Eurotium*, schraubiges Ascogon vom ♂ Gametangium umgriffen (450 ×). D *Talaromyces*, sich umschlingende Gametangien (500 ×). E *Eurotium*, Cleistothecium (250 ×). (A nach Kny; B, D nach Brefeld; C, E nach De Bary.)

Erhebungen sichtbare Cleistothecien dar, die auf dem weißen Überzug der Nebenfruchtform erscheinen. Hierbei erfolgt die geschlechtliche Fortpflanzung.

Der männliche Kopulationsast, der sich in eine Stielzelle und in das einkernige ♂ Gametangium teilt, legt sich an das ebenfalls einkernige Ascogon an (Abb. 705 D). Der ♂ Geschlechtskern tritt in das Ascogon über (E). Nunmehr entsteht ein Ascus aus je einem befruchteten Ascogon ohne Zwischenschaltung von ascogenen Hyphen, oder es wächst das Ascogon zu ascogenen Hyphen aus, deren terminale Zellen die Asci liefern. Im ersten Fall verschmilzt ein Kernpaar nach einer konjugierten Teilung (G) zum diploiden Zygotenkern, der sich unter Meiose in 4 bis 8 Ascosporenkerne teilt. Im zweiten Fall entspricht die Entwicklung der Asci dem geschilderten Normalfall, nur daß keine Haken an den Querwänden der ascogenen Hyphen sichtbar werden.

Gleichzeitig mit der Bildung und Befruchtung des Ascogons wird dieses von Hüllhyphen umsponnen, die schließlich das helle Grundgeflecht und die dunkle Peridie des Cleistotheciums bilden. Letzteres wird bei der Reife durch den Druck der anschwellenden Asci entlang eines Risses gesprengt. Meist entspringt den Cleistothecien an ihrer Basis ein Kranz von oft dichotomen oder hakenförmig eingekrümmten Hyphen, welche die Verbreitung fördern sollen (Abb. 705 B, C). Die Asci sind im Cleistothecium rosettenförmig angeordnet – falls sie nicht überhaupt nur zu je 1 gebildet werden – und öffnen sich mit einem Deckelchen, wobei die Ascosporen bis zu 2 cm in die Luft geschleudert werden.

Uncinula necator (Abb. 705 A, B) befällt Blätter und Beeren des Weinstockes (Nebenfruchtform: *Oidium tuckeri*). *Sphaerotheca mors-uvae* (mit 1 Ascus im Cleistothecium) infiziert die Stachelbeeren; *Sphaerotheca pannosa* Rosen; *Microsphaera alphitoides* (Abb. 705 C) lebt auf Eichenblättern. *Erysiphe graminis* ist ein Parasit auf Getreide und Wildgräsern. Die «Echten Mehltaupilze» werden mit Schwefelpräparaten bekämpft.

Die Vertreter der zunächst folgenden 4 Ordnungen (3–6) bilden überwiegend scheiben-, schüssel- oder becherförmige Apothecien als Fruchtkörper aus.

3. Ordnung: **Pezizales.** Die in Entwicklung und Bau sehr mannigfaltige Ordnung enthält etwa 1000 durchwegs saprophytische Arten. Die typische Fruchtkörperform der **Pezizaceae** und ihnen nahestehender Familien ist das becher- bis scheibenförmige Apothecium (z.B. *Peziza*), dessen Oberfläche in palisadenförmiger Anordnung das aus Asci und haploiden sterilen Paraphysen bestehende Hymenium trägt. Die Sporen werden oft weit ausgeschleudert (*Dasyobolus*, S. 479).

Die Befruchtung und Ascusbildung wurde bei *Pyronema* erstmals entdeckt und eingehend untersucht (vgl. S. 653 u. Abb. 702 u. 703). *Pyronema confluens* bildet relativ kleine scheibenförmige Fruchtkörper, die oft dicht gedrängt als fast krustenförmige Überzüge auf ehemaligen Brandstellen oder auf Erde erscheinen. Schon vor der Kopulation werden die Sexualorgane von einer lockeren Schicht von haploiden Hüllhyphen umsponnen. Nach der Befruchtung (Plasmogamie) entstehen ascogene Hyphen; die monokaryotischen haploiden und die meist hakenbildenden dikaryotischen, ascogenen Hyphen verflechten sich jetzt und formen gemeinsam den Fruchtkörper. Die Fruchtkörperbildung ist an die sexuellen Vorgänge gebunden, die sich gleichzeitig oder in den weitgehend vorgebildeten Frucht-

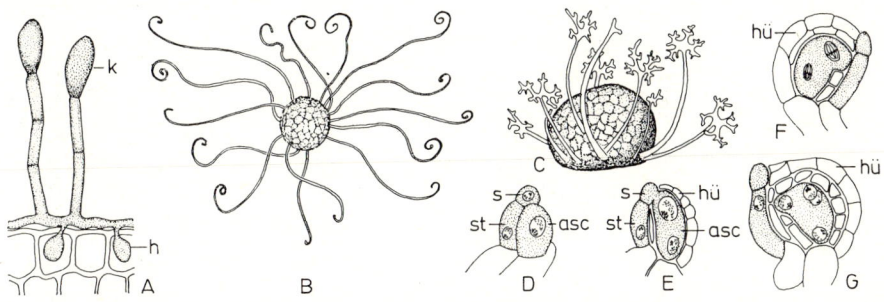

Abb. 705: *Ascomycetidae, Erysiphales.* A *Uncinula necator,* Conidienbildung (100 ×). B Desgl., Cleistothecium mit Anhängseln (30 ×). C *Microsphaera alphitoides,* Cleistothecium mit Anhängsel (30 ×). D–G Befruchtung bei *Sphaerotheca fuliginosa* (250 ×). asc Ascogon, h Haustorium, hü Hüllhyphen, k Conidie, s ♂ Gametangium, st Stielzelle. (A, B nach SORAUER; C nach BLUMER; D–G nach BERGMAN.)

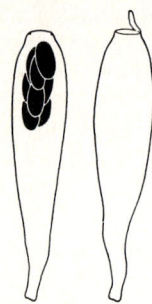

Abb. 706: *Ascomycetidae.* Operculater Ascus vor und nach der Sporenausschleuderung; Öffnung mit Dekkel. (Nach OBERWINKLER.)

körperanlagen vollziehen. Das Hymenium entwickelt sich bei *Pyronema* von Anfang an frei auf der Oberfläche des Fruchtkörpers (gymnocarper Typ.). Bei anderen Gattungen (z. B. *Ascophanus*) entsteht das Hymenium im Inneren der zunächst kugelförmigen Fruchtkörperanlage, deren Deckschichten später oben aufreißen, wobei das Hymenium freigelegt wird (hemiangiocarper Typ). Die Größe der Fruchtkörper ist artgebunden verschieden von wenigen Millimetern bis zu über einem Dezimeter *(Sarcosphaera).*

Einige Vertreter besitzen länger gestielte Apothecien, z. T. mit rillenförmiger Verstei-

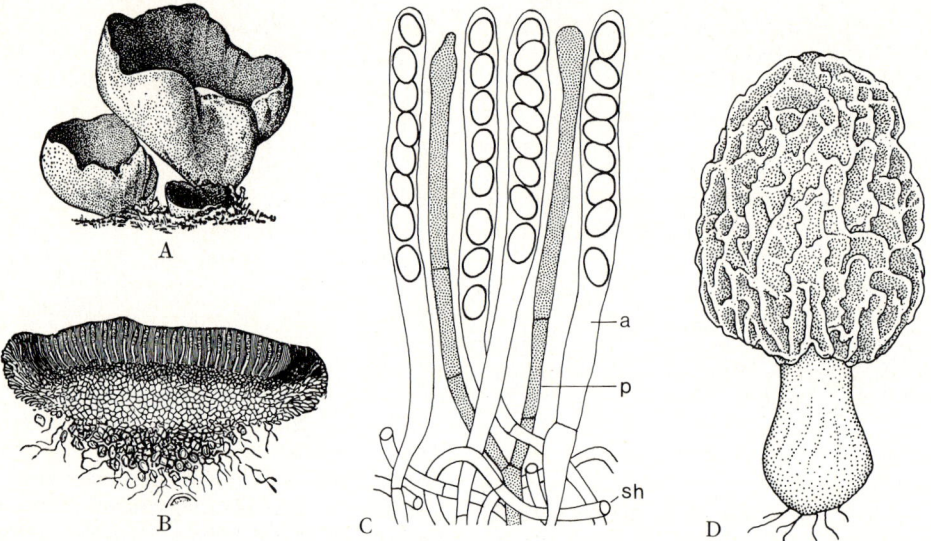

Abb. 707: *Ascomycetidae, Pezizales.* A *Peziza (Otidea) leporina* ($^2/_3$ ×). B *Pulvinula convexula*, Querschnitt durch Apothecium; oberseits Hymenium (20 ×). C *Morchella esculenta*, Teil des Hymeniums; a Asci, p Paraphysen, sh subhymeniales Geflecht (240 ×). D *Morchella esculenta*, Fruchtkörper ($^3/_4$ ×). (A nach MICHAEL; B nach SACHS; C Orig.; D nach SCHENCK.)

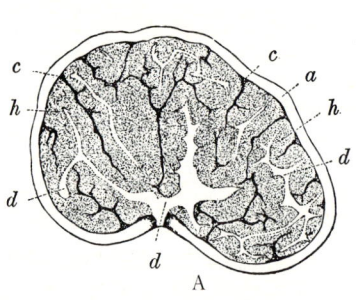

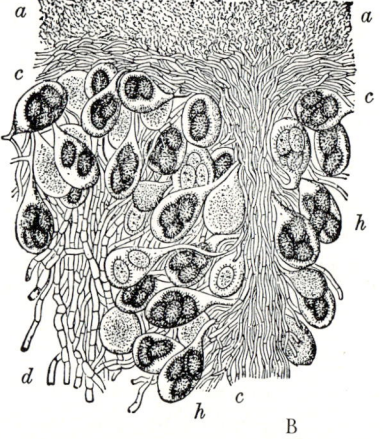

Abb. 708: *Pezizales, Tuberaceae, Tuber rufum.* A Fruchtkörper im Vertikalschnitt. B Ausschnitt aus dem Hymenium, a Rinde, d lockeres lufthaltiges Geflecht, c dunkle Adern aus dichtem Geflecht, h Hymenium (A 3 ×, B 300 ×; nach TULASNE.)

fung des Stieles (z.B. *Helvella*) oder kammerförmiger Unterteilung der Oberfläche des nunmehr nach unten geschlagenen ursprünglichen Bechers (z.B. *Morchella*). Die Vergrößerung des Hymeniums und seine Erhebung auf Stielen ermöglicht eine w i r k s a m e r e S p o r e n a u s b r e i t u n g. Bei manchen Gattungen (z.B. *Helvella*, *Gyromitra*) werden keine Ascogone und ♂ Gametangien gebildet. Es verschmelzen vegetative Hyphen kompatibler Kreuzungstypen miteinander («S o m a t o g a m i e»). Bei *Morchella* fusionieren weitgehend nur Hyphen desselben Mycels (A u t o g a m i e).

Die meist unterirdisch im Waldboden lebenden Fruchtkörper der **Tuberaceae** lassen sich von der offenen Schüsselform ableiten und werden wegen vorhandener Übergänge zu den *Pezizales* gestellt. Die Fruchtkörper bleiben jedoch im E r d b o d e n und g e s c h l o s s e n (hypogäische Lebensweise); das Hymenium wird nicht mehr frei exponiert. Die Befreiung der Ascosporen geschieht vielmehr durch Vermittlung von pilzfressenden Tieren oder durch Zerfall der Fruchtkörper. Die meist k n o l l e n f ö r m i g e n Fruchtkörper sind von Gängen durchzogen, die wenigstens im Jugendstadium nach außen münden und von einer Art Hymenium ausgekleidet sind (Abb. 708); sie weisen eine e x t r e m e i n n e r e E i n f ä l t e l u n g des Hymeniums auf. In den breit keulenförmigen Asci, die nach Somatogamie (Autogamie) aus den Endzellen ascogener, schnallentragender Hyphen (s. S. 665) entstehen, liegen 1–5 skulpturierte, braun gefärbte Ascosporen. Der ursprünglich operculate Bau der Asci ist kaum noch zu erkennen, da die zarte Wand undifferenziert ist.

Die größeren Vertreter der *Pezizales* (z.B. *Morchella*) finden als S p e i s e p i l z e Verwendung. Auch g i f t i g e A r t e n sind bekannt. Zu ihnen zählt der Kronenbecherling *(Sarcosphaera crassa)*. Die Frühjahrslorchel *(Gyromitra esculenta)* mit nicht hitzebeständigem Gift wird nach Wegschütten des Kochwassers z. T. dennoch verzehrt; vom Genuß ist aber wegen Vergiftungsgefahr abzuraten. Mehrere der mit Waldbäumen in M y c o r r h i z a-Symbiose lebenden Trüffel-Arten *(Tuber)* werden seit dem Altertum als Speisepilze geschätzt.

Unitunicatae – Inoperculatae

Ein A p i k a l a p p a r a t am Scheitel der Asci ermöglicht auch dieser Gruppe unitunicater Ascomyceten eine aktive Ausschleuderung der Ascosporen: Eine p o r e n f ö r m i g e Öffnung ist entweder von einem einfachen quellfähigen W u l s t umgeben oder zusätzlich von einem A p i k a l r i n g oder S c h e i t e l w u l s t umschlossen; letztere verfärben sich bei Anwendung von Iod-Iodkali-Lösung vielfach blau und werden dann amyloid genannt. Die durch Licht oder Feuchtigkeitsänderungen auslösbare Ausschleuderung ist nicht völlig aufgeklärt. Der Quellungszustand des Wulstes bzw. des Apikalringes muß wohl dabei ebenso wie der Turgor im Inneren des Ascus entscheidend sein.

4. Ordnung: **Helotiales.** Sie haben becher- bis schüsselförmige a s c o h y m e n i a l entstehende Fruchtkörper, doch sind sie darin, wie auch in den Maßen der Asci und Sporen vielfach kleiner als die der *Pezizales*. Neben den typischen A p o t h e c i e n treten wie bei jenen auch andere, a b g e l e i t e t e Fruchtkörperformen auf, z.B. keulenförmige bei *Trichoglossum*, gestielt-schüsselförmige bei *Sclerotinia* oder gestielt-hutartige bei *Cudonia* (konvergente Entwicklung der Fruchtkörperformen zu *Pezizales* etc.). Die meisten Arten der zahlreichen Gattungen leben s a p r o p h y t i s c h, einige jedoch p a r a s i t i s c h, z.B. *Trichoscyphella willkommii*, der Erreger des Lärchenkrebses oder *Pseudopeziza trifolii* und *Sclerotinia trifoliorum* als Verursacher von Krankheiten des Klees. *Sclerotinia fructigena* lebt auf Äpfeln und Birnen; zunächst entwickeln sich die oft in konzentrischen Kreisen (bedingt durch den täglichen Licht-Dunkel-Wechsel) auftretenden Conidien-Pusteln der «*Monilia*»-Nebenfruchtform, im Frühjahr auf den Fruchtmumien die langgestielten Apothecien (Abb. 709). Die als *Botrytis cinerea* benannte Neben-

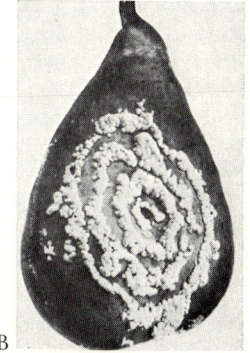

Abb. 709: *Ascomycetidae, Helotiales, Sclerotinia fructigena.* A Fruchtkörper auf mumifiziertem Pfirsich ($^3/_4 \times$). B Nebenfruchtform, *Monilia*-Fäule an Birne. Das Mycel bildet in konzentrischen Ringen Conidien ($^1/_2 \times$). (A nach Honey, B nach Kotte.)

A

B

fruchtform von *Sclerotinia fuckeliana* bringt in nassen Jahren die Weinbeeren zum Abfallen, ruft aber bei trockener Witterung als «Edelfäule» bei reifen Weinbeeren besonders hohen Zuckergehalt hervor («Beerenauslese»-Weine!). Das saprophytisch auf morschem Laubholz wachsende *Chlorosplenium aeruginosum* färbt dasselbe intensiv blaugrün.

5. *Ordnung*: **Phacidiales.** Diese früher mit voriger Ordnung vereinigte Gruppe ist durch die ascoloculäre Fruchtkörperentwicklung von jener verschieden. Die flachen Fruchtkörper öffnen sich mit Rissen oder Längsspalten. Die *Phacidiales* leben vorwiegend parasitisch. Hierher gehören der Erreger des Ahornrunzelschorfes, *Rhytisma acerinum*, der im Herbst schwarze Flecke auf Ahornblättern hervorruft (Apothecienbildung im Frühjahr), und *Lophodermium pinastri* auf Kiefernnadeln, die «Schütte» verursachend.

6. *Ordnung*: **Lecanorales.** Sie stellen den Hauptanteil der Flechtenpilze unserer Breiten und werden daher dort nochmals zu nennen sein (S. 694). Die in Flechtensymbiose lebenden Pilze bilden Apothecien, die zwischen Paraphysen (S. 657) mit kopfig verdickten Enden Asci von besonderem Bau enthalten. Diese sind keulig, dickwandig, z.T. mehrschichtig (wobei die Schichten, anders als beim bitunicaten Ascus, in ihrer Elastizität gleich sind) und besitzen rund um die porenförmige Öffnung einen mit Iod blau anfärbbaren Scheitelwulst.

Die folgenden Ordnungen (7–10) sind durch flaschenförmige Fruchtkörper (Perithecien) mit von vornherein angelegter scheitelständiger Öffnung (Ostiolum) gekennzeichnet; sie gehören dem ascohymenialen Entwicklungstyp an. Die Asci bilden zusammen mit zahlreichen haploiden Hyphen (Paraphysen) die palisadenartige Fruchtschicht (Hymenium), welche den vorgebildeten Fruchtkörper-Hohlraum am Grunde und seitlich auskleidet (Abb. 710). Bei der Reife streckt sich ein Ascus nach dem anderen so weit, bis seine Spitze in Höhe der Peritheciumöffnung steht, worauf der Ascus alle 8 Sporen auf einmal ausschleudert. Die Schußhöhe beträgt bis 20 cm und mehr. Nach Entleerung fällt der Ascus zusammen, so daß der Porus des Peritheciums für den nächsten Ascus frei wird.

7. *Ordnung*: **Sphaeriales.** Die oben stumpfen Asci dieser Ordnung besitzen rund um den Apikalporus einen von der Scheitelpartie des Ascus gebildeten Wulst; der Apikalapparat erscheint meist als ein plattenförmiger Verschluß des Porus. Als Beispiel für diese Ordnung sei zunächst *Neurospora* erwähnt. *N. sitophila* und *N. crassa* verursachen den «roten Brotschimmel» und ertragen hohe Temperaturen

(bis 75°). *Neurospora*-Arten bilden an jedem einzelnen Mycel Ascogone sowie Zellen, die zur Übertragung der ♂ Kerne geeignet sind. Als Überträger von ♂ Kernen auf die Trichogyne eines Ascogons dienen mehrkernige Conidien (Megaconidien), einkernige Spermatien oder Mikroconidien sowie somatische Hyphen. Spermatien sind für diesen Zweck spezialisierte Zellen, Mega- und Mikroconidien können auch mit einem Keimschlauch auskeimen und damit vegetativ ein neues Mycel bilden. Fremdbefruchtung wird gesichert, da Ascogone nur durch Kerne des konträren Kreuzungspartners befruchtet werden können (homogenische Inkompatibilität; s. S. 636). Nach der reziproken Befruchtung (Plasmogamie) wachsen aus dem Ascogon in der üblichen Weise dikaryotische hakenbildende ascogene Hyphen aus.

Große Bedeutung für die genetische Forschung haben die in der Natur Dung bewohnenden Arten *Podospora anserina*, *Sordaria fimicola* und *S. macrospora* erlangt. Während die Asci dieser *Sordaria*-Arten 8 Ascosporen enthalten, sind diejenigen von *Podospora anserina* 4-sporig. *Podospora anserina* fehlen Megaconidien; die ♂ Kerne werden durch Spermatien übertragen. Bei beiden *Sordaria*-Arten fehlen Mega- und Mikroconidien, die Ascogone bilden keine Trichogyne, die Kernpaarung erfolgt parthenogenetisch; es entwickeln sich Selbstungsperithecien. Bei Mutanten kann allerdings zwischen verschiedenen Mycelien auch Somatogamie stattfinden; im Konfrontationsbereich entstehen dann Kreuzungsperithecien, in deren Asci Prä- bzw. Postreduktion beobachtet werden kann (vgl. Abb. 50).

Die oft kaum ½ mm großen Perithecien der *Sphaeriales* stehen meist einzeln, z.T. aber auch in Gruppen, die über ein Geflecht (Stroma) mehr oder minder deutlich miteinander verbunden sein können. Ein Stroma ist ein meist hartes, also sclerotienartiges Lager, in das einzelne oder mehrere Perithecien (dann ist das Gebilde ein Sammelfruchtkörper) eingebettet sind. Die Perithecien von *Nectria cinnabarina* sitzen auf polsterförmigen, zinnoberroten Stromata; diese entwickeln zunächst Conidien, später Perithecien; sie sind in beiden Formen als rote Pusteln auf abgestorbenen Ästen sichtbar. *Nectria galligena* (mit farblosen Conidien) lebt parasitisch in der Rinde und verursacht den Krebs der Obstbäume. Durch den Pilz abgetötete Rindenteile werden durch Wundcallus überwuchert, der selbst wieder abgetötet wird, was zu unregelmäßigen Überwallungswucherungen führt (Abb. 711) und schließlich das Absterben des Baumes zur Folge haben kann. Aus Kulturfiltraten der auf Reispflanzen schmarotzenden *Gibberella* hat man den Wuchsstoff Gibberellin (S. 387) isoliert.

8. Ordnung: **Diaporthales.** Der Porus der Asci ist zusätzlich zum Scheitelwulst noch von einem optisch dichteren Ring umschlossen, der sich mit Anilinblau gut anfärben läßt. Die Asci lösen sich oft ab und werden zuletzt samt Sporen aus den Fruchtkörperöffnungen herausgepreßt. Im übrigen ist die durch *Diaporthe, Diaporthella* u. a. Gattungen vertretene Ordnung der vorigen sehr ähnlich. Die Perithecien entstehen innerhalb stromatischer Geflechte. Die vielfach parasitischen Arten durchdringen mit ihren Stromata das Wirtsgewebe, aus dem meist nur die langen Mündungen der Perithecien etwas herausragen. *Endothia parasitica* wurde nach Nordamerika eingeschleppt und hat dort die früher in großen Beständen auftretenden Kastanien (*Castanea dentata*; S. 982) praktisch völlig vernichtet; auch in Europa (z. B. Tessin) sehr schädlich.

9. Ordnung: **Xylariales.** Die Stromata erheben sich hier zu größeren polster-, kugel-, keulen- oder geweihförmigen Sammelfruchtkörpern, in welche zahlreiche Perithecien eingebettet sind. Bei der auf Laubholzstubben häufigen *Xylaria hypoxylon* (Abb. 712) tragen die geweihförmigen Stromata im oberen weißen Abschnitt Conidien, später im unteren schwarzen Teil Perithecien. Der Apikalapparat der Asci ist ähnlich wie in der vorigen Ordnung aufge-baut, mit dem Unterschied, daß sich der Apikalring am Ascusscheitel der *Xylariales* mit Iodlösung blau anfärben läßt.

10. Ordnung: **Clavicipitales.** Hier haben die Asci Scheitel mit einem optisch dichteren halbkugeligen bis fast kugeligen Quellkörper. Die septierten Ascosporen sind fädig lang, die Asci dementsprechend schmal. Die Perithecien sind in gestielt-hutförmige Stromata eingesenkt. In den beiden letzten Ordnungen erreicht somit die Ausformung der Stromata in analoger Entwicklung zu Einzelfruchtkörpern (z. B. *Helotiales*) das höchste Niveau; in ihrer äußeren Gestalt sind Einzel- und Sammelfruchtkörper vielfach trotz unterschiedlicher morphologischer und stammesgeschichtlicher Entstehungsweise sehr ähnlich (analoge Konvergenz z. B. zwischen *Trichoglossum – Helotiales* und *Cordyceps – Clavicipitales*).

Der Mutterkornpilz, *Claviceps purpurea*, wächst parasitisch in jungen Fruchtknoten von Gräsern und bildet dort Conidien aus (Abb. 713 A, B). Eine gleichzeitig abgeschiedene zuckerhaltige Flüssigkeit (Honigtau) veranlaßt Insekten, die Conidien auf andere Blüten zu übertragen. Das Mycel geht nach Aufzehrung des Fruchtknotengewebes in ein Sclerotium (s. S. 635) über, indem die Hyphen dicht zusammenwachsen und vor allem an der Peripherie unter Querteilung ein Pseudoparenchym bilden (Abb. 713 B). Die außen schwarzen, aus den Spelzen hervorragenden, harten Sclerotien (Abb. 713 C, D) werden Mutterkorn genannt. Sie fallen zu Boden, überwintern und treiben zur Zeit der Grasblüte

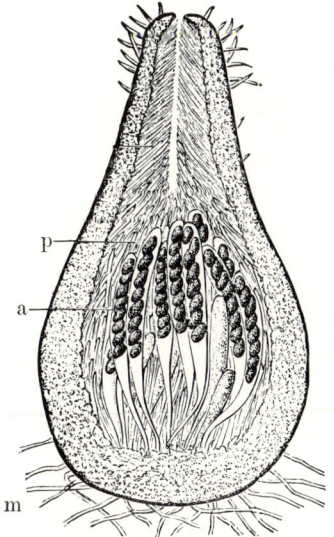

Abb. 710: *Ascomycetidae, Sphaeriales, Podospora fimiseda.* Perithecium; a Asci, p Paraphysen, m Mycelfäden. (90 ×; nach V. Tavel.)

Abb. 711: *Ascomycetidae, Sphaeriales. Nectria*-Krebs an Obstbaumzweig (nat. Gr.) (Nach Braun & Riehm.)

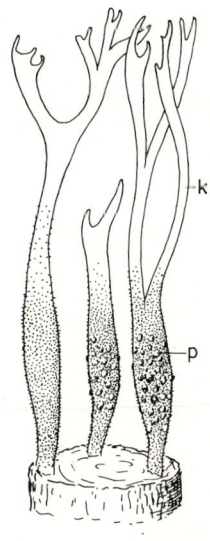

Abb. 712: *Ascomycetidae, Xylariales, Xylaria hypoxylon* (nat. Gr.) k Conidienbereich, p Perithecienbereich. (Nach Mägdefrau.)

Stromata in Gestalt rötlicher, gestielter Köpfchen, in welche zahlreiche Perithecien eingesenkt sind (E). Die Perithecienbildung wird durch Kopulation von jeweils mehrkernigen Ascogonen und ♂ Gametangien eingeleitet (ascohymenialer Typ!). Die langen Asci enthalten 8 Sporen (F), welche durch Wind auf Gräser-Narben übertragen werden. – *Cordyceps* lebt als Parasit auf Organismen mit Chitinwänden: z.B. hypogäischen Pilzen wie *Elaphomyces* oder auch Insekten, die sich nach der Infektion in den Boden verkriechen. Die keulenförmigen, über den Boden hervorwachsenden Stromata enthalten in ihrem oberen Teil zahlreiche Perithecien. Die fädigen Sporen werden bereits im Ascus durch Querteilungen vielzellig und zerfallen in Teilstücke. – *Epichloe typhina* parasitiert auf Gräsern; ihr anfangs weißes, dann gelbes Stroma umschließt den Halm und bildet zunächst Conidien, später Perithecien. Mit den *Clavicipitales* verwandt sind die Flechtenpilze der Ordnungen **Ostropales** und **Graphidales** (s. S. 693).

Verwendung und Schadwirkungen. Die Sclerotien von *Claviceps purpurea* enthalten giftige Alkaloide (Ergotamin, Ergotoxin), die früher bei Verwendung infizierten Getreides gefürchtete Vergiftungserscheinungen («Kribbelkrankheit»; «Heiliges Feuer») verursachen konnten. Auf gleicher stofflicher Grundlage beruht die Verwendung in der Gynäkologie vor allem als wehenförderndes Mittel (daher der Name Mutterkorn). Die Sclerotien werden hierfür in großem Maßstab, z.B. durch Infektion von Roggen, kultiviert.

Bitunicatae

Die Ascuswand besteht in dieser Gruppe aus zwei, verschieden dehnbaren Schichten. Die äußere dünne Schicht ist nicht elastisch und reißt bei steigendem Turgordruck des Ascusinneren. Die dicke innere dehnbare Ascuswand streckt sich hierauf über ihre ursprüngliche Länge hinaus, wobei infolge des weiter steigenden Druckes eine Ascospore nach der anderen, den Scheitelporus zunächst verstopfend, ausgestoßen wird (Abb. 714). Die Erhöhung des osmotischen Wertes im Inneren des Ascus ist durch die Umwandlung von osmotisch inaktiven zu aktiven Stoffen (vielleicht von Glykogen in Zucker) bedingt. Die flaschenförmigen Fruchtkörper mit vorgebildeter Öffnung entstehen nach dem ascoloculären Typ. Den Perithecien äußerlich gleichend werden die Fruchtkörper diesen Unterschied berücksichtigend Pseudothecien genannt.

11. Ordnung: **Myriangiales.** Die Asci liegen einzeln und regellos im Plectenchym. Vorwiegend Parasiten auf Pflanzen und Insekten in wärmeren Klimaten (z.B. Mittelmeergebiet).

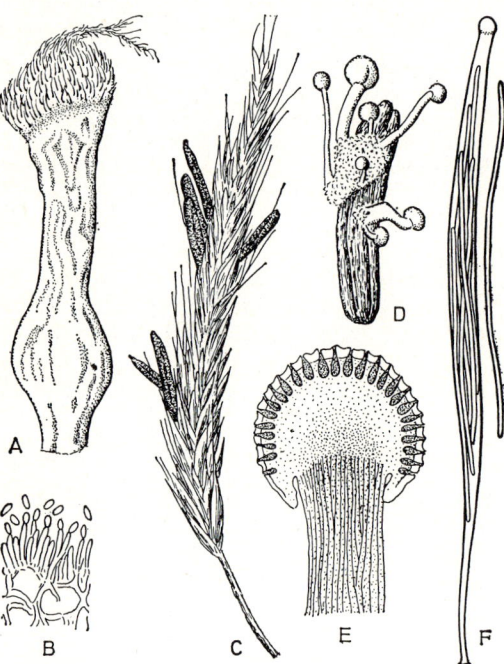

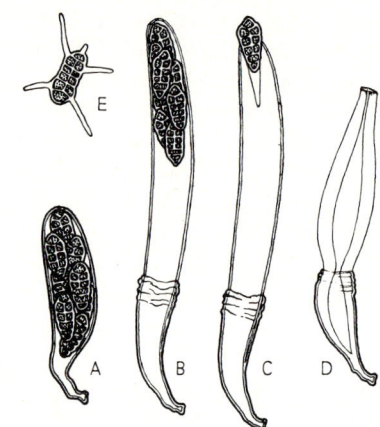

Abb. 713: *Ascomycetidae, Clavicipitales, Claviceps purpurea.* A Befallener Roggenfruchtknoten (15 ×); unten beginnende Sclerotienbildung, darüber Conidienmycel, oben Narbenreste. B Conidienbildung (300 ×). C Roggenähre mit reifen Sclerotien (²/₃ ×). D Gekeimtes Sclerotium mit gestielten Fruchtkörpern (2 ×). E Längsschnitt durch Fruchtkörper mit zahlreichen Perithecien (25 ×). F Ascus und Ascospore (400 ×). (A, B, D–F nach Tulasne; C nach Schenck.)

Abb. 714: *Ascomycetidae, Pseudosphaeriales, Pyrenophora scirpi.* Öffnungsweise des bituncaten Ascus. A Reifer Ascus mit 8 vielzelligen Sporen. B Desgl., äußere Ascuswand geplatzt, innerer Schlauch gestreckt. C letzte Spore kurz vor der Ausschleuderung. D Entleerter Ascus. E Keimende Spore. (175 ×; nach N. Pringsheim.)

12. Ordnung: **Pseudosphaeriales.** Die Fruchtkörper öffnen sich durch einen Porus oder Kanal, der durch Ausbröckeln oder Auflösen des Plectenchyms entsteht (Abb. 715); oft ist die Öffnung noch durch Borsten (Periphysen) ausgekleidet. Hierher gehören mehrere Erreger von Pflanzenkrankheiten. *Venturia* (imperfekte Conidienform: *Fusicladium*) ruft den S c h o r f d e r Ä p f e l u n d B i r n e n hervor, indem sie an befallenen oder heranwachsenden Früchten dunkle Flecke erzeugt (Abb. 716). *Capnodium* bildet den braunschwarzen «Rußtau» auf Blättern; als Saprophyt verwertet dieser Pilz Blattausscheidungen oder Blattlaussekret. *Herpotrichia* überzieht vom Schnee bedeckte Nadelholzzweige im alpinen Bereich mit braun-schwarzem Hyphengeflecht und bringt die Nadeln zum Absterben (vgl. Abb. 1030).

13. Ordnung: **Dothiorales.** Die Asci stehen in palisadenartiger Reihung. Die Fruchtkörper öffnen sich ziemlich weit durch Aufreißen oder Verschleimen der Deckschicht; vielfach sind sie zu mehreren in einen größeren vegetativen Hyphenkörper (S t r o m a) eingesenkt. Saprophyten oder Parasiten, vorwiegend in den Tropen auf Rinden, Stengeln, Blättern und Früchten. *Lembosia gontardii* verursacht schwarze Flecken auf der Bärentraube (*Arctostaphylos*).

R ü c k b l i c k auf die **Ascomyceten.** Innerhalb der Fruchtkörper-bildenden Ascomyceten (*Ascomycetidae*) werden in paralleler stammesgeschichtlicher Entwicklung (K o n v e r g e n z s. S. 195) oft unter Ausnützung verschiedener Bauprinzipien ähnliche Formen zur Gewährleistung einer effektiven Sporenausbreitung entwickelt, z.B. keulige, flaschenförmige oder gestielt-hutförmige Fruchtkörper. Die stammesgeschichtlich verschiedene Wurzel wird durch den ascohymenialen (Perithecium) bzw. ascoloculären (Pseudothecium) Entwicklungstypus deutlich. Abgesehen von den abweichenden Laboulbeniomycetiden und Endomycetiden, weisen die Ascomyceten eine grundsätzliche Gemeinsamkeit im E n t w i c k l u n g s c y cl u s auf. Der Sexualakt erfolgt vielfach in Ascogonen durch Aufnahme ♂ Kerne. Die Geschlechtskerne der Kreuzungspartner verschmelzen zunächst nicht, sondern sie wandern zu Paaren vereint in die ascogenen Hyphen, vermehren sich hier durch konjugierte Teilung und verschmelzen erst in der jungen Ascusanlage (= Endzellen der ascogenen Hyphen) zu einem diploiden Kern. P l a s m o g a m i e und K a r y o g a m i e liegen also räumlich und zeitlich weit auseinander und sind durch das P a a rk e r n s t a d i u m (Dikaryophase) getrennt. Die dikaryotische Zelle ist funktionell bereits diploid; lediglich ihre Kerne sind noch individualisiert. Die typischen Ascomyceten sind Haplonten mit daraus hervorgehendem Dikaryophyten, der aber ernährungsphysiologisch von der vorausgehenden haploiden Generation abhängig bleibt (Ausnahme: Taphrinomycetiden). Das haploide, meist ♂ Gametangien und Ascogone bildende, Mycel kann als G a m e t o p h y t, die dikaryotischen ascogenen Hyphen als S p or o p h y t aufgefaßt werden. Der dikaryotische Sporophyt schließt mit der Bildung von Meiosporangien, den Asci, ab; in ihnen formen sich nach Kernverschmelzung und Reduktionsteilung die haploiden Meiosporen (= Ascosporen). Gewöhnlich entstehen von ihnen 8 je Ascus,

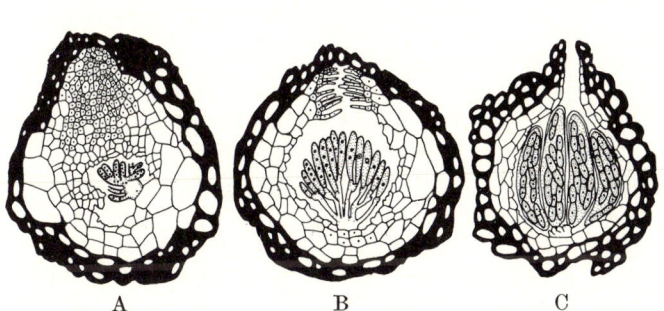

Abb. 715: *Ascomycetidae, Pseudosphaeriales, Mycosphaerella tulipifera.* Entwicklung des Pseudotheciums. A Junges Stadium mit verzweigtem Ascogon. B mit Asci verschiedenen Alters. C reifes Pseudothecium. (400 ×; nach Higgins.)

Abb. 716: *Ascomycetidae, Pseudosphaeriales. Fusicladium-*Schorf auf Birne. (Nach Kirchner & Boltshauser.)

manche Arten besitzen aber auch 1-, 2-, 4- oder vielsporige Asci. Das Plectenchym der Frucht-körper besteht aus haploiden Hyphen des Gametophyten, in welche dikaryotische Hy-phen des Sporophyten eingeflochten sind (Abb. 701); die haploiden Hyphen des Gametophyten sind hierbei stark entwickelt. Ascogone und ♂ Gametangien, bzw. die ♂ Kerne liefernden Zellen (also Megaconidien, Mikroconidien, somatische Hyphen) werden am gleichen Mycel gebildet (Monöcie; Abb. 701). Selbstung wird vielfach durch bipolare homogenische In-kompatibilität verhindert (Abb. 676). Inner-halb der Ascomyceten läßt sich eine Reduk-tion der Gametangien verfolgen. Reduk-tion oder völliger Verlust der Sexualität ist bei parthenogenetischen oder autogamen Arten zu beobachten, die sich von sexuell ver-mehrenden ableiten lassen.

Phylogenie und Verwandtschaft. Die Ab-stammung der Ascomyceten ist umstritten.

Für eine Ableitung von den Rotalgen (Rhodo-phyta) sprechen manche Übereinstimmungen: ♀ Gametangium (hier Ascogon mit Trichogyne, dort Carpogon mit Trichogyne; hier aus dem Ascogon wachsende ascogene Hyphen, dort aus dem Carpo-gon wachsende Zellfäden des Carposporophyten); lediglich einen Befruchtungsakt voraussetzende Ver-mehrung von diploiden Zygotenkernen oder ihrer dikaryotischen Äquivalente (hier in ascogenen Hy-phen, dort in Zellfäden des Carposporophyten); Zusammenhang von Gametophyten- und Sporophy-tengeneration (bei Ascomyceten und haplobionti-schen Rhodophyta); Fehlen begeißelter Keimzellen; Ausbildung von Flechtthalli aus Zellen mit Septen-poren und Fähigkeit Anastomosen zu bilden; Ähn-lichkeit im chemischen Bau des Glykogens der Pilze und der Florideenstärke; Reservestoff Trehalose.

An den Anfang des Ascomycetenstammbaumes würde man dieser Theorie folgend Ascomyceten stel-len, die ihre ♂ Kerne ausschließlich in Form von Sper-matien übertragen (z.B. Laboulbeniomycetidae incl. der Spathulosporales). Die Zellbehälter, in deren Innerem diese Spermatien entstehen, wären dann mit den Spermatangien der Rotalgen zu homologisieren. Sie sind in ähnlicher Form als Conidienmutterzellen auch bei anderen Ascomyceten verbreitet.

Verschiedenheiten zu den Rhodophyten er-geben sich aus dem Fehlen von Assimilationspigmen-ten und – bedeutsamer – in der Ausbildung einer Dikaryophase, im Chemismus der Zellwand sowie im Golgiapparat. Gegen die Annahme einer solchen phylogenetischen Herkunft spricht weiterhin, daß Rhodophyten als sehr spezialisierte Algen erst ab dem Perm auftreten, während Ascomyceten in mit rezen-ten Taxa übereinstimmenden Formen schon seit dem Carbon bekannt sind.

Für die Ableitung von Pilzen mit Eigenschaf-ten, wie sie heute für die Zygomyceten und Chy-tridiomyceten charakteristisch sind, spricht die weitgehend oder teilweise schon dort verwirklichte Gametangiogamie und gelegentlich angedeutete Di-karyophasen, die Zusammensetzung der Zellwände aus Chitin und übereinstimmenden Glucanen (in β 1,3-, β 1,4-, β 1,6-Bindung), die Lysinsynthese über den Aminoadipinsäureweg, die intakt bleibende Kernmembran während der Kernteilung. Der Ver-lust aktiv beweglicher Keimzellen bei Asco- und Zygomyceten ist gegenüber den Chytridiomyceten als vollzogene Anpassung an das Landleben zu deu-ten. Im gleichen Sinne kann die zunehmende För-derung von Fruchtkörpern und die Septierung der Hyphen interpretiert werden. In morphologischer Hinsicht stehen die Zygomyceten, in biochemischen Merkmalen die Chytridiomyceten den Ascomyceten näher.

Die Ableitung der Ascomyceten von niederen Pilzen macht eine Gliederung und Anordnung sinn-voll, in welcher die Endomycetiden am Anfang stehen. Ob allerdings jochartige Verbindungen, wie sie zwi-schen kopulierenden Zellen von Saccharomycetales beobachtet werden, auf die entsprechenden Verhält-nisse bei Zygomyceten zurückgeführt werden dürfen, muß wohl zweifelhaft bleiben. Die Merkmale der Endomycetiden, vor allem das Fehlen einer Dikaryo-phase, begründen ihre Sonderstellung, die teilweise so stark bewertet wird, daß man sie auch in einer eigenen Klasse von den Ascomyceten abtrennt. Bei manchen Endomycetiden keimt die Zygote zu einem kleinen diploiden Mycel aus, an dem erst die Asci gebildet werden. Durch Verzögerung der Kernver-schmelzung und mit der dadurch mehr und mehr her-vorgehobenen Dikaryophase haben sich alle anderen Gruppen der Ascomyceten phylogenetisch früh ge-trennt.

Diese Abgliederung hat sich wohl von Ahnen mit Merkmalen der Taphrinomycetiden vollzogen, die im Vergleich zu den Ascomycetiden zwar z.T. einfacher sind (Fehlen von Fruchtkörpern), jedoch bereits über eine Dikaryophase (das dikaryotische Mycel ist ernährungsphysiologisch selbständig) wie alle ande-ren Asco- und Basidiomyceten verfügen. Deren hefe-ähnlichen Entwicklungsstadien weisen noch auf Be-ziehungen zu den Endomycetiden hin. Von hier aus führen Entwicklungslinien einerseits zu den übrigen Ascomyceten, andererseits zu den Basidiomyceten. Während bei letzteren das dikaryotische Mycel selbständig bleibt, gerät es bei ersteren in ernährungs-physiologische Abhängigkeit vom haploiden Game-tophytenmycel. An der Basis der Ascomyceten dürf-ten – nach Pilzen mit Eigenschaften der Taphrino-mycetidae – solche mit Merkmalen der heutigen Eurotiales und niederen Pezizales (Euascomycetidae) gestanden haben. Die weitere Evolution betraf hier vor allem die Ausgestaltung der Asci und Fruchtkör-per.

IV. Klasse: Basidiomycetes

Das charakteristische Meiosporangium der etwa 30 000 Arten (30 % aller Pilze) umfassenden Basidiomyceten ist die Basidie oder der «Sporenständer», der im Regelfall 4 getrennt stehende Meiosporen nach außen abschnürt. In der Basidie finden ebenso wie im Ascus in unmittelbarer Folge Karyogamie und Meiose statt (Abb. 720). Im Unterschied zum Ascus wandern die aus der Reifeteilung hervorgegangenen meist 4 haploiden Kerne in die Spitzen von stielartigen Auswüchsen der Basidie (Sterigmen, Abb. 720$_9$) und erst hier erfolgt «exogen» die Basidiosporenbildung. Der Lebenscyclus – bei den verschiedenen Gruppen der Basidiomyceten teilweise abgewandelt – verläuft nach folgendem, etwa für die Blätterpilze geltendem Schema: Die Basidiosporen keimen zu einem Mycel mit einkernigen Zellen von praktisch unbegrenzter Wachstumsfähigkeit; Gametangien werden wie bei den abge-

leiteten Ascomyceten nicht ausgebildet. Treffen Mycelien konträren Kreuzungstypes (z.B. + auf −) aufeinander, so fusionieren zwei sich berührende vegetative Zellen miteinander (Somatogamie, Abb. 718$_3$), wobei sich die beiden Kerne paaren, ohne miteinander zu verschmelzen. Das auf diese Weise begründete Dikaryon bildet ein ernährungsphysiologisch von den haploiden und monokaryotischen Hyphen unabhängiges Mycel, das meist an seiner sog. Schnallenbildung (Abb. 718, 720) kenntlich ist. Die Schnallen sind den Haken der Ascomy-

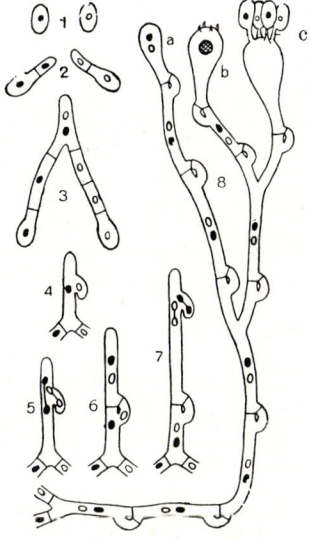

Abb. 718: *Basidiomycetes*. Entwicklungsschema des Schnallenmycels eines Holobasidiomyceten. 1 Genotypisch verschiedene (+, −)Sporen, 2 deren Keimung zu schnallenlosem Mycel, 3 Kopulation, 4–6 Bildung der ersten Schnalle, 7 der folgenden, 8 Schnallenmycel mit einer paarkernigen Basidienanlage (a), einer jungen Basidie mit Verschmelzungskern (b) und einer reifen Basidie mit Sporen verschiedenen Kreuzungstyps (c). (Nach HARDER.)

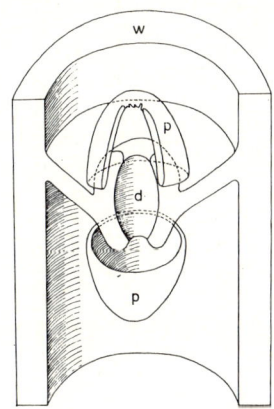

Abb. 717: *Basidiomycetes*. Querwand einer Basidiomyceten-Hyphe. d Doliporus, p Parenthosom, w Zellwand. (Nach MOORE & McALEAR.)

Abb. 719: *Basidiomycetes*. Schematische Darstellung der Entwicklung eines Hutpilzes. Rote Linien: haploide Phase; dünne schwarze Linien: dikaryotische Phase; dicke schwarze Linien diploide Phase. Schnallen nicht gezeichnet, Basidien im Verhältnis zum Hut sehr groß dargestellt. (Nach HARDER.)

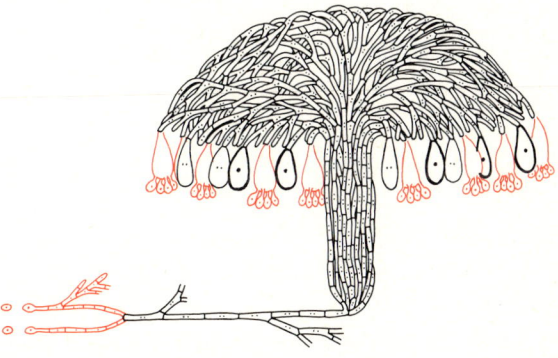

ceten homolog (zur Bildungsweise vgl. S. 655). Sie nehmen einen der beiden während der Zellteilung entstehenden Tochterkerne vorübergehend auf, ehe er in die Stammhyphe zurückwandert (Abb. 718).

Der Vorgang der Schnallenbildung wiederholt sich bei jeder Zellteilung, so daß ein reichverzweigtes, in allen Zellen paarkerniges (also dikaryotisches) und an jeder Querwand mit einer Schnalle versehenes «Schnallenmycel»

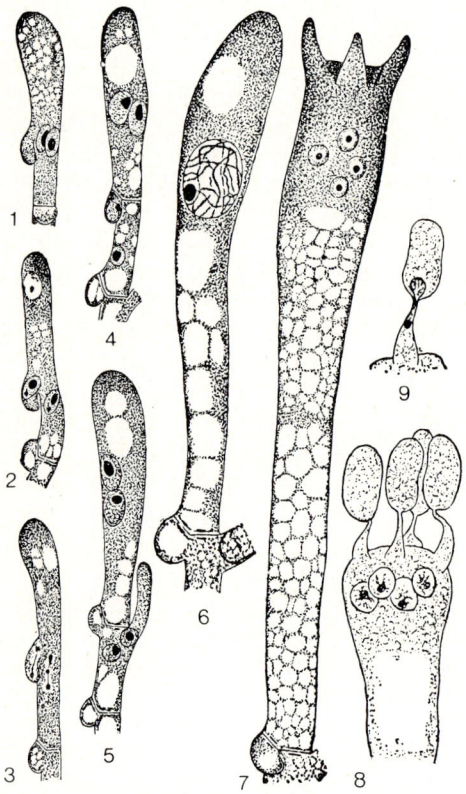

Abb. 720: *Basidiomycetes, Agaricales.* Schnallenbildung und Basidienentwicklung. 1 Beginn der Schnallenbildung in der zweikernigen Endzelle. 2 Ein Zellkern in die Schnalle eingerückt. 3 Konjugierte Kernteilung. 4 Wandbildung in und neben der Schnalle, Basidienanlage von der Stielzelle abgegrenzt. 5 Fusion der Schnalle mit der Stielzelle. 6 Die beiden haploiden Kerne der Basidienanlage zu einem diploiden Kern vereinigt. 7 Junge Basidie mit den vier nach Meiose gebildeten Basidiosporenkernen (oben mit den vier Sterigmenanlagen; eine verdeckt). 8 Basidie mit 4 Kernen vor deren Übertritt in die jungen scheitelständigen Basidiosporen. 9 Übertritt des Zellkernes durch das Sterigma in die Basidiospore. 1–7 *Oudemansiella mucida*, 8–9 *Psathyrella* (1–7 620 ×, nach KNIEP; 8–9 1500 ×, nach RUHLAND.)

entsteht (Abb. 718$_8$). Das so etablierte Dikaryon ist – anders als bei den Ascomyceten – selbständig lebensfähig; es kann jahrelang in Erde, Holz und anderen Substraten weiterwachsen und unzählige weitere Zellteilungen mit konjugierten Kernteilungen vollziehen, bis es unter dem Einfluß noch unbekannter Bedingungen unter Hyphenverflechtungen Fruchtkörper entwickelt. Im Gegensatz zu den Ascomyceten (Abb. 701) ist der Basidiomycetenfruchtkörper ausschließlich aus dikaryotischen Hyphen verflochten (Abb. 719). Seine Entstehung ist daher nicht – wie dort – jedesmal aufs Neue an die geschlechtlichen Vorgänge der Plasmogamie gebunden. Diese findet bei den Basidiomyceten jeweils nur einmal zur Etablierung eines meist mehrjährigen Dikaryons statt, das nun anders als bei den Ascomyceten über Jahre hinweg immer wieder Fruchtkörper zu bilden vermag. An oder in den Fruchtkörpern (meist auf ihrer Unterseite) ordnen sich die keulenförmig angeschwollenen Endzellen der dikaryotischen Hyphen zu palisadenartigen Hymenien (Abb. 719) an; erst in diesen Endzellen, den jungen Basidien, verschmelzen die beiden Kerne miteinander (Karyogamie, Abb. 720$_6$), worauf sofort die Meiose (mit Bestimmung des Kreuzungstyps) einsetzt und vier haploide Meiosporen – die Basidiosporen – gebildet werden. Die aus den Basidiosporen entstehenden haploiden Mycelien entsprechen dem Gametophyten; das aus ihnen durch somatogame Kopulation hervorgehende Paarkernmycel kann als dikaryotischer Sporophyt aufgefaßt werden.

Bei der Entwicklung der Basidiosporen schwellen die Enden der Sterigmen zu einem Sporensäckchen an (Abb. 720$_8$). Von den 4 haploiden Kernen zwängt sich je einer durch ein Sterigma hindurch (Abb. 720$_9$), und in jedem Sporensäckchen bildet sich nun eine Spore aus (Abb. 722). Fast ausnahmslos verschmilzt allerdings die Sporenwand frühzeitig mit der Säckchenwand, so daß die Doppelnatur der Sporenhülle nicht in Erscheinung tritt; die Säckchenwand bildet dabei das Perispor. Die Meiosporen werden also nur scheinbar exogen angelegt. Sie sind meistens ellipsoidisch und einseitig abgeplattet. Die Sporen werden nur eine kurze Strecke weit abgeschleudert, indem die hochturgescente Basidie plötzlich aus der Sterigmenspitze einen Tropfen auspreßt, der die Spore mitreißt (Abb. 721, 722).

Bipolare und tetrapolare Inkompatibilität: Bei mehreren Basidiomyceten wird das Kreuzungsverhalten nicht bipolar durch einen Faktor (Allelenpaar + und −), sondern tetrapolar durch 2 unabhängig voneinander mendelnde Faktoren gesteuert. Die Allele des einen Faktors werden A_1 und A_2, die des anderen B_1 und B_2 bezeichnet. Der diploide Zygotenkern enthält demnach A_1/A_2 und (!) B_1/B_2. Nach der Reifeteilung liegen die Basidiosporen eines Fruchtkörpers in den 4 Typen $A_1 B_1$, $A_2 B_2$, $A_1 B_2$ oder $A_2 B_1$ vor. Nur Kreuzungen mit verschiedenen A- und B-Faktoren setzen den Lebenscyclus in einem dikaryotischen Mycel (meist mit Schnallen an den Hyphensepten) fort; so sind $A_1 B_1 \times A_2 B_2$ kompatibel, hingegen $A_1 B_1 \times A_1 B_1$ oder $A_1 B_1 \times A_1 B_2$ inkompatibel (Abb. 723).

Man spricht hier von tetrapolarer homogenischer Inkompatibilität, durch die bedingt wird, daß bei Konfrontation haploider monokaryotischer Hyphen, die aus Sporen eines Fruchtkörpers gekeimt sind, nur in 25% der Fälle tatsächlich Schnallenmycelien entstehen. Die genetische Rekombination von Mycelien verschiedener geographischer Herkunft wird durch das Phänomen der multiplen Allelie

gefördert, weil hier weitere Allele, z.B. A_3B_3 und A_4B_4, ins Spiel kommen. Kreuzungen mit den Faktoren A_1/A_2 bzw. $B_1/B_2 \times A_3/A_4$ bzw. B_3/B_4 (z.B. $A_1B_1 \times A_3B_3$) sind daher zu 100% kompatibel. Der Mechanismus der bipolaren oder tetrapolaren Inkompatibilität, der zumeist mit multipler Allelie verbunden ist, fördert auf diese Weise die Fremdbefruchtung (outbreeding), wobei der Effekt bei der tetrapolaren Inkompatibilität stärker (25% : 100%) als bei bipolarer (50% : 100%) ist. Während bei Ascomyceten nur bipolare Inkompatibilität vorkommt, hat sich bei den Basidiomyceten der tetrapolare Mechanismus zunehmend durchgesetzt.

Die Basidiomyceten unterscheiden sich von den Ascomyceten außerdem in der Tüpfelung der Mycelquerwände. Während bei den Ascomyceten die Tüpfel einfache Wanddurchbrechungen darstellen, sind sie bei den meisten Basidiomyceten von tonnenförmiger Gestalt («Doliporus») und werden beiderseits von einem «Parenthosom» bedeckt, das vom endoplasmatischen Reticulum gebildet wird (Abb. 717). Die Zellwand der Basidiomyceten weist eine lamellär geschichtete Ultrastruktur auf (vgl. S. 650).

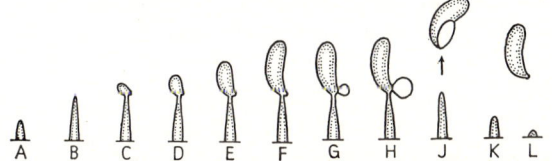

Abb. 721: *Basidiomycetes, Dacrymycetales, Calocera cornea.* Abschleuderung der Basidiospore. A, B Streckung des Sterigmas. C–F Abschnürung der Basidiospore. (Dauer: etwa 40 min). G, H Bildung des Tropfens an der Ansatzstelle der Spore (Dauer: etwa 10 sec). J Abschleuderung der Spore samt Tropfen. K, L Zusammensinken des Sterigmas. (900 ×; nach BULLER.)

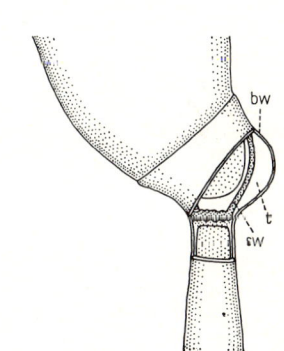

Abb. 722: *Basidiomycetes, Schizophyllales, Schizophyllum commune.* Ansatzstelle der Basidiospore am Sterigma. bw Basidienwand, sw Sporenwand, t Flüssigkeitstropfen. (15 000 ×; nach WELLS.)

Abb. 723: *Basidiomycetes, Polyporales, Pleurotus ostreatus.* Förderung der Fremdbefruchtung durch homogenische Inkompatibilität (tetrapolarer Mechanismus, multiple Allelie, vgl. S. 513). Die Fruchtkörper mit etwas verschieden gefärbtem Hut sind Stämme der gleichen Art unterschiedlicher geographischer Herkunft. A, B Kreuzungsfaktoren der zur Kreuzung angesetzten monokaryotischen Mycelien; ● Kreuzung ergibt dikaryotisches Schnallenmycel. (Orig.)

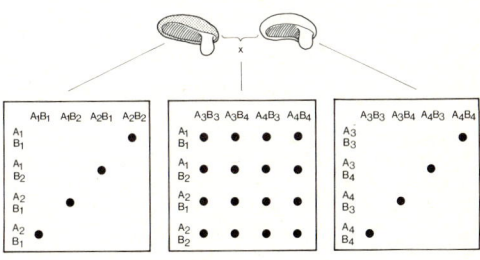

Die Basidie kann septiert (Phragmobasidie, Abb. 724 A, B; 725 B) oder keulenförmig und einzellig (Holobasidie, Abb. 724 F) sein. Diesem unterschiedlichen Bau entsprechend können die «Phragmobasidiomyceten» von den «Holobasidiomyceten» unterschieden werden. Die allermeisten Gruppen innerhalb der Phragmobasidiomyceten lassen ihre septierten Basidien aus kugeligen Probasidien entstehen; solche fehlen den Holobasidiomyceten.

Die Gliederung in die folgenden 2 Unterklassen berücksichtigt zusätzlich zu diesem unterschiedlichen Bau der Basidien auch das Keimungsverhalten der Basidiosporen: einerseits mit Conidien oder Sekundärsporen (Heterobasidiomycetidae), andererseits mit Hyphen (Homobasidiomycetidae) keimend (Abb. 725). Sekundärsporen sind einmalige Abschnürungen, in die der einzige Kern der Basidiospore eintritt.

1. Unterklasse: Heterobasidiomycetidae

Hierher gehören alle Basidiomyceten, welche Pro- und Phragmobasidien bzw. mit Conidien oder Sekundärsporen keimende Basidiosporen besitzen. Weiterhin sind oft kennzeichnend: hefeähnliche Entwicklungsstadien bei der Keimung; an den Querwänden der Hyphen einfache Tüpfel anstelle von Doliporen oder Doliporen, deren Porenkappen nicht perforiert sind; Fehlen von Fruchtkörpern.

a) Ustilaginales bis Tremellales

1. Ordnung: **Ustilaginales.** Ihre Arten sind zusammen mit der nachfolgenden Ordnung Erreger der Brandkrankheiten («Brandpilze»). Die fruchtkörperlosen Ustilagineen leben als Parasiten meist intercellulär in Höheren Pflanzen und entwickeln in bestimmten Organen ihrer Wirte (z.B. Wurzeln, Stengeln, Fruchtknoten, Antheren) ihre dickwandigen Sporen, welche den befallenen Teilen ein «verbranntes Aussehen» geben.

Lebenscyclus: Aus den bipolar determinierten Basidiosporen (+, −) keimt jeweils ein hefeartiges Sproßmycel; dieses ist haploid und vermag nur saprophytisch zu leben. Es kann auch auf künstlichen Nährböden kultiviert werden. Treffen genotypisch verschiedene Zellen des (+ und −) Sproßmycels aufeinander, dann erfolgt über einen Kopulationsschlauch die Verschmelzung der plasmatischen Inhalte (Plasmogamie) und die Kernpaarung. Da der Inhalt der einen Zelle in die andere hinüberwandert, wird die empfangende Zelle dikaryotisch; sie wächst zu einer dikaryotischen Hyphe aus, die nunmehr in der Lage ist, ein Wirtsgewächs zu befallen. Die Fähigkeit zum Parasitismus ist also auf die Paarkernphase beschränkt. Das dikaryotische Mycel breitet sich im Wirt aus und bildet in bestimmten Organen des Wirtes die Brandsporen aus, in denen die Karyogamie erfolgt. Im einzelnen werden folgende Stadien durchlaufen: Das dikaryotische Mycel, das bei einigen Arten Schnallen (Abb. 726 D, E) trägt, dringt im Keimling der Wirtspflanze intercellulär bis zum Apikalmeristem vor und wächst mit ihm zu

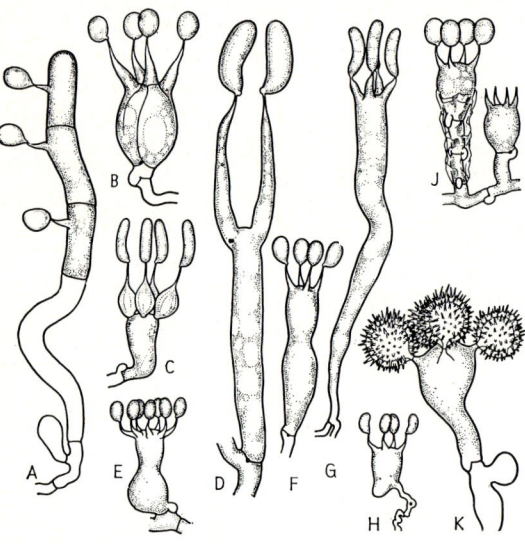

Abb. 724: *Basidiomycetes.* Basidien-Formen. A *Platygloea* (Auriculariales). B *Bourdotia* (Tremellales). C *Tulasnella* (Tulasnellales). D *Dacrymyces* (Dacrymycetales). E *Sistotrema* (Poriales). F *Hyphoderma* (Poriales). G *Exobasidium* (Exobasidiales). H *Xenasma* (Protohymeniales). J *Repetobasidium* (Poriales). K *Scleroderma* (Sclerodermatales). (750 ×; nach Oberwinkler.)

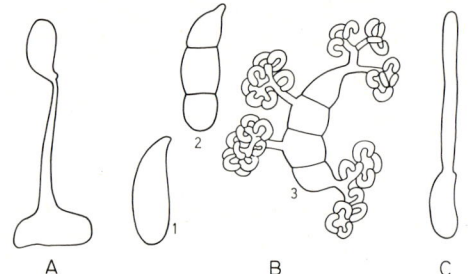

Abb. 725: *Basidiomycetes.* Auskeimende Sporen. A *Exidiopsis effusa* mit Sekundärspore. B *Auricularia auricula-judae* 1–3 Basidiosporen, 2 durch Querwände untergliedert, 3 mit Conidien. C *Pleurotus ostreatus* mit Keimhyphe (1000 ×; A nach Oberwinkler; B nach Brefeld; C Orig.)

nächst weiterhin intercellulär und ohne äußere Krankheitssymptome hervorzurufen empor, bis es sich an bestimmten Stellen intracellulär weiter entwickelt, z.B. in den Antheren – oder bei anderen Arten in den Fruchtknoten –, und unter völliger Zerstörung des Wirtsgewebes Hyphen in dichten Mycellagern mit kugeligen, perlschnurartig geordneten Anschwellungen bildet, die sich mit einer dicken, braunschwarz gefärbten Wand umgeben (Abb. 726 E) und sich aus dem Hyphenverband lösen. Sie stäuben aus den Lagern wie Kohlenstaub hervor, weshalb man sie «Brandsporen» nennt. In dieser Form sind die Brandsporen jungen Basidien homolog, weil hier wie dort die Karyogamie vollzogen wird. Da jedoch die Brandsporen selber noch kein Sporangium nach Art der Basidie darstellen, werden sie als Probasidien bezeichnet. Die Brandsporen keimen – meist erst nach der Überwinterung – mit einem später querseptierten Hyphenschlauch aus (Abb. 726 A–B). Hierbei findet die Meiose statt, so daß sich jetzt in jeder der 4 durch Querwände abgegliederten Zellen ein haploider Kern befindet. In diesem Stadium entspricht der, auch als Promycel bezeichnete, Auswuchs einer septierten Phragmobasidie. Diese schnürt seitlich die haploiden Sporen ab, wobei die Basidienkerne jedoch nicht selbst in diese sog. Sporidien einwandern, sondern nur Tochterkerne in sie übertreten lassen; es sind daher keine Basidiosporen im engen Sinne (Abb. 726 B). Sie sind im Verhältnis 1:1 genotypisch als + und – determiniert. Bei guter Ernährung können immer wieder neue Basidiosporen von der Basidie abgeschnürt werden. Der Entwicklungscyclus ist haplo-dikaryotisch; er ist dem haplo-diplontischen der Hefen analog.

Wie bei den Hefen sind einige Formen (z.B. von *Ustilago zeae*, Maisbrand) rein haplontisch. Andere Vertreter durchlaufen einen rein dikaryotischen Lebenskreislauf; da bereits die Basidiosporen miteinander kopulieren (Abb. 726 K *U. caries*, C *U. carbo*). Es gibt Arten, bei denen die Basidie ganz ausfällt und die Reduktionsteilung schon in den Brandsporen erfolgt. Manche Formen sind bereits tetrapolar.

Wirtschaftlich von großer Bedeutung sind die Brandkrankheiten der Getreidearten. *Ustilago zeae* erzeugt an Blütenständen von Mais faustgroße, geschwürartige Beulen und Blasen, die mit Brandsporen angefüllt sind; andere *Ustilago*-Arten füllen u.a. die Fruchtknoten, zum Teil auch benachbarte Ährenteile von Hafer, Gerste und Weizen zur Reifezeit mit einem staubartigen Brandsporenpulver an (Flug- oder Staubbrand, z.B. *U. avenae*, Haferflugbrand). Da eine befallene Getreidepflanze mehrere Millionen Brandsporen enthält, die beim Dreschen des Getreides auf das Saatgut ausstäuben und nach der Aussaat die jungen Keimpflanzen infizieren (Keimlingsinfektion), kann sich die Krankheit leicht auf viele Pflanzen ausbreiten; infolgedessen wurden früher bis 20 % (bisweilen sogar 60 %) des Körnerertrags vernichtet. Einige Brandkrankheiten lassen sich erfolgreich bekämpfen durch kurzes Einlegen des Staatgutes in heiße oder giftige «Beizen» (z.B. Lösungen von vorwiegend organischen Quecksilberverbindungen) oder

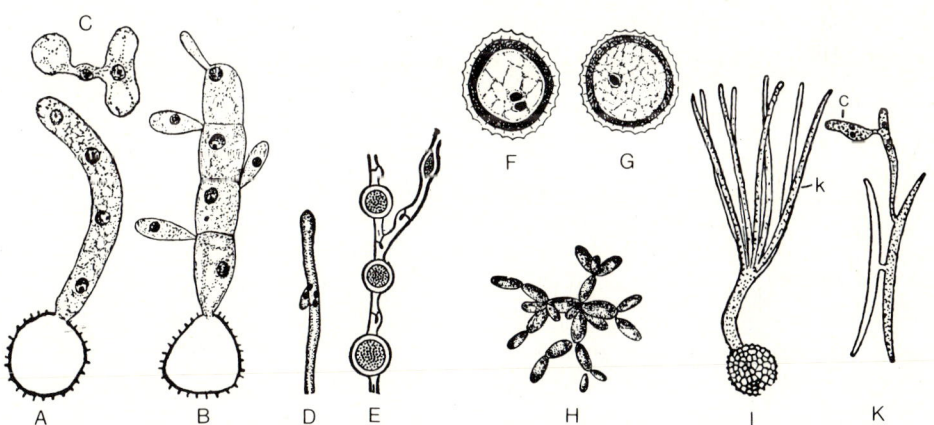

Abb. 726: *Heterobasidiomycetidae. Ustilaginales* und *Tilletiales.* A, B *Ustilago scabiosae*, gekeimte Brandspore und Meio-Sporenbildung an vierzelliger Basidie (110 ×). C *Ustilago carbo*, kopulierende Basidiosporen (1200 ×). D *Entyloma calendulae*, Schnallenmycel mit Paarkernen. E, F, G *Ustilago vuijckii*, Brandsporenbildung, dikaryotische und diploide Brandspore. H *Ustilago carbo*, in Nährlösung sprossende Brandspore (350 ×). I *Ustilago caries*, aus der Brandspore hervorgegangene Basidie mit vier Paaren endständiger Meio-Sporen k (300 ×). K *U. caries*, zwei kopulierte Basidiosporen, zum Paarkernmycel auswachsend, mit Conidie c (650 ×). (A, B nach HARPER; C, K nach RAWITSCHER; D nach STEMPELL; E, F, G nach SEYFERT; H, I nach BREFELD.)

Bestäuben mit Substanzen, welche die anhaftenden Brandsporen abtöten. Diese Beizung versagt u.a. jedoch beim Flugbrand der Gerste (*U. hordei*) und des Weizens (*U. caries*); bei diesen Arten bilden sich die Brandsporen nämlich schon vor der Öffnung der Blüten in den jungen Fruchtknoten und stäuben bereits aus, wenn die Pflanzen in voller Blüte stehen. Vom Winde übertragen, keimen sie noch im gleichen Jahr zwischen den Spelzen der gesunden Blüten aus (Blüteninfektion). Das aus den Basidiosporen gekeimte Mycel wächst alsdann sofort in das sich bildende Saatkorn hinein und überwintert in dessen Embryo.

Ustilago violacea, der Antherenbrand der Caryophyllaceen, füllt die Antheren des Wirtes mit schwarzvioletten Brandsporen aus, die anstelle des Pollens treten. Er befällt auch weibliche Pflanzen der Taglichtnelken (*Silene alba* u. *S. dioica*), die dadurch zur Bildung von Antheren veranlaßt werden, in denen sich dann die Brandsporen entwickeln.

2. Ordnung: **Tilletiales.** Von den *Ustilaginales* unterscheidet sich diese Ordnung dadurch, daß in den Brandsporen nicht nur die Karyogamie, sondern meist auch schon die Meiose stattfindet. Die Basidien haben eine andere Gestalt; ihnen fehlen nämlich Querwände und sie gleichen daher eher Holobasidien, die an ihrem Scheitel 4 oder 8 langgestreckte Basidiosporen anlegen (Abb. 726 I); lediglich zur Abgrenzung gegen die Probasidie («Brandspore») werden ein oder mehrere Septen gebildet. Die Basidien der *Tilletiales* repräsentieren demnach einen eigenen Typ; möglicherweise sind sie durch Reduktion aus der *Ustilaginales*-Basidie entstanden.

Zwischen Basidiosporen entgegengesetzten Kreuzungstyps entstehen – oft schon während sie noch an den Basidien sitzen – Kopulationsbrücken, über welche Plasma und Kern der einen Spore in die andere einwandern. In dem jetzt auswachsenden paarkernigen Mycel gliedern sich dikaryotische, sichelförmige Conidien ab, die aktiv als Ballistoconidien abgeschleudert werden. Sowohl das dikaryotische wie das haploide Stadium können sich durch Conidien vermehren. Am Weizen ist *Tilletia caries* der Erreger des Stein- oder Stinkbrandes, *Urocystis tritici* des Blattstreifenbrandes. *Entyloma*-Arten (Abb. 726 D) befallen vor allem Compositen.

Rückblick auf die **Brandpilze** (*Ustilaginales* und *Tilletiales*): Das Promycel der Brandpilze wird meistens als eine den Basidien der übrigen Basidiomyceten homologe Bildung interpretiert; bei den *Ustilaginales* als Phragmobasidie, bei den *Tilletiales* als Holobasidie. Nach anderer Auffassung gehören die Brandpilze (zusammen mit den noch zu besprechenden *Exobasidiales*) zu den Endomyceten (Hefen etc.) innerhalb der Ascomyceten. Diese Deutung geht davon aus, daß das Promycel einen abgewandelten Ascus mit exogener Sporenbildung darstellt. Eine noch nicht vollständig stabilisierte Dikaryophase und hefeartiges Wachstum in Abschnitten des Entwicklungsganges werden hierbei im Sinne einer verwandtschaftlichen Nähe zu den Ascomyceten gewertet.

Bei einigen weitgehend asexuellen Hefen ist erst in jüngerer Zeit sexuelle Fortpflanzung in einer den Basidiomyceten entsprechenden Weise nachgewiesen worden. *Rhodotorula*-Hefe bildet den *Ustilaginales* ähnelnde septierte Promycelien (Phragmobasidien) aus, die aus kugeligen Probasidien keimen (Hauptfruchtform: *Rhodosporidium*). Pilze mit hefeähnlichem Wachstum können demnach je nach ihrer Hauptfruchtform Ascomyceten oder Basidiomyceten zugeordnet werden. Fehlt die Hauptfruchtform, dann kann auf die Basidiomycetenzugehörigkeit von Hefen (z.B. *Sporobolomycetaceae* mit Ballistoconidien) aufgrund verschiedener ultramikroskopischer (s. S. 650, 667) und biochemischer Kriterien (GC-Gehalt der DNA bei Basidiomyceten über 47 %) geschlossen werden. Bei den Brandpilzen einerseits und den Ascomyceten-Hefen andererseits stehen wir möglicherweise der stammesgeschichtlichen Wurzel von Ascomyceten und Basidiomyceten nahe. Die Spezialisierung der Hefen auf zuckerhaltige Substrate und der Brandpilze auf Höhere Pflanzen als Wirte erforderte evolutive Fortentwicklung und Anpassung, wobei jedoch ursprüngliche Merkmale teilweise noch erhalten geblieben sind. Falls man von einer näheren Verwandtschaft der beiden Ordnungen der Brandpilze (*Ustilaginales*, *Tilletiales*) ausgehen kann (manches spricht dafür), dann hätte sich in diesem Bereich der Übergang von Phragmo- zu Holobasidien ereignet.

3. Ordnung: **Uredinales,** Rostpilze. Die mehrere tausend Arten umfassenden Uredineen – die Erreger der sehr verbreiteten Rostkrankheiten – besitzen vierzellige, quergeteilte Phragmobasidien (Abb. 731 D, 733 A). Sie leben parasitisch, vor allem in den Intercellularräumen, ohne das befallene Gewebe abzutöten. In die Wirtszellen dringen Haustorien ein (Abb. 727 h). Das Mycel durchwuchert selten die ganze Pflanze (*Uromyces pisi*), meist breitet sich nur nahe um die Infektionsstelle aus. An den dikaryotischen Hyphen fehlen Schnallen. Den Verhältnissen bei Ascomyceten gleichen folgende Merkmale: bipolare Heterothallie,

Spermatien und Empfängnishyphen als Geschlechtsorgane, einfache Septenporen, ausgeprägte Nebenfruchtformen. Von wenigen Ausnahmen abgesehen, bilden die Rostpilze – bedingt durch ihre Anpassung an parasitische Lebensweise auf meist kurzlebigen, krautigen Organen Höherer Pflanzen – keine auffälligen Fruchtkörper. Sie sind durch eine große Mannigfaltigkeit ihrer Sporen (im vollständigen Entwicklungscyclus 5 verschiedene Sporenarten; Abb. 734) charakterisiert, die mit Kernphasenwechsel und oft mit Wirtswechsel gekoppelt in regelmäßiger Folge auftreten. Als typisches Beispiel soll der Entwicklungsgang des weitverbreiteten Getreiderosts (*Puc-*

cinia graminis) beschrieben werden: Die Basidiosporen keimen im Frühling auf den Blättern der Berberitze aus. Ihre Keimschläuche dringen ein und wachsen zu einem intercellulär parasitierenden Mycel aus, dessen Zellen einkernig-haploid sind. Jedes aus einer Basidiospore hervorgegangene Mycel bildet nahe der Blattoberseite subepidermale krugartige Pycnidien (auch Spermogonien genannt) und nahe der unteren Blattepidermis rundliche Hyphenkomplexe, die Aecidienanlagen. Erstere sind jene Teile des Mycels, welche Geschlechtskerne liefern, letztere die Bereiche, welche in sog. Basalzellen Geschlechtskerne zur Begründung eines Dikaryons aufnehmen. Pycnidien und Aecidienanlagen entwickeln sich am gleichen Mycel, das somit zugleich als Kernspender wie auch als Kernempfänger dienen kann; Selbstung wird aber durch die bipolare Differenzierung der Basidiosporen und der aus ihnen hervorgehenden (+, –)-Mycelien ausgeschlossen (bipolare Inkompatiblität).

Paarkernhyphen entstehen aus Basalzellen der Aecidienanlage, wenn diese einen Kern nach einem von zwei möglichen Wegen erhalten haben. Bei der Kernübertragung durch Spermatien spielen die genannten Pycnidien eine wichtige Rolle. Ihre krugförmigen, plectenchymatischen Mycelkörper durchbrechen bei ihrer Reifung als gelbliche Pusteln die obere Epidermis der befallenen Berberitzenblätter (Abb. 727, vgl. 729); sie enthalten außer sterilen Hyphen an der Mündung des Pycnidiums (Periphysen) in ihrem Zentrum kurze, dichtgedrängte Hyphen, die kleine einkernige elliptische Sper-

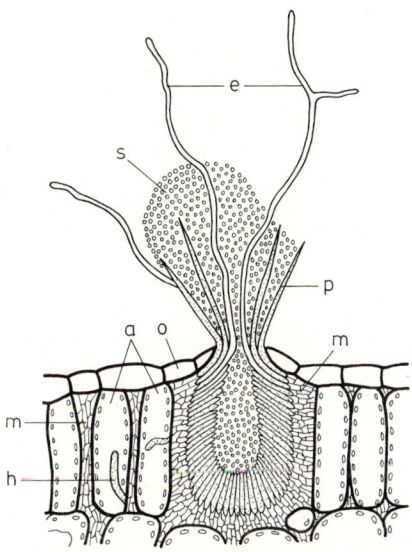

Abb. 727: *Heterobasidiomycetidae, Uredinales, Puccinia graminis.* Pycnidium auf *Berberis* im Längsschnitt. o Epidermis, a Palisadenzellen mit Haustorium h, m haploides intercelluläres Mycel, p Periphysen, e Empfängnishyphen, s Spermatien. (Nach BULLER.)

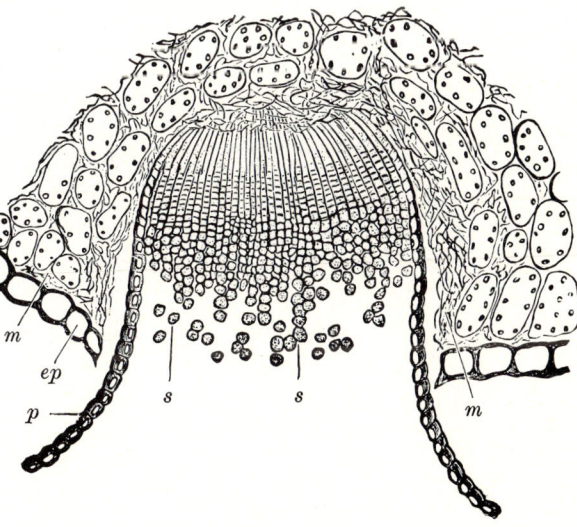

Abb. 728: *Heterobasidiomycetidae, Uredinales, Puccinia graminis.* Aecidium auf *Berberis.* ep Epidermis der Blattunterseite, m haploides intercelluläres Mycel, p Pseudoperidie, s dikaryotische Aecidiosporenketten. (140 ×; nach SCHENCK.)

matien abgliedern (sog. Pycnosporen; Abb. 729B). Diese wachsen in Nährlösung zwar zu einem kurzen Keimschlauch aus, sind aber bei Übertragung auf ein gesundes Blatt nicht infektionsfähig, vielmehr besteht ihre Funktion darin, ihren Kern auf sog. Empfängnishyphen zu übertragen. Empfängnishyphen sind Auszweigungen des haploiden Mycels, die zwischen den Epidermiszellen und Pycnidien (Abb. 727e) hindurch über die Blattoberfläche herausragen; sie haben keine Querwände. Die Spermatien verschmelzen nur mit den Empfängnishyphen des konträren Kreuzungstyps ($+ \times -$), was bei einer ($+$, $-$)-Mischinfektion ohne Schwierigkeiten möglich ist. Außerdem sondern die Pycnidien Nektar aus, der von Insekten geborgen wird, so daß die Spermatien durch sie auch auf andere Blätter übertragen werden können, die zunächst nur mit dem anderen Kreuzungstyp infiziert worden waren.

Der in die Empfängnishyphen eindringende Kern wandert durch die Querwandperforationen von Zelle zu Zelle bis zu der Aecidienanlage, wo in den Basalzellen das Paarkernstadium begründet wird. Bei der zweiten Möglichkeit der Kernübertragung durch bei anderen Rostpilzen verwirklichte Somatogamie fusionieren einfache ($+$ und $-$)Hyphen im Wirtsgewebe, falls eine Mischinfektion stattgefunden hat. Die nunmehr dikaryotischen Basalzellen der Aecidienanlagen wachsen zu becherförmigen, die Blattunterseite durchbrechenden, lebhaft orange gefärbten Aecidien aus, in denen sich zahlreiche Ketten mit dikaryotischen Aecidiosporen bilden. Die

Aecidiosporen-Ketten bestehen meist abwechselnd aus echten Sporen und kleinen, später verschleimenden und verschwindenden Zwischenzellen (Abb. 730 A_{Z_1/Z_2}). Bei manchen Gattungen (z.B. *Puccinia*) verlieren vor dem Durchbruch durch die Epidermis die obersten (also die End-) Sporen jeder Kette sowie sämtliche Sporen der peripheren Ketten ihren Sporencharakter und verkleben miteinander zu einer festen Decke (Pseudoperidie, Abb. 728 p). Durch den Druck der an der Basis der Ketten sich dauernd neubildenden Sporen (bei *Puccinia graminis* über 10000 in einem Aecidium) werden Pseudoperidie und die Epidermis gesprengt, worauf die durch den gegenseitigen Druck zunächst eckig deformierten, sich später abrundenden Sporen durch den Wind ausgebreitet werden können.

Mit dem Wechsel der Kernphase (haploid-dikaryotisch) ändert sich auch das parasitische Verhalten. Die Aecidiosporen keimen nur auf Getreide und Wildgräsern (Wirtswechsel). Ihr Keimschlauch dringt durch die Spaltöffnungen in das Gewebe dieser zweiten Wirte ein und entwickelt sich zu einem intercellularen, lokal beschränkten, paarkernigen, aber schnallenlosen Mycel, das bald zu lebhafter Bildung von dikaryotischen Conidien übergeht, die hier Uredosporen genannt werden (Abb. 732). Diese entstehen einzeln aus den anschwellenden Endzellen ihrer Träger in kleinen, strichförmigen, rostfarbenen (Rostpilze!), die Epidermis aufbrechenden Lagern. Sie besorgen die Ausbreitung des Pilzes im Sommer (Übertragung auf andere Individuen des gleichen Wirtes durch

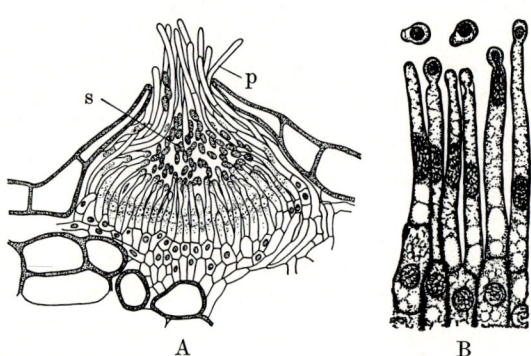

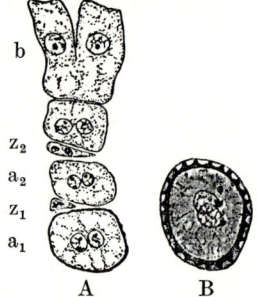

Abb. 729: *Heterobasidiomycetidae*, *Uredinales*. A *Gymnosporangium clavariaeforme*. Pycnidium auf *Crataegus*-Blatt, die Epidermis der Oberseite durchbrechend. s Spermatien, p Periphysen. B *Peridermium strobi*. Abschnürung der einkernigen Spermatien. (A 450 ×, nach BLACKMANN, B 1200 ×, nach COLLEY.)

Abb. 730: *Heterobasidiomycetidae*, *Uredinales*. A *Phragmidium speciosum*. b Basalzellen mit Kopulationsbrücke; a_1 und a_2 paarkernige Aecidiosporen; z_1 und z_2 Zwischenzellen. B Reife Aecidiospore von *Phragmidium violaceum*. (A nach CHRISTMANN; B 800 ×, nach BLACKMANN.)

«Sommersporen»). Jedes einzelne Uredo-Lager bildet sehr viele, eine befallene Pflanze Millionen von Uredosporen. Diese infizieren sofort weitere Getreidepflanzen, an denen sich schon 3 Wochen nach der Infektion neue Uredo-Lager entwickeln. Auf diese Weise breitet sich die Krankheit sehr rasch und über weite Entfernungen aus.

Gegen den Herbst bringt das Paarkernmycel in den Uredo-Lagern oder an anderen Stellen eine weitere Sporenform hervor, die zweizelligen Teleutosporen (Abb. 731A t, C). In ihren Zellen verschmelzen die Kernpaare miteinander (Karyogamie). Die Teleutosporen sind dickwandig, gegen Trockenheit und Kälte widerstandsfähig und machen eine winterliche Ruhezeit durch. Im nächsten Frühjahr keimt jede der beiden diploiden Zellen (= Probasidien) einer

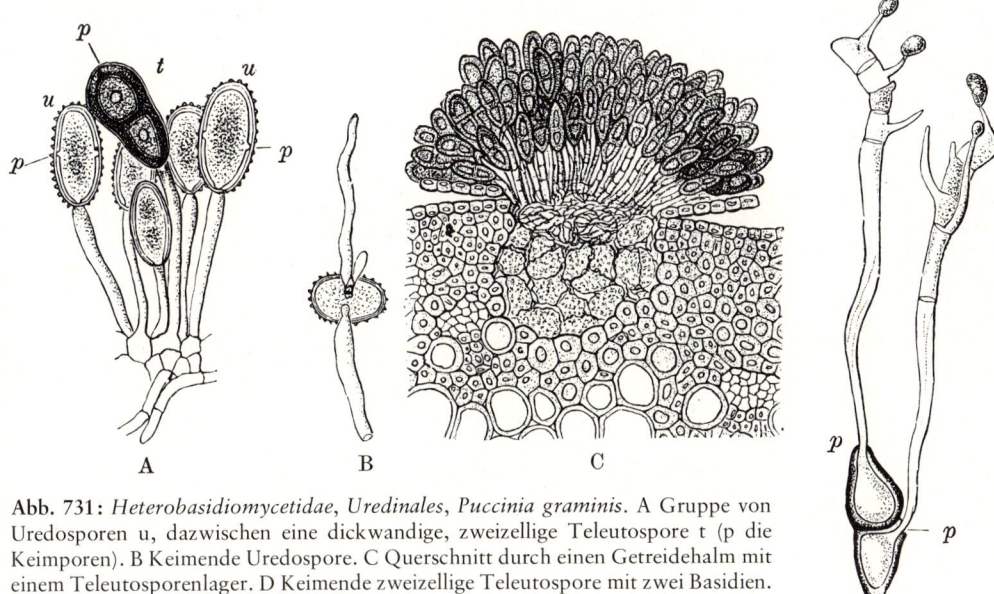

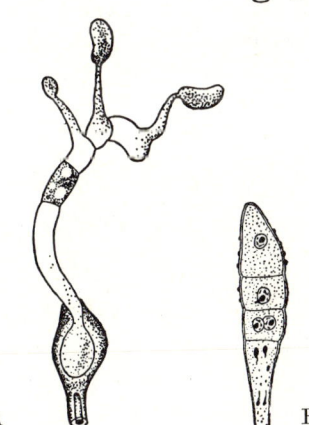

Abb. 731: *Heterobasidiomycetidae, Uredinales, Puccinia graminis.* A Gruppe von Uredosporen u, dazwischen eine dickwandige, zweizellige Teleutospore t (p die Keimporen). B Keimende Uredospore. C Querschnitt durch einen Getreidehalm mit einem Teleutosporenlager. D Keimende zweizellige Teleutospore mit zwei Basidien. (A, B, D 300 ×; C 150 ×; A, B nach DE BARY; C nach TAVEL; D nach TULASNE.)

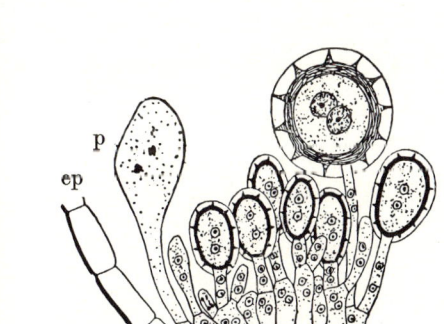

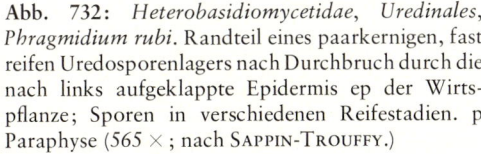

Abb. 732: *Heterobasidiomycetidae, Uredinales, Phragmidium rubi.* Randteil eines paarkernigen, fast reifen Uredosporenlagers nach Durchbruch durch die nach links aufgeklappte Epidermis ep der Wirtspflanze; Sporen in verschiedenen Reifestadien. p Paraphyse (565 ×; nach SAPPIN-TROUFFY.)

Abb. 733: *Heterobasidiomycetidae, Uredinales.* Teleutosporen. A *Uromyces appendiculatus*, einzellig (Zellkerne nicht gezeichnet), mit Basidie. B *Phragmidium violaceum*; unten mit Paarkernen, die in den beiden oberen Zellen bereits verschmolzen sind. (500 ×; A nach TULASNE, B nach BLACKMAN.)

Teleutospore an einer vorgebildeten Keim-Pore (Abb. 731 D p) unter Meiose zu einer schlauchförmigen Basidie aus (Abb. 733 A, 731 D). Zwischen den vier haploiden Kernen werden Querwände eingezogen, und aus jeder der vier

Zellen sproßt eine Basidiospore (Meiospore) aus, in die der Kern eintritt (Abb. 731 D). Die Basidiosporen werden abgeschleudert und vom Wind auf den ersten Wirt, die Berberitze, verweht. Damit ist der Entwicklungscyclus geschlossen, in dessen Verlauf monokaryotisch-haploide Basidiosporen (1) und haploide Spermatien (2), dikaryotische Aecidio- (3) und Uredosporen (4) sowie erst dikaryotische, dann diploide Teleutosporen (5), also insgesamt **fünf** verschiedene Sporentypen, auftreten.

Bei den sog. Euformen ist der Entwicklungsgang vollständig und als Generationswechsel angelegt. Gegenüber dem haploiden Gametophyten ist die dikaryotische Sporophytenphase gefördert; durch wiederholte Bildung von Uredosporen (Abb. 734), seltener von Aecidien (*Cronartium* spec.) wird diese Tendenz verstärkt. Neben Arten mit obligatem Wirtswechsel (Heteröcie) und regulärer Abfolge von haploider und dikaryotischer Phase gibt es auch solche, deren Lebenscyclus auf einer einzigen Wirtspflanze vollendet wird (Autöcie). Durch Unterdrückung der einen oder anderen Sporenform wird der Lebenskreislauf zusätzlich vereinfacht; es können ausfallen: Aecidiosporen (Brachytypus, z.B. *Uromyces fabae*); Aecidio- und Uredosporen mit (Mikrotypus, z.B. *Tranzschelia fusca*) oder ohne Keimruhe der Teleutosporen (Leptotypus, z.B. *Puccinia malvacearum*); Uredosporen (Opsistypus, z.B. *Gymnosporangium juniperinum*); Uredo- und Teleutosporen (Endotypus; z.B. *Endophyllum sempervivi*); Aecidio-, Teleuto- und Basidiosporen (imperfekte Rostpilze). Stets bleibt eine ausgeprägte Dikaryophase erhalten. In Gebieten mit kurzer Vegetationsdauer sind die genannten abgekürzten, auf einen Wirt beschränkten Entwicklungstypen von Vorteil.

Ähnlich wie der Getreide-Rost gehört der ebenfalls weit verbreitete Erbsenrost *(Uromyces pisi)* zu den Euformen: Die Pycnidien und Aecidien treten auf Wolfsmilch-Arten (*Euphorbia cyparissias* u.a.) auf. Die befallenen Pflanzen bleiben unverzweigt, haben gelbliche, kurze, dicke Blätter und kommen meist nicht zur Blüte (Abb. 457). Die Uredo- und die (hier einzelligen) Teleutosporen entwickeln sich auf den Blättern der Erbse *(Pisum sativum)* und *Lathyrus*-Arten. Autöcisch verläuft die gesamte Entwicklung des Bohnenrostes *(Uromyces phaseoli)*. Die Pycnidien und Aecidien treten im Sommer an etwas hypertrophierten, buckeligen Blattstellen auf. Die Aecidiosporen infizieren wiederum Bohnenblätter, auf denen im Herbst die Uredosporen und schließlich die Teleutosporen gebildet werden. – Ebenso verhalten sich die auf Blättern von Rosaceen schmarotzenden Arten der Gattung *Phragmidium* (Abb. 732). Die Aecidien sind hier nicht, wie beim Getreiderost, von einer Pseudoperidie umgeben, sondern die Aecidiospo-

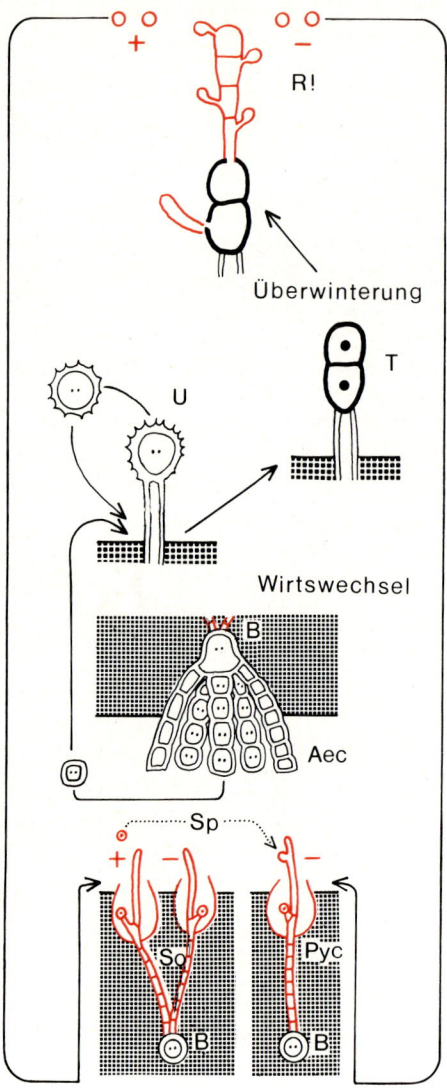

Abb. 734: *Heterobasidiomycetidae, Uredinales*. Schema der Entwicklung von *Puccinia*. Haploide Phase: rote Linien, dikaryotische Phase: doppelte schwarze Linien, diploide Phase: dicke schwarze Linien. R! Reduktionsteilung, B Basalzelle, So Somatogamie, Sp Befruchtung durch Spermatien, Pyc Pycnidium, Aec Aecidium, U Uredosporenlager, T Teleutosporenlager (Sporenzahl jeweils verringert dargestellt). Fein punktiert Berberitze, grob punktiert Gras als Wirt. Vgl. Abb. 727–733.

renketten durchbrechen, oft in beträchtlicher Flächenausdehnung, die Epidermis in gleicher Weise wie die Uredolager («Caeoma-Typus»). Ansätze zu einer Fruchtkörperbildung stellen die gallertigen und stielförmig erhobenen Teleutosporenlager der *Gymnosporangium*-Arten oder die Teleutosporenketten enthaltenden säulchenförmigen Gebilde der *Cronartium*-Arten dar.

Phylogenie. Die Rostpilze sind stammesgeschichtlich eine sehr alte Gruppe und bereits im Carbon als Parasiten auf Farnen aufgetreten. Die basidienbildenden *Uredinales* und die ascogenen *Taphrinomycetidae* haben möglicherweise eine gemeinsame stammesgeschichtliche Wurzel. Ihre gemeinsamen Vorfahren müßten das ernährungsphysiologisch selbständige Dikaryon entwickelt haben. Auch bei den Taphrinomycetiden weisen die auf Farnen parasitierenden Vertreter auf das hohe Alter der Gruppe hin. Im Mesozoicum gingen die *Uredinales* auf Gymnospermen, besonders Coniferen, und schließlich von der Oberkreide ab auf Angiospermen über. Mit dem Vordringen in kühlere Klimate sind wohl die überdauerungsfähigen Probasidien, d.h. mit dicken Wänden versehene Teleutosporen entstanden.

Die Rostpilze sind gefährliche Krankheitserreger. Besonders die Getreideernte wird durch sie erheblich beeinträchtigt (fallweise bis zu 25%, im allgemeinen jedoch nicht wesentlich mehr als ca. 5%). Über die ganze Erde ist *Puccinia graminis* verbreitet, wegen der dunkelgefärbten Teleutosporenlager Schwarzrost genannt; er befällt alle unsere Getreidearten und zahlreiche Wildgräser. In Mitteleuropa ist sein Schaden nicht so groß wie in wärmeren Ländern, weil dort die Entwicklung des relativ wärmebedürftigen Pilzes rascher verläuft. Besonders gefährlich ist bei uns der Gelbrost, *P. striaeformis*, mit hell gelborangen Uredosporenlagern, der vor allem auf Weizen, aber auch auf Gerste und Roggen und verschiedenen Wildgräsern epidemisch auftritt; sein Zwischenwirt ist unbekannt. *P. coronata*, der Kronenrost des Hafers und anderer Gräser, hat als Zwischenwirt *Rhamnus cathartica*, und *P. simplex*, der Zwergrost der Gerste, bildet seine Aecidien auf *Ornithogalum*-Arten.

Damit ist die Zahl der Getreideroste aber noch nicht erschöpft. Andere *Puccinia*-Arten treten auf Spargel, Möhre, Zwiebeln, Stachelbeeren u.a. Kulturpflanzen auf, *Uromyces*-Arten auf Erbsen, Bohnen und Beta-Rüben, *Gymnosporangium* auf Birnblättern («Gitterrost»). Zu anderen Familien der Uredineen gehören *Melampsora lini*, der autöcische Leinrost, der die Bastfasern des Leins zerstört, und die forstwirtschaftlichen Schädlinge *Melampsorella caryophyllacearum* (Hexenbesen und Krebs auf Weißtan-

nen, Uredo- und Teleutosporen auf Caryophyllaceen) und *Cronartium ribicola* (seine Aecidiengeneration schädigt Weymouth-Kiefern und bringt sie oft zum Absterben; die Aecidien brechen als große blasige Lager aus der Baumrinde hervor; Wirtswechsel mit *Ribes*).

Die Hoffnung, die wirtswechselnden Schädlinge durch Ausrottung des Zwischenwirts zu beseitigen, hat sich nur sehr beschränkt erfüllt, weil bei den allermeisten Arten auch die Uredosporen überwintern können oder schon im Herbst die junge Saat des Wintergetreides sowie verschiedene Kulturgräser infizieren (beim Gelbrost u.a. die Quecke); zudem können Uredosporen durch den Wind aus länderweit entfernten Gebieten (selbst über die Alpen) herbeigeführt werden. Da die Anwendung chemischer Bekämpfungsmittel umstritten ist, sucht man rostfeste Sorten zu züchten, was aber auch auf Schwierigkeiten stößt, weil es von jeder Rost-Art eine große Zahl morphologisch meist nicht unterscheidbarer, physiologischer Rassen gibt, die auf die verschiedenen Sorten der Kulturpflanzen spezialisiert sind und durch Mutation und Neukombination bei Kreuzungen immer wieder neu entstehen. Derartige Rassenbildungen krankheitserregender Pilze spielen in der Pflanzenpathologie eine sehr große Rolle, so daß die Arbeit des Resistenzzüchters niemals zu einem Ende kommt.

4. *Ordnung*: **Auriculariales**, Ohrlappenpilze. Mit der vorigen Ordnung haben die *Auriculariales* die querseptierte Phragmobasidie gemeinsam. Parasitische Gattungen ohne Fruchtkörper (z.B. *Herpobasidium, Helicobasidium*) weisen auf engere stammesgeschichtliche Beziehungen zu den *Uredinales* hin. Das Judasohr (*Auricularia auricula-judae*, Abb. 735 A) ist hingegen mit seinen aus Holunderstämmen hervorbrechenden, gallertigen, dunkelbraunen, ohrmuschelförmigen Fruchtkörpern als abgeleitet anzusehen. Sie tragen auf ihrer glatten bis gefalteten, dem Substrat abgewandten konkaven Fläche das Hymenium. Die Basidien sind wie bei allen *Auriculariales* durch Querwände in 4 etagenförmig übereinanderliegende Zellen geteilt, aus denen seitlich je ein Sterigma mit einer Meiospore hervorwächst (Abb. 735 B, 724 A). Bei manchen *Auriculariales* trägt die Basidie an ihrer Basis eine kugelige Anschwellung. In dieser «Probasidie», die eine zeitlang das Ende der Paarkernhyphe bildet, findet die Kernverschmelzung statt; nach der Meiose wächst aus ihr die eigentliche Basidie hervor. Die Basidiosporen erhalten bei der Keimung – z.B. bei *Auricularia* – mehrere Querwände und bilden von jeder so entstandenen Zelle eine Mehrzahl von Conidien. – Hier anzuschließen sind die **Septobasidiales**, die mit Schildläusen vergesellschaftet (Symbiose?) leben.

5. *Ordnung*: **Tremellales**, Zitterpilze: Ihre Phragmobasidien sind durch 2 kreuzförmig stehende Wände längsseptiert (Abb. 735 D, 724 B). Sie leben vorzugsweise auf abgestorbenem Holz, selten besiedeln sie andere Substrate oder sie befallen als

Parasiten andere Pilze. Ihre einfachsten Vertreter sind fruchtkörperlos. *Tremella* und *Exidia* bilden gehirnähnliche bis blattartige, gallertige Fruchtkörper von gelber, bräunlicher oder schwarzer Farbe (Abb. 735 C); die Fruchtkörpergallerte dient der Wasserspeicherung. Der seitlich gestielte, hutförmige Fruchtkörper von *Pseudohydnum* trägt unterseits Stacheln, die von Hymenium überzogen sind. *Exidiopsis* vgl. Abb. 725.

Hier anzuschließen sind die **Tulasnellales** (Abb. 724 C).

Rückblick auf die **Uredinales** bis **Tremellales**: Der stammesgeschichtliche Zusammenhang zwischen *Uredinales*, *Auriculariales* und *Septobasidiales* wird durch Übergangsglieder verdeutlicht. So entwickeln einige Familien der *Uredinales* (z.B. *Chrysomyxa* mit Aecidien auf *Picea*, Uredo- und Teleutosporen auf *Ericales*) anstelle dickwandiger Teleutosporen Basidien vom *Auricularia*-Typ. *Uredinella coccidiophaga* bewohnt nach Art der *Septobasidiales* Schildläuse, hat aber Teleutosporen-ähnliche Probasidien. *Patouillardina (Tremellales)* mit unregelmäßig septierten Basidien vermittelt zwischen *Auriculariales* und *Tremellales*. Bei *Bourdotia (Tremellales)* gehen die Längswände der Basidien nicht bis zu deren Grunde durch; solche Formen leiten über zur Holobasidie. Mit Ausnahme der *Uredinales* treten im Lebenscyclus der besprochenen Ordnungen hefeähnlich sprossende Stadien auf. Die Basidiosporen keimen vielfach mit Conidien oder Sekundärsporen. Während bei den *Uredinales* die Basidien nur ausnahmsweise an einfachen Fruchtkörpern gebildet werden, durchlaufen die *Auriculariales* und *Tremellales*, ausgehend von Formen ohne Fruchtkörper, eine Stufenleiter verschiedenster Fruchtkörpertypen: schichtartigflach, keulenartig, gestielt-kopfig, konsolenförmig, gestielt-hutförmig. Konvergent entstandene Fruchtkörperformen werden uns bei anderen Gruppen von Basidiomyceten (Abb. 738) wieder begegnen. Die hymeniumbedeckte Fläche kann durch Falten, Waben oder Zähne vergrößert werden. *Auricularia auricula-judae* zeigt innerhalb einer Art Übergänge von glatter über faltiger bis zu wabig-porenartiger Gestalt der das Hymenium tragenden Fläche (= Tendenz zur Ausbildung eines Hymenophors). Bei den *Auriculariales* (z.T.) und *Tremellales* (regelmäßig) tritt zum erstenmal ein Schnallenmycel innerhalb der hier gewählten Reihenfolge der Ordnungen auf; es entsteht nach Somatogamie und kennzeichnet die Dikaryophase.

b) Exobasidiales bis Dacrymycetales (Heterobasidiomyceten mit Holobasidie).

6. Ordnung: **Exobasidiales:** Mit den Exobasidiales soll eine Reihe von Pilzen mit Holobasidien eingeleitet werden, die sich z.T. noch ursprüngliche Merkmale bewahrt hat. Die Vertreter dieser Ordnung leben als Parasiten auf Blütenpflanzen (in Europa vor allem auf Ericaceen) und bilden keine Fruchtkörper. Häufig verursachen sie an den befallenen Wirtspflanzenteilen gallenartige Deformationen (Abb. 736 A), die durch Hypertrophie des Mesophylls zustandekommen (Abb. 736 B). Das My-

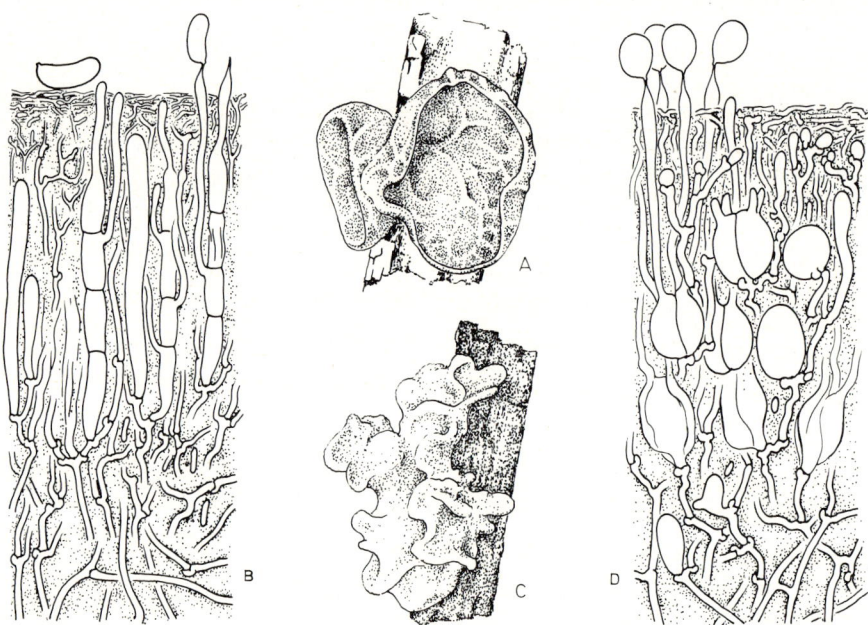

Abb. 735: *Heterobasidiomycetidae.* A *Auricularia auricula-judae*, Fruchtkörper (nat. Gr.). B Querschnitt durch das Hymenium (400 ×). C *Tremella mesenterica*, Fruchtkörper (nat. Gr.). D Querschnitt durch das Hymenium (400 ×). (Nach Oberwinkler.)

cel durchzieht das Pflanzengewebe intra- und intercellulär. Der Parasit wächst durch die Stomata oder zwischen den Epidermiszellen hindurch an die Oberfläche des Wirts und bildet dort Basidien (Abb. 736 C). Auf den stumpfen und stark spreizenden Sterigmen sitzen zueinander gekrümmte Basidiosporen, die passiv abfallen und unter Bildung von Quersepten mit Conidien keimen (Abb. 736 C).

7. *Ordnung:* **Dacrymycetales:** Sie sind durch 2-sporige, stimmgabelartige Holobasidien (Abb. 724 D), durch meist septierte mit Conidien keimende Basidiosporen und ihre saprophytische Lebensweise auf Holz gekennzeichnet. Die Fruchtkörper werden als einfache krustenförmige, pustelförmige, gestielt-kopfige, becherförmige bis verzweigt keulige Gebilde, also in verschiedenen, zu anderen Verwandtschaftskreisen wiederum konvergenten Varianten angelegt; sie sind durch Carotinoide gefärbt und meist weich bis zähgelatinös. Die Hyphen tragen an den Septen Schnallen.

Rückblick auf die **Exobasidiales** bis **Dacrymycetales:** Die beiden Ordnungen sind nicht so verschieden, wie sie sich zunächst aufgrund ihrer Merkmale darstellen mögen. Die Keimung der querseptierten

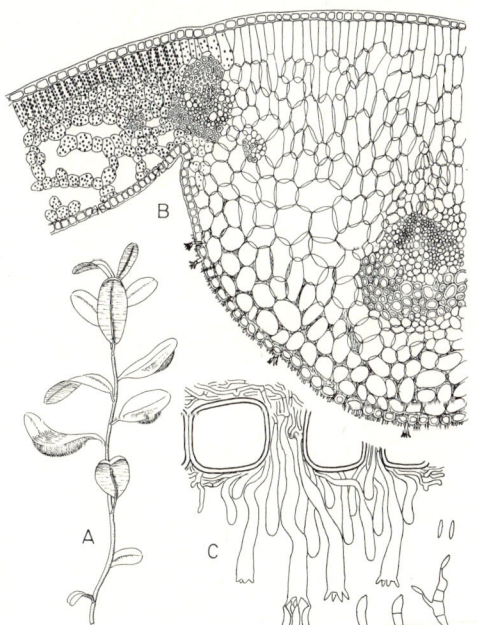

Abb. 736: *Heterobasidiomycetidae, Exobasidiales, Exobasidium vaccinii.* A *Vaccinium vitis-idaea* mit 3 von *Exobasidium* befallenen Blättern ($^2/_3$ ×). B Querschnitt durch befallenes Blatt; links normale Ausbildung des Blattgewebes, rechts durch Pilzbefall hypertrophiert (60 ×). C Zwischen den Epidermiszellen hervorbrechendes Mycel mit Basidien und Keimung der Basidiosporen (330 ×). (A nach MÄGDEFRAU, B nach WORONIN, C nach OBERWINKLER.)

Basidiosporen mit häkchenförmig gebogenen Conidien ist ein ursprüngliches, übereinstimmendes, bei den übrigen mit Holobasidien ausgestatteten Basidiomyceten nicht wiederkehrendes Merkmal. Einige Arten der *Exobasidiales* besitzen Basidien mit nur 2 Sterigmen nach Art der *Dacrymycetales* (Abb. 724 D). Andererseits ergeben sich Beziehungen dieser zu den *Tulasnellales* (C) innerhalb der vorigen Reihe. Über die *Exobasidiales* mögen stammesgeschichtliche Verbindungen zu den gemeinsamen Vorläufern von Asco- und Basidiomyceten bestehen; denn von manchen Autoren werden die *Exobasidiales* als «Ascomyceten mit exogener Sporenbildung» in die Nähe der *Taphrinales* gestellt. In Reinkultur wachsen z. B. aus den Sporen beider Gruppen hefeähnlich sprossende Zellhaufen hervor; in diesem Verhalten sowie im Parasitismus sind tatsächlich gewisse Ähnlichkeiten vorhanden, jedoch sind die *Exobasidiales* und *Dacrymycetales* aufgrund ihrer typischen Basidien sowie auch ultrastruktureller Merkmale zweifelsfrei echte Basidiomyceten.

2. Unterklasse: Homobasidiomycetidae, «Höhere Holobasidiomyceten»

Die nun folgenden Ordnungen der Basidiomyceten sind ausnahmslos mit Holobasidien ausgestattet. Die Sporen keimen stets mit Hyphen aus. Die Kappen der doliporen Septen sind siebartig durchbrochen. Gestalt und Größe der Holobasidien zeigen eine beträchtliche Mannigfaltigkeit (Abb. 724). Neben der weit verbreiteten Becherform (F) finden sich z. B. bauchig erweiterte Urnenbasidien (E), seitlich an der Traghyphe entstehende Pleurobasidien (H), mehrfach hintereinander hervorsprossende Repetobasidien (J). Es besteht eine große Mannigfaltigkeit der Fruchtkörperformen und der Oberflächengestaltung der hymenientragenden Schichten (Hymenophore). Wie bereits bei den Ordnungen mit Phragmobasidien, werden in getrennten Entwicklungslinien immer wieder die gleichen Fruchtkörpertypen durchlaufen bzw. erreicht, und wie bei den Algen lassen sich somit auch bei den Pilzen konvergente Stufen aufstellen. Die äußere Form der Fruchtkörper liefert hier vielfach die Kriterien für die Unterscheidung von Gattungen und Familien innerhalb der Ordnungen.

Hierher gehört die Mehrzahl der als «Schwämme» bekannten großen Pilze (Abb. 738 bis 740; 742). Ihr Mycel ist fast immer ausdauernd; es überwintert meistens im Boden, bei manchen Arten auch im Holz, und kann jahrzehntelang alljährlich Fruchtkörper hervorbringen. Die Mycelien lassen sich vielfach künstlich kultivieren, Fruchtkörperbildung in Kultur ist jedoch selten. Besonders im Spätsommer und Herbst entwickeln viele Arten oft raschwüchsige Fruchtkörper; es lassen sich hymeniale und gastroide Fruchtkörper unterscheiden.

Beim **hymenialen Fruchtkörper** der «Hymenomyceten» (Abb. 738) werden im Lauf der Entwicklung Hymenien frei exponiert und die Basidiosporen von den Basidien aktiv abgeschossen. Ein Hymenium enthält Basidien und gegebenenfalls Cystiden in palisadenförmiger

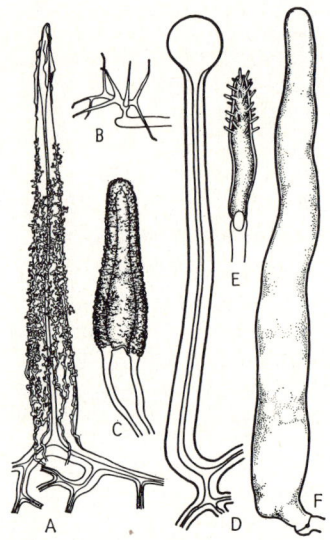

Abb. 737: *Homobasidiomycetidae*. Cystiden-Formen *(Poriales)*. A *Tubulicium*. B *Vararia*. C *Peniophora*. D *Tubulicrinis*. E *Stereum*. F *Hyphoderma*. (750 ×; nach OBERWINKLER.)

Anordnung (Abb. 737, 740C). Hymenophore stellen makroskopisch sichtbare Strukturen zur Oberflächenvergrößerung des Hymeniums dar. In der äußeren Morphologie der hymenialen Fruchtkörper herrscht große Vielfalt. Sie können krustenförmig, keulig bis stark verzweigt, konsolenförmig oder gestielthutförmig («Hutpilze») sein. Ähnlich vielgestaltig ist die Ausbildung der Hymenophore als ebene Fläche, Falten, Waben, Poren, Röhren, Stacheln oder Lamellen. Es sind nahezu alle möglichen Kombinationen von Fruchtkörperformen und Hymenophortypen verwirklicht, wobei eine möglichst große Zahl von Sporen in günstiger Weise für die Sporenverbreitung zu exponieren, die Evolution bestimmt hat. Die Fruchtkörper des hymenialen Typs entwickelt sich in unterschiedlicher Weise. Gymnocarp ist ein Fruchtkörper, wenn die Hymenien, bzw. Hymenophore von Beginn an auf freien Außenflächen angelegt werden. – Bei der hemiangiocarpen Entwicklung (Abb. 740 A, B) bildet sich das Hymenium zunächst im Inneren der noch jungen Fruchtkörper. Durch Streckung des Stieles und Aufschirmen des Hutes reißt jedoch die ursprüngliche Umhüllung. Ihre Reste bleiben vielfach auch am reifen Fruchtkörper als Teile des Velum universale und/oder Velum partiale erhalten. Das Velum partiale (vp) bildet dann einen Ring (m), oder es verbindet als zarter Schleier (Cortina) noch kurze Zeit Hut und Stiel; oder es verschwindet völlig. Das Velum universale (vu) liefert scheidenförmige Hüllen am Stielgrund (Volva, v; z.B. Grüner Knollenblätter-

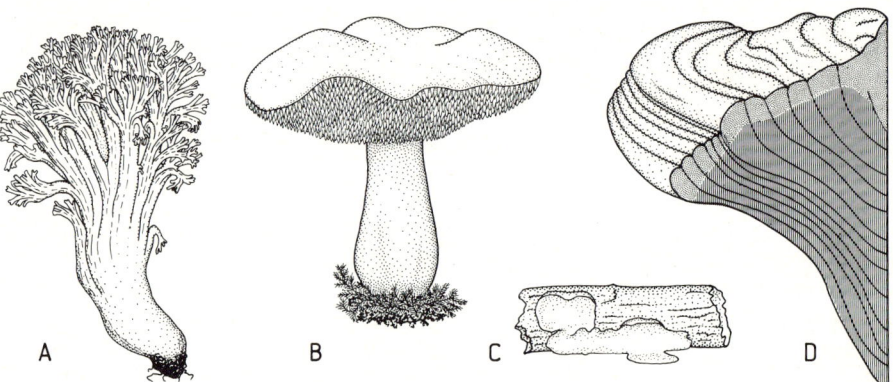

Abb. 738: *Homobasidiomycetidae*. Verschiedene hymeniale Fruchtkörper. A *Ramaria botrytis* ($^1/_2$ ×). B *Hydnum repandum* ($^1/_2$ ×). C *Stereum hirsutum* ($^1/_2$ ×). D *Phellinus igniarius*, mehrjähriger Fruchtkörper mit Jahreszuwachszonen ($^1/_2$ ×). (A nach SCHILD, B nach SCHENCK, C nach OBERWINKLER, D nach HARDER.)

pilz) und/oder weiße Fetzen und Schollen auf der Hutoberfläche (f; z.B. *Amanita muscaria*, Fliegenpilz). – Die pseudoangiocarpe Entwicklung gleicht zunächst der gymnocarpen, jedoch biegt sich der Hutrand derart einwärts, daß sich seine Hyphen mit denen der Stielrinde verflechten.

Die Sporen werden von den Basidien eine kurze Strecke weit abgeschleudert. Die Schußweite der Sporen beträgt bei Röhrenpilzen etwa die Hälfte des Röhrendurchmessers (bei Blätterpilzen die Hälfte des Lamellenabstandes). Die Flugbahn geht bald in senkrechten Fall über bis hinab in die freie, bewegte Luft unterhalb der Röhren bzw. Lamellen. Die eigentliche Ausbreitung der Sporen erfolgt durch Luftströmungen. Legt man den ausgebildeten Hut eines Blätterpilzes mit den Lamellen nach unten auf ein Blatt Papier, so entsteht durch die herabfallenden Sporen bereits nach wenigen Stunden ein klares Abbild des Lamellenverlaufes. – Man hat berechnet, daß ein reifer Fruchtkörper des Feldchampignons (*Agaricus campester*) von 10 cm Durchmesser eine Hymeniumoberfläche von 1200 cm² besitzt, welche insgesamt etwa 1,8 Milliarden Sporen erzeugt; pro Stunde werden ungefähr 40 Millionen Sporen abgeworfen.

Im Hymenium stehen neben reifen auch junge Basidien sowie sterile Hyphen mit degenerierten Kernpaaren und größere, ebenfalls sterile Endhyphen von mannigfaltiger Form, die Cystiden (Abb. 737). Letztere wirken als Schutz und Ausscheidungsorgane (z.B. bei den *Poriales*) oder sie verhindern möglicherweise ein Zusammenkleben der Lamellen (z.B. *Coprinus*); sie sind für die systematische Gliederung und Artunterscheidung wichtig. Auch die das Fruchtkörpergeflecht (Abb. 739) aufbauenden Hyphen in der sog. Trama weisen Differenzierungen auf: dickwandige «Skeletthyphen», die der Festigung dienen; dickwandige, verzweigte, die anderen Hyphen umklammernde «Bindehyphen»; dünnwandige, Basidien bildende «generative Hyphen».

Der **gastroide Fruchtkörper** der «Gasteromyceten» (Abb. 742) bildet die Basidien in seinem Inneren; Hymenien werden hierbei entweder nicht angelegt oder sie zerfallen bereits während der Sporenreife; die Fruchtkörperentwicklung ist angiocarp oder hemiangiocarp. Die Fruchtkörper sind entweder geschlossen, mit oder ohne innere Kammerung, oder es werden durch streckungsfähige Elemente (Receptaculum) die Sporenmassen aus der Fruchtkörperhülle (Peridie) herausgehoben (Abb. 742 A–C). Die Sporen werden von den Basidien nicht abgeschossen. Ihre Verbreitung erfolgt durch den Wind, in speziellen Fällen auch durch Insekten und Säugetiere. Hymeniale und gastroide Fruchtkörper sind durch Übergänge verbunden.

Systematik. Die Neuordnung des Systems der höheren Basidiomyceten ist noch nicht abgeschlossen, weshalb hier nur einige repräsentative Ordnungen vorgestellt werden sollen. Nach der äußeren Form der Fruchtkörper unterschied man früher die künstlichen, d.h. natürliche Verwandtschaftszusammenhänge nicht nachzeichnenden Gruppen der Nicht-

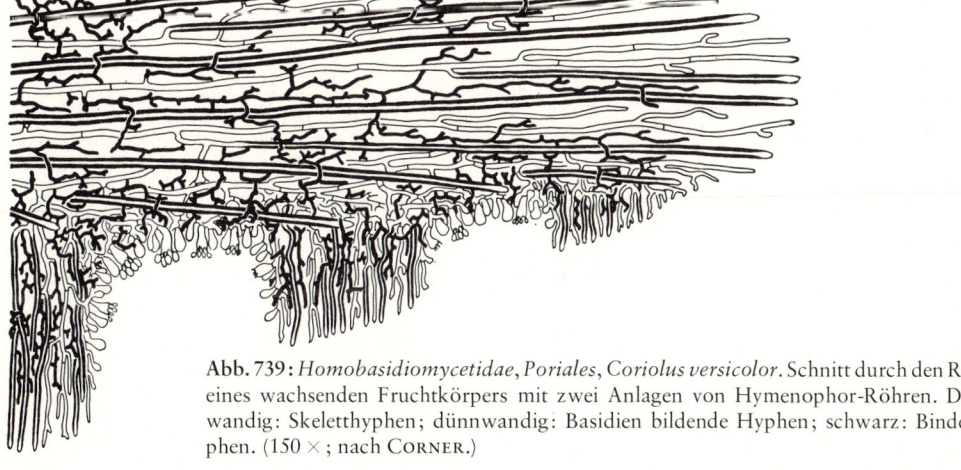

Abb. 739: *Homobasidiomycetidae, Poriales, Coriolus versicolor.* Schnitt durch den Rand eines wachsenden Fruchtkörpers mit zwei Anlagen von Hymenophor-Röhren. Dickwandig: Skeletthyphen; dünnwandig: Basidien bildende Hyphen; schwarz: Bindehyphen. (150 ×; nach CORNER.)

blätterpilze (*Poriales* = *Aphyllophorales* im weiten Sinne), der Blätterpilze (*Agaricales* im weiten Sinne) und der Bauchpilze *(Gasteromycetales)*. In den neueren systematischen Gliederungen wird nach verwandtschaftlichen Zusammenhängen gesucht, und zwar auf der Grundlage übereinstimmender Merkmale aus möglichst vielen Merkmalsbereichen: z.B. mikroskopische Strukturen wie Aufbau der Hymenien und der Geflechte im Fruchtkörper (= Trama), chemische Merkmale. Bei der Zusammenfassung von niederen taxonomischen Einheiten zu höheren (z.B. Ordnungen) spielen Verbindungsglieder eine wichtige Rolle, die teils Merkmale verschiedener Taxa in sich vereinigen, teils Übergänge von Merkmalen zeigen. Fließende Übergänge zwischen den oben genannten Fruchtkörperformen der Nichtblätter-, Blätter- und Bauchpilze haben u.a. zum Scheitern des reinen Fruchtkörpersystems geführt.

a) Poriales bis Polyporales (Aphyllophorales)

Die Pilze in dieser Reihe wurden ehemals als «Aphyllophorales» oder «Poriales» (im weitesten Sinne) zusammengefaßt. Es sind dies Pilze mit g y m n o c a r p e n, h y m e n i a l e n Frucht- k ö r p e r n, die in der Regel kein Lamellenhymenophor ausbilden. Vertreter mit lamellenähnlichem Hymenophor sind entweder über entsprechende Übergangsglieder (z.B. *Trametes*, *Gloeophyllum*) mit dieser Reihe verbunden oder lassen sich wegen besonderer Merkmale nicht mit den folgenden Blätterpilzen vereinen (z.B. *Pleurotus*, *Cantharellus*). Die Mehrzahl der Aphyllophorales ist auf die eine oder andere Weise in der Lage, mit ihren Fruchtkörpern Fremdgegenstände (z.B. Äste oder Grashalme) zu umwachsen.

1. Ordnung: **Poriales.** Sie sind derzeit eine noch provisorische Ordnung, in der alle langlebigen, gymnocarpe Fruchtkörper bildenden Formen ohne heraushebbare weitere Ordnungsmerkmale (siehe nachfolgende Ordnungen) vereinigt sind. Das Hymenium liegt frei auf dem Fruchtkörper, es wird frühzeitig gebildet und erhält mit der Vergrößerung des Fruchtkörpers immer neuen Zuwachs. Die Typusgattung *Poria* (**Poriaceae**) bildet flache, dem Substrat anliegende Krusten, die oberseits ein Porenhymenophor tragen. Bei *Corticium* (**Corticiaceae**) ist das Hymenophor ohne besondere räumliche Feingliederung glatt und eben angelegt. Bei dem auf morschem Holz wachsenden *Stereum* (**Stereaceae**) ist der mehrschichtige Fruchtkörper z.T. von der Unterlage abgewendet; das Hymenophor ist glatt wie bei der vorigen Gattung. Vom Substrat abstehende, lederig-korkige Fruchtkörper mit Poren-

hymenophor besitzen die auf Baumstümpfen häufigen *Coriolus*-Arten (z.B. *Coriolus versicolor;* der Schmetterlingsporling). Ein ebensolches Hymenophor bilden die konsolenförmigen, vieljährigen Fruchtkörper des Zunderschwammes, *Fomes fomentarius*, der besonders auf der Buche parasitiert. Das Hymenophor der flach bis konsolenförmig vom Substrat abstehenden Fruchtkörper von *Trametes* zeigt Übergänge von Poren über weite, labyrinthartige Gänge (*Trametes quercina*, Eichenwirrschwamm) bis zu lamellenähnlicher Ausprägung (*Trametes tricolor*). Verschiedene Fruchtkörper und Hymenophoren werden auch innerhalb der Gattung *Gloeophyllum* gebildet; der Zaunblättling (*Gloeophyllum sepiarium*) wächst mit vom Substrat abgehobenen Fruchtkörperkanten und hat ein lamellenähnliches Hymenophor, während die Fencheltramete (*G. odoratum*), durch fenchelähnlichen aromatischen Geruch kenntlich, an der Unterseite konsoliger Fruchtkörper ein Porenhymenophor besitzt. Die orangebraune Farbe der Fruchtkörper beider Arten kommt durch Trametin zustande. – *Heterobasidion* verursacht Rotfäule (s. S. 686).

Schizophyllum ist ein vielfach verwendetes Untersuchungsobjekt (Abb. 722); das Hymenophor ist hier in Form längs gespaltener, hygroskopisch beweglicher, zäher Lamellen angelegt, weshalb der Pilz vielfach bei den Agaricales oder auch in einer eigenen Ordnung der **Schizophyllales** eingereiht wird.

2. Ordnung: **Hymenochaetales.** Die Hyphen sind hier durch braune, membranäre Farbstoffe (Styrylpyrone) pigmentiert. An den Hyphensepten fehlen Schnallen und im Hymenium fallen meistens spitz zulaufende, dickwandige, braun gefärbte Cystiden (= Seten) auf. Die Sporen sind glattwandig. In der Wuchsweise und Zählebigkeit ähneln die hierher gestellten Pilze im übrigen denen der vorigen Ordnung, von denen sie aber aufgrund der genannten Merkmale abgetrennt werden.

Die Gattungsgliederung spiegelt die auftretenden verschiedenen Fruchtkörperformen wider. Glatte Krusten, die teilweise kantenartig vom Substrat abstehen, bildet *Hymenochaete*. Mehrjährige Konsolen mit geschichtetem Porenhymenophor sind für die Gattung *Phellinus* kennzeichnend. *Ph. igniarius*, der Feuerschwamm, lebt parasitisch, gelegentlich auch auf alten Apfelbäumen; im Querschnitt läßt der Fruchtkörper den Jahreszuwachs als Poren- und Tramaschichten erkennen (Abb. 738 D). Die Röhren mit ihren porenförmigen engen Mündungen zeigen bei derartigen Fruchtkörpern (auch in anderen Ordnungen) positiv gravitropische Wachstumsrichtung von höchster Genauigkeit, ein Verhalten, welches den Sporenabwurf in der geschilderten Weise ermöglicht. *Coltricia* besitzt gestielt-hutförmige, zähe, ausdauernde Fruchtkörper mit Porenhymenophor.

3. Ordnung: **Thelephorales.** Sie unterscheiden sich von den *Poriales* und *Hymenochaetales* durch ihre höckerigen, membranär pigmentierten Sporen, die mit meist paarweise angeordneten Warzen oder

Stacheln ausgerüstet sind. Die Pilze speichern Thelephorsäure in Form von pigmentierten Auflagerungen auf den Tramahyphen. Von flachen, dem Substrat anliegenden Fruchtkörpern mit glattem oder stacheligem Hymenophor *(Tomentella)* führen Übergänge zu keulig-verzweigten und hutartigen Fruchtkörpern *(Thelephora)*. Gestielt-hutförmige Fruchtkörper mit Stachelhymenophor sind u.a. für *Sarcodon* (z.B. Habichtpilz *S. imbricatum*), mit Porenhymenophor für *Boletopsis* bezeichnend.

Der Semmelstoppelpilz *(Hydnum repandum)* ist mit seinem äußerlich zwar ähnlichen Stachelpilzfruchtkörper, bei jedoch völlig anderen mikroskopischen und chemischen Merkmalen nicht in diese Ordnung einzureihen (Konvergenz!).

4. Ordnung: **Cantharellales.** Bekanntester Vertreter ist der als Pfifferling *(Cantharellus cibarius;* **Cantharellaceae**) geschätzte Speisepilz, der Typus für die Gattung und Ordnung ist. Sein gestielt-hutförmiger Fruchtkörper hat ein Hymenophor aus dicken, vielfach miteinander verbundenen Leisten, und ein Hymenium mit langgestreckten, stichischen Basidien, in denen die Kernteilungsspindeln in der Längsachse der Basidie liegen. Als Pigmente treten Carotinoide auf, die sonst bei den Höheren Holobasidiomyceten selten sind. – Einige Arten haben fast ebene Hymenophore. Ob die Gattungen *Typhula, Ramaria* und *Clavaria* (**Clavariaceae**) mit keuligen oder verzweigt keuligen Fruchtkörpern hier anzuschließen sind, ist umstritten.

5. Ordnung: **Polyporales.** Im Gegensatz zu den *Poriales* vermögen die *Polyporales* Fremdkörper lediglich mit ihrem Hymenophor zu umwachsen. Sie enthalten Vertreter mit weißlich-hyalinen, dünn- und glattwandigen Sporen. Konsolenförmige Fruchtkörper mit unterseits feinem Porenhymenophor besitzt der Birkenporling *(Piptoporus betulinus)*, während *Polyporus* gestielt-hutförmige, unterseits mit Poren oder Waben ausgestattete Fruchtkörper ausbildet. Möglicherweise gehören in diese Verwandtschaft auch Lamellenpilze mit gewissen Übereinstimmungen im Merkmalsbestand, etwa die Sägeblättlinge *(Lentinus)* und die Austernseitlinge *(Pleurotus)*; *Pl. eryngii* bildet unter bestimmten Kulturbedingungen anstelle eines Lamellenhymenophors unregelmäßige Poren aus. – Bei *Polyporus* und *Pleurotus* entstehen auch aus dem monokaryotischen Mycel, in diesem Falle haploide, Fruchtkörper.

b) Agaricales bis Boletales (Agaricales im weiten Sinne)

Im Mittelpunkt dieser Reihe stehen zunächst gestielt-hutförmige, kurzlebige, zum Umwachsen von Fremdkörpern nicht befähigte Pilze, die unterseits ein Lamellenhymenophor *(Agaricales* im weiten Sinne) ausbilden. Deutliche verwandtschaftliche Verbindungen solcher typischen Blätterpilze zu Gattungen mit anders gestalteten Fruchtkörpern, etwa vom aphyllophoralen oder gastroiden Typ, haben zu einer neuen Konzeption der Ordnungen geführt, von denen im Anschluß an die *Agaricales* die *Russulales* und *Boletales* als Beispiele etwas eingehender behandelt werden sollen.

6. Ordnung: **Agaricales.** Sie sind in ihrer provisorischen Umgrenzung ein analoges Gegenstück zu den *Poriales*. Ihr endgültiger Umfang (in Mitteleuropa etwa 2000 Arten) wird sich an den Übereinstimmungen im Merkmalsbestand zur Typusgattung *Agaricus* (Champignon) bemessen. Bei vielen Vertretern dieser Gruppe wird das Hymenium im Inneren

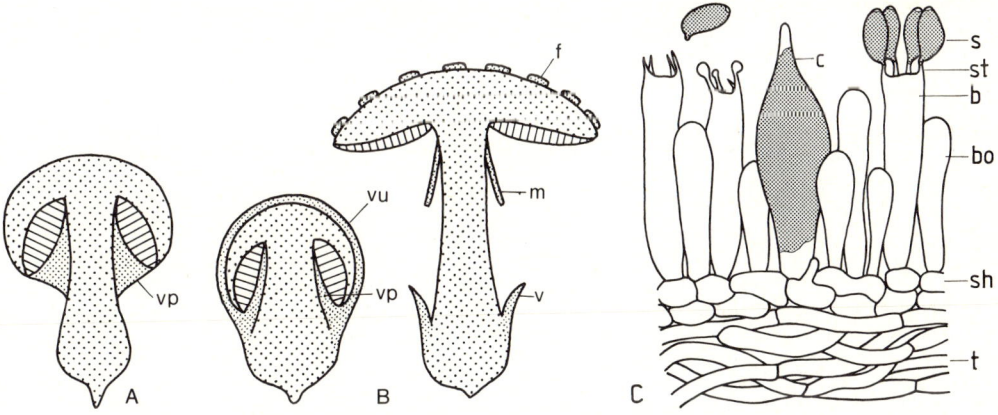

Abb. 740: *Homobasidiomycetidae, Agaricales.* A, B Schematische Längsschnitte durch Fruchtkörper. A mit Velum partiale (vp). B mit Velum universale (vu) und Velum partiale (vp); links im jungen, rechts im reifen Stadium; m Manschette als Rest des Velum partiale, v Volva als Rest des Velum universale an der Stielbasis, f Reste des Velum universale auf dem Hut. C Schnitt durch das Hymenium von *Hypholoma;* b Basidie, s Basidiospore, st Sterigma, bo junge Basidie, c Cystide, sh Subhymenium, t Trama (1000 ×). (A, B nach E. Fischer.)

des Fruchtkörpers in schizogenen Höhlungen gebildet, bei dessen Entfaltung aber freigelegt. Neben dieser hemiangiocarpen kommt aber auch pseudoangiocarpe und gymnocarpe Entwicklung vor. Die Fruchtkörper sind **kurzlebig** und zersetzen sich bei einzelnen Gattungen (z.B. Tintlinge; *Coprinus*) bereits in wenigen Stunden nach ihrer Entstehung. Die Anlage des Hymenophors erfolgt nicht allmählich, und von innen nach außen fortschreitend (so bei den Aphyllophorales), sondern auf einmal. Das Hymenophor hat meist die Gestalt blattartiger, radialer, senkrechter Lamellen, die im reifen Zustand die Unterseite des gestielten Hutes bekleiden. Das Grundgeflecht der Lamellen, die Lamellentrama, trägt außen eine aus kugeligen Zellen bestehende Schicht, das Subhymenium, welches schließlich vom Hymenium überkleidet wird. Das Hymenium setzt sich größtenteils aus Basidien unterschiedlicher Reife und vielfach auch aus Cystiden zusammen (Abb. 740 C). Die Kernteilungsspindel liegt quer zur Längsachse der Basidien (Chiastobasidien). Zu dieser Ordnung gehören sowohl geschätzte Speisepilze, als auch gefährlichste Giftpilze. Im großen Maßstab wird der Champignon *(Agaricus bisporus)* als Speisepilz kultiviert. Die zwei Sporen (nicht 4!) seiner Basidien enthalten je zwei kompatible (+ und —) Kerne; sexuelle Vorgänge sind demnach hier im Gegensatz zu den meisten anderen *Agaricales* für den Beginn eines neuen Lebenskreislaufes nicht erforderlich und der Champignonzüchter kann ausschließlich mit dikaryotischer Brut vermehren. Gefährliche und heimtückische Giftpilze (Vergiftungserscheinungen erst 48 Stunden nach Verzehr!) sind verschiedene Arten der Gattung *Amanita*, besonders der Grüne und der Weiße Knollenblätterpilz *(A. phalloides* und *A. virosa)*. Sie enthalten als Stoffwechselgifte cyclische Peptide (Ama- und Phallotoxine) und besitzen frei abgerundete, d.h. nicht mit dem Stiel verwachsene – im Unterschied zum Champignon – weiß oder weißlich bleibende Lamellen sowie eine sackförmige Scheide an der Stielbasis als Überbleibsel des Velum universale.

Hierher auch *Kuehneromyces* S. 684, *Psilocybe* S. 684, *Armillariella* S. 687, *Omphalina* S. 694, *Clitocybe*, *Lepista* S. 939 u. *Termitomyces* S. 688.

In der Ordnung der *Agaricales* sind alle Blätterpilze (z.B. *Agaricaceae, Coprinaceae)* und mit diesen durch Übergänge oder Übereinstimmungen verwandte Formen (z.B. die gastroide Fruchtkörper entwickelnden **Secotiaceae** und **Podaxaceae**, die vorwiegend in Steppengebieten leben) vereinigt, denen die besonderen, hervorhebbaren Merkmale der folgenden Ordnungen fehlen.

7. Ordnung: Russulales. Die als Täublinge und Milchlinge bekannten Pilze und deren Verwandten sind durch amyloides (s. S. 659) Sporenornament, sowie meist durch Nester kugeliger Zellen zwischen gestreckten Hyphen und durch Terpenoide führende Exkretionsorgane (Milchsafthyphen, in Vanillin-Schwefelsäure blauende Cystiden) trotz unterschied-

lichster Fruchtkörperformen unverwechselbar gekennzeichnet. Die Täublinge *(Russula)* mit ihren spröden, leicht splitternden Lamellen besitzen stickstoffhaltige, wasserlösliche Russupteridine als Farbstoffe. Die Milchlinge *(Lactarius)* scheiden bei Verletzung eine z.T. gefärbte Milch aus.

Gleitende Übergänge verbinden die gestielt-hutförmigen, hymenialen Fruchtkörperformen mit unterirdischen (hypogäischen), gastroiden Typen der Ordnung.

8. Ordnung: **Boletales.** Nicht nur Röhrlinge vom Typ des Steinpilzes *(Boletus edulis)*, sondern auch gewisse Lamellen-, Bauch- und Krustenpilze werden aufgrund von Übergangsformen oder folgender Merkmale in diese Ordnung gestellt: pigmentierte, oft spindelige Sporen und/oder bilateral gegen die Hymenien divergierende Tramahyphen des Hymenophors, Pigmente vom Typ der Pulvinsäurederivate. Diese Pigmente bedingen bei Anwesenheit von Oxidasen die oft zu beobachtende Blauverfärbung der Fruchtkörper (Abb. 741). Die Evolution innerhalb der Ordnung nahm ihren vermutlichen Ausgang von Holzbewohnern (Braunfäule s. S. 687) mit krustenähnlichem dem Substrat anliegenden Fruchtkörpern und glatten *(Coniophora)* oder bereits faltig-wabigen Hymenophoren *(Serpula)*. *Serpula (Merulius) lacrymans*, der Hausschwamm, bildet bis zu 1 m² große, schnellwachsende, weichfleischige Fruchtkörper. Das nächst höhere Evolutionsniveau repräsentieren zumeist noch Holzbewohner mit jedoch ungestielt muschelförmigen bis gestielt hutförmigen, ein Lamellenhymenophor ausformenden Fruchtkörpern (z.B. *Omphalotus*, Ölbaumseitling). Innerhalb einzelner Gattungen hat sich bereits eine zunehmende Spezialisierung in der Ernährungsweise vollzogen: *Paxillus atrotomentosus* wächst auf Holz; *P. involutus* ist an verschiedene Bäume, *P. filamentosus* spezifisch an Erle als Mycorrhiza-Pilz (s. S. 687) gebunden. Es folgt das Evolutionsniveau meist obligat mycotropher Hutpilze mit Lamellen, Röhren oder einer dazwischen stehenden Ausbildung des Hymenophors. Bei *Phylloporus* (Goldblatt) z.B. ist dieses lamellig und durch zahlreiche Querverbindungen kammerig untergliedert. *Gomphidius* (Schmierling) hat zwar ausgeprägtes Lamellenhymenophor, jedoch die mikroskopischen und chemischen Merkmale der Röhrlinge. Die hier einzuordnenden Vertreter mit Röhrenhymenophor unterscheiden sich von entsprechend gebauten Formen anderer Verwandtschaftskreise (z.B. *Polyporales* mit *Polyporus*, *Thelephorales* mit *Boletopsis*, *Hymenochaetales* mit *Coltricia*) u.a. durch:

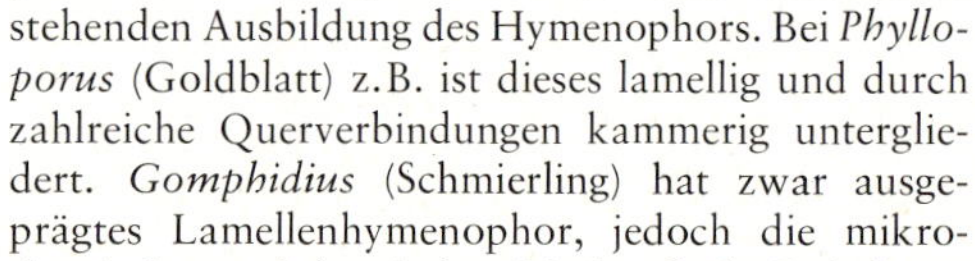

Abb. 741: Variegatsäure aus *Suillus variegatus*, *Boletales*. Links nicht oxidiert, rechts als oxidiertes blaues Anion R = OH. (Nach Steglich.)

Kurzlebigkeit der fremde Gegenstände nicht umwachsenden Fruchtkörper, vom Hute abtrennbare Röhren, andere Mikromerkmale und Pigmente. Als Anpassung an vulkanische Böden, trockene Klimaperioden usw. ist schließlich die jüngste Entwicklung zu gastroiden Fruchtkörpern zu verstehen, die ebenfalls durchweg mycotroph und z.T. ernährungsphysiologisch stark spezialisiert sind. Die in Amerika beheimateten *Gastroboletus*-Arten lassen sich in einer Reihe mit zunehmend kürzer werdendem Stiel, mit fortschreitender Desorganisation des Röhrenhymenophors, Schließung des Fruchtkörpers zwischen Hutrand und Stiel sowie hypogäischer Lebensweise ordnen. In ähnlicher Weise dürften die ausschließlich hypogäischen Gattungen *Truncocolumella* und *Rhizopogon* abzuleiten sein.

c) Lycoperdales bis Phallales (Gasteromycetes)

Diese Reihe enthält die typischen Bauchpilze («Gasteromycetes») mit zumindest jung geschlossenen, gastroiden, angiocarpen Fruchtkörpern, deren Hülle (Peridie) erst nach der Sporenreife in oft charakteristischer Weise aufplatzt oder zerfällt. Die aus Basidiosporen und aus meist verzweigten Hyphenfasern (Glebafasern, Capillitium) bestehende Innenmasse (Gleba) ist bei den einzelnen Ordnungen in verschiedener Weise gekammert oder zerklüftet (vgl. Abb. 742 D). Die Fruchtkörper öffnen sich in den einzelnen Verwandtschaftskreisen auf unterschiedliche Weise; die höchste Entwicklung haben hierbei die *Phallales* erfahren.

9. *Ordnung:* **Lycoperdales.** Die Vertreter dieser Ordnung sind unter dem Namen Stäublinge bekannt. Die kugeligen bis keuligen gastroiden Fruchtkörper leben nur in frühen Entwicklungsstadien unterirdisch. Sie sind außen durch eine meist zweischichtige Hülle geschützt, die sich in Exo- und Endoperidie gliedert. In reifen Fruchtkörpern wird die Exoperidie gesprengt; sie erscheint dann in Form von Körnern, Warzen oder Schollen der zähen, häutigen Endoperidie aufgelagert. Die Endoperidie öffnet sich vielfach mit einem scheitelständigen Porus. Das Innere des Fruchtkörpers ist zunächst gekammert, wobei die Kammern innen mit einem Hymenium ausgekleidet sind. Die Basidien sind kurz, keulig und tragen an auffallend langen Sterigmen kugelige Sporen; diese werden nicht aktiv abgeschossen, vielmehr durch Zerfall der Basidien befreit. Der sporenreife Fruchtkörper enthält lediglich eine pulverige Masse, die Gleba, welche aus unzähligen Sporen und Gleba-Fasern besteht. Sie entsteht durch Zersetzung des Hymeniums und der sterilen Geflechte, wobei nur die Sporen und die Glebafasern (Capillitium) als Reste langer Tramahyphen erhalten bleiben und die Gleba zusammensetzen. In manchen Gattungen ist der untere Teil des Fruchtkörpers steril (Subgleba). Häufig ist der in Wäldern wachsende Flaschenbovist *(Lycoperdon perlatum)*, dessen keulige Fruchtkörper auf Druck wolkenartig stäubende, braune Sporenmassen freigeben. Bei dem Riesenbovist *(Langerman-*

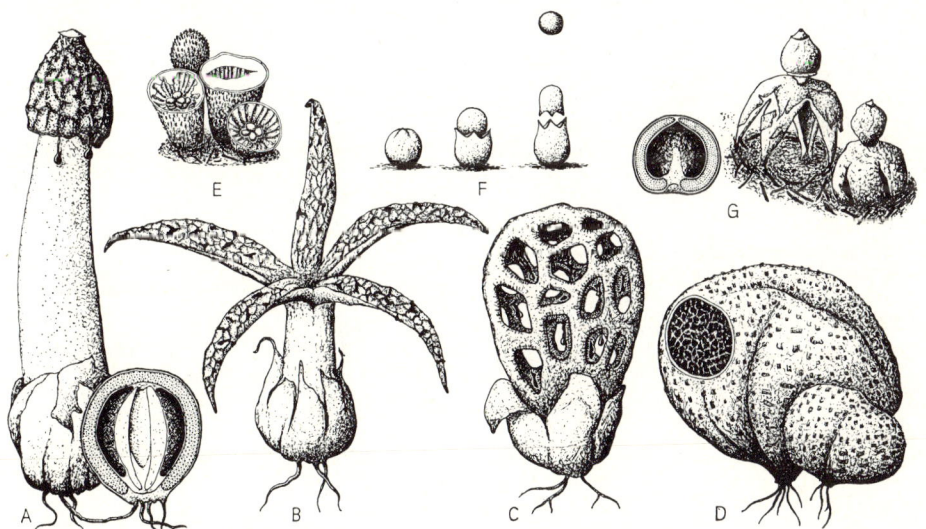

Abb. 742: *Homobasidiomycetidae*, «Gasteromycetes». *Phallales* A–C, *Sclerodermatales* D, *Nidulariales* E–F, *Geastrales* G. A *Phallus impudicus;* reifer Fruchtkörper mit Gleba-Tropfen am Hut und junger Fruchtkörper im Längsschnitt ($^1/_2$ ×). B *Anthurus archeri* ($^1/_2$ ×). C *Clathrus ruber* ($^1/_2$ ×). D *Scleroderma aurantium;* am Anschnitt gefelderte Gleba erkennbar ($^1/_2$ ×). E *Cyathus striatus* (nat.Gr.). F *Sphaerobolus stellatus;* rechts Abschleuderung der Endoperidie (3 ×). G *Geastrum quadrifidum* ($^1/_2$ ×). (A nach LANGE; B, D, G nach POELT, JAHN & CASPARI; C nach FAYOD; E nach GRAMBERG; F nach MICHAEL & HENNIG.)

nia gigantea), dessen Fruchtkörper einen Durchmesser von 50 cm erreichen kann, führt die Gleba bis 7 ¹/₂ Billionen Sporen (S. 209).

Die eigentlichen Boviste (Arten der Gattung *Bovista*) wachsen vornehmlich auf Wiesen und Weiden; ihren Fruchtkörpern fehlt wie dem des Riesenbovists die sterile Subgleba. Der harte Kartoffelbovist (Abb. 742 D) gehört einer eigenen Ordnung (**Sclerodermatales**) an.

10. Ordnung: **Geastrales.** Die Fruchtkörper der Erdsterne *(Geastrum)* erhalten ihre charakteristische Gestalt, indem sich Teile der Exoperidie sternförmig ablösen und die kugelige papierartige Endoperidie mit der darin enthaltenen Glebamasse freigeben (Abb. 742 G). Die Hyphen tragen an ihren Septen Schnallen (weiterer Unterschied zu den *Lycoperdales).* Die Basidien sind bauchig angeschwollen; an ihnen werden die Sporen (oft mehr als 4) an kurzen Sterigmen abgegliedert.

11. Ordnung: **Nidulariales:** Sie kapseln im Fruchtkörper Glebabereiche ab, die als ganze Einheiten, Peridiolen, verbreitet werden. Bei *Cyathus,* dem Teuerling, liegen die Peridiolen bei der Reife als winzige Scheibchen in der becherförmigen Peridie (Abb. 742 E). Der senfkorngroße Kugelschneller, *Sphaerobolus,* bildet eine einzige kugelförmige Peridiole, die durch plötzliche Umstülpung der inneren Exoperidienschicht bis zu 1 m weggeschleudert wird (Abb. 742 F).

12. Ordnung: **Phallales.** Die Fruchtkörper dieser Ordnung sind in ihren jungen Entwicklungsstadien von einer gallertigen Hülle umgeben, die später gesprengt wird und mit der Volva (Velum universale) mancher Blätterpilze vergleichbar ist. Die zunächst so umschlossene Gleba ist kammerig untergliedert und bildet bei der Reife eine tropfende, stinkende, die Basidiosporen enthaltende Masse. Diese wird bei vielen Vertretern durch streckungsfähige Achsenelemente (Receptaculum) herausgeschoben. Die Sporenausbreitung erfolgt durch Insekten, die durch den Geruch der Gleba und das z. T. lebhaft gefärbte Receptaculum angelockt werden. Hauptsächlich in den Tropen sind auffällige Formen (sog. «Pilzblumen») entwickelt.

Die heimische Stinkmorchel, *Phallus impudicus* (Abb. 742 A), hat eine gewisse äußere Ähnlichkeit mit der zu den Ascomyceten gehörenden Morchel, aber eine völlig andere Entwicklung und Struktur (analoge Konvergenz). Der junge, von der weichen, weißen Hülle (Volva) umschlossene Fruchtkörper wird «Hexenei» genannt. Die Volva besteht aus einer äußeren und inneren häutigen Peridie und einer gallertigen Zwischenschicht. Die Fruchtkörperentwicklung kann an den aus dem Boden gelösten, außen weichen, innen harten Hexeneiern beobachtet werden: Das Receptaculum – im Inneren der jungen Fruchtkörperanlage bereits angelegt – streckt sich in wenigen Stunden bis zu etwa 15 cm Länge, sprengt dabei die als Becher zurückbleibende Hülle und hebt einen Hut empor. Dieser ist schon im Hexenei als eine glockenförmig den Stiel umgebende und außen von der Volva umschlossene Schicht angelegt. Der «Hut» besteht aus einer häutigen, gekammerten Trägerschicht und der darauf liegenden grünschwarzen schleimigen, stinkenden Sporenmasse; er entspricht in seiner Gesamtheit der Gleba, nach anderer Ansicht z. T. einem Auswuchs des Receptaculums (Trägerschicht), z. T. der Gleba (Sporenmasse). Die Sporenmasse zerfließt und tropft von dem wabenförmig strukturierten Hut ab. Fliegen (Schmeiß-, Goldfliegen) verbreiten die Sporen endozoisch. Bei der tropischen *Dictyophora* entfaltet sich von der Stielspitze zunächst zwischen Stiel und Hut, dann sich nach unten kegelig erweiternd, ein Schleier («Schleierdame»).

Clathrus, Gitterpilz (Abb. 742 C), und *Anthurus,* Tintenfischpilz (742 B), haben einen ähnlichen Entwicklungsgang bei der Fruchtkörperreifung, nur mit dem Unterschied, daß das rot gefärbte Receptaculum gitterförmig, bzw. in mehrere freie Arme aufgeteilt ist.

Verwendung. Zahlreiche Arten der Höheren Holobasidiomyceten werden als Speisepilze gesammelt, einige, z. B. der Champignon *(Agaricus bisporus* u. a.), auch kultiviert. Die Weltproduktion an Kulturchampignon betrug 1974 670 000 to. Neben dem Champignon werden für Speisezwecke, besonders in Ostasien, verschiedene andere Basidiomyceten (z. B. Shiitake, *Lentinus edodes)* gezogen. Man bemüht sich weitere geeignete Pilze zu domestizieren. Manche hochwertige Arten (z. B. Steinpilz, Pfifferling) bringen jedoch in Kultur keine Fruchtkörper hervor. Bei Kulturverfahren interessiert neben der Gewinnung von Pilzen als Würzmittel und als Nahrung für Mensch und Tier auch die Verwertung von Abfallstoffen wie Dung, Stroh, Sägespäne und andere cellulose- und ligninhaltige Materialien (recycling). Durch Beimpfung von Holz mit geeigneten Pilzmycelien (z. B. Stockschwämmchen, *Kuehneromyces mutabilis,* oder Austernseitling, *Pleurotus ostreatus)* verändern sich seine Eigenschaften; es wird leicht und läßt sich als Mycoholz industriell für bestimmte Zwecke (z. B. in der Bleistiftindustrie anstelle von Zedernholz) bearbeiten.

Einige Pilze sind giftig. Auf die gefährlichen Knollenblätterpilze wurde schon hingewiesen; insgesamt sind etwa 150 höhere Holobasidiomyceten (Ascomyceten nur etwa 10 Arten) als Giftpilze, davon allerdings nur eine geringe Zahl als hochgiftig, bekannt. – Auch in alten Fruchtkörpern eßbarer Arten bilden sich Giftstoffe wie bei der Fleischfäulnis. *Amanita-* und *Psilocybe-*Arten *(Agaricales)* enthalten halluzinogene Verbindungen, die auch in religiösen Riten, z.B. in Mexiko, eine Rolle spielen. Verschiedene Gattungen scheiden in das Kulturmedium Antibiotica aus, die z.T. pharmazeutisch verwendet werden. Seit der Jungsteinzeit bis zur Mitte des vorigen Jahrhunderts diente der aus dem Fruchtkörpergeflecht von *Fomes fomentarius* hergestellte Zunder (Zunderschwamm) zum Feuermachen.

Rückblick auf die **Basidiomyceten**. Die verwandtschaftlichen Beziehungen zwischen Ascomyceten und Basidiomyceten werden durch Homologien belegt. Wie bei den Ascomyceten ist bei der sexuellen Fortpflanzung zwischen Plasmogamie und Karyogamie das charakteristische Paarkernstadium (Dikaryophase) eingeschoben. Das Paarkernstadium muß nicht unmittelbar nach der Plasmogamie zustandekommen, sondern der aktivere der beiden Kerne kann noch durch viele Zellen des den Kern aufnehmenden Mycels hindurchwandern, ehe er mit einem genotypisch verschiedenen Kern ein Kernpaar bildet (z.B. bei dem Ascomyceten *Neurospora* oder dem Basidiomyceten *Typhula*). Die am Paarkernmycel vieler Basidiomyceten auftretende Schnallenbildung ist der Hakenbildung der Ascomyceten homolog; manche Ascomyceten bilden sogar bereits Schnallen (S. 659) anstelle von Haken. Der geringe Unterschied zwischen Haken und Schnallen besteht darin, daß erstere terminal, letztere lateral angelegt werden; außerdem ist bei den Ascomyceten die Anlage der Haken vielfach auf die Endzellen der ascogenen Hyphen beschränkt. Die Fruchtkörper der Basidiomyceten lassen sich dagegen nicht mit denen der Ascomyceten homologisieren; denn sie setzen sich nur aus dikaryotischen Hyphen zusammen, während diejenigen der Ascomyceten aus haploiden und dikaryotischen ascogenen Hyphen bestehen (Abb. 701 und 719). Während die Verflechtung dieser Hyphen zu Fruchtkörpern bei Ascomyceten durch den Sexualvorgang stets aufs Neue ausgelöst wird oder mit demselben eng zusammenhängt, erscheint die Fruchtkörperbildung der Basidiomyceten von der Verschmelzung der Hyphen (Somatogamie) losgelöst: ein einmal entstandenes dikaryotisches Basidiomyceten-Mycel vermag – von Außenfaktoren gesteuert – immer wieder Fruchtkörper zu bilden. Bei den Ascomyceten ist die Dikaryophase auf eine begrenzte Zahl von Zellen beschränkt: die haploiden Hyphen bestimmen hier noch weit-

gehend den Lebenskreislauf, und sie ernähren die dikaryotischen Hyphen. Lediglich bei den Taphrinomyceten, die den Basidiomyceten nahestehen, sind die dikaryotischen Hyphen von den haploiden ernährungsphysiologisch unabhängig. Bei den Basidiomyceten schiebt sich die Dikaryophase als selbständiger Lebensabschnitt in den Vordergrund des gesamten Lebenscyclus. Die als ursprüngliche Basidiomyceten anzusehenden *Uredinales* sichern die Dominanz der Dikaryophase durch Vermehrung mit mehreren Sporenarten, die höheren Holobasidiomyceten durch mehrjährige Überdauerung und vegetative Vermehrung (Oidien, Hyphenfragmente etc.) des Dikaryons. In der Evolution der Ascomyceten deutet sich bereits eine gewisse Vereinfachung der Sexualität an. Sie erreicht bei den Basidiomyceten ihren Höhepunkt, indem keine spezifischen Sexualorgane mehr angelegt werden, und Somatogamie zur Regel wird (Ausnahme *Uredinales*). Auch die wiederholte Fruchtkörperbildung am dikaryotischen Mycel der Basidiomyceten kann als Einschränkung der Sexualität aufgefaßt werden.

Fungi imperfecti (Deuteromycetes)

Das natürliche System der Pilze beruht u.a. auf dem Entwicklungsablauf und den mit der sexuellen Fortpflanzung zusammenhängenden Organen der Hauptfruchtform. Von vielen Pilzen (etwa 30 000 Arten) ist jedoch nur die Art und Weise ihrer vegetativen Vermehrung durch Conidien in der Nebenfruchtform bekannt. Hierbei ist es unentschieden, ob wir die Hauptfruchtform noch nicht kennen, oder ob der Pilz, die Fähigkeit sie zu bilden, verloren hat. Alle diese Pilze hat man in die künstliche Gruppe der Fungi imperfecti oder Deuteromycetes zusammengefaßt.

Eine zunehmende Kenntnis der gesamten Merkmalsausstattung wird es in Zukunft ermöglichen, die Fungi imperfecti mehr und mehr den Klassen und Ordnungen des natürlichen Pilzsystems zuzuordnen. Ihre Mehrzahl gehört zu den Ascomyceten, nur wenige zu den Basidiomyceten. Kriterien für derartige Erkenntnisse sind Hyphen- und Septentypen, Chemismus und Ultrastruktur der Zellwand, GC-Verhältnis (s. S. 542) und übereinstimmende Nebenfruchtformen.

Eine vorläufige künstliche, praktischen Zwecken dienende Gliederung der Fungi imperfecti beruht auf den die Conidien erzeugenden Strukturen. Die Conidien entstehen fast immer an Trägern, die frei sind oder auf Lagern oder in Pycnidien stehen.

1. Sphaeropsidales: Conidien in Perithecien-ähnlichen Behältern (Pycnidien) oder in kammerartigen Höhlungen gebildet. *Septoria apii* erzeugt den Sellerie-«Rost».

2. Melanconiales: Conidien auf stromatischen Lagern entstehend. *Gloeosporium fructigenum* ruft die Bitterfäule der Äpfel hervor.

3. Moniliales *(Hyphomycetales):* Conidien nicht auf stromatischen Lagern; an oft reich verzweigten Trägern gebildet, die einzeln stehen oder zu Bündeln (Coremien) vereinigt oder zusammen mit sterilen Hyphen zu Gallertlagern (Sporodochien) verbunden sind. Beispiele: *Aspergillus, Penicillium* in zahlreichen Arten; von manchen Conidienformen kennen wir die Zugehörigkeit zur Hauptfruchtform (s. S. 655). *Histoplasma* (S. 689), *Trichophyton* (S. 689), *Arthrobotrys, Dactylella* und *Dactylium* (S. 689) gehören ebenfalls hierher. *Fusarium oxysporum f. lycopersici* bringt die Tomatenpflanzen zum Welken.

4. Imperfecte Hefen: hefeartig sprossend ohne sexuelle Stadien, z.B. *Cryptococcaceae* (den Ascomycetes nahestehend). *Candida* und *Torulopsis* s. S. 689.

5. Mycelia sterilia: Mycelien, bei denen keinerlei Fortpflanzungszellen bekannt sind (z.B. Mycorrhizen, Sclerotien, Rhizomorphen).

Vorkommen und Lebensweise der Pilze

Die Pilze mit etwa 100000 Arten (*Oomycota* 500, *Eumycota* über 90000) leben durchweg heterotroph und – im Gegensatz zu den Algen – vor allem auf dem Land. Wasserbewohner (weniger als 2% aller Arten) finden sich einerseits primär unter den durch Zoosporen sich vermehrenden *Oomycetes* und *Chytridiomycetes*, andererseits sekundär unter den *Ascomycetes* und Fungi imperfecti *(Moniliales).* Die aquatischen Pilze leben meist im Süßwasser, doch hat man neuerdings eine Anzahl mariner Arten (bes. Ascomyceten, auch einige Basidiomyceten) festgestellt. Oft finden sich an ihren Sporen und Conidien Schwebeinrichtungen; bei *Moniliales* z.B. sind die Conidien fadenförmig oder 3–4 strahlig.

In fossilem Zustand sind Pilze nur sehr spärlich erhalten. Die ältesten Funde sind Chytridiomyceten in Schalenfragmenten von Meerestieren; sie reichen bis ins Cambrium zurück. Im Devon sind querwandlose Hyphen in Überresten von Landpflanzen gefunden wor-

den; im Carbon gab es auf den Farnen schon Uredineen (und wohl auch Ascomyceten) und an den Baumwurzeln Mycorrhizen; gut erhaltene Schnallenmycelien deuten darauf hin, daß es im Steinkohlenwald bereits höhere Basidiomyceten (Hymenomyceten?) gab.

Die Pilze ernähren sich als Saprophyten, Parasiten oder Perthophyten (rasches Abtöten lebender Organismen in einer parasitischen Phase; anschließend saprophytische Lebensweise auf den abgestorbenen Resten) oder in symbiontischen Lebensgemeinschaften (z.B. Mycorrhiza, Flechten). Vielfach werden besondere Substrate besiedelt, z.B. Insekten, Moose, andere Pilze usw. (oft nur bestimmte Arten davon).

Da Pilze verschiedenste organische Substrate abzubauen und lebende Organismen zu befallen vermögen und dabei beeinträchtigen oder abtöten, können sie erheblichen Schaden (s. S. 688) verursachen. Eine Eurotiale *(Amorphotheca resinae)* ist sogar auf Öle, Benzin und Teer bzw. auf die darin enthaltenen Kohlenwasserstoffe spezialisiert; im Flugbetrieb hat sie Schäden durch Verstopfung von Benzinleitungen und Korrosion von Aluminium angerichtet. Durch Holzzerstörung, durch Erregen von Krankheiten an Mensch, Tieren und Pflanzen sowie durch Verderben von Lebensmitteln und Textilien sind Pilze als Schadorganismen wirtschaftlich bedeutsam. Demgegenüber stehen die Nutzanwendungen; auf diese wurde bei den einzelnen Pilzklassen schon hingewiesen (alkoholische Gärung s. S. 652; Antibiotica s. S. 656; Nahrungsmittel s. S. 684; Förderung des Baumwachstums in Mycorrhiza-Symbiose s. S. 687). Aus der großen Fülle der Anpassungen an besondere Lebensbedingungen sollen nur wenige ökologisch bedeutsame herausgegriffen werden.

1. Pilze als Holzzerstörer. In der Natur wird das Holz abgestorbener Bäume und Stubben vorwiegend durch Pilze abgebaut. Tierischer und bakterieller Holzabbau fallen demgegenüber weniger ins Gewicht. Nach neueren Untersuchungen sollen Bakterien keine aggressiven Holzzerstörer sein. Unter den Pilzen sind vor allem Basidiomyceten mit hymenialen Fruchtkörpern («Hymenomyceten»: z.B. *Poriales, Hymenochaetales, Polyporales, Agaricales),* teils Ascomyceten (z.B. *Ceratocystis)* und Fungi imperfecti am Abbau des Holzes beteiligt. Einige dieser Holzzerstörer befallen als Parasiten bereits lebende Stämme, so *Phellinus pini* und *Heterobasidion annosum*, die Erreger von Fäulen der Kiefer und der Fichte, ferner *Phellinus igniarius* (Feuerschwamm) auf Apfel- und anderen Laubbäumen, so-

wie *Fomes fomentarius* (Zunderschwamm) auf Buchen und Birken. Viele Pilze leben saprophytisch nur auf abgestorbenem Holz (z.B. *Coriolus-*, *Trametes-* und *Gloeophyllum-*Arten). Auch kann die Infektion von saprophytischer Lebensweise auf abgestorbenem Holz ausgehen, wie beim Hallimasch (*Armillariella mellea*), der in abgestorbenen Baumstümpfen lebt und an ihnen seine Fruchtkörper bildet, aber von hier auf lebende Bäume überzugehen vermag, vor allem wenn diese (etwa durch eine längere Trockenperiode) physiologisch geschwächt sind («Schwäche-Parasiten»). Besonders innerhalb der vorzugsweise parasitischen Gattungen hat sich die Artbildung unter Spezialisierung auf bestimmte Wirte vollzogen (z.B. *Phellinus hartigii* auf Tanne, *Ph. robustus* auf Eiche, *Ph. hippophaecola* auf Sanddorn). Einige Pilze sind gefährliche Lager- und Bauholz-Zerstörer, z.B. der Kellerschwamm (*Coniophora cerebella*) und vor allem der Hausschwamm (*Serpula lacrymans*), der in Häusern, von feuchten Stellen ausgehend, beträchtlichen Schaden anrichten kann. Die Holzzerstörung durch Pilze geschieht als Destruktions-(Braunfäule) oder als Korrosionsfäule (Weißfäule). In ersterem Fall verzehrt der Pilz vorzugsweise die Cellulose, so daß der Ligninanteil des Holzes übrigbleibt; das Holz wird braun, querrissig und zerfällt würfelig (z.B. *Coniophora*, *Serpula*). Die Erreger der Korrosionsfäule (z.B. *Phellinus igniarius*) bauen Lignin und Cellulose ab, wobei sie meist im Gegensatz zu den Braunfäulepilzen Phenoloxidasen in das Substrat ausscheiden; das morsche Holz wird infolge von Bleichungsvorgängen weiß und längsfaserig. Manche Gehölze widerstehen dem Abbau mit Hilfe von Giften, die vor allem im Kernholz (Kernholztoxine) vorhanden sind. Einige Pilze vermögen allerdings derart geschütztes Holz trotzdem zu zerstören, wobei Phenoloxidasen möglicherweise an einer Entgiftung der Toxine beteiligt sind. Erst in neuerer Zeit wird die Moderfäule als dritter Typ der Holzzerstörung stärker beachtet. Die Moderfäule – vorwiegend durch Kleinpilze mit kleinen Fruchtkörpern (z.B. Ascomyceten) oder ohne Hauptfruchtform (Fungi imperfecti) verursacht – ist vom Abbau gesehen eine langsam verlaufende Braunfäule (seltener Weißfäule). Ein Beispiel hierfür liefern verschiedene *Chaetomium-*Arten (*Ascomycetes*), deren Hyphen die Sekundärwand der Tracheiden bzw. Holzfasern angreifen. Bei den genannten drei Fäuletypen wird die Druck- wie die Biegefestigkeit des Holzes beeinträchtigt oder weitgehend aufgehoben. Die Blaufärbung des Kiefernholzes hat jedoch keinen Einfluß auf dessen statische Eigenschaften, da die Erreger (*Ceratocystis-*Arten) nur den Zellinhalt des Holzparenchyms verzehren. Am Vergrauen des wetterausgesetzten Bauholzes, z.B. im Gebirge, sollen – falls dieser Vorgang nicht ausschließlich durch Einwirkung der Luft ausgelöst wird – Fungi imperfecti beteiligt sein. Einige holzabbauende Pilze verursachen nächtliches Leuchten (s. Biolumineszenz, S. 291), so z.B. der Hallimasch, *Armillariella mellea*;

bei dem auf alten Ölbäumen lebenden *Omphalotus olearius* leuchten sogar die Fruchtkörper. Physiologisch mit dem Holzabbau verwandt ist der Abbau der Streu (Blätter, Nadeln) auf dem Waldboden, an dem neben Bakterien vor allem wiederum Pilze («Streubewohner») mitwirken, die somit wesentlichen Anteil an der Humusbildung haben.

2. Pilze als Symbionten. Ein Großteil der Cormophyten geht mit Pilzen eine symbiontische Mycorrhiza (s.S. 377) ein; man unterscheidet obligat und fakultativ mycotrophe Pflanzen. Von unseren heimischen Bäumen sind vor allem die Coniferen und unter den Angiospermen die Hamameliiden regelmäßige Wirte ektotropher Mycorrhizen. Auch bei den Kulturpflanzen ist Mycorrhiza (meist endotroph) weit verbreitet, z.B. bei Erdbeere, Tomate, Erbse und den Getreide-Arten. Die Orchideen vermögen unter natürlichen Bedingungen ohne Mycorrhiza-Pilz die Keimung der staubfeinen, über kein Nährgewebe verfügenden Samen nicht fortzusetzen. Mycorrhiza fehlt nur wenigen Verwandtschaftskreisen vollständig, z.B. den *Cyperales*, *Plumbaginales*, *Brassicaceae*. Von den Pilzen bilden die Schleimpilze sowie die *Oomycetes* bis *Chytridiomycetes* keine Mycorrhizen, im übrigen sind alle Klassen beteiligt, besonders die Höheren Asco- und Basidiomyceten (z.B. die meisten Hutpilze des Waldbodens).

Vielfach bilden die Pilze nur mit bestimmten Mycorrhiza-Wirten Fruchtkörper oder leben ausschließlich mit diesen zusammen; so ist innerhalb der «Rauhfuß-Röhrlinge» (*Leccinum*) der Birkenpilz (*L. scabrum*) und die Schwarzschuppige Rotkappe (*L. testaceoscabrum*) an Birke, der Fuchsröhrling (*L. vulpinum*) an 2-nadelige Kiefern, der Eichen-Rauhfuß (*L. quercinum*) an Eiche, der Kapuziner (*L. aurantiacum*) an Espen, und *L. carpini* an Hainbuchen, Hasel oder Espe gebunden. Mycorrhiza-Symbiosen können «entarten» oder sich zu rein parasitischen Verhältnissen entwickeln. Entweder parasitieren dann manche Pilze auf der Wirtspflanze, oder die ursprünglich als Wirt für einen Pilz dienende Höhere Pflanze wird zum Parasiten des Pilzes (z.B. *Neottia*, s.S. 378). Eine Nutzanwendung der Mycorrhiza-Forschung erfolgt bei der Aufforstung in vorher waldfreien Gebieten, indem durch Impfung mit Pilzbrut die Bäume mit geeigneten Mycorrhiza-Partnern versorgt werden.

Auf die Symbiose von Pilzen mit Algen, wie sie in den Flechten zu einer festen Partnerschaft geführt hat, wird im nächsten Abschnitt näher eingegangen (s.a.S. 374).

Außerordentlich mannigfaltig sind die Symbiosen von Pilzen mit Tieren. Auf einseitige Ernährung spezialisierte Tiere, wie Blutsauger, holzfressende oder Pflanzensäfte saugende Insekten führen in bestimmten Teilen ihres Verdauungstraktes oder aber in besonderen Organen, sog. Mycetomen, pflanzliche Symbionten, und zwar Bakterien und Hefen, deren Übertragung auf die nächste Generation durch verschiedene Einrichtungen gesichert ist. Die pilzlichen Symbionten ermöglichen ihren Wirten z.T. den Aufschluß der Nahrung (Holz für Holzwespenlarven), z.T. wird der Pilz vom Tier verzehrt, so daß dieses sich auf dem Umweg über den Pilz von Holz etc. zu ernähren vermag (z.B. Klopfkäfer). In allen diesen Fällen ermöglichen die Symbionten ihren Wirten das Überleben bei einseitiger Nahrung dadurch, daß sie auf verschiedene Art den Stoffwechsel der Wirte ergänzen. – Die tropischen Blattschneiderameisen kultivieren in ihren unterirdischen Bauten das Mycel bestimmter Pilzarten (zu den *Agaricales* oder Fungi imperfecti gehörend), deren verdickte, nährstoffreiche Hyphen-Enden ihnen als Nahrung dienen; der Cellulose abbauende Pilz wird von den Ameisen auf einem aus zerkauten Blattstücken gebildeten Substrat gepflegt und bei der Neuanlage eines Nestes übertragen. Bei den Termiten dient das auch hier sorgfältig kultivierte Pilzmycel *(Termitomyces, Agaricales)* nur der Ernährung der Königin und der Larven. Eine ähnliche Bedeutung besitzen die sog. Ambrosia-Pilze, die in den Gängen von einheimischen Borkenkäfern (Ipiden) leben und von den Käferlarven abgeweidet werden.

3. Pilze als Krankheitserreger. Von den 162 wichtigsten Infektionskrankheiten der in Mitteleuropa genutzten Pflanzen werden 83% durch Pilze verursacht. Die Schäden belaufen sich jährlich auf Milliardenbeträge und haben Hungersnöte zur Folge gehabt (s. *Phytophthora* S. 640). Unter den Organismen, die auf Pflanzen parasitieren, spielen neben Tieren, Bakterien und Viren die Pilze eine dominierende Rolle. Manche Gruppen (unter den Schleimpilzen die Plasmodiophoromyceten, unter den übrigen z.B. die *Peronosporales, Erysiphales, Uredinales, Ustilaginales*) leben fast ausschließlich als Schmarotzer und Krankheitserreger auf Höheren Pflanzen. Daneben zählen auch zahlreiche Fungi imperfecti zu den Pflanzenparasiten (S. 685). Am Beginn der Entwicklung des parasitischen Pilzes auf der Wirtspflanze steht die Infektion. Sie nimmt ihren Weg durch Wunden, durch Stomata oder direkt durch die Epidermisaußenwand. Das Eindringen durch die Cuticula der Epidermis erfolgt enzymatisch durch spezielle Ektoenzyme (Cutinasen) oder mechanisch, indem die Cuticula mit einem spitzen Fortsatz der Infektionshyphe durchstoßen wird. Vielfach geschieht die Infektion an empfindlichen Organen der Wirte, z.B. Wurzelhaaren, Organen der Keimlinge, Blütenblättern und Narben. Oft genügt eine einzige Spore oder Conidie zur erfolgreichen Infektion. Ausschlaggebend für die Keimung der Sporen bzw. Conidien ist neben der Temperatur vor allem ausreichende Feuchtigkeit (daher in feuchten Jahren besonders starke Entwicklung der Pilzkrankheiten).

Auf den Einbruch des Pilzes reagiert die Wirtspflanze mit Abwehrmaßnahmen mechanischer oder chemischer Natur; Verdickung von Zellwänden, Bildung von Abwehrstoffen wie die unspezifischen Gerbstoffe (werden z.T. durch Phenoloxidasen entgiftet) oder die spezifischen Phytoalexine. Ob letztlich der Wirt infiziert wird, hängt von der Virulenz des Pilzes und von der Resistenz des Wirtes ab. Die Resistenz des Wirtes wird bedingt durch seine genetische Konstitution und damit durch verschiedene mechanische, chemische und physiologische Resistenzfaktoren. Demgegenüber ist die jeweilige Disposition des Wirtes von den Umweltbedingungen abhängig; auch sie kann darüber entscheiden, ob eine Infektion erfolgt. Gute Stickstoffernährung bedingt z.B. geringere mechanische Festigkeit der Zellen bei schnellem Wachstum, wodurch die Disposition für eine Infektion meist erhöht ist.

Die Virulenz der Pilze unterliegt selbst innerhalb der Arten großen, genetisch bedingten Schwankungen. Ausgehend von 53 Ascosporenkulturen erhielt man – selbst aus Sporen eines Fruchtkörpers – beim Gerstenmehltau 14 verschiedene pathogene Typen. Dem entspricht bei vielen Parasiten eine Aufgliederung der Sippen in eine Vielzahl wirtsspezifischer Formen.

Als Infektionsquellen kommen alle Conidien und Meiosporen bildenden Stadien der Pilze in Betracht. Überwinterung erfolgt mit Hilfe von Stromata, die im Frühjahr Fruchtkörper bilden (z.B. *Venturia, Claviceps, Rhytisma*), im Frühjahr auskeimende Zygoten *(Peronosporales)* und Teleutosporen *(Uredinales);* z.T. überwintern die Pilze auf den Wirten in Rhizomen, Knollen, Winterknospen usw. Die Ausbreitung eines Krankheitserregers erfolgt – oft sehr rasch – in derselben Weise wie bei Früchten und Samen Höherer Pflanzen: meist durch Luftströmungen, vielfach durch Tiere und in neuerer Zeit auch durch den Menschen, der viele Pflanzenkrankheiten von Erdteil zu Erdteil verschleppt hat. Epidemisches Auftreten von phytopathogenen Pilzen kennen wir nur in Monokulturen einzelner Kulturpflanzen, bei denen es gebietsweise sogar zur völligen Vernichtung der Kulturen kommen kann (z.B. des Rebenanbaus auf Teneriffa und Madeira um 1850 durch *Uncinula necator).*

Bei der Bekämpfung der Pflanzenkrankheiten spielt – im Gegensatz zu den bakteriellen und pilzlichen Krankheiten des Menschen – die Therapie aus technischen Gründen nur eine untergeordnete Rolle. Die wichtigste Maßnahme besteht in der Prophylaxe, indem man zu verhindern sucht, daß Erreger und Wirt zusammenkommen (geeignete Kulturmaßnahmen, Fruchtwechsel, Ausrottung des Zwischenwirts bei Rostpilzen) oder dadurch, daß man den Erreger vor oder während der Keimung vernichtet (Beizen des Saatgutes, Bespritzen oder Bestäuben mit Fungiciden). Eine wichtige Rolle spielt auch die Züchtung von Sorten, die gegenüber dem Krankheitserreger resistent sind (Resistenzzüchtung). Eine erfolgreiche Bekämpfung hat die genaue Kenntnis der Entwicklungsgeschichte und der Lebensbedingungen des Parasiten zur Voraussetzung.

Bei Menschen und Tieren verursachen Pilze verschiedenste Krankheiten. Indirekt mit der Lebensweise der Pilze hängen Mykotoxikosen und my-kogene Allergien zusammen. Mykosen ver-ursachende Pilze können direkt als Parasiten von Warmblütlern angesehen werden. *Aspergillus flavus* wächst auf verschiedenen Nüssen und erzeugt Le-berschäden hervorrufende Aflatoxine. Im Gegensatz zu einer Mykotoxikose, die z.B. auch durch *Claviceps* (s. S. 662) verursacht werden kann, spricht man von Mycetismus, falls Pilze bewußt verspeist werden und sich daraufhin Vergiftungserscheinungen ein-stellen (s.S. 684). Aus der Luft in die Atemorgane dringende Pilzsporen können Allergien verursachen. Der Sporengehalt der Luft ist oft beträchtlich hoch; so fand man in einem landwirtschaftlichen Gebäude im Extremfall bis zu 21 Millionen *Aspergillus*-Sporen je 1 cm³ Luft. Im Freiland liegen die Werte erheblich niedriger, nämlich bei 0,25 – 7 Sporen je 1 cm³. In der Lunge von frisch geschlachteten Kühen wurden bis zu 1700 Pilzkolonien je Gramm Frischgewicht gezählt, und zwar von Arten, deren Sporen mit unter 10 µm Größe die Atemwege passieren können.

Die Mykosen an Mensch und Tieren werden nach dem Krankheitsbild in oberflächliche, Haut, Haare, Nägel, Federn, Krallen und Hufen befallende, sowie in tiefe Mykosen geschieden, die sich im Körperinne-ren ausbreiten und zum Tode führen können. Die 30 bis 50 Erreger sind hefeähnliche (*Candida, Toru-lopsis, Cryptococcus*) oder fädige Mycelien bildende Pilze (*Aspergillus, Trichophyton, Mucor*). Manche Arten sind ausschließlich auf Warmblütler speziali-siert, andere leben auch im Erdboden, von wo aus die Infektion erfolgt. Der «Fußpilz» (*Trichophyton rub-rum*) infiziert den Menschen über feinste am Boden zerstreute Hautschuppen, die mit Pilzmycel bewach-sen sind. Tiefe Mykosen werden kaum durch Kontakt, wohl aber durch den Magen-Darm-Trakt und vor allem über die Atmungsorgane übertragen. *Histo-plasma*-Arten sind Erreger einer in wärmeren Län-dern weit verbreiteten Lungenerkrankung.

4. Carnivore Pilze (Abb. 743) sind Ernährungs-spezialisten, die eine Sondergruppe fakultativer Pa-rasiten bilden. Zwar fangen diese Pilze kleine Boden-tiere (Nematoden, Rotatorien) oder bewegliche Al-gen (*Euglena*) mittels verschiedener Einrichtungen, doch können sie vielfach auch saprophytisch ohne ihre Beuteorganismen auf den üblichen Nährböden kul-tiviert werden. Zu den *Chytridiales* zählen *Polyphagus euglenae* (A; s. auch S. 643) und Arten der Gattung *Arnaudovia*; letztere leben an der Wasseroberfläche (Neuston) und fangen Einzeller mit Hilfe von sechs langen feinfiedrigen Hyphen (B). – Die Zoopagaceen (*Zygomycetes*) sind durchwegs Tierfänger, die von Amöben- und Nematodenfang leben. An den Hyphen von *Zoopage thamnospira* (G) bleiben Amöben haften, die dann mittels Haustorien, die in die Beute hineinwachsen, abgebaut werden. – Die tierfangenden Pilze der *Arthrobotrys*-Gruppe gehören zu den Fungi imperfecti (*Hyphomycetes*). Sie fangen ihre Beute (Nematoden) mittels Klebästen oder -netzen (C), Klebknöpfen (*Dactylella*) oder mit starren oder zu-schnappenden Ringen (*Dactylium*). – Auch bei den *Oomycetes* ist räuberische Lebensweise, und zwar innerhalb der Gattung *Zoophagus* entstanden. Die Hyphen bilden hier mit schleimigem Sekret versehene Fortsätze, an denen Rädertierchen hängen bleiben (E, F). – Insgesamt sind etwa 80 Arten tierfangender Pilze beschrieben worden.

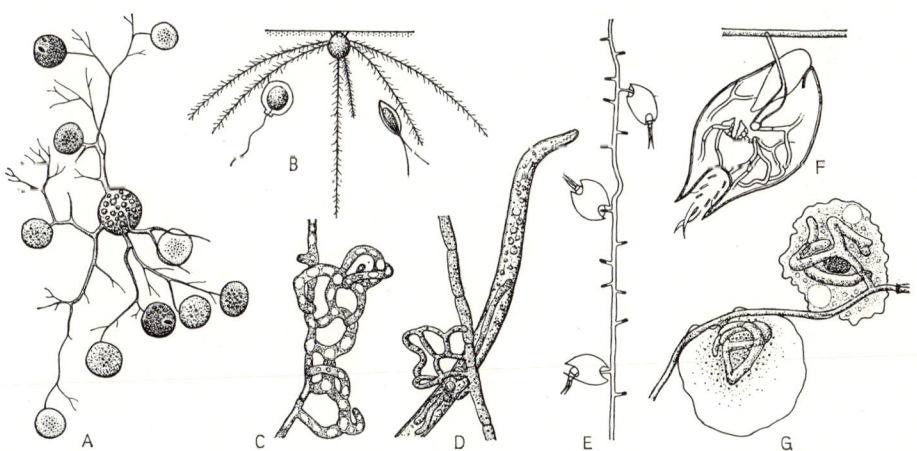

Abb. 743: Tierfangende Pilze. A *Polyphagus euglenae* mit 10 kontrahierten Euglenen in verschiedenen Ver-dauungsstadien (200 ×). B *Arnaudovia hyponeustica* mit gefangenem *Tylenchus* (150 ×). C *Arthrobotrys oligospora* mit Fangschlingen. D mit gefangenem Fadenwurm (150 ×). E *Zoophagus insidians* mit 3 gefangenen Rotatorien (90 ×). F von *Zoophagus* gefangenes und durchwachsenes Rädertier (125 ×). G *Zoopage thamnospira* mit zwei Amöben (500 ×). (A nach NOWAKOWSKY; B nach VALKANOW; C, D nach ZOPF; E, F nach SOMMERS-TORFF; G nach DRECHSLER.)

D. Organisationstyp: Flechten (Lichenes)

In den Flechten bilden Hyphen bestimmter Pilzarten mit niederen Algen einen Verband, der zu einer morphologischen und physiologischen Einheit geworden ist. Die in den Flechten vorkommenden Algen (Phycobionten) sind einzellige oder fädige Vertreter von Cyanophyceen (z.B. *Chroococcus*, *Gloeocapsa*, *Scytonema*, *Nostoc*) oder Chlorophyceen (z.B. der Volvocale *Coccomyxa*, der Chlorococcalen *Cystococcus*, *Trebouxia* und *Chlorella*, der Chaetophorale *Trentepohlia*). Als Pilze (Mycobionten) beteiligen sich an der Flechtenbildung in erster Linie Ascomyceten (meist Apothecien-, seltener Perithecien-bildende Formen), nur in ganz wenigen Fällen Basidiomyceten (z.B. *Corticiaceae*, *Clavariaceae*). Die Zugehörigkeit der Flechtenpilze zu verschiedenen Klassen im System der Pilze macht deutlich, daß die Flechten-Symbiosen mehrfach und auf verschiedenen Wegen der Stammesgeschichte entstanden sind. Daraus ist eine neue Organisationsform thallophytischer Pflanzen mit eigenen Merkmalen hervorgegangen. Aus dem Zusammenleben von Pilz und Alge entwickeln sich bestimmte neue gestaltliche und chemische Merkmale. Die Flechtenpilze verlieren in der Flechtensymbiose ihre Eigenständigkeit; sie vermögen in der Natur nur in Verbindung mit der zugehörigen Alge zu wachsen. Aus diesem Grunde wurden die Flechten früher auch als eine eigene systematische Einheit, als Abteilung Lichenes behandelt.

Morphologie. Die Gestalt der Flechten hängt in seltenen Fällen ab vom Bau der Alge, meist jedoch von dem des Pilzes. Das erstere finden wir u.a. bei den Fadenflechten (z.B. *Ephebe*), wo der Pilz eine fädige Cyanophycee umspinnt. Bei der überwiegenden Zahl der Gattungen bestimmt der Pilz die Flechtengestalt. Bei den langsam wachsenden Krustenflechten, die auf der Oberfläche von Gestein, Erde oder Rinde leben, ist der Thallus mit der Unterlage fest verbunden, durchsetzt sie meist bis zu einem gewissen Grade und besitzt meist keine klar ausgeprägte Gestalt (Abb. 744 H). Der flächig entwickelte, meist gelappte Thallus der Laubflechten (Abb. 744 G) ist mit dem Substrat durch Hyphenstränge (Rhizinen) verbunden. Bei den Nabelflechten (Abb. 744 E) ist der scheibenförmige Thallus nur in der Mitte befestigt. Die Strauchflechten schließlich sitzen mit sehr schmaler Basis der Unterlage auf und verzweigen sich strauchähnlich (Abb. 744 J). Die arktisch-alpine *Thamnolia vermicularis* (Abb. 744 D) liegt lose auf dem Boden, höch-

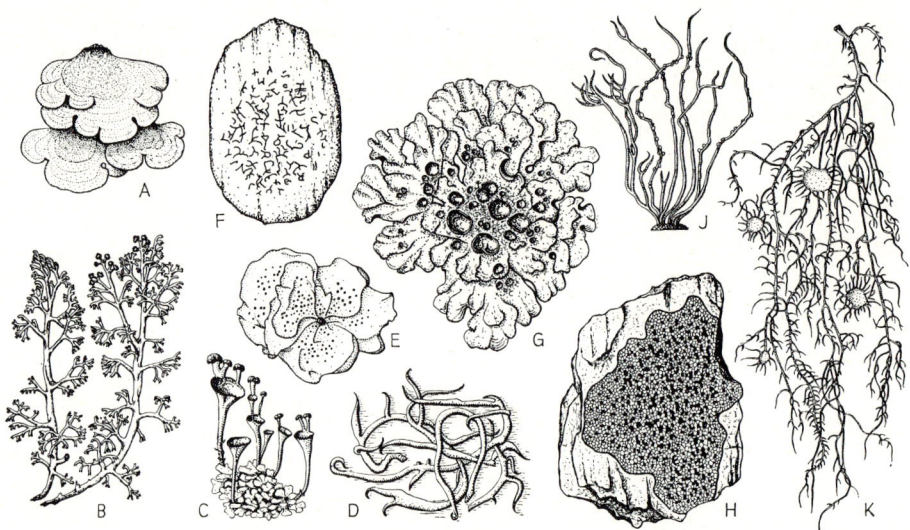

Abb. 744: *Lichenes.* A *Dictyonema pavonia.* B *Cladonia rangiferina.* C *Cladonia pyxidata* (Thallus mit becherförmigen Podetien). D *Thamnolia vermicularis.* E *Dermatocarpon miniatum.* F *Graphis scripta.* G *Parmelia acetabulum.* H *Rhizocarpon geographicum.* J *Roccella boergesenii.* K *Usnea florida* (Alle Abb. $^1/_2 \times$.) (Nach Mägdefrau.)

stens mit wenigen Hyphensträngen angeheftet. Bei der Gattung *Cladonia* (Abb. 744 B, C) erheben sich auf dem in der Regel nur schwach entwickelten, laubartigen Thallus becher- oder strauchförmige Podetien, welche die Apothecien tragen.

Histologie und Physiologie. Der Querschnitt durch eine Gallertflechte (Abb. 745 A) zeigt eine mehr oder weniger gleichmäßige Verteilung von Alge und Pilz im Thallus (homöomerer Bau); der Schleim einer *Nostoc*-Kolonie wird hier von Pilzhyphen durchwuchert. Die Pilzhyphen schließen an der Ober- und Unterseite vielfach dichter zusammen und können eine Rindenschicht bilden. – Bei den Strauch- und Laubflechten (Abb. 745 B) sowie bei zahlreichen Krustenflechten liegen die Algen in einer bestimmten, parallel zur Thallusoberfläche verlaufenden Schicht (heteromerer Bau). In der oberen Rindenschicht schließen sich die Pilzhyphen oft zu festen Geflechten zusammen. Bei den Laub- und Strauchflechten sind die Rinden meist stärker differenziert als bei den Krustenflechten (Abb. 745 vgl. B und C). Bei den endophlöischen (in der Rinde bzw. Borke von Bäumen lebenden) und endolithischen (im Gestein lebenden) Flechten dringt der Thallus so tief in das Substrat ein, daß er kaum an die Oberfläche hervortritt.

Pilz und Alge leben in enger Symbiose miteinander, wobei der Pilz die Algen umspinnt (Abb. 745 E, F) und in sie eindringt. Hierbei entstehen vielfach Haustorien, also Ausstülpungen des Pilzes in das Innere der Algenzellen (Abb. 745 G). Der Pilz bleibt in der Regel von den Algenprotoplasten getrennt, weil diese die Einbrüche mit Wänden abriegeln. Bei vielen Flechten bilden die Pilze lediglich in die Wände der Algen eindringende Appressorien (Abb. 745 E), wobei die Alge mit Zellwandverdickung (Abb. 745 J) abwehrend reagieren kann.

Bei manchen Flechten beobachtet man noch Algen einer zweiten Art, die von der ersten systematisch wesentlich verschieden ist. Entweder sitzt die Sekundär-Alge im Thallus selbst an bestimmten Stellen (z.B. bei *Solorina crocea*) oder in kleinen Thallusköpfchen, sog. Cephalodien (Abb. 745 K); diese enthalten Luftstickstoff bindende Blaualgen (z.B. *Nostoc*, vgl. S. 569) und kommen bei Flechten vor, die sonst nur Grünalgen im Thallus führen. Auch kann sich zur normalen Algen-Pilz-Symbiose noch ein zweiter Pilz gesellen, der als «Parasymbiont» oder auch als echter Schmarotzer

lebt; solche «Flechtenparasiten» sind in großer Zahl bekannt. Schließlich gibt es Flechten, die sich regelmäßig als Parasiten im Thallus anderer Arten einnisten.

Der Pilz (Mycobiont) ist in seinem Kohlenhydratstoffwechsel völlig auf die Alge (Phycobionten) angewiesen. Die Pilze erhalten von den Algen meist Zucker oder Zuckeralkohole. Die im Pilzgeflecht eingeschlossenen Algen sind in ihrer Wasser- und Mineralstoffversorgung vom Pilz abhängig. Dieser gewährt außerdem Schutz vor zu hohen Lichtintensitäten. Im Zusammenhang mit der Symbiose stehen die zahlreichen, für die Flechten charakteristischen Flechtenstoffe, die von den isolierten Partnern nicht gebildet werden; sie werden vorwiegend an der Außenseite der Hyphen als kleine Kristalle ausgeschieden und verleihen vielen Flechten ihre kennzeichnende Farbe. Es handelt sich um sehr verschiedene Stoffgruppen: Aliphatische Säuren, Depside, Depsidone, Chinone, Dibenzofuranderivate usw.

Fortpflanzung und Vermehrung. Die Algen im Flechtenthallus vermehren sich nur vegetativ; ihre Zellen sind hier größer als im freilebenden Zustand, da sie offenbar als Symbionten in ihrer Teilung gehemmt sind. Die Pilze jedoch entwickeln ihre charakteristischen Fruchtkörper (Apothecien, Perithecien, Pseudothecien). Das Hymenium derselben führt meist keine Algen. Ein neuer Flechtenthallus kann also nur zustandekommen, wenn eine keimende Pilzspore zufällig wieder mit der zugehörigen Alge zusammentrifft. Solche «Flechten-Synthesen» sind teilweise auch experimentell gelungen. Nur bei wenigen Flechten (z.B. *Endocarpon*) liegen auch im Hymenium Algen, die beim Ausschleudern der Sporen mitgerissen werden, so daß dem keimenden Pilz die richtige Alge sofort zur Verfügung steht. Welche Funktion den bei vielen Flechten sich findenden Pycnidien zukommt, ist noch ungeklärt. – Die Vermehrung der Flechten erfolgt bei den Laub- und Strauchflechten vielfach (bei uns überwiegend) auf vegetativem Wege. In erster Linie dienen hierzu Soredien (Abb. 745 D), das sind von Pilzhyphen umsponnene Gruppen von Algenzellen, die oft an bestimmten Stellen des Thallus, den Soralen, gebildet und durch den Wind verbreitet werden, um auf geeigneter Unterlage wieder zu einer Flechte heranzuwachsen. Bei anderen Arten entstehen auf der Thallusoberfläche kleine stift- oder korallenförmige Auswüchse (Isidien), die leicht abbrechen und ebenfalls der vegetativen Vermehrung dienen. Schließlich vermag bei den Flechten jedes Thallusbruchstück wieder zu einem normalen Thallus heranzuwachsen.

Vorkommen und Lebensweise. Flechten wachsen auf den verschiedensten Unterlagen: auf Fels, Erdboden, Rinden von Laub- und Nadelbäumen, totem Holz usw. In den Tropen leben kleine Flechten auch auf Blättern. Die felsbewohnenden Krustenflechten, die Kalk (aber nicht Quarz) zu lösen vermögen, bereiten als Erstbesiedler das Substrat für Höhere Pflanzen vor. Einige wenige Flechten leben amphibisch im Süß-Wasser, andere submers im Meer oder im Spritzgürtel der Meeresküsten (Abb. 671). Die größte Üppigkeit erreicht der Flechtenwuchs in den luftfeuchten Bergwäldern der gemäßigten Zonen und den Nebelwäldern der tropischen Hochgebirge sowie in den Tundren, wo der Boden oft auf weite Strecken vorwiegend

von Flechten besiedelt wird; sie bilden hier eigene Vegetationsformationen. Die Flechten meiden im allgemeinen die Steinwüste der Großstädte, wo sie durch Rauchgase (vor allem SO_2, s. S. 999) geschädigt werden. Wegen ihrer unterschiedlichen Empfindlichkeit – einige Krustenflechten sind sogar weitgehend resistent – können sie als Indikatoren für den Grad der Luftverschmutzung dienen.

Die Wasseraufnahme (auch als Dampf) erfolgt durch die Pilzhyphen. Doch ist, besonders bei großen Laubflechten, vielfach ein Teil der Hyphen unbenetzbar, so daß auch bei voller Durchfeuchtung des Thallus die Durchlüftung gesichert bleibt; mitunter finden sich auf der Thallusunterseite regelrechte Atemporen (Cyphellen). Die Bewohner sonniger Felsen vertragen nicht nur eine hohe Erwärmung (bis 70° am Standort), sondern auch ein monatelanges, völliges Austrocknen. Bei Befeuchtung setzt die Photosynthese nach wenigen Minu-

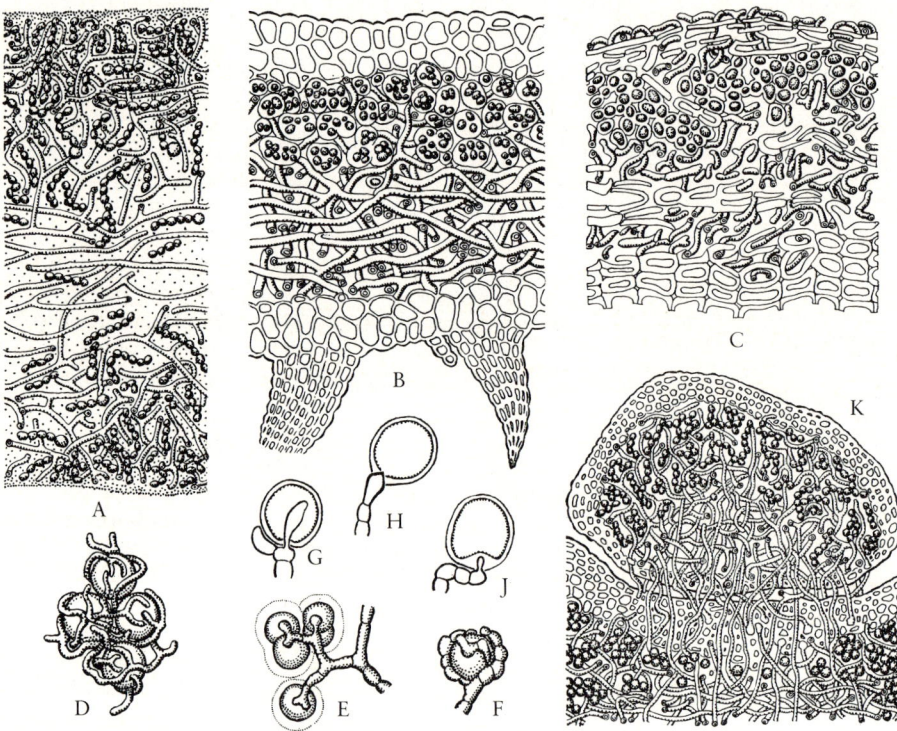

Abb. 745: *Lichenes.* A *Collema pulposum*, Thallusquerschnitt (200 ×). B *Sticta fuliginosa*, Thallusquerschnitt (250 ×). C *Graphis dendritica*, Thallusquerschnitt (200 ×). D Soredium von *Parmelia sulcata* (450 ×). E–J Haustorien (E Appressorien, F Klammerhyphen, G intracelluläres Haustorium, H intramembranöses Haustorium, J durch Cellulose-Auflagerung ausgeschaltetes intramembranöses Haustorium; E, F 450 ×, G–J 600 ×). K Cephalodium auf *Peltigera aphthosa* (200 ×). (A nach DES ABBAYES; B nach SACHS; C nach BIORET; D, K nach MÄGDEFRAU; E, F nach BORNET; G, H nach TSCHERMAK; J nach PLESSL.)

ten wieder ein («poikilohydre Pflanzen», s. S. 91).

Das Wachstum der Flechten vollzieht sich im Vergleich zu anderen Thallophyten sehr langsam. Selbst die großen Laub- und Strauchflechten unserer Breiten wachsen im Jahr nicht mehr als 1–2 cm. Bei der auf Felsen der alpinen Region wachsenden Krustenflechte *Rhizocarpon geographicum* (Landkartenflechte, Abb. 744 H) wurde unter bestimmten Bedingungen ein jährlicher Zuwachs von etwa 0,5 mm gemessen. Aus dem Durchmesser solcher felsbewohnender Krustenflechten hat man das Alter postglazialer Moränen berechnet. Die Lebensdauer der Flechten schwankt zwischen einem Jahr (epiphylle Flechten der Tropen) und mehreren hundert, vielleicht sogar tausend Jahren (arktisch-alpine, felsbewohnende Krustenflechten).

Die Flechten dringen als Vorposten des Lebens am weitesten in die Kältewüsten der Hochgebirge sowie der Arktis und Antarktis vor; manche vermögen eine Abkühlung bis −196° ohne Schaden auszuhalten und bei −24° noch CO_2 zu binden.

Fossil kennt man die Flechten erst seit dem Tertiär (Bernstein), jedoch bereits in hochentwickelten, von rezenten kaum verschiedenen Arten.

Verwendung. *Cetraria islandica* (Isländisches Moos), in trockenen Wäldern und Heiden von der Tundra bis in die Hochgebirge verbreitet, wird als Heilpflanze (Schleimdroge) verwendet. Aus mehreren Flechten hat man neuerdings Antibiotica isoliert. Die Mannaflechte *Lecanora esculenta*, eine kleinlappige bis knollige Flechte der Steppen Nordafrikas und des Orients, soll gegessen werden. Einige Flechten, so *Roccella*-Arten (Abb. 744 J) Nordafrikas und der Kanarischen Inseln, liefern den Lackmus-Farbstoff. Aus *Cladonia stellaris*, meist aus Nordeuropa eingeführt, macht man Dauerkränze. *Evernia prunastri* liefert ein Parfüm (Mousse de chêne). *Cladonia rangiferina*, die Rentierflechte (Abb. 744 B), bildet mit anderen Strauchflechten die Hauptnahrung der Rentiere. *Letharia vulpina*, eine gelbe, epiphytische Strauchflechte, mit u. a. alpiner Verbreitung, ist die einzige Giftflechte Europas; sie diente früher zum Vergiften der Wölfe.

Systematik. Die einzelnen Klassen und Ordnungen der Flechten sind in einem phylogenetischen System den entsprechenden bzw. nächstverwandten Taxa der Pilze zuzuordnen (vgl. z. B. *Lecanorales* S. 660 u. S. 694). Die Abgrenzung der Ordnungen und Familien der Flechten, von denen etwa 400 Gattungen mit insgesamt mehr als 20 000 Arten bekannt sind, erfolgt nach dem Bau der Pilzfruchtkörper, da diese noch am ehesten Merkmale für eine verwandtschaftsgerechte Gliederung bieten. Ein wichtiges Kennzeichen ist das Verhalten zu Iod-Iodkali; färben sich Hyphen oder Asci blau, bezeichnet man sie wieder als amyloid. Für die Artunterscheidung bedient man sich darüber hinaus weiterer chemischer Merkmale.

Eine von einem Zygomyceten, *Geosiphon pyriforme*, mit einer Alge gebildete Gemeinschaft unterscheidet sich von den Flechten durch die endosymbiontische Lebensweise des Phycobionten in den Pilzhyphen; z. T. wird *Geosiphon* auch zu den Flechten, *Phycolichenes*, gerechnet (vgl. S. 374).

I. Ascolichenes (= Klasse *Ascomycetes*, s. S. 650). Die Ordnungen aus dem Bereich der Ascolichenen stehen den entsprechenden Pilzordnungen im System der Ascomyceten sehr nahe und wurden z. T. schon dort behandelt (z. B. *Lecanorales*, S. 660). Auch finden wir Ordnungen mit Übergängen zwischen nicht lichenisierten Formen und solchen, die mit Algen morphologisch hoch entwickelte Flechten-Thalli bilden. Wie bei den Ascomyceten wird auch hier die Reihung der Ordnungen nach dem Ascusbau vorgenommen. Auf die *Caliciales* mit oft prototunicaten Asci folgen die *Ostropales* und *Graphidales* mit unitunicaten, die *Lecanorales* mit vorwiegend unitunicaten sowie die *Pyrenulales*, die *Verrucariales* und *Arthoniales* mit bitunicaten Asci. Die *Dothideales* sind durch bitunicate Asci in rein ascoloculär entwickelten Fruchtkörpern gekennzeichnet.

1. Ordnung: **Caliciales**. In dieser Ordnung gibt es auch nicht lichenisierte Vertreter; die lichenisierten bilden Krusten-, Blatt- oder Strauchflechtenthalli. Die Apothecien sind meist deutlich gestielt. Die Asci zerfallen, so daß die Sporen mit den weiterwachsenden Paraphysen eine lockere Masse («Macaedium») bilden. Die reifen ein- bis mehrzelligen Sporen befinden sich meist zu jeweils 8 im Ascus. – *Calicium* vor allem auf Rinde, *Sphaerophorus* vorwiegend auf Silicatgestein.

2. Ordnung: **Ostropales**. Hierher gehören Krustenflechten mit Apothecien. Die farblosen amyloiden oder braunen Ascosporen sind quer- bis mauerförmig geteilt; sie befinden sich jeweils zu 1 bis 8 in den nicht amyloiden Asci. Die Fruchtkörper entwickeln sich wie bei den *Caliciales* hemiangiocarp. Die entweder weit geöffneten und scheibenförmigen oder eng urnenförmig vertieften Apothecien sind in das Lager oder in Lagerwarzen eingesenkt.

3. Ordnung: **Graphidales**. Die Apothecien sind meist strichförmig, seltener rund, eingesenkt oder sitzend. Die Asci stehen zwischen einfachen oder verzweigten Paraphysen. Die Algen gehören zu den *Chlorococcales* oder sind *Trentepohlia*-Arten. –

Graphis in 300 Arten vorwiegend in den Tropen und Subtropen auf Baumrinde lebend; bei uns auf Buchenrinde die durch ihre runenförmigen Apothecien gekennzeichnete «Schriftflechte» (*Graphis scripta*, Abb. 744 F).

4. *Ordnung:* **Lecanorales.** Die im Thallusbau sehr vielgestaltige und artenreiche Ordnung (mehrere Unterordnungen) ist gekennzeichnet durch runde, oft schüsselförmige Apothecien. Die Ascuswand ist meistens dickwandig, unitunicat (s. S. 656), bei den *Lichinineae* prototunicat, bei den *Peltigerineae* zweischichtig. Die Phycobionten sind Grünalgen (*Chlorococcales:* z.B. *Trebouxia, Coccomyxa*) und Blaualgen (z.B. *Nostoc*).

Ephebe-Arten (*Lichinineae*) bilden filzartig verwebte, schwarze Thallusfäden auf feuchtem Silicatgestein der Mittel- und Hochgebirge. *Collema* (*Collematineae*) ist durch gallertige, laubartige Thalli mit *Nostoc* als Symbionten gekennzeichnet; die Gallertflechten (Abb. 745 A) leben auf Gestein und Erde vom Flachland bis in die nivale Region.

Die nun folgenden Gattungen haben heteromere Thalli. Dem Krustenflechten-Typus sind die Gattungen *Pertusaria, Rhizocarpon* («Landkartenflechte», Abb. 744 H) und *Lecidea* zuzuordnen. Krustig-schuppige bis rein laubförmige Lager haben *Xanthoria*- und *Lecanora*-Arten; erstere mit oft gelb bis orange gefärbten Thalli an stickstoffreichen Standorten. Laubflechten sind *Parmelia*- und *Physcia*-Arten. Zu den oft beträchtlich großen *Peltigerineae* (Schildflechten) zählen: *Peltigera* mit randständig schildförmigen Apothecien und z.T. Cephalodien; *Lobaria pulmonaria*, ein nur in reiner Luft gedeihender Epiphyt an alten Laubbäumen, vornehmlich im Gebirge; *Sticta* mit von Cyphellen durchlöcherter Thallusunterseite; *Solorina* mit flächenständigen Apothecien und vielfach im Lager auch mit Blaualgen, welche die Grünalgen oft weitgehend verdrängen können. Die Nabelflechten (*Umbilicariineae*; *Umbilicaria*; Thallus bis über 15 cm Durchmesser) gedeihen auf Silicatfelsen in Gebirgen der kalten und gemäßigten Zonen. Den Strauchflechten werden folgende Gattungen zugerechnet: *Alectoria*; *Ramalina*; *Lethavia*; *Evernia*; *Anaptychia*; *Usnea* (Bartflechten, Abb. 744 K) in langen Bärten (bis 8 m) von den Ästen der Bäume herabhängend; *Thamnolia* (Wurmflechte, Abb. 754 D) in allen Hochgebirgen und in den arktischen Gebieten; *Cladonia* und *Stereocaulon* (*Cladoniineae*; Abb. 744 B, C) in großer Formenmannigfaltigkeit über alle Klimazonen verbreitet; hierher auch *Cetraria islandica*, das Isländische Moos.

5. *Ordnung:* **Pyrenulales.** Krustenflechten mit Perithecien von ascohymenialer Entwicklung. Die mehrzelligen Sporen liegen jeweils zu 8 in den Asci, die zwischen fadenförmigen Paraphysen stehen. Phycobionten sind *Trentepohlia*-Arten. – *Pyrenula* findet sich in vielen Arten auf Rinde, vor allem in den Tropen und Subtropen.

6. *Ordnung:* **Verrucariales.** Flechten mit sitzenden oder meist eingesenkten, ascohymenial sich entwickelnden Perithecien. Echte Paraphysen fehlen. Die keuligen oder zylindrischen Asci enthalten 1–8 farblose oder braune Sporen. Algen: *Chlorococcales*. – Die vielen Arten von *Verrucaria* leben endo- bis epilithisch auf Kalkfels, einige Arten völlig oder zeitweise submers in Süßwasserbächen oder an Meeresküsten. Die schuppigen bis blättrigen Thalli von *Dermatocarpon*-Arten siedeln auf Felsen. *Endocarpon* besitzt mauerartig-vielzellige Sporen (vgl. Abb. 714).

Während in allen bisher genannten Ordnungen (1–6) die Fruchtkörper nach dem ascohymenialen Typ entwickelt werden, kommen bei den folgenden Ordnungen (7–8) Abweichungen von diesem verbreiteten Modus vor.

7. *Ordnung:* **Arthoniales.** Flechten von sehr verschiedenem Habitus (krustenförmig bis strauchig) mit runden (Apothecien) bis strichförmigen (Hysterothecien) Fruchtkörpern. Die keuligen bis eiförmigen Asci enthalten zwei- bis mehrzellige Sporen. Algen: überwiegend *Trentepohlia*. – *Arthonia*, mit etwa 500 Arten vorwiegend in den Tropen lebend, besitzt dünne, krustige, meist rindenbewohnende Thalli mit rundlichen bis sternförmig gelappten Apothecien; diese unberandet und ohne Gehäuse. Die ebenfalls krustige *Opegrapha* mit runden bis strichförmigen, schwarzen Fruchtkörpern in sterilen Gehäusen ist in vielen Arten auf Rinde, Holz und Gestein weltweit verbreitet. *Roccella* (Abb. 744 J) bildet strauchige Thalli und besiedelt vorwiegend Felsen an den Küsten wärmerer Meere.

Die 8. Ordnung **Dothideales** ist durch Pseudothecien gekennzeichnet, die in ihrer Entwicklung dem ascoloculären Typ folgen. Die Pilzhyphen sind lose mit verschiedenen Algen vergesellschaftet.

II. Basidiolichenes (= Kl. *Basidiomycetes*, s. S. 665)

Lange Zeit waren nur wenige tropische Vertreter bekannt, bei denen *Poriales* mit Cyanophyceen zusammenleben, z.B. die pantropische, erdbewohnende *Dictyonema pavonia* (= *Cora p.*; Abb. 744 A). Neuerdings wurden sowohl in den Tropen als auch in der gemäßigten Zone Basidiolichenen gefunden, die aus Clavariaceen bzw. *Agaricales* (*Omphalina*) und Chlorophyceen (*Coccomyxa* u.a.) aufgebaut sind.

E. Organisationstyp: Moose und Gefäßpflanzen (Embryophyta)

Die Moose und Gefäßpflanzen sind durch eine Reihe von übereinstimmenden Merkmalen gekennzeichnet. Es sind primär an das Landleben angepaßte Pflanzen, deren Anhangsorgane der Befestigung im Boden, der Wasser- und Nährsalzaufnahme und der Photosynthese dienen (S. 99 u. 137 ff.). Die Verdunstung wird durch eine Cuticula eingeschränkt bzw. durch meist vorhandene Spaltöffnungen reguliert. Die Fortpflanzung vollzieht sich als heterophasischer, heteromorpher Generationswechsel. Die Sporangien sind mit einer schützenden Hülle steriler Zellen umkleidet. Auch die Gametangien – sie werden hier als Antheridien (♂) bzw. Archegonien (♀) bezeichnet – sind im Unterschied zu denen der Pilze und Algen durch eine solche Zellschicht geschützt. Analoge Hüllen finden sich bei den Algen hingegen nur vereinzelt (vgl. *Chara*; Abb. 634 und *Coleochaete*; Abb. 622 F). Nach der Befruchtung entwickelt sich die Zygote zu einem vielzelligen, von der Mutterpflanze ernährten Embryo *(Embryophyta)*. Der Vegetationskörper ist aus verschiedenen Geweben aufgebaut, die stark differenziert sind und unterschiedliche Aufgaben erfüllen. Der Transport von Wasser und Nährstoffen erfolgt zunehmend in Leitbündeln (s. S. 128 ff.; Gefäßpflanzen). Aus ursprünglich thallosen Vegetationskörpern haben sich in Anpassung an das Landleben und im Zusammenhang mit Größenzunahme und Arbeitsteilung analoge Organe entwickelt: am Gametophyt höherer Moose Cauloid, Phylloid und Rhizoid (S. 99), am Sporophyt der Gefäßpflanzen Achse, Blatt und Wurzel (S. 102).

Die Embryophyten gliedern sich in die Abteilungen: *Bryophyta* (Moose), *Pteridophyta* (Farngewächse) und *Spermatophyta* (Samenpflanzen). Bei den Samenpflanzen sind die Antheridien und Archegonien sehr stark reduziert, so daß sie als solche kaum wiederzuerkennen sind. Samenpflanzen werden daher nicht mehr zu den **Archegoniaten** i. e. S. (= Moose und Farngewächse) gerechnet. Die Sammelbezeichnung **Cormobionta** leitet sich vom Cormus, dem in Sproßachse, Blätter und Wurzeln gegliederten Vegetationskörper ab (S. 102 f.) und umfaßt die Moose mit ihren nicht derart gegliederten Sporophyten insoweit, als auch diese von Telomen abgeleitet werden können.

Alle anderen bisher beschriebenen Organisationstypen und Abteilungen der Eukaryoten werden wegen ihrer sehr viel einfacheren Organisation auch als *Protobionta* (S. 549 u. 912 ff.) den *Cormobionta* gegenübergestellt.

Erste Abteilung: Bryophyta, Moose

Die Moose sind grüne, photoautotrophe Landpflanzen mit Chlorophyll a und b, Carotinoiden (vgl. S. 231 ff.) und Cellulosewänden; Lignin fehlt den Moosen, bzw. es treten ganz vereinzelt Lignin-ähnliche Verbindungen auf. Wenige Arten sind sekundär zum Leben im Wasser zurückgekehrt (vgl. S. 716). Dem Entwicklungsgang der Moose liegt ein klarer Generationswechsel zugrunde (Abb. 746). Die diploide Sporophytengeneration entwickelt sich stets auf dem dominierenden, haploiden Gametophyten und bleibt mit diesem zeitlebens verbunden; trotz ihres Chlorophyllgehalts kommen isolierte Sporogone nicht zur vollständigen Entwicklung.

Der Gametophyt ist entweder ein äußerlich wenig gegliederter, gelappter und unterseits mit Rhizoiden versehener Thallus (thallose Moose) mit z. T. hoher Gewebedifferenzierung oder ein liegendes bis aufrechtes Stämmchen, das mit Blättchen und Rhizoiden ausgestattet ist (foliose Moose). Die Blättchen sind mit Ausnahme der Mittelrippe meist einschichtig. In ihrem Bau erinnern die foliosen Moose äußerlich bereits ein wenig an die Gefäßpflanzen; sie unterscheiden sich jedoch von ihnen u. a. darin, daß hier der Gametophyt und nicht der Sporophyt die höhere morphologische und anatomische Differenzierung erfahren hat. Außerdem fehlen den Moosen Leitbündel, in den meisten Fällen auch Leitgewebe. Manche mit Stämmchen und Blättchen ausgestattete Arten besitzen bereits primitive der Stoffleitung dienende Gewebe (Abb. 112; 768 H). Das Leitgewebe ist dann z. T. aus gestreckten Zellen mit verdickten Wänden (Hydroiden, s. S. 127) und aus dünnwandigen Leptoiden zusam-

mengesetzt, es besitzt jedoch noch keine Leitelemente mit Ring- und Spiralverdickungen und
Siebröhren. Die Rhizoide sind einzellige oder
vielzellig septierte Schläuche und somit ebenfalls noch keineswegs mit den hochdifferenzierten Wurzeln der Cormophyten (eher mit den
Wurzelhaaren) vergleichbar. Das Wachstum
erfolgt mit zwei- und dreischneidigen Scheitelzellen (s. S. 99 f. u. Abb. 105–107). Manche
Moose weisen in ihrem Thallus bereits eine
Differenzierung in assimilierendes und spei-
cherndes Gewebe auf; ein Teil von ihnen hat
schon dem Gasaustausch dienende sog. Atemöffnungen (Abb. 750, vgl. S. 700). Auch
Spaltöffnungen treten erstmals bei bestimmten Moosen, meist am Sporophyten
(Abb. 748) auf. Die Cuticula ist meist sehr
zart, und die Moose trocknen daher bei Wassermangel rasch vollständig aus (poikilohydrische
Pflanzen s. S. 332).

Die Archegonien (Abb. 752 J) der Moose
sind flaschenförmige Organe, deren sog. Bauch-
und Halsteil eine Wand aus einer meist einfachen Zellage besitzt. Der Bauchteil umschließt eine große Zentralzelle, die sich vor
der Reife in die Eizelle und eine am Grunde

des Halses gelegene Bauchkanalzelle teilt.
An diese schließen im Halse die Halskanalzellen an; die Moose besitzen davon stets eine
ganze Reihe (Abb. 752 J). Die Antheridien
(Abb. 752 E) sind kugelige oder keulige, auf
kurzem Stiel stehende Gebilde. Die mehr oder
weniger zahlreichen kleinen spermatogenen
Zellen, die von der Antheridienwand umschlossen werden, teilen sich in je 2 Spermatiden, die sich aus dem Geweberverband lösen
und in je 1 Spermatozoid verwandeln. Die
Spermatozoiden sind stets kurze, etwas gewundene Fäden, die in ihrer Hauptmasse aus
dem Zellkern bestehen, nahe am Vorderende 2
lange, glatte, von ihrem Ansatzpunkt in spitzem
Winkel nach rückwärts gerichtete Geißeln
tragen (Abb. 752 F) und z. T. im Plasmarest eine
winzige Plastide besitzen (Abb. 747). Antheridien und Archegonien sind homologe Organe;
gelegentlich treten Zwischenformen zwischen
ihnen auf.

Die Befruchtung der Eizelle kann auch bei
Landformen nur bei Gegenwart von Wasser
vollzogen werden (Regen, Tau). Dazu öffnet
sich das Archegonium an seiner Spitze, die
Kanalzellen verschleimen und entlassen be-

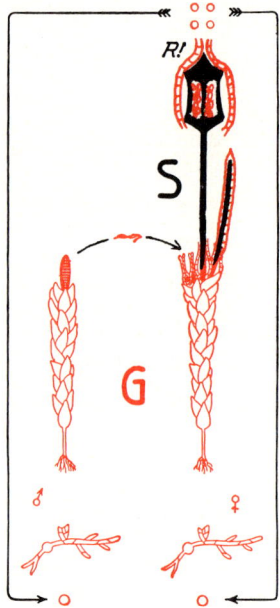

Abb. 746: *Bryophyta*. Entwicklung eines diöcischen
Laubmooses (Spore, Protonema, Gametophyt G,
Befruchtung, Sporophyt S, Reduktionsteilung, Spo-
ren). Rote Linien: haploide; schwarze: diploide
Phase. R! Reduktionsteilung. (Nach Harder.)

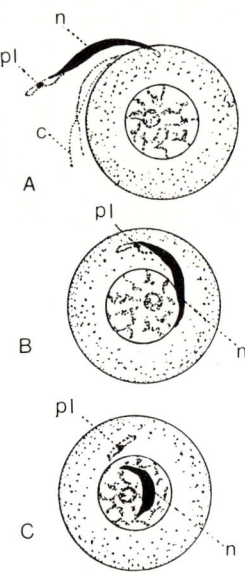

Abb. 747: *Bryophyta, Anthocerotae*. Befruchtung bei
Anthoceros laevis. A Spermatozoid erreicht die Eizelle. B Eindringen des Spermatozoids. C Spermatozoid im Eikern. Cytoplasmarest im Eiplasma zurückgeblieben. pl Plastide, n Nucleus, c Geißeln. (900 ×;
nach Yuasa.)

stimmte Stoffe, die die Spermatozoiden chemotaktisch (s. S. 447) anlocken. Aus der befruchteten Eizelle entwickelt sich dann ein diploider Embryo (Abb. 752 K), der sich stets ohne Ruhepause zum Sporophyten weiterentwickelt. Mit der Sporenbildung ist stets die Meiose verbunden. Die Ausbreitung der Meiosporen erfolgt durch die Luft.

Der Entwicklungsgang eines Mooses ist kurz folgender (Abb. 746): Die einzellige haploide Moosspore keimt zu einem kleinen grünen Vorkeim (Protonema) aus, der bei gewissen Gruppen stark, bei anderen nur sehr schwach entwickelt ist. An ihm entstehen, teilweise aus besonderen, sich dazu bildenden Knospen (Abb. 768 A) die grünen Moospflanzen, die entweder einen bandförmigen oder gelappten Thallus haben (z. B. 752 A, 748 A) oder eine Gliederung in Stämmchen und Blättchen aufweisen (Abb. 755 D–G, 772), jedoch niemals Wurzeln besitzen, sondern nur einfache, lange, schlauchförmige, wurzelhaarähnliche Zellen oder Zellfäden, sog. Fadenrhizoiden (Abb. 108, 768 E). Auf den Moospflanzen entstehen die Gametangien.

Nach der Befruchtung der Eizelle entwickelt sich der diploide Embryo. Er dringt mit seinem Basalteil (Haustorium, auch Fuß genannt, Abb. 748 D, 765 B) meistens in das tiefer liegende Gewebe ein, wächst aber in der Hauptsache gegen die Spitze des Archegoniums zu einem kürzer oder länger gestielten, rundlichen oder ovalen Sporenbehälter (Kapsel, Abb. 752 L, 768 E) aus. Das ganze Gebilde wird Sporogon genannt. Da der Archegoniumhals zu eng ist, um vom Embryo durchwachsen zu werden, und andererseits der Archegoniumbauch nebst dem tieferliegenden Gewebe mit dem Wachstum des Embryos zwar eine Zeitlang (Abb. 746, rechts), jedoch nicht auf die Dauer Schritt zu halten vermag, wird die Sporogonhülle («Embryotheca») von dem sich streckenden Embryo durchbrochen oder auch in ihrem unteren Teil quer auseinandergerissen.

Aus dem inneren Gewebe der Kapsel, dem Archespor, entstehen durch zweimalige, mit Meiose (und bei gewissen Arten auch mit Geschlechtsbestimmung) verbundener Teilung der Sporenmutterzellen die Meiosporen in Gruppen zu vieren, also in Tetraden, die sich vor ihrer Reife voneinander lösen und abrunden. Aus den haploiden Sporen bilden sich dann wieder – je nach Art – monöcische oder diöcische Moospflanzen.

Die Wand der Sporen ist zweihäutig und besteht aus einem inneren zarten Endospor und einem äußeren widerstandsfähigen Exospor; letzteres wird bei der Keimung gesprengt.

Neben der Ausbreitung durch Sporen ist bei den Moosen Vermehrung durch Brutkörper (Abb. 751, 755 G, s. S. 211) sehr häufig, die am Thallus, am Stämmchen, an den Blättern oder am Vorkeim auf verschiedene Weise entstehen können, sich loslösen und zu neuen Pflanzen auswachsen.

Fast alle Moose reagieren gravitropisch und einige auch phototropisch. Die Vertreter aller Klassen sind autotroph und bilden als Assimilationsprodukt Stärke. Die meisten Arten sind das ganze Jahr grün und bei ausreichender Feuchtigkeit assimilationsfähig.

Systematik: Die Moose umfassen mehrere stammesgeschichtlich getrennte Gruppen, die als selbständige Klassen zu bewerten sind, die *Anthocerotae*, *Marchantiatae* und *Bryatae*.

Früher wurden die *Anthocerotae* den *Marchantiatae* zugerechnet; die *Anthocerotae* haben jedoch eine Reihe von Besonderheiten. Manche Autoren vertreten sogar die Ansicht, daß die Moose polyphyletisch entstanden sind und daher verschiedenen Abteilungen zugeordnet werden müssen, je nachdem, ob die Zellen je einen Chloroplasten (*Anthocerophyta*) oder mehrere davon (übrige *Bryophyta*) besitzen. Diesem Konzept wird in der folgenden Darstellung nicht gefolgt, da in anderen einheitlich erscheinenden Gruppen (innerhalb der *Lycopodiatae* z. B. die *Sellaginellales*; S. 726) die Zahl der Chloroplasten ebenfalls auf einen beschränkt sein kann.

I. Klasse: Anthocerotae, Hornmoose

Sie bilden eine Klasse mit etwa 100 Arten, die als Relikte der frühen Stammesgeschichte der Landpflanzen aufzufassen sind und rezent in einer einzigen Ordnung zusammengefaßt werden.

Ordnung: **Anthocerotales.** Antheridien und Archegonien sind in den Thallus eingebettet; ihre Entwicklung erfolgt von Anfang an endogen. Der Gametophyt ist ein scheibenförmiger, gelappter, einige Zentimeter großer, am Boden mittels Rhizoiden festgewachsener Thallus einfachster Bauart (Abb. 748 A). Die Zellen des weitgehend einheitlichen Parenchyms enthalten im Gegensatz zu allen anderen Moosen nur je einen großen schüsselförmigen, Pyrenoide führenden Chloroplasten.

Die stammesgeschichtliche Ableitung von Algen mit ebenfalls nur einem, pyrenoidführenden Chloroplasten je Zelle wird erwogen. Blätter und Schuppen auf der Unterseite (Ventralschuppen) fehlen ebenso wie Ölkörper in den Zellen. Die Epidermis der Thallusunterseite hat Spaltöffnungen mit 2 bohnenförmigen Schließzellen; die Intercellularräume hinter ihnen sind allerdings mit Schleim gefüllt und meist von *Nostoc* besiedelt (Abb. 748 B).

Die Antheridien stehen zu mehreren unter der Oberfläche des Thallus im Inneren geschlossener, sich erst später öffnender Höhlungen, und auch die Archegonien sind in die Oberseite des Thallus eingesenkt. Die befruchtete Eizelle teilt sich durch eine Querwand in zwei Zellen, von denen die obere, also gegen den Hals des Archegoniums gewendete, nach weiteren Teilungen zum Sporogon, die untere zu dessen angeschwollenem, mit rhizoidartigen Zellen im Thallus befestigtem Fuß wird (Haustorium, Abb. 748 D).

Das Sporogon zeichnet sich (anders als bei den folgenden *Marchantiatae*) durch einen reicher differenzierten inneren Bau aus. Es ist eine ungestielte, hornförmige, ein bis mehrere Zentimeter lange, schotenförmig mit 2 Längsklappen aufspringende Kapsel (Abb. 748 A), in deren Längsachse sich eine aus wenigen Zellreihen bestehende sterile Gewebesäule, die Columella, befindet (Abb. 748 C und Dc). Diese wird mantelförmig von der dünnen sporenbildenden Zellschicht (Archespor, a) umhüllt, die außer Meiosporen auch sterile Zellen, sog.

Elateren, erzeugt. Sporenmutterzellen und Elateren, bzw. zu Elateren bestimmte Zellen sind Schwesternzellen: auf jede Sporenmutterzelle (bzw. Sporentetrade nach der Meiose) kommt eine fertige Elatere oder eine noch teilungsfähige sterile Zelle, durch deren mitotische Teilungen die Zahl der Elateren schließlich ein Vielfaches der Sporenzahl ausmachen kann; sie liegen senkrecht zur Längsachse des Sporogons (transversal; Abb. 748 E).

Anders als bei allen übrigen Moosen reift der als Kapsel angelegte Teil des Sporophyten nicht gleichzeitig heran, sondern wird durch eine meristematische Zone an der Kapselbasis dauernd verlängert. Die Sporogonwand besitzt zweizellige Spaltöffnungen (Abb. 748 G), außerdem enthält sie Chloroplasten.

Anthoceros laevis ist auf kalkarmen Stoppeläckern nicht selten. Fossile Zeugnisse für die Stammesgeschichte dieser Klasse fehlen leider vollständig.

Die übrigen Moose (ca. 24 000 Arten) sind von den Hornmoosen durch mehrere Merkmale deutlich abgesetzt. Die Zellen des Gametophyten enthalten mehrere Chloroplasten ohne Pyrenoide und vielfach Ölkörper. Im Gametophyten finden sich keine Spaltöffnungen, wohl aber bei einzelnen Formen Atemhöhlen. Dem Sporophyten fehlt ein intercalares Meristem; sein Wachstum ist daher begrenzt. Die Sporenkapseln öffnen sich nie mit 2 Klappen. Die Antheridien werden zunächst exogen angelegt, können aber nachträglich von Gametophyten-

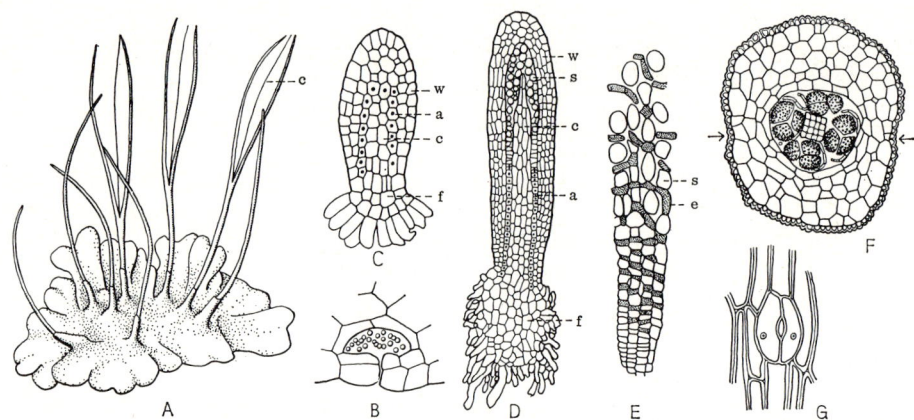

Abb. 748: *Anthocerotae, Anthocerotales.* A *Anthoceros laevis*, Thallus mit jungen und geöffneten Sporogonen; c Columella (2×). B *Anthoceros vincentianus*, Spaltöffnung der Thallusunterseite, Atemhöhle von *Nostoc* besiedelt (270×). C *Anthoceros punctatus*, Längsschnitt durch junges Sporogon (130×). D *Dendroceros crispus*, Längsschnitt durch fast reifes Sporogon; a Archespor, c Columella, f Sporogonfuß, s Sporen, w Sporogonwand (80×). E *Anthoceros punctatus*, inäquale Zellteilungen im Archespor; e Elateren, s Sporenmutterzellen (100×). F *Anthoceros husnoti*, Sporogonquerschnitt mit Sporentetraden und Columella; Pfeile = Dehiscenzstellen der Sporogonwand (100×). G *Anthoceros pearsoni*, Spaltöffnung des Sporogons (125×). (A nach MÄGDEFRAU; B, C, D nach LEITGEB; E nach GOEBEL; F nach K. MÜLLER; G nach CAMPBELL.)

gewebe eingeschlossen werden; die Archegonien sind nicht in den Thallus eingebettet. Das Wachstum des Thallus geschieht mit Scheitelzellen. Die nun folgenden Moose werden in die beiden Klassen der Lebermoose (Marchantiatae) und der Laubmoose (Bryatae) aufgegliedert. Die Lebermoose ähneln den Hornmoosen, sie unterscheiden sich aber von diesen durch die vorstehend genannten Merkmale sowie durch das gänzliche Fehlen von Spaltöffnungen sowie eine andere Entstehungsweise und Gestalt der Elateren.

II. Klasse: Marchantiatae, Lebermoose

Der Gametophyt der Lebermoose ist ein flächiger, meist mehr oder minder gabelig verzweigter Thallus, oder er ist in Stämmchen und Blättchen, denen eine Mittelrippe fehlt, gegliedert. Die meisten Lebermoose speichern in ihren Zellen von einer Membran umgebene «Ölkörper» (das sind charakteristische Tropfenzusammenballungen von Terpenen) in Ein- oder Mehrzahl, die in dieser Form allen anderen Pflanzen fehlen (Abb. 750). Im Archegonium befinden sich 4 bis 8 Halskanalzellen. Der Sporophyt wird lange Zeit vollständig von der sich vergrößernden Wand des Archegoniums, der Calyptra, umhüllt; sie wird erst kurz vor der Reife an der Spitze durch den Sporophyten durchbrochen. Im reifenden Sporogon teilen sich die Archesporzellen jeweils in eine Sporenmutterzelle und eine Elatere, die demnach wieder synchron entstehende Schwesterzellen sind. Aus der Sporenmutterzelle entstehen nach der Meiose je 4 Sporen. Das 4:1-Verhältnis von haploiden Sporen (4) und sterilen, diploiden Elateren (1) kann – im Gegensatz zu den Anthocerotae – zugunsten der Sporenzahl (z.B. 8:1, 128:1) verschoben sein. Sporen- und Elaterenmutterzellen werden durch longitudinale, also parallel zur Längsachse des Sporogons ausgerichtete Wände voneinander getrennt. Die Elaterenwände besitzen meist Spiralbänder (bei Anthocerotae meist glatt). Eine konvergente Entwicklung von Elateren bei Anthocerotae und Marchantiatae ist nicht völlig auszuschließen. Die Elateren gehören zu jenen die Sporenausbreitung fördernden Strukturen (Capillitiumfasern S. 631; Glebafasern S. 683; Hapteren S. 735), die als analoge Bildungen aufzufassen sind.

Der Vorkeim (das Protonema) ist bei den thallosen Lebermoosen meist als sehr kurzer Schlauch entwickelt; bei den beblätterten («foliosen») Lebermoosen ist er vielzellig und verschiedenartig gestaltet. Bei Protocephalozia ist diese Jugendform fadenförmig, wird geschlechtsreif und trägt also Antheridien und Archegonien.

Das Antheridium (Abb. 752 E) entsteht aus einer Epidermiszelle, die durch senkrechte, sich kreuzende Wände in je 4 Zellen zerlegt wird, worauf in den Quadranten dieses turmförmigen Gebildes periphärische Wandzellen durch tangentiale Zellwände von den inneren, das spermatogene Gewebe liefernden Zellen abgeteilt werden.

Bei der Entwicklung der Archegonien (Abb. 752 J) teilt sich eine über die benachbarten Zellen herauswölbende Epidermiszelle durch eine perikline Wand in eine den Stiel liefernde untere und in eine obere Zelle, die Archegoniuminitiale. Drei antikline Wände zerlegen letztere in eine zentrale Axialzelle und in drei, tangentiale Sektoren bildende Mantelzellen. Der Querschnitt durch eine junge Archegoniumanlage läßt alle 4 Zellen, der Längsschnitt die Axialzelle und nur zwei der drei Mantelzellen erkennen. Die Axialzelle ist seitlich von den Mantelzellen umgeben und oben frei; sie gliedert sich später durch eine Querwand in eine Deckelzelle und eine Innenzelle. Aus den Mantelzellen geht ohne wesentliche Beteiligung der Deckelzelle die Wandung des Hals- und Bauchteiles hervor, aus der Innenzelle (Zentralzelle) bilden sich 4–8 Halskanalzellen, eine Bauchkanalzelle und basal die Eizelle. Zur unterschiedlichen Entwicklung der Archegonien von Anthocerotae s. S. 717 und Bryatae s. S. 706.

Die Lebermoose werden in zwei Unterklassen gegliedert.

1. Unterklasse: Marchantiidae

Der Gametophyt ist hier stets ein flächiger, anatomisch oft hoch differenzierter Gewebethallus (thallose Lebermoose). Er ist unterseits meist sowohl mit glatten Rhizoiden als auch mit sog. Zäpfchenrhizoiden versehen, die nach innen vorragende Wandverdickungen tragen. Im typischen Falle werden die Antheridien und Archegonien auf besonderen Trägern (Gametangienständen) emporgehoben.

1. Ordnung: **Sphaerocarpales.** Der einfach gebaute Thallus bildet kleine auf Erde wachsende Rosetten (Sphaerocarpos, Abb. 749 A) oder aufrechte, im Wasser lebende Achsen mit gewelltem Flügel (Riella, Abb. 749 B). Archegonien und Antheridien werden von birnförmigen, oben offenen Hüllen umschlossen. Die Sporogonwand besteht aus einer einzigen, bei der Reife verwitternden Zellschicht. Bei Sphaerocarpos,

einer in der Genetik viel benutzten Versuchspflanze, wurde (1917) erstmals im Pflanzenreich ein Geschlechtschromosom (s. S. 513) nachgewiesen.

2. *Ordnung:* Die **Marchantiales** besitzen einen hochdifferenzierten Thallus. Als Beispiel sei die an feuchten Orten häufige *Marchantia polymorpha* (Brunnenlebermoos) geschildert (Fam. **Marchantiaceae**). Sie bildet bis 2 cm breite, bandartig flache, etwas fleischige, mit Initialzellgruppen wachsende, sich gabelig verzweigende Thalli (Abb. 752 A und G) mit schwachen Mittelrippen. An der Unterseite entspringen einschichtige B a u c h - oder V e n t r a l - s c h u p p e n und die negativ phototropischen einzelligen F a d e n r h i z o i d e n (Abb. 752 G), die den Thallus am Substrat befestigen und ihm Wasser zuführen (vorwiegend capillar zwischen den dochtartig wirkenden Rhizoiden, teils durch Aufnahme in dieselben).

Unter der Epidermis der Oberseite mit fast wasserdichter Cuticula liegen große Intercellularräume (Abb. 750 A, C), «Luftkammern», die seitlich voneinander durch Wände getrennt sind, welche aus einer oder zwei Zellschichten bestehen und an der Thallusoberfläche als rhombische oder sechseckige Felderung erkennbar sind (Abb. 752 H). Vom Boden der Kammer erheben sich zahlreiche kurze, aus rundlichen Zellen bestehende, verzweigte, mitunter mit der Epidermis verbundene Assimilatoren, die Chloroplasten enthalten und das A s s i m i l a t i o n s - g e w e b e (Abb. 750 A) bilden. Jede Kammer steht mit der Außenluft durch eine tonnenförmige «Atemöffnung» in Verbindung; diese besteht bei *Marchantia polymorpha* aus 4 ringförmigen Stockwerken von je 4 Zellen. Sie vermag sich bei Wassermangel sogar ein wenig zu verengen, was allerdings wohl für die Regula-

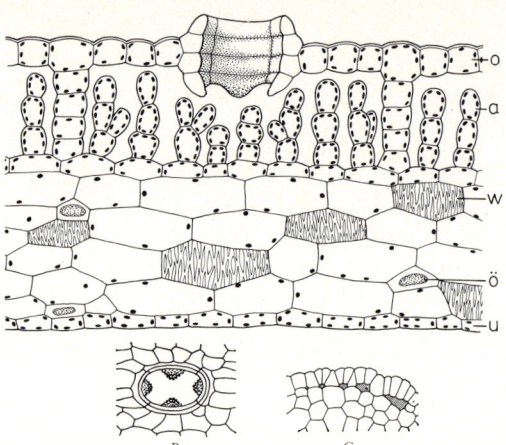

Abb. 750: *Marchantiidae, Marchantiales, Marchantia polymorpha.* A Thallusquerschnitt (200 ×). B Atemöffnung, von oben gesehen (200 ×). C Entwicklung der Luftkammern (270 ×). a Assimilatoren, o obere Epidermis mit Atemöffnung, ö Ölkörper, u untere Epidermis, w Wandverdickungen (A nach MÄDGEFRAU; B nach KNY; C nach LEITGEB.)

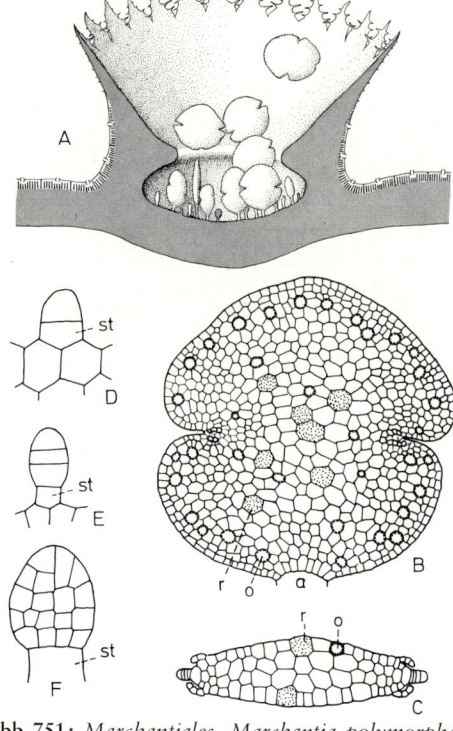

Abb. 751: *Marchantiales, Marchantia polymorpha.* Vegetative Fortpflanzung. A Schnitt durch Brutbecher (12 ×). B Brutkörper in Flächensicht (80 ×); a Ablösungsstelle, o Ölzelle, r Rhizoidinitiale. C Brutkörper, Querschnitt (80 ×). D–F Brutkörperentwicklung (300 ×); st Stielzelle. (A nach MÄDGEFRAU; B–F nach KNY.)

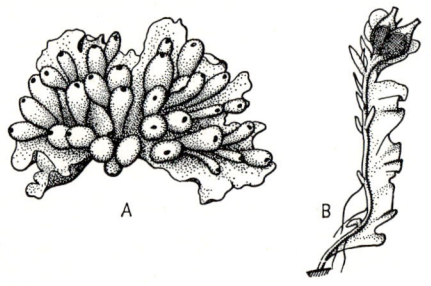

Abb. 749: *Marchantiatae, Marchantiidae, Sphaerocarpales.* A *Sphaerocarpos michelii,* ♀ Thallus mit Gametangienhüllen. B *Riella helicophylla,* ♀ Thallus. (A 5 ×, B 2,5 ×; nach K. MÜLLER.)

tion des Wasserhaushalts noch ziemlich bedeutungslos ist. Ihr Bau verhindert das Eindringen von Wasser in die «Atemöffnung». Im ganzen Pflanzenreich gibt es sonst keinen Gametophyten mit derartig vollkommenem Assimilations- und Transpirationsapparat. Die großen, chlorophyllarmen Parenchymzellen auf der Thallusunterseite dienen als Speicherzellen (z. T. mit Ölkörpern, ö).

Auf den Mittelrippen der Oberseite wölbt sich in der Regel der Thallus zu becherförmigen Auswüchsen mit gezähntem Rande empor, den Brutbechern oder Brutkörbchen (Abb. 751 A, 752 A) mit einer Anzahl von flachen Brutkörperchen. Letztere entstehen, wie Abb. 751 D–F zeigt, durch Hervorwölbung und weitere Teilung einzelner Oberflächenzellen und sitzen mit einer Stielzelle (st) fest, von der sie sich (B bei a) ablösen. Sie haben an den beiden Einbuchtungen je einen Vegetationspunkt und bestehen aus mehreren Schichten von Zellen (C), von denen einige farblose die Anlagen der späteren Rhizoiden (r) darstellen. Die Brutkörper wachsen zu neuen Thalli aus und dienen sehr ausgiebig der vegetativen Vermehrung der Gametophyten.

Die Gametangien werden von besonderen, orthotropen Thalluszweigen (Ständen) getragen (Abb. 752 A und G). Im unteren Teil sind diese Gametangienstände stielartig zusammengerollt, im oberen Teil verzweigen sie sich durch wiederholte Gabelung zu sternförmigen «Schirmen». Antheridien und Archegonien sind diöcisch verteilt. Die Geschlechtsbestimmung erfolgt wie bei vielen anderen Bryophyten haplogenotypisch durch Geschlechtschromosomen (s. S. 513). In den Trägern der Gametangienstände gelangen die auf der Ventralseite entspringenden Rhizoiden in der durch Zusammenrollung entstehende Rinne (Abb. 752 B, C) im Laufe ihres Wachstums bis unter die Thallusunterseite und saugen das Wasser wie ein Docht capillar empor.

Die Antheridienstände schließen mit

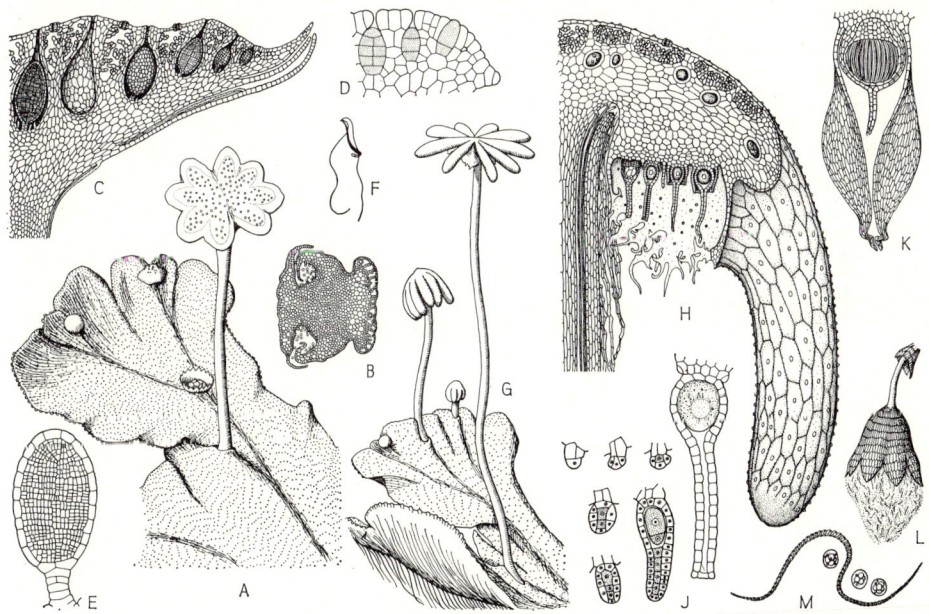

Abb. 752: *Marchantiales, Marchantia polymorpha*, geschlechtliche Fortpflanzung. A ♂ Pflanze mit Brutbecher und Antheridienstand; Punkte auf der Thallusoberfläche: Atemöffnungen (1,5 ×). B Querschnitt durch den Stiel des Antheridienstandes kurz unterhalb des «Schirms» (13 ×); rechts Dorsalseite mit Luftkammern, links Ventralseite mit zwei Rhizoiden-Rinnen. C Längsschnitt durch Antheridienstand (18 ×). D Entwicklung der Antheridien (160 ×). E Fast reifes Antheridium im Längsschnitt (160 ×). F Spermatozoid (400 ×). G ♀ Pflanze mit Archegonienständen (1,5 ×). H Längsschnitt durch Archegonienstand; hinter der Archegonienreihe das Perichaetium (25 ×). J Archegonien-Entwicklung (160 ×). K Längsschnitt durch junges, noch von der Archegonwand umschlossenen Sporogon, von der «Einzelhülle» umgeben (35 ×). L Aufgesprungenes Sporogon, aus dem die Sporen und Elateren austreten; am Grund des Stiels Rest der Archegonwand (10 ×). M Sporen und Elater (160 ×). (A, C, D, E, G, H, K, L, M nach Kny; B nach Mägdefrau; F nach Ikeno; J nach Duran.)

einem horizontalen, durch 3malige dichotome Gabelung 8lappig gerandeten «Schirm» ab (Abb. 752 A), in dessen Oberseite die Antheridien eingesenkt sind, und zwar ein jedes in einen flaschenförmigen Hohlraum, der mit einer engen Öffnung nach außen mündet (Abb. 752 C). Diese Höhlungen sind durch ein Luftkammern führendes Gewebe voneinander getrennt. Die Öffnung und Entleerung der Antheridien erfolgt nach Regen durch Verschleimung und Verquellung der Wandzellen. Die Spermatozoiden (Abb. 752 F) sammeln sich auf dem Antheridienstand in dem Wasser (Tau oder Regen), das durch den etwas aufgebogenen Rand festgehalten wird.

Die Archegonienstände (Abb. 752 G) sind in ihrer frühesten Entwicklung den Antheridienständen sehr ähnlich. Die Archegonien werden in acht radialen Serien angelegt, wobei die beiden der Rückseite des Stieles benachbarten Serien weiter voneinander entfernt stehen als die übrigen. Der Rand des jungen Schirms biegt sich nach unten, so daß die Archegoniengruppen auf dessen Unterseite zu stehen kommen, wodurch sich die ursprünglich akropetale Entstehungsfolge der Archegonien zu einer basipetalen umkehrt. Schließlich wachsen die zwischen den Archegoniengruppen und die neben den beiden äußeren Gruppen liegenden Gewebepartien zu neun Schirmstrahlen aus.

Die Befruchtung erfolgt bei Regenwetter, indem Regentropfen das die Spermatozoiden enthaltende Wasser von den ♂ auf die ♀ Schirme spritzen. Deren Epidermiszellen springen papillenförmig vor und stellen ein oberflächliches Capillarsystem dar. In diesem werden die Spermatozoiden zu den Archegonien hinabgeleitet, von denen sie dann chemotaktisch – wahrscheinlich durch bestimmte Proteine – angelockt werden (s. S. 447).

Wenige Tage nach der Befruchtung beginnt die Eizelle sich zu einem vielzelligen Embryo zu entwickeln, der zu einem sehr kurz gestielten, kleinen, ovalen, ergrünenden Sporogon heranwächst (Abb. 752 K, L). Wie bei Anthoceros (s. S. 698) bildet sich aus der oberen der beiden bei der ersten Teilung der Eizelle entstandenen Zellen, also aus der gegen den Archegoniumhals gerichteten, die runde Kapsel (exoskopische Lage des Embryos), während die untere deren Fuß und in diesem Falle auch noch den Kapselstiel bildet (Abb. 752 L). Die Anfangsentwicklung ist bei den verschiedenen Gattungen und Familien nicht ganz einheitlich. Durch perikline Wände sondert sich die Kapsel in äußere und innere Zellen (Abb. 752 K); letztere, das Archespor, liefern das vielzellige sporogene Gewebe. Jede Zelle des Archespors teilt sich in eine schmälere und eine breitere Tochterzelle. Die breiteren Tochterzellen werden bei gewissen Gattungen direkt, bei Marchantia und anderen aber erst nach noch weiteren Teilungen zu Meiosporenmutterzellen, in denen Reduktionsteilung und Aufteilung in Meiosporen stattfindet; die schmalen wachsen zu ungeteilten, zartwandigen, faserförmigen Schläuchen mit schraubenbandförmigen Wandverdickungsleisten heran, den Elateren (Abb. 752 M), die sich nach der Öffnung der Kapsel hygroskopisch bewegen, wobei sie die Sporen auflockern und ausstreuen (Abb. 531).

Die Kapsel hat bei Marchantia eine einschichtige Wandung, deren Zellen Ringfaserverdickungen aufweisen. Nur am Scheitel ist die Wandung zweischichtig; hier beginnt auch das Einreißen der Kapsel, indem das Deckelstück zerfällt und die Wandung sich in Form mehrerer Zähne zurückkrümmt. Die reife Kapsel ist anfangs noch bedeckt von der eine Zeitlang mitwachsenden Archegoniumwand (Abb. 752 K), die aber bei der Streckung des Stieles durchbrochen wird und an der Basis als Scheide zurückbleibt. Außerdem ist jede Kapsel von einer vier- bis fünfspaltigen, dünnhäutigen «Einzelhülle» umgeben, die schon vor der Befruchtung aus dem kurzen Stiel des Archegoniums ringsum sackartig hervorzusprossen beginnt (Abb. 752 H, K). Schließlich ist jede radiale Archegonienreihe noch von einer weiteren Thalluswucherung, einer zierlich gezähnten «Gruppenhülle» (Perichaetium) umgeben (Abb. 752 H). Die Kapsel entläßt mehrere hunderttausend Sporen (Abb. 752 L, M). Aus den Sporen bildet sich dann je ein sehr kurzer chloroplastenhaltiger Keimfaden (Protonema), der zunächst mit einer keilförmigen Scheitelzelle, später in verwickelterer Weise zum Thallus heranwächst (s. S. 99 f.).

Das ebenfalls auf Felsen und feuchter Erde häufige Conocephalum conicum (Conocephalaceae) ist Marchantia im Thallusbau ähnlich, besitzt aber einfacher gebaute Atemöffnungen und keine Brutbecher. Die Spermatozoiden werden aus dem Antheridienstand durch Turgordruck mehrere Zentimeter hoch herausgespritzt. Lunularia (Lunulariaceae) (s. S. 435) hat halbmondförmige Brutbecher und ungestielte Antheridienstände. Bei dem kleinsten Vertreter, Monocarpus sphaerocarpus (Monocarpaceae; Australien), trägt ein stark reduzierter Thallus ein einziges, kugeliges Sporogon, das von einer relativ gut entwickelten Hülle umschlossen ist.

Die Familie der Ricciaceae zeigt einen einfacheren Bau (Abb. 753). Die Gabelteilungen des Thallus mittels 2schneidiger Scheitelzellen (Abb. 105) folgen meist rasch aufeinander, so daß kleine Rosetten entstehen (Abb. 753 A). Bei einigen Arten ist der Thallus gekammert und besitzt einfache Öffnungen; bei den meisten aber löst sich der Thallus oberseits in vertikale Zellreihen auf, die mit einer größeren, farblosen Zelle enden (Abb. 753 C). Die Gametangien sind ebenso wie der stiel- und fußlose Sporophyt in den Thallus eingesenkt (Abb. 753 C). Die meisten *Riccia*-Arten sind Erdbewohner (Abb. 753 A); die dichotom-bandförmige *R. fluitans* (Abb. 753 B) lebt submers, *Ricciocarpos natans* schwimmt wie Wasserlinsen auf der Wasseroberfläche.

2. Unterklasse: Jungermaniidae

Sie enthalten thallose und foliose Formen, die durch Übergänge miteinander verbunden sind. Erstere zeigen eine geringe anatomische Differenzierung; sie tragen unterseits nur glatte Rhizoiden. Vom Gametophyten gebildete Gametangienstände fehlen. Die Ölkörper finden sich meist in allen Zellen und in Mehrzahl, während sie bei den Marchantiidae auf besondere Speicherzellen beschränkt waren. Die Sporenkapsel wird auf einem langen, dem Sporophyten zuzurechnenden Kapselstiel (Seta) exponiert (Anpassung an die Windverbreitung der Sporen); in der vorigen Unterklasse fehlen solche Seten, oder sie sind sehr kurz.

1. Ordnung: **Metzgeriales.** Der mit einer Scheitelzelle (Abb. 105 B, C) wachsende, meist gabelig verzweigte Thallus ist aus einer oder mehreren Schichten gleichartiger Zellen aufgebaut; bei einigen Arten besitzt er eine aus verlängerten Zellen bestehende Mittelrippe (Abb. 755 A, B), bei *Symphyogyna* sogar einen primitiven Zentralstrang. Bei *Blasia* ist der mit

flaschenförmigen Brutkörperbehältern besetzte Thallus am Rande in blattartige Lappen zerteilt (Abb. 755 C) und trägt unterseits kleine Schuppen. *Fossombronia* ist durch zwei Reihen schräg inserierter, am Grunde mehrschichtiger Blättchen gekennzeichnet. Wir haben hier somit eine zwischen thallosen und beblätterten Formen vermittelnde Entwicklungsreihe vor uns. Die Archegonien entwickeln sich hinter der (weiterwachsenden) Scheitelzelle; die von einem Perichaetium umgebenen Sporophyten sitzen daher auf dem Rücken des Thallus (Abb. 755 A) oder auf kurzen Seitenästen («anakrogyn»). Das Sporogon reißt mit vier Klappen auf (Abb. 755 A). Bei einigen Gattungen haften die Elateren in pinselförmigen Gruppen an den oberen Enden der Kapselklappen (*Metzgeria*, Abb. 755 A) oder in der Mitte der Kapselbasis *(Pellia)*. Die meisten Gattungen der etwa 500 Arten umfassenden Ordnung, z.B. *Riccardia, Pellia, Blasia, Fossombronia*, leben auf feuchtem Erdboden, *Metzgeria* dagegen wächst an schattigen Felsen oder als Epiphyt auf Laubholzrinden.

2. Ordnung: **Calobryales.** Die aufrechten Stämmchen tragen drei Reihen gleichartig gebauter Blättchen. Die Kapsel öffnet sich mit 4 Klappen. Während die Blätter der asiatischen *Takakia* (Abb. 754 A) bis zum Grunde in 2–4 zylindrische Zipfel geteilt sind, trägt das auch in Europa vorkommende *Haplomitrium* (Abb. 754 C) flache, am Grunde mehrschichtige Blätter. Bei *Takakia* wird das Stämmchen von einem dünnwandigen, wasserleitenden Gewebestrang (Abb. 754 B) durchzogen. Die Stämmchen der *Calobryales* wurzeln im Substrat mit fleischigen, verzweigten «Rhizomen», die keine Rhizoiden besitzen, aber endotrophe Mycorrhiza führen.

3. Ordnung: **Jungermaniales.** Die vorwiegend tropischen, meist kleinen, auf Erde oder an Baumstämmen, in den Tropen auch auf Blät-

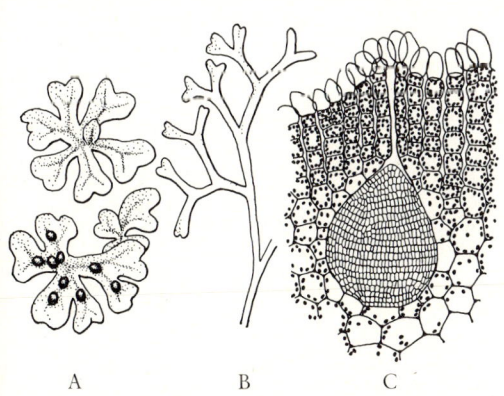

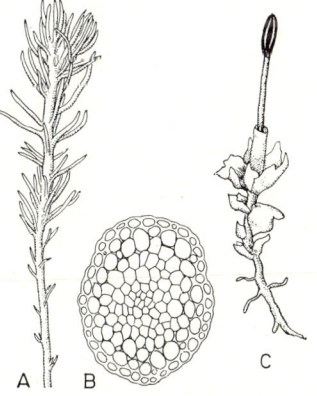

Abb. 753: *Marchantiales, Riccia.* A *R. glauca*, untere Pflanze mit Sporogonen (2 ×). B *R. fluitans*, submerse Wasserform (2 ×). C *R. glauca*, Thallusquerschnitt mit Antheridium (125 ×). (A–B nach MÄGDEFRAU; C nach KNY.)

Abb. 754: *Marchantiatae, Jungermaniidae, Calobryales.* A *Takakia lepidozioides* (6 ×). B Desgl., Querschnitt durch Stämmchen (100 ×). C *Haplomitrium hookeri* (6 ×). (A, B nach SCHUSTER; C nach K. MÜLLER.)

tern von Waldbäumen lebenden *Jungermaniales* machen mit rund 9000 Arten (in Mitteleuropa 250) etwa 90 % der Lebermoose aus. Sie zeigen eine deutliche Gliederung in ein niederliegendes oder aufstrebendes, verzweigtes, dorsiventrales Stämmchen und einschichtige Blättchen ohne Mittelrippe, die in zwei Zeilen an den Flanken des Stämmchens mit schiefer Stellung ihrer Spreiten angeordnet sind (Abb. 755D–H). Das Stämmchen besitzt im Innern kein Leitgewebe. Die *Jungermaniales* haben weder Luftspalten (wie die *Marchantiales*) noch echte Spaltöffnungen (wie die *Anthocerotae*).

Die schräg am Stengel angehefteten und daher dachziegelartig stehenden Blätter weisen eine große Formenmannigfaltigkeit auf: einfach (Abb. 755E), zwei- und mehrzipfelig (Abb. 755G), zweilappig (Abb. 755F) oder in fädige Zipfel zerteilt (Abb. 755D). Bei der epiphytischen *Frullania* (Abb. 755H) ist einer der beiden Blattlappen zu einem becher- oder flaschenför-

migen Gebilde umgestaltet, das zum Festhalten von Wasser dient («Wassersack»).

Bei den meisten Gattungen tritt zu den 2 Zeilen von Flankenblättern auch noch eine bauchständige Reihe von kleineren und anders beschaffenen Blättchen, Amphigastrien oder Bauchblättern, hinzu (z.B. *Frullania*, *Calypogeia*, Abb. 755E$_2$, H). Die Ausbildung von 3 Blattreihen ist auf das Vorhandensein einer dreiseitig-pyramidalen, auf der Spitze stehenden Scheitelzelle zurückzuführen, deren eine Seite jedoch nur kleine oder – bei den zweizeilig beblätterten Arten – gar keine Blätter liefert. Die Seitenzweige entspringen neben den Blättchen.

Das Protonema der *Jungermaniales* ist zwar bei den Gattungen verschieden, besteht aber meist nur aus wenigen Zellen; bei *Metzgeriopsis pusilla* ist es hingegen flächenförmig ausgebildet und stellt den eigentlichen Vegetationskörper dar, dem die winzigen, nur als Träger der Geschlechtsorgane dienenden, wenigblättrigen Pflänzchen aufsitzen.

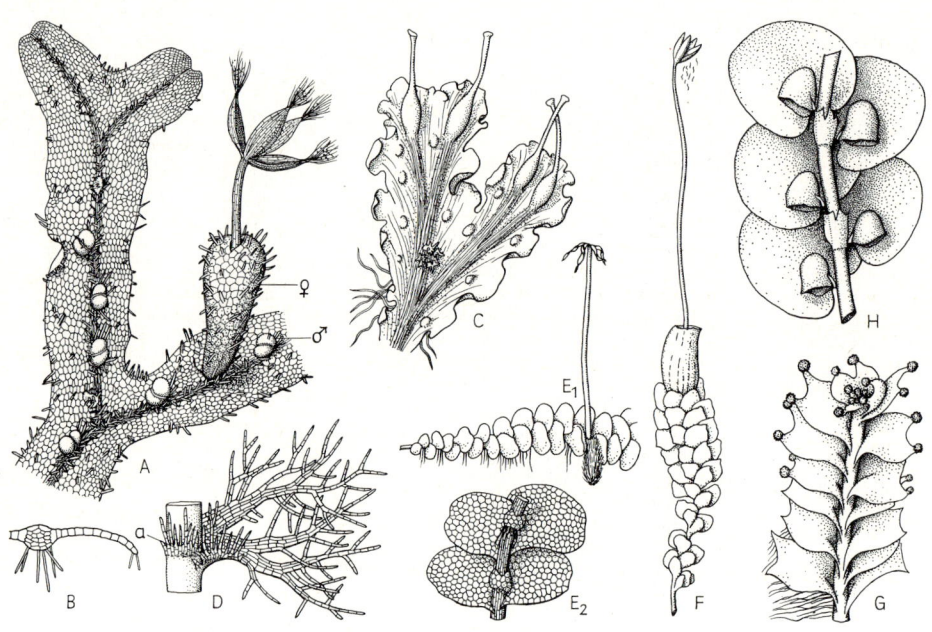

Abb. 755: *Jungermaniidae, Metzgeriales* (A–C) und *Jungermaniales* (D–H). A *Metzgeria conjugata* (Unterseite) mit mehreren ♂ und einem ♀ Thallusast; an den 4 Kapselklappen Elaterenbüschel. Sporogonstiel von Perichaetium umschlossen (15 ×). B *Metzgeria conjugata*, Thallusquerschnitt (30 ×). C *Blasia pusilla*, mit flaschenförmigen Brutkörperbehältern und mit zahlreichen, von *Nostoc* besiedelten «Öhrchen» auf der Thallusoberseite (4 ×). D *Trichocolea tomentella*, Blatt und Amphigastrium a (7 ×). E *Calypogeia trichomanis*: E$_1$ Pflanze von oben gesehen, mit Marsupium und reifem Sporogon (2 ×); E$_2$ Teilstück mit 4 Blättchen und 2 Amphigastrien, von unten gesehen (6 ×). F *Scapania undulata* mit «Perianth» und reifem Sporogon (2 ×). G *Lophozia ventricosa*, von oben gesehen, mit Brutkörperhäufchen an den Blattspitzen (10 ×). H *Frullania dilatata*, von unten gesehen, mit «Wassersäcken» (25 ×). (A, C nach SCHIFFNER; B nach LINDBERG; D, E, F nach W. J. HOOKER; G, H nach K. MÜLLER.)

Die Entwicklung der Antheridien sowie die Anfangsentwicklung des **Embryos** weichen von der bei *Marchantia* etwas ab. Die Archegonien stehen endständig («akrogyn») und sind von einem «Perianth» (Abb. 755F) umgeben, das aus drei miteinander verwachsenen Blättchen besteht.

Wie üblich liefert die untere der beiden aus der befruchteten Eizelle entstehenden Zellen den Fuß des Sporogons; aus der oberen entsteht die Kapsel und außerdem, im Gegensatz zu den *Marchantiales*, auch noch deren langer, zarter und weicher Stiel. Das Sporogon ist schon fertig ausgebildet, ehe es bei der rasch erfolgenden Streckung des Stiels (s. S. 418) die Archegoniumwand durchdringt und als häutige Scheide an seinem Grunde zurückläßt. Der Stiel trägt eine kugelige, meist in vier Klappen sich öffnende Kapsel (Abb. 755F) mit mehrschichtiger Wand, bildet keine Columella aus und erzeugt Sporen und Elateren. Die Kapselwandzellen sind mit ringförmigen oder leistenartigen Verdickungen versehen oder gleichmäßig verdickt bis auf die dünnen Außenwände; das Aufspringen wird verursacht durch Kohäsion des schwindenden Füllwassers in den Kapselwandzellen unter Einbiegung der dünnen Außenwände (Kohäsionsmechanismus, vgl. S. 482).

Bei manchen *Jungermaniales* teilen sich die Zellen unterhalb des befruchteten Archegoniums, so daß eine sackartige Höhlung («Marsupium») entsteht, in der der junge Sporophyt geschützt heranwachsen kann.

Vegetative Vermehrung ist auch bei den *Jungermaniales* weit verbreitet, teils durch besonders gestaltete, leicht abbrechende Brutsprosse und Brutblätter (häufig bei tropischen epiphyllen *Lejeuneaceae*), teils durch vorwiegend an Blatträndern oder Blattspitzen gebildete, wenig- bis einzellige Brutkörper (Abb. 755G).

Hierher auch: *Scapania*, *Lophozia* und *Trichocolea* s. Abb. 755; *Lophocolea* S. 418; *Cephalozia* S. 482.

Die *Metzgeriales*, *Calobryales* und *Jungermaniales* machen den Eindruck einer von thallosen zu foliosen Formen aufsteigenden Reihe; man kann aber auch die beblätterten für ursprünglich halten und aus ihnen die thallosen ableiten durch die Annahme einer Verschmelzung sich überlappender Blätter, Verbreiterung der Achsen und Verschiebung der endständigen Archegonien auf die Dorsalseite, wodurch nicht nur die *Metzgeriales*, sondern auch die *Marchantiales* innerhalb der vorigen Unterklasse entstanden sein könnten.

III. Klasse: Bryatae, Laubmoose

Der Gametophyt der Laubmoose ist stets beblättert, wobei die Blättchen im Gegensatz zu den beblätterten Jungermanialen nicht dorsiventral, sondern schraubig angeordnet sind,

und zwar von oben gesehen dreizeilig oder radiärsymmetrisch (Abb. 107); nur ausnahmsweise stehen sie zweizeilig (z.B. bei *Fissidens*, Abb. 772C). Bei Laubmoosen mit niederliegenden Stengeln sind die Blättchen bei schraubiger Anordnung einseitswendig oder gescheitelt, so daß zwar ein Gegensatz von Ober- und Unterseite, aber in anderer Weise als bei den Lebermoosen, zustande kommt. Beim Leuchtmoos (*Schistostega*) stellen sich die anfangs quer inserierten und schraubig angeordneten Blättchen im Laufe ihrer Entwicklung vertikal und in eine Ebene senkrecht zum Lichteinfall (Abb. 771A, B). Die Blättchen besitzen vielfach eine Mittelrippe, während Ölkörper fehlen. In den Archegonien befinden sich 10 bis 30 Halskanalzellen. Der sich entwickelnde Sporophyt sprengt frühzeitig die Archegonhülle am Grunde und hebt den oberen Teil als Haube (Calyptra) empor. Der Sporophyt besitzt meist Spaltöffnungen und ist als Kapsel mit Columella auf meist langer Seta entwickelt. Elateren fehlen. Die Sporen der Laubmoose keimen zu einem sich reich verzweigenden, positiv phototropischen, grünen Faden – dem Protonema (Abb. 768A) – aus, das bei massenhaftem Vorkommen dem bloßen Auge als grüner Filz erscheint. Zunächst entwickeln sich chloroplastenreiche Fäden mit senkrecht zur Fadenachse stehenden Querwänden, die als Chloronema bezeichnet werden. Dieses geht allmählich in das chloroplastenärmere, mit schräggestellten Querwänden versehene, dem Substrat anliegende Caulonema über. An diesem entwickeln sich bei ausreichender Beleuchtung die Knospen der Moospflänzchen (Abb. 768A), und zwar meist an kurzen Seitenzweigen. Am Caulonema entstehen zudem zahlreiche, meist nach oben gerichtete Seitenzweige vom Charakter des Chloronemas (Abb. 768A). Die Knospenbildung erfolgt in der Weise, daß nach Abtrennung von 1 oder 2 Stielzellen in der anschwellenden Endzelle durch schief gestellte Wände eine dreiseitige pyramidenförmige Scheitelzelle auftritt (Abb. 768B, C), die durch Segmentbildung ein beblättertes Moospflänzchen entwickelt. Wo viele solche Knospen entstehen, sind die Moospflänzchen dicht rasenförmig angeordnet. Das Pflänzchen ist stets in Stengel und Blättchen gegliedert und mit Fadenrhizoiden (verzweigt und mit schrägen Querwänden) im Boden befestigt (Abb. 768E); Seitenzweigbildung erfolgt jeweils unterhalb der Blätter (vgl. Abb. 107).

Das Protonema stirbt nach der Entwicklung der Moospflänzchen meist ab. Nur in wenigen Fällen ist es ausdauernd (z.B. *Mnium punctatum*, *Ephemerum*, *Pogonatum*). Die ausdauernden Protonemen der in Felshöhlen und Erdlöchern lebenden «Leuchtmoose» *Schistostega pennata* (nördliche gemäßigte Zone) und *Mittenia plumula* (Australien, Tasmanien, Neuseeland) bilden kugelförmige Zellen aus, durch die das einfallende Licht gesammelt und teilweise reflektiert wird (Abb. 771E, F, H). Das Protonema von *Schistostega* vermehrt sich durch mehrzellige Brutkörper (Abb. 771G).

Die Moose sind außerordentlich regenerationsfähig. Abgebrochene Stämmchen und Blätter können unmittelbar oder auf dem Umweg über Protonemen zu neuen Pflanzen auswachsen. Bei manchen Arten wachsen aus Blattachseln und Sproßspitzen Zellkomplexe hervor, die als «Brutkörper» abgestoßen werden (Abb. 772 J″).

Die Sexualorgane stehen bei den Laubmoosen in Gruppen an den Enden der Hauptachsen oder kleiner Seitenzweige, umgeben von den obersten Blättchen, die oft als besondere «Hüllblätter» (Perianthblätter, Abb. 757 pe) ausgestaltet sind. Hinsichtlich der Verteilung der Gametangien sind die Laubmoose entweder zwittrig, monöcisch oder diöcisch, je nachdem, ob die Antheridien und Archegonien am selben Sproß, an verschiedenen Sprossen derselben Pflanze oder an verschiedenen Pflanzen stehen. Zwischen den Sexualorganen steht gewöhnlich eine Anzahl von mehrzelligen, oft mit kugeligen Endzellen versehenen «Safthaaren» oder Paraphysen.

Bei manchen diöcischen Arten haben die ♀ Pflänzchen gedrungenen Wuchs und größere Blätter als die ♂, und ihre Perianthblätter umschließen die Gametangien fest, so daß eine Knospe entsteht, während sie bei den ♂ Pflänzchen nach außen spreizen (so bei *Splachnum luteum*, wo sogar bereits die Protonemen Geschlechtsdimorphismus aufweisen). Bei einigen sind die ♂ Pflanzen zwerghaft klein und gehen bereits nach Bildung weniger Blättchen zur Erzeugung der Antheridien über. Bei *Buxbaumia aphylla* entsteht sogar nur ein einziges, zudem auch noch chlorophylloses und hohlkugelig zusammengerolltes Blatt, während die viel größeren ♀ Pflanzen zahlreiche Blättchen tragen (Abb. 758). Auch die Sporen, die die ♂ Zwergpflanzen liefern, können schon kleiner sein als die, welche die ♀ produzieren (so bei *Macromitrium*); damit bahnt sich bereits bei den Moosen eine Erscheinung an, welche bei den Farnen mehrfach und in reicherem Ausmaß zur Entfaltung gekommen ist: die Heterosporie.

Die Antheridien und Archegonien der Laubmoose sind gestielt und unterscheiden sich

entwicklungsgeschichtlich von den übrigen Moosen (und Archegoniaten s. S.695) durch den komplizierten Aufbau ihres Körpers aus den Segmenten von Scheitelzellen.

Bei den Antheridien ist die Scheitelzelle keilförmig-zweischneidig (Abb.756B); die von ihr abgeschnittenen Segmente (C) werden dann in periphersche Wandzellen und in je eine Innenzelle zerlegt (D), die sich weiter in das spermatogene Gewebe aufteilt. Bei den Archegonien ist die Anfangsentwicklung

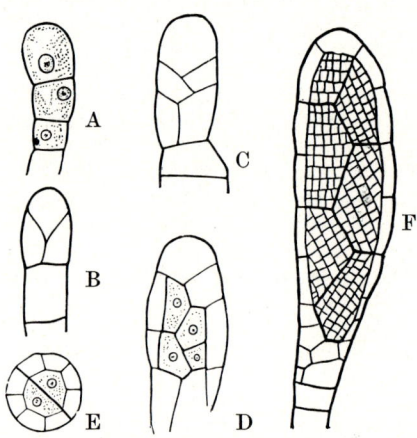

Abb. 756: *Bryatae*. Antheridium-Entwicklung von *Funaria hygrometrica*. A Querteilung der Anlage. B Bildung und C Teilung der Scheitelzelle. D Scheidung in Wandung und Anlage des spermatogenen Gewebes. E Desgl. im Querschnitt. F Fast reifes Antheridium. (A–E 600 ×, F 300 ×; nach CAMPBELL.)

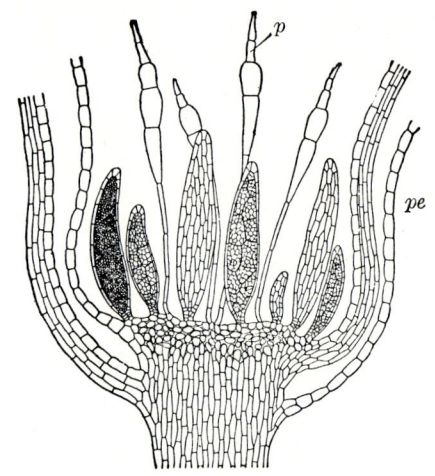

Abb. 757: *Bryatae*. Längsschnitt durch den Antheridienstand von *Mnium hornum*. Antheridien teils in Seitenansicht, teils im Längsschnitt. p Paraphysen, pe Hüllblätter. (100 ×; nach HARDER.)

(Abb. 759) die gleiche wie bei den Antheridien (bis Stadium C der Abb. 756). Die unteren Zellen werden zum Archegoniumstiel; die obere bisher 2schneidige Scheitelzelle wird nun 3schneidig und liefert drei periphere Mantelzellen und eine zunächst oben freie Axialzelle; letztere untergliedert sich in eine Deckelzelle (d) und eine Zentralzelle (punktiert). Die Zentralzelle läßt Eizelle und Bauchkanalzelle hervorgehen (C); die zahlreichen Halskanalzellen werden hier nicht ausschließlich von der Innenzelle gebildet, sondern die oberen entstehen aus Segmenten der 3schneidigen Deckelzelle (d). Die Wand des Archegoniums bildet sich aus seitlichen Segmenten der Deckelzelle sowie aus den Mantelzellen.

Die Antheridien öffnen sich an der Spitze durch Verschleimung und Quellung des Inhalts der oberen Zellen, wodurch die Cuticula gesprengt wird. Auch am Archegonium quellen die obersten schleimhaltigen Wandzellen und zerreißen die Cuticula; sie rollen sich trichterartig oder oft in Form von vier Lappen nach außen zurück. Spermatozoiden wie Eizellen enthalten sehr wenige, besonders kleine Chloroplasten.

Nach der Befruchtung durch die chemotaktisch (s. S. 447) angelockten Spermatozoiden teilt sich die Zygote zunächst mehrfach quer und entwickelt so einen aus Segmenten aufgebauten langgestreckten Embryo, in dessen oberster Zelle bei typischer Ausbildung schiefe Wände auftreten, die eine keilförmige, zweischneidige Scheitelzelle abtrennen (Abb. 760 A, B; 761). Diese sondert nach zwei Seiten Segmente ab, die sich weiter teilen. In denjenigen Segmenten, die die Mooskapsel liefern, tritt in der rechten wie linken Zelle eine zur Segmentwand senkrechte Radialwand auf, so daß hier auf dem Querschnitt des Embryos nunmehr 4 Quadranten (Abb. 760 C) liegen; in die-

sen findet dann durch perikline Wände eine Zerlegung in äußere Zellen (Amphithecium) und innere Zellen (Endothecium) (a und e in Abb. 760 C, D) statt. Die äußerste Schicht des Endotheciums wird meist zum Archespor (E, F ar), das sich restlos in Sporenmutterzellen aufteilt (G sm); sterile, Elateren liefernde Zellen fehlen hier also. Die Sporenmutterzellen zerfallen unter Meiose in je 4 haploide Sporen. Im Gegensatz zu den *Marchantiatae* sind die inneren Zellen des Endotheciums an der Archesporbildung nicht beteiligt, sondern liefern meist einen Strang sterilen Gewebes, die Columella (co in Abb. 760 E, 763), die vom sporenbildenden Gewebe (s in Abb. 763) umgeben ist. Der untere, als Saugorgan dienende Teil des Embryos (Haustorium, Fuß) dringt in das sich oft stark vergrößernde Gewebe des Archegoniumstiels, in manchen Fällen sogar bis in das Gewebe des Stämmchens ein.

Der junge Sporophyt (Embryo) ist anfangs noch von einer Hülle (Embryotheca) umschlossen, die vom Archegoniumbauch sowie vom Gewebe des Archegoniumstiels, sogar von Gewebe des Stämmchens gebildet wird. Mit der zunehmenden Streckung des Sporophyten vermag die Embryotheca im Wachstum nicht mehr Schritt zu halten; sie reißt schließlich quer durch, wobei der obere Teil als Calyptra (Haube) vom Sporophyten emporgehoben

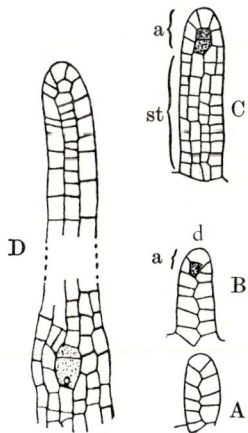

Abb. 759: *Bryatae*. Archegonium-Entwicklung von *Mnium undulatum*. A Stiel noch ohne Archegoniumanlage. B Archegonium a angelegt durch Bildung der Zentralzelle (punktiert), Deckelzelle d und Wandzellen. C Zentralzelle in Eizelle und Bauchkanalzelle geteilt; st Stiel. D Zahlreiche Halskanalzellen von der Deckelzelle abgegliedert. (250 ×; nach GOEBEL.)

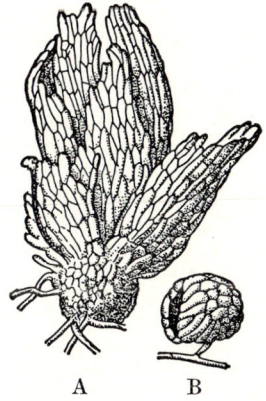

Abb. 758: *Bryatae, Buxbaumiales, Buxbaumia aphylla*. A ♀, B ♂. (35 ×; A nach DENING, B nach GOEBEL.)

wird, während der untere als Vaginula ste-
henbleibt (Abb. 762).

Das Sporogon der Laubmoose hat also in
seiner Kapsel eine zentrale Columella, die

von dem Sporenraum mit den Meiosporen umgeben ist (Abb. 763, 764 C). Die Columella dient
als Nährstoffzuleiter und Wasserspeicher für
die sich bildenden Sporen, denen außerdem die

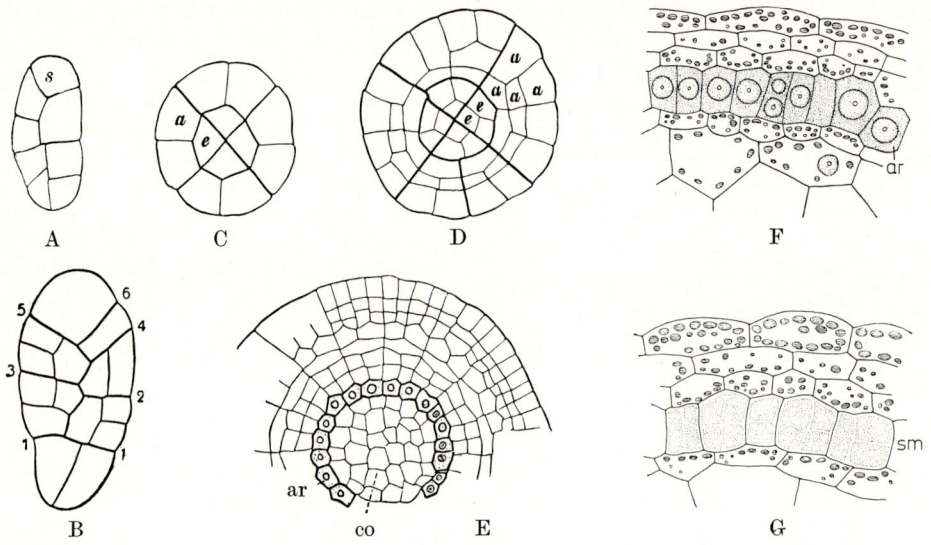

Abb. 760: *Bryatae.* Sporogon-Entwicklung von *Funaria hygrometrica.* A, B Längsschnitt. Erste Teilungen der
Zygote, s Scheitelzelle. C–E Querschnitt. C Teilungen in Endothecium e und Amphithecium a. D Weitere Teilungen. E Älteres Sporogon; im Endothecium die äußerste Zellschicht, das Archespor ar, abgeteilt von der
Columella co. F, G Querschnitt durch das Archespor (ar) und die aus ihm hervorgegangenen, noch nicht isolierten Sporenmutterzellen (sm). (A–E 400 ×, nach Campbell; F, G 350 ×, nach Sachs.)

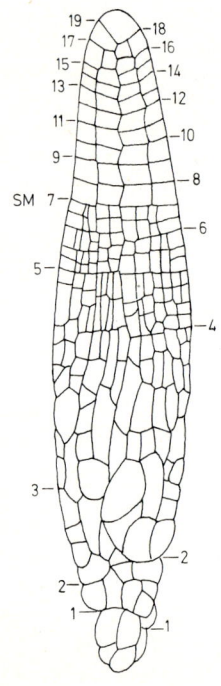

Abb. 761: *Bryatae.*
Längsschnitt durch
jungen Laubmoos-Spo-
rophyten *(Pogonatum
urnigerum).* Die Zahlen
geben die aufeinander-
folgenden Segmente an.
Die Segmente 1–7 bilden
den Fuß des Sporophy-
ten. SM Beginn des Seta-
Meristems. (150 ×;
nach Roth.)

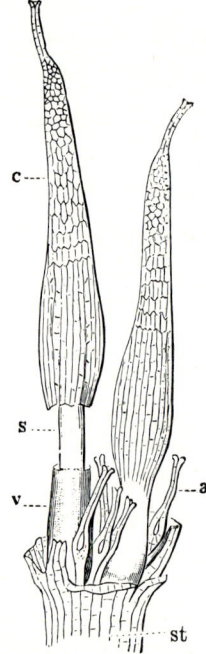

Abb. 762: *Bryatae,
Pottiales, Pottia lanceo-
lata.* Oberer Teil eines
Stämmchens (st), Blätter
entfernt. Zwei Arche-
gonien sind befruchtet:
der Embryo des links
stehenden hat durch
Streckung der Seta (s)
den oberen Teil der
Embryotheca als
Calyptra (c) emporgeho-
ben und den unteren
Teil als Vaginula (v)
zurückgelassen. Die
Hülle rechts ist noch
ganz. a unbefruchtete
Archegonien. (40 ×;
nach Leunis & Frank.)

plasmareichen Zellen der Sporenraumwandung die Nährstoffe zuführen. Im jungen Sporogon liegt außerhalb des Sporenraumes ein leistungsfähiges Assimilationsgewebe, das von einer Epidermis bedeckt ist. Bei den meisten Laubmoosen sind im unteren Teil der Kapselwandung Spaltöffnungen ausgebildet (Abb. 763 A). Die reife Kapsel bildet an ihrem oberen Ende eigenartige, ringförmig angeordnete Strukturen, die zu ihrer Öffnung dienen und das Ausstreuen der Sporen vermitteln. Der Kapselstiel, die Seta, hebt die Kapsel empor, so daß der Wind die Sporen leicht verbreiten kann.

Trotz seines chloroplastenführenden Gewebes (Abb. 763 B) erfolgt das Wachstum des Sporophyten

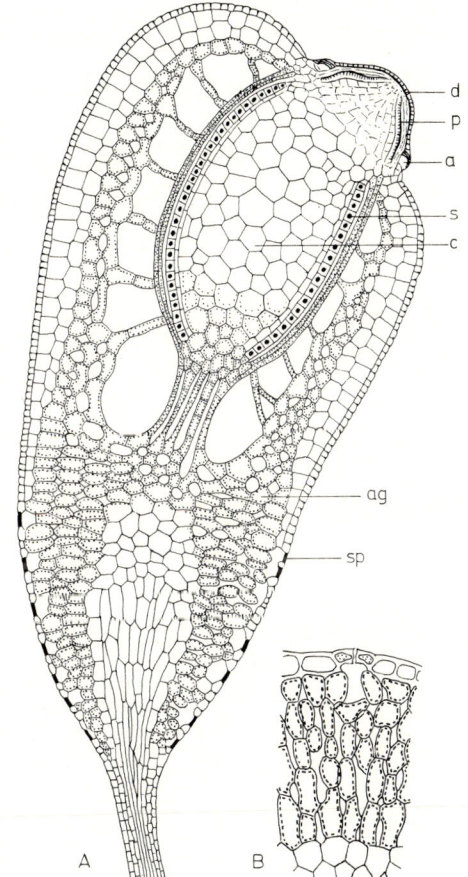

Abb. 763: *Bryatae, Bryidae*. A Längsschnitt durch das Laubmoos-Sporogon *(Funaria hygrometrica)*. a Anulus; ag Assimilationsgewebe; c Columella; d Deckel; p Peristom; s sporogene Zellen; sp Spaltöffnung (25 ×). B Assimilationsgewebe mit Spaltöffnung (90 ×). (Nach HABERLANDT, veränd. durch MÄGDEFRAU.)

doch weitgehend auf Kosten des Gametophyten. Die Bezeichnung «Parasitismus» ist hier jedoch nicht zulässig, da es sich bei den beiden «Partnern» nicht um verschiedene Arten handelt (s. S. 206). Die bei Pflanzen vielfach vorkommende Ernährung einer Generation durch die andere (z. B. bei Rhodophyceen, heterosporen Farnen, Spermatophyten), wird als «Gonotrophie» (Ernährung durch den Erzeuger) bezeichnet.

Die am Moos-Sporogon, vor allem im Apophysenbereich (vgl. S. 713), vorkommenden Spaltöffnungen gehören dem auch bei den Farnen verbreiteten *Mnium*-Typus (Abb. 125 A, 763 B) an, weisen aber bei den einzelnen Familien hinsichtlich Anzahl (3–300 an einer Kapsel), Form und Größe beträchtliche Verschiedenheiten auf. Meist liegen die Stomata in der Ebene der Epidermis, sind aber bei manchen Taxa tief in dieselbe eingesenkt.

1. Unterklasse: Sphagnidae, Torfmoose. Sie umfassen nur die Familie der *Sphagnaceae* mit der einzigen, allerdings sehr artenreichen (über 300!) Gattung *Sphagnum*. Ihre Arten leben an sumpfigen, meist kalkarmen Orten mit oft niederem pH und bilden große Polster und Decken, die an ihrer Oberfläche von Jahr zu Jahr weiterwachsen, während die tieferen Schichten absterben und schließlich in Torf übergehen. In den Zellwänden sind Ligninähnliche Stoffe eingelagert.

Die tetraedrischen Sporen keimen in Gegenwart gewisser Mycorrhizapilze zu einem Protonema aus, das nicht fadenförmig ist, sondern einen kleinen, gelappten, einschichtigen Thallus darstellt, der mit Fadenrhizoiden besetzt ist; es bildet meist nur einen Gametophyten mit einem Rhizoidenbüschel am Grunde (Abb. 764 D).

Die orthotropen, rhizoidenlosen Stämmchen stehen fast immer in dichten Polstern beisammen und tragen in regelmäßigen Abständen Büschel von Seitenästen, von denen jeweils einige abstehen, einige nach unten gerichtet dem Stämmchen dicht anliegen (Abb. 764 A). Am Gipfel bilden die Äste eine dichte Rosette. Manche *Sphagnum*-Arten (besonders die Hochmoorbewohner) sind durch Zellwandfarbstoffe braun oder leuchtend rot gefärbt. Ein Zweig unter dem Gipfel entwickelt sich alljährlich ebenso stark wie der Muttersproß, der damit eine falsche Gabelung (Scheindichotomie) erfährt. Indem die Stämmchen von unten her allmählich absterben, werden die nacheinander erzeugten Tochterzweige zu selbständigen Pflanzen.

Die Rinde der Stämmchen besteht aus einem ein- oder mehrschichtigen Mantel toter, leerer Zellen, die capillar Wasser aufsaugen; ihre Längs- und Querwände sind häufig mit rundlichen Löchern versehen (Abb. 764 E). Auch in den Blättern liegen solche von Poren durchsetzten, ring- und schraubenförmig versteiften Zellen einzeln in den Maschen eines einschichtigen Netzes aus langgestreckten, lebenden, chloroplastenführenden Zellen (Abb. 764G, H; Abb. 106). Diese eigentümlichen Strukturen stehen im Dienste der Wasser- und Nährsalzversorgung; die Pflanzen können damit bis zum etwa Zwanzigfachen ihres Trockengewichts an Wasser festhalten. Die Blättchen haben keine Mittelrippe, die Achsen keinen Zentralstrang.

Einzelne Zweige der Rosette fallen durch ihre besondere Gestalt und Färbung auf: sie erzeugen die Geschlechtsorgane. Die ♂ Zweige bilden in den Blattachsen die langgestielten runden Antheridien (die ihnen entschlüpfenden Gameten waren die ersten, 1822 entdeckten pflanzlichen Spermatozoiden); die ♀ Zweige tragen an ihrer Spitze die Archegonien. Letztere wachsen im Gegensatz zu den übrigen Laubmoosen ohne Scheitelzelle, also wie die der Lebermoose. Die Sporogone entwickeln nur einen sehr kurzen Stiel mit angeschwollenem Fuß, sind längere Zeit von der Embryotheca (s. S. 707) eingeschlossen und sprengen diese an der Spitze, lassen sie also an ihrer Basis als Scheide zurück (Abb. 764B aw). In der kugeligen Kapsel wird die hier halbkugelige Columella von dem sporenbildenden Gewebe (Cs) kuppelförmig überlagert. Das Archespor entsteht hier nicht aus dem Endothecium, sondern aus der innersten Schicht des Amphitheciums. Das Sporogon ist mit seinem erweiterten Fuß in das angeschwollene obere Ende seines Tragsprößchens eingesenkt. Dieses streckt sich nach der Ausbildung des Sporogons als Pseudopodium beträchtlich in die Länge und hebt das Sporogon empor (Abb. 764B). Durch Überdruck der in der Kapsel eingeschlossenen Luft werden der Deckel mit vernehmbarem Geräusch ab- und die Sporen über 20 cm emporgeschossen.

2. Unterklasse: Andreaeidae. Sie enthalten nur die Familie der *Andreaeaceae* mit drei Gattungen. *Andreaea* (Klaffmoos) bildet kleine, dichte, dunkelbraune Rasen und lebt in 120 Arten auf kalkfreien Felsen der Hochgebirge, der Arktis und Antarktis. Das Sporogon wird wie bei *Sphagnum* auf einem

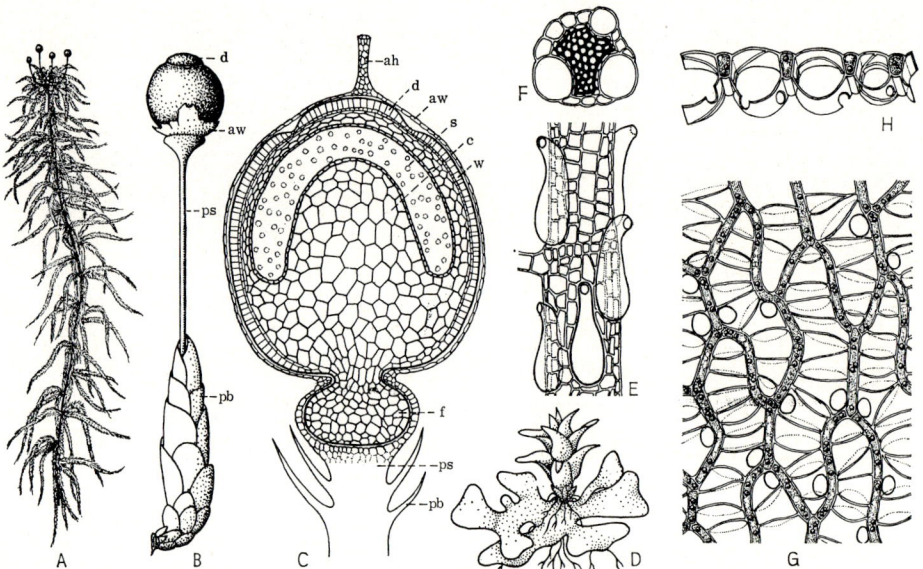

Abb. 764: *Bryatae, Sphagnidae, Sphagnum.* A *Sph. acutifolium*, Pflanze mit Sporogonen (²/₃ ×). B *Sph. squarrosum*, reifes Sporogon am Ende eines Zweiges, pb Perichaetialblätter, ps Pseudopodium, aw Embryotheca, d Deckel (10 ×). C *Sph. acutifolium*, junges Sporogon im Längsschnitt, f Sporogonfuß, w Sporogonwand, c Columella, s Sporen, ah Archegoniumhals (17 ×). D *Sph. acutifolium*, Protonema mit jungem Pflänzchen (100 ×). E *Sph. molluscum*, entblättertes Zweigstück mit flaschenförmigen Wasserspeicherzellen (100 ×). F Desgl. im Querschnitt (100 ×). G *Sph. acutifolium*, Ausschnitt eines einschichtigen Blattes; große Wasserzellen mit Spiralverdickungen und Löchern, dazwischen schmale Chlorophyllzellen (300 ×). H Desgl. im Querschnitt (300 ×). (A, E–H nach Mägdefrau; B, D nach W. Ph. Schimper; C nach Waldner.)

Pseudopodium emporgehoben, das vom Archegoniumstiel gebildet wird. Die anfangs von einer mützenförmigen Calyptra bedeckte Kapsel öffnet sich durch vier Längsspalten, wobei die vier Klappen an der Spitze und an der Basis miteinander verbunden bleiben (Abb. 765 A). Die Columella wird wie bei *Sphagnum* vom Sporenraum glockenförmig überlagert (Abb. 765 B). Das Protonema ist bandförmig und verzweigt.

3. Unterklasse: Bryidae. Hier erreicht der Gametophyt die größte Mannigfaltigkeit und höchste Differenzierung unter den Laubmoosen; in wenigen Fällen ist er jedoch fast auf das Protonema-Stadium beschränkt (z.B. *Ephemeropsis tjibodensis, Viridivellus pulchellum*). Die Stämmchen wachsen entweder aufrecht und tragen am Gipfel die Archegonien und später die gestielte Kapsel (akrocarpe Moose, Abb. 768 E) oder sie sind plagiotrop und zugleich meist fiedrig verzweigt, die Archegonien und später die Kapsel auf kurzen Seitenzweigen stehend (pleurocarpe Moose, Abb. 772 M). Das Stämmchen wird meist von einem Zentralstrang durchzogen (Abb. 768 H), der bei den höchstentwickelten Formen *(Polytrichum)* eine beträchtliche histologische Differenzierung erreicht (S. 101). Bei manchen Gattungen gehen vom Zentralstrang Blattspurstränge ab (Abb. 768 H), so daß bereits ein geschlossenes Wasserleitungssystem vorliegt. Die Blättchen bestehen weitgehend aus einer

einzigen Zellschicht. Vielfach bilden die Randzellen der Lamina einen besonderen Saum (Abb. 768 K) oder sind zu Zähnchen ausgezogen. Bei manchen Moosen besitzen die Blattzellen an ihrer Außenseite zapfenförmige Zellwandverdickungen («Papillen») oder Zellerweiterungen («Mammillen»), die ihnen ein mattes Aussehen verleihen. Die Blattzellen sind bei den akrocarpen Moosen oft parenchymatisch (isodiametrisch, Abb. 552 A bis C), bei den pleurocarpen dagegen vielfach prosenchymatisch. Bei *Leucobryum* hat die das Blatt fast ganz ausfüllende Rippe zweierlei Zellen: grüne, lebende und tote, wasserspeichernde (Abb. 766). Bei *Polytrichum* trägt das Blatt oberseits chloroplastenreiche, längsverlaufende Zellbänder («Assimilationslamellen», Abb. 767).

Die Blätter wachsen mit einer Scheitelzelle. Diese gibt bei den akrocarpen Formen einige Descendenten ab, die sich dann durch mehr oder weniger senkrecht aufeinanderstehende Wände aufteilen, so daß ein Netz isodiametrischer Zellen entsteht. Bei den pleurocarpen Arten werden die von der Scheitelzelle durch schiefstehende Wände abgegliederten Descendenten sofort weiter in rhombische Zellen aufgeteilt, deren seitliche Zellecken sich strecken, so daß ein prosenchymatisches Zellnetz zustande kommt. Blätter mit parenchymatischem Zellnetz werden meist von einer mehrschichtigen Mittelrippe durchzogen (Abb. 768 J–L), während diese in den prosenchymatischen Blättern oft reduziert ist oder fehlt.

Auch die Mooskapsel erreicht bei den *Bryidae* die höchste Ausgestaltung. Das Sporogon besteht aus einem elastischen Stiel, der Seta (Abb. 768 E, 772 B–P), die am Grunde mit

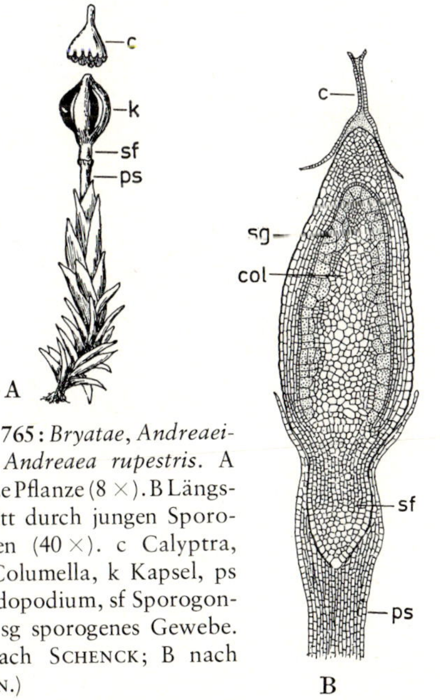

Abb. 765: *Bryatae, Andreaeidae, Andreaea rupestris.* A Ganze Pflanze (8 ×). B Längsschnitt durch jungen Sporophyten (40 ×). c Calyptra, col Columella, k Kapsel, ps Pseudopodium, sf Sporogonfuß, sg sporogenes Gewebe. (A nach Schenck; B nach Kühn.)

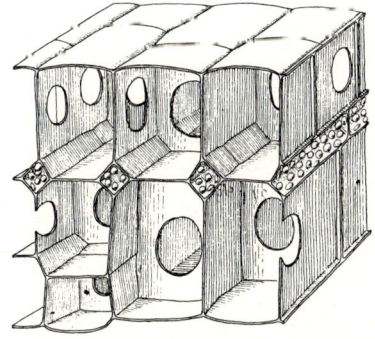

Abb. 766: *Bryatae, Bryidae, Dicranales.* Bau des Blattes von *Leucobryum glaucum.* Zwei Schichten plasmaleerer, durch große Wanddurchbrechungen miteinander verbundener Zellen; dazwischen kleine, langgestreckte, chloroplastenführende Zellen (300 ×). (Nach Mägdefrau.)

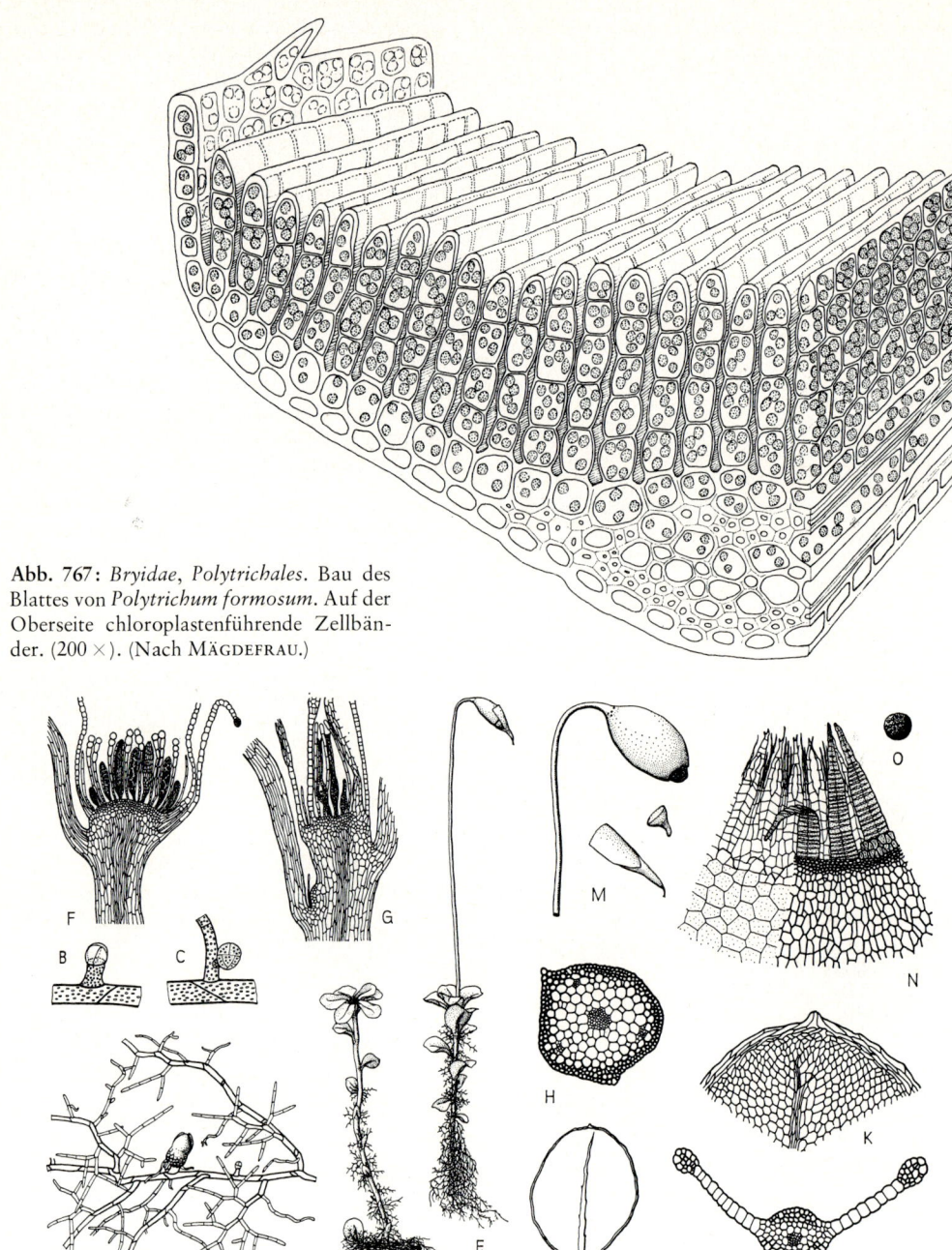

Abb. 767: *Bryidae, Polytrichales.* Bau des Blattes von *Polytrichum formosum.* Auf der Oberseite chloroplastenführende Zellbänder. (200 ×). (Nach MÄGDEFRAU.)

Abb. 768: *Bryidae, Eubryales, Mnium punctatum.* A Protonema mit Knospe (20 ×). B Entstehung der Knospe am Protonema; Chloroplasten in den oberen Zellen nicht gezeichnet (80 ×). C Anlage der dreischneidigen Scheitelzelle (85 ×). D ♂ Pflanze (nat. Gr.). E ♀ Pflanze mit Sporophyt (nat. Gr.). F Antheridienstand im Längsschnitt (15 ×). G Archegonienstand im Längsschnitt (15 ×). H Stengelquerschnitt mit Zentralstrang und drei Blattspursträngen (40 ×). J Blatt (4 ×). K Blattspitze (25 ×). L Querschnitt durch den unteren Teil eines Blattes (50 ×). M Reife Kapsel nebst Deckel und Calyptra (4 ×). N Peristom; links äußeres Peristom entfernt; einer der drei äußeren Peristomzähne in Trockenstellung zurückgekrümmt (30 ×). O Spore (100 ×). (Nach MÄGDEFRAU.)

ihrem Fuß in das Gewebe der Mutterpflanze eingesenkt ist, und aus der K a p s e l, die radiär (Abb. 768E) oder dorsiventral (Abb. 772O) gebaut ist und anfangs von der später abfallenden C a l y p t r a (dem oberen Teil der Embryotheca, Abb. 762c) bedeckt wird (Abb. 768E, M). Der Archegoniumhals vertrocknet bald und bleibt als Spitze auf der Haube sitzen. Die Haube besteht also nicht aus diploidem Sporophyten-, sondern aus haploidem Gametophytengewebe (Abb. 746). Bei gewissen Moosen (z.B. *Funaria, Encalypta*) erweitert sich die junge Haube bauchig und dient als Wasserspeicher für die junge Kapsel. Der oberste Teil der Seta unter der Kapsel wird A p o p h y s e genannt; sie ist bei manchen Arten auffällig gestaltet und gefärbt (z.B. *Splachnum*; Abb. 772G). Die Kapsel wird der Länge nach von der C o l u m e l l a durchzo-

gen, in derem Umkreis der hohlzylindrische S p o r e n r a u m liegt (Abb. 763s). Columella und Sporenraum sind außerdem von Intercellularräumen umgeben (Abb. 763), die vom Amphithecium gebildet und besonders bei der Reife stark entwickelt sind. Die mehr oder weniger kugelförmigen M e i o s p o r e n enthalten meist zahlreiche Chloroplasten (Abb. 768O).

Der obere Teil der Kapselwandung ist als D e c k e l ausgebildet (Abb. 763d, 768M). Unterhalb des Deckelrandes liegt eine schmale, kranzförmige Zone, der sog. A n u l u s (Abb. 763a, 769). Seine Zellen enthalten aufquellenden Schleim und vermitteln so das Absprengen des Deckels bei der Reife (die Calyptra ist bereits vorher abgefallen). Am Rande der nach dem Öffnen urnenförmigen Kapsel befindet sich – vorher von dem Deckel bedeckt – bei den meisten Laubmoosen ein in der Regel von Zähnen gebildeter «Mundbesatz», das P e r i s t o m (Abb. 763p, 768N), das den übrigen Moosen fehlt.

Bei wenigen Moosen (*Polytrichales, Tetraphidales*, Abb. 772J') bestehen die P e r i s t o m z ä h n e aus Reihen vollständiger Zellen. Bei allen anderen Moosen jedoch bildet sich das Peristom unter dem Deckel aus verdickten Zellwandpartien der drei i n n e r s t e n S c h i c h t e n d e s A m p h i t h e c i u m s ; Abb. 770 zeigt es im Querschnitt im fast fertigen Zustand, Abb. 769 im Längsschnitt. Die tangentialen Wände zwischen den Zellagen 1 und 2 werden stark und in besonderer Weise, die Wände zwischen den Zellagen 2 und 3 schwächer verdickt; die radialen und auch die nicht verdickten Teile der tangentialen Wände der drei Zellagen werden schließlich aufgelöst, so daß allein die verdickten Tangentialwände übrigbleiben. Sie stellen dann das Peristom dar, das hier also d o p p e l t ist (Abb. 768N) und nicht aus ganzen Zellen, sondern nur aus den stehengebliebenen Tangentialwänden ge-

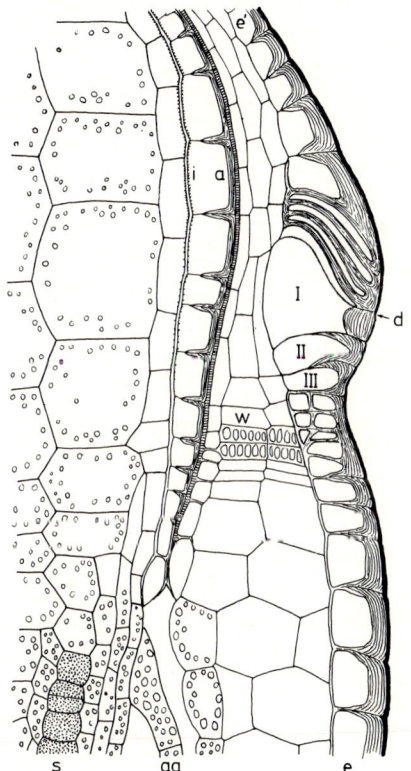

Abb. 769: *Bryidae, Funariales, Funaria hygrometrica.* Längsschnitt durch den oberen Teil der Laubmooskapsel vor der Öffnung. a äußeres Peristom; ag Assimilationsgewebe; d Dehiscenzstelle; e Epidermis der Kapsel, e' des Deckels; i inneres Peristom; s Sporenmutterzellen; w Widerlager des Peristoms; I–III Anuluszellen (200×; nach SACHS, veränd. durch MÄGDEFRAU).

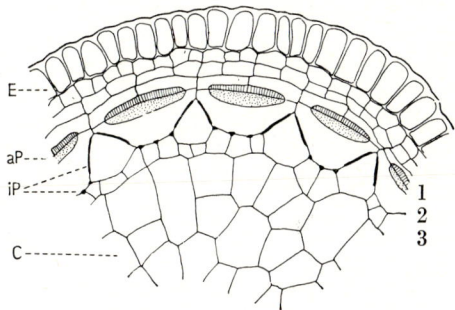

Abb. 770: *Bryidae, Eubryales, Mnium punctatum.* Querschnitt durch die Peristomzone. E Epidermis des Deckels, aP äußeres Peristom, iP inneres Peristom, C Columella, 1, 2, 3 die drei innersten Schichten des Amphitheciums. (120×; nach MÄGDEFRAU.)

bildet wird. Das äußere Peristom besteht aus 16 am Innenrande der Kapselwandung befestigten, quergestreiften Zähnen (Abb. 768 N, 769 a), das innere («Wimpern») liegt dem äußeren dicht an und setzt sich aus schmalen Lamellen und Fäden zusammen, die mit Querleisten an der Innenfläche besetzt und in ihrem unteren Teile zu einer gemeinsamen Membran verschmolzen sind (Abb. 768 N, 769 i). Zwischen zwei äußeren Peristomzähnen stehen jedesmal zwei Wimpern des inneren Peristoms (Gruppe der *Diplolepideae* im Gegensatz zu den *Haplolepideae* mit nur einem Peristomkranz).

Die äußeren Peristomzähne führen hygroskopische Bewegungen aus (vgl. Abb. 527, S. 481), verschließen oder öffnen die Kapsel (Abb. 768 N) je nach dem Wetter (bei Austrocknung meistens Auswärtskrümmung) und bewirken so ein allmähliches Ausstreuen der Sporen. Geneigte Sporogone und solche mit weiter Mündung besitzen meist ein gut entwickeltes Peristom, während dieses bei Gattungen mit aufrechtem, engmündigem Sporogon oft reduziert ist (vgl. Abb. 771 D). Im Bau des Peristoms herrscht große Mannigfaltigkeit. Bei einigen winzigen, einjährigen Moosen (*Archidium*, *Phascum*, *Ephemerum*) ist das Sporogon bedeutend vereinfacht: Deckel-, Ring- und Peristombildungen fehlen, und die Kapselwand öffnet sich unregelmäßig durch Verwesung (Cleistocarpie, Abb. 772 A).

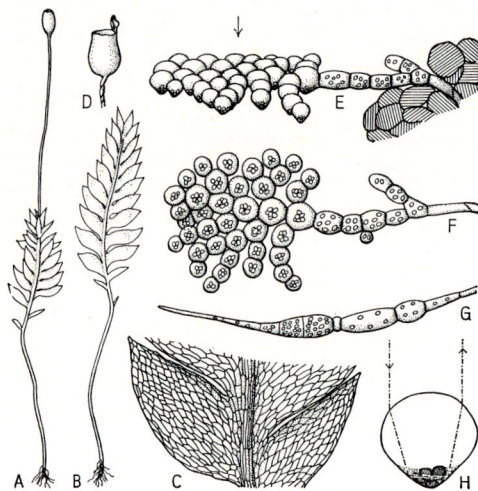

Abb. 771: *Bryidae*, *Schistostegales*, *Schistostega pennata*. A Kapseltragendes Pflänzchen (10 ×). B Steriles Pflänzchen (10 ×). C Ausschnitt aus vorigem (50 ×). D Geöffnete Kapsel (25 ×). E Protonema («Leuchtmoos»), von der Seite gesehen; Pfeil gibt Richtung des Lichteinfalls an (150 ×). F Desgl. von oben gesehen (150 ×). G Protonema-Brutkörper (150 ×). H Strahlengang in einer Protonemazelle. (A, B, D nach W. PH. SCHIMPER; C, E–G nach MÄGDEFRAU; H nach NOLL.)

Da man junge Sporophyten zur Regeneration von Protonema bringen kann, ist es möglich, diploide Gametophyten zu erzeugen, die dann ihrerseits tetraploide Sporophyten bilden. Durch mehrfache Wiederholung dieses Verfahrens ist es gelungen, Gametophyten mit 16fachem Chromosomenbestand zu erzielen (s. S. 508, Abb. 552 A–C).

Systematik. Der systematischen Gliederung der etwa 15000 Arten umfassenden *Bryidae* liegen Merkmale des Gametophyten wie des Sporophyten (hier besonders des Peristoms) zugrunde.

1. Ordnung: **Dicranales.** Peristom aus 16 zweischenkligen Zähnen bestehend. *Ceratodon purpureus* auf Sandboden weltweit verbreitet, *Dicranum* (Abb. 772 B) häufig auf Waldböden, *Leucobryum* (Abb. 766) auf saurem Waldhumus. Vertreter mit ungestieltem Sporogon, fehlender Columella, keinem Deckel und ohne Peristom wurden früher in einer eigenen Ordnung *Archidiales* zusammengefaßt. *Archidium* (Abb. 772 A) mit großen Sporen.

2. Ordnung: **Fissidentales.** Die zweizeilig angeordneten Blätter besitzen einen großen Rückenflügel. *Fissidens* (Abb. 772 C) mit 800 Species eine der artenreichsten Laubmoosgattungen.

3. Ordnung: **Pottiales.** Die Blattzellen sowie die Außenseite der Peristomzähne meist mit Papillen besetzt. *Barbula* und *Tortula*, häufige Fels- und Erdmoose, sind durch ein langes, gedrehtes Peristom (Abb. 772 D) gekennzeichnet. Bei *Pottia* ist das Peristom oft reduziert oder fehlt ganz. Das Blatt von *Aloina* trägt auf der Oberseite chlorophyllreiche Zellfäden. *Eucladium* s. S. 717.

4. Ordnung: **Grimmiales.** Die Blätter laufen in Fortsetzung der Rippe in ein langes, farbloses Haar aus. *Grimmia* (Abb. 772 E) als felsbewohnende Polstermoose weltweit verbreitet. *Rhacomitrium* auf sauren Böden und Silicatfelsen. – Die drei letztgenannten Ordnungen haben akrocarpen Wuchs und besitzen nur ein einfaches Peristom («Haplolepideae»), die folgenden Ordnungen 5 und 8–12 dagegen ein doppeltes Peristom («Diplolepideae»).

5. Ordnung: **Funariales.** Akrocarpe Erdmoose mit großen, glatten Blattzellen (Abb. 552). *Funaria hygrometrica* (Abb. 772 F) weltweit verbreitet, vielbenutztes Objekt für physiologische Untersuchungen. *Splachnum* (Abb. 772 G) auf Wiederkäuermist. *Ephemerum* s. S. 706.

6. Ordnung: **Schistostegales.** Die nur eine Art, *Schistostega pennata* (Abb. 771), umfassende Ordnung unterscheidet sich von den übrigen durch die sekundär zweizeilig gestellten Blätter, das Fehlen eines Peristoms und das ausdauernde Protonema.

7. Ordnung: **Tetraphidales.** Die vier Peristomzähne bestehen aus Bündeln von Zellreihen. Nur wenige Arten, darunter die auf morschem Holz häufige *Tetraphis pellucida* (Abb. 772 J).

8. Ordnung: **Eubryales.** Akrocarpe Moose mit doppeltem Peristom; inneres Peristom hoch differenziert (Abb. 768 N). *Bryum* mit 800 einander sehr ähnlichen Arten, *Rhodobryum* (Abb. 772 H) mit großem Blattschopf, *Mnium* (Abb. 768) häufig auf Waldboden. Hierher auch *Mittenia* s. S. 706.

9. Ordnung: **Bartramiales.** Akrocarpe Moose mit meist geneigten, keulenförmigen oder fast kugeligen, gefurchten Kapseln. *Bartramia* und *Timmia* vor allem in den Gebirgen verbreitet.

10. Ordnung: **Isobryales.** Pleurocarpe Moose mit aufrechten Kapseln und mit doppeltem Peristom (aber inneres meist rückgebildet). *Climacium* (Abb. 772 K) mit bäumchenförmiger und *Thamnium* mit wedelartiger Verzweigung. Die in den Tropen häufige epiphytische *Papillaria* (Abb. 772 N) und verwandte Gattungen bilden «Hängeformen». *Fontinalis* s. S. 716; *Macromitrium* s. S. 706.

11. Ordnung: **Hookeriales.** Pleurocarpe Moose mit reduziertem Peristom, flach ausgebreiteten Blättern und großen Blattzellen. Fast ausschließlich tropisch; in Mitteleuropa nur *Hookeria lucens* auf feuchtem Waldboden.

12. Ordnung: **Hypnobryales.** Pleurocarpe Moose mit langer Seta, meist geneigter Kapsel und doppeltem Peristom (inneres Peristom hochdifferenziert). *Bra-*

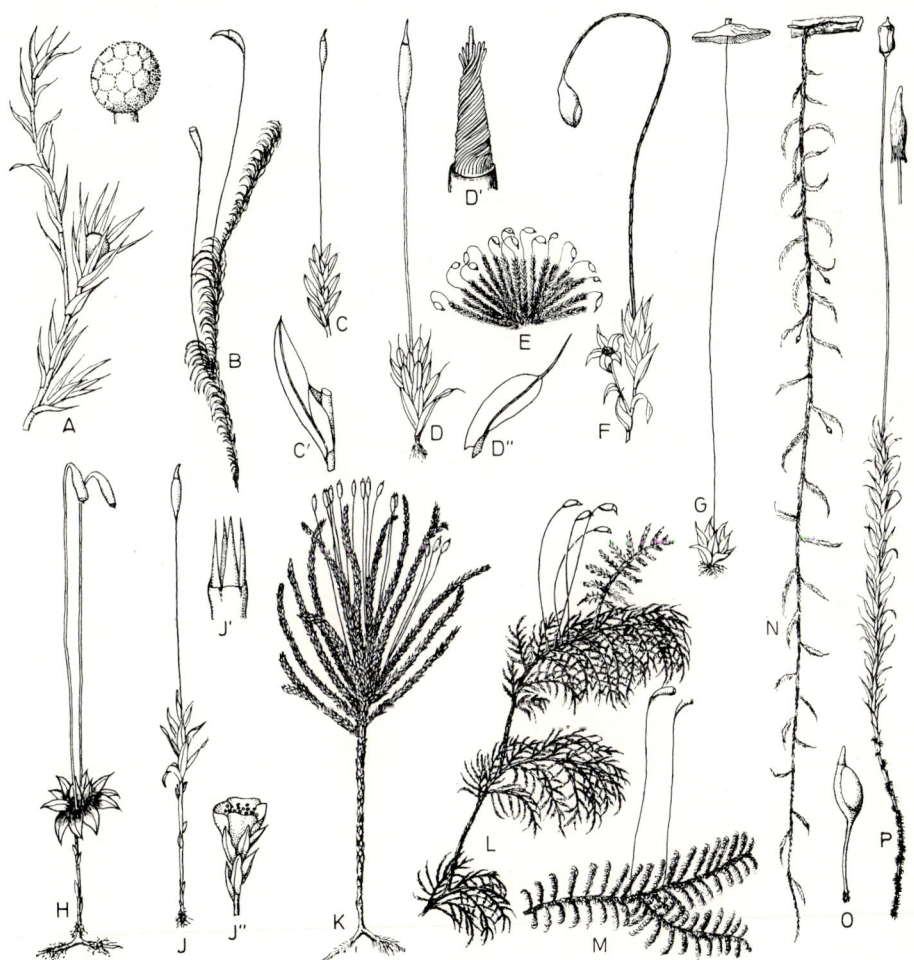

Abb. 772: *Bryatae, Bryidae.* A *Archidium phascoides*, ganze Pflanze (5 ×) und Kapsel (20 ×). B *Dicranum scoparium*, dreijährige Pflanze (nat. Gr.). C *Fissidens bryoides* (4 ×); C′ Blatt (15 ×). D *Tortula muralis* (4 ×); D′Peristom (30 ×); D″ Blatt mit Glashaar (10 ×). E *Grimmia pulvinata* (nat. Gr.). F *Funaria hygrometrica* (2 ×). G *Splachnum luteum* (nat. Gr.). H *Rhodobryum roseum* (nat. Gr.). J *Tetraphis pellucida* (2 ×); J′Peristom; J″ Brutkörperbehälter (8 ×). K *Climacium dendroides* (nat. Gr.). L *Hylocomium splendens*, vierjährige Pflanze (¹/₂ ×). M *Cratoneuron commutatum* (¹/₂ ×). N *Papillaria deppei* (¹/₂ ×). O *Buxbaumia aphylla* (nat. Gr.). P *Polytrichum commune* nebst jungem, von der Calyptra bedecktem Sporogon (¹/₂ ×). (Nach MÄGDE-FRAU.)

chythecium, *Hypnum, Hylocomium* (Abb. 772 L),
Pleurozium, Plagiothecium, häufige Waldbodenmoose; *Cratoneuron* (Abb. 772 M) wichtiger **K a l k -
t u f f b i l d n e r**; *Platyhypnidium* s. Abb. 107.

Die beiden letztgenannten Ordnungen werden wegen ihres abweichenden Peristombaues auch als
e i g e n e U n t e r k l a s s e n aufgefaßt: *Buxbaumiidae,
Polytrichiidae.*

13. Ordnung: **Buxbaumiales.** Peristomzähne in 3
bis 6 Reihen. Bei *Buxbaumia* Gametophyt stark reduziert (Abb. 758), Sporophyt (Abb. 772 O) physiologisch selbständig, mit gut entwickeltem Assimilationsgewebe.

14. Ordnung: **Polytrichales.** Peristomzähne aus
hufeisenförmigen Zellen aufgebaut. Stengel mit hoch-
differenziertem Leitgewebe, Blätter mit Assimilationslamellen (Abb. 767). *Polytrichum* (Abb. 772 P)
auf Wald- und Moorboden, bis 40 cm hoch. *Pogonatum* s. S. 706.

Vorkommen und Lebensweise der Moose

Abgesehen vom Meer und von extremen
Wüsten gibt es kaum einen Standort, den die
Moose nicht zu besiedeln vermöchten. Ihre
Hauptverbreitung erreichen sie aber in G e b i e -
t e n h ö h e r e r F e u c h t i g k e i t: in Wäldern und
Mooren. Im allgemeinen sind die Lebermoose
feuchtigkeitsbedürftiger als die Laubmoose.
Ihren größten Formenreichtum erreichen die
Moose in den Tropen. Eigene Formationen bilden sie nur in der Arktis (Tundra) und gelegentlich auch in Hochmooren, während sie sonst
innerhalb der von Blütenpflanzen beherrschten
Formationen zu eigenen, untergeordneten Gesellschaften zusammengeschlossen sind, nicht
selten in Konkurrenz mit Flechten. In der
A r e a l g e s t a l t u n g stimmen die Moose weitgehend mit den Blütenpflanzen überein; die weltweite Verbreitung mancher Arten *(Marchantia
polymorpha, Bryum argenteum, Funaria hygrometrica)* ist möglicherweise durch den Menschen bedingt.

Bei den beblätterten Arten erfolgt die W a s -
s e r - A u f n a h m e und - A b g a b e – von wenigen
Fällen abgesehen – durch die gesamte Oberfläche. Das hier meist vorhandene Capillarsystem zwischen Stengel und Blättchen ermöglicht eine beträchtliche W a s s e r s p e i c h e r u n g,
die bei manchen Lebermoosen durch «W a s -
s e r s ä c k e» (Abb. 755 H), bei einigen Laubmoosen *(Sphagnum, Leucobryum)* durch be-
sondere W a s s e r s p e i c h e r z e l l e n (Abb. 764 G,
766) noch erhöht werden kann. Auf diesem Ver-

mögen der Moose, beträchtliche Wassermengen festzuhalten, beruht im wesentlichen die
ausgleichende Wirkung der Wälder auf den
Wasserhaushalt der Landschaft. Das erwähnte
Capillarsystem dient zugleich zu einer äußeren
Wasserleitung, welche bei solchen Moosen, deren Stengel keinen Zentralstrang führt, die
fehlende innere Leitung ersetzt. Die meisten
akrocarpen Moose vermögen das von den
Rhizoiden aufgenommene Wasser im Zentralstrang (Abb. 768 H) zu leiten. Bei den *Marchantiales* wird der Thallus durch den an seiner
Unterseite entlangziehenden Rhizoidenstrang
mit Wasser versorgt (Strömungsgeschwindigkeit bis zu 1 mm pro Sekunde).

Die in kalkreichen Bächen und Wasserfällen lebenden Moose (z.B. *Eucladium verticillatum, Bryum
pseudotriquetrum, Cratoneuron commutatum*) haben neben Cyanophyceen (s. S. 570), *Oocardium*
(s. S. 595) und *Chara* (s. S. 597) einen wesentlichen
Anteil an der B i l d u n g v o n K a l k t u f f e n. Im
Quellwasser ist der Kalk als Hydrogencarbonat gelöst. Da die genannten Pflanzen durch ihre Photosynthese dem Wasser Kohlendioxid entnehmen und
außerdem Kohlendioxid an die Luft abgegeben wird,
gelangt das schwerlösliche Calciumcarbonat zur
Ausfällung und lagert sich in Form von Calcitkriställ-
chen auf den Pflanzen ab. Auf diese Weise können
Kalktufflager von bedeutender Mächtigkeit entstehen.

X e r o p h y t i s c h e M o o s e besitzen eine große
Widerstandsfähigkeit gegen Austrocknung sowie
gegen hohe Temperaturen und vermögen lange Zeit
(Tortula muralis bis 14 Jahre) im lufttrockenen Zustand zu verharren, ohne ihre Lebensfähigkeit einzu-
büßen. Die Sporen dagegen sind viel weniger resistent. – Bei den W a s s e r m o o s e n, z.B. *Fontinalis
antipyretica*, sind äußere und innere Leitungsbahnen
rückgebildet; auch sind sie gegen längere Austrocknung recht empfindlich.

Auch hinsichtlich der T e m p e r a t u r vermögen
Moose hohe Extremwerte auszuhalten. Finden wir
sie doch einerseits an Felsen der nivalen Stufe der
Hochgebirge sowie der Arktis und Antarktis, andererseits an sonnenexponierten Standorten, an denen
Bodentemperaturen bis zu 70° gemessen wurden. Im
Experiment vermochten einige lufttrockene Laubmoose sogar eine halbstündige Erhitzung auf 110°
lebend zu überstehen.

Die Moose kommen im allgemeinen mit einer geringeren L i c h t - I n t e n s i t ä t aus als Blütenpflanzen;
sie dringen daher in Höhlen sehr weit nach innen vor.
Während hier die Verbreitungsgrenze der Blütenpflanzen bei etwa 2% des vollen Tageslichts liegt,
können Moose in reduzierten «Höhlenformen» noch
bei 0,1% gedeihen. Andererseits vermögen manche
Moose voll der Sonne ausgesetzte Felsen zu besiedeln;
sie bilden hier dichte Polster (Abb. 772 E) und zeigen

vielfach ein silbergraues Aussehen, das durch lange, tote Blattspitzen bedingt ist. Solche «Glashaare» (Abb. 772 D″) wirken möglicherweise als Lichtschutz.

Die jährliche Stoffproduktion einer geschlossenen Moosdecke erreicht ihre höchsten Werte wohl im Hochmoor mit 200–900 g Trockensubstanz pro m², was dem Heuertrag einer Wiese mittlerer Qualität entspricht.

Die Laubmoose der gemäßigten Zone zeigen oft einen auffälligen, jahreszeitlich bedingten Wachstumsrhythmus (Abb. 772 B, L).

Viele Moose sind an bestimmte Acidität des Substrats gebunden: so bevorzugen die Torfmoose saure Reaktion (Hochmoor-Sphagna $P_H = 3-4$), die Kalktuffmoose (Eucladium, Cratoneuron) basische Reaktion ($P_H = 7-8,5$), während viele Arten indifferent sind (z. B. Bryum argenteum $P_H = 5-8$). Gewisse Waldbodenmoose stellen gute Indikatoren für den Humuszustand dar. Einige wenige Laubmoose (z. B. Pottia-Arten) wachsen als Halophyten am Meeresstrand und an Salzstellen des Binnenlandes.

Die Epiphyten unter den Moosen erreichen ihre größte Formenfülle in den tropischen Nebel- und Bergwäldern, wo sie mächtige Filze und meterlange Gehänge (Abb. 772 N) bilden, oft in erstaunlicher Artenzahl sogar die Oberfläche der Blätter besiedeln («Epiphylle Moose»). Einrichtungen zum capillaren Festhalten von Wasser sind insbesondere bei Epiphyten mannigfaltig ausgebildet.

Blasia (Abb. 755 C) und Anthoceros (Abb. 748 B) enthalten in Thallushöhlen die Blaualge Nostoc als Symbionten. Viele Lebermoose führen regelmäßig in ihren Rhizoiden und Thallus- bzw. Stammzellen Pilzhyphen; doch ist schwer zu entscheiden, ob Parasitismus oder Symbiose nach Art der Mycorrhiza (s. S. 377) vorliegt. Letzteres ist mit Sicherheit der Fall bei dem chlorophyllfreien, unter Laubmoosdecken wachsenden Lebermoos Cryptothallus mirabilis.

Rückblick auf die Moose (und Ausblick auf die Farne).

Charakteristisch für alle Moose ist der heterophasische und heteromorphe Generationswechsel: Der haploide, mit Antheridien und Archegonien ausgestattete Gametophyt trägt den diploiden Sporophyten (Sporogon), der eine ganz andere Gestalt als der Gametophyt hat, vorwiegend vom Gametophyten ernährt wird und seine Entwicklung mit der unter Meiose sich vollziehenden Bildung von Meiosporen abschließt (Abb. 746).

Bei den folgenden farnartigen Gewächsen (Pteridophyten S. 718) ist der Sporophyt hingegen dominierend und selbständig. Die Gametangien stimmen bei Moosen und Farnen (Archegoniaten) in ihrem Bau weitgehend überein.

Die Entwicklung der Archegonien ist bei den verschiedenen Archegoniaten u. a. durch Verkürzung des Entwicklungsablaufes (Neotenie) abgewandelt. Während bei den Bryatae zahlreiche Halskanalzellen (10–30 oder mehr) abgegliedert werden, sind es bei den Marchantiatae 4–8, Anthocerotae 6 und Pteridophyten oft nur noch eine bis wenige. Bei den Anthocerotae liefert die zum Archegonium bestimmte Epidermiszelle keine Stielzelle mehr; d. h. anders als bei den Marchantiatae und Bryatae teilt sie sich direkt in eine Axialzelle und drei Mantelzellen. Bei den Pteridophyten unterbleibt darüber hinaus der die Mantelzellen liefernde Teilungsschritt. Die Antheridien und Archegonien der Bryatae und Marchantiatae werden exogen und frei angelegt, bzw. erst später vom Gametophytengewebe umhüllt. Bei den Anthocerotae und Pteridophyten sind sie schon in den jungen wie z. T. auch späteren Entwicklungsstadien vom Gewebe des Gametophyten eingeschlossen (endogene Bildung).

Fossile Moose sind vereinzelt bis zum Oberdevon hinab gefunden worden; so thallose wie beblätterte Lebermoose im englischen Carbon und hochentwickelte Laubmoose im Perm des Saargebietes und der UdSSR (Petchora, Kuznetsk). Dies spricht für ein hohes Alter der Bryophyten, die sich offenbar im Meso- und Cänozoicum nicht mehr wesentlich weiterentwickelt haben. Die meisten Funde fossiler Moose stammen aus dem Tertiär und lassen sich den heutigen Gattungen einordnen; ausgesprochen primitive, also den Anschluß nach unten herstellende Formen sind nicht bekannt. Der große Mangel an Fossilien macht phylogenetische Betrachtungen bei den Moosen noch spekulativer als bei den Höheren Pflanzen. Sporogonites aus dem Devon mag ein Bindeglied zwischen Moosen und Pteridophyten (Psilophytatae) sein.

Phylogenie. In biochemischer Hinsicht (Photosynthese-Pigmente, Reservestoffe) stimmen die Bryophyten, ebenso wie die Pterido- und Spermatophyten, allein mit den Chlorophyceen unter den Thallophytengruppen überein. Von dieser Algenklasse (vgl. z. B. Fritschiella, Abb. 624) dürften daher die Moose ihren Ausgang genommen haben. Irgendwelche vermittelnden Formen sind jedoch weder aus der Vergangenheit noch aus der Gegenwart bekannt.

Von den letzten Klassen der Bryophyta sind die Marchantiatae insgesamt wohl primitiver als die Bryatae. Bei ersteren treffen wir noch viele thallose Formen an. Ferner ist bei den Bryatae der Sporophyt (auch im Vergleich mit dem Gametophyten) kräftiger entwickelt als bei den Marchantiatae; besitzt er doch Spaltöffnungen, Leit- und Assimilationsgewebe sowie eine sehr hochdifferenzierte Öffnungseinrichtung am Sporogon. Infolge ihrer höheren Gesamtorganisation ist der Siedlungsbereich der Laubmoose größer als derjenige der überwiegend hygrophytischen Lebermoose.

Zweite Abteilung: Pteridophyta, Farnpflanzen

Die Pteridophyten umfassen die ausgestorbenen Urfarne, die Gabelblattgewächse, die Bärlappgewächse, die Schachtelhalme und die echten Farne.

Der haploide Gametophyt wird bei den Farnpflanzen Prothallium genannt (Abb. 773G). Er lebt meistens nur wenige Wochen, erreicht höchstens einige Zentimeter Durchmesser und gleicht in seinem Aussehen häufig einem einfachen thallosen Lebermoos. Bei typischer Ausbildung – die Abweichungen von der Regel sind sehr mannigfaltig – besteht er aus einem einfachen, grünen, auf der Unterseite mit einzelligen, schlauchförmigen Rhizoiden am Boden befestigten Thallus (Abb. 774). An ihm entstehen in größerer Zahl die Antheridien und Archegonien. Die Befruchtung ist wie bei den Moosen nur in Wasser, also bei Benetzung der Prothallien, möglich.

Nach der Befruchtung entwickelt sich aus der Zygote die diploide Generation, der Sporophyt (Abb. 773₃,₄), der bei den Farnen jedoch völlig anders gestaltet und viel höher entwickelt ist als bei den Moosen. Nur seine anfängliche Entwicklung verläuft allenfalls ähnlich wie bei den Moosen. Das Prothallium geht bei den meisten Arten bald zugrunde (bei Verhinderung der Befruchtung kann es jahrelang fortleben), der Keimling des Sporophyten aber wächst zu einer selbständigen, vieljährigen Pflanze mit Wurzeln, Stamm und Blättern heran: der Farnpflanze im eigentlichen Sinne (Abb. 773₄, 816, 820, 823).

An der befruchteten Eizelle differenziert sich nämlich bei den rezenten Farngewächsen außer einem Haustorium (Fuß) im allgemeinen ein Wurzelscheitel, ein Stammscheitel und ein Blattscheitel, die sich weiterentwickeln zur ersten Wurzel, dem Stamm und dem ersten Blatt (Cotyledone) der Keimpflanze (Abb. 773₃, 774, 829).

Der Besitz von Wurzeln ist charakteristisch für die meisten Pteridophyten und alle Spermatophyten. Das dem «Sproßpol» gegenüberliegende Ende der Keimlingsachse könnte man «Wurzelpol» nennen; aus ihm entwickelt sich aber nur bei den Spermatophyten die Pri-

märwurzel (Abb. 113), während bei den Pteridophyten die erste Wurzel als endogenes, sproßbürtiges Gebilde seitlich aus dem Achsenkörper entspringt (Abb. 829B). Der Keimling der Farne ist also nicht bipolar wie jener der Spermatophyten gebaut, sondern unipolar. Die Keimwurzel (Abb. 774w) geht aber bald zugrunde, und es entstehen zahlreiche weitere seitliche, sproßbürtige Wurzeln (Primäre Homorrhizie; s. S. 187).

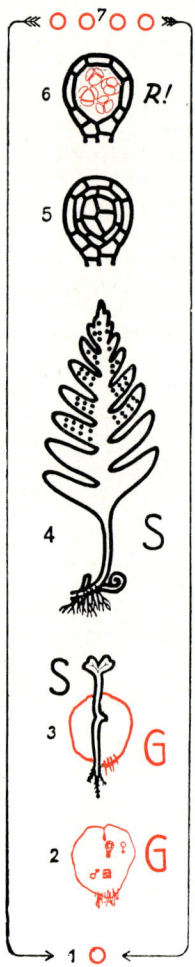

Abb. 773: *Pteridophyta.* Entwicklungsschema eines Farnes. G Gametophyt, S Sporophyt. Haploide Phase: rote Linien, diploide Phase: schwarze Linien, R! Reduktionsteilung. 1 Spore, 2 Prothallium mit ♀ und ♂ Gametangien, 3 Prothallium mit jungem Sporophyten, 4 Sporophyt (stark verkl.) mit Sporangiensori, 5 unreifes Einzelsporangium (stark vergrößert) aus einem Sorus, 6 reifes Sporangium mit Sporentetraden, 7 Sporen. (Nach HARDER.)

Die 3 Grundorgane wachsen bei den meisten Pteridophyten mit Scheitelzellen heran (vgl. S. 108 ff., Abb. 114A, 114C, 117). Der gabelig oder seitlich (aber nie aus den Blattachseln!) verzweigte Stamm (vgl. S. 144) ist reich beblättert. Die Wurzeln tragen eine Wurzelhaube (Abb. 117); ihre Seitenwurzeln entstehen nicht aus dem Perizykel, sondern aus der innersten Rindenschicht (S. 187). Die Epidermis der oberirdischen Teile ist in der Regel mit einer Cuticula (wichtige Voraussetzung für das Landleben in größerem Abstand vom Erdboden!) und Spaltöffnungen (Abb. 125; S. 116) versehen, jedoch enthalten die Epidermiszellen meist noch Chloroplasten (s. S. 113). Die Blätter stimmen, wenigstens bei den höchstentwickelten Farnen, in ihrem anatomischen Bau im wesentlichen mit denen der Spermatophyten überein. Stämme, Wurzeln und Blätter sind von wohldifferenzierten, aus Sieb- und Gefäßteil bestehenden Leitbündeln durchzogen, die hier zum erstenmal in der Stammesgeschichte der Pflanzen in typischer Ausbildung erscheinen und als wasserleitende Elemente verholzte Tracheiden führen; ganz selten (z. B. bei Pteridium) sind auch schon Tracheen vorhanden (Abb. 142). Besondere Festigungselemente sind in den Leitbündeln noch nicht ausgebildet. Konzentrische Leitbündel (und zwar mit Innenxylem) in Ein- oder Mehrzahl herrschen vor, doch kommen auch andere Bündeltypen vor. Die gesamte Reihe der in Abb. 175 dargestellten Leitbündelphylogenie läßt sich bei den Pteridophyten verfolgen. Durch die verholzten Tracheiden wird die Fernleitung des Wassers und zugleich die Tragfähigkeit des Sprosses so gefördert, daß die Farnpflanzen sich im Gegensatz zu den Moosen zu reichgegliederten, z. T. baumartigen Landpflanzen zu entwickeln vermögen. Die Zellwände der Leit- und Festigungsgewebe enthalten regelmäßig Lignin. Der Besitz der Wurzeln sichert auch die hinreichende Wasserversorgung und ermöglicht die Ausbildung größerer Laubblätter, welche die Assimilate beschaffen. Die Stoffleitung erfolgt in langgestreckten Siebzellen (vgl. S. 124). Sekundäres Dickenwachstum durch Cambiumtätigkeit kommt bei den jetzt lebenden Familien zwar nur ganz vereinzelt und schwach vor, zeichnet aber gewisse fossile Pteridophytengruppen aus. Der Farnsporophyt (die Farnpflanze) ist also ein echter Cormus.

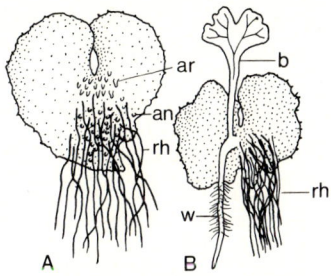

Abb. 774: *Pteridophyta, Filicatae, Dryopteris filixmas.* A Prothallium (Unterseite) mit Archegonien ar, Antheridien an und Rhizoiden rh. B Prothallium mit jungem Sporophyten, b erstes Blatt, w Wurzel (5 ×; nach Schenck.)

Die Sporangien mit den Meiosporen (Abb. 773$_6$, 775E) werden an den Blättern und nur bei ganz ursprünglichen Klassen direkt an undifferenzierten Sproßachsen erzeugt. Die Sporangien können sehr verschieden ausgebil-

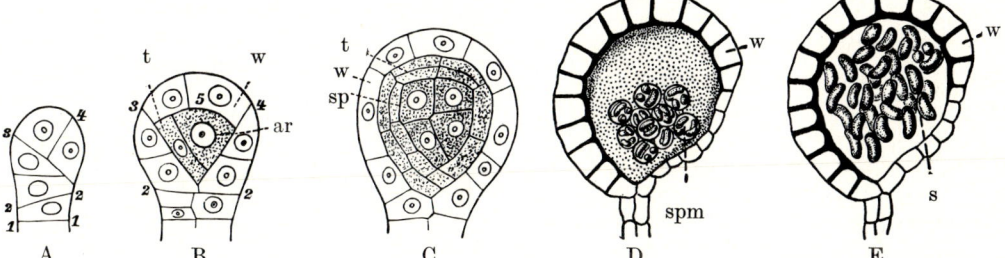

Abb. 775: *Pteridophyta, Filicatae, Leptosporangiatae.* Entwicklung des Farnsporangiums. (A–C *Asplenium*, 300 ×; D, E *Polypodium*, 200 ×) A erste Teilungen der aus einer Epidermiszelle hervorgehenden Anlage. B Teilung in periphere Wandschicht w und zentrale Zelle ar (Archespor), die bereits eine Tapetenzelle t abgeteilt hat; 1–5 nacheinander gebildete Wände. C Archespor hat sich in Tapetenzellen und sporogenes Gewebe sp geteilt. D Wandzellen w zum Anulus verdickt, Tapetenzellen aufgelöst, Sporenmutterzellen spm bilden Sporentetraden. E Reifes Sporangium mit Sporen s. (A–C nach Sadebeck; D, E nach Harder.)

det sein. Die sporangientragenden Blätter heißen Sporophylle. Sie sind häufig von einfacherer Gestalt als die assimilierenden Blätter (die Trophophylle) und zu mehreren in besonderen Ständen vereinigt: solche Sporophyllstände kann man «Blüten» nennen. Sie erheben sich im Dienste der Sporenausstreuung oft verhältnismäßig hoch über das Substrat.

Die Sporangien umschließen das Archespor mit dem sporogenen Gewebe (Abb. 773₅, 775 Csp); seine Zellen runden sich ab, lösen sich voneinander los und stellen die Sporenmutterzellen (meist 16) dar, die unter Meiose je 4, oft tetraedrisch angeordnete, haploide Meiosporen liefern.

Nicht alle Archesporzellen werden zu Sporen, sondern im Umkreis des sporogenen Gewebes finden sich plasmareiche, die Ernährung der Sporen vermittelnde Zellen in ein bis mehreren Schichten, sog. Tapetumzellen (Abb. 775 Ct), die ihren Zellinhalt z. T. an die inneren Zellen abgeben (Sekretionstapetum) oder sogar ihre Zellwände auflösen und ihre Protoplasten zu einem die Sporenmutterzellen umgebenden Periplasmodium vereinigen (amöboides oder Plasmodialtapetum). Das Periplasmodium wandert dann zwischen die sich aus dem Tetradenverband lösenden jungen Sporen ein, ernährt sie, beteiligt sich an der Bildung der Sporenwände (Perispor) und wird dabei aufgebraucht (Abb. 775 D, E).

Die jungen Sporenzellen umgeben sich zunächst mit einer durch gewisse Stoffe außerordentlich widerstandsfähigen Wand, dem Exospor, innerhalb dessen eine dünne Cellulosehaut, das Endospor, abgeschieden wird. In vielen (wohl als fortgeschritten aufzufassenden) Fällen wird dem Exospor vom Periplasmodium schließlich noch ein verschiedengestaltiges Perispor aufgelagert. Die Sporen sind fast stets chlorophyllfrei, aber oft durch Carotinoide bräunlich oder gelb gefärbt.

Bei der Mehrzahl der Pteridophyten (nämlich den primitiven) sind alle Sporen innerhalb einer Art von gleicher Beschaffenheit, und bei der Keimung geht aus ihnen ein Prothallium hervor, an dem meist sowohl Antheridien als auch Archegonien entstehen. In abgeleiteten Fällen können die Prothallien aber auch diöcisch sein. Diese Trennung der Geschlechter hat bei einigen Pteridophytengruppen zur Ausbildung von zweierlei Formen von Meiosporen geführt: reservestoffreichen Megasporen (= Makrosporen), die in Megasporangien (= Makrosporangien) entstehen und bei der Kei-

mung relativ große weibliche Prothallien liefern, und Mikrosporen, die in Mikrosporangien erzeugt werden und kleinere männliche Prothallien bilden (Abb. 787 bis 789). Danach hat man also zwischen gleichsporigen oder isosporen und verschiedensporigen oder heterosporen Sippen zu unterscheiden, ein Unterschied, der aber nicht zur Gesamteinteilung verwertet werden kann, da er sich in gleicher Weise in systematisch getrennten Klassen, also mehrmals, herausgebildet hat.

In den ersten beiden Klassen (I–II) stehen die Sporangien endständig an dichotom verzweigten Achsen oder seitlich. Echte Wurzeln fehlen noch. Im Sproß sind lediglich einfache Proto- oder Actinostelen ausgebildet. Es herrscht Isosporie.

I. Klasse: Psilophytatae, Urfarne

Die ausgestorbenen *Psilophytatae* bilden die ursprünglichste Gruppe der Pteridophyten. Ihr Vegetationskörper ist aus Telomen (s. S. 102) aufgebaut, die bei den primitiven Familien kahl, bei den höheren mit Emergenzen besetzt sind und von einer Proto- oder Actinostele durchzogen werden. Echte Wurzeln fehlen. Die Sporangien stehen end- oder seitenständig an Haupt- oder Seitentrieben. Alle Gattungen sind isospor. Soweit bekannt, ist der Gametophyt kräftig und wird von einem Leitbündel durchzogen.

Die Ur- oder Nacktfarne waren die ältesten, mit Leitbündel und Spaltöffnungen ausgestatteten Landpflanzen. Sie traten an der Wende Silur/Devon (also vor etwa 400 Millionen Jahren) auf, erreichten rasch eine beträchtliche Formenmannigfaltigkeit und starben bereits mit Beginn des Oberdevons wieder aus.

Ihre morphologisch primitivsten Vertreter (**Rhyniales**) besaßen einen aus nackten, gabeligen, von einem einfachen Leitbündel durchzogenen Telomen aufgebauten Vegetationskörper mit endständigen Sporangien.

Rhynia (Abb. 776 A), die «Urlandpflanze», im Mitteldevon von Schottland in zwei Arten gefunden, war ein bis ¹/₂ m hohes völlig blattloses Gewächs. Der Sporophyt erhob sich auf unterirdischen, horizontal wachsenden, wurzellosen, mit querwandlosen Fadenrhizoiden versehenen «Rhizomen». Er bestand aus oberirdischen, aufrechten, stielrunden, gabelig verzweigten Sprossen ohne Blätter. Die Sprosse besaßen eine Cuticula und Spaltöffnungen von noch relativ einfachem Bau (s. S. 116f.) und waren offenbar Assimilationsorgane. *Rhynia* war also eine Landpflanze und bildete binsenähnliche Bestände. Das Leitbündel bestand aus Tracheiden mit sehr einfachen Wandverdickungen (Ringen und Schrauben) und war eine Protostele (Abb. 175A, 776B), teilweise bereits mit Metaxylem; typische Siebzellen mit Siebfeldern im äußeren Gewebe des Bündels, dem Phloem, fehlten aber noch. Auch sekundäres Dickenwachstum war noch nicht vorhanden. Der Sproßscheitel wurde von zahlreichen gleichartigen Zellen eingenommen, hatte also keine Scheitelzelle. Die relativ großen, zylindrischen bis keulenförmigen Sporangien standen endständig an den Sproßachsen, hatten eine aus mehreren Zellagen bestehende Wand und öffneten sich mit einem Längsriß. Sie waren dicht mit Tetraden von Isosporen angefüllt (Abb. 776C, D). – Bei dem habituell der Gattung *Rhynia* ähnlichen *Horneophyton* erinnert der Bau der in Gruppen zu 2–4 dicht beisammen stehenden, länglichen Sporangien an den eines *Sphagnum*-Sporogons: Das Sporenlager wölbt sich glockenförmig über eine aus langgestreckten Zellen gebildete Columella. Die Sporangien öffneten sich mit einem apikalen Porus.

Der Gametophyt der Rhyniaceen wird durch das obenerwähnte «Rhizom» repräsentiert, in dessen Rindenpartie Archegonien nachgewiesen wurden (vgl. das *Psilotum*-Prothallium, S. 723).

Die im Unterdevon weltweit verbreiteten **Zosterophyllales** waren ebenfalls aus nackten, gabeligen Trieben aufgebaut, aber ihre seitenständigen, mit einer präformierten Queröffnung versehenen Sporangien waren in Ähren zusammengefaßt (Abb. 777).

Bei den **Asteroxylales** waren die Triebe von locker bis dicht stehenden, nadel- oder stachelähnlichen Emergenzen besetzt, die den Pflanzen ein bärlappähnliches Aussehen verleihen. Aufgrund dieser und anderer Merkmale werden sie vielfach den *Lycopodiatae* zugeordnet.

Die Triebe von *Asteroxylon mackiei*, zusammen mit *Rhynia* im schottischen Mitteldevon vorkommend, waren von einer im Querschnitt sternförmigen Stele (Actinostele, Abb. 175B, 778C) durchzogen. Die Arme des Sternes kommen durch abzweigende Seitenstränge zustande, die bis zum Ansatz der nadelförmigen Emergenzen führen, die selbst jedoch leitbündelfrei sind. Das Xylem der Stele besteht aus Ring- und Schraubentracheiden. Die Sporangien saßen direkt oder mit Emergenzen gekoppelt am Sproß.

Bei den größerwüchsigen **Trimerophytales** saßen die länglichen Sporangien endständig an den Trieben. Bei *Thursophyton* waren die unteren Partien der Triebe mit Emergenzen besetzt, die oberen aber kahl. – *Trimerophyton* s. Abb. 852 A u. S. 1003; *Psilophyton* s. Abb. 778 A.

Die *Psilophytatae* bilden als Urlandpflanzen die Ausgangsgruppe für die phylogenetische Ableitung der übrigen Pteridophyten, vielleicht sogar gewisser Gymnospermen (vgl. S. 755 und 772).

II. Klasse: Psilotatae, Gabelblattgewächse

Die heute noch lebenden *Psilotum*- oder Gabelblatt-Arten haben eine gewisse Ähnlichkeit mit manchen Arten der vorigen Klasse. Sie

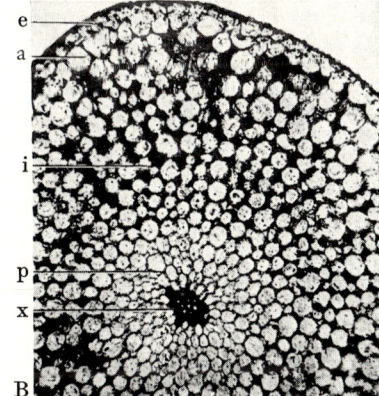

Abb. 776: *Psilophytatae, Rhynia.* A Rekonstruktion ($^1/_4\times$). B Sproßquerschliff, die Protostele zeigend (50 ×). C Sporangium, Längsschliff (2 ×). D Sporentetrade (100 ×). a Außenrinde, e Epidermis, i Innenrinde, p Phloem, s Sporangium, x Xylem. (Nach KIDSTON & LANG.)

Abb. 777: *Psilophytatae, Zosterophyllum rhenanum.* Rekonstruktion. ($^1/_2\times$; nach KRÄUSEL & WEYLAND.)

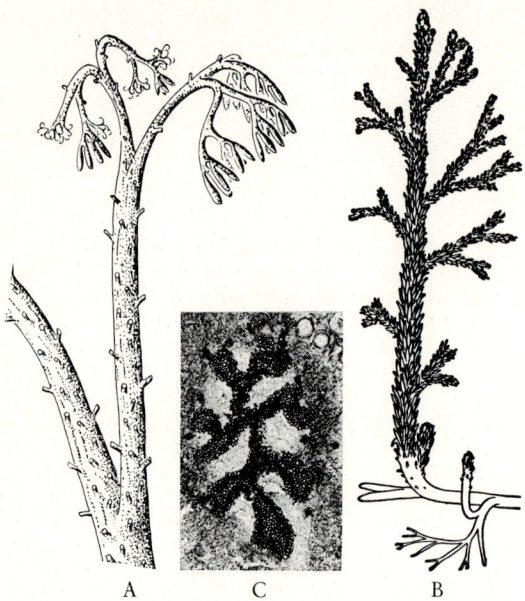

werden daher mit ihnen gelegentlich zusammengefaßt. Mit ihren seitenständigen, synangial verwachsenen Sporangien sowie mit ihren echten Blättern (Mikrophylle) haben aber die Psilotaten eine deutliche Fortentwicklung gegenüber den Psilophytaten erfahren; es ist daher berechtigt, sie in einer eigenen Klasse mit der einzigen

Ordnung: **Psilotales** zu führen. *Psilotum*-Arten sind niedrige, ausdauernde, sparrige, dichotom verzweigte Kräuter. Die Sporophyten (Abb. 779 A) wachsen mit einer Scheitelzelle. Sie haben eine Actinostele (Abb. 779 B), sind wurzellos und besitzen blattlose Rhizome mit einer Protostele, Mycorrhizapilzen und schlauchförmigen Rhizoiden. Ihre «Gabel-Blätter» sind sehr kleine, rippenlose Schuppen (Mikrophylle) in locker schraubiger Anordnung. Ihre Meiosporangien haben eine mehrschichtige Wand, sind zu je drei zu einem Synangium verbunden (Abb. 779 C, D) und haben noch kein echtes Tapetum (die Isosporen werden von sterilen Archesporzellen versorgt, die die fertilen Zellgruppen umgeben und durchsetzen). Die Synangien sitzen auf sehr kurzem Stiel in der Achsel eines Schuppenpaares (Abb. 779 C).

Abb. 778: *Psilophytatae.* A *Psilophyton princeps,* sporangientragender Sproß (³/₄ ×). B *Asteroxylon mackiei,* Rekonstruktion (¹/₃ ×). C Desgl., Querschliff durch die Actinostele; dunkel: Xylem, hell: Phloem (10 ×). (A nach Hueber; B, C nach Kidston & Lang.)

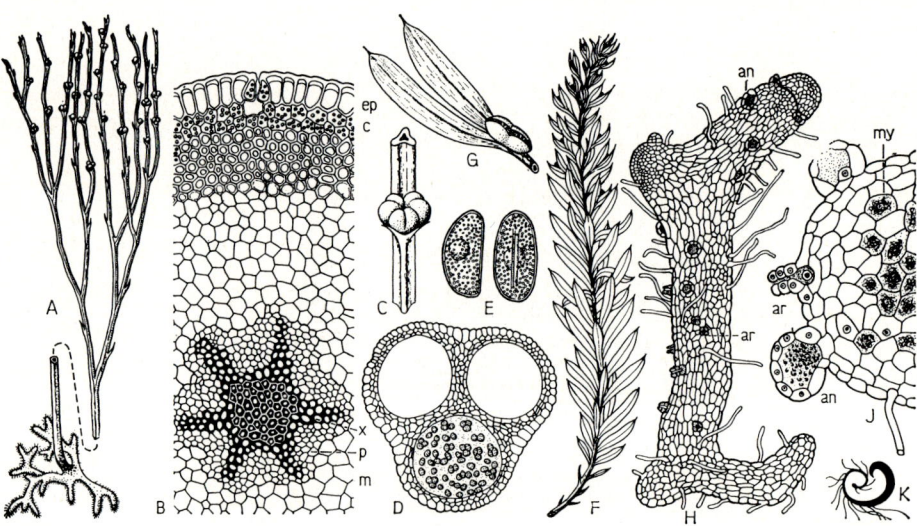

Abb. 779: *Psilotatae, Psilotaceae:* A *Psilotum triquetrum,* Habitus (¹/₂ ×). B Desgl., Stengelquerschnitt mit Actinostele (40 ×); ep Epidermis, c äußere grüne Rindenschicht, x Xylem, p Phloem, m innere Rinde. C Desgl., Sproßstück mit Synangium (2,5 ×). D Desgl., Querschnitt durch Synangium (8 ×). E Desgl., Sporen (250 ×). F *Tmesipteris tannensis,* Habitus (¹/₂ ×). G Desgl., Sporophyll (2,5 ×). H Prothallium von *Psilotum triquetrum* (15 ×). J Desgl., Querschnitt (40 ×); ar Archegonien, an Antheridien, my Mycorrhiza-Zellen. K Desgl., Spermatozoid (990 ×). (A nach Wettstein und Pritzel; B, C, E, F nach Pritzel; D, G nach Wettstein; H–K nach Lawson.)

Die Gametophyten oder Prothallien werden einige Zentimeter lang, sind walzenförmig und verzweigt (Abb. 779 H), farblos und leben unterirdisch mit Hilfe von Mycorrhizapilzen (J my). An ihrer Oberfläche tragen sie vielkammerige Antheridien, die viele Spermatozoiden mit zahlreichen Geißeln entlassen; die kleinen Archegonien (mit nur 1, selten 2 Halskanalzellen) sind etwas eingesenkt; der suspensorfreie Embryo (vgl. S. 728) liegt exoskopisch (d. h. Sproßscheitel dem Halsteil des Archegoniums zugewandt). Besonders kräftige Prothallien haben Leitbündel mit verholzten Ringtracheiden und eine Endodermis. Auch der Gametophyt hätte sich also zur Größe der Sporophyten entwickeln können; er blieb aber wegen der empfindlichen Spermatozoiden und der Notwendigkeit von Wasser für die Befruchtung an den Bodenbereich gebunden.

Zu den *Psilotatae* gehören nur *Psilotum* und *Tmesipteris* (mit je nur 2 tropischen, vorwiegend epiphytisch lebenden Arten). *Tmesipteris* (Abb. 779 F, G) hat etwas größere «Gabel-Blättchen», die flügelartig an der Sproßachse herunterlaufen und deren Flächen parallel zur Sproßachse stehen; sie sind noch nicht ohne weiteres den Blättern der Höheren Pflanzen gleichzusetzen. Fossilien sind von den *Psilotales* noch nicht gefunden worden. Trotzdem müssen sie alte Relikte sein, die einerseits den Psilophytaten ähnlich sind, jedoch andererseits auch deutliche Anklänge zu den folgenden *Lycopodiatae* und *Filicatae* (über die *Glecheniaceae* mit der neukaledonischen *Stromatopteris* zu den *Schizaeaceae*) aufweisen.

In allen folgenden Klassen (III bis V) sind die Sporophyten mit echten Wurzeln im Boden verankert. Progressionen von der Actino- und Plecto- bis zur Siphono-, Poly- oder Eustele, von der Iso- bis zur Heterosporie sind kennzeichnend. Die Vertreter der III. und IV. Klasse sind lediglich mit Mikrophyllen ausgestattet, wobei sich bei den Lycopodiaten die Sporophylle nicht wesentlich von den assimilierenden Trophophyllen unterscheiden.

III. Klasse: Lycopodiatae (= Lycopsida), Bärlappgewächse

Die *Lycopodiatae* sind gekennzeichnet durch einen Sporophyten, der in Wurzel, (vorwiegend gabelig verzweigte) Achse und kleine, ungeteilte Blätter («Mikrophylle») gegliedert ist. Die Stele ist eine Actino-, Plecto- oder Siphonostele. Viele fossile Gattungen besaßen sekundäres Dickenwachstum. Die Sporangien stehen einzeln adaxial auf oder am Grunde von Blättern (Sporophyllen), die meist zu endständigen Sporophyllständen («Blüten») vereinigt sind. Nach der Telomtheorie (S. 102) kann man sich den Übergang von der ursprünglich endständigen zur blattständigen Stellung der Sporangien wie in Abb. 784 entstanden denken.

Neben Isosporie ist Heterosporie weit verbreitet.

1. Ordnung: **Lycopodiales.** Die zahlreichen Arten (etwa 400, einheimisch jedoch nur 9) sind krautige, immergrüne Gewächse ohne sekundäres Dickenwachstum. Eine ihrer häufigsten Arten in unserer Flora ist *Lycopodium clavatum* (Abb. 780). An seinem gabelteiligen Stengel übergipfelt einer der Triebe, so daß er scheinbar monopodial wird (vgl. S. 147); er hat keine Scheitelzelle, sondern wächst mit einer Gruppe gleichwertiger Initialzellen (Abb. 114 C und S. 108). Sein Leitbündel ist eine aus einer Actinostele abzuleitende, reichgegliederte Plectostele (s. S. 157) mit Siebzellen im Phloem, die Siebfelder an den Längswänden, aber noch keine Siebplatten besitzen. Im Sproßquerschnitt ist diese Plectostele nach außen von einer Scheide aus unverholzten Zellen umgeben, deren äußerste Lage stärkehaltig ist; es folgt eine ein- bis zweischichtige Endodermis mit Lignin in den dünnen Zellwänden; die Endodermis ist hier wie bei allen Pteridophyten die innerste Schicht der Rinde. Die äußere Rinde besteht aus stark verholzten Sclerenchymzellen. Der Stengel kriecht weit über den Boden hin und ist dicht mit kleinen, pfriemlichen, im wesentlichen schraubig angeordneten Blättchen besetzt (Abb. 110, 780), die eine unverzweigte Mittelrippe besitzen, im übrigen aber den Mikrophyllen der *Asteroxylales* gleichen.

Das Mesophyll von *L. clavatum* ist einfach; nur wenige Arten lassen bereits eine Differenzierung in Palisaden- und Schwammparenchym erkennen. Wie stets bei Dichotomie, steht die Verzweigung des Stengels nicht in Beziehung zu den Blättern. Die Blattepidermis führt keine Chloroplasten (vgl. S. 746).

Auf der Unterseite tragen die Stengel dichotom verzweigte Wurzeln, die gleichfalls mit einer Gruppe von Initialzellen wachsen. Ein Teil der Äste ist negativ gravitrop. Ihre Sporophylle stehen oft oberhalb einer blattärmeren Region zu dichten, ährenförmigen Sporophyllständen (Blüten) vereinigt (Abb. 780 G); bei ihrer Bildung wird der Sproßscheitel aufgebraucht, so daß der Sporophyllstand das Ende des

Stengels bildet. Die Sporophylle (Abb. 780 H) sind breit schuppenförmig und tragen am Grunde ihrer Oberseite je ein großes, abgeflachtes, nierenförmiges Sporangium, das zahlreiche Meiosporen, alle von gleicher Größe (Isosporen), entläßt (Abb. 780 J, K). Vom Rande der Sporophylle hängen hautartige Lappen herunter, welche als «Indusium» jeweils das benachbarte untere Sporangium schützen.

Während bei *Lycopodium* die Sporophylle in Ähren beisammenstehen, die sich auf kurzen Seitenzweigen der kriechenden Hauptsprosse erheben, werden bei *Huperzia* (= *Urostachys*, Abb. 110 C) an aufrechten, gabelteiligen Sprossen in jährlichem Wechsel Trophophylle und Sporophylle gebildet. *Diphasium* besitzt Sporophyllähren wie *Lycopodium*, aber flache, dorsiventrale Sprosse mit schuppenartigen Blättchen. Die Wand des *Lycopodium*-Sporangiums besteht aus mehreren äußeren Zellagen; an sie schließt sich eine Lage von Tapetenzellen an, deren Inhalt unter

Schrumpfung der Zellen weitgehend bei der Sporenbildung verbraucht wird, ohne daß aber die Zellen selbst aufgelöst werden (Sekretionstapetum). Das Sporangium öffnet sich zweiklappig durch einen Längsriß auf dem Scheitel an einer schon am anatomischen Bau der Zellen erkennbaren Linie. Die Sporen bleiben bis zu ihrer Reife in Tetraden verbunden; ihr mehrschichtiges Exospor ist mit netzförmigen Verdickungsleisten bedeckt (Abb. 780 J, K). Sie keimen in der Natur erst nach 6–7 Jahren und liefern auf Kosten ihrer Reservestoffe zunächst einen fünfzelligen Keimling (Abb. 781 A), der sich nach einer Ruhezeit erst dann weiterentwickelt, wenn Pilzfäden nach Art der Mycorrhiza in seine unteren Zellen eingetreten sind (Abb. 781 Bp).

Die Prothallien (Abb. 780 A, B, 781, 782) leben unterirdisch und stellen saprophytische, weißliche Knöllchen dar; sie sind bei den verschiedenen Arten verschieden gestaltete, wulstig gelappte, bis etwa 2 cm große Gewebe-

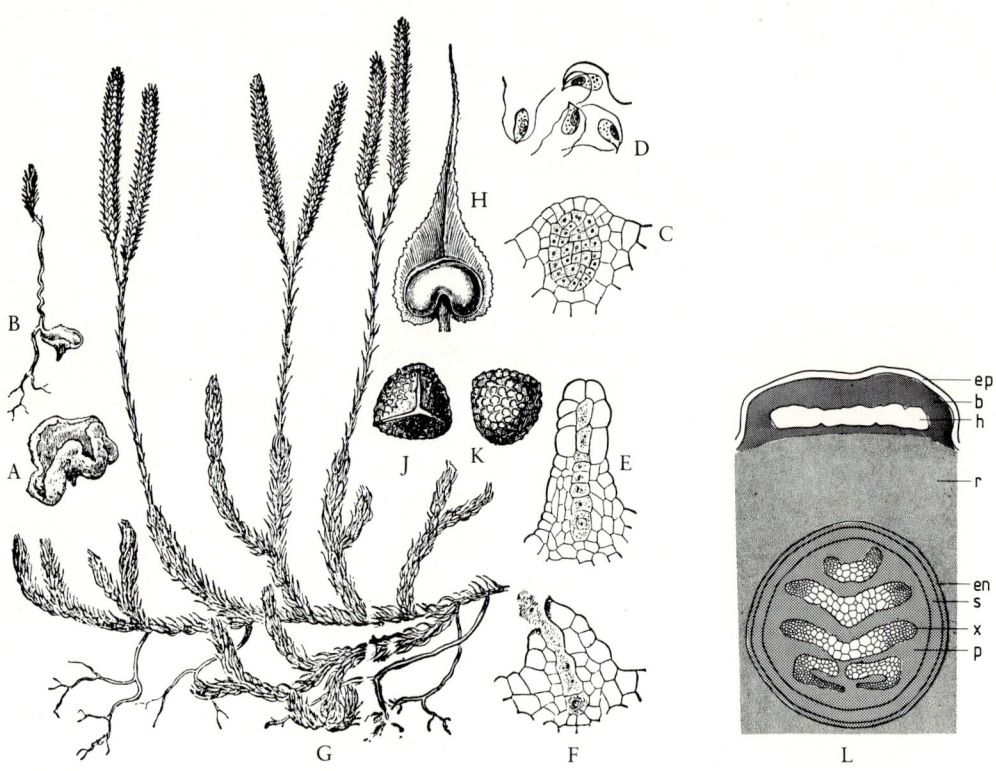

Abb. 780: *Lycopodiatae, Lycopodiales, Lycopodium clavatum*. A Älteres Prothallium (2 ×). B Prothallium mit junger Pflanze (³/₄ ×). C Antheridium, noch geschlossen, Längsschnitt (75 ×). D Spermatozoiden (400 ×). E Jüngeres, noch geschlossenes, F befruchtungsreifes, geöffnetes Archegonium (75 ×). G Pflanze mit Sporophyllständen (½ ×). H Sporophyll mit aufgesprungenem Sporangium (8 ×). J, K Sporen in zwei Ansichten (300 ×). L Querschnitt durch den Sproß von *L. annotinum* (100 ×); ep Epidermis, b Blattbasis mit Hohlraum h, r Rinde, en Endodermis, s Stärkescheide, x Xylem, p Phloem. (A–F nach BRUCHMANN; G–K nach SCHENCK; L Orig.)

körper, die mit langen, der Wasseraufnahme dienenden, schlauchförmigen F a d e n r h i z o i - d e n besetzt sind. Für ihre Ernährung dürften zweifellos die in ihren peripheren Zellagen le- benden M y c o r r h i z a p i l z e (Abb. 781 B, 782) eine wichtige Rolle spielen. Unter natürlichen Bedingungen tritt die Geschlechtsreife erst nach 12–15 Jahren ein, und die gesamte Lebensdauer der Prothallien mag etwa 20 Jahre betragen. In künstlicher, bakterienfreier Reinkultur läuft die ganze Entwicklung jedoch bereits in wenigen Monaten ab. Bei manchen Arten ragen die Prothallien mit ihrem oberen Teil über den Erd- boden heraus, wo sie dann ergrünen. Die Pro- thallien sind monöcisch und tragen die zahlrei- chen Geschlechtsorgane meistens in ihrem api- kalen Teil (Abb. 780 C–F, 782 an, ar). Die A n t h e r i d i e n (an) sind in das Gewebe etwas eingesenkt und vielzellig; jede Zelle, außer den Wandzellen, entläßt ein ovales, unter seiner Spitze nur zwei Geißeln tragendes Spermatozoid

(Abb. 780 D). Die A r c h e g o n i e n (Abb. 780 E, F, 782 ar), ebenfalls eingesenkt, haben – ein primitives Merkmal – oft z a h l r e i c h e Hals- kanalzellen (bis 20, doch kommt auch Reduk- tion bis auf eine vor); die obersten Wandzellen werden beim Öffnen abgestoßen.

Die b e f r u c h t e t e E i z e l l e teilt sich durch die sog. Basalwand quer in 2 Zellen, von denen die untere sich zunächst in Quadranten, dann in Oktanten aufteilt und später zum Embryo wird, und die obere, dem Archegoniumhals zugewandte, den sog. Embryoträ- ger (S u s p e n s o r, Abb. 783 et) darstellt; der Scheitel des Embryos ist also vom Hals des Archegoniums abgewandt (sog. endoskopische Lage des Embryos). Der S u s p e n s o r drückt den Embryo in das Gewebe des Prothalliums hinein. Um aus dem Prothallium herauszugelangen, krümmt sich der Embryo empor (Abb. 783 A, B), wobei die untere konvexe Seite seines Körpers zu einem Haustorium anschwillt, das der Hauptmasse des Prothalliums zugekehrt ist und Nahrung aus ihm aufsaugt. Das erste, schuppenför- mig bleibende Blatt (b) tritt am Sproßende auf; dem

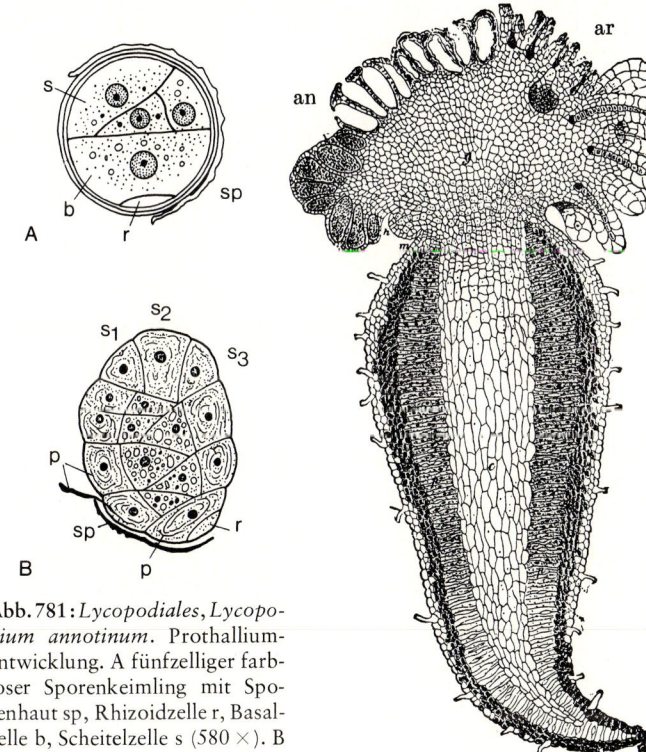

Abb. 781: *Lycopodiales, Lycopo- dium annotinum.* Prothallium- entwicklung. A fünfzelliger farb- loser Sporenkeimling mit Spo- renhaut sp, Rhizoidzelle r, Basal- zelle b, Scheitelzelle s (580 ×). B junger Keimling, in dessen unte- ren Zellen der endophytische Pilz p lebt; die Scheitelzelle hat sich in drei Scheitelmeristemzel- len (s₁, s₂, s₃) geteilt (470 ×; nach BRUCHMANN.)

Abb. 782: *Lycopodiales, Diphasium complanatum.* Reifes Prothallium mit Antheridien an, Archegonien ar und pilzführenden Zellen (schwarz) (24 ×; nach BRUCHMANN.)

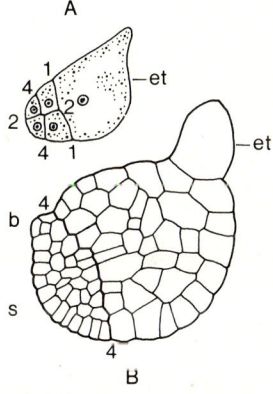

Abb. 783: *Lycopodiales, Dipha- sium complanatum.* Embryoent- wicklung. A Embryo mit den ersten Teilungen; die Basalwand 1 teilt die Anlage des Embryoträ- gers et von der Anlage des Em- bryokörpers ab. Die Transver- salwände 2 und 3 (letztere in der Ebene des Schnittes) sowie die Querwand 4 liefern zwei vier- zellige Stockwerke, von denen das zwischen 1 und 4 gelegene das Haustorium bildet, das un- terste den Sproßteil. B Mittleres Stadium. s Stammscheitel, b Blattanlage. (112 ×; nach BRUCHMANN.)

Embryoträger benachbart entsteht, seitlich dem Fuß gegenüber, die erste Wurzel als sproßbürtige Bildung. Das Wachstum erfolgt ohne Scheitelzelle mit vielzelligem Initialfeld (Abb. 114 C).

Fossil sind bärlappartige Gewächse (**Protolepidodendraceae**) aus dem Unter- und Mitteldevon erhalten; in ihren Mikrophyllen (mit zahlreichen Spaltöffnungen) kann man teilweise noch die Plastiden in den Zellen erkennen! *Drepanophycus* (Abb. 785 A, die älteste Landpflanze Mitteleuropas, älter als das z. T. ebenfalls hierher gestellte *Asteroxylon*) sowie *Protolepidodendron* (mit an der Spitze noch gegabelten Blättern, Abb. 785 B) trugen ihre Sporangien auf der Oberseite der Blätter (C), wobei zunächst einheitliche Leitbündel sich aus gemeinsamem Stiel in das Blatt wie in das Sporangium gabelten; bei beiden waren die Sporophylle nicht zu Blüten vereinigt, wie sie dies auch bei der lebenden Bärlappgattung *Huperzia* (z. B. *H. selago*) noch nicht sind. Die *Lycopodites*-Arten des Oberdevon waren dem rezenten *Lycopodium* schon sehr ähnlich. Die Bärlappgestalt hat sich also mehr als 300 Millionen Jahre hindurch unverändert erhalten. Während in der vorigen Ordnung (1) Isosporie herrschte, sind die folgenden Ordnungen (2–4) zur Heterosporie fortgeschritten. In den Achseln der Blätter befindet sich ein kleiner zungenförmiger Auswuchs, die Ligula (Abb. 786 C).

2. Ordnung: **Selaginellales.** Der Habitus der krautigen *Selaginella*-Arten, der Moosfarne (Abb. 786 A), ist dem der Lycopodien in vielen Punkten ähnlich. Sie sind bei uns nur durch wenige, in den Tropen dagegen durch etwa 700 Arten vertreten.

Selaginella besitzt teils niederliegende, teils aufrechte, reich gabelig anisotom verzweigte Stengel ohne sekundäres Dickenwachstum; einige sind rasenbildend, andere klettern mit mehrere Meter langen Sprossen im Gesträuch empor. Der Stengel ist mit kleinen, schraubig oder meist dekussiert in 4 Zeilen stehenden, schuppenartigen Blättchen, und zwar meist in dorsiventraler Ausbildung besetzt; so bei der in den Alpen heimischen *Selaginella helvetica* (Abb. 786 A), deren Stengel 2 Reihen kleiner sog. Oberblätter und 2 Reihen diesen gegenüberstehender größerer Unterblätter trägt (Abb. 204 C–E, Anisophyllie s. S. 180). An den Gabelungsstellen der Stengel entstehen bei vielen Arten exogen zylindrische, gestreckte, nach abwärts wachsende, gabelig verzweigte, aber farb- und blattlose Sprosse, Wurzelträger (Rhizophoren, w in Abb. 786 A), an deren freiem Ende endogen Büschel von Wurzeln entspringen. Die Blätter haben nur eine unverzweigte Mittelrippe und weisen erst selten neben Schwammparenchym auch Palisadenparenchyme auf; bei manchen Arten enthalten die Mesophyllzellen nur einen großen, schüsselförmigen Chloroplasten. Der Sproßscheitel kann eine Scheitelzelle oder mehrere Initialzellen besitzen, und die Leitbündelausbildung schwankt von zentraler Protostele bis zur Siphonostele; sekundäres Dickenwachstum fehlt, ganz selten kommen schon Tracheen mit treppenförmigen Wandverdikkungen vor. Die Endodermis des Sprosses (z. B. *S. kraussiana*) besteht aus röhrenförmigen, voneinander getrennten, mit CASPARYschen Streifen versehenen Zellen (Trabeculae).

Die Blättchen der Selaginellen tragen eine am Grunde der Blattoberseite aus der Epidermis

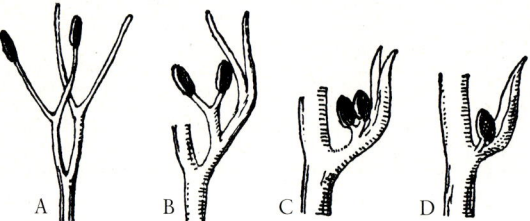

Abb. 784: Übergang von der endständigen Sporangienstellung der *Psilophytatae* (A) zur epiphyllen Anordnung bei den *Lycopodiatae* (D). (Nach ZIMMERMANN.)

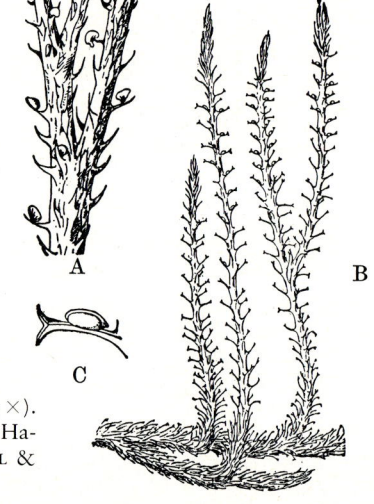

Abb. 785: Fossile *Lycopodiales*. A *Drepanophycus spinaeformis* ($^1/_4 \times$). Unterdevon. B, C *Protolepidodendron scharyanum*. Mitteldevon. B Habitus ($^1/_4 \times$), C Sporophyll mit Sporangium ($2 \times$). (Nach KRÄUSEL & WEYLAND.)

entspringende, kleine, häutige, chlorophyll-freie Schuppe, die Ligula (Abb. 786 C), die als Organ der Wasseraufnahme (s. S. 123) ein sehr rasches Aufsaugen von Niederschlägen durch die beblätterten Sprosse ermöglicht und bei manchen Arten durch Tracheiden mit dem Leitbündel verbunden ist.

Die Selaginellen zeichnen sich durch Hete-rosporie und sehr stark reduzierte Prothallien aus.

Die endständigen Sporophyllstände («Blü-ten») (Abb. 786 A, D) sind einfach oder ver-zweigt, vierkantig radiär oder – bei anderen Arten – dorsiventral. Jedes Sporophyll trägt nur ein aus der Blattachsel entspringendes Sporan-gium. Die Sporangien enthalten große Mega-oder kleine Mikrosporen; diese kommen immer nur getrennt voneinander in Mega- und Mikrosporangien vor (Abb. 787). Beide Sor-ten von Sporangien treten jedoch in einem und demselben Sporophyllstand auf (Abb. 786 D). Die Geschlechtsbestimmung erfolgt also bereits

in der Diplophase auf modifikatorischem Wege (diplomodifikatorische Geschlechtsbe-stimmung). In den Megasporangien gehen alle angelegten Sporenmutterzellen zugrunde bis auf eine, welche unter Reduktionsteilung die 4 großen, mit buckeliger Wand versehenen ♀ determinierten Megasporen liefert (Abb. 787 B). In den Mikrosporangien entstehen – ebenfalls unter Reduktionsteilung – zahlreiche kleine ♂ determinierte Mikrosporen (Abb. 787 A).

Die Sporangienwand besteht aus 3 Zellagen (die mittlere ist im reifen Sporangium sehr schmal); die innerste, die Tapetenschicht (Abb. 787 A t), er-nährt die Sporen, ohne sich jedoch aufzulösen (Sekretionstapetum). Die Sporangien öffnen sich durch einen Kohäsionsmechanismus auf einer vor-bezeichneten Linie, wobei die Sporen ausgeschleudert werden.

Die Mikrosporen beginnen ihre Weiter-entwicklung schon innerhalb des Sporangiums. Die Spore teilt sich dabei zunächst in eine kleine, linsenförmige Zelle (p in Abb. 788) und eine

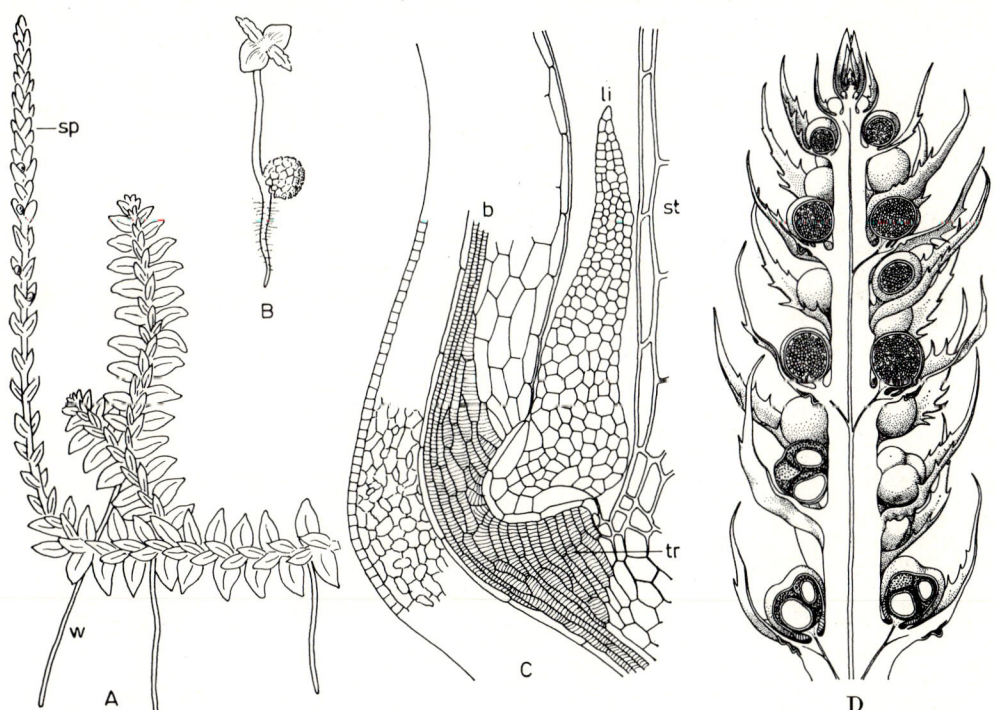

Abb. 786: *Lycopodiatae, Selaginellales, Selaginella.* A *S. helvetica,* Pflanze mit Sporophyllstand (2 ×). B *S. kraussiana,* Megaspore mit Keimpflanze (10 ×). C *S. lyallii,* Längsschnitt durch die Blattbasis (250 ×). D *S. selaginoides,* Längsschnitt durch Sporophyllstand mit Megasporangien (unten) und Mikrosporangien (oben); an den median getroffenen Sporangien oberhalb ihrer Ansatzstelle ist die Ligula erkennbar (6 ×). b Blattbasis, li Ligula, sp Sporophyllstand, st Epidermis des Stengels, tr Tracheiden, w Wurzelträger. (A nach LUERSSEN; B nach BISCHOFF; C nach HARVEY-GIBSON; D nach OBERWINKLER.)

große Zelle, die nacheinander in 8 sterile Wandzellen und 2 oder 4 zentrale Zellen zerlegt wird (Abb. 788 A). Diese Zellen stellen das Prothallium dar, das die Spore überhaupt nicht mehr verläßt. Nur die kleine linsenförmige Zelle ist als vegetativ aufzufassen und wird als funktionslose Rhizoidzelle gedeutet; die übrigen Zellen betrachtet man als ein einziges Antheridium, aus dessen von den Wandzellen (w) umschlossenen zentralen Zellen durch weitere Teilungen eine größere Anzahl von sich abrundenden Spermatiden entsteht (B–D). Die Wandzellen lösen alsdann ihre Wände auf und werden zu einer Schleimhaut, in welcher die zentrale Masse der Spermatiden eingebettet liegt (E). Die kleine Prothalliumzelle (p) bleibt hingegen erhalten. Das ganze ♂ Prothallium ist bis zu diesem Stadium noch von der Mikrosporenwand umschlossen; schließlich bricht diese auf, und die aus den Spermatiden entstandenen ♂ Gameten werden als schwach gekrümmte, keulenförmige, an der Spitze mit zwei langen Geißeln versehene Spermatozoiden (F) entlassen.

Die nicht ganz so stark reduzierten weiblichen Prothallien bilden sich in den Megasporen (Abb. 789). Ihre Entwicklung ist bei den einzelnen Arten etwas verschieden. Der Sporenkern teilt sich frei in viele Tochterkerne, die sich in dem Wandplasma am Sporenscheitel verteilen, und nun erfolgt zunächst hier die Ausbildung von Zellwänden, später auch weiter nach unten. So wird von oben nach unten fortschreitend meistens die ganze Spore mit großen Prothalliumzellen angefüllt; zugleich beginnt aber auch in derselben Richtung die weitere Teilung dieser Zellen in kleinzelliges Gewebe. Im oberen Teil des Prothalliums werden einige wenige Archegonien angelegt.

Die Sporenwand springt an den 3 Sporenkanten auf (Abb. 789 A); das kleinzellige, farblose Prothallium tritt etwas hervor und bildet auf 3 Gewebehökkern einige Rhizoide, die zur Aufnahme von Wasser dienen. Dann erfolgt die Befruchtung von einem oder wenigen Archegonien. Die Zygote teilt sich durch ihre erste Wand in einen zum Archegoniumhals gewendeten Suspensor (Embryoträger, Abb. 789 B) und den eigentlichen, endoskopisch orientierten Embryo, der sich zur Befreiung aus dem Prothallium nach außen krümmen muß (B). Die krautigen, Selaginella-ähnlichen Selaginellites-Arten des Carbons waren auch bereits heterospor. Sie sahen vor etwa 300 Millionen Jahren schon aus wie heutige Selaginella-Arten.

Die Mehrzahl der Selaginella-Arten lebt als Bodenbedecker in feuchten Tropenwäldern. Nur wenige Arten sind an trockene Standorte angepaßt, wie die

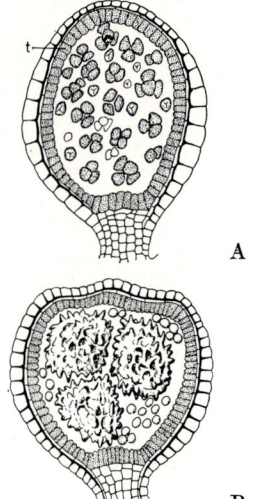

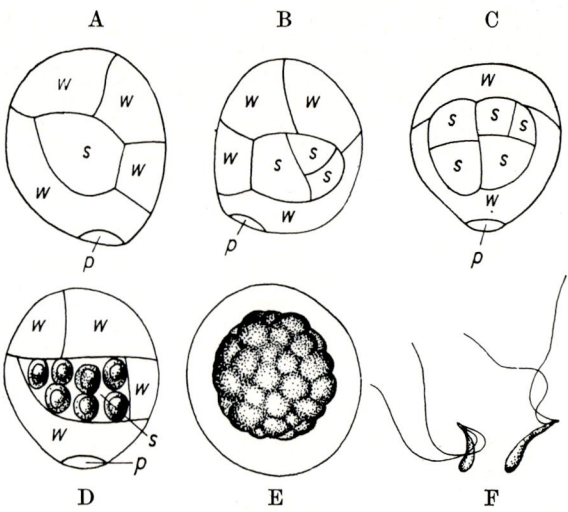

Abb. 787: *Lycopodiatae, Selaginella inaequalifolia.* A Mikrosporangium mit Mikrosporentetraden; t Tapetenzellen. B Megasporangium mit einer einzigen Megasporentetrade und verkümmerten Sporenmutterzellen. (70 ×; nach Sachs, veränd.)

Abb. 788: *Lycopodiatae.* A–E *Selaginella stolonifera* (640 ×). Keimung der Mikrosporen, aufeinanderfolgende Stadien; p Prothalliumzelle, als Rhizoidzelle aufzufassen, w Antheridiumwandzellen, s spermatogene Zellen. A, B, D von der Seite, C vom Rücken. In E die Prothalliumzelle nicht sichtbar, die Wandzellen aufgelöst. F *S. cuspidata*, Spermatozoiden. (780 ×; nach Belajeff.)

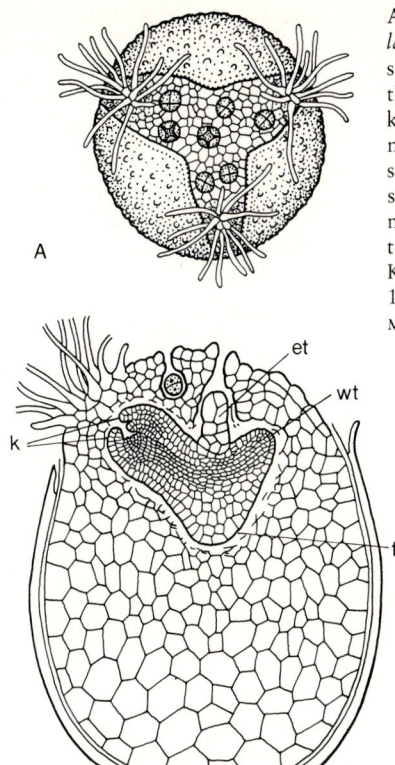

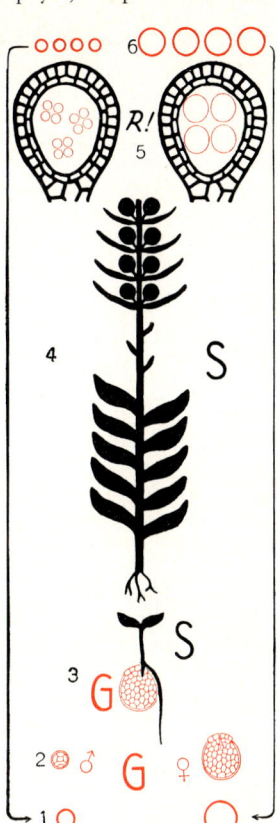

Abb. 789: *Lycopodiatae, Selaginella martensii.* A Aufgesprungene Megaspore; Prothallium mit 3 Rhizoidhökkern und mehreren Archegonien in Aufsicht. B Längsschnitt, 2 Archegonien mit sich entwickelnden Embryonen, et Embryoträger, f Haustorium, wt Wurzelträger, k Keimblätter mit Ligula. (A 112 ×, B 150 ×, nach BRUCHMANN.)

Abb. 790: *Lycopodiatae, Selaginellales.* Entwicklungsschema von *Selaginella.* G Gametophyt, S Sporophyt. Haploide Phase: rote Linien, diploide Phase: schwarze Linien oder ganz schwarz. R! Reduktionsteilung. (Nach HARDER.)

mittelamerikanische *S. lepidophylla,* deren zu einer Rosette angeordnete Sprosse sich bei Trockenheit einrollen (falsche «Rose von Jericho»).

3. *Ordnung:* **Lepidodendrales** (Lepidophyten). Die bis 40 m hohen und bis 5 m dicken «Bärlappbäume» (Abb. 791) erreichten ihre Hauptentfaltung im Carbon (Abb. 838) und hatten an der Steinkohlenbildung wesentlichen Anteil. Ihre linealischen, schraubig angeordneten Blätter vom Typus der Mikrophylle (die jedoch 20 cm groß wurden) hatten ihre Spaltöffnungen in 2 Längsrillen auf ihrer Unterseite; sie waren von nur einem einfachen, selten gegabelten Leitbündel durchzogen und hatten noch kein Palisadengewebe; nach ihrem Abfall ließen sie charakteristische Narben und Blattpolster an der Stammoberfläche zurück (vgl. Abb. 791 B, D). Die auf der Blattnarbe neben dem Leitbündelmal in einem Paar (Abb. 791 B) oder in zwei Paaren (Abb. 791 D) erkennbaren Male kennzeichnen die Austrittsstellen lacunöser, der Durchlüftung dienender Gewebestränge, die parallel zu den Blattspuren die primäre Rinde durchliefen. Die Stämme hatten Siphonostelen (Abb. 792); ihr dünnwandiges Phloem war noch wenig differenziert. Ein nicht sehr tätiger Cambiumring bildete durch sekundäres Dickenwachstum neue Gewebe, wobei die Treppentracheiden (mit etwas abweichend gebauten Verdickungs-

leisten) des sekundären Holzes sehr gleichmäßige Weite hatten und mit ihren teilweise schon vorhandenen einreihigen Markstrahlen an rezentes Coniferenholz erinnern (jedoch ohne Hoftüpfel und, wie bei fast allen Carbonpflanzen der Nordhalbkugel, ohne Jahresringe). Das ganze sekundäre Holz war aber offenbar für die Stabilität und Wasserleitung der Bäume unbedeutend. Die Stämme hatten auch bereits ein dem Korkcambium entsprechendes Meristem; es sonderte besonders nach innen sehr lebhaft Zellen ab, so daß eine im Verhältnis zum Holz außerordentlich mächtige Rinde gebildet wurde [bei Lepidodendron bis 99% des Querschnitts(!), deshalb «Rindenbäume» genannt, Abb. 792]. Die Rinde bestand hauptsächlich aus Festigungsgewebe; sie war außerdem aber mittels der sogar nach dem Blattabfall noch längere Zeit erhalten bleibenden Ligula wohl auch mit an der Wasserversorgung beteiligt. Diese holzarmen Bäume waren verankert mit flachstreichenden (nasser Boden!), rhizomartigen, sekundäres Dickenwachstum aufweisenden, wiederholt gabelig verzweigten Wurzelträgern (Abb. 791 A, C); ihnen entsprangen exogen sehr viele relativ schwache Wurzeln von eigentümlichem Bau (sog. Appendices), die später abbrachen und zahlreiche Narben hinterließen, weshalb die Wurzelträger Stigmarien genannt werden.

Die Stämme der **Sigillariaceae**, S i e g e l b ä u m e (Abb. 791 A), waren mit Längsreihen mehr oder weniger sechseckiger Blattpolster (B) bedeckt (beim sekundären Dickenwachstum vergrößerten diese sich durch Dilatation). Ihre bis 1 m langen und bis 10 cm breiten, einfachen Blätter standen schopfig gehäuft am Ende der säulenförmigen, unverzweigten oder nur wenig gegabelten Stämme. Im unteren Teil der Krone hingen an sehr kurzen Seitenzweigen die mächtigen Sporophyllzapfen.

Bei den **Lepidodendraceae**, den S c h u p p e n b ä u - m e n (Abb. 791 C), saßen die schraubig angeordneten, bis einige Dezimeter langen Blätter auf rhombischen Blattpolstern (D). Ihre Stämme waren reich dichotom verzweigt und trugen endständig an den Zweigen bis ³/₄ m lange, äußerlich Coniferenzapfen ähnliche S p o r o p h y l l z a p f e n (Abb. 791 C, E), deren sehr zahlreiche, schuppenförmig verbreiterte und schrau- big-dachziegelig angeordnete Sporophylle schützend ihr Sporangium deckten. Die Lepidodendren waren fast ausnahmslos h e t e r o s p o r und hatten im Mega- sporangium teilweise nur eine e i n z i g e, bis über 6 mm dick werdende M e g a s p o r e; bei gewissen Vertretern (*Lepidostrobus major*) war diese mit der Sporangien-

wand teilweise verwachsen, so daß die Prothallium- bildung im Innern des Sporangiums stattfinden mußte. Die Prothallien waren denen der Selaginellaceen ähn- lich (Abb. 793). Ihre Spermatozoiden und folglich auch deren Geißelzahl sind bei allen *Lepidodendrales* unbekannt.

Von hohem Interesse sind einige carbonische *Lepidodendrales* (*Miadesmia*, krautig, *Selaginella*- ähnlich; *Lepidocarpon*, baumförmig) mit s a m e n - ähnlichen Gebilden; man kann sie danach, obgleich sie wohl kaum näher verwandt miteinander sind, als «**Lepidospermae**» zusammenfassen. Das M e g a - s p o r o p h y l l legt sich bei diesen S a m e n b ä r l a p - p e n als eine Hülle rings um das Sporangium (Abb. 794 j); sie war am Scheitel offen und konnte hineinstäubende Mikrosporen aufnehmen, von denen aus dann in noch unbekannter Weise die Befruchtung innerhalb des in der einzigen vorhandenen Megaspore gebildeten Prothalliums (P) stattfand. D a s g a n z e O r g a n blieb auf der M u t t e r p f l a n z e sitzen und entwickelte sich hier zu einem S a m e n, an dessen Schalenbildung außer der Megasporangien- wand auch die Hülle beteiligt war. Die Megasporo- phylle waren zapfenartig angeordnet, so daß S a m e n -

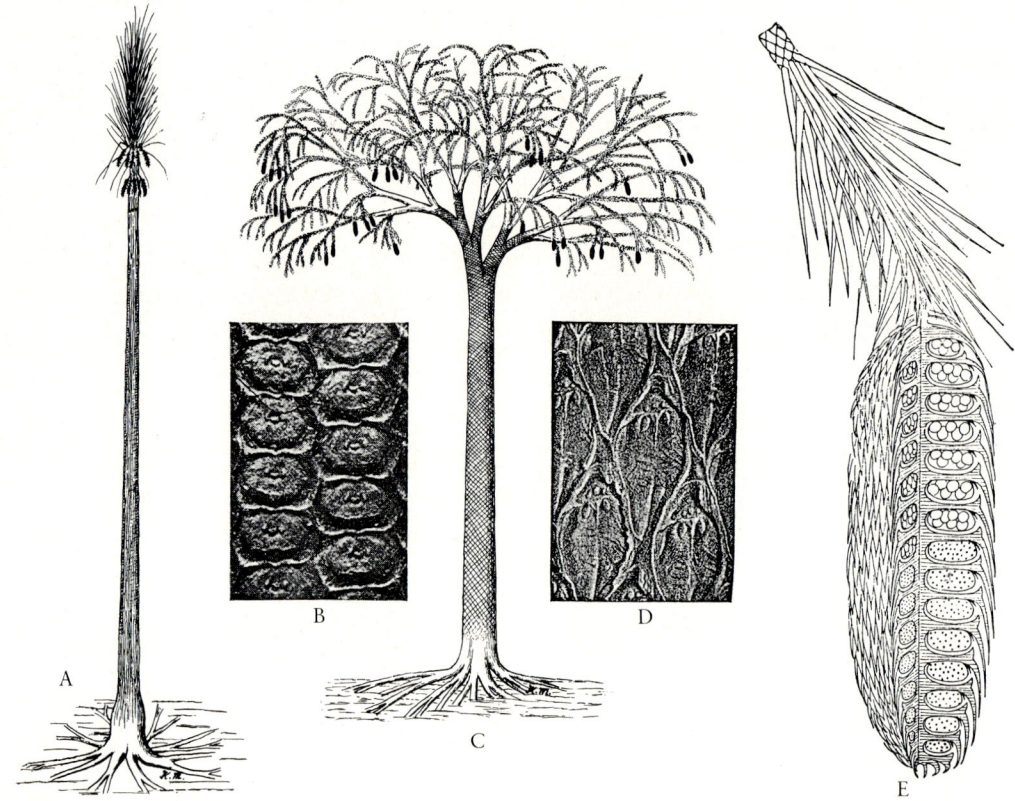

Abb. 791: *Lycopodiatae, Lepidodendrales.* A, B *Sigillaria*, C–E *Lepidodendron*. A *Sigillaria*, Rekonstruktion (¹/₈₀ ×). B Blattpolster (2,5 ×). C *Lepidodendron*, Rekonstruktion (¹/₂₀₀ ×). D Blattpolster (nat. Gr.). E Sporo- phyllzapfen (nat. Gr.). (A–C, E nach Mägdefrau; D nach Stur.)

zapfen entstanden, die denen der heutigen Gymnospermen ähnelten.

4. Ordnung: **Isoetales.** Die etwa 60 Arten von *Isoetes*, die Brachsenkräuter (Abb. 795), sind teils untergetaucht, teils auf feuchtem Boden lebende ausdauernde K r ä u t e r mit knolliger, gestauchter, selten dichotom gegabelter Achse, die hohes Alter erreichen kann. Sie hat ein zentrales Leitbündel, das ziemlich anomales s e k u n d ä r e s D i c k e n w a c h s - t u m von nur ganz geringer Produktivität aufweist. Der Achse entspringen aus 2–3 Längsfurchen Reihen von dichotom verzweigten Wurzeln, nach oben eine dichte Rosette von langen (bei bestimmten Arten bis 1 m erreichenden), pfriemförmigen, von 4 Luftkanälen durchzogenen Blättern. Die am Grunde verbreiterten Blätter haben einfaches Mesophyll und sind über ihrer Basis an der Oberseite mit einer länglichen, grubenartigen Vertiefung («Fovea») versehen. Die meisten Blätter sind Sporophylle mit je einem Sporangium in der Fovea; nur die innersten Blätter der Rosette sind steril. Zwischen Sporophyllen und Laubblättern besteht kein Formunterschied. Über der Fovea ist die L i g u l a als dreieckiges Häutchen mit eingesenkter Basis eingefügt (Abb. 795 B, C). Über die Blattstellung s. S. 143.

An den äußeren Blättern der Rosette bilden sich M e g a s p o r a n g i e n mit zahlreichen kugelig-tetraedrischen Megasporen, an den auf sie folgenden inneren, also jüngeren Blättern M i k r o s p o r a n g i e n mit hunderttausenden ellipsoidischer, einseitig etwas abgeflachter Mikrosporen. Die Sporangien werden bis über ¹/₂ cm lang und sind von Strängen sterilen Gewebes, Trabeculae genannt, durchzogen. Die Sporangienwand besteht aus mehreren Zellagen und einer sich nicht auflösenden Tapetenschicht. Die Sporen werden erst durch Verwesung ihrer Behälter frei.

Die diöcischen P r o t h a l l i e n sind äußerst stark r e d u z i e r t und werden in der Spore gebildet. Die ♂ (Abb. 795 D–M) entwickeln sich ähnlich wie die von *Selaginella* [wobei sich eine auffallende Ähnlichkeit mit den ersten Teilungen in den Sporen von *Lycopodium* zeigt (vgl. Abb. 781 A)], entlassen aber nur 4 Spermatozoiden. Letztere sind schraubig gewunden und am vorderen Ende mit einem Geißelbüschel besetzt. Auch das ♀ Prothallium (Abb. 796) wird ähnlich wie bei *Selaginella* gebildet und füllt die ganze Megaspore aus. Es entwickelt an einer durch Reißen der Sporenwand frei werdenden Stelle einige wenige Archegonien.

Die Zygote teilt sich durch 2 senkrecht aufeinanderstehende Querwände in 4 Quadranten, von denen sich 2 nebeneinanderliegende zum Sproßscheitel und dem ersten Blatt mit Ligula, die beiden anderen zur ersten sproßbürtigen Wurzel und dem Haustorium entwickeln. Der exoskopische Embryo entwickelt sich ohne Scheitelzellen; auch ein Suspensor fehlt.

Bei der einzigen weiteren, heute noch lebenden, aber stammesgeschichtlich wohl älteren und erst vor kurzem entdeckten kleinen Gattung der *Isoetales*, *Stylites* (2 Arten in Peru), wird das mit Blattnarben bedeckte Stämmchen größer (15 cm), hat nur eine Wurzelfurche und stärkere Neigung zu dichotomer Verzweigung.

Trotz der Vielzahl der Geißeln an den Spermatozoiden und der anderen Embryoentwicklung sind die *Isoetales* wohl r e d u z i e r t e, sekundär zum Wasserleben übergegangene *Lycopodiatae*. Die heute lebenden Arten sind als Überreste in den älteren Erdperioden (Kreide und früher) formenreicheren Gruppen anzusehen. Sie waren früher auch wesentlich größer. Das gilt in beschränktem Maße für *Nathorstiana* aus der Unterkreide und ausgeprägter für *Pleuromeia* aus dem Buntsandstein; bei ihr erreichen die etwa armdicken, unverzweigten Stämme (mit kurzen Blättern und einem endständigen, heterosporen Sporophyllzapfen) 2 m Höhe. Deren Vorläufer dürften die relativ langblättrigen und wenig oder gar nicht verzweigten, jedoch viel größeren Sigillarien gewesen sein. Die heutigen Isoeten hätten sich also (wenn auch nicht ganz so geradlinig und einfach wie hier darge-

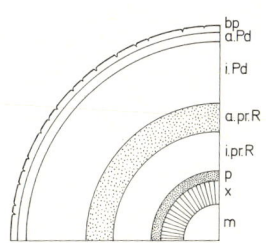

Abb. 792: *Lycopodiatae, Lepidodendron.* Stammquerschnitt (Schema). bp Blattpolster; a.Pd äußeres, i.Pd inneres Periderm; a.pr.R. äußere, i.pr.R. innere primäre Rinde; p Phloem; x Xylem; m Mark. (Nach HIRMER.)

Abb. 793: *Lycopodiatae, Lepidodendrales, Bothrostrobus mundus.* Längsschliff durch eine Megaspore mit Prothallium. (35 ×; nach McLEAN.)

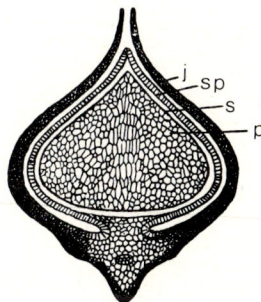

Abb. 794: *Lycopodiatae, Lepidodendrales, Lepidocarpon lomaxi.* Längsschliff durch Megasporangium. p Prothallium. s Sporenwand. sp Sporangienwand, j Hülle (8 ×; nach SCOTT.)

stellt) durch zunehmende Stauchung des Stammes aus den *Lepidodendrales* entwickelt, wobei die Reihe *Sigillaria–Pleuromeia–Nathorstiana–Stylites–Isoetes* die allmähliche Reduktion veranschaulicht.

Nach dem Dargelegten ist für alle **Lycopodiatae** charakteristisch die gabelige Verzweigung ihrer Stengel und Wurzeln und die einfache Form ihrer zahlreichen, nadelförmigen und ungestielten, als fortentwickelte Mikrophylle aufzufassenden Blätter, die bei drei Ordnungen eine Ligula haben. Die Blätter stehen meist schraubig geordnet dicht um den Stengel. Die Sporophylle haben eine nur wenig andere Gestalt als die assimilierenden Blätter und stehen fast immer an den Enden der Sprosse

(Ausnahmen: *Isoetes, Huperzia*) zu ährenförmigen Sporophyllständen (Blüten) vereinigt. Auf den Sporophyllen sitzen die Sporangien in Einzahl am Grunde der Oberseite. Das einfach gebaute «Mikrophyll» charakterisiert die *Lycopodiatae* als Verwandte der *Psilophytatae* (vgl. *Zosterophyllaceae* und *Asteroxylaceae*, S.721), aus denen sie sich sehr wahrscheinlich entwickelt haben.

Die innerste Wandschicht der Sporangien wird bei der Reife nicht aufgelöst (Sekretionstapetum). Die Spermatozoiden sind mit Ausnahme derer der *Isoetales* und im Gegensatz zu allen anderen Pteridophyten zweigeißelig; der Embryo wird – wieder außer bei den *Isoetales*

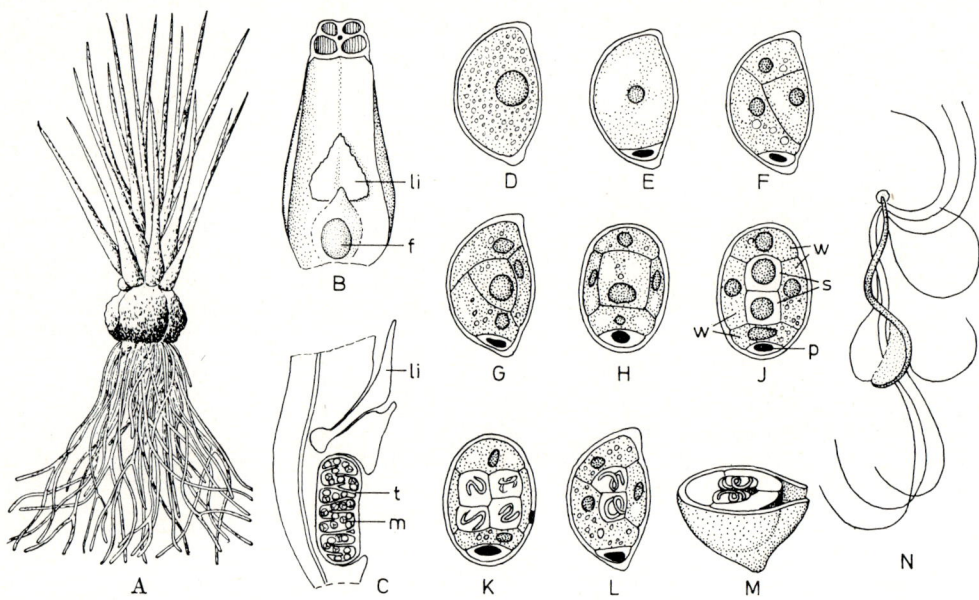

Abb. 795: *Lycopodiatae, Isoetales, Isoetes.* A–C *I. lacustris,* D–M *I. setacea,* N *I. malinverniana.* A Ganze Pflanze (¹/₂ ×). B Basaler Blattabschnitt mit Ligula und Fovea (2 ×). C Desgl., Längsschnitt (4 ×). D–M Mikroprothallienentwicklung und Spermatozoidbildung (500 ×). N Spermatozoid (1100 ×). f Fovea, li Ligula, m Mikrosporen, p Prothalliumzelle, s spermatogene Zellen, t Trabeculae, w Wandzellen. (A–C nach Wettstein, D–M nach Liebig, N nach Belajeff.)

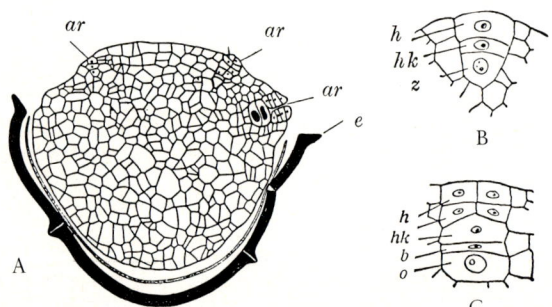

Abb. 796: *Lycopodiatae, Isoetales.* Megaprothallium. A ♀ Prothallium von *Stylites andicola* in den aufgeplatzten Sporenhüllen mit Archegonien (ar), das rechte mit Bauchkanal- und Eizelle; e Exine, darin die Intine. B, C Entwicklung des Archegoniums aus einer Oberflächenzelle bei *Isoetes echinospora,* h Halswandzellen, hk Halskanalzelle, z Zentralzelle; sie liefert: b Bauchkanalzelle, o Eizelle. (A 60 ×, nach Rauh & Falk; B, C 250 ×, nach Campbell.)

– durch einen Suspensor in das Prothalliumgewebe hineingeschoben.

Als Bindeglieder nach unten dürften unterdevonische Formen wie *Protolepidodendron*, *Drepanophycus* (Abb. 785) und *Asteroxylon* in Betracht kommen. Die *Lycopodiatae* waren besonders im Carbon mit zahlreichen baumförmigen Gattungen wesentlich stärker entwickelt als in der Jetztzeit (vgl. Abb. 838) und hatten vereinzelt (Lepidospermae) die Organisationsstufe der Samenbildung erreicht. Die Unvollkommenheit ihrer Wasserleitungsbahnen und der Wasseraufnahme mag dazu beigetragen haben, daß die baumförmigen Vertreter mit dem Trocknerwerden des Klimas am Ende des Paläozoicums ausstarben bzw. durch das Aufkommen von Typen mit vollkommeneren Leitungssystemen (z. B. die *Cordaitidae*) verdrängt wurden (vgl. Abb. 838). Die krautigen Bärlappe und die Moosfarne haben sich dagegen durch die rund 300 Millionen Jahre bis zur Gegenwart so gut wie unverändert erhalten («persistente Typen»). Im gegenwärtigen Landschaftsbild spielen sie allerdings keine Rolle mehr, während die Bärlapp-Bäume zusammen mit den Calamiten (s. S. 736) und einigen Farnbäumen (s. S. 743) die Physiognomie des Steinkohlenwaldes (Abb. 1059) beherrschen.

Die nun folgende Klasse (IV) unterscheidet sich von der vorigen in mehreren Merkmalen: die Sporophylle sind von den Trophophyllen deutlich verschieden. Bei den rezenten Arten sitzen die Sporangien zu mehreren an tischchenförmigen Sporangienträgern, keinesfalls in den Achseln von Blättern. Die Sporangien besitzen ein Plasmodialtapetum (bei Lycopodiaten Sekretionstapetum). Der Sproß ist in Knoten mit wirtelig angeordneten Blättern und Internodien gegliedert.

IV. Klasse: Equisetatae (Articulatae, Sphenopsida), Schachtelhalmgewächse

Die Schachtelhalmgewächse leben heute nur noch in einer einzigen Gattung, *Equisetum*, deren sämtliche (32) Arten in den Grundzügen ihres Baues und ihrer Entwicklung übereinstimmen.

Aus einem im Boden oft in beträchtlicher Tiefe kriechenden ausdauernden Erdsproß entspringen aufrechte Luftsprosse oder «Halme» mit Scheitelzelle (Abb. 114 u. S. 108) von meist nur einjähriger Lebensdauer. Sie bleiben entweder einfach oder verzweigen sich in wirtelige Äste zweiter, dritter usw. Ordnung (Abb. 797).

Die gerieften Achsen sind aus gestreckten Internodien zusammengesetzt. An den Knoten sitzen, durch diese Internodien voneinander getrennt, Wirtel (s. S. 139) von zugespitzten zähnchenförmigen Mikrophyllen, die mit einem Leitbündel versehen und an ihrer Basis zu einer den Stengel umschließenden Scheide verwachsen sind (Abb. 797 A). Die Internodien sind an ihrem Grunde, wo sie intercalar wachsen, von diesen Scheiden umhüllt. In den Knoten befindet sich jeweils ein geschlossener Leitbündelring mit Innenxylem und Außenphloem (Siphonostele). Die Internodien zeigen diesen Ring aufgegliedert in Leitbündelstränge, welche in Parenchym eingebettet sind (Eustele; Abb. 798).

An einem Knoten finden sich nacheinander jeweils unten Anlagen der Seitenzweige und darüber die aus Protoxylem bestehenden Blattspurstränge; letztere treten erst an dem nächstoberen Knoten in die Blätter aus. Die Leitbündel samt ihren Blattspursträngen sind in den aufeinander folgenden Internodien versetzt angeordnet (wie in Abb. 803). Die Seitenzweige brechen zwischen den Blättern quer durch die Scheiden nach außen hervor.

Bei der geringen Größe der Blattspreiten, die bald ihr Chlorophyll verlieren, übernehmen die grünen Halme die Assimilation. Die collateralen (s. S. 130) Leitbündel sind sehr xylemarm. Die ältesten Xylemteile schwinden bald und weichen Intercellulärgängen, die im Sproßquerschnitt als Kreis sog. Carinalhöhlen erscheinen (Abb. 798). Auch im ausgedehnten Mark entsteht ein großer, luftführender Intercellularraum (Zentralkanal) und ebenso in der Rinde ein Kreis der sog. Vallecularkanäle (unter den Oberflächenrinnen des Stengels). Nach innen wird die Rinde meist durch eine 1- bis 2-schichtige Endodermis mit CASPARYschen Streifen begrenzt.

Die äußeren Zellwände der Stengelepidermis sind bei den Schachtelhalmen mehr oder weniger stark mit Kieselsäure imprägniert (daher früher als «Zinnkraut» zum Putzen metallener Gefäße verwendet). In den Furchen zwischen den Rippen liegen die Spaltöffnungen, immer je 2 nebeneinander in Längsreihen geordnet. Sie zeigen den übrigen Pflanzen fehlende Eigentümlichkeiten: die Schließzellen werden von ihren Nebenzellen vollständig überdeckt; bei steigendem Turgor runden sich die Schließzellen ab, wobei sich die Bewegung durch Vermittlung von Verdickungsleisten der Grenzwände auf die Nebenzellen überträgt und die Spalten geöffnet werden. Bei *Equisetum arvense*, dem Acker-Schachtelhalm (Abb. 797), sowie anderen, ebenfalls ihre oberirdischen Teile im Winter einziehenden Arten werden seitliche, kurze Erdsproßäste zu rundlichen, reservestoffhaltigen Überwinterungsknollen; es gibt aber auch immergrüne Arten (z.B. *E. hyemale*).

Bei gewissen Schachtelhalm-Arten bleibt ein Teil der Halme steril und verzweigt sich reichlich; andere Halme tragen an ihren Enden die «Blüten» und verzweigen sich dann später und sparsamer oder überhaupt nicht in unfruchtbare Seitenzweige (Abb. 797 A, F).

Die Sporangien werden von besonders gestalteten Sporangiophoren erzeugt. Diese sind in mehreren alternierenden Quirlen an den Enden der Sprosse infolge starker Internodienverkürzung zu zapfenförmigen Sporo-

phyllständen («Blüten») vereinigt (Abb. 797 A). Die Sporophylle selbst haben die Form eines einbeinigen Tischchens, an dessen Unterseite 5–10 sackförmige Sporangien sitzen (Abb. 797 B, C); ihre Leitbündel sind konzentrisch.

Das sporenbildende Gewebe ist im jüngeren Sporangium von einer mehrschichtigen Wandung umgeben. Während die inneren Lagen als Tapetenzellen ihre Wände auflösen und ihr Plasma zum Periplasmodium wird, das zwischen die sich abrundenden Sporen eindringt und bei der Bildung der Sporenwand aufgebraucht wird, bleiben bei der Reife nur die 2 äußeren Zellschichten als definitive Wandung

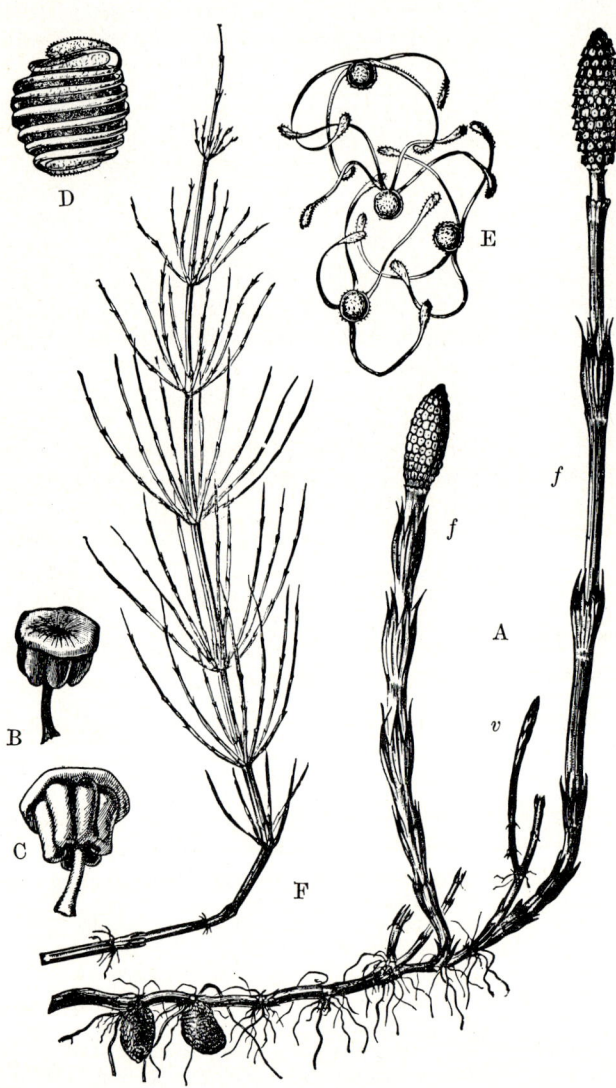

Abb. 797: *Equisetatae, Equisetales, Equisetum arvense*. A Fertile Halme (f), dem knollentragenden Erdsproß entspringend, mit vegetativem Halm (v) noch in der Knospe. F Unfruchtbarer, vegetativer Halm. B und C Sporophylle mit Sporangien, in C aufgesprungen. D Spore mit den beiden Schraubenbändern (Hapteren) des Perispors. E Sporen mit den im trockenen Zustand ausgebreiteten Schraubenbändern (schwächer vergrößert als D). (A, F ¹/₂×, B, C 6×, D 360×, E 100×; nach SCHENCK.)

des Sporangiums erhalten; die Zellen der Epidermis haben schraubige und Ringfaserverdickungen. Die Sporangien springen mit einem Längsriß an der Innenseite auf, und zwar durch den Kohäsionszug des schwindenden Füllwassers in den Wandzellen (vgl. S. 482).

Das geöffnete Sporangium der rezenten *Equisetum*-Arten entleert zahlreiche grüne Meiosporen mit eigenartig gebauter Wand. Der aus Endospor und Exospor zusammengesetzten eigentlichen Sporenwand wurde zuvor vom Perisplasmodium ein mehrschichtiges Perispor aufgelagert. Dessen äußerste Schicht besteht aus 2 schmalen, parallel laufenden, im feuchten Zustande schraubig um die Spore gewundenen, an ihren Enden spatelförmigen Bändern (Hapteren; Abb. 797 D, E). Beim Austrocknen der Sporen rollen sich die Hapteren ab, bleiben aber an einer Stelle in ihrer Mitte miteinander und mit dem Exospor verbunden (E); sie strecken sich dabei aus, legen sich bei Zutritt von Feuchtigkeit aber wieder zusammen (vgl. S. 481) und mögen durch ihre hygroskopischen Bewegungen dazu dienen, die Sporen nicht nur auszubreiten, sondern auch gruppenweise zu verketten; dementsprechend wachsen die Gametophyten vielfach in dichten Gruppen

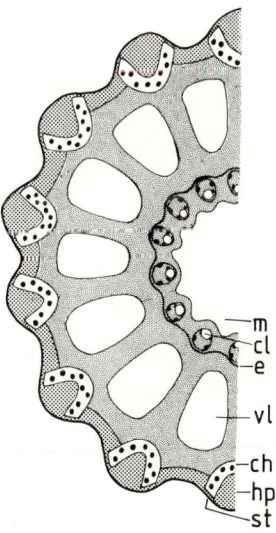

Abb. 798: *Equisetaceae, Equisetum arvense.* Stengel quer. m lysigene Markhöhle, e Endodermis, in den Leitbündeln schwarz das Xylem und cl Carinalkanal, vl Vallecularkanal, hp Sclerenchymstränge in den Riefen und Rippen, ch chlorophyllführendes Gewebe der Rinde, st Spaltöffnungsreihe (16 ×).

nebeneinander. Die Sporen sind nur einige Tage keimfähig.

Die Meiosporen sind sämtlich von gleicher Beschaffenheit und keimen zu thallosen, stark gelappten, grünen Prothallien aus (Abb. 799 A).

Bei der Sporenkeimung wird das erste Rhizoid durch eine uhrglasförmige Wand an der vom Licht abgewandten Seite abgegrenzt; die andere Zelle entwickelt sich zum grünen Teil des Prothalliums, das dann weitere Rhizoide bildet.

Die Prothallien stellen ziemlich reichlich verzweigte, dorsiventrale, krause Lappen dar, die monöcisch oder diöcisch sein können. Die Geschlechtsbestimmung der potentiell bisexuellen Prothallien erfolgt phänotypisch durch äußere Faktoren. Unter Mangelbedingungen entstehen vornehmlich ♂ Gametophyten. Die Geschlechtsreife tritt in nur 3- bis 5-wöchiger Entwicklung ein, offenbar so rasch, um die hinsichtlich des Wasserhaushaltes und gegenüber der Konkurrenz von Moosen empfindliche Gametophytenphase bald zu beenden. Die ♂ Gametophyten sind im Gegensatz zu den ♀ durch Carotinoide stark pigmentiert, eine Erscheinung, die auch von Moosen (hier in der Antheridienwand) und Pilzen (hier ♂ Gameten bei *Allomyces* s. S. 645) bekannt ist und als Schutz vor mutagener Strahlung gedeutet wird.

Die Antheridien sind in das Prothallium eingesenkt, die Archegonien ragen aus seiner Oberfläche heraus. Die schraubenförmigen Spermatozoiden entstehen zu ca. 250 bis 1000 je Antheridium und besitzen zahlreiche Geißeln (Abb. 799 B, 41 E).

Bei der Teilung der Zygote werden durch die erste Wand (Basalwand, 1–1 in Abb. 799 C) Hälften gebildet, von denen – im Gegensatz zu *Lycopodium* (Abb. 783) – beide nach weiteren Teilungen (Quadranten, Oktanten) an der Bildung des Embryos beteiligt sind; ein Suspensor wird nicht entwickelt. Der Sproßpol des Embryos ist von Anfang an gegen den Archegoniumhals gerichtet (exoskopisch), seine ersten Blätter treten gleich in einem Quirl angeordnet auf und umwallen ringförmig den Stammscheitel, der mit dreischneidiger Scheitelzelle weiterwächst (Abb. 114 A). Die Anlage der ersten Wurzel liegt seitlich zur Längsachse (Abb. 799 C); sie durchbricht das Prothallium nach unten (Abb. 799 D).

Die meisten Arten der von den Tropen bis in die kalten Zonen verbreiteten Gattung *Equisetum* bevorzugen feuchte Standorte. Aus den Zähnen der Blattscheiden treten oft Guttationstropfen aus. Während unsere einheimischen Arten bis 2 m hoch werden (*E. telmateia*), erreichen tropische Vertreter (z. B. *E. giganteum* in Südamerika) als Spreizklimmer Längen bis zu 12 m.

Systematik. Zur morphologischen Einförmigkeit der heutigen Schachtelhalme steht die Formenfülle der fossilen *Equisetatae* in auffälligem Gegensatz. Im folgenden besprechen wir nur die wichtigeren Gruppen.

1. Ordnung: **Sphenophyllales,** Keilblattgewächse. Diese Fossilien aus dem Paläozoicum (vom Oberdevon bis Perm) zeichnen sich durch (meist sechszählige) Quirle noch gabelteiliger oder zu keilförmigen Flächen mit vielen Gabelnerven verwachsener Blätter aus (Abb. 800 A). Die Sphenophyllen waren krautige, etwa 1 m lang werdende, wohl als Spreizklimmer lebende Pflanzen, im Habitus unseren heutigen *Galium*-Arten vergleichbar. Die dünnen, langgliedrigen, wenig verzweigten Stengel wurden von einem triarchen Leitbündel mit Sekundärzuwachs (Netz- und Hoftüpfeltracheiden) durchzogen (Abb. 800 B). Die ziemlich verwickelt gebauten Sporophyllstände waren bei manchen Arten isospor, bei anderen heterospor.

2. Ordnung: **Equisetales.** Sie bilden die vom Devon-Ende bis zur Jetztzeit verbreitete Hauptgruppe der Klasse und sind gekennzeichnet durch einen zentralen Markhohlraum, der von einem Kranz collateraler Leitbündel umgeben ist, an die sich bei den baumförmigen paläozoischen Vertretern Sekundärholz anschließt.

1. Familie: **Archaeocalamitaceae.** Die nur im Untercarbon vorkommende Gattung *Archaeocalamites* trug gabelteilige Blätter (Abb. 804 A), die entsprechend den an den Knoten geradlinig durchlaufenden Leitbündel in superponierten Quirlen standen.

2. Familie: **Calamitaceae.** Die im Obercarbon und Perm weit verbreitete Gattung *Calamites* bildete einen wichtigen Bestandteil der Steinkohlenwälder und hatte mit den Lepidodendren und Sigillarien einen wesentlichen Anteil an der Kohlebildung (Abb. 1059). Manche Arten erreichten 30 m Höhe und infolge der mächtigen Sekundärholzbildung einen Durchmesser bis zu 1 m (Abb. 801, 802), jedoch – wie *Equisetum* – mit einer großen zentralen Markhöhle (Röhrenbäume). Die Stämme waren bei den meisten Arten wirtelig verzweigt, bei einigen jedoch unverzweigt. Die Leitbündel gabelten sich (ebenso wie bei *Equisetum*) am oberen Ende des Internodiums; je zwei Gabeläste benachbarter Bündel schlossen sich zu einem Bündel des nächstoberen Internodiums zusammen, während ein drittes Bündel als Blattspurstrang nach außen führte (Abb. 803). Radial verlaufende, durch Auflösung dünnwandiger Zellen entstandene «Infranodalkanäle» dienten wohl der Durchlüftung. Die Blätter (Abb. 804 B) waren einfach, lanzettlich und einaderig; an der Blattspitze befand sich – wie an den Blattscheidezähnchen der lebenden Schachtelhalme – eine Hydathode. Entsprechend der Alternanz der Primärbündel in den aufeinanderfolgenden Internodien standen die Blätter in alternierenden Quirlen. An den reproduktiven Achsen wechselten Wirtel von schildförmigen Sporangiophoren und lanzettlichen Bracteen miteinander ab (Abb. 804 C). Neben isosporen Arten gab es auch heterospore (Abb. 804 D). Die Sporen besaßen keine Hapteren.

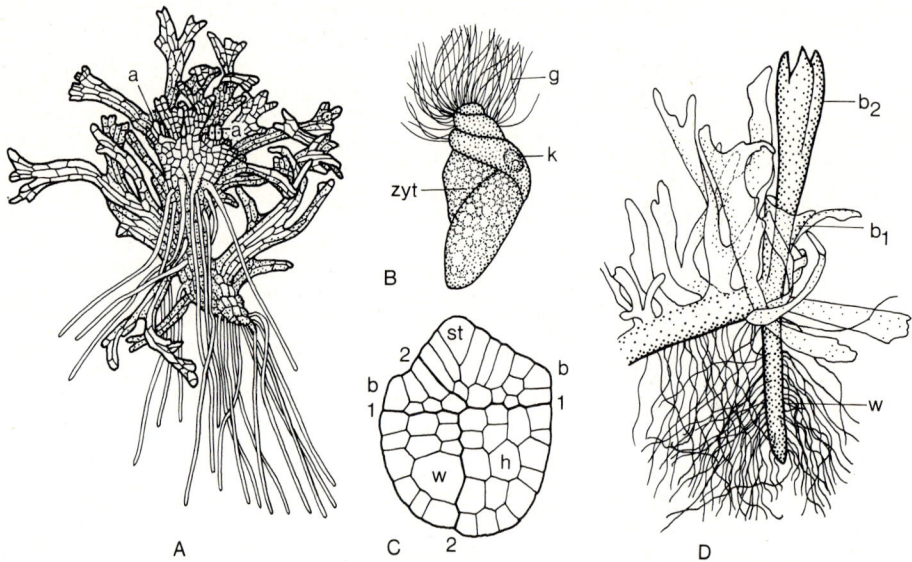

Abb. 799: *Equisetaceae.* A *Equisetum pratense.* ♀ Prothallium von der Unterseite, mit Archegonien a (17 ×). B *E. arvense.* Spermatozoid: k Kern, g Geißeln, zyt Cytoplasma (1250 ×). C *E. arvense.* Embryo 1, 2 Quadrantenwände; aus der über der Basalwand 1 liegenden Hälfte der Stamm st und der erste Blattquirl b, aus der unteren Hälfte die Wurzel w und das Haustorium h (165 ×). D *E. maximum.* ♀ Prothallium mit Keimpflanze (diese dunkler gezeichnet) von der Seite. b_1, b_2 die ersten Blattwirtel, w Wurzel. (A, D nach GOEBEL; B nach SHARP; C nach SADEBECK.)

3. Familie: **Equisetaceae.** Die im Carbon einsetzende und heute durch die Gattung *Equisetum* vertretene Familie hatte ihre größte Entfaltung im Mesozoicum. Sie unterscheidet sich von den Calamitaceen durch das Fehlen von Bracteen zwischen den Sporangiophoren und durch das Vorhandensein von Hapteren an den Sporen.

Die Klasse der *Equisetatae* hatte ihre Hauptentwicklungszeit im Paläozoicum und ist bis auf die einzige Gattung *Equisetum* ausgestorben (vgl. Abb. 838). Auch diese stellt nur noch Überreste ehemals stärkerer Entwicklung dar; denn im Mesozoicum gab

es auch von *Equisetites* Baumformen mit sekundärem Dickenwachstum. Unsere heutigen Equiseten sind also nur Relikte, die wir jedoch nicht etwa an die heterosporen Vertreter des Paläozoicums anschließen dürfen; denn Heterosporie kann stets nur aus Isosporie abgeleitet werden, nicht umgekehrt. Die rezenten Schachtelhalme müssen also schon aus frühen, noch isosporen Formen hervorgegangen sein. Manche der ausgestorbenen Formen *(Calamites, Sphenophyllum)* waren zwar heterospor, bis zur Samenbildung – wie die Lepidospermae – haben es die *Equisetatae* aber, soweit bekannt, nicht gebracht.

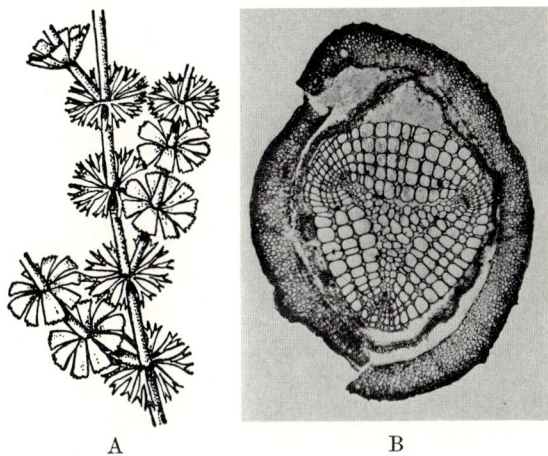

A B

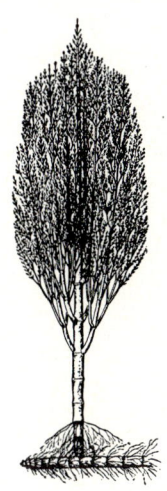

Abb. 800: *Sphenophyllales, Sphenophyllum.* A *Sph. cuneifolium,* Sproßstück mit gabelteiligen und ungeteilten Blättern ($^1/_3 \times$). B *Sph. plurifoliatum,* Querschliff durch Sproßachse; innen dreieckiges Primärxylem mit drei Protoxylemgruppen, rings umgeben von Sekundärxylemen ($7 \times$). (A nach HIRMER, B nach MÄGDEFRAU.)

Abb. 801: *Equisetales, Calamitaceae, Calamites carinatus.* Rekonstruktion ($^1/_{200} \times$). (Nach HIRMER.)

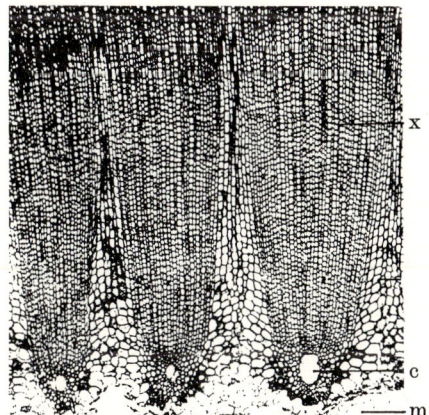

Abb. 802: *Equisetales, Calamitaceae, Arthropitys communis.* Querschliff durch einen Teil des Holzkörpers ($10 \times$). c Carinalkanal, m Mark, x Sekundärxylem. (Nach KNOELL.)

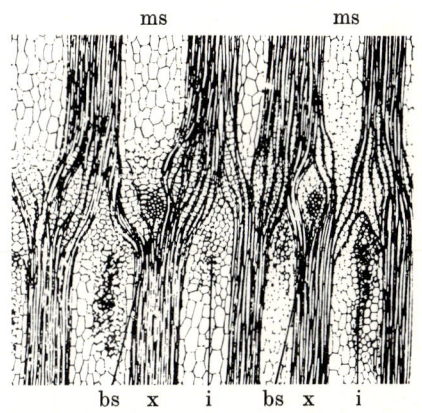

Abb. 803: *Equisetales, Calamitaceae, Arthropitys communis.* Tangentialschliff durch jungen Sproß ($10 \times$). bs Blattspur, i Infranodalkanal, ms Markstrahl, x Xylem. (Nach SCOTT.)

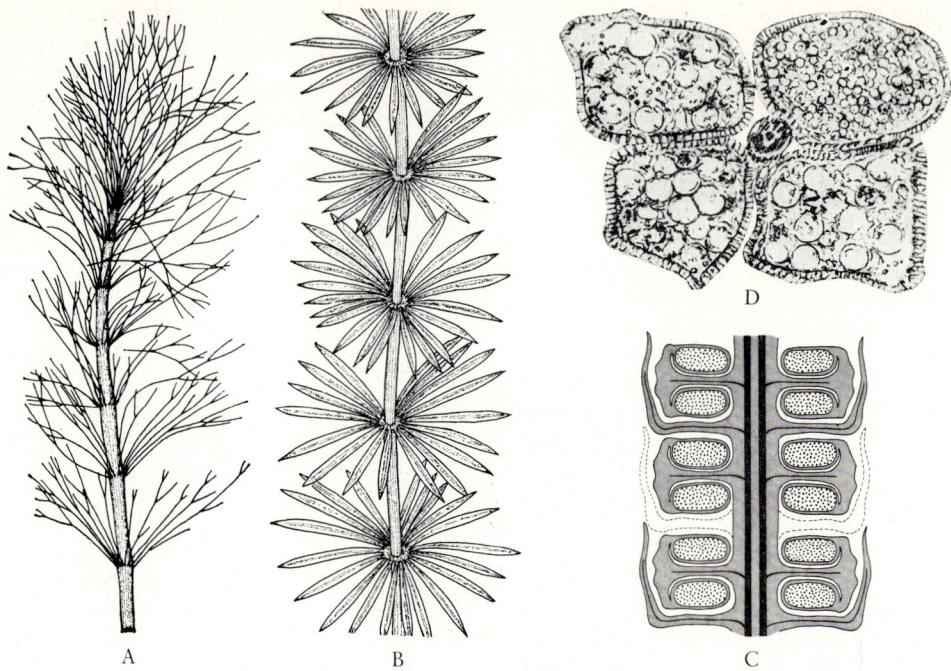

Abb. 804: *Equisetales*, *Archaeocalamitaceae* (A) und *Calamitaceae* (B–D). A *Archaeocalamites radiatus* ($^1/_3$ ×).
B *Annularia stellata* ($^1/_2$ ×). C *Calamostachys binneyana*, Sporangienstand im Längsschliff, mit sterilen Blättern (4 ×). D *Calamostachys casheana*, Tangentialschliff durch Sporangienträger, der 3 Megasporangien und 1 Mikrosporangium trägt (22 ×). (A, B nach Stur; C nach Hirmer, veränd.; D nach Williamson & Scott.)

Als gemeinsame Merkmale der **Equise-tatae** sind anzuführen: ihre im Vergleich zum Stamm kleinen Blätter (Mikrophylle), die im Gegensatz zu den übrigen Pteridophyten in Wirteln angeordnet sind. Der meist wirtelförmig verzweigte Stamm ist deutlich in Nodi und lange Internodien gegliedert. Die Sporophylle sind stets von den assimilierenden Blättern verschieden; sie haben meist die Form eines zentral gestielten Schildchens, an dessen Unterseite eine Vielzahl von Sporangien hängt, und sind zu zapfenförmigen, endständigen Sporangiophoren vereinigt. Die Prothallien der rezenten Arten sind grün und entwickeln sich außerhalb der Sporen.

Die Vertreter der letzten Klasse (V) sind mit großen, oft geteilten Megaphyllen ausgestattet, die auch «Wedel» genannt werden. Die ursprünglich terminal angeordneten Sporangien sitzen bei den abgeleiteten Formen am Blattrand oder auf der Blattunterseite, oft zu Sori (Abb. 823 B) oder Synangien (Abb. 817 A) vereinigt. Sprosse, Wurzeln und Blätter wachsen – wie in der vorigen Klasse der Equisetaten –

meist mit Scheitelzellen; also anders als bei den Lycopodiaten nicht mit Initialzellengruppen (Abb. 114).

V. Klasse: Filicatae (= Filicopsida), Farne

Alle *Filicatae* haben meist gestielte, mit reicher Aderung ausgestattete, große Megaphylle (Wedel), die in der Jugend an der Spitze eingerollt sind (Ausnahme *Ophioglossales*) und auf ihrer Unterseite zahlreiche Sporangien tragen. Ihr Stamm ist meist nicht oder nur spärlich verzweigt. Die Entstehung der Blattspreiten aus Telomsystemen und das Unterständigwerden der Sporangien durch stärkeres Wachstum der Oberseite des Blattes kann man sich nach Art der Abb. 805 vorstellen. Ein fossiles Übergangsstadium ist in Abb. 806 abbildet. Auch die großen gefiederten Wedel kann man sich in entsprechender Weise entstanden denken (S. 805). Die ausgestorbenen Primofilices und die heute lebenden Farngruppen der *Eusporangiatae*, *Leptosporangiatae* und *Hydro-*

pterides hängen zwar verwandtschaftlich zusammen, entsprechen aber kaum natürlichen Abstammungsgemeinschaften, sondern sind als Entwicklungsstufen Ausdruck parallel fortschreitender Merkmalsdifferenzierungen.

Der Name Eusporangiatae («Derbgehäusige») rührt daher, daß ihre reifen Sporangien eine aus mehreren Zellschichten zusammengesetzte derbe Wand haben (Abb. 815 C), während sie bei den Leptosporangiatae («Zartgehäusige») nur aus einer Zellage besteht (Abb. 775). Bei den Eusporangiatae entwickeln sich die Sporangien aus mehreren Zellen, bei den Leptosporangiatae aus nur einer Epidermiszelle (Abb. 775 A). Auch bei den Hydropterides sind die Sporangienwände einschichtig (Abb. 832 F). Die Eusporangiatae bilden kein Periplasmodium; dieses fehlt aber auch bei einer Anzahl von Familien der Leptosporangiatae.

a) Entwicklungsstufe: Primofilices

Als Ahnen der *Filicatae* sind die *Psilophytatae* anzusehen. Das Bindeglied stellen die *Primofilices* dar, die einerseits noch gewisse Anklänge an die Psilophyten zeigen, andererseits daneben

auffallend hoch entwickelte Merkmale aufweisen. Gemeinsam ist allen Primofilices der Besitz von endständigen Sporangien (Abb. 810, 809–811) sowie der Umstand, daß die Fiederabschnitte noch nicht in einer Ebene liegen («Raumwedel»). Der Übergang von den Psilophyten zu den *Primofilices* verläuft so allmählich, daß man im Zweifel sein kann, ob Formen wie *Protopteridium* (Abb. 808) und *Pseudosporochnus* (Abb. 807) noch zu den Psilophyten oder schon zu den Farnen zu rechnen sind. Der phylogenetischen Stellung entspricht auch die zeitliche Verbreitung der *Primofilices*: sie traten im Mitteldevon auf und starben im Unterperm wieder aus.

Bei *Pseudosporochnus* (Abb. 807) entsprang dem Ende der ungegliederten Hauptachse eine Vielzahl gleichstarker, nur wenig gegabelter Seitenäste; sie waren infolge starker Reduktion der Sproßstücke zwischen den Gabelverzweigungen fast büschelförmig gestellt und liefen in zahlreiche dünne, dichotome Auszweigungen aus. Diese trugen an ihren Spitzen (z. T. keulig verdickte) Sporangien, dienten aber in der Hauptsache der Photosynthese. In einigen Fällen waren – und das ist wesent-

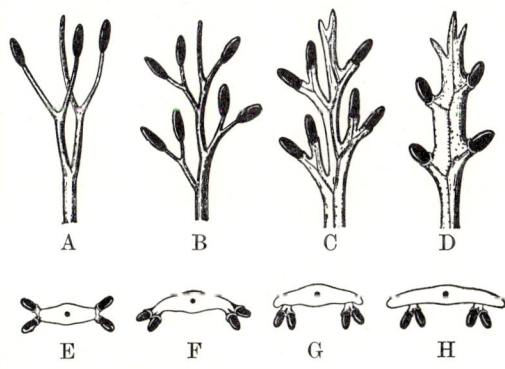

Abb. 805: *Filicatae*. Übergang vom fertilen Telom zum Sporophyll (A–D) und Herabrücken der Sporangien auf die Blattunterseite (E–H). (Nach ZIMMERMANN.)

Abb. 806: Sporophyll von *Acrangiophyllum* (farnähnliches Gewächs unbekannter Stellung), aus dem Obercarbon (7 ×). (Nach MAMAY.)

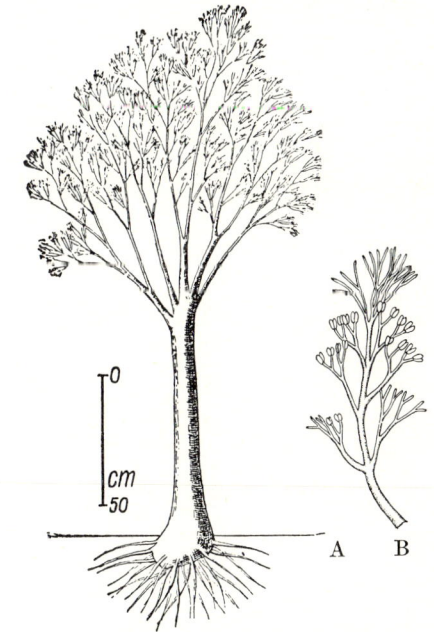

Abb. 807: *Primofilices, Pseudosporochnales, Pseudosporochnus*. A Rekonstruktion. B Zweigende (nat. Gr.). (A nach ZIMMERMANN; B nach LECLERCQ & BANKS.)

lich – ihre Enden etwas verbreitert: Beginn der Planation und Verwachsung im Sinne der Telomtheorie (s. S. 102). An diesen kaum mehr als 1 m hoch werdenden Pflanzen kann man die Seitenzweige mit ihren verbreiterten Assimilationsflächen als Vorläufer von großen mehrfach gefiederten Blättern (Megaphyllen) oder «Wedeln» betrachten.

Bei *Cladoxylon* (Abb. 811) waren die Endverzweigungen der Telome bereits zu keilförmig flächigen, unregelmäßig gabelig verzweigten Blättchen (B) oder zu flächigen Sporophyllgruppen mit randständigen Sporangien (C) fortgeschritten. Weitergehende seitliche Verwachsung der Telome führt zu größerflächigen, gabeladerigen Blättern, wie sie heute z.B. bei *Adiantum* vorliegen (Abb. 200), aber auch schon im Oberdevon vorkamen (Abb. 813 A, vegetative Blattfiedern von *Archaeopteris hibernica*, Oberdevon).

Aus der Gabeladerung entwickelte sich dann bei Farnen und Pteridospermen (S. 787) allmählich die Netzaderung. Im Oberdevon gab es nur Fächeraderung mit gabeliger Aderverzweigung, im Untercarbon trat erstmalig die Fiederaderung auf und im Obercarbon die Netzaderung, die das Blatt am vollkommensten mit Wasser und Nährstoffen versorgt (Abb. 813).

Voraussetzung für das Zustandekommen solcher flächiger Blattbildung ist, daß die Telome in eine

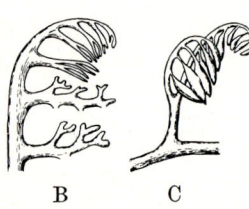

Abb. 808: *Primofilices, Protopteridiales, Protopteridium hostimense.* Devon. A Wedel (¹/₄ ×). B Sterile und C fertile Fiedern (3 ×). (Nach Kräusel & Weyland.)

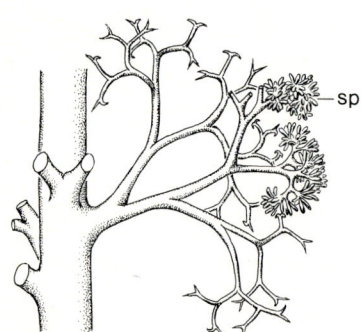

Abb. 809: *Primofilices, Protopteridiales, Pertica quadrifaria.* Devon. Zweig mit Sporangien sp. (¹/₂ ×; nach Kasper & Andrews.)

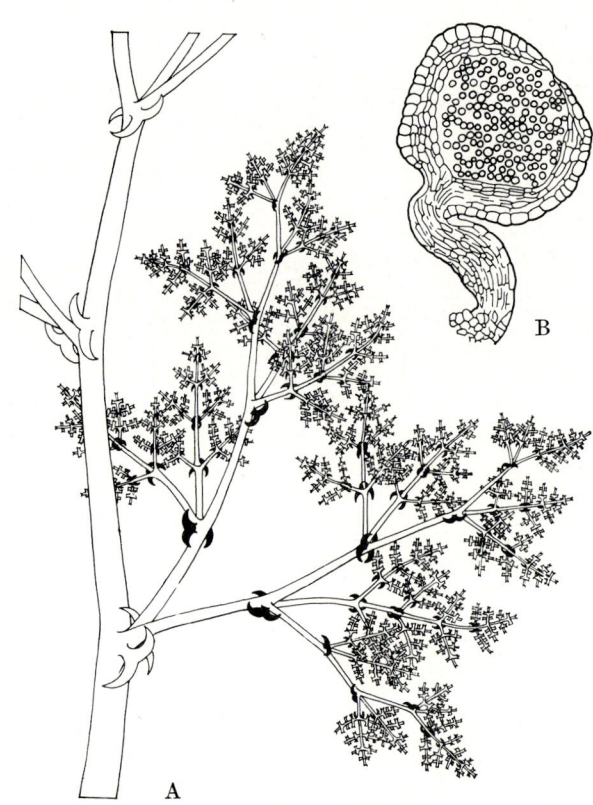

Abb. 810: *Primofilices, Coenopteridales, Stauropteris oldhamia.* Carbon. A steriler Wedelabschnitt, Rekonstruktion (nat. Gr.). B Sporangium mit Öffnungsstelle (35 ×). (A nach Chaphekar, veränd. durch Mägdefrau; B nach Scott.)

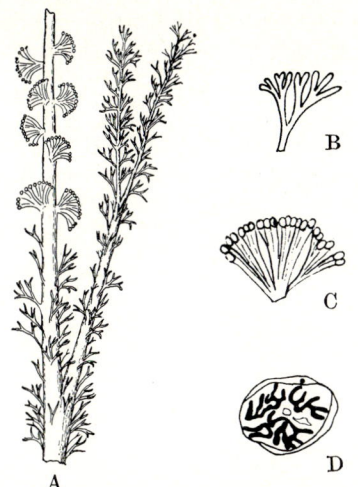

Abb. 811: *Primofilices, Cladoxylales, Cladoxylon scoparium.* Mitteldevon. A Zweigstück ($^2/_3$ ×). B Blättchen (2 ×). C Sporangiengruppe (2 ×). D Querschnitt durch die Plectostele (4 ×). (Nach KRÄUSEL & WEYLAND.)

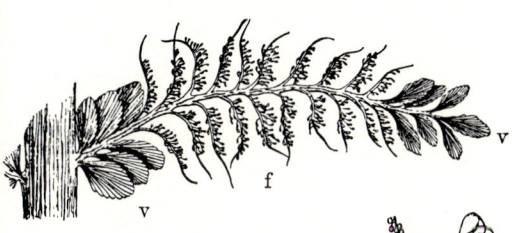

Abb. 812: *Primofilices, Archaeopteridales, Archaeopteris.* Oberdevon. Megaphyll mit vegetativen (v) und fertilen (f) Fiedern ($^1/_2$ ×), Mikro- und Megasporenhaufen (mi, ma; 10 ×). (Nach W. PH. SCHIMPER und ARNOLD.)

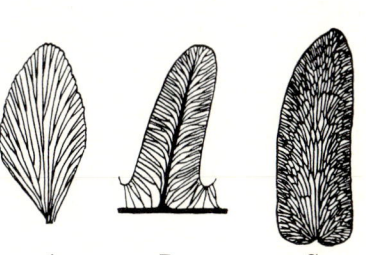

Abb. 813: Aderung der Fiedern farnähnlicher Gewächse. A Fächeraderung (*Archaeopteris*, Oberdevon), B Fiederaderung (*Alethopteris*, ein Vertreter der Samenfarne aus dem Obercarbon, s. S. 787), C Netzaderung (*Linopteris*, Obercarbon) ($^1/_2$ ×). (Nach SEWARD und GOTHAN.)

Ebene gerückt sind. Bei den primitiven Formen standen sie aber z. T. noch senkrecht aufeinander (wie es noch heute z. B. bei den *Ophioglossales* der Fall ist), auch die Abflachung konnte noch fehlen, so daß die «Blätter» noch stielrund waren. Beides war bei *Stauropteris* (Abb. 810, Obercarbon) der Fall; in solchen zylindrischen Blatt-Telomen konnte schon Palisadenparenchym vorkommen.

Die Primofilices waren überwiegend isospor; mit den *Archaeopteridales* haben sie aber auch bereits die Stufe der Heterosporie erreicht. Sie besaßen Sporangien mit mehrschichtiger Wandung, waren also eusporangiat. Vereinzelt kamen schon besondere Öffnungsmechanismen bei ihnen vor. Die Sporangien standen bei primitiven Formen einzeln und endständig (Abb. 810, 811), teilweise aber auch schon auf früher Stufe zu mehreren auf schmalen Sporophyllen, die mit Laubblattfiedern gemischt waren (Abb. 812); oder die Sporophylle waren sogar schon zu Gruppen vereinigt, wenn auch noch nicht zu «Blüten». Eine ähnliche aufsteigende Mannigfaltigkeit herrschte im Bau der Stele, von der Protostele bis zur Eustele.

Die Entstehung der für die heutigen *Filicatae* charakteristischen Merkmale läßt sich also an dem Formenschwarm der *Primofilices* verfolgen, so daß sich auch die megaphyllen *Filicatae* als Parallelast zu den mikrophyllen *Lycopodiatae* und gemeinsam mit *Equisetatae* aus den *Psilophytatae* ableiten lassen.

Systematik: Die *Primofilices* bilden insgesamt eine recht heterogene Gruppe, die in vier Ordnungen gegliedert werden kann. Die (unter- bis) mitteldevonischen **Pseudosporochnales** (*Pseudosporochnus*, Abb. 807, *Svalbardia*) und die **Protopteridiales** (*Protopteridium*, Abb. 808, *Aneurophyton*, *Tetraxylopteris*, *Rhacophyton*, *Pertica*, Abb. 809) muten im Bau ihrer «Wedel» noch mehr oder weniger psilophytenähnlich an. Einige Gattungen bildeten einen kräftigen Stamm mit Treppentracheiden im Sekundärholz. Auch die früher als primitive *Equisetatae* angesehenen Gattungen *Hyenia* und *Calamophyton* gehören nach neueren Untersuchungen in diesen Formenkreis. Die **Coenopteridales** (Oberdevon bis Unterperm mit Höhepunkt im Untercarbon) besitzen durchweg noch im Raum verzweigte Wedel (*Stauropteris*, Abb. 810, *Botryopteris*, der Kletterfarn *Ankyropteris* u. v. a.). Manche Vertreter lassen in ihren Sporangien bereits eine das Öffnen bewirkende Gruppe dickwandiger Zellen und eine vorgebildete Dehiscenzlinie erkennen, ähnlich wie beim *Osmunda*-Sporangium (Abb. 830 A). Die strauchartigen **Cladoxylales** (*Cladoxylon*, Abb. 811) lebten vom Mitteldevon bis ins Untercarbon; der Bau ihrer Stele, die aus zahlreichen, im Querschnitt V-förmigen Einzelbündeln besteht, weicht von dem aller übrigen Gefäßpflanzen ab. Zu den heterosporen **Archaeopteridales** gehört die im Oberdevon in vielen Arten weltweit verbreitete Gattung *Archaeopteris* (Abb. 812). Sie bildete bereits stattliche Bäume mit doppelt gefiederten Raumwedeln. Die spatelförmigen Fiederchen besaßen Fächernervatur (Abb. 813 A); die Basis der Wedel flankierten zwei Nebenblätter, ähnlich wie bei den *Marattiales*. An den fertilen Wedeln trugen die unteren Fiedern randständige, nach vorn gerichtete Sporangien. Die M i k r o s p o r a n g i e n enthielten viele Mikrosporen von 0,03 mm Durchmesser, die M e g a s p o r a n g i e n 8–16 Megasporen von 0,3 mm (Abb. 812). Die bis 9 m hohen und bis 1,5 m dicken Stämme besaßen ein mächtiges S e k u n d ä r x y l e m aus Tracheiden mit araucarioider Tüpfelung (S. 781). *Archaeopteris* vereinigt somit Merkmale der Farne und der Gymnospermen. Manche Autoren fassen die zwischen *Psilophytatae* und *Filicatae* vermittelnden *Protopteridiales* und die zwischen *Filicatae* und *Gymnospermae* stehenden *Archaeopteridales* als «P r o g y m n o s p e r m a e» zusammen (vgl. S. 772). Sie haben sekundäres Dickenwachstum und markieren auch mit ihrer sonstigen Merkmalsausstattung das weitgespannte Übergangsfeld zwischen Pteridophyten und Gymnospermen.

b) Entwicklungsstufe: Eusporangiatae

Von der *1. Ordnung*, den **Ophioglossales**, deren einzige Familie (**Ophioglossaceae**) etwa 80 Arten enthält, sind bei uns einheimisch die Natternzunge, *Ophioglossum vulgatum* (Abb. 814 A), auf feuchten Wiesen, und verschiedene Arten der Mondraute, *Botrychium* (Abb. 815 A), auf trockenen Triften. Beide haben einen kurzen, unterirdischen Stamm, der in seinen unteren Teilen noch eine Urstele hat, die sich nach oben teilt und zu einem Bündelrohr entwickelt; bei *Botrychium* kommt schwaches sekundäres Dickenwachstum vor (einziger Fall unter allen rezenten Farnen). Der Vegetationspunkt besteht nicht aus einer großen Scheitelzelle, sondern aus mehreren I n i t i a l z e l l e n. Am Stamm entfaltet sich jährlich meist nur ein einziger, langgestielter, mit kleiner häutiger Scheide versehener, in der Jugend nicht eingerollter Blattwedel, der bei *Ophioglossum* zungenförmig, bei *Botrychium* gefiedert ist. Die Ernährung der Pflanzen wird offenbar unterstützt durch die stets in den Wurzeln vorhandenen M y c o r r h i z a p i l z e; denn bei *Ophioglossum simplex* führt das Blatt meistens gar kein Assimilationsgewebe, sondern trägt nur Sporangien. Normalerweise besteht dagegen das Blatt aus einem assimilierenden (allerdings palisadenfreien) grünen und einem fertilen gelblichen Teil. Letzterer entspringt an der Basis der Laubfläche s e n k r e c h t zu deren Ebene (Abb. 814 A, 815 A); das Blatt ist also d r e i d i m e n s i o n a l entwickelt, ein sehr altertümlicher Verzweigungstyp (vgl. *Primofilices* S. 739). Am s p o r e n t r a g e n d e n Teil ist das Flächen-

wachstum der Spreite gehemmt; bei *Ophioglossum* ist er einfach zylindrisch und trägt zwei randständige Reihen in das Gewebe eingesenkter und seitlich miteinander verwachsener Sporangien (Abb. 814 B); bei *Botrychium* dagegen ist er fiedrig verzweigt und mit rundlichen freistehenden, randständigen Sporangien (Abb. 815 B, C) besetzt, deren jedes 1500–2000 Sporen enthält. Die derbwandigen Sporangien öffnen sich mit einem Querriß (B). Die Sporen werden daher nicht (wie bei den Leptosporangiatae) ausgeschleudert.

Die *Ophioglossaceae* sind i s o s p o r. Ihre unterirdischen, chlorophyllfreien, synöcischen, einige Millimeter langen P r o t h a l l i e n leben symbiontisch mit Hilfe von Mycorrhizapilzen; es sind vielschichtige, oft jahrelang lebende Knöllchen, bei *Ophioglossum* (Abb. 814 C) zylindrisch und radiär gebaut, bei *Botrychium* oval oder herzförmig. Antheridien und Archegonien sind auf der Oberfläche in das Gewebe

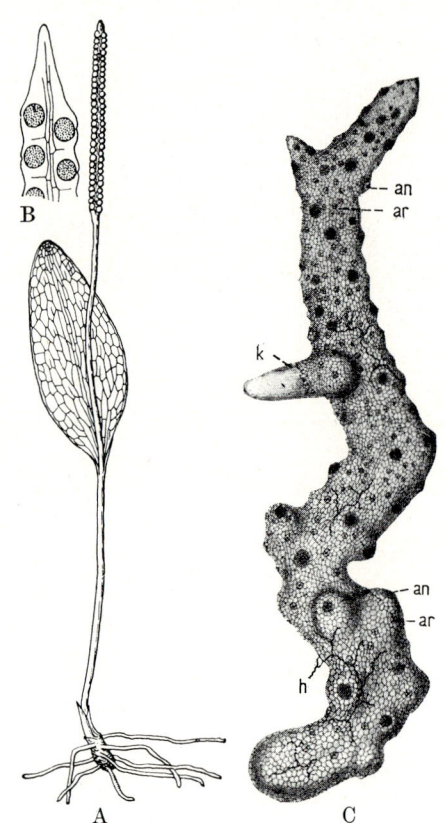

Abb. 814: *Eusporangiatae, Ophioglossales, Ophioglossum vulgatum.* A Sporophyt (¹/₂ ×). B Längsschnitt durch die Spitze des fertilen Blattabschnitts (2 ×). C Prothallium; an Antheridien, ar Archegonien, k junger Sporophyt mit erster Wurzel, h Pilzhyphen (15 ×). (A–B nach MÄGDEFRAU, C nach BRUCHMANN.)

eingesenkt (Abb. 815D); erstere umschließen im Gegensatz zu den Leptosporangiaten einen großen Komplex von spermatogenen Zellen. Die schraubig gewundenen Spermatozoiden haben zahlreiche Geißeln. Der aus der befruchteten Eizelle exoskopisch entstehende Embryo führt bei manchen Arten eine Reihe von Jahren hindurch ein unterirdisches Dasein. Zunächst wird seine erste Wurzel angelegt; sie tritt, das Prothallium durchstoßend, bald hervor (Abb. 814 Ck), während erst viel später das erste Blatt und die Stammscheitelzelle zur Ausbildung kommen. Ausgiebiger und schneller als durch Sporen vermehrt sich *Ophioglossum* durch endogen entstehende Zusatzsprosse aus den Wurzeln (Wurzelbrut, s. S. 188). – *Botrychium* ist nur rezent, *Ophioglossum* vom Tertiär ab bekannt. Phylogenetisch gilt *Botrychium* jedoch wegen seines Fiederblattes und seiner Gabelade-

rung als ursprünglicher im Vergleich zu *Ophioglossum* mit seinem zu einer einheitlichen Fläche verwachsenen, netzaderigen Zungenblatt. *Ophioglossum* besitzt eine auffallend hohe Chromosomenzahl *(O. vulgatum* n = 256, *O. reticulatum* n = 630).

Bei der *2. Ordnung*, den primitiveren und erdgeschichtlich älteren, tropischen **Marattiales** (mit wenigen Gattungen), trägt der kurze knollige Stamm ein Bündel meist bis mehrere Meter lang werdender, mehrfach gefiederter, in der Jugend eingerollter, mit einem Nebenblattpaar versehener Blattwedel mit meist noch offener Aderung und isosporen Sporangien auf der Unterseite. Die in Haufen (Sori) zusammenstehenden derben Sporangien (ohne Anulus oder höchstens mit Andeutungen davon) enthalten über 1000 Sporen und verwachsen bei manchen Gattungen seitlich zu einem kapselartigen, gefächerten, später aufspringenden Synangium (Abb. 817). Die langlebigen Prothallien beherbergen endophytische Mycorrhizapilze, wachsen aber oberirdisch als grüne, autotrophe, mehrschichtige, lebermoosähnliche Thalli; ihre Sexualorgane sind auf der Unterseite

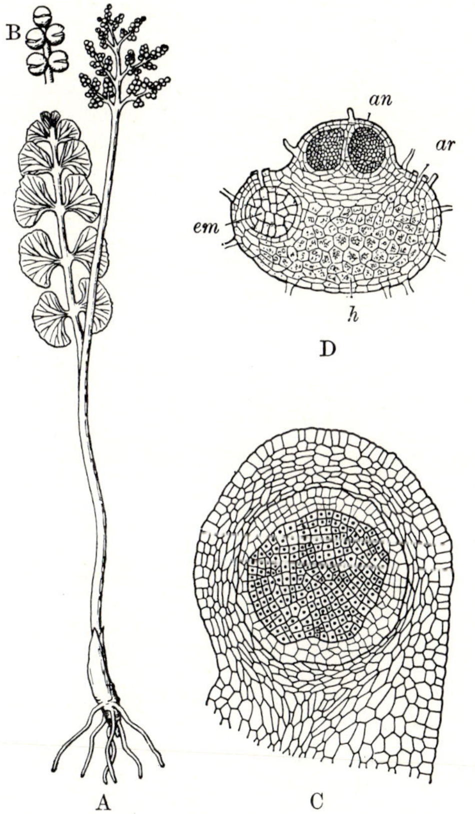

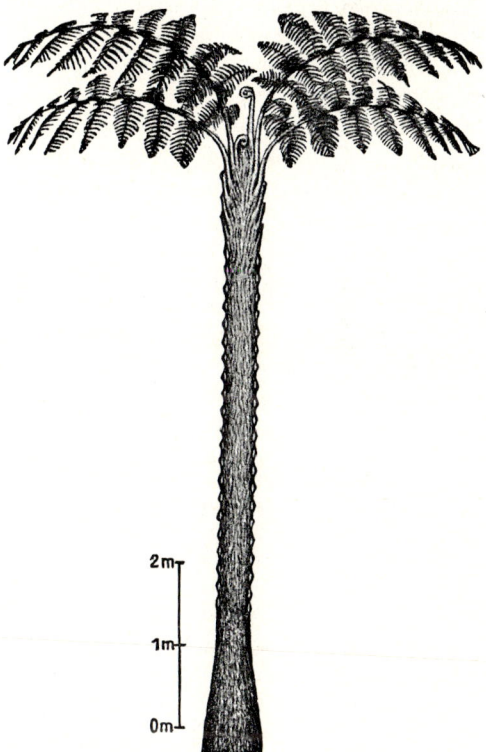

Abb. 815: *Eusporangiatae, Ophioglossales, Botrychium lunaria.* A Sporophyt ($^2/_3$ ×). B Sporangien von unten gesehen. C Längsschnitt durch ein unreifes Sporangium mit mehrschichtiger Wand; innen Sporenmutterzellen, umgeben von Tapetenzellen (15 ×). D Schnitt durch Prothallium mit Antheridium an, Archegonium ar, Embryo em, Pilzhyphen h (45 ×). (A, B nach MÄGDEFRAU, C nach GOEBEL, D nach BRUCHMANN.)

Abb. 816: *Eusporangiatae, Marattiales.* Marattiaceen-Baumfarn *Megaphyton*, Rekonstruktion (Obercarbon). Am Stamm in zwei Zeilen die Narben der abgefallenen Wedel. Stammbasis durch einen Mantel nach unten wachsender, sproßbürtiger Wurzeln verstärkt. (Nach HIRMER.)

eingesenkt, und ihr Embryo entwickelt sich endoskopisch. So haben sie manche Eigenschaften, die anders
sind als bei den *Ophioglossales* und an die Leptosporangiatae erinnern. Im Carbon und Rotliegenden
waren die Marattiaceen wesentlich artenreicher und
stärker verbreitet als gegenwärtig; sie bildeten Bäume
mit wurzelumkleideten Stämmen bis zu 10 m Höhe
(der mächtigste und häufigste war *Asterotheca
arborescens*) und waren damals durchaus vorherrschend gegenüber den Leptosporangiaten. Besonders
auffällig war *Megaphyton* mit nicht schraubig, sondern in 2 Zeilen angeordneten Wedeln (Abb. 816).
Heute leben die *Marattiales* mit etwa 200 Arten in den
tropischen Waldgebieten, z.B. *Angiopteris* in Asien
(Wedellänge bis 5 m!), *Danaea* in Südamerika, *Marat-
tia* über die ganzen Tropen verteilt.

Die ersten *Marattiales* traten im C a r b o n auf; sie
dürften aus isosporen *Primofilices*, die fast durchweg
Sporangien mit mehrschichtiger Wand hatten, hervorgegangen sein.

c) Entwicklungsstufe: Leptosporangiatae

Die Leptosporangiatae sind meist als schat-
tenliebende Pflanzen in großer Artenzahl (90 %
aller *Filicatae*-Gattungen, etwa 9000 Arten)
über alle Erdteile verbreitet; ihre Hauptentwick-
lung erreichen sie in den Tropen, wo sie sich in
großer Formenfülle von nur wenige Millimeter großen reduzierten Zwergformen (z.B.

Didymoglossum-Arten aus der Familie der
Hymenophyllaceae) bis zu 20 m hohen Schopfbäumen finden (Abb. 820). Der holzige, meist
etwa armdicke Stamm der B a u m f a r n e (Familie *Cyatheaceae*, Gattungen *Cyathea*, *Dicksonia*, *Cibotium*) ist unverzweigt und trägt an
seinem Ende eine Rosette schraubig gestellter,
bis 3 m langer, mehrfach gefiederter Wedel.
Unsere einheimischen Farne sind hingegen
meistens k r a u t i g und haben ein im Boden aus-
dauerndes, waagerechtes oder aufsteigendes,
wenig verzweigtes Rhizom, das bei *Pteridium*
40 m lang und 70 Jahre alt werden kann.

Im Gegensatz zu den mit Initialengruppen
wachsenden Eusporangiaten herrscht bei den
Leptosporangiatae Wachstum mit einer großen
d r e i s c h n e i d i g e n Scheitelzelle vor (Abb.
114 A).

Die S t ä m m e – bei den krautigen Formen die
Rhizome – haben in der Jugend meist eine zentrale Protostele, die in ihren älteren Teilen in
ein sehr formenmannigfaltiges S i p h o n o - und
P o l y s t e l e n g e r ü s t (Abb. 175 C, D) mit meist
zentralem Xylem und peripherem Phloem (Abb.
821, vgl. S. 129) übergeht. Selten werden auch
schon Tracheen gebildet (so bei *Pteridium
aquilinum*, Abb. 142). Die Leitbündel sind von

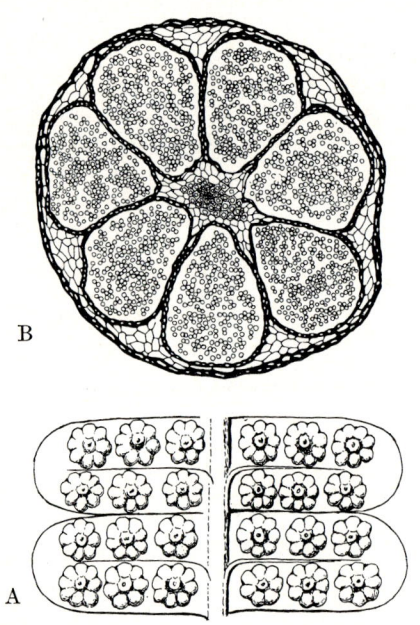

Abb. 817: *Eusporangiatae*, *Marattiales*, *Ptychocarpus
unitus*. Obercarbon. A Fiederunterseite mit Synangien (8 ×). B Querschliff durch ein Synangium (60 ×).
(Nach RENAULT.)

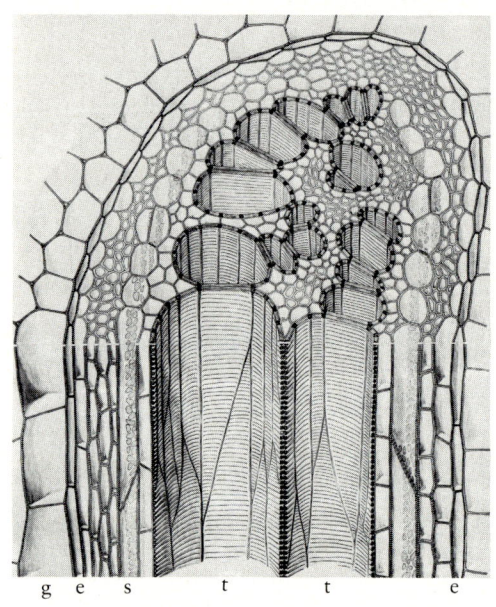

Abb. 818: *Leptosporangiatae*, *Filicales*, *Pteridium
aquilinum*. Leitbündel, Quer- und Längsschnitt
(100 ×). e Endodermis, g parenchymatisches Grundgewebe, s Siebzellen, t Treppengefäße.
(Nach MÄGDEFRAU.)

einer Endodermis umschlossen (Abb. 818). Se kundäres Dickenwachstum fehlt, so daß die Stabilität der Stämme anders als bei den *Lycopodiatae* und *Equisetatae* zustande kommt: Die zahlreichen Blattspurstränge verlaufen meistens über längere Strecken in der Rinde und tragen – gemeinsam mit Sclerenchymplatten (Abb. 821) – zur Festigung der Achsen bei (s. auch S. 131). Bei manchen Baumfarnen wird die Standfestigkeit auch noch durch einen teilweise außerordentlich dicken (bis einige

Abb. 819: *Filicales, Polypodiaceae, Asplenium nidus.* Wuchsschema. (Nach TROLL.)

Abb. 820: *Filicales, Cyatheaceae, Cyathea crinita.* Baumfarn von Ceylon. ($^1/_{100}$ ×). (Nach SCHENCK.)

Dezimeter!) Mantel von steifen, sproßbürtigen Wurzeln erhöht.

Die Wurzeln entstehen sehr zahlreich unmittelbar unter dem Sproßscheitel; sie werden nur im Boden lang, bleiben oberirdisch kurz und umhüllen den Stamm meist sehr dicht (Abb. 819). Andere als sproßbürtige Wurzeln gibt es bei der dem Keimlingsstadium entwachsenen Pflanze nicht mehr (primäre Homorrhizie, vgl. S. 187). Die Seitenwurzeln entstehen endogen aus der innersten Rindenschicht.

Während in den Mikrophyllen der Bärlappe nur eine Mittelrippe vorhanden ist, verzweigen sich in den aus vielen Telomen zusammengesetzten Megaphyllen der Farne die Adern in mannigfachster Weise. Altertümliche Gabelblätter haben die Farne nur noch selten. Auch Gabeladern an Blättern mit zusammenhängender Fläche treten in der Regel nur an Keim- und Jugendblättern auf (Abb. 774B) und werden bei den Folgeblättern durch Übergipfelung rasch verwandelt (s. aber Abb. 200, S. 177), wobei dann das ganze Blatt oft verwickelte Fiedergestalt annimmt (z.B. dreifach gefiedert: *Pteridium aquilinum*, der Adlerfarn; doppelt

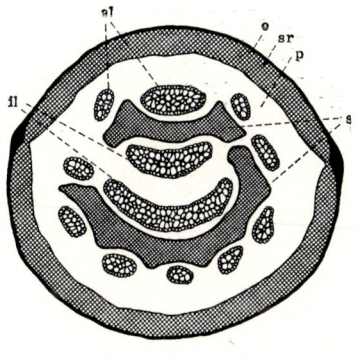

Abb. 821: *Filicales, Polypodiaceae, Pteridium aquilinum.* Rhizom-Querschnitt, al äußere, il innere Leitbündel, s Sclerenchymplatten, p Parenchym, sr Sclerenchymring, e Epidermis (7 ×). (Nach MÄGDEFRAU.)

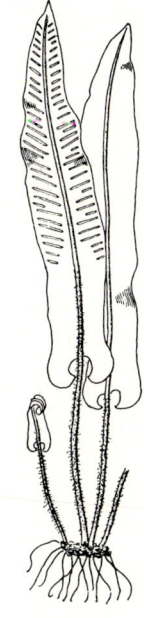

Abb. 822: *Filicales, Polypodiaceae, Phyllitis scolopendrium* ($^1/_4$ ×). (Nach MÄGDEFRAU.)

gefiedert: *Dryopteris filix-mas*, Wurmfarn, Abb. 823; einfach gefiedert: *Polypodium vulgare*, Tüpfelfarn; aber auch ungeteilte Blätter z.B. bei *Phyllitis scolopendrium*, Hirschzunge, Abb. 822).

Die Entwicklung der Blätter erstreckt sich oft über viele Jahre. Bei *Pteridium aquilinum* z.B. legt jeder Kurztrieb jährlich nur ein Blatt an, das 3 Jahre braucht, bis es fertig ausgebildet ist. Nach dem Absterben hinterlassen die Blätter, vor allem bei den Baumfarnen, deren Blätter einige Jahre nach der Entfaltung erhalten bleiben, große, auffällige Narben (Abb. 820).

Wie Abb. 819, 820 und 822 zeigen, sind die Blätter in der Knospe eingerollt, entwickeln sich also akroplast (S. 175), eine Eigentümlichkeit, die sämtlichen *Filicatae* (mit Ausnahme der *Ophioglossales)* zukommt. Eine Einrollung ist auch schon bei den Sproßenden der *Psilophytatae* vorhanden (Abb. 778 A); ihr Auftreten auch bei den Farnblättern ist einer der Hinweise, daß das Megaphyll aus einem ganzen Sproßsystem entstanden ist. Die Einrollung entsteht durch rascheres Wachstum der abaxialen Blattunterseite in der Knospenlage und gleicht sich erst bei der Entfaltung der Spreite aus. Im Gegensatz zu den meisten Phanerogamenblättern haben die Farnblätter ein sehr lang anhaltendes Spitzenwachstum (bei einigen ist es sogar unbegrenzt, kann also jahrelang fortdauern), das – ebenfalls im Gegensatz zu den Blättern der Höheren Pflanzen – von einer zweischneidigen Scheitelzelle ausgeht, die allerdings später oft durch eine Initialengruppe ersetzt wird. Der histologische Bau des Farnblattes ähnelt weitgehend dem der Höheren Landpflanzen (mit Palisaden- und Schwammparenchym), jedoch führt die Farnepidermis meist Chloroplasten.

Die Sporangien werden in großer Zahl am Rande oder meist auf der Unterseite der Blätter erzeugt (Abb. 823 B–D). Die Sporophylle sind in ihrer äußeren Gestalt von den sterilen Laubblättern (Trophophyllen) in der Regel nur wenig verschieden; bei einigen Gattungen sind sie aber – vor allem durch Reduktion der Blattspreitenfläche – wesentlich anders gestaltet.

Als einheimische Vertreter sind hier der Straußfarn, *Matteuccia struthiopteris*, ferner der Rippenfarn, *Blechnum spicant*, zu nennen, bei denen dunkelbraune Sporophylle zu mehreren im Inneren der Rosette grüner Wedel, der Trophophylle, stehen. Beim Rispen- oder Königsfarn, *Osmunda regalis*,

sind nur die sporangientragenden oberen Teile des sonst normal gestalteten Laubblattes umgebildet.

Im Bau der Sporangien, die nach der frühzeitigen Auflösung der Tapetenzellen eine dann einschichtige Wand haben, zeigen die einzelnen Familien Unterschiede. Die Sporangien der *Polypodiaceae*, zu denen die weit überwiegende Mehrzahl unserer einheimischen Farne gehört, sind zu verschieden gestalteten Häufchen, S o r i, vereinigt; diese entspringen auf einem hervortretenden Blattgewebehöcker, der Placenta, auch Receptaculum genannt (Abb. 823 B), und werden bei vielen Arten vor der Reife von einem häutigen Auswuchs der Blattfläche, dem sog. Schleier, I n d u s i u m, bedeckt und geschützt (Abb. 823 B–D). Das einzelne Sporangium (Abb. 830 B) geht aus einer einzigen

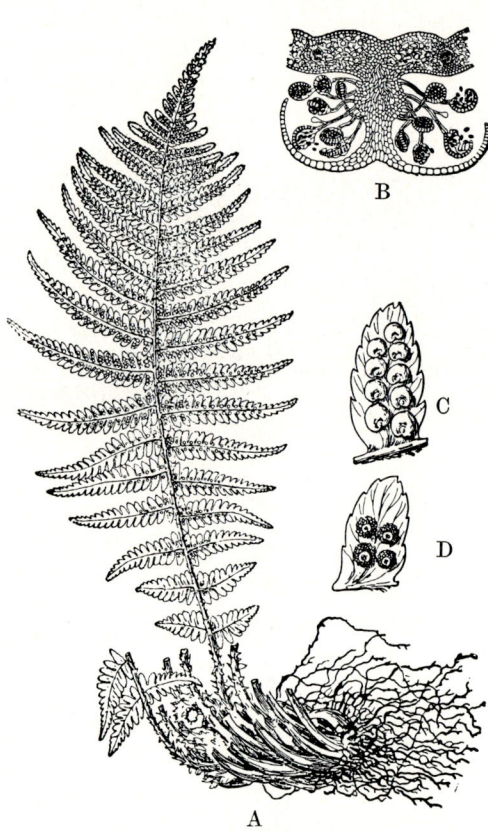

Abb. 823: *Filicales, Polypodiaceae, Dryopteris filixmas.* A Habitus ($^1/_4 \times$). B Schnitt durch Sorus; Placenta mit Sporangien und schirmförmigem Indusium ($20 \times$). C Fiederchen mit jungen, noch vom Indusium bedeckten Sori. D Desgl. im älteren Stadium mit geschrumpften Indusien ($2 \times$). (A, C, D nach SCHENCK; B nach KNY.)

Epidermiszelle durch Teilungen hervor (Abb. 775), besteht im reifen Zustande aus einer kleinen Kapsel mit mehrzelligem, dünnem Stiel sowie mit einschichtiger Wandung (Abb. 775 E) und enthält eine größere Anzahl von Meiosporen, die bei manchen Gattungen (*Asplenium, Dryopteris, Acrostichum* und Verwandte) ein Perispor aufweisen. Sehr charakteristisch ist der Anulus, der bei den Polypodiaceen als vortretende Zellreihe (sog. Bogen) mit stark verdickten Radial- und Innenwänden über dem Rücken und Scheitel des Sporangiums bis zur Mitte der Bauchseite verläuft (Abb. 830 D) und mittels eines Kohäsionsmechanismus (unter Mitwirkung der Trennzellen des Stomiums, vgl. S. 482) die Öffnung und das Sporenausschleudern bewirkt (vgl. Abb. 530).

Die Leptosporangiaten sind fast durchweg isospor. Aus der keimenden Spore entwickelt sich das kurzlebige, haploide Prothallium (Abb. 774, 824), das höchstens einige Zentimeter lang wird und in der Regel beiderlei Gametangien (Antheridien und Archegonien) trägt, die Geschlechtsbestimmung erfolgt also normalerweise haplomodifikatorisch; die Prothallien sind haplomonöcisch. Nur die australische Polypodiacee *Platyzoma* bildet zweierlei Sporen aus, die sich zu eingeschlechtigen (haplodiöcischen) Prothallien entwickeln (Abb. 826).

Zunächst entsteht ein fadenförmiges, mit Rhizoiden versehenes «Protonema», das aber nur selten stark ausgebildet ist und dann [z.B. bei *Trichomanes (Hymenophyllaceae)* und *Schizaea (Schizaeaceae)*] an seinen Ästen die Antheridien und auf besonderen mehrzelligen Seitenästen die Archegonien trägt (Abb. 825). Gewöhnlich ist das Fadenstadium nur sehr kurz und bildet schon nach ganz wenigen Zellen am Ende eine keilförmige zweischneidige Scheitelzelle aus, deren Segmente sich weiter aufteilen (Abb. 824 A, B) und so zur Bildung des meistens herzförmigen, dem Substrat flach anliegenden, dünnhäutigen Prothalliums führen (Abb. 111); schließlich wird die Scheitelzelle durch mehrere Initialen ersetzt.

Antheridien und Archegonien entstehen auf der von dem einfallenden Licht abgewandten Seite, normal also an der boden- und feuchtigkeitsnahen Unterseite; sie sind nicht oder nur wenig in das Gewebe eingesenkt. Die Archegonien bilden sich meist erst, wenn das Prothallium durch Photosynthese größere Mengen Nahrung angesammelt hat, die Antheridien dagegen schon früher; bei sehr schlechter Ernährung unterbleibt die Bildung der Archegonien ganz. Die Antheridien und Archegonien zeigen gegenüber denjenigen der Eusporangiaten einige Unterschiede.

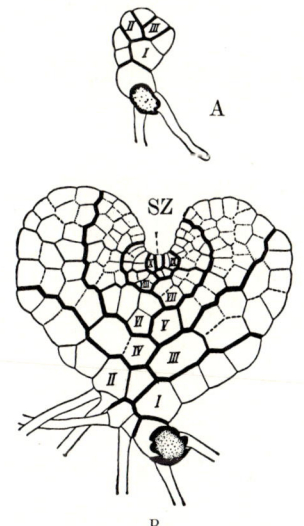

Abb. 824: *Filicales, Polypodiaceae.* Entwicklung des Prothalliums von *Matteuccia struthiopteris* aus der Spore. A 11, B 21 Tage alt. SZ Scheitelzelle, I–X von ihr abgesonderte Segmente (70 ×; nach DÖPP.)

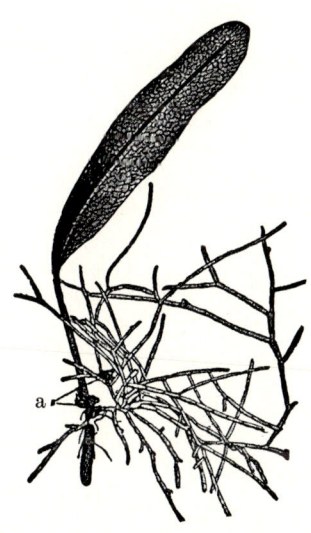

Abb. 825: *Filicales, Hymenophyllaceae, Trichomanes rigidum.* Fadenprothallium mit Archegoniumträgern a, davon einer mit Keimpflanze. (Nach GOEBEL.)

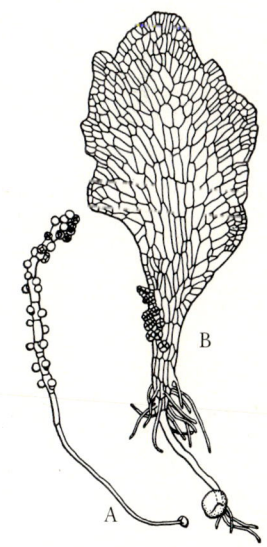

Abb. 826: *Filicales, Gleicheniaceae, Platyzoma microphyllum.* A männliches, B weibliches Prothallium. (20 ×; nach TRYON.)

Die Antheridien (Abb. 827) sind kugelig vorgewölbte Gebilde, die ohne Stiel mitten auf einer Epidermiszelle sitzen, aus der sie durch papillenartige Vorwölbung und Abgrenzung durch eine Querwand hervorgegangen sind.

Die Entwicklung des Antheridiums geht in der Weise vor sich, daß die Papille sich zunächst durch eine trichterförmige Wand in eine äußere (untere) ringförmige und eine innere (obere) Zelle teilt (Abb. 827A); von letzterer wird durch eine Perikline eine haubenförmige Zelle abgegrenzt (B), aus der schließlich eine ringförmige Innenwand eine Deckelzelle herausschneidet (C). Das fertige Polypodiaceen-Antheridium besteht also aus zwei ringförmigen Zellen und einer Deckelzelle, die eine zentrale Zelle umschließen. Die spermatogenen Zellen gehen aus letzterer durch Teilung hervor. Im reifen Antheridium wird die Deckelzelle abgesprengt (Abb. 827 D, E). So gelangen die aufquellenden rundlichen Spermatiden ins Wasser und entlassen nach einiger Zeit je ein korkenzieherartig gewundenes, vielgeißeliges Spermatozoid.

Die Spermatozoiden (Abb. 827 F) bestehen – wie übrigens bei allen Archegoniaten – im wesentlichen aus dem Zellkern. Sie tragen anfangs an ihrem Hinterende einen blasenförmigen Plasmarest mit kleinen Plastiden und Stärkekörnern als Reservesubstanz, der aber vor Eintritt in das Archegonium abgeworfen wird, und besitzen an den vorderen Windungen ihres schraubenförmigen Körpers mehrere Dutzend Geißeln, die einem zarten Plasmaband entspringen und in einem feinen, peitschenschnurarigen Fortsatz enden.

Die Archegonien (Abb. 828) entstehen in dem mehrschichtigen mittleren Teil älterer Prothallien durch Teilung aus einer Oberflächenzelle.

Durch eine Querteilung entsteht eine obere und eine untere Zelle (Abb. 828 A, B). Die obere bildet durch Kreuzteilung 4 Zellen (C), die sich später unter weiteren Querteilungen als im Querschnitt vierzelliger Hals (E) über die Oberfläche emporwölben (D) Die untere Zelle teilt sich in die sich streckende Halskanalzelle und die Zentralzelle, diese wieder in die Eizelle und in die Bauchkanalzelle (F). Bei primitiven Formen können mehrere Halskanalzellen vorhanden sein (vgl. Entwicklung bei Bryophyten S. 717).

Der untere Teil des Archegoniums ist von Prothalliumgewebe umgeben. Bauch- und Halskanalzelle platzen durch Verquellung eines in ihnen enthaltenen Schleims und erfüllen den Kanal mit einer bei Wasserzutritt stark aufquellenden Substanz. Das Archegonium öffnet sich an seiner Spitze (Abb. 828 G); die Spermatozoiden werden chemotaktisch in den Archegoniumhals und zur Eizelle gelockt (vgl. S. 447).

Nach den ersten Wandbildungen in der Zygote (Abb. 829 A) liegt der Stammscheitel (s) des Embryos endoskopisch neben dem künftigen Fuß (f); die Anlagen des ersten Blattes (b) und der Wurzel (w) sind gegen den Archegoniumhals gewendet. Die Wurzel entsteht am suspensorlosen Embryo nicht gegenüber dem Sproßscheitel, sondern – wie bei allen Pteridophyten – seitlich von der Längsachse. Da das Archegonium auf der Unterseite des Prothalliums sitzt,

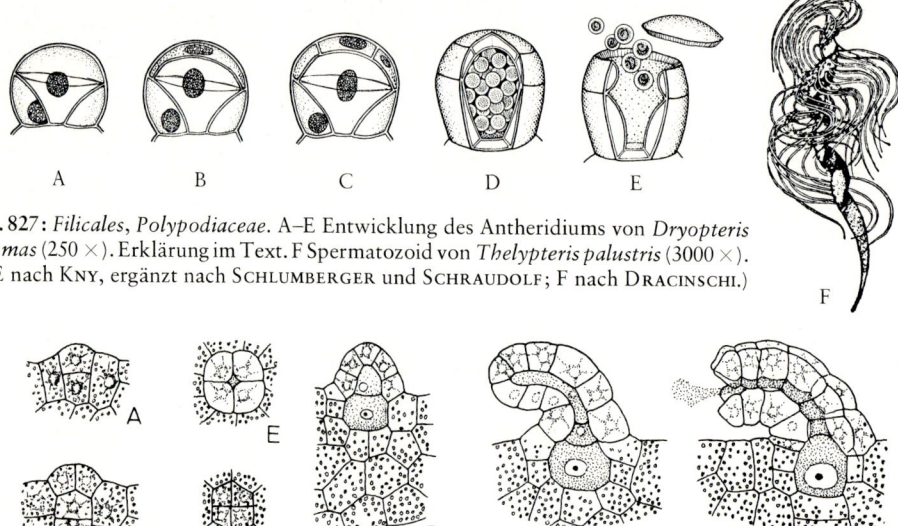

Abb. 827: *Filicales, Polypodiaceae.* A–E Entwicklung des Antheridiums von *Dryopteris filix-mas* (250 ×). Erklärung im Text. F Spermatozoid von *Thelypteris palustris* (3000 ×). (A–E nach KNY, ergänzt nach SCHLUMBERGER und SCHRAUDOLF; F nach DRACINSCHI.)

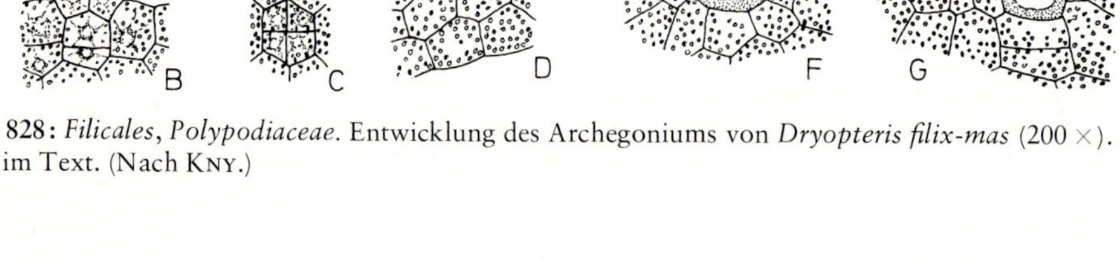

Abb. 828: *Filicales, Polypodiaceae.* Entwicklung des Archegoniums von *Dryopteris filix-mas* (200 ×). Erklärung im Text. (Nach KNY.)

müssen sich der Sproßteil und das erste Blatt des Embryos nach ihrem Austritt aus dem Archegonium gravitropisch aufwärtskrümmen (B). Der Sporophyt bleibt noch einige Zeit durch das Haustorium (f) mit dem Prothallium verbunden, bis dieses abstirbt. Die primäre Wurzel wird später durch zahlreiche weitere sproßbürtige Nebenwurzeln ergänzt. Die Lage der Polaritätsachse des Embryos läßt sich weder durch Schwerkraft noch durch Licht verändern; folglich muß schon das Prothallium bei den Leptosporangiatae eine Polarität aufweisen, die dann auf das Cytoplasma der Eizelle übertragen wird.

Die Prothallien der einzelnen Familien weisen nur geringe Unterschiede auf (z.B. in der Verteilung der Sexualorgane); für die systematische Aufteilung sind die Gametophyten daher nicht zu verwenden.

An den Blättern treten nicht selten Zusatzknospen (Brutknospen, s.S. 211) auf, die sich ablösen und der vegetativen Vermehrung dienen; auch die Umbildung von Sprossen und sogar Blättern zu Ausläufern dient dem gleichen Zweck. Vom normalen Ab-lauf des Generationswechsels weichen manche Arten durch Apogamie und Aposporie ab (s. S. 515); es handelt sich dabei meistens um polyploide Formen, von denen es bei den *Filicatae* viele mit hohen Chromosomenzahlen gibt.

Systematik. Die leptosporangiaten Farne bilden mit etwa 9000 Arten (in 250 Gattungen) die bei weitem artenreichste Gruppe unter den heutigen Pteridophyten. Die Familien werden hier in einer *Ordnung*, **Filicales**, zusammengefaßt.

Osmundaceae: Ihre Sporangien stehen nicht in Sori und besitzen keinen Anulus; eine Gruppe verdickter Zellen bewirkt das Aufreißen am Scheitel (Abb. 830 A). Indusium und Spreublättchen fehlen. Die Prothallien sind langlebig, oft sogar mehrjährig. Die *Osmundaceae* traten schon im Obercarbon auf und leben heute nur noch in wenigen Gattungen, z.B. *Osmunda* mit kurzem, unterirdischem Sproß, *Todea* (Südafrika, Australien) mit dickem, 1 m hohem Stamm.

Schizaeaceae: Die randständigen, sitzenden Sporangien öffnen sich mit einem Längsriß vermittels eines dicht unter dem Scheitel quer verlaufenden Anulus (Abb. 830 B). Die *Schizaeaceae* begegnen uns erstmals im Obercarbon und leben heute vorwiegend in den Tropen. Die Blätter sind bei *Schizaea* grasartig-dichotom, bei *Lygodium* windend, bei *Anemia* gefiedert mit unterem fertilem Fiederpaar.

Gleicheniaceae: Die sitzenden Sporangien haben einen oberhalb der Mitte quer verlaufenden Anulus und stehen zu wenigen in einem Sorus beisammen, der aber nicht von einem Indusium geschützt ist. Fossil sind sie vom Obercarbon ab bekannt, gegenwärtig in den Tropen weit verbreitet. Wedel (pseudo-) dichotom mit «schlafenden» Knospen in den Gabelungen (Abb. 831).

Matoniaceae: Die sitzenden, mit einem schiefen Anulus versehenen Sporangien stehen zu wenigen in Sori beisammen, die von einem schildförmigen Indusium überdacht sind. Die im Mesozoicum weit

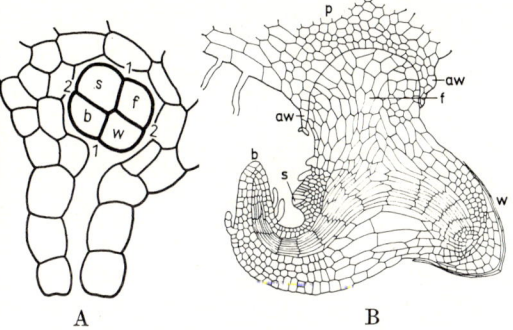

Abb. 829: *Filicales, Polypodiaceae, Pteridium aquilinum.* Embryobildung. A nach den ersten Wandbildungen im Archegonium. B in fortgeschrittenem Stadium, der Fuß im erweiterten Archegoniumbauch aw steckend. f Fuß, s Stammscheitel, b erstes Blatt, w Wurzel, p Prothallium (A nach ZIMMERMANN, B nach HOFMEISTER.)

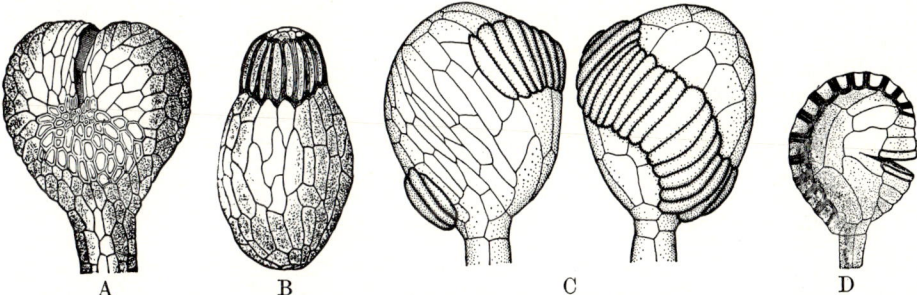

Abb. 830: *Leptosporangiatae, Filicales.* Sporangien. A *Osmunda regalis* (Osmundaceae, Stomium geöffnet). B *Anemia caudata* (Schizaeaceae). C *Hymenophyllum dilatatum* (Hymenophyllaceae). D *Dryopteris filix-mas* (Polypodiaceae, Stomium geöffnet). (A 40 ×, B–D 70 × ; A, B nach LUERSSEN; C nach BOWER; D nach HARDER.)

verbreitete Familie lebt heute nur noch in 3 Arten im malayischen Archipel.

Dipteridaceae: Ihre Sporangien sind wie bei voriger Familie gebaut, aber nicht von einem Indusium geschützt. Die Wedel besitzen einen fußförmigen Aufbau (vgl. Abb. 207 E). Die *Dipteridaceae* waren ebenfalls im Mesozoicum in vielen Arten verbreitet, leben aber heute nur noch in einer Gattung *(Dipteris)* in Süd- und Ostasien.

Hymenophyllaceae: Die fast sitzenden Sporangien sind mit einem schief verlaufenden Anulus (Abb. 830 C) versehen. Die Sori stehen am Blattrand jeweils auf einem oft stark verlängerten Receptaculum (Fortsetzung einer Blattader) und werden von einem becherförmigen oder zweiklappigen Indusium geschützt. Blätter meist zart mit einschichtiger Lamina ohne Spaltöffnungen. Sichere Reste sind erst aus dem Tertiär bekannt. Heute leben etwa 650 Arten, vor allem in feuchten Wäldern der Tropen und Subtropen. Formenreiche Gattungen: *Hymenophyllum, Trichomanes; Hymenophyllum tunbrigense* sehr selten in Europa. *Didymoglossum:* Wurzellose Kleinepiphyten tropischer Nebelwälder.

Cyatheaceae und **Dicksoniaceae:** Die gestielten Sporangien haben einen schiefen Anulus und stehen in flächen- oder randständigen Sori beisammen, die mitunter eines Indusiums entbehren. Sie traten im Jura auf und leben heute vorwiegend als Baumfarne (bis 20 m hohe Schopfbäume) in Bergwäldern der Tropen und Subtropen. Artenreiche Gattungen: *Cyathea* (incl. *Alsophila*, Abb. 820), *Dicksonia, Cibotium.*

Polypodiaceae: Die gestielten Sporangien öffnen sich quer mittels eines längs verlaufenden Anulus (Abb. 830 D) und stehen in flächenständigen, meist von Indusien bedeckten Sori. Fossil sind sie seit der Unterkreide bekannt. Heute zählt man etwa 7000 Arten in allen Klimaten, jedoch mit Hauptverbreitung in den wärmeren Gebieten. Zu dieser (heute vielfach weiter aufgegliederten) Familie gehören die meisten einheimischen Gattungen, z.B. *Dryopteris* (mit nierenförmigem Indusium, Abb. 823 C), *Polystichum* (Indusium schildförmig), *Polypodium* (Indusium fehlend), *Phyllitis* (Wedel ungeteilt-zungenförmig, Abb. 822), *Asplenium* (Sorus langgestreckt), *Pteridium* (Sori am Rande der Fiedern, einerseits vom Indusium, andererseits vom umgerollten Blattrand bedeckt). *Matteuccia, Blechnum* und *Acrostichum* wurden bereits erwähnt (S. 746). *Bolbitis, Salpichlaena, Platycerium* und *Drynaria, Microsorium* s. S. 754 f.; *Thelypteris* Abb. 827 F.

Parkeriaceae: Sporangien mit vertikalem Anulus, einzeln den Blattadern aufsitzend. *Ceratopteris (Parkeria) thalictroides* in seichten Gewässern der Tropen und Subtropen.

Bei den vier erstgenannten Familien treten die Sporangien gleichzeitig auf («Simplices»); bei den Hymenophyllaceen, Cyatheaceen und Dicksoniaceen entstehen sie innerhalb eines Sorus in basipetaler Folge («Gradatae»). Bei den meisten Polypodiaceen

werden die Sporangien eines Sorus ohne Regelmäßigkeit nacheinander gebildet («Mixtae»). Die Dipteridaceen stehen zwischen den beiden letzten Gruppen.

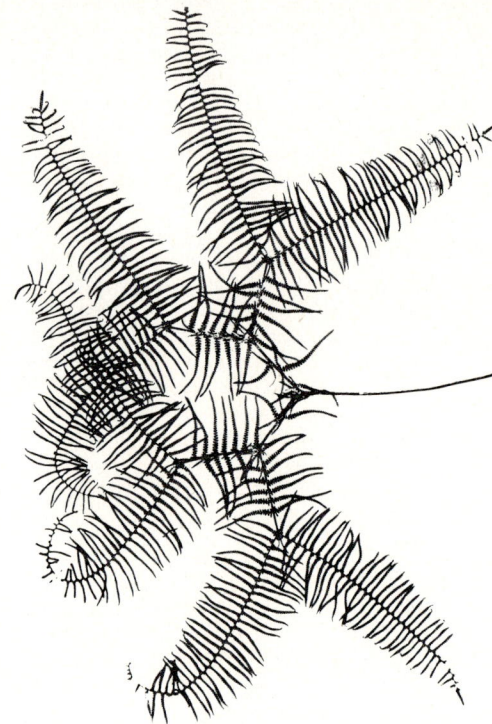

Abb. 831: *Filicales, Gleicheniaceae, Gleichenia circinata.* Australien (¹/₄ ×). (Nach MÄGDEFRAU.)

d) Entwicklungsstufe: Hydropterides, Wasserfarne

Zu den Wasserfarnen gehören nur wenige Gattungen wasser- oder sumpfbewohnender Kräuter. Sie sind sämtlich heterospor. Ihre Mega- und Mikrosporangien sind dünnwandig, haben keinen Anulus und sind von besonderen, an der Basis der Blätter sitzenden Behältern eingeschlossen. Die Meiosporen sind von eigenartigen Perisporien umgeben.

Die Wasserfarne umfassen 2 Familien mit etwa 100 Arten: die sekundär zum Wasserleben übergegangenen *Salviniaceae* (Abb. 832, 834) und die noch in festem Boden wurzelnden *Marsileaceae* (Abb. 835).

Die **Salviniaceae** *(1. Ordnung:* **Salviniales**) sind freischwimmende Wasserpflanzen. Die Gattung *Salvinia* ist in unserer Flora durch S. *natans,* den selten gewordenen Schwimmfarn, vertreten, dessen wenig verzweigter Stengel an jedem Knoten 3 Blätter trägt (Heterophyllie,

s. S. 180); die 2 oberen (Abb. 832 A) sind als ovale Schwimmblätter sehr reich mit großen Intercellularen ausgestattet, das untere (wb) dagegen ist in zahlreiche, in das Wasser herabhängende, fadenförmige, behaarte Zipfel geteilt und übernimmt die Funktion der fehlenden Wurzeln. Am Grunde dieser Wasserblätter sitzen zu mehreren die kugeligen Sporangienbehälter (A); sie umschließen die Sporangien, die auf einer säulenförmigen Placenta entspringen (Abb. 832 C).

Diese entspricht ihrer Anlage nach einem modifizierten Wasserblattzipfel, während die den Behälter bildende Hülle als zweischichtiges Indusium aufzufassen ist; es entsteht in Form eines Ringwalles, der krugförmig und schließlich hohlkugelförmig über die Placenta und ihren Sporangiensorus emporwächst und dann am Scheitel dicht zusammenschließt.

Die Behälter umschließen je einen Sorus von entweder Mikrosporangien in größerer oder Megasporangien in geringerer Zahl (Abb. 832 C mi ma); die Geschlechtsbestimmung erfolgt somit diplomodifikatorisch. Beiderlei Sporangien sind gestielt und besitzen im reifen Zustande eine einschichtige, dünne Wandung (D, F) ohne Anulus; in ihnen entstehen unter Reduktionsteilung die Meiosporen.

Die Mikrosporangien enthalten 64 in Tetraden gebildete Mikrosporen. Diese liegen eingebettet in eine schaumige, erhärtende Zwischensubstanz (Abb. 832 E), die aus dem Periplasmodium hervorgeht. Die Mikrosporen entwickeln je ein kurzes, schlauchförmiges ♂ Prothallium, das sich lediglich aus wenigen Zellen aufbaut und nur 2 Antheridien enthält (Abb. 833 B). Jedes Antheridium hat nur 2 spermatogone Zellen, die sich zu je 2 Spermatiden aufteilen, im ganzen also 4 Spermatozoiden erzeugen; diese gelangen durch Aufbrechen der Zellwände nach außen. Das Prothallium ist also sehr vereinfacht. Diese Entwicklung findet im Inneren des Sporangiums statt, das sich nicht öffnet, sondern dessen Wand von den fast pollenschlauchartig gestreckten Prothallien lokal durchbohrt wird, wodurch die Spermatozoiden ins Freie gelangen.

Die Megasporangien sind größer als die Mikrosporangien und haben ebenfalls eine einschichtige Wandung (Abb. 832 F), enthalten aber nur eine einzige Megaspore, da nur eine der 32 angelegten Sporen sich auf Kosten der übrigen weiterentwickelt. Die Megaspore ist mit Proteinkörnern, Öltröpfchen und Stärkekörnern dicht gefüllt; an ihrem Scheitel liegt dichteres Plasma und der Kern. Ihre braune Sporenwand (Exospor) ist von einer dicken, schaumigen Hülle, dem Perispor, überlagert, das wie die Zwischensubstanz des Mikrosporangiums aus dem Plasmodialtapetum hervorgeht. Die Megaspore bleibt von der Sporangienwand umschlossen, löst sich mit dieser von der Mutterpflanze ab und schwimmt an der Wasseroberfläche. Bei ihrer Keimung entsteht ein scheitelständiges, kleinzelliges ♀ Prothal-

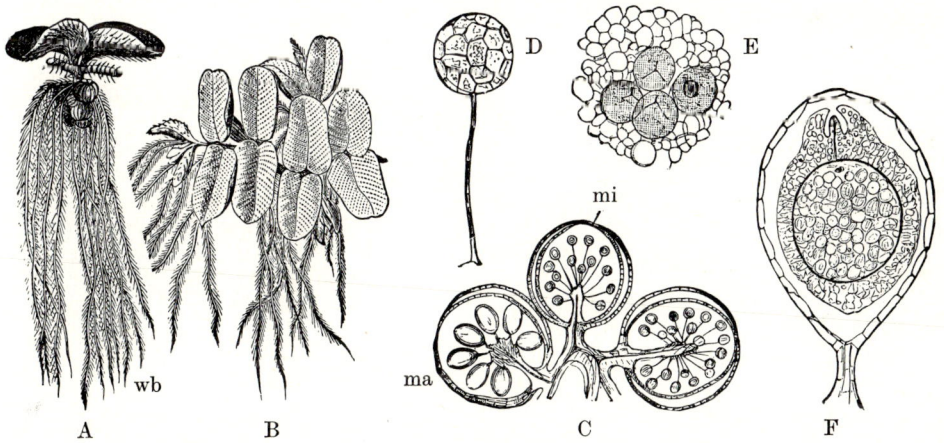

Abb. 832: *Hydropterides, Salviniales, Salvinia natans.* A Sproßstück, von der Seite, mit rundlichen Sporangienbehältern; wb Wasserblatt (³/₄ ×). B Desgl., von oben (³/₄ ×). C Megasporangienbehälter ma und Mikrosporangienbehälter mi im Längsschnitt (8 ×). D Mikrosporangium (55 ×). E In schaumige Zwischensubstanz eingebettete Mikrosporen (250 ×). F Megasporangium mit Megaspore, letztere vom Perispor umgeben, im Längsschnitt (55 ×). (A, B nach BISCHOFF; C–F nach STRASBURGER.)

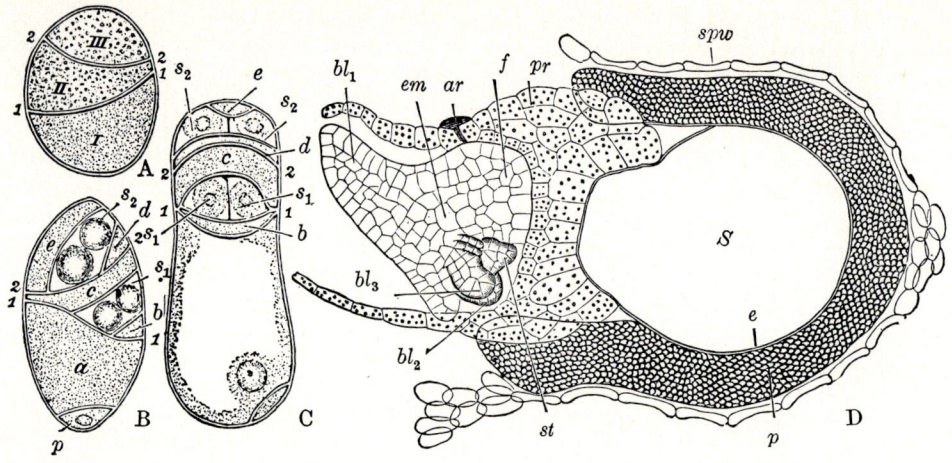

Abb. 833: *Hydropterides, Salviniales, Salvinia natans.* A–C ♂ Prothallium. A Teilung der Mikrospore in die drei Zellen I–III (860 ×). B Fertiges Prothallium von der Flanke, C von der Bauchseite. Zelle I hat sich in die Prothalliumzellen a und p geteilt (p funktionslose Rhizoidzelle), Zelle II in die sterilen Zellen c, b und die beiden spermatogenen Zellen s_1, von denen jede 2 Spermatozoiden bildet; Zelle III in die sterilen e, d und die beiden spermatogenen Zellen s_2. Die Zellen $s_1 s_1$ und $s_2 s_2$ sind zwei Antheridien, die Zellen b, c, d, e deren Wandungszellen (640 ×). D Embryo em im Längsschnitt, Prothallium pr mit Chloroplasten, S Sporenzelle, e Exospor, p Perispor, spw Sporangiumwand, f Haustorium, bl_1, bl_2, bl_3 die ersten Blätter, st Stammscheitel, ar Archegoniumrest (100 ×). (A–C nach Belajeff, D nach N. Pringsheim.)

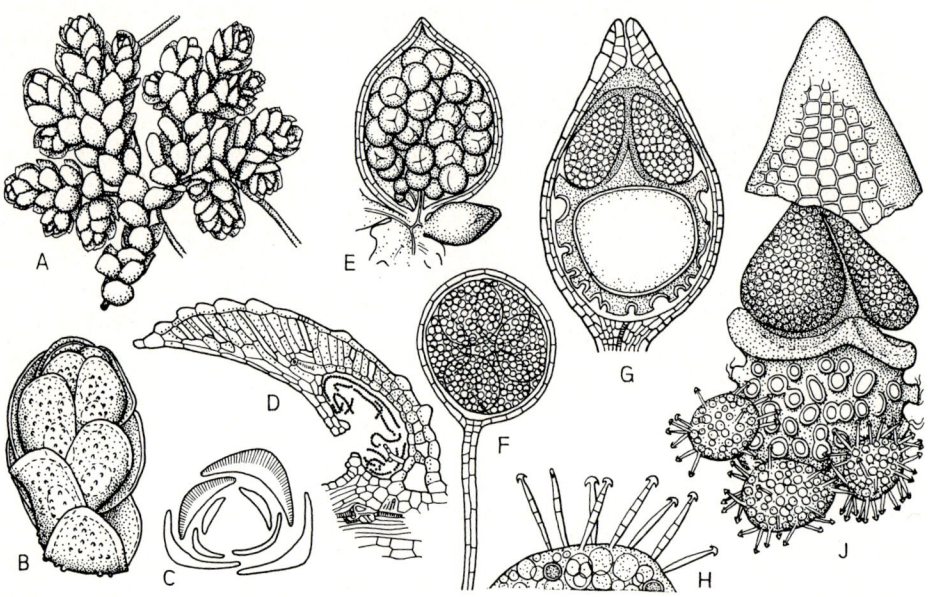

Abb. 834: *Hydropterides, Salviniales, Azolla* (A, H *Azolla caroliniana*, alles übrige *A. filiculoides*). A Pflanze von oben gesehen (4 ×). B Sproßspitze, von oben (12 ×). C Desgl. im Querschnitt (12 ×). D Längsschnitt durch den Oberlappen eines Blattes; in der Höhle *Anabaena azollae* (70 ×). E ♂ (oben) und (unten) ♀ Sorus (20 ×). F Mikrosporangium (65 ×). G Vom Indusium umschlossenes Megasporangium, enthaltend Megaspore mit Schwimmkörper (65 ×). H Teil einer Massula mit Glochidien (160 ×). J Megaspore, aus der oberen Indusiumhälfte hervorgezogen, um den Schwimmkörper sichtbar zu machen; am Epispor haften drei Massulae mittels ihrer Glochidien fest (65 ×). (A, D–J nach Strasburger; B, C nach Goebel.)

lium (Abb. 833 D pr) und eine dahinterliegende große Zelle (S), die mit ihrem Reichtum an Reservestoffen zur Ernährung des Prothalliums dient und sich nicht weiter teilt, obwohl ihr Kern durch freie Kernteilungen zahlreiche wandständige Tochterkerne liefert.

Die Sporenwand platzt mit 3 Klappen auf, ebenso springt die Sporangienwand auf, und das Prothallium ragt nun als kleines, dorsiventrales Gebilde etwas hervor. Es enthält zwar Chloroplasten, ist aber trotzdem auf die Reservesubstanzen der großen Zelle (S) angewiesen. Es entwickelt einige Archegonien; aber nur eine Eizelle kommt zur Weiterentwicklung und zur Bildung eines Embryos, der mit seinem Haustorium im erweiterten und schließlich gesprengten Archegoniumbauch steckt (Abb. 833 D). Wurde keines der Archegonien befruchtet, so werden noch weitere gebildet.

Die zweite Gattung, *Azolla*, ist vorwiegend tropisch; die zierlichen, reichverzweigten Schwimmpflänzchen tragen dicht aufeinanderfolgende Blättchen in zweizeiliger Anordnung und an der Unterseite des Stengels lange Würzelchen (Abb. 834 A). Jedes Blatt ist in 2 Lappen geteilt, von denen der obere schwimmt und assimiliert, der untere ins Wasser taucht und sich an der Wasseraufnahme beteiligt (Abb. 834 B, C); außerdem sind an einzelnen Seiten-

zweigen die unteren Blattlappen zu Sporangienbehältern umgewandelt und von einem Auswuchs eines der Blattlappen eingehüllt. In Höhlungen des Oberlappens lebt die den Luftstickstoff bindende Cyanophycee *Anabaena azollae* als Symbiont (Abb. 834 D); deshalb wird *Azolla* in Reisfeldern zur Gründüngung benutzt (vgl. S. 570).

Azolla ist interessant durch ihre Einrichtungen zur sicheren Herbeiführung der Befruchtung. Die 64 Mikrosporen werden nach Austritt aus dem Mikrosporangium durch das schaumige Periplasmodium zu 5–8 rundlichen, schwimmfähigen Ballen, den sog. Massulae, zusammengehalten. Jede Massula ist an der Oberfläche mit gestielten Widerhäkchen, Glochidien, besetzt (Abb. 834 H, J), die auch aus Periplasmodiumsubstanz hervorgehen. Diese Häkchen dienen zur Verankerung an der Megaspore, die mit einem besonderen, aus dem stark vacuolisierten Periplasmodium des Megasporangiums gebildeten, dem Sporangiumscheitel anhaftenden, lufthaltigen Schwimmkörper (Abb. 834 G, J) im Wasser umhertreibt und alsdann ein Prothallium wie bei *Salvinia* entwickelt.

Zu den **Marsileaceae** (2. Ordnung: **Marsileales**), die sumpfigen Boden bewohnen, gehört die Gattung *Marsilea*, die bei uns noch bis vor kurzem durch *M. quadrifolia*, den Kleefarn, vertreten war , jetzt aber erloschen ist (Abb. 835 A). Sie hat eine kriechende,

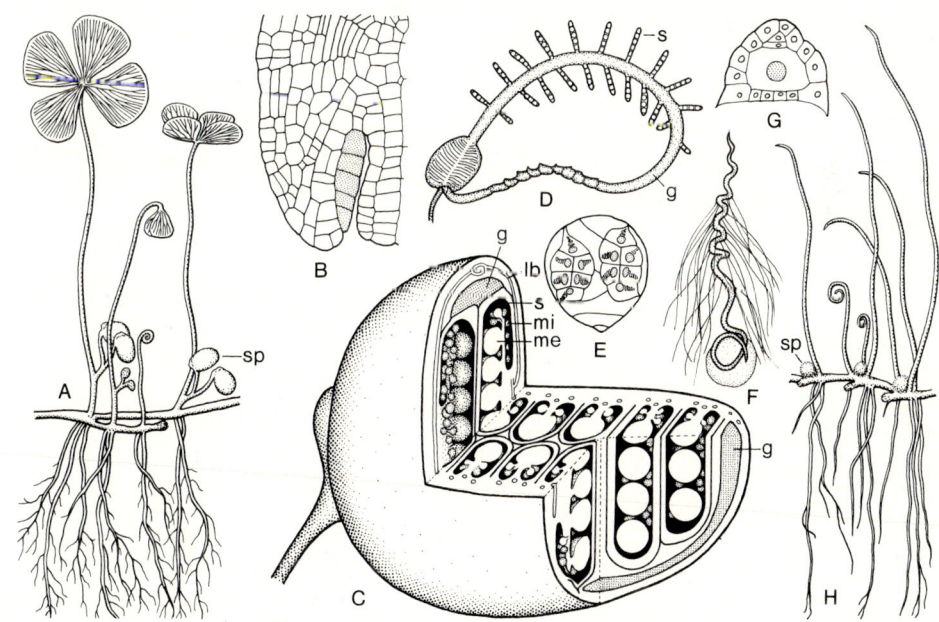

Abb. 835: *Hydropterides, Marsileales*. A *Marsilea quadrifolia*, Habitus ($^2/_3 \times$). B Schnitt durch junges Sporocarp; punktiert: Sorusanlage (200 ×). C Reifes Sporocarp (8 ×). D Geöffnetes Sporocarp von *M. salvatrix* (nat. Gr.). E Gekeimte Mikrospore mit zwei Antheridien (150 ×). F Spermatozoid (700 ×). G Archegonium (150 ×). H *Pilularia globulifera*, Habitus ($^2/_3 \times$). g Gallertring, lb Leitbündel, me Megasporangium, mi Mikrosporangium, s Sorussäckchen, sp Sporocarp. (A, H nach BISCHOFF; B nach JOHNSON; C nach MÄGDEFRAU; D nach HANSTEIN; E nach BELAJEFF; F nach SHARP; G nach CAMPBELL.)

verzweigte Achse mit einzelstehenden, langgestielten Blättern, deren Spreite sich aus zwei sehr nahe beieinanderstehenden Fiederblattpaaren zusammensetzt. *Marsilea* ist die einzige Farnpflanze, deren Blätter Schlafbewegungen ausführen. Über der Basis des Blattstieles entspringen paarweise, bei anderen Arten in größerer Anzahl, die gestielten ovalen Sporangienbehälter. Im Gegensatz zu den Salviniaceen entspricht bei den Marsileaceen die Hülle jedes Behälters seiner Anlage nach einem assimilierenden Blatteil, bei dem durch gesteigertes Wachstum die Unterseite in die Tiefe eingesenkt werden (Abb. 835B). Die Behälter werden deshalb S p o r o c a r p i e n genannt. Die aus einem Megasporangium und zahlreichen Mikrosporangien bestehenden Sori stehen in Reihen, die in Kammern eingeschlossen sind (C). Durch Quellung eines Gallerttrings (g), der das Sporocarp durchzieht, werden bei dessen Reife die Sorussäckchen herausgezogen (D). Das Mikroprothallium, welches in der Mikrospore eingeschlossen bleibt (E), enthält nur z w e i Antheridien, die wenige, korkenzieherförmige Spermatozoiden (F) bilden. Das Megaprothallium entwickelt ein Archegonium (G). – Die Gattung *Pilularia*, der Pillenfarn, mit der einheimischen Art *P. globulifera*, unterscheidet sich von *Marsilea* durch einfache, lineare Blätter, an deren Grunde die kugeligen, in der Anlage ebenfalls einem assimilierenden Blatteil entsprechenden Sporocarpien einzeln entspringen (Abb. 835 H). Die S p o r o c a r p i e n von *Pilularia* enthalten vier Sorushöhlen. Die Blätter beider Gattungen zeigen ein akroplastes Wachstum (s. S. 175), sind also, wie bei den meisten anderen Farnen, in der Jugend schneckenförmig eingerollt (Abb. 835 A, H).

F o s s i l wurden *Azolla* von der U n t e r k r e i d e, *Salvinia* von der O b e r k r e i d e und *Pilularia* vom M i o c ä n ab nachgewiesen. In Nordamerika ist *Salvinia* seit dem Miocän ausgestorben. Die *Marsileaceae* dürften den *Schizaeaceae* nahestehen (Blattaufbau, marginale Entstehung der Sori!), während die *Salviniaceae* gewisse Anklänge an die *Hymenophyllaceae* zeigen.

Einige Arten weisen eine weltweite Verbreitung auf, z.B. der Adlerfarn (*Pteridium aquilinum*) und der Keulen-Bärlapp (*Lycopodium clavatum*). Für Arealdisjunktionen und Endemismen liefern die Farnpflanzen ebenso treffende Beispiele wie die Angiospermen. Da die Pteridophyten (mit Ausnahme von *Equisetum arvense*) bebaute Fluren meiden, ist ihre Ausbreitung – im Gegensatz zu manchen Blütenpflanzen – vom Menschen kaum gefördert worden. Einige Pteridophyten treten unter zusagenden Bedingungen in solcher Menge auf, daß sie eigene Gesellschaften bilden, wie bei uns etwa der Adlerfarn (*Pteridium aquilinum*) an Waldrändern oder der Teich-Schachtelhalm (*Equisetum fluviatile*) im Verlandungsgürtel der Seen.

Hinsichtlich der W a s s e r v e r s o r g u n g stimmen die Farnpflanzen ganz mit den Blütenpflanzen überein. Die verhältnismäßig wenigen Xerophyten unter den *Filicatae* sind durch Wachsbelag oder durch ein Kleid von Spreuschuppen oder Haaren verschiedenster Art schon äußerlich gekennzeichnet. Bei Bewohnern feuchter Standorte beobachten wir vielfach Guttation, sei es durch Hydathoden an den Blattscheidenzähnen von *Equisetum* oder durch eigentümliche «Wassergruben» bei manchen Farnen (Abb. 836). Echte Wasserpflanzen sind unter den Pteridophyten selten: *Salvinia*, *Azolla* als Schwimmgewächse und *Ceratopteris* auf feuchtem Boden wachsend oder schwimmend oder sogar submers lebend. Die in Aquarien kultivierten Polypodiaceen *Bolbitis heudelotii* und *Microsorium pteropus* bilden submers lediglich sterile Wedel, während sich Sori ausschließlich an Blättern entwickeln, die über das Wasser herausragen. Die Arten der Gattung *Isoetes* leben teils auf periodisch nassem Boden, teils untergetaucht in Seen, oft in 1–3 m Tiefe, wo sie ausgedehnte Bestände bilden können.

Die *Filicatae* bevorzugen schattige Standorte und dringen dementsprechend in Höhlen tiefer ein als Blütenpflanzen. Die Kletterpflanzen unter den Farnen bedienen sich der verschiedensten Mittel: Die tropischen Gleichenien und ausnahmsweise auch unser Adlerfarn streben als Spreizklimmer empor (letzterer

Vorkommen und Lebensweise der Farnpflanzen

Die Pteridophyten sind über alle Klimazonen verbreitet, doch erreichen sie – vor allem die *Filicatae* und die *Lycopodiatae* – sowohl ihre bedeutendste Größe (Baumfarne!) wie auch ihre höchste Artenzahl in den Tropen; sie bevorzugen, in gleicher Weise wie die Bryophyten, feuchtere Standorte, dringen aber mit einzelnen Arten in trockenere Gebiete vor, jedoch nicht in die eigentlichen Wüsten. Arm an Pteridophyten sind die borealen Räume.

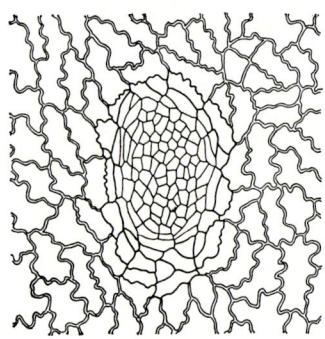

Abb. 836: *Leptosporangiatae, Filicales, Polypodiaceae, Polypodium vulgare.* «Wassergrube» (80 ×). (Nach MÄGDEFRAU.)

bis 5 m), *Lygodium* und *Salpichlaena* winden mit ihrer bis 15 m langen Rhachis, tropische Polypodien steigen als Wurzelkletterer an Baumstämmen hinauf. Die epiphytischen Formen (vgl. S. 203) bilden oft besondere Mantel- oder Nischenblätter aus, die als Humussammler wirken, z.B. *Platycerium* (Abb. 837 A) oder *Drynaria* (Abb. 837 B).

Wenn auch die meisten Farne als Humusbewohner mehr oder weniger saure Bodenreaktionen bevorzugen, so gibt es doch auch manche ausgesprochene Kalkfarne (z.B. *Asplenium viride*). Auch eigentümliche Serpentin-Formen, die sich ausschließlich auf diesem Gestein finden, sind zu nennen. Salzstandorte werden von Farnen streng gemieden, mit Ausnahme von *Acrostichum aureum*, welches die Mangrovesümpfe aller Tropengebiete bewohnt.

Rückblick auf die Pteridophyten

Die primitivsten Vertreter aus der Klasse der *Psilophytatae* haben noch undifferenzierte Sprosse, höher stehende Formen leiten aber durch den Besitz von Mikrophyllen zu den ebenfalls mikrophyllen *Lycopodiatae* über bzw. durch die schrittweise Umwandlung ihrer Zweigsysteme zu den Gabelblättern der *Equisetatae* oder den Wedeln der megaphyllen *Filicatae*.

Die *Lycopodiatae* und *Equisetatae* hatten ihre größte Entfaltung sowohl nach der Formenmannigfaltigkeit wie der Individuenzahl im Paläozoicum. Die *Filicatae* waren noch im Mesozoicum stark vertreten und haben sich auch in größerem Umfang als die anderen beiden Klassen bis in die Gegenwart erhalten (Abb. 838); bei ihren vom Carbon bis zur Trias vorherrschenden Formen handelt es sich jedoch um Vertreter, die heute nur noch in wenigen Arten leben, während diejenigen Familien, die gegenwärtig dominieren, erst im Mesozoicum auftraten.

Die Pteridophyten sind Pflanzen, deren Entwicklung sich in einem regelmäßigen heterophasischen und heteromorphen Generationwechsel (Abb. 773) vollzieht:

Ihr diploider Sporophyt ist sehr stark entwickelt und mannigfaltig gestaltet, was im Gegensatz zu den Moosen dadurch möglich ist, daß bei ihnen verholzte, also tragfähige Leitbündel vorhanden und im Gange der phylogenetischen Entwicklung immer stärker ausgebaut worden sind (Leitung von Wasser wie von organischen Substanzen). Auch die Ausbildung der echten Wurzeln wirkt im gleichen Sinne. Da zudem die Epidermen cutinisiert sind, kann der Sproß in den Luft-Lichtraum hinaufwachsen, kann Blätter ausbilden und Kohlendioxid assimilieren; er ist also nicht auf die Versorgung mit organischen Substanzen seitens des Gametophyten angewiesen, womit eine weitere Hemmung für seine Größenentwicklung wegfällt.

Die Meiosporen entstehen in Sporangien auf Sporophyllen, die sehr häufig im Habitus von den übrigen Blättern mehr oder weniger verschieden und oft in Vielzahl zu besonderen Ständen («Blüten») vereinigt sind.

Der haploide Gametophyt bleibt immer thallos (Prothallium) und bildet nur sehr

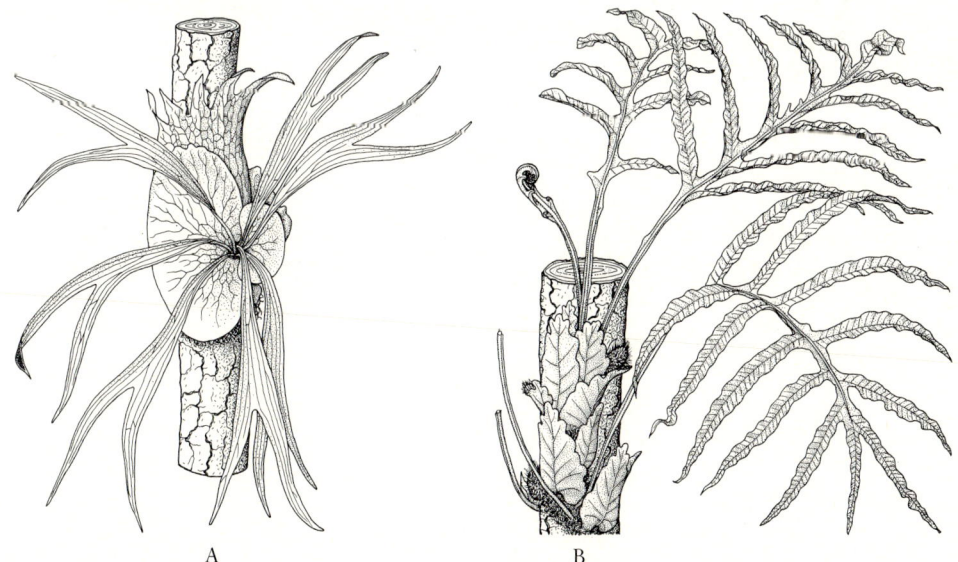

A   B

Abb. 837: Epiphytische Farne mit Blattdimorphismus (Heterophyllie: humussammelnde «Nischenblätter» und Sporotrophophylle). A *Platycerium alcicorne*. B *Drynaria quercifolia* ($^1/_6 \times$). (Nach MÄGDEFRAU.)

selten Tracheiden aus *(Psilotum)*. Er schließt seine Entwicklung frühzeitig mit der Bildung von Antheridien und Archegonien ab, die oft einfacher als bei den Moosen gebaut sind (vgl. S. 717); große vielzellige Gametangien gelten als primitiv gegenüber kleinen wenigzelligen.

Bei primitiven Formen sind die Sporen unter sich alle gleich (Isosporie), bei höheren ist dagegen eine Differenzierung in Mikro- und Megasporen eingetreten. Das Auftreten der Heterosporie ist innerhalb der verschiedenen Pteridophytenklassen mehrfach unabhängig voneinander erfolgt *(Lycopodiatae, Equisetatae* – hier sowohl bei den Calamiten wie auch bei den Sphenophyllen – und *Filicatae)*; damit verbunden ist die Arbeitsteilung zwischen kleineren ♂ und größeren

♀ Prothallien. Bei den heterosporen Formen wird kein freilebender Gametophyt mehr entwickelt, sondern das Prothallium bleibt als ein zellarmes Gebilde in der Spore mehr oder weniger eingeschlossen; seine ganze Entwicklung spielt sich hier mitunter in wenigen Stunden ab. Ganz besonders stark ist die Reduktion bei den ♂ Gametophyten; sie bleiben im Extrem dauernd und vollständig von der Mikrosporenwand eingeschlossen (z. B. *Selaginella, Isoetes, Hydropterides)* und sind im Grenzfall bis auf eine einzige vegetative Zelle rückgebildet, die auch nur ein einziges Antheridium trägt; nur die Spermatozoiden treten noch aus der Spore aus. Die ♀ Gametophyten sind dagegen nie so zellarm und bieten genügend Reservestoffe zur Ernährung des Embryos. Sie sind z. T. auch noch grün, blei-

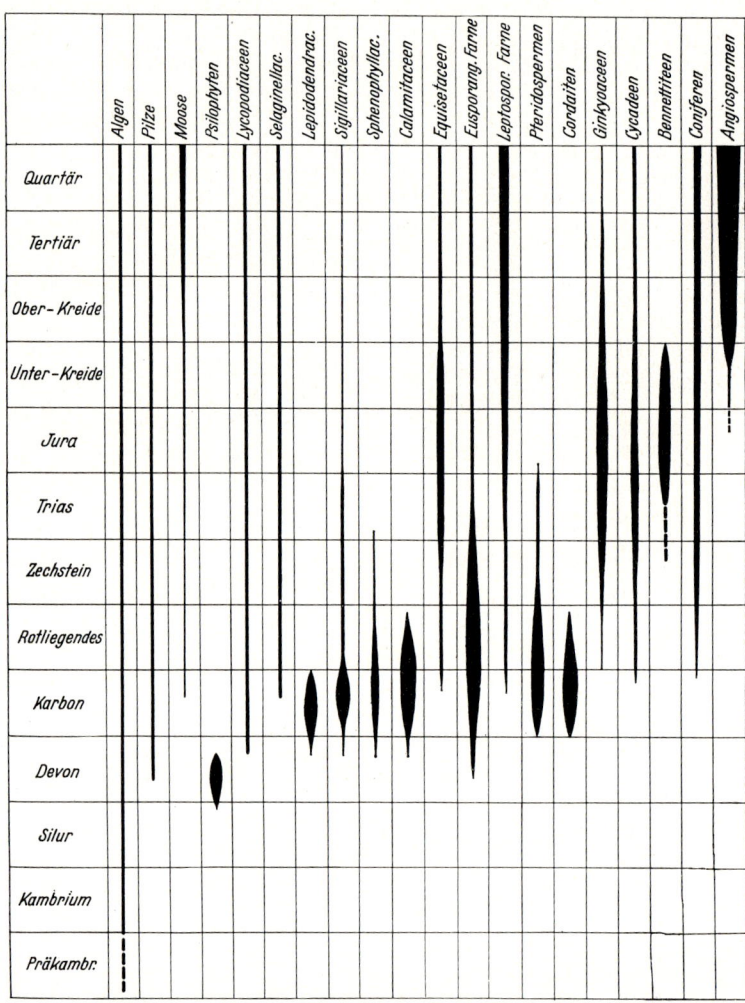

Abb. 838: Die Entfaltung der wichtigsten Pflanzengruppen während der Erdgeschichte. (Nach MÄGDEFRAU.)

ben aber ebenfalls bei stärkster Reduktion mit ihrem gesamten Gewebe in der Megaspore liegen (z.B. *Selaginella, Isoetes, Hydropterides*), so daß erst der nach der Befruchtung sich entwickelnde Sporophytenembryo außerhalb der Spore sichtbar wird. Diese Reduktion des Gametophyten wird noch dadurch unterstrichen, daß die Megaspore sich bei manchen Arten überhaupt nicht mehr aus dem Megasporangium löst und dieses wiederum in seltenen Fällen *(Lepidospermae)* durch eine Hülle mit dem Sporophyten fest verbunden ist, so daß im Extrem die Befruchtung und sogar die Bildung des Embryos auf dem Sporophyten vor sich geht und erst danach sich das Sporangium samt Integument ablöst (Samenbildung). Die Samenbildung ist – wie die Heterosporie – mehrmals unabgängig voneinander erfolgt. Die ersten Samenfarne (s. S. 787) traten schon im Carbon, sehr wahrscheinlich sogar schon im Devon auf, also schon vor dem Erscheinen der Hauptmasse der Farne und nicht erst am Schluß von deren Entwicklung. Die heterosporen und Samen bildenden Pflanzen haben sich dann die Erde erobert (bis zum Mitteldevon gab es nur isospore Landpflanzen, heute sind von den Gefäßpflanzen nur noch weniger als 3 % isospor, etwa 0,3 % sind heterospor und rund 97 % haben Samen). Unter den heterosporen Pteridophyten unterscheiden

wir solche mit 4 Megasporen *(Selaginella)* von solchen mit 1 Megaspore je Sporangium *(Hydropterides);* die fossilen, Samen bildenden Lepidospermen stehen am Ende dieser Reihe.

Der phylogenetische Anschluß der Pteridophyten an bestimmte primitivere Pflanzen ist unsicher. Die primitivsten Pteridophyten haben in ihren einfachsten Vertretern (Rhyniaceen) mit Telomen und enständigen Sporangien einen Habitus, der stark an manche Tange erinnert. Die Pteridophyten dürften als Parallelast zu den Bryophyten aus noch unbekannten Algen entstanden sein, die die gemeinsame Basis der Moose und Farne bilden. Unter den Algen kommen als Vorfahren nur die Chlorophyten in Betracht, mit denen alle Archegoniaten die Chlorophylle a und b sowie die gleichen Carotinoide und die flimmerlosen Geißeln gemeinsam haben. Auch eine Fortentwicklung von Bryophyten zu Pteridophyten wird diskutiert: von *Anthoceros*-ähnlichen Vorläufern (z.B. *Sporogonites*) durch Größenzunahme, Differenzierung und zunehmende Selbständigkeit des Sporophyten. Während aber die Moose sich schon seit dem Carbon nicht mehr wesentlich höher entwickelt haben, also vor rund 250 Millionen Jahren schon «fertig» waren, haben die Farne seitdem erst ihren Hauptaufschwung genommen (Abb. 838).

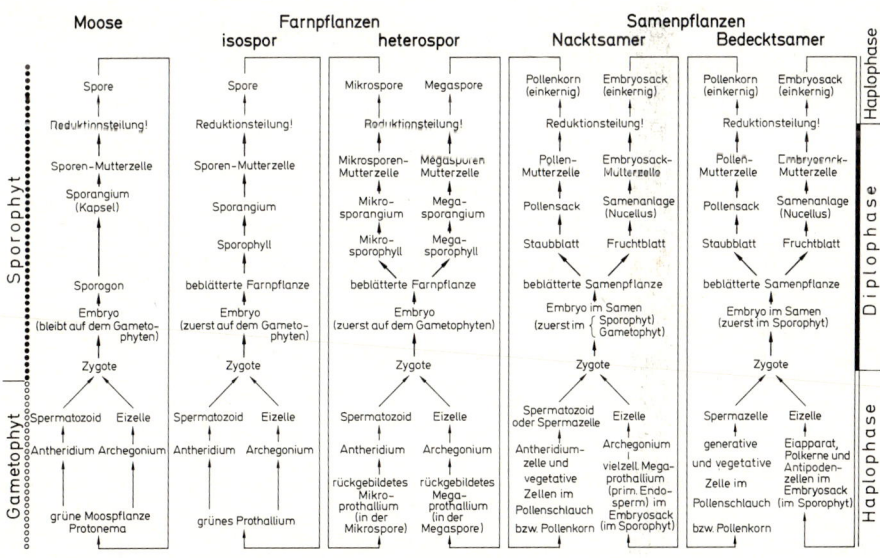

Abb. 839: Vergleich des Generations- und Kernphasenwechsels bei den *Embryophyta* bzw. *Cormobionta.* Dargestellt sind die Verhältnisse bei den Moosen, iso- und heterosporen Farnpflanzen sowie den Samenpflanzen. Homologe Entwicklungsphasen, Fortpflanzungszellen und -organe stehen jeweils auf gleicher Höhe (vgl. dazu auch Abb. 746, 773, 790, 840 u. 874).

Dritte Abteilung:
Spermatophyta,
Samenpflanzen

Die Samenpflanzen zeigen wie Moose und Farnpflanzen einen heteromorphen Generationswechsel mit Gametophyt und Sporophyt, weiterhin auch einen entsprechenden Kernphasenwechsel mit Haplo- und Diplophase (vgl. Abb. 839, 840 und S. 59, 213–214). Bei den ursprünglicheren Vertretern sind am Gametophyten noch deutliche Archegonien (♀) und stark reduzierte Antheridien (♂) erkennbar. Ebenso wie bei den heutigen Farnpflanzen weist der Sporophyt eine charakteristische Gliederung in Wurzel und Sproß mit Achse und Blättern auf. Die Samenpflanzen gehören also zu den **Embryophyta** bzw. **Cormobionta** = Sproßpflanzen, **Cormophyten** (vgl. S. 102 ff.).

Erst 1851 hat WILHELM HOFMEISTER den «versteckten» Generationswechsel der Samenpflanzen und damit den engen Zusammenhang mit Moosen und Farnpflanzen erkannt. Damals waren für die Fortpflanzungsorgane der Samenpflanzen bereits eigene Bezeichnungen entstanden. Obwohl ihre Homologie mit den entsprechenden Organen der Farnpflanzen weitgehend feststeht, haben sich die beiden Begriffsgruppen bis heute nebeneinander erhalten und werden im folgenden auch vielfach nebeneinander verwendet. Eine tabellarische Übersicht findet sich in Abb. 839. Für weibliche Fortpflanzungszellen bzw. -organe wurde im deutschen Sprachraum bisher meist die griechische Vorsilbe «Makro-» verwendet; nunmehr bürgert sich die international übliche griechische Vorsilbe «Mega-» ein.

Wie die höchstentwickelten, heterosporen *Pteridophyta* bilden auch die *Spermatophyta* nach der Meiose **Mikrosporen** (einkernige Pollenkörner = Pollenzellen) und **Megasporen** (einkernige Embryosäcke = Embryosackzellen). Die Rückbildung der männlichen und weiblichen Gametophyten bzw. Prothallien (mehrzelliges Pollenkorn bzw. Pollenschlauch sowie Embryosack) ist allerdings so stark fortgeschritten, daß sie äußerlich nicht mehr in Erscheinung treten und vielfach vom Sporophyten ernährt werden müssen. Besonders wesentlich ist dabei, daß die Megaspore das **Megasporangium** (= Nucellus der Samenanlage) und damit die sporophytische Mutterpflanze bei der Reife nicht mehr verläßt. So entsteht auch der weibliche Gametophyt (= Embryosack) mit den Eizellen (tlw. noch in Archegonien) auf der Mutterpflanze. Weiter sind in den **Mikrosporangien** (= Pollensäcken) die Mikrosporen (= einkernigen Pollenkörner) herangereift. Schon jetzt beginnt mit mindestens einer Zellteilung die Entwicklung des männlichen Gametophyten. Diese mehrzelligen Pollenkörner werden nun in den Bereich der Megasporangien und weiblichen Gametophyten übertragen (Bestäubung) und bilden dort einen Pollenschlauch mit Spermatozoiden (= Spermien), meist aber mit geißellosen Spermazellen. Es folgt die Befruchtung der Eizelle und die Entwicklung der Zygote zum Embryo. Gleichzeitig hat sich am mütterlichen Sporophyten aus der Hülle des Megasporangiums (den 1–2 Integumenten der Samenanlage) eine Hülle (= Samenschale, Testa) um den Embryo und sein Nährgewebe (Endosperm) gebildet: Damit ist anstelle der Megaspore eine neue Ausbreitungseinheit, der **Same**, entstanden. Diese Veränderungen gegenüber den Farnpflanzen machen den Befruchtungsvorgang von der Gegenwart atmosphärischen Wassers unabhängig und geben dem jungen Sporophyten bessere Startmöglichkeiten.

Im Bereich der Sporangien entsprechen einander bei den *Spermatophyta* Megasporangien mit steriler Hülle (Samenanlagen aus Nucellus und Integument[en]) und Mikro-

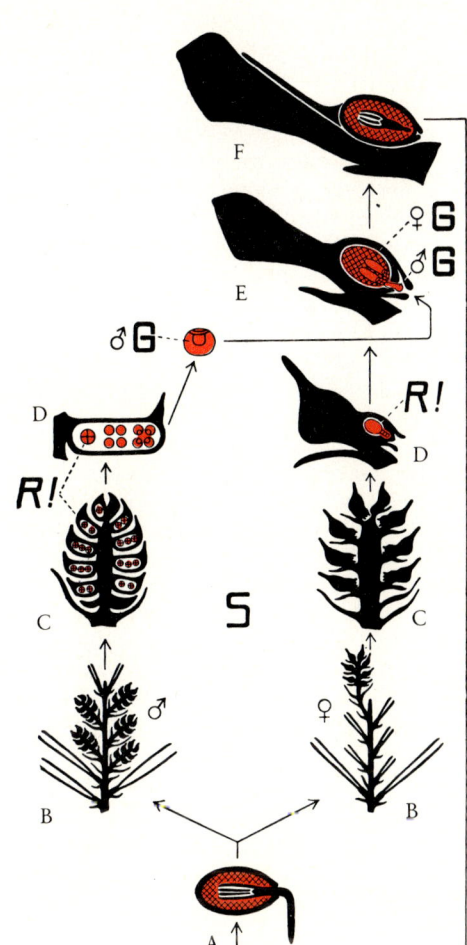

Abb. 810: Entwicklungsschema einer gymnospermischen Samenpflanze *(Pinus)* mit Generationswechsel: Sporophyt (S) und Gametophyt (G) sowie Kernphasenwechsel: Diplophase (schwarz ausgefüllt), Reduktionsteilung (R!) und Haplophase (rote Farbe). A Keimender Same mit Testa, primärem Endosperm (haploid, Kreuzschraffur) und Embryo. B Sprosse mit Achsen, Blättern sowie ♂ und ♀ Blütenständen. C ♂ Blüte und ♀ Blütenstand (junger Zapfen). D links: Staubblatt mit Pollenmutterzellen, ein- und mehrzelligen Pollenkörnern (Luftsäcke nicht gezeichnet) sowie Entwicklung des ♂ Gametophyten; rechts: Tragblatt der ♀ Blüte (= Deckschuppe), darüber verschmolzene «Fruchtblätter» (= Samenschuppe) und darauf freiliegende Samenanlage mit Embryosack (nur 1 von 4 Megasporen entwickelt). E Weibliche Blüte und Samenanlage zur Zeit der Befruchtung mit keimendem Pollenkorn (♂) und ♀ Gametophyten (vielzellig: Kreuzschraffur, zwei große Eizellen). F Reife Zapfenschuppe mit (geflügeltem) Samen und Embryo im (primären) Endosperm. (Nach FIRBAS.)

sporangiengruppen (Pollensackgruppen) (vgl. S. 762). Diese morphologischen Grundbausteine der Fortpflanzungsorgane sitzen einzeln oder zu mehreren bis vielen an einfachen oder ± komplex verzweigten Trägern, die als Mikro- bzw. Megasporophylle (Staub- und Fruchtblätter) bezeichnet werden können.

Die Sporophylle stehen bei den *Spermatophyta* fast immer an Kurzsprossen mit begrenztem Wachstum: Wir sprechen hier von **Blüten**. Die Samenpflanzen können dementsprechend auch als Blütenpflanzen («Anthophyta») bezeichnet werden. Blüten können sowohl eingeschlechtig als auch zwittrig sein, je nachdem, ob in einer Blüte nur Mikro- oder nur Megasporophylle oder beide ausgebildet werden. Vor allem bei Zwitterblüten kommt es vielfach zur Ausbildung einer Blütenhülle (Perianth). Die Anordnung der Mikro- und Megasporophylle in Blüten, die vom vegetativen Bereich abgesetzt sind, erleichtert im Zustand der Blütenentfaltung (Anthese) die Bestäubung. Organe, welche reif(end)e Samen umschließen bzw. ihrer Ausbreitung dienen, bezeichnen wir als **Früchte**.

Die ursprünglichen Samenpflanzen lassen schon am Embryo einen Sproß- und einen gegenüberliegenden Wurzelpol erkennen (Abb. 154). Aus letzterem entwickelt sich die Hauptwurzel, die bei den heutigen Farnpflanzen fehlt. Charakteristisch ist des weiteren für den Achsenbereich der Samenpflanzen axilläre Verzweigung, der Besitz einer Eustele und die Fähigkeit zum sekundären Dickenwachstum. Es handelt sich also primär um Holzpflanzen mit leistungsfähigem System der Wasseraufnahme und Wasserleitung.

Die Samenpflanzen beherrschen seit Beginn des Mesophyticums (Oberperm) die Landfloren der Erde. Obwohl wir Ansätze zur Ausbildung von entsprechenden Merkmalen bei verschiedenen Gruppen Höherer Pteridophyten erkennen können (z.B. Rückbildung der Gametophyten, Heterosporie, blütenartige Sporophyllstände, ja sogar Samenbildung, vgl. S. 730f.), geht die Entstehung der Samenpflanzen aus psilophytenartigen Vorläufern bis ins Devon zurück und erfolgte parallel zur Entfaltung der Pteridophyten.

Vegetationsorgane. Schon die bipolaren Keimlinge der Samenpflanzen lassen einen Sproß- und einen Wurzelscheitel erkennen

(Abb. 154 A–C). Die ursprüngliche Zahl der Keimblätter ist wohl 2; sie kann vermehrt (Abb. 851 F) oder auf 1 vermindert sein. Die Scheitelmeristeme von Sproß und Wurzel sind mehrzellig und erfahren eine fortschreitende schichtartige Aufgliederung (vgl. Tunica und Corpus, S. 108 f.). Die Blattstellung ist bei allen ursprünglicheren Samenpflanzen schraubig, wird aber mehrfach zu distich, decussiert oder wirtelig abgewandelt (S. 138–144). Charakteristisch ist allgemein die seitliche und blattachselbürtige (axilläre) Verzweigung (Abb. 154 D). Dabei ist der monopodiale Sproßaufbau ursprünglicher als der sympodiale, der undifferenzierte ursprünglicher als der in Lang- und Kurzsprosse gegliederte.

Im Achsenbereich ist eine Anordnung offener, collateraler Leitbündel zu Eustelen bezeichnend (Abb. 173). Fossilfunde belegen, wie innerhalb der Samenpflanzen gelappte Proto- bzw. Actinostelen durch Bildung von zentralem Mark und von Markstrahlen schließlich zu Eustelen aufgelöst werden; Nebenlinien führen auch zu Poly- bzw. Atactostelen mit geschlossenen Leitbündeln (vgl. S. 156–158, Abb. 175, 176 B–C). Für den Wurzelbereich sind markführende Actinostelen (radiale Leitbündel, vgl. S. 184–186) charakteristisch. Alle ursprünglichen Samenpflanzen lassen ein sekundäres Dickenwachstum erkennen: Durch die Tätigkeit eines Cambiums wird nach

innen Holz, nach außen sekundäre Rinde gebildet (S. 160 ff., 185 f.). Wesentliche Progressionen lassen sich hinsichtlich der fortschreitenden Differenzierung dieser Gewebe (z. B. Leit-, Faser- und Parenchymzellen in Holz und Rinde) sowie bei der Vervollkommmnung der leitenden Tracheiden zu Tracheen bzw. der feinporigen Siebzellen zu weitporigen Siebröhren erkennen (Abb. 136). Die phylogenetische Abfolge der Wandversteifungen im Xylem verläuft offenbar von Ring-, Schrauben- und Netz- zu Leiter- und Hoftüpfelelementen (Abb. 140, 143).

Bei den Blättern der Samenpflanzen lassen sich grundsätzlich 2 Typen erkennen: der dichotome (gabelige) Typ bei den *Coniferophytina* (Abb. 841 A, z. B. *Ginkgo*, Abb. 200 B) und der fiederige bei den *Cycadophytina* (Abb. 841 B, z. B. *Tetrastichia* oder *Lyginopteris*, Abb. 865 A, 866 B) und *Angiospermae* (Abb. 197, 206 G). Die Abfolge von Ausbildungen mit noch telomartigen, räumlich verzweigten und mehr-minder radiären Abschnitten zu in einer Ebene verzweigten, zusammengesetzten Blättern mit flächigen Abschnitten, weiter zu ungeteilten durchaus bifacialen Blättern mit Blattstielen bzw. ohne solche und schließlich auch zu Nadel- oder Schuppenblättern ist durch Fossilfunde und vergleichende Analysen dokumentiert (vgl. Abb. 852, 854, 855 B, 859 A, 860, 865 A, 866 B–C). Parallel damit kommt

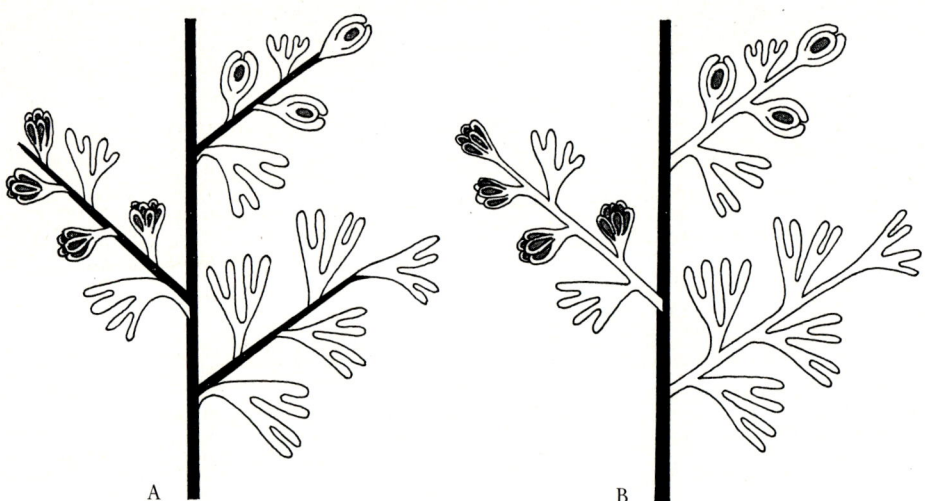

A   B

Abb. 841: Schema des Sproßaufbaues bei ursprünglichen Samenpflanzen der Unterabteilungen *Coniferophytina* (A) und *Cycadophytina* (B) mit Achsen (schwarz ausgefüllt) sowie einfachen bzw. komplexen vegetativen und sporenbildenden Blattorganen (dünne Umrandungslinien; sporogenes Gewebe grau): Trophophylle, Mikrosporophylle (mit Pollensackgruppen) und Megasporophylle (mit Samenanlagen). (Orig.)

es zur Reduktion des Spitzenwachstums der Blätter.

Hinzuweisen ist auch auf die Entwicklung von immergrüner zu saisongrüner (besonders sommergrüner) Ausbildung sowie auf die fortschreitende ontogenetische Differenzierung der Blattorgane (Nieder- und Hochblätter, Knospenschuppen usw., vgl. S. 180–182). Bei der Leitbündelversorgung der Blätter treten Lücken (Lacunen) im Holzkörper auf, aus welchen die Blattspuren ausscheren (Abb. 175 D). Offenbar sind bei Gymnospermen unilacunäre und einspurige Blattknoten ursprünglich, bei den Angiospermen dagegen trilacunäre und dreispurige.

Alle primitiven Spermatophyten sind bäumchen- bzw. baumförmige Holzpflanzen. Aus Baumformen sind dann offenbar mehrfach parallel Lianen und Sträucher sowie alle anderen Wuchs- und Lebensformen der Samenpflanzen entstanden (vgl. S. 146–149, 189–209, Abb. 232).

Während die *Coniferophytina* offenbar schon von Anfang an stärker verzweigt waren, ist für die *Cycadophytina* und *Angiospermae* wahrscheinlich eine kaum oder wenig verzweigte Wuchsform mit zuerst dünnen, dann verdickten Stämmen und umfangreichen, fiedrig zusammengesetzten Blättern ursprünglich (z.B. Abb. 865A, 869A). Aus solchen dickstämmigen (pachycaulen) haben sich dann offenbar mehrfach dünnästige (leptocaule) Holzgewächse herausgebildet, bei denen starke Verzweigung und feinere Verästelung mit dementsprechend kleineren und ungeteilten Blättern kennzeichnend sind (z.B. Abb. 871 A, 232 C). Möglicherweise steht diese Progression im Zusammenhang mit Entwicklungsbeschleunigung (Achsen- und Blattbildung an kleineren Sproßschei-

teln rascher als an voluminösen), Risikominderung (viele kleinere Sproßscheitel weniger schadensanfällig – z.B. gegenüber pflanzenfressenden Insekten – als wenige große) und besserer Lichtausnutzung (kleinere Blätter eher mosaikartig anzuordnen als große).

Auch Befunde der Ultrastrukturforschung sind in letzter Zeit für die Systematik der Samenpflanzen wichtig geworden. Elektronenmikroskopische Untersuchungen an Siebröhren-Plastiden haben verschiedene, für größere Verwandtschaftsgruppen charakteristische Typen erkennen lassen: Der weiterverbreitete S-Typ (Abb. 842A) speichert nur Stärke, der P-Typ teilweise oder ausschließlich Protein; die Proteineinschlüsse können dabei fädig oder kristalloid sein (Abb. 842 B, C).

Blüten. Die Blüten der Samenpflanzen dienen der geschlechtlichen Fortpflanzung. Im Zusammenhang mit der fortschreitenden Reduktion der eigentlichen Geschlechtsgeneration (der männlichen und weiblichen Gametophyten) und der Verlagerung derselben – und damit der Befruchtung – auf den Sporophyten übernehmen sie immer weitergehend Funktionen der Vorbereitung des Geschlechtsvorganges sowie der Fürsorge für die Entwicklung der Zygote zum Embryo und seiner Ausbreitung im Samen.

Es ist daher verständlich, daß man früher die Blütenorgane der Samenpflanzen als die eigentlichen Geschlechtsorgane auffaßte und die Gruppe dementsprechend als «*Phanerogamae*» (d.h. «öffentlich Heiratende») bezeichnete.

Blüten sind Sporophyllstände, also mit Mikro- und/oder Megasporophyllen besetzte Kurzsprosse mit begrenz-

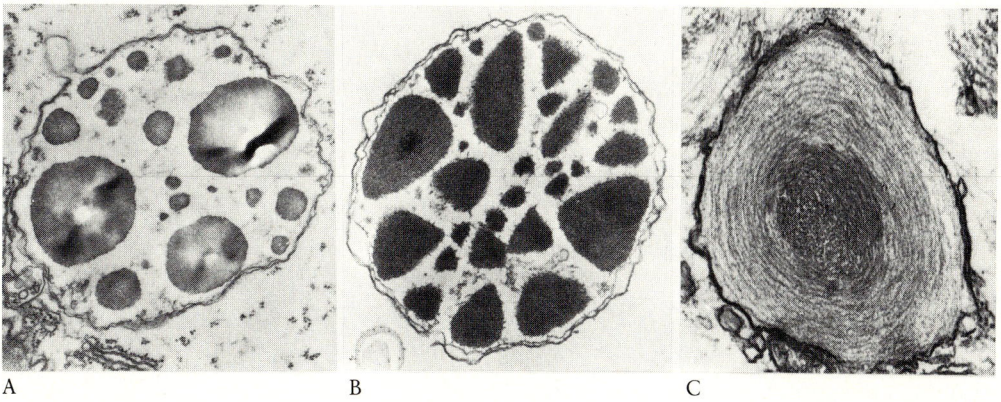

A   B   C

Abb. 842: Siebenröhrenplastiden bei *Spermatophyta (Angiospermae)*. A S-Typ mit Stärkeeinschlüssen: *Nuphar (Nymphaeaceae)*, B P-Typ mit kristalloiden Proteineinschlüssen: *Gloriosa (Liliales: Colchicaceae)*, C P-Typ mit fädigen Proteineinschlüssen: *Allenrolfea (Chenopodiaceae)*. (A 20000 ×, B und C 30000 ×; nach BEHNKE.)

tem Wachstum. Bei den *Cycadophytina* läßt sich die Entwicklung von Blüten schrittweise verfolgen: Sporo-Trophophylle zerstreut an der fortwachsenden Hauptachse (z.B. beim Samenfarn *Tetrastichia*, Abb. 865 A), Sporophylle und Trophophylle alternierend an der fortwachsenden Hauptachse (z.B. bei den Megasporophyllständen von *Cycas*, Abb. 869 A–C), Sporophylle schraubig und in großer Zahl an Seitensprossen mit begrenztem Wachstum (z.B. bei den Mikrosporophyllständen von *Encephalartos*, Abb. 870 A). Dies entspricht einer fortschreitenden Arbeitsteilung zwischen Fortpflanzungssprossen (Blüten) und vegetativen Sprossen, wie wir sie auch schon bei Farnpflanzen finden (z.B. bei *Lycopodium*, *Selaginella* oder *Equisetum*). Im Zuge der phylogenetischen Weiterentwicklung von Blüten der Samenpflanzen werden die ursprünglich zahlreichen Blütenorgane vielfach vermindert und zahlenmäßig fixiert (Oligomerisation), anstelle der schraubigen tritt wirtelige Anordnung, und parallel dazu erfährt die Blütenachse eine starke Stauchung; besonders bei Zwitterblüten kommt es mehrfach zur Ausbildung einer Blütenhülle (= Perianth).

Die Blüten der Samenpflanzen sind ursprünglich eingeschlechtig (unisexuell, nur mit Staubblättern, männlich = ♂, oder nur mit Fruchtblättern, weiblich = ♀) und windbestäubt; zwittrige Blüten (mit Staub- und Fruchtblättern, bisexuell oder hermaphroditisch = ⚥) erscheinen später und im Zusammenhang mit Tierbestäubung (vgl. S. 816ff.); schließlich kommt es häufig sekundär wieder zur Eingeschlechtigkeit. Sippen mit ♂ und ♀ Blüten auf jedem ihrer gemischtgeschlechtigen Individuen nennt man einhäusig (monöcisch = ♂♀, z.B. Kiefer oder Haselstrauch); solche, wo ♂ und ♀ Blüten auf verschiedenen, getrenntgeschlechtigen Individuen vorkommen, heißen zweihäusig (diöcisch = ♂/♀, z.B. Eibe oder Weiden) (vgl. S. 512ff.). Sippen mit eingeschlechtigen und zwittrigen Blüten in unterschiedlicher Verteilung bezeichnet man als vielehig (polygam, etwa andromonöcisch = ♂⚥, z.B. *Veratrum album*, gynodiöcisch = ♀/⚥, z.B. *Thymus serpyllum* oder triöcisch = ♀/♂/⚥, z.B. Esche).

Ursprünglich stehen die relativ großen Blüten bei verschiedenen Samenpflanzengruppen einzeln. Im Zusammenhang mit der allgemeinen Tendenz zur Reduktion der Blütengröße entstehen als Kompensation vielfach Blütenstände (Inflorescenzen, vgl. S. 150ff., Abb. 168).

Staub- und Fruchtblätter. Ein Vergleich der Sporangienträger bei den ältesten Samenpflanzengruppen (besonders *Ginkgoatae*, *Cordaitidae* und *Lyginopteridales*) läßt als morphologische Grundeinheiten in diesem Bereich ± radiär gebaute Pollensackgruppen und radiäre (oder ± abgeflachte) Samenanlagen mit Nucellus und steriler Hülle aus 1–2 Integumenten erkennen (Abb. 841).

Die Verhältnisse bei den Vorläufern der Samenpflanzen (den «*Progymnospermae*», vgl. S. 772ff. und Abb. 808, 809, 812, 813 A, 852) legen nahe, daß die Pollensackgruppen durch Kontraktion aus dichotom oder ± fiederig verzweigten Mikrosporangiengruppen hervorgegangen sind. Entsprechende Vorgänge an Megasporangiengruppen waren anscheinend von der Differenzierung eines zentralen fertilen Sporangiums zum Nucellus und äußerer steriler Abschnitte (Hüll-Telome) zum (inneren) Integument begleitet und haben damit zur Entstehung von Samenanlagen geführt (vgl. Abb. 843, 868 A–C).

Bei allen ursprünglichen *Spermatophyta* entsprechen einander Pollensackgruppen und Samenanlagen, beide stehen terminal an ± radiären, telomartigen Trägern und stimmen dadurch mit den Psilophyten (und anderen ursprünglichen Pteridophyten) überein. Während aber bei den ältesten *Coniferophytina* die Pollensackgruppen und Samenanlagen (ebenso wie die entsprechenden ± dichotomen vegetativen Organe) immer einzeln und an kurzen, unverzweigten Trägern direkt den Blütenachsen aufsitzen (Abb. 841 A), sind sie bei den ursprünglichsten *Cycadophytina* (also den älteren Pteridospermen) zu mehreren bis vielen Bestandteile komplexer, fiedrig verzweigter Blattorgane (Abb. 841 B; vgl. dazu auch S. 772ff.). Üblicherweise spricht man trotz der großen Verschiedenheit der Sporangienträger bei *Coniferophytina* und *Cycadophytina*, und trotz ihrer (zumindest bei den

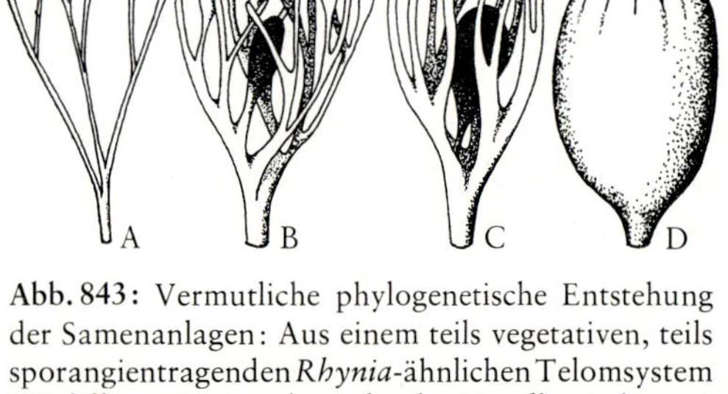

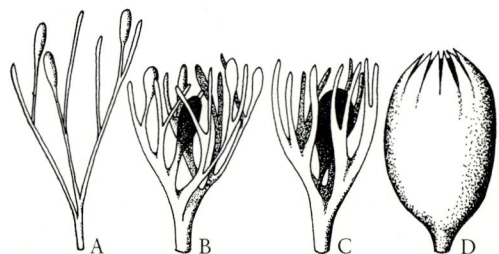

Abb. 843: Vermutliche phylogenetische Entstehung der Samenanlagen: Aus einem teils vegetativen, teils sporangientragenden *Rhynia*-ähnlichen Telomsystem (A) differenzieren sich ein fertiler Nucellus (schwarz) und als sterile Hülle ein Integument (weiß) (D). (Nach WALTON aus ANDREWS.)

ursprünglichen Vertretern) sehr geringen Blattähnlichkeit, von Mikro- und Megasporophyllen bzw. Staub- und Fruchtblättern. Fossilbefunde zeigen klar, daß stärker flächige und damit blattähnliche Sporophylle bei den verschiedenen *Spermatophyta*-Gruppen erst relativ spät oder infolge diverser Sonderentwicklungen überhaupt nicht entstanden sind. Auch geht die ursprüngliche Übereinstimmung zwischen den Trägern von Pollensackgruppen und Samenanlagen bei vielen späteren Gruppen (z.B. bei den Bennettiteen, Abb. 871) infolge divergenter Entwicklung im ♂ und ♀ Bereich vielfach verloren.

Pollensäcke. Sie entsprechen den aus mehreren Gewebeschichten bestehenden Eusporangien bzw. Mikrosporangien der Pteridophyten (vgl. Abb. 779 D, 787 A, 815 C; 844). Aus einem zentralen Archespor entwickeln sich die Pollenmutterzellen; aus diesen entstehen nach der Meiose je 4 einkernig bzw. einzellige Meiosporen (Pollenkörner, Pollenzellen, haploide Mikrosporen); sie werden

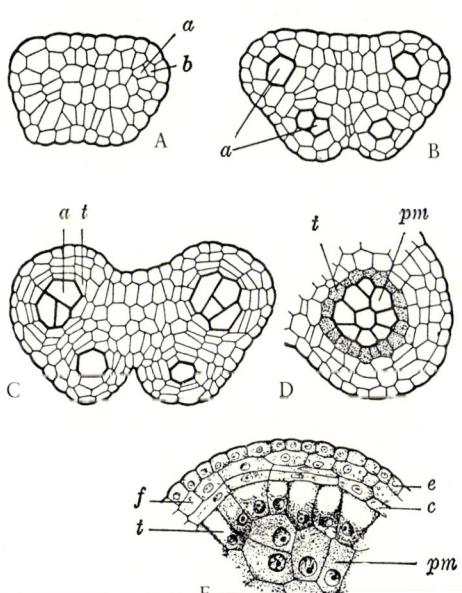

Abb. 844: Entwicklung der Pollensäcke am Staubblatt von Angiospermen mit Archespor (a), parietaler Zellschicht (b), Epidermis (e), Faserschicht (Endothecium: f), Zwischenschicht (c), Tapetum (t) und Pollenmutterzellen (pm). Vollständige (A–C: *Chrysanthemum*) und partielle (D: *Menyanthes*, E: *Hemerocallis*) Querschnitte durch Antheren. (Vgl. auch S. 805 f.) (A–D nach WARMING; E nach STRASBURGER.)

bald mehrzellig und heißen in ihrer Gesamtheit Blütenstaub oder Pollen. Um die Pollenmutterzellen liegt eine Zellschicht, welche vor allem der Ernährung und auch Wandbildung der heranwachsenden Pollenkörner dient, das Tapetum (Abb. 844). Die mehrschichtige Wand des Pollensackes öffnet sich infolge eines Kohäsionsmechanismus (vgl. S. 482 f.), der von einer Faserschicht ausgeht, entweder einem epidermalen Exothecium (so bei den meisten Gymnospermen z.B. Abb. 870 E) oder einem subepidermalen Endothecium (so besonders bei den Angiospermen, Abb. 870 E).

Pollen. Die Pollenkörner sind beim Transport von den Pollensäcken durch den Luftraum zu den weiblichen Blütenorganen oft längere Zeit Extrembedingungen ausgesetzt. Der Schutz ihres Inhaltes (väterliches Erbgut!) ist aber für die Fortpflanzung überaus wesentlich: Er wird zum Großteil durch die Pollenkornwand, das Sporoderm, gewährleistet. Das Sporoderm besteht aus zwei Schichtkomplexen, aus der Exine (außen) und der Intine (innen); sie entsprechen topographisch dem Exo- bzw. Endospor der *Pteridophyta*-Sporen. Besonders die Exine kann im Zusammenhang mit der Anpassung an verschiedene Bestäubungsformen stark differenziert werden (Abb. 845).

Die Intine umgibt den Protoplasten lückenlos, sie ist meist zart und chemisch wenig widerstandsfähig. Vielfach wurden zwei bis drei Schichten nachgewiesen, wovon die äußerste ein reichlich Pectine enthält, was leichtes Lösen der Intine von der Exine ermöglicht; in der inneren oder mittleren Schicht sind Cellulosefibrillen wesentliche Bauelemente. Beim Keimen der Pollenkörner wächst nur die Intine zum Pollenschlauch aus. Der äußere Schichtkomplex, die Exine, wird im wesentlichen aus den chemisch überaus widerstandsfähigen und nur durch Oxidation zerlegbaren Sporopolleninen (S. 89) gebildet; es handelt sich dabei um Terpene, von denen neuerdings vermutet wird, daß sie durch oxidative Polymerisation aus Carotinoiden und Carotinoidestern entstehen. Die Exine ist auf chemischem Wege leicht isolierbar und zeigt einen sehr vielfältigen und komplizierten Bau. Grundbausteine sind etwa 60 Å große Granula. Bei den Gymnospermen lassen sich im allgemeinen an der Exine von innen nach außen 3 Schichten (lamellär strukturierte Endexine sowie innen granuläre bzw. alveoläre und außen ± kompakt tectate Ektexine) erkennen; Differenzierungen ergeben sich durch verschiedene Ausbildung und allenfalls Abheben der äußeren Schichten (Luftsackbildung). Bei den Angiospermen (Abb. 845) lassen sich rein topographisch eine innere, dichtere und homogenere Nexine (mit Foot-Layer) und eine äußere, meist stärker strukturierte und skulpturierte, ± columelläre (seltener granuläre) Sexine unterscheiden. Die innere Nexine entspricht der Endexine, der Foot-Layer und die Sexine der Ektexine. Besonders die Sexine kann vielfach sehr komplex zusammengesetzt sein (S. 806f.).

In der derben Exine sind im allgemeinen Keimstellen (Aperturen) vorgebildet; durch sie wölbt sich die Intine vielfach schon beim jungen und feuchten Pollenkorn papillenartig vor und von hier wächst sie schließlich nach der Bestäubung zum Pollenschlauch aus (Abb. 848, 857, 883, 888).

Die Pollenkörner ursprünglicher Samenpflanzen weisen teilweise zuerst zart angedeutete Keimstellen (Leptomata) auf; erst später haben sich deutlich umgrenzte Aperturen herausgebildet: Sie stellen Löcher durch einen Teil oder die ganze Exine dar. Die Aperturen sind ursprünglich langgestreckt und heißen dann Keimfalten oder Colpen, im Zuge weiterer Differenzierung werden sie vielfach zu rundlichen Poren und komplizierten Keimstellen umgeformt. Nicht selten können Aperturen aber auch wieder rückgebildet werden, die Pollenkörner sind dann atrem. Pollenkörner ohne Aperturen oder mit Leptomata heißen inaperturat, solche mit Aperturen sind aperturat.

Lage und Zahl der Aperturen sind ebenfalls wichtige Pollenmerkmale (Abb. 846). Dabei bezeichnet man den in das Zentrum der Tetrade weisenden Pol eines Pollenkorns als proximal, den nach außen gerichteten als distal. Beide Pole werden durch die Polachse verbunden; senkrecht auf der Polachse steht die Äquatorebene. Pollenkörner und Sporen, deren Keimstellen am proximalen Pol liegen, heißen catatrem; dieser Typ ist offenbar ursprünglich und findet sich z.B. bei vielen Farnpflanzen, bei Samenpflanzen allerdings nur sehr selten (z.B. bei Pterido-

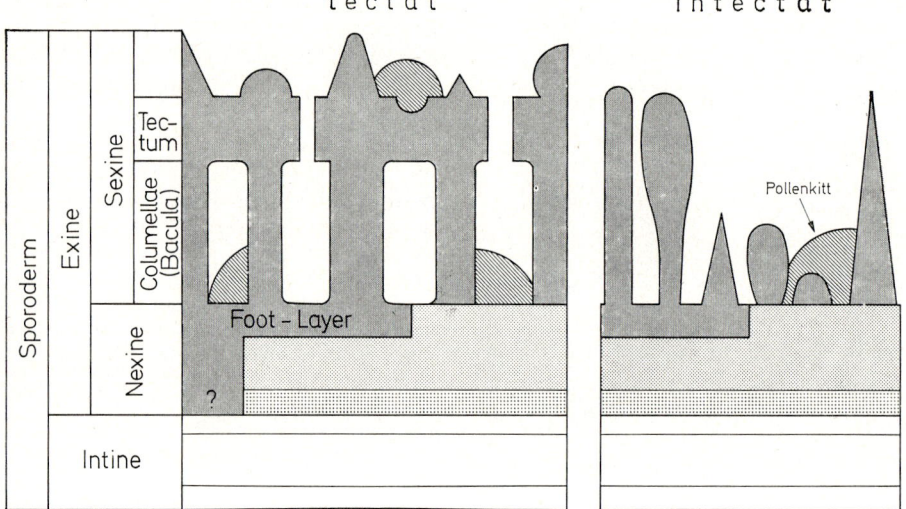

Abb. 845: Schema des Feinbaues der Pollenkornwand in verschiedenen Ausbildungsformen bei Angiospermen. Ektexine dunkelgrau, Endexine punktiert, Intine weiß. (Nähere Erklärung vgl. S. 763 f. und 806 f.) (Entwurf TEPPNER, nach ERDTMAN, FAEGRI u. a.)

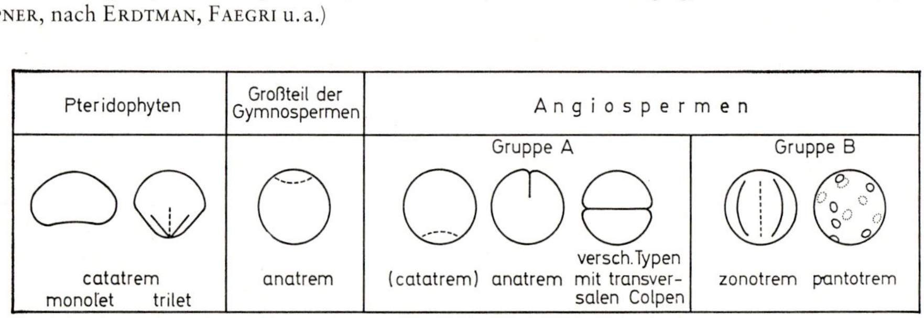

Abb. 846: Lage der Keimstellen bei Sporen bzw. Pollenkörnern der Gefäßpflanzen; proximaler Pol unten, distaler Pol oben. (Nähere Erklärung vgl. S. 764 f. und 806 f.; monolet, trilet: mit einfacher bzw. 3teiliger Keimstelle.) (Entwurf TEPPNER, nach ERDTMAN, CANRIGHT u. a.)

spermen und *Annonaceae*). Dagegen sind a n a t r e m e Pollenkörner mit einer Keimstelle am distalen Pol bei Gymnospermen und besonders auch bei ursprünglichen Angiospermen verbreitet. Die Verlagerung von Keimstellen an den Äquator und schließlich auf die ganze Oberfläche, die zahlenmäßige Vermehrung der Keimstellen von 1 bis auf mehr als 100 sowie das Beieinanderbleiben von Pollentetraden oder noch größeren Pollenverbänden sind als Progressionen auf die Angiospermen beschränkt (Abb. 584, 882).

Samenanlagen (Ovula, Einz.: Ovulum) s i n d d i e s e h r b e z e i c h n e n d e n , v o n e i n e r H ü l l e u m g e b e n e n M e g a s p o r a n g i e n d e r S p e r - m a t o p h y t a (Abb. 847, 849 A). Etwa 10–0,1 mm groß und meist eiförmig, bestehen sie aus einer Stielzone, dem F u n i c u l u s , einem festen Gewebekern, dem N u c e l l u s , einer Basalregion, der C h a l a z a , und aus 1 oder 2 Hüllen, den I n t e g u m e n t e n . Die Integumente gehen vom Grunde der Samenanlage aus und lassen am gegenüberliegenden Pol einen Zugang zum Nucellus, die M i k r o p y l e , frei.

Nach der Position am Funiculus unterscheidet man u.a. 1) aufrechte (atrope), 2) umgewendete (anatrope) und 3) querliegend-gekrümmte (campylotrope) Samenanlagen (Abb. 847 E, F, G). Die atrope Stellung (E) ist offenbar ursprünglich (vgl. Abb. 859 C–D, 864 E). Bei der Entwicklung der Samenanlage wird zunächst der Nucellus gebildet, danach die Integumente, die von unten her um den Nucellus hochwachsen (vgl. Abb. 847 A–D). Sind 2 Integumente vorhanden, entsteht meist erst das innere, dann das äußere.

Entsprechend ihrer Entstehung aus Hüll-Telomen (vgl. S. 762, 789f., Abb. 843, 868 A–D) bestehen die Integumente bei ursprünglichen Samenpflanzen aus teilweise noch freien und leitbündelversorgten Abschnitten; dies gilt sowohl für die stammesgeschichtlich zuerst ausgebildeten einfachen Integumente (z.B. Abb. 868 A) als auch für die später aus Cupulen entstehenden äußeren (zweiten) Integumente (z.B. Abb. 868 D). Weiter kommt es zu einer völligen Fusion der Integument-Abschnitte (z.B. Abb. 868 C), zur Reduktion der Leitbündel und teilweise auch zur

Verschmelzung innerer und äußerer Integumente. Bei Samenpflanzen mit Spermatozoidbefruchtung findet sich am Scheitel des Nucellus eine Pollenkammer (Abb. 849, 868 D); sie wird bei abgeleiteten Gruppen mit Pollenschlauchbefruchtung rückgebildet.

Ähnlich wie im Pollensack entwickeln sich auch im Nucellus aus einem Archespor mehrere, schließlich aber nur noch eine E m b r y o s a c k - m u t t e r z e l l e . In der Meiose entstehen daraus 4 zunächst e i n k e r n i g e E m b r y o s ä c k e (Embryosackzellen, haploide Megasporen), von denen in der Regel 3 zugrunde gehen (Abb. 889 D– F). Obwohl die verbleibende Megaspore infolge Neotenie (vgl. unten) ihr Sporangium (den Nucellus) bzw. die Samenanlage nicht verläßt, bildet sie bei allen ursprünglicheren Samenpflanzen noch eine in Exo- und Endospor gegliederte, wenn auch dünne Zellwand aus (Abb. 849); sie entspricht damit durchaus den Megasporen heterosporer Pteridophyten. Die Mutterpflanze muß auch weiterhin durch diese Wand hindurch für die Entwicklung des Megaprothalliums bzw. des Keimlings sorgen. Damit wird der physiologische Engpaß sichtbar, der bei der Samenbildung und beim Funktionswechsel von der Megaspore zum Samen als Verbreitungseinheit zu überwinden war (vgl. S. 774).

Gametophyten. Die Bildung der ♂ G a m e - t o p h y t e n (M i k r o p r o t h a l l i e n) beginnt, wenn die einkernigen Pollenkörner (Mikrosporen) noch in den Pollensäcken (Mikrosporangien) liegen, und wird nach der Bestäubung auf den ♀ Organen abgeschlossen. Gegenüber den ♂ Gametophyten der heterosporen Pteridophyten (vgl. Abb. 788, 795 D–M, 833 A–C) ist eine weitere Vereinfachung und Reduktion festzustellen. Bei den ursprünglichsten gymnospermischen Samenpflanzen verläuft die Entwicklung folgendermaßen (Abb. 848): Im einkernigen Pollenkorn werden durch inäquale Zellteilungen zunächst mehrere (bei *Araucaria* bis 40!),

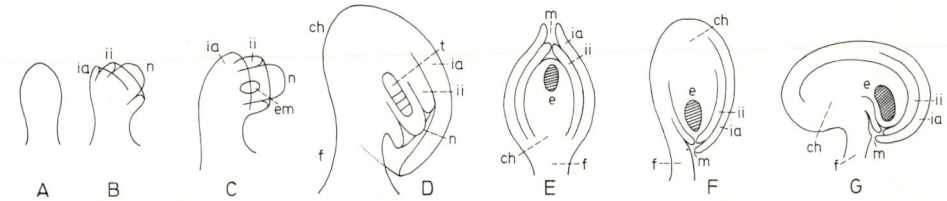

Abb. 847: Entwicklung (A–D) und Position (E–G) von Samenanlagen bei Angiospermen: Funiculus (f), Mikropyle (m), Integumente (ia ii), Nucellus (n), Chalaza (ch), Embryosackmutterzelle (em), Megasporentetrade (t), Embryosack (e, schraffiert); atrop (E), anatrop (F), campylotrop (G). (A–D nach W. TROLL, schematisch; E–G nach KARSTEN.)

meist aber nur 2 und schließlich nur noch eine linsenförmige Prothalliumzelle gegen die Pollenkornwand hin abgegeben. Die übrigbleibende Antheridium-Mutterzelle teilt sich in eine große, das Pollenkorn ausfüllende vegetative oder Pollenschlauchzelle (mit Pollenschlauchkern) und in eine kleinere, der (den) Prothalliumzelle(n) anliegende generative Zelle; sie kann als Antheridiumzelle aufgefaßt werden. Während die Pollenschlauchzelle schließlich den Pollenschlauch entwickelt (S. 768), teilt sich die generative Zelle weiter in eine basale Stielzelle und eine spermatogene Zelle. Die Stielzelle ist offenbar einer sterilen Antheridiumzelle oder einer Antheridium-Wandzelle homolog. Sie fungiert als «Dislocator»: Durch ihre Auflösung werden die zwei Spermazellen frei, die aus der spermatogenen Zelle entstehen und die schließlich 2 polyciliate Spermatozoiden (Spermien) entlassen. Ihre zahlreichen Geißeln (unter Umständen 20 000!) weisen den typischen Feinbau aus 9+2 Fibrillen auf (vgl. Abb. 604) und sind an einem Spiralband inseriert (Abb. 848 J, 854 C). Ausnahmsweise können durch weitere Teilungen der Stielzelle bis über 20 zusätzliche Spermatozoiden entstehen (z.B. bei *Microcyas*, Abb. 848 F). Bei der Mehrzahl der Gymnospermen und bei allen Angiospermen funktio-

nieren die Spermazellen aber direkt als unbegeißelte ♂ Gameten. Schließlich werden bei *Taxus* und den abgeleiteten *Gnetatae*, besonders aber bei den Angiospermen, die ♂ Prothallien auf 4 bzw. 3 Zellen reduziert: eine vegetative bzw. Pollenschlauchzelle, eine (schließlich ausfallende) Stielzelle und 2 Spermazellen (vgl. Abb. 888).

Weniger stark vereinfacht ist der ♀ Gametophyt, der sich aus dem einkernigen Embryosack (Megaspore) in der Samenanlage bzw. im Nucellus (Megasporangium) entwickelt. Bei den ursprünglichen gymnospermischen Samenpflanzen (Abb. 849) ergeben sich klare Homologien mit dem ♀ Prothallium der heterosporen Pteridophyten (vgl. Abb. 789, 796): Innerhalb der großen Embryosackzelle wird die Entwicklung des Megaprothalliums (= primäres Endosperm; S. 769) durch freie Kernteilungen im wandständigen Plasmabelag eingeleitet (tausende bis einige hundert Kerne!) und durch Bildung von Zellwänden fortgeführt. An dem der Mikropyle zugewandten Pol entwickeln sich (nahe der zukünftigen Archegonienkammer) mehrere eingesenkte Archegonien, die jeweils aus einer großen Eizelle, einer Anzahl von Halswandzellen (echte Halskanalzellen fehlen) und oft auch aus einer vergänglichen Bauchkanalzelle (bzw. wenigstens

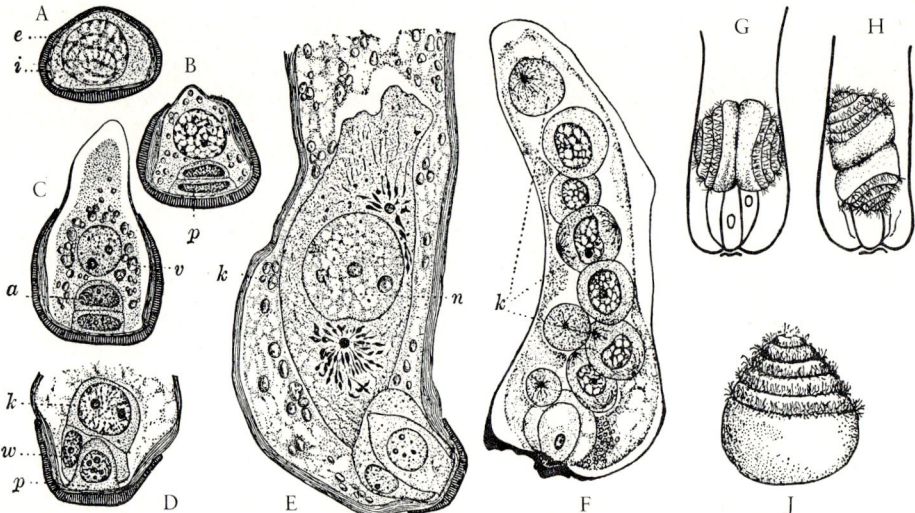

Abb. 848: Entwicklung des ♂ Gametophyten bei ursprünglichen Samenpflanzen *(Cycadales)*. A–E Keimung des Pollenkorns (Wand mit Exine: e und Intine: i) bei *Dioon edule*. F Gekeimtes Pollenkorn von *Microcyas calocoma* mit 9 spermatogenen Zellen. G–J Pollenschlauch und Spermatozoiden von *Zamia floridana*. – Prothalliumzellen (p), Pollenschlauchzelle (v), Antheridiumzelle (a), Stielzelle (w), spermatogene Zellen (k; ihr Kern n; bei der Mitose werden 2 Centriolen ausgebildet; vgl. E, F u. S. 49). (A–C 840 ×, D 667 ×, E 420 ×; nach Chamberlain. F etwa 200 ×; nach Caldwell. G–H 50 ×, J 75 ×; nach H. J. Weber.)

einem Bauchkanalkern) bestehen. Schon bei abgeleiteten Gymnospermen *(Gnetatae)*, besonders aber bei den Angiospermen (S. 812 ff., Abb. 890), kommt es zu einer Abkürzung dieser Entwicklung: Die Megaprothallien können sich teilweise unter Beteiligung aller 4 Megasporen (tetrasporische Embryosäcke) entwickeln, teilweise wird die Zellwandbildung und auch die Ausbildung der Archegonien unterdrückt, und in extremen Fällen enthält der Embryosack nur noch 4 Zellen bzw. Kerne.

Die fortschreitende Reduktion der ♂ und ♀ Gametophyten bei den Samenpflanzen stellt ein eindrucksvolles Beispiel für **Neotenie** dar: Geschlechtsreife in immer früheren und weniger differenzierten Entwicklungsstadien (S. 540). Zusammen mit der Reduktion der anderen Blütenorgane ermöglicht dies eine Entwicklungsbeschleunigung, wesentlich raschere Fortpflanzung und damit vielfach ein Vordringen in sonst nicht zugängliche Lebensräume mit extremeren Klimabedingungen.

Bestäubung. Bei den Samenpflanzen müssen die Pollenkörner (Mikrosporen bzw. -prothallien) von den Pollensäcken auf die Empfängnisstelle der Samenanlagen (Megasporangien + Integument; Abb. 840 E, 849 A) bzw. deren Hülle (z.B. Narbe der Fruchtblätter; Abb. 874 B, 894 A) übertragen werden, um dort zu keimen. Wir bzeichnen diesen Vorgang als Bestäubung (Pollination). Während die Sporen der Pteridophyten an verschiedene Standorte verbreitet werden und dort keimen können, ist also bei den Spermatophyten eine wesentlich größere Präzision der Mikrosporenübertragung notwendig. Viele Einrichtungen und Veränderungen im Blütenbau der Samenpflanzen lassen sich nur als Anpassungen hinsichtlich der Entlassung, der Übertragung und des Auffangens von Pollen verstehen.

Mit der großen Mannigfaltigkeit der Bestäubung bei den Samenpflanzen beschäftigt sich die **Blütenbiologie** (Blütenökologie). Diese Forschungsrichtung wurde durch die scharfsinnigen Untersuchungen von J. G. Koelreuter (1733–1805) und Chr. K. Sprengel (1750–1816) begründet. Letzterer verfaßte die berühmte Schrift «Das entdeckte Geheimnis der Natur im Bau und in der Befruchtung der Blumen» (1793). Ch. Darwin (1809–1882) hat die Blütenbiologie durch viele Untersuchungen und die Verknüpfung mit der Selektions- und Evolutionslehre entscheidend beeinflußt. Nach weiteren grundlegenden Beiträgen, etwa durch H. u. F. Müller, F. Delpino und P. Knuth ist die Blütenbiologie in den letzten Jahrzehnten besonders durch experimentelle

Analysen und Beobachtungen in den Tropen gefördert worden.

Die Bestäubung kann erfolgen zwischen Blüten verschiedener Individuen einer Sippe: Fremdbestäubung (Allogamie oder Xenogamie) oder zwischen den Blüten ein und desselben Individuums: Selbstbestäubung (Autogamie; entweder innerhalb einer Blüte oder zwischen verschiedenen Blüten: Nachbarbestäubung, Geitonogamie; vgl. S. 815). Bei einhäusigen oder zwitterblütigen Sippen sind vielfach Einrichtungen entstanden, durch welche Autogamie und damit Inzucht reduziert oder verhindert wird: genetische Inkompatibilität (S. 513 f.; so vielfach schon bei Gymnospermen, z.B. Coniferen, besonders aber bei Angiospermen), räumliche oder (der Entwicklung nach) zeitliche Trennung männlicher und weiblicher Blüten bzw. Blütenorgane (vgl. z.B. *Pinus*, Abb. 856 und viele Angiospermen, S. 815 usw.).

Die bestäubungsbiologisch-funktionelle Einheit der Samenpflanzen bezeichnen wir als Blume (Anthium). Sie fällt oft mit der morphologischen Einheit der Blüte zusammen (Euanthium, z.B. Abb. 871 B, 876 A, 892 A–E), gelegentlich ist sie aber nur ein Teil davon (Meranthium, Teilblume; z.B. *Iris*: Abb. 965 D–G, wo jede Blüte 3, aus je einem Griffeldach und Außenperigonblatt gebildete Lippenblumen enthält). Schließlich können Blumen auch aus mehreren Blüten (und noch anderen zusätzlichen Organen) bestehen (Pseudanthium, Überblume; z.B. die weiblichen Blütenzapfen der Coniferen: Abb. 856 B, 863 D, die Cyathien von *Euphorbia*: Abb. 933 H–K oder die Blütenköpfchen der Compositen: Abb. 957 F, G; vgl. auch S. 819).

Die Ausgangsform der Bestäubung bei den ursprünglichen Spermatophyten ist unzweifelhaft die **Windblütigkeit** (Anemophilie = «Anemogamie»), also die Übertragung des Pollens durch den Wind. Dies ist ja auch schon die grundlegende Form der Sporenausbreitung bei den Pteridophyten. Die Schwierigkeit der gezielten Übertragung auf die Samenanlagen wird überwunden durch Massenproduktion von Pollen («Schwefelregen» zur Blütezeit heimischer Nadelhölzer!), erhöhte Schwebefähigkeit der Pollenkörner infolge Kleinheit und Leichtigkeit, Vereinzelung (glatte Oberflächen, kein Pollenkitt) bzw. Oberflächenvergrößerung (z.B. durch «Luftsäcke», Abb. 856 K, 857 A), Absonderung von Bestäubungstropfen an der Mikropyle der Samenanlagen als Pollenfänger (vgl. Abb. 863 D) und durch die gut exponierte

Position der männlichen und weiblichen Blüten an den Zweigenden (vgl. Abb. 856 A).

Tatsächlich hat man Windverwehung beträchtlicher Pollenmengen anemogamer Sippen über Hunderte von Kilometern und noch in Höhen von 1000–1500 m über dem Erdboden nachgewiesen. Allerdings werden alle die genannten Einrichtungen nur dann funktionieren, wenn auch durch das Vorkommen der windblütigen Sippen an freien und windausgesetzten Standorten, durch ihre Hochwüchsigkeit und durch ihr Auftreten in dichten Populationen (mit geringen Distanzen zwischen den Individuen) die Chancen für eine ausreichende Windbestäubung gewahrt bleiben.

Schon die Blüten ursprünglicher und normalerweise windbestäubter gymnospermischer Samenpflanzen werden gelegentlich und ± zufällig von Tieren, und zwar vor allem von Insekten mit beißenden Mundwerkzeugen (z.B. Käfern) aufgesucht: Sie verkösten sich etwa am nährstoffreichen Pollen der Staubblätter oder an den schleim- und zuckerhaltigen Bestäubungstropfen der Samenanlagen und verwenden allenfalls auch weibliche Blüten als Platz für die Eiablage (so z.B. bei *Cycadales: Encephalartos*). Diese zuerst sehr losen Pflanzen–Tier-Beziehungen können durch Selektion intensiviert und verbessert werden, wenn der Pflanze daraus für Bestäubung und Samenansatz Vorteile erwachsen. So finden wir schon bei den *Cycadales* gelegentlich starken Pollenduft als Anlockungsmittel. Weiter können die zuerst unscheinbaren Blüten optisch auffälliger werden, und die Verbreitung des Pollens kann durch Klebrigkeit (Pollenkitt, vgl. S. 806) und damit verbesserte Haftfähigkeit am Tier erleichtert werden. Schließlich wird durch die Entstehung von Zwitterblüten (bzw. von zwittrigen Pseudanthien) die Schwierigkeit der unterschiedlichen und getrennten Verköstigung in männlichen und weiblichen Blüten vermieden und die gleichzeitige Aufnahme und Abgabe des Pollens ermöglicht. Diese Entwicklung hat schon bei gewissen gymnospermischen *Cycadophytina (Bennettitatae, Gnetatae)*, besonders aber bei den *Angiospermae* zu einer regelmäßigen und obligaten symbiontischen (vgl. S. 374ff., 813ff.) Beziehung zwischen Blütenbesucher und Blütenpflanze, also zur **Tierblütigkeit** (Zoophilie = Zoidiophilie, «Zoogamie») geführt. Parallel dazu entstanden auch Schutzeinrichtungen gegenüber den Blütenbesuchern, besonders Hüllblätter um die jungen Blütenknospen sowie Interseminalschuppen (*Bennettitatae*, Abb. 871D) oder Kar-

pelle (*Angiospermae*, Abb. 884) zur Bergung der zarten Samenanlagen.

Die großen Vorteile der Zoophilie liegen offensichtlich in der wesentlich besser gezielten Übertragung des Pollens durch Tiere, die von Blüte zu Blüte fliegen und dabei vielfach bei Individuen derselben Art bleiben. Die für Windbestäubung notwendige große Masse von Pollen kann damit wesentlich reduziert werden. Weiterhin wird dadurch auch ein Vorkommen an windstillen Standorten (z.B. im Unterwuchs von Wäldern) und auch in sehr aufgelockerten Populationen möglich sein.

Allerdings ist die Progression von (primärer) Anemophilie zu Zoophilie nicht irreversibel. So finden sich bei den Angiospermen zahlreiche Beispiele für sekundäre Anemophilie (vgl. S. 820f.) und ähnliches dürfte auch für die gymnospermischen *Gnetatae* gelten (vgl. S. 794ff.). Schließlich ist auch noch auf die Progression zur Wasserblütigkeit (Hydrophilie = Hydrogamie) bei einigen Angiospermen zu verweisen (S. 821f.).

Befruchtung, Samen- und Fruchtbildung. Die Keimung der Pollenkörner und damit die Weiterentwicklung des ♂ Gametophyten beginnt entweder in der Pollenkammer am Nucellusscheitel oder in der Mikropyle der Samenanlagen (bei Gymnospermen: Abb. 849) oder auf der Narbe der Fruchtblätter (bei den Angiospermen: Abb. 894A). Dabei öffnet sich vielfach an vorgebildeten, dünnwandigen Stellen (Keimstellen) die Exine des Pollenkorns und die Pollenschlauchzelle bildet nun unter starker Streckung der Intine einen Pollenschlauch S. 466, Abb. 857B–C, 894A). Bei den ursprünglichsten Samenpflanzen mit Spermatozoidbefruchtung (Zoidiogamie) dient er nur der Ernährung und rhizoidartigen Verankerung des ♂ Gametophyten in der Wand der Pollenkammer. Die austretenden Spermatozoiden schwimmen von hier in einer von der Mutterpflanze abgesonderten Flüssigkeit aktiv zu der am Scheitel des Nucellus durch Gewebeauflösung gebildeten Archegonienkammer und zu den Archegonien (Abb. 849B). Bei der Masse der stärker abgeleiteten Samenpflanzen mit Pollenschlauchbefruchtung (Siphonogamie) fällt dem Pollenschlauch aber die neue Aufgabe zu, unter teilweise sehr starker Verlängerung sowie unter Auflösung und Ernährung durch das sporophytische Nucellus- bzw. Griffel-Gewebe (z.T. unter dessen Auflösung) die ± passiven Spermazellen bis an den ♀ Gametophyten heranzuführen (Abb. 857).

Nun erfolgt die Befruchtung: Ein Spermatozoid bzw. eine aus dem geöffneten Pollenschlauch austretende Spermazelle dringt in die Eizelle ein. Nach Auflösung der Zellmembranen kommt es zur Vermischung der Protoplasten (Plasmogamie) und schließlich auch zur Kernverschmelzung (Karyogamie): Damit ist die Bildung der Zygote vollzogen. – Bei den Gymnospermen liegen meist Monate bis mehr als ein Jahr zwischen Bestäubung und Befruchtung, bei den Angiospermen dagegen meist nur Tage oder Stunden.

Die erste Phase der Embryoentwicklung ist bei den ursprünglicheren Gymnospermen nucleär und als Folge freier Kernteilungen durch zahlreiche (etwa 1000!) bis wenige Zellkerne gekennzeichnet; die Zellwandbildung folgt später (Abb. 850). Demgegenüber weisen fast alle Angiospermen (aber nur sehr wenige Gymnospermen) von Anfang an eine celluläre Embryoentwicklung auf (Abb. 113, 895). Der somit entstandene Proembryo differenziert sich zu einem gegen die Mikropyle gerichteten Embryoträger oder Suspensor und dem eigentlichen, gegen die Embryosackbasis bzw. Chalaza hin orientierten Embryo. Sein exogen entstandener Wurzelpol mit der Hauptwurzelanlage (Radicula) ist der Mikropyle, sein Sproßpol mit den Keimblattanlagen dagegen der Chalaza zugewandt. Der Embryo der Samenpflanzen ist also endoskop gelagert und von vornherein bipolar gebaut (Abb. 154); dadurch unterscheidet er sich von den Embryonen der (heutigen) Farnpflanzen.

Meist ist der heranwachsende Embryo von Nährgewebe (Endosperm) umgeben. Bei den ursprünglichen Gymnospermen besteht dieses Nährgewebe vor allem aus dem schon vor der Befruchtung gebildeten ♀ Prothallium: primäres (haploides) Endosperm (Abb. 851, 864F). Bei den Angiospermen entsteht dagegen erst nach der Befruchtung (meist

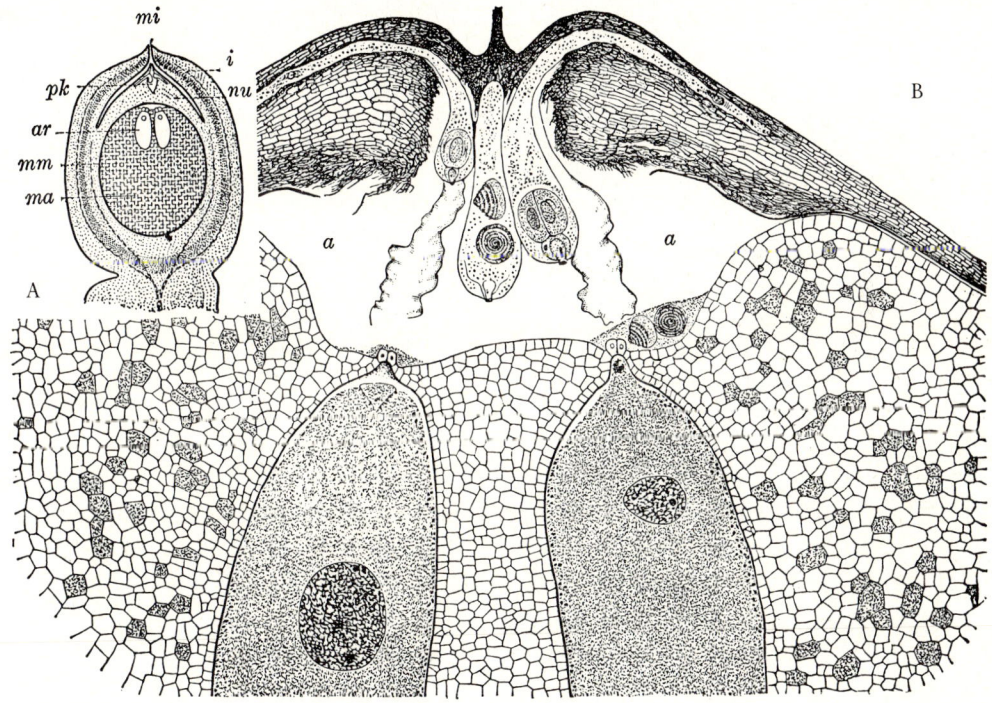

Abb. 849: Samenanlage und Befruchtung bei ursprünglichen Samenpflanzen *(Cycadales)*. A Längsschnitt einer Samenanlage von *Ceratozamia* mit Mikropyle (mi), Integument (i), Nucellus (nu) und Pollenkammer (pk) mit auskeimenden Pollenkörnern; gekeimte Megaspore: Megaprothallium (= Embryosack, ma) mit Wand (mm) und 2 Archegonien (ar, je 2 Halswandzellen und Eikern) (2,5 ×). B Oberer Teil des Nucellus zur Zeit der Befruchtung bei *Dioon edule*: Pollenschläuche im Nucellusgewebe verankert, in die Archegonienkammern (a) vorgedrungen, Spermatozoiden bereits teilweise entlassen, das linke der beiden Archegonien schon befruchtet (etwa 100×). (Vgl. auch S. 792f.) (A nach FIRBAS; B nach CHAMBERLAIN.)

aus der Verschmelzung von 2 Embryosackkernen und einer Spermazelle) ein (triploides) sekundäres Endosperm (S. 824f., Abb. 895 K, I). Als Nähr- und Speichergewebe können aber auch (diploides) Nucellusgewebe bzw. Gewebe des Embryos selbst (z. B. seine Keimblätter) ausgebildet werden.

Aus den Integumenten der heranreifenden Samenanlage bildet sich eine normalerweise mehrschichtige Samenschale (Testa). Bei ursprünglichen Sippen besteht diese Testa vielfach aus äußeren fleischigen (Sarcotesta) und inneren verholzten Zellschichten (Sclerotesta); sonst wird sie häufig trocken und fest, bei eingeschlossen bleibenden Samen auch reduziert. Gewöhnlich bleibt die Stelle der Mikropyle

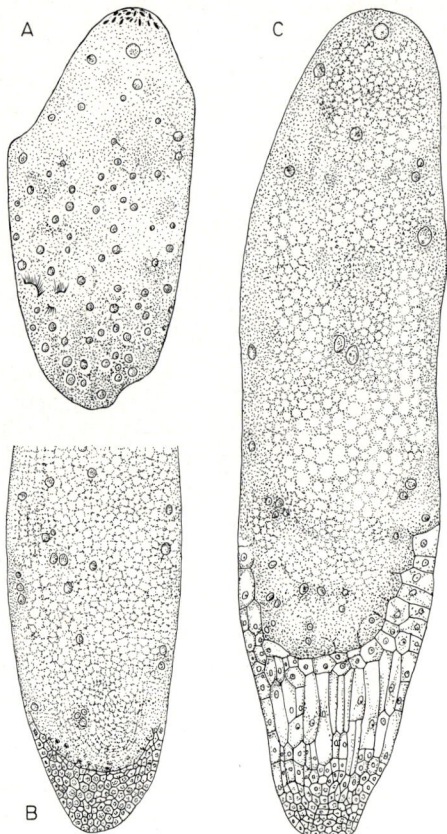

Abb. 850: Embryonalentwicklung bei *Cycadales* (*Zamia floridana*). Freie Kernteilung in der Zygote (A, 12 ×), Zellwand- und Gewebebildung an der Basis (B, 18 ×), beginnende Differenzierung des Proembryos in Suspensor (mit langgestreckten Zellen) und basalen Embryo (C, 22 ×). (Nach Coulter & Chamberlain.)

dünner, um das Hervortreten der Wurzelanlage bei der Keimung zu erleichtern. Die Abbruchstelle des Funiculus bezeichnet man als Nabel (Hilum). Bei anatropen Samenanlagen ist auch bei der Reife noch der anliegende Funiculusstrang (mit Leitbündelversorgung) als Samennaht (Raphe) erkennbar.

Die Samenanlage im Zustand der Reifung und Trennung von der Mutterpflanze bezeichnen wir als **Same.** Gewöhnlich enthält er, umgeben von der Samenschale, einen vorübergehend ruhenden Embryo und Nährgewebe. Ursprünglich bildet der Same für sich allein das grundlegende Ausbreitungsorgan der Samenpflanzen. Später werden die Samen allerdings oft mit anderen Organen der Mutterpflanze verbunden; dadurch können zusammengesetzte Ausbreitungseinheiten, nämlich Früchte, entstehen. Früchte bestehen also aus Blütenteilen, Blüten oder Blütenständen (allenfalls mit Hilfsorganen) im Zustand der Reifung; sie geben die Samen frei oder fallen mit ihnen ab.

Auch im Bereich der Samen und Früchte lassen sich viele Einrichtungen und Veränderungen nur als Anpassungen hinsichtlich der Ausbreitung und Fürsorge für die enthaltenen jungen Sporophyten verstehen. Damit beschäftigt sich die Samen- und Fruchtbiologie bzw. -ökologie. Als wichtigste Ausbreitungsmedien des Samens bzw. der Früchte der *Spermatophyta* kommen – ähnlich wie beim Pollen – Tiere (Zoochorie; ursprünglich wohl Reptilien: Saurochorie), der Wind (Anemochorie) bzw. das Wasser (Hydrochorie) in Frage (vgl. besonders S. 830 ff.).

Die Bildung von Samen ist unter den lebenden Pflanzen auf die Samenpflanzen beschränkt. Fossile Vertreter der *Lycopodiatae* (z. B. *Lepidocarpon, Miadesmia*, S. 730) zeigen aber, daß die Entstehung von Samen innerhalb der Landpflanzen mehrfach parallel erfolgt ist. Die Verlagerung des Befruchtungsvorganges von freilebenden Gametophyten auf sporophytische Mutterpflanzen hat den Samenpflanzen gegenüber den Farnpflanzen wesentliche Vorteile bei der fortschreitenden Eroberung des trockenen Landes gebracht: 1) Es werden fest umwandete Pollenkörner (Mikrosporen bzw. Mikroprothallien) und nicht mehr Spermatozoiden in den Bereich des ♀ Gametophyten verfrachtet. Soweit noch Spermatozoiden auftreten, bewegen sie sich im Inneren der Mutterpflanze und in einem von ihr abgesonderten wäßrigen Milieu. Bei der

Pollenschlauchbefruchtung fällt auch noch diese Abhängigkeit von Feuchtigkeit weg. Damit wird der Engpaß einer an die Gegenwart von atmosphärischem Wasser gebundenen Befruchtung vermieden. 2) Es werden Samen (Megasporangien + Megaprothallien, meist auch + Zygote bzw. Embryo) anstelle von Megasporen verbreitet. Dadurch werden Schutz und Versorgung von Zygote und embryonalem Sporophyten wesentlich verbessert, der Engpaß der ± selbständigen und ungeschützten Embryoentwicklung wird umgangen.

Diese Funktionsübertragungen vom Spermatozoid auf das Pollenkorn bzw. von der Megaspore auf den Samen haben, vor allem bei der Ernährung des ♀ Prothalliums (S. 765), sicherlich aber auch bei der neuartigen Abtrennung der «reifen» Megasporangien, Schwierigkeiten geboten. Als sie überwunden waren, kam es zu einer immer weitergehenden Beschleunigung der Entwicklungsabläufe: Während in den abfallenden Samen bei den ursprünglichsten Nacktsamern (z.B. *Ginkgo*, Cordaiten, Pteridospermen, Cycadeen) die Befruchtung eben erst (oder noch nicht!) stattgefunden hat und die Embryoentwicklung erst auf dem Boden einsetzt, erfolgt sie bei den fortschrittlichen Samenpflanzen schon auf der Mutterpflanze, bei den übrigen Gymnospermen zwar noch recht langsam (Samenreifung vielfach ein Jahr und mehr!), bei den Angiospermen aber wesentlich rascher (teilweise innerhalb von Wochen). Diese vorteilhafte Beschleunigung der Fortpflanzung geht auf die fortschreitende Reduktion und Neotenie der Gametophyten, der Sporangien und Sporangienträger sowie der ganzen Blüten zurück.

Samenkeimung. Durch den Ausbreitungsvorgang gelangt schließlich wenigstens ein Teil der Samen, allein oder von der Fruchtwand umhüllt, auf oder in die obersten Bodenschichten. Hier erfolgt unter den auf S. 176, 394ff. besprochenen Bedingungen die Keimung: Der Same nimmt Wasser auf und quillt, die inneren Gewebe sprengen die Samen- (und gegebenenfalls auch die Frucht-)schale; gleichzeitig beginnt der Embryo zu wachsen und das Nährgewebe abzubauen. Dabei scheiden besonders die Keimblätter Enzyme ab und verbleiben wenigstens eine Zeitlang im Samen.

Da der Embryo immer so im Samen liegt, daß die Radicula der Mikropyle zugewendet ist, tritt nun bei der Keimung auch immer zuerst das Würzelchen mit dem Hypocotyl durch diese Öffnung aus dem Samen (Abb. 851). Bei der ursprünglichen epigäischen Keimung (Abb. 196) werden danach auch die Keimblätter aus der Samenschale herausgezogen und durch

Streckung des Hypocotyls über den Boden gehoben. Damit ist der Entwicklungskreislauf geschlossen.

Generations- und Kernphasenwechsel. Ein Rückblick auf den geschilderten Entwicklungsablauf der Samenpflanzen ergibt folgendes Bild (vgl. dazu auch S. 59 f., 214 und Abb. 839): Der Generationswechsel umfaßt so wie bei allen anderen *Embryophyta* Gametophyt und Sporophyt. Der Gametophyt endet mit ♂ und ♀ Geschlechtszellen: Spermatozoiden bzw. Sperma- und Eizellen, der Sporophyt beginnt mit der Zygote und endet mit Meiosporen: einkernige Pollenkörner und Embryosäcke, die sich wieder zu ♂ und ♀ Gametophyten entwickeln. Im Gegensatz zu den *Pteridophyta* läßt sich am Sporophyten der *Spermatophyta* mit der Ruhepause des jungen Sporophyten im

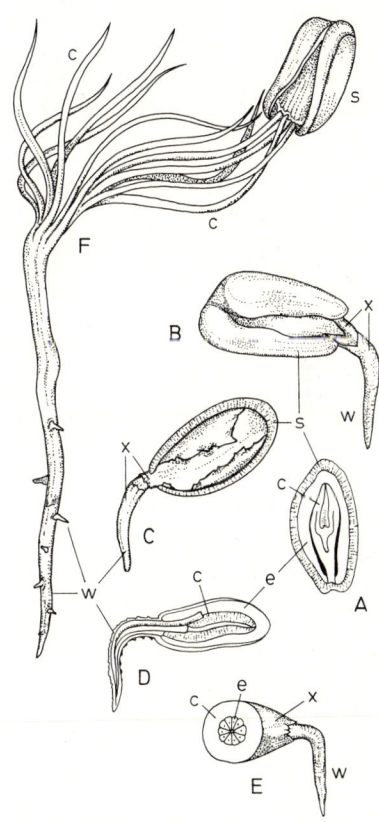

Abb. 851: Same (Längsschnitt: A) und Samenkeimung (B–F) bei *Pinales (Pinus pineae)*: Samenschale (s), primäres Endosperm (e), Embryo bzw. Keimling mit Cotyledonen (c), Hypocotyl, Haupt- und Nebenwurzeln (w), ausgestülpter und zerrissener Embryosack (x). (Nach SACHS.)

Samen noch eine sehr deutliche Zäsur erkennen. Man kennzeichnet diese Jugendphase als E m - b r y o. Der K e r n p h a s e n w e c h s e l ist norma- lerweise diesem Generationswechsel eng (aber nicht gänzlich) zugeordnet: Die H a p l o p h a s e erstreckt sich von den einkernigen Pollenkör- nern bzw. Embryosäcken bis zu den Ge- schlechtszellen, die D i p l o p h a s e von der Zy- gote bis zu den Pollen- bzw. Embryosackmutter- zellen.

Abstammung und Systematik. Die Samen- pflanzen beherrschen heute mit über 235 000 bekannten Arten die Festland-Biocoenosen un- serer Erde. Davon sind nur etwa 800 Arten Nacktsamer *(Gymnospermae:* 600 *Conifero- phytina* und etwa 200 *Cycadophytina),* die überwältigende Mehrheit dagegen Bedeckt- samer *(Angiospermae,* S. 832). Diese Dominanz der Samenpflanzen und besonders der Be- decktsamer gegenüber den sporenausstreuenden Farnpflanzen hat sich im Lauf der Erdgeschichte erst allmählich herausgebildet (vgl. Abb. 838).

Die ältesten eindeutigen **Fossilfunde** (Samen- reste) von *Spermatophyta* konnten neuerdings für das Oberdevon nachgewiesen werden *(Archaeo- sperma,* S. 787 ff., Abb. 865 B, C). Seither hat sich der Anteil der Samenpflanzen unter den Landpflanzen dauernd zugenommen. Die Stammbaum-Übersicht (Abb. 853) läßt erkennen, daß zumindest schon seit dem unter- sten Carbon gymnospermische Entwicklungslinien der *Coniferophytina (Cordaitidae,* ?*Ginkgoatae)* und der *Cycadophytina (Lyginopteridatae* = Pterido- spermen) nebeneinander in Erscheinung treten, dabei allerdings gegenüber den dominierenden Pterido- phyten-Gruppen der *Lycopodiatae, Equisetatae* und *Filicatae* noch untergeordnet bleiben (jüngeres «Farn- Zeitalter» oder «Palaeophyticum»). Dies ändert sich erst, als mit den Klimaänderungen (Trockenheit u. a.) an der Wende vom Rotliegenden zum Zechstein (Unter-/Oberperm) die Vorherrschaft dieser Pteri- dophyten-Gruppen gebrochen wird und auch die älteren Nacktsamer aussterben oder zurücktreten, dafür aber jüngere Gymnospermen-Gruppen (beson- ders *Ginkgoatae, Pinidae* = Coniferen, *Cycadatae* und *Bennettitatae)* so stark vorherrschend werden, daß man geradezu von einem «Gymnospermen-Zeit- alter» («Mesophyticum») sprechen kann. In der mittleren Kreide ergibt sich dann mit dem raschen Überhandnehmen der *Angiospermae* (Bedecktsamer) neuerlich eine wesentliche Florenveränderung: Das «Angiospermen-Zeitalter» («Neophyticum») bricht an, viele Gymnospermen sterben aus oder bleiben nur als Reliktgruppen (z. B. *Ginkgoatae, Cycadatae, Gnetatae)* bis zur Gegenwart erhalten. Nur einige Entwicklungslinien der *Pinidae* (Coniferen) können sich gegenüber den Angiospermen einigermaßen be- haupten.

Bei der **systematischen Gliederung** der *Spermatophyta* hat man bisher fast ausschließ- lich als gleichwertige Unterabteilungen «*Gymno- spermae*» und «*Angiospermae*» einander ge- genübergestellt. Als Unterscheidungsmerkmal bezog man sich dabei vor allem auf die «nack- ten» Samenanlagen der Gymnospermen gegen- über den in Fruchtblättern mit Narben einge- schlossenen Samenanlagen der Angiospermen. Auch die weniger differenzierten Blüten, die geringere Reduktion der ♂ und ♀ Gametophy- ten und der ursprünglichere Xylem- und Phloembau der Gymnospermen wurden zur Trennung der beiden Unterabteilungen heran- gezogen.

Bei den Überlegungen über die S t a m m e s g e - s c h i c h t e der *Spermatophyta* standen bisher vor allem die Ähnlichkeiten zwischen eusporangiaten Farnen und Pteridospermen im Vordergrund: Hier hat man ganz allgemein eine unmittelbare verwandt- schaftliche Entwicklung postuliert. Problematisch blieben dabei vor allem das frühe, mit den euspor- angiaten Farnen im wesentlichen parallele Auftreten der Pteridospermen und der weithin andersartige Ste- lenbau (S. 744 f.) der beiden Gruppen. Größte Schwie- rigkeiten hat aber seit jeher die Ableitung der *Coni- ferophytina* und die morphologische Interpretation ihrer im wesentlichen direkt an den Blütenachsen sitzenden Samenanlagen gemacht. Meist hat man da- bei an Reduktionslinien aus Pteridospermen-artigen *Cycadophytina* und an drastische Rückbildungen aus reichgegliederten, zahlreiche Samenanlagen tragen- den Fruchtblättern gedacht. Ungeklärt blieb dabei das gleichzeitige Auftreten der ältesten *Cycadophy- tina* und *Coniferophytina* sowie das Fehlen jeglicher Übergangsbildungen. Vielfach wurde daher auch die Ansicht einer polyphyletischen Entstehung der *Sper- matophyta* diskutiert: Die «mikrophyllen» *Conifero- phytina* sollten danach von *Lycopodiatae* abstam- men, bei denen ja bekanntlich auch die Entwicklungs- stufe der Samenbildung erreicht wurde (vgl. S. 730 f., 770). Dieser zweiten Hypothese standen einerseits die vielen Ähnlichkeiten zwischen *Coniferophytina* und *Cycadophytina* (etwa hinsichtlich der Wurzel- bildung und der axillären Verzweigung, der Struktur von Xylem und Phloem, der Pollensackgruppen und Samenanlagen, der Pollenkörner und der Pollen- schlauchbildung usw.), andererseits ebenso tiefgrei- fende Unterschiede gegenüber den *Lycopodiatae* (mit andersartigen Wurzelträgern und Verzweigungen, immer nur mit Einzelsporangien an der Oberseite von Sporophyllen usw.) im Wege.

Erst die fortschreitende Klärung von noch iso- bzw. heterosporen unmittelbaren Vorläu- fern der *Spermatophyta* aus dem (?Unter-) bzw. Mittel- bis Oberdevon (bzw. Untercarbon), den sogenannten **«Progymnospermae»** (vgl.

Pteridophyta, S. 742), hat im letzten Jahrzehnt zusammen mit neuen, vergleichenden Untersuchungen der älteren Gymnospermen sehr wichtige neue Gesichtspunkte für unser Verständnis von Verwandtschaft und Phylogenie der *Spermatophyta* erbracht. Wesentlich ist dabei die Erkenntnis, daß die Progymnospermen ein unmittelbares Bindeglied sind zwischen den noch älteren, telomartigen, also nicht klar in Achsen-, Blatt- und Wurzelbereich gegliederten Psilophyten (*Psilophytatae*) und den jüngeren, in diese Grundorgane differenzierten und samentragenden *Spermatophyta*, und zwar sowohl den *Coniferophytina* als auch den *Cycadophytina*.

Es war eine sensationelle Entdeckung, als 1960 der völlig unvermutete Zusammenhang großer farnartiger und heterosporer Wedelsysteme (*Archaeopteris*: Abb. 812, 813 A) mit baumförmigen, gymnospermenartigen Stämmen (*Callixylon*; bis 1,5 m im Durchmesser und vermutlich bis 20 m hoch!) festgestellt wurde. Seither nimmt die Gruppe der «*Progymnospermae*» immer klarere Gestalt an: Es handelt sich um (?unter-)mitteldevonische bis untercarbonische Holzpflanzen mit sekundärem Dickenwachstum (Tracheiden), Periderm und endständigen, zeilenförmig oder büschelig angeordneten dickwandigen Sporangien (Abb. 852 C–D), in denen sich Iso- oder Heterosporen finden. Die Progymnospermen werden teilweise noch bei den *Filicatae* geführt (vgl. S. 739 ff., 742), doch weisen die angeführten Merkmale

Abb. 852: Ausgestorbene Vorläufer der Samenpflanzen. A *Psilophytatae: Trimerophyton robustius* (Unterdevon; Telomsystem mit Sporangiengruppen). B–E «*Progymnospermae*»: B, C *Pertica varia* (Mitteldevon; Sproßsystem der ca. 3 m hohen Pflanze mit vegetativen und sporangientragenden Abschnitten). D *Tetraxylopteris schmidtii* (Oberdevon; Abschnitte komplexer Sporophylle mit Sporangiengruppen). E *Barrandeina dusliana* (Mitteldevon; Sproßsystem mit dichotomen Blättern und einfachen Sporangiengruppen). (A, D, E etwa $^3/_4 \times$, B $^1/_3 \times$, C $^2/_3 \times$.) (A nach Hopping; B–C nach Granoff, Gensel & Andrews; D nach Bonamo & Banks; E nach Kräusel & Weyland; etwas verändert.)

viel eher auf *Psilophytatae* (z.B. *Trimerophyton*: Abb. 852 A) und frühe *Spermatophyta* (z.B. *Ginkgoatae, Cordaitidae* bzw. *Lyginopteridatae*). Die ältesten Progymnospermen (etwa *Protopteridium*: Abb. 808, *Aneurophyton* oder *Pertica*: Abb. 809, 852 B–C) aus dem (Unter- bzw.) Mitteldevon haben noch räumlich verzweigte und kaum flächige Telomysteme, an denen k e i n e k l a r e A b g r e n z u n g z w i s c h e n A c h s e n - und B l a t t b e r e i c h erkennbar ist; der anatomische Bau mit Proto- bzw. Actinostelen ist denkbar einfach. Bei den späteren Vertretern sind die äußeren Verzweigungen in einer Ebene ausgebreitet bzw. flächig «verwachsen» und die A c h s e n / B l a t t - D i f f e r e n z i e r u n g wird faßbar; weiter wird Mark gebildet (Übergang zur Eustele). Diese Entwicklung scheint bei den *Archaeopteridales* (= *Pityales*) zu mehr *Coniferophytina*-ähnlichen Sippen mit mäßig komplexen Lateralorganen und kompaktem Sekundärholz zu führen (vgl. z.B. *Barrandeina*: Abb. 852 E und *Ginkgoatae*: Abb. 854), während die *Aneurophytales* (= *Protopteridales*) mit komplex und fiedrig

zusammengesetzten Lateralorganen und infolge Markstrahlenbildung stärker aufgelockertem Holz sich mehr den *Cycadophytina* annähern (vgl. z.B. *Tetraxylopteris*: Abb. 852 D und *Lyginopteridatae*: Abb. 865–868). Die mitteldevonischen Progymnospermen sind noch isospor, im Oberdevon ist mehrfach Heterosporie belegt (vgl. z.B. *Archaeopteris*: Abb. 812). Auf die vermutliche Weiterentwicklung zu Samenanlagen mit einem oder zwei Integumenten wurde bereits verwiesen (S. 765 und Abb. 843, 868). Fast lückenlos belegt ist der Übergang von extremer Heterosporie mit einer Megasporen-Tetrade zu Samen, deren einzige tetraedrische Megaspore im Nucellus nur noch Rudimente der 3 anderen Megasporen erkennen läßt (Abb. 865 C). Dabei ist keineswegs ganz auszuschließen, daß die Samen bei *Coniferophytina* (vielfach flache Samen mit 1 Integument aus wenigen [2?] Telomen)· und *Cycadophytina* (radiäre Samen, mit 1–2 Integumenten, jeweils aus mehreren Telomen) parallel entstanden sind.

Die undifferenzierten, telomartigen Sproßorgane,

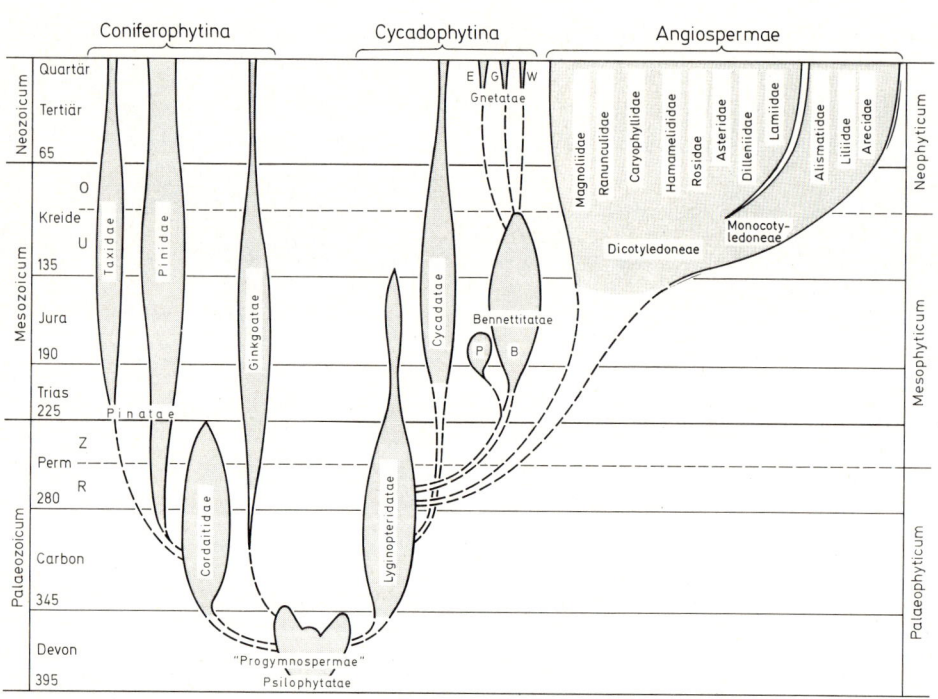

Abb. 853: Vermutliche stammesgeschichtliche Zusammenhänge zwischen den Verwandtschaftsgruppen der Samenpflanzen und ihre Entfaltung in den Zeitaltern der Erde (die Zahlen am Beginn der Formationen stehen für Jahrmillionen). Unsichere, durch Fossilfunde nicht dokumentierte Verbindungen gestrichelt bzw. weiß belassen. B = *Bennettitidae*, P = *Pentoxylidae*, E = *Ephedridae*, G = *Gnetidae*, W = *Welwitschiidae*. (Orig.)

zumindest bei den älteren Progymnospermen, erinnern noch stark an die Verhältnisse bei den Psilophyten. Bei der Weiterentwicklung der Psilophyten ist es im Zusammenhang mit einer Achsen/Blatt-Differenzierung bei den Bärlapp-, Schachtelhalm- und Farngewächsen offenbar parallel zur Einbeziehung verschieden umfangreicher Telomsysteme in den Blattbereich (vgl. Abb. 784, 805) gekommen. Daher liegt die Hypothese nahe, daß durch einen entsprechenden Differenzierungsprozeß nebeneinander auch die einfacheren und die komplexeren vegetativen bzw. fertilen Blattorgane der *Coniferophytina* und der *Cycadophytina* aus den noch undifferenzierten Sproßorganen der älteren Progymnospermen entstanden sind. Abb. 841 deutet dies in schematischer Form an.

Die derzeit wahrscheinlichste Hypothese über die Stammesgeschichte und Verwandtschaft der *Spermatophyta* vermeidet demnach die S. 772 angeführten Schwierigkeiten und läßt sich folgendermaßen zusammenfassen: 1) Die Samenpflanzen sind im Devon über iso- und heterospore Progymnospermen direkt aus Psilophyten entstanden; sie gehen nicht auf eusporangiate Farne oder Bärlappgewächse zurück, sondern haben sich parallel mit diesen und anderen höheren Pteridophyten entwickelt. 2) Die gemeinsame Abstammung aus Progymnospermen macht die zahlreichen Ähnlichkeiten zwischen *Coniferophytina* und *Cycadophytina* verständlich und rechtfertigt die Aufrechterhaltung des Taxon «*Spermatophyta*». 3) *Coniferophytina* und *Cycadophytina* haben sich nebeneinander aus den noch psilophytenähnlichen Progymnospermen herausgebildet und lassen sich nicht voneinander ableiten. Ebenso sind ihre unterschiedlich komplexen Tropho- und Sporophylle nebeneinander aus den noch telomartigen Sproßorganen der älteren Progymnospermen entstanden; sie lassen sich daher nur bedingt homologisieren und ebenfalls nicht voneinander ableiten.

Der Erkenntnis, daß innerhalb der «*Gymnospermae*» die *Coniferophytina* und *Cycadophytina* nebeneinander bis ins Oberdevon und möglicherweise getrennt auf Sporen ausstreuende Vorfahren zurückgehen, trägt die Systematik neuerdings durch die gleichwertige Einstufung der beiden Gruppen als Unterabteilungen Rechnung. Als dritte Gruppe der *Spermatophyta* läßt man ihnen die *Angiospermae* folgen; sie stehen als stärkst abgeleitete und jüngste Unterabteilung der Samenpflanzen offenbar nur mit den *Cycadophytina* in stammesgeschichtlicher Verbindung (S. 833 f.). Die «*Gymnospermae*» stellen also eine frühe Organisationsstufe – aber keine natürliche Verwandtschaftsgruppe – der *Spermatophyta* dar.

a) Organisationsstufe: Gymnospermae, Nacktsamer

1. Unterabteilung: Coniferophytina, Gabel- und Nadelblättrige Nacktsamer

Diese erste Gruppe von gymnospermischen Samenpflanzen ist vor allem durch ihre einfach gebauten vegetativen und fertilen Lateralorgane gekennzeichnet: Den Laubblättern (Trophophyllen) liegt ein dichotomer, gabeliger Bauplan zugrunde, die Staubblätter (Mikrosporophylle) bestehen aus Trägern einzelner Pollensackgruppen, die «Fruchtblätter» («Megasporophylle») sind von vornherein auf einfache (sehr selten gegabelte) Samenanlagen-Träger beschränkt (Abb. 841 A).

Bei den *Coniferophytina* handelt es sich um stark verzweigte, von Anfang an eher leptocaule Holzpflanzen mit monopodialem Sproßaufbau. Das Sekundärholz besteht vorwiegend aus dicht gelagerten Hoftüpfel-Tracheiden (Abb. 79) und schmalen Markstrahlen (= pyknoxyl, Abb. 186–188); Tracheen fehlen. Der dichotom-gabelige Bau der Laubblätter (Abb. 200 B) wird vielfach bandförmig (Abb. 855 B) oder nadel- bis schuppenartig (Abb. 203 B, 860) vereinfacht; sie stehen schraubig, bei abgeleiteten Gruppen aber auch wirtelig oder gegenständig.

Die Blüten sind immer eingeschlechtig, ein- oder seltener zweihäusig verteilt und sehr einfach gebaut: An den Blütenachsen sitzen Staubblätter bzw. (1 bis) mehrere «Fruchtblätter», vielfach auch sterile Schuppenblätter; eine eigentliche Blütenhülle fehlt. Die Staubblätter umfassen nur eine einzige, ursprünglich radiäre, gestielte Pollensackgruppe (vgl. z.B. Abb. 854 A–B, 855 D, 864 C); ihr Oberteil kann vegetativ werden (vgl. Abb. 856 H, 861 D), wodurch eine dorsiventrale Struktur entsteht. Die «Fruchtblätter» bestehen nur aus einer einzigen, gestielten bis sitzenden, nackten Samenanlage (sehr selten infolge Gabelung auch zweien); sie stehen zu mehreren lateral, seltener auch einzeln und dann allenfalls auch terminal direkt an der Blütenachse (stachyspor). Das Integument ist immer einfach; teilweise ist seine Entstehung aus 2 Telomen erkennbar (vgl. Abb. 855 F, 859 C). Stark reduzierte weibliche Blüten sind öfters zu offenen, zapfenartigen Blütenständen zusammengefaßt. Die Pollenkörner weisen eine angedeutete oder deutliche distale Keimöffnung auf (analept bzw. anacolpat) oder sind atrem, teilweise kommt es infolge Abhebens der äußeren Exine zur Ausbildung ring- oder blasenförmiger Luftsäcke. Die ♂ Gametophyten sind teilweise noch mehrzellig (Abb. 855 E), unter Umständen aber bis auf 4 Zellen bzw. Zellkerne reduziert. Die ♀ Gametophyten bestehen aus vielzelligen Prothallien mit Archegonien. Die Bestäubung erfolgt durch den Wind. Neben Pollenschlauchbefruchtung (Siphonogamie) kommt auch noch die ursprüngliche Spermatozoidbefruchtung (Zoidiogamie) vor. Die Samen sind saftig (mit Sarco- und Sclerotesta) oder trocken und dann allenfalls mit fleischigen Schuppenblatt- oder Achsenbildungen oder mit Flughäuten versehen; sie stehen nicht selten in zapfenartigen, verholzten oder fleischigen Fruchtständen.

Die *Coniferophytina* sind seit dem (? Oberdevon) Untercarbon bekannt, gehen offenkundig auf devonische Progymnospermen zurück und haben auch noch heute (mit allerdings nur noch etwa 600 Arten) als Waldbäume weltweite Verbreitung und Bedeutung.

I. Klasse: Ginkgoatae

Die ♂ und ♀ Blüten der *Ginkgo*-Gewächse stehen in der Achsel von Tragblättern. Es handelt sich um recht lange Achsen mit locker seitlich bzw. terminal ansitzenden, gestielten Pollensackgruppen (Staubblättern) bzw. mit gestielten bis sitzenden Samenanlagen («Frucht-

blätter») (Abb. 854). Damit ist eine sehr weitgehende Übereinstimmung mit dem Grundbauplan der *Coniferophytina*-Blüten (Abb. 841 A) gegeben; allerdings fehlen hier sterile Blattorgane.

Die Klasse ist mit Sicherheit bis ins Unterperm *(Trichopitys)* nachgewiesen, reicht aber wahrscheinlich bis ins Oberdevon. Manche Progymnospermen zeigen auffällige Ähnlichkeiten (vgl. z.B. die mitteldevonische *Barrandeina*, Abb. 852 E). Die größte Formenfülle wurde von der Trias bis zur Kreide ausgebildet. Im Jura findet sich die Gattung *Ginkgo* mit Sippen, die der einzigen heute noch lebenden Art G. *biloba* (Abb. 854 B) bereits sehr ähnlich waren. Fossilfunde belegen eine weltweite Verbreitung in Jura/Kreide und eine fortschreitende Arealschrumpfung der Gattung bis zur Gegenwart (Abb. 987). Als Kulturbaum Chinas und Japans vor dem Aussterben bewahrt, findet sich G. *biloba* heute wieder weltweit in Gartenanlagen: Paradebeispiel für ein «lebendes Fossil».

Aus Keimlingen mit 2 Keimblättern wächst *Ginkgo biloba* zu einem stark verzweigten sommergrünen Baum mit Lang- und Kurzsprossen. Die Blätter sind fächerförmig und streng dichotom gabeladerig (Abb. 200 B, 854 B). Bei älteren Vertretern (Abb. 854 A) sind die Blätter noch stark zerteilt. Mesozoische Gattungen demonstrieren aber auch die Weiterentwicklung zu schmal bandförmigen Blättern.

Ginkgo biloba ist diöcisch. Die ♂ Blüten tragen zahlreiche dorsiventrale Staubblätter mit 2 Pollensäcken; bei der mesozoischen *Baiera* (Abb. 854 A)

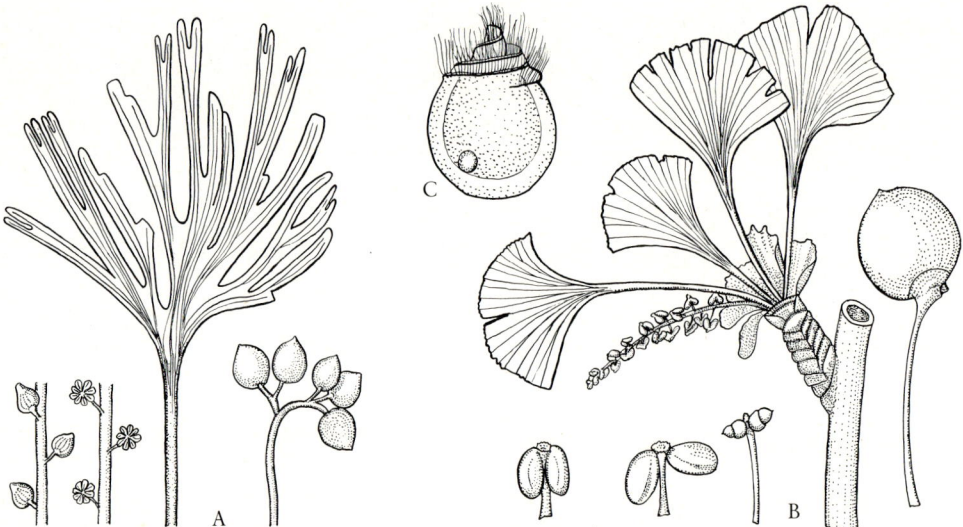

Abb. 854: *Ginkgoatae.* A *Baiera muensterana* (Rhät-Lias): Laubblatt; Samenanlagen an ♀ Blütenachse (etwas verkl.); radiäre, geschlossene bzw. geöffnete Pollensackgruppen an ♂ Blütenachsen (etwa 2 ×). B und C *Ginkgo biloba* (rezent): B Kurztrieb mit ♂ Blüte und jungen Blättern (nat. Gr.), dorsal reduzierte, 2teilige Pollensackgruppen (Staubblätter) (vergr.), Samenanlagen (♀ Blüten) bzw. Samen (etwas verkl.). C Spermatozoid (etwa 200 ×). (A nach SCHENK; B nach RICHARD & EICHLER; C nach SHIMAMURA, verändert und etwas schematisiert.)

waren die Staubblätter noch ± radiär gebaut. Die ♀ Blüten haben bei *G. biloba* meist nur noch 2 Samenanlagen, waren aber bei *Baiera* ebenfalls noch stärker verzweigt. Die ♂ und ♀ Gametophyten sind relativ vielzellig, die Befruchtung erfolgt noch mittels großer Spermatozoiden (Zoidiogamie; Abb. 854 C). Bestäubung und Befruchtung sind zeitlich durch Monate getrennt, z.T. fallen die Samen noch unbefruchtet (also fast noch als Samenanlagen) ab. Sie bilden aus ihrem einzigen Integument eine äußere fleischige und intensiv nach Buttersäure riechende Sarcotesta und eine innere Sclerotesta (endozoochore Ausbreitung).

II. Klasse: Pinatae

Die ♂ und ♀ Blüten bestehen aus verkürzten Achsen, an denen seitlich bzw. auch terminal dicht gedrängt gestielte Pollensackgruppen (Staubblätter) bzw. gestielte oder sitzende Samenanlagen («Fruchtblätter») und dazu fast immer auch sterile Blattorgane ansitzen. Besonders die ♀ Blüten sind oft zu kätzchen- bis zapfenartigen Blütenständen zusammengefaßt.

Die Klasse umfaßt 3 Unterklassen, die sich vor allem durch den Bau ihrer ♂ und ♀ Blüten unterscheiden.

1. Unterklasse: Cordaitidae

Bei der ausgestorbenen Gruppe der Cordaiten finden sich bei den ♂ und ♀ Blüten neben den lateralen Staubblättern bzw. «Fruchtblättern» (Samenanlagen) auch zahlreiche sterile Schuppenblätter. Abgesehen von den gestauchten Blütenachsen ist also auch hier noch eine klare Übereinstimmung mit dem Grundbauplan der *Coniferophytina*-Blüten erkennbar (Abb. 841 A).

Die Cordaiten traten im Carbon waldbildend auf, starben aber offenbar im Perm schon wieder aus. Es waren bis 30 m hohe, in der Krone reichverzweigte Bäume (Abb. 855 A) mit sekundärem Dickenwachstum und «araucarioid» getüpfelten Tracheiden (vgl. S. 781), mit quer gefächertem Mark und mit ungeteilten, bandförmigen oder lanzettlichen, dichotomparalleladerigen und schraubig gestellten Blättern

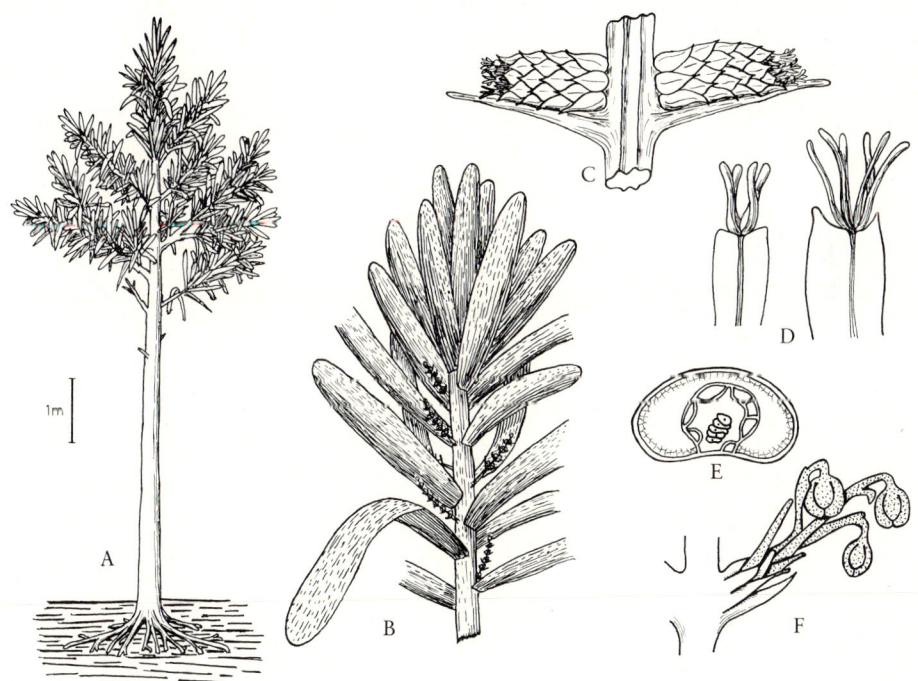

Abb. 855: *Cordaitidae* (Carbon-Perm). A Habitus von *Cordaites* spec. (ca. 10 m). B Beblätterter Sproß mit achselständigen Blütenständen von *Cordaites laevis* (verkl.). C 2 ♂ Blüten von *Cordaianthus concinnus* (etwa 2,5×). D Staubblätter mit aufrechten Pollensackgruppen von *C. penjonii* (etwa 10×). E Pollenkorn mit vielzelligem ♂ Gametophyten (etwa 300×). F ♀ Blüte von *C. pseudofluitans* mit Tragblatt, sterilen Schuppen und gestielten Samenanlagen («Fruchtblättern») (1,5×). (A–B nach GRAND'EURY; C nach DELEVORYAS; D–F nach FLORIN.)

(Abb. 855 B). Ihr Mesophyll war z. T. bereits in Palisaden- und Schwammparenchym differenziert. Die Blüten wurden in den Achseln von Tragblättern gebildet und waren zu kätzchenförmigen Blütenständen vereinigt.

Die ♂ Blüten bestanden aus einer kurzen Achse, an der in schraubiger Stellung zunächst einige Perianthblätter und dann mehrere Staubblätter saßen, ein jedes mit mehreren endständigen Pollensäcken (Abb. 855 C–D). In den ♀ Blüten (Abb. 855 F) folgten, ebenfalls schraubig, auf mehrere schuppenförmige Perianthblätter einige wenige Fruchtblätter mit einer (infolge Gabelung selten auch 2) endständigen, atropen Samenanlage(n). Bemerkenswert sind auch die Pollenkörner, die man vielfach in den Pollenkammern der Samenanlagen gefunden hat: Sie enthielten, ähnlich wie bei den Pteridospermen, noch zahlreiche, dem Mikroprothallium bzw. einem Antheridium entsprechende Zellen (Abb. 855 E). Da Pollenkammern vorhanden waren, kann man vermuten, daß noch Spermatozoiden gebildet wurden.

2. Unterklasse: Pinidae (= Coniferae), Nadelhölzer

Der Blütenbau der Coniferen (Abb. 840) entspricht im wesentlichen dem der Cordaiten. Allerdings sind die ♀ Blüten vielfach stark reduziert und zu sog. Samenschuppen verschmolzen; meist sind sie auch noch mit ihren Tragblättern (Deckschuppen) verwachsen. Vielfach bilden diese Deck-Samenschuppen-Komplexe zapfenförmige Blütenstände. Die Befruchtung erfolgt (zumindest bei den heutigen Sippen) durch Pollenschläuche (Siphonogamie).

Die Nadelhölzer entwickeln sich aus Keimlingen mit 2 bis zahlreichen Cotyledonen zu reichverzweigten Bäumen oder (seltener) Sträuchern mit einem meist monopodialen Stamm, an dem die Seitenzweige verschiedener

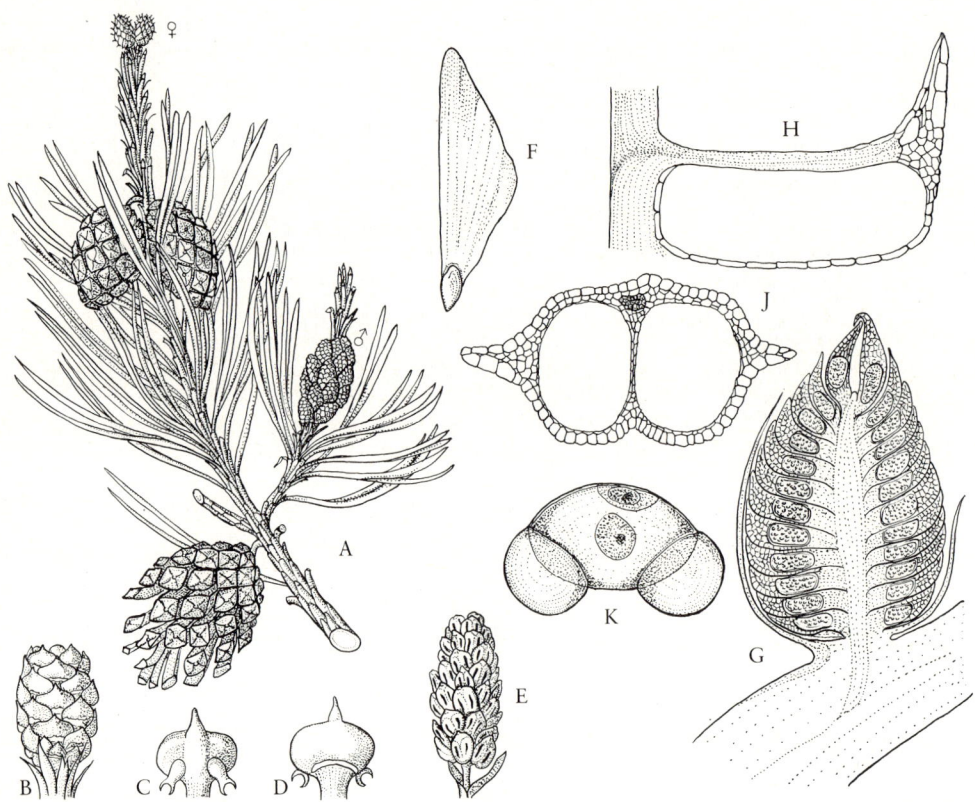

Abb. 856: *Pinus* (A–F, K: *P. sylvestris*, G–J: *P. mugo*). Blühender und fruchtender Sproß, in der Achsel abfälliger Schuppenblätter 2nadelige Kurztriebe (A). ♂ Blüten (E, Längsschnitt G), Staubblätter mit 2 Pollensäcken (Längs- und Querschnitt H, J), vesiculates Pollenkorn (K). ♀ Blütenstand (B) mit Deck-Samenschuppen-Komplexen (von oben und unten C, D), daraus einjährige, noch grüne und zweijährige, reife und sich öffnende Zapfen (A) mit je 2 geflügelten Samen (F) auf der Oberseite der nun holzigen Schuppenkomplexe. (A, etwas verkl., B–F vergr.; nach Berg & Schmidt, verändert. G 10×, H 20×, J 27×, K 400×; nach Strasburger.)

Ordnung oft stockwerkartig angeordent sind; nicht selten kommt es zu einer deutlichen Differenzierung in Lang- und Kurztriebe. Die Blätter sind grundsätzlich dichotom-paralleladerig, bei primitiven Sippen auch noch gabelig verzweigt, später aber reduziert, ungeteilt und band-, nadel- oder schuppenförmig. Ursprünglich schraubig, werden sie später auch wirtelig oder gegenständig gestellt. Neben überwiegend mehrjährigen, derben und xeromorphen finden sich sehr vereinzelt auch sommergüne Ausbildungen. Harzgänge sind in allen Organen häufig (Abb. 153).

Die eingeschlechtigen **Blüten** sind ein- oder zweihäusig verteilt. Die zäpfchenartigen ♂ Blüten stehen meist einzeln oder in lockeren Verbänden; an ihren Blütenachsen sind die zahlreichen dorsiventralen Staubblätter (Pollensäcke auf der Unterseite!) dicht schraubig angeordnet (Abb. 856 E, G, 860 B, 861 A u. a.). Dagegen bilden die reduzierten ♀ Blüten (fast immer) ± reichblütige und meist zapfenartige Blütenstände (Abb. 856 A, B, 860 A, u. a.). Sie umfassen ± zahlreiche schraubige, wirtelige oder gegenständige Tragblätter (= Deckschuppen) und in ihren Achseln Samenschuppen. Letztere bestehen meist aus mehreren (selten aus vielen oder nur 1) Samenanlagen, die vielfach noch einem vegetativen Schuppenanteil aufsitzen (vgl. Abb. 860 C–D).

Die morphologische Deutung der ♀ Coniferenzapfen war lange umstritten. Vielfach wurde der Deck-Samenschuppen-Komplex als ein gespaltenes Fruchtblatt, der gesamte Zapfen demnach als eine Blüte interpretiert. Erst Untersuchungen an den fossilen *Voltziales* (Abb. 859) haben mit völliger

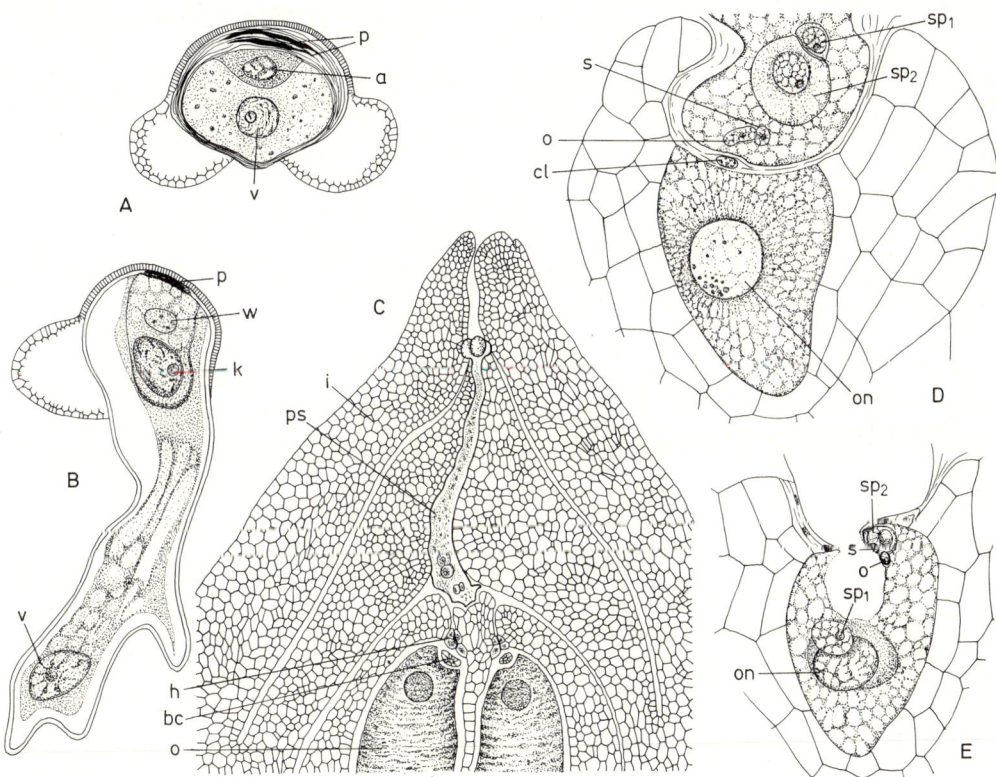

Abb. 857: Pollenkeimung und Befruchtung bei *Pinatae* (A–B *Pinus nigra*, C *P. sylvestris*: *Pinaceae*; D–E *Torreya taxifolia*: *Taxaceae*). A–B Entwicklung des ♂ Gametophyten im Pollenkorn und Pollenschlauch: Prothalliumzellen (p), Kern der vegetativen Pollenschlauchzelle (v), Antheridiumzelle (a), daraus Stielzelle (w) und spermatogene Zelle (k), aus letzterer 2 Spermazellen (etwa 500 ×). C Empfängnisreife Samenanlage mit Integument (i), Pollenschlauch (ps) sowie Archegonien mit Hals- (h), Bauchkanal- (bc) und Eizellen (o) (vergr.). D Pollenschlauch mit 2 Spermazellen (sp₁, sp₂) sowie Pollenschlauch- und Stielzellenkern (o, s) an der Eizelle (Eikern on, Rest einer Halszelle cl); E Verschmelzung des Eikerns mit einem der Spermakerne, die anderen Kerne degenerieren (367 ×). (A–B nach COULTER & CHAMBERLAIN; C nach STRASBURGER; D–E nach COULTER & LAND.)

Sicherheit ergeben, daß die Samenschuppe einem Kurzsproß mit sterilen und fertilen Schuppenblättern (d. h. Samenanlagen), also den Verhältnissen bei den *Cordaitidae* (Abb. 855 F), entspricht. Die Coniferenzapfen stellen daher Blüten- (bzw. Frucht-)stände dar.

Jede Samenanlage enthält nur 1 Megaspore, die Embryosackzelle (Abb. 840 D). Daraus bildet sich der ♀ Gametophyt (Embryosack) in Gestalt eines vielzelligen Prothalliums, das mehrere Archegonien (bei *Sequoia* bis zu 60!) entwickelt. Jedes besitzt eine größere Zahl von Halswandzellen, bei den Pinaceen auch eine selbständige Bauchkanalzelle (Abb. 857 C).

Der ♂ Gametophyt entsteht in Pollenkörnern, die der Wind an die Samenanlagen heranträgt, wo sie in der Regel auf dem Scheitel des Nucellus mit einem Pollenschlauch keimen (Abb. 857 C). Spermatozoiden werden aber nicht mehr gebildet, vielmehr dient der Pollenschlauch zur Übertragung der beiden sich nicht weiter umbildenden Spermazellen zu den Archegonien. Meist führt nur eine der Spermazellen die Befruchtung aus, während die andere, häufig schon von Anfang an kleinere, zugrunde geht (Abb. 857 D–E).

Aus der befruchteten Eizelle geht zunächst ein **Proembryo** hervor, und erst aus diesem entstehen (auf eine bei den einzelnen Familien und Gattungen etwas verschiedene Weise) ein oder mehrere Embryonen.

Abb. 858 zeigt dies für *Pinus*. Der befruchtete Eikern teilt sich zunächst in 4 freie Kerne, die in das untere Ende der Zygote wandern und sich dort in einer Fläche anordnen. Hier bilden sie zunächst zwei Stockwerke von je 4 Kernen und dann, durch Bildung von Zellwänden und weitere Teilung eines jeden Stockwerkes, 4 Stockwerke mit je 4 Zellen (A–D). Aus dem untersten entstehen Embryonen, aus dem darüberliegenden Embryoträger = Suspensoren (E). Letztere verlängern und teilen sich, und schieben die Embryonen in das mit Nährstoffen gefüllte Prothalliumgewebe, das primäre Endosperm, hinein. Durch Längsspaltung und seitlicher Isolation sind aus dem untersten Zellstockwerk 4 genotypisch gleiche Embryonen entstanden (monozygotische Polyembryonie). Da bei *Pinus* auch mehrere Archegonien befruchtet werden können, findet sich dazu noch polyzygotische Polyembryonie. Doch bleibt schließlich nur ein Embryo, nämlich der mit Hilfe seines Suspensors am tiefsten ins Prothallium versenkte und daher wohl bestnährte, am Leben. Aus ihm entwickeln sich nach einiger Zeit eine Hauptwurzel und mehrere Keimblätter (5–18, Abb. 851). Bei den anderen Gattungen und Familien der *Pinidae* verläuft die Entwicklung ähnlich, nur stammt

von einer Eizelle meist auch nur ein Embryo ab, was wohl als ursprünglicher zu betrachten ist.

Die Coniferen treten mit den noch deutlich Cordaiten-ähnlichen *Voltziales* erstmalig im Obercarbon in Erscheinung. Im Mesozoicum bilden sich dann die weltweit verbreiteten *Pinales* heraus, die mit 6 Familien und etwa 600 vielfach bestandbildenden Arten auch heute noch mit Abstand die «erfolgreichste» Gruppe gymnospermischer Samenpflanzen darstellen. Viele Arten sind wegen ihres Holzes von größter wirtschaftlicher Bedeutung; genutzt werden häufig auch die Harze, ätherischen Öle und ihre Gemische: Terpentine (z. B. in der Technik und Heilkunde).

Vor allem durch den noch sehr deutlich er-

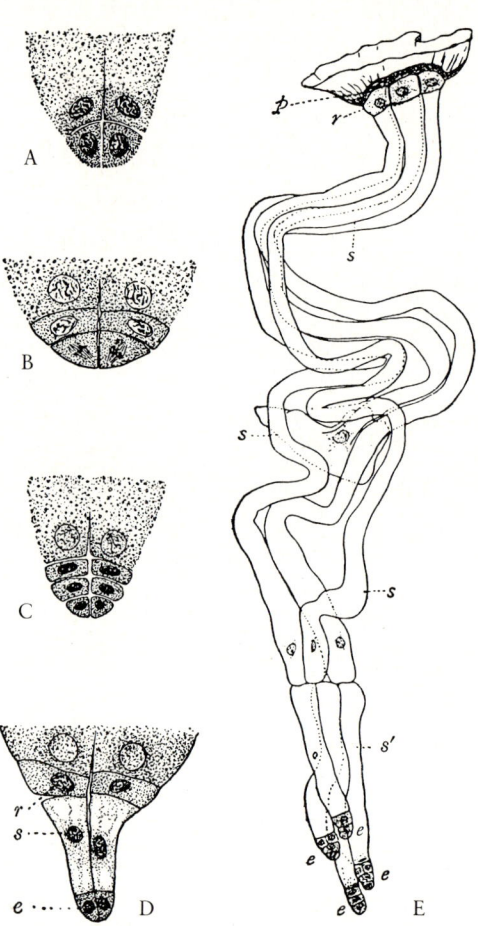

Abb. 858: Embryobildung bei *Pinus* (A–D *P. nigra*, E *P. banksiana*): Rosette (r), Basalplatte (p), Suspensor (s) mit sekundären Suspensorzellen (s′), Embryo (e). (A–D 100 ×, nach COULTER & CHAMBERLAIN; E 80 ×, nach BUCHHOLZ.)

kennbaren Kurzsproßcharakter der ♀ Blüten ausgezeichnet ist die ausgestorbene

2.1. Ordnung: **Voltziales.** Die sterilen Schuppenblätter bzw. die Samenanlagen («Fruchtblätter») sind hier teilweise noch radiär und noch nicht miteinander zu einer komplexen Samenschuppe verschmolzen (Abb. 859 C–E).

Teilweise finden sich noch Gabelblätter (Abb. 859 A–B). Das Sekundärholz war «araucarioid» getüpfelt (vgl. unten). Die baumförmigen *Voltziales* haben vom Obercarbon bis Perm (etwa mit *Lebachia = Walchia* und *Ullmannia*), weiter in Trias und Jura (etwa mit *Pseudovoltzia* und *Glyptolepis*) als Waldbildner eine große Rolle gespielt, sind aber dann ausgestorben.

Durch mesozoische Übergangsformen sind die *Voltziales* verbunden mit der damals in Erscheinung tretenden und bis heute erhaltenen *2.2. Ordnung:* **Pinales,** bei der die ♀ Blüten nur noch als Samenschuppen auftreten und überdies meist ± weitgehend mit ihren Deckschuppen verwachsen sind.

Seit der Trias weit, auch in Europa und Grönland, verbreitet, heute aber auf die südliche Erdhälfte beschränkt sind die **Araucariaceae** mit zahlreichen 1samigen Deck-Samenschuppen-Komplexen in holzigen Zapfen.

Die Tracheiden des Sekundärholzes haben bienenwabenartig angeordnete Hoftüpfel (ursprünglicher, «auraucarioider» Bau). Von den *Araucaria*-Arten, mächtigen, auffallend gesetzmäßig verzweigten Bäumen mit schraubig gestellten und meist sehr kräftigen Nadeln, ɪsᴛ *A. excelsa* von der Insel Norfolk als Zierpflanze («Zimmertanne») sehr bekannt. Die *Agathis*-Arten liefern harte Kopalharze.

Schraubig gestellte, nadelförmige Blätter und holzige Zapfen mit je 2 Samen pro Samenschuppe zeichnen dagegen die **Pinaceae** aus. Zu ihnen gehören unsere wichtigsten Nadelbäume, die mit Ausnahme der Lärche immergrüne und mehr oder weniger xeromorphe Nadeln tragen (Abb. 202). Alle bilden e k t o t r o p h e M y c o r r h i z e n (Abb. 392).

Bei den einheimischen Kiefern, Fichten und Tannen leben die Nadelblätter je nach den Bedingungen 3–9 Jahre, selten länger. Sie sind in Blattspreite und Blattgrund gegliedert. Bei der Fichte stellt die Blattspreite die eigentliche, abfallende «Nadel» dar, der Blattgrund ist mit der Sproßachse verwachsen und berindet sie als sog. «Blattkissen».

Nach der Stellung der Nadeln an L a n g - oder K u r z t r i e b e n kann man die Gattungen zu 3 Unterfamilien zusammenfassen (vgl. Abb. 856, 860–861): So stehen die Nadeln bei den Tannen (*Abies*, Abb. 860), Fichten (*Picea*, Abb. 861 A–F), bei *Tsuga* und *Pseudotsuga* lediglich an Langtrieben: **Abietoideae.** Sowohl an Lang- wie an Kurztrieben finden wir die Nadeln bei den immergrünen Zedern *(Cedrus)* und den sommergrünen Lärchen (*Larix*, Abb. 861 H–G): **Laricoideae.** Bei beiden trägt jeder Langtrieb im 1. Jahr grüne Nadeln; im 2. Jahr aber entwickeln sich aus deren Achseln Kurztriebe, die ganze Nadelbüschel tragen und mehrere Jahre weiterwachsen können. Ausschließlich an Kurztrieben stehen dagegen die Nadeln der erwachsenen Bäume bei den **Pinoideae:** Kiefern (*Pinus*, Abb. 856). Keimlinge im 1. und 2. Jahr bilden zwar auch bei ihnen Langtriebe mit grünen

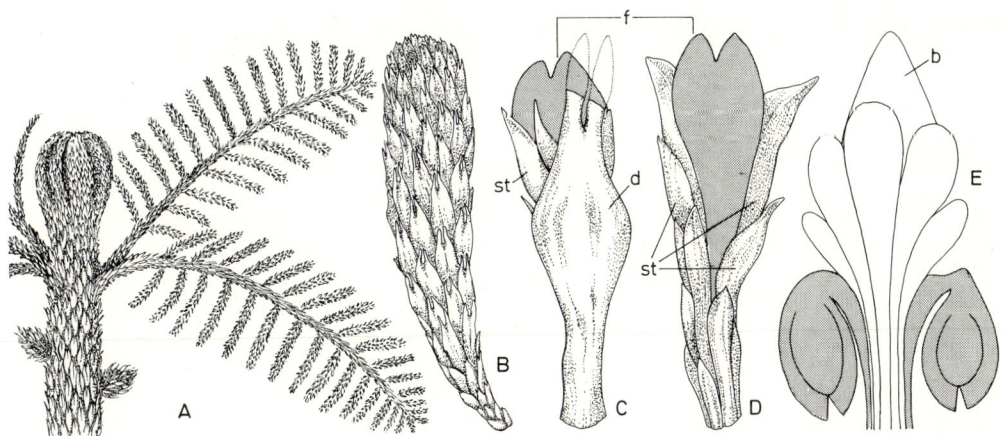

Abb. 859: *Voltziales.* A–D *Lebachia piniformis* (Rotliegendes): A Sproßgipfel; Hauptachse mit Gabelblättern ($^1/_3$ ×); B aufrechter ♀ Zapfen mit gegabelten Deckschuppen ($^1/_2$ ×); C–D ♀ Blüte von hinten und vorne, Deckschuppe (= Tragblatt, d), sterile Schuppen (st) und abgeflachte atrope Samenanlage (f) mit 2teiligem Integument (5 ×). E *Glyptolepis longibracteata* (Untertrias): ♀ Blüte mit Deckschuppe (b), sterilen Schuppen und 2 anatropen Samenanlagen (2 ×). (Nach Fʟᴏʀɪɴ, E schematisch.)

Nadeln. Später aber tragen die Langtriebe nur noch braune Schuppenblätter, aus deren Achseln sich schon im gleichen Jahr Kurztriebe entwickeln, die an der gestauchten Achse zunächst einige häutige Niederblätter und dann bloß eine Gruppe von 5, 3, 2 Nadeln oder sogar nur noch 1 lange grüne Nadel tragen (vgl. S. 784). – Die *Pinaceae* haben Siebröhrenplastiden vom P-Typ, andere Gymnospermen dagegen vom S-Typ (vgl. S. 761).

Die ♂ Blüten haben an der Achse zuunterst einige schuppenförmige Blättchen (als einfaches Perianth) und darüber zahlreiche, schraubig gestellte Staubblätter (Abb. 856 E, G, 860 B). Diese besitzen einen kurzen Stiel, ein schuppenförmig aufgebogenes Ende und unterseits 2 Pollensäcke, deren Öffnung durch ein Exothecium bewirkt wird (Abb. 856 H–J, 861 D).

Die ♀ Blütenstände tragen in schraubiger Stellung zahlreiche unfruchtbare Deckschuppen und in deren Achsel je eine Samenschuppe (vgl. Abb. 840, 860 D); beide sind ± verwachsen. Am Grunde der Samenschuppe sitzen

2 zur Basis gekehrte Samenanlagen. Die Samenschuppen wachsen bei der Umwandlung des Blütenstandes zum Zapfen stark heran und bilden dann die festen «Zapfenschuppen». Die Deckschuppe kann ebenfalls mitwachsen und dann noch am Zapfen deutlich hervortreten (z.B. bei *Abies*, Abb. 860 A und *Pseudotsuga*); meist bleibt sie aber klein, bei *Pinus* verkümmert sie völlig.

Die relativ großen Pollenkörner vieler Pinaceen, so die von *Abies*, *Picea*, *Pinus*, vermindern ihre Sinkgeschwindigkeit durch «Luftsäcke» (Abb. 857 A, 882: vesiculater Pollen). Diese kommen dadurch zustande, daß sich die beiden äußeren Schichten der Exine an 2 Stellen blasenförmig abheben. Wenn der Wind die Pollenkörner zu den Samenanlagen trägt, ist in diesen das Megaprothallium noch nicht entwickelt, ja zum Teil noch nicht einmal die Megaspore gebildet. Zwischen Bestäubung und Befruchtung vergeht daher eine längere Zeitspanne, während der sich die Mikropyle schließt und den keimenden Pollen in der Samenanlage birgt. Dieser Zeitraum ist am längsten bei den meisten *Pinus*-Arten: Blüten, die im Mai be-

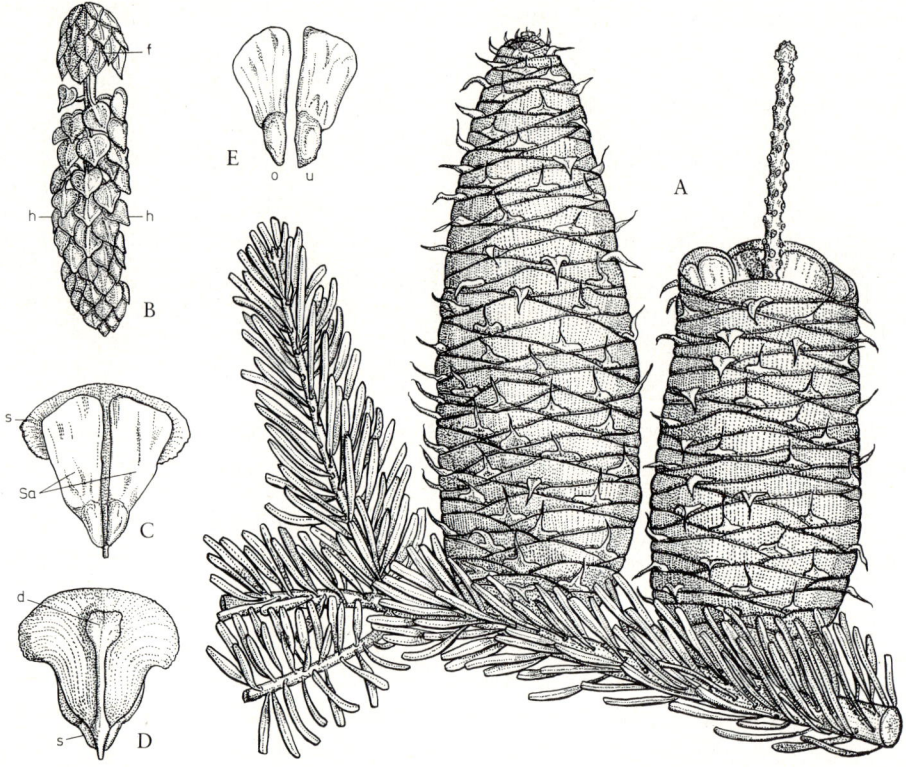

Abb. 860: *Abies* (A *A. nordmanniana*, B–E *A. alba*). A Sproß mit reifen, z.T. schon zerfallenden Zapfen (etwas verkl.). B ♂ Blüte mit Schuppen- (f) und Staubblättern (h) (etwa 2×). C–D Reife ♀ Blüte mit Deckschuppe (d), Samenschuppe (s) und 2 Samen (Sa, E), von der Ober- (o) bzw. Unterseite (u) (etwas verkl.). (A nach Berg & Schmidt; B–D nach Firbas; E nach Eichler.)

stäubt werden, sind im nächsten Frühjahr erst zu kleinen, grünen Zapfen herangewachsen (Abb. 856A). Erst jetzt werden die Geschlechtszellen gebildet, und es kommt – 1 Jahr nach der Bestäubung – zur Befruchtung. Im Sommer wachsen die Zapfen zu ihrer vollen Größe heran und entlassen schließlich im nächsten Vorfrühling die Samen. Bei den anderen einheimischen Gattungen erfolgen Bestäubung und Befruchtung im gleichen Jahr.

Die ♀ Blütenstände sind zur Zeit der Bestäubung immer aufwärts gerichtet. Bei *Abies* und *Cedrus* behalten sie diese Lage auch später bei, und bei der Reife lösen sich die Schuppen einzeln von der Spindel (Abb. 860A). Bei den anderen Gattungen aber krümmen sich die Zapfen später abwärts (Abb. 861C), geben beim Austrocknen den Zugang zu den Samen frei und werden nach dem Ausstreuen der Samen als Ganzes abgeworfen. Die Samen besitzen einen sich von der Samenschuppe ablösenden häutigen Flügel als Flugorgan (Abb. 856F, 860E, 861F).

Die Pinaceen treten schon seit dem Jura auf und sind fast ausschließlich auf der nördlichen Halbkugel verbreitet, wo sie im Nadelwaldgürtel Nordamerikas und Eurasiens die Wälder der Ebene wie die der Gebirge beherrschen und zusammen mit Birken vielfach die polare Waldgrenze bilden. Weiter im Süden bleiben sie mehr auf die Gebirge beschränkt, übernehmen aber auch hier in bestimmten Höhenstufen, besonders an der Wald- und Baumgrenze, die Vorherrschaft (vgl. Abb. 1018, 1077). In Europa meiden sie in auffälliger Weise den wintermilden Westen und Südwesten (Abb. 862). Für Mitteleuropa sind folgende Gattungen und Arten hervorzuheben:

Abies. Die Edel-Tanne (*A. alba*, Abb. 860), wegen ihrer hellen Rinde auch Weiß-Tanne genannt, erkennt man an den unterseits mit 2 Wachsstreifen versehenen, flachen, an der Spitze eingekerbten Nadeln. Sie ist ein hinsichtlich Boden und Klima eher anspruchsvoller mittel- und südeuropäischer Gebirgsbaum (Abb. 862), der meist in Mischbeständen mit Buche und Fichte auftritt. Empfindlichkeit gegen Spätfröste (wie sie besonders bei Freistellung in Kahlschlägen auftreten), gegen Wildverbiß und gegen die Abgase der Industriegebiete hat sie vielfach zurückgedrängt.

Picea. Die an ihren spitzen, 4kantigen Nadeln leicht kenntliche F i c h t e (oder Rottanne = *P. abies* = *P. excelsa*, Abb. 861A–F) reicht mit ihrem geschlossenen nordeuropäisch-sibirischen Verbreitungsgebiet in der Ebene bis zur Wisła und Mittelschweden. Weiter

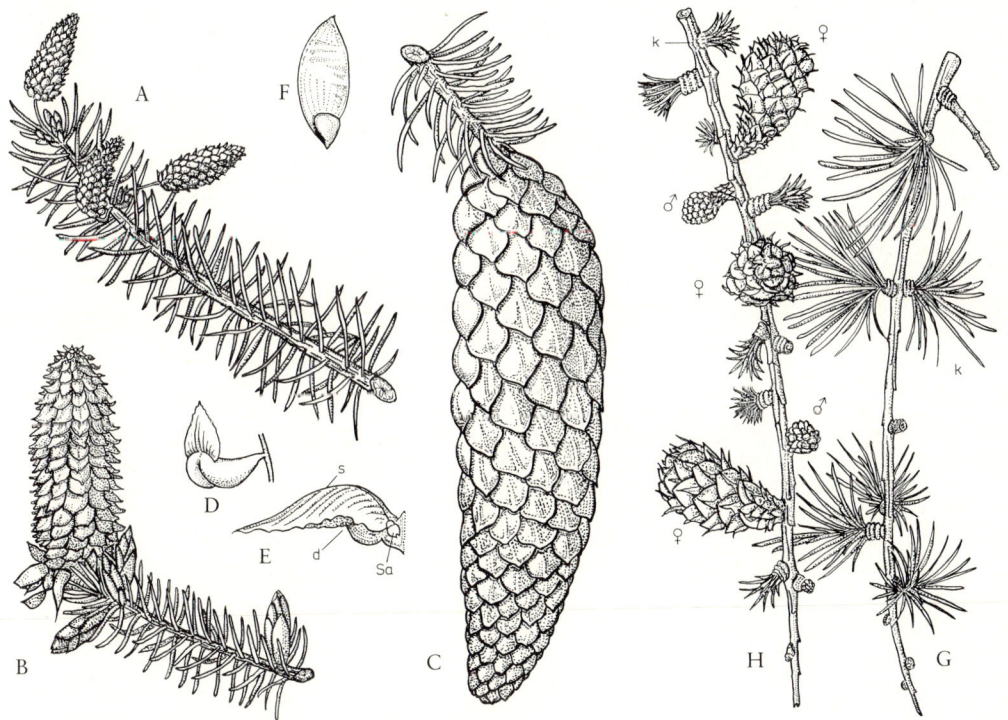

Abb. 861: *Pinaceae.* A–F *Picea abies.* A–C Sprosse mit ♂, ♀ Blüten und Zapfen (verkl.); D Staubblatt; E ♀ Blüte mit Deck- (d) und Samenschuppe (s) sowie Samenanlage (Sa) (vergr.); F geflügelter Same (nat. Gr.). G–H *Larix decidua.* G Langtrieb mit benadelten Kurztrieben (k) im Sommer; H Langtrieb mit ♂ Blüten, ♀ Blütenständen und austreibenden Kurztrieben (k) im Frühjahr (etwa nat. Gr.) (A–F nach KARSTEN; G–H nach WILLKOMM.)

südlich ist sie auf die Gebirge beschränkt (Abb. 862), wo sie vielfach die Waldgrenze bildet; auch im Norden reicht sie nahe an diese heran. Die Fichte ist von besonderer forstwirtschaftlicher Bedeutung und wird vielfach künstlich aufgeforstet.

Larix. Die Europäische Lärche (*L. decidua*, Abb. 861 G–H) ist ein lichtbedürftiger Baum, der vor allem in den kontinentalen Zentralalpen nahe der Waldgrenze häufig ist, außerhalb der Alpen aber nur noch kleine natürliche Verbreitungsinseln besitzt. In tieferen Lagen wird er vielfach aufgeforstet.

Pinus. Unter den Föhren oder Kiefern (= «Kien-Föhren») ist die Rot- oder Wald-Kiefer (*P. sylvestris*, Abb. 856) ein ziemlich viel Licht erfordernder, aber sonst sehr anspruchsloser Baum, der die trocken-warmen Sommer an der Steppengrenze ebenso verträgt wie die Winterfröste Sibiriens, von der Ebene bis an die alpine Waldgrenze steigt und trockene Sandböden, nasse Moore, Kalk- und Kieselböden zu besiedeln vermag (Abb. 862). Er ist daher dort am häufigsten, wo anspruchsvollere Holzarten versagen, z. B. auf Sandböden im nordöstlichen Mitteleuropa (Abb. 976,

977). Im Gebirge oberhalb der Waldgrenze und in tieferer Lage auf Hochmooren ist die Berg-Kiefer (*P. mugo*) in mehreren Unterarten verbreitet, teils in strauchig niederliegenden (Leg-Föhre, Latsche), teils in aufrechten Wuchsformen. Sie trägt ebenso wie die Rot-Kiefer nur je 2 Nadeln an jedem Kurztrieb, während wir bei der Zirbe, Arve oder Zirbel-Kiefer (*P. cembra*) je 5 finden. Auch die Zirbe gedeiht vornehmlich an der Waldgrenze der kontinentalen Gebirgteile der Alpen und Karpaten, außerdem auch in Sibirien. 5 Nadeln am Kurztrieb zeichnen auch die nordamerikanische Weymouths-Kiefer (*P. strobus*) aus, die bei uns häufig angepflanzt wird; ebenso die Borsten-Kiefer (*P. longaeva* = *P. aristata* p.p.), deren Individuen in den White Mountains Californiens z. T. über 4600 Jahre alt sind. Weitere Arten besitzt vor allem das Mittelmeergebiet, wie die noch bis Niederösterreich vorstoßende, weiter nördlich an trockenen Hängen gerne aufgeforstete, 2nadelige Schwarz-Kiefer (*P. nigra*; vgl. Abb. 570), die Pinie (*P. pinea*) u. a. Die großen Samen der Pinie und der Zirbe (Zirbelnüsse) sind genießbar; ihre Ausbreitung erfolgt durch Tiere.

In Gärten werden zahlreiche fremdländische Pinaceen gepflanzt. Von ihnen besitzen aber bisher nur wenige auch forstliche Bedeutung, so neben der Weymouths-Kiefer vor allem die Douglasie (*Pseudotsuga menziesii* = *P. douglasii*; kann über 120 m hoch werden!) und die Sitka-Fichte *(Picea sitchensis)*, beide aus dem westlichen Nordamerika, sowie die Japanische Lärche *(Larix leptolepis)*.

Bei den folgenden Familien werden oft mehr als 2 und meist aufrechte Samenanlagen auf den sehr strak verwachsenen Samen- bzw. Deckschuppen ausgebildet. Luftsäcke an den Pollenkörnern fehlen. Die **Taxodiaceae** tragen vorwiegend schraubig gestellte Nadeln und holzige Zapfen.

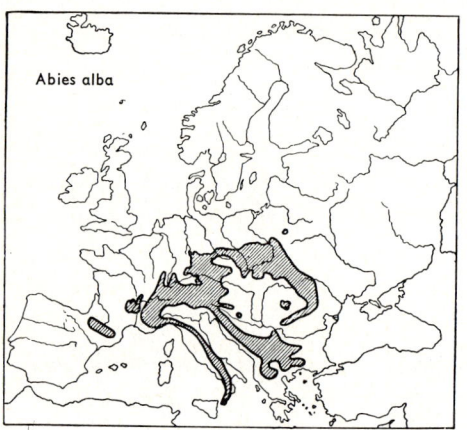

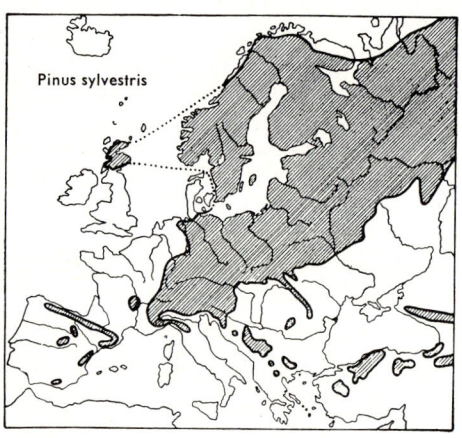

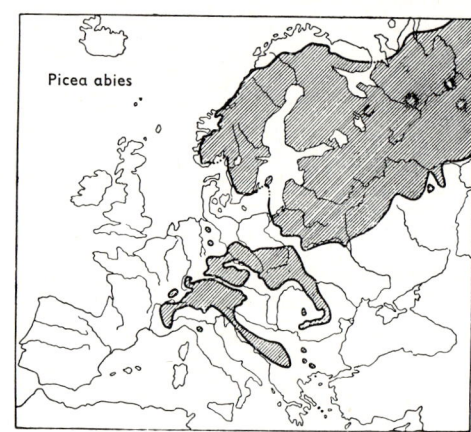

Abb. 862: Natürliche Verbreitungsgebiete (schraffiert) verschiedener *Pinaceae* in Europa. (Nach RUBNER u. a.) (Vgl. auch *Pinus nigra*, Abb. 570.)

Hierher gehören z.B. die Mammutbäume Californiens: *Sequoiadendron giganteum* aus der Sierra Nevada erreicht Durchmesser von mehr als 8 m und ein Alter von über 3000 Jahren. *Sequoia sempervirens* aus den Küstenbergen wird über 100 m hoch und wächst rascher; sie wird als Nutzholz sehr geschätzt. Zusammen mit den heute auf Ostasien beschränkten Schirmtannen *(Sciadopitys)* und Wasserfichten *(Glyptostrobus)* waren beide Gattungen im Tertiär auf der nördlichen Halbkugel weit verbreitet; ihr Holz findet sich häufig in den Braunkohlen. Die 1944 in China auch noch lebend gefundene und seitdem vielerorts kultivierte *Metasequoia*, mit im Herbst abfallenden Kurztrieben, war vordem nur fossil aus dem Mesozoicum und Tertiär bekannt; ihre Reste wurden selbst noch in Nordamerika und Spitzbergen nachgewiesen. Schließlich bildet die Sumpfzypresse *(Taxodium distichum)* ausgedehnte Sumpfwälder an der Nordküste des Golfes von Mexiko. Sie ist besonders durch aus dem Wasser oder Schlamm hervorragende «Wurzelknie» (Organe zur Sauerstoffversorgung?) bekannt. Die Kurztriebe sind ähnlich wie ein Fiederblatt benadelt und werden alljährlich abgeworfen.

Nahe verwandt sind die über die ganze Erde verbreiteten **Cupressaceae**; ihre nadelförmigen, meist aber schuppenförmigen Blätter (vgl. Abb. 203 B) stehen gegenständig oder zu dreien in Wirteln. Die meisten Gattungen bilden holzige Zapfen, die einzige auch in Mitteleuropa vertretene Gattung *Juniperus* fleischige Beerenzapfen (Endozoochorie!).

Holzige Zapfen haben z.B. die mediterrane Zypresse *(Cupressus sempervirens)* und die Gattungen *Thuja* (Lebensbaum) und *Chamaecyparis*, deren teils nordamerikanische, teils ostasiatische Arten gerne angepflanzt werden.

Juniperus communis, der zweihäusige Wacholder (Abb. 863), trägt seine spitzen Nadeln zu dreien wirtlig und blattachselständige Blüten. Die ♂ bilden zunächst einige Schuppenblätter und dann mehrere Wirtel von Staubblättern, unterseits mit 3–7 (meist 4) Pollensäcken. Die ♀ Blütenstände haben ebenfalls zahlreiche Schuppenblätter, aber nur noch 3 aufrechte Samenanlagen. Bei der weiteren Entwicklung – zwischen Bestäubung und Befruchtung vergeht hier ähnlich wie bei der Kiefer 1 Jahr – werden die drei obersten Schuppenblätter fleischig, schließen die Samen ein und bilden so den kugeligen Beerenzapfen. – Der Gemeine Wacholder ist ein anspruchsloses Gehölz, das vor allem für beweidete Triften und Zwergstrauchheiden bezeichnend ist. Oberhalb der alpinen und außerhalb der polaren Waldgrenze wird er durch die niederliegende subsp. *alpina* (= *subsp. nana*) vertreten.

Bei den südhemisphärischen **Podocarpaceae** sind die ♀ Blütenstände sehr verarmt, es kommt nicht zur Bildung von Holzzapfen: Die Samenschuppen entwickeln bei der Reife eine einseitige, fleischige Samenhülle. Sie finden sich vor allem in den tropischen und subtropischen Gebirgswäldern der südlichen Erdhälfte (besonders Neuseeland, Australien, südamerikanische Anden, Südostasien und Südafrika) und bezeugen einen ehemals engeren Zusammenhang der Floren dieser Länder über die Antarktis hinweg. Die wichtigsten Gattungen sind *Podocarpus* und *Dacrydium*. Manche Arten haben sehr breite Nadelblätter, die Gattung *Phyllocladus* lappige Phyllocladien.

Die reliktären, heute mit nur einer Gattung auf den Himalaya und Ostasien beschränkten **Cephalotaxaceae** erinnern in manchen Merkmalen an die *Taxidae*, besitzen aber seitenständige ♀ Blüten in armblütigen Ständen.

3. Unterklasse: Taxidae

Die ♀ Blüten dieser Gruppe tragen am Grunde einige Schuppenblatt-Paare und eine einzige terminale, aufrechte Samenanlage. Diese Ausbildung kann aus dem Grundbauplan der *Coniferophytina* (Abb. 841 A) durch Ausfall der lateralen Samenanlagen abgeleitet werden.

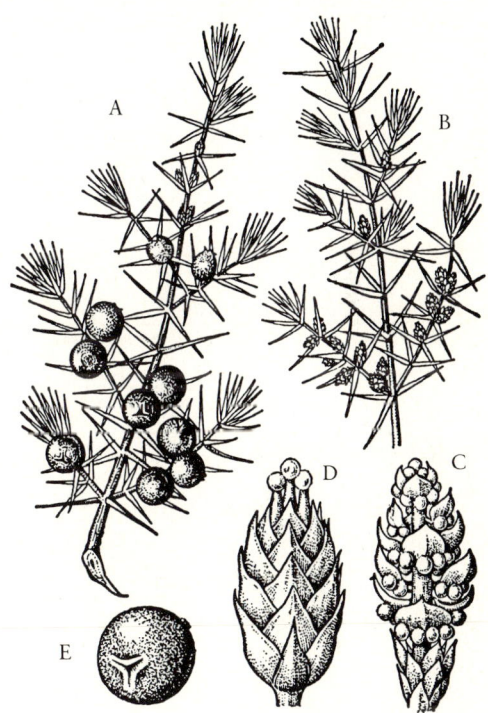

Abb. 863: *Juniperus communis*. Sproß einer ♀ Pflanze (A) mit ♀ Blüten (D: mit Bestäubungstropfen) sowie 1- bis 2jährigen Beerenzapfen (E). Sproß einer ♂ Pflanze (B) mit ♂ Blüten (C). (A–B etwa ⅔ ×; C–E vergr.) (A–B nach Firbas; C–E nach Berg & Schmidt.)

Zu der einzigen Familie **Taxaceae** zählen fast nur auf der nördlichen Halbkugel heimische Bäume oder Sträucher mit meist schraubig gestellten Nadeln. Ihr einziger europäischer Vertreter ist die Eibe, *Taxus baccata* (Abb. 864), die man an den flachen, oberseits dunkler, unterseits heller grünen, spitzen, gescheitelt an Langtrieben stehenden Nadeln leicht erkennen kann. Die zweihäusig verteilten Blüten werden in den Achseln der Nadeln gebildet. Die ♂ tragen basal einige schuppenförmige Blättchen, darüber eine größere Zahl schildförmig-radiärer Staubblätter mit 6−8 herabhängenden Pollensäcken (ähnlich den Sporophyllen von *Equisetum*).

Die ♀ Blüten entstehen in der Achsel einer Nadel als Sprößchen zweiter Ordnung (Abb. 864 D, E) und tragen nur eine endständige atrope Samenanlage. Sie scheidet durch die Mikropyle einen Bestäubungstropfen aus, der die Pollenkörner auffängt. An ihrem Grund ist sie von einem meristematischen Ringwulst umgeben, der als Achsenwucherung gedeutet wird: Er wächst bei der Reife heran und bildet um den Samen einen roten und fleischigen, süß schmeckenden Becher («Arillus»), der der Samenausbreitung durch Vögel dient und als einziger Teil der ganzen Pflanze frei von dem giftigen Alkaloid Taxin ist.

Die Taxaceen sind schon aus der oberen Trias bekannt. Unsere Eibe ist im Laufe der Jahrhunderte trotz ihres Ausschlagvermögens selten geworden. Ihr langsamer Wuchs, die schon für vorgeschichtliche Zeiten nachgewiesene Wertschätzung ihres dichten, harten Holzes und ihre Frostempfindlichkeit dürften daran schuld sein.

2. Unterabteilung: Cycadophytina, Fiederblättrige Nacktsamer

Diese zweite Gruppe von Nacktsamern läßt sich vor allem durch ihre komplex gebauten vegetativen und fertilen Lateralorgane charakterisieren: Den Laubblättern (Trophophyllen) liegt ein fiedriger Bauplan zugrunde, die Staubblätter (Mikrosporophylle) umfassen mehrere Pollensackgruppen (bzw. Synangien), die Fruchtblätter (Megasporophylle) tragen zumindest ursprünglich mehrere Samenanlagen.

Die *Cycadophytina* sind ursprünglich nur sehr wenig, bei abgeleiteten Gruppen aber auch stärker verzweigt (pachycaul und leptocaul); der Sproßaufbau wandelt sich von monopodial zu sympodial. Ausgestorbene Pteridospermen dokumentieren die Entwicklung von gelappten Proto- zu Eustelen mit umfangreicherem Mark. Das Sekundärholz wird vielfach aus locker gelagerten Leiter- bzw. Hoftüpfel-Tracheiden gebildet und ist meist von breiten Markstrahlen durchsetzt (= manoxyl, Abb. 866 A). Abgeleitet ist anomales Dickenwachstum mit mehreren Cambiumringen und das vereinzelte Auftreten von Hoftüpfel-Tracheen (*Gnetatae*). Die komplex fiedrig verzweigten Laubblätter werden mehrfach zu ungeteilten, bandartigen oder sogar schuppigen Formen reduziert (Abb. 866 B−C, 872−873). Die ursprüngliche dichotome Verzweigung besonders der endständigen Fiedern tritt immer stärker zurück. Dementsprechend läßt auch die Leitbündelversorgung Progressionen von einer offenen Gabel- zu Fieder- und weiter zu Netzaderung erkennen. Die ursprünglich schraubige Blattstellung kann zu wirtelig oder gegenständig abgewandelt werden.

Aus ursprünglichen Sporo-Trophophyllen entstehen ♂ und ♀ Sporophylle und durch ihre Zusammenfassung an Kurzsprossen mit begrenztem Wachstum schließlich Blüten. Sie sind ursprünglich eingeschlechtig, können aber auch zu Zwitterblüten umgeformt und mit einer Hülle (Perianth) umgeben werden. Durch Verkürzung der Blütenachse kann es

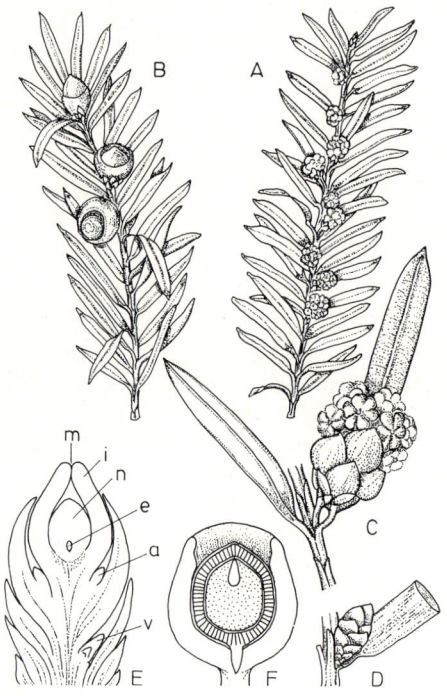

Abb. 864: *Taxus baccata.* A−B Blühender ♂ und fruchtender ♀ Sproß (mit 1 unreifen und 2 reifen Samen; ¾ ×). C−D ♂ und ♀ Blütensproß, jeweils in der Achsel einer Nadel (2,5 ×). E ♀ Blütensproß im Längsschnitt mit Mikropyle (m), Integument (i), Nucellus (n), Embryosack (e), Arillusanlage (a) und Vegetationskegel des primären Achselsprosses (v) (9 ×). F Samen längs, mit Arillus, Samenschale, Endosperm und Embryo (2 ×). (A, B, D nach Firbas; C, F nach Wettstein; E nach Strasburger.)

zum Übergang von schraubiger zu wirteliger Stellung der Blütenorgane kommen. Sekundär vereinfachte (bzw. sekundär eingeschlechtige) Blüten können wieder zu ein- bzw. auch zweigeschlechtigen Inflorescenzen zusammentreten *(Gnetatae)*.

Die Staubblätter und Fruchtblätter sind ursprünglich als räumlich verzweigte und nicht flächige (aber Blättern entsprechende) Sporangienträger ausgebildet; sie tragen neben vegetativen Abschnitten zahlreiche Pollensackgruppen bzw. Samenanlagen (Abb. 865 A, 867–868). Im Staubblattbereich entstehen daraus allmählich flächige, fiederig verzweigte, ungeteilt schuppenförmige oder stielförmige Gebilde (Abb. 870–873). Die Zahl der Pollensackgruppen je Staubblatt wird reduziert, vielfach kommt es zur Verwachsung und Synangienbildung. Die Samenanlagen sitzen ursprünglich an Blättern (Blattabschnitten) homologen Trägern (phyllospor); diese können sich zu typisch blattartigen Fruchtblattformen (Abb. 868 I, 869 B), teilweise aber auch zu schild- oder becherförmigen Gebilden (Abb. 868 E, G–H) entwickeln; schließlich können infolge Reduktion daraus auch einzelne, direkt an der Blütenachse ansitzende Samenanlagen werden (diese sind dann sekundär stachyspor: Abb. 871 A, 873 E). Im allgemeinen sind die Samenanlagen nackt (also nicht in Gehäusen eingeschlossen, vgl. aber Abb. 868 K und S. 790). Ihr (inneres, erstes) Integument bildet sich aus der Fusion von Hülltelomen (Abb. 868 A–C); außerdem findet sich meist noch ein zweites äußeres Integument; es dürfte aus Cupula-artigen Strukturen entstanden sein (Abb. 868 C–D). Die Verhältnisse und Progressionen im Bereich der Pollenkörner, der ♂ und ♀ Gametophyten sowie der Befruchtung und Samenbildung entsprechen weitgehend denen der *Coniferophytina* (S. 775 ff.). Vereinzelt unterbleibt aber die Archegonienbildung in den ♀ Prothallien (vgl. S. 796). Mehrfach wird der Übergang von Wind- zu Tierbestäubung erreicht. Pollenkitt fehlt aber grundsätzlich.

Die *Cycadophytina* reichen offenbar bis ins Oberdevon zurück und stehen mit den damaligen Progymnospermen in verwandtschaftlicher Beziehung. Heute ist die Gruppe nur noch durch wenige (etwa 200), kaum vegetationsbestimmende Reliktsippen («lebende Fossilien») vertreten.

I. Klasse: Lyginopteridatae (= Pteridospermae), Samenfarne

Diese ausgestorbene, farnähnliche Basisgruppe der gymnospermischen *Cycadophytina* besitzt noch keine Blüten. Die Pollensackgruppen bzw. Samenanlagen finden sich an bestimmten Abschnitten von meist reichgeglieder-

Abb. 865: Altertümliche *Cycadophytina*: Pteridospermen. A Habitus von *Tetrastichia bupatides* (oder verwandte Sippe, Untercarbon) mit komplexen Laubblättern und daran Pollensackträgern und Samen. B–C *Archaeosperma arnoldii* (Oberdevon): B Rekonstruktion eines räumlich verzweigten Samenträgers mit 2 Paaren von Samen und vegetativen Abschnitten, C Megaspore mit vielzelligem Megaprothallium, an der Spitze noch Reste der 3 anderen Megasporen der Tetrade, Nucellus angedeutet, außen gelapptes Integument. (A ¹/₃ ×, Rekonstruktion nach ANDREWS; B 15 ×, C 50 ×, nach PETTIT & BECK.)

ten Wedeln (Sporo-Trophophylle). Seltener treten sie in größerer Zahl zu eigentlichen Sporophyllen, also Staub- bzw. Fruchtblättern, zusammen, diese sind aber noch nicht in Kurzsprossen mit begrenztem Wachstum (Blüten) zusammengefaßt. Damit ist weitgehend der Grundbauplan der *Cycadophytina* (Abb. 841 B) realisiert.

Die Pteridospermen haben sich schon vom Oberdevon an, besonders aber im Carbon und Rotliegenden überaus formenreich entfaltet und reichen mit ihren letzten Ausläufern noch bis in die Kreide, wo sie aussterben. Da sie meist nur bruchstückhaft erhalten sind, liegt die Systematik der Gruppe noch sehr im argen. Es war eine der bedeutendsten Leistungen der Paläobotanik, als 1904–1906 der Nachweis gelang, daß schon lange vorher unter verschiedenen Namen bekannte Stämmchen mit sekundärem Dickenwachstum sowie farnartige Wedel, Mikrosporangiengruppen (?) und besonders auch bestimmte Samen zu einer Pflanze *(Lyginopteris hoeninghausii)* gehören. Etwas besser wissen wir dagegen über die höchst wichtige historische Differenzierung der einzelnen Organgruppen der Pteridospermen Bescheid.

Die ursprüngliche Merkmalsausbildung der Samenfarne wird besonders bei der ältesten Leitfamilie der

1. Ordnung: **Lyginopteridales** (= *Cycado-filicales*), den unter- bis obercarbonischen **Lyginopteridaceae** klar.

An den dünnen, kaum verzweigten Stämmchen (etwa 1 cm∅) von *Tetrastichia* (Abb. 865 A) finden wir noch eine gelappte Protostele ohne Mark, bei *Lyginopteris*-Stämmchen (etwa 4 cm∅, Abb. 866 A) schon eine Eustele mit zentralem Mark; beide weisen aber bereits sekundäres Dickenwachstum mit locker gebautem (manoxylem) Sekundärholz auf. Die Entwicklung der Tracheiden geht von Schrauben- und Leiter- zu «araucarioiden» Hoftüpfel-Tracheiden. Die Laubblätter waren vielfach fiedrig bzw. teilweise auch noch dichotom zerteilt, nur wenig flächig und offen gabelnervig, also noch recht telomartig (Abb. 865 A, 866 B). Die Pollensackgruppen waren vielleicht vom Typ *Crossotheca* (Abb. 867 A–B) und ± radiär, mit mehreren, untereinander noch wenig verwachsenen Pollensäcken; sie standen an räumlich verzweigten Trägern, die ihrerseits wieder ein Teil von Laubblättern waren. Auch die Samenanlagen von *Lyginopteris* (Abb. 868 D), vom Typ *Lagenostoma*, wurden von räumlich verzweigten, im Querschnitt ± rundlichen Abschnitten der Laubblätter getragen. Sie besaßen ein inneres, mit dem Nucellus weitgehend verwachsenes Integument und außen herum eine lappige, mit Drüsen besetzte Hülle, die Cupula. Eine Pollenkammer läßt auf Spermatozoidenbefruchtung schließen. Die Embryoentwicklung war sehr verzögert und erfolgte offenbar erst, nachdem der Samen abgefallen

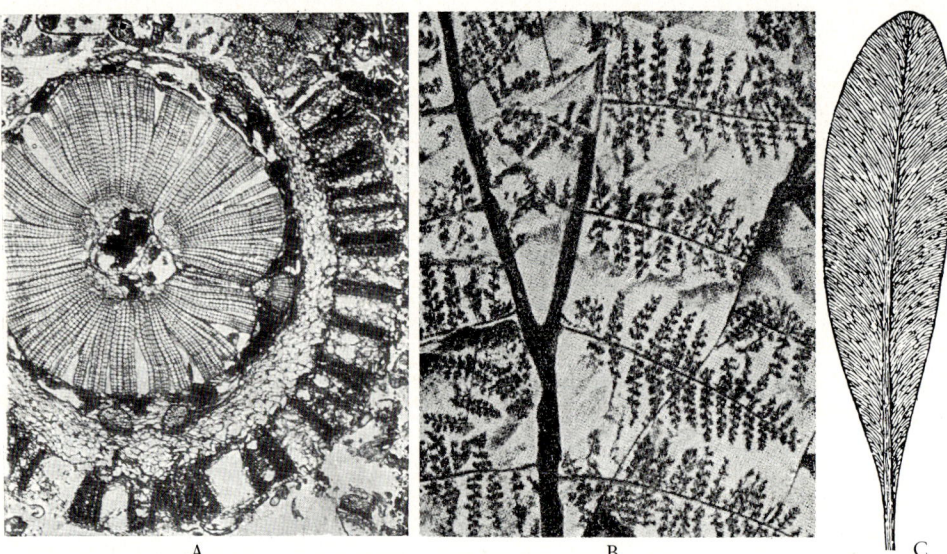

A   B   C

Abb. 866: Vegetative Organe der *Lyginopteridatae.* A–B *Lyginopteris (Sphenopteris) larischii* (Obercarbon): A Stammquerschliff, von innen nach außen Mark, Ring von Sekundärholz (mit Tracheiden, Markstrahlen), Blattspurstränge (Blätter 1spurig), Innenrinde (mit Parenchym), Außenrinde (mit radialen, gitterartig verknüpften Sclerenchymplatten) (etwa 3 ×). B Teil eines Blattwedels mit gegabelter Hauptrippe ($^1/_3$ ×). C *Glossopteris* (Permo-Carbon), ungeteiltes Blatt mit Netzaderung ($^1/_3$ ×). (A nach SCOTT; B nach POTONIÉ; C nach GOTHAN.)

war (die Cupula blieb dabei meist an der Mutterpflanze).

Im Stammbereich abgeleiteter Pteridospermen ist vor allem eine Progression zu Polystelen bemerkenswert. Dadurch ist die Familie der obercarbonischen bis permischen **Medullosaceae** besonders gekennzeichnet. Die geschlossene Stele wird hier über «selbständig werdende» Blattspuren immer stärker in zahlreiche Stammbündel aufgelöst. Dabei wächst jedes Bündel für sich sekundär und allseitig in die Dicke. Der Stamm zerfällt offenbar nur deshalb nicht, weil auch das dazwischenliegende Parenchym noch mitwächst. Vielleicht handelt es sich teilweise um Lianen.

Im Blattbereich der späteren Pteridospermen ist ein fortschreitender Übergang zu stärker flächigen, weniger geteilten und schließlich auch ungeteilten Blättern und zu ± geschlossener Maschenaderung festzustellen. Ein charakteristisches Beispiel dafür sind die zungenförmigen Blätter der **Glossopteridaceae** (Abb. 866 C). Sie sind Leitformen der sehr selbständigen permocarbonischen (bis untermesozoischen) Gondwana-Flora, welche die damals offenbar noch nicht voneinander getrennten Landmassen der Südhalbkugel (mit Einschluß von Indien) kennzeichnet.

Bei den Pollensackträgern der jüngeren Pteridospermen läßt sich vor allem fortschreitende synangiale Verschmelzung und auch zahlenmäßige Vermehrung der Pollensäcke feststellen. Bildungen wie *Whittleseya* (Abb. 867 C–D), *Aulacotheca* (E) und *Potoniea* (G) finden sich vor allem bei den *Medullosaceae*. Erst später werden die räumlich verzweigten Pollensackträger flächig und blattartig (z.B. *Zeilleria*: Abb. 867 F).

Besonders bemerkenswert sind die Progressionen im Bereich der Samenanlagen und Fruchtblätter. Die Entwicklung der Samenanlage aus einem Megasporangium zeigt etwa die oberdevonische Form *Archaeosperma*: Nur eine einzige Megaspore ist fertil; sie ist noch deutlich trilet (Abb. 846) und trägt die Rudimente der 3 anderen Megasporen (Abb. 865 C). Ein Vergleich untercarbonischer Formen (*Genomosperma kidstonii – G. latens – Eurystoma angulare*; Abb. 868 A–C) demonstriert höcht eindrucksvoll die fortschreitende Fusion von Hülltelomen (bzw. steril gewordenen Megasporangien) um einen mittelständigen Nucellus (fertiles Megasporangium), also die Bildung eines (ersten) Integuments. Bei obercarbonischen Pteridospermen (z.B. *Lyginopteris*, *Gnetopsis*: Abb. 868 D, H oder *Medullosaceae*) verwächst dieses Integument oft weitgehend mit dem Nucellus. Eine ähnliche Umhüllung mit telomartigen Blattabschnitten kann sich nun bei einzelnen oder auch in Gruppen stehenden Samenanlagen wiederholen. Abb. 865 B und 868 demonstrieren dies für die oberdevonische Gattung *Archaeosperma*, für die untercarbonischen *Eurystoma* (C) bzw. *Calathospermum* (G) und die mittel- bis obercarbonischen *Lyginopteris* (D) bzw. *Gnetopsis* (H). Auf diese Weise entstehen bei den *Lyginopteridaceae* Cupulen um einen oder um mehrere Samen. Dadurch, daß die Samen bei der Reife nicht mehr aus den

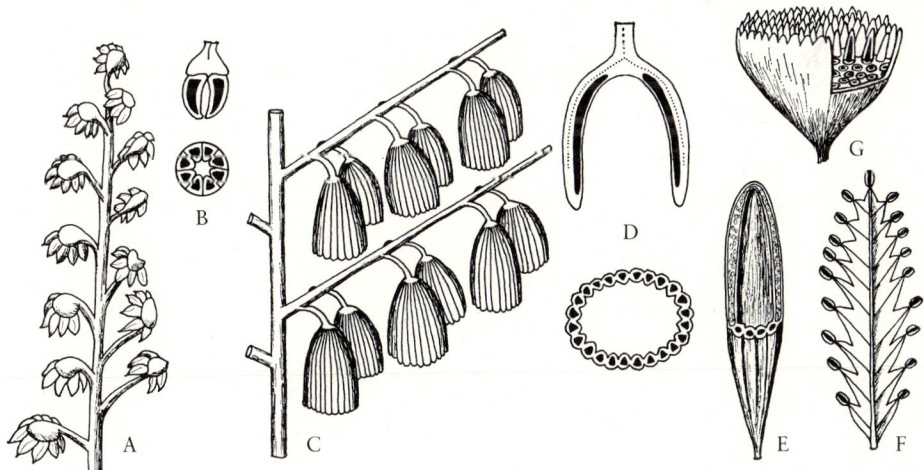

Abb. 867: Pollensackträger der *Lyginopteridatae*. A–B *Crossotheca* (Mittelcarbon bis Rotliegendes), Gesamtansicht (etwa $1^1/_2 \times$), Längs- und Querschnitt durch eine Pollensackgruppe (etwa 3×). C–D Dasselbe für *Whittleseya* (Mittelcarbon; etwa $^1/_3 \times$ bzw. $^2/_3 \times$). E, G Pollensackgruppen von *Aulacotheca* und *Potoniea* (beide Mittelcarbon; etwa $1^1/_2 \times$ bzw. 3×). F Blattartige Ausbildung mit zahlreichen Pollensackgruppen bei *Zeilleria* (Obercarbon; $1^1/_2 \times$). Sporogenes Gewebe schwarz. (Nach HIRMER, REMY u.a.)

Cupulen herausfallen, daß je Cupula nur noch ein Same ausgebildet wird und daß nun auch die Cupula selbst stärker mit dem Samen und seinem (ersten inneren) Integument verschmilzt, ist es bei den jüngeren Pteridospermen und ihren Nachkommen schließlich zur Bildung eines zweiten, äußeren Integuments gekommen. Als Auffangvorrichtungen können die Integumente auch verlängert und die Pollenkammern kompliziert ausgestaltet werden (Abb. 868 D).

Alle älteren Pteridospermen haben im Querschnitt ± radiäre, räumlich und vielfach auch noch ± dichotom verzweigte Samenanlagen-Träger. Sie können teilweise zu stärker blattähnlichen Fruchtblättern umgebildet werden (z.B. bei *Pecopteris pluckenetii* aus dem Obercarbon bis Rotliegenden: Abb. 868 I), aber auch andere, sehr eigenartige Weiterbildungen erfahren: so etwa bei den oberpermischen bis trias-

sischen **Peltaspermaceae** mit schildförmiger Gestalt (Abb. 868 E) oder bei der

2. *Ordnung:* Caytoniales, wo bei den **Caytoniaceae** fiederartige Blattabschnitte mehrere Samenanlagen weitgehend einhüllen (Abb. 868 K). Allerdings konnten die mit Luftsäcken versehenen Pollenkörner hier wahrscheinlich doch mit Hilfe eines Bestäubungstropfens durch eine kleine Öffnung bis zu den Mikropylen eingesaugt werden. Echte Angiospermie lag also bei dieser eigenartigen Endgruppe der Pteridospermen (Obertrias bis Unterkreide) noch nicht vor. Die Blätter der *Caytoniaceae* waren handförmig-vierteilig («*Sagenopteris*»), die komplex verzweigten Staubblätter trugen viele Synangien mit 4 Pollensäcken.

II. Klasse: Cycadatae

Die seit der Trias bekannten und als «lebende Fossilien» bis in die Gegenwart reichenden

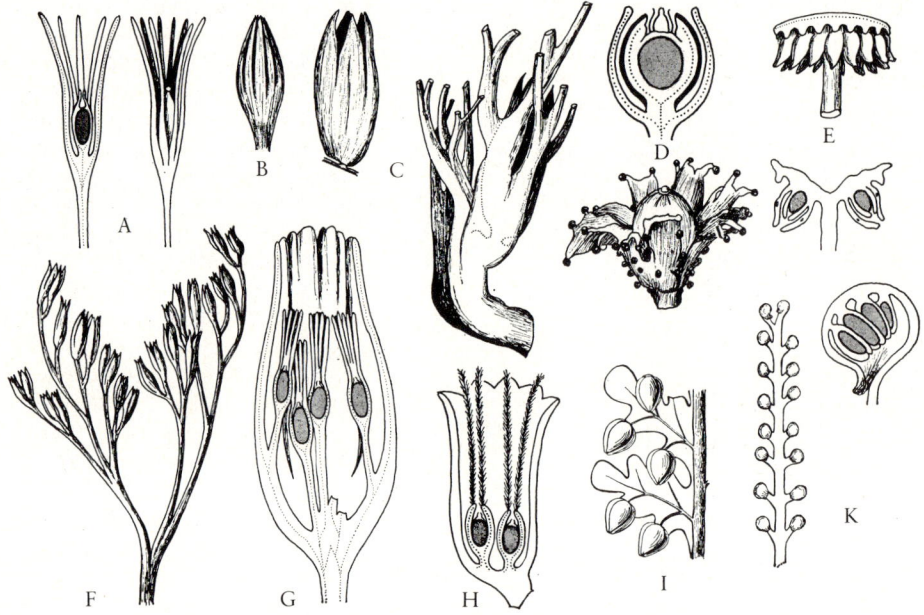

Abb. 868: Samenanlagenträger der *Lyginopteridatae*. Verwachsung von Hülltelomen zum (ersten) Integument bei Samenanlagen von A *Genomosperma kidstonii* (1,5×), B *G. latens* (2×), C (links) *Eurystoma angulare* (2,5×) (alle Untercarbon). Ausbildung von Hülltelomen zur Cupula (= zweites Integument) bei C (rechts) *Eurystoma angulare* (Untercarbon; 2,5×) und D *Lyginopteris (Lagenostoma) hoeninghausii* (Mittelcarbon; Rekonstruktion und Längsschnitt; etwa 2×). E Schildförmiger Samenanlagenträger von *Peltaspermum rotula* (Trias; Rekonstruktion und Längsschnitt; nat. Gr.). F Dichotome Träger von mehrsamigen Cupulen bei *Stamnostoma huttonense* (Untercarbon; etwa ½×). Cupulen mit mehreren Samenanlagen bei G *Calathospermum scoticum* (Untercarbon; vereinfacht gezeichneter Längsschnitt; etwa ¾×) und H *Gnetopsis elliptica* (Obercarbon; mit griffelartig verlängerten Integumenten; Längsschnitt; etwa 5×). I Ausschnitt eines blattartigen Samenanlagenträgers (Fruchtblatt) von *Pecopteris pluckenetii* (Obercarbon bis Rotliegendes; etwas vergr.). K In fiederartigen Blattabschnitten eingeschlossene Samenanlagen von *Caytonia*-Arten (Lias; Gesamtansicht, etwa ½× und Fiederlängsschnitt, etwa 3×. Sporogenes Gewebe bzw. Embryosäcke grau.) (A–B nach Andrews; C, F nach Long; D nach Oliver & Scott; E nach Harris, verändert; G nach Walton; H nach Renault & Zeiller; I nach Arnold; K nach Thomas.)

Cycadeen unterscheiden sich von den Samenfarnen vor allem dadurch, daß die Pollensackgruppen und Samenanlagen an typischen Mikro- und Megasporophyllen stehen. Diese Staub- und Fruchtblätter bilden in großer Zahl an Sprossen mit begrenztem Wachstum einfache Blüten. Nur bei *Cycas* werden die weiblichen «Blüten» immer wieder «durchwachsen», wobei Gruppen von Sporophyllen und Trophophyllen aufeinanderfolgen.

Außer der ausgestorbenen mesozoischen Ordnung **Nilssoniales** (mit sehr lockeren ♀ Blütenzapfen) umfaßt die Klasse vor allem die eigentlichen **Cycadales.** Nach artenreicher Entfaltung im Mesophyticum sind davon heute nur 10 artenarme Gattungen mit stark zerrissenen Verbreitungsgebieten in den (Sub)Tropen erhalten geblieben: die **Cycadaceae** mit *Cycas* von Madagaskar bis Polynesien und Ostasien, die **Stangeriaceae** mit *Stangeria* in Afrika und die **Zamiaceae** mit *Lepidozamia, Macrozamia* und *Bowenia* in Australien, mit *Encephalartos* in Afrika sowie mit *Dioon, Microcycas, Ceratozamia* und *Zamia* in Amerika.

In ihrer Gestalt erinnern die Cycadeen an Palmen (Abb. 869A): Ein kräftiger, meist unverzweigter, oft nur kurzer und eventuell im Boden eingesenkter Stamm (pachycaul!) trägt oben einen Schopf großer, schraubig gestellter, doppelt oder meist einfach gefiederter, farnwedelartiger Laubblätter.

Die Laubblätter weisen ein lang anhaltendes Spitzenwachstum auf und sind daher mit ihren Fiedern anfangs farnartig eingerollt. Die Fiederaderung ist häufig noch dichotom und offen. Auffällig ist die Ausbildung eines Transfusionsgewebes. Abwechselnd mit den Laubblättern werden vom Vegetationspunkt auch Niederblätter gebildet; sie berinden zusammen mit den basalen Teilen der abgestorbenen Laubblätter den Stamm. Die Spaltöffnungen sind haplocheil (d.h. Schließzellen und Nebenzellen aus verschiedenen Initialen). Während etwa *Dioon* nur einen einfachen Holzzylinder bildet, findet man bei anderen Gattungen nach außen zusätzliche Cambiumringe mit Xylem- und Phloembildungen, was etwas an die *Medullosaceae* (S. 789) erinnert. Dabei werden besonders Leiter- und Hoftüpfel-Tracheiden gebildet. In allen Teilen der Pflanzen finden sich Schleimgänge.

Die **Blüten** sind diöcisch verteilt. Ein Perianth fehlt allgemein. Die ursprünglichsten weiblichen «Blüten» besitzt *Cycas*. Hier bildet nämlich der Vegetationspunkt des Stammes zeitweise an Stelle der Laubblätter eine größere Zahl von dicht gelbbraun behaarten Fruchtblättern, die ihre Homologie mit den Laubblättern noch ohne weiteres an den stark gefiederten Endabschnitten erkennen lassen (Abb. 869B). Sie ergrünen aber nicht und tragen im unteren Teil randständig einige Samenanlagen. Da der Vegetationspunkt bei der «Blütenbildung» nicht aufgebraucht wird, bilden sich nach einiger Zeit wieder Laub- und Niederblätter. Die pri-

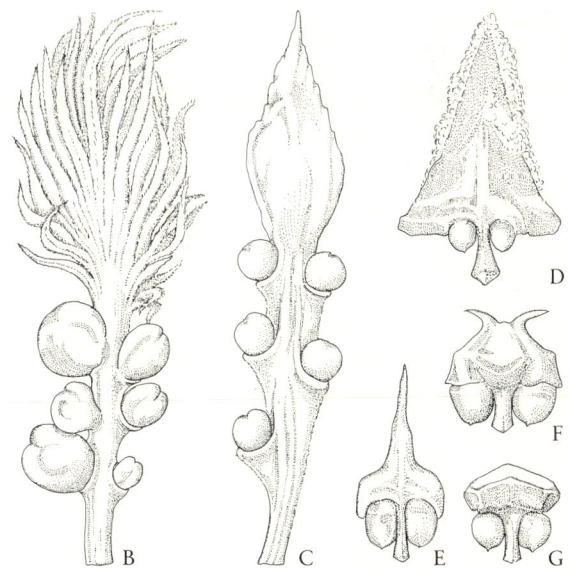

Abb. 869: *Cycadales.* A *Cycas rumphii* in Neuguinea, Habitus. B–G Fruchtblätter (Megasporophylle) von *Cycas revoluta* (B), *C. circinalis* (C), *Dioon edule* (D), *Macrozamia* spec. (E), *Ceratozamia mexicana* (F) und *Zamia skinneri* (G). (A Foto EHRENDORFER; B, D–G nach FIRBAS u.a.; C nach SCHUSTER.)

mitive ♀ «Blüte» von *Cycas* besitzt also noch kein begrenztes Wachstum. Bei den endständigen ♀ Blüten der übrigen und bei den ♂ Blüten aller Gattungen stellt der Vegetationspunkt aber wie bei allen anderen Samenpflanzen nach der Bildung einer größeren Zahl von Frucht- bzw. Staubblättern seine Tätigkeit ein; danach wird der Blütenzapfen durch einen neuen, das Stammwachstum sympodial fortsetzenden Vegetationspunkt zur Seite gedrängt. Bei *Macrozamia* kommen aber auch echt axilläre Blüten vor.

Schon beim Vergleich der Fruchtblätter (Abb. 869 B–G) verschiedener *Cycas*-Arten (B, C) kann man eine Rückbildung des sterilen Endabschnittes und eine Verringerung der Zahl der Samenanlagen feststellen. Bei den übrigen Gattungen wird dies noch offensichtlicher (D–F), und schließlich finden wir einfache, schildförmige Fruchtblätter mit nur noch 2 Samenanlagen (G). Sie stehen schraubig an einer langen Blütenachse und bilden so, mit ihren verbreiterten Enden dicht aneinanderschließend, feste Zapfenblüten. Zur Zeit der Bestäubung rücken jedoch die Schuppen durch Streckung der Achse etwas auseinander, so daß der vom Winde herangewehte, seltener (so z.B. bei *Encephalartos*; vgl. S. 768) durch Käfer übertragene Pollen die Samenanlagen erreichen kann.

Ähnlich sind bei allen Arten auch die ♂ Blüten gebaut (Abb. 870). Die Staubblätter sind an langer Achse schraubig aufgereiht, besitzen einen sterilen Endabschnitt und tragen auf der Unterseite eine große Zahl von Pollensackgruppen. Ihre Wand öffnet sich durch ein Exothecium.

Die Hülle der Samenanlagen wird von 2 Leitbündelsystemen versorgt und ist wahrscheinlich aus der Verschmelzung von 2 Integumenten hervorgegangen (Abb. 849 A). In den Nucellus ist unterhalb der Mikropyle eine Pollenkammer eingetieft. Sie erweitert sich nach einiger Zeit bis zu einer Öffnung in der Megasporenwand. Das Megaprothallium ist mächtig entwickelt und enthält in einer der Mikropyle zugekehrten Archegonienkammer eine wechselnde Zahl von Archegonien (Abb. 849 B). Diese besitzen eine auffällig große Eizelle (bis 6 mm!), einen bald vergehenden Bauchkanalkern und im übrigen meist nur 2 Halswandzellen.

Zur Zeit der Bestäubung scheidet die Samenanlage durch die Mikropyle einen Bestäubungstropfen aus, der die Pollenkörner auffängt. In ihnen hat sich außer einer Prothalliumzelle auch schon die generative Zelle gebildet (Abb. 848 B, C). Die Pollenkörner werden wahrscheinlich durch Eintrocknen des Bestäubungstropfens in die Pollenkammer der Samenanlage eingesogen, die sich hierauf nach außen schließt, nach innen aber durch Auflösung von Nucellusgewebe mit der Archegonien-

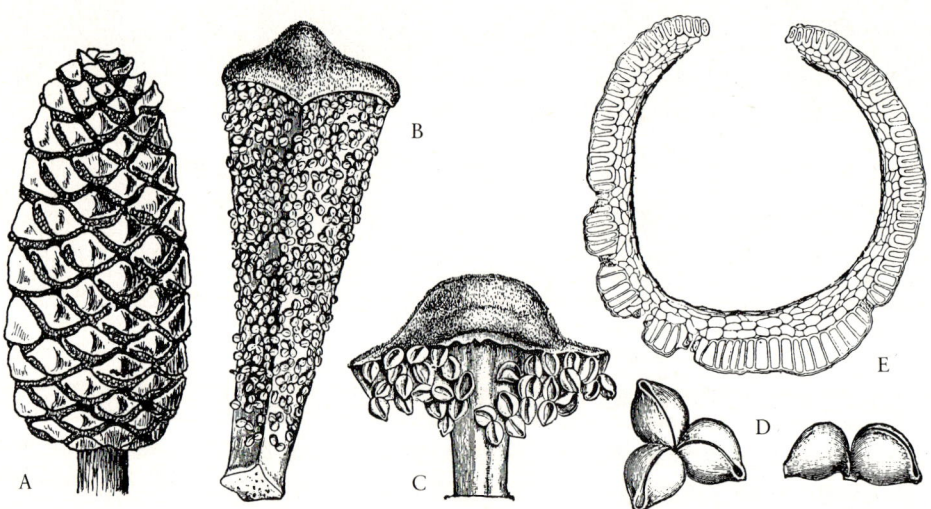

Abb. 870: *Cycadales.* A ♂ Blüte von *Encephalartos altensteinii* (verkl.). Staubblätter von *Cycas circinalis* (B, etwa 2×) und *Zamia integrifolia* (C, etwa 6×) mit Pollensackgruppen (D, etwa 20×). E Querschnitt durch die Wand eines aufgesprungenen Pollensackes von *Stangeria paradoxa* mit Exothecium (etwa 100×). (A nach TROLL; B–D nach KARSTEN; E nach GOEBEL.)

kammer vereinigt. Nunmehr wird die Exine gesprengt, und die Pollenschlauchzelle wächst zu einem in das Gewebe des Nucellus eindringenden Pollenschlauch aus (Abb. 848 E–H, 849 B). Er dient hier aber offenbar, ebenso wie bei *Ginkgo*, nur der Befestigung und Ernährung des ♂ Gametophyten in der Pollenkammer und noch nicht, wie bei allen übrigen Samenpflanzen, der Übertragung der Geschlechtszellen. Denn gleichzeitig mit der Bildung des Pollenschlauches teilt sich die generative Zelle in die Stielzelle und die spermatogene Zelle, die letztere weiter in die beiden Spermazellen, und in diesen entstehen einzelne, frei bewegliche S p e r - m a t o z o i d e n ; sie werden schließlich durch Aufplatzen der Intine ausgestoßen (Abb. 848 E–H, 849 B). Bei *Microcycas* entsteht sogar noch eine größere Zahl von Spermatozoiden (Abb. 848 F). Diese Spermatozoiden sind auffällig groß – mit Durchmessern bis 0,3 mm die größten des Tier- und Pflanzenreichs – und mit einem schraubig gewundenen Geißelband versehen (Abb. 848 J). Sie können in dem durch die Vereinigung der Pollenkammer mit der Archegonienkammer entstandenen Hohlraum in einer wahrscheinlich aus dem Pollenschlauch austretenden Flüssigkeit zu den Archegonien schwimmen; eines dringt in die Eizelle ein, streift dabei seine Plasmahülle mit dem Geißelband ab, und sein Kern vereinigt sich mit dem Eikern (Zoidiogamie: Abb. 849 B). Z w i s c h e n B e s t ä u b u n g und B e f r u c h t u n g v e r g e h e n e i n i g e M o n a t e .

Die Z y g o t e entwickelt sich unter starkem, mit freien Kernteilungen verbundenem Wachstum zu einem «Proembryo» (Abb. 850). Nur dessen unterstes Ende wird vielzellig, und wiederum nur die unteren von diesen Zellen liefern den Embryo selbst. Die oberen werden zum Embryoträger oder Suspensor, strecken sich stark in die Länge und schieben so den Embryo in das Prothallium hinein, das jetzt als Nährgewebe, als p r i m ä r e s (haploides) Endosperm, dient. Sind mehrere Archegonien befruchtet worden, so können auch mehrere Embryonen entstehen; doch gehen nach einiger Zeit alle bis auf einen zugrunde. Gleichzeitig wandelt sich das Integument zur Samenschale um und wird außen fleischig (S a r c o t e s t a), innen durch Sclerenchym steinig (S c l e r o t e s t a): Aus der Samenanlage wird der **Same**. Sein Keimling besitzt meist 2 Keimblätter, die bei der Keimung im Samen verbleiben und der Nährstoffaufnahme aus dem Endosperm dienen. – Die wirtschaftliche Bedeutung der Cycadeen ist gering; aus dem stärkereichen Mark einiger Arten wird Sago gewonnen, die Blätter dienen in den Mittelmeerländern am Palmsonntag

als «Palmwedel» und finden in der Kranzbinderei Verwendung.

III. Klasse: Bennettitatae

Diese im Mesophyticum reich entfaltete, seither aber ausgestorbene Klasse weicht von Samenfarnen und Cycadeen vor allem durch die extrem vereinfachten Fruchtblätter ab: Sie bestehen nur aus einer einzigen, gestielten und direkt an der Blütenachse sitzenden Samenanlage.

Bedeutungsvoll ist vor allem die Unterklasse (bzw. Ordnung) der **Bennettitidae** (**Bennettitales**), weil bei ihnen erstmals auch echte Z w i t - t e r b l ü t e n mit P e r i a n t h entstanden sind; sie wurden offenbar von Insekten bestäubt. Die Bennettiteen haben von der oberen Trias bis zur unteren Kreide in den Landfloren eine große Rolle gespielt, sind dann aber wohl im Konkurrenzkampf mit den Angiospermen ausgestorben (wegen der möglichen Verwandtschaft mit den *Gnetatae* vgl. S. 796).

Wichtige Gattungen waren etwa *Williamsonia*, *Wielandiella*, *Williamsoniella* und *Cycadeoidea* (Abb. 871). Die Bennettiteen erinnern teilweise im W u c h s an pachycaule Cycadeen (z. B. *Williamsonia*), waren aber teilweise auch leptocaul und sympodial verzweigt (etwa *Wielandiella*, Abb. 871 A). Der H o l z - b a u ist mit einfachen Eustelen und überwiegenden Leitertracheiden ursprünglicher als bei den heutigen Cycadeen. Die B l ä t t e r sind ähnlich, fiederig zusammengesetzt bis ungeteilt, tragen aber syndetocheile Spaltöffnungen (d. h. Spaltöffnungs- und Nebenzellen aus e i n e r Initiale). Während die ursprünglichere *Williamsonia* noch eingeschlechtige B l ü t e n trug (ähnlich Abb. 871 D), finden sich bei den anderen Gattungen vielfach Zwitterblüten. Die Blüten stehen end- oder seitenständig. Meist ist ein Perianth aus sterilen Hüllblättern ausgebildet. Die S t a u b b l ä t t e r sind teils fiederig verzweigt, teils kappenförmig verwachsen oder perigonblattartig vereinfacht (*Williamsoniella*, Abb. 871 B), die Pollensäcke bilden daran randständige bzw. oberseits eingesenkte Synangien mit Exothecium (Abb. 871 C). Im obersten, weiblichen Teil der Blüte (dem Gynoeceum) sitzen an der ± konisch verlängerten Achse dicht gedrängt und schraubig angeordnete Interseminalschuppen und dazwischen die auf eine gestielte Samenanlage reduzierten F r u c h t b l ä t t e r . Die Bennettiteen sind also offenbar sekundär stachyspor geworden; die ursprüngliche Entsprechung zwischen ♂ und ♀ Blütenorganen ist weitgehend verwischt worden. Das (ursprünglich wohl doppelte) Integument der S a m e n a n l a g e n ragt zur Blütezeit über die fest zusammenschließenden Interseminalschuppen heraus, um den Pollen aufzunehmen. Vieles spricht für Proterandrie, Tierbestäubung (Käfer?) und Spermatozoidbefruchtung. Zur Fruchtzeit wurden die Inter-seminalschuppen ± fleischig und bildeten offenbar mit den Samen (einschließlich Embryo mit 2 Keim-blättern) Früchte (Abb. 871 A).

Eine kleinere Nebengruppe der Bennettiteen ist die Unterklasse (bzw. Ordnung) der jurassischen **Pentoxylidae** (Pentoxylales). Der Stamm ist polystelisch, die Blätter sind zungenförmig, zwischen den zu dichten ♀ Blüten vereinigten stachysporen Samenan-lagen fehlen Interseminalschuppen.

IV. Klasse: Gnetatae (= Chlamydospermae)

Durch teilweise zwittrig angelegte Blüten, eine Blütenhülle und direkt an der Achse sitzen-de Samenanlagen erinnern die *Gnetatae* an die *Bennettitatae*. Die Blüten sind aber extrem reduziert und enthalten nur noch wenige bis ein Staubblatt und eine Samenanlage. Hierher gehören nur die eigenartigen Gattungen *Wel-witschia*, *Gnetum* und *Ephedra* als Vertreter monotypischer Unterklassen (bzw. Familien): *Welwitschiidae* (*Welwitschiaceae*), *Gnetidae* (*Gnetaceae*) und *Ephedridae* (*Ephedraceae*).

Bei sehr unterschiedlichem Habitus finden

sich im Sekundärholz neben Tracheiden auch Holzfasern und Tracheen (allerdings mit Hof-tüpfeln!), im Bast Siebzellen. Die Blätter sind gegenständig (oder wirtelig), bei *Gnetum* noch netzaderig, sonst streifenaderig *(Welwitschia)* oder schuppenförmig reduziert *(Ephedra)*. Die Blüten haben ein deutliches Perianth, sind funktionell eingeschlechtig und 2-, seltener 1häusig verteilt; gelegentlich kommen auch gemischtgeschlechtige Blütenstände vor. Die Staubblätter tragen meist mehrere Pollen-sackgruppen (Synangien), die Samenanlagen sind von 2 oder (infolge Fusion) von 1 Integu-ment umhüllt. Der Gametophyt ist stärker rückgebildet als bei den übrigen Gymnosper-men. Die *Gnetatae* repräsentieren demnach eine besonders weit fortgeschrittene, teilweise schon angiospermenähnliche Entwicklungs-stufe der *Cycadophytina*.

Die Gattung **Welwitschia** kennen wir nur in der einzigen, berühmten und überaus bizarren Art *W. mirabilis* (Abb. 872) aus den küstennahen Nebel-wüsten Südwestafrikas und Angolas. Die mächtige Pflanze besteht aus einem kurzen, knolligen Stamm, der aus dem Hypocotyl der Keimpflanze hervorgeht und eine Pfahlwurzel in die tieferen, feuchteren Bo-

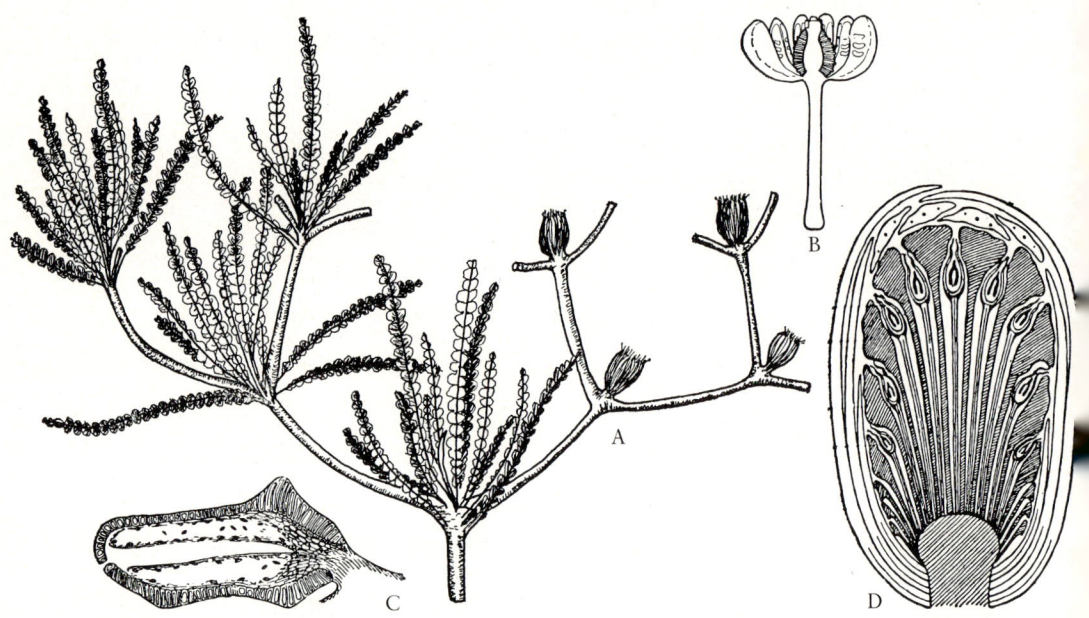

Abb. 871: *Bennettitatae.* A *Wielandiella angustifolia* (Obertrias), Rekonstruktion mit Ästen, Blättern und Blüten bzw. Früchten (¼×). B Blüte von *Williamsoniella coronata* (Mitteljura) mit petaloiden Staubblättern und Gynoeceum (etwa nat. Gr.). C Längsschnitt durch eine Pollensackgruppe mit Exothecium von *Cycadeoi-dea dacotensis* (etwa 20×). D Längsschliff durch die aus einer ♀ Blüte hervorgegangene Frucht von *Bennet-tites gibsonianus* (Unterkreide) mit Perianthblättern, Interseminalschuppen und gestielten Samen (etwa ½×). (A nach Nathorst; B nach Thomas; C nach Wieland; D nach Solms.)

denschichten sendet. Der Hauptsproß bildet 2 hinfällige Keimblätter, zwei winzige Schuppenblätter und zwei meterlange, breit bandförmige, zeitlebens am Grunde nachwachsende, vorne absterbende Blätter mit parallelen, aber durch Anastomosen verbundenen Adern. Die Blüten sitzen in zapfenartigen Blüten-ständen in der Achsel von Deckschuppen. Die ♂ (Abb. 872 B) bestehen aus einer von 2 Vorblättern und einem zweiblättrigen Perianth gebildeten Hülle, 6 unterwärts verbundenen Staubblättern (mit je 3 miteinander verwachsenen Pollensäcken) und 1 rudimentären Samenanlage; sie werden also angedeutet zwittrig

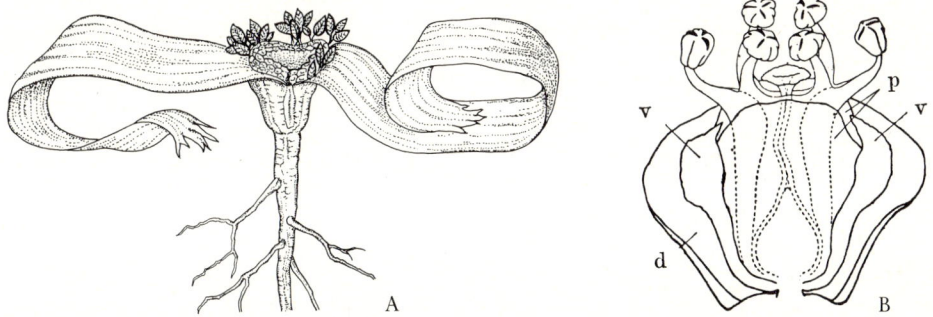

Abb. 872: *Welwitschia mirabilis.* A Habitus einer jüngeren Pflanze mit ♀ Blütenständen (etwa $^1/_{20}$ ×). B ♂ Blüte mit Deckblatt (d), Vorblättern (v), Perianthblättern (p), miteinander verwachsenen Staubblättern und steriler Samenanlage (etwa 7 ×). (A nach EICHLER; B nach CHURCH.)

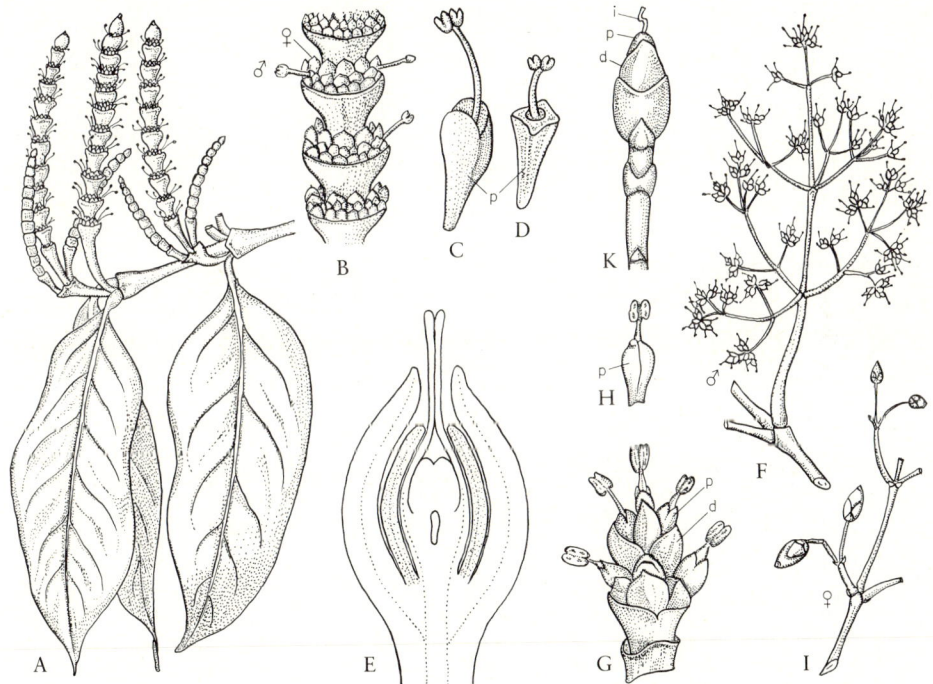

Abb. 873: *Gnetum* (A–B, E *G. gnemon,* C *G. costatum,* D *G. montanum*). A Sproß mit ♂ Blütenständen ($^3/_8$ ×). B Wirtelige Teilblütenstände, außen mit fertilen ♂, innen mit sterilen ♀ Blüten (1,5 ×). C–D ♂ Blüten mit Perianth (p). E Längsschnitt durch ♀ Blüte mit Perianth, äußerem (verholztem) und innerem (verlängertem) Integument, Nucellus und Embryosack (vergr.). *Ephedra altissima* (F–K). F ♂ Sproß ($^2/_3$ ×). G–H ♂ Teilblütenstand und ♂ Blüte (7,5 ×). I–K ♀ Sproß mit unreifen Samen ($^2/_3$ ×) und endständige ♀ Blüte (2 ×). Deckblatt (d), Perianth (p), röhrenförmig verlängertes Integument (i). (A, B nach KARSTEN und LIEBISCH, verändert; C–D nach MARKGRAF; E nach PEARSON, verändert; F, I nach KARSTEN; G–H nach STAPF; K nach WETTSTEIN.)

angelegt. Die ♀ lassen außer einer zweiblättrigen, verwachsenen Hülle nur 1 an der Achse endständige Samenanlage mit zwei Integumenten erkennen. Die Bestäubung erfolgt offenbar durch den Wind. Welwitschia zeigt als einzige Gymnosperme die Fähigkeit zur CO_2-Dunkelfixierung (CAM-Stoffwechsel, vgl. S. 262f.).

Die **Gnetum**-Arten sind meistens Lianen, seltener Bäume oder Sträucher der tropischen Regenwälder mit elliptischen, netzaderigen Blättern (die Seitenadern werden allerdings dichotom angelegt; Abb. 873 A). Ihre Blüten sind eingeschlechtig, zwei- oder einhäusig (vgl. Abb. 873 B–D) verteilt und sitzen in der Achsel ringförmig verwachsener Schuppenpaare zu ährenartigen Blütenständen vereinigt. Die ♂ Blüten bestehen aus 1 Staubblatt und Perianth, die ♀ aus 1 Samenanlage mit 2 Integumenten (das innere röhrenförmig verlängert) und Perianth (Abb. 873 E).

Die **Ephedra**-Arten sind Rutensträucher des Mittelmeergebietes sowie der asiatischen und amerikanischen Trockengebiete. Ihre grünen, stark verzweigten Sproßachsen tragen nur kleine, gegenständige oder wirtelige, schuppenförmige Blätter. Die meist zweihäusig verteilten Blüten sitzen einzeln, zu zweit oder gehäuft an den Enden der Verzweigungen in der Achsel decussierter Tragblätter oder auch endständig Abb. 873 F, I). Die ♂ haben eine zweiteilige Blütenhülle (Abb. 873 G, H) und ein manchmal gabelig geteiltes, stielartiges (aus der Verwachsung mehrerer Anlagen entstandenes) Staubblatt; an der Spitze stehen stark verschmolzene Pollensackgruppen. In den ♀ Blüten findet sich außer einem zweiteiligen Perianth nur 1 Samenanlage mit einem aus zwei Anlagen verwachsenden, röhrenförmig ausgezogenen Integument (Röhren-Mikropyle) (Abb. 873 K). Bei E. campylopoda werden innerhalb der ♂ Blütenstände auch unfruchtbare ♀ Blüten gebildet, deren Samenanlagen ähnlich wie die der fruchtbaren ♀ Blüten einen zuckerhaltigen Bestäubungstropfen abscheiden. Dieser wird von Insekten (Apiden und Syrphiden) aufgesucht, die dabei den Pollen übertragen. Sehr vereinzelt kommen auch Zwitterblüten vor.

Die Entwicklung der G a m e t o p h y t e n der Gnetatae ist durch fortschreitende Reduktion gekennzeichnet. Der ♂ Gametophyt ist nur 4zellig: Pollenschlauchzelle, Stielzelle (?) und zwei Spermazellen. Der ♀ Gametophyt von Ephedra entwickelt sich monospor und läßt noch Archegonien erkennen. Bei Welwitschia und Gnetum entsteht das weibliche Prothallium aus allen 4 Meiosporen (tetraspor); eine Differenzierung von Archegonien fehlt. P o l y e m b r y o n i e ist verbreitet: Teils ist sie durch Entwicklung mehrerer Zygoten, teils durch Aufspaltung von Proembryonen bedingt. Die Embryonen aller Gattungen bilden 2 Keimblätter.

Die kümmerlichen Fossilfunde der Gnetatae geben keinen Hinweis auf ihre Stammesgeschichte. Offenkundig handelt es sich aber um uralte und sehr verarmte Reste ehemals reicher differenzierter Verwandtschaftsgruppen. Zahlreiche Merkmalsähnlich-

keiten weisen darauf hin, daß es sich dabei am ehesten um Bennettiteen-ähnliche Vorfahren gehandelt haben könnte. Wenig wahrscheinlich ist dagegen eine nähere Verwandtschaft zu den Pinatae.

Rückblick auf die Stammesgeschichte der Gymnospermae

Die vermutliche parallele Entwicklung von samentragenden Coniferophytina und Cycadophytina aus noch iso- bzw. heterosporen Progymnospermen im Oberdevon ist aus Abb. 853 ersichtlich. Innerhalb der Coniferophytina entfaltete sich der größte Formenreichtum der Ginkgoatae im Mesophyticum, während die Cordaitidae bereits mit dem Ende des Palaeophyticums ausstarben. Aus letzteren sind die Pinidae (Nadelhölzer) entstanden; sie haben sich vor allem an Extremstandorten des Holzpflanzenwuchses bis heute relativ konkurrenzfähig erhalten.

Als Basisgruppe der Cycadophytina müssen die morphologisch überaus plastischen Lyginopteridatae (Samenfarne) gelten; ihre Hauptentfaltung lag im Paläophyticum. Die Herausbildung echter Blüten läßt sich dann bei den stammesgeschichtlich anschließenden und für das Mesophyticum bezeichnenden Cycadatae und Bennettitatae feststellen. Mit der Massenentfaltung der Angiospermae in der mittleren Kreide erfahren diese Klassen eine drastische Reduktion. Während die Cycadatae mit einigen Restgruppen bis heute überleben, sind die typischen Bennettitatae ausgestorben; möglicherweise stellen aber die heutigen Gnetatae ihre letzten und heterogenen Nachkommen dar.

b) Organisationsstufe und 3. Unterabteilung: Angiospermae (= Angiospermophytina, Magnoliophytina), Bedecktsamer

Die Angiospermen ähneln durch ursprünglich fiedrige oder fiederaderige Laubblätter, mehrere (meist 2) Pollensackgruppen an den Staubblättern und vielfach mehrere Samenanlagen an den Fruchtblättern den gymnospermischen Cycadophytina. Sie unterscheiden sich von ihnen (ebenso wie von den Coniferophytina) vor allem dadurch, daß ihre S a m e n a n l a g e n immer in ein von den F r u c h t b l ä t t e r n gebildetes G e h ä u s e, den **Fruchtknoten**, e i n g e s c h l o s s e n sind, aus dem sie frühestens als reife Samen entlassen werden, nachdem sich der Fruchtknoten – allein oder mit anderen Blütenteilen – zur **Frucht** umgewandelt hat (vgl. Abb. 874). Der Einschluß der Samenanlagen sowie die Ausbildung einer Blütenhülle (Perianth), die überwiegende Zwittrigkeit der Blüten und die allgemeine Pollenkitt-Bildung aus dem Antheren-Tapetum stehen mit der Übertragung des Pollens durch Tiere bei allen ursprünglichen Angiospermen im Zusammenhang. Die Pollenkörner werden nun nicht mehr unmittelbar von den Samenanlagen, sondern von der **Narbe** aufgefangen, einem hierfür neu gebildeten Empfängnisorgan der Fruchtblätter. Von der Narbe bringt ein Pollenschlauch die Spermazellen zur Samenanlage und zum Embryosack.

Hervorzuheben ist weiter die verstärkte Rückbildung der Gametophyten bei den Angiospermen. Im Pollenkorn fehlen die Prothallium- und Stielzelle, und Spermatozoiden werden nirgends mehr gebildet. In der Samenanlage unterbleibt im Embryosack die Bildung eines vielzelligen Megaprothalliums und die Ausgliederung von Archegonien. Der ♀ Gametophyt wird vielmehr auf wenige Zellen beschränkt, von denen nur eine zur Eizelle wird. Aus ihr entsteht nach der Befruchtung durch eine der beiden Spermazellen der Embryo. Aber

auch die andere Spermazelle führt eine Befruchtung aus («doppelte» **Befruchtung**) und leitet damit die Bildung eines «sekundären» Endosperms ein. Diese Abkürzung der Gametophytenentwicklung ermöglicht u. a. eine wesentliche Beschleunigung der geschlechtlichen Fortpflanzung.

Die höhere Differenzierung der Gewebe bei den Angiospermen kommt besonders durch die Ausbildung von Tracheen und Siebröhren mit Geleitzellen zum Ausdruck. Auch die Plastizität im vegetativen Bereich ist gegenüber den Gymnospermen wesentlich erweitert: Neben holzigen finden sich vielfach auch krautige, und zwar mehr- bis einjährige Lebensformen.

Die Bedecktsamer beherrschen seit der mittleren Kreide als artenreichste Pflanzengruppe die Landfloren der Erde. Ihre stammesgeschichtliche Herkunft ist noch ungeklärt, doch spricht vieles für eine Entstehung aus dem weiteren Verwandtschaftsbereich der Pteridospermen, also der Ausgangsgruppe der *Cycadophytina*.

Vegetationsorgane. Die Keimlinge der Angiospermen haben ursprünglich zwei Keimblätter (so bei Dicotyledonen, z. B. Abb. 209; die Ausbildung von nur einem Keimblatt (besonders bei Monocotyledo-

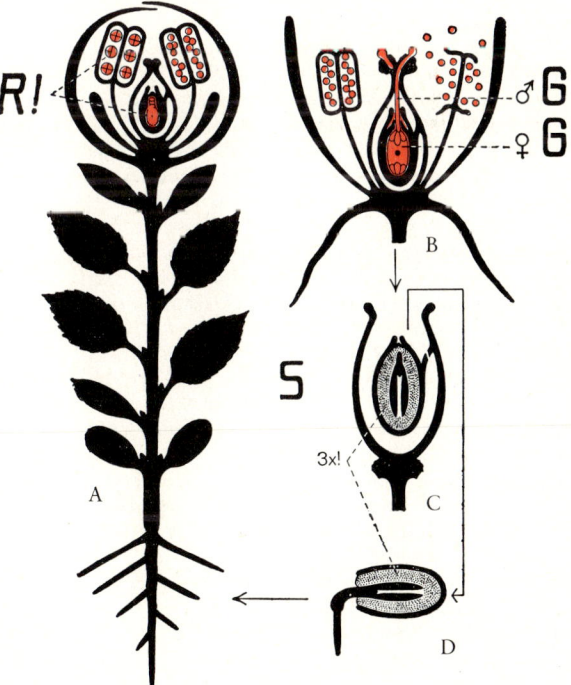

Abb. 874: Entwicklungsschema einer Angiosperme. Generationswechsel: Gametophyt (G), Sporophyt (S) sowie Kernphasenwechsel: Diplophase (2n; schwarz ausgefüllt), Reduktionsteilung (R), Haplophase (n; rot) und triploides Endosperm (3n; punktiert). A Ganze Pflanze mit Wurzel, Achse, Blättern und zwittriger Blütenknospe. B Offene Blüte mit Blütenhülle (Kelch- und Kronblätter) sowie Staubblättern (mit Pollenkörnern) und Fruchtblättern (Fruchtknoten, Griffel, Narbe, eingeschlossene Samenanlage): bestäubt (Pollenschläuche!) und unmittelbar vor der Befruchtung der Eizelle im Embryosack. C Same mit Testa, sekundärem Endosperm und Embryo, sich aus der hier einsamigen Frucht lösend. D Keimender Same. (Nach Firbas.)

nen) ist demgegenüber abgeleitet (Abb. 959 A–D). Die Scheitelmeristeme erreichen den höchsten Grad der Differenzierung (S. 108–110). Der Sproßaufbau hat sich von monopodial teilweise oder ganz zu sympodial gewandelt (S. 146–149). Im Achsenbereich werden die charakteristischen Eustelen mit offenen Bündeln und sekundärem Dickenwachstum (Abb. 173, 183) bei den Monocotyledonen abgelöst durch Atactostelen mit geschlossenen Bündeln; sie haben kein oder anomales sekundäres Dickenwachstum (S. 157f., 161). Weitere Progressionen führen innerhalb der Dicotyledonen von nicht bis zu stark vernetzten Bündelsystemen und von collateralem zu bicollateralem Bündelbau.

Hinsichtlich der Markbildung, des relativ lockeren Sekundärholzes und der weiten Verbreitung von leiterförmig durchbrochenen Elementen weisen die Angiospermen Ähnlichkeiten mit den *Cycadophytina* auf, doch erfahren sowohl Xylem als auch Phloem eine viel weitergehende Differenzierung. Mit Ausnahme weniger primitiver Sippen (und einiger sekundär vereinfachter Gruppen; vgl. S. 837f., 845f.) finden sich bereits überall Tracheen und Siebröhren mit Geleitzellen (aus einer Initiale: Abb. 138). Die Umwandlung von langgestreckten Tracheiden in Tracheen ist innerhalb der Di- und Monocotyledonen möglicherweise unabhängig und parallel erfolgt. Bei den Tracheen geben die fortschreitende Auflösung der Querwände infolge Reduktion ihrer leiterförmigen Quersprossen sowie die fortschreitende Verkürzung und Verbreiterung der Tracheenglieder (vgl. Abb. 143 h → i!) hervorragende merkmalsphylogenetische Leitlinien ab. Analog dazu lassen sich offenbar auch bei den Siebröhren Querstellung der Siebplatten, Porenvergrößerung, Verkürzung und Verbreiterung verfolgen (Abb. 136). Weitere Progressionen betreffen die Ausbildung von Bast- und Holzfasern, die Annäherung von Holzparenchym an die Gefäße, die räumliche Trennung von Festigungs- und Leitgewebe sowie die Vereinheitlichung und radiale Streckung der Markstrahlzellen. Es kann kein Zweifel darüber bestehen, daß damit bei Holzpflanzen eine durchschnittliche Verbesserung der Leit- und Festigkeitsfunktionen von Xylem und Phloem erreicht wird. Im Gegensatz dazu ist bei krautigen Lebensformen vielfach Rückbildung oder völliges Erlöschen der Cambiumtätigkeit und damit des sekundären Dickenwachstums festzustellen.

Den Blättern der *Angiospermae* liegt wie denen der *Cycadophytina* ursprünglich ein fiederiger Bauplan zugrunde (Abb. 196–197). Wegen der großen Formenfülle und Plastizität bleibt allerdings noch offen, ob dabei eine zusammengesetzte oder ungeteilte Blattgestaltung ursprünglicher ist. Für die Aderung ist eine fortschreitende Verschmelzung freier Fiederrippen zu komplexer Maschen- bzw. Netzanordnung bezeichnend (offene → geschlossene Aderung). Abgeleitet ist gegenüber der fiederigen die fingerige (Abb. 916 K) und auch die streifi ge Blattaderung, wie sie vor allem bei Monocotyledonen dominiert (Abb. 962 D, 963 F). In den Blattknoten der Angiospermen wird der offenbar ursprüngliche trilacunäre und 3spurige Bau durch Vermehrung bzw. Verminderung der Lacunen bzw. der Bündelspuren abgewandelt (vgl. S. 761).

Bei verschiedenen Angiospermengruppen, besonders bei den Monocotyledonen, wird die Hauptwurzel frühzeitig zurückgebildet; ihre Funktionen können dann teilweise durch unterirdische Sprosse (z.B. Rhizome), besonders aber durch sproßbürtige Nebenwurzeln ersetzt werden (Allorrhizie → sekundäre Homorrhizie) (Abb. 214, 960).

Systematisch bedeutungsvoll ist schließlich auch die fortschreitende Differenzierung von Sekret- und Schleimbehältern, Milchröhren, Spaltöffnungen, Haarbildungen usw. im Bereich der Angiospermensprosse (vgl. S. 111–137).

Im Hinblick auf die Mannigfaltigkeit ihrer Wuchs- und Lebensformen übertreffen die Angiospermen alle anderen Samenpflanzengruppen (vgl. S. 158f., 189–209, 761, Abb. 232). Als Ausgangspunkt dieser umweltbezogenen Entfaltung können niedrige pachycaule und immergrüne Bäume angenommen werden. Daraus haben sich offensichtlich vielfach parallel leptocaule immer- und sommergrüne Bäume und Sträucher, Lianen, Zwerg- und Halbsträucher, Stauden und schließlich einjährige Kräuter herausgebildet (gelegentlich ist es auch rückläufig zur Entwicklung sekundärer Holzpflanzen gekommen). Die Entstehung dieser sowie zahlloser anderer Anpassungsformen aufgrund der Umgestaltung von Achsen, Blättern und Wurzeln sowie paralleler anatomisch-histologischer Differenzierungen (S. 111ff.) bildet die Grundlage für die stammesgeschichtliche Entfaltung zahlreicher weiterer und engerer Verwandtschaftsgruppen der Angiospermen.

Blüten. Bei ursprünglichen Angiospermen (vgl. z.B. Abb. 875 A) sind die Blüten relativ voluminös und tragen an einer gestreckt-konischen Blütenachse (Receptaculum) in schraubiger (acyclischer) Anordnung zahlreiche Blütenhüll-, Staub- und Fruchtblätter, zwischen denen gelegentlich auch Übergangsbildungen vorkommen. Vielfach ist bei abgeleiteten Gruppen eine progressive Verkleinerung (Reduktion) der Blüten und eine zahlenmäßige Verminderung (Oligomerisation) der Blütenglieder festzustellen (Abb. 875 B–E).

Ähnlich wie bei der analogen Progression von pachycaulem zu leptocaulem Sproßbau (S. 761) können als Gründe für diese Entwicklung im Blütenbereich postuliert werden: 1) Raschere Entwicklung und geringeres Beschädigungsrisiko bei zahlreichen kleinen im Vergleich zu wenigen großen Blüten und Früchten und 2) mehr Möglichkeiten für eine verstärkte räumliche und gestaltliche Integration der Blütenorgane bei oligomeren (weniggliedrigen) im Vergleich zu polymeren (vielgliedrigen) Blüten (vgl. z.B. Abb. 875 A und 876 C).

Im Zusammenhang mit Reduktion und Oligomerisation kommt es zur Verkürzung der Blütenachse (= Blütenboden) und über kombiniert schraubig-wirtelige (hemicyclische) schließlich zur einheitlich wirteligen (cyclischen) **Stellung** der Blütenglieder (Abb. 875–876). Gelegentlich läßt sich anhand der Deckungsverhältnisse und Entwicklungsgeschichte die Herkunft der Wirtel aus Schrauben noch gut erkennen (z.B. die 2/5-Schraube beim Kelchblattwirtel von *Rosa*: Abb. 920 C).

Die wirtelige Stellung dominiert bei der Masse der Angiospermen; sie begünstigt die scharfe Scheidung der in den einzelnen Kreisen stehenden Blütenorgane und ihre zahlenmäßige Fixierung (meist 5, aber auch 4, 3 und 2 bei den Dicotyledonen, meist 3 bei den Monocotyledonen). Die Zahl der Wirtel pro Blüte kann verschieden sein. Besonders häufig sind pentacyclische Blüten mit 5 Wirteln: 2 Perianthkreise (Kelch und Krone), 2 Staubblattkreise, 1 Fruchtblattkreis (z.B. Abb. 876 A). Bei den abgeleiteten Sympeta-

len u.a. kommt es durch Ausfall eines Staubblattkreises zu tetracyclischen Blüten (z.B. Abb. 876 C). Die eingeschlechtigen Blüten von *Urtica* oder *Alnus* sind nur noch di- bzw. monocyclisch (♂ bzw. ♀, Abb. 875 D–E, 913 A). In aufeinanderfolgenden Wirteln stehen die Blütenglieder in der Regel über den Lücken zwischen den Gliedern des nächst unteren Kreises, sie alternieren also mit diesen (vgl. S. 139 ff.). Seltener stehen sie über den vorangegangenen Gliedern, denselben superponiert (vgl. S. 803).

Auch hinsichtlich ihrer (lateralen und spiegelbildlichen) **Symmetrie** (vgl. S. 96 f.) lassen die Angiospermenblüten mannigfache Entwicklungslinien erkennen. Abgesehen von der 1) primären Asymmetrie acyclisch gebauter Blüten lassen sich bei cyclischem Bau unterscheiden 2) polysymmetrische (multilaterale, radiäre, strahlige oder actinomorphe) Blüten mit mehr als 2 Symmetrie-Ebenen (Abb. 97 A, 876 A), 3) disymmetrische («bilaterale») Blüten mit 2 S.E. (Abb. 876 B), 4) monosymmetrische (dorsiventrale bzw. zygomorphe) Blüten mit nur 1 S.E. (Abb. 876 C) sowie 5) sekundär asymmetrische (cyclische) Blüten ohne S.E. (z.B. *Canna*, Abb. 967 D, S. 903).

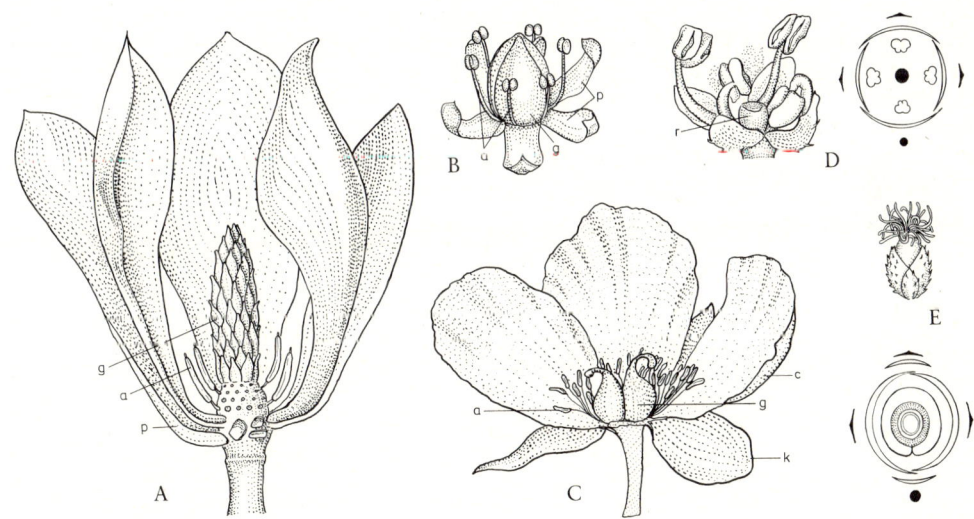

Abb. 875: Blüten verschiedener Angiospermen. A *Magnolia*: langgestreckte Blütenachse mit zahlreichen, schraubig angeordneten und freien Perigon- (p), Staub- (a) und Fruchtblättern (g) (vorne z.T. entfernt) (etwa ¹/₂ ×). B *Acorus calamus*: verkürzte Blütenachse mit wirtelig angeordneten Blütengliedern, 3 + 3 (grünliche, p) Perigon-, 3 + 3 (a) Staub- und 3 miteinander verwachsene (g) Fruchtblätter (vergr.). C *Paeonia*: wirtelige 5 (k) Kelch-, 5 (farbige, c) Kron-, zahlreiche (sekundär vermehrte, a) Staub- und 2 (freie, g) Fruchtblätter (½ ×). D–E Blüten von *Urtica dioica* in Gesamtsicht (8 ×) und Grundrissen: Abstammungsachse, Trag- und 2 Vorblätter, Perianth nur aus 4 (unscheinbaren) Perigonblättern; D männliche Blüte mit 4 Staubblättern und Rudiment (r) des Fruchtknotens; E weibliche Blüte mit fädlich zerteilter Narbe, pseudomonomerem Fruchtknoten und 1 Samenanlage. (A nach ZIMMERMANN; B nach EICHLER; C nach SCHENCK; D–E nach FIRBAS, Grundrisse nach EICHLER.)

Als median (vgl. Abb. 163) bezeichnet man die Ebene, die sich durch Abstammungsachse, Blütenachse und Tragblatt der Blüte legen läßt (z.B. Abb. 923), als transversal die senkrecht darauf stehende und quer durch die Blüte ziehende Ebene (z.B. Abb. 908 B); andere Ebenen heißen schräg (z.B. Abb. 951 B, E). Danach lassen sich etwa median-, transversal-, oder schräg-monosymmetrische (zygomorphe) Blüten unterscheiden. Die merkmalsphylogenetische Abfolge der besprochenen Symmetrietypen ist vielfach: 1 → 2, 2 → 3, 2(3) → 4 und 2 bzw. 4 → 5.

Die Veränderungen der Blütensymmetrie lassen sich vielfach auf Förderung oder Ausfall einzelner Blütenglieder zurückführen und durch das Auftreten rudimentärer Organe (vgl. z.B. Abb. 583, 876C für die charakteristische Progression von radiären zu dorsiventralen Blüten) bzw. durch atavistische Abweichungen (z.B. radiäre Gipfelblüten bei *Digitalis*: Pelorien) oder Mutanten (Abb. 548 II B) beweisen. Während disymmetrische und sekundär asymmetrische Blüten selten sind, spielen neben radiären vor allem monosymmetrische Blütentypen eine große Rolle. Dabei steht der dorsiventrale Blütenbau häufig im Zusammenhang mit der dorsiventralen Struktur blütenbesuchender Tiere: Veränderung der vertikal aufrechten oder hängenden in eine horizontale Stellung der Blüten, Ausbildung von Anflugplätzen und dachförmigen Oberlippen usw. (Abb. 876C, 892 A–B, 955, 966, 967).

Bei den Angiospermenblüten finden sich alle möglichen Formen der **Geschlechtsverteilung** (vgl. S. 512 ff., 762 f.). Dabei war lange umstritten, ob hier zwittrige oder eingeschlechtige Blüten als ursprünglicher anzusehen seien. Heute hat sich fast allgemein die erste Auffassung auf folgenden Gründen durchgesetzt: 1) In fast allen eingeschlechtigen Gruppen finden sich in den ♀ und ♂ Blüten Rudimente von Staubblättern bzw. Fruchtknoten (z.B. bei *Castanea* oder *Urtica*: Abb. 875D). 2) Die in anderen Merkmalen ursprünglichsten Angiospermengruppen haben überwiegend Zwitterblüten (z.B. *Magnoliidae*). Nur sie ermöglichen bei Tierbestäubung die gleichzeitige Aufnahme und Abgabe des Pollens (vgl. S. 768). 3) Der Übergang von zwittrigen zu eingeschlechtigen Blüten wird vielfach durch den Übergang von Insekten- zu sekundärer Windbestäubung geradezu selektiv erzwungen (z.B. bei *Acer*: S. 863, oder *Fraxinus*: S. 881).

Der Bau der Blüten läßt sich am besten durch Grundrisse (Blütendiagramme) darstellen (vgl. S. 139 und Abb. 876). Empirische Diagramme stellen tatsächliche Gegebenheiten dar, theoretische enthalten bestimmte Deutungen (z.B. Ausfall von Organen: vgl. Abb. 583, 876 C). Blütenformeln geben Aufschluß über Symmetrie [⊕ = schraubig, * = radiär, + bzw. + = disymmetrisch, ↓ bzw. ← oder ∠ = zygomorph, ⌇ = (cyclisch) asymmetrisch], Blütenorgane (P = Perigon, K = Kelch, C = Corolle od. Krone, A = Androeceum, G = Gynoeceum), ihre Zahl pro Wirtel (z.B. A5 + 5, zwei Staubblattkreise zu je 5; ∞ = zahlreich und unbestimmt), Veränderung (z.B. A3^st = Staminodien, 3° = ausgefallen, 5^∞ = sekundär vermehrt), Verwachsung (Zahlen in Klammer, z.B. C(5) = Kronblätter verwachsen), Stellung (z.B. G(5) = ober-, G-(5)- = mittel-, G(5̄) = unterständiger Fruchtknoten), falsche Wandbildung [z.B. G(2̣)] etc. Also z.B.

Adonis: */ ⊕ K5 C6–10 A∞ G∞

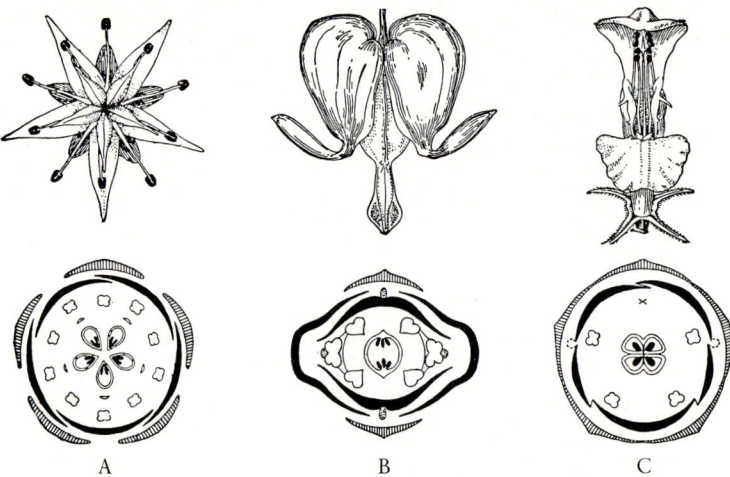

Abb. 876: Blütensymmetrie und Blütendiagramme (Grundrisse). A *Sedum sexangulare:* polysymmetrisch (radiär). B *Dicentra spectabilis:* disymmetrisch. C *Lamium album:* monosymmetrisch (dorsiventral). Wegen der Blütenformeln vgl. S. 801. (Teilweise nach EICHLER sowie HEGI.)

Sedum: * K5 C5 A5+5 G$\underline{5}$

Dicentra: + K2 C2+2 A2+2 bzw. (gespaltene und verwachsende Staubblätter!) ($\frac{1}{2}$–1–$\frac{1}{2}$) + ($\frac{1}{2}$–1–$\frac{1}{2}$) G($\underline{2}$)

Lamium: ↓ K(5) [C(5)A1°:4] G $\frac{2}{\overline{}}$

Iris: * P3+3 A3+3° G($\overline{3}$).

Vgl. dazu auch die Blütendiagramme Abb. 876, 907 S, 965 D.

Blütenstände. Vielfach läßt sich bei den Angiospermen eine Zusammenfassung von Einzelblüten zu fortschreitend komplexen Blütenständen (Inflorescenzen) feststellen (Abb. 168, 169). Häufig ist dabei ein Zusammenhang zwischen zunehmender Verkleinerung, dafür aber zahlenmäßiger Vermehrung der Blüten erkennbar. Die Entwicklung dürfte damit begonnen haben, daß im Zuge der Blütenvermehrung unterhalb von terminalen Einzelblüten in Blattachseln Lateralblüten entstanden. Von solchen geschlossenen Rispen lassen sich dann alle anderen Blütenstandstypen der Angiospermen ableiten. Daraus ergeben sich überaus wichtige systematische und phylogenetische Leitlinien.

In den Blütenständen wird meist die Laubblattbildung unterdrückt [dafür unscheinbare Hochblätter: Trag-(Deck-) und Vorblätter], die zahlreichen Blüten sind oft zusammengedrängt: So wird die Unauffälligkeit der kleinen Einzelblüten kompensiert (vgl. z.B. Apiaceae, Abb. 934); außerdem haben gegenüber manchen Blütenbesuchern viele kleinere Blüten einen größeren Reizwert als einzelne größere Blüten. Durch Förderung der Randblüten (z.B. bei Iberis), durch sterile Randblüten mit Schaufunktion (z.B. Hydrangea oder Viburnum opulus, S. 880) oder durch hinzutretende gefärbte Hochblätter (z.B. bei Astrantia oder Cornus suecica) kann das für den Blütenbesucher optisch attraktive, strahlige Aussehen des Blütenstandes gefördert werden. So entstehen schließlich durch Arbeitsteilung der Einzelblüten und Hinzutreten akzessorischer Achsen- und Blattgebilde neue, Einzelblüten analoge, blütenbiologisch-funktionelle Einheiten (Blumen, S. 767), wie z.B. die Cyathien von Euphorbia (Abb. 933 H–K), die Köpfchen der Dipsacaceae (Abb. 945) oder Asteraceae (Abb. 957 F–G) oder die Kesselfallenblumen von Arum (Abb. 892 G). Die auslesende (selektive) Wirksamkeit der Blütenbesucher bei der Entstehung und Verbesserung dieser «zusammengesetzten» Überblumen (Pseudanthien) ist naheliegend. Sie sind für die Endphase von Entwicklungsreihen bezeichnend.

Blütenachse. Bei einigen ursprünglichen Angiospermen ist die Blütenachse (Recepta-

culum) noch gestreckt-konisch (Abb. 875 A), meist erscheint sie jedoch verkürzt. Weiterhin kann es zu scheibenförmiger Verbreiterung, besonders aber zu schüssel- und schließlich becher- bis röhrenförmiger Vertiefung kommen (Abb. 877, 927 I). An der Entstehung dieser Blütenbecher und -röhren (Hypanthien) nehmen vielfach auch die congenital verwachsenen Basen von Kelch-, Kron- und Staubblättern teil, wobei die Abgrenzung der verschiedenen Organbereiche oft kaum mehr möglich ist. Durch diese Entwicklung werden die freien oder zu einem Fruchtknoten verwachsenen Fruchtblätter im Blütenbecher eingesenkt, bleiben dabei frei (z.B. Rosa oder Prunus, Abb. 920 D, F) oder verwachsen mit dem Blütenbecher (z.B. Pyrus oder Conium, Abb. 920 E, 934 H), während Kelch-, Kron- und Staubblätter vom Becherrand emporgehoben erscheinen. Nach der fortschreitenden Verwachsung des Fruchtknotens mit dem Blütenbecher unterscheidet man dabei ober-, mittel- und unterständige Gynoeceen. Die Begriffe hypo-, peri- und epigyne Blüte werden dazu häufig synonym verwendet, sollten aber besser nur auf die relative Lage von Fruchtknoten und übrigen Blütenorganen bezogen werden (vgl. Abb. 877).

Die Versenkung der Fruchtblätter bzw. Fruchtknoten hat sich bei allen Unterklassen der Angiospermen, also vielfach parallel, vollzogen. Diese charakteristische Progression beruht möglicherweise darauf, daß die im Blütenzustand noch zarten Fruchtblätter und Samenanlagen dadurch vor Beschädigung und Abfressen durch blütenbesuchende Tiere besser geschützt sind.

Weitere Veränderungen der Blütenachse betreffen sekundäre Streckung der Internodien zwischen einzelnen Blütenwirteln, wodurch der Fruchtknoten bzw. auch die Staubblätter emporgehoben werden (Gynophor, z.B. bei Capparaceae oder Brassicaceae, Abb. 937 F:g, bzw. Androgynophor, z.B. bei Passifloraceae, S. 871). Von blütenbiologi-

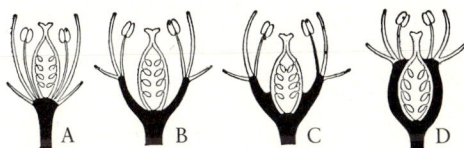

Abb. 877: Stellung des Fruchtknotens (G) relativ zur Blütenachse (schwarz) bzw. zu den anderen Blütenorganen (weiß). A G oberständig, Blüte hypogyn, B G oberständig, Blüte perigyn, C G mittelständig, Blüte perigyn, D G unterständig, Blüte epigyn. (Nach ENGLERS Syllabus.)

scher Bedeutung sind schließlich Nektar sezernierende Ausgliederungen der Blütenachse. Sie können als Nektardrüsen (z.B. bei *Brassicaceae*, Abb. 937 C) oder als umfangreichere, oft ringförmige Diskus-Bildungen (z.B. bei *Rutaceae* und *Aceraceae*, Abb. 928–929, 931) zwischen Fruchtknoten und Staubblättern (intrastaminal) oder zwischen Staub- und Kronblättern (extrastaminal) ausgebildet sein.

Blütenhülle. Ebenso wie die ausgestorbenen Bennettiteen (und ihre rezenten Verwandten, die *Gnetatae*) weisen auch die Angiospermen eine Blütenhülle (ein Perianth) auf. Dabei sind die funktionellen Zusammenhänge mit der Tierbestäubung offenkundig: Im Knospenstadium schützt die Blütenhülle die noch nicht herangereiften Fortpflanzungsorgane vor den Blütenbesuchern; im Blütenstadium tragen auffällig gefärbte Teile der Blütenhülle wesentlich zur Anlockung der Blütenbesucher bei.

Die häufigsten Ausbildungsformen der Blütenhülle bei den Angiospermen sind: a) homoiochlamydeisch, mit ± gleichartigen Hüllblättern (Perigonblättern oder Tepalen) in 2 oder mehreren Schraubenumgängen oder Kreisen: mehrfaches Perigon (z.B. *Magnolia* oder *Tulipa*: Abb. 875 A, 963 A, mit gefärbten, corollinischen, oder *Acorus*: Abb. 875 B, mit unscheinbar grünlichen Tepalen), b) heterochlamydeisch, mit ungleichartigen Hüllblättern, nämlich mit äußeren, meist grünen Kelchblättern (Sepalen) und inneren, meist lebhaft gefärbten (Blumen-)Kronblättern (Petalen): «doppeltes» Perianth aus Kelch und Krone (Corolle) (z.B. *Paeonia*: Abb. 875 C), c) haplo- oder monochlamydeisch, nur mit 1 Kreis von Perianthblättern: einfaches Perigon (z.B. *Urtica*, *Paronychia* oder *Beta*: Abb. 875 D–E, 909 H, N) und d) apochlamydeisch, Perianth ausgefallen (z.B. *Carpinus*: Abb. 913 A, 914).

Bei ursprünglichen Angiospermenblüten finden wir eine homoiochlamydeische Blütenhülle aus zahlreichen, schraubig angeordneten und voneinander freien, außen hochblattartigen, nach innen zu allmählich bunten und corollinischen Perigonblättern (Abb. 917 I, vgl. z.B. *Magnolia*: Abb. 875 A). Die Herausbildung eines solchen «primären Perianths» aus Hochblättern verdeutlicht etwa *Helleborus* Abb. 878 A–D. Wie ist es aber zur Bildung von «doppelten» Blütenhüllen gekommen? Einerseits durch Differenzierung innerhalb eines mehrfachen Perigons (z.B. bei gewissen *Magnoliales*; ähnlich auch bei Monocotyledonen, vgl. Abb. 967 B–C), viel häufiger aber offenbar durch Umwandlung von Staubblättern in Kronblätter (Abb. 917 II → IV): So finden sich etwa bei *Nymphaea* alle Übergänge zwischen Staub- und Kronblättern, während die 4 Kelchblätter scharf abgehoben bleiben (Abb. 878 E–L, 906 C–D).

In «gefüllten» Blüten verschiedenster Zierpflanzen erfolgt die Umwandlung von Staub- in Kronblätter als Abnormität. Bei den *Ranunculaceae* (S. 839 f., Abb. 907) weist *Caltha* ein corollinisches Perigon und Staubblätter auf; auch *Trollius* hat ein corollinisches Perigon, aber aus einigen Staubblättern haben sich unscheinbare Nektarblätter gebildet; bei *Ranunculus* sind das Perigon kelchartig, die Nektarblätter dagegen corollinisch geworden; *Adonis* schließlich hat typische Kelch- und Kronblätter. In entsprechender Weise sind zumindest bei den Dicotyledonen die Kronblätter meist aus Staubblättern hervorgegangen und werden wie diese fast immer nur durch ein einziges Leitbündel versorgt. Die Kelchblätter lassen sich demgegenüber auf Perigon- bzw. Hochblätter zurückführen; sie sind dem Unterblatt von Laubblättern homolog und zeigen eine entsprechende, meist aus mehreren Leitbündeln bestehende Versorgung (vgl. dazu auch Abb. 878). Weitere Untersuchungen zur Frage der Entstehung der Blütenhülle sind aber noch notwendig, besonders auch hinsichtlich des Perigons der Monocotyledonen.

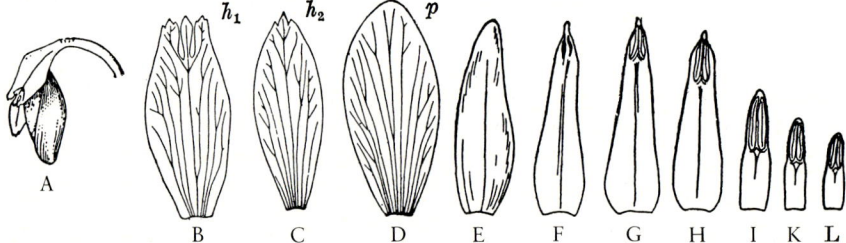

Abb. 878: A–D Übergang von Hochblättern (h) zu Perigonblättern (p) an einer Blütenknospe von *Helleborus niger* (A etwa ½ ×, B–D vergr.). E–L Übergang von Staubblättern (L–G) zu Kronblättern (F–E) bei *Nymphaea*. (Nach W. TROLL, etwas verändert.)

Unscheinbare haplo- und apochlamy-deische Blüten (z.B. *Urtica*: Abb. 875 D–E) sind weithin im Zuge progressiver Blütenver-kleinerung und -vereinfachung entstanden, ent-weder ± direkt aus vielgliedrigen (polymeren) und schraubigen, homoiochlamydeischen Blü-tentypen (Abb. 917 II–III, z.B. bei *Piperaceae*, S. 838, oder *Tetracentraceae* und *Trochoden-draceae*, S. 845 u. Abb. 911) oder indirekt, über solche mit heterochlamydeischem Perianth (z.B. bei *Euphorbiaceae* oder *Oleaceae*, *Fraxinus*: Abb. 946 E, G). Derartig sekundär vereinfachte Blüten kennzeichnen windbestäubte Formen-kreise, bei denen eine differenzierte Blütenhülle wegen des Wegfalls tierischen Besuches nicht nur unnötig, sondern für die Pollenausschüttung bzw. den Pollenfang durch Staub- bzw. Frucht-blätter geradezu hinderlich ist (vgl. auch S. 820 f.).

Umgekehrt stehen die häufigen congenita-len Verwachsungen im Bereich von Peri-gon-, Kelch- und besonders Kronblät-tern vielfach im direkten Zusammenhang mit Wirtelstellung, Schutz der Fortpflanzungsor-gane und Spezialisierung der Tierbestäubung. Dementsprechend lassen sich ursprünglich freie den abgeleiteten verwachsenen Ausbildungen gegenüberstellen: chori- und syntepal (P), chori- und synsepal (K) sowie chori- und sympe-tal (C). Beispiele wären etwa *Polygonatum* (Abb. 963 E) für Syntepalie, *Silenoideae* (Abb. 909 A, E, F) oder *Fabaceae* (Abb. 926 C) für Synse-palie und die allermeisten *Lamiidae* (vgl. *Salvia*, *Sanchezia* oder verschiedene *Scrophula-riaceae*: Abb. 892 A–E, 955) für Sympetalie.

Derartige Verwachsungen gewährleisten vielfach einen besseren Schutz der Fortpflanzungsorgane vor der Witterung bzw. unerwünschten Tieren und eine bessere räumliche Koordinierung und Fixierung der Blütenorgane gegenüber den Blütenbesuchern, etwa hinsichtlich Anflugfläche, Zugang zum Nektar, Be-rührung von Staubbeuteln und Narben usw. Blüten-biologisch bedeutsam sind naheliegenderweise auch corollinische Ausbildungen von Kelchblättern (z.B. *Polygala*: Abb. 930 I–K oder *Impatiens*), unterschied-liche Differenzierung der Kronblätter eines Kreises (z.B. Ober- und Unterlippe, etwa Abb. 876 C, 892 B), Ausgestaltung von Kronblättern mit (meist) nektar-bildenden Spornen (z.B. *Aquilegia*: Abb. 907 M, T; *Corydalis*: Abb. 908 B; *Viola*: Abb. 936 A–B; ohne Nektar: *Orchis*: Abb. 966 A–B), Nebenkronen (z.B. *Silenoideae*: Abb. 909 A, E; *Narcissus*: Abb. 965 I) usw. Schließlich können spezialisierte Kelchblätter auch bei der Fruchtausbreitung mitwirken (z.B. als Pappus: Abb. 581, 957 N–O).

Hinzuweisen ist auch noch auf die systematische Bedeutung von Stellung und Deckung der Perianth-blätter, die man als **Knospendeckung** (Aestiva-tion) bezeichnet. Ausgehend von schraubiger Anordnung (z.B. Krone bzw. Nektarblätter von *Nuphar*: Abb. 906 C) können wir in Perianth wirteln folgende Formen der Knospendeckung feststellen: bei gegenseitiger Deckung der Perianthblätter da ch ig (imbricat), dabei noch in ursprünglicher $^2/_5$-Stel-lung (quincuncial, z.B. Kelch von *Rosa*: Abb. 920 C; Krone von *Sedum*: 876 A), mühlradartig gedreht (contort, z.B. Kronen bei *Malva*: Abb. 940 G–H, *Nerium*, *Gentiana*: Abb. 949 A) oder sonst cochlear und dabei aufsteigend (etwa bei der Krone der *Caesalpiniaceae*: Abb. 923 C–D) bzw. absteigend (z.B. bei der Krone der *Fabaceae*: Abb. 923 E bis F); durch Auseinanderrücken der Perianthblätter klap-pig (valvat, z.B. Krone der *Mimosaceae*: Abb. 923 A, B) bis offen (apert, z.B. Krone von *Acer*: Abb. 929 A).

Staubblätter. Die Gesamtheit der Staubblät-ter einer Blüte nennt man **Androeceum**. Ur-sprünglich ist die schraubige Anordnung zahl-reicher Staubblätter (z.B. Abb. 875 A: primä-re Polyandrie). Im Zusammenhang mit Oli-gomerisation und Übergang zur Wirtelstellung finden wir mehrere Staubblattkreise (z.B. Abb. 903 G: A 3 + 3 + 3 + 3), sehr häufig dann 2 (z.B. Abb. 963 C: Diplostemonie) oder schließlich nur noch einen (z.B. Abb. 876 C, 965 D: Haplostemonie). Normalerweise al-ternieren die von unten nach oben an der Blü-tenachse angelegten Kreise (S. 139 f., d.h. der äußere (und untere) Staubblattkreis steht zwi-schen den Kronblättern, aber vor den Kelch-blättern (episepal), während der innere (obe-re) vor den Kronblättern (epipetal) ausge-bildet wird. Diese Alternanz kann dadurch gestört sein, daß Kreise ausfallen [so steht z.B. der einzige Staubblattkreis der *Rhamnales* vor den Kronblättern; hier fehlt der äußere (epise-pale) Kreis: Abb. 931 E, F]. Es können aber auch durch nachträgliche Wachstumsverschie-bungen die später angelegten, epipetalen Staub-blätter weiter nach außen verschoben werden als die früher angelegten, episepalen (z.B. Abb. 876 A, 944 B: Obdiplostemonie).

Die Staubblattzahlen werden bei den Angio-spermen aber nicht immer nur reduziert, son-dern nicht selten auch vermehrt (sekundäre Polyandrie, Abb. 879). Ähnlich wie bei der Bildung von Beiknospen (S. 145, Abb. 163 C) werden dabei infolge meristematischer Vergrö-ßerung der Bildungszonen Staubblattgruppen gebildet, wo vordem nur Einzelstaubblätter standen (Dédoublement). Dabei können sich einheitliche Primordien im Lauf der ontogenetischen Entwicklung stärker aufgliedern (z.B. bei den 5 oder 3 Staubblattbündeln von *Theales*, Abb. 879 F, 935 B), oder aber die Primordien sind von Anfang an vermehrt. Beim Studium der Entwicklungsgeschichte läßt sich vielfach feststellen, in welcher R i c h t u n g zusätzliche Staubblattanlagen entstehen und wo damit die sekundären Bildungsmeristeme aktiv werden (vgl. Abb. 879): Bilden sich die zusätzlichen Staubblattanlagen an den Primordien von außen nach innen gegen den Scheitel bzw. das Zentrum der Blüte (A, B), so sprechen wir von z e n t r i p e t a - l e m Dédoublement (so besonders bei *Rosidae*): entstehen sie aber von innen nach außen (D, E, F), von z e n t r i f u g a l e m Dédoublement (so besonders bei *Dilleniidae;* dazwischen vermittelt seitliche Vermehrung (s e r i a l e s D é - d o u b l e m e n t : C). Auch «Einschieben» von zusätzlichen Staubblattanlagen kommt vor (z.B. am verbreiterten Blütenboden vieler *Rosaceae*, Abb. 920).

Diese zentripetale bzw. zentrifugale Anlage des Androeceums ist von großer systematischer Bedeutung. Noch nicht allgemein anerkannt ist jedoch, ob derartige Wachstumsveränderungen immer mit sekundärer und nicht auch mit primärer Polyandrie gekoppelt sein können (etwa bei *Dilleniidae*). Die sekundäre Staubblattvermehrung steht vielleicht mit einem Funktionswechsel von eher wind- zu verstärkt insektenbestäubten Blüten im Zusammenhang (vgl. S. 853 f. und Abb. 917). Bemerkenswerterweise findet sich dieses Phänomen vielfach bei (sekundären?)

Pollenblumen, die den Blütenbesuchern besonders viel Blütenstaub anbieten (S. 816). Im weiteren Verlauf der Stammesgeschichte ist es jedenfalls auch in sekundär polyandrischen Gruppen vielfach neuerlich zur Reduktion der Staubblattzahlen gekommen (vgl. z.B. Abb. 917). – Während es beim Dédoublement zur Vermehrung ganzer Staubblätter kommt, werden durch Spaltung Staubblatthälften erzeugt (z.B. bei *Betulaceae*, Abb. 913 A, K).

Hinzuweisen ist schließlich noch auf die häufige post- oder congenitale V e r w a c h s u n g der Staubblätter untereinander (z.B. Abb. 923 E, F; 940 G, K: im Filamentbereich, Abb. 957 E, I, L: im Antherenbereich), mit dem Perigon bzw. der Krone (so besonders bei sympetalen Blüten, z.B. Abb. 954 B) oder mit Teilen des Gynoeceums (z.B. Abb. 947 H, K; 966 A, C) sowie auf die Reduktion von Staubblättern zu sterilen S t a m i n o d i e n . Als solche können sie entweder gänzlich ausfallen oder neue Aufgaben übernehmen, z.B. als Nektarblätter die Nektarbildung (z.B. Abb. 907 I–M) oder aber in kronblattartiger (petaloider) Ausbildung die optische Anlockung (z.B. Abb. 967 B–D).

Bei der E n t w i c k l u n g der Angiospermen-Staubblätter (Abb. 881 A–C) entsteht zuerst an der Ventralseite der Anlage (also adaxial) eine meristematische Querzone: die Anlage wird ± schildförmig (peltat). Nun wachsen sowohl der Rückenteil der Anlage als auch die Querzone gemeinsam (doppelspreitig) in die Höhe und bilden an ihren Randzonen 2 Pollensackgruppen (Thecen) mit je zwei Pollensäcken. Die Staubblätter der ursprünglichsten Angiospermen tragen die Pollensäcke ± apikal und sind kaum gegliedert (Abb. 885 D). Die Verla-

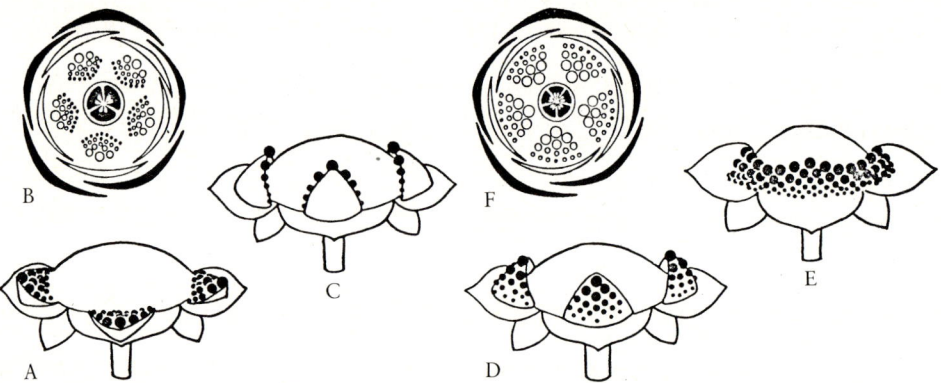

Abb. 879: Sekundäre Vermehrung der Staubblätter aus wenigen (5) Anlagen infolge von Dédoublement (sekundäre Polyandrie). A, B zentripetales, C seriales und D, E, F zentrifugales Dédoublement. Die räumlichen Darstellungen zeigen, daß sich die vermehrten Staubblattanlagen immer in basipetaler Richtung bilden und dabei an den Primordien entweder ventral (A), randlich (C) oder dorsal (D, E) entstehen. (B *Melaleuca hypericifolia: Myrtaceae, Rosidae*, F *Hypericum hookerianum: Hypericaceae, Dilleniidae*, nach Leins; A, C–E nach Leins, Mayr u. Kubitzki.)

gerung der Pollensäcke auf die Flanken (lateral), Bauch- (intros) oder Rückseite (extrors), eine starke Abflachung (vgl. Abb. 878 G–L), besonders aber die typische Gliederung der Staubblätter (Abb. 880 A–B) in eine Stielzone (Staubfaden oder Filament) und die eigentliche Anthere mit ihrem sterilen Mittelabschnitt (Konnektiv) und den beiden Thecen aus je 2 miteinander verwachsenen Pollensäcken dürften dagegen als abgeleitet zu betrachten sein. Insgesamt entspricht das typische Angiospermen-Staubblatt einem Mikrosporophyll mit 4 Mikrosporangien bzw. 2 bisporangiaten Synangien. Staubblätter mit nur 2 oder mehr als 4 Pollensäcken sind selten.

Ein Querschnitt durch eine junge Anthere (Abb. 844, 880) zeigt an jedem Pollensack innen ein pollenbildendes Archespor und außen eine mindestens 4schichtige Wand. Diese besteht von außen nach innen aus der Epidermis, der Faserschicht (oder dem Endothecium), einer vergänglichen Zwischenschicht und einem 1(2)-schichtigen Tapetum.

Letzteres dient mit seinen plasmareichen Zellen, deren Kerne gewöhnlich durch Restitutionskernbildung polyploid werden, der Ernährung der Pollenkörner und der Bildung von Pollenkitt (S. 806). Dabei kann das Tapetum als Gewebe erhalten bleiben (Sekretionstapetum) oder nach Auflösung der Zellwände mit seinen isolierten bzw. zusammenfließenden Protoplasten zwischen die jungen Pollenkörner dringen (Plasmodialtapetum)

Das **Archespor** bildet eine größere Zahl von Pollenmutterzellen (Abb. 844 D bis E); aus diesen entstehen durch Meiose (Abb. 44, 45) je vier Meiosporen: die einkernigen Pollenkörner (Pollenzellen). Nach der Reifung der Pollenkörner bewirkt die Faserschicht schließlich durch einen Kohäsionsmechanismus (vgl. S. 482 f.) die Öffnung der Pollensäcke.

Die Zellen der **Faserschicht** besitzen Verdickungsleisten, die oft gegen die Innenwand verstärkt und vereinigt, gegen die Außenwand verdünnt sind (Abb.

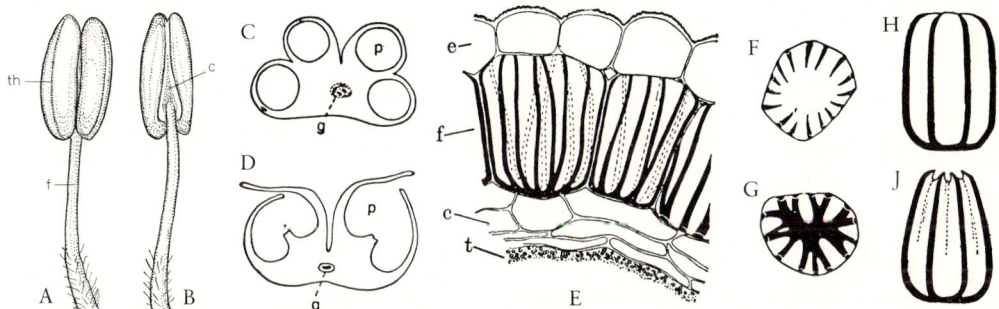

Abb. 880: Das Staubblatt der Angiospermen und sein Bau (A–B *Hyoscyamus niger*, C–D *Hemerocallis fulva*, E–G *Lilium pyrenaicum*). A–B Gesamtansicht von vorn und von hinten, mit Filament (f), 2 Thecen (th) und Konnektiv (c) (vergr.). C–D Querschnitte durch Antheren mit noch geschlossenen und bereits geöffneten Pollensäcken (p) sowie Leitbundel (g). E Querschnitt durch die Antherenwand mit Epidermis (e), Faserschicht (f), Zwischenschichten (c) und Resten des Tapetums (t); einzelne Faserzelle von oben (F) und von unten (G) (150×). H–J Schema einer Faserzelle vor und während des Schrumpfens. (A–B nach A.F.W. SCHIMPER; C–D nach STRASBURGER; E–J nach FIRBAS.)

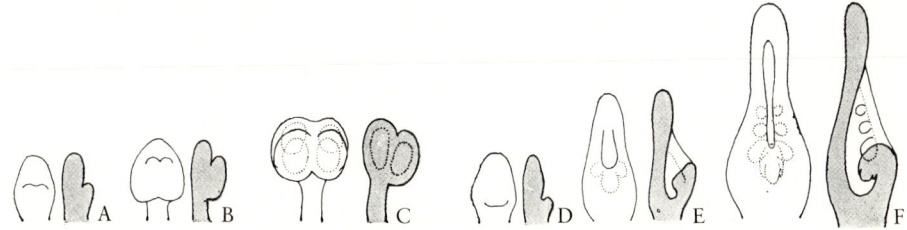

Abb. 881: Schema der ontogenetischen Entwicklung typischer Staubblätter (A–C) und Fruchtblätter (D–F) bei den Angiospermen. Vorderansichten und Längsschnitte (grau). Weitere Erklärung S. 804 f. u. 809. (Original, teilweise nach PAYER, BAUM und LEINFELLNER.)

880 E–J). Ähnlich wie beim Farn-Anulus (Abb. 530) können sich die Zellen daher bei Wasserverlust nur außen (tangential, und zwar besonders in der Querrichtung) verkürzen. Dadurch entstehen Spannungen, die schließlich das Aufreißen der Wandung herbeiführen – meist als Längsriß dort, wo sich die Trennungswand zwischen den beiden Pollensäcken befindet, die übrigens vielfach schon vorher resorbiert wird (Abb. 880 D).

Doch gibt es auch Pollensäcke, die sich durch Auflösung des Gewebes an bestimmten Stellen mit Poren öffnen (Ericaceae, Abb. 944 C, D) oder eine Faserschicht nur in einem engen Bereich entwickeln, der sich dann als Klappe abhebt (Lauraceae, Abb. 903 G). Manchmal sind die Verdickungen der Faserzellen auch umgekehrt gelagert, so daß sich der Pollensack beim Austrocknen der Länge nach verkürzt (z. B.

Liliales) oder zusammenzieht (z. B. Araceae) und den Pollen aus einer Öffnung herausquetscht.

Pollen. Der Feinbau der Pollenkörner der Angiospermen entspricht zwar grundsätzlich dem der Gymnospermen (S. 763 ff.), hat aber eine nichtlamelläre Endexine und erreicht ein höheres Maß an Differenzierung, z. B. auch die Ausbildung von Columellae (Abb. 845).

Über der mehrschichtigen Intine folgt nach außen die Exine, zuerst mit der kompakten, 2- bis 3schichtigen, sonst aber kaum lamellären Nexine. Ihre Außenschicht wird als Foot-layer bezeichnet und gehört färbe- und entstehungsmäßig bereits zur darüberliegenden Sexine; beide kann man auch als Ektexine zusammenfassen und der basalen Ende-

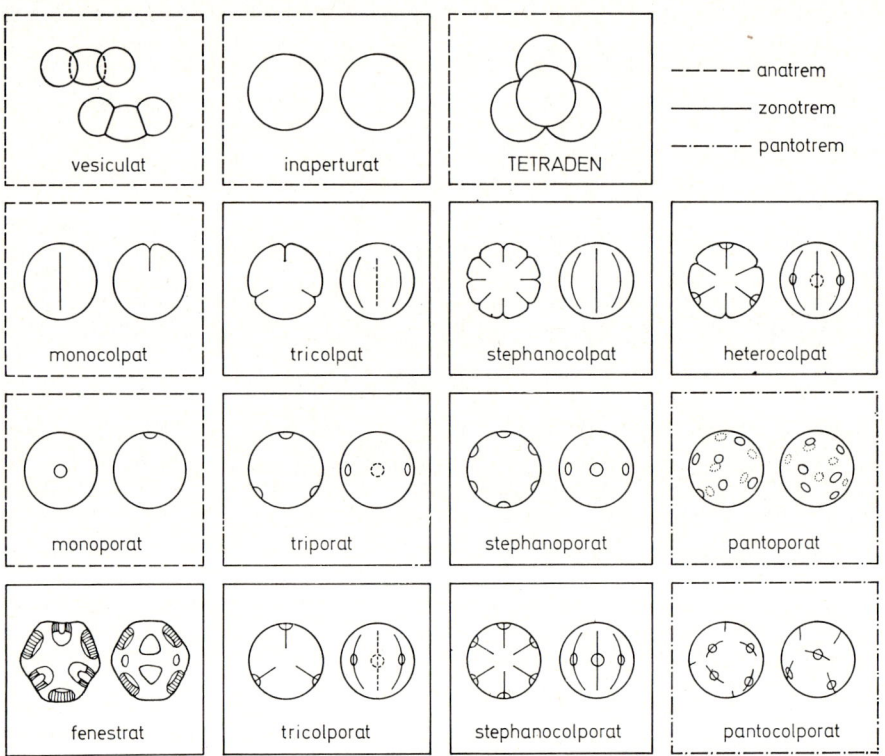

Abb. 882: Übersichtstabelle einiger häufiger Pollentypen mitteleuropäischer Samenpflanzen. Links jeweils Polansicht, rechts Äquatoransicht (distaler Pol oben). **Monaden** (Einzelkörner): Anatreme Typen: vesiculat (Abies, Picea, Pinus), monocolpat (Großteil der Liliidae), monoporat (Poaceae), inaperturat in sonst anatremen Formenkreisen (Larix, Taxus, Potamogeton, Cyperaceae). Zonotreme Typen: tricolpat (Ranunculaceae z. T., Quercus, Acer, Brassicaceae, Salix, Lamiaceae z. T.), triporat (Betula, Corylus, Urticaceae, Onagraceae), tricolporat (Fagus, Rosaceae z. T., Apiaceae, Tilia, Asteraceae), fenestrat (ein Sonderfall des tricolporaten Typs, Asteracea z. T.), stephanocolpat (Rubiaceae, Lamiaceae z. T.), stephanoporat (Alnus, Ulmus), stephanocolporat (Boraginaceae z. T.), heterocolpat (Lythrum, Myosotis), inaperturat in sonst zonotremen Formenkreisen (Populus, Callitriche). Pantotreme Typen: pantoporat (Juglans, Großteil der Caryophyllaceae, Chenopodiaceae, Plantaginaceae), pantocolporat (Polygonaceae z. T.). **Tetraden:** in sonst anatremen Formenkreisen (Orchidaceae z. T., Typha z. T.), in sonst zonotremen Formenkreisen (Großteil der Ericales). (Nach Faegri & Iversen und Erdtman zusammengestellt von Teppner.)

xine gegenüberstellen. Die Sexine neigt bei den Angiospermen zu besonders starker Differenzierung. Bei den intectaten Pollenkörnern sitzt die Sexine nur in Form von Stäbchen, Keulen, Kegeln, Warzen oder als Netz der Nexine auf. Die säulchenförmigen Bauelemente (Columellae, Bacula) können jedoch am distalen Ende verbunden sein und so eine zusätzliche, äußere Schicht, das Tectum, aufbauen (tectate Pollenkörner). Das Tectum kann von Poren verschiedenster Form durchbrochen, selbst wieder mehrschichtig und außen skulpturiert sein. In den Tectum-Hohlräumen können Inkompatibilitätsproteine (Immunstoffe), Pollenkitt u. a. Stoffe eingelagert sein.

Elektronenmikroskopische Untersuchungen der Entwicklungsgeschichte zeigen, daß zuerst – noch innerhalb der von der Pollenmutterzelle stammenden dicken Callosewand – auf das Plasmalemma eine dünne Schicht fibrillären Materials, die Primexine, aufgelagert wird. In dieser erscheinen dann kompaktere Elemente, die durch Streckung und Dickenwachstum zu den Columellae werden, sich an den beiden Enden seitlich erweitern und so Tectum und Foot-layer, also die äußere Exine (Ektexine), aufbauen. An der Basis des Foot-layers entsteht die nichtlamelläre innere Exine (Endexine). Schließlich wird die cellulosehaltige Intine abgelagert. Fraglich ist, ob der sippenspezifische Bau der sporopolleninhaltigen Exine vom Sporophyten (Tapetum), vom jungen Pollenkorn selbst oder durch gegenseitige Beeinflussung der Pollenkörner einer Tetrade bestimmt wird. Die bisherigen Befunde machen die Beteiligung aller drei Komponenten wahrscheinlich, wobei eine Steuerung durch die junge Mikrospore selbst sehr wesentlich sein dürfte.

Während die Pollenkörner heranwachsen, bildet sich aus dem Tapetum eine besonders lipoid- und carotinoid-haltige, klebrige Substanz, der Pollenkitt. Bei tierbestäubten Sippen wird er vor allem auf der Pollenoberfläche abgesetzt und ermöglicht so gruppenweises Zusammenkleben der Pollenkörner und Haften am Blütenbestäuber.

Diese Klebewirkung des Pollenkitts kann aber auch auf verschiedene Weise inaktiviert werden (z.B. bei sekundär windblütigen Angiospermen; vgl. S. 821).

Die Vielfalt der Pollenkorntypen ist bei den Angiospermen wesentlich größer als bei den Gymnospermen und systematisch höchst bedeutungsvoll (Abb. 882, 883).

Am ursprünglichen Angiospermenpollen sind die Aperturen (S. 764) einfach gebaut und vielfach nur schwach angedeutet. Im Zusammenhang mit fortschreitender Ausgestaltung der Keimöffnungen las-

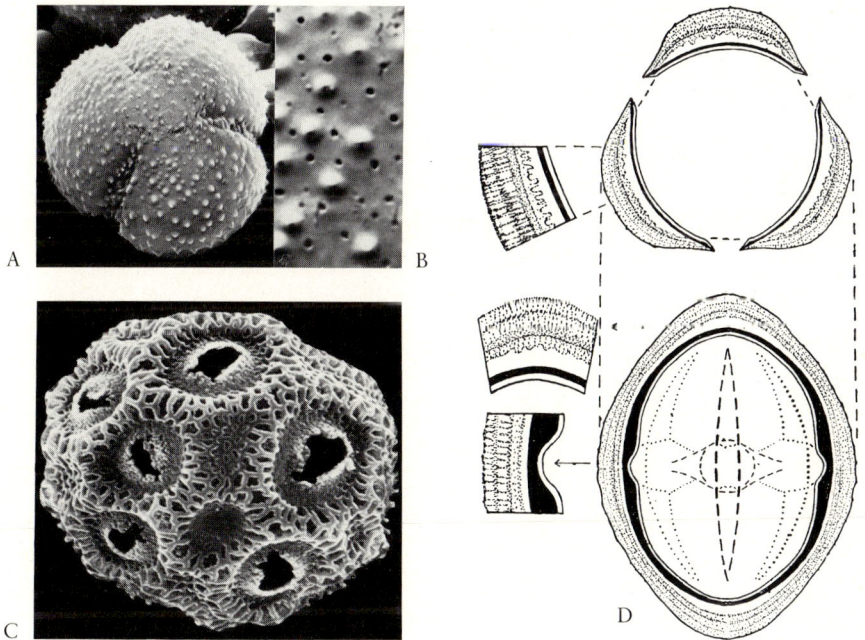

Abb. 883: A–C Pollenkörner verschiedener Kakteen nach Aufnahmen mit dem Rasterelektronenmikroskop; A–B *Gymnocalycium mihanovichii* (3-colpat, Übersicht: 500×; Detail des spitzwarzigen und porendurchsetzten Tectums: 5000×); C *Opuntia* spec. (pantoporat, Übersicht: 1000×). D Palynogramm der Pollenkörner von *Centaurea scabiosa* (3-colporat): Äquatoransicht, optischer Querschnitt und Details der Wandstruktur (Lichtmikroskop, 1500× bzw. 3000×). (A–C nach Klaus; D nach Erdtman.)

sen sich vielfach Merkmalsreihen von einfachen colpaten zu poraten und von da zu zusammengesetzten Öffnungen mit Colpus und Porus (colporat) bzw. mit Doppelporus (pororat) verfolgen (vgl. dazu etwa die Progressionen bei den *Cactaceae*, Abb. 584 u. 883 A–C sowie Abb. 882). Durch Differenzierung der Aperturenränder (z.B. Verdickungen), Ausbildung deckelartiger Verschlüsse, Auflagerung von Skulpturelementen usw. wird die Vielfalt von einfachen bis zu hochkomplizierten Keimstellen noch vermehrt.

Eine große Mannigfaltigkeit herrscht hinsichtlich der Lage und Zahl der Aperturen (Abb. 846, 882). Ausgangspunkt für alle Entwicklungslinien sind die noch sehr gymnospermenähnlichen Pollenformen mit einem distalen Colpus (anatrem: monocolpat), wie wir sie bei vielen *Magnoliidae* und Monocotyledonen finden (Abb. 846, Gruppe A). Daneben kommen in dieser Gruppe auch verschiedene Typen mit mehr oder weniger transversalen Colpen (z.B. zwei am Äquator verlaufende Colpen) sowie mit angedeuteten oder auch fehlenden Keimstellen: analept bzw. atrem (inaperturat) vor. Innerhalb der *Magnoliidae* lassen sich dann auch Übergänge zu den für die ± abgeleiteten Dicotyledonen so bezeichnenden Pollenformen mit 3 Meridian-parallelen, in der Äquatorebene zentrierten Colpen (zonotrem: tricolpat = zono-3-colpat) finden (Abb. 846, Gruppe B). Die weitere Progression zu Aperturen, die über die ganze Pollenoberfläche verteilt sind (zonotrem → pantotrem) demonstrieren etwa die *Cactaceae* (Abb. 584, 883 A–C), *Caryophyllaceae* und die Gattung *Linum*. Dabei kann die Aperturenzahl stark erhöht (*Caryophyllaceae* bis etwa 40, *Chenopodiaceae* bis etwa 100!), gelegentlich aber auch auf Null reduziert werden (sekundär atreme bzw. inaperturate Pollenkörner). Wahrscheinlich haben alle diese Veränderungen der Aperturen eine funktionelle Bedeu-

tung bei der Wasseraufnahme und -abgabe (Volumänderung!) und Keimung der Pollenkörner.

Die in ungeheurer Vielfalt ausgebildeten Pollenkorntypen lassen sich mit Hilfe eines künstlichen Systems (NPC-System), das auf Anzahl (Numerus), Lage (Positio) und Art (Character) der Aperturen beruht, klassifizieren und ordnen. Eine vereinfachte Übersicht über einige häufige mitteleuropäische Pollenformen gibt Abb. 882. Außerdem sind noch viele Unterschiede betreffend Symmetrie, Form und Größe der Pollenkörner sowie Feinstruktur ihrer Exine systematisch bedeutungsvoll. Abb. 883 zeigt, wie diese Differenzierungen durch sog. Palynogramme bzw. durch elektronenmikroskopische Bilder deutlich gemacht werden können.

Die Pollenkörner der Angiospermen treten keineswegs immer nur einzeln (als Monaden) auf. Die Tochterzellen einer Pollenmutterzelle können etwa dauernd im Tetradenverband verbleiben und als solche verbreitet werden, z.B. bei *Ericales*, *Drosera*, *Epilobium*, *Juncaceae* u.a. (Abb. 944G).

Besonders bei den *Cyperaceae* entstehen durch fortschreitende Reduktion von 2 oder 3 Zellen einer Tetrade schließlich «falsche» Einzelkörner (Pseudomonaden). Fälle, in denen von vier Tetradenzellen jeweils nur zwei paarweise in Zusammenhang bleiben, sind selten (z.B. *Scheuchzeria*). Bleiben aus mehreren Pollenmutterzellen hervorgegangene Pollenkörner miteinander zu Paketen vereinigt, so entstehen Polyaden, Ausbreitungseinheiten, die aus 8, 16 oder 32 Pollenkörnern bestehen (z.B. bei *Mimosaceae*). Schließlich kann auch der gesamte Inhalt eines Pollensackes zu einem Pollinium, jener aus 2 (oder mehr) Säcken und verschiedenen zusätzlichen Bildungen zu einem Pollinarium vereinigt bleiben (z.B. bei *Asclepiadaceae*, *Orchidaceae*).

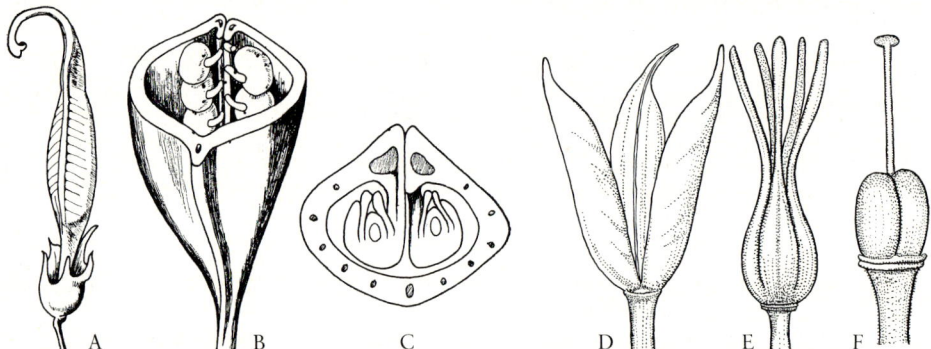

Abb. 884: Bau der Fruchtblätter (A–C) und fortschreitende Verwachsung (D–F). A Gesamtansicht eines heranreifenden, einzelnen und freien Karpells von der Ventralseite mit geschlossener Bauchnaht (an der Basis der Kelch) (etwa 3 ×), B–C im Querschnitt, mit Dorsal- und 2 Ventralbündeln, 2teiliger Placenta und Samenanlagen (etwa 10 ×). D Chorikarpes, E–F coenokarpes Gynoeceum mit freien bzw. verwachsenen Griffeln (vergr.). (A–B *Colutea arborescens*, C–D *Delphinium elatum*, E *Linum usitatissimum*, F *Nicotiana rustica*). (A–D nach TROLL; E–F nach BERG & SCHMIDT.)

Fruchtblätter. Sie entsprechen Megasporophyllen, werden hier oft als Karpelle bezeichnet und bilden zusammen mit den daransitzenden Samenanlagen das **Gynoeceum** (Gynaeceum) der Angiospermenblüte. Dabei sind die Fruchtblätter immer zu einem die Samenanlagen umschließenden Gehäuse umgestaltet.

Die *Angiospermae* sind also «angiovulat» (aber nur in abgeleiteten Fällen wirklich «angiosperm» – d.h. mit eingeschlossen bleibenden Samen; vgl. S. 827ff.). Dadurch werden die noch zarten Samenanlagen vor Austrocknung und vor dem Zugriff blütenbesuchender Insekten geschützt, und der direkte Zutritt von Pollen wird verhindert (wegen der «Filterwirkung» gegenüber Pollen desselben Individuums oder fremder Arten vgl. S. 466, 513f., 814).

Auch im Bereich des Gynoeceums der Angiospermen ist die schraubige Anordnung zahlreicher, freier Fruchtblätter ursprünglich (vgl. Abb. 875 A). Oligomerisation (S. 798) führt auch hier vielfach zur Wirtelbildung freier Fruchtblätter (vielfach 5, 3 oder 2: Abb. 876 A, 884 D) und weiter zur Reduktion bis auf ein Fruchtblatt (z.B. Abb. 884 A). Sekundäre Vermehrung der Fruchtblattzahl ist seltener (öfters wird dadurch die Reduktion der Samenzahl pro Fruchtblatt kompensiert, z.B. bei *Ranunculaceae*, Abb. 907 A–B, P–Q). Vielfach kommt es infolge Verwachsung von freien Fruchtblättern zur Weiterentwicklung des freiblättrigen oder chorikarpen (= «apokarpen») zum verwachsen-blättrigen oder coenokarpen Gynoeceum (vgl. Abb. 884, 886–887, S. 810f.). Sowohl freie als auch bereits miteinander ± verwachsene Fruchtblätter können mit dem Blütenbecher verwachsen (vgl. S. 801).

Die Entwicklung eines freien Fruchtblattes verläuft anfangs meist ähnlich wie die eines Staubblattes (Abb. 881 D–F, 885 A–C): Über einer unifacialen Stielzone bildet sich auf der Ventralseite eine meristematische Querzone; dadurch entsteht auch hier zuerst ein ± peltates Stadium. Die Ränder wachsen nun (auf der Rückenseite stärker als auf der Bauchseite) ± schlauchförmig (utriculat oder ascidiat) in die Höhe und lassen dabei nur einen Ventralspalt (Bauchnaht) offen. Im Inneren entwickeln sich im fertilen Hauptabschnitt des Fruchtblattes (dem Fruchtknoten oder Ovar) an Placenten die Samenanlagen. Endlich schließt sich die Bauchnaht durch postgenitale Verwachsung. Steril bleibt öfters ein stielartiger Endabschnitt, der Griffel; in seinem Inneren werden die Pollenschläuche geleitet und ernährt. Als Empfängnisstelle für die Pollenkörner trägt der Griffel eine meist papillöse oder schleimig-klebrige Narbe. Wir können demnach an freien Karpellen (Abb. 886 A; vgl. auch S. 810f.) von unten nach oben vielfach eine Stielzone, eine von Anfang an (congenital) geschlossene Schlauchzone (ascidiate Zone = a), eine erst während der Ontogenese (postgenital) geschlossene Verwachsungszone (plikate Zone = p) und eine Griffelzone unterscheiden.

Außer Fruchtblättern mit sehr ausgeprägter Schlauchzone und fast kreisförmiger Bauchnaht (Abb. 885 A–C) gibt es vielfach solche, bei denen die Schlauch- und Stielzone zurücktritt, die Verwachsungszone und Bauchnaht dagegen verlängert wird (Abb. 881 D–F). Schließlich kommen öfters auch epeltate Karpelle (ohne Querzonenmeristem) vor, bei denen die Schlauch- und Stielzone überhaupt fehlt und das Fruchtblatt gefaltet (conduplikat) erscheint. Viele Argumente (S. 834f.) sprechen dafür, daß die phylogenetische Entwicklung vorzüglich vom ascidiaten zum conduplikaten Karpell verlaufen ist; trotzdem wird häufig auch die entgegengesetzte Meinung vertreten.

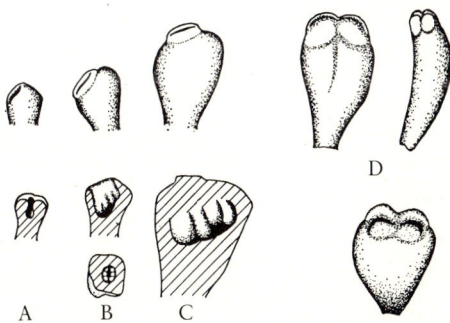

Abb. 885: Ursprüngliche, wenig differenzierte, schlauch- bzw. schildförmige Frucht- und Staubblätter der *Winteraceae (Pseudowintera)*. A–C Ontogenie der Fruchtblätter mit lateralen Placenten unter dem Ventralspalt (Gesamtansichten und Längsschnitte, B unten Querschnitt). D Ausgewachsene Staubblätter mit apikalen Pollensäcken in Vorder-, Seiten- und Schrägansicht (10×). (Nach SAMPSON.)

Die **Placenten** mit den Samenanlagen können im Inneren der Fruchtblätter flächenständig (laminal) oder dem Rand genähert (submarginal) ausgebildet sein (Abb. 887 A, B). Bei submarginaler Ausbildung sind wohl um den Ventralspalt O-förmige Placenten ursprünglich; davon lassen sich U-förmige und weiter laterale, nur an den seitlichen Ventralspalt-Rändern ausgebildete zweizeilige bzw. an der Querzone entwickelte mediane Placenten ableiten (Abb. 885 B). Ursprünglich ist die Ausbildung mehrerer bis vieler Samenanlagen in jedem Fruchtblatt, abgeleitet die Reduktion auf eine (z. B. Abb. 907 P, Q). Die Position der Samenanlagen an der Placenta kann verschieden sein (z. B. hängend, waagrecht, schräg oder aufrecht, mit dorsaler oder ventraler Raphe; vgl. Abb. 907 O–Q und S. 765).

An primitiven Karpellen ist die Narbenzone auf die papillösen Ränder der Bauchnaht beschränkt (vgl. z. B. Abb. 885 C). Erst später sind mehrfach parallel durch Verlängerung apikaler Karpellabschnitte Griffelzonen und lokalisierte Narben entstanden (vgl. z. B. Abb. 907 N–Q) und verschieden ausgestaltet worden (vgl. z. B. Abb. 875 E, 915 C, 969). Ganz allgemein werden dadurch die Möglichkeiten für die Pollenaufnahme und Bestäubung verbessert (vgl. S. 813 ff.).

Die morphologische Interpretation der Karpelle ist noch immer umstritten. So wurde etwa die Ansicht vertreten, die Samenanlagen bzw. Placenten aller (oder eines Teiles der) Angiospermen wären ursprünglich achsenständig («stachyspor») und erst sekundär mit Tragblättern verschmolzen. Dem widersprechen viele Ähnlichkeiten zwischen Karpellen und vegetativen, besonders auch schildförmigen oder schlauchförmigen Blättern (z. B. *Tropaeolum* oder *Nepenthes*, Abb. 243 G, 347) hinsichtlich Entwicklung, Wachstum und Adernverlauf. Auch tragen vergrünte Karpelle die Rudimente ihrer Samenanlagen ± randständig. Demnach wären die

Samenanlagen bei den Angiospermen also blattständig («phyllospor»). Vielfach hat man sich den phylogenetischen Werdegang der Karpelle so vorgestellt, als ob sich sehr blattähnliche und bifaciale Fruchtblätter (etwa ähnlich denen von *Cycas*, Abb. 869 C) seitlich «eingerollt» hätten (Abb. 901 I–II). Die fast allgemein schild- oder schlauchförmigen Entwicklungsstadien der Angiospermen-Karpelle (und -Staubblätter) sowie das Vorkommen von krug- und becherförmigen Samenanlagen- (und Pollensack-)Trägern bei den Pteridospermen (vgl. Abb. 867–868 und S. 787 ff., 833 f.), den vermutlichen Vorläufern der Angiospermen, machen aber solche, weder durch Fossilfunde noch durch die Entwicklungsgeschichte gestützte Annahmen unnötig.

Ein verwachsenblättriges, coenokarpes Gynoeceum bezeichnet man in seiner Gesamtheit als Pistill (Stempel), den Basalteil wieder als Fruchtknoten (Ovar), die sterilen, verlängerten Apikalabschnitte als Griffel und Narben (S. 809). Verschiedene Übergangsbildungen verdeutlichen, wie die Verwachsung freier Fruchtblätter erfolgt (vgl. Abb. 884 D → F und 886: A → B → C). Dabei kommt es zu einer fortschreitenden congenitalen Verschmelzung der Stiel-, Schlauch- und Verwachsungszonen; nur die apikalen Abschnitte bleiben oft unverschmolzen, aber auch sie können schließlich zu einem einheitlichen Griffel verbunden werden, an dessen Spitze nur noch die Narbenlappen die Zahl der beteiligten Fruchtblätter erkennen lassen.

An vielen coenokarpen Gynoeceen lassen sich diese verschieden weit fortgeschrittenen Verwachsungen in übereinanderliegenden Zonen wiederfinden (vgl. Abb. 886 C): Dabei sind die basalen, ascidiaten

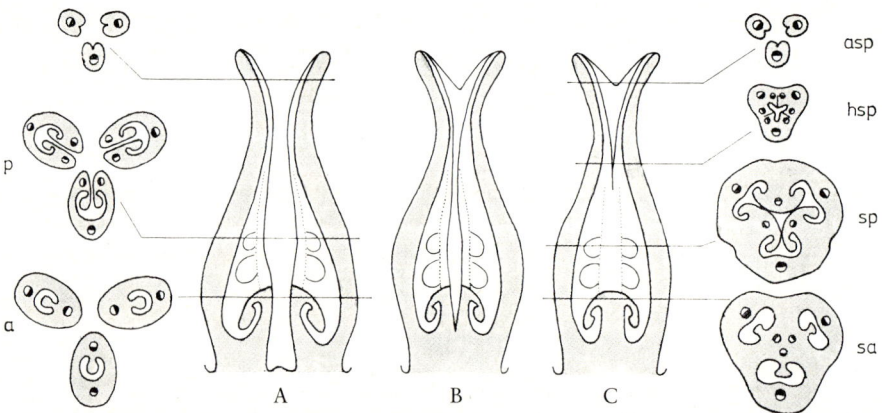

Abb. 886: Schema des Baues chorikarper (A), coenokarper (C) und dazwischen vermittelnder hemisynkarper (B) Gynoeceen. Längs- und Querschnitte mit ascidiaten (a), plikaten (p) bzw. synascidiaten (sa), symplikaten (sp), hemisymplikaten (hsp) und asymplikaten (asp) Zonen. (Nach LEINFELLNER.)

Zonen der Fruchtblätter miteinander congenital verschmolzen (synasciadiat = sa), ebenso darüber die plikaten vollständig (symplikat = sp) bzw. unvollständig (hemisymplikat = hsp) verbunden, die apikalen dagegen vielfach noch unverwachsen (asymplikat = asp); diese Gliederung kann durch nachträgliche postgenitale Verwachsungen verwischt werden. Die 4 Zonen können sehr unterschiedlich gefördert bzw. teilweise auch völlig unterdrückt sein. Placenten und Samenanlagen können in allen, besonders aber den mittleren Abschnitten gebildet werden.

Bei ursprünglichen coenokarpen Gynoeceen erscheint demnach das Ovar durch «echte» Scheidewände (Septen) vollständig gefächert (gekammert), die Placenten und Samenanlagen sind zentralwinkelständig. Erfaßt diese Fächerung den Großteil des Fruchtknotens, so sprechen wir von einem synkarpen Gynoeceum (z.B. Abb. 887 C–D–G, 927 E–F, 940 A). Wird das Wachstum der Septen eines synkarpen Gynoeceums aber gehemmt, so entstehen teilweise oder auch gänzlich ungefächerte parakarpe Fruchtknoten: Dabei sind die Placenten parietal, mit wandständigen Samenanlagen (z.B. Abb. 887 E–F, 908 C–D, 936 B, D), oder zentral und freiständig, mit zahlreichen oder auch nur einer einzigen basalen Samenanlage (z.B. Abb. 887 H–I, 909, 910, 941). Zentralplacenten entstehen offenbar direkt aus den hochwachsenden Querzonen synkarpsynasciidiater Fruchtknoten. Eine Übersicht wichtiger Progressionen im Gynoeceum-Bereich ist aus Abb. 887 zu entnehmen.

Im Zusammenhang mit der Reduktion von Fruchtblättern und Samenanlagenzahl können in coenokarpen Gynoeceen auch sterile Fächer entstehen (z.B.

Abb. 945 F), oder die Fruchtknoten werden scheinbar einfächerig (pseudomonomer, z.B. Abb. 875 E, 903 G) bzw. ganz eingeschmolzen (z.B. Abb. 932 C). Umgekehrt kann es durch Gewebewucherungen auch zur Bildung «falscher» Scheidewände und zur nachträglichen Fächerung der Fruchtknoten kommen (vgl. z.B. S. 887, 890 u. Abb. 954). Auch können freie Fruchtblätter durch Achsengewebe umwachsen werden (z.B. Abb. 906 B–C): unecht synkarpe Gynoeceen. Sonderentwicklungen sind die Septalnectarien zwischen den Karpellen vieler *Liliales* oder die Schaufunktion der Griffel bei den *Iridaceae* (Abb. 965 E–G). Wegen der Entwicklung von ober- zu unterständigen Gynoeceen vgl. S. 801.

Während bei freien Fruchtblättern jede Narbe getrennt bestäubt werden muß, ermöglicht die Verwachsung der Fruchtblätter und Griffel auch bei einmaliger Bestäubung eine Weiterleitung der Pollenschläuche in alle Fruchtknotenfächer. Die progressiven Veränderungen der Placentation dürften die Ernährung der Samenanlagen bzw. Samen verbessern.

Samenanlagen (Abb. 889 G, 894 A, 898 A). Von ihrem Bildungsgewebe, der Placenta, werden die Samenanlagen durch Leitbündel mit Nährstoffen versorgt. Ursprünglich sind 2 Integumente vorhanden (bitegmisch); davon verbleibt in abgeleiteten Gruppen (z.B. bei den *Lamiidae* und *Asteridae*) infolge Fusion oder Rückbildung oft nur 1 (unitegmisch). In seltenen Fällen, z.B. bei den *Loranthaceae*, sind sogar Samenanlagen im Fruchtknoten eingeschmolzen; vgl. Abb. 932 C. Die innerste Integumentschicht ist öfters als Tapetum-ähnliches Endothelium differenziert. Gewebewucherungen aus Integumenten, Funiculus oder Placenten zur Mikrophyle hin bezeichnet man als Obturator; vielleicht stehen diese Bildungen mit der Weiterleitung der Pollenschläuche im Zusammenhang (vgl. Abb. 933 M). Die Reduktion der Samenanlagen erfaßt auch den Nucellus: Progressionen gehen hier von einer vielzelligen (crassinu-

Abb. 887: Verschiedene Typen des Gynoeceums und ihre vermutlichen merkmalsphylogenetischen Zusammenhänge. Dargestellt sind Querschnitte aus der fertilen Hauptzone ausgewachsener Fruchtknoten; Pl. = Placenta bzw. Placentation. A Chorikarp, laminale Pl. B Chorikarp, submarginale Pl. C Hemisynkarp, zentralwinkelständige Pl. D, G Synkarp, zentralwinkelst. Pl., Septen frei bzw. congenital verwachsen. E–F Parakarp, parietale Pl. H–I Parakarp, Zentralpl., zahlreiche bzw. 1 basale Samenanlage. (Teilweise nach Takhtajan und Englers Syllabus, verändert.)

cellaten, vgl. Abb. 889) mit Deckzelle zu einer im wesentlichen nur noch aus Epidermis und Embryosack bestehenden (tenuinucellaten) Ausbildung ohne Deckzelle. Diese Reduktion und fortschreitende Neotenie der Samenanlagen wird durch ihren Einschluß und Schutz in den Karpellen möglich.

Ähnlich wie im Archespor der Pollensäcke entwickeln sich im Nucellus nach einigen Teilungen (bei abgeleiteten tenuinucellaten Gruppen auch direkt aus einer subepidermalen Zelle) manchmal mehrere, meist aber nur eine Embryosackmutterzelle (Abb. 889 A–D, 890). Sie fällt frühzeitig durch ihre Größe und ihren Plasmagehalt auf. Im Zuge der Megasporogenese entstehen daraus nach der Meiose 4 meist untereinander liegende haploide Meiosporen. Davon wird gewöhnlich nur eine, und zwar meist die unterste, zum Embryosack. Der Schichtbau der Zellwand dieser Megaspore ist im Vergleich zu jener der Gymnospermen noch stärker reduziert.

Gametophyten. Die Pollenkörner beginnen noch in den Pollensäcken mit der Entwicklung des sehr vereinfachten ♂ **Gametophyten** (Abb. 888). Dabei teilt sich die einkernige Pollenzelle nach der ersten Pollenmitose sehr ungleich in die das Pollenkorn fast ausfüllende vegetative Zelle oder Pollenschlauchzelle und die kleinere, linsenförmige, der Wand

anliegende generative Zelle oder Antheridiumzelle. Diese generative Zelle erhält neben dem Zellkern noch Mitochondrien und andere Zellorganellen, vielfach aber keine Plastiden. Sie löst sich von der Wand ab und liegt dann als spindelförmiges Gebilde im Plasma der Pollenschlauchzelle. Nach der zweiten Pollenmitose entstehen daraus zwei Spermazellen. Diese Zellteilung erfolgt ursprünglich wohl erst im Pollenschlauch, bei abgeleiteten Gruppen aber schon im Pollensack; dementsprechend sind die Pollenkörner bei der Bestäubung 2- oder 3zellig.

Somit ist der ♂ Gametophyt der Angiospermen stärker rückgebildet als jener der Gymnospermen: Denn es fehlen Prothalliumzellen und Stielzelle; die generative Zelle ist offenbar der alleinige Rest eines Antheridiums (vgl. S. 766).

Die normale Entwicklung des ♀ **Gametophyten** beginnt mit dem einkernigen Embryosack (= Embryosackzelle; Megaspore) (Abb. 890). Nach entsprechendem Wachstum entstehen darin im Zuge der Megagametogenese gewöhnlich in 3 aufeinanderfolgenden, freien Kernteilungen aus dem primären Embryosackkern 2, 4 und schließlich 8 Zellkerne. Je 3 umgeben sich an den beiden schmalen Enden des Embryosackes mit eigenem Plasma und bilden so selbständige, zunächst nur mit einer Membran, die unteren später mit einer festen Zellwand umhüllte Zellen (Abb. 889 G, 890). Die 3 oberen bezeichnet man als Eiapparat. Von ihnen wird die größte und tiefer herabreichende zur Eizelle, die beiden anderen zu Synergiden (Hilfszellen). Die 3 unteren Zellen bilden die Antipoden. Die beiden restlichen, vom Embryosackplasma nicht abgegrenzten Kerne, die Polkerne, aber verschmelzen vor oder nach Eindringen des Pollenschlauchs zum sog. sekundären Embryosackkern, der also diploid ist.

Von diesem weitverbreiteten und wohl ursprünglichen Normaltypus der Embryosackentwicklung gibt es verschiedene Abweichungen, von denen in Abb. 890 einige auch systematisch wichtigere zusammengestellt sind. Während beim Normaltypus nur eine Embryosackzelle (Megaspore) am Aufbau des dementsprechend monosporischen Embryosackes beteiligt ist, sind es bei bi- bzw. tetrasporischen Embryosäcken 2 oder alle 4. Die übrigen Veränderungen betreffen Ausfall von Teilungen in der Megagametogenese, verschiedene Anordnung der Zellgruppen sowie Zell- bzw. Kernverschmelzungen. Während der fertige Embryosack beim *Penaea*-Typ

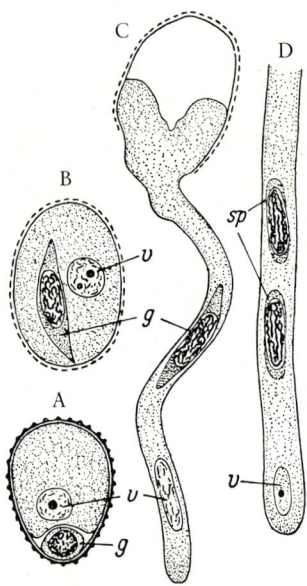

Abb. 888: Entwicklung des ♂ Gametophyten *(Lilium martagon)*. Vegetative Zelle (ihr Kern v) und generative Zelle (g) im Pollenkorn (A–B) bzw. Pollenschlauch (C). In der Spitze des Pollenschlauchs (D) hat sich die generative Zelle in die beiden Spermazellen (sp) geteilt (530×). (Nach STRASBURGER, in Anlehnung an GUIGNARD etwas verändert.)

16 Zellen bzw. Kerne aufweist, sind es beim *Oenothera*-Typ nur 4. – Der Ernährung des Embryosackes dienen vor allem die Antipodenzellen, aber auch Haustorien, die aus Megasporen, Synergiden oder Antipoden gebildet werden können.

Der ♀ Gametophyt der Angiospermen ist also infolge Neotenie (vgl. S. 767) viel stärker rückgebildet als jener der Gymnospermen. Dies betrifft sowohl die Zahl der beteiligten Zellen und Kerne (meist 8, gelegentlich aber auch nur 4) als auch die unterbleibende Archegonienbildung. Daher erscheint auch die ins einzelne gehende Homologisierung mit den ♀ Prothallien der Gymnospermen etwas problematisch (z.B. Eiapparat = 2 Halskanalzellen + Eizelle?).

Bestäubung. Bei den Angiospermenblüten wird der Pollen nicht direkt durch den Bestäubungstropfen an der Mikropyle der Samenanlagen wie bei den Gymnospermen, sondern durch die klebrige bzw. papillöse Narbe der Fruchtblätter aufgenommen (vgl. dazu Abb. 874, 894 A u. S. 767 ff., 809 f.). Damit ergibt sich wohl eine noch weitergehende Unabhängigkeit der geschlechtlichen Fortpflanzung von Feuchtigkeit. Die Ausbildung von Narben wird durch den Einschluß der Samenanlagen in den Fruchtblättern erzwungen, was wiederum als Schutzeinrichtung mit der Tierblütigkeit im Zusammenhang stehen dürfte (vgl. S. 808, 816 ff.). Ein entsprechender Zusammenhang ist auch für die Zwitterblütigkeit anzunehmen (S. 768, 800). All dies weist darauf hin, daß die ursprünglichen Angiospermen zwitterblütig und zoophil waren und sich u.a. wegen der damit verbundenen Vorteile (S. 834) gegenüber ihren eingeschlechtig blühenden und anemophilen gymnospermischen Ausgangsformen erfolgreich durchsetzen konnten.

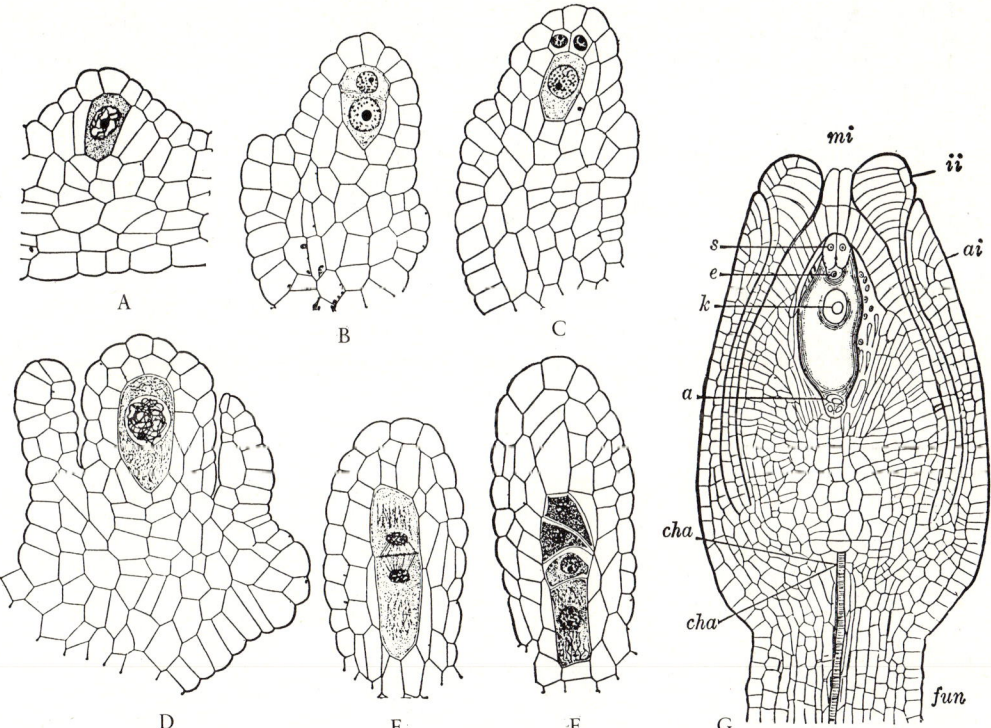

Abb. 889: Entwicklung des ♀ Gametophyten (A–F: *Hydrilla verticillata: Hydrocharitaceae*; G *Polygonum divaricatum*). Im heranwachsenden Nucellus der Samenanlage differenziert sich eine hypodermale Zelle (A), gliedert eine sich weiter teilende Deckzelle ab (B–C), vergrößert sich zur Embryosackmutterzelle (D) und bildet nach der Meiose (E, F) 4 Embryosackzellen, von denen sich nur die unterste zu einem Embryosack weiterentwickelt. G Reife Samenanlage mit Mikropyle (mi), äußerem und innerem Integument (ai, ii), Chalaza (cha) und Funiculus (fun); der Embryosack enthält die Synergiden (s), die darunter hervorragende Eizelle (e), den sekundären Embryosackkern (k) und die 3 Antipoden (a) (200×). (A–F nach MAHESHWARI; G nach STRASBURGER.)

In Zwitterblüten kann es leicht zu Selbstbestäubung (Autogamie) und damit zur Inzucht kommen (S. 513f., 767). Es ist daher verständlich, daß bei den Angiospermen zahlreiche blütenbiologische Einrichtungen entstanden sind, um **Fremdbestäubung (Allogamie)** zu fördern oder zu erzwingen. Dabei kommt Griffeln und Narben eine entscheidende Bedeutung als entwicklungsphysiologische «Filter» zu: Meist verhindern sie nämlich Keimung bzw. Pollenschlauchbildung des Pollens nicht nur von anderen Arten, sondern bei der Mehrzahl der Angiospermen auch von der gleichen Pflanze. Dies ist auf genetische Inkompatibilität

und Selbststerilität zurückzuführen (S. 513f.).

Innerhalb der Angiospermen haben sich die für die Selbststerilität verantwortlichen multipolaren S-Gene (S. 514) wohl erst allmählich herausgebildet (bei den ursprünglichen *Magnoliidae* dürften sie z.B. noch fehlen). Die S-Gene bestimmen das Pollenverhalten (vgl. Abb. 558) entweder erst im ♂ Gametophyt (z.B. bei Ranunculaceen) oder – noch effizienter – schon in der Mutterpflanze (z.B. bei Compositen): man spricht demnach von einer gametophytischen bzw. sporophytischen Kontrolle. Auch bei selbstkompatiblen Angiospermen ist das Wachstum von eigenen gegenüber fremden Pollen oft verlangsamt.

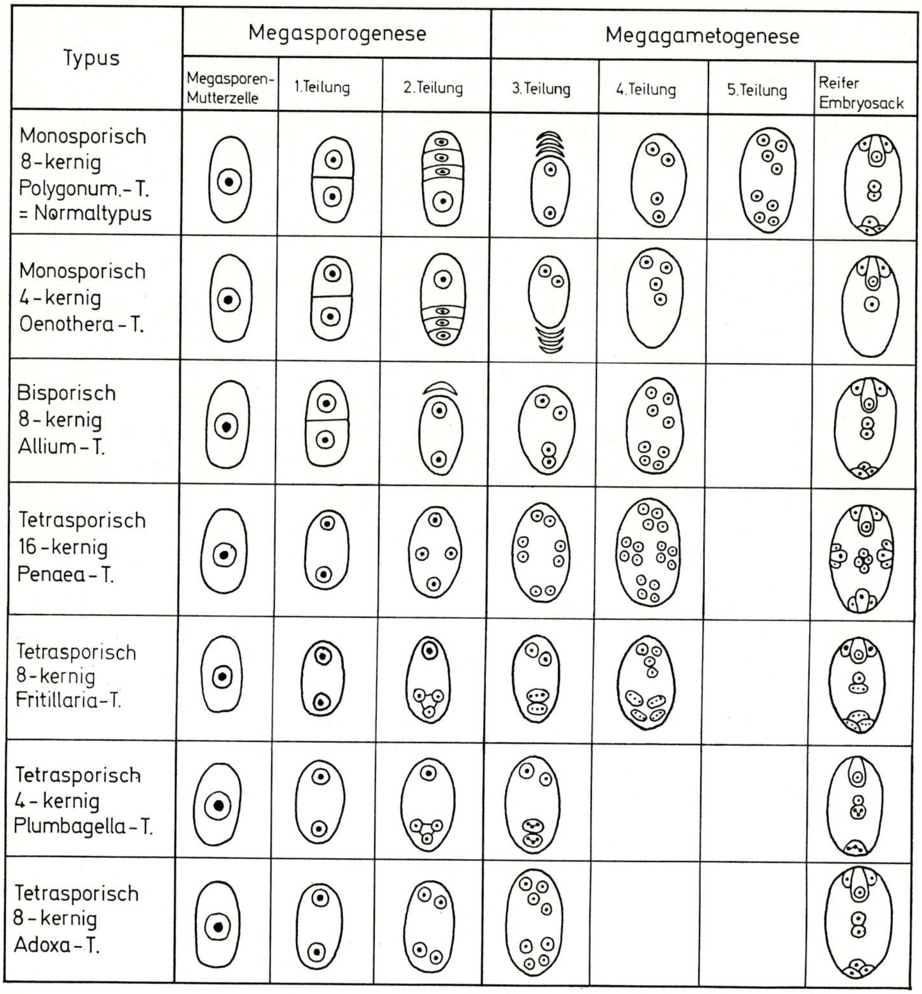

Abb. 890: Einige Typen der Embryosackbildung bei den Angiospermen: Meiose der diploiden Embryosackmutterzelle (Megasporogenese) und Entwicklung der haploiden Embryosackzelle zum reifen Embryosack (Megagametogenese). Weitere Erklärungen S. 812f. (Nach Maheshwari.)

Mehrfach parallel ist in verschiedenen Angiospermengruppen genetische Inkompatibilität durch **Heterostylie** verstärkt worden (S.514). Bei heterostylen Sippen sind 2 oder 3 unterschiedliche Griffellängen und Staubblattpositionen infolge gekoppelter Genunterschiede auf verschiedene Individuen verteilt.

So kommen z.B. bei vielen *Primula*-Arten etwa gleich viele lang- und kurzgriffelige Individuen mit tiefem bzw. hohem Staubblattansatz vor. Schon DARWIN hat gezeigt, daß nur bei Kreuzbestäubung der beiden Typen optimaler Fruchtansatz resultiert. Nur in diesem Fall entsprechen einander auch die Größe der Narbenpapillen und Pollenkörner (Abb. 891 A–B). Diese «legitime» Bestäubung wird dadurch gewährleistet, daß die immer gleich tief in die Kronröhre vordringenden Blütenbesucher den Blütenstaub hochsitzender Staubblätter normalerweise auf hochsitzende Narben, den tieferer Staubblätter dagegen auf tief stehende Narben übertragen. Solche dimorph-heterostyle Sippen gibt es etwa noch bei Vertretern der *Polygonaceae*, *Oxalidaceae*, *Plumbaginaceae*, *Boraginaceae* (Abb. 559 A) und *Rubiaceae*. Außerdem finden sich aber auch trimorph-heterostyle Sippen mit 3 verschiedenen Blütentypen, z.B. bei den *Lythraceae* (*Lythrum salicaria* u.a.).

Als **Dichogamie** bezeichnet man zeitlich verschiedene Reifung von Staubblättern und Narben; sie tritt entweder als Vormännlichkeit [Prot(er)andrie] oder als Vorweiblichkeit [Prot(er)ogynie] in Erscheinung. (Gleichzeitige Reifung ♂ und ♀ Organe heißt Homogamie.) **Herkogamie** bezieht sich auf verstärkte räumliche Trennung von Staubblättern und Narben. Dichogamie und Herkogamie schließen zwar die Bestäubung von Nachbarblüten nicht aus, wirken aber doch bei selbstkompatiblen Sippen der Autogamie und Inzucht entgegen und fördern Allogamie.

Proterandrische Blüten sind bei den verschiedensten Angiospermenfamilien sehr häufig (Abb. 891 C–D); dagegen ist Proterogynie viel seltener (z.B. bei *Plantago*). Auch Herkogamie ist allgemein verbreitet. Bei *Iris* (Abb. 965 E–G) können z.B. Hummeln nur beim Hineinkriechen in die Teilblume (S. 901) die Narbenklappe mit dem Rücken umbiegen und bestäuben; wenn sie beladen mit Pollen derselben Teilblume zurückkriechen, wird die Narbenklappe aber an das Griffeldach angedrückt, wodurch Selbstbestäubung unmöglich wird.

In den meisten Angiospermenfamilien sind abgeleitete Sippen mit fakultativer und schließlich obligater **Selbstbestäubung** (**Autogamie**) entstanden. Die Voraussetzungen dafür sind Ausfall der genetischen Selbstinkompatibilität und gezielte Übertragung des Pollens auf die eigenen Narben, etwa durch Herunterrieseln, Krümmbewegungen der Staubblätter oder Kronenschluß (vgl. Abb. 559 C, 909 B). Selbstbestäubung schon in der Blütenknospe kann zur Cleistogamie führen, wobei sich die Blüten überhaupt nicht mehr öffnen.

Autogamie ermöglicht Fruchtansatz und Fortpflanzung auch an Einzelindividuen. Sie ist daher bei Pionierpflanzen und Unkräutern (S. 514f.), aber auch in Inselfloren verbreitet (Fernausbreitung von einzelnen Diasporen! S. 927). Vielfach bildet Autogamie

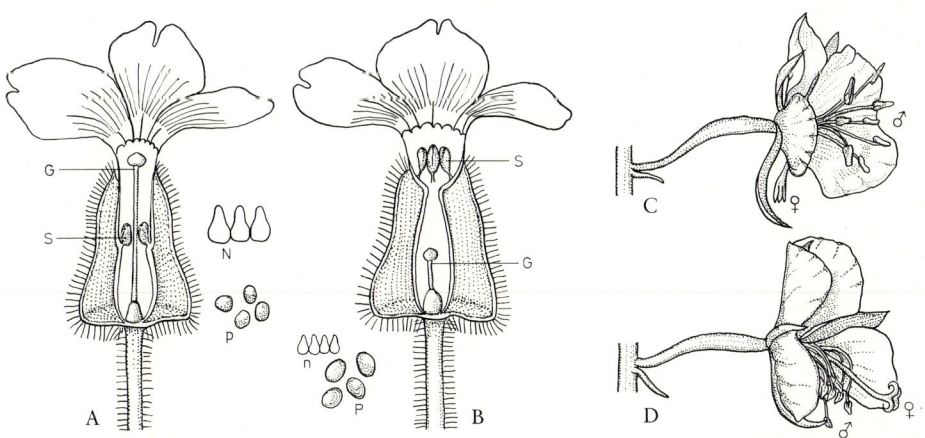

Abb. 891: Heterostylie bei *Primula sinensis*, Blüten mit unterschiedlicher Position von Narben (G) und Staubbeuteln (S). A Blüte einer langgriffeligen Pflanze mit großen Narbenpapillen (N) und kleinen Pollenkörnern (p). B Blüte einer kurzgriffeligen Pflanze mit kleinen Narbenpapillen (n) und großen Pollenkörnern (P). (A, B schwach vergr.; P, N, p, n 80×). (Nach NOLL.) Proterandrie bei *Epilobium angustifolium*. C Blüte im ♂, D im ♀ Entwicklungszustand (nat. Gr.). (Nach CLEMENTS & LONG.)

in extremen, an Bestäubern armen Lebensräumen (etwa unter arktischen, alpinen oder wüstenartigen Bedingungen) die einzige Möglichkeit zur geschlechtlichen Fortpflanzung. Obligate Selbstbestäuber haben meist unscheinbare, duft- und nektarlose Blüten, die Größe bzw. Zahl der Kron- und Staubblätter ist oft reduziert, die Pollenmenge verringert (vgl. z.B. Abb. 559 C, 909 oder die Antherengröße beim allogamen Roggen im Vergleich zu den autogamen Gersten und Weizen: Abb. 970 B, E, G). Vielfach bildet sich ein vorteilhaftes Balancesystem zwischen Allogamie und Autogamie heraus: etwa, indem Blüten sich zuerst öffnen, Fremdbestäubungen ermöglichen und erst gegen Ende der Anthese auch Selbstbestäubung durchführen. Bei vielen *Viola*-Arten oder bei *Oxalis acetosella* gibt es eine entsprechende Balance infolge Ausbildung von normalen, offenen (c h a s m o g a - m e n) und sehr reduzierten, knospenartigen c l e i - s t o g a m e n Blüten am gleichen Individuum. *Lamium amplexicaule* neigt besonders zu Anfang und Ende der Blühperiode zur Cleistogamie.

Sekundäre Eingeschlechtigkeit der Blü- ten in Form von Monöcie, Diöcie oder Poly- gamie (S. 762 f.) hat sich bei den Angiospermen besonders im Zusammenhang mit Windblütig- keit (S. 800) entwickelt, ermöglicht aber auch sonst einen Ausweg aus Autogamie und Inzucht [so bei *Silene dioica* (= *Melandrium rubrum*) und *S. alba*].

Nach den äußeren Kräften, welche die Übertragung des Pollens vermitteln, können wir tier-, wind- und wasserblütige Be- decktsamer unterscheiden:

Tierblütigkeit (Zoophilie = Zoidiophilie, «Zoogamie») setzt voraus, daß die bestäubenden Tiere zu einem r e g e l m ä ß i g e n B e s u c h und zu einem genügend langen Aufenthalt in den Blü- ten veranlaßt werden, daß die Blüten dabei der m e c h a n i s c h e n B e a n s p r u c h u n g gewach- sen sind, daß Pollen und Narbe regel- mäßig berührt werden und der Pollen an den Besuchern an bestimmten Stellen so gut h a f - t e n b l e i b t, daß er mit genügender Sicherheit auf die Narbe anderer Blüten gelangt. Tierblu- men (vgl. S. 768) verfügen dementsprechend über L o c k m i t t e l (Pollen, Nektar usw.), R e i z - m i t t e l (Farbe, Duft usw.) und über k l e b r i g e n P o l l e n (S. 806).

Im Zuge der Evolution der Angiospermen erfolgte eine sehr starke Differenzierung der Lock- und Reiz- mittel sowie des Blütenbaues; dadurch konnten immer mehr Tiergruppen für den Dienst der Bestäu- bung gewonnen werden: besonders die verschieden- sten Insekten und mehrere Vogelgruppen. Aus zu- fälligen Blütenbesuchen verschiedener Tiere ent-

wickelten sich allmählich enge Bindungen zwischen bestimmten spezialisierten «Tierblumen» und «Blu- mentieren», zum Vorteil beider: Fortschreitende Prä- zision in der Anlockung bestimmter Besucher und im Anbringen bzw. Abnehmen des Pollens (etwa durch Staubblätter bzw. Narben) ermöglicht der Pflanze fortschreitend sicherere und pollensparendere Be- stäubung von Individuum zu Individuum und damit besseren Samenansatz (Verhältnis Pollenkörner zu Samenanlagen bei Windblütlern oft in der Größen- ordnung 10^6 : 1, bei spezialisierten Insektenblütlern, z.B. Orchideen, bis etwa 1:1!). Für den spezialisierten Blütenbesucher wird die Konkurrenz mit anderen «Blumentieren» verringert, und die gezielte Bestäu- bung «seiner» Nahrungspflanzen kommt ihm schließ- lich selbst zugute. Die stammesgeschichtliche Ent- faltung der tierblütigen Angiospermen und der dazu- passenden Gruppen von Blumentieren ist nur als wechselseitig bedingte «Co-Evolution» zu verstehen. Dabei ist die gegenseitige Anpassung der Partner teil- weise so weit gediehen, daß einer ohne den anderen nicht mehr existieren kann.

Das ursprüngliche **Lockmittel** der Angio- spermenblüten war unzweifelhaft N a h r u n g, und zwar zuerst im Überschuß gebildeter P o l - l e n, der reich an Eiweiß, Fett, Kohlenhydraten und Vitaminen ist. Solche primäre P o l l e n - b l u m e n, die auch primitiven Insekten mit beißenden Mundwerkzeugen offenstehen, fin- den sich z.B. bei den primär polyandrischen *Magnoliidae* und *Ranunculidae* (z.B. *Winter- aceae, Victoria, Anemone, Papaver*). Die sekun- där polyandrischen *Rosidae* (z.B. *Rosa*), *Dille- niidae* (z.B. *Paeonia*) u.a. sind möglicherweise sekundär pollenblütig (Abb. 917 V–VI). Schon frühzeitig werden als Verköstigung für Blüten- besucher auch Futtergewebe, besonders aber zuckerhaltige Säfte als N e k t a r dargeboten. Damit wird eine Einsparung bei der baustoff- mäßig «aufwendigen» Pollenproduktion mög- lich. Die überwältigende Mehrzahl aller heuti- gen angiospermischen Tierblumen sind als N e k t a r b l u m e n zu bezeichnen. Nektarange- bot führt in Wechselwirkung auch zu einer Verbesserung der saugenden Mundwerkzeuge der Blütenbesucher.

Als Nectarien fungieren dabei meist Diskusbil- dungen des Blütenbodens (S. 802), umgewandelte Staubblätter (S. 804), aber auch bestimmte Gewebe- bezirke an Frucht- (S. 811), Kron- oder Kelchblättern. Ursprünglich liegt der Nektar in den Blüten ± frei und ist auch vielerlei Blütenbesuchern mit kurzen Mundwerkzeugen zugänglich, z.B. auf den Frucht- blättern von *Magnolia* (Abb. 875 A) oder am Blüten- boden vieler *Rosaceae* (Abb. 920); später ist er aber vielfach tief geborgen und wird dann nicht selten in

besonderen Behältern, z.B. in den hohlen Blüten-
sporen von *Viola* (Abb. 936), *Linaria*, *Corydalis*,
oder in langen Blütenröhren (Abb. 892 E, 927 I), gespeichert, wo er nur bestimmten Tieren, z.B. lang-
rüsseligen Schmetterlingen, zugänglich ist.

Manche Angiospermen [z.B. die heimischen
Vertreter von *Lysimachia (Primulaceae)* oder
die südamerikanischen Pantoffelblumen *(Calceolaria, Scrophulariaceae)*] bieten ihren darauf spezialisierten Blütenbesuchern auch fettes
Öl (Lipide) als Nahrung an. In seltenen Fällen
kann schließlich auch der Fortpflanzungs-
trieb der Tiere von Blumen ausgenützt werden.

Dies ist z.B. der Fall bei der Feige (*Ficus carica*:
Abb. 892 H–L), in deren bekannten, krugförmig ausgehöhlten Blütenständen man in besonderer Verteilung dreierlei Blüten findet: neben den ♂ noch 2 Arten von ♀, nämlich langgrifflige und kurzgrifflige.
Während die langgriffligen Samen bilden, ist dies bei
den kurzgriffligen für gewöhnlich nicht der Fall, da
sie als sog. «Gallenblüten» einer mit entsprechend
langer Legröhre ausgestatteten Gallwespe *(Blasto-
phaga psenes)* zur Ablage der Eier und zur Aufzucht
der Larven dienen. Die Motte *Tegiticula yuccasella*
bestäubt die Blüten der Agavacee *Yucca* und legt dann
ihre Eier in den Fruchtknoten ab; die Larven ernähren
sich von einem Teil der heranwachsenden Samen.
Die Blüten der (sub)mediterranen Orchideengattung
Ophrys imitieren durch Form, Behaarung und Duft
die Weibchen bestimmter Bienen bzw. Grabwespen
und veranlassen die Männchen zu Kopulationsver-
suchen und Bestäubung. Das letztgenannte Beispiel
gehört bereits zu den sog. Täuschblumen, die den
Besuch der Tiere ohne Gegengabe herbeiführen;
dazu sind auch die Fallenblumen (z.B. *Arum*,
Abb. 892 G und S. 818 f., oder Frauenschuh: *Cypripedium*, S. 902) zu zählen.

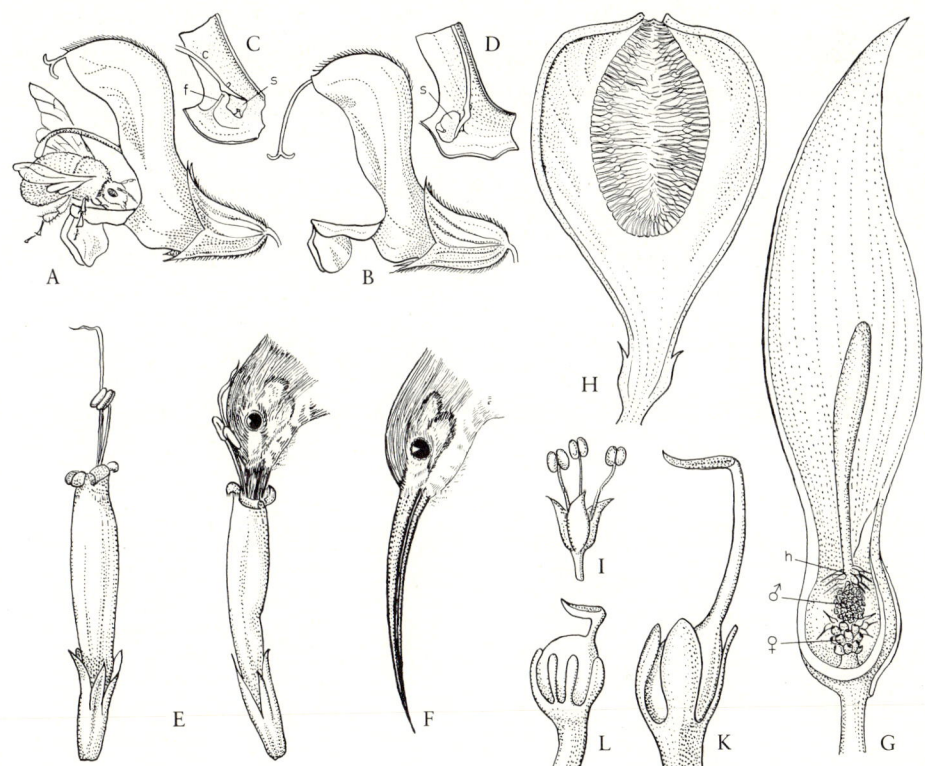

Abb. 892: Tierblütigkeit bei verschiedenen Angiospermen. A–D Hummel als Blütenbesucher an *Salvia pratensis* (violettblau) (etwas vergr.). E–F Der Honigvogel *Arachnothera longirostris* als Bestäuber bei *Sanchezia
nobilis* (Acanthaceae, Blüten gelb, Brakteen purpurn) (etwa ¾). G Aufgeschnittener Blütenstand (Gleitfallenblume) von *Arum maculatum* mit hellgrüner Spatha und unscheinbaren ♂, ♀ und Hindernisblüten (h) im weiblichen Entwicklungszustand (⅔ ×). H Blütenstand von *Ficus carica* im Längsschnitt (etw. vergr.) mit ♂ (I) und
langgriffeligen ♀ (K) fertilen Blüten sowie kurzgriffeligen ♀ Gallenblüten (L) (vergr.). Weitere Erklärungen
S. 818, 820, 817. (A–D nach Noll; E–F nach Porsch; G nach Firbas; H nach Karsten; I nach Kerner;
K–L nach Solms-Laubach.)

Die **Reizmittel** der Angiospermenblüten sind vor allem o p t i s c h e r und c h e m i s c h e r Natur; vielfach wirken beide zusammen, wobei Fern- und Nahwirkung verschieden sein können.

Ein Verständnis der optischen bzw. chemischen Wirkung der Blumen setzt eine sichere Kenntnis der Sinnesphysiologie der bestäubenden Tiere voraus, wie wir sie vorerst nur für einige wenige Tiere, wie die Honigbiene, die Hummeln, den Taubenschwanz unter den Schwärmern, die Wollschweber unter den Fliegen und einige Kolibris besitzen. Denn wenn auch der F a r b e n s i n n dieser und anderer Tiere erwiesen ist, so wird doch z.B. von der Honigbiene und den Hummeln reines Rot nicht gesehen, wohl aber das vom Menschen nicht mehr empfundene Ultraviolett von 400 bis 310 nm und unter den übrigen Blütenfarben nur eine Gelbgruppe von 650–520 nm, eine Blau-Violettgruppe (mit Purpur) von 480–400 nm und Weiß, das wie Blaugrün wahrgenommen wird. Dagegen sind die optischen Wahrnehmungen der Vögel denen des Menschen ähnlicher; vor allem wirkt Rot für sie sehr auffällig. Dressurversuche mit Blumeninsekten haben gezeigt, daß auch verschiedene Sättigungs- und Helligkeitswerte, simultane Helligkeits- und Farbenkontraste und die Form der Blütenteile die Wirksamkeit der «Schaueinrichtungen» wesentlich mitbestimmen können. Damit konnte u.a. auch die Bedeutung jener Blütenzeichnungen und Farbflecke bewiesen werden, die als «S a f t m a l e» schon lange für Wegweiser zum Nektar gehalten wurden, wie z.B. der orangegelbe Gaumen in den sonst citronengelben Blüten von *Linaria vulgaris* (Abb. 955I). Nicht selten sind Saftmale auch nur für Ultraviolett-empfindliche Insektenaugen erkennbar (z.B. an den für uns einheitlich gelben Perigonblättern von *Caltha palustris*). Auch die Beweglichkeit ganzer Blüten oder Blütenteile kann optische Reizwirkung haben.

Die chemische Wirkung der Blumen beruht vor allem auf der Bildung von ± a r t s p e z i f i s c h e n D u f t s t o f f e n, die dem Pollen, den Kronblättern, aber auch anderen Blütenorganen entströmen und für den Menschen allenfalls unangenehm sein können, z.B. bei den nach Aas und Kot riechenden und von aas- und kotliebenden Insekten bestäubten *Araceae*. Der unregelmäßigen Verteilung des Duftes entsprechend, erfolgt die Annäherung der Tiere dabei ebenfalls unregelmäßig und weniger sicher, im Gegensatz zu den geradlinigen Annäherungen bei optischer Reizung. Bei den Bienen und Hummeln ist der Duft u.a. für die Nahwirkung wichtig. Viele Blüten besitzen den Farbmalen ähnliche und z.T. den gleichen Bereich einnehmende «D u f t m a l e» (z.B. die Nebenkrone von *Narcissus*). Der Ausbau dieser Reizmittel setzt eine laufende Verbesserung der sensorischen Organe der Blütenbesucher voraus. Bei Bienen und anderen Hymenopteren bewirkt wiederholter erfolgreicher Besuch bestimmter Blumen

eine gewisse «Bindung», zeitlich begrenzte Blütentreue und intensive Sammeltätigkeit. Dies beruht auf der stimulierenden Wirkung des artspezifischen Duftes von Kronblättern, in den Stock gebrachtem Nektar und Pollen sowie auf dem hochentwickelten «Gedächtnis» und der «Tanzsprache» (Mitteilungsfähigkeit) dieser Tiere.

M e c h a n i s c h e Verbesserungen der Blumen bewirken, daß nur Tiere mit einem bestimmten Körperbau die Bestäubung durchführen können, wobei sie in bestimmte Bahnen gelenkt werden, die eine genügende Berührung mit dem Pollen und mit der Narbe sichern. Auch eine gewisse Dauer des Aufenthaltes kann (zur Sicherung der Bestäubung) erzwungen oder die Übertragung des Pollens durch bestimmte H e b e l -, K l e b e -, K l e m m - und S c h l e u d e r e i n - r i c h t u n g e n gewährleistet werden.

So sind z.B. die proterandrischen Blüten von *Salvia pratensis* (Abb. 892 A–D) wegen ihres wirkungsvollen, schon von SPRENGEL (S. 767) beschriebenen H e b e l m e c h a n i s m u s bekannt: Sie besitzen nur 2 Staubblätter; ein jedes trägt ein zu einem langen, der Oberlippe anliegenden Hebel ausgezogenes Konnektiv (c), das mit dem kurzen Filament (f) durch ein Torsionsgelenk verbunden ist. Nur am vorderen, längeren Arm des Hebels befindet sich eine fertile Theca. Die andere sterile Theca (s) bildet den hinteren, kürzeren Arm, der mit dem entsprechenden Teil des anderen Staubblattes zu einer Platte verbunden ist, die den Zugang zum Nektar verdeckt. Drückt nun eine Hummel gegen diese Platte, so werden die längeren Enden der Hebel hinabgebogen und ihre Thecen mit dem Pollen dem Rücken des Tieres angedrückt. In der gleichen Lage, in die hierbei die Thecen geraten, befindet sich aber in älteren Blüten die Narbe (B), so daß es regelmäßig zur Fremdbestäubung kommt.

Als Beispiel für einen besonders kompliziert integrierten Blumenmechanismus seien die durch chemische Fernanlockung ausgezeichneten «G l e i t f a l l e n - b l u m e n» (Blütenstände) von *Arum maculatum* (Abb. 892 G) und anderen *Arum*-Arten genannt. Die getrenntgeschlechtigen Blüten sind hier am unteren Teil eines dicken Kolbens zu zwittrigen, proterogynen Blütenständen vereinigt, die von einem hellen Hochblatt (der Spatha) umhüllt werden, das unten zu einem bauchigen und geschlossenen Kessel erweitert ist, sich darüber verengt und oben weit öffnet. Zuunterst im Kessel stehen die ♀, darüber die ♂ Blüten und zwischen beiden und über ihnen noch sterile, in dicke Borsten auslaufende «Hindernisblüten». Außerhalb des Kessels verdickt sich der Kolben zu einer Keule, die bei dem besonders gut untersuchten *A. nigrum* schon am Morgen des ersten Tages nach Öffnen der Spatha einen kotähnlichen Geruch entwickelt, der verschiedene kotliebende, zum Teil schon mit Pollen aus anderen Blütenständen beladene Fliegen und Käfer anlockt. Die Freisetzung der Geruchsstoffe wird durch eine Temperaturerhöhung des Kolbens (schneller, entkoppelter – vgl. S. 290 – Abbau von Speicherstoffen) und durch Öffnung des Intercellularsystems nach außen («Lückenepidermis») gefördert. Versuchen nun die genannten Insekten, sich auf der Innenfläche der Spatha oder auf der Keule niederzulassen und festzuhalten, so gleiten sie leicht aus und stürzen in den Kessel, da an den glatten und mit Öltröpfchen überzogenen Epidermen Krallen und Haftscheiben versagen. Ein Entkommen ist zunächst unmöglich, da auch die Hindernisblüten und der obere Teil der Kesselwand in ähnlicher Weise mit Gleitflächen versehen sind und die ersteren auch noch den Ausgang aus dem Kessel verengen. Nun werden zunächst die Narben mit dem mitgebrachten Pollen bestäubt. Während der folgenden Nacht streuen die obenstehenden ♂ Blüten ihren Pollen in den Kessel und beladen damit die Insekten, während gleichzeitig der Geruch aufhört. Schließlich wird der Ausgang durch Welken der Hindernisblüten und des Kolbenstiels frei, so daß am folgenden Tage die pollenbeladenen Tiere die Falle wieder verlassen können, meist, um bald in eine neue zu stürzen. Auch die Blüten verschiedener *Aristolochia*-Arten sind Gleitfallen. Weitere Beispiele mechanischer Blumeneinrichtungen werden etwa bei den *Orchidaceae* (S. 901 f.), *Asclepiadaceae* (S. 884), *Fabaceae* (S. 858 f.) und *Asteraceae* (S. 891 ff.) besprochen.

Der Pollen der meisten insektenblütigen Pflanzen ist durch einen Überzug von Pollenkitt (S. 806) klebrig und verklumpt. Vereinzelt übernehmen Viscinfäden eine entsprechende Funktion. Auch die häufig mit Stacheln (Abb. 845) und gezähnten Leisten besetzte Oberfläche der Pollenkörner dürfte das Festhalten im Haar- und Federkleid der Tiere erleichtern. Eine einmalige erfolgreiche Bestäubung kann daher bereits die Befruchtung zahlreicher Samenanlagen zur Folge haben; dementsprechend finden wir bei Tierblütlern oft sehr zahlreiche Samenanlagen in einem Fruchtknoten, bei den durch ganze Pollinarien bestäubten Orchideen sogar mehrere Tausend.

Nach ihren funktionellen Baueigentümlichkeiten läßt sich die Vielfalt der Tierblumen zu **Blumentypen** gruppieren, die jeweils Euanthien, Meranthien und Pseudanthien (S. 767) umfassen können.

Die Entwicklungsreihe dieser Blumentypen beginnt bei den Angiospermen mit flachen 1) S c h e i b e n - und N a p f b l u m e n, die sich von a) vielgliedrigen (z. B. *Magnolia*: Abb. 875 A) über b) vielstrahlige (z. B. *Anemone; Matricaria*: Abb. 957 F: Pseudanthien) zu c) wenigstrahligen Typen (z. B. *Rosaceae*: Abb. 920; *Tilia*: Abb. 940 B; *Apiaceae*: Abb. 934 D–G und besonders *Euphorbia*: Abb. 933 H–K: Pseudanthien) verfolgen lassen. Von da läßt sich eine Weiterentwicklung zu vertieften und damit verstärkt räumlich wirkenden Blumentypen erken-

nen: Mehr-minder radiär und fortschreitend verengt sind 2) B e c h e r - und G l o c k e n b l u m e n (z. B. *Hyoscyamus*: Abb. 951 C; *Crocus*: Abb. 965 A) sowie 3) R ö h r e n - und S t i e l t e l l e r b l u m e n (z. B. *Silene*: Abb. 909 A; *Nicotiana*: Abb. 951 G). Dorsiventral werden 4) F a h n e n - bzw. S c h m e t t e r l i n g s - b l u m e n (z. B. *Corydalis*; *Pisum*: Abb. 926 B–C; *Polygala*; Abb. 930 I–K) sowie 5) R a c h e n - und L i p p e n - b l u m e n (z. B. *Aconitum*: Abb. 907 D–E, U; *Viola*: Abb. 936; *Scrophulariaceae*: Abb. 955 C–D, H–K; *Orchis*: Abb. 966 A–B; *Iris*: Abb. 965 E–G: Meranthien; *Mimetes*, *Proteaceae*: Pseudanthien). Sonderentwicklungen repräsentieren 6) B ü r s t e n - und P i n s e l b l u m e n (z. B. *Syzygium*: Abb. 927 D; *Acacia*: Abb. 924 A–B und besonders *Salix*: Abb. 938 G–I: Pseudanthien), 7) F a l l e n b l u m e n (z. B. *Asclepias*: Abb. 947 I–K: Klemmfallenblume; *Arum*: Abb. 892 G u. S. 818 f.: Gleitfallenblume) u. a. Hinsichtlich der Euanthien entsprechen die Entwicklungsreihen dieser Blumentypen von 1 a) zu 1 c) und weiter zu 2) und 3) bzw. von 1 c) und 2) zu 4) und 5) im wesentlichen auch den historischen, durch Fossilfunde dokumentierten Entwicklungsstufen in der Evolution der Angiospermenblüten. Dabei gehören Typ 6) noch zu mittleren, 7) und alle Meranthien bzw. Pseudanthien zu mittleren bis späten Entwicklungsstufen.

Parallel damit verläuft nun auch die Evolution der wichtigsten **tierischen Blumenbesucher.** Die ursprünglichste und älteste Bestäubergruppe sind dabei offenbar die Coleopteren (Käfer, seit dem Perm). Erst später treten Hymenopteren (Wespen und Ameisen, besonders aber die jüngeren Apiden: Bienen und Hummeln) sowie Dipteren (Fliegen, z. B. Schwebfliegen) in Erscheinung. Einer dritten Evolutionsphase von Blumentieren sind schließlich die Lepidopteren (besonders Tagfalter, Schwärmer, Eulen) sowie vorwiegend in den Tropen Vögel (Trochiliden = Kolibris in der Neuen Welt, Meliphagiden = Honigfresser, Nectariniden = Honigvögel u. a. in der Alten Welt) und auch Fledermäuse zuzurechnen. Weitere Tiergruppen (z. B. Orthopteren, Hemipteren, Thysanopteren, kleine Säugetiere) spielen meist nur eine untergeordnete Rolle als Bestäuber.

Viele dieser Tiergruppen haben infolge ihres Körperbaues, ihrer Mundwerkzeuge, Verhaltensweisen und Nahrungsbedürfnisse an den von ihnen besuchten Blumen bestimmte Merkmale ausgenutzt und in spezifischer Weise selektiv verändert: So lassen sich durch ganze Merkmalskomplexe (Syndrome) charakterisierte Blumenstile erkennen.

Die Richtigkeit dieser Ansicht ergibt sich aus der experimentellen Analyse der großen Unterscheidungsfähigkeit der meisten Blumenbesucher; weiter aber auch aus der Tatsache, daß funktionell sehr ähnliche Stiltypen aus völlig verschiedenen Blütenorganen von Einzelblüten (Euanthien) bzw. aus Teilblüten (Meranthien) oder Blütenständen (Pseudanthien) entstehen können. Bei der Frage nach der selektiven Beeinflussung des Blumenbaues durch die Blumenbesucher ist zu beachten, daß viele Blumen von einer größeren Zahl verschiedener Blütenbesucher aufgesucht werden, also polyphil sind; erst allmählich führt Spezialisation zur Entstehung von oligo- bis monophilen Blumen mit wenigen oder gar nur einem Besucher.

Unter den **Insektenblumen** (Entomophile = «Entomogame») müssen wieder die Käferblumen (Cantharophile) an den Anfang gestellt werden. Käfer sind relativ unbeholfene Blumentiere und verwüsten mit ihren beißenden Mundwerkzeugen vielfach die Blütenorgane. Dementsprechend ist der Stil der Käferblumen besonders durch leicht zugängliche, robuste Scheiben- und Napfblumen mit grünlichen oder weißen Farben ohne Saftmale, meist mit starkem Duft und Pollennahrung gekennzeichnet. Käferblumen finden sich bei vielen *Magnoliidae* (z.B. Abb. 875 A), aber auch bei abgeleiteten Scheibenblumen (z.B. *Cornus*, *Viburnum*: Pseudanthien).

Recht heterogen sind die Fliegenblumen (Myiophile). Sie umfassen teils kleine, ± geruchlose Scheibenblumen mit offenem Nektar (z.B. *Apiaceae*: Abb. 934D–H; *Ruta*: Abb. 928B–C), teils Aasfliegenblumen (Sapromyiophile), die besonders mit grün-purpurn-gefleckten Farben und Aasgeruch den normalen Lebensraum der Besucher nachahmen und sie meist als Täusch- und Fallenblumen in den Dienst der Bestäubung nehmen (z.B. *Aristolochia*: Euanthium oder *Arum*: Pseudanthium. Abb. 892 G und S. 818 f.).

Besonders vielfältig und wichtig sind die Bienenblumen (Melittophile). Ihr Stil wird vielfach durch dorsiventrale Fahnen-, Rachen- und Lippenblumen mit Landeplatz, häufig gelben, violetten oder blauen Farben, leichtem Duft, Saftmalen und mäßig tief verborgenem Nektar geprägt (z.B. *Salvia*: Abb. 892 A–D, und die oben bei Fahnen- und Rachenblumen genannten Beispiele).

Tagfalterblumen (Psychophile) fallen besonders durch aufrechte Stellung, engen Röhrenbau, häufig karminrote Farben und tief verborgenen Nektar auf (z.B. *Dianthus carthusianorum*; *Nictotiana tabacum*: Abb. 951 G). Im Gegensatz zu den tagsüber offenen psychophilen Sippen entfalten sich die Nachtschwärmer- und Mottenblumen (Sphingo- und Phalaenophile) am Abend. Sie umfassen waagrechte oder hängende, enge Röhrenblumen mit weißlichen Farben, Parfüm-Geruch und tief verborgenem Nektar (z.B. *Oenothera*: Abb. 9271; *Silene*: Abb. 909 A, F; *Lonicera periclymenum*). Beachtenswert ist die Orchidee *Angraecum sesquipedale* aus Madagaskar mit 32 cm langem Sporn. Für sie wurde ein Nachtschwärmer als Bestäuber vorausgesagt und dann auch tatsächlich gefunden *(Xanthopan morgani f. praedicta)*.

Gegenüber den Insektenblumen heben sich die **Vogelblumen** (Ornithophile = «Ornithogame») durch einen eigenen Stil deutlich ab. Landeplätze fehlen, denn die weitaus schwereren Vögel müssen den Besuch entweder frei schwebend (Kolibris) oder von einem festeren Sitz aus vornehmen. Häufig gehören die großen Blumen dem Becher-, Röhren- oder Bürstentyp an, die Farben und Farbkontraste sind vielfach grelles Rot, daneben auch Blau, Gelb oder sogar Grün («Papageienfarben»); Duft fehlt wegen des schlecht ausgebildeten Geruchsinnes der Blumenvögel, dafür ist aber reichlich dünnflüssiger, meist tiefliegender Nektar vorhanden, der durch Röhren- oder Pinselzungen aufgenommen wird. Das in warmen Gebieten gesteigerte Flüssigkeitsbedürfnis der Vögel zusammen mit dem dauernden Vorhandensein blühender Pflanzen mag mit der Häufung der Vogelblütigkeit in warmen Klimaten zusammenhängen. Der Pollen wird am Schnabel, aber auch an anderen Teilen des Kopfes haftend übertragen (Abb. 892 E–F). Vogelblumen finden sich in fast allen tierblütigen Familien der Tropen [vgl. z.B. bei uns kultivierte Arten: *Erythrina (Fabaceae)*; *Fuchsia*; *Hibiscus tiliaceus (Malvaceae)*; *Tropaeolum majus*; *Salvia splendens*; *Aloe*].

Fledermausblumen (Chiropterophile) schließlich sind auf die Tropen beschränkt und werden besonders durch alt- bzw. neuweltliche Langzungen-Flughunde und -Vampire besucht. Ihr Stil ist durch exponierte Blumenposition, robusten, meist becher-, breit-, rachen- oder bürstenförmigen Bau, nächtliche Anthese, oft düstere Farben, starken Frucht- oder Gärungsgeruch und sehr viel Nektar (sowie Pollen) gekennzeichnet [z.B. *Carnegiea (Cactaceae)*; *Adansonia (Bombacaceae)*; *Cobaea (Polemoniaceae)*; diverse *Bignoniaceae*; Arten von *Musa* und *Agave*].

Im allgemeinen dürften die Progressionen der Blumenstiltypen von Käfer- zu Fliegen- und Hymenopterenblumen und von diesen einerseits zu Tagfalter- und Nachtschwärmer- bzw. Mottenblumen, andererseits zu Vogel- bzw. zu Fledermausblumen verlaufen sein; doch sind auch viele andersartige Zusammenhänge bekannt.

Windblütigkeit (Anemophilie = «Anemogamie») erfordert, daß eine genügende Pollenmenge erzeugt und ausgestreut wird, daß sich die Pollenkörner in der Luft rasch und möglichst gleichmäßig verteilen und lange genug schweben bleiben und daß die Narben so frei liegen und so groß sind, daß eine Bestäubung häufig genug zustande kommt. Windblumen entbehren im allgemeinen aller Lock- und Reizmittel, sie sind meist eingeschlechtig, die ♂ Blüten (bzw. Staubblätter) sind zahlenmäßig gegenüber den ♀ Blüten (bzw. Samenanlagen) stark vermehrt, der Pollen ist oberflächlich ± glatt und infolge unterdrückter Aufbringung oder früher Austrocknung des Pollenkitts staubig (S. 806).

Im Zuge der Evolution der Angiospermen sind sekundär windblütige Sippen zu verschiedenen Zeiten und in verschiedenen Gruppen entstanden, und zwar dort, wo infolge des Vorkommens von Massenbeständen an windexponierten und vielfach blumentierarmen Standorten günstige Voraussetzungen für diese Bestäubungsform gegeben waren. Fast bei allen windblütigen Angiospermengruppen finden sich noch Rudimente ehemaliger Zwittrigkeit und Insektenblütigkeit.

Das Merkmalsyndrom der sekundären Windblumen der Angiospermen ähnelt in vieler Hinsicht dem der primären Windblütler bei den Gymnospermen (gleichartiger Selektionsdruck! Vgl. S. 767 f.).

Die Pollenkörner vereinzeln sich leicht und haben wegen ihrer besonderen Kleinheit eine gute Schwebefähigkeit. Ihre Massenproduktion wird durch starke Vermehrung von männlichen Blüten bzw. Staubblättern erreicht (vgl. dazu Abb. 893 C: Poterium; bei Corylus kommen 2¹/₂ Millionen Pollenkörner auf 1 Samenanlage!). Das Ausschütteln des Pollens wird durch die Beweglichkeit der Filamente (z.B. bei den Gräsern: Abb. 969 B), der Blütenstiele (z.B. bei Cannabis) oder der Blütenstandsachsen (z.B. schlenkernde ♂ Kätzchen bei Corylus, Alnus, Quercus: Abb. 912–913) erleichtert; meist wird der Pollen dabei zuerst deponiert und erst bei Wind verblasen. Die ♂ Blüten von Urtica und Pilea «explodieren» infolge ihrer elastisch gespannten Filamente (Abb. 875 D). Der Pollen von Windblütlern ruft bei vielen Menschen Allergien (z.B. «Heuschnupfen») hervor.

Die Griffel und Narben der weiblichen Blüten sind stark vergrößert, um das Auffangen des Pollens zu erleichtern. Die Zahl der Samenanlagen im Fruchtknoten ist meist stark reduziert, entsprechend der vorwiegenden Bestäubung mit einzelnen Pollenkörnern. Die Blüten stehen in exponierter Lage, werden aber sehr unscheinbar; die Blütenhülle stört die Pollenübertragung und wird reduziert oder eliminiert. Entsprechendes gilt für Nectarien, Duftproduktion usw. Dorsiventralität als Anpassung an Tierbestäubung fehlt meist. Die häufige Eingeschlechtigkeit der Blüten fördert eine ungestörte Pollenübertragung, hängt aber wohl außerdem auch mit der allgemeinen Blütenreduktion und der Vermeidung von Selbstbestäubung zusammen. Schließlich wird die Bestäubung durch die frühe, vielfach vor der hinderlichen Blattentfaltung liegende Blütezeit erleichtert (vgl. z.B. Eiche, Erle, Ulme, Pappel, Esche). Die Abhängigkeit der windblütigen Angiospermen von bestimmten Standortsbedingungen ist evident: Sie finden sich fast ausschließlich in Massen-

beständen, und zwar in windexponierten Savannen, Steppen und arktisch-alpinen Lebensräumen oder in der Baumschicht subtropischer bis borealer Wälder. In blumentierreichen tropischen Feuchtwäldern fehlen anemogame Angiospermen fast vollständig.

Die sekundäre Entstehung der Windblütigkeit ist dort offensichtlich, wo in der nächsten Verwandtschaft tierblütige Sippen überwiegen (z.B. bei Thalictrum, Sanguisorba: Abb. 893, Acer, Caryophyllales: Abb. 909 B, N–V, Fraxinus: Abb. 946 E–G oder Artemisia: Abb. 958 A). Hier kann man vielfach die schrittweise selektive Perfektion des Syndroms der Windblütigkeit verfolgen. Manche Sippen, z.B. Tilia oder Calluna, stehen an der Grenze zwischen Entomophilie und Anemophilie: Sie sind amphiphil und übergeben einen Großteil ihres Pollens dem Wind. Aber auch bei großen und offenbar viel älteren anemogamen Verwandtschaftsgruppen, z.B. den Amentiferen (Hamamelididae), Salicaceae, Euphorbiaceae, Chenopodiaceae, Juncales, Poales und Arecidae kann – wegen der Rudimente von Pollenkitt, Nectarien, Duft und Zwittrigkeit – heute kein Zweifel mehr über sekundäre Windblütigkeit bestehen. Der Pollen von Castanea ist zunächst von klebrigem Pollenkitt überzogen und wird von Insekten aufgesucht, trocknet aber schließlich aus und wird dann vom Winde vertragen. Gelegentlich kehren aber auch sekundär anemophile Sippen wieder zur Entomophilie zurück (z.B. Salix, Abb. 938 G–K; Euphorbia, Abb. 933 H–K).

Wasserblütigkeit (Hydrophilie = «Hydrogamie») findet sich nur bei wenigen Angiospermen. Bei aufrechten Scheiben-, Napf- und Becherblumen (z.B. bei Ranunculus, Abb. 907 A–B) kann etwa Regenwasser Selbstbestäubung, seltener (durch Spritzwasser) wohl auch Fremdbestäubung veranlassen. Aber auch bei Wasserpflanzen ist Hydrophilie kei-

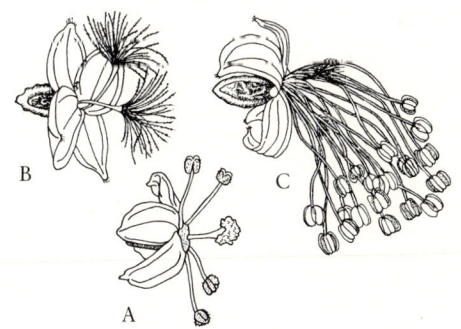

Abb. 893: Übergang von Entomophilie (A) zu sekundärer Anemophilie (B–C) bei der Gattungsgruppe Sanguisorba-Poterium (Rosaceae). A Zwitterblüte von S. officinalis mit 4 Staubblättern, warziger Narbe und Nectarium. B–C Eingeschlechtige Blüten von P. sanguisorba ohne Nektar, ♀ mit federigen Narben, ♂ mit zahlreichen Staubblättern (etwa 6×). (Nach Knoll.)

neswegs allgemein verbreitet: Vielfach tauchen ihre Blüten über die Wasseroberfläche empor (z.B. Windblütigkeit bei *Potamogeton*, Abb. 962D). Bei *Callitriche* (S. 890) erreichen schwimmender Pollen, bei *Vallisneria* (Abb. 962 C) und *Elodea* (= *Anacharis*) losgelöste ♂ Blüten die zeitweise an die Wasseroberfläche gehobenen Narben. Unter Wasser und durch das Wasser übertragen wird der Pollen von ♂ und ♀ Blüten etwa bei *Ceratophyllum* (S. 838), *Najas* oder *Zostera* (S. 896), letztere mit fädigen, über 2 mm langen Pollenkörnern: Abb. 962G).

Die blütenbiologische Differenzierung nach verschiedenen Bestäubungsfaktoren und in Anpassung an verschiedene Blumentiere gibt innerhalb zahlreicher Familien der Angiospermen wesentliche phylogenetische Leitlinien ab (vgl. S. 524). So finden sich bei den *Ranunculaceae* bzw. bei *Aquilegia* (S. 541, 839 f. und Abb. 585, 907) Tierblütigkeit (Käfer-, Bienen-, Nachtschwärmer- und Vogelblütigkeit) wie auch Windblütigkeit und (obligate) Selbstbestäubung!

Befruchtung. Durch das Wachstum des Pollenschlauches von der Narbe zu den Samenanlagen wird die Befruchtung eingeleitet (Abb. 894 A, vgl. auch S. 768 ff.). Dabei wachsen die Pollenschläuche meist zuerst im Griffel, oft an der papillösen Oberfläche hohler Griffelkanäle oder in besonderen Leitungsgeweben

(wobei die Mittellamellen fermentativ gespalten werden), dann durch die (vielfach von Schleim erfüllte) Höhlung des Fruchtknotens zu den Mikropylen der Samenanlagen.

Diese Porogamie kann in abgeleiteten Fällen (etwa infolge blockierter Mikropylen) durch Aporogamie ersetzt werden; in solchen Fällen kann der Pollenschlauch durch die Chalaza von unten her zum Embryosack vordringen (Chalazogamie).

Im Pollenschlauch befindet sich das Plasma mit Spermazellen und Pollenschlauchkern immer im Spitzenabschnitt, da die älteren Teile entleert und oft durch Callosepfropfen abgegliedert werden. Das Wachstum kann mit sehr verschiedener Geschwindigkeit erfolgen, zum Teil 1–3 mm in der Stunde erreichen, zum Teil sich aber auch über lange Zeiträume erstrecken, wie bei vielen *Hamamelididae*, *Cactaceae* und *Orchidaceae*. Hier findet die Befruchtung oft erst Wochen oder Monate nach der Bestäubung statt; dies hängt vielfach mit einer verspäteten Entwicklung der Samenanlagen zusammen.

Ist der Pollenschlauch bis an den Eiapparat vorgedrungen, dann entleert er seinen Inhalt in eine der beiden Synergiden, die dabei zerstört wird.

Die Synergiden lassen zwischen sich durch leistenförmige Zellwandverdickungen einen sog. Filiformapparat entstehen. Er steht mit der besonderen stoffwechselphysiologischen Aktivität beim Öffnen des Pollenschlauchs im Zusammenhang.

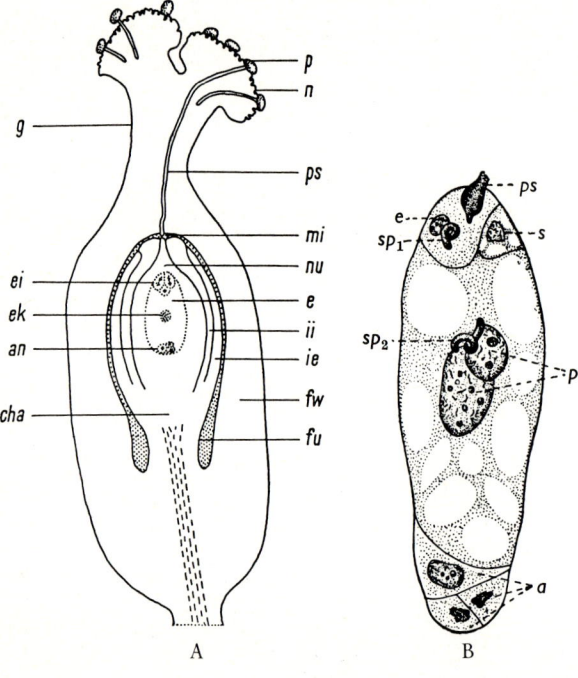

Abb. 894: Bestäubung und Befruchtung bei den Angiospermen. A Fruchtknoten von *Fallopia (Polygonum) convolvulus* mit atroper Samenanlage (schematischer Längsschnitt; 48×). Fruchtknotenwand (fw), Griffel (g), Narbe (n) mit keimenden und Pollenschläuche (ps) treibenden Pollenkörnern (p), Samenanlage mit Funiculus (fu), Chalaza (cha), äußerem und innerem Integument (ie, ii), Mikropyle (mi) und Nucellus (nu) sowie Embryosack (e) mit Eiapparat (ei), sekundärem Embryosackkern (ek) und Antipoden (an). B Embryosack von *Lilium martagon* während der Befruchtung (600×). Reste des Pollenschlauches (ps), die beiden Spermakerne (sp₁, sp₂), Eizelle mit Eikern (e), eine der beiden Synergiden (s), die noch nicht miteinander verschmolzenen Polkerne (p) und die Antipoden (a). (A nach Schenck; B nach Guignard.)

A   B

Während nun der vegetative Pollenschlauchkern früher oder später zugrunde geht, wandern die beiden Spermazellen bzw. ihre oft gewundenen Zellkerne weiter, wahrscheinlich mit eigener (amöboider) Bewegung: Einer dringt in die Eizelle ein und verschmilzt mit dem Eikern (Abb. 894 B sp₁), während der andere (sp₂) tiefer in den Embryosack vorstößt und sich hier normalerweise mit dem sekundären Embryosackkern bzw. mit den beiden Polkernen vereinigt. Die Angiospermen sind also durch eine **doppelte Befruchtung** ausgezeichnet: Ihr Ergebnis ist ein diploider Zygotenkern in der Eizelle und ein normalerweise triploider Endospermkern im Embryosack.

Embryo-, Endosperm- und Samenbildung. Nach der Befruchtung entsteht aus der Zygote der Embryo, aus dem Endospermkern und restlichem Plasma des Embryosacks aber ein als sekundäres Endosperm bezeichnetes Nährgewebe. Dabei teilt sich die zur Zygote gewordene Eizelle mindestens durch eine, oft durch mehrere Querwände in eine als Vorkeim oder Proembryo bezeichnete kurze Zellreihe (Abb. 895 A–C). Nur die erste(n), gegen das Embryosack-Innere gerichtete(n) Zelle(n) dieser Reihe bilden später den **Embryo.** Die übrigen Zellen werden zum Embryoträger (Suspensor). Sie schieben den Embryo in das sich entwickelnde Nährgewebe hinein und führen ihm Nahrung zu.

Die zwischen Suspensor und Embryo liegende Zelle ist oft als Hypophyse (Keimanschluß) ausgebildet und kann sich nach weiteren Teilungen an

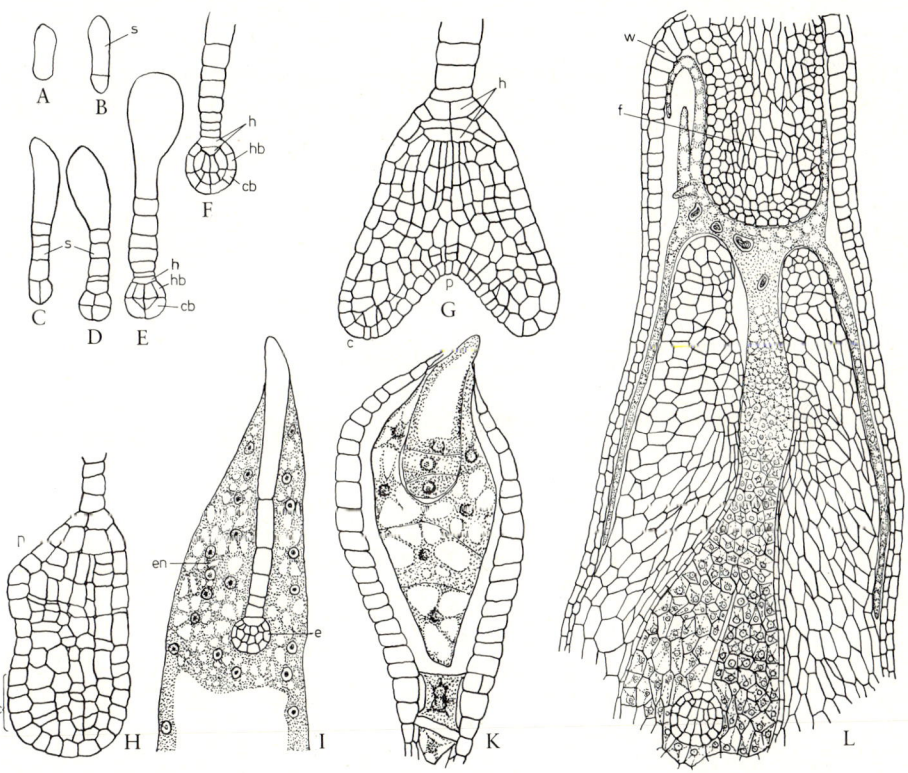

Abb. 895: Entwicklung von Embryo und sekundärem Endosperm bei den Angiospermen. Zygote (A), Suspensor (s), junger Embryo mit Hypophyse (h) sowie den Bereichen von Hypocotyl (hb), Cotyledonen (cb → c) und Apikalmeristem des Sprosses (p): A–G bei Dicotyledonen *(Capsella bursa-pastoris)* und H bei Monocotyledonen *(Alisma plantago-aquatica)* (etwa 200×). I–K Junger Embryo (e) mit Suspensor im nucleären bzw. cellulären Endosperm (en) *(Lepidium* spec. bzw. *Ageratum mexicanum)* (vergr.). L Aus dem Endosperm hat sich durch die Mikropyle ein schlauchförmig verzweigtes Haustorium entwickelt, das teils der Fruchtknotenwand (w), teils dem Funiculus (f) anliegt. Im Embryosack ist auch der Embryo mit Suspensor erkennbar. (Längsschnitt eines jungen Samens von *Globularia cordifolia,* vergr.). (A–H nach HANSTEIN und SOUÉGES; I nach GUIGNARD; K nach DAHLGREN; L nach BILLINGS.)

der Bildung der Wurzelhaube und Wurzelspitze beteiligen.

Der Embryo ist zunächst ein mehrzelliges, kugeliges, in Quadranten und dann in Oktanten gegliedertes, am Suspensorende liegendes Gebilde (Abb. 895 D–F). Später gliedert er sich so, daß aus dem der Mikropyle zugekehrten Teil die Wurzelanlage (Radicula) mit Wurzelhaube entsteht, aus dem der Chalaza zugekehrten aber die Keimblätter (Cotyledonen) und das Apikalmeristem des Sprosses (die Plumula). Bei den Dictoyledonen werden 2 seitliche Keimblätter ausgebildet, zwischen denen das Apikalmeristem angelegt wird (Abb. 895 G). Bei den Monocotyledonen entsteht nur 1 scheinbar endständiges Keimblatt, während das Apikalmeristem seitlich verschoben ist (Abb. 895 H).

Die Zellteilungsabfolge im Proembryo und Embryo erfolgt bei diversen Angiospermen-Gruppen in verschiedener, mehr oder weniger gesetzmäßiger Weise. Von mehreren Typen sind der Asteraceen- sowie der Onagraceen-(Cruciferen)-Typus (Abb. 895 A–G) die verbreitetsten. Im allgemeinen entsprechen kleine und gerade Embryonen (z.B. Abb. 905 B) einer ursprünglicheren Entwicklungsstufe als große (z.B. Abb. 900 B) oder gekrümmte (z.B. Abb. 908 E, 937 I–L). Allerdings können Embryonen auch infolge Reduktion wenigzellig und ungegliedert bleiben; es handelt sich dann meist um Pflanzen mit ganz besonderen Lebensansprüchen, wie die mycotrophen Orchidaceae oder die parasitischen Orobanchaceae, die eine sehr große Menge winziger und daher wenig gegliederter Samen bilden, von denen nur ein sehr geringer Bruchteil Aussicht hat, an geeignete Standorte zu gelangen.

Manche Pflanzen bilden in ihren Samenanlagen Embryonen auch ohne Befruchtung infolge von Apomixis und Agamospermie (vgl. S. 515, 532 f.). Dabei können Generationswechsel und Embryosackbildung aufgrund von Diplosporie bzw.

Aposporie (S. 515) zunächst noch beibehalten werden (z.B. bei verschiedenen Rosaceae: Abb. 896 B, Asteraceae und Poaceae). Generationswechsel und Embryosackbildung können durch Adventiv- (bzw. Nucellar)embryonie, also direkte Embryobildung aus somatischen Zellen der Samenanlage, aber auch völlig umgangen werden (z.B. bei Sippen von Citrus, Hosta: Abb. 896 A, und Orchidaceae). Adventivembryonie kann schon als ein Sonderfall der vegetativen Vermehrung betrachtet werden. Gelegentlich findet sich Aposporie bzw. Adventivembryonie in ein und derselben Samenanlage neben sexueller Embryobildung, woraus Polyembryonie resultiert.

Noch vor der ersten Zellteilung der Zygote teilt sich meist schon der Endospermkern und leitet damit die Bildung des **sekundären Endosperms** ein, das zunächst der Ernährung des Embryos dient. Es wird später entweder in ein Speichergewebe des Samens umgewandelt (welches der Embryo vor oder bei seiner Keimung aufbraucht) oder sekundär völlig zurückgebildet (Samen dementsprechend mit oder ohne Endosperm).

Die Bildung des Endosperms erfolgt häufig nucleär, dh. der Endospermkern teilt sich zunächst in eine große Zahl freier Kerne (8 bis über 2000, je nach der Sippe: Abb. 895 I). Diese liegen meist in einem wandständigen Plasmabelag, da ein starkes Wachstum des Embryosacks nach der Befruchtung mit der Bildung einer großen Vacuole einhergeht. Erst nach einiger Zeit entstehen zwischen den freien Kernen Zellwände (vgl. Abb. 53: Vielzellbildung), und auf eine im einzelnen verschiedene Weise wird schließlich die ganze Höhlung des Embryosacks mit Zellen gefüllt. In wahrscheinlich abgeleiteten Fällen aber, z.B. bei vielen Sympetalae Tetracyclicae wird das Endosperm cellulär gebildet, d.h. es ist von Anfang an mit den Kernteilungen auch die Bildung von Zellwänden verbunden (Abb. 895 K). Schließlich gibt es auch noch eine helobiale Endospermbildung (besonders bei Monocotyledonen, etwa Alismatidae = Helobiae), die im oberen Teil zunächst dem nu-

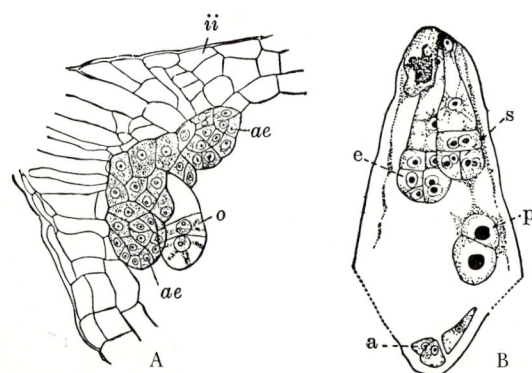

Abb. 896: Ungeschlechtliche Bildung von Embryonen. A Adventivembryonen (ae) aus dem Scheitel des Nucellus, daneben ein aus der Eizelle normal entstandener Embryo (o) bei *Hosta albomarginata* (*Asparagales*) (inneres Integument ii; 120 ×). B Parthenogenetische Entwicklung von 2 Embryonen aus der Eizelle (e) und einer Synergide (s) eines unreduzierten Embryosackes von *Alchemilla* spec. (Polkerne p, Antipoden a; 210 ×). (A nach STRASBURGER; B nach MURBECK.)

cleären, im unteren Teil aber von vornherein dem cellulären Typus folgt (Abb. 962 B).

Die Bildung des Embryos und des Endosperms erfordert eine reiche Zufuhr von Nährstoffen. So wird vor allem der Nucellus von dem wachsenden und sich mit Nährgewebe füllenden Embryosack verdrängt und größtenteils oder völlig aufgebraucht. Manchmal dringen auch aus dem Embryosack (vgl. S. 813), noch häufiger aber aus dem Endosperm (Abb. 895 L) oder aus dem Suspensor zu schlauchförmigen Saugorganen umgewandelte Zellen als Haustorien in das umliegende Gewebe ein. Embryo und Endosperm können sich also gegenüber der Mutterpflanze fast wie Parasiten verhalten.

Bei manchen Samen, z. B. bei der Muskatnuß (Abb. 903 E–F) und der Areca-Palme, wachsen vom Nucellus, in anderen Fällen, z. B. bei den Annonaceae, von den Integumenten faltenartige, durch ihre Farbe und ihren Inhalt auffallende Gewebewucherungen in das Endosperm hinein und durchfurchen es (ruminates Endosperm).

Im Gegensatz zum primären Endosperm der Gymnospermen (= haploides ♀ Prothallium) entsteht das sekundäre (und meist triploide) Endosperm der Angiospermen also erst nach der (doppelten!) Befruchtung. Daraus ergeben sich zwei Vorteile: 1) Die Entwicklung des ♀ Gametophyten wird weiter abgekürzt und beschleunigt und 2) das Nährgewebe entsteht erst dann, wenn nach erfolgreicher Zygotenbildung die Versorgung eines Embryos auch tatsächlich notwendig wird (Ökonomie!).

Außer dem sekundären Endosperm kann bei den Angiospermen auch der Nucellus als Nähr- und Speichergewebe fungieren: Ein derartiges **Perisperm** findet sich z. B. neben sekundärem Endosperm bei Nymphaeaceae, Piperaceae (Abb. 905 B) und Zingiberales oder allein bei Caryophyllales.

In den Samen aller ursprünglichen Angiospermen ist das sekundäre Endosperm (bzw. auch das Perisperm) als Nähr- und Speichergewebe umfangreich und umschließt den sehr kleinen und noch wenig differenzierten Embryo allseitig. Vielfach kommt es aber noch auf der Mutterpflanze und im reifenden Samen zu stärkerem Embryowachstum; dabei behält der Embryo seine zentrale Lage bei (Abb. 897 B) oder erfährt eine seitliche Verschiebung (Abb. 970 L). Im Zusammenhang mit einer leichteren Mobilisierbarkeit der Reservestoffe bei der Keimung wird das sekundäre Endosperm schließlich oft völlig zurückgebildet und Speichergewebe im Embryo selbst, vor allem in seinen

Keimblättern, gebildet (Abb. 900 B). Hierfür sind Leguminosen, Eiche (Abb. 912 P), Walnuß (Abb. 915 E) und Roßkastanie mit ihren dicken, die Samen erfüllenden Keimblättern bekannte Beispiele.

Nur selten unterbleibt die Nährstoffspeicherung im Samen völlig (z. B. bei den kleinen Samen der Orchideen). Sonst finden wir vielfach Stärke, Eiweiß oder fettes Öl im Zellinneren (S. 31 f.) bzw. Reservecellulose in den Zellwänden (S. 85). Demnach sind das Endosperm (bzw. andere Speichergewebe) eher mehlig wie bei den Gräsern, fettig wie bei Cocos oder hornartig bis steinig wie bei vielen Liliales und bei manchen Palmen, z. B. Phytelephas (S. 85, 910).

Die **Samenschale** (**Testa**) entwickelt sich aus beiden oder (bei abgeleiteten Gruppen) nur aus einem Integument. Bei den ursprünglichsten Angiospermen bestand sie vielleicht, ähnlich wie bei Ginkgo und den Cycadeen (S. 770, 776 f.,

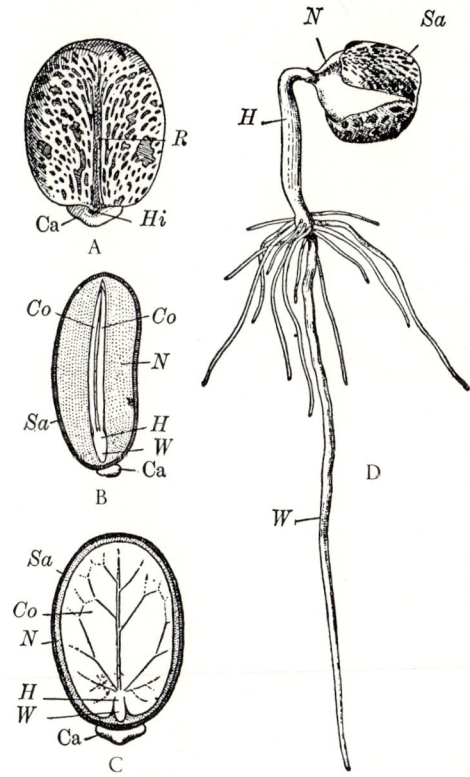

Abb. 897: Same und Keimung (Ricinus communis). Ventralansicht (A) sowie medianer und transversaler Längsschnitt (B, C) des Samens und Keimling (D) mit Testa (Sa), Caruncula (Ca, ein Elaiosom), Raphe (R) und Hilum (Hi), Endosperm (N). Embryo mit Cotyledonen (Co), Hypocotyl (H) und Radicula (W). (A–C 2×, D nat. Gr.) (Nach Troll.)

793), aus einer inneren, verholzten (Sclerotesta) und einer äußeren, fleischigen und meist auffällig gefärbten Schicht (Sarcotesta) (z.B. bei *Magnoliaceae, Punicaceae, Paeoniaceae* u.a.).

Aus der Sarcotesta haben sich möglicherweise verschiedene Formen des fleischigen, den Samen aber nur noch teilweise einhüllenden Samenmantels (Arillus) gebildet, den wir etwa bei *Euonymus* oder in zerschlitzter Form bei *Myristica* (Abb. 903 E) antreffen. Bei *Nymphaea* ist ein solcher Arillus als lufthaltiger Schwimmsack um die Samen herum ausgebildet (Abb. 898 H). Stärkere Reduktion von Sarcotesta bzw. Arillus kann offenbar zur Bildung einer Caruncula (an der Mikropyle; vgl. z.B. *Ricinus*, Abb. 897 A–C) oder einer Strophiole (am Funiculus) führen. Als fett-, eiweiß- bzw. zuckerreiche Elaiosomen (Abb. 898 F, G: *Corydalis, Chelidonium*) spielen solche Samenanhängsel bei der Ameisenausbreitung eine Rolle (S. 830 f.).

Vielfach verschleimt die Samenschale (z.B. bei verschiedenen Cruciferen, Lein, Quitte, Tomate, *Plantago, Juncus*: Myxotesta). Nicht selten entwickeln sich aus einer trockenen Testa aber auch

Haare (z.B. bei *Epilobium*: Abb. 898 A–C, Baumwolle: Abb. 940 N, oder *Strophanthus*: Abb. 947 G) oder auch flügelartige Fortsätze (z.B. Gleitflieger-Samen bei *Zanonia*: Abb. 898 D). Vielfach finden wir aber nur eine ± skulpturierte oder glatte Sclerotesta (z.B. Abb. 898 E). In Schließfrüchten (S. 827 ff.), wo die Schutzfunktion der Testa durch die Fruchtwand übernommen wird (z.B. bei den Spaltfrüchten der Umbelliferen, bei den Nüssen der Compositen oder Gräser, bei den Steinfrüchten der *Prunoideae* usw.), bleibt die Samenschale aber häufig dünn und häutig.

Sehr stark schwankt die Größe der Samen: Von den mehrere Kilogramm schweren Samen der Seychellen-Nuß *(Arecaceae: Lodoicea)* über die Samen der Roßkastanie *(Aesculus)* bis zu den winzigen, feilspanförmigen Samen der *Pyrolaceae, Orobanchaceae* und *Orchidaceae* mit einem Gewicht von oft nur wenigen Tausendstel Milligramm.

Naheliegenderweise spielen alle besprochenen Progressionen hinsichtlich Nährstoffversorgung, Oberflächengestaltung und Größe der Samen eine wichtige Rolle als Anpassungen bei ihrer Ausbreitung und Keimung (vgl. S. 830 ff.).

Früchte. Zugleich mit der Reifung der Samenanlagen zu Samen erfolgt die Bildung der Früchte, d.h. derjenigen aus Blütenteilen oder Blüten (bzw. auch aus Zusatzbildungen oder Blütenständen) hervorgehenden Organe, welche die Samen bis zur Reife umschließen und dann ihrer Ausbreitung dienen, indem sie sie entweder ausstreuen oder mit ihnen von der Pflanze abgetrennt werden. Während wir als ausbreitungsbiologisch-funktionelle Einheit (Diaspore) im Blütenbereich ursprünglicher *Spermatophyta* nackte Samen finden, wird diese Funktion bei den Angiospermen anfänglich durch den Einschluß der Samenanlagen in Karpellen behindert. Es ist daher verständlich, daß diese bestäubungsbiologisch sinnvolle Bergung der Samenanlagen (S. 808) bei allen ursprünglichen Angiospermen spätestens zur Samenreife durch Öffnung der Karpelle wieder aufgehoben wird: Die Samen behalten also ihre aktive ausbreitungsbiologische Bedeutung zuerst noch bei (z.B. Abb. 898). Weiter übernehmen aber fortschreitend Einzelkarpelle als Einblattfrüchte, dann Gruppen von freien, chorikarpen Karpellen als Sammelfrüchte (mit mehreren bis vielen Teilfrüchten = Karpidien) und schließlich coenokarpe, also echt verwachsenblättrige Gynoeceen in verschiedenen Fruchtformen Aufgaben der Ausbreitung, während die Samen diesbezüglich passiv werden (vgl. Abb. 899, 900, 921). Damit

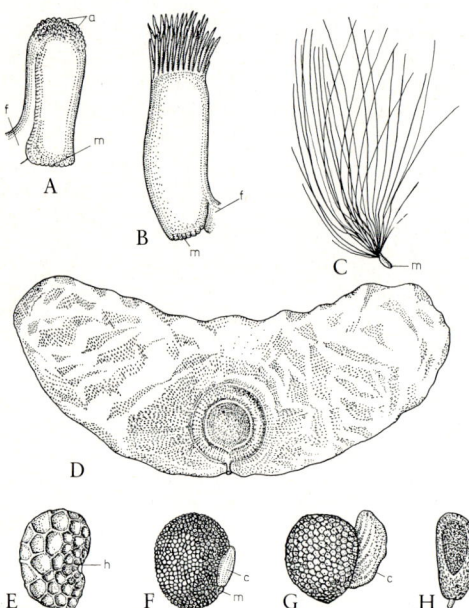

Abb. 898: Samen und ihre Entwicklung. A–B Samenanlagen mit Funiculus (f), Mikropyle (m) und Anlage der Samenhaare (a) (70×) sowie C reifer Same (9×) von *Epilobium angustifolium*. Samen von D *Zanonia javanica* (*Cucurbitaceae*, geflügelt; ½×), E *Papaver rhoeas* (Hilum h), F *Corydalis ochroleuca* und G *Chelidonium majus* mit Elaiosom (c) (Mikropyle m) sowie H *Nymphaea alba* mit sackartigem Arillus (vergr.). (A–C nach Goebel; D nach Firbas; E–H nach Duchartre.)

ist die Entwicklung aber noch nicht abgeschlossen, denn die ursprünglich den Frucht-
bau allein bestimmenden Fruchtknoten werden
bei abgeleiteten Früchten in verschiedener Weise
durch Zusatzbildungen aus dem Blatt- und
Achsenbereich der floralen und auch extrafloralen Region ergänzt. Zuletzt können ganze
Fruchtstände (z.B. Abb. 892 H), ja sogar
ganze Pflanzen als Ausbreitungseinheiten in
Erscheinung treten.

Das Wachstum der Samenanlagen zu Samen
ist vor allem mit einer Größenzunahme des Ovars
und seiner Entwicklung zum Samenbehälter verbunden. Kron- und Staubblätter sowie Griffel und
Narbe pflegen bei der Fruchtbildung meist zu vertrocknen und abzufallen (wegen weiterer physiologischer Veränderungen und des Auftretens samenloser,
parthenokarper Früchte – etwa bei Kulturbananen
oder Citrusfrüchten – vgl. S. 434).

Die besprochene Reihe zunehmend komplexer
ausbreitungsbiologisch-funktioneller Einheiten ist
mit der bestäubungsbiologisch-funktionellen Reihe
Sporophyll – (Meranthium) – Euanthium – Pseudanthium (S. 761 f., 767, 819 f.) vergleichbar; Beispiele dafür finden sich S. 828 ff. Hier sei noch kurz auf die
Mannigfaltigkeit von Zusatzbildungen im Fruchtbereich verwiesen: Achsenberindung an oberständigen Früchten (z.B. *Nuphar*: Abb. 906 B), flei-
schigwerdende Blütenbecher (z.B. *Rosaceae*: Abb.
921), Achsen- bzw. Perianthanteile an zahlreichen unterständigen Früchten (z.B. *Apiaceae*: Abb. 934 H–L; *Iris*: Abb. 899 E, *Arctostaphylos*: Abb. 944 H–I; entsprechen funktionell durchaus
vergleichbaren oberständigen Früchten, etwa von
Tulipa oder *Atropa*: Abb. 951 A), Kelch (z.B. rote
«Laterne» bei der Judenkirsche, *Physalis alkekengi*;
Pappus bei *Valerianaceae*: Abb. 945 G, und Compositen: Abb. 957 N–O), Perigon (z.B. fleischig im
Fruchtstand von *Morus*: Abb. 916 G, haarig bei
Eriophorum: Abb. 968 F–G), Vor- und Tragblät-
ter (z.B. flügelartig bei *Carpinus*: Abb. 914 F–G, oder
Humulus: Abb. 916 L; schlauchförmig bei *Carex*:
Abb. 968 M–N; Außenkelche bei *Dipsacaceae*: Abb.
581, 945 K), Fruchtstiele (z.B. fleischig bei *Anacar-
dium occidentale*) sowie Achsen- und Blattorgane
der Fruchtstände (z.B. Cupulen der *Fagaceae*:
Abb. 912 A–C, G, O; fleischiger Anteil bei *Moraceae*:
Abb. 892 H, 916 H–I, und *Ananas*).

Auch die Fruchtknotenwand erfährt bei
ihrer Wandlung zur Fruchtwand (Perikarp) Veränderungen. Sie ist meist in ein
Exokarp (außen) und ein Endokarp (innen)
differenziert, die beide oft nur einschichtig sind,
sowie in ein dazwischenliegendes, mehrschichtiges Mesokarp. Wenn alle Fruchtschichten im
Reifezustand ± trocken sind und aus abgestorbenen Zellen bestehen, sprechen wir von
Trockenfrüchten (z.B. Abb. 899–900). Daneben finden wir verschiedene Saftfrüchte,
bei denen entweder Exo- und besonders Mesokarp (so z.B. bei Steinfrüchten mit verholztem Endokarp: Sclerokarp) oder das
ganze Perikarp (so z.B. bei Beerenfrüchten)
bis zur Reife fleischig und aus lebenden Zellen
aufgebaut bleiben (Sarcokarp; vgl. dazu
etwa Abb. 946 D und 919 G).

Bei manchen Früchten entwickelt das Endokarp
nach innen zu fleischiges Gewebe zwischen den Samen, eine Pulpa (z.B. bei *Ceratonia*, Citrusfrüchten:
S. 120, und Bananen). Wie schon erläutert, können
aber auch die Zusatzbildungen im Fruchtbereich
fleischige Konsistenz annehmen.

Sehr unterschiedlich ist die Fruchtöff-
nung. Während sich ursprüngliche Fruchtformen bei der Reife öffnen, und zwar meist aufgrund des Wirksamwerdens von Turgor- oder
hygroskopischen Kräften (S. 478 ff.): Öffnungsfrüchte (Abb. 899), bleiben Schließfrüchte (Abb. 900) infolge Hemmung dieser
Mechanismen um die Samen geschlossen.
Schließfrüchte können zuletzt in Teile zerfallen: Zerfallfrüchte, und zwar entweder
entlang der Verwachsungsstellen der Karpelle
in Teilfrüchte (Merikarpien): Spaltfrüchte
(Abb. 900 C) oder infolge Bruches von Karpellwänden: Bruchfrüchte (Abb. 900 D, E). Einheitlich bleibende Schließfrüchte bezeichnet
man, wenn es sich um Trockenfrüchte handelt,
als Nußfrüchte (Abb. 900 A), während es
sich bei Saftfrüchten vielfach um Stein- bzw.
Beerenfrüchte handelt. Diese Progressionen
werden besonders dann deutlich, wenn die verschiedenen Fruchtformen nebeneinander in
einem Verwandtschaftskreis auftreten (z.B. bei
den *Ranunculaceae*, Abb. 899 A, 907 N–Q, *Rosaceae*, Abb. 921, *Brassicaceae*, Abb. 900 E, 937,
oder *Fabaceae*, Abb. 899 B, 900 D).

Bei Öffnungsfrüchten lassen sich verschiedene
Formen des vollständigen oder teilweisen Aufspringens erkennen (Abb. 899–900): Am ursprünglichsten ist dabei wohl, wenn sich die Karpelle an ihrer
Bauchnaht (ventricid) bzw. an ihrer Verwachsungs-
stelle mit Nachbarkarpellen öffnen (scheidewand-
spaltig, septicid; entsprechende Teilung bei Spaltfrüchten). Stärker abgeleitet sind dagegen die Ausbildung von Trenngeweben im Rückenteil der
Fruchtblätter (rücken- bzw. fachspaltig, dorsicid = loculicid; Sonderform poricid) oder
Brüche an verwachsenen Karpellrändern (scheide-
wandbrüchig, septifrag). Querbrüche über den
gesamten Karpellbereich hinweg führen zur Bildung
von Deckelkapseln und zu Bruchfrüchten.

Vielfach sind die Progression von Öffnungsfrüchten zu Schließfrüchten und die Reduktion der Anzahl der Samen korreliert: Während Beerenfrüchte häufig noch mehrere und Steinfrüchte gelegentlich noch einige Samen enthalten, entwickeln sich in den Teilfrüchten oder Bruchstücken der Zerfallfrüchte bzw. in den Nußfrüchten meist nur noch Einzelsamen (vgl. z.B. Abb. 912–913, 940 C).

Der Bau der Früchte (und Samen) steht in engster Beziehung zu ihrer Ausbreitung und bleibt ohne Berücksichtigung funktionell-ökologischer Zusammenhänge vielfach unverständlich. Dabei treten – ähnlich wie bei der Bestäubung – besonders Tiere (Tierausbreitung: Zoochorie), Wind (Windausbreitung: Anemochorie), Wasser (Wasserausbreitung: Hydrochorie) und der Mensch (Anthropochorie) in Erscheinung. Außerdem ist gelegentlich auch aktive Selbstausbreitung (Autochorie) festzustellen (S. 831).

Eine »natürliche«, allen Anforderungen entsprechende Gruppierung der Früchte ist nicht möglich. Dazu sind diese relativ spät entstandenen Organe der Angiospermen zu plastisch; zu sehr übergreifen sich (wie wir gesehen haben) die vielen möglichen Einteilungsprinzipien. Im folgenden wird daher der Versuch gemacht, eine nach morphologisch-anatomischen Grundsätzen ausgerichtete Übersicht durch eine ökologische Gruppierung nach den hauptsächlichen Ausbreitungsmedien zu ergänzen (S. 830 ff.).

Die phylogenetische Entwicklung der Angiospermenfrüchte beginnt – entsprechend dem ursprünglich chorikarpen Bau der Gynoeceen – mit **A) chorikarpen Früchten.** Dabei sind die anfänglich in Mehrzahl nebeneinanderstehenden Fruchtblätter im Reifezustand zunächst noch nicht zu einer ausbreitungsbiologisch-funktionellen Einheit verbunden, oder ihre Zahl ist je Blüte auf 1 verringert: In beiden Fällen liegen **I)** Einblattfrüchte vor. Sie sind primitiverweise als ventricid aufspringende 1) Balgfrüchte entwickelt (so bei vielen *Magnoliidae* und ursprünglichen Dialypetalen, zu mehreren in einer Blüte, wie etwa bei *Paeonia* oder *Delphinium*, oder auf 1 reduziert, wie bei *Consolida*: Abb. 899 A). Ventri- und dorsicide Öffnung kennzeichnen die 2) Hülsen (z.B. zu mehreren pro Blüte bei *Magnolia*, einzeln bei den Leguminosen: Abb. 899 B). Eine Weiterentwicklung zur Bruchfrucht stellen etwa die Gliederhülsen dar (z.B. Abb. 900 D). Saftige 3) Einblatt-Beeren treten auf bei *Annonaceae* (z.T.), bei *Actaea (Ranunculaceae)* oder bei der Dattel (mit hartem Endosperm, Abb. 971 C–E). 4) Einblatt-Steinfrüchte finden wir z.B. bei den Steinobstgewächsen (z.B. Kirsche mit verholztem Endokarp, Abb. 921 H). Weitverbreitet sind 5) Einblatt-Nüsse (z.B. bei *Anemone*, *Ranunculus*: Abb. 907 B–C, oder *Zanichellia*: Abb. 962 E); sie tragen teilweise funktionell bedeutsame Zusatzorgane, wie etwa federige (z.B. bei *Clematis* und *Pulsatilla*) oder widerhakige Griffel (z.B. bei Arten von *Geum*).

Die Einblattfrüchte sind durch viele Übergänge mit den **II)** Sammelfrüchten verbunden, bei denen ± zahlreiche chorikarpe Fruchtblätter (deren jedes

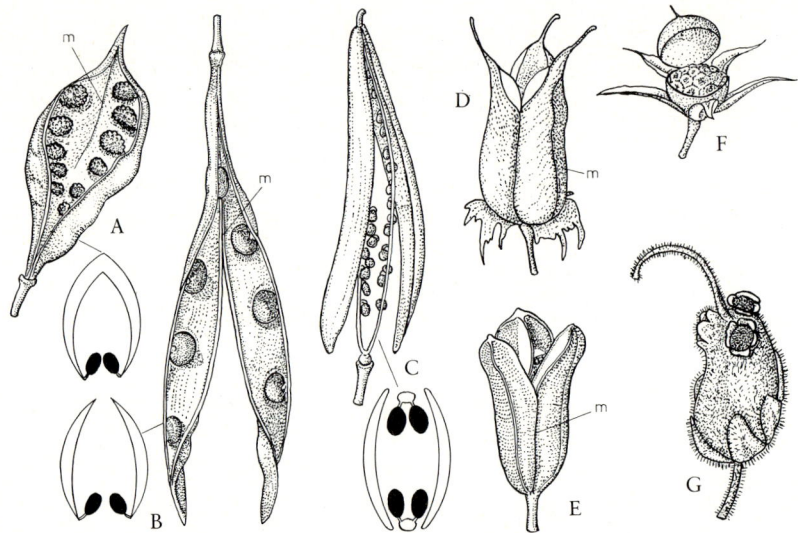

Abb. 899: Trockene Öffnungsfrüchte. Einblattfrüchte: A Balgfrucht (*Consolida regalis;* etwa 4×), B Hülse (*Laburnum anagyroides;* 1×). Coenokarpe Früchte: C Schote (*Chelidonium majus;* etwa 1×), D septicide Kapsel (*Hypericum perforatum;* 3×), E dorsicide Kapsel (*Iris sibirica;* 3×), F Deckelkapsel (*Anagallis arvensis;* 2×), G Porenkapsel (*Antirrhinum majus;* ¾×). (Dorsale Mittellinie der Karpelle m). (A nach Beck-Mannagetta; B, D, E nach Firbas; C nach Wettstein; F–G nach Schimper.)

ein Karpidium darstellt) über Achsengewebe oder infolge postgenitaler Verwachsung zu einer Ausbreitungseinheit verbunden sind. 1) Sammel-Balgfrüchte finden wir etwa bei *Trollius (Ranunculaceae)* oder *Spiraea* (Abb. 921 A); 2) Sammel-Nußfrüchte sind bei *Fragaria* gegeben, wo die zu Nüßchen reduzierten Karpidien an einer fleischigen Blütenachse stehen (Abb. 921 C), und bei *Rosa*, wo sie in einem fleischigen Achsenkrug eingesenkt sind (Abb. 921 D). Brombeere und Himbeere (Abb. 921 E) können als 3) Sammel-Steinfrüchte bezeichnet werden, wobei die Blütenachse beteiligt oder unbeteiligt ist. Werden chorikarpe Fruchtblätter völlig in einen fleischigen Achsenbecher eingeschmolzen wie bei den 4) Apfelfrüchten der Kernobstgewächse (z. B. Mispel mit verholzten oder Apfel mit ledrigen Karpellwänden, Abb. 921 F, G) so ist eine Annäherung an coenokarpe Fruchtformen unverkennbar.

Über chorikarpe bzw. hemisynkarpe Fruchtformen mit cyclischer Karpellanordnung (Abb. 886) sind die B) coenokarpen Früchte der Angiospermen entstanden. Auch hier müssen wir die sich öffnenden und die Samen freigebenden I) Streufrüchte als relativ ursprünglich an den Anfang stellen. Dazu zählt zuerst die große Masse 1) trockener Kapselfrüchte der Angiospermen, die man nach Mehr- oder Einfächrigkeit (von synkarpen bzw. parakarpen Gynoeceen, z. B. Abb. 899 D, 936 C, D), nach völligem oder bloß apikalem Aufspringen (Spalt- bzw. Zähnchenkapseln, z. B. Abb. 909 C) und nach der Art des Aufspringens (septicid, dorsicid, septifrag oder Kombinationen davon, z. B. Abb. 899 D–E, 933 N, 955 F, 963 F; als Sonderformen Deckel- und Porenkapseln, wie z. B. in Abb. 899 F–G, 951 D und 908 C–D) weiter unterteilen kann. Erwähnenswert ist auch noch die Schote: Sie besteht aus parakarp miteinander verwachsenen Fruchtblättern, die sich klappig von ihren die Placenten tragenden Rändern ablösen (Abb. 899 C), zwischen denen bei den *Brassicaceae* noch eine Scheidewand ausgespannt ist (Abb. 937 F). Eine weitere Sonderform repräsentiert etwa die Katapultkapsel von *Geranium* (Abb. 930 C). 2) Saftige Kapselfrüchte sind besonders in den Tropen verbreitet; ein heimisches Beispiel ist *Euonymus*. Auch die Explosionskapseln von *Impatiens* (Abb. 523, S. 479) gehören hierher.

Aus Streufrüchten sind vielfach parallel coenokarpe Schließfrüchte entstanden (Gruppen II–IV). Innerhalb der 1) Saftfrüchte bilden die 1) coenokarpen Steinfrüchte (Steinbeeren) ein sclerenchymatisches, bei der Keimung gesprengtes Endokarp; hierher zählen z. B. *Juglans* (Abb. 915 D–E), *Olea* (Abb. 946 B–D) oder *Sambucus*. Eine Sonderstellung hat *Cocos* (Abb. 971 H–I) mit faserigem, lufthaltigem Mesokarp (Schwimmgewebe) als tropische Küstenpflanze. 2) Coenokarpe Beerenfrüchte mit gänzlich fleischigem Perikarp kennzeichnen etwa *Ribes* (Abb. 919 G), *Vitis*, *Vaccinium*, *Atropa* (Abb. 951 A) oder *Convallaria*. Die *Citrus*-Früchte haben eine fleischige Pulpa. Als Panzerbeeren können die Früchte von

Kürbis und Gurke *(Cucurbitaceae)* bezeichnet werden.

Ganz andere Entwicklungslinien repräsentieren die beiden Untergruppen coenokarper III) Zerfallfrüchte (S. 827). Bei den 1) Spaltfrüchten lösen sich die Teilfrüchtchen (Merikarpien) septicid; es können viele (z. B. bei *Malva*: Abb. 940 L) oder auch nur 2 (z. B. *Acer*: Abb. 900 C) sein; auch kann in der Mitte ein zentraler Fruchthalter (Karpophor) stehenbleiben, wie z. B. bei den *Apiaceae* (Abb. 934 K). Quer oder längs durchtrennte Karpelle kennzeichnen die 2) coenokarpen Bruchfrüchte. Dazu zählen etwa die aus der Schote entstandene, quer zerbrechende Gliederschote mancher *Brassicaceae* (Abb. 900 E) oder die Früchte der *Boraginaceae* und *Lamiaceae*, bei denen 2blättrige Fruchtknoten entlang echter und falscher Scheidewände zu 4 Klausen zerbrechen (Abb. 954).

Ebenso abgeleitet ist die formenreiche Gruppe der IV) coenokarpen Nußfrüchte, die mittels eines Trenngewebes als Ganzes abfallen. Hierher gehören etwa die Flügelnüsse von *Betula* (Abb. 913 N), *Ulmus* (Abb. 916 B) und *Fraxinus* (Abb. 946 F), die von einer Cupula umgebenen Nüsse der *Fagaceae* (Abb. 912), die Trag- und Vorblatt-umhüllten Nüsse von *Carpinus, Engelhardia* und *Humulus* (Abb. 914 F–G, 915 F, 916 L) und die ausbreitungsbiologisch so wandelbaren Nüsse der *Dipsacaceae* mit Außenkelch (Abb. 581, 945 K). Meist eng aneinandergepreßt sind Fruchtwand und Samenschale bei den Nuß-Sonderformen der Gräser (Karyopse, oberständig, oft auch noch von Spelzen umgeben, Abb. 970) sowie der Compositen (Achäne, unterständig, Kelchblätter oft zu einem Pappus umgewandelt, Abb. 957 N–Q).

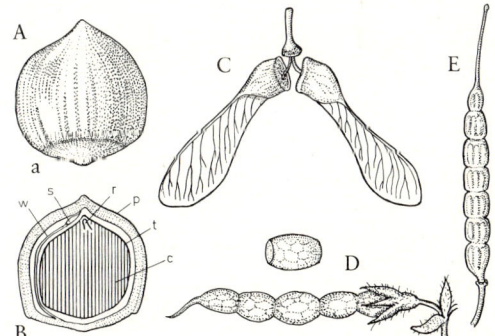

Abb. 900: Trockene Schließfrüchte. A–B Nuß von *Corylus avellana*: Gesamtansicht und Längsschnitt; Abbruchstelle (a), Fruchtwand (p), verkümmerte Samenanlage (s), Leitbündel zu den Samenanlagen (w), Same mit Testa (t), Keimblatt (c) und Radicula (r). Zerfallfrüchte: C Spaltfrucht (*Acer pseudoplatanus*, mit 2 1samigen Teilfrüchten), D Gliederhülse (*Ornithopus sativus*, Einblattfrucht, mit einsamigen Bruchfrüchtchen), E Gliederschote (*Raphanus raphanistrum*; coenokarpe Bruchfrucht) (A, B, D nat. Gr., C, E ⅔ ×; nach FIRBAS.)

C) **Fruchtstände** als Ausbreitungseinheiten sind stärkst abgeleitete Endglieder verschiedener Entwicklungslinien. Dies gilt etwa für Maulbeere (Abb. 916 G), Feige und verwandte Gattungen der *Moraceae* (Abb. 892 H, 916 H–I) oder *Ananas* mit zunehmend fleischig werdenden Perianthblättern, Blütenachsen bzw. Gesamtfrüchten, für *Tilia* mit Nußfruchtstand + flügeligem Vorblatt (Abb. 940 B–C) oder für die Klette *(Arctium)*, wo ein Compositenköpfchen mit widerhakigen Hüllblättern als Ausbreitungseinheit fungiert (Abb. 957 G). Schließlich können auch ganze steif-kugelförmige Pflanzen als «Steppenroller» zu Diasporen werden, indem sie sich an der Basis loslösen, durch den Wind weitergerollt werden und dabei allmählich ihre Früchte verstreuen [z.B. bei *Salsola kali (Chenopodiaceae)* oder *Eryngium campestre (Apiaceae)*].

Samen- und Fruchtausbreitung. Bei der folgenden Übersicht von Samen und Früchten nach ihrer hauptsächlichen Ausbreitungsart ist zu berücksichtigen, daß die Spezialisierung in diesem Bereich vielfach weniger weit fortgeschritten ist als bei der Bestäubung. Sehr viele Diasporen sind demnach polychor, d.h. sie können auf recht verschiedene Weise verfrachtet werden. Manche Arten sind geradezu heterosperm bzw. heterokarp, d.h. sie produzieren an dem gleichen Individuum verschiedene Samen- bzw. Fruchttypen mit verschiedenem Ausbreitungsmodus (z.B. Achänen mit und ohne Pappus im Köpfchen verschiedener *Leontodon*-Arten); dadurch wird eine größere ausbreitungsbiologische Plastizität erreicht. Die Strukturen an Diasporen dienen übrigens nicht immer nur der Fernausbreitung; bei Standortsspezialisten finden wir auch ausbreitungshemmende Einrichtungen (etwa durch Verankern oder Vergraben, z.B. bei manchen Wüstenpflanzen). Auch in der Samen- und Fruchtbiologie ist noch sehr viel an exakten, besonders experimentellen Analysen zu leisten (vor allem in den Tropen!).

Tierausbreitung (Zoochorie) tritt vor allem in den Formen der Endozoochorie (Diasporen werden gefressen und wieder ausgeschieden), der Myrmecochorie (Ameisenausbreitung, nur Diasporen-Anhängsel werden gefressen) und der Epizoochorie (Diasporen haften an der Tieroberfläche) in Erscheinung.

Voraussetzung für **Endozoochorie** ist, daß die Diasporen über Lockmittel (Nahrungsstoffe, etwa Kohlenhydrate, Eiweiß, Fette und Öle, Vitamine, organische Säuren und Mineralstoffe), Reizmittel (etwa Farbe oder Duftstoffe) und Schutzeinrichtungen gegen die Zerstörung der Samen im Kauapparat oder Darm (Sclerotesta, Sclerokarp u.a.) verfügen. Sowohl saftige als auch trockene Samen oder Früchte können diesen Bedingungen entsprechen; während die ersteren von den Tieren meist rasch gefressen werden, eignen sich die letzteren auch zur Vorratsbildung. Ursprünglich waren offenbar Fische und Reptilien die wichtigsten Samen- (bzw. Frucht-)ausbreiter (Ichthyo- und Saurochorie; Fossilbefunde!), später kamen dann viele Vogelgruppen (Ornithochorie) und auch Säugetiere (z.B. Primaten, Nagetiere, Fledermäuse) hinzu. Ähnlich wie bei der Bestäubung ist es auch bei der Endozoochorie vielfach zu einer sehr engen Bindung zwischen Pflanze und Tier gekommen; sie kann auch hier als Ergebnis einer wechselseitig selektiven «Verbesserung» und damit einer Co-Evolution der Partner verstanden werden.

Bei den saftigen Diasporen lassen sich je nach den Hauptausbreitern charakteristische Merkmalssyndrome erkennen. Während Ichthyo- und Saurochorie (etwa durch gewisse Schildkröten oder Eidechsen) gegenwärtig weniger bedeutend sind, spielt Ornithochorie bis heute eine wichtige Rolle. Die Diasporen sind dabei meist grell- bzw. kontrastfarbig (Rot, Gelb, glänzendes Schwarz), duftlos, mäßig groß bis klein, weichschalig und im Herbst nicht abfallend (Wintersteher!). Als Beispiele können etwa saftige Samen (*Magnolia, Paeonia* u.a.), Einblattfrüchte (*Prunus avium* u.a.), Sammelfrüchte (*Fragaria, Rosa, Rubus* u.a.), Beeren (*Ribes, Vitis, Vaccinium, Paris*), coenokarpe Steinfrüchte *(Ligustrum, Olea, Sambucus* u.a.) und Fruchtstände *(Morus* u.a.) genannt werden. Säugetiere sind besonders in den Tropen für die Endozoochorie wichtig. Wegen deren andersartiger Sinnesorgane und Mundwerkzeuge sind die Diasporen hier meist nicht so auffällig gefärbt, dafür aber stark duftend, oft größer, hartschaliger und abfallend (Aufnahme vom Boden!). Hierher gehören Einblatt-Beeren und -Steinfrüchte (*Phoenix, Prunus persica* u.a.), Sammelfrüchte (*Rosaceae-Maloideae* u.a.), hartschalige Beeren und Panzerbeeren (Avocado, Kakao, *Citrus, Cucurbitaceae*, Kaki, *Musa* u.a.) und Fruchtstände (*Ficus, Artocarpus* u.a.). Fledermausfrüchte schließlich sind ähnlich, bleiben aber in exponierter Lage an Stämmen oder Ästen hängen (z.B. *Sapotaceae*).

Auch bei den trockenen Diasporen finden wir eine kleinere Größenklasse von Samen und Nußfrüchten, die besonders von körnerfressenden Vögeln verbreitet wird, und eine größere (z.B. *Quercus, Fagus, Corylus, Juglans*), die vor allem auch von Nagetieren (z.B. Eichhörnchen) gesammelt und gehortet wird, wobei immer ein Teil dem Verzehr entgeht.

Myrmecochorie beruht darauf, daß verschiedene Ameisenarten Samen bzw. Früchte aufnehmen und verschleppen, an denen charakteristische Lock- und Nährstoffe enthaltende Anhängsel (Elaiosomen) ausgebildet werden (vgl. S. 825). Wie ein Vergleich nah verwandter Sippen ohne und mit Myrmecochorie zeigt, wirkt sich der Übergang zu dieser Ausbreitungsform auf die ganze Pflanze aus (etwa *Primula elatior*: auf langen Schäften steif aufrechte Schüttelkapseln, Kelche vertrocknet, langsame Samenreifung, kein Elaiosom → *P. vulgaris*: ohne Schäfte, schlaff zu Boden hängende Kapseln, Kelch bleibt grün und assimilierend, rasche Samenreifung, Elaiosom). Die Elaiosomen können aus verschiedenen Samenteilen (z.B. bei *Asarum, Chelidonium:* Abb.898G, *Corydalis:* Abb.898F, *Viola*-Arten, *Cyclamen purpurascens, Melampyrum, Allium ursinum, Galanthus nivalis*) oder an Nußfrüchten entstehen (z.B. bei *Anemone nemorosa, Hepatica, Lamium, Knautia:* Abb. 581). Myrmecochore sind im temperaten, aber auch im tropischen Waldbereich verbreitet.

Mannigfaltig sind auch die Einrichtungen, welche zur Anheftung und Ausbreitung von Diasporen an der Tieroberfläche führen: **Epizoochorie.** Während die Samen oder Früchte vieler Sumpf- und Wasserpflanzen schon wegen ihrer Kleinheit mit Schlamm an Wasservögeln haften und weltweit verfrachtet werden können, sind diese Möglichkeiten bei Samen oder Früchten, die im feuchten Zustand klebrig-schleimig werden (z.B. bei *Plantago, Juncus*) noch erweitert. Vielfach bleiben Diasporen mittels Drüsenhaaren (z.B. *Salvia glutinosa*), besonders aber mittels Widerhaken an Tieren hängen. Solche Kletteinrichtungen können als Haare oder Emergenzen an den Fruchtblättern [z.B. bei *Medicago*-Arten (*Fabaceae*), *Circaea* (*Onagraceae*), *Galium aparine*] auftreten oder aus umgebildeten Griffeln [z.B. bei *Geum urbanum* (*Rosaceae*)], Kelch- (und Außenkelch-)blättern (z.B. Abb. 581, 957P) bzw. Hüllblättern [z.B. bei den Fruchtständen von *Arctium:* Abb. 957G, oder *Xanthium* (*Asteraceae*)] entstehen. Während die erwähnten, zarter gebauten Klettfrüchte besonders im Haarkleid kleinerer Tiere verbreitet werden, sind die besonders robusten Trampelkletten [z.B. bei *Tribulus* (*Zygophyllaceae*) oder bei vielen *Pedaliaceae*] für Anheftung und Transport an den Füßen größerer Huftiere angepaßt.

Eine Sonderform der Ausbreitung durch Tiere repräsentieren die Tierballisten. Ihre steifen und sparrigen Stengel verhängen sich an vorbeistreifenden Tieren und katapulieren im Zurückschnellen Samen oder Früchte (z.B. verschiedene Kapselträger, *Lamiaceae* oder *Dipsacus*, Abb.581, teilweise auch *Arctium*).

In der jüngsten erdgeschichtlichen Vergangenheit ist der Mensch als sehr wesentlicher Faktor der Samen- und Fruchtausbreitung in Erscheinung getreten (**Anthropochorie**). Viele Unkräuter (vgl. S. 514f., 927, 1018) wurden besonders mit Saatgut, Wolle und Viehfutter unabsichtlich verschleppt, Kulturpflanzen absichtlich weltweit verbreitet. In manchen Landstrichen (z.B. in Teilen Neuseelands oder Californiens) dominieren Anthropochore sogar sehr deutlich gegenüber der heimischen Flora. Bemerkenswert ist, daß Ackerunkräuter sich in der Größe und Beschaffenheit ihrer Diasporen durch Selektion so stark den jeweiligen Kulturpflanzen angleichen können, daß sie durch mechanische Verfahren kaum aus dem Saatgut ausgeschieden werden können [so z.B. bei *Camelina* (*Brassicaceae*), *Rhinanthus* (*Scrophulariaceae*) oder *Bromus* (*Poaceae*)].

Windausbreitung (**Anemochorie**) kann mittelbar sein, indem Diasporen aus Behältern an steiffedernden Achsen ausgeschüttelt werden (Windstreuer: Samen aus Kapseln, z.B. Abb.908C, 941B, 966E, bzw. Früchte aus Köpfchen, z.B. *Bellis*), oder unmittelbar, indem die Diasporen verblasen werden. In dieser Gruppe finden wir winzige und leichte Körnchenflieger (etwa die Samen von *Orobanche* oder Orchideen, S. 901f.), Blasenflieger (z.B. ballonartige Kelche bei *Trifolium fragiferum*), Haarflieger (z.B. Samenhaare: Abb. 898A–C, 938N; Federschwänze aus Griffeln: *Clematis, Pulsatilla,* oder Grannen: *Stipa pennata;* Perigonhaare: Abb. 968F, G; Pappushaare bei *Pterocephalus:* Abb. 581, oder vielen Compositen. Abb. 957N–O), Flügelflieger (Samen: Abb. 898D, geflügelte Nüsse: Abb. 913N, 946F, Spaltfrüchte: Abb. 900C, Fruchtstände: Abb. 940B, Außenkelchschirme, *Scabiosa:* Abb. 581) und Steppenroller (S. 830).

Wasserausbreitung (**Hydrochorie**) tritt meist als Transport von Diasporen in Erscheinung, etwa bei Regenschwemmlingen (z.B. Samen aus hygrochastisch, also bei Regen sich öffnenden Kapseln, so bei *Sedum acre* oder Aizoaceae), besonders aber bei regulären Schwimmern. Diese Fähigkeit beruht darauf, daß die Diasporen unbenetzbar sind bzw. Luftsäcke (z.B. an den Samen von *Nymphaea:* Abb. 898H, und Schläuche verschiedener *Carex*-Arten) oder reguläres Schwimmgewebe bilden (z.B. *Cocos:* Abb. 971H–I u. S. 829 sowie viele heimische Sumpf- und Wasserpflanzen, wie *Iris pseudacorus* oder *Potamogeton*). Mittelbar ist die mechanische Regenwirkung bei der eigenartigen Gruppe der Regenballisten: Ihre turbinenschaufelartig geformten und an federnden Stielen sitzenden Früchte setzen die Wucht fallender Regentropfen in Schleuderbewegungen um, wobei etwa Samen aus Schötchen [z.B. bei *Iberis* und *Thlaspi* (*Brassicaceae*)] oder Klausen aus Kelchen[z.B. bei *Prunella* und *Scutellaria* (*Lamiaceae*)] ausgeworfen werden.

Zuletzt sei noch auf **Selbstausbreitung** (**Autochorie**) verwiesen. Während viele unspezialisierte Diasporen einfach zu Boden fallen (z.B. *Aesculus hippocastanum*), werden sie von Selbststreuern aktiv ausgeschleudert. Die Mechanismen beruhen auf Turgor (z.B. bei den Explosionskapseln von *Impatiens*, den Quetschschleudern von *Oxalis* und der den Samen bis über 12 m weit herausschießenden Spritzgurke, *Ecballium*) oder hygroskopischen Bewegungen (z.B. Torsion bei Hülsenfrüchten: Abb. 899B, und *Dictamnus*, Katapultkapseln bei *Geranium:* Abb. 930C, oder Quetschschleudern bei verschiedenen *Viola*-Arten). Selbstableger schließlich deponieren ihre Früchte durch aktive Wachstumsbewegungen in Felsspalten (z.B. *Cymbalaria vulgaris*) oder versenken sie in den Boden (z.B. die Erdnuß, *Arachis hypogaea,* oder *Trifolium subterraneum;* Bohrfrüchte bei *Erodium* oder *Stipa*).

Alle besprochenen samen- und fruchtbiologischen

Differenzierungen stehen mit dem Lebensraum der Sippen in engstem Zusammenhang. Dies wird etwa daraus ersichtlich, daß im heimischen Laubwald in der niedrigen Krautschicht Myrmecochore, bei höheren Stauden Epizoochore, in der Strauchschicht Endozoochore, in der Baumschicht daneben auch Anemochore dominieren, was der hauptsächlichen Wirksamkeit der Verbreitungsmedien entspricht (Ameisen, Säugetiere, Vögel, Wind).

Für die stammesgeschichtliche Entfaltung der Angiospermen waren und sind samen- und fruchtbiologische Differenzierungen von größter Bedeutung. Wir haben dies am Beispiel der *Dipsacaceae* etwas ausführlicher beleuchtet (S. 534f., Abb. 581).

Im großen Rahmen lassen sich die diesbezüglichen Progressionen aber nicht mehr gut erkennen, da die bevorzugten Verbreitungsmedien wohl vielfach gewechselt haben. Immerhin scheint festzustehen, daß auch bei den Angiospermen die Endozoochore ± fleischiger Samen sehr ursprünglich ist. Demgegenüber erscheinen Anemochorie, Myrmecochorie und Epizoochorie, schließlich auch Hydrochorie und Autochorie bei teilweise bzw. völlig trockenen Samen als abgeleitet. Sekundär gehen dann auch die Funktionen saftiger Gewebe bei der typischen Endozoochorie von Samen auf chori- und coenokarpe Früchte, ihre Zusatzorgane und schließlich auf Fruchtstände über. Ähnliches gilt auch für die mit den anderen Ausbreitungsarten verknüpften Baueigentümlichkeiten.

Samenkeimung. Sie entspricht im allgemeinen den Verhältnissen bei den gymnospermischen Samenpflanzen (S. 771). Außer der ursprünglichen epigäischen tritt gelegentlich auch die abgeleitete hypogäische Keimung (S. 176) in Erscheinung: Dabei bleiben die großen, zu Reservestoffbehältern umgestalteten Keimblätter im Samen, nur das Epicotyl tritt aus dem Boden heraus (so z.B. bei *Vicia faba*, *Pisum*, *Phaseolus coccineus*: Abb. 196, *Quercus*, *Juglans* u.a.). Auch viele Monocotyledonen verhalten sich ähnlich: Ihr einziges Keimblatt pflegt größtenteils zu einem Saugorgan ausgebildet zu sein (Abb. 959B–D), das im Samen verbleibt und das Endosperm abbaut.

Manche Samen nehmen durch die Art ihrer Keimung eine Sonderstellung ein. Unter ihnen sind die viviparen Vertreter der als Mangrove (S. 986) bezeichneten tropischen Küstengehölze, vor allem die aus der Familie der *Rhizophoraceae*, besonders eigenartig. In ihren einsamigen Früchten keimt nämlich der Embryo bereits auf der Mutterpflanze (Abb. 927A–C) und hängt dann mit der Radicula und dem mächtig entwickelten, bei *Rhizophora* bis 1 m langen, keulenförmigen Hypocotyl aus der Frucht herab. Fällt er schließlich ab, so verankert er sich dank seinem bedeutenden Gewicht an Ort und Stelle oder er wird verspült und wurzelt beim Trockenfallen.

Abstammung und Systematik. Bisher sind 235 000 Arten lebender Angiospermen bekannt geworden; insgesamt dürften es aber wohl 250 000 bis 350 000 sein. Diese riesige Artenfülle wird in mehr als 10 000 Gattungen und über 450 Familien zusammengefaßt. Die Unterabteilung *Angiospermae* ist also heute mit Abstand die größte aller Pflanzengruppen. Die Angiospermen sind mit einer erstaunlichen Vielfalt an Lebensformen (vgl. S. 189–209) in fast alle Lebensräume der Biosphäre vorgestoßen und beherrschen die Mehrzahl der Pflanzengesellschaften des Festlandes (vgl. S. 1018–1040). Keine andere Pflanzengruppe hat auch nur annähernd die unmittelbare wirtschaftliche Bedeutung für den Menschen wie die Angiospermen mit ihren zahllosen Nutz- und Kulturpflanzen. Trotzdem ist ihre Erforschung noch lückenhaft, ihre systematische Gliederung auch in großen Zügen noch stark umstritten und ihre stammesgeschichtliche Herkunft ein noch ungelöstes Rätsel.

Fossilfunde, die sich mit Sicherheit den Angiospermen zuordnen lassen, sind bisher aus Trias und Jura nicht bekannt geworden. Es ist also zweifelhaft, ob die Gruppe bis in den Jura oder sogar die Trias zurückreicht, wie man früher vielfach geglaubt hat. Erst in der Unterkreide finden sich mit Gewißheit hierher gehörige Pollen, Blattreste, Holz u.a. (Abb. 1061). Fundserien von der Unter- zur Mittelkreide zeigen, wie die Angiospermen in der Unterkreide allmählich mit einer zunehmenden Formenfülle in Erscheinung treten. In den zeitlich aufeinanderfolgenden Pollenzonen treten zuerst nur monocolpate Typen, teils noch Gymnospermen ähnlich und etwa heutigen *Magnoliidae* vergleichbar (Abb. 1061a), teils monocotylenartig (b) auf. Dann folgen allmählich immer mehr tricolpate (c), weiter tricolporoidate (d–f) und schließlich triporate Pollenformen, während stärker abgeleitete Ausbildungen noch fehlen. Die Blattreihen beginnen mit ungeteilten, mehr oder minder paralleladerigen monocotylenartigen (Abb. 1061g, h) und unregelmäßig fiederaderigen, dicotylenartigen Formen (i–k). In beiden Linien bilden sich in der weiteren Folge basal und fingerartig verzweigte Adersysteme (m–p) sowie peltate Blattformen (n) heraus. Bei den Dicotyledonen folgen gelappte bis fiederig zusammengesetzte Formen (l, q–t).

Analysen verschiedener Unterkreide-Pollenfloren (Abb. 1062) zeigen, daß sich die frühen Angiospermen aus der damaligen Tropenzone nach N und S ausgebreitet und zuerst in geringer Zahl und in kleinen Populationen den damals von Farnen, Cycadeen, Bennettiteen, *Ginkgo*-Gewächsen und Coniferen beherrschten Pflanzengesellschaften der nördlichen Hemisphäre zugesellt haben. Unter diesen Bedingungen waren offensichtlich günstige Voraussetzungen für eine rasche divergente Evolution der Angiospermen gegeben (vgl. Isolation und Drift, S. 516, 519 ff.!). In der mittleren Kreide erlangten sie dann rasch und oft mit noch heute lebenden Gattungen eine dominierende Rolle, während die Bennettiteen ausstarben und besonders die Cycadeen und *Ginkgo*-Gewächse stark zurückgedrängt wurden: Damit war das bis zur Gegenwart andauernde «Angiospermen-Zeitalter» («Neophyticum») der Erdgeschichte angebrochen (vgl. Abb. 853, S. 1007 ff.).

So eindrucksvoll die Aussagen der Paläobotanik hinsichtlich der zeitlichen Entfaltung der Angiospermen auch sind, zur Frage der Herkunft und Stammesgeschichte dieser Gruppe tragen sie bislang kaum bei. Bleibt der Vergleich heutiger Angiospermen untereinander und mit heutigen und fossilen gymnospermischen Samenpflanzen. Als erste Teilfrage ergibt sich: Sind die *Angiospermae* überhaupt eine natürliche Abstammungsgemeinschaft, also eine monophyletische Gruppe, oder sind sie konvergent und damit polyphyletisch aus verschiedenen gymnospermischen Vorfahren entstanden? (Vgl. S. 537 f.). Dabei ist folgendes zu berücksichtigen: 1) Alle Sippen der *Angiospermae* sind durch zahlreiche, nicht notwendigerweise miteinander korrelierte Merkmale verbunden, etwa Siebröhren und Geleitzellen aus einer Initiale, ursprüngliche Zwitterblüten mit Staubblättern unten und Fruchtblättern oben, Staubblätter mit 2 Pollensackgruppen und Endothecium, schlauchförmige Karpelle, Pollenkittproduktion, ♂ Gametophyt mit 3 Zellen, ♀ Gametophyt ursprünglich 8zellig mit Eiapparat, Polkernen, Antipoden, doppelter Befruchtung und 3n-Endosperm. 2) Gegenüber allen anderen Samenpflanzen besteht eine sehr deutliche Formenlücke. 3) Innerhalb der *Angiospermae* können aber nirgends derartig unüberbrückte Formenlücken gefunden werden. – Diese Feststellungen und die Unwahrscheinlichkeit einer zufälligen konvergenten Entstehung all der besprochenen Ähnlichkeiten führen zu der heute vorherrschenden Ansicht, daß die *Angiospermae* wohl auf eine gemeinsame (wenn auch keineswegs einheitliche) gymnospermische Ausgangsgruppe zurückgehen dürften.

Welche bisher bekanntgewordenen gymnospermischen Samenpflanzen kommen nun als Ausgangsgruppe der *Angiospermae* in Frage? Die komplexe Natur ihrer fiedrigen Laubblätter, ihrer Staubblätter mit mehreren Pollensackgruppen, ihrer Fruchtblätter mit mehreren Samenanlagen und weitere Übereinstimmungen weisen eindeutig auf die *Cycadophytina*, während die *Coniferophytina* mit Sicherheit als Stammformen auszuschließen sind.

Die (äußerlichen) Angiospermenähnlichkeiten der Blätter von *Gnetum*, der Pollensackträger von *Ephedra* u. a. haben frühzeitig zu Spekulationen über verwandtschaftliche Zusammenhänge zwischen *Gnetatae* und *Angiospermae* geführt. Dabei sollten die ♂ bzw. ♀ Blüten der *Gnetatae* mit ihren Tragblättern zu Perigon und Staubblättern bzw. Karpellen und Samenanlagen der *Angiospermae* umgeformt worden sein, etwa vergleichbar der Pseudanthienbildung bei *Euphorbia* (S. 866 ff.). Diese «Pseudanthientheorie» der Angiospermenentstehung (Abb. 901 I'–II') ist heute allgemein aufgegeben wegen tiefgreifender Unterschiede der *Gnetatae* (z. B. Siebzellen und – soweit vorhanden – Geleitzellen aus verschiedenen Initialen, Gefäße mit Hoftüpfeln, völlig andersartige ♀ Prothallien), wegen der Schwierigkeiten, die Angiospermenblüte als Blütenstand zu interpretieren, sowie wegen der geringen Wahrscheinlichkeit, daß so stark reduzierte rezente Restgruppen wie die heutigen *Gnetatae* am Anfang der offenbar sehr alten Bedecktsamer stehen sollten.

Die *Bennettitatae* erinnern wegen ihrer Zwitterblüten an die *Angiospermae*, kommen aber wegen ihrer völlig andersartigen Samenanlagenträger nicht als Stammformen in Betracht. Mehr Anklang gefunden hat dagegen die Auffassung, daß die Karpelle der Angiospermen «eingerollten» Megasporophyllen vom Typus *Cycas* (Abb. 869 B), Staubblätter und Perianth aber vergleichbaren Organen der Bennettitatae (Abb. 871 B) entsprächen und daß all dies zu Zwitterblüten zusammengefaßt worden wäre. Diese «Ur-Angiospermen» hätten demnach ebenso wie ihre heutigen Nachkommen echte Blüten, also Euanthien, besessen. In der Form eines direkten Ableitungsversuches der *Angiospermae* von den *Cycadatae* wird diese «Euanthientheorie» (Abb. 901 I II) wegen Mangels an paläobotanischen Hinweisen und verschiedener anatomisch-morphologischer Schwierigkeiten heute ebenfalls kaum noch diskutiert. Ähnliches gilt auch für hypothetische Verbindungsversuche mit den *Caytoniales* (deren Samenanlagen-Gehäuse

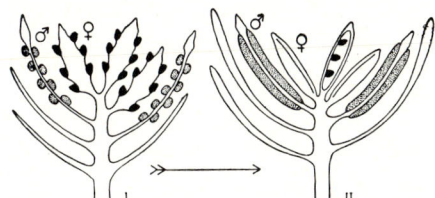
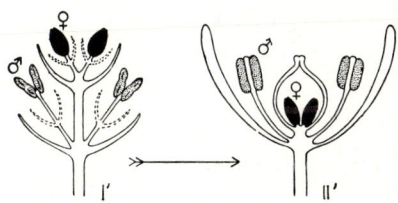

Abb. 901: Hypothesen über die Entstehung zwittriger Angiospermenblüten: «Euanthientheorie» (I–II) und «Pseudanthientheorie» (I'–II'). Pollensäcke punktiert, Samenanlagen schwarz. (I–II in Anlehnung an ARBER & PARKIN; I'–II' nach WETTSTEINS Ableitung von *Ephedra*.)

Fiederblättern entsprechen; S. 790). Interessanter sind dagegen mögliche Verbindungen mit den *Glossopteridales*, deren Sporo-Trophophylle noch ungenügend bekannt sind; S. 789). Beachtenswert sind in diesem Zusammenhang auch weitere Theorien, welche die Blüte der Angiospermen als einen morphologischen Sonderbereich auffassen, der sich der Interpretation durch die klassische Morphologie mit ihren Grundbegriffen «Blatt» und «Achse» ± entzieht.

Was bleibt, ist die heute weithin akzeptierte Annahme, daß die *Angiospermae* zwar von keiner der genannten *Cycadophytina*-Gruppen direkt abstammen, daß sie aber sehr wohl mit der allen gemeinsamen Ausgangsgruppe der Pteridospermen *(Lyginopteridatae)* in Verbindung gebracht werden können. Die Ähnlichkeiten mit *Cycadatae*, *Bennettitatae* und *Gnetatae* wären damit also auf parallele Evolution, auf ähnliches «Differenzierungspotential» und letztlich auf ähnliches Erbgut gemeinsamer pteridospermischer Vorfahren zurückzuführen. Eine solche **modifizierte «Euanthientheorie»** der Angiospermenentstehung kann vor allem auch auf gewisse Ähnlichkeiten zwischen radiären Trägern von Pollensackgruppen und krugförmigen Behältern von Samenanlagen bei den Pteridospermen (Abb. 867, 868) und Staubblättern bzw. Fruchtblättern bei ursprünglichen *Angiospermae* (Abb. 885) verweisen. Am Anfang der Entwicklung stünden demnach Staub- und Fruchtblätter mit recht wenig Laubblattähnlicher Gestalt. – Wenn derzeit auch fossile Bindeglieder zwischen Pteridospermen und Angiospermen noch völlig fehlen, so stehen der Annahme einer möglichen verwandtschaftlichen Verbindung doch auch keine unüberbrückbaren morphologischen und anatomischen Verschiedenheiten zwischen den beiden Gruppen im Wege. Auch die zeitliche Einstufung der Pteridospermen: (Oberdevon) Carbon bis Kreide bzw. der Angiospermen: (?? Trias, ? Jura) Kreide bis Gegenwart (vgl. Abb. 853) würde dieser Auffassung gut entsprechen.

Welche Eigentümlichkeiten im morphologischen und anatomischen Bau könnten den frühen Angiospermen die historisch belegte Überlegenheit gegenüber ihren gymnospermischen Vorläufern bzw. Verwandten verliehen haben? 1. Möglicherweise Zwitterblütigkeit, Pollenkittproduktion und Schutz der Samenanlagen in Karpellen als Voraussetzung für die gegenüber der Windbestäubung ökonomischere, besser gezielte und windunabhängige Tierbestäubung (vgl. S. 816 ff.). 2. Möglicherweise weiter die starke Reduktion und Neotenie im Bereich

der Blüten und Gametophyten als Voraussetzung für eine wesentlich beschleunigte Fortpflanzung (vgl. S. 767, 813, 825). Und 3. möglicherweise schließlich auch die von keiner anderen Samenpflanzengruppe erreichte Plastizität im vegetativen Bereich, gekoppelt mit der Fähigkeit zur Ausbildung eines um vieles leistungsfähigeren Xylem- und Phloem-Systems (vgl. S. 798) als Voraussetzung für die rationellere Ausnutzung bereits besiedelter und die Eroberung neuer Lebensräume. – Es wird in Zukunft Aufgabe vergleichender und experimenteller Untersuchungen sein müssen, diese für die Frage der Entstehung der Angiospermen wesentlichen Arbeitshypothesen zu prüfen.

Über welche Gesichtspunkte für eine einigermaßen «natürliche» (also womöglich verwandtschaftsähnliche; vgl. S. 536 ff.) systematische Anordnung der *Angiospermae* verfügen wir heute? Dabei wären Sippen mit eher ursprünglichen Merkmalen mehr an den Anfang, solche mit stärker abgeleiteten Merkmalen dagegen eher ans Ende zu stellen. Um dazu eine Vergleichsmöglichkeit zu schaffen, soll zuerst der Versuch gewagt werden, aufgrund der dargelegten wichtigsten Merkmalsprogressionen der *Angiospermae* (S. 796–832) in groben Zügen eine heutigen Vorstellungen entsprechende «ursprüngliche Merkmalskombination» der Angiospermen zu rekonstruieren: Dicotyl; kleine, pachycaule, ± sympodial verzweigte, immergrüne Bäume mit Haupt- und Nebenwurzeln; Blätter fiederig (oder zumindest fiederaderig), schraubig angeordnet, 3spurig, an trilacunären Knoten; Eustele mit sekundärem Dickenwachstum, Sekundärholz und -bast wenig differenziert, mit leiterförmig verdickten Tracheiden (noch keine Tracheen!) und engen Siebröhren; Blüten an Sproßenden einzeln, zwittrig, proterandrisch; Blütenboden konisch, mit zahlreichen, schraubig angeordneten, untereinander freien, noch nicht scharf differenzierten und an die Hochblätter anschließenden Perigon-, Staub- und Fruchtblättern; noch keine Nectarien; Perigonblätter außen hochblattartig, innen ± gefärbt; Staubblätter undifferenziert, mit 2 ± apikalen Pollensackgruppen (Thecen), jede mit 2 Pollensäcken, Endothecium und Sekretionstapetum; Pollenkörner mit einer distalen Keimfalte (anatrem und monocolpat), durch Pollenkitt klebrig; Fruchtblätter schlauchförmig, die Bauchnaht postgenital ± verwachsen, ihre Ränder papillös und mit Narbenfunktion, kein Griffel, Placenten ± laminal bzw. ringförmig, mit zahlreichen atropen Samenanlagen, diese mit 2 Integumenten und crassinucellat; ♂ Gametophyten mit Pollenschlauchzelle und generativer Zelle, letztere erst im Pollenschlauch in 2 Spermazellen geteilt; ♀ Gametophyt mit monosporischem Embryosack aus Eiapparat (Eizelle und 2 Synergiden), 2 Polkernen und 3 Antipodenzellen; Bestäubung zoophil, durch pollenfressende, besonders vom Blütenduft angelockte Insekten (Käfer etc.); Befruchtung nach Porogamie, «doppelt», daraus Zygote und kleiner, gerader Embryo sowie triploides, nucleär (?) angelegtes «sekundäres» Endosperm; Samen außerdem noch mit Perisperm; die Fruchtblätter zur Reifezeit als Balgfrüchte bald geöffnet, die gefärbten, fleischigen Samen mit Sarco- und Sclerotesta, durch Wirbeltiere endozoochor verbreitet; Keimung epigäisch.

Diese vermutlich ursprüngliche Merkmalskombination findet sich zwar bei keinem einzigen heute lebenden Vertreter der *Angiospermae* vollzählig, doch kann kein Zweifel darüber bestehen, daß die als *Magnoliidae* zusammengefaßte dicotyle Unterklasse ihr mit einigen Vertretern am nächsten kommt; sie wird daher heute ganz allgemein an den Anfang der Angiospermen gestellt. Damit ist auch die Reihenfolge der beiden großen Klassen *Dicotyledoneae* und *Monocotyledoneae* gegeben.

Obwohl die weitere systematische Gliederung der *Angiospermae* in den letzten Jahrzehnten durch die breite Anwendung verschiedener moderner Merkmalsanalysen (vgl. S. 540 ff.) große Fortschritte gemacht hat, ist eine allgemein anerkannte und einigermaßen »natürliche« Gruppierung des riesigen Verwandtschaftskreises sicher noch lange nicht erreicht. Neue Erkenntnisse nötigen immer wieder zu Veränderungen und Provisorien. Eine knappe und lehrbuchmäßige Darstellung kann aber auf Begründungen, Unklarheiten, Meinungsverschiedenheiten und Erforschungslücken kaum eingehen. Im folgenden Überblick können auch nur die wichtigeren (weniger als die Hälfte!) der etwa 450 Angiospermen-Familien erwähnt bzw. besprochen werden.

I. Klasse: Dicotyledoneae (= Magnoliatae), Zweikeimblättrige Bedecktsamer

Die Dicotyle(don)en besitzen (bis auf seltene Ausnahmen) zwei am Embryo seitenständig angelegte Keimblätter (Abb. 895 A–G). Ihre Hauptwurzel ist ursprünglich langlebig (Al-

lorrhizie; vgl. Abb. 214 und S. 187 f., 798). Die Leitbündel sind auf dem Stengelquerschnitt normalerweise in einem Kreise angeordnet (Eustele, Abb. 173) und offen (Abb. 146–147), können also mittels eines Cambiums sekundär in die Dicke wachsen (S. 160 ff., 760). Die Blätter sind vielgestaltig, aber meist deutlich gestielt und netzaderig (Abb. 199) und nicht selten zusammengesetzt; Nebenblätter sind häufig, Blattscheiden seltener (S. 179 f.). Die Achselsprosse tragen zunächst zwei transversale Vorblätter (vgl. Abb. 163B, 913A und S. 145 f.). Blüten aus 5- oder (seltener) 4zähligen Wirteln mit Kelch und Krone überwiegen (also K5 C5 A5 + 5 G5 oder K4 C4 A4 + 4 G4); doch sind auch solche mit 2- oder 3zähligen Wirteln, mit verminderter Zahl der Wirtel oder mit schraubiger Stellung der Blütenglieder vorhanden. Die Pollenbildung verläuft vorwiegend simultan (S. 58), die Pollenkörner sind vielfach tricolpat (S. 806 f.). Das Endosperm ist nucleär oder cellulär, jedoch nie typisch helobial. Ursprünglich und weit verbreitet ist die Lebensform der Bäume.

Charakteristisch sind ferner Siebröhrenplastiden vom S-Typ (S. 761) (bei allen Ordnungen mit Ausnahme der *Caryophyllales*), Drusen aus Calciumoxalat (Abb. 72 C) und die weite Verbreitung von Triterpensapogeninen (Abb. 961). Ausnahmen von den angeführten morphologischen, anatomischen und phytochemischen Merkmalen sind besonders für die Beziehungen der Klasse zu den Monocotyledonen wichtig und werden auf S. 894 f. besprochen.

Die *Dicotyledoneae* umfassen mit etwa 170000 bekannten Arten in 8 Unterklassen und über 350 Familien fast drei Viertel der Formenfülle der Angiospermen. Diese teilweise schwierig abgrenzbaren Unterklassen sollen – ähnlich wie bei den Niederen Pflanzen – aus didaktischen Gründen vier Entwicklungsstufen zugeordnet werden (Abb. 902). Sie entsprechen bekannten Merkmalsprogressionen im Blütenbau der Angiospermen. So ist die Entwicklungsstufe 1) *Polycarpicae* typischerweise durch ein vielzähliges, auffälliges aber ± undifferenziertes Perianth und viele freie Karpelle charakterisiert. Bei den folgenden Entwicklungsstufen sind die Karpelle meist in geringerer Zahl (oft nur 5 oder weniger) ausgebildet und vielfach miteinander verwachsen. Für die 2) *Apetalae* bezeichnend sind besonders Blüten mit wenigzähligem, unscheinbarem und einfachem Perianth (also ohne Blumenkrone). Dagegen dominieren bei den Entwicklungsstufen 3) und 4) Blüten mit einem doppelten, in Kelch und Krone differenzierten Perianth. Bei 3) sind die Kronblätter frei: *Dialypetalae*, bei Verwachsung bleiben meist noch zwei Staubblattkreise erhalten: *Sympetalae Penta-*

cyclicae. Besonders abgeleitet ist die Entwicklungsstufe 4) *Sympetalae Tetracyclicae*, hier sind die Kronblätter verwachsen, es ist nur mehr ein Staubblattkreis erkennbar. Früher man hat diese Gruppierungen als Taxa aufgefaßt; heute weiß man, daß sie in der Mehrzahl «künstlich» (polyphyletisch entstanden) sind und eben nur als Entwicklungsstufe gelten können. Abb. 902 verdeutlicht, wie man ihnen heute umfassender charakterisierte und einigermaßen «natürliche» Unterklassen zuordnen kann.

a) Entwicklungsstufe: Polycarpicae

Die beiden hierhergehörigen Unterklassen *Magnoliidae* (sensu stricto = s. str.) und *Ranunculidae* sind offenkundig verwandt und wurden früher taxonomisch zusammengefaßt (*Magnoliidae* sensu lato = s. lat). Die große systematische Bedeutung dieser Verwandtschaftsgruppe beruht auf ihren vielen ursprünglichen Merkmalen (vgl. S. 834f.) und auf ihrer großen Mannigfaltigkeit, die von einfacheren zu abgeleiteten Formen führt. Die *Magnoliidae* und *Ranunculidae* bilden gewissermaßen den «Unterbau» der Dicotyledonen und der Monocotyledonen (vgl. dazu auch S. 835 und Abb. 902B).

Kennzeichnend sind vor allem das vorherrschend chorikarpe Gynoeceum mit mehreren freien Karpellen (daher: *Polycarpicae!*), weiter die häufig schraubige (acyclische) Stellung der Blütenglieder und ihre oft große und unbestimmte Zahl (Polymerie). Wichtig ist hier vor allem die weit verbreitete primäre Polyandrie. Das Perianth ist meist kräftig ausgebildet und auffällig, vielfach aber einfach, also nicht in Kelch und Krone gegliedert. Sehr charakteristisch sind Benzylisochinolin-Alkaloide (Abb. 904).

Neben Holzpflanzen (vereinzelt noch ohne Tracheen!) finden sich vielfach schon verschiedene krautige Lebensformen und sogar Vollparasiten. Die Blüten sind vorwiegend zwittrig, gelegentlich aber auch schon eingeschlechtig (z.B. beim zweihäusigen Lorbeer: *Laurus*). Der Blütenboden ist öfters noch gestreckt-konisch und mit zahlreichen, schraubig angeordneten Blütenorganen besetzt (z.B. *Magnolia*, Abb. 875 A); vielfach läßt sich aber schon Oligomerisation in Perigon-, Fruchtblatt- und zuletzt auch im Staubblattbereich feststellen. Im Zusammenhang damit kommt es zur Wirtelbildung, wobei die häufige 3- und 2-Zähligkeit besonders bemerkenswert ist.

Auch treten bereits in allen Organbereichen Verwachsungen auf. Sogar Ausfall der Blütenhülle kommt vor (z.B. *Piperales*). Die Staubblätter sind vielfach noch nicht in Filament und Anthere gegliedert, an den meist noch mehrsamigen Fruchtblättern fehlt teilweise noch ein Griffel (Abb. 885). Die Pollenkörner sind häufig noch anatrem und monocolpat und bei der Öffnung der Antheren erst 2zellig. Die Samenanlagen sind durchwegs crassinucellat und haben 2 Integumente. Neben Pollenblumen mit Käferbestäubung finden sich vielfach auch schon Nektarblumen mit verschiedenster Bestäubungsform und vereinzelt sogar Windbestäuber. Einblattfrüchte (etwa Balgfrüchte) dominieren. Die Samen weisen oft noch Sarco- und Sclerotesta auf; bei reichlichem Endosperm bleibt der Embryo vielfach noch klein. In phytochemischer Hinsicht sind Alkaloide der Phenylalanin-Gruppe (besonders Benzylisochinolinbasen, z.B. Aporphine und Berberine, Abb. 904) sehr kennzeichnend; andererseits fehlt (mit Ausnahme der *Nymphaeales*) Ellagsäure.

1. Unterklasse: Magnoliidae

Bei den zwei Überordnungen der *Magnoliidae* finden sich fast ausschließlich monocolpate Pollenkörner, Siebröhrenplastiden vom P- oder S-Typ und ungeteilte Blätter. Fast alle Familien

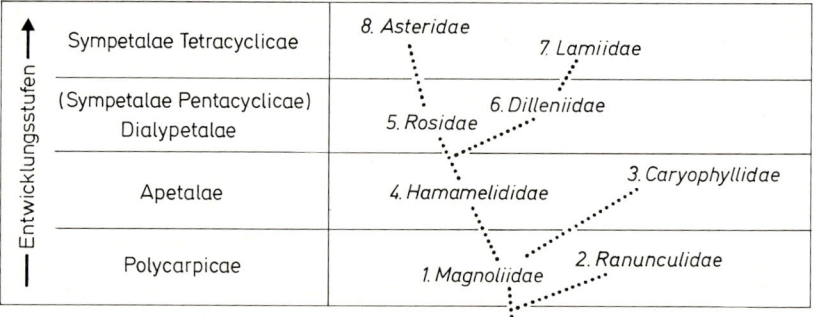

Abb. 902: Entwicklungsstufen der dicotylen Angiospermen *(Dicotyledoneae)* und schwerpunktmäßige Zuordnung der Unterklassen (vgl. die vielen Ausnahmen in der Merkmalsausbildung!). Die punktierten Linien veranschaulichen einige vermutliche stammesgeschichtliche Zusammenhänge (vgl. Abb. 917 und S. 912; Original).

lassen sich bis in die Kreide zurückverfolgen und zeigen stammesgeschichtliche Alterser-scheinungen (Stasigenese, S. 535 f.; Paläopoly-ploidie, S. 532). Die

1.1. Überordnung: Magnolianae hat Sekret-zellen mit ätherischen Ölen und umfaßt vor-wiegend Holzpflanzen.

Besonders viele ursprüngliche Merkmale finden sich bei der

1.1.1. Ordnung: **Magnoliales.** Hierher zählen etwa die auf der Südhalbkugel disjunkt verbreiteten, tra-cheenlosen und immergrünen **Winteraceae** mit offen-bar besonders primitiven Staub- und Fruchtblättern (Abb. 885), weiter die nur auf den Fidschi-Inseln und nur in einer Art vertretenen **Degeneriaceae** und schließlich die nordhemisphärischen, (sub)tropisch bis warm-temperaten, immer- bis sommergrünen, heute nur noch reliktär verbreiteten **Magnoliaceae** (Abb. 875 A, 903 A -B, 1064). Es sind dies Holzpflan-zen mit einfachen Blättern und großen Blüten, zu de-nen neben der bekannten, in Süd- und Ostasien sowie in Nordamerika heimischen Gattung *Magnolia* auch der bei uns oft angepflanzte nordamerikanische Tul-penbaum *(Liriodendron tulipifera)* gehört. In den

Tropen weiter verbreitet sind die **Annonaceae** mit häufig 3zähligen Perigonwirteln und die **Myristicaceae** mit eingeschlechtigen Blüten und nur noch einem einsamigen Karpell; bei beiden ist das Endosperm ruminat, wie etwa die auf den Molukken heimische Muskatnuß *(Myristica fragrans)* zeigt (Abb. 903 C -F).

Eine stark abgeleitete krautige Entwicklungslinie der *Magnoliales* mit meist 3zähligen, aber syntepalen Blüten und unterständigen Fruchtknoten repräsen-tiert die

1.1.2. Ordnung: **Aristolochiales** (nur *Aristolochia-ceae*). An heimischen Arten gehören hierher Hasel-wurz *(Asarum europaeum)* und Osterluzei *(Aristolo-chia clematitis,* mit dorsiventralen Gleitfallenblumen).

Während die *Magnoliales* Blattknoten mit mehre-ren Lücken aufweisen, finden wir bei der

1.1.3. Ordnung: **Laurales** nur eine Lücke je Blatt-knoten (vgl. S. 761). Besonders urtümlich ist hier die Gattung *Austrobaileya* (**Austrobaileyaceae**), bei der als einziger unter den Angiospermen Geleitzellen auch unabhängig von den Siebröhreninitialen entstehen können (vgl. S. 798). Vorwiegend immergrüne, lede-rige und einfache Blätter haben auch die tropisch-disjunkten **Monimiaceae** und die bis in den Mittel-meerraum vorstoßenden **Lauraceae,** deren bekannte-

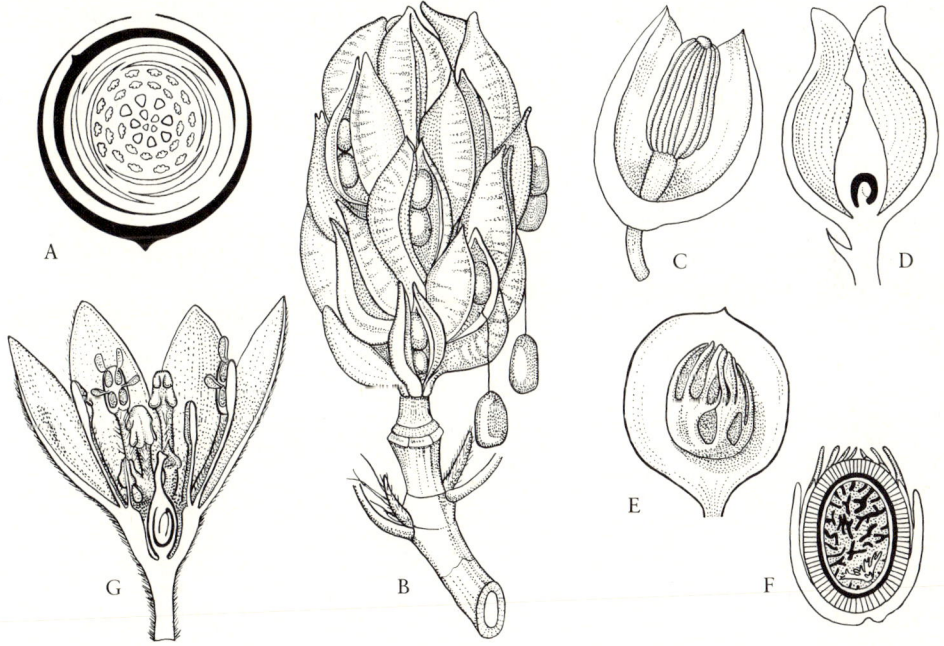

Abb. 903: *Magnoliales* (A–F) und *Laurales* (G). A–B *Magnoliaceae:* A Blütendiagramm von *Michelia* (Hoch-blatthülle: schwarz, Perianth: weiß); B Sammelfrucht von *Magnolia virginiana* mit an Leitbündeln aus den Hülsen pendelnden roten Samen (1 ×). C–F *Myristicaceae, Myristica fragrans:* ♂ (C) und ♀ (D) Blüten (4 ×); E–F fleischige aber aufspringende Einblattfrucht im Schnitt (etwa ¹/₂ ×), ein roter Arillus («Macis»: Gewürz, Droge) umgibt den dunkelbraunen Samen, darin infolge Wucherung des Nucellus durchfurchtes Endosperm und kleiner Embryo (etwa ²/₃ ×). G *Lauraceae, Cinnamomum ceylanicum,* Blüte längs, perigyn, mit pseudo-monomerem Fruchtknoten und klappig sich öffnenden Antheren (etwa 5 ×). (A–D, F nach ENGLERS Syllabus; E nach KARSTEN; G nach BAILLON.)

ster Vertreter der mediterrane Lorbeer (*Laurus nobilis*) ist. Auch hier sind die Blüten meist ganz aus 3zähligen Wirteln aufgebaut, die Staubblätter öffnen sich mit Klappen (Abb. 903 G), der Fruchtknoten ist pseudomonomer und entwickelt sich zu einer Beere oder Steinfrucht. Als wichtige Nutzpflanzen gehören süd- und ostasiatische Arten der Gattung *Cinnamomum* hierher, nämlich der Kampferbaum (*C. camphora*), aus dessen Holz durch Sublimation Kampfer gewonnen wird, und die Zimtbäume (*C. zeylanicum* auf Ceylon und *C. aromaticum* in Südchina), deren ölzellenhaltige Rinde den Zimt liefert.

Über die ebenfalls noch tracheenlosen **Chloranthaceae** schließt an die *Laurales* die apetale

1.1.4. Ordnung: **Piperales** mit den **Piperaceae** an. Sie umfassen tropische Holzpflanzen, Lianen oder Kräuter, deren eingeschlechtige oder zwittrige, perianthlose Blüten in der Achsel von Tragblättern in ähren- oder kolbenartigen Blütenständen sitzen. Die Früchte sind bei der wichtigsten Gattung, *Piper* (Abb. 905), einsamige Steinfrüchte. Ihr aus einer atropen Samenanlage hervorgehender Same enthält außer dem Endosperm noch ein kräftig entwickeltes Perisperm. *Piper nigrum* ist ein malaiischer Wurzelkletterer. Seine unreif getrockneten Früchte liefern den schwarzen, die reifen geschälten den weißen P f e f f e r .

Dagegen fehlen der

1.2. Überordnung: Nymphaeanae Sekretzellen. Es handelt sich um krautige, am Grunde seichter Gewässer verankerte Sumpf- und Wasserpflanzen. Die Placentation ist meist laminal. Dies u.v.a weist auf enge Verwandtschaftsbeziehungen zu den *Monocotyledoneae* (besonders *Alismatidae*: S. 895 f.).

1.2.1. Ordnung: **Nymphaeales.** Die beiden ersten Familien haben Schwimmblätter; die größten (bis 2 m Ø) finden sich bei der berühmten *Victoria amazonica* (= *V. regia*) des Amazonasgebietes. Bei den **Cabombaceae** sind die Blüten 3zählig und die Karpelle frei (Abb. 959 F), bei den **Nymphaeaceae** finden wir dagegen (zumindest teilweise) schraubig gebaute Blüten (Abb. 906 C, E); ihre Fruchtblätter sind von einem Gewebemantel der Blütenachse umwachsen, der sich bei den reifen Früchten der T e i c h r o s e (*Nuphar luteum*) wieder von den Fruchtblättern ab-

löst (Abb. 906 B): falsche Coenokarpie. Bei der W e i ß e n S e e r o s e (*Nymphaea alba*, Abb. 906 D) läßt sich die Blumenkrone durch alle Übergänge von den zahlreichen, schraubig stehenden Staubblättern ableiten (Abb. 878 E–L); das primäre Perianth bildet hier den grünen Kelch. Bei *Nuphar* aber ist es leuchtend gelb, und die Blumenkrone ist nur durch unscheinbare Nektarblätter vertreten (Abb. 906 C). – Völlig im Wasser untergetaucht leben die wurzellosen **Ceratophyllaceae** mit dem heimischen Hornblatt (*Ceratophyllum*).

Habituell ähnlich, aber durch tricolpate Pollenkörner und auch sonst stark abweichend ist die

1.2.2. Ordnung: **Nelumbonales** (Nelumbonaceae) mit der Lotusblume *Nelumbo*. Schildförmige Blätter werden auf langen Stielen über das Wasser emporgehoben; die Blütenachse bildet einen auf der Spitze stehenden Kegel, dessen oberes Gewebe die einzelnen chorikarpen Fruchtblätter beim Heranreifen umwächst und so in Höhlungen versenkt.

2. Unterklasse: Ranunculidae

Hierher zählen ausschließlich Sippen mit tricolpaten (oder davon abgeleiteten) Pollenkörnern und Siebröhrenplastiden vom S-Typ.

Eine Verbindung zu den *Magnolianae* (besonders *Winteraceae*) bildet die

2.1. Überordnung: Illicianae (nur eine Ordnung mit *Illiciaceae* und *Schisandraceae*: subtropische Holzpflanzen mit ungeteilten Blättern und Ölzellen).

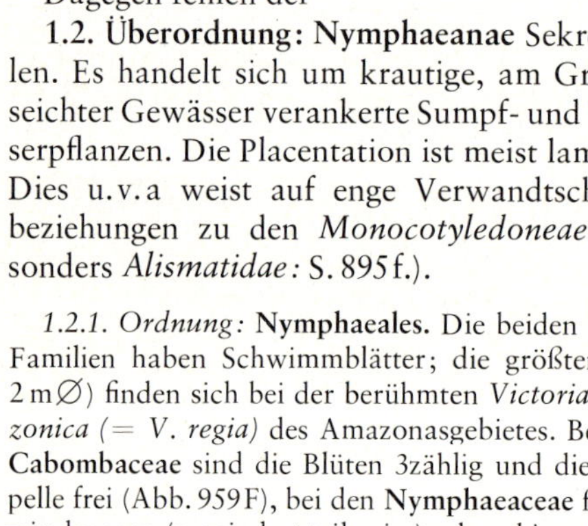

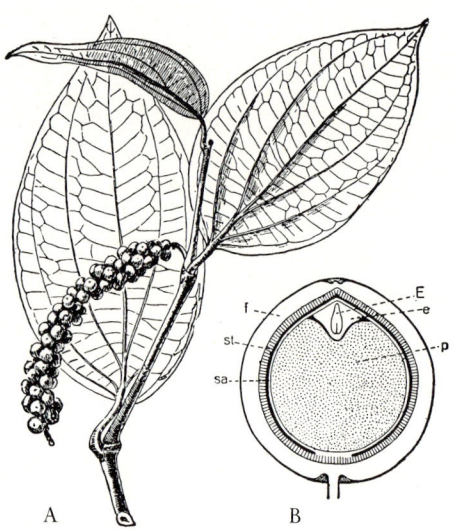

Abb. 905: *Piperales, Piper nigrum.* A Sproß mit Fruchtstand; B Steinfrucht längs, mit fleischigem Mesokarp (f), holzigem Endokarp (st), Samenschale (sa), Embryo (E), sekundärem Endosperm (e) und Perisperm (p) (A ¹/₃ ×; B 5 ×). (A nach KARSTEN; B nach BAILLON.)

Abb. 904: Charakteristische Phenylalanin-Alkaloide der *Polycarpicae*: die Benzylisochinolinbasen Berberin und Magnoflorin.

Berberin

Magnoflorin

Überwiegend krautiger Wuchs, vielfach zusammengesetzte Blätter und Fehlen von Ölzellen kennzeichnen die Sippen der

2.2. Überordnung: Ranunculanae. Hier finden wir im wesentlichen noch die ursprünglichen Blütenmerkmale der *Magnoliales* bei der

2.2.1. Ordnung: **Ranunculales.** Ihre wichtigste Familie sind die **Ranunculaceae,** die Hahnenfußgewächse (vgl. dazu den serologischen Stammbaum: Abb. 591 und die Hinweise auf S. 541, 542, 822!). Sie umfassen vorwiegend Stauden mit wechselständigen, oft geteilten Blättern (Abb. 205 A, 207) und lebhaft gefärbten Zwitterblüten, die auf gewölbtem Blütenboden zahlreiche Staubblätter und ein chorikarpes Gynoeceum aus vielen bis mehreren (selten nur 1) Fruchtblättern tragen (Abb. 907 B, G, R–U). Diese bilden entweder mehrere Samenanlagen zu beiden Seiten der Bauchnaht oder 1 an der Querzone und entwickeln sich dementsprechend teils zu mehrsamigen Balgfrüchten, teils zu einsamigen Schließfrüchten, besonders Nüssen (Abb. 907 N–Q). Im übrigen sind aber die Blüten sehr verschieden gestaltet. Ursprünglich radiär, werden sie manchmal, etwa beim Eisenhut (*Aconitum*, Abb. 907 D–E) oder beim Rittersporn (*Delphinium*), auch dorsiventral. Ihre Glieder sind vielfach schraubig und zahlreich, zum Teil stehen sie jedoch

auch in 5-, 3- oder 2zähligen Kreisen (Abb. 907 R–U). Das Perianth ist öfters nur ein einfaches Perigon, z.B. bei der Dotterblume (*Caltha*), beim Busch-Windröschen (*Anemone nemorosa*: Abb. 232 G) oder bei den Küchenschellen (*Pulsatilla* spec.; Abb. 574), in anderen Fällen aber ist es doppelt, in Kelch und Krone geschieden, z.B. beim Hahnenfuß (*Ranunculus*: Abb. 205 A, 232 E, 907 A bis B) oder bei *Adonis* (Abb. 907 S). Die Glieder des Perianths können durch Übergänge mit den Laub- und Hochblättern verbunden sein, wie etwa bei der Trollblume (*Trollius*), bei *Helleborus* (Abb. 878 A–D), und z.T. beim Winterling *(Eranthis)* oder aber mit den Staubblättern, wie manchmal beim Leberblümchen *(Hepatica nobilis)*. Aus Staubblättern sind vielfach Nektarblätter entstanden; sie bergen den Nektar verschiedentlich in Gruben oder in einem spornartigen Auswuchs und sind teils unauffällig, z.B. bei *Trollius* oder *Helleborus*, teils blumenblattartig entwickelt, z.B. bei *Ranunculus* und bei der Akelei *(Aquilegia)* (Abb. 585, 907 I–M). Man kann sich also durch einen Vergleich verschiedener Gattungen die Entstehung der Blütenhülle und ihre weitere Gliederung sowohl von den Hochblättern her (Bildung eines Perigons oder des Kelches) wie von den Nektar- bzw. Staubblättern her (Bildung der Corolle,

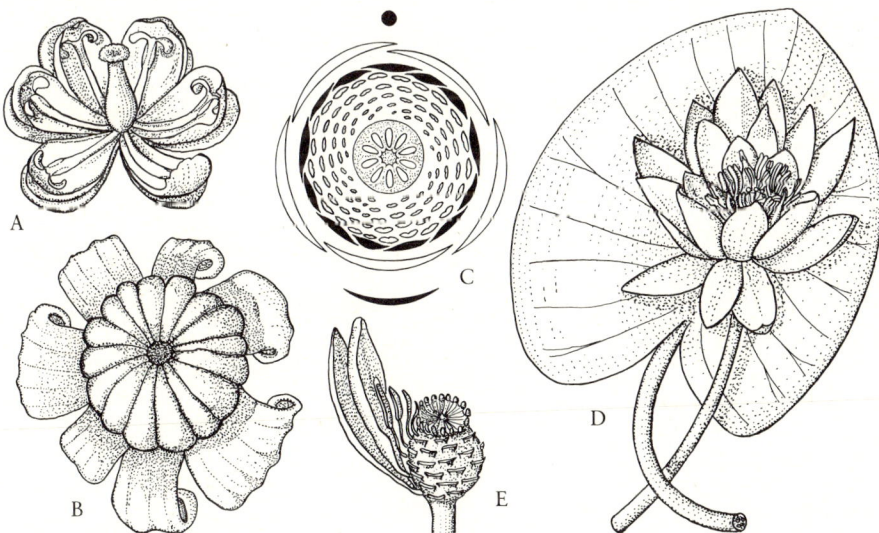

Abb. 906: *Nymphaeales* (B–E) und *Ranunculales, Berberidaceae* (A). A *Berberis vulgaris*, Blüte (3 ×). B–D *Nymphaeaceae*. B–C *Nuphar luteum*. Blütendiagramm (Nektarblätter: schwarz, Achsengewebe: punktiert); Frucht (das Achsengewebe löst sich von den freien Fruchtblättern). D–E *Nymphaea alba*. Schwimmblatt, Blüte und Fruchtknoten mit schraubigen Ansatzstellen der (abgelösten) Kron- und Staubblätter (½ ×). (A nach BAILLON; B nach TROLL; C nach EICHLER; D–E nach KARSTEN.)

in anderen Fällen auch des Perigons) vorstellen (vgl. S. 802). Eine aus 3 ungeteilten Hochblättern bestehende kelchartige Hülle unter dem Perigon besitzt z.B. *Hepatica* (vgl. auch Abb. 205 B).

Die Ranunculaceen sind eine artenreiche, besonders in den nördlichen extratropischen Gebieten verbreitete Familie (vgl. z.B. Abb. 571). Neben Stauden (vgl. z.B. Abb. 231 A–B, 232 E, G) treten auch einjährige Arten auf (z.B. *Myosurus minimus, Ranunculus arvensis*), seltener Holzpflanzen wie in der auch durch gegenständige Blätter auffälligen Gattung *Clematis* (Waldrebe, meist Lianen). Die Bildung einsamiger Schließfrüchte ist abgeleitet. In vielen Fällen lassen

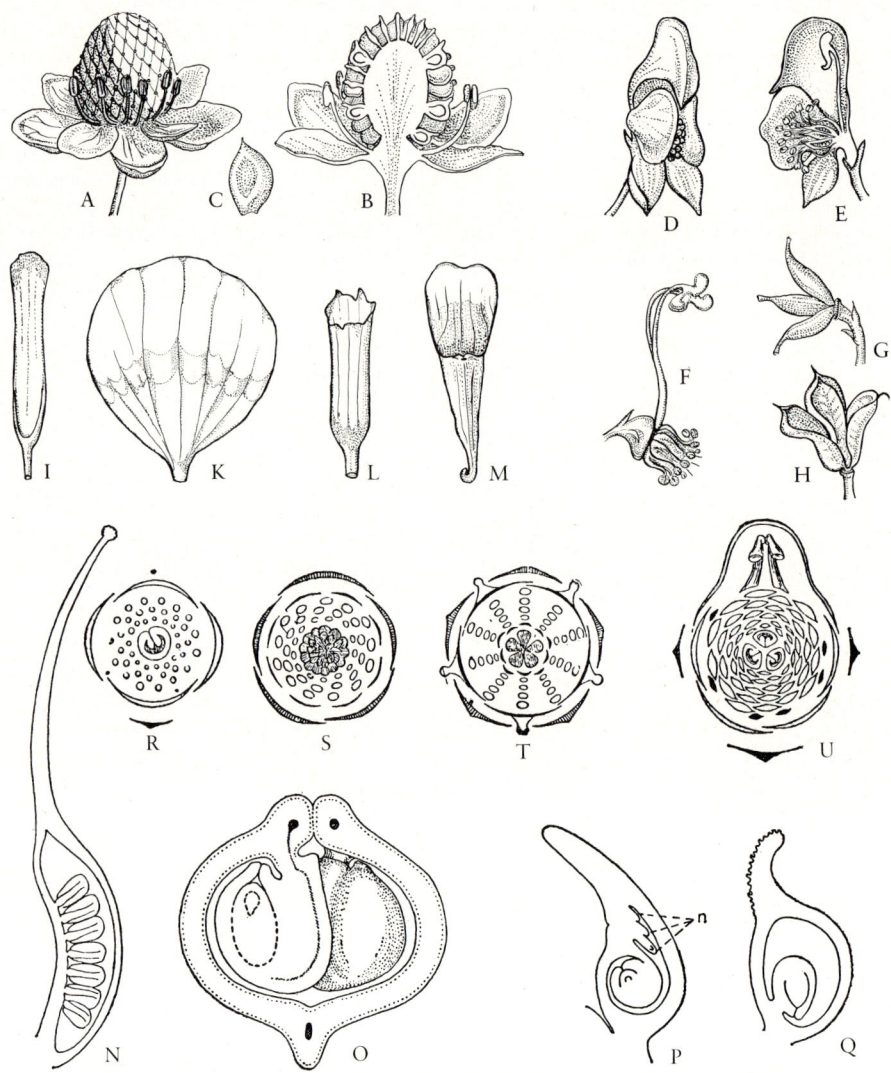

Abb. 907: *Ranunculales, Ranunculaceae.* A–C *Ranunculus sceleratus.* Blüte gesamt, längs; Einblatt-Nuß (etwa 4 ×). D–H *Aconitum napellus.* Blüte schräg von vorne und längs, nach Entfernung des Perigons, die beiden Nektarblätter freigelegt; junges und reifes chorikarpes Gynoeceum (³/₅ ×). I–M Nektarblätter von *Trollius giganteus* (I; 2,5 ×), *Ranunculus auricomus* (K; 3 ×), *Helleborus foetidus* (L; 4,5 ×) und *Aquilegia vulgaris* (M; 1 ×). N–Q Fruchtblätter von *Helleborus orientalis* (N längs, 5 ×; O quer, 18 ×), *Anemone nemorosa* und *Ranunculus auricomus* (P u. Q, längs; teilweise noch mit verkümmerten Samenanlagen: n; 10 ×). R–U Blütendiagramme von *Cimicifuga racemosa* (R), *Adonis aestivalis* (S), *Aquilegia vulgaris* (T) und *Aconitum napellus* (U) (Nektar- bzw. Kronblätter schwarz). (A–C nach Baillon; D–H nach Karsten; I–O, Q nach Firbas; P nach Rassner; R–U nach Eichler.)

sich bei ihnen an den Fruchtblättern zunächst noch mehrere Samenanlagen feststellen, von denen aber nur eine entwicklungsfähig ist (Abb. 907 P). Die Nüsse sind öfters durch behaarte und verlängerte Griffel *(Pulsatilla)*, hakige Auswüchse *(Ranunculus arvensis)*, häutige Flügel oder Schwimmgewebe (Abb. 907 C) der Ausbreitung durch Wind, Tiere oder Wasser angepaßt. Ganz selten werden auch Beeren gebildet wie beim Christophskraut*(Actaea)*.

Eng verwandt sind die **Berberidaceae**, krautige, aber auch holzige Pflanzen mit wirteligen Blüten: Das doppelte Perianth (oft mit corollinischen Nektarblättern) und das Androeceum sind in 3-(2-) zähligen Kreisen angeordnet (Abb. 906 A). Das Gynoeceum besteht meist nur aus 1 oberständigen, pseudomonomeren Fruchtknoten, der sich zu einer Beere entwickelt. Einheimisch ist allein die Berberitze *(Berberis vulgaris)*, ein u. a. durch seine Blattdornen, seine reizbaren Filamente und als Zwischenwirt des Getreiderostes bekannter Strauch (s. S. 194, 470, 671 ff. und Abb. 222, 510 und 906 A).

Im Blütenbau schon viel stärker abgeleitet ist dagegen sie

2.2.2. Ordnung: **Papaverales.** Vorherrschend finden sich hier (3-) 2gliedrige Kelch- und Kronblattwirtel sowie coenokarpe Fruchtknoten mit parietaler Placentation (Abb. 908).

Früher mit den *Capparales* in Verbindung gebracht (vgl. S. 871 f.), werden sie jetzt, vor allem wegen ihrer

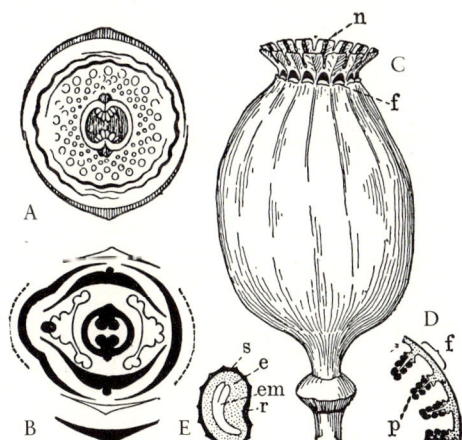

Abb. 908: *Papaverales.* Blütendiagramme von *Glaucium* (A) und *Corydalis cava* [B; innere Staubblätter gespalten; Hälften mit den äußeren verwachsen: (½ + 1 + ½)]. C–E *Papaver somniferum*. Porenkapsel mit Narben (n), teilweise abgelöster Fruchtwand (f) (C; ½ ×); partieller Fruchtquerschnitt mit parietalen Placenten (p) (D; ⅔ ×); Same, längs, mit Schale (s), Raphe (r), Endosperm (e) und Embryo (em) (E; 8 ×). (A–B nach EICHLER; C–E nach FIRBAS.)

teilweise noch primär polyandrischen Androeceen und wegen ihrer Isochinolin-Alkaloide (z.B. die stärker abgeleiteten Morphine im Opium!), allgemein zu den *Magnoliidae* und in die Nähe der verwandten *Ranunculales* gestellt.

Bei den **Papaveraceae** sind die Blütenblätter ungespornt. In Schlauchzellen und gegliederten Röhren tritt Milchsaft auf (rotgelb beim Schöllkraut: *Chelidonium:* Abb. 547, 898 G, 899 C, weiß beim Mohn: *Papaver:* Abb. 232 I). Aus dem ausgetrockneten Milchsaft der angeritzten Kapseln des orientalischen Schlaf-Mohns *(Papaver somniferum;* Abb. 908 C) wird das alkaloidhaltige Opium gewonnen. In den Blüten folgen auf einen hinfälligen Kelch- meist 2 Kronblattwirtel, zahlreiche Staubblätter sowie 2 (oder auch mehr) miteinander zu einem oberständigen Gynoeceum verwachsene Fruchtblätter (Abb. 908 A): K2 C2 +2 A ∞ G (20–2). Die Samen besitzen ein ölhaltiges Endosperm (Abb. 908 E). Bei den **Fumariaceae** sind 2 oder 1 der äußeren Blütenblätter gespornt; die Blüten werden dadurch disymmetrisch (bei der Herzblume, *Dicentra,* Abb. 876 B) oder transversalzygomorph (beim Lerchensporn, *Corydalis:* Abb. 908 B, und beim Erdrauch, *Fumaria).* Die Schlauchzellen führen hier keinen Milchsaft. Teils öffnen sich die Früchte (vielfach Samen mit Elaiosom: Abb. 898 F), teils finden wir einsamige Nußfrüchte (z.B. *Fumaria).*

b) Entwicklungsstufe: Apetalae (= Monochlamydeae)

Ebenso wie bei typischen *Polycarpicae* ist das Perianth hier meist noch einfach, infolge Reduktion aber fast immer weniggliedrig, cyclisch und unscheinbar geworden; nicht selten ist auch nur noch ein Staubblattkreis vorhanden. Diese Oligomerisation betrifft auch das Gynoeceum, dessen Fruchtblätter (meist nur 5, 4, 3 oder 2) fast immer ± verwachsen sind. Besonders im Zusammenhang mit Windbestäubung ist es vielfach zur Ausbildung extrem reduzierter ♂ und ♀ Blüten gekommen (vgl. z.B. Abb. 913, 916, 909). Andererseits finden sich bei einigen tierbestäubten Gruppen auch Ansätze zur sekundären Vermehrung der Blütenglieder (z.B. der Staubblätter) bzw. zur Bildung einer Blumenkrone (aus dem Androeceum). Die bezeichnenden Benzylisosochinolin-Alkaloide der *Magnoliidae + Ranunculidae* fehlen. Von Vorläufern dieser Basalgruppen haben sich die im folgenden besprochenen Unterklassen der *Caryophyllidae* und *Hamamelididae* sicher ganz unabhängig und parallel entwickelt (vgl. dazu auch Abb. 588).

3. Unterklasse: Caryophyllidae

Bezeichnend sind mäßig verholzte bis k r a u -
t i g e Wuchsformen mit einfachen, ungeteilten
Blättern und die Bevorzugung von offenen,
häufig trockenen bzw. versalzten Mineralstoffböden. Zwitterblüten dominieren. Neben unscheinbaren finden sich auch corollinische Perigonbildungen, und bei einigen Gruppen sind aus dem äußeren Staubblattkreis auch

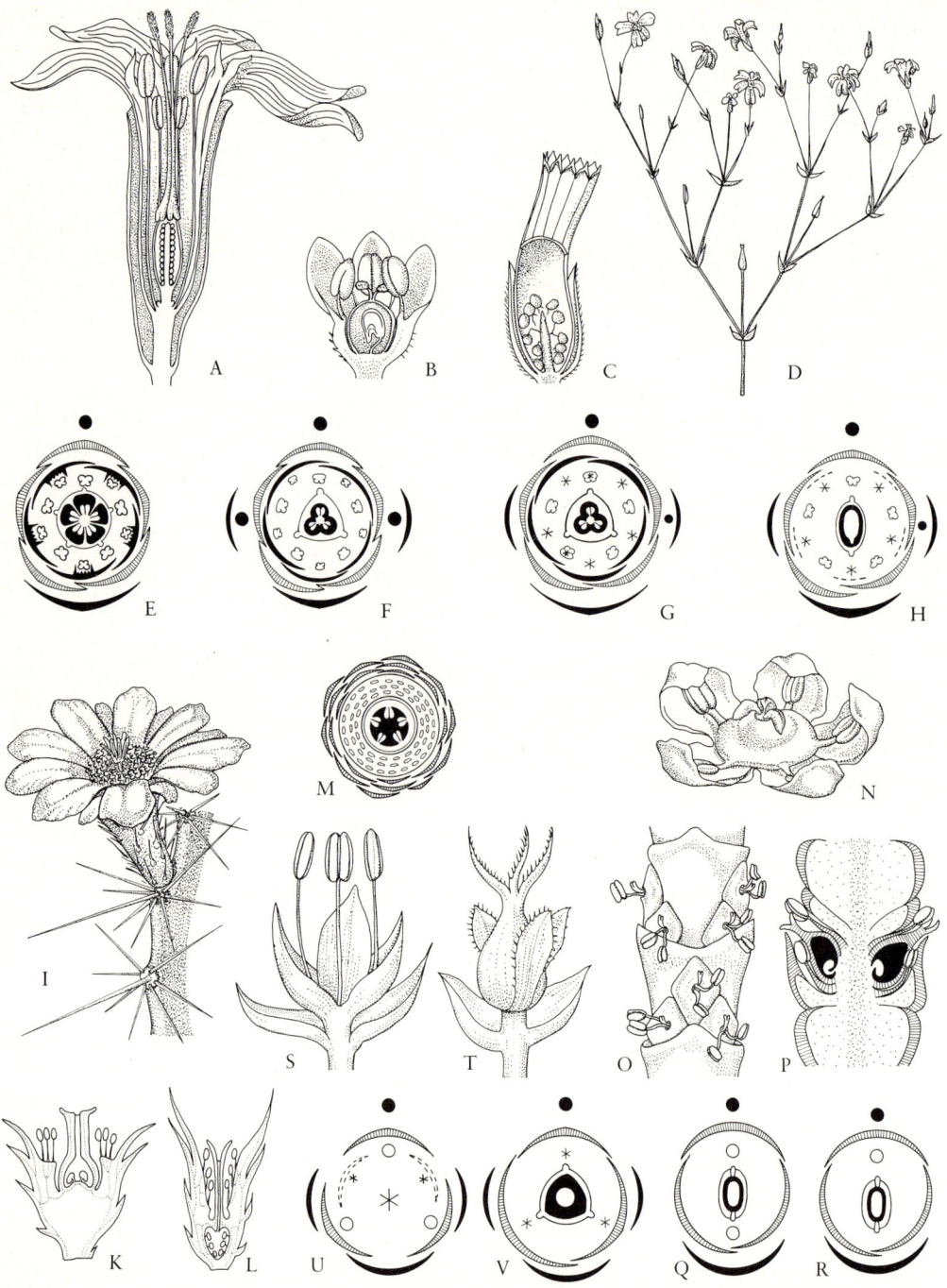

Petalen und damit Blumenkronen entstanden. Die Pollenkörner sind fast immer 3-kernig, primär tricolpat, abgeleitet vielfach pantoporat (Abb. 584). Mehrfach kommt es zur Umwandlung von mehrblättrigen und ± chorikarpen zu synkarpen und parakarpen Gynoeceen mit zentraler Placenta sowie zur Rückbildung von ursprünglich zahlreichen auf eine einzige basale Samenanlage. Die Samenanlagen sind bitegmisch und crassinucellat. Bei der Mehrzahl der *Caryophyllales* sind Betalaine an die Stelle von Anthocyanen getreten.

Die hierhergestellten drei Ordnungen sind so isoliert, daß man sie als monotypische Überordnungen einstufen muß. Während *Caryophyllales* und *Polygonales* wohl entfernt zusammengehören (Abb. 588) und auf *Ranunculidae*-ähnliche Vorfahren zurückgehen, werden die *Plumbaginales* in letzter Zeit auch in Beziehung mit den *Celastranae* bzw. *Euphorbianae* gebracht.

Wegen ihrer vereinzelt noch ± chorikarpen Fruchtblätter und vielfach noch zahlreichen Samenanlagen beginnen wir mit der

3.1. (Über)*Ordnung:* **Caryophyllales** (= *Centrospermae*). Bezeichnend sind radiäre und meist 5zählige, fast immer cyclische Blüten, mit einfachem oder sekundär doppeltem Perianth. Das Androeceum ist ursprünglich diplostemon, kann aber (infolge zentrifugalem Dédoublement) sekundär vermehrt oder auf 1 Staubblattkreis reduziert sein. In den campylotropen Samenanlagen bildet sich neben Endosperm vor allem Perisperm. Sehr charakteristisch sind Siebröhrenplastiden vom P-Typ mit fädig-kristalloiden Proteineinschlüssen (Abb. 842C), wie sie annäherungsweise bei verschiedenen *Magnoliidae*, aber sonst nirgends bei den Angiospermen vorkommen. Einzigartig ist auch das Vorkommen der sonst bei Gefäßpflanzen fehlenden stickstoffartigen Betacyane und Betaxanthine (= Betalaine; vgl. Abb. 587). Anthocyane haben innerhalb der *Caryophyllales* nur die **Molluginaceae** und die *Caryophyllaceae*. Erstere sind (sub)tropisch, vereinzelt noch holzig und kaum succulent. Ursprünglich sind das einfache Perigon, tricolpater Pollen und ± chori- bis coenokarpe, meist vielsamige Fruchtknoten.

Von den *Molluginaceae* lassen sich die wichtigen, über die ganze Erde verbreiteten, fast durchwegs krautigen **Caryophyllaceae** (Nelkengewächse) ableiten. Häufig sind dichasiale Blütenstände (Abb. 909 D). Manche Gattungen haben ein einfaches Perigon (z.B. *Herniaria* und *Paronychia*: Abb. 909 B, H). Die Neubildung einer Blumenkrone aus Staubblättern führt zu Blüten mit der Formel: * K5 C5 A5 + 5G (5), z.B. bei Hornkraut (*Cerastium*), Kornrade (*Agrostemma githago*) oder Pechnelke (*Lychnis viscaria*, Abb. 909 E). Die Staubblätter stehen obdiplostemon. Häufig ist aber die Zahl der Fruchtblätter verringert [z.B. G(3) bei *Silene*: Abb. 909 A, F und *Stellaria*, G (2) bei der Nelke, *Dianthus*]. Auch können die Staubblätter nur mit einem Kreis vertreten und selbst in diesem nicht vollzählig sein (*Stellaria media* A5 → 3: Abb. 909G). Vereinzelt ist Diöcie entstanden [z.B. bei *Silene alba*, *S. dioica* (= *Melandrium album*, *M. rubrum*); vgl. S. 496, 513 u. Abb. 557]. Die Früchte sind in der Regel vielsamige, mit Zähnen aufspringende Kapseln (Abb. 528, 909 C). In vereinfachten Blüten ist aber auch die Zahl der Samenanlagen häufig bis auf 1 verringert, und an die Stelle der Kapseln treten dann 1samige Nüsse (z.B. *Scleranthus*, *Herniaria*: Abb. 909 B).

Die Einteilung der Familie gründet sich auf den Besitz freier (*Alsinoideae*, z.B. *Cerastium*, *Stellaria*, *Scleranthus*) oder verwachsener Kelchblätter (*Silenoideae*, z.B. *Lychnis*, *Agrostemma*, *Silene*, *Dianthus*) bzw. auf das Vorkommen von Nebenblättern [*Paronychioideae* (= *Illecebraceae*), z.B. *Spergula*, *Herniaria*]. Viele Arten enthalten Saponine, z.B. das Seifenkraut (*Saponaria officinalis*).

Die übrigen Familien bilden nur Betalaine. Dabei stehen den *Molluginaceae* die blütenmorphologisch ursprünglichen und mannigfaltigen **Phytolaccaceae** noch sehr nahe. Hierher gehört z.B. die einen roten Farbstoff liefernde Kermesbeere, *Phytolacca americana*. An die *Phytolaccaceae* lassen sich zunächst die beiden folgenden succulenten Familien mit stark

◁ **Abb. 909:** *Caryophyllales.* A–H *Caryophyllaceae.* A, B Blütenlängsschnitte von *Silene nutans* und *Herniaria glauca* (etwa 4×); C Kapsel von *Cerastium holosteoides* (unten aufgeschnitten) (etwa 4×); D Blütenstand von *Cerastium arvense:* Dichasium (vgl. auch Abb. 164 B!) (etwa 1×); Blütendiagramme von E *Lychnis viscaria*, F *Silene vulgaris*, G *Stellaria media* und H *Paronychia* spec. I–M *Cactaceae.* I *Echinocereus dubius*, Rippe des Vegetationskörpers mit Areolen und Blüte (etwa ½×); K–L Blütenlängsschnitte einer ursprünglichen (*Pereskia*) und einer abgeleiteten Kaktee mit trichterförmigem Receptaculum und eingesenktem Gynoeceum; M Blütendiagramm von *Opuntia* spec. N–R *Chenopodiaceae.* N Blüte von *Beta trigyna* (vergr.); O–R succulenter Sproß mit Blüten, gesamt und längs (vergr.), sowie Blütendiagramme mit A 1 bzw. A 2 von *Salicornia europaea*. S–V *Amaranthaceae*, *Amaranthus* spec., ♂ und ♀ Blüten (vergr.) sowie Blütendiagramme. (A–C nach BECK-MANAGETTA; D nach DUCHARTRE; E–H, M, Q–R, U–V nach EICHLER, etwas verändert; I nach ENGELMANN; K–L nach BUXBAUM; N nach BAILLON; O–P, S–T nach GRAF).

vermehrten Staub- und Blütenhüllblättern anschließen: Blattsucculenten sind die **Aizoaceae,** die mit
Mesembryanthemum und zahlreichen anderen, artenreichen Gattungen besonders in den südafrikanischen Trockengebieten siedeln, wo sie z.T. ± in den
Boden eingesenkte, Kieseln ähnliche Vegetationskörper («lebende Steine» z.B. *Lithops:* Abb. 224 A)
ausgebildet haben. Ihre vielblättrige Krone ist aus den
äußeren der zahlreich vorhandenen Staubblätter entstanden. Die Früchte sind meist Kapseln, die sich bei
Befeuchtung öffnen (Hygrochasie).

Dagegen sind die **Cactaceae** überwiegend amerikanische Stammsucculenten. Ihr säulenförmiger oder
abgeflachter (z.B. *Opuntia,* Abb. 220 B), längsgeripp-
ter (z.B. *Cereus,* Abb. 225 A) oder kugeliger und
höckerig gegliederter (z.B. *Mamillaria*) Stamm trägt
fast immer Blattdornen, häufig ganze Dornbüschel
(Areolen) als umgewandelte Achselsprosse und Blattanlagen (Abb. 224 B–D, 909 I). Nur die Gattung
Pereskia besitzt noch normale Laubblätter; doch kann
man kleine, schuppen- bis pfriemenförmige Laubblätter auch noch bei vielen Jugendstadien, z.B. bei
Opuntien, beobachten. Die sitzenden Blüten (Abb.
909 I–M), haben ein vielzähliges, noch schraubiges,
außen kelch-, innen kronenartiges Perianth, zahlreiche Staubblätter und eine größere Zahl von Fruchtblättern, die zu einem mittel- bis unterständigen
Fruchtknoten verwachsen sind; er wird zu einer
beerenartigen Frucht.

Die K a k t e e n sind fast ausschließlich in Amerika,
hauptsächlich in den Wüsten und Halbwüsten im
Südwesten der Vereinigten Staaten, in Mexiko und
in den Andenländern heimisch, wo sie neben vielen
kleineren Formen auch Riesen bis zu 15 m Höhe hervorgebracht haben (z.B. *Carnegiea gigantea*). Manche
Gattungen, wie *Rhipsalis, Epiphyllum* und *Phyllocactus* (Abb. 162 B) leben auch epiphytisch in Wäldern. Der Feigenkaktus, *Opuntia ficus-indica,* dessen
Früchte genießbar sind, ist im südlichen Mittelmeergebiet überall verwildert.

Eingeschlechtige Blüten haben die eigenartigen,
stammsucculenten und in den Trockengebieten
Madagaskars endemischen **Didiereaceae.**

Ebenfalls auf Phytolaccaceen-ähnliche Ausgangssippen gehen offenbar die kapselfrüchtigen **Portulaca-
ceae** (u.a. mit dem heimischen Quellkraut *Montia*)
und die schließfrüchtigen, windenden **Basellaceae**
(mit tropischen Gemüsepflanzen) zurück; beide bilden unter den Blüten eine kelchartige Hochblatthülle.
Ähnliches gilt auch für die **Nyctaginaceae,** bei denen
die corollinischen Perigonblätter aber röhrenförmig
verwachsen und nur 1 Karpell ausgebildet wird. Hierher zählen etwa die aus Vererbungsversuchen (Abb.
539) bekannte Wunderblume (*Mirabilis jalapa*) und
die besonders in den (Sub)Tropen viel kultivierte
Kletterpflanze *Bougainvillea* mit buntfarbigen Hochblättern.

Nur ein unscheinbares einfaches Perianth, 1 epipetalen Staubblattkreis und einsamige, gewöhnlich
2(–3)blättrige Fruchtknoten sowie meist nußartige

Früchte haben die beiden letzten, überwiegend anemophilen Familien: Diesem Bauplan – also etwa
∗P5 A5 G(2) – entsprechen bei den **Chenopodiaceae**
mit grünlichen Perigonblättern etwa der Gänsefuß,
Chenopodium, oder *Beta* (Abb. 909 N). Mehrfach
wird die Zahl der Perianth- und Staubblätter aber
noch weiter verringert, und die Blüten werden eingeschlechtig: So besitzt z.B. der Queller (*Salicornia*)
in den ♀ Blüten meist nur noch 3–4 Perianthblätter
und 1–2 Staubblätter (Abb. 909 O–R), und bei den
öfters zweihäusigen Melden (*Atriplex*) treten sogar
Blüten ohne Perianth auf. Die *Chenopodiaceae* bevorzugen salzreiche Böden, fallen nicht selten durch
Succulenz und Rückbildung der wechselständigen
Blätter auf und haben besonders in den Salzwüsten,
entlang der Meeresküsten und als Ruderalpflanzen in
Begleitung des Menschen eine weite Verbreitung gefunden. *Salicornia europaea* agg. etwa umfaßt für die
Anlandung in schlickreichen Wattenmeeren (Nordsee!) wichtige halophytische Stammsucculente (Abb.
238, 909 O–R und S. 1026). Von der mediterranen
Strandpflanze *Beta vulgaris* subsp. *maritima* stammen
die wichtigen Kulturformen der R u n k e l r ü b e ab
(Abb. 227 C–E): 2jährig, bilden sie im 1. Jahr eine dicke
fleischige Hypocotyl- bzw. Wurzelrübe und eine Blattrosette, im 2. Jahr einen bis über 1 m hohen, reich
rispig verzweigten Blütenstand und werden als Zuk-
kerrübe (mit durchschnittlich 16% Rohrzucker), Futterrübe, Rote Rübe und Mangold gezogen. Als Gemüsepflanze ist auch der S p i n a t (*Spinacia oleracea*)
zu erwähnen. Verwandt sind die **Amaranthaceae** mit
häutigen Perigonblättern; dazu gehören etwa verschiedene Zier-, Nutz- und Ruderalpflanzen der Gattung Fuchsschwanz (*Amaranthus*), bei denen die Blüten teilweise eingeschlechtig geworden sind (Abb. 909
S–V).

A n t h o c y a n, Siebröhrenplastiden des weitverbreiteten S-Typs und E n d o s p e r m (aber kein Perisperm) haben die beiden folgenden Sippengruppen:

3.2. (Über)*Ordnung:* **Polygonales** mit der einzigen
Familie **Polygonaceae.** Das 2 × 3- bzw. 5zählige Perigon bleibt hier e i n f a c h, die Staubblätter stehen meist
in (3)2–1 Kreis(en) und sind nicht oder nur mäßig
dédoubliert, der Fruchtknoten ist e i n f ä c h e r i g und
enthält nur 1 meist a t r o p e Samenlage (Abb. 910
A–D). Die Blätter sind wechselständig, ihre Nebenblätter sind zu einer den Vegetationspunkt überzie-
henden Tüte, der O c h r e a, verwachsen, die später
durchbrochen wird und als häutige Röhre den Stengel umgibt (Abb. 910 E). Das Perianth der kleinen,
zwittrigen oder eingeschlechtigen Blüten ist meist
unscheinbar (viele Vertreter sind Windblütler), seltener corollinisch wie beim Buchweizen (*Fagopyrum
esculentum:* Abb. 356) oder bei manchen insektenblütigen Knöterich-(*Polygonum-*)Arten. Bei den A m p -
f e r n (*Rumex:* Abb. 214 A, 910 D) bleibt der innere
Perianthwirtel an der Frucht als Flug-, Schwimm-
oder Haftorgan erhalten. Der einfächerige Fruchtknoten ist aus 3(2–4) Karpellen verwachsen und entwickelt sich zu einer einsamigen Nuß. Wegen des

stärkehaltigen Nährgewebes wurde früher besonders auf armen Böden vielfach Buchweizen gebaut. Aus den zentral- und ostasiatischen Gebirgen stammen die als Gemüse- und Heilpflanzen bekannten R h a - b a r b e r a r t e n *(Rheum)*.

Ein 5zähliges d o p p e l t e s Perianth mit Kelch und s y m p e t a l e r Krone, ein epipetaler Staubblattkreis, und ein 5blättriger parakarper Fruchtknoten mit 1 basalen S a m e n a n l a g e kennzeichnen die

3.3. (Über)*Ordnung:* **Plumbaginales,** nur mit den **Plumbaginaceae.** Hierher gehören besonders Xero- und Halophyten der Steppen, Halbwüsten und des Meeresstrandes, z.B. *Limonium* (inkl. *Statice,* Strand- flieder) und *Armeria* (Grasnelke).

4. Unterklasse: Hamamelididae

Es dominieren w a l d b i l d e n d e H o l z p f l a n - z e n mit unscheinbaren, häufig getrenntge- schlechtlichen Blüten in dichten, nicht selten k ä t z c h e n f ö r m i g e n B l ü t e n s t ä n d e n («Kätz- chenblütler») und Windbestäubung. Meist ist nur ein Perigonkreis und ein davorstehender Staubblattkreis entwickelt. Die Pollenkörner sind 2 k e r n i g, zonotrem (meist tricolpat oder triporat). Meist wird kein wirksamer Pollen- kitt gebildet. E i n s a m i g e N u ß f r ü c h t e über- wiegen. An Inhaltsstoffen sind E l l a g s ä u r e und G e r b s t o f f e (Tannine) bezeichnend.

Die bis in die Unterkreide fossil dokumentierten *Hamamelididae* können als frühe, im Zusammenhang mit Blütenreduktion und Windbestäubung besonders in temperaten und insektenarmen Lebensräumen entstandene Abkömmlinge tropischer holziger und mehr-minder *Magnoliidae*-ähnlicher Ur-Angiosper- men mit zwittrigen und tierbestäubten Blüten aufge- faßt werden. Sie stellen sich heute als ein Schwarm alter, formverarmter, untereinander allenfalls gar nicht enger verwandter und lange Zeit paralleler Entwicklungslinien dar, die man in mehrere Über- ordnungen gliedern muß. Die teilweise beachtlichen Ähnlichkeiten mit verschiedenen Ordnungen der *Magnoliidae, Rosidae* und *Dilleniidae* rechtfertigen aber keine taxonomische Aufteilung der Unterklasse.

An den Anfang der *Hamamelididae* kann man die sehr isolierte, noch t r a c h e e n l o s e

4.1. (Über)*Ordnung:* **Trochodendrales** stel- len.

Sie umfaßt nur 2 ostasiatische Familien mit je 1 Gattung und 1 Art: *Tetracentron* und *Trochoden-dron* (Abb. 911). Sie haben teilweise noch entomophile und polyandrische Blüten mit wenig verwachsenen, mehrsamigen Fruchtblättern; das Perianth ist einfach oder fehlt. Die *Trochodendrales* stehen – zusammen mit einigen anderen, schon Tracheen im Sekundär- holz führenden, uralten, heute auf Ostasien beschränk- ten und sehr isolierten Ordnungen bzw. Familien (*Cercidiphyllaceae:* S. 1007 ff., *Eupteleaceae* u.a.) – vielleicht den *Magnoliidae* noch näher als den folgen- den Ordnungen.

Alle übrigen *Hamamelididae* entwickeln im Sekundärholz T r a c h e e n. Verwandtschaftlich

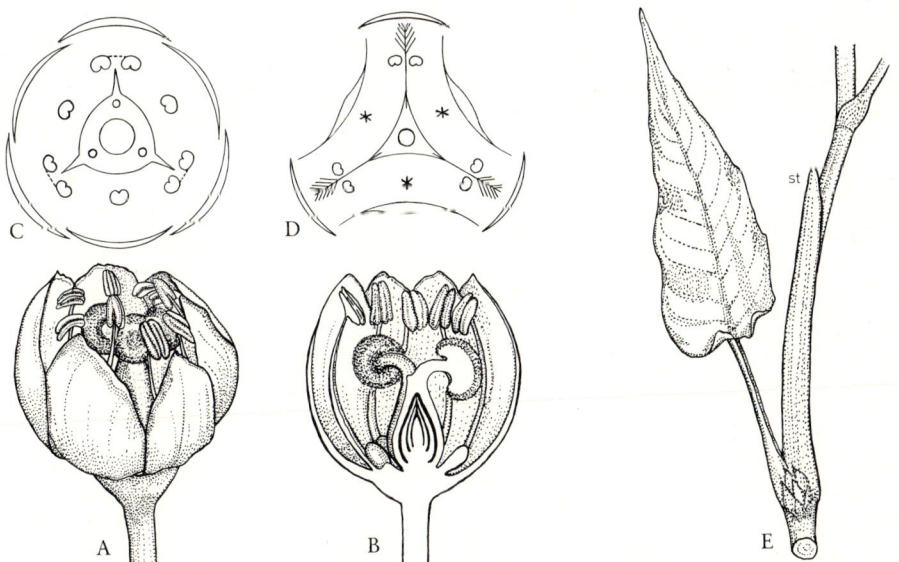

Abb. 910: *Polygonales.* A–B *Rheum officinale,* Blüte gesamt und längs (vergr.). C–D Blütendiagramme von *Rheum* und *Rumex.* E Sproßstück mit Blatt und Ochrea (st) von *Polygonum amplexicaule* (⅓ ×). (A–B nach BAILLON; C–D nach EICHLER; E nach KARSTEN.)

sicher zusammengehörig und auch mit den *Rosanae* eng verknüpft erscheint die

4.2. Überordnung: Hamamelidanae.

Bei der recht ursprünglichen

4.2.1. Ordnung: **Hamamelidales** finden sich teilweise noch zwittrige Blüten mit einfachem Perianth bzw. mit Blumenkronbildung aus Staubblättern. Vielfache Ähnlichkeiten weisen hier auf Zusammenhänge mit ursprünglichen *Rosidae*. Zu den coenokarpen **Hamamelidaceae** zählen etwa *Hamamelis* und *Liquidambar* (liefert Styrax). Eingeschlechtige Blüten, aber noch chorikarpe Fruchtblätter haben dagegen die **Platanaceae** (dazu einige als Alleebäume beliebte Arten und Hybriden von *Platanus*: Platanen).

Stärker abgeleitet ist der Blütenbau bei der für uns wichtigen

Abb. 911: *Trochodendrales, Trochodendron aralioides.* A Blühender Sproß; B Blüte (P0A∞ G4–11); C Karpell, längs; D Pollenkorn (tricolpat); E unreife und F aufspringende Frucht. (Nach Takhtajan.)

4.2.2. Ordnung: **Fagales** mit durchwegs eingeschlechtigen, einhäusigen Blüten, einfachem bis fehlendem Perianth, unterständigem coenokarpen Fruchtknoten, mehreren hängend-anatropen Samenanlagen, aber nur einsamigen, endospermlosen Nußfrüchten. Hierher gehören die wichtigsten waldbildenden heimischen Laubholzpflanzen [vgl. Abb. 393 B (Mycorrhiza!), 975, 976, 1016, 1074].

Die wechselständigen Blätter der *Fagales* sind ungeteilt und besitzen hinfällige Nebenblätter. Die unscheinbaren Blüten sind zu zusammengesetzten kätzchenartigen Blütenständen vereinigt. In der Achsel der Deckblätter sitzen die Blüten in 3-, seltener auch noch mehrblütigen Dichasien, bei denen aber bald einzelne Vorblätter, bald ganze Blüten oder einzelne Perianth- und Staubblätter ausgefallen sind (Abb. 912 A–C, 913 A: verschiedene Stufen der Reduktion vom ursprünglich vielblütigen Dichasium bis auf eine einzige Blüte in der Achsel des Tragblattes!). Die Staubblätter der ♂ Blüten stehen vor den Perianthblättern, die Fruchtknoten der ♀ Blüten enthalten 2 oder mehr Samenanlagen, von denen sich jedoch nur eine entwickelt.

Die Entfaltung der Blüten erfolgt bei den einheimischen, sommergrünen Arten vor oder mit dem ersten Austreiben der Blätter. Verschiedentlich, z.B. bei Hasel und Erle, werden die Kätzchen sogar schon im Vorjahr so weit ausgebildet, daß sie sich im Frühjahr nur zu strecken brauchen. Die Samenanlagen sind dann allerdings meist noch wenig differenziert und entwickeln sich erst nach der Bestäubung, so daß die Befruchtung hinausgezögert wird.

Bei den **Fagaceae** sind 3 (selten 6) Fruchtblätter vorhanden. Die ♀ Blüten entsprechen in der Regel der Formel: P3+3 G$(\overline{3})$, die ♂ enthalten eine wechselnde Zahl von Perianth- und Staubblättern. Die Früchte sind von einem verholzenden Achsengebilde, einem mit Schuppen oder Stacheln versehenen Fruchtbecher, der Cupula, umgeben.

Relativ ursprünglich ist die Edelkastanie *(Castanea sativa:* Abb. 912A). Sie wird teilweise noch von Insekten (besonders Käfern) besucht, bildet steife ♂ Blütenstände und in ihrer Cupula vielfach noch 3 eßbare Nüsse. Ihretwegen wurde sie von den

Abb. 912: *Fagales, Fagaceae.* A–C Diagramme der ♀ Dichasien von *Castanea* (A), *Fagus* (B) und *Quercus* (C) ▷ (Deck- u. Vorblätter schwarz, Cupula punktiert, Perigon weiß, ausgefallene Blüten bzw. Deck- und Vorblätter * bzw. ----; vgl. auch das Schema Fig. 913 A, oben!). D–H *Fagus sylvatica.* Blühender Sproß (D), ♂ (E) und ♀ (F) Blüten mit Perigon (p), Cupula mit 2 Nüssen (G) und Nuß quer, mit den gefalteten Cotyledonen des Embryos (H). (D, G nat. Gr.; E–F, H vergr.). I–P *Quercus robur.* Blühender Sproß (I), ♂ Blüte mit Staubblättern (K), ♀ Blüte, gesamt (L) und längs [M, mit Narben (g), Griffel (f), Perigon (c), Fruchtknoten (d), Samenanlagen (e) und Cupula (b)], Fruchtstand (N), reife Cupula (O) und Samen, längs und quer (P) (K–M vergr.). Natürliche Verbreitungsgebiete europäischer *Fagus*- und *Quercus*-Arten. (A–B nach Eichler; C nach Prantl und W. Troll; D–H nach Karsten; I–P nach Schimper bzw. Berg & Schmidt; Arealkarten nach Rubner u. a.)

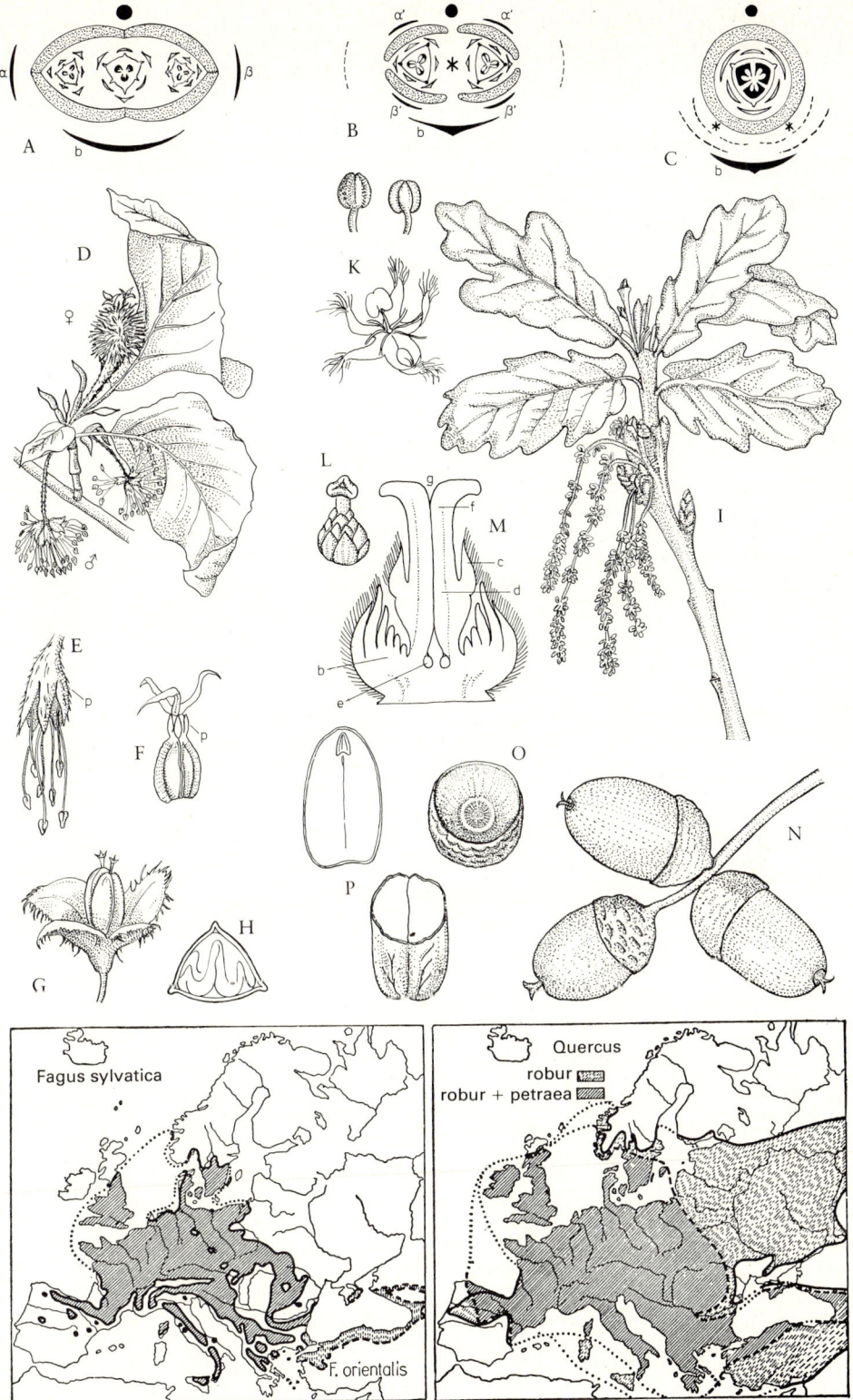

Römern auch aus dem Mittelmeerraum in die wärmeren Teile Mitteleuropas eingeführt.

Bei der völlig windblütigen Rotbuche (*Fagus sylvatica*, Abb. 156 E, 912 B, D–H, ganzrandige Blätter!) stehen die ♂ Blüten zu mehreren in (wohl dichasialen) Köpfchen, die ♀ in 2blütigen Dichasien. Die 3kantigen Nüsse, die ölreichen «Bucheckern», bilden sich daher zu zweien innerhalb der Cupula, die sich bei der Reife mit 4 Klappen öffnet. Als dominanter Waldbaum umfaßt ihr Verbreitungsgebiet vor allem Mitteleuropa, besonders die mittleren Höhenstufen der Gebirge, aber auch tiefere Lagen, wo sie nicht zu arme, gut durchlüftete und nicht zu trockene Böden bevorzugt (Abb. 977, 996, 1013, 1026, 1031, 1038, 1039, 1077). Ihre kontinentale Frost- und Trockengrenze läuft von den Masuren zum östlichen Vorland der Karpaten (Abb. 912, 1073).

Lediglich einblütig sind dagegen die ♂ und ♀ Dichasien der Eichen (*Quercus*, Abb. 156 C, 912 C, I–P). Ihre Nüsse (die Eicheln) sitzen daher einzeln in der beschuppten, becherförmigen Cupula. Von den einheimischen Arten ist die Stiel-Eiche (*Q. robur*, Früchte gestielt) über den größten Teil Europas, von Irland bis in die südrussische Waldsteppe, besonders in den Niederungen und den unteren Berglagen auf den verschiedensten Standorten verbreitet (Abb. 912, 977). Die Trauben-Eiche [*Q. petraea* (= *Q. sessiliflora*), Früchte sitzend] hat ein kleineres Verbreitungsgebiet. Verwandt ist die submediterrane Flaum-Eiche (*Quercus pubescens*: Abb. 1034). Neben dem hochwertigen, harten Schreiner- und Bauholz findet auch die Rinde der Eichen in der Gerberei Verwendung. Von den vielen immergrünen Arten sind 3 mediterrane hervorzuheben (vgl. Abb. 1010, 1034, 1084 u. S. 973, 1033 f.): die westmediterrane Kork-Eiche (*Q. suber*), die Kermes-Eiche (*Q. coccifera*) und die Stein-Eiche (*Q. ilex*). Südhemisphärisch-antarktisch ist die Gattung *Nothofagus* (vgl. S. 918, 1040 u. Abb. 975).

Die **Betulaceae** haben nur noch 2 Fruchtblätter. Ursprüngliche Blüten entsprechen der Formel P2 + 2 A2 + 2 bzw. G (2), werden aber fortschreitend reduziert (Abb. 913 A). Die Staubblätter sind häufig gespalten (z. B. Abb. 913 K).

Die Nußfrüchte sind nackt (Abb. 913 G, N) oder werden von einer blattbürtigen Hülle (Abb. 914 G) umgeben. Bei Birke (*Betula*) und Erle (*Alnus*) sitzen die Nußfrüchte in der Achsel holziger Schuppen, die aus der Verwachsung der Vorblätter mit dem Deckblatt hervorgehen und bei der Birke zur Zeit der Reife abfallen, bei der Erle aber an dem zapfenähnlichen Fruchtstand verbleiben (Abb. 913 F, M). Bei Hasel (*Corylus*), Hainbuche (*Carpinus*) und Hopfenbuche (*Ostrya*) – die drei Gattungen werden z. T. in eine eigene Familie, *Corylaceae*, gestellt – sind die Nüsse von einer Fruchthülle umgeben, die jeweils aus 3 verwachsenen Vor- bzw. Tragblättern besteht. Sie fällt bei der Hainbuche mit der von ihr umschlossenen Nuß ab und dient als Flugorgan (Abb. 914 G).

Unter den Erlen ist die fast über ganz Europa verbreitete Schwarz-Erle (*Alnus glutinosa*, Abb. 913 B–G) der wichtigste Baum der nassen Bruchwälder und Ufergehölze der Niederungen (Abb. 976, 1015). In den Gebirgen, besonders auf Flußschottern, spielt die circumboreale Grau-Erle (*A. incana*, mit unterseits grauen Blättern) eine ähnliche Rolle, nahe der Waldgrenze auch die strauchige Grün-Erle (*A. viridis*). Die Erlen besitzen Wurzelknöllchen mit einem Actinomyceten, der freien Luftstickstoff assimiliert (vgl. S. 376, 564). Daher wird besonders die Grau-Erle gerne zur Aufforstung verwendet.

Unsere lichtbedürftigen Birken (*Betula pendula*, die Warzen-Birke, Abb. 913 H–N, und *B. pubescens*, die Moor-Birke) sind anspruchslose Gehölze armer Böden, besonders der Sandböden und Moore. In den nordischen Wäldern und in der Arktis spielt auch die kleine, rundblättrige Zwerg-Birke (*B. nana*) eine große Rolle.

Schon an vorjährigen Zweigen ausgebildet werden die Blütenstände bei der besonders früh blühenden, in Wäldern und Gebüschen über den größten Teil Europas verbreiteten Hasel (*Corylus avellana*: Abb. 167 A). Die kurzen ♀ Blütenstände bleiben bei ihr von den Knospenschuppen umschlossen, nur die roten Narben werden hervorgestreckt. Die schweren, durch Kleiber, Spechte und Eichhörnchen verbreiteten Nüsse (Abb. 900 A–B) enthalten im Keimling viel Fett; sie kommen auch von südeuropäischen Arten (*C. maxima*, Lambertsnuß; *C. colurna*, Baum-Hasel) in den Handel.

Nur an diesjährigen (bei den ♂ allerdings oft laubblattlosen) Trieben sitzen die Blüten der Hainbuche (*Carpinus betulus*, Abb. 914, scharf doppelt gesägte Blätter!). Sie ist über das ganze mittlere Europa verbreitet und spielt vor allem außerhalb der Rotbuchengrenze und in Beckenlagen eine große Rolle, da sie kontinentalere bzw. auch wärmere Klimate und grundwassernahe Böden besser zu ertragen vermag als die Rotbuche. Im nördlichen Teil der Mittelmeerländer ist oberhalb der Steineichenstufe die ähnliche Hopfenbuche (*Ostrya carpinifolia*) verbreitet.

Näher miteinander verwandt sind offenbar die beiden folgenden Ordnungen der

4.3. Überordnung: Juglandanae, die durch holzigen Wuchs, aromatischen Duft (Drüsenhaare, ätherische Öle) und 1 atrope (aufrechte) Samenanlage im 2blättrigen Gynoeceum charakterisiert sind.

Verwandtschaftliche Beziehungen weisen besonders auf die *Fagales* und, innerhalb der *Rosidae*, auf die *Rutanae*. Die

4.3.1. Ordnung: Myricales (nur *Myricaceae*) ist perianthlos, mit meist ungeteilten Blättern (hierher der in atlantischen Moor- und Heidegebieten verbreitete, aromatisch duftende Gagelstrauch: *Myrica gale* mit Actinomyceten-Symbiose, vgl. S. 376,

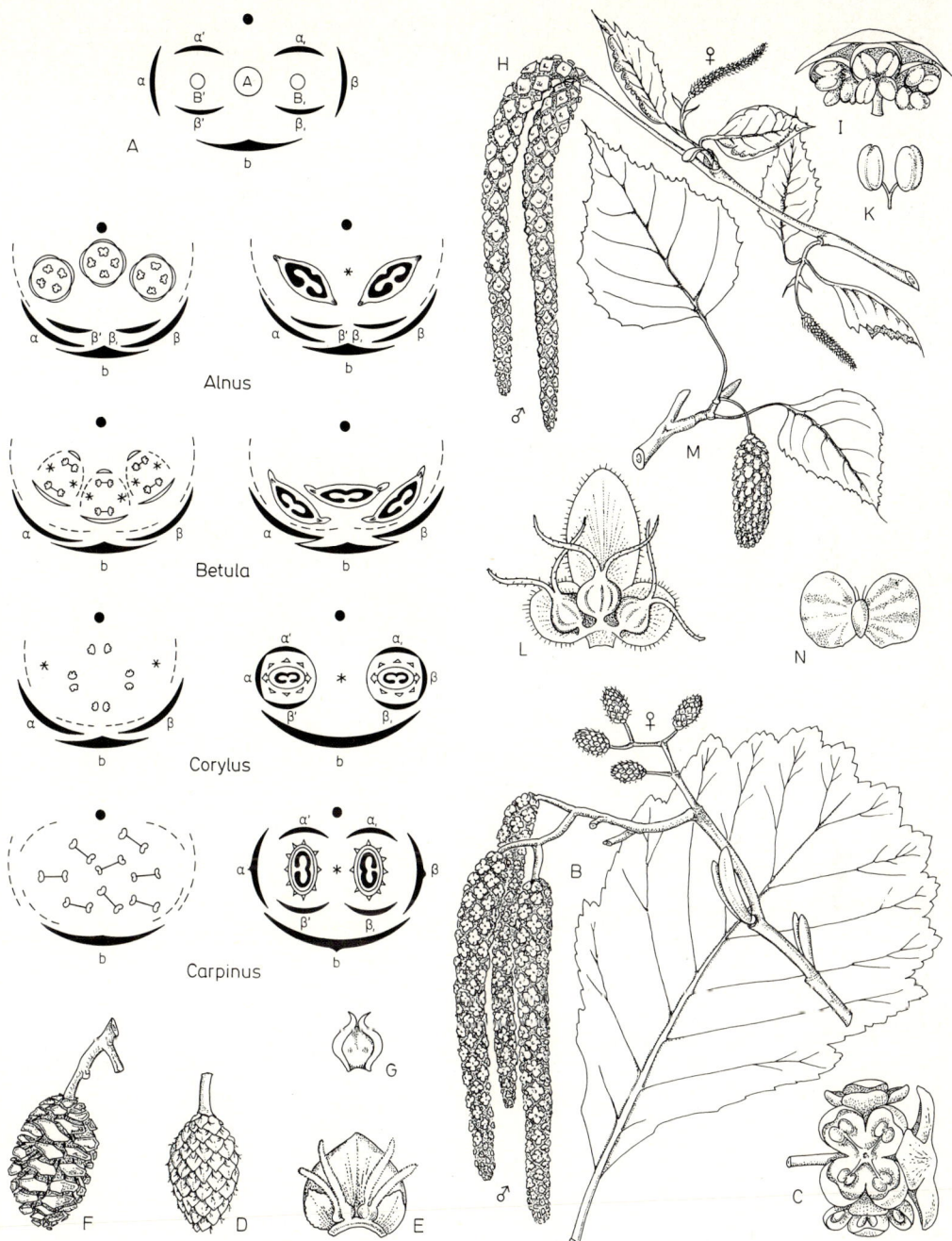

Abb. 913: *Fagales, Betulaceae.* A Diagramme der dichasialen ♂ (links) und ♀ (rechts) Teilblütenstände; oben Schema: in der Achsel von Tragblatt b Blüte A, in der Achsel ihrer Vorblätter α und β die Blüten B′ und B, mit den Vorblättern α′ β′ und α, β,; ausgefallene Blüten bzw. Perigonblätter: * bzw. ----. B–G *Alnus glutinosa.* Blühender Sproß und Laubblatt (B), ♂ (C) und ♀ (E) Dichasium, ♀ Kätzchen (D), Fruchtstand (F) und Nuß (G) (B nat. Gr., C–G vergr.). H–N *Betula pendula.* Blühender Sproß und Laubblätter (H), ♂ (I) und ♀ (L) Dichasium, gespaltenes Staubblatt (K), Fruchtstand (M) und Flügelnuß (N) (H, M ²/₃ ×, sonst vergr.). (A nach EICHLER, verändert; B–N nach KARSTEN.)

564), während die vielleicht mit *Anacardiaceae* (S. 862) verwandte

4.3.2. Ordnung: **Juglandales** ein einfaches Perianth und gefiederte Blätter aufweist. Sie umfaßt nur eine in den gemäßigten Gebieten der nördlichen Halbkugel verbreitete Familie, die **Juglandaceae.** Dazu gehört der vielgepflanzte Walnußbaum (*Juglans regia*, Abb. 915 A–E). Seine ♂ Blüten sitzen zu vielen in dicken Kätzchen, die aus vorjährigen Achselknospen hervorbrechen, die ♀ zu wenigen an den Spitzen der diesjährigen Triebe. In beiderlei Blüten sind die 3–5 Perianthblätter mit dem Deckblatt und 2 Vorblättern verwachsen. Die Walnüsse sind Steinfrüchte, deren Steinkern sich bei der Keimung längs einer vorgebildeten Trennungslinie öffnet, die senkrecht zu der Verwachsungsnaht der Fruchtblätter steht. In den eßbaren Samen sind die Reservestoffe in den ölreichen, durch unvollkommene Scheidewände vielfach gelappten Keimblättern gespeichert. Der Walnußbaum ist im submediterranen Bereich heimisch und leidet nördlich der Alpen vielfach unter Frösten. Er liefert ebenso wie andere *Juglans*-Arten (z.B. die nordamerikanische *J. nigra*), die ebenfalls nordameri-kanischen *Carya*-Arten (Hickory) und die kaukasische Flügelnuß (*Pterocarya fraxinifolia*) ein wertvolles Holz. *Pterocarya* und die reliktär-disjunkte tropische Gattung *Engelhardia* haben ursprüngliche Flügelnüsse (Abb. 915 F–G).

Isoliert und eigenartig ist die

4.4. (Über)*Ordnung:* Casuarinales (= *Verticillatae*), zu der nur die **Casuarinaceae** mit der Gattung *Casuarina* gehören. Es sind trockenheitsfeste australische (bis indomalaiische) Holzpflanzen, deren rutenförmige Äste mit quirlig angeordneten schuppenförmigen Blättern an die Sprosse der Schachtelhalme erinnern. Sie besitzen sehr stark vereinfachte Blüten, nämlich ♂ mit 2 Perianthblättern und nur einem einzigen Staubblatt, ♀ ohne Perianth mit einem 2blättrigen Fruchtknoten. Früher hat man vielfach die *Casuarinales* wegen ihrer einfachen Blüten als besonders ursprünglich betrachtet, mit *Ephedra* in Verbindung gebracht und an den Anfang der Angiospermen gestellt.

Einen weiteren, offenbar getrennt auf zwittrige *Hamamelididae*-Vorfahren zurückgehenden aber auch an *Euphorbianae* und *Malvanae* angenäherten Verwandtschaftskreis bildet die

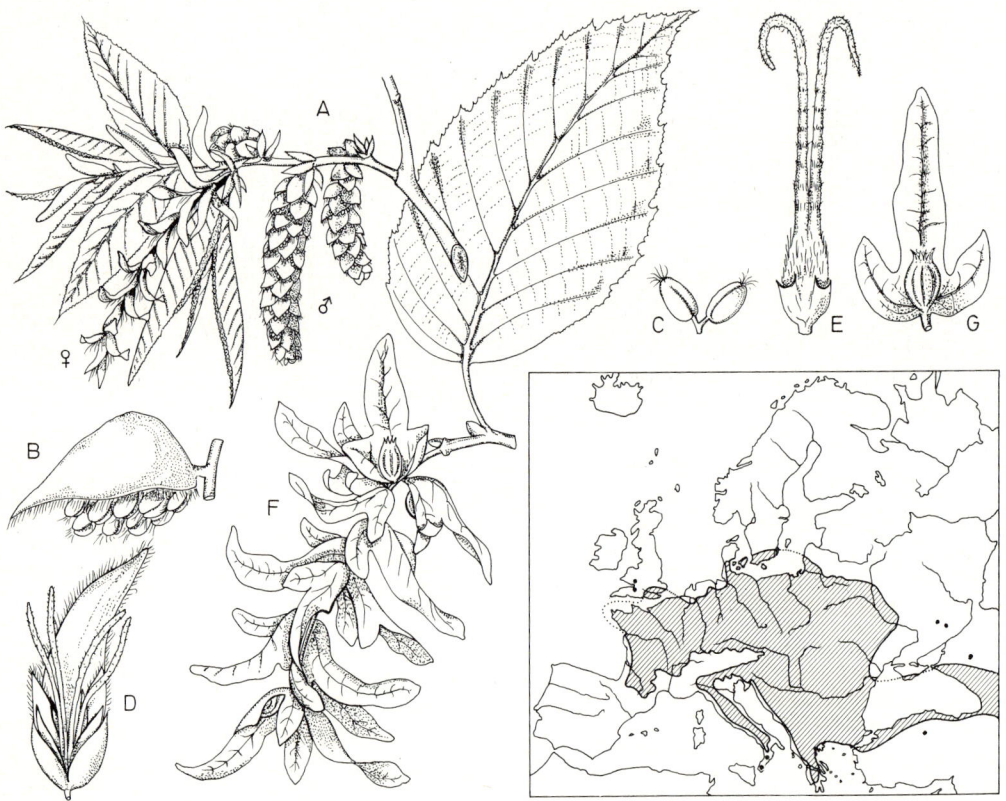

Abb. 914: *Fagales, Betulaceae, Carpinus betulus.* Blühender Sproß (A), ♂ (B) und ♀ (D) Dichasium, gespaltenes Staubblatt (C), ♀ Blüte (E), Fruchtstand (F) und Nuß mit vergrößerten Trag- bzw. Vorblättern (G) (A, F–G etwa nat. Gr., sonst vergr.). Natürliches Verbreitungsgebiet. (Nach KARSTEN; E nach BÜSGEN; Arealkarte nach RUBNER u.a.)

4.5. (Über)*Ordnung*: **Urticales.** Im Vergleich zu den *Fagales* f e h l e n die charakteristischen ♂ Kätzchen und die Hüllorgane der ♀ Blüten. Die meist oberständigen Fruchtknoten gehen auf 2 Fruchtblätter zurück, sind nicht gekammert und enthalten nur 1 Samenanlage; daraus entwickeln sich Nüsse oder Steinfrüchte.

Auch hier überwiegen Holzpflanzen, mehrfach sind aber auch schon Krautpflanzen entstanden. Die Blätter sind ungeteilt, aber öfters gelappt und haben (häufig hinfällige) Nebenblätter. Hervorzuheben ist das Vorkommen von technisch verwertbaren Bastfasern, zum Teil auch von Milchsaft und von Cystolithen (Abb. 77 G).

Noch zwittrig sind die Blüten bei den **Ulmaceae.** Es sind Holzpflanzen ohne Milchsaft und bei uns durch die U l m e n (Rüstern, Abb. 166 C, 916 A -D) vertreten; die Berg-Ulme *[Ulmus glabra (= U. scabra = U. montana)]* besonders in Bergmischwäldern, die Feld- und die Flatter-Ulme *[U. minor (=*

U. carpinifolia = U. campestris) und *U. laevis (= U. effusa)]* in der Niederung bzw. in Auwäldern. Sie tragen 2zeilig und wechselständig angeordnete, auffällig asymmetrische Blätter und büschelige Blüten, die schon während der Blattentfaltung ihre Flügelnüsse reifen. Der häufig gepflanzte südosteuropäische Zürgelbaum *(Celtis australis)* trägt Steinfrüchte.

Eingeschlechtige Blüten (Abb. 916 E, F) haben dagegen die **Moraceae,** meist Holzpflanzen mit Milchsaft. Dieser dient besonders bei der mexikanischen *Castilloa elastica* (Abb. 916 I) und der ostindischen *Ficus elastica* der Gewinnung von Kautschuk. Vielfach sind eigenartige Blüten- und Fruchtstände entstanden. So werden z.B. die kleinen Einzelfrüchte eines jeden ♀ Blütenstandes der 1- oder 2häusigen M a u l b e e r b ä u m e *(Morus)* durch die bei der Reife fleischig werdenden Perianthblätter zu den eßbaren «Maulbeeren» verbunden (Abb. 916 G). Ähnlich ist es bei den großen eßbaren Fruchtverbänden des indomalaiischen Brotfruchtbaums *(Artocarpus).* In den Gattungen *Dorstenia* und *Castilloa* sind Blüten und

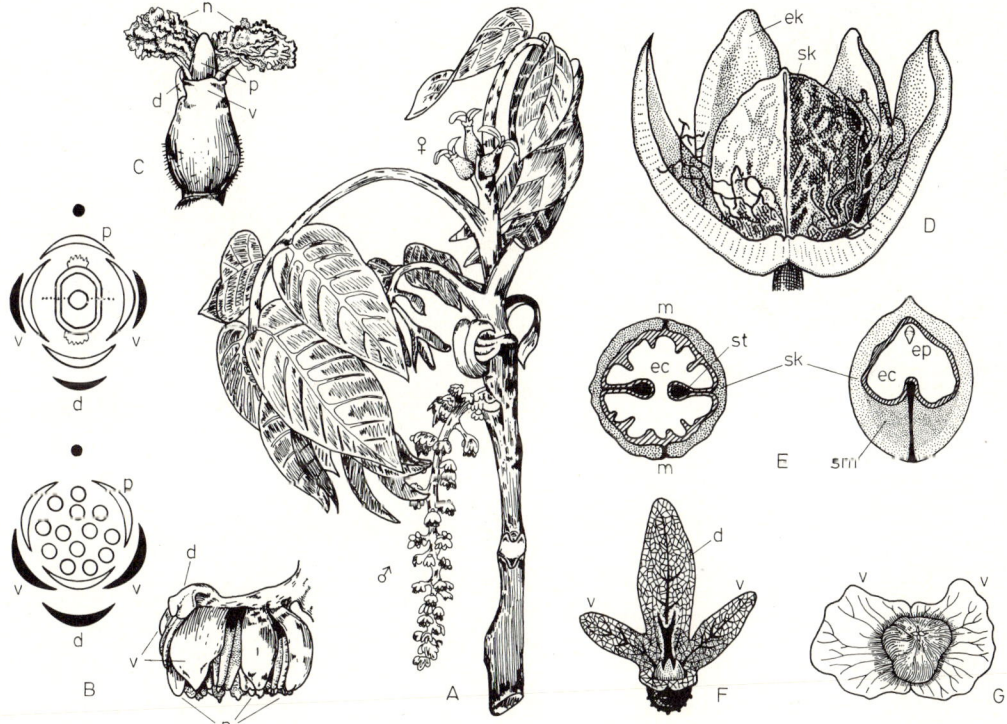

Abb. 915: *Juglandales, Juglandaceae.* A–E *Juglans regia:* A Blühender Sproß mit ♂ und ♀ Blütenständen; B ♂ und C ♀ Blüte und dazugehörige Diagramme mit Deck- (d), Vor- (v) und Perigonblättern (p) sowie Narbe (n); D Steinfrucht bei Ablösung des Exokarps (ek, vorne entfernt) vom Steinkern (sk); E Steinkern quer und längs (median) mit Endokarp (Steinschicht, sk), falscher Naht und Öffnungslinie in der Mediane (m), transversalem Septum (= echte Scheidewand, st) und medianem Septum (= falsche Scheidewand, sm) sowie Embryo mit Cotyledonen (ec) und Plumula (ep). F und G Früchte von *Engelhardia* spec. und *Pterocarya* spec. mit Deck- (d) und Vorblättern (v) als Flugorganen. (A nach HEGI; B, C, E nach KIRCHNER, FIRBAS bzw. EICHLER; D nach TROLL; F, G nach HANELT; alles etwas verändert.)

Einzelfrüchte auf einem teller- oder becherförmigen Achsenorgan vereinigt (Abb. 916H, I), und bei *Ficus* (mit 700 Arten!) sind sie schließlich in ein krugförmig ausgehöhltes, mitsamt den Perianthblättern fleischig werdendes Achsengebilde eingesenkt. Beim mediterranen Feigenbaum *(F. carica)* – einem kleinen Baum mit großen, handförmig gelappten Blättern – werden diese Fruchtstände als «Feige» gegessen (vgl. S. 817, Abb. 892 H–L). Viele *Ficus*-Arten sind Gehölze tropischer Wälder, oft mächtige Bäume (Abb. 1086). Am eigenartigsten ist der ostindische

Banyan *(F. bengalensis)*: Auf Baumästen keimend, entwickelt er sich zunächst zu einem stattlichen Epiphyten, der seine Wurzeln bis zum Boden hinabschickt; in dem Maße, wie sich diese zu säulengleichen Stämmen verdicken, erdrosselt er aber seinen Stützbaum, und da immer neue Wurzeln, auch von den horizontalen Ästen aus, den Boden erreichen, entsteht so schließlich aus dem einen Keimling ein ganzer «Wald». Die Nahrung der Seidenraupen liefert mit seinen ungeteilten oder stumpf gelappten Blättern der chinesische Weiße Maulbeerbaum *(Morus alba)*.

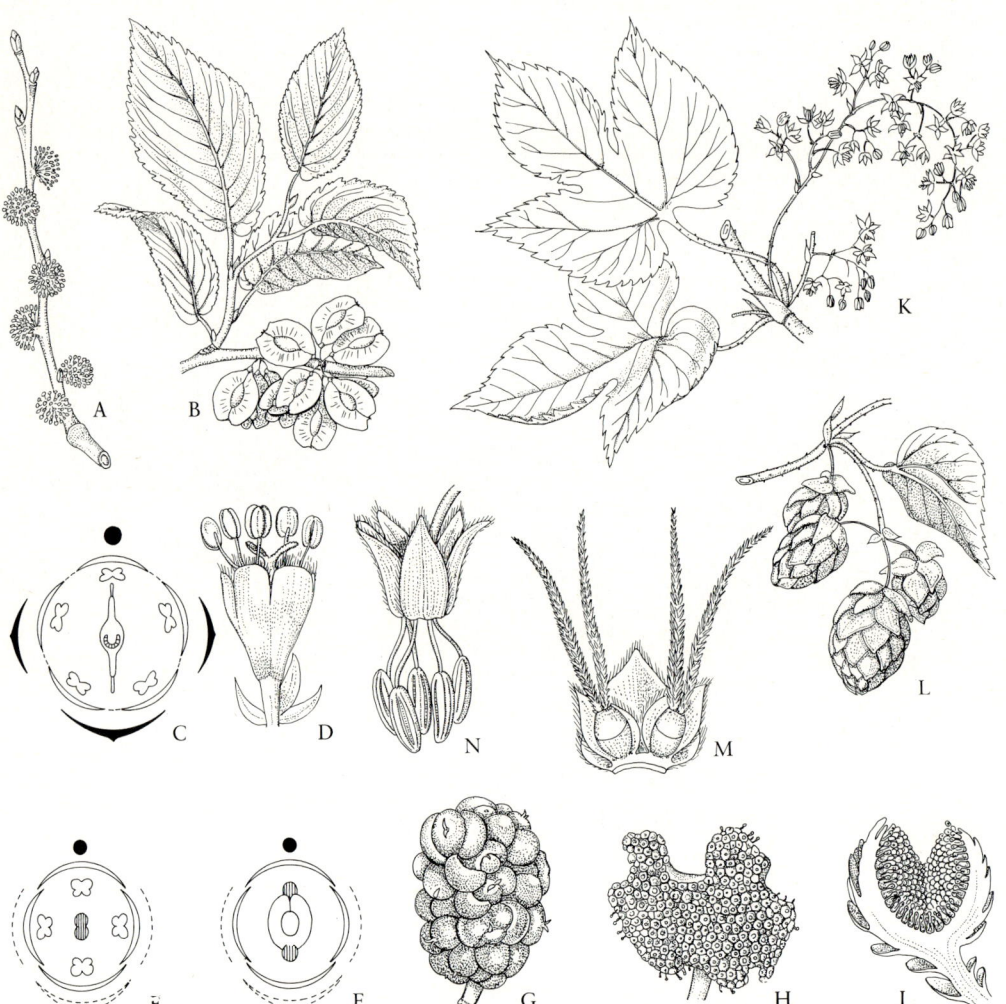

Abb. 916: *Urticales.* A–D *Ulmaceae: Ulmus minor.* Blühender (A) und fruchtender (B) Sproß (etwa ⅓ ×), Blütendiagramm (C) und zwittrige Einzelblüte (D, vergr.). E–I *Moraceae:* Diagramme der ♂ (E) und ♀ (F) Blüte von *Morus alba.* Fruchtstand von *Morus nigra* (G), Blütenstände von *Dorstenia contrayerva* (H) und *Castilloa elastica* (I, längs) (alles etwa 1 × bzw. etw. vergr.; vgl. dazu auch Abb. 892 H–L!). K–N *Cannabaceae. Humulus lupulus,* blühender ♂ (K) und fruchtender ♀ Sproß (L) (½ ×) sowie ♀ Teilblütenstand mit Tragblatt, und 2 ♀ Blüten mit saumförmigem Perigonrudiment (M, vergr.); ♂ Blüte von *Cannabis sativa* (N, vergr.) (A–B, K–M nach KARSTEN; C, E–F nach EICHLER; D, H–I nach ENGLERS Syllabus; G nach DUCHARTRE; N nach GRAF).

Die beiden letzten Familien sind krautig und ohne Milchsaft. Zu den **Cannabaceae** (= *Cannabinaceae*) gehören nur 2 Gattungen mit anatropen Samenanlagen. Heimisch ist bei uns der Hopfen (*Humulus lupulus*, Abb. 916K–M), eine 2häusige, ausdauernde, mit widerhakig-rauhen Achsen rechtswindende Pflanze der Auen- und Bruchwälder. Ihre zapfenähnlichen Fruchtstände tragen auffällige Deckblätter, die von harz- und bitterstoffreichen Drüsen besetzt sind, auf die die Verwendung der Pflanze in der Brauerei und Heilkunde zurückgeht. Aus dem südlichen Asien stammt der Hanf (*Cannabis sativa*, Abb. 916N), er ist ebenfalls 2häusig, aber 1jährig und wird vor allem wegen seiner 1–2 m langen Bastfaserstränge, weniger wegen der ölreichen Samen angebaut; die getrockneten Triebspitzen verschiedener, an narkotischem Harz reicher Formen werden als bedenkliches Rauschgift «Haschisch» bzw. «Marihuana» geraucht.

Atrope Samenanlagen haben die **Urticaceae.** In ihren eingeschlechtigen Blüten sind die Staubblätter in der Knospenlage unter Einwärtskrümmung gespannt, schnellen beim Aufblühen elastisch zurück und schleudern dabei den pulverigen Pollen aus (Abb. 524, 875 D–E). Bei manchen Gattungen (z.B. *Pilea*) werden in ähnlicher Weise auch die Früchte durch

Staminodien (Staubblatt-Rudimente) fortgeschleudert. Manche Urticaceen, wie die Brennnesseln (*Urtica*), besitzen Brennhaare (Abb. 130 A–C). Als Faserpflanzen sind *Urtica dioica* («Nessel»), vor allem aber die asiatische *Boehmeria nivea* (Ramie-Faser) wichtig (Tab. 1, S. 10, 132).

c) Entwicklungsstufe: Dialypetalae (= Heterochlamydeae) und Sympetalae Pentacyclicae

Gegenüber den *Polycarpicae* und *Apetalae* fehlen dieser höheren Entwicklungsstufe Tracheidenhölzer, schraubige Stellung der Blütenorgane, Dreizähligkeit, primäre Polyandrie, ungegliederte Staubblätter und monocolpate Pollenkörner als ursprüngliche Merkmale fast immer. Charakteristisch sind dagegen cyclische 5- oder 4zählige Blüten und die Ausbildung einer doppelten Blütenhülle. Dabei entspricht der Kelch dem einfachen Perianth (Perigon) der *Polycarpicae* und *Apetalae*, während die Petalen der Krone sich wohl immer *de novo* aus einem äußersten Staubblattkreis heraus-

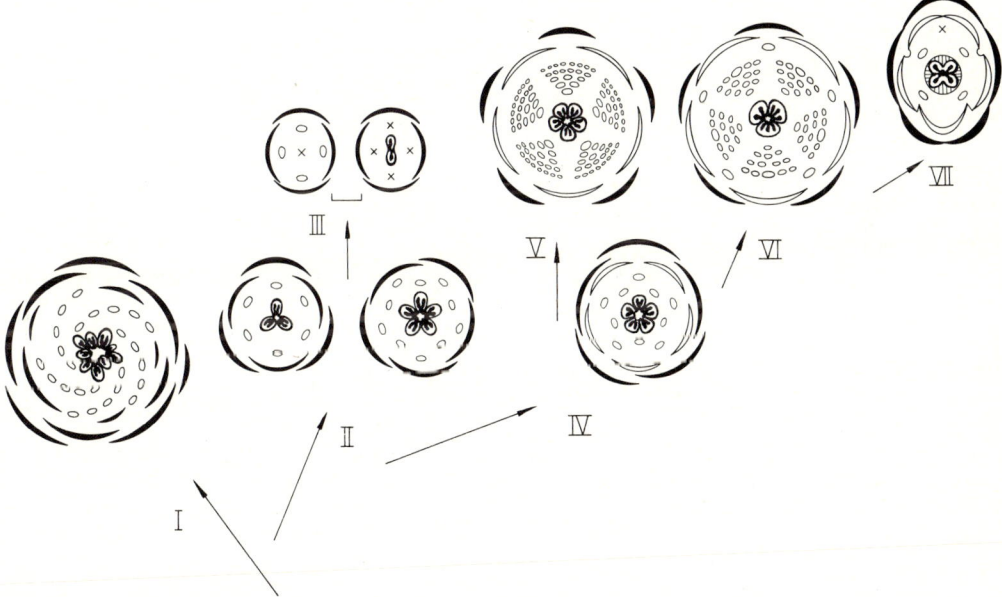

Abb. 917: Vermutliche phylogenetische Progressionen im Blütenbau der dicotylen Angiospermen. I Schraubig und polymer, zwittrig, undifferenziertes Perianth, Chorikarpie (bei *Polycarpicae: Magnoliidae* und *Ranunculidae*); II cyclisch und oligomer, radiär, einfaches Perianth, noch ± chorikarp (z.B. bei ursprünglichen *Apetalae*); III stark oligomer, eingeschlechtig, fortschreitend coenokarp (z.B. bei abgeleiteten *Apetalae: Caryophyllidae* und *Hamamelididae*); IV doppeltes Perianth mit Kelch und Krone, radiär, diplostemon, noch ± chorikarp (z.B.) bei ursprünglichen *Dialypetalae;* V–VI radiär, choripetal, sekundäre Polyandrie: zentrifugal bzw. zentripetal, chori- bis coenokarp (bei *Dialypetalae: Rosidae* bzw. *Dilleniidae*); VII zygomorph, synsepal und sympetal, oligomer haplostemon, coenokarp (z.B. bei abgeleiteten *Sympetalae Tetracyclicae: Lamiidae*). (Nach EHRENDORFER.)

gebildet haben. Das Androeceum besteht meist aus 2 Kreisen (Diplostemonie), doch ist es mehrfach zu sekundärer Polyandrie (Abb. 879) oder auch zur Reduktion auf 1 Staubblattkreis (Haplostemonie) gekommen. Die Petalen sind meist frei (daher «*Dialypetalae*»); wo es in einzelnen Gruppen zur Verwachsung kommt, bleiben 2 Staubblattkreise (zumindest der Anlage nach) erkennbar (bei insgesamt 5 Kreisen von Blütenorganen also «*Sympetalae Pentacyclicae*»). Dazu kommen weitere, mehrfach parallel aufgetretene Progressionen: Chorikarpie (freie Fruchtblätter) nur bei den ursprünglichen Gruppen, sonst aber vorwiegend Fruchtblattverwachsung (Coenokarpie) und weiterhin mehrfach Wandel von ober- zu unterständigen Fruchtknoten (bzw. Hypogynie → Epigynie; überwiegende Radiärsymmetrie zu vereinzelter Dorsiventralität; vereinzelte Ausfallerscheinungen im Bereich der Blütenhülle; Veränderungen von überwiegend 2- zu 3zelligem Pollen, von verbreiteten crassinucellaten mit 2 zu tenuinucellaten Samenanlagen mit 1 Integument, von nucleärer zu cellulärer Endospermbildung und von Holz- zu Krautpflanzen. In phytochemischer Hinsicht charakteristisch sind das Vorkommen von Ellagsäure und trihydroxylierten Flavonoiden, z.B. Myricetin und Leucodelphinidin (Abb. 918), während Benzylisochinolin-Alkaloide fast gänzlich fehlen.

Die beiden Unterklassen der *Dialypetalae* (+ *Sympetalae Pentacyclicae*), die *Rosidae* und *Dilleniidae*, sind aufgrund vielfacher Merkmalsübereinstimmungen untereinander offenbar nächst verwandt. Ihre Abgrenzung ist vielfach nicht nach verbindlichen Differentialmerkmalen, sondern nur nach allgemeinen Formzusammenhängen möglich, bei einigen Gruppen auch noch sehr umstritten (z.B. bei den *Euphorbianae*). Darüber hinaus bestehen deutliche Beziehungen von *Rosidae* und *Dilleniidae* zu den *Hamamelididae*, in viel geringerem Maß

dagegen zu den *Magnoliidae*. – Die große Formenfülle der beiden Unterklassen (hier 22 + 16 Ordnungen!) nötigt zur Gliederung in mehrere Überordnungen.

Die Stammformen an der Basis der *Rosidae* und *Dilleniidae* könnten noch ein einfaches Perigon und 2(-3) Staubblattkreise gehabt haben und ± wind- und tierbestäubt (also «amphiphil») gewesen sein (S. 821), ähnlich wie primitive *Hamamelididae*. Eine «Rückkehr» zu voller Tierbestäubung müßte dann bei primitiven (etwa *Saxifragales*-ähnlichen) Vertretern mit der Bildung eines doppelten Perianths (Kelch aus Perigon, Krone aus Androeceum) und teilweise auch mit sekundärer Polyandrie (zentripetal bei *Rosidae*, zentrifugal bei *Dilleniidae*) verbunden gewesen sein. Für die weitere Entwicklung könnte man dann entweder weitere Spezialisation (z.B. *Fabales*, *Cucurbitales*) oder neuerliche Reduktion (z.B. *Euphorbiales*, *Salicales*) annehmen (Abb. 917).

5. Unterklasse: Rosidae

Bei sekundär polyandrischen Vertretern dieser Unterklasse werden die Staubblattanlagen durch zentripetales Dédoublement vermehrt (Abb. 879 A, B). Darüber hinaus kennzeichnet die *Rosidae* vor allem die Tendenz zur Bildung becherförmig vertiefter oder scheibenförmig verbreiterter Blütenböden mit Diskusbildungen, die weite Verbreitung von zentralwinkelständiger Placentation, die häufige zahlenmäßige Reduktion der Samenanlagen und der Staubblattkreise (Haplostemonie) sowie die weite Verbreitung von zusammengesetzten Blättern. Einige (Über)Ordnungen fallen durch das massive Auftreten von Polyacetylenen und Iridoiden auf.

5.1. Überordnung: Rosanae. Mit fast ausschließlich radiären, meist 5zähligen Blüten, vielfach noch freien oder wenig verwachsenen Fruchtblättern, meist zahlreichen cras-

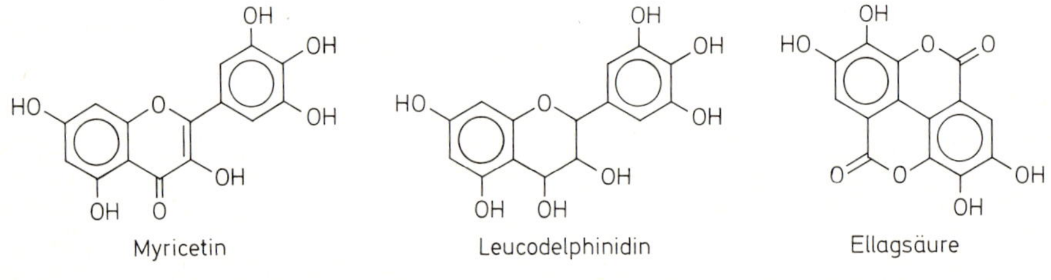

Myricetin   Leucodelphinidin   Ellagsäure

Abb. 918: Derivate des Shikimisäureweges, besonders charakteristisch für *Hamamelididae*, *Rosidae* und *Dilleniidae*.

sinucellaten Samenanlagen mit 2 Integumenten, häufig sekundär polyandrischen Androeceen, oft zusammengesetzten Blättern und Fehlen von Iridoiden und Polyacetylenen nehmen die *Rosanae* eine ursprüngliche Position innerhalb der *Rosidae* ein. An den Anfang der Überordnung kann die

5.1.1. Ordnung: **Saxifragales** gestellt werden. Sie umfaßt teilweise noch sehr ursprüngliche holzige Sippen mit Balgfrüchten und überwiegend cellulär gebildetem, auch noch im Samen reichlichem Endosperm.

Solche ursprünglichen Vertreter finden sich etwa bei den südhemisphärischen **Cunoniaceae**. Durch unterständiges Gynoeceum und Beerenfrüchte sind die **Grossulariaceae** (Abb. 919 E–G) ausgezeichnet, so vor allem die *Ribes*-Arten, z.B. die Stachelbeere [*R. uva-crispa (= R. grossularia)*] und die Rote und Schwarze Johannisbeere (*R. rubrum* und *R. nigrum*).

Krautig sind demgegenüber die folgenden Familien: Bei den blattsucculenten **Crassulaceae** finden wir noch 5 und mehr meist freie Karpelle. Dazu zählen etwa die bekannten heimischen Gattungen *Sedum* (Fetthenne, mit 5zähligen Blüten: Abb. 876 A), *Sempervivum* (Hauswurz, mit 6- bis vielzähligen Blüten) sowie die tropischen Gattungen *Kalanchoe* (photoperiodische Versuchspflanze!) und *Bryophyllum* (Brutknospen: Abb. 244). Dagegen weisen die **Saxifragaceae** meist nur noch 2, ± verwachsene Karpelle auf, die ± tief in den Blütenboden versenkt werden (Abb. 919 A–D). Arten der Gattung *Saxifraga* (Steinbrech) dringen im arktisch-alpinen Bereich mit verschiedenen Lebensformen (besonders auch mit Polster- und Rosettenpflanzen) bis an die äußersten klimatischen Grenzen der Gefäßpflanzen vor.

Als stark abgeleitete, krautige Entwicklungslinie mit reduzierten eingeschlechtigen Blüten läßt sich hier die südhemisphärische und monotypische

5.1.2. Ordnung: **Gunnerales** anschließen. Die großblättrigen Stauden der Gattung *Gunnera* führen in Intercellularen ihres Rhizoms *Nostoc* als Symbionten (vgl. S. 348, 570).

Im Gegensatz zu den *Saxifragales* wird bei der

5.1.3. Ordnung: **Rosales** das Endosperm nucleär angelegt, bis zur Samenreife aber abgebaut. Die in der europäischen Flora formenreich repräsentierte Familie der **Rosaceae** weist infolge Einschub von Staubblattanlagen vielfach ein sekundär vermehrtes Androeceum auf (Abb. 920) und veranschaulicht besonders eindrucksvoll Differenzierungsmöglichkeiten und Progressionen im Bau chorikarper Gynoeceen und Früchte (Abb. 920, 921, vgl. S. 829).

In der Unterfamilie der **Spiraeoideae** finden wir noch vielsamige Balgfrüchte bzw. daraus zusammengesetzte Sammelfrüchte, z.B. bei den als Ziersträuchern häufig angepflanzten *Spiraea*-Arten. Bei den **Rosoideae** treten an ihre Stelle Einblatt-Schließfrüchte, meistens Einblatt-Nüsse, wie beim Fingerkraut (*Potentilla*). Bei der Silberwurz (*Dryas*) und bei der Nelkenwurz (*Geum*) begünstigen zu federigen oder hakigen Anhängseln umgewandelte Griffel die Ausbreitung dieser Teilfrüchte. Durch die fleischig werdende Blütenachse können solche Nüßchen aber auch zu Sammelfrüchten verbunden werden; so bei der Rose (*Rosa*), wo sie in den krugförmigen Blütenboden eingesenkt sind (Hagebutte), oder bei den Erdbeeren (*Fragaria*), wo die kegelige und fleischige Blütenachse die Nüßchen außen trägt. Bei Himbeeren (*Rubus idaeus*) und Brombeeren (*R. fruticosus* agg.) treten an Stelle der Nüßchen kleine Steinfrüchtchen, die unmittelbar zu einer Sammel-Steinfrucht vereinigt werden. Steinfrüchte entwickeln sich z.T. auch aus dem aus 1–5 Fruchtblättern bestehenden, unecht synkarpen (vgl. S. 811),

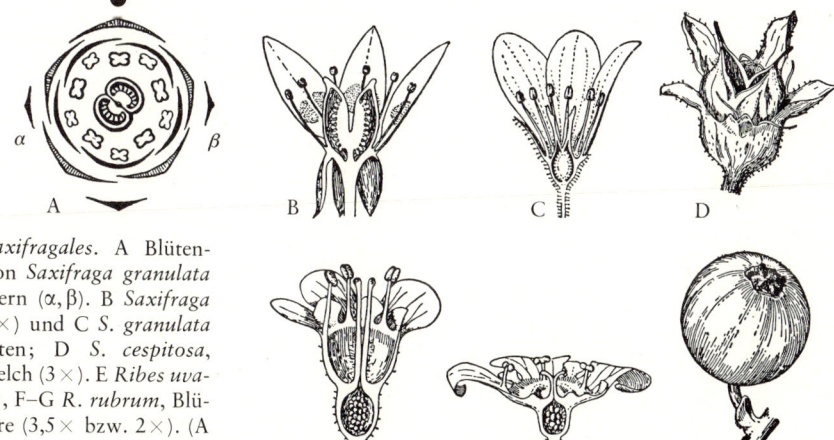

Abb. 919: *Saxifragales.* A Blütendiagramm von *Saxifraga granulata* mit Vorblättern (α, β). B *Saxifraga stellaris* (2,5×) und C *S. granulata* (1,5×), Blüten; D *S. cespitosa*, Kapsel mit Kelch (3×). E *Ribes uva-crispa* (2,5×), F–G *R. rubrum*, Blüten bzw. Beere (3,5× bzw. 2×). (A nach EICHLER; B–G nach FIRBAS.)

unterständigen Fruchtknoten der **Maloideae** (Kernobstgewächse), wobei das fleischige Gewebe vor allem von der Blütenachse gebildet wird. Beim Weißdorn *(Crataegus)* und bei der Mispel *(Mespilus germanica)* bildet innerhalb des Fruchtfleisches jedes einzelne Fruchtblatt einen festen Steinkern, dagegen entstehen bei der Quitte *(Cydonia oblonga)*, der Birne *(Pyrus communis)*, dem Apfel *(Malus sylvestris)* und in der Gattung *Sorbus (S. aucuparia*, Eberesche; *S. domestica*, Speierling; u.a.) aus den balgähnlichen Fruchtblättern pergamentartige Ge

häuse während das Fruchtfleisch höchstens noch vereinzelte Steinzellennester enthält (Apfelfrüchte). Einblatt-Steinfrüchte zeichnen hingegen die **Prunoideae** (Steinobstgewächse) aus. Ihr einziges, mit dem ausgehöhlten Blütenboden nicht verwachsenes Fruchtblatt entwickelt außen Fruchtfleisch, innen aber einen sehr festen, meist 1samigen Steinkern, so bei der Süß-Kirsche *(Prunus avium)*, der Sauer-Kirsche oder Weichsel *(P. cerasus)*, den Pflaumen und Zwetschken *(P. domestica)*, dem Pfirsich *(P. persica)*, der Aprikose oder Marille *(P. armeni-*

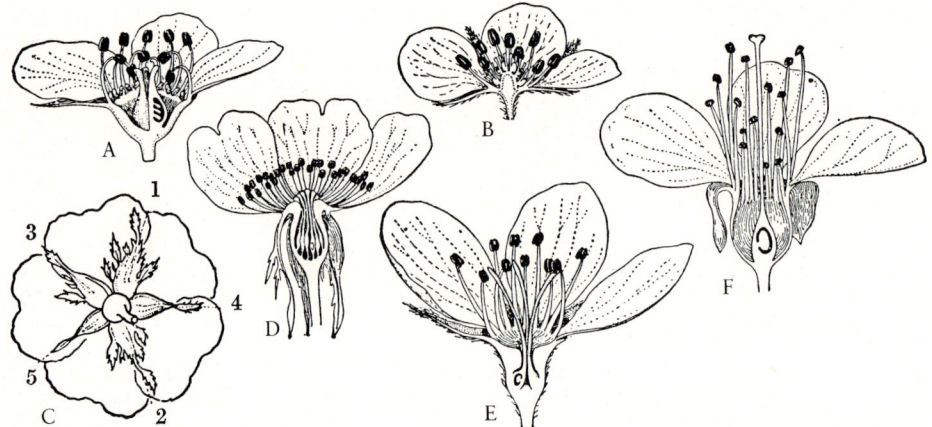

Abb. 920: *Rosales, Rosaceae.* Blütenlängsschnitte von A *Spiraea lanceolata*, B *Fragaria vesca* (1,5 ×), D *Rosa canina* (¾ ×), E *Pyrus communis* (1,5 ×) und F *Prunus avium* (1,5 ×). C Schraubige Aufeinanderfolge (1–5) der fortschreitend vereinfachten Kelchblätter im quincuncialen Kelchwirtel von *Rosa*. (A, B, D–F nach Firbas; C nach Goebel.)

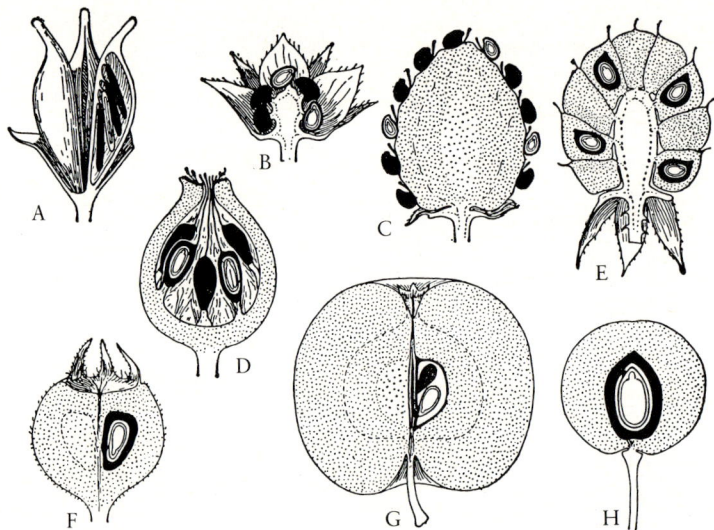

Abb. 921: *Rosaceae.* Fruchtlängsschnitte (schematisch) von A *Spiraea*, B *Potentilla*, C *Fragaria*, D *Rosa*, E *Rubus*, F *Mespilus*, G *Malus* und H *Prunus*. Fruchtfleisch punktiert, Leitbündel strichliert, Hartschichten der Fruchtwand bzw. Samenschale schwarz. (Nach Firbas.)

aca) und der Mandel (*P. amygdalus*, mit lederigem Mesokarp). Auffällig sind hier (und teilweise auch schon bei den *Maloideae*) die blausäurehaltigen Glykoside in den Samen (Abb. 922).

Die Rosaceen umfassen über 2000, vor allem auf der nördlichen Halbkugel verbreitete Arten, von denen allein einige hundert zu den infolge Polyploidie, Hybridisierung und teilweise Agamospermie (vgl. S. 515, 532f., 824) sehr formenreichen Gattungen *Rosa*, *Rubus* und *Alchemilla* (Frauenmantel) gehören. Bemerkenswert ist der Übergang zur Windblütigkeit bei *Sanguisorba* (Abb. 893).

Wirtschaftlich von Bedeutung sind neben dem Beerenobst der Erd-, Him- und Brombeeren die zahlreichen Obstbäume. Von diesen besitzen Äpfel, Birnen und Süß-Kirschen auch in Mitteleuropa Wildformen, die hier schon in der jüngeren Steinzeit zusammen mit Schlehen (*Prunus spinosa*: Abb. 223), Trauben-Kirschen (*P. padus*) u. a. gesammelt und gehegt wurden. Quitten, Mispeln, Mandeln, Sauer-Kirschen sowie die meisten Pflaumen und Zwetschken aber haben ihre Heimat in Vorderasien – wo auch die Wildformen der Äpfel, Birnen und Süß-Kirschen ihren größten Formenreichtum entfalten –, die Aprikose stammt aus Turkestan bis Westchina, der Pfirsich aus China. Ihre Kulturformen wurden in Europa zusammen mit solchen der Äpfel, Birnen und Kirschen seit griechisch-römischer Zeit verbreitet.

An die *Rosanae* läßt sich vielleicht auch die

5.2. (Über)Ordnung: Podostemales

anschließen. Die einzige Familie **Podostemaceae** umfaßt Sippen rasch fließender tropischer Gewässer mit thallusähnlich vereinfachtem Vegetationskörper (vgl. S. 104).

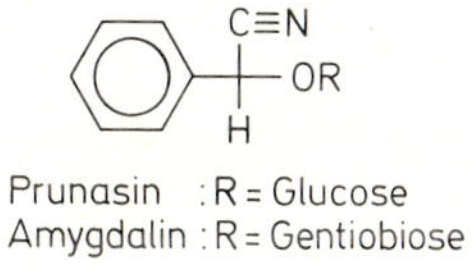

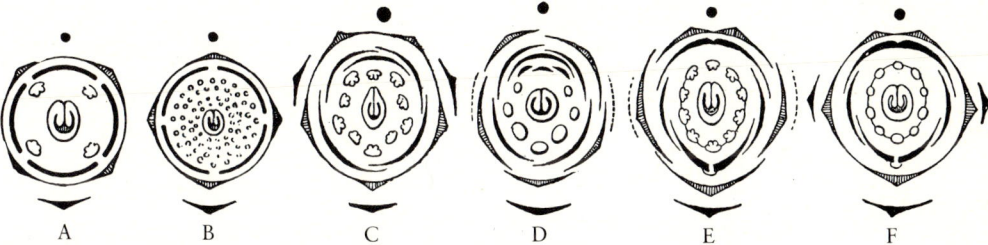

Prunasin : R = Glucose
Amygdalin : R = Gentiobiose

Abb. 922: Beispiel für cyanogene Verbindungen; die Blausäure-Glykoside Prunasin und Amygdalin (z.B. bei *Rosaceae*, dort aber nur bei *Prunoideae* und *Maloideae*).

Eine Mittelstellung zwischen *Rosanae* und *Rutanae* nimmt die

5.3. Überordnung: Fabanae

mit den **Fabales** (= *Leguminosae*) ein. Besonders bezeichnend ist das einzige oberständige Karpell, aus dem eine (ursprünglich) vielsamige, ventricid und dorsicid aufspringende Hülse wird (Abb. 899 B). Die *Fabales* sind Holz- oder Krautpflanzen mit meist wechselständigen, fiederig zusammengesetzten Blättern und Nebenblättern. Im Blütenbau ist die Tendenz zur Umwandlung radiärer in dorsiventrale Blüten besonders bemerkenswert (Abb. 923, 926). Auch hier sind die Samen meist endospermlos. Es überwiegen Siebröhrenplastiden des P-Typ (S. 761).

Bei den meisten Arten ermöglichen Blattpolster verschiedene Bewegungen (S. 467f., 469, Abb. 434, 508–509, 522). Die Wurzeln tragen Wurzelknöllchen mit symbiontischen, Luftstickstoff bindenden *Rhizobium*-Arten (S. 356, 375f., 560, Tab. 36, Abb. 373, 391).

Bei den tropischen **Mimosaceae** sind die Blüten noch radiär, die Staubblätter oft sekundär vermehrt (Abb. 923 A–B). Es handelt sich um tropische und subtropische Holzpflanzen und Kräuter mit meist doppelt und paarig gefiederten Blättern und kleinen, zu köpfchen- oder ährenförmigen Blütenständen vereinigten Blüten. Diese sind häufig 4zählig und fallen durch die langen gefärbten Filamente der öfters sehr zahlreichen Staubblätter auf (Abb. 924 B). Die Pollenkörner bleiben oft zu größeren Verbänden (Polyaden) vereinigt (S. 808).

Hierher gehört die durch ihre Reizbarkeit berühmte «Sinnpflanze» *Mimosa pudica* (Abb. 508–509), ein pantropisches Unkraut, und die Gattung *Acacia* (Abb. 924, 1087), deren zahlreiche Arten, meist Bäume, in mehrfacher Hinsicht hervorzuheben sind: Viele, vor allem solche der australischen Trockenwälder, besitzen blattartige Phyllodien (Abb. 203 A), einige sind Ameisenpflanzen (Abb. 924 C–D), mehrere liefern aus ihren Rinden Gummi, andere Gerbstoffe.

Die **Caesalpiniaceae** verdeutlichen die allmähliche Entstehung dorsiventraler Blüten. Die Knospendek-

Abb. 923: *Fabales*. Blütendiagramme von *Mimosaceae*: A *Mimosa pudica* und B *Acacia lophantha*; *Caesalpiniaceae*: C *Cercis siliquastrum* und D *Cassia caroliniana*; *Fabaceae*: E *Vicia faba* (Kelchblätter an der Basis ± verwachsen) und F *Laburnum anagyroides*. (Nach EICHLER.)

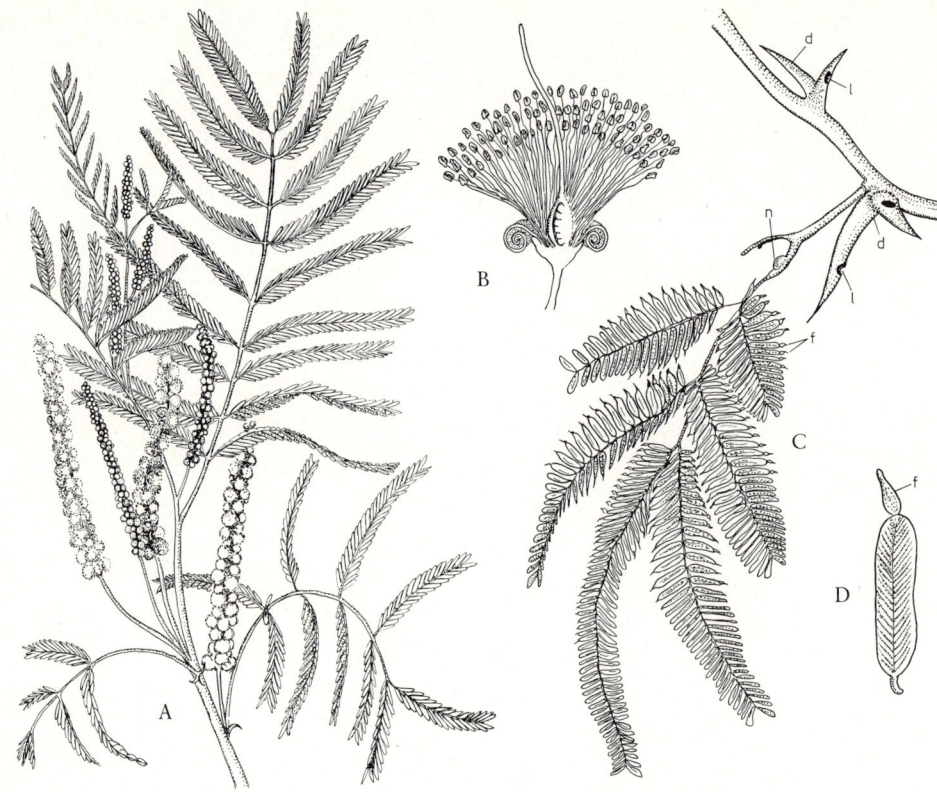

Abb. 924: *Mimosaceae, Acacia.* A–B *A. catechu*, blühender Sproß (¹/₂ ×) und Einzelblüte (5 ×). C–D *A. nico-yensis* aus Costa Rica. Sproß (verkl.) mit hohlen, von Ameisen angebohrten (l) und bewohnten Nebenblatt-dornen (d); Blätter mit extrafloralen Nectarien (n) und Futterkörpern «BELTsche Körperchen» (f) an den Blatt-fiederchen (D) (vergr.). (A nach BERG & SCHMIDT; B nach BAILLON; C–D nach NOLL.)

Abb. 925: *Caesalpiniaceae, Cassia angustifolia*, blü-hender Sproß und Hülse (¹/₂ ×). (Nach BERG & SCHMIDT.)

kung der Krone ist dabei aufsteigend (Abb. 923 C, D): Die beiden unteren Kronblätter greifen über die beiden seitlichen und diese über das obere. Die Staub-blätter sind in der Regel frei. Die *Caesalpiniaceae* sind (sub)tropische Holzpflanzen mit meist paarig und einfach oder doppelt gefiederten Blättern. Be-kannt sind vor allem 2 mediterrane Arten: der Jo-hannisbrotbaum *(Ceratonia siliqua)* mit nicht auf-springenden genießbaren Hülsen und der in Gärten gepflanzte cauliflore Judasbaum *(Cercis siliqua-strum)*, weiter die aus Nordamerika stammende *Gleditsia triacanthos* mit verzweigten Sproßdornen und tropische, auch als Heilpflanzen verwendete Arten von *Cassia* (Abb. 925).

Die **Fabaceae** (= *Papilionaceae*) unterschei-den sich von den *Caesalpiniaceae* vor allem durch die absteigende Knospendeckung der Krone (Abb. 923 E, F). Ihre meist in traubigen Blütenständen vereinten, stark dorsiventralen «Schmetterlingsblüten» (Abb. 926 B–C) besit-zen außer einem 5blättrigen, häufig verwachsenen Kelch eine 5blättrige Blumenkrone, deren hinteres, übergreifendes Kronblatt als «Fahne» bezeichnet wird, während die darauffolgenden seitlichen «Flügel» heißen und die beiden vorderen, häufig an den Rändern teilweise verwachsenen Blättchen das «Schiffchen» bilden. Es umschließt die 10 Staubblätter und diese wiederum den Fruchtknoten. Nur selten sind alle Staubblätter frei; meist sind sie mit ihren Filamenten $\pm$ verwachsen, bald alle 10, bald nur 9. Also: $\downarrow K(5) C5 A(10)$ oder $A(9) + 1 G1$.

Unpaarig gefiederte Blätter gelten als ursprünglich; davon lassen sich gefingerte (*Lupinus*), 3zählige (*Trifolium*) und schließlich auch einfache (dem Endblättchen entsprechende) ableiten. An Stelle des Endblättchens und oft auch der oberen Fiederblättchen treten bei verschiedenen Gattungen (z.B. *Vicia*, *Pisum*, Abb. 235 A) Ranken. Die Aufgaben der CO_2-Assimilation können im übrigen auch von den Nebenblättern (*Lathyrus aphaca*, Abb. 235 B) oder von den Sproßachsen übernommen werden, wie bei manchen blattarmen Ruten- und Dornsträuchern, z.B. dem Besenstrauch (*Sarothamnus scoparius*), verschiedenen Ginstern (*Genista*) und Stechginstern (*Ulex*).

Die Blüten werden besonders von Bienen und Hummeln bestäubt und besitzen verschiedene Einrichtungen, die ein Heraustreten bzw. Herausschnellen der Antheren oder ein Herausquetschen des Pollens bewirken, wenn die als Anflugstelle dienenden Flügel bzw. das Schiffchen heruntergedrückt werden. Die Hülsen (Abb. 899 B) können zu Gliederhülsen (in einsamige Stücke zerfallend: Abb. 900 D) und selbst zu einsamigen Nüssen umgebildet sein. Die Samen sind von einer schwer quellbaren Schale umgeben; dadurch wird die Keimung verzögert («Hartschaligkeit»). In den mächtig entwickelten Keimblättern des Embryos werden neben Stärke viel Eiweiß und z.T. Fett gespeichert.

Die äußerst artenreiche Familie ist über die ganze Erde verbreitet, wobei in den Tropen die holzigen, in den extratropischen Gebieten die krautigen Formen überwiegen. Als Luftstickstoffsammler bevorzugen sie trockene, N-arme bzw. kalkreiche Böden und treten so besonders in den eurasiatischen Steppen und Halbwüsten hervor. Hier finden sich z.B. auch viele der über 2000 Arten der Gattung *Astragalus*, besonders auch die durch Blattdornen und Kugelpolsterwuchs ausgezeichneten Arten der sect. *Tragacantha* (Abb. 926 A). Doch spielen die Schmetterlingsblütler auch in verschiedenen mitteleuropäischen Pflanzengesellschaften eine Rolle.

Sehr groß ist die wirtschaftliche Bedeutung der *Fabaceae*. Einige sind wichtige Futterpflanzen, die auch auf stickstoffarmen Böden gut gedeihen und, untergepflügt, zur «Gründüngung» verwendet werden können: verschiedene Klee-Arten (*Trifolium pratense*, *hybridum*, *repens*, *incarnatum*), die Luzerne (*Medicago sativa*), die Esparsette (*Onobrychis viciifolia*) sowie, besonders auf Sandböden, die Serradella (*Ornithopus sativus*) und einige ursprünglich im Mittelmeergebiet heimische Lupinen (*Lupinus angustifolius*, *luteus*). Andere liefern in ihren eiweiß- und stärkereichen Samen wichtige Nahrungsmittel, wie die Pferde- oder Saubohne (*Vicia faba*), die Erbse (*Pisum sativum*), die Kichererbse (*Cicer arietinum*) und die Linse (*Lens culinaris*), die schon aus der jüngeren Steinzeit SW-Asiens bekannt sind, sowie die aus Südamerika stammenden Bohnen (*Phaseolus vulgaris* und *Ph. coccineus*, die Garten- und die Feuerbohne: Abb. 196); zu ihnen ist seit einiger Zeit die durch Züchtung von bitteren Alkaloiden befreite «Süß-Lupine» getreten. Als Ölpflanzen sind die ostasiatische Sojabohne *Glycine soja* (= *Soja hispida*) und die südamerikanische, wegen ihrer öl- und eiweißreichen Samen in wärmeren Ländern gebaute Erdnuß (*Arachis hypogaea*) zu erwähnen. Bei dieser werden die Karpelle nach dem Abblühen durch Krümmungen ihrer Stielzone, d.h.

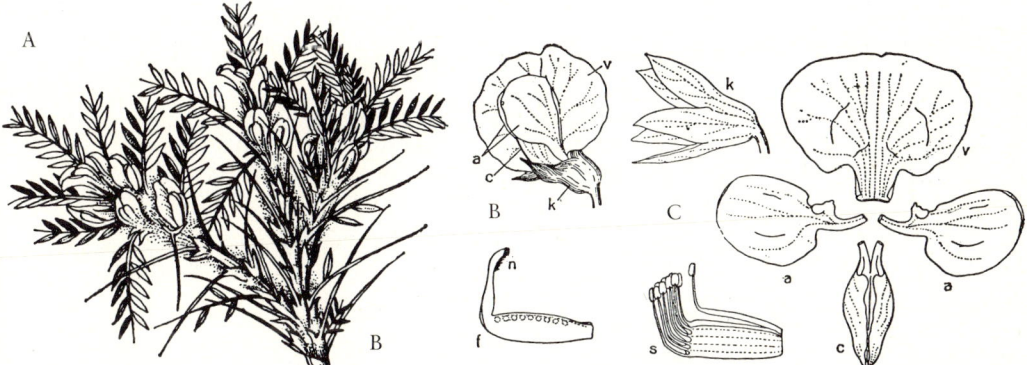

Abb. 926: *Fabales.* A *Astragalus gummifer*, blühender Sproß mit Blattdornen ($^1/_2 \times$). B–C *Pisum sativum*. B Blüte, gesamt ($1 \times$) und C zerlegt ($1,2 \times$); Kelch (k), Krone aus Fahne (v), Flügeln (a) und Schiffchen (c), Staubblätter (s; $9+1$) sowie 1blättriger Fruchtknoten (f) mit Narbe (n) und Samenanlagen (punktiert). (Nach Firbas.)

der sterilen, stielartig verlängerten Zone unterhalb des Ovars, in die Erde geschoben, so daß die Früchte unterirdisch reifen. Unter den Gehölzen ist die aus dem östlichen Nordamerika stammende R o b i n i e (*Robinia pseudacacia*) für die Aufforstung von Trokkengebieten und Ödland wichtig; mehrere andere, wie der giftige südeuropäische Goldregen (*Laburnum anagyroides*) und der ostasiatische Blauregen (*Wisteria sinensis*), sind bekannte Zierpflanzen. In der Heilkunde finden z.B. Verwendung die Sproßdornen tragende Hauhechel (*Ononis spinosa*; vgl. dazu auch Abb. 981!) und das Süßholz (*Glycyrrhiza glabra*), eine vom Mittelmeergebiet bis Mittelasien verbreitete Staude.

In eine eigene

5.4. Überordnung: Proteanae gestellt werden die isolierten südhemisphärischen **Proteales**. Charakteristisch sind das e i n f a c h e, aber lebhaft gefärbte, 4teilige P e r i g o n, 4 davorstehende Staubblätter und der einblättrige Fruchtknoten.

Eine Verwandtschaft mit ursprünglichen *Rosidae* bzw. *Celastranae-Santalales* ist möglich. Die einzige Familie **Proteaceae** umfaßt von Vögeln oder Beueltieren bestäubte Hartlaubgehölze, besonders in Australien und Südafrika.

5.5. Überordnung: Myrtanae. Gegenüber den recht ähnlichen *Rosanae* fehlen chorikarpe Gynoeceen. Besonders charakteristisch ist der b e c h e r - bis r ö h r e n f ö r m i g v e r t i e f t e B l ü - t e n b o d e n (Blütenbecher = H y p a n t h i u m) mit mittel- bis unterständigem Fruchtknoten, zentralwinkelständiger Placentation und vielfach noch z a h l r e i c h e n Samenanlagen. Im übrigen finden sich meist ungeteilte und gegenständige Blätter mit Nebenblättern, meist r a d i ä r e und nicht selten 4 z ä h l i g e Blüten. Der verwandtschaftliche Anschluß der *Myrtanae* ist offenbar bei holzigen *Rosanae-Saxifragales* zu suchen.

Eine Blütenhülle aus K e l c h und K r o n e, oft s e k u n d ä r v e r m e h r t e S t a u b b l ä t t e r (Abb. 879B), auch die Griffel erfassende Fruchtblattverwachsungen, vielfach Ausfall des Endosperms und bicollaterale Leitbündel sind für die

5.5.1. Ordnung: **Myrtales** kennzeichnend. Teilweise ursprüngliche Merkmale und offenkundige Ähnlichkeiten mit primitiven *Dilleniidae* finden sich hier bei den holzigen **Sonneratiaceae** (mit mittelständigem Fruchtknoten) und den **Rhizophoraceae** (noch mit Endosperm und collateralen Bündeln; Abb. 927 A–C). Zu diesen beiden Familien gehören die wichtigsten Gattungen der tropischen M a n g r o v e n (S. 1039, Abb. 1042), nämlich einerseits *Sonneratia*, andererseits *Rhizophora*, *Bruguiera*, *Kandelia* und *Ceriops*. Stelzwur-

zeln, Atemwurzeln und Viviparie (S. 832) zeichnen sie als Anpassungen an die eigenartigen Standortverhältnisse dieser Küstengesellschaften aus.

Stärker abgeleitet sind dagegen die artenreichen **Myrtaceae** (Abb. 927 D–F). Es sind meist immergrüne (sub)tropische Holzpflanzen, die sich regelmäßig durch l y s i g e n e S e k r e t b e h ä l t e r mit ätherischen Ölen auszeichnen und dadurch als Gewürz- und Heilpflanzen Bedeutung besitzen. Die zahlreichen Staubblätter erhöhen mit ihren oft gefärbten Filamenten die Auffälligkeit der Blüten. Von den vielen Arten der tropischen Gattungen *Eugenia* und *Syzygium* ist besonders der von Ceylon bis Borneo verbreitete G e w ü r z n e l k e n b a u m *[S. aromaticum (= E. caryophyllata)]* bemerkenswert (Abb. 927 D–E). In Australien dominiert die Gattung *Eucalyptus* mit etwa 450 baum- bis buschförmigen Arten in den meisten Trockenwäldern. Vielfach sind Jugend- und Folgeblätter unterschiedlich (vgl. S. 180). Als Blütenbestäuber fungieren besonders Vögel, aber auch Fledermäuse und kleine Beuteltiere. *E. amygdalina* soll bis 150 m hoch und 10 m dick werden und stellt wohl die größten Baumriesen der Erde. Manche Arten, besonders etwa *E. globulus*, werden wegen ihres raschen Wuchses in wärmeren Ländern, z.B. im Mittelmeerraum, viel gepflanzt. Hier findet sich auch die einzige europäische Myrtacee, die bei uns gelegentlich kultivierte M y r t e (*Myrtus communis*; Abb. 927 F).

Ebenfalls holzig, aber ohne Sekretbehälter und den *Lythraceae* (vgl. unten) verwandt, sind die **Punicaceae**, zu denen der aus dem Orient stammende, besonders wegen seiner lebhaft rot gefärbten fleischigen Samen und Früchte oft gezogene G r a n a t a p f e l - b a u m *(Punica granatum)* gehört; in seinen roten Blüten stehen die Fruchtblätter in 2–3 Stockwerken übereinander (Abb. 927 G). Artenreich und vor allem für die südamerikanischen Tropen und Subtropen bezeichnend sind weiter die diplostemonen, blütenbiologisch spezialisierten (hebelartige Konnektivanhängsel!) und nebenblattlosen **Melastomataceae**.

Bei den vorherrschend krautigen **Onagraceae** sind die Blütenbecher fast immer über den unterständigen Fruchtknoten hinaus auffällig verlängert (Abb. 927 I). Hierher zählen z.B. die ursprünglich amerikanische, heute an Ruderalstellen weltweit verbreitete Gattung *Oenothera*, N a c h t k e r z e, deren Arten wichtige Versuchspflanzen der Vererbungsforschung sind (S. 510, 529), sowie die vor allem in Süd- und Mittelamerika heimischen und auch bei uns viel gezogenen vogelblütigen *Fuchsia*-Arten, bei denen Blütenbecher und Kelchblätter lebhaft gefärbt sind. Von einheimischen Sippen gehören zu dieser Familie die Gattungen *Epilobium* (Weidenröschen, Abb. 432, 891 C–D, 898 A–C) und *Circaea* (Hexenkraut; S. 532).

Eine überwiegend krautige Entwicklungslinie mit meist nur 2fächerigen, aber noch mittelständigen Fruchtknoten beginnt mit den **Lythraceae**. Hier ist besonders der durch trimorphe Heterostylie (S. 815) bekannte Blut-Weiderich (*Lythrum salicaria*) zu erwähnen. Zur folgenden Ordnung leiten die **Trapa-**

ceae über mit der einjährigen, in Mitteleuropa immer seltener werdenden Schwimmblattpflanze *Trapa natans* (Wassernuß); ihre steinfruchtartigen Nüsse haben spitze, mit Widerhaken versehene Kelchblatt-Hörner («Ankerfrüchte»).

Krautige Pflanzen mit collateralen Bündeln, reduzierter Blütenhülle, freien Griffeln, Schließfrüchten und endospermhaltigen Samen umfaßt die wohl hier anzuschließende

5.5.2. *Ordnung:* **Haloragales.** Dazu zählen u. a. die **Haloragaceae** mit der sehr feinzerteilt-blättrigen Wasserpflanzengattung *Myriophyllum*.

Die folgenden vier Überordnungen (5.6–5.9) sind besonders durch ± s c h e i b e n f ö r m i g e V e r b r e i t e r u n g des Blütenbodens, häufige Diskusbildungen, R e d u k t i o n der S a m e n a n l a g e n z a h l sowie ein überwiegend nucleär angelegtes und bis zur Samenreife persistierendes Endosperm ausgezeichnet. Bemerkenswert ist das vereinzelte, an die *Polycarpicae* erinnernde und möglicherweise ursprüngliche Vorkommen von Benzylisochinolin-Derivaten (z.B. bei einigen primitiven *Rhamnaceae, Buxaceae*

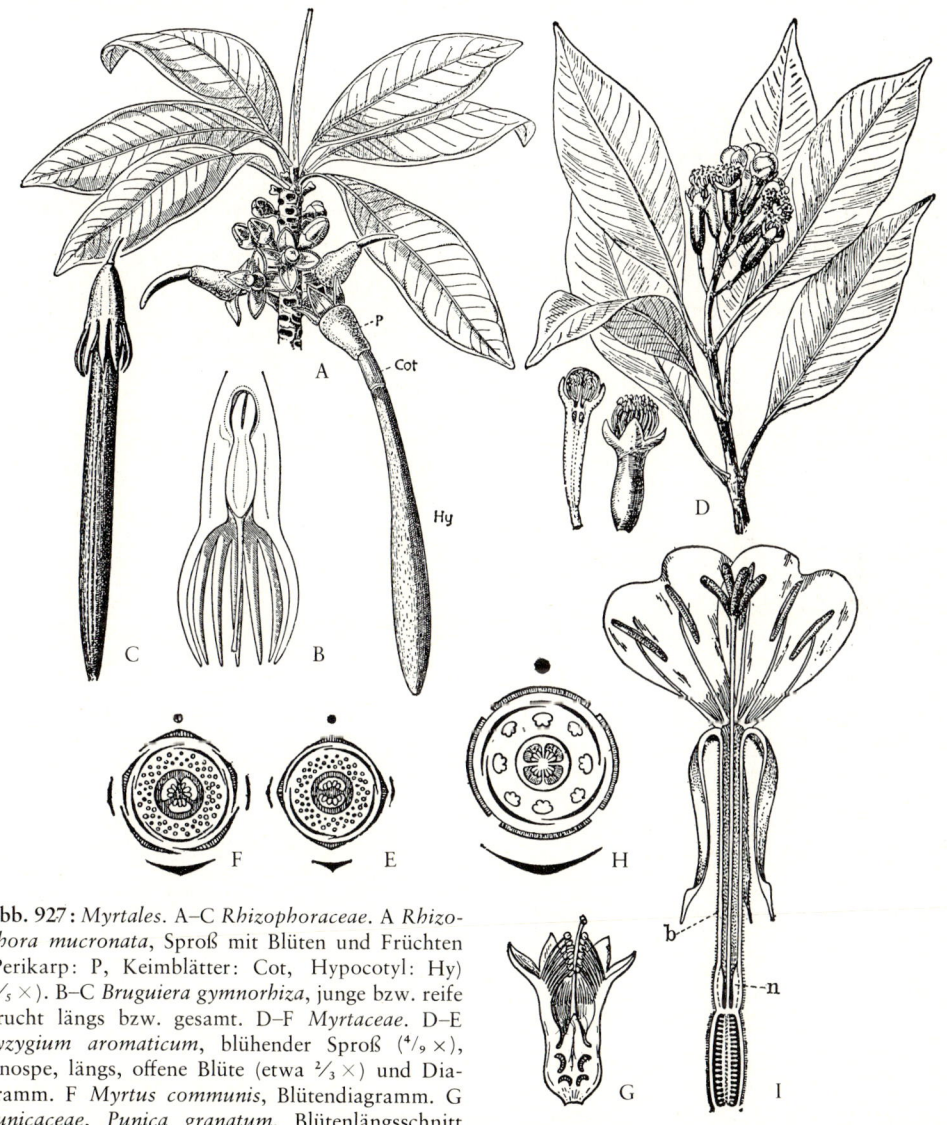

Abb. 927: *Myrtales.* A–C *Rhizophoraceae.* A *Rhizophora mucronata*, Sproß mit Blüten und Früchten (Perikarp: P, Keimblätter: Cot, Hypocotyl: Hy) (¹⁄₅ ×). B–C *Bruguiera gymnorhiza*, junge bzw. reife Frucht längs bzw. gesamt. D–F *Myrtaceae.* D–E *Syzygium aromaticum*, blühender Sproß (⁴⁄₉ ×), Knospe, längs, offene Blüte (etwa ²⁄₃ ×) und Diagramm. F *Myrtus communis*, Blütendiagramm. G *Punicaceae, Punica granatum*, Blütenlängsschnitt ⁴⁄₅ ×). H–I *Onagraceae, Oenothera biennis.* Blütenlängsschnitt mit Blütenbecher (b) und Nectarium (n) (1,2 ×) und Diagramm. (A, D, G nach Karsten; B nach Goebel; C Troll; E–F, H nach Eichler; I nach Firbas.)

und *Euphorbiaceae*) sowie das Auftreten von Polyacetylenen bei den stärker abgeleiteten *Santalales* und *Aralianae*. Der Anschluß der Überordnungen *Rutanae*, *Celastranae* und *Euphorbianae* ist bei holzigen *Saxifragales*, vielleicht aber auch bei *Hamamelididae* (z.B. *Urticales*) oder sogar noch unmittelbarer bei *Magnoliidae* zu suchen.

5.6. Überordnung: Rutanae. Hier überwiegen noch ursprünglichere Merkmale: meist auffällige, in Kelch und Krone gegliederte und 5zählige, radiäre bis zygomorphe Blütenhülle, meist 2 Staubblattkreise, oberständige und synkarpe (vereinzelt aber auch noch chorikarpe) Gynoeceen, teilweise noch mit 5 Fruchtblättern und zahlreichen bitegmischen und crassinucellaten Samenanlagen, öfters zusammengesetzte oder geteilte Blätter.

Durch überwiegend holzige Wuchsform, Sekretbehälter mit Ölen, Harzen und Balsamen (Heil- und Nutzpflanzen!) sowie radiäre Blüten, meist mit intrastaminalem Diskus (Abb. 928 D), gekennzeichnet ist die vorwiegend tropische

5.6.1. Ordnung: **Rutales.** Bei den **Rutaceae** finden sich lysigene Sekretbehälter (etwa als durchscheinende Punkte im Blatt- und Fruchtbereich erkennbar: Abb. 152 B–C) mit stark riechenden ätheri-

schen Ölen. Die wichtigste Gattung ist *Citrus*. Ihre ursprünglich in Südasien heimischen Arten – kleine, immergrüne Bäume – werden heute in zahlreichen Kulturformen in allen wärmeren Ländern kultiviert, z.B. im Mittelmeergebiet, wo sie durch den Zug Alexanders des Großen bekannt geworden sind. Zu nennen sind hier besonders *C. sinensis* (Apfelsine, Orange; Abb. 928 A), *C. aurantium* (Pomeranze), *C. maxima* (Pampelmuse), *C. paradisi* (Grapefruit), *C. limon* (Citrone), *C. medica* (Citronat-Citrone) und *C. reticulata* (Mandarine). Die Früchte der *Citrus*-Arten sind Beeren; häufig ist eine Vermehrung der Fruchtblätter erkennbar. Das Fruchtfleisch wird von saftigen Emergenzen gebildet, die an der Innenseite der Fruchtwand aus subepidermalem Gewebe entstehen und in die Fächer hineinwachsen (Pulpa, vgl. S. 120, 827). Halbsträucher bzw. Stauden sind der wärmeliebende heimische Diptam (*Dictamnus albus*) mit leicht zygomorphen Blüten und die gelbgrün blühende mediterrane Weinraute (*Ruta graveolens*, Abb. 928 B–D). Harzgänge kennzeichnen die **Anacardiaceae** (*Anacardium occidentale*: Cashew-Nuß, S. 827; *Pistacia*: Mastixharz und eßbare Samen von mediterranen Arten; *Rhus*; Farbstoffe und Lacke, teilweise Berührungsgifte; *Mangifera indica*: Mango, wichtige tropische Obstfrucht) und **Burseraceae** (*Commiphora*: Myrrhe; *Boswellia*: Weihrauch: S. 75), Bitterstoffe die **Simaroubaceae** (*Quassia*, *Simarouba* und *Picrasma* mit bitteren Rinden und Hölzern von pharmazeutischer Bedeutung; der ost-

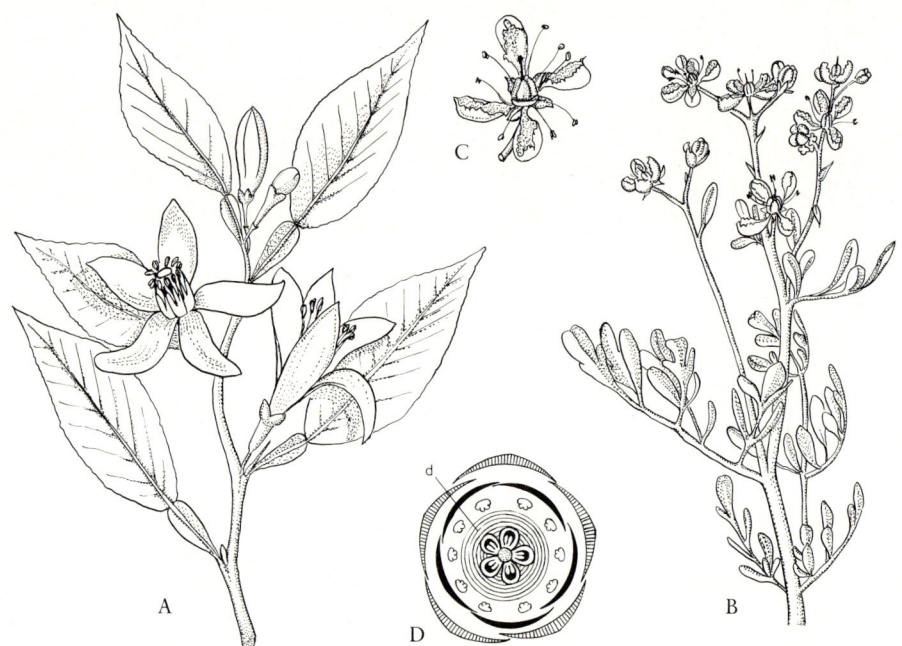

Abb. 928: *Rutales, Rutaceae.* A *Citrus sinensis*, blühender Sproß ($^1/_2 \times$). B–D *Ruta graveolens*, blühender Sproß ($^1/_2 \times$), 4zählige Seitenblüte und Diagramm einer 5zähligen Gipfelblüte mit Diskus (d). (A–C nach Karsten; D nach Eichler.)

asiatische Götterbaum: *Ailanthus altissima* häufig kultiviert).

Ebenfalls holzige Sippen, aber ohne Sekretbehälter und mit meist ± zygomorphen Blüten und extrastaminalem Diskus (Abb. 929 A) finden sich in der

5.6.2. Ordnung: **Sapindales** (*Terebinthales* z.T.). An die vorwiegend tropische Leitfamilie der **Sapindaceae** schließen hier die nordhemisphärischen **Hippocastanaceae** an. Dazu gehört die in den Gebirgen der Balkanhalbinsel heimische, bei uns viel gepflanzte Roßkastanie (*Aesculus hippocastanum:* Abb. 204 B). Für die **Aceraceae** ist der Ausfall einiger Staubblätter und die Ausbildung von Spaltfrüchten (Abb. 900 C, 929 A–C) kennzeichnend; die meist handförmig gelappten Blätter sind gegenständig (Abb. 204 A). Hierher gehören nur die Ahorne *(Acer): A. pseudoplatanus,* der Berg-Ahorn, ist besonders in der Bergstufe verbreitet, während *A. platanoides,* der frühblühende Spitz-Ahorn, und *A. campestre,* der Feld-Ahorn, in tieferen Lagen heimisch sind. Bemerkenswert ist die Tendenz zur Ausbildung eingeschlechtiger und teilweise stark reduzierter Blüten im Zusammenhang mit dem Übergang von Insekten- zu Windbestäubung (Abb. 929 B–C und S. 800, 821); der nordamerikanische Eschen-Ahorn *(A. negundo)* ist sogar zweihäusig. – Die fiederblättrigen, aber haplostemonen **Staphyleaceae** (mit der wärmeliebenden Pimpernuß: *Staphylea pinnata*) bilden eine Verbindung zu den *Saxifragales* bzw. *Celastrales* (S. 855, 864).

Eine überwiegend krautige Entwicklungslinie, meist ohne Sekretbehälter und Diskusbildungen, stellt die

5.6.3. Ordnung: **Geraniales** (= *Gruinales*) dar. Die Blütensymmetrie wandelt sich hier von radiär zu zygomorph. Das Androeceum ist vorwiegend obdiplostemon, seltener durch Ausfall der vor den Kronblättern stehenden Staubblätter haplostemon. Aus den oberständigen Fruchtknoten entstehen häufig Schleuderfrüchte. Typische Blütenformel: ∗ bis ↓ K5 C5 A5 + 5 G(5) (Abb. 930 A–B, D–E).

Noch freie Griffel, mehrsamige Fruchtblätter, 2 Staubblattkreise und radiäre Blüten haben die

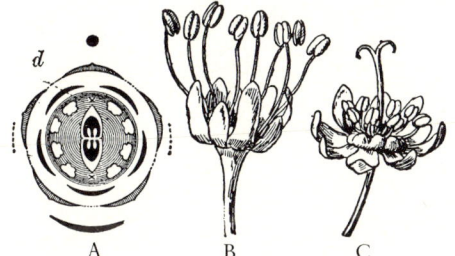

Abb. 929: *Sapindales, Aceraceae, Acer pseudoplatanus.* A Diagramm (Diskus d), B ♂ und C ♀ Blüte (mit rudimentären Staubblättern) (etwa 2 ×). (A nach EICHLER; B–C nach KARSTEN.)

Oxalidaceae (Abb. 930 A). Der heimische Sauerklee *(Oxalis acetosella)* ist durch die Beweglichkeit seiner fingerförmig zusammengesetzten Blätter und seine die Samen abschleudernden Kapseln bekannt. Reduktionserscheinungen im Androeceum (A 20 → 5) bzw. in der Zahl der Samenanlagen kennzeichnen die beiden folgenden Familien: Zu den **Linaceae** (Abb. 930 E–H) gehört der 1jährige, schmalblättrige und blaublütige Lein oder Flachs *(Linum usitatissimum),* eine der ältesten Kulturpflanzen. Die Bastfasern seiner Stengel (S. 10: Tab. 1, 132, Abb. 174 A) werden zum Flachs aufbereitet, die zu 10 in jeder gefächerten Kapsel gebildeten Samen enthalten das Leinöl. *Linum flavum* ist eine pontische Waldsteppenpflanze (Abb. 1082). Die **Erythroxylaceae** liefern mit *Erythroxylum coca* u.a. südamerikanischen Arten das Alkaloid Cocain. Die **Zygophyllaceae** (S. 311) sind besonders in Wüsten und Salzsteppen verbreitet, aus *Guajacum* gewinnt man teilweise auch in der Heilkunde verwendete Hölzer und Harze.

Verwachsene Griffel, aber noch 2 (3) Staubblattkreise finden wir bei den **Geraniaceae** (Abb. 930 B). Sie haben eigenartige Früchte: Die Fruchtblätter sind zwar sehr lang, tragen aber nur am Grunde je 2 Samenanlagen – von denen sich später nur 1 entwickelt –, während die oberen, sterilen Teile einen «Schnabel» bilden. Bei der Reife bleiben nur die inneren Teile der verwachsenen Fruchtblätter als Mittelsäule stehen, während sich die Außenwände, die unten je 1 Samen umschließen, abheben. Sie bleiben dabei entweder oben noch mit der Säule verbunden und katapultieren die Samen ab (z.B. bei vielen Arten von Storchschnabel, *Geranium:* Abb. 930 C) oder sie lösen sich mitsamt dem Samen als Teilfrüchtchen los, wobei die oberen Teile als hygroskopische Grannen dem Einbohren in den Boden dienen (z.B. beim Reiherschnabel, *Erodium:* Abb. 529). Dorsiventrale Blüten mit Sporn finden sich bei den meist süd- und mittelafrikanischen, als Zierpflanzen beliebten *Pelargonium-*Arten (Abb. 930 D; der Sporn ist bei seiner ganzen Länge nach mit dem Blütenstiel verwachsen). Freie Sporne zeichnen dann noch die haplostemonen und auch sonst stärker abweichenden **Balsaminaceae** aus. Hierher gehören die ihre Samen ausschleudernden Springkräuter, *Impatiens* (vgl. S. 479, Abb. 523).

Dorsiventrale Blüten charakterisieren schließlich auch die ebenfalls meist krautige, aber ungeteiltblättrige

5.6.4. Ordnung: **Polygalales.** Durch 2 corollinisch ausgebildete seitliche Kelchblätter und die kahnförmige Gestalt ihres vorderen, durch ein geschlitztes Anhängsel betonten Kronblattes erinnern die Schmetterlingsblumen der **Polygalaceae** (Abb. 930 I–K) äußerlich an die der *Fabaceae.* Ähnlich wie bei diesen sind die Staubblätter – hier meist 8 – zu einer oben offenen Rinne verwachsen.

Die beiden folgenden Überordnungen *Celastranae* und *Euphorbianae* haben gegenüber den *Rutanae* stärker vereinfachte radiäre, meist 5- bis 4zählige und häufig unscheinbare Blüten, teilweise ohne Krone und oft nur noch mit 1 Staubblattkreis. Das Gynoeceum hat vielfach weniger als 5 verwachsene Karpelle, tendiert teilweise zur Peri- und Hypogynie. Die Samenanlagen sind noch bitegmisch und crassinucellat; ihre Zahl ist aber öfters bis auf 1–2 pro Fruchtknotenfach reduziert. Die Blätter sind meist einfach und ungeteilt. Als charakteristische Inhaltsstoffe finden sich vielfach Gerbstoffe.

Zwitterblüten bzw. der Trend zum Parasitismus und zur Polyacetylenanreicherung sind charakteristisch für die

5.7. Überordnung: Celastranae, die man wohl mit holzigen *Saxifragales* und *Sapindales* in Verbindung bringen kann.

Blüten mit Kelch und Krone sowie vereinzelt noch 2, meist aber nur noch mit 1 Staubblattkreis (und zwar dem episepalen, vor den Kelchblättern stehenden), finden sich bei der

5.7.1. Ordnung: **Celastrales.** Hierher gehören u. a. die **Celastraceae** (Abb. 931 B–C) mit dem Pfaffenhütchen, *Euonymus europaea* u. a. Arten, einheimischen Sträuchern, deren schwarze Samen von einem lebhaft orangerot gefärbten Arillus umhüllt werden. Eine Parallelgruppe stellt die

5.7.2. Ordnung: **Rhamnales** dar, bei der nur noch der vor den Kronblättern stehende (epipetale) Staubblattkreis erhalten ist. Die **Rhamnaceae** (Abb. 931 D–F) sind u. a. durch becherförmige Blütenböden und mittel- bis unterständige Fruchtknoten ausgezeichnet. Während die Blüten des vor allem in Bruchwäldern häufigen Faulbaumes *(Frangula alnus)* 5zählig und ☿ sind, finden sich bei *Rhamnus*-Arten, so beim Kreuzdorn *(Rh. catharticus)*, 4zählige und durch Rückbildung des einen Geschlechts 2häusige Blüten. Die Steinfrüchte haben 2–4 dünnwandige Steinkerne.

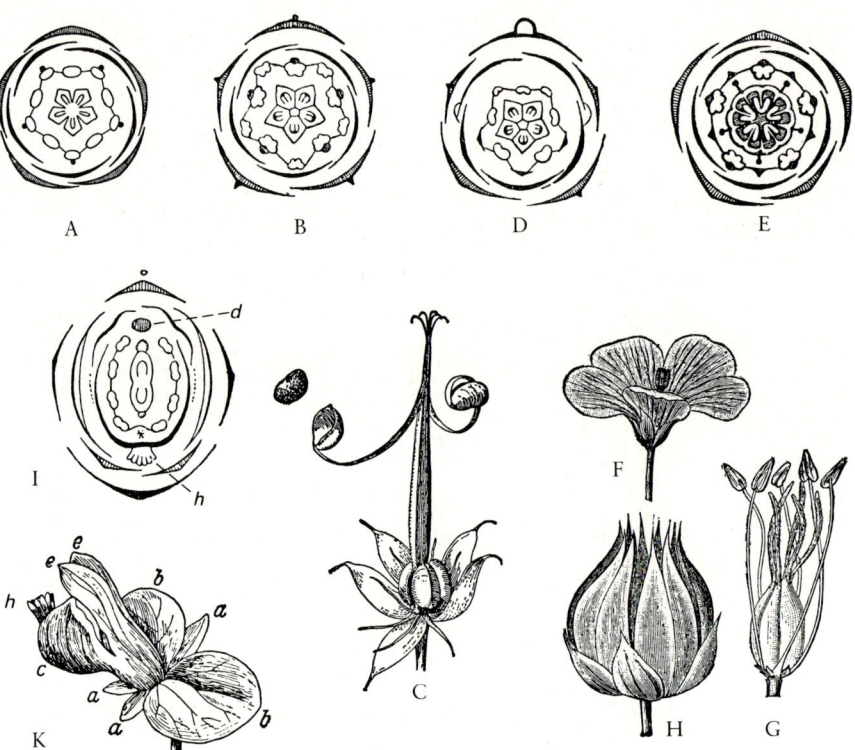

Abb. 930: *Geraniales* (A–H) und *Polygalales* (I–K). Blütendiagramme von A *Oxalis acetosella*, B *Geranium pratense*, D *Pelargonium zonale*, E *Linum austriacum* und I *Polygala myrtifolia*; adaxiale Diskusbildung (d), Kronblattanhängsel (h). C *Geranium sanguineum*, Frucht einen Samen abschleudernd (1,6×). F–H *Linum usitatissimum*, Blüte (1×), Perianth entfernt, Rudimente des äußeren Staubblattkreises sichtbar (3×) und Kapsel (3×). K *Polygala senega*, Blüte, grünliche (a) und corollinische (b) Kelchblätter, vorderes Kronblatt (c) mit Anhängsel (h), am Grunde mit den seitlichen Kronblättern (e) verwachsen (vergr.). (A–B, D–E, I nach EICHLER; C nach FIRBAS; F–H nach SCHENCK; K nach BERG & SCHMIDT.)

Der wichtigste Vertreter der **Vitaceae** (Abb. 931 G–H) ist die W e i n r e b e *(Vitis vinifera)*, eine alte, heute in zahlreichen Formen gepflegte Kulturpflanze; als eine ihrer Stammformen gilt die in den Auenwäldern des Mittelmeergebietes und auch noch am Rhein und an der Donau verbreitete Wildrebe (subsp. *sylvestris*). Es handelt sich um Lianen mit blattgegenständigen Sproßranken, die als Enden der einzelnen Glieder eines sympodialen Sproßverbandes aufgefaßt werden (vgl. S. 203, Abb. 165). Dabei kann man Langtriebe (Lotten) und in den Achseln ihrer Blätter entstehende Kurztriebe (Geizen) unterscheiden. Die Geizen sterben im Herbst bis auf eine basale Achselknospe ab, die sich im nächsten Jahr zu einer Lotte entwickelt. Die gleiche Stellung wie die Ranken besitzen die rispigen Blütenstände. Die Kronen sind am Scheitel verwachsen und werden beim Aufblühen als Ganzes abgehoben (Abb. 931 H). Die Früchte sind wenigsamige Beeren. Bei einigen der als «Wilder Wein» häufig kultivierten *Parthenocissus*-Arten sind die Rankenenden zu Haftscheiben umgewandelt (Abb. 235 C).

Überwiegend einfache Blütenhüllen, der Trend von ober- zu unterständigen Fruchtknoten, Polyacetylene und verschiedene Entwicklungsstufen zum H a l b - p a r a s i t i s m u s kennzeichnen die

5.7.3. Ordnung: **Santalales.** Am ursprünglichsten sind die tropischen und noch *Celastrales*-ähnlichen **Olacaceae** (teilweise noch voll autotroph und mit Kelch, Krone und 2 Staubblattkreisen). Stärker abgeleitet erscheinen dagegen die **Santalaceae**, vorwiegend grüne Halbschmarotzer (S. 206, 373 f.), die im Boden wurzeln; sie entziehen mit Wurzelhaustorien ihren Wirten nur Wasser und Nährsalze, wie z. B. die einheimischen *Thesium*-(Bergflachs-)Arten. Auch die meisten **Loranthaceae** und **Viscaceae** (Abb. 932) besitzen noch grüne Blätter, die sie zu eigener Assimilation befähigen. Sie leben aber in der Regel epiphytisch auf Holzpflanzen und haben ein dementsprechend

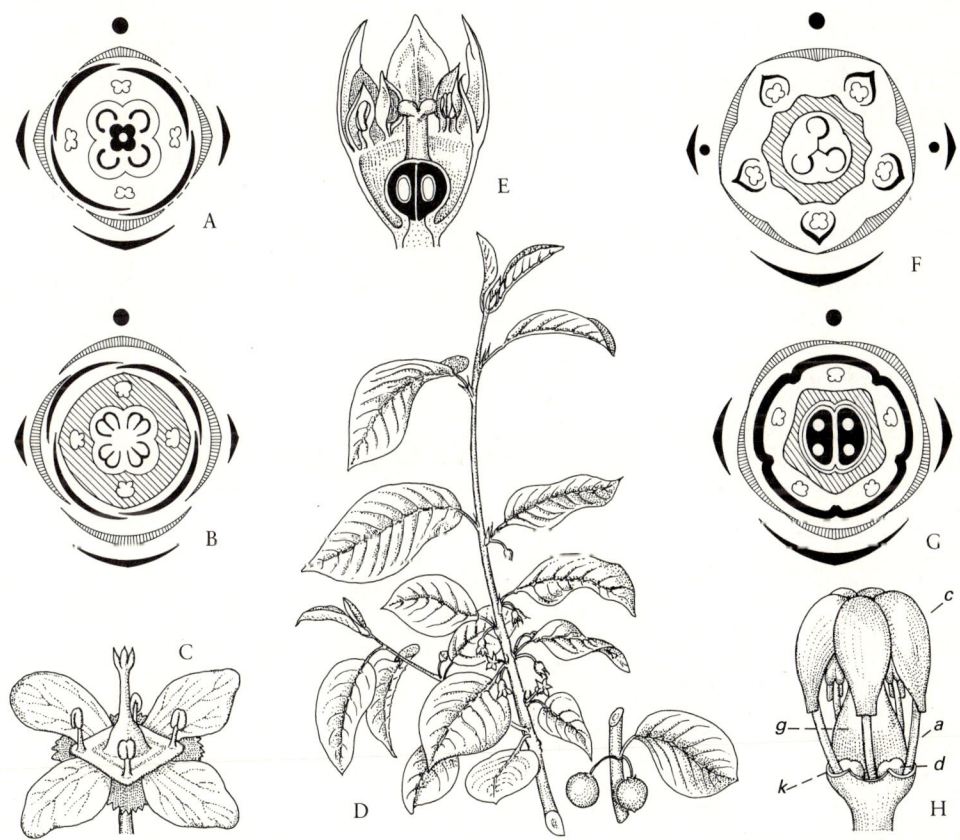

Abb. 931: *Cornales* (A), *Celastrales* (B–C) und *Rhamnales* (D–H). A *Aquifoliaceae, Ilex aquifolium,* Blütendiagramm. B–C *Celastraceae, Euonymus europaea,* Blüte und Diagramm. D–F *Rhamnaceae, Frangula alnus,* blühender bzw. fruchtender Sproß ($^1/_2$ ×), Blüte längs (5 ×) und Diagramm. G–H *Vitaceae;* G *Parthenocissus quinquefolia;* H *Vitis vinifera,* sich öffnende Blüte mit reduziertem Kelch (k), abgehobene Krone (c), Diskus (d), Staubblättern (a) und Fruchtknoten (g) (vergr.). (A–B, F–G nach EICHLER; C nach GRAF; D nach KARSTEN; E, H nach BERG & SCHMIDT.)

verändertes Wurzelsystem. Die sommergrüne Eichen-
mistel *(Loranthus europaeus)* treibt Senker aus einer
kräftigen Haftscheibe. Die 2häusige, durch dichasiale
Verzweigung und lederige, überwinternde Blätter
auffällige Mistel *(Viscum album;* vgl. S. 206 und Abb.
239 sowie 932) kommt bei uns in 3, auf bestimmte
Wirte spezialisierten Unterarten vor: Laubholz-, Tan-
nen- und Föhren-Mistel. Die Samenanlagen der beiden Familien sind vielfach völlig in die Placenta eingeschmolzen (Abb. 932 C). Ihre klebrigen Beeren
werden durch Vögel verbreitet.

An die *Santalales* können wahrscheinlich als hochspezialisierte Vollparasiten die

5.7.4. Ordnung: **Balanophorales** angeschlossen
werden. Außer den tropischen **Balanophoraceae** gehören hierher die **Cynomoriaceae** mit dem auch im
südlichen Mittelmeerraum vorkommenden Malteser-
schwamm *Cynomorium coccineum.* – Sehr fraglich
ist dagegen die Abstammung *(Magnoliidae?)* der
ebenfalls holoparasitischen

5.7.5. Ordnung: **Rafflesiales** mit den (sub)tropi-
schen **Hydnoraceae** und **Rafflesiaceae** (vgl. S. 207).
Rafflesia bildet bis zu 1 m große, trübpurpurne Aas-
fliegenblüten, die größten im Pflanzenreich. *Cytinus*
schmarotzt im Mediterrangebiet auf Cistrosen.

Eingeschlechtige Blüten bzw. Zwitterblüten mit auffälligen Blütenbechern, häufige
Obturatorbildungen (Abb. 933 M o) und die Anreicherung verschiedener Giftstoffe (z.B. Da-
phnetin, div. Diterpene) charakterisieren die

5.8. Überordnung: Euphorbianae. Die Ähnlichkeiten sind vielfältig und mehrdeutig: *Euphorbiales* zu *Urticales, Rhamnales* und *Malvales; Elaeagnales* auch zu *Myrtales.* Die systematische Stellung der *Euphorbianae* ist daher sehr umstritten. Bei der

5.8.1. Ordnung: **Euphorbiales** *(= Tricoccae)* sind
die Blüten immer eingeschlechtig. Der oberständige Fruchtknoten ist meist 3fächerig und ent-

hält in jedem Fach nur 1 (selten 2) hängende anatrope
Samenanlage(n). Zu den ursprünglichen und bis in die
Kreide zurückreichenden **Buxaceae** gehört der medi-
terran-atlantische immergrüne Buxbaum *(Buxus sem-
pervirens).* Bedeutungsvoll wird die Kultur von *Sim-
mondsia*-Arten (Jojoba) in Trockengebieten: Ihre
Samen enthalten ein Flüssigwachs (Ersatz für das
Spermöl des Pottwals).

Bemerkenswert ist besonders die große,
vorwiegend tropische, aber auch bei uns vertretene Familie der **Euphorbiaceae,** Wolfsmilch-
gewächse.

Es sind teils holzige, aber auch krautige Pflanzen
mit Laubblättern, die in der Regel Nebenblätter tragen, teils Pflanzen mit rückgebildeten Blättern, bei
denen die Sproßachsen die Assimilation übernehmen.
Die stammsucculenten, manchen *Cactaceae* ähnlichen *Euphorbia*-Arten der afrikanischen Savannen
und Halbwüsten sind Musterbeispiele für Konvergenz (Abb. 225 B): Die Blätter sind hier oft reduziert;
an ihrer Stelle werden paarige Stacheln ausgebildet
(Abb. 933 G).

Sehr mannigfaltig sind auch die Blüten und Blütenstände. Ein doppeltes Perianth besitzen u.a. noch die
tropische Ölpflanze *Jatropha curcas* (Abb. 933 A–B)
und viele tropische *Croton*-Arten. Blüten mit einfachem Perianth finden wir z.B. bei den einheimischen,
windblütigen und 2häusigen Bingelkräutern *(Mercurialis,* Abb. 933 C–D). Das Perianth ist hier 3blätt-
rig; die ♂ Blüten besitzen eine größere Zahl von
Staubblättern, die ♀ außer dem 2–3teiligen Fruchtknoten noch 3 Staminodien. Ähnliche Blüten, aber
mit meist 5teiligem Perianth und mit bäumchenför-
mig verzweigten Staubblättern, hat der einhäusige
Ricinus communis (Abb. 933 E–F), ein Baum des tropischen Afrika mit großen, handförmig geteilten
Blättern, der auch bei uns gezogen werden kann –
freilich nur als einjähriges, kräftiges Kraut.

Äußerst einfache Einzelblüten zeichnen schließlich
die Gattung *Euphorbia,* Wolfsmilch, aus. Sie sind

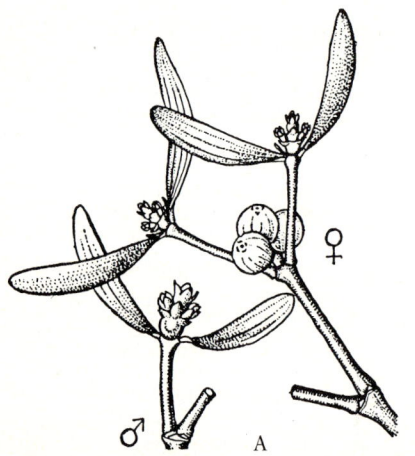

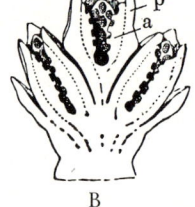

Abb. 932: *Santalales, Viscaceae, Viscum album.* A Sprosse
mit ♂ und ♀ Blüten bzw. Früchten (½ ×). B ♂ und C ♀
3blütige Dichasien (längs), die Perianthblätter (p) sind mit
den Staubblättern (a) bzw. Fruchtknoten und Samenanlagen (g) verwachsen: [P4+A4] bzw. P4+G(2̅) (etwa 3 ×).
(Nach Firbas.)

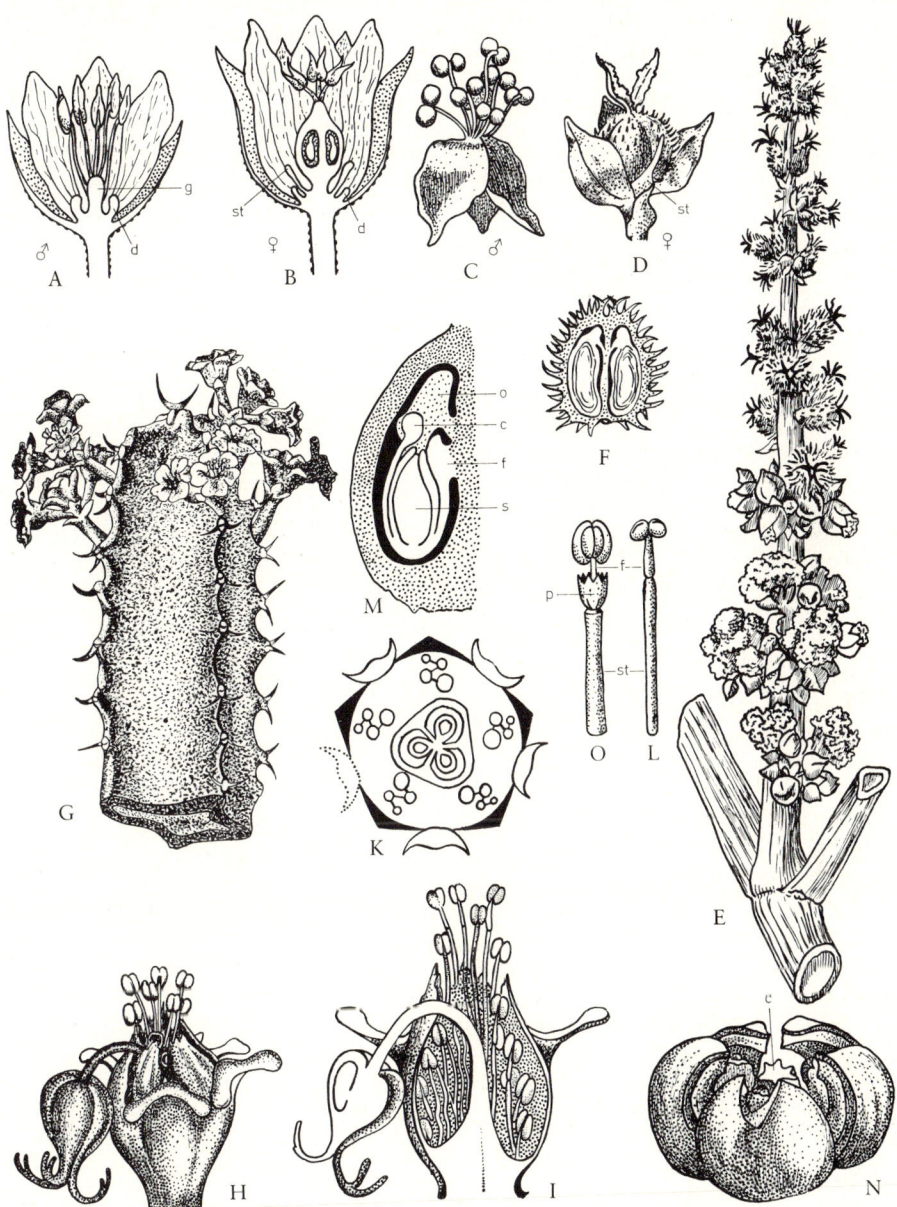

Abb. 933: *Euphorbiales, Euphorbiaceae.* A–B ♂ und ♀ Blüten von *Jatropha curcas* und C–D *Mercurialis annua* mit Diskusschuppen (d), Androphor (g), Staminodien (st). E–F *Ricinus communis*, Blütenstand (½ ×) und junge Frucht, längs. G–N *Euphorbia*. G *E. resinifera*, blühender succulenter Sproß (1×). H–K Cyathium, total, längs und Diagramm (punktierte Drüse allenfalls fehlend). L ♂ Blüte von *E. platyphyllos* mit Stiel (st) und Filament (f). M Fruchtknotenfach (längs) von *E. myrsinites* mit Samenanlage (s), Funiculus (f), Caruncula (c) und Obturator (o) (schematisch). N Frucht: septicid, dorsicid und septifrag aufspringende Kapsel mit stehenbleibendem Mittelsäulchen (c) von *E. lathyris* (vergr.). O ♂ Blüte von *Anthostema senegalense* mit Perigon (p) (vergr.; vgl. L). (A–B, L nach Pax; C–D nach Wettstein, veränd.; E–F nach Karsten; G nach Berg & Schmidt; H–I, N–O nach Baillon; K nach Eichler, verändert; M nach Schweiger.)

hier zu eigenartigen Pseudanthien vereinigt, die «Cyathien» heißen. Jedes Cyathium (Abb. 933 H–K) besteht aus einer langgestielten, nach unten gewendeten, bei den meisten Arten perianthlosen ♀ Gipfelblüte, die von 5 Gruppen ebenfalls gestielter und perianthloser, offenbar in Wickeln angeordneter ♂ Blüten umgeben ist. Von diesen besteht aber jede nur aus einem einzigen, vom Blütenstiel durch eine Einschnürung abgesetzten Staubblatt (Abb. 933 L). Der ganze Blütenstand wird perianthartig von 5 Hochblättern – den Tragblättern der ♂ Teilblütenstände – umschlossen, zwischen denen in der Regel elliptische oder halbmondförmige Nektar-Drüsen sitzen. Diese Cyathien ihrerseits wieder zu di- bis pleiochasialen Gesamtblütenständen vereinigt (Abb. 457). Daß es sich bei den Cyathien – die Linné noch für Zwitterblüten hielt – tatsächlich um Blütenstände handelt, geht u. a. aus der Abgliederung des Staubblatts vom Blütenstiel hervor. Bei verwandten Gattungen (z. B. *Anthostema*) sitzt an dieser Stelle noch ein einfaches Perianth (Abb. 933 O). Das Cyathium zeigt also, wie aus der Vereinigung eingeschlechtiger Blüten Pseudanthien hervorgehen können, die als Blume wie eine Zwitterblüte von Insekten bestäubt werden. Diese Entwicklung steht offenbar im Zusammenhang mit der Rückkehr von Anemophilie zu Entomophilie (vgl. S. 536, 821).

Die Befruchtung der Samenanlagen wird gewöhnlich durch den «Obturator» vermittelt, eine Gewebewucherung der Placenta, die die Mikropyle überdeckt und der Leitung und Ernährung des Pollenschlauchs dient (Abb. 933 M). Die Früchte sind Kapseln, deren Wände sich von einem Mittelsäulchen (Abb. 933 N) völlig loslösen und die Samen ausschleudern.

Viele *Euphorbiaceae* besitzen einen (manchmal giftigen) Milchsaft, der *Kautschuk* enthält (Abb. 390). Daher gehören die wichtigsten Kautschukbäume hierher, besonders die ursprünglich am Amazonas beheimatete, heute in den verschiedensten tropischen Ländern gebaute *Hevea brasiliensis;* davon stammt der im Welthandel an der Spitze stehende «Parakautschuk». Der brasilianische *Manihot glaziovii* liefert den «Cearakautschuk». Als Nutzpflanze ist außerdem noch der krautige Maniok [*Manihot esculenta* (= *M. utilissima*)] zu nennen; er ist ebenfalls im tropischen Amerika zu Hause, wird aber wegen seiner stärkereichen Wurzelknollen überall in den Tropen gebaut («Tapioka»-Stärke).

Die beiden folgenden Ordnungen mit je einer Familie haben meist Zwitterblüten und bilden durch basale Verwachsung der Blütenhülle teilweise corollinisch gefärbte Blütenbecher. Die Kronblätter fehlen oft völlig. Bei der

5.8.2. Ordnung: **Thymelaeales** mit den **Thymelaeaceae** entstehen durch Reduktion aus mehrkarpelligen schließlich pseudomonomere Fruchtknoten mit 1 Samenanlage. Hierher gehört u. a. als Laubwaldpflanze W-Eurasiens der giftige Seidelbast *(Daphne mezereum)*, dessen rosaviolette, corollinische Kelche

sich noch vor den Blättern entfalten; die Beeren sind ziegelrot. – Fraglich ist der Anschluß der

5.8.3. Ordnung: **Elaeagnales** mit nur 1 unterständigen Karpell und 1 aufrechten Samenanlage. Die einzige Familie **Elaeagnaceae** enthält von Schuppenhaaren (Abb. 129 E–F) bedeckte und daher oft silbrig glänzende Holzpflanzen, wie z. B. den heimischen, besonders Dünen und Flußschotter bewohnenden windblütigen Sanddorn *(Hippophaë rhamnoides)* und die in Gärten gepflanzten Ölweiden *(Elaeagnus)*, beide mit Actinomyceten-Symbiose (vgl. S. 376 f.).

5.9. Überordnung: Aralianae. Im Gegensatz zu den *Celastranae* und *Euphorbianae* sind die Samenanlagen hier unitegmisch und tenuinucellat. Die radiären meist 5zähligen Blüten haben Kelch, Krone und 1 episepalen Staubblattkreis und ein (5-)2blättriges Gynoeceum. Charakteristisch sind schizogene Sekretkanäle mit ätherischen Ölen und Gummiharzen sowie Polyacetylene; dagegen fehlen Ellagsäure, Gerbstoffe und Iridoide. Die Überordnung ist offenbar aus Vorläufern der *Rutanae* hervorgegangen und steht in Verbindung mit den sympetalen *Asteridae* s. str.

Zu den *Rutanae* vermittelt die monotypische (sub-)tropische und holzige

5.9.1. Ordnung: **Pittosporales** mit ungeteilten Blättern, auffälligen und oft schon ± sympetalen Kronen sowie oberständigen Fruchtknoten, die sich zu vielsamigen Kapseln entwickeln. Arten von *Pittosporum* werden im Süden häufig kultiviert.

Durch zusammengesetzte bzw. gelappte Blätter, unscheinbare choripetale Blüten in doldigen Inflorescenzen, unterständige Fruchtknoten mit meist nur 1 hängenden Samenanlage pro Fach, Saft- und Spaltfrüchte, zusätzliche Inhaltsstoffe (z. B. Petroselinsäure) sowie durch den Übergang von holzigen zu krautigen Wuchsformen ist die

5.9.2. Ordnung: **Araliales** gekennzeichnet.

Von den vorwiegend tropischen und holzigen **Araliaceae** ist bei uns der Efeu *(Hedera helix)* heimisch. Er ist ein Wurzelkletterer und durch seine Heterophyllie bekannt (gelappte Primär- bzw. Schattenblätter, an den blühenden Sprossen aber rautenförmige Folge- bzw. Lichtblätter: S. 436 f., Abb. 467). Der Efeu wird im Herbst von Fliegen und Wespen bestäubt, seine Beeren reifen erst im nächsten Frühjahr.

Zur Familie der **Apiaceae** (= *Umbelliferae*), den Doldengewächsen, gehören fast nur krautige Pflanzen. Sie sind durch einen charakteristischen Habitus kenntlich (Abb. 934 F–G): Ihre auffällig in Knoten und hohle Internodien gegliederten Stengel tragen wechselständige Blätter, die fast immer – oft mehrfach – zerteilt sind und den Stengel mit einer verbreiterten Blattscheide umfassen. Als Blütenstände herrschen zusammengesetzte Dolden (Dolden mit Döldchen) vor; ihre Tragblätter sind zur «Hülle» bzw. zu den «Hüllchen» zusammengedrängt. Die kleinen, erst im ganzen Blütenstand auffälligen, meist weißen, seltener rosafarbenen oder gelben Blüten können durch die Formel $* \; K5 \; C5 \; A5 \; G(\overline{2})$ gekennzeichnet werden (Abb. 934 D, E), doch ist der Kelch fast immer stark rückgebildet. Die Kronblätter weisen häufig eine nach innen gebogene Spitze auf. Der Fruchtknoten wird durch ein rundkegeliges, als Nectarium wirksames Griffelpol-

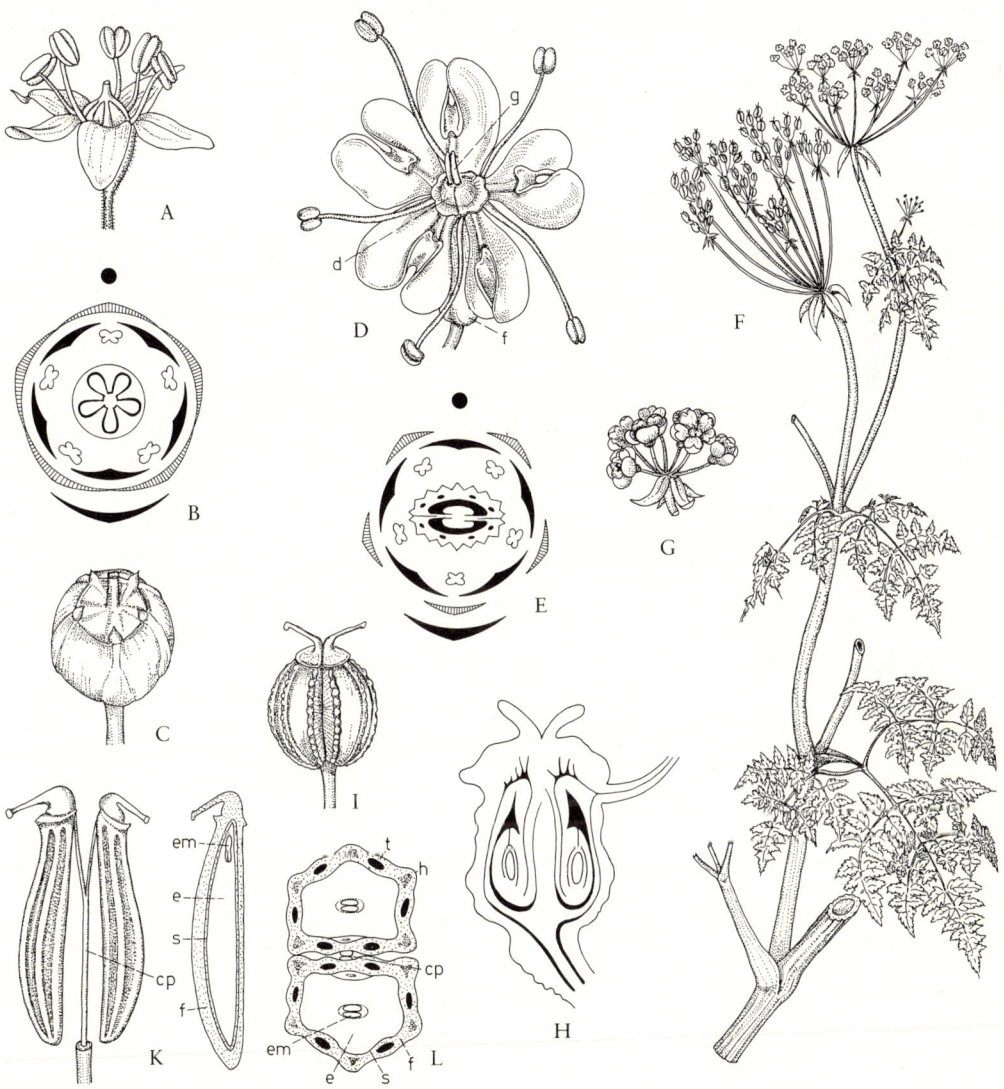

Abb. 934: *Araliales.* A–C *Araliaceae,* *Hedera helix,* Blüte (etwa 4 ×), Blütendiagramm und Frucht (Beere, etwa 2 ×). D–L *Apiaceae.* D Blüte (*Ammi majus;* d Diskus, g Griffel, f Fruchtknoten) und E Blütendiagramm (*Laser trilobum*). F–I *Conium maculatum,* Sproß (½ ×), Döldchen, Blüte (längs, mit 2 hängenden Samenanlagen) und Frucht (gesamt) (alle vergr.). K–L Spaltfrucht von *Carum carvi,* gesamt, längs (10 ×) und quer (25 ×), mit Karpophor (cp), Fruchtwand (f), Hauptrippen mit Leitbündeln (h), Riefen mit darunterliegenden Sekretgängen (t), Samenschale (s), Endosperm (e) und Embryo (em). (A und C nach HEGI; B nach EICHLER; D nach THELLUNG; E nach NOLL und FROEBE, veränd.; F–G, I nach KARSTEN; H nach TSCHIRCH & OESTERLE; K–L nach BERG & SCHMIDT, etwas veränd.)

ster (Diskus) und die Griffel gekrönt; in jedem Fruchtknotenfach hängt von der Scheidewand eine anatrope Samenanlage herab (Abb. 934 H); eine zweite verkümmert frühzeitig. Der Same (Abb. 934 K–L) birgt in einem mächtig entwickelten, fett- und eiweißreichen Endosperm einen kleinen Keimling. Seine Testa verwächst mit der Fruchtwand zu einer trockenen S p a l t - f r u c h t , die entlang der Fugenfläche schließlich in 2 einsamige Teilfrüchtchen zerfällt. Diese hängen zunächst noch an einem Fruchthalter (Karpophor), von dem sie sich schließlich ablösen.

Dieser F r u c h t b a u ist ungemein bezeichnend und in seiner Ausbildung für die weitere Gliederung der Familie wichtig. Die Fruchtwand einer jeden Teilfrucht durchziehen 5 Leitbündel, über denen sog. Haupttrippen (2 Randrippen und 3 Rückenrippen) vortreten (Abb. 934L). Zwischen diesen liegen Riefen («Tälchen»), in denen sich manchmal aber auch noch Nebenrippen entwickeln können. Besonders unter den Riefen und außerdem an der Fugenfläche, seltener unter den Haupttrippen, verlaufen als Ölstriemen bezeichnete schizogene Sekretgänge. Ihre Verteilung gibt zusammen mit der Ausbildung der oft geflügelten oder bestachelten Rippen, der Form des Endosperms, der Behaarung usw. so wichtige Merkmale, daß man z.B. die vielen als Drogen und Gewürze und als deren Verfälschungen verwendeten Früchte danach mit großer Sicherheit bestimmen kann.

Infolge Vereinfachung bzw. Reduktion sind bei einigen wenigen Umbelliferen ungeteilte Blätter entstanden, z.B. bei den *Bupleurum*-Arten oder beim schildblättrigen Wassernabel (*Hydrocotyle vulgaris*). Ausgangspunkt für die Dolden bzw. Doppeldolden der Umbelliferen waren monotele, Thyrsus-artige Blütenstände. Die Blüten mancher Gattungen, z.B. der Bärenklau (*Heracleum*), sind durch Förderung der nach außen gerichteten Kronblätter dorsiventral, und zwar um so ausgeprägter, je weiter nach außen sowohl im einzelnen Döldchen wie in der ganzen Dolde die betreffende Blüte steht. Bei manchen Gattungen wird die optische Wirkung des Blütenstandes auch durch gefärbte Hochblätter erhöht, z.B. durch die weiße Hülle der (einfachen!) Dolden von *Astrantia* oder durch gelbe Hüllchen bei *Bupleurum*. Fliegen, Käfer und andere kurzrüsselige Insekten sind die wichtigsten Bestäuber der fast immer proterandrischen Blüten.

Die Doldenblütler sind besonders in den extratropischen Gebieten der nördlichen Erdhälfte als Steppen-, Sumpf-, Wiesen- und Waldpflanzen in über 3000 Arten verbreitet (vgl. z.B. Abb. 979, 1002). Mächtige, mehrere Meter hohe Stauden findet man besonders in den zentralasiatischen Steppen (z.B. *Ferula*). Bei uns treten sie vor allem als Charakterarten gut gedüngter Mähwiesen hervor (z.B. *Heracleum*). Der hohe Gehalt an ätherischen Ölen macht die große Zahl der

Gewürz- und Heilpflanzen verständlich, von denen die Früchte, aber auch Blätter oder Wurzeln Verwendung finden; von ihnen seien der feinblättrige, auf Wiesen verbreitete weißblühende Kümmel (*Carum carvi*, Abb. 934 K–L), die häufig kultivierten Sippen Anis (*Pimpinella anisum*) und Koriander (*Coriandrum sativum*) sowie die gelbblühenden Arten Dill (*Anethum graveolens*), Liebstöckel (*Levisticum officinale*), Fenchel (*Foeniculum vulgare*) und Petersilie (*Peteroselinum crispum*) hervorgehoben. Einige Arten besitzen eßbare, rübenförmige Wurzeln wie die M ö h r e (*Daucus carota*: Abb. 411, 453), der Pastinak (*Pastinaca sativa*) und die S e l l e r i e (*Apium graveolens*: Rübe + Hypo- u. Epicotylknolle). Giftig sind z.B. der unangenehm riechende gefleckte S c h i e r l i n g (*Conium maculatum*, mit rot gefleckten Stengel; Abb. 934 F–I) und der durch einen gekammerten Wurzelstock gekennzeichnete Wasserschierling (*Cicuta virosa*).

6. Unterklasse: Dilleniidae

Gegenüber den *Rosidae* heben sich sekundär polyandrische Vertreter der Dilleniidae vor allem durch z e n t r i f u g a l e s D é d o u b l e m e n t ihrer Staubblattanlagen ab (Abb. 879 D–F). Becher- oder scheibenförmige Blütenböden sowie die Tendenz zur Rückbildung des Androeceums bis auf einen Staubblattkreis (Haplostemonie) sind viel weniger auffällig als bei den *Rosidae*. Neben synkarpen finden sich vor allem p a r a k a r p e Fruchtknoten mit zahlreichen Samenanlagen. Weit verbreitet sind nicht-stärkehaltiges Endosperm und e i n f a c h e (nicht zusammengesetzte) Blätter. Im übrigen machen verschiedene Ähnlichkeiten eine nähere Verwandtschaft zwischen holzigen *Rosanae-Saxifragales* und urprünglichen *Dilleniidae*, und damit eine entsprechende gemeinsame Abstammung, wahrscheinlich. Zuletzt haben sich innerhalb der *Dilleniidae* aus choripetalen Vertretern mehrfach auch eng verwandte sympetale Gruppen herausgebildet.

Ursprüngliche Merkmale wie schraubige Blütenhülle und ein c h o r i k a r p e s Gynoeceum mit zahlreichen bitegmischen, crassinucellaten Samenanlagen und nucleär angelegtem Endosperm kennzeichnen die

6.1. Überordnung: Dillenianae mit sekundär polyandrischem Androeceum und Samen mit ± fleischiger Testa, reichlichem Endosperm und kleinem Embryo.

Die beiden isolierten Familien der einzigen Ordnung (*Dilleniales*) sind die (sub)tropischen und überwiegend holzigen **Dilleniaceae** und die nordhemisphärischen, halbstrauchigen bis staudigen **Paeoniaceae** mit der Gattung *Paeonia*, Pfingstrose (Abb. 875 C), welche durch ein nucleäres Stadium der frühen Embryoentwicklung bemerkenswert ist.

Dagegen charakterisieren oberständige, coenokarpe und meist synkarpe Gynoeceen mit zentralwinkelständiger Placentation und Samenanlagen mit 2 Integumenten aber reduziertem Nucellus die

6.2. Überordnung: Theanae.

In der Mehrzahl Holzpflanzen mit vermehrten Staubblättern, dachiger Kelchblattlage und reduziertem Endosperm umfaßt die

6.2.1. Ordnung: **Theales** (= *Guttiferales*). Hierher gehören u. a. die teilweise noch eine schraubige Blütenhülle bildenden **Theaceae** mit dem besonders in China, Japan und Indien gepflanzten Teestrauch [*Camellia* (= *Thea*) *sinensis*: Abb. 935 A] und der Kamelie *(C. japonica)*. Durch schizogene Sekretbehälter (Abb. 152 A) stärker abgesetzt sind die **Hypericaceae** (= *Guttiferae*) mit dem einheimischen Hartheu oder Johanniskraut *(Hypericum:* Abb. 879 F, 935 B) und die wichtigen, auch harzliefernden paläotropischen Waldbäume der **Dipterocarpaceae** (Abb. 1088).

Heterogen und in ihrem systematischen Anschluß noch immer unsicher sind die drei folgenden, überwiegend krautigen und durch ihre Carnivorie bemerkenswerten Familien, die man früher zu einer Ordnung zusammengefaßt hat *(Sarraceniales* s. lat.), die aber jetzt stärker aufgetrennt werden. Die beiden ersten haben zu Tierfallen umgewandelte Schlauchblätter (Abb. 243 G und S. 208 f., 378).

6.2.2. Ordnung: **Sarraceniales.** Die **Sarraceniaceae** sind neuweltlich, haben Zwitterblüten und zeigen

Abb. 935: *Theales.* A *Theaceae, Camellia sinensis,* blühender Sproß (¹/₄ ×), Frucht und Same. B *Hypericaceae, Hypericum maculatum,* Blütendiagramm. (A nach KARSTEN; B nach EICHLER.)

wegen ihres Iridoidgehalts Beziehungen zu den *Cornanae.* Dagegen sind die Arten der

6.2.3. Ordnung: **Nepenthales** mit der einzigen Gattung *Nepenthes* (Kannenblatt) paläotropisch und diöcisch. Auf nährstoffarmen Standorten weltweit verbreitet sind schließlich die Vertreter der

6.2.4. Ordnung: **Droserales** mit der einzigen Familie **Droseraceae**; sie fangen Insekten mittels klebriger Tentakeln *(Drosera:* Sonnentau und *Drosophyllum)* oder reizempfindlicher Schnappblätter *(Dionaea, Aldrovanda)* (vgl. S. 38, 208 f., 378 und Abb. 241, 242, 513).

Coenokarp-parakarpe, 3- bis 2karpellige Gynoeceen mit parietaler Placentation und zahlreichen bitegmisch-crassinucellaten Samenanlagen, Tendenzen zur Ausgestaltung der Blütenachse und das mehrfache Auftreten von Glucosinolaten (Senföl-Glykoside) sind für die

6.3. Überordnung: Violanae charakteristisch.

5zählige Zwitterblüten mit Kelch und Krone und oberständige Fruchtknoten finden wir bei der

6.3.1. Ordnung: **Violales** (= *Cistales, Parietales* i. eng. Sinn). Am Anfang einer Familiengruppe mit öligem Endosperm stehen hier die tropischen, holzigen **Flacourtiaceae** mit radiären Blüten und zahlreichen Staubblättern. Übergänge zu krautigen Sippen mit nur 5 Staubblättern und dorsiventralen Blüten kennzeichnen die **Violaceae** mit der Gattung *Viola* (Veilchen, Stiefmütterchen), bei der das vordere Kronblatt einen Sporn bildet, in den die beiden vorderen Staubblätter nektarabsondernde Fortsätze senden (Abb. 936). Sproßrankende Kletterpflanzen (S. 203) mit Androgynophor sind die (sub)tropischen **Passifloraceae** mit der häufig gezogenen Passionsblume *(Passiflora caerulea).* Sympetalie findet sich bei den **Caricaceae** mit dem überall in den Tropen kultivierten Melonenbaum *(Carica papaya).* – Stärkehaltiges Endosperm und choripetale, radiäre Blüten haben die beiden folgenden, verwandtschaftlich recht isolierten Familien: die **Cistaceae** mit den für die mediterranen Macchien (S. 1035) bezeichnenden, durch aromatisch duftende Harze und große, bunte, rasch vergängliche Blütenkronen auffälligen Sträuchern der Gattung *Cistus* und auch bei uns, besonders auf trockenen Triften, heimischen *Helianthemum*-Arten sowie die holzigen, schuppenblättrigen (Abb. 218 A) **Tamaricaceae** mit den Salzböden bewohnenden, auch in Gärten gepflanzten Tamarisken *(Tamarix).*

Die *Cistaceae* leiten zu den *Malvales* über, die *Tamaricaceae* zu den *Salicales.* An die *Violales* läßt sich auch die

6.3.2. Ordnung: **Capparales** (= *Rhoeadales* z. T.) anschließen. Die zwittrigen Blüten neigen hier zur 4-Zähligkeit. Charakteristisch sind weiter schraubige Blattstellung, Gyno- oder

Androgynophore (S. 801), Diskusbildungen bzw. Nektardrüsen, im reifen Zustand oft endospermlose Samen und besonders Myrosinzellen. Diese schlauchförmigen Idioblasten enthalten das Ferment Myrosinase; bei Verletzung spaltet es die in anderen Zellen vorhandenen Senföl-Glykoside:

$$R-C \begin{array}{c} S-Glucose \\ \\ N-OSO_2O^{\ominus} \end{array} \xrightarrow[H_2O]{Myrosinase} R-N{=}C{=}S + Glucose + HSO_4^{\ominus}$$

wodurch der charakteristisch scharfe Geschmack vieler *Capparales* (Kapern, Senf, Rettich!) bedingt ist.

Früher wurden die *Capparales* vielfach mit den *Papaverales* (S. 841) zur Ordnung *Rhoeadales* zusammengefaßt. Die völlig verschiedenen Inhaltsstoffe sowie serologische, embryologische und palynologische Befunde haben hier den Weg für eine natürlichere Gruppierung gewiesen.

An den Anfang der Ordnung können die (sub)tropischen und überwiegend holzigen **Capparaceae** (= *Capparidaceae*) gestellt werden. Die Blütenknospen von *Capparis spinosa*, einem kleinen Felsenstrauch der Mittelmeerländer, werden als Gewürz (Kapern) verwendet.

Besonders wichtig sind die **Brassicaceae** (= *Cruciferae*), Kreuzblütler, die durch ihren Blütenbau besonders gut gekennzeichnet sind. Es sind meist krautige, mehr- bis 1jährige Pflanzen mit traubigen, fast immer deck- und vorblattlosen Blütenständen ohne Gipfelblüte. Ihre disymmetrischen Blüten (Abb. 937 A–C) besitzen einen 4zähligen Kelchblattkreis, 4 mit dem Kelch alternierende Kronblätter, 2 äußere, kürzere und 4 innere, längere Staubblätter und 1 oberständigen oft ± gestielten Fruchtknoten mit einer Scheidewand. An seiner Bildung sind außer 2 fertilen wahrscheinlich noch 2 sterile

Karpelle beteiligt. Also «Kreuzblüten» mit K4 C4 A2: 2° + 4 G (4) bzw. G (2). Die Frucht ist meist eine Schote (wenn ihre Länge die 3fache Breite nicht erreicht, ein «Schötchen», Abb. 937 D–H). Bei ihrer Öffnung verbleibt die zwischen den Placenten eingespannte häutige Scheidewand mit den anhängenden Samen zunächst noch am Fruchtstiel. Die Samen gehen aus campylotropen Samenanlagen hervor und enthalten einen gekrümmten, ölhaltigen Keimling (Abb. 937 I–L).

Der Blütenbau der *Brassiaceae* läßt sich gut auf die ursprünglicheren Verhältnisse bei ihren Stammformen, den *Capparaceae*, zurückführen. Frühere Versuche einer Homologisierung mit den 2gliedrigen Wirteln der *Papaverales* sind daher überholt. Für die Gliederung der artenreichen Familie sind die Fruchtformen (neben sich öffnenden Schoten auch Schließfrüchte, z.B. Bruch-Schoten: Abb. 900 E, Spaltfrucht-Schoten: Abb. 937 H und 1- oder wenigsamige Nuß-Schoten: Abb. 937 G), die Lagerung des Keimlings im Samen (Abb. 937 I–L) und die Anordnung der Nektardrüsen (die Mehrzahl der Arten sind Insektenblütler!) von Bedeutung.

Die Kreuzblütler sind vorwiegend in den extratropischen Gebieten der nördlichen Halbkugel verbreitet. Hier reichen sie in der Arktis und in den Hochgebirgen bis an die äußersten Grenzen der Vegetation. Florengeschichtlich interessant ist der Polyploid-Komplex von *Biscutella laevigata* (Abb. 579). Zahlreiche Arten haben im Gefolge der menschlichen Siedlungen als autogame Ackerunkräuter und Ruderalpflanzen (S. 1018) eine weite Verbreitung gefunden (z.B. *Capsella bursa-pastoris*, *Lepidium*- und *Thlaspi*-Arten). Auch Apomixis kommt vor, z.B. bei *Dentaria bulbifera* (S. 515, 533, Abb. 246). Als Nutzpflanzen von Bedeutung sind: 1) Gemüse- und Futterpflanzen wie die verschiedenen Formen des Kohls (*Brassica oleracea*: Abb. 227 A, B, 565), die Weiße Rübe (*B. rapa* subsp. *rapa*), die Kohlrübe oder Wruke (*B. napus* subsp. *rapifera*), Rettich und Radieschen (*Raphanus sativus*); 2) Öl- und Gewürzpflanzen

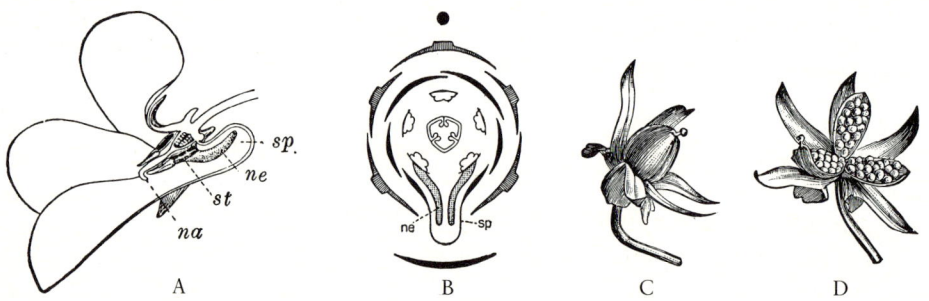

Abb. 936: *Violales*, *Viola*. A–B *V. odorata*, Blüte längs (2,3 ×) und Diagramm; Sporn (sp), Staubblätter (st), teilweise mit Nektaranhängsel (ne), Narbe (na). C–D *V. tricolor*, dorside Kapsel, vor und nach dem Aufspringen. (A–B nach FIRBAS; C–D nach SCHIMPER.)

wie der Raps *(Brassica napus* subsp. *napus)*, der Rübsen *(B. rapa* subsp. *oleifera)*, der Schwarze und Weiße Senf *(Brassica nigra* und *Sinapis alba)*, der Meerrettich oder Kren *(Armoracia rusticana)* sowie 3) zahlreiche Zierpflanzen, z.B. Goldlack *[Erysimum (= Cheiranthus) cheiri]*, Levkoje *(Matthiola)*, Schleifenblume *(Iberis)* u.a.

Zygomorphe Blüten haben die mediterranen **Resedaceae**. Sie sind auch in Mitteleuropa an Ruderalstandorten durch die annuellen Sippen der Gattung *Reseda* vertreten. Teilweise sind hier die Fruchtblätter oben nicht ganz verwachsen, so daß die Samenanlagen sichtbar bleiben.

Myrosinzellen und Senföl-Glykoside finden sich auch bei der neuweltlichen, vielleicht eher den *Geraniales* nahestehenden

6.3.3. *Ordnung:* **Tropaeolales** mit 5zähligen, radiären bis dorsiventralen Blüten und Spaltfrüchten. Die **Tropaeolaceae** umfassen neuweltliche Kletterpflanzen mit gespornten Blüten. Dazu gehört die als Zierpflanze bekannte Kapuzinerkresse, *Tropaeolum majus* (Abb. 347).

Mit den *Violales* (etwa *Flacourtiaceae-Tamaricaceae)* in Verbindung bringen läßt sich auch die apetale, früher zu den Amentiferen gestellte

6.3.4. *Ordnung:* **Salicales** mit der einzigen Familie **Salicaceae** (Abb. 938). Kennzeichnend sind vor allem die eingeschlechtigen, zweihäusig verteilten und ± perianthlosen Blüten, die zu kätzchenartigen Blütenständen vereinigt sind; in den 2blättrigen, oberständigen Fruchtknoten entwickeln sich zahlreiche endospermlose, langhaarige Samen. – Im einzelnen handelt es sich bei den Hauptgattungen *Populus* (Pappel) und *Salix* (Weide) um Bäume oder Sträucher mit einfachen, wechselständigen Blättern und Nebenblättern. Die Kätzchen blühen oft vor der Blattentfaltung. Die in der Achsel von Tragblättern sitzenden Blüten sind stark vereinfacht: Außer einem becherartigen Blütenboden bei den windblütigen Pappeln (Abb. 938 C, D) und 1–2 nektarbildenden Schuppen bei den meist insektenblütigen Weiden finden sich in den ♂ nur einige Staubblätter (bei *Populus* mehrere, bei *Salix* häufig nur 2), in den ♀ nur ein Fruchtknoten. In den Kapseln entwickeln sich sehr viele, winzige Haarschopfsamen (Abb. 938 F, N), die meist nur wenige Tage keimfähig sind.

Viele Weiden (z.B. *S. viminalis, S. fragilis, S. alba)* und Pappeln (z.B. *P. nigra,* die Schwarz-Pappel, und *P. alba,* die Silber-Pappel) ertragen Böden mit hochstehendem Grundwasser und gehören zu den wichtigsten Gehölzen der Auwälder und Ufergebüsche (Abb. 1078). Als Pioniere der Waldlichtungen und Schläge weit verbreitet sind die Zitter-Pappel oder Espe *(P. tremula)* und die Sal-Weide *(S. caprea)*. Mehrere Weidenarten und ihre Hybriden (an solchen ist die Gattung besonders reich!) werden als «Kopf-

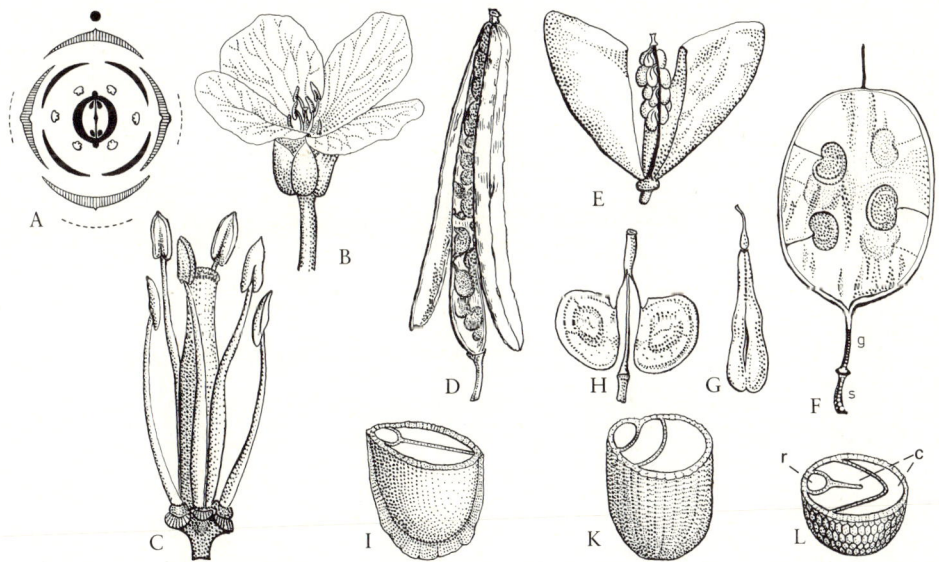

Abb. 937: *Capparales, Brassicaceae.* A Blütendiagramm. B–C Blüte mit (2 ×) und ohne Perianth (am Blütengrund Nektardrüsen; 4 ×) *(Cardamine pratensis)*. Früchte von D *Erysimum cheiri* (Schote), E *Capsella bursapastoris* (Schötchen), F *Lunaria annua* (Schötchen, Fruchtklappen entfernt, hyaline Scheidewand sichtbar; s Fruchtstiel, g Gynophor), G *Isatis tinctoria* (1–2samige, geflügelte Nuß) und H *Biscutella laevigata* (Spaltfrucht). I–L Samenquerschnitte, verschiedene Lage des Embryos mit Cotyledonen (c), Hypocotyl und Radicula (r), von I *Erysimum cheiri* («pleurorrhiz»; 8 ×), K *Alliaria petiolata* («notorrhiz»; 7 ×) und L *Brassica nigra* («orthoplok»; 9 ×). (A nach EICHLER und ALEXANDER; B, G, H, L nach FIRBAS; C, D–F, I–K nach BAILLON.)

weiden» alle 2–3 Jahre beschnitten; ihre Rutenäste dienen der Korbflechterei. Verschiedene niederliegende «Kriechweiden» (z.B. *S. retusa, S. herbacea*) sind charakteristische Pflanzen der Hochgebirge und der Arktis (Abb. 1067).

Die beiden letzten Ordnungen der *Violanae* sind mit ihren eingeschlechtigen Blüten, unterständigen Fruchtknoten und krautigen Wuchsformen offenbar stark abgeleitete, aber nicht näher miteinander verwandte Entwicklungslinien. Freie Kronblätter kennzeichnen die rankenlose

6.3.5. *Ordnung:* **Begoniales** mit den durch ihre asymmetrischen Blätter ausgezeichneten tropischen (und häufig kultivierten) **Begoniaceae** (*Begonia,* Schiefblatt: Abb. 452). Ihre Zuordnung zu den *Violanae* ist fraglich.

Die fast immer verwachsenkronblättrige und sproßrankende (Abb. 515).

6.3.6. *Ordnung:* **Cucurbitales** wurde früher zu den «Sympetalae» gestellt, ihre einzige Familie **Cucurbitaceae** (Abb. 939) ist aber offenkundig sehr nahe mit den *Passifloraceae* verwandt und hat wie die meisten *Violanae* noch crassinucellate Samenanlagen mit 2 Integumenten. – Die Leitbündel sind bicollateral; an Rankenträgern sitzen die Blättern entsprechenden Rankenenden (Sproßranken; Abb. 234, 939A). Die eingeschlechtigen Blüten sind ein- bzw. zweihäusig verteilt (z.B. bei *Bryonia alba* bzw. *B. dioica:* wegen der Geschlechtsvererbung vgl. S. 496, 513). In den ♂ Blüten sind die 5 Staubblätter gewöhnlich mono-

thecisch und meist gruppenweise (z.B. 2 + 2 + 1) oder alle verwachsen, die Thecen dabei häufig gekrümmt oder S-förmig gebogen. Aus dem meist 3blättrigen, parakarpen Fruchtknoten mit dicken, einwärts gebogenen Placenten entwickeln sich große, derbschalige und vielsamige Panzerbeeren. Bekannte Vertreter sind der aus dem tropischen Amerika stammende **K ü r b i s** (*Cucurbita pepo* mit Gemüse und Ölsamen liefernden Kulturrassen), die ursprünglich im tropischen Asien heimische **G u r k e** (*Cucumis sativus*), die gelbfleischige **Zuckermelone** (*Cucumis melo*), die rotfleischige **W a s s e r m e l o n e** (*Citrullus lanatus*), die **Koloquinte** (*Citrullus colocynthis,* eine afrikanisch-vorderasiatische, bitterstoffreiche und abführende Wüstenpflanze: Abb. 939A–B), der in den Tropen für Gefäße verwendete Flaschenkürbis (*Lagenaria*) und die mediterrane Spritzgurke (*Echallium:* Abb. 525).

Gegenüber den *Violanae* hebt sich die

6.4. Überordnung: Malvanae mit ihrer einzigen *Ordnung:* **Malvales** (= *Columniferae*) durch coenokarp-synkarpe Gynoeceen, eine Tendenz zur Reduktion der Zahl der Samenanlagen pro Fruchtblatt, häufiges Vorkommen von Schleimzellen und von Fettstoffen mit Cyclopropenfettsäuren sowie durch überwiegend holzige Wuchsformen ab.

Eine Ableitung der *Malvales* von den *Violales* (vgl. *Cistaceae*) ist naheliegend; auch mit den *Eu-*

Abb. 938: *Salicales.* A–F *Populus nigra.* A Blühender ♂ und B fruchtender ♀ Sproß (³⁄₄ ×); C ♂ und D ♀ Blüten mit ihren Tragblättern; E Früchte und F Same (vergr.). G–N *Salix viminalis.* G Blühender ♂ Sproß und I ♀ Kätzchen (1 ×); H ♂ und K ♀ Blüten mit ihren Tragblättern; L, M Früchte und N Same (vergr.). (A–F nach KARSTEN; G–N nach SCHIMPER.)

phorbiales und *Urticales* bestehen Ähnlichkeiten. In den Blütenknospen hat der Kelch eine klappige, die Krone dagegen vielfach eine gedrehte Knospenlage (Abb. 940 G–H); beide sind nicht oder nur wenig verwachsenblättrig. Von den zwei Staubblattkreisen neigt der äußere (episepale) zum Ausfall, während der innere (epipetale) häufig zentrifugal vermehrt ist. Vielfach verwachsen die Filamente am Grunde zu einer den Griffel umschließenden und mit der Krone verbundenen Röhre, wodurch die Antheren wie auf einer kleinen Säule (Columna!) emporgehoben werden (Abb. 940 K). Der Typus ist also ∗K5 C5 A5–0 + 5$^\infty$ G (5–∞).

Noch ± freie Staubblätter haben die überwiegend tropischen Holzpflanzen der **Tiliaceae.** Davon kommen bei uns nur die kleinblättrige Winter- *(Tilia cordata)* und die großblättrige Sommer-Linde *(T. platyphyllos)* vor. Es sind insekten- und windblütige Bäume mit dichasialen Blütenständen, die mit einem auffällig flügelig vergrößerten Vorblatt verwachsen sind (Abb. 940 B), das später als Flugorgan mit dem ganzen Fruchtstand abfällt. Der 5fächerige Fruchtknoten birgt zunächst 2×5 Samenanlagen, entwickelt sich aber zu einer 1samigen Nuß, da eine Samenanlage alle anderen verdrängt (Abb. 940 C). Die Linden sind Bäume gemischter Laubwälder besserer Böden. Während die spät austreibende Winter-Linde in Europa weit verbreitet ist und gerade im kontinentalen Flachlande hervortritt, ist die früher blühende Sommer-Linde eher ein Baum mittlerer Berglagen, der die Nordgrenze der deutschen Mittelgebirge nur wenig überschreitet. Von den tropisch-subtropischen Vertretern seien die Jute liefernden *Corchorus*-Arten und die kapländische Zimmerlinde *(Sparmannia africana)* mit reizbaren Staubblättern genannt.

Bei den folgenden Familien sind die Staubblätter miteinander ± verwachsen. Noch 2 Thecen führen sie bei den tropischen, holzigen **Bombacaceae.** Dazu gehören etwa die Gattungen *Ceiba* (die Fruchtwandhaare liefern eine nicht verspinnbare Wolle: Kapok) und *Adansonia* (*A. digitata*; der afrikanische Affenbrotbaum oder Baobab bildet wasserspeichernde Flaschenstämme und wird von Fledermäusen bestäubt). Nah verwandt sind die ebenfalls tropischen **Sterculiaceae.** Ihr wichtigster Vertreter ist der in Amerika heimische, aber überall in den Tropen gebaute Kakaobaum *(Theobroma cacao*, Abb. 940 D–F), ein niedriger Baum mit einfachen großen Blättern und stammbürtigen (caulifloren), von Läusen und Ameisen bestäubten Blüten. Seine großen Schließfrüchte enthalten zahlreiche Samen («Kakaobohnen»), die aus den mächtig entwickelten Keimblättern Fett (Kakaobutter), nach teilweisem Abpressen Kakaopulver sowie das Alkaloid Theobromin liefern. Tropischwestafrikanische *Cola*-Arten enthalten in ihren Samen Coffein (daher Anregungsmittel).

Am stärksten abgeleitet sind die häufig krautigen **Malvaceae,** bei denen die Staubblätter gespalten sind und nur noch 1 Theca tragen. Vielfach ist ein auf Hochblätter zurückgehender Außenkelch vorhanden (Abb. 940 G). Der Fruchtknoten kann aus 3–5, aber auch aus mehr, bis zu 50, Fruchtblättern bestehen. Er entwickelt sich teils zu vielsamigen Kapseln, teils spaltet er entsprechend der Zahl der Fruchtblätter in 1samige Teilfrüchte auf. Das erste ist der Fall bei der Baumwollpflanze *(Gossypium)*, deren strauchförmige oder 1jährige, durch Kreuzung und Polyploidie entstandene Kulturformen auf einige tropisch-subtropische asiatische und afrikanische bzw. amerikanische Arten zurückgeführt werden (z. B.

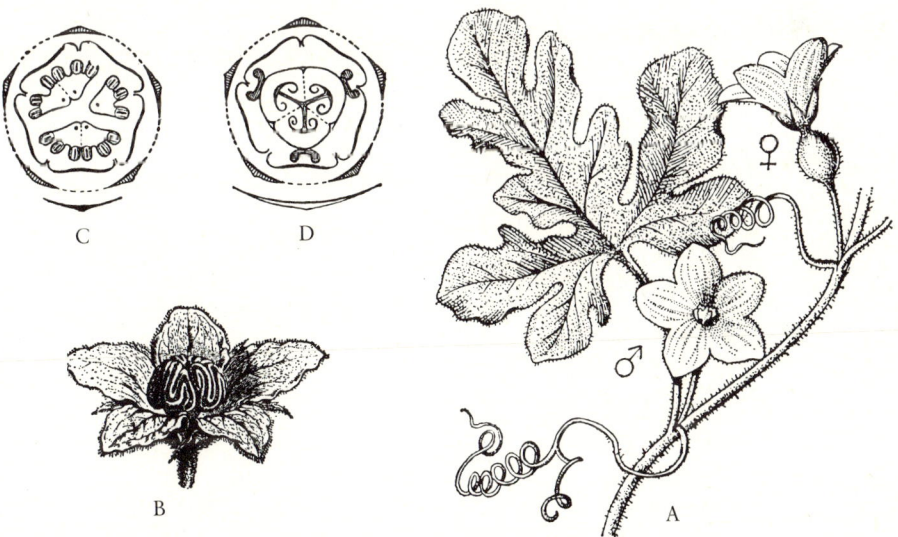

Abb. 939: *Cucurbitales.* A–B *Citrullus colocynthis.* Blühender Sproß (etwa 1 ×) und ♂ Blüte (2¾ ×). C–D Diagramm einer ♂ und ♀ Blüte. (A nach FIRBAS; B nach BAILLON; C–D nach EICHLER.)

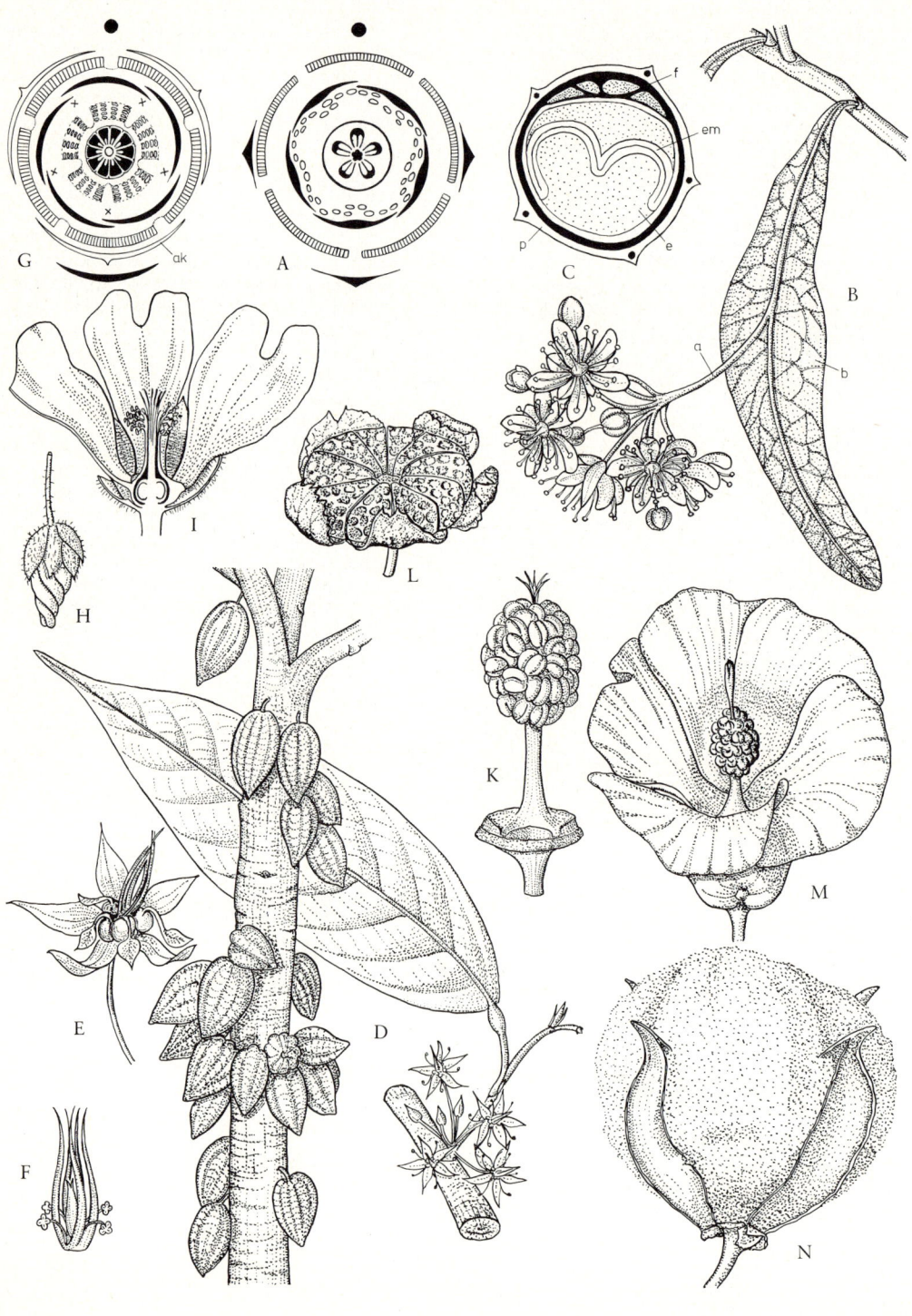

G. arboreum und *G. herbaceum:* 2x, *G. hirsutum:* 4x, Abb. 940 M–N); die Baumwolle besteht aus den bis 60 mm langen, einzelligen Haaren der Samenschale (Abb. 129 A–B, S. 10: Tab. 1); von großer wirtschaftlicher Bedeutung ist auch das Samenöl (Margarine-Herstellung). Spaltfrüchte besitzen die bei uns heimischen, krautigen Malven (*Malva*, Abb. 940 G–L) sowie die dichtbehaarten *Althaea*-Arten, die u.a. durch den Eibisch *(A. officinalis),* eine alte, halophile Heilpflanze, und durch die Stockrose *(A. rosea),* eine beliebte Zierpflanze, bekannt sind.

Die beiden letzten, nicht direkt miteinander verwandten Überordnungen der *Dilleniidae,* die *Primulanae* und *Cornanae,* haben zwar noch choripetale Vertreter, ihre parallelen Hauptlinien sind aber sympetal und erreichen damit die Entwicklungsstufe der *Sympetalae Pentacyclicae.* Gegenüber den viel formenreicheren *Sympetalae Tetracyclicae* mit 1 Staubblattkreis (S. 879 ff.) ist der Blütenbau dieser *Sympetalae Pentacyclicae* mit überwiegend 2 Staubblattkreisen aber noch weniger abgeleitet. (Bei nur einem Staubblattkreis ist die Rückbildung des anderen gewöhnlich noch durch Staminodien, epipetale Stellung bzw. Leitbündelrudimente angedeutet.) Die Fruchtknoten sind meist noch 5 blättrig und oberständig. Eine Annäherung an die *Sympetalae Tetracyclicae* ergibt sich durch die überwiegend tenuinucellaten Samenanlagen ohne Deckzellen (S. 812). Im übrigen sind die Blüten der *Primulanae* und *Cornanae* radiär, die Blätter überwiegend ungeteilt.

6.5. Überordnung: Primulanae.

Bezeichnend sind die überwiegend sympetalen Blumenkronen und die damit verwachsenen Staubblätter, die meist noch bitegmischen Samenanlagen mit nucleärem Endosperm und das massive Vorkommen von Saponinen. Die *Primulanae* durften den *Theales* nahestehen.

(Sub)tropische Holzpflanzen mit synkarpen Fruchtknoten und zahlenmäßig reduzierten, zentralwinkelständigen Samenanlagen umfaßt die
6.5.1. *Ordnung:* **Ebenales.** Hierher zählen einige wichtige Nutz- und Heilpflanzen: nämlich zu den **Styracaceae** die Benzoe-Harze bildenden *Styrax-*

Arten, zu den **Ebenaceae** verschiedene Ebenholz (vgl. S. 170) liefernde *Diospyros*-Arten und die ursprünglich ostasiatische Kakipflaume *D. kaki* sowie schließlich zu den **Sapotaceae** die indomalaiischen *Palaquium-* und *Payena*-Arten, aus deren Milchsaft die z.B. für Isolierung von Kabeln und für medizinische Zwecke verwendete Guttapercha gewonnen wird.

Parakarpe Fruchtknoten mit Zentralplacenta und zahlreichen Samenanlagen sowie häufigem Ausfall des episepalen Staubblattkreises (Abb. 941) finden wir bei der
6.5.2. *Ordnung:* **Primulales.** An die möglicherweise mit den *Ebenales* verwandten, tropisch-holzigen **Theophrastaceae** und **Myrsinaceae** schließen hier die krautig-temperaten **Primulaceae** an. Während etwa Gilbweiderich *(Lysimachia)* und das Ackerunkraut *Anagallis arvensis* (Abb. 899 F) noch beblätterte Stengel haben, sind die folgenden Gattungen Rosettenpflanzen: *Cyclamen* (Alpenveilchen): Gattung mediterran-orientalisch zentriert und mit Hypocotylknollen, *Primula* (Primel, Schlüsselblume): besonders in den Gebirgen weltweit verbreitet, oft heterostyl (Abb. 891, 941) und drüsenhaarig (Abb. 151 A), *Soldanella* (Alpenglöckchen): in Schneebodengesellschaften europäischer Gebirge (Abb. 1081) und *Androsace* (Mannsschild): mit Polsterpflanzen bis in die Nivalstufe vordringend.

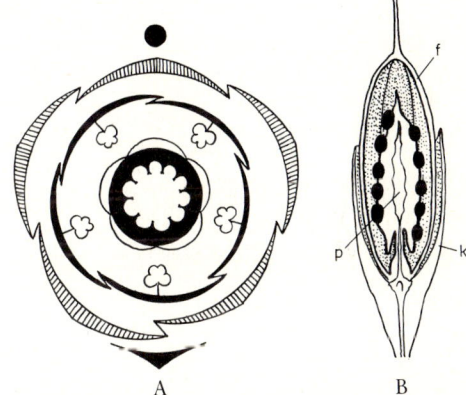

A   B

Abb. 941: *Primulales, Primula.* A Blütendiagramm von *P. vulgaris:* nur der innere, epipetale Staubblattkreis vorhanden, der äußere ausgefallen; B fast reife Frucht von *P. elatior* längs, mit Kelch (k), Fruchtwand (f), Zentralplacenta (p) und Samen (1,5 ×). (A nach EICHLER; B nach FIRBAS.)

◁ **Abb. 940:** *Malvales.* A–C *Tilia.* A Blütendiagramm; B Blütenstand (1 ×), sein Stiel (a) mit einem flügeligen Vorblatt (b) verwachsen; C Nußfrucht (quer) mit Fruchtwand (p), verkümmerten (f) und 1 ausgereiften Samen, darin Endosperm (e) und Embryo (em) (4 ×). D–F *Theobroma cacao.* D Blühender und fruchtender Stamm (letzt. stark verkl.); E Blüte und F Androeceum mit langen Staminodien (etwa 2 ×). G–N *Malvaceae.* G Blütendiagramm von *Malva* mit Außenkelch (ak). H Knospe (1 ×), I offene Blüte, längs (1,5 ×) mit K säulenförmig verwachsenen Staubblättern und oben herausragenden Griffeln (5 ×); L Spaltfrucht (4 ×) von *Malva sylvestris.* M Blüte und N aufgesprungene Kapsel mit den Samenhaaren von *Gossypium herbaceum* bzw. *G. vitifolium* (³/₄ ×). (A nach EICHLER; B nach BERG & SCHMIDT; C, M–N nach WETTSTEIN; D–F nach KARSTEN; G nach FIRBAS; H nach SCHENCK; I–L nach BAILLON.)

6.6. Überordnung: Cornanae. Hier finden wir choripetale bis sympetale Blumenkronen, meist freistehende Staubblätter, unitegmische Samenanlagen, Endospermhaustorien und als charakteristische Inhaltsstoffe verschiedene Iridoide (carbocyclische und Seco-Iridoide, Abb. 942), Ellagsäure und Gerbstoffe. Die *Cornanae* lassen sich offensichtlich mit holzigen *Saxifragales* bzw. *Theales* in Verbindung bringen und sind über die *Cornales* auch mit den sympetaltetracyclischen *Dipsacales* aufs nächste verwandt.

Familien und Ordnungen der *Cornanae* werden besonders durch embryologische, holzanatomische, phytochemische und serologische Ähnlichkeiten deutlich zusammengehalten; sie wurden früher wegen blütenmorphologischer Konvergenzen an sehr verschiedenen Stellen des Systems eingeordnet.

Überwiegend freie Kronblätter charakterisieren die

6.6.1. Ordnung: **Cornales.** Mit oberständigen und z.T. noch wenig verwachsenen Karpellen sowie 2kreisigen bzw. sekundär polyandrischen Androeceen stehen die **Hydrangeaceae** den holzigen *Saxifragales* nahe. Als beliebte Ziersträucher gehören hierher der Falsche Jasmin *(Philadelphus)* und die Hortensie *(Hydrangea)*. Nur noch 1 Staubblattkreis und G(4) haben die **Aquifoliaceae** (Abb. 931 A) mit der Stechpalme, *Ilex aquifolium*, einem immergrünen, mediterran-atlantischen Strauch oder Baum (Abb. 989) mit roten Steinfrüchten und *I. paraguariensis* aus Südamerika (Maté-Tee). Noch stärker abgeleitet sind die **Cornaceae** mit G(4–2) und gegenständigen Blättern. Hierher zählen etwa der weißblühende Hartriegel *(Cornus sanguinea)*, ein häufiger Strauch lichter Laubwälder, und die wärmeliebende, noch vor der Belaubung gelb blühende Kornelkirsche *(Cornus mas)*, deren Steinfrüchte eßbar sind (Abb. 943). Im Alttertiär Europas waren die heute in Südostasien bzw. im südöstlichen N-Amerika reliktären *Mastixioideae* und die **Nyssaceae** reich entfaltet (Abb. 1063).

Überwiegend verwachsene Kronblätter sowie eine ausgeprägte Mycorrhiza-Bindung und damit zusammenhängende Bevorzugung von Rohhumus-Standorten kennzeichnen die

6.6.2. Ordnung: **Ericales** (= *Bicornes*).

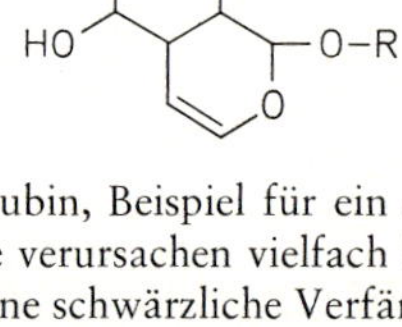

Hierher gehören vorwiegend Sträucher oder Stauden mit einfachen und häufig immergrünen Blättern. Ihre 5–4zähligen Blüten haben normalerweise oberständige, synkarpe, 5–4blättrige Gynoeceen und 2 obdiplostemon stehende Staubblattkreise (Abb. 944 A–B) mit meist freien Staubblättern und Thecen, die sich oft mit Poren öffnen (Einrichtungen zum Ausstreuen des Pollens) und 2 hornartige Anhängsel tragen (daher «*Bicornes*»: Abb. 944 C–D). Über die (sub)-tropischen noch freikronigen und Einzelpollen führenden **Clethraceae** ist diese Ordnung aufs engste mit den *Theales* verbunden. Pollentetraden (Abb. 944 G) finden sich dagegen bei den holzigen (oft zwergstrauchigen) **Ericaceae**, deren meist immergrüne, oft sehr kleine, schuppen- oder nadelförmige Blätter durch ihre Xeromorphie bekannt sind. In den subarktischen und atlantischen Zwergstrauchheiden, in Hochmooren und rohhumusreichen Nadelwäldern, nahe der Baumgrenze der Gebirge (S. 1027 etc.), in den mediterranen Macchien (S. 1035) und in den Heiden des Kaplandes (S. 1040) spielen sie eine große Rolle. Dank ihrer Mycotrophie sind sie nämlich zur Besiedlung extrem mineralstoffarmer Böden befähigt. Auch bei den *Ericaceae* kann die Blumenkrone in seltenen Fällen noch frei sein (z.B. beim Sumpf-Porst, *Ledum palustre*), in der Regel ist sie aber weitgehend verwachsen. Der Fruchtknoten ist bei den meisten Gattungen oberständig und entwickelt sich dann meist zu einer Kapsel, so bei den Alpenrosen *(Rhododendron,* Abb. 1041), bei der Rosmarinheide *(Andromeda)*, bei *Erica* (z.B. der atlantischen Glocken-Heide, *E. tetralix*, oder der gebirgsbewohnen-

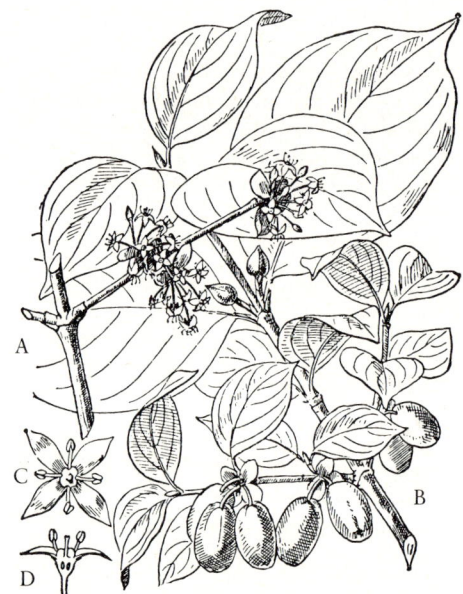

CH₂OH

$$HO \quad \overset{CH_2OH}{\diagup} \quad O{-}R$$

Abb. 942: Aucubin, Beispiel für ein carbocyclisches Iridoid. Irioide verursachen vielfach beim Trocknen der Pflanzen eine schwärzliche Verfärbung.

Abb. 943: *Cornales, Cornaceae, Cornus mas.* A Blühender und B fruchtender Sproß (½ ×); C–D Blüte von oben und längs (vergr.). (Nach KARSTEN.)

den, früh im Jahr blühenden Frühlings-Heide, *E. herbacea = E. carnea*) und beim Heidekraut (oder Besenheide, *Calluna vulgaris*) – nur selten zu einer Beere oder Steinfrucht, letzteres bei der Bärentaube (*Arctostaphylos uva-ursi*, Abb. 944E–I). Bei manchen Gattungen aber ist der Fruchtknoten unterständig, und die Frucht ist dann immer eine Beere, so bei *Vaccinium*, z.B. der Heidelbeere (*V. myrtillus*) oder der Preiselbeere (*V. vitis-idaea*).

Fortschreitende Mycotrophie kennzeichnet die kleinen Familien der **Pyrolaceae** mit immergrünen Stauden [dazu etwa die besonders in Nadelwäldern verbreiteten freikronblättrigen Wintergrün-(*Pyrola-*) Arten] und der chlorophyllfreien vollmycotrophen **Monotropaceae** mit dem Fichtenspargel (*Monotropa hypopitys*).

d) Entwicklungsstufe: Sympetalae Tetracyclicae

Hier finden wir die am stärksten abgeleiteten sympetalen *Dicotyledoneae*. Im Vergleich zu den *Sympetalae Pentacyclicae* (S. 877) ist nur noch ein mit den Kronblättern alternierender Staubblattkreis vorhanden; die Blüten sind also tetracyclisch. Neben vielfach radiären finden sich besonders dorsiventrale, fast durchwegs hochspezialisierte und an Tierbesuch angepaßte Zwitterblüten; als Endglieder mehrerer Reihen finden sich Pseudanthien. Sekundäre Polyandrie fehlt, die Staubblätter (A5 → 4 → 2) verwachsen fast immer mit der Krone. Im Vergleich mit dem meist 5zähligen

Perianth ist die Zahl der Fruchtblätter in der Regel geringer, häufig sind nur 2 vorhanden. Eine charakteristische Blütenformel wäre also etwa: K(5) [C(5) A5] G(2). Die syn- bis parakarpen Fruchtknoten wandeln sich mehrfach von ober- zu unterständig. Die Samenanlagen verringern sich bis auf 1 pro Fach, sie haben nur noch 1 Integument und keine Deckzelle und sind tenuinucellat (S. 812). Das Endosperm ist oft cellulär und fällt teilweise ganz aus, Arillusbildungen fehlen. Krautige Wuchsformen nehmen überhand, und ursprüngliche Charakteristika wie z.B. leiterförmig durchbrochene Tracheenwände, Ellagsäure etc. gehen verloren. Breite Merkmalsvergleiche, besonders auch die Berücksichtigung von neueren phytochemischen Befunden, nötigen zur Aufgliederung der *Sympetalae Tetracyclicae* in zwei, offenbar nicht näher verwandte, Unterklassen, die sich an die *Dilleniidae* bzw. die *Rosidae* anschließen lassen.

7. Unterklasse: Lamiidae

Im Gegensatz zu den *Asteridae* (S. 890) sind die Antheren hier noch frei, der Pollen ist 2- bis 3kernig, die Fruchtknoten sind ober- bis unterständig, aus holzigen entstehen mehrfach krautige Wuchsformen, als Speicherstoff findet sich vor allem Stärke, Iridoide sind weit verbreitet, Polyacetylene fehlen.

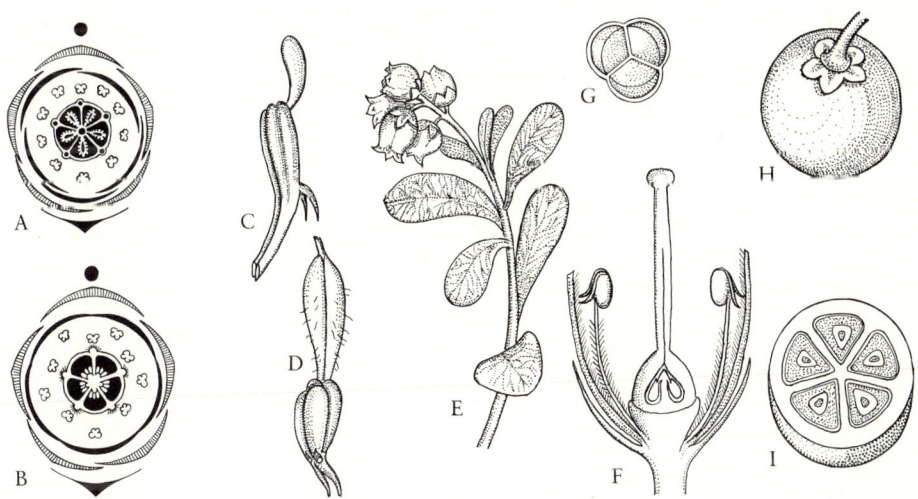

Abb. 944: *Ericales.* A–B Blütendiagramme von A *Pyrolaceae (Pyrola rotundifolia)* und B *Ericaceae (Vaccinium vitis-idaea).* C–D Staubblätter (in natürlicher Position) von *Vaccinium myrtillus* und *Andromeda polifolia* (10×). E–I *Arctostaphylos uva-ursi.* E Blühender Sproß; F Blüte längs; G Pollentetrade; H–I Steinfrucht, gesamt und quer, mit 5 Steinkernen (F–I ± vergr.). (A–B nach Eichler; C–D nach Firbas; E–I nach Berg & Schmidt.)

Die *Lamiidae* lassen sich in drei, miteinander offenkundig verknüpfte Überordnungen gliedern. Besonders die

7.1. Überordnung: Gentiananae sind über die *Dipsacales* noch sehr eng mit den *Dilleniidae-Cornanae* verbunden. Ihre Vertreter sind überwiegend Holzpflanzen mit gegenständigen Blättern; sie haben relativ ursprüngliche Merkmale, fast immer ± radiäre Blüten und als Inhaltsstoffe Seco-Iridoide.

Radiäre bis schwach zygomorphe oder unregelmäßige, meist 5zählige Blüten, niemals gedrehte Kronblattlage, 5- bis 2blättrige unterständige Fruchtknoten, oft mit sterilen Fächern (Abb. 945 D–F) und mit nur wenigen Samenanlagen, celluläre Endospermentwicklung, zusammengesetzte, geteilte oder zumindest gezähnt-gekerbte Blätter sowie das Fehlen von Nebenblättern, bicollateralen Bündeln und Alkaloiden charakterisieren die

7.1.1. Ordnung: Dipsacales (= *Rubiales* z.T.). An den Anfang stellen wir zwei holzige und noch mit 5 Staubblättern und mehr- bis 1samigen Fruchtknotenfächern versehene Familien. Die **Sambucaceae** bilden Steinfrüchte. Hierher zählen u.a. Holunder (*Sambucus*, mit gefiederten Blättern; Abb. 167 B, 194, 945 A–D) und Schneeball (*Viburnum*, mit einfachen Blättern). Beide besitzen radiäre Blüten, die zu dichten, schirmartigen Thyrsen vereinigt sind; dabei sind die Randblüten bei *V. opulus* unfruchtbar und zu einem auffälligen Schauapparat vergrößert (die Gartenformen mit kugeligen Trugdolden haben nur solche Blüten). Die **Caprifoliaceae** entwickeln dagegen oft dorsiventrale Blüten und Beeren bzw. Kapseln. Zu *Lonicera* zählen heimische Sträucher und Schlingpflanzen, z.B. das Geißblatt *L. caprifolium. Linnaea borealis* ist eine nordisch-alpine Kriechstaude. Eine Staude ist auch das zierliche Moschuskraut (*Adoxa moschatellina*) mit kopfigem Blütenstand, der einzige Vertreter der **Adoxaceae.**

Fortschreitende Rückbildungen im Staub- und Fruchtblattbereich kennzeichnen dann die beiden letzten überwiegend krautigen Familien. Die **Vale-**

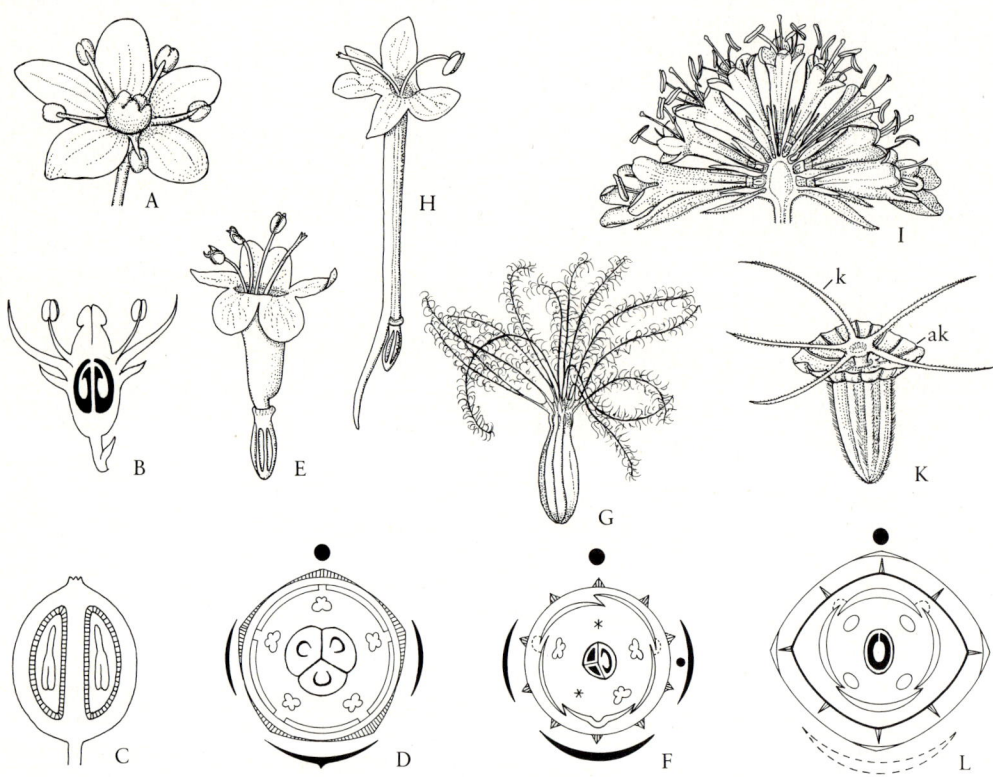

Abb. 945: *Dipsacales.* A–D *Sambucaceae, Sambucus ebulus,* Blüte (A, etwa 10 ×), Steinfrucht, längs (C, etwa 5 ×), Blütendiagramm (D); *Sambucus nigra,* Blüte längs (B, etwa 10 ×). E–H *Valerianaceae, Valeriana officinalis,* Blüte (E, etwa 10 ×), Blütendiagramm (F); *Valeriana tripteris,* Frucht mit Pappus (G, etwa 3 ×); *Centranthus ruber,* Blüte (H, etwa 10 ×). I–L *Dipsacaceae, Scabiosa columbaria,* Blütenköpfchen längs (I, vergr.), Frucht mit Außenkelch (ak) und Kelch (k) (K, vergr.); *Dipsacus pilosus,* Blütendiagramm (L). (A, C nach GRAF; B nach DUNZINGER; D, F, L nach EICHLER; E, G, H nach WEBERLING; I, K nach HEGI).

rianaceae haben schwach asymmetrische Blüten (Abb. 945E, F, H) mit einer vorwiegend 5zähligen, oft gespornten Krone und nur 4–1 Staubblättern. In ihrem 3fächerigen Fruchtknoten bleibt nur 1 Fach fruchtbar. Es entwickelt sich eine 1samige Nuß. Die wichtigste einheimische Gattung *Valeriana* (Baldrian) ist ausdauernd, hat 3 Staubblätter und bildet zur Fruchtzeit aus dem Kelch eine Haarkrone (Pappus) (Abb. 945G). Pharmazeutische Bedeutung hat besonders *V. officinalis* (ätherische Öle und Isovaleriansäure: Geruch!). Einjährig ist *Valerianella*; einige Arten werden als «Rapunzel» oder «Vogerlsalat» gegessen.

Bei den **Dipsacaceae** sind die schwach dorsiventralen Blüten zu thyrsisch-kopfigen Blütenständen vereint, deren Randblüten oft vergrößert und strahlig ausgebildet sind (Pseudanthien: Abb. 945I). Die 1-fächerigen und 1samigen Fruchtknoten sind von einer 4blättrigen Hochblatthülle (Außenkelch) umgeben (Abb. 945K, L). Beachtlich ist die fruchtbiologische Differenzierung (vgl. S. 534f. und Abb. 581). Heimische Gattungen sind etwa *Scabiosa*, *Knautia* und *Dipsacus*. Die sparrigen Köpfchen von *D. sativus* (Weber-Karde) wurden zum Aufrauhen von Wollstoffen verwendet.

Radiäre und 4zählige Blüten, dachige oder klappige (vereinzelt auch freie!) Kronblätter, meist nur 2 Staubblätter, oberständige 2blättrige, synkarpe Fruchtknoten, oft nur mit wenigen Samenan-

lagen, und celluläre Endospermentwicklung, demnach ∗K(4)[C(4)A2]G(2) (Abb. 946A) charakterisieren die

7.1.2. Ordnung: **Oleales** (= *Ligustrales*) mit der einzigen Familie **Oleaceae** (Abb. 156A–B). Die Früchte sind mannigfaltig: Der südosteuropäische Flieder *(Syringa vulgaris)* besitzt Kapseln. Der mediterrane, durch seine einfachen silbergrauen Blätter auffällige Ölbaum (*Olea europaea*, Abb. 946B–D) trägt Steinfrüchte (Oliven) mit fettem Öl im Fruchtfleisch und Endosperm. Die durch gefiederte Blätter ausgezeichneten Eschen *(Fraxinus)* schließlich haben geflügelte 1samige Nüsse (Abb. 946F). Auch der Blütenbau dieser Gattung ist von hohem Interesse (Abb. 946E, G): Noch recht ursprünglich ist die submediterrane, stark duftende, insektenblütige Manna-Esche *(F. ornus)* mit tiefgeteilten weißen Blumenkronen und auffälligen Blüten-Rispen. Stärker abgeleitet und windblütig ist dagegen die heimische Esche *(F. excelsior*, ein Baum nährstoffreicher Böden); ihre noch vor den Blättern erscheinenden unscheinbaren Blüten besitzen weder Kelch noch Krone, neben Zwitterblüten kommen auch eingeschlechtige Blüten vor. Als Ziersträucher bekannt sind die Gattungen *Jasminum*, *Forsythia* und *Ligustrum*.

Als Differentialmerkmale der

7.1.3. Ordnung: **Gentianales** (= *Contortae* + *Rubiales* z.T.) können die radiären, 5-4zähligen

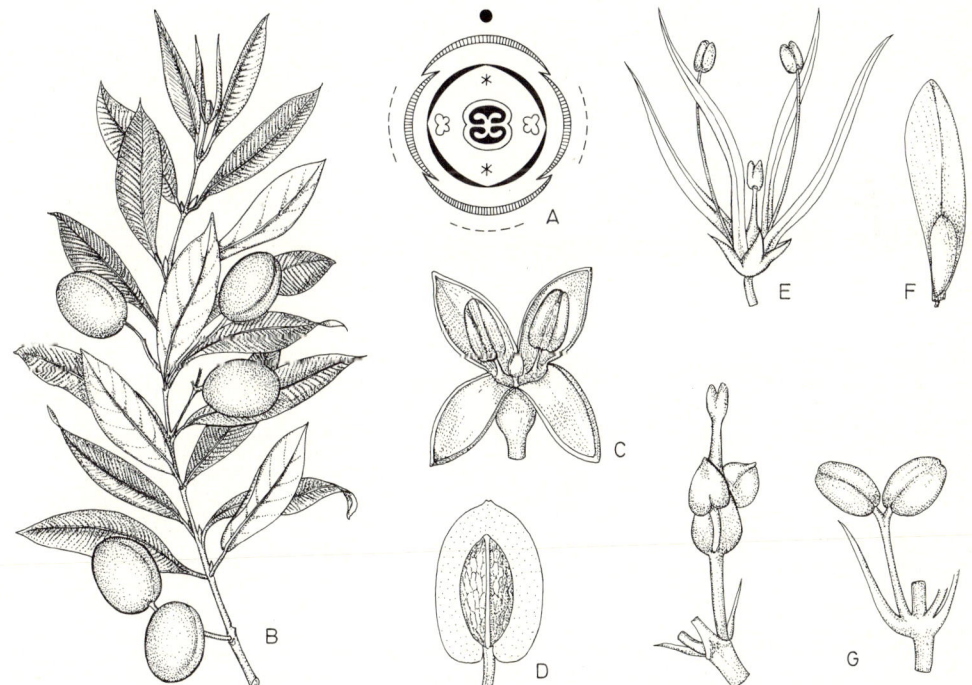

Abb. 946: *Oleales.* A Blütendiagramm von *Syringa vulgaris.* B–D *Olea europaea.* B fruchtender Sproß ($^2/_5$ ×); C Blüte (vgr.); D Frucht längs, Steinkern freigelegt (1 ×). E–G *Fraxinus.* E–F ♂ Blüte und geflügelte Nuß der entomophilen *F. ornus* (etwas vergr.); G ♂ und ♂ Blüte der anemophilen *F. excelsior* (vergr.). (A–B nach Firbas; C–D aus Hegi; E–F nach Karsten; G nach Hempel & Wilhelm.)

Blüten, oft mit gedrehter Knospenlage der Krone, A5–4, die meist 2blättrigen, ober- bis unterständigen Fruchtknoten, meist mit zahlreichen Samenanlagen, die nucleäre Endospermentwicklung, die fast immer ungeteilten und ganzrandigen, gegenständigen Blätter sowie die weite Verbreitung von bicollateralen Leitbündeln und von Indol-Alkaloiden (Tryptophan-Derivate, Abb. 948) genannt werden. Besonders ursprünglich sind die (sub)-tropischen und meist holzigen, nebenblattragenden **Loganiaceae** mit oberständigen Fruchtknoten, aber noch ohne Milchröhren. Dazu gehören verschiedene Giftpflanzen, etwa aus der Gattung *Strychnos*; zahl-

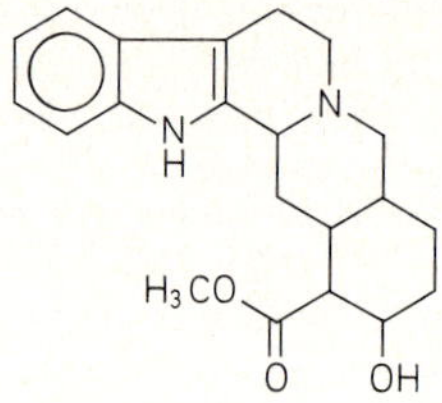

Yohimbin

Abb. 948: Beispiel für die charakteristischen Indol-Alkaloide der *Gentianales*: Yohimbin (z.B. bei *Apocynaceae* und *Rubiaceae*).

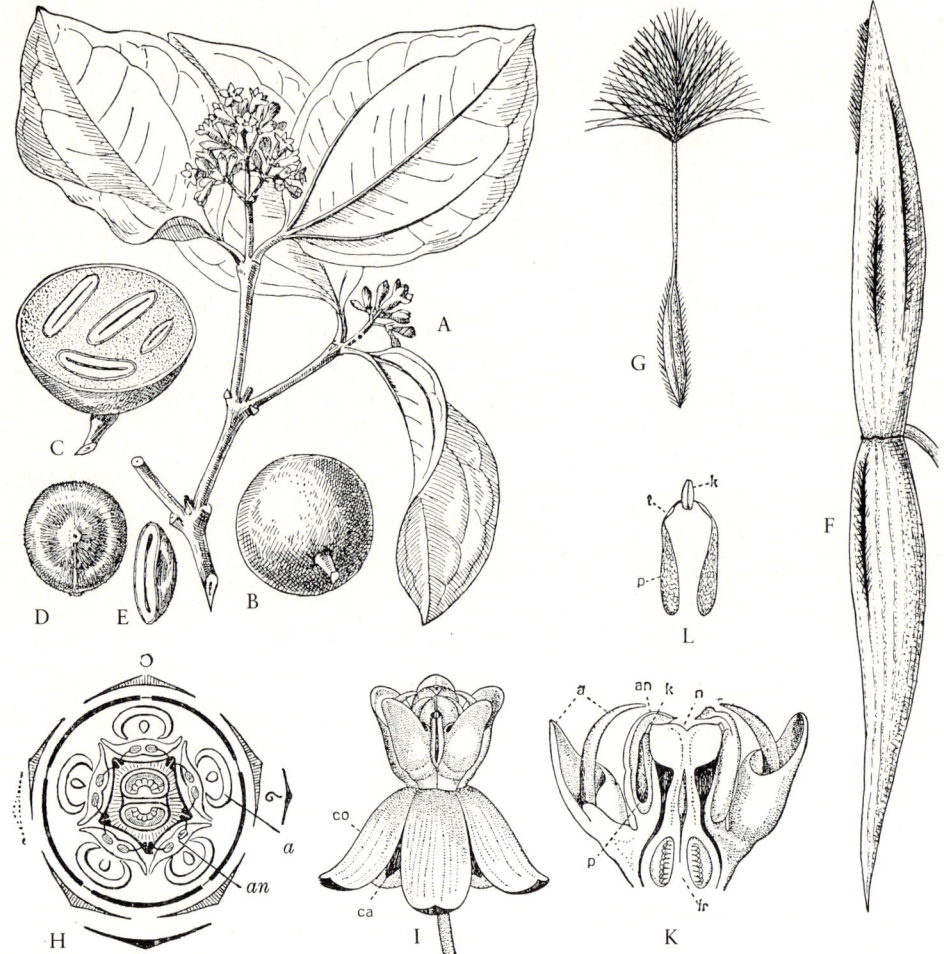

Abb. 947: *Gentianales*. A–E *Loganiaceae, Strychnos nux-vomica*, blühender Sproß, Beere und Samen gesamt und quer (½×). F–G *Apocynaceae, Strophanthus hispidus*, Frucht (½×) und Same (⅔×). H–L *Asclepiadaceae, Asclepias syriaca*. Blütendiagramm (Vorblatt-Achsel mit Seitensproß), Blüte (vergr.) mit Kelch (ca), Blütenkrone (co) und Gynostegium (K; längs; vergr.), an den Staubblättern die Anhängsel der Nebenkrone (a), Antheren (an), mit Pollinien (p), dazwischen Klemmkörper (k), ferner Fruchtknoten (fr) und Narbenkopf (n); 2 Pollinien (p), durch Translatoren (t) und Klemmkörper (k) miteinander verbunden (L; vergr.). (A–E nach Karsten; F–G nach Schumann; H nach Eichler, etwas verändert; I–L nach Engler.)

reiche ihrer Arten liefern Pfeilgifte, z.B. das südamerikanische Curare; aus dem Samen von *Strychnos nuxvomica*, dem ostindischen Brechnußbaum (Abb.947 A–E), stammt das Indol-Alkaloid Strychnin.

Eine überwiegend krautige, nebenblattlose Ent-

wicklungslinie mit auffälligen Bitterstoffen (z.B. Gentiopikrin) repräsentieren die beiden folgenden Familien: Bei den **Gentianaceae** (mit ungeteilten, gegenständigen Blättern) bilden die E n z i a n e *(Gentiana:* Abb.949 und *Gentianella)* die artenreichste, beson-

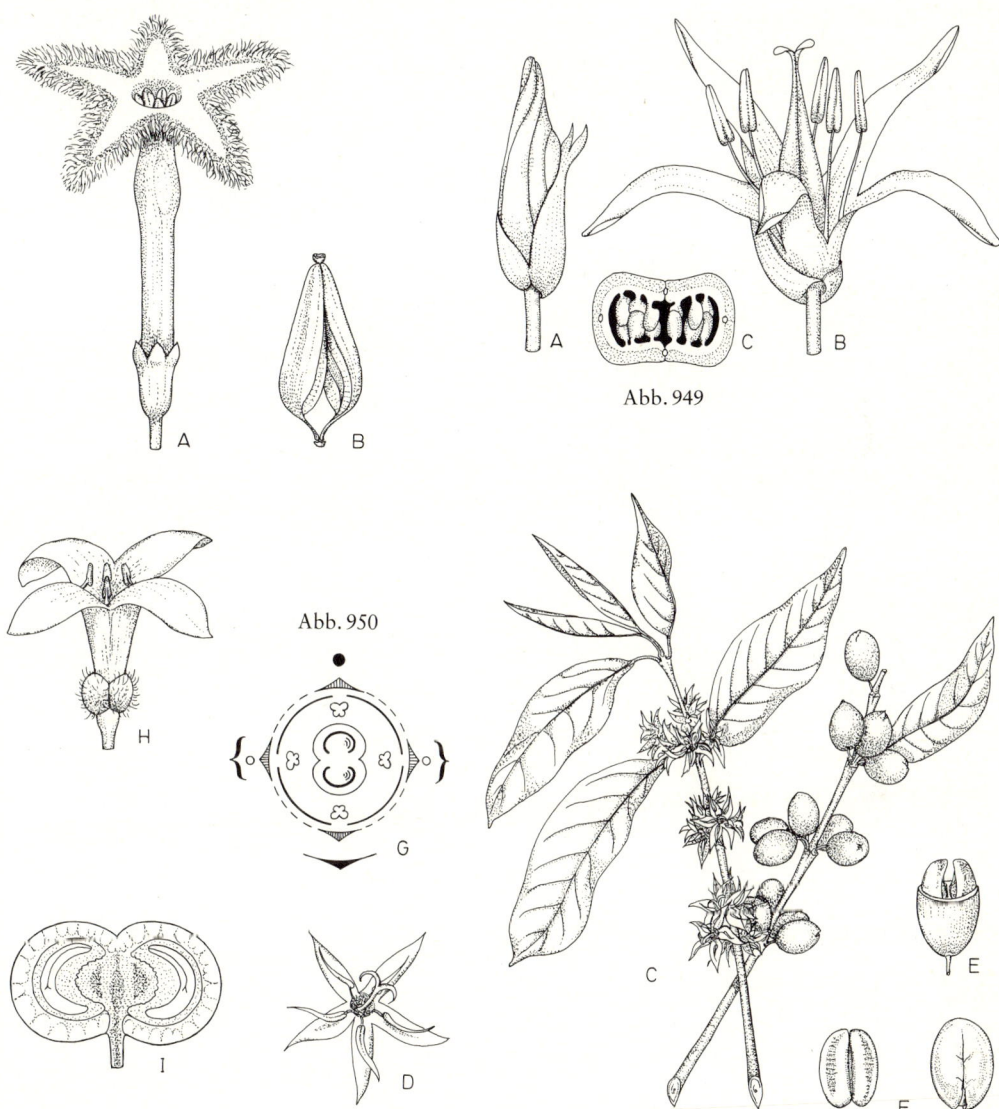

Abb. 949

Abb. 950

Abb. 949: *Gentianales, Gentiana lutea.* A Knospe (mit gedrehter Krone; 1 ×), B Blüte (1 ×) und C Fruchtknoten, quer (3 ×). (Nach Firbas.)

Abb. 950: *Gentianales, Rubiaceae.* A–B *Cinchona calisaya,* Blüte (4×) und von unten her aufspringende septicide Kapsel (1×). C–F *Coffea arabica.* C blühende bzw. fruchtende Sprosse (⅜×); D Blüte, E Steinfrucht, Fruchtfleisch teilweise entfernt. F Samen ohne bzw. im pergamentartigen Endokarp (¾×). G Blütendiagramm von *Sherardia arvensis.* H Blüte von *Galium odoratum* (= *Asperula odorata*), Waldmeister (7×). I Fleischige Spaltfrucht von *Rubia tinctorum* (längs; 2,7×). (A–B, I nach Baillon; C–F nach Karsten; G nach Eichler; H nach Firbas.)

ders in den Gebirgen der Nordhemisphäre sehr hochsteigende Gattungsgruppe. Zu den **Menyanthaceae** (mit wechselständigen Blättern) gehören der Bitterklee, *Menyanthes trifoliata*, eine Sumpfpflanze mit 3zähligen Blättern, und die Seekanne *(Nymphoides peltata)*, eine kleine Schwimmblattpflanze mit seerosenähnlichen Blättern.

Ungegliederte Milchröhren, Milchsaft und Alkaloidreichtum (Giftpflanzen!) kennzeichnen die beiden nächsten, ebenfalls an die *Loganiaceae* anschließenden, vielfach noch holzigen und (sub)tropischen Familien. Die coenokarpen Gynoeceen zeigen hier eine starke Förderung der oberen, unverwachsenen (asymplikaten) Zonen (nur die Griffel und Narben sind zur Blütezeit postgenital verbunden); die Früchte erscheinen dementsprechend 2teilig und sekundär fast chorikarp (Abb. 947 F). Bei den **Apocynaceae** sind die Antheren noch frei und die Pollenkörner einzeln. Hierher zählen als Holzpflanzen etwa der mediterrane O l e a n d e r *(Nerium oleander*, Abb. 219), afrikanische *Strophanthus*-Arten (Abb. 947 F–G, Cardenolide als wichtige Herz-Glykoside und Pfeilgifte), *Rauvolfia* (Indol-Alkaloid Reserpin usw.) und verschiedene Kautschukpflanzen (z.B. die afrikanischen *Funtumia, Landolphia* oder die brasilianische *Hancornia)*; krautig ist das heimische I m m e r g r ü n *(Vinca minor*: Abb. 232 A).

Bei den **Asclepiadaceae** sind die Antheren mit dem Narbenkopf zu einem «Gynostegium» verwachsen, die Pollenkörner sind meist zu Pollinien verklebt (Abb. 947 H–L). Gewöhnlich werden je zwei dieser Pollinien aus benachbarten Antheren durch Bildung des Narbenkopfes («Klemmkörper» und bügelartige «Translatoren») miteinander verbunden. In einer Rinne dieser Klemmkörper verfangen sich Insekten beim Aufsuchen des Nektars mit dem Rüssel oder den Beinen, ziehen die Pollinien heraus und übertragen sie auf andere Blüten. Außerdem bilden Anhängsel am Rücken der Staubblätter eine nektarführende «Nebenkrone». Bei *Ceropegia* ist diese Bestäubungsart mit der Ausbildung von Gleitfallenblumen kombiniert. Außer Holzpflanzen finden sich Lianen (z.B. *Marsdenia*), Epiphyten (z.B. *Dischidia*: Abb. 237), Stauden (z.B. die heimische S c h w a l b e n w u r z : *Cynanchum vincetoxicum* und *Asclepias*-Arten: Abb. 947 H–L) und Stammsucculente (z.B. die *Stapelieae* mit Aasfliegen-Blumen, besonders in afrikanischen Trockengebieten: Abb. 225 C).

U n t e r s t ä n d i g e Fruchtknoten, Indol-Alkaloide, gegenständige Blätter mit Nebenblättern und das Fehlen bicollateraler Leitbündel sind schließlich für die mit den *Loganiaceae* verwandten, früher mit den *Dipsacales* in Verbindung gebrachten **Rubiaceae** kennzeichnend. Die Blüten sind meist lang, trichter- oder stieltellerförmig (Abb. 950 A), werden aber öfters verkürzt (Abb. 950 H, D) und schließlich flach radförmig (z.B. bei vielen heimischen

Galium-Arten). Ursprünglich sind Kapseln mit zahlreichen Samenanlagen (Abb. 950 B); daraus entstehen aber vielfach Steinfrüchte (Abb. 950 E–F) oder Spaltfrüchte (Abb. 950 G, I).

Die Rubiaceen sind als tropische Holzpflanzen höchst formenreich entwickelt (über 6000 Arten!). Wirtschaftlich bedeutungsvoll sind etwa die Chinarindenbäume *(Cinchona*: Abb. 950 A–B; Chinin u.a. Indol-Alkaloide als Fiebermittel), die K a f f e e s t r ä u c h e r *(Coffea*, paläotropisch; besonders *C. liberica, C. arabica*: Abb. 950 C–F, u.a. gehören zu den wichtigsten tropischen Plantagensträuchern; die «Kaffeebohnen» bestehen zum größten Teil aus dem Endosperm der Samen und enthalten das alkaloidähnliche Purin-Derivat Coffein). Ernährungsphysiologisch und ökologisch bemerkenswert sind die von Ameisen bewohnten indomalaiischen Knollenepiphyten *Myrmecodia* und *Hydnophytum* sowie die tropischen *Psychotria*- und *Pavetta*-Arten, welche in kleinen, knötchenartigen Anschwellungen der Blätter symbiontische Bakterien bergen (S. 376). Bei der vorwiegend temperaten und krautigen Gattung *Galium* (L a b - k r a u t) sind die Nebenblätter den Laubblättern ähnlich und stehen mit ihnen in 4- bis mehrzähligen Wirteln, doch finden sich Achselsprosse nur in den Laubblattachseln; Alkaloide fehlen hier. Verwandt damit ist *Rubia tinctorum* (Abb. 950 I), die früher als Farbpflanze («Krapprot») viel gebaut wurde.

Die beiden folgenden Überordnungen, *Solananae* und *Lamianae*, sind stärker abgeleitet als die *Gentiananae* und werden öfters als **Tubiflorae** s. lat. zusammengefaßt. Hier dominieren k r a u t i g e P f l a n z e n ; wechselständige und gelappte bzw. gezähnt-gekerbte Blätter sind häufig; Nebenblätter fehlen. Meist ist nur noch ein (3-) 2blättriger o b e r s t ä n d i g e r F r u c h t knoten vorhanden, der von s y n - z u p a r a k a r p sowie von viel- zu wenig- (und auch 1-) samig verändert wird. Dementsprechend finden wir besonders Kapseln und Beeren bzw. bei Bildung falscher Scheidewände auch Bruchfrüchte (Klausen; Abb. 954 A–B, E–K).

R a d i ä r e , 5–4zählige Blüten mit gleich vielen Staubblättern, nucleäres bis celluläres Endosperm und das häufige Vorkommen von A l k a - l o i d e n (aber das Fehlen von Iridoiden!) kennzeichnen die

7.2. Überordnung: Solananae *(= Polemoniales + Solanaceae)*. Dabei sind die anatropen Samenanlagen bei der

7.2.1. Ordnung: **Solanales** in 3- bis 2blättrigen Fruchtknoten nach abwärts gerichtet. Bei den beiden ersten Familien finden sich bicollaterale Leitbündel und pharmazeutisch bedeutsame Tropanalkaloide (Abb. 952). Formenreich und

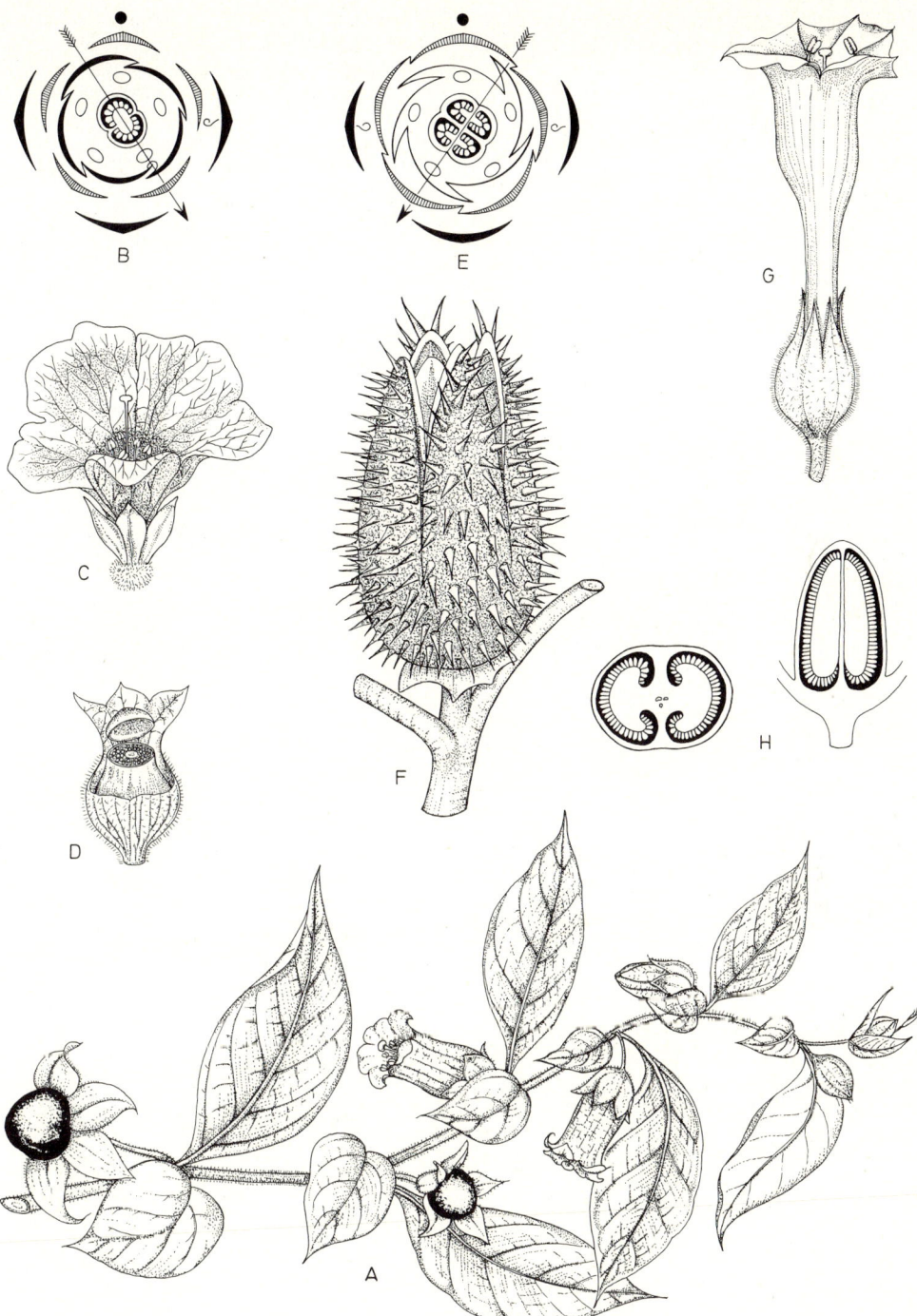

Abb. 951: *Solanales, Solanaceae.* A *Atropa bella-donna*, sympodialer Sproßverband mit Blüten und Beeren ($^1/_2 \times$). B–D *Hyoscyamus*, Blütendiagramm von *H. albus*, Blüte und Deckelkapsel von *H. niger* (Kelch z. T. entfernt; etwa $1 \times$). E–F *Datura stramonium*, Blütendiagramm und bestachelte Kapsel (etwa $1 \times$). G–H *Nicotiana tabacum*, Blüte ($1 \times$) und junge Kapseln, längs und quer ($2 \times$). (A, F–H nach KARSTEN; B, E nach EICHLER; C–D nach BECK-MANNAGETTA.)

wirtschaftlich wichtig sind besonders die **So-lanaceae** (Nachtschattengewächse; Abb. 951).

Ihr Sproßaufbau ist infolge von Verwachsungen und Verschiebungen der Achsen und Blätter oft schwer durchschaubar (Abb. 170 G, 951 A). Die Blüten stehen häufig in Wickeln, die meist 2blättrigen Fruchtknoten sind meist schräggestellt (Abb. 951 B, E), die zahlreichen Samenanlagen bilden sich an dikken Placenten (Abb. 951 H), die Blütenformel ist meist noch ∗ oder ↓ K(5) [C(5) A5] G(2).

Kapseln finden wir etwa beim Virginischen Tabak, *Nicotiana tabacum* (Abb. 951 G–H): allotetraploid und wahrscheinlich in Nordwest-Argentinien aus den diploiden Wildarten *N. sylvestris* (Abb. 438) und *N. otophora* entstanden; Kultur in Süd- und Mittelamerika schon prä-columbianisch, heute zahlreiche, weltweit verbreitete Kulturrassen. Weniger wichtig der wohl aus Peru stammende, ebenfalls allotetraploide Bauern-Tabak, *N. rustica* (vgl. S. 530). Von beiden Arten sind keine sicheren Wildvorkommen bekannt. Kapseln haben auch die als Zierpflanze beliebte südamerikanische Gattung *Petunia* (vgl. S. 527) sowie die giftigen heimischen Ruderalpflanzen Bilsenkraut (*Hyoscyamus niger*, leicht dorsiventrale Blumenkrone, Deckelkapseln: Abb. 951 B–D) und Stechapfel (*Datura stramonium*: Abb. 951 E–F). Beeren kennzeichnen etwa die sehr artenreiche Gattung *Solanum*, zu der die allotetraploide Kartoffel (*S. tuberosum*: Abb. 170 G, 228) gehört, die im 16. Jahrhundert nach Europa gelangte und deren Stammformen in den Anden von Peru, Bolivien, Nord-Argentinien und Chile zu suchen sind (subsp. *andigenum* u. a.). Eine paläotropische Nutzpflanze ist die Eierfrucht (*S. melongena*), in Augehölzen klettert das schwach giftige Bittersüß (*S. dulcamara*). Nah verwandt ist auch die Tomate (*Lycopersicon esculentum*), eine alte, peruanisch-mexikanische Kulturpflanze, die bei uns erst im 19. Jahrhundert stärkere Verbreitung fand; ihre Kulturformen besitzen oft eine vermehrte Zahl von Fruchtblättern. Auch die aus dem tropischen Amerika stammende Paprikapflanze (*Capsicum annuum*) und die giftige einheimische Tollkirsche (*Atropa bella-donna*; sympodiale Sproßverbände, vgl. S. 152 und Abb. 951 A) haben Beeren. Pharmazeutisch wichtig sind vor allem Drogen

mit Tropan-Alkaloiden (Hyoscyamin, Atropin, Belladonnin, Scopolamin u. a.).

Oft nur noch 4samige Kapseln haben die **Convolvulaceae** (Windengewächse, Abb. 953). Es sind in der Regel Schlingpflanzen mit wechselständigen, einfachen Blättern und trichterförmigen, in der Knospenlage gedrehten Kronen wie die Acker-Winde (*Convolvulus arvensis*) oder die großblütige Zaunwinde (*Calystegia sepium*). Eine wichtige, ursprünglich wohl neotropische Kulturpflanze ist die Batate oder Süßkartoffel (*Ipomoea batatas*) mit stärkereichen Wurzelknollen. Nah verwandt sind die fast blattlosen und ± chlorophyllfreien, auf Klee, Nesseln, Weiden u. a. parasitierenden **Cuscutaceae** mit *Cuscuta*, dem Teufelszwirn (Abb. 240). Collaterale Leitbündel und vielsamige, meist 3blättrige Kapseln finden wir bei **Polemoniaceae.** Hierher zählen das Sperrkraut (*Polemonium caeruleum*) und die vorwiegend nordamerikanische Zierpflanzengattung *Phlox*.

Nach aufwärts gerichtete Samenanlagen charakterisieren die

7.2.2. Ordnung: **Boraginales.** Hierher gehören u. a. die **Hydrophyllaceae** mit Kapselfrüchten (z. B. die nordamerikanische Bienenfutterpflanze *Phacelia*) und die **Boraginaceae** (Rauhblattgewächse, Abb. 954 A–G) mit 4 1samigen Klausen. Es sind vorwiegend krautige Pflanzen mit wechselständigen, einfachen und meist borstig behaarten Blättern. Ihre Blüten stehen meist in auffälligen Doppelwickeln (Abb. 954 C) und sind überwiegend radiär, nur vereinzelt, z. B. beim Natterkopf (*Echium*), auch schwach dorsiventral. Die Krone ist nach innen häufig zu 5 «Schlund-

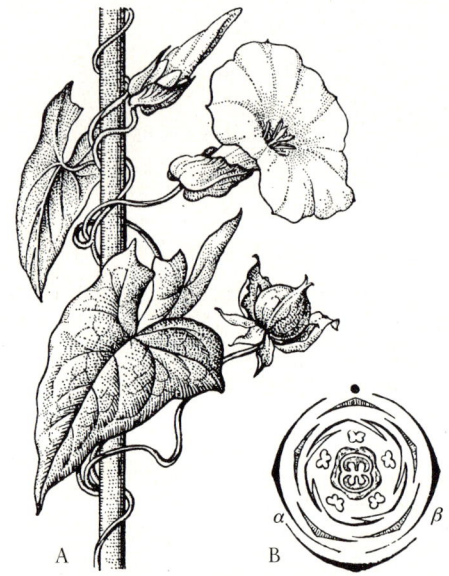

Abb. 953: *Solanales, Convolvulaceae, Calystegia sepium.* A Blühender und fruchtender Sproß (¹/₃ ×), B Blütendiagramm (mit Vorblättern α und β). (A nach FIRBAS; B nach EICHLER.)

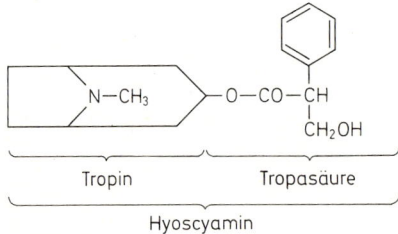

Abb. 952: Beispiel für ein charakteristisches Tropan-Alkaloid der *Solanaceae*: Hyoscyamin.

schuppen» (Abb. 954 B) eingestülpt, wodurch der Eingang zur Blumenkronröhre verengt wird. Der 2blättrige Fruchtknoten wird durch falsche Scheidewände 4fächerig und entwickelt sich zu 4 einsamigen Klausen (Abb. 954 D–G); sie unterscheiden sich von den ähnlichen Klausen der *Lamiaceae* (S. 889 f.) dadurch, daß die Mikropyle der Samenanlagen und daher auch die Radicula nach oben gerichtet ist. Die Blütenformel der Boraginaceen ist also in der Regel

$$*K(5) \; [C(5) \; A5] \; G(\underset{\cdot}{\overset{\cdot}{2}})$$

(Abb. 954 A). Lungenkraut *(Pulmonaria)*, Vergißmeinnicht *(Myosotis)*, Beinwell *(Symphytum)*, Ochsenzunge *(Anchusa)* und Boretsch *(Borago)* sind bekannte Vertreter.

Im Gegensatz zu den *Solananae* ist die **7.3. Überordnung: Scrophularianae** zu charakterisieren durch die Entwicklung von radiären zu dorsiventralen Blüten und damit parallele Reduktion der Staubblätter: A 5 → 4 → 2 (Abb. 583), durch 2blättrige Gynoeceen,

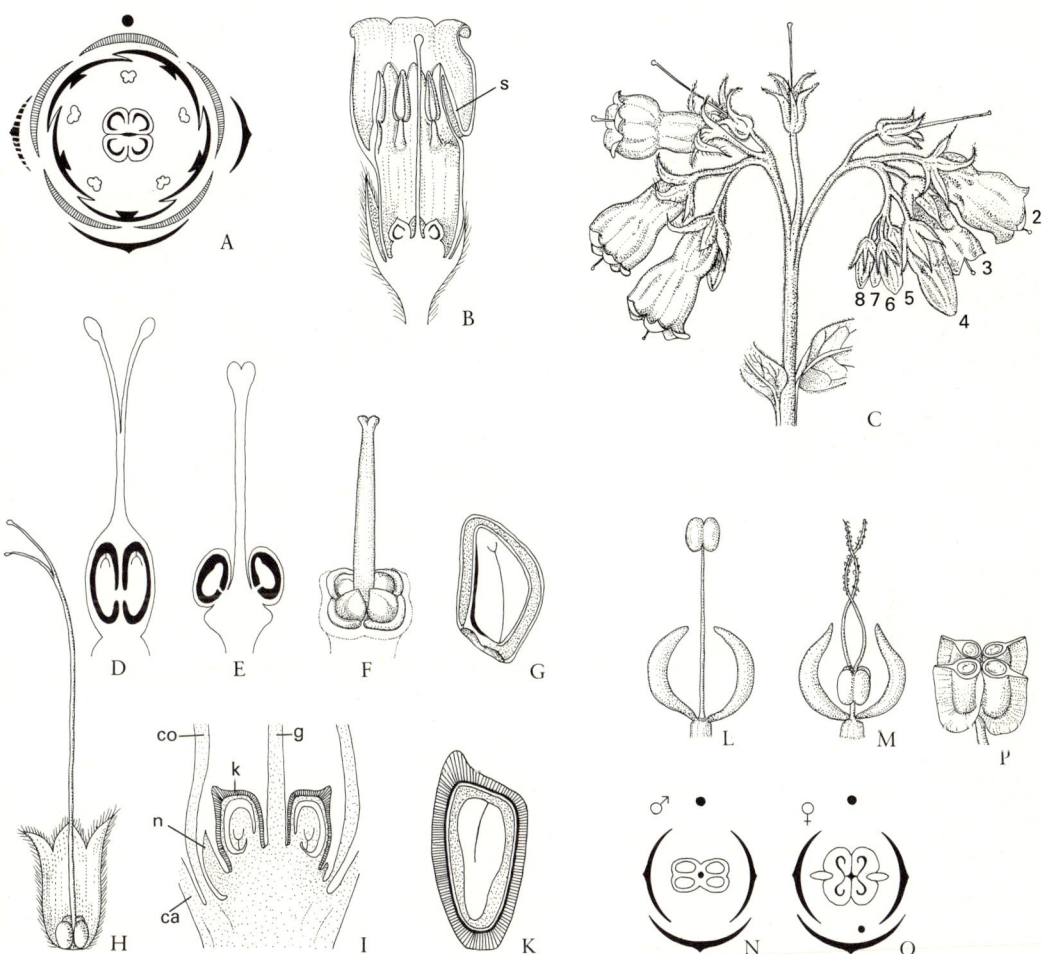

Abb. 954: *Boraginales, Boraginaceae* (A–G) und *Lamiales, Lamiaceae* (H–K), *Callitrichaceae* (L–P). A Blütendiagramm von *Anchusa officinalis*; B–C *Symphytum officinale*, Blüte, längs, mit Schlundschuppen (s) (etwa 3×) und Blütenstand: Doppelwickel (die Zahlen weisen auf die Aufblühfolge; etwa 1×); D–F allmähliche Herausbildung der Klausenfrüchte: ursprünglicher (D *Beureria*) und abgeleiteter (E *Anchusa*, F *Onosma*) Fruchtknotenbau; G Klause von *Onosma visianii*, längs (8×). H Fruchtknoten im geöffneten Kelch von *Galeopsis segetum* (2×); I Längsschnitt durch den Blütengrund von *Lamium maculatum* mit Kelch (ca), Krone (co), Nectarium (n), Klausen mit Samenanlagen (k) und Griffel (g) (10×); K reife Klause von *Lamium album*, längs (vergr.). L, M Männliche und weibliche Blüte von *Callitriche stagnalis* mit Vorblättern (vergr.); N, O Blütendiagramme; P Frucht (vergr.) (A, N, O nach EICHLER; B, K nach BAILLON; C, G nach WETTSTEIN; D, E, L, M, P nach ENGLERS Syllabus; F, I nach FIRBAS; H nach SCHENCK.)

celluläres Endosperm (häufig mit Haustorien: Abb. 895 L), collaterale Leitbündel und die weite Verbeitung von carbocyclischen I r i d o i d e n (aber das Fehlen von Alkaloiden!). Bei der

7.3.1. Ordnung: **Scrophulariales** finden wir w e c h s e l - bis gegenständige Blätter, überwiegend v i e l s a m i g e K a p s e l n , und verschiedene Inhaltsstoffe (aber kaum Alkaloide und ätherische Öle). Wichtigste Familie sind die **Scrophulariaceae** (R a c h e n b l ü t l e r , Abb. 512, 583, 955).

Die Blüten der *Scrophulariaceae* lassen die verschiedensten Stufen der Dorsiventralität und Blütenspezialisierung erkennen (Abb. 955, dazu die Diagramme in Abb. 583; parallele Mutationen bei *Antirrhinum:* Abb. 548 II). So ist der Kelch bei den meisten Gattungen 5zählig; bei den E h r e n p r e i s - *(Veronica-)*Arten aber ist das mediane Kelchblatt entweder kleiner als die übrigen (Abb. 955 G) oder fehlt ganz. Die Krone ist bei den K ö n i g s k e r z e n *(Verbas-*

cum) noch fast radiär, bei den anderen Gattungen aber verstärkt dorsiventral, und zwar meist 2lippig: Bei der Braunwurz *(Scrophularia)* und beim F i n g e r h u t *(Digitalis)* sind Ober- und Unterlippe nur schwach abgesetzt, sonst aber meist deutlich geschieden (z. B. bei *Pedicularis).* Beim L ö w e n m a u l *(Antirrhinum)* und L e i n k r a u t *(Linaria)* ist die Unterlippe auch noch dadurch betont, daß sie nach oben zu einem «Gaumen» ausgestülpt ist, der die Blumenkronröhre verschließt («maskiert»; daher *Personatae,* persona = Maske!). Außerdem ist die Blumenkronröhre bei *Antirrhinum* zu einem kurzen, stumpfen Sack, bei *Linaria* zu einem langen Sporn ausgezogen. Bei *Veronica* ist die Krone 4teilig, da die beiden oberen Kronblätter verwachsen sind. An Staubblättern sind bei *Verbascum* noch 5 entwickelt; doch sind sie nur selten gleich, meist unterscheiden sie sich durch Länge bzw. Behaarung. In der Regel ist aber das mediane Staubblatt nur noch als Rudiment vorhanden (staminodial bei *Scrophularia)* oder ganz ausgefallen *(Digitalis).* Bei *Gratiola* und *Veronica* werden außerdem auch noch die beiden unteren Staubblätter rückgebildet oder fehlen, so daß nur noch 2 fruchtbare vor-

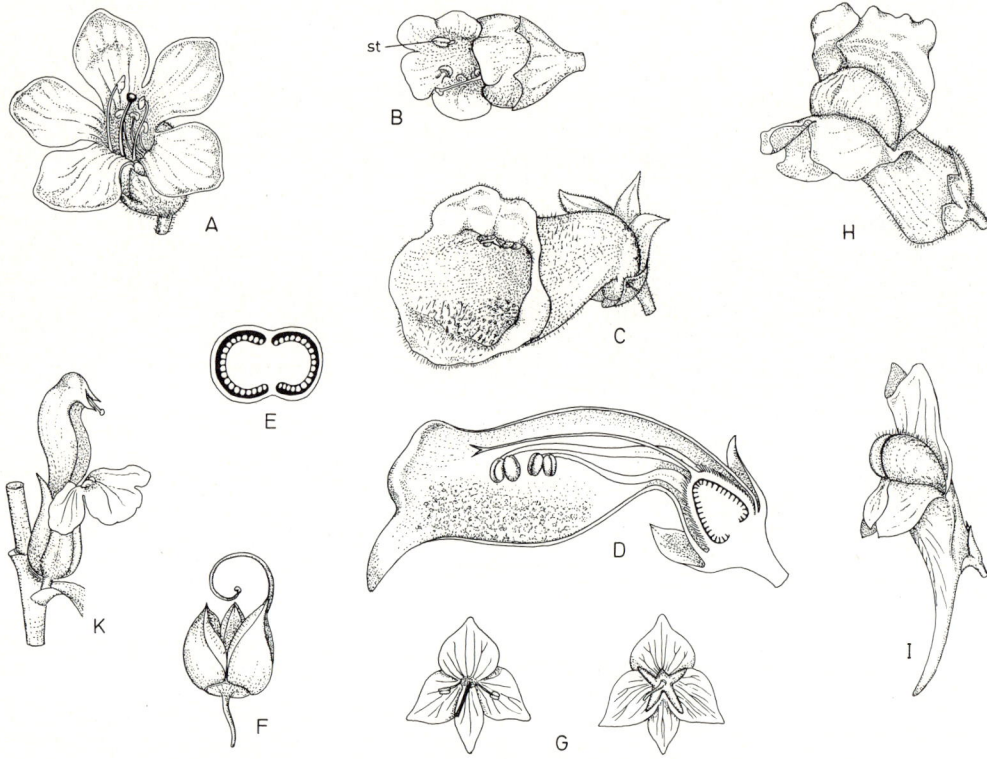

Abb. 955: *Scrophulariales, Scrophulariaceae.* Blüten (und Früchte) von *Verbascum thapsus* (A; 1,5 ×), *Scrophularia nodosa* (B; mit Staminodium st; 2,5 ×), *Digitalis purpurea* (C–D; schräg und längs; etwa ³/₄ ×; Fruchtknoten, quer, Kapsel septicid und teilweise dorsicid aufspringend; E–F; etwa 1 ×), *Veronica teucrium* (G; von vorne und hinten; 1,5 ×), *Anthirrhinum majus* (H; 1 ×), *Linaria vulgaris* (I; 1,5 ×) und *Pedicularis palustris* (K; 1,6 ×). (A, D, K nach BAILLON; B, C, G–I nach FIRBAS; E–F nach KARSTEN.)

handen sind, und bei einigen *Calceolaria*-Arten sind schließlich auch diese 2 nur noch zur Hälfte fertil. Auch von den beiden Fruchtblättern kann das eine größer sein, z.B. bei *Antirrhinum* (Abb. 899G).

Holzpflanzen finden wir etwa noch beim ostasiatischen Zierbaum *Paulownia*, sonst überwiegen Halbsträucher, Stauden und Kräuter. Bei der Unterfamilie *Rhinanthoideae* ist fortschreitender W u r z e l - p a r a s i t i s m u s festzustellen (vgl. S. 206, 374). Grüne Halbschmarotzer sind die ausdauernde Gattung *Pedicularis* (Läusekraut) sowie die Einjährigen: *Euphrasia* (Augentrost), *Rhinanthus* (Klappertopf) und *Melampyrum* (Wachtelweizen). Ein weiß- bis rosafarbiger Vollparasit ist *Lathraea* (Schuppenwurz).

Von größter pharmazeutischer Bedeutung sind die Herz-Glykoside von *Digitalis* (besonders aus der balkanischen *D. lanata*).

An die *Scrophulariaceae* mit endospermführenden Samen lassen sich verschiedene weitere Familien anschließen, so z.B. die nußfrüchtigen **Globulariaceae**. Vollparasitär sind die schuppenblättrigen **Orobanchaceae** mit den vielfach streng auf bestimmte Wirtspflanzen spezialisierten S o m m e r w u r z - *(Orobanche-)*Arten (Abb. 956). Sekundäre Windblütigkeit und vereinfachte 4zählige Blüten mit trockenhäutiger Krone kennzeichnen die **Plantaginaceae** mit der proterogynen, Deckelkapseln tragenden Gattung W e g e - r i c h (*Plantago*, Abb. 158 D, S. 815). Ohne Endosperm, aber noch mit synkarpen Fruchtknoten sind die tropischen und holzigen **Bignoniaceae** (Zierpflanzen, etwa die ostasiatisch-nordamerikanischen Trompetenbäume: *Catalpa*, und Lianen, z.B. *Campsis*) sowie die meist tropischen und krautigen **Acanthaceae** und **Pedaliaceae** (teilweise mit hochspezialisierten Früchten: S. 831; Ölpflanze *Sesamum indicum*). Nur teilweise gefächerte Fruchtknoten haben die **Gesneriaceae** (mit «einblättrigen» *Streptocarpus*-Arten: S. 176, und den mediterran-montanen Reliktgattungen *Ramonda* und *Haberlea*; eine bekannte Zierpflanze ist das ostafrikanische «Usambara-Veilchen», *Saintpaulia ionantha*). Eine Zentralplacenta ist schließlich entstanden bei den durch Insectivorie bemerkenswerten **Lentibulariaceae** (mit *Pinguicula* und *Utricularia*, vgl. Abb. 151D–E, S. 208 f., Abb. 243 A–F, 532).

Eine eigene, sehr stark vereinfachte und apetale *7.3.2. Ordnung:* **Hippuridales** bilden die monotypischen **Hippuridaceae** mit der Sumpf- und Wasserpflanze *Hippurus vulgaris* (Tannenwedel; Abb. 155 A–C).

Gegenüber den *Scrophulariales* ist die anschließende

7.3.3. Ordnung: **Lamiales** stärker abgeleitet: fast immer g e g e n s t ä n d i g e Beblätterung, falsche Scheidewände in den meist 2blättrigen Fruchtknoten (mit nur noch 4 a b w ä r t s gerichteten Samenanlagen) sowie K l a u s e n b i l - dung.

Der Griffel sitzt bei den überwiegend tropischen, holzigen **Verbenaceae** dem Scheitel des Fruchtknotens auf. Dazu zählen etwa der indomalaiische Teakholzbaum, *Tectona grandis*, der Mangrovebaum *Avicennia* und der mediterrane Strauch *Vitex agnuscastus*.

Bei den charakteristischen L i p p e n b l ü t e n (Abb. 876 C) der **Lamiaceae** (= *Labiatae*, Lippenblütler) wird der Griffel zwischen die Fruchtblätter und an deren Basis verlagert (Abb. 954 I). Im übrigen ist diese besonders in trockenwarmen Lebensräumen (z.B. im Mittelmeergebiet) sehr formenreiche Familie von Halbsträuchern bis Stauden und Kräutern durch ihre 4 k a n t i g e n S t e n g e l (Collenchymstränge: Abb. 148 A, 149 H), gegenständige Blätter und aromatischen Geruch (D r ü s e n mit ä t h e r i - s c h e n Ö l e n: Abb. 151 C) schon vegetativ leicht kenntlich.

Die stark dorsiventralen Blüten sind meist zu blattachselständigen, di- und monochasialen «Schein-

Abb. 956: *Scrophulariales, Orobanchaceae.* Der chlorophyllfreie, gelblich-bräunliche Vollparasit *Orobanche minor* auf *Trifolium repens* ($^2/_3 \times$), Einzelblüte (vergr.). (Nach KARSTEN.)

quirlen» zusammengedrängt. Ein verwachsener, häufig 2lippiger Kelch umgibt eine langröhrige Krone mit einer aus 2 Blättern verwachsenen Oberlippe und einer 3teiligen Unterlippe. Von den 4 Staubblättern (das mediane fehlt) ist ein Paar länger, ein Paar kürzer; beim Salbei (*Salvia*: Abb. 892 A–D) und Rosmarin *(Rosmarinus)* sind nur die beiden unteren vorhanden bzw. fertil. Der schon zur Blütezeit tief 4teilige, oberständige Fruchtknoten bildet Klausen, in denen Mikropyle und Radicula nach unten gekehrt sind (Abb. 954 H–K). Also meist

$$\downarrow K(5) \; [C(5) \; A4: 1°] \; G(2).$$

Der Gehalt an ätherischen Ölen bedingt die Verwendung mehrerer Arten als Küchenkräuter (z.B. Majoran, *Majorana hortensis*; Basilikum, *Ocimum basilicum*; Bohnenkraut, *Satureja hortensis*) bzw. auch als Heilpflanzen, z.B. die mediterranen *Hyssopus officinalis* (Ysop), *Lavandula angustifolia* (Lavendel), *Rosmarinus officinalis* (Rosmarin), *Salvia officinalis* (Salbei), *Thymus vulgaris* (Thymian) oder die heimischen *Melissa officinalis* (Citronen-Melisse), *Mentha* (die formenreichen Minzen, etwa mit der hybridogenen, Menthol-haltigen Pfeffer-Minze, *M. piperita* aus *M. spicata* × *M. aquatica*; S. 532) und *Thymus serpyllum* agg. (Quendel). Weitere heimische Gattungen sind etwa *Ajuga* (Günsel), *Galeopsis* (Hohlzahn), *Glechoma* (Gundelrebe), *Lamium* (Taubnessel), *Stachys* (Ziest) und *Teucrium* (Gamander).

Wahrscheinlich anzuschließen sind hier die wasserbewohnenden **Callitrichaceae** mit dem Wasserstern *(Callitriche)*, dessen reduzierte Blüten eingeschlechtig und perianthlos sind und nur aus 1 Staubblatt bzw. 1 Fruchtknoten bestehen (Abb. 954 L–P).

8. Unterklasse: Asteridae (s. str.) (= Synandrae)

Bezeichnend sind die postgenital ± verwachsenen Antheren (2. Name!) (Filamente aber frei: Abb. 957 E, L), der 3kernige Pollen, die unterständigen Fruchtknoten, das Dominieren von krautigen Wuchsformen und das Auftreten von Milchsaftröhren, Inulin (als

Speicherstoff anstelle von Stärke, S. 80) und Polyacetylenen. Für die einzige und

8.1. Überordnung: Asteranae sei noch auf die oft gezähnt-gekerbten oder sogar geteilten Blätter, das Fehlen von Nebenblättern, verstärkte Neigung zur Pseudanthienbildung sowie die Fege- und Sammeleinrichtungen für den Pollen an den Griffeln (Abb. 957 B–D, I, M) verwiesen.

Aufgrund dieses Merkmalsspektrums und weiterer (bes. auch phytochemischer) Übereinstimmungen ist heute nicht mehr daran zu zweifeln, daß sich die *Asteridae*- bzw. *Asteranae* auf die *Rosidae-Aralianae* zurückführen lassen.

Durch vielfach noch mehr-(5-3-2-)blättrige (vereinzelt sogar noch oberständige) Fruchtknoten mit zahlreichen Samenanlagen, Kapselfrüchte, Endosperm und häufige Einzelblüten nimmt die

8.1.1. Ordnung: **Campanulales** eine relativ ursprüngliche Stellung ein. Die Blüten der **Campanulaceae** sind radiär (Abb. 957 A–D) und proterandrisch: Die miteinander nur ganz lose verbundenen Staubblätter entleeren den Pollen noch vor der Entfaltung der Narbe auf Sammelhaare der Griffelaußenfläche. Der meist 3blättrige Fruchtknoten entwickelt sich zu einer samenreichen Kapsel, die sich z.B. bei den Glockenblumen *(Campanula)* mit Löchern öffnet. In den Blüten der Teufelskrallen *(Phyteuma)* bleiben die Kronzipfel zunächst an der Spitze verbunden; die Blüten sind hier zu dichten, am Grunde von Hüllblättern umgebenen Blütenständen zusammengedrängt; ähnlich wie bei der Gattung *Jasione* erinnern sie dadurch bereits an die Köpfchen der *Asterales*. Nahe verwandt sind die vorwiegend tropischen **Lobeliaceae** mit dorsiventralen Blüten, meist 2fächerigen Fruchtknoten und Alkaloidreichtum (Gift- und Heilpflanzen!). Einige *Lobelia*-Arten sind eigenartige «Schopfbäume» der afrikanischen Hochgebirge, die auf kurzem, unverzweigtem Stamm eine Rosette mächtiger Blätter tragen; *L. dortmanna* ist eine atlantische Charakterpflanze oligotropher Gewässer.

Dagegen kennzeichnen unterständige, 2blättrige, einfächerige Fruchtknoten mit 1 Samenanlage, Nußfrüchte, fehlendes Endo-

Abb. 957: *Campanulales* (A–D) und *Asterales* (E–Q). A Blütendiagramm von *Campanula* spec. B–D Phasen ▷ des Aufblühens bei *Campanula rotundifolia* (vordere Kronblätter entfernt): Staubblätter entleeren ihren Pollen auf den Griffel (B) und schrumpfen (C), Pollen abgestreift, Narben entfaltet (D) (1 ×). E Blütendiagramm einer Röhrenblüte mit Tragblatt (= Spreublatt, d) und Pappus (p). F–G Köpfchenlängsschnitte von *Matricaria chamomilla* (Hüllblätter einreihig, Köpfchenboden hohl, Zungenblüten zurückgeschlagen, keine Spreublätter) und *Arctium lappa* (Hüllblätter mehrreihig und widerhakig, nur Röhrenblüten, Spreublätter) (vergr.). H–I *Arnica montana*, K *Anthemis nobilis*: Zungen- und Röhrenblüten (gesamt bzw. längs, Spreublatt s; vergr.). L Androeceum von *Carduus crispus* (10 ×). M Griffel (g) und Narbe (n) von *Achillea millefolium* (vergr.). Früchte (Achänen) von N *Hieracium virosum* und O *Lactuca virosa*, mit haarförmigem Pappus, von P *Bidens tripartitus* mit widerhakigen Pappusborsten und von Q *Helianthus annuus* (gesamt und längs, mit Embryo) ohne Pappus. (A, E nach EICHLER, verändert; B–D nach CLEMENTS & LONG, etwas vereinfacht; F–K, M nach BERG & SCHMIDT; L, N–O, Q nach BAILLON; P nach FIRBAS.)

sperm und Zusammenfassung traubig-ähriger Blütenstände zu Köpfchen («Blütenkörb-chen»: Pseudanthien) mit kelchartigen Hüll-blättern (Abb. 168 P) die stark abgeleitete

8.1.2. *Ordnung:* **Asterales** mit der einzigen

Familie **Asteraceae** (= *Compositae*, Korb-blütler). Die Blütenstandsachse (der Köpf-chenboden) ist entweder kegelig verlängert oder abgeflacht (Abb. 957 F–G); teilweise sind noch schuppenförmige Tragblätter (Spreublätter)

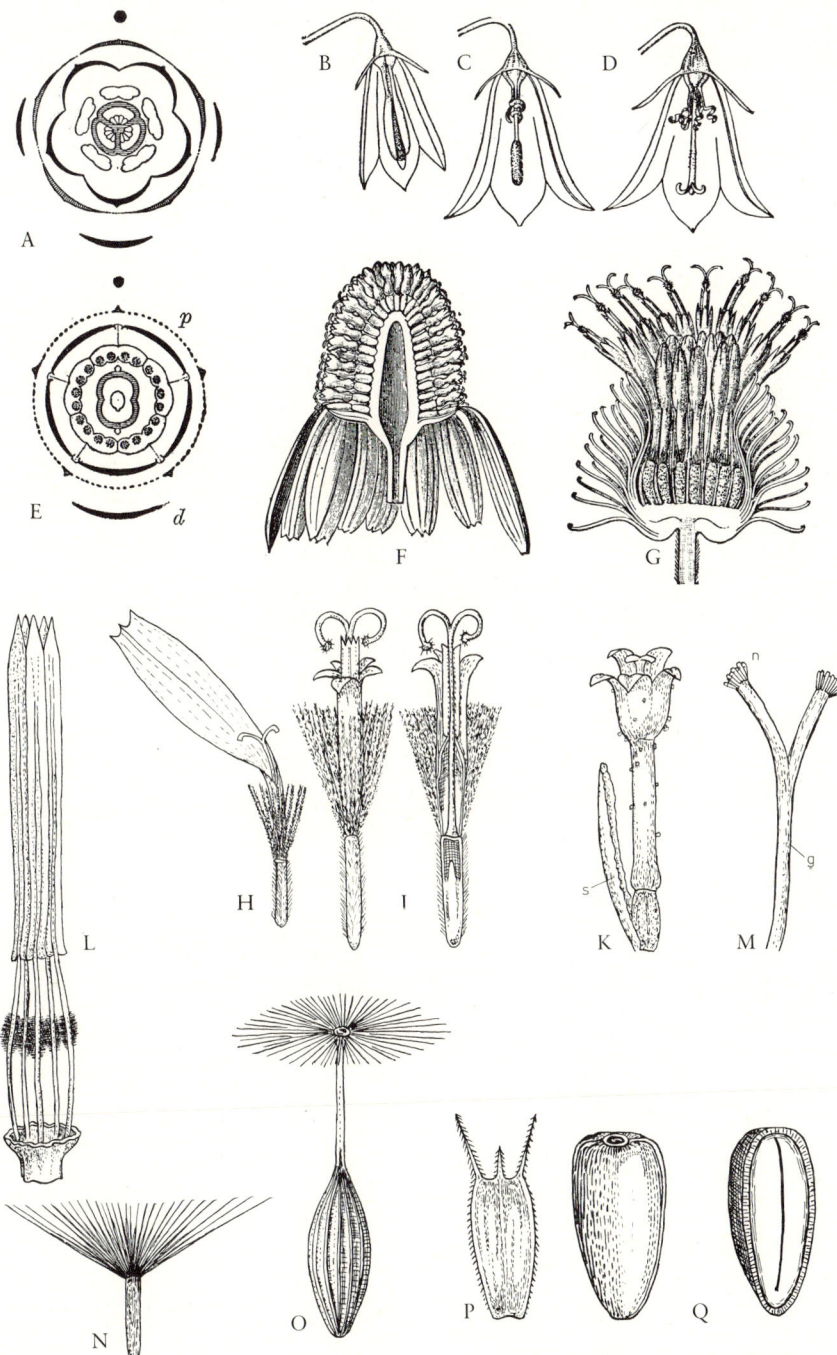

ausgebildet (Abb. 957 K), teils fehlen sie. In den Körbchen finden sich entweder radiäre 5zipfelige Röhrenblüten (= Scheibenblüten: Abb. 957 I–K), dorsiventrale Zungenblüten (= Strahlblüten: Abb. 957 H, 3 bzw. 5 Kronzipfel einseitig zu einer Zunge ausgezogen) oder beide Blütentypen nebeneinander (Abb. 957 F: Zungenblüten außen, Röhrenblüten innen). Der Kelch ist zu Schuppen, Borsten oder Haaren (als Pappus) umgebildet oder völlig reduziert und dient oft der Fruchtausbreitung (Abb. 957 N–Q; anemochor: N–O, epizoochor: P). Die 5 Staubblätter sitzen mit freien Filamenten an der Krone, ihre Antheren sind aber mittels ihrer Cuticula zu einer Röhre verklebt, in die der Pollen entleert wird (Abb. 957 E, L). Durch Fegehaare an der Außenseite oder Spitze des Griffels (Abb. 957 I, M) wird der Pollen aus dieser Röhre herausgeschoben (infolge Streckung des Griffels bzw. Verkürzung der Filamente, vgl. Abb. 511). Erst danach spreizen die beiden Narbenlappen auseinander und geben so die empfängnisfähige Innenseite frei (Abb. 957 I, M), die Blüten sind also proterandrisch. Der 2blättrige Fruchtknoten ist 1fächerig und trägt am Grunde eine einzige anatrope Samenanlage (Abb. 957 I). Daraus entsteht eine Nuß mit ±

dicht aneinander gepreßter Frucht- und Samenwand (Achäne); der Embryo ist eiweiß- und ölhaltig (Abb. 957 Q).

Mit etwa 19000 Arten sind die *Asteraceae* eine der formenreichsten Verwandtschaftsgruppen der Angiospermen und zeigen eine noch sehr aktive stammesgeschichtliche Entfaltung (vgl. Abb. 535, 550 C–D, 566, 572, 575, 988). Sie lassen sich in 2 Unterfamilien gliedern.

Die **Asteroideae** (= **Tubuliflorae**) besitzen Röhrenblüten, daneben öfters auch Zungenblüten (die Zunge aus 3 Kronzipfeln), und meist schizogene Ölbehälter (mit ätherischen Ölen).

Nur Röhrenblüten finden wir etwa bei den *Eupatorieae*, z.B. beim heimischen Wasserdost *(Eupatorium cannabinum)*, und bei den *Cardueae*, z.B. den Disteln der Gattungen *Cirsium* (federiger Pappus) und *Carduus* (einfacher Pappus). Bei den Flockenblumen (*Centaurea*, z.B. *C. cyanus*, Kornblume) sind die randlichen Röhrenblüten vergrößert und steril, bei den Kletten (Abb. 957 G: *Arctium*) dienen die widerhakigen Hüllblätter der epizoochoren Ausbreitung (vgl. S. 830f.). Strahlenförmige Hüllblätter finden sich bei *Carlina* (Wetterdistel, Abb. 988), und *Echinops* (Kugeldistel) hat 1blütige Köpfchen, die zu Köpfchen 2. Ordnung vereinigt sind. Als Nutzpflanzen gehören zu den *Cardueae* die mediterrane Artischocke (*Cynara scolymus*, Gemüse) und der Saflor (*Carthamus tinctorius*, Farb- und Ölpflanze). Die anderen Triben haben neben Röhren- auch verschiedenfarbige Zungenblüten: Schraubige Blattstellung und mehrreihige Hüllblätter kennzeichnen etwa die

Abb. 958: *Asterales, Asteraceae.* A *Artemisia borealis*, windblütig; Habitus (etwa ³/₄), Köpfchen nur mit Röhrenblüten, äußere ♀ (vergr.). B *Senecio keniadendron*, Schopfbäume aus der oberen alpinen Region des West-Kenia (Ostafrika). (A aus Hegi; B nach R. F. Fries.)

Astereae (dazu z.B. *Bellis* und die besonders in Nordamerika artenreiche Gattung *Aster*), die *Inuleae* (hierher u.a. die heimischen Gattungen Alant: *Inula*, die zweihäusigen Katzenpfötchen: *Antennaria*, die asiatisch-alpinen Edelweiß-Arten: *Leontopodium* mit weißwolligen Hochblättern als Hülle mehrerer Köpfchen, die Strohblumen: *Helichrysum* mit gefärbten trockenhäutigen Hüllblättern und die neuseeländischen Panzerpolster von *Raoulia*) sowie die *Anthemideae* [dazu u.a. viele Heil- und Gewürzpflanzen mit ätherischen Ölen und bitteren Sesquiterpenlactonen, z.B. die Echte Kamille: *Matricaria chamomilla* (ohne Spreublätter, im Gegensatz zur Hundskamille: *Anthemis*), die Römische Kamille: *Chamaemelum nobile*, die Schafgarben: *Achillea millefolium* agg.: Abb. 537, 566, 575, verschiedene sekundär windblütige Arten von Beifuß, *Artemisia*: Abb. 958 A, z.B. Wermut, *A. absinthium* und Estragon, *A. dracunculus*, sowie viele Zierpflanzen, z.B. die «Chrysanthemen» der Gattung *Dendranthema*]. Wenigreihige Hüllblätter finden wir bei den *Senecioneae* [u.a. mit den Heilpflanzen Huflattich: *Tussilago farfara* und Arnika oder Wohlverleih: *Arnica montana* sowie mit der überaus formenreichen Gattung *Senecio*: neben Kräutern (Abb. 985) und Stauden auch Schopfbäume in den ostafrikanischen Gebirgen: Abb. 958 B, der blattsucculenten *Kleinia*: Abb. 225 D usw.] sowie bei den *Calenduleae* (z.B. mit der heterokarpen Ringelblume *Calendula*). Besonders durch gegenständige Blätter ausgezeichnet sind schließlich die *Heliantheae* (hierher u.a. die heimischen *Bidens*-Arten: Abb. 957 P, die aus Südamerika eingeschleppten Franzosenkräuter: *Galinsoga*, die andinen Schopfbäume von *Espeletia*, die häufig kultivierte, formen-

reiche und allopolyploide Dahlie: *Dahlia variabilis*: Abb. 230, die wichtigen nordamerikanischen Kulturpflanzen Sonnenblume: *Helianthus annuus* als Ölpflanze: Abb. 159, und Topinambur: *H. tuberosus* mit kohlenhydratreichen Wurzelknollen, das Kautschuk liefernde *Parthenium argentatum* sowie die windblütigen Gattungen *Ambrosia* und *Xanthium*) und die *Helenieae* (etwa mit den Zierpflanzen *Tagetes* und *Gaillardia*).

Die **Cichorioideae** (= **Liguliflorae**) haben nur Zungenblüten (die Zunge aus 5 Kronzipfeln verwachsen) und Milchröhren (Abb. 150).

Hierher zählen u.a. die Gattungen *Cichorium* (mit *C. intybus*, Wegwarte: Kaffee-Ersatz, und *C. endivia*: Endiviensalat), *Scorzonera* (Schwarzwurzel, teilweise als Wurzelgemüse kultiviert), *Leontodon* (Löwenzahn mit federigem Pappus: Abb. 507), *Taraxacum* (Abb. 232 D) und *Hieracium* (Kuhblumen und Habichtskräuter, beide mit einfachem Pappus und sehr formenreich: hybridogen-polyploid und vielfach agamosperm, vgl. S. 515, 533, Abb. 560), *Crepis* (Pippau) sowie *Lactuca* (*L. sativa* als Kopfsalat gebaut, *L. serriola* als «Kompaßpflanze» bemerkenswert: S. 192, 453).

II. Klasse: Monocotyledoneae (= Liliatae), Einkeimblättrige Bedecktsamer

Die Monocotyl(edon)en besitzen nur 1 Keimblatt (Abb. 959 A–D). Es wird am Embryo meist scheinbar endständig angelegt (Abb.

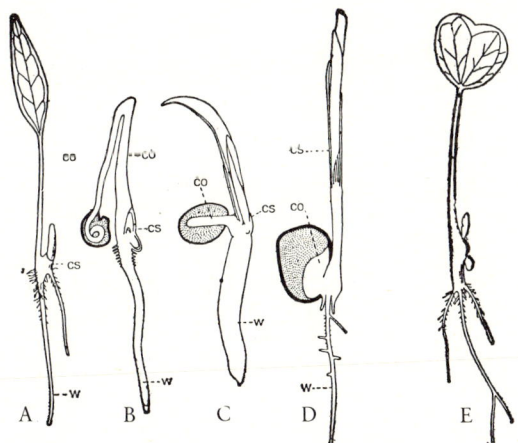
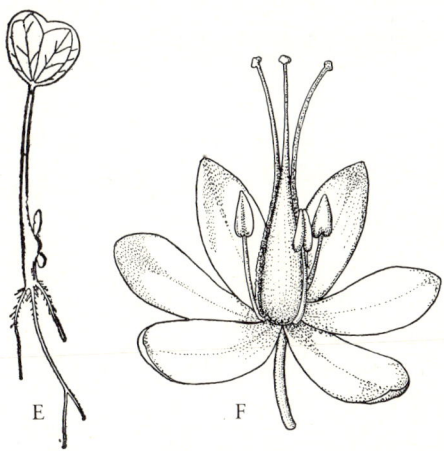

Abb. 959: Keimlinge der *Monocotyledoneae*: A *Paris quadrifolia*, B *Allium cepa*, C *Clivia miniata* und D *Zea mays*. B–D Längsschnitte; Samen- (bzw. Frucht-)schale schwarz, Endosperm punktiert, Keimblatt (co), seine Scheide (cs), Hauptwurzel (w). Das Keimblatt bei B–D teilweise oder gänzlich zu einem Saugorgan umgestaltet. – Monocotyledonen-Merkmale bei Dicotyledonen: E Keimling von *Ranunculus ficaria* mit 1 Keimblatt; F Blüte von *Cabomba aquatica* (Cambombaceae), P 3 + 3 A 3 G 3 (3×). (A–E nach SACHS und WETTSTEIN, verändert; F nach BAILLON.)

895 H, S.824), seine Scheide umschließt den seitlich abgedrängten Vegetationspunkt. Häufig wird das Keimblatt zu einem Saugorgan, das der Aufnahme der Nährstoffe aus dem Endosperm dient. Die Hauptwurzel ist kurzlebig und wird frühzeitig durch zahlreiche sproßbürtige Wurzeln ersetzt (sekundäre Homorrhizie: vgl. Abb. 214B, 960 und S. 187f.). Auf dem Stengelquerschnitt liegen die Leitbündel zerstreut (Atactostele: Abb. 176, 178). Sie besitzen kein Cambium, sind also geschlossen (Abb. 145). Sowohl der Achse als auch den Wurzeln fehlt dementsprechend ein normales sekundäres Dickenwachstum. (Wegen des seltenen,

anomalen sekundären Dickenwachstums mancher Monocotyledonen vgl. Abb. 178 und S. 160f.). Die oberirdischen Sprosse sind – vom Blütenstand abgesehen – meist wenig verzweigt. Die Blätter sitzen der Achse fast immer wechselständig mit breiter Basis oder Scheide auf, haben keine Nebenblätter und sind häufig ungestielt. Sie besitzen meist einfache, ganzrandige, vielfach lineare oder elliptische Formen und sind oft streifenaderig (Abb. 960, 962 D, 963 F, 967 A). An den Achselsprossen findet sich meist nur ein oft zweiaderiges Vorblatt in rückseitiger (adossierter) Stellung (vgl. Abb. 163 B oben, 962 A, 965 D und S. 145 f.). Die Blütenorgane stehen meist nicht mehr schraubig sondern cyclisch, meist in 3zähligen Wirteln, oft nach der Formel: P3 + 3 A3 + 3 G3 (Abb. 963). Verbreitet und bezeichnend sind Septalnectarien zwischen den Karpellwänden (Abb. 963 D). Die Pollenbildung verläuft vorwiegend sukzedan (S. 58), die Pollenkörner sind meist anatrem bzw. monocolpat, das Endosperm ist meist nucleär bzw. helobial. Als Lebensformen spielen besonders krautige Sumpf- und Wasserpflanzen sowie Stauden (Hemicryptophyten und im Erdboden überdauernde Geophyten) eine auffällige Rolle.

Bei allen Monocotyledonen finden sich Siebröhrenplastiden vom P-Typ mit mehreren keilförmigen Kristalloiden (Abb. 842 B). Charakteristisch sind ferner Raphidenbündel aus Calciumoxalat (Abb. 72 A), das Vorkommen verschiedener Steroidsapogenine (Abb. 961) und das Fehlen von Ellagsäure (Abb. 918).

Die angeführten morphologischen, anatomischen, ultrastrukturellen und phytochemischen Merkmale charakterisieren die *Monocotyledoneae* als eine offenbar natürliche Klasse. Immerhin sind sie oft nicht ganz auf die *Monocotyledoneae* beschränkt, sondern kommen vereinzelt auch bei den *Dicotyledoneae* vor, wie auch umgekehrt Merkmale der *Dicotyledoneae* bei den *Monocotyledoneae*. Geht man diesen Beziehungen nach, so erscheint eine Ableitung der Einkeimblättrigen von den Zweikeimblättrigen, und zwar von der ursprünglichen Unterklasse *Magnoliidae*, möglich, da Monocotyledonen-Merkmale besonders hier auftreten. Die wichtigsten Belege bzw. Hinweise für diese Ansicht sind:

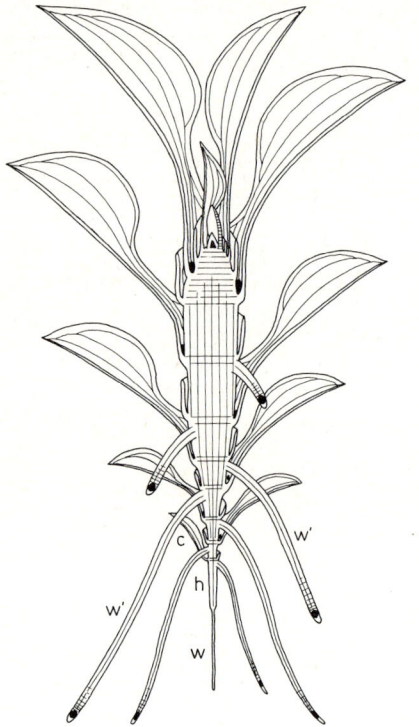

Abb. 960: Wuchsform der *Monocotyledoneae*, schematisch, Erstarkung des Sprosses infolge primären Dickenwachstums; c Cotyledo, h Hypocotyl, w Primärwurzel, w' sproßbürtige Wurzeln (nach Troll).

Abb. 961: Triterpensapogenine (C$_{30}$, z.B. Ursolsäure) sind besonders bei Dicotyledonen, Steroidsapogenine (C$_{27}$, z.B. Diosgenin) dagegen vor allem bei Monocotyledonen verbreitet.

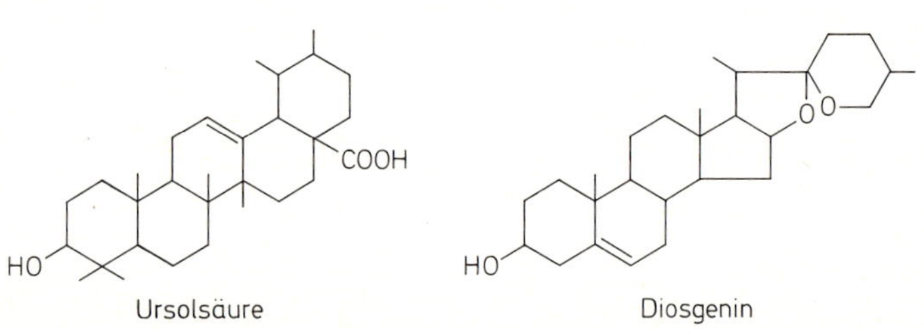

Ursolsäure

Diosgenin

1. Einkeimblättrige Pflanzen können aus zweikeimblättrigen durch congenitale Verwachsung der beiden Keimblätter (Syncotylie) oder durch den Verlust des einen (Heterocotylie als Folge einer zunehmenden Anisocotylie) entstanden sein. Neuere Untersuchungen machen die zweite Ansicht wahrscheinlicher. Die Monocotyledonen-Gattung *Dioscorea* ist heterocotyl (S. 899), und unter den Dicotyledonen kommen vereinzelt auch einkeimblättrige Pflanzen vor, und zwar sowohl syncotyl wie heterocotyl entstandene (Abb. 959 E). Bei der Ranunculacee *Eranthis* läßt sich durch Zugabe von Wirkstoffen (Phenylborsäure) Syncotylie wie Heterocotylie sogar experimentell hervorrufen.

2. Die Leitbündel sind auch bei manchen *Dicotyledoneae* in mehreren Kreisen (*Piperales*, *Caryophyllidae*) oder sogar zerstreut angeordnet (verschiedene *Magnoliidae*, z.B. bei den *Nymphaeaceae*, bei der Berberidacee *Podophyllum*). In diesen Fällen erlischt zudem die Tätigkeit des Cambiums frühzeitig. Unterdrückte Cambiumtätigkeit findet sich auch sonst bei krautigen *Dicotyledoneae*, besonders bei Pflanzen feuchter Standorte. Umgekehrt kommt auch bei *Monocotyledoneae* Anordnung der Bündel in einem Kreis vor (z.B. bei *Dioscoreaceae*), und verschiedentlich lassen sich bei ihnen sogar noch Reste fasciculären Cambiums nachweisen.

3. Die Unterdrückung des Wachstums der Hauptwurzel und ihr funktioneller Ersatz durch Adventivwurzeln (Homorrhizie) ist bei *Dicotyledoneae*, besonders auch bei krautigen *Magnoliidae* nicht selten. Es steht dies auch im Zusammenhang mit fehlendem sekundärem Dickenwachstum: Die Hauptwurzel kann dabei nicht im notwendigen Ausmaß erstarken.

4. Streifenaderige Blätter kennt man als Analogie auch von manchen *Dicotyledoneae* (z.B. von *Bupleurum*- und *Plantago*-Arten), netznervige von *Monocotyledoneae* (z.B. von den *Dioscoreaceae*). Die Ableitung der monocotylen Blattform von der dicotylen ist unter der Annahme einer geringeren Ausgliederung des ganzen Blattes möglich. Solche Verhältnisse findet man vielfach auch bei dicotylen Sumpf- und Wasserpflanzen. Das rückseitige Vorblatt kann vielfach auf eine Verwachsung der beiden seitlichen Vorblätter der *Dicotyledoneae* zurückgeführt werden; es kommt u. a. auch bei den *Magnoliidae* (*Annonaceae*, *Nymphaeaceae*) vor. Zudem kann es auch als Ausdruck der bei den *Monocotyledoneae* häufigen distichen Blattstellung angesehen werden (vgl. S. 140 f., Abb. 155 K, 158 A–C).

5. Dreizählige Blüten sind für viele *Magnoliidae* bezeichnend (S. 836 ff.). Manche haben sogar die monocotyle Blütenformel P3+3 A3+3 G3. Unter den *Nymphaeales* fällt z.B. die Gattung *Cabomba* durch ihre 3zähligen Blüten auf (Abb 959 F).

6. Wichtige ursprüngliche Merkmale der *Magnoliidae*, nämlich Chorikarpie, zahlreiche Fruchtblätter und laminale Placentation, kommen auch bei der ursprünglichen *Monocotyledoneae*-Unterklasse der *Alismatidae* vor; sie umfaßt wie manche *Magnoliidae* (*Nymphaeaceae*) vorwiegend Wasserpflanzen.

7. Viele *Magnoliidae*, z.B. auch die *Nymphaeaceae*, besitzen monocolpate Pollenkörner mit nur 1 distalen Keimfalte, wie sie für sehr viele *Monocotyledoneae* bezeichnend sind.

8. Bei verschiedenen Familien der *Magnoliidae*, insbesondere bei den *Aristolochiaceae* (*Asarum*), kommen Siebröhrenplastiden vom P-Typ vor, die denen der Monocotyledonen ± ähneln.

Im einzelnen ist aber die Frage nach der stammesgeschichtlichen Differenzierung der *Monocotyledoneae* noch ungeklärt. Vielfach hat man aufgrund gewisser Ähnlichkeiten zwischen *Nymphaeanae* (S. 838) und *Alismatidae* eine entsprechende Entwicklung angenommen und versucht, die *Liliidae* und *Arecidae* von den *Alismatidae* abzuleiten. Da aber auch bei den *Liliidae* und *Arecidae* sehr primitive Sippen auftreten (z.B. *Dioscoreaceae*, *Arecaceae*, *Araceae*) und die *Alismatidae* in vieler Hinsicht einseitig spezialisiert erscheinen, muß man wohl eher mit einer sehr frühen Entstehung und einer seit langem selbständigen Entwicklung der Monocotyledonen-Unterklassen rechnen. Fossile Reste finden sich jedenfalls bereits in der unteren Kreide zusammen mit den ältesten bekannten fossilen Dicotyledonen.

Gerechtfertigt erscheint weiterhin die Annahme, daß die Stammformen der Monocotyledonen krautige Pflanzen eher feuchter Standorte gewesen sind. Das würde viele Merkmale und Progressionen dieser Klasse als Anpassungen verständlich machen: das reduzierte Dickenwachstum, die Rückbildung der Hauptwurzel, die wenig gegliederten Blätter. Im Zuge der späteren adaptiven Auffächerung wären dann neuartige Konstruktionstypen entstanden, etwa sekundäre Baumformen mit extremem primärem Dickenwachstum (z.B. Palmen: Abb. 177 A–B) oder mit anomalem sekundärem Dickenwachstum (z.B. *Dracaena*: Abb. 178), Stelzwurzeln (z.B. *Pandanus*), oder sekundär verbreiterte Blattspreiten (z.B. *Hosta*).

Die *Monocotyledoneae* umfassen «nur» etwa 65000 bekannte Arten (also etwas mehr als ein Viertel der Angiospermen) in fast 100 Familien. Sie lassen sich in drei ungleich große, recht klar getrennte und nebeneinander stehende Unterklassen gliedern.

1. Unterklasse: Alismatidae (= Helobiae)

Die Unterklasse ist durch einige relativ ursprüngliche Blütenmerkmale gekennzeichnet: Das Gynoeceum ist meist chorikarp und besteht aus zahlreichen freien Karpellen (Abb. 962 A, E). Gelegentliche Polyandrie ist sekundär (Dédoublement). Es handelt sich durchwegs um krautige Sumpf- und Wasserpflanzen teils ohne, teils mit sehr primitiven Tracheen (im Wurzelbereich).

Die schraubig bis radiär gebauten Blüten werden mehrfach von zwittrig zu eingeschlechtig bzw. zweihäusig abgeändert. Ursprünglich ist das Perianth acyclisch bzw. in 2 bis mehrere 3gliedrige Wirtel gegliedert; teils erfährt es eine kelch- bzw. kronartige Differenzierung, teils wird es auf 1 Kreis oder völlig reduziert. Die ursprünglich wohl schraubig bzw. mehrwirtelig stehenden Staubblätter (Abb. 962 A) können durch zentrifugales Dédoublement vermehrt oder auf 1 Kreis und zuletzt auf 1 Staubblatt rückgebildet werden (Abb. 962 F). Die freien Karpelle sind oberständig oder in den Blütenboden eingesenkt, zahlreich oder auf 1 reduziert, zeigen fortschreitende Narbendifferenzierung und laminale bis submarginale Placentation. Die Samenanlagen – ursprünglich noch zahlreich, schließlich bis auf 1 reduziert – sind crassinucellat und bitegmisch. Die

Endospermbildung ist vielfach helobial (S. 824 f. u. Abb. 962 B), die reifen Samen sind allerdings meist endospermlos und finden sich gewöhnlich in Balgfrüchten oder Einblatt-Nußfrüchten. Die Reduktion im Blütenbau hängt offenbar weitgehend mit dem Wandel der Bestäubung von entomophil zu anemophil und schließlich hydrophil zusammen. Die *Alismatidae* sind – ebenso wie die beiden anderen Unterklassen der Monocotyledonen – fossil bis in die Kreide zurück nachgewiesen.

Die ursprünglichste Merkmalsausbildung der Unterklasse (meist auffälliges, schraubiges bis 2kreisiges Perianth, oberständiges Gynoeceum usw.) findet sich bei der

1.1. Ordnung: **Alismatales.** Hier weisen die **Butomaceae** noch Balgfrüchte mit laminaler Placentation und monocolpate Pollenkörner auf (dazu etwa die heimische Schwanenblume *Butomus umbellatus*). Demgegenüber haben die **Alismataceae** wenig- bis 1samige Nußfrüchte und Pollenkörner mit mehreren

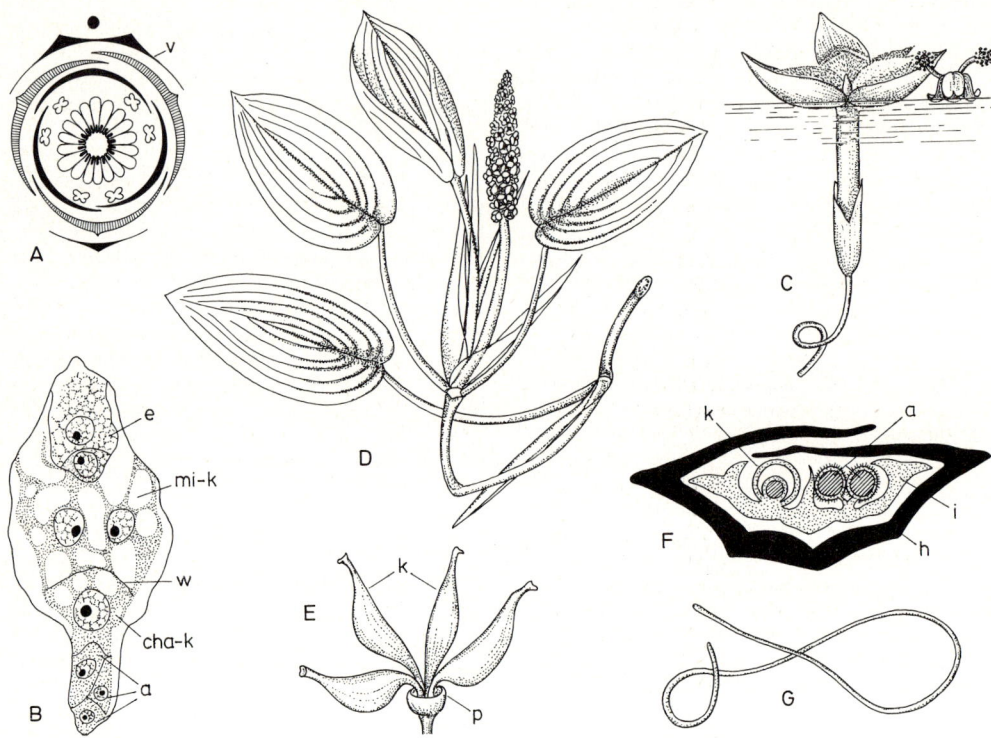

Abb. 962: *Alismatidae.* A–B *Alismatales.* A Blütendiagramm von *Alisma plantago-aquatica*, Vorblatt (v) 2kielig und adossiert, Staubblätter dédoubliert, Fruchtblätter frei, einsamig. B Helobialer Typus der Endospermentwicklung bei *Butomus umbellatus* (e 2zelliger Embryo, mi-k mikropylare Kammer: freie Kerne, w Querwand, cha-k chalazale Kammer, a Antipodenzellen; ca. 600 ×). C *Hydrocharitales*, *Vallisneria spiralis* ♀ und losgelöste, herandriftende ♂ Blüte (5 ×). D–G *Zosterales.* D Blühender Sproß von *Potamogeton natans* (¹/₄ ×). E ♀ Blüte von *Zanichellia palustris*, mit Perigonsaum (p) und 4 heranreifenden freien Karpellen (k) (6 ×). F–G *Zostera marina*, F Querschnitt durch den flach-kolbenartigen Blütenstand (i) und Hüllblatt (h): nackte ♀ und ♂ Blüten mit 1 Karpell (k) bzw. 1 Anthere (a) (20 ×), G fädliches Pollenkorn (nat. Gr. etwa 2500 × 4 μm). (A nach Eichler, verändert; B nach Englers Syllabus; C nach Kerner; D nach Karsten; E nach Graf; F und G nach Hegi.)

Aperturen. Ihre Blüten stehen in quirlig-rispigen Blütenständen. Beim Froschlöffel *(Alisma)* sind sie zwittrig und haben die Formel $*P3^k + 3^c$ A6 G^{∞} (Abb. 962 A). *Sagittaria* ist einhäusig und hat zahlreiche Staubblätter. Neben lanzettlich-eiförmigen *(Alisma)* oder pfeilförmigen *(Sagittaria)* Luftblättern werden vielfach auch Schwimm- und bandförmige Wasserblätter gebildet.

Unterständige Fruchtknoten und vielfach schon eingeschlechtige Blüten charakterisieren die

1.2. Ordnung: **Hydrocharitales.** Zu den **Hydrocharitaceae** gehören neben dem Froschbiß *(Hydrocharis morsus-ranae)*, einer Schwimmblattpflanze, und der Krebsschere *(Stratiotes aloides)*, die mit ihren großen Blattrosetten im Stillwasser wurzelt oder schwimmt, auch dauernd untergetaucht lebende Sippen; etwa die nordamerikanische, in Europa seit etwa 1836 eingeschleppte und vegetativ weit verbreitete Wasserpest [*Elodea* (= *Anacharis*) *canadensis;* Abb. 119] sowie die tropisch-subtropische *Vallisneria spiralis.* Ihre ♀ Blüten werden zur Blütezeit durch einen schraubigen Stiel an die Wasseroberfläche emporgehoben, die ♂ lösen sich unter Wasser los, steigen empor, öffnen sich und werden auf der Oberfläche schwimmend an die ♀ herangetrieben (Abb. 962 C); die Frucht reift unter Wasser.

Meist nur noch ein unscheinbares 1kreisiges oder überhaupt kein Perianth haben die Sippen der

1.3. Ordnung: **Zosterales** (= *Najadales*). Bemerkenswert sind hier die **Scheuchzeriaceae** mit der binsenähnlichen Hochmoorpflanze *Scheuchzeria palustris:* P3 + 3 A3 + 3 G 3–6 (mehrsamige Balgfrüchte). Die folgenden Familien sind stärker reduziert und haben 1samige Nußfrüchte: Zwitterblüten finden sich bei den sumpfbewohnenden **Juncaginaceae** (u. a. mit *Triglochin*) und **Potamogetonaceae.** Hierher gehören u. a. die Laichkräuter *(Potamogeton),* wurzelnde Wasserpflanzen mit oder ohne Schwimmblätter und mit 4zähligen, vom Winde bestäubten Blüten, die in einer Ähre aus dem Wasser ragen (Abb. 962 D); die Staubblätter sind an der Basis mit den Perigonblättern verwachsen. Völlig untergetauchte Meerespflanzen mit Zwitterblüten (nur 1 Staubblatt und 1 Karpell) und Wasserbestäubung durch Fadenpollen finden wir bei den «Seegräsern» der **Zosteraceae** (Abb. 962 F–G, mit *Zostera*-Arten in den extratropischen Meeren, z.B. in der Nord- und Ostsee, mit *Posidonia oceanica* im Mittelmeer). Eingeschlechtige Blüten schließlich die im Süß- oder Brackwasser vorkommenden **Zannichelliaceae** (mehrere Karpelle, z.B. *Zannichellia:* Abb. 216, 962 E) und **Najadaceae** (1 Karpell, z.B. Nixenkräuter, *Najas*).

2. Unterklasse: Liliidae (inkl. Commelinidae)

Durch den Besitz von meist 3 ± miteinander verwachsenen Karpellen, also von coeno-karpen Gynoeceen, hat diese Unterklasse gegenüber den *Alismatidae* eine höhere Entwicklungsstufe erreicht. Der Blütenbau folgt weithin der Formel P3 + 3 A3 + 3 G(3) und ist demnach vielfach pentacyclisch. Die Blütenstände sind unterschiedlich, aber nie kolbenartig und kaum von einzelnen großen Tragblättern umgeben. Die Wuchsformen sind sehr mannigfaltig und lassen verschiedene Anpassungen an trockene Lebensräume erkennen. Neben Krautigen kommen auch sekundär Holzige vor; sie haben teilweise anomales sekundäres Dickenwachstum (Abb. 178).

Im Zusammenhang mit Tierblütigkeit kommt es mehrfach zu kelch- und kronartiger Differenzierung und zu Verwachsungen im Perianthbereich. Ferner entstehen unterständige Fruchtknoten und zygomorphe Blüten. Vielfach werden Nectarien des Blütengrundes als Septalnectarien zwischen die (tlw. erst postgenital verwachsenden) Fruchtblattwände verlagert (Abb. 963D). Déboublement im Androeceum fehlt fast immer, Reduktion von 2 auf 1 Staubblattkreis (sogar bis auf 1 oder $^1/_2$ Staubblatt) ist dagegen nicht selten. Neben Kapseln finden sich besonders Beeren. Bei windblütigen Formenkreisen sind eingeschlechtige Blüten, Reduktion und Ausfall des Perianths und der Nectarien, Verminderung der Staub- und Fruchtblattzahl, ebenso auch der Samenanlagen bis auf 1 und die Bildung von Nußfrüchten sehr bezeichnend. Außer crassinucellaten und bitegmischen kommen auch ± tenuinucellate und unitegmische Samenanlagen vor. Die Endospermbildung ist teilweise noch nucleär (S. 824), im reifen Endosperm wird teils Stärke, teils aber auch Öl, Eiweiß oder Reservecellulose gebildet, vereinzelt findet sich auch Perisperm.

Die sehr formenreiche (im folgenden 14 Ordnungen!) und hier weiter gefaßte Unterklasse der *Iliidae* muß in Überordnungen gegliedert werden. Die ersten (1–5) haben ein ± corollinisches Perianth und meist Nectarien; sie zeigen fortschreitende Spezialisierungen in Richtung auf Tierblütigkeit. Dagegen tendieren die folgenden Überordnungen (6–8) zur Windblütigkeit; das Perianth wird unscheinbar oder geht verloren, die Nectarien fallen aus.

2.1. Überordnung: Lilianae. Hier dominieren radiäre Blüten mit 2 ± gleichartigen corollinischen Perianthkreisen und 2 bis 1 Staubblattkreis(en). Die synkarpen, ober- bis unterständigen Fruchtknoten enthalten zahlreiche submarginale Samenanlagen; im hornigen bis fleischigen, stärkefreien Endosperm bilden sich Reservecellulose, Eiweiß bzw. fettes Öl. Die ursprüngliche Blütenformel ist also *P3 + 3 A3 + 3 G(3) (Abb. 963 C). Die Spaltöffnungen haben keine Nebenzellen. Mit zahlreichen Rhizom-, Knollen- und Zwiebel- geophyten, seltener auch mit Schopfbäumen, tritt diese Überordnung besonders in subtropi- schen Trockengebieten stark hervor.

Die *Lilianae* entsprechen den früher unnatürlich weit gefaßten *Liliaceae* und ihren Satellitenfamilien. Für ihre systematische Gliederung werden besonders Merkmale des vegetativen Bereiches (z.B. Rhizome → Knollen, → Zwiebeln: Abb. 226, 229, 963), der In-

haltsstoffe (z.B. Alkaloide), der Früchte (z.B. septicide → loculicide Kapseln, → Beeren) und des Gameto- phyten (z.B. Normaltypus → *Allium*-Typus u.a. der Embryosackbildung: Abb. 890; simultane → sukzedane Pollenbildung) verwendet, während die Progression von freiem zu verwachsenblättrigem Perigon (so z.B. bei *Polygonatum, Colchicum*: Abb. 963 E, F) hier – und auch sonst bei den Monocotyle- donen – von geringerem systematischem Zeigerwert ist.

Oft noch dicotylenartige Merkmale finden sich bei der

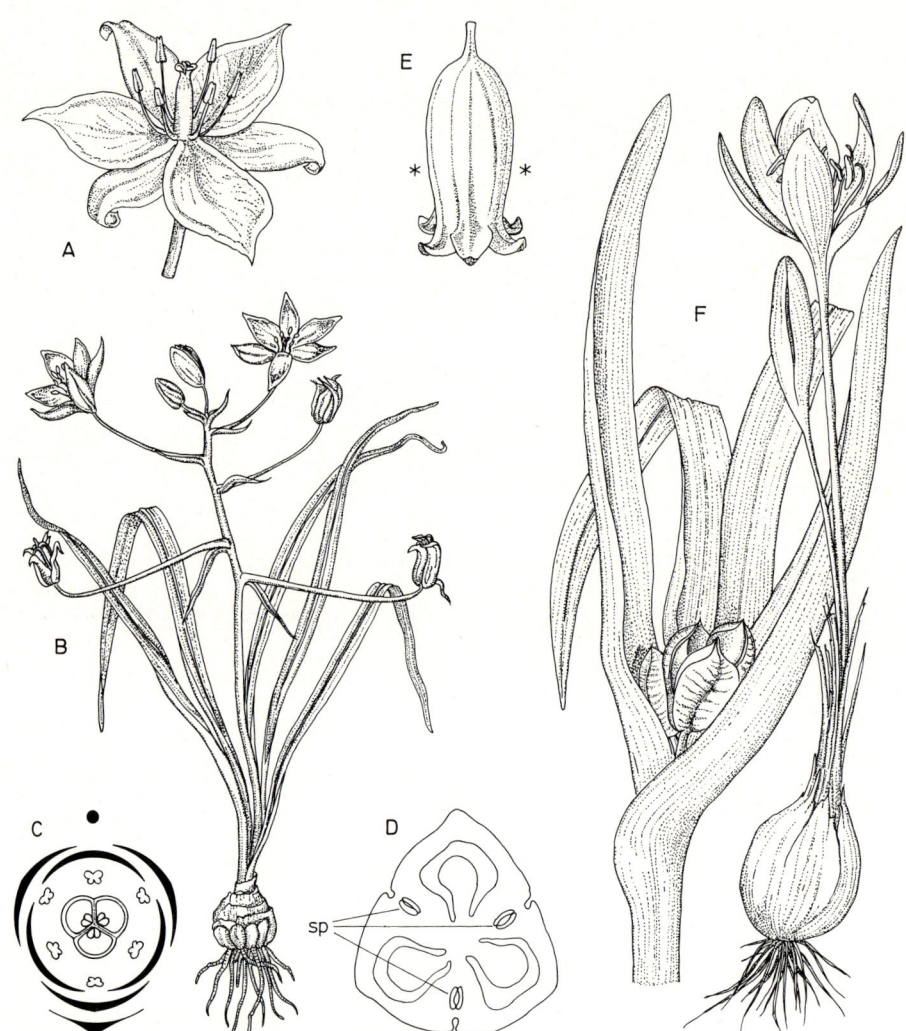

Abb. 963: *Liliales, Liliaceae* (A) und *Colchicaceae* (F) sowie *Asparagales, Hyacinthaceae* (B–D) und *Convalla- riaceae* (E). A Choritepale Blüte von *Tulipa sylvestris* (1 ×). B–C *Ornithogalum umbellatum*, B ganze Pflanze (verkl.), C Blütendiagramm. D *Muscari racemosum*, Fruchtknoten quer mit Septalnectarien (sp) (15 ×). E Syntepale Blüte von *Polygonatum latifolium* (⁎ Ansatzstelle der Staubblätter; 2,5 ×). F *Colchicum autumnale*, blühend und fruchtend (²/₅ ×). (A nach Baillon; B nach Schimper; C nach Eichler, etwas verändert; D nach Fahn aus Frohne; E nach Troll und F nach Firbas.)

2.1.1. Ordnung: **Dioscoreales**, z.B. fiedernervige, in Spreite und Blattstiel gegliederte Blätter, kreisförmig angeordnete Leitbündel und ± seitliche Stellung des Keimblattes.

Die meist windenden (sub)tropischen **Dioscoreaceae** sind heterocotyl (ein Keimblatt ergrünt, das andere fungiert als Haustorium); abgeleitet sind dagegen die meist eingeschlechtigen Blüten und unterständigen Fruchtknoten. Pharmazeutisch sehr bedeutungsvoll ist der Gehalt an Steroidsapogeninen. Sie bilden Ausgangsstoffe für die halbsynthetische Herstellung vieler Hormone, z.B. der als Ovulationshemmer verwendeten Steroidhormone (S. 32). Eßbare Wurzelknollen hat die ostasiatische Yamswurzel *(Dioscorea batatas).* In Mitteleuropa kommt lediglich die Schmerwurz *(Tamus communis)* vor, eine kleine, mediterran-atlantische Liane. Krautige Bewohner temperater nordhemisphärischer Laubwälder sind die **Trilliaceae** (u.a. mit der giftigen, 4zählig und grünlich blühenden, noch freigriffeligen Einbeere: *Paris quadrifolia;* Abb. 226 A).

Im folgenden überwiegen typische Monocotyledonen-Merkmale: streifenaderige Blätter, zerstreute Leitbündel, terminale Stellung des Keimblattes etc. Die

2.1.2. Ordnung: **Asparagales** ist vor allem durch Septalnectarien, Beeren oder fachspaltige Kapseln, Samen mit trockener, schwarzgefärbter Testa und die weite Verbreitung von Steroid-Sapogeninen bzw. Herzglykosiden ausgezeichnet (Abb. 961).

Bei den **Smilacaceae** finden sich in der Leitgattung *Smilax* zahlreiche (sub)tropische Lianen mit ± netzaderigen Blättern, rankenartig verlängerten Blattscheiden und Beeren. Zu den **Convallariaceae** gehören Salomonssiegel oder Weißwurz: *Polygonatum* (Abb. 226 B, 963 E), Schattenblume: *Maianthemum,* das giftige Maiglöckchen: *Convallaria majalis,* sowie die Phyllocladien bildenden Arten des Spargels: *Asparagus,* mit der heimischen Gemüsepflanze *A. officinalis,* und den besonders in den Mittelmeerländern vorkommenden *Ruscus*-Arten: Abb. 220 A). Die paläotropischen **Dracaenaceae** umfassen Holzpflanzen mit anomalem Dickenwachstum (Abb. 178; z.B. *Cordyline* und *Dracaena,* letztere mit dem bis 18 m hohen Kanarischen Drachenbaum *D. draco:* Abb. 964) sowie krautige Faser- und Zierblattpflanzen *(Sansevieria).* Eine Faserpflanze ist auch der Neuseeländische Hanf *(Phormium tenax:* Abb. 148 C; **Phormiaceae**). Bei dieser und den folgenden Familien finden sich Kapseln. Schopfbäume bzw. Riesenrosetten bilden die blattsucculenten **Agavaceae** der neuweltlichen Trockengebiete mit ober- bis unterständigen Fruchtknoten. Die Hauptgattungen sind *Yucca* und *Agave* (vgl. Abb. 586, S. 541f., 1039). Bei *Agave* sterben die Pflanzen nach der Bildung der Blütenschäfte ab; *A. americana* ist in den Mittel

meerländern eingebürgert, *A. sisalana* liefert als wichtige Faserpflanze Sisalhanf.

Eine ähnliche ökologische Rolle in südafrikanischen Trockengebieten spielen die zu den **Asphodelaceae** gehörigen blattsucculenten und ± verholzten, syntepalen Arten von *Aloe* (Abb. 162 A; vielfach vogelblütig und mit Harzen bzw. Bitterstoffen) und *Gasteria* (Abb. 158 A–B, 218 B). Rhizomstauden mit Speicherwurzeln bzw. Wurzelknollen finden sich bei der heimischen Graslilie *(Anthericum)* und bei den mediterranen *Asphodelus*-Arten. Dagegen bilden die drei letzten Familien fast durchwegs Zwiebeln. Zu den **Hyacinthaceae** mit traubigen Blütenständen und oberständigen Fruchtknoten zählen z.B. Milchstern: *Ornithogalum* (Abb. 963 B–C), die mediterrane Meerzwiebel: *Urginea maritima* mit HerzGlykosiden, Blaustern: *Scilla,* Traubenhyazinthen: *Muscari* (Abb. 963 D) und Hyazinthen: *Hyacinthus.* Die **Alliaceae** sind durch scheindoldige Blütenstände und den charakteristischen Geruch ihrer Shältigen Lauchöle ausgezeichnet; hierher die Gattung *Allium* (Lauch) mit Zwiebel: *A. cepa,* Knoblauch: *A. sativum,* Schnittlauch: *A. schoenoprasum* u.a. Cymöse Blütenstände, unterständige Fruchtknoten und charakteristische Phenanthridin-Alkaloide haben dagegen die **Amaryllidaceae.** Dazu gehören als bekannte heimische Sippen etwa Knotenblume *(Leucojum),* Schneeglöckchen *(Galanthus)* und die Narzissen *(Narcissus)* (Abb. 965 H–I).

Im Gegensatz zu den *Asparagales* läßt sich die *2.1.3. Ordnung:* **Liliales** so charakterisieren: Nektarsekretion am Grunde der Tepalen bzw. Staubblätter, fach- oder wandspaltige Kapseln,

Abb. 964: *Asparagales, Dracaenaceae: Dracaena draco,* altes Exemplar des Drachenbaumes auf den Kanarischen Inseln. (Nach CHUN und KARSTEN.)

Samen niemals schwarzgefärbt (teilweise mit Sarcotesta), Vorkommen von giftigen Alkaloiden (neben Steroidsapogeninen).

Oberständige Fruchtknoten haben die **Melanthaceae** mit Rhizomen (dazu der giftige Germer: *Veratrum album*, eine Hochstaude der Bergwiesen,

sowie die Simsenlilie: *Tofieldia*) und die **Liliaceae** s. str. mit Zwiebeln (hierher etwa Tulpen: *Tulipa*: Abb. 229, 963 A, Gelbsterne: *Gagea*, Lilien: *Lilium* und Schachblumen: *Fritillaria*). Bei beiden Familien finden sich Steroidalkaloide. Für die **Colchicaceae** sind Knollen und die sehr giftigen nicht-steroiden Alkaloide der Colchicin-Gruppe bezeichnend

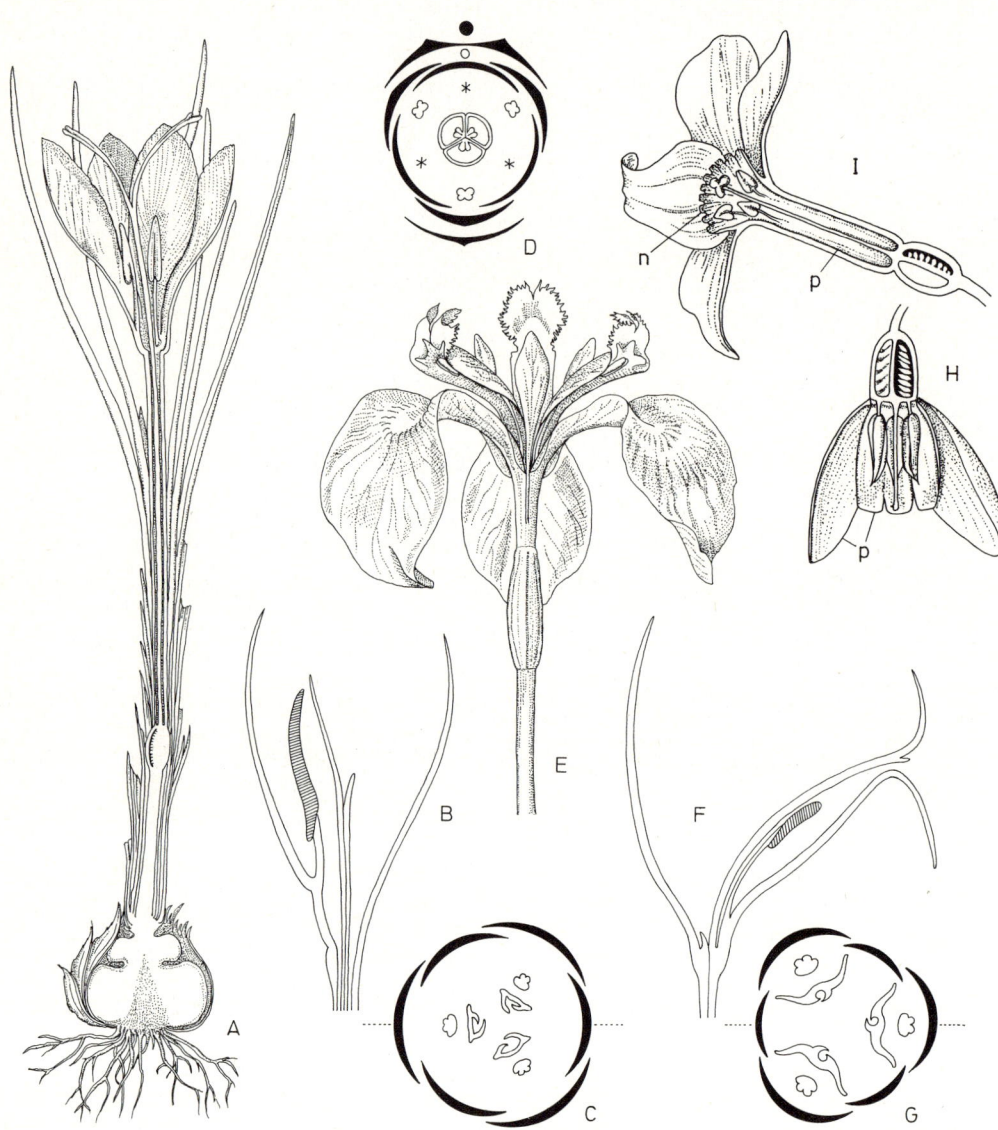

Abb. 965: *Liliales, Iridaceae.* (A–E) und *Asparagales, Amaryllidaceae* (H–I). A–C *Crocus;* A *C. sativus,* blühende Pflanze, längs (etwa 1 ×); B–C Längsschnitt und Grundriß vom oberen Teil der Blüte mit Perigon, Staubblatt und Griffelästen. D–G *Iris;* D Diagramm; E–G *I. pseudacorus,* Längsschnitt (F) und Grundriß (G) vom oberen Teil sowie gesamte Blüte (E, etwa 1 ×); durch die funktionelle Verbindung von je einem äußeren Perigonblatt, Staubblatt und corollinischem Griffelast entstehen 3 Lippenblumen. H Blütenlängsschnitt von *Galanthus nivalis* (2 ×) und I von *Narcissus poeticus* (1 ×): unterständiger Fruchtknoten (g), Griffel (s), freies bzw. röhrenförmig verwachsenes Perigon (p), «Nebenkrone» (n). (A nach Baillon; B–C und E–G nach Troll; D nach Eichler, etwas verändert; H–I nach Graf.)

(vgl. S. 53, 74, 508, 530). Bei der heimischen Herbst-zeitlose, *Colchicum autumnale* (Abb. 963 F) bil-det die Sproßknolle im Herbst einen Blühsproß; dieser sendet aber zuerst nur die Blüten mit ihren langen Perigonröhren an die Oberfläche. Erst im Frühjahr folgen die Laubblätter und die heranrei-fenden Früchte, während gleichzeitig ein basales Internodium zu einer neuen Knolle heranwächst.

Stärker abgeleitet sind die **Iridaceae** mit unter-ständigem Fruchtknoten, Ausfall des inneren Staub-blattkreises und zunehmender Blütenspezialisierung: *–↓ P3 + 3 A3 + 0 G(3̄) (Abb. 965 D). Bei der mit Sproßknollen überdauernden Gattung *Crocus* (Abb. 965 A–C) sind die Blüten radiär und alle Perigon-blätter gleichartig. Die Schwertlilien (*Iris*: Abb. 965 E–G) haben meist kriechende Rhizome und uni-faciale schwertförmige, mit den Scheiden der Sproß-achse «reitend» aufsitzende Flachblätter (Abb. 198 E). Hier finden wir monochasiale Inflorescenzen (Fächel) und ebenfalls noch radiäre Blüten, bei denen aber die äußeren und inneren Perigonblätter verschieden sind. In jeder Blüte werden aus je einem äußeren Perigon-blatt, einem corollinisch verbreiterten Griffelast (mit 3eckigem Narbenlappen) und je einem Staubblatt drei Lippenblumen (Meranthien, vgl. S. 767 und 815) gebildet. *Gladiolus* schließlich hat dorsiventrale Blüten.

Mit der Besiedlung humusreicher Standorte und zunehmender Mycotrophie im Zusam-menhang steht die ungeheure zahlenmäßige Zunahme der Samen und ihre gleichzeitige Reduktion zu winziger Größe sowie der Aus-fall des Endosperms bei der

2.2. Überordnung: Orchidanae. Ihre tropi-sche, meist noch radiärblütige

2.2.1. Ordnung: **Burmanniales** verbindet die *Lilianae* mit der überaus formenreichen

2.2.2. Ordnung: **Orchidales** (= *Gynandrae*, = *Microspermae*) und ihrer einzigen Familie **Orchidaceae** (Abb. 966). Kennzeichnend sind dorsiventrale Blütensymmetrie, Reduktion des Androeceums auf nur 2 bzw. 1 Staub-blatt und seine Verwachsung mit Griffel bzw. Narbe, der meist in Tetraden oder Pol-linien dargebotene Pollen sowie der unter-ständige Fruchtknoten.

Es handelt sich um humusliebende, terrestrische oder meist (sub)tropisch-epiphytische Stauden mit endotropher Mycorrhiza (Abb. 221, 236, 394). Die gewöhnlich in traubigen Blütenständen angeord-neten Blüten werden bei ihrer Entwicklung in der Re-gel um 180° gedreht (Resupination, meist durch Torsion von Fruchtknoten oder Blütenstiel: Abb. 966 B). Das Perigon ist 2wirtelig, das mediane (obere) Blatt seines inneren Wirtels ist zu einer Lippe, dem Labellum, umgebildet: Es erscheint meist stärker gegliedert, wird durch die Resupination an der

blühenden Pflanze zur «Unterlippe», dient dann als Anflugstelle und ist nach hinten häufig noch in einen Sporn verlängert. Von den Staubblättern sind ent-weder nur die beiden seitlichen des inneren Krei-ses fruchtbar (z.B. beim Frauenschuh, *Cypripedium*) oder nur eines, nämlich das mediane Glied des äußeren Kreises (z.B. beim Knabenkraut, *Orchis*: Abb. 966 A); von den anderen Gliedern können einige noch als Staminodien vorhanden sein. Nur selten verstäuben die Antheren ihren Pollen (etwa als Tetraden), meist wird die ganze Pollenmasse eines Pollensackes bzw. einer Antherenhälfte mit Zusatz-bildungen (Stielchen = Caudicula und Klebkörper = Rostellum) als Pollinarium übertragen (Abb. 966 D). Die beiden bzw. das einzige fruchtbare Staubblatt sowie der Griffel und die Narben des Fruchtknotens sind zu einem eigenartigen Säulchen, dem Gyno-stemium, verwachsen, das in der Mitte der Blüte hervorragt. Der unterständige, 3blättrige Frucht-knoten ist meist nur 1fächerig und trägt an parietalen Placenten die zur Blütezeit noch kaum entwickelten Samenanlagen. Erst nach erfolgreicher Bestäubung wachsen sie heran, werden befruchtet und bilden in den Kapselfrüchten tausende winzige Samen (mit kaum differenziertem Embryo), die der Wind fast so leicht wie Sporen ausbreiten kann.

Die Orchideen sind mit über 20000 Arten eine der größten Pflanzenfamilien; verbreitet sind sie vor allem als Epiphyten in den Tropen (Abb. 1086), als Erd-orchideen aber auch in den gemäßigten Zonen. Ihre Entwicklung aus Samen ist meist nur möglich, wenn bestimmte Pilze die Keimlinge infizieren und in ihnen eine endotrophe Mycorrhiza (Abb. 394) bilden. Später können die ergrünenden Formen auch auto-troph gedeihen. Verschiedene ganz heterotrophe Arten aber, die kein oder fast kein Chlorophyll bil-den (z.B. die einheimische Nestwurz, *Neottia nidus-avis*, die Korallenwurz, *Corallorhiza* und *Epipogium*) sind dauernd auf ihre Mycorrhizapilze angewiesen, parasitieren also gewissermaßen auf ihnen (vgl. S. 207, 378). Mit dieser «Mycotrophie» hängen auch die anderen Leitmerkmale der Familie zusam-men: Geringe Chancen für erfolgreiche Samenkei-mung, daher sehr zahlreiche Samen: Samen dem-entsprechend winzig, daher undifferenziert und ohne Endosperm; nur Pollinarien ermöglichen die Be-fruchtung tausender Samenanlagen aufgrund einer einmaligen Bestäubung!

Die ursprünglichste Unterfamilie der **Orchideen** sind die nur aus wenigen Arten bestehenden terrestri-schen **Apostasioideae** des indomalaiischen Raumes: *Neuwiedia* hat noch fast radiäre Blüten und noch 3 fruchtbare Staubblätter, 1 im äußeren und 2 im inne-ren Kreis. Aus ähnlichen Vorläufern haben sich offenbar die **Cypripedioideae** (= *Diandrae*) mit 2 inneren und die überwältigende Masse der **Orchidoi-deae** (= *Monandrae*) mit 1 äußeren Staubblatt (und zwei inneren Staminodien: Abb. 966 A) differenziert. Ihre Formenfülle ist anscheinend durch die ver-schiedensten blütenbiologischen Spezialisierungen möglich geworden. Dafür im folgenden einige Beispiele.

Bei *Orchis* (Knabenkraut; Abb. 966 B–E) und anderen einheimischen Gattungen besitzt die Lippe einen Sporn (ohne oder mit Nektar), dessen Öffnung unmittelbar vor dem Gynostemium liegt. Versucht nun ein Insekt, das sich auf der Lippe niedergelassen hat, in das Blüteninnere einzudringen, stößt es mit dem Kopf oder Rüssel an die Klebkörper der Pollinarien, zieht sie aus der Anthere heraus und trägt sie fort. Besucht es hierauf die nächste Blüte, so haben sich inzwischen die rasch welkenden Stielchen nach vorn oder nach unten gebogen, und die Pollinien werden nun auf der klebrigen Narbenfläche abgestreift. (Man kann den ganzen Vorgang leicht mit einer Bleistiftspitze nachahmen.) Bei der sporn- und nektarlosen Gattung *Ophrys* ist dieser Bestäubungsmodus gekoppelt mit der Anlockung von männlichen Bienen (Apiden) durch die Weibchen-Attrappen darstellenden Blüten (vgl. S. 817). Die tropischen *Catasetum*-Arten schleudern die Pollinarien den sie bestäubenden Bienen entgegen, sobald diese durch Berühren eines besonderen Tastfortsatzes einen Ausgleich gewisser Gewebsspannungen herbeiführen. Bei *Cypripedium* (Frauenschuh) und *Stanhopea* sorgen Gleitfallen für die richtige Bestäubung, usw. usw. (Wegen der bis 32 cm langen Sporne von *Angraecum* vgl. S. 820.)

Die heimischen Erdorchideen *Epipactis* und *Cephalanthera* haben ein verzweigtes Rhizom. *Orchis*, *Ophrys*, *Gymnadenia* u. a. überdauern dagegen mit einer eiförmigen oder handförmig gegliederten Knolle, die alljährlich in der Achsel eines Niederblattes entsteht und dieses später durchbricht (vgl. S. 204, Abb. 231 C–D); aus ihr geht der nächstjährige Sproß hervor. Mannigfach sind die Anpassungen der epiphytischen Orchideen: Oft speichern sie in dicklederigen Blättern und in Sproßknollen das ihnen nur unregelmäßig zugängliche Regenwasser (Abb. 236); viele bilden Luftwurzeln (Abb. 135), einige sogar als Assimilationsorgane (Abb. 221).

Die unreifen Kapseln des neotropischen Wurzelkletterers *Vanilla planifolia* (Abb. 966 F) liefern die Vanille. Viele tropische Orchideen werden wegen ihrer eigenartigen, farbenprächtigen und stark duftenden Blüten in Gewächshäusern gezogen (Arten von *Cattleya*, *Laelia*, *Vanda*, *Dendrobium*, *Stanhopea* u. a.).

Die drei folgenden isolierten (Über)Ordnungen *Pontederiales*, *Bromeliales* und *Zingiberales* sind ebenfalls noch tierblütig und weichen von den *Lilianae* vor allem durch häufig kelch- und kronartig differenziertes Perianth, Ausbildung von Septalnectarien, stärkereiches, mehliges Endosperm und Spaltöffnungen mit Neben-

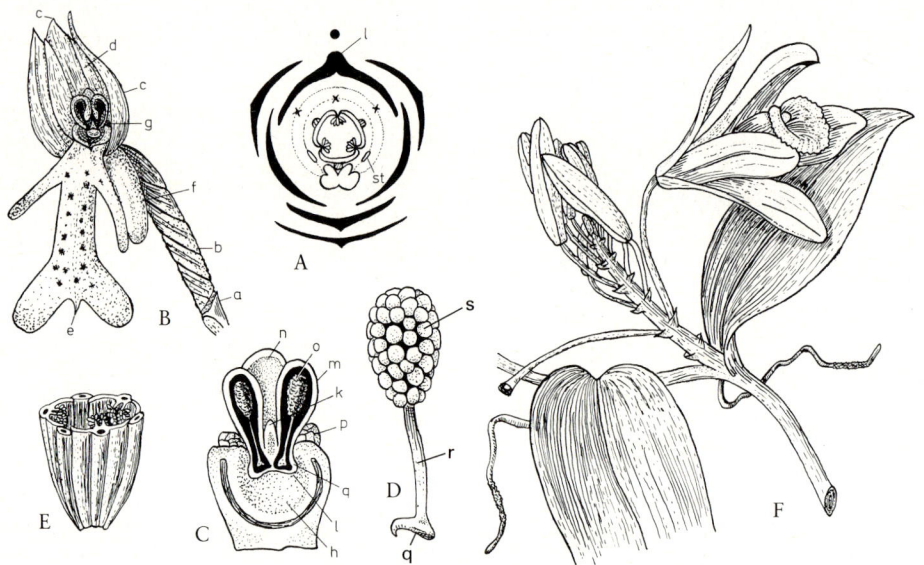

Abb. 966: *Orchidales*, *Orchidaceae*. A Blütendiagramm der *Orchidoideae* (etwa von *Orchis*, vor der Resupination), Labellum (l), im äußeren Kreis nur 1 fertiles Staubblatt, im inneren 2 Staminodien (st). B–E *Orchis militaris*. B Blüte, durch Drehung des Fruchtknotens (b) resupiniert: Tragblatt (a), äußere (c) und innere (d) Perigonblätter, Labellum (e) mit Sporn (f) und Gynostemium (g) (etwa 2,5 ×); C Gynostemium mit Narbenfläche (h), Rostellum (l) mit Fortsatz (k), fertiles Staubblatt mit Konnektiv (n), 2 Thecen (m), darin Pollinien (o) mit Caudiculae und Klebkörpern (q), Staminodien (p) (etwa 10 ×); D Pollinarium mit Pollinium (s), Caudicula (r) und Klebkörper (q) (etwa 15 ×); E Kapsel quer (etwa 8 ×). F *Vanilla planifolia*, blühender Sproß mit rankenden Wurzeln (verkl.). (A nach EICHLER, etwas verändert; B–F nach BERG & SCHMIDT.)

zellen ab; sie verbinden die *Lilianae* mit den anschließenden ± anemophilen Überordnungen (2.6–2.8).

2.3. (Über)*Ordnung*: Pontederiales. Die **Pontederiaceae** sind Sumpf- und Wasserstauden. Ihre hypogynen Blüten neigen zur Dorsiventralität und Syntepalie. Der Embryo ist im Endosperm eingebettet. Hierher zählt etwa die schwimmende Rosettenpflanze *Eichhornia crassipes*, ein neotropisches Wasser-Unkraut.

2.4. (Über)*Ordnung*: Bromeliales. Bei der einzigen Familie **Bromeliaceae** handelt sich um schmalblättrige xero- bzw. epiphytische Rosettenpflanzen (selten Schopfbäumchen) der amerikanischen Tropen (Abb. 1086, 1088) mit epigynen, radiären, oft vogelbestäubten Blüten, 6 Staubblättern und einem Embryo, der dem Endosperm seitlich anliegt. Bekannt ist die Wasseraufnahme durch Schuppenhaare (Abb. 134, S. 123). – Ein flechtenartig reduzierter Epiphyt ist *Tillandsia usneoides*. Zur Familie gehört

auch die wegen ihrer fleischigen Fruchtstände (S. 830) sehr geschätzte und plantagenmäßig angebaute Ananas *(Ananas sativus)*. – Demgegenüber ist die

2.5. (Über)*Ordnung*:Zingiberales (= *Scitamineae*) durch dorsiventrale bis asymmetrische Blüten, fortschreitende Rück- bzw. Umbildung der Staubblätter zu corollinischen Staminodien sowie Endo- und Perisperm in den Samen gekennzeichnet. Als tropisch-mesophile Rhizomstauden bilden sie teilweise sehr mächtige Scheinstämme und große, ganzrandige Blätter (Abb. 1086). – Ein mehr/minder differenziertes Perianth und 6 oder meist nur 5 fertile Staubblätter finden wir bei den **Musaceae.** Sie werden teils durch Vögel, teils durch Fledermäuse bestäubt. Wichtige tropische Obst- und Mehlfrüchte liefern die aus Südostasien stammenden, vielfach hybridogenen und parthenokarpen (samenlosen) 2x- und 3x-Kulturformen der Bananen (*Musa paradisiaca*, *M.* × *sapientium* u. a.). Ihr Scheinstamm wird von den dicht geschlossenen Scheiden der großen Blätter gebildet. Der überhängende Blütenstand

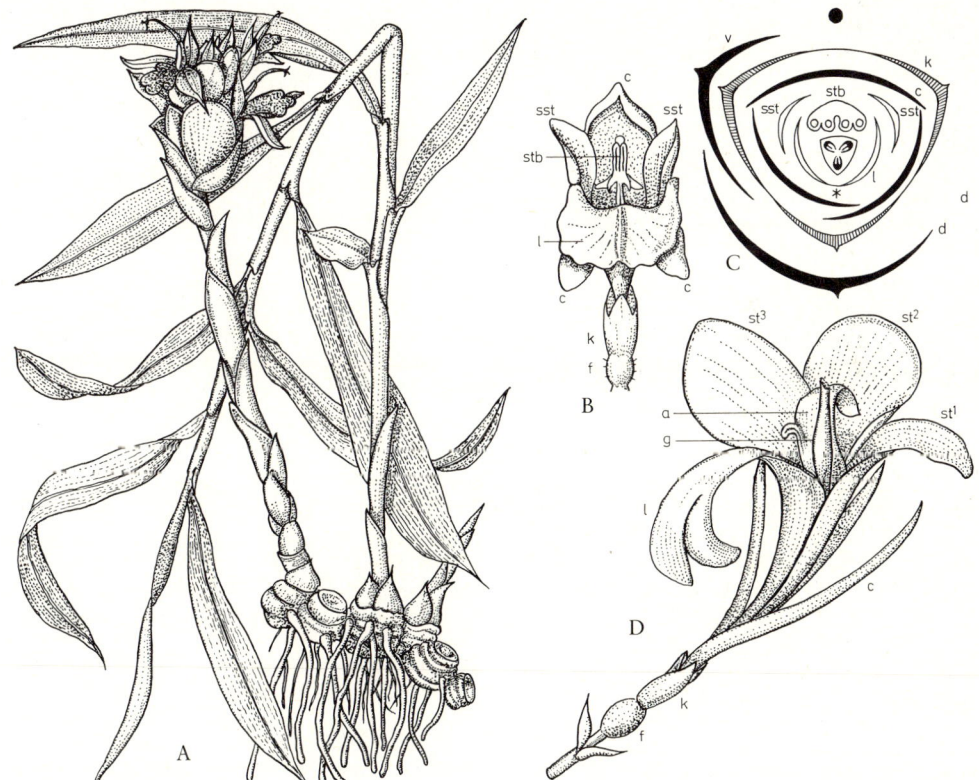

Abb. 967: *Zingiberales*. A–C *Zingiberaceae*. A *Zingiber officinale*, blühende Pflanze mit Rhizom ($\frac{2}{5}$×). B Blüte von *Curcuma australasica* und C Diagramm von *Kaempfera ovalifolia*, mit Tragblatt (d), Vorblatt (v), Kelch (k) und Blumenkrone (c), seitliche Staminodien (sst), staminodiales Labellum (l), einziges fertiles Staubblatt (stb), Fruchtknoten (f). D *Cannaceae*, asymmetrische Blüte von *Canna iridiflora*, 3 Staminodien (st 1–3), halb fertiles Staubblatt (a), Griffel (g) ($\frac{1}{2}$×). (A nach BERG & SCHMIDT; B nach HOOKER f.; C nach EICHLER; D nach SCHENCK.)

ist endständig und trägt in doppelten Querreihen kollateralen Beiknospen die zahlreichen beerenartigen Früchte. Außerdem sind hier noch die Faserpflanze *Musa textilis* (Manilahanf), die farbenprächtige, vogelblütige südafrikanische *Strelitzia* und der fächerartig-distich beblätterte «Baum der Reisenden» (*Ravenala*) aus Madagaskar zu nennen. Ebenfalls dorsiventrale Blüten, aber nur noch ein fertiles Staubblatt, haben die **Zingiberaceae** (Abb. 967A–C). Bei ihnen sind die beiden anderen inneren Staubblätter kronblattartig und zu einem Labellum verwachsen (vgl. die andersartige Entstehung im Vergleich zum Labellum der *Orchidaceae*!). Die besonders in den Tropen Südostasiens formenreiche Familie (Abb. 1088) ist reich an ätherischen Ölen; daher verwendet man ihre Rhizome vielfach als Heilmittel (z.B. Arten von *Curcuma, Alpinia, Elatteria*) und als Gewürze (besonders Ingwer, *Zingiber officinale*: Abb. 967A). Die beiden letzten Familien besitzen asymmetrische Blüten und nur noch ein halbes fertiles Staubblatt (Abb. 967D); seine andere Hälfte, die übrigen Staubblätter und der Griffel sind kronblattartig gestaltet: Während die **Cannaceae** noch vielsamige Kapseln aufweisen (dazu die neotropische, auch als Zierpflanze kultivierte Gattung *Canna*, Blumenrohr), finden sich bei den **Marantaceae** nur noch 3- bis 1samige Früchte (Blätter mit Gelenkpolster am Spreitenansatz; hierher verschiedene Zierblattpflanzen und die neotropische Pfeilwurz: *Maranta arundinaceae*, deren Rhizome Stärke liefern).

2.6. Überordnung: Juncanae (= *Junciflorae*, *Cyperales* s. lat.);

auch sie vermittelt zwischen *Lilianae* und *Commelinanae*, ist aber **windblütig** und dementsprechend **ohne Nectarien**: Blüten ± **radiär**, Perigonblätter ursprünglich 3 + 3, **gleichwertig, unscheinbar und meist trockenhäutig** (oder borstighaarförmig bis reduziert), Pollen in Tetraden oder «falschen» Einzelkörnern (Pseudomonaden, unmittelbar aus der Pollenmutterzelle nach Degeneration der 3 übrigen Zellkerne), Fruchtknoten 3(2)blättrig, Kapseln oder Nußfrüchte, Embryo im **stärkehaltigen**, mehligen Endosperm **eingebettet**; auffällig sind die mit mehreren Spindelansatzpunkten versehenen (polycentrischen) Chromosomen.

Trotz habitueller Ähnlichkeiten mit den echten Gräsern (*Poaceae*) lassen sich die *Juncanae* durch kaum hohle noch knotig gegliederte Stengel, aber 3zeilige Blattstellung auch vegetativ gut erkennen. Bei der

2.6.1. Ordnung: Juncales

mit den **Juncaceae** entspricht die Blütenformel meist noch jener der *Lilianae*: P3 + 3 A3 + 3 G(3) (Abb. 968 B–C), ihre synkarpen Fruchtknoten enthalten **zahlreiche** (–3) Samenanlagen und werden zu **Kapselfrüchten**. Sie sind in Mitteleuropa vertreten durch die grasähnlichen Hain-

simsen (*Luzula*) und durch die S i m s e n oder B i n s e n der Gattung *Juncus*, deren Blätter und Halme meist stielrund (Abb. 198 D) und – dem nassen Standort entsprechend – von gekammertem Durchlüftungsgewebe (S. 113) erfüllt sind. Die Einzelblüten stehen in zusammengesetzten Blütenständen (aus Monochasien: Sicheln; Abb. 968 A) und teilweise scheinbar seitenständig, da sich ihr Tragblatt häufig in die Verlängerung der Hauptachse stellt.

Viel stärker reduzierte und zu Ährchen zusammengefaßte Blüten, Pseudomonaden-Pollen, pseudomonomere Fruchtknoten aus 3–2 Karpellen, aber nur mit 1 S a m e n a n l a g e und N u ß f r ü c h t e kennzeichnen die

2.6.2. Ordnung: Cyperales

(nur mit den **Cyperaceae**, Riedgräser). Der Vergleich verschiedener Gattungen demonstriert eine schrittweise Rückbildung: So finden wir z.B. bei *Schoenoplectus, Scirpus, Eleocharis* u.a. die Zwitterblüten vielfach mit 6 widerhakigrauhen Borsten die an der Frucht verbleiben und ihrer Ausbreitung dienen (Abb. 968 D, E): Nach ihrer Zahl und Stellung (3 + 3) entsprechen sie dem Perigon. Auch die «W o l l g r ä s e r» der Flach- und Hochmoore (*Eriophorum*) besitzen Zwitterblüten, ihre Perigonborsten sind aber zu einem Saum weißer Haare vermehrt; auch sie dienen der Fruchtausbreitung (Abb. 968 F–H). Viel stärker vereinfacht sind die eingeschlechtigen Blüten der Seggen, der artenreichen Gattung *Carex* (Abb. 968 L–Q). Man findet fast immer beiderlei Blüten auf derselben Pflanze, entweder in verschiedenen oder in denselben Ähren, und in der Achsel von Deckblättern. Die ♂ haben nur 3 Staubblätter, die ♀ bestehen aus einem 2- oder 3kantigen Fruchtknoten (mit ebenso vielen Narben auf langem Griffel), der aber noch von einer besonderen Hülle, dem «Schlauch» (Utriculus), umschlossen ist. Wie ein Vergleich mit der arktisch-alpinen Gattung *Elyna* zeigt (Abb. 968 I–K), handelt es sich bei dem Utriculus um das eigentliche, verwachsene Tragblatt der ♀ Blüte. Das Deckblatt trägt hier nämlich einen reduzierten Blütenstand mit 1 ♀ und 1 ♂ Blüte, jede mit einem Tragblatt.

Die weltweit verbreitete, artenreiche Familie ist besonders auf sumpfigen Böden stark vertreten. *Eriophorum vaginatum* und *Trichophorum cespitosum* (Abb. 149 F) sind wichtige Torfbildner. Aneinander und kreuzweise übereinander geklebte und gepreßte Gewebeschichten aus den bis über einen Dezimeter dicken Halmen von *Cyperus papyrus* aus dem tropischen Afrika lieferten das «P a p i e r» des Altertums.

Unsicher ist der Anschluß (? *Pontederiales*, ? *Juncanae*) der durchwegs eingeschlechtig-monöcischen

2.7. (Über)Ordnung: Typhales

mit der einzigen, ebenfalls windblütigen Familie **Thyphaceae**. Es handelt sich um sumpfbewohnende Rhizomstauden. Bei *Sparganium* (Igelkolben) sitzen die Blüten in kugeligen ♀ und ♂ Teilblütenständen; sie haben noch ein häutiges, 6- oder 3teiliges Perianth. Bei *Typha* (R o h r k o l b e n) sind an einer durchgehenden Achse

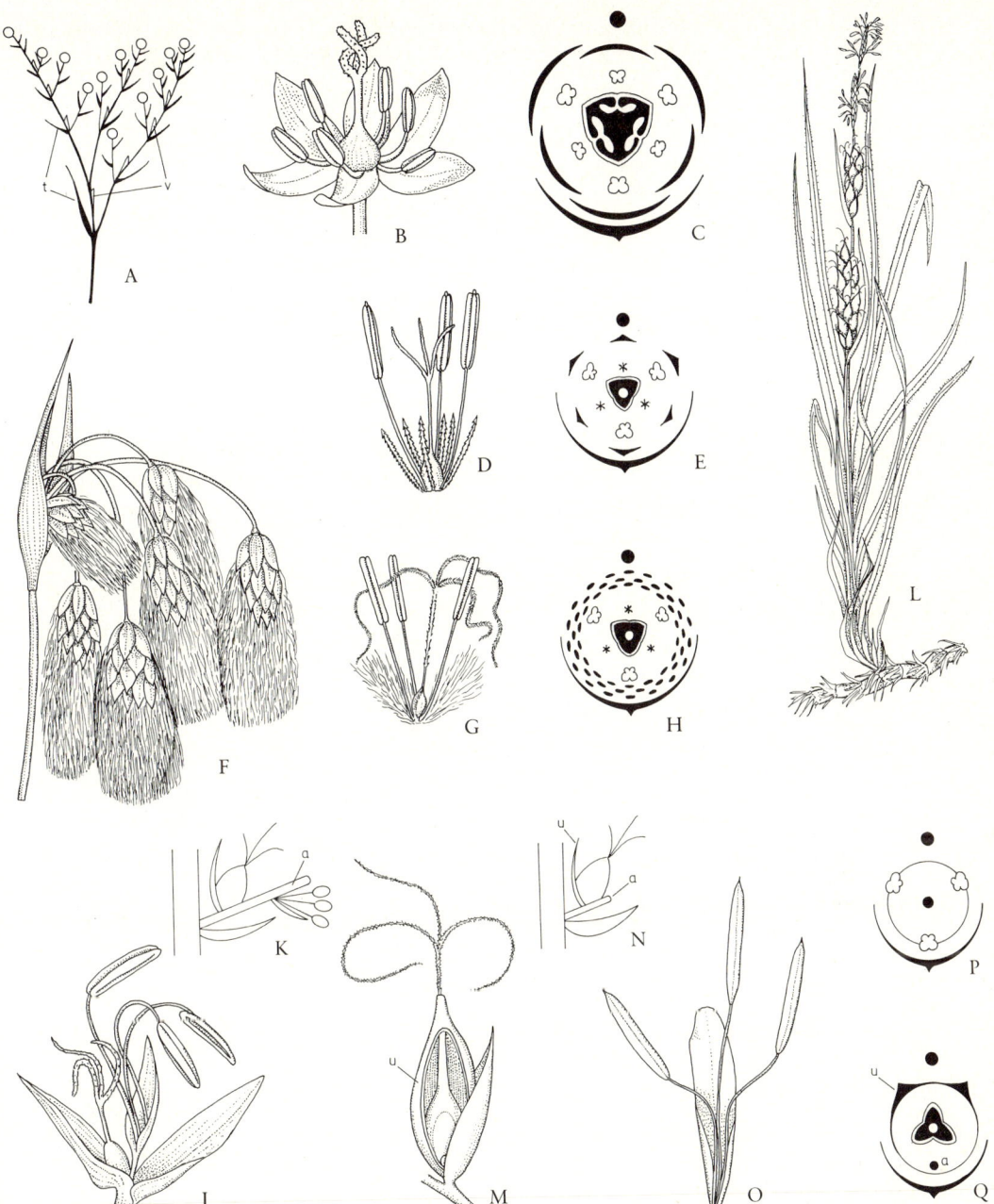

Abb. 968: *Juncanae, Juncales* (A–C) und *Cyperales* (D–Q). A Blütenstand von *Juncus bufonius* mit mehreren Sicheln (Tragblätter t, Vorblätter v); B Blüte von *Luzula campestris* (12×); C Diagramm von *Juncus*. D–E Blüte von *Schoenoplectus lacustris* (4×) und Diagramm von *Scirpus sylvaticus*; F–H *Eriophorum angustifolium*, Fruchtstand (1×), Blüte (vergr.) und Diagramm. I–K *Elyna myosuroides*, Teilblütenstand mit Tragblatt, ♀ und ♂ Blüte. L–Q *Carex*; Habitus von *C. hirta* mit ♀ und ♂ Blütenständen (L, ½×); M–N, Q ♀ Blüte von *Carex*, Schema und Diagramm; der Utriculus (u) ist mit dem Tragblatt der ♀ Blüte von *Elyna* vergleichbar, die Achse des Teilblütenstandes (a) wird reduziert; O–P ♂ Blüte von *Carex* spec. (15×) und Diagramm. (A nach Englers Syllabus; B nach Graf; C,E,H,K,N,P,Q nach Eichler; D nach Firbas; F–G nach Hoffmann; I, L nach Hegi, verändert; M, O nach Walter.)

unten die ♀, oben die ♂ Blüten zu dichten Walzen zusammengedrängt; an Stelle des Perianths ist nur ein Haarsaum vorhanden.

Die letzten Ordnungen der *Liliidae* können als

2.8. Überordnung: Commelinanae (= *Farinosae* z. T.)

zusammengefaßt werden. Ursprünglich noch tierblütig, neigen auch sie stark zur Windblütigkeit. Dabei sind die Blüten radiär (bis schwach dorsiventral) und 3zählig, Nectarien fehlen, die Perigonblätter – teilweise noch kelch- und kronblattartig differenziert – werden unscheinbar und reduziert; Ausfälle erfolgen auch im 2kreisigen Androeceum; 3(2)blättrige oberständige Fruchtknoten wandeln sich von synkarp zu pseudomonomer, vielsamige Kapseln dementsprechend zu 1samigen Nußfrüchten; der Embryo liegt dem stärkereichen, mehligen Endosperm (Name: farina = Mehl!) seitlich an; kennzeichnend sind auch die in Scheide und Spreite gegliederten, streifenaderigen Blätter, die meist knotig gegliederten Stengel und 2 oder mehr Nebenzellen der Spaltöffnungen.

Die ursprünglichsten Merkmale finden wir bei der meist noch entomogamen, zwitterblütigen, kapselfrüchtigen und (sub)tropischen

2.8.1. Ordnung: Commelinales.
Verschiedene, bei uns häufig als Zimmerpflanzen gezogene Arten von *Tradescantia*, *Zebrina* und *Rhoeo* gehören zu den **Commelinaceae**; ihre Blüten lassen deutlich Kelch und Krone erkennen und stehen in Wickeln. Dagegen sind die unscheinbaren Einzelblüten der (sub)tropischen

2.8.2. Ordnung: Eriocaulales (nur Eriocaulaceae)

zu kopfigen Pseudanthien mit Hülle vereinigt (ähnlich den Compositen!).

Das Endglied in der zur Windblütigkeit führenden Entwicklungsreihe der *Commelinanae* stellt die überaus wichtige

2.8.3. Ordnung: Poales (= *Glumiflorae*) dar.

Mit ihren nur mäßig vereinfachten, aber meist eingeschlechtigen Blüten vermitteln die südhemisphärischen **Restionaceae**. Sie nehmen in Südafrika und Australien teilweise die ökologische Position der Gräser, Binsen und Riedgräser ein.

Wirtschaftlich höchst bedeutungsvoll (Getreide, Weidegräser!) und überaus formenreich (etwa 8000–9000 Arten!) ist die Familie der **Poaceae** (= *Gramineae*), der echten Gräser (Süßgräser). Ihre meist zwittrigen Blüten sind sehr stark vereinfacht, zu Ährchen vereinigt und von trockenhäutigen Trag-, Vor- und Perigonblättern (Spelzen) umgeben; meist sind nur noch 3 Staubblätter vorhanden; der Fruchtknoten ist pseudomonomer und enthält nur 1 Samenanlage; bei der Reife liegt sie der Wand der Nußfrucht (Karyopse) meist eng an.

Die echten **Gräser** sind meist krautige Pflanzen mit stielrunden, meist hohlen (Abb. 149 G), an den verdickten Knoten (Abb. 498) durch quergestellte Diaphragmen gegliederten Stengeln («Halmen») und zweizeilig angeordneten Blättern. Jedes Blatt besteht aus einer langen, schmalen Spreite und einer stengelumfassenden auf der der Spreite gegenüberliegenden Seite meist offenen Blattscheide; an der Grenze zwischen beiden findet sich oft ein aufrechtes, weißes Häutchen, die Ligula. Hinzuweisen ist auf die Form

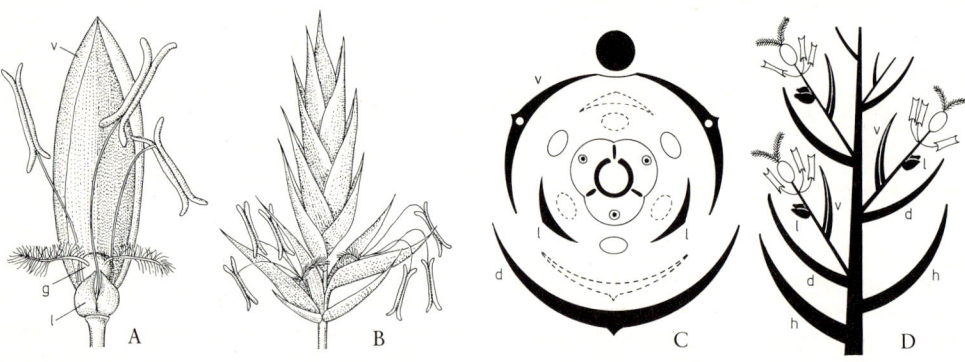

Abb. 969: *Poales, Poaceae.* A–B *Festuca pratensis;* A einzelne Blüte nach Entfernen der Deckspelze (6 ×); B Ährchen mit 2 Hüllspelzen, 2 offenen und einigen geschlossenen Blüten (3 ×). C Theoretisches Diagramm der Grasblüte (fehlende Blütenglieder strichliert). D Schema eines Grasährchens mit 3 entwickelten Blüten. Hüllspelze (h); Deckspelze (d) = Tragblatt, Vorspelze (v) = äußerer Perigonkreis, Lodiculae (l) = innerer Perianthkreis, äußerer und (ausgefallener) innerer Staubblattkreis, Fruchtknoten (g). (D nach FIRBAS; C nach SCHUSTER; A–B nach SCHENCK.)

der Spaltöffnungen (Abb. 126, S. 117). In der Epidermis finden sich charakteristische Kieselkurzzellen.

Die Blütenährchen sind zu rispigen oder ährigen Gesamtblütenständen vereinigt (Rispen- und Ährengräser; Abb. 970I; A, C, D, F). Jedes Ährchen (Abb. 969B, D; 970B, E, G, H, K) ist am Grunde von meist 2 Hüllspelzen umgeben. Darauf folgen in zweizeiliger Anordnung die Deckspelzen als Tragblätter der Einzelblüten (Abb. 969B–D). Sie sind oft begrannt, d.h. die dem Unterblatt entsprechenden «Spelzen» tragen auf dem Rücken oder an der Spitze eine der Blattspreite homologe steife Borste, die Granne. Die Blütenhülle besteht gewöhnlich aus einer meist 2kieligen Vorspelze und 2 (selten noch 3) kleinen Schüppchen (den Lodiculae), welche als Schwellkörper die Öffnung der Blüte bewirken. Vorspelze und Lodiculae sind offenbar den (teilweise verwachsenen) Gliedern des äußeren und inneren Perianthkreises homolog (Abb. 969A, C–D). Von den gelegentlich noch vorhandenen beiden Staubblattkreisen (A3 + 3; z.B. bei Oryza) ist meist nur der äußere erhalten. Am Aufbau des einfächerigen Fruchtknotens mit 3, meist aber nur noch 2 Narben ist offenbar 3 bzw. 2 Karpelle beteiligt. Jedes Ährchen enthält meist mehrere, seltener – durch Verarmung – nur 1 Blüte. Die Grasfrucht (Karyopse) entwickelt sich nicht nur aus dem Fruchtknoten, sondern meist auch noch aus Spelzen (Ausbreitungs- und Verankerungshilfe!). Der Graskeimling besitzt ein zu einem schildförmigen Saugorgan, dem Scutellum, umgewandeltes Keimblatt, mit dem er dem mächtig entwickelten, stärkereichen Endosperm seitlich anliegt (Abb. 970L). Sproß- und Wurzelvegetationspunkt sind von geschlossenen Scheiden, Coleoptile (= Keimblattscheide?) und Coleorrhiza, umschlossen, die bei der Keimung durchbrochen werden (Abb. 959D).

Für die systematische Gliederung der Poaceae werden besonders Differenzierungen des Ährchenbaues, der Lodiculae, der Karyopsen-, Embryo- und Keimlingsstruktur sowie der Blattanatomie herangezogen. Bei den meisten Gräsern zerfallen die reifen Ährchen: Dabei haben die **Bambusoideae** noch ursprüngliche Blüten (3 Lodiculae und oft 3 + 3 Staubblätter), aber holzige und oft baumhohe Halme; die Bambus-Arten sind besonders in den feuchten (Sub)-Tropen verbreitet und werden dort etwa als Baumaterial und Gemüse genutzt. Vieladerige Deckspelzen finden sich bei den überwiegend temperaten **Pooideae** (= Festucoideae) mit C_3-Photosynthese. Mehrblütige Ährchen und (meist) Rispen kennzeichnen etwa die auch als Futtergräser (Abb. 1044, 1057) wichtigen heimischen Gattungen Poa (Rispengras: Abb. 245, 564), Festuca (Schwingel), Lolium (Lolch), Bromus (Trespe) mit kurzen (Abb. 969B) und Arrhenatherum (Glatthafer), Trisetum (Goldhafer) und Avena (Hafer) mit langen Hüllspelzen (Abb. 970H); als Ährengräser gehören unsere Getreidegattungen Triticum (Weizen), Secale (Roggen) und Hordeum (Gerste) hierher (Abb. 970A–G). Einblütige Ährchen haben unter den heimischen Pooi-

deae etwa Agrostis (Straußgras) mit rispigen und Anthoxanthum (Ruchgras), Alopecurus (Fuchsschwanzgras) und Phleum (Lieschgras) mit ährenförmig zusammengezogenen Inflorescenzen. Stärker isoliert sind die Arundineae mit mehrblütigen Ährchen und behaarter Ährchenspindel: bestandbildend etwa Phragmites (Schilf) in Röhrichten (Abb. 974) und Molinia (Pfeifengras) in Flachmoorwiesen, sowie die Stipeae mit einblütigen Ährchen: Feder- und Haargras (Stipa pennata agg. und St. capillata) mit xeromorphen Rollblättern (Abb. 219B–C) und sehr lang begrannten Deckspelzen als Leitformen der pontischen Steppen (Abb. 1083). Die tropischen **Oryzoideae** haben einblütige Ährchen, aber mehrere Deckspelzen; hierher der Reis (Oryza: Abb. 970I–K). Die folgenden Unterfamilien sind überwiegend tropisch und haben C_4-Photosynthese (vgl. S. 257ff.). Nur 3–1nervige Deckspelzen finden sich bei den **Eragrostoideae** (u.a. mit Chlorideae); heimisch ist Cynodon (Hundszahngras) mit fingerförmig angeordneten Ähren. Als Ganzes fallen die meist 2blütigen Ährchen ab bei den **Panicoideae** mit einzelnen Ährchen (dazu etwa die Hirsegräser Panicum, Pennisetum und Setaria) sowie bei den **Andropogonoideae** mit gepaarten Ährchen: Hierher zählen besonders das im indomalaiischen Raum beheimatete Zuckerrohr (Saccharum officinarum), aus dessen Mark durch Auspressen und Eindicken der Rohrzucker gewonnen wird, weiter die Getreidegräser Sorghum und Zea (Mais) sowie der heimische Trockenzeiger Bothriochloa (Männerbart).

Höchst weitreichend ist die Bedeutung der Gräser für unsere Biosphäre. Sie bestimmen das Lebensbild der Savannen, Steppen und Wiesen und haben mit diesen Formationen seit der Oberkreide und besonders im Tertiär eine immer weitere Verbreitung erlangt. Die Evolution großer Tiergruppen, wie etwa der Paarhufer und Pferde, ist ohne sie undenkbar. Für den Menschen hat erst der Getreidebau und die damit verbundene rationale Produktion haltbarer Nahrungsmittel seit etwa 10000–7000 Jahren die Entstehung städtischer Hochkulturen in der Alten und Neuen Welt ermöglicht. Gegenüber ihren Wildformen unterscheiden sich die Kulturgetreide besonders durch Vermehrung und Vergrößerung der Karyopsen (Ertrag!), Verlust der Brüchigkeit von Ähren- bzw. Ährchen-Spindel (Ernte!) und teilweise auch durch Lösung von Karyopse und Spelzen bzw. Einjährigkeit.

Als wichtigste Getreide sind entstanden: A) In Vorderasien und dem Mittelmeerraum: 1. **Weizen** (Triticum, Abb. 214B, 970C–E: einzelne, meist 3–5-blütige Ährchen mit breiten Hüllspelzen und begrannten oder unbegrannten Deckspelzen). Am wichtigsten ist der hexaploide Saat-Weizen (T. aestivum = T. vulgare); in wärmeren Ländern wird auch der tetraploide Hart-Weizen (T. turgidum: durum) und in Süddeutschland gelegentlich Spelt oder Dinkel (T. aestivum: spelta) gebaut, während das diploide Einkorn (T. monococcum: monococcum) und der tetraploide Emmer (T. turgidum: dicoccon) heute aus der

Kultur fast verschwunden sind. (Wegen der Entstehung der Kulturweizen vgl. S. 531 und Abb. 577.) 2. **Gerste** (*Hordeum vulgare*, Abb. 970 F–G: einblütige Ährchen zu dritt an der Ährenachse; bei den 6zeiligen Gersten sind alle Ährchen fruchtbar und begrannt, bei den 2zeiligen nur das mittlere; Kultur-

Gersten sind diploid). 3. **Roggen** (*Secale cereale*, Abb. 970 A–B: einzelne 2blütige Ährchen mit schmalen Hüllspelzen und langbegrannten Deckspelzen; diploid). 4. **Hafer** (*Avena*, Abb. 970 H: Ährchen in Rispen). Wichtig ist nur der hexaploide Saat-Hafer (*Avena sativa*). – Der Anbau von Weizen (Emmer)

Abb. 970: *Poales, Poaceae.* Getreide. Ähren und Ährchen von A–B Roggen, *Secale cereale*, C–E Weizen, *Triticum aestivum* mit C Spelt und D–E Saatweizen, F–G Gerste, *Hordeum vulgare* mit F 2reihigen und G 6reihigen Formen, H Hafer, *Avena sativa* und I–K Reis, *Oryza sativa;* Hüllspelzen (h), Deckspelzen (d), ihre Grannen bei B und E nur teilweise gezeichnet, Vorspelzen (v). L Weizenkorn, medianer Längsschnitt durch den unteren Teil, Seitenwand der Fruchtfurche (f), links unten der Embryo mit Scutellum (sc), Leitbündel (vs) und Zylinderepithel (ce), Coleoptile (c), Vegetationskegel des Sprosses (pr), Coleorrhiza (cl), Radicula (r) mit Wurzelhaube (cp) und Austrittsstelle (m) (14×). (A, C, D, F, I–K nach Karsten; B, E, G, H nach Firbas; L nach Strasburger.)

und Gerste reicht im Nahen Osten bis ins 9. Jahrtausend v. Chr. zurück; auch in Mitteleuropa wurden Einkorn, Emmer, Saat-Weizen und Gerste schon in der jüngeren Steinzeit gebaut. Roggen und Hafer kamen erst in der Bronze- und Eisenzeit dazu; sie waren wohl zuerst Unkräuter zwischen anderen damals angebauten Getreidearten. B) In Südostasien: Reis (*Oryza sativa*, Abb. 970 I–K: einblütige Ährchen in Rispen; diploid), entstanden aus der Wildsippe *O. perennis*, ist das wichtigste tropisch-subtropische Getreide; in Südostasien seit Jahrtausenden in Kultur und heute weltweit (z.B. noch in der Poebene), und zwar besonders auf bewässerten Feldern gebaut. C) In den Trockengebieten Ostasiens, Indiens und Afrikas etc.: Hirsen, besonders Rispenhirse (*Panicum miliaceum:* Abb. 438), Kolbenhirse *(Setaria italica),* Perlhirse *(Pennisetum spicatum)* und Mohrenhirse oder Durra *(Sorghum bicolor);* vielfach als Hackfrüchte gebaut. D) In Mexiko und Zentralamerika: Mais *(Zea mays:* einhäusig, ♂ Blüten in gipfelständigen Rispen, ♀ in dicken, seitenständigen Kolben; diploid); Entstehung aus erst kürzlich entdeckten ausdauernden mexikanischen Wildformen; seit dem 6. Jahrtausend v. Chr. in Kultur.

3. Unterklasse:
Arecidae (= Spadiciflorae)

Ihre zahlreichen unscheinbaren Blüten sind meist zu rispig-ährigen bzw. kolbenartigen Blütenständen (Spadix = Kolben!) vereinigt, die von ± auffälligen Hochblättern (Spathen) umgeben werden (Abb. 892 G, 971 G). Die oberständigen Gynoeceen sind vereinzelt noch chorikarp, meist aber coenokarp, enthalten wenige bis 1 Samenanlage und bilden durchwegs Schließfrüchte. Im Zusammenhang mit der weitverbreiteten Tendenz zur Windblütigkeit werden die ursprünglich zwittrigen Blüten oft vereinfacht und eingeschlechtig. – Es sind vielfach mächtige, holzige oder krautige Pflanzen, deren Blätter meist eine breite, ungeteilte oder erst nachträglich zerteilte und oft nicht typisch streifenaderige Spreite mit Blattstielen besitzen.

Der Blütenbau ist fast immer cyclisch und oft 3gliedrig, sonst aber sehr mannigfaltig: Perianth (bei manchen Palmen noch schraubig) kaum differenziert, 2kreisig oder reduziert, Staubblätter oft 3 + 3, vereinzelt aber auch vermehrt oder vielfach vermindert, Septalnectarien nur gelegentlich (bei manchen Palmen). Als Schließfrüchte finden sich Beeren, Steinfrüchte und Nüsse. Oxalat-Raphiden sind häufig. – Frühes Auftreten (Palmen schon in der Kreide) und teilweise ursprüngliche Merkmale (z.B. Chorikarpie) deuten darauf hin, daß die *Arecidae* sich parallel mit den *Liliidae* aus primitiven Mono-

cotyledonen entwickelt haben. Die beiden üblicherweise hierher gestellten Überordnungen *Arecanae* und *Aranae* sind möglicherweise nicht näher miteinander verwandt.

3.1. Überordnung Arecanae: (Sub)tropische, ± verholzte und oft baumförmige Gewächse (ohne sekundäres, aber mit starkem primären Dickenwachstum: Abb. 177 A–B). Staubblätter nicht selten vermehrt. Endosperm nucleär (bzw. helobial) gebildet, mit reichlicher Reservecellulose etc., stärkefrei.

Relativ viele ursprüngliche Blütenmerkmale finden sich noch bei der

3.1.1. Ordnung: **Arecales** *(= Principes),* mit der einzigen Familie der Palmen: **Arecaceae** *(= Palmae,* Abb. 971, 1086, 1088). Die schlanken und meist unverzweigten, von unten bis oben fast gleich dicken Stämme tragen am Gipfel einen Schopf mächtiger, meist langgestielter und sich fiederig oder fächerig zerteilender Blätter (Fieder- bzw. Fächerpalmen: Abb. 971 A–B).

Der Stamm erreicht meist noch vor Beginn des Längenwachstums annähernd seine endgültige Dicke (Abb. 177 A–B); selten ist er verzweigt (z.B. gabelig bei den afrikanischen *Hyphaene*-Arten); manchmal bleibt er aber auch dünn und kriecht oder klettert (so etwa bei den Rotang-Palmen: *Calamus* u.a.; sie liefern das «Spanische Rohr»). Die Blattspreite wird immer ungeteilt, aber gefältelt (plikat) angelegt und erst später zerteilt (S. 177, Abb. 971 B). Die Blütenstände stehen seitlich oder terminal (Abb. 971 F, K; im letzteren Fall stirbt die Pflanze – z.B. *Corypha* – nach dem Fruchten ab). Sie sind meist noch stark verzweigt, werden von einer festen Spatha umhüllt (Abb. 971 G) und tragen die zwittrigen oder (meist) eingeschlechtigen Blüten in 1- oder 2häusiger Verteilung. Das 2wirtelige Perianth ist meist wenig auffällig und kaum differenziert. Die Bestäubung erfolgt durch Insekten (vereinzelt noch Nektar!) oder durch den Wind. Das Gynoeceum ist teils noch chorikarp teils synkarp (Abb. 971 C, E). Von den 3 Fruchtblättern (mit je 1 Samenanlage) entwickelt sich häufig nur 1 weiter.

Mannigfaltig und für die weitere Gliederung wie auch für die wirtschaftliche Bedeutung der Familie entscheidend sind die Früchte. Die zweihäusige Dattelpalme *(Phoenix dactylifera),* die besonders in den Oasen der Sahara und bis nach Indien gepflanzt wird, bildet jeweils aus einem ihrer 3 freien Fruchtblätter eine Einblatt-Beere (Abb. 971 C): Der Same liegt innerhalb des zuckerhaltigen Fruchtfleisches und gewinnt seine Härte durch Speicherung von Reservecellulose. Damit verwandt ist auch die südwestmediterrane Zwergpalme *(Chamaerops humilis),* neben der auf Kreta endemischen *Phoenix theophrastii* die einzige wildwachsende Palme Europas. Ein horniges

Endosperm besitzen übrigens auch viele andere Palmen: Bei der im tropischen Amerika beheimateten Elfenbeinpalme *(Phytelephas macrocarpa)* dient es als «vegetabilisches Elfenbein» (z.B. zur Herstellung von Knöpfen; Abb.78B), bei der indomalaiischen Betelnußpalme *(Areca catechu)* ist es braun und ruminat; die Samen entstehen hier einzeln im zunächst 3fächrigen Fruchtknoten und werden als Genußmittel gekaut. Die wohl in Südostasien beheimatete, heute als wichtige Nutzpflanze an allen tropischen Küsten verbreitete Kokospalme *(Cocos nucifera:* Abb. 971F–I) bildet sehr große, aus einem 3blättrig-synkarpen Fruchtknoten hervorgehende, 1samige Steinfrüchte. Sie haben ein glattes Exokarp, ein dickes, faseriges Mesokarp und schließlich ein steiniges Endokarp mit 3 Keimgruben; davon wird eine

bei der Keimung von dem dahinterliegenden Embryo durchbrochen. Das Endosperm ist außen fest und ölreich (die «Kopra» des Handels), innen flüssig (die trinkbare Kokosmilch). Das lufthaltige Mesokarp macht die Früchte schwimmfähig; aus ihm wird die Kokosfaser gewonnen. Wichtig sind weiter auch die Steinfrüchte der Ölpalmen *(Elaeis guineensis* u.a.), die Palm- und Palmkernöl liefern. – Bemerkenswert ist schließlich die Herstellung von Sago-Stärke aus den Stämmen verschiedener Palmen, besonders der malaiischen *Metroxylon*-Arten.

Lineale Blätter und immer eingeschlechtige, diöcisch verteilte, vielfach anemophile Blüten in unverzweigten Kolben kennzeichnen die

3.1.2. Ordnung: **Pandanales** mit den **Pandanaceae.** Hierher gehören eigenartige, häufig auf Stelzwurzeln

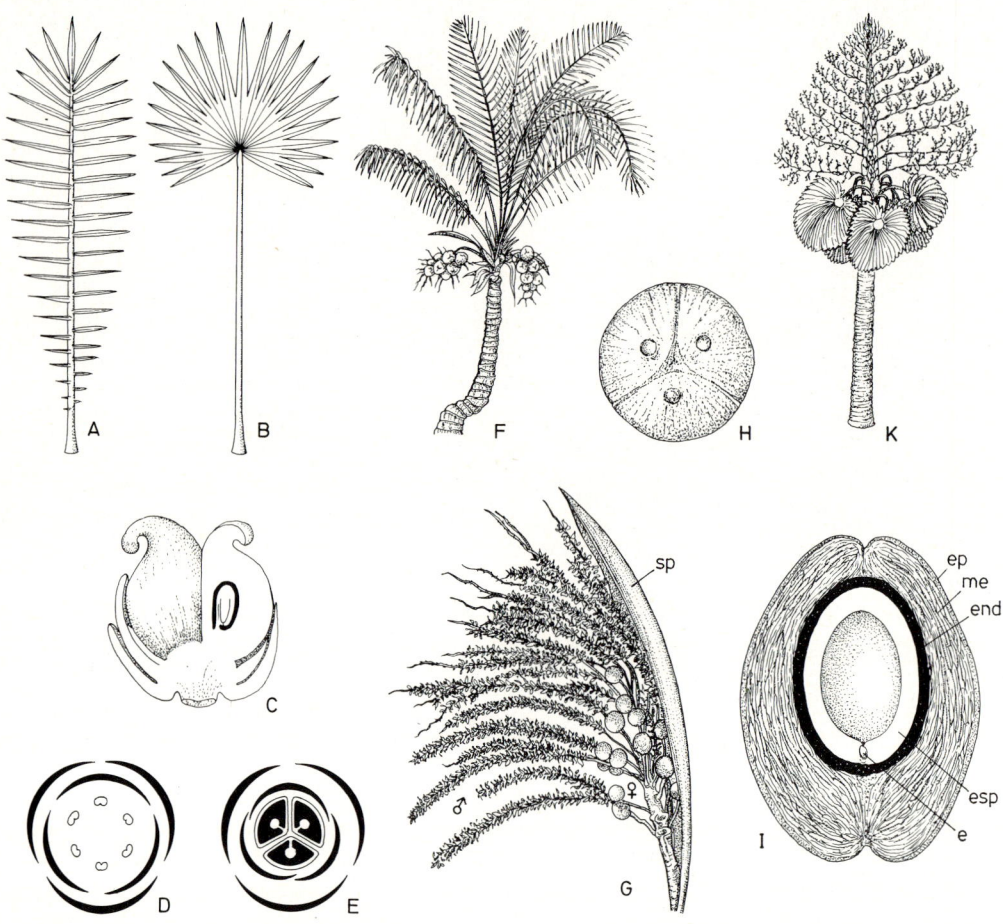

Abb. 971: *Arecales.* Blattbau A einer Fieder-, B einer Fächerpalme (ca. $^1/_{20}$). C–E *Phoenix dactylifera*, C ♀ Blüte längs, chorikarpes Gynoeceum (vergr.), D ♂ und E ♀ Blütendiagramm. F–I *Cocos nucifera*, F Gesamtpflanze (ca. $^1/_{150}$), G Blütenstand mit Spatha (sp) sowie Resten von ♂ Blüten und jungen Früchten: ♀ (ca. $^1/_{20}$), H Steinkern von unten mit den 3 Keimlöchern (verkl.), I Steinfrucht längs, mit Exo-, Meso- und Endokarp (ep, me, end), Endosperm (esp) und Embryo (e) (verkl.). K *Corypha taliera*, Gesamtpflanze (ca. $^1/_{150}$). (A–B nach Troll; C nach Baillon; D–E nach Graf; F u. K nach Englers Syllabus; G nach Karsten; H–I nach Wettstein.)

stehende und gabelig verzweigte Bäume oder kletternde Sträucher der Paläotropen. Verschiedene *Pandanus*-Arten sind auffällige Strandpflanzen; sie werden «Schraubenpalmen» genannt, weil ihre schwertförmigen und scharfstacheligen Blätter meist in 3, den Stamm schraubig umlaufenden Zeilen angeordnet sind. Die Blüten sind perianthlos, die Fruchtknoten bestehen aus 3 bis vielen Karpellen und bilden dichte, kopfförmige Fruchtstände.

3.2. Überordnung Aranae:

K r a u t i g e   S t a u den oder Kletterpflanzen mit ungefälteten und meist u n z e r t e i l t e n Blättern. Blüten in unverzweigten, von einer Spatha umgebenen Kolben, vielfach stark reduziert (bis auf 1 Staubblatt bzw. 1 Fruchtknoten). Endosperm cellulär gebildet, s t ä r k e r e i c h.

Die einzige *3.2.1. Ordnung:* **Arales** läßt auffällige Ähnlichkeiten mit den *Alismatidae* (und den *Piperales?*) erkennen.

Ausgangsfamilie sind die vorwiegend tropischen **Araceae** (A r o n s t a b g e w ä c h s e), die mit Rhizomen oder Rhizomknollen (z.B. *Arum:* Abb. 212) überdauern und besonders in den Regenwäldern als großblättrige Rosettenpflanzen oder als epiphytische und wurzelkletternde Lianen eine große Rolle spielen (Abb. 1086). Ihre meist breiten, herz- oder pfeilförmigen (selten auch echt fiederig oder fingerförmig geteilten) Blätter sind nicht selten netzaderig (z.B. *Arum*). Manche lappige oder sogar durchlöcherte Blätter (z.B. bei der beliebten Zimmerpflanze *Monstera*) kommen durch Absterben bestimmter Bezirke der Spreite zustande (S.177, Abb. 972 A). Die vielgestaltigen Blüten sitzen tragblattlos am meist flei-

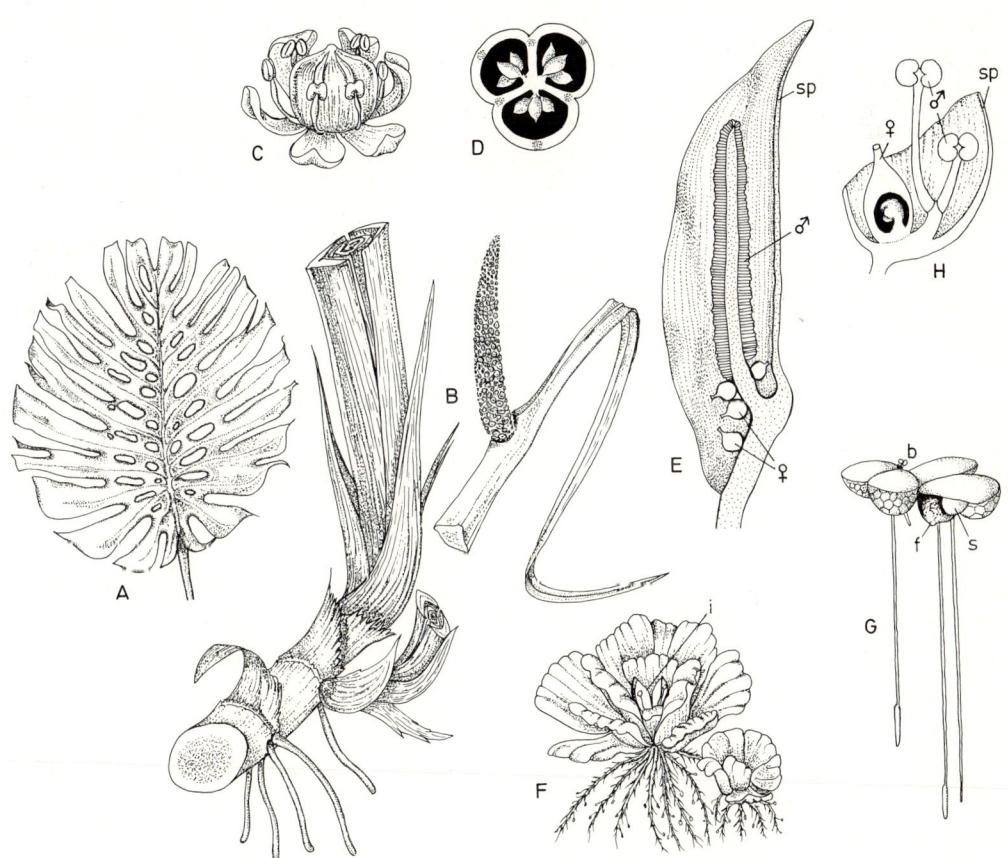

Abb. 972: *Arales, Araceae* (A–F) und *Lemnaceae* (G–H). A *Monstera deliciosa*, Blatt (mit sekundär gebildeten Löchern und Buchten) (ca. ¹/₁₀ ×). B–D *Acorus calamus*, blühende Pflanze (¹/₄ ×), C Einzelblüte und D Fruchtknoten, quer (stark vergr.). E *Aglaonema marantifolium*, Blütenstand mit Spatha (sp) sowie mit nackten ♀ und ♂ Blüten (ca. 8 ×). F *Pistia stratiotes*, schwimmende Gesamtpflanze mit 2 Blütenständen (i) und vegetativ enstandener Tochterpflanze (²/₃ ×). G *Lemna gibba*, schwimmende Pflanzen, junges Sproßglied (s), ♂ Blüte (b) und Frucht (f). H *Lemna trisulca*, Blütenstand längs, mit Spatha (sp), 1 ♀ und 2 ♂ Blüten (stark vergr.). (A nach TROLL; B nach KARSTEN; C–F, H nach GRAF; F nach ENGLERS Syllabus; G nach HEGELMAIER.)

schigen Kolben (Spadix), die Spatha ist oft auffällig gefärbt. Die Früchte sind meistens Beeren.

Auch die wenigen bei uns heimischen *Araceae* bringen die für die Familie bezeichnende Rückbildung der Blüten und die fortschreitende Spezialisierung der Blütenstände gut zum Ausdruck. So besitzt der ursprünglich ostasiatische Kalmus (*Acorus calamus*: Abb. 875 B, 972 B–D; vgl. auch S. 532) noch vollständige Zwitterblüten mit unscheinbarem Perigon: *P3 + 3 A3 + 3 G(3); der Kolben steht hier scheinbar seitenständig, da die grüne Spatha den abgeflachten Stengel fortsetzt. Dagegen fehlt der moorbewohnenden Drachenwurz *(Calla palustris)* ein Perigon: *A6–9 G(3); hier ist die Spatha innen weiß. Eingeschlechtige Blüten aus wenigen Staubblättern bzw. aus 1 pseudomonomeren Fruchtknoten zeichnen schließlich den in feuchten Laubwäldern nicht seltenen Aronstab *(Arum maculatum)* aus: ♂ A3–4 und ♀ G(1 + 2°) (Abb. 892 G); der Blütenstand wird von der Spatha fest umschlossen und bildet eine Gleitfalle (S. 818 f.).

Schon bei einigen *Araceae* finden wir neben einer Vereinfachung der Blüten auch eine Verringerung ihrer Zahl im Blütenstand (z. B. bei *Aglaonema*: Abb. 972 E und der tropischen Wasserpflanze *Pistia* mit schwimmenden Blattrosetten: Abb. 972 F). Diese Entwicklung führt schließlich zu den **Lemnaceae** (Abb. 972 G–H). Ihre Blütenstände besitzen nämlich innerhalb der winzigen, unscheinbaren Spatha nur noch 1♀, von 1 Fruchtknoten gebildete sowie 1–2♂, nur aus je 1 Staubblatt bestehende Blüten. Als «Wasserlinsen» überziehen sie ruhige Wasserflächen (Abb. 1043) und sind auch vegetativ sehr vereinfacht (Neotenie!): Sie bestehen lediglich aus frei schwimmenden (bei *Lemna trisulca* untergetauchten) blattartigen Gliedern, die sich durch Sprossung reichlich vermehren. Der größere vordere Teil jedes Gliedes entspricht einem Blatt, der hintere einer reduzierten Sproßachse. Daraus werden bei *Spirodela* mehrere, bei *Lemna* nur 1 Wurzel gebildet, während *Wolffia arrhiza* (mit höchstens 1,5 mm Länge die kleinste Blütenpflanze!) wurzellos ist.

Rückblick auf die Stammesgeschichte der Angiospermae

Die derzeit noch hypothetische Herkunft der *Angiospermae* (Bedecktsamer) aus mesozoischen Nachfahren der *Lyginopteridatae* (Samenfarne) (Abb. 853) steht offenbar im Zusammenhang mit der Umstellung von Wind- auf Tierbestäubung. Die Massenentfaltung der Angiospermen erfolgt relativ spät und kennzeichnet das Neophyticum der Erdgeschichte (Oberkreide bis heute). Als Modell für die Ausgangsgruppe(n) können wohl am ehesten ursprüngliche dicotyle *Magnoliidae* dienen. Davon haben sich offenbar sehr frühzeitig und in großer Breite die monocotylen Gruppen abgegliedert. Die weitere Differenzierung der *Di-* und *Monocotyledoneae* ist dann in mehreren parallel-

len Entwicklungslinien erfolgt. Bestimmte morphologische Trends haben sich dabei immer wieder durchgesetzt (z. B. Holz- → Krautpflanzen, einfaches → differenziertes Perianth, freie → verwachsene Perianthblätter bzw. Fruchtblätter, sekundäre Polyandrie, Ausfall von Staubblattkreisen, radiäre → dorsiventrale Blütensymmetrie etc.). Innerhalb der *Dicotyledoneae* (Abb. 902) lassen sich die *Ranunculidae* auf ursprüngliche *Magnoliidae* zurückführen. Auch die Wurzeln der *Caryophyllidae* dürften in dieser Basalgruppe der «*Polycarpicae*» zu suchen sein. Eine vermittelnde Stellung zwischen den *Magnoliidae* und den basalen *Rosidae-Dilleniidae* nehmen die *Hamamelididae* ein. Sie repräsentieren möglicherweise Restgruppen einer frühen Phase der Blütenreduktion und Reversion zur Windbestäubung. Die breite Entfaltung der *Rosidae-Dilleniidae* markiert dann eine zweite Anpassungsphase der Dicotylen an Tierbestäubung (Abb. 917). Diese Entwicklung hat schließlich zur Ausgliederung der *Lamiidae* und *Asteridae* auf der höchsten Entwicklungsstufe der «*Sympetalae Tetracyclicae*» geführt. Innerhalb der *Monocotyledoneae* finden wir noch bei ursprünglichen Vertretern aller drei Unterklassen Merkmalsanklänge an die *Magnoliidae*. Die *Alismatidae*, *Liliidae* und *Arecidae* haben sich also nebeneinander entwickelt, wobei einige Endglieder ein erstaunliches Anpassungsniveau hinsichtlich Wasserleben, Xeromorphie bzw. Mycotrophie und Zoo- bzw. Anemophilie erreicht haben.

Rückblick auf die Stammesgeschichte des Pflanzenreichs

Anhand von Abb. 973 sollen abschließend einige Grundzüge der historischen Entwicklung unserer Biosphäre und ihrer Pflanzenwelt zusammenfassend skizziert werden. Grundlegend ist dabei, daß die ältesten bekannten Lebensspuren mit mehr als 3 Milliarden Jahren veranschlagt werden; die **Entstehung des Lebens** erfolgte also vermutlich vor mehr als 4 Milliarden Jahren. Die Atmosphäre unseres Planeten bestand damals überwiegend aus Wasserdampf, Wasserstoffgas, Ammoniak, Methan, Kohlendioxid und Schwefelwasserstoff; dagegen fehlten die heute dominierenden Gase Stickstoff und Sauerstoff praktisch völlig (S. 1001 f.). Auch die heute so wichtige, vor der Weltraumstrahlung schützende Ozonschicht war in der damaligen Uratmosphäre noch nicht vorhanden. Vulkanismus und elektrische Entladungen haben offenbar eine große Rolle gespielt. Unter solchen Bedingungen entstehen geradezu zwangsläufig organische Verbindungen, darunter auch solche, die als Bausteine des Lebens von entscheidender Bedeutung sind (S. 2). Ihre selektive Anreicherung könnte in tröpfchenartigen, von Protein-Lipid-Membranen umgebenen «Mikrosphären» erfolgt sein. Solche «Mikrosphären» lassen sich auch experimentell herstellen. Bei Stoffzufuhr kann es zur Vermehrung durch Sprossung kommen und in Verbindung mit energiespeichernden Systemen (z.B. ADP ⇌ ATP) sind auch dynamische, stoffwechselartige Vorgänge möglich. Entscheidend muß dann die Herausbildung eines Codierungssystems als Grundlage für die identische Reduplikation gewesen sein. Voraussetzung dafür waren offenbar Polynucleotide vom Typ der Transfer-RNA als «Ur-Gene» und katalytisch «dazupassende» Proteine. Zwei und mehr solcher t-RNA-Protein-Systeme könnten dann – wie man das heute noch an Viren modellhaft zeigen kann – zu einem sogenannten «Hypercyclus» zusammengetreten sein, bei dem sich die Produkte der Komponenten wechselseitig fördern. Im Experiment läßt sich die schrittweise Be-

schleunigung der Vermehrungsrate und damit die «Verbesserung» solcher Systeme aufgrund von Mutationen der RNA beobachten, also Selektion auf molekularer, präbiotischer Ebene! Aufgrund der Koppelung solcher Codierungssysteme mit stoffwechselnden Mikrosphärensystemen wäre schließlich die Entstehung von derzeit noch hypothetischen «Probionta» denkbar. Für sie muß man eine allmähliche Perfektion des Informationsspeichers (auf der Grundlage eines zuerst auf 2 und dann auf 3 Nucleotiden pro Aminosäure beruhenden genetischen Codes) und des Stoffwechselsystems (auf der Grundlage von immer zahlreicheren und besser integrierten enzymgesteuerten Prozessen) postulieren.

Bei den ältesten fossil nachgewiesenen Lebewesen (S. 558, 1001 f.) hat es sich um cellulär organisierte

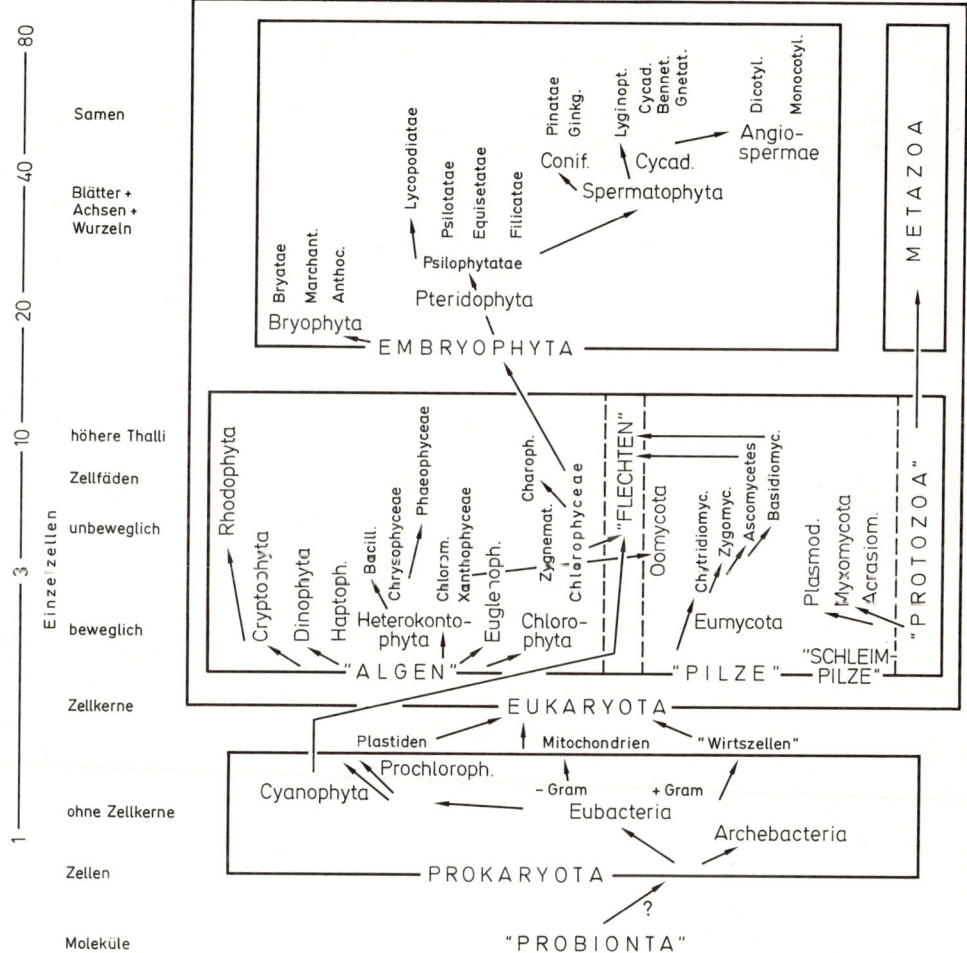

Abb. 973: Schema der vermutlichen stammesgeschichtlichen Zusammenhänge zwischen den großen Verwandtschaftsgruppen und Organisationstypen der Organismen, besonders der Pflanzen. Links allgemeine Hinweise auf erreichte Organisationsstufen und Zahl verschiedener Zellsorten (für Pflanzen). Weitere Erklärungen im Text. (Original.)

bakterienähnliche **Prokaryota** gehandelt, die ihren Stoff- und Energiebedarf aus angereicherten organischen Verbindungen gedeckt haben: Wir müssen bei ihnen primäre Heterotrophie aufgrund anaerober Gärungsvorgänge postulieren (S. 273 ff.). Die Verknappung leicht zugänglicher organisch-chemischer Energiequellen in der Uratmosphäre hat dann offenbar innerhalb der frühen *Prokaryota* den allmählichen Übergang zur Autotrophie nötig gemacht: So sind wohl zuerst verschiedene Formen der anaeroben Photosynthese auf der Grundlage der cyclischen Photophosphorylierung, insbesondere mit Photosystem I und weiter mit H_2S als Reduktionsmittel (S. 250), sowie parallel dazu wohl auch der anaeroben Chemosynthese (S. 271 ff., 558) entstanden. Der entscheidende Schritt zur typischen aeroben Photosynthese mit H_2O-Spaltung und CO_2-Reduktion aufgrund der zusätzlichen Entwicklung des Photosystems II (S. 250) wurde dann erst durch Cyanophyceen-ähnliche «Ur-Algen» vollzogen. Mit der nun einsetzenden verstärkten Sauerstoffanreicherung in der Uratmosphäre waren dann auch die Voraussetzungen für den Durchbruch zur stoffwechselphysiologisch so wesentlich ökonomischeren aeroben Atmung gegeben. Die Vermehrung organischen Lebens ermöglichte nunmehr auch die verschiedensten Formen der sekundären Heterotrophie: Saprophytismus und Parasitismus. Alle diese grundlegenden Differenzierungen lassen sich anscheinend aus einem Vergleich der noch heute existierenden *Prokaryota* rekonstruieren (Abb. 598). Ihre sehr frühe stammesgeschichtliche Auffächerung, zuerst zu *Arche-* und *Eubacteria*, letztere dann einerseits zu *Cyanophyta* und weiter zu *Prochlorophyta*, andererseits zu gram-negativen bzw. -positiven *Eubacteria* (S. 558 f., 566) muß vor 3–4 Milliarden Jahren erfolgt sein.

Der nächste entscheidende Evolutionsschritt war die Entstehung offensichtlich Flagellaten-ähnlicher und daher frei beweglicher einzelliger **Eukaryota**. Vieles spricht dafür, daß dabei in noch durchaus hypothetischen «Wirtszellen» auf dem Wege von Endosymbiosen prokaryotische Organismen zu Zellorganellen geworden sind: verschiedene *Cyanophyta* bzw. *Prochlorophyta* zu Chloroplasten und *Eubacteria* (?) zu Mitochondrien. Heute noch als Endosymbiosen erkennbare Gattungen wie *Glaucocystis* (Abb. 66), *Cyanophora* u.a. können als Modelle für diese «Symbionten-Hypothese» (S. 70, 571) gelten.

Bei den *Eukaryota* ist das Erbgut vermehrt und mit Histonen neuartig zu Nucleosomen, Chromosomen und Zellkernen «verpackt»; seine Aufteilung und Weitergabe ist durch die Mitose präziser geworden und seine Kombinationsmöglichkeiten erscheinen durch echte Sexualität und Meiose (Crossing-over!) verbessert (S. 42 ff.). Damit wird die Entstehung von Organismen mit wesentlich komplizierteren Strukturen und Funktionen möglich. So kommt es – ausgehend von einer breiten ernährungs-

physiologischen Auffächerung der ursprünglichen eukaryotischen Einzeller – zur offenkundig polyphyletischen Weiterentwicklung der photoautotrophen «Algen», sowie der primär bzw. sekundär heterotrophen «Pilze», «Schleimpilze» und der ein- bis vielzelligen Tiere («*Protozoa*» und *Metazoa*, S. 2 ff.). Während sich Algen und Pilze auf eine ortsgebundene Lebensweise spezialisieren und durch Oberflächenvergrößerung («Ausstülpung») ihrer Energiequelle bzw. Nahrung entgegenwachsen, wird für die Tiere Beweglichkeit, Vergrößerung der Innenfläche («Einstülpung») und Verfolgen der Nahrung bestimmend.

Schon innerhalb ihrer flagellatenartigen Ausgangsformen lassen die Gruppen der «**Algen**» eine besonders auf Aspekte der Photosynthese (Pigmentausstattung, Assimilationsprodukte) ausgerichtete Differenzierung erkennen. Ihre weitere Entfaltung wird bestimmt durch mehrfach parallele Entwicklungslinien von nackten monadalen bzw. rhizopodialen (amoeboiden) zu überwiegend unbeweglichen, schleimumhüllten capsalen bzw. zellwandumgebenen, noch einzelligen coccalen, weiter zu fadenförmigen und mehrzelligen trichalen und schließlich zu 2- und 3dimensional verzweigten, komplex thallösen und plectenchymatisch bzw. parenchymatisch organisierten Lebens- und Wuchsformen. Diese Progressionen sind gekoppelt mit dem Übergang von freier zu festsitzender Lebensweise im wäßrigen Milieu und mit fortschreitender Größenzunahme (Kampf ums Licht!). Gleichzeitig kommt es im Zusammenhang mit einer Arbeitsteilung zwischen vegetativer und sexueller Fortpflanzung vielfach zur Ausbildung eines Generationswechsels, zum Übergang von Iso- zu Aniso- und Oogamie (Ökonomie des Befruchtungsvorganges!) und häufig zu einer Förderung der Diplophase gegenüber der Haplophase (vgl. S. 59 f., 511 f.).

Ähnliche Entwicklungslinien wie die Algen kennzeichnen auch die «**Pilze**». Letzteren dürfte der Vorstoß aus ihrem ursprünglich wäßrigen Lebensraum ans Land vor der Ausbreitung der eigentlichen Landpflanzen nur in bescheidenem Ausmaß gelungen sein. Erst nachher (etwa seit dem Devon) ergeben sich für die sapro- und parasitischen Pilze sehr mannigfache Entfaltungsmöglichkeiten: Grundlegende, durch das Landleben bedingte Differenzierungen betreffen dabei etwa die geschlechtliche Fortpflanzung (z.B. Übergang zur Gametangio- und Somatogamie) oder die Bildung und Verbreitung austrocknungsresistenter Sporen, Conidien etc. Eine auch an Extremstandorten erfolgreiche Sonderentwicklung stellen die Algen-Pilz-Symbiosen der **Flechten** dar.

Ein weiterer, höchst bedeutungsvoller Schritt in der Stammesgeschichte des Pflanzenreiches (und in der Geschichte der gesamten Biosphäre!) war mit der Ausbildung der ersten echten Landpflanzen, der **Embryophyta**, gegeben: Wahrscheinlich im Ober-Silur, also vor etwa 400 Millionen Jahren, entstanden im Grenzbereich zwischen Wasser und Land aus

Chlorophyceen-ähnlichen Algen mit Generationswechsel, komplexen Thalli und Scheitelmeristemen die Psilophyten (*Psilophytatae*; vgl. Abb.776–778). Besonders durch den Besitz von Wurzelhaaren, Cuticula, Epidermis, Spaltöffnungen und Leitbündeln, von Gametangien mit einer Wand aus sterilen Zellen (Antheridien und Archegonien) und sehr austrocknungsfesten Sporen erscheinen sie an das Landleben angepaßt. Während in der frühen, weniger erfolgreichen Seitenlinie der Moose *(Bryophyta)* besonders der haploide Gametophyt ausgestaltet wird und den unselbständig gewordenen Sporophyten ernährt, liegt das Schwergewicht der Differenzierung bei der Sammelgruppe der Farnpflanzen *(Pteridophyta)* im Bereich des Sporophyten (bzw. der Diplophase) (vgl. dazu im folgenden die Übersicht Abb. 839 sowie Abb. 838, 853). Im Zusammenhang mit der verbreiteten Tendenz zur Größenzunahme (wiederum: Kampf ums Licht!) erfährt nämlich die noch telomartige Sporophytengeneration der Psilophyten bei ihren Nachfahren infolge «Arbeitsteilung» eine Gliederung in Wurzel und Sproß mit Achse und Blattorganen, während der Gametophyt thallös bleibt und fortschreitend reduziert wird. Dabei unterscheiden sich die parallelen Entwicklungslinien der Bärlappe *(Lycopodiatae)*, Schachtelhalme *(Equisetatae)*, Farne *(Filicatae)* und Vorläufer der Samenpflanzen *(«Progymnospermae»)* besonders nach Umfang der Blattorgane, Struktur der Sporangienträger und Achsenbau. In allen diesen Gruppen entstehen – mit unterschiedlichem Erfolg – aus ursprünglich niedrigen krautigen schließlich dominierende holzige und baumförmige Wuchsformen (so besonders im oberen Palaeophyticum!), in allen führt Reduktion schließlich zur «Arbeitsteilung» zwischen ♂ und ♀ Gametophyten und (auf den Sporophyten zurückgreifend) zur Bildung von Mikro- und Megasporen (also: Isosporie → Heterosporie). Den Engpaß der an atmosphärisches Wasser gebundenen Befruchtung von Eiern in Archegonien auf selbständigen Megaprothallien überwinden durch Samenbildung (Verbleiben von Megaprothallien auf der Mutterpflanze usw.) an der Wende vom Devon zum Carbon (vor etwa 350 Millionen Jahren) die Samenpflanzen *(Spermatophyta*; vgl. Abb. 853). Nach einer Anlaufzeit im Carbon erlangen sie als Holzpflanzen und wohl auch wegen ihres überlegenen Wasserleitsystems im Mesophyticum mit den beiden gymnospermischen Linien der *Coniferophytina* und *Cycadophytina* eine beherrschende Stellung in der Landvegetation. Schließlich werden sie aber durch die *Angiospermae* abgelöst, die im Zusammenhang mit einer erstaunlichen Plastizität und Anpassungsfähigkeit hinsichtlich holziger bis krautiger Wuchsformen, Bestäubung, Samen- und Fruchtausbreitung sowie teilweise extremer Entwicklungsbeschleunigung (Blüten, Gametophyten), vom Beginn des Neophyticums bis heute (also seit etwa 100 Millionen Jahren) eine vorher nie dagewesene Massenentwicklung und das Vordringen höheren pflanzlichen Lebens bis an die Grenzen der absoluten Kälte- und Trockenwüsten möglich gemacht haben.

Die stammesgeschichtliche Entfaltung des Pflanzenreiches läßt sich durch das Voranschreiten von niedrigen zu immer höheren Organisationsstufen kennzeichnen (Abb. 973, linke Randleiste): Die Differenzierungsvorgänge sind zuerst auf den Bereich von Molekülen und Zellorganellen beschränkt, erfassen weiterhin Zellen, Gewebe und schließlich Organe und Organkomplexe. Dabei führt Vermehrung der «Baueinheiten» einer niederen Organisationsstufe vielfach durch Arbeitsteilung und Neukombination zur Entstehung von komplexen «Baueinheiten» der nächsthöheren Organisationsstufe (vgl. S. 549). Im Großen können wir ein fortschreitend verbessertes Regulationsvermögen und damit eine vermehrte Umweltunabhängigkeit pflanzlicher Organismen feststellen. Pflanzliches Leben wird dadurch in die Lage versetzt, von stabilen Lebensräumen (z.B. Meerwasser) in immer stärker labile Lebensräume (z.B. Halbwüsten) vorzudringen und die Existenzmöglichkeiten unseres Planeten immer ökonomischer, d.h. mit vermehrter Produktivität auszunützen.

Vierter Teil
Geobotanik

Aufgaben und Gliederung. Integration ist ein grundlegendes biologisches Phänomen. Individuen etwa sind aus Bausteinen verschiedener Ordnung integriert, von Molekülen zu Zellorganellen und Zellen, von diesen zu Geweben und Organen. Aber auch in überindividueller Hinsicht wird Integration erkennbar: einerseits von Individuen derselben Fortpflanzungsgemeinschaft (Population) zu Sippen (bzw. Taxa) abgestuften Ranges (verwandtschaftlich-stammesgeschichtliche bzw. taxonomische Integration: S. 485 ff., 536 ff., Abb. 533) und andererseits von Individuen bzw. Populationen verschiedener Sippen zu Lebensgemeinschaften (= Biocoenosen) abgestuften Umfanges (Abb. 974, 996, 1013, 1015). Ausdruck dieser überindividuellen und umweltbezogenen Integration aller Organismen sind die im Laufe der Stammesgeschichte entstandenen Anpassungserscheinungen, welche die Ökologie der Lebewesen (S. 6) prägen und ihre Gestalt (S. 189 ff., 516 ff.) und Funktion (S. 215 ff.) betreffen.

Diese ökologische Integration hat mit fortschreitender Spezialisation und Vervollkommnung eine immer größere Erweiterung der Lebensräume unserer Erdoberfläche ermöglicht, zugleich aber die einzelnen Sippen bzw. Taxa auf ganz bestimmte, z.T. sehr enge Lebensbereiche beschränkt. So ist die Pflanzen- und Tierwelt aller Lebensräume im Laufe der Erdgeschichte immer formenreicher und unterschiedlicher geworden. Innerhalb der umfassenden Geobiologie (bzw. Biogeographie) ist es nun Aufgabe der Geobotanik (bzw. Pflanzengeographie) diese Unterschiede hinsichtlich Verbreitung und Zusammenleben der Pflanzensippen festzustellen, die dabei wesentlichen allgemeinen Züge und Gesetzmäßigkeiten herauszuarbeiten und die zugrunde liegenden Ursachen aufklären.

Verständlicherweise konzentriert sich das Interesse der Geobotanik auf die terrestrischen Lebensräume und damit besonders auf die hier dominierenden Samenpflanzen. Hinsichtlich der landbewohnenden Sporenpflanzen vergleiche man die Hinweise auf Pilze (S. 630 ff., 686 ff.), Flechten (S. 692 f.), Moose (S. 695 ff.,

716 f.) und Farnpflanzen (S. 718 ff., 754 f.). Den Lebensbereich der Gewässer behandelt die Hydrobiologie, für die Meere die Marinbiologie, für das Süßwasser die Limnologie; ihre Probleme können im Rahmen dieses Lehrbuches nur berührt werden. Knappe Hinweise auf Vorkommen und Lebensweise der überwiegend wasserbewohnenden Algen befinden sich auf S. 626 ff.

Innerhalb der Geobotanik beschäftigt sich die **Arealkunde** (Chorologie bzw. Floristische Geobotanik) mit den Verbreitungsgebieten der Pflanzensippen und mit den Floren der Länder und Kontinente. Das Verbreitungsgebiet oder Areal (z.B. einer Art: Abb. 989) ergibt sich aus der Summe der geographischen Orte, an denen die Populationen dieser Sippe vorkommen, also aus ihren «Fundorten». Den Gesamtbestand an Pflanzensippen eines bestimmten Gebietes bezeichnet man als seine «Flora».

Gegenstand der **Vegetationskunde** (Coenologische Geobotanik, auch Pflanzensoziologie genannt) ist die Vegetation, also das aus Pflanzengemeinschaften (Phytocoenosen) aufgebaute Pflanzenkleid eines Gebietes. Phytocoenosen bilden mit Mikroorganismen und Tiergesellschaften mehr/minder umfassende Lebensgemeinschaften (Biocoenosen), die ihrerseits mit der jeweiligen Umwelt zu Biogeocoenosen (bzw. Biohydrocoenosen) integriert sind. Sie sind die Bausteine der Biosphäre unseres Planeten, welche die Pedosphäre (Boden), Hydrosphäre (Wasser) und die unteren Schichten der Atmosphäre (Luft) umfaßt und eng mit der Lithosphäre (Gesteinsmantel) verzahnt ist (Abb. 974).

Wesentliche Beiträge zur Ursachenforschung an Pflanzenarealen und Pflanzengesellschaften liefern die botanische **Standortlehre** (die Ökologische Geobotanik) und die **Ökosystemforschung.** Dabei versteht man unter Standort die Gesamtheit aller äußeren (abiotischen und biotischen) Bedingungen, die in einem bestimmten Geländeausschnitt wirksam werden. Biotop bezieht sich dagegen auf die Lebensstätte einer Pflanze oder Biocoenose. Der Begriff Ökosystem schließlich umschreibt das zwar offene, aber doch zur Selbstregulation befähigte Wirkungsgefüge zwischen zusammenlebenden Organismen und ihrer anorganischen Umwelt (Abb. 1021, 1045). Die Position bzw. der Lebensbereich einer Sippe in diesem Gefüge wird als ihre «ökologische Nische» bezeichnet (S. 190). Im Rahmen der Geobotanik interessieren in diesem Zusammenhang besonders Wirkungen (und Rückwirkungen) zwischen den Standortfaktoren (z.B. primäre wie Licht, Temperatur, Wasser, Mineralstoffe oder sekundäre wie Konkurrenz etc.) und den Pflanzen bzw. Pflanzengemeinschaften (Abb. 1020), also Fragen der Ökologie (Autökologie und Synökologie, S. 6). Die fortschreitend verstärkte Nutzung und die vielfach zerstörerischen Eingriffe des Menschen in natürliche oder naturnahe Ökosysteme haben diese Probleme in den letzten Jahren sehr aktualisiert. Die Ökosystemforschung bildet infolgedessen eine besonders

wichtige Grundlage für den Natur- und Umweltschutz.

Sippenareale und Biocoenosen, bzw. Flora und Vegetation, sind natürlich nicht nur durch heute wirksame Umweltfaktoren bedingt, sondern das vorläufige Produkt einer langen erdgeschichtlichen Entwicklung. Hier setzt die Arbeitsrichtung der **Floren- und Vegetationsgeschichte** (der historischen Geobotanik) an. Diese Betrachtungsweise veranschaulicht u.a. Zusammenhänge zwischen Kontinentaldrift und Pflanzenarealen, die drastischen Veränderungen der Pflanzendecke durch die Eiszeiten und die Bedeutung früher menschlicher Eingriffe für das Zustandekommen der heutigen Areal- und Vegetationsverhältnisse.

Die voranstehenden Hinweise beleuchten die besonders komplexen Fragestellungen und Zielsetzungen der Teilgebiete der Geobotanik im Gesamtbereich der Geobiologie. Die Geobotanik baut demnach nicht nur auf den grundlegenden Fachrichtungen der Biologie bzw. Botanik auf (z.B. Morphologie, Physiologie,

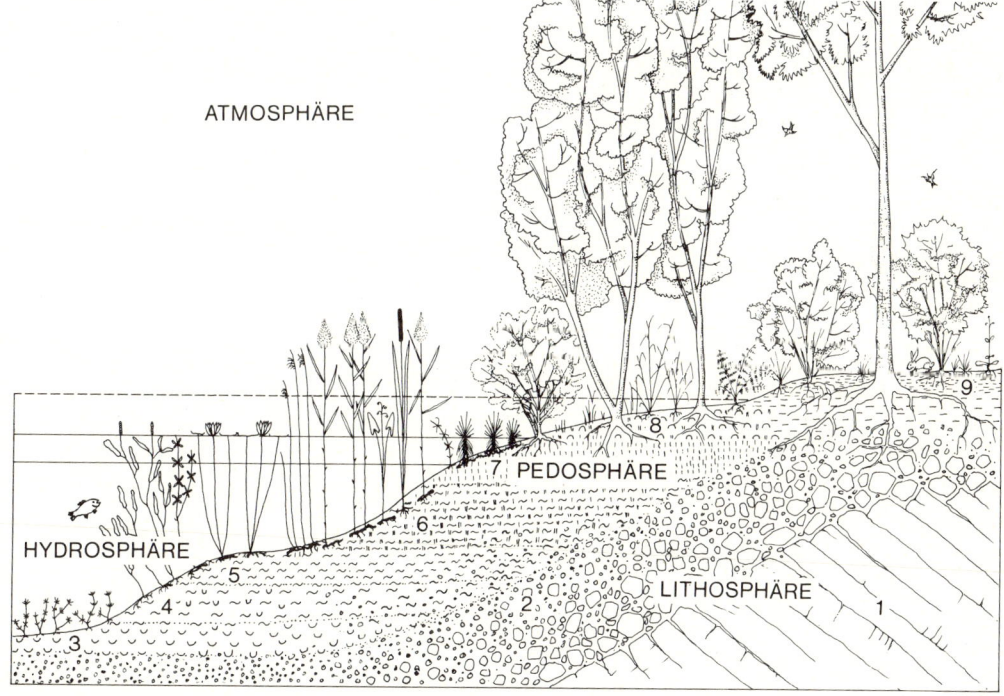

Abb. 974: Schema der Biosphäre mit den Bereichen (untere) Atmosphäre, Hydrosphäre (Gewässer), Pedosphäre (Böden) und (oberste) Lithosphäre. Dargestellt ist die Verlandung eines eutrophen Sees in Mitteleuropa. Die Lebens- bzw. Pflanzengemeinschaften (3–8) und die darunter gebildeten subhydrischen bzw. terrestrischen Böden sind durch eine historische Entwicklung (Sukzession) miteinander verbunden. Horizontale Linien markieren Hoch-, Mittel- und Niedrigwasserstand. (Weitere Erklärungen S. 1024) (Nach FIRBAS, SCHWABE & KLINGE, stark verändert.)

Ökologie, Systematik, Genetik, Evolutionsforschung), sondern sie ist darüber hinaus eng mit Geographie, Klimatologie, Bodenkunde, Geologie, Paläontologie, Humanbiologie, -ökologie und -geschichte sowie Land- und Forstwirtschaft verknüpft. Darauf kann im folgenden nur gelegentlich verwiesen werden.

Nach einigen grundsätzlichen Hinweisen anhand von Beispielen sollen allgemeine Probleme der Geobotanik in den Abschnitten Arealkunde, Vegetationskunde, Standort und Ökosystem sowie Floren- und Vegetationsgeschichte besonders aufgrund der (mittel)europäischen Verhältnisse erläutert werden. Im speziellen Abschnitt wird dann schließlich versucht, ein Bild der Floren- und Vegetationsgebiete der gesamten Erde zu skizzieren.

Grundsätzliches an Beispielen. Zur Erläuterung von Arbeitsweise und weiteren Grundfragen der Geobotanik wollen wir zuerst noch die Verbreitung von drei wichtigen mitteleuropäischen Holzpflanzen besprechen: R o t b u c h e (*Fagus sylvatica*, Abb. 912), S t i e l - E i c h e (*Quercus robur*, Abb. 912) und W a l d - K i e f e r (*Pinus sylvestris*, Abb. 856, 862). Die beiden erstgenannten zählen zu den *Fagaceae* (S. 846 ff.), einer Familie, deren heutiges Zentrum nach der Gat-

tungs- und Artenmannigfaltigkeit sowie der Häufung ursprünglicher Merkmale in den immergrünen tropisch-montanen bzw. subtropischen Wäldern Südostasiens liegt. Die *Fagaceae* sind über die ganze Nordhemisphäre verbreitet und haben mit der bis in die Oberkreide zurückreichenden Gattung *Nothofagus* auch die Südhemisphäre erreicht (Abb. 975; vgl. die Verbindung der australasischen und der südamerikanischen Vorkommen von *Nothofagus* durch tertiäre Fossilfunde in der Antarktis!).

Die sommergrün-dünnblättrige Gattung *Fagus* weist heute nur noch drei, weit voneinander isolierte (disjunkte) Verbreitungsgebiete in den Laubwäldern der Nordhemisphäre auf. Das Zentrum liegt mit 7, vielfach sympatrischen (S. 524) Arten in Ostasien; je 2 allopatrische Arten kommen in Nordamerika bzw. im europäisch-südwestasiatischen Raum vor. Tertiäre Fossilfunde dokumentieren Auswirkungen von Klimaveränderungen seit dem mittleren Tertiär, besonders auch während der Eiszeiten: die Zerstückelung der ursprünglich ± geschlossenen Verbreitung der Gattung und die Verarmung der früher größeren Artenzahl in Europa.

Quercus ist mit über 600 Arten die formenreichste

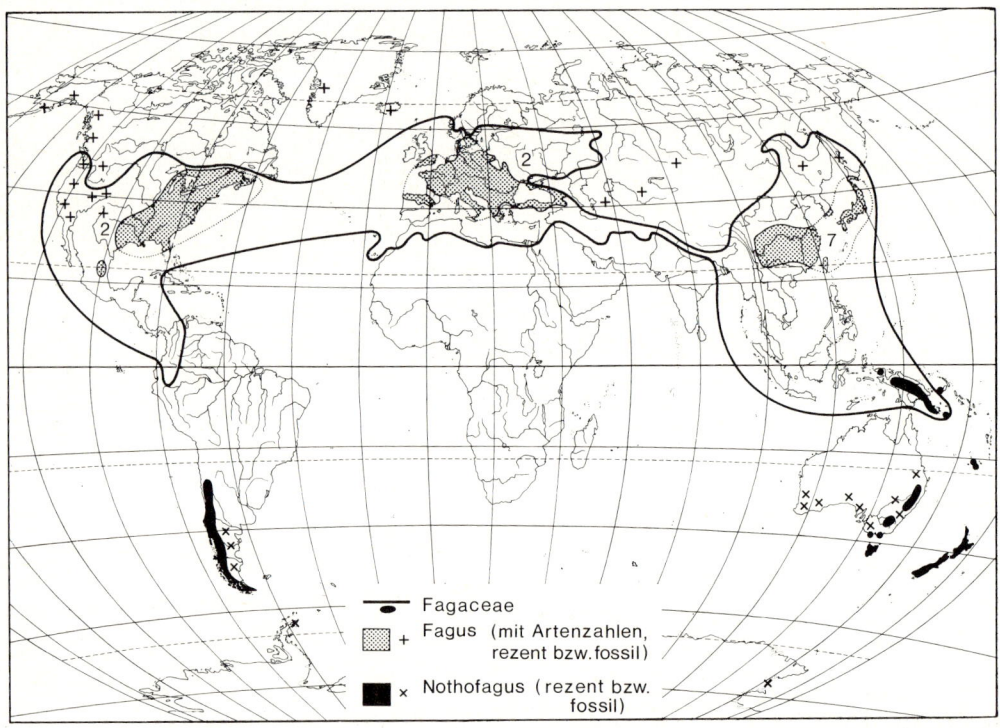

Abb. 975: Heutige Gesamtverbreitung der Buchengewächse *(Fagaceae)* mit den Arealen von *Fagus* und *Nothofagus* sowie Fossilfunden (+ ×) der beiden Gattungen. (Nach MEUSEL, JÄGER & WEINERT sowie VAN STEENIS, verändert.)

Gattung der *Fagaceae* und bildet in der Nordhemisphäre mit immer- bzw. sommergrünen Arten fast überall die Verbreitungsgrenze der Familie. Innerhalb der holarktischen Untergattung *Lepidobalanus* gehört die sommergrün-derbblättrige *Qu. robur* zu einer Sektion, die mit etwa 6 Arten auf den europäischen und mediterranen Laubwaldbereich beschränkt ist und ihren Schwerpunkt in Südwestasien hat.

Die immergrün-nadelblättrige Gattung *Pinus* ist mit mehr als 100 Arten fast geschlossen über das gesamte Waldgebiet der Nordhemisphäre verbreitet. *P. sylvestris* ist Glied eines Formenkreises mit stark sclerenchymatischem Nadelbau (vgl. Abb. 202), der von Schwerpunkten in Ostasien und im europäisch-mediterranen Raum im Norden bis hart an die arktische Waldgrenze und bis ins östliche Nordamerika reicht.

Ein Vergleich der Areale von Rotbuche, Stiel-Eiche und Wald-Kiefer (vgl. auch S. 783f.) läßt Zusammenhänge mit ihrem unterschiedlichen Blattbau erkennen und zeigt, daß *Fagus sylvatica* besonders im kontinentalen Osten und in Trockenräumen (z.B. in der ungarischen Tiefebene) weit hinter *Quercus robur* zurückbleibt (Abb. 912). Die Erklärung dafür liegt vor allem in der größeren Widerstandskraft der Stiel-Eiche gegenüber Extremtemperaturen und Trocken-

heit. Noch viel weiter geht die Frosthärte bei der auch genetisch-ökologisch sehr anpassungsfähigen *Pinus sylvestris* (Abb. 568 B), deren Gesamtareal dementsprechend durch Nordeuropa und Sibirien bis fast an den nördlichen Pazifik reicht und sich weitgehend mit der eurasisch-borealen Florenregion deckt. Im Gegensatz dazu sind *Fagus sylvatica* und *Quercus robur* als Leitarten hauptsächlich auf die mitteleuropäische Florenregion beschränkt (Abb. 990, S. 1021 ff.).

Rotbuche, Stiel-Eiche und Wald-Kiefer haben zwar in Mitteleuropa weithin überlappende Areale, besiedeln jedoch innerhalb des gleichen Gebiets meist verschiedene Standorte. Sie sind daher oft nicht miteinander vergesellschaftet, sondern bestimmen als Leitarten den Aufbau charakteristischer Buchen-, Eichen- oder Föhrenwälder (Abb. 976). Ein Vergleich mit dem Diagramm Abb. 977 und dem Höhenstufenschema Abb. 1077 macht verständlich, daß die Gründe dafür besonders im unterschiedlichen Konkurrenzverhalten dieser Arten liegen.

Wenn man die autökologische («physiologische») Amplitude bzw. das autökologische

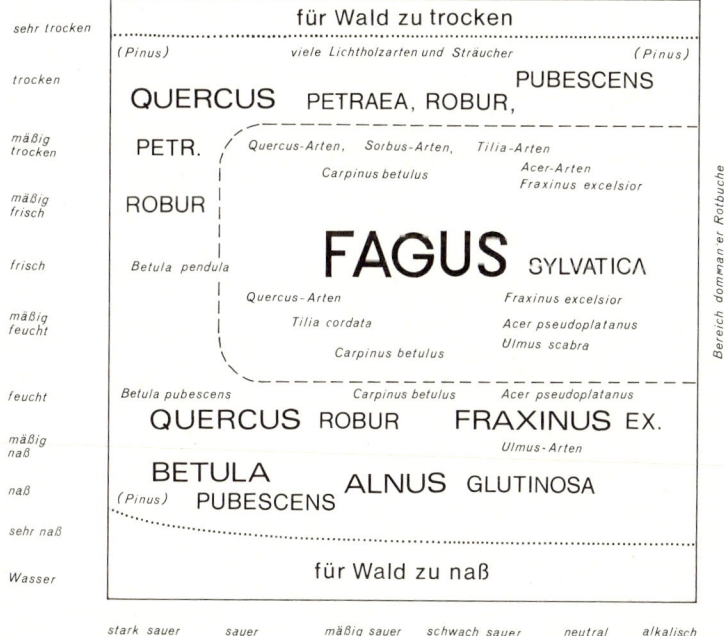

Abb. 976: Die waldbildenden Holzarten Mitteleuropas auf sauren bis alkalischen (bzw. nährstoffarmen bis nährstoffreichen) und nassen bis trockenen Böden (in der submontanen Höhenstufe und bei gemäßigt suboceanischem Klima). Ungefähre Mengenverhältnisse in naturnahen Vergesellschaftungen sind durch die Schriftgröße der Namen angedeutet; Namen in Klammern: nur in manchen Gebieten. (Nach ELLENBERG.)

(«physiologische») Optimum der drei Arten mit Hilfe von experimentellen Reinkulturen feststellt und etwa im Hinblick auf Feuchtigkeit oder Säurebereich des Bodens vergleicht (Abb. 977), so findet man nur geringe Unterschiede (z.B. abnehmende Empfindlichkeit gegen stauende Bodennässe oder Trockenheit: Rotbuche > Stiel-Eiche > Wald-Kiefer). Unter Konkurrenzbedingungen – also in Mischkulturen oder unter natürlichen Verhältnissen – werden dagegen die sehr verschiedenen synökologischen Amplituden der drei Arten sichtbar und dadurch auch ihre verschiedenen «Herrschaftsbereiche» verständlich (vgl. dazu auch Abb. 561). Nur bei der sehr schat-

tenresistenten Rotbuche (vgl. Abb. 431) fallen nämlich aut- und synökologisches Optimum weitgehend zusammen. Die synökologische Amplitude (bzw. der «Herrschaftsbereich») der lichtbedürftigen Stiel-Eiche wird dagegen durch die konkurrenzkräftige Rotbuche in den Randbereich ihrer autökologischen Amplitude abgedrängt und die noch lichtbedürftigere Wald-Kiefer wird durch die beiden Laubholzarten sogar bis auf schmale Randzonen eingeengt. Die Wald-Kiefer «bevorzugt» in Mitteleuropa also nicht etwa besonders trockene oder feuchtmoorige oder nährstoffarm-bodensaure Standorte, sondern sie kann sich nur an solchen Extremstandorten halten,

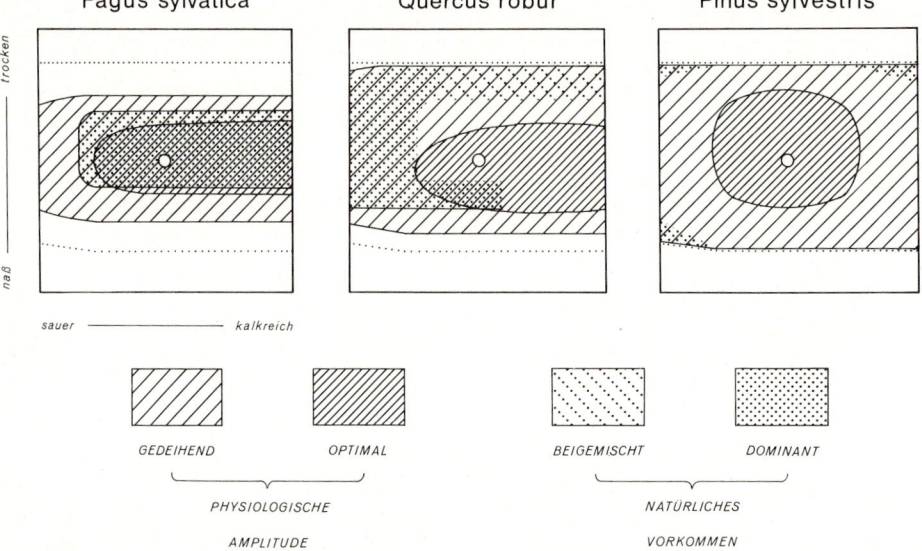

Abb. 977: Vergleich von autökologischer («physiologischer») und synökologischer Amplitude (in Reinkultur bzw. unter natürlichen Konkurrenzbedingungen) bei Rotbuche *(Fagus sylvatica)*, Stiel-Eiche *(Quercus robur)* und Wald-Kiefer *(Pinus sylvestris)* im Hinblick auf Bodensäure und Bodenfeuchtigkeit in Mitteleuropa; ○ mittlere Standortsverhältnisse. (Vgl. dazu auch Abb. 976; nach ELLENBERG, verändert.)

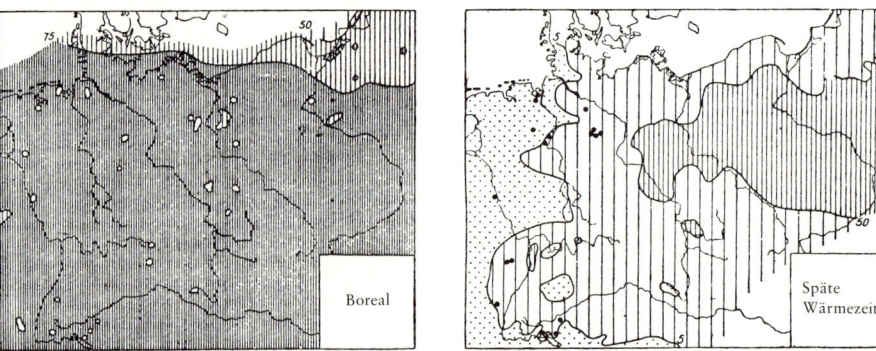

Abb. 978: Ausbreitung und Rückgang der Wald-Kiefer im Postglazial Mitteleuropas: Gebiete gleichen Pollenniederschlags (< 5%, 5–10%, 50–75%, > 75%) im Boreal (etwa 7500 v. Chr.) und in der späten Wärmezeit (etwa 1500 v. Chr.). Vgl. dazu auch die Zeittabelle Abb. 1070. (Nach FIRBAS.)

weil dort die Konkurrenz der anspruchsvolleren Laubhölzer fehlt.

Das überaus komplexe ökologische Differenzierungsmuster unserer mitteleuropäischen Waldbäume und Waldgesellschaften ist also durch die ökophysiologische Konstituion der beteiligten Sippen, ihr Konkurrenzverhalten gegenüber anderen sympatrischen Sippen u n d die jeweiligen klimatischen bzw. edaphischen Standortfaktoren bedingt.

Die besprochenen ökologischen Beziehungen zwischen heimischen Waldbäumen waren auch für ihre postglaziale Einwanderung in Mitteleuropa von Bedeutung (S. 1015 ff.): Dabei verbreitete sich nämlich zuerst (etwa ab 10 000 v. u. Z. und nach einem Kälterückschlag verstärkt um 8000 v. u. Z.) die Kiefer. Erst später folgten dann die Eichen (ab etwa 7000 v. u. Z.) und schließlich die Rotbuche (ab etwa 4000 v. u. Z.), wobei zuerst die Kiefern, schließlich auch die Eichen immer stärker zurückgedrängt wurden (Abb. 978, 1073). Auch im heutigen Vegetationsgefüge muß die Kiefer mit ihren leichten Flugsamen als typisches Pioniergehölz gelten, während Eichen und Rotbuche schwere Früchte haben, ihre Keimlinge im schattigen Unterholz besser mit Nährstoffen versorgen und als Endstadium der Vegetationsentwicklung Klimaxwälder bilden (S. 947).

Das solcherart entstandene natürliche und ursprünglich fast geschlossene Waldgefüge Mitteleuropas (Abb. 1073) ist durch den Menschen weithin sehr stark verändert (z.B. durch Förderung raschwüchsiger Wald-Kiefern oder Aufforstung standortfremder Fichten) oder gänzlich zerstört worden (etwa durch Brand, Rodung und Beweidung).

Erster Abschnitt

Arealkunde

A r e a l e   umschreiben das Wohngebiet der Sippen (bzw. Taxa) mit allen ihren Populationen und Individuen. Sie sind das Ergebnis der stammesgeschichtlichen raumzeitlichen Entfaltung (bzw. Schrumpfung) der Sippen (S. 519 ff., 543, Abb. 986). Begrenzt werden diese Areale durch die morphologische und ökophysiologische Konstitution (bzw. Anpassungsfähigkeit) sowie Konkurrenzkraft der Sippen, durch ihre Ausbreitungschancen im Laufe der Erdgeschichte und durch das Vorkommen geeigneter Standorte. Auch expansive Sippen haben ihren möglichen Siedlungsraum (das «potentielle» im Gegensatz zum «aktuellen» Areal) vielfach noch keineswegs besetzt, weil Wanderungen und dauerhafte Besiedlung langsam vor sich gehen oder von Ausbreitungsschranken (z.B. Meeren, Gebirgen oder Wüstengebieten) behindert werden. Die spektakuläre und gegenwärtig andauernde Ausbreitung vieler durch den Menschen verschleppter Arten (S. 928, 1018) bezeugt dies in eindrucksvoller Weise. Wir sehen also, daß bei der Entstehung heutiger Areale genetische, ökologische und historische Faktoren ins Spiel kommen. Die

Arealkunde muß demnach zuerst die Sippenareale erfassen und vergleichen. Auf dieser Grundlage können dann die komplexen Zusammenhänge zwischen Arealformen und Umweltbedingungen in Gegenwart und Vergangenheit erhellt werden.

A. Erfassung und Darstellung der Areale

Areale ergeben sich durch die Summierung der Fundorte einer Sippe und lassen sich am besten in Form von **Arealkarten** darstellen (z.B. Abb. 570, 862, 912, 979, 981, 987 etc.). Zeigerwert und Aussagekraft der Arealdarstellung sind ebenso von der richtigen systematischen Abgrenzung und Gliederung der Sippe(n), wie von der Vollständigkeit der floristischen Fundortsangaben abhängig.

Selbst für die Gefäßpflanzenflora Mitteleuropas sind die systematischen und floristischen Grundlagen für eine arealkundliche Analyse vielfach noch recht unvollständig.

Eine kartographische Darstellung der Horizontalverbreitung der Sippen nötigt zur Abstraktion, weil Häufigkeit und räumliche Verteilung von Individuen und Populationen sowie kleineren und größeren Siedlungsgebieten mit dazwischenliegenden Lücken gewöhnlich sehr ungleichmäßig sind. Sehr gebräuchlich sind Punkt- und Umrißkarten, oder Kombinationen davon (vgl. Abb. 571, 985, 989). Bei modernen arealkundlichen Erhebungen mit Einsatz von neuartigen Datenverarbeitungsmaschinen (z.B. bei der internationalen Kartierung der Flora Mitteleuropas) bewähren sich besonders Rasterkarten, auf denen das Vorkommen oder Fehlen eines Taxon jeweils für bestimmte Kartierungsfelder angegeben wird (Abb. 979). Auf Höhenprofilen läßt sich auch die Vertikalverbreitung der Sippen darstellen (vgl. dazu Abb. 1077).

B. Arealtypen und Geoelemente

Für Beschreibung, Vergleich und Analyse der Sippenareale sind vorerst folgende Kriterien wichtig: Ausdehnung: von lokal (endemisch) bis kontinent- und ± weltweit (kosmopolitisch); Kontinuität: von ± geschlossen bis zerstückelt (disjunkt); Besiedlungsdichte: gemein, verbreitet, zerstreut bis selten; Verteilung der Formenmannigfaltigkeit innerhalb des Sippenareals und Lagebeziehungen zu den Arealen nächstverwandter Sippen. Besondere Bedeutung hat schließlich die räumliche Position der Area-

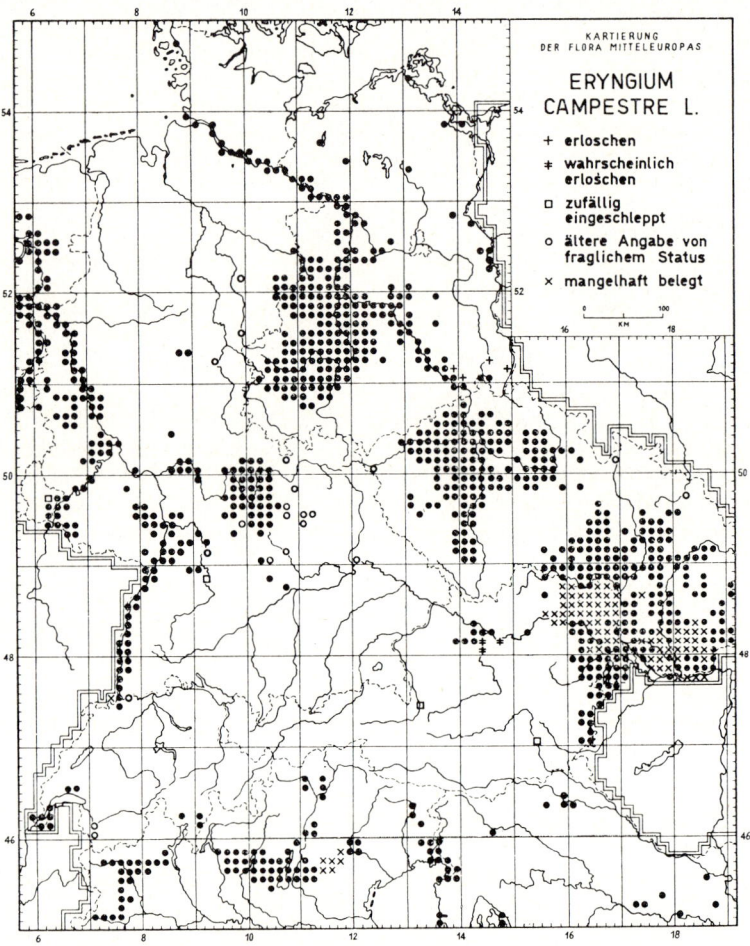

Abb. 979: Beispiel für eine (provisorische) Rasterkarte aus dem Projekt «Kartierung der Flora Mitteleuropas»: Feld-Mannstreu *(Eryngium campestre, Apiaceae)*. Dargestellt ist das Vorkommen oder Fehlen in Gradnetzfeldern von 10′ × 6′ geogr. Länge bzw. Breite (etwa 12 × 11 km). Die submediterran-pontische Art strahlt in den warm-trockenen Beckenlandschaften und den Stromtälern des Flachlandes weit nach Norden aus. (Nach NIKLFELD.)

le. Eine vergleichende Betrachtung zahlreicher Sippenareale nach diesen Gesichtspunkten ermöglicht das Herausstellen von verschiedenartigen Arealtypen.

Zur Illustration sei nochmals auf die *Fagaceae* verwiesen (Abb. 912, 975); sie sind auf die Nordhemisphäre konzentriert, nur *Nothofagus* ist ausschließlich südhemisphärisch. Im Gegensatz zum ± geschlossenen Gattungsareal von *Quercus* ist das von *Fagus* disjunkt; es deckt sich mit der zerstückelten Verbreitung der nordhemisphärischen sommergrünen Laubwaldgebiete (S. 1021 ff.). *Fagus orientalis* ist im warmfeuchten Schwarzmeer-Bereich endemisch; an sie schließt verwandtschaftlich und geographisch aufs engste die europäische *F. sylvatica* an. Die Besiedlungsdichte dieser beiden hinsichtlich Feuchtigkeit anspruchsvollen Arten nimmt gegen die Trockenräume im Süden und Osten ab; die Vorkommen beschränken sich hier auf die Nebelstufe der Gebirge.

Die **Ausdehnung der Areale** ist sehr unterschiedlich. Die relativ lokal verbreiteten «Endemiten» sind durch zahlreiche vermittelnde Arealgrößen mit den ± weltweiten «Kosmopoliten» verbunden. Zwischen Arealgröße, Lebensraum, Evolutionsphase und Verbreitungsform gibt es offenbar Zusammenhänge.

Als Beispiele für verwandtschaftlich sehr isolierte, offenkundig alte und reliktäre Paläoendemiten können aus dem Species-Bereich etwa *Ginkgo biloba* (China; Fossilgeschichte vgl. S. 929 und Abb. 987), *Sequoiadendron giganteum* (Californien) und *Welwitschia mirabilis* (SW-Afrika) gelten. Nicht so isoliert und weniger alt ist *Physoplexis comosa* (Campanulaceae, Süd-Alpen). Im Gegensatz dazu haben *Betula oycoviensis* (SE-Polen), *Papaver kerneri* (nordöstliche Kalkalpen) oder die Sippen von *Erysimum* sect. *Cheiranthus* im Bereich der Ägäis (Abb. 569) – wie man auch aufgrund von Kreuzungsexperimenten weiß – sehr engen Verwandtschaftsanschluß und können als relativ junge Neoendemiten gelten. Als Familien sind die *Didiereaceae* in Madagaskar, die *Tropaeolaceae* in der Neuen Welt endemisch (S. 873). Der Anteil an endemischen Sippen nimmt offenbar mit dem Alter und der Isoliertheit der Lebensräume zu (vgl. S. 926).

Einigermaßen kosmopolitische Arten sind nicht allzu häufig: Genannt seien etwa als Sporenpflanzen das Lebermoos *Marchantia polymorpha* oder der Adlerfarn *Pteridium aquilinum*, als Sumpf- und Wasserpflanzen mit guten Ausbreitungsmöglichkeiten durch Wasservögel der Tannenwedel *Hippuris vulgaris* oder die Knollenbinse *Bolboschoenus maritimus* (Cyperaceae) und als vom Menschen verschleppte Unkräuter das Kleb-Labkraut *Galium aparine* und

das Gras *Poa annua*. Weltweit verbreitet sind zahlreiche Gattungen (z.B. *Senecio*) und viele Familien (z.B. die *Caryophyllaceae* oder *Fabaceae*).

Völlige **Kontinuität** der Besiedlung ist selten. Zumindest gegen die Arealränder hin ist die Verbreitung der Sippen vielfach zu vereinzelten Vorposten (oder Rückzugsposten) aufgelockert. Wenn die Areallücken so groß werden, daß sie mit den üblichen Ausbreitungsmitteln der Sippe nicht mehr überbrückt werden können, so sprechen wir von Exklaven bzw. Disjunktionen. Manche Disjunktionsmuster wiederholen sich mit großer Regelmäßigkeit (vgl. S. 1008 f., 1013 f., 1016 ff.).

Bei *Pinus sylvestris* (Abb. 862) finden wir im Norden ein relativ geschlossenes Hauptareal, in südlichen Gebirgen dagegen disjunkte kleinere Teilareale bzw. Exklaven. Untereinander etwa gleich groß sind die 3 disjunkten Teilareale der Gattung *Fagus* (Abb. 975). Die Tatsache, daß sich Disjunktionen bei *Fagus*, *Hepatica* (Abb. 571) und anderen sommergrünen Laubwaldsippen weitgehend ähneln, weist auf gemeinsame historische und klimatologische Ursachen (S. 1008 f.). Grundsätzlich müssen wir bei Disjunktionen entweder an die Reduktion ehemals geschlossener Verbreitungsgebiete denken (S. 928 ff.) oder mit außergewöhnlichen Fällen von Fernausbreitung (S. 927 f.) rechnen. Bei hybridogenen Sippen (z.B. Allopolyploidie) oder ökologischen Rassen (z.B. der gedrungenen subalpinen Rasse der Schafgarbe *Achillea millefolium* subsp. *sudetica*) ist auch die Möglichkeit einer mehrfach parallelen Entstehung an verschiedenen Orten (polytope Entstehung) gegeben.

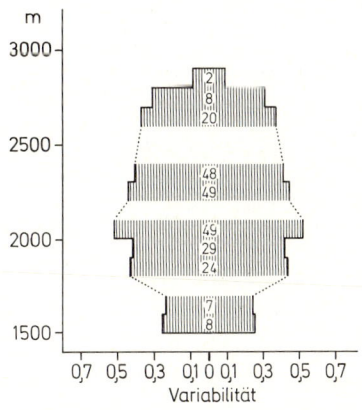

Abb. 980: Genetisch bedingte Variabilität in 17 Populationen des Zwerg-Augentrostes *(Euphrasia minima, Scrophulariaceae)* entlang eines Transektes von 1500 bis 2900 m im oberen Ötztal, Tirol; Index der Variabilität und Anzahl verschiedener Phänotypen für Höhenstufen von 100 m zu 100 m. (Orig.)

Hohe **Besiedlungsdichte** weist auf den synökologischen Optimalbereich einer Sippe. Vielfach wird hier auch die stärkste Expansion in
unterschiedliche Standorte (maximale synökologische Amplitude) und die größte genotypische Variabilität (Formenmannigfaltigkeit) erreicht; man spricht dann von einem **Mannigfaltigkeitszentrum** (bzw. Genzentrum). Mit all
diesen Kriterien lassen sich die sog. A r e a l -
s c h w e r p u n k t e feststellen.

Der Zwerg-Augentrost *Euphrasia minima* kommt
in den Zentralalpen von der Berg- bis in die Nivalstufe
(1400–3100 m) vor; sein Häufigkeitsmaximum, seine
größte synökologische Amplitude und sein Variabili-
tätszentrum liegen aber in der unteralpinen Stufe
(2000–2300 m; Abb. 980). Entsprechende Mannigfaltigkeitszentren finden wir auch im Bereich der Gattungen (z. B. *Ononis* mit den meisten Arten im SW-
Mediterranraum: Abb. 981) oder Familien (z. B.
Rubiaceae mit hohen Gattungszahlen in den feuchtwarmen Tropen und fortschreitender Abnahme gegen
trockenere und kältere Lebensräume). M a n n i g f a l -
t i g k e i t s z e n t r e n k ö n n e n a l s E n t f a l t u n g s - bzw.

E r h a l t u n g s r ä u m e d e r j e w e i l i g e n S i p p e n a u f -
g e f a ß t w e r d e n.

Nach der **räumlichen Position** ihrer Areale
und Arealschwerpunkte können Sippen zu bestimmten (hierarchisch gruppierten) G e o e l e -
m e n t e n zusammengefaßt werden. So gehört
etwa die Gattung *Fagus* zum holarktischen, *F.
sylvatica* zum mitteleuropäischen Element. Die
Gattung *Laurus* umfaßt die beiden Arten *L. nobilis* und *L. azorica* (= *L. canariensis*); erstere
gehört dem mediterranen, letztere dem makaronesischen Geoelement an. Die reliktäre Gattung unterstreicht die engen Beziehungen zwischen diesen beiden Florenbereichen. Das umfassende tropische und das untergeordnete neotropische Element können durch die Familien
der *Arecaceae* (Palmen) bzw. *Bromeliaceae* illustriert werden (Abb. 1088). Summiert man die
Areale zahlreicher Arten eines bestimmten Geoelements, dann lassen sich seine V e r b r e i -
t u n g s s c h w e r p u n k t e erkennen; dies zeigt

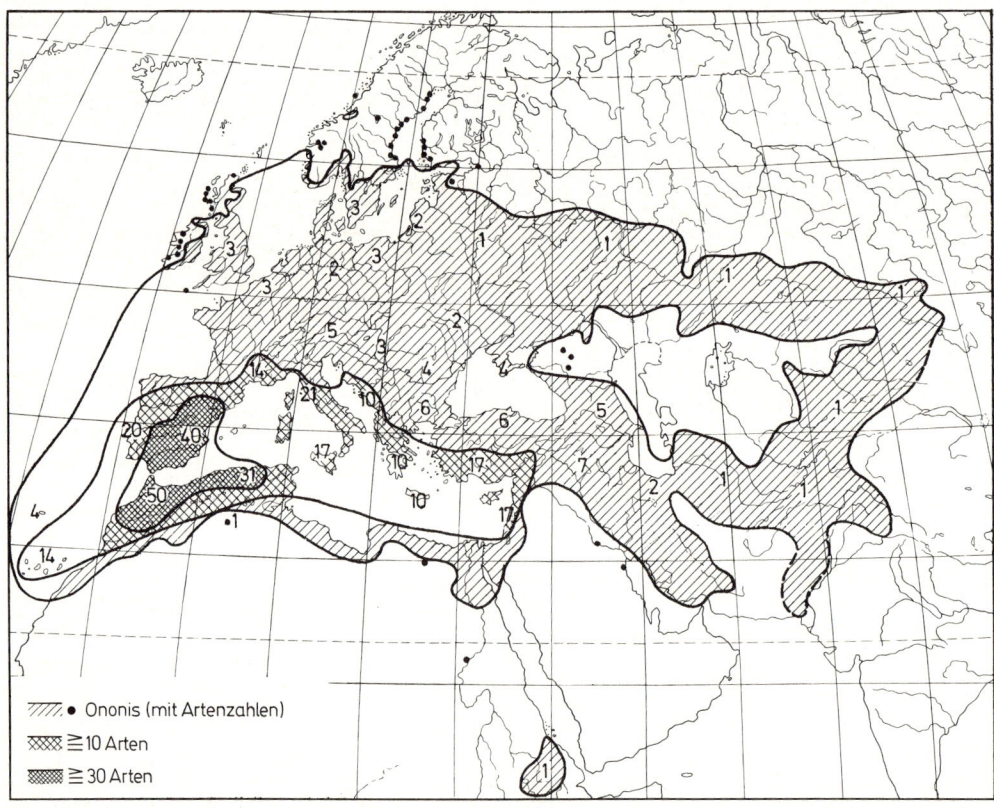

Abb. 981: Mannigfaltigkeitszentrum und Zonen abnehmender Artenzahl bei der Gattung *Ononis* (Hauhechel;
Fabaceae). (Orig. MEUSEL & JÄGER.)

etwa Abb. 982 für das circumpolar-arktisch-alpine Geoelement in der Flora Skandinaviens.

Wir werden diese und weitere Geoelemente bei der Besprechung der Pflanzendecke der Erde (S. 1022 ff.) noch genauer kennenlernen. Die Verbreitungszentren der wichtigsten, am Aufbau der Flora Mitteleuropas beteiligten Geoelemente sind in Abb. 990 dargestellt.

Viele Areale lassen eine etwa den Breitengraden entsprechende und mehr oder minder vollständig gürtelförmige Gestalt erkennen (vgl. dazu z.B. Abb. 975, 988, 1083, 1088). Daher haben sich als Bezugssystem für die Gliederung und Beschreibung der Areale gürtelförmig vom Äquator zu den Polen aufeinanderfolgende und dem allgemeinen Temperaturgefälle entsprechende **Florenzonen** bewährt (Abb. 983). Dabei kann man von der tropischen (t) und den angrenzenden subtropischen (subtrop) Zonen ausgehend unterscheiden: nach Norden eine meridionale (m), submeridionale (sm), temperate (temp), boreale (b) und arktische (a) Zone; nach Süden eine australe (austr) und eine ant-

arktische (antarkt) Zone, die der meridionalen bis temperaten bzw. der borealen bis arktischen Zone im Norden entsprechen. Eine weitere Differenzierung läßt sich erreichen, wenn man nach der jahres- und tageszeitlichen Ausgeglichenheit von Feuchtigkeit und Temperatur Sektoren der Ozeanität unterscheidet und die Areale nach ihrer diesbezüglichen Lage als euozeanisch (euoz), ozeanisch (oz), subozeanisch (suboz), subkontinental (subk), kontinental (k) und eukontinental (euk) charakterisiert. Bei Berücksichtigung der Höhenstufen [S. 958 f.; für Mitteleuropa etwa planar (pl), kollin (ko), montan (mo), subalpin (salp) und alpin (alp)] ergeben sich schließlich Möglichkeiten für eine dreidimensionale Beschreibung bzw. formelhafte Darstellung der Areale und für eine Zusammenfassung ähnlicher Areale zu Arealtypen.

Die Formel sm/mo-b·(k) EURAS würde demnach das Areal von *Pinus sylvestris* als submeridional-montan bis boreal, mäßig kontinental, eurasisch charakterisieren, während die Verbreitungsgebiete

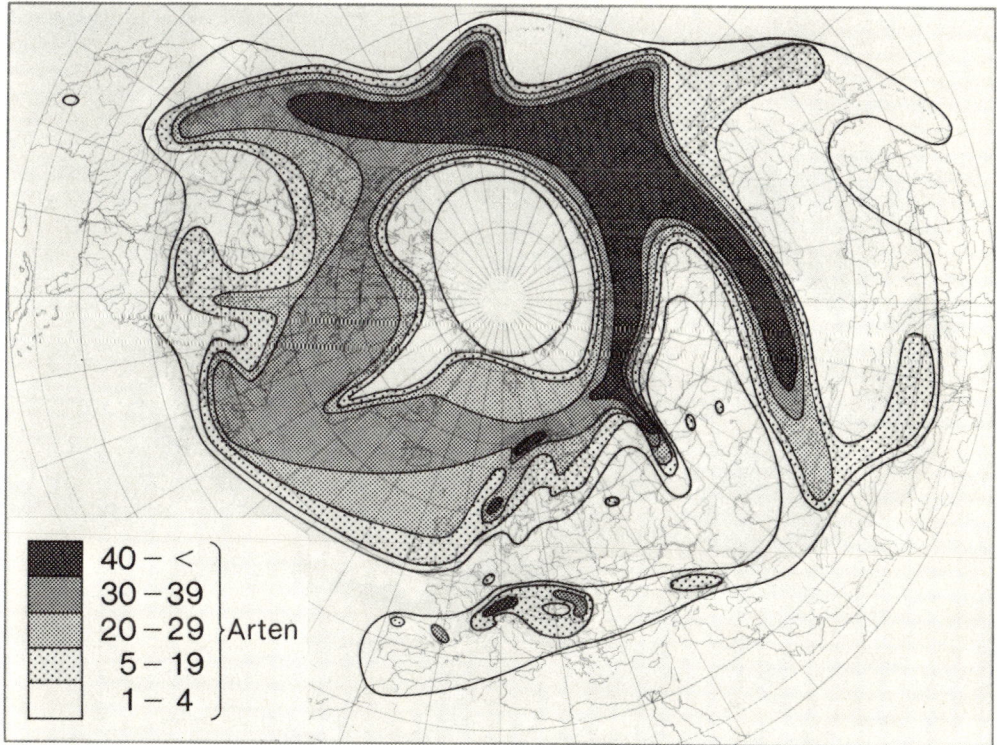

Abb. 982: Verbreitung von 50 circumpolar-arktisch-alpinen Arten Skandinaviens auf der Nordhemisphäre. Konzentration bzw. randliches Ausstrahlen und Verarmen dieses Geoelements sind durch Raster unterschiedlicher Artendichte veranschaulicht. (Nach Hultén.)

von *Quercus robur* mit sm/mo-temp · (suboz) EUR als submeridional-montan bis temperat, schwach subozeanisch, europäisch und von *Fagus sylvatica* mit m/mo-temp · oz EUR als meridional-montan bis temperat, ozeanisch, europäisch, umschrieben werden könnten.

Arealtypen können also nach sehr verschiedenen Kriterien erfaßt werden Errechnet man die Anteile bestimmter Arealtypen an bestimmten Floren oder Vegetationseinheiten (Arealtypenspektrum), so erlaubt das wichtige Schlußfolgerungen auf ihre Struktur und Entstehung.

Der hohe Grad von Endemismus auf den Hawaii-Inseln (etwa 20% der Gattungen und 90% der Arten in der bodenständigen Gefäßpflanzen-Flora sind Endemiten) unterstreicht z.B. das relativ hohe geologische Alter dieser Inselgruppe, das Fehlen von früheren Festlandverbindungen und die weitgehend selbständige Evolution der dortigen Lebewelt. Arealtypenspektren aus den östlichsten Laubmischwäldern Europas im Ural (Abb. 984) zeigen relativ hohe Anteile des borealen und südsibirischen, weiter im Süden, im Donezbecken, hingegen des submediterranen und pontischen Geoelements. Diese Unterschiede werden verständlich, wenn man die Nähe entsprechender eiszeitlicher Refugialräume, ihre Bedeutung bei der postglazialen Wiederbewaldung und die

heutige Klimasituation in diesen Räumen berücksichtigt.

C. Ausbreitung und Stammesgeschichte

Die festgewachsenen Pflanzen können nur dann ein Areal bilden und erweitern, wenn sie Ausbreitungseinheiten bilden (z.B. Sporen, Samen, Brutkörper etc.: S. 209 ff., 768 f.), mit deren Hilfe sie sich an neuen Wohnorten dauerhaft einbürgern. Derartige Ausbreitungseinheiten werden vielfach in sehr großen Zahlen produziert (S. 209) und sind oft in mannigfacher Weise für die Autochorie (S. 478 ff., 649, 831) bzw. den Transport durch Wind, Wasser oder Tiere spezialisiert (vgl. S. 661 f., 683 f., 830 ff.). Üblicherweise erfolgt die Ausbreitung über geringe bis mäßige Entfernungen, doch muß auch mit gelegentlicher **Fernausbreitung** gerechnet werden.

Durch Sturmwinde können nicht nur Sporen und winzige oder gut flugfähige, sondern auch etwas größere körnige Samen bzw. Früchte hochgerissen und über hunderte von Kilometern verfrachtet werden. Zug- und Wasservögel transportieren Ausbreitungseinheiten gelegentlich über transatlantische Ent-

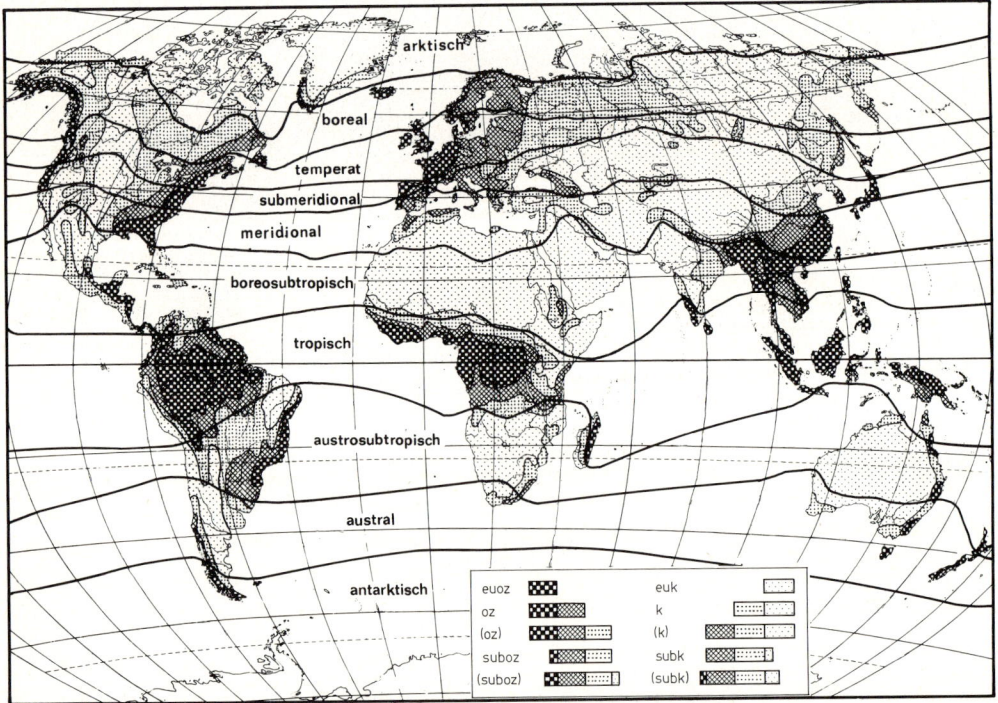

Abb. 983: Florenzonen und Ozeanitätssektoren der Biosphäre. Weitere Erklärungen im Text. (Orig. JÄGER.)

fernungen, und eine Reihe von jungen Disjunktionen zwischen Südamerika und Afrika ist offenbar so entstanden (z.B. bei der epiphytischen und beerenfrüchtigen Cactaceengattung *Rhipsalis*, die sogar noch Madagaskar und Ceylon erreicht). Die Kokospalme *(Cocos nucifera)* hat aufgrund ihrer gut schwimmfähigen und auch im Salzwasser lange keimfähig bleibenden Früchte ein Areal erobert, das die Küstenräume der gesamten Tropen umfaßt.

Ein Modell für die Besiedlung landferner ozeanischer Inseln (z.B. Hawaii, S. 926) gibt uns Krakatau. Durch einen gewaltigen Vulkanausbruch wurde 1883 auf dieser Insel-Gruppe zwischen Sumatra und Java alles Leben vernichtet. Bis 1934 hatten sich über eine Distanz von mindestens 45–90 km hinweg bereits wieder 271 Landpflanzen angesiedelt. – Die indomalesische Inselwelt hat in zahlreichen Fällen als Wanderweg zwischen Ostasien und dem australisch-westpazifischen Raum gedient («island-hopping»). Auch für inselartig aufragende Gebirge gelten offensichtlich ähnliche Verhältnisse. So ist es z.B. entlang der Kordilleren im westlichen Nord- und Südamerika oder über das ostafrikanische Vulkan-Hochland vielfach zu einem bis in die jüngste erdgeschichtliche Vergangenheit andauernden Florenaustausch zwischen der Nord- und Südhemisphäre gekommen («mountain-hopping»).

Das Transportpotential der Ausbreitungseinheiten ist aber sicher nur einer von den vielen Faktoren, die Arealgröße und Arealgestaltung einer Sippe bestimmen. Innerhalb zahlreicher Gattungen finden sich nebeneinander eng lokalisierte bzw. disjunkte Paläoendemiten und sehr expansive Unkräuter, beide mit sehr ähnlichen Ausbreitungseinheiten (so z.B. bei

Taraxacum oder *Bromus*). Auch haben viele Pilze, Moose und Farne mit staubförmigen Sporen ganz ähnlich begrenzte und oft disjunkte Areale wie Samenpflanzen mit schweren Ausbreitungseinheiten (z.B. der Hirschzungenfarn *Phyllitis scolopendrium* und die Gattung *Fagus*: Abb. 975).

Die dauerhafte **Einbürgerung** einer Pflanzensippe stößt ganz allgemein auf größere Schwierigkeiten als der Transport ihrer Ausbreitungseinheiten. Den tausenden gelegentlich in Europa eingeschleppten stehen nur wenige hundert tatsächlich eingebürgerte fremdländische Angiospermen gegenüber.

Bei zweihäusigen oder selbststerilen Pflanzen sind zur Fortpflanzung mindestens zwei verschiedene Exemplare notwendig; daher sind auf ozeanischen Inseln selbstbestäubende Angiospermen auffällig überrepräsentiert, da sie auch als Einzelpflanzen Populationen aufbauen können (vgl. S. 514f.).

Überhaupt stehen die Anforderungen betreffend guter Samenausbreitung und ausreichender Keimlingversorgung meist im Widerspruch. Daher finden wir bei Pionierpflanzen gewöhnlich viele und kleine, aber nur im Licht und kurzfristig keimfähige Samen (z.B. bei Weiden und Kiefern), bei Arten der Klimax-Wälder hingegen weniger zahlreiche, dafür aber große und gut mit Reservematerial versorgte, auch im Schatten und längerfristig keimfähige Samen (z.B. bei Buchen und Eichen; S. 921). Auch sind Organismen mit rascher Generationsfolge (z.B. Bakterien oder kurzlebige Therophyten) eher zu schneller Ausbreitung befähigt, als solche, bei denen bis zum Fruchtbarwerden viele Jahre vergehen müssen (z.B. bei langlebigen Holzpflanzen). Die Wandergeschwindigkeit einer Sippe hängt also von ihrer Populationsstruktur, Fortpflanzungsbiologie, Generationsdauer und den Gegebenheiten des Lebensraumes ab.

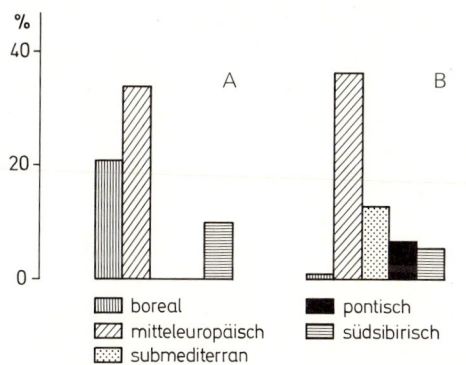

Abb. 984: Geoelement-Spektren von zwei Laubmischwaldtypen aus dem südlichen europäischen Rußland: A Lindenwald, Süd-Ural und B Eichen-Steppenbuschwald, Donezbecken. (Nach KLEOPOV, verändert.)

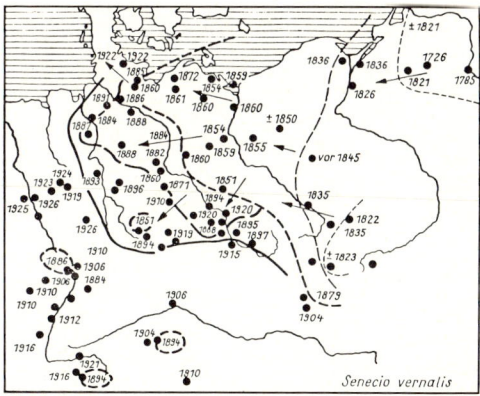

Abb. 985: Ausbreitung des Frühlings-Greiskrautes *(Senecio vernalis)* in Mitteleuropa vom Beginn des 18. Jahrhunderts bis 1926. (Nach BEGER in HEGI.)

Fagus sylvatica hat für die postglaziale Wanderung vom Alpenrand bis zur Ost- und Nordsee (700 km) etwa 3000 Jahre, für die Eroberung der Vorherrschaft gegenüber den anderen Laubhölzern in diesem Raum aber nochmals etwa 2000 Jahre gebraucht (Abb. 1073); in W-Skandinavien dürfte ihre Ausbreitung nach Norden noch immer nicht abgeschlossen sein. Das einjährige Frühlings-Greiskraut *(Senecio vernalis)* ist in den letzten 250 Jahren aus dem Osten in Mitteleuropa eingewandert und seither zu einem verbreiteten Unkraut geworden (Abb. 985). Ausschließlich durch vegetative Vermehrung von ♀ Pflanzen hat sich seit 1836 (Irland) und 1859 (Berlin) die Kanadische Wasserpest *(Elodea canadensis,* S. 896) in europäischen Gewässern explosionsartig und auf Kosten bodenständiger Wasserpflanzen ausgebreitet, doch macht sich seit einigen Jahrzehnten wieder ein deutlicher Rückgang bemerkbar (Ursache: ein Nematode, der die Vegetationskegel zerstört).

Auf Phasen der Ausbreitung von Pflanzensippen folgen vielfach Phasen des Stillstandes oder sogar der Rückläufigkeit: es kommt zur **Arealschrumpfung.** Dies kann nicht nur aus der heutigen Arealgestalt abgelesen werden, sondern ist manchmal auch durch Fossilfunde zu belegen und sogar zu datieren.

Während der letzten Jahrzehnte sind etwa viele Pflanzen der Hochmoore (z.B. *Ledum* oder *Scheuchzeria)* oder der trockenen Magerwiesen (z.B. etliche Orchideen und *Pulsatilla*-Arten) wegen fortschreitender Entwässerung bzw. Düngung stark zurückgegangen. Die letzte Population von *Marsilea quadrifolia* (S. 753f.) in der BRD ist erst vor wenigen Jahren infolge Anlage einer Mülldeponie vernichtet worden. Die Süßwasserpflanzen *Trapa* und *Najas* waren in der postglazialen Wärmezeit in Europa weiter verbreitet als heute. Durch Fossilfunde gut belegt ist der Rückzug arktisch-alpiner Pflanzen in die Gebirge und nach Nordeuropa seit der letzten Eiszeit (vgl. z.B. *Salix herbacea,* Abb. 1067).

Viele Sippen, welche durch die Klimaschwankungen des Spättertiär und der pleistocänen Eiszeiten in Refugialräume zurückgedrängt wurden, haben ihre ursprünglichen Areale trotz der Wiederkehr günstiger Klimaverhältnisse nicht oder nur teilweise zurückerobern können. Vielfach dürfte dafür auch ein Verlust an Biotypenmannigfaltigkeit und somit Anpassungsfähigkeit verantwortlich sein.

Beispiele sind die im ehemals eisfreien Raum verbliebenen Relikt-Populationen von *Biscutella laevi-*

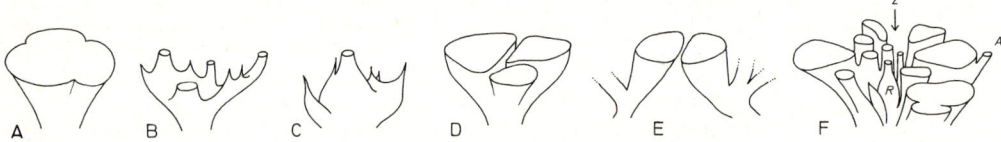

Abb. 986: Aspekte der raum-zeitlichen Arealgestaltung, schematisch; Verbreitung horizontal, Zeit von unten nach oben, gegenwärtiger Zustand als Schnittebene, ausgestorbene Populationen enden unterhalb dieser Gegenwartsebene. Weitere Erklärungen im Text. (Orig.)

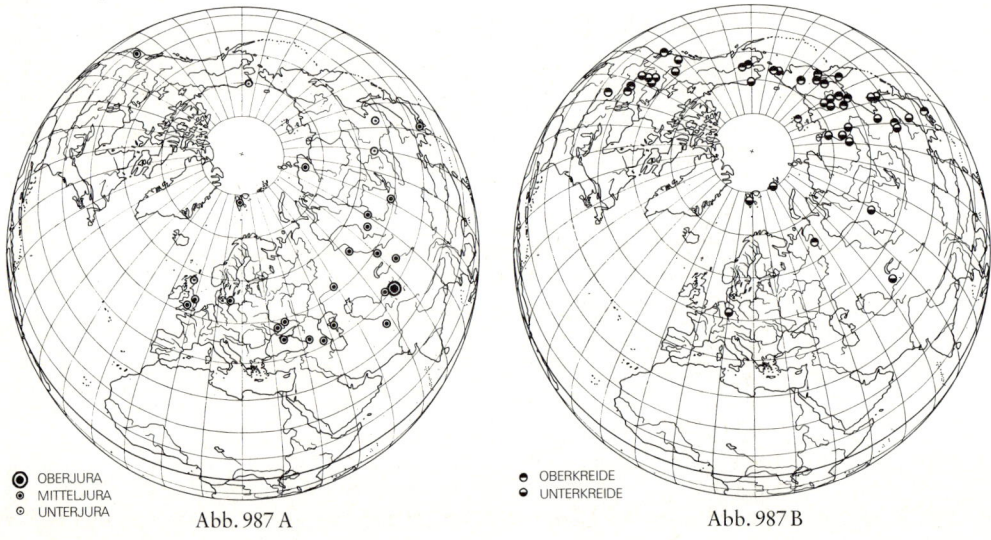

● OBERJURA
◉ MITTELJURA
◎ UNTERJURA

Abb. 987 A

● OBERKREIDE
○ UNTERKREIDE

Abb. 987 B

gata (Abb. 579) oder die disjunkten, an eisfreie Refugialräume anschließenden Areale von *Valeriana celtica* (West- und Ostalpen) oder *Aquilegia einseleana* (Süd- und auch Nordalpen). Von der tertiären Waldflora sind z.B. in Europa nur in balkanischen Restarealen erhalten geblieben *Picea omorika* oder *Aesculus hippocastanum*. Die Gattungen *Ginkgo* und *Magnolia* sind in Europa völlig ausgestorben und haben nur in Ostasien bzw. auch im östlichen Nordamerika überlebt (von wo sie vielfach wieder in europäische Gärten eingeführt wurden; vgl. Abb. 987, 1064).

Einige **raum-zeitliche Aspekte** der Arealgestaltung sind in Abb. 986 in schematischer Form dargestellt; dabei sind auch die parallelen Vorgänge der Sippendifferenzierung berücksichtigt.

Im einzelnen illustriert Abb. 986. Arealerweiterung (A), Aussterben von Populationen und Schrumpfung zum disjunkten (B) oder reliktär-paläoendemischen Areal (C); allopatrische Differenzierung einer Abstammungsgemeinschaft zu (drei) vikariierenden Sippen (D); Pseudovikariismus zweier nicht nächstverwandter, aber doch ökologisch bzw. geographisch stellvertretender Sippen (E); Formenkreis mit Mannigfaltigkeitszentrum (z), Reliktendemiten (R) und Neoendemiten (A) (F). Das Schema verdeutlicht, daß zwischen dem Alter einer Sippe, ihrer Formenmannigfaltigkeit und ihrer Arealgröße keine unmittelbaren Zusammenhänge bestehen.

Die besprochenen Phasen der Arealgestaltung zeigen etwa *Trifolium repens* (Abb. 567): A, *Pinus nigra* (Abb. 570). B, *Sequoia sempervirens* oder *Ginkgo biloba* (Abb. 987): C, *Erysimum* sect. *Cheiranthus* (Abb. 569 und S. 521f.), die Produkte der allopatrischen Sippenbildung als sog. Schizoendemiten verschiedener Bereiche der Ägäis): D, *Gentiana clusii* und *G. acaulis* s. str. (= *G. kochiana*) (S.932): E und

Carlina (Abb. 988, u.a. mit den reliktär-endemischen Untergattungen *Carlowitzia* und *Lyrolepis* und dem weitverbreiteten Formenkreis von *C. vulgaris* agg.): F.

Besonders gut ist die fossile Dokumentation der raum-zeitlichen Entfaltung für *Ginkgo*: Abb. 987 illustriert die Entfaltung dieser Gattung von einer zentralasiatischen Sippe des Unterjura bis zu beachtlicher Formenfülle und ausgedehntem nordhemisphärischem Arealmaximum (bis Spitzbergen und Alaska!) in der Kreide und im Alttertiär, ihr Aussterben zuerst in Nordamerika und dann in Europa im Jungtertiär sowie ihr Schrumpfen bis zum heutigen Reliktareal: Die einzige überlebende Art ist bekanntlich *Ginkgo biloba*, die als «lebendes Fossil» nur noch wenige naturnahe Fundorte in China besiedelt.

Sippen mit gleichem Ursprungsgebiet kann man zum gleichen **Genoelement** zählen, solche mit gleicher Entstehungs- bzw. Einwanderungszeit können zu einem **Chrono**- oder **Migroelement** zusammengefaßt werden.

Sowohl die Stengellosen Enziane (*Gentiana acaulis* s. lat.), als auch das Edelweiß (*Leontopodium alpinum*) gehören dem alpinen, genauer dem mitteleuropäischen Gebirgs-Geoelement an. Während aber *Gentiana acaulis* s. lat. in diesem Raum **bodenständig** (**autochthon**) ist und zum spättertiären Grundstock der Alpenflora zählt, ist *Leontopodium alpinum* offenkundig im Alpenraum ein eiszeitlicher Einwanderer, der aus einem in Zentralasien entfalteten Formenkreis stammt. Die beiden Sippen gehören daher verschiedenen Geno-, Chrono- bzw. Migroelementen an.

Ausbreitungs- oder **Schrumpfungsphasen, Wanderwege, Alter** und **Entstehungsräume** der Pflanzensippen sind aus der heutigen Verbrei-

Abb. 987: Die Ausbreitung der Gattung *Ginkgo* über die N-Hemisphäre nach Fossilfunden vom Unterjura bis zur Oberkreide und ihre Arealschrumpfung bis zum Jungtertiär (Pliocän) und zur Gegenwart. Den Karten sind die heutigen Oberflächenverhältnisse der Erdoberfläche zugrunde gelegt. Die Veränderungen seit dem Jura (etwa 185 Mio. Jahre) haben die Wanderwege auf der Nordhemisphäre nicht grundlegend beeinflußt. (Nach TRALAU, etwas verändert.)

○ PLIOCÄN
● GEGENWART

Abb. 987 C

tung oft nicht mehr mit Sicherheit abzulesen. Auch wenn Fossilbefunde fehlen, können verschiedene biosystematische Methoden jedoch wichtige Hinweise dazu geben.

Nicht selten laufen morphologische oder biochemische Merkmalsprogressionen (ursprünglich → abgeleitet; vgl. S. 539 ff.) mit der Ausbreitung der betreffenden Sippe vom Entstehungsraum parallel, z. B. bei der Entwicklung der überwiegend tropisch-holzigen *Caesalpiniaceae* zu den fortschreitend temperat-krautigen *Fabaceae*. Besonders klar liegen diese Verhältnisse bei den Wetterdisteln der Gattung *Carlina* (*Asteraceae*; Abb. 988): Hier geht die Entwicklung von immergrünen kleinköpfigen Kandelabersträuchern (z. B. *C. salicifolia*, subg. *Carlowitzia*, Lorbeerwald-Stufe der makaronesischen Inseln: 1) zu vieljährigen Stauden mit stark verholzter Sproßbasis im Mittelmeerraum (z. B. *corymbosa* agg: 2) und weiter entweder zu mediterranen Einjährigen (z. B. *racemosa*) oder zu kurzlebigen und nur einmal blühenden Rosettenpflanzen (*C. vulgaris* agg.: 3) bzw. zu großköpfigen und schließlich stengellosen Stauden

(*C. acaulis*: 3 und *C. acanthifolia*), die bis ins temperate westliche Eurasien ausstrahlen. Sehr oft wird die Ausbreitung einer Verwandtschaftsgruppe auch durch gleichgerichtete Veränderungen der Chromosomenzahlen angedeutet, etwa durch Dysploidiereihen (z. B. bei *Myosotis*, *Chaenactis*, *Haplopappus*: S. 507 f.) oder durch die Entwicklung von Diploiden zu Polyploiden (z. B. *Asplenium*, *Biscutella*, *Galium*, *Achillea*, *Aegilops*: S. 529–532, Abb. 578, 579). Ähnlichen Zeigerwert haben auch gewisse, fast immer in einer bestimmten Richtung ablaufende Progressionen der Fortpflanzungsbiologie: Allogamie → Autogamie (z. B. *Amsinckia*: Abb. 559, *Viola*, *Galium*: S. 514), bzw. Sexualität → Apomixis (z. B. einige Farne, *Dentaria*, *Rubus*, *Potentilla*, *Taraxacum*: S. 515, 532 f.).

Abb. 988: Arealbildung und stammesgeschichtliche Differenzierung der Wuchsformen bei der Gattung *Carlina* (Wetterdisteln, *Asteraceae*); die kanarischen bzw. ostmediterranen Sippen aus subg. *Carlowitzia* und subg. *Lyrolepis* (1) reliktär und relativ ursprünglich, die anderen (2, 3) circummediterran bzw. mediterran/montan-mitteleuropäisch, expansiv und fortschreitend abgeleitet; allopatrische Differenzierung von *C. vulgaris* agg.: obere Stengelblätter von *C. vulgaris* im Westen und von *C. biebersteinii* im Osten. Weitere Erläuterungen im Text, S. 929. (Areale Jäger, Kästner & Meusel, Orig.; Wuchsformen Mörchen & Kästner, Orig.)

D. Arealgestalt und heutige Standortfaktoren

Arealgrenzen sind nicht nur historisch oder physisch (z.B. durch die Anordnung von Land und Meer) bedingt, sie haben offenkundig vielfach ökologische Ursachen und stehen dann mit den heutigen Klima- und Bodenbedingungen (S. 961 ff.) und der öko-physiologischen Konstitution der Pflanzensippen in Zusammenhang. Grundsätzlich erscheint eine solche Annahme durch die Tatsache bestätigt, daß sich die Mehrzahl der Areale temperaturbedingten Florenzonen (bzw. Höhenstufen) und nach der Ozeanität differenzierten Sektoren zuordnen läßt. Auch die gestaffelten Ostgrenzen von Rotbuche und Stiel-Eiche sind offenkundig klimatisch bedingt (Abb. 912, S. 919). Man hat daher vielfach versucht, Arealgrenzen mit bestimmten Klimalinien in Deckung zu bringen und letztere dann als Grenzfaktoren anzusprechen (vgl. Abb. 989). Angesichts der komplexen Natur von Klima- und Bodenfaktoren sowie ihrer Verflechtung mit Konkurrenzphänomen (S. 980 ff.) bleiben derartige Versuche jedoch oft problematisch.

CARLINA

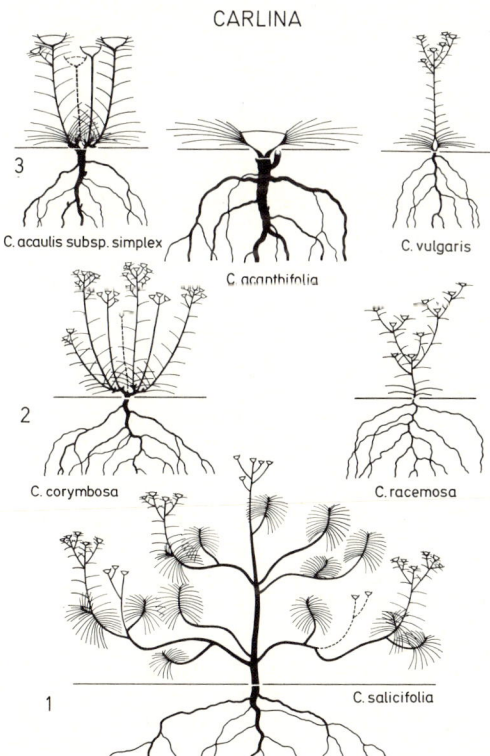

C. acaulis subsp. simplex
C. acanthifolia
C. vulgaris
C. corymbosa
C. racemosa
C. salicifolia

Bei der atlantischen Stechpalme (*Ilex aquifolium*, Abb. 989; verwandte Sippen nicht nur im westlichen, sondern auch im östlichen Eurasien, Brückensippen im Himalaya) sind Süd- und Ostgrenze zwar sicher durch die zunehmende Sommertrockenheit bzw. Härte der Winter (Kontinentalität!) bedingt, aber nicht direkt durch die angegebene Klimalinie. Entscheidend sind offenkundig extreme Tieftemperaturen (weniger als −15 °C), die drastische Frostschäden und dadurch Konkurrenzunterlegenheit bedingen. Der Extremwinter 1928/29 hat das *Ilex*-Areal merklich eingeengt. Während also für Holzpflanzen das Makroklima bedeutungsvoll ist, dürften für viele Krautige – z.B. im Wald-Unterwuchs – die mikroklimatischen Grenzfaktoren wichtiger sein (S. 969).

Das Areal vieler Arten erstreckt sich über einen makroklimatisch beachtlich verschiedenartigen Bereich, etwa im Hinblick auf Temperatur und Niederschläge (vgl. z.B. Wald-Kiefer von S-Spanien bis Lappland, Rotbuche von Sizilien bis S-Skandinavien, Abb. 862, 912). Dies wird ermöglicht einerseits durch ökologische Kompensation (bei Arealerweiterung von S nach N z.B. durch Wechsel von oberen zu unteren Höhenstufen: Abb. 1075, oder von kühleren zu wärmeren Standorten), andrerseits durch die Ausbildung verschiedener Ökotypen (Abb. 568 B).

Fagus sylvatica ist in ihrem Arealzentrum von der Hügel- bis in die obere Bergstufe verbreitet, im Süden aber auf die Höhenstufe der kühleren Bergwälder und an ihrer Nordgrenze auf nährstoffreiche und relativ warme Böden des Tieflandes beschränkt. Gebirgspflanzen, z.B. die Polster-Segge (*Carex firma*) oder die Leg-Föhre (*Pinus mugo*), können sich in Felsschluchten mit kühl-feuchtem Lokalklima oft auch noch in tieferen Lagen halten.

Augenscheinlicher ist der Zusammenhang zwischen Areal- und heutigen Umweltbedingungen bei Sippen mit fester Bindung an bestimmte Bodentypen. Bodenstete Salz-, Sand-, Kalk- und Kieselpflanzen sind seit langem bekannt (vgl. dazu auch S. 340, 978 f.) und verständlicherweise in ihrer Verbreitung auf das Vorkommen entsprechender Standorte beschränkt.

Als Beispiel sei hier auf Salzpflanzen (z. B. *Salicornia europaea* agg., Abb. 238, und *Aster tripolium*) und Sandpflanzen (z.B. *Salsola kali* und das Silbergras *Corynephorus canescens*) der Küsten und des Binnenlandes verwiesen. Auf Serpentinfelsen beschränkt sind z.B. einige Farne, wie *Asplenium adulterinum* oder (am nördlichen Arealrand) *Cheilanthes marantae*. In den Alpen vertreten einander auf Kalk bzw. Silicatgestein die nahe, aber nicht nächst verwandten (also pseudo-vikariierenden: Abb. 986) Sippenpaare *Rhododendron hirsutum* und *Rh. ferrugineum* (Abb. 1041), *Achillea atrata* und *A. moschata* sowie *Gentiana clusii* und *G. acaulis* s.str. (= *G. kochiana*).

Meist spielt dabei die Bodenreaktion eine entscheidende Rolle (vgl. S. 335 f., 978). Unter den Ackerunkräutern weist etwa der Hederich, *Raphanus raphanistrum*, auf eine mehr oder weniger saure, der Acker-Senf, *Sinapis arvensis* dagegen auf eine basische oder nur schwach saure Bodenreaktion. Kalkliebende Ackerunkräuter sind im subatlantischen Bereich Mitteleuropas z.B. *Adonis aestivalis*, *Ranunculus arvensis*, *Consolida regalis* (= *Delphinium consolida*), *Scandix pecten-veneris*, Kalkflieher aber *Rumex acetosella*, *Scleranthus annuus*, *Galeopsis segetum*, *Trifolium arvense*, *Arnoseris minima* u.a. Die Bodenstetigkeit ändert sich übrigens mit den allgemeinen klimatischen Verhältnissen: Manche Arten, die in wärmeren und trockeneren Gebieten auf verschiedenen Böden gedeihen, werden in einem kühlen und niederschlagsreichen Klima zu Kalkpflanzen; hier stellt sich nämlich eine neutrale oder basische Bodenreaktion nur noch auf Kalkböden ein.

Vielfach erlaubt also die lokale Verbreitung und Standortsbindung einer Sippe Rückschlüsse auf ihre Gesamtverbreitung und umgekehrt; beiden liegt als «gemeinsamer Nenner» die öko-physiologische Reaktionsnorm der Sippe zugrunde. Daher können bei entsprechend kritischer Beurteilung Verbreitungskarten auch als Zeiger für bestimmte Standortfaktoren verwendet werden.

Ansätze dafür ergeben sich z.B. aus dem Vergleich von Arealkarten und transparenten Auflagefolien mit Faktorenkarten im gleichen Maßstab. Rasterkarten lassen sich in dieser Hinsicht neuerdings auch mit Hilfe von Computern auswerten.

E. Floristische Gliederung der Biosphäre

Arealgrenzen sind nicht gleichmäßig über die Erde verteilt, sondern finden sich in bestimmten Gebieten nur vereinzelt, in anderen dagegen geradezu «gebündelt». Dem entspricht, daß zwischen Gebieten mit homogener Flora und charakteristischem Artenbestand (z.B. A und B) Grenzgebiete mit starkem «Florengefälle» und heterogenem Artenbestand (A⇌B) liegen. Zwei Florengebiete kann man hinsichtlich der gemeinsamen bzw. verschiedenen und der jeweils endemischen Pflanzensippen vergleichen und den Unterschied als «Florenkontrast» quantifizieren.

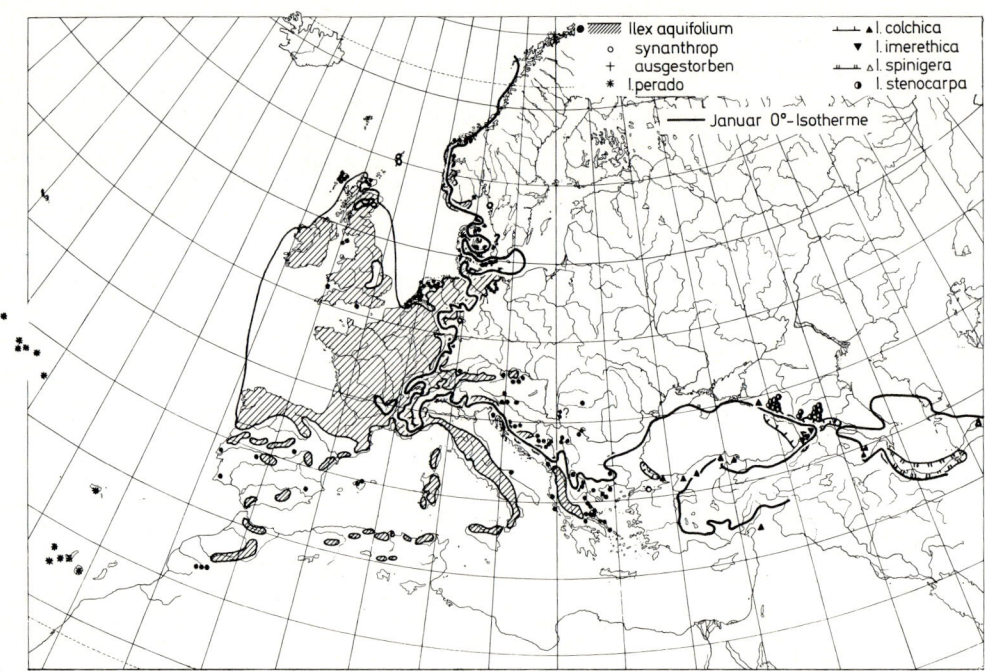

Abb. 989: Verbreitung der Stechpalme *(Ilex aquifolium)* und nahe verwandter Arten im westlichen Eurasien. Als Vergleich dazu die Januar 0°-Isotherme. (Orig. MEUSEL, JÄGER, RAUSCHERT & WEINERT; Klimalinie nach UNESCO Climatic Atlas of Europe, 1970.)

Im allgemeinen nimmt die Artenzahl und damit die organismische Mannigfaltigkeit pro Flächeneinheit zu, wenn man von den Polen zum Äquator, von standörtlich einheitlichen zu stark differenzierten Räumen und von Gebieten mit ungünstigen zu solchen mit optimalen Klima- und Bodenbedingungen fortschreitet. Dementsprechend haben z.B. tropische Gebirgsländer, wie etwa Venezuela oder Neuguinea, die an Gefäßpflanzen artenreichsten (etwa 20 000 bis 30 000) und floristisch am stärksten differenzierten Floren. Relativ artenarm (etwa 1000–3000) und über große Räume hinweg floristisch ziemlich einheitlich sind dagegen die boreale Florenzone der Nordhemisphäre oder die saharo-sindische Florenregion Afrikas und SW-Asiens (Abb. 990). Während in der riesigen borealen Florenzone keine Familie und kaum eine Gattung der Angiospermen endemisch ist, sind auf den sehr engräumigen, vom übrigen afrikanischen Kontinent durch einen erdgeschichtlich alten Wüstengürtel

(Ausbreitungsbarriere!) getrennten, kapländischen Florenbereich nicht weniger als 5 Familien und über 200 Gattungen beschränkt. Die Grenzzonen zwischen den Florengebieten mit ihrem ± starken «Florengefälle» fallen also meist mit wirksamen Ausbreitungsschranken der Vergangenheit bis Gegenwart oder mit Zonen von entscheidendem Klimawechsel zusammen.

Auf floristischer und arealkundlicher Grundlage läßt sich demnach eine räumliche Gliederung der Biosphäre erstellen. Umfassendste Einheit dieser Florengebiete ist das «**Florenreich**». Im allgemeinen unterscheidet man 6 Florenreiche der Landflora: die Holarktis der Nordhemisphäre mit der arktischen, borealen, temperaten, submeridionalen und meridionalen Florenzone, die Neo- und Paläo-

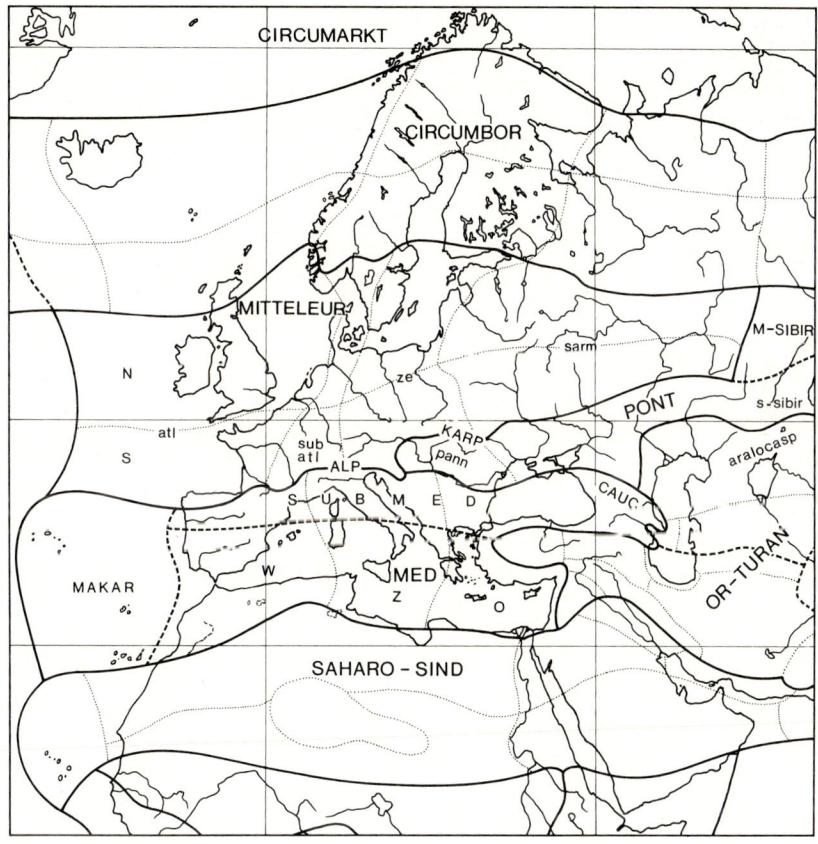

Abb. 990: Florengebiete im westlichen Eurasien und angrenzenden Nordafrika. — Regionen, ---- Unterregionen, ····· sonstige Grenzlinien (Provinzen etc.): circumarktisch, circumboreal, mitteleuropäisch (mit atlantisch, subatlantisch, zentraleuropäisch, sarmatisch; alpisch, karpatisch), pontisch-südsibirisch (mit pannonisch, mittelsibirisch etc.), makaronesisch-mediterran (mit submediterran, caucasisch etc.), orientalisch-turanisch (mit aralocaspisch etc.), saharo-sindisch. N nord-, S süd-, O ost-, W west-, Z zentral-. (Nach Meusel, Jäger & Weinert, verändert.)

tropis der Neuen und Alten Welt im Bereich der boreosubtropischen, tropischen und austrosubtropischen Florenzonen, sowie auf der Südhemisphäre und im Bereich der südlichen Florenzonen die kapländische Capensis, die sich weitgehend mit Australien deckende Australis und schließlich die noch auf das südlichste Südamerika übergreifende Antarktis. Diesen Einheiten kann zuletzt das ozeanische Florenreich der Weltmeere gegenübergestellt werden.

Die besprochenen Florenreiche bilden die Grundlage für die auf S. 1018 folgende Besprechung der Floren- und Vegetationsgebiete der Erde. Florenreiche können noch weiter in hierarchisch untergeordnete Florenregionen, -provinzen, -bezirke und -distrikte gegliedert werden. Als Beispiel sei auf Abb. 990 mit den wichtigsten Florengebieten im westlichen Eurasien und anschließenden Nordafrika verwiesen (vgl. S. 1020 ff.). Dieses Kärtchen illustriert auch die Hauptverbreitungsgebiete der nach Mitteleuropa einstrahlenden Geoelemente.

Zweiter Abschnitt

Vegetationskunde

Schon in vorwissenschaftlicher Zeit hat das regelmäßig wiederkehrende Auftreten bestimmter Pflanzengemeinschaften innerhalb der Biosphäre zu Begriffsbildungen wie Laub- und Nadelwald, Wiese, Röhricht oder Moor geführt. Analysiert man einzelne, örtlich begrenzte Bestände solcher Pflanzengemeinschaften, dann findet man immer wieder ein Zusammenleben von Individuen und Populationen ganz bestimmter charakteristischer Sippen. Es ist also augenscheinlich, daß es sich hier nicht um ein zufälliges Nebeneinander am gleichen Ort, sondern um eine ganz bestimmte, standortbedingte Auslese aus dem verfügbaren Florenbestand handelt. Die qualitative und quantitative Zusammensetzung eines Bestandes spiegelt dabei oft in erstaunlich feiner Weise die jeweiligen Umweltbedingungen wider.

Wenn wir den Aufbau und die Veränderung von Pflanzengemeinschaften verstehen wollen, müssen wir zuerst die Populationen der beteiligten Sippen analysieren. In ihrer Größe, Altersstruktur, Fortpflanzung und Verjüngung spiegeln sich nämlich die Wirkungen der Umweltfaktoren und der biotischen Konkurrenz am unmittelbarsten (vgl. S. 516 ff., 980 ff.).

Der beispielhafte Vergleich eines artenarmen, im Sommer kühlen und schattigen Rotbuchenwaldes mit einer angrenzenden artenreichen, sonnig-warmen Mähwiese verdeutlicht, wie stark sich Pflanzengemeinschaften hinsichtlich ihrer Struktur unterscheiden können. Dieses

charakteristische räumliche und zeitliche Ordnungsgefüge gilt es aufzuklären. Erst dann kann nämlich das zugrundeliegende Wirkungsgefüge sichtbar werden, das die Individuen einer Biocoenose mit ihrer Umwelt und untereinander verbindet (vgl. Abschnitt Standort und Ökosystem, S. 959 ff.).

Pflanzengemeinschaften sind also gesetzmäßig von ihrer Umwelt abhängige und konkurrenzbedingte Kombinationen von Pflanzensippen. Ihre Entstehung und Veränderung läßt sich am besten an der allmählichen Besiedelung von Ödland verfolgen: In temperaten Breiten entwickeln sich dabei zuerst einjährige Pionierpflanzen, sie werden durch mehrjährige Stauden und Gräser verdrängt, die ihrerseits raschwüchsigen, aber kurzlebigen und lichtbedürftigen Holzpflanzen Platz machen müssen; zuletzt aber behaupten sich langlebige, auch in ihrem eigenen Schatten verjüngungsfähige Laub- und Nadelhölzer. Eine derartig gesetzmäßige Entwicklung und Abfolge von Pflanzengemeinschaften am gleichen Ort bezeichnet man als Sukzession (S. 946 ff.): Aus einem lockeren Artengemisch wird zwar keine «organische Ganzheit», aber allmählich doch eine biocoenotische Gemeinschaft mit komplexem Ordnungs- und Wirkungsgefüge.

Die Biosphäre stellt zwar ein Kontinuum dar, vielfach heben sich benachbarte Pflanzengemeinschaften aber doch an gut erkennbaren Grenzzonen voneinander ab (z.B. an Kontaktzonen von Grünland und Wäldern oder am

Rande von Gewässern: Abb. 974, 1011 A und B). Solche konkret gegebenen Pflanzenbestände bzw. Pflanzengemeinschaften sucht die Vegetationskunde durch Vergleich und Abstraktion zu typisieren und zu gruppieren. Während aber alle Einzelorganismen in der Vergangenheit durch das Keimbahnsystem auch überindividuell konkret und hierarchisch verknüpft erscheinen (S. 484 ff.), mangelt den Pflanzen-(bzw. Lebens-)gemeinschaften als solchen ein derartiges inhärentes Ordnungsprinzip. Daher bieten sich hier – je nach Bedarf – verschiedene Möglichkeiten an, um abstrakte Vegetationstypen verschiedener Rangstufe zu erarbeiten. So lassen sich etwa auf der Grundlage des Artenbestandes Pflanzengesellschaften, nach der Physiognomie Pflanzenformationen, nach der räumlichen Beziehung Vegetationskomplexe oder nach der Vegetationsentwicklung Sukzessionsreihen herausstellen (S. 950 ff.).

A. Populationen und ihre Dynamik

Alle Lebens- und Pflanzengemeinschaften bauen sich letztlich aus den Individuen und Populationen verschiedener Sippen auf. Daher besteht ein unmittelbarer Zusammenhang zwischen dem Wesen und der Dynamik der Populationen und der von ihnen getragenen Biocoenosen.

Die **Populationsanalyse** (Demographie) befaßt sich vor allem mit der Altersstruktur, also mit dem jeweiligen prozentuellen Anteil der Altersklassen in den Populationen, von Geburt bis Tod. Bei Samenpflanzen (Abb. 991) werden im Rahmen solcher Erhebungen etwa Keimungs- und Jugendphase (Verjüngung), Beginn und Dauer der Fortpflanzungsphase, Samenproduktion, Durchschnittsalter und Absterbephase interessieren. Die Stabilität einer Population (und Biocoenose!) im Sinne eines «Fließgleichgewichts» (S. 1, 227 f.) wird nur dann gewährleistet sein, wenn Verjüngungs- und Absterberate einander die Waage halten. Überwiegt die Verjüngungsrate, so wächst die Populationsgröße bzw. -dichte, im umgekehrten Fall tendiert die Population zum Aussterben. In Abhängigkeit von biologischer Konstitution und ökologischer Position können Populationsstruktur und -dynamik bei verschiedenen Sippen durchaus verschieden sein.

Ein wichtiges Potential für jede Population von Samenpflanzen bilden die im Boden geborgenen Samen. Allerdings nimmt ihre Keimfähigkeit mit fortschreitendem Alter laufend ab und ist nach 10 Jahren meist völlig erloschen. Besonders bei annuellen Pionierpflanzen können Samen aber auch noch nach 100 (und in Extremfällen nach ca. 1600) Jahren keimen (vgl. S. 438 f.). Annuelle beginnen oft schon wenige Wochen nach der Keimung zu blühen und zu fruchten. Bei vielen Stauden setzt die Fortpflanzung im zweiten bis fünften Jahr ein; sie leben kaum länger als 50 Jahre. Bäume haben meist eine Jugendphase von 10–30 Jahren und erreichen im allgemeinen ein Höchstalter von 50–500 Jahren (vgl. aber S. 438). Die Samenproduktion erreicht mit zunehmendem Alter einen Höhepunkt (bei Eichen etwa mit 40–100 Jahren) und nimmt dann allmählich wieder ab. Vielfach lassen sich auch von Jahr zu Jahr starke Schwankungen feststellen (vgl. dazu etwa das alle 6–7 Jahre wiederkehrende Massenfruchten der Rotbuche: «Mastjahre»). Eichen produzieren auch in guten Jahren kaum mehr als 2000 Samen, bei Birken und vielen Coniferen können es aber 50000–300000 sein, und beim krautigen Fingerhut (*Digitalis purpurea*, S. 888 f.) wurden Spitzenwerte von über 500000 Samen pro Pflanze und Jahr gefunden.

Pflanzen sind im Gegensatz zu Tieren «offene Systeme» (S. 4). Größe des Individuums und damit Fortpflanzungspotential schwanken daher bei Pflanzen in viel weiteren Grenzen als bei Tieren und können bei jahrzehntelangem Wachstum stark ansteigen. Dies ist bei der botanischen Demographie ebenso zu berücksichtigen wie die verschiedenen Möglichkeiten der Pflanzen zur vegetativen Vermehrung und Fortpflanzung (S. 210 ff.).

Nach einer Phase hoher Keimlingsterblichkeit stabilisiert sich die Absterberate bei den meisten Pflanzen. Bei der Weiß-Eiche (*Quercus alba*, östl. Nordamerika; Abb. 991) finden wir z.B. in einem

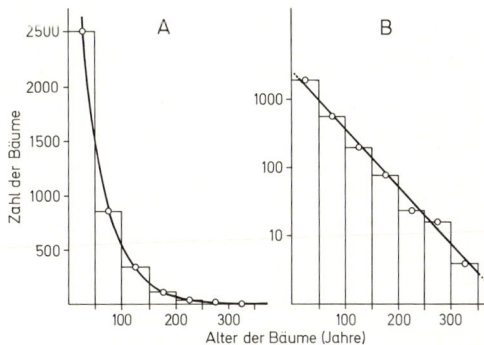

Abb. 991: Altersklassen (von 50 zu 50 Jahren) und Populationskurve der Weiß-Eiche (*Quercus alba*) aus 74 ha eines stabilen Eichen-Hickory-Mischwaldes im östlichen Nordamerika; Jungpflanzen wurden nicht berücksichtigt; A Individuenzahlen linear, B logarithmisch. (Nach MILLER aus WHITTAKER.)

Koordinatenfeld mit linearen Altersklassen und logarithmischer Individuenzahl eine gerade Populationskurve (Abb. 991B); hier ist die Wahrscheinlichkeit etwa gleich groß, daß ein 30- oder daß ein 100jähriger Baum abstirbt. Bei vielen Annuellen bedingt starke Konkurrenz eine besonders hohe Ausfallquote in der Jugendphase; das drückt sich in konkaven Populationskurven aus. Bei Bodenorchideen (z.B. *Orchis* und *Dactylorhiza*) mit eng begrenztem Höchstalter hat man auch konvexe Populationskurven festgestellt (wie bei Höheren Tieren und beim Menschen).

Die **Verjüngung** ist bei den dominanten Holzpflanzen stabiler Klimaxwälder (vgl. S. 947) vielfach kontinuierlich. Bei Populationen von *Quercus alba* (Abb. 991) fallen z.B. alle 50 Jahre 34% der Individuen einer Altersklasse aus und werden durch Individuen der nächst jüngeren Altersklasse ersetzt. Andere Holzarten zeigen eine periodische Verjüngung. Birken *(Betula pendula)* wachsen auf Schlägen oder Brandflächen vielfach schubweise und mit vielen Individuen einer Altersklasse auf; nach 30–60 Jahren machen sie dann anderen Laubhölzern Platz. Bei vielen Ruderalpflanzen [z.B. bei der einjährigen *Conyza* (= *Erigeron*) *canadensis* mit sehr zahlreichen Flugfrüchten] ist das Auftreten nomadisch und der Populationsaufbau explosionsartig. Unregelmäßig fluktuierende Populationen finden wir z.B. bei Gräsern: Das Mengenverhältnis von Trespe *(Bromus erectus)* und Glatthafer *(Arrhenatherum*

elatius) schwankt in mitteleuropäischen Mähwiesen je nach Niederschlägen und Düngung aufgrund unterschiedlicher vegetativer und samenbedingter Reproduktion von Jahr zu Jahr erheblich (vgl. Abb. 1044).

Bei unbeschränkter Vermehrung ist das **Populationswachstum** exponentiell, d.h. die Größe der Population nimmt mit konstanter Verdopplungszeit zu. Dadurch würden bei Mikroorganismen mit sehr kurzer Generationsdauer (S. 210) in wenigen Tagen, aber auch bei Bäumen mit jahrzehntelanger Generationsdauer innerhalb von etlichen 100 Jahren Populationen vom Volumen unseres gesamten Erdballs entstehen. Da aber das exponentielle Anfangswachstum jeder Population früher oder später durch die Umwelt begrenzt wird, finden wir tatsächlich meist sigmoide Wachstumskurven, die sich schließlich an einer Kapazitätsgrenze («Carrying capacity») eines Standorts einpendeln (Abb. 992, 993).

Das exponentielle Wachstum einer Population mit N Individuen vom Startpunkt 0 über die Zeitspanne t läßt sich durch die Formel

$$N_t = N_0 e^{rt}$$

ausdrücken, wobei e die Basis des natürlichen Logarithmus und r die maximale (potentielle) Wachstums-

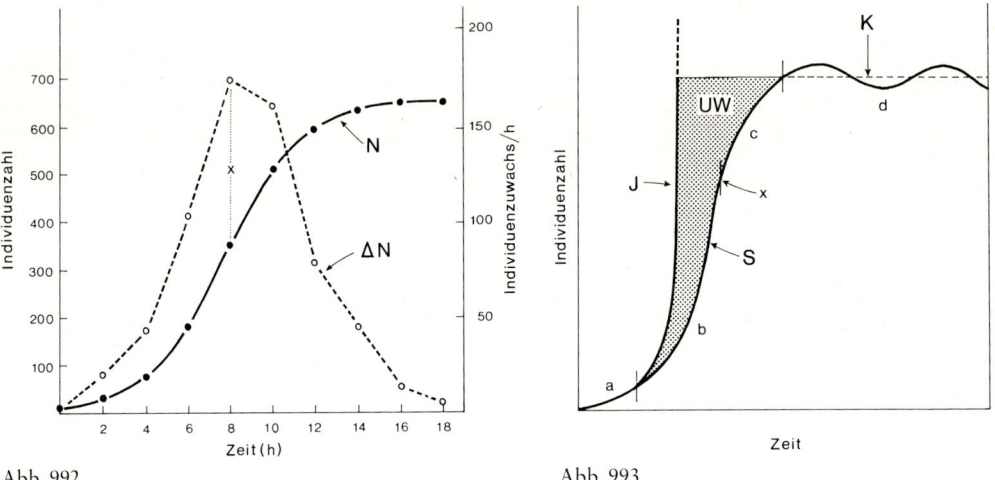

Abb. 992   Abb. 993

Abb. 992: Das tatsächliche Wachstum (Individuenzahl: N) und die Wachstumsrate (Zunahme der Individuenzahl pro Stunde: ΔN) bei einer Laborpopulation von Hefe *(Saccharomyces cerevisiae)* im Verlauf von 18 Stunden. × kennzeichnet den Wendepunkt zwischen Beschleunigung und Verlangsamung des Populationswachstums. (Nach Daten von Carlson & Pearl aus Kormondy.)

Abb. 993: Schema für das theoretische, exponentielle (J) und für das tatsächliche sigmoide (S) Wachstum einer Population: Die Differenz (Raster) verdeutlicht den Umwelt-«Widerstand» (UW). Es lassen sich Phasen der linearen (a) und der logarithmischen (b) Beschleunigung, der Verlangsamung (c) und des Einpendelns (d) an der Kapazitätsgrenze (K) sowie ein Wendepunkt (×) erkennen. (Nach Rodgers & Kerstetter.)

rate aus Geburts-(Keimungs-)rate b minus Sterberate m ist $(r = b — m)$; rt ist natürlich von der Zahl der Nachkommenschaft und von der Generationsdauer abhängig. Danach lassen sich die besprochenen theoretischen Populationsexplosionen leicht nachrechnen. Dagegen illustriert das Beispiel der Entwicklung einer konkreten Hefe-Population (Abb. 992), wie das anfänglich exponentielle Wachstum unter begrenzten Kulturbedingungen bald die Form einer Sigmoidkurve annimmt, da die steil ansteigende Wachstumsrate nach Erreichen eines Scheitels (maximale Produktivität!) rasch wieder auf den Nullpunkt $(b = m)$ absinkt. Die Population kann sich also nicht über die Kapazitätsgrenze K hinaus vermehren. Dieser sigmoiden Wachstumskurve liegt die Beziehung

$$\frac{\Delta N}{\Delta t} = r\,N \cdot \frac{K - N}{K}$$

zugrunde, wobei $\dfrac{\Delta N}{\Delta t}$ die tatsächliche und r die potentielle Wachstumsrate ist.

Der Differenzbereich zwischen der (theoretischen) exponentiellen und der (tatsächlichen) sigmoiden Wachstumskurve (Abb. 993) verdeutlicht den allmählich verstärkten Umwelt-«Widerstand» gegenüber der laufenden Zunahme von Populationsgröße bzw. **Populationsdichte.** Die schließlich erreichte Wachstums-

bzw. Kapazitätsgrenze hängt von einer Vielzahl von abiotischen und biotischen Faktoren ab (vgl. S. 959ff.).

Handelt es sich bei der besprochenen Hefe-Population besonders um die begrenzte Substratzufuhr, so fallen bei den S. 981ff. besprochenen experimentellen Mischpopulationen (Abb. 561B, 1044) besonders die Konkurrenz- bzw. Kooperationsbeziehungen ins Auge. Wenn sich diese Kontrollfaktoren verändern, dann verändert sich natürlich die Kapazitätsgrenze und damit die Größe bzw. Dichte der Populationen. Besonders auffällig sind in dieser Hinsicht die jahreszeitlich bedingten Populationsschwankungen von ein- und mehrjährigen Pflanzen in den winterkalten Zonen. Vielfach wirken sich die kontrollierenden Umweltverhältnisse erst verspätet auf das Populationswachstum aus. Daher kommt es nicht selten auch über die Kapazitätsgrenze hinaus zu einem Zuwachs, dem dann notwendigerweise eine verstärkte Reduktion folgt (Abb. 993).

Wenn die Dichte einer Population ansteigt, dann verstärkt sich die Konkurrenz zwischen ihren Individuen. Dabei kommt es bei Höheren Pflanzen und im Vergleich zu locker aufgewachsenen Individuen vielfach zu Spindelwuchs, verringertem Trockengewicht und reduziertem Samenansatz.

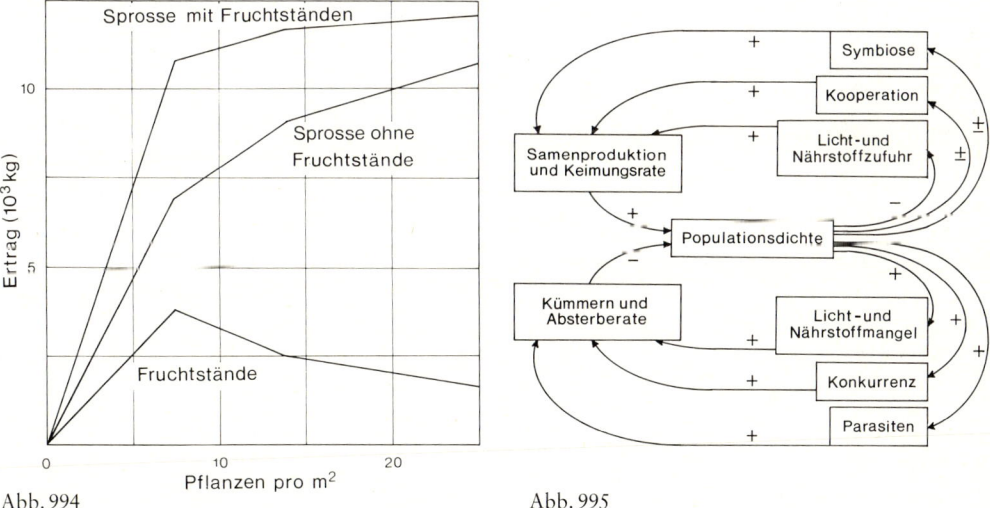

Abb. 994   Abb. 995

Abb. 994: Zunehmende Populationsdichte beim Mais *(Zea mays)*: Für die Samenproduktion sind 7–8 Pflanzen/m² optimal, für die vegetative Produktion über 25/m². (Nach HARPER.)

Abb. 995: Schema einiger möglicher Wirkungskreisläufe, die über Samenproduktion und Keimungsrate bzw. über Kümmern und Absterberate die Vermehrung und Dichte einer Pflanzenpopulation regeln. Kausalbeziehungen positiv (+), negativ (−) oder unterschiedlich (±); zumeist negative Rückkoppelungen. (Original, nach Anregungen von JACOBS.)

Ein Versuch mit unterschiedlich dicht aufgezogenen Maispflanzen (Abb. 994) zeigt, daß dieses Manko bei der Gesamtproduktion im vegetativen Bereich zwar durch große Individuenzahl lange kompensiert wird, daß bei der Samenproduktion aber auch insgesamt bald ein Abfall eintritt. Die Optimalbedingungen für vegetative und reproduktive Entwicklung liegen also hier (und auch sonst vielfach) weit auseinander (vgl. S. 920)!

Gewisse abiotische und biotische Umweltfaktoren (z.B. Licht, Parasitismus bzw. Kooperation) sind also mit der Populationsdichte negativ korreliert: Bei zunehmender Dichte bewirken sie eine Erhöhung der Absterberate, bei abnehmender Dichte aber die Erhöhung der Reproduktions- bzw. Verjüngungsrate (Abb. 995). Damit liegt ein Regelkreis (Abb. 318) mit negativer Rückkoppelung vor, der bei starker Reduktion der Populationsgröße bzw. -dichte einen Zuwachs, bei übermäßiger Vermehrung aber wieder eine Reduktion herbeiführt. Auf diese Weise kommt bei vielen Populationen eine gewisse Regulation und Stabilisierung zustande.

B. Struktur der Pflanzengemeinschaften

Schon die oberflächliche Sichtung eines Pflanzenbestandes läßt die Vielfalt an möglichen Ansätzen für eine Analyse des zugrundeliegenden **Ordnungsgefüges** erkennen. In einem Rotbuchenmischwald etwa (Abb. 996, 997) beeindruckt der Populationsaufbau von *Fagus sylvatica* mit seiner Abfolge von Jungpflanzen zur Dominanz der baumförmigen Individuen und zuletzt ihrem Absterben (infolge von Windbruch, oft gefördert durch den Befall mit parasitischen Pilzen, z.B. *Fomes fomentarius*, S. 680, oder infolge von forstlicher Entnahme) und der Verrottung der Stümpfe. Untergeordnet und je nach Kleinrelief des Waldbodens oder unterschiedlichem Lichteinfall mosaikartig differenziert ist der Unterwuchs von Kräutern, Grasartigen, Moosen und Flechten. Geophytische Frühjahrsblüher (z.B. *Anemone nemorosa*) sind im Sommer und Herbst oberflächlich völlig verschwunden; dafür treten jetzt die Fruchtkör-

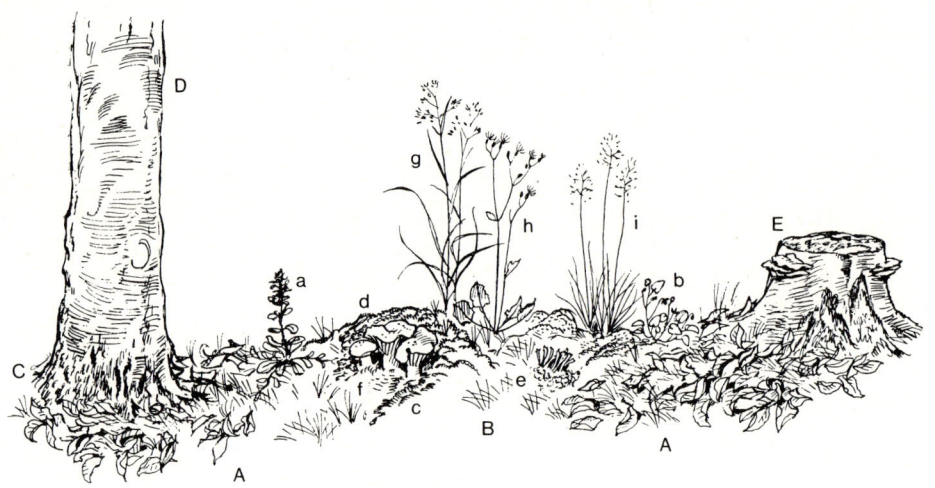

Abb. 996: Teil-Biocoenosen (Synusien) in einem mitteleuropäischen Rotbuchenmischwald im Spätsommer. A Laubstreureiche Mulden, relativ feucht, neutraler Mullboden (Bakterien, Pilze, Kleintierleben), randlich Feuchtigkeits- bzw. Nährstoffzeiger: a Kriechender Günsel *(Ajuga reptans)* und b Wald-Veilchen *(Viola reichenbachiana)*. B Kuppen, laubstreufrei, trockener, versauernder Braunerdeboden mit terrestrischen Moos- und Flechtensynusien: c Schlafmoos *(Hypnum cupressiforme)*, d Weißmoos *(Leucobryum glaucum)*, e Trichterflechte *(Cladonia pyxidata)*, mit f Fruchtkörpern des Wollschwammes *(Lactarius vellereus:* Fagus-Mycorrhizapilz) und mit Nährstoffarmut bzw. Bodensäure anzeigenden Grasartigen und Rosettenstauden (Hemicryptophyten): g Weißliche Hainsimse *(Luzula albida)*, h Wald-Habichtskraut *(Hieracium sylvaticum)* und i Drahtschmiele *(Avenella flexuosa)*. C Stammbasis mit verschiedenen Laubmoosen *(Hypnum, Plagiothecium)*. D Borke der Rotbuche mit Synusien von Luftalgen *(Pleurococcus)* und Krustenflechten *(Graphis scripta* etc.). E Baumstumpf u.a. durch Pilze (Fruchtkörper des Schmetterlings-Porlings: *Coriolus versicolor* besiedelt). (Nach EHRENDORFER.)

per von Hutpilzen hervor, die etwa als Mycorrhiza-Symbionten mit der Buche verbunden sind (z.B. der Milchling *Lactarius vellereus*) oder sich zusammen mit einem reichen Bakterien- und Kleintierleben am Abbau der Laubstreu (Abb. 1026) beteiligen (z.B. die Nebelkappe, *Lepista nebularis*). Weitere abhängige Teil-Biocoenosen finden sich an der Basis der Buchenstämme (Laubmoose) und an ihrer Borke (Luftalgen und Krustenflechten).

Einem derartig komplexen biocoenotischen Ordnungsgefüge können nur vielseitige (und häufig sehr arbeitsaufwendige) Untersuchungen gerecht werden. An richtig ausgewählten Aufnahme(Probe-)flächen müssen dabei zuerst Arten- und Lebensformenbestand der Pflanzengemeinschaften erfaßt sowie Schichtaufbau, Verschachtelung von Groß- und Kleinbiotopen und Periodizität analysiert werden. Solche Vegetations- bzw. Bestandsaufnahmen bilden

dann die Voraussetzung für die Beschreibung und Gruppierung entsprechender Pflanzengesellschaften und für die Aufklärung der zugrundeliegenden biocoenotischen Wirkungsgefüge (vgl. Legenden zu Abb. 996, 997).

Die Auswahl und Größe einer **Aufnahme**- oder **Probefläche** wird davon abhängig sein, welche (Teil-)Biocoenosen erfaßt werden sollen. Um alle charakteristischen Gehölzarten eines mitteleuropäischen Waldes zu erfassen, wird ein Minimalareal von 200–400 m² notwendig sein, für artenreiche tropische Regenwälder braucht man 1000–4000 m². Dagegen genügen bei der Aufnahme von Wiesen und Rasen meist schon 10–100 m² und bei Moos- und Flechtengemeinschaften 0,1–4 m². Die Aufnahmefläche soll hinsichtlich der Standortsbedingungen und der Artenverteilung möglichst einheitlich sein. Jeder Vegetationsaufnahme werden die wichtigsten Fund- und Standortsdaten (topographische Lage, Seehöhe, Exposition, Hangneigung, Bodenverhältnisse, Gesteinsunterlage u.a.) vorangestellt. Die allmähliche

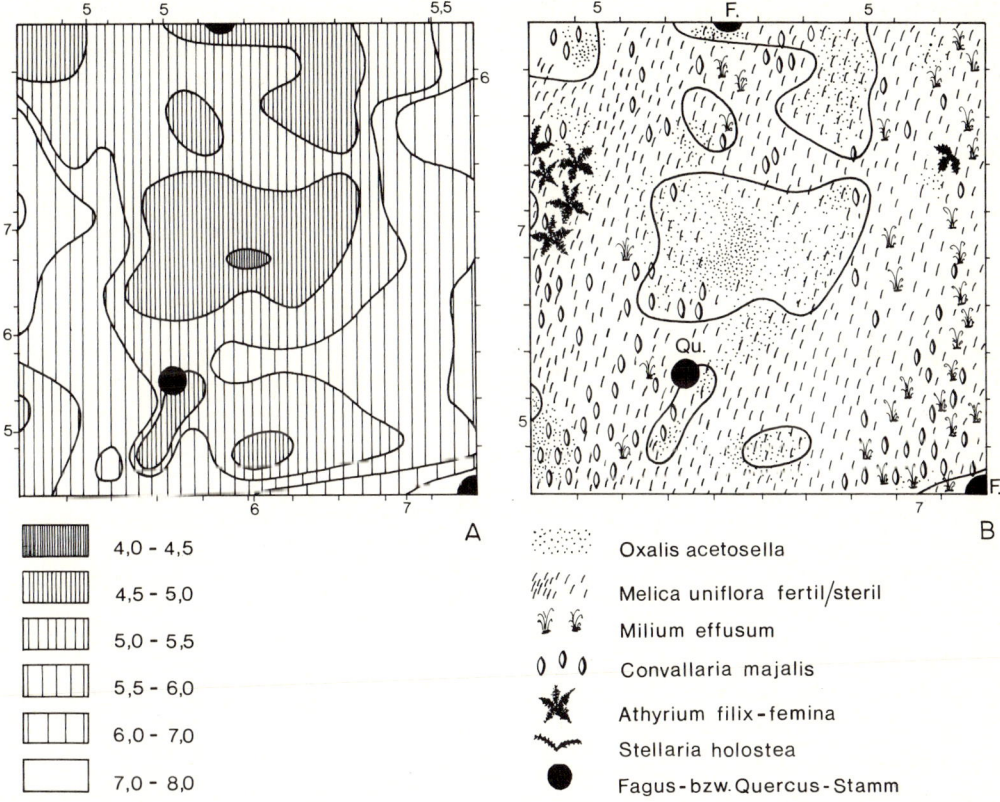

▓▓▓	4,0 - 4,5
▦▦▦	4,5 - 5,0
▥▥▥	5,0 - 5,5
▤▤▤	5,5 - 6,0
⊞⊞	6,0 - 7,0
☐	7,0 - 8,0

Oxalis acetosella
Melica uniflora fertil/steril
Milium effusum
Convallaria majalis
Athyrium filix-femina
Stellaria holostea
Fagus- bzw. Quercus-Stamm

Abb. 997: Verteilung der relativen Beleuchtungsstärke in % (A) und des Unterwuchses (B) in einem frischen Rotbuchenmischwald bei Hannover im Sommer (Probefläche 10 × 10 m; F = *Fagus*, Q = *Quercus*). Der Sauerklee *Oxalis acetosella*, ist anderwärts noch bis 1 % Beleuchtungsstärke lebensfähig, die unteren Grenzwerte von *Melica uniflora* liegen bei 4 % (steril; fertil erst bei über 7 %), von *Convallaria* bei 4,5 %, von *Milium* bei 5 % und von *Athyrium* bei 6 %. (Nach ELLENBERG.)

oder abgestufte Veränderung der Artenzusammensetzung entlang bestimmter ökologischer Gradienten kann am besten durch Vegetationsprofile bzw. -transekte dargestellt werden (Abb. 998). Daraus ergeben sich auch Anhaltspunkte für eine möglichst objektive Begrenzung der Pflanzengesellschaften (S. 950).

Zuerst gilt es, den **Artenbestand** einer Probefläche zu erfassen. Das ist besonders bei den noch weniger erforschten Floren der Tropen und bei allen Niederen Pflanzen schwierig und aufwendig. Darüber hinaus wird bei den besser bekannten extratropischen Gefäßpflanzen in den Vegetationsaufnahmen auch das Mengenverhältnis der einzelnen Arten berücksichtigt.

Dazu schätzt man im allgemeinen für jede Vegetationsschicht getrennt Abundanz (Individuenzahl) und Dominanz (Deckungsgrad der Blattfläche) nach einer normierten Skala von 5 (mehr als $^3/_4$ der Fläche deckend) über $4(^1/_2-^3/_4)$, $3(^1/_4-^1/_2)$, $2(^1/_{20}-^1/_4$ deckend oder sehr zahlreich), 1 (unter $^1/_{20}$, aber zahlreich) bis + (spärlich) und r (ganz vereinzelt). Exakter kann die Dominanz in Deckungsprozenten oder Gewichtanteilen geschätzt oder gemessen werden.

Artenlisten mit derartigen quantitativen Angaben bilden den Kern aller Vegetationsaufnahmen. Ver-

gleiche zeigen ganz allgemein, daß in jeder Pflanzengemeinschaft nebeneinander Sippen leben und koexistieren, die von «dominant» und «massiv vertreten» bis zu «untergeordnet» und «sehr zurücktretend» eingestuft werden können. Zur Illustration sei auf *Fagus sylvatica* und *Daphne mezereum* in europäischen Waldgesellschaften und auf nordamerikanische Waldgesellschaften (Abb. 999) verwiesen.

Ein besonders wichtiges Kriterium für die Bedeutung einer Art innerhalb einer Pflanzengemeinschaft ist ihre Produktivität (vgl. S. 986 ff. und Abb. 999).

In diesem Zusammenhang interessiert auch die relative Vitalität einer Sippe (vgl. die im tiefen Waldesschatten steril bleibende *Melica uniflora*, Abb. 997 B!). Vielfach werden bei Vegetationsaufnahmen für die einzelnen Arten auch Angaben gemacht über die Geselligkeit (z.B. einzeln, truppweise oder herdenweise), Dispersion (regelmäßige oder unregelmäßige Verteilung; S. 943 f.) und Frequenz (häufiges bis seltenes Auftreten in Teilflächen).

Die Artenzahl einer Pflanzengemeinschaft ist im allgemeinen niedrig unter extremen (bzw. labilen) Standortbedingungen (Arktis, Hochgebirge, Wüste, Pioniergemeinschaften), aber

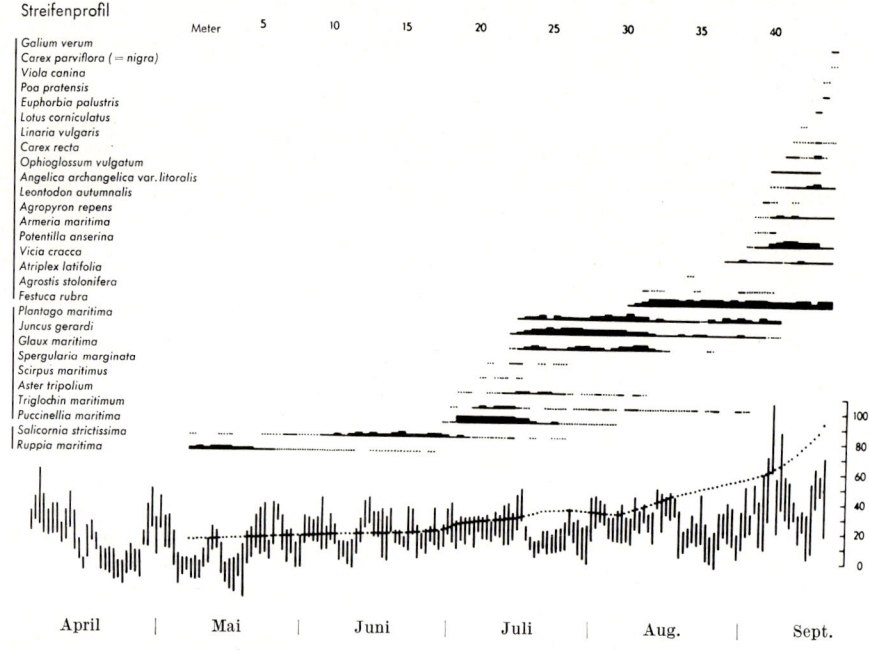

Abb. 998: Vegetationsprofil einer Flachküste im westlichen Schweden vom Meeresrand bis zum kaum mehr salzbeeinflußten Weiderasen. Oben die Arten in drei, voneinander ± abgesetzten ökologischen Gruppen und ihre Verteilung bzw. Häufigkeit entlang der Profillänge von 45 m, unten die Höhendifferenzen in cm (rechte Skala), das Relief (punktiert) sowie die täglichen Wasserstandsschwankungen von April bis September 1948. (Nach GILLNER.)

auch bei hoher Produktivität und Dominanz einer einzelnen Art (z.B. im mitteleuropäischen Buchenwald oder in boreal-subalpinen Nadelwäldern: Abb. 999). Dagegen finden wir unter günstigen und gleichmäßigen Klima- und Bodenverhältnissen komplexe und artenreiche Gemeinschaften, in denen keine Sippe allein vorherrscht (Codominanz mehrerer Arten, z.B. in temperaten Wiesen oder in Wäldern der warmen Florenzonen: Abb. 999, 1086).

Entscheidend für die Struktur bzw. Physiognomie jeder Pflanzengemeinschaft sind die morphologischen Kriterien der beteiligten Arten, ihre Lebens- und Wuchsformen (S. 189 ff.) und ihre räumliche Anordnung. Der Vergleich verschiedener Vegetationstypen (z.B. Sandpioniere: Abb. 1002, Süßwasserverlandung: Abb. 974, temperater Mischwald: Abb. 996, tropische Pflanzengemeinschaften: Abb. 1085, 1086) und Schemata der Vegetationsstruktur (Abb. 1000) macht das sehr anschaulich.

Wegen der Lebens- und Wuchsformen der Pflanzen sei auf S. 90–104, 137 ff., 189–209, 798 und besonders auf die Gruppierung S. 200–202 bzw. Abb. 232 verwiesen. Nach der Ernährungsform muß grundsätzlich in autotrophe und heterotrophe Organismen gegliedert werden (vgl. dazu S. 3 ff., 228). Unter den autotrophen Pflanzen können die freilebenden ein- (und wenig-)zelligen Algen (und einige Bakteriengruppen) als E r r a n t i a und die bloß haftenden Thalluspflanzen (viele Algen sowie Flechten und Moose) als A d n a t a der Hauptmasse wurzelnder Sproßpflanzen, den R a d i c a n t i a, gegenübergestellt werden. Innerhalb der Radicantia lassen sich nach der Ausbildung der oberirdischen Sprosse weiter H o l z p f l a n z e n (Bäume > 2 m; Sträucher 0,5–2 m, Zwerg- und Halbsträucher < 0,5 m, ganz bzw. nur unten verholzt) und K r a u t pflanzen unterscheiden. Die Lage und Form der Überdauerungsorgane, die Größe, Konsistenz und Periodizität der Blätter (z.B. dünn- und dickblättrig, immergrün, sommergrün oder regengrün), die Verzweigungsform u. a. Kriterien der Blatt-, Achsen- und

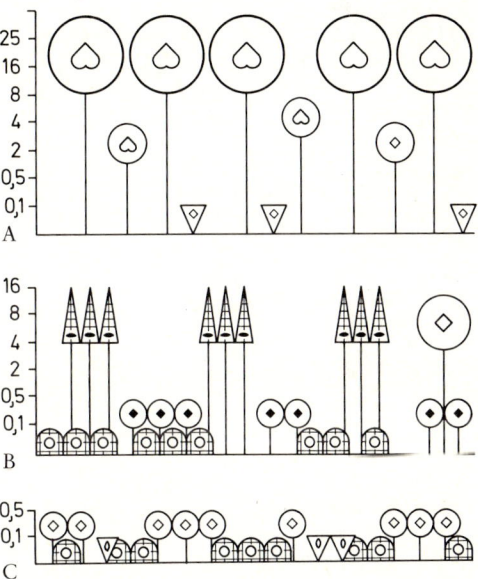

A

B

C

Abb. 1000: Schematische Darstellung der Vegetationsstruktur von Vegetationstypen aus dem nordöstlichen Nordamerika: A Sommergrüner, temperater Laubmischwald, B immergrüner, offener boreraler Nadelwald und C Zwergstrauch-Tundra. Symbole für Wuchsformen (Moose und Flechten = △, krautige Pflanzen = ▽, aufrechte Holzpflanzen, insbesondere Laub- und Nadelbäume = ♀♂) und Beblätterung (Form und Größe, Konsistenz: z.B. nadelförmig, lederig, immergrün = ‒ #; groß- und dünnblättrig, sommergrün = △; gras- und dünnblättrig, sommergrün = ◦; mittelgroß, lederig, immergrün = ◆; thalloid = ○). Die seitlichen Höhenangaben in Metern. (Nach DANSERAU.)

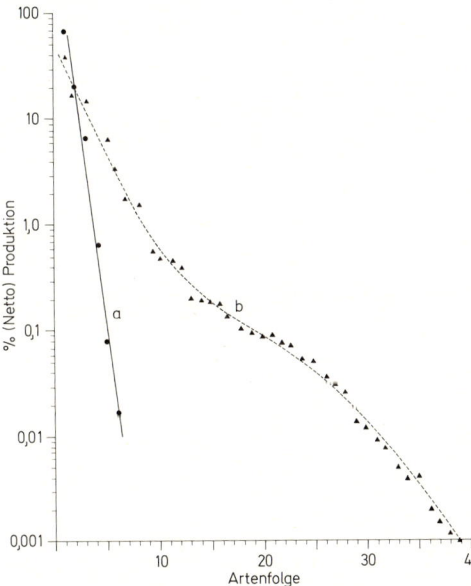

Abb. 999: Gegenüberstellung der wichtigeren Gefäßpflanzen eines artenarmen subalpinen Tannenwaldes (mit Dominanz von *Abies fraseri*) (a) und eines artenreichen Laubmischwaldes (mit Codominanz von Arten der Gattungen *Quercus, Ostrya, Carya, Liriodendron* etc.) (b) aus den Smoky Mts. im südöstlichen Nordamerika. Innerhalb der beiden Waldtypen sind die Arten nach ihrem abnehmenden prozentuellen Anteil an der gesamten (Netto-)Produktion (S. 984) angeordnet. (Nach WHITTAKER.)

Wurzelausbildung geben weitere Gliederungsmöglichkeiten.

Die verschiedenen Zonen und Haupttypen der Vegetation unserer Erde haben sehr unterschiedliche Anteile von Lebens- und Wuchsformen (S. 200 ff., Abb. 1017, Tab. 50). Aber auch ähnliche Pflanzengemeinschaften lassen sich durch ihre Lebensformenspektren differenzieren (Abb. 1001).

In Tab. 50 (S. 1019) und Abb. 1017 fällt vor allem die prozentuelle Abnahme der Baumarten vom tropischen Regenwald zu den temperaten Wäldern und zur Tundra bzw. Steppe und (Hitze-)Wüste auf. Zwerg- bzw. Halbsträucher erreichen dagegen im Bereich der Tundra bzw. Halbwüste (Grenzbereich Hitzewüsten) Spitzenwerte. Der Anteil von mehrjährigen Krautpflanzen (z. B. Hemikryptophyten) nimmt vom temperaten Waldbereich zu Steppe und Tundra besonders mit Grasartigen stark zu. Einjährige (Therophyten) sind in wüstenartigen und adnate Moose und Flechten in kühl-feuchten Vegetationstypen am stärksten vertreten.

Ein Vergleich der Lebensformenspektren mitteleuropäischer Waldtypen (Abb. 1001) zeigt, daß im nährstoffreichen Buchenwald viel mehr (häufig frühlingsgrüne) Geophyten wachsen, daß hier aber wegen der sommerlichen Beschattung Sträucher gegenüber dem lichteren, aber nährstoffärmeren Eichen-Birkenwald sehr zurücktreten. Der künstliche Fichtenforst mit seiner bodenversauernden Nadelstreu ist sehr unterwuchsfeindlich: wenige Hemikryptophyten, dafür aber verstärkter Moos- und Flechtenbewuchs.

Auch die blüten- und fruchtbiologischen Spektren der Vegetationstypen sind sehr verschieden.

In den tierreichen tropischen Regenwäldern überwiegt Zoophilie und Zoochorie, in windexponierten Steppen Anemophilie und Anemochorie (vgl. S. 819 ff. und 830 ff.).

Die Beteiligung von verschiedenen Lebens- und Wuchsformen am Aufbau der Pflanzengemeinschaften bewirkt eine **vertikale Ordnung**, eine Schichtung der Vegetation (Abb. 1000, 1001). Nur gewisse Pionier- und Extrem-Biocoenosen sind wenig oder gar nicht geschichtet. In vielen Wäldern kann man eine (oder mehrere) Baumschicht(en), Strauchschicht, Krautschicht und Moos-(Boden)schicht unterscheiden. Dieser oberirdischen Vegetationsschichtung entspricht eine noch viel zu wenig untersuchte unterirdische Wurzelschichtung (Abb. 1002). Es ist offenkundig, daß ein derartiger Schichtaufbau der Pflanzengemeinschaft eine bessere ökologische Nutzung des besiedelten Luft- und Bodenraumes ermöglicht (z. B. S. 966, 971).

Die Pioniervegetation auf Sanddünen (Abb. 1002) ist oberirdisch nur wenig, im Wurzelbereich aber deutlich geschichtet: Man vergleiche dazu etwa die flachen bzw. mitteltiefen Rhizome von *Honkenya* bzw. *Ammophila* mit den über 1,5 m tiefen Pfahlwurzeln von *Eryngium maritimum*! Sehr ausgeprägt ist die Wurzelschichtung in mitteleuropäischen Laubmischwäldern, wo z. B. *Anemone nemorosa* und *Oxalis acetosella* bis 5 cm, *Sanicula europaea* und *Convallaria majalis* 10–15 cm, *Dryopteris filix-mas*, *Pulmonaria officinalis* und *Allium ursinum* 15–30 cm tief wurzeln. Sträucher und Bäume haben die Haupt-

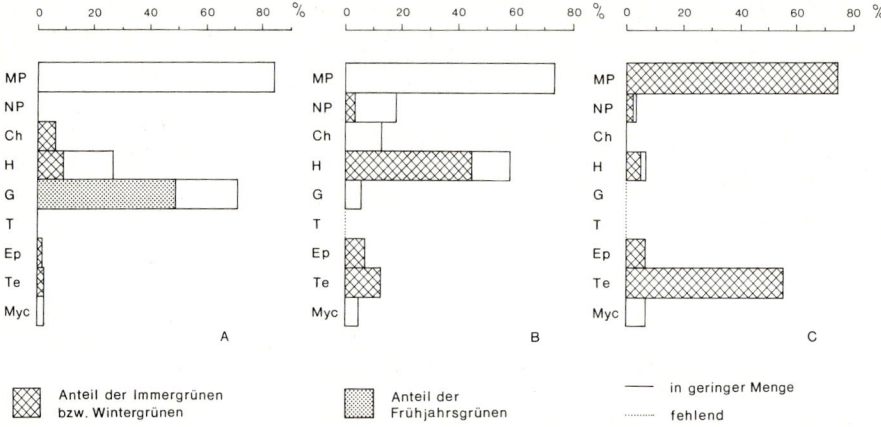

Abb. 1001: Lebensformen-Spektren aus Waldtypen im nördlichen Mitteleuropa: A nährstoffreicher, frischer Moränen-Buchenwald, B nährstoffarmer trockener Eichen-Birkenwald und C künstlicher, nährstoffarmer und trockener Fichtenforst. Bäume (MP), Sträucher (NP), Zwergsträucher und andere Chamaephyten (Ch), krautige Hemikryptophyten (H), Geophyten (G) und Therophyten (T); Moose und Flechten, epiphytisch (Ep) und bodenlebend (Te) sowie Pilze (Myc). Quantitative Angaben nach Deckungsprozenten. (Nach ELLENBERG, verändert.)

masse ihrer Wurzeln hier oberhalb 50 cm, dringen aber mit einzelnen Wurzeln auch tiefer (Eichen bis 9 m). Die oberirdische Vegetationsschichtung erreicht bei tropischen Regenwäldern den höchsten Grad der Differenzierung. Bei dem in Abb. 1086 gezeigten Beispiel lassen sich Baumschichten bei etwa 10, 22 und 50 m erkennen, und einzelne «Überständer» erreichen 70 m.

Der Vegetationsschichtung entspricht vielfach eine blüten- und fruchtbiologische Schichtung. In mitteleuropäischen Laubmischwäldern findet sich

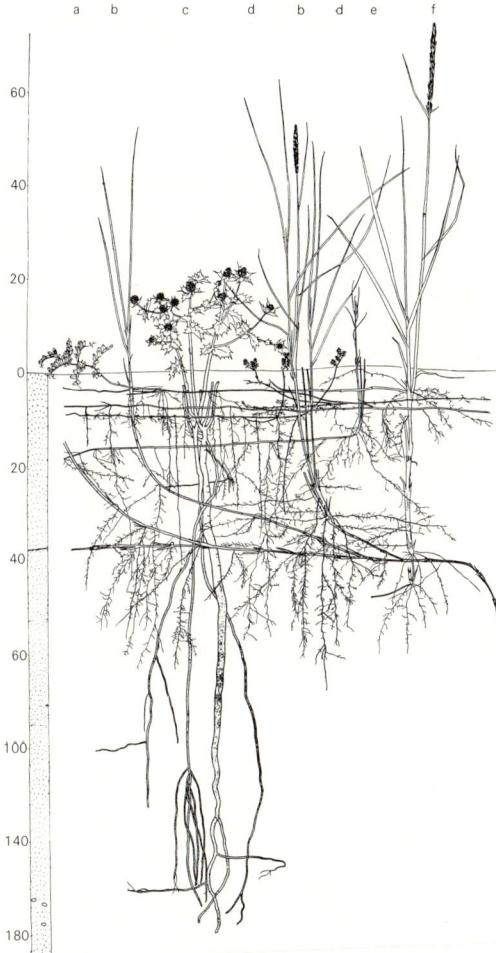

Abb. 1002: Pioniervegetation auf einer Weißdüne an der Ostsee im Profil: Strandroggen-Strandhafer-Gesellschaft (Elymo-Ammophiletum) mit *Lathyrus maritimus* (a), *Ammophila arenaria* (b), *Eryngium maritimum* (c), *Honkenya peploides* (d), *Agropyron junceum* (e) und *Elymus arenarius* (f); obere und untere Krautschicht (z.B. *Elymus–Lathyrus*) sowie obere, mittlere und untere Wurzelschicht (z.B. *Honkenya–Ammophila–Eryngium*). (Nach Fukarek.)

bei der windexponierten Baumschicht häufig Anemophilie (und öfters auch Anemochorie). In tieferen Schichten überwiegen Zoophilie und Zoochorie, z.B. Endozoochorie in der Strauchschicht. In der oberen Krautschicht ist Epizoochorie gut vertreten, in der unteren dagegen besonders Myrmecochorie (vgl. S. 930 f., 931).

Beachtenswert ist weiter die **horizontale Ordnung** im Aufbau der Pflanzendecke (vgl. dazu Abb. 996 und die Grundrisse bzw. Karten in Abb. 997 B, 1005, 1006, 1011). Dafür wird an den Aufnahmeflächen zuerst der Deckungsgrad (S. 940) der gesamten Vegetation festgestellt. Nach dem Ausmaß von vegetationsfreien Flächen bzw. dem seitlichen Zusammenschluß der Pflanzen spricht man von mehr-minder **offenen** oder **geschlossenen** Pflanzengemeinschaften.

Auch innerhalb scheinbar einheitlicher Bestände läßt die fein differenzierte horizontale Verteilung der Arten vielfach ein «Muster» bzw. «**Mikromosaik**» mit charakteristischen **Teil-Biocoenosen** erkennen, die mit einer räumlichen Differenzierung des Standortes in Deckung gebracht werden können (Abb. 996, 997).

Schon geringfügige Erhebungen und Senken im Kleinrelief bedingen entscheidende Unterschiede (z.B. in der Streuablagerung oder Nährstoff- und Wasserzufuhr). Auch die Pflanzendecke selbst schafft unterschiedliche Mikro-Biotope (z.B. Borke, Laubstreu, Baumstümpfe) und verursacht ungleiche Standortsverhältnisse (z.B. hinsichtlich der Lichtverteilung).

Diesen «Mikromosaiken» lassen sich «Makromosaike» der Vegetation gegenüberstellen: Durchaus selbständige und strukturell verschiedene Pflanzengemeinschaften sind nämlich oft sehr gesetzmäßig miteinander räumlich verbunden, z.B. im Verlandungsbereich der Seen (Abb. 974), im Auenbereich der Flüsse (Abb. 1078 A) oder im Mulden-Kuppen-Relief der Gebirge (Abb. 1081). Hier bedingen charakteristische Standortskomplexe entsprechende und immer wiederkehrende Vegetationskomplexe. Die Pflanzendecke erweist sich also als komplizierte Verschachtelung von untergeordneten bzw. abhängigen bis zu mehr oder weniger selbständigen und umfassenden Lebensgemeinschaften und Lebensräumen (vgl. dazu auch S. 956 ff.).

Die Verteilung der Individuen einer Art innerhalb eines Pflanzenbestandes bezeichnet man als **Dispersion.** Normale (zufallsmäßige) Dispersion ist selten. Häufung (Überdispersion) kann nicht nur durch unterschiedliche Standortsverhältnisse (vgl. oben), sondern auch durch die Lebensweise und Reproduktionsbiologie bedingt sein (z.B. Herdenbildung infolge vegetativer Vermehrung bei *Oxalis acetosella* oder gemeinsames Auftreten von Arten, die durch Symbiose oder Parasitismus miteinander verbunden sind). Auch schubweise Regeneration (S. 936, 945) wirkt sich als Überdispersion aus. Allzu gleichmäßige Verteilung (Unterdispersion) läßt auf einen Kontrollmechanismus schließen (z.B. Wurzel- oder Kronenkonkurrenz benachbarter Individuen).

Pflanzengemeinschaften haben auch eine **zeitliche Ordnung**: Periodizität wird in viel-

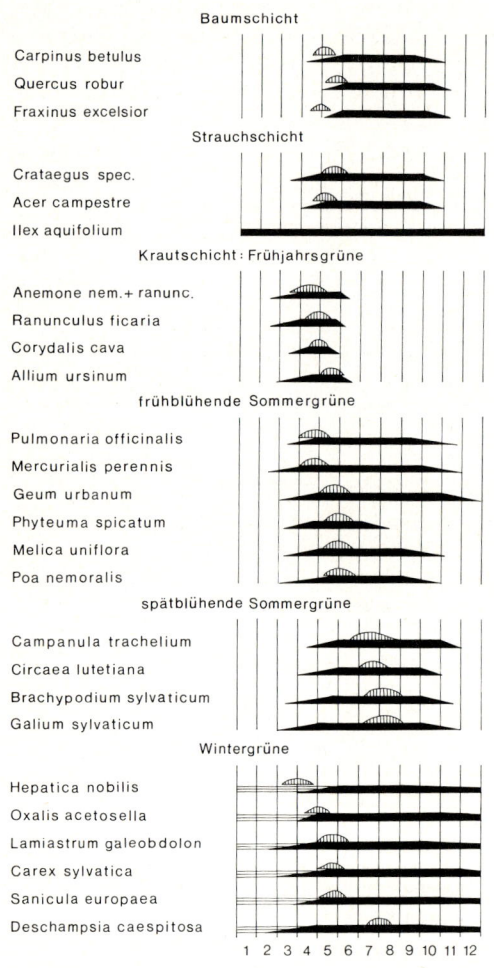

fältigen rhythmischen Vorgängen faßbar. Neben den täglichen Tag- und Nachtrhythmen (S.410ff., 971f., Abb.1031, 1033; dazu auch viele Pflanzen-Tier-Beziehungen, z.B. beim Blütenbesuch) fallen besonders die jahreszeitlichen Rhythmen auf. Markante Entwicklungsetappen (z.B. Blattaustrieb, Blütezeit, Blattfall) werden durch phänologische Beobachtungen für die einzelnen Arten zeitlich festgehalten. In ihrer Gesamtheit äußern sie sich als unterschiedliche Aspekte der Pflanzengemeinschaften. Die Abb. 1003 und 1004 machen die Veränderungen im Kreislauf von Frühjahrs-, Sommer-, Herbst- und Winteraspekt für mitteleuropäische Laubwälder (Ruheperiode im Winter) und mediterrane Felsheiden (Ruheperiode im Sommer) anschaulich.

Beim Vergleich der jahreszeitlichen Entwicklung von Arten feuchter Eichen-Hainbuchen-Wälder (Abb. 1003) fällt die späte Blattentfaltung bei den stärker frostexponierten Laubhölzern auf; nur *Ilex* ist immergrün. Eine Blütezeit vor (oder während) der Blattentfaltung ist besonders für die anemophilen Gehölze vorteilhaft. Diese Lichtperiode nützen auch die nur kurz frühjahrsgrünen und lichtbedürftigen Geophyten aus. Die übrigen krautigen Unterwuchs-

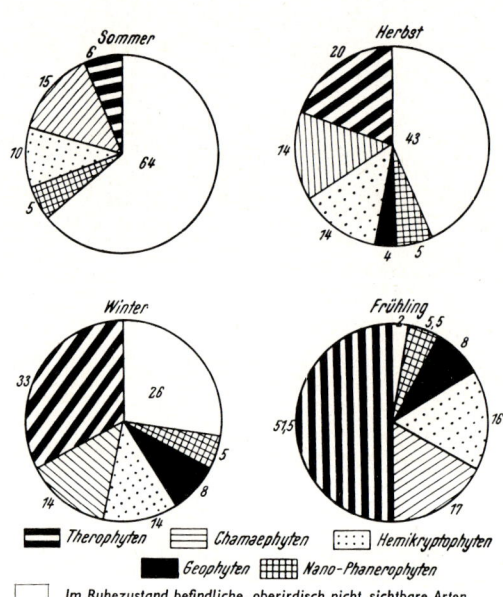

Abb. 1003: Jahreszeitliche Entwicklung (Phänologie) charakteristischer Arten aus feuchten Eichen-Hainbuchenwäldern Nordwestdeutschlands. Schwarz = diesjährige Blätter, waagerecht schraffiert = überwinterte Blätter, senkrecht schraffiert = Blüten. (Nach Ellenberg, verändert.)

Abb. 1004: Jahreszeitliche Änderungen im Anteil der Lebensformentypen (S. 200ff., 941) am Vegetationsaufbau einer mediterranen Felsheide (Brachypodietum ramosi bei Montpellier, Südfrankreich). Die Prozente berechnet auf die Gesamtzahl der Arten (111). (Nach Braun-Blanquet.)

pflanzen sind Schattenpflanzen; in Bodennähe (und daher besser frostgeschützt) behalten viele von ihnen ihre Blätter auch über den Winter. – Bei der mediterranen Felsheide beruhen die jahreszeitlichen Aspekte besonders auf dem Zurücktreten oder Verschwinden der Therophyten und Geophyten im Sommer. – Selbst in den feuchtwarmen Tropen sind fast überall jährlich 1–2 Trockenperioden ausgebildet (Abb. 1085); daher findet sich auch hier eine gewisse Synchronisierung jahresrhythmischer Vorgänge (z.B. Blattbildung, Blütezeit).

Noch längerfristig sind jene Rhythmen, die mit der natürlichen Regeneration der Pflanzengemeinschaften zusammenhängen und sich z.B. im Waldbereich als Cyclen von Verjüngungs- (A), Optimal- (B) und Zerfallphase (C) darstellen lassen (Abb. 1005). Diese Vorgänge sind vor allem durch die Altersstruktur der Populationen dominanter Pflanzensippen bedingt: Wo deren überalterte Individuen absterben, entstehen sogenannte Umtriebslücken. Die Regeneration erfolgt nun meist nicht direkt, sondern in gesetzmäßigen Etappen, zuerst mit kurzlebigen Pionieren, dann mit raschwüchsigen, überleitenden Arten und erst zuletzt mit Jungpflanzen der ursprünglichen Dominanten. Dem entspricht als forstlich bedingte und wohlbekannte Erscheinung der Waldschlag und die allmähliche Wiederbesiedlung der Schlagfläche. Dabei treten anemochore (a), endozoochore (enz) bzw. epizoochore (epz) Fernausbreiter besonders hervor.

In Mitteleuropa beginnt diese Waldregeneration etwa mit dem einjährigen *Senecio sylvaticus* (a), dann folgen perennierende Stauden, besonders *Epilobium angustifolium* (a), *Arctium spec.* (epz) oder *Atropa* (enz), und weiter Sträucher, z.B. *Rubus spec.* (enz) und *Sambucus spec.* (enz). Alle diese Arten sind nitrophil und ziehen aus dem raschen Abbau der Waldstreu Nutzen. Dann folgt eine Phase mit lichtbedürftigen und raschwüchsigen Pioniergehölzen, etwa *Salix caprea* (a), *Betula pendula* (a) und *Fraxinus excelsior* (a), und zuletzt setzen sich wieder die schattenfesten und langsamer wachsenden Waldbäume durch, z.B. *Fagus*, *Quercus* bzw. *Picea*.

Pflanzengemeinschaften zeigen also ein raumzeitliches Ordnungsgefüge. Ihr vielfach großer

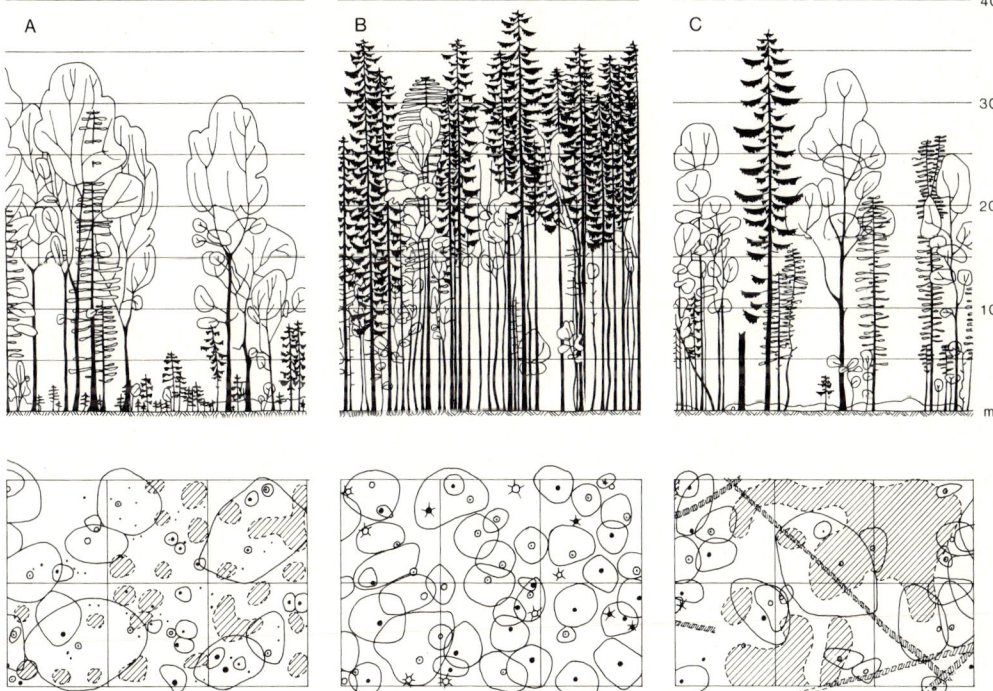

Abb. 1005: Cyclische Regeneration eines montanen Fichten-Tannen-Rotbuchen-Urwaldes der Ostalpen (Rothwald bei Lunz, 1000 m): A Verjüngungsphase mit reichlichem Jungwuchs in Umtriebslücken (Windwurfstellen), B Optimalphase mit dichtem Kronenschluß und überwiegendem Nadelholzanteil, C Zerfallphase eines überalterten Bestandes mit viel stehendem und liegendem toten Holz, hoher Rotbuchenanteil, neuerliches Aufkommen von Jungwuchs. Vegetationsprofile im Auf- und Grundriß: ● Fichte, Seitenäste schwarz; ○ Tanne, Seitenäste weiß; ⊙ Rotbuche, Laubkronen schematisch; gefallene Stämme; Jungwuchs schraffiert. (Nach ZUKRIGL, ECKHARDT & NATHER.)

Bestand an Arten bzw. Lebens- und Wuchsformen fügt sich räumlich, zeitlich und funktionell (S. 200ff., 926ff.) in die verfügbaren ökologischen Nischen, wobei die Beziehungen der Arten untereinander von «komplementär» bis «abhängig» reichen (vgl. S. 980ff.).

C. Entstehung und Veränderung der Pflanzengemeinschaften

Veränderungen der Pflanzendecke sind häufig gerichtet (also nicht cyclisch, vgl. S. 945) und führen als **Sukzessionen** (S. 934) zur gesetzmäßigen Abfolge bestimmter Pflanzengemeinschaften am gleichen Ort. Besonders überzeugend läßt sich dies durch die in längeren Zeitabständen durchgeführte Analyse ein und derselben Dauerfläche belegen (Abb. 1006). Aber auch der Vergleich der Vegetation an verschieden alten, sonst aber vergleichbaren Standorten (z.B. datierbare aufgelassene Kulturflächen, Gletschermoränen oder Lavafelder) erlaubt Schlußfolgerungen hinsichtlich der Sukzession (Abb. 1007, 1008). Über länger andauernde Vegetationsabfolgen geben schließlich übereinanderliegende Bodenschichten und die darin enthaltenen Pflanzenreste Auskunft (Abb. 974 und S. 1000f.). Anhand von Sukzessionsversuchen ist auch eine experimentelle Analyse möglich (Abb. 1043).

Beim Vergleich der 4 Sukzessionsetappen 1951 bis 1955 auf 1 m² eines offenen austrocknenden Moorbodens (Abb. 1006) ist bemerkenswert, daß die feuchtigkeitszeigende *Rhynchospora alba* und das rasch aufwachsende, aber konkurrenzschwache Pioniermoos *Dicranella cerviculata* bald verschwinden. Die Gräser *Agrostis* spec. und *Molinia caerulea* breiten sich stark aus; sie kommen aber nirgends gemischt vor, und *Agrostis* verdrängt *Molinia* erfolgreich. Andererseits verträgt sich *Agrostis* gut mit der Binse *Juncus acutiflorus*. Nur sehr vorübergehend erscheint 1952 *Juncus squarrosus*. Erfolgreiche Neuankömmlinge seit 1952 bzw. 1953 sind dagegen die Cyperaceen *Carex panicea* und *Eriophorum angustifolium*.

Für die Erstbesiedlung bzw. die Veränderung des Artenbestandes einer Pflanzengemeinschaft müssen zuerst entsprechende Ausbreitungseinheiten (S. 209–214, 830ff., 926f.) eingebracht oder aus einem ruhenden Vorrat im Boden zur Entwicklung gebracht werden. (Auf 1 m² Ackerboden wurden bis zu 5000 und mehr lebensfähige Samen festgestellt!) Von den zahlreichen vorhandenen Ausbreitungseinheiten können sich aber – auch auf zuerst noch vegetationslosen Flächen – immer nur ganz bestimmte entwickeln: Auch der offene Pionierbewuchs auf Sand-, Acker- oder Torfböden besteht wegen der je nach Standort andersartigen Auslese aus ganz verschiedenen, vielfach sehr charakteristischen Arten (z.B. S. 1026ff.).

Jede Vegetationsveränderung und Sukzession ist kausal mit Veränderungen der jeweiligen Standortbedingungen verknüpft. Die Ursachen dafür liegen teils mehr innerhalb, teils mehr außerhalb der Pflanzengemeinschaft: **autogene** bzw. **allogene Sukzessionen**.

So steht bei der Vegetationsentwicklung der Auenvegetation entlang der Gebirgsströme (Abb. 1078) die Ablagerung von Kies, Sand und Lehm im Vordergrund, hier handelt es sich um **Anlandung**, also um eine allogene Sukzession. An stehenden Gewässern überwiegt dagegen die Bildung von organogenen

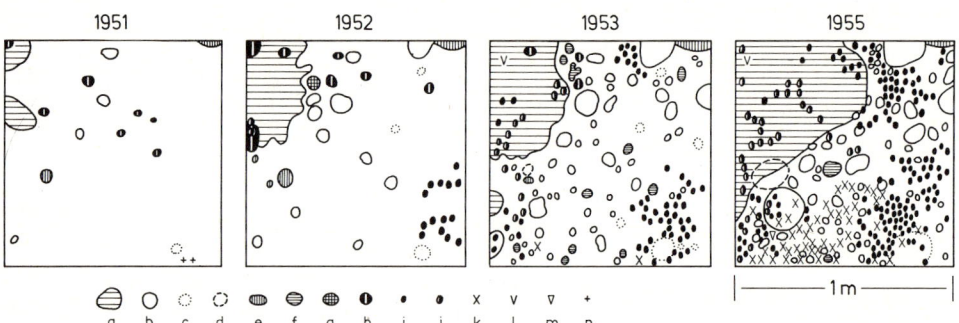

Abb. 1006: Vegetationsabfolge (Sukzession) auf einer zuerst unbewachsenen Dauerfläche (1 m²) im Verlauf von 4 Jahren; austrocknender Torf eines Heidemoores (Hilden, Rheinland): a = *Agrostis* spec., b = *Molinia caerulea*, c = *Sphagnum papillosum*, d = *S. auriculatum*, e = *Erica tetralix*, f = *Juncus bulbosus*, g = *J. squarrosus*, h = *Dicranella cerviculata*, i = *Carex panicea*, j = *Juncus acutiflorus*, k = *Eriophorum angustifolium*, l = *Cerastium* spec., m = *Polygala serpyllifolia*, n = *Rhynchospora alba*. (Nach Woike aus Knapp.)

Sedimenten durch die Vegetation selbst (Abb. 974), hier haben wir es mit Verlandung und einer autogenen Sukzession zu tun. Allogene Veränderungen haben also klimatische oder geologische Ursachen, autogene gehen auf ökologisch einflußreiche Arten der Pflanzengemeinschaft zurück, auf Arten mit hohem Bauwert. Bei der Dünenfestigung (Abb. 1080) sind dies z.B. die Gräser *Elymus* und *Ammophila* (Abb. 1002), bei der Verlandung (Abb. 974) besonders Röhricht und Großseggen, bei der mitteleuropäischen Waldentwicklung *Fagus*, weil sie extrem schattet und für die Mullbodenbildung verantwortlich ist.

Wenn sich eine Pflanzengemeinschaft durch Sukzession ändert, ändert sich bei den beteiligten Arten auch der Altersaufbau der Populationen. Die Arten aus der vorangegangenen Sukzessionsphase können sich nicht mehr verjüngen – sie sind nur noch durch überalterte Individuen vertreten; umgekehrt sind die Arten, welche schon die nächste Sukzessionsphase einleiten, zuerst natürlich durch Jungpflanzen vertreten. Als vegetationsgenetische Zeiger werden 2- bis 4jährige Exemplare von *Salix caprea* in einem *Rubus*-Gebüsch also auf eine frühe, 20jährige in einem Eichen-Buchenjungwald dagegen auf eine späte Sukzessionsphase in der Wiederbewaldung eines Schlages hinweisen (vgl. S. 945). Erst in der Schlußphase der Vegetationsentwicklung (also in der Klimaxvegetation; vgl. rechte Spalte) wird ein relatives Gleichgewicht in der Artenzusammensetzung (Abb. 1008) und im Keimen bzw. Absterben der beteiligten Arten (z.B. Abb. 991) erreicht.

In den borealen und montanen bzw. den humid-temperaten Gebieten der nördlichen Hemisphäre tendiert jede ungestörte autogene Vegetationsentwicklung zu Nadelwäldern bzw. sommergrünen Laubmischwäldern. Zur Illustration solcher **progressiver Sukzessionen** sei auf die Neubewaldung (primäre Sukzession) von Gletschermoränen (Abb. 1007) oder verlandenden Gewässern (Abb. 974) und auf die Wiederbewaldung (sekundäre Sukzession) von landwirtschaftlichem Brachland, Mähwiesen, Weideland oder Waldschlägen in Mitteleuropa (Abb. 1009) und im östlichen Nordamerika (Abb. 1008) verwiesen. Bei den sehr verschiedenen Initialphasen dieser Sukzessionsreihen, also z.B. bei der Besiedlung von Fels, Gesteinsschutt, Flußschottern, Dünensanden oder bei der Verlandung, überwiegt der Einfluß der besonderen Boden- oder Kleinklimafaktoren (S. 959ff.). Dagegen hängt die fortschreitende Konvergenz dieser Sukzessionsrei-

hen in den Übergangs- und Endphasen der Vegetationsentwicklung damit zusammen, daß nun das Großklima immer stärker wirksam wird. Diese zuletzt entstehenden Pflanzengemeinschaften bezeichnet man als **Klimaxvegetation** (Klimaxgesellschaften: S. 955ff.). Derartige natürliche Vegetationstypen, die dem teilweise zonalen Großklima ausgedehnter Landschaften entsprechen und dort vorherrschen, können auch als zonale Vegetation bezeichnet werden.

Beispiele dafür sind etwa die von Süd nach Nord aufeinanderfolgenden Vegetationszonen der Wüsten, Steppen, Waldsteppen, Laubwälder, Nadelwälder (Taiga) und Tundren in Osteuropa (Abb. 1024). Allerdings ist diese Klimax- bzw. zonale Vegetation nirgends einheitlich, sondern nach Unterschieden im Substrat (S. 977ff.), Relief (S. 968ff.) u.a. noch differenziert; diese Unterschiede werden auch bei ungestörten Sukzessionen und innerhalb sonst einheitlicher Großklimate niemals völlig ausgeglichen.

Zonale Vegetationstypen können auch extrazonal, also isoliert außerhalb ihres Herrschaftsbereiches auftreten, und zwar an Standorten, deren Lokalklima dem Großklima ihres Hauptverbreitungsgebietes entspricht, z.B. auf der Nordhemisphäre südlich vom zonalen Bereich an feucht-schattigen Nordhängen oder nördlich davon an warmtrockenen Südhängen.

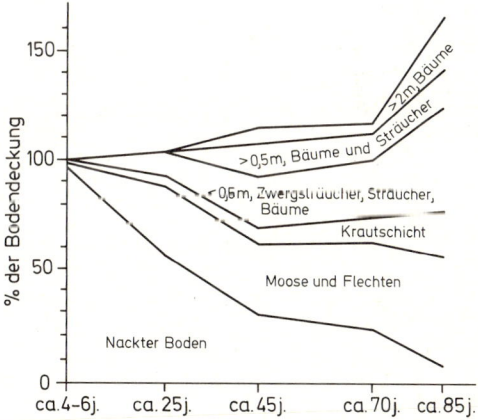

Abb. 1007: Vegetationsentwicklung nach ungefähr 4–6, 25, 45, 70 und 85 Jahren auf verschieden alten Moränen des Aletschgletschers (Schweiz). Nach 4–6 Jahren sind noch 95% der Bodenfläche vegetationslos, nach 85 Jahren nur noch 10%. Die ursprüngliche Pioniervegetation aus wenigen Moosen, Flechten und Krautpflanzen hat sich in dieser Zeit zu einem lockeren Lärchenwald mit 5, sich teilweise überlagernden Vegetationsschichten entwickelt. (Nach LÜDI aus ELLENBERG.)

An extremen Standorten kann die normale Sukzession immer wieder unterbrochen und zurückgeworfen werden. So verhindert z.B. das Abgehen von Lawinen in Hohlformen der Gebirge (Abb. 1018) auch unterhalb der Waldgrenze das Aufkommen von größeren Holzpflanzen: Hier reichen daher Krummholz und Rasen oft weit ins Tal. Ähnliches findet man als Folge fortwährender Erosion an felsigen Steilhängen oder entlang der Flüsse (Abb. 1078). Auch am Meeresstrand oder an großen Süßwasserkörpern können die litoralen Pflanzengemeinschaften natürlich kaum verdrängt werden. Hier handelt es sich um Dauergemeinschaften (bzw. Dauergesellschaften: z.B. S. 1023 ff.). Ihre Verbreitung ist oft ziemlich unabhängig vom Großklima und daher azonal.

Die bisher besprochenen Beispiele für progressive Vegetationsentwicklungen (Abb. 974, 1006, 1007, 1008) führen von der Erstbesiedlung verschiedener vegetationsloser Primärstandorte mit Rohböden durch offene und einfach strukturierte Initialgemeinschaften zu geschlossenen und komplexen Klimaxwäldern mit geschichteten Humusböden (S. 963 f.). Dabei lassen sich einige allgemeine Gesetzmäßigkeiten erkennen (vgl. dazu Abb. 1008): Zuerst Zunahme der Vegetationshöhe und -schichtung sowie der Biomasse und Produktivität (S. 986 f.), Differenzierung eines eigenen Bestandesklimas (S. 969 f.) und fort-

schreitende Bodenbildung (S. 975 f.), zunehmende (später auch abnehmende) Artenzahl und verstärkte Konkurrenz (S. 981 ff.; vgl. die allmähliche Eliminierung fremdländischer Arten: Abb. 1008), Wechsel der Fortpflanzungsstrategien (S. 209 ff., 510 ff.), zuletzt allmähliche Verlangsamung der Veränderungen, aber fortschreitende ökologische Integrierung und Stabilität der Biocoenose gegenüber Umwelteinflüssen (S. 990).

Demgegenüber führen **regressive Sukzessionen** von der Klimaxvegetation weg und sind mit einer Degradation der Vegetation verbunden. Abgesehen von Naturkatastrophen (z.B. Erdrutsch, Muren, Windbruch) oder drastischen biologischen Veränderungen (z.B. Ulmensterben, S. 656) sind dafür fast immer Eingriffe des Menschen verantwortlich (Abb. 1009, 1010). Dabei handelt es sich vor allem um Brand, Kahlschlag, Weide, Mahd, Beackerung, Verbauung oder Industrialisierung (S. 992 ff.) und die daraus resultierenden Phänomene der plötzlichen oder allmählichen Zerstörung der Vegetation und des Bodens (Erosion!).

Abb. 1009 gibt ein Schema der ringförmig verbundenen (primär bzw. sekundär) progressiven und regressiven Sukzessionen auf Kalkböden der Bergstufe Mitteleuropas. Auch die mediterrane Felsheide ist –

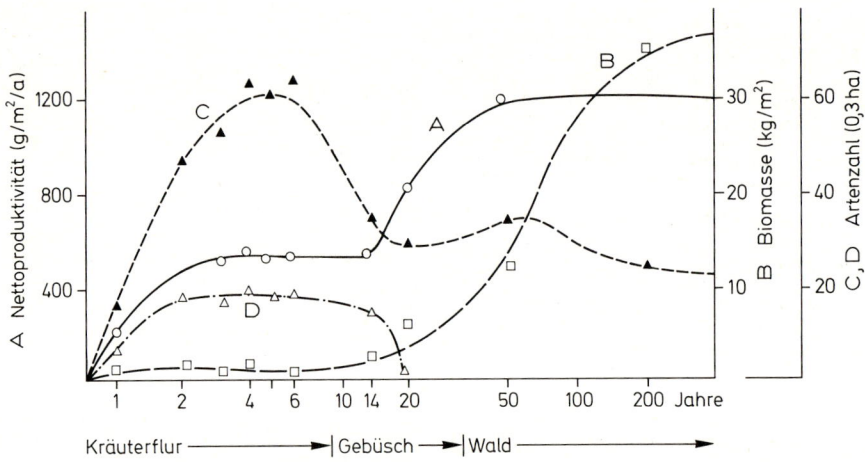

Abb. 1008: Wiederbewaldung von Brachland in der temperaten Zone (Nordamerika: Brookhaven, NewYork). Nach etwa 8 Jahren werden Krautige und Grasartige durch sommergrüne Gebüsche abgelöst, diesen folgen nach etwa 30 Jahren Mischwälder, die sich nach etwa 150 Jahren als Klimax mit sommergrünen Eichen und Kiefern stabilisieren. Im Verlauf dieser progressiven Sukzession steigen A die primäre Nettoproduktivität (O–O) und B die Biomasse (□–□) der Pflanzengemeinschaften bis zur Klimaxphase; dagegen sinkt C die Artenzahl aller Gefäßpflanzen (▲–▲) nach einem Höhepunkt in der Spätphase der Kräuterflur wieder ab, und D die Adventivarten (△–△) werden in der Gebüschphase durch Konkurrenz eliminiert. (Nach Holt & Woodwell aus Whittaker.)

abgesehen von exponierten Standorten – das Produkt einer jahrtausendelangen Brand- und Weidewirtschaft und muß weithin als Degradationsstadium von Hartlaubwäldern aufgefaßt werden (Abb. 1010, S. 1034f.). Eine Wiederbewaldung ist wegen der inzwischen eingetretenen Bodenzerstörung nur sehr lang-

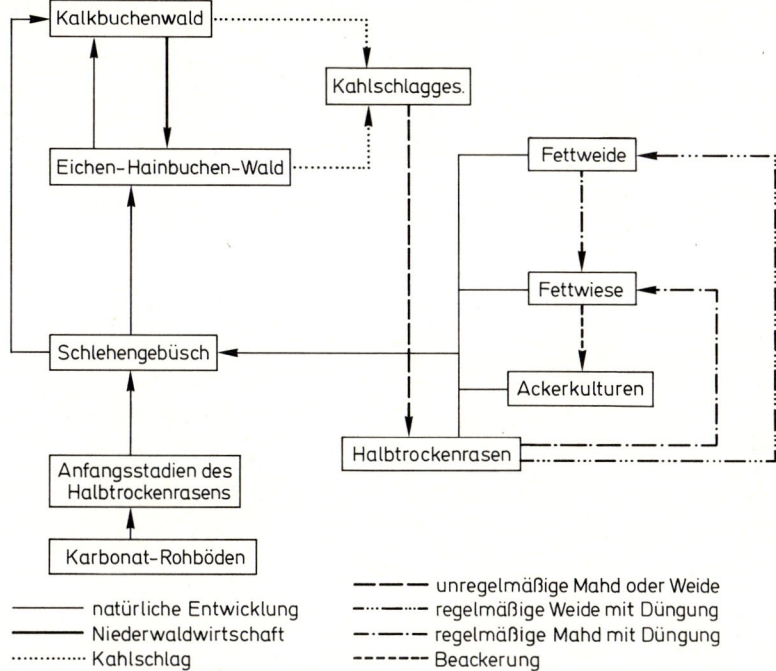

Abb. 1009: Vegetationsentwicklung in Mitteleuropa unter dem Einfluß landwirtschaftlicher Nutzung: regressive und (sekundär) progressive Sukzessionen auf tiefgründigen Flachhängen über Kalk am Fuß des Hohen Venn (BRD). Die Pflanzengesellschaften sind zu einem «Gesellschaftsring» bzw. Vegetationskomplex verbunden und besetzen eine «Fliese»; vgl. auch S. 957. (Nach SCHWICKERATH, vereinfacht.)

Abb. 1010: Degradation des mediterranen Hartlaubwaldes und seines Bodenprofils infolge übermäßiger menschlicher Nutzung (Waldschlag, Brand, Weide) und Erosion: a Niederwald (Macchie) mit Steineiche *(Quercus ilex)*, b Garigue mit Kermes-Eiche *(Qu. coccifera)*, c Felsheide (mit *Brachypodium retusum = B. ramosum)*, d Karstweide (mit der giftigen *Euphorbia characias)*. Das vollständige Bodenprofil (unter a) besteht aus A_0 (Laubstreu), A_1 humusreiche, schwärzliche Feinerde (Rendzina-ähnlich), A_2 humusarme Übergangsschicht, A_3 fast humusfreier Rotlehm (fossile Terra rossa) und C kompakter Jurakalk; diese Bodenschichten werden im Verlauf der Degradation zu d fast bis auf das Ausgangsgestein herunter abgetragen und zerstört. (Nach BRAUN-BLANQUET.)

sam oder überhaupt nicht mehr möglich. Es handelt sich hier also, ebenso wie auch bei Mähwiesen und Weiden mit andauernder und gleichbleibender Nutzung um anthropogene Ersatzgemeinschaften.

D. Pflanzengesellschaften und Vegetationssysteme

Obwohl die Lebensgemeinschaften der Biosphäre kontinuierlich ineinander übergehen und durch kein vorgegebenes hierarchisches Prinzip gegliedert erscheinen, ist eine Typisierung und Gruppierung bei den konkreten Pflanzenbeständen bzw. -gemeinschaften im Rahmen der Vegetationssystematik genauso nützlich und notwendig wie bei den Objekten anderer naturwissenschaftlicher Bereiche (z.B. in der Optik, bei den sichtbaren Wellenlängen des Lichts und den zugeordneten Farben). Ansatzpunkte dafür ergeben sich aus der Tatsache, daß benachbarte Pflanzengemeinschaften entlang von Kontaktzonen vielfach recht deutlich voneinander abgegrenzt sind.

Im Luftbild einer vom Menschen noch ganz ungestörten Wald- und Moorlandschaft Alaskas (Abb. 1011 A) lassen sich z.B. die auf der entsprechenden Vegetationskarte (Abb. 1011 B) ausgeschiedenen abstrakten Pflanzengesellschaften schon physiognomisch ohne weiteres erkennen und räumlich trennen. Auch an ökologischen Transekten (z.B. von feucht zu trocken: Abb. 998) ist die Verteilung der Arten nicht

zufällig, sondern «abgestuft»: In den Übergangszonen ändert sich die Artengarnitur rasch, innerhalb der Gesellschaften aber nur langsam.

Weiterhin zeigt die statistische Analyse konkreter Vergesellschaftungen, daß nur ganz bestimmte Artenkombinationen gehäuft auftreten (gleichsam als Knoten), während andere selten sind oder überhaupt fehlen (Abb. 1012, 1013). Naheliegenderweise wird man hier die häufigeren und charakteristischen Artengruppen als abstrakte Vegetationstypen herausstellen.

Die Grenzzonen oder «Stufen» zwischen benachbarten Pflanzen- (bzw. Lebens-)gemeinschaften sind offenkundig durch Grenzzonen bzw. «Stufen» im Kontinuum der Standortsfaktoren bedingt. Als Beispiele seien genannt der sprunghafte Wechsel der abiotischen Bedingungen am Kontaktbereich von Wasser und Land (Abb. 974) oder von Fels und Hangschutt (Abb. 1081) etc., die biotischen Konsequenzen (Konkurrenz) beim Wechsel ökologisch einflußreicher Arten, z.B. der Gehölze im Sukzessionsablauf (Abb. 1008) oder an der Waldgrenze (Abb. 1018), oder die flächig abgesetzten anthropogenen Einflüsse bei der Mahd, Weide, Beackerung usw. (Abb. 1009).

Es gibt demnach auch in der Vegetationssystematik objektive Ansätze für die Typisierung und Gruppierung von konkreten Pflanzengemeinschaften zu abstrakten Pflanzengesellschaften bzw. Vegetationssystemen. Andrer-

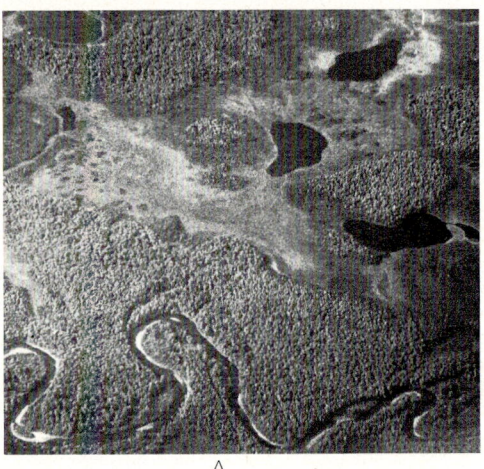

A   B

Abb. 1011: Gegenüberstellung von Luftbild (A) und Vegetationskarte (B) (Tiefland nördlich Anchorage, Alaska; Fläche 400 × 370 m). a Mischwald mit Birken (*Betula resinifera* etc.) außerhalb der Moore und Flußauen; b Auenmischwälder mit Balsam-Pappeln (*Populus balsamifera*) und Birken, c Flußufer mit Weidengebüsch (*Salix* spec.); d Moorwälder mit Fichten (*Picea mariana*), e Moosheiden mit Zwergsträuchern (*Vaccinium uliginosum, Ledum decumbens*) und *Sphagnum,* f Moorwiesen mit Cyperaceen (*Carex, Eriophorum* etc.); g offenes Wasser und Sandbänke; vgl. auch S. 1031. (Nach Knapp.)

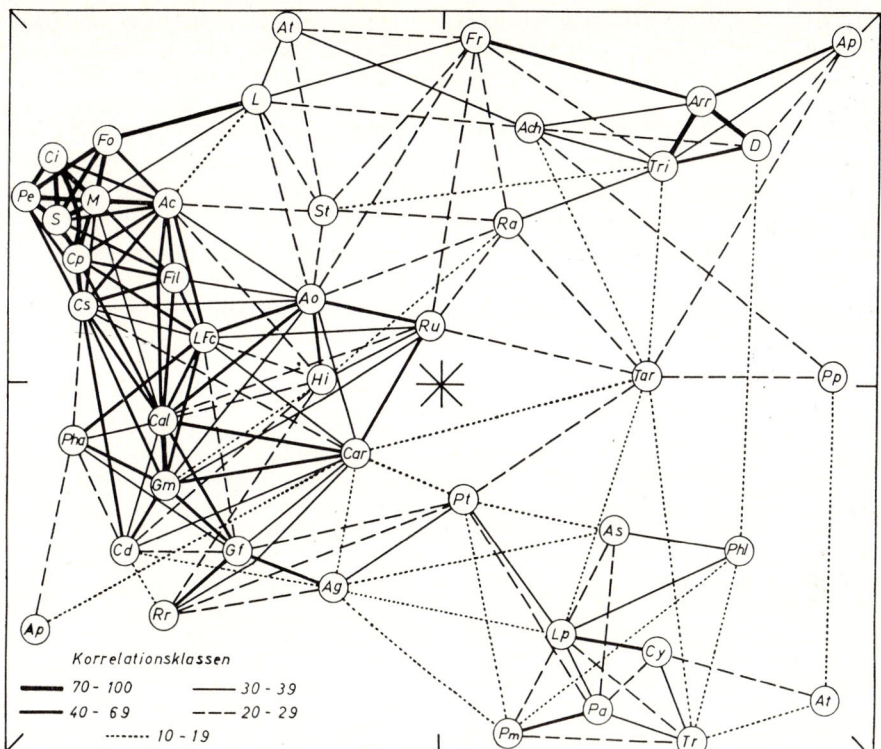

Abb. 1012: Häufigkeit des gemeinsamen Vorkommens bei 43 Arten (Kreise, Buchstabensymbole) des niederländischen Grünlandes, dargestellt als Diagramm der synökologischen Korrelationen (räumlich zu denken!). Verschiedene Arten sind häufig miteinander vergesellschaftet (dicke Verbindungslinien) und charakterisieren bestimmte Pflanzengesellschaften bzw. Standorte, z.B. anmoorige Streuwiesen mit Pfeifengras = *Molinia caerulea* (M) und *Carex panicea* (Cp), *Potentilla erecta* (Pe) *Cirsium dissectum* (Cs) etc.; sumpfiges Flußröhricht mit Glanzgras = *Phalaris arundinacea* (Pha) und *Glyceria maxima* (Gm), *Carex disticha* (Cd), *Caltha palustris* (Cal) etc.; nährstoffreiche Mähwiesen mit Glatthafer = *Arrhenatherum elatius* (Arr) und *Dactylis glomerata* (D), *Trisetum flavescens* (Tri) etc.; Intensivweiden mit Weidelgras = *Lolium perenne* (Lp) und *Cynosurus cristatus* (Cy), *Poa annua* (Pa), *Trifolium pratense* (Tr) etc.; vgl. auch S. 995f., 1027f. (Nach DE VRIES.)

seits können die vielen möglichen «Beziehungen» zwischen Pflanzengemeinschaften nur durch ein Nebeneinander verschiedener Einteilungs- und Gruppierungsprinzipien anschaulich gemacht werden. Dies sei im folgenden besonders anhand von floristischen, physiognomischen und räumlichen Kriterien illustriert.

Die **floristische Vegetationsgliederung** beruht auf dem Vergleich von Vegetationsaufnahmen (S. 939ff.) zahlreicher Pflanzenbestände. Bestände mit ähnlicher Artenzusammensetzung werden zu Vegetationstypen verschiedener Rangstufe zusammengefaßt.

Die Vegetationsaufnahmen werden dabei zu Vegetationstabellen zusammengestellt; links steht die Artenliste, rechts schließen Spalten für jede Auf-

nahme an, in denen die Mengenangaben für die Arten eingetragen sind. In letzter Zeit verwendet man für die Tabellierung und Auswertung auch Sichtlochkarten oder Hilfsmittel der elektronischen Datenverarbeitung. Das erleichtert die mathematisch-statistische Bearbeitung der einzelnen Aufnahmen, etwa ihren Ähnlichkeitsvergleich. Haben wir zwei Aufnahmen A und B mit den Arten 1–5 und Deckungswerten (in %):

Arten	Aufnahmen	
	A	B
1	40	0
2	30	30
3	20	40
4	10	25
5	0	5

so errechnet sich z.B. der Massen-Gemeinschaftskoeffizient (Gm) der beiden Aufnahmen nach einer Formel, in der Ma und Mb die Menge der nur in A und nur in B, Mc aber die Menge der in A und B vorkommenden Arten kennzeichnet.

$$Gm = \frac{Mc:2}{Ma + Mb + Mc:2} \cdot 100 \, (\%)$$

$$Gm = \frac{155:2}{40 + 5 + 155:2} \cdot 100\% = 63,3\%$$

Es werden auch noch andere Gemeinschafts- bzw. Ähnlichkeitskoeffizienten verwendet. Korrelationsberechnungen zwischen den Arten geben ein Maß für ihre synökologische Bindung (Abb. 1012); mit Hilfe neuer statistischer Methoden (Faktorenanalyse, polare Ordination etc.) lassen sich die Arten aus vielen Vegetationsaufnahmen (Abb. 1013) oder die Pflanzengesellschaften eines größeren Gebietes (Abb. 1014) so in ein zwei- (oder mehr-)achsiges Koordinatensystem einordnen, daß ihre räumliche Entfernung und Gruppierung optimal der Häufigkeit ihrer Vergesellschaftung (Abb. 1013) oder ihrer floristischen Ähnlichkeit (Abb. 1014) entspricht. Diesen Gruppierungen können dann noch grundlegende Umweltfaktoren zugeordnet werden, wie z.B. Feuchtigkeit und Nährstoffgehalt der Böden. Derartige Methoden haben zwar eine wesentliche Verbesserung bei der Darstellung der ökologischen Beziehungen zwischen Arten oder Pflanzengesellschaften gebracht, doch sind diese Beziehungen in Wirklichkeit noch viel komplexer und vieldimensional.

Eine Typisierung der Pflanzenbestände aufgrund der dominanten Arten mit hohem Dekkungswert führt zur Ausscheidung von **Soziationen** (ein Beispiel wäre etwa die bekannte *Fagus sylvatica-Allium ursinum*-Soziation). Berücksichtigt man auch die weniger auffälligen, aber oft sehr charakteristischen übrigen Arten, so gelangt man zu einer Hierarchie von floristisch definierten Vegetationseinheiten, wie sie besonders in Europa sehr weit ausgebaut wurde. Als Grundeinheit war dabei früher besonders die **Assoziation** von Bedeutung; in letzter Zeit wird vor allem der **Verband** als vegetationssystematische Bezugseinheit herausgestellt (vgl. dazu etwa Abb. 1016).

Diese Pflanzengesellschaften werden nach einer oder mehreren bezeichnenden Arten lateinisch benannt und – je nach Rangstufe – allenfalls auch mit besonderen Endungen versehen. Die folgende Übersicht illustriert die Position der Glatthafer-Wiesen (Arrhenatheretum bzw. Arrhenatherion) im Bereich der europäischen Wirtschaftswiesen und -Weiden (Molinio-Arrhenateretea):

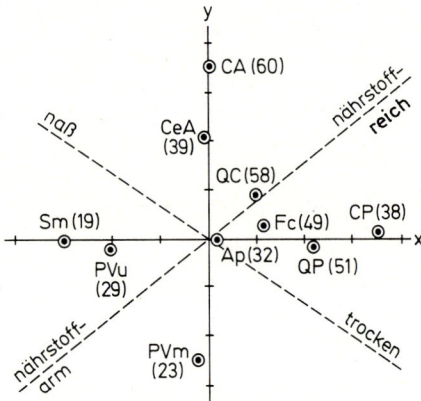

Abb. 1014: Polnische Waldgesellschaften, nach ihrer floristischen Ähnlichkeit, mit Hilfe von polarer Ordination optimal zweidimensional angeordnet: Hochmoor (Sphagnetum medii = Sm), Waldmoor (Pineto-Vaccinietum uliginosi = PVu), Kiefernwald (Pineto-Vaccinietum myrtilli = PVm), Tannenwald (Abietetum polonicum = Ap), Erlenbruch (Cariceto elongatae-Alnetum = CeA), Eschen-Erlenauwald (Circaeo-Alnetum = CA), Eichen-Hainbuchenwald (Querceto-Carpinetum medio-europaeum = QC), Buchenwald (Fagetum carpaticum = Fc), Eichenmischwald (Querceto-Potentilletum albae = QP), Haselgebüsch (Coryleto-Peucedanetum cervariae = CP); in Klammer jeweils die mittlere Artenanzahl (Gefäßpflanzen). Weitere Erklärungen Abb. 1013, S. 953 f., 1023 ff. (Nach FRYDMAN & WHITTAKER.)

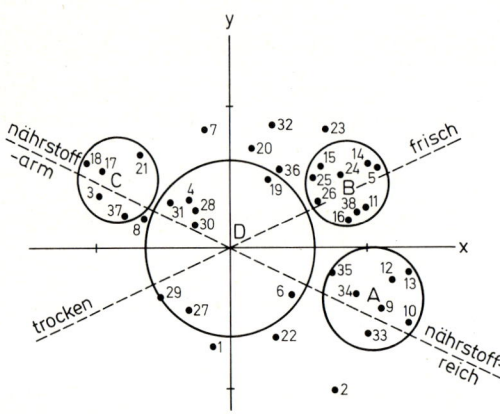

Abb. 1013: Buchenwaldarten (1–38), nach der Häufigkeit ihres gemeinsamen Vorkommens in französischen Fageten mit Hilfe von Faktorenanalyse optimal zweidimensional angeordnet. Gradienten der Bodenfeuchtigkeit und -fruchtbarkeit ergänzt. Gruppen ökologischer Zeigerarten für nährstoffreiche (A), frische (B), nährstoffarme (C) und typische (D) Ausbildungen werden erkennbar. Weitere Erklärungen S. 951 f., 976 f. (Nach DAGNELIE.)

Rangstufe	Endung	Beispiel
Klasse	-etea	Molinio-Arrhenatheretea
Ordnung	-etalia	Arrhenatheretalia
Verband	-ion	Arrhenatherion
Assoziation	*-etum*	*Arrhenatheretum*
Subassoziation	-etosum	Arrhenatheretum brizetosum
Variante	keine Endung	Salvia-Variante des Arrhenatheretum brizetosum
Facies	-osum	Arrhenatheretum brizetosum bromosum erecti

Mit fortschreitender Kenntnis der floristischen Vegetationseinheiten wird vielfach auch ihre Rangstufe hinaufgesetzt: Die Rotbuchenwälder wurden früher als Assoziation Fagetum eingestuft; heute entsprechen dem zahlreiche Assoziationen und 4 Unterverbände des Verbandes Fagion (Abb. 1016), nach anderer Meinung sogar verschiedene Verbände aus mehreren Ordnungen und Klassen.

Zur floristischen Charakterisierung einer bestimmten Pflanzengesellschaft verwendet man: a) Charakterarten (Kennarten), mit (zumindest lokal) ausschließlicher Bindung (Treue); b) Differentialarten (Trennarten), kennzeichnend, aber auf andere Pflanzengesellschaften übergreifend; und c) Stete Arten, regelmäßig (mit hoher Stetigkeit) vorkommend, aber auch in anderen Pflanzengesellschaften auftretend.

Charakterarten der Edellaubmischwälder (Klasse Querco-Fagetea) sind z.B. *Daphne mezereum, Anemone nemorosa* und *Convallaria majalis;* für die Ordnung der Fagetalia können etwa *Dryopteris filixmas, Ranunculus ficaria, Mercurialis perennis, Sanicula europaea* und *Milium effusum,* für den Fagion-Verband *Dentaria bulbifera* und *Hordelymus europaeus* genannt werden.

Für ein Verständnis der ökologischen Differenzierung der Pflanzengesellschaften im Rang von Verbänden und Assoziationen haben sich besonders Gruppen von Zeigerarten mit übereinstimmendem synökologischem Verhalten und daher hoher standörtlicher Korrelation (Abb. 1012, 1013) bewährt. Das läßt sich gut für die ökologische Reihe vom Kalk- bis zum Sauerhumusbuchenwald zeigen (Abb. 1013, 1039). Die geographische Differenzierung der Pflanzengesellschaften kann durch chorologische Differentialarten belegt werden, wozu man etwa die west-östliche Gliederung der Erlenbruchwälder vergleiche (Abb. 1015).

Auch ökologische Artengruppen haben vielfach nur lokale Gültigkeit. Nicht nur, daß sich die ökologische Konstitution vieler Arten von Ort zu Ort ändert (Ökotypen: S. 520ff.), auch die synökologische Balance und damit Vergesellschaftung der Arten kann sich in verschiedenen Lebensräumen verschieben. Die für Holland festgestellten Artengruppen des Grünlands (Abb. 1012) haben z.B. im südlichen Mitteleuropa nur begrenzt Gültigkeit.

Grundsätzlich übereinstimmende ökologische Gruppen lassen sich für den Buchenwaldunterwuchs durch Tabellenvergleich (Abb. 1039), Ordination (Abb. 1013) und durch Standortsanalysen erarbeiten. Dabei indizieren etwa die Gruppen von *Lamiastrum* (= *Galeobdolon*) bzw. *Ajuga reptans* alkalische bis mäßig saure und gleichzeitig mäßig frische bzw. mäßig feuchte Böden, während die *Vaccinium myrtillus*-Gruppe auf (stark) saure und dabei frische bis mäßig trockene Böden beschränkt ist. Danach läßt sich in submontanen Lagen Mitteleuropas eine ökologische Gliederung in 7 Buchenwaldtypen belegen:

1. Typischer Kalkbuchenwald
   Fagetum (calcareum) typicum
2. Reicher Braunerdebuchenwald
   Melico-Fagetum pulmonarietosum
3. Typischer Braunerdebuchenwald
   Melico-Fagetum (typicum)
4. Armer Braunerdebuchenwald
   Melico-Fagetum polytrichetosum
5. Reicher Sauerhumusbuchenwald
   Luzulo-Fagetum milietosum
6. Typischer Sauerhumusbuchenwald
   Luzulo-Fagetum (typicum)
7. Armer Sauerhumusbuchenwald
   Luzulo-Fagetum vaccinietosum

Parallel damit ändert sich die Durchwurzelungstiefe der Böden [von Rendzina (1) über mehr-minder gesättigte Braunerden (2.–4.) bis zu schwach und stark podsoligen Braunerden (5–7)], die Nährstoffversorgung und natürlich auch die Produktivität (S. 976f.).

Als geographische Zeigerarten für die räumliche Differenzierung der Erlenbruchwälder (Alnion glutinosae) können im Westen etwa *Osmunda regalis,* im Osten *Dryopteris cristata* und im Norden *Picea* genannt werden (Abb. 1015).

Floristisch gefaßte Vegetationseinheiten oberhalb der Verbände werden zunehmend abstrakt und sind daher als «Modelle» für konkrete Pflanzengemeinschaften weniger geeignet. In Abb. 1016 sind (Unter-)Verbände der mitteleuropäischen Waldgesellschaften und angrenzenden gehölzfreien Vegetationstypen in ein Koordinatensystem von Feuchtigkeit und Bodenreaktion eingeordnet, das Abb. 976 entspricht.

Die Unterverbände der trockenen Kalkbuchenwälder (Cephalanthero-Fagion) und frischen Buchenwälder (Eu-Fagion) können dabei dem Verband des Fagion zugeordnet und mit den Eichen-Hainbuchen-Wäldern (Carpinion) sowie den Hartholzauen (Alno-Padion) als Ordnung der Buchen- und Edellaubmischwälder (Fagetalia) gruppiert und mit trockenen Eichenmischwäldern (Quercetalia pubescenti-petraeae) zur Klasse der Querco-Fagetea zusammengefaßt werden. Die mit den andersartigen Methoden der Ordination erfaßten Vegetationseinheiten aus Polen stimmen damit gut überein (Abb. 1014): z.B. gehören hier die «benachbarten» Assoziationen CA, QC, Fc, QP und CP zu den Querco-Fagetea.

Selbstverständlich gibt es bei solchen hierarchischen Gruppierungsversuchen auch Probleme: Eine kritische Stellung zwischen den Klassen Querco-Fagetea (Edellaubmischwälder) und Quercetea robori-petraeae (bodensaure Eichenmischwälder) nimmt z.B. der Verband Luzulo-Fagion (Sauerhumus-Buchenwälder) ein (Abb. 1016).

Das Vaccinio-Piceion umschreibt in Abb. 1016 die Fichtenwälder, das Alnion glutinosae die Erlenbruchwälder (dazu PVu, PVm und Ap bzw. CeA in Abb. 1014); sonst sind in Abb. 1016 noch einige «angrenzende» gehölzfreie Vegetationstypen dargestellt: xerophile Grasfluren auf kalkarmer und kalkreicher Unterlage (Corynephorion bzw. Xerobromion) sowie Hochmoore (Sphagnion; dazu Sm in Abb. 1014) und Verlandungsgesellschaften (Magnocaricion).

Die **physiognomische Vegetationsgliederung** geht von den Wuchsformen der am Aufbau der Pflanzendecke beteiligten Sippen aus (vgl. S. 189 ff., 941 f., Abb. 232). Ohne Rücksicht auf die Artenzusammensetzung werden dabei alle Bestände zu Einheiten zusammengefaßt, in denen die gleichen Wuchsformen auftreten und vorherrschen, wie etwa tropische Regenwälder, boreale Nadelwälder, immergrüne Hartlaubwälder, Zwergstrauchheiden, Wiesen etc. Selbständige und vielfach sehr komplexe Vegetationstypen dieser Art nennt man **Formationen** (vgl. z.B. Abb. 1000, 1085). Demgegenüber bezeichnet man einfache, nur aus einer Wuchsform aufgebaute und häufig unselbständige Vergesellschaftungen als **Synusien,** z.B. Krustenflechtenüberzüge auf Steinen, die Zwergstrauchschicht in einem Nadelwald oder die herbstlichen Hutpilzgemeinschaften in den Laubwäldern (vgl. Abb. 996).

Das Wesen der Pflanzenformationen läßt sich nicht nur durch ihr Wuchsformenspektrum, sondern auch durch Schichtung und Horizontalaufbau, Phänologie und cyclische Regeneration charakterisieren (vgl. S. 942–946). Bei Berücksichtigung der gesamten Lebenswelt spricht man von Bioformationen (Biomen). Soweit die Wuchsformen der Pflanzen eine Anpassung an bestimmte Lebensbedingungen, soweit sie «Lebensformen» sind, äußert sich dies also auch im Aufbau und in der Physiognomie der Formationen. So spiegeln z.B. die sommergrünen Laubwälder, zu denen man u.a. alle winterkahlen Wälder Eurasiens und Nordamerikas trotz ihrer sehr verschiedenen Zusammensetzung aus Arten der Gattungen *Fagus, Quercus, Carpinus, Acer, Tilia, Fraxinus, Populus* etc. rechnen kann,

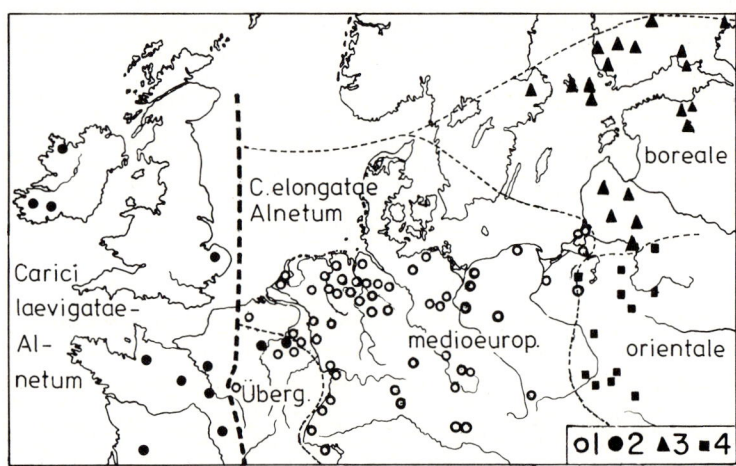

Abb. 1015: Gliederung der europäischen Erlenbruchwälder (Alnion glutinosae) anhand geographischer Zeigerarten in 4 Assoziationen. 1 mitteleuropäisch: Carici elongatae-Alnetum medioeuropaeum, 2 westeuropäisch-atlantisch: Carici laevigati-Alnetum, 3 nordosteuropäisch-boreal: Carici elongatae-Alnetum boreale und 4 osteuropäisch: Dryopteri cristati-Alnetum. (Nach BODEUX aus SCHMITHÜSEN.)

die Wirkung eines durch winterliche Vegetationsruhe ausgezeichneten, gemäßigten Waldklimas wider.

Bei Formationen, die aus ganz verschiedenen Familien und Gattungen entstanden sind, kann die konvergente, durch ähnliche Umweltbedingungen herbeigeführte physiognomische Ähnlichkeit noch verblüffender sein, z.B. bei den an milde Winter und trockene Sommer angepaßten Hartlaubgehölzen im Mittelmeerraum (S. 1034), im westlichen Nord- und Südamerika (Californien, Mittel-Chile), in Südafrika (Kapland) und in S-Australien. Physiognomisch gefaßte Vegetationseinheiten haben also oft beachtliche ökologische Aussagekraft. Sie können auch dort relativ rasch erfaßt werden, wo eine Erhebung des Artenbestandes nur schwer möglich ist.

Trotzdem darf nicht übersehen werden, daß äußerlich ähnliche Synusien und Formationen auch unter sehr verschiedenen Umweltbedingungen entstehen konnten. Krustenflechtenüberzüge finden sich z.B. in Hitze- oder Kältewüsten oder als Pioniere in anderen Klimaten. Grasartige Wuchsformen kennzeichnen (sub)tropische Grasländer, temperate Steppen und arktisch-alpine Tundren – die strukturellen Unterschiede dieser Formationen werden erst bei genauerer Analyse erkennbar. Umgekehrt können auch recht verschiedene Formationen in ähnlichen Klimaten auftreten. In der Praxis wird daher bei der

Darstellung physiognomischer Vegetationseinheiten immer auch auf die entsprechenden Standortsbedingungen verwiesen.

Ein Versuch, die Pflanzendecke der terrestrischen Lebensräume der gesamten Biosphäre in Formationstypen zu gliedern, ist in Abb. 1017 dargestellt. Berücksichtigt werden dabei nur die Klimaxvegetation bzw. die Klimaxformationen. Als Koordinaten des Diagramms werden die mittleren Jahrestemperaturen und die mittleren Jahresniederschläge herangezogen. Eine ausführlichere Darstellung der 16 in Abb. 1017 ausgeschiedenen Pflanzenformationen findet sich im fünften Abschnitt (S. 1018 ff.).

Die 16 terrestrischen Formationstypen lassen sich zu vier Gruppen zusammenfassen: Wälder, Lockergehölze, Gras- und Zwergstrauchvegetation und Wüsten (Abb. 1017). Dazu kommen noch die Formationen der Binnengewässer und der Meere. Im einzelnen umfassen die Formationstypen regionale Formationen (z.B. die mediterranen Hartlaubgehölze), die sich ihrerseits wieder aus verschiedenen Synusien aufbauen können. Regionale Formationen bzw. Formationstypen werden vielfach als Ordnungsrahmen für die höheren floristisch gefaßten

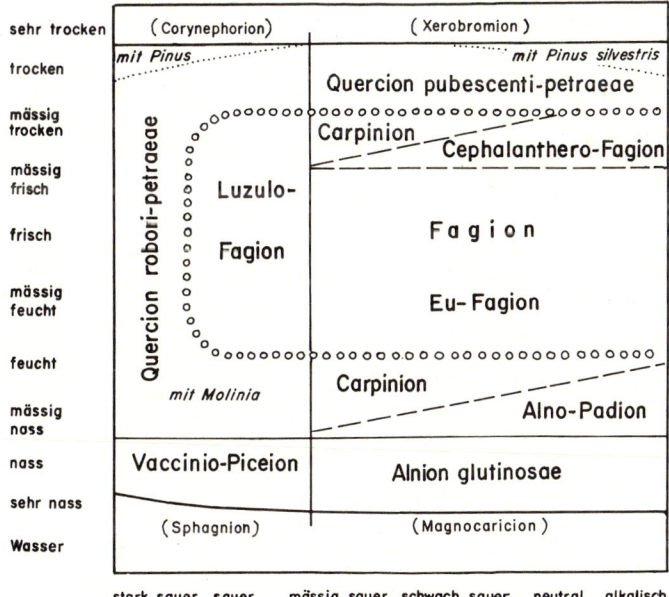

Abb. 1016: Die Verbände der mitteleuropäischen Laubwald-Gesellschaften (und einiger anschließender baumfreier Verbände) auf sauren bis alkalischen (bzw. nährstoffarmen bis nährstoffreichen) und nassen bis trockenen Böden (in der submontanen Höhenstufe und bei gemäßigt subozeanischem Klima). Den Grenzlinien entsprechen in der Natur Zonen mit überleitenden Vergesellschaftungen. Vgl. dazu auch Abb. 976 und S. 954, 1023 ff. (Nach ELLENBERG.)

Vegetationstypen verwendet. Die europäische Klasse der Querco-Fagetea kann dabei etwa den holarktischen sommergrünen Laubwäldern zugeordnet werden.

Die **räumliche Vegetationsgliederung** läßt sich durch Analyse und Kartierung der Pflanzengemeinschaften erfassen. Um zu einer Übersicht zu kommen, muß man natürlich auch hier generalisieren. Doch werden gerade dabei vielfältige Gesetzmäßigkeiten und Zusammenhänge zwischen dem horizontalen Aufbau der Pflanzendecke und den Umweltverhältnissen sichtbar. Je nach der Intensität menschlicher Eingriffe erfährt diese Pflanzendecke sehr unterschiedliche Veränderungen und prägt die mannigfachen Abstufungen zwischen Natur- und Kulturlandschaft. Ein Verständnis dieser Zusammenhänge ist für die aktuellen Fragen der

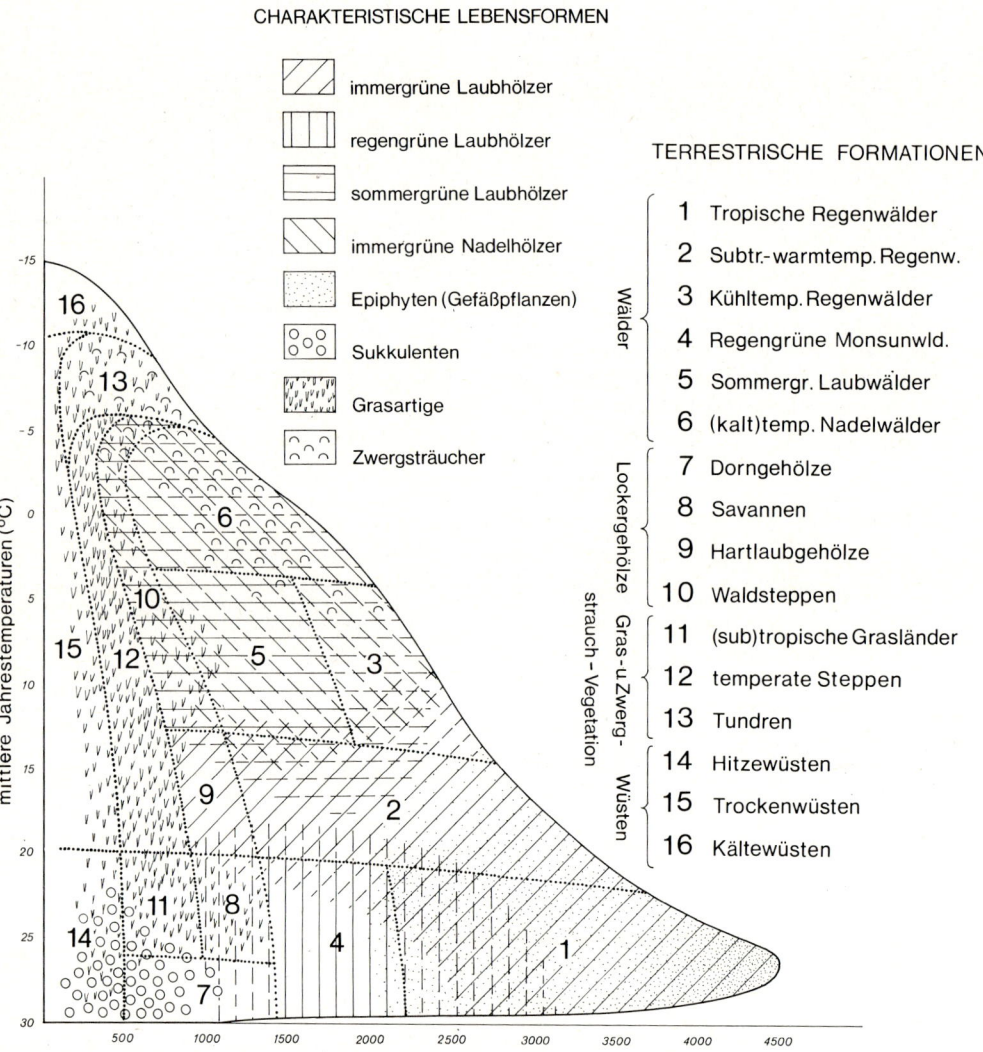

CHARAKTERISTISCHE LEBENSFORMEN

immergrüne Laubhölzer
regengrüne Laubhölzer
sommergrüne Laubhölzer
immergrüne Nadelhölzer
Epiphyten (Gefäßpflanzen)
Sukkulenten
Grasartige
Zwergsträucher

TERRESTRISCHE FORMATIONEN

Wälder
1 Tropische Regenwälder
2 Subtr.-warmtemp. Regenw.
3 Kühltemp. Regenwälder
4 Regengrüne Monsunwld.
5 Sommergr. Laubwälder
6 (kalt)temp. Nadelwälder

Lockergehölze
7 Dorngehölze
8 Savannen
9 Hartlaubgehölze
10 Waldsteppen

Gras-u Zwerg-Vegetation
11 (sub)tropische Grasländer
12 temperate Steppen
13 Tundren

strauch-Wüsten
14 Hitzewüsten
15 Trockenwüsten
16 Kältewüsten

mittlere Jahrestemperaturen (°C)

mittlere Jahresniederschläge (mm)

Abb. 1017: Formationstypen des Festlandes: Versuch einer Gliederung der Klimaxvegetation nach mittleren Jahrestemperaturen und Niederschlagsmengen. Signaturen kennzeichnen einige charakteristische Lebensformen. Besonders im mittleren Bereich des Diagramms sind die Grenzlinien unscharf, da sich die relative Lage der Formationen zu den Klimadaten gebietsweise nicht unerheblich verschiebt. Weitere Erklärungen S. 955 f. und 1018 ff. (Nach Dansereau und Whittaker, stark verändert und erweitert.)

Raumplanung und Landschaftsgestaltung von entscheidender Bedeutung.

Pflanzengesellschaften im Rang von Assoziationen lassen sich nur auf großmaßstäbigen Karten darstellen (Abb. 1011). Bei stärkerer Verkleinerung können nur noch umfassendere Vegetationskomplexe abgebildet werden. Vielfach abstrahiert man dabei von den anthropogenen Veränderungen und bezieht sich auf die potentielle natürliche Vegetation (die sich einstellen würde, wenn der menschliche Einfluß wegfällt; Abb. 1019). Bei Vegetationskarten der Kontinente bzw. der gesamten Erdoberfläche muß man sich auf die dominierenden Formationen bzw. Formationskomplexe beschränken (vgl. die Farbkarte bei S. 1040). Die Methoden der Luftbildphotographie (von Flugzeugen oder Satelliten) haben eine Revolution in der Vegetationskartierung und der Kartenauswertung gebracht (vgl. Abb. 1011). Mit Spezialfilmen und -kameras lassen sich nämlich nicht nur feine Vegetationsunterschiede, sondern auch die räumliche Verteilung wichtiger Standortsfaktoren (etwa der Temperatur etc.) erfassen («remote sensing»).

Im lokalen Bereich und unter einheitlichen großklimatischen Verhältnissen erlaubt die Vegetationsgliederung erste Rückschlüsse auf die engräumigen Standortsdifferenzierungen und die Zusammenhänge zwischen Böden, Wasserversorgung usw. einerseits und Nutzungsform, Regeneration und Sukzession der Pflanzendecken andererseits.

Schon S. 943 ff. wurde gezeigt, daß sich auch scheinbar einheitliche Pflanzengesellschaften als ein räumliches Mikromosaik erweisen, das vom Relief (Abb. 996) oder vom Ablauf der cyclischen Regeneration (Abb. 1005) geprägt ist. Bei den Hochmooren (Abb. 1079) sind die Großformen (Randsumpf, Randgehänge, Hochfläche) ebenso wie die Kleinformen (Bülten und Schlenken) vom Wachstum der Torfmoose geprägt und spiegeln die extremen Standortsbedingungen (Rohhumus, Regenwasserversorgung, Nährstoffarmut). Ähnliches gilt für die Vegetationseinheiten am Rande von Seen (Abb. 974) und Fließgewässern (Abb. 1078) bzw. am Meeresufer (Abb. 998); sie sind dem abgestuften Wasserregime verbunden. Auch die fortschreitende Besiedlung von Dünen (Abb. 1080) oder Gletschermoränen (Abb. 1007) zeigt natürlich eine räumliche, mit der zeitlichen Abfolge der Bodenbildung gekoppelte Anordnung. Von der Form und Intensität der menschlichen Nutzung (z.B. Weide, Mahd, Ackerbau, Industrialisierung etc.: S. 992 ff.) sind schließlich die Vegetationskomplexe der Kulturlandschaft bestimmt (Abb. 1009 und 1010, beispielhaft für Mitteleuropa und den Mittelmeerraum).

Die Vegetationsgliederung im regionalen Bereich läßt Zusammenhänge erkennen mit dem sich ändernden Großklima, den landschaftlichen Großformen und den davon abhängigen regionalen Landnutzungstypen (Abb. 1011, 1019).

Den Übergang vom lokalen zum regionalen Bereich natürlicher borealer Vegetationsstrukturen in Alaska macht Abb. 1011 anschaulich: Dabei kann man nämlich einen Moorkomplex mit stagnierenden, nährstoffarmen Gewässern (d + e + f), einen vom nährstoffreichen Fließgewässer geprägten Auenkomplex (b + c) und einen grundwasserferneren Mischwaldkomplex (a) unterscheiden. Jeder dieser Vegetationskomplexe charakterisiert einen natürlichen Standortsraum, eine sog. «Fliese». Im rheinischen Mittelgebirgsland (Hohes Venn) besetzt der sukzessionsmäßig auf einen Klimaxwaldtyp ausgerichtete «Gesellschaftsring» der tiefgründigen Flachhänge auf Kalk eine solche Fliese (Abb. 1009). Zusammen mit Hochflächen, steilen Kalkhängen, Talauen usw. bilden sie ein Fliesengefüge, ihre Vegetation einen Wuchsdistrikt. Noch umfassendere Vegetationseinheiten werden in einer Karte der Pflanzendecke Niederösterreichs (Abb. 1019) erkennbar. Hier bestimmen etwa wärmeliebende Eichenmischwälder und Eichen-Hainbuchen-Wälder mit edaphisch bedingten Flaumeichen-Waldsteppen, Fels-, Sand- und Salzsteppen sowie Flußauen des Tieflandes den Charakter der pannonischen Vegetationsprovinz. Sie ist mit der mitteleuropäischen, diese wieder mit der alpinen Vegetationsprovinz verzahnt.

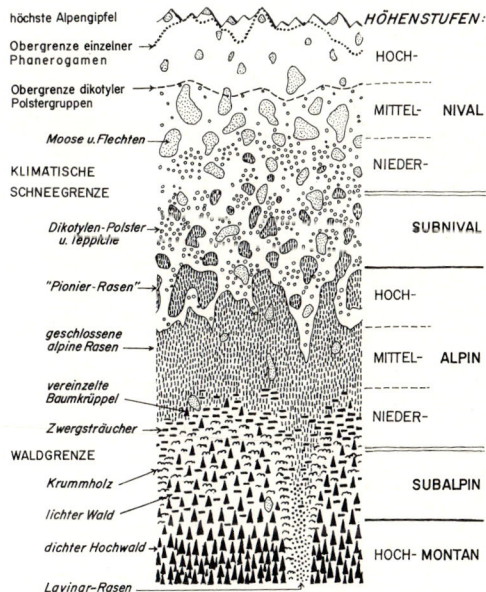

Abb. 1018: Obere Höhenstufen der Alpen mit charakteristischen mosaikartigen Komplexen von Formationstypen. Weitere Erklärungen S. 958, 1028 ff. (In Anlehnung an Reisigl & Pitschmann aus Ellenberg.)

Auch bei den Höhenstufen (= Vegetationsstufen) der Gebirge (S. 925, 1028 ff., Abb. 1018, 1019, 1077) handelt es sich um Vegetationskomplexe, die man auf die jeweils dominierenden Klimaxgesellschaften bzw. Klimaxformationen bezieht. Diese Pflanzengesellschaften spiegeln am besten die mit zunehmender Höhe veränderten Klimabedingungen (besonders Abnahme der Temperatur, vgl. S. 968).

Im Alpenraum (Abb. 1018) charakterisiert man die zur Waldgrenze hin aufgelockerten Fichten-Lärchen-

Zirben-Bestände mit Krummholz bzw. Grünerlengebüschen als subalpin und die von geschlossenen Zwergstrauchheiden bzw. Rasen beherrschte Stufe darüber als nieder- bzw. mittel- bis hochalpin (auch unter- bzw. oberalpin). Die fortschreitende Auflockerung von Pionierrasen und dicotylen Polster- und Teppichpflanzen leitet dann von der subnivalen zur nivalen Stufe oberhalb der klimatischen Schneegrenze über; hier verschwinden die letzten Polsterpflanzen, und nur Moose und Flechten dringen bis zu den höchsten Alpengipfeln vor. – Stärker generalisiert sind die Vegetationsprofile durch Mitteleuropa (Abb.

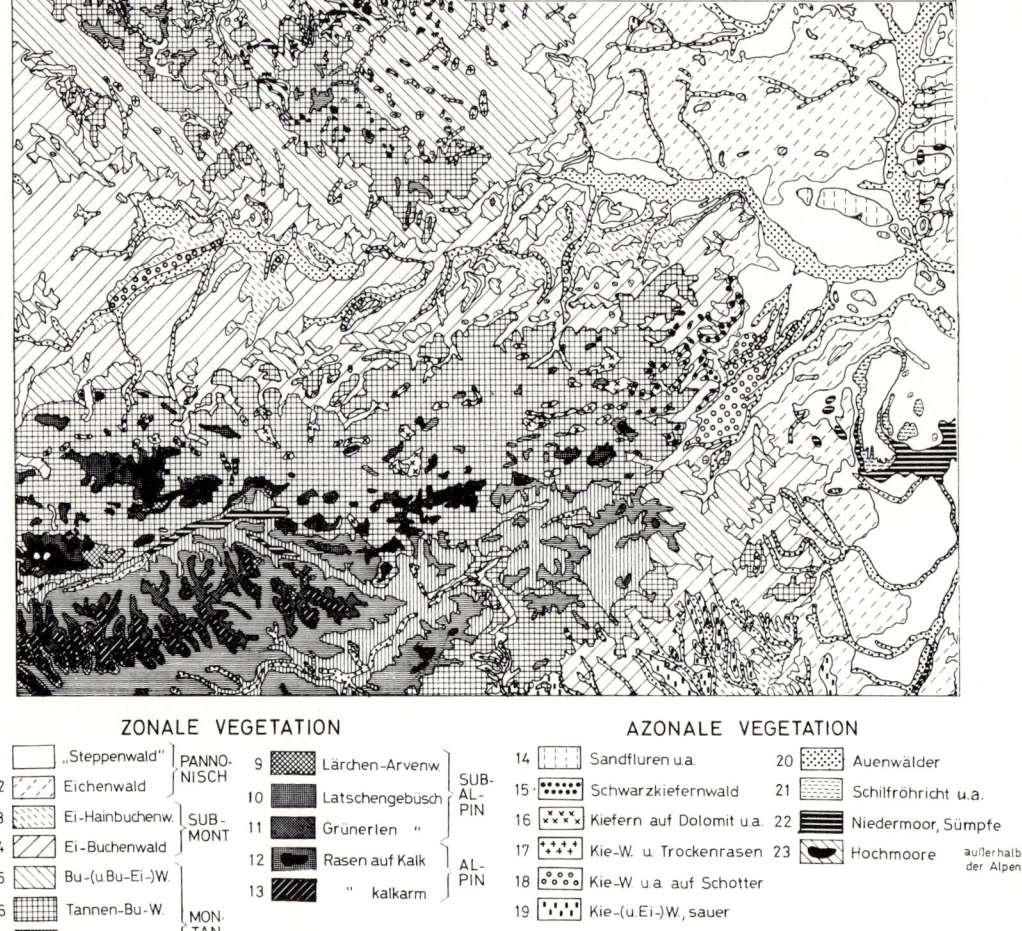

Abb. 1019: Vegetationsgliederung Mitteleuropas am Beispiel von Niederösterreich. Potentielle natürliche Klimaxgesellschaften (fast überall Wälder!) daraus abgeleitete Höhenstufen und großflächige Dauergesellschaften. Der Verlauf der größeren Flüsse (Donau, March etc.) ist an den Auwäldern (20) erkennbar. Weitere Erklärungen S. 957, 1028 ff. (Nach Wagner aus Ellenberg.)

1077; S. 1028 f.): sie bringen besonders die Absenkung der Vegetationsstufen von S nach N und das Zurücktreten der subozeanischen Buche in der Bergstufe von W nach O zur Darstellung.

Zuletzt entspricht die kontinentale und weltweite Vegetationsgliederung weithin den Großklimazonen der Erde mit ihrem Temperaturgefälle vom Äquator zu den Polen und den überlagerten Ozeanitäts-Kontinentalitätsgradienten (Abb. 1024, 1075 und Karte bei S. 1040).

Gegenstand umfassender Vegetationskarten können meist nur Komplexe von Klimaxformationen sein, wie dies für den kontinentalen Osten Europas in einem N/S-Profil oder in der Vegetationskarte (bei S. 1040) dargestellt ist. Hier werden die vielfachen Parallelen mit der Weltkarte der Florenzonen (Abb. 983) deutlich. Noch stärker abstrahiert sind schließlich die großen Vegetationsstufen die einem «Idealprofil» vom Nord- zum Südpol (Abb. 1075) zugeordnet werden können.

Dritter Abschnitt

Standort und Ökosystem

Jede kausale Analyse der Verbreitung und des Zusammenlebens der Pflanzen muß darauf ausgerichtet sein, die am Standort (Biotop) wirksamen **Standortfaktoren** (S. 189–190) zu erfassen. Ihr Einfluß auf den Aufbau der Populationen (S. 935 ff.), die Gestalt und Begrenzung der Areale (S. 925 f., 931 ff.) sowie die Entstehung, Struktur und Veränderung der Pflanzengemeinschaften (S. 938 ff., 946 ff.) wurde bereits in den vorhergehenden Kapiteln mehrfach angedeutet.

Unmittelbar bestimmt werden Standorte bzw. Umwelt jeder Pflanze durch die Faktoren Sonnenbestrahlung in Form von Licht und Temperatur (Wärme) als Energiequellen (S. 228 ff.), sowie durch das Wasser und die chemischen Faktoren als Voraussetzung für alle Stoffwechsel- und Wachstumsvorgänge (S. 189 ff., 312 ff.); vor allem schädigend wirken Feuer und mechanische Faktoren (Abb. 1020). Diese primären Standort- (oder Umwelt-) faktoren erscheinen im Gelände vielfach «gebün-

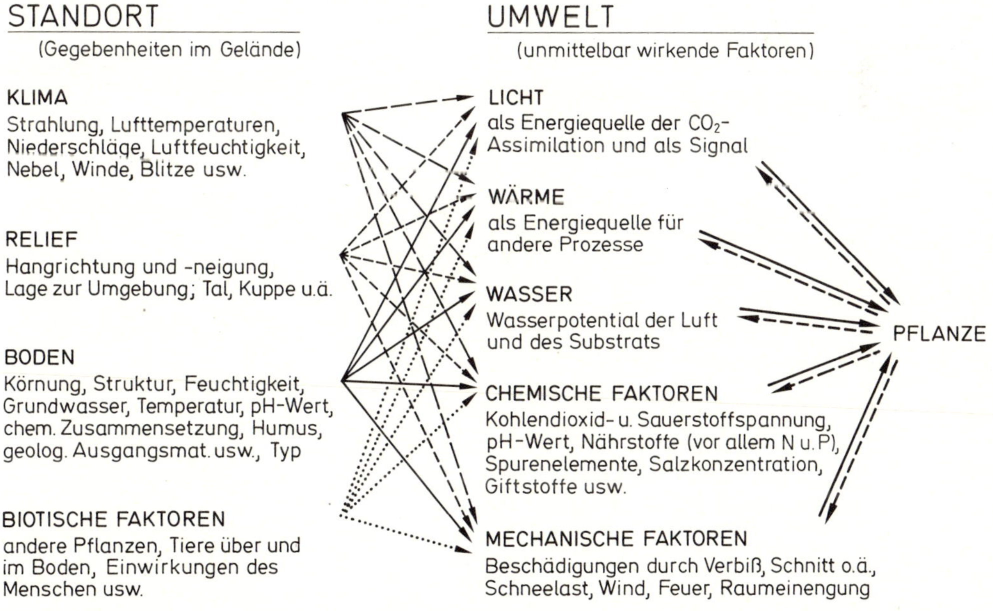

STANDORT
(Gegebenheiten im Gelände)

KLIMA
Strahlung, Lufttemperaturen, Niederschläge, Luftfeuchtigkeit, Nebel, Winde, Blitze usw.

RELIEF
Hangrichtung und -neigung, Lage zur Umgebung; Tal, Kuppe u.ä.

BODEN
Körnung, Struktur, Feuchtigkeit, Grundwasser, Temperatur, pH-Wert, chem. Zusammensetzung, Humus, geolog. Ausgangsmat. usw., Typ

BIOTISCHE FAKTOREN
andere Pflanzen, Tiere über und im Boden, Einwirkungen des Menschen usw.

UMWELT
(unmittelbar wirkende Faktoren)

LICHT
als Energiequelle der CO_2-Assimilation und als Signal

WÄRME
als Energiequelle für andere Prozesse

WASSER
Wasserpotential der Luft und des Substrats

CHEMISCHE FAKTOREN
Kohlendioxid- u. Sauerstoffspannung, pH-Wert, Nährstoffe (vor allem N u. P), Spurenelemente, Salzkonzentration, Giftstoffe usw.

MECHANISCHE FAKTOREN
Beschädigungen durch Verbiß, Schnitt o.ä., Schneelast, Wind, Feuer, Raumeinengung

PFLANZE

Abb. 1020: Die im Gelände erkennbaren sekundären Standortfaktoren erweisen sich als Komplexe aus primären Standort- bzw. Umweltfaktoren, welche direkt auf die Pflanze wirken; vielfach lassen sich auch Rückwirkungen feststellen. (Nach ELLENBERG.)

delt» zu sekundären Faktorenkomplexen, vor allem Klima, Relief und Boden. In Abhängigkeit von Klima, Relief und Muttergestein wird an einem bestimmten Geländeabschnitt aus dem gegebenen Artenbestand der Flora eine bestimmte Vegetation «ausgelesen». Als spezifische Produkte der dabei anlaufenden Wechselwirkungen bilden sich Boden und Bestandesklima:

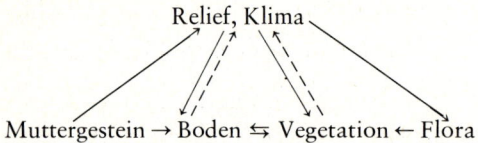

Für die Entstehung bestimmter Pflanzengemeinschaften bzw. Vegetationstypen sind aber nicht nur die chemisch-physikalischen (also abiotischen) Faktoren aus Klima, Relief und Boden sowie die ökophysiologische Konstitution bzw. autökologische Reaktionsnorm der beteiligten Arten maßgeblich. Das Zusammenleben und der Wettbewerb der Sippen einer Biocoenose (z.B. die Beziehung Pflanzen/tierische Parasiten) und nicht zuletzt die mannigfaltigen Eingriffe des Menschen bringen auch die biotischen Faktoren ins Spiel. Dementsprechend wird die Reaktionsnorm jeder Sippe im Gelände auf den Bereich ihrer synökologischen Amplitude eingeengt (vgl. S. 920 und Abb. 977, 1044); für diesen Bereich von Standortfaktoren haben die Sippen ökologischen Zeigerwert. Nur solche Sippen können zuletzt in einer Biocoenose (S. 916) bestehen, die sich als Partner im dynamischen Gleichgewicht von Lebewelt und Umwelt ergänzen, fördern oder zumindest nicht allzu stark stören.

Dem Ordnungsgefüge der Biocoenosen mit ihrer Umwelt, also den Biogeocoenosen (= Biogeocoenen) bzw. Biohydrocoenosen, entspricht das Wirkungsgefüge mehr oder minder umfassender **Ökosysteme** (S. 917). Das Wesen vollständiger Ökosysteme, sowohl der Gewässer als auch des Landes, kann durch einige allgemeine Hinweise charakterisiert werden (vgl. dazu Abb. 1021, 1022, 1045, 1050): Es handelt sich um offene Systeme mit Zu- und Abfuhr von Energie und Stoffen sowie ihrem internen Kreislauf: Ökosysteme umfassen drei ernährungsphysiologische Typen von Organismen (S. 2ff., 189ff., 228, 941): Nur die autotrophen Pflanzen vermögen als primäre Produzenten («Erzeuger») ausschließlich aus abiotischen Quellen energiereiche organische Verbindungen aufzubauen (primäre Produktion). Davon leben einerseits die tierischen Konsumenten («Verbraucher»), entweder direkt als Herbivore (Phytophage, Pflanzenfresser) oder indirekt als Carnivore (Räuber erster, zweiter oder weiterer Ordnung). Die toten organischen Rückstände der Produzenten und Konsumenten (Detritus) werden schließlich durch Zersetzer (Destruenten) zuerst durch Saprovore (Detritophage, Abfallfresser: z.B. Würmer, Milben) und dann durch Mineralisierer (besonders Bakterien und Pilze), wieder zu anorganischen Stoffen abgebaut und damit in den Kreislauf zurückgeführt. Derartige Nahrungsketten verknüpfen – ebenso wie die Energieflüsse und Stoffkreisläufe – die Glieder jedes Ökosystems miteinander. Diese Verbindungen sind rückgekoppelt und ermöglichen Ökosystemen im begrenzten Ausmaß eine Selbstregulation gegenüber Veränderungen von außen her (ähn-

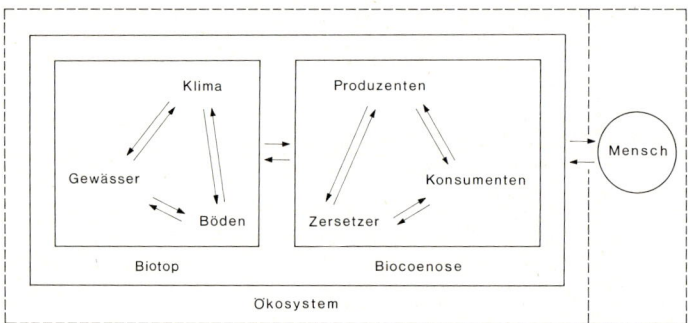

Abb. 1021: Schema der Wechselbeziehungen innerhalb und zwischen Biotop, Biocoenose, Ökosystem und Mensch. Im Mensch-Ökosystem-Komplex überschneiden sich biologische Ökologie und Humanökologie. (Nach BORNKAMM.)

lich wie Organismen: z.B. S. 291 ff., Abb. 318, 319 oder Populationen: S. 937 f., Abb. 995).

Die Leistungsfähigkeit und Produktivität von natürlichen bis zu künstlich-anthropogenen Ökosystemen bildet die Grundlage für eine extensive bis intensive Nutzung zugunsten der ständig anwachsenden Menschheit. Dabei haben die Eingriffe durch Land- und Forstwirtschaft sowie die Besiedlung und Industrialisierung nicht nur die verschiedensten Veränderungen, sondern vielfach auch Verseuchung und Zerstörung der Ökosysteme zur Folge. Daher werden korrigierende Maßnahmen immer dringlicher.

A. Klimatische und edaphische Faktoren

1. Allgemeines zu Klima und Boden

Als **Klima** bezeichnet man den mittleren Zustand der Atmosphäre und den durchschnittlichen Ablauf der Witterung. Die verschiedenen Klimate der Erde sind vor allem durch das Ausmaß und die jahreszeitliche Verteilung von Wärmezufuhr und Niederschlägen bedingt. Diese Unterschiede lassen sich anschaulich in Form von Klimadiagrammen darstellen (Abb. 1023).

Aus diesen Klimadiagrammen sind nicht nur der Jahresgang des Klimas nach Monatsmitteln (mit kalten, frostgefährdeten und frostfreien Monaten), sondern auch die für die Pflanzenwelt besonders wichtigen Temperaturextreme zu ersehen. Die Koppelung von Niederschlags- und Temperaturkurven (im Verhältnis 2:1) gibt einen Anhaltspunkt für die davon abhängige potentielle Evaporation (Verdunstungsvermögen der Atmosphäre) und erlaubt die Unterscheidung von relativ humiden bzw. ariden Perioden (Regen- bzw. Trockenzeiten). In den kalten Jahreszeiten fallen die Niederschläge häufig als Schnee, das oberflächennahe Bodenwasser ist gefroren. Über die Schneedecke emporragende

Pflanzenteile sind daher durch Frosttrocknis gefährdet (S. 191, 400 f.), darunter ist guter Schutz gewährleistet. In den Tropen verändert sich die mittlere Monatstemperatur kaum, echte Jahreszeiten fehlen, Tag und Nacht sind das ganze Jahr über fast gleich lang und bestimmen den Temperaturgang – tagsüber warm, nachts kühl und in Hochgebirgslagen ganzjährig Nachtfrost: Tageszeitenklima. In den temperaten Zonen herrscht demgegenüber ein ausgesprochenes Jahreszeitenklima mit stark veränderlichen Tag- und Nachtlängen.

In Abhängigkeit von der geographischen Breite ändert sich die Sonneneinstrahlung und mit ihr die mittlere Jahrestemperatur, die Vegetationszeit und die potentielle Evaporation (Abb. 1024). Wo der jährliche Niederschlag die potentielle Evaporation übertrifft, spricht man von humiden, im umgekehrten Fall von ariden Klimaten. Auch die Ausbildung von Permafrost (Dauerfrostboden) und der Grundwasserspiegel stehen verständlicherweise mit Temperaturgang und Niederschlag im Zusammenhang.

Die räumlichen und zeitlichen Verschiedenheiten der Niederschläge sind vom Sonnenstand und der Luftzirkulation auf der Erdoberfläche abhängig (Abb. 1025). Die äquatoriale Kalmenzone ist überwiegend feucht, die Passat- und Westwindbereiche sind wechselfeucht, die Roßbreiten trocken.

Die starke Erwärmung der feucht-warmen tropischen Luftmassen bei senkrechter Sonneneinstrahlung läßt sie aufsteigen, abkühlen und ausregnen und verursacht so die Zenitalregen der Kalmenzone. Gegen N und S abgelenkt sinken die Luftmassen wieder zur Erdoberfläche, erwärmen sich, nehmen Feuchtigkeit auf und bedingen die subtropischen Wüstengürtel der Roßbreiten. Die ziemlich gleichgerichteten (im afrikanisch-asiatischen Raum aber durch die Monsunzirkulation veränderten) Passatwinde entstehen durch das Zurückströmen der Luft zum Äquator. In den temperaten Zonen der N- und S-Hemisphäre bilden sich infolge Mischung von warmer

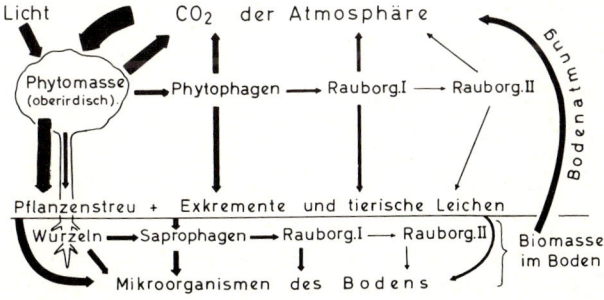

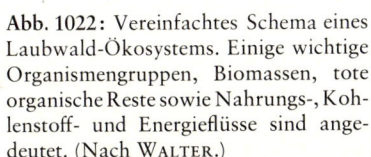

Abb. 1022: Vereinfachtes Schema eines Laubwald-Ökosystems. Einige wichtige Organismengruppen, Biomassen, tote organische Reste sowie Nahrungs-, Kohlenstoff- und Energieflüsse sind angedeutet. (Nach WALTER.)

und kalter Luft Zyklonen, die infolge der Erdrotation als vorherrschende Westwinde nach Osten ziehen. Sie bringen vom Meer her besonders an den Randzonen der Kontinente und in den Gebirgen zyklonale Niederschläge und Steigungsregen, während die meeresfernen und ebenen Innenräume relativ trocken bleiben. Die kalten polaren Luftkappen enthalten wenig Luftfeuchtigkeit und sind arm an Niederschlägen; wegen der geringen Evaporation ist das polnahe Klima jedoch trotzdem feucht.

Infolge der jahreszeitlichen Verschiebung des Zenitalstandes der Sonne verschieben sich auch die besprochenen Klimazonen. In den Tropen entsteht dadurch ein Wechsel von Regen- und Trockenzeiten, in der meridionalen und australen Zone (z.B. im Mittelmeergebiet oder im Kapland) ein sog. Etesienklima mit Roßbreiteneinfluß und Trockenheit im Sommer und mit Westwindklima und Niederschlägen im Winter bzw. Frühjahr und Herbst. In den (humid) temperaten Zonen ergibt sich der bekannte Jahreszeitenwechsel mit erweiterten polaren Kaltluftvorstößen im Winter, mit dominierenden Westwetterlagen im Frühjahr und Herbst und mit verstärkten subtropischen Warmlufteinflüssen, Gewittern und Niederschlagsmaxima im Sommer.

Das regionale «Makroklima» der Erde wird in Abhängigkeit von Relief, Exposition, Bodenstruktur, Pflanzenbedeckung, menschlicher Nutzung etc. in mannigfacher Weise zum «Lokalklima» und «Mikroklima» abgewandelt (vgl. die Beispiele S. 969 sowie Abb. 1024, 1031). Die Klimaeinflüsse im kleinen und kleinsten Raum zeigen oft eine viel breitere Streuung und weiter auseinanderliegende Extremwerte als das «Makroklima». Das ist wesentlich, denn erst diese lokal- bzw. mikroklimatischen Faktoren wirken unmittelbar auf die Pflanzenwelt.

Der **Boden** entsteht durch klimabedingtes Verwittern des obersten Gesteinsmantels der Erde (Lithosphäre) und unter Mitwirken der Organismen (Biosphäre) als komplexe Pedosphäre (S. 335f., Abb. 974, 1026, 1027). Die besondere Lebewelt im Boden bezeichnet man als Edaphon (S. 629).

Die Lithosphäre wird durch Erosion und Verwitterung dauernd aufgelockert und abgebaut. Diese Vorgänge werden entscheidend beeinflußt vom Klima mit Wasser- und Temperaturwirkungen (Hitze- und Frostsprengung, Hydrolyse, Abtragung etc.), vom Relief (Gebirgsschutt, Flußschotter, Sedimentationsbecken etc.) und von der Lebewelt (gesteinslösende

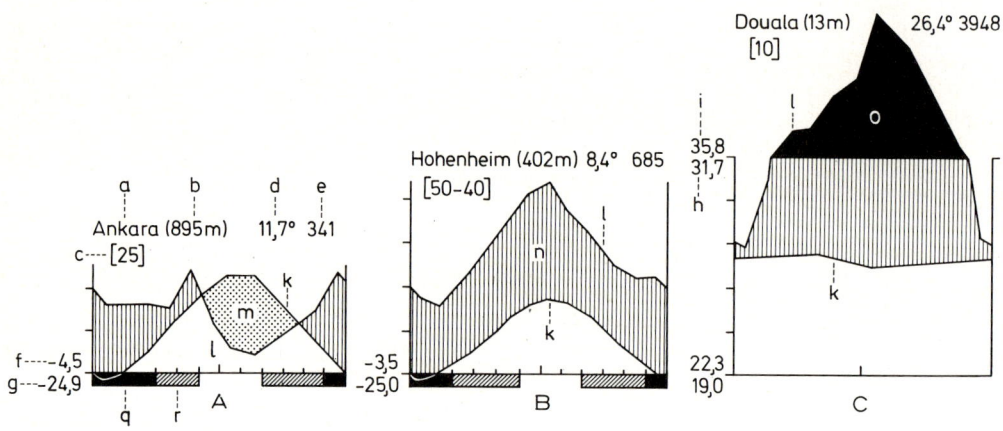

Abb. 1023: Beispiele für Klimadiagramme. A Warm-gemäßigt und kontinental, mit Winterregen und Sommerdürre (Türkei, Ankara). B Gemäßigt-humid, mit mäßig kaltem Winter und feuchtem Sommer (BRD, Stuttgart-Hohenheim). C Tropisch-humid, mit Regenzeit und (relativer) Trockenzeit (Kamerun, Douala). Abszisse: Monate, Ordinate: ein Teilstrich = 10°C bzw. 20 mm Regen. a = Station, b = Höhe über dem Meere, c = Zahl der Beobachtungsjahre, d = mittlere Jahrestemperatur in °C, e = mittlerer Jahresniederschlag in mm, f = mittleres tägliches Minimum des kältesten Monats, g = absolutes Minimum, tiefste gemessene Temperatur, h = mittleres tägliches Maximum des wärmsten Monats, i = absolutes Maximum, höchste gemessene Temperatur, k = Kurve der mittleren Monatstemperaturen, l = Kurve der mittleren monatlichen Niederschläge, m = relativ aride Dürrezeit (grob punktiert), n = relativ humide Jahreszeit (vertikal schraffiert), o = mittlere monatliche Niederschläge > 100 mm (schwarz, Maßstab auf ¹⁄₁₀ reduziert), q = kalte Jahreszeit: Monate mit mittlerem Tagesminimum unter 0° (schwarz), r = Monate mit absolutem Minimum unter 0°C, Spät- oder Frühfröste kommen vor (schräg schraffiert). (Nach WALTER.)

Algen, Wurzelausscheidungen, vor Erosion schützende Pflanzendecke etc.). Nicht minder wichtig für die Bodenbildung ist aber der organische Bestandesabfall der Biosphäre und sein Abbau durch das Edaphon. Hier agieren die verschiedensten Tiergruppen als Saprovore und zahlreiche, teilweise symbiotische Bakterien und Pilze als Mineralisierer von Laubstreu, Holz, Tierleichen etc. (S. 372 ff., 564 f., 686 ff., 938 f., Abb. 1026). In guten Waldböden beträgt die Tiermasse (besonders Regenwürmer) 20–80 g/m² und die Bakterienmasse bis zu 0,3 % des Bodengewichts. Die Tätigkeit dieser Bodenorganismen ist sehr von den jeweiligen Lebensbedingungen abhängig. In gleichmäßig warm-feuchten Klimaten wird der Bestandesabfall sehr rasch und vollständig abgebaut und mineralisiert (z. B. in tropischen Regenwäldern). Bei Kälte, Nährstoffarmut und Bodenversauerung oder bei Wasserstau und mangelhafter Luftzufuhr ist dieser Abbau aber sehr unvollständig, es bilden sich Rohhumus oder Torf (z. B. in borealmontanen Wäldern bzw. Mooren), und die in guten Böden der Masse und Artenzahl nach reich vertretenen bakteriellen Mineralisierer werden stark zurückgedrängt (Abb. 1038). Unter solchen ungünstigen Bedingungen verschwinden auch die meisten übrigen Bodenlebewesen, wie die Luftstickstoffbinder (S. 347 ff.), viele Algen als Primärproduzenten (S. 629) etc. Gleichzeitig sinkt auch die Bodenatmung als Ausdruck der Intensität des Bodenlebens.

Die chemisch-physikalischen Eigenschaften der Böden wirken als edaphische Faktoren

in sehr mannigfaltiger Weise auf alle Bodenbesiedler, insbesondere auf Rhizophyten. Maßgeblich für diese Einflüsse sind vor allem Schichtung, Gefüge und Bestandteile der Böden, die mit ihrer Entstehung unmittelbar verknüpft sind (Abb. 1027).

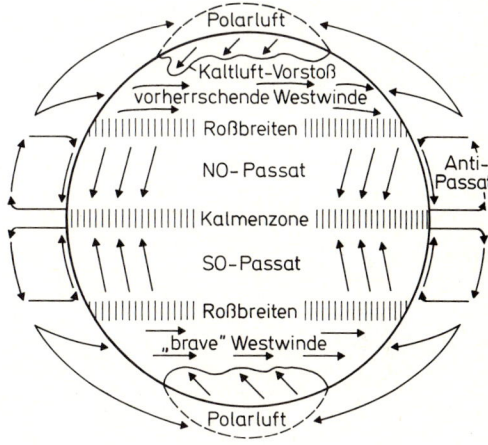

Abb. 1025: Schema der Luftströmungen auf der Erde (im Grund- und Aufriß) zur Zeit der Tag- und Nachtgleiche. Weitere Erklärungen im Text. (Nach GEBAUER aus WALTER.)

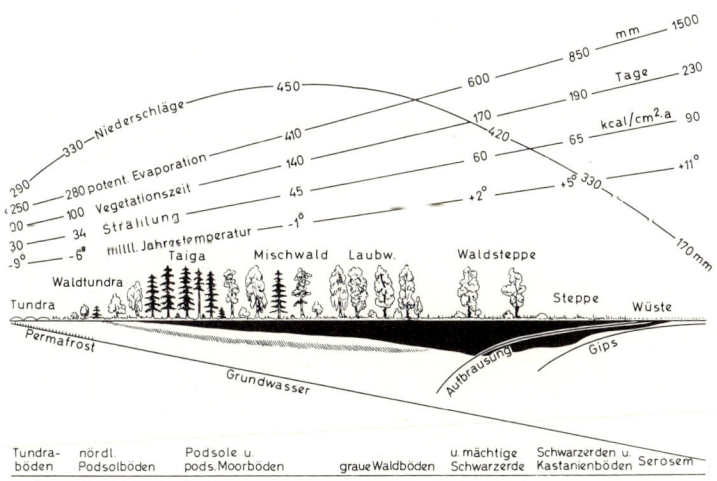

Abb. 1024: Schematisches Profil durch Osteuropa vom Barents-Meer im Norden bis zum Kaspi-See im Süden. Klima: mittlere Jahresniederschläge und mittlere Jahrestemperaturen, potentielle Evaporation, Strahlungsintensität und Vegetationszeit; Grenze zwischen humidem Klima (im N) und aridem Klima (im S) an der Überschneidung von Niederschlags- und Evaporationskurve. Formationen der Vegetation: Tundren, boreale Nadelwälder (Waldtundren und Taiga), sommergrüne Laubmischwälder, Waldsteppen, Steppen und (Halb-)Wüsten. Böden: Dauer-(Perma-)frost, Grundwasserstand, Kalkgehalt (Aufbrausen mit HCl), Gipsgehalt, Humushorizont (schwarz), Einschwemmungs-(B-)horizont (schraffiert). (Nach SHENNIKOW aus WALTER.)

Die Schichtung eines Bodens wird durch sein Profil veranschaulicht (Abb. 1027). Obenauf liegt die unzersetzte Streu (Bestandesabfall, A_{00}- oder L-Horizont). Dann folgt meist eine Rohhumusschicht A_0, in der man aufgrund des fortschreitenden Abbaus der organischen Reste noch zwischen einer Vermoderungsschicht F (Gewebestrukturen noch erkennbar) und einer Humusstoffschicht H (ohne Gewebereste) unterscheiden kann. Darunter macht sich die Vermischung von Humusstoffen und mineralischen Bodenbestandteilen durch die Bodentiere (z.B. Regenwürmer) bemerkbar: A_1-Horizont. Eine mehr/minder ausgebleichte und humusarme bzw. -freie Auswaschungszone A_2 leitet dann vielfach über zum Einschwemmungs- (Illuvialhorizont) B, in dem sich etwa Eisen-Humuskolloide oder Nährstoffe anreichern. C kennzeichnet schließlich das Ausgangsmaterial (Muttergestein) des darüberliegenden Bodens. Diese Schichtung ist in jungen Rohböden noch kaum angedeutet. Vielfach sind nicht alle Schichten ausgebildet; A_2- bzw. B-Horizonte können z.B. nur in niederschlagreichen Gebieten entstehen. Bei Wasserstau von unten her bildet sich ein Gleyhorizont, beim Durchsickern von oben ein Pseudogley.

Für das Bodengefüge ist das Verhältnis von Porenvolumen (mit Bodenluft bzw. Bodenwasser) und festen Bestandteilen, die Korn-(Teilchen-)größe (Grobsand $> 0,2$ mm $\varnothing$, Feinsand $0,2$–$0,02$ mm $\varnothing$, Schluff-Silt $0,02$–$0,002$ mm $\varnothing$, Ton $< 0,002$ mm $\varnothing$) und die Aggregation der Teilchen zu Bodenkrümeln von Bedeutung. In leichten Böden (Sandböden) überwiegen die größeren Teilchen; sie haben ein hohes Porenvolumen und daher gute Durchlüftung, aber schlechte Wasserkapazität (S. 318 f.). Kleinere Teilchen dominieren dagegen in schweren Böden (Lehm- bis Tonböden); hier nehmen Porenvolumen und Durchlüftung ab, die Wasserkapazität aber zu. Weiter ist eine gute Krümelstruktur Voraussetzung für einen günstigen Wasser- und Lufthaushalt der Böden (S. 318 f., 320, 335).

Die wichtigsten Bestandteile des Bodens sind die kolloidalen und mit einer Wasserhülle versehenen Tonmineralien und Huminstoffe. Im Ca^{++}-reichen Milieu bilden sie die sog. Ton-Humus-Komplexe, die Grundlage der Bodenkrümel. Tonminerale, Huminstoffe und ihre Komplexe binden an ihren Grenzschichten (Schwarm-)Ionen reversibel an sich und fungieren als Austauscher zwischen Mineralstoffvorrat im Gestein, Bodenlösung, Wurzelhaaren und Mikroorganismen. Dadurch wird die Ionenkonzentration der Bodenlösung stabilisiert und das Auswaschen der Ionen verhindert (S. 335).

Unter verschiedenen Klimaten entstehen verschiedene Bodentypen (vgl. z.B. Abb. 1024, S. 975 ff.). Vielfach läßt sich dabei eine auffällige Parallelität zwischen der Boden- und Vegetationsentwicklung feststellen. Als Ergebnis progressiver Sukzessionen finden sich daher vielfach Klimaxgesellschaften (S. 947) auf bestimmten Klimaxböden. So tendieren Böden unter kühl-humiden Klimabedingungen zur Rohhumusanreicherung, Versauerung, Nährstoffauswaschung und Podsolierung (Abb. 1027, S. 976).

2. Sonnenstrahlung und Licht

Alles Leben auf der Erde ist abhängig vom Energiestrom der Sonnenstrahlung (vgl. S. 228 ff.; Menge und Verteilung: Abb. 256). Etwa die Hälfte der an der oberen Atmosphäre auftreffenden Strahlung wird an der Erdoberfläche absorbiert und kommt zum größten Teil dem Wärmehaushalt zugute (S. 967 ff.). Aus sichtbarem Licht bestehen ca. 45% der Energie der Sonnenstrahlung; nur ca. 0,025% werden durch Photosynthese gebunden. Das genügt aber für einen geschätzten jährlichen Energiege-

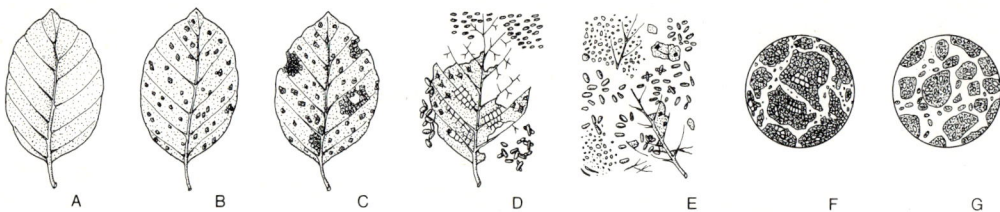

Abb. 1026: Abbau der Laubstreu und Bildung von mildem Humus (Mull) im reichen Braunerdebuchenwald. A Laubfall; B Fensterfraß (Springschwänze u.a.) und Eröffnung der Epidermis (Beginn der Bakterien- und Pilzbesiedlung); C Übergang zum Lochfraß; D Loch- und Skelettfraß (Asseln, Tausendfüßler u.a.), Tierlosung; E Höhepunkt der mikrobiellen Verwesung (Bakterien, Pilze), weiterer Fraß durch saprophage Tiere (Moosmilben u.a.); F Aufnahme der verwesenden Masse, Mischung mit Mineralien und Bildung von Ton-Humuskomplexen durch Detritusfresser (Regenwürmer u.a.); G Zustand nach wiederholter Darmpassage (dabei geförderter bakterieller Abbau!) und Krümelbildung: Mull. (A–E etwa $^1/_3$, F–G etwa $\times 150$; nach ZACHARIAE aus SCHALLER.)

winn der Landpflanzen von etwa $2,5 \cdot 10^{17}$ kcal (S. 229) bzw. eine jährliche Netto-Primärproduktion von $105-125 \cdot 10^9$ t Trockensubstanz für den Landbereich und von $46-55 \cdot 10^9$ t für den Ozeanbereich (S. 991, Tab. 46).

Mit zunehmender Lichtintensität steigt die Photosyntheseleistung der autotrophen Pflanzen vom Kompensationspunkt bis zur Lichtsättigung (S. 266); diese Kardinalpunkte liegen bei verschiedenen Pflanzensippen oft weit auseinander (Tab. 18). Abgesehen von der zentralen Bedeutung des Sonnenlichtes für die Photosynthese, muß hier noch auf die Aspekte der Photomorphogenese und Photoperiodizität (S. 404 ff.) sowie der Phototropismen und -taxien (S. 448 ff.) verwiesen werden.

Für die Schichtung bzw. Zonierung der Algen im **Plankton** und **Benthos** aller Gewässer ist die Veränderung der Intensität und Zusammensetzung des Lichtes mit zunehmender Wassertiefe entscheidend (vgl. S. 231, 268, 626 f. und Abb. 259, 262, 266, 267, 299, 671).

Phytoplankton bzw. benthische Algen können nur in der nach unten immer schwächer durchlichteten euphotischen Zone der Gewässer leben, die im reinen Süßwasser bis etwa 30 m (Abb. 1028 A), in den Weltmeeren dagegen bis 60–140 m Tiefe reicht. Mit zunehmender Wassertiefe ändert sich das Lichtwellenspektrum (S. 231). Dem entsprechen die Verteilungsschwerpunkte der Algengruppen mit unterschiedlicher Pigmentausstattung (Abb. 259, 262). Manche Algenarten können eine chromatische Adaptation (S. 236) auch modifikativ in gewissen Grenzen bewerkstelligen (Abb. 266).

Auf die kontinentale und regionale Gliederung der **terrestrischen Pflanzendecke** hat der Lichtfaktor bei weitem keinen so auffälligen Einfluß wie der Wärmefaktor (S. 196). Immerhin sind aber Unterschiede in der tages- und jahreszeitlichen Verteilung des Lichtes (vgl. Tages- und Jahreszeitenklimate: S. 962) Auslöser für die völlig verschiedene Rhythmik von Vegetationstypen etwa in den Tropen bzw. den temperaten Breiten. Weiter ändert sich auch die Intensität, Zusammensetzung und der Anteil direkter und diffuser Strahlung mit der geographischen Breite, Meereshöhe und der Bewölkung bestimmter Gebiete. Parallel dazu verschiebt sich der jeweilige Anteil von Sippen mit verschiedenen Photosynthesestrategien (S. 257–268, 453 f.) am Vegetationsaufbau.

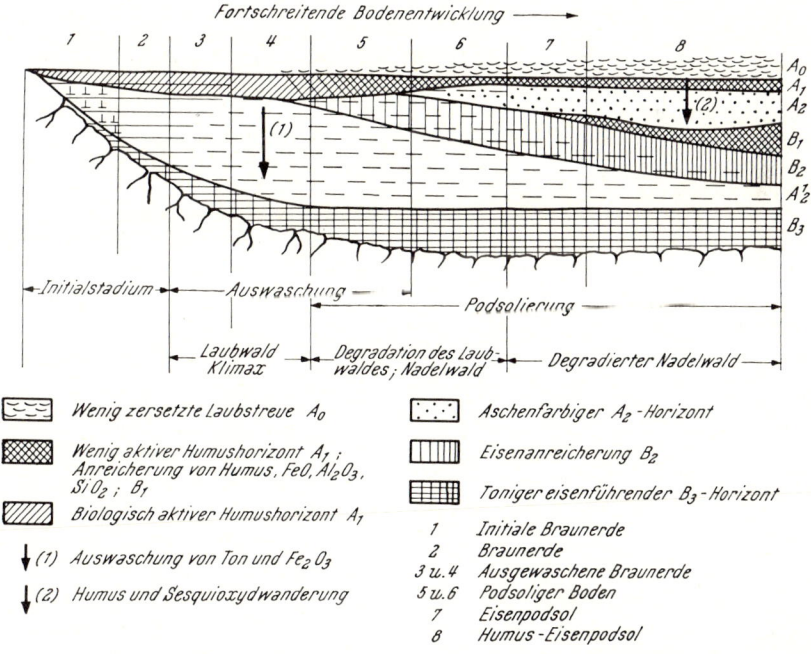

Abb. 1027: Bodenentwicklung im atlantischen Klimabereich Europas (Westfrankreich). Initialstadien (1 Ranker mit Umwandlung des silicatischen Muttergesteins zu Ton: ⊥ → ≡, 2 junge Braunerde), Klimax (3–4 Braunerden mit fortschreitender Auswaschung: ⇒) und Degradation (5–8 fortschreitende Podsolierung: verstärkte Rohhumusanreicherung in A_0, Nährstoffauswaschung in A_2 und Eisenanreicherung in B). (Nach DUCHAUFOUR aus BRAUN-BLANQUET.)

Aufgrund der Zunahme bzw. Abnahme der Tageslänge im Frühjahr bzw. Herbst steuern photoperiodische Regelmechanismen (teilweise zusammen mit Temperaturfühlern) so entscheidende Entwicklungsphasen wie Blattaustrieb, Blüte, Bildung von Überwinterungsknospen, Blattfall u. a. (S. 413 ff.) und damit die charakteristischen jahreszeitlichen Aspekte extratropischer Vegetationstypen (Abb. 1003). Derartige Phänomene sind im tropischen Regime der Tageszeitenklime (S. 961 f.) vom Tieflandsregenwald bis zur alpinen Paramostufe unbedeutend (oder sie werden in den Tropen durch eine Rhythmik von Regen- und Trockenzeiten ersetzt: S. 961 f., 1037). Jahreszeitlich abgestimmt ist auch das Photosynthesevermögen von immergrünen Nadelhölzern (z. B. *Picea*) oder Laubhölzern (z. B. *Olea*): es ist im Sommer höher als im Winter. Bei Gebirgspflanzen liegt das Temperaturminimum bzw. Temperaturoptimum der Photosynthese tiefer ($-7°$ bis $-2°$ bzw. $15°$ bis $20°$) als bei sommergrünen Laubbäumen der gemäßigten Zone ($-3°$ bis $-1°$ bzw. $15°$ bis $25°$) oder bei immergrünen Laubbäumen der Tropen ($0°$ bis $5°$ bzw. $25°$ bis $30°$); oft sind erstere besser an hohe, letztere mehr an schwächere Lichtintensitäten angepaßt. In offenen und trockenheißen (sub)tropischen Formationen (z. B. Savannen, Grasländern und Halbwüsten) sind Pflanzen mit C_4-Photosynthese bevorzugt (z. B. *Poaceae-Panicoideae* und *-Andropogonoideae*, viele *Chenopodiaceae*) wegen ihrer dort effizienteren Photosynthese (S. 262, Tab. 17, 18, Abb. 297: *Sorghum* u. Mais, Abb. 301).

Zentrale Bedeutung erlangt der Lichtfaktor für die lokale Vegetationsdifferenzierung. Verschiedene Formen des Reliefs (z. B. Hangneigung, Taleinschnitte) und der Pflanzenbedeckung (z. B. offener Pionierbewuchs, geschichtete Bewaldung) können den relativen Lichtgenuß

$$L = \frac{\text{Lichtstärke am Wuchsort}}{\text{Lichtstärke des Tageslichts}}$$

auch engräumig stark verändern (Abb. 997, 1029). Dabei muß zwischen der Gesamtstrahlung sowie der gerichteten und der diffusen Strahlung unterschieden werden.

In einem Mischwald erreichen im Sommer nur 2 % der photosynthetisch aktiven Strahlung den Waldboden (Abb. 1029), in einem unterwuchsfreien Buchenwald gar nur 0,5 %. Vor der Belaubung sind sommergrüne Laubmischwälder aber sehr licht. Die Frühjahrsgeophyten (Abb. 1003) haben dann etwa 50 % Lichtgenuß.

Dieses standörtlich sehr unterschiedliche Lichtangebot wird von einem breiten Spektrum von Licht- bis Schattenpflanzen ausgenützt, bei denen die Reaktionsnorm des Photosyntheseapparats (Kompensationspunkt bis Lichtsättigung) erblich stark verschieden ist (S. 266–268, Tab. 18, Abb. 297, 298). Aber auch ontogenetische und modifikative Anpassungen sind möglich, z. B. durch die größere Schattenresistenz von Baumkeimlingen oder die Ausbildung von Sonnen- und Schattenblättern an erwachsenen Bäumen (Abb. 431).

Lichtpflanzen gedeihen nur bei hohem Lichtgenuß, z. B. *Sedum acre* (Lichtgenuß 100–48 %) oder *Salvia pratensis* (100–30 %, bei 20 % nur noch steril), während Schattenpflanzen auf einen niedrigen Lichtgenuß eingestellt sind z. B. *Lathyrus vernus* (33–20 %) oder *Prenanthes purpurea* (10–5 %, bei 3 % nur noch steril). Die Existenzgrenze für Gefäßpflanzen (z. B. Farne) dürfte etwa bei 1–2 % Lichtgenuß liegen. Moose und Flechten erreichen Minimalwerte von 0,5 % und Luftalgen von 0,1 %. Der Zeigerwert von Licht- und Schattenpflanzen ist in gewisser Hinsicht relativ: Die gleichen Arten benötigen auf nährstoffärmeren Böden oder in kühleren Lagen für eine positive Stoffbilanz eine entsprechend höhere Lichtzufuhr.

Auch hinsichtlich des Lichtfaktors unterscheiden sich autökologische und synökologische Amplitude

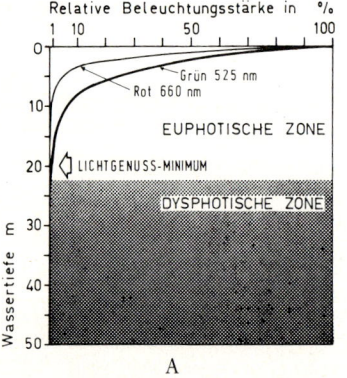

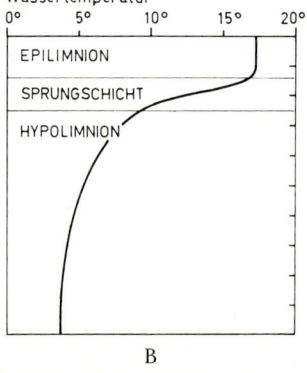

Abb. 1028: Sonneneinstrahlung (A) und Temperaturschichtung (B) während der Sommermonate in einem eutrophen See der temperaten Zone (Salzkammergut: Mondsee). Weitere Erklärungen im Text: S. 966, 968. (Nach FINDENEGG aus LARCHER.)

der Sippen (vgl. S. 919 f.): Die Herbstzeitlose *(Colchicum autumnale)* hat eine große Lichtamplitude (100 bis 12%); ihr natürlicher Standort sind lockere Laubmischwälder, aber in offenen, anthropogen bedingten Wiesen hat sie sich u. a. wegen des dort besseren Lichtgenusses stark ausgebreitet. Der Sauerklee *(Oxalis acetosella)* erreicht (nach Eingewöhnung) im Vollicht höchste Photosyntheseleistungen, ist aber austrocknungsgefährdet und konkurrenzschwach; er wird daher unter natürlichen Bedingungen in Waldstandorte abgedrängt und kann dort wegen seiner Schattenresistenz überleben (S. 984).

Die Zusammensetzung der Vegetation aus Licht- und Schattenpflanzen spiegelt die lokalen Lichtverhältnisse sehr genau wider (vgl. dazu Abb. 997). In den progressiven Sukzessionsreihen (S. 934, 946 ff.) machen Lichtholzarten den Anfang (z. B. *Populus tremula* und *Betula pendula* mit Lichtgenußminimum von 11%). Sie können sich in ihrem eigenen Schatten nicht mehr verjüngen und werden schließlich durch Schattholzarten wie *Quercus robur* oder *Fagus sylvatica* (Minimum bei 4% bzw. 1,6%) verdrängt. Die Ausbildung von Lianen und Gefäß-Epiphyten (S. 202 ff.) ist als «Flucht» aus dem Schatten der Waldbäume zu verstehen.

3. Temperatur und Wärme

Der Wärmehaushalt der Biosphäre beruht zu fast 100% auf der Sonnenstrahlung (S. 228 ff., Abb. 256). Der Temperaturfaktor beeinflußt alle Lebensvorgänge (S. 226 f.), insbesondere auch Photosynthese (S. 270–271, Abb. 301), Atmung (S. 289 f.), Biosynthesen und Transpiration (S. 320 ff., Tab. 27) – womit die Querverbindung zum Wasserhaushalt (S. 196, 312 ff.)

sichtbar wird – sowie Wachstum und Entwicklung (S. 398 ff.). Entscheidend sind dabei nicht nur der normale, meist tages- und jahreszeitlich differenzierte Wärmegenuß, sondern auch die besonders wirkungsvollen Extreme von Hitze und Kälte.

Die Temperaturbereiche aktiven pflanzlichen Lebens sind breit gestreut (vgl. S. 400 ff.). Abb. 1030 illustriert dies für eine Schneealge *(Chlamydomonas nivalis; S. 583)*, für den Schwarzen Schneeschimmel *(Herpotrichia juniperi; S. 663)*, für Mais und seinen Parasiten Maisbrand *(Zea mays* und *Ustilago zeae; S. 669)*, für ein an Warmblütlern parasitierendes Bacterium *(Salmonella parathyphi)* und für zwei thermophile Blaualgen aus Heißwasserquellen *(Mastigocladus* und *Synechococcus)*; die Temperaturoptima dieser Sippen liegen zwischen 1° und 70°, bei manchen thermophilen Archebakterien sogar bei 100°! Für Gefäßpflanzen sind vielfach höhere Tages- und tiefere Nachttemperaturen optimal: so wird tagsüber eine günstige Photosyntheserate erreicht, in der Nacht aber nicht zu viel an Reservestoffen veratmet (Abb. 421).

Extreme Lufttemperaturen treten in den Kälte- und Hitzewüsten auf (z. B. Antarktis bis −87°, Sahara bis +58°), doch können sich offene Böden auch in temperaten Breiten bis auf 70° und mehr aufheizen. Auf 42% der Festlandoberfläche muß mit strengen Frösten (unter −20°) und auf 23% mit Jahresmaxima von über 40° gerechnet werden.

Verschiedene Pflanzensippen – aber auch verschiedene Organe und Gewebe – zeigen bei übermäßiger Kälte oder Hitze unterschiedliche Latenz- bzw. Letalgrenzen, bei denen die Lebensfunktionen reversibel blockiert bzw. irreversibel zerstört werden. Dabei spielen

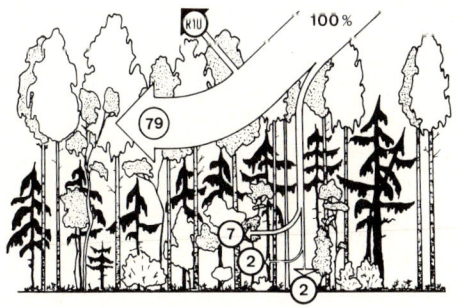

Abb. 1029: Strahlungsverhältnisse in einem temperaten Laubmischwald. Von der photosynthetisch aktiven Gesamtstrahlung (100% = 55 kLx) gehen 10% durch Reflexion (R) verloren; von den Holzpflanzen absorbiert werden 79% durch Laubbäume, 7% durch Nadelbäume und 2% durch Sträucher; nur 2% erreichen den Waldboden mit der Kraut- und Moosschicht. (Nach KAIRIUKŠTI aus LARCHER.)

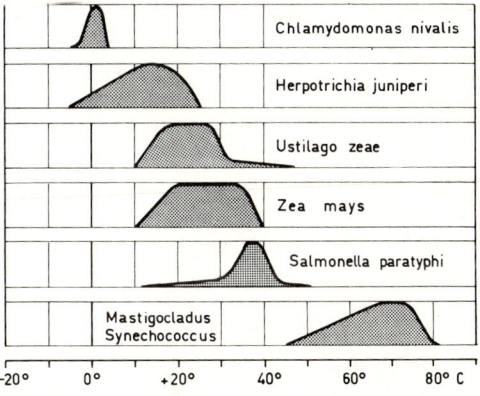

Abb. 1030: Temperaturbereiche aktiven pflanzlichen Lebens. Weitere Erklärungen S. 967. (Nach verschiedenen Autoren aus LARCHER.)

auch jahreszeitlich unterschiedliche Resistenz-
werte, der Grad der Wassersättigung und vorherige Abhärtung (bzw. Verweichlichung) eine
Rolle. Die Letalgrenzen liegen bei Blättern von
Tropenpflanzen zwischen $-2°/+5°$ und $45°/$
$55°$, bei Gewächsen der temperaten Zone zwischen $-20°/-10°$ und $40°/52°$ und bei arktisch-
alpinen Pionieren zwischen $-70°/-20°$ und
$44°/54°$. Über die Ursachen für den Hitze- und
Kältetod pflanzlicher Zellen vgl. S. 400.

Im Frühjahr können beim arktisch-alpinen Steinbrech *Saxifraga oppositifolia* Achsen bis $-25°$ und
Blüten bis $-8°$, beim Apfelbaum Blätter noch bis $-5°$,
empfindliche Blütenteile aber nur bis $-3°$ abgekühlt
werden, ohne Schaden zu nehmen. Die mehrjährigen
Fichtennadeln ertragen im Sommer nur $-7°$, im
Winter aber $-38°$ (verwöhnt und wassergesättigt
allerdings nur $-17°$). Die Knospen sommergrüner
Laubblätter überleben im Winter $-25°$ bis $-40°$ und
weniger. Die Hitzeresistenz von *Sedum*-Arten erreicht
im Sommer $57°$, während sie sonst bei etwa $52°$ liegt.

Pflanzen vermeiden Temperaturschäden,
indem sie Blätter und Blüten nur in den günstigen
Jahreszeiten entwickeln, im übrigen aber mit
widerstandsfähigen Knospen bzw. Samen überdauern (vgl. dazu die Wuchs- und Lebensformen, S. 189ff., 200–202, Abb. 226–233). Vielfach
übernehmen auch abgestorbene Pflanzenteile
(z.B. bei Polster- und Horstpflanzen) oder Bor-
kenschichten (z.B. bei *Sequoiadendron* oder
bei feuerresistenten Savannenbäumen) Schutz-
und Hüllfunktionen (vgl. S. 196ff., 398ff. und
Abb. 421).

Die Wärmezufuhr der Biosphäre ist räumlich stark differenziert. Je steiler die Sonnenstrahlung auftrifft, umso mehr erwärmt sich
die Erdoberfläche. Die maximale Energiezufuhr
erfolgt daher am Äquator, die geringste an den
Polen. Die großräumig gürtelartige Anordnung
der Isothermen (Linien gleicher mittlerer Temperaturen) ist wegen der ungleichmäßigen Verteilung von Land- und Wasserflächen und der
stärkeren Erwärmung der Kontinente allerdings etwas nach N verschoben: Die heißesten
Gebiete der Erde liegen in der Sahara. Im lokalen
Bereich hat die Hangneigung ähnliche Bedeutung: Auf der Nordhemisphäre erhalten steile
Nordhänge nur $1/2$ bis $1/3$ der jährlichen Energiezufuhr wie horizontale Flächen. Südhänge
sind hier insgesamt gegenüber horizontalen
Flächen kaum bevorzugt, werden aber bei tie-
ferem Sonnenstand im Frühjahr und Herbst bis
zu $1/3$ besser erwärmt.

Darüber hinaus ist die Energie- und Wärmezufuhr

abhängig vom Ausmaß der Absorption durch Wol-
kendecke und Atmosphäre, von der Aufnahme und
Leitung im Boden (dunkler Granit absorbiert etwa
30 mal so stark wie helle Laubstreu), vom Entzug der
Verdunstungswärme (feuchte Böden sind daher
kühler als trockene) und von der Rückstrahlung
(besonders stark in klaren Nächten und von exponierten Geländeformen, z.B. Bergspitzen).

Im **Meer** prägt der Temperaturabfall vom
tropischen zum kalten Bereich die großräumige
Verteilung benthischer und planktontischer
Algen (S.628). Hier – ebenso wie im **Süßwasser** – werden im Frühjahr und im Sommer bevorzugt die oberen Wasserschichten erwärmt.
Infolge seiner geringen Dichte bleibt dieses
warme Wasser im Sommer als Epilimnion an
der Oberfläche, während das kalte und dichtere als Hypolimnion darunter liegt (Abb.
1028 B). Die Abkühlung im Herbst und Winter
ermöglicht zusammen mit der Windwirkung
eine Durchmischung, was für die O_2- und Nährstoffversorgung aller Gewässer von entscheidender Bedeutung ist (S. 974 f.).

Auf dem **Festland** bedingt die großräumige
Verteilung der mittleren Jahrestemperaturen
bzw. der Extremtemperaturen die grundsätzlich gürtelförmige, nach der Ozeanität bzw.
Kontinentalität und den Niederschlagssummen
(S. 961 ff.) weiter differenzierte Anordnung der
Florenzonen (Abb. 983) und Formationstypen
(Karte bei S. 1040). Entsprechende Beispiele für
die temperaturgeprägte Arealgestaltung einzelner Sippen finden wir z.B. bei *Ginkgo* (Abb.
987), *Pinus*, *Magnoliaceae* (Abb. 1064), *Quercus*, *Fagus* (Abb. 975), *Ilex* (Abb. 989), Palmen
Abb. 1088) und *Stipa* (Abb. 1083).

In den Gebirgen sinken die mittleren Temperaturen mit zunehmender Meereshöhe um
etwa 0,55° je 100 m (Ursachen dafür sind besonders die geringere Erwärmung der Luft
durch die Bodenoberfläche, die geringere Luft-
dichte, und die vermehrte Wärmeausstrahlung).
Dadurch kommt es zur Ausbildung der charakteristischen Höhen- und Vegetationsstufen, besonders auch der Waldgrenze (Abb.
1018, 1075, 1077).

Die Abfolge einiger wichtiger Holzarten in Zentraleuropa, vom submediterranen Bereich (mit *Castanea sativa*, *Fraxinus ornus*, *Sorbus torminalis*, *Quercus cerris*, *Qu. pubescens* u.a.) über die mitteleuropäische Hügelstufe (mit *Quercus petraea*, *Tilia
platyphyllos*, *Acer platanoides*, *Carpinus betulus*
u.a.), die untere Bergstufe (mit *Fagus sylvatica*, *Abies
alba*, *Sorbus aria* u.a.) und die obere Bergstufe (mit
Picea abies, *Acer pseudoplatanus*, *Sorbus aucuparia*

u.a.) bis zur subalpinen Waldgrenze (mit *Larix decidua, Pinus cembra, P. mugo* u.a.) (vgl. S. 1028ff.), entspricht etwa auch ihrer abnehmenden Empfindlichkeit gegen scharfe Winterfröste. In Beckenlagen und Dolinen, wo sich die schwerere Kaltluft sammelt, kann man vielfach eine Umkehr der Vegetationsstufen feststellen. Vom kühleren Norden zum wärmeren Süden (und teilweise auch vom ozeanischen Westen zum kontinentalen Osten) verlagern sich entsprechende Vegetationsstufen bzw. die Höhenbereiche bestimmter Arten nach oben (vgl. dazu etwa die Buchen-Eichenstufe in Abb. 1077).

Die Waldgrenze (einigermaßen geschlossene Bestände) bzw. Baumgrenze (Einzelindividuen) reicht in den Tropen bis über 4200 m, liegt in meridional-kontinentalen Gebirgen (z.B. in den südlichen Rocky Mountains) noch über 3500 m, sinkt in der temperaten Zone ab (z.B. in den Alpen: Zentralbereich bis etwa 2200 (2400) m, in den Randalpen bis etwa 1900 m) und erreicht bei etwa 60° südlicher bzw. etwa 70° nördlicher Breite das Meeresniveau (Abb. 1075).

Die ökophysiologischen Ursachen der alpinen [bzw. (ant)arktischen] Waldgrenzen sind offenkundig komplex. Neben der zunehmenden Gefährdung durch winterliche Stürme und Frosttrocknis (S. 196) ist vor allem die temperaturbedingte Verkürzung der Vegetations- bzw. Produktionsdauer (in den Zentralalpen bei 1000 m noch 8–9 Monate, bei 2000 m nur noch 4–6 Monate) entscheidend. Dadurch reifen etwa bei den Nadelhölzern (z.B. *Picea abies, Pinus mugo*) die neuen Jahrestriebe nicht mehr aus, die mangelhaft ausgebildete Cuticula vermag die Nadeln gegenüber winterlicher Austrocknung nicht mehr zu schützen und die Sprosse sterben ab. Die höchststeigenden Gehölze vermögen daher zuletzt nur noch unter winterlichem Schneeschutz zu überdauern.

Auch im lokalen Bereich wird die Vegetation stark vom unterschiedlichen Kleinklima, besonders der Temperaturverteilung, geprägt. Abb. 1031 illustriert das an Tagesgängen in verschiedenen Buchenwäldern an SO- und N-Hängen bzw. an der Talsohle im Harz: Die Mittelwerte liegen bis zu 2°C bzw. 17% relative Feuchte auseinander. Dem entspricht eine Differenzierung des Artenbestandes und der ökologischen Zeigergruppen in eine Perlgras-, eine Farn- und eine Springkraut-Buchenwaldgesellschaft. Noch stärker sind diese Verschiedenheiten des Kleinklimas natürlich beim Vergleich der Waldbestände mit offenen Heiden und Wiesen. Ganz allgemein erweist sich dabei das Waldklima als ausgeglichener, während Maximal- und Minimalwerte an exponierten Standorten insbesondere im Gebirge vielfach weit auseinander liegen. Zum Beispiel wurde an den Felswänden in der Sächsischen Schweiz für die

Polster des Laubmooses *Pohlia nutans* in Südlage ein Jahresmittel von 23,3°, für die des Lebermooses *Mylia taylori* in Nordlage (in nur 50 m Entfernung!) aber von 6,2° gefunden. Die Jahresschwankung der Extreme betrug 66,5° bzw. 23,0°. Im Großklima entspricht dies etwa einem Unterschied von 40 Breitengraden!

Der auffällige Unterschied zwischen dem Unkrautbestand von Getreidefeldern (z.B. mit *Consolida regalis, Ranunculus arvensis, Sinapis arvensis, Centaurea cyanus*) und Hackfruchtäckern (z.B. mit *Polygonum lapathifolium, Chenopodium album, Urtica urens, Mercurialis annua*) geht nicht so sehr auf die Deckfrucht zurück, sondern hängt von der Bodenbearbeitung und den optimalen Keimungstemperaturen der Unkräuter ab. Erfolgt die letzte intensive Bearbeitung im Spätherbst oder Frühling, so entwickeln sich die Getreideunkräuter mit Keimungsoptimum bei 2–7° bzw. einem Tag–Nachtwechsel von 15°/5°. Wird dagegen erst im Mai oder Juni (Juli) gehackt, so werden die Hackfruchtunkräuter mit Keimungsoptima bei 25°–40° bzw. 25°/10°-Wechsel begünstigt.

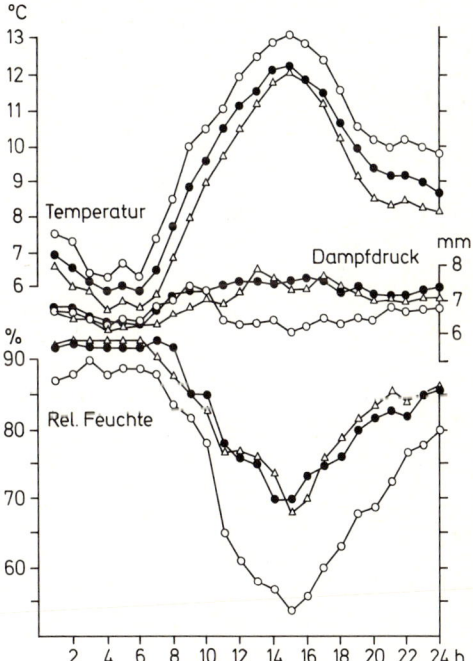

Abb. 1031: Mittlere Tagesgänge (14.–16.Sept. 1953) von Lufttemperatur, Dampfdruck und relativer Luftfeuchte (40 cm über dem Boden) in Buchenwäldern bei Wieda im Südharz: –O–O– warmer SO-Hang mit Perlgras-Buchenwald, –●–●– frische Talböden mit Springkraut-Buchenwald, –△–△– schattige N-Hänge mit Farn-Buchenwald. (Nach HARTMANN, VAN EIMERN & JAHN.)

4. Wasser

Als Grundlage aller Lebensvorgänge (vgl. etwa Aufnahme von Nährlösungen: S. 336 ff., Photosynthese: S. 271, Atmung: S. 290) ist Wasser ein unentbehrlicher Bestandteil der Biosphäre. Da Aggregatzustand des Wassers, Evaporation und Transpiration (S. 320 ff.) vor allem von Temperatur bzw. Luftzirkulation abhängig sind, ergeben sich enge Zusammenhänge mit Wärmehaushalt und Gasstoffwechsel. Der Wasserhaushalt unseres Planeten wird vor allem aus den Meeren gespeist (über 97%, etwa $1,4 \cdot 10^{18}$ t). 2% sind als Schnee und Eis gebunden. Etwas über 0,6% finden sich in Gewässern, besonders aber als Grundwasser auf den Kontinenten, doch sind davon bloß 1% für Pflanzenwurzeln erreichbar. Nur 0,001% bilden Wolken, Nebel und Wasserdampf der Atmosphäre. Das Bild eines regionalen Wasserkreislauf gibt Abb. 1032 (vgl. dazu auch S. 318 f.).

Die Pflanzendecke des Festlandes besteht überwiegend aus Gefäßpflanzen, die das aus Niederschlägen einsickernde Haftwasser im Boden durch Wurzelhaare aufnehmen und durch Transpiration der oberirdischen Sproßorgane an die Atmosphäre abgeben. Die meisten dieser Gefäßpflanzen sind homoiohydrisch («eigenfeucht») und können ihre Wasserbilanz regulieren (S. 91, 102 ff., 331 ff.). Dagegen gleichen terrestrische Thallophyten (z. B. Luftalgen, Flechten), viele Moose und einige Gefäßpflanzen ihren Wasserhaushalt weitgehend der Umwelt an; sie sind poikilohydrisch («wechselfeucht») (S. 91, 331 ff.). Im Gegensatz zu den homoiohydren spielen diese poikilohydren Pflanzen im Wasserhaushalt terrestrischer Lebensräume nur eine sehr untergeordnete Rolle

Eine direkte Wasseraufnahme durch Benetzung bzw. Quellung oberirdischer Organe ist nur bei Wasserpflanzen (S. 190, 318), bei terrestrischen Thallophyten, Bryophyten und bei einigen Gefäß-Epiphyten (z. B. *Bromeliaceae*, Abb. 134, S. 123, 205, 318) von Bedeutung. In niederschlagsarmen, aber nebelreichen Gebieten (z. B. in den Küstenwüsten von Peru und SW-Afrika) kann die Kondensation von Tropfwasser an den Thallus- oder Sproßorganen ein Vielfaches der Niederschläge erreichen und zur entscheidenden Voraussetzung für Pflanzenwuchs werden.

Wasseraufnahme durch die Wurzeln ist nur möglich, wenn hinsichtlich des Wasserpotentials zwischen dem Boden und der Pflanze ein entsprechendes Gefälle besteht (S. 318 ff., Abb. 353); eine wichtige Teilgröße ist dabei das osmotische Potential; (S. 314 ff., 320, Abb. 339). Verschiedene Pflanzensippen haben hinsichtlich ihres osmotischen Potentials sehr unterschiedliche erbliche Reaktionsnormen. Je nachdem, ob der Wasserhaushalt an einem Standort normalerweise ausgeglichen oder angespannt ist, sind dort Sippen mit niederen oder höheren Werten bevorzugt.

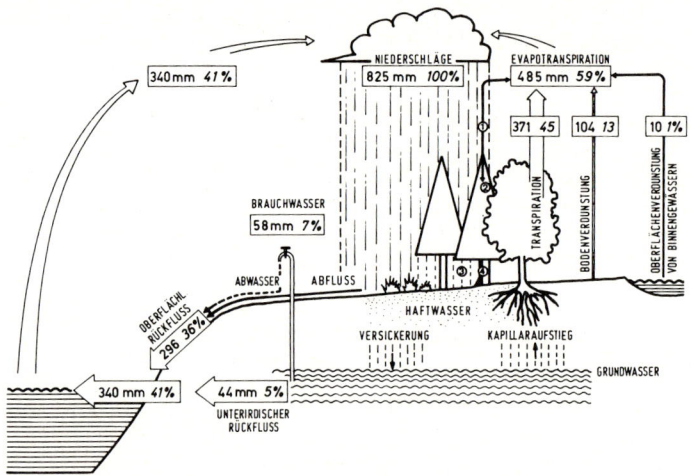

Abb. 1032: Schema des Wasserkreislaufes für die Bundesrepublik Deutschland (1931–1960). Jahreswerte in mm und prozentuellen Anteilen. Flächennutzung: 57 % Landwirtschaft, 28 % Wald, 14 % verbaut, Industrie oder Ödland. 1 = direkte Verdunstung und 2 = direkte Aufnahme von Niederschlagswasser aus den Baumkronen, 3 = Kronendurchlaß, 4 = Stammablauf. (Nach CLODIUS und KELLER aus LARCHER.)

Die Diagramme der Abb. 339 und 354 zeigen, daß sich wenig negative Werte des osmotischen Potentials besonders bei Wasser- und Sumpfpflanzen, Farnen und Kräutern feuchter Wälder, aber auch bei wasserspeichernden Succulenten und der Trockenheit ausweichenden Geophyten finden. Dagegen haben Holzpflanzen und Kräuter trockener Standorte, besonders aber Halophyten (etwa Pflanzen der Mangroven [Abb. 1042], Salzwüsten, Salzmarschen) vielfach sehr negative Werte (−30 bis ca. −200 bar: S. 315). Das osmotische Potential zeigt eine gewisse Tages- und jahreszeitliche Rhythmik und ist natürlich auch durch Veränderung der Wasserzufuhr modifizierbar. Dadurch ist gewährleistet, daß bei Trockenheit jeweils optimale Saugpotentiale erreicht werden.

Selbstverständlich sind auch Ausmaß der Transpiration (Tab. 27) und Leitungsfähigkeit des Holzkörpers (Tab. 28, 29) für den Wassertransport relevant (S. 163 ff., 325 ff.). Der Anteil des Wasserleitungssystems nimmt gegenüber Wasserpflanzen und Schattenkräutern bei Gehölzen sowie Trocken- und Wüstenpflanzen stark zu (Tab. 28). Leitfähigkeit des Systems und Geschwindigkeit des Transpirationsstromes erreichen bei rasch- und hochwüchsigen Lianen (S. 202 f.) Spitzenwerte.

Die Transpiration ist der wichtigste Motor des Wasserstromes in der Pflanze (S. 329 ff.), gleichzeitig aber auch Begleiterscheinung der CO$_2$-Aufnahme im Gasstoffwechsel (S. 322 ff.); sie bildet daher bei angespannter Wasserzufuhr

eine Gefahr für die Wasserbilanz. Dieses «Lavieren zwischen Hungern und Verdursten» hat bei verschiedenen Sippen und ökologischen Gruppen homoiohydrer Gefäßpflanzen wieder in Abhängigkeit von den jeweiligen Standortverhältnissen zu großen Unterschieden hinsichtlich Ausmaß und Steuerung der Transpiration geführt (Tab. 27, Abb. 1033).

Tab. 27 veranschaulicht die größere Wasserökonomie nach Spaltenschluß bei Nadel- gegenüber Laubhölzern sowie die intensivere Gesamttranspiration bei vielen Kräutern sonniger Standorte im Vergleich zu Holzpflanzen und Schattenkräutern, bei denen der hohe Anteil der cuticulären Transpiration auffällt (z.B. bei *Impatiens noli-tangere*). Tagesgänge von Evaporation, Transpiration und osmotischem Potential am Beginn einer Trockenperiode und nach 9 Tagen Dürre (Abb. 1033) illustrieren die verschiedenen Strategien, mit denen homoiohydre Gefäßpflanzen ihre Wasserbilanz (S. 331 ff.) regulieren können: *Prunella grandiflora* ist ein Flachwurzler, der die Transpiration kaum einschränkt und das osmotische Potential verstärkt. *Centaurea scabiosa* schafft mit ihren tiefen Wurzeln lange Bodenwasser nach und setzt die stomatäre Transpiration erst bei angespannter Wasserbilanz herab, so daß sich das osmotische Potential wenig ändert. *Aster amellus* verhält sich ähnlich, schränkt die Transpiration aber schon viel früher ein und verstärkt dabei das osmotische Potential wesentlich. Als Flachwurzler vermag *Geranium sanguineum* nur das oberste Bodenwasser

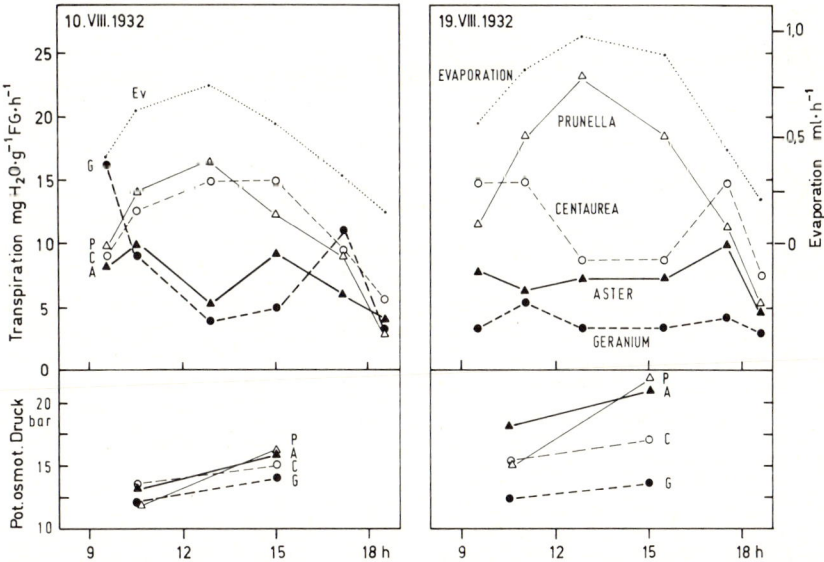

Abb. 1033: Tagesgänge von Evaporation, Transpiration und potentiellem osmotischen Druck bzw. osmotischem Potential bei verschiedenen Pflanzen an einem xerothermen Standort im Kraichgau (BRD). Weitere Erklärungen im Text, S. 971 f. (Nach MÜLLER-STOLL aus LARCHER.)

zu erfassen, schließt aber schon bei mäßiger Trockenheit seine Stomata und vermeidet so auch nach längerer Dürre eine Verstärkung seines osmotischen Potentials. *Prunella* verfolgt also eine hydrolabile, *Geranium* eine hydrostabile Strategie (S. 331 f.) der kurzfristigen Regulierung der Wasserbilanz.

Mittelfristige Regulationsmechanismen liegen vor, wenn Pflanzen in Trockenperioden kleinere und stärker xeromorphe Blätter (mit mehr Sclerenchym, Behaarung etc., vgl. S. 191–193) bilden oder die Blätter überhaupt abwerfen. Bei Einjährigen kann man durch Anzucht auf feuchtem bzw. trockenem Boden leicht Modifikationen mit gefördertem Sproß bzw. geförderter Wurzel hervorrufen (Xeromorphosen; vgl. S. 191 ff.); dabei handelt es sich um augenscheinliche Anpassung an die unterschiedliche Wasserbilanz. Allen diesen Fällen liegen Regelkreise (Abb. 318, 319) zugrunde, bei denen die Trockenheit als Störglied, die Wasserabnahme der Meristemzellen als Fühler, eine ausgeglichene Wasserbilanz als Sollwert und die Weiterentwicklung der Meristemzellen als Korrekturmechanismus auftreten.

Eine optimale Wasserökonomie (bei geringer Produktivität) haben die CAM-Pflanzen (z. B. *Crassulaceae*; S. 262 f., Tab. 17) erreicht; sie sind vielfach succulent und kommen dementsprechend gehäuft in Trockengebieten vor.

Übermäßige Wasserzufuhr (z. B. bei Überschwemmungen), besonders stauende Nässe, gefährdet vielfach die Sauerstoffzufuhr und Atmung unterirdischer Pflanzenorgane. Sumpf- und Auenpflanzen haben dementsprechende Verhaltensformen (S. 190, 332 f.) und anatomische Strukturen (z. B. Durchlüftungsgewebe, Aerenchyme – vgl. S. 113, 190 f. und Abb. 216) entwickelt.

Die mannigfachen Bedingungen des Wasserhaushaltes haben also eine Fülle verschiedener autökologisch bedeutsamer Anpassungen hervorgerufen. Dabei sind nicht nur die ökophysiologischen, sondern auch die zugeordneten anatomischen und morphologischen Erscheinungen zu berücksichtigen, die wir etwa bei der Behandlung von Hygrophyten und Xerophyten bereits kennengelernt haben (S. 190–195).

Die langfristige Wasserbilanz der Pflanzenbestände ergibt sich – wie Abb. 1032 erläutert – aus der Niederschlagssumme (N), dem Wasservorrat (ΔW) und der Evapotranspiration (V_{ET}) von Boden und Vegetation sowie dem Wasserverlust durch Abfluß und Versickern (V_{AV}):

$$\triangle W = N - V_{ET} - V_{AV}$$

Tab. 44 gibt dazu konkrete Daten für einige ausgewählte Ökosysteme.

Die Evapotranspiration (V_{ET}) ist verständlicherweise mit der Pflanzenmasse eines Ökosystems

Pflanzenbestand	Gebiet	N (mm/ Jahr)	V_{ET} (% von N)	V_{AV} (% von N)
Tropischer Regenwald	Kongo	1900	73	27
Baumsavanne	Kongo	1250	82	18
Sommergrüner Laubmischwald	Z-Europa	600	67	33
Nadelwald	Z-Europa	730	60	40
Almweide	Schweiz	1720	38	62
Steppe	Ukraine	500	95	5

Tab. 44: Wasserhaushalt verschiedener Vegetationstypen. N = mittlere Jahresniederschläge, Wasserverluste durch V_{ET} = Evapotranspiration und V_{AV} = Oberflächen- und Grundwasserabfluß in % der Jahresniederschläge. (Nach Angaben mehrerer Autoren aus Larcher.)

positiv korreliert: Je komplexer also ein Vegetationstyp, um so höher seine absoluten V_{ET}-Werte, und damit sein Wasserverbrauch. In Pflanzenbeständen mit zusätzlicher Grundwasserversorgung kann V_{ET} auch über 100 % der Niederschlagssumme erreichen, z. B. im Schilf und Röhricht (160–190 %) oder in Auwäldern. Die Wasservorräte im Boden aller Ökosysteme sind nach der Schneeschmelze bzw. Regenzeit am höchsten und nehmen über den Sommer bzw. die Trockenzeit laufend ab. Je dichter die Vegetation, umso stärker verzögert und vermindert ist der oberirdische Abfluß und die damit verknüpfte Erosion.

Die Quantität und Form der Niederschläge (z. B. als Schnee, Regen oder Nebel) und die oberflächliche Verteilung des Wassers sind nicht nur groß- und kleinräumig, sondern auch jahreszeitlich auf der Erde stark differenziert und wirken sich ganz entscheidend auf die Vegetation aus. Die Ursachen für die großräumig sehr verschiedene Niederschlagsverteilung haben wir im Luftstromsystem der Erde kennengelernt. Regional bedeutsam ist, daß die den West- bzw. Passatwinden zugewandten Gebirgsflanken durch Steigungsregen vermehrte Niederschläge erhalten, während die abgewandten Leeseiten im Regenschatten liegen und trocken bleiben. Relief und Bodenqualität bedingen schließlich kleinräumige Unterschiede hinsichtlich Abfluß, Stau oder Ansammlung des Wassers.

Die großräumige Entwicklung und Verbreitung der verschiedenen (Klimax-)Formationen ist deshalb so sehr von den jeweils verfügbaren Niederschlagssummen abhängig, weil diese Formationen je nach ihrer Pflanzenmasse einen sehr unterschiedlichen Wasserverbrauch aufweisen (Tab. 44 u. 46, Abb. 1017, Karte S. 1040).

Für die Tropen illustriert Abb. 1085 die feuchtigkeitsbedingte Abfolge von Regenwäldern über Savannen zu Hitzewüsten. In Abb. 1024 ist derselbe Zusammenhang für die Nordhemisphäre anhand eines NW/SO-Transekts aus Osteuropa dargestellt, wo jährliche Niederschlagssummen von 420 mm der Waldsteppe, von 330 mm der Steppe und von 170 mm der Trockenwüste zugeordnet werden können. Dabei ist auch der parallele Anstieg der potentiellen Evaporation und das parallele Absinken des Grundwasserspiegels zu beachten. Das Diagramm Abb. 1048 A macht augenscheinlich, daß mittlerer jährlicher Niederschlag und jährliche Primärproduktion in Trockengebieten eng miteinander korreliert sind.

Der Wasserfaktor beeinflußt auch das Konkurrenzverhalten zwischen sommergrünen und immergrünen Holzpflanzen, z.B. von *Quercus pubescens* und *Qu. ilex*, die als Leitarten der submediterranen sommergrünen Laubwälder bzw. der immergrünen mediterranen Hartlaubgehölze gelten können (Abb. 1034). Bei guter Wasserversorgung ist *Qu. pubescens* trotz ihrer nur etwa 6 Monate aktiven Blätter hinsichtlich CO_2-Aufnahme und Stoffproduktion pro Trockengewicht der immergrünen *Qu. ilex* überlegen. Überall dort, wo sich aber die charakteristische mediterrane Sommertrockenheit auswirkt (S. 1034 f.), ist *Qu. ilex* mit ihrer gegen Wassersättigungsdefizite weniger empfindlichen und auch im Winter weiterlaufenden Photosynthese und Stoffproduktion gegenüber *Qu. pubescens* im Vorteil.

Die Bedeutung des Wasserfaktors für die lokale Vegetationsgliederung läßt sich anhand der Dürre- bzw. Überflutungsresistenz mitteleuropäischer Gehölze und Waldtypen verdeutlichen.

Ihre Dürreresistenz nimmt etwa in folgender autökologischer Reihe ab: *Pinus sylvestris* (auf Fels und Schotter) > *Quercus pubescens* > *Qu. petraea*

> *Qu. robur* > *Carpinus betulus* > *Fraxinus excelsior* > *Abies alba* > *Fagus sylvatica* > *Alnus glutinosa*. Dem kann eine Reihung nach abnehmender Überflutungsresistenz gegenübergestellt werden: *Pinus sylvestris* (in Hochmooren) > *Alnus glutinosa* > *Fraxinus excelsior* > *Quercus robur* > *Carpinus betulus* > *Abies alba* > *Qu. petraea* > *Qu. pubescens* > *Fagus sylvatica*. Wenn man dazu noch die Schattenresistenz (S. 966 f.) und die Nährstoffansprüche (S. 977 f.) berücksichtigt, wird die Komplexität der synökologischen Beziehungen (Abb. 976, 1016) verständlich.

Eine noch feinere ökologische Differenzierung mitteleuropäischer Wälder nach der Boden- und Luftfeuchtigkeit läßt sich erreichen, wenn man auch den synökologischen Zeigerwert der Waldbodenpflanzen berücksichtigt.

So kennzeichnen etwa *Buglossoides purpurocaerulea*, *Anemone nemorosa*, *Impatiens noli-tangere* und *Ranunculus repens* jeweils trockene, frische, feuchte bzw. nasse Waldböden. In relativ trockenen Buchenwäldern geht die Wasserentnahme durch die Bäume oft so weit, daß überhaupt kein krautiger Unterwuchs mehr aufkommt; wird der Baumbestand geschlagen, so tritt an der gleichen Stelle so viel Feuchtigkeit an die Oberfläche, daß sich Nässezeiger einstellen können (z.B. *Juncus effusus*, *Cirsium palustre*).

Die sommerlichen Werte für Bodenwassergehalt (in %, BW) und Evaporation (Tagessummen g/cm², E) differenzieren im SW-Jura die zunehmend flachgründigen und heißen Vegetationstypen des Halbtrockenrasens (Mesobrometum; BW: 14,9 E: 4,6), Trockenrasens (Xerobrometum; BW: 13,2 E: 6,5) und der Felssteppe (Anthylli-Teucrietum; BW: 9,3 E: 8,3). Dagegen bedingen unterschiedliche mittlere Grundwasserstände (in cm Bodentiefe, GW) die Reihe Glatthaferwiesen (Arrhenatheretum, GW ca. 100) – Pfeifengraswiesen (Molinietum, GW ca. 50) – Großseggenrieder (Caricetum gracilis, GW ca. 10)

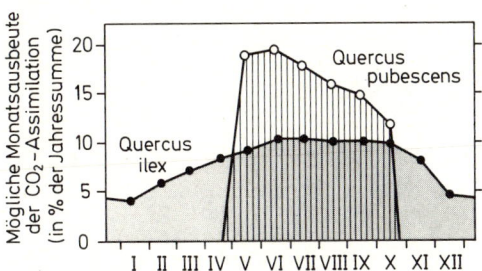

Abb. 1034: Verteilung der Stoffproduktion auf die einzelnen Monate bei der immergrünen *Quercus ilex* und der sommergrünen *Qu. pubescens;* Versuchsergebnisse bei gleichbleibend guter Wasserversorgung. Vgl. S. 1034 f. (Nach LARCHER.)

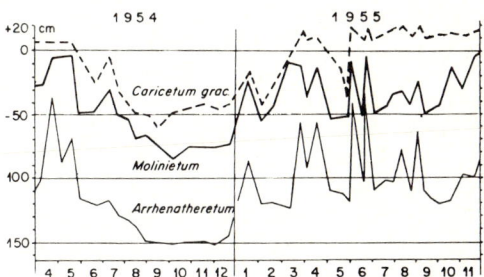

Abb. 1035: Grundwasserschwankungen in verschiedenen Wiesen und Riedern S-Polens in einem trockenen (1954) und einem feuchten Jahr (1955). Weitere Erklärungen S. 973 f., 1027 f. (Nach ZARZYCKI aus ELLENBERG.)

mit zunehmender Feuchtigkeit und schlechterer Durchlüfung (in S-Polen und sonst in Mitteleuropa: Abb. 1035). Weitere Beispiele für engräumig nach Feuchtigkeit differenzierte Vegetationskomplexe sind etwa Schlenken und Bülten der Hochmoore (mit streng zugeordneten ökologischen Reihen von *Sphagnum*-Arten; S. 1025) oder die von der Länge der Schneebedeckung bestimmten Schneetälchen und Windecken der Gebirge (Abb. 1081). Spezielle Anpassungen an Standorte mit angespanntem Wasserhaushalt finden sich bei Parasiten (vgl. S. 373 f.).

5. Chemische Faktoren

Aus den unbelebten Anteilen der Atmosphäre, Hydrosphäre und Lithosphäre, aber auch aus der von den Lebewesen mitgestalteten Pedo- und Biosphäre (Abb. 974) wirken chemische Faktoren auf jeden Organismus ein, werden chemische Verbindungen s e l e k t i v in den Stoffwechsel einbezogen (Abb. 1036). Das gilt für aquatische ebenso wie für terrestrische Pflanzen, die als Autotrophe aus der Luft vor allem CO_2 sowie O_2 (teilweise aber auch N_2: S. 346 ff.) und mit dem Bodenwasser meist alle anderen Stoffe aufnehmen (S. 336 ff.). Sie sind damit in weltweite Stoffkreisläufe (Kohlenstoff und Sauerstoff: Abb. 1037, Stickstoff: Abb. 373, Tab. 34; Schwefel: Abb. 375) und Ökosysteme eingespannt, in die der Mensch heute sehr massiv eingreift.

Der chemische Grundbedarf ist bei allen autotrophen Pflanzen (von den Algen bis zu den Rhizophyten) recht ähnlich (S. 333 f.). Im Hinblick auf quantitative Aspekte (Unter- bzw. Überangebot bestimmter Verbindungen) sowie biogene Substanzen (z.B. Humusstoffe) und chemophysikalische Begleiterscheinungen (z.B. Bodenstruktur, pH) finden sich bei verschiedenen Sippen aber beträchtliche Unterschiede der ökophysiologischen Konstitution. Daraus ergeben sich in der Pflanzenwelt der Gewässer und des Landes besonders regionale und lokale Differenzierungen.

In den **Gewässern** ist die Menge, Zusammensetzung und jahreszeitliche Rhythmik der benthischen und planktischen Pflanzenwelt entscheidend vom Nährstoffgehalt – besonders Stickstoff und Phosphor – abhängig (S. 626 ff.).

Als Beispiele für nährstoffreiche e u t r o p h e Gewässer mit h o h e r Produktivität (S. 628 f.) können genannt werden: im marinen Bereich die «grünen Ozeane» (besonders vor den Westküsten der Kontinente, z.B. Peru, W-Afrika, wo der Wind das nährstoffarme Oberflächenwasser abdrängt und nähr-

stoffreiches Tiefenwasser nachströmt, oder in den (ant)arktischen Meeren mit starker temperaturbedingter und jahreszeitlicher Wasserbewegung), Korallenriffe, küstennahe Mangroven, Watten und Flußmündungen (Schwemmvorland) mit guter Nährstoffzufuhr vom Festland; im Süßwasserbereich wechselwarme Seen tieferer Lagen mit Wasserdurchmischung im Frühjahr und Herbst oder schwebstoffreiche Flüsse. Dem kann man nährstoffarme meso- bis oligotrophe Gewässer mit mittlerer bis geringer Produktivität gegenüberstellen, z.B. die «blauen Ozeane» ohne aufquellendes Tiefenwasser (z.B. im Mittelmeer oder im zentralen südlichen Atlantik), Sandküsten, kalte Gebirgsseen, dystrophe Moorgewässer (mit hohem Humusstoffgehalt und pH 3,5–5), kalte Gebirgsbäche.

In wechselwarmen Gewässern (z.B. temperate Meere und Seen) erreicht das Phytoplankton nach der Frühjahrszirkulation (S. 968) aufgrund der guten Nährstoffzufuhr (sowie der günstigen Licht-bzw. Temperaturverhältnisse) Spitzenwerte, sinkt

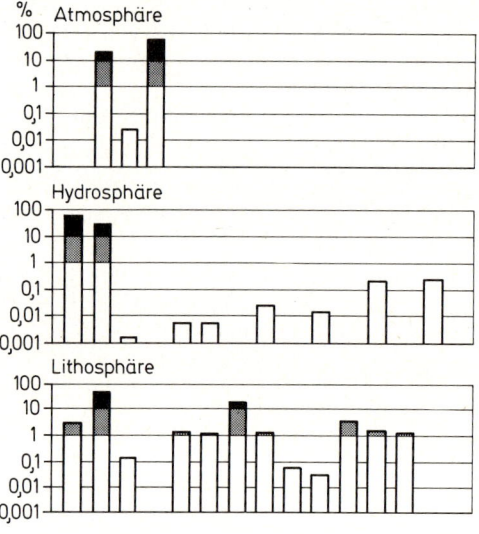

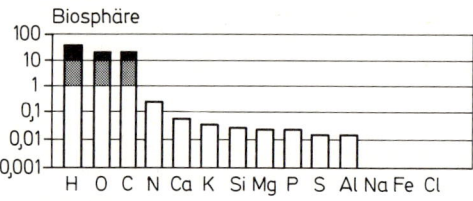

Abb. 1036: Mengenanteile chemischer Elemente (Anzahl der Atome) in der Atmosphäre (exkl. Wolken, Wasserdampf etc.), Hydrosphäre, Lithosphäre und Biosphäre; grau = > 1 %, schwarz = > 10 %. Die selektive Stoffaufnahme der Organismen spiegelt sich in den eigenständigen Werten der Biosphäre. (Nach DEEVEY.)

dann im Sommer wegen des Nährstoffverbrauchs ab und steigt dann vor dem winterlichen Tiefstand mit der herbstlichen Wasserbewegung nochmals etwas an. Als Ergebnis der CO_2-Aufnahme bilden autotrophe Wasserpflanzen häufig Kalkablagerungen (z.B. Kalktuff, Seekreide: Abb. 974), wobei an Stelle des gut löslichen Calciumbicarbonats das kaum lösliche Calciumcarbonat tritt:

$$Ca(HCO_3)_2 = CaCO_3 + H_2O + CO_2$$

In Wasserkörpern mit starkem Organismenbesatz und unzureichender Durchmischung entstehen infolge der Tätigkeit von heterotrophen Zersetzern vielfach sauerstoffarme bis sauerstofffreie Tiefenschichten bzw. Faulschlammablagerungen, in denen nur wenige anaerobe Spezialisten (besonders Bakterien) existieren können.

Der atmosphärische **Luftraum** bildet die Grundlage für den Gasstoffwechsel der terrestrischen Pflanzen. Dabei ist die Zusammensetzung der (trockenen) Luft an der Erdoberfläche relativ sehr einheitlich (in Volumanteilen 78,1% N_2, 20,9% O_2, 0,93% Ar, 0,03% CO_2, Spuren von H_2 etc.). Während sich die jährliche biologische Bindung von Luftstickstoff im Bereich von 10^8 t bewegt (Tab. 34), liegt sie bei Kohlenstoff und Sauerstoff im Größenbereich von 10^{11} t. Dabei gestaltet sich der Kreislauf dieser Elemente im Zusammenhang mit der Photosynthese antagonistisch (Abb. 1037).

Vorräte an Kohlenstoff (z.B. als CO_2) und Sauerstoff finden sich in gasförmiger Form in der Atmosphäre, gelöst in der Hydrosphäre und fest gebunden in der Lithosphäre (z.B. in Oxiden, Carbonaten oder Kohlen) bzw. Pedosphäre (z.B. im Humus). Davon zehren alle Lebewesen einschließlich des Menschen, wobei jährlich nicht weniger als 6–7% des gasförmigen bzw. oberflächennah gelösten CO_2 in Pflanzenmasse organisch gebunden werden.

Die terrestrischen **Böden** bestimmen aufgrund ihrer chemischen (und physikalischen) Eigenschaften (S. 335, 963 ff.) das Pflanzenkleid entscheidend. Hinsichtlich dieser Eigenschaften bestehen zwischen verschiedenen Bodentypen große Unterschiede. Weil das Klima die Bildung der Bodentypen beeinflußt, folgt auch ihre Verteilung auf der Erdoberfläche entsprechenden großräumigen Gesetzmäßigkeiten (Abb. 1024). Regionale und lokale Differenzierungen ergeben sich darüber hinaus aufgrund der verschiedenen Ausgangsmaterialien und Entwicklungszustände der Böden.

In den feuchten Tropen wird die Laubstreu sehr rasch abgebaut, aus den tief verwitterten Böden werden Basen und Kieselsäure ausgewaschen, Tonerde und rotes Eisensesquioxid (Al_2O_3, Fe_2O_3) reichern sich an und es entstehen die nährstoffarmen lateritischen Rotlehme (Latosole der tropischen Regenwaldbereiche; S. 1036). Unter feucht-gemäßigten Bedingungen bildet sich aus der Laubstreu milder Humus (Mull) mit gebundenen Huminsäuren; aus dem A-Horizont wandert zwar ein Teil der Basen (besonders $CaCO_3$), nicht aber SiO_2, nach unten; aus den Silicaten entstehen Tonmineralien und das dabei freigesetzte braune Eisenoxidhydrat umrindet alle Bodenpartikel: Damit bilden sich nährstoff-

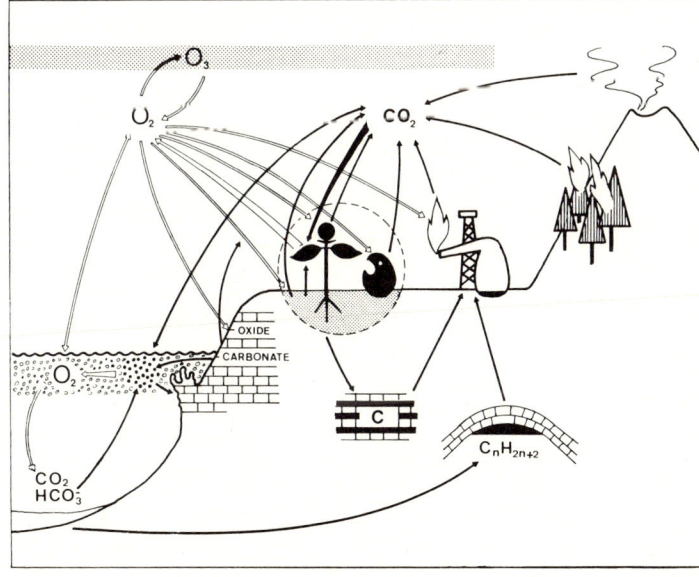

Abb. 1037: Schema des Kohlenstoff- und Sauerstoffkreislaufes auf der Erde. Die Ökosysteme der Biosphäre (u. a. Pflanzen und Tiere: Kreissymbol, Waldbrände, Industrie) sind durch Austauschvorgänge mit der Atmosphäre (u. a. mit der Ozonschicht), Hydrosphäre (u. a. mit gelösten Carbonaten) und Lithosphäre (u. a. mit Kohle- und Erdöllagern, Vulkanismus) verbunden. (Nach LARCHER.)

reiche B r a u n e r d e n (Abb. 1027), wie sie z.B. für die mitteleuropäische Laubwaldregion charakteristisch sind (S. 1023). Wenn der Bestandesabfall nur unvollständig abgebaut wird, so entsteht anstelle von Mull zuerst M o d e r, dann ein saurer R o h h u m u s, aus dem Humoligninsäuren in Lösung gehen. Unter ihrem Einfluß werden die als Nährstoffe wichtigen Kationen an den Tonmineralien gegen H-Ionen ausgetauscht und ausgewaschen, die Tonmineralien selbst gespalten, ihre Zerfallsprodukte als Al- und Fe-Humussole abwärts transportiert und im B-Horizont ausgefällt (Abb. 1027). So bildet sich das typische A-B-C-Profil der B l e i c h e r d e n (Podsole): Sie haben ihre Krümelstruktur verloren, ihr völlig ausgewaschener A_2-Horizont besteht teilweise fast nur noch aus Quarzsand («Bleichsand»), Schichten ihres B-Horizonts können zu einem so festen «Ortstein» verkittet sein, daß das Eindringen der Baumwurzeln erschwert ist. Die nährstoffarmen Podsolböden sind für feuchte und kühle bis kalte Gebiete mit Misch- und Nadelwäldern sowie Zwergstrauchheiden bezeichnend (Abb. 1024). Dagegen kommt es in trockenen und warm-kontinentalen (Wald)Steppen- und Prärieklimaten zur Bildung von S c h w a r z e r d e n (T s c h e r n o s e m e). Es sind dies sehr nährstoffreiche

A–C–Böden, mit einem tiefschwarzen und milden Humushorizont, der direkt in das Substrat (vielfach Löß) übergeht; soweit die Niederschläge eindringen, ist die Schwarzerde entkalkt, darunter kommt es zur Kalkanreicherung. In ariden (Halb)-Wüstengebieten geht der Humusanteil immer mehr zurück; dabei entstehen z.B. G r a u e r d e n (S e r o s e m e, Abb. 1024). In Senken solcher Gebiete bedingt der überwiegend von unten nach oben aufsteigende und dort verdunstende Grundwasserstrom ein oberflächliches Anreichern bzw. Ausblühen von Salzen (z.B. Na_2CO_3, Na_2SO_4, NaCl, $MgSO_4$ etc.) und die Entstehung extremer Salzböden (S. 344).

Nach Menge und Art des **Humusanteils** zeigen die besprochenen klimaabhängigen Bodentypen ein breites Spektrum von Mineralstoff- bis zu Humusböden. Bei lokalen Sukzessionsreihen stehen am Anfang der progressiven Entwicklung oft Mineralstoffböden, am Ende Humusböden (Abb. 1007, 1008, 1027); bei regressiver Degradation nimmt der Humusanteil dagegen gewöhnlich wieder ab (Abb. 1009, 1010). Benachbarte Vegetationstypen unter-

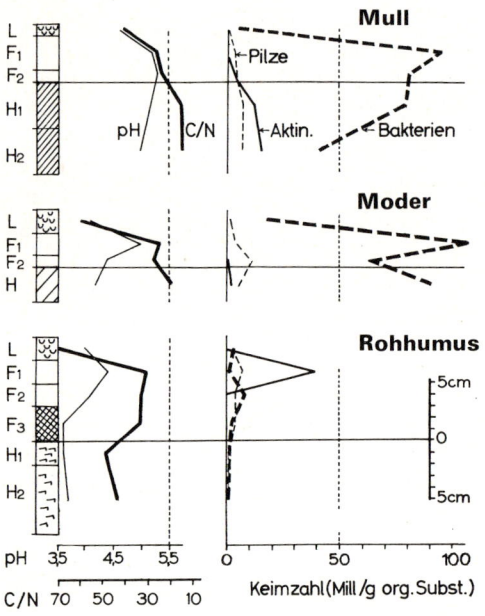

Abb. 1038: Mull-, Moder- und Rohhumusböden in reichen und armen Braunerde- bzw. Sauerhumus-Buchenwäldern Mitteleuropas: oberer Teil der Bodenprofile (links, vgl. S. 963–965), pH-Werte und Kohlenstoff/Stickstoffverhältnisse (Mitte links) sowie Keimzahldichten von Bakterien, Actinomyceten und Pilzen (rechts). Vgl. Abb. 1039 u. S. 953f., 976f. (Nach Angaben von F.H. Meyer aus Ellenberg.)

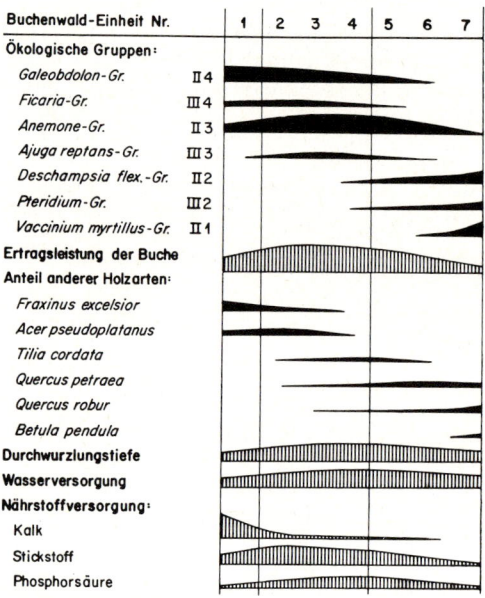

Abb. 1039: Ökologische Reihe der Buchenwaldtypen Mitteleuropas: Kalkbuchenwald (1), reicher (2), typischer (3) und armer (4) Braunerdebuchenwald sowie reicher (5), typischer (6) und armer (7) Sauerhumusbuchenwald. Anteile der Arten bestimmter ökologischer Zeigergruppen (Gr.; S. 953) und begleitender Laubhölzer, Ertragsleistung der Buche, Durchwurzelung, Wasser- und Nährstoffversorgung. Vgl. auch S. 976f. u. Abb. 1016. (Nach Ellenberg.)

scheiden sich oft stark in der Humusform (Abb. 1038, 1039). Die Pflanzensippen haben sich diesbezüglich ökophysiologisch angepaßt.

Beispiele für Mineralstoffpflanzen sind etwa die meisten *Caryophyllales* (z.B. *Caryophyllaceae*, *Chenopodiaceae*, *Cactaceae*) oder *Brassicaceae*. Humuspflanzen zeichnen sich fast immer durch eine Mycorrhiza (S. 377 f.) aus, wie z.B. *Pinaceae*, *Fagaceae*, *Ericaceae*, *Pyrolaceae* oder *Orchidaceae*; einzelne davon – wie etwa *Neottia* und *Corallorhiza* (S. 378, 901) – sind als Vollmycotrophe sogar zu Parasiten auf ihren Mycorrhizapilzen geworden (S. 378).

Die Humusbildung ist nach Art des Abfalls recht unterschiedlich. Während etwa Ulmen- und Eschenblätter eine fast neutrale und N-reiche Streu liefern und schon nach einem Jahr fast völlig zersetzt sind, liefern Eiche und Buche (Abb. 1026) eine erst nach 3 Jahren zersetzte und recht saure Streu (pH 4,3–4,8) mit weniger N. Noch etwas ungüstiger liegen die Verhältnisse bei der Nadelholzstreu (z.B. bei Fichte oder Kiefer), da bei ihnen auch der Harzgehalt das Bodenleben nachteilig beeinflußt. Selbstverständlich wirken sich diese Verhältnisse auch auf den Unterwuchs der besprochenen Gehölze aus.

Die Humusformen im reichen bzw. armen Braunerdebuchenwald und im armen Sauerhumusbuchenwald (S. 953, Abb. 1013) sind Mull, Moder und Rohhumus (S. 335, 975 f.), die Bodentypen gesättigte, ausgewaschene und stark podsolige Braunerde (S. 976, Abb. 1027). Diese Buchenwälder und ihre Bodentypen bzw. Humusformen können in der angegebenen Reihe als Sukzession aufeinander folgen. Abb. 1038 zeigt, wie sich parallel damit das Bodenleben verschlechtert, wobei besonders Bakterien zurücktreten, während Pilze und Actinomyceten relativ zunehmen; der pH-Wert nimmt von etwa 5,5 auf fast 3,5 ab und auch der Nährstoffgehalt (ausgedrückt als Stickstoffanteil C/N) sinkt. Abb. 1039 verdeutlicht die verschlechterte Nährstoffversorgung auch für Kalk und Phosphor und verweist auf die Verschiebungen im Artenbestand der Holzarten und der ökologischen Zeigergruppen im krautigen Unterwuchs. Verständlicherweise nehmen dabei die anspruchsvolleren Nährstoff- und Mullbodenzeiger ab (z.B. *Acer pseudoplatanus* oder *Lamiastrum galeobdolon*), die anspruchslosen Säure- und Rohhumuszeiger aber zu (z.B. *Betula pendula* oder *Vaccinium myrtillus*). Auch die abnehmende Ertragsleistung der Buche (und der gesamten Biocoenose) paßt zu diesem Bild.

Das Beispiel der mitteleuropäischen Buchenwaldtypen (Abb. 1013, 1038, 1039) zeigt sehr anschaulich, wie eng Bodenbildung, Humusform und Bodenleben mit pH-Wert, Nährstoffgehalt, Artenbestand und Produktivität verknüpft sind.

Die vielfach sehr unterschiedlichen pH-Werte der Bodenhorizonte und Bodentypen sind durch Substrat, Entwicklungsgeschichte und Organismenbesatz bedingt. Die meisten Gefäßpflanzen können zwar im Bereich von pH 3,5–8,5 existieren, doch ist in synökologischer Hinsicht fast immer eine Spezialisierung eingetreten (vgl. acido- und basiphile bzw. acido- und basitolerante Arten: S. 336).

Die pH-Werte der Böden liegen im A_1-Horizont etwa im Bereich von 2,6–4,5 in stark sauren Hochmooren und Zwergstrauchheiden, 3,5–4,5 in bodensauren Wäldern, 4,5–6,0 in reicheren, mäßig bis schwach sauren Laubmischwäldern und Ackerböden, 5,0–6,5 in mittleren Flachmooren, 6,0–7,5 in ± neutralen Kalkbuchenwäldern, 6,5–8 in Auwäldern, 7,0–8,5 in ± alkalischen Kalkfelssteppen und bis über 9,0 in stark alkalischen ariden Sodaböden. Die jahreszeitlichen Schwankungen von Niederschlägen, Bodenaktivität u.a. verursachen vielfach auch ein Oscillieren der pH-Werte.

Die Alkalisierung ist vor allem durch Anreicherung von Salzen starker Basen und schwacher Säuren bedingt (z.B. Na_2CO_3, $CaCO_3$), die Versauerung kann nicht nur auf die Bildung von Humussäuren, sondern auch auf die Abgabe von Säuren durch Wurzeln und Mikroorganismen, die Dissoziation von Kohlensäure und die Auswaschungen von Basen zurückgehen. Solange genügend Basen vorhanden sind, haben die Böden ein gutes Puffervermögen gegen Bodensäuren, etwa aufgrund des schwach alkalischen Lösungsgleichgewichts von $CaCO_3$ und $Ca(HCO_3)_2$. Wenn die Bodenversauerung aber zunimmt, also etwa Werte von weniger als pH 5,0 erreicht, dann wird auch die Basen- und Nährstoffverarmung kritisch (S. 335 f., 964 f.). Die Angaben über die Bodenreaktion in den Diagrammen (Abb. 976, 1016) und entsprechende ökologische Zeigerpflanzen (S. 335 f., 953, Abb. 1039) sind also zugleich als Hinweise auf die Nährstoffversorgung zu verstehen.

Für den **Nährstoffhaushalt** der Böden ist neben Phosphor, Schwefel und Kali (S. 342) besonders Stickstoff von zentraler Bedeutung (S. 342 ff., Tab. 33, 34: N-Kreislauf). Nitrophile Arten finden sich besonders unter den Ruderalpflanzen (z.B. *Urtica dioica*).

Im Brutversuch, bei konstanter Feuchte und Temperatur, läßt sich für jeden Boden die mikrobiell gesteuerte Freisetzung von anorganischen Stickstoffverbindungen erfassen. Dabei entstehen als Produkt der Mineralisierung in Mullböden bevorzugt NO_3-Ionen, in Rohhumus- und Moderböden dagegen besonders NH_4-Ionen. Gut ist das Stickstoffangebot z.B. in Hochstaudenfluren und Auwäldern, mäßig in schwach bodensauren Laub- und Nadelwäldern, schlecht in flechtenreichen Kiefernwäldern und Hochmooren. Auch Trockenrasen, Steppen und Savannen sind oft stickstoffarm, da die biologische Nitrifikation durch Trockenperioden gehemmt wird. Es ist also kein Zufall, daß die mit Luft-stickstoff bindenden Bakterien assoziierten Legumi-nosen in diesen Lebensräumen gehäuft auftreten. Umgekehrt steigt auf Waldschlägen das N-Angebot, weil die N-Aufnahme durch Baumwurzeln wegfällt und die Streu bei mehr Licht und Wärme verstärkt abgebaut wird. Viele Schlagpflanzen sind dement-sprechend nitrophil, z.B. *Atropa belladonna*, *Rubus idaeus* oder *Sambucus nigra*. Bei vielen nitrophilen Ruderalpflanzen kann die Keimung und Entwicklung durch zusätzliche Gaben von KNO_3 bzw. KNOPscher Nährlösung gefördert werden; sie speichern vielfach

überdurchschnittliche Mengen von Nitraten in ihrem Zellsaft.

Der **Kalkgehalt** beeinflußt die physikali-schen Eigenschaften der Böden (Krümelstruk-tur: S. 335, größere Wasserdurchlässigkeit, Trockenheit und Wärme: S. 344, 1027) und ihren pH-Wert (Lösung von $CaCO_3$ und $Ca(HCO_3)_2$ leicht alkalisch, mit Pufferwirkung: S. 977, Bindung von Humussäuren: S. 965). All dies wirkt sich indirekt auf die Pflanzen aus (vgl. z.B. Abb. 1041). Vielfach ist aber auch ein unter-schiedliches Verhalten gegenüber dem Ca-Ion selbst feststellbar (Abb. 1040). Wenn man dazu noch verschiedene andere ernährungsphysiolo-gische Nebeneffekte berücksichtigt (S.344), wird verständlich, daß Flora und Vegetation über kalkreichem bzw. kalkarmem, silicati-schem Gestein immer deutlich verschieden sind (Kalk- und Kieselpflanzen, S. 344).

Kalkmeidende (calcifuge) Pflanzen – z.B. das Borst-gras *Nardus stricta* – sind gegen Ca^{2+} (und HCO_3^-) überempfindlich. Viele Sippen können auf kalk-armem o d e r kalkreichem Substrat wachsen, fällen aber dann Calcium als zellphysiologisch unwirk-sames Oxalat aus (z.B. *Silene* und andere *Caryophyl-laceae*; vgl. S.77f.). Echte Kalkpflanzen (calcicole Pflanzen) weisen im Zellsaft reichliche Mengen von gelöstem Calcium auf (z.B. *Gypsophila* als Ausnahme der *Caryophyllaceae*). Abb. 1040 zeigt, wie wenig diese erblich fixierten ökophysiologischen Reaktions-normen durch Wachstum auf kalkreichem bzw. kalk-armem Gestein (Gneis, Schiefer) modifizierbar sind.

Die beiden im Alpenraum und an der Waldgrenze vorkommenden Ericaceen *Rhododendron ferrugi-neum* und *Rh. hirsutum* (S.878, Abb. 1041) vertreten sich normalerweise, erstere auf silicatischem Gestein mit stark sauren Böden (pH 4,5–6,0), letztere auf Carbonatgestein mit schwach sauren bis leicht alka-lischen Böden (pH 5,8–7,2). Im Kontaktgebiet und an Übergangsstandorten (pH 5,4–6,4) kann auch der Bastard der beiden Sippen *(Rh. × intermedium)* Be-stände bilden.

Über kalkreichen Gesteinen bilden sich als erste

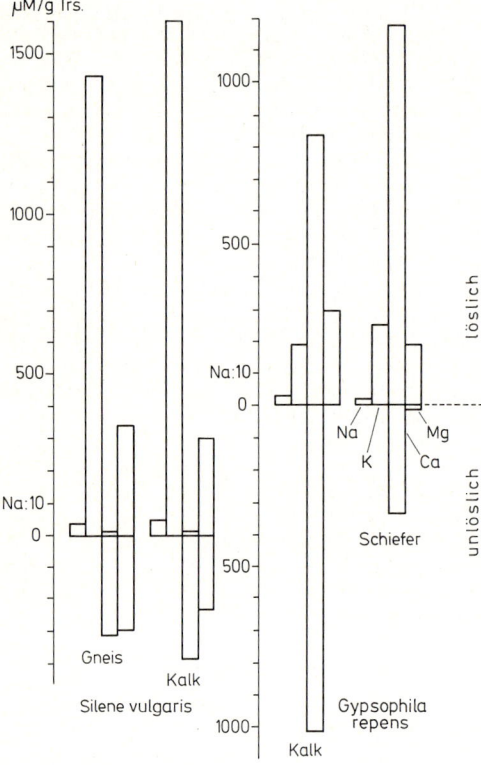

Abb. 1040: Mineralstoffgehalt (in Mikromol pro Gramm Trockensubstanz): Na (10fach überhöht), K, Ca und Mg in wasserlöslichen bzw. -unlöslichen Verbindungen in den Blättern von zwei Nelkenge-wächsen *(Caryophyllaceae): Silene vulgaris* und *Gypsophila repens* von Böden mit hohem und nied-rigem Kalkgehalt (Gneis, Schiefer). *Silene* und die meisten anderen *Caryophyllaceae* fällen nahezu das gesamte Ca in unlöslicher Form als Oxalat aus (Oxalattyp); dafür sind viel lösliche K-Verbindungen vorhanden. *Gypsophila* speichert lösliche Ca-Ver-bindungen (calcitropher Typ), vermag auf kalkreichen Böden aber auch Ca-Oxalat auszufällen; K ist in viel geringerer Menge vorhanden als Ca. Vgl. auch S. 342f. (Nach HORAK & KINZEL.)

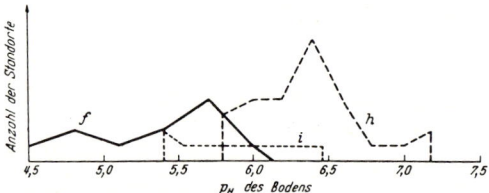

Abb. 1041: Die Verteilung der Alpenrosen *Rhodo-dendron ferrugineum* (f—), *Rh. hirsutum* (h–––) und ihres Bastardes *Rh. × intermedium* (i ----) auf Böden mit unterschiedlichen pH-Werten in den Alpen. (Nach ZOLLITSCH aus STOCKER.)

Etappe der Bodenbildung vielfach Humuscarbonatböden (Rendzina-Böden) mit A-C-Profil (S. 964f.). Ihnen entsprechen über Silicat- oder Quarzgestein die Humussilicatböden (Ranker). Erstere sind gut gegen Bodenversauerung abgepuffert, letztere neigen zur Versauerung und Basenauswaschung. In Mitteleuropa wachsen etwa Trockenrasen mit *Sesleria varia* und *Teucrium montanum* auf Carbonat-, solche mit *Sedum acre* und *Scleranthus perennis* auf Silicatböden. In der alpinen Rasenstufe vikariieren die Elyno-Seslerietea auf kalkreichen und die Caricetea curvulae auf kalkarmen Böden. Eine lokale Sonderentwicklung von Flora und Vegetation (z.B. mit der charakteristischen Gipsflechte *Acarospora nodulosa*) findet sich schließlich auf Kalksulfatböden über Gips bzw. Anhydrit.

Die lokale Anreicherung mehr-minder toxischer Verbindungen von Schwermetallen, wie z.B. Kupfer, Cobalt, Nickel, Mangan, Uran, Aluminium, Magnesium, Zink, Selen u.a. schränkt den Pflanzenwuchs vielfach auf eine scharf selektierte Auswahl ökophysiologischer Spezialisten ein, die solche Verbindungen tolerieren und sogar manchmal akkumulieren (S. 311; dort auch Hinweise auf ihre Bedeutung als Indikatorpflanzen). Erwähnenswert sind in diesem Zusammenhang etwa die von der Umgebung scharf abgehobene Vegetation auf Serpentin (ein Mg-Silicat mit Al, Fe und Ni) und Galmei (ein Zn-Erz) (S. 311, 755).

Die Anreicherung von leicht löslichen Salzen (besonders NaCl, Na_2SO_4, Na_2CO_3, aber auch von entsprechenden K- und Mg-Verbindungen) im Bereich der Meeresküsten und arider Beckenlandschaften des Binnenlandes (S. 1026, 1031) hat einschneidende Wirkungen auf das Pflanzenleben. Darauf wurde bei der Besprechung der morphologischen, anatomischen und physiologischen Eigentümlichkeiten der Salzpflanzen (Halophyten) schon mehrfach hingewiesen (S. 205f., 344, 371f.).

Die höchste Salzresistenz entwickeln gewisse Algen und Flechten der litoralen Spritzwasserzone; sie überleben das Eintrocknen konzentrierter Salzlösungen wie auch das Auslaugen durch Regenwasser (S. 333). Dagegen werden Glykophyten schon durch geringe Mengen von Na-Salzen (etwa 50% Meerwasser) geschädigt. Fakultative Halophyten (z.B. die Strand-Aster *Aster tripolium*) können solche Konzentrationen noch gut ertragen. Obligate Halophyten erreichen überhaupt erst bei entsprechenden Salzgaben ihre optimale Ertragsleistung (z.B. *Salicornia*: Abb. 238, bei 75–100% Meerwasser).

An humiden Küsten nimmt die Salzkonzentration der Böden vom Meer zum Land hin ab; dem entspricht eine abnehmende Salzresistenz der obligaten und fakultativen Halophyten, die einander vom Meer zum Land hin ablösen (z.B. an der schwedischen W-Küste: Abb. 998). Wo aber aride Jahreszeiten vorkommen, reichern sich die Salze besonders in den nur kurzfristig mit Salzwasser durchtränkten landnahen Randzonen an, weil sich hier die Bodenlösungen durch Verdunstung in der Trockenzeit am stärksten konzentrieren. Solche Bedingungen herrschen z.B. in der Mangrove E-Afrikas (Abb. 1042, vgl. auch S. 205f., 372, 1039), wo die Böden vom offenen Meer zur landnahen Lagune hin einen zunehmenden Salzgehalt aufweisen und die Arten dementsprechend nach ihrer zunehmenden Salzresistenz aufeinander folgen.

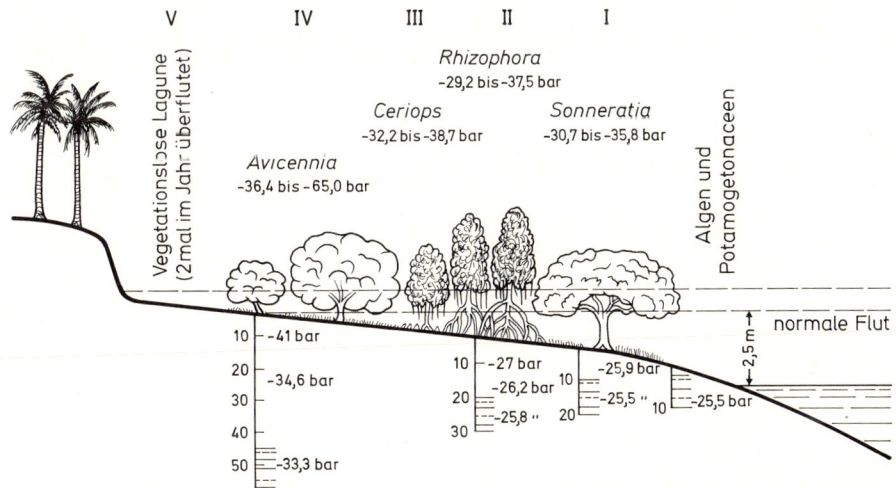

Abb. 1042: Schema der Zonierung einer Mangrove an der ostafrikanischen Meeresküste. I *Sonneratia alba*-Zone, II *Rhizophora mucronata*-Zone, III *Ceriops candolleana*-Zone, IV *Avicennia marina*-Zone, V vegetationslose Sandfläche. Oberhalb der Flutlinie Hochwasserstand darunter Niedrigwasserstand. Die Zahlen (in Atmosphären) beziehen sich auf die (höchste und geringste) Konzentration der Blattzellsäfte und der Bodenlösungen (in verschiedener Tiefe, in cm; gestrichelt: Grundwasserstand bei Ebbe). (Nach WALTER.)

6. Feuer und mechanische Einflüsse

Das **Feuer** hat besonders in Klimaten mit Trockenperioden (z.B. Mittelmeergebiet, Australien, wechselfeuchte Tropen) einen entscheidenden Einfluß auf das Pflanzenkleid. Brände werden nämlich in Lockerwäldern, Savannen und Grasländern auch ohne Zutun des Menschen ziemlich regelmäßig durch Blitzschlag ausgelöst. Dadurch wird in diesen Vegetationstypen eine Feueranpassung der Gewächse gefördert. Feuerresistente oder sogar feuerbegünstigte Pflanzen nennt man Pyrophyten.

In trockenen Lockerwäldern und Savannen entstehen meist keine destruktiven Kronenfeuer (mit Temperaturen von über 1000° und Vernichtung aller Holzgewächse), sondern bloß rasch durchziehende Grundfeuer (Temperaturen in der Streu- und Bodenschicht kurzfristig um 70–100°, darüber in 0,5–1 m Höhe kaum mehr als 500°). Dabei werden die Überdauerungsorgane einigermaßen feuerresistenter Gehölze und Krautpflanzen kaum beschädigt. Entsprechendes gilt für die Grasbrände der Steppen und tropischen Grasländer.

Holzige Pyrophyten sind vielfach durch starke Borkenbildung, Knospenschutz und teilweise auch durch unterirdische und zur Regeneration befähigte Stammkörper (Xylopodien) sowie Laubabwurf während der kritischen Trockenzeit ausgezeichnet. Unter den Krautpflanzen überwiegen Horstbildner (z.B. viele *Poaceae*, die ihre Vegetationspunkte durch eine mächtige Strohtunica aus alten Blattscheiden schützen), Geophyten (z.B. viele *Liliaceae* und *Amaryllidaceae*) und Therophyten. Aktive Anpassungen der Pyrophyten betreffen z.B. die Frucht- und Samenbiologie: Bei vielen Arten von *Pinus*, *Eucalyptus*, *Proteaceae* etc. öffnen sich die Früchte nur nach Feuereinwirkung; erst dann erreichen die Samen ihre volle Keimfähigkeit und werden ausgestreut. Damit ist eine Verjüngung zum günstigsten Zeitpunkt gewährleistet, wenn die Licht- und Wurzelkonkurrenz vermindert und der hinderliche Bestandesabfall in nährstoffreiche Asche umgewandelt ist.

Mechanische Standortfaktoren wirken vor allem durch Wind, Wasser, Schnee und Eis sowie Bodenbewegungen auf die Pflanzen. Diese Einflüsse machen sich besonders an den Küsten (z.B. Wellenschlag, Dünenbildung) und in den Gebirgen (z.B. Windschliff, Lawinen, Geröll) bemerkbar und prägen das Vegetationsgefüge (vgl. Abb. 1018, 1078, 1080, 1081).

Während die Luftbewegung in Bodennähe und innerhalb geschlossener Pflanzenbestände stark verlangsamt ist, werden an exponierten Geländeformen, in Gebirgen und am Meer Bäume durch Wind und Sturm oft einseitig geschädigt und verformt (Fahnenwuchs) oder Gehölzwuchs überhaupt unmöglich gemacht (vgl. die herabgedrückte Waldgrenze an isolierten Bergen, z.B. im Harz, oder das Fehlen des Waldes auf vorgeschobenen kleinen Inseln, z.B. Helgoland). Entscheidend ist dabei vielfach das Zusammenwirken von Luftbewegung, vermehrter Transpiration (S. 320 ff., 971 ff.), Frosttrocknis (S. 196, 400 ff., 969) und der Windtransport von Eiskristallen bzw. Sand (Gebläsewirkung) oder Salzstaub. Bei extremen Stürmen werden Einzelbäume oder ganze Waldflächen abgebrochen oder entwurzelt (Windwurf), besonders an ungeschützten Waldrändern und gefördert durch starke Schnee- oder Rauhreifbelastung (Schneebruch). An besonders windexponierten Standorten überwiegen als Ergebnis lokaler Anpassung vielfach Kugelpolsterpflanzen (vgl. Abb. 233). Vom Wind bedingt sind weiter die Brandung am Meeresufer (vgl. dazu die Zonierung litoraler Algen – Abb. 671 – mit ihrer unterschiedlichen Ausbildung von mechanischen Festigungsgeweben), die ungleiche Schneeverteilung im alpinen Bereich (mit Schneetälchen und Windecken, Abb. 1081) oder die Bildung bzw. das Wandern von Sanddünen (Abb. 1080).

Die Kräfte des strömenden Wassers bestimmen z.B. die Anlandung und Vegetationsabfolge an Flüssen (Abb. 1078). Die mechanische Wirkung der Schneedecke wird besonders bei Lawinenabgängen augenscheinlich. Ihrer Gewalt können nur Rasengesellschaften bzw. Gebüschformationen (z.B. Leg-Föhren und Grün-Erlen mit sehr elastischen Ästen) widerstehen (S. 1029 f., Abb. 1018).

Auffällige Auswirkungen der Bodenbewegung finden wir vor allem bei der Pioniervegetation von fortwährend nachrutschenden Schutthalden (Abb. 1081). Als Anpassungsformen erscheinen hier horstartige Schuttstauer (z.B. *Papaver alpinum* agg.), mit dünnen Sprossen der Überschüttung entgehende Schuttkriecher (z.B. *Linaria alpina*) u.a. Ähnliche Wuchsformen treten im beweglichen Dünensand auf (Abb. 1002). Aus dem Zusammenwirken von Solifluktion (frostbedingtem Bodenfließen) und Winderosion entstehen besonders in arktischalpinen Räumen charakteristische Strukturrasen in Form von Streifen, Treppen oder Netzen. – Wegen der vielfältigen mechanischen Einflüsse durch andere Organismen und den Menschen (z.B. Tierfraß, Mahd, Brandrodung) vgl. S. 982, 992 ff.

B. Biotische Wechselwirkungen

Die Biocoenosen unserer Erde werden nicht nur durch die grundlegenden Nahrungsketten von Produzenten zu Konsumenten und Zersetzern (S. 228, 951 ff.), sondern auch durch viele andere Aspekte des Zusammenlebens und des Wettbewerbes geprägt.

Man denke dabei nur an die Auswirkungen der unterschiedlichen Konkurrenzkraft von Rotbuche, Eichen und Wald-Kiefer für die Struktur mitteleuropäischer Wälder (S. 919 ff.), die Beeinflussung des Unterwuchses durch die Baumschicht (S. 966 f.), die Vegetationsveränderungen infolge epidemischer Pflanzenkrankheiten (z.B. Ulmensterben, S. 982) oder die Bedeutung von Symbionten in der Biosphäre (z.B. Flechten: S. 374, Waldbaum-Mycorrhiza: S. 377 f.).

Biotische Wechselwirkungen – allgemein als **Interferenzen** bezeichnet – können sich zwischen den Individuen einer Population (Art) oder zwischen Individuen verschiedener Arten ergeben. Zwischen ökologisch selbständigen Arten sind sie oft nur sehr locker, sie können sich aber (z.B. bei Symbiose oder Parasitismus) bis zur völligen Abhängigkeit vertiefen. Die folgende Tabelle bringt eine Zusammenstellung einiger wichtiger biotischer Wechselwirkungen; ausschlaggebendes Kriterium ist dabei der positive (+), negative (−) oder fehlende (0) Einfluß auf die Vermehrungsrate, den 2 Partner (A und B) aufeinander ausüben:

A → B	B → A	Bezeichnung
−	−	Konkurrenz
+	−	Parasitismus, Fraß
+	+	Kooperation, Symbiose
+	0	Kommensalismus
0	0	Neutralismus

Biotische Wechselwirkungen **zwischen autotrophen Pflanzen** reichen von Konkurrenz bis zur Kooperation, wobei Raumverdrängung und Kampf ums Licht oder um Nährstoffe bzw. Wasser im Boden ebenso eine Rolle spielen wie Veränderungen des Bestandesklimas (S. 969) oder chemische Wirkstoffe (Allelopathie: S. 410) u.a. Diese komplexen Verhältnisse lassen sich am leichtesten aufgrund von Kulturversuchen mit 2 oder wenigen Arten erfassen (Abb. 1043, 1044).

Während sich *Spirodela (Lemna) polyrrhiza* allein stärker vermehrt als *Lemna gibba*, verdrängt *L. gibba Spirodela* in dichter Mischkultur aufgrund von Lichtkonkurrenz (Abb. 1043). Der Ausgang der Konkurrenz zwischen den oft zusammen vorkommenden Arten *Quercus pubescens* (sommergrün) und

Qu. ilex (immergrün) hängt u.a. von der sommerlichen Wasserversorgung ab, welche die Produktivität der beiden Arten steuert (S. 1034 f.). Wie stark die Wurzelkonkurrenz hinsichtlich der Nährstoffaufnahme ist, zeigen Versuche, bei denen man Fichtenjungpflanzen im Birkenwald mit markierten Phosphorverbindungen gedüngt hat. Wenn man die Birkenwurzeln absticht, so können die Fichten 5-9mal mehr Phosphor aufnehmen als vorher.

Beim Anbau der wichtigsten Arten des *Lolium perenne*-Rasens erreicht das hochwüchsige *Trifolium pratense* eine höhere Stoffproduktion als das niedrigwüchsige *T. repens*. Alle Arten zusammen sind nach einem Jahr etwa doppelt, wenn man das «störende» *Lolium perenne* wegläßt, sogar dreimal so produktiv wie *T. pratense* allein. Hier wird Kooperation bzw. Kommensalismus sichtbar: Die Luftstickstoffbindung in den Bakterienknöllchen der Kleearten ist offenbar auch für die anderen Arten förderlich. Der Teppichstrauch *Loiseleuria* (S. 1031) ist an arktisch-alpinen Windecken oft mit Strauchflechten (*Cetraria* u.a.) vergesellschaftet, denen er eine feste Verankerung bietet und die umgekehrt seine Sprosse mit ihrem darüber aufragenden Thallus vor der Windabrasion schützen.

Keimlinge und Jungpflanzen sind im Konkurrenzkampf meist viel stärker gefährdet als etablierte Alt-

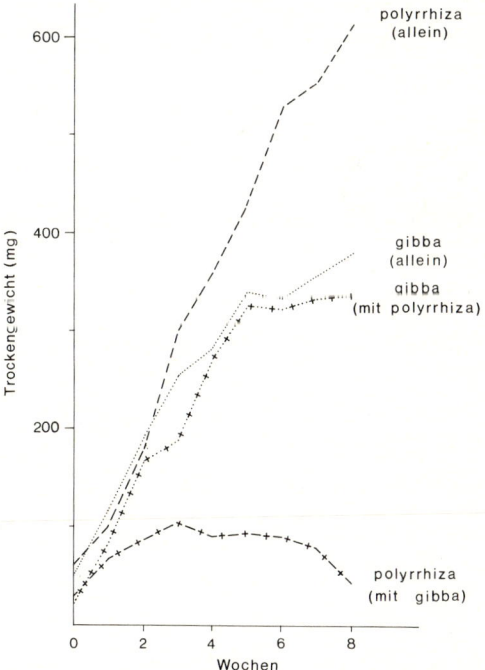

Abb. 1043: Vermehrung von zwei auf der Wasseroberfläche frei schwimmenden *Lemnaceae* (*Spirodela polyrrhiza* und *Lemna gibba*) in Einzelkultur und bei gegenseitiger Konkurrenz in Mischkultur. (Nach HARPER.)

pflanzen. Bei der Lärche überleben etwa die Hälfte der gekeimten Samen auf Rohböden oder in einer dünnen Moosschicht, dagegen fast keine in einer höheren Krautschicht, wie sie sich unter älteren Lärchen einstellt. Hier ist nämlich die Luftfeuchtigkeit höher, die Verholzung der Keimlinge geringer und daher ihr Pilzbefall sehr viel stärker. So wie viele andere Pionier-Holzpflanzen behindert die Lärche also ihre eigene Regeneration und fördert die Sukzession anderer Gehölzarten.

Bei der allelopathischen Behinderung (S. 410) des Aufwuchses von Individuen anderer Arten (aber teilweise auch der eigenen Art) sind Stoffwechselprodukte von Bedeutung. Beispiele dafür hat man etwa bei den Algen *Chlorella* und *Nitzschia*, bei terpenoidreichen *Lamiaceae* (z.B. Hemmzonen im Umkreis von *Salvia*-Arten in Californien) und *Myrtaceae* (z.B. fast unterwuchsfreie *Eucalyptus*-Aufforstungen) gefunden. Auffällig unterwuchsfeindlich sind auch *Robinia*- und viele Nadelholzbestände (S. 977).

Zu den Beziehungen zwischen heterotrophen Pflanzen gehört die Allelopathie von Antibiotica produzierenden Actinomyceten und Pilzen auf Bakterien (S. 564, 656). Wichtig sind die **Wechselwirkungen zwischen heterotrophen und autotrophen Pflanzen** als Symbionten (z.B. Flechten: S. 374, 690ff., Luftstickstoff bindende Bakterien und Gefäßpflanzen: S. 347ff., 374ff.; Mycorrhiza: S. 377f.), als Kommensalen (z.B. die zahlreichen saprophytischen Bakterien und Pilze, die vom Bestandesabfall der Primärpflanzen leben: S. 372f., 564f., 686f.) oder als Parasiten (viele Bakterien und Pilze, einige Angiospermen etc.: S. 206f., 373f., 565, 688f.).

Bedeutsame Vegetationsveränderungen können sich ergeben, wenn Pilzkrankheiten bestimmte Gehölzarten weitgehend oder völlig eliminieren; davon waren während der letzten Jahrzehnte z.B. betroffen die europäische Feld-Ulme (*Ulmus minor*; Pilz: *Ceratocystis ulmi*, S. 656) und die östlich-nordamerikanische *Castanea dentata* (ursprünglich bis zu 60% Baumanteil; Pilz: *Endothia parasitica*, 1904 aus China eingeschleppt). Es bleibt abzuwarten, ob dabei resistente Biotypen dieser Bäume ausgelesen wurden, welche die verlorenen Lebensräume wieder zurückerobern können.

Besonders vielfältig und ökologisch bedeutungsvoll sind die biotischen **Wechselwirkungen zwischen Pflanzen und Tieren** (vgl. dazu auch Abb. 1087). An erster Stelle sind hier die phytophagen bzw. herbivoren Tiere als Primärkonsumenten zu nennen. Dabei können etwa Insekten (vgl. z.B. Blattläuse, Borkenkäfer, Spanner) oder Säugetiere (Kaninchen, Wieder-

käuer) durch Säugen oder Fraß an vegetativen Organen, Blüten und vielfach auch Samen sehr beachtliche Schäden und Veränderungen an der Pflanzendecke verursachen. Der dadurch bedingte Selektionsdruck hat zur Ausbildung vielfältiger Abwehrmechanismen geführt (Dornen, Stacheln, Brennhaare, Kristallnadeln, Bitter- und Giftstoffe etc.: S. 77f., 119, 193f., 362f.). Ein Sonderfall sind die von Tieren verursachten Gallbildungen (S. 428f.). Symbiotische Beziehungen mit Tieren bestehen bei Samenpflanzen besonders im Bereich der Blüten-, Frucht- und Samenbiologie (S. 816ff., 830f.), aber auch bei Niederen Pflanzen (S. 374ff., 687f.). Auf Tieren parasitieren viele Bakterien und Pilze. Einige wenige Pilze und Angiospermen haben sich als «Tierfänger» spezialisiert (S. 207ff., 378, 689).

Weidetiere schädigen durch Fraß vor allem den Jungwuchs von Holzpflanzen und fördern damit die regenerationskräftigen Gräser und Stauden des Grünlandes. Weitere Standortsveränderungen ergeben sich durch Tritt (Bodenverdichtung, mechanische Schädigung) und Düngung. Als Folge davon nehmen vielfach vom Vieh gemiedene «Weideschädlinge» überhand, in Mitteleuropa z.B. *Juniperus communis*, *Berberis vulgaris*, *Prunus spinosa*, *Ononis spinosa*, *Eryngium campestre*, *Carduus* spec., *Cirsium* spec., *Nardus stricta* mit harten und stechenden Sproßorganen sowie Arten von *Rumex*, *Ranunculus*, *Euphorbia*, *Apiaceae*, *Lamiaceae*, *Liliaceae* s. lat. (z.B. *Colchicum autumnale*) mit Gift-, Bitter- oder Aromastoffen.

Viele Verwandtschaftsgruppen der Angiospermen sind offenkundig deshalb stammesgeschichtlich erfolgreich und formenreich geworden, weil sie wirksame chemische Abwehrstoffe gegen den Tierfraß entwickelt haben, z.B. die *Capparales* mit ihren Senföl-Glykosiden (S. 872), viele *Gentianales* mit Indol-Alkaloiden (S. 882f.) oder die *Solanaceae* mit Tropan-Alkaloiden (S. 886). Nur bestimmte phytophage Tiergruppen können diese Abwehrstoffe unschädlich machen und haben sich dann vielfach geradezu auf die entsprechenden Trägerpflanzen spezialisiert (z.B. die *Pierinae* unter den Schmetterlingen auf die *Capparales*). Der Monarch-Falter *(Danaus plexippus)* baut die aus seinen Futterpflanzen *(Asclepiadaceae)* übernommenen giftigen Cardenolid-Glykoside sogar im Körper der Raupen und adulten Tiere ein und wird dadurch für seine Feinde ungenießbar.

Als Beispiel für die noch ungenügend erforschten Wechselwirkungen zwischen Pflanzen und Ameisen (vgl. dazu auch S. 830f.) sei auf neotropische Arten der Gattung *Acacia* (z.B. *A. cornigera*) verwiesen. Diese Regenwaldbäume haben eine Symbiose mit aggressiven Ameisen *(Pseudomyrmex ferruginea)* entwickelt: Sie bieten ihnen «Wohnräume», Futterkörper und extrafloralen Nektar (Abb. 924) und werden «dafür» von den Ameisen sehr erfolgreich gegen alle herbivoren Tiere verteidigt. Die Ameisen kappen und entfernen sogar überwachsende Lianen und konkurrierende Nachbargewächse, so daß sich ihre Wirtspflanzen besser entwickeln können. Die Wirksamkeit dieser Symbiose zeigt sich an Acacien, die nicht von Ameisen besiedelt sind: Sie werden stark angefressen, unterdrückt und verkümmern.

Sehr wesentlich ist bei vielen Pflanzen der Verlust an Samen durch Tiere. *Fagus sylvatica* vermag sich nur in Mastjahren mit verstärkter Samenproduktion erfolgreich zu vermehren. Diese Mastjahre folgen in unregelmäßigen Abständen aufeinander; dadurch wird vermieden, daß sich in den Samen parasitierende Insekten in ihrem Entwicklungscyclus auf die Mastjahre einstellen. Neotropische Leguminosen haben zwei verschiedene «Abwehrstrategien» gegen samenverzehrende Käfer *(Bruchidae)* entwickelt: Entweder produzieren sie ungiftige, aber zahlreiche und kleine Samen, von denen zumindest ein Teil verschont bleibt, oder sie bilden wenige und größere Samen, die durch ihre Giftstoffe geschützt sind (vgl. S. 859f.).

Alle diese positiven oder negativen Wechselwirkungen beeinflussen das Wachstum der am Aufbau einer Biocoenose beteiligten Populationen. Manche Arten werden dominant, andere bleiben untergeordnet oder verschwinden; es ergeben sich labile oder mehr-minder stabile **Gleichgewichtszustände.**

Dementsprechend kann man die (S. 937) besprochene Populationsformel für verschiedene Arten weiterführen und z.B. zur Kennzeichnung der Wechselwirkungen von zwei konkurrierenden Arten (1 und 2) ausgestalten; dabei werden für jede Art besondere Wachstumsraten (r_1, r_2), Kapazitätsgrenzen (K_1, K_2) und Konkurrenzkoeffizienten (α_1 und α_2) eingesetzt. Die Wachstumsformeln für die Populationen von 1 und 2 sind dann:

$$\frac{\Delta N_1}{\Delta t} = r_1 N_1 \left[\frac{K_1 - N_1 - (\alpha_1 N_2)}{K_1} \right] \text{ und}$$

$$\frac{\Delta N_2}{\Delta t} = r_2 N_2 \left[\frac{K_2 - N_2 - (\alpha_2 N_1)}{K_2} \right]$$

Bei $\alpha_1 < K_1/K_2$ und $\alpha_2 > K_2/K_1$ überlebt nur Art 2; nur Art 1 überlebt bei $\alpha_1 > K_1/K_2$ und $\alpha_2 < K_2/K_1$; bei $\alpha_1 > K_1/K_2$ und $\alpha_2 > K_2/K_1$ ist der Konkurrenzkampf offen und das ökologische Gleichgewicht labil, bei $\alpha_1 < K_1/K_2$ und $\alpha_2 < K_2/K_1$ überleben dagegen beide Arten und es kommt zu einer stabilen Koexistenz.

Der Konkurrenzkampf zwischen zwei Arten wird umso schärfer, je ähnlicher ihre ökologischen Ansprüche sind. Auf Dauer ist ihre Koexistenz in ein- und derselben ökologischen Nische (S. 190, 917) nicht möglich. Daher finden wir bei negativen biotischen Wechselwirkungen vielfach, daß die beteiligten Arten der Konkurrenz «ausweichen»: Innerhalb der genetisch festgelegten autökologischen Amplitude, also der Reaktionsnorm bei Reinkultur, verschieben die Arten bei Mischkultur, d.h. unter synökologischen Bedingungen, ihre Amplitude und besonders ihren Optimalbereich so, daß sich eine möglichst geringe Überlappung mit den Amplituden und Optimalbereichen der Konkurrenten ergibt.

Dieses Prinzip wurde schon für das synökologische Verhältnis mitteleuropäischer Waldbäume erörtert (S. 918–921, Abb. 976, 977). Es kommt z.B. auch bei den wichtigsten Wiesengräsern Mitteleuropas zum Tragen: Hinsichtlich des Grundwasserstandes zeigen sie bei Reinkultur sehr ähnliche autökologische Optima, während ihre synökologischen Optima bei Mischkultur weit auseinanderfallen (Abb. 1044). *Bromus erectus* und viele andere «xerophile» Arten sind

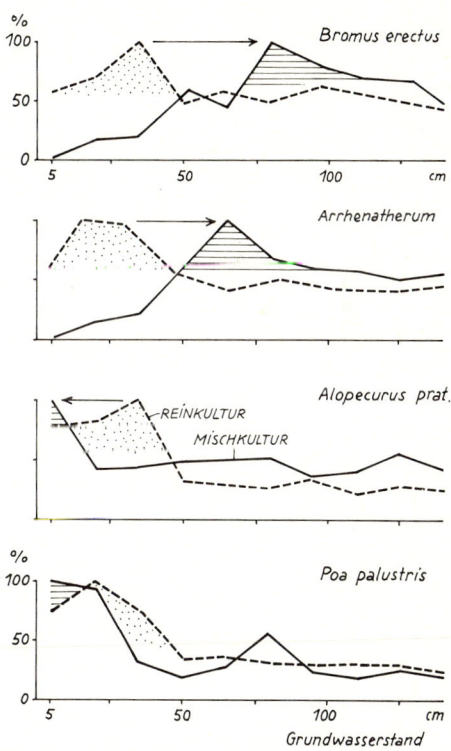

Abb. 1044: Relativer Trockensubstanzertrag von drei verschiedenen Wiesengräsern in Reinkultur (– – –) und Mischkultur (——) bei verschiedenem Grundwasserstand im Sandboden. Die Pfeile verdeutlichen die Verschiebung vom autökologischen (punktiert) zum synökologischen Optimum (schraffiert) der Arten. (Nach ELLENBERG.)

also offenbar gar nicht wirklich «trockenheitsliebend», sondern nur besser «trockenheitsertragend». Auch *Oxalis acetosella* ist nicht «schattenliebend» sondern «schattenertragend» (S. 967). Viele mediterrane Reliktarten sind nur deshalb auf unzugängliche Felsspalten beschränkt, weil sie an allen anderen Standorten von Ziegen und Schafen abgefressen werden.

Die ökologische Position und Amplitude einer Art (vgl. z. B. euryök/stenök: S. 190, 919 ff.) hängt also sehr von ihren biocoenotischen Partnern ab, sie ist relativ. Jedenfalls sind diese biotischen Wechselbeziehungen zwischen den Arten sehr unterschiedlich, komplex und kybernetisch untereinander und mit den anderen Standortsfaktoren verkoppelt (Abb. 995); das trägt entscheidend zur Stabilität und Selbstregulation der Ökosysteme bei (S. 961, 990).

Arten, die in ihren ursprünglichen Ökosystemen bloß untergeordnet und «unter Kontrolle gehalten» sind, können in «fremden» Ökosystemen zu aggressiven «Unkräutern» werden, soweit es dort an natürlichen Feinden fehlt. Das gilt etwa für den europäisch-atlantischen *Ulex europaeus* in Neuseeland, für das europäische *Hypericum perforatum* in Nordamerika oder für die neotropische *Opuntia inermis* in Australien. Erst die absichtliche Einbringung der auf *Opuntia* parasitierenden venezolanischen Motte *Cactoblastis cactorum* hat dort innerhalb weniger Jahre diese Unkrautplage über eine Fläche von mehr als $12 \cdot 10^7$ ha hinweg beseitigt. Ähnliches gilt auch für *Elodea canadensis* in Europa (S. 928). Umgekehrt haben eingeführte Tiere (z. B. Ziegen und Kaninchen) vielfach wenig weidefeste Inselfloren (z. B. auf Hawaii oder St. Helena) weitgehend zerstört.

Die meisten Arten einer Biocoenose spielen mehrere ökologische Rollen: *Viscum album* (S. 206, 866) ist z. B. für die Wirtsbäume ein Halbparasit, für die samenverbreitenden Vögel ein Symbiont, für diverse phytophage Insekten selbst ein Wirt.

Es ist verständlich, daß der Druck von Parasiten und anderen Feinden auf eine Art um so stärker wird, je mehr diese Art zur Dominanz kommt und große geschlossene Populationen aufbaut (vgl. dazu Abb. 993, 995).

So sind z. B. monotone naturfremde Fichtenforste viel anfälliger gegen epidemischen Schädlingsbefall (z. B. Borkenkäfer, Spanner) als naturnahe Mischbestände der Fichte mit anderen Gehölzen. Der große Artenreichtum vieler warmtemperater bis tropischer Wälder (vgl. Abb. 999, 1086) geht offenbar darauf zurück, daß hier jede Baumart, die sich auf Kosten der anderen stärker vermehrt, durch die artenreiche Parasitenfauna und -flora sofort wieder reduziert wird.

C. Leistung und Dynamik der Ökosysteme

Das Mittelmeer und eine alpine Quellflur, ein tropischer Regenwald und eine arktische Tundra, aber auch eine bäuerliche Landwirtschaft oder eine moderne Großstadt sind relativ abgegrenzte ökologische Wirkungsgefüge mit eigenem Stoff- und Energiefluß und müssen daher als Ökosysteme (S. 916 f., 959 f.) angesprochen werden. In den voranstehenden Abschnitten haben wir die klimatischen, edaphischen und biotischen Wechselwirkungen besprochen, welche das Wesen natürlicher bzw. naturnaher Ökosysteme und besonders das Leben und die Leistungsfähigkeit ihrer pflanzlichen Komponenten bestimmen. Wie diese Wechselwirkungen zwischen den verschiedenen Bestandteilen bzw. Kompartimenten der Ökosysteme komplex miteinander verflochten sind, ist in einem allgemeinen Schema (Abb. 1045) nochmals zusammenfassend dargestellt. Dabei tritt der mehr-minder o f f e n e Charakter der Ökosysteme hinsichtlich Zu- und Abgang von Energie, Stoffen, aber auch von Lebewesen, deutlich in Erscheinung.

Produktion und Biomasse. Von zentraler Bedeutung und gleichsam das Betriebskapital für jedes Ökosystem ist die Menge an organischen Substanzen, welche durch grüne Pflanzen unter Bindung von Strahlungsenergie aus anorganischen Stoffen gebildet wird. Diese P r i - m ä r p r o d u k t i o n (P_I) wird als Bruttoproduktion (P_b) teilweise sofort wieder für die Atmung des Pflanzenbestandes (Respiration, R) verwendet. Der Rest steht als Nettoproduktion (P_n) zuerst für den Pflanzenwuchs und damit für die Vermehrung der lebenden Phytomasse des Ökosystems zur Verfügung:

$$P_n = P_b - R.$$

Die Veränderung der Phytomasse (ΔB_P) ist aber auch noch abhängig von Verlusten durch tierische Konsumenten (V_K; z. B. Fraß phytophager Insekten) und durch Bestandesabfall (V_A; z. B. Laubfall, Grundlage für die Existenz verschiedener Zersetzer):

$$\Delta B_P = P_n - [V_A + V_K].$$

Als Beispiel für Stoffproduktion und Stoffverlust seien im folgenden einige Meßwerte für einen temperaten Buchenwald (Dänemark) und einen tropischen Regenwald (Thailand) gegenübergestellt. Die Bruttoproduktion ist im Regenwald zwar mehr als sechsmal so hoch wie im Buchenwald, doch werden davon für die Atmung (R) bei den hohen Temperaturen im Regenwald 78% im Buchenwald nur 45% verbraucht. Der Bestandesabfall (V_A) ist in beiden Waldtypen 20% der Bruttoproduktion, beim Regenwald 25,5 t, beim Buchenwald 3,9 t Trockensubstanz pro Jahr und ha. Im Hinblick auf den Bestandeszuwachs (ΔB_P) ist der Regenwald mit jährlich $+2\%$ als «reifer» Klimaxwald fast stationär, der noch «unreife» 60jährige Buchenwald aber vermehrt seine Phytomasse jedes Jahr um 35% der Bruttoproduktion: Jährlich wachsen hier an Trockensubstanz pro ha 5,3 t Achsen und 1,6 t Wurzeln dazu.

Die Primärproduzenten bilden mit ihrer lebenden und abgestorbenen Masse die Grundlage für den weiterführenden Stoffaufbau durch Konsumenten und Zersetzer, also für die Sekundärproduktion (P_{II}). Aus der lebenden Masse von autotrophen Pflanzen (B_P), Konsumenten (B_K) und Zersetzern (B_Z) ergibt sich die Biomasse des gesamten Ökosystems. Entsprechend dem Verlauf der Nahrungsketten ist B_P immer ums Hundertfache größer als $B_K + B_Z$.

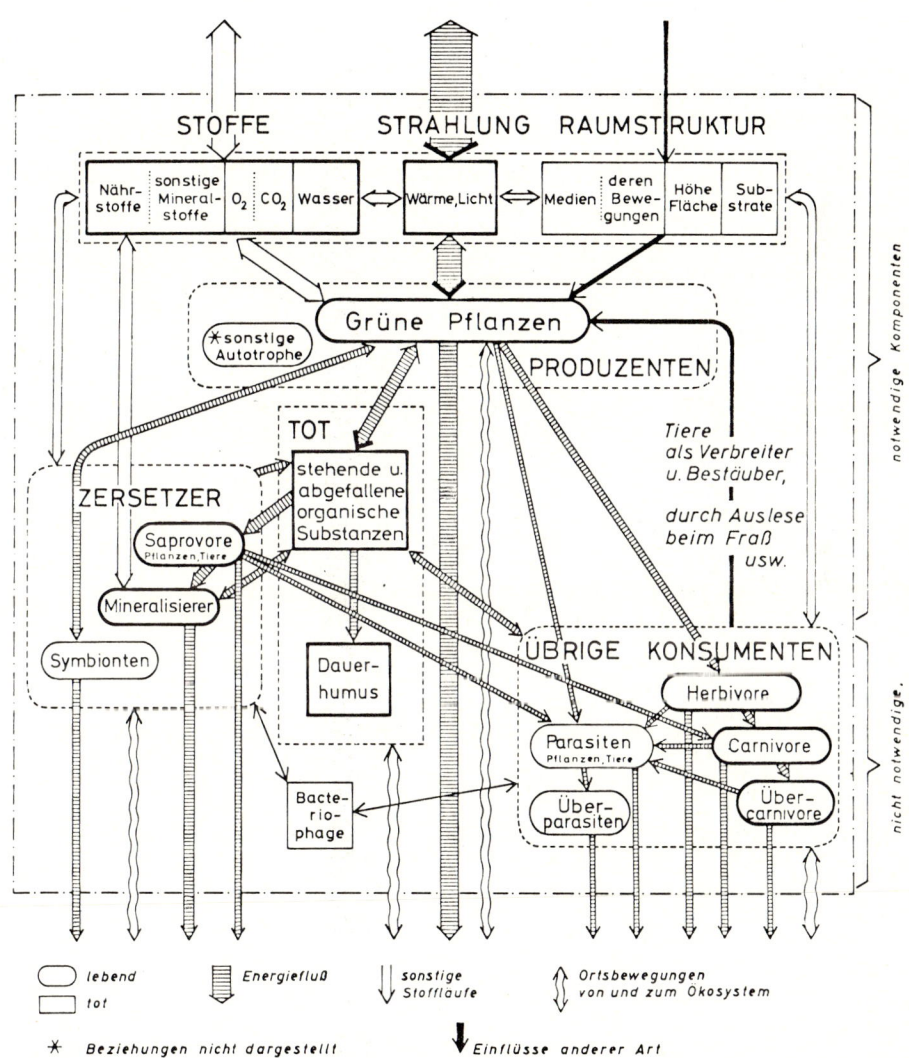

Abb. 1045: Schema eines vollständigen Ökosystems. Der durchbrochene Außenrahmen entspricht dem offenen Grenzbereich. Die Kompartimente sind hierarchisch angeordnet: Standortfaktoren; (Primär-)Produzenten, Konsumenten und Zersetzer; tote organische Substanz. Das Wirkungsgefüge ist durch Pfeile für den Energiefluß (besonders Nahrungsketten), sonstige Stoffläufe und für Ortsbewegungen angedeutet. Weitere Erklärungen im Text. (Nach ELLENBERG.)

Innerhalb B_K bilden die Herbivoren immer die Hauptmasse, während Carnivore und Übercarnivore bzw. Parasiten und Überparasiten (Abb. 1045) mit fortschreitend geringerem Anteil an der Zoomasse die Spitze der Nahrungspyramide mit ihren verschiedenen trophischen Stufen einnehmen. Tab. 45 und Abb. 1046 illustrieren am Beispiel eines zentraleuropäischen Eichen-Hainbuchenwaldes die Verteilung der Biomassen und die Produktionsgrößen. Dabei wird erkennbar, daß der Nahrungspyramide eine Produktionspyramide entspricht, denn die Nettoprimärproduktion (P_n) erreicht hier ebenso wie in anderen Ökosystemen größenordnungsmäßig die zehn- (bis hundert-)fachen Werte der Sekundärproduktion (P_{II}).

Abb. 1046 zeigt, daß die Konsumenten nur einen geringen Anteil an P_{II} haben, denn von P_n werden in unserem Eichen-Hainbuchenwald ja nur etwa 2% (in anderen Landbiocoenosen kaum mehr als 15%,

im Mittel etwa 7%) durch Herbivore direkt genutzt. Dagegen sammeln sich jährlich etwa 25% der P_n als tote organische Substanz an, in fester Form (Detritus: Laubstreu, Humus etc.) oder im Bodenwasser gelöst (z.B. als Humoligninsäuren). Diesem mengenmäßig wichtigen Kompartiment in unserem Ökosystem entspricht die große Bedeutung und Leistung der saprovoren und mineralisierenden Zersetzer (S. 372f., 564f., 686ff.); ihr Anteil an P_{II} beträgt daher über 95%.

Die besprochenen Grundzüge aller Ökosysteme hinsichtlich der Anteile von Biomassen der ernährungsphysiologischen Haupttypen (B_P / B_K / B_Z) sowie der toten organischen Substanz und hinsichtlich der Produktionsleistung (P_b / P_n, P_I / P_{II}) werden bei den einzelnen Ökosystemen vielfach nicht unbeträchtlich abgewandelt (vgl. dazu Tab. 46). Die Ursachen dafür sollen in den nächsten Kapiteln dargelegt werden.

Produktivität. Die Produktionsleistung eines Ökosystems an organischer Substanz pro Zeit- und Flächeneinheit bezeichnet man als seine Produktivität.

Die Produktivität wird gewöhnlich in g Trockengewicht pro m² und Jahr (g/m²/a) ausgedrückt. 1 g organische Trockensubstanz enthält im Mittel 45,5% Anteile Kohlenstoff; der mittlere Energiegehalt (Brennwert) ist bei Landpflanzen ca. 4,3 kcal, bei Ozean-Plankton 4,6–4,9 kcal.

Das Ausmaß der primären Produktivität der grünen Pflanzendecke ist, wie wir gesehen haben, von der eingestrahlten Energie,

PRIMÄRE PRODUKTION · SEKUNDÄRE PROD.

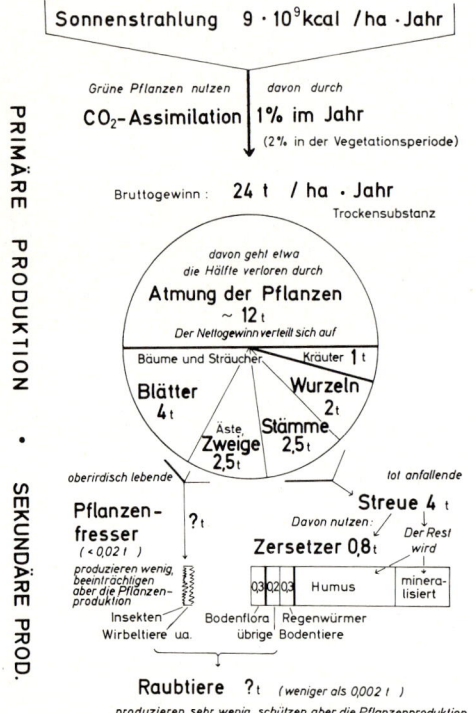

Abb. 1046: Jährliche Sonneneinstrahlung und primäre sowie sekundäre Produktion im Ökosystem eines mitteleuropäischen Hainbuchenmischwaldes. Gewichtsangaben in Trockensubstanz/ha. Vgl. dazu auch Tab. 45. (Nach Zahlenangaben von DUVIGNEAUD aus ELLENBERG.)

Tab. 45: Biomassen eines mitteleuropäischen Hainbuchenmischwaldes. Gewichtsangaben in Trockensubstanz/ha im Sommer. Vgl. dazu auch Abb. 1046. (Nach Zahlenangaben von DUVIGNEAUD aus ELLENBERG.)

A Grüne Pflanzen:	t/ha	
Blätter der Holzpflanzen	4	
Zweige	30	275 t/ha
Stämme	240	
Kräuter	1	

B Tiere (oberirdisch) ungefähr:		
Vögel	0,0007	
Großsäuger	0,0006	>0,004 t/ha
Kleinsäuger	0,0025	(3–5 kg/ha)
Insekten	?	

C Bodenorganismen ungefähr:		
Regenwürmer	0,5	
übrige Bodentiere	0,3	1 t/ha
Bodenflora	0,3	

der Ausdehnung der absorbierenden Assimilationsflächen (bzw. den Chlorophyllmengen), der Nettoassimilationsrate (S. 264) und der Versorgung mit CO_2, O_2, Wasser sowie mineralischen Nährstoffen abhängig (S. 265 ff.). Die Nettoassimilationsrate wird weiterhin von der Länge der Vegetationszeit, der Temperatur u. a. Faktoren beeinflußt (S. 270 f., 965 ff.). Voraussetzung für die Entfaltung von Assimilationsflächen sind entsprechende R a u m s t r u k t u r e n d e r Ö k o s y s t e m e.

Diese Zusammenhänge lassen sich für terrestrische Ökosysteme anhand einiger Diagramme illustrieren: Mit zunehmender Meereshöhe und abnehmender mittlerer Jahrestemperatur und Vegetationsdauer nimmt in den aufeinanderfolgenden Höhenstufen nicht nur der Blattflächenindex (Gesamtsumme der Blattflächen/Bodenfläche), sondern auch die Produktivität ab (Abb. 1047). Wenn man Produktivität, Jahrestemperaturen und Niederschläge für viele Stationen gegeneinander aufträgt, lassen sich die Zuzusammenhänge durch eingepaßte Kurven ausdrücken, die im Optimalbereich verflachen (Abb. 1048).

Die B l a t t f l ä c h e n i n d i c e s sind in tropischen Regenwäldern etwa 8–12, in temperaten sommergrünen Laubwäldern etwa 5, in Steppen etwa 3,5; boreale Nadelwälder erreichen dagegen bis zu 12, Zwergstrauchheiden nur noch ca. 5 und Kälte- (bzw. Hitze-)Wüsten sogar nur 0,5 und weniger. Entsprechende C h l o r o p h y l l m e n g e n pro m² sind für tropische Regenwälder 3 g, boreale Nadelwälder 3 g, temperate Laubwälder 2 g, Steppen 1,3 g und Wüsten 0,02 g. Annähernde Nettoproduktionswerte zur Höhenstufenabfolge und Blattflächenabnahme: Fichtenwald – Zwergstrauchheide – alpine Polsterpflanzen (Abb. 1047) sind: 800–200–10 g/m²/a.

Unter ariden Bedingungen ist die Wasserzufuhr durch Niederschläge als begrenzender Faktor eng mit der Primärproduktion korreliert (Abb. 1048 A); über 500 mm J a h r e s n i e d e r s c h l a g treten andere Faktoren (z. B. Nährstoffgehalt) in den Vordergrund, die Werte beginnen stärker zu streuen, und über 2500 mm ist kaum noch eine Produktionssteigerung erkennbar. – Zunehmende J a h r e s t e m p e r a t u r e n fördern die Produktivität besonders im mittleren Bereich (5°–15°); daher nimmt die Kurve (Abb. 1048 B) hier eine sigmoide Form an und verflacht bei 30°.

Die primäre P r o d u k t i v i t ä t (P_n/m²/a) natürlicher Ökosysteme (Tab. 46) erreicht z.B. in tropischen Regenwäldern bis zu 3500 g/m²/a, in Sümpfen und Marschen sogar 6000 g/m²/a. Beim Kulturpflanzenbau dürfte die Obergrenze bei einer Produktivität von ca. 6700 g/m²/a liegen (bewässerte Intensivkulturen von Zuckerrohr). Algenkulturen können im Labor 10000 g/m²/a erreichen, doch stößt eine praktische Nutzung zunächst noch auf große technologische Schwierigkeiten.

Die Bedeutung der R a u m s t r u k t u r des Ökosystems für seine Produktivität wird bei einem Vergleich der mittleren Werte für den offenen Ozean (125 g/m²/a) mit typischen Wäldern des Festlandes (1200 g/m²/a) sichtbar: Das freischwebende Plankton ist kurzlebig und bildet keine strukturierten Biocoenosen; die Nährstoffzufuhr ist turbulenzbedingt und organischer Abfall geht durch Absinken verloren. Demgegenüber sind Wälder festverankerte, langlebige und hochstrukturierte Biocoenosen («Lichtfiltersysteme») mit mehrminder regulierbarer Wasser- und Nährstoffzufuhr sowie Nährstoffspeicherung in den Pflanzen und im Boden. Nur in Meeresbereichen mit laufender Nährstoffzufuhr (durch Tiefenwasser, Flußmündungen etc.) erreicht die Planktonproduktivität lokal bis zu 600 g/m²/a oder mehr.

Die E f f i z i e n z der Primärproduktivität eines Ökosystems läßt sich durch einen Vergleich einerseits mit der eingestrahlten Sonnenenergie pro Flächeneinheit, andererseits mit dem Atmungsverlust in der Pflanzendecke ermessen. Grundsätzlich ergibt sich dabei: In vielschichtigen Wäldern wird die Sonnenenergie wirkungsvoller ausgenützt als in einfachen Pflanzengesellschaften (vgl. S. 966 f.). Wenn aber die Phytomasse zu einem hohen Anteil aus photosynthetisch unproduktiven Organen und Geweben besteht (z. B. Stämmen, Ästen, Sclerenchym), so bedingt das einen hohen Atmungsverlust und daher eine weniger effiziente Primärnettoproduktivität.

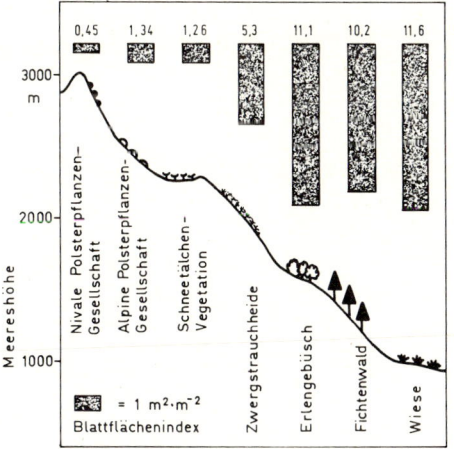

Abb. 1047: Blattflächenindices für Vegetationstypen eines Höhenstufenprofils (1000–3000 m) in den Alpen. Blattflächen in m² pro 1 m² Grundfläche als Blockdiagramme. Starke Abnahme der Werte an der Wald- und Nivalgrenze. (Nach VARESCHI u. a. aus LARCHER.)

In Planktongesellschaften beträgt die Lichtausnutzung relativ zur Bruttoproduktion (P_b) meist nur ca. 0,1 %, in Wäldern können diese Werte aber bei 2 % und darüber liegen. Dem entspricht eine viel dichtere durchschnittliche Verteilung des Chlorophylls: in Wäldern 2–3,5 g/m², im Plankton nur 0,03–0,3 g/m². – Die Atmungsverluste bei Planktonpopulationen, Getreidefeldern und Wiesen sind oft nur 10–20 % der Bruttoproduktionen, bei Holzpflanzenbeständen der temperaten Zone etwa 50 %, der Tropen aber bis zu 80 % (vgl. S. 984 f.). Damit wird verständlich, warum Phytomasse und Produktivität (B_p und P_n) nicht direkt miteinander korreliert sind.

Von Ausmaß und Form der Primärproduktion (P_n) sind die sekundäre Produktion (P_{II}), die Biomasseanteile von Konsumenten (B_K) und Zersetzern (B_Z) sowie der Bestand an toter organischer Substanz abhängig. Die Konsumenten können nur einen kleinen Teil ihres Nahrungssubstrates nutzen, weil sie sonst ihre eigene Existenz gefährden. Weiter treten bei jedem Übergang von einer Trophiestufe zur anderen innerhalb der Nahrungspyramide Stoff- und Energieverluste auf (Abb. 1050). Daher gilt für jedes Ökosystem: $P_I > P_{II}$ und $B_P > (B_K + B_Z)$.

Steppen und Savannen mit gut regenerierbarer Blattmasse erlauben die Entwicklung einer relativ großen Menge von herbivoren Tieren ($B_K \geqq B_Z$; vgl. S. 1038, Abb. 1087), dagegen spielen in Wäldern mit starkem Bestandesabfall Saprovoren und Mineralisierer die Hauptrolle ($B_K < B_Z$). Bei der tierischen Ernährung bleiben große Teile der Pflanzenkost (z. B. Zellwände und tote Gewebe) ungenutzt, für den Stoffumsatz muß Energie aufgewendet werden; so werden hier und bei allen anderen Etappen der Nahrungsketten immer nur ca. 10 % der gebundenen Energie tatsächlich weiter verwertet (vgl. Abb. 1050).

Während die Zersetzer in warmen Klimaten begünstigt sind und den Bestandesabfall rasch aufarbeiten, sammelt sich in den kalten Breiten viel tote organische Substanz an, weil die Zersetzer dort mit dem Abbau nicht nachkommen. Im Vergleich zur Phytomasse beträgt in tropischen Regenwäldern der Humus- und Streuanteil nur 10–20 %, in borealen Nadelwäldern dagegen oft 60–70 %. Noch viel höhere Anteile toter organischer Substanz bilden sich als Torf in Mooren und Moorwäldern (S. 1025). Insgesamt dürften in kontinentalen Ökosystemen Bestandesabfälle von ca. $111 \cdot 10^9$ t (gegenüber einer Biomasse von ca. $1837 \cdot 10^9$ t, etwa 1 : 16,5) vorhanden sein. In den Meeren schätzt man das Verhältnis von toter (etwa $10 \cdot 10^{12}$ t) zu lebender organischer Substanz sogar auf $1 : 10^{-3}–10^{-4}$. (Wegen der Bedeutung dieser Reservoire für die Entstehung fossiler Brennstoffe vgl. S. 992 f.).

Stoff- und Energieflüsse. Für die Funktion eines Ökosystems ist nicht nur der Stoff- und Energiefluß (innerhalb des Systems und zwischen System und Umgebung) an und für sich, sondern sein Ausmaß und seine Intensität bedeutungsvoll. Bei solchen quantitativen Analysen bedient man sich vielfach radioaktiv markierter Substanzen. Abb. 1049 zeigt, wie rasch ^{32}P sich in einem experimentellen aquatischen Ökosystem verteilt. Derartig hohe Raten des Stoff- und Energieumsatzes sind auch für natürliche Planktongemeinschaften bezeichnend. Der jährliche Energiefluß eines subtropischen Quellsees (Abb. 1050) wird von einer geringen Phytomasse (aber zahlreichen Generationen von Planktonalgen) getragen und illustriert, wie sich die Energie aus der Primärproduktion entlang der Nahrungsketten über das Ökosystem verteilt. In terrestrischen Biocoenosen, besonders in langlebigen Wäldern, erfolgen

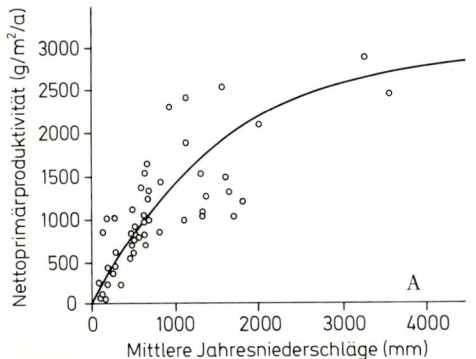
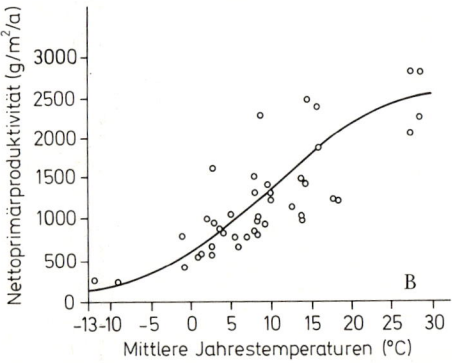

Abb. 1048: Nettoproduktivität der Pflanzendecke (ober- und unterirdisch; g Trockengewicht pro m² und Jahr) in Abhängigkeit von den mittleren jährlichen Niederschlägen (A) und Temperaturen (B). (Nach LIETH.)

die Stoff- und Energieumsätze relativ zur Phytomasse wesentlich langsamer.

Im Aquariumsexperiment (Abb. 1049) steigt die ^{32}P-Konzentration im Plankton innerhalb von wenigen Stunden auf das Vieltausendfache des Wassers. Nach starkem Umsatz innerhalb der Produzenten wird das ^{32}P-Maximum bei den Konsumenten nach 8 Tagen erreicht. Erst nach 45 Tagen sind 75% von ^{32}P in das Sediment gelangt und daher der intensiven biologischen Zirkulation entzogen. Im Quellsee Silver Springs (Abb. 1050) wird zwar ein Viertel der eingestrahlten Sonnenenergie absorbiert, das relativ dichte Phytoplankton kann aber schließlich – trotz fehlender Winterruhe – von der Gesamtstrahlung nur 1,2% für die Bruttoproduktion (P_b) ausnutzen. Nach relativ hohem Atmungsverlust (0,7%) bleiben davon für die Konsumenten und Zersetzer nur noch 0,2%.

Veränderung und Sukzession. Ein Ökosystem kann sich um so rascher ändern, je geringer seine Biomasse (B) und je intensiver sein Stoff- und Energiefluß ist. Wenn ΔB den Biomassezuwachs pro Zeiteinheit charakterisiert, so er-

gibt sich die Dauer für eine volle Umwälzung («turn-over») der Biomasse bei $B/\Delta B = 1$. Plankton- oder Therophytengemeinschaften können sich dementsprechend schon in Tagen oder Monaten, Waldgemeinschaften erst in Jahren oder Jahrzehnten ändern.

Beim Aufwachsen eines einheitlichen Pflanzenbestandes kann man parallel mit der Abfolge von Aufbau-, Reife- und Altersphase charakteristische Veränderungen von B, ΔB, der Atmung (R) und der Produktivität (P_n bzw. P_b) feststellen (Abb. 1051). Diese Veränderungen hängen damit zusammen, daß sich mit fortschreitendem Bestandesalter das Verhältnis von «produktiven» Blättern immer mehr zugunsten von «unproduktiven» Achsen und Wurzeln verschiebt und der Bestand schließlich abstirbt, wenn keine Verjüngung erfolgt.

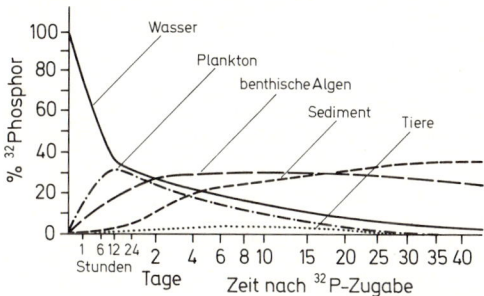

Abb. 1049: Verteilung von radioaktivem Phosphor (^{32}P) in einem Aquarium mit Plankton, benthischen Algen, Tieren und Sediment im Zeitraum von 40 Tagen. Die Ausgangskonzentration von $H_2{}^{32}PO_3$ war 100 µc in 200 l. (Nach WHITTAKER.)

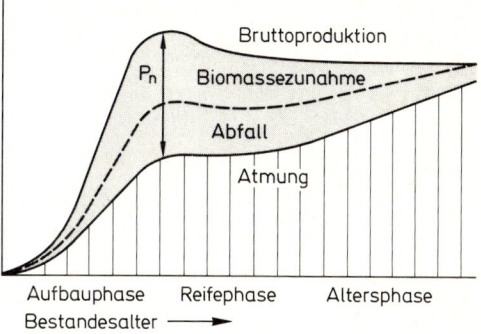

Abb. 1051: Phasen beim Aufwachsen eines einheitlichen Baumbestandes; Verhältnis von Atmung, Abfall (V_A), Biomassezunahme (ΔB), Netto- (P_n) und Bruttoproduktion (P_b); Tierfraß (V_K) nicht berücksichtigt. Weitere Erklärungen im Text. (Nach KIRA & SHIDEI.)

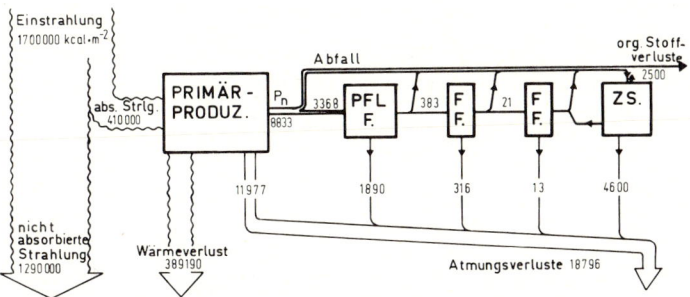

Abb. 1050: Energiefluß durch ein natürliches Plankton-Ökosystem (subtropischer Quellsee Silver Springs, Florida). Ein- und Ausgangswerte in kcal/m² pro Jahr. Kompartimente in rechteckigen Feldern: Primärproduzenten, Konsumenten (Pflanzenfresser = PFLF. und Fleischfresser erster und zweiter Ordnung = FF.) und Zersetzer (ZS). (Nach H.T. ODUM aus LARCHER.)

Während der Aufbauphase (Abb. 1051) nehmen P_b und P_n laufend zu, ΔB ist viel größer als $V_A + V_K$. Wenn P_n ein Maximum erreicht, ergibt die Nutzung des Bestandes beste Resultate. In der Reifephase stabilisiert sich P_n allmählich, ΔB und $V_A + V_K$ halten sich einigermaßen die Waage, der Zuwachs wird null. Während R weitersteigt, sinkt P_n zuletzt, und ΔB kann gegenüber $V_A + V_K$ negativ werden.

Auch im Verlauf der progressiven Sukzession komplexer Biocoenosen (S. 946ff., Abb. 1008) kommt es zuerst zu einer Zunahme von B und P_n, weil ΔB größer ist als $V_A + V_K$. Solche Ökosysteme sind produktiv, aber noch relativ veränderlich und instabil. In der Klimaxphase wird dann schließlich eine Form der natürlichen Verjüngung erreicht, die gewährleistet, daß sich B bei hohen Werten einpendelt, weil der Zuwachs ΔB im Nahrungskreislauf wieder aufgebraucht wird. Das Verhältnis von P_n und $V_A + V_K$ sowie von Anfall und Abbau des Bestandesabfalls ist ausgeglichen. Solche Ökosysteme nennt man protektiv. Sie sind als Klimax-Ökosysteme relativ stabil geworden und haben die beste Energieausnutzung erreicht: Sie erhalten eine maximale Biomasse mit geringstem Energieaufwand.

Selbstregulation und Stabilität. Voraussetzung für ein relatives Stabilwerden eines Ökosystems gegenüber Umweltschwankungen und biotischen (bzw. menschlichen) Belastungen ist seine Fähigkeit zur Selbstregulation. Sie beruht vor allem auf den mannigfaltigen biotischen Wechselwirkungen (Interferenzen, Rückkoppelungen), welche alle Glieder des Ökosystems miteinander verbinden (z.B. Nahrung ⇌ Konsument).

Dadurch werden ineinandergreifende Regelkreise bzw. Steuervorgänge (vgl. Abb. 318, 319) aktiviert, bei denen die optimale Energieausnutzung am jeweiligen Biotop als Sollwert in Erscheinung tritt. Abb. 1052 zeigt an einem einfachen Computer-simulierten Ökosystem-Modell, wie sich aufgrund solcher Rückkoppelungen die Populationsschwankungen von Primärproduzenten und Primär- bzw. Sekundärkonsumenten gegenseitig «abpuffern».

Solch wechselseitige Kontrollen gewährleisten auch bei allen natürlichen Ökosystemen Stabilität und Belastbarkeit; sie sind offenbar um so höher, je längerlebig und komplexer die Ökosysteme sind.

Ökosysteme und Biosphäre. Die voranstehenden Kapitel haben beispielhaft gezeigt, wie sehr sich verschiedene Ökosysteme hinsichtlich Biomasse, Produktivität, Stoff- und Energieumsatz sowie Stabilität unterscheiden. Aufgrund dieser Kriterien lassen sich Typen herausstellen, wobei verständlicherweise Parallelen mit den Formationstypen (S. 954ff.) erkennbar werden. Tab. 46 gibt eine Übersicht solcher Ökosystemtypen mit Angaben über ihre räumliche Ausdehnung, Biomasse und Primärproduktion (P_n); weiter finden sich entsprechende Summenwerte für die Kontinente und Ozeane sowie für die gesamte Biosphäre. Die computergesetze Karte (Abb. 1053) versucht eine räumliche Darstellung der jährlichen Primärproduktion (P_n) für Kontinente und Meere. Es ist verständlich, daß diese Werte für die Leistungsfähigkeit und Nutzungsmöglichkeit («carrying capacity») aller Biotope und Ökosysteme der Biosphäre entscheidende Aussagekraft haben.

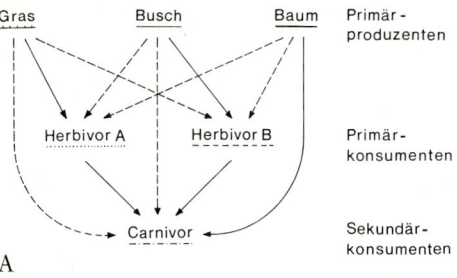
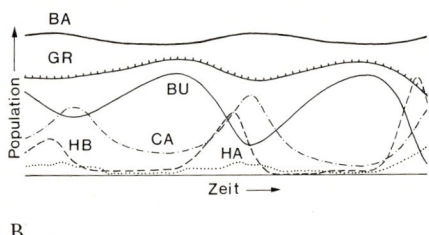

Abb. 1052: Modell eines Ökosystems mit Primärproduzenten: Gras (GR), Busch (BU) und Bäume (BA) sowie Primär- und Sekundärkonsumenten: Zwei Herbivore (HA, HB) und ein Carni- bzw. Omnivor (CA). A Die hauptsächlichen Nahrungsbeziehungen sind durch voll ausgezogene Pfeile, «Ausweichmöglichkeiten» durch unterbrochene Pfeile angedeutet. B Computer-simulierte Populationsschwankungen von BA, GR und BU, HB und HA sowie CA, über eine längere Zeitspanne. Die Zunahme von BU – etwa in der Mitte des Diagramms B – wird (als Störglied des Regelkreises) sofort durch eine Zunahme von HB und diese wieder durch CA (als Stellglieder) kompensiert. (Nach GARFINKEL & SACK aus JACOBS, verändert.)

Natürliche und naturnahe Ökosystemtypen hängen in ihrem Energiehaushalt von der direkten Sonnenstrahlung ab (wegen anthropogener urban-industrieller sowie intensiv genutzter land- und forstwirtschaftlicher Ökosystemtypen vgl. S. 992 ff.). Dabei sind die marinen und limnischen Ökosystemtypen der Gewässer entscheidend vom Lebensmedium her geprägt und labil strukturiert; sie haben geringe Biomassen, aber große Umsätze; ihre Produktivität ist entscheidend von der Nährstoffzufuhr abhängig und bleibt meist im niedrigen bis mittleren Bereich; höhere Werte werden nur in Korallenriffen, Flußmündungsgebieten und in semiterrestrischen Sumpf- und Marschgebieten erreicht. Terrestrische Ökosystemtypen sind ganz überwiegend durch einen ± komplex strukturierten Bestand an wurzelnden Gefäßpflanzen bestimmt. Viele Wälder haben bei ausreichender Wasserzufuhr und Temperatur mittlere bis hohe Produktionszahlen (im Durchschnitt 1000 bis 2200 g/m²/a). Wenn sich diese Faktoren in weniger günstige Bereiche verschieben, wie z.B. bei Lokkergehölzen, Steppen und Heiden, dann sinken die mittleren Produktionswerte auf 100–1000 g/m²/a, und bei wüstenartigen Ökosystemen bleiben sie noch erheblich darunter (Abb. 1048).

Nach Tab. 46 nehmen die Ozeane zwar 70% der Erdoberfläche ein, tragen aber nur mit etwa 30% zur Gesamtproduktivität der Biosphäre bei. Dem entspricht, daß nur etwa $\frac{1}{3}$ der Sonnenstrahlung für die Photosynthese in Gewässern, $\frac{2}{3}$ aber in terrestrischen Ökosystemen absorbiert werden. Obwohl Wälder nur $\frac{1}{3}$–$\frac{1}{4}$ der Landoberfläche bestocken, erbringen sie mehr als die Hälfte der terrestrischen Primärproduktion (P_n). Der Gesamtwert der Nettoprimärproduktion der Biosphäre beträgt ca. $170 \cdot 10^9$ t/a (nach neuesten Schätzungen allerdings nur etwa $120 \cdot 10^9$ t/a).

Tab. 46: Biosphäre, Kontinente und Meere, Formations- bzw. Ökosystemtypen: Flächen und Nettoprimärproduktivität, gesamte Nettoprimärproduktion sowie Phytomasse in Trockengewichten. Es handelt sich um Richtwerte (Normalbereiche und Mittelwerte x̄), die sich nach unten verschieben werden: Das zugrundeliegende Datenmaterial ist noch unvollständig, die Siedlungs- und Verkehrsflächen (etwa $3,3 \cdot 10^6$ km²) sind nicht berücksichtigt, die Zerstörung natürlicher bzw. naturnaher Ökosysteme nimmt immer größeren Umfang an. (Nach WHITTAKER & LIKENS.)

	Fläche 10^6 km²	Nettoprimärproduktivität g/m²/a Normalbereich	x̄	Nettoprimärproduktion (weltweit) 10^9 t/a	Phytomasse kg/m² Normalbereich	x̄	Phytomasse (weltweit) 10^9 t
(Sub)tropische Regenwälder	17,0	1000–3500	2200	37,4	6–80	45	765
Regengrüne Monsunwälder	7,5	1000–2500	1600	12,0	6–60	35	260
Temperate Regenwälder	5,0	600–2500	1300	6,5	6–200	35	175
Sommergrüne Laubwälder	7,0	600–2500	1200	8,4	6–60	30	210
Boreale Nadelwälder	12,0	400–2000	800	9,6	6–40	20	240
Waldsteppen, Hartlaubgehölze	8,5	250–1200	700	6,0	2–20	6	50
Savannen	15,0	200–2000	900	13,5	0,2–15	4	60
Temperate Steppen	9,0	200–1500	600	5,4	0,2–5	1,6	14
Tundren	8,0	10–400	140	1,1	0,1–3	0,6	5
Halbwüsten und Dorngebüsche	18,0	10–250	90	1,6	0,1–4	0,7	13
Extreme Wüsten, Gletscher	24,0	0–10	3	0,07	0–0,2	0,02	0,5
Kulturland	14,0	100–3500	650	9,1	0,4–12	1	14
Sümpfe und Marschen	2,0	800–3500	2000	4,0	3–50	15	30
Seen, Flüsse	2,0	100–1500	250	0,5	0–0,1	0,02	0,05
Kontinente, total	**149**		**773**	**115**		**12,3**	**1837**
Offene Ozeane	332,0	2–400	125	41,5	0–0,005	0,003	1,0
Zonen aufsteig. Tiefenwassers	0,4	400–1000	500	0,2	0,005–0,1	0,02	0,008
Kontinentalsockel	26,6	200–600	360	9,6	0,001–0,04	0,01	0,27
Algenbestände, Riffe	0,6	500–4000	2500	1,6	0,04–4	2	1,2
Flußmündungsgebiete	1,4	200–3500	1500	2,1	0,01–6	1	1,4
Ozeane, total	**361**		**152**	**55,0**		**0,01**	**3,9**
Biosphäre, total	**510**		**333**	**170**		**3,6**	**1841**

Für die Sekundärproduktion (S. 985 f.) dürften davon nur etwa 1% an Land und 5–6% in den Gewässern durch Tiere direkt genutzt werden, was etwa $0,9 \cdot 10^9$ t/a bzw. $3 \cdot 10^9$ t/a ergibt. Ein viel größerer Anteil der Primärproduktion kommt zuletzt der Sekundärproduktion von Bakterien und Pilzen zugute.

Die **Biomasse** der Biosphäre läßt sich mit $1843 \cdot 10^9$ t (nach Angaben der jüngsten Zeit nur mit etwa $1070–1690 \cdot 10^9$ t) veranschlagen. Die autotrophe P h y t o m a s s e macht davon ca. 99% aus; den Rest bilden pflanzliche Heterotrophe und nur zu etwa 0,1% Tiere (Zoomasse inkl. Mensch: S. 992 f. ca. $2,3 \cdot 10^9$ t). Dabei ist die Phytomasse der Landökosysteme etwa 500mal so groß wie die der Gewässer, und ca. 90% davon wird durch Wälder gebildet. Abgesehen vom rezenten Bestandesabfall (S. 988) ist noch ein sehr wesentliches Produkt der Photosynthese vergangener erdgeschichtlicher Perioden zu erwähnen: die f o s s i l e n o r g a n i s c h e n R e s t e in der Erdkruste. Sie übertreffen mit $5 \cdot 10^{11}$ t Erdöl, $5 \cdot 10^{12}$ t Kohle und ca. $10 \cdot 10^{15}$ t weniger konzentrierter Sedimenteinschlüsse die rezente Biomasse um ein Vieltausendfaches.

D. Nutzung und Veränderung durch den Menschen

Hinsichtlich seiner E r n ä h r u n g ist der Mensch völlig abhängig von der Nutzung der grünen Pflanzenwelt; unmittelbar ist diese Nutzung bei Nahrungspflanzen (z. B. Getreide, Hülsenfrüchte, Stärkeknollen, Zuckerrübe und Zuckerrohr, Ölfrüchte, Obst und Gemüse), mittelbar über pflanzliche Futterquellen bei Nutztieren (z. B. Fische oder Säugetiere, Fleisch, Fett und Milchprodukte). Auch seine G e n u ß - und H e i l m i t t e l (z. B. Wein, Bier, Kaffee; Tabak, Antibiotica, Herzglykoside, Alkaloide) sowie R o h s t o f f e (z. B. Holz, Fasern, Kautschuk) und E n e r g i e q u e l l e n (z. B. Brennholz, Kohle, Erdöl) stammen zu einem großen Teil aus dem Pflanzenreich.

Die W e l t b e v ö l k e r u n g wächst sprunghaft: um 7000 v. u. Z.: ca. 10 Mio., Zeitenwende ca. 160 Mio., 1850: ca. 1200 Mio., 1980: 4415 Mio. Dabei verkörpert die Menschheit innerhalb der Biosphäre auch quantitativ eine beachtliche Größe: $52 \cdot 10^6$ t; dazu noch die Nutztiere des Menschen: $265 \cdot 10^6$ t; und all das gegenüber der übrigen tierischen Biomasse

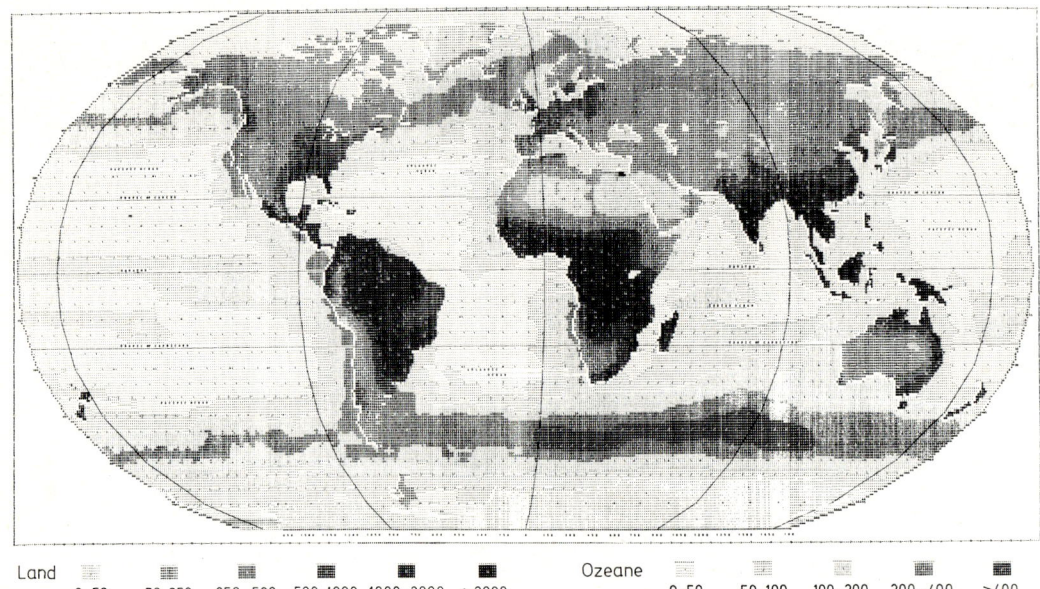

Land   0–50   50–250   250–500   500–1000   1000–2000   >2000   Ozeane   0–50   50–100   100–200   200–400   >400

Abb. 1053: Nettoprimärproduktion der Biosphäre. Angaben in g Trockensubstanz pro m² und Jahr für das Festland und die Ozeane. Angaben aus verschiedenen Quellen vom Computer als Karte ausgedruckt. (Orig. LIETH.)

von ca. 2000·10⁶ t (diese und die folgenden Schätzungswerte für 1970 und in Trockengewichten). Für ihre Ernährung benötigt die Weltbevölkerung jährlich ca. 1200·10⁶ t an Getreide und anderen pflanzlichen Lebensmitteln. Das Rohmaterial dazu entspricht etwa 10 % der gesamten terrestrischen Primärproduktion und stammt von ca. 10 % der Landoberfläche. An tierischen Nahrungsmitteln werden jährlich ca. 72·10⁶ t aus der Landwirtschaft und ca. 16,5·10⁶ t aus der Fischereiwirtschaft bezogen. Der jährliche Holzbedarf entspricht einer Phytomasse von 2·10⁹ t.

Aus diesen Angaben über die Nutzung der Biosphäre läßt sich das Ausmaß an Veränderung bzw. Zerstörung weiter Bereiche der Pflanzendecke und ganzer Ökosysteme im Verlauf der jüngeren Menschheitsgeschichte erahnen. Im einzelnen umfassen diese menschlichen Eingriffe a) Entnahme bzw. b) Zufuhr von organischem Material und Mineralstoffen, c) Verseuchung durch Giftstoffe und d) Änderungen im Artengefüge auf direktem (Wegnahme oder Einführung) oder indirektem Weg (Behinderung oder Förderung bestimmter Arten). So sind aus den Naturlandschaften der früheren Menschheitsgeschichte mit Jägern und Sammlern über eine Phase mit immer intensiverer landschaftlicher Nutzung heute infolge Industrialisierung und Urbanisation weithin totale Kulturlandschaften entstanden (Abb. 1009, 1056, 1058). Ihr Energiehaushalt wird nur noch teilweise aus direkter Sonnenstrahlung, im steigenden Maß aber aus anderen Energiequellen (fossile Brennstoffe, Wasser- und Kernenergie) gespeist; das gilt für intensiv genutzte forst- und landwirtschaftliche Ökosysteme, besonders aber für urban-industrielle Systeme. Im Vergleich mit der jährlichen Fixierung von Sonnenenergie durch grüne Pflanzen (ca. 17·10¹⁷ kcal) ist diese menschliche Energieproduktion noch bescheiden (1970: ca. 4,7·10¹⁶ kcal), sie steigt aber laufend an.

Das Diagramm Abb. 1054 zeigt, welch verheerendes Ausmaß die Waldzerstörung (besonders in den Tropen) während der letzten 20 Jahre erreicht hat; dagegen ist die Kulturlandgewinnung relativ zurückgeblieben. So sind naturnahe oder gar natürliche Biocoenosen in den dichter besiedelten Lebensräumen der Erde (z.B. in Mitteleuropa) auf winzige Flecken geschrumpft oder völlig verschwunden. Daher ist die Rekonstruktion der potentiellen Ökosysteme (unter Abstraktion von menschlichen Einflüssen) heute in weiten Gebieten kaum mehr möglich.

Die Menschheit und ihr Nahrungs- und Energiebedarf nehmen also immer rascher zu, die Ressourcen der Biosphäre aber sind begrenzt. Erst jetzt, da sich die negativen Auswirkungen dieser Entwicklung überall bemerkbar machen, besinnen wir uns auf Selbstkontrollen, Natur- und Umweltschutz sowie positive, ökologisch orientierte Formen der Nutzung und Landschaftsgestaltung, also auf das Ziel einer halbwegs ausgewogenen Integration von Menschheit und Biosphäre.

Waldwirtschaft. Durch die Entnahme von Brenn- und Bauholz, besonders aber durch

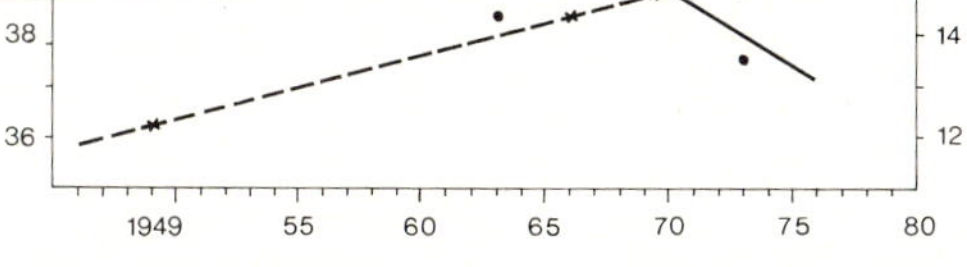

Abb. 1054: Veränderung der Flächenanteile von Wald (·——) und Kulturland (×---) zwischen 1948 und 1973. Die Zerstörung der Wälder verläuft viel rascher als die Erschließung neuen Kulturlandes. (Orig. BURIAN, nach verschiedenen Quellen.)

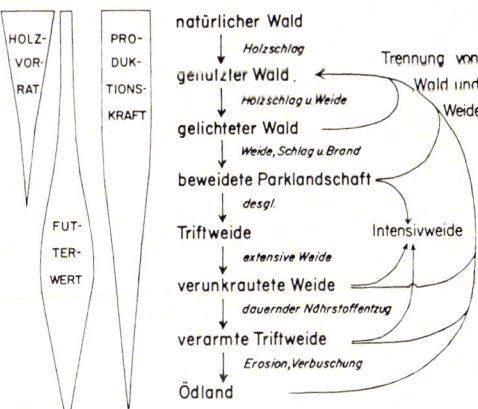

Abb. 1055: Die extensive Nutzung von Wald und Weide führt bis zum Ödland und reduziert die Produktionsleistung (Mitte und links). Dagegen ermöglicht eine getrennte und intensive Wald- und Weidewirtschaft erhöhte Holz- und Futtererträge (rechts). (Nach ELLENBERG.)

die extensive Waldweide (Abfressen des Jungbaumwuchses und der Stockausschläge) wurden die Wälder im Bereich menschlicher Siedlungen schon frühzeitig gelichtet (Abb. 1055). Die früher übliche Verwendung der oberen Waldbodenschichten zur Düngung der Äcker und als Stallstreu (S. 1023) hat weithin eine Nährstoffverarmung und Versauerung der Böden verursacht (Abb. 1027). Heute haben die hochindustrialisierten Länder für die Herstellung von Papier, Möbeln, Cellulose etc. einen Verbrauch von ca. 1 t Holz-Trockengewicht pro Kopf und Jahr erreicht, eine Menge, die nur durch Wald-Raubbau bzw. eine perfektionierte Forstkultur aufgebracht werden kann.

Für die Herstellung von Holzkohle in Meilern bevorzugte man in Mitteleuropa die Rotbuche. Die Bestände der Eibe wurden wegen ihres festen und elastischen Holzes (Herstellung von Speeren, Armbrüsten usw.) sehr stark dezimiert. Eichen förderte man früher wegen ihrer Bedeutung für die Schweinemast. Durch Viehverbiß wurde besonders die Tanne in Mitleidenschaft gezogen. Heute schädigt vielfach ein zu hoher Bestand an jagdbarem Rotwild die natürliche Waldregeneration (Wildverbiß!). All dies hat zu einer Veränderung im Artengefüge der mitteleuropäischen Wälder geführt.

Eine planmäßige Holznutzung führte noch im Mittelalter in Zentraleuropa zu den Wirtschaftsformen des Niederwaldes (Abhieb alle 20–40 Jahre, Brennholz, Regeneration aus Stockausschlägen), später des Mittelwaldes (Niederwald mit alten «Überständern» zur Regeneration aus Samen und für Bauholz). Durch Niederwaldbetrieb wurden die ausschlagfreudigen Hainbuchen und Eichen gegenüber Rotbuchen und Nadelbäumen gefördert. Steigender Holzbedarf nötigte dann zur Aufforstung heruntergewirtschafteter Heiden und Magerwiesen. Dabei wurden produktive Hochwälder gefördert; sie verjüngen sich aus Keimlingen, die natürlich anfliegen, gesät oder gepflanzt werden. Anstelle naturnaher Laubmischwälder traten schließlich vor allem seit dem 19. Jahrhundert vielfach standortsfremde forstliche Monokulturen von Fichte (vgl. Abb. 1001) und Kiefer, die man wegen ihrer Anspruchslosigkeit, Raschwüchsigkeit und ihres Wertes als Bauholz bevorzugte. – Die Aufforstung standortsfremder Gehölze hat auch außerhalb von Zentraleuropa den Charakter der Wälder grundlegend verändert, z.B. der Anbau von *Eucalyptus*-Arten in vielen wechselfeuchten Gebieten der (Sub-)Tropen.

Von den einheitlichen, nach großflächigen Kahlschlägen aufgezogenen Aufforstungen geht man heute vielfach wieder ab, da sie den Boden verschlechtern und besonders schädlingsanfällig sind. Moderne Wirtschaftsformen bevorzugen also wieder naturnähere Mischwälder, aus denen das Nutzholz klein-

flächig oder einzeln entnommen wird (Femel- oder Plenterschlag). Auch kann die Bodenqualität und Ertragsleistung durch Düngung mit Ca-, K-, P- und N-Salzen verbessert werden.

Die verschiedenen Nutzungs- und Wirtschaftsformen der Wälder und Forste betreffen die dominierende Baumschicht besonders augenscheinlich. Aber auch die Strauch-, Kraut- und Moosschicht werden stark verändert (vgl. Abb. 1001). Bei der Wiederbesiedlung von Kahlschlägen treten charakteristische Sukzessionen von Waldschlaggesellschaften in Erscheinung (S. 945).

Rodung, Brand und Eingriffe in den Wasserhaushalt. Um in natürlichen Waldgebieten Raum für Pflanzenbau und Weidetiere zu schaffen, wurde und wird vom Menschen überall auf der Erde gerodet und gebrannt. Da bewaldete Hänge mehr Regenwasser verbrauchen, es länger zurückhalten und den Boden besser vor Abtragung schützen, erhöht Entwaldung die Überschwemmungs- und Erosionsgefahr sowie die Nährstoffauswaschung.

Wo die Böden sehr humus- und nährstoffarm sind (wie z.B. in vielen Gebieten der Tropen), ist auf dem durch Brandrodung gewonnenen Kulturland nur eine dürftige und kurzfristige Nutzung möglich: Der Hauptanteil der Biomasse und des Nährstoffpotentials ist dort nämlich in der Pflanzendecke selbst enthalten; wird sie abgebrannt und die Asche abgeschwemmt, so ist die Grundlage der hohen Produktivität (Tab. 46) verloren. In den humiden Tropen ergibt sich daher vielfach die Notwendigkeit zum Wanderackerbau.

Wiederholte Brandrodung hat in den meisten wechselfeuchten Lebensräumen der Erde dazu geführt, daß sich anstelle feuerempfindlicher Wälder feuerresistente Savannen, Grasländer und Felsheiden sehr stark ausgebreitet haben (vgl. S. 980). Weitgehend anthropogen bedingt sind aber auch viele temperate Steppengebiete (z.B. im Windschatten des Harzes, im pannonischen Raum oder in den Randgebieten der nordamerikanischen Prärien). Zusammen mit Überweidung, Wasser- und Winderosion hat diese Entwicklung vielfach zu mehr-minder irreversiblen Formen der Boden- und Vegetationsdegradation geführt (z.B. Verkarstung in weiten Bereichen der Mittelmeerländer, Abb. 1010).

In humiden Klimaräumen, Seenlandschaften, Moorgebieten, Talsenken und Tiefländern haben die Anlage von Entwässerungsgräben und -kanälen, Dämmen und Deichen sowie die

Regulation und Begradigung der Wasserläufe tiefgreifende Veränderungen des Grundwasserstandes und der Überschwemmungsverhältnisse verursacht. Abb. 1056 gibt ein Beispiel für die damit verknüpften vielfältigen und drastischen Veränderungen der Vegetationsverhältnisse einer mitteleuropäischen Flußlandschaft.

Durch die Regulation der Gebirgsströme sind Flächen mit Schottern und Sanden sowie die damit verknüpften Auwälder sehr zurückgegangen (vgl. Abb. 1078). In der Tiefebene des nördlichen Zentraleuropas wurden riesige Moor- und Bruchwaldgebiete trockengelegt und zuerst in Naß-, dann in gedüngte Frischwiesen bzw. Weiden umgewandelt (vgl. dazu auch Abb. 1035).

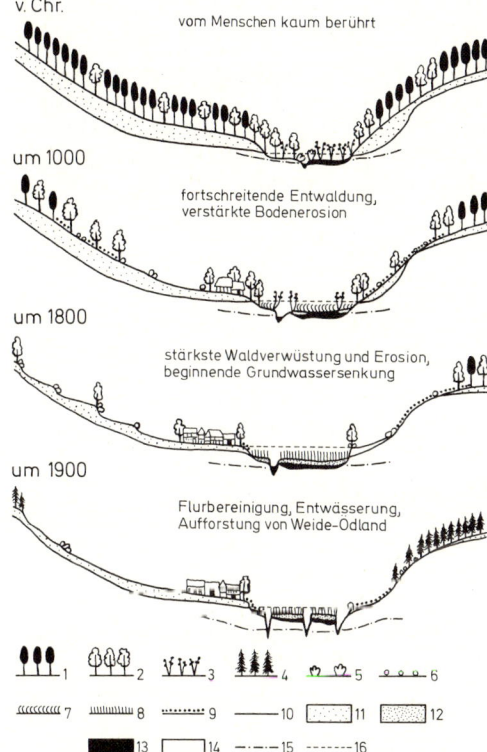

v. Chr.

vom Menschen kaum berührt

um 1000

fortschreitende Entwaldung,
verstärkte Bodenerosion

um 1800

stärkste Waldverwüstung und Erosion,
beginnende Grundwassersenkung

um 1900

Flurbereinigung, Entwässerung,
Aufforstung von Weide-Odland

Abb. 1056: Veränderungen einer mitteleuropäischen Landschaft (Oberlauf eines Flusses in der submontanen Stufe) seit 2000 Jahren: Besiedlung, Entwaldung, Weide, Ackerbau, Erosion, Entwässerung, Aufforstung u.a. 1 = Buchenwald, 2 = Laubmischwald mit Eichen u.a. 3 = Erlenbruch, 4 = Nadelholz-Aufforstung, 5 = Weidengebüsch, 6 = sonstige Gebüsche, 7 = Naßwiesen, 8 = Frischwiesen, 9 = Trockenwiesen, 10 = Äcker, 11 = Lößlehm, 12 = Aulehm, 13 = Moor, 14 = andere Bodenarten, 15 = mittlerer Grundwasserstand, 16 = mittlerer Hochwasserstand. (Nach Ellenberg.)

Weide- und Wiesenwirtschaft. Die Extensivweide durch ganzjährig grasende Nutztierherden gehört zu den ältesten Formen landwirtschaftlicher Nutzung. In Mitteleuropa wurde dadurch auf Kosten von Wäldern die Ausdehnung von Trocken- und Halbtrockenrasen, Triftweiden, Magerwiesen und Zwergstrauchheiden sehr stark gefördert (S. 1027f., Abb. 1055). In Gebieten, wo im Winter Stallfütterung notwendig ist, hat sich – besonders seit dem Mittelalter – die Mähwirtschaft und damit der Typus der Streu- und Futterwiesen entwickelt (Abb. 1057). Noch jünger sind die intensive Nutzung von Stand- und Umtriebsweiden, die Umwandlung von Mager- in Fettwiesen durch Düngung sowie die durchgehende Stallfütterung der Tiere, gekoppelt mit Futterpflanzenanbau. Das heute in allen Waldgebieten der Erde – von den Tropen bis in die borealen und subalpinen Bereiche – verbreitete und vielfach dominierende Grünland ist also fast ausschließlich als Produkt der menschlichen Tierhaltung zu verstehen.

Intensivweide und Mahd verhindern das Aufkommen von Holzpflanzen und fördern die Entwicklung von regenerationskräftigen Gräsern (Abb. 564) und Stauden (z.B. Arten von *Vicia, Heracleum, Galium*). Bevorzugt sind auch niedrigwüchsige bzw. rosettenbildende Pflanzen (z.B. Arten von *Trifolium, Plantago, Taraxacum*), da sie dem Schnitt oder der Weide leichter entgehen, und besonders die von den Tieren nicht gefressenen Weideunkräuter (S. 982). Besonders trittresistent sind z.B. *Lolium perenne, Plantago major* und *Polygonum aviculare*. Gegen Düngung empfindliche Magerwiesenpflanzen sind z.B. die meisten Orchideen und *Gentiana*-Arten. In Mähwiesen können nur Arten überleben, die ihre Reproduktion an den Rhythmus von Tief- und Hochständen (Abb. 1057) anpassen; so blühen und fruchten z.B. *Taraxacum* und *Bellis* vor dem 1. Hochstand, *Arrhenatherum* und *Anthriscus* im 1., *Heracleum* und *Cirsium oleraceum* im 2. Hochstand; *Colchicum autumnale* blüht im letzten Tiefstand und bildet seine Blätter vor dem 1. Hochstand.

Die Zusammensetzung der Gesellschaften im Kulturgrünland ist also sehr von der Nutzungsform abhängig (vgl. S. 993 ff.). Die beteiligten Arten stammen aus sehr unterschiedlichen naturnahen Pflanzengesellschaften, z.B. lichten Laubmischwäldern, Trockenrasen, Flachmoorwiesen u.a.

Nutzpflanzenbau und Besiedlung. Die intensive Nutzungsform des Pflanzenbaus durch den seßhaften Bauern bildete seit der mittleren Steinzeit die Voraussetzung für alle menschlichen Hochkulturen und ist bis herauf in unser 20. Jahrhundert die Grundlage für die Existenz der Menschheit geblieben. Voraussetzungen dafür waren und sind Rodung und Bodenbearbeitung, dann Fruchtwechsel und natürliche Düngung, vielfach auch Bewässerung oder Entwässerung, zuletzt künstliche Mineralstoffzufuhr, chemische Unkraut- und Schädlingsbekämpfung und maschinelle Betriebsformen sowie die laufende Verbesserung der Nutzpflanzen durch Züchtung. Die moderne Landwirtschaft liefert heute jährlich Pflanzenprodukte mit einem Trockengewicht von $10–11 \cdot 10^9$ t; das entspricht etwa 10^9 t Lebensmittel (vgl. dazu Tab. 47). Das dafür nötige Kulturland (inkl. intensiv genutztes Grünland) umfaßt 14 bis $15 \cdot 10^6$ km², also etwa 10% der gesamten Landoberfläche der Erde (gegenüber Tab. 46 erhöhte neuere Werte). Dazu kommen noch $3 \cdot 10^6$ km² an Siedlungen und $0,3 \cdot 10^6$ km² an Verkehrsflächen. Diese Entwicklung hat zu gewaltigen Veränderungen der Biosphäre geführt (vgl. dazu z. B. Abb. 1009, 1054, 1056).

Beim ursprünglichen Wanderackerbau regenerierte sich auf den aufgegebenen Kulturflächen eine naturnahe Vegetation. Beim Dauerkulturland konnte der Nährstoffverlust (infolge Ernte, Auswaschung und Erosion) durch natürliche Düngung, Fruchtwechsel und Einschalten eines Brachjahres («Dreifelderwirtschaft») zunächst noch ausgeglichen werden. Die verstärkte Abfuhr landwirtschaftlicher Produkte in die wachsenden Städte nötigt aber seit dem vorigen Jahrhundert zur Mineralstoffdüngung. Die Steigerung der landwirtschaftlichen Produktivität nach dem 2. Weltkrieg wurde vor allem durch Anzucht von Hochleistungssorten (S. 527), massiven Einsatz von Herbiciden und Insekticiden sowie weitgehend maschinelle und daher sehr energieaufwendige Bewirtschaftung ermöglicht.

An Intensivkulturen von Nutzpflanzen finden wir langfristig genutzte Plantagen (z. B. mit Fruchtbäumen, Wein, Bananen, Kautschuk, Sisal), Äcker mit kurzfristigem Umtrieb (z. B. mit Getreide, Hül-

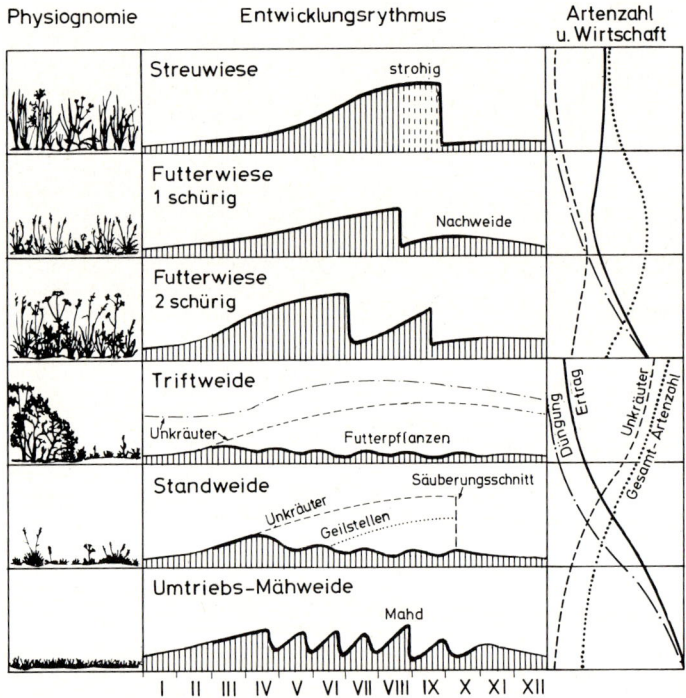

Abb. 1057: Bewirtschaftungsformen des Kulturgrünlandes: Mähwiesen und Weiden. Dargestellt ist die Bestandeshöhe im Laufe des Jahres (Monate 1–12), die durch Mahd bzw. Viehfraß beeinflußt wird. Triftweiden werden großflächig und extensiv, Stand- bzw. Umtriebsweiden kleinflächig und intensiv genutzt, wobei der Viehbestand länger bleibt bzw. rotiert. Düngung und Ertrag sind bei Streuwiesen und Triftweiden am niedrigsten, bei 2schürigen Futterwiesen (Fettwiesen) und Umtriebsmähweiden am höchsten. Weitere Erklärungen S. 993 ff., 1027 f. (Nach ELLENBERG.)

senfrüchten, Kartoffeln, Rüben, Zuckerrohr, Ölfrüchten, Tomaten, Baumwolle, Futtergräsern, Luzerne) und die Mischform der Gärten. Tab. 47 gibt einen Überblick über die heutige Nutzpflanzenproduktion. Für die vegetarische Ernährung eines Menschen sind etwa 0,14 ha (1400 m²) notwendig. Dagegen erfordert die fleischreiche Kost der hochentwickelten Industrieländer pro Person etwa 1 ha an

Tab. 47: Jährliche Produktionszahlen der wichtigsten Nutzpflanzen und Nutztiere des Menschen. Die Werte beziehen sich nur auf die genutzten Organe bzw. Produkte; sie sind in 1000 t Frischgewicht angegeben und beruhen auf den Werten für 1980. Fett gedruckte Ziffern kennzeichnen Summenwerte. (Nach FAO Produktion Year Book 1980.)

Getreide	**1570673**	**Obst**	**319252**
Weizen	444534	Trauben (vgl. auch Wein)	65255
Reis	399779	Citrusfrüchte	56511
Mais	392249	Bananen (Obst- u. Mehlbananen)	50519
Gerste	162402	Äpfel	35660
Hirsen	87353	Wassermelonen	25071
Hafer	42647	Mangos	14342
Roggen	27368	Birnen	7909
Sonstige (Buchweizen u. a.)	14341	Pfirsiche	7201
		Zuckermelonen	6676
Stärkeknollen und -wurzeln	**487113**	Ananas	7636
Kartoffel	225718	Sonstige (Pflaumen, Datteln, Papayas,	
Batate	107254	Kirschen, Aprikosen, Avocados,	
Maniok	122134	Himbeeren, Erdbeeren, Johannis-	
Sonstige (Yams u. a.)	32007	beeren u. v. a.)	32472
Zuckerpflanzen			
Zuckerrohr	730723	**Nußartige Früchte und Samen**	**3544**
Zuckerrübe	268722	(Walnüsse, Mandeln, Cashew-Nüsse,	
Daraus Rohzucker	85431	Echte Kastanien, Haselnüsse u. a.)	
Hülsenfrüchte	**47408**		
Bohnen	14664	**Genußmittel**	
Erbsen	11085	Wein (aus Trauben)	33921
Saubohnen	6709	Tabak	5386
Kichererbsen	4761	Kaffee	4821
Sonstige (Linsen u. a.)	10189	Tee	1886
		Kakao	1557
Öl- und Fettfrüchte (bzw. -samen)			
Sojabohnen	83481	**Pflanzliche Fasern**	**20564**
Baumwollsamen	42111	Baumwolle	14391
Erdnuß	18901	Jute	4007
Sonnenblume	13174	Flachs	594
Ölbaum (Oliven)	10544	Sonstige (Sisal, Hanf u. a.)	1572
Raps	10547		
Kokosnuß (Kopra)	4552		
Sonstige (Ölpalme, Leinsamen,		**Kautschuk**	
Sesam u. a.)	8012	(von *Hevea*)	3811
Gemüse	**255758**		
Tomaten	50153	**Tierische Produkte**	
Kohl und Kraut	35139	Fleisch (Rinder, Schweine,	
Zwiebel	19410	Schafe, Geflügel u. a.)	142166
Gurken	10524	Milch	427887
Karotten	10087	Eier	27455
Sonstige (Salat, Kürbisse, Paprika,		Honig	1018
grüne Erbsen und Bohnen,		Schafwolle (gereinigt)	1675
Karfiol = Blumenkohl u. v. a.)	130445	Echte Seide	67

Kultur- und Grünland (und noch 0,4 ha für den Bedarf an Holz, Papier, Textilien etc.).

Als Folge intensiver menschlicher Kulturmaßnahmen und der Vernichtung der natürlichen bzw. naturnahen Vegetation wurden weithin neue Standortsverhältnisse geschaffen (Humusabtragung, Mineralstoffanreicherung etc.). Dem entspricht die Entstehung völlig neuartiger anthropogen bedingter Pflanzengemeinschaften: im Bereich der Äcker, Plantagen und Gärten haben sich so in Konkurrenz mit den Nutzpflanzenbeständen Unkrautfluren, im Ödland (z.B. an Wegrändern, Erdaufschüttungen, Schutt- und Abfalldeponien) Ruderalfluren herausgebildet. In diesen überaus veränderlichen und konkurrenzschwachen Vergesellschaftungen heterogener Arten sind gute Voraussetzungen für die Einbürgerung vom Menschen eingeschleppter, fremdländischer Adventivpflanzen (S. 927f.) und für die hybridogene Sippenbildung (S. 526ff.) gegeben.

Die Arten der Unkrautfluren müssen der Bodenbearbeitung, der Nutzpflanzenkonkurrenz und besonders auch den Maßnahmen der Ernte und Saatgutreinigung «gewachsen sein». So werden etwa die ausdauernden Geophyten *Convolvulus arvensis*, *Cirsium arvense* oder *Agropyron repens* mit ihren sehr regenerationsfähigen Rhizomen durch Pflug oder Hacke nur noch weiter verbreitet. Die einjährigen Getreideunkräuter (z.B. *Agrostemma githago*, *Papaver rhoeas*, *Sinapis arvensis*, *Centaurea cyanus*) entwickeln sich vorteilhaft mit der aufwachsenden Saat, streuen ihre Samen nur teilweise auf dem Feld aus und werden mitgeerntet, ihre Diasporen entsprechen in der Größe-Gewicht-Relation soweit dem Getreide, daß sie durch einfache Reinigungsmaschinen neuerlich ins Saatgut gelangen. Die meisten dieser einjährigen Unkrautarten wurden erst mit dem Getreidebau aus dem Nahen Osten bzw. den Mittelmeerländern nach Mitteleuropa eingebracht, sind aber heute infolge verbesserter Saatgutreinigung und biochemischer Bekämpfung in starkem Rückgang begriffen. Die mitteleuropäischen Unkrautfluren differenzieren sich besonders nach pH, Nährstoffgehalt (S. 932), Wasserhaushalt und dem Zeitpunkt der letzten Bearbeitung der Böden (S. 969) in verschiedene Getreide- und Hackfruchtgesellschaften und erlauben regional eine ausgezeichnete Standortsbeurteilung.

Ruderalstellen sind meist durch einen hohen Mineralstoff- (bes. Stickstoff-)gehalt ausgezeichnet. Ruderalpflanzen ertragen bzw. benötigen solche Bedingungen (S. 977). Die Sukzession von Ruderalfluren führt von Initialstadien mit Einjährigen (z.B. *Stellaria media*, *Plantago major*, *Poa annua*) über staudenreiche Gemeinschaften (z.B. mit *Chelidonium majus*,

Rumex spec., *Ballota nigra*, *Arctium spec.*, *Artemisia vulgaris*) bis zu Gebüschen (z.B. mit *Sambucus nigra*). Beispiele für adventive Ruderalpflanzen sind etwa *Datura stramonium* und *Oenothera biennis* (aus Nordamerika) oder *Cardaria draba* (aus Asien) (vgl. dazu auch S. 1018).

Ruderal- und Unkrautsippen haben sich vielfach parallel mit verwandten Nutzpflanzen in dem vom Menschen geschaffenen landwirtschaftlichen Milieu entwickelt. Beispiele dafür sind etwa der hexaploide Kulturweizen (*Triticum aestivum*), an dessen Entstehung diploide Unkrautsippen beteiligt waren (S. 531, Abb. 577), der Roggen (*Secale cereale*), der ursprünglich ein Unkraut der Weizenfelder war, und die nahe verwandten hexaploiden Kultur- und Unkraut-Hafer (*Avena sativa* und *A. fatua*). Sowohl Nutz- als auch Ruderalpflanzen lassen sich durch zusätzliche Mineralstoffgaben (Düngung!) positiv beeinflussen. Bei Gemüsepflanzen ist dies vielfach auf eine gemeinsame Abstammung von halophilen Ausgangssippen zurückzuführen. Das gilt z.B. für die mediterran-orientalischen Wildsippen und die mit ihnen hybridogen eng verknüpften Unkraut- und Kulturformen von *Beta vulgaris* agg. (S. 844), *Brassica oleracea* agg. (S. 518, 872f., Abb. 565) und *Daucus carota* agg. (S. 870).

Die intensive Anwendung von Herbiciden hat in den letzten Jahrzehnten die Unkraut- und Ruderalfluren sehr dezimiert. Immerhin erweisen sich auch dagegen einige Arten als resistent (z.B. *Galium aparine*).

Anreicherung von Abfällen und Giftstoffen. Als Folge der immer dichteren Besiedlung und Urbanisation sowie der zunehmenden Industrialisierung werden Gewässer, Böden und der Luftraum mehr und mehr durch anthropogene Abfall- und Giftstoffe belastet (z.B. durch Abwässer, Waschmittel, unzersetzliche Plastikstoffe, SO_2 und andere Abgase [Abb. 1058], toxische Schwermetalle, radioaktive Substanzen, Herbicide und Insekticide). Vielfach sind dadurch die Biocoenosen hinsichtlich Abbau der eingeschleusten Fremdstoffe und Aufrechterhaltung der Nahrungsketten und Stoffkreisläufe überfordert. Giftstoffe können sich oft gefährlich anreichern. Empfindliche Organismengruppen werden besonders getroffen und eliminiert. Eine Zeitlang können sich die Biocoenosen bzw. Ökosysteme trotz Leistungsabfalls anpassen und verändern. Zuletzt kann es aber doch zu totalen Zusammenbrüchen und verheerenden Rückwirkungen auf den Menschen kommen.

Die übermäßige Zufuhr nitrat- und phosphatreicher Abwässer (aus der Kanalisation der Siedlungen, von kunstgedüngten landwirtschaftlichen Flächen etc.) führt in ursprünglich oligo- bis mesotrophen Flüssen und Seen (vgl. S. 974) zur anthropogenen Eu- bzw. Hypertrophierung, also zur «Überdüngung». Dadurch werden die ursprünglichen Arten von Wasserpflanzen, Planktonlebewesen etc. direkt geschädigt, neu hinzukommende aber erfahren eine übermäßige Entwicklung (z.B. Plankton-*Cyanophyceae*). Der Überproduktion folgen eine Zunahme der organischen Abfälle, eine vermehrte Aktivität der Zersetzer und fortschreitende Sauerstoffverarmung, Fischsterben und – besonders bei zusätzlicher Verschmutzung (z.B. durch Waschmittel, Industrieabfälle etc.) – ein mehr-minder weitgehender Zusammenbruch des Ökosystems. Durch Leitarten kann die Hydrobiologie diese Etappen der Gewässerverschmutzung stufenweise charakterisieren (vgl. S. 628f.).

Als Folge von Verbrennungsvorgängen (Industrie, Heizung, Automotoren) werden der Erdatmosphäre derzeit jährlich ca. $13 \cdot 10^9$ t CO_2 und als ausgesprochene Luftverunreinigungen ca. $2,9 \cdot 10^8$ t CO, $14,7 \cdot 10^7$ t SO_2, $5,3 \cdot 10^7$ t nitrose Gase, weiter Halogenwasserstoffe und $2,3 \cdot 10^7$ t Rauchpartikel zugeführt. Von 1900 bis 1970 ist der durchschnittliche CO_2-Volumenanteil von 0,029% auf 0,032% gestiegen, was bereits Auswirkungen auf die Photosynthese (S. 268ff.), aber auch auf eine Erwärmung infolge vermehrter Absorption der Sonnenstrahlung («Glashauseffekt») haben dürfte. Umgekehrt verringern die Rauchpartikel die Einstrahlung von Sonnenenergie. Die lokale Anreicherung von Verbrennungsrückständen und photochemischen Derivaten bedingt

über Städten und Industriegebieten die Bildung des gefürchteten und gesundheitsschädlichen «Smog».

Bei Pflanzen führen schon niedrige Konzentrationen von SO_2 oder HF bei Dauerbelastung zu Störungen der Photosynthese und des Wasserhaushalts, weiter zu verringertem bzw. aberrantem Wachstum und schließlich zum Absterben. Besonders empfindlich sind in dieser Hinsicht Flechten: Ihr zonenartiger Rückgang bzw. völliger Ausfall im Bereich der Städte wird vielfach als Zeiger für die Zunahme der durchschnittlichen Luftverunreinigung herangezogen (vgl. S. 692). Auch empfindliche Samenpflanzen (z.B. *Picea abies*, *Pinus sylvestris*, *Larix decidua*) lassen sich in Großstadt- und Industriezentren nicht mehr kultivieren; dort eignen sich z.B. *Thuja orientalis*, *Buxus sempervirens* oder *Platanus × hybrida* aufgrund ihrer relativ hohen Resistenz eher zur Bepflanzung. Abb. 1058 gibt ein Beispiel für die verheerende Schädigung borealer *Picea*-Wälder im Umkreis einer Eisenverhüttungsanlage mit starkem SO_2-Austoß: von den 10–50 Arten je Probefläche im ungeschädigten Bestand fallen in etwa 25 km Entfernung die Fichten, dann die Laubhölzer und zwischen 7 und 2 km schließlich alle Krautpflanzen aus. SO_2 und nitrose Gase werden meist nach wenigen Tagen aus der Atmosphäre als Regen und Nebel niedergeschlagen. Dabei wird das Regenwasser deutlich angesäuert («Saurer Regen» bis zu pH 3,0; normal: pH 5,5), was zu einer verstärkten Auswaschung von Nährstoffen aus der Pflanzendecke und dem Boden sowie zu einer gefährlichen Ansäuerung vor allem kalkarmer (nicht gepufferter) Gewässer führt (z.B. in Skandinavien).

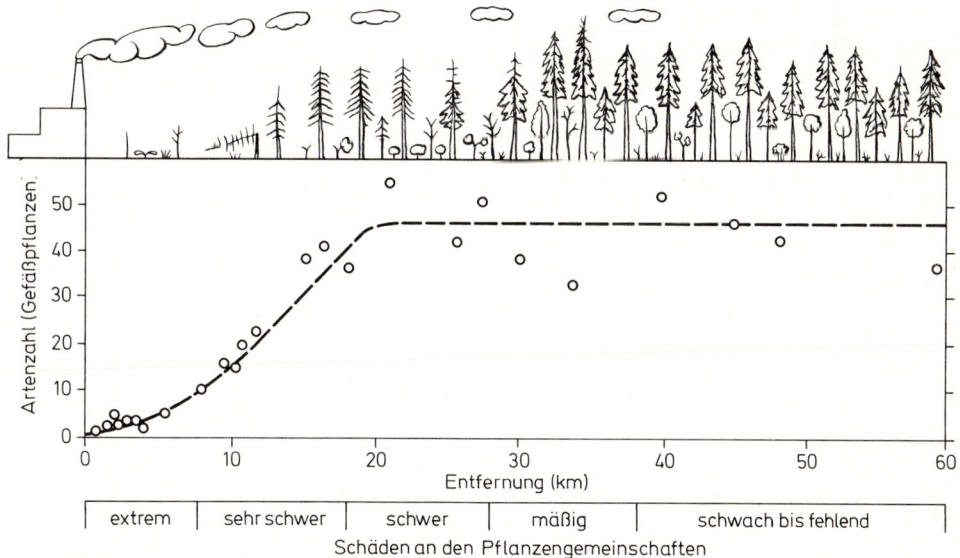

Abb. 1058: Auswirkungen der Abgase einer Eisenverhüttungsanlage (besonders SO_2) auf boreale Nadelwälder in Canada (Ontario): Absterben der Fichten (*Picea* spec.) und anderer Gefäßpflanzen, drastische Abnahme der Artenzahl. (Nach GORDON & GORHAM aus WHITTAKER.)

Besonders bedenklich ist die anthropogene Verseuchung der Biosphäre durch Giftstoffe, die nicht oder nur langsam abgebaut werden, mobil sind (also nicht rasch sedimentieren) und sich vielfach nicht fortschreitend verdünnen, sondern in den Nahrungsketten gefährlich anreichern (vgl. Abb. 1049). Hierher gehören toxische Schwermetalle (S. 979), z.B. Blei (vor allem als Benzinbeimischung; jährlicher Anfall $3,5 \cdot 10^5$ t) und Quecksilber. Radioaktive Stoffe, z.B. Phosphor (^{32}P), Strontium (^{90}Sr) oder Jod (^{131}J), treten auch bei normalem Betrieb in den Abwässern von Atomkraftwerken in minimalen und an und für sich ungefährlichen Mengen auf; im Plankton und in Wasserpflanzen können sie sich aber ums Vielhundertfache und in tierischen Endverbrauchern ums Vieltausendfache akkumulieren und damit unmittel-

bar oder mittelbar (infolge mutativer Veränderungen des Erbgutes) lebensgefährlich werden. Ähnliches gilt auch für verschiedene Insekticide (z.B. DDT) und Herbicide, die in den letzten Jahrzehnten im Rahmen der mechanisierten Land- und Forstwirtschaft massiv zur Bekämpfung tierischer und pflanzlicher Schädlinge eingesetzt wurden. Sie haben durch Anreicherung direkte Schäden bei Wild- und Nutztieren verursacht und so infolge drastischer Störungen der Nahrungsketten und Ökosystem-Zusammenhänge vielfach unvorhergesehene nachteilige Nebenwirkungen gezeigt. Diesen Fehlentwicklungen versucht man in den letzten Jahren mit Methoden der biologischen Schädlingsbekämpfung und des ökologischen Landbaues zu begegnen.

Vierter Abschnitt
Floren- und Vegetationsgeschichte

Anhand zahlloser Fossilfunde zeigt die Paläobotanik, welch tiefgreifende Änderungen die Floren und Vegetationstypen des Wassers und Landes seit der Entstehung des Lebens auf unserer Erde vor mehr als 3 Milliarden Jahren erfahren haben. Aber auch Arealgestaltung und Verwandtschaftsbeziehungen rezenter pflanzlicher Formenkreise weisen immer wieder auf die andersartigen Umweltbedingungen der geologischen Vergangenheit. Das Pflanzenkleid der Gegenwart unserer Erde kann also nur als Ergebnis einer langen historischen Entwicklung verstanden werden. Diese Entwicklung beruht auf der Stammesgeschichte des Pflanzenreiches (S. 912 ff.), steht in Zusammenhang mit der fortwährenden erdgeschichtlichen Umgestaltung der Oberfläche unseres Planeten (Ozeane, Kontinente, Gebirgsbildung etc.) bzw. seiner Lufthülle (Sauerstoffgehalt, UV-absorbierende Ozonschicht, Temperatur, Niederschläge etc.) und ist aufs engste mit der Evolution der Tiere (S. 982 f.), zuletzt der Menschheit (S. 992 ff.) verknüpft.

Für die Aufklärung der Floren- und Vegetationsgeschichte werden Methoden der Paläontologie bzw. Paläobotanik einschließlich der Pollenanalyse (S. 544 f., 763 ff., 806 ff.), der Geologie, der Evolutionsforschung (S. 480 ff., 508 ff.) und der Arealkunde herangezogen (S. 543, 921 ff.).

Die in den Kapiteln B–E folgenden speziellen

Hinweise auf die Floren- und Vegetationsgeschichte der Erde können im Rahmen dieses Lehrbuches nur sehr kurz und beispielhaft sein. Sie beziehen sich vorwiegend auf Zentraleuropa, sind auf einige wichtige Phasen beschränkt und nach den Hauptabschnitten der Evolution des Pflanzenreiches geordnet (Abb. 838, 853).

A. Methoden

Fossile Pflanzenreste erhalten sich meist nur unter sehr beschränkten Bedingungen, vor allem in marinen oder limnischen Sedimenten, Torfen und aus solchen entstandenen Kohlen. Am besten sind manche Algengruppen sowie Sproßfragmente, Blätter, Sporen, Pollen, Samen und Früchte von Gefäßpflanzen vertreten. Diese Pflanzenreste werden so gut wie möglich rezenten Taxa zugeordnet oder als ausgestorbene Sippen bzw. Formgruppen beschrieben.

Nur Skelettelemente und organische Kalkablagerungen (z.B. bei Diatomeen, Coccolithophoralen, Corallinaceen) bleiben vielfach direkt erhalten (Abb. 611, 629C). Wo solche Hartteile fehlen, können Zellen und Gewebe durch Inkohlung konserviert werden. Am besten erhalten sich dabei verholzte Zellen, Cuticulen und die Exine von Sporen und Pollenkörnern. Wenn Mineralstoffe (z.B. Kieselsäure, Carbonate) das organische Material der Zellwände bzw. des Zellinneren ersetzen, entstehen strukturbietende, echte Versteinerungen (Abb.

776, 778, 794). Dünnschliffe, schichtweise Abtragungen mittels Plastikfolien oder Umbettungen erlauben bei diesen Erhaltungsformen oft noch anatomische Untersuchungen (vgl. z.B. Abb. 800, 802–804, 866, 871). Vielfach bleiben aber von Pflanzenresten vergangener Perioden nur Abdrücke (z.B. in Kalktuffen oder im Bernstein) oder Innenausgüsse erhalten.

Von besonderer Bedeutung für die Floren- und Vegetationsgeschichte – vor allem der jüngeren geologischen Vergangenheit – sind die Befunde der **Palynologie**; ihre Objekte sind die Sporen und Pollenkörner der Gefäßpflanzen mit ihrer widerstandsfähigen Exine.

Wegen ihrer erstaunlichen strukturellen Differenzierung (vgl. Abb. 845, 846, 882) lassen sich Sporen und Pollenkörner systematisch meist gut erfassen. Vor allem der Blütenstaub von windblütigen, aber auch von manchen insektenblütigen Waldbäumen und vielen Kräutern wird jährlich in großer Menge verweht. In Mitteleuropa fallen jährlich auf den cm^2 mehrere Tausend Pollenkörner bzw. Sporen und werden in wachsende Ablagerungen (z.B. Seekreiden, Torfe, Rohhumusböden etc.) eingebettet. Daraus lassen sie sich durch Bohrungen in Profilform entnehmen, schichtweise aufbereiten und quantitativ analysieren. Eine graphische Darstellung als Pollendiagramm (Abb. 1071) zeigt dann das Auftreten und die wechselnde Menge der Pollenkörner verschiedener Arten über den im Profil repräsentierten geologischen Zeitabschnitt. Daraus kann man sogar auf die wechselnde quantitative Zusammensetzung der Wälder schließen, die während der Bildungszeit der untersuchten Ablagerung in der Nähe wuchsen. Ein Vergleich der heutigen Waldzusammensetzung mit dem heutigen Pollenniederschlag lehrt, wie weit solche Schlüsse zulässig sind.

Wichtig ist natürlich die Kenntnis des Alters fossiler Pflanzenreste. Abgesehen von der relativen Chronologie der Erdgeschichte, die sich auf das Vorkommen tierischer oder pflanzlicher Leitfossilien stützt, stehen heute auch verschiedene Methoden der absoluten **Altersbestimmung** zur Verfügung.

Dabei wird das Alter von Gesteinen nach ihrem Gehalt an radioaktiven Mineralien, den daraus entstandenen Spaltprodukten und der konstanten Zerfallszeit berechnet (z.B. Uranzerfall $^{238}U \rightarrow$ $^{206}Pb = 4,5 \cdot 10^9$ Jahre). Auf solchen Daten beruhen die Zeitangaben für die erdgeschichtlichen Epochen in Abb. 853. Für die Datierung organischer Reste aus der jüngsten geologischen Vergangenheit (bis vor 50000 Jahren) verwendet man besonders die Radiocarbonmethode. Sie beruht darauf, daß sich bei der organischen Bindung von Kohlenstoff das ursprüngliche Verhältnis von $^{12}C : ^{14}C$ im CO_2 der Luft

durch Zerfall von ^{14}C zu ^{14}N (Halbwertszeit 5730 $\pm$ 40 Jahre) laufend zu ungunsten von ^{14}C verschiebt. Absolute Altersbestimmungen im Postglazial sind auch durch Auswertung der Jahresschichtung der beim Eisrückgang entstandenen Bändertone und durch die Dendrochronologie (S. 170) möglich.

Da die nacheiszeitliche Waldentwicklung über große Gebiete sehr gleichförmig verlief (vgl. S. 1014ff.), besagt übrigens schon die Einordnung eines Fundes in einen bestimmten Abschnitt der Waldgeschichte etwas über sein Alter. Für die letzten Jahrtausende läßt sich schließlich das Alter der Pflanzenreste auch feststellen, wenn sie zusammen mit gleichaltrigen vor- und frühgeschichtlichen Gegenständen gefunden werden, deren Alter man kennt, z.B. Reste vorgeschichtlicher Siedlungen in pollenreichen Seeablagerungen, verkohlte Reste von Hölzern, Getreide u.a. in Landsiedlungen. Wird auf diese Weise die Zugehörigkeit der vorgeschichtlichen Perioden zu den einzelnen Waldzeiten festgestellt, dann lassen sich auch umgekehrt Gegenstände, deren Alter der Vorgeschichtler nicht angeben kann, pollenanalytisch datieren, wenn sie in gleichaltrigen pollenführenden Ablagerungen ruhen. Vegetationsgeschichte, Geologie, Vorgeschichte und Siedlungsgeographie arbeiten also vielfach zusammen.

Befunde der Evolutionsforschung und Arealkunde an rezenten Formenkreisen erlauben vielfach indirekte Schlußfolgerungen zur Floren- und Vegetationsgeschichte (S. 519ff., 527ff., 930f.).

Solche Schlußfolgerungen lassen sich um so besser absichern, je mehr Arten mit ähnlichem Differenzierungsmuster in einem Florengebiet oder Vegetationstyp miteinander vergesellschaftet sind. So wiederholt sich z.B. bei vielen Verwandtschaftsgruppen die Disjunktion zwischen Südostasien und dem südöstlichen Nordamerika (S. 1009), oder die Lokalisierung von Mannigfaltigkeits- (bzw. Entstehungs-)zentren im Bereich der Mittelmeerländer (S. 1033f.), oder die Häufung von Endemiten und diploiden Ausgangssippen von Polyploidkomplexen in den Südalpen (S. 532, 1014). In Mooren und kühl-feuchten Schluchten finden sich arktisch-alpine Sippen vielfach auch außerhalb ihres heutigen Hauptverbreitungsgebietes (S. 1013). Solche Phänomene lassen sich nicht mit Zufällen der Verbreitung erklären, sondern müssen bestimmte erdgeschichtliche Ursachen haben.

B. Paläophyticum

Die ältesten bekannten Spuren von Lebensgemeinschaften auf unserer Erde stammen aus dem **Proterozoicum** (Archaicum), aus einem Zeitraum von vier bis einer Milliarde Jahre vor der Gegenwart. Die Sedimentationsverhältnisse (Ferrosulfide, Ferrocarbonate, Ferrosilicate, Feuersteine) deuten auf ein wäßriges Milieu mit CO_2, CH_4, NH_3, H_2 und vielen organischen Verbindungen, aber zuerst noch ohne, später mit sehr geringem Sauerstoffgehalt. Die Organismen sind durchwegs mikroskopisch klein und vielfach ausgezeichnet erhalten. In den ältesten Schichten handelt es sich um verschiedene einzellige bakterien- und blaualgenähnliche Prokaryoten, später kommen fädig-mehrzellige Vertreter hinzu und zuletzt lassen sich auch einzellige eukaryotische Algen, aquatische Pilze und Protozoen nachweisen. Biochemische Analysen (z.B. der Nachweis von Chlorophyll) erhärten diese mikropaläontologischen Befunde (vgl. dazu auch S. 2 und S. 912ff.).

Durch ihre Bindung an gallertige Fe-haltige Silicate und Carbonate konnten sich die frühen Organismen offenbar vor der damals noch starken UV-Strahlung schützen und die katalytischen bzw. O_2-bindenden Eigenschaften des Eisens nützen. Die ältesten bekannten organismenführenden Schichten stammen aus Südafrika (Fig Tree-Serie), sind etwa $3,1 \cdot 10^9$ Jahre alt und haben an Bakterien (*Eobacterium*) und kugelige Cyanophyceen (*Archaeosphaeroides*) erinnernde Mikrofossilien geliefert: Die biochemischen Befunde lassen vermuten, daß es damals neben einer primären anaeroben Heterotrophie schon Formen der Photosynthese (auf H_2S-Basis und ohne O_2-Entwicklung?) und Chemosynthese gegeben hat.

In ca. $2 \cdot 10^9$ Jahre alten Schichten Nordamerikas erweitert sich die Mannigfaltigkeit der *Prokaryota*; es finden sich *Oscillatoria*-ähnliche und gesteinsbildende (stromatolithische: S. 570) Blaualgen, aber auch eigenartige, rezent unbekannte Organismen. Aber erst aus der Bitter Springs-Formation Australiens (etwa $1 \cdot 10^9$ Jahre) gibt es erstaunlich gut konservierte einzellige eukaryotische Algen (*Caryosphaeroides*, etwa *Chlorococcales*-ähnlich), an denen sich verschiedene Stadien der Zellteilung und sogar Reste der Zellkerne erkennen lassen. Daneben enthielt diese Lebensgemeinschaft noch Bakterien, Cyanophyceen, aquatische Pilze und Protozoen, bei denen

(zumindest teilweise) Ansätze zur aeroben Lebensweise realisiert waren. Auch andere Befunde legen nahe, daß der Sauerstoffgehalt der Erdatmosphäre bis zum Beginn des Cambriums (etwa vor $0,6 \cdot 10^9$ Jahren) auf 0,2% (1% des heutigen Wertes) gestiegen war. Damit war eine ausreichende UV-Absorption gegeben und erstmals eine effiziente Atmung von Pflanzen und Tieren möglich.

An der Wende vom obersten **Silur** zum unteren **Devon,** vor etwa 400–370 Mio. Jahren, ist es weltweit zur Entstehung und Entfaltung von Landpflanzen und damit erstmals zur Bildung von terrestrischen Lebensgemeinschaften gekommen. Durchwegs waren es lockere, niedrige (< 0,5 m) und teilweise auch amphibische krautige Bestände feuchter Standorte am Ufer von Gewässern oder in anmoorigen Senken. In den ältesten Schichten waren kleinwüchsige *Rhynia*- und *Zosterophyllum*-artige Psilophyten (S. 720f.), Abb. 776–778) allein vertreten, dann traten aber auch schon größerwüchsige Formen und Vorläufer der höher organisierten Pteridophytengruppen in Erscheinung. Die anatomischen Merkmale zeigen, daß diese ältesten Gefäßpflanzen zwar grundsätzlich schon an das Landleben angepaßt waren (S. 720f., aber doch noch einen schlecht regulierbaren und wenig leistungsfähigen Wasserhaushalt gehabt haben. Der Nachweis von Zersetzern (Pilze, Bakterien) an den Resten der Produzenten verdeutlicht, daß die ersten Landökosysteme grundsätzlich schon so funktioniert haben wie die heutigen; nur terrestrische Konsumenten (Tiere) haben damals anscheinend noch gefehlt.

Zur Zeit der ersten Landpflanzen betrug der Sauerstoffgehalt der Atmosphäre erst ca. 2%, die Meere waren noch sehr salzarm. In den Gewässern hatte sich schon im Silur eine Fülle hochorganisierter Algen herausgebildet. Die frühen Landfloren entstanden im gleichen Zeitraum vom obersten Silur bis zum Unterdevon und waren einander weltweit erstaunlich ähn-

Tab. 48: Der Artenbestand der Erde an Gefäßpflanzen in der Gegenwart (soweit ungefähr bekannt) und zu bestimmten Zeitpunkten der erdgeschichtlichen Vergangenheit (nach groben Schätzungen). (Nach HUGHES)

	Alter $(10^6 a)$	Gymnospermen	Pteridophyten	Angiospermen	Total
Gegenwart	0	800	15000	235000	250800
Ende Kreide	65	500	2000	20000	22500
Beginn Kreide	135	1500	1500	0	3000
Mitte Jura	170	1500	1000	0	2500
Spätes Carbon	300	200	300	0	500

lich. Außer den vielfältigen und dominierenden Psilophyten (Abb. 776, 777; größerwüchsige Vertreter z. B. *Psilophyton*: Abb. 778 A, *Trimerophyton*: Abb. 852 A) finden sich im späteren Unterdevon schon Vorläufer der Bärlappgewächse *(Asteroxylon, Drepanophycus)*, Schachtelhalme *(Hyenia)*, Farne *(Pseudosporochnus, Cladoxylon)*, «Progymnospermen» (*Aneurophyton*, schon mit Ansätzen zu sekundärem Dickenwachstum) (vgl. S. 720 ff., 772 ff.) und Urlandpflanzen unsicherer Stellung.

Die ersten umfangreicheren Wälder der Biosphäre mit über 30 m hohen Bäumen (sekundäres Dickenwachstum!) haben sich im **Carbon** gebildet (vor etwa 345–280 Mio. Jahren); Teile ihrer Biomasse sind als Steinkohle bis zur Gegenwart erhalten geblieben. Das Kerngebiet dieser Steinkohlenwälder umfaßte Europa und das östliche Nordamerika, etwas abgesetzte Bildungsräume waren Sibirien und Ostasien (vgl. die Karte Abb. 1060). Dieser Bereich war durch ein gleichmäßig feucht-warmes (sub)tropisches Klima ausgezeichnet (keine Jahresringe oder ruhende Knospen, dem Regenwald entsprechende Blattanatomie etc.). Die Zusammensetzung der unteren Atmosphäre hatte etwa die heutigen CO_2- und O_2-Werte erreicht. Unter diesen günstigen Bedingungen wuchsen auf nassen bis mäßig feuchten Torfböden mächtige Moorwälder, in denen Schachtelhalm-

und Bärlappbäume sowie Cordaiten dominierten (Abb. 1059). Diese Lebensgemeinschaften waren ziemlich artenreich (Tab. 48) und hatten bereits einen hohen Grad der Differenzierung erreicht: Schichtung, Zonierung, Nahrungsketten mit verschiedenen Tiergruppen als primäre und sekundäre Konsumenten, Parasiten, Zersetzer, Symbiosen (z. B. Mycorrhiza bei Cordaiten) etc.

Die Steinkohlenwälder waren nach der Feuchtigkeit zoniert (Abb. 1059). Die Schachtelhalmbestände (*Archaeocalamites* und *Calamites*, Abb. 801, 803) bildeten offenbar eine Verlandungszone. Dann folgten Bärlappbäume (bis 40 m hoch und 2 m im Durchmesser: *Lepidodendron, Sigillaria* etc., Abb. 791–794) mit einer reichen Begleitflora von weniger hohen Baumfarnen (*Marattiales*, Abb. 816), strauch- oder lianenförmigen Pteridospermen (Abb. 865–868) und einem Unterwuchs von krautigen Sphenophyllen (Abb. 800), Laub- und Lebermoosen u. a. Die wasserferneren Standorte waren offenbar von Cordaiten (Abb. 855) besetzt; sie waren mit ihrem mächtigen Sekundärholz hinsichtlich des Wasserhaushaltes den «Rindenbäumen» der Lepidophyten überlegen. Die Tiere waren in den Steinkohlenwäldern durch Lurche, erste Reptilien, Spinnen, Tausendfüßler und Urformen von Insekten (z. B. Libellen, Schaben) u. a. vertreten. Dazu lassen sich noch parasitische, symbiontische und saprophytische Pilze und Bakterien nachweisen. – Der zu Beginn des oberen Perm (Zechstein)

Abb. 1059: Rekonstruktion eines Steinkohlenwaldes. Links oben Zweige mit Blättern und Sporophyllähren von *Lepidodendron*, nach rechts Stämme davon und von *Sigillaria*, dazwischen Wedel mit Samenbildung von *Neuropteris* sowie die dünnen Sprosse von *Lyginopteris* (beides Pteridospermen); Mitte vorne *Sphenophyllum*, hinten Farne mit riesiger Ur-Libelle sowie weitere Bärlappbäume; rechts *Calamites*. (Museum of Natural History, Chicago.)

einsetzenden Austrocknung der Klimate war das Öko-system der Steinkohlenwälder nicht gewachsen. Die meisten Leitformen überleben diese Wende vom Paläophyticum zum Mesophyticum nicht (Abb. 838).

Gleichzeitig mit den Carbonwäldern der heutigen Nordhemisphäre hatte sich in Südafrika, Indien, Australien, der Antarktis und im südlichen Südamerika die völlig andersartige artenärmere sog. Gondwana-Flora entwickelt. Als Leitformen gelten Pteridospermensträucher (z.B. *Glossopteris*), verschiedene Pteridophyten und Coniferen (Holz mit Jahresringen!). Das Klima war kühl-gemäßigt, vielfach haben sich auch Vereisungsspuren gefunden. Die genannten Landmassen müssen damals zu einem einzigen Südkontinent «Gondwana» zusammengeschlossen gewesen sein und auch ihre relative Lage zu den Polen war anders als heute (Abb. 1060).

Diese Befunde bilden ein Hauptargument für die von WEGENER begründete Theorie der Kontinentaldrift. Diese Theorie ist von offenkundiger Bedeutung für die Floren- und Vegetationsgeschichte (vgl. auch S. 1006f.) und wird heute aufgrund vieler anderer Beweise (z.B. Paläomagnetismus der Erguß- und Sedimentgesteine, geologisch-paläontologische Übereinstimmungen Südamerika/Afrika und anderer, heute weit entfernter Bruchzonen etc.) grundsätzlich und allgemein anerkannt.

C. Mesophyticum

Von der oberen **Trias,** über den **Jura** bis zur unteren Kreide, also vor etwa 200–100 Mio.

Jahren, waren die Floren weltweit (von Grönland bis zur Antarktis) ziemlich einheitlich ausgebildet. Die vom Paläophyticum andauernde räumliche Nähe der Kontinentalschollen hat offenbar günstige Möglichkeiten für die Ausbreitung geschaffen (vgl. dazu die Arealgeschichte von *Ginkgo:* Abb. 987). Dazu kam die Ausdehnung epikontinentaler Meere und das Vorherrschen gleichmäßig warm-feuchter Klimate. Tonangebend in diesen Floren des Mesophyticums waren vor allem Farne, Schachtelhalme und besonders verschiedene Gymnospermengruppen, z.B. *Ginkgo*-Gewächse, Coniferen, Cycadeen, Bennettiteen und aberrante Pteridospermen-Nachkommen. Der Artenreichtum an Gefäßpflanzen (vgl. Tab. 48), aber auch die Differenzierung in standörtlich verschiedene Biocoenosen hatten gegenüber dem Carbon stark zugenommen, was mit einer Expansion in trockenere Lebensräume in Zusammenhang gebracht werden kann. Die ökologischen Interferenzen zwischen Pflanzen und den rasch weiter differenzierten terrestrischen Tiergruppen (z.B. Insekten, Reptilien) verstärkten sich (vgl. z.B. Blütenbestäubung bei Bennettiteen, Ausbreitung fleischiger Samen durch Reptilien: Saurochorie etc.).

Das Mesophyticum der nördlichen Kontinentalbereiche hatte im oberen Perm (Zechstein) mit einer bis in die mittlere Trias andauernden Trockenperiode eingesetzt und eine reiche Entfaltung xeromorpher Pflanzengruppen, z.B. der frühen Coniferen (*Voltziales*, Abb. 859) ermöglicht. Die darauf folgende aus-

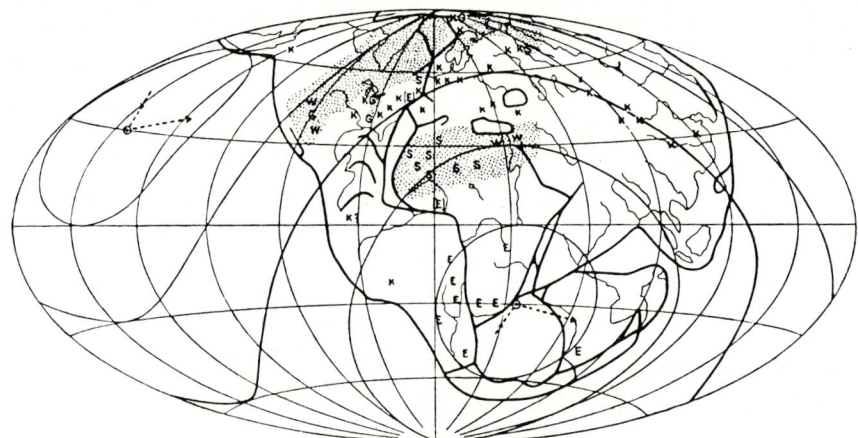

Abb. 1060: Die Anordnung der Kontinente und Pole (⊙) während der Carbonzeit; klassische Darstellung der Kontinentaldrifttheorie. Heutiges und damaliges Gradnetz; punktiert = Trockenräume mit W Wüstensandstein, S Salz und G Gips; E Vergletscherungsspuren; K Kohle, besonders im Äquatorialbereich. (Nach KÖPPEN & WEGENER.)

geglichene Florenentwicklung erfaßte auch den Südkontinent (Gondwana). Unter diesen späteren Floren des Mesophyticums überwiegen bei den Farnen die *Eusporangiatae* und ursprünglichen *Leptosporangiatae*, die heute teilweise noch reliktär (z.B. in den Tropen Ostasiens) erhalten sind (z.B. *Marattiaceae*; *Osmundaceae*, *Matoniaceae*, *Dipteridaceae* und *Schizaeaceae*: S. 743f., 749f.). Die *Ginkgo*-Gewächse waren überaus formenreich entwickelt (etwa 11 Gattungen, darunter *Baiera*: Abb. 854); *Ginkgo* selbst hatte sich vom Unterjura zur Oberkreide fast über die gesamte Holarktis ausgebreitet (Abb. 987). Das Areal der Coniferen-Gattung *Araucaria* war im Jura und in der Kreide weltweit, ist aber seit dem Tertiär auf die Südhemisphäre und heute auf disjunkte Reste im Westpazifik und in Südamerika zusammengeschrumpft. Darüber hinaus finden sich unter den Jura/Unterkreide-Coniferen heute ausgestorbene Gruppen (z.B. *Cheirolepis*), aber auch schon Vorläufer der heute südhemisphärischen *Podacarpaceae* sowie der nordhemisphärischen *Taxaceae*, *Cephalotaxaceae*, *Taxodiaceae* und vielleicht auch schon der

Pinaceae (S. 781–784). Besonders charakteristisch für die mesophytischen Floren sind *Cycadophytina*: die heute reliktär-disjunkten *Cycadales* (Abb. 869, 870), die ausgestorbenen *Nilssoniales* (S. 791), *Bennettitatae* (Abb. 871) und Nachzügler der Pteridospermen (z.B. *Peltaspermaceae*, *Caytoniales*; Abb. 868).

Von der unteren zur oberen **Kreide** (Gault bzw. Barrem bis Cenoman), vor etwa 125 Mio. Jahren und in einem Zeitraum von etwa 25 Mio. Jahren, haben die A n g i o s p e r m e n – zuerst nur von ganz untergeordneter Bedeutung – die Vorherrschaft in den meisten terrestrischen Biocoenosen übernommen und die vorher dominierenden Gymnospermen und Farnpflanzen stark zurückgedrängt. Diese Entwicklung stand offenbar n i c h t im Zusammenhang mit größeren, heute noch erkennbaren Klima- oder Umweltveränderungen. Der weltweite Vergleich von Pollenfloren der Unterkreide läßt vermuten, daß die Ausbreitung der frühen Angio-

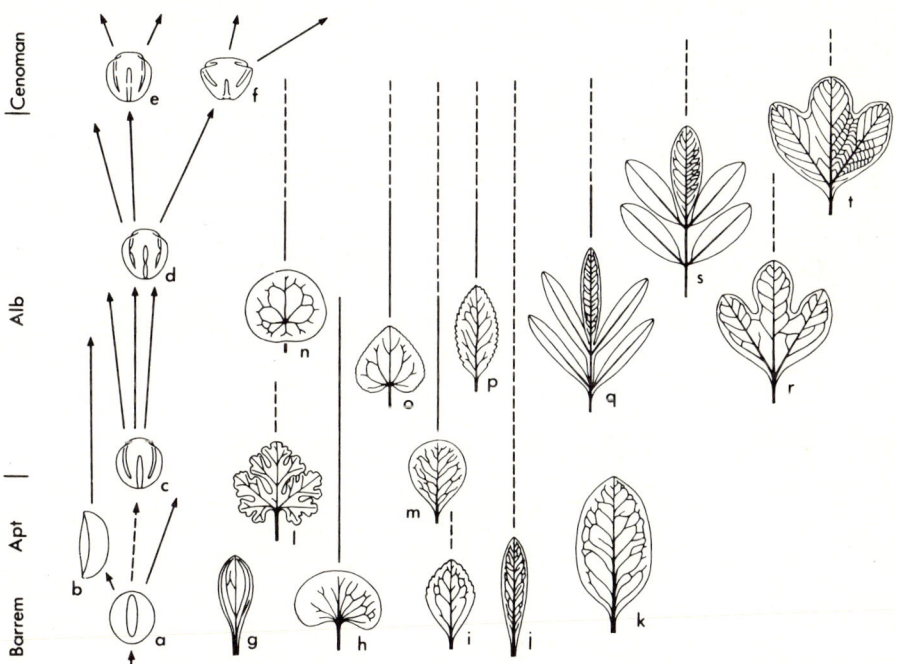

Abb. 1061: Abfolge von Pollen- und Blattypen ältester Angiospermen von der mittleren Kreide (Barrem, Apt, Alb) bis zum Beginn der Oberkreide (Cenoman) im östlichen Nordamerika (und anderwärts). Pollentypen: a–b monocolpat (a *Clavatipollenites*, b *Liliacidites* u.a.); c tricolpat (*Tricolpites* u.a.); d–f tricolporoidat (*Tricolporoidites*). Blattypen: g obovat, unregelmäßige Aderung, *Monocotyledoneae*-artig (*Acaciaephyllum*); h nierenförmig (*Proteaephyllum*); i ovat, gezähnt, Fiederaderung (*Quercophyllum*); j schmal obovat, ganzrandig (*Rogersia*); k breit elliptisch (*Ficophyllum*); l handförmig gelappt (*Vitiphyllum*); m obovat (*Celastrophyllum*); n peltat (*Nelumbites*, *Menispermites*); o ovat-herzförmig (*Populophyllum*); p elliptisch, gezähnt (*Celastrophyllum*); q und s gefiedert (*Sapindopsis*); r und t handförmig dreilappig, zunehmend regelmäßige Aderung (*Araliaephyllum* und *Araliopsoides*). (Nach DOYLE & HICKEY.)

spermen vom damaligen Tropenbereich und den Randbereichen des mittleren Atlantik bzw. Mittelmeeres ausgegangen ist (Abb. 1062).

Einigermaßen kontinuierliche Fossilreihen (Abb. 1061) lassen die Zunahme der Mannigfaltigkeit und Merkmalsprogressionen im Pollen- und Blattbereich (vgl. S. 832) erkennen. Daraus kann auch eine frühe Auffächerung der Angiospermen in verschiedene Wuchsformen (holzig bis krautig) und Standortsbereiche (trocken bis feucht) erschlossen werden.

Im Verlauf der Kreideperiode (135–65 Mio. Jahre) haben sich die Hauptgruppen der Angiospermen herausgebildet (vgl. Tab. 48). Da während dieser Zeit das im Jura einsetzende Auseinanderdriften der Kontinentalmassen bei weitem noch nicht so weit vorgeschritten war wie heute (Abb. 1062), konnten viele der älteren Angiospermengruppen weltweite Verbreitungsgebiete besetzen. Wichtig sind in diesem Zusammenhang besonders holarktische, pantropische, paläotropische und südhemi-

sphärische Areale; letztere standen seinerzeit über die erst seit dem späteren Tertiär (vor ca. 20 Mio. Jahren) vergletscherte Antarktis miteinander in Verbindung (vgl. dazu die Arealkarten Abb. 975, 982, 987, 1064, 1088).

Das Auseinanderdriften der Kontinentalschollen steht mit fortwährenden magmatischen Intrusionen im Bereich der sog. ozeanischen Schwellen in Verbindung und wird durch das «Verschlucken» von Schollenmaterial kompensiert. Viele für die Florengeschichte wichtige Fragen, z. B. nach Trennungszeit und Entfernung der Kontinentalschollen, sind allerdings noch nicht abgeklärt. Von arealkundlicher Bedeutung sind jedenfalls die späte Trennung von Amerika und Eurasien im Norden (bzw. ihr fast durchgehender Zusammenhang über die Beringstraße), die lange Zeit andauernde Verbindung Afrika–Arabien–Indien im Gegensatz zu der etwas früheren Trennung von Afrika und Südamerika (vor etwa 90 Mio. Jahren), die bis ins Tertiär verfügbare Route Südamerika–Antarktis–Neuseeland + Australien, die starke Nordbewegung von Indien und Australien sowie die relativ späte enge räumliche

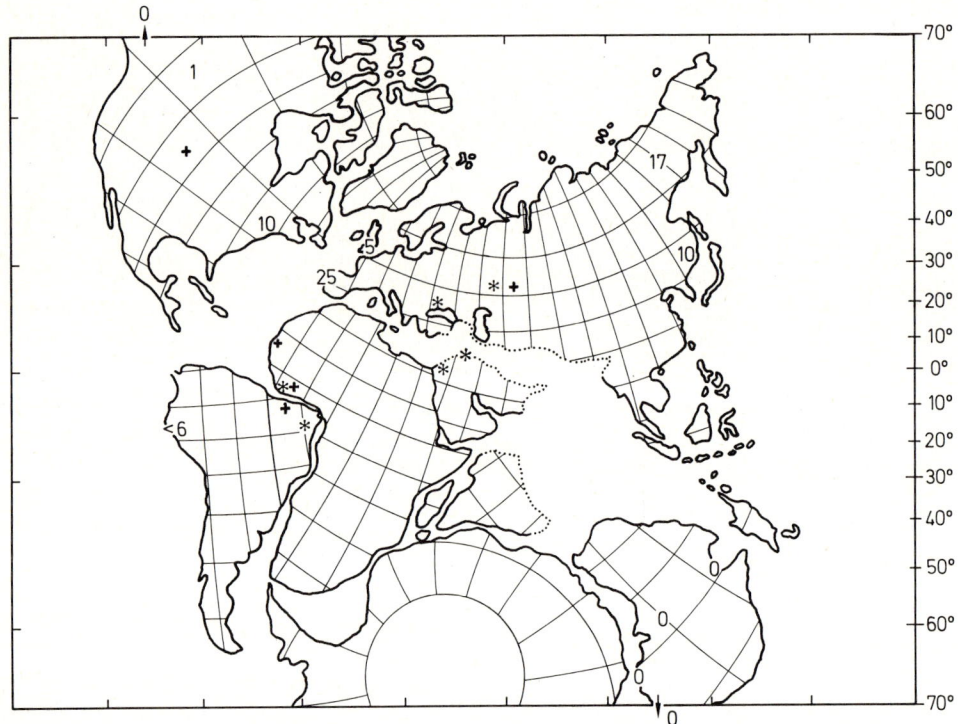

Abb. 1062: Vermutliche Lage der Kontinente in der oberen Unterkreide (besonders aufgrund paläomagnetischer Befunde). Nicht nur die räumliche Anordnung, auch die Breitenlage hat sich seither stark verändert. Fundorte fossiler Gefäßpflanzenfloren (obere Unterkreide: Apt–Alb): 0 = keine Angiospermen, Zahlen = geschätzter Anteil von Angiospermen in Prozenten, + und * = sonstige Fossilreste von Angiospermen (* verweist auf Funde tricolpater Pollenkörner). (Nach Angaben verschiedener Autoren aus HUGHES, verändert und erweitert.)

Annäherung Indien/Südasien, Australien + Neuguinea/Südostasien und Nord-/Südamerika. Bei den folgenden Beispielen für entsprechende Verbreitungstypen sind die mit Sicherheit bereits aus der Kreide fossil dokumentierten Gruppen mit [K] gekennzeichnet. Nordhemisphärisch: *Magnoliaceae*[K] (Abb. 1064), *Cercidiphyllaceae*[K], *Platanaceae*[K], *Fagaceae*[K] (ohne *Nothofagus*, Abb. 975), *Betulaceae*[K], *Juglandaceae*[K], *Paeoniaceae*; pantropisch: *Annonaceae, Monimiaceae, Chloranthaceae*[K], *Myrtaceae*[K], *Flacourtiaceae, Sapotaceae*[K], *Rubiaceae, Areaceae* (Abb. 1088); paläotropisch: *Dipterocarpaceae* (Abb. 1088); afrikanisch-südamerikanisch: *Velloziaceae (Liliidae)*; neotropisch: *Bromeliaceae* (Abb. 1088); südhemisphärisch: *Winteraceae, Proteaceae*[K], *Nothofagus*[K] *(Fagaceae:* Abb. 975).

D. Neophyticum:
Oberkreide und Tertiär

An der Wende von der Kreide zum Tertiär (vor etwa 65 Mio. Jahren) muß es bereits eine erstaunliche Formenfülle an Gefäßpflanzen, besonders Angiospermen, gegeben haben (Tab. 48, S. 833). Die Bedecktsamer waren besonders in den wärmeren und nährstoffreicheren terrestrischen Lebensräumen zu den dominierenden Primärproduzenten geworden. Diese neuen Biocoenosen erreichten im Verlauf des Tertiärs ein vorher nie dagewesenes Ausmaß an Differenzierung und ökologischer Integration mit der explosiv entfalteten Tierwelt (besonders Insekten, Vögel und Säugetiere) (vgl. S. 816 ff., 830 f., 982 f.).

Im **Alttertiär** (P a l a e o c ä n, E o c ä n und O l i g o c ä n) herrschte auf der Erde weithin ein überdurchschnittlich warmes und ausgeglichenes (sub)tropisches Klima. Selbst in den heute temperaten Bereichen der nördlichen Hemisphäre (z.B. in Nordamerika oder Europa) gediehen i m m e r g r ü n e t r o p i s c h - s u b t r o p i - s c h e R e g e n w a l d f l o r e n mit *Lauraceae* (z.B. *Cinnamomum*), *Moraceae (Artocarpus, Ficus)*, altertümlichen *Juglandaceae (Engelhardia)*, Palmen *(Sabal, Elaeis, Nypa)* und tropischen Farnen (z.B. *Matonia* u.a.). Ausläufer dieser Tropenfloren reichten sogar noch bis in die heute arktische Region von Alaska, Grönland etc.

Mit den Vertretern dieser Tropenfloren vergesellschaftet, nach dem Norden zu aber allmählich vorherrschend, fanden sich im Alttertiär der Holarktis (S. 1020 ff.) weithin artenreiche s o m m e r g r ü n e L a u b - und N a d e l - m i s c h w a l d f l o r e n. Solche fossile Floren sind bis nach Spitzbergen, ja sogar noch auf Grinell-

Land (81° 45′ nördl. Breite, heutige mittlere Jahrestemperatur −20°!) belegt. Darin kommen etwa Gattungen vor, die auch heute noch im temperaten Europa auftreten: *Pinus, Picea, Platanus, Fagus, Quercus, Corylus, Betula, Alnus, Juglans, Ulmus, Acer, Vitis, Tilia, Populus, Salix, Fraxinus* u.a., aber auch solche, die in Europa ausgestorben sind (heute noch im wärmeren Nordamerika[●] bzw. Ostasien[△] oder in beiden Rückzugsräumen[○]): *Ginkgo*[△], *Taxodium*[●], *Sequoia*[●], *Tsuga*[○], *Magnolia*[○] (Abb. 1064), *Liriodendron*[○], *Sassafras*[○], *Cercidiphyllum*[△], *Liquidambar*[○] (auch in SW-Asien), *Carya*[○], *Diospyros*[○] (auch in SW-Asien und pantropisch) etc. Da die nördlichen Kontinente damals noch stärker angenähert waren als heute, muß vom frühen bis ins späte Tertiär ein reger Florenaustausch im circumpolaren Raum möglich gewesen sein. Das Ergebnis war die Herausbildung der sog. a r k t o t e r t i ä r e n F l o r a, die den Grundstock des heutigen Florenreiches der Holarktis bildet.

Für Mitteleuropa nimmt man im Eocän eine durchschnittliche Jahrestemperatur von 22° an. Aus den Pflanzenfundstätten des Alttertiärs ergibt sich für die Nordhemisphäre im Vergleich zur Gegenwart eine Verschiebung der polaren Waldgrenze um 20–30, der nördlichen Palmengrenze (Abb. 1088) um 10–15 Breitengrade nach Norden. Die Ursachen für das zugrundeliegende, weltweit ausgeglichen-warme Klima sind noch unklar, doch dürfte dabei das Fehlen von Hochgebirgen, die Ausbildung ausgedehnter mariner und epikontinentaler Wasserkörper und die Lage beider Pole über dem Meer bedeutungsvoll gewesen sein.

In Mitteleuropa wurden Reste solcher alttertiärer tropischer Floren etwa bei Mainz, im Siebengebirge und im Geiseltal bei Halle gefunden, auch die baltische Bernsteinflora gehört hierher. An weiteren charakteristischen Vertretern dieser Floren können hier etwa noch die *Mastixioideae (Cornaceae)* sowie Sippen der *Annonaceae, Theaceae (Stewartia)*, *Sterculiaceae, Sapotaceae, Symplocaceae, Pandanaceae* und *Cyatheaceae* (Baumfarne) genannt werden. Heute sind diese Verwandtschaftsgruppen auf den tropischen Florenbereich und vielfach auf Rückzugsgebiete im tropischen Südostasien beschränkt. Die damalige Vegetation dürfte den heutigen *Lauraceae*-reichen Bergregenwäldern dieses Gebietes ähnlich gewesen sein. U.a. können die beiden europäischen Gattungen der tropischen *Gesneriaceae (Ramonda* und *Haberlea:* S. 889) als Relikte dieser Tertiärfloren gelten.

Vom Eocän bis zum Miocän sind in Mitteleuropa vielfach aus den organischen Ablagerungen von verlandenden Süßwasserkörpern und angrenzenden Moorwäldern ausgedehnte Braunkohlenlager entstanden. Leitformen dieser tertiären B r a u n k o h l e n w ä l d e r sind die heute im wärmeren Nordamerika reliktärlokalisierten Coniferengattungen *Taxodium* und *Sequoia* sowie die *Cornales*-Gattung *Nyssa* (Abb. 1063).

In der Wasserpflanzenzone der Braunkohlenmoore (Abb. 1063) wuchsen außer *Nymphaea* noch andere Seerosen, wie z.B. *Brasenia*○. Dann folgte eine Röhrichtzone (u.a. mit der Cyperaceengattung *Dulichium*●) und ein Sumpfwald mit *Nyssa*○, *Taxodium* und der epiphytischen Bromeliacee *Tillandsia*●. Oberhalb des Normalwasserstandes waren Moorwälder ausgebildet, in einer feuchteren Facies mit *Myrica*, *Liquidambar*○, *Cyrilla*● (isolierte Dicotyledonen-Familie unsicherer Stellung), *Osmunda claytoniana*○ etc. und einer trockeneren mit *Sequoia*●, *Sciadopitys*△, der Palme *Sabal*●, dem windenden pantropischen Farn *Lygodium* etc. Die markierten Sippen (Zeichenerklärung S. 1007) sind heute durchwegs reliktär und in Europa ausgestorben. Den Braunkohlenwäldern entsprechende Verhältnisse finden sich heute noch im subtropischen südöstlichen Nordamerika (z.B. in Florida).

Im **Jungtertiär** (M i o c ä n und P l i o c ä n, Beginn vor etwa 25 Mio. Jahren) macht sich weltweit eine fortschreitende Abkühlung bemerkbar; sie erreichte schließlich in den Eiszeiten des Quartärs ihren Höhepunkt. Darüber hinaus führten Gebirgshebungen (Alpen, Himalaya, neuweltliche Cordilleren etc.), das Schrumpfen bzw. Austrocknen von marinen und limnischen Wasserkörpern u.a. zu einer großräumigen Kontinentalisierung der Klimaverhältnisse. Dadurch kam es a) zu einer V e r s c h i e b u n g d e r F l o r e n - und V e g e t a t i o n s z o n e n n a c h d e m S ü d e n, b) zum A u s s t e r b e n fast aller tropischen, aber auch vieler w ä r -meliebender arktotertiärer Sippen (Beispiele: Tab. 49) und c) zur Entstehung ausgedehnter Verbreitungslücken vieler holarktischer Laubwaldsippen in den kontinentalen Räumen des mittleren Asien und des westlichen Nordamerika.

Vom Eocän zum Pliocän nimmt dementsprechend auf der Nordhemisphäre der Anteil der ursprünglich dominierenden tropischen Sippen stark ab, während die arktotertiären Vertreter zur Vorherrschaft gelangen. In Europa bildeten die quergestellten, mehrfach vergletscherten Hochgebirge, das Mittelmeer und die im Süden anschließenden Trockengebiete der Sahara für die tertiären und quartären Florenwanderungen entscheidende Hindernisse. Damit wird verständlich, warum Europa heute viel ärmer an arktotertiären Arten ist als die klimatisch vergleichbaren Bereiche von Ostasien und dem östlichen Nordamerika.

Tab. 49: Erlöschen charakteristischer tertiärer Samenpflanzen-Gattungen während des Tertiärs und frühen Quartärs in Zentraleuropa. (Nach KIRCHHEIMER, STRAKA u.a.)

	Olig.	Mioc.	Plioc.	Pleist.
Ginkgo			+	
Sequoia			+	
Taxodium			+	
Tsuga				+
Magnolia				+
Liquidambar			+	
Engelhardia		+		
Pterocarya				+
Mastixia	+			
Nyssa			+	
Symplocaceae			+	
Arecaceae		+		

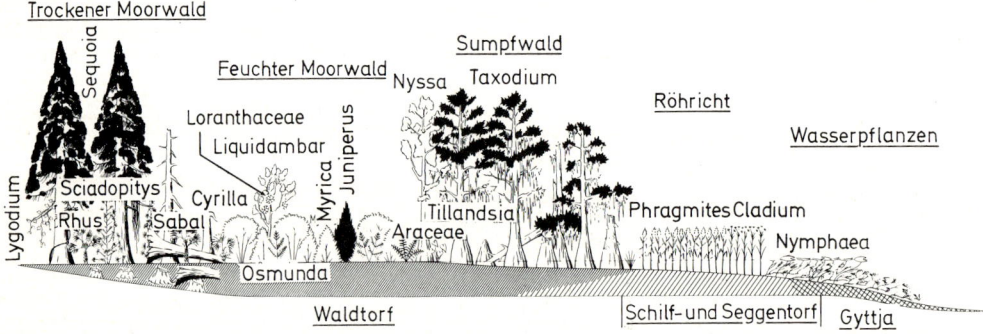

Abb. 1063: Rekonstruktion der Vegetationszonierung eines mitteltertiären Braunkohlenmoores in Zentraleuropa. Weitere Erklärungen im Text. (Nach TEICHMÜLLER aus DUVIGNEAUD.)

Die charakteristischen Disjunktionen Europa–Ostasien–östliches Nordamerika (vgl. z.B. *Fagus*: Abb. 975, *Carpinus*, *Hepatica*: Abb. 571) und Ostasien–östl. Nordamerika (vgl. z.B. *Tsuga*, *Magnoliaceae*: Abb. 1064, *Illicium*, *Sassafras*, *Hamamelis*, *Nyssa*, *Catalpa*) bzw. Fälle von Reliktendemismus im südöstlichen Nordamerika (z.B. *Taxodium*) oder in Ostasien (z.B. *Ginkgo*, *Metasequoia*, *Cercidiphyllum*) sind als Etappen auf dem Weg der fortschreitenden Arealschrumpfung arktotertiärer Verwandtschaftsgruppen zu verstehen. Die durchschnittlichen Jahrestemperaturen sind dabei in Mitteleuropa vom Miocän bis heute von ca. 16° auf 8–9° gesunken.

Besonders wichtige Refugialräume für arktotertiäre Sippen in Europa und SW-Asien sind die Balkanländer (hier z.B. *Picea omorika*, verwandt mit der ostasiatischen *P. jezoensis*; *Aesculus hippocastanum*, die Gattung sonst vom Himalaya und Ostasien bis ins westliche und östliche Nordamerika), feuchte Standorte der östlichen Mittelmeerländer (hier z.B. *Platanus orientalis*, die Gattung sonst in Nordamerika, in Mittel- und Ostasien ausgestorben; die Ulmacee *Zelkova*, sonst noch in Ostasien, sowie *Liquidambar* und *Styrax*) und die Waldgebiete am

Südrand des Schwarzen und Kaspischen Meeres (hier u.a. die Juglandaceengattung *Pterocarya*, sonst noch in Ostasien, in Nordamerika ausgestorben; *Albizia* [*Mimosaceae*], *Melia* [*Meliaceae*] und *Diospyros* [*Ebenaceae*] mit [sub]tropischen Beziehungen).

Die Ausbildung warm-kontinentaler sommertrockener Klimate in Bereichen der (sub)meridionalen Zonen (z.B. in den Mittelmeerländern, im westlichen Nordamerika, aber auch auf der Südhalbkugel, z.B. in Chile) hat im mittleren Tertiär zur Umprägung der dortigen immergrünen Regenwaldfloren zu Hartlaubfloren geführt. In Europa wurde diese Entwicklung durch das mehrmalige Austrocknen des Mittelmeeres im Miocän akzentuiert. Beispiele dafür sind etwa *Myrtus communis* und *Smilax aspera* (aus überwiegend tropischen Verwandtschaftskreisen) sowie *Quercus ilex*, *Nerium oleander* und *Olea europaea* (mit nächsten Verwandten im Himalaya).

Die Entstehung von Hartlaubfloren ist besonders in oligocänen bis miocänen Fossilfloren Ungarns,

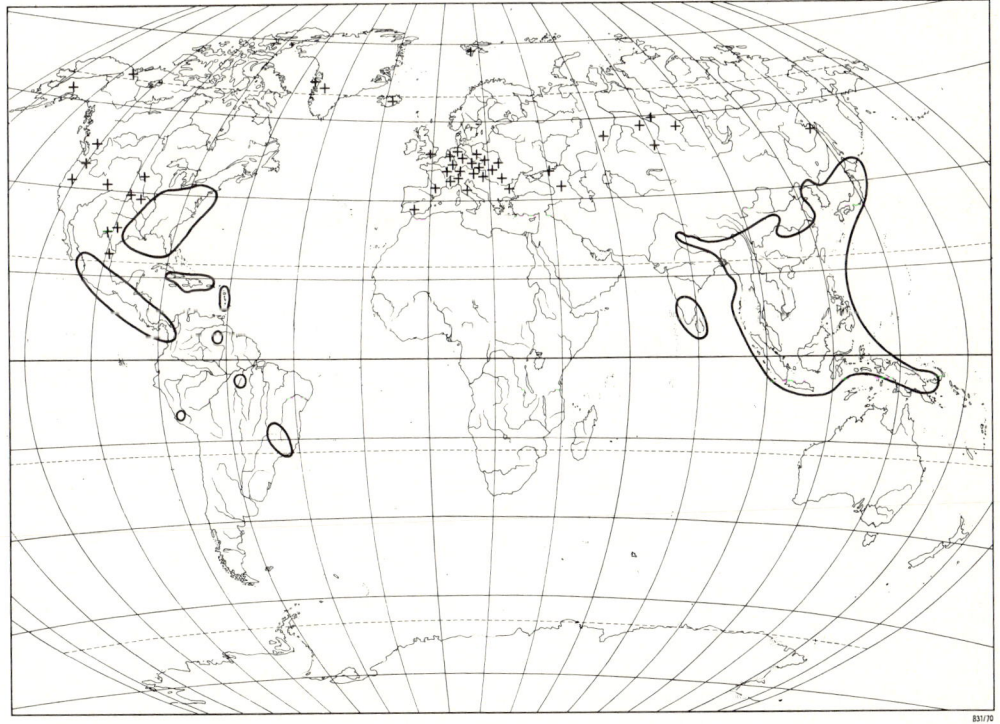

Abb. 1064: Verbreitung der *Magnoliaceae* in der Gegenwart und erdgeschichtlichen Vergangenheit (+ Fossilfunde außerhalb des heutigen Areals, von der Oberkreide über das Tertiär bis zum Pleistocän). (Nach DANDY, TAKHTAJAN, TRALAU u.a.)

z.B. mit Vorläufern heutiger Arten von *Laurus*, *Arbutus*, *Ceratonia*, *Pistacia*, *Phillyrea* u.a., aber auch im westlichen Nordamerika gut dokumentiert. Die Lorbeer- und Föhrenwälder der subtropischen Kanarischen Inseln können als ein Relikt dieser florengeschichtlichen Phase gelten. Im folgenden waren dann besonders die geologisch stabilen Räume der iberischen Halbinsel und NW-Afrikas sowie SW-Asiens für die weitere Entfaltung der Mediterranflora entscheidend. Man vergleiche dazu etwa die Erhaltung der altertümlichen Untergattungen *Carlowitzia* und *Lyrolepis* von *Carlina* (Abb. 988) oder die Mannigfaltigkeitszentren von *Ononis* (Abb. 981) bzw. *Aegilops* (Abb. 578).

Mit der zunehmenden Austrocknung und klimatischen Kontinentalisierung der Binnenräume während des Tertiärs stand offenbar auch die fortschreitende Differenzierung der Trockenfloren waldfreier Savannen, Steppen und (Halb-)Wüsten sowie ihre weltweite Ausbreitung in direktem Zusammenhang. (Als Hinweis dazu: älteste Fossilreste der *Cactaceae* im Eocän von Utah bzw. Colorado). Mit der Ausbreitung der Savannen und Steppen war wiederum die Entstehung vieler grasfressender Herdentiere (besonders Paar- und Unpaarhufer) ökologisch verknüpft.

Die vom Mitteltertiär zum Pleistocän verstärkt einsetzenden Gebirgshebungen waren für die Ausbildung der alpinen Floren der Holarktis von entscheidender Bedeutung. Die Lage der Mannigfaltigkeitszentren charakteristischer Gattungen (z.B. *Saxifraga*, *Draba*, *Primula*, *Gentiana*, *Pedicularis*, *Leontopodium*, *Crepis* etc.) spricht dafür, daß dabei die zentralasiatischen Gebirge (u.a. östlicher Himalaya, Westchina, Altai) eine besonders wichtige Rolle gespielt haben. Von dort und von den Gebirgen im weiteren Bereich der Beringstraße haben offenbar auch viele Sippen der circumpolararktischen Flora ihren Ausgang genommen (Abb. 982).

Trotzdem darf die Bedeutung auch der europäisch-mediterranen Gebirge als Bildungszentrum für alpine Formenkreise seit dem Tertiär nicht übersehen werden. Das gilt etwa für die auf diesen Raum konzentrierten Gattungen *Sempervivum*, *Helianthemum*, *Soldanella*, *Rhodothamnus*, *Phyteuma*, *Homogyne*, *Achillea*, *Sesleria* u.a. Hier kann man die schrittweise Differenzierung von montanen zu alpinen und hochalpinen Sippen vielfach noch an den heutigen Vertretern ablesen. *Primula* sect. *Auricula* läßt zwar entfernte Verwandtschaftsbeziehungen mit Sippen asiatischer Gebirge erkennen, ihre Entfaltung hat sich aber im Bereich Balkan–Alpen–Apenninen vollzogen.

E. Jüngstes Neophyticum: Quartär

Die bereits im Pliocän beginnenden Klimaschwankungen haben vor etwa 2,5 Mio. Jahren mit den weltweiten, rasch aufeinanderfolgenden Kalt- und Warmzeiten des Quartärs extreme Ausmaße angenommen (Abb. 1065). Diese sog. Eiszeit-(oder Glazial-)periode wird als **Pleistocän** (= Diluvium) bezeichnet und leitet mit der Späteiszeit über zur Nacheiszeit, dem Holocän (Alluvium) (S. 1014 ff.). Während der Kaltzeiten haben sich in NW-Europa (Abb. 1066), im angrenzenden NW-Sibirien und in weiten Gebieten Nordamerikas (nach Süden bis etwa 40° n.Br.) gewaltige Inlandeismassen mit einer Mächtigkeit von bis zu 3000 m gebildet. Auch die Alpen waren von einer fast geschlossenen Eiskappe bedeckt, während die Gebirge S-Europas, Asiens, Alaskas und der Tropen weniger ausgedehnte Gletscher trugen. Reste dieser pleistocänen Vereisung sind in Grönland und in der Antarktis bis heute erhalten geblieben. Während der Warmzeiten (Interglaziale) lagen die Temperaturwerte der Erdoberfläche zum Teil noch über denen der Gegenwart.

Die mittleren Jahrestemperaturen sanken im Verlauf der Kaltzeiten in Mitteleuropa um 8–12°, in eisferneren und tropischen Gebieten aber wohl nur um 4–6°. Die Schneegrenze lag in den Alpen gegenüber der Gegenwart um etwa 1200–1400 m tiefer (in den Zentralalpen also bei 1600–2000 m, in den Nordalpen bei 900–1200 m). Die Alpengletscher traten ins Vorland aus und kamen dem nordischen Eis bis auf 270 km nahe. Das eiszeitliche Klima wirkte aber auch außerhalb der vereisten Gebiete vegetationsfeindlich. Hier wurden u.a. in einem breiten Saum um das Inlandeis Flugstaubdecken als «Löß» abgelagert. Bis nahe an den Nordrand der Mittelmeerländer blieb der Boden in einiger Tiefe während des ganzen Jahres gefroren (Dauerfrostboden). Die Bindung großer Wassermassen im Eis hatte eine Absenkung der Meere (bis etwa 200 m) und eine Ausdehnung der Festländer zur Folge; die britischen Inseln und die südliche Nordsee gehörten z.B. auch noch während des letzten Eisrückzuges zum Festland.

Den Kaltzeiten entsprachen in den wärmeren und trockeneren Lebensräumen im Süden (z.B. Mittelmeergebiet, Sahara) vielfach Regen-(Pluvial)zeiten, während sich dort in den Warmzeiten die Trockenheit verschärfte. Die Eismassen schmolzen in den interglazialen Warmzeiten wieder ab, es stellten sich wieder temperate Klimaverhältnisse ein. In Mitteleuropa dürfte während des letzten Interglazials die durchschnittliche Jahrestemperatur sogar um etwa 3° über den heutigen Werten gelegen sein.

Weltweit lassen sich etwa 6 pleistocäne Kaltzeiten unterscheiden (Abb. 1065). Sie beginnen an der Wende vom Tertiär (Pliocän) zum Quartär im Ältestpleistocän mit den (noch nicht sehr ausgeprägten) Kaltzeiten Prätegelen (= Brüggen) und Eburon

(= Donau), setzen sich im Altpleistocän mit Menap (= Günz) und Elster (= Mindel) fort, erreichen im Jungpleistocän mit Saale (= Riß) ihren Höhepunkt und mit Weichsel (= Würm) ihren (vorläufigen?) Abschluß. Dazwischen lagen Warmzeiten. Die Spät- und Nacheiszeit (Abb. 1070) dauerte nur ca. 12500 Jahre. Im Vergleich dazu: Die Würm-Kaltzeit wird mit etwa 50000 Jahren veranschlagt, war aber durch mehrere nur mäßig kalte sog. Interstadiale unterbrochen; die beiden letzten Warmzeiten (Holstein und Eem) erstreckten sich über etwa 50000 bzw. 65000 Jahre. Die Ursachen für diese extremen Klimaschwankungen des Quartärs sind noch immer nicht eindeutig geklärt. (Verminderte Sonneneinstrahlung infolge kosmischer Phänomene? Isolation bzw. Öffnung des nordpolaren Meeres und parallel dazu Zufrieren bzw. Auftauen? Cyclen mit Aufstau antarktischer Eismassen und ihrem Abrutschen ins Meer?) Voraussetzung für Kaltzeiten dürfte jedenfalls immer eine Lage der Pole im bzw. nahe dem Festlandbereich gewesen sein.

Die quartären Kalt- bzw. Regenzeiten und die damit «rasch» abwechselnden Warm- bzw. Trockenzeiten haben die Pflanzendecke der Erde auf das nachhaltigste beeinflußt und verändert. Weithin fanden drastische Verschiebungen der Areale und Vegetationszonen statt, zahlreiche tertiäre Sippen starben aus (vgl. Tab. 49), neue entstanden vor allem aufgrund von Hybridisierung und Polyploidie (vgl. S. 527 ff.). Besonders intensiv betroffen waren dabei naheliegenderweise die gletschernahen Bereiche in Europa (Abb. 1065) und im nördlichen Nordamerika.

Welche Vegetationsverhältnisse herrschten während der **Kaltzeiten** des Pleistocäns in Europa? Abb. 1066 stellt dazu einen Rekonstruktionsversuch dar. Bis auf lokale Waldsteppen bzw. Waldtundren mit Birken, Kiefern und anderen kältefesten Gehölzen (so z.B. am wärmebegünstigten Alpenostrand) war Mitteleuropa damals waldlos. Man hat die Reste seiner baumfreien Glazialfloren vielfach in den tonigen Ablagerungen von Seen, die unmittelbar nach dem Eisrückgang entstanden sind, aber auch außerhalb der äußersten Vereisungsgrenzen, z.B. noch in den heute sehr warmen Tieflagen Innerböhmens, gefunden. Nach ihrer Leitart, der arktisch-alpinen Silberwurz (*Dryas octopetala*), nennt man diese fossilen Floren «Dryas»-Floren». Sie lehren, daß damals Zwergstrauchtundren und Kältesteppen, vielfach mit Lößablagerungen, dazu staudenreiche Matten, Seggenmoore und verarmte Wasserpflanzengesellschaften verbreitet waren.

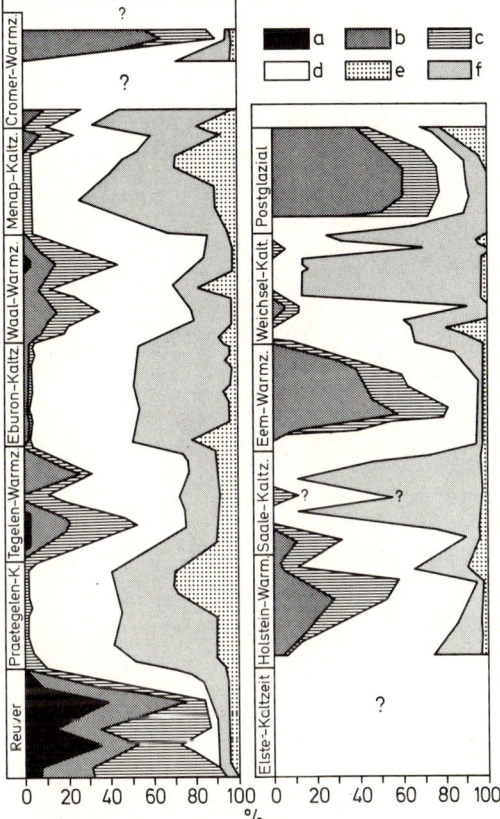

Abb. 1065: Vegetationsentwicklung während der Kalt- und Warmzeiten des Quartärs im eisfreien Mitteleuropa (Niederrheingebiet). Vereinfachtes Pollendiagramm vom Ende des Tertiärs (Reuver = oberstes Pliocän) bis zum Postglazial mit prozentuellen Anteilen von: a Baumarten des Tertiärs (*Sequoia, Taxodium, Sciadopitys, Nyssa, Liquidambar:* vereinzelte letzte Vorkommen in der Waal-Warmzeit), b thermophile Laubholzarten (*Fagus, Quercus, Castanea, Tilia, Carpinus, Corylus, Eucommia, Ulmus, Fraxinus*), c Holzarten feuchter bis nasser Standorte (*Alnus, Carya, Pterocarya, Vitis*), d Nadelhölzer, e *Ericales*, f Gräser und Kräuter. (Nach Frenzel.)

Unter den Leitarten der *Dryas*-Floren sind heute z.B. arktisch-alpin: *Dryas octopetala*, *Salix herbacea* (Abb. 1067), *Loiseleuria procumbens*, *Saxifraga oppositifolia*, *Silene acaulis*, *Polygonum viviparum*, *Oxyria digyna* (Abb. 568 A), *Eriophorum scheuchzeri*; nur arktisch: *Salix polaris*, *Ranunculus hyperboreus*; nur alpin: *Potentilla aurea*, *Salix retusa*. Mit ihnen lebten aber auch Arten, die heute noch zwischen Arktis und Alpen (z.B. in den Mittelgebirgen) vorkommen, wie z.B. *Betula nana* oder *Empetrum nigrum* agg., oder überhaupt weiter verbreitet und klimatisch weniger empfindlich sind, wie z.B. *Filipendula ulmaria*, *Menyanthes trifoliata* und *Potamogeton*-Arten. Dazu kam an trockenen Standorten (und daher weniger durch Makrofossilien als durch Pollenfunde dokumentiert) ein beachtlicher Anteil von Sippen aus Kältesteppen, die heute überwiegend östlich verbreitet sind: verschiedene Arten von *Artemisia*, *Helianthemum* und *Ephedra* (Abb. 1069). Auf Rohböden fanden sich auch Sippen, die wir heute nur als Unkräuter kennen, z.B. *Chenopodium album* oder *Centaurea cyanus*. Charakteri-

stische Tiere dieser Kältesteppen waren z.B. Mammut, Rentier, Moschusochse, Murmeltier und Lemming.

Für den Süden Europas zeigt Abb. 1066 das weite Zurückweichen anspruchsvollerer Gehölze. Galerie- und Saumwälder halten sich im Bereich der südlicheren Kältesteppen, weiter verbreitet erscheinen offene Waldsteppen und Waldtundren, aber nur wenig ausgedehnt, disjunkt und küstennah sind die Refugien geschlossener sommergrüner Laubmischwälder. Immergrüne Vegetation dürfte sich erst in Nordafrika bzw. SW-Asien in größeren Beständen erhalten haben.

Die heutigen Areale arktotertiärer Reliktarten (z.B. *Aesculus hippocastanum*, *Styrax*, *Pterocarya*, vgl. S. 1009, oder *Rhododendron ponticum*) deuten die Lage der kaltzeitlichen Refugialräume der anspruchsvollen Laubmischwälder an.

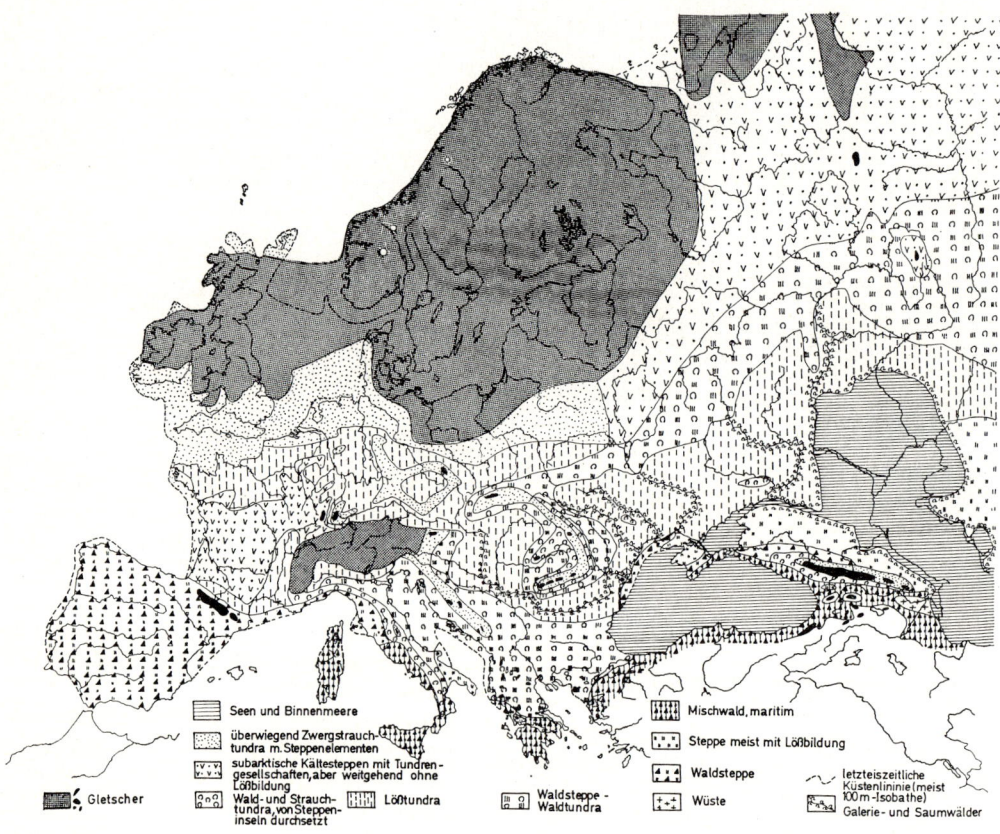

Abb. 1066: Rekonstruktionsversuch der Vegetationszonierung Europas zur Zeit der maximalen pleistocänen Vergletscherung in der Würm-Kaltzeit. Man beachte u. a. die eisfreien Nunatakker (z.B. in Skandinavien) und die seither eingetretenen physiographischen Veränderungen. (Nach FRENZEL.)

Während der Kaltzeiten wurden viele Arten aus den Gebirgen und der Arktis in tiefere bzw. südlichere Lagen verdrängt, hatten aber nun in zusammenhängenden Tiefländern günstige Möglichkeiten für weite Wanderungen. Das hatte einen intensiven F l o r e n a u s t a u s c h zwischen den ursprünglichen Wohngebieten zur Folge; davon wurden nicht nur die Floren der Alpen, Pyrenäen, Karpaten und südeuropäischen Gebirge betroffen, es konnten z.B. auch ursprünglich asiatische Gebirgssippen über die landfeste Beringstraße nach Nordamerika oder in die Alpen gelangen oder alpine in die Arktis und umgekehrt. In den Warmzeiten haben diese Arten zwar die Lebensräume der Gebirge und der Arktis zurückerobert, ihre zusammenhängenden Kaltzeit-Areale aber wurden durch das Nachdrängen der Waldvegetation wieder zerrissen (Abb. 982). Damit finden die charakteristischen a l p i n e n , a r k t i s c h - a l p i n e n und a s i a t i s c h - a l p i n e n Disjunktionen ebenso eine Erklärung wie das Vorkommen von arktisch-alpinen und borealen Arten als G l a z i a l r e l i k t e außerhalb ihres Hauptverbreitungsgebietes (Abb. 1067).

Viele Arten von *Saxifraga, Gentiana, Androsace, Soldanella, Primula, Potentilla* etc. haben europäische Gebirgsdisjunktionen mit weit getrennten Teilarealen in den Alpen, Apenninen, Pyrenäen, Karpa-

ten, balkanischen Gebirgen und darüber hinaus. Arktisch-alpine Arten treten öfters noch mit versprengten Fundorten in manchen höheren Mittelgebirgen auf (z.B. Schwarzwald, Sudeten), wie etwa *Saxifraga oppositifolia, Veronica alpina, Gnaphalium supinum* u.a. Die Entfernungen zwischen den einzelnen Wohngebieten betragen oft weit über 1000 km. Berühmt ist z.B. das sehr entlegene Vorkommen der rein arktischen Arten *Saxifraga nivalis* und *Pedicularis sudetica* im Riesengebirge (bei letzterer in etwa 2000 km Entfernung von ihrem arktischen Verbreitungsgebiet!).

Die Kraut-Weide (*Salix herbacea*, Abb. 1067) hat im Lauf des Quartärs ein arktisches Areal (nordöstl. Nordamerika, Grönland, Island, Spitzbergen und Nordeuropa) besiedelt und während der Kaltzeiten von dort her über Mitteleuropa nicht nur die Alpen und Karpaten, sondern in weiten Südvorstößen auch die Pyrenäen, Apenninen und Balkangebirge erreicht. Fossilfunde dokumentieren das kaltzeitlich zusammenhängende Areal. Heute ist dieses Verbreitungsgebiet stark disjunkt geworden, zwischen den arktischen und alpinen Hauptvorkommen liegen sehr isolierte Reliktfundorte (z.B. in den Sudeten). Ein ähnliches Bild ergibt sich in Europa auch für *Betula nana*, für die in Nordamerika zentrierten und bis Asien reichenden Sippen *Loiseleuria procumbens* und *Dryas octopetala* agg. und für das circumpolare *Eriophorum scheuchzeri*. Dagegen haben von asiatischen Bildungszentren *Saussurea alpina* (Asteraceae) und *Lloydia serotina* (Liliaceae) die Arktis und die europäischen Gebirge, *Pinus cembra* und *Leontopodium alpinum* aber nur die letzteren erreicht. *Alchemilla alpina* und *Nigritella nigra* sind Beispiele für alpine Arten, welche während der Kaltzeiten in die Arktis vordringen konnten.

Aus den Kaltzeiten stammende Reliktvorkommen arktisch-alpiner oder alpiner Arten finden sich in tieferen Lagen besonders in Mooren (z.B. *Betula nana, Empetrum nigrum* agg., *Trichophorum cespi-*

Abb. 1067: Die Verbreitung von *Salix herbacea* in Europa in der Gegenwart (/// ●) bzw. nach Fossilfunden im Postglazial, in der Würm-Kaltzeit (○) und in früheren Kaltzeiten (×). (Nach Tralau aus Walter & Straka.)

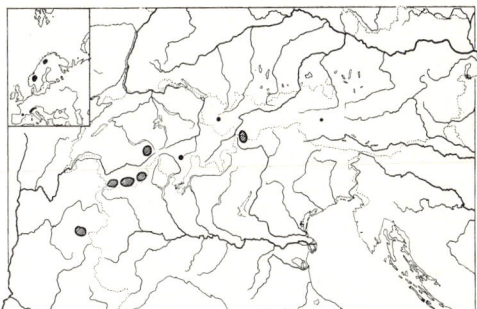

Abb. 1068: Das disjunkte arktisch-alpine Areal der Gesteinsflechte *Umbilicaria virginis* zeigt eine deutliche Bindung an pleistocän-kaltzeitliche Nunatakker (lokal eisfreie Gebiete). (Nach Merxmüller & Poelt aus Walter & Straka.)

tosum [*Cyperaceae*]) oder über Rohböden in Schluchten (z.B. *Saxifraga paniculata, Arabis alpina*). Hier kompensieren die besonderen lokalen Standortsverhältnisse das sonst ungünstige Makroklima und halten konkurrenzkräftigere Arten fern (S. 931, 969).

Die wichtigsten Refugialräume für montane bis alpine Gefäßpflanzen im Umkreis der kaltzeitlich vergletscherten Alpen lassen sich durch die Häufung von reliktären oder disjunkten Sippen ausmachen, die ihre Areale postglazial nur unwesentlich verändern konnten (S. 928 f.). Nur wenige hochalpine Arten haben auch innerhalb der Inlandeismassen auf lokal eisfreien Graten oder Gipfeln (sog. «Nunatakker») die Kaltzeiten überdauert (Abb. 1066, 1068).

Zu den Nunatakker-Pflanzen gehören nicht nur Moose und Flechten (z.B. *Umbilicaria virginis*: Abb. 1068), sondern auch Gefäßpflanzen (z.B. arktischalpine *Taraxacum*-Arten). Beispiele für Reliktendemiten in kaltzeitlich ± eisfreien Randgebieten sind etwa *Physoplexis comosa* (*Campanulaceae*) in den Südalpen, *Berardia subacaulis* (*Asteraceae*) in den Südwestalpen und *Saxifraga* (*Zahlbruckhera*) *paradoxa* am Alpenostrand. Auch die divergente Evolution der Teilsippen von *Valeriana celtica, Soldanella minima* agg., *Papaver alpinum* agg., und der *Primula clusiana*-Gruppe in den westlichen, östlichen, südlichen und nördlichen Randbereichen der Alpen steht im offensichtlichen Zusammenhang mit der eiszeitlichen Vergletscherung. Gleiches gilt auch für die Polyploidkomplexe von *Biscutella laevigata* (Abb. 579) und *Galium anisophyllum* (Abb. 551, S. 532).

Kaltzeitlich bedingt sind vielfach auch die Erweiterung von holarktischen Arealen über den Äquator hinaus nach Süden z.B. *Quercus, Fagaceae*, Abb. 975, und einige besonders bemerkenswerte bipolare Disjunktionen zwischen der Nord- bzw. Südhemisphäre (teilweise mit tropisch-alpinen Zwischenstationen: S. 927).

Beispiele für bipolar verbreitete Sippen finden sich bei Flechten (z.B. *Cetraria islandica*), Moosen (z.B. *Sphagnum*) und Angiospermen (z.B. *Carex, Epilobium, Empetrum, Primula farinosa* agg.). Diese Sippen sind während des Quartärs entlang der Cordilleren bzw. Anden von Nordamerika ins antarktische Südamerika gelangt. Manche haben auch, über die Gebirge von SO-Asien und Neuguinea, Australien bzw. Neuseeland erreicht. Und schließlich führte ein dritter wichtiger Wanderweg über die Gebirgsländer des östlichen Afrika nach Süden.

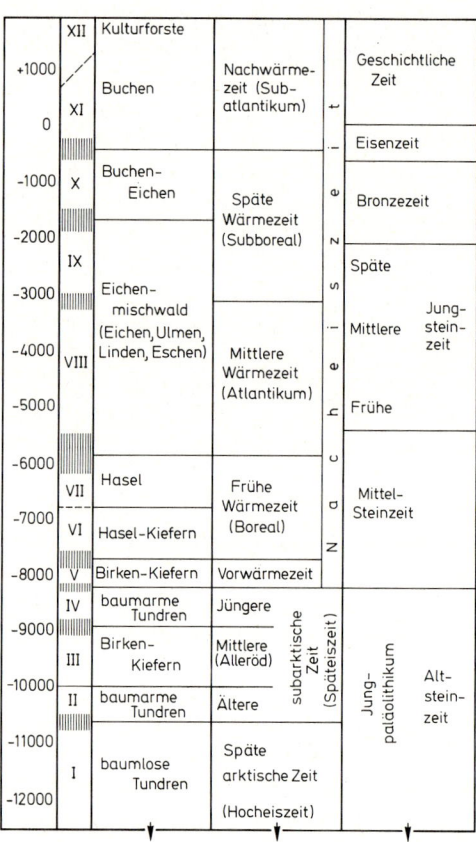

Abb. 1070: Ende der Würmeiszeit, Späteiszeit und Nacheiszeit in Mitteleuropa. Spalten für Zeitangaben, Pollenzonen I–XII (nach OVERBECK), Vegetationsperioden, Klimageschichte und Vorgeschichte des Menschen. (Nach STRAKA, erweitert.)

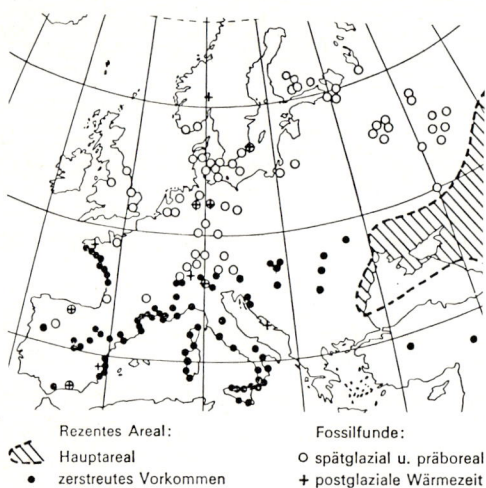

Rezentes Areal:
⧄ Hauptareal
• zerstreutes Vorkommen

Fossilfunde:
○ spätglazial u. präboreal
+ postglaziale Wärmezeit

Abb. 1069: Verbreitung von *Ephedra distachya* agg. in der Gegenwart und vom Spät- zum Postglazial. Weitere Erklärungen im Text. (Nach IVERSEN aus WALTER & STRAKA.)

Während der pleistocänen **Warmzeiten** war die Pflanzendecke jeweils der heutigen ähnlich. Allerdings kamen in den frühen Interglazialen Mitteleuropas noch einige tertiäre Arten vor, die heute hier ausgestorben sind (Abb. 1065).

Die Vegetationsentwicklung entspricht in der Erwärmungsphase mit der Besiedlung der vom Eis freigegebenen Rohböden etwa den Verhältnissen des Postglazials (S. 1015 ff.). In der Abkühlungsphase kam es zu Bodenversauerung, Vermoorung und fortschreitender floristischer Verarmung.

Während der alt- und mittelpleistozänen Warmzeiten waren in Mitteleuropa z.B. noch weit verbreitet: die heute nur noch in Ostasien und Nordamerika lebende Seerose *Brasenia schreberi*, die am Balkan lokalisierte *Picea omorika*, die heute auf N-Afrika und SW-Asien beschränkten Zedern *(Cedrus)* oder die großblütigen Alpenrosen der *Rhododendron ponticum*-Gruppe, die sich bis heute nur in drei, weit disjunkten Teilarealen mit warm-feuchtem Klima erhalten konnten (Kaukasusländer, Libanon, Südwestl. Iberische Halbinsel). Das Diagramm (Abb. 1065) zeigt für Mitteleuropa die fortschreitende Verarmung an derartigen tertiären Sippen während der aufeinanderfolgenden Warmzeiten.

Den jüngsten Abschnitt des Quartärs bezeichnet man als **Holocän** (= Alluvium); er umfaßt die Nacheiszeit (= Postglazial)

(im weiteren Sinn auch noch die Späteiszeit) und begann vor etwa 10000 (bzw. 12500) Jahren (Abb. 1070). Nach dem letzten Höhepunkt der Vereisung (vor etwa 20000 Jahren) wurde das Klima allmählich und unter Rückschlägen wieder wärmer; die Eismassen schmolzen im Laufe der folgenden 10000 Jahre zu einem großen Teil. Damals konnten viele Arten der Wälder und anderer anspruchsvoller Pflanzengesellschaften aus ihren kaltzeitlichen Rückzugsgebieten heraus die einst waldfreien oder eisbedeckten Gebiete Europas, Nordamerikas und anderwärts wieder besiedeln. Neuerlich waren dabei günstige Voraussetzungen für die hybridogene Auffrischung des eiszeitlich stark dezimierten Sippenbestandes gegeben (S. 527 ff.).

Die Rückwanderung der vegetationsbestimmenden Bäume erfolgte in der Spät- und Nacheiszeit nicht gleichzeitig, sondern – ihrer unterschiedlichen Ökologie entsprechend – nacheinander (Abb. 1071). Darum können wir innerhalb dieses Zeitraumes mehrere gut ausgeprägte, über große Teile des temperaten Europas annähernd gleichzeitige Pollenzonen (I–XII) und Vegetations- bzw. Waldperioden unterscheiden (Abb. 1070). In den Gebirgen kam es zu einem Ansteigen der Waldgrenze, zu einer entsprechenden Entwicklung der Vegetationsstufen (Abb.

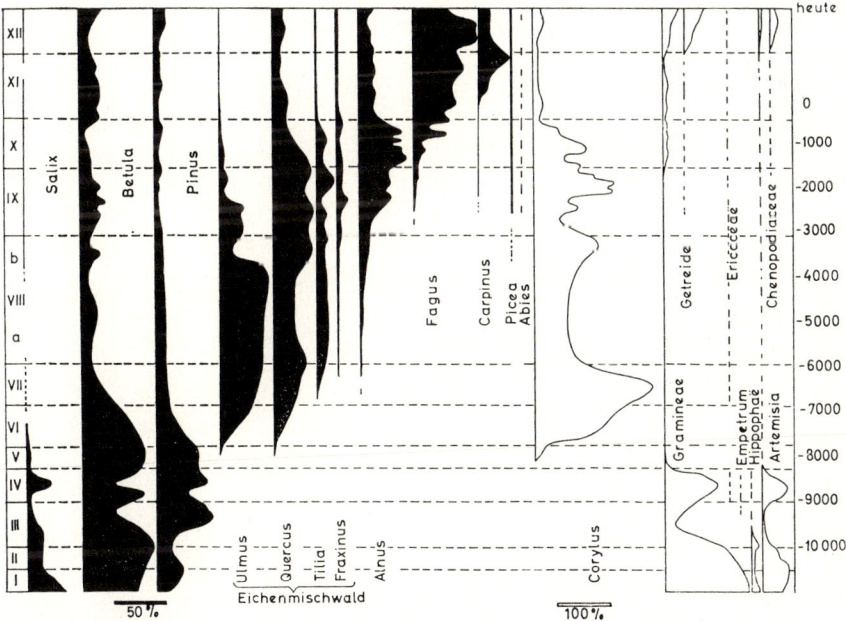

Abb. 1071: Spätquartäres Pollendiagramm vom Ende der Eiszeit (I) über die Späteiszeit (II–IV) und Mittlere Wärmezeit (VIII) bis zur Gegenwart (vom Luttersee, 160 m, östlich Göttingen; Pollenzonen I–XII nach OVERBECK). Schematisiert; Anteile von Baumpollen schwarz (*Acer* unberücksichtigt), *Corylus* und Nichtbaumpollen weiß (nur die wichtigsten Typen). (Nach STEINBERG & BERTSCH aus WALTER & STRAKA.)

1072) und zum fortschreitenden Rückzug der alpinen Tundren in die höheren Lagen.

Die Ursachen für die großen spät- und nacheiszeitlichen Waldveränderungen beruhen offenkundig in erster Linie auf einem annähernd parallelen Klimawechsel. Doch sind auch die verschiedenen Ausbreitungsgeschwindigkeiten und Wanderwege der Bäume, die Lage ihrer eiszeitlichen Zufluchtsstätten, ihre verschiedene Konkurrenzkraft, die verzögerte Bodenreifung u.a. sehr zu berücksichtigen.

Die zu Ende gehende Würmeiszeit mit ihren Tundren und Kältesteppen (Pollenzone I) leitet in Mitteleuropa über in eine erste Ausbreitungsphase lockerer subarktischer Gehölze: Die Späteiszeit (10500–8250 v.u.Z.). Sie bringt eine deutliche Erwärmung (Pollenzonen II–III, Alleröd), danach aber einen neuerlichen Kälterückschlag (IV).

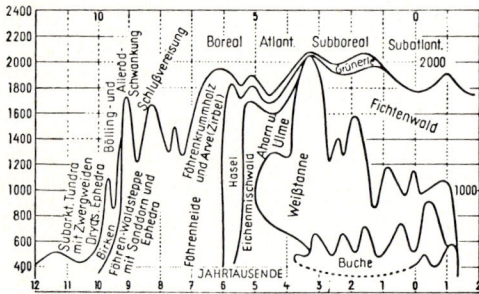

Abb. 1072: Entwicklung der Vegetation und ihrer Höhenstufen in den Schweizer Nordalpen seit dem Höhepunkt der Würm-Eiszeit. Koordinaten: Meereshöhen und Jahrtausende. Man beachte die frühe Ausbreitungsphase von Föhren-Waldsteppen mit *Hippophae* und *Ephedra*, den ansteigenden Verlauf der Waldgrenze, das Verdrängen der Tanne durch die spät vordringende Fichte u.a. (Nach Welten aus Gams.)

Die Kältesteppen der Späteiszeit sind durch einen hohen Anteil von Gräsern, Cyperaceen und *Artemisia* ausgezeichnet. *Ephedra distachya* agg. erreicht vom Osten her in Europa eine große Verbreitung, wird aber durch die spätere Bewaldung auf wenige binnenländische Trockenräume und den offenen Küstenbereich verdrängt (Abb. 1069). Als Relikte (spät)glazialer Kältesteppen haben sich auch die von Zentralasien ausstrahlenden Chenopodiaceen *Krascheninnikovia ceratoides* und *Kochia prostrata* sowie der pontische Tatarenkohl *Crambe tataria* vereinzelt bis nach Zentralspanien erhalten. In den Gehölzen der Späteiszeit waren vor allem *Hippophae*, *Salix*, *Betula* und *Pinus* vertreten. Das Waldbild glich also dem heutigen im westlichen Lappland.

Die Nacheiszeit setzt mit einer merklichen Klimaverbesserung (um 8250 v.u.Z.) ein und erreicht in der Mittleren Wärmezeit (etwa 5000 bis 3000 v.u.Z.) ein Optimum, das im Mittel wohl etwas wärmer war als heute. Dem entspricht die Vegetationsentwicklung, die in der Vorwärmezeit mit einer neuerlichen Ausbreitung von Birken und Kiefern (Pollenzone V, Abb. 978) beginnt, dann in der Frühen Wärmezeit mit einer Massenausbreitung der Hasel zuerst zu Hasel–Kiefernwäldern (VI) führt und schließlich nach Abnahme von Birken und Kiefern (Abb. 978) sowie einer verstärkten Einwanderung von Ulmen und Eichen ein Überwiegen von Hasel–Eichenmischwäldern (VII) bringt. Mit dem verstärkten Hervortreten der anspruchsvolleren Laubhölzer Linde, Ahorn und Esche wird dann in der Mittleren Wärmezeit die Zone der Eichenmischwälder erreicht. In den immer stärker versumpften Niederungen aber breiten sich Erlenbrücher aus, und Fichten bedecken die östlichen Mittelgebirge bis zum Harz sowie der Ostalpen und Karpaten. Die Kiefernwälder waren schon

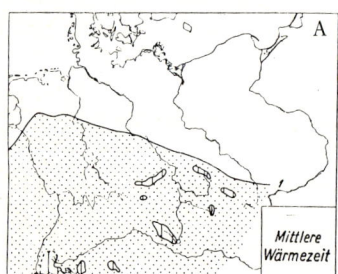
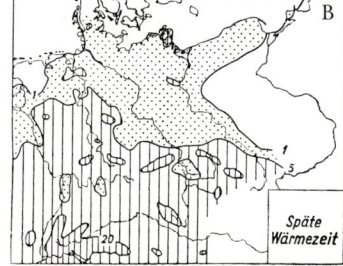
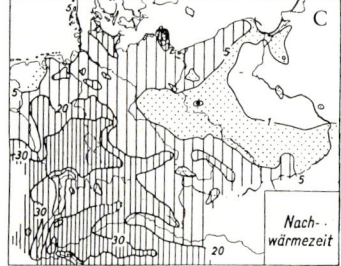

Abb. 1073: Ausbreitung der Rotbuche *(Fagus sylvatica)* im Postglazial Mitteleuropas. Gebiete gleichen Pollenniederschlags (<1%, 1–5%, 5–20%, 20–30%, >30%) von der Mittleren Wärmezeit (Atlanticum, etwa 4500 v.u.Z.) über die Späte Wärmezeit (Subboreal, etwa 1500 v.u.Z.) bis zur Nachwärmezeit (Subatlanticum, etwa zur Zeitenwende). Vgl. auch S. 921, 928. (Nach Firbas.)

ähnlich wie heute auf warme Sandböden beschränkt. An trockenen Standorten hatte sich eine artenreiche Trockenrasen- und Steppenvegetation entwickelt.

Inwieweit in der Mittleren oder Frühen Wärmezeit oder aber schon wesentlich früher, vor Beginn der intensiven nacheiszeitlichen Wiederbewaldung, die besten Voraussetzungen für die Ausbreitung von thermophilen Arten der Felsheiden, Trockenrasen und Steppen aus dem Süden und Osten nach Zentraleuropa gegeben waren, ist ein vieldiskutierter Fragenkreis. Die zusammenhängenden Areale dieser submediterranen bzw. südsibirisch-pontischen Arten sind heute vielfach stark disjunkt (Abb. 1082–1084), da das Dichterwerden der Wälder ihren Lebensraum sehr einengte. Solche disjunkte und isolierte Vorkommen können daher als warmzeitliche bzw. «xerotherme» Relikte betrachtet werden.

Als Beispiele für wärmezeitliche Einwanderer in Mitteleuropa mit heute disjunkter Verbreitung können wir hier etwa anführen: Aus dem weiteren Bereich der Mittelmeerländer die submediterranen Ar-

ten *Quercus pubescens* (Abb. 1084), *Cornus mas*, *Buxus sempervirens*, *Lembotropis nigricans*, *Anthericum liliago*, verschiedene *Ophrys*-Arten u. a. Früher, vielleicht schon späteiszeitlich, nach Mitteleuropa gekommen sind die südsibirisch-südrussischen Steppensippen *Stipa* ser. *Capillatae* (Abb. 1083), *Adonis vernalis*, *Lathyrus pannonicus*, *Scorzonera purpurea* bzw. die im südosteuropäischen Raum zentrierten Formenkreise von *Linum flavum* (Abb. 1082) und *Astragalus exscapus*, ebenso Einwanderer aus dem orientalisch-mediterranen Raum, wie *Eryngium campestre* (Abb. 979), *Salvia pratensis* und *Odontites lutea*. Alle diese Sippen finden sich in strauch- und baumarmen Fels-, Trockenrasen- und Steppengesellschaften, manchmal auch in lichten Kiefern- und Eichenwäldern, besonders gern auf basischen, kalkreichen Böden. Sie sind vorgedrungen vom Süden her durch das Rhone- und Rheintal, über den Alpensüdrand, entlang des Alpenostrandes und durch das Donautal, vom Osten her nördlich und südlich der Karpaten und durch Ungarn mehr oder weniger weit in die warm-trockenen Binnenlandschaften Mitteleuropas, z.B. in die kontinentalen Zentral-

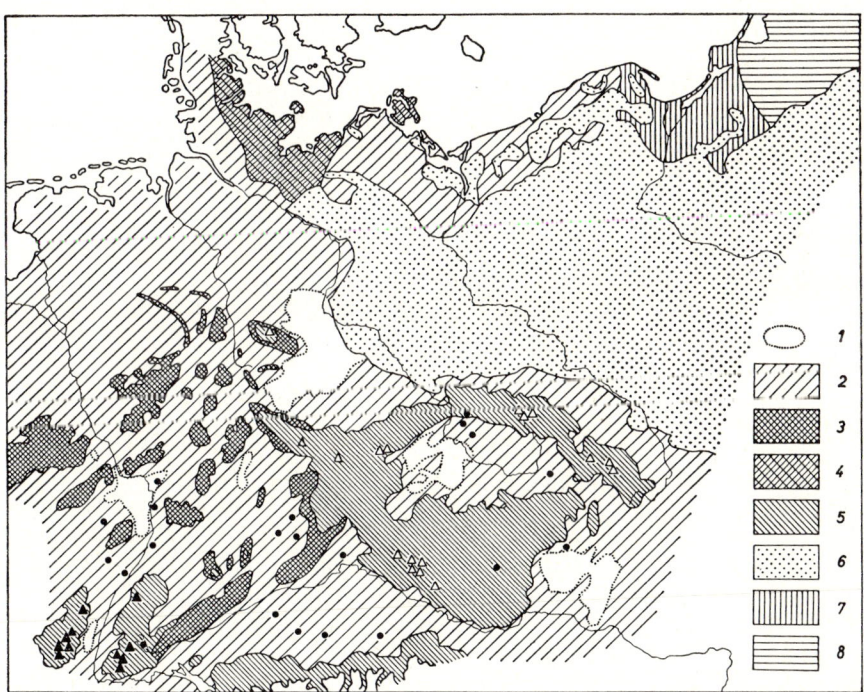

Abb. 1074: Rekonstruktion der natürlichen Vegetationsgebiete in Mitteleuropa vor Beginn der geschichtlichen Zeit (etwa zur Zeitenwende) aufgrund pollenanalytischer Befunde. 1 Trockengebiete mit aufgelockerten Eichenmischwäldern (ohne Buche, Jahresniederschläge unter 500 mm); 2 Buchenmischwaldgebiete der tieferen Lagen (z.T. Eiche überwiegend); 3 Buchenbergwaldgebiete; 4 Kiefernarmes Buchengebiet; 5 Gebirgswaldgebiete mit Buchen, Tannen und Fichten, ▲ subalpin aufgelockert, △ Fichte dominierend; 6 Kiefernwaldgebiete mit Eiche auf Sandböden; 7 Hainbuchenmischwaldgebiet; 8 Hainbuchenmischwaldgebiet mit Fichte; ● Kiefer lokal dominierend. (Nach Firbas vereinfacht aus Ellenberg.)

alpentäler, ins östliche Österreich, nach Innerböhmen, ins Thüringer und ins Mainzer Becken usw., zum Teil sogar noch nach Skandinavien. Ein interessantes Beispiel ist die Einwanderung von *Pulsatilla vulgaris* agg. aus West und Ost in Bayern (Abb. 574).

In der Späten Wärmezeit macht sich eine deutliche Abnahme der Temperaturen und eine Vermehrung der Niederschläge bemerkbar. Rotbuche, Hainbuche und Tanne treten erstmals auf (Pollenzone IX) und drängen Eichen und Hasel zurück (X). Schließlich kommt zu Beginn der Nachwärmezeit, in der sog. Buchenzeit (XI), in tieferen Lagen sowie in den niedrigen nordwestlichen Mittelgebirgen vor allem die Rotbuche zur Herrschaft (Abb. 1073), nach Osten zu aber die Hainbuche. Die Gebirgswälder wandeln sich größtenteils in Mischwälder von Buchen, Tannen und Fichten um. Damit ist im wesentlichen das in Abb. 1074 wiedergegebene (und potentiell noch heute gültige) Waldbild Mitteleuropas erreicht.

Die Rückwanderung der Tanne in den Alpenraum und die Mittelgebirge vom Westen, Süden und Osten her (Abb. 862) erfolgte aus mediterranen Refugialräumen. Die Fichte kam aus dem Nordosten, Osten und Südosten nach Mitteleuropa. Das Eindringen der Rotbuche erfolgte besonders aus dem Südwesten (Abb. 1073), sie vermag nur im kontinentalen Osten und in den Zentralalpen sowie in den wärmsten und trockensten Lagen (unter 500 mm Jahresniederschlag) nicht Fuß zu fassen (Abb. 1019).

Der vorgeschichtliche Mensch hat die Klima- und Vegetationsveränderungen des Eis-zeitalters, insbesondere der Spät- und Nacheiszeit, miterlebt. Sein Einfluß auf die Pflanzendecke wird in Mitteleuropa aber erst ab der späteren Jungsteinzeit (ab 3000 v. u. Z.) mit dem Seßhaftwerden der Bauern im Pollenprofil faßbar und tritt in den Pollenzonen X–XII immer deutlicher hervor. In arealkundlicher Hinsicht beweisen vor allem die zahlreichen heute oft weltweit verbreiteten Unkräuter (S. 532, 927 f., 998, Abb. 985) die menschlichen Eingriffe der letzten Jahrtausende, die sich immer mehr verstärken (vgl. S. 992 ff.).

In Bodenprofilen zeugen Aschenschichten von der Brandrodung, Pollen von Getreide und Unkräutern *(Plantago, Rumex, Centaurea cyanus)* vom Ackerbau (Abb. 1071). Die Zunahme von Gräser- und Kräuterpollen deutet auf Weide- und Wiesenwirtschaft. Schließlich zeigt das Überhandnehmen von Fichte u. a. forstliche Kulturmaßnahmen an.

Bei den Unkräutern (S. 998) gehen die sog. Archäophyten auf die prähistorische Zeit zurück. *Agrostemma githago* und *Papaver rhoeas* sind schon mit dem frühen Ackerbau in der Jungsteinzeit nach Mitteleuropa gekommen, *Sinapis arvensis* und *Anagallis arvensis* erst in der Bronzezeit. Neophyten sind Neuankömmlinge aus historischer Zeit, z.B. aus W-Asien *Senecio vernalis* (Abb. 985), aus Nordamerika *Elodea canadensis* (S. 928), *Conyza (Erigeron) canadensis* und einige in Auen verwilderte *Aster-* und *Solidago*-Arten, aus Südamerika *Galinsoga parviflora* und *G. ciliata* oder aus den neuweltlichen Trockengebieten die im Mittelmeergebiet landschaftsbestimmenden Arten *Opuntia ficus-indica* und *Agave americana*.

Fünfter Abschnitt

Floren- und Vegetationsgebiete der Erde

In den verschiedenen Lebensräumen der Biosphäre hat sich die Pflanzenwelt im Laufe der Erdgeschichte teilweise recht selbständig entwickelt und dabei den herrschenden Bedingungen weitgehend angepaßt. Daher können wir heute verschiedene Florengebiete unterscheiden (S. 932 ff.). Sie lassen sich durch ihre relativ einheitliche Flora, das Vorherrschen bestimmter Arealtypen bzw. Geoelemente und das Vorkommen endemischer Taxa kennzeichnen und an Zonen mit verstärktem Florengefälle von benachbarten Florengebieten abgrenzen. Die umfassendsten Einheiten dieser floristisch-arealkundlichen Gliederung sind die 7 Florenreiche der Biosphäre: Holarktis, Neo- und Paläotropis, Capensis, Australis, Antarktis und das Ozeanische Florenreich. Sie bilden den Rahmen für die anschließende skizzenhafte, auf Mitteleuropa konzentrierte Darstellung.

Flora und Vegetation der Erde sind nicht nur historisch bedingt, sie werden großräumig auch vom zonen- und sektorenartig abgestuften gegenwärtigen Klima der Erde geprägt (Abb. 983, 1023, 1076, 1085). Zur Abrundung unseres

Bildes müssen wir daher auch die Typen der naturnahen Klimax-Formationen (S. 954 ff.) berücksichtigen, die auf Physiognomie und Lebensformenspektrum der voll entwickelten Pflanzendecke aufbauen (Tab. 50, Abb. 1017, Karte bei S. 1040). Dazu kommen noch die Bodenverhältnisse (S. 335 f., 962 ff., 975 ff.) sowie die Eigenschaften und Leistungen der zugeordneten Ökosysteme (Tab. 46, S. 991).

In allen Florengebieten bewirken Gebirge eine auffällige Veränderung der Flora und Vegetation (vgl. Abb. 1018, 1075, 1077). Die Abfolge ihrer Höhenstufen gleicht bekanntlich in vielem dem Wandel der Vegetation mit Annäherung an die Pole (vgl. Abb. 983).

Wo sich Gebirge aus Waldländern erheben, dringt der Wald in ihnen nur bis zu einer bestimmten Höhe vor. Wo ihr Fuß ein waldloses Trockengebiet ist, tritt eine nach oben und unten begrenzte Waldstufe überhaupt erst in höherer Gebirgslage auf. Die Gebirgsfloren weichen aber nicht nur infolge der veränderten Standortsverhältnisse, sondern auch infolge ihrer Isolierung und selbständigen Entwicklung von den Tieflandsfloren meist stark ab und sind vielfach reich an Endemiten; zu deren Erhaltung trägt auch die viel größere Mannigfaltigkeit der Standortsbedingungen in den Gebirgen bei.

Tab. 50: Lebensformenspektren (%-Anteil entsprechender Arten) einiger wichtiger Formationen und ökologischer Reihen (vgl. dazu Abb. 232, 1017). (Nach RAUNKIAER aus WHITTAKER.)

	Phanerophyten	Chamaephyten	Hemicryptophyten	Geophyten	Therophyten
Weltweiter Durchschnitt	46	9	26	6	13
Von warm zu kalt (humid)					
Tropischer Regenwald	96	2		2	
Subtropischer Lorbeerwald	66	17	2	5	10
Warmtemp. Laubwald	54	9	24	9	4
Kalttemp. Nadelwald	10	17	54	12	7
Tundra	1	22	60	15	2
Von frisch zu trocken (temperat)					
Frischer Laubwald	34	8	33	23	2
Waldsteppe	30	23	36	5	6
Steppe	1	12	63	10	14
Halbwüste		59	14		27
Wüste		4	17	6	73

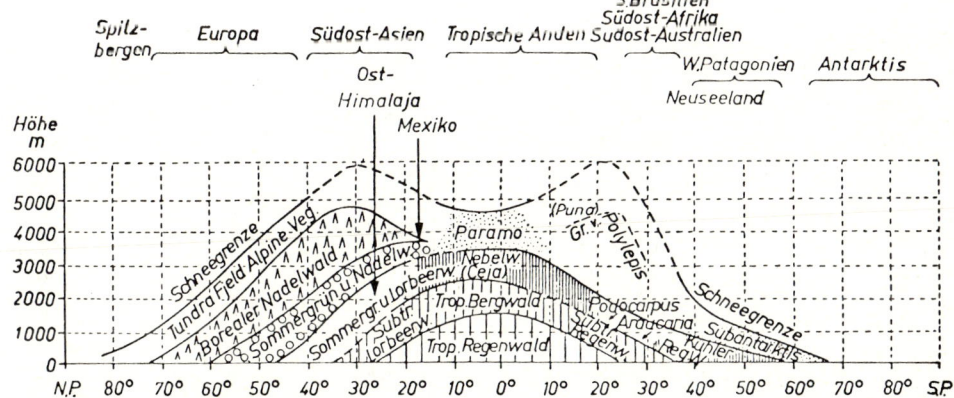

Abb. 1075: Schematisches Vegetationsprofil der Erde vom Nord- zum Südpol (N.P., S.P.) mit den wichtigsten Klimax-Formationstypen der Zonen und Höhenstufen in den humiden Gebieten. Gleiche Signaturen für ähnliche Vegetationstypen. Vgl. die Asymmetrie im Aufbau der N- und S-hemisphärischen Pflanzendecke. (Nach C. TROLL aus SCHMITHÜSEN.)

Im folgenden ist vorwiegend von naturnahen Ausbildungen der Pflanzendecke die Rede. Dem entspricht auch die Kartendarstellung bei S. 1040. Das darf nicht darüber hinwegtäuschen, daß die Biosphäre vom Menschen heute bereits weithin völlig verändert wurde (S. 992 ff., Abb. 1054). Dem können die kurzen Hinweise im folgenden Abschnitt kaum gerecht werden.

A. Das Holarktische Florenreich

Die Floren der nördlichen Hemisphäre, von der meridionalen bis zur arktischen Zone (Abb. 983), müssen wir aufgrund ihrer vielfachen Beziehungen zu einem Florenreich, der Holarktis, zusammenfassen. Im wesentlichen auf diesen Bereich beschränkt sind z.B. *Pinaceae, Betulaceae, Salicaceae, Fumariaceae, Pyrolaceae, Caprifoliaceae* u.a. Die auffällige floristische Einheitlichkeit dieses sehr großen Gebietes ist durch die bis ins Quartär andauernde räumliche Nähe der nördlichen Landmassen und durch den intensiven Florenaustausch während des Jungtertiärs und Quartärs bedingt (vgl. dazu Abb. 975, 987, 1062, S. 1007, 1013).

Von größeren Angiospermenfamilien haben holarktische Schwerpunkte z.B. die *Ranunculaceae, Brassicaceae, Caryophyllaceae, Saxifragaceae, Rosaceae, Fabaceae, Apiaceae, Primulaceae* und *Campanulaceae.* Als Beispiele für endemische Gattungen und Arten(gruppen) seien noch genannt: *Picea, Abies, Larix, Pinus, Cypripedium* und *Sparganium* sowie *Equisetum arvense, Athyrium filix-femina, Juniperus communis, Populus tremula* agg., *Caltha palustris* agg., *Urtica dioica* agg. und *Alisma plantago-aquatica.*

Bei einem Versuch, die Holarktis weiter in Florenregionen zu gliedern, können wir zuerst die nördlich der polaren Waldgrenze liegende und besonders durch ihre Tundren charakterisierte circumarktische Region herausstellen. Daran grenzen im Süden als Kern der Holarktis große Waldgebiete. Sie erstrecken sich so weit, wie die Länge der Vegetationszeit und die Feuchtigkeit der Sommer die Herrschaft von Holzpflanzen ermöglichen. Dabei dominieren im winterkalten Bereich Nadelhölzer um so mehr, je kälter und kontinentaler, sommergrüne Laubhölzer dagegen, je wärmer und ozeanischer das Klima ist, während im wintermilden Bereich schließlich die immergrünen Laubhölzer überwiegen. Dementsprechend durchzieht die noch recht einheitliche circumboreale Region als breiter Nadelwaldgürtel den Norden Eurasiens und Nordamerikas. Dagegen erscheint der im Süden anschließende Laubwaldgürtel stark zerrissen. Er umfaßt im Westen der Alten Welt die mitteleuropäische Region mit ihren sommergrünen Laubwäldern in der temperaten und die makaronesisch-mediterrane Region mit ihren Lorbeer- und Hartlaubwäldern in der submeridionalen und meridionalen Zone.

Diesen beiden entspricht im Osten der Alten Welt die sino-japanische Region, mit ihren viel allmählicher von temperat bis meridional (und boreotropisch) überleitenden Laubwäldern. West und Ost werden nur durch Laubwaldinseln in Südsibirien (z.B. im Altai) und in der himalayischen Region verknüpft. Auch im Westen der Neuen Welt ist der holarktische Laubwaldgürtel nur fragmentarisch entwickelt: in der californischen Region mit ihren Hartlaubwäldern.

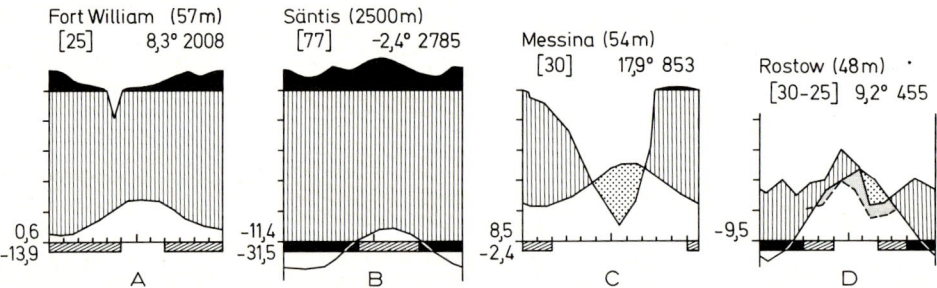

Abb. 1076: Unterschiedliche Klimadiagramme aus Europa: A ausgeprägt ozeanisch, geringe jahreszeitliche Unterschiede (W-Schottland, Fort William); B alpin, kein Monat frostfrei, hohe Niederschläge (Schweizer Alpen, Säntis); C mediterran milde Winter, Sommerdürre (Sizilien, Messina); D pontisch-kontinental, starke jahreszeitliche Unterschiede, geringe Niederschläge (S-Ukraine, Rostow). Erklärungen vgl. Abb. 1023; die erniedrigte Niederschlagslinie in D (30 mm = 10°, strichliert) markiert eine sommerliche semiaride Trockenzeit. (Nach WALTER & LIETH.)

Voll entfaltet und artenreich tritt er erst wieder in der atlantisch-nordamerikanischen Region in Erscheinung; auch hier mit Übergängen zu boreo-subtropischen Regenwäldern im Süden.

Der Grund für die disjunkte Auflösung des holarktischen Laubwaldgürtels liegt in der starken Erweiterung eines temperaten bis meridionalen Steppen- und Wüstengürtels in den extrem kontinentalen Binnenräumen Eurasiens (vom pannonischen Raum und Anatolien bis in die Mongolei: pontisch-südsibirische Region u.a.; S. 1031 ff.) und Nordamerikas (vom Mittleren Westen bis ins Great Basin). Dieser Gürtel reicht weithin von den trockenen Tropenzonen bis zur circumborealen Region. Hier verschiebt sich infolge Abnahme der Niederschläge das ökologische Gleichgewicht vom Baumwuchs zugunsten von Graswuchs und führt zuletzt zur wüstenhaften Auflockerung der Pflanzendecke.

1. Die mitteleuropäische Region (untere Höhenstufen)

Die mitteleuropäische Florenregion läßt sich der temperaten Zone (Abb. 983) zuordnen und reicht nach neuerer Auffassung von Irland und

NW-Spanien nach Osten allmählich verengt bis zum Ural (Abb. 990). Alpen und Karpaten bilden Grenzbereiche gegen die meridionalen Florenregionen im Süden. Klimatisch sind die unteren Höhenstufen (S. 1028 f.: a + b) dieses Raumes durch eine Vegetationszeit von 6–9 Monaten (davon 4–6 Monate mit Mitteltemperaturen von mehr als 10°), im Winter durch länger andauernde Kälteperioden (<0°) sowie durch Niederschlagsmaxima im Sommer gekennzeichnet. Die mittleren Jahrestemperaturen liegen meist zwischen 5° und 15°, die mittleren Niederschlagswerte fast immer über 500 mm (Abb. 1023 B, 1076 A). Unter diesen Bedingungen dominieren als Klimax-Formation sommergrüne Laubwälder (Abb. 1017). Ihre Phytomasse (durchschnittlich 30 kg/m²) und Produktivität (durchschnittlich 1200 g/m²/a) bleibt gegenüber tropischen Wäldern erheblich zurück (Tab. 46, S. 991). Nur im kühleren bzw. kontinentaleren Klima der oberen Bergwaldstufe der Gebirge und im Nordosten der mitteleuropäischen Region haben Nadelhölzer am Waldaufbau einen stärkeren oder gar überwiegenden Anteil. In beiden Lebensformen kommt die Winterruhe des kühl-gemäßigten Waldklimas zum Ausdruck: in der Entlaubung

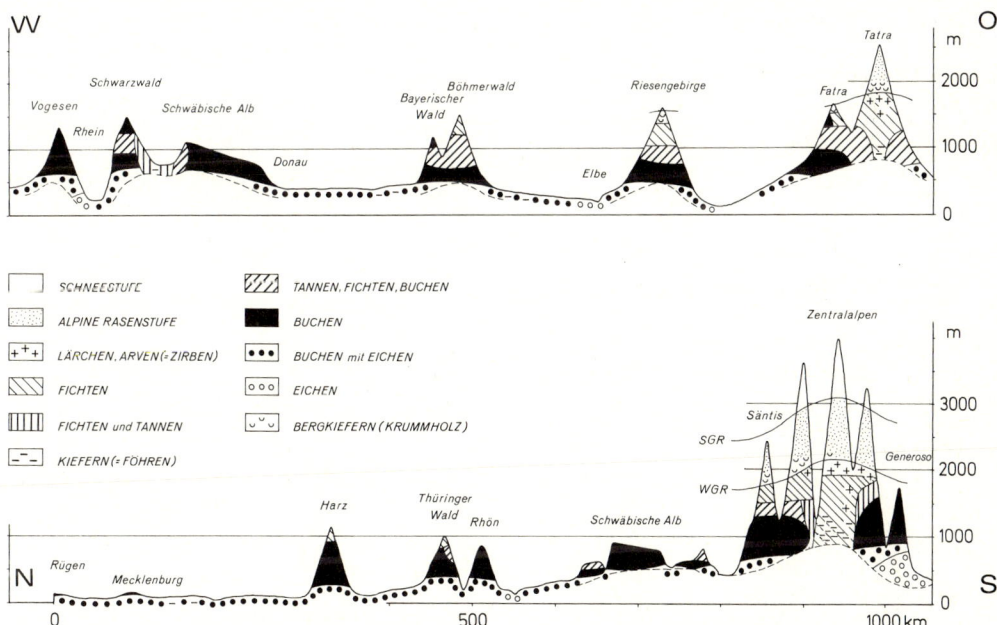

Abb. 1077: Höhenstufen der Vegetation in Zentraleuropa, oben von W nach O, unten von N nach S. WGR = Waldgrenze, SGR = Schneegrenze. Die Höhenstufen steigen nach Süden und mit zunehmender Massenerhebung an. Die Buche nimmt von W nach O ab und verschwindet im kontinentalen Alpeninneren, die Fichte dominiert dort, fehlt aber im äußersten W (Vogesen). (Nach Ellenberg.)

und dem ausgeprägten Knospenschutz bei den Laubhölzern, in der Xeromorphie der immergrünen Nadeln bei den Coniferen (Abb. 202).

Vor Beginn des Ackerbaues war die mitteleuropäische Region fast geschlossen bewaldet (Abb. 1074). Nur in den Alpen, Sudeten und Karpaten findet der Wald infolge der Kürze und geringen Wärme der Vegetationszeit sowie der Windwirkung eine deutliche obere Waldgrenze; auf den höchsten Gipfeln des Schwarzwaldes, des Böhmerwaldes und des Harzes läßt sich gerade noch ein Kampfgürtel erkennen. Eine klimatische untere Trockengrenze des Waldes ist auch in den wärmsten und trockensten Binnenlandschaften kaum festzustellen, und eine maritime Windgrenze dürfte von Natur aus nur die Inseln und einen ganz schmalen Küstensaum an der Nord- und Ostsee von der Bewaldung ausschließen. Darüber hinaus sind in der mitteleuropäischen Region ursprünglich nur ganz lokal solche Standorte waldfrei, die für den Baumwuchs zu trocken, zu naß oder zu salzreich sind (vgl. Abb. 976, 1016). Es ist daher menschlichen Eingriffen zuzuschreiben, daß heute nur noch ein Viertel dieser Region bewaldet ist (und das vielfach nur in Form intensiv bewirtschafteter Forste).

Floristisch läßt sich die mitteleuropäische Region vor allem durch die Leitarten der sommergrünen Laubwälder charakterisieren, also z.B. *Quercus robur* (Abb. 912), *Acer platanoides*, *Fraxinus excelsior*, *Corylus avellana*, *Anemone nemorosa* u.v.a. Der enge, florengeschichtlich bedingte Zusammenhang mit den anderen Teilgebieten des holarktischen Laubwaldgürtels (vgl. S. 1020) ist daran erkennbar, daß die gleichen oder nahe verwandte Arten auch in der sino-japanischen oder auch noch in der atlantisch-nordamerikanischen Florenregion vorkommen (z.B. *Fagus*: Abb. 975, *Hepatica*: Abb. 571).

Infolge der quartären Vergletscherungen ist die Flora der mitteleuropäischen Region sehr verarmt (S. 1014f.), die Mehrzahl der heute hier lebenden Arten konnte erst im Spät- und Postglazial aus südlichen (bzw. östlichen) Refugialräumen rückwandern (S. 1015ff.). Das ist ein wichtiger Grund für die engen Florenbeziehungen mit der (sub)mediterranen Region (vgl. z.B. Abb. 988).

Weitere Arten des mitteleuropäischen Geoelements sind z.B. *Alnus glutinosa*, *Tilia cordata*, *Asarum europaeum*, *Ranunculus ficaria*, *Lamiastrum* galeobdolon agg., aber auch Sippen offener bzw. trockener Standorte, wie z.B. *Rosa* sect. *Caninae*, *Sedum acre* oder *Arrhenatherum elatius*. – Disjunkte holarktische Laubwaldareale haben neben *Fagus* (Abb. 975) auch *Taxus*, *Carpinus*, *Corylus* oder *Anemone nemorosa* agg.; disjunkt eurasisch sind hingegen *Neottia*, die *Ulmus minor*-Gruppe und *Galium (Asperula) odoratum*. Die mitteleuropäische *Ulmus laevis* hat eine Schwestersippe im östlichen Nordamerika *(U. americana)*. Im Mittelmeerraum verankert sind die Ausgangssippen von *Ilex aquifolium* (Abb. 989), *Rubus fruticosus* agg., *Fraxinus excelsior*, *Dentaria bulbifera*, *Myosotis sylvatica*, *Knautia arvensis* agg., *Galium mollugo* agg., *Colchicum autumnale*, *Galanthus nivalis* u.a.

Nach der stärker ozeanischen oder kontinentalen, borealen oder submeridionalen Bindung ihrer Arten läßt sich eine floristische Differenzierung der mitteleuropäischen Florenregion erkennen. Diese Differenzierung kommt auch im Vegetationsbild zum Ausdruck. Das berechtigt zu einer **Gliederung** in eine atlantische, subatlantische, zentraleuropäische und sarmatische Provinz. Darüber hinaus müssen aufgrund ihrer besonderen Flora und Vegetation (vor allem in den oberen Höhenstufen) Alpen und Karpaten als eigene Unterregionen (alpisch, karpatisch) herausgestellt werden (vgl. S. 933; Klimadiagramme Abb. 1023B, 1076A, B).

Bezeichnend für die atlantische Provinz (und dabei mehr im Norden: N oder im Süden: S vertreten) sind z.B.: *Ulex europaeus*, *Genista anglica*, *Myrica gale* (N), *Erica tetralix*, *E. cinerea* (S), *Helleborus foetidus* (S) und *Narthecium ossifragum*; *Lobelia dortmanna* (N) ist amphiatlantisch (d.h. auf beiden Seiten des Atlantik vertreten); *Ilex aquifolium* (S. 931f., Abb. 989) hat einen großen mediterranen Arealanteil und kann daher als atlantisch-mediterranmontan bezeichnet werden. – Die subatlantische Provinz ist durch Arten gekennzeichnet, die weiter nach Osten reichen, z.B. *Sarothamnus scoparius*, *Lonicera periclymenum* oder *Digitalis purpurea*; *Primula vulgaris* (= *P. acaulis*) ist subatlantisch-mediterran-montan. Die Pflanzendecke der eher wintermilden atlantischen und subatlantischen Provinz ist fast nadelholzfrei. Hier spielen neben Laubwäldern mit vorherrschenden Eichen und Birken, neben Mooren und Wiesen auf den verarmten Podsolböden vor allem Zwergstrauchheiden mit *Calluna* und mit atlantischen *Erica*-, *Genista*-, und *Ulex*-Arten eine auffällige Rolle.

Die zentraleuropäische Provinz läßt sich vor allem durch Arten charakterisieren, deren Verbreitung im kontinentalen Osten aber teilweise auch im ozeanischen Westen Europas begrenzt ist: *Abies alba* (S. 783f.; Abb. 862), *Fagus sylvatica* (Abb. 912), *Carpinus betulus* (Abb. 914), *Quercus petraea* (Abb. 912), *Acer pseudoplatanus*, *Tilia platyphyllos*, *Cle-*

matis vitalba, Hedera helix, Viola reichenbachiana, Atropa belladonna, Galium sylvaticum u.a. Die Pflanzendecke der zentraleuropäischen Provinz ist reich an Laubhölzern und besonders durch das Hervortreten der Rotbuche ausgezeichnet. Doch finden wir in den Niederungen bereits die Wald-Kiefer, in den Bergwäldern Weißtanne und Fichte und in den warmtrockenen Binnenlandschaften Steppenheiden.

Die sarmatische Provinz nimmt den östlichen Teil der mitteleuropäischen Region ein. Als Leitformen können z.B. die Eichenwaldbegleiter *Euonymus verrucosa, Potentilla alba, Vicia cassubica, Melampyrum nemorosum* und die Sandsteppenarten *Dianthus arenarius* und *Gypsophila fastigiata* genannt werden. *Fagus* fehlt; in der Vegetation dominieren Mischwälder von *Quercus robur* und *Pinus sylvestris;* der Anteil von Waldsteppen nimmt im Südosten zu.

Die mitteleuropäischen **Laub- und Nadelwälder** der unteren Höhenstufen differenzieren sich vor allem nach Nährstoffgehalt (bzw. pH) und Feuchtigkeit der Böden (Abb. 976, 1016). Durch Beispiele und Hinweise in den vorstehenden Kapiteln haben wir bereits Struktur (S. 938 ff.), Phänologie (S. 944 f.), Standortfaktoren (S. 967 ff., Abb. 997), Bodenverhältnisse (S. 962 ff., 975 ff.), biotische Wechselwirkungen (Konkurrenz u.a., S. 919 ff.), Biomasse und Produktivität (S. 984 ff.), Dynamik und Sukzession (S. 945 ff.), abstrakte Gruppierung und Systematik (S. 952 ff., Abb. 1016, sowie menschliche Nutzung und Veränderung (S. 993 ff., Abb. 1009) dieser Wälder erläutert.

Zur standörtlichen Verteilung naturnaher mitteleuropäischer Laub- und Nadelwälder in den unteren Höhenstufen können wir zusammenfassen (vgl. dazu Abb. 1016, 1019, 1074): Rotbuchenwälder und rotbuchenreiche Mischwälder (mit Esche, Berg-Ahorn, Linden, im Süden teilweise auch Tannen u.a.: Fagion; S. 952 f., Abb. 1039) sind die vorherrschenden Wälder der westlichen Mittelgebirge und darüber hinaus der tieferen Lagen aller Mittelgebirge und der Kalkalpen; in der Ebene treten sie besonders im nährstoffreichen Jung-Endmoränengebiet hervor (Abb. 912). Eichen-Hainbuchen-Mischwälder (Carpinion) finden wir in tieferen Lagen auf besseren Böden infolge des größeren Lebensbereiches dieser Bäume vor allem dort, wo die Rotbuche, die sie sonst verdrängt, an ihre Verbreitungsgrenze gelangt oder sich ihr nähert (z.B. in Nordwestdeutschland und in den trockenen Binnenlandschaften; Abb. 912, 914). Wärmeliebende Eichenmischwälder (Quercion pubescenti-petraeae) überziehen oft die südexponierten und trockenen Berglehnen; in ihnen finden sich dann submediterrane Arten wie Flaumeiche (*Quercus pubescens,* Abb. 1084), *Acer monspessulanum, Sorbus torminalis, Cornus mas* und viele krautige Pflanzen südlicher oder östlicher Herkunft. Auf den nährstoffarmen Böden aber gedeihen bodensaure Eichenwälder (Quercion robori-petraeae), in denen Heidekraut (*Calluna vulgaris*) und andere anspruchslose Pflanzen leben. Im Gebirge steigen die Eichen und ihre Begleiter weniger hoch als die Buche. Alle Eichen- und Eichenmischwälder sind, da ihre Kronen weniger dicht sind, reicher an Sträuchern und an sommerlichem Unterwuchs als die Buchenwälder. Die Eiche ist eine «Lichtholzart», die Buche eine «Schattholzart».

Unter den Nadelwäldern finden sich Kiefernwälder (mit *Pinus sylvestris*) in erster Linie auf armen trockenen Sandböden des Flach- und Hügellandes (Abb. 862). Wo in ihnen der Boden am ärmsten ist, überziehen ihn nur Flechten (*Cladonia, Cetraria islandica* u.a.); wo er etwas reicher wird, gedeihen Heidekraut (*Calluna*) und Preiselbeere (*Vaccinium vitis-idaea*); wo er noch etwas besser und feuchter wird, die Heidelbeere (*V. myrtillus*) und zahlreiche Moose (z.B. *Pleurozium schreberi, Hylocomium splendens, Dicranum scoparium*). Die Fichte (*Picea abies*) ist in der Niederung nur im Nordosten Europas häufig, in Mitteleuropa ist sie ein Baum des oberen Bergwaldes (Vaccinio-Piceion, Abb. 862, S. 1029).

Unter dem Einfluß bewegten oder stehenden Wassers entwickeln sich Hydroserien der Vegetation, in Mitteleuropa die charakteristischen Pflanzengesellschaften der **Flußauen, Verlandungsreihen, Bruchwälder** und **Moore** (vgl. Abb. 974, 1011, 1078, 1079). Ihre ökologische Differenzierung entspricht dem Ausmaß an Überflutung, dem Nährstoffgehalt und der Anreicherung organischer Stoffe unter Luftabschluß (Torfbildung). Bei zu großer Nässe können sich schließlich keine Bäume mehr entwickeln (Abb. 976, 1016). Besonders extreme Bedingungen herrschen in den *Sphagnum*-Hochmooren (vgl. S. 709 f., 1025, Abb. 1016: Sphagnion, Abb. 1079), die sich vor allem im westlichen und nordöstlichen Teil des zentraleuropäischen Flachlandes, im Alpenvorland und in der Bergwaldstufe der Mittelgebirge und der Alpen finden.

Die Lebewelt der **Flußauen** entlang von Bächen und Strömen muß an die Bedingungen des fließenden, zwischen Nieder- und Hochstand vielfach stark und unregelmäßig schwankenden Wassers angepaßt sein (Abb. 1078). Sedimentation (Anlandung) und Erosion (Abtragung) verändern natürliche Aulandschaften fortwährend. Überflutungen beeinträchtigen die Wurzelatmung und verursachen mechanische Schäden (besonders durch Treibeis, die Ablagerung von Kies, Sand und Aulehm), sie führen den Auen aber auch Nährsalze, Sinkstoffe und organische Abfallprodukte zu. Bei Niederwasser können sich offene Kies- und Sandböden oberflächlich stark erhitzen und bis in große Tiefen austrocknen. Alle diese Faktoren ändern sich mit abnehmendem Gefälle vom Ober- zum Unterlauf der Fließgewässer; ihre Intensität nimmt stufenweise ab, wenn wir die Verhältnisse vom tiefliegenden Flußbett bis zum überschwemmungsfreien hochliegenden Auenrand verfolgen. Dem entspricht die Vegetationszonierung bzw. die Sukzession der Anlandungsserie (S. 946), die von der artenarmen und unproduktiven Pionierphase der gehölzfreien Aue bis zur artenreichen und hochproduktiven Hartholz-Aue führt (Abb. 1078). Leitarten dieser (natürlich nicht immer vollständig vertretenen) Sukzessionsphasen wären etwa: *Chenopodium*- und *Bidens*-Arten in der Einjährigenflur; Strauß- und Rohrglanzgras *(Agrostis stolonifera, Phalaris arundinacea)* im Kriechrasen und Flußröhricht; *Salix pupurea, S. triandra* u.a. im Weidengebüsch, die Silber-Weide *(S. alba)* im Weidenwald, *Alnus incana* im Grauerlenwald, dazu vielfach noch *Populus nigra* und *P. alba* als Elemente der Weichholz-Aue; und schließlich die Hartholz-Aue (Abb. 1016: Alno-Padion) mit *Fraxinus excelsior, Prunus padus, Ulmus laevis, U. minor (= U. carpinifolia), Acer campestre, Carpinus betulus* und *Quercus robur*, Lianen bzw. Kletterpflanzen: *Vitis vinifera* subsp. *sylvestris, Clematis vitalba, Bryonia dioica, Humulus lupulus*, Nährstoffzeigern: *Sambucus nigra, Parietaria erecta, Urtica dioica, Galium aparine*, Geophyten: *Anemone ranunculoides, Ranunculus ficaria, Galanthus nivalis, Gagea lutea, Arum maculatum* und bereits vielen Arten der anschließenden, nicht mehr überschwemmten nährstoffreichen Edellaubwälder.

An **Stillwässern** (Seen, abgetrennten Altarmen der Flüsse ect.) tritt die Ablagerung von anorganischem Material zurück; dafür bildet sich aus den abgestorbenen Resten der Pflanzen- und Tierwelt organogener Schlamm («Mudde») oder Torf, die die Wassertiefe mit der Zeit immer mehr verringern. Da die Wasser- und Ufervegetation der Wassertiefe entspricht, führt

das zu einer zentripetalen Verschiebung der einzelnen Pflanzengesellschaften und schließlich zum Verschwinden des Gewässers (Verlandung). Abb. 974 zeigt, wie sich über dem anstehenden Gestein (1) und dem Hangschutt bzw. der Schotter- und Sandfüllung des Beckens (2) in einem nährstoffreichen (eutrophen) Stillwasser (S. 628f.) aus dem hier reich entwickelten Plankton eine als «Gyttja» bezeichnete Mudde bildet, die bei reichlichem Anteil von CaCO$_3$ auch als weiße «Seekreide» entwickelt sein kann (3). Die höhere Vegetation eines solchen Sees tritt dann in einer besonders von der Lichtdurchlässigkeit abhängigen Tiefe mit submersen, den Boden bedeckenden Rasen von *Characeae* ein (3). Auch sie sind noch an der Ausfällung des Kalks beteiligt. Dann folgen über einer von immer größer werdenden Pflanzenresten durchsetzten Mudde (4-5) ein Laichkrautgürtel mit vielen untergetauchten, über Wasser lediglich blühenden *Potamogeton*-Arten, mit *Myriophyllum spicatum, Elodea canadensis* u.a. (4) und ein Schwimmblattpflanzengürtel mit *Nuphar, Nymphaea, Potamogeton natans* u.a., in sehr ruhigen Gewässern auch mit frei schwimmenden Arten wie *Hydrocharis, Lemna, Stratiotes* (5). Das Röhricht mit dichten, sich vegetativ vermehrenden und ins Wasser vorschiebenden Beständen von *Schoenoplectus (= Scirpus) lacustris* (Pionier!), *Phragmites, Typha, Sparganium* (6) stockt auf Schilftorf. Es folgen ein Großseggengürtel (Abb. 1016: Magnocaricion) mit dichten Horsten von *Carex elata*, auf denen sich nun auch die ersten Büsche von *Salix cinerea, Frangula alnus* und junge Erlen ansiedeln (7), und ein zunächst noch nasser, später durch dauernde Anhäufung von Pflanzenresten oberflächlich immer trockener werdender Erlenbruchwald (8, Abb. 1016: Alnion glutinosae); unter (7) bildet sich Seggentorf, unter (8) Waldtorf. Durch Untersuchungen solcher Ablagerungen kann man also die meist mehrere Jahrtausende

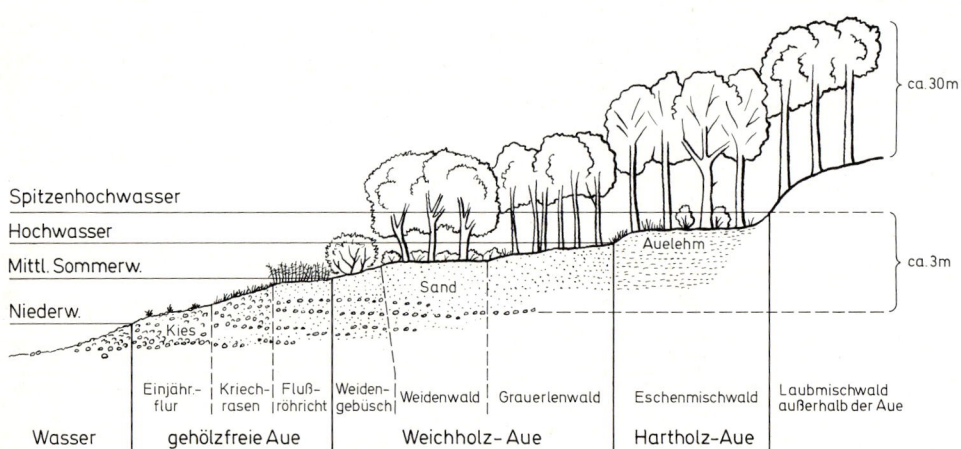

Abb. 1078: Schema der Vegetationsabfolge am Mittellauf eines Flusses im Alpenvorland in Abhängigkeit von Wasserhöhe und Sedimentation (Anlandung). Weitere Erklärungen S. 1023f. (Nach MOOR aus ELLENBERG.)

währende Verlandung eines Sees rekonstruieren. – In anderer Weise verlanden auch die nährstoff- und humusarmen (oligotrophen) und die nährstoffarmen, aber humusreichen (dystrophen) Süßwasserseen. In dem klaren, planktonarmen Wasser mancher oligotropher Seen, z.B. in manchen Gebirgsseen, gedeihen am Grunde eigenartige, submerse Rosettenpflanzen (z.B. die *Isoetes*-Arten); in den dystrophen Seen sind schwimmende Torfmoosdecken mit Seggen, *Menyanthes* u.a. an der Verlandung beteiligt. Als Endglieder der Entwicklung können wieder Bruchwälder entstehen.

Als **Moore** bezeichnet man die Lagerstätten von Torf und ihre Vegetationsdecke; Torfe sind die Ablagerungen der Reste von Moosen und Höheren Pflanzen, die sich in allmählicher Inkohlung befinden und dabei ihre Gewebestruktur lange erhalten. Sie können sich nur unter weitgehendem O_2-Abschluß bilden, wodurch eine rasche Verwesung ausgeschlossen ist. Dies kann im Bereich des Grundwassers der Fall sein, etwa bei der Verlandung der Gewässer oder über versumpfendem Mineralboden. Solche Moore nennt man Flachmoore. Sie sind entsprechend der Zusammensetzung des Grundwassers mehr oder weniger nährstoffreich, ihr Torf reagiert oft nur schwach sauer oder neutral. Je nach ihrer Vegetation spricht man von Schilf-, Seggen- (Abb. 1016: Magnocaricion) oder Waldmooren und Bruchwäldern (z.B. nährstoffreicheren Erlen- oder armen Birken-Fichten-Bruchwäldern [S. 953f., Abb. 1015, 1016: Alnion glutinosae]).

In einem niederschlagsreichen Klima können sich auf der ständig durchfeuchteten Bodenoberfläche aber auch Torfmoose (*Sphagnum*-Arten) ansiedeln, die durch ihren Bau (S. 709f.) das Wasser wie ein Schwamm festhalten und eine stark saure Bodenreaktion hervorrufen. Fallen die Niederschläge reichlich und ist die Vegetationsperiode lang genug, so schließen sich die einzelnen Polster zu Decken zusammen, deren abgestorbene untere Teile vom Wasser durchtränkt bleiben, wobei die Oberfläche immer höher wächst. Dann erstickt die alte Vegetation – selbst Wälder durch Absterben der Baumwurzeln – und ein baumloses oder baumarmes *Sphagnum*-Moor breitet sich aus. Solche nur vom Niederschlagswasser und durch Flugstaub ernährten, also sehr nährstoffarmen Hochmoore (Abb. 1016: Sphagnion) können sich daher mit dem fortschreitenden Wachstum ihrer *Sphagnum*-Torfe immer mehr («uhrglasförmig») über ihre Umgebung emporwölben und erhalten so eine bezeichnende Form (Abb. 1079): Die nur wenig geneigte zentrale «Hochfläche» wird von einem steileren, leichter abtrocknenden und daher oft bewaldeten «Randgehänge» umgeben; und ringsum verläuft ein «Randsumpf», in dem Wasser vom Moor und von der Umgebung zusammenfließt, so daß er einem Flachmoor entspricht. Auf der Hochfläche wechseln häufig kleine, oft von Ericaceen besiedelte Hügel, die Bülten, mit nassen Senken, den Schlenken. Das Torfwachstum erfolgt besonders in den verlandenden Schlenken und den jungen Bülten. Im Laufe der Zeit wechseln Bülten und Schlenken miteinander ab, da sich über alten, nicht mehr wachsenden Bülten durch verstärktes Wachstum der Umgebung wieder nasse Schlenken bilden können. Doch kommen daneben auch Hochmoore vor, die eine gleichmäßig wachsende *Sphagnum*-Decke tragen. Die Gefäßpflanzen der Hochmoore müssen vor allem ihrem nährstoffarmen und sauren Substrat angepaßt sein und mit den Sphagnen mitwachsen können. Erreichen die Bülten eine gewisse Höhe, so scheinen sich zudem Schwierigkeiten des Wasserhaushaltes einzustellen, um so mehr, als sich die Mooroberfläche oft stark erwärmt. Nur wenige Arten von eigentümlicher Xeromorphie sind dem gewachsen: neben Ericaceen (*Calluna*, *Vaccinium oxycoccos*, *Vaccinium uliginosum*, *Andromeda* u.a.) besonders Cyperaceen (*Eriophorum vaginatum*, *Trichophorum cespitosum*) und außerdem seine *Drosera*-Arten. In manchen Gebieten findet man auch kümmerliche Berg- und Wald-Kiefern mitten auf den Mooren. Die meisten unserer Hochmoore sind im Laufe der Nacheiszeit durch Versumpfung von Wäldern entstanden. Manche haben sich auch über verlandeten Seen entwickelt, sobald diese die Entwicklungsstufe des Seggen- oder Bruchmoores erreicht hatten.

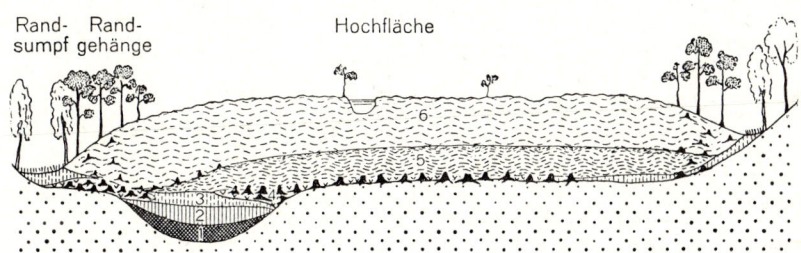

Abb. 1079: Schema des Schichtbaues eines mitteleuropäischen Hochmoores (Schnittbild). Entstehung z.T. über einem verlandeten See: 1 = Mudde, 2 = Schilftorf, 3 = Seggentorf, z.T. durch Versumpfung eines Waldes: 4 = Waldtorf, 5 = älterer, 6 = jüngerer *Sphagnum*-Torf; in der Mitte der Hochfläche ein wassergefüllter Kolk («Moorauge»); mineralischer Untergrund punktiert. (Nach FIRBAS.)

An den Meeresküsten (seltener auch im Binnenland) wird die Pflanzendecke besonders durch die Anreicherung von Natriumsalzen beeinflußt (S. 205 f., 344, 932, 940); es entstehen abgestufte Haloserien mit einer Halophytenvegetation. In Mitteleuropa sind dies besonders die **Salzmarschen** (Abb. 998) und **Küstendünen** (Abb. 1002, 1080) an der Nord- und Ostsee.

An der deutschen Nordseeküste geht die Vegetationsentwicklung vielfach von der Besiedlung der Watten aus. Das sind seichte Meeresteile, in denen ein nährstoffreicher, sandig-toniger «Schlick» abgelagert wird, der bei Ebbe größtenteils trocken liegt. Eine entsprechende Haloserie von der schwedischen Westküste illustriert Abb. 998. Dauernd im Wasser finden wir hier manche Algen (z. B. *Enteromorpha*) und die Seegräser (*Zostera, Ruppia*). Auf sie folgen landeinwärts einjährige Queller-Arten (*Salicornia europaea* agg., Abb. 238), die durch ihre dichten, bis zur Mittelhochwassergrenze reichenden Bestände die weitere Ablagerung des Schlicks besonders fördern. An etwas höher liegenden und daher nicht mehr regelmäßig überfluteten Stellen der Strandterrasse entwickeln sich dann Andelwiesen mit dem vorherrschenden Gras *Puccinellia maritima* (Andel) und vielen anderen Halophyten, wie z. B. *Aster tripolium*, *Limonium vulgare*, *Triglochin maritimum*, *Glaux maritima*, *Plantago maritima* u. a. Auf noch höherem Terrain folgen zunächst noch salzige Rotschwingelwiesen mit *Festuca rubra* agg., *Armeria maritima* u. a. und zuletzt mehr-minder salzfreie Trockenwiesen und Pioniere der Waldvegetation. Die durch die Ablagerung von Schlick entstandenen Wiesen heißen Marschen. Die künstliche Förderung dieser Vegetationsentwicklung durch Eindeichen ermöglicht den Gewinn von Neuland (z. B. an der Nordsee).

Wo die Meeresküsten sandig sind, kann man vielfach die Bildung und Besiedlung von Dünen verfolgen (Abb. 1002, 1080). Den noch stark durchfeuchteten, salzreichen und besonders im Winter (Sturmfluten!) überschwemmten Sandstrand besiedeln zunächst nährstoffliebende Spülsaumgesellschaften mit den Einjährigen *Cakile maritima*, *Salsola kali*, *Atriplex hastata* u. a. Dann kann die Strandquecke (*Agropyron junceum*) mit ihren Ausläufern Fuß fas-

sen. In ihrem Windschatten schlägt sich der verwehte Sand nieder, es entstehen kleine «Primärdünen». Diese Sandanhäufungen werden nun durch die Niederschläge entsalzt und dienen dann vor allem dem Strandhafer (*Ammophila arenaria*) als Standort. Dadurch setzt sich die Dünenbildung fort; und da die Pflanzen durch den neu aufgewehten, von ihnen festgehaltenen Sand immer wieder hindurchzuwachsen vermögen, werden diese sekundären «Weißdünen» immer größer und höher. In dieser artenarmen Gesellschaft finden sich z. B. noch *Eryngium maritimum*, *Lathyrus maritimus* und *Honkenya peploides* (Abb. 1002). Da zwischen den Pflanzen dauernd beweglicher Sand frei liegt, können Stürme die Dünen auch wieder zerstören. Schließlich aber, wenn die Düne dem Wind nicht mehr so stark ausgesetzt ist (etwa durch Bildung neuer Dünen vor ihr), wird sie von der Vegetation ganz erobert, wird zur tertiären «Graudüne». Auf den Nordseeinseln herrschen dann Zwergstrauchgesellschaften mit *Salix repens* und *Hippophae* oder mit *Empetrum* und *Calluna*, an der Ostsee Kiefernwälder. Fortschreitende Bodenbildung leitet zur «Braundüne» über. Wird die feste Pflanzendecke zerstört, kann die Dünenbildung, oft in Form großer Wanderdünen (z. B. Sylt, Frische und Kurische Nehrung), neu aufleben.

Halophytenvegetation im Binnenland ist an lokale Salzquellen, das Hervortreten salzführender Sedimente bzw. die Anreicherung von Salzen unter ariden Klimabedingungen geknüpft. Letztere Bedingungen fehlen in der mitteleuropäischen Region fast gänzlich, spielen aber in den (Halb-)Wüstenregionen eine große Rolle (S. 1033, 1038 f.). In diesem Zusammenhang ist bemerkenswert, daß viele Halophyten der europäischen Meeresküsten Verwandtschaftsbeziehungen zu Formenkreisen zentralasiatischer Steppen und Salzwüsten aufweisen, z. B. *Artemisia maritima* oder *Beta vulgaris* subsp. *maritima*. – Wegen Binnendünen vgl. S. 1027.

Bei der Besiedlung von Rohböden (Fels, Hangschutt, Sand u. a.) wirken sich Extremtemperaturen und die vielfach unzureichende bzw. unregelmäßige Wasserzufuhr hemmend aus (S. 320, 963 f., 970 ff.). Hier finden sich Xeroserien der Vegetation, die von offenen

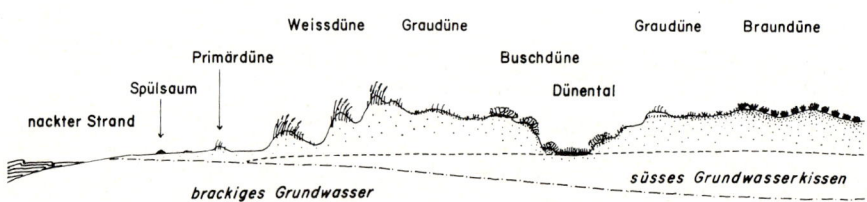

Abb. 1080: Bildung und Besiedlung von Dünen an der Nordseeküste: vom Meer zum Land hin abnehmende Salzkonzentration und zunehmende Bodenbildung; die Braundüne ist unter natürlichen Bedingungen bereits bewaldet. (Nach Ellenberg.)

Pionierstadien zu **Trockenrasen** und **Zwergstrauchheiden** und zuletzt zu Gehölzen führen. Heute sind derartige Pflanzengemeinschaften in Mitteleuropa allerdings vielfach das Ergebnis menschlich bedingter Waldzerstörung und Weidenutzung (S. 993 ff.).

An Felsen und Blockhalden können wir die schrittweise Besiedelung des Gesteins verfolgen. Die ersten Besiedler sind gesteinslösende Krustenflechten, manchmal auch Algen. Ihnen folgen Laubflechten (z.B. *Parmelia*-, *Umbilicaria*-Arten) und Polster oder Decken bildende Moose (z.B. *Grimmia*- bzw. *Rhacomitrium*- und *Hypnum*-Arten). In diesen und in Felsspalten sammelt sich der erste Boden, den Höhere Pflanzen ausnutzen können (Spaltenpflanzen, wie die Farne der Gattung *Asplenium*, horstbildende Gräser, succulente *Sedum*-Arten u.a.). Diese tragen dann mit ihren Organen zur weiteren Ansammlung der Verwitterungsprodukte und zur Humusbildung bei. So entsteht eine zunächst sehr flachgründige Bodendecke (Rendzina über kalkreichem, Ranker über silicatischem Ausgangsmaterial: S. 979), die sich allmählich schließt und dabei nicht zu steile Felsflächen überzieht. Diese flachgründigen, wasserarmen Böden sind vor allem über basen- bzw. kalkreichem Gestein und in Südlagen Standorte von Trockenrasen mit vielen östlichen und südlichen Sippen, die vor allem im Spät- und früheren Postglazial in Mitteleuropa eingewandert sind (S. 1016 ff.). Aus der pontisch-südsibirischen Region finden wir hier z.B. Arten mit Hauptverbreitung in der Waldsteppenzone, z.B. *Pulsatilla patens*, *Anemone sylvestris* oder *Allium strictum*. (Diese Arten siedeln in Sibirien oft in engem Verein mit kontinentalen, alpinen und arktisch-alpinen Arten wie *Aster alpinus* und *Anemone narcissiflora*!). Aus dem anschließenden Gebiet der Federgrassteppen stammen etwa die eurasischen Arten *Stipa stenophylla*, *St. joannis*, *St. capillata* und Verwandte (Abb. 219 B–C, 1083) und *Artemisia campestris*, aus SO-Europa (und dem angrenzenden SW-Asien) *Linum flavum* agg. (Abb. 1082), *Astragalus exscapus* agg., *Iris pumila* und *I. aphylla* Submediterraner Herkunft sind z.B. *Fumana procumbens*, *Teucrium chamaedrys*, *Globularia punctata* (= *G. elongata*), *Scabiosa columbaria*, *Koeleria pyramidata*, *Anthericum liliago* und viele Orchideen wie *Himantoglossum hircinum*, *Orchis purpurea* und *Ophrys*-Arten. Diese zuerst noch offenen Trockenrasen mit xeromorphen Gräsern, Seggen und Stauden, mit Geophyten und Einjährigen schließen sich bei ungestörter Sukzession allmählich. Der Boden wird tiefergründig, es siedeln sich Sträucher an (z.B. *Cornus sanguinea*, *Viburnum lantana*) und zuletzt folgen die bereits erwähnten wärmeliebenden Eichenmischwälder.

Entlang der Tieflandströme haben sich während der Eiszeiten und im Postglazial vielfach ausgedehnte Sandflächen und Binnendünen entwickelt. Reste davon sind bis heute erhalten geblieben (z.B. in Osteuropa, in der zentraleuropäischen und oberrheinischen Tiefebene und im niederösterreichischen Marchfeld). Diese Sandflächen tragen im Westen Strauchflechtendecken und Silbergrasfluren (Abb. 1016: Corynephorion, Leitart *Corynephorus canescens*), im Osten Sandsteppen mit vielen sarmatischen Arten (z.B. *Gypsophila fastigiata*, *Dianthus arenarius*, *Astragalus arenarius*).

Auf Silicatfelsen, kalkarmen Sandböden, aber auch im schmalen waldfreien Saum längs der Küsten (und örtlich über extrem sauren, mineralstoffarmen Anmoorböden) liegen in den unteren Höhenstufen die natürlichen Standorte der Zwergstrauchheiden. Das sind baumlose Gesellschaften, in denen niedrige Ericaceen wie *Calluna vulgaris* die Pflanzendecke bilden.

Besonders typisch sind die an ein ozeanisches Klima gebundenen nordwestdeutschen Heiden auf armen Sand- und Podsolböden (S. 976). Hier kommen neben dem vorherrschenden Heidekraut verschiedene atlantische Pflanzen wie *Erica tetralix*, *Genista anglica* u. a. vor; der gegen Verbiß unempfindliche Wacholder (*Juniperus communis*) ist häufig das einzige Gehölz. Noch vor Jahrzehnten waren solche Heiden sehr ausgedehnt (z.B. Lüneburger Heide). Heute ist der größte Teil wieder bewaldet oder in Ackerland verwandelt. Denn die meisten dieser Heiden sind offenbar dadurch entstanden, daß der ursprüngliche Wald vernichtet und sein Wiederaufkommen durch den Menschen unmöglich gemacht wurde, und zwar primär durch Weide, aber auch durch Brand (zur Verjüngung des von den Schafen abgefressenen Heidekrautes) und durch regelmäßiges Abhauen des Heidekrautes samt der Rohhumusschicht als «Plaggen» (für Brennstoff, Streu und danach zur Düngung). Dadurch mußte der Boden immer mehr verarmen. – Die erste Bildung dieser sekundären Heiden reicht ebenso wie die der Wiesen und der Unkrautgesellschaften in vor- oder frühgeschichtliche Zeiten zurück.

Noch stärker vom Menschen und seiner Nutzung geprägt sind die **Wiesen** und **Weiden** der mitteleuropäischen Region (S. 948 ff., 995 f., Abb. 1009, 1055, 1057). Dieses Kultur-Grünland nimmt heute beachtliche Flächen ein (in der BRD, DDR und Österreich über 20% der Gesamtfläche) und bildet die Grundlage für die Vieh- und Milchwirtschaft.

Wiesen sind gehölzfreie oder gehölzarme Grasfluren auf mäßig oder stärker durchfeuchteten Böden, in denen zahlreiche Gräser oder Seggen (horstbildende und kriechende Formen) und Stauden vorherrschen. Natürliche Wiesen sind in Mitteleuropa nur in den Gebirgen an und oberhalb der Waldgrenze zu finden, ferner unter den Salzwiesen, da unsere Holzpflanzen Salzböden nicht ertragen. Die meisten Wiesen sind aber so entstanden, daß der Mensch zuerst den Wald vernichtet und dann durch regelmäßige Mahd (Mähwiesen) oder Beweidung (Weiden) sein Wiederaufkommen verhindert hat (Abb. 1055). Im übrigen gibt es je nach den Bodenverhältnissen (Abb. 1035) und der Art der Nutzung (Abb. 1057) große Unterschiede. Unter den gemähten Futterwiesen werden die Magerwiesen nur einmal im Jahr gemäht und kaum gedüngt (Leitarten auf kalkarmen Böden *Agrostis tenuis*, auf kalkreichen *Bromus erectus*). Dagegen können die artenreichen Fettwiesen im Jahr 2–3mal gemäht und dann noch beweidet werden. Sie erfordern eine dauernd kräftige Düngung und einen frischen Boden (Leitarten in tieferen Lagen *Arrhenatherum elatius*, in höheren *Trisetum flavescens*). Sumpfwiesen werden in der Regel nicht gedüngt und oft nur zur Streugewinnung genutzt. In ihnen herrschen auf nassen Böden verschiedene Seggen-(*Carex*-)Arten, auf wechselfeuchten Böden das Pfeifengras (*Molinia coerulea*). Auf trockenen Böden finden sich beweidete, artenreiche Halbtrockenrasen (Triften) mit *Festuca ovina* agg., *Bromus erectus*, *Brachypodium pinnatum* und anderen etwas xeromorphen Gräsern; sie leiten über zu den Trockenrasen (S. 1027f.). Beweidet werden auch die von *Nardus* beherrschten Borstgraswiesen der Gebirge, die in enger Verbindung mit Zwergstrauchheiden stehen.

Das intensiv genutzte **Kulturland** (Äcker, Gärten, Obstplantagen: S. 995ff., Abb. 1009) und die damit vergesellschafteten **Unkrautfluren** (S. 998) bedecken heute ein Drittel der Gesamtfläche Mitteleuropas und die Mehrheit ackerfähiger Böden. Die größte Bedeutung haben im landwirtschaftlichen Pflanzenbau (ungefähre Jahresproduktion 1976 in 10^6 t für BRD, DDR und Österreich in Klammern): Getreide (35, davon Weizen und Gerste mit je knapp einem Drittel und der Rest Roggen, Hafer und Mais), Kartoffeln (27), Zuckerrüben (27, daraus ca. 3 Rohzucker), Raps (Samen zur Ölgewinnung: 0,5), Hülsenfrüchte (0,2), Gemüse (Kohlsorten, Gurken, Tomaten, Salat, Karotten, etc.: ca. 2), Obst (Äpfel, Birnen, Pflaumen, bzw. Zwetschgen, Kirschen, Pfirsiche, Aprikosen etc.: ca. 3,5), Weintrauben (1,4).

Hinsichtlich der Entstehung, Einwanderung, Ökologie und floristischen Gliederung von Getreide- und Hackfrucht-Unkrautfluren sowie von Ruderalfluren in Mitteleuropa vergleiche man die Hinweise in den vorigen Kapiteln (S. 514f., 532, 831, 928, besonders 998, 1018 und Abb. 985).

2. Die Gebirge der mitteleuropäischen Region

Die Alpen und Karpaten beherbergen in ihren oberen Vegetationsstufen (hochmontan, sub-

alpin, alpin, nival, S. 1029: c–f) eine charakteristische **Flora** von vielen hunderten, teilweise endemischen Gefäßpflanzen. Ihre Verwandtschaftsbeziehungen deuten vielfach auf eine Herkunft aus Formenkreisen der unteren Höhenstufen im südlichen Europa, der übrigen europäischen bzw. asiatischen Gebirge oder auch der Arktis (S. 925, 1010, 1013). Die Endemiten bezeugen die relativ selbständige Entwicklung der Alpenflora und ihre Überdauerungsmöglichkeiten am Rande der eiszeitlichen Gletscher (S. 928f., 1014). Die weiter verbreiteten und heute vielfach disjunkten boreal + montanen bis arktisch + alpinen Arten schließlich dokumentieren den intensiven Florenaustausch, der während der quartären Kaltzeiten und im Postglazial bestanden hat, zwischen den Alpen und Karpaten einerseits und den südeuropäischen bzw. asiatischen Gebirgen sowie dem circumarktischen und -borealen Raum andererseits (S. 1013f.).

Die Verwandtschaftsbeziehungen der für die europäischen Gebirge charakteristischen Gattungen *Rhododendron*, *Pedicularis*, *Androsace*, *Primula* und *Leontopodium* weisen auf zentral- und ostasiatische Gebirgsländer, die von *Sesleria*, *Crocus*, *Dianthus*, *Saponaria*, *Helianthemum*, *Globularia* auf den südeuropäischen Raum. Europäisch-(montan-)alpin sind z.B. *Soldanella*, *Biscutella* ser. *Laevigatae* (Abb. 579), *Ranunculus montanus* agg., *Geum montanum*, *Rhododendron ferrugineum* und *Linaria alpina*. In den Alpen endemisch sind z.B. *Rhodothamnus chamaecistus*, *Daphne striata*, *Rumex nivalis*, *Thlaspi rotundifolium*, *Gentiana bavarica* und *Cirsium spinosissimum*. (Weitere Hinweise und Beispiele S. 1010ff.)

Die **Vegetation** der mitteleuropäischen Gebirge läßt sich nach den Klimaxgesellschaften (S. 958; Leitarten: 1029f.; Übersicht: Abb. 1019, 1077, Detail: Abb. 1018) und den davon bestimmten **Höhenstufen** (= Vegetationsstufen) gliedern. Maßgeblich sind dafür die Abnahme der Temperatur (S. 968f.), die Verkürzung der Vegetationszeit, die Zunahme der Niederschläge und der Windstärke (S. 980), die Verlängerung der Schneebedeckung, die Veränderung des Lichts (absolute Zunahme der direkten Strahlung, besonders ihres kurzwelligen Anteils) und andere Eigenschaften des Gebirgsklimas (Abb. 1076 B). Mit diesen Höhenstufen nimmt in den Alpen von unten nach oben der Blattflächenindex (Abb. 1047) und die Produktivität ab (S. 987). Auch darin besteht eine gewisse Korrespondenz mit den Vegetationszonen (temperat, boreal, arktisch: Abb. 983) und den zugeordneten Formationstypen (Abb. 1017).

In den Alpen und zum Teil auch in den höheren Mittelgebirgen kann man etwa folgende Höhenstufen unterscheiden (von denen besonders die unteren: a + b im vorigen Kapitel schon ausführlich behandelt wurden):

a) Planar-Kollin: Ebenen- und Hügellandstufe, bis ca. 300–500 m; ursprünglich mit wärmeliebenden Eichenmischwäldern (im Süden mit eingebürgerter Kastanie), Eichen-Hainbuchenwäldern, Kieferwäldern sowie lokalen Trockenrasen und Steppen; heute vorherrschend Kulturland, stellenweise Weinbau.

b) Submontan: unterste Bergwald-(Übergangs-)Stufe, bis ca. 500–1000 m; ursprünglich Buchenwälder, aber an entsprechenden Standorten auch noch Eichen- und Hainbuchenwälder, gebietsweise auch Tannen; z. T. in Fichtenforste umgewandelt, vielfach noch Ackerbau.

c) Montan: Bergwaldstufe, bis ca. 1400 bis 1600 (1800) m; ursprünglich in ozeanischen Lagen untermontan noch Buchen-, obermontan Buchen - Tannen - Fichten - Bergmischwälder (Abb. 1005), hochmontan teilweise reine Nadelwälder (mit Fichte), in kontinentalen Lagen auch nur Fichten-Lärchen-Wälder (Abb. 1077); durch Forstkultur und Rodung (Grünland) mäßig verändert.

d) Subalpin: Kampfwald- und Krummholzstufe, bis ca. 1900–2200 (–2400) m; ursprünglich mit Legföhren- und Grünerlengebüschen aufgelockerte Lärchen-Zirbenvorposten; infolge Almwirtschaft heute oft Zwergstrauchheiden und Viehweiden.

e) Alpin: Zwergstrauch- und Grasheidenstufe, bis zur Grenze geschlossener Vegetationsflächen, bis ca. 2500–3000 m; unten geschlossene Zwergstrauchheiden, oben Rasen.

f) Subnival: Stufe polster- und teppichbildender Pflanzen, bis ca. 3000–3300 m; sehr stark aufgelockerte Vegetation.

g) Nival: Schneestufe, oberhalb der klimatischen Schneegrenze; nur an Graten und Felswänden letzte Gefäßpflanzenpioniere sowie Moose und Flechten; im ewigen Schnee Kryoplankton (S. 628)

Die Grenzen der einzelnen Höhenstufen schwanken auch innerhalb eines Gebirgszuges, vor allem mit veränderter Himmelslage (z.B. höhere Lage an Süd-, tiefere an Nordhängen, vgl. Abb. 1077). Beim Vergleich verschiedener Gebirge und Gebirgsteile stellt man außerdem einen großen Einfluß der Massenerhebung des Gebirges und seines Klimacharakters fest,

u. a. auch auf den Anteil der Nadelhölzer. So fehlen in dem kontinentaleren, sommerwärmeren und niederschlagsärmeren Klima der Zentralalpen meist die Laubwälder der (sub)montanen Stufe, während Kiefern, darüber Fichten, Lärchen und Zirben die Herrschaft gewinnen; hier liegt auch die Waldgrenze viel höher (bis 2400 m), deren Lage, abgesehen vom Klima, in hohem Maße auch davon abhängt, von welcher Pflanzenart sie gebildet wird. Umgekehrt kann unter ozeanischen Klimabedingungen die Nadelwaldstufe eingeengt werden oder fehlen; so bilden in den Vogesen, im Schweizer Jura und in den Randketten der Südalpen vielfach bergahornreiche Buchenwälder die Waldgrenze.

Die Vegetation der oberen Höhenstufen (c–f) wird also besonders durch das zunehmende Hervortreten von Nadelhölzern, die Waldgrenze (S. 968 f.) und die auffällig mosaikartige Anordnung der alpinen Pflanzengemeinschaften bestimmt (Abb. 1018, 1081). Die Ursachen für letzteres sind: verstärkte Erosion (Fels, Schutt, Wasser, Lawinen etc.) und Vegetationszerstörung bei gleichzeitiger Erschwerung der Bodenbildung und progressiven Vegetationsentwicklung; sehr ungleichmäßige und vom Relief abhängige Schneeverfrachtung durch den Wind (vgl. Abb. 1081: Schneetälchen und Windecken); kleinräumige Differenzierung nach Exposition, Hangneigung, Bodenstruktur und Wasserverteilung.

Die Nadelmischwälder der (ozeanisch-)montanen Stufe (vgl. z.B. Abb. 1005, 1007) haben an nährstoffreichen Stellen oft noch einen hohen Anteil von Buchenbegleitern (z.B. Galium [Asperula] odoratum, Mercurialis perennis, Dentaria enneaphyllos u.a.). Daneben dominieren aber meist nährstoffarme Podsolböden (S. 976) mit Rohhumusauflage. Hier wachsen die typischen Arten des Vaccinio-Piceion, die mit Hilfe von Mycorrhizapilzen aus dem Rohhumus Nährstoffe erschließen können, also Heidel- und Preiselbeere (Vaccinium myrtillus, V. vitis-idaea), Farne (z.B. Blechnum spicant), Bärlappe (z.B. Lycopodium annotinum), Gräser (z.B. Calamagrostis villosa), mycotrophe Orchideen (Corallorhiza trifida), Halbschmarotzer (Melampyrum sylvaticum), Moose und Flechten. Diese Verhältnisse entsprechen weitgehend denen der circumborealen Nadelwälder (Abb. 1000B; S. 1031). Das gilt auch für die durchschnittliche Phytomasse und Produktivität: die Werte liegen bereits deutlich unter denen der sommergrünen Laubmischwälder (Tab. 46, S. 991).

Die subalpinen Gebüschformationen und Nadelwaldvorposten sind mit Zwergstrauchheiden (z.B. Arten von Rhododendron: S. 978, Abb. 1041, Vaccinium), Hochstaudenfluren, natürlichen Wiesen, lawinenbedingten Rasen u.a. durchsetzt. In ihrer Artenzusammensetzung besteht noch große Ähnlichkeit mit den Bergwäldern, doch genießen die Gebüsche infolge ihrer geringen Höhe im Winter den Schutz der Schneedecke. Leg-Föhren *(Pinus mugo)* dominieren an trockeneren oder nährstoffarmen, Grün-Erlen *(Alnus viridis)* an feuchteren nährstoffreichen Standorten. In der subalpinen Stufe verläuft die obere Baumgrenze, die vielfach von einzelstehenden Fichten, im Alpeninneren auch von Lärchen und Zirben (bis 2400 m!), gebildet wird. Die Kronen dieser Pionierbäume werden, soweit sie die Strauchschicht überragen, durch Sturm und Schneegebläse oft auf der Luvseite abgetötet und so zu bezeichnenden «Kampfformen» umgestaltet.

Alpine Pflanzengesellschaften sind außerhalb der Alpen und Karpaten noch verarmt in den Sudeten ausgebildet. In der unter-(= nieder-)alpinen Stufe herrschen zunächst noch Zwergstrauchheiden, besonders mit *Vaccinium*-Arten und an Windecken (Abb. 1081) mit der sehr widerstandsfähigen Gemsheide *(Loiseleuria procumbens*, einer kleinblättrigen, niederliegenden Ericacee), daneben und darüber natürliche, allerdings oft beweidete Rasengesellschaften, die sich nach oben immer mehr auflockern und verarmen (S. 957 f., Abb. 1081). Sie sind ebenso wie die hier häufigen Fels- und Schuttgesellschaften (S. 1026 f.) reich an niedrigen Stauden mit leuchtenden Blütenfarben, z.B. aus den Gattungen *Papaver, Saxifraga, Draba, Primula, Androsace, Minuartia, Silene, Gentiana, Campanula, Phyteuma, Senecio* u.a. Je nach dem Gestein, ob Kalk oder Silicat (S. 344, 978 f.), ergeben sich große floristische Unterschiede. In den alpinen Rasen spielen auf den sauren Böden die Krumm-Segge *(Carex curvula)*, unter neutralen Bedingungen die horstbildende Cyperacee *Elyna myosuroides*, auf Kalkböden das Blaugras *(Sesleria varia)* bzw. an Windkanten die Polster-Segge *(Carex firma)* eine führende Rolle. In lange von Schnee bedeckten feuchten Mulden, den «Schneetälchen», gedeihen sehr bezeichnende Pflanzengesellschaften mit niedrigen Kriechweiden (besonders *Salix herbacea), Soldanella*-Arten und verschiedenen Laub- und Lebermoosen.

In die nivale Stufe schließlich dringen nur noch wenige Blütenpflanzen vor, z.B. *Ranunculus glacialis* (bis 4275 m).

3. Die circumarktische Region

In dieser Region faßt man die nördlich der polaren Waldgrenze liegenden arktischen Bereiche Eurasiens und Nordamerikas zusammen (vgl. Abb. 983). Die Vegetationszeit beträgt maximal drei Monate, die Mitteltemperatur des wärmsten Monats liegt unter $+10°$ (bei Tageslängen von 24 Stunden), Dauerfrostböden sind verbreitet. Die bezeichnende Formation ist die Tundra. Die Arten des arktischen Geoelements haben vielfach disjunkte Vorkommen in den weiter südlich liegenden Gebirgen (vgl. z.B. Abb. 982). Das hängt mit ihren eiszeitlichen Arealveränderungen, vielfach aber auch mit ihrer Entstehungsgeschichte zusammen (S. 1011 ff.).

Circumarktisch verbreitet sind z.B. *Ranunculus nivalis, Papaver radicatum* agg., *Salix polaris, Cerastium arcticum* und *Carex lapponica*. Beispiele für arktisch-alpine Arten haben wir schon kennengelernt (S. 1011 ff.). Subarktische Arten, wie etwa *Rubus chamaemorus*, reichen nach Süden noch in die boreale Zone hinein.

Die Tundren werden vor allem aus gegen Kälte widerstandsfähigen, vielfach immergrünen und klein-

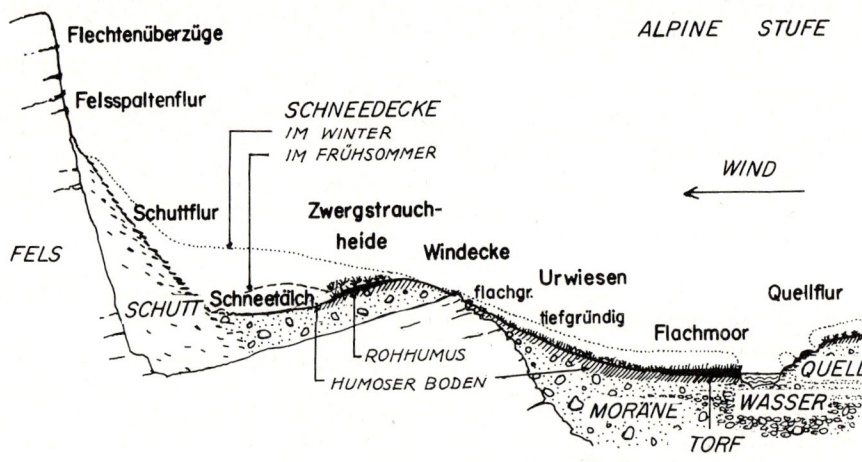

Abb. 1081: Schema der Standorte und Vegetationstypen in der alpinen Stufe. Nach der Art des Substrates (Basengehalt, Bodenacidität u.a.) und der geographischen Lage ändert sich das Artenspektrum der jeweiligen Pflanzengesellschaften. Vgl. S. 1030. (Nach Ellenberg.)

blättrigen Zwergsträuchern aufgebaut, z.B. *Juniperus communis* subsp. *alpina*, *Betula nana*, *Empetrum*, den Ericaceen *Loiseleuria* und *Phyllodoce* sowie niedrigen Weiden. Dazu kommen noch Cyperaceen, Gräser, Flechten (z.B. *Cetraria islandica*, *Cladonia rangiferina*) u.a. An wärmeren Südhängen finden sich auch noch artenreiche Matten, in Senken Sümpfe mit vielen Moosen und Seggen. Nach Norden nehmen Schuttfluren und Kältewüsten überhand; hier kann sich nur noch eine sehr offene Vegetation von Kryptogamen und krautigen Pionierpflanzen behaupten. Die Mittelwerte für Produktivität und Phytomasse sinken schon bei Tundren stark ab und erreichen in Kältewüsten Tiefstwerte (Tab. 46, S. 991). Trotzdem können Pflanzenfresser (z.B. Rentiere, Lemminge und Wasservögel) große Populationen aufbauen und die arktische Vegetation sehr beeinflussen.

4. Die circumboreale Region

Diese Region deckt sich mit der borealen Florenzone (Abb. 983) und läßt sich am besten durch die ausgedehnten immer- bzw. sommergrünen Nadelwälder der Nordhemisphäre kennzeichnen (Karte bei S. 1040, Abb. 1011). Die Vegetationszeit dauert in dieser sog. «Taiga»-Landschaft nicht mehr als ein halbes Jahr, nur 1–4 Monate haben eine Mitteltemperatur von mehr als 10°. Es bestehen sehr enge Beziehungen zu den montanen und subalpinen Nadelwäldern der nördlicheren Gebirge der Holarktis (boreal + montane Areale). Vielfach vikariieren nahe verwandte Sippen in den verschiedenen Sektoren der borealen Zone.

Die europäisch-boreal + montanen Arten *Picea abies* (Abb. 862) und *Larix decidua* gehören zu borealeurasischen Formenkreisen; andere Arten dieser Gattungen finden sich in den borealen Nadelwäldern Nordamerikas. *Juniperus communis*, die Formenkreise von *Alnus viridis*, *Betula humilis*, *Ledum palustre* sowie *Vaccinium uliginosum*, *V. vitis-idaea*, *V. oxycoccos*, *Trientalis europaea*, *Cornus suecica* und *Linnaea borealis* sind circumboreal, *Pinus sylvestris*, *Betula pubescens*, *Polygonum bistorta*, *Geranium sylvaticum*, *Vaccinium myrtillus* u.a. eurasischboreal. Das boreale Geoelement ist nicht sehr artenreich; viele seiner Vertreter beherrschen aber, wie die angeführten Beispiele zeigen, die Vegetation dieser Region und der oberen Bergstufe holarktischer Gebirge.

Boreale Nadelwälder gedeihen sogar noch über Dauerfrostböden am Kältepol der Erde in Ostsibirien (Ojmejakon: mittlere Jahrestemperatur −16,1°, Minimum um −70°, Maximum +30°). Ihr Lebensformenspektrum (vgl. Abb. 1001) ist vor allem durch Coniferen (immergrün: *Picea*, *Abies*; sommergrün: *Larix*), durch untergeordnete kältefeste, kleinblättrige und oft nur strauchige Vertreter von Laubhölzern

(besonders *Betula*, *Alnus*, *Populus tremula* agg. und *Salix*), sowie durch Zwergsträucher, ausdauernde Stauden, Moose und Flechten ausgezeichnet (betr. Bodenverhältnisse, Phytomasse und Produktivität vgl. S. 991). Weitere charakteristische Pflanzengesellschaften der borealen Region sind naturnahe Moore und Hochstaudenfluren. Die menschliche Nutzung äußert sich durch forstliche Eingriffe, Weide- und Wiesenwirtschaft sowie kältefeste Formen des Ackerbaus (besonders Roggen, Hafer, Kartoffel) und der Obstkultur (z.B. Äpfel).

5. Die pontisch-südsibirische Region

Diese Region ist ein Teil jener ausgedehnten Wald-(Baum-)steppen-, Steppen- und Wüstengebiete mit trockenem, kontinentalem Klima (Karte bei S. 1040, Abb. 1023 A, 1076 D), die nach Osten in der temperaten bis submeridionalen Zone noch die zentralsibirisch-mongolische Region und in der meridionalen Zone noch die orientalisch-turanische sowie die zentralasiatische Region umfassen. Sie reicht damit von den pontischen Ländern am Nordrand des Schwarzen Meeres nach Osten über die vorderasiatischen Hochländer nach Zentralasien bis an den Amur und NO-China, nach Westen bis in den pannonischen Raum mit dem ungarischen Becken, seinen Randbergen und dem östlichen Niederösterreich und Burgenland (Abb. 990). Viele Arten des pontisch-südsibirischen Geoelements sind aber noch darüber hinaus in die mitteleuropäische Region vorgedrungen (S. 1027). Den Übergang von den pontischen Steppen (und orientalisch-turanischen Wüsten) zu den mitteleuropäisch-sarmatischen Wäldern sowie die damit verknüpften Veränderungen der Umweltverhältnisse illustriert das Profil Abb. 1024.

Das südosteuropäisch-asiatische Steppen- und Wüstengebiet ist insgesamt überaus artenreich; es wird etwa durch das Areal der vielfach dominierenden Sippen von *Stipa* ser. *Capillatae* (Abb. 1083) umschrieben, läßt sich aber auch durch die hier mit formenreichen Verwandtschaftsgruppen zentrierten Gattungen *Astragalus*, *Gypsophila*, *Onosma*, *Salvia*, *Artemisia*, *Echinops* u.a. charakterisieren. Verwandtschaftliche Beziehungen bestehen vor allem zu den Gebirgsfloren Zentral- und Vorderasiens und der Balkanhalbinsel, von denen sich viele Arten im Laufe der zunehmenden Ausdehnung der zentral-asiatischen Steppen- und Wüstengebiete während des Tertiärs und Quartärs abgegliedert haben (vgl. dazu den Formenkreis von *Linum flavum*, Abb. 1082). Leitarten für die Pontisch-Südsibirische Region im engeren Sinne wären etwa *Adonis vernalis*, *Prunus fruticosa* (Zwerg-Weichsel) oder *Oxytropis pilosa*, alles Arten, die auch noch Zentraleuropa erreichen.

Die holarktischen Steppen sind ein Formationstyp, in dem xeromorphe Gräser, Stauden und niedrige Halbsträucher, daneben auch Geophyten und Einjährige, eine mehr oder weniger geschlossene Pflanzendecke bilden. In der südrussischen Steppenzone sind es besonders die Federgräser *(Stipa)*, verschiedene *Festuca-*, *Koeleria-* und *Poa-*Arten und zahlreiche xerophytische Stauden (z.B. aus den Gattungen *Artemisia, Centaurea, Salvia*), von denen uns viele schon aus den mitteleuropäischen Trockenrasen bekannt sind. Die Grasnarbe, die aus horstbildenden und Ausläufer treibenden Formen besteht, kann hier in feuchten Gebieten über 1 m hoch werden, in trockenen unter 1 dm zurückbleiben. Sie durchsetzt mit einem außerordentlich dichten und fein verteilten Wurzelsystem die obersten, in der Regel mehrere Dezimeter mächtigen, lockeren Bodenschichten, die von dem jährlich in beträchtlicher Menge gebildeten und ausgefällten milden Humus tief schwarz gefärbt sind. Besonders auf Löß sind solche Schwarzerden (Tschernoseme; S. 976) reich entwickelt und wegen ihrer Fruchtbarkeit als Getreideböden berühmt. Die mittlere Produktivität der Waldsteppen und temperaten Steppen liegt mit 700 bzw. 600 g Trockengewicht pro m² und Jahr zwischen den Werten für die sommergrünen Laubwälder und Halbwüsten (Tab. 46, S. 991); ihre Phytomasse ist stark reduziert.

Die Entwicklung der Steppenvegetation erfolgt periodisch. Der kalte Winter bewirkt eine völlige Vegetationsruhe. Frühjahr und Frühsommer, die die meisten Niederschläge bringen, sind die Hauptvegetationszeit, während der zuerst Geophyten und Einjährige, später immer dürreresistentere Pflanzen hervortreten. Gegen den Spätsommer und Herbst zu pflegt die Vegetation früher oder später zu verdorren. (Auch in anderen Steppengebieten, z.B. den nordamerikanischen Prärien und sogar in der australen Zone, in den Pampas Argentiniens und Uruguays, herrschen ähnliche Verhältnisse.)

Unter welchen Bedingungen solche Grassteppen an die Stelle von Wäldern treten, ist übrigens noch nicht abschließend geklärt. Der entscheidende klimatische Faktor ist wahrscheinlich der Umstand, daß in Steppengebieten die Niederschläge entsprechend ihrer mäßigen Höhe und ihrer jahreszeitlichen Verteilung nur die obersten Bodenschichten durchfeuchten, wo sie nur von dem dichten Wurzelwerk der Gräser und Stauden ausgenutzt werden, während Holzpflanzen einen genügenden Wasservorrat in tieferen Bodenschichten benötigen. Da die Bodenart die Tiefe der Durchfeuchtung beeinflußt (feinkörnig-poröse Böden wie der Löß halten das Wasser schon in den obersten Bodenschichten fest), spielt auch diese eine große Rolle. Zudem sind Weide bzw. Brand als baumfeindliche Faktoren offenbar schon in der Naturlandschaft (Beweidung durch große Säuger bzw. Brand durch

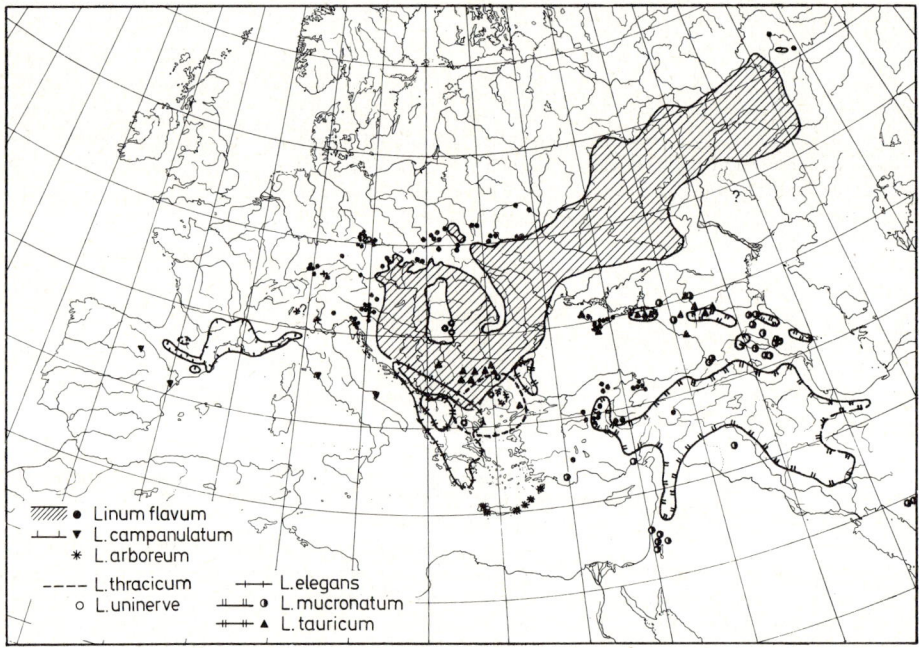

Abb. 1082: Verbreitung der pontisch-pannonischen Waldsteppenart *Linum flavum* und ihrer Verwandten *(Linaceae);* größte Sippenmannigfaltigkeit der Gruppe im östlich-submediterranen Bereich; + erloschenes Vorkommen. Vgl. S. 1016f., 1031f. (Orig. MEUSEL, JÄGER, RAUSCHERT & WEINERT, Ergänzungen PETROVA.)

Blitzschlag), vor allem aber im Gefolge des Menschen, an der Bildung und Erhaltung der Steppen mitbeteiligt (vgl. S. 980, 993 ff.).

An der Grenze zu den Waldgebieten (in Osteuropa bei 400–450 mm Jahresniederschlag) finden wir die Wald-(Baum-)steppenzone, in der hochwüchsige Wiesensteppen entlang der Flußtäler, in feuchteren Mulden und auf durchlässigeren Böden (z.B. Sandböden) von Wäldern mit Eichen, Ulmen, Birken usw. durchsetzt sind, und in der manche Steppenpflanzen auch im Unterwuchs lichter Wälder auftreten.

Umgekehrt werden in den trockenen Gebieten (in Osteuropa bei etwa 200 mm Jahresniederschlag) die Schwarzerdesteppen über Trockensteppen allmählich zu Halbwüsten: Der dichte Graswuchs verschwindet und wird durch immer lockerer stehende, niedrige Dornsträucher und Stauden (*Artemisia, Tanacetum* u.a.) ersetzt; dementsprechend nimmt auch die Humusbildung ab, an Stelle der Schwarzerden treten Grauerden (Seroseme; S. 976), und auf den immer häufiger werdenden Salzböden breiten sich succulente *Chenopodiaceae* aus. Nur dort, wo der Boden wieder etwas feuchter wird, z.B. in den innerasiatischen Gebirgen, gedeihen auch mächtige Stauden wie der Rhabarber *(Rheum)* und die ebenfalls als Heilpflanzen bekannten Umbelliferen *Ferula* und *Dorema*. Diese Bereiche der Halbwüsten zählen schon zur turanisch-orientalischen Region (und zwar zur aralokaspischen Provinz) bzw. zur zentralasiatischen Region.

Den Westrand der pontisch-südsibirischen Region im östlichen Niederösterreich und Burgenland (vgl. Abb. 1019) erreichen nur noch edaphisch bedingte aber doch artenreiche Wald- bzw. Rasensteppen auf Fels-, Sand-, Löß- und Salzböden, auf denen wärmeliebende Eichenmischwälder als Klimax-Vegetation keine geschlossenen Bestände mehr aufzubauen vermögen. Hier haben z.B. *Acer tataricum, Iris arenaria, Astragalus austriacus, Prunus tenella (=* *Amygdalus nana)* u.a. ihre Westgrenze. In den pannonischen Salzsteppen am Neusiedler See finden sich sogar noch die letzten Ausläufer des aralokaspischen Geoelements (z.B. *Lepidium crassifolium*).

Die tiefergründigen Wald- und Rasensteppen der Holarktis sind heute fast zur Gänze in Kulturland, und zwar in Getreideanbaugebiete (besonders Weizen) umgewandelt worden. Die flachgründigen und trockenen Steppen und Halbwüsten werden – soweit nicht Bewässerung möglich ist – weithin als extensives Weideland genutzt.

In den kontinentalen Binnenräumen Asiens (und Nordamerikas) fällt bei den Höhenstufen der Gebirge auf, daß sich zwischen die wärmeren Trockensteppen tiefer und die kälteren Gebirgssteppen höherer Lagen vielfach nur noch schmale Bänder lockerer Coniferen-, Birken- oder Zitterpappelwälder (mit einer unteren und einer oberen Waldgrenze) einschieben; sie können aber auch gänzlich fehlen. Das bedingt einen engen Kontakt zwischen Hochgebirgs- und Steppenfloren (S. 1027).

6. Die makaronesisch-mediterrane Region

Hierher zählen wir die meeresnahen meridionalen und submeridionalen Lebensräume von den Kanarischen Inseln und den Azoren im Westen über die Küstenlandschaften und Inseln des Mittelmeeres bis zu den Kaukasusländern im Osten (Abb. 990, Karte bei S. 1040). Die sehr mannigfaltige Oberflächengliederung und die abwechslungsreiche, im Vergleich zu Mittel- und Nordeuropa aber weniger katastrophale Klimageschichte (Spät-Tertiär, Eiszeiten!) haben die Entstehung und Erhaltung einer überaus arten- (und endemiten-)reichen Flora er-

Abb. 1083: Verbreitung der pontisch-südsibirischen Sippengruppe *Stipa* ser. *Capillatae ;* am weitesten nach W strahlt *Stipa capillata* aus; + erloschenes Vorkommen. Vgl. S. 1027, 1031. (Orig. Meusel, Jäger & Weinert.)

möglicht (ca. 20000 Arten von Gefäßpflanzen!) (S. 955, 1009f., 1012).

Die oft reichen Niederschläge in der makaronesisch-mediterranen Region fallen im Herbst und Frühjahr oder, weiter südlich, im Winter (S. 1020, Abb. 1076C). Milde und frostarme Winter ermöglichen vielfach die Entwicklung immergrüner Gehölze aus den verschiedensten Familien, warme trockene Sommer bedingen deren Xeromorphie: Es sind H a r t l a u b -g e h ö l z e (Abb. 1017) mit meist kleinen, festen, manchmal auch nadelförmigen oder behaarten Blättern (Abb. 219A). Wie die Karte (bei S. 1040) zeigt, findet sich dieser Formationstyp auch in anderen winterfeuchten und sommertrockenen Etesiengebieten der meridionalen bzw. australen Zonen (S. 962). In warmfeuchten Gebieten (z. B. auf den Kanarischen Inseln) kommen aber auch reliktäre Lorbeerwälder, im Übergangsbereich zur winterkalten mitteleuropäischen Region auch sommergrüne Flaumeichenwälder vor (Abb. 1034). Die natürliche Pflanzendecke ist durch jahrtausendelange landwirtschaftliche Nutzung weithin verändert oder zerstört (Abb. 1010).

Der V e r b r e i t u n g nach können als Leitformen der makaronesisch-mediterranen Region gelten: *Globulariaceae, Cistus, Phillyrea, Rosmarinus, Lavan-*dula und *Ruscus. Erica arborea* und *Olea europaea* agg. lassen mit Arealanteilen in Ostafrika bzw. bis Südafrika und zum Himalaya die Beziehungen der mediterranen und subtropischen Floren erkennen. Darüber hinaus kennzeichnen die makaronesische Unterregion z. B. *Laurus azorica* und *Isoplexis* (primitive Verwandte von *Digitalis*); das mediterrane Kerngebiet *Quercus coccifera* (Abb. 1084), *Qu. ilex, Arbutus unedo, Myrtus communis* u. a.; den südlichen Bereich z. B. Wild-Ölbaum *(Olea europaea* subsp. *oleaster), Ceratonia siliqua, Nerium oleander* und die Zwergpalme *(Chamaerops humilis);* den östlichen Sektor z. B. *Punica granatum;* die nördliche submediterrane Region *Ostrya carpinifolia, Quercus pubescens* (Abb. 1084), *Fraxinus ornus* u. a.; den nordöstlichen Bereich bzw. die kaukasische Unterregion z. B. *Prunus laurocerasus* und *Fagus orientalis.* Die W/O-Differenzierung kann auch durch Beispiele aus den Gattungen *Erysimum* (Abb. 569), *Ononis* (Abb. 981) und *Carlina* (Abb. 988) illustriert werden. Hinsichtlich der Relikttypen sei hier nochmals an die *Gesneriaceae* (S. 889), *Rhododendron ponticum* (S. 1014) und *Platanus orientalis* (S. 1009) erinnert.

In den H a r t l a u b w ä l d e r n spielen Stein-Eichen *(Quercus ilex),* daneben Kork-Eichen *(Qu. suber)* im Westen, Kermes-Eichen *(Qu. coccifera)* im Osten, Wild-Ölbaum und Johannisbrotbaum im Süden die erste Rolle; verschiedene mediterrane Kiefern wie *Pinus pinea, P. halepensis, P. pinaster (= P. maritima)* gesellen sich ihnen in offenen Vegetationstypen bei. Vielfach stocken diese mediterranen Hartlaubwälder

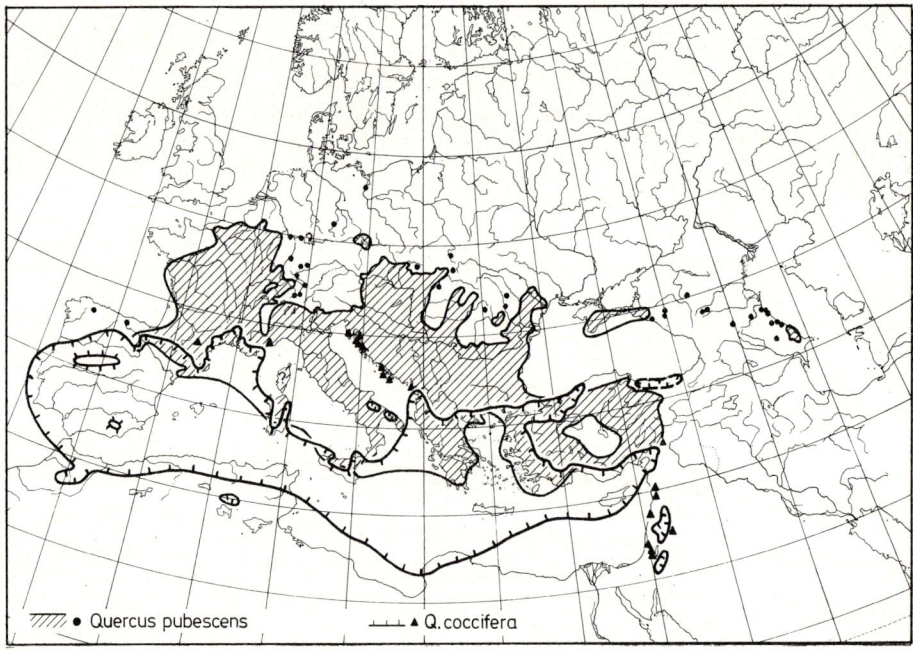

Abb. 1084: Verbreitung der submediterranen sommergrünen Flaum-Eiche *Quercus pubescens* und der mediterranen immergrünen Kermes-Eiche *Quercus coccifera (Fagaceae).* (Orig. Meusel, Jäger & Weinert.)

auf Rendzina/Terra rossa-Böden (Abb. 1010). Ihre Produktivität ist gegenüber den sommergrünen Laubwäldern deutlich abgesenkt (Tab. 46, S. 991). Meist ist in diesen altbesiedelten Ländern der Wald aber zu einem Hartlaubgebüsch, der «Macchie», oder gar zu einer strauchigen Heide («Garigue», «Phrygana» u.a.) umgewandelt worden (Abb. 1010). Diese Formationen bestehen aus zahlreichen immergrünen Sträuchern (*Erica*- und *Cistus*-Arten, *Pistacia lentiscus, Juniperus oxycedrus*, dem Erdbeerbaum *Arbutus unedo*), den Dornsträuchern *Ulex* und *Calicotome*, Lianen wie *Smilax* u.a., deren natürliche Standorte z.B. in lichten Wäldern, über flachgründigen Böden, an Waldrändern und im Felsbereich zu suchen sind.

Extrem flachgründige Böden – sie entstehen entweder infolge fortschreitend anthropogener Degradation (Abb. 1010) oder sind im felsigen Gelände natürlicher Herkunft – tragen mediterrane Felsheiden. Hier kommt die winterfeuchte und sommertrockene Vegetationsrhythmik besonders klar zum Ausdruck (Abb. 1004). Diese Felsheiden sind reich an bunten und aromatisch duftenden Gewächsen, z.B. halbstrauchigen *Lamiaceae*, Geophyten (viele *Orchidaceae* und *Lilianae*, z.B. *Asphodelus*) und Einjährigen (darunter viele *Fabaceae*); sie geben den Mittelmeerländern heute weithin ihr charakteristisches Gepräge.

Für das Kulturland der Mittelmeerländer sind auf unbewässerten Böden als Fruchtgehölze besonders Ölbaum, Mandel, Johannisbrotbaum und Wein sowie Getreidebau bezeichnend. Gemüse, Feigen und die aus Süd- und Südostasien eingeführten Citrusfrüchte werden meist bewässert.

Die Höhenstufen der makaronesisch-mediterranen Region kann man mit einer überwiegend paläotropischen halbwüstenartigen Xerophyten- und Succulentenstufe NW-Afrikas und der Kanarischen Inseln beginnen lassen; hier finden sich z.B. *Phoenix canariensis*, stammsucculente *Euphorbia*-Arten u.a. Darüber folgt die Stufe der typischen Lorbeer- und Hartlaubwälder. Besonders im südlichen Mittelmeergebiet ist dann eine Stufe mediterran-montaner Coniferen erhalten geblieben, u.a. mit *Cedrus* (S. 781, 1014), *Cupressus sempervirens*, verschiedenen *Abies*-Arten und *Pinus nigra* (Abb. 570). Noch höher finden sich Kugelpolstersteppen und offene mediterran-alpine Rasen. In den nördlichen Mittelmeerländern folgen dagegen in den winterlich kälteren bzw. bodenfeuchteren Lagen auf die Hartlaubstufe sommergrüne submediterrane Wälder mit *Quercus pubescens* (Abb. 1034, 1084), *Ostrya carpinifolia, Fraxinus ornus, Colutea arborescens, Cornus mas* u.a., die ihrerseits mit entsprechenden Rasen und Felsheiden vergesellschaftet sind. (Wir haben gesehen [S. 1027], daß diese submediterranen Vegetationstypen bzw. ihre Arten vielfach in die mitteleuropäische Region vordringen.) Über dieser Flaumeichenstufe folgen dann Buchenwälder, Zwergstrauchheiden und alpine Matten und Rasen – ähnlich wie in den Alpen (S. 1029 f.).

B. Die tropischen Florenreiche

Die tropischen Florenreiche umfassen die tropischen und subtropischen Zonen (und den australen Bereich Südamerikas) unter Ausschluß von Australien (vgl. Abb. 983). Wir unterscheiden ein **Paläotropisches Florenreich** der Alten Welt und ein **Neotropisches Florenreich** der Neuen Welt. Der enge floristische Zusammenhang dieser beiden Reiche (zahlreiche gemeinsame pantropische Familien), aber auch ihre Trennung (aufgrund zahlreicher endemischer Taxa, nur wenige gemeinsame Gattungen oder gar Arten) entsprechen der erdgeschichtlichen Entwicklung: Räumliche Nähe bzw. direkte Verbindungen von der Kreideperiode bis ins Alttertiär, dann fortschreitende Isolation und Einengung (Abb. 1062, 1088, S. 1007 ff.).

Pantropische Ordnungen bzw. Familien mit ausschließlicher oder überwiegender Verbreitung in den Tropen sind etwa *Marattiales*, Baumfarne (*Cyatheaceae* und *Dicksoniaceae*), *Cycadales, Gnetum, Annonacea, Myristicaceae, Lauraceae, Piperaceae, Moraceae, Podostemaceae, Mimosaceae, Rhizophoraceae, Myrtaceae, Melastomataceae, Araliaceae, Passifloraceae, Begoniaceae, Bombacaceae, Sterculiaceae, Ebenales, Myrsinaceae, Loganiaceae, Bignoniaceae, Gesneriaceae, Araceae, Zingiberales* und *Arecaceae* (Abb. 1088). Beispiele für paläotropische Familien wären etwa *Dipterocarpaceae* (Abb. 1088), *Nepenthaceae* und *Pandanaceae*, für neotropische Familien *Tropaeolaceae, Cactaceae, Bromeliaceae* (Abb. 1088) und *Cannaceae*.

Die tropischen Florenreiche umfassen die artenreichsten Lebensräume der Erde (S. 933; wohl mehr als die Hälfte aller Gefäßpflanzen) und sind die Heimat der überwiegenden Mehrzahl der holzigen Angiospermen. Echte Jahreszeiten fehlen, es herrscht ein Tageszeitenklima (S. 961), vielfach ist aber ein Wechsel von Regen- und Trockenzeiten ausgebildet. Bei hohen mittleren Temperaturen (Klimadiagramm Abb. 1023 C) ist das Wasser der wichtigste begrenzende Faktor für Biomasse und Produktivität (Abb. 1048 A); danach gruppieren und verteilen sich die bestimmenden Pflanzenformationen (Abb. 1017, 1085, Farbkarte bei S. 1040): Tropische immer- und halbimmergrüne Regenwälder, regengrüne Monsun-(Trocken-)wälder, Savannen, Dorngehölze, tropische Grasländer und Hitzewüsten. Oberhalb der Waldgrenze hat sich in den tropischen Gebirgen eine charakteristische «Paramo»-Vegetation entwickelt.

Tropische Regenwälder (Abb. 1086) herrschen von Natur aus in jenen heißen Tropenklimaten, in denen die mittlere Jahrestemperatur mit nur sehr geringen Schwankungen zwischen 24° und 30° zu liegen pflegt und auch im kältesten Monatsmittel 18° nicht unterschreitet. Die Niederschläge sind hoch (Jahressummen 2000–5000 mm und mehr) und jahreszeitlich ziemlich gleichbleibend; vielfach fallen sie regelmäßig zu bestimmten Tageszeiten als Wolkenbrüche; längere Trockenperioden fehlen (Abb. 1023C, 1085). Diese ständig hohe Feuchtigkeit und Wärme hat eine große Üppigkeit der Vegetation zur Folge. Hinsichtlich Biomasse und Nettoproduktivität werden Spitzenwerte erreicht (Tab. 46, S. 991). Die Biomasse steckt ganz überwiegend in den lebenden Pflanzen, der Bestandesabfall wird sehr rasch abgebaut, die charakteristischen Rotlehmböden (S. 975) haben nur einen geringen «infiltrierten» Humusgehalt.

Der Regenwald ist ungemein reich an immergrünen Bäumen aus den verschiedensten Familien (vgl. S. 1035), aber fast frei von Coniferen; in der mehrschichtigen, ungleich hohen und unregelmäßig gefärbten Oberfläche seiner Baumkronen wird dies schon von ferne deutlich. Normalerweise finden sich 60–100 (200) Baumarten pro ha. Die Bäume haben meist gerade und hoch aufstrebende, aber nicht allzu dicke Stämme, die nur eine dünne Borke tragen. Sie sind am Grunde oft durch Brettwurzeln standfest gemacht, da das Wurzelsystem i. d. Regel nur sehr flachgründig ist (was in Trockenzeiten Wassermangel verursacht!). Die Baumkronen sind meist wenig verzweigt und haben ledrige und glänzende, oft auffällig gleichartig elliptisch geformte Blätter, die sich zu allen Zeiten des Jahres aus nur wenig geschützten Knospen entfalten können, da der (meist vorhandene) Wachstumsrhythmus der einzelnen Pflanzen durch keine allgemeine Klimaperiodizität gleichgerichtet

wird. In den Baumkronen ist der Wasserhaushalt während der sonnigen Tagesstunden einer starken Beanspruchung ausgesetzt. Im Waldinneren ist die Luft an Wasserdampf nahezu gesättigt und reich an CO_2. Nur sehr wenig Licht erreicht den Waldboden. Der Unterwuchs besteht zu einem sehr großen Teil aus Jungpflanzen der dominierenden Gehölze. Daneben gibt es Riesenstauden (z.B. *Musaceae*), aber meist nur wenige niedrige Kräuter (z.B. Farne, *Urticaceae*, *Begoniaceae*, *Acanthaceae*, *Marantaceae* u.a.); oft mit zartem, nicht selten auch bunt geflecktem und samtartigem Laub (Abb. 217). Das «Streben nach Licht» kommt besonders in dem Reichtum an Lianen und Epiphyten zum Ausdruck (über ihre Anpassungsformen vgl. S. 202 ff.). Zu den Lianen zählen klimmende Palmen (*Calamus*), wurzelkletternde *Araceae*, *Piperaceae* und *Ficus*-Arten, letztere vielfach als sog. «Baumwürger» (S. 204) sowie viele schlingende und rankende Pflanzen; die Baumkronen können von ihnen ganz übersponnen werden. Unter den Epiphyten sind Moose und Flechten meist nur als Bewuchs der Blätter auffällig, während sich auf den Ästen und Stämmen Humus und Wasser sammelnde Nest-Epiphyten (wie der Farn *Asplenium nidus*), viele andere Farne, die (neotropischen) *Bromeliaceae* mit ihren Blattcisternen, wasserspeichernde *Orchidaceae* sowie *Selaginella*- und *Lycopodium*-Arten breit machen. Viele (die meisten?) der epiphytischen Bromelien und Orchideen sind CAM-Pflanzen (vgl. S. 262 f.). Blüten treten in den Regenwäldern nur wenig hervor, zum Teil schon deshalb, weil sie sich zu allen Zeiten entfalten. Dagegen ist bemerkenswert, daß sie bei vielen Arten cauliflor (S. 149), aus Knospen an alten Stämmen und Ästen, hervorbrechen (wie etwa bei *Theobroma cacao*, vgl. Abb.

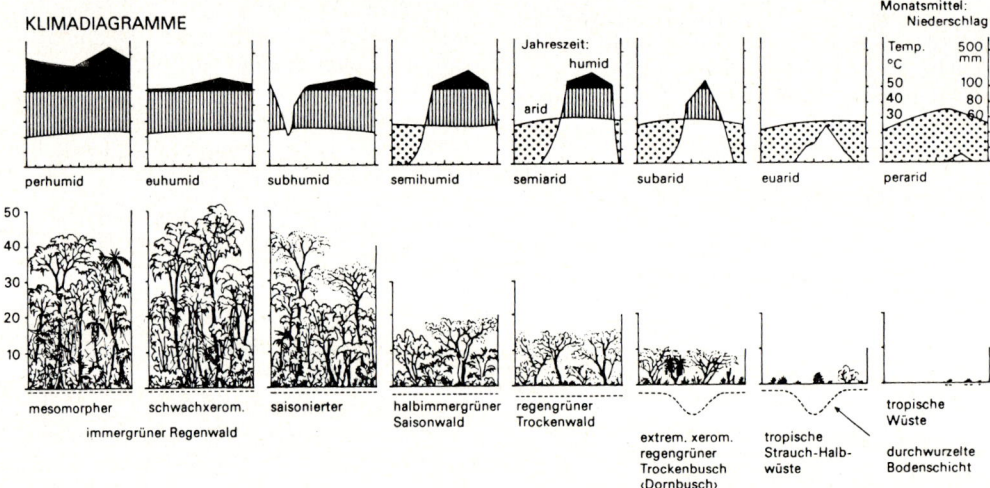

Abb. 1085: Klima- und Vegetationsprofil der Tropenzone vom humiden bis zum ariden Bereich (am Beispiel des peruanischen Andenvorlandes). Vgl. dazu auch Abb. 1048 A; weitere Erklärungen im Text. (Nach Ellenberg aus Klötzli.)

940D), was offenbar mit dem großen Gewicht der Früchte und teilweise wohl auch mit den Bestäubungsverhältnissen zusammenhängen dürfte. Die tropischen Regenwälder haben auch eine unerhört mannigfaltige Tierwelt. Hier ist ein sonst kaum erreichtes Maß an ökologischer Integration und biotischen Interferenzen verwirklicht. Man vergleiche dazu etwa die Vielfalt des Blütenbesuchs (durch zahllose Insekten, Vögel und Fledermäuse: S. 816ff.), der Frucht- und Samenausbreitung (S. 830f.), der Symbiosen (z.B. S. 374ff.) und der Abwehr phytophager Tiere (z.B. S. 982f.). All dies ist noch weithin unerforscht.

Bei Abnahme der Niederschläge unter 2000 mm bzw. bei Ausdehnung der Trockenperiode(n) über mehr als 2 Monate pro Jahr verändern sich die immergrünen Regenwälder in halbimmergrüne und weiter in regengrüne Saison- bzw. **Monsun- und Trockenwälder** (Abb. 1017, 1085). Wo nämlich im Laufe des Jahres ausgeprägte Regen- und Trockenzeiten abwechseln, verlieren die meisten Bäume mit Beginn der Trockenzeit ihr Laub und treiben mit Beginn der Regenzeit neues. Die regengrünen Monsunwälder bilden also in mancher Hinsicht ein ökologisches Gegenstück zu unseren sommergrünen Laubwäldern. Ein bekanntes Beispiel sind etwa im indomalaiischen Gebiet die Wälder, in denen der wegen seines widerstandsfähigen Holzes geschätzte Teak-holzbaum (*Tectona grandis*, eine Verbenacee) herrscht. Diese Monsunwälder haben zwar noch Lianen und krautige Epiphyten, aber die ungünstigere Wasserbilanz (S. 972) prägt sich außer im periodischen Laubfall auch in der geringeren Stammhöhe, der dickeren Borke, der stärkeren Verzweigung und den kleineren Blättern aus. Biomasse und Produktivität sind bereits deutlich niedriger als im Regenwald (Tab. 46, S. 991).

Nehmen nun die Niederschläge noch weiter ab (< 1500 mm/a) und werden die Trockenzeiten länger und ausgeprägter, so setzt eine zunehmende Lichtung des Waldes ein. Dann werden die Stämme im Durchschnitt noch niedriger, ihr Wurzelsystem immer ausgedehnter, die Borken noch dicker, die Blätter nicht nur bei den verbliebenen immergrünen, sondern auch bei den regengrünen Arten stark xeromorph. Es entstehen tropische Lockergehölze. Nur noch entlang der Flußniederungen schließen die Bäume dort als «Galeriewälder» dichter zusammen.

Im Unterwuchs vieler solcher tropischer Lockergehölze bedecken Gräser und krautige Pflanzen den Boden. Diese leiten dann zu den während der Trokkenzeit verdorrenden **tropischen Grasländern** über, die von meist hohen, horstbildenden, xeromorphen Gräsern gebildet werden, zwischen denen aber in der

Abb. 1086: Aufbau eines tropischen Regenwaldes der Niederungen (halbschematisch). Ordinate mit Höhenangaben in m. 1 Hartblättrige Epiphyten (z.B. *Bromeliaceae*), 2 weichblättrige Epiphyten (z.B. *Begoniaceae*, *Piperaceae*), 3 epiphytische *Orchidaceae*, 4 Palmen (*Arecaceae*), 5 Spreizklimmer (z.B. *Calamus*), 6 obere Baumschicht (etwa 50 m), 7 Rankenliane, 8 weichblättrige Kräuter (z.B. *Begonia*, *Araceae*), 9 Farne, 10 Cauliflorie, 11 Riesenstauden (z.B. *Musa*), 12 Baumwürger (z.B. *Ficus*), 13 Brettwurzeln, Riesenbaum (etwa 70 m) als Überständer, 14 niedrige Kräuter (z.B. *Zingiberaceae*). (Nach Klötzli.)

Regel einzeln oder gruppenweise Sträucher und Bäume stehen. Auch diese sind dann ausgeprägt xeromorph. Manchmal haben sie dicke, wasserspeichernde Stämme wie der afrikanische Affenbrotbaum oder Baobab (*Adanosonia digitata*, eine Bombacacee), oder es sind niedrige «Schirmbäume» mit flachen, in einer Ebene dicht verzweigten Kronen wie die bekannten afrikanischen Schirm-Akazien (*Mimosaceae*). Derartige, von Bäumen und Bauminseln durchsetzte (sub)tropische Grasfluren bezeichnet man als **Savannen**. Sie spielen vor allem in Afrika (z.B. «Miombo-Wälder»), aber auch in Südamerika (z.B. «Llanos» am Orinoco und «Campos cerrados» Brasiliens) eine große Rolle. Abb. 1087 bringt ein Beispiel für ein Savannen-Ökosystem aus Ostafrika, wo *Acacia*-Arten und Gräser in sog. «Dornsavannen» die wichtigste Ernährungsgrundlage für die stark entwickelten Huftierpopulationen (z.B. Impala-Antilopen und Giraffen) sind.

Neben dem Klima sind für das Vorkommen der tropischen Savannen und Grasländer aber noch andere Umstände förderlich: feinkörnige, relativ viel Wasser speichernde Böden (für ihre Besiedlung eignet sich das dichte Wurzelsystem horstbildender Gräser besser als das der Bäume), in Niederungen das Auftreten von Überschwemmungen (was zur Entstehung von «Feuchtsavannen» führt), besonders die Auswirkungen von Bränden (die durch Blitzschlag entstehen können, häufiger allerdings von Menschen gelegt werden und den Baumwuchs zurückdrängen) und zuletzt Tierfraß und Weidewirtschaft. Daher können auch unter den gleichen klimatischen Bedingungen Grasfluren, Savannen und Wälder nebeneinander vorkommen.

Tropische Lockergehölze mit einem Unterwuchs von Dorngewächsen (häufig mit grüner, assimilierender Rinde), verändern sich bei zunehmender Trockenheit in teils regen-, teils immergrüne, oft mit Succulenten vergesellschaftete wald- und schließlich

strauchartige **Dorngehölze**. Ein Beispiel sind die an *Mimosaceae* und *Cactaceae* reichen brasilianischen «Caatingas». In der Vegetationskarte bei S. 1040 sind diese Vegetationstypen als Dornbaum- und Succulentenwälder bzw. als Dornstrauch- und Succulentenformationen ausgeschieden.

Wo die Niederschläge in den (Sub)Tropen unter 500 mm pro Jahr sinken, wandeln sich Dorngehölze bzw. Grasländer allmählich in **Halbwüsten** und schließlich (<200 mm/a) in **Vollwüsten** (Abb. 1017, 1085). Biomasse und Produktivität (Tab. 46, S. 991) sinken dabei auf niedrigste Werte. Für die Vegetation dieser Hitzewüsten ist vor allem die geringe Bedeckung des Bodens mit Pflanzen bezeichnend, was mit der außergewöhnlichen Erschwerung eines halbwegs ausgeglichenen Wasserhaushaltes zusammenhängt. Denn die Niederschläge sind hier nicht nur außerordentlich gering (im südwestlichen Afrika z.B. nur 10–20 mm im Jahr, und dies bei gleichzeitig hohen Tagestemperaturen!). Sie fallen außerdem meist in kurzen Güssen, so daß das Wasser von dem nackten und oft verhärteten Boden rasch abfließt, und können in einzelnen Jahren sogar ganz ausbleiben. Weiter ist zu bedenken, daß die bei der Verwitterung entstehenden Salze im ariden Klima der Wüsten nicht ausgewaschen und weggeführt, sondern durch Verdunstung an der Oberfläche angereichert werden, so daß die Böden meist auch hohes osmotisches Potential entwickeln. Diesen extremen, durch große Temperaturgegensätze (S. 967), Lufttrockenheit, starke Strahlungsintensität, Stürme und Bodenbewegungen noch ungünstiger gestalteten Bedingungen begegnet die Pflanzenwelt auf zweifache Art: 1. als annuelle oder geophytische «Regenpflanzen», die den größten Teil des Jahres mit ihren Samen oder unterirdischen Überdauerungsorganen ruhend verleben, sich nach Regen aber sehr rasch entfalten, blühen und fruchten; sie zeigen vielfach keine weiteren Anpassungen an die Trockenheit. Und 2. als eigentliche Wüstenxero-

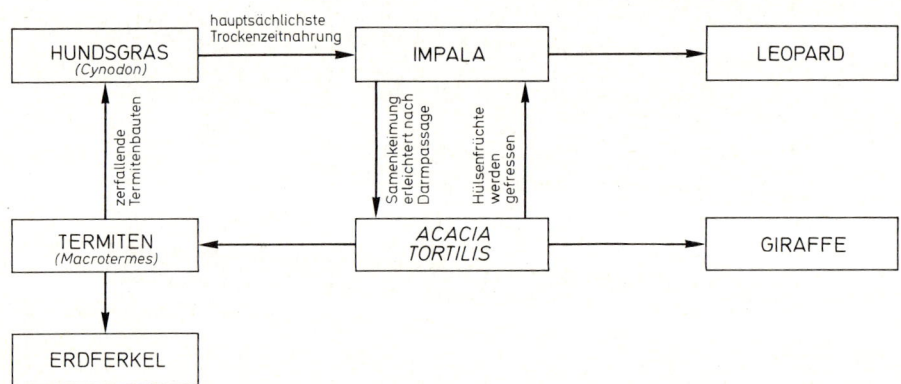

Abb. 1087: Nahrungsketten und ökologische Interferenzen zwischen der Schirmakazie *Acacia tortilis*, Termiten, Pflanzenfressern (Impala-Gazelle, Giraffe), Omnivoren (Erdferkel) bzw. Räubern (Leopard) und einer dominierenden Gräsergattung (*Cynodon*) in der Savanne Ostafrikas. Vgl. S. 980, 988, 1037f. (Nach Lamprey aus Klötzli.)

phyten (S.191 ff.), die auch mit den sehr geringen Wassermengen das ganze Jahr oberirdisch aushalten können; zum Teil sind es Succulenten mit Wasserspeicherung und teilweise mit Sonderformen des Stoffwechsels (z.B. CAM: S.262 f.), meist aber niedrige, vielfach verdornte, nicht selten laubabwerfende oder mit den Sproßachsen assimilierende Sträucher oder auch Stauden und Gräser, die durch eingeschränkte Transpiration bzw. niedriges Wasserpotential und ein reich entwickeltes Wurzelsystem einem großen Bodenvolumen seine geringen Wassermengen entreißen (vgl. S. 314 f., 320 f., 332, 970 ff., Abb. 339, 354).

Im übrigen ist die Ökologie und besonders die Wasserversorgung der Wüstenpflanzen recht verschieden, je nachdem, ob es sich um Fels-, Kies-, Sand- oder Salzwüsten, um die Hochflächen oder die Wüstentäler (Wadis) handelt. Bei Grundwassernähe entstehen Oasen, für die im nordafrikanisch-indischen Gebiet die Dattelpalme *(Phoenix dactylifera)* besonders bezeichnend ist. In Salzwüsten finden sich vielfach *Zygophyllaceae, Chenopodiaceae* und *Tamaricaceae* als Pioniere. Sonst lassen sich die paläotropischen (Halb-)Wüsten besonders durch succulente Arten der *Crassulaceae, Aizoaceae (Mesembryanthemum, Lithops*: Abb. 224 A und verwandte Gattungen), *Asclepiadaceae (Stapelia* u. a.) und der Gattungen *Euphorbia* und *Aloe* charakterisieren (vgl. Abb. 225). In der Namib kommt die berühmte *Welwitschia mirabilis* (Abb. 872 A) vor. An neotropischen Wüstenxerophyten seien vor allem die *Cactaceae* (Abb. 224 D), teilweise in mächtigen Kandelaberformen, S. 844), *Agavaceae (Agave, Yucca)* und manche terrestrische *Bromeliaceae* genannt. Viele der genannten (Halb-)Wüstenbewohner sind CAM-Pflanzen (S. 262 f.).

Von den (sub)tropischen Formationen, die an besondere Standortsbedingungen gebunden sind, können hier nur noch die **Mangroven** erwähnt werden (Abb. 1042). Es sind dies immergrüne, von meist baumartigen Halophyten gebildete Gehölze der Meeresküsten, die sich in geschützten Buchten, an Lagunen und Flußmündungen innerhalb des Gezeitenbereichs ansiedeln und einen tonig-sandigen Schlickboden bevorzugen, der bei Flut überschwemmt wird und bei Ebbe trockenfällt. Die Arten sind vielfach nach ihrem osmotischen Potential (Abb. 354, 1042) und der Salzkonzentration der Böden zoniert (S. 979). Der größte Artenreichtum wird im indomalaiischen Gebiet erreicht. Die Vertreter der verschiedenen Familien z. B. der *Rhizophoraceae (Rhizophora, Bruguiera), Verbenaceae (Avicennia), Sonneratiaceae (Sonneratia)* u. a., weisen häufig konvergent die gleichen Anpassungen auf (vgl. S. 190, 371 f. und Abb. 927 A–C), nämlich Salzdrüsen, Organe zur Befestigung im Schlick, besonders Stelzwurzeln, dann Atemwurzeln als Anpassung an den sauerstoffarmen oder -freien Boden und schließlich die vivipare Vermehrung durch an der Mutterpflanze bereits ausgekeimte und etwas herangewachsene junge Pflanzen.

Die naturnahe Vegetation der Tropenzonen ist bereits heute durch die Ausdehnung von **Kulturland** sehr reduziert und aufs schwerste gefährdet (S. 992 ff., Abb. 1054). In den Feuchtgebieten reichen die menschlichen Eingriffe vom ursprünglichen Wanderackerbau (nach Rodung und Brand) bis zur modernen Plantagenwirtschaft; meist nötigen die nährstoffarmen Böden dabei aber zur Düngung (S. 994). In den Trockengebieten finden sich vielfach Bewässerungskulturen. Überall wird Weide- und Viehwirtschaft betrieben.

Von wichtigen Kulturpflanzen sind ursprünglich paläotropisch (und zwar tropisch oder subtropisch) Reis, Zuckerrohr, Tee, Kaffee, Pfeffer, Zimt, Ingwer, Kokosnuß, Banane und die *Citrus*-Arten. Ursprünglich neotropisch sind Mais, Kartoffel, Maniok, Batate, Erdnuß, Kakao, Paprika, Tomate, Kürbis, die Chinarindenbäume *(Cinchona)*, die Agaven u. a. Die Stammpflanzen der Baumwolle und die zahlreichen Kautschukpflanzen gehören beiden Gebieten an. Heute werden alle diese Arten weltweit kultiviert.

In den Gebirgen der feuchteren Tropen (Abb. 1075)

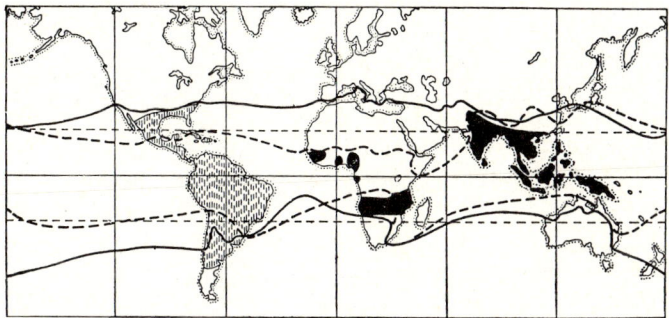

Abb. 1088: Verbreitung tropisch-subtropischer Familien: Nord- und Südgrenze der *Arecaceae* (Palmen; ausgezogene Linie) und der *Zingiberaceae* (unterbrochene Linie), beide pantropisch. Areal der *Dipterocarpaceae* (paläotropisch, schwarz) und der *Bromeliaceae* (neotropisch, gestrichelt; eine Art auch im tropischen W-Afrika). (Aus VESTER.)

folgen auf die Niederungs-Regenwälder als **Höhen-stufen** bei abnehmender mittlerer Jahrestemperatur (gleichzeitig auch abnehmender Wuchshöhe und Produktivität) über 1500 m ($\pm 20°$) G e b i r g s r e g e n - w ä l d e r (mit Baumfarnen und üppiger Entwicklung von epiphytischen Moosen) und zuletzt über 2500 m ($\pm 16°$) bis zur Baumgrenze, niedrige N e b e l w ä l d e r («Ceja»; mit hart- und kleinlaubigen Gehölzen, z.B. Ericaceen, zahlreichen Flechten etc.). Diese subalpinen Buschwälder gehen bei etwa 3500 m ($\pm 12°$) – in den Anden mit der Rosaceen-Gattung *Polylepis* (Abb. 1075) vereinzelt auch erst bei 4200 m – allmählich in ein vielfach anmooriges tropisch-alpines Gras- und Heideland über, das als «P a r a m o» (in trockenerer Ausbildung als «Puna») bezeichnet wird. Hier herrscht extremes Tageszeitenklima mit häufigen Niederschlägen und Nebeln, das etwa bei 4500 m ($\pm 4°$) fast täglich nächtlichen Bodenfrost u n d Tagestemperaturen bis zu 20° und mehr bringt. Als Anpassung an diesen Lebensraum ist konvergent mehrmals die Wuchsform der K e r z e n s c h o p f b ä u m e (mit etwa 1–8 m Höhe) entstanden, z.B. bei Arten von *Senecio* (Abb. 958B) und *Lobelia* in Afrika oder bei *Espeletia (Asteraceae)* und *Puya (Bromeliaceae)* in den Anden. Horstgräser und Polsterpflanzen steigen zur Schneegrenze, die in den Tropen bei etwa 5000 m, in den trockenen Subtropen bis zu 6000 m Höhe liegt.

C. Die südhemisphärischen Florenreiche

Die Kapregion, Australien, die Antarktis und das südlichste Südamerika waren Teile des während der Jura- oder Kreideperiode auseinandergebrochenen Südkontinents G o n d w a n a (Abb. 1060, 1062). Dieser Zusammenhang spiegelt sich bis zur Gegenwart in der Verbreitung von Verwandtschaftsgruppen, die in diesen Räumen (aber auch im angrenzenden Südafrika und Südamerika sowie auf den südwestpazifischen Inseln) ihre Verbreitungsschwerpunkte haben. Die sehr unterschiedlichen klimatischen Verhältnisse bedingen die Präsenz fast aller Formationstypen. Insgesamt trägt aber die geringere Ausdehnung und stärkere Isolation der Festlandmassen und die dadurch verstärkte Ozeanität zu einer auffälligen Asymmetrie gegenüber der nordhemisphärischen Pflanzendecke bei (Abb. 1075).

Beispiele für südhemisphärische Familien sind etwa die *Araucariaceae*, *Podocarpaceae*, *Winteraceae*, *Cunoniaceae*, *Proteaceae*, *Gunneraceae* und *Restionaceae*. Australien, Neuseeland und Südamerika haben darüber hinaus noch die *Epacridaceae*, *Nothofagus* (Abb. 975) u.a. gemeinsam, was auf ihre längere Verbindung über die Antarktis hinweist.

Das **Kapländische Florenreich** – das kleinste von allen – ist ein warmgemäßigtes, sommertrockenes Winterregengebiet. Immergrüne, kleinblättrige Hartlaubgebüsche und -heiden, die durch das fast völlige Fehlen von Bäumen und einen großen Reichtum an Geophyten und Einjährigen auffallen, bedecken hier das Land. In der außergewöhnlich artenreichen Flora (etwa 6000 Samenpflanzen, darunter sehr viele Endemiten: S. 934) spielen besonders die *Proteaceae* und die Gattung *Erica* (mit über 450 Arten!), dann z.B. viele *Lilianae*, Pelargonien und in den trockenen Randgebieten besonders die succulenten Mesembryanthemen und Stapelien sowie viele succulente Euphorbien eine wichtige Rolle.

Das **Australische Florenreich** ist zum größten Teil ein wintermildes Xerophytenreich, in dem Hartlaubwälder und Hartlaubgebüsche («Scrubs»), parkartige Savannen und selbst Steppen und Wüstengesellschaften (aber fast ohne Succulenten!) die natürliche Pflanzendecke zusammensetzen. Anpassungen an regelmäßige Brände und die Nährstoffarmut der Böden prägen diese Vegetation. Nur an der Nordostküste bilden feuerfreie und nährstoffreiche Regenwälder eine Übergangszone zur Paläotropis. Außerordentlich groß ist die Zahl der Endemiten in der reichen Flora von über 12000 Arten (davon 80–90% endemisch). Besonders hervorzuheben sind die Myrtaceen *Eucalyptus* (etwa 450 immergrüne Arten, von riesigen Bäumen bis zu kleinen Sträuchern) und *Melaleuca*, viele Proteaceen (z.B. *Grevillea*, *Hakea*, *Banksia*), zahlreiche Phyllodien bildende Akazien, die meisten *Casuarina*-Arten sowie die «Grasbäume» der *Lilianae*-Gattung *Xanthorrhoea*.

Zum artenarmen **Antarktischen Florenreich** schließlich gehören das südlichste Südamerika sowie die Südinsel von Neuseeland mit immerfeuchten, moos- und farnreichen, von Hochmooren durchsetzten kühl- bis kalttemperaten Regenwäldern, in denen die teils immer-, teils sommergrünen antarktischen «Buchen» der Gattung *Nothofagus (Fagaceae)* herrschen; und weiter die waldlosen Inselgruppen im Umkreis der Antarktis mit ihren subantarktischen Heiden und eigenartigen Polsterpflanzen (z.B. der Umbellifere *Azorella*, vgl. Abb. 233 A).

D. Das Ozeanische Florenreich

Auch die Ozeane lassen sich nach den wenigen Gefäßpflanzen (besonders die «Seegräser» der *Zosteraceae*), vor allem aber nach ihrer Algenflora räumlich gliedern.

Dabei kann man die Küsten mit der Lebewelt des Benthos (festgewachsene Braun-, Grün- und Rotalgen etc.; Abb. 671, S. 627) der Hochseeflora mit ihren Planktonalgen (besonders mit Peridineen, Diatomeen, Coccolithophoreen u.a.; S. 626ff.) gegenüberstellen. Weiter beeinflussen besonders Strahlung, Temperatur (S. 626ff., 965ff.) und Nährstoffreichtum

VEGETATIONSZONEN DER ERDE

Grönland · Baffinmeer · Europäisches · Nordmeer · Island · Barentssee · Laptewsee · Ostsibirische See · Nördl. Polarkreis · Nördl. Polarkreis

Hudsonbai · Vancouver · Neufundland · Schwarzes Meer · Mittel ländisches Meer · Kaspisches M. · Ochotsk Meer · Japan. Meer

ATLANTISCHER · Azoren · Kanarische In · Nördl. Wendekreis · Nördl. Wendekreis · Ostchin. Meer · Taiwan

Hawaii-In · G. v. Mexiko · Kuba · Haiti · Karibisches Meer · Kapverdische In · Rotes Meer · Arab. Meer · Golf von Bengalen · Südchin. Meer · Luzon · Ma. · S.-Ch. · PAZIFISCHER

PAZIFISCHER · OZEAN · Galapagos In · Äquator · Ceylon · Sumatra · INDISCHER · Borneo · Mindanao · OZEAN · Äquator · Neuguinea

OZEAN · Mog. · Madagaskar · Dar. · Java · OZEAN

R.d.Ja. · Südl. Wendekreis · Südl. Wendekreis · Kap.

Falklandinseln · Kerguelen · Tasmanien · Neuseeland

Antarktische Halbinsel · Südl. Polarkreis · Bellingshausenmeer · Weddelmeer · Südl. Polarkreis

Legend

	Tropische Regenwälder
	Mangrove
	Tropische Gebirgsregenwälder
	Tropische halbimmergrüne Regenwälder und regengrüne Monsunwälder
	Temperierte Regenwälder
	Gebirgsnadelwälder
	Immergrüne boreale Nadelwälder
	Lorbeerwälder und subtropische Regenwälder
	Hartlaubvegetation
	Koniferentrockengehölze und xeromorphe Strauchformationen
	Dornbaum- und Sukkulentenwälder
	Tropische Trockenwälder und Campos cerrados
	Sommergrüne Laubwälder
	Sommergrüne Laubwälder mit Nadelholz
	Sommergrüne Baumsteppen
	Sommergrüne Nadelwälder
	Dornstrauch- und Sukkulentenformationen
	Feuchtsavannen
	Trockensavannen
	Dornsavannen
	Schwarzerde- und Übergangssteppen
	Subpolare Wiesen und sommergrüne Gesträuche
	Trockensteppen und Hartpolsterformationen
	Paramoheiden und feuchte Puna
	Gebirgsvegetation jenseits der Baumgrenze
	Tundren
	Subantarktische Heiden
	Halbwüsten
	Trockenwüsten
	Kältewüsten

Maßstab 1:110 000 000

Aus: J. Schmithüsen, Atlas zur Biogeographie, Bibliographisches Institut AG, Mannheim 1976

(S. 974f.) die ökologische Differenzierung, die Biomasse und die Produktivität (S. 987f., 991f., Tab. 46).

Werfen wir einen abschließenden Blick auf die farbige Karte des Pflanzenkleides der Erde (bei S. 1040): Seit Jahrmillionen wird dieses Kleid immer wieder neu und sich verändernd aus einer Fülle von pro- und eukaryotischen, ein- bis vielzelligen pflanzlichen Organismen zusammengefügt. Die raumzeitliche Entfaltung, Expansion und Differenzierung dieser Pflanzenwelt hat sich in enger Relation zu den geologischen Veränderungen der Erdoberfläche vollzogen. Ein Zeugnis dafür sind etwa die großen Florenreiche, z.B. Holarktis oder Paläo- und Neotropis.

Hinsichtlich ihres Baues – vom Molekular- bis zum Organbereich – und ihrer Funktionen – vom Energie- und Stoffwechsel bis zur Entwicklungsphysiologie – zeigen die pflanzlichen Produzenten eine faszinierende Mannigfaltigkeit und Anpassungsfähigkeit. Im Wechselspiel mit Konsumenten, Destruenten und der unbelebten Umwelt ergibt sich daraus die Grundlage für das Wesen und die Leistungsfähigkeit der Ökosysteme unseres Planeten. Die verschiedene Struktur und räumliche Verteilung dieser Ökosysteme spiegelt sich in den Klimax-Formationstypen unserer Farbkarte.

Wenn wir dieses heutige Bild der Biosphäre nochmals mit dem vergangener erdgeschichtlicher Epochen vergleichen und bis zu den Uranfängen zurückverfolgen, dann wird uns bewußt, wie entscheidend die Organismen das heutige Bild unserer Erdoberfläche mitgeformt und mitbestimmt haben. Dabei sehen wir

a) eine immer stärkere Verknüpfung und Harmonisierung aller Lebensvorgänge (ökologische Integration),

b) eine für das Gesamtsystem (nicht irgendwelche Einzelglieder) immer bessere Nutzung der Umweltgegebenheiten (ökologische Rationalisierung und Ökonomie) und

c) eine fortschreitend verbesserte Selbstregulierung und Unabhängigkeit von allen Umweltbegrenzungen (ökologische Selbstkontrolle und Independenz).

Auch der Mensch sollte sein für die Biosphäre heute so entscheidendes Denken, Tun und Handeln nach diesen positiv-gestaltenden Lebensprinzipien ausrichten.

Literaturnachweise

Tieferes Eindringen in den Stoff ermöglichen die nachstehend aufgeführten Werke und zusammenfassenden Aufsätze. Darin findet man auch die Spezialliteratur; diese wird vielfach ergänzt durch neue Abhandlungen, die meist in den botanischen Zeitschriften erschienen sind, hier aber nicht alle aufgezählt werden können. Seit dem Jahre 1931 unterrichtet kurz über neue Forschungsergebnisse in allen Gebieten der Pflanzenkunde die alljährlich erscheinende Zeitschrift «Fortschritte der Botanik» (**FdB**), bzw. Progress in Botany, Berlin–Heidelberg–New York (**PB**), auf die hier besonders hingewiesen sei.

In den folgenden Literaturhinweisen bedeuten: **AoB** = Annals of Botany; **BB** Bibliotheca botanica; **BBC** = Beihefte z. Botan. Zentralblatt; **BDBG** = Berichte d. Deutsch. Bot. Gesellsch.; **BJSy** = Bot. Jahrbücher für System. u. Pflanz.geographie; **EB** = Ergeb. d. Biologie; **EP** = Encyclopedia of Plant Physiology; **FdB** = Fortschritte d. Botanik; **HA** = Handbuch d. Pflanzenanatomie, Berlin; **HN** = Handwörterbuch d. Naturwiss., 2. Aufl.; **HV** = Handbuch d. Vererbgswissensch., Berlin; **HP** = Handb. d. Pflanzenphysiol.; **JwB** = Jahrbücher f. wiss. Botan.; **NW** = Naturwissenschaften, Berlin; **PB** = Progress in Botany; **Pl** = Planta; **PrB** = Progressus rei botan.; **ZB** = Zeitschr. Botan.; **ZPf** = Zeitschrift für Pflanzenphysiologie.

Literatur zur Einleitung und Morphologie

Geschichte und Untergliederung der Botanik

SACHS, J., Geschichte der Botanik vom 16. Jh. bis 1860, München 1875.

MÖBIUS, M., Geschichte der Botanik. Von den ersten Anfängen bis zur Gegenwart, Jena 1937.

MÄGDEFRAU, K., Geschichte der Botanik, Stuttgart 1973.

HEILMANN, K.E., Kräuterbücher in Bild und Geschichte, 2. Aufl. München-Allach 1973.

STOCKER, O., Grundlagen, Methoden und Probleme der Ökologie, BDBG 70, S. 411–423, 1957.

Allgemeine Betrachtungen über das Leben und Ursprung des Lebens:

IHNE, E., Dr. Hoffmann, Ber. Oberhess. Ges. Nat. u. Heilk. 1893.

STAUDINGER, H., Makromolekulare Chemie und Biologie, Basel 1947.

SCHRÖDINGER, E., Was ist Leben? 2. Aufl. München 1951.

TROLL, W., Das Virusproblem in ontologischer Sicht, Wiesbaden 1951.

HARTMANN, M., Allgemeine Biologie, 4. Aufl. Stuttgart 1953.

MILLER, S.L.A., Production of Aminoacids under Possible Primitive Earth Conditions. Science 117, 1953.

FRESKA, H.F., Die stammesgeschichtliche Stellung der Virusarten u. d. Probl. d. Urzeugung, in: HEBERER, Die Evolution der Organismen, 2. Aufl. Stuttgart 1959.

STANLEY, W.M. u. VALENS, E.G., Viruses and the Nature of Life. London 1962.

OPARIN, A.I., Das Leben, seine Natur, Herkunft und Entwicklung. Jena 1963.

ANFINSEN, C.B., The Molecular Basis of Evolution, New York 1963.

WEIDEL, W., Virus und Molekularbiologie, 2. Aufl. Berlin–Göttingen–Heidelberg 1964.

FOX, S.W., The Origins of Prebiological Systems. New York 1965.

DE ROSNAY, J. u. DE CECCATTY, M., Biologie: Das Buch vom Leben. Olten-Freiburg i.Br. 1971.

CALVIN, M., Chemical Evolution, Oxford 1969.

KIMBALL, A.P., u. ORO, J. (Ed), Prebiotic and Biochemical Evolution, Amsterdam–London 1971.

MONOD, J., Zufall und Notwendigkeit, München 1971.

JACOB, F., Die Logik des Lebenden, Frankfurt/M. 1972.

KAPLAN, R.W., Der Ursprung des Lebens – Biogenetik, ein Forschungsgebiet heutiger Naturwissenschaft, 2. Aufl. Stuttgart 1978.

SCHWEMMLER, W., Mechanismen der Zellevolution, Berlin–Heidelberg–New York 1978.

DILLON, L.S., Ultrastructure, Macromolecules, and Evolution, New York–London 1981.

EIGEN, M., GARDINER, W., SCHUSTER, P. und WINKLER-OSWATITSCH, R., Ursprung der genetischen Information, Spektrum d. Wissensch. 6, S. 37–56, 1981.

Origins of Life. The Journal of the International Society for the Study of the Origin of Life. J.P. FERRIS (Ed.), 1968–83.

Cytologie
Zusammenfassende Werke:

KÜSTER, E., Die Pflanzenzelle, 3. Aufl., Jena 1956.

FREY-WYSSLING, A., Macromolecules in Cell Structure, Cambridge, Mass. 1957.

BRACHET, J., u. MIRSKY, A.E., The Cell, Vol. I–IV, New York 1959 ff.

WILSON, G.B., u. MORRISON, J.H., Cytology, New York 1961.

GRUNDMANN, E., Allgemeine Cytologie, Stuttgart 1964.

PILET, P.E., La Cellule, Structure et Fonctions, Paris 1964.

BONNER, J., u. VARNER, J.E. (Eds.), Plant Biochemistry, New York–London 1965.

SITTE, P. (Ed.), Probleme der biologischen Reduplikation, Berlin–Heidelberg–New York 1966.

LEDBETTER, M.C. u. PORTER, K.R., Introduktion of the Fine Struction of Plant Cells, Berlin–Heidelberg–New York 1970.

REINERT, J., u. URSPRUNG, H. (Eds.), Origin and Continuity of Cell Organelles, Berlin–Heidelberg–New York 1971.

BIELKA, H. (Ed.), Molekulare Biologie der Zelle, 2. Aufl., Jena 1973, Stuttgart 1973.

FREY-WYSSLING, A., Comparative Organellography of the Cytoplasm, Wien 1973.

HIRSCH, G.C., RUSKA, H., u. SITTE, P. (Eds.), Grundlagen der Cytologie, 2. Aufl. Jena 1974, Stuttgart 1974.

DODGE, J.D., The Fine Structure of Algal Cells, London–New York 1973.

GUNNING, B.E.S. u. STEER, M.W., Ultrastructure and the Biology of Plant Cells, London, 1975.

CZIHAK, G., LANGER, H. u. ZIEGLER, H. (Eds.), Biologie, 3. Aufl., Berlin–Heidelberg–New York 1981.

METZNER, H. (Ed.), Die Zelle. Struktur und Funktion, 3. Aufl. Stuttgart 1981.

LLOYD, C.W. (Ed.), The Cytoskeleton in Plant Growth and Development, New York 1983.

Bau der typischen Pflanzenzelle:

SITTE, P., Bau und Feinbau der Pflanzenzelle, Jena 1965, Stuttgart 1965.

CLOWES, F.A.L., u. JUNIPER, B.E., Plant Cells, Oxford–Edinburgh 1968.

PRIDHAM, J.B. (Ed.), Plant Cell Organelles, London–New York 1968.

SPIRIN, A.S., u. GAVRILOVA, L.P., The Ribosome, Berlin–Heidelberg–New York 1969.

Zelle und Energide:

GEITLER, L., Normale u. pathol. Anatomie d. Zelle, HP I, 123, 1955.

Das Protoplasma:

WILDMAN, S.G., COHEN, M., SEIFRIZ, W., u. STEFFEN, K., Das Cytoplasma, HP I, 243–412, 1955.

KAMIYA, N., Protoplasmic streaming, Wien 1959 (Protoplasmatologia, Bd. VIII, 3a).

DICKERSON, R.E., u. GEIS, I., The Structure and Action of Proteins, New York 1969.

DICKERSON, R.E., The Structure and History of an Ancient Protein. Sci. Am. 226, S. 58–72, 1972.

BRESCH, C., u. HAUSMANN, R., Klassische u. molekulare Genetik, 3. Aufl. Berlin–Heidelberg–New York 1972.

KAUDEWITZ, F., Molekular- und Mikrobengenetik, Berlin–Heidelberg–New York 1973.

WHALEY, W.G., The Golgi Apparatus. Cell Biology Monographs Vol. 2, Wien–New York 1975.

SEITZ, K.: Cytoplasmic Streaming and Cyclosis of Chloroplasts. EP 7, S. 150–169, 1979.

DICKERSON, R.E., Cytochrom C und die Entwicklung des Stoffwechsels. Spektrum d. Wiss. 5, S. 47–63, 1980.

Sublichtmikroskopische Struktur des Protoplasmas:

FREY-WYSSLING, A., Die submikroskopische Struktur des Cytoplasmas, Wien 1955 (Protoplasmatologia, Bd. II, A2).

FREY-WYSSLING, A., u. MÜHLETHALER, K., Ultrastructural Plant Cytology, Amsterdam–London–New York 1965.

KAVANAU, J.L., Structure and Function in Biological Membranes, San Francisco–London–Amsterdam 1965.

SCHNEPF, E., Organellen-Reduplikation und Zell-Kompartimentierung, in: Probl. biol. Redupl. Berlin–Heidelberg–New York 1965.

FINEAN, J.B., Biological Ultrastructure, 2. Aufl., New York–London 1967.

The Molecular Basis of Life. Readings from Sci. Am. San Francisco 1968.

DU PRAW, E.J., Cell and Molecular Biology, New York–London 1968.

BUVAT, R., Die Organisation des Lebendigen, München 1969.

LOEWY, A.G., u. SIEKEVITZ, P., Cell Structure and Function, 2. Aufl. New York 1969.

SUND, H. (Ed.), Große Moleküle, Frankfurt/M. 1970.

TEVINI, M. u. LICHTENTHALER, H.K. (Eds.), Lipids and Lipid-polymers in Higher Plants, Berlin–Heidelberg–New York 1977.

GERHARDT, B., Microbodies, Peroxisomen pflanzlicher Zellen. Cell Biology Monographs 5, Wien–New York 1978.

LODISH, H.F. u. ROTHMANN, J.E., The assembly of cellmembranes. Sci. Am., Vol. 240, S. 18–53, 1979.

NOVER, L., LYNEN, F. & MOTHES, K. (Herausgeb.), Cell Compartimentation and Metabolic Channeling. Jena 1980.

JUNGERMANN, K. u. MÖHLER, H. (Herausg.), Biochemie, Berlin–Heidelberg–New York 1980.

RAMSHAW, J.A.M., Structures of Plant Proteins. EP, 14A, S. 229–290, 1982.

BOULTER, D., u. PARTHIER, B., Nucleic Acids and Proteins in Plants I/II. EP, 14A, 14B, 1982.

Vacuom und Zellsaft:

PISEK, A., DRAWERT, H., u. KRAMER, P.J., Zellsaft und Vacuolen, HP I, 614–667, 1955.

DANGEARD, P., Le vacuome de la cellule végétale, Wien 1956 (Protoplasmatologia, Bd. III, D, 1–3b).

KARRER, W., Konstitution und Vorkommen der organischen Pflanzenstoffe, Basel 1958.

HESS, D., Blütenfarbstoffe als Modelle f. d. Wirkungsweise von Genen, Umschau 64, 758–762, 1964.

KRETOWITSCH, W. L., Grundzüge der Biochemie der Pflanzen, Jena 1965.

MATILE, PH., The Lytic Compartment of Plant Cells. Cell Biology Monographs. Vol. 1. Wien–New York 1975.

BELL, E. A. u. CHARLWOOD, B. V. (Eds.), Secondary plant products, EP, Vol. 8, 1980.

Zellkern und Zellteilung:

HÄMMERLING, J., Über Genomwirkungen und Formbildungsfähigkeit bei Acetabularia, Roux' Archiv 132, S. 424–462, 1935.

CASPERSON, T. O., Cell Growth and Cell Function, New York 1950.

TISCHLER, G., Allg. Pflanzenkaryologie, HAII, 1. u. 2, 2. Aufl. 1934/1951.

TISCHLER, G., Die Chromosomenzahlen der Gefäßpflanzen Mitteleuropas, S'Gravenhage 1950.

SERRA, J. A., Der Zellkern, HP I, 413–506, 1955.

DARLINGTON, C. D. & WYLIE, A. P., Chromosome Atlas of Flowering Plants. 2nd. ed, London, 1955.

HÄMMERLING, J., Nucleo-cytoplasmatic Interactions in Acetabularia and Other Cells. Ann. Rev. Plant Physiol. 14, S. 65–92, 1963.

DARLINGTON, C. D., u. LA COUR, L. F., Methoden der Chromosomenuntersuchung, Stuttgart 1963.

ESSER, K. u. KUENEN, R., Genetik der Pilze, Heidelberg 1965.

SWANSON, C. P., MERZ, T., u. YOUNG, K. Y., Zytogenetik. Stuttgart 1970.

NAGL, W., Zellkern und Zellzyklus, Stuttgart 1976.

RIEGER, R., MICHAELIS, A., u. GREEN, M. M., A Glossary of Genetics and Cytogenetics, 3. Aufl. Berlin–Heidelberg–New York 1976, Jena 1976.

GÖLTENBOTH, F. (Ed.), Chromosomenpraktikum, Stuttgart 1978.

Chromosomenbau:

GEITLER, L., Chromosomenbau, Protopl. Monogr. 14, Berlin 1938.

STRAUB, J., Die Spiralstruktur der Chromosomen, ZB 33, S. 65–126, 1938.

GEITLER, L., Neue Ergebnisse u. Probleme a. d. Gebiet d. Chromosomenbaus, NW 28, S. 649–656, 1940.

STRAUB, J., Chromosomenstruktur, NW 31, S. 97–108, 1943.

HEITZ, E., Struktur der Chromosomen u. Chloroplasten, Nova acta Leopoldina, NF 17, S. 517–540, 1955.

MARQUARDT, H., Nat. u. künstl. Erbänderungen, Hamburg 1957.

HARBERS, E., DOMAGK, G. F., u. MÜLLER, W., Die Nucleinsäuren, Stuttgart 1964.

WATSON, J. D., Molecular Biology of the Gene. New York–Amsterdam, 1965.

SITTE, P. (Ed.), Probleme der biologischen Reduplikation, Berlin–Heidelberg–New York 1966.

HESS, D., Biochemische Genetik, Berlin–Heidelberg–New York 1968.

NAGL, W., Puffing of Polytene Chromosomes in a Plant, NW 56, 221–222, 1969.

COHN, W. E. (Ed.), Progress in Nucleic Acid Research and Molecular Biology, New York–London 1974.

FELLENBERG, G., Chromosomale Proteine, Stuttgart 1974.

SCHWEIZER, D. u. EHRENDORFER, F., Banded Karyotypes, Systematics and Evolution in Anacyclus. Plant Syst. Evol. 126, 107–148, 1976.

BOSTOCK, C. J. & SUMNER, A. T., The Eucaryotic Chromosome, 2. Aufl., Amsterdam–New York–Oxford 1980.

NAGL, W., Chromosomen. Organisation, Funktion und Evolution des Chromatins, 2., erw. Aufl., Berlin–Hamburg 1980.

KORNBERG, R. D. u. KLUG, A., Das Nucleosom, Spektrum d. Wiss., April 1981.

ZENTGRAF, H., MÜLLER, U., SCHERR, U. u. FRANKE, W., Evidence for the Existence of Globular Units in the Supranucleosomal Organisation of Chromatin. Int. Cell Biol., S. 139–151, Berlin–Heidelberg–New York 1981.

NAGL, W., Nuclear Chromatin. EP, 14B, S. 1–45, 1982.

Polyploidie:

GEITLER, L., Endomitose u. endomitotische Polyploidisierung, Protoplasmatologia Bd. VI, C, 1953.

MARQUARDT, H., Nat. u. künstl. Erbänderungen. Hamburg 1957.

NAGL, W., Puffing of Polytene chromosomes in a Plant. NW 56, S. 221–222, 1969.

GOTTSCHALK, W., Die Bedeutung der Polyploidie für die Evolution der Pflanzen. Fortschr. d. Evolutionsforschung, 7, Stuttgart 1976.

Plastiden:

SCHÜRHOFF, P. N., Plastiden, HA I, 1924.

GRANICK, S., Plastid Structure Development and Inheritance, HP I, S. 507–512, 1955.

RABINOWITSCH, E. J., The Chloroplasts and Chromoplasts. Photosynthesis I, S. 355–437, 1945, u. II/2, S. 1979–1993, 1956.

MÜHLETHALER, K., u. FREY-WYSSLING, A., Entwicklung und Struktur der Proplastiden, Journ. Biophys. Biochem. Cytol. 6, S. 507–512, 1959.

GRANICK, S., The Plastids. Cytodifferentiation and Macromolecular Synthesis, 144–174, New York–London 1963.

MENKE, W., Feinbau und Entwicklung der Plastiden, BDBG. 77, 340–354, 1965.

MÜHLETHALER, K., MOOR, H., u. SZARKOWSKI, J. W. The Ultrastructure of the Chloroplast Lamellae, Pl. 67, 305–323, 1965.

BRANTON, D., u. PARK, R. B., Subunits in Chloroplast Lamellae, J. Ultrastr. Res. 19, 283–303, 1966.

KIRK, J. T. O., u. TILNEY-BASSETT, R. A. E., The Plastids. London–San Francisco 1967.

KREUTZ, W., Neue Unters. z. molekularen Architektur der Thylakoide. BDBG. 82, S. 459–474, 1969.

GIBBS, M. (Ed.), Structure and Function of Chloroplasts. Heidelberg 1971.

SCHNEPF, E., u. BROWN, R. M., On relationships between Endosymbiosis and the Origin of Plastide and Mitochondria. Origin and Continuity of Cellorganelles. J. REINERT u. H. URSPRUNG (Eds.), Berlin–Heidelberg–New York 1971.

PENDLAND, J.C., u. ALDRICH, H.C., Ultrastructural Organization of Chloroplast Thylakoids. J. Cell. Biol. 57, 306–314, 1973.

MOHR, H. u. SCHOPFER, P., Lehrbuch der Pflanzenphysiologie, Berlin–Heidelberg–New York, 3. Aufl. 1978.

BUTTERFASS, TH., Patterns of Chloroplast Reproduction. Cell Biol. Monographs VI, Wien–New York 1979.

DOUCE, R., u. JOYARD, J., Structure and Function of the Plastid Envelope. Adv. i. Bot. Res. 7, S. 2–116, 1979.

SIMPSON, D.J., Freeze-fracture Studies on Barley Plastid Membranes III – Location of the Light-harvesting Chlorophyll-protein. Carlsburg Res. Commun. 44, 305–336, 1979.

SCHNEPF, E., Types of Plastids: Their Development and Interconversions. Results and Problems of Cell Differentiation, J. REINERT (Ed.), 10, S. 1–27, 1980.

REINERT, J. (Ed.), Chloroplasts, Vol. 10: Results and Problems in Cell Differentiation, Berlin–Heidelberg–New York 1980.

SEYER, P., KOWALLIK, K. V., HERMANN, R.G., A Physical Map of Nicotiana tabacum Plastid DNA. Current Gen. 3, S. 189, 1981.

WETTSTEIN, D., Chloroplast and Nucleus: Concerted interplay between Genomes of Different Cell Organelles. Emil Heitz Lecture. Int. Cell. Biol. 80–81, H.G. SCHWEIGER (Ed.). Berlin–Heidelberg–New York 1981.

LÜTZ, C., Development and Ageing of Etioplast Structures in Dark Grown Leaves of Avena sativa (L.). Protopl. 108, S. 83–98, 1981.

LÜTZ, C., On the Significance of Promellarbodies in Membrane Development of Etioplasts. Protopl. 108, S. 99–115, 1981.

SCHIFF, J.A. (Ed.), On the Origin of Chloroplasts. New York 1982.

Mitochondrien:

STEFFEN, K., Chondriosomen u. Mikrosomen (Sphärosomen), HP I, 574–613, 1955.

PERNER, E., Die Organelle d. lebenden Pflanzenzelle, Wiss. Film C710, 1956.

LEHNINGER, A.L., The Mitochondrion, New York–Amsterdam 1964.

JOHN, P., u. WHATLEY, F.R., Paracoccus denitrificans Davis as a Mitochondrion. Adv. i. Bot. Res. 4, S. 51–115, 1977.

ARNOLD, C.G., u. GAFFAL, K.P., Extranucleäre Vererbung. FdB. 41, 212–220, 1979.

Geißeln und Cilien:

MANTON, I., Plant Cilia and Associated Organelles. Princeton 1956.

Absonderungsprodukte der Protoplasten

DELL, B., u. McCOMB, A.J., Plant Resins; Their Formation, Secretion and Possible Functions. Adv. Bot. Res. 6, S. 277–316, 1978.

V. WETTSTEIN, D., Biochemical and Molecular Genetics in the Improvement of Malting Bareley and Brewers Yeast. Europ. Brewery Convent., Rotterdam 1979.

BELL, E.A. u. CHARLWOOD, B.V., Secondary Plantproducts. EP, 8, Berlin–Heidelberg–New York 1980.

Zellwand:

BAILEY, I. W., Contributions to Plant Anatomy, Waltham 1954.

TREIBER, E., u. PRESTON, R.D., Die Zellwand, HP I, 668–751, 1955.

TREIBER, E. (Ed.), Die Chemie der Pflanzenzellwand, Berlin 1957.

ROELOFSEN, P.A., The Plant Cellwall, 2. Aufl., HA III, 4, Berlin 1959.

SITTE, P., Bau und Feinbau der Pflanzenzelle. Jena 1965, Stuttgart 1965.

FREUDENBERG, K., u. NEISH, A.C., Constitution and Biosynthesis of Lignin, Berlin–Heidelberg–New York 1968.

FREY-WYSSLING, A., The Plant Cellwall, 3. Aufl., Berlin 1973.

GUNNING, B.E.S., u. ROBARDS, A.W. (Ed.), Intercellular Communication in Plants: Studies on Plasmodesmata, Berlin–Heidelberg–New York 1976.

ROBINSON, D.G., Plant Cell Wall Synthesis, Bot. Res. 5, 1977.

Die morphologischen Organisationsstufen

Protophyten:

SCHUSSNIG, B., Handbuch d. Protophytenkunde I u. II, Jena 1953 u. 1960.

HAUPT, A.W., Plant Morphology, New York–Toronto–London 1953.

Thallophyten:

OLTMANNS, F., Morphologie u. Biologie d. Algen, 2. Aufl., 3 Bde. Jena 1922/1923.

FRITSCH, F.E., The Structure and Reproduction of the Algae, 2, Cambridge 1935/1945.

SMITH, G.M. (Ed.), Manual of Phycology, Waltham 1951.

BÜNNING, E., Polarität und inaequale Teilung des pflanzlichen Protoplasten (Protoplasmatologia, Bd. VIII, 9a), Wien 1958.

FOTT, B., Algenkunde, 2. Aufl., Jena 1971.

BOLD, C.M., ALEXOPOULOS, C.J., DELEVORYAS, T.,

Morphology of plants and fungi, 4. ed. Cambridge 1980.

Thallus und Cormus:

HERZOG, TH., Anatomie d. Lebermoose, HA VII, 1925.

GOEBEL, K., Organographie d. Pflanzen, Bd. II, 3. Aufl. Jena 1930.

LORCH, W., Anatomie d. Laubmoose, HA VII, 1931.

STOCKER, O., Grundprobleme des Wasserhaushalts. HP III, S. 1, 1956.

STOCKER, O., Wasseraufnahme u. Wasserspeicherung bei Thallophyten, HP III, S. 160, 1956.

STOCKER, O., Die Transpiration d. Thallophyten, HP III, S. 312, 1956.

STOCKER, O., Die Wasserleitung bei Thallophyten, HP III, S. 514, 1956.

HUBER, B., Allg. Grundfragen d. Wasserleitung, HP III, S. 511, 1956.

HUBER, B., Die Gefäßleitung, HP III, S. 541, 1956.

MÄGDEFRAU, K., Paläobiologie der Pflanzen, 4. Aufl. Stuttgart 1968.

BIERHORST, D. W., Morphology of Vascular Plants, New York u. London, 1971.

Telomtheorie:

ZIMMERMANN, W., Phylogenie der Pflanzen, 2. Aufl. Stuttgart 1959.

ZIMMERMANN, W., Die Telomtheorie, Stuttgart 1965.

SIEGERT, A., Morphologische, entwicklungsgeschichtliche und systematische Studien an Psilotum triquetrum. II. Die Verzweigung (mit einer allgem. Erörterung des Begriffes «Dichotomie»). Beitr. Biol. Pfl. 41, 209–230, 1965.

ZIMMERMANN, W., Geschichte der Pflanzen, 2. Aufl. Stuttgart 1969.

Gewebelehre

Zusammenfassende Werke:

FOSTER, A. S., Practical Plant Anatomy, 2. Aufl., Toronto–New York–London 1950.

BIEBL, R., u. GERM, H., Praktikum d. Pflanzenanatomie, Wien 1950.

EAMES, A. J., u. MC. DANIELS, L. H., An Introduction to Plant Anatomy. New York–London 1951.

POPHAM, R. A., Developmental Plant Anatomy. Columbus, Ohio 1952.

BAILEY, I. W., Contributions to Plant Anatomy. Waltham 1954.

v. GUTTENBERG, H., Lehrb. d. Allg. Bot., 4. Aufl. Berlin 1955.

HUBER, B., Grundzüge der Pflanzenanatomie, Berlin–Göttingen–Heidelberg 1961.

KAUSSMANN, B., Pflanzenanatomie, Jena 1963.

FAHN, A., Plant anatomy, Oxford–New York 1967.

ESAU, K., Pflanzenanatomie, nach d. 2. amer. Aufl., übersetzt v. B. u. W. ESCHRICH, Stuttgart 1969.

ESCHRICH, W., Strasburgers Kleines botanisches Praktikum, 17. Aufl., Stuttgart 1976

NULTSCH, W. u. GRAHLE, A., Mikroskopisch botanisches Praktikum, 6. Aufl., Stuttgart 1979.

BRAUNE, W., LEMAN, A., u. TAUBERT, H., Pflanzenanatomisches Praktikum, 4. Aufl., Jena 1983, Stuttgart 1983.

Bildungsgewebe:

SCHUEPP, O., Meristeme, HA IV, 1926.

HELM, J., Untersuchungen über die Differenzierung der Sproßscheitelmeristeme von Dikotylen unter besonderer Berücksichtigung des Procambiums. Pl 15, S. 105–191, 1932.

KAPLAN, R. W., Über die Bildung der Stiele aus dem Urmeristem von Pteridophyten und Angiospermen. Pl 21, S. 224–268, 1938.

GIFFORD, E. M., The Shoot Apex in Angiosperms, Bot. Rev. XX, S. 8, 1954.

v. GUTTENBERG, H., Grundzüge der Histogenese Höherer Pflanzen, HA VIII, 1. Die Angiospermien, 1960. 2. Die Gymnospermien, 1961. Berlin.

CLOWES, F. A. L., Apical Meristems, Oxford 1961.

WARDLAW, C. W., Morphogenesis in Plants, London 1968.

ESAU, K., Pflanzenanatomie. 2. Aufl. Stuttgart 1969.

Meristemoïde:

BÜNNING, E., Entwicklungs- u. Bewegungsphysiologie d. Pflanze, 3. Aufl. Berlin–Göttingen–Heidelberg 1953.

BÜNNING, E., Polarität und inäquale Teilung des pflanzlichen Protoplasten. Protoplasmatologia, VIII, 9a, Wien 1958.

Dauergewebe:

MEYER, F. J., Assimilationsgewebe, HA IV, 2. Aufl. 1962.

PFEIFFER, H., Die pflanzlichen Trennungsgewebe, HA V, 1928.

LINSBAUER, K., Epidermis, HA IV, 1930.

NETOLITZKY, F., Pflanzenhaare, HA IV, 1932.

NETOLITZKY, F., Speichergewebe, HA IV, 1935.

SPERLICH, A., Exkretionsgewebe, HA IV, 1939.

TOBLER, F., Die mechanischen Elemente, HA IV, 1939.

v. GUTTENBERG, H., Physiol. Scheiden, HA V, 1943.

HUBER, B., Gefäßleitung, HP III, S. 541, 1956.

HUBER, B., Die Saftströme d. Pflanzen, Berlin–Göttingen–Heidelberg 1956.

HUBER, B., Grundzüge der Pflanzenanatomie, Berlin–Göttingen–Heidelberg 1961.

ESAU, K., The Phloem, HA V, 2. Aufl. 1969.

BRAUN, H. J., Funktionelle Histologie der sekundären Sproßachse. I: Das Holz. HA, Stuttgart 1970.

BARTHLOT, W. u. EHLER, N., Raster-Elektronenmikroskopie der Epidermis-Oberflächen von Spermatophyten. Mainz 1977.

ARMSTRONG, W., Aeration in Higher Plants. Adv. Bot. Res. 7, S. 225–332, 1979.

FAHN, A., Secretory Tissues in Plants. London–New York–San Francisco 1979.

RASCHKE, K., Movements of Stomata. EP 7, S. 383–441, 1979.

Morphologie und Anatomie des Cormus

Zusammenfassende Werke:

v. GOETHE, J. W., Versuch die Metamorphose der Pflanzen zu erklären, Gotha 1790.

GOEBEL, K., Organographie der Pflanzen, 3. Aufl. Jena 1928–1933.

TROLL, W., Vergleichende Morphologie der höheren Pflanzen I, Berlin 1937–1943.

RAUH, W., Morphologie der Nutzpflanzen, 2. Aufl. Heidelberg 1950.

TROLL, W., Praktische Einführung i. d. Pflanzenmorphologie I u. II, Jena 1954/1957.

TROLL, W., Allgemeine Botanik. Ein Lehrbuch auf vergleichend biologischer Grundlage, 4. Aufl. Stuttgart 1973.

Blattstellungslehre und Verzweigung der Sproßachse:

v. ITERSON, G., Mathematische u. mikroskopisch-anatomische Studien über Blattstellungen, Jena 1907.

HIRMER, M., Zur Kenntnis der Schraubenstellungen im Pflanzenreich. Pl 14, S. 132–206, 1931.

HIRMER, M., Neue Untersuchungen a. d. Gebiet d. Organstellungen. BDBG 52, S. 26–50, 1934.

TROLL, W., Vergleichende Morphologie der höheren Pflanzen I: Vegetationsorgane, S. 172 ff. Berlin 1937.

HACCIUS, B., Untersuchungen üb. d. Bedeutung der Distichie für das Verständnis d. zerstr. Blattstellung d. Dikotylen. Bot. Arch. 40, S. 58, 1940.

WARDLAW, C. W., Phylogeny and Morphogenesis, London 1952.

SNOW, R., Probleme d. Blattstellung u. d. Blattentstellung, Endeavour 14, S. 1–190, 1955.

WEBERLING, F., Die Infloreszenzen der Valerianaceen und ihre systematische Bedeutung. Akad. Wiss. Lit. Mainz. math. nat. Kl. Nr. 5, 1961.

TROLL, W., Die Infloreszenzen, Typologie und Stellung im Aufbau des Vegetationskörpers, I u. II, Stuttgart 1964/1969. Jena 1964/1969.

ZIMMERMANN, W., Die Blütenstände, ihr System und ihre Phylogenie, BDBG 78, S. 3–12, 1965.

WARDLAW, C. W., Essays on Form in Plants, Manchester 1968.

WARDLAW, C. W., Morphogenesis in Plants, London 1968.

THORNLEY, J. H. M., Phyllotaxis I u. II, Ann. Bot. 39, S. 491–524, 1975.

RICHTER, P. H., u. SCHRANNER, R., Leaf Arrangement: Geometry, Morphogenesis and Classification. NW 65, S. 319–327, 1978.

WEBERLING, F., Morphologie der Blüten und der Blütenstände, Stuttgart 1981.

Anatomie des Sprosses:

TROLL, W., u. RAUH, W., Das Erstarkungswachstum krautiger Dikotylen, Ber. Heidelb. Akad. d. Wiss. Heidelberg 1950.

GROSSER, D., Die Hölzer Mitteleuropas. Ein mikrophotographischer Lehratlas. Berlin–Göttingen–Heidelberg 1961.

BRAUN, H. J., Funktionelle Histologie der sekundären Sproßachse. I. Das Holz. HA. 1970.

Stelärtheorie:

SCHOUTE, J. C., Die Stelärtheorie, Groningen 1902.

ESAU, K., Primary Vascular Differentiation in Plants, Biol. Rev. 29, S. 46–86, 1954.

ZIMMERMANN, W., Phylogenie der Pflanzen. 2. Aufl. Stuttgart 1959.

ESAU, K., Pflanzenanatomie. 2. Aufl. Stuttgart 1969.

Die Blätter:

TROLL, W., Vergl. Morphol. Bd. I/2, Die Blätter, Berlin 1939.

NAPP-ZINN, K., Blattanatomie in Gymnospermen. HA VIII/1, 1966.

NAPP-ZINN, K., Blattanatomie der Angiospermen. HA VIII/2, 1974.

Die Wurzel:

TROLL, W., Vergl. Morphol. Bd. I/3, Die Wurzel, Berlin 1939.

WEBER, H., Die Bewurzelungsverhältnisse der Pflanzen, Freiburg i. Br. 1953.

v. GUTTENBERG, H., Prim. Bau d. Gymnosp. u. Angiosp.-Wurzel, HA VIII, 2. Aufl., 1968.

Anpassungen des Cormus an Lebensweise und Lebensraum:

DARWIN, CH., Insectenfressende Pflanzen, Stuttgart 1876.

KERNER V. MARILAUN, A., u. HANSEN, A., Pflanzenleben I–III, 3. Aufl., Leipzig 1913/16.

MAXIMOW, N. A., The Plant in Relation to Water, London 1929.

SEYBOLD, A., EB, Bd. VI, S. 680, 1930.

GÄUMANN, E., Parasitismus d. Pflanzen, HN, Bd. VII, 720–733, 1932.

BURGEFF, H., Saprophytismus u. Symbiose, Jena 1932.

BURGEFF, H., Saprophyten, HN, Bd. VIII, S. 713–722, 1933.

RAUNKIAER, C., Life Forms of Plants, Oxford 1934.

HUBER, B., Der Wärmehaushalt der Pflanzen, Freising 1935.

SCHIMPER, A. F. W., u. v. FABER, F. C., Pflanzengeographie auf physiol. Grundlage, 3. Aufl. Jena 1935.

LLOYD, F. E., The Carnivorous Plants, Waltham 1942.

SCHMUCKER, TH., Höhere Parasiten, HP XI, 480–529, 1959.

SCHMUCKER, TH., Saprophytismus b. Kormophyten, HP XI, 386–428, 1959.

SCHMUCKER, TH., u. LINNEMANN, G., Carnivorie, HP XI, 198–283, 1959.

SCULTHORPE, C.D., The Biology of Aquatic Vascular Plants, London 1967.

LÖTSCHERT, W., Pflanzen an Grenzstandorten, Stuttgart 1969.

KUIJT, J., The Biology of Parasitic Flowering Plants, Berkely 1969.

STEUBING, L., u. SCHWANTES, H.O., Ökologische Botanik, Heidelberg 1981.

LÜTTGE, U., Ecophysiology of Carnivorious Plants. EP 12C, S. 489–517, 1983.

Fortpflanzung:

KNIEP, H., Die Sexualität d. niederen Pflanzen, Jena 1928.

HARTMANN, M., Geschlecht und Geschlechtsbestimmung i. Tier- u. Pflanzenreich, Berlin 1951.

WIDDER, F., Grundformen des pflanzlichen Phasenwechsels, Phyton 3, 252, 1951.

HARTMANN, M., Die Sexualität, 2. Aufl. Stuttgart 1956.

LUCKHAUS, G., Fortpflanzung und Nomenklatur im Pflanzen- und Tierreich, Berlin–Hamburg 1965.

v. DENFFER, D., Ein Vorschlag zur Vereinheitlichung der Sporennomenklatur. BDBG 80, S. 371, 1967.

BERGFELD, R., Sexualität bei Pflanzen, Stuttgart 1977.

Literatur zur Physiologie

Zusammenfassende Werke:

Handbuch d. Pflanzenphysiologie (HP), herausgeg. v. RUHLAND, W., 18 Bde, Berlin–Göttingen–Heidelberg 1955–1967.

Encyclopedia of Plant Physiology (EP), New Series, herausgeg. v. PIRSON, A., u. ZIMMERMANN, M.H., 1975ff. Berlin–Heidelberg–New York.

Fortschritte der Botanik (FdB)/Progress in Botany (PB), Berlin–Heidelberg–New York 1931ff.

Annual Review Plant Physiology, Palo Alto, 1950ff.

Plant Physiology, herausgeg. v. STEWARD, F.C., 6 Bde, 1960–1972.

HESS, D., Pflanzenphysiologie, 5. Aufl. Stuttgart 1977.

LIBBERT, E., Lehrbuch der Pflanzenphysiologie, 3. Aufl. Stuttgart–New York 1979.

MOHR, H., u. SCHOPFER, P., Lehrbuch der Pflanzenphysiologie, 3. Aufl., Berlin–Heidelberg–New York 1978.

SENGBUSCH, P.v., Molekular- und Zellbiologie. Berlin–Heidelberg–New York 1979.

SENGBUSCH, P.v., Einführung in die Allgemeine Biologie, 2. Aufl., Berlin–Heidelberg–New York 1977.

Physiologie des Stoff- und Energiewechsels

Allgemeines:

BERTALANFFY, L.v., BEIER, W., LAUE, R., Biophysik des Fließgleichgewichtes, 2. Aufl., Braunschweig 1977.

BONNER, J., VARNER, J.E. (Eds.), Plant Biochemistry, 3. Aufl., New York 1976.

HOPPE, W., LOHMANN, W., MARKL, H., ZIEGLER, H. (Hsg.), Biophysik, 2. Aufl., Berlin–Heidelberg–New York 1982.

JUNGERMANN, K., MÖHLER, H., Biochemie, Berlin–Heidelberg–New York 1980.

KINDL, H., WÖBER, G., Biochemie der Pflanzen, Berlin–Heidelberg–New York 1975.

KINZEL H., Grundlagen der Stoffwechselphysiologie, Stuttgart 1977.

LEHNINGER, A.L., Biochemie, 2. Aufl., Weinheim–New York 1977.

LEHNINGER, A.L., Bioenergetik, 2. Aufl., Stgt. 1974.

LIPMANN, F., Metabolic Generation and Utilization of Phosphate Bond Energy. Adv. Enzymol. 18, 1941.

NOBEL, P.S., Introduction to Biophysical Plant Physiology, San Francisco 1974.

RICHTER, G., Stoffwechselphysiologie der Pflanzen. 4. Aufl., Stuttgart 1982.

STRYER, L., Biochemistry, 2. Aufl., San Francisco 1981.

STUMPF, P.K., CONN, E.E. (Hsg.), The Biochemistry of Plants, 8 Bde, New York–London–Toronto–Sydney–San Francisco 1980ff.

Enzymologie:

COLOWICK, S.P., KAPLAN, N.O. (Hsg.), Methods in Enzymology. New York 1955ff.

DIXON, M., WEBB, E.C., Enzymes, 2. Aufl., London 1964.

Enzyme Nomenclature, Amsterdam–New York 1973.

ROODYN, D.B. (Hsg.), Enzyme Cytology, London–New York 1967.

WEBB, J.L. (Ed.), Enzym and Metabolic Inhibitors, 3 Bde, New York 1963–1966.

BARBER, J. (Hsg.), The Intact Chloroplast, Amsterdam 1976.

BJÖRN, L.O., Photobiologie, Stuttgart 1975.

BRODA, E., The Evolution of the Bioenergetic Processes, Oxford 1975.

CLAYTON, R.K., Molecular Physics in Photosynthesis, New York 1965.

CLAYTON, R.K., Photobiologie, Weinheim 1975.

GIBBS, M. (Hsg.), Structure and Function of Chloroplasts, Berlin–Heidelberg–New York 1971.

GIBBS, M., LATZKO, G. (Hsg.), Photosynthesis II, EP VI, Berlin–Heidelberg–New York 1979.

GOODWIN, T.W. (Hsg.), Chemistry and Biochemistry of Plant Pigments, 2. Bde., London–New York 1976.

GOVINDJEE, R. (Hsg.), Bioenergetics of Photosynthesis, New York 1975.

GOVINDJEE, R., The absorption of light in photosynthesis. Sci. Amer. 231, 1974.

GREGORY, R.P.F., Biochemistry of Photosynthesis, 2. Aufl., London 1977.

HALL, D.O., RAO, K.K., Photosynthesis, London 1972.

HATCH, M.D., OSMOND, C.B. (Hsg.), Photosynthesis and Photorespiration, New York 1971.

HEATH, O.V.S., Physiologie der Photosynthese, Stuttgart 1972.

HEBER, U., Metabolite exchange between chloroplasts and cytoplasm, Ann. Rev. Plant Physiology 25, 1974.

LASCELLES, J. (Ed.), Microbial Photosynthesis, Stroudsburg 1973.

OSMOND, C.B., WINTER, K., ZIEGLER, H., Functional Significance of Different Pathways of CO_2 Fixation in Photosynthesis. In: EP XII B, Berlin–Heidelberg–New York 1982.

RABINOVITCH, E. u. F., Photosynthesis, New York 1969.

TREBST, A., AVRON, M. (Hsg.), Photosynthesis I, EP V, Berlin–Heidelberg–New York 1977.

WITT, H.T., Energy conversion in the functional membrane of photosynthesis, Biochim. biophys. Acta 505, 1979.

Verarbeitung der Photosynthese-Primärprodukte:

LOEWUS, F., Carbohydrate interconversions, Ann. Rev. Plant Physiol. 22, 1971.

PREISS, J., The regulation of biosynthesis of α-1,4 glucans in bacteria and plants. Current topics in cellular regulation, Vol. 1, New York 1969.

TURNER, J.F., TURNER, D.H., The regulation of carbohydrate metabolism, Ann. Rev. Plant Physiol. 26, 1975.

C_4- und CAM-Pflanzen:

BLACK, C.C., Photosynthetic carbon fixation in relation to net CO_2 uptake, Ann. Rev. Plant Physiol. 24, 1973.

BURRIS, R.H., BLACK, C.C. (Hsg.), CO_2-Metabolism and Plant Productivity, Baltimore 1976.

HATCH, M.D., SLACK, C.R., Photosynthesis by sugarcane leaves, Biochem. J. 101, 1966.

HATCH, M.D., SLACK, C.R., Photosynthetic CO_2-fixation pathways, Ann. Rev. Plant Physiol. 21, 1970.

KLUGE, M., TING, I.P., Crassulacean Acid Metabolism, Ecol. Studies 30, Berlin–Heidelberg–New York 1978.

LAETSCH, W.M., The C_4 syndrome: A structural analysis, Ann. Rev. Plant Physiol. 25, 1974.

OSMOND, C.B., Crassulacean acid metabolism: A curiosity in context, Ann. Rev. Plant Physiol. 29, 1978.

Photorespiration:

CANVIN, D.T., Photorespiration: Comparison between C_3 and C_4 plants. In: Photosynthesis II, EP VI, Berlin–Heidelberg–New York 1979.

LORIMER, G.H., The carboxylation and oxygenation of ribulose-1,5-bisphosphate: The primary events in photosynthesis and photorespiration, Ann. Rev. Plant Physiol. 32, 1981.

ZELITCH, I., Photorespiration: Studies with whole tissues. In: Photosynthesis II, EP VI, Berlin–Heidelberg–New York 1979.

Abhängigkeit der Photosynthese von verschiedenen Faktoren:

LANGE, O.L., NOBEL, P.S., OSMOND, C.B., ZIEGLER, H. (Eds.), Physiological Plant Ecology. Responses to the Physical Environment. EP XII A, Berlin–Heidelberg–New York 1981.

LARCHER, W., Ökologie der Pflanzen, 3. Aufl. Stuttgart 1980.

Chemoautotrophie:

PFENNIG, N., Photosynthetic bacteria, Ann. Rev. Microbiol. 21, 1967.

PFENNIG, N., TRÜPER, H.G., Phototropic Bacteria. In: Bergey's Manual of Determinative Bacteriology, 8. Aufl., Baltimore 1974.

SCHLEGEL, H.G., Allgemeine Mikrobiologie, 5. Aufl., Stuttgart 1981.

Heterotrophie:

KREBS, H.A., KORNBERG, H.L., Energy Transformations in Living Matter, Berlin–Göttingen–Heidelberg 1957.

LEHNINGER, A.L., The Mitochondrion; Molecular Basis of Structure and Function, New York 1964.

MITCHELL, P., Chemiosmotic Coupling and Energy Transduction, Glynn Res. Bodmin 1968.

HP XII, 1 u. 2, Pflanzenatmung einschließlich Gärungen und Säurestoffwechsel, Berlin–Göttingen–Heidelberg 1960.

SOLOMOS, T., Cyanide-resistant respiration in higher plants, Ann. Rev. Plant Physiol. 28, 1977.

WISKICH, J.T., Mitochondrial metabolite transport, Ann. Rev. Plant Physiol. 28, 1977.

Wasserhaushalt:

BRIGGS, G.E., Movement of Water in Plants, Oxford–Edinburgh 1967.

CRAFTS, A.S., CURRIER, H.B., STOCKING, C.R., Water in the Physiology of Plants, Waltham 1949.

DIXON, H.H., Transpiration and the Ascent of Sap in Plants, London 1914.

HAMMEL, H.T., SCHOLANDER, P.F., Osmosis and Tensile Solvent, Berlin–Heidelberg–New York 1976.

LANGE, O.L., KAPPEN, L., SCHULZE, E.-D. (Hsg.), Water and Plant Life, Ecol. Studies, 19, Berlin–Heidelberg–New York 1976.

PFEFFER, W., Osmotische Untersuchungen, 2. Aufl. Leipzig 1921.

WALTER, H., KREEB, K., Die Hydratation und Hydratur des Protoplasmas der Pflanzen und ihre ökophysiologische Bedeutung, Protoplasmatologia II C 6, Wien–New York 1970.

ZIMMERMANN, M.H., BROWN, C.L., Trees: Structure and Function, 2. Aufl. Berlin–Heidelberg–New York 1974.
HP III, 1956.

Mineralstoffe:

EICHHORN, G.L. (Hsg.), Inorganic Biochemistry, 2 Bde., Amsterdam–Oxford–New York 1973.
EPSTEIN, E., Mineral Nutrition in Plants: Principles and Perspectives, New York 1971.
GAUCH, H.G., Inorganic Plant Nutrition, Stroudsburg 1972.
HIGINBOTHAM, N., The mineral absorption process in plants, Bot. Rev. 39, 1973.
KINZEL, H., Pflanzenökologie und Mineralstoffwechsel, Stuttgart 1982.
LÜTTGE, U., Aktiver Transport (Kurzstreckentransport bei Pflanzen), Protoplasmatologia VIII 7b, Wien–New York 1969.
HP IV, 1958.

Kohlenhydrate:

BAILEY, R.W., Oligosaccharides. Oxford 1965.
DAVIDSON, E.A., Carbohydrate Chemistry. New York 1967.
LEHMANN, J., Chemie der Kohlenhydrate: Monosaccharide und Derivate. Stuttgart 1976.
EP XIII A u. B, 1981 u. 1982.

Stickstoff-Metabolismus:

BOTHE, H., TREBST, A. (Hsg.), Biology of Inorganic Nitrogen and Sulfur, Berlin–Heidelberg–New York 1981.
GUERRERO, M.G., VEGA, J.M., LOSADA, M., The assimilatory nitrate-reducing system and its regulation, Ann. Rev. Plant Physiol. 32, 1981.
HEWITT, E.J., Assimilatory nitrate-nitrite reduction, Ann. Rev. Plant Physiol. 26, 1975.
HEWITT, E.J., CUTTING, C.V. (Hsg.), Nitrogen Assimilation of Plants, New York 1979.
MEISTER, A., Biochemistry of the Amino Acids, 2. Aufl., 2 Bde., New York 1965.
MIFLIN, B.J., LEA, P.J., Amino acid metabolism, Ann. Rev. Plant Physiol. 28, 1977.
QUISPEL, A. (Hsg.), The Biology of Nitrogen Fixation, Amsterdam–Oxford–New York 1974.
SHANMUGAM, K.T., O'GARA, F., ANDERSEN, K., VALENTINE, R.C., Biological nitrogen fixation, Ann. Rev. Plant Physiol. 29, 1978.
STEWART, W.D.P., GALLON, J.R., Nitrogen Fixation, London 1980.
ZUMFT, W.G., Anorganische Biochemie des Stickstoffs. Die Mechanismen der Stickstoffassimilation. Naturwiss. 63, 1976.
ZUMFT, W.G., CARDENAS, J., The Inorganic Biochemistry of Nitrogen. Bioenergetic Processes. Naturwiss. 66, 1979.
HP VIII, 1958.

Schwefel-Stoffwechsel:

BOTHE, H., TREBST, A. (Hsg.), Biology of Inorganic Nitrogen and Sulfur, Berlin–Heidelberg–New York 1981.

GREENBERG, D.M. (Hsg.), Metabolic Pathways, vol. VII: Metabolism of sulfur compunds, London–New York 1975.
MUTH, O.H., OLDFIELD, J.E. (Hsg.), Sulfur in Nutrition, Westport 1970.
ROY, A.B., TRUDINGER, P.A., The biochemistry of inorganic compounds of sulfur, Cambridge 1970.
SCHIFF, J.A., HODSON, R.C., The metabolism of sulfate, Ann. Rev. Plant Physiol. 24, 1973.
HP IX, 1958.

Stoffwechsel der Lipide:

GURR, M.I., JAMES, A.T., Lipid Biochemistry, London 1971.
HITCHCOCK, C., NICHOLS, B.W., Plant Lipid Biochemistry, London–New York 1971.
MAZLIAK, P., Lipid metabolism in plants, Ann. Rev. Plant Physiol. 24, 1973.
VOLPE, J.J., VAGELOS, P.R., Saturated fatty acid biosynthesis and its regulation, Ann. Rev. Biochem. 42, 1973.
HP VII, 1957.

Sekundäre Pflanzenstoffe:

GEISSMAN, T.A. (Hsg.), The Biochemistry of Flavonoid Compounds, Oxford–New York 1962.
GOODWIN, T.W., Biosynthesis of terpenoids, Ann. Rev. Plant Physiol. 30, 1979.
HAHLBROCK, K., GRISEBACH, H., Enzymic controls in the biosynthesis of lignin and flavonoids, Ann. Rev. Plant Physiol. 30, 1979.
LUCKNER, M., NOVER, L., BÖHM, H., Secondary Metabolism and Cell Differentiation, Berlin–Heidelberg–New York 1977.
ROBINSON, T., The Biochemistry of Alkaloids, Berlin–Heidelberg–New York 1968.
EP VIII, 1980.

Assimilattransport:

CANNY, M.J., Phloem Translocation, London 1973.
CRAFTS, A.S., CRISP, C.P., Phloem Transport in Plants, San Francisco 1971.
HUBER, B., Saftströme der Pflanzen, Berlin–Göttingen–Heidelberg 1956.
LÜTTGE, U., HIGINBOTHAM, N., Transport in Plants, New York–Heidelberg–Berlin 1979.
MÜNCH, E., Die Stoffbewegungen der Pflanze, Jena 1930.
WARDLAW, I.F., PASSIOURA, J.B. (Hsg.), Transport and Transfer Processes in Plants, New York–San Francisco–London 1976.
WEATHERLEY, P.E., JOHNSON, R.P.C., The form and function of the sieve tube: a problem in reconciliation, Intern. Rev. Cytol. 24, 1968.
ZIMMERMANN, M.H., MILBURN, J.A. (Hsg.), Phloem Transport, EP I, Berlin–Heidelberg–New York 1975.
ZIMMERMANN, M.H., BROWN, C.L., Trees: Structure and Function, Berlin–Heidelberg–New York 1971.

Stoffausscheidungen:

FREY-WYSSLING, A., Die Stoffausscheidung der höheren Pflanzen, Berlin 1935.

LÜTTGE, U., Structure and function of plant glands, Ann. Rev. Plant Physiol. 22, 1971.

SCHNEPF, E., Sekretion und Exkretion bei Pflanzen, Protoplasmatologia VIII, 8, Wien–New York 1969.

ZIEGLER, H., Die Physiologie pflanzlicher Drüsen. BDGB, 78, 1965.

Saprophyten und Parasiten:

BURGEFF, H., Saprophytismus und Symbiose, Jena 1932.

FISCHER, E., GÄUMANN, E., Biologie der pflanzenbewohnenden parasitischen Pilze, Jena 1929.

FOSTER, J.W., Chemical Activities of Fungi, New York 1949.

GÄUMANN, E., Pflanzliche Infektionslehre, 2. Aufl., Basel 1951.

HEITEFUSS, R., WILLIAMS, P.H. (Hsg.), Physiological Plant Pathology, EP IV, Berlin–Heidelberg–New York 1976.

MÜLLER, E., LOEFFLER, W., Mykologie, 4. Aufl., Stuttgart 1982.

READ, C.P., Parasitism and Symbiology, New York 1970.

HP XI, 1959.

Symbiose:

AHMADJIAN, V., The Lichen Symbiosis, Boston 1967.

AHMADJIAN, V., HALE, M.E. (Hsg.), The Lichens, New York–London 1973.

HARLEY, J.L., The Biology of Mycorrhiza, 2. Aufl. London 1969.

HENRY, S.M. (Hsg.), Symbiosis, New York 1966.

MEYER, F.H., Physiology of mycorrhiza, Ann. Rev. Plant Physiol. 25, 1974.

SCHAEDE, R., Die pflanzlichen Symbiosen, 3. Aufl., Stuttgart 1962.

SMITH, D.C., Transport from symbiontic algae and symbiontic chloroplasts to host cells. In: Transport at the Cellular Level, Cambridge 1974.

TRENCH, R.K., The cell biology of plant-animal symbiosis, Ann. Rev. Plant Physiol. 30, 1979.

Tierfangende Pflanzen:

HESLOP-HARRISON, Y., Fleischfressende Pflanzen, Spektrum der Wiss. 1978.

LLOYD, F.E., The Carnivorous Plants, Waltham 1942.

HP XI, 1959.

Physiologie des Formwechsels

Allgemeines:

BÜNNING, E., Entwicklungs- und Bewegungsphysiologie der Pflanze, 3. Aufl., Berlin–Göttingen–Heidelberg. 1953.

BUTTERFASS, T., Wachstums- und Entwicklungsphysiologie der Pflanze, Heidelberg 1970.

FELLENBERG, G., Entwicklungsphysiologie der Pflanzen, Stuttgart 1978.

FELLENBERG, G., Pflanzenwachstum, Stuttgart–New York 1981.

KÜHN, A., Vorlesungen über Entwicklungsphysiologie, Berlin–Heidelberg–New York 1965.

HESS, D., Entwicklungsphysiologie der Pflanzen, Freiburg–Basel–Wien 1975.

LEOPOLD, A.C., Plant Growth and Development, New York 1964.

TORREY, J.G., Development in Flowering Plants, London–New York 1967.

WARDLAW, C.W., Morphogenesis in Plants, London 1968.

WAREING, P.F., PHILLIPS, I.D.J., The Control of Growth and Differentiation in Plants, 2. Aufl. Oxford 1978.

WILKINS, M.B. (Hsg.), The Physiology of Plant Growth and Development, London 1969.

HP XIV, 1961; XV, 1, 2, 1965; XVI, 1961.

EP IX, 1980.

Pythämagglutinine:

LIENER, I.E., Phytohemagglutinins (phytolectins), Ann. Rev. Plant Physiol. 27, 1976.

Grundprinzipien der Regulation:

AXEL, R., MANIATIS, T., FOX, C.F. (Hsg.), Eucaryotic Gene Regulation, New York–London 1979.

BRESCH, C., HAUSMANN, R., Klassische und molekulare Genetik, 3. Aufl., Berlin–Heidelberg–New York 1972.

CHAMBON, P., Gestückelte Gene – ein Informationsmosaik, Spektrum der Wiss. 1981.

DAVIDSON, J.N., The Biochemistry of Nucleic Acids, 2. Aufl. New York 1972.

HARBERS, E., Nucleinsäuren, 2. Aufl., Stuttgart 1975.

HESS, D., Biochemische Genetik, Berlin–Heidelberg–New York 1968.

KAUDEWITZ, F., Molekular- und Mikrobengenetik, Berlin–Heidelberg–New York 1973.

KORNBERG, A., DNA Synthesis, San Francisco 1974.

MONOD, J., WYMAN, J., CHANGEUX, J.-P., On the nature of allosteric transitions: A plausible model, J. Mol. Biol. 12, 1965.

REVEL, M., GRONER, Y., Post-transcriptional and translational controls of gene expression in eukaryotes, Ann. Rev. Biochem. 47, 1978.

SENGBUSCH, P.v., Molekular- und Zellbiologie, Berlin–Heidelberg–New York 1979.

TRÄGER, L., Einführung in die Molekularbiologie, 2. Aufl., Stuttgart 1975.

WATSON, J.D., Molecular Biology of the Gene, 3. Aufl., New York 1976.

WIELAND, O., HELMREICH, E., HOLZER, H. (Eds.), Metabolic Interconversion of Enzymes, Berlin–Heidelberg–New York 1972.

EP XIV An. B, 1982.

Intracelluläre Regulation:

BONNER, J., The Molecular Biology of Development, Oxford 1965.

HÄMMERLING, J., Nucleo-cytoplasmic interactions in *Acetabularia* and other cells, Ann. Rev. Plant Physiol. 14, 1963.

MOHR, H., SITTE, P., Molekulare Grundlagen der Entwicklung, München 1971.

Phytohormone:

ABELES, F.B., Ethylene in Plant Biology, New York 1973.

AUDUS, L.J., Plant Growth Substances, 2. Aufl., London 1959.

DÖRFFLING, K., Das Hormonsystem der Pflanzen, Stuttgart–New York 1982.

GOLDSMITH, M.H.M., The transport of auxin, Ann. Rev. Plant Physiol. 19, 1968.

GRÄSER, H., Biochemie und Physiologie der Phyto-effektoren, Weinheim–New York 1977.

GROSS, D., Chemie und Biochemie der Abscisinsäure, Die Pharmazie 27, 1972.

HALL, R.H., Cytokinins as a probe of developmental processes, Ann. Rev. Plant Physiol. 24, 1973.

HEDDEN, P., MACMILLAN, J., PHINNEY, B.O., The metabolism of the gibberellins, Ann. Rev. Plant Physiol. 29, 1978.

JONES, R.L., Gibberellins: Their physiological role, Ann. Rev. Plant Physiol. 24, 1973.

KENDE, H., GARDNER, G., Hormone binding in plants, Ann. Rev. Plant Physiol. 27, 1976.

LETHAM, D.S., Chemistry and physiology of kinetin-like compounds, Ann. Rev. Plant Physiol. 18, 1967.

LIEBERMAN, M., Biosynthesis and action of ethylene, Ann. Rev. Plant Physiol. 30, 1979.

MILBORROW, B.V., The chemistry and physiology of abscisic acid, Ann. Rev. Plant Physiol. 25, 1974.

MOHR, G., ZIEGLER, H. (Hsg.), Symposium über Morphaktine, Stuttgart 1969.

MOORE, T.C., Biochemistry and Physiology of Plant Hormones, New York–Heidelberg–Berlin 1979.

MORELAND, D.E., Mechanisms of action of herbicides, Ann. Rev. Plant Physiol. 31, 1980.

NICKELL, L.G., Plant Growth Regulators, Berlin–Heidelberg-New York 1982.

PHILLIPS, I.D.J., Introduction to the Biochemistry and Physiology of Plant Growth Hormones, New York 1971.

PILET, P.E. (Hsg.), Plant Growth Regulation, Berlin–Heidelberg–New York 1977.

RUBERY, P.H., Auxin receptors, Ann. Rev. Plant Physiol. 32, 1981.

SCHNEIDER, G., Morphactins: Physiology and performance, Ann. Rev. Plant Physiol. 21, 1970.

STEWARD, F.C., KRIKORIAN, A.D., Plants, Chemicals and Growth, New York 1971.

WALTON, D.C., Biochemistry and physiology of abscisic acid, Annual Revue Plant Physiol. 31, 1980.

WIGHTMAN, F., SETTERFIELD, G. (Hsg.), The Biochemistry and Physiology of Plant Growth Substances, Ottawa 1968.

HP XIV, 1961.

Wirkung äußerer Faktoren:

EVANS, L.T. (Ed.), Environmental Control of Plant Growth, New York 1963.

SUTCLIFFE, J., Plants and Temperature, London 1977.

WENT, F.W., The Experimental Control of Plant Growth, New York 1957.

HP XVI, 1961.

Photomorphogenese:

BRIGGS, W.R., RICE, H.V., Phytochrome: Chemical and physical properties and mechanism of action, Ann. Rev. Plant Physiol. 23, 1972.

HARTMANN, K.M., HAUPT, W., Photomorphogenese. In: Biophysik, 2. Aufl., Berlin–Heidelberg–New York 1982.

MITRAKOS, K., SHROPSHIRE, W. (Hsg.), Phytochrome, New York 1972.

MOHR, H., Lectures on Photomorphogenesis, Berlin–Heidelberg–New York 1972.

SALISBURY, F.B., The Flowering Process, Oxford–New York 1963.

SMITH, H. (Hsg.), Light and Plant Development, London 1976.

VINCE-PRUE, D., Photoperiodism in Plants, London 1975.

ZEEVAART, J.A.D., Physiology of flower formation, Ann. Rev. Plant Physiol. 27, 1976.

HP XVIII, 1967.

Biologische Rhythmen:

ASCHOFF, J. (Hsg.), Circadian Clocks, Amsterdam 1965.

BÜNNING, E., Die physiologische Uhr, 3. Aufl., Berlin–Heidelberg–New York 1977.

CUMMING, B.G., WAGNER, E., Rhythmic processes in plants, Ann. Rev. Plant Physiol. 19, 1968.

HILLMAN, W.S., Biological rhythms and physiological timing, Ann. Rev. Plant Physiol. 27, 1976.

JOHNSSON, A., Zur Biophysik biologischer Oszillatoren. In: Biophysik, 2. Aufl., Berlin–Heidelberg–New York 1982.

PAVLIDIS, T., Biological Oscillators: Their Mathematical Analysis, New York 1973.

SWEENEY, B.M., Rhythmic Phenomena in Plants, London–New York 1969.

Zellwachstum:

ALBERSHEIM, P., The walls of growing plant cells, Sci. Amer. 232, 1975.

CLELAND, R., Cell wall extension, Ann. Rev. Plant Physiol. 22, 1971.

EVANS, M.L., Rapid responses to plant hormones, Ann. Rev. Plant Physiol. 25, 1974.

LEVINE, L. (Hsg.), The Cell in Mitosis, New York–London 1963.

MAZIA, D., Mitosis and the physiology of cell division. BRACHET, J., MIRSKY, A.E. (Hsg.), The Cell III, New York 1962.

STERN, H., The regulation of cell division, Ann. Rev. Plant Physiol. 17, 1966.

WANKA, F., Zellphysiologie. Die Physiologie der Mitose, FdB. 34, 1972.

Meristemwachstum:

CLOWES, F.A.L., Apical Meristems, Oxford 1961.
GREEN, P.B., Organogenesis – a biophysical view, Ann. Rev. Plant Physiol. 31, 1980.
STEWARD, F.C., Growth and Organization in Plants, Reading 1968.
WHITTINGTON, W.J. (Hsg.), Root Growth, London 1969.
HP XV/1, 1965.

Wundheilung und Restitution:

KRENKE, N.P., Wundkompensation, Transplantation und Chimären bei Pflanzen, Berlin 1933.
STEWARD, F.C., MAPES, M.O., KENT, A.E., HOLSTEN, R.D., Growth and development of cultured plant cells, Science 143, 1964.
HP XV, 1965.

Propfung:

WINKLER, H., Untersuchungen über Pfropfbastarde, Jena 1912.
HP XV/2, 1965.

Gallen:

BUHR, H., Bestimmungtabellen der Gallen (Zoo- u. Phytocecidien) an Pflanzen Mittel- und Nordeuropas, 2 Bde., Jena 1964, 1965.
MANI, M.S., Ecology of Plant Galls, The Hague 1964.

Polarität:

BÜNNING, E., Polarität und inäquale Teilung der pflanzlichen Protoplasten, Protoplasmatologia VIII 9a, Wien–New York 1958.
SCOTT, B.I.H., Electric fields in plants, Ann. Rev. Plant Physiol. 18, 1967.
WEISENSEEL, M.H., Kontrolle von Differenzierung und Wachstum durch endogene elektrische Ströme. In: Biophysik, 2. Aufl. Berlin–Heidelberg–New York 1982.
HP XV/1, 1965.

Korrelationen:

DOSTAL, R., On Integration in Plants, London 1967.
PHILLIPS, I.D.J., Apical dominance, Ann. Rev. Plant Physiol. 26, 1976.
HP XIV, 1961; XV/1, 1965.

Abscission:

ADDICOTT, F.T., Environmental factors in the physiology of abscission, Plant Physiol. 43, 1968.
ADDICOTT, F.T., LYON, J.L., Physiology of abscisic acid and related substances, Ann. Rev. Plant Physiol. 20, 1969.
JACOBS, W.P., Hormonal regulation of leaf abscission, Plant Physiol. 43, 1968.
HP XVI, 1961.

Altern und Tod:

COOMBE, B.G., The development of fleshy fruits, Ann. Rev. Plant Physiol. 27, 1976.
LYR, H., POLSTER, H., FIEDLER, H.-J., Gehölzphysiologie, Jena 1967.
MOLISCH, H., Die Lebensdauer der Pflanze, Jena 1929.
WAREING, P.F., Problems of juvenility and flowering in trees, J. Linn. Soc. London, Bot. 56, 1959.
WOOLHOUSE, H.W. (Hsg.), Aspects of the biology of ageing, Cambridge 1967.
HP II, 1956, XV/1, 1965; XV/2, 1965.

Tumoren:

BEIDERBECK, R., Pflanzentumoren, Stuttgart 1977.
BRAUN, A.C., The Cancer Problem: A Critical Analysis and Modern Synthesis, New York 1969.
SCHELL, J., VAN MONTAGU, M., Gene transfer as an infective process. In: SMITH, H., Skehel, M.J., TURNER, M.J. (Hsg.), Life Sci. Res. Report No. 16, Dahlem Konf., Weinheim 1980.
SCHRÖDER, J., Bakterien-induzierte Tumore und genetische Manipulation mit Pflanzen, Chemie i. u. Zeit 14, 1980.

Physiologie der Bewegungen

Allgemeines:

BÜNNING, E., Entwicklungs- und Bewegungsphysiologie der Pflanze, 3. Aufl., Berlin–Göttingen–Heidelberg 1953.
HAUPT, W., Bewegungsphysiologie der Pflanzen, Stuttgart 1977.
HAUPT, W., FEINLEIB, M.E. (Hsg.), Physiology of Movements, EP VII, Berlin–Heidelberg–New York 1979.
JACOB, F., Bewegungsphysiologie der Pflanzen, Berlin 1966.

Taxien:

ADLER, J., Chemotaxis in Bacteria. In: CARLILE, M.J. (Hsg.), Primitive Sensory and Communication Systems, London–New York–San Francisco 1975.
ADLER, J., The sensing of chemicals by bacteria, Sci. Am. **234**, 1976.
BERG, H.C., How bacteria swim., Sci. Amer. **233**, 1975.
BLAKEWORE, R.P., FRANKEL, R.B., Magnetische Bakterien – lebende Kompaßnadeln, Spektrum d. Wiss. 1982.
BUDER, J., Zur Kenntnis der phototaktischen Richtungsbewegungen, Jb. wiss. Bot. 58, 1919.
HALLDAL, P. (Hsg.), Photobiology of Microorganims, London–New York 1970.
JAENICKE, L., Signalstoffe und Chemorezeption bei niederen Pflanzen, Chemie i. u. Zeit 9, 1975.
NULTSCH, W., Movements. In: STEWART, W.D.P. (Hsg.), Algal Physiology and Biochemistry, Oxford–London–Edinburgh 1974.

Bewegungen in den Zellen:

ALLEN, R.D., KAMIYA, N. (Hsg.), Primitive Motile Systems in Cell Biology, New York 1964.

KAMIYA, N., Physical and chemical basis of cytoplasmic streaming, Ann. Rev. Plant Physiol. 32, 1981.

HAUPT, W., Role of light in chloroplast movement, Bioscience 23, 289 (1973).

SENN, G., Die Gestalts- und Lageveränderung der Pflanzen-Chromatophoren, Leipzig 1908.

Tropismen:

BRIGGS, W.R., The phototropic responses of higher plants, Ann. Rev. Plant Physiol. 14, 1963.

BRUINSMA, J., Hormonal Regulation of Phototropism in Dicotyledonous Seedlings. In: PILET, P.E. (Hsg.), Plant Growth Regulation, Berlin–Heidelberg–New York 1977.

JUNIPER, B.E., Geotropism, Ann. Rev. Plant Physiol. 27, 1976.

SIEVERS, A., VOLKMANN, D., Ultrastructural Aspects of Georeceptors in Roots. In: PILET, P.E. (Hsg.), Plant Growth Regulation, Berlin–Heidelberg–New York 1977.

STRONG, D.R., RAY, T.S., Host tree location behavior of a tropical vine (Monstera gigantea) by skototropism, Science 190, 1975.

Nastien und Rankenbewegungen:

JAFFEE, M.J., GALSTON, A.W., The physiology of tendrils, Ann. Rev. Plant Physiol. 19, 1968.

SIBAOKA, T., Physiology of rapid movements in higher plants, Ann. Rev. Plant Physiol. 20, 1969.

Spaltöffnungsbewegungen:

RASCHKE, K., Stomatal action, Ann. Rev. Plant Physiol. 26, 1975.

Literatur zur Evolution und Systematik

Allgemeine Grundlagen

Evolutionsforschung und Genetik, klassische Werke:

DARWIN, CH., Origin of Species by means of Natural Selection, London 1859.

HAECKEL, E., Natürliche Schöpfungsgeschichte, 1. bis 10. Aufl., Berlin 1868–1902.

KERNER V. MARILAUN, A., Pflanzenleben, Leipzig–Wien, 1888–1891.

LAMARCK, J., Philosophie zoologique, Paris 1809.

MENDEL, G., Versuche über Pflanzenhybriden, 1865; vgl. Ostwalds Klassiker 12, 1931.

DE VRIES, H., Die Mutationstheorie, Leipzig 1901–1903.

WEISMANN, A., Selektionstheorie, Jena 1909.

Evolutionsforschung, zusammenfassende Werke:

AYALA, F.J. (Ed.), Molecular Evolution, Sunderland, Mass. 1976.

BRIGGS, D. & WALTERS, M., Die Abstammung der Pflanzen, Evolution und Variation bei Blütenpflanzen, München 1969.

CLAUSEN, J., Stages in the Evolution of Plant Species, Ithaca 1951.

CREED, E. (Ed.), Ecological Genetics and Evolution, Oxford 1971.

DAWKINS, R., Das egoistische Gen, Berlin–Heidelberg–New York 1978.

DOBZHANSKY, TH., Genetics of the Evolutionary Process, New York 1970.

DOBZHANSKY, TH. u.a., Evolution, San Francisco 1977.

Evolution in the Microbial World, 24th Symp. Soc. Gen. Microbiol., Cambridge 1974.

GILBERT, E. & RAVEN, P.H. (Ed.), Coevolution of Animals and Plants, Austin–London 1975.

GRANT, V., Organismic Evolution, San Francisco 1977.

GRASSÉ, P.P., Evolution, Stuttgart 1973.

HEBERER, G. (Ed.), Die Evolution der Organismen, 3. Aufl., Stuttgart 1966–1974.

KÄMPFE, L. (Ed.), Evolution und Stammesgeschichte der Organismen, Jena–Stuttgart–New York 1980.

LEWONTIN, R.C., The Genetic Basis of Evolutionary Change, New York–London 1974.

LINCOLN, R.J. & al., A Dictionary of Ecology, Evolution and Systematics, Cambridge 1982.

MAYR, E., Artbegriff und Evolution, Hamburg–Berlin 1967.

MAYR, E., Evolution und die Vielfalt des Lebens, Berlin–Heidelberg–New York 1979.

SIEWING, R. (Ed.), Evolution, 2. Aufl., Stuttgart–New York 1982.

SIMPSON, G.G., Tempo and Mode in Evolution, New York–London 1965.

STEBBINS, G.L., Variation and Evolution in Plants, New York 1950.

STEBBINS, G.L., Evolutionsprozesse, 2. Aufl., Stuttgart 1980.

WARDLAW, C.W., Organization and Evolution in Plants, London 1965.

ZWÖLFER, H. u.a., Co-Evolution, Hamburg–Berlin 1978.

Vgl. auch die Beiträge in den Zeitschriften «Evolution», «Evolutionary Biology», «Plant Systematics and Evolution» etc. sowie die Literaturhinweise zur Einleitung und Morphologie.

Genetik, zusammenfassende Werke:

BRESCH, C. & HAUSMANN, R., Klassische und molekulare Genetik, 3. Aufl., Berlin–Heidelberg–New York 1972.

ESSER, K. u. KUENEN, R., Genetik der Pilze, Heidelberg 1965.

GOTTSCHALK, W., Allgemeine Genetik, Stuttgart 1978.

GRANT, V., Genetics of Flowering Plants, New York–London 1975.

HESS, D., Biochemische Genetik, Berlin–Heidelberg–New York 1968.

KAUDEWITZ, F., Genetik, Stuttgart 1983.

KING, R.C., Handbook of Genetics, vol. 1–5, New York 1974–1976.

KÜHN, A., Grundriß der Vererbungslehre, 6. Aufl., Heidelberg 1973.

LEIBENGUTH, F., Züchtungsgenetik, Stuttgart–New York 1982.

LEWIN, R.A. (Ed.), The Genetics of Algae, Oxford–London–Edinburgh–Melbourne 1976.

MERRELL, D.J., Ecological Genetics, London 1981.

NIGON, V. u. LUEKEN, W., Vererbung, Stuttgart 1976.

RIEGER, R., MICHAELIS, A. & GREEN, M.M., A Glossary of Genetics and Cytogenetics, 4. Aufl., Jena 1976, Berlin–Heidelberg–New York 1976.

RUSSEL, P.J., Genetik, Berlin–Heidelberg–New York 1983.

STERN, K. u. ROCHE, L. (Ed.), Genetics of Forest Systems, Ecol. Stud. 6, Berlin–Heidelberg–New York 1974.

STERN, K. u. TIGERSTEDT, P.M.A., Ökologische Genetik, Stuttgart 1974.

VASIL, I.K., SCOWCROFT, W.R. u. FREY, K.J. (Ed.), Plant Improvement and Somatic Cell Genetics, London–New York 1982.

Vgl. zu diesem und den folgenden Abschnitten auch die Literaturhinweise zur Morphologie und Physiologie sowie die Publikationsreihen bzw. Zeitschriften «Annual Review of Genetics», «Advances in Genetics», «Current Genetics», «Journal of Heredity», «Genetics», «Journal of Genetics», «Hereditas» und «Molecular and General Genetics».

Molekular- und Mikrobengenetik, Gentechnologie:

BIRGE, E.A., Bacterial and Bacterdohhage Genetics, Berlin–Heidelberg–New York 1983.

GANESAN, A.T. u.a. (Ed.), Molecular Cloning and Gene Regulation in Bacilli, London–New York 1982.

KAUDEWITZ, F., Molekular- und Mikrobengenetik, Berlin–Heidelberg–New York 1973.

KNIPPERS, R., Molekulare Genetik, 3. Aufl., Stuttgart 1982.

Movable Genetic Elements, Cold Spring Harbor. Symp. Quant. Biol. 45, 1981.

SENGBUSCH, P. v., Molekular- und Zellbiologie, Berlin–Heidelberg–New York 1979.

SETLOW, J.K. u. HOLLAENDER, A. (Ed.), Genetic Engineering, Principles and Methods, Vol.1–3, New York 1979–1981.

SHAPIRO, J.A. (Ed.), Mobile Genetic Elements, London–New York 1983.

SPENCER, J.F.T. u.a. (Ed.), Yeast Genetics, Berlin–Heidelberg–New York 1983.

WILLIAMSON, R. (Ed.), Genetic Engineering, Vol. 1–2, New York 1981.

WINKLER, U., RÜGER, W. u. WACKERNAGEL, W., Bakterien-, Phagen- und Molekulargenetik, Berlin–Heidelberg–New York 1972.

Mutationsforschung:

CARLSON, E.A., Gentheorie, Stuttgart 1971.

DERTINGER, H. u. JUNG, H., Molekulare Strahlenbiologie, Berlin–Heidelberg–New York 1969.

DRAKE, J.W., The Molecular Basis of Mutation, San Francisco 1970.

GOTTSCHALK, W., Mutationen, Stuttgart 1974.

GOTTSCHALK, W., Mutation: higher plants. FdB 43, 1981.

HOLLAENDER, A. (Ed.), Chemical Mutagens, 2 vols., New York 1971.

Induced Mutations and Plant Improvement, Symposium Intern. Atomic Energy Agency, Vienna 1972.

KLINGMÜLLER, W., Genmanipulation und Gentherapie, Berlin–Heidelberg–New York 1976.

RHAESE, H.J., Mutation: site-directed mutagenesis, FdB 44, 1982.

STUBBE, H., Genetik und Zytologie von *Antirrhinum* L. sect. *Antirrhinum*, Jena 1966.

Cytogenetic, chromosomale Differenzierung, Polyploidie:

BUSCH, H. (Ed.), The Cell Nucleus, 3 vol., New York–London 1974.

CASPERSSON, T. u. ZECH, L., Chromosome Identification – Technique and Applications in Biology and Medicine, New York–London 1973.

CLAUSEN, J., KECK, D.D. & HIESEY, W.M., Experimental Studies on the Nature of Species II. Plant Evolution through amphiploidy and autoploidy, with examples from the *Madiinae*, Carnegie Inst. Wash. Publ. 564, 1945.

DOVER, G.A. u. FLAVELL, R.B., London–New York 1982.

EHRENDORFER, F., Cytologie, Taxonomie und Evolution bei Samenpflanzen, Vistas in Bot. 4, 1964.

FAVARGER, C., Cytologie et distribution des plantes, Biol. Rev. 42, 1967.

FEDOROV, A.A. (Ed.), Chromosome Numbers of Flowering Plants, Leningrad 1969.

GOTTSCHALK, W., Die Bedeutung der Polyploidie für die Evolution der Pflanzen, Stuttgart 1976.

Index to Plant Chromosome Numbers, Regn. Veg. 90, 1973; 91, 1974; 96, 1977; Miss. Bot. Garden 1981.

JONES, K. & BRANDHAM, P.E. (Ed.), Current Chromosome Research, Amsterdam–New York–Oxford 1976.

JONES, R.N. u. REES, H., B Chromosomes, London–New York 1982.

LEWIS, W.H. (Ed.), Polyploidy, Biological Relevance, New York 1980.

Linnert, G., Cytogenetisches Praktikum, Stuttgart 1977.

Manton, I., Problems of Cytology and Evolution in the *Pteridophyta*, London–New York 1950.

Mittwoch, U., Sex Chromosomes, New York–London 1967.

Moore, D.M., Plant Cytogenetics, London–New York 1976.

Nagl, W., Hemleben, V. & Ehrendorfer, F. (Ed.), Genome and Chromatin: Organisazion, Evolution, Function, Pl. Syst. Evol. Suppl. 2, 1979.

Rieger, R. & Michaelis, A., Chromosomenmutationen, Jena 1967.

Stebbins, G.L., Chromosomal Evolution in Higher Plants, London 1971.

Swanson, C.P., Merz, T. & Young, W.J., Zytogenetik, Stuttgart 1970.

Sybenga, J., Meiotic Configurations, Berlin–Heidelberg–New York 1975.

Vgl. dazu auch die Literaturhinweise zur Morphologie sowie Publikationen in den wissenschaftlichen Zeitschriften bzw. Reihen «Chromosoma», «Caryologia», «Cytologia» und «Chromosomes Today».

Extrachromosomale Erbträger:

Beale, G. & Knowles, J.: Extranuclear Genetics, London 1979.

Bücher, T. & al., Genetics and Biogenesis of Chloroplasts and Mitochondria, Amsterdam–London 1976.

Extranuclear Inheritance, FdB 42–44, 1980–1982.

Grun, P., Cytoplasmic Genetics and Evolution, New York 1976.

Hagemann, R., Plasmatische Vererbung, Jena 1964.

Michaelis, P., Cytoplasmic inheritance in *Epilobium*, The Nucleus 8–9, 1965–1966.

Stubbe, W., Die Plastiden als Erbträger, in: P Sitte, Probleme der biologischen Reduplikation, Berlin–Heidelberg–New York 1966.

Vgl. auch die Literaturhinweise zur Morphologie.

Fortpflanzung und Rekombinationssystem:

Bergfeld, R., Sexualität der Pflanzen, Stuttgart 1977.

Catcheside, D.G., Genetische Rekombination, Darmstadt 1982.

Correns, C., Bestimmung, Vererbung und Verteilung des Geschlechts bei den höheren Pflanzen, HV 2, 1928.

Darlington, C.D., Evolution of Genetic Systems, 2. Aufl., Edinburgh–London 1958.

DNA: Replication and Recombination, Cold Spring Harbor Symp. Quant. Biol. 43, 1979.

van den Ende, H., Sexual Interaction in Plants, London–New York–San Francisco 1976.

Evolution of Genetic Systems, Brookhaven Symp. Biol. 23, 1974.

Frankel, R. u. Galun, E., Pollination Mechanisms, Reproduction, and Plant Breeding, Berlin–Heidelberg–New York 1977.

Ghiselin, M.T., The Economy of Nature and the Evolution of Sex, Berkeley 1974.

Grant, V., The Regulation of Recombination in Plants, Cold Spring Harbor Symp. Quant. Biol. 23, 1958.

Grell, R.F. (Ed.), Molecular Mechanisms in Genetic Recombination, New York 1974.

Gustafsson, A., Apomixis in Higher Plants, Acta Univ. Lund 42–43, 1946–1947.

Hartmann, M., Die Sexualität, 2. Aufl., Stuttgart 1956.

Hawkes, J.G. (Ed.), Reproductive Biology and Taxonomy of Vascular Plants, Oxford 1966.

Knoll, F., Fortpflanzung und Vermehrung der Gewächse, Handb. Biol. Bd. III/1, Konstanz 1963.

Laviolette, P. u. Grassé, P.-P., Fortpflanzung und Sexualität, Stuttgart 1971.

Linskens, M.F. (Ed.), Sexualität, Fortpflanzung, Generationswechsel, HP 18, 1967.

Meinhardt, F., Genetic control of reproduction, FdB 44, 1982.

Nettancourt, D., Incompatibility in Angiosperms, Berlin–Heidelberg–New York 1977.

Vgl. dazu auch die Literaturhinweise zur Morphologie.

Populationsgenetik, Selektion und Rassenbildung:

Christiansen, F.B. & Fenchel, T.M. (Ed.), Measuring Selection in Natural Populations, Berlin–Heidelberg–New York 1977.

Clausen, J., Keck, D.D. u. Hiesey, W.M., Experimental Studies on the Nature of Species I, III, IV, Carnegie Inst. Wash. Publ. 520, 1940; 581, 1948; 615, 1958.

Crow, J.F. u. Kimura, M., An Introduction to Population Genetics Theory, New York 1970.

Fisher, R.A., The Genetical Theory of Selection, London–New York 1958.

Heslop-Harrison, J., Forty Years of Genecology, Ecol. Res. 2, 1964.

Jacquard, A., The Genetic Structure of Populations, Berlin–Heidelberg–New York 1974.

Levin, D.A. u. Kerster, H.W., Gene flow in seed plants, Evol. Biol. 7, 1974.

Mather, K., Genetical Structure of Populations, London 1973.

Mettler, L.E. u. Gregg, T.G., Population and Evolution, New York 1969.

Sperlich, D., Populationsgenetik, Stuttgart 1973.

Turesson, G., The genotypical response of the plant species to the habitat, Hereditas 3, 1922.

Wallace, B., Die genetische Bürde, Stuttgart 1974.

Wöhrmann, K., u. Tomiuk, J., Population genetics, FdB 43, 1941.

Wright, S., Evolution and the Genetics of Populations, vol. 1–2, Chicago–London 1968–1969.

Kreuzungsbarrieren und Artbildung:

Barigozzi, C. (Ed.), Mechanisms of Speciation, New York 1982.

GRANT, V., Plant Speciation, 2. Aufl., New York 1981.

JAMESON, D.L., Genetics of Speciation, London–New York 1977.

STEBBINS, G.L., The inviability, weakness, and sterility of interspecific hybrids, Adv. Genet. 9, 1958.

Hybridisierung:

ANDERSON, E., Introgressive Hybridization, London–New York 1949.

EHRENDORFER, F., Differentiation-hybridization cycles and polyploidy in *Achillea*, Cold Spring Harbor Symp. Quant. Biol. 24, 1959.

FRANKEL, R. (Ed.), Heterosis, Berlin–Heidelberg–New York 1983.

LEVIN, D.A. (Ed.), Hybridization: An Evolutionary Perspective, London–New York 1979.

STACE, C.A. (Ed.), Hybridization and the Flora of the British Isles, London–New York–San Francisco 1975.

STEBBINS, G.L., The role of hybridization in evolution, Proc. Amer. Phil. Soc. 103, 1959.

Systematik und Taxonomie, zusammenfassende Werke:

BENSON, L., Plant Taxonomy, Methods and Principles, New York 1962.

DAVIS, P.H. u. HEYWOOD, V.H., Principles of Angiosperm Taxonomy, Edinburgh–London 1963.

EHRENDORFER, F., Systematics, evolution, and taxonomic categories, Plant. Syst. Evol. 125, 1976.

HENNIG, W., Phylogenetische Systematik, Berlin–Hamburg 1982.

HEYWOOD, V.H. (Ed.), Modern Methods in Plant Taxonomy, London–New York 1968.

HEYWOOD, V.H., Taxonomie der Pflanzen, Stuttgart 1971.

HEYWOOD, V.H. (Ed.), Current Topics in Plant Taxonomy, London–New York 1983.

JEFFREY, C., An Introduction to Plant Taxonomy, 2. Aufl., Cambridge 1983.

JONES, S.B. & LUCHSINGER, A.E.: Plant Systematics, New York 1979.

JOYSEY, K.A. u. FRIDAY, A.E. (Ed.), Problems of Phylogenetic Reconstruction, London–New York 1982.

LEENHOUTS, P.W., A Guide to the Practice of Herbarium Taxonomy, Regn. Veg. 58, 1968.

MERXMÜLLER, H., Moderne Probleme der Pflanzensystematik, Arbeitsgem. Forschung Nordrhein-Westfalen 183, 1968.

MERXMÜLLER, H., Systematic botany: an unachieved synthesis, Biol. J. Linn. Soc. 4, 1972.

RADFORD, A.E. u.a., Vascular Plant Systematics, New York 1974.

ROTHMALER, W., Allgemeine Taxonomie und Chorologie der Pflanzen, 2. Aufl., Jena 1955.

SOLBRIG, O.T., Principles and Methods of Plant Biosystematics, London 1970.

STACE, C.A. Plant Taxonomy and Biosystematics, London 1980.

Systematics and evolution of seed plants, FdB 39, 1977; 41, 1979; 43, 1981.

VENT, W. (Ed.), Widerspiegelung der Binnenstruktur und Dynamik der Art in der Botanik, Berlin 1974.

Vgl. auch die Beiträge in den Zeitschriften «Annual Review of Ecology and Systematics», «Taxon» und «Feddes Repertorium».

Systematik und Phylogenetik, weitere Hilfsmittel und Unterlagen:

(a) Anatomie und Ultrastrukturforschung:

BARTHLOTT, W. u. SCHILL, R., Oberflächenskulpturen bei höheren Pflanzen, FdB 43, 1981.

CARLQUIST, S., Comparative Plant Anatomy, New York 1962.

COLE, G.T. u. BEHNKE, H.-D., Electron Microscopy and Plant Systematics, Taxon 24, 1975.

HALL, J.L. (Ed.), Electron Microscopy and Cytochemistry of Plant Cells, Amsterdam–New York–Oxford 1978.

LANGE, R.H. u. BLÖDORN, J., Das Elektronenmikroskop TEM + REM, Stuttgart–New York 1981.

OHNSORGE, L. u. HOLM, R., Rasterelektronenmikroskopie, 2. Aufl., Stuttgart 1978.

REIMER, L. u. PFEFFERKORN, G., Raster-Elektronenmikroskopie, Berlin, 2. Aufl. 1977.

ROSENBAUER, K.A. u. KEGEL, B.H., Rasterelektronenmikroskopische Technik, Stuttgart 1978.

(b) Palynologie:

ERDTMAN, G., Handbook of Palynology, Copenhagen 1969.

FAEGRI, K. u. IVERSEN, J., Textbook of Modern Pollen Analysis, 2. Aufl., Oxford 1964.

STRAKA, H., Pollen- und Sporenkunde, eine Einführung in die Palynologie, Stuttgart 1975.

Symposium: Palynology and Systematics, Ann. Missouri Bot. Gard. 66 (4), 1979.

(c) Phytochmie und Serologie:

ALSTON, R.E. u. TURNER, B.L., Biochemical Systematics, Englewood Cliffs 1963.

MERXMÜLLER, H., Chemotaxonomie? BDBG 80, 1968.

BENDZ, G. u. SANTESSON, J. (Ed.), Chemistry in Botanical Classification, Nobel Symp. 25, 1974.

BISBY, F.A. u.a. (Ed.), Chemosystematics: Principles and Practice, London 1980.

CRONQUIST, A., The taxonomic significance of the structure of plant proteins: a classical taxonomist's view, Brittonia 28, 1976.

DAHLGREN, R. u. SEIGLER, D.S. (Ed.), Phytochemistry and Angiosperm Phylogeny, New York 1981.

GOODMAN, M. (Ed.), Macromolecular Sequences in Systematic and Evolutionary Biology, London–New York 1982.

GOTTLIEB, O.R., Micromolecular Evolution, Systematics and Ecology, Berlin–Heidelberg–New York 1982.

HAWKES, J.G. (Ed.), Chemotaxonomy and Serotaxonomy, London–New York 1968.

JENSEN, U. u. FAIRBROTHERS, D.E. (Ed.), Proteins and Nuclei Acids in Plant Systematics, Berlin–Heidelberg–New York 1983.

SMITH, P.M., The Chemotaxonomy of Plants, London 1976.

Vgl. auch Beiträge in den Zeitschriften «Biochemical Systematics and Ecology» sowie «Recent Advances in Phytochemistry».

(d) Arealkunde, Ökologie und Phytopathologie:

HEYWOOD, V.E. (Ed.), Taxonomy and Ecology, London–New York 1973.

NANNFELDT, J.A., Fungi as plant taxonomists, Acta Univ. Uppsala, Festkr. T. Segerstedt, 1968.

VALENTINE, H.D. (Ed.), Taxonomy, Phytogeography and Evolution, New York–London 1972.

Numerische Methoden:

BLACKITH, R.E. u. REYMENT, R.A., Multivariate Morphometrics, London 1971.

BOCK, H.H., Automatische Klassifikation, Göttingen 1974.

FUNK, V.A. u. BROOKS, D.R. (Ed.), Advances in Cladistics, New York 1982.

LINDER, A. u. BERCHTOLD, W., Statistische Methoden III. Multivariate Verfahren, Basel 1982.

OPITZ, O., Numerische Taxonomie, Stuttgart 1980.

PANKURST, R.J.: Biological Identification. The Principles and Practise of Identification Methods in Biology, London 1978.

SNEATH, P.H.A. u. SOKAL, R.R., Numerical Taxonomy, San Francisco 1973.

Cladistics and Plant Systematics: Problems and Prospects, Syst. Bot. 5 (4), 1980.

Nomenklatur, Terminologie:

Internationaler Code der botanischen Nomenklatur, Utrecht 1978.

STEARN, W.T., Botanical Latin; History, Grammar, Syntax, Terminology and Vocabulary, London–Edinburgh 1966.

WERNER, F.CL., Wortelemente lateinisch-griechischer Fachausdrücke in den biologischen Wissenschaften, 3. Aufl., Leipzig 1968.

Gesamtes Pflanzenreich

Systematik und Stammesgeschichte:

DES ABBAYES, H., Botanique, Paris 1963.

BENDIX, E.H., CASPER, S.J., DANERT, S. u. al., Urania Pflanzenreich, 3 Bde., 2. Aufl., Leipzig–Jena–Berlin 1974–1976.

CHADEFAUD, M. u. BERGER, EM., Traité de Botanique, I–II, Paris 1960.

COULTER, M.C. u. DITTMER, H.J., The Story of the Plant Kingdom, 3. Ed., Chicago–London 1964.

ENGLER, A., Syllabus der Pflanzenfamilien, 2 Bde., 12. Aufl., MELCHIOR, H. u. WERDERMANN, E. (Eds.), Berlin 1954, 1964.

ENGLER, A. u. PRANTL, K. (Ed.), Die natürlichen Pflanzenfamilien, 1. u. 2. Aufl., Leipzig 1889–1902 u. 1923 ff.

FROHNE, D. u. JENSEN, U., Systematik des Pflanzenreiches, 2. Aufl., Stuttgart 1978.

HEBERER, G. (Ed.), Die Evolution der Organismen, 3. Aufl., Stuttgart 1966–1974.

PASCHER, A. (Ed.), Süßwasserflora von Mitteleuropa, Stuttgart–New York seit 1913.

SAGEL, R.F. u.a., An Evolutionary Survey of the Plant Kingdom, London–Glasgow 1965.

WETTSTEIN, R., Handbuch der systematischen Botanik, 4. Aufl., 2 Bde., Leipzig–Wien 1935.

ZIMMERMANN, W., Die Phylogenie der Pflanzen, 2. Aufl., Stuttgart 1959.

ZIMMERMANN, W., Geschichte der Pflanzen, 2. Aufl., Stuttgart 1969.

Paläobotanik:

ANDREWS, H.N., Studies in Paleobotany, New York–London 1961.

BOUREAU, E., Traité de Paléobotanique, Paris 1966 ff.

DELEVORYAS, T., Morphology and Evolution of Fossil Plants, London 1963.

EMBERGER, L., Les Plantes fossiles, Paris 1968.

GOTHAN, W. & WEYLAND, H., Lehrbuch der Paläobotanik, 3. Aufl., Berlin 1974.

HIRMER, M., Handbuch der Paläobotanik, Bd. 1, München–Berlin 1927.

MÄGDEFRAU, K., Paläobiologie der Pflanzen, 4. Aufl., Jena 1968.

SCHAARSCHMIDT, F., Paläobotanik, Mannheim 1968.

SCHAARSCHMIDT, F., Paläobotanik, FdB 43, 1981.

SCOTT, D.H., Studies in Fossil Botany, 3rd ed., London 1920–1923 (Reprint New York 1962).

SEWARD, A.C., Plant Life through the Ages, 2nd ed., Cambridge 1933.

Morphologie und Biologie:

BOLD, H.C., Morphology of Plants, 3rd ed., New York–Evanston–San Francisco–London 1973.

GOEBEL, K., Organographie der Pflanzen, 3. Aufl., 3 Bde., Jena 1928–1933.

CORNER, E.J.H., The Life of Plants, Cleveland–New York 1964.

Vgl. dazu auch die Literaturhinweise zur Morphologie sowie zur Evolution und Systematik.

Palynologie:

ERDTMAN, G., Pollen Morphology and Plant Taxonomy, I–II, Stockholm 1952, 1957.

NILSSON, S. (Ed.), World Pollen and Spore Flora, Stockholm, seit 1973.

Vgl. dazu auch die Publikationen in den Zeitschriften «Pollen et Spores» sowie «Grana Palynologica».

Phytochemie:

HEGNAUER, R., Chemotaxonomie der Pflanzen, Bd. 1, Basel–Stuttgart, seit 1962.

Niedere Pflanzen

Zusammenfassende Werke:

BOLD, H.C., Morphology of Plants. 3. Ed. London 1974.

ESSER, K., Kryptogamen. Berlin–Heidelberg–New York 1976.

HEGNAUER, R., Chemotaxonomie der Pflanzen. Bd. 1. Stuttgart 1962.

KLEIN, R.M., u. CRONQUIST, A., The evolutionary and taxonomic Significance of biochemical etc. characters in the Thallophytes. Quart. Rev. Biol. 42, 1967.

LASKIN, A., u. LECHEVALIER, H. (Ed.), Handbook of Microbiology. Vol. 1.–4. Oxford 1978–1981.

RABENHORST, L., Lryptogamenflora von Deutschland, Österreich und der Schweiz, 45 Bde., 2. Aufl. Leipzig 1884–1968.

SCHUBERT, R., HANDKE, H.H. u. PANKOW, H. (Ed.), Exkursionsflora für die Gebiete der DDR und BRD, 1: Niedere Pflanzen, Grundband. Berlin 1983.

SMITH, G.M., Cryptogamic Botany. 2 vol., 2. Aufl. New York–London 1955.

Prokaryota und Viren

Bakterien:

BERGEY's Manual of determinative Bacteriology, 7. Aufl. Baltimore 1974 (Shorter Edition 1977).

BROCK, T.D., Thermophilic Microorganisms and Life at High Temperatures. New York 1978.

GUNSALUS, J.G., STANIER, R.Y., The Bacteria, 5 vol. New York–London 1960–1964.

KANDLER, O., Archaebakterien und Phylogenie der Organismen. Naturwiss. 68, 1981.

KRASSILNIKOW, N.A., Diagnostik der Bakterien und Actinomyceten. Jena 1959.

SALTON, M.R.J., The Bacterial Cell Wall. Amsterdam–London–New York 1964.

SCHLEGEL, H.G., Allgemeine Mikrobiologie – 5. Aufl. – Stuttgart 1981.

STANIER, R., ADELBERG, E. u. INGRAHAM, J., The Microbial World, 4. Aufl. London 1976.

STARR, M.P. (Ed.), The Prokaryotes, 2 Vol. Berlin–Heidelberg–New York 1981.

WAKSMAN, S.A., The Actinomycetes, New York 1967.

Viren:

ADAMS, M.H., Bacteriophages. New York–London 1959.

FRAENKEL-CONRAT, H., Chemie und Biologie der Viren. Stuttgart 1974.

FRAENKEL-CONRAT, H., u. WAGNER R.R. (Ed.), Comprehensive Virology, 1–17. New York–London 1974–1981.

HAYES, W., The Genetics of Bacteria and their Viruses. Oxford 1954.

KLINKOWSKI, M., Pflanzliche Virologie. 2. Aufl. Berlin 1968.

MATTHEWS, R.E.F., Plant Virology, 2. Aufl. New York–London 1981.

ROWSON, K.E.K., REES, T.A.L. u. MATY, B.W.J., A Dictionary of Virology. Oxford 1981.

SMITH, K.M., Textbook of Plant Virus Diseases. 3. Aufl. Harlow 1972.

STARKE, G., u. HLINAK, P., Grundriß der allgemeinen Virologie. 2. Aufl. Stuttgart 1974, Jena 1974.

Blaualgen:

CARR, N.G., u. WHITTON, B.A., The Biology of Blue-green Algae. Oxford 1972.

DESIKACHARY, T.V., Cyanophyta. New Delhi 1959.

FOGG, G., STEWART, W.D.T., FAY, P., u. WALSBY, A.E., The Blue-green Algae. London 1973.

GEITLER, L., Schizophyzeen. HA Bd. 6, Teil 1. Berlin 1960.

GEITLER, L., Schizophyceae. Natürl. Pfl.familien, 2. Aufl. Bd. 1b. Leipzig. 1943 (Neudruck 1977).

Eukaryota

Algen:

(a) Morphologie und Entwicklungsgeschichte:

CASPER, S.J., Grundzüge eines natürlichen Systems der Mikroorganismen. Jena 1974.

CHAPMAN, V.J. u. CHAPMAN, D.J., The Algae. 2. Aufl. London 1973.

COX, E.R. (Ed.), Phytoflagellates. New York–Amsterdam–Oxford 1980.

DODGE, J.D., The Fine Structure of Algal Cells. London–New York 1973.

ETTL, H., Grundriß der allgemeinen Algologie. Stuttgart–New York 1980.

FOTT, B., Algenkunde. 2. Aufl. Jena 1971.

FRITSCH, F.E., The Structure and Reproduction of the Algae, 2 vol. Cambridge 1935, 1945.

GRASSÉ, P.P., Traité de Zoologie. Tome 1. Paris 1953.

GRELL, K.G., Protozoologie. 2. Aufl. Berlin 1968.

HELMCKE, J.-G., KRIEGER, W., u. GERLOFF, J., Diatomeenschalen im elektronenmikroskopischen Bild. Bd. 1–10. Lehre 1962–75.

OLTMANNS, F., Morphologie und Biologie der Algen. 2. Aufl., 3 Bde. Jena 1922–1923 (Neudruck 1974).

PICKETT-HEAPS, J.D., Green Algae. Sunderland 1975.

PRINGSHEIM, E.G., Algenreinkulturen. Jena 1954.

PRINGSHEIM, E.G., Farblose Algen. Stuttgart 1963.

SCHUSSNIG, B., Handbuch der Protophytenkunde. 2 Bde. Jena 1953, 1960.

VAN DEN HOEK, C., Algen: Einführung in die Phykologie. Stuttgart 1978.

(b) Taxonomie:

BOURRELLY, P., Les Algues d'eau douce. Tome 1–3. Paris 1966–1970.

BROOK, A.J., The Biology of Desmids. Oxford 1980.

CORILLION, R., Les Charophycées de France et d'Europe occidentale. Rennes 1957 (Neudruck Königstein 1972).

DREBES, G., Marines Phytoplankton. Stuttgart 1974.

GAMS, H., Makroskopische Meeresalgen. Kleine Kryptogamenflora I/b, H. GAMS (Ed.). Stuttgart 1974.

HUBER-PESTALOZZI, G., Das Phytoplankton des Süßwassers. 7 Bde. Stuttgart 1955–1969.

IRVINE, D.E.G. u. PRICE, H.J. (Ed.), Modern Approaches to the Taxonomy of Red and Brown Algae. London 1978.

KORNMANN, P., u. SAHLING, P.-H., Meeresalgen von Helgoland. Hamburg 1977.

KYLIN, H., Die Gattungen der Rhodophyceen. Lund 1956.

LOBBAN, C.S. u. WYNNE, M.J., The Biology of Seaweeds. London 1981.

NEWTON, L., A Handbook of the British Seaweeds. London 1913.

PANKOW, H., Algenflora der Ostsee. B. 1 (Benthos); Bd. 2 (Plankton). Jena, Stuttgart 1971, 1976.

PASCHER, A. (Ed.), Die Süßwasserflora Deutschlands, Österreichs und der Schweiz. 15 Bde. Jena 1913–1963. 2. Aufl.

PASCHER, A., ETTL, H., GERLOFF, J., HEYNIG, H., Süßwasserflora von Mitteleuropa. Stuttgart seit 1978.

SARJEANT, W.A.S., Fossil and Living Dinoflagellates. London 1974.

SMITH, G.M., The Freshwater Algae of the United States. 2. Aufl. New York 1950.

WERNER, D. (Ed.), The Biology of Diatoms. London 1977.

(c) Ökologie:

CHAPMAN, V.J., Seaweeds and Their Uses. 2. Aufl. London 1970.

DIXON, P.S., Biology of the Rhodophyta. Edinburgh 1973.

GESSNER, F., Hydrobotanik. 2 Bde. Berlin 1955, 1959.

GESSNER, F., Meer und Strand. 2. Aufl. Berlin 1957.

HUTCHINSON, G.E., A Treatise on Limnology. 3 vol. New York 1957–75.

LEVRING, T., HOPPE, H.A., u. SCHMID, O.J., Marine Algae. Berlin 1969.

ROUND, F.E., Biologie der Algen. 2. Aufl. Stuttgart 1975.

RUTTNER, F., Grundriß der Limnologie. 3. Aufl. 1962.

SCHWOERBEL, J., Einführung in die Limnologie. 4. Aufl. Stuttgart 1980.

SERNOW, S.A., Allg. Hydrobiologie. Berlin 1958.

TARDENT, P., Meeresbiologie. Stuttgart 1979.

Schleimpilze:

BONNER, J.T., The Cellular Slime Molds. Princeton 1959.

GRAY, W.D., u. ALEXOPOULOS, C.J., Biology of the Myxomycetes. New York 1968.

KARLING, J.S., The Plasmodiophorales. 2. Aufl. New York 1968.

LISTER, A.L., A Monograph of Mycetozoa, 3. Aufl. London 1925 (Reprint 1965).

MARTIN, G.W. u. ALEXOPOULOS, C.J., The Myxomycetes. Iowa City 1969.

OLIVE, L.S., The Mycetozoans. Richmond 1975.

Pilze

(a) Morphologie und Entwicklungsgeschichte:

AINSWORTH, G.C., Dictionary of the Fungi. 6. Aufl. Kew 1971.

AINSWORTH, G.C., u. SUSSMAN, A.S., The Fungi. 4 vol. London 1965–1973.

ALEXOPOULOS, C.J. u. MIMS, C.W., Introductory Mycology. 3. Aufl., New York 1979.

v. ARX, J.A., Pilzkunde, 2. Aufl. Lehre 1968.

BESSEY, A.E., Morphology and Taxonomy of Fungi. New York 1950 (Reprint 1964).

BURNETT, J.H., Fundamentals of Mycology. 2. Aufl. Oxford 1977.

ESSER, K., u. KUENEN, R., Genetik der Pilze. Berlin–Heidelberg 1965.

GÄUMANN, E., Die Pilze. 2. Aufl. Basel–Stuttgart 1964.

MÜLLER, E., u. LÖFFLER, W., Mykologie. 4. Aufl. Stuttgart 1982.

WEBSTER, J., Pilze, eine Einführung, Berlin–Heidelberg–New York 1983.

(b) Taxonomie:

v. ARX, J.A., The Genera of Fungi Sporulating in Pure Culture. 3. Aufl. Vaduz 1981.

KREISEL, H., Grundzüge eines natürlichen Systems der Pilze. Jena, Lehre 1969.

MICHAEL, E., HENNIG, B., u. KREISEL, H., Handbuch für Pilzfreunde, 6 Bde. Jena u. Stuttgart 1958 bis 1983.

(c) Oomycota, Chytridiomycetes, Zygomycetes:

FITZPATRICK, H.M., The Lower Fungi (Phycomycetes). London 1930 (Reprint 1966).

KARLING, J., Chytridiomycetarum Iconographia. Lehre 1977.

SPARROW, Fr.K., Aquatic Phycomycetes. 2. Aufl. Ann Arbor 1960.

(d) Ascomycetes:

BLUMER, S., Echte Mehltaupilze. Jena 1967.

BREITENBACH, J. u. KRÄNZLIN, F., Pilze der Schweiz 1, Ascomyceten. Luzern 1981.

DENNIS, R.W.G., British Ascomycetes, 3. Ed. Lehre 1977.

LODDER, J., The Yeasts, a taxonomic study, 2. Ed. Amsterdam 1970.

MOSER, M., Ascomyceten. Kleine Kryptogamenflora, Bd. II a, H. GAMS (Ed.), Stuttgart 1963.

MÜLLER, E., Systemfragen bei Ascomyceten. In: FREY, HURKA, OBERWINKLER, Beitr. z. Biol. d. nied. Pfl. Stuttgart 1977.

MÜLLER, E., u. v. ARX, J.A., Die Gattungen der didymosporen Pyrenomyceten (Beitr. z. Kryptogamenflora d. Schweiz, Bd. 11), Zürich 1962.

PHAFF, H.J., MILLER, M., u. MRAK, E., The Life of Yeasts, Cambridge, Mass. 1966.

REYNOLDS, D.P. (Ed.), Ascomycete Systematics. New York 1981.

SCHELOSKE, H.-W., Beiträge zur Biologie der Laboulbeniales. Jena 1969.

THAXTER, R., Contributions towards a Monograph of the Laboulbeniaceae, 1896–1931 (Reprint Lehre 1970).

(e) Basidiomycetes:

BLUMER, S., Rost- und Brandpilze auf Kulturpflanzen. Jena 1963.

BRANDENBURGER, W., Vademecum zum Sammeln parasitischer Pilze. Stuttgart 1963.

BRODIE, H. J., The Bird's Nest Fungi. Richmond 1975.

FISCHER, E., Gastromyceteae. Natürl. Pfl.familien, 2. Aufl., Bd. 7a, Leipzig 1933 (Neudruck 1978).

GÄUMANN, E., Die Rostpilze Mitteleuropas. Bern 1959.

JOHN, H., Mitteleuropäische Porlinge und ihr Vorkommen in Westfalen. Westf. Pilzbriefe 4, 1963.

KUEHNER, R., u. ROMAGNESI, H., Flore analytique des champignons supérieurs. Paris 1953.

MOSER, M., Röhrlinge und Blätterpilze. Kleine Kryptogamenflora, Bd. IIb 2, H. GAMS (Ed.), 5. Aufl. Stuttgart 1983.

OBERWINKLER, F., Das neue System der Basidiomyceten. In: FREY, HURKA, OBERWINKLER, Beitr. z. Biol. d. nied. Pfl. Stuttgart 1977.

SINGER, R., The Agaricales in Modern Taxonomy. 3. Ed. Lehre 1975.

(f) Deuteromycetes:

BARNETT, H.L. u. HUNTER, B.B., Illustrated Genera of Imperfect Fungi. 3. Aufl., Minneapolis 1972.

RAPER, K.P., A Manual of the Penicillia. Baltimore 1949.

RAPER, K.P. u. FENNEL, D.I., The Genus Aspergillus. Baltimore 1965.

(g) Ökologie:

BUCHNER, P., Endosymbiose der Tiere mit pflanzlichen Mikroorganismen. Basel–Stuttgart 1953.

COOKE, R., The Biology of Symbiontic Fungi. London 1977

HARLEY, J.L., The Biology of Mykorrhiza. 2. Aufl., London 1969.

HENRY, S.M., Symbiosis. 2 vol., New York–London 1966–1967.

INGOLD, C.T., The Biology of Fungi. 3. Ed., London 1973.

JOHNSON, T.W., u. SPARROW, F.K., Fungi in Oceans and Estuaries. Weinheim 1961 (Reprint 1970).

LERSTEN, N.R. u. HORNER, H.T., Bacterial leaf nodule symbiosis in Angiosperms. Bot. Rev. 42, 1976.

SCHAEDE, R., Die pflanzlichen Symbiosen. 3. Aufl. Stuttgart und Jena 1962.

ZÄHNER, H., Biologie der Antibiotica. Heidelberg 1965.

(h) Phytopathogene Pilze:

BAVENDAMM, W., Der Hausschwamm und andere Bauholzpilze. Stuttgart 1969.

BRAUN, H., u. RIEHM, E., Krankheiten und Schädlinge der Kulturpflanzen und ihre Bekämpfung. 8. Aufl. Berlin 1957.

GÄUMANN, E., Pflanzliche Infektionslehre. 2. Aufl. Stuttgart 1951.

JAHN, H., Pilze die an Holz wachsen. Herford 1979.

KLINKOWSKI, M., MÜHLE, E., REINMUTH, E., BOCHOW, H., Phytopathologie und Pflanzenschutz. 2. Aufl., 3 Bde. Berlin 1974–76.

KREISEL, H., Die phytopathogenen Großpilze Deutschlands. Jena 1961.

MARTIN, H., Die wissenschaftlichen Grundlagen des Pflanzenschutzes. Weinheim 1967.

RYPACEK, V., Biologie holzzerstörender Pilze. Jena 1966.

SORAUER, P., Handbuch der Pflanzenkrankheiten. 6. Aufl., Bd. 3 (Pilzliche Krankheiten). Berlin–Hamburg 1962 ff.

WALKER, J.C., Plant Pathology. 3. Aufl. New York 1969.

Flechten

(a) Morphologie und Ökologie:

AHMADJIAN, V., u. HALE, M.E., The Lichens. London 1973.

BROWN, D.H., HAWKSWORTH, D.L., u. BAILEY, R.H. Lichenology, Progress and Problems. London 1976.

CULBERSON, CH.F., Chemical and Botanical Guide to Lichen Products. Chapel Hill 1969 (Suppl.: Bryologist 73, 1970)

Flechtensymposion 1969, Stuttgart 1970.

HALE, M.E., Biology of Lichens. 2. Aufl. London 1974.

HENSSEN, A. u. JAHNS, H.M., Lichenes. Stuttgart 1974.

KLEMENT, O., Prodromus der europäischen Flechtengesellschaften, FEDDE's Repert., Beih. 125, 1955.

OZENDA, P., Lichens. IIA VI/9, 1963.

SEAWORD, M.R D., Lichen Ecology. London 1978.

SMITH, A.L., The Lichens. Cambridge 1921 (Reprint Richmond 1975).

STEINER, M., Wachstums- u. Entwicklungsphysiologie der Flechten. HP 15/I, 1965.

(b) Taxonomie:

ANDERS, J., Die Strauch- und Laubflechten Mitteleuropas. Jena 1928 (Neudruck 1973).

ERICHSEN, E., u. CHRISTENSEN, W., Flechtenflora von Nordwestdeutschland. Stuttgart 1957.

GALLOE, O., Natural History of Danish Lichens, 10 Bde. Copenhagen 1927–1972.

GAMS, H., Flechten. Kleine Kryptogamenflora, Bd. III, H. GAMS (Ed.). Stuttgart 1967.

OZENDA, P. u. CLAUZADE, G., Les Lichens. Paris 1970.

POELT, J., Bestimmungsschlüssel der europäischen Flechten. 2. Aufl. Lehre 1969; Erg.-Heft 1977 u. 1981.

WIRTH, V., Flechtenflora. Stuttgart 1980.

Moose

(a) Morphologie und Ökologie:

BOPP, M., Entwicklungsphysiologie der Moose. HP 15/I, 1965.

GOEBEL, K., Organographie der Pflanzen. 3. Aufl., Bd. 2. Jena 1930.

HÉBANT, CH., The Conducting Tissues of Bryophytes. Vaduz 1977.

HERZOG, TH., Geographie der Moose. Jena 1926 (Neudruck 1973).

LORCH, W., Anatomie der Laubmoose. HA VII/1, 1931.

MÜLLER, K., Lebermoose Europas. Bd. I, Allg. Teil. Leipzig 1951 (Neudruck 1965).

PARIHAR, N.S., An Introduction to Embryophyta. I. Bryophyta. 4. Aufl. Allahabad 1970.

PURI, P., Bryophytes. Delhi 1973.

VERDOORN, F., Manual of Bryology. The Hague 1932 (Reprint 1967).

WATSON, E. V., The Structure and Life of Bryophytes. 3. Aufl. London 1971.

WINKLER, S., Flechten u. Moose als Bioindikatoren. In: FREY, HURKA, OBERWINKLER, Beitr. z. Biol. d. nied. Pfl. Stuttgart 1977.

(b) Taxonomie:

BERTSCH, K., Moosflora von Südwestdeutschland. 3. Aufl. Stuttgart 1966.

BROTHERUS, V.F., u.a., Musci. Natürl. Pfl.familien, 2. Aufl., Bd. 10 u. 11. Leipzig 1924–25 (Neudruck 1978).

CLARKE, G.C.S. u. DUCKETT, J.G. (Ed.), Bryophyte Systematics. London 1979.

FRAHM, J.-P. u. FREY, W., Moosflora, Stuttgart 1983.

FREY, W., Verwandtschaftsgruppen und Stammesgeschichte der Laubmoose. In: FREY, HURKA, OBERWINKLER, Beitr. z. Biol. d. nied. Pfl. Stuttgart 1977.

GAMS, H., Die Moos- und Farnpflanzen. Kleine Kryptogamenflora, Bd. IV, H. GAMS (Ed.). 5. Aufl. Stuttgart 1973.

SCHUSTER, R.M., The Hepaticae and Anthocerotae of North America, 3 vol. New York–London 1966, 1969, 1974.

SCHUSTER, R.M., Evolution and early diversification of Hepaticae. In: FREY, HURKA, OBERWINKLER, Beitr. z. Biol. d. nied. Pfl. Stuttgart 1977.

Farnpflanzen

(a) Morphologie und Ökologie:

BIERHORST, D.W., Morphology of Vascular Plants. New York–London 1971.

BOWER, F.O., Primitive Land Plants. New York 1935 (Reprint 1959).

BOWER, F.O., The Ferns. 3 vol., Cambridge 1922 to 1928 (Reprint 1964).

CHRIST, H., Geographie der Farne. Jena 1910.

DEYER, A.F. (Ed.), The Experimental Biology of Ferns. London 1979.

EAMES, A.J., Morphology of Vascular Plants (Lower Groups). New York, London 1936.

FOSTER, A.A., u. GIFFORD, E.M., Comparative Morphology of Vascular Plants. San Francisco 1959.

GOEBEL, K., Organographie der Pflanzen. 3. Aufl., Bd. 2. Jena 1930.

V. GUTTENBERG, H., Histogenese der Pteridophyten. HA VII/2, 1966.

MANTON, I., Problems of Cytology and Evolution in the Pteridophyta. Cambridge 1950.

NAYAR, B.K., u. KAUR, S., Gametophytes of homosporous Ferns. Bot. Rev. 37, 1971.

OGURA, Y., Comparative Anatomy of Vegetative Organs of the Pteridophyta. HA VII/3, 1972.

PARIHAR, N.S., An Introduction to Embryophyta. 4. Ed. Allahabad 1963.

TROLL, W., Vergleichende Morphologie der höheren Pflanzen. Berlin 1937–1943.

TRYON, R. u. A., Ferns and Allied Plants, Berlin–Heidelberg–New York 1982.

VERDOORN, F., Manual of Pteridology. The Hague 1938 (Reprint 1967).

(b) Taxonomie:

ASCHERSON, P., u. GRAEBNER, Synopsis der Flora von Mitteleuropa. 2. Aufl., Bd. 1. Leipzig 1913.

COPELAND, E.B., Genera filicum. Waltham 1947.

LÖVE, A., u. LÖVE, D., Cytotaxonomical Atlas of the Pteridophyta. Lehre 1977.

NESSEL, H., Die Bärlappgewächse, Jena 1939.

PICHI-SERMOLLI, R., Tentamen Pteridophytorum genera in taxonomicum ordinem redigendi. Webbia 31, 1977.

RASBACH, K., u. WILMANNS, O., Die Farnpflanzen Zentraleuropas, 2. Aufl. Stuttgart 1976.

TUTIN, T.G. & al., Flora Europaea. Vol. 1. Cambridge 1964.

Samenpflanzen

Morphologie und Anatomie:

BAILEY, I.W., The potentialities and limitations of wood anatomy in the study of the phylogeny and classification of Angiosperms, J. Arn. Arb. 38, 1957.

BEHNKE, H.-D. (Ed.), Ultrastructure and systematics of flowering plants, Nord. J. Bot. 1, 1980.

BIERHORST, D.W., Morphology of Vascular Plants, New York 1971.

CARLQUIST, S., Ecological Strategies of Xylem Evolution, Berkeley–Los Angeles–London 1975.

EAMES, A.J., Morphology of the Angiosperms, New York–Toronto–London 1961.

EYDE, R.H., Evolutionary Morphology: Distinguishing ancestral structure from derived structure in flowering plants, Taxon 20, 1971.

FORSTER, A.S. & GIFFORD, E.M., Comparative Morphology of Vascular Plants, 2. Aufl., San Francisco 1974.

MEEUSE, A. D. J., Fundamentals of Phytomorphology, New York 1966.

METCALFE, C. R. u. CHALK, L., Anatomy of the Dicotyledons, I, II, Oxford 1957, 2. Aufl. seit 1979.

METCALFE, C. R., TOMLINSON, P. B. u. al., Anatomy of Monocotyledons, vol. I – Oxford, seit 1960.

RASMUSSEN, H., Terminology and classification of stomata and stoma development, Bot. J. Linn. Soc. 83, 1981.

SPORNE, K. R., The Morphology of the Angiosperms, London 1974.

TROLL, W., Vergleichende Morphologie der höheren Pflanzen, Berlin 1937–1943.

TROLL, W., Praktische Einführung in die Pflanzenmorphologie, I–II, Jena 1954, 1957.

Vgl. dazu auch die Literaturhinweise zur Morphologie.

Fortpflanzung und Generationswechsel:

ENDRESS, P. K., Reproductive Structures of the Flowering Plants, FdB 43, 1981.

Fortpflanzung der Samenpflanzen, HN IV, 1934.

LINSKENS, M. F. (Ed.), Sexualität, Fortpflanzung, Generationswechsel, HP 18, 1967.

WIDDER, F. J., Der Generationswechsel der Spermatophyten, Aquilo, Ser. Bot. 6, 1967.

Blütenstände, Blüten und Blütenorgane:

BAUM, H. u. LEINFELLNER, W., Die ontogenetischen Abänderungen des diplophyllen Grundbaues der Staubblätter, Österr. Bot. Zeitschr. 100, 1953.

ECKARDT, TH., Untersuchungen über Morphologie, Entwicklungsgeschichte und systematische Bedeutung des pseudomonomeren Gynoeceums, Nova Acta Leopold., N. F. 5, 1937.

ECKARDT, TH., Vergleichende Studie über die Beziehungen zwischen Fruchtblatt, Samenanlage und Blütenachse bei einigen Angiospermen, Neue Hefte zur Morphologie 3, 1957.

ECKERT, G., Entwicklungsgeschichtliche und blütenanatomische Untersuchungen zum Problem der Obdiplostemonie, BJSy 85, 1966.

EICHLER, A., Blütendiagramme, 2 Bde., Leipzig 1875, 1879; Reprint Eppenheim 1954.

FAHN, A., The topography of the nectary in the flower and its phylogenetic trend, Phytomorphology 3, 1953.

HESS, D., Die Blüte, Stuttgart 1983.

HIEPKO, P., Vergleichend-morphologische und entwicklungsgeschichtliche Untersuchungen über das Perianth bei den *Polycarpicae*, BJSy 84, 1965.

LEINFELLNER, W., Der Bauplan des synkarpen Gynözeums, Österr. Bot. Zeitschr. 97, 1950.

LEINFELLNER, W., Die petaloiden Staubblätter und ihren Beziehungen zu den Kronblättern, Österr. Bot. Zeitschr. 101, 1954.

LEINS, P., Die Beziehung zwischen multistaminaten und einfachen Androeceen, BJSy 96, 1975.

LEINS, P., Der Übergang vom zentrifugalen komplexen zum einfachen Andorezeum, BDBG 92, 1979.

LEINS, P. u. BOECKER, K., Entwickeln sich Staubblätter wie Schildblätter? Beitr. Biol. Pfl. 56, 1981.

MELVILLE, R., A new theory of the Angiosperm flower, Kew Bull. 16–17, 1962–1963.

PAYER, J. B., Traité d'Organogénie comparée de la Fleur, Paris 1857.

PURI, V., The role of floral anatomy in the solution of morphological problems, Bot. Rev. 17, 1951.

SATTLER, R., Organogenesis of Flowers, Toronto–Buffalo 1973.

TROLL, W., Organisation und Gestalt im Bereich der Blüte, Berlin 1928.

TROLL, W., Die Infloreszenzen, Typologie und Stellung im Aufbau des Vegetationskörpers, Stuttgart 1964, 1969.

WEBERLING, F., Morphologie der Blüten und der Blütenstände, Stuttgart 1981.

Pollen:

ERDTMANN, G., Pollen Morphology and Plant Taxonomy, Angiosperms, New York 1971.

FERGUSON, I. K. u. MULLER, J. (Ed.), The Evolutionary Significance of the Exine, Linn. Soc. Symp. Ser. 1, London–New York 1976.

FERGUSON, I. K. u. MULLER, J. (Ed.), Interpreting Pollen Structure and Function, Rev. Palaeobot. Palyn. 35 (1), 1981.

HESLOP-HARRISON, J. (Ed.), Pollen: Development and Physiology, London 1971.

HESSE, M., Entwicklungsgeschichte und Ultrastruktur von Pollenkitt und Exine …, Pl. Syst. Evol. 134, 1980.

MULLER, J., Form and Function in Angiosperm Pollen, Ann. Missouri Bot. Gard. 66 (4), 1979.

STANLEY, R. G. u. LINSKENS, H. F., Pollen. Biology, Biochemistry, Management. Berlin–Heidelberg–New York 1974.

Bestäubung:

BAKER, H. G., Pollination mechanisms and inbreeders, Recent Advances in Botany, 1961.

BRANTJES, N. B. (Ed.), Pollination and Dispersal, Bot. Deptm. Univ. Nijmwegen, 1973.

FAEGRI, K. u. PIJL, L. VAN DER, The Principles of Pollination Ecology, Oxford–New York, 3. Aufl. 1979.

FRISCH, K. v., Aus dem Leben der Bienen, Berlin 1959.

FRISCH, K. v., Tanzsprache und Orientierung der Bienen, Berlin 1965.

GRANT, V. u. GRANT, K. A., Flower Pollination in the Phlox Family, New York 1965.

GRANT, K. A. u. GRANT, V., Humming Birds and their Flowers, New York–London 1968.

HESLOP-HARRISON, J., A New Look at Pollination, Rep. E. Malling Res. Station for 1975, 1976.

HESSE, M., Zur Frage der Anheftung des Pollens an blütensuchenden Insekten mittels Pollenkitt und Viscinfäden, Plant Syst. Evol. 133, 1980.

KNOLL, F., Die Biologie der Blüte, Berlin 1956.

KNOLL, F., Insekten und Blumen, Abh. zool-bot. Ges. Wien 12, 1921–1926.

KNUTH, P., Handbuch der Blütenbiologie, Leipzig 1898–1905.

KUGLER, H., UV-Male auf Blüten, BDBG 79, 1966.

KUGLER, H., Einführung in die Blütenökologie, 2. Aufl., Stuttgart 1970.

LEPPIK, E.F., Morphogenic classification of flower types, Phytomorphology 18, 1969.

PIJL, L. VAN DER u. DODSON, C.H., Orchid Flowers – their Pollination and Evolution, Coral Gables 1967.

PORSCH, O., Vogelblumenstudien, JwB 63, 1924; 70, 1929; Biol. Gener. 1–5, 1926–1930; 9–12, 1933 bis 1936.

PROCTOR, M. u. YEO, P., The Pollination of Flowers, London etc. 1973.

RICHARDS, A.J. (Ed.), The Pollination of Flowers by Insects, London 1978.

VOGEL, ST., Chiropterophilie in der neotropischen Flora, Flora (Abt. B) 157–158, 1968–1969.

VOGEL, ST., Blütenbiologische Typen als Elemente der Sippengliederung, Jena 1954.

VOGEL, ST., Ölblumen und ölsammelnde Bienen, Trop. subtrop. Pflanzenwelt 7, Wiesbaden 1974.

VOGEL, ST., Floral ecology, FdB 43, 1981.

WERTH, E., Bau und Leben der Blumen, Stuttgart 1956.

Gametophyten, Befruchtung und Embryologie:

BHOJWANI, S.S. u. BHATNAGAR, S.P., The Embryology of Angiosperms, New Delhi 1974.

BREWBAKER, J.L., The distribution and phylogenetic significance of binucleate and trinucleate pollen grains in the Angiosperms, Amer. J. Bot. 54, 1967.

CORTI, E.F. u. SARFATTI, G. (Eds.), From ovule to seed: ultrastructural and biochemical aspects, Caryologia 25, Suppl., 1973.

DAVIS, G.L., Systematic Embryology of the Angiosperms, New York–London–Sydney 1966.

HAMANN, U., Über Konvergenzen bei embryologischen Merkmalen der Angiospermen, BDBG 90, 1977.

HESLOP-HARRISON, J., Sexuality of Angiosperms, in STENARD, F. (Ed.), Plant Physiology VI C, New York–London 1972.

JOHANSEN, D.A., Plant Embryology, Waltham/Mass. 1950.

JOHRI, B.M. (Ed.), Experimental Embryology of Vascular Plants, Berlin–Heidelberg–New York 1982.

LINSKENS, H.F. (Ed.), Fertilization in Higher Plants, Amsterdam–Oxford–New York 1974.

MAHESHWARI, P., An Introduction to the Embryology of Angiosperms, New York 1950.

NYGREN, A., Apomixis in the Angiosperms, Bot. Rev. 20, 1954.

PHILIPSON, W.R., Ovular morphology and the major classification of the dicotyledons, Bot. J. Linn. Soc. 68, 1974.

RUTISHAUSER, A.C., Fortpflanzungsmodus und Meiose apomiktischer Blütenpflanzen, Protoplasmatologia 6F3, 1967.

RUTISHAUSER, A.C., Embryologie und Fortpflanzungsbiologie der Angiospermen, Berlin–Heidelberg–New York 1969.

SCHNARF, K., Vergleichende Embryologie der Angiospermen, Berlin 1931.

SCHNARF, K., Embryologie der Gymnospermen, HA II/2, 1933.

WUNDERLICH, R., Zur Frage der Phylogenie der Endospermtypen …, Österr. Bot. Zeitschr. 106, 1959.

YAKOVLEV, M.S. (Ed.), Comparative Embryology of Flowering Plants, 1 –, Leningrad 1981 –.

Samen, Früchte und ihre Verbreitung:

BECK, G.V., PASCHER, A. u. POHL, F., Frucht und Same, HN 4, 1934.

BROUWER, W. u. STÄHLIN, A., Handbuch der Samenkunde, Frankfurt a. M. 1955.

CORNER, E.J.H., The Seeds of the Dicotyledons, Cambridge 1976.

HEYDECKER, W. (Ed.), Seed Ecology, London 1973.

KOZLOWSKI, T.T. (Ed.), Seed Biology, 3 vol., New York–London 1971–1972.

MÜLLER, P., Verbreitungsbiologie der Blütenpflanzen, Veröff. Geobot. Inst. Rübel Zürich 30, 1955.

NETOLITZKY, F., Angiospermen-Samen, HA X, 1926.

PIJL, L. VAN DER, Principles of Dispersal in Higher Plants, 3. Aufl., The Hague 1982.

RIDLEY, H.N., The Dispersal of Plants throughout the World, Ashford–Kent 1930.

ROTH, I., Fruits of Angiosperms, HA X/1, 1977.

SCHNARF, K., Gymnospermensamen, HA X/1, 1937.

SMIRNOVA, E.S., Die Samenstruktur der Blütenpflanzen, Biol. Zentralbl. 84, 1965.

STOPP, K., Karpologische Studien, Abh. Akad. Wiss. Mainz, math.-naturw. Kl. 7 und 17, 1950–1951.

ULBRICH, E., Biologie der Früchte und Samen, Berlin 1928.

Fossilfunde und Stammesgeschichte:

ANDREWS, H.N., Early seed plants, Science 142, 1963.

BANKS, H.P., The Early History of Land Plants. In: DRAKE, E.T. (Ed.): Evolution and Environment, New Haven–London 1968.

BECK, C.B., The appearance of gymnospermous structure, Biol. Rev., 1970.

BECK, C.B., Current status of the Progymnospermopsida, Rev. Paleobot. Palyn. 21, 1976.

BECK, C.B. (Ed.), Origin and Early Evolution of the Angiosperms, New York–London 1976.

DILCHER, D.L., Early Angiosperm reproduction: An introductory report, Rev. Paleobot. Palyn. 27, 1979.

DOYLE, J.A., Origin of Angiosperms, Ann. Rev. Ecol. Syst. 9, 1978.

DOYLE, J.A., Patterns of Evolution in Early Angiosperms; in: HALLAM, A. (Ed.): Patterns of Evolution, Amsterdam 1977.

DOYLE, J. A., VAN CAMPO, M. u. LUGARDON, B., Observations on exine structure of *Eucommiidites* and lower Cretaceous Angiosperm pollen, Pollen et Spores 17, 1975.

FLORIN, R., Die Koniferen des Oberkarbons und des unteren Perms, Palaeontographica B 85, 1938 bis 1945.

FLORIN, R., Evolution in Cordaites and Conifers, Acta Horti Berg. 15/11, 1951.

FLORIN, R., On the Morphology and Relationship of the *Taxaceae*, Bot. Gaz. 110, 1948.

HARRIS, T. M., The Yorkshire Jurassic Flora III, *Bennettitales*, London 1969.

HUGHES, N. F., Paleobiology of Angiosperm Origins, Cambridge–London–New York 1976, 1982.

KRASSILOV, V., Mesozoic plants and the problem of Angiosperm ancestry, Lethaia 6, 1973.

MULLER, J., Fossil pollen records of extant Angiosperms, Bot. Rev. 47, 1981.

SCHWEITZER, H.-J., Die rätische Zwitterblüte *Irania hermaphroditica* nov. spec. und ihre Bedeutung für die Phylogenie der Angiospermen, Palaeontographica 161B, 1977.

Systematik der Samenpflanzen, Gesamtgruppe:

CRONQUIST, A., TAKHTAJAN, A. u. ZIMMERMANN, W., On the Higher Taxa of *Embryobionta*, Taxon 15, 1966.

LAWRENCE, G. H. M., Taxonomy of Vascular Plants, New York 1951.

ROHWEDER, O. u. ENDRESS, P. K., Samenpflanzen, Stuttgart–New York 1983.

The Kew Record of Taxonomic Literature (Vascular Plants), London, seit 1971.

WILLIS, J. C., A Dictionary of the Flowering Plants and Ferns, 7th ed., rev. AIRY SHAW, H. K. (Ed.), Cambridge 1966.

Florenwerke (Auswahl):

AICHELE, D., Was blüht denn da? In Farbe, 44. Aufl., Stuttgart 1982.

BINZ, A. u. BECHERER, A., Schul- und Exkursionsflora der Schweiz, 15. Aufl., Basel–Stuttgart 1973.

EHRENDORFER, F. (Ed.), Liste der Gefäßpflanzen Mitteleuropas, Stuttgart 1973.
Flora Malesiana, Djakarta–Groningen, seit 1950.
Flora Neotropica, Riverside, N.Y., seit 1968.
Flora of Tropical East Africa, London, seit 1952.

FRODIN, D. G., Guide to Standard Floras of the World, London–New York 1983.

GARCKE, A., Illustrierte Flora, Deutschland und angrenzende Gebiete, 23. Aufl. (Ed. K. v. WEIHE), Berlin–Hamburg 1972.

HAMANN, U. u. WAGENITZ, G., Bibliographie zur Flora von Mitteleuropa, 2. Aufl. Berlin–Hamburg 1977.

HEGI, G., Illustrierte Flora von Mitteleuropa, 7 Bde., 1. Aufl. 1906–1931, 2. Aufl. seit 1935, 3. Aufl. seit 1966.

HESS, H. E., LANDOLT, E. u. HIRZEL, R., Flora der Schweiz, Bde. 1–3, 1967–1972.

LANGHE, J.-E. DE, & al., Nouvelle Flore de la Belgique .... 2. Aufl., Meise 1978.

OBERDROFER, E., Pflanzensoziologische Exkursionsflora, 4. Aufl., Stuttgart 1979.

SCHMEIL, O. u. FITSCHEN, J., Flora von Deutschland ... 87 Aufl. (Ed. W. RAUH & K. SENGHAS), Heidelberg 1982.

PIGNATTI, S., Flora d'Italia, Bologna 1982.

POLUNIN, O., Flowers of Europe, London–New York–Toronto 1969.

ROTHMALER, W., MEUSEL, H. u. SCHUBERT, R., Exkursionsflora für die Gebiete der DDR und BRD, Gefäßpflanzen, 10. Aufl., Berlin 1981.

ROTHMALER, W., SCHUBERT, R., VENT, W. u. a., Exkursionsflora für die Gebiete der DDR und der BRD, Kritischer Band, Berlin 1976.

TUTIN, T. G. u. al. (Ed.), Flora Europaea, vol. 1–5, Cambridge 1964–1978.

Holzpflanzen, Nutz- und Heilpflanzen:

BAERNER, J. u. MUELLER, J. F., Die Nutzhölzer der Welt, 4 Bde., Neudamm–Weinheim 1942–1961.

BAKER, H. G., Plants and Civilization, Belmont, Calif., 1970.

BAUMEISTER, W. u. REICHART, Lehrbuch der Angewandten Botanik, Stuttgart 1969.

BERGER, F., Handbuch der Drogenkunde, 5 Bde., Wien 1946–1960.

BOGEN, H. J., Gezähmt für die Zukunft – Leistungen und Perspektiven der Biotechnik, München–Zürich 1973.

BRÜCHER, H., Tropische Nutzpflanzen; Ursprung, Evolution und Domestikation, Berlin–Heidelberg–New York 1977.

EDLIN, H. u. NIMMO, M., BLV-Bildatlas der Bäume: Merkmale und Biologie, München 1983.

FRANKE, G. (Ed.), Nutzpflanzen der Tropen und Subtropen, 2 Bde., 3. Aufl., Leipzig 1982 –.

FRANKE, W., Nutzpflanzenkunde, Nutzbare Gewächse der gemäßigten Breiten, Subtropen und Tropen, 2. Aufl., Stuttgart 1981.

FRANKEL, O. H. u. BENNETT, E. (Ed.), Genetic Resources in Plants – their Exploration and Conservation, Oxford–Edinburgh 1970.

GESSNER, O., Die Gift- und Arzneipflanzen von Mitteleuropa, 2. Aufl., Berlin 1956.

HOFFMANN, W., MUDRA, A. u. PLARRE, W., Lehrbuch der Züchtung landwirtschaftlicher Kulturpflanzen, 2 Bde., Berlin–Hamburg 1970–1971.

KRÜSSMANN, G., Handbuch der Laubgehölze, 2 Bde., 2. Aufl., Berlin–Hamburg 1976–1978.

KRÜSSMANN, G., Handbuch der Nadelgehölze, 2. Aufl., Hamburg–Berlin 1983.

LEWIS, W. H. u. ELVIN-LEWIS, M. P. F., Medical Botany – Plants Affecting Man's Health, New York 1977.

MANSFELD, R., Vorläufiges Verzeichnis landwirtschaftlich oder gärtnerisch kultivierter Pflanzenarten, Berlin 1962.

PAREY's Blumengärtnerei, 2. Aufl., 3 Bde., 1955–1961.

POLUNIN, O., Bäume und Sträucher Europas, München 1980.

PURSEGLOVE, J.W., Tropical Crops: Dicotyledons (vol. 1–2), Monocotyledons, London 1968, 1972.

RAUH, W., Morphologie der Nutzpflanzen, 2. Aufl., Heidelberg 1950.

REHM, S. u. ESPIG, G., Die Kulturpflanzen der Tropen und Subtropen, Anbau, wirtschaftliche Bedeutung, Verwertung, Stuttgart 1976.

ROEMER, T., RUDORF, W. & al. (Ed.), Handbuch der Pflanzenzüchtung, 2. Aufl., Hamburg–Berlin 1958 bis 1962.

SCHWANITZ, F., Die Evolution der Kulturpflanzen, München–Basel–Wien 1967.

SIMMONS, N.W., Evolution of Crop Plants, London–New York 1976.

SPRECHER VON BERNEGG, A., Tropische und subtropische Weltwirtschaftspflanzen, 5 Bde., Stuttgart, 1. Aufl. 1929–1936, 2. Aufl. seit 1960.

UPHOF, J.C.TH., Dictionary of Economic Plants, Vgl. auch Publikationen in der Zeitschrift «Die Kulturpflanze».

Wegen Arzneipflanzen und Drogen vgl. auch die letzten Ausgaben des Deutschen, Österreichischen und Schweizer Arzneibuches.

Systematik der Gymnospermen:

CHAMBERLAIN, C.J., Gymnosperms, Chicago 1935.

GAUSSEN, H., Les Gymnospermes actuelles et fossiles, Toulouse, 1943–1979.

SPORNE, K.R., The Morphology of Gymnosperms, London 1965.

Systematik der Angiospermen, Gesamtgruppe:

CRONQUIST, A., An Integrated System of Classification of Flowering Plants, New York 1981.

DAHLGREN, R. u. al., A system of classification of the Angiosperms, Bot. Notiser 128, 129, Plant Syst. Evol., suppl. 1, 1975–1977.

DAHLGREN, R., A revised system of classification of the Angiosperms, Bot. J. Linn. Soc. 80, 1980.

DAVIS, P.H., CULLEN, J.: The Identification of Flowering Plant Families, 2nd ed., London–New York–Melbourne 1965, 1979.

EHRENDORFER, F. u. DAHLGREN, R. (Eds.), New Evidence of Relationships and Modern Systems of the Angiosperms, Nord. J. Bot. 3 (1), 1983.

GEESINK, R. u.a., Thonner's analytical Key to the Families of Flowering Plants, The Hague 1981.

GRAF, J., Tafelwerk zur Pflanzensystematik, Einführung in das natürliche System der Blütenpflanzen, München 1975.

HEYWOOD, V.H. u. GOAMAN, V. (Ed.), Blütenpflanzen der Welt, Stuttgart 1982.

HUTCHINSON, J., Evolution and Phylogeny of Flowering Plants, London 1969.

HUTCHINSON, J., The Families of Flowering Plants, 3. Aufl., Oxford 1973.

KUBITZKI, K., Probleme der Großsystematik der Blütenpflanzen, BDBG 85, 1972.

KUBITZKI, K. (Ed.), Flowering, Evolution and Classification of Higher Categories, Plant Syst. Evol., suppl. 1, 1977.

MEEUSE, A.D.J., Floral Evolution and Emended Anthocorm Theory, Madras: Hissar 1976.

STEBBINS, G.L., Flowering Plants, Evolution above the Species Level, Cambridge/Mass. 1974.

TAKHTAJAN, A., Die Evolution der Angiospermen, Jena 1959.

TAKHTAJAN, A., Evolution und Ausbreitung der Blütenpflanzen, Jena 1973.

TAKHTAJAN, A., Outline of the classification of flowering plants, Bot. Rev. 46, 1980.

WALKER, J.W. (Ed.), The Bases of Angiosperm Phylogeny: Floral Anatomy, Vegetative Morphology, Vegetative Anatomy, Embryology, Ultrastructure, Palynology, Cytology, Chemotaxonomy, Paleobotany, Transspecific Evolution, etc., Ann. Missouri Bot. Garden 62 (3), 1976.

Systematik und Biologie der Angiospermen, Teilgruppen (Auswahl):

BABCOCK, E.B., The Genus Crepis, London–Berkeley 1947.

BAUM, B.R., Oats: Wild and Cultivated. A monograph of the genus Avena L. (Poaceae), Ottawa 1977.

DAHLGREN, R. u. CLIFFORD, H.T., The Monocotyledons: A Comparative Study, London–New York 1982.

EHRENDORFER, F. u.a., Chromosome numbers and evolution in primitive Angiosperms, Taxon 17, 1968.

EHRENDORFER, F., SCHWEIZER, D., GREGER, H. u. HUMPHRIES, CH. ♂ Chromosome banding and synthetic systematics in Anacyclus (Asteraceae – Anthemideae), Taxon 26, 1977.

ENDRESS, P.K., Evolutionary trends in the Hamamelidales-Fagales-group, Plant Syst. Evol., Suppl. 1, 1977.

GELIUS, L., Studien zur Entwicklungsgeschichte an Blüten der Saxifragales sensu lato mit besonderer Berücksichtigung des Androeceums, BJSy 87, 1967.

GRANT, V., Natural History of the Phlox Family, The Hague 1959.

GRUND, C. u. JENSEN, U., Systematic elationships of the Saxifragalen revealed by serological characteristics of seed proteins, Plant Syst. Evol. 137, 1981.

HARBORNE, J.D. u.a. (Ed.), Chemotaxonomy of the Leguminosae, London–New York 1971.

HAWKES, J.G. u.a. (Ed.), The Biology and Taxonomy of the Solanaceae, Linn. Soc. Symp. Ser. 7, 1979.

HEYWOOD, V.H., The Biology and Chemistry of the Umbelliferae, Bot. J. Linn. Soc. London, Suppl. 1, 1971.

HEYWOOD, V.H., HARBORNE, J.B. u. TURNER, B.L. (Ed.), Biology and Chemistry of the *Compositae*, London–New York 1978.

HUBBARD, C.E., Gräser, Stuttgart 1973.

HUBER, H., Die Verwandtschaftsverhältnisse der Rosifloren, Mitt. Bot. München 5, 1963.

JENSEN, U., Serologische Beiträge zur Systematik der *Ranunculaceae*, BJSy 88, 1968.

KIRCHNER, O., LOEW, E., SCHROETER, C., WANGERIN, W. u. SCHMUCKER, C., Lebensgeschichte der Blütenpflanzen Mitteleuropas, seit 1908.

KUBITZKI, K., Chemosystematische Betrachtungen zur Großgliederung der Dicotylen, Taxon 18, 1969.

KUIJT, J., The Biology of Parasitic Flowering Plants, Berkeley–Los Angeles 1969.

MARBY, T.J. u. BEHNKE, H.-D. (Ed.), Evolution of centrospermous families, Plant Syst. Evol. 126 (1), 1976.

MERXMÜLLER, H. u. LEINS, P., Die Verwandtschaftsbeziehungen der Kreuzblütler und Mohngewächse, BJSy 86, 1967.

SCHLECHTER, R. u. BRIEGER, F.G., Die Orchideen, 3. Aufl., Hamburg–Berlin 1970.

STERN, W.L. (Ed.), What happened to the *Amentiferae*? Brittonia 25 (4), 1974.

VAUGHAN, J.G., The Biology and Chemistry of the *Cruciferae*, London–New York–San Francisco 1976.

Wegen weiterer Literatur vgl. die Zeitschriften FdB, BJSy, «Taxon» sowie den Kew Record of Taxonomic Literature, seit 1971.

Literatur zur Geobotanik

Zusammenfassende Werke:

BARBOUR, M., BURK, J.H. u. PITTS, W.D., Terrestrial Plant Ecology, Cummings 1980.

CODY, M.L. u. DIAMOND, J.M., Ecology and Evolution of Communities, Cambridge/Mass., 1975.

COX, C.B., HEALEY, I.N. u. MOORE, P.D., Biogeography, an Ecological and Evolutionary Approach, Oxford–London–Edinburgh 1973.

DAUBENMIRE, R., Plant Geography, London–New York 1978.

DUVIGNEAUD, P., La Synthèse Écologique; Populations, Communautées, Écosystèmes, Biosphère, Noosphère, Paris 1974.

ELLENBERG, H., Wege der Geobotanik zum Verständnis der Pflanzendecke, NW 55 (10), 1968.

KERSHAW, K.A., Quantitative and Dynamic Plant Ecology, 2nd ed., London 1973.

KÜHNELT, W., Grundriß der Ökologie, mit besonderer Berücksichtigung der Tierwelt, 2. Aufl., Jena 1970.

LARCHER, W., Ökologie der Pflanzen, 3. Aufl., Stuttgart 1980.

LESER, H., Landschaftsökologie, 2. Aufl., Stuttgart 1978.

McNAUGHTON, S.J. u. WOLF, L.L., General Ecology, New York 1973.

MUELLER-DOMBOIS, D. u. ELLENBERG, H., Vegetation Ecology, Chichester 1974.

MÜHLENBERG, M., Freilandökologie, Heidelberg 1976.

ODUM, E.P., Ökologie, 4. Aufl., München–Basel–Wien 1980.

ODUM, E.P., Fundamentals of Ecology, 3. Aufl., Philadelphia–London–Toronto 1971.

OZENDA, P., Biogéographie végétale, Paris 1964.

PIANKA, E.R., Evolutionary Ecology, New York 1974.

POOLE, R.W., Introduction to Quantitative Ecology, New York 1974.

REICHELT, G. u. WILMANNS, O., Vegetationsgeographie, Braunschweig 1973.

RODGERS, C.L. u. KERSTETTER, R.E., The Ecosphere – Organisms, Habitats, and Disturbances, New York 1974.

SCHIMPER, W., Pflanzengeographie auf physiologischer Grundlage, 3. Aufl. F.C. v. FABER (Ed.), Jena 1935.

SCHMIDT, G., Vegetationsgeographie auf ökologisch-soziologischer Grundlage, Leipzig 1969.

SCHMITHÜSEN, J., Allgemeine Vegetationsgeogrphie, 3. Aufl., Berlin 1968.

SCHUBERT, R., Pflanzengeographie, 2. Aufl., Berlin 1979.

STRUBING, L. u. SCHWANTES, H.O., Ökologische Botanik, Heidelberg 1981.

SUKACHEV, V. u. DYLIS, N., Fundamentals of Forest Biogeocoenology, Edinburgh–London 1968.

WALTER, H., Einführung in die Phytologie III, 2. Aufl., u. IV, Stuttgart 1956–1970.

WALTER, H., Allgemeine Geobotanik, 2. Aufl., Stuttgart 1979.

WHITTAKER, R.H., Communities and Ecosystems, 2. Aufl., New York 1975.

WILLIS, A.J., Introduction to Plant Ecology, London 1972.

Vgl. auch die Publikationsreihen «Ecological Studies» Berlin–Heidelberg–New York, seit 1970, und «Advances in Ecological Research» London–New York, seit 1962 sowie Beiträge in den Zeitschriften «Ecology», «Journal of Ecology» und «Ecological Review».

Hydrobiologie (Auswahl):

GESSNER, F., Hydrobotanik, Bd. I–II, Berlin 1955, 1959.

GOLDMAN, C. u. HORNE, A.J., Limnology, New York 1982.

GÖTTING, K.-J., SCHNETTER, R.F. u. SCHNETTER, R., Einführung in die Meeresbiologie 1: Marine Organismen – Marine Biogrographie, Wiesbaden 1982.

LEVINTON, J.S., Marine Ecology, Englewood Cliffs 1982.

RUTTNER, F., Grundriß der Limnologie, 3. Aufl., Berlin 1962.

SCHWOERBEL, J., Einführung in die Limnologie, 4. Aufl., Stuttgart 1980.

TAIT, R. V., Meeresökologie, Stuttgart 1971.

UHLMANN, D., Hydrobiologie, Stuttgart–New York 1982.

Vgl. auch die Zeitschriften «Archiv für Hydrobiologie» und «Aquatic Botany».

Arealkunde:

BĂNĂRESCU, P. u. BOŞCAIU, Biogeographie; Fauna und Flora der Erde und ihre Geschichtliche Entwicklung, Jena 1978.

CAIN, ST. A., Foundations of Plant Geography, New York–London 1943.

GOOD, R., The Geography of the Flowering Plants, 4. Aufl., London 1974.

HANNIG, E. u. WINKLER, H. (Ed.), Pflanzenareale, Jena seit 1926.

HAEUPLER, H., Statistische Auswertung von Punktrasterkarten der Gefäßpflanzenflora Süd-Niedersachsens, Scripta Geobotanica 8, 1974.

JALAS, J. u. SUOMINEN, J., Atlas Florae Europae, 1 –, Helsinki, seit 1972.

KELLMAN, M.C., Plant Geography, London 1974.

MENNEMA, J. u.a., Atlas of the Netherlands Flora 1, London–New York 1980.

MEUSEL, H., Vergleichende Arealkunde, Berlin 1943.

MEUSEL, H. u.a., Vergleichende Chorologie der zentraleuropäischen Flora, Jena seit 1965.

MÜLLER, P., Arealsysteme und Biogeographie, Stuttgart 1981.

RAVEN, P.H. u. AXELROD, D.I., Angiosperm Biogeographie and Past Continental Movements, Ann. Missouri Bot. Gard. 61 1974.

RIDLEY, H.N., The Dispersal of Plants throughout the World, Ashford/Kent 1930.

SCHUSTER, R.M., Continental movements, «Wallace's line» and Indomalayan-Australasian dispersal of land plants: some eclectic concepts. Bot. Rev. 38, 1972.

WALTER, H. u. STRAKA, H., Arealkunde, Einführung in die Phytologie III/2, 2. Aufl., Stuttgart 1970.

WANGERIN, W., Florenelemente und Arealtypen, BBC, Erg.-Bd. 49, 1932.

WATTS, D., Principles of Biogeography, London 1971.

WELTEN, M. u. SUTTER, R., Verbreitungsatlas der Farn- und Blütenpflanzen der Schweiz ...., Stuttgart 1982.

WULFF, E.V., An Introduction to Historical Plant Geography, Waltham 1943.

Vgl. dazu auch Beiträge in der Zeitschrift «Journal of Biogeography».

Populationsbiologie:

CHRISTIANSEN, F.B. u. FENCHEL, T.M., Theories of Populations in Biological Communities, Ecol. Stud. 20, Heidelberg 1977.

ELSETH, G.D. u. BAUMGARDNER, K.D., Population Biology, New York etc. 1980.

HARPER, J.L., Population Biology of Plants, London–New York–San Francisco 1977, 1981.

MACARTHUR, R.H. u. CONNELL, J.H., Biologie der Populationen, München–Basel–Wien 1970.

PIELOU, E.C., Population and Community Ecology, Principles and Methods, London 1975.

SALISBURY, E. J., The Reproductive Capacity of Plants, London 1942.

SILBERTON, J.W., Introduction to Plant Population Ecology, London–New York 1982.

SOLBRIG, O.T. & al. (Ed.), Topics in Plant Population Biology, London–Basingsticke 1979.

WILSON, E.O. & BOSSERT, W.H., Einführung in die Populationsbiologie, Berlin–Heidelberg–New York 1973.

Vegetationskunde:

BOX, E.O., Macroclimate and Plant Forms, The Hague 1981.

BRAUN-BLANQUET, J., Pflanzensoziologie, 3. Aufl., Wien 1964.

DAUBENMIRE, R., Plant Communities, a Textbook of Plant Synecology, New York–Evanston–London 1968.

ELLENBERG, H., Landwirtschaftliche Pflanzensoziologie, Stuttgart 1950–1954.

ELLENBERG, H., Aufgaben und Methoden der Vegetationskunde; in: WALTER, H., Einführung in die Phytologie IV/1, Stuttgart 1956.

FRANKENBERG, P., Vegetation und Raum, Paderborn 1982.

GREIG-SMITH, P., Quantitative Plant Ecology, 3rd ed., London 1981.

GRIME, J.P., Plant Strategies and Vegetation Processes, Chichester–New York–Brisbane–Toronto 1979.

Handbook of Vegetation Science (Ed. R. TÜXEN), The Hague, seit 1973.

HOWARD, J.A., Aerial Photoecology, London 1970.

KNAPP, R., Einführung in die Pflanzensoziologie, Stuttgart 1971.

KNAUER, N., Vegetationskunde und Landschaftsökologie, Heidelberg 1981.

KREEB, K.H., Vegetationskunde, Stuttgart 1983.

KÜCHLER, A.W., Vegetation Mapping, New York 1967.

LAUBENFELS, D.J., Mapping the World's Vegetation, Syracuse/N.Y., 1975.

LIETH, H. (Ed.), Phenology and Seasonality Modelling, Ecol. Studies 8, Heidelberg 1974.

MC INTOSH, R.P. (Ed.), Phytosociology, Stroudsburg 1978.

SCHMIDT, W. (Ed.), Sukzessionsforschung, Ber. Internat. Symp. Internat. Ver. Vegkunde, Vaduz 1975.

SCHUBERT, R., HILBIG, W., MAHN, G.R. (Ed.), Probleme der Agrogeobotanik, Jena 1975.

WHITTAKER, R.H. (Ed.), Ordination and Classification of Communities, Handbook Veg. Sc. 5, 1973.

WILMANNS, O., Ökologische Pflanzensoziologie, 2. Aufl. Heidelberg 1978.

Vgl. dazu auch die Berichte über die Symposien der Internat. Vereinigung für Vegetationskunde, seit 1963, sowie Beiträge in den wissenschaftlichen Zeitschriften bzw. Reihen «Vegetatio», «Phytocoenologia» und «Advances in Vegetation Science».

Ökologische Geobotanik, zusammenfassende Werke:

KINZEL, H., Pflanzenökologie und Mineralstoffwechsel, Stuttgart 1982.

KREEB, K.-H., Ökophysiologie der Pflanzen, Stuttgart 1974.

KREEB, K.-H., Methoden der Pflanzenökologie, Stuttgart–New York 1977.

LANGE, O.L. u.a. (Ed.), Physiological Plant Ecology I–IV, EP 12 A–D, 1981–1983.

WARMING, E. u. GRAEBNER, P., Lehrbuch der ökologischen Pflanzengeographie, 4. Aufl., Berlin 1933.

WINKLER, S., Einführung in die Pflanzenökologie, 2. Aufl., Stuttgart 1980.

Klima und Boden (Auswahl):

BLÜTHGEN, J., Allg. Klimageographie, Berlin 1964.

DAS, B.M., Fundamentals of Soil Dynamics, Amsterdam–Oxford–New York 1983.

DICKISON, C.H. u.a. (Ed.), Biology of Plant Litter Decomposition, 2 vols., London 1974.

GEIGER, R., Das Klima der bodennahen Luftschicht, 4. Aufl., Braunschweig 1961.

KELLER, R., Wasserbilanz der Bundesrepublik Deutschland, Umschau 71, 1971.

KUBIENA, W.L., Entwicklungslehre des Bodens, Wien 1948.

KUBIENA, W.L., Bestimmungsbuch und Systematik der Böden Europas, Stuttgart 1953.

KUNTZE, H. u.a., Bodenkunde, Stuttgart 1981.

LAATSCH, W., Dynamik der mitteleuropäischen Mineralböden, 3. Aufl., Dresden 1954.

LUNDEGARDTH, H., Klima und Boden, 4. Aufl., Jena 1957.

LYNCH, J.M. u. POOLE, M.J. (Ed.), Microbial Ecology: a Conceptual Approach, Oxford 1979.

RICHARDS, B.N., Introduction to the Soil Ecosystem, New York 1974.

SCHEFFER, F. u. SCHACHTSCHABEL, P., Lehrbuch der Bodenkunde, 11. Aufl., Stuttgart 1982.

TOPP, W., Biologie der Bodenorganismen, Heidelberg 1981.

TROLL, C., Der jahreszeitliche Ablauf des Naturgeschehens in den verschiedenen Klimagürteln der Erde, Studium Generale 8, 1955.

TROLLDENIER, G., Bodenbiologie, Stuttgart 1971.

WALTER, H. u. LIETH, H., Klimadiagramm-Weltatlas, Jena 1967.

Standortlehre

AICHINGER, E., Pflanzen als forstliche Standortszeiger, Wien 1967.

BIEBL, R., Protoplasmatische Ökologie der Pflanzen; Wasser und Temperatur, Protoplasmatologia XII/1, Wien 1962.

DAUBENMIRE, R.F., Plants and Environment, 3rd ed., New York 1974.

DIERSCHKE, H. (Ed.), Vegetation und Substrat, Intern. Symp. Intern. Ver. Vegetationsk., Vaduz 1975.

ELLENBERG, H., Bodenreaktion (einschließlich Kalkfrage) HP IV, 1958.

ELLENBERG, H., Zeigerwerte der Gefäßpflanzen Mitteleuropas, Scripta Geobotanica 9, 1974.

ERNST, W., Schwermetallvegetation der Erde, Stuttgart 1974.

ETHERINGTON, J.R., Environment and Plant Ecology, London–New York 1975.

EYRE, S.R., Vegetation and soils, 2nd ed., London 1968.

HADAS, A. & al. (Ed.), Physical Aspects of Soil Water and Salts in Ecosystems, Ecol. Studies 4, Heidelberg 1973.

HOLTMEIER, F.-K., Geoökologische Beobachtungen und Studien an der subarktischen und alpinen Waldgrenze in vergleichender Sicht, Erdwissenschaftl. Forschung 8, 1974.

IVES, J.D. u. BARRY, R.G. (Ed.), Artic and Alpine Environment, London 1974.

KOL, E., Kryobiologie, I. Kryovegetation, Stuttgart 1968.

KOZLOWSKI, T.T. u. AHLGREN, C.E. (Ed.), Fire and Ecosystems, New York 1974.

KREEB, K., Die ökologische Bedeutung der Bodenversalzung, Angew. Bot. 39, 1965.

LANDOLT, E., Ökologische Zeigerwerte zur Schweizer Flora, Veröff. Geobot. Inst. ETH Zürich 64, 1977.

LANGE, O.L. u.a. (Ed.), Water and Plant Life, Ecol. Studies 19, Heidelberg 1976.

LARCHER, W., Limiting temperatures for liefe functions in plants; in: PRECHT, H., CHRISTOPHERSEN, J., HENSEL, H., LARCHER, W. (Ed.), Temperature and Life, 2nd ed., Berlin–Heidelberg–New York 1973.

LEVITT, J., Frost Drought, and Heat resistance, Protoplasmatologia VIII/6, Wien 1958.

MITSCHERLICH, G., Wald, Wachstum und Umwelt, 2. Bd.: Waldklima und Wasserhaushalt, Frankfurt/Main 1971.

MONTEITH, J.L. (Ed.), Vegetation and the Atmosphere, London–New York–San Francisco 1975 bis 1976.

PALEG, L.G. u. ASPINALL, D. (Ed.), Physiology and Biochemistry of Drought Resistance in Plants, London–New York 1982.

STRAIN, B.R. & BILLINGS, W.D. (Ed.), Vegetation and Environment, Handbook Veg. Sci. 6, 1974.

TRANQUILLINI, W., Physiological Ecology of the Alpine Timberline, Ecol. Stud. 31, Heidelberg 1979.

WAISEL, Y., Biology of Halophytes, New York–London 1972.

WALTER, H., Einführung in die Phytologie III/1, Standortslehre, 2. Aufl., Stuttgart 1960.

Wein, R.W. (Ed.), The Role of Fire on Northern Circumpolar Ecosystems: Scope 18, New York etc. 1983.
Vgl. dazu auch die Literaturhinweise zur Physiologie.

Ökosystemforschung und Produktivität:

Bakuzis, E.V., Foundations of Forest Ecosystems, St. Paul 1976.

Bazilevich, N.I. u. Rodin, L.Y., Geographical Regularities in Productivity and the Circulation of Chemical Elements in the Earth's main Vegetation Types; in: Soviet Geography (Rev. & Translation), American Geogr. Soc., New York 1971.

Bormann, F.H. u. Likens, G.E., Pattern and Process in a Forested Ecosystem, Heidelberg 1979.

Cannell, M.G.R., World Forest Biomass and Primary Production Data, London–New York 1982.

Cooper, J.P. (Ed.), Photosynthesis and Productivity in Different Environments, London 1975.

Duvigneaud, P. (Ed.), Productivity of Forest Ecosystems, Paris 1971.

Ellenberg, H. (Ed.), Ökosystemforschung, Berlin–Heidelberg–New York 1973.

Esser, G., Aselmann, I. u. Lieth, H., Modelling the Carbon Reservoir in the System Compartment «Litter», Mitt. Geol.-Paläont. Inst. Univ. Hamburg, 52 (SCOPE/UNEP Sonderband) 1982.

Lieth, H. u. Whittaker, R.H. (Ed.), Primary Productivity of the Biosphere, Ecological Studies 14, Berlin–Heidelberg–New York 1975.

Odum, H.T., Trophic Structure and Productivity of Silver Springs, Florida. Ecol. Monogr. 27, 1957.

Rodin, L.E., Eco-physiological Foundation of Ecosystem Productivity in Arid Zone, Leningrad 1972.

Straškraba, M. u. Gnauck, A., Aquatische Ökosysteme, Stuttgart–New York 1983.

Biotische Wechselwirkungen:

Gilbert, L.E. & Raven, P.H., Coevolution of Animals and Plants, Austin–London 1976.

Harborne, J.B., Introduction to Ecological Biochemistry, 2. Aufl., London–New York 1982.

Janzen, D.H., Interactions of seeds and their predators: parasitoids in a tropical deciduous forest; in: Price, P.W. (Ed.), Evolutionary Strategies of Parasitic Insects and Mites, New York 1976.

Knapp, R., Experimentelle Soziologie und gegenseitige Beeinflussung der Pflanzen, Stuttgart 1967.

Levin, D.A., The chemical defenses of plants to pathogens and herbivors, Ann. Rev. Ecol. Syst. 7, 1876.

Marks, G.C. u. Kozlowski, T.T., Ectomycorrhizae, New York–London 1973.

Rice, E.L., Allelopathy, New York–San Francisco–London 1974.

Rosenthal, G.A. u. Janzen, D.H. (Ed.), Herbivores, London–New York 1979.

Sanders, F.E. u. al. (Ed.), Endomycorrhizas, New York–London 1975.

Wallace, J.W. u. Mansell, R.L., Biochemical Interaction between Plants and Insects, New York–London 1976.
Vgl. dazu auch die Literaturhinweise zur Physiologie.

Nutzpflanzenbau und Unkräuter (Auswahl):

Andreae, B., Agrargeographie, 2. Aufl. Berlin 1982.

Baeumer, K., Allgemeiner Pflanzenbau, Stuttgart 1971.

FAO, Production Yearbook 1980, vol. 34, Rome 1982.

Heiser, Ch.B. Jr., Seed to Civilisation, the Story of Man's Food, San Francisco 1973.

Holzner, W. u. Numata, M. (Ed.), Biology and Ecology of Weeds, The Hague 1982.

Koepf, H., Petterson, D. u. Schaumann, W., Biologische Landwirtschaft, Stuttgart 1974.

Krippelova, T. (Ed.), Synanthropic Flora and Vegetation, Acta Inst. Bot. Acad. Sci. Slov., Ser. A 1, 1974.

Mayer, H., Waldbau auf soziologisch-ökologischer Grundlage, Stuttgart 1977.
Vgl. dazu auch die Literaturhinweise zur Evolution und Systematik.

Zerstörung und Schutz der menschlichen Umwelt (Auswahl):

Ant, H. u. Engelke, H., Die Naturschutzgebiete der Bundesrepublik Deutschland, Angew. Wiss. 145, 1970.

Braunbeck, W., Die unheimliche Wachstumsformel, München 1973.

Buchwald, K. u. Engelhardt, W., Handbuch für Landschaftspflege und Naturschutz, München 1968.

Ehrenfeld, D.W., Biological Conservation, New York–San Francisco 1970.

Holzner, W., Werger, M.J.A. u. Ikusima, I. (Ed.), Man's Impact on Vegetation, The Hague 1983.

Odzuck, W., Umweltbelastungen, Stuttgart 1982.

Olschowy, G. (Ed.), Ökologische Grundlagen des Natur- und Umweltschutzes, Hamburg 1981.

Klötzli, F., Unsere Umwelt und wir, Bern–Stuttgart 1981.

Kotzlowski, T.T., Responses of Plants to Air Pollutants, New York 1975.

Kreeb, K.H., Ökologie und menschliche Umwelt, Stuttgart–New York 1979.

Leibundgut, H. (Ed.), Landschaftsschutz und Umweltpflege, Frauenfeld 1974.

Lucas, G. u. Synge, H. (Ed.), The IUCN Plant Red Data Book, Morges 1978.

Moll, W.L.H., Taschenbuch für Umweltschutz 1–3, 2. bzw. 3. Aufl., München 1982 –.

Odzuk, W., Umweltbelastungen, Stuttgart 1982.

Schichtl, H., Bioengineering for Land Restoration and Conservation, Edmonton 1980.

Simmons, J.B. & al. (Ed.), Conservation of Threatened Plants, New York–London 1976.

Smith, W.H., Air Pollution and Forests, Berlin–Heidelberg–New York 1980.

STEUBING, L., KUNZE, C. u. JÄGER, J. (Ed.), Belastung und Belastbarkeit von Ökosystemen, Gießen 1972.

STEUBING, L. u. KUNZE, C., Pflanzenökologische Experimente zur Umweltverschmutzung, Heidelberg 1972.

SUKOPP, H., TRAUTMANN, W. u. KORNECK, D., Auswertung der Roten Liste gefährdeter Farn- und Blütenpflanzen in der Bundesrepublik Deutschland für den Arten- und Biotopschutz, Bonn–Bad Godesberg 1978.

SYNGE, H. u. TOWNSEND, H.: Survival or Extinction, Kew 1979

ZANKL, H., Humanbiologie, Stuttgart–New York 1980.

Floren- und Vegetationsgeschichte, Grundlagen und Methoden:

BANKS, H.P., Evolution and Plants of the Past, 2.Aufl., Belmont 1970.

ENGLER, A., Versuch einer Entwicklungsgeschichte der Pflanzenwelt, Leipzig 1879–1883.

FAEGRI, K. u. IVERSEN, J., Textbook of Pollen Analysis, 3. Aufl., Copenhagen 1975.

KRASILOV, V.A., Paleoecology of Terrestrial Plants, Basic Principles and Techniques, New York–Toronto 1975.

KRÄUSEL, R., Versunkene Floren, Frankfurt 1950.

MÄGDEFRAU, K., Paläobiologie der Pflanzen, 4. Aufl., Jena und Stuttgart 1968.

SCHWARZBACH, M., Das Klima der Vorzeit, 2. Aufl., Stuttgart 1961.

THENIUS, E., Meere und Länder im Wechsel der Zeiten, Verständliche Wissenschaft 114, Berlin–Heidelberg–New York 1977.

TSCHUDY, R.H. u. SCOTT, R.A. (Ed.), Aspects of Palynology, New York–London–Sydney–Toronto 1969.

ZEUNER, F.E., Dating the Past, 4th ed., New York 1958.

ZIEGLER, B., Introduction to Palaeobiology: General Palaeontology, Chichester 1982.

Vgl. dazu auch die Literaturhinweise zur Evolution und Systematik sowie zur Geobotanik.

Anfänge des Lebens:

BARGHOORN, E., The Oldest Fossils, Sci. Amer. 224, 1971.

MILLER, S.J. u. ORGEL, L.E., The Origin of Life on the Earth, N.J.: Englewood Cliffs 1974.

SCHOPF, J.W., The Age of Microscopic Life, Endeavour 122, 1975.

Vgl. dazu auch die Literaturhinweise zur Morphologie sowie zur Evolution und Systematik.

Beispiele zur Florengeschichte vom Paleo- zum Neophyticum:

BANKS, H.P., The Early History of Land Plants; in: DRAKE, E.T. (Ed.), Evolution and Environment, New Haven–London 1968.

FLORIN, R., The Distribution of Conifer and Taxad Genera in Time and Space, Acta Horti Berg. 20 (4, 6), 1963, 1966.

GREGOR, H.-J., Die jungtertiären Floren Süddeutschlands, Stuttgart 1982.

HIRMER, M., Die Forschungsergebnisse auf dem Gebiet der känophytischen Floren, BJSy 72, 1942.

TAKHTAJAN, A., Evolution und Ausbreitung der Blütenpflanzen, Jena 1973.

VAKHRAMEEV, V.A. u.a., Paläozoische und mesozoische Floren Eurasiens und die Phytographie dieser Zeit, Jena 1978.

Veränderungen von Flora und Vegetation im Quartär und Postglazial:

BIRKS, H.J.B. u. WEST, R.G., Quarternary Plant Ecology, Oxford 1973.

FIRBAS, F., Spät- und nacheiszeitliche Waldgeschichte Mitteleuropas, Jena 1949 und 1952.

FRENZEL, B., Grundzüge der pleistozänen Vegetationsgeschichte Nord-Eurasiens, Wiesbaden 1968.

FRENZEL, B., The history of flora and vegetation during the Quarternary, FdB 43, 1981.

GODWIN, H., History of the British Flora, 2nd ed., Cambridge 1975.

HUNTLEY, B. u. BIRKS, H.J.B., An Atlas of Past and Present Pollen Maps for Europe: 0–13,000 Years Ago, London–New York 1982.

OVERBECK, F., Botanisch-Geologische Moorkunde unter besonderer Berücksichtigung der Moore Nordwestdeutschlands als Quellen zur Vegetations-, Klima- und Siedlungsgeschichte, Neumünster 1975.

THENIUS, E., Eiszeiten – einst und jetzt, Kosmos-Bibl. 284, Stuttgart 1974.

WOLDSTEDT, P., Das Eiszeitalter, 3 Bde., 2.–3. Aufl., Stuttgart, seit 1958.

Floren und Vegetationsgebiete, Grundlagen und zusammenfassende Werke:

BREYMEYER, A.I. u. VAN DYNE, G.M. (Ed.), Grasslands, New York 1980.

DI CASTRI, F. u. MO NEY, H.A. (Eds.), Mediterranean Type Ecosystems, Origin and Structure, Ecol. Stud. 7, 1973.

CHAPMAN, V.J. (Ed.), Wet Coastal Ecosystems, Amsterdam–Oxford–New York 1977.

FRANZ, H., Ökologie der Hochgebirge, Stuttgart 1979.

GOODALL, D.W. u. PERRY, R.A. (Ed.), Arid-land Ecosystems, New York 1981.

GOODALL, D.W. (Ed.), Ecosystems of the World, Amsterdam–New York, seit 1977.

KRUGER, F.J. u. al. (Ed.), Mediterranean-type Ecosystems, Berlin–Heidelberg–New York 1983.

LARSEN, J.A., The Boreal Ecosystem, London–New York 1980.

MANI, M.S. u. GIDDINGS, L.F., Ecology of Highlands, The Hague 1980.

MAYER, H., Wälder der Erde und Wälder Europas, Inst. für Waldbau, Univ. Bodenkultur Wien 1977.

MUELLER-DOMBOIS, D., BRIDGES, K.W. u. CARSON, H.L. (Ed.), Island Ecosystems, Stroudsburg 1981.

RANWELL, D.S., Ecology of Salt Marshes and Sand Dunes, London 1972.

SCHMITHÜSEN, J. (Ed.), Atlas zur Biogeographie, Meyers großer physikalischer Weltatlas 3, Mannheim–Wien–Zürich 1976.

TROLL, C., Der asymmetrische Aufbau der Vegetationszonen, Ber. Geobot. Inst. Rübel, Zürich 1948.

WALTER, H., Vegetation und Klimazonen, 4. Aufl., Stuttgart 1979.

WALTER, H., Vegetation der Erde, 2 Bde., 2.–3. Aufl., Stuttgart 1968, 1974.

WALTER, H. u. BRECKLE, S.-W., Ökologie der Erde, Stuttgart, seit 1983.

WALTER, H., HARNICKEL, E. u. MUELLER-DOMBOIS, D., Klimadiagramm-Karten der einzelnen Kontinente und die ökologische Gliederung der Erde, Stuttgart 1975.

Vgl. dazu auch die Literaturhinweise zur Evolution und Systematik und zur Geobotanik.

Zentraleuropa und Alpen:

BRAUN-BLANQUET, J., Die inneralpine Trockenvegetation, Stuttgart 1961.

BRAUN-BLANQUET, J., PALLMANN, H. u. BACH, R., Pflanzensoziologische und bodenkundliche Untersuchungen im Schweizerischen Nationalpark, Liestal 1954.

ELLENBERG, H., Vegetation Mitteleuropas mit den Alpen, 3. Aufl., Stuttgart 1982.

ELLENBERG, H. u. KLÖTZLI, F., Waldgesellschaften und Waldstandorte der Schweiz, Mitt. Schweiz. Anst. Forstl. Versuchsw. 48 (4), 1972.

FREITAG, H., Einführung in die Biogeographie von Mitteleuropa …, Stuttgart 1962.

GRADMANN, R., Das Pflanzenleben der Schwäbischen Alb, 4. Aufl., Stuttgart 1950.

HARTMANN, F.-K., Mitteleuropäische Wälder, Stuttgart 1974.

JAKUCS, P., Dynamische Verbindung der Wälder und Rasen, Budapest 1972.

JENNY,LIPS, H., Vegetation der Schweizer Alpen, Zürich 1948.

LEIBUNDGUT, H., Europäische Urwälder der Bergstufe, dargest. für Forstleute, Naturwissenschaftler und Freunde des Waldes, Zürich–Bern 1982.

MAYER, H., Wälder des Ostalpenraumes, Stuttgart 1974.

MERXMÜLLER, H., Untersuchungen zur Sippengliederung und Arealbildung in den Alpen, Jb. Ver. Schutze Alpenpflanzen u. -tiere 17–19, 1952–1954.

MIKYŠKA, R. u.a., Geobotanische Karte der Tschechoslowakei, 1. Böhmische Länder, Praha 1968.

OBERDORFER, E., Süddeutsche Pflanzengesellschaften, 2. Aufl. Jena u. Stuttgart–New York, seit 1977.

OZENDA, P., Vegetation Map of the Council of Europe member States, Strasbourg 1979.

OZENDA, P. u. LANDOLT, E., Zur Vegetation und Flora der Westalpen, Veröff. Geobot. Inst. Rübel 43, 1970.

PASSARGE, H., Pflanzengesellschaften des nordostdeutschen Flachlandes, I u. II, Jena 1964, 1968.

RUNGE, F., Die Pflanzengesellschaften Deutschlands, 3. Aufl., Münster/Westf. 1969.

SCAMONI, A., Karte der natürlichen Vegetation der Deutschen Demokratischen Republik mit Erläuterungen, Beih. Feddes Repert. 141, 1964.

SCHARFETTER, R., Das Pflanzenleben der Ostalpen, Wien 1938.

SCHMID, E., Erläuterungen zur Vegetationskarte der Schweiz, Beitr. geobot. Landesaufn. Schweiz 39, mit 4 Kartenblättern, 1961.

SCHROETER, C., Das Pflanzenleben der Alpen, 2. Aufl., 1926.

SCHWICKERATH, M., Die Landschaft und ihre Wandlung …, Aachen 1954.

SEIBERT, P., Übersichtskarte der natürlichen Vegetationsgebiete von Bayern 1 : 500000 mit Erläuterungen, Schriften f. Vegetationsk. 3, 1968.

STAHRMÜHLNER, F. u. EHRENDORFER, F. (Ed.), Naturgeschichte Wiens, 4 Bde., Wien–München 1970 bis 1974.

SUKOPP, H., u. TRAUTMANN, W. (Ed.), Veränderungen der Flora und Fauna in der Bundesrepublik Deutschland, Schriftenreihe f. Vegetationsk. 10, 1976.

SZAFER, W., The Vegetation of Poland, Warszawa 1966.

Übrige Holarktis:

BARBOUR, M.G. u. MAJOR, J. (Ed.), Terrestrial Vegetation of California, New York–London–Sydney–Toronto 1977.

BRAUN-BLANQUET, J., Les Groupements Végéteaux de la France Médit., Montpellier 1951.

FAEGRI, K., The Distribution of Coast Plants, Oslo 1960.

GRAHAM, A. (Ed.), Floristics and Paleofloristics of Asia and Eastern North America, Amsterdam 1972.

HAWKSWORTH, D.L. (Ed.), The Changing Flora and Fauna of Britain, London–New York 1974.

HORVAT, I., GLAVAČ, V. u. ELLENBERG, H., Vegetation Südosteuropas, Stuttgart 1974.

HULTÉN, E., The Amphi-Atlantic Plants and their Phytogeographic Connections, Stockholm 1958.

HULTÉN, E., The Circumpolar Plants, 2 vol., Stockholm 1964, 1971.

HULTÉN, E., Atlas of the Distribution of Vascular Plants in Northwestern Europe, 2nd ed., Stockholm 1971.

JALAS, J. u. SUOMINEN (Ed.), Atlas Florae Europaeae, Helsinki, seit 1972.

KNAPP, R., Die Vegetation von Nord- und Mittelamerika und der Hawaii-Inseln, Stuttgart 1965.

KUNKEL, G. (Ed.), Biogeography and Ecology in the Canary Islands, The Hague 1976.

LAVRENKO, E.M. u. SOCZAVA, V.B. (Eds.), Descriptio Vegetationis URSS, 2 Bde. u. 8 Kartenblätter, Moskau–Leningrad 1956.

La Flore du Bassin Méditerranéen, Coll. Int. CNRS 235, Paris 1975.

MEUSEL, H. u. SCHUBERT, R., Beiträge zur Pflanzengeographie des Westhimalayas, Flora 160, 1971.

NUMATA, M., The Flora and Vegetation of Japan, Tokyo–Amsterdam–London–New York 1974.

PERRING, F. H. & WALTERS, S. M., Atlas of the British Flora & Suppl., London–Edinburgh 1962, 1968.

QUEZEL, P., La végétation du Sahara, Stuttgart 1965.

RIKLI, M., Das Pflanzenleben der Mittelmeerländer, Bern 1943–1948. `

SJÖRS, H., Nordisk växtgeografi, Stockholm 1956.

TANSLEY, A. G., The British Islands and Their Vegetations, Cambridge 1965.

TANSLEY, A. G., Britain's Green Mantle, 2nd ed., London 1968.

The Plant Cover of Sweden, Acta Phytogeogr. Suecica 50, 1965.

TOLMACHEV, A. I. (Ed.), Distribution of the Flora of the USSR, Jerusalem 1968.

WALTER, H., Die Vegetation Osteuropas, Nord- und Zentralasiens, Stuttgart 1974.

WIEGOLASKI, F. E. (Ed.), Fennoscandian Tundra Ecosystems, Ecol. Studies 16–17, Berlin–Heidelberg–New York, 1975.

ZOHARY, M., Geobotanical Foundation of the Middle East, Stuttgart–Amsterdam 1973.

Tropen und Südhemisphäre:

BALGOOY, M. M. J. VAN, Plant Geography of the Pacific, Blumea suppl 6, 1971.

BEADLE, N. C., Vegetation of Australia, Stuttgart 1981.

BÜNNING, E., Der tropische Regenwald, Berlin 1956.

CHAPMAN, V. I., Mangrove Vegetation, Lehre 1976.

DOLDER, W. (Ed.), Tropenwelt, Fauna und Flora zwischen den Wendekreisen, Bern–Wien 1976.

FARNWORTH, E. G. u. GOLLEY, F. B., Fragile Ecosystems: Evaluation of Research and Application in the Neotropics, Berlin–Heidelberg–New York 1974.

GOLLEY, F. B. u. MEDINA, E. (Ed.), Tropical Ecological Systems, Berlin–New York 1975.

GRAHAM, A. (Ed.), Vegetation and Vegetational History of Northern Latin America, Amsterdam 1973.

HALL, J. B. & SWAINE, M. D., Distribution and Ecology of Vascular Plants in a Tropical Rain Forest, The Hague 1981.

HEDBERG, O., Features of Afroalpine Plant Ecology, Acta Phytogeogr. Suecica 49, 1964.

HEDBERG, O. u. I. (Ed.), Conservation of Vegetation in Africa South of the Sahara, Acta Phytogeogr. Suecica 54, 1968.

HUECK, K. u. SEIBERT, P., Vegetationskarte von Südamerika, 2. Aufl., Stuttgart–New York 1981.

HUNTLEY, B. J. u. WALKER, B. H. (Ed.), Ecology of Tropical Savannas, Berlin–Heidelberg–New York 1982.

KEAST, A. (Ed.), Ecological Biogeography of Australia, The Hague 1981.

KNAPP, R., Die Vegetation von Afrika, Stuttgart 1973.

KOECHLIN, J., GUILLAUMET, J.-L. u. MORAT, P., Flore et Végétation de Madagascar, Vaduz 1974.

KUSCHEL, G. (Ed.), Biogeography and Ecology in New Zealand, The Hague 1975.

LARSEN, K. u. HOLM-NIELSEN, L. B. (Ed.), Tropical Botany, London–New York 1979.

LONGMAN, K. A. u. JENIK, J., Tropical Forest and Its Environment, London 1974.

MEGGERS, B. F. u. al. (Ed.), Tropical Forest Ecosystems in Africa and South America, Washington 1973.

PAIJANS, K. (Ed.), New Guinea Vegetation, Amsterdam–Oxford–New York 1976.

PRANCE, G. T. (Ed.), Biological Diversification in the Tropics, New York 1982.

RICHARDS, P. W., The Tropical Rain Forest, Cambridge 1952.

SCHMID, M., Végétation du Viet-Nam, Paris 1974.

SCHNELL, R., Introduction a la Phytogéographie des Pays Tropicaux, vol. I–II, Paris 1970–1971.

SUTTON, S. L. (Ed.), Tropical Rain Forest: Ecology and Management, London 1983.

TROCHAIN, J.-L., Ecologie végétale de la zone intertropicale non-désertique, Paris 1980.

TROLL, C., Zur Physiognomik der Tropengewächse, Jahrb. Gesellsch. Freund. Förd. Univ. Bonn 1958.

TROLL, D., Die tropischen Gebirge..., Bonner Geogr. Abh. 25, 1959.

VARESCHI, V., Vegetationsökologie der Tropen, Stuttgart 1980.

Als wichtige Ergänzung zum Stoff dieses Lehrbuches sei zuletzt noch auf die zahlreichen einschlägigen wissenschaftlichen Filme aufmerksam gemacht. Verzeichnisse und Verleihbedingungen sind erhältlich bei den zuständigen nationalen Institutionen für die wissenschaftliche Kinematographie (z. B. in Göttingen, Wien etc.).

Register

Halbfette Zahlen weisen bei Fachausdrücken auf die Seite hin, auf welcher der betr. Begriff definiert ist; bei Pflanzennamen auf die Seite, auf welcher das betr. Taxon innerhalb des Systems behandelt ist.
* nach den Seitenzahlen bedeutet Abbildung.
Die Ausschlagtafel befindet sich zwischen den Seiten 1040 und 1041.

H_2S 250

Hahnenfuß 839, s. a. Ranunculus
Hahnenfußgewächse 839
Hainbuchen 848, 994, 1018
s. a. Carpinus
Hainbuchen-Eichen-Mischwälder 1023
Hainbuchen – Eichenwälder 944*, 949*, 954, 958*, 986, 1029
Hainbuchenmischwald, Ökosystem 986*
– Vegetationsgebiete 1017*
Hainsimse 938*, 904, s. a. Luzula
Hakea 1040
Haken bei Ascomycetes 654*, **655**, 685
Halbparasit 984, s. a. Halbschmarotzer
Halbparasitismus 865
Halbrosettenpflanzen 144
Halbschmarotzer **206**, 889, 984, 1029
Halbsträucher 159, **200**, 941, 1032
Halbtrockenrasen 949*, 973, 995, 1028
Halbwüste 991, 1019, 1026, 1033, 1035, 1036, **1038**, Ausschlagtafel
Halicoryne 544
Halicystis 593
Halidrys **618**, 827*
Halimeda 592*, **594**, 628
Hallimasch 291, 687
s. a. Armillaria
Halluzinogene, halluzinogene Verbindungen 74, 684, 685
Halobacterium 449, 556, 557, **558**
– halobium 250, 251*
Halococcus 556, 557*
Halogenwasserstoffe 999
Halogeton glomeratus 344
Halophyten **205**, 344, 581, 686, 692, 694, 717, 755, 931, 971, 1026
– Succulenz 205
– Vegetation 1026
Halopteris 612
– filicina 95*
Haloragaceae, -les 861
Haloserien 1026
Halskanalzellen **696**, 699, 705, 707*, 707, 717, 723, 725, 732, 748, 766, 779*, 813
Halswandzellen 766, 769*
Hamamelidaceae, -les 846
Hamamelididae 774*, 821, 822,

836*, 841, **845 ff.**, 850, 854, 853*, 854*, 862, 912
Hamamelis 846, 1009
Hanf 853, s. a. Cannabis
– Neuseeländischer 899
– Produktionszahlen 997
Hangschutt 1026
Hapalosiphon 567, 570, 629
haplobiontisch 593, 600, 625
s. a. Generationswechsel
haplochlamydeisch 802
Haplodiplonten 512
haplodiplontische Hefen 652
haploid 59*, 509*
Haploidie 508, **509**
Haplolepideae 714
Haplo-Mitosporen **212**, 213
Haplomitrium **703**, 703*
Haplonema 93
Haplont 59, 492, 511, 512
Haplopappus 508, 930
– gracilis (Chromosomenzahl) 44
Haplophase 59*, 511, 512, 757*, 758, 759*, 772, 779*, 914
Haplosporangium 649
Haplostemonie 803
Hapteren 481, 699, 734*, 735, 737
Haptonema 578
Haptophyta, -ceae 572, **578**
– Artenzahl 578
Haptotropismus s. Thigmotropismus
Hardy, G. H. 487
Hardy-Weinberg-Formel 516
Harnstoff 353
Hartheu s. Hypericum
Harpella 650
Hartbast 171, 171*, 172
Hartholzauen 954, 1024, 1024*
Hartkorallen 375
Hartlaubfloren 1009
Hartlaubgebüsch 1035, 1040
Hartlaubgehölze 955, 956, 991, 1034
– mediterrane 955
Hartlaubgewächse 192
Hartlaubheiden 1040
Hartlaubvegetation, Ausschlagtafel
Hartlaubwälder 949, 1020, 1034, 1035, 1040
– immergrüne 954
– mediterrane 949*
Hartpolsterformationen, Ausschlagtafel
Hartriegel s. Cornus
Hartschaligkeit 859

Harvey, W. 2
Harzdrüsen 136
Harze 74, 75, 135, 196, 780, 862
Harzgänge, Harzkanäle 136, 136*, 171, 779
Harzüberzüge 192
Haschisch 853
Hasel, Haselstrauch 762, 846, 848, 1015, 1015*, 1018
s. a. Corylus
– -Eichen-Mischwälder 1015
– -Kiefernwald 1015, 1015*
Haselnüsse, Produktionszahlen 997
Haselwurz s. Asarum
Haube s. Calyptra
Hauhechel 860, 924*
s. a. Ononis
Hauptachse 147
Hauptflorescenz 151
Hauptfruchtform **635**, 655, 656
Hauptinflorescenz 149
Haupttrippen 178, 870
s. a. Blattrippen
Hauptsatz, Erster, der Thermodynamik 216
– Zweiter, 218
Hauptstreckungszone 155
Hauptwurzel, Primärwurzel 137, 186, 188, 759, 771*, 895
Hauptwurzelanlage 769
Hausschwamm 325, **682**, 687
Haustorien, -um 107, 206, 270, 638, **691**, 692*, 697, 707, 718, 725, 752*, 813, 823*, 825, 899
– des Embryo 729*, 752*
– intracelluläres 692*
– intramembranöses 692*
– d. Parasiten 671*, 692*
Hauswurz s. Sempervivum
Hautflorescenz 151
Hautgelenke der Spaltöffnungen 116
Hebelmechanismen der Blüte 818
Hechtsche Plasmafäden 84
Heckenkirsche s. Lonicera
Hedera 437, 490, 868, 869*, 1023
– helix 437*
Hederich 932
Hefen 275, 499, **650**
– diplontische 652
– haplontische 652
– imperfecte 686
Hefepilze, Verwendung der 652
Hegnauer, R. 537

Die neuen SI-Einheiten

SI-Basiseinheiten

Basisgröße	Name	Zeichen
Länge	Meter	m
Masse	Kilogramm	kg
Zeit	Sekunde	s
elektrische Stromstärke	Ampere	A
(thermodyn.) Temperatur	Kelvin*	K
Stoffmenge	Mol	mol
Lichtstärke	Candela	cd

* Bei der Angabe von Celsius-Temperaturen wird der besondere Name Grad Celsius (Einheitenzeichen °C) anstelle von Kelvin benutzt.

Zur Vermeidung von Verwechslungen empfiehlt sich bei Berechnungen der Gebrauch von Potenzen. ▷

Vorsätze für dezimale Vielfache und Teile

Zehnerpotenz	Vorsatz	Vorsatzzeichen
10^{18}	Trillion	Exa	E
10^{15}	Billiarde	Peta	P
10^{12}	Billion	Tera	T
10^{9}	Milliarde	Giga	G
10^{6}	Million	Mega	M
10^{3}	Tausend	Kilo	k
10^{2}	Hundert	Hekto	h
10	Zehn	Deka	da
10^{-1}	Zehntel	Dezi	d
10^{-2}	Hundertstel	Zenti	c
10^{-3}	Tausendstel	Milli	m
10^{-6}	Millionstel	Mikro	μ
10^{-9}	Milliardstel	Nano	n
10^{-12}	Billionstel	Piko	p
10^{-15}	Billiardstel	Femto	f
10^{-18}	Trillionstel	Atto	a

Umrechnungsfaktoren für einige neue Einheiten

	alt →	neu	neu →	alt
Kraft	1 kp	$\approx 10\,N$	1 N	$\approx 0{,}1\,kp$
	1 dyn	$= 10^{-5}\,N$	1 N	$= 10^{5}\,dyn$
Druck		$1\,N/m^2$	$= 1\,Pa\ (10\,\mu bar)$	
(Flüssigkeiten, Gase,	1 at (1 kp/cm²)	$\approx 1\,bar\ (10^5\,Pa)$	1 bar (10^5 Pa)	$\approx 1\,at\ (kp/cm^2)$
Hochdruck- u.	1 Torr (1 mm Hg)	$\approx 1{,}3\,mbar\ (130\,Pa)$	1 mbar (100 Pa)	$\approx 0{,}75\,Torr\ (0{,}75\,mm\,Hg)$
Vakuumtechnik)	1 mm WS	$\approx 0{,}1\,mbar\ (10\,Pa)$	1 mbar (100 Pa)	$\approx 10\,mm\,WS$
Mechanische Spannun-	1 kp/mm²	$\approx 10\,N/mm^2$	1 N/mm² (1 MPa)	$\approx 0{,}1\,kp/mm^2 = 10\,kp/cm^2$
gen, Festigkeiten	1 kp/cm²	$\approx 0{,}1\,N/mm^2\ (0{,}1\,MPa)$		
Energie, Arbeit,		1 J	$= 1\,W \cdot s\ (1\,N \cdot m)$	
Wärmemenge		$1\,N \cdot m$	$= 1\,VA \cdot s$	
	$1\,m \cdot kp$	$\approx 10\,J\ (10\,N \cdot m)$	1 J	$\approx 0{,}1\,m \cdot kp$
	1 kcal	$\approx 4{,}2\,kJ\ (1{,}16\,Wh)$	1 kJ (0,28 Wh)	$\approx 0{,}24\,kcal$
		1 kWh	$= 3{,}6\,MJ$	$\approx 860\,kcal$
		1 MJ	$= 0{,}28\,kWh$	$\approx 240\,kcal$
	1 kg SKE	$\approx 29{,}3\,MJ$	100 MJ	$\approx 3{,}4\,kg\,SKE$
	1 erg	$= 10^{-7}\,J$	1 µJ	$= 10\,erg$
Wärmeleitfähigkeit	1 kcal/(m² · h · grd)	$\approx 1{,}2\,W/(K \cdot m^2)$	1 W/(K · m²)	$\approx 0{,}86\,kcal/(m^2 \cdot h \cdot grd)$
Spezif. Wärmekapazität	1 kcal/(kg · grd)	$\approx 4{,}2\,kJ/(K \cdot kg)$	1 kJ/(K · kg)	$\approx 0{,}24\,kcal/(kg \cdot grd)$
Leistung		1 W	$= 1\,J/s\ (1\,N \cdot m/s)$	
	$1\,m \cdot kp/s$	$\approx 10\,W$	1 W	$\approx 0{,}1\,m \cdot kp/s$
	1 PS (75 m · kp/s)	$\approx 0{,}74\,kW$	1 kW	$\approx 1{,}4\,PS\ (100\,m \cdot kp/s)$
Viskosität, dynamisch	1 P (Poise)	$= 100\,mPa \cdot s$	1 mPa · s	$= 1\,cP$
kinematisch	1 St (Stokes)	$= 1\,cm^2/s$	1 cm²/s	$= 1\,St\ (Stokes)$
Magnetische Feldstärke	1 Oe	$\approx 0{,}8\,A/cm$	1 A/cm	$\approx 1{,}2\,Oe$
Magnetische Flußdichte	1 G	$= 10^{-4}\,T$	1 T	$= 10^4\,G$
(Induktion)				
Leuchtdichte	1 asb	$\approx 0{,}32\,cd/m^2$	1 cd/m²	$= 3{,}14\,asb$
	1 sb	$= 1\,cd/cm^2$	1 cd/cm²	$= 1\,sb$
Temperaturdifferenz	1 grd	1 K		
Längenausdehnungs-				
koeffizient	$1\,grd^{-1}$	$= 1\,K^{-1}$		
Radioaktivität	1 Ci	$= 3{,}7 \cdot 10^{10}/s$		
Äquivalentdosis	1 rem	$= 10^{-2}\,J/kg$		
Ionendosis	1 R	$= 2{,}58 \cdot 10^{-4}\,C/kg$ (C: Coulomb)		
Beschleunigung	1 Gal	$= 1\,cm/s^2$		
Winkel, ebener	1^{g} (Neugrad)	$= 1\,gon\ (Gon)$		
		$= 0{,}9°\ (Grad)$		
		$= \dfrac{\pi}{200}\,rad\ (Radiant)$		
	1^{c} (Neuminute)	$= 1\,cgon = 10^{-2}\,gon$		
	1^{cc} (Neusekunde)	$= 0{,}1\,mgon = 10^{-4}\,gon$		

Anmerkung:
In Handel und Wirtschaft wird anstelle von «Masse» für das Wägeergebnis von Warenmengen (angegeben in Masseneinheiten z.B. g, kg, t) das Wort «Gewicht» benutzt.

Geschichte der Botanik

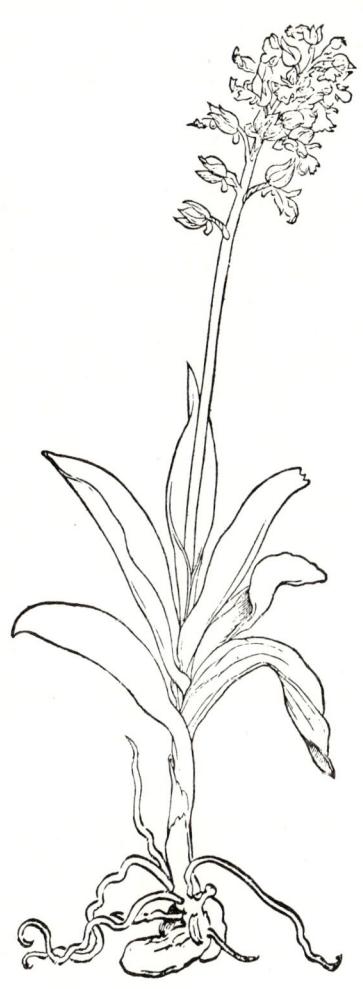

Leben und Leistung großer Forscher

Von Prof. Dr. Karl Mägdefrau,
München

1973. VIII, 314 S., 132 Abb.,
Gzl. DM 68,–

Seit langem fehlt eine kurze
Geschichte der Botanik, welche die
Entwicklung der Disziplin in ihrem
historischen Ablauf darstellt. Dieses
Buch faßt in 20 Kapiteln den Werdegang der Botanik von Aristoteles über
Theophrast bis in unser Jahrhundert
zusammen und führt so zu einem besseren Verständnis des gegenwärtigen
Standes der Botanik. Der Schwerpunkt der Darstellung liegt dabei in
der biographischen Würdigung der
überragenden Forscher dieses Faches.
Der Hauptteil dieses Buches wird
durch einen umfangreichen Anmerkungsabschnitt ergänzt, der genaue
Quellenangaben und Hinweise auf
Biographien aller behandelten Forscher sowie Ergänzungen spezielleren
Inhalts bringt, 112 Botaniker-Porträts
sowie 20 Sachbilder illustrieren die
Übersicht in anschaulicher Form.

*Orchis purpureus
aus Brunfels*

Gustav Fischer Verlag

Ergänzende Literatur

Braune/Leman/Taubert
Pflanzenanatomisches Praktikum I
Zur Einführung in die Anatomie der Vegetationsorgane der höheren Pflanzen
4., bearb. Aufl. 1983. 279 S., 417 Teilbilder in 94 Abb. und Randleistenschemata auf 34 Seiten, kart. DM 38,–

Pflanzenanatomisches Praktikum II
Einführung in den Bau, das Fortpflanzungsgeschehen, die Ontogenie der niederen Pflanzen und die Embryologie der Spermatophyta
2., überarb. Aufl. 1982. 426 S., 753 Teilbilder in 135 Abb und Randleistenschemata auf 63 Seiten, kart. DM 44,–

Metzner
Pflanzenphysiologische Versuche
1982. XIV, 406 S., 136 Abb., 10 Tab., kart. DM 58,–

Brauner/Bukatsch
Das kleine pflanzenphysiologische Praktikum
Anleitung zu bodenkundlichen und Pflanzenphysiologischen Versuchen
9. Aufl., 1980. 335 S., 149 Abb., kart. DM 36,–

Eschrich
**Strasburger's
Kleines Botanisches Praktikum
für Anfänger**
17., völlig neubearb. Aufl. 1976. X, 218 S., 58 Abb., kart. DM 32,–

Braun
Lehrbuch der Forstbotanik
1982. XIV, 257 S., 189 Abb., 10 Tab., Kst. DM 58,–

Jacob/Jäger/Ohmann
Kompendium der Botanik
2., durchges. Aufl. 1983. Etwa 496 S., 194 Abb., 32 Tab., kart. DM 36,–

Molisch/Dobat
**Botanische Versuche und
Beobachtungen mit einfachen Mitteln**
Ein Experimentierbuch für Schulen und Hochschulen.
5., völlig neubearb. Aufl., 1979. XXII, 281 S., mit 166 Versuchen und Beobachtungen, 95 Abb., 7 Tab., kart. DM 22,–

Gunning/Steer
Biologie der Pflanzenzelle
Ein Bildatlas
2. Aufl., 1980. VI, 103 S., 49 Taf., kart. DM 29,–

Frohne/Jensen
Systematik des Pflanzenreichs
unter besonderer Berücksichtigung chemischer Merkmale und pflanzlicher Drogen
2., neubearb. und erw. Aufl., 1979. X. 308 S., 123 Abb., 30 Baupläne, 242 Formelbilder, kart. DM 44,–

Mengel
Ernährung und Stoffwechsel der Pflanze
6. überarb. Aufl., 1983. Etwa 480 S., 158 Abb., 97 Tab., 16 Taf., Gzl. etwa DM 44,–

Walter
Bekenntnisse eines Ökologen
Erlebtes in 8 Jahrzehnten und auf Forschungsreisen in allen Erdteilen mit Schlußfolgerungen
3., erw. Aufl. 1982. XII, 366 S., 13 Abb., 7 Kartenskizzen, kart. DM 19,–

 Gustav Fischer Verlag

Geschichte der Botanik

*Orchis purpureus
aus Brunfels*

Leben und Leistung
großer Forscher

Von Prof. Dr. Karl Mägdefrau,
München

1973. VIII, 314 S., 132 Abb.,
Gzl. DM 68,–

Seit langem fehlt eine kurze
Geschichte der Botanik, welche die
Entwicklung der Disziplin in ihrem
historischen Ablauf darstellt. Dieses
Buch faßt in 20 Kapiteln den Werdegang der Botanik von Aristoteles über
Theophrast bis in unser Jahrhundert
zusammen und führt so zu einem besseren Verständnis des gegenwärtigen
Standes der Botanik. Der Schwerpunkt der Darstellung liegt dabei in
der biographischen Würdigung der
überragenden Forscher dieses Faches.
Der Hauptteil dieses Buches wird
durch einen umfangreichen Anmerkungsabschnitt ergänzt, der genaue
Quellenangaben und Hinweise auf
Biographien aller behandelten Forscher sowie Ergänzungen spezielleren
Inhalts bringt, 112 Botaniker-Porträts
sowie 20 Sachbilder illustrieren die
Übersicht in anschaulicher Form.

Gustav Fischer Verlag

Ergänzende Literatur

Braune/Leman/Taubert
Pflanzenanatomisches Praktikum I
Zur Einführung in die Anatomie der Vegetationsorgane der höheren Pflanzen
4., bearb. Aufl. 1983. 279 S., 417 Teilbilder in 94 Abb. und Randleistenschemata auf 34 Seiten, kart. DM 38,–

Pflanzenanatomisches Praktikum II
Einführung in den Bau, das Fortpflanzungsgeschehen, die Ontogenie der niederen Pflanzen und die Embryologie der Spermatophyta
2., überarb. Aufl. 1982. 426 S., 753 Teilbilder in 135 Abb und Randleistenschemata auf 63 Seiten, kart. DM 44,–

Metzner
Pflanzenphysiologische Versuche
1982. XIV, 406 S., 136 Abb., 10 Tab., kart. DM 58,–

Brauner/Bukatsch
Das kleine pflanzenphysiologische Praktikum
Anleitung zu bodenkundlichen und Pflanzenphysiologischen Versuchen
9. Aufl., 1980. 335 S., 149 Abb., kart. DM 36,–

Eschrich
Strasburger's Kleines Botanisches Praktikum für Anfänger
17., völlig neubearb. Aufl. 1976. X, 218 S., 58 Abb., kart. DM 32,–

Braun
Lehrbuch der Forstbotanik
1982. XIV, 257 S., 189 Abb., 10 Tab., Kst. DM 58,–

Jacob/Jäger/Ohmann
Kompendium der Botanik
2., durchges. Aufl. 1983. Etwa 496 S., 194 Abb., 32 Tab., kart. DM 36,–

Molisch/Dobat
Botanische Versuche und Beobachtungen mit einfachen Mitteln
Ein Experimentierbuch für Schulen und Hochschulen.
5., völlig neubearb. Aufl., 1979. XXII, 281 S., mit 166 Versuchen und Beobachtungen, 95 Abb., 7 Tab., kart. DM 22,–

Gunning/Steer
Biologie der Pflanzenzelle
Ein Bildatlas
2. Aufl., 1980. VI, 103 S., 49 Taf., kart. DM 29,–

Frohne/Jensen
Systematik des Pflanzenreichs
unter besonderer Berücksichtigung chemischer Merkmale und pflanzlicher Drogen
2., neubearb. und erw. Aufl., 1979. X. 308 S., 123 Abb., 30 Baupläne, 242 Formelbilder, kart. DM 44,–

Mengel
Ernährung und Stoffwechsel der Pflanze
6. überarb. Aufl., 1983. Etwa 480 S., 158 Abb., 97 Tab., 16 Taf., Gzl. etwa DM 44,–

Walter
Bekenntnisse eines Ökologen
Erlebtes in 8 Jahrzehnten und auf Forschungsreisen in allen Erdteilen mit Schlußfolgerungen
3., erw. Aufl. 1982. XII, 366 S., 13 Abb., 7 Kartenskizzen, kart. DM 19,–

 Gustav Fischer Verlag

Geschichte der Botanik

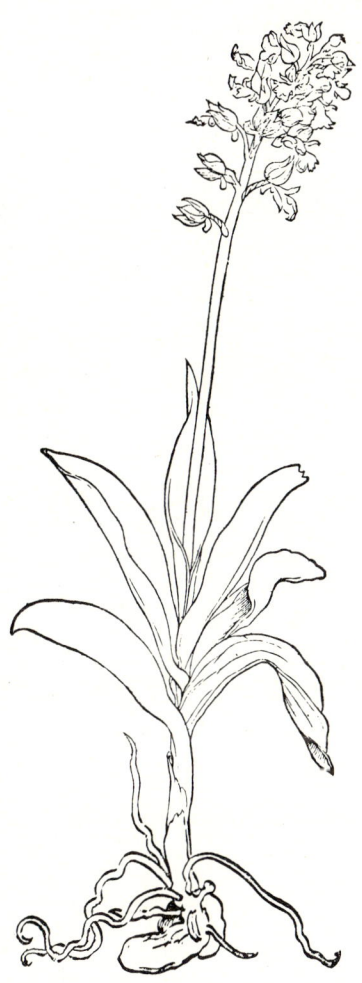

Leben und Leistung großer Forscher

Von Prof. Dr. Karl Mägdefrau, München

1973. VIII, 314 S., 132 Abb., Gzl. DM 68,–

Seit langem fehlt eine kurze Geschichte der Botanik, welche die Entwicklung der Disziplin in ihrem historischen Ablauf darstellt. Dieses Buch faßt in 20 Kapiteln den Werdegang der Botanik von Aristoteles über Theophrast bis in unser Jahrhundert zusammen und führt so zu einem besseren Verständnis des gegenwärtigen Standes der Botanik. Der Schwerpunkt der Darstellung liegt dabei in der biographischen Würdigung der überragenden Forscher dieses Faches. Der Hauptteil dieses Buches wird durch einen umfangreichen Anmerkungsabschnitt ergänzt, der genaue Quellenangaben und Hinweise auf Biographien aller behandelten Forscher sowie Ergänzungen speziellen Inhalts bringt, 112 Botaniker-Porträts sowie 20 Sachbilder illustrieren die Übersicht in anschaulicher Form.

Orchis purpureus aus Brunfels

Gustav Fischer Verlag

Ergänzende Literatur

Braune/Leman/Taubert
Pflanzenanatomisches Praktikum I
Zur Einführung in die Anatomie der Vegetationsorgane der höheren Pflanzen
4., bearb. Aufl. 1983. 279 S., 417 Teilbilder in 94 Abb. und Randleistenschemata auf 34 Seiten, kart. DM 38,–

Pflanzenanatomisches Praktikum II
Einführung in den Bau, das Fortpflanzungsgeschehen, die Ontogenie der niederen Pflanzen und die Embryologie der Spermatophyta
2., überarb. Aufl. 1982. 426 S., 753 Teilbilder in 135 Abb und Randleistenschemata auf 63 Seiten, kart. DM 44,–

Metzner
Pflanzenphysiologische Versuche
1982. XIV, 406 S., 136 Abb., 10 Tab., kart. DM 58,–

Brauner/Bukatsch
Das kleine pflanzenphysiologische Praktikum
Anleitung zu bodenkundlichen und Pflanzenphysiologischen Versuchen
9. Aufl., 1980. 335 S., 149 Abb., kart. DM 36,–

Eschrich
Strasburger's Kleines Botanisches Praktikum für Anfänger
17., völlig neubearb. Aufl. 1976. X, 218 S., 58 Abb., kart. DM 32,–

Braun
Lehrbuch der Forstbotanik
1982. XIV, 257 S., 189 Abb., 10 Tab., Kst. DM 58,–

Jacob/Jäger/Ohmann
Kompendium der Botanik
2., durchges. Aufl. 1983. Etwa 496 S., 194 Abb., 32 Tab., kart. DM 36,–

Molisch/Dobat
Botanische Versuche und Beobachtungen mit einfachen Mitteln
Ein Experimentierbuch für Schulen und Hochschulen.
5., völlig neubearb. Aufl., 1979. XXII, 281 S., mit 166 Versuchen und Beobachtungen, 95 Abb., 7 Tab., kart. DM 22,–

Gunning/Steer
Biologie der Pflanzenzelle
Ein Bildatlas
2. Aufl., 1980. VI, 103 S., 49 Taf., kart. DM 29,–

Frohne/Jensen
Systematik des Pflanzenreichs
unter besonderer Berücksichtigung chemischer Merkmale und pflanzlicher Drogen
2., neubearb. und erw. Aufl., 1979. X. 308 S., 123 Abb., 30 Baupläne, 242 Formelbilder, kart. DM 44,–

Mengel
Ernährung und Stoffwechsel der Pflanze
6. überarb. Aufl., 1983. Etwa 480 S., 158 Abb., 97 Tab., 16 Taf., Gzl. etwa DM 44,–

Walter
Bekenntnisse eines Ökologen
Erlebtes in 8 Jahrzehnten und auf Forschungsreisen in allen Erdteilen mit Schlußfolgerungen
3., erw. Aufl. 1982. XII, 366 S., 13 Abb., 7 Kartenskizzen, kart. DM 19,–

Gustav Fischer Verlag

Ergänzende Literatur

Mayer
Waldbau
auf soziologisch-ökologischer Grundlage
3., neubearb. Aufl. 1983. Etwa 412 S.,
185 Abb., 25 Tab., etwa DM 88,–

Eschrich
**Gehölze im Winter - Zweige und
Knospen**
1981. XII, 137 S., zahlr. Abb. und 59 farb.
Tafeln, kart. DM 39,–

Rasbach/Rasbach/Wilmanns
Die Farnpflanzen Zentraleuropas
2., überarb. und erw. Aufl., 1976. 304 S.,
154 Abb., Gzl. DM 92,–

Oberdorfer
Süddeutsche Pflanzengesellschaften

Teil I · Fels- und Mauergesellschaften, alpine
Fluren, Wasser-, Verlandungs- und Moor-
gesellschaften
2., stark bearb. Aufl. 1977. 311 S., 6 Abb.,
75 Tab., kart. DM 58,–

Teil II · Sand- und Trockenrasen, Heide- und
Borstgras-Gesellschaften, alpine Magerrasen,
Saum-Gesellschaften, Schlag- und Hoch-
stauden-Fluren
2., stark bearb. Aufl. , 1978. 355 S., 7 Abb.,
62 Tab., kart. DM 68,–

Teil III · Wirtschaftswiesen- und
Unkrautgesellschaften
2., stark bearb. Aufl. 1983. Etwa 400 S.,
7 Abb., 101 Tab., etwa DM 74,–

Kutschera/Lichtenegger
**Wurzelatlas mitteleuropäischer
Grünlandpflanzen**
Bd. I · Monocotyledoneae
1982. XVI, 516 S., 644 z. T. farb. Abb., Gzl.
DM 220,–
Band II: Dicotyledoneae
(Erscheint 1984)

Haller/Probst
Botanische Exkursionen
Anleitungen zu Übungen im Gelände

Bd. I · Exkursionen im Winterhalbjahr
Laubgehölze im winterlichen Zustand
2., bearb. Aufl. 1983. VIII, 189 S.,
27 Abb., 100 reich ill. Bestimmungstab.,
Kst. DM 22,–

Bd. II · Exkursionen im Sommerhalbjahr
1981. XII, 249 S., 46 Abb., 99 ill.
Merk- und Bestimmungstab., Kst. DM 28,–

Kunkel
**Die Kanarischen Inseln und ihre
Pflanzenwelt**
1980. X, 185 S., 74 teilw. farb. Abb., 12 Taf.,
13 Karten, kart. DM 36,–

Baumeister/Ernst
Mineralstoffe und Pflanzenwachstum
3., neubearb. Aufl. 1978. XII, 416 S.,
162 Abb., 103 Tab., Gzl. DM 160,–

Bergmann
**Ernährungsstörungen bei
Kulturpflanzen**
1983. Etwa 624 S., 852 Farbabb. auf 214
Tafeln, 5 Textabb., 5 Übersichten und
66 Tab., Gzl. DM 120,–

Jacobsen
Das Sukkulentenlexikon
Kurze Beschreibung, Herkunftsangaben und
Synonymie der sukkulenten Pflanzen mit
Ausnahme der Cactaceae
2., erw. Aufl., 1981. 645 S., 1173 Abb., auf
216 Tafeln, z. T. in Farbe, Gzl. DM 68,–

Gustav Fischer Verlag

Bestellkarte

Ich/Wir bestellen aus dem Gustav Fischer Verlag, Stuttgart, über die Buchhandlung:

....

Als Ergänzung zum Lehrbuch der Botanik
„Studienhilfe Botanik"
3., neubearb. Aufl. 1983. Etwa DM 22,–

30271 .... Expl. Baumeister, **Mineralstoffe,** 3. A.,
DM 160,–

30430 .... Expl. Bergmann, **Ernährungsstörungen,**
DM 120,–

20254 .... Expl. Braun, **Forstbotanik,** DM 58,–

20298 .... Expl. Braune, **Pflanzenanatom. Prakt. I,**
4. A., DM 38,–

20290 .... Expl. –, – II, 2. A., DM 44,–

20237 .... Expl. Brauner, **Pflanzenphysiolog.
Prakt.,** 9. A., DM 36,–

30322 .... Expl. Eschrich, **Gehölze,** DM 39,–

20154 .... Expl. Eschrich, **Strasburger's Botan.
Prakt.,** 17. A., DM 32,–

30274 .... Expl. Frohne, **Pflanzenreich,** 2. A.,
DM 44,–

20165 .... Expl. Gunning, **Pflanzenzelle,** 2. A.,
DM 29,–

20277 .... Expl. Haller, **Exkursionen Bd. I,** 2. A.,
DM 22,–

20299 .... Expl. –,– **Bd. II,** DM 28,–

20247 .... Expl. Jacob, **Komp. Botanik,** DM 36,–

30340 .... Expl. Jacobsen, **Sukkulentenlex.,** 2. A.,
DM 68,–

30311 .... Expl. Kunkel, **Kanar. Inseln,** DM 36,–

30359 .... Expl. Kutschera, **Wurzelatlas,** Bd. 1,
DM 220,–

20307 .... Expl. Mengel, **Ernährung,** 6. A.,
etwa DM 44,–

20268 .... Expl. Metzner, **Pflanzenphysiolog.
Versuche,** DM 58,–

20204 .... Expl. Molisch, **Botan. Versuche,** 5. A.,
DM 22,–

30260 .... Expl. Oberdorfer, **Südd. Pflanzenges.
Teil 1,** 2. A., DM 58,–

30282 .... Expl. –, **Teil 2,** 2. A., DM 68,–

30386 .... Expl. –, **Teil 3,** 2. A., etwa DM 74,–

30223 .... Expl. Rasbach, **Farnpflanzen,** 2. A.,
DM 92,–

30390 .... Expl. Walter, **Bekenntnisse,** 3. A.,
DM 19,–

Preisänderungen vorbehalten

---

*Wenn Sie sich über weitere Neuerscheinungen des GUSTAV FISCHER VERLAGS, STUTTGART,
auf ihrem Fachgebiet unterrichten wollen, schicken wir Ihnen auf Wunsch laufend kostenlos
Informationen zu. Interessengebiete bitte ankreuzen und Karte ausgefüllt zurückschicken.*

Medizin
- ☐ Biophysik, Physik
- ☐ Biochemie, Physiolog. Chemie, Chemie
- ☐ Hystochemie, Zytochemie
- ☐ Biologie
- ☐ Genetik
- ☐ Physiol., Ernährungswiss.
- ☐ Anatomie, Embryologie
- ☐ Zytologie, Histologie
- ☐ Pathologie
- ☐ Pathologische Anatomie
- ☐ Pathologische Physiologie
- ☐ Medizinische Mikrobiologie, Virologie, Parasitologie
- ☐ Hygiene
- ☐ Pharmakologie, Pharmakotherapie, Toxikologie
- ☐ Innere Medizin, Allgemeines
- ☐ Herz, Kreislauf, Angiologie
- ☐ Respirationsorg., Tuberkul.
- ☐ Stoffwechsel, Endokrinologie, Verdauungskrankheiten
- ☐ Hämatologie, Serologie
- ☐ Infektionskrankheiten
- ☐ Immunologie, Allergologie
- ☐ Geriatrie
- ☐ Chirurgie, Orthopädie, Unfallheilk., Anästhesie, Urologie
- ☐ Gynäkol., Geburtsh., Perinatol.
- ☐ Pädiatrie
- ☐ Neurologie

- ☐ Psychiatrie, Psychotherapie, Psychosomatik
- ☐ Psychologie
- ☐ Ophthalmologie
- ☐ Oto-Rhino-Laryngologie, Sprachtherapie, Zahnheilk.
- ☐ Dermatologie, Venerologie
- ☐ Röntgenologie, Nuklearmedizin, Strahlenheilkunde
- ☐ Physikal. Med., Rehabilitation
- ☐ Laboratoriums- und Untersuchungsmethoden
- ☐ Med. Ass.-Berufe, Krankenpflege
- ☐ Krankengymnastik, Massage
- ☐ Sozial-, Rechtsmed., Begutacht.
- ☐ Krankenhauswesen
- ☐ Statistik, Dokument., Wörterb.
- ☐ Medizingeschichte
- ☐ Patientenliteratur
- ☐ Veterinärmedizin

Biologie
- ☐ Allg. Biol., Molekularbiol., Zytol.
- ☐ Biochemie, Biophysik
- ☐ Genetik
- ☐ Mikrobiologie
- ☐ Ökologie
- ☐ Evolution, Paläontologie
- ☐ Biogeographie
- ☐ Allg. Botanik (Morphol., Zytol., Histol., Physiol.)
- ☐ Spez. u. angew. Botanik
- ☐ Pharmazeut. Biologie

- ☐ Botan. Praktika, Methoden
- ☐ Allg. Zool. (Morphol., Zytol., Histol., Pyhsiol., Immunol.)
- ☐ Spez. u. angew. Zoologie
- ☐ Zool. Praktika, Methoden
- ☐ Versuchstierkunde und Tierhaltung
- ☐ Verhaltensforschung
- ☐ Wasser-, Boden- und Lufthygiene
- ☐ Philosophie und Geschichte der Naturwissenschaften
- ☐ Statistik, Biometrie
- ☐ Physik, Chemie, Astronomie, Geologie
- ☐ Anthropologie, Ethnologie

Wirtschaftswissenschaften
- ☐ Allgemeines
- ☐ Wirtschaftstheorie
- ☐ Wirtschaftspolitik
- ☐ Wirtschaftsordnung
- ☐ Finanzwissenschaft
- ☐ Statistik und Ökonometrie
- ☐ Außenwirtschaft und Entwicklungsländer
- ☐ Empir. Wirtsch.- u. Sozialforsch.
- ☐ Wirtschafts- u. Sozialgesch.
- ☐ Geschichte der wirtschaftswiss. Lehrmeinungen
- ☐ Soziologie – Polit. Wissensch.
- ☐ Arbeits- u. Wirtschaftsrecht
- ☐ Betriebswirtschaftslehre

Absender
(Studenten bitte Heimatanschrift angeben):

....

....

....

Datum: ....

Unterschrift: ....

Ich bitte um kostenlose Zusendung von

☐ Teilverzeichnis Biologie/Medizin

Strasburger, Botanik, 32. A.
VIII. 83. 22,0. nn. Printed in Germany

Bitte
ausreichend
frankieren

Werbeantwort/Postkarte

Gustav Fischer Verlag

Postfach 7201 43

D-7000 Stuttgart 70

**Absender
(Studenten bitte Heimatanschrift angeben):**

....

....

....

Datum ....

Unterschrift ....

☐ **Teilverzeichnis Wirtschaftswissenschaften
(kostenlos)**

Strasburger, Botanik, 32. A.
VIII. 83. 22,0. nn. Printed in Germany

Bitte
ausreichend
frankieren

Werbeantwort/Postkarte

Gustav Fischer Verlag

Postfach 72 01 43

D-7000 Stuttgart 70

Rückseite